CONCEPTS OF

GENETICS

유전학 개념과 원리

12판

유전학 개념과 원리 12판

초판 인쇄: 2025년 2월 27일
초판 발행: 2025년 3월 5일

저　자: William S. Klug, Michael R. Cummings, Charlotte A. Spencer, Michael A. Palladino, Darrell J. Killian
역　자: 황혜진
발행인: 문정구
발행처: (주)바이오사이언스출판
본　사: 10860 경기도 파주시 탄현면 국화향길 10-56, 1동
서울사무소: 06569 서울특별시 서초구 도구로 115, 3층(방배동)
전　화: (02)581-4057~8
팩　스: (02)581-4059
이메일: inquiry@bioscencepub.com
홈페이지: http://www.biobooks.co.kr
ISBN: 978-89-6824-160-4 93470

등록번호: 제22-3079호

값 38,000원

CONCEPTS OF

GENETICS

유전학 개념과 원리

12판

황혜진 역

William S. Klug

Michael R. Cummings

Charlotte A. Spencer

Michael A. Palladino

Darrell J. Killian

(주)바이오사이언스출판

저자 소개

W. S. 클룩(William S. Klug)은 뉴저지주 어윙에 있는 뉴저지 주립대학교(College of New Jersey; 예전 Trenton State College)의 생물학과 명예 교수로, 그곳에서 17년 동안 생물학과장으로 재직했다. 그는 인디애나주 크로포즈빌에 있는 와바쉬 대학교(Wabash College)에서 생물학으로 학사 학위를 받았고, 일리노이주 에반스턴에 있는 노스웨스턴 대학교(Northwestern University)에서 박사 학위를 취득했다. 뉴저지 대학에 오기 전에는 와바쉬 대학교에서 재직하면서 처음으로 유전학, 일반생물학 및 전자현미경학을 가르쳤다. 그의 연구 관심 분야는 초파리의 난자 발생을 모델로 하는, 발생의 초미세 구조 및 분자 유전 연구와 관련된 것이다. 그는 40년 넘게 학부 생물학 전공자들에게 유전학 과정과 인류 유전학 및 분자 유전학의 고급 캡스톤 세미나 과정을 지도했다. 그는 2001년 뉴저지 대학에서 "학생들이 높은 기준을 달성하도록 가장 많이 노력하는" 교수진에게 수여하는 최초의 연례 교수상을 받은 바 있다. 그는 또한 시그마 파이 인터내셔널(Sigam Pi International)로부터 2004년 우수 교수상을 받았으며 같은 해에 뉴저지 연구 개발 위원회에서 수여하는 올해의 교육자로 지명되었다. 자신의 교과서 개정 작업을 하거나 유전학 문헌에 몰두할 때가 아니면, 혹은 일이 잘 풀리지 않을 때면, 클룩 박사는 때때로 멕시코만이나 메인주의 페놉스코트만에서 노를 젓곤 한다.

M. R. 커밍스(Michael R. Cummings)는 일리노이주 시카고에 있는 일리노이 공과대학교(Illinois Institute of Technology)의 생물, 화학 및 물리 과학과의 연구 교수이다. 그는 일리노이 대학교 생물학과 및 분자 유전학과 교수로 25년 이상 재직했다. 그는 또한 노스웨스턴 대학교(Northwestern University)와 플로리다 주립대학교(Florida State University)의 교수진을 역임했다. 그는 미네소타주 위노나에 있는 세인트 메리대학교(St. Mary's College)에서 학사 학위를 받았다. 석사 학위 및 박사 학위는 일리노이주 에반스턴에 있는 노스웨스턴 대학교(Northwestern University)에서 마쳤다. 그는 이 교재 외에도, 인류 유전학 및 일반 생물학 교과서들을 저술했다. 그의 연구는 인간의 단부 동원체성 염색체들에서 이질 염색질 영역의 분자 조직화 및 물리적 지도 작성에 중점을 두고 있다. 그는 학부에서 분자 유전학, 인류 유전학 및 일반 생물학 과정을 가르치고 있으며, 우수한 교수법으로 대학 교수진, 학생 조직 및 졸업생들로부터 많은 상을 받은 바 있다. 수업이 없거나 저술 작업이 없을 때, 커밍스 박사는 종종 먼 바닷가로 떠나 낚시를 하곤 한다.

C. A. 스펜서(Charlotte A. Spencer)는 캐나다 앨버타주 에드먼턴의 앨버타대학교(University of Alberta) 종양학과에서 부교수로 은퇴하였다. 그녀는 이 학교의 생화학과에서도 재직한 바 있다. 그녀는 브리티시 컬럼비아 대학교(University of British Columbia)에서 미생물학으로 과학 학사 과정을 마치고 앨버타대학교(University of Alberta)에서 유전학으로 박사 학위를 취득한 후 워싱턴주 시애틀에 있는 프레드 허친슨 암 연구 센터(Fred Hutchinson Cancer Research Center)에서 박사 후 과정 연수를 받았다. 그녀의 연구 관심 분야는 암세포, DNA 바이러스에 감염된 세포, 세포 주기의 M기를 지나는 세포들에서 RNA 중합효소 II의 조절에 관련한 것이다. 그녀는 대학원생과 학부생들을 대상으로 생화학, 유전학, 분자생물학 및 종양학을 가르쳤다. 또한 프렌티스 홀(Prentice Hall) 출판사를 통해 생물학 탐구 시리즈 소책자들을 발간한 바 있다. 유전학 교재들의 저작이나 감수에 참여하는 시기가 아닐 때, 스펜서 박사는 브리티시 컬럼비아 서해안에서 멀리 떨어져 있는 그녀의 헤이즐넛 농장에서 일하면서 조용하고 한적한 시간을 즐긴다.

M. A. 팔라디노(Michael A. Palladino)는 뉴저지주 웨스트 롱 브랜치에 있는 몬머스 대학교(Monmouth University)의 대학원 부총장이자 생물학 교수로, 전 이과대 학장을 역임했다. 그는 뉴저지 대학(The College of New Jersey)에서 학사 학위를 받았고, 버지니아 대학교(University of Virginia)에서 해부학 및 세포 생물학으로 박사 학위를 받았다. 그는 15년 이상 국립 보건원(National Institutes of Health), 바이오 제약 회사 및 기타 기관의 외부 자금 지원을 받아 학부 실험실을 운영했다. 그와 학생들은 포유동물 남성의 생식 기관에서 내재 면역과 관련된 분자 기작, 그리고 산소 항상성 및 고환의 허혈성 손상에 관련된 유전자를 연구하였다. 그는 유전학, 생명공학, 내분비학, 세포 및 분자생물학을 포함한 광범위한 과정을 지도해왔다. 그는 2009년 미국 남성의학회(American Society of Andrology)의 젊은 남성의학자 상(Young Andrologist Award), 2005년 몬머스 대학의 우수교육자 상(Distinguished Teacher Award)을 수상했으며, 2005년에는 뉴저지주의 생물의학회(New Jersey Association for Biomedical Research)에서 수여한 훌륭한 교육자 상(Caring Heart Award)을 받는 등 연구 및 교육 부문에서 여러 상을 받았다. 그는 학부 교과서로 사용되는 생명공학 입문(*Introduction to Biotechnology*)의 공동 저자이다. 그는 벤자민 커밍스(Benjamin Cummings) 출판사의 생물학 특강(*Special Topics in Biology*) 소책자 시리즈의 편집자였으며 시리즈의 첫 번째 소책자인 인간 유전체 프로젝트 이해(*Understanding the Human Genome Project*)를 집필했다. 학교 업무나 교재 집필을 하지 않을 때면, 팔라디노 박사는 종종 축구를 보거나 즐기며, 낚시에 빠져 지내곤 한다.

D. J. 킬리안(Darrell J. Killian)은 콜로라도주 콜로라도 스프링스에 있는 콜로라도 대학(Colorado College)의 분자생물학과 부교수이다. 그는 코네티컷주 미들타운에 있는 웨슬리안 대학교(Wesleyan University)에서 분자생물학 및 생화학으로 학사 학위를 취득한 후 뉴욕주 록펠러 대학교(Rockefeller University)에서 분자유전학 연구소에서 기술자로 일했다. 그는 뉴욕의 뉴욕 대학교(New York University)에서 발생유전학으로 박사 학위를 취득하고 콜로라도-볼더 대학교(University of Colorado – Boulder)의 분자, 세포 및 발생 생물학 분과에서 박사후 과정을 거쳤다. 콜로라도 대학에 합류하기 전에는 뉴저지주 유잉에 있는 뉴저지 대학(College of New Jersey)에서 생물학 조교수로 재직했다. 그의 연구는 동물 발생의 유전적 조절에 중점을 둔 것으로, 국립 보건원과 국립 과학 재단으로부터 자금 지원을 받았다. 현재 그와 그의 학부 연구생들은 예쁜꼬마선충과 초파리를 모델 시스템으로 사용하여 신경계 발생에 관한 분자 유전적 조절을 탐구하고 있다. 그는 학부 과정에서 유전학, 분자 및 세포 생물학, 줄기세포 생물학, 발생 신경 생물학 등의 과목을 가르치고 있다. 강의실과 연구실을 떠나 있을 때면, 킬리안 박사는 종종 파이크 국유림이나 산이자벨 국유림의 산책로에서 자전거를 타곤 한다.

헌사

우리는 이 책을 우리의 오랜 동료이자 친구였으나 슬프게도 2017년에 세상을 떠난 해리 니클라(Harry Nickla)에게 바친다. 크레이튼 대학교(Creighton University)에서 학생들에게 유전학을 가르친 수십 년의 경험을 통해, 해리는 학생 핸드북 및 답안지 집필 및 문제은행뿐만 아니라 각 장의 끝부분에 있는 정보 기반 문제를 고안함으로써 이 책에 기여했다. 그는 또한 매번 새 판의 책을 계획할 때마다 귀한 조언을 아끼지 않았다. 우리는 언제나 그의 전문적인 통찰력, 우정, 유쾌함을 높이 평가했다. 그를 우리 팀의 일원으로 둔 것은 행운이었고, 그가 많이 그립다.

WSK, MRC, CAS, MAP, 그리고 DJK

책 소개

교과서를 쓰는 사람들은 자신들의 작업을 계획할 때마다 한 발 물러서서 새로운 눈으로 바라보는 것이 필수적이다. 그러다 보면, 반드시 두 가지 주요 질문이 제기된다. (1) 지난 판 이후 해당 분야(이 경우 유전학)의 정보 체계는 어떻게 성장하고 변화했는가? (2) 현재 본문에 포함된 어떤 교육적 혁신을 유지, 수정 또는 삭제해야 할까? 이 분야에서 공부하는 학생들을 위해 여러 가지를 지원하면서 40년 동안 교재로 사용되어 온 유전학 개념과 원리(*Concepts of Genetics*) 12판을 준비하면서, 우리는 다시 또 몇 가지 새로운 변화를 만들었다. 꼭 필요한 일반적인 업데이트 외에 이번 새 판에서 우리가 중점을 둔 사항은 다음 세 가지이다.

1. **중요한 최신 주제에 대한 포괄적인 내용을 계속해서 제공하기.**

   이와 관련하여, 우리는 독자들에게 **현대 유전학 특강**이라는 표제를 붙여, 일련의 요약되고 집중적인 장들을 제공하는 독특한 접근 방식을 이 유전학 교재에 계속 포함시키고 있다. 이번 판에서는 CRISPR-Cas와 유전체 편집, DNA 법의학, 유전체학과 정밀의학, 유전적으로 변형된 식품들, 유전자 치료, 신경유전학의 발전: 헌팅턴병 연구 등, 6가지 중요한 주제를 독특하고 응집력 있게 다루고 있다. 이 시리즈의 첫 장과 마지막 장은 모두 이번 판에 새로 추가된 것이다.

2. **진핵생물의 유전자 조절에 관한 연구들로, 관련 지식이 엄청나게 증가했다는 사실에 대한 인식.**

   이를 위해 이전 판에서는 이 주제를 다루었던 한 개의 장이 세 개로 확장되었다. "진핵생물의 전사 조절"(17장), "진핵생물의 전사 후 조절"(18장) 및 "후성유전적 유전자 발현 조절"(19장) 등이다. 이렇게 범위를 넓혀 적용한 것은, 전사 및 번역 과정에 필수적인 형태(mRNA, tRNA 및 rRNA) 이외의 다양한 형태의 RNA가 진핵생물 유전자 활성의 조절에 중요한 역할을 한다는 사실을 밝힌 최근의 많은 발견을 반영한 것이다. 또한 후생유전학과 관련된 분자 연구를 바탕으로, 이러한 주제가 진핵생물 유전자 조절의 필수적인 부분으로 가장 잘 가르쳐져야 한다는 것이 이제 분명해졌다. 이 새로운 자료는 학생들에게 중요한 연구 주제에 대한 현대적인 내용을 접할 기회를 제공한다.

3. **유전학이 일상생활에 미치는 윤리적 고려 사항을 더욱 강조하기.**

   이 점에 대해 우리는 이 교재의 에세이 특징인 "유전학, 기술, 사회" 부분을, 윤리에 중점을 둔 기능으로 전환하고 이름을 "유전학과 윤리, 그리고 사회"로 변경했다. 대략 절반의 장들에 새롭거나 수정된 에세이가 제시되었다. 또한 모든 장의 마지막 부분에 나타나는 사례 연구라는 특징은 윤리에 더욱 초점을 맞춰 재구성되었다. 이 두 가지 항목 모두 적극적이고 협동적인 학습 기회를 증가시킬 것이다.

교재의 목적

이전의 모든 판에서와 마찬가지로 12판에서도 우리는 다음과 같은 5가지 주요 목표를 추구하였다.

- 유전학의 기본 개념에 대한 강조.
- 복잡하고 분석적인 주제에 대해 이해하기 쉬운 설명을 제공하고, 명확하고 직접적으로 글을 쓰기.
- 문제 해결에 대한 강한 강조점을 유지하고 다양한 접근 방식을 제공하기.
- 과학적 조사 과정에서 정보가 어떻게 획득되는지를 매우 세련되게 보여주는 유전학의 풍부한 역사를 알리기.
- 개념의 발달을 돕기 위해 도움이 되는 사진들과 함께, 매력적이며 교육학적으로 유용한 완전한 컬러 그림을 제공하기.

종합적으로 이러한 목표들은 이 교재를 구성하는 초석으로 작용한다. 이러한 교육학적 기초 덕분에 이 책은 다양한 접근 방식과 강의 형식을 갖춘 강좌에서 사용될 수 있다.

이러한 목표를 달성할 수 있는 교재를 만들고 매회 개정판으로 지속적 개선 작업을 할 기회를 가졌던 것은 우리 모두가 좋아서 한 일이다. 12권의 개정판 모두, 유전학 교육에 대한 우리의 열정뿐만 아니라 지난 40년 동안 사용자, 검토자와 학생들이 제공한 건설적인 피드백과 격려를 반영한다.

개정판의 새로운 점

이번 판에서 새로운 내용은 4개의 장에 포함되었다. 두 개는 "CRISPR-Cas와 유전체 편집"과 "신경유전학의 발전: 헌팅턴병 연구"라는 제목의 현대 유전학 특강들이다. 둘 다 최첨단 정보를 다루고 있으며 유전학 분야의 최근 혁신을 대표한다. 유전체 편집 도구인 CRISPR는 유전자 내의 DNA 서열을 구체적이고 매우 정확하게 변형할 수 있는 간단한 기술이므로 유전자 연구 및 유전자 치료 분야에서 강력한 도구로 사용된다. 이 장들 외에도 CRISPR 소개를 위한 1장의 서론과 표지에 설명된 주제로 이 유전자 편집 시스템을 선택했다는 점에 주목해주었으면 한다. 특강 6장은 인간의 신경유전학 연구에서 이루어진 많은 발전을 설명한다. 단일 유전자에 의한 인간 질병인 헌팅턴병은 분자유전학을 연구하기 위해 개발된 모든 주요 접근법과 기술을 사용하여 40년 이상 분석되었으며, 이에 따라 원인, 증상 및 향후 치료에 대해 누적된 정보의 양이 늘어나고 있음을 보여준다.

새로운 장들이 추가된 것은 진핵생물의 유전자 발현 조절에 대한 내용을 크게 재구성하고 확장했기 때문인데, 이전에 우리는 이 내용을 전사 조절(17장), 전사 후 조절(18장), 후성유전적 조절(19장)의 세 부분으로 나누었었다. 18장은 이전 판에서 특강으로 다루었던 "RNA의 새로운 역할"의 많은 내용을 포함하도록 했다. 후성유전학에 초점을 맞춘 19장은 이전 판의 후성유전학 특강에 포함된 내용을 확장하였다.

종합적으로, 이 4개의 새로운 장을 추가함으로써 학생과 강사들에게 유전학의 중요한 측면에 대해 훨씬 더 명확한 최신의 프레젠테이션을 제공할 수 있으리라 생각한다.

이번 개정의 장점

- **구성** — 우리는 자료 구성에 계속 관심을 가지고 유전학의 변화하는 추세를 반영하기 위해 주요 부분별로 장을 배열하는 방식을 고수하고 있다. 이번 판에서 특히 주목할 점은, 진핵생물의 유전자 발현 조절에 대한 우리의 범위가 확대되었다는 점이며, 제3부 마지막 부분에 세 장으로 재구성되었다. 또한 4부에서는 신중하게 통합된 세 장으로 나누어 유전체학을 체계적으로 다루었다.

- **능동적 학습** —이 교재의 지속적인 목표는 소그룹의 학생들이 교실에서 또는 수업 외 과제로 사용할 수 있는 기능을 각 장 내에 제공하는 것이다. 교육학 연구들은 이러한 적극적이고 협력적인 학습 경험의 가치와 효과를 계속해서 지지한다. 이 개정판은 이를 크게 강화하는 다음 네 가지 특징을 가진다: "사례 연구"와 "유전학과 윤리, 그리고 사회", "유전체학 탐구", 그리고 "유전자 기능을 이해하는 현대적인 접근방식" 부분들이다. 강사가 이런 활동들을 강의실에서 능동적 학습 자료로 사용하든, 교실 밖에서 과제 활동으로 사용하든, 이런 특징들은 현대의 교육학적 접근 방식을 사용할 수 있도록 자극한다. 이런 활동은 학생들의 참여를 돕고, 그 내용은 학생들이 유전학의 최첨단 주제에 대한 지식을 갖출 수 있도록 해준다.

역자 서문

유전학이 생물학의 핵심적 학문인 만큼, 관련 교재도 다양하고 풍부하지만, 대부분 외국어로 되어 있어서 해당 자료들을 접하려면 영어만큼은 거의 필수적이라고 해도 과언이 아니다. 공부하는 학생으로서의 경험을 돌이켜보면, 어느 정도 읽고 쓰기가 가능해도, 특정 분야의 영어 원서로 공부하는 일은 늘 힘들었다. 전문 지식을 읽고 이해하고 체계화하는 일은 우리 언어로도 그다지 쉬운 일은 아닌데, 외국어 장벽까지 겹쳐 학습을 방해하는 상황이란 생각이 들었다. 그 때문에 초보 강사로서 유전학 수업을 맡으면서 번역 작업을 시작했었다. 그저 단순하게 "같이 읽고 토론하자!"라는 희망으로. 학생들에게 읽히려면 무엇보다 접근할 수 있도록 만들어주어야 했기 때문에 거의 반강제로 끙끙대며 한글 파일을 만들었던 기억이 새롭다. 당시에 교재로 골랐던 책은 본 교재의 축약판이었고 여러 번의 개정판을 번역하면서 간혹 설명이 부족하다는 느낌을 주는 문단들을 만났었는데, 자매서인 본 교재가 줄이기 전의 원본이라는 사실을 알게 된 후에도 학습 분량 문제로 강의에는 축약본을 고집했었다.

이제 여러 인연으로 "유전학 개념과 원리(*Concepts of Genetics*)"라는 원서를 직접 번역하게 되었고, 뭔가 빠진듯한 느낌의 원인을 찾을 수 있었다. 역시 줄이다 보면 빠지는 것이 생기게 마련인가 보다. 이미 여러 대학교의 유전학 수업에서 이 교재의 원서를 사용하고 있다는 것을 알고 있기에, 일면 이 작업이 영광스럽기도 하고, 또 걱정스럽기도 하다. 또 한편으로는 여러 가지 인공 지능 번역 도구들의 개발로, 번역서를 만드는 작업에 회의감도 든다. 어떻든, 약간은 복잡한 상황에서, 약간은 복잡한 심정으로 시작한 작업을 이제 마치게 되었다. 한 권의 책을 혼자 번역하다 보니 시간이 많이 지체되었다. 오랜 시간 깔고 앉아 끙끙대던 시간을 뒤로하고 여러 사용자에게 도움이 되길 바라며 우리말로 번역된 유전학 교재를 내놓는다.

본 교재에는 이전의 내용을 바탕으로 새로운 내용들이 추가되었다. 특히 크리스퍼-카스 체계를 강조한 것이 눈에 띈다. 교재로 학습하는 동안에는 유전물질의 정체에 대한 이해를 바탕으로, 유전물질의 조작 및 변형 방법을 배우고, 이런 방식의 편의성 증가가 사회에 미치는 영향에 대해서도 고려하게 될 것이다. 이 과정에서 역사적, 윤리적, 사회적 책임 역시 중요하게 대두된다는 사실을 명심할 필요가 있을 것 같다. 번역자는 한 줄 한 줄 음미하면서 책을 읽어야 했지만, 독자들은 한 페이지 두 페이지 술술 읽히기를 바란다. 이를 위해 용어는 되도록 고등학교에서 학습했던 것을 바탕으로 이해하기 쉽게 한글화하였다. 관례대로 한자어 용어를 사용한 부분도 있지만, 어려운 경우 영어 원문 그대로 사용하고 괄호 안에 원문을 표시하여 이해를 도왔다. 나름의 노력이 효과가 있었길 바라며, 전통적이면서 최첨단의 학문이라고 할 수 있는 유전학이 더 흥미로운 것이 되었으면 좋겠다. 마지막으로, 이 교재가 출간되도록 애써주신 바이오사이언스 출판사의 여러분께 진심으로 감사의 말씀을 드린다. 무형의 것들을 모아 현실 세계에 존재할 수 있게 해주시는 모든 분께 행복과 번영이 함께 하길, 그리고 모든 유용한 지식이 이 세상의 발전에 이바지하길 바란다.

2025년 2월 **황 혜 진**

역자 소개

황혜진

소　속: 이화여자대학교 과학교육과, 가톨릭대학교 생명공학과 시간 강사
저　서: 생명에 대한 이해(1, 2, 3판)
번역서: 핵심유전학, 기초분자생물학, 핵심세포생물학 등.

주요 차례

차례

PART 2
DNA: 구조, 복제, 그리고 조직화

PART 5
생물체와 생물 집단에 대한 유전적 분석

챕터마다 뒤에 있는 모든 문제(연습문제, 토론문제, 매운맛 도전문제), 현대 유전학 특강 1~6, 부록 A 참고문헌, 부록 B 해답, 용어해설은 저희 웹사이트 **www.biobooks.co.kr "자료실"**란에서 다운로드하세요.

1

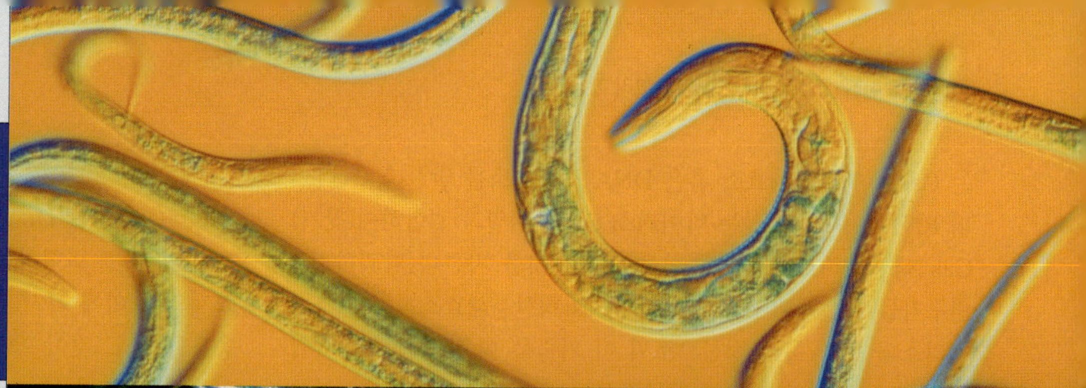

유전학 입문

유전학의 새로운 모델 생물로는 선형동물인 예쁜꼬마선충(*Caenorhabditis elegans*)과 제브라피쉬(*Danio rerio*), 그리고 겨자과 식물인 애기장대(*Arabidopsis thaliana*) 등이 있다.

핵심 개념

- 21세기의 유전학은 고대 세계에서 19세기에 걸쳐 오늘날에 이르기까지 발견과 실험이라는 풍성한 전통 위에 확립되었다.
- 전달유전학은 유전자에 의해 조절되는 형질들이 배우자를 통해 대대로 전달되는 일반적인 과정이다.
- 돌연변이 계통들은 유전자 사이의 위치와 거리를 염색체에 지도화하기 위한 유전적 교배에 사용될 수 있다.
- DNA 구조의 왓슨–크릭 모형은 유전정보가 어떻게 저장되고 표현되는지 설명한다. 이 발견은 분자 유전학의 기초가 되었다.
- 유전학을 혁신한 재조합 DNA 기술은, 인간 유전체 계획의 기초가 되었으며, 유전학과 정보 기술을 조합한 새로운 분야를 탄생시켰다.
- 생명공학은 농업, 의학, 그리고 산업 등 넓은 범위의 분야에 사용되는 유전적으로 변형된 생물과 그 산물을 제공한다.
- 유전학 연구에 사용되던 모델 생물들은 이제 재조합 DNA 기술과 유전체학 기술을 조합함으로써 인간의 질병 연구에 이용된다.
- 유전학 기술은 그것을 통제하는 정책이나 법, 그리고 관습보다 더 빠르게 발전하고 있다.

유전학 교재를 집필할 때의 커다란 즐거움 중 하나는, 인간의 삶에 중요하고 다양한 영향을 미치기 시작한 학문 분야의 매우 중요한 신기술을 자주 소개할 수 있다는 점이다. 이번 개정판에서는 세균에서 발견되는 분자 기구인 **크리스퍼-카스(CRISPR-Cas)**의 발견에 대해 논의할 수 있게 되어 기쁘다. 이것은 어떤 생물에서도 유전자의 DNA 서열을 재작성할 수 있는 우리의 능력을 혁신시킬 힘을 가지고 있다. 이것은 또한 인간을 비롯한 생물체들의 유전체를 정확하게 편집할 수 있도록 하는 최고의 유전학 기술을 대표한다. 그러한 유전자 변형은 인간 유전체의 서열화를 포함하여 지난 35년 동안 이루어졌던 생명공학의 수많은 발전 중에서도 가장 진보된 것이라고 할 수 있다.

그런 **유전자 편집(gene editing)**은 원래 다른 방법들로도 가능했지만, 크리스퍼-카스 체계는 더 정확하고 효율적일 뿐 아니라 다양한 능력과 용이성 때문에, 이제는 유전자 변형에 있어서는 최선의 방법이 되었다. 애초에 크리스퍼-카스는 세균이 바이러스 감염에 저항하기 위한 "찾아 파괴하기" 기구로 발견되었다. 규칙적 간격으로 나타나는 짧은 회문성 반복서열들의 무리(clustered regularly interspersed short palindromic repeats)를 뜻하는 CRISPR는, RNA를 생산하는 세균 유전체의 일부를 가리키며, 크리스퍼와 관련됨(CRISPR-associated)을 뜻하는 Cas는 핵산분해효소 혹은 DNA 절단효소를 말한다. 크리스퍼 RNA는 자신과 맞는 바이러스 DNA 서열과 결합하여(찾기) Cas 핵산분해효소를 소환함으로써 그것을 자른다(파괴하기). 연구자들은 선택된 DNA 서열로 Cas 핵산분해효소를 소환하는 크리스퍼 RNA를 합성함으로써 이 기술을 이용한다. 실험실에서는 크리스퍼-카스가 이미 낭포성 섬유증이나 헌팅턴병, 지중해성 빈혈증, 낫세포 빈혈증, 그리고 근위축증 및 점진적 시력 손상을 유발하는 X-연관성 망막 색소 변성증 같은 유전 질병을 가진 사람들에서 세포의 돌연변이를 수리하는 데 이용되고 있다. 미국에서는 암치료를 위한 유전체 편집에 크리스퍼-카스를 이용하는 임상시험이 승인되었고, 낫세포 빈혈증에서는 교정된 유전자 서열을 가진 수백만 개의 조혈성 골수 줄기 세포(적혈구를 생성함)를 환자에게 주입하는 임상 시험에서 매우 유망한 결과를 보여주었다. 중국에서는 CRISPR-Cas9을 암치료에 이용하는 임상시험이 이미 진행 중이다.

이 놀라운 체계의 응용은 인간의 유전병 치료법의 개발을 넘어서고 있다. 어떤 생물에서든, 유전적 변형이 인간의 존재와 우리 지구에 유용한 곳이라면 크리스퍼-카스(이제는 종종 그냥 크리스퍼라고 불림)가 이용될 수 있을 것이다. 예를 들어, 한 연구팀은 모기의 유전자를 편집하여 이들이 인간에서 말라리아를 일으키는 기생충의 숙주가 되지 않도록 했다. 다른 연구자들은 해조류의 유전체를 편집하여 생물연료 생산량을 두 배로 늘렸다. 이런 방법은 밀과 벼에서 질병 저항성 작물 계통을 만드는 데도 이용되었다.

다른 주요 기술적 발전과 마찬가지로, 이 체계가 가진 힘은 이미 윤리적 우려를 불러일으켰다. 예를 들어, 인간의 생식세포나 배아의 유전적 변형은 미래 세대에 의해 전달될 유전정보를 변화시킬 것이다. 이런 변형들은 우리 인간에게 의도치 않은 중요한 부정적 결과를 초래할 수도 있을 것이다. 2017년, 한 국제적 전문인 모임에서는 인간 유전체 편집에 대한 과학, 윤리, 그리고 정책에 대한 보고서를 발표했다. 이들은 인간 배아의 변형은 "오로지 어쩌지 못할 이유와 엄격한 감독 아래에서만 허용"되어야 한다고 언급하면서 주의를 당부하기도 했다. 이 회의는 인간 배아의 유전체 편집이 아직 안전하지 않은 것으로 결론지었지만, 2018년 11월 세계는 중국에서 HIV 저항성을 제공하기 위한 유전체 편집으로 쌍둥이가 태어났음을 알게 되었다. 이 연구는 과학과 윤리에 근거하여 널리 비판을 받았다. 쌍둥이가 HIV에 저항성이 있는지는 분명하지 않지만, 유전체 편집을 인간에게 적절히 사용하는 것에 대한 지속적인 논의가 필요하다는 것은 분명하다. 우리는 이 장의 후반에 이에 대해 다시 논의할 것이다.

크리스퍼는 분명 수십년 간의 유전적 발전 중에 가장 흥미로운 것으로, 2020년 카펜티어(Emmanuelle Charpentier)와 다우드너(Jennifer Doudna)의 "유전자 편집 도구로서의 크리스퍼 개발"에 노벨 화학상이 주어진 것만 봐도 알 수 있다. 우리는 이 교재의 말미에 다시 이 기술의 발견과 작용 방법, 그리고 여러 응용들 및 그것이 야기하는 윤리적 고려들에 대해 자세히 논의할 것이다(특강 1장—CRISPR-Cas와 유전체 편집을 참고하라).

이제, 이 짧은 소개가 유전학 공부에 관한 여러분의 호기심, 관심 및 열정을 자극하기를 바란다. 이 장의 나머지 부분에서는 유전학의 주요 개념에 대한 안내와 역사적으로 주요 전환점이 되었던 사건을 알아볼 것이다. 모든 과정에서 학습을 즐기되 초보 유전학자로서 책임감을 진지하게 받아들여주기를 바란다.

1.1 유전학의 역사는 매우 풍부하고 흥미롭다

우리는 사람들이 특정 형질의 유전적 특성을 언제 처음 인식했는지 모르지만, 고고학적 증거(예: 회화적 표현, 보존된 뼈와 두개골, 말린 씨앗)는 수천 년 전에 야생의 집단에서 유전자 변이체를 인위적으로 선택함으로써, 동물들을 성공적으로 가축화하고 식물을 재배했음을 보여준다. 기원전 8,000년에서 1,000년 사이에 말, 낙타, 황소, 늑대들이 길들여졌고 곧 이 종들에 대한 선택적 번식이 이루어졌다. 옥수수, 밀, 벼, 대추야자 등 많은 식물의 재배는 기원전 5,000년경에 시작되었다. 그러한 증거는 생물의 유전적 구성을 조작하려는 우리 조상들의 성공적인 시도를 잘 보여준다.

그리스 문화의 황금기 동안, 히포크라테스 의학교(기원전 500~400년)의 저작물들과, 철학자이자 자연과학자였던 아리스토텔레스(기원전 384~322년)의 저작물들에는 인간의 유전에 관해 논의되어 있다. 히포크라테스의 「종자에 관하여(*On the Seed*)」라는 논문에서는 신체 여러 부분의 활성적 "기질(humors)"이 유전적 특성의 전달자 역할을 한다고 주장했다. 남성 신체의 여러 부분에서 정액으로 옮겨져 자손에게 전달되는 이 체액은 건강하거나 질병에 걸릴 수 있으며, 병든 체액은 선천적 장애나 기형이 있는 신생아가 태어나도록 한다. 또한 이러한 체액은 자손에게 전달되기 전에 개인에서 변경될 수 있으며, 이는 신생아가 환경에 대한 반응으로 부모가 "획득한" 특성을 어떻게 "물려받을" 수 있는지를 설명한다.

아리스토텔레스는 히포크라테스의 생각을 발전시켜 남성의 정액에는 부모와 동일한 "형태"(즉, 기본 구조와 능력)의 자손을 생성할 수 있는 능력을 가진 "생명열(vital heat)"이 포함되어 있다고 제안했다. 아리스토텔레스는 여성이 생산하는 생리혈이 자손을 만드는 "실체적 물질"이며 남성의 생명열이 이것을 변형시키는 것으로 믿었다. 배아가 발달하는 이유는 (일부 히포크라테스 학파가 생각했던 것처럼) 성체의 일부가 이미 작은 형태로 들어 있기 때문이 아니라, 생명열의 모양 형성 능력 때문이다. 비록 히포크라테스와 아리스토텔레스의 생각이 오늘날에는 원시적이고 순진하게 들리기는 하지만, 1800년대 이전에는 포유류에서 정자나 난자가 관찰되지 않았다는 사실을 기억해야 한다.

1600~1850: 현대 생물학의 여명기

기원전 약 300년~1600년 사이에는 유전학에 대한 새롭고 중요한 아이디어가 거의 없었다. 그러나 1600년~1850년 사이의 주요 발전은 생명의 생물학적 기초에 대한 통찰력을 제공했다. 1600년대에 하비(William Harvey)는 생식과 발생을 연구하여 유기체가 수정란에서 발달하여 결국 난자를 성체로 변형시킨다는 **후성발생(epigenesis)** 이론을 제안했다. 이 이론은 수정란에 **호문쿨루스(homunculus; 미소 인간)**라고 불리는 완전한 소형 성체가 포함되어 있다는 **전성설(preformation)**과 직접적으로 충돌한다(그림 1.1). 1830년경 슐라이덴(Matthias Schleiden)과 슈반(Theodor Schwann)은 **세포설(cell theory)**을 제안했는데, 이것은 모든 생물이 세포라고 불리는 기본적 구조 단위로 구성되어 있으며, 이것은 기존의 세포에서만 기원한다고 주장한다. 무생물적 구성 요소로부터 생물체가 생긴다는 **자연 발생(spontaneous generation)** 개념은 그 세기 후반에 파스퇴르(Louis Pasteur)에 의해 반증되었으므로, 당시에 생물체는 기존 생물체에서 생기는 것이며 세포로 구성되어 있는 것으로 생각되었다.

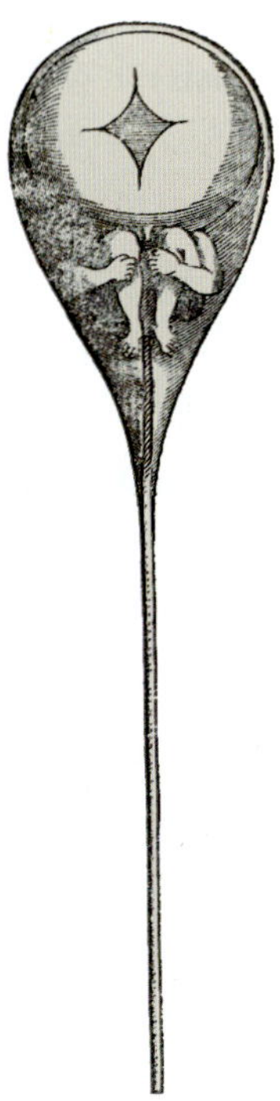

그림 1.1 호문쿨루스. 완벽한 비율로 완전히 형성된 미소 성인을 포함하고 있는 정자를 묘사하고 있다.

1800년대 중반 다윈(Charles Darwin)과 멘델(Gregor Mendel)의 혁명적인 업적은 20세기와 21세기 유전학의 급속한 발전을 위한 토대가 되었다.

다윈과 진화

이러한 배경을 바탕으로 우리는 1859년에 종의 기원(*Origin of Species*)을 출판했던 다윈의 연구로 돌아가 간략히 논의해 보고자 한다. 여기서 그는 진화에 관한 그의 생각을 기술하고 있다. 다윈은 지질학적, 지리학적, 생물학적 관찰을 통해 현존하는 종들은 조상 종의 변형된 후손이라고 확신했다. 비글호(HMS *Beagle*; 1831~1836) 항해로 큰 영향을 받아, 다윈은 진화적 변화의 기구에 대한 설명으로 **자연선택(natural selection)** 이론을 확립할 수 있었다. 월레스(Alfred Russel Wallace)도 역시 독립적으로 자연선택을 공식화하여 제안한 바 있는데, 그는 생물집단(개체군)이 환경이 지탱할 수 있는 것보다 더 많은 자손을 포함하는 경향이 있어 개체 간에 생존을 위한 투쟁으로 이어진다는 관찰을 기반으로 이 이론을 확립할 수 있었다. 그들의 환경에 더 잘 적응할 수 있도록 하는 유전적 특성을 지닌 개체들은 덜 적응적인 형질을 가진 개체들보다 더 잘 생존할 수 있으며, 따라서 더 많은 자손을 남길 수 있다. 오랜 시간이 지나면, 유리한 변이들은 아주 사소한 것일지라도 누적되기 마련이다. 만약 이런 유전적 변이들을 가진 집단이 생식적으로 격리된다면 새로운 종이 생겨날 수 있다.

그러나 다윈은 변이와 유전에 대한 유전학적 기초가 부족했고, 그의 이론에 생긴 헛점은 당연히 20세기까지 비판의 대상이 되었다. 다윈이 그의 책을 출판한 직후, 1866년에 멘델(Gregor Johann Mendel)은 식물인 완두에서 어떻게 세대를 거쳐 형질이 유전되는지를 보여주는 짧은 논문을 발표한다. 이것은 어떻게 형질들이 유전되는지에 관한 일반적인 모형을 제공하는 것이었다. 그의 연구는 1900년경 코렌스(Carl Correns), 드프리스(Hugo de Vries), 그리고 체르막(Erich Tschermak) 등에 의해 비슷한 실험이 되풀이되기까지 거의 알려지지 못했다.

20세기 초반에 이르러, 배우자들에 의해 염색체들이 각 개인으로 전달되며, 이 염색체들에 포함된 유전자들에 저장된 유전정보에 의해 유전과 발생이 결정된다는 사실이 명확해졌다. 이른바 **유전의 염색체설**(*chromosomal theory of inheritance*)이 확립된 것이다. 다윈 이론의 틈은 메워졌으며 멘델의 연구는 계속해서 유전학의 기초를 마련하게 되었다.

1.2 유전학은 1세기도 안 되어 멘델부터 DNA까지 발전했다

유전적 과정이 생명 그 자체에 기초한 것이므로, 유전학은 생물학을 통합하고 그 핵심으로 작용한다. 과학의 한 분야로서 유전학은 1850년대 유럽 중부의 한 수도원에서 시작되었다.

형질 전달에 관한 멘델의 연구

어거스틴 수도회의 수도사였던 멘델은 식물인 완두를 사용하여 근 10년에 걸친 일련의 실험을 수행했다. 그는 자신의 연구 결과에 정량적 자료 분석법을 적용하여 형질들이 예측 가능한 방식으로 부모로부터 자손으로 전달된다는 것을 보여주었다. 나아가 그는 그 식물의 각 형질들이 한 쌍의 인자들(지금 우리가 유전자라고 부르는 것)에 의해 조절되며 배우자 형성(정자와 난자의 형성) 중에는 각 유전자 쌍의 구성원들이 서로 분리된다는 결론을 내렸다. 그의 연구는 1866년에 발표되었지만 1900년경에 다른 사람들에 의해 발표된 논문들에 인용될 때까지 거의 잊혀져 있었다. 일단 확인이 되자, 멘델의 발견은 완두뿐 아니라 다른 고등 생물들에서도 형질들의 전달을 설명할 수 있는 것으로 인식되었다. 그의 연구는 유전과 변이를 연구하는 생물학의 한 분야로 정의되는 **유전학(genetics)**의 기초가 되었다. 멘델 유전학은 이후에 이 교재에서 다시 논의될 것이다(3장과 4장 참고).

유전의 염색체설: 멘델 이론과 감수분열의 통합

멘델은 염색체의 구조나 기능이 알려지기 전에 실험을 수행했던 사람이다. 그의 연구가 발표되고 20년 정도 지난 후에야, 현미경의 발달로 연구자들이 염색체들을 확인하였고(그림 1.2) 진핵생물 대부분이 거의 모든 세포에서 **이배체 수(diploid number,**

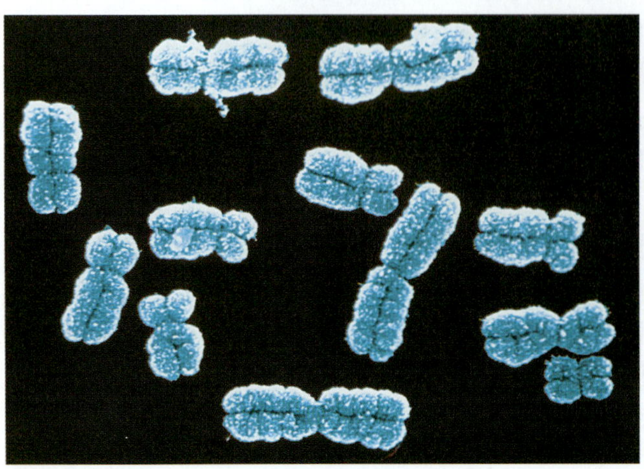

그림 1.2 세포 분열기에 제작된 복제 후의 인간 염색체. 주사 전자현미경을 이용하여 관찰한 것으로, 색을 입혀 보정한 사진이다.

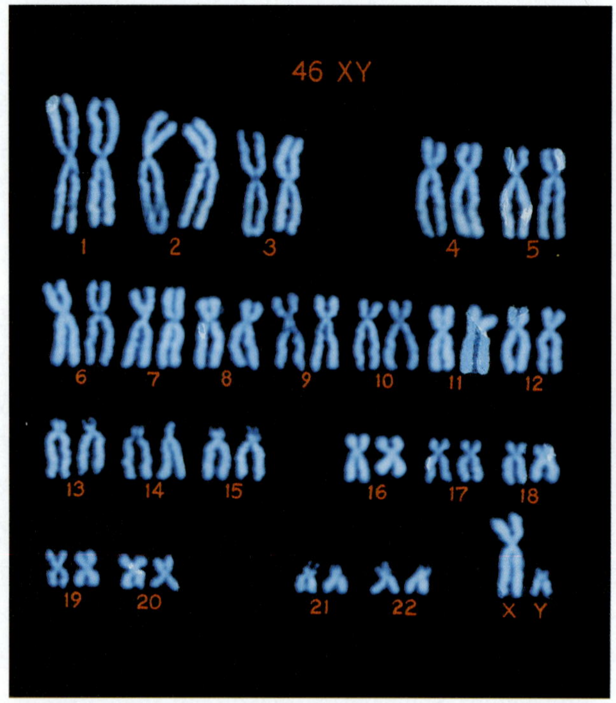

그림 1.3 색을 입혀 나타낸 인간 남성의 염색체 세트 사진. 이런 식으로 정렬된 것을 핵형이라고 한다.

2*n*)라고 하는 독특한 수의 염색체 수를 가진다는 것을 확실히 할 수 있게 되었다. 예를 들어, 인간은 46의 이배체 수를 가진다(그림 1.3). 이배체 세포의 염색체들은 쌍으로 존재하며, 이들은 **상동염색체(homologous chromosome)**라고 불린다.

19세기의 마지막 10년 동안, 연구자들은 세포의 분열의 두 가지 형태인 **유사분열(mitosis)**과 **감수분열(meiosis)** 과정 중에 발생하는 염색체들의 행동을 기술했다. 유사분열(그림 1.4) 중에는, 염색체들이 복제되고 각 딸세포들은 부모 세포의 것과 동일한 이배체의 염색체 세트를 받는 방식으로 나뉜다. 감수분열은 배우자 형성과 연관되어 있다. 감수분열에 의해 생성된 세포들은 각 상동염색체 쌍에서 오직 한 구성원들만 받는다. 따라서 염색체는 **반수체 수(haploid number, *n*)**가 된다. 난자와 정자가 융합하여 생긴 자손들이 그들의 부모나 종 내의 다른 생물들에서 특이적으로 나타나는 일정한 숫자의 염색체를 유지하기 위해서는, 염색체 숫자의 이런 감소(reduction)는 필수적인 것이다.

20세기 초, 서턴(Walter Sutton)과 보베리(Theodor Boveri)는 각자 독립적으로, 감수분열시 염색체들의 행동이 멘델이 설명했던 배우자 형성 과정에서의 유전자들의 행동과 같다는 점에 주목했다. 예를 들어, 유전자들과 염색체들은 쌍으로 존재하며, 한 유전자 쌍의 구성원들이나 한 염색체 쌍의 구성원들은 배우자 형성 과정 중에 서로 분리된다. 이런 유사성에 기초하여, 서턴과 보베리는 유전자들이 염색체들에 의해 전달되는 것이라

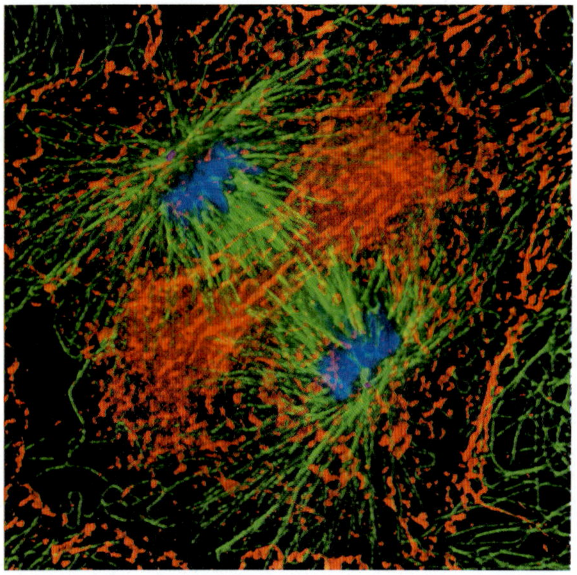

그림 1.4 유사분열 과정에서 염색체(푸른색으로 염색됨)가 분리된 후의 시기.

고 제안했다(그림 1.5). 그들은 각자 독립적으로 **유전의 염색체설(chromosome theory of inheritance)**을 주장했는데, 유전되는 형질들이 배우자들을 통해 정확히 전달되는 염색체들 위의 유전자들에 의해 조절되며, 이것이 세대를 거친 유전적 지속성을 유지시킨다는 것이다.

유전적 변이

유전의 염색체설이 제안되었을 때쯤, 과학자들은 초파리인 *Drosophila melanogaster*에서 형질들의 유전을 연구하기 시작했다. 이런 연구의 초기에 흰 눈 초파리(그림 1.6)가 정상(야생형) 붉은 눈 초파리들 사이에서 발견되었다. 이 변이의 원인은 눈 색을 조절하는 유전자 중 하나에서 생긴 **돌연변이(mutation)** 때문이었다. 돌연변이는 DNA 서열에서 생긴 유전적 변화로 정의되며, 유전적 변이의 근원이다.

초파리에서 발견된 흰 눈 변이체는 눈 색을 조절하는 유전자의 한 가지 **대립유전자(allele)**이다. 대립유전자들은 '유전자의 다른 형태들'로 정의된다. 서로 다른 대립유전자들은 생물들의 관찰 가능한 특징, 즉 **표현형(phenotype)**에서의 차이를 만들어 낼 수 있다. 생물들이 가진 특정 형질들에 대한 유전자들의 세트는 **유전자형(genotype)**이라고 불린다. 돌연변이 유전자들을 마커로 사용함으로써, 유전학자들은 염색체 상에 유전자들의 위치를 지도화(map)할 수 있다(그림 1.5).

유전자의 화학적 성질에 대한 탐구: DNA냐, 단백질이냐?

흰 눈 초파리에 대한 연구는, 돌연변이 형질이 단일 염색체를 따라 추적되는 유전 양상을 보여줌으로써, 유전자가 염색체에 의

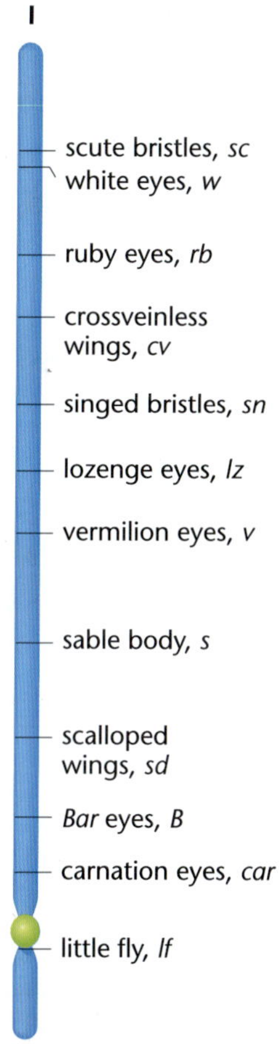

그림 1.5 초파리의 1번 염색체(X 염색체로 성 결정에 관여한다)에 위치한 여러 유전자들. 염색체들은 수백 개의 유전자들을 포함할 수 있다.

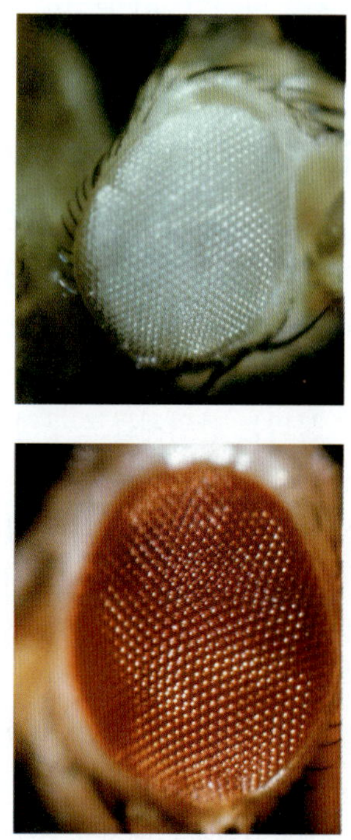

그림 1.6 흰 눈 초파리(위)와 정상적인 붉은 눈 초파리(아래).

해 이동한다는 생각을 확고히 해 주었다. 일단 이러한 관계가 확립되자, 연구자들은 염색체의 어떠한 화학적 성분이 유전정보를 운반하는지에 관심을 갖게 되었다. 1920년대가 되자, 과학자들은 단백질과 DNA가 염색체의 주요 화학 성분임을 알게 되었다. 굉장히 많은 종류의 단백질들이 존재하고, 핵이나 세포질에 모두 단백질이 분포했기 때문에, 많은 과학자들은 단백질들이 유전정보의 운반체일 것으로 생각했다.

1944년, 뉴욕 록펠러 연구소(Rockefeller Institute)의 에이버리(Oswald Avery), 맥레오드(Colin MacLeod), 그리고 매카티(Maclyn McCarty), 세 연구자는 세균에서의 유전정보 운반체가 DNA임을 보여주는 연구 내용을 발표했다. 매우 분명한 정보였음에도 불구하고, 이것은 당시의 많은 영향력 있는 과학자들에게 확신을 심어주지는 못했다. 유전정보 운반체로서의 DNA의 역할에 대한 추가적인 증거는 바이러스로 연구하던 허시(Alfred Hershey)와 체이스(Martha Chase)로부터 나왔다. DNA가 유전정보를 운반한다는 이런 증거는, 이후 몇 년간에 걸친 다른 연구들과 함께 단백질이 아니라 DNA가 유전 물질이라는 확고한 증거가 제공되면서, DNA의 구조를 밝히기 위한 연구의 토대가 되었다.

1.3 이중나선의 발견으로 분자 유전학의 시대가 열렸다

일단 DNA 형태의 핵산이 유전정보를 운반한다는 것이 받아들여지자, DNA의 구조를 밝히고, 이 분자에 저장된 정보가 어떤 방법으로 표현형을 만드는지에 대해 연구 노력이 집중되었다.

DNA와 RNA의 구조

20세기의 위대한 발견들 중 하나는 1953년 왓슨(James Watson)과 크릭(Francis Crick)에 의한 DNA의 구조에 대한 설명이다. DNA는 꼬여서 이중 나선을 형성하는 긴 사다리 모양의 분자이다(그림 1.7). 그 나선의 각 선형 가닥은 **뉴클레오타이드(nucleotide)**라고 불리는 단위체들로 구성된다. DNA에는 네 가지 서로 다른 뉴클레오타이드가 존재한다. 각 뉴클레오타이드는 질소가 포함된 염기가 하나씩 포함되어 있는데, 각각 A(아데닌), G(구아닌), T(티민), 그리고 C(사이토신)로 요약해 표현된다. 이 네 가지 염기는 다양한 서열 조합을 통해 유전정보를 암호화한다. DNA의 두 가닥들은 서로 완전히 상보적이어서 이중 나선 사다리의 가로대는 항상 A-T 혹은 G-C 염기쌍으로 구성된다. 윌킨스(Maurice Wilkins)와 함께, 왓슨과 크릭은 DNA의 구조에 대한 연구로 1962년에 노벨상을 수상했다. 교재의 다른

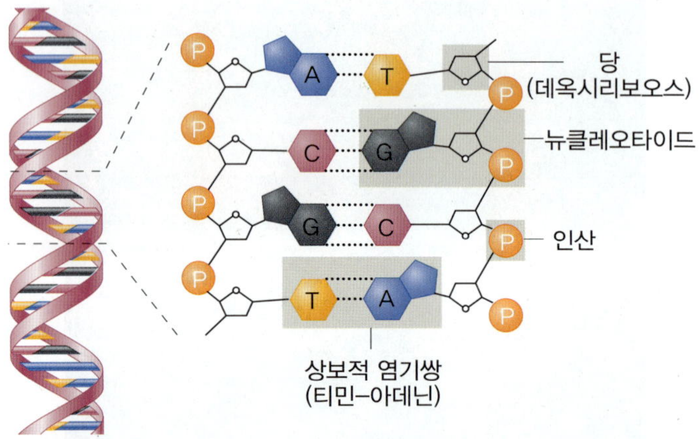

그림 1.7 DNA 구조의 요약. 이중 나선의 배열(왼쪽)과 각 가닥을 구성하는 화학적 성분들(오른쪽)을 보여준다. 오른쪽의 점선들은 약한 화학 결합을 나타내는 것으로 수소결합이라고 불린다. 이들은 DNA 나선의 두 가닥이 서로 붙어 있도록 한다.

장에서 DNA의 구조에 대해 보다 자세히 논의가 될 것이다(9장 참고).

또 다른 핵산인 RNA는 화학적으로는 DNA와 비슷하지만, 그 뉴클레오타이드 내에 다른 종류의 당(데옥시리보오스가 아니라 리보오스)과 질소 포함 염기를 가진다(티민 대신 유라실). 그리고 RNA는 일반적으로 단일 가닥 분자로 존재한다.

유전자 발현: DNA에서 표현형까지

DNA에 뉴클레오타이드의 순서로 저장된 유전정보는 일련의 단계를 거쳐 발현되어 기능적인 유전자 산물을 만든다. 대부분의 경우, 이 산물은 단백질이다. 진핵세포에서, 단백질 산물이 나오기까지의 과정은 핵에서의 **전사(transcription)**로 시작된다. 이 과정은 한 가닥의 DNA 뉴클레오타이드 서열이 상보적인 RNA 서열을 만드는 데 이용되는 과정이다(그림 1.8의 상단). 일단 RNA 분자가 생산되면, 이것은 세포질로 이동되고 여기서 RNA—전령 RNA(messenger RNA), 혹은 간단히 mRNA—가 리보솜(ribosome)들과 결합한다. mRNA의 지시 하에 단백질이 합성되는 것을 **번역(translation)**이라고 한다(그림 1.8의 중간 부분). mRNA에 암호화된 정보는 **유전암호(genetic code)**라고 불리며, 뉴클레오타이드가 세 개씩 선형으로 연결된 것이다. 여기서 세 개의 뉴클레오타이드 한 조를 **코돈(codon)**이라고 한다. 이들은 DNA에 저장된 정보에 상보적이며 단백질에 특정 아미노산이 삽입되도록 지정한다. 단백질들(그림 1.8의 아랫부분)은 아미노산 단위체들로 구성된 중합체(polymer)들이다. 단백질들에서는 흔히 20가지의 서로 다른 아미노산들이 발견된다.

단백질 조립은 **운반 RNA(transfer RNA, tRNA)**라고 불리

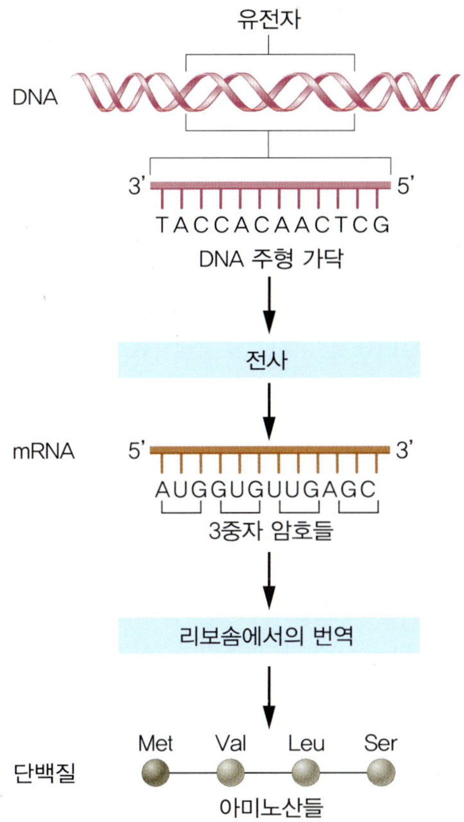

그림 1.8 유전자 발현은 DNA에서 mRNA로의 전사(상단)와, (리보솜의 도움으로) mRNA의 번역(중앙)이 단백질을 만드는 것(하단)으로 구성된다.

는 어댑터(adapter) 분자의 도움으로 이루어진다. 리보솜 내에서, tRNA들은 mRNA 코돈에 암호화된 정보들을 인식하여 적절한 아미노산을 운반해 줌으로써 번역과정 동안 단백질이 만들어지도록 한다.

우리는 유전자 발현이 여기 요약된 것보다 훨씬 복잡할 수 있음을 알고 있다. 이런 복잡함의 일부는 이 교재의 후반에 논의될 것이다(14장과 19장 참고).

단백질과 생물학적 기능

대부분의 경우, 단백질들은 유전자 발현의 최종 산물이다. 단백질의 다양성과 그들이 수행하는 생물학적 기능들—생명 그 자체의 다양성—은 단백질들이 20가지의 서로 다른 아미노산들로 구성되어 있다는 사실에서 생겨난다. 100개의 아미노산을 포함한 어떤 단백질 사슬은 각 아미노산 자리에 20가지 아미노산 중 어느 것이라도 가질 수 있다; 100개의 아미노산으로 되어 있는 서로 다른 단백질 종류의 가능한 숫자는, 각기 독특한 서열을 가진 것이므로,

$$20^{100}\text{가 된다.}$$

분명히, 단백질들은 엄청난 구조적 다양성을 가질 수 있는 분자들이며, 생물학적 체계의 대들보 역할을 한다.

효소(enzyme)는 단백질 중 가장 큰 범주를 차지한다. 이 분자들은 생물학적 촉매제로 작용하여 반응의 활성화 에너지를 낮춰줌으로써 세포 대사가 체온에서도 진행될 수 있도록 한다.

효소가 아닌 다른 단백질들은 세포와 생물들의 필수 성분들이다. 이런 단백질로는 적혈구 세포에서 산소와 결합하는 분자인 헤모글로빈(hemoglobin)을 포함하여; 췌장 호르몬인 인슐린(insulin); 결합 조직 분자인 콜라겐(collagen); 그리고 수축성 근단백질인 액틴(actin)과 마이오신(myosin) 등이 있다. 한 단백질의 모양과 화학적 특성은 아미노산들의 순서에 의해 결정되며, 이것은 유전자의 DNA에 저장된 정보에 의해 정해진 것이다. 유전정보는 RNA로 옮겨져 단백질 합성을 지시하게 된다.

유전자형과 표현형의 연계: 낫세포 빈혈증

일단 단백질이 합성되면, 그것의 생화학적 성질이나 구조적 성질들이 표현형을 만드는 데 특정 역할을 하게 된다. 돌연변이가 유전자를 변화시키면, 암호화된 단백질의 일반적 기능이 변화되거나 심지어 사라질 수 있고, 결국 변화된 표현형이 나타나게 된다. 이런 연속 사건들을 추적하기 위해 인간의 유전병 중 하나인 낫세포 빈혈증(sickle-cell anemia)을 살펴보기로 하자.

낫세포 빈혈증은 돌연변이 형태의 헤모글로빈에 의해 유발되는데, 이 단백질은 폐에서 전신의 세포로 산소를 운반한다. 헤모글로빈은 α-글로빈과 β-글로빈, 두 종류의 단백질로 구성되는 복합 분자로, 이들은 각기 다른 유전자에서 암호화된다. 낫세포 빈혈증에서는 β-글로빈을 암호화하는 유전자에서의 돌연변이가 이 단백질의 146개 아미노산 중 하나의 아미노산이 대체되도록 한다. 그림 1.9는 주형 DNA 서열, 해당 mRNA 코돈들, 그리고 정상 형태와 돌연변이 형태의 β-글로빈에 대한 아미노산 서열을 4번째에서 7번째까지 보여주고 있다. 낫세포 빈혈증에서의 돌연변이는 한 개의 DNA 뉴클레오타이드가 바뀐 것이며, 이것이 mRNA의 6번째 코돈을 GAG에서 GUG로 바꾸었다. 이로 인해 β-글로빈의 6번째 아미노산이 글루탐산에서 발린으로 변한다. 이 단백질의 나머지 145개의 아미노산은 이 돌연변이에 의해 바뀌지 않는다.

β-글로빈 유전자에서 두 개의 돌연변이 사본을 가진 사람들은 낫세포 빈혈증을 가진다. 그들의 돌연변이 β-글로빈 단백질들은, 산소 농도가 낮아지면 적혈구에서 헤모글로빈 분자들이 중합되도록 하여 적혈구 세포의 모양이 왜곡되도록 하는 긴 사슬을 만든다(그림 1.10). 이렇게 변형된 세포들은 약해지고 쉽게 부서져서 순환계 내의 적혈구 숫자가 줄어든다(빈혈이란 적혈구 세포의 부족을 말한다). 낫 모양의 적혈구 세포들은 작은 혈관이

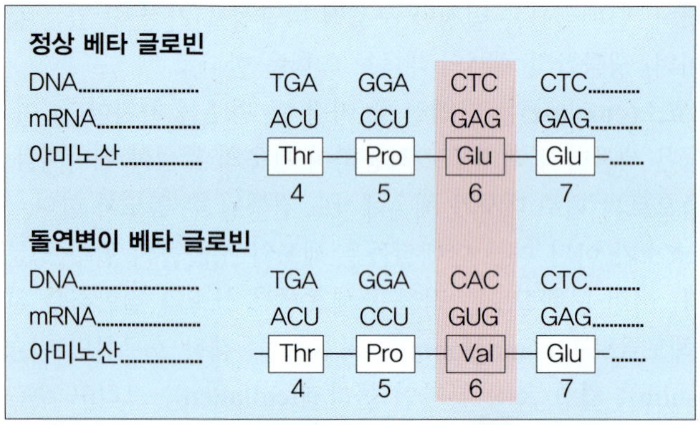

그림 1.9 β-글로빈을 암호화하는 DNA에서의 단일 뉴클레오타이드 변화(CTC→CAC)가, 변화된 mRNA 코돈(GAG→GUG)을 만들고 달라진 아미노산(Glu→Val)의 삽입을 이끌어 β-글로빈의 변이형을 생산하게 만든다. 이것은 낫세포 빈혈증을 일으킨다.

나 모세혈관에서의 혈류 흐름을 방해하여 심한 통증을 일으키며 심장, 뇌, 근육, 그리고 신장 손상을 일으킨다. 이 질병의 모든 증상들은 β-글로빈 분자의 146개 아미노산 중 한 개의 아미노산을 변화시킨, 한 유전자의 단일 뉴클레오타이드 변화에 의한 것이다. 이것은 유전자형과 표현형 사이의 밀접한 관계를 잘 보여준다.

1.4 재조합 DNA 기술의 개발로 DNA 복제의 시대가 열렸다

1970년대 초반에 **제한효소(restriction enzyme)**라고 불리는 세균 단백질들이, 침입 바이러스의 DNA를 자르며, 이것은 어떤 생물의 DNA라도 특정 뉴클레오타이드 서열에서 절단을 일으켜 항상 같은 방식으로 단편들을 만든다는 것이 과학자들에 의해 밝혀지면서, 재조합 DNA의 시대가 열렸다.

곧, 연구자들은 제한효소로 자른 DNA 단편들을 **벡터(vector)**라고 불리는 운반용 DNA 분자에 삽입시켜 **재조합 DNA(recombinant DNA)** 분자들을 만들 수 있는 방법을 발견하였다. 이것은 세균 세포로 전달되면, 세균 세포가 증식하는 동안 벡터와 연결된 DNA 단편의 수천 개 사본들, 즉 **클론들(clones)**이 생성되도록 한다. 복제된 DNA 단편들은 대량으로 이 세균 숙주 세포들로부터 분리될 수 있다. 이 단편들은 유전자를 분리하는 데 이용될 수 있고, 유전자의 구성이나 발현을 연구하는 데 사용될 수도 있으며, 뉴클레오타이드 서열이나 진화를 연구하는 데에도 사용될 수 있다.

유전체(genome)는 특정 생물의 완전한 반수체 DNA 양으로 정의되며, 이를 대표할 수 있는 클론들의 모음은 유전체 도서관(genomic library)이라고 불린다. 이제 수백 종의 생물들에 대한 유전체 도서관들이 사용 가능해졌다.

재조합 DNA 기술(recombinant DNA technology)은 연구의 속도를 가속화시켰을 뿐 아니라 생명공학 산업을 부흥시켰으며, 미국 경제에 기여하는 주요 분야로 성장했다.

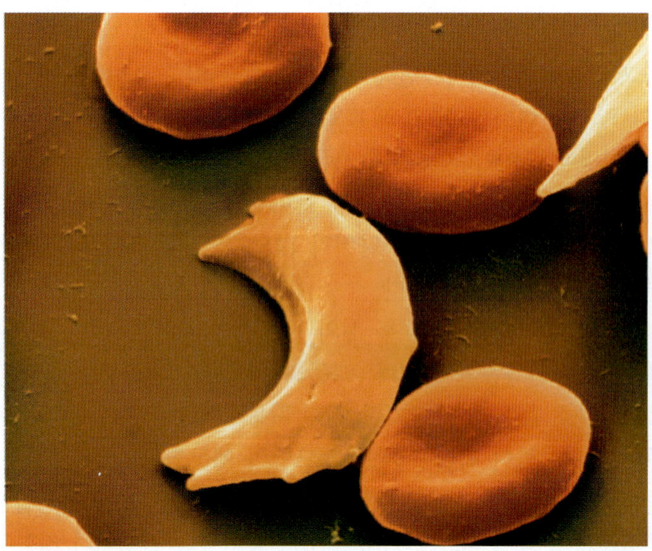

그림 1.10 정상적인 적혈구 세포(둥글다)와 낫형 적혈구 세포들. 낫 모양이 된 세포들은 모세혈관과 작은 혈관들을 막는다.

1.5 생명공학의 영향은 계속해서 팽창하고 있다

상품을 만들기 위해 재조합 DNA 기술과 기타 분자 생물학적 기술을 사용하는 것을 **생명공학(biotechnology)**이라고 부른다. 미국에서는 생명공학이 일상생활의 많은 부분을 조용히 혁신시켜 왔다; 생명공학에 의해 만들어진 상품들은 이제 슈퍼마켓, 건강관리, 농업, 그리고 법정에서도 발견할 수 있다. 이후의 장을 빌어 생명공학에 대한 보다 자세한 논의를 하겠지만(22장 참고), 여기서는 생명공학이 일상생활에 미치는 영향의 예를 몇 가지만 살펴보도록 하자.

식물, 동물, 그리고 식량 공급

작물을 유전적으로 변화시키기 위해 재조합 DNA 기술이 이용되면서 농업이 크게 변화되었다. 제초제나 해충에 저항성을 부여하는 형질의 유전자와, 영양 가치를 증대시키기 위한 유전자들이 작물들에 도입되었다. 재조합 DNA 기술로 유전적인 형질들이 생물종들 사이에서 옮겨져 **트랜스제닉 생물들(transgenic organisms, 유전자 이식 생물들)**이 생겨났다. 제초제-저항성 옥수수와 콩들은 1990년대 중반에 처음 재배되었는데, 이제 그 트랜스제닉 계통들은 미국에서 옥수수 작물의 88%, 콩 작물의 93%를 차지한다. 그리고 미국의 가공식품에서도 70% 이상이

트랜스제닉 작물로부터 얻은 성분들을 포함하고 있는 것으로 추정된다.

이 교재의 후반부에는 유전적으로 변형된 생물들과 관련된 최근의 발견들에 대해 논의해 볼 것이다(특강 4장—유전적으로 변형된 식품들 참고).

양과 소 같은 가축들을 복제하는 새로운 기술들 역시 우리가 이 동물들을 사용하는 방식을 변화시켰다. 1996년에 핀 도싯 품종의 양인 돌리(Dolly)가 핵 이식 방법에 의해 복제되었다(그림 1.11). 이 방법에서는 핵이 제거된 난자로 성체 세포의 핵을 옮겨준다. 이 방법은 농업, 스포츠 분야, 그리고 의학적 응용에 적합한 형질을 가진, 유전적으로 동일한 자손들을 수십 수백 개체로 생산할 수 있도록 해준다.

생명공학은 의학적으로 사용되는 인간 단백질이 생산되는 방식 역시 변화시켰다. 유전자 전달을 사용함으로써, 이제 트랜스제닉 동물들이 이런 치료 단백질들을 합성하게 되었다. 2009년에는 트랜스제닉 염소의 젖에서 추출한 항응고 단백질이 미국 FDA로부터 미국내 사용 승인을 얻었다. 트랜스제닉 동물들로부터 얻은 다른 인간 단백질들 역시 이제 여러 질병들을 치료하기 위한 임상 실험들에 사용되고 있다. 크리스퍼-카스와 기타 새로운 방법들에 의한 유전자 편집 기술이 점차 더 많은 산물들의 개발에 이용됨에 따라, 생명공학적 혁명은 계속해서 확대될 것이다.

유전학과 의학에서의 생명공학

미국 내에서 천만 명 이상의 어린이나 성인들이 특정 형태의 유전병을 앓고 있으며, 아기를 갖는 모든 부부들은 3% 정도의 확률로 유전적 이상이 있는 아이를 낳을 가능성에 직면한다. 이제는 수백 가지의 유전병에 대한 분자적 기초가 알려져 있고, 이 유전자들 중 많은 수가 지도화되었고, 분리되었고, 복제 가능하다(그림 1.12). 생명공학에 기반한 유전학적 검사법들은 이제 유전성 질병들의 산전진단에 이용될 수 있으며, 부모들은 100가지 이상의 유전성 질병들에 대해 자신들의 상태가 "보인자"인지 검사해 볼 수 있다. 이제 더 새로운 방법들은 개인이 유전질병을 앓게 되거나 그런 자녀를 가질 위험성을 알아내기 위해 전 유전체를 검사할 수도 있다. 그러나 유전적 검사의 사용 및 관련 기술들은 아직도 완전히 풀리지 않는 윤리적 문제들을 야기한다.

그림 1.11 돌리(Dolly). 성체의 젖샘 세포에서 얻은 유전물질로부터 복제된 핀 도싯(Finn Dorset) 양이다. 옆에 첫째로 태어난 새끼 양인 보니(Bonnie)가 보인다.

1.6 유전체학, 단백질체학, 그리고 생명정보학은 새롭게 발전하는 분야들이다

재조합 DNA 기술을 이용하여 유전체 도서관을 만들 수 있게 되자, 과학자들은 그 도서관 내의 모든 클론들을 서열화하여 한 생물의 전 유전체를 구성하는 뉴클레오타이드 서열을 구성할 생각을 하게 되었다. 이 서열 정보는 유전체 내의 개별 유전자를 확인하고 그 기능을 밝히는 데 사용될 수 있을 것이었다.

그런 연구 사업 중 하나가 바로 인간 유전체 프로젝트(Human Genome Project, HGP)였는데, 인간 유전체를 서열화하기 위한 국제적 노력으로 1990년에 시작되었다. 2003년이 되자, 공적 자금을 지원받은 인간 유전체 프로젝트와 사적인 회사들의 지원을 받은 유전체 프로젝트가, 전체 유전체 중 유전자-포함 부분에 대한 서열화를 완료했다.

유전체 서열들이 더 많이 확보됨에 따라, 몇몇 새로운 생물학적 학문들이 생겨났다. 한 가지는 **유전체학(genomics**; 유전체에 대한 연구)이라 불리는 것으로, 유전자들과 유전체들의 구조, 기능, 그리고 진화를 연구한다. 두 번째 분야는 **단백질체학(proteomics)**으로, 특정 조건 하에서의 세포에 존재하는 단백질들의 세트를 규명하고, 그들의 기능과 상호작용에 대해 연구한다. 유전체학과 단백질체학에 의해 생성된 대량의 자료들을 저장하고, 다시 꺼내 분석하기 위해서, 정보 기술의 특수화된 하위 분야가 생겨났는데, 그것이 바로 **생물정보학(bioinformatics)**이다. 여기에서는 뉴클레오타이드 자료와 단백질 자료들을 처리하고 저장하기 위한 기계 및 프로그램들을 개발한다.

유전학자들과 여러 생물학자는 이제 핵산 서열, 단백질 서열, 그리고 유전자-상호작용 네트워크들이 포함되어 있는 데이터베이스에서 정보를 사용함으로써 몇 달이나 몇 년씩 걸리던 실험적 문제들에 대한 답을 몇 분 안에 구할 수 있다. 이 교재의

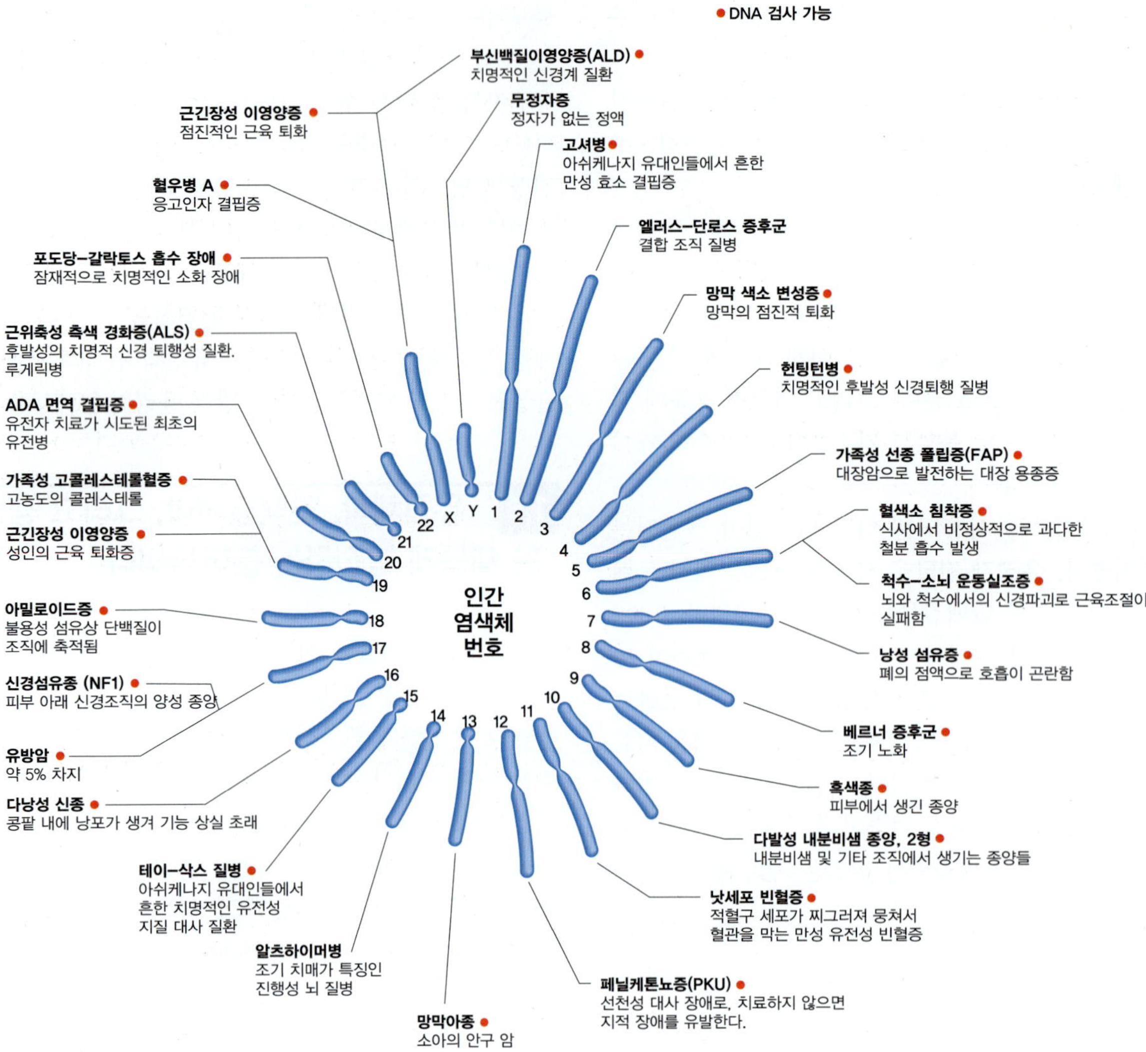

그림 1.12 인간의 염색체 세트. 유전병을 일으키는 돌연변이 형태의 유전자 위치를 보여준다. 유전자 검사로 진단이 가능한 경우는 붉은 색 점으로 표시되었다.

여러 장들에는 말미에 "유전체학 탐구"라 불리는 섹션을 두었는데, 여기서는 여러분이 유전학 연습문제를 푸는 동안 스스로 이런 데이터베이스들을 탐색할 기회를 가질 수 있을 것이다.

유전자 기능을 이해하기 위한 현대적 접근들

이번 판에서도 몇몇 장에서는 "유전자 기능 이해를 위한 현대적 접근" 부분을 유지하였다. 이것은 유전자 기능을 연구하기 위해 유전학자들이 사용하는 가장 최신의 실험적 접근법의 예를 소개하기 위해 고안된 것이다. 방금 설명된 개념에 관한 기술을 연관시킬 수 있도록 본문 내의 적절한 위치에 배치하였다.

역사적으로, 유전자 기능을 연구하고 이해하기 위해서는 **전통적 유전학(classical genetics)** 혹은 **정방향 유전학(forward genetics)**이라고 알려져 있는 방법들이 사용되었다. 이런 접근법에서는 유전학자들이 자연적으로 발생한 돌연변이체들이나 혹은 의도적으로 유도된 돌연변이체들(화학물질, X-선 혹은 UV를 사용한)에 의존하여 모델 생물체들에서 표현형을 변화시킨 후 실험실에서 시간이 많이 걸리는 방법을 통해 새로운 표현형들을 유발한 그 유전자들을 찾아냈다. 그런 규명작업으로 종종 관심 유전자 혹은 유전자들이 분리되었으며, 기술의 발달로 유전자 서열도 결정될 수 있었다.

전통적 유전학에 기초한 방법들은 아직도 사용되고 있지만 유전체 서열화는 점차 일상화되고 있고, 유전자 기능을 이해하기 위한 분자적 접근법들도 많이 바뀌었다. 이 절에서는 이런 현대적 방법들에 대해 강조하려고 한다.

지난 20여 년 동안, 유전학자들은 **역 유전학(reverse genetics)**이라고 불리는 분자생물학 기술들을 사용해왔다. 역 유전학에서는 관심 대상인 특정 유전자의 DNA 서열은 알고 있지만 일반적으로 그 유전자의 기능이나 역할은 잘 밝혀져 있지 않다. 예를 들어, **유전자 녹아웃(gene knockout)** 같은 분자생물학적 기술은 과학자들이 모델 생물이나 배양 세포들에서 비기능적인 유전자들을 표적화하여 제거한 후 "이 유전자가 망가지면 어떤 일이 발생하는가"라는 기초적인 질문을 탐구할 수 있도록 해준다. 녹아웃 생물체를 만든 후, 과학자들은 세포나 분자 수준에서의 변화와 함께 표현형의 변화를 찾는다. 이 접근의 궁극적 목표는 연구되는 유전자의 기능을 결정하는 데 있다.

"유전자 기능 이해를 위한 현대적 접근"에서는 역 유전학을 포함하는 분자 기술의 현대적 적용을 통해 유전자 기능이 어떻게 밝혀졌는지에 관한 실험적 예를 강조할 것이다. 유전자 녹아웃, 트랜스제닉 동물, 트랜스포존 매개성 돌연변이 유발, 유전자 과발현, 유전자를 방해하는 RNA 간섭 기반 기술 등을 학습할 수 있을 것이다. 우리가 여러분을 유전학의 "최첨단"으로 안내할 수 있기를 바란다.

1.7 유전학 연구에는 모델 생물들이 이용된다

1900년에 멘델의 연구가 재발견된 이후, 다양한 생물들에 대한 유전적 연구들로 멘델이 기술했던 유전의 원리는 동물과 식물 모두에서 보편적으로 중요한 것이라는 사실이 확인되었다. 유전학자들의 관심은 점차 초파리(*Drosophila melanogaster*)와 생쥐(*Mus musculus*) 등을 포함한 소수의 생물체들로 집중되었다(그림 1.13). 이런 경향은 주로 두 가지 이유 때문에 발생한다: 우선 유전적 기작들이 대부분의 생물에서 동일하다는 것이 분명해졌고, 둘째, 일부 생물들은 유전학 탐구에 아주 적당한 특징들을 가지고 있기 때문이었다. 그들은 쉽게 자라고, 비교적 짧은 생활사를 가지며, 많은 자손들을 생산할 뿐만 아니라 매우 직접적으로 유전적 분석을 수행할 수 있었다. 시간이 흐르면서, 연구자들은 이런 생물들에서 아주 많은 돌연변이 계통을 만들어 냈고 그 돌연변이들은 완전히 연구되고, 분석되고, 지도화되었다. 그들의 유전학이 이렇게 잘 알려졌기 때문에, 이 생물들은 기초적인 생물학적 과정들을 연구하는 데 사용되는 생물이라고 할 수 있는 **모델 생물(model organism)**이 되었다. 이후의 장들에서는 모델 생물들에서의 발견이 어떻게 노화나 암, 그리고 면역체계 및 행동 같은 여러 생물학적 측면을 밝혀주었는지에 대해 살펴보게 될 것이다.

현대의 모델 생물들

점차 유전학자들은 그들의 모델 생물에 T 파지나 λ 파지 같은 바이러스들뿐 아니라, 대장균(*Escherichia coli*)과 효모(*Saccharomyces cerevisiae*) 등 다른 미생물들을 추가하게 되었다(그림 1.14).

더 최근에는 몇 가지 생물들이 더 모델 생물들로 발전했는데, 그 중 세 가지가 이 장의 시작 페이지에 제시되어 있다. 각 생물들은 배 발생의 몇몇 측면들을 연구하기 위해 선택되었다. 선형동물인 예쁜꼬마선충(*Caenorhabditis elegans*)은 그 신경계가 수백 개의 세포들만으로 이루어져 있으며, 이 세포들뿐 아니라 신체의 다른 세포까지도 그 발생학적 운명이 알려져 있기 때문에, 신경계의 발생과 기능을 연구하는 데 모델 생물로 선택되었다. 짧게 사는 작은 식물인 애기장대(*Arabidopsis thaliana*)는 여러 가지 식물 생물학을 연구하기 위한 모델 생물이 되었다. 제브라피쉬인 다니오 레리오(*Danio rerio*)는 척추동물의 발생을 연구하는 데 사용된다: 이것은 크기가 작고, 빠르게 생식하며, 알과 배아, 그리고 유생들이 모두 투명하다.

모델 생물과 인간의 질병

재조합 DNA 기술의 발달과 유전체 서열화 자료들은 모든 생명이 공통의 기원을 가진다는 것을 확실히 해주었다. 이 때문에, 서로 다른 생물체에서 비슷한 기능을 가지는 유전자들은 그 구

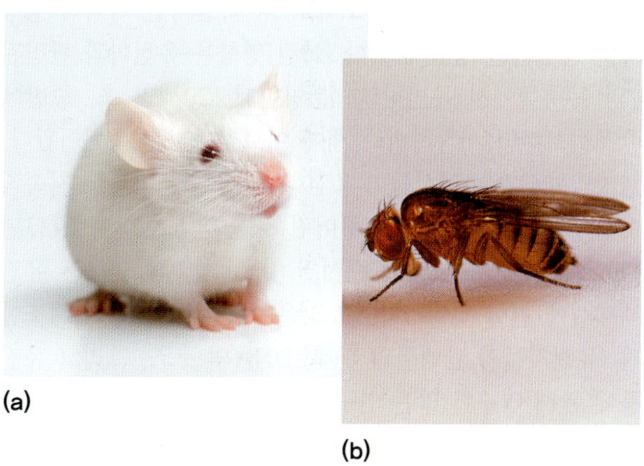

그림 1.13 유전적 분석에 사용된 제1세대 모델 생물들에는 (a) 생쥐(*Mus musculus*)와 (b) 초파리(*Drosophila melanogaster*)가 포함된다.

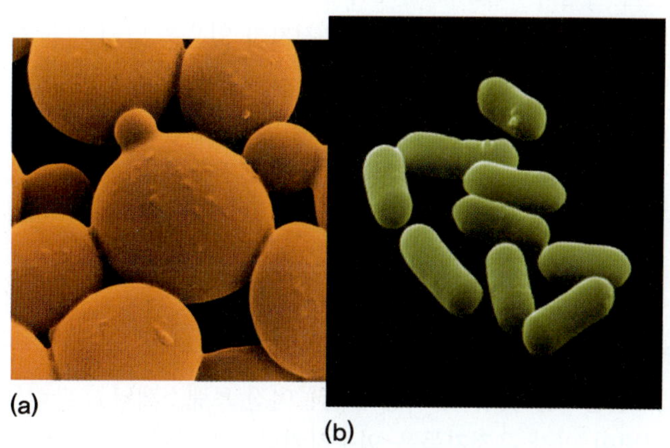

그림 1.14 유전학 연구를 위한 모델 생물에 미생물인 (a)효모(*Saccharomyces cerevisiae*)와 (b) 대장균(*Escherichia coli*)이 포함되었다.

표 1.1 인간의 유전병 연구에 이용된 모델 생물들

생물	인간 유전병
대장균(*E. coli*)	대장암 및 기타 암들
효모(*S. cerevisiae*)	암, 베르너 증후군
초파리(*D. melanogaster*)	신경계 질환들, 암
예쁜꼬마선충(*C. elegans*)	당뇨병
제브라피쉬(*D. rerio*)	심혈관계 질환들
생쥐(*M. musculus*)	레쉬-니한 증후군, 낭포성 섬유증, 취약 X 증후군, 기타 여러 질병

조나 뉴클레오타이드의 서열이 비슷하거나 동일하다. 따라서 과학자들이 모델 생물체들의 유전학에 대해 연구함으로써 알게 된 많은 것이 인간의 질병을 이해하거나 치료하는 방법으로 우리에게 적용될 수 있다. 그리고 서로 다른 종 사이에서 유전자를 옮겨줌으로써 트랜스제닉 생물을 만드는 능력은 과학자들로 하여금 세균에서 곰팡이, 식물, 그리고 동물들에 이르기까지 인간의 질병을 위한 모델 생물들을 개발할 수 있도록 해주었다(**표 1.1**).

대장암 같은 인간의 질병을 연구하는 데 대장균을 사용한다는 생각은 이상하게 보일지 모르지만, DNA 수리(일부 형태의 대장암에서는 DNA 수리 과정에 결함이 있다)의 기초적 과정들과 관련 유전자들(대장균에서는 *mutL*이고 사람에서는 *MHL1*이다)은 두 생물에서 공통적으로 발견된다. 보다 중요한 것은 대장균이 키우기 쉽다(20분마다 분열한다)는 장점을 갖는다는 것과, 유전자의 작용을 이해하기 위해 *mutL* 유전자에서 새로운 돌연변이를 만들고 연구하는 것이 더 쉽다는 것이다. 이러한 지식들은 결국 인간에서의 대장암 치료제 및 치료법 개발을 이끌게 될 것이다.

초파리도 인간의 여러 가지 질병들을 연구하는 데 사용된다. 초파리에서는 신경계의 구조적 이상이나 성체 시기에 발현되는 신경계의 퇴화를 유발하는 돌연변이 유전자들이 밝혀져 있다. 유전체 서열화 프로젝트들에서 얻은 정보들은 이런 유전자들이 거의 모두 다 인간에게도 상응 유전자가 있음을 알려준다. 예를 들어, 망막색소 변성증(retinitis pigmentosa)이라는 인간의 질병에 관여하는 유전자들은 초파리의 망막 퇴화에 관여하는 유전자들과 동일하다. 초파리에서의 이 유전자들에 대한 연구는 이 복잡한 질병을 자세히 밝히는 데 도움이 되며, 관여된 유전자들의 기능을 밝히는 데도 유용하다.

인간의 신경계 질환을 연구하는 또 다른 접근법은 재조합 DNA 기술을 이용하여, 돌연변이된 인간 질병 유전자들을 초파리로 전달하는 것이다. 이렇게 만들어진 트랜스제닉 초파리들은 돌연변이 인간 유전자들을 연구하거나, 그 질병 유전자의 발현에 영향을 미치는 다른 유전자들, 그리고 그 유전자들의 활동에 미치는 치료 약제의 영향 등을 연구하는 데 이용된다. 이런 종류의 연구들은 모두 인간을 대상으로 수행되기는 어렵거나 불가능하다. 이런 유전자 전달 접근법은 인간의 헌팅턴병(Huntington disease), 마차도-조셉병(Machado–Joseph disease), 근긴장성 근위축증(myotonic dystrophy), 그리고 알츠하이머병(Alzheimer disease)을 비롯한 십여 가지 신경퇴행성 질병들을 연구하는 데 사용되고 있다.

여러분은 이후의 여러 장에서 이런 모델 생물들을 계속해서 만나게 될 것이다. 이들은 기초 유전학에서의 역사가 길 뿐 아니라, 인간의 유전적 질병들과 감염성 질환들을 연구하는 데 있어서도 최전선에 있음을 기억하길 바란다. 그러나 다음 절에서 다룬 내용처럼, 우리는 아직 이런 기술을 어떻게 받아들여야 하며, 어느 정도까지가 안전하고 윤리적인 것인지에 관한 통일된 의견에 도달하지 못했다.

1.8 우리는 유전학의 시대에 살고 있다

멘델은 1865년 모라비아(Moravia)의 브륀에 있는 자연사 학회(Natural History Society)에 발표된 논문에서, 완두의 유전에 대한 10년간의 긴 연구를 설명하였다. 100년도 채 지나기 전인 1962년, DNA의 구조에 대한 연구로 왓슨과 크릭, 그리고 윌킨스에게 노벨상이 돌아갔다. 이 두 사건 사이에 멘델의 업적이 받아들여졌고, 염색체 상의 유전자들이 발견되었으며, DNA가 유전정보를 암호화하고 있음을 증명한 실험들이 이루어졌다. 그리고 DNA 복제의 분자적 기초가 자세히 밝혀졌다. 멘델의 정원에서 시작하여 인간 유전체 프로젝트에 이르기까지, 유전학에서의 빠른 발전들이 아래 그림 1.15의 시간표에 요약되어 있다.

노벨상과 유전학

유전학은 다른 어떤 과학 분야보다도 더 폭발적인 지식의 팽창과 놀라운 발전들을 경험해 왔다. 이런 영향은 유전학과 관련된 노벨상의 목록들에서 특별히 더 분명한데, 20세기 초, 중반에 주어진 것들로부터 시작하여 현재에 이르기까지 계속되어왔다. 노벨 생리의학상과 화학상들이 유전학 및 관련 분야들에 지속적으로 수여되었다. 그런 연구에 주어진 첫 번째 노벨상은 1933년 모건(Thomas H. Morgan)에 수여된 것으로, 그의 연구는 유전의 염색체설에 관한 것이었다. 그 상은 이후로도 유전적 재조합의 발견, 유전자들과 단백질의 관계, DNA의 구조, 그리고 유전암호 등에 관해 연구한 많은 연구자들에게 주어졌다. 이런 경향은 20세기와 21세기에도 지속되었다. 유전체에 대한 연구들의 등장과 그런 발견들을 응용하는 것은 아마도 미래의 수상으로 이끄는 가장 확실한 길일 것이다.

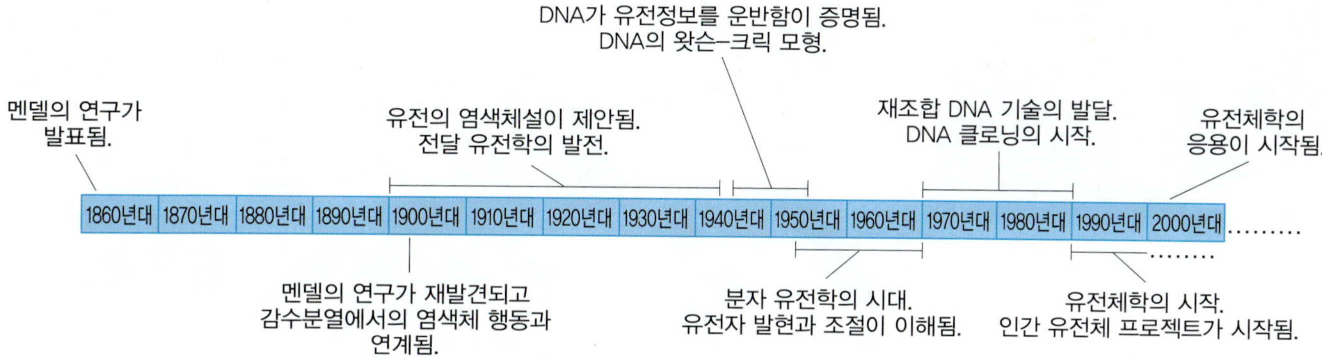

그림 1.15 완두에 대한 그레고르 멘델의 연구로부터 시작되어 현재 유전체학의 시대에 이르기까지 유전학의 발달과 연구, 의학, 사회에서의 여러 응용들을 보여주는 시간표. 유전학에서 이루어진 발견의 역사에 대해 알고 있으면, 이 교재를 통해 공부하는 동안 유용한 틀로 사용할 수 있을 것이다.

유전학과 윤리, 그리고 사회

유전학을 공부하는 것이 이렇게 흥미로운 적은 없었으며, 이 원리가 사회에 미치는 영향이 이처럼 지대했던 적도 없었다. 유전학과 생명공학에서의 유전학적 응용들은 사회적 관습, 공공 정책들, 그리고 이런 기술의 사용을 규제하는 데 필요한 법들보다 훨씬 빠르게 발전하고 있다. 우리 사회는 지금 산전 진단, 유전적 차별, 유전자 소유권, 유전자 치료의 접근과 안전성, 그리고 유전적 프라이버시 등에 관한 우려들을 포함하여 수많은 민감한 유전학 관련 문제들과 씨름하고 있다. 대부분의 장들의 말미에 제공되어 있는 "사례 연구"와 "유전학과 윤리, 그리고 사회" 부분에서는 유전학적 기술들에 의해 제기된 문제들에 대해 논의하게 될 것이다. 윤리에 대한 이런 강조는 유전학에서의 발전들이 우리 사회와 우리 인간의 미래에 끼치는 염려와 난제들이 점점 커지고 있음을 반영한 것이다.

여러분이 이 수업을 마칠 쯤에는, 현재가 유전학의 시대라는 결론을 받아들일 수 있는 충분한 증거를 확인하게 될 것이며, 유전학 지식과 그 응용에 관해 생각하고 토론에 참여해야 할 필요가 있음을 이해하게 될 것이다.

요약 정리

1. 완두 식물에 관한 멘델의 연구로 부모에서 자손으로의 유전자 전달 원리가 밝혀짐으로써 유전학의 토대가 마련되었다.
2. 유전자와 염색체는 유전에 관한 염색체 이론의 기본 단위이다. 이 이론은 유전적 형질이 염색체에 있는 유전자에 의해 조절된다고 설명하며, 유전정보의 전달이 어떻게 세대를 거쳐 유전적 지속성을 유지하는지 보여준다.
3. 분자 유전학은 DNA가 단백질에서 아미노산의 순서를 암호화하는 RNA를 만들기 위한 주형이라는 중심 원리에 기초하여, 전달 유전학이라고도 불리는 멘델 유전학에 의해 기술된 현상을 설명한다.
4. 분자 유전학에서 널리 사용되는 재조합 DNA 기술을 사용하면, 한 생물의 유전자를 벡터에 연결하고 복제함으로써 특정 DNA 서열의 많은 사본(클론)을 생성할 수 있다.
5. 생명공학은 농업, 제약 산업 및 의학에 혁명을 일으켰다. 이로써 의학적으로 중요한 유전자 산물의 대량 생산이 가능해졌다. 유전자 검사를 통해 유전병이 있는 사람과 환아를 낳을 위험이 있는 개인을 탐지할 수 있으며, 유전자 치료는 심각한 유전병을 치료할 수 있다는 희망을 제공한다.
6. 유전체학, 단백질체학 및 생물정보학은 재조합 DNA 기술에서 파생된 새로운 분야이다. 이 분야는 유전학과 정보 기술을 결합하여 과학자들이 유전체 서열, 유전자의 구조와 기능, 세포 내 단백질 세트, 유전체의 진화를 탐구할 수 있도록 해준다. 인간 유전체 프로젝트는 유전체학의 한 예이다.
7. 재조합 기술과 연계한 모델 생물의 사용은 유전적 기구에 대한 이해를 향상시켰으며 인간의 유전병 모델을 만들어 주었다.
8. 유전공학이 사회에 미치는 영향은 매우 크며, 이 기술의 사용에서 파생된 문제를 다루기 위한 정책 및 법률의 개발은 그에 따른 발전보다 뒤처져 있다.

2

유사분열과 감수분열

유사분열 중 전중기의 염색체들, 하이만투스(*Haemanthus*) 꽃의 세포에서 찍은 것이다.

핵심 개념

- 유성생식 생물에서 세대를 관통하는 유전적 지속성과 세포분열로 인한 세포 세대 간 유전적 지속성은 감수분열과 유사분열을 통해 유지된다.
- 이배체의 진핵세포들은 유전정보를 한 쌍의 상동염색체들에 저장하는데, 각 쌍의 한 구성원은 모계 쪽 부모에서, 다른 하나는 부계 쪽 부모로부터 유래한 것이다.
- 유사분열은 복제된 염색체들이 세포 증식 중에 자손 세포들로 분배되도록 하는 기작이다.
- 유사분열은 하나의 이배체 세포를 두 개의 이배체 딸세포로 바꾼다.
- 감수분열 과정은 각 상동염색체 쌍의 두 구성원 각각을 배우자나 포자로 분배함으로써 이배체인 염색체 숫자를 반수체로 감소시킨다.
- 감수분열은 각 상동염색체 쌍들의 모계 및 부계 염색체들을 다양한 조합으로 배우자나 포자에 분배함으로써 유전적 다양성을 만든다.
- 유사분열과 감수분열 과정 중에는 유전 물질이 염색체라고 불리는 분명한 구조로 응축된다.

모든 생명체는 유전 물질을 가진다. 특정 바이러스를 제외하면 이러한 물질은 핵산인 DNA로 구성된다. DNA 분자는 유전자라고 불리는 절편들이 선형으로 배열된 구조를 가지며, 이 유전자들의 산물들이 세포의 대사 활성을 지시한다. 유전자들의 나열로 되어 있는 DNA는 **염색체(chromosome)**라고 불리는 구조로 조직화되며, 유전정보의 전달 매체로 사용된다. 염색체들이 세포에서 세포로, 또는 생물체에서 그들의 후손으로 전달되는 방식은 매우 정확해야 한다. 이 장에서는 어떻게 세포와 생물체 사이에서 유전적 지속성이 유지되는지에 대해 살펴보도록 하자.

두 가지 주요 과정이 핵을 가진 세포들의 유전적 지속성에 관여한다: **유사분열(mitosis)**과 **감수분열(meiosis)**이다*. 이 두 가지 기작은 여러 가지 면에서 비슷하지만, 결과는 상당히 다르다. 유사분열이 이루어지면, 모세포와 동일한 염색체 수를 가지는 2개의 세포가 생긴다. 그러나 감수분열은 유전 물질의 양과 염색체 수를 반으로 줄어들게 한다. 이러한 감소는 유성생식 때문에 다음 세대에서 유전 물질의 양이 두 배로 늘어나지 않도록 하는 데 필수적이다. 엄격히 말하면, 유사분열은 유전요소들이 정확하고 동등하게 딸세포로 나누어지는 세포 주기의 일부이다. 감수분열은 특정한 형태의 세포가 분열하여 성세포—**배우자(gamete)**나 **포자(spore)**—의 생산을 이끄는 세포분열 과정 일

*유사분열과 감수분열 vs. 체세포분열과 생식세포 분열: 엄밀히 말하면 이 두 용어의 차이를 가르는 것은 세포질분열(cytokinesis)이다. 유사분열과 감수분열이라는 말은 체세포성 핵분열과 생식세포성 핵분열로 이해하면 된다. 그러나 많은 사람이 유사분열을 체세포분열로, 감수분열을 생식세포 분열로 받아들이므로, 독자는 상황에 따라 문맥을 이해하기 바란다(역주).

부이다. 이것은 한 생물이 유전정보를 후손에 전달하는 필수적인 과정이다.

일반적으로, 염색체들은 세포의 생애 중에서 유사분열과 감수분열기에만 볼 수 있다. 세포가 분열을 겪지 않을 때는 염색체를 형성하는 유전 물질은 핵 속에서 퍼진 그물망 같은 모양으로 풀어져 있어서 일반적으로 **염색질(chromatin)**로 불린다. 유사분열과 감수분열을 설명하기에 앞서, 우리는 유전적 기능에 특별히 중요한 세포 구성분들 위주로 간단히 세포구조에 대해 살펴보게 될 것이다. 또한 세균들인 원핵성 세포(핵이 없는)들과 고등 생물들의 진핵성 세포들의 구조적 차이에 대해서도 알아볼 것이다. 이 장의 나머지 부분에서는 세포분열 중의 염색체들의 행동에 대하여 살펴보도록 하자.

2.1 세포의 구조는 유전적 기능과 밀접하게 연계되어 있다

1940년 이전에는 세포구조에 대한 우리의 지식은 광학현미경 하에서 볼 수 있는 것에 국한되어 있었다. 1940년쯤에 투과전자현미경(transmission electron microscope)이 개발 초기 단계에 있었고 1950년에 이르자, 세포의 초미세구조에 대한 많은 세세한 점이 드러나게 되었다. 전자현미경 하에서 세포들은 고도로 조직화된 구조들로 보이며, 그 구조물들의 형태나 기능은 각 세포 형태들의 유전적 발현에 의존적이다. 소용돌이 모양의 세포막, 세포소기관들, 미세소관들, 과립들, 그리고 필라멘트들로 이루어진 새로운 세계가 모습을 드러냈다. 이러한 발견들은 생물학 전체 분야에서의 사고체계를 혁신시켰다. 인, 리보솜, 그리고 중심체 같은 많은 세포 구성성분들은 직, 간접적으로 유전적 과정들과 관련되어 있다. 다른 성분—미토콘드리아와 엽록체들—은 자신들만의 독특한 유전정보를 포함하고 있다. 여기서는 유전학과 관련된 세포 구조 측면을 위주로 살펴보게 될 것이다. 그림 2.1에는 일반화된 동물 세포가 나타나 있으며, 우리가 논의할 대부분의 구조물들을 보여준다.

모든 세포는 **원형질막**(*plasma membrane*, **세포막**)에 의해 둘러싸여 있으며, 이것은 세포의 경계를 한정하는 외부 껍데기로, 세포가 접촉하고 있는 외부환경과 세포의 경계를 구분 짓는

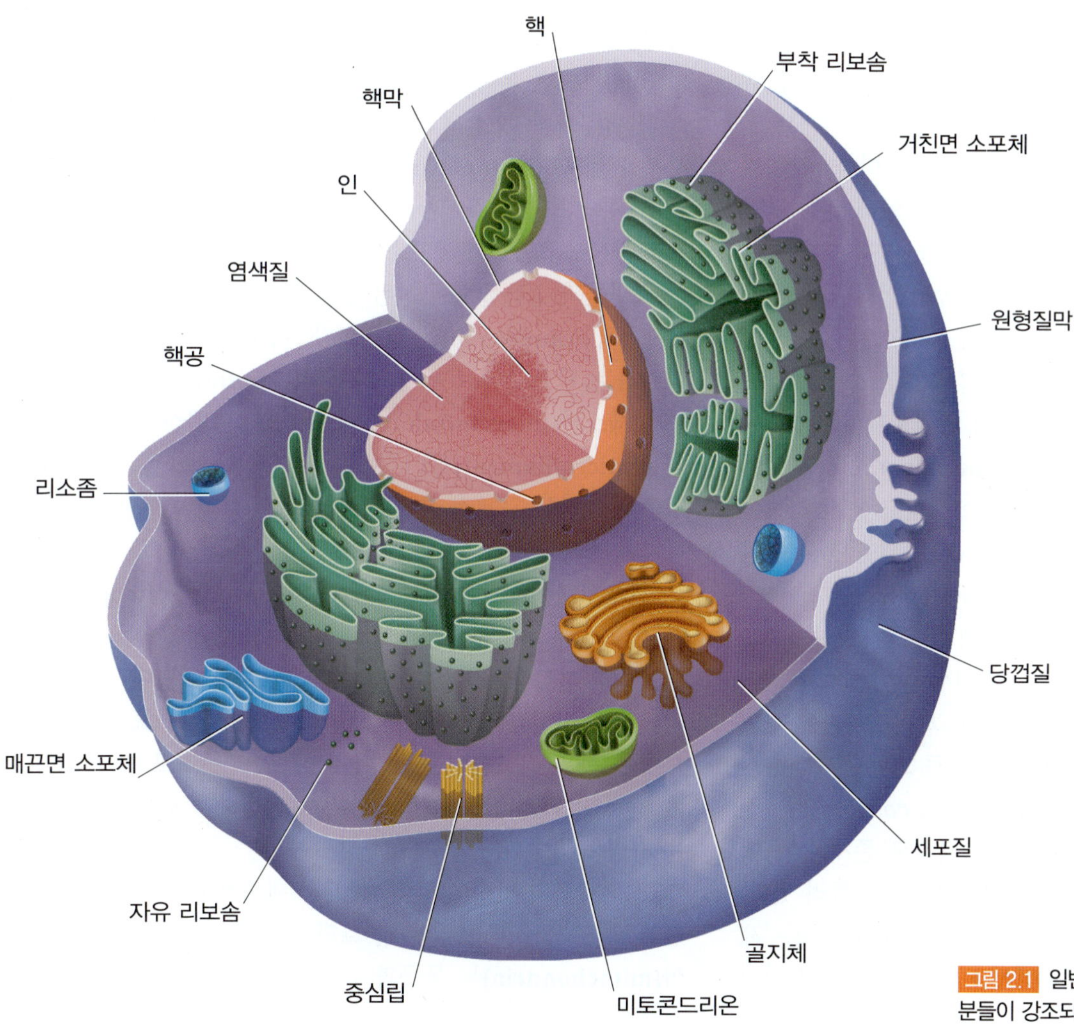

그림 2.1 일반화된 동물 세포. 본문에 설명된 세포 성분들이 강조되어 있다.

다. 이 막은 수동적인 것이 아니라, 능동적으로 세포 안팎으로의 물질 출입을 조절한다. 세포막에 더하여, 식물 세포들은 **세포벽**(*cell wall*)이라고 하는 외부껍질을 더 가지고 있다. 이 단단한 구조물의 한 가지 중요한 요소가 **셀룰로오스**(*cellulose*)라고 하는 다당류이다.

모두 다 그렇지는 않아도, 대부분 동물 세포들은 원형질막을 덮고 있는 껍질을 가지는데 이를 **당껍질(glycocalyx)** 혹은 **세포 외투**(*cell coat*)라고 한다. 당단백질과 다당류들로 이루어져 있는 세포 외투의 화학적 구성은 식물이나 세균 세포에서 나타나는 대응 구조와는 다르다. 여러 기능 중에서도, 당껍질은 세포 표면에서 생화학적 정체성을 결정하며, 세포의 정체성을 결정하는 세포 외투의 성분들은 유전적으로 조절된다. 예를 들어, 여러분은 다양한 세포 정체성 마커들에 대해 들어본 적이 있을 텐데, AB나 Rh, 그리고 MN 항원들은 여러 가지 세포 중 적혈구의 표면에서 발견되는 것들이다. 다른 세포들에는 조직과 기관 이식 중에 면역 반응을 촉진하는 조직적합성 항원(histocompatibility antigen)들이 존재한다. 다양한 **수용체 분자(receptor molecule)**들도 세포의 표면에서 발견된다. 이들은 특정 화학 신호들이 세포막을 지나 세포 안으로 전달되도록 하는 인식 부위이다.

살아 있는 생물들은 그 세포들이 핵을 가졌는지에 따라 두 개의 그룹으로 분류된다. 핵과 여러 막성 소기관들의 존재는 **진핵생물(eukaryotic organisms)**을 정의하는 특징이다. 진핵세포의 **핵(nucleus)**은 막으로 둘러싸여 있으며 그 안에 유전 물질인 DNA를 저장하고 있다. DNA는 다양한 산성 및 염기성 단백질들과 얽혀 가느다란 섬유 형태를 띤다. 앞서 언급한 바와 같이, 세포 주기의 비분열기에는 이 섬유들이 풀리고 흩어져서 염색질(chromatin)로 나타난다. 유사분열과 감수분열 중에는 염색사(chromatin fiber)들이 꼬이고 응축되어 염색체가 된다. 핵에 나타나는 또 하나의 구조물은 바로 **인(nucleolus)**으로, 모양이 일정치 않으며 여기에서 리보솜 RNA가 합성되고 초기 리보솜 조립이 일어난다. rRNA를 암호화하는 DNA 부위를 통틀어 **인형성 부위(nucleolus organizer region, NOR)**라고 한다.

원핵생물(prokaryotic organsims)에는 두 가지 주요 그룹들이 존재하며 핵막과 막성 소기관의 결핍이 이들의 특징이다. 여기서는 간단히 **진정세균**(*eubacteria*) 그룹을 살펴볼 것이다. 다른 그룹은 더 오래된 세균이라는 뜻으로 **고세균**(*archaea*)이라고 불리는 그룹이다. 대장균(*Escherichia coli*)과 같은 진정세균에서는 유전 물질이 긴 원형 DNA 분자로 존재하며, **핵양체(nucleoid)**로 불리는 부위(막혀 있지는 않은)에 몰려 있다. DNA의 일부가 세포막에 붙어 있지만, 일반적으로 핵양체는 세포질 대부분으로 확장되어 있다. DNA가 비록 뭉쳐 있긴 하지

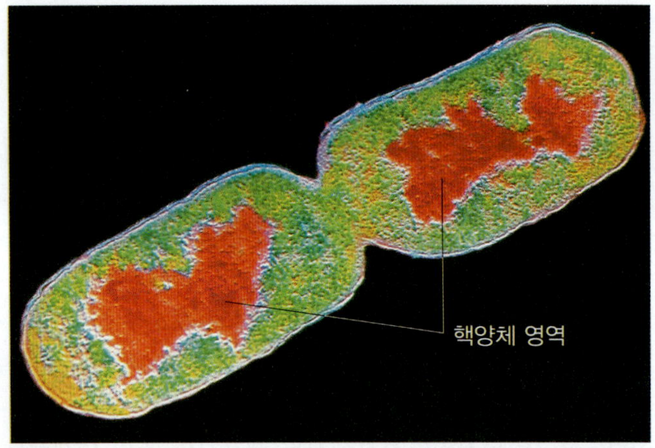

그림 2.2 세포분열 중인 대장균(*E. coli*)의 고화질 전자현미경상(color-enhanced electron micrograph). 붉은색으로 보이는 뚜렷한 두 부분은 딸세포로 나뉘어 들어간 염색체 부분으로, 핵양체(nucleoid)라고 불린다.

만, 진핵세포의 유사분열기의 특징인 염색체가 나타나도록 하는 광범위한 꼬임 현상은 일어나지 않는다. 또한 이 생물들에서의 DNA는 진핵세포의 DNA에서처럼 광범위한 단백질과의 연계도 나타나지 않는다. 그림 2.2에서는 세포분열을 거쳐 두 개의 세균이 형성되는 과정을 보여주며, 세균의 염색체를 가지는 핵양체 지역이 잘 나타나 있다. 원핵세포들은 뚜렷한 인을 가지지 않으나, rRNA 분자들을 지정하는 유전자들은 가지고 있다.

진핵세포의 핵을 제외한, 원형질막에 의해 둘러싸인 나머지 부분을 **세포질(cytoplasm)**이라고 하며 모든 핵외 세포소기관들을 포함한다. 세포질에서 입자를 제외한 콜로이드성 물질은 **세포질액**(*cytosol*)으로, 세포소기관들의 환경이 된다. 세포질은 또한 소관들과 섬유들로 구성된 광범위한 체계를 포함하며 이들이 **세포골격**(*cytoskeleton*)을 형성한다. 이것은 세포 내에서 구조를 지지하는 망으로 작용한다. **튜불린(tubulin)** 단백질로 구성되는 **미세소관(microtubule)**과 액틴(*actin*) 단백질로 구성된 **미세섬유(microfilament)**들이 주요 성분들인데, 이들은 세포의 모양을 유지하는 구조적 틀로 작용하고, 세포의 이동을 촉진하며, 다양한 소기관들을 부착시킨다.

막으로 된 소기관인 **소포체(endoplasmic reticulum, ER)**는 세포질 부분을 구획화하여 생화학적인 합성에 필요한 표면적을 극대화시킨다. ER은 매끄럽게 보일 수도 있는데, 이 경우 지방산과 인지질의 합성을 위한 장소로 쓰인다. 소포체가 거칠게 보이는 것은 리보솜이 붙어 있기 때문이다. **리보솜(ribosome)**은 전령 RNA(mRNA)에 포함된 유전정보가 단백질로 해독되는 자리로 작용한다.

진핵세포의 활성에 있어 세 가지 세포질 구조물이 매우 중요한데, 미토콘드리아, 엽록체, 그리고 중심립들이다. **미토콘드리아(mitochondria)**는 동물과 식물 세포를 포함한 거의 모든 진

핵생물들에서 나타나며 세포 호흡의 산화적 반응을 위한 장소이다. 이러한 화학 반응들은 고에너지 분자인 아데노신 삼인산(adenosine triphosphate, ATP)을 다량 생산되도록 한다. **엽록체(chloroplast)**는 식물, 조류, 그리고 일부 원생생물들에서 발견된다. 이 소기관은 지구상의 주요 에너지 포착과정인 광합성과 연계된다. 미토콘드리아와 엽록체 둘 다 핵에서 발견되는 것과는 다른 형태의 DNA를 포함한다. 게다가, 이 소기관들은 자신의 유전정보를 복제, 전사, 번역할 수 있다.

동물 세포들과 몇몇 식물 세포들은 **중심립(centriole)**이라고 불리는 한 쌍의 복잡한 구조물을 가진다. 이 세포내 소체들은 **중심체(centrosome)**라고 불리는 특수화된 지역에 있으며 유사분열과 감수분열에서 작용하는 방추사의 형성과 밀접하게 연관된다. 어떤 생물체에서는 중심립이 기저체(basal body)라는 또 다른 구조로부터 유도된다. 이것은 섬모나 편모(머리카락이나 채찍처럼 생긴 구조로 세포를 추진시키거나 물질을 움직인다)의 형성과 관련된 것이다.

중심립에 의한 **방추사(spindle fiber)**들의 형성은 유사분열과 감수분열 중의 초기에 일어난다. 미세소관의 배열로 이루어진 이 섬유들은 세포분열기에 염색체들을 움직여 서로 나뉘도록 하는 데 중요한 역할을 한다. 그들은 튜불린 단백질들의 중합으로 만들어지는 미세소관들의 다발로 구성된다.

2.2 이배체 생물의 염색체들은 상동의 짝으로 존재한다

유사분열과 감수분열 과정을 논할 때는 상동염색체의 개념을 이해하는 것이 중요하다. 그러한 이해는 앞으로 우리가 배울 멘델의 유전학을 다룰 때도 필수적이다. 염색체들은 유사분열 중에 가장 쉽게 관찰된다. 자세히 보면 염색체들은 독특한 길이와 모양으로 보인다. 각각의 염색체들은 **동원체(centromere)**라고 불리는 응축되고 압축된 부위를 가지는데, 이것은 염색체의 일반적인 모양을 결정하는 역할을 한다. 그림 2.3은 염색체 길이를 따라 서로 다른 위치에 존재하는 동원체를 가진 여러 가지 염색체들을 보여준다. 동원체를 중심으로 양쪽으로 뻗어 나간 염색체 부위를 염색체의 "완(팔, arm)"이라고 한다. 동원체의 위치에 따라 팔의 비율이 서로 달라진다. 그림 2.3에 나타낸 바와 같이, 염색체들은 동원체의 위치를 기초로, **중부 동원체성(metacentric)**, **차중부 동원체성(submetacentric)**, **첨단부 동원체성(acrocentric)**, 혹은 **말단부 동원체성(telocentric)**으로 분류된다. 관행적으로, 더 짧은 쪽의 팔이 동원체 위로 표시되며 **p완**[p는 "작다(petit)"를 표시(단완이라고도 함–역주)]이라고 불린다. 동원체 밑의 더 긴 쪽을 **q완**[여기서 q는 단순히 p의 다음 알파벳으로 나타낸 것(장완이라고도 한다–역주)]이라고 한다.

유사분열을 공부할 때는 염색체에 관한 몇 가지 사항들을 알아둘 필요가 있다. 첫째, 같은 종의 생물들에서 유래한 모든 체세포들은 동일한 수의 염색체를 가진다. 대부분, 이것은 **이배체 수(diploid number, $2n$)**로 표현된다. 그런 염색체들의 길이와 동원체 위치들을 조사하면 두 번째 특징이 분명해진다. 성염색체만 예외로 하면, 그들은 이 두 가지 특징이 동일한 한 쌍으로 존재하기 때문이다. 이런 염색체들을 **상동염색체(homologous chromosome)**라고 한다. 그러므로 특정 길이와 동원체 위치를 나타내는 염색체들이 두 개씩 존재한다고 할 수 있다.

염색체 쌍의 법칙에 대한 예외도 있다. 많은 세균과 바이러스들은 오직 하나의 염색체를 가지며, 효모나 곰팡이, 이끼 같은 선태류의 식물들도 생활사의 대부분을 반수체 상태로 지낸다. 즉, 그들은 대부분의 생애 동안 상동염색체의 한 구성원만

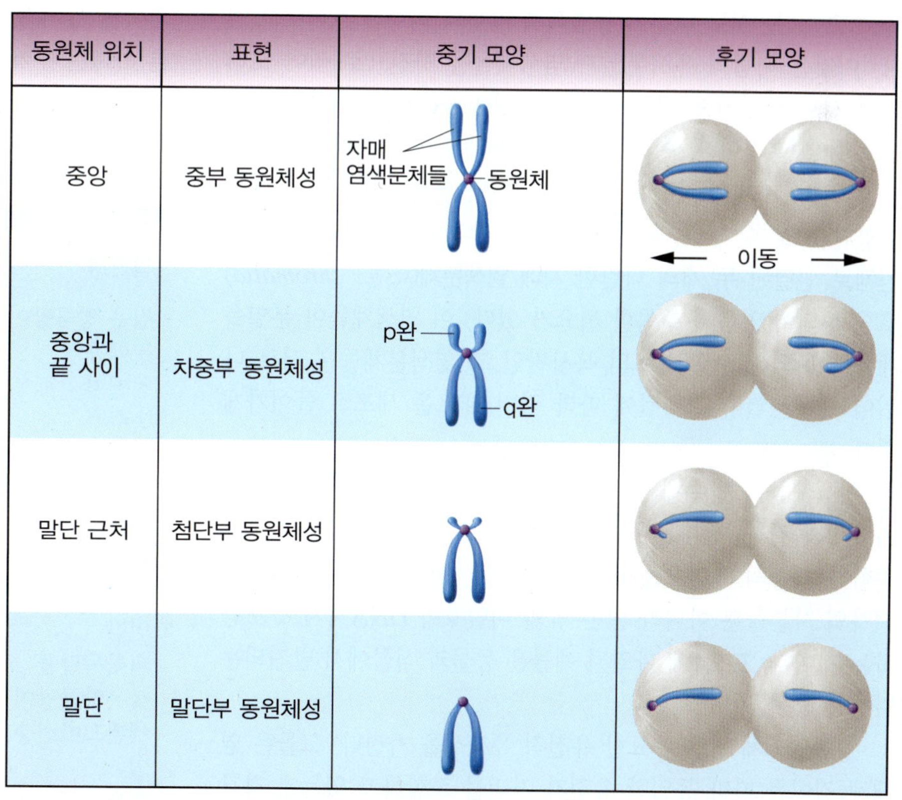

그림 2.3 동원체의 위치와 그에 따른 염색체들의 분류. 후기 염색체들의 모양이 중기 염색체의 동원체 위치에 의해 결정됨에 유의하라.

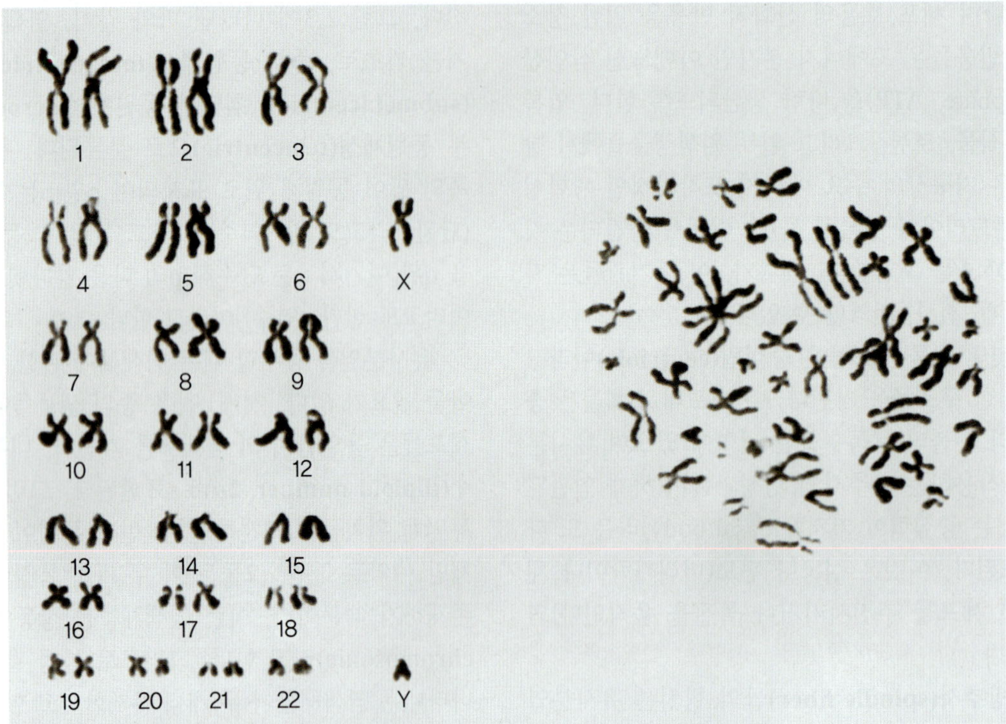

그림 2.4 성인 남자의 분열 세포에서 얻어진 중기 염색체들(오른쪽)과, 이 중기 시료를 이용한 핵형분석(왼쪽). X와 Y 염색체를 제외한 모든 염색체가 상동의 염색체 쌍으로 존재한다. 각 염색체는 뚜렷한 이중 구조로서 동원체에 결합된 한 쌍의 염색분체들로 이루어진다.

을 가진다.

그림 2.4는 서로 다른 상동염색체 쌍들의 외형을 보여주고 있다. 이것은 사람의 유사분열기 염색체들을 사진으로 찍어 오려내어 서로 짝짓기를 해준 것으로 **핵형(karyotype)**이라는 방식으로 배열한 것이다. 여러분이 보는 바와 같이, 사람은 46인 $2n$을 가지며, 자세히 보면 동원체의 위치와 염색체의 크기가 매우 다양함을 알 수 있다. 46개의 염색체 각각이 분명히 하나의 동원체로 연결된 두 개의 나란한 **자매 염색분체**(*sister chromatid*)로 구성되어 있음에 주목할 필요가 있다. 이 염색체들이 분열을 계속하게 되면, 서로서로의 복사판인 그 염색분체들은 서로 나뉘어 세포분열이 진행됨에 따라 각기 새로운 세포로 들어가게 된다.

염색체들의 **반수체 수(haploid number, *n*)**는 이배체 숫자의 1/2과 같다. 반수체 염색체 세트에 포함된 유전자들을 모두 종합하면 종의 **유전체(genome)**가 된다. 이것은 물론, 모든 유전자의 사본들뿐 아니라 많은 양의 비암호화 DNA까지도 포함하는 것이다. 표 2.1에 나열된 예들은 동물과 식물에서 발견되는 다양한 n 값들이다.

상동염색체 쌍은 중요한 유전적 유사성을 가진다. 그들은 염색체 길이를 따라 동일한 유전자 자리를 포함하고 있는데 각각을 **좌위(locus**, 복수 loci)라고 한다. 그러므로 그들이 영향을 미치는 특성이나 유전적 역량은 동일하다. 유성생식 생물에서 각 염색체 쌍의 한 구성원은 모계 쪽에서(난자를 통해), 그리고 다른 하나는 부계 쪽에서(정자를 통해) 온 것이다. 그러므로 각 이배체 생물들은 **양친 유전(biparental inheritance)**의 결과로 각 유전자들을 두 개의 사본으로 가지게 된다. 전달 유전학에 관한

표 2.1 다양한 생물들의 반수체 염색체 수

일반명	학명	반수체 수
검은 빵곰팡이	*Aspergillus nidulans*	8
누에콩	*Vicia faba*	6
침팬지	*Pan troglodytes*	24
옥수수	*Zea mays*	10
면화	*Gossypium hirsutum*	26
개	*Canis familiaris*	39
초파리	*Drosophila melanogaster*	4
완두	*Pisum sativum*	7
생쥐	*Mus musculus*	20
인간	*Homo sapiens*	23
흰꽃독말풀	*Datura stramonium*	12
붉은빵곰팡이	*Neurospora crassa*	7
예쁜꼬마선충	*Caenorhabditis elegans*	6
밀	*Triticum aestivum*	21
효모	*Saccharomyces cerevisiae*	16
제브라피쉬	*Danio rerio*	25

다음 장에서 보게 될 것처럼(3장과 4장 참고) 각 쌍의 유전자들의 구성원들은 동일한 특성이나 형질에 영향을 미치지만 그 결과가 똑같지 않을 수 있다. 같은 종으로 이루어진 집단 내에는 수많은 형태의 같은 유전자들이 존재할 수 있는데 이를 **대립유전자(allele)**라고 한다.

반수체 숫자, 이배체 숫자, 그리고 상동염색체들에 대한 개념들은 감수분열 과정을 이해하는 데 중요하다. 배우자나 포자의 형성 중에는 감수분열 기구가 염색체를 이배체 숫자에서 반수체 숫자로 전환시킨다. 결과적으로 반수체인 배우자나 포자는 정확하게 각 상동염색체 쌍의 한 구성원만을 포함하게 된다—즉, 완전한 반수체 세트가 된다. 수정에서 두 배우자의 융합이 일어남에 따라 이배체 숫자가 회복된다; 즉, 접합자는 두 벌의 완전한 반수체 세트를 가진다. 그러므로 세대를 거듭해도 유전물질의 일관성이 유지된다.

상동염색체 쌍 개념에 중요한 예외가 존재한다. 많은 생물에서 **성 결정 염색체**(*sex determining chromosome*)들로 이루어진 한 쌍은 종종 크기나 동원체의 위치, 장완과 단완의 비율, 혹은 유전적 내용에 있어서 상동적이지 않다. 예를 들어, 사람에서는 여성의 경우 두 개의 상동성 X 염색체를 갖지만, 남성은 하나의 X 염색체와 하나의 Y 염색체를 가진다(그림 2.4). 이 X 염색체와 Y 염색체는 엄격히 상동적이지 않다. Y 염색체는 비교적 작으며 X 염색체에 포함된 유전자 좌위의 대부분이 결핍되어 있다. 그럼에도 불구하고, 그들은 상동인 영역을 포함하고 있으며 감수분열시 상동체로 행동하므로, 남성에 의해 생산되는 배우자들은 하나의 X, 혹은 하나의 Y 염색체를 받게 된다.

2.3 유사분열은 분열하는 세포들로 염색체들을 나눠준다

유사분열 과정은 모든 진핵생물에 필수적이다. 원생생물과 몇몇 곰팡이 그리고 조류 등 일부 단세포 생물에서 유사분열(세포분열 일부로서)은 무성생식의 기초를 제공한다. 다세포 이배체 생물들은 **접합자(zygote)**라고 하는 단세포 수정란으로 삶을 시작한다. 접합자의 분열 능력과 여기서 얻어지는 딸세포들은 그 생물의 발달과 성장에 있어서 기초가 된다. 성체에서의 분열 능력은 상처의 회복과 특정 조직들에서 세포를 대체하는 형태로 뚜렷이 나타난다. 예를 들어, 사람 표피의 피부세포들은 계속해서 떨어져 나가고 대체된다. 척추동물에서 세포분열은 또한 핵을 퇴화시켜 적혈구가 되는 망상적혈구들을 지속적으로 생산한다. 비정상적인 상황에서 체세포들은 세포분열을 조절하지 못하여 종양을 생성하기도 한다.

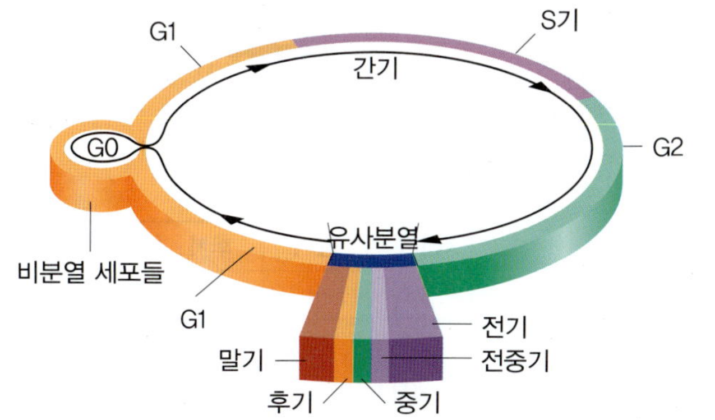

그림 2.5 세포 주기의 단계들. 분열을 거친 세포는 간기의 G1기로 들어가 새로운 주기를 시작한다. 세포들은 비분열성 세포들이 될 수도 있고(G0), G1기를 통과하여 DNA 합성(S)을 일으킨 후 세포 주기를 완수할(G2 와 유사분열) 수도 있다. 유사분열 후에는 두 딸세포가 생산되고 세포 주기는 이 두 세포들로부터 새롭게 시작된다.

유전 물질은 **핵분열(karyokinesis)** 중에 딸세포로 나뉘어 들어간다. 이 과정은 상당히 복잡하고 고도의 정확성을 요구한다. 염색체들은 우선 정확하게 복제되어 나뉘어야 한다. 마침내 두 개의 딸핵이 형성되면, 각 핵의 염색체 조성은 모세포의 것과 동일하다.

핵분열에 이어 **세포질분열(cytokinesis)**이 일어난다. 세포질분열은 핵분열보다는 단순하며, 세포의 크기를 두 부분으로 나누어 새로 생긴 두 세포를 뚜렷한 세포막으로 둘러싸는 기작이다. 세포질의 소기관들은 각자 자신들을 늘리는데, 기존의 막성 구조물로부터 만들어지거나 혹은 새로 합성된다.

보통 세포분열이 일어난 후 딸세포들의 처음 크기는 모세포의 대략 반 정도이다. 그러나 새로 만들어진 세포의 핵은 원래의 핵보다 그다지 작지 않다. DNA에 대한 정량 분석은 딸세포의 유전 물질이 모세포의 양과 같음을 보여준다.

간기와 세포 주기

많은 세포가 계속해서 분열기와 비분열기 사이를 반복한다. 한 번의 분열이 완결되고 다음 분열이 시작되기까지의 사건들이 **세포 주기(cell cycle)**를 구성한다(그림 2.5). 첫 단계인 **간기(interphase)**는 분열 사이의 간격을 나타낸다. 한때는 간기의 생화학적 활성이 오로지 세포의 성장과 정상적인 기능을 위한 것으로 생각한 적이 있었으나, 지금은 분열을 일으키기 위해 필수적인 또 다른 생화학적 단계, 즉 각 염색체 내의 *DNA* 복제가 간기 중에 일어난다고 알고 있다. 세포가 분열을 시작하기 전에 일어나는 DNA 합성의 이 시기는 **S기(S phase)**라고 부른다. 합성의 개시와 완료는 방사능 전구체가 DNA로 통합되는 것을 감시함으로써 추적될 수 있다.

이런 특성에 대한 자세한 조사는 DNA 합성이 일어나지 않

간기			분열기
G1	S	G2	M
5	7	3	1

시간

전기	중기	후기	말기
36	3	3	18

분

그림 2.6 배양 중인 인간 세포에서 1회의 세포 주기가 완료되는 데 소요되는 시간들. 시간은 세포의 종류나 상태에 따라 다양할 수 있다.

을 때의 간기에 S기를 전후로 두 시기가 있음을 보여준다. 이 시기는 각각 **G1(gap I)**과 **G2(gap II)**로 표기된다. 이 시기에는 S기에서와 마찬가지로 집중적인 대사 활성, 세포의 성장, 그리고 세포의 분화가 뚜렷하다. G2기 말까지 세포의 부피는 거의 두 배가 되고 DNA는 복제되며 유사분열(M)이 시작된다. 이후 지속적으로 분열하는 세포들은 그림 2.5에서처럼 이러한 순환(G1, S, G2, M)을 계속하여 반복한다.

시험관 내(*in vitro* = in glass)의 연구들로, 세포분열에 관한 많은 것들이 알려졌다. 배양시켜 자라도록 하면, 여러 생물체에서 얻어진 다양한 형태의 세포들은 약 16시간 안에 세포 주기를 완성한다. 유사분열의 실질적인 과정은 전체 세포 주기에서 1시간 미만인 아주 일부만을 차지할 뿐이다. 간기의 S와 G2기의 길이는 세포가 달라도 상당히 일관적이다. 소비되는 시간에 있어 가장 많은 변화를 나타내는 시기는 G1 단계이다. 그림 2.6은 이 기간들의 상대적인 길이와 배양된 인간 세포에서의 분열 단계들의 길이를 함께 보여준다.

G1기는 세포의 증식과 그 조절을 연구하는 데 있어 많은 관심의 대상이 된다. G1 후기의 한 지점에서 모든 세포는 두 경로 중에서 하나를 택하게 된다. 세포 주기에서 빠져 나와 잠잠해지는 **G0 단계(G0 stage)**로 들어가기도 하고(그림 2.5를 보라), G1을 통과하도록 결정이 내려져 DNA 합성을 시작하고 세포 주기를 완성할 수도 있다. G0로 진입하는 세포들은 살아 있으며 대사 활성을 나타내긴 하지만 증식하지는 않는다. 암세포들은 분명히 G0로의 진입을 피하거나 혹은 이를 아주 빠르게 통과하는 것이다. 어떤 세포들은 G0로 진입하여 다시는 세포 주기로 되돌아가지 않는다. 또 다른 세포들은 G0 상태로 남아 있어도 G1으로 되돌아가도록 자극을 받을 수 있어서 그로 인해 세포 주기로 다시 재진입하기도 한다.

세포학적으로, 간기는 눈에 보이는 염색체가 없는 것이 특징이다. 대신에 염색체 형태를 구성했던 염색질 섬유들이 이전의 세포분열 이후에 풀리고 흩어져 핵을 채운다[그림 2.7(a)]. 일단 G1, S, 그리고 G2가 완결되면 분열이 시작된다. 분열은 격렬하고 지속적인 활성을 나타내는 역동적인 시기이다. 논의의 편의를 위해, 전체 과정을 분명한 단계들로 나누고, 특정 사건들을 각 단계로 한정했다. 이러한 과정들은 일어나는 순서대로, 전기(prophase), 전중기(prometaphase), 중기(metaphase), 후기(anaphase), 말기(telophase)이다.

전기

종종 분열 시기의 절반 이상이 **전기(prophase)**에 소모되는데[그림 2.7(b)], 이 시기는 몇 가지 중요한 활동들이 특징이다. 모든 동물 세포에서 간기의 초기 사건 중 하나는 두 쌍의 중심립(centriole)이 세포의 양쪽 극으로 이동하는 것이다. 이런 구조들은 분화된 세포질 지역의 핵막 바로 바깥 부분에서 발견되는데 이를 중심체(centrosome)라고 부른다(2.1절에 소개됨). 각 쌍의 중심립은 성숙한 한 단위와 더 작고 새롭게 형성된 딸 중심립으로 구성되는 것으로 믿어진다.

중심립들이 이동하고 세포의 반대편 양 끝에 두 극이 확립된다. 이동 후, 중심립들이 위치한 중심체들은 세포질의 미세소관들을 조립하여 이 두 극 사이를 가로지르는 방추사들이 형성되도록 한다. 이로써 염색체 분리가 발생하는 축이 형성된다. 흥미롭게도, 대부분의 식물 세포들(몇몇 예외가 있긴 하지만), 곰팡이, 그리고 어떤 조류들은 중심립이 없는 것으로 보인다. 그런데도 분열기의 방추사는 아주 뚜렷하다.

중심립이 이동함에 따라 핵막은 소실되고 점차로 사라진다. 비슷한 방식으로 인도 핵 안에서 분해된다. 이런 사건들이 일어나는 동안, 풀린 염색사들은 응축이 시작되어 뚜렷한 실뭉치 같은 구조인 염색체를 만들 때까지 계속되어 관찰이 가능해진다. 전기 말에는 각 염색체가 동원체(centromere)라고 불리는 잘록한 한 지점을 제외하면 길게 나뉘어 실질적으로 이중의 구조인 것이 뚜렷해진다. 이 각각에 포함된 DNA는 한 번의 복제로 만들어져 유전적으로 똑같으므로, 각 염색체에서 나뉘어 있는 이 두 부분을 **자매 염색분체(sister chromatid)**라고 한다. 자매 염색분체들은 여러 소단위로 구성된 단백질 복합체인 **코헤신(cohesin)**에 의해 서로 연결되어 있다. 이 분자 복합체는 원래 각 염색체의 DNA가 복제되는 세포 주기의 S기 중에 두 염색분체 사이에서 형성된다. 따라서 간기에는 염색질이 핵 내에서 풀어져 있어서 염색질들을 보지는 못하지만, 염색체들은 이미 이중의 구조이고, 이것은 후기 전기에 뚜렷해진다. 46의 이배체 수를 나타내는 인간에서는, 전기 말에 세포학적 표본을 만들게 되면 46개의 염색체가 이전에 핵이었던 지역에 마구 흩어져 나타난다.

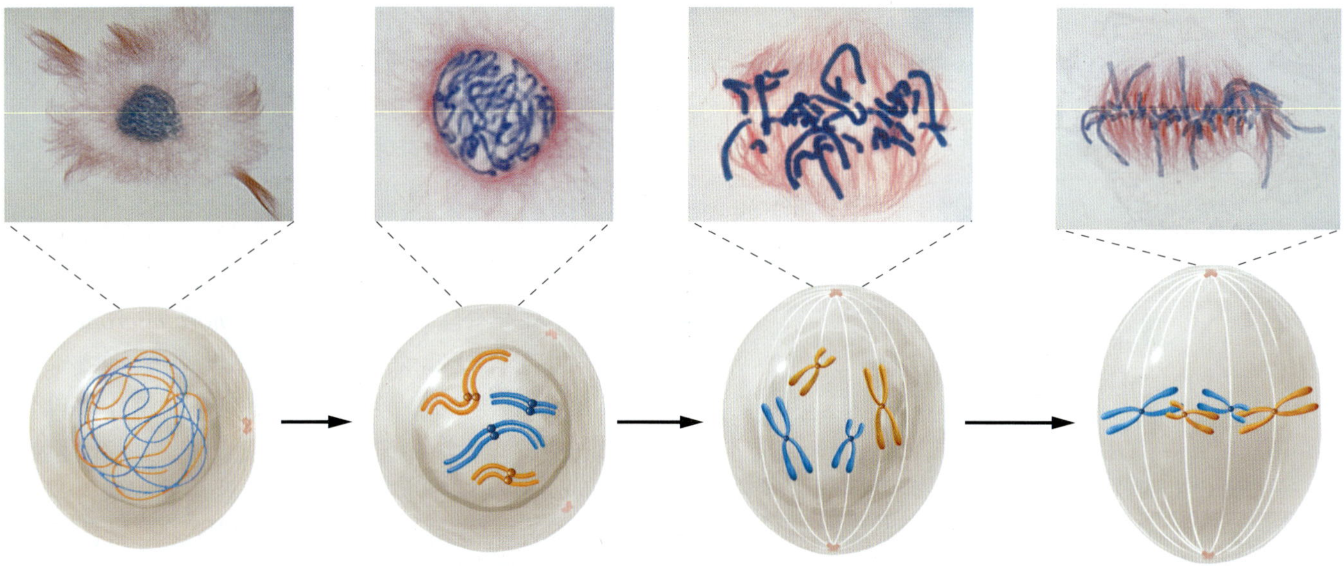

(a) 간기
염색체들이 확장되고 풀려서 염색질을 형성한다.

(b) 전기
염색체들이 꼬이고 응축된다; 중심립이 나뉘어 양쪽으로 이동한다.

(c) 전중기
염색체들은 분명한 이중구조를 보인다; 중심립이 양쪽 극에 도달한다; 방추사가 형성된다.

(d) 중기
동원체들이 중기판에 늘어선다.

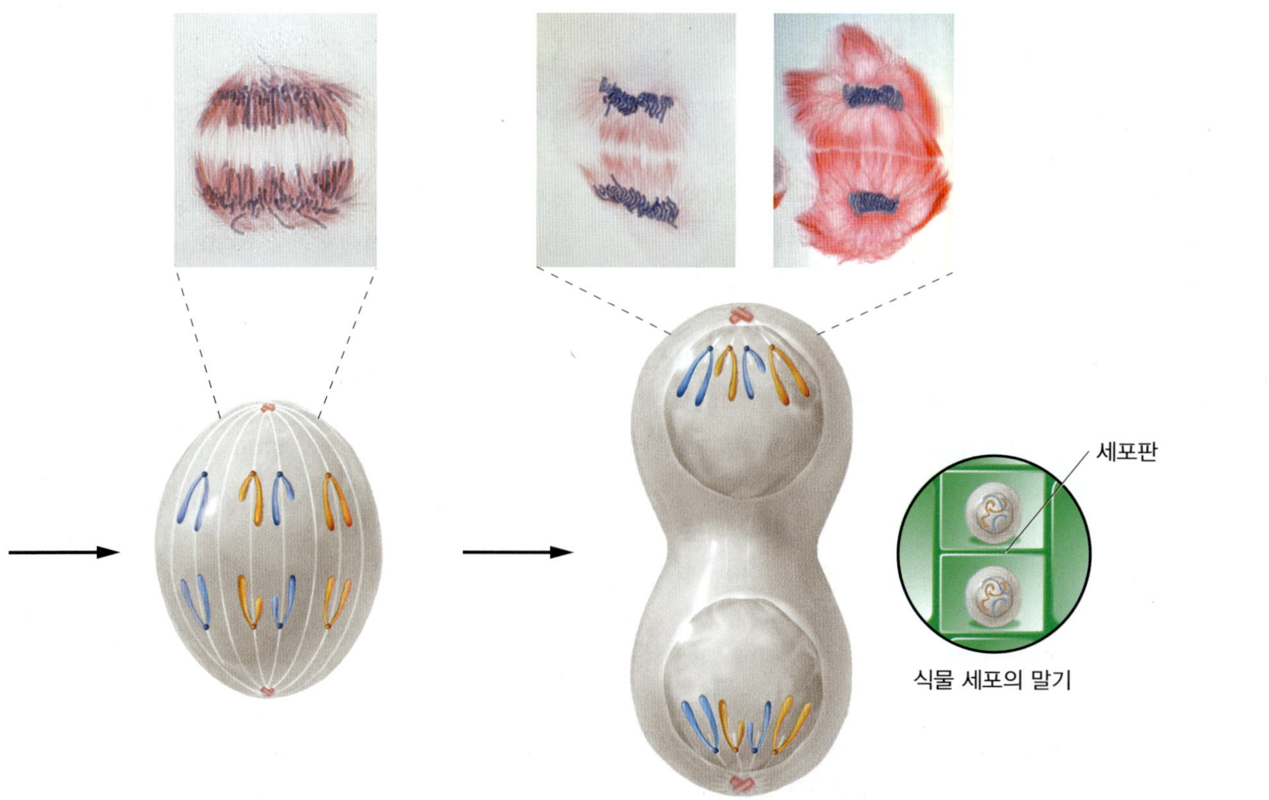

(e) 후기
동원체가 나뉘고 딸염색체들이 반대 극으로 이동한다.

(f) 말기
딸염색체들이 극에 도달하고 세포질분열이 시작된다.

그림 2.7 이배체 수가 4인 동물 세포의 체세포 유사분열을 나타낸 그림. 각 단계에서 발생하는 사건들은 본문에 설명하였다. 두 상동염색체 쌍 중에서 하나는 길고 중부 동원체성(metacentric)인 데 반해 다른 하나는 짧고 차중부 동원체성(submetacentric)으로 나타냈다. 각 쌍의 모계 염색체와 부계 염색체는 다른 색깔로 표시되었다. (f) 단계의 오른쪽에 식물 세포의 말기 후반에는 세포판(cell plate)의 형성과 중심체가 없음을 그림으로 나타냈다. 각 단계를 보여주는 광학현미경상은 하이만투스라는 꽃에서부터 얻어진 것으로, 이 식물은 이배체 수가 8이다.

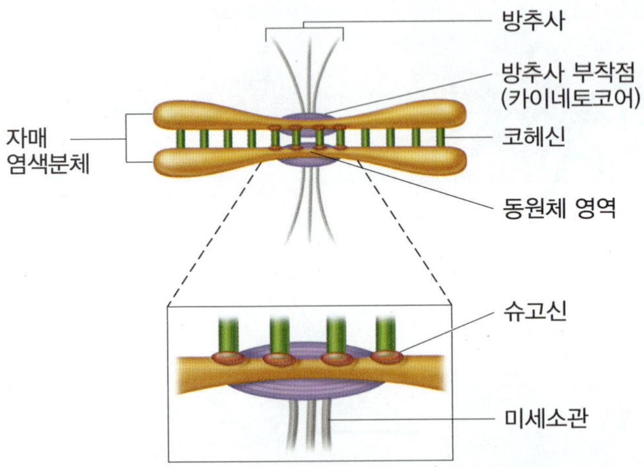

그림 2.8 유사분열 중의 자매 염색분체 배열과 짝 형성, 그리고 분리. 코헤신과 슈고신, 그리고 세퍼레이즈라는 효소들의 분자 복합체가 관여한다.

전중기와 중기

이어지는 두 단계에서 두드러진 사건은 동원체 부분에 의해 적도판으로 끌려가는 염색체의 이동이다. 적도판은 **중기판**(*metaphase plate*)이라고도 불리며 방추사에 의해 형성된 축에 직각으로 놓이는 세포의 가운데 지역을 가리킨다. 어떤 설명에서는 **전중기(prometaphase)**라는 용어로 이 염색체 이동의 시기를 설명하고[그림 2.7(c)], **중기(metaphase)**라는 용어는 이동 후의 염색체의 모양을 설명하는데 엄격하게 적용된다.

염색체의 이동은 방추사가 **방추사 부착점(kinetochore; 카이네토코어)**에 부착함으로써 이루어지는데, 이것은 여러 겹으로 된 단백질 판들이 동원체에 모여 있는 것이다. 이 구조물은 두 자매 염색분체를 밀착시켜 쌍을 형성하고 있는 동원체들의 양쪽 면에 형성된다. 일단 방추사를 형성한 미세소관들이 결합하면, 코헤신이 세퍼레이즈(*separase*)라는 효소에 의해 분해되고, 자매 염색분체의 팔들은 떨어져 분리되고 동원체 지역만 붙어 있게 된다. **슈고신(shugoshin**; 일본어로 수호신이라는 뜻)이라 불리는 독특한 단백질 그룹은 동원체 지역에서 세퍼레이즈에 의한 코헤신 분해를 막는다. 그림 2.8은 분열기 중의 자매 염색분체 쌍과 복합체를 이룬 코헤신 및 슈고신을 보여준다.

우리는 이제 동원체에서의 방추사 부착점 조립에 관여하는 분자적 상호작용들에 대해 많은 것을 알고 있다. 이것은 돌연변이들이 방추사 부착점 복합체를 구성하는 단백질들을 변화시켰을 때의 결과 때문에 매우 흥미롭다. 바뀐 방추사 부착점은 염색체 이동 중의 실수를 일으켜 딸세포들의 이배체 양을 변화시킨다. 더 자세한 설명은 우리가 일단 염색질을 구성하는 DNA와 단백질에 대해 좀 더 자세히 배우고 난 후(12장 참고)에 교재의 후반에 제시될 것이다.

우리는 방추사와 이들을 방추사 부착점에 부착시키는 기구들에 대해서도 많은 것을 알게 되었다. 방추사들은 튜불린(tubulin) 단백질 단위체들로 구성된 미세소관들로 되어 있다. 미세소관들은 세포의 반대편 극에 있는 두 개의 중심체 지역으로부터 기원하여 "자라나는" 것처럼 보인다. 그들은 극성화된 튜불린 소단위들의 첨가나 제거로 길어지거나 짧아지는 역동적인 구조들이다. 염색체 이동을 책임지는 미세소관들은 대부분 중심체 지역으로부터 자라나 방추사 부착점에 결합한다. 이들은 **방추사 부착점 미세소관들**(*kinetochore microtubules*)이라고 불리며 한쪽 끝이 중심체 지역(세포의 한쪽 극)에서 끝나며, 다른 쪽 끝은 방추사 부착점에 안착한다. 방추사 부착점에 붙어 있는 미세소관들의 수는 생물마다 매우 차이가 크다. 효모(*Saccharomyces*)는 단 하나의 미세소관이 판 모양의 방추사 부착점에 붙는다. 포유동물의 분열 세포들은 또 다른 극단으로, 방추사 부착점의 각 부분에 부착하는 미세소관들이 30~40개나 된다.

중기가 완료된 시기에 각 동원체는 염색체 팔들을 바깥쪽으로 아무렇게나 내민 상태로 적도판에 일렬로 배열된다. 이러한 모양이 그림 2.7(d)에 나타나 있다.

후기

분열 세포의 염색체 분포에 필수적인 사건이 가장 짧은 단계인 **후기(anaphase)**에 발생한다. 이 시기 중에 각 염색체의 자매 염색분체들은 서로 **분리되어**(*disjoin*) 세포의 반대 극들로 이동한다—이 사건은 염색체의 **분리(disjunction)**라고 설명된다. 완전한 분리가 일어나기 위해서는; (1) 슈고신이 보호 역할을 못하도록 분해되어야 하고, (2) 각 자매 염색분체의 동원체 영역을 붙들고 있는 코헤신 복합체가 세퍼레이즈에 의해 절단되어야 하며; (3) 각 염색체의 자매 염색분체들이 세포의 반대쪽 극들로 당겨져야 한다(그림 2.8). 이런 사건이 진행되면, 이동하는 각 염색분체는 이제 **딸 염색체**(*daughter chromosome*)라고 불리게 된다.

딸 염색체들이 세포의 반대쪽 극으로 이동하는 것은 방추사 부착점에 방추사가 결합했는지에 의존적이다. 최근 연구에 따르면 염색체의 이동은 분열하는 세포 내의 여러 위치에서 발견되는 특정 분자인 운동 단백질의 활동으로 인해 발생한다. **분자 모터(molecular motor)**로 설명되는 이런 단백질들은 ATP의 가수분해로 생성된 에너지를 사용한다. 미세소관의 활동에 미치는 영향이 궁극적으로 방추사를 단축시켜 염색체를 세포의 반대쪽 끝으로 끌어당긴다. 염색체들이 이동하는 동안에는 동원체가 앞장서고 염색체 팔이 뒤를 따르는 것으로 보인다. 방추사의 단축을 설명하는 몇 가지 모형이 제시되어 있다. 이들은 공통적으로 방추사의 말단에서 튜불린 소단위가 선택적으로 제거된다고 한다. 이런 제거 과정은 위에서 설명한 분자 모터 단백질에 의해 수행된다.

동원체의 위치는 그림 2.3에서처럼 분리과정 중의 염색체 형태를 결정한다. 후기 중에 발생하는 단계들은 연이어 생기는 딸세포들이 동일한 염색체 세트를 갖도록 하는 데 필수적이다. 인간 세포에서는, 이제 각 극 쪽에 원래 자매 쌍으로 있었던 염색분체들이 하나씩 46개의 염색체로 존재하게 된다. 그림 2.7(e)는 완료되기 직전의 후기를 보여준다.

말기

말기(telophase)는 분열의 마지막 단계로 그림 2.7(f)에 그려져 있다. 처음에는 양쪽 극 각각에 완전한 세트의 염색체들이 존재한다. 가장 중요한 사건은 세포질분열(cytokinesis)로, 세포질의 분리 혹은 나뉨 현상이다. 하나의 세포에서 두 개의 딸세포가 생성되기 위해서 세포질분열은 필수적인 과정이다. 그 기작은 식물과 동물 세포에서 매우 다르지만, 그 결과는 같아서 두 개의 새로운 세포들이 생긴다. 식물 세포에서는 세포판(cell plate)이 합성되어 중기판(metaphase plate) 부위를 가로질러 쌓인다. 그러나 동물 세포에서는 풍선의 가운데 주변을 줄로 말아 꼭 묶은 것과 같은 방식으로 세포질의 함입이 일어난다.

세포질분열 과정이 생물의 세포마다 다르다는 것은 놀랄 일이 아니다. 식물 세포는 좀 더 일정한 모양이며 구조적으로 견고해서 원형질막 주위에 새로운 세포벽 물질을 쌓는 기작을 요구한다. 말기에 축적된 세포판은 **중층**(*middle lamella*)이 된다. 곧 이어 1, 2차 세포벽 층이 딸세포들 사이의 양쪽에서 중층과 세포막 사이에 쌓이게 된다. 동물 세포에서는 세포막의 완전한 함입으로 인해 새로 분열한 세포들의 특징인 **세포구**(*cell furrow*)가 생긴다.

분열기에서 간기로의 진입에 필요한 또 다른 사건들이 말기 끝에 시작된다. 그들은 일반적으로 전기에 발생했던 사건들의 역전 현상으로 볼 수 있다. 각각의 새로운 세포에서는 염색체가 풀리기 시작하여 다시 펼쳐진 염색질이 된다. 그 주위로 핵막이 재형성되며 방추사는 사라지고 인도 점차 다시 생겨서 이른 간기 중에는 핵에서 볼 수 있게 된다. 말기가 완료되면 세포는 간기로 진입한다.

세포 주기 조절과 검문점들

유사분열 주기를 완성하도록 하는 세포 주기는 모든 진핵생물에서는 기본적으로 동일하다. 다양한 생물들에서 나타나는 이런 유사성은 세포 주기가 진화를 통해 보존되어 온, 유전적으로 조절되는 프로그램에 의해 통제되는 것임을 시사해준다. 이런 조절의 파괴는 악성 종양의 특징인 무조절성 세포분열의 원인일 수 있으므로, 어떻게 유전자들이 세포 주기를 조절하는지에 대한 관심이 높다.

지난 20년에 걸친 매우 많은 연구 노력의 결과, 우리는 이제 세포 주기의 조절에 관여하는 많은 유전자에 대해 알게 되었다. 이런 연구는 2001년 하트웰(Lee Hartwell), 너스(Paul Nurse) 그리고 헌트(Tim Hunt)에게 노벨 생리의학상을 안겨주었다. 필수적인 생물학적 과정들에 대한 유전적 조절에 관한 여러 연구와 더불어, 세포 주기를 방해하는 돌연변이들을 찾고 그 영향을 살피는 데 연구 노력이 집중되었다. 우리는 이 주제를 암의 분자적 기초를 고려해보는 과정에서 좀 더 자세히 다룰 것이므로(24장 참고), 여기서는 아주 간단한 개요만 언급할 것이다.

이제는 세포 주기의 각 단계에 영향을 발휘하는 많은 돌연변이가 알려져 있다. 효모에서 처음 발견되었지만, 인간을 포함한 모든 생물에서 발견되는 그런 돌연변이들이 있는데, 원래는 **세포분열 주기 돌연변이**[*cell division cycle (cdc) mutations*]라고 표시되었던 것들이다. 변이된 유전자들의 정상적인 산물들은 **인산화효소(kinase)**들로서, 다른 단백질에 인산그룹을 추가시킬 수 있다. 이들은 **사이클린(cyclin)**이라고 불리는 단백질들과 연계하여 작용하는 "주 조절(master control)" 분자로 작용한다. 사이클린들은 이 인산화효소들과 결합하여[**사이클린 의존성 인산화효소**(*cyclin-dependent kinase*) 생성] 세포 주기 과정 동안 적당한 시간에 그들을 활성화한다. 그러면 활성화된 인산화효소들은 세포 주기 진행을 조절하는 다른 표적 단백질들을 인산화시킨다. *cdc* 돌연변이에 관한 연구는, 세포 주기가 적어도 세 개의 **세포 주기 검문점(cell-cycle checkpoint)**을 포함하고 있음을 밝혀주었는데, 이 지점에서는 세포가 다음 단계의 시작을 허락하기에 앞서 이 주 조절 분자들에 의해 정상적인 분열이 일어

풀어보기

2-1 우리가 "풀어보기"로 명명한 이 부분이 처음 등장하는 곳이니 짧은 소개를 하는 것이 순서에 맞겠다. 이 부분은 이 장 및 이후의 장들에서 여러 번 등장할 것인데, 매번 앞에서 제시된 논의와 연관된 문제가 제공될 것이다. 뒤에 "힌트"가 주어지므로 문제를 푸는 데 도움을 받을 수도 있다. 첫 문제를 풀어보자:

(a) 만약 어떤 생물의 이배체 수가 16이라면, 유사분열 전기의 끝에는 몇 개의 염색분체들이 관찰되겠는가?

(b) 분열기의 후기 중에 각 극으로 이동하는 염색체들의 수는 몇 개인가?

■ **힌트:** 이 문제는 분열기 중에 각 상동염색체 쌍에 어떤 일이 일어나는지를 이해하고 있는지를 다루는 것으로, 이배체 수가 16인 생물의 염색체 행동에 대한 이해를 묻고 있다. 문제의 핵심은 유사분열 과정 동안에 상동염색체 쌍의 구성원들은 서로 짝을 이루지는 않으며 각기 독립적으로 행동한다는 점을 깨닫는 것이다.

나게 하는 과정들이 감시 혹은 "검사(check)"된다.

세포 주기 조절의 중요성은 이런 조절 체계가 고장 났을 때 어떤 일이 벌어질지 생각해보면 금방 드러날 수 있다. 예를 들어, 한 세포의 DNA가 세포 주기 조절에 문제를 일으키는 하나 이상의 돌연변이들을 만드는 손상을 입었다고 가정해보자. 만약 분열 세포 집단의 한 세포가 세포 주기를 진행하도록 허락된

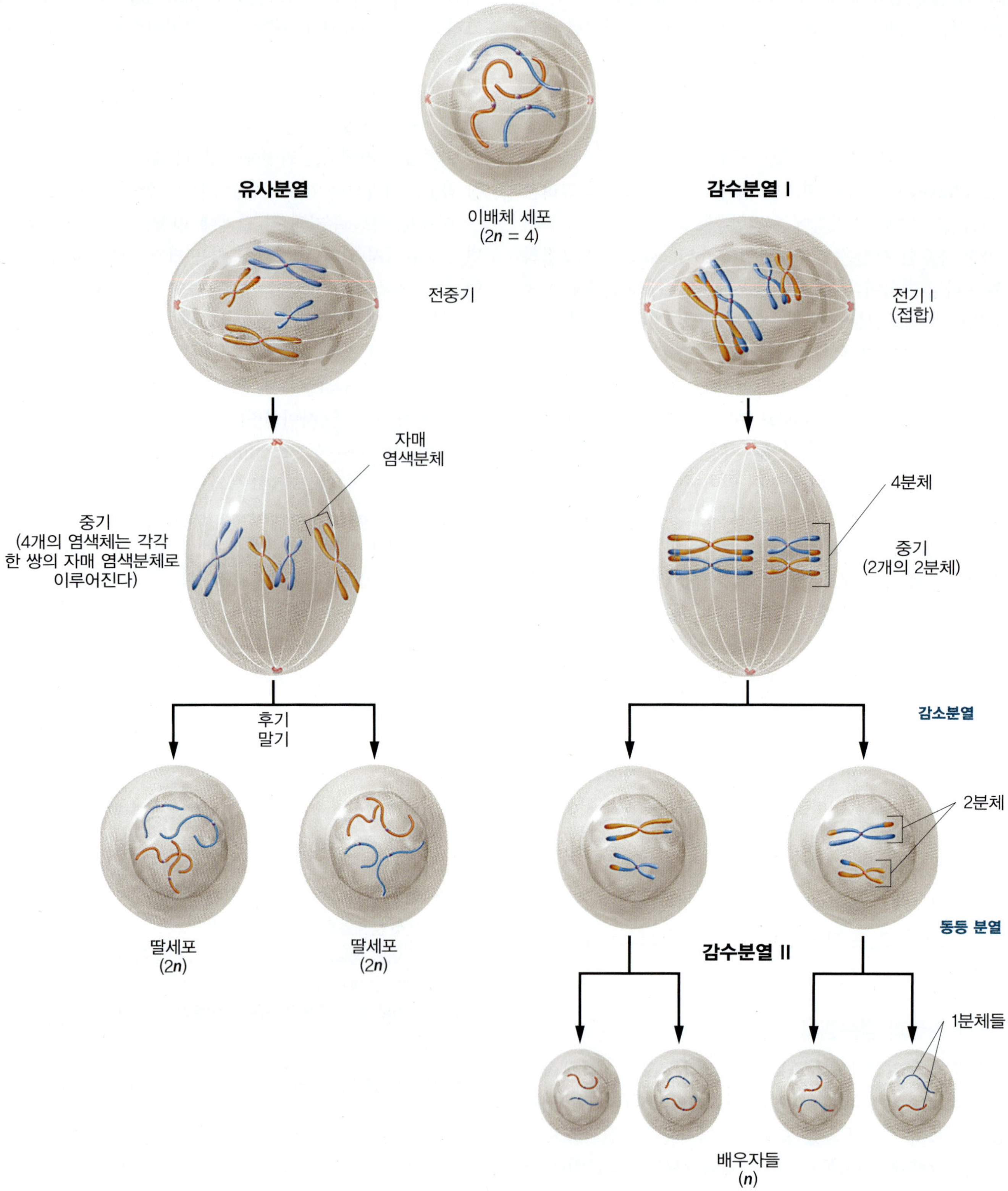

그림 2.9 유사분열과 감수분열에서 주요 사건들을 비교한 것. 그림 2.7에서와 같이 2쌍의 상동염색체들을 추적하였다.

다면, 유전적으로 바뀐 이런 세포는 조절되지 않는 방식으로 분열할 수도 있다—이것은 암세포가 발달하는 핵심 단계이다. 그러나 만약 그 세포가 검문점들 중 하나에서 분열을 멈춘다면, 그 세포는 DNA 손상을 고칠 수 있거나 세포분열을 영원히 중지함으로써 잠재적 종양 형성을 억제할 수 있게 된다. 각 검문점들에 대해서는 교재의 후반에 더 자세히 다룰 것이다(24장 암 유전학 참고).

2.4 감수분열은 반수체 배우자와 포자를 생산하며 종의 유전적 다양성을 증가시킨다

이배체 생물들에서의 유사분열이 완전한 이배체 조성을 가진 두 개의 딸세포들을 만드는 것에 반해, **감수분열(meiosis)**은 오직 반수체의 염색체 한 세트만 가지는 배우자들이나 포자들을 생산한다. 유성생식 과정 중, 반수체의 배우자들은 수정이 일어날 때 연합하여 부모 세포들에서와 같은 이배체 조성을 회복하게 된다. 그림 2.9는 두 쌍의 상동염색체가 유사분열과 감수분열에서 어떤 과정을 겪는지 비교한 것이다. 배우자들과 포자들이 각 상동염색체 쌍들에서 하나씩의 구성원들만 포함해야 하므로 감수분열은 매우 정확해야만 한다. 성공적으로 완료된다면, 감수분열 과정은 세대 간의 유전적 일관성을 유지하는 기초를 제공하게 된다.

감수분열에 의한 또 다른 주요 효과는 유성생식의 과정 중에 종 내의 구성원들 사이에서 막대한 유전적 변이가 생겨난다는 점이다. 그런 변이들은 두 가지 형태로 발생한다. 첫째는, 감수분열로 인해 생긴 반수체 조성들 사이에는, 부계와 모계에서 유래한 염색체들의 독특한 조합이 서로 다른 많은 수의 배우자들이 생산되므로, 이후에 수정이 진행되면 더욱 큰 수의 독특한 염색체 조합이 가능해진다. 앞으로 배우게 될(3장), 이 과정은 멘델의 분리와 독립적 분리 원칙의 기초가 된다. 감수분열로 만들어지는 변이의 두 번째 원천은 **교차(crossing over)**라는 사건에 의한 것이다. 이것은 각 상동염색체 쌍의 염색체들이 특정 반수체의 배우자나 포자들로 결정되어 들어가기에 앞서 서로 간에 유전 물질을 교환하도록 한다. 이 과정은 각 상동염색체가 기원했던 부계와 모계 상동체가 서로 모자이크된 온전한 염색체들을 만들며, 나아가 유전적 변이를 증가시킨다. 그러므로 유성생식은 유전 물질들을 매우 많이 뒤섞어 아주 다양한 자손들을 만들어낸다.

감수분열: 전기 I

유사분열에서와 마찬가지로, 감수분열 과정은 염색체 분리에 앞서, 간기 단계에 유전 물질을 복제한 이배체 세포에서 시작된다. 따라서 반수체를 만들기 위해서는, 두 번의 분열이 요구된다. 위에 언급한 감수분열의 특징들은 대체로, 1단계 분열의 첫 단계인 **전기 I**(*prophase I*) 과정 중 염색체들의 행동에 기인한다. 유사분열 과정에서는 각 상동염색체 쌍의 부계 및 모계 유래 구성원들이 독립적으로 행동한다는 것을 기억할 것이다. 각 염색체는 복제되어 유전적으로 똑같은 자매 염색분체들(sister chromatids)을 만들며 곧이어 각 염색체의 한 염색분체가 새로운 딸세포들로 각각 분배된다. 감수분열에서의 주요 차이점은, 일단 간기의 특징인 염색질이 관찰 가능한 구조로 응축되면 그 상동염색체들은 더는 독립적이지 않고 짝을 이룬 것으로 보이게 되는데, **접합(synapsis)**이라는 과정을 거쳤기 때문이다. 그림 2.10은 전기 I로 이어지는 이 사건들을 설명하고 있다. 접합된 각 상동체 쌍은 처음에는 **2가 염색체(bivalent)**라고 불리며, 이들의 숫자는 반수체 수와 같다. 그림 2.10에서는 두 개의 상동염색체 쌍을 그렸으므로 2개의 2가 염색체들이 있다. 상동체들이 응축되고 짧아짐에 따라, 2가 염색체들은 **4분체(tetrad)**라고 불리는 하나의 단위가 되는데, 두 쌍의 자매 염색분체들로 구성되어 있다. 이들은 공통의 동원체에 의해 붙어 있다. 한 쌍의 자매 염색분체들은 모계에서 유래한 것이고, 다른 쌍은 부계 쪽에서 유래한 것이다. 4분체의 존재는 두 상동염색체가 사실상 이미 복제되었음을 알려주는 가시적 증거라고 할 수 있다. 전기

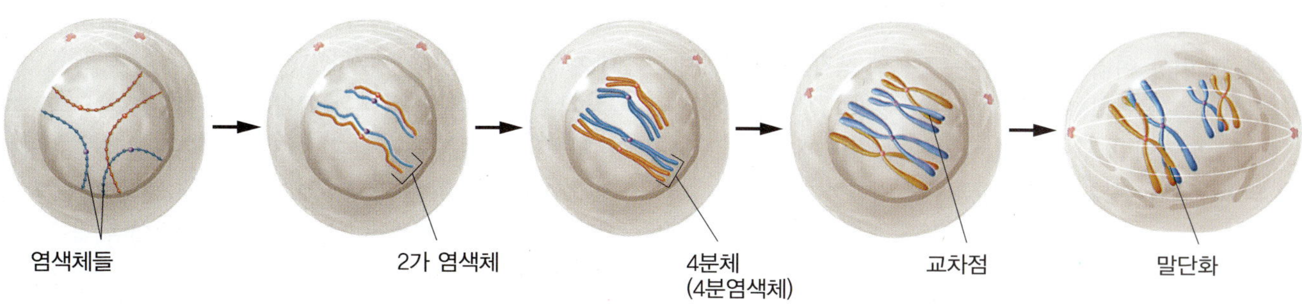

그림 2.10 감수분열 전기 I의 염색체 변화. 염색체들과 2가 염색체들을 나타낸 앞의 두 그림에서는 사실 각 염색체가 이중의 구조인 자매 염색분체들로 구성된다. 이것은 이후의 4분체 단계에서 뚜렷해진다.

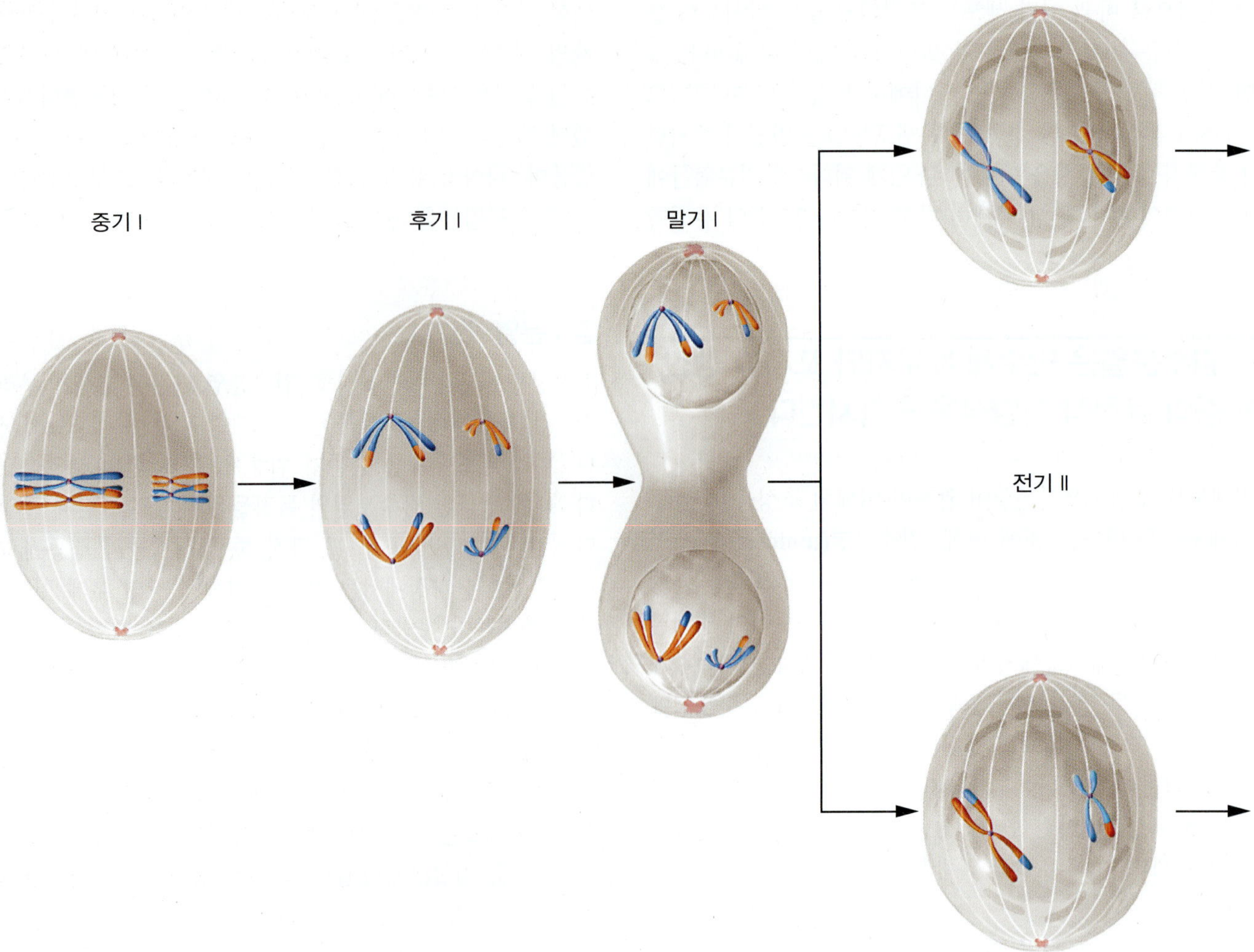

그림 2.11 이배체 수가 4인 동물 세포의 감수분열. 중기 I에서 시작된 후의 주요 사건들을 나타냈다. 말기 II 이후 생성된 세포들의 염색체 조합은, 중기I 과 중기 II 중에 형성된 적도판 상의 각 4분체 혹은 2분체들의 무작위적 배열에 의존적임에 유의하라. 여기서는 나타내지 않았지만 여러 가지의 다른 조합 역시 형성될 수 있다. 여기에 나타낸 각 사건들에 대해서는 본문에 설명하였다.

가 진행되면서, 4분체의 자매 염색분체들은 서로 떨어지는 것으로 보인다. 그러나 한 곳 이상의 지역들에서 염색분체들이 서로 엉켜 접촉한 채 있다. 그런 지역은 **교차점(chiasma**; 복수, chiasmata)이라고 불리며 하나는 부계, 다른 하나는 모계인 **비자매 염색분체들(nonsister chromatids)**이 교차 과정을 통해 유전 물질을 교환했음을 나타내는 것으로 생각된다. 교차가 4분체에서 한 번 이상 여러 번 발생하는 것으로 생각되므로, 매번 감수분열을 하는 동안에는 일상적으로 모자이크 염색체들이 생긴다. 전기 I의 마지막 시기 중에는 인과 핵막이 파괴되고 각 4분체의 두 동원체는 새로 형성된 방추사에 결합한다.

중기 I, 후기 I, 그리고 말기 I

감수분열의 나머지 과정은 그림 2.11에 그려져 있다. 전기 I 이후의 단계들은 유사분열에서 일어나는 것들과 유사하다. 첫 번째 분열의 **중기**(*metaphase I*)에, 염색체들은 최대한으로 짧고 두꺼워진다. 각 4분체의 말단 교차점들이 나타나고 이것이 비자매 염색분체들을 붙들고 있는 유일한 요소인 것으로 보인다. 각 4분체는 중기판으로의 이동을 촉진하는 방추사와 상호작용한다. 첫 후기가 진행되기 이전, 각 4분체의 배열은 무작위적이다. 각 4분체의 절반은 이쪽이나 저쪽으로 당겨지고 나머지 절반도 반대쪽 극으로 이동하게 된다.

감수분열 1단계 중에는 하나의 동원체가 한 쌍의 자매 염색분체들을 모두 붙들고 있다. 이것은 아직은 분열하지 않는다. 후기 I(*anaphase I*)에, 각 4분체의 절반[한 쌍의 자매 염색분체-**2분체(dyad)**라고 불림)]이 분열하는 세포의 양쪽 극을 향하여 당겨진다. 이 과정이 효과적으로 염색체 숫자를 절반으로 줄여주기 때문에 **감소분열**(*reductional division*)로 불리기도 한다. 분리(disjunction)라고 일컫는 이러한 염색체 분열 현상은 상동염색체들이 서로 나뉘는 물리적 기초이다. 때때로 감수분열에 실수가 발생하여 분리가 이루어지지 않을 수도 있다. **비분리(nondisjunction)**라는 용어는 그러한 실수를 설명하는 말이다. 정상적으로 후기 I이 완료되면, 반수체 수의 2분체들이 각 극 쪽에 같은 수로 존재하게 된다.

여러 생물에서, **말기 I**(*telophase I*)가 되면 2분체들 주위에 핵막이 형성된다. 이후에, 핵은 짧은 간기로 진입한다. 간기가 되어도 염색체들은 이미 2개의 염색분체로 되어 있으므로 복제는 일어나지 않는다. 다른 경우에는 세포들이 첫 후기에서 바로 감수분열 2단계로 진행하기도 한다. 일반적으로, 감수분열에서의 말기는 유사분열의 해당 시기보다 훨씬 짧다.

감수분열 2단계

감수분열의 두 번째 단계인 **감수분열 II 단계**(*meiosis II*)는, 배우자나 포자가 원래의 4분체로부터 각각 하나씩의 염색분체만을 받기 위해서는 필수적이다. 감수분열 II 단계의 특징적 시기들이 그림 2.11의 오른쪽 절반에 나타나 있다. **전기 II**(*prophase II*) 중에 각 2분체는 공통의 동원체에 의해 붙어 있는 한 쌍의 염색분체들로 이루어진다. **중기 II**(*metaphase II*)에는, 이 동원체들이 적도판에 위치한다. 이들이 분열하게 되면 **후기 II**(*anaphase II*)가 시작되고 각 2분체의 염색분체들은 반대쪽 극으로 당겨진다. 2분체들의 수는 반수체 수와 같으므로, **말기 II**(*telophase II*)에는 양쪽 극에 각 상동염색체 쌍의 한쪽 구성원만 나타난다. 각 염색체는 이제 **1분체**(*monad*)가 된다. 결과적으로 얻어진 두 세포에서 동원체 수는 감소하지 않으므로 이 과정은 **동형분열**(*equational division*)로 불린다.

말기 II에서의 세포질분열 후에는 한 번의 감수분열에 의해 네 개의 반수체 배우자들이 생성된다. 감수분열 II 단계가 끝나면, 반수체 상태가 확보될 뿐만 아니라, 교차가 일어난다면 각 1분체가 부계와 모계의 유전정보를 조합해서 가질 수 있게 된다. 결과적으로, 어떤 배우자에 의해 생기는 자손들일지라도 원래 그의 조부모들에 따로 존재하던 유전정보의 혼합물을 받게 된다. 그러므로 감수분열은 다음 세대의 유전적 변이의 수준을 매우 증가시킨다.

풀어보기

2.2 어떤 생물의 제 1 난모세포는 이배체 수가 16이다.
(a) 전기 I에는 몇 개의 4분체들이 존재하는가?
(b) 전기 II에는 몇 개의 2분체들이 존재하는가?
(c) 후기 II 중에는 몇 개의 1분체들이 각 극 쪽으로 이동하는가?

■ **힌트:** 이 문제는 감수분열 중에 상동염색체들의 각 쌍에 존재하는 모계 및 부계 염색체들에 어떤 일이 생기는지를 이해하는 것과 관련이 있는 것으로, 이배체 수가 16인 생물의 염색체 행동에 적용할 수 있는지를 묻고 있다. 이 문제를 풀기 위한 주된 통찰은 감수분열 중에는 모계와 부계의 상동염색체들이 접합한다는 사실이다. 일단 각 염색분체가 복제되면 감수분열의 초기에 4분체가 형성되는데, 원래의 각 쌍은 한 단위로 행동하다가 후기 I기 중에 두 개의 2분체로 된다.

연습을 더 하려면 문제 25~30번을 참고하라.

2.5 정자형성과 난자형성 과정의 배우자 발달에는 차이가 존재한다

대부분 동물의 배우자 형성 세포에서 감수분열 사건들은 유사하게 진행되지만, 수배우자의 생산(정자형성, spermatogenesis)과 암배우자의 생산(난자형성, oogenesis) 사이에는 분명한 차이가 존재한다. 그림 2.12는 이러한 과정들을 요약해 놓은 것이다.

정자형성(*spermatogenesis*)은 남성 생식기관인 정소에서 발생한다. 이 과정은 **정원세포**(*spermatogonium*)라고 불리는 미분화된 이배체 생식세포가 커지면서 시작된다. 이 세포는 자라서 **제 1 정모세포**(*primary spermatocyte*)가 되는데, 이것이 감수분열 1단계를 겪게 된다. 이 분열의 산물은 **제 2 정모세포**(*secondary spermatocyte*)라고 불리며, 반수의 2분체들을 가진다. 제 2 정모세포들은 다시 감수분열 2단계를 겪게 되고, 이 세포들 각각은 두 개의 반수체 **정세포**(*spermatid*)들을 생산해 낸다. 정세포들은 **정자발달과정**(*spermiogenesis*)이라는 일련의 변화를 거쳐 매우 특수화되고 운동성을 가지는 **정충**(*spermatozoa*), 혹은 **정자**(*sperm*)가 된다. 정자형성 중에 생기는 모든 정자 세포들은 반수의 염색체들과 똑같은 양의 세포질을 받는다.

정자형성은 성숙한 수컷 동물체에서 지속적이거나, 혹은 그 동물의 생식 주기에 의해 결정되는 주기적 사건일 수 있다. 1년 내내 생식을 하는 동물들은 계속 정자를 생산하는 반면, 산란기가 일정한 계절로 국한되어 있는 것들은 오직 그 시기에만 정자를 생산한다.

동물의 **난자형성**(*oogenesis*)에서는, **난자**(*ova*; 단수, ***ovum***)나 알(egg)의 생성은 암컷 생식기관인 난소에서 일어난다. 두 번의 세포분열로 생기는 딸세포들은 같은 양의 유전 물질을 받게 되지만, **같은 양의 세포질을 받지는 않는다**. 대신, 각 분열 중에, **난원세포**(*oogonium*)에서 유래한 **제 1 난모세포**(*primary oocyte*) 세포질의 대부분이 2개의 딸세포 중 하나로 집중된다. 성숙한 난자의 주요한 기능이 수정 후에 배아를 발달시키기 위한 영양을 제공하는 것이기 때문에 세포질의 집중 현상은 필수적인 것이다.

난자형성의 감수분열 1단계 후기 중에, 제 1 난모세포의 4분

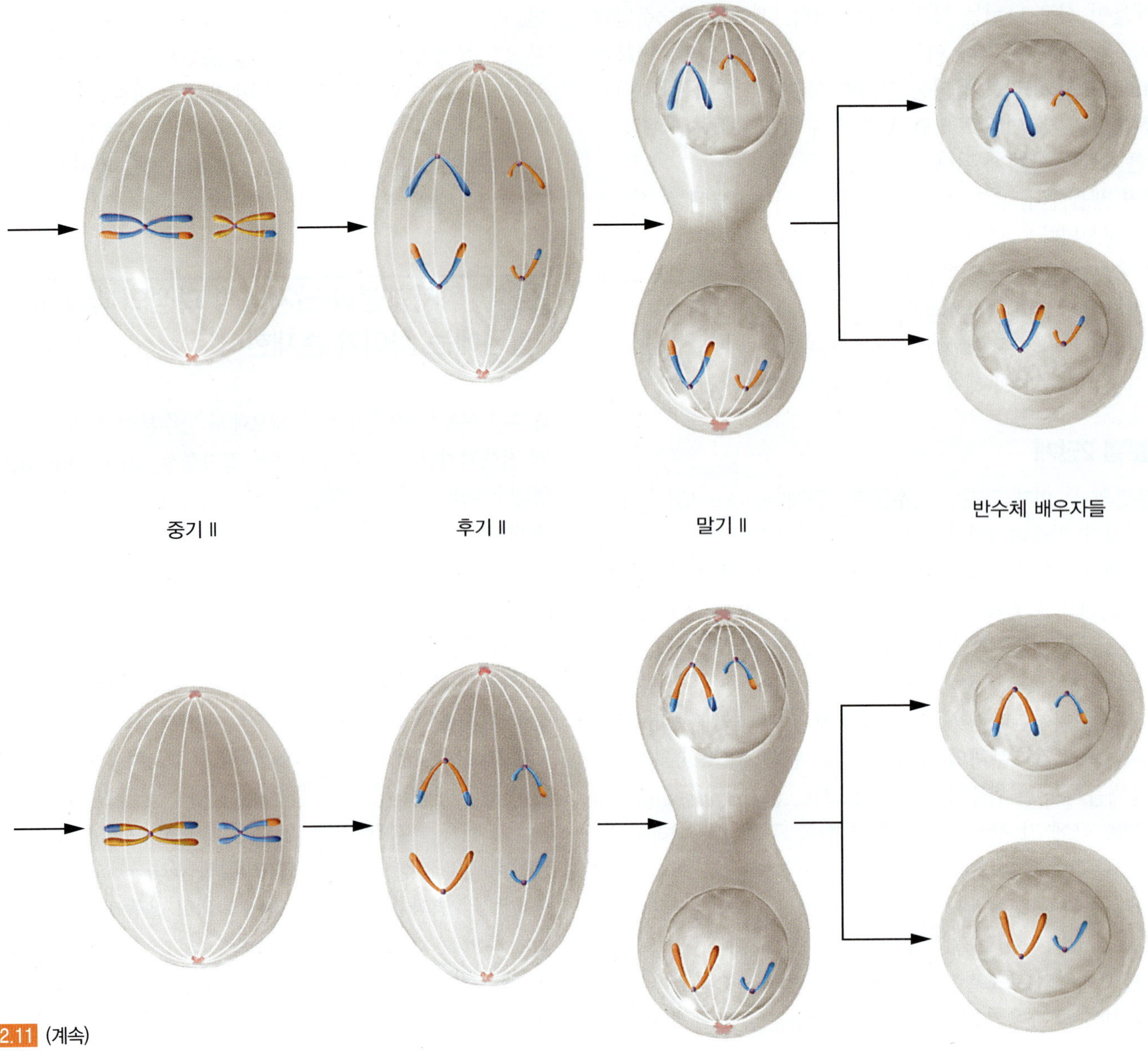

그림 2.11 (계속)

체들이 나뉘어 2분체들이 양쪽 극으로 이동한다. 첫 말기 중에는 한쪽 극에 존재하는 2분체들이 **제 1 극체**(*first polar body*)를 형성하면서 매우 적은 양의 세포질로 둘러싸인 채 떨어져 나가게 된다. 이러한 1단계 감수분열로 생산된 나머지 딸세포가 세포질 대부분을 차지하며, **제 2 난모세포**(*secondary oocyte*)로 불리게 된다. 제 1 극체는 다시 분열하지 않을 수도 있고, 분열하여 두 개의 작은 반수체 세포들을 생산할 수도 있다. 제 2 난모세포가 감수분열 2단계를 겪으면 성숙한 난자가 생산된다. 이 과정 중에 제 2 난모세포의 세포질은 다시 불균등하게 배분되어 하나의 **난세포(ootid)**와 **제 2극체(second polar body)**를 생산한다. 난세포는 분화하여 성숙한 난자(ovum)가 된다.

정자형성의 분열과는 달리, 난자형성 시 발생하는 2단계의 감수분열은 연속적이지 않다. 어떤 동물 종에서는 두 번의 분열들이 연이어 일어나기도 한다. 그러나 사람을 포함한 다른 동물 종에서는 모든 난원세포의 첫 분열이 태아의 난소에서 시작되지만, 전기 I에서 멈추게 된다. 수년이 지나고 나서야 배란에 앞서 각 난모세포가 생식세포분열을 다시 시작한다. 두 번째 단계의 분열은 수정 후에야 완료된다.

2.6 감수분열은 모든 이배체 생물의 유성생식에 필수적이다

감수분열의 과정은 모든 이배체 생물들의 성공적 유성생식에 필수적이다. 이것은 유전정보의 이배체 양이 절반으로 줄어드는 기작이다. 동물에서, 감수분열은 배우자의 형성을 유도하는 반

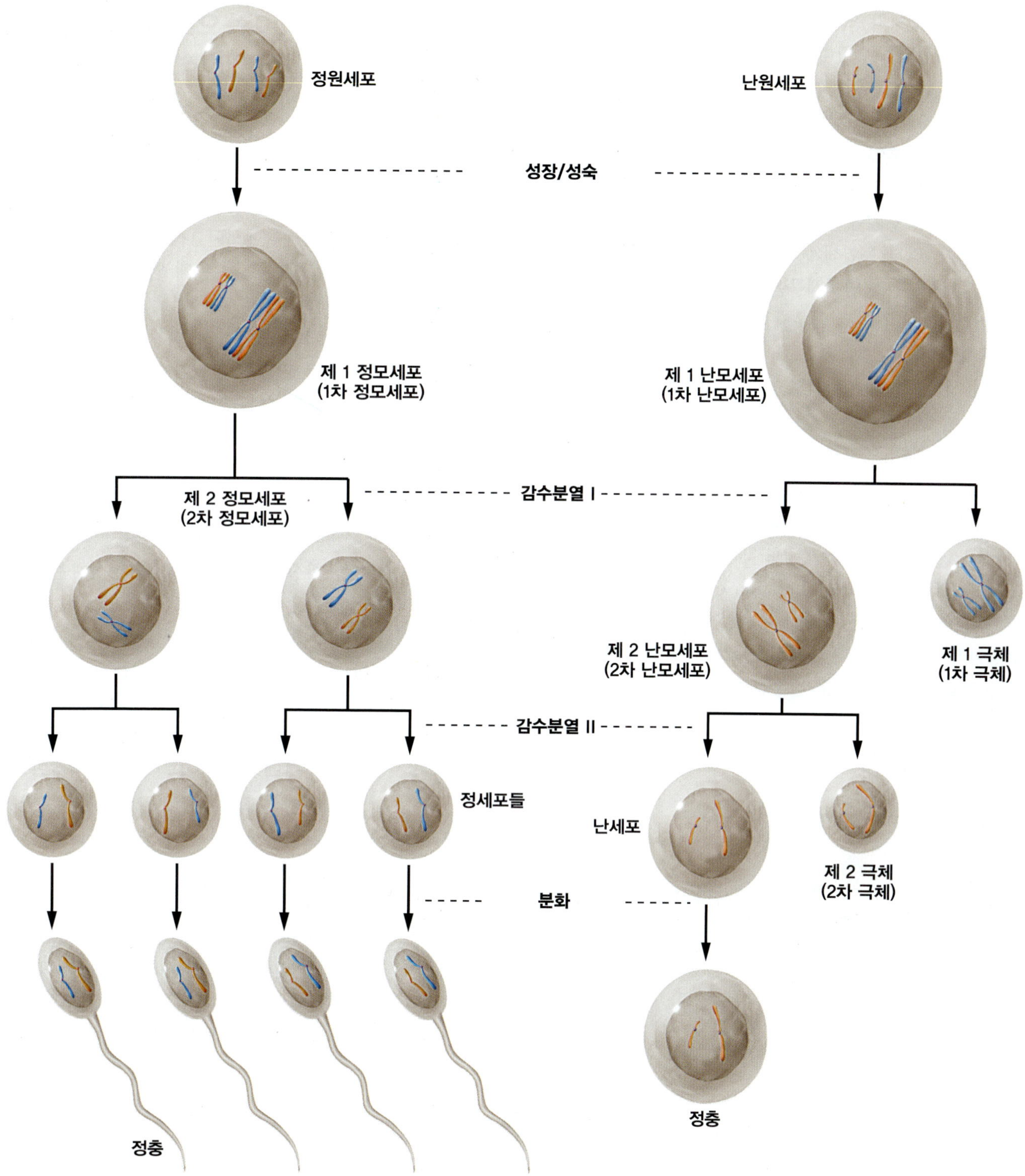

그림 2.12 동물 세포에서의 정자형성과 난자형성.

풀 어 보 기

2.3 동물의 난자형성을 보여주는 그림 2.12를 자세히 살펴보라. 제 2 극체(감수분열 제 2 단계에서 유래한)의 유전자형은 그 난세포와 항상 똑같을까? 그 이유를 말해보라.

■ **힌트:** 이 문제는 난자형성 중의 감수분열에 관한 것으로, 극체에 관한 지식을 묻고 있다. 이 문제를 풀기 위해서는 감수분열 I단계에서 상동염색체들 사이에서 교차가 발생한다는 사실을 고려해야 한다.

면, 식물에서는 반수체의 포자를 생산하고, 포자들은 다시 반수체 배우자들이 형성되도록 한다.

각 이배체 생물은 그 유전정보를 상동염색체 쌍의 형태로 가진다. 각 쌍은 모계와 부계로부터 얻은 하나씩의 염색체들로 이루어진다. 감수분열 후에 반수체 세포들은 잠정적으로 각 상동염색체 쌍의 부계 혹은 모계 대표자들을 포함하게 된다. 그러나 감수분열 첫 단계의 전기에 발생하는 교차의 과정에 의해 유전정보가 뒤섞인다. 각 상동염색체 쌍의 부계와 모계 염색체들 사이에 교차가 발생하며 이 염색체들은 배우자들로 독립적으로 분리되어 들어간다. 이 결과로 배우자들 사이에는 굉장한 유전적 다양성이 존재한다.

곰팡이와 식물의 생활사에서도 감수분열의 중요성을 간단히 짚고 넘어가는 것이 좋겠다. 많은 수의 곰팡이에서, 생활사의 우점 시기는 반수체의 영양체 시기이다. 이들은 감수분열을 통해 생기며 유사분열로 증식한다. 다세포 식물들의 생활사는 이배체인 **포자체 시기(sporophyte stage)**와 반수체인 **배우체 시기** (*gametophyte stage*) 사이를 교대로 반복함으로써 이루어진다 (그림 2.13). 이러한 "세대교번(alteration of generations)" 과정은, 식물마다 다른 어느 한 시기가 우세할 수는 있지만, 감수분열과 수정이라는 사건이 "다리(bridge)"가 되어 포자체와 배우체 시기가 연결된다. 그러므로 감수분열은 식물 생활사의 필수적인 요소이다.

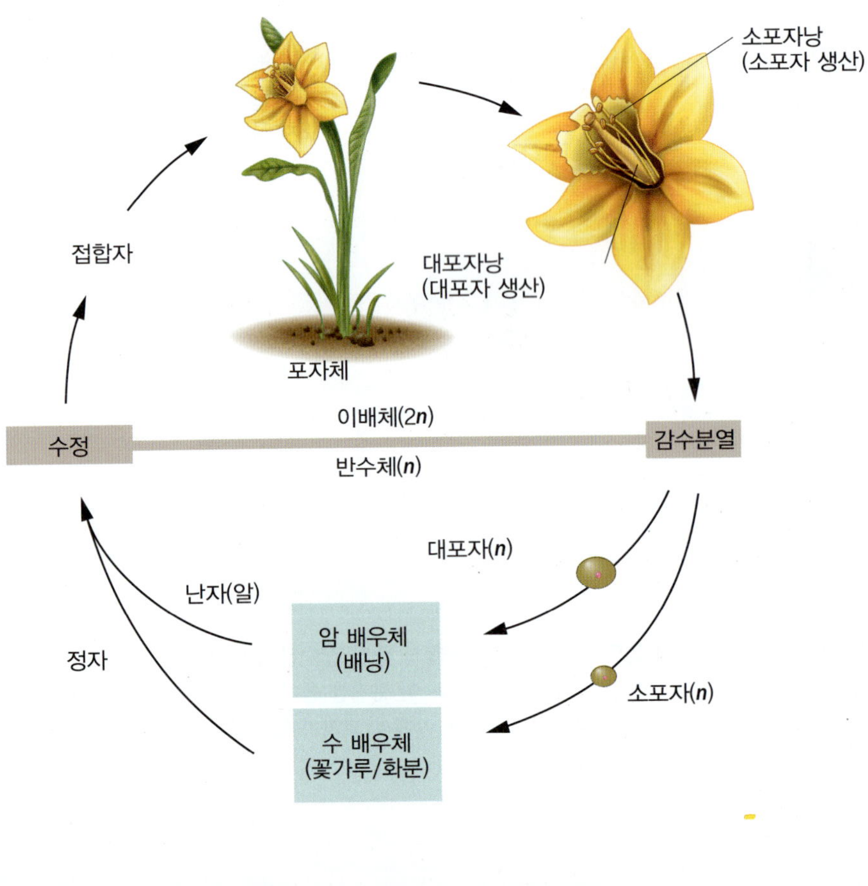

그림 2.13 다세포 식물에서, 이배체(2n)인 포자체와 반수체인 배우체(n) 사이의 세대교번. 감수분열과 수정 과정이 생활사의 이 두 시기를 연결한다. 속씨식물(현화식물)에서는, 여기 나타낸 것처럼 포자체 시기가 우세하게 나타난다.

2.7 전자현미경의 이용으로 유사분열과 감수분열 염색체들의 물리적 구조가 밝혀졌다

이 장에서 우리는 지금까지 염색체들의 행동을 강조하면서 유사분열과 감수분열 중의 염색체들에 대해 살펴보았다. 한 가지 재미있는 질문은 왜 염색체들이 간기에는 보이지 않다가 유사분열과 감수분열의 몇몇 단계들에서만 나타나게 되는가 하는 것이다. 전자현미경을 사용한 실험들은 왜 염색체들이 분열 시기에만 나타나는지를 명백히 보여준다.

간기 중에는 핵 내에 산만하게 펼쳐진 염색사(chromatin fiber)들만 있다는 것을 기억할 것이다[그림 2.14(a)]. 그러나 일단 유사분열이 시작되면, 섬유들은 꼬이고 접혀 전형적인 분열기 염색체로 두꺼워진다[그림 2.14(b)]. 만일 그 분열기 염색체들을 이루는 염색사들이 풀어진다면, 가장 최대로 펼쳐진 영역들은 간기의 염색질에서 보이는 것과 비슷한 개별 섬유들을 드러낼 것이다[그림 2.14(c)]. 염색사의 말단들은 거의 보이지 않는다. 대신 각 섬유는 항상 안쪽으로 고리를 형성하는 것처럼 나타난다. 그러한 섬유들은 분명히 서로 꼬이고 말려서 분열기 염색체들의 일반적인 형태를 만든다. 유사분열의 말기 후반에 시작되어 간기의 G1기 중에 지속되던 염색체들의 풀림 현상에 의해 염색질의 특이적인 긴 섬유 모양이 형성되는데, 이 염색질은 DNA와 그에 연관된 단백질, 특히 **히스톤**(*histone*)이라고 불리는 단백질들로 이루어진다. 전사와 복제 중 DNA가 가장 효율적으로 기능할 수 있을 때가 바로 염색체들이 이런 물리적 상태일 때이다.

다양한 정도로 꼬인 형태의 분열기 염색체에 대한 전자현미경적 관찰로, 두프로(Ernest DuPraw)는 그림 2.14(c)에서와 같은 **접힘 섬유 모형(folded-fiber model)**을 제시하였다. 중기에는 각 염색체가 동원체 부위에서 연결된 두 개의 염색분체로 이루어진다. 염색분체의 각 팔은 실타래같이 감긴 하나의 섬유로 이

그림 2.14 간기 핵의 특징인 염색사(a)를, 유사분열 중에 염색질에서 형성된 중기 염색체(b)와 비교한 것. (c)는 분열 중인 염색체의 모식도로서 염색질이 어떻게 밀집되어 염색체를 만드는지 보여준다. (a)는 투과전자현미경상이고 (c)는 주사전자현미경상이다.

루어져 있는 것으로 보인다. 이 섬유는 빽빽이 감긴 이중 가닥 DNA와 단백질로 이루어진다. 순차적인 감김-꼬임-응축 과정이 간기의 염색질이 더 응축된 분열기 염색체들로 변하는데 관여하는 것으로 보인다. 유전학자들은 간기에서 전기로의 상 변이 과정 중에는 염색질 섬유 내에서 DNA의 길이가 5,000배나 짧아지는 것으로 추정한다! 모든 진핵생물에서 분열기 염색체들이 매우 규칙적이고 일관된 외양을 가진다는 점을 고려하면 이 과정은 엄청나게 정확해야만 한다. 각 염색체를 구성하는 자매 염색분체들 사이의 분명한 차이가 전자현미경 사진에 잘 드러난다. 그들은 후기 이전에는 공유된 동원체에 의해 연결되어 있다. 우리는 나중에 이 교재에서 염색체 구조에 대해 자세히 다룰 때(12장 참고) 이런 일반적인 주제를 다시 살펴보게 될 것이다.

EXPLORING GENOMICS
유전체학 탐구

펍메드: 생물 의학 문헌들을 탐색하여 찾기

펍메드(PubMed)는 국립 의학 도서관(National Library of Medicine)의 국립 생명공학 정보 센터(National Center of biotechnology Information, NCBI)에 의해 개발된 인터넷-기반 탐색 시스템이다. 펍메드를 이용하면, 5600가지 이상의 생물의학 관련 잡지들에서 2천 6백만 건 이상의 자료들에 접속할 수 있다. 대학 도서관을 통해 많은 수의 잡지들에 있는 완전한 논문들을 파일 형식으로 얻을 수 있고, 일부 저널들(*Proceedings of the National Academy of Sciences USA; Genome Biology;* 그리고 *Science* 등)은 일정 기간 무료로 공공 접근을 허용하기도 한다. 다음 연습을 통해 튜불린(tubulin), 인간의 암, 그리고 암 치료 사이의 관계에 대한 질문에 답하기 위해 펍메드 탐색법을 살펴보기로 하자.

■ 연습 I – 튜불린, 암, 그리고 암 치료법들

이 장에서는 튜불린에 대해 배우고, 유사분열 동안 미세소관들의 역동적인 행동에 대해 알아보았다. 암세포들은 지속적이고 조절 받지 않는 형태의 유사분열이 특징이다.

튜불린과 미세소관이 암의 발생에 기여할 수 있을까? 이 중요한 구조물들은 암 치료를 위한 표적이 될 수 있을까?

1. 답을 찾으려면 다음 주소에서 펍메드 사이트에 접속하라: https://pubmed.ncbi.nlm.nih.gov
2. 검색창에 "tubulin cancer"를 입력하고 "Search" 버튼을 눌러 탐색을 실시한다.
3. 몇 개의 연구논문들을 골라 요약본(abstract)들을 읽어보라.

튜불린과 암의 관계에 대한 질문에 답하기 위해서는, 더 적은 수의 논문들로 탐색 범위를 한정시키고 싶을 것인데, 예를 들어 논문들을 정리한 리뷰 논문들 같은 것들을 찾고 싶을 수 있다. 이를 위해서는, 그 페이지의 왼쪽에 있는 논문 형태(Article Types) 범주 아래의 "Review"를 클릭하라.

무료 제공되는 것이나 여러분의 도서관을 통해 얻을 수 있는 논문 몇 개를 골라 요약본(abstracts)이나 원문(full text)을 읽어보라. 수업 시간에 친구들과 토론할 수 있도록 짧은 보고서를 작성해보거나 구두로 발표해 보자. 여러분이 탐색을 통해 배웠던 가장 중요한 것 두 가지를 설명해보고 여러분이 만났던 정보 제공원이 무엇이었는지 말해보라.

사례 연구 가장 중요한 것은 타이밍이다

20대 초반의 한 남자가 호지킨병(Hodgkin disease)을 치료하기 위해 2년이 넘는 기간 동안 간헐적으로 화학치료와 방사선치료를 받았다. 치료 중에는 그와 부인이 임신을 계획할 수 없었다. 그 남자는 자신의 정자 시료들을 여러 번 모아서 불임 클리닉에서 검사했다. 매번 치료 직후에는 성숙한 정자가 거의 없었고 정자형성 중에는 비정상적인 염색체 수가 자주 관찰되었다. 그러나 그런 염색체 이상은 치료 후 40일 이후에는 사라졌으며, 74일이 지나자 정상적인 정자들이 다시 나타났다.

1. 유전상담사는 시간에 따른 정자 생산에서의 차이와 염색체 이상의 출현 및 사라짐을 어떻게 설명할 수 있겠는가?
2. 여러분은 화학치료나 방사선치료에 대한 노출이 성숙한 정자보다는 정모세포들에 더 많은 문제를 일으킬 것으로 생각하는가?
3. 치료에 앞서, 관련 의사들은 윤리적 측면에서 유전상담을 추천할 의무가 있을까? 불임과 관련해 어떤 조언이 제공될 수 있을까?

더 많은 읽을 거리를 위해서는 다음을 참고하라 : Harel, S., et al., 2011. Management of fertility in patients treated for Hodgkin's lymphoma. Haematologica 2011. 96 : 1692－99.

요약 정리

1. 대부분의 세포 구성성분들은 직접 또는 간접적으로 유전적 과정들과 관계되어 있다.
2. 이배체 생물들에서는 염색체들이 상동염색체 쌍으로 존재하는데, 이 쌍의 각 구성원은 서로 크기나 동원체 위치, 그리고 유전자 자리들이 같다. 각 쌍의 한 구성원은 모계로부터, 다른 하나는 부계로부터 기인한 것이다.
3. 유사분열과 감수분열은 세포가 그들의 염색체에 저장한 유전정보를 정확하고 정돈된 방식으로 자손 세포들에 배분하는 과정이다.
4. 세포 주기의 일부분인 유사분열은 염색질이 이배체 수의 염색체들로 응축되는 것으로 시작하는, 분리된 하위 단계들로 나뉜다. 각 염색체는 처음에는 이중의 구조로서 한 쌍의 자매 염색분체들로 구성되어 있다. 유사분열이 진행되면서 동원체가 분리되고 방추사에 의해 자매 염색분체들이 반대편 극들로 당겨진다. 이후에 세포질분열로 인해 유전적 정보가 똑같은 두 개의 새로운 후손 세포들이 생겨난다.
5. 감수분열은 이배체 세포를 반수체의 배우자나 포자로 변화시킴으로써 유성생식을 가능하게 한다. 염색체 복제와 두 번의 연속적인 세포분열로 인해 각 반수성이 확보되며 이로써 한 세포는 각 상동염색체 쌍에서 한 개의 염색체만 받게 된다.
6. 남성과 여성에서의 감수분열 사이에는 큰 차이가 있다. 정자형성에서는 세포질의 부피가 동등하게 나뉘어 네 개의 반수체 정자 세포들이 생긴다. 그러나 난자형성에서는 하나의 난자 세포로만 세포질이 집중되고 다른 반수체 산물들은 퇴화하여 극체가 된다. 난자에 집중된 여분의 세포질은 수정 후 접합자의 발생에 기여한다.
7. 감수분열은 모계와 부계 염색분체들 사이의 교차 과정 동안 발생하는 유전 물질 교환과 이들이 배우자로 무작위 분리되는 과정에 의해, 광범위한 유전적 다양성을 만든다. 그리고 감수분열은 곰팡이와 식물들에서 세대가 바뀌는 과정들 사이의 다리 역할을 함으로써 생활사에서 중요한 역할을 담당한다.
8. 분열기 염색체들은 간기의 특징인 염색사들이 꼬이고 응축되어 염색분체를 만들 때 생긴다.

통찰과 해법

"통찰과 해법" 부분은 학생 여러분에게 매우 도움이 되리라고 생각되는 이 책의 특징 중 하나다. 이런 점에서 각 장의 끝에 있는 "연습문제와 토론 문제" 앞에 나오게 배치하여 유전적 분석에 유용한 접근 방법들을 보여주는 예제와 해설을 제공하였다. 예제를 풀면서 여러분이 얻게 된 통찰들은 각 장에 따라 나오는 문제들을 풀 수 있는 능력을 키워 줄 것이다.

1. 이배체 수가 $2n = 6$인 생물에서, 다음 시기들에는 몇 개의 염색체들이 중기판에 배열하게 되는가? (a) 유사분열기, (b) 감수분열 1단계, 그리고 (c) 감수분열 2단계. 각각의 모양에 대해 설명하라.

해법: (a) 유사분열에서는, 상동염색체들이 접합하지 않음을 기억하라. 염색체 각각은 한 쌍의 자매 염색분체들로 이루어진 6개의 이중 구조들일 것이다. 다시 말해, 염색체의 수는 이배체 수와 같다.

(b) 감수분열 1단계에서는, 상동염색체들이 접합하므로, 염색체의 수가 3으로 줄어든다. 각 구조물은 이제 4분체라고 불리며 두 쌍의 자매 염색분체들로 구성된다.

(c) 감수분열 2단계에서는, 염색체의 수가 같게(3) 유지되지만, 이 경우에는 이분체들이다. 각 2분체는 한 쌍의 염색분체들로 되어 있다. 교차가 발생하면, 각 염색분체는 전기 I에 얻게 된 비자매 염색분체의 일부분을 포함하게 된다.

2. 교차를 무시하고, 그림 2.11에 있는 염색체들에 대해, 중기 중에 발생할 수 있는 모든 가능한 배열들을 그려보라.

해법: (a) 아래 그림에서처럼, n = 2일 때는 네 가지 배열이 가능하다.

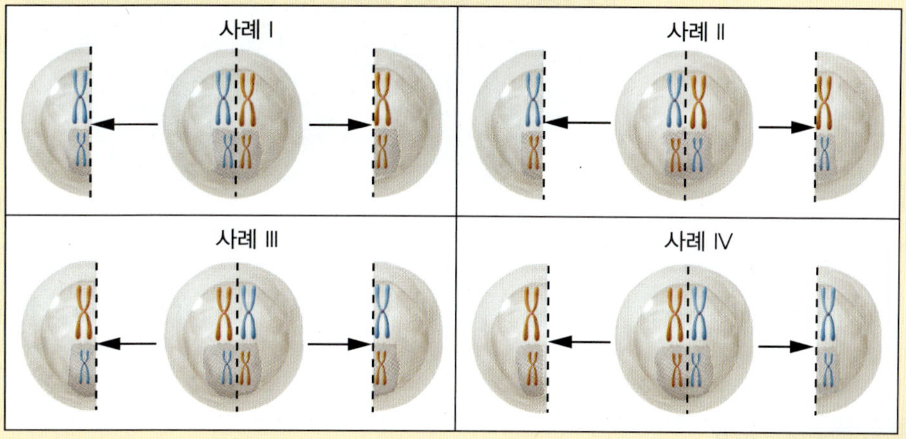

3. 앞의 문제에 있는 염색체들에 대해, 좀 더 큰 염색체들이 그림에서처럼 A나 a 대립유전자를 가진다고 가정하자. 또, 작은 염색체들이 또 다른 두 번째 대립유전자인 B나 b를 가진다고 하자. 감수분열 1단계 후에 이 대립유전자들이 조합(AB, Ab, aB, ab)되어 나올 가능성을 계산하라.

해법:

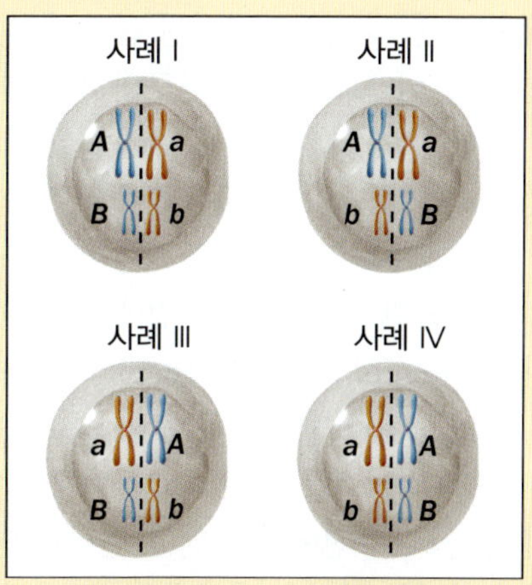

사례 I	AB와 ab	**합계 :** $AB = 2(p = 1/4)$
사례 II	Ab와 aB	$Ab = 2(p = 1/4)$
사례 III	aB와 Ab	$aB = 2(p = 1/4)$
사례 IV	ab와 AB	$ab = 2(p = 1/4)$

4. 만약 서로 다른 3쌍의 염색체들이 존재한다면(n = 3), 감수분열 후에는 몇 가지의 염색체 배열이 가능하겠는가?

해법: 만약 n = 3이라면, 3가지의 배열이 가능할 것이다. 2^n의 공식(n = 반수체 수)으로 가능한 배열 양상의 수를 표현할 수 있다. 3장의 내용에서처럼, 이런 양식은 멘델식 분리 법칙과 상응하며, 독립적 분리라고 불리는 멘델 법칙의 물리적 기초로 작용한다.

5. 교차가 발생하지 않았다고 가정하고 감수분열 간기 I 기의 4분체 구성에 대해 설명하라. 한 번의 교차는 이 구조에 어떤 영향을 미치겠는가?

해법: 이 4분체는 두 쌍으로 존재하는 네 개의 염색분체를 포함한다. 각 쌍의 구성원은 자매 염색분체이다. 그들은 동원체에 의해 서로 결합되어 있다. 한 쌍의 구성원은 모계에서 파생된 반면, 다른 쌍의 구성원은 부계에서 파생된다. 모계 및 부계 구성원을 자매 염색분체라고 한다. 단일 교차 사건은 모계 및 부계 염색분체의 일부를 교환하는 효과를 가지며, 관련된 2개의 염색분체가 사분체에서 물리적으로 겹쳐지는 교차점을 만든다. 이런 교환 과정을 교차라고 한다.

3

멘델 유전학

그레고르 요한 멘델. 1866년, 완두를 사용한 실험 결과로 전달 유전학의 주요 법칙들을 제시했다.

핵심 개념

- 유전현상은 유전자라고 불리는 단위 인자에 저장된 정보에 의해 조절된다.
- 유전자는 염색체라고 불리는 운반체에 의해 한 세대에서 다음 세대로 전달된다.
- 이배체 생물에서 쌍으로 존재하는 염색체들이 양친 유전의 기초를 제공한다.
- 19세기의 완두 연구에 기초한 멘델의 제 1법칙에 따라, 배우자 형성 중에 염색체들이 분리된다.
- 멘델의 법칙들은 배우자 형성과정 중에 상동염색체들이 다른 상동염색체쌍들과는 독립적으로 서로 나뉘어 각 세포로 분배된다고 설명한다.
- 확률로 표현되는 유전적 비율들은 기회분산에 영향을 받으며 통계적으로 측정될 수 있다.
- 가계도를 분석하면 인간 형질들의 유전적 특성과 관련된 예측을 할 수 있다.

생물학적 형질들이 유전된다는 것은 수천 년 동안 알려져 있었지만, 어떻게 그런 일이 발생하는지에 대해 처음으로 중요한 통찰이 이루어진 것은 고작 150년 전의 일이다. 1866년, 그레고르 요한 멘델(Gregor Johann Mendel)은 일련의 실험 결과들을 발표했는데, 이것은 공식적인 유전적 원리의 기초가 되었다. 멘델의 연구는 20세기 초까지 거의 주목받지 못했지만, 결국 불연속적 유전 단위로서의 유전자 개념이 확립되기에 이른다. 그 이후로, 염색체들을 구성하는 조각들로서 유전자들이 어떻게 자손으로 전달되고 어떻게 형질들을 조절하는지가 분명해졌다. 20세기 내내 현재까지 연구가 꾸준히 진행되었고, 실제로 가장 최근에 이루어진 분자 수준의 유전학 연구들은 1900년대 초 이래로 생물학 연구의 가장 최전선에 자리하고 있다.

멘델이 정원 완두(*Pisum sativum*)를 사용하여 유전 연구를 시작했을 당시는 염색체뿐 아니라 감수분열의 역할이나 기구 등에 대해 알려진 것이 거의 없던 시기였다. 그럼에도 불구하고, 그는 불연속적인 유전 단위(units of inheritance)가 있음을 확신하고 이들이 배우자 형성 중에 어떻게 행동하는지를 예측하였다. 후속 연구자들은 세포학적 자료를 가지고 그들이 관찰한 감수분열 중의 염색체의 행동과, 유전에서의 멘델 원리를 연계시킬 수 있게 되었다. 일단 이러한 연결을 깨닫게 되자, 멘델의 가정들은 어떻게 유전자들이 부모들로부터 자손으로 전달되는가를 연구하는, **전달 유전학(transmission genetics)**이라고 알려진 학문의 기초로 받아들여지게 된다. 이 원리들은 멘델의 실험으로부터 직접 얻어진 것들이다.

3.1 멘델은 유전의 양식을 밝히기 위해 모델 생물을 이용하는 실험적 접근법을 사용했다

요한 멘델(Gregor Johann Mendel)은 1822년 중부 유럽 하인젠도르프(Heinzendorf)라는 마을의 한 농가에서 태어났다. 고등학교에서는 우수한 학생이었고, 그 후에는 수년 동안 철학을 공부했다. 1843년 브루노(Brno)-지금은 체코 공화국의 일부-에 있는 성 토머스라는 어거스틴 수도원에 입학하여 그레고르라는 이름을 받았다. 1849년에 그는 목회직을 떠나 수년 동안 교사로서 살게 된다. 1851년부터 1853년까지 그는 비엔나 대학에서 물리학과 식물학을 공부하였다. 1854년에 브루노로 돌아온 다음에는 16년 동안 물리학과 자연과학을 가르쳤다. 멘델은 전 생애에 걸친 연구에 수도원으로부터의 지원을 받았다.

1856년, 멘델은 완두를 가지고 생애 첫 잡종화 실험을 수행했다. 멘델의 이력에서 이 연구 시기는 그가 대수도원장으로 선출되었던 1868년까지 지속되었다. 그는 유전학에 관심을 계속 가지고 있었지만 새로운 임무에 대부분의 시간을 할애해야만 했다. 1884년 멘델은 신장질환으로 사망한다. 지방 신문은 다음과 같은 헌사를 썼다:

> "그의 죽음으로 우리는 불쌍한 사람들의 후원자였고, 고결한 심성을 가진 훌륭한 인간이었으며 따뜻한 친구였고, 자연과학의 장려자였으며, 모범적인 목회자였던 한 사람을 잃었습니다."

멘델은 1865년 특정 완두 계통들 사이의 간단한 유전적 교배 결과를 처음 보고하였다. 물론 그의 보고가 유전현상을 지지하는 실험적 증거를 제공하기 위한 첫 시도는 아니었지만, 다른 사람들이 실패했던 곳에서 멘델이 성공한 것은, 적어도 부분적으로는 그의 세련된 실험 디자인과 분석에 기인한 것으로 볼 수 있다.

멘델은 훌륭한 실험 생물학에 필수적이라 할 방법론에 관한 놀라운 통찰을 보여주었다. 그는 기르기 쉽고, 인위적 교배가 가능한 생물을 선택했다. 완두는 자연적으로는 자가 수정하는 식물이지만 실험적으로 쉽게 타가 교배가 가능하다. 완두는 한 계절 내에 성숙하여 생식까지 잘 일어난다. 그리고 멘델은 눈으로 볼 수 있는 7가지 특징들(characters)을 선택했는데, 각 특징은 두 가지의 서로 반대되는 형태 혹은 **형질(trait)**들을 나타낸다(그림 3.1). 예를 들어, 줄기의 높이라는 특징에 대해서 멘델은

특징	대립 형질		F_1 결과	F_2 결과	F_2 비율
종자 모양	둥근 것/주름진 것		모두 둥글다	5474 둥근 것 1850 주름진 것	2.96:1
종자 색	노란색/녹색		모두 노랗다	6022 노란색 2001 녹색	3.01:1
콩깍지 모양	통통한 것/ 수축된 것	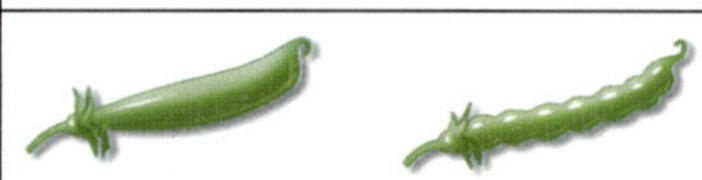	모두 통통하다	882 통통한 것 299 수축된 것	2.95:1
콩깍지 색	녹색/노란색		모두 녹색	428 녹색 152 노란색	2.82:1
꽃의 색	보라색/흰색		모두 보라색	705 보라색 224 흰색	3.15:1
꽃 피는 위치	가지 사이/가지 끝		모두 가지 사이에 핀다	651 가지 사이 207 가지 끝	3.14:1
줄기 높이	크다/작다		모두 크다	787 크다 277 작다	2.84:1

그림 3.1 일곱 쌍의 대립 형질들과 완두(*Pisum sativum*)를 사용한 멘델의 7가지 단성잡종 실험 결과를 요약한 것. 각 경우에서 한 가지 형질을 나타내는 식물로부터 얻어진 화분들이 다른 형질을 나타내는 난세포를 수정시키는 데 사용되었다. F_1 세대에서는 모든 식물들에서 두 가지 형질 중 하나(우성)만이 나타난다. 대립 형질(열성)은 F_2 식물의 약 1/4에서 다시 나타난다.

키가 큰 것(*tall*)과 작은 것(*dwarf*)을 가지고 실험했다. 그는 종자의 모양과 색깔, 꼬투리의 모양과 색깔, 그리고 꽃의 색깔과 위치를 포함하는 6쌍의 또다른 대조적 형질들을 더 선택하였다. 그는 지역 종자 상인으로부터 순계를 얻을 수 있었는데, 자가 수정하는 식물의 순계들은 세대가 바뀌어도 형질들이 변하지 않는다.

적당한 생물체를 선택했음에 더하여, 몇 가지 다른 요인들도 멘델의 성공을 도왔다. 그는 각 실험에서 대조되는 형질을 한 가지 혹은 몇 가지로 제한했던 것이다. 또한 정확한 정량적 기록을 유지했는데, 이는 유전학 실험의 필수 요소이다. 자신의 자료를 분석함으로써, 멘델은 전달 유전학의 원리가 되었던 법칙들을 도출할 수 있었다.

멘델의 실험 결과는 그가 죽고 난 뒤 세기가 바뀔 때까지 인정받지 못했다. 그러나 염색체의 기능과 행동을 탐구하던 유전학자들에 의해 멘델의 논문이 재발견되자, 그의 법칙이 무엇을 뜻하는지가 금세 분명해졌다. 그는 유전적 형질들의 전달에 관한 기초를 발견했던 것이다!

3.2 단성잡종 교배는 어떻게 한 형질이 세대를 거쳐 전달되는지를 보여준다

멘델의 가장 간단한 교배실험들은 오직 한 쌍의 대립 형질들에 관한 것이다. 이러한 각각의 교배실험을 **단성잡종 교배(monohybrid cross)**라고 한다. 단성잡종 교배는 두 종류의 부모 계통에서 서로 대조되는 형태나 특징을 보이는 순계의 개체들을 교배함으로써 이루어진다. 우선, 우리는 그 교배의 자손 첫 세대를 조사하고, 이 첫 세대의 개체들을 **자가 교배(selfing, self fertilization)**하여 얻은 자손을 조사하게 된다. 원래의 부모들을 $\mathbf{P_1}$ 혹은 **부모세대(parental generation)**라고 하고; 그 자손들을 $\mathbf{F_1}$, 혹은 **첫째 자손 세대(first filial generation)**라고 부르며; F_1 세대의 자가 수정으로 얻어진 개체들을 $\mathbf{F_2}$, 혹은 **둘째 자손 세대(second filial generation)**라는 식으로 계속할 수 있다.

긴 줄기 혹은 짧은 줄기를 가진 순계 완두들 내에서의 교배는 대표적인 멘델의 단성잡종 교배 실험이다. 키가 큰(*tall*) 것과 작은(*dwarf*) 것은 줄기 높이(stem height)라는 특징의 대조적 형태 혹은 형질들이다. 키가 큰 것과 작은 식물들이 서로 간에 교배하지 않고, 혹은 다른 계통과도 교배되지 않는다면, 그들은 자가 교배를 거쳐 순계를 이루게 되며, 세대를 지나도 그들의 대표 형질을 계속 드러내게 된다. 그러나 멘델이 키가 큰 것과 작은 것을 교배시켰을 때 그 결과로 얻어진 F_1 세대는 오직 키가 큰 식물들뿐이었다. 멘델은 이 F_1 세대의 구성원들을 자가 교배하면, 1064개체의 F_2 식물 중 787개체가 키가 큰 반면, 277 개체는 키가 작음을 발견했다. 이 교배(그림 3.1)에서 키가 작은 형질은 F_1에서는 사라졌다가 F_2 세대에 다시 나타남에 주목하라.

유전적 자료들은 보통 비율로 표현되고 분석된다. 이 특정 실험에 대해 수많은 동일한 P_1 교배가 행해졌고, 수많은 F_1 식물—모두 키가 큰 것—들이 얻어졌다. 1064개체의 F_1 식물들 중에서 787개체가 크고, 277개체가 작다는 것은 비율로 2.8:1.0, 약 3:1로 나타낼 수 있다.

멘델은 다른 쌍의 대조적 형질들에 대해서도 비슷한 실험들을 수행했다; 이 교배들의 결과가 그림 3.1에 나타나 있다. 모든 경우에서 방금 설명한 '큰 것/작은 것'의 경우와 마찬가지 결과가 얻어졌다. 모든 F_1 자손들은 부모의 한쪽과 동일한 형질을 가진다. 그러나 F_2 자손들에서는 대략의 비율이 3:1로 얻어졌다. 즉, 3/4이 F_1 부모와 같았고, 1/4이 F_1에서는 사라졌던 반대쪽 형질을 나타냈다.

이 단성잡종 교배실험에서 한 가지 짚고 넘어가야 할 것이 있다. 각각의 경우에서 유전의 F_1과 F_2 패턴들은 어떤 P_1 식물이 화분(정자)을 제공했는지 혹은 밑씨(난자)를 제공했는지에 관계없이 모두 비슷한 결과였다는 점이다. 이렇게 교배실험은 두 가지 방식으로 이루어질 수 있는데—즉, 작은 식물을 큰 식물의 화분으로 수분시키거나, 혹은 그 반대로 수분시키는 방법이다. 이러한 교배를 **상반 교배(reciprocal cross)**라고 한다. 그러므로 멘델의 단성잡종 교배 실험의 결과들은 성별과는 관련이 없다.

이런 결과들을 설명하기 위해 멘델은 각 형질에 대해 입자로 이루어진 **단위 인자**(*unit factor*)의 존재를 제안했다. 그는 이러한 인자들이 유전의 기본 단위로 사용되고, 각 식물에서 발현되는 다양한 형질들을 결정하며, 세대를 거쳐 변화하지 않고 전달된다고 주장하였다. 이러한 일반화된 생각을 이용하여 멘델은 어떻게 그러한 인자들이 단성잡종 교배의 결과를 설명할 수 있는지에 대한 명확한 가설을 세울 수 있었다.

멘델의 세 가지 법칙

단성잡종 교배실험들의 일관적인 결과를 이용하여, 멘델은 다음과 같은 유전의 3가지 가정, 혹은 원리를 유도해 냈다.

1. 쌍으로 존재하는 단위 인자들(Unit Factors in Pairs)
   유전적 특징들은 한 생물에 쌍으로 존재하는 단위 인자들(unit factors)에 의해 조절된다.
   키가 큰 것과 작은 것에 대한 단성잡종 교배에서, 각 형질에 대한 특수한 **단위 인자(unit factor)**가 존재한다. 이배체인 생물들은 각 부모로부터 하나씩 이런 인자들을 물려받는다.

이런 인자들이 쌍으로 존재하므로 3가지 조합이 가능하다: 두 인자 모두 키가 큰 것, 두 인자 모두 키가 작은 것, 한 인자는 키가 크고 다른 하나는 키가 작은 것. 각 개체들은 이러한 세 가지 조합 중 하나를 가질 것이고 그것이 줄기의 높이를 결정하게 된다.

2. 우성과 열성(Dominance/Recessiveness)
   한 가지 특징에 대하여 서로 같지 않은 인자들이 한 개체 내에 존재할 때, 하나의 단위 인자는 다른 하나에 대해 우성으로 작용하며, 이때 남은 하나는 열성이라고 한다
   각 단성잡종 교배실험에서 F_1 세대에서 표현되는 형질은 우성 단위 인자에 의해 조절된다. 발현되지 않는 형질은 열성 인자에 의해 조절된다. 우성, 혹은 열성이라는 용어는 그 형질을 지칭할 때도 사용된다. 위 경우에 긴 줄기는 열성인 짧은 줄기에 대해 우성이라고 말한다.

3. 분리(Segregation)
   배우자 형성 중에는, 쌍으로 이루어진 단위 인자들이 무작위로 나누어지므로 하나의 배우자가 쌍 내의 두 인자 중 어느 한 인자를 받게 될 확률은 다른 하나를 받게 될 확률과 동일하다.
   어떤 개체가 같은 단위 인자들로 된 쌍을 가진다면(즉, 두 개가 모두 키가 큰 형질을 지정하는 경우), 모든 배우자는 한 종류의 키가 큰 인자를 가지게 된다. 한 개체가 서로 닮지 않은 단위 인자들을 가진 경우에(예를 들어, 하나는 키가 큰 것, 하나는 작은 것) 각 배우자는 50%의 확률로 키가 크거나 혹은 키가 작은 인자를 가질 것이다.

이러한 가정들은 단성잡종 교배실험에 대한 적당한 설명을 제공한다. 예를 들어 '키가 큰 것/작은 것' 의 교배를 사용해보자. 멘델은 키 큰 P_1 식물이 모두 동일한 단위 인자들을 가질 것이고 마찬가지로 키 작은 P_1 식물들도 동일한 단위 인자들을 가질 것으로 추론했다. 키 큰 식물의 배우자들은 인자 쌍 분리(segregation)의 결과 모두 하나의 키 큰 단위 인자를 가지게 된다. 마찬가지로 키 작은 식물의 배우자도 모두 키가 작은 단위 인자를 가진다. 수정 이후, 모든 F_1 식물들은 부모로부터 각각 하나씩의 단위 인자를 받게 되고—하나는 키 큰 부모로부터 온 키가 큰 인자이고, 다른 하나는 작은 부모로부터 온 키가 작은 인자일 것이다—, 각 단위 인자들은 다시 쌍을 형성하게 된다. 키가 큰 것이 작은 것에 대해 우성이므로 모든 F_1 식물들은 키가 크다.

F_1 식물이 다시 배우자를 만들 때는, 분리의 법칙(postulate of segregation)에 의해 각 배우자는 무작위로 키가 큰 인자, 혹은 키가 작도록 하는 인자 중 어느 하나만을 받게 된다. F_1의 자가 교배에 의해 무작위로 수정이 일어날 것이고 다음 4가지의 F_2 조합들이 동등한 빈도로 나오게 된다.

1. 큰 것/큰 것
2. 큰 것/작은 것
3. 작은 것/큰 것
4. 작은 것/작은 것

조합 (1)과 (4)는 분명히 각각 키가 큰 것과 작은 식물들이 나오게 한다. 우성/열성 가정에 따르면 조합 (2)와 (3)의 경우, 모두 키가 큰 식물을 나타나게 할 것이다. 그러므로 F_2는 3/4의 큰 식물과 1/4의 작은 식물로 구성되리라 예상된다. 이것은 대략 멘델이 키 큰 것과 작은 식물의 교배에서 관찰한 내용이다. 다른 단성잡종 교배에서도 비슷한 패턴이 관찰되었다(그림 3.1).

현대의 유전학 용어

단성잡종 교배와 멘델의 첫 세 가지 법칙들을 분석하기 위해, 우리는 우선 단위 인자들을 나타내는 몇 가지 새로운 용어들과 기호 표시 방법들을 도입할 필요가 있다. 형질의 물리적 발현을 가리켜 개체의 **표현형(phenotype)**이라고 한다. 멘델의 단위 인자는 현대 유전학자들이 **유전자(gene)**라고 부르는 유전의 단위들을 나타낸다. 식물의 키처럼 어떤 주어진 특징에 대한 표현형은 **대립유전자(allele)**라고 부르는 한 유전자의 여러 형태에 의해 결정된다. 예를 들어, 키가 큰 것과 작은 것에 대한 단위 인자들은 완두라는 식물의 키를 결정하는 대립유전자들이다.

유전학자들은 유전자들을 나타내는 기호들을 사용하는 데 있어 몇 가지 서로 다른 시스템들을 가지고 있다. 이 교재에서 나중에(4장 참고) 이런 여러 가지 관행들을 살펴보겠지만, 여기서는 이 장 전체에서 일관적으로 사용하게 될 한 가지만 살펴보도록 하자. 관례적으로, 열성 형질의 처음 문자를 문제의 특징을 기호화하는 데 사용한다; 이탤릭체 소문자는 열성 형질에 대한 대립유전자를 지시하는 것이고, 이탤릭 대문자는 우성 형질의 대립유전자를 나타낸다. 그러므로 멘델의 완두 식물에 대해 우리는 작은 대립유전자에 대해서는 *d*를, 큰 대립유전자에 대해서는 *D*를 사용할 것이다. 대립유전자들은 한 개체 내에 존재하는 두 단위 인자들을 나타낼 때는 쌍으로 쓰이는데(*DD*, *Dd*, 혹은 *dd*), 이 기호들을 **유전자형(genotype)**이라고 한다. 유전자형은 한 개체의 유전적 조성이 반수체인지 배수체인지를 나타낸다. 유전자형을 읽음으로써 우리는 그 개체의 표현형을 알 수 있다: *DD*와 *Dd*는 크고, *dd*는 작다. 두 대립유전자가 같을 때(*DD*, *dd*) 그 개체를 **동형접합성(homozygous)** 혹은 **동형접합자(homozygote)**라고 말한다; 대립유전자가 서로 다를 때(*Dd*)는 **이형접합성(heterozygous)** 혹은 **이형접합자(heterozygote)**

라는 말을 사용한다. 그림 3.2에서는 단성잡종 교배를 설명하는 데 이러한 기호와 용어들이 사용되었다.

퍼넷 사각형

수정 과정 중에 접합자들의 조합으로 생기는 유전자형과 표현형은 **퍼넷 사각형(Punnett squares)**이라는 도표를 만들어 쉽게 살펴볼 수 있는데, 이 방법을 처음 고안한 레지널드 C. 퍼넷(Reginald C. Punnett)의 이름을 딴 것이다. 그림 3.3은 $F_1 \times F_1$ 단성잡종 교배에 대한 이러한 분석법을 보여준다. 가능한 배우자들 각각을 세로줄과 가로줄에 위치시키게 되는데 맨 왼쪽의 세로줄은 암 배우자를, 위쪽의 가로줄은 수 배우자를 표현한 것이다. 배우자들을 세로줄과 가로줄에 넣은 후, 암 배우자와 수 배우자의 유전자 정보 조합을 교차하는 칸에 넣음으로써 결과적으로 얻어지는 새로운 세대가 예측된다. 퍼넷 사각형을 채움으로써 우리는 모든 가능한 무작위 수정 사건의 목록들을 확보할 수 있다. 모든 가능한 자손의 유전자형들과 표현형들은 각 칸에 들어간 기호를 읽음으로써 확인할 수 있다.

퍼넷 사각형법은 특히 유전학을 처음 배우거나 문제를 풀 때 유용하게 사용된다. 그림 3.3의 F_2 세대에서 3:1 표현형 비와 1:2:1 유전자형 비를 쉽게 확인할 수 있음에 주목하라.

검정교배: 한 가지 특징

F_2 세대에서 생산된 키가 큰 식물들은 *DD*나 *Dd* 유전자형일 것이라고 예상된다. 이 두 가지 유전자형을 구분할 방법이 있을까? 멘델은 동식물 육종에서 오늘날까지 유전자형 결정에 사용되는 비교적 간단한 방법을 고안했는데, 이를 **검정교배(testcross)**라고 한다. 우성 표현형을 나타내지만 유전자형을 모르는 생물체는 열성 동형접합성 개체와 교배된다. 예를 들어, 그림 3.4(a)에서처럼 유전자형이 *DD*인 키 큰 식물이 유전자형이 확실한 *dd* 식물인 키 작은 것과 검정교배된다면, 모든 자손은 표현형적으로는 키가 큰 식물이 될 것이고, 이들의 유전자형은 *Dd*가 될 것이다. 그러나 그림 3.4(b)에서처럼, *Dd*인 키 큰 식물이 *dd*인 작은 식물과 교배된다면 자손의 반은 *Dd*인 키가 큰 식물이 되고 나머지 반은 *dd*인 작은 식물이 될 것이다. 그러므로 키 큰 식물과 작은 식물의 비가 1:1이면, 유전자형을 모르는 키 큰 식물은 유전적으로 이형접합성임을 증명하는 것이다. 검정교배는 분리된 단위 인자가 키가 크거나 작은 형질을 조절한다는 멘델의 결론을 다시 한번 강조하는 것이다.

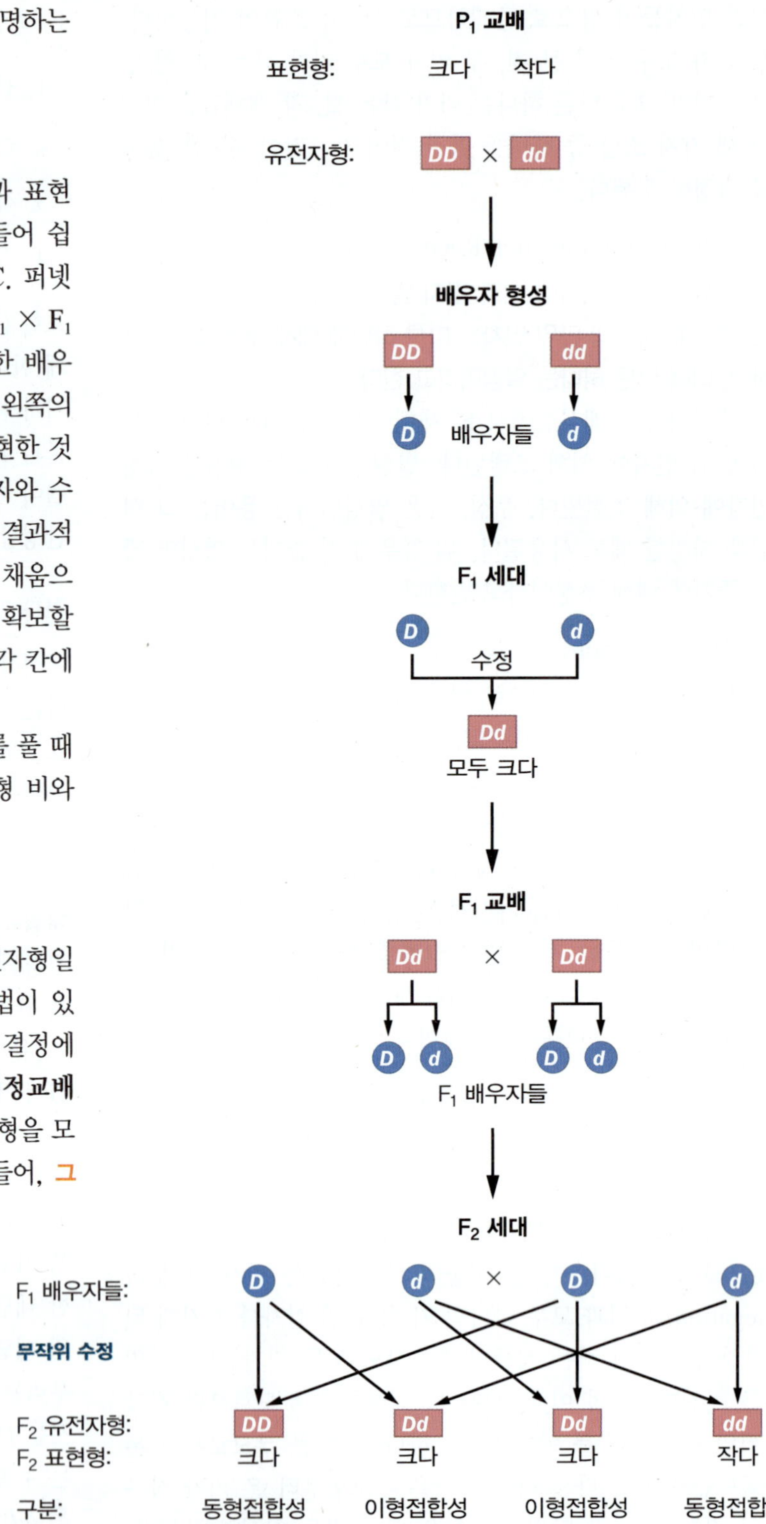

그림 3.2 키가 큰 완두(*D*)와 작은 완두(*d*) 사이의 단성잡종 교배. 개체들은 사각형으로 나타냈고, 배우자들은 원으로 표시했다.

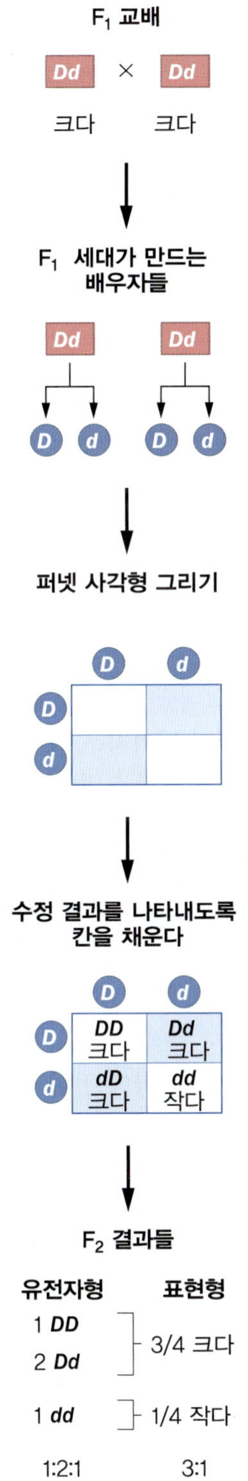

그림 3.3 그림 3.2에서 나타낸 $F_1 \times F_1$ 교배에서 F_2의 비율을 얻는 퍼넷 사각형.

풀 어 보 기

3.1 비둘기들은 얼룩이거나(checkered) 단색(plain)을 나타낸다. 일련의 교배들로부터 다음과 같은 자료를 얻었다.

P_1 교배들	F_1 자손들 얼룩이	단색
(a) 얼룩이 × 얼룩이	36	0
(b) 얼룩이 × 단색	38	0
(c) 단색 × 단색	0	35

여기서 F_1 자손들을 골라 교배하여 다음과 같은 결과를 얻었다(각 F_1을 만들었던 P_1 교배는 괄호 안에 표시하였다.)

$F_1 \times F_1$ 교배들	F_2 자손들 얼룩이	단색
(d) 얼룩이 (a) × 단색 (c)	34	0
(e) 얼룩이 (b) × 단색 (c)	17	14
(f) 얼룩이 (b) × 얼룩이 (b)	28	9
(g) 얼룩이 (a) × 얼룩이 (b)	39	0

얼룩이와 단색의 색깔 양상은 어떻게 유전되는가? 관여된 유전자에 대해 기호를 선택해 각 교배에서의 부모들과 자손들이 어떤 유전자형을 가졌는지 결정해보라.

■ **힌트:** 이 문제는 비둘기들에 대한 여러 가지 교배들로부터 나온 자료들을 분석하여 유전 양상을 결정하고, 여러 경우에 부모와 자손들의 유전자형을 결정할 것을 요구하고 있다. 해답의 열쇠는 먼저 이것이 단성잡종 교배인지를 결정하는 데 있다. 그러기 위해서는 자료를 멘델식 교배의 특징인 비율로 전환시켜보라. 이 문제의 경우에는 우선 F_2 비율이 멘델의 3:1 단성잡종 비율과 맞는 것들이 있는지 찾아보라. 만약 그렇다면 두 번째 단계는 어떤 형질이 우성이고 어떤 형질이 열성인지를 결정하는 것이다.

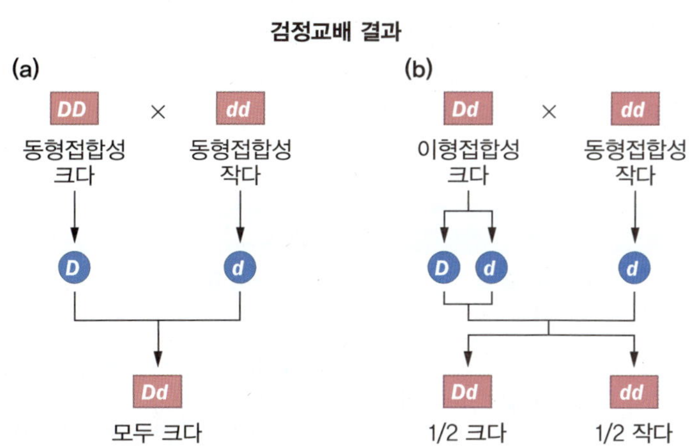

그림 3.4 한 가지 특징에 대한 검정교배. (a)에서 키 큰 부모는 동형접합성이다. (b)에서는 키 큰 부모가 이형접합성이다. 각 개체들을 동형접합성이고 열성인 키 작은 식물과 교배하여 자손을 조사함으로써 키가 큰 부모 각각의 유전자형을 결정할 수 있다.

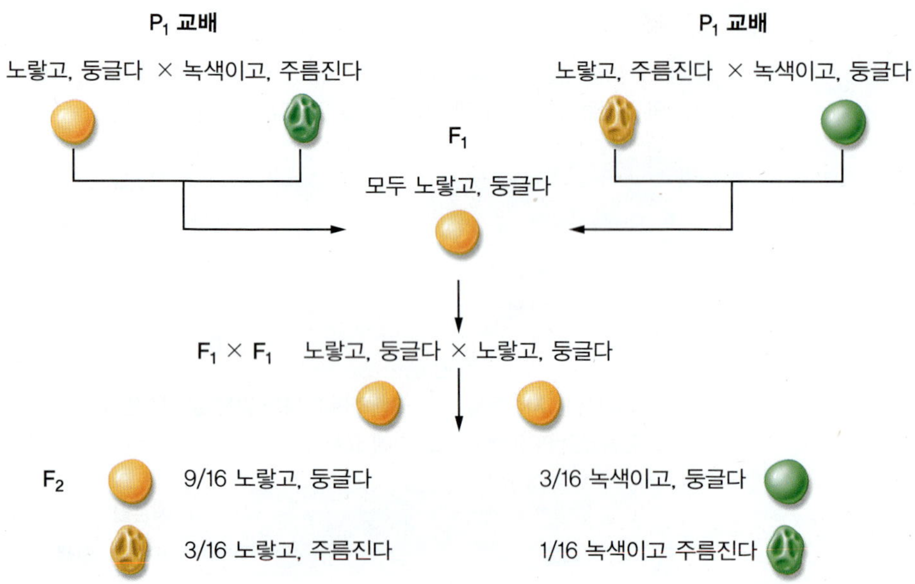

그림 3.5 멘델의 양성잡종 교배 실험에서 얻어진 F_1과 F_2 결과들. 노란색이면서 둥근 것과 녹색이면서 주름진 식물 사이의 교배(왼쪽 위) 및 노란색이면서 주름진 것과 녹색이면서 둥근 완두 사이의 교배(오른쪽 위)를 나타냈다.

3.3 멘델의 양성잡종 교배는 독특한 F_2 비율을 만든다

단성잡종 교배의 자연스러운 확장으로, 멘델은 동시에 두 특징을 조사하는 실험을 고안했다. 두 쌍의 대조되는 형질들을 포함하는 이러한 교배를 **양성잡종 교배(dihybrid cross)**, 혹은 두 인자 교배(*two-factor cross*)라고 한다. 예를 들어, 노란색이고 둥근 완두를 가진 완두 식물이 녹색이고 주름진 완두와 교배된다면, 그림 3.5에서와 같은 결과가 나올 것이고, F_1 자손들은 모두 노랗고 둥글 것이다. 그러므로 노란색은 녹색에 대해서 우성이고, 둥근 것은 주름진 것에 대해 우성임이 분명하다. F_1 개체의 자가교배로 생긴 F_2 식물의 대략 9/16가 노랗고 둥글게 나타나며, 3/16은 노랗고 주름진 것으로, 3/16은 녹색이면서 둥글게, 1/16은 녹색이고 주름진 형질을 표현한다.

그림 3.5에 이 교배의 변형이 실려 있다. 두 형질 모두 우성인 P_1(노랗고 둥근)과 두 형질 모두 열성인 식물(녹색이고 주름진)을 교배하는 대신, 노랗고 주름진 씨를 가진 식물과 녹색이고 둥근 씨를 가진 식물을 교배했다. P_1 식물의 표현형이 바뀌었음에도 불구하고 F_1과 F_2에서 얻어지는 결과에는 변함이 없다. 이것이 왜 이러한지는 다음 절에서 분명해질 것이다.

멘델의 네 번째 법칙: 독립적 분리

우리는 양성잡종 교배의 결과를, 이론적으로 따로 수행된 두 단성잡종 실험이 이루어진 것으로 가정하면 가장 쉽게 이해할 수 있다. 서로 독립적으로 유전되는 두 쌍의 형질을 생각해 보자; 즉, 어떤 식물이 노랗거나 녹색인 씨를 가질 확률은 이 식물이 둥글거나 주름진 씨를 가질 확률에 전혀 영향을 못 미친다는 뜻이다. 그러면 노란색은 녹색에 대해 우성이기 때문에 처음의 이론적 실험에서 모든 F_1 식물들은 노란 씨앗을 가지게 될 것이다. 두 번째 이론 실험에서는 둥근 것이 주름진 것에 대해 우성이므로 모든 F_1 식물들은 둥근 씨앗을 가지게 될 것이다. 멘델이 양성잡종 교배의 F_1 식물들을 조사했을 때 우리가 방금 예상한 것처럼 모두 노란색이고 둥근 것이었다.

그림 3.6 두 가지 독립적 유전 형질에 대해 F_2 표현형들이 조합되어 나올 확률을 계산한 것. 각 개체가 노란색이거나 녹색일 확률은 둥글거나 주름질 확률과는 독립적이다.

예상되는 첫 번째 실험의 F_2 결과는 3/4이 노란색이고 1/4이 녹색이다. 마찬가지로 두 번째 실험의 결과도 3/4이 둥글고 1/4이 주름진 것이 나오리라고 예상된다. 그림 3.5는 양성잡종 교배에서 12/16의 F_2 식물이 노란색인 반면, 4/16이 녹색이었는데 이는 예상된 3:1(3/4:1/4)의 비율을 나타내는 것이다. 비슷하게 12/16의 F_2 식물이 둥근 씨앗이고 4/16이 주름진 씨앗으로 3:1(3/4:1/4)의 비율이 반복된다.

이 숫자들은 대립되는 두 쌍의 형질이 독립적으로 유전된다는 것을 증명해주므로, 우리는 모든 가능한 F_2 표현형의 빈도를 확률의 **곱셈 법칙(product law)**을 적용하여 예측할 수 있다: "두 독립 사건이 동시에 일어날 때 두 결과가 조합되어 나올 가능성은 사건의 개별 가능성을 곱한 것(product)과 같다." 예를 들어, F_2 식물이 노란색이면서 둥근 씨앗을 가질 확률은, 모든 F_2 식물의 3/4이 노란색이고 모든 F_2 식물의 3/4이 둥글게 나올 것이므로 (3/4)(3/4), 즉 9/16이다.

같은 방식으로 다른 3가지 F_2 표현형의 확률도 계산할 수 있다: 노란(3/4) 것이면서 주름진(1/4) 씨앗은 3/16으로 예측되며, 녹색이고(1/4) 둥근 것(3/4)은 3/16, 녹색(1/4)이면서 주름진(1/4) 것은 1/16으로 예상된다. 이러한 계산들이 그림 3.6에 나와 있다.

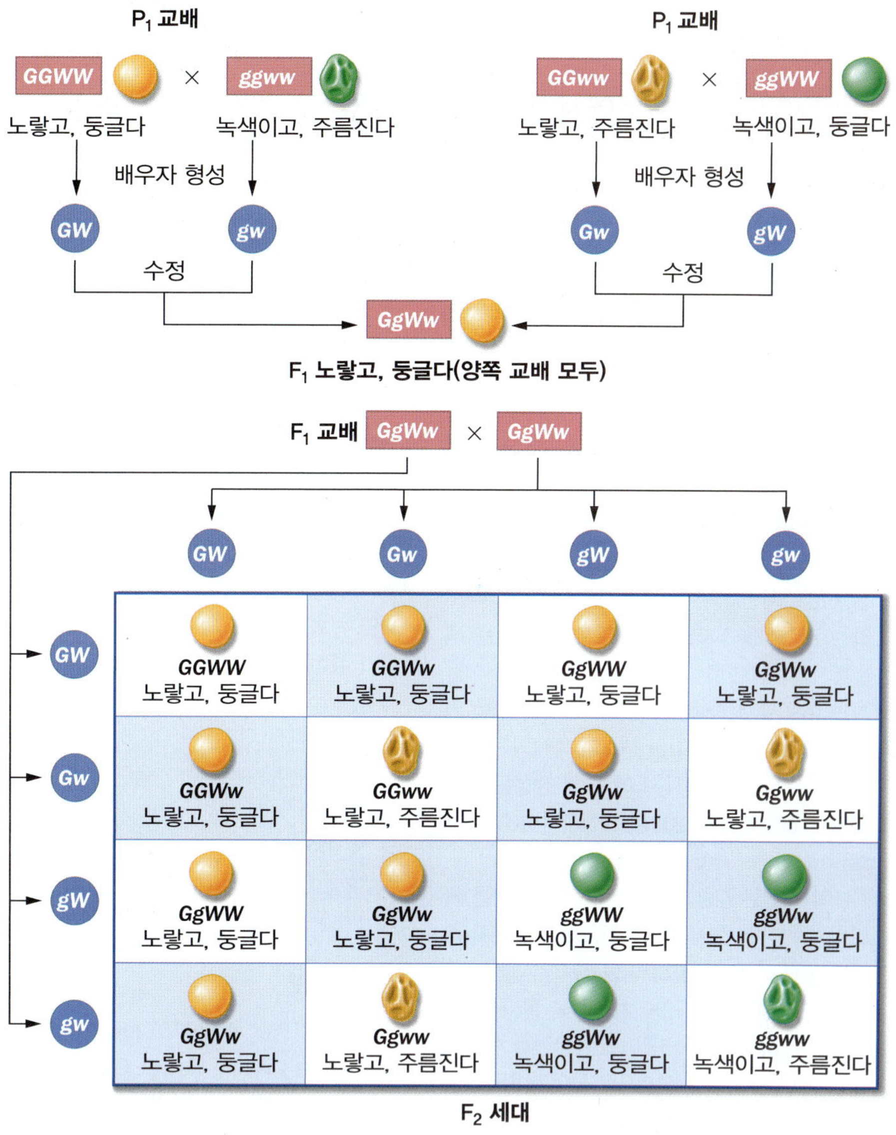

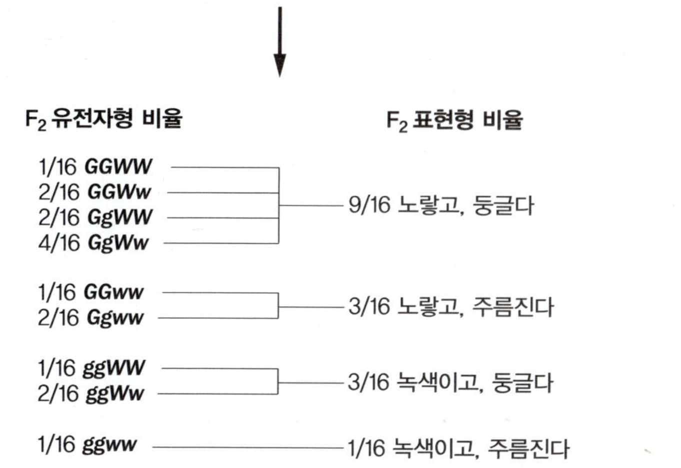

그림 3.7 그림 3.5에 나타낸 양성잡종 교배의 분석. F_1 이형접합성 식물들은 자가 수분되어 F_2 세대를 생산하며, 이것을 퍼넷 사각형을 이용하여 계산하였다. F_2의 표현형과 유전자형의 비율이 나타나 있다.

이제 왜 F_1과 F_2의 결과가 처음 교배에서, 둥글고 노란 것과 주름지고 녹색인 것이 교배되든, 주름지고 노란 것과 둥글고 녹색인 것이 교배되든 간에, 동일한 결과가 나오게 되는지 확실해졌다. 두 교배 모두 F_1 식물의 유전자형이 동일하다. 즉, 각 식물은 두 유전자 쌍에 대해 이형접합성이다. 결과적으로 두 교배들에서 F_2 세대 역시 똑같다.

여러 가지의 양성잡종 교배에서 드러나는 비슷한 결과들을 바탕으로, 멘델은 네 번째 법칙을 제안한다:

4. 독립적 분리(Independent assortment)

   배우자 형성과정 중에 단위 인자 쌍들의 분리는 서로 독립적이다.

   이 규칙은 어떤 단위 인자 쌍이라도 그 인자의 분리는 다른 쌍에 독립적으로 일어난다는 것을 명시하는 것이다. 무작위 분리의 결과로 각 배우자들은 단위 인자들의 모든 쌍에서 한 구성원만을 받게 된다. 한 쌍에 대해서 어느 쪽의 단위 인자

유전자 기능을 밝히기 위한 현대적 접근

완두에서 흰 꽃 색을 조절하는 멘델 유전자의 동정

멘델이 완두의 꽃 색을 연구한 지 150년이 지난 2010년, 국제적 연구팀에서 완두의 꽃 색을 조절하는 유전자를 동정하였다. 이 연구팀은 그들이 관심을 가져 추적한 유전자를 유전자 *A*라고 명명하였다. 이 유전자는 페튜니아, 클로버를 포함한 다른 식물에서도 발견되었다. 유전자 *A*는 **전사 인자(transcription factor)**로서, DNA에 결합하여 다른 유전자의 발현을 조절하는 단백질을 암호화한다. 완두 식물의 자주색 꽃 세포들은 자주색을 나타내는 안토시아닌이라는 색소분자를 축적한다. 흰색 꽃을 가진 완두 식물들은 안토시아닌 생합성에 필요한 유전자를 가지고 있지만, 안토시아닌 색소가 축적되진 않는다. 연구자들은 유전자 *A* 에 의해 생성된 전사인자가 안토시아닌 생합성 유전자의 발현을 조절할 것이라는 가설을 세웠다.

이 가설을 검증하고 유전자 *A*의 기능을 확인하기 위하여, 정상적인 유전자 *A*를 유전자 총(전달하려는 유전자를 코팅한 금속입자를 세포 내로 도입시키는 도구)을 사용하여 흰 꽃잎 세포로 도입하였다. 이 연구에서는 유전자 *A*를 코팅한 황금 입자가 일부 세포로 들어가며 도입된 세포에서 유전자 *A*가 발현되었다.

결과:

유전자 *A*가 도입된 흰 꽃잎 세포는 안토시아닌 색소가 축적되어 자주색으로 된다(왼쪽 사진). 사진 속의 상자는 유전자 *A* 발현을 분명히 볼 수 있도록 확대한 영상이다. 유전자 *A*가 들어있지 않는 DNA로 코팅한 대조군은 색소가 축적되지 않았다(오른쪽 사진). 유전학자들은 이러한 실험을 **구제실험(rescue experiment)**이라고 부른다. 이것은 유전자 *A*를 받은 세포에서 흰 꽃 돌연변이 표현형이 자주색, 즉 야생형으로 구제 혹은 회복되었기 때문에 붙여진 명칭이다.

결론:

완두 유전자 *A*는 완두에서 안토시아닌 유전자의 발현을 조절하는 데 관여하는 전사 인자를 암호화한다. 흰 꽃을 가진 완두에서 유전자 *A*의 염기서열을 분석한 결과, 유전자 *A*에 단일 염기서열 변화가 검출되었고, 이 단일 염기서열 변화가 유전자 *A*를 불활성화시킨다는 사실을 발견하였다. 정상적인 유전자 *A* 사본을 가진 세포는 안토시아닌을 발현하여 자주색으로 된다. 돌연변이 유전자 *A*를 가진 세포는 안토시아닌을 생성하지 못하기 때문에 흰색이다. 멘델의 흰 꽃에 대한 유전적 비밀이 풀리게 되었다.

참고문헌:

Hellens, R. P et al. (2010). Identifi-cation of Mendel's White Flower Character. *PLoS One* 5(10): e 13230. doi:10.1371/journal.pone.0013230. Take a look at the YouTube video "Finding the molecular answer to Mendel's pea color expe-riment" to hear Dr. Heller describe the approach his group used to identify the function of this gene. http://www.youtube.com/watch?v=BEhtyXCdcTg

탐구문제:

1. 아래 사진에 보여준 잎에서 유전자 *A*의 발현이 점으로 나타나는 이유는 무엇인가? 이것이 의미하는 것은 무엇인가?
2. 안토시아닌을 축적하는 유전자에 돌연변이를 가진 완두 식물에서 위와 같은 실험을 수행했다면, 유전자 *A* 도입으로 돌연변이 표현형을 회복시킬 수 있다고 생각되는가? 왜 그런가 아니면 왜 그렇지 않은가?

를 받느냐 하는 것은 다른 쌍의 분리 결과에 영향을 미치지 않는다. 그러므로 독립적 분리라는 가정에 따르면, 모든 가능한 배우자 조합들이 동등한 빈도로 생산된다.

그림 3.7의 퍼넷 사각형은 이 F_2 세대의 형성에 어떻게 독립적 분리가 작용하는지 보여준다. F_1 식물들이 생산하는 배우자의 형성을 자세히 살펴보자; 분리의 사건은 모든 배우자가 *G*나 *g*중 하나와, *W*나 *w* 대립유전자 중 하나를 받도록 한다. 독립적 분리로 인해 4개의 모든 조합(*GW*, *Gw*, *gW*, *gw*)이 동등한 확률로 형성된다.

모든 $F_1 \times F_1$ 수정 사건에서, 각 접합자는 각 부모로부터 동일한 확률로 4가지 조합 중 하나를 받게 된다. 충분히 많은 수의 자손이 생성된다면, 9/16는 노랗고 둥글며, 3/16은 노랗고 주름진 것, 3/16은 녹색이고 둥글며, 1/16은 녹색에 주름진 것이 되어 **멘델의 양성잡종 비율(Mendel's dihybrid ratio)**이라고 하는 **9:3:3:1**의 비율이 나오게 된다. 이것은 분리와 독립적 분리를 포함하는 확률적 사건에 기초한 이론적인(이상적인) 비율이다. 만약 적은 수의 자손만 생긴다면, 기회적으로 작용하는 분산 때문에 실제적인 결과는 이 이상적인 비율에 꼭 맞지 않을 가능성이 크다.

검정교배: 두 가지 특징

검정교배는 우성 형질을 나타내지만 유전자형은 알 수 없는 두 가지 개체에 적용될 수 있다. 예를 들어, 방금 설명한 F_2 세대의 둥글고 노란색의 종자들은 *GGWW*, *GGWw*, *GgWW* 또는 *GgWw* 유전자형이 발현된 결과일 수 있다. 만약 둥글고 노란 콩의 F_2 식물이 동형접합성 열성인 주름지고 녹색인 콩을 만드는 식물(*ggww*)과 교배된다면, 자손을 분석함으로써 그 둥글고 노란 콩의 식물이 정확히 어떤 유전자형이었는지 알 수 있을 것이다. 위에 제시한 각 유전자형들은 서로 다른 세트의 배우자들을 만들며, 검정교배 결과 서로 다른 세트의 표현형들을 나타내는 자손들을 만든다. 이 개념을 명확히 하려면 여러분이 스스로 위의 네 가지 검정교배로부터 어떤 결과를 얻는지 계산해 보도록 하라.

풀어보기

3-2 둥근 것/주름진 것, 그리고 노란색/녹색이라는 멘델 형질들을 고려하여 아래 교배들을 생각해보고, 그 자손들이 나타내는 표현형을 분석하여 부모 식물의 유전자형을 결정해보라.

부모 식물	자손들
(a) 둥글고 노란색 × 둥글고 노란색	3/4 둥근고 노란색 1/4 주름지고 노란색
(b) 주름지고 노란색 × 둥글고 노란색	6/16 주름지고 노란색 2/16 주름지고 녹색 6/16 둥글고 노란색 2/16 둥글고 녹색
(c) 둥글고 노란색 × 둥글고 노란색	9/16 둥글고 노란색 3/16 둥글고 녹색 3/16 주름지고 노란색 1/16 주름지고 녹색
(d) 둥글고 노란색 × 주름지고 녹색	1/4 둥글고 노란색 1/4 둥글고 녹색 1/4 주름지고 노란색 1/4 주름지고 녹색

■ **힌트:** 이 문제는 여러 가지의 멘델식 양성잡종 교배들을 다룬 것으로, 각 경우에 부모 식물의 유전자형이 무엇인지 결정하라는 것이다. 해답의 열쇠는 여러분이 확실히 알고 있는 모든 것을 적어보는 것이다. 이런 작업은 문제의 핵심으로 들어가 여러분이 결정해야 할 필요가 있는 것을 분명히 해준다. 예를 들어, (b) 사례의 주름지고 노란색 식물은 주름진 대립유전자에 대해서는 동형접합성이고, 노란색 형질에 대한 대립유전자에 대해서는 적어도 하나의 우성 유전자를 가져야만 한다. 이것이 확실해졌으니, 이제 여러분은 종자 색에 대한 나머지 하나의 대립유전자만 결정하면 된다.

3.4 삼성잡종 교배는 멘델의 원리가 여러 형질의 유전에도 적용될 수 있음을 보여준다

지금까지 우리는 대립되는 형질들의 유전을 두 쌍까지 고려해 보았다. 멘델은 분리와 독립적 분리의 과정이 3쌍의 대립 형질, 소위 **삼성잡종 교배(trihybrid cross)** 혹은 세 인자 교배(*three-factor cross*)라는 과정에도 적용될 수 있음을 증명했다.

비록 삼성잡종 교배가 양성잡종 교배보다 다소 복잡하기는 하지만, 그 결과는 분리와 독립적 분리의 원리를 잘 따른다면 쉽게 계산될 수 있다. 예를 들어, 그림 3.8에 나타난 교배를 생각해 보자. 여기서는 이론적인 대립 형질들의 유전자 쌍이 *A*, *a*, *B*, *b*, *C*, *c* 라는 기호로 표시되어 있다. *AABBCC*와 *aabbcc* 개체의 교배에서 모든 F_1 개체들은 세 유전자 쌍 모두에 대해 이형접합성이다. 그들의 유전자형은 *AaBbCc*로, 표현형적으로 우성인 *A*, *B*, *C* 형질을 나타낸다. 이 F_1 개체가 부모로 작용하면, 서로 다른 종류의 각 배우자들이 같은 빈도로 생산된다. 이 시점에서 64개의 칸들로 이루어진 퍼넷 사각형을 구성할 수 있다. 이 방법은 많은 수의 인자들을 포함한 교배에서는 매우 귀찮은 것이 되므로, 비율을 예상하기 위해 다른 방법이 고안되었다.

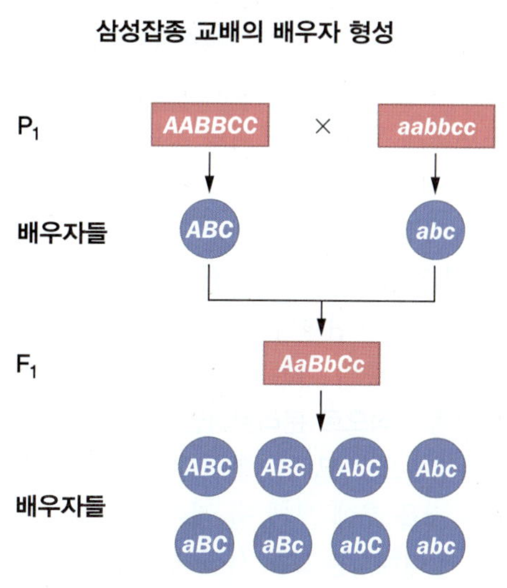

그림 3.8 삼성잡종 교배에서의 P_1과 F_1 배우자들의 형성.

삼성잡종 교배의 F_2 세대 표현형

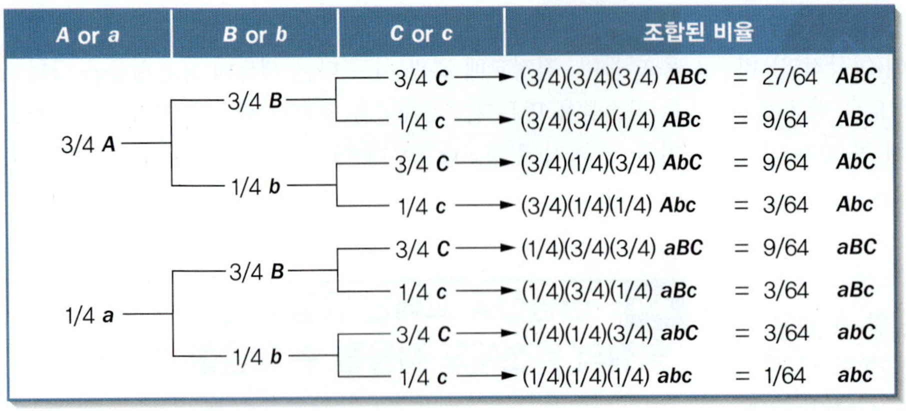

그림 3.9 분지법을 사용한 F_2 삼성잡종의 표현형 비율 계산 결과. 이 방법은 각 표현형의 예상 출현 확률에 기초한 것이다.

분지법, 혹은 분지 도해법

그림 3.6에서 나타난 바와 같이 **분지법(forked-line method)**을 사용하여 각 대립되는 쌍의 형질을 따로따로 고려한 후에 이 결과들을 조합하는 것이 훨씬 쉬울 수 있다. 이 방법은 **분지 도해법(branch diagram)**이라고도 하는데, 양성잡종 실험에서 확립된 확률의 법칙을 간단히 적용한 것이다. 각 유전자 쌍은 배우자 형성과정 중에 독립적으로 행동한다고 가정한다.

단성잡종 교배 *AA* × *aa*가 행해질 때 우리는 다음과 같은 사실을 알고 있다:

1. 모든 F_1 개체들은 *Aa*의 유전자형을 가지며 표현형은 *A* 대립유전자에 의해 표현되는데, 다음 논의에서부터는 "*A* 표현형"이라고 부르도록 한다.
2. F_2 세대는 3:1의 비율로 *A* 표현형 혹은 *a* 표현형을 가지는 개체들로 구성된다.

BB × *bb* 와 *CC* × *cc* 교배에 대해서도 같은 일반화가 가능하다. 그러므로 F_2 세대에서는 모든 개체 중 3/4이 표현형 *A*를 나타내며, 또 3/4이 *B*, 또한 3/4이 *C*를 표현할 것이다. 비슷한 방식으로, 모든 개체 중 1/4이 표현형 *a*를, 1/4이 *b*를, 또 1/4이 *c*를 표현하게 된다. 각 표현형 조합을 나타내는 개체들의 비율은 이 세 유전자 쌍이 배우자 형성시 독립적으로 분배된 이후에 무작위적 과정으로 수정된다고 가정하면 쉽게 예상할 수 있다. 다시 한번 간단히 확률의 곱셈 법칙을 적용하면 된다. 그림 3.9는 F_2 세대에서 표현형의 비를 계산하기 위한 분지법 사용을 보여준다. 삼성잡종의 비는 27:9:9:9:3:3:3:1로 나온다. 모든 유전자 쌍이 독립적으로 분리된다면, 어떤 수의 유전자 쌍에 대해서도 같은 방법으로 교배를 분석할 수 있다. 하지만 항상 이렇지는 않다는 것을 후에 보게 될 것이다. 그렇더라도, 이것은 멘델의 형질들에 대해서는 모두 사실이다.

풀 어 보 기

3-3 분지법 혹은 분지 도해법을 사용하여, 다음 삼성잡종 교배들의 유전자형과 표현형 비율을 결정하라: (a) *AaBbCc* × *AaBBCC*, (b) *AaBBCc* × *aaBBCc*, 그리고 (c) *AaBbCc* × *AaBbCc*.

■ **힌트:** 이 문제는 여러 가지 삼성잡종 교배의 결과를 결정하기 위해 분지법을 사용해보라는 것이다. 해답의 열쇠는 분지법을 사용할 때 각 유전자를 따로 고려해야 한다는 점을 인식하는 것이다. 예를 들어, 이 문제에서는 우선 *A*/*a* 유전자들에 대한 교배 결과를 예측하고, 그다음 *B*/*b* 유전자들, 그리고 마지막으로 *C*/*c* 유전자들에 대한 교배 결과를 예측하면 된다. 그런 후에 분지법을 사용하여 제시된 각 교배 결과를 구하라.

3.5 멘델의 업적은 20세기 초반에 재발견되었다

멘델은 자신의 연구를 1866년에 발표했다. 그러나 그의 발견들이 자주 논의되거나 거론된 반면, 그 중요성은 35년 동안 인정받지 못했다. 그러다가 19세기 후반에 놀랄만한 관찰이 멘델의 업적에 대한 인식을 바꿔놓았다: 바로 플레밍(Walter Flemming)이 도롱뇽 세포의 핵에서 염색체들을 발견했던 것이다. 1879년에, 플레밍은 세포분열이 일어나는 동안 이 실 같은 구조물들이 어떻게 행동하는지를 기술했다. 플레밍의 이러한 발견과 많은 세포학자들의 연구 결과, 과학자들은 핵 속에 있는 불연속적인 단위체들이 유전을 일으키는 핵심 요소라는 생각에 도달했다.

20세기 초반에 멘델의 실험과 유사한 잡종화 실험들이 독립적으로 세 식물학자에 의해 수행되었다: 드 프리스(Hugo De Vries), 코렌스(Karl Correns), 그리고 체르막(Erich Tschermak) 등이 그들이다. 드 프리스의 연구는 몇 가지 식물

종들에서 분리의 법칙을 증명한 것이었다. 분명 그는, 기존의 문헌을 조사하고 자신의 결론을 예상했던 멘델의 연구를 발견했던 것으로 보인다. 코렌스와 체르막 역시 멘델의 것과 비슷한 결론들에 도달했다.

대략 같은 시기에, 세포학자들이었던 서턴(Walter Sutton)과 보베리(Theodor Boveri)는 각각 독립적으로, 그들이 발견한 감수분열 중의 염색체들의 행동과 멘델의 분리 법칙 및 독립적 분리가 연관이 있다는 논문들을 발표한다. 그들은 감수분열 중에 발생하는 염색체들의 분리가 이들 두 원리의 세포학적 기초가 될 수 있다고 지적하였다. 비록 그들은 멘델의 단위 인자들이 아마도 염색체 상의 유전자가 아닌 염색체 자체라고 생각하였지만, 그들의 발견은 멘델 연구의 중요성을 다시 확립시켜 주었고 이것은 뒤이은 유전적 연구의 토대가 되었다. 서턴과 보베리는 다음 20년 동안 발달되었던 생각이었던, 생물의 유전물질은 염색체 내에 보유된다는 **유전의 염색체설(chromosomal theory of inheritance)**을 제창한 것으로 인정받는다. 다음 장들에서 만나게 될 모건(Thomas H. Morgan), 스터트번트(Alfred H. Sturtevant), 브리지스(Calvin Bridges), 그리고 여러 연구자는 합리적인 의심을 넘어서 서턴과 보베리의 가설이 옳았음을 확인시켜 주었다.

단위 인자, 유전자, 그리고 상동염색체

서턴 및 보베리의 관찰과 멘델 법칙들 사이의 관계는 전달 유전학의 현대적 해석을 위한 기초로 작용하기 때문에, 다음 주제로 넘어가기에 앞서 이 관계에 대해 심도 있게 다루어보고자 한다.

이미 알고 있는 바와 같이, 각 종들은 그들의 체세포 핵 내에 정해진 숫자의 염색체들을 가진다. 이배체 생물에서 이 숫자는 **이배체 수($2n$, diploid number)**라고 하며, 그 종의 특징이다. 배우자 형성(감수분열) 중에 이 숫자는 정확히 반이 되고(n), 수정 과정에서 두 배우자가 조합되면 이배체 수가 다시 회복된다. 그러나 감수분열 중에는 이 염색체 수가 무작위로 줄어드는 것이 아니다. 초기 세포학자들에겐 염색체들의 이배체 수가 그들의 형태적인 모양새와 행동에 의해 구별이 가능한 상동염색체들의 쌍들로 구성되어 있음이 분명해 보였다. 배우자들은 각 쌍의 한 구성원만을 포함한다. 따라서 배우자의 염색체 조성은 상당히 특이적인 것이고, 각 배우자의 염색체 수는 체세포 염색체 수의 절반과 같다.

이러한 기본적 정보를 가지고, 우리는 단위 인자들의 행동과 염색체, 그리고 유전자 사이의 관계를 살펴볼 수 있다. 그림 3.10은 멘델의 3가지 법칙과 그에 대한 염색체적 설명을 보여준다. 단위 인자들은 실제로는 염색체들의 상동염색체 쌍에 있는 유전자들이다[그림 3.10(a)]. 각 상동염색체 쌍의 구성원들은 배우자 형성 중에 분리되어 나뉜다[그림 3.10(b)]. 이 그림에서는 두 가지 서로 다른 배열이 가능하며 둘 다 표현되어 있다.

독립적 분리의 법칙을 설명하기 위해서는, 주어진 상동염색체 쌍의 구성원들을 구별해야만 한다. 각 쌍의 한 구성원은 **모계(maternal parent)** 쪽에서 온 것이고, 다른 하나는 **부계(paternal parent)** 쪽에서 유래한 것이다. 상동염색체 쌍들이 독립적으로 분리된 후 각 배우자들은 각 염색체 쌍들에서 한쪽 구성원만을 받는다. 모든 가능한 조합들이 모두 같은 확률로 형성된다. 멘델의 단위 인자 쌍들이 독립적인 행동을 하는 이유는, 그들이 서로 다른 쌍의 상동염색체 위에 존재하기 때문이다.

생물의 표현형적 다양성을 보면, 염색체의 수보다 훨씬 많은 수의 유전자가 있음을 쉽게 추측할 수 있다. 그러므로 각 상동염색체들은 하나 이상의 형질들에 대한 유전정보를 가진다. 현재 받아들여지고 있는 개념은, 염색체란 많은 수의 유전자가 직선상으로 배열된 정보 보유 단위라는 것이다. 멘델의 단위 인자들(예를 들어 줄기의 길이가 길 것인지 짧을 것인지를 결정하는)은, 사실상 한 쌍의 상동염색체 상에 있는 한 쌍의 유전자들이다. 어떤 특정 유전자가 위치하는 주어진 염색체 상의 장소를 그 유전자의 **좌위(locus**, 복수, loci)라고 한다. 주어진 유전자의 서로 다른 형태들(예를 들어, G나 g와 같이)은, 한 가지 특징(이 경우에는 종자 색깔)을 결정하는 약간 다른 유전정보(녹색 혹은 노란색)를 포함하는 것이다. 비록 우리는 두 가지의 서로 다른 대립유전자를 가지는 유전자들을 살펴보았지만 대부분의 유전자들은 대립유전자의 형태가 두 가지 이상이다. 이제 두 염색체가 상동염색체 쌍으로 분류되기 위해 필요한 기준들을 살펴봄으로 이 절을 마치고자 한다:

1. 염색체가 분명한 형태로 나타나는 유사분열과 감수분열 중에는, 상동염색체의 두 구성원은 크기가 같고 동원체의 위치도 같다. 성 염색체들(포유동물에서의 X, Y 염색체들)은 예외이다.
2. 감수분열의 초기 단계 중에는 상동염색체가 쌍을 이룬다, 혹은 접합한다(synapse).
3. 비록 현미경으로는 일반적으로 잘 보이지 않지만, 상동염색체들은 일직선상으로 배열된 동일한 유전자 좌위들을 포함한다.

유전자 개념의 진화

그레고르 멘델의 선구적 업적에 기초하여, 유전자(gene)란 관찰 가능한 형질 혹은 표현형의 발현을 결정하는 유전성 단위 인자로 간주되었다. ■

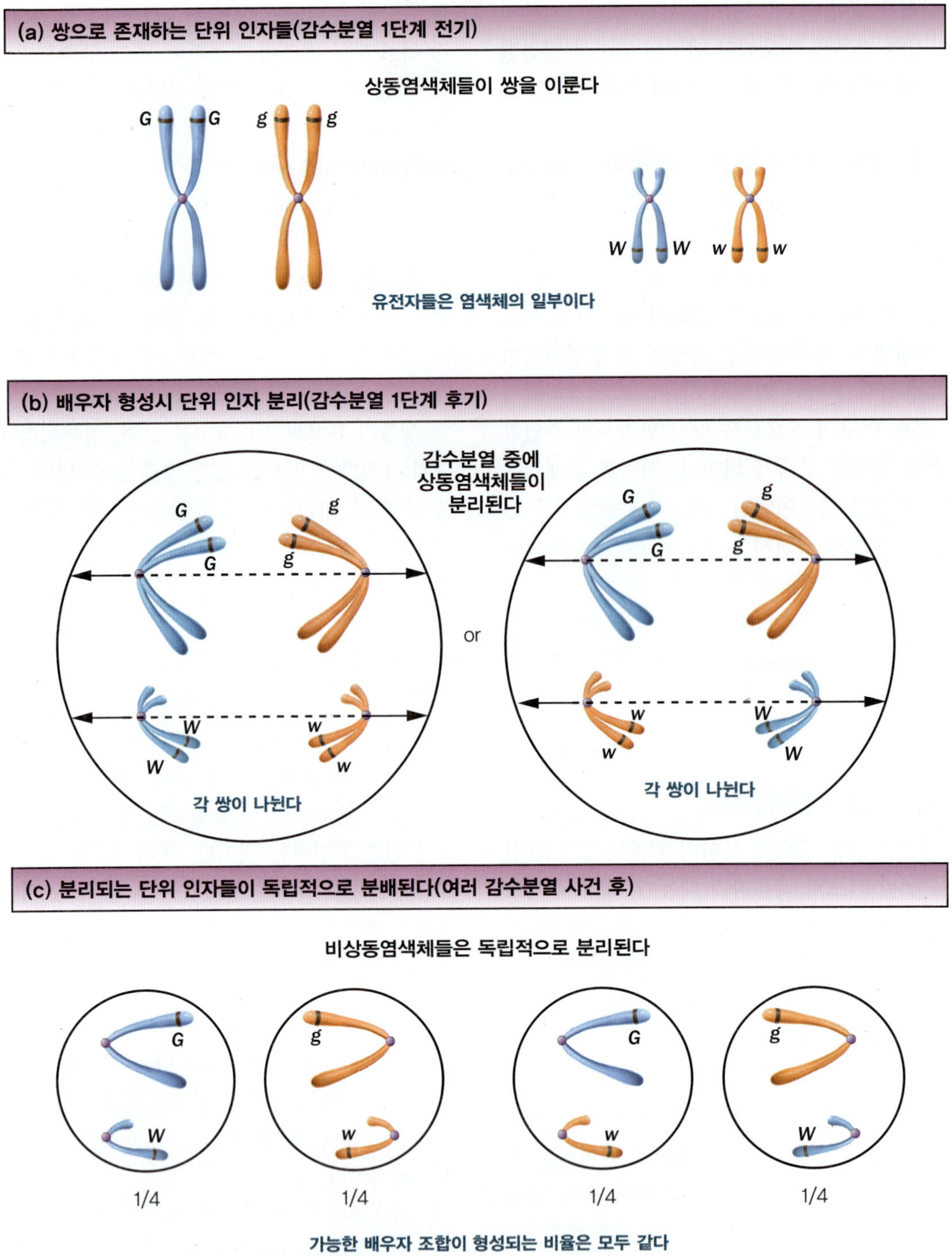

그림 3.10 유전자를 표시한 상동염색체가 감수분열 과정 중에 어떻게 행동하는지를 멘델이 제시한 (a) 한 쌍의 단위 인자들, (b) 분리, 그리고 (c) 독립적 분리의 법칙과 연관시켜 표현한 그림.

3.6 독립적 분리로 광범위한 유전적 다양성이 생긴다

독립적 분리의 한 가지 중요한 결과는 한 개체가 유전적으로 같지 않은 배우자들을 생산한다는 점이다. 어떤 상동염색체의 두 구성원이 유전적으로 동일할 경우가 거의 드물기 때문에 유전적 변이가 발생한다. 모든 염색체 쌍의 모계 및 부계 구성원들이 독립적으로 배우자들로 분배됨에 따라 가능한 모든 염색체 조합들이 생기게 되고, 광범위한 유전적 다양성이 초래된다.

우리는 이미 서로 다른 염색체 조성들을 가지는 가능한 배우자의 수가 2^n임을 살펴보았었다. 여기서 n은 반수체의 수이다. 그러므로 한 종의 반수체 수가 4라면, 독립적 분배의 결과 2^4 혹은 16개의 서로 다른 배우자 조합들이 생길 수 있다. 비록 이 숫자가 그리 크지 않다고 해도, 인간의 경우는 $n = 23$이므로 2^{23}을 계산한다면, 우리는 8×10^6 혹은 8백만 이상의 서로 다른 배우자들이 생길 수 있음을 알 수 있다. 수정은 부, 모 각각에서 생산된 약 8×10^6 개의 가능한 배우자들 사이에서 단 하나의 사건을 대표하는 것이므로, 각각의 자손은 $(8 \times 10^6)^2$ 혹은 64×10^{12}개로 이루어진 가능한 유전정보 조합 중 하나를 표현하게 된다. 이런 가능성이 1조분의 1보다도 작다는 것을 감안하면, 일란성 쌍생아를 제외할 때 인간 종의 각 구성원이 독특한 외모와 개인적 특성을 나타낸다는 것은 놀랄 일이 못 된다. 이 조합의 수는 지금까지 지구상에 살아온 인간의 수보다도 많다! 독립적 분배의 결과 생기는 유전적 다양성은 유성생식을 하는 모든 생물체들의 진화적 과정에 대단히 중요한 것이다.

3.7 확률 법칙은 유전적 사건들을 설명하는 데 도움을 준다

유전적 비율—예를 들어, 3/4 키 큰 것:1/4 키 작은 것—들은 확률로 보면 쉽게 이해할 수 있다. 이러한 값들로 각 수정 사건의 결과를 예측할 수 있는데, 예를 들어 어떤 접합자가 키가 크게 될 유전적 가능성은 3/4이고, 키가 작게 될 가능성은 1/4이다. 가능성의 범위는 0.0, 즉 **확실히 일어나지 않을 경우**에서부터 **확실히 일어날 때**인 1.0까지이다. 이 절에서는 유전학과 확률의 관계에 대해 고찰해볼 것이다. 이미 가능성을 알고 있는 둘 혹은 그 이상의 사건들이 독립적으로 동시에 일어날 때, 가능한 결과들에 대한 각각의 가능성을 계산할 수 있다. 이것은 **곱셈 법칙(product law)**의 응용으로부터 얻어진다. 이는 앞의 독립적 분리에 대한 논의에서 언급한 것처럼, **둘 혹은 그 이상의 사건이 동시에 일어날 확률은 그들이 각각 따로 일어날 확률의 곱과 같다는 것이다**(3.3절 참고). 만약에 고려 중인 사건들의 각 결과가 다른 사건의 결과에 의해 영향을 받지 않는다면 둘 혹은 그 이상의 사건들은 서로 독립적이다.

곱셈 법칙을 설명하기 위해 1페니 동전을 던지는 경우(P)와 5센트짜리 동전(N)을 동시에 던지는 경우, 앞면(H)이 나오는 경우와 뒷면(T)이 나오는 경우의 조합을 조사해 보자. 다음과 같은 4가지 가능한 결과들이 있다:

$$(P_H\text{: } N_H) = (1/2)(1/2) = 1/4$$
$$(P_T\text{: } N_H) = (1/2)(1/2) = 1/4$$
$$(P_H\text{: } N_T) = (1/2)(1/2) = 1/4$$
$$(P_T\text{: } N_T) = (1/2)(1/2) = 1/4$$

각 동전들을 던질 때 앞면이 나오거나 뒷면이 나올 확률은 1/2이고 한 동전을 던지는 결과는 다른 동전을 던지는 결과와는 상관이 없다. 따라서 모든 가능한 4가지 조합은 동등한 확률로 일어날 것으로 예상된다.

만약 우리가 두 사건이 서로 독립적이지만 한 가지 방법 이상으로도 얻어질 수 있을 때의 가능성을 계산하고 싶다면, **합의 법칙(sum law)**을 적용하면 된다. 예를 들어, 1페니 동전과 5센트 동전을 던질 때 한 번은 앞면, 또 한 번은 뒷면이 나올 확률은? 이러한 경우에는 1페니 동전에서 앞면이 나오든, 5센트 동전이 앞면이 나오든 상관하지 않으므로, 두 동전이 서로 다른 면의 결과를 나타낸 경우들만을 고려하면 된다. 위에서 본 것처럼 요구된 결과가 각각의 확률 1/4인 두 가지 방법에 의해 얻어질 수 있다. 합의 법칙은 결과가 두 가지 이상의 사건에 의해 얻어지는 어떤 경우의 확률은, 그런 사건들의 개별 확률들을 더한 것과 같다는 것이다. 따라서 합의 법칙에 의해 우리 예의 모든 확률은

$$(1/4) + (1/4) = 1/2 \text{ 이 된다.}$$

두 개의 동전 던지기에서, 절반은 원하는 결과가 나올 것으로 예상된다.

이러한 간단한 확률의 법칙들은 전달 유전학의 논의 전반에 걸쳐, 또한 유전 문제를 풀 때도 매우 유용하다. 사실상, 우리는 이미 멘델의 양성잡종과 삼성잡종 교배에서 표현형 결과를 계산하는 분지법에서 이미 곱셈의 법칙을 적용했었다. 교배의 결과를 알고 싶을 때는, 가능한 결과들의 확률을 계산하기만 하면 된다. 이러한 계산의 결과는 우리로 하여금 각 표현형 또는 유전자형을 나타내는 자손의 비를 예측할 수 있게 한다.

확률을 다룰 때 기억해야 할 중요한 점이 있다. 가능한 결과들을 예상하는 것은 커다란 표본 크기에 기초한다는 것이다. 우리가 양성잡종 교배에서 자손의 9/16이 두 우성 형질을 표현할 것이라는 예상은 표본 크기가 작을 때는 있음직하지 않은데, 매 16개의 자손마다 정확하게 9개가 그러하기는 어렵기 때문이다. 대신에 우리의 예상은 자손의 수가 많을 경우에는 대략 9/16의 자손이 그럴 것으로 생각한다. 더 작은 표본 크기에서, 예상된 비로부터의 차이(deviation)는 우연한 기회(chance)에 의한 것인데, 다음 절의 통계에 대한 논의에서 우리가 살펴보게 될 주제이다. 순전히 기회에 의한 편차의 영향은 표본 크기가 증가함에 따라 점점 줄어든다.

3.8 카이 제곱 분석은 유전적 자료에 대한 기회의 영향을 평가한다

멘델의 3:1 단성잡종과 9:3:3:1의 양성잡종 비율은 다음과 같은 가정에 근거한 이론적인 예측들이다; (1) 각 대립유전자들은 우성이거나 열성이다; (2) 분리가 방해받지 않는다; (3) 독립적 분리가 일어난다; 그리고 (4) 수정은 무작위적이다. 마지막 두 가지 가정은 기회 사건들에 의해 영향을 받으며 임의적 변동(random fluctuation)에 종속적이다. 이러한 **기회 편차(chance deviation; 우연에 의한 차이)**의 개념은 동전을 여러 번 던져 앞면, 혹은 뒷면이 나오는 것을 기록하는 것으로 쉽게 설명될 수 있다. 매 회 던질 때마다 앞면이 나올 확률 1/2과 뒷면이 나올 확률 1/2이 존재한다. 그러므로 여러 번 던졌을 때 예상되는 비율은1/2:1/2 혹은 1:1이다. 동전을 1,000번 던졌다면 일반적으로 500번의 앞면과 500번의 뒷면이 관찰될 것이다. 이론적인 비율로부터 얼마간의 변동(예를 들어 486번은 앞면, 514번은 뒷면)이 생길 수 있는데 이는 기회(우연)에 의한 것이다.

던지는 전체 횟수가 줄어들수록 기회 편차의 영향은 증가한다. 예를 들어, 하나의 동전을 4번만 던졌다면, 4번 던진 것 모두 앞면이거나 뒷면이라고 해도 그다지 놀랄 일이 못된다. 그러나 동전을 1,000번 던진다면 모두 앞면이 나오거나 모두 뒷면이 나올 경우는 거의 상상할 수 없다. 아마 여러분도 그런 결과는 불가능하다고 생각할 것이다. 사실, 1000번의 던지기에서 모두 앞면 혹은 모두 뒷면이 나올 확률은 $(1/2)^{1000}$이다. $(1/2)^{20}$이 약 백만분의 1보다 조금 작으므로, $(1/2)^{1000}$의 확률로 일어난 사건이라는 것은 실제로 불가능하다. 유전적 결과들을 예측하거나 분석할 때는 다음 두 가지 사항을 명심해야 한다:

1. 독립적 분리와 수정의 결과들은, 동전 던지기에서와 마찬가지로, 기회 편차 때문에 예상되는 출현과 차이가 생기는 무작위적 변동(random fluctuation)에 종속적이다.
2. 표본 크기가 커질수록, 예상 결과들과의 평균적인 편차는 줄어든다. 그러므로 표본 크기가 더 크다면 마지막 결과에 대한 기회 편차의 영향이 감소한다.

카이-제곱 계산과 영가설

유전학에서 관찰된 편차를 평가할 수 있느냐는 대단히 중요한 기술이다. 자료가 주어진 비율, 예를 들어 1:1, 3:1, 혹은 9:3:3:1 등에 맞는가를 판단할 때 **영가설(null hypothesis, H_0)**이라는 것을 세운다. 이 가설은, 측정 값(혹은 비율)과 예상치(혹은 비율) 사이에 실질적 차이가 없다고 가정하기 때문에 이렇게 불린다. 드러난 차이는 순전히 기회에 의한 것으로 간주된다. 이러한 기초 위에서 영가설은 (1) 기각되거나, 혹은 (2) 기각되지 않는다. 만약 영가설이 기각(거부)된다면, 관측된 차이는 순전히 기회 때문에 생긴 것은 아니다. 이런 경우에 영가설과 그것을 지지하는 가정들은 다시 검사되어야 한다. 만약 영가설이 기각되지 않는다면 관측된 분산은 기회에 의한 것이다.

이러한 영가설의 진실성을 평가하기 위해 고안된 가장 간단한 통계적 시험법 중 하나가 **카이 제곱 분석법(χ^2 analysis)**이다. 이 검정법은 표본 크기뿐 아니라 예상된 비율의 각 항목들에서 관찰된 편차를 고려하여 이들을 하나의 숫자 값으로 만들어 준다. 이 값(χ^2)은 관찰된 차이가 얼마나 자주 기회에 의한 결과로 발생할 수 있는지를 평가하는 데 사용된다. 카이 제곱 분석에 사용되는 공식은

표 3.1 카이-제곱 분석

(a) 단성 잡종 교배

교배에서 예상되는 비율	관찰된 값(o)	예상된 값(e)	편차($o - e = d$)	편차^2	d^2/e
3/4	740	3/4(1000) = 750	740 − 750 = −10	$(-10)^2 = 100$	100/750 = 0.13
1/4	260	1/4(1000) = 250	260 − 250 = +10	$(+10)^2 = 100$	100/250 = 0.40
	합계 = 1000				$\chi^2 = 0.53$
					$p = 0.48$

(b) 양성 잡종 교배

교배에서 예상되는 비율	관찰된 값(o)	예상된 값(e)	편차($o - e = d$)	편차^2	d^2/e
9/16	587	567	+20	400	0.71
3/16	197	189	+8	64	0.34
3/16	168	189	−21	441	2.33
1/16	56	63	−7	49	0.78
	합계 = 1008				$\chi^2 = 4.16$
					$p = 0.26$

$$\chi^2 = \Sigma \frac{(o - e)^2}{e}$$

이 방정식에서 o는 주어진 범위에 대한 관찰값이고 e는 그 범위에 대한 기대값이다. Σ(그리스 문자로 시그마는 합에 대한 기호이다)는 비율의 각 범주에 대한 계산값들의 합을 나타낸다. (o - e)가 각 경우의 편차(d)이므로, 방정식은 다시

$$\chi^2 = \Sigma \frac{d^2}{e}$$

표 3.1(a)은 가상적인 단성잡종 교배의 F_2 결과에 대한 χ^2 계산의 단계들을 보여준다. 이 교배에서 얻어진 자료들을 분석하기 위해서는, 각 세로 칸들에 계산된 값들을 넣으면서 표의 왼쪽에서 오른쪽으로 작업해 나가도록 한다. 편차(d)가 음수이든 양수이든 상관없이 이 숫자가 제곱이 되면 양수가 된다는 점에 주목하라. **표 3.1(b)**는 가상적인 양성 잡종 교배의 F_2 결과들을 분석한 것이다. 이 양성잡종의 예에서 어떻게 각 숫자들이 계산된 것인지 확실히 이해하도록 하라.

카이 제곱 검정의 마지막 단계는 χ^2 값을 해석하는 것이다. 그러기 위해 처음에 **자유도(degree of freedom, *df*)** 값을 결정해야 한다. 이 값은 n - 1과 같으며, 여기서 n은 각 자료점이 분리될 수 있는 서로 다른 범주들의 수, 즉 가능한 결과들의 수를 뜻한다. 3:1의 비율에서는 n = 2이고, 따라서 df는 2 - 1 = 1이 된다. 9:3:3:1의 비율에서는 df = 3이다. 자유도는 범주의 수가 많을수록 기회의 결과로 더 많은 편차가 생길 수 있으므로 반드시 고려되어야 한다.

일단 자유도를 결정했으면, χ^2 값은 상응하는 **확률값(probability value, *p*)**으로 해석할 수 있다. 이 계산이 조금 복잡하기 때문에 우리는 보통 p 값을 표준 표나 표준 그래프로부터 추출하여 사용한다. 그림 3.11은 다양한 자유도에서 넓은 범위의 χ^2 값과 p 값을 그래프와 표로 보여준 것이다. p 값을 결정하는데 그래프를 사용해보자. 그림 3.10(b)의 설명은 어떻게 표를 사용하는지를 알려준다.

그래프를 사용하여 p를 결정하려면 다음 단계들을 수행하도록 한다:

1. 가로축(혹은 X축)에서 χ^2 값을 찾는다.
2. 이 점으로부터 적절한 df 값을 나타내는 그래프까지 세로선을 긋는다.

(a)

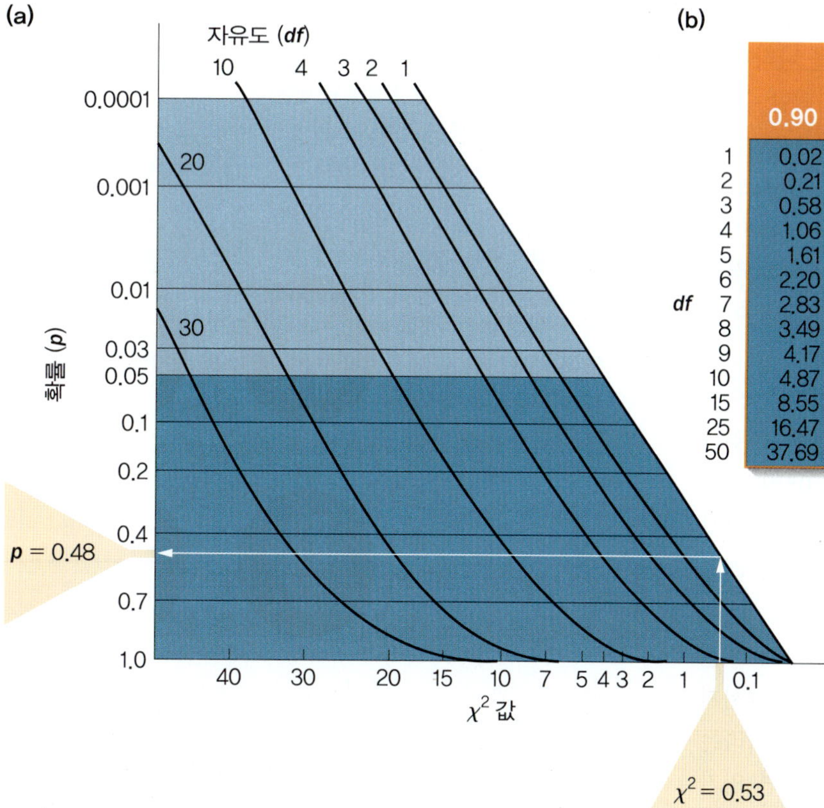

(b)

	확률 (p)					
df	**0.90**	0.50	0.20	**0.05**	**0.01**	**0.001**
1	0.02	0.46	1.64	3.84	6.64	10.83
2	0.21	1.39	3.22	5.99	9.21	13.82
3	0.58	2.37	4.64	7.82	11.35	16.27
4	1.06	3.36	5.99	9.49	13.28	18.47
5	1.61	4.35	7.29	11.07	15.09	20.52
6	2.20	5.35	8.56	12.59	16.81	22.46
7	2.83	6.35	9.80	14.07	18.48	24.32
8	3.49	7.34	11.03	15.51	20.09	26.13
9	4.17	8.34	12.24	16.92	21.67	27.88
10	4.87	9.34	13.44	18.31	23.21	29.59
15	8.55	14.34	19.31	25.00	30.58	37.30
25	16.47	24.34	30.68	37.65	44.31	52.62
50	37.69	49.34	58.16	67.51	76.15	86.60

χ^2 값

영가설을 기각할 수 없는 영역(영가설 채택)

영가설을 기각하는 영역(영가설 거부)

그림 3.11 (a) χ^2 값을 p 값으로 전환하는 그래프. (b) 주어진 df와 p 값에 대한 χ^2 표. p = 0.05에서의 값보다 큰 χ^2 값은 영가설을 기각하도록 한다. 우리의 예에서는 χ^2 = 0.53, 자유도 1에서 p 값이 0.20과 0.50 사이의 값으로 전환된다. 그래프 (a)에서 내삽하면 좀 더 정확한 p 값인 0.48을 얻는다. 따라서 우리는 영가설을 기각하지 못한다.

3. 이 점에서 왼쪽으로 세로축(혹은 **y**축)에 교차할 때까지 가로선을 긋는다.
4. 내삽법에 의해 상응하는 p 값을 찾는다.

그림 3.11(a)에 나타난 것처럼, 표 3.1의 단성잡종 교배에 대해 이 단계들을 이용하여 계산한 p 값은 0.48이다. 이제 양성잡종 교배[표 3.1(b)]에 대해서 이 값을 구할 수 있는지 이 방법을 사용해 보라. χ^2 값은 4.16이고, df는 3이므로 대략의 p 값은 0.26이다. 이 결과를 표에서 찾으면 단성잡종 교배와 양성잡종 교배에 대한 두 p 값이 0.20과 0.50 사이에 있음이 확인된다.

확률값의 해석

지금까지는 χ^2 값을 계산하고 해당 p 값을 결정하는 것에 관심을 기울였었다. 그러나 χ^2 분석의 가장 중요한 측면은 이 p 값이 의미하는 바가 무엇인지를 이해하는 것이다. p 값은 백분율로 생각하는 것이 가장 쉽다. 표 3.1(b)의 양성잡종 교배를 이용해 보자. 이 예에서 p 값은 0.26이었고, 이것은 26%로 생각될 수 있다. 이 p 값은 만약 우리가 같은 실험을 여러 번 반복하면 26%의 시도들에서는, 첫 시도에서 보인 것만큼 혹은 그 이상의 기회편차가 나타날 것임을 시사하는 것이다. 반대로 74%의 시도에서는 우연한 결과에 의해 처음 관찰된 것보다 작은 편차를 나타낼 것이다. 따라서 이 p 값은 영가설(여기서는 9:3:3:1의 비율)이 절대적으로 그렇다거나 혹은 확실히 부정됨을 나타내지는 않는다. 대신 우리가 영가설을 기각하거나 혹은 채택할 수 있도록 하는 상대적인 기준이 생긴다. 이 기준은 p 값이 0.05일 때가 가장 많이 사용된다. 카이 제곱 검정에 적용될 때, 0.05보다 작은 p 값은, 결과에서 관찰된 편차가 오직 우연에 의해 얻어질 수 있는 경우는 5% 미만의 횟수에서만 그렇다는 뜻이다. 그러한 p 값은 관찰값과 예상값 사이의 차이는 상당한 것이라는 뜻이므로, 따라서 우리가 영가설을 기각할 수 있도록 해준다.

한편 0.05보다 큰 p 값(0.05~1.0)은, 관찰된 편차가 오직 기회에 의해 얻어질 수 있는 경우가 5% 이상이라는 것을 뜻한다. 결론은 영가설을 기각할 수 없다(우리는 p = 0.05일 때를 기준으로 사용하고 있다). 그러므로 0.26이라는 p 값은 독립적 분리가 이 결과를 설명한다는 가설은 거부되지 못한다. 그러므로 관찰된 편차는 기회에 의한 것으로 생각될 수 있다.

여기서 마지막으로 영가설이 거부되는 경우를 생각해 보는 것이 적당할 것이다. 즉 $p \leq 0.05$인 경우이다. 표 3.1(b)에서처럼, 자료들이 독립적 분리를 나타내는 9:3:3:1로 나온 것이라는 영가설을 검정한다고 가정해보자. 우리 계산에 기초하면 영가설은 기각된다. 만약 영가설이 거부된다면 이 자료에 대한 해석은 무엇인가? 연구자들은 우선 영가설에 숨어 있는 가정들을 재검토한다. 우리가 논의했던 양성잡종 교배에서는, 분리가 두 유전자 쌍에 대해 믿을 수 있게 작동한다고 가정했었다. 또한 수정은 무작위로 일어나며 모든 배우자들의 생존도도 유전자형에 관계없이 동일하다—즉, 모든 배우자들이 동등하게 수정에 참여한다고 가정했었다. 마지막으로, 수정 이후에 모든 어린 단계와 성체가 된 개체들이 그들의 유전자형에 상관없이 동등한 생존력을 갖는다고 가정했었다. 만약 이러한 가정들의 어느 하나라도 맞지 않는 것이 있었다면, 원래의 가설이 반드시 무효가 될 필요는 없다.

한 가지 예가 이 점을 명확히 할 수 있을 것이다. 초파리들 사이의 양성잡종 교배로 3/16의 날개 없는 돌연변이 초파리들이 나올 것이라는 영가설을 가정해보자. 그러나 이 돌연변이 배아는 유생 발달 단계에서뿐 아니라 어린 성체로 발달하는 중에 날개를 만드는 유전자형을 가진 초파리들에 비해 잘 생존하지 못할 수 있다. 결과적으로 자료가 모여지면 3/16보다 적은 수의 날개 없는 파리들이 존재할 것이다. 모르는 요소가 결과에 영향을 미칠 수도 있었기 때문에, 우리가 영가설을 기각한다고 해서 분리나 독립적 분배라는 가정의 유효성을 무시할 수는 없다.

풀어보기

3.4 멘델은 한 가지 양성잡종 교배 실험에서, 315개의 둥글고 노란 것과, 108개의 둥글고 녹색인 것, 101개의 주름지고 노란 것, 그리고 32개의 주름지고 녹색인 F_2 식물들을 관찰했다. 이 자료들을 이용하여 아래 내용들을 확인하기 위한 카이 제곱 검사를 실시하라.

(a) 그 자료는 9:3:3:1 비율과 맞는다.
(b) 둥근 것:주름진 것의 자료는 3:1 비율과 맞는다.
(c) 노란 것:녹색인 것의 자료는 3:1 비율과 맞는다.

■ **힌트:** 이 문제는 χ^2 분석을 적용하여 주어진 자료들이 몇 가지 비율에 맞는지를 결정하라는 것이다. 해답의 열쇠는 우선 예상된 비율을 이용하여 예측 결과값을 결정함으로써 χ^2을 계산하는 것이다. 그런 다음, 차례로 각 경우에서의 편차를 결정하고 각 범주들에 대해 d^2/e를 계산하라. 일단 χ^2 값을 결정했으면 각 비율에 대한 p 값들을 해석하여야 한다.

더 연습이 필요하면 문제 18, 19, 20번을 참고하라.

3.9 가계도는 인간 형질들의 유전 양식을 드러내 준다

우리는 이제, 계획된 교배도 불가능하고, 연구를 위한 자손의 수도 많지 않은 인간의 표현형 유전 양식은 어떻게 결정할 수 있는지 살펴볼 것이다. 유전을 연구하는 전통적 방법은 가계도를 작성하는 것인데, 이것은 각 세대의 구성원들이 문제의 형질을 가졌는지 그렇지 않은지를 표시해 준다. 그러한 가족 구성원들에 대한 표를 **가계도(pedigree)**라고 부른다. 가계도를 분석함으로써, 우리는 연구되는 형질들이 어떻게 유전되는지를 예측할 수 있다. 예를 들어, 우성 대립유전자에 의한 것인가, 아니면 열성 대립유전자에 의한 것인가? 등의 질문에 답을 얻을 수 있다. 동일한 형질에 대해 많은 수의 가계도가 조사되면, 종종 유전 양식을 확인할 수 있다.

가계도 규칙들

그림 3.12는 유전학자들이 가계도를 그릴 때 따르는 몇 가지 관례들을 보여주고 있다. 동그라미는 여성을, 네모는 남성을 표현한다. 만약 한 개인의 성별이 불분명한 경우라면, 마름모꼴이 사용된다. 부모들은 서로 단일 가로선으로 연결되고, 세로선은 그들의 자손을 표시한다. 만약 부모들이 서로 친척—즉, 사촌지간처럼 **근친혼(consanguineous marriage)**이 이루어진 관계—이면, 그들은 이중의 가로선으로 연결된다. **형제자매(sib, sibling)**들인 자손들은 **자매선(sibship line)**인 가로선으로 연결된다. 형제자매들은 출생 순서대로 왼쪽에서 오른쪽으로 놓이고 아라비아 숫자로 번호가 매겨진다. 부모들 또한 아라비아 숫자로 표시된다. 각 세대는 로마 숫자로 표시된다. 한 가계도가 한 가지 형질만을 추적할 때, 그 표현형이 발현되었다고 생각되면 원, 네모, 그리고 마름모들을 검게 칠하고 그렇지 않으면 채우지 않는다. 어떤 가계도에서는, 열성 형질을 발현하지 않는 개인들이지만 확실히 이형접합성 보인자라고 생각되는 경우, 채우지 않은 원이나 네모 안에 검은 점을 찍기도 한다. 개인이 사망했고 표현형이 알려져 있지 않은 경우엔 원이나 네모 위에 사선을 긋는다.

쌍둥이들은 자매선에 연결된 가로선에서 갈라진 사선으로 연결된다. **일란성(monozygotic**, identical) 쌍둥이들에 대해서는 이 사선들이 가로선으로 한 번 더 연결된다. **이란성(dizygotic**, fraternal)인 경우는 이 가로선이 없다. 기호 내에 들어 있는 숫자는 같거나 혹은 모르는 표현형을 가진 형제들의 수를 나타낸다. 표현형이 의사나 유전학자의 관심을 끌게 된 개인을 가리켜 **발단자(proband)**라고 하며, 화살표로 연결된 **p**로 표시된다. 이 용어는 남성이나 여성에 모두 적용된다.

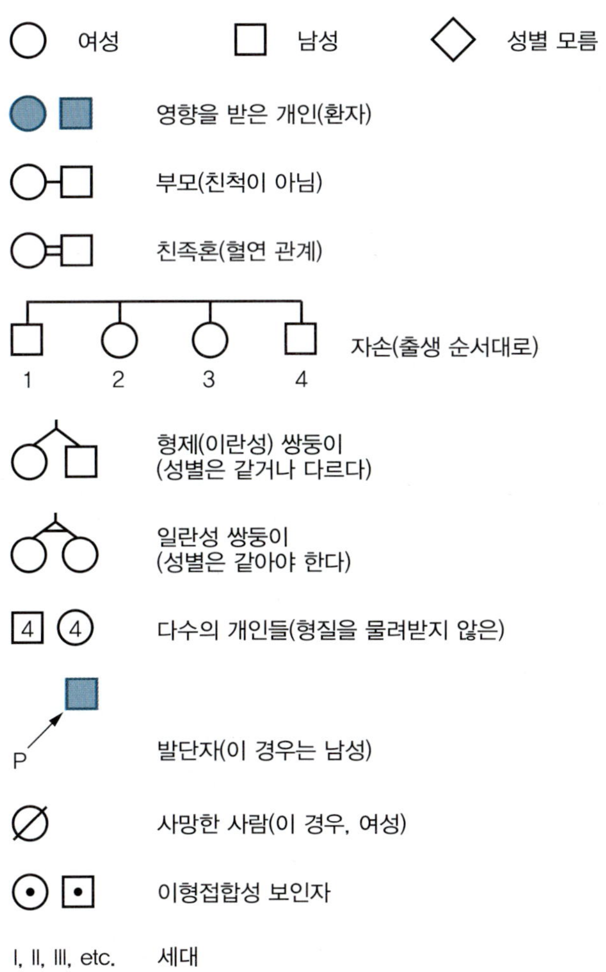

그림 3.12 인간의 가계도에서 흔히 사용되는 규칙들.

가계도 분석

그림 3.13에 두 가계도가 그려져 있다. 멜라닌 합성이 방해를 받는 **백색증(albinism)**처럼, 앞에 있는 것은 상염색체성 열성 유전을 나타내는 형질에 대한 대표적인 가계도를 표현한 것이다. 첫 세대의 아버지(I-1)가 영향을 받았다. 부모가 희귀한 열성 형질을 가진 경우의 특징은 그 형질이 다음 세대에서의 자손들에서는 "사라진다"는 것이다. 열성 형질임을 감안하면, 자손 중 누구도 질병을 나타내지 않을 것으로 생각되므로, 환자가 아닌 어머니(I-2)는 정상 동형접합성 개인이라고 결론지을 수 있다. 그녀가 이형접합성이었다면, 자손의 절반이 백색증을 표현했을 것이라고 예측할 수 있다. 그러나 표본(3명의 자손들)이 너무 작으므로 확신할 수는 없다.

또 다른 증거들이 열성 형질이라는 예측을 지지한다. 만약 백색증이 우성 형질로 유전된다면 II-3 개인은 그의 자손인 III-3과 III-4에 이 질병을 전달하기 위해 자신도 이를 표현했어야 한다. 그러나 그는 질병을 나타내지 않았다. 세 번째 세대(III열)를 구성하는 자손들을 조사하면 백색증이 열성이라는 가설을 더욱 확신할 수 있다. 만약 그렇다면 II-3과 II-4들은 둘 다 이형접합성이고 그들 자손의 대략 1/4이 질환에 연루될 것이다. 6명 중 2명이 백색증을 보였다. 예상된 비율과의 이러한 차이는 몇 명의 자손만 있는 결혼에서는 예상치 못하는 값은 아니다. 일단 백색증이 상염색체 열성 형질이라는 것을 확신하게 되면, 우리는 II-3과 II-4 개인들을 나타내는 네모와 원 안에 검은 점을 넣어 그릴 수 있다. 마지막으로, 상염색체성 형질들의 특징은 남

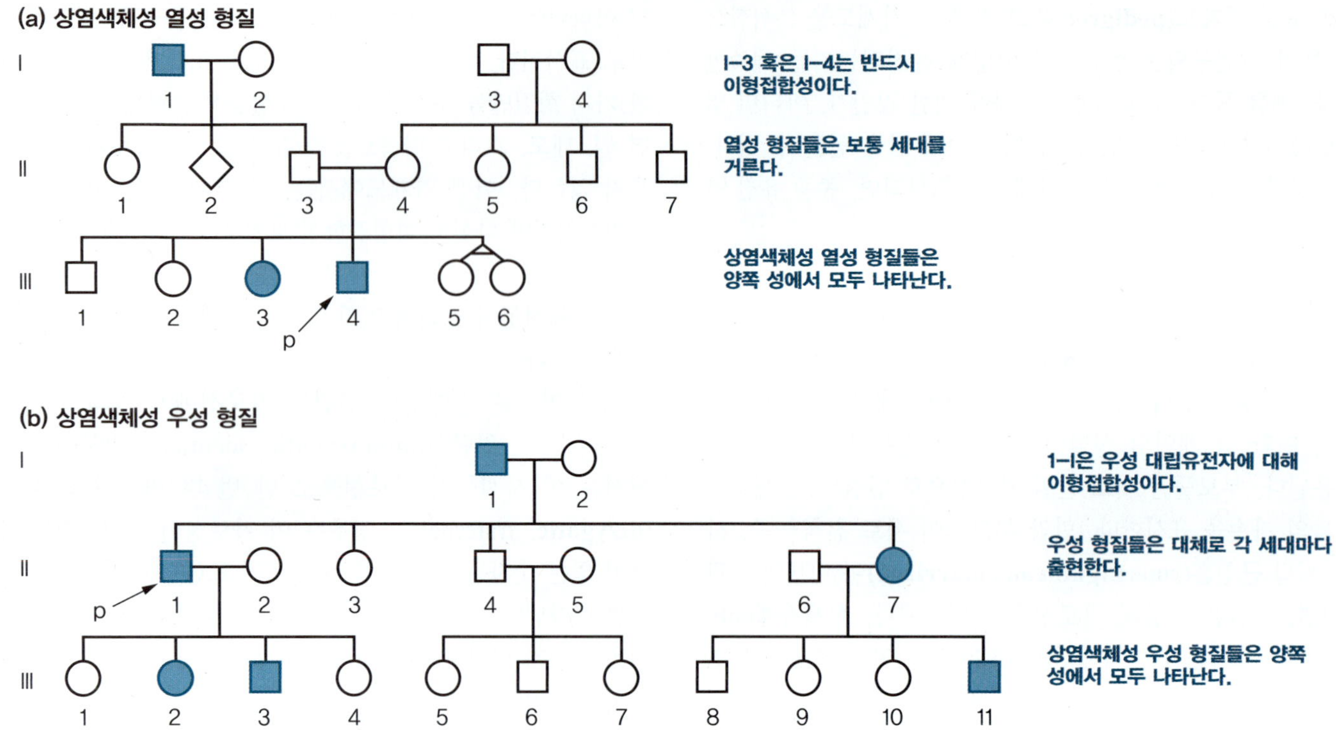

그림 3.13 두 가지 특징에 대한 대표적인 가계도. 하나는 상염색체성 열성 형질에 대한 것이고, 다른 하나는 상염색체성 우성 형질을 나타낸 것이다. 각각은 3세대에 걸쳐 추적되었다.

녀 모두가 같은 확률로 영향을 받는다는 것을 알 수 있다. 4장에서는 성을 결정하는 X-염색체 상의 유전자들이 관련된 가계도에 대해 조사하게 될 것이다. 여기서 우리는 X-연관성 형질들의 특징적 패턴들을 볼 수 있다; 예를 들어, 이러한 형질들은 남자 자손들에게 훨씬 흔히 발생하며, 환자인 아버지는 절대로 아들에게 형질을 전달하지 않는다.

두 번째 가계도는 헌팅턴병(Huntington disease)같이 상염색체서 우성 대립유전자에 의해 나타나는 형질들의 유전을 보여준다. 우성 형질을 나타내는 가계도를 구분하는 열쇠는, 모든 이환된 자손들은 그들의 한쪽 부모 역시 그 형질을 발현한다는 것이다. 물론 우연에 의해 자손 중 누구도 그 우성 대립인자를 물려받지 않을 수도 있다. 그렇다면, 그 형질은 더 이후의 세대에서는 사라지게 될 것이다. 열성 형질과 마찬가지로, 유전자가 상염색체성이라면, 남성이나 여성 모두 동일하게 영향을 받는다.

상염색체성 우성 질병은 집단 내에 매우 드물게 나타나며, 대부분이 그렇듯 환자 개인이 양쪽 부모로부터 모두 돌연변이 인자들을 물려받을 가능성은 거의 없다. 따라서 일반적으로 환자는 그 우성 대립인자에 대해 이형접합성이다. 결과적으로, 대략 자손의 절반만이 그 형질을 물려받는다. 이것을 그림 3.13의 두 번째 가계도에서 확인할 수 있다. 나아가, 한 돌연변이가 우성이고, 한 사본만으로도 돌연변이 표현형을 나타내기에 충분하다면, 동형접합자들은 더 심각하게 영향을 받을 가능성이 높으며, 아마도 생존하지 못할 것이다. 이에 대한 예가 **가족성 고지혈증(familial hypercholesterolemia)**에 대한 우성유전자이다. 이형접합자들은 LDL이라고 불리는 저밀도 지질단백질(low density lipoprotein; 나쁜 콜레스테롤이라도고 알려짐)에 대한 수용체에 결함을 보인다. 결과적으로, 혈액에서 세포 내로 흡수되는 콜레스테롤이 너무 적고 혈장 내 LDL의 수치가 증가한다. 그러한 이형접합성 개인들은 치료하지 않으면 40대나 그 이전에 심장 마비를 일으킨다. 이형접합자들이 정상인에 비해 약 2배 정도의 LDL 수치를 가지는 반면, 동형접합자들을 거의 발견되지 않는다. 그들은 LDL 수용체가 없으며, LDL 수치는 정상 범위보다 10배나 높다. 그들은 인생의 초기에 심장 마비를 일으킬 확률이 높은데, 심지어 5세 이전에 발생하기도 하며 대부분은 20세에 도달하기 전에 심장 마비로 사망한다.

많은 형질에 대한 가계도 분석은 역사적으로 인간의 유전연구에 매우 가치있는 연구법이었다. 그러나 이런 접근은 많은 수의 자손을 낳는 실험적 교배들을 통해 얻어지는 그런 결론의 확실성을 제공해주지는 않는다. 그럼에도 불구하고, 동일한 형질이나 질병에 대해 많은 수의 독립적 가계도들을 분석하면 일관된 결론이 도출되곤 한다. **표 3.2**는 여러 가지 인간 형질들을 우성 혹은 열성 표현형에 따라 분류한 것이다.

표 3.2 인간의 대표적 열성 형질과 우성 형질들

열성 형질	우성 형질
백색증	연골 형성부전증
알캅토뇨증	단지증
운동실조 모세혈관 확장증	선천성 정지형 야맹증
색맹	엘로스-단로스 증후군
낭포성 섬유증	털감소증
듀켄 근이양증	헌팅턴병
갈락토오스혈증	고콜레스테롤혈증
혈우병	마르팡 증후군
레쉬-니한 증후군	근긴장성 이영양증
페닐케토뇨증	신경섬유종증
낫모양 적혈구 빈혈증	페닐티오카르바미드 시험
테이삭스병	포르피린증

풀어보기

3.5 다음 가계도는 인간의 근시(myopia)에 관한 것이다.

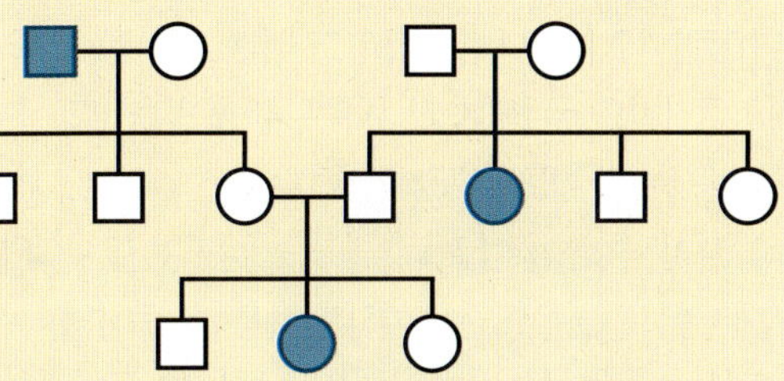

이 증상이 우성 형질인지 아니면 열성 형질의 결과로 유전되는 것인지 예측하시오. 예측에 근거하여 각 개인들에 가장 가능한 유전자형을 배정하라.

- **힌트:** 이 문제는 가계도를 분석하여 근시의 유전 양식을 결정하라는 것이다. 해답의 열쇠는 이 형질을 나타내는 개인들의 부모들이 그 형질을 아무도 나타내지 않고 있는지 확인하는 것이다. 그런 관찰은 강력한 단서로 한 가지 유전 양식을 배제할 수 있도록 해준다.

3.10 돌연변이 표현형이 분자 수준에서 검사되었다

우리는 이 장의 마무리로, 현재 정상 유전자와 돌연변이 유전자의 분자적 기초와 그에 따른 표현형이 밝혀진 여러 사례 중 두 가지를 검토하고자 한다. 이러한 설명은 멘델의 최초 연구 이후 100년이 훨씬 지나서야 나온 것이지만, 이에 대한 논의는 유전자가 표현형을 어떻게 조절하는지에 관한 여러분의 이해를 넓혀 준다. 우선, 멘델 형질 중 하나에 대해 분자적 기초를 논의한 다음 인간의 유전 질병에 대해 살펴보도록 하자.

멘델의 콩은 어떻게 주름이 생기는가: 분자적 설명

멘델의 획기적인 교배실험에서 주름진 완두콩이 사용된 지 100년이 훨씬 지난 최근에서야, 우리는 주름진 유전자가 어떻게 완두콩을 주름지게 하는지 알아냈다. 유전자의 야생형 대립유전자는 *SBEI*(*starch-branching enzyme*)라는 단백질을 암호화한다. 이 효소는 종자가 성숙함에 따라 고도로 분지된 전분 분자를 만든다.

주름진 완두(그림 3.14)는 이 유전자의 돌연변이 형태가 동형접합성 상태이므로 이 효소의 활성이 부족하기 때문에 생긴다. 그 결과 종자 내에서 전분을 합성하는 동안 분지점의 생성이 억제되어 종자가 발육하는 동안 더 많은 설탕과 수분이 축적된다. 종자 내부의 삼투압이 상승하면 종자가 수분을 잃게 되고 결국 성숙기에 주름진 모양이 형성된다. 이와는 대조적으로 정상 유전자를 적어도 한 개 포함하는 발달 중인 종자(우성 대립유전자에 대해 동형접합성 또는 이형접합성)는 전분을 합성할 수 있으며, 따라서 수분 손실을 최소화하는 삼투압 균형을 이루어진다. 최종적으로 이들은 매끈한 질감의 외피를 만든다.

그림 3.14 멘델의 단성잡종 교배에서 사용한 형질 중 하나인 주름진 종자와 둥근 종자.

SBEI 유전자의 분리와 분석으로 유전자형과 표현형 사이의 관계에 대한 새로운 통찰을 얻을 수 있었다. 흥미롭게도, 돌연변이 유전자는 정상적인 암호화 서열을 방해하는 약 800 염기쌍의 외래 서열을 포함한다. 이 외래 단편은 많은 진핵생물의 유전체에서 장소를 이동할 수 있는 능력이 있는 것으로 밝혀진 **전이인자(transposable element, TE)** 서열과 매우 유사하다. 인간, 옥수수, 파슬리, 금어초, 초파리 등 많은 생물에서 전이 요소가 발견되었다. 이 인자들에 대해서는 15장의 "유전자 돌연변이, DNA 복구와 전이"에서 광범위하게 논의될 것이다.

테이-삭스병: 인간의 열성 질병에 관한 분자적 기초

특히 흥미로운 것은 단일 돌연변이 유전자가 인간의 심각한 질병과 관련된 여러 가지 영향을 미치는 사례들이다. **테이-삭스병(Tay-Sachs disease, TSD)**을 일으키는 유전자에 대한 현대적 설명에 대해 살펴보도록 하자. 이 질병은 중추신경계에 돌이킬 수 없는 손상을 일으키는 파괴적인 열성 질병이다. TSD를 가진 아기들은 태어날 때는 괜찮으며 6개월 정도까지는 정상적으로 발달하는 것으로 보인다. 그러다가 점차적으로 신체적인

능력과 정신적인 능력이 손상되기 시작한다. 이환된 아기들은 결국 종종 1~2년 내에 시력을 잃고, 귀가 들리지 않게 되며, 정신지체가 발생하다가 마비를 일으키게 되는데, 5세를 넘겨 생존하는 사례가 드물다. 이 질병은 전형적인 상염색체성 열성 질병으로, 대부분 그 질병에 대한 직접적인 가족력을 갖고 있지 않으며, 병에 걸리지 않은 두 이형접합성 부모들이 1/4의 확률로 이 질병에 걸린 아이를 갖게 된다.

우리는 단백질들이 대부분의 유전자들이 발현되었을 때의 최종 산물임을 알고 있다. TSD에 관계된 단백질 산물은 이미 밝혀져 있으며, 우리는 이 질병에 숨어 있는 분자적 기초에 대해 잘 이해하고 있다. TSD는 **헥소스아미니데이즈 A(hexoseaminidase A, Hex-A)**라는 한 효소의 활성 상실에 기인한다. 이 효소는 정상적으로는 세포 내의 리소좀에서 발견되며 갱글리오사이드(ganglioside)인 GM2를 분해하는 데 필요한데, 이 분자는 신경 세포막의 지질 구성성분이다. 기능적인 Hex-A가 없으면, 갱글리오사이드는 뇌의 신경세포에 축적되고 신경계의 왜곡을 유발한다. 하나의 정상 유전자 사본을 가지는 TSD 이형접합성 보인자들은 정상적인 Hex-A 양의 절반 정도만을 생산하지만, 질병의 증상을 나타내지는 않는다. 오직 하나의 유전자(하나의 야생형 대립인자) 활성만으로도 신경계의 정상적 발달과 기능에 충분하다는 이러한 관찰은 열성 돌연변이의 분자적 기초를 잘 설명해준다. 돌연변이에 의해 두 유전자가 모두 망가졌을 때만 돌연변이 표현형이 분명해진다. 그 책임 유전자는 15번 염색체에 위치하며 Hex-A 효소의 알파 소단위를 암호화한다. TSD 표현형을 유발하는 50가지 이상의 돌연변이들이 이 유전자 내에서 발견되었다.

EXPLORING GENOMICS
유전체학 탐구

인간의 멘델식 유전에 관한 온라인 데이터베이스

인간의 **멘델식 유전에 관한 온라인 데이터베이스(Online Mendelian Inheritance in Man, OMIM)**는 멘델 방식으로 유전되는 인간 유전자들과 질병들에 대한 목록이다. 일염색체성(monosomy; 단일 염색체 소실)이나 삼염색체성(trisomy; 잉여 염색체가 하나 더 존재) 같이 주요 염색체 이상들에 기인하는 유전병들은 포함되어 있지 않다. OMIM 데이터베이스는 존스 홉킨스 대학(Johns Hopkins University)의 맥쿠직(Victor McKusick) 박사가 고안해 2008년 사망할 때까지 편집했던 책인 인간에서의 멘델식 유전(*Mendelian Inheritance in Man*)의 온라인 버전으로서 매일 업데이트 된다.

OMIM을 찾아 들어가면 DNA와 단백질 서열, 염색체 지도, 질병에 관한 설명, 그리고 연관된 과학 출판물 등 방대한 정보들에 대한 링크를 발견할 수 있다. 다음 연습에서는 OMIM을 탐색하여 인간의 열성 질병인 낫세포 빈혈증과 여러 가지 멘델식 유전병들에 대한 질문들에 답해보도록 하자.

■ 연습 I: 낫세포 빈혈증

이 장에서는 인간의 열성 형질과 우성 형질들에 대해 배웠다. 여러분은 이제 OMIM 데이터베이스를 탐색함으로써 인간의 상염색체성 열성 질병인 낫세포 빈혈증에 대해 더 많은 것을 발견할 수 있을 것이다.

1. 탐색을 시작하기 위해 www.omim.org에서 OMIM 사이트에 접속하라.
2. 탐색 창에 "sickle-cell anemia"라고 입력하고 "Search" 버튼을 눌러 탐색을 수행한다.
3. 입력 번호 #603903으로 되어 있는 링크를 클릭한다.
4. 낫세포 빈혈증에 대한 본문을 읽어보라. 오른쪽 컬럼에 있는 주제 목록을 검토하고 낫세포 빈혈증에 대해 더 자세한 정보를 제공하는 링크들을 탐색해 본다.
5. 페이지 하단에 있는 한두 개의 참고문헌들을 골라 펍메드(PubMed)에 있는 그 요약본을 찾아본다.
6. 이런 탐색에서 제공된 정보들을 이용하여 다음 질문들에 답하라:
   a. 낫세포 빈혈증을 가진 사람들에서는 어떤 유전자가 돌연변이되어 있는가?
   b. 이 질병의 주요 증상들은 무엇인가?
   c. 낫세포 빈혈증에 대해 처음으로 발표된 과학적 설명은 어떤 것이었나?
   d. OMIM 데이터베이스로부터 알게 된 이 질병의 두 가지 다른 특징은 무엇인지 설명하고 여러분이 이런 정보를 어디서 발견했는지 말해보라.

■ 연습 II: 다른 열성 혹은 우성 질병들

우성이나 열성으로 유전되는 인간의 다른 질병들을 골라 연습 I에 제시된 일반적 단계들을 따라서 그 특징들을 조사해보라. OMIM으로부터 제공된 링크를 따라 여러분이 고른 다른 데이터베이스들을 따라가 보라.

탐색하는 동안 여러분이 습득한 흥미로운 정보들 몇 가지를 말해보고, 탐색 중에 만난 그 정보의 제공지가 어디였는지도 말해보라.

사례 연구 검사를 할 것인가, 말 것인가?

토마스(Thomas)는 그의 형이 치매, 근육 경화, 그리고 발작의 증가로 병원에서 진단을 받았을 때 처음으로 자신이 매우 파괴적일 수 있는 가족력을 가지고 있음을 알게 되었다. 49세인 그의 형은 헌팅턴병(Huntington disease, HD)으로 진단받았는데, 이것은 우성으로 유전되며, 보통 그런 증상이 약 45세경에 시작되어 60대 초반에 죽음에 이르게 한다. 그 소식에 절망한 동시에 토마스는 아버지의 자살을 이해할 수 있게 되었다. 38세인 그는 이제 자신이 HD 유전자를 가지고 있을 확률이 궁금해졌고 그가 유전자 검사를 받는 데 대해 부인과 찬반 토론을 벌였다. 토마스와 부인은 두 명의 십대 딸과 아들을 한 명씩 두고 있다.

1. 만약 이들이 유전상담을 원한다면 어떤 문제들이 논의되어야 할까? 이들 중 어떤 것이 윤리적 문제를 일으키겠는가?
2. 여러분이 토마스의 입장이라면, 향후 5~10년 안에 이 질병이 나타날 것이 거의 확실하다는 것을 알게 될 가능성도 있는데도 검사를 받겠는가?
3. 만약 토마스가 HD 대립유전자에 양성이라면, 그의 아이들은 이 상황에 대해 알아야 할까? 만약 그렇다면 적당한 나이는 언제일까? 아들이나 딸의 검사에 대한 결정은 누가 내려야 하겠는가?

Fulda, K., and Lykens, K. (2006). 공중 보건의 관점에서 본 예측 유전자 검사의 윤리적 문제들 *J. Med. Ethics* 32:143–147.

요약 정리

1. 멘델의 법칙들은 표현형적 형질들의 유전에 대한 기초를 설명할 수 있게 해준다. 그는 쌍으로 존재하는 단위 인자들이 있으며, 형질의 발현을 결정하는 데 우성/열성 관계를 나타낸다고 가정하였다. 나아가 그는 배우자 형성 중에는 단위 인자들이 분리되므로, 한 배우자는 동일한 확률로 쌍 내의 어느 한 인자를 받게 되리라고 가정했다.
2. 멘델의 독립적 분리 법칙은 양성잡종 교배에 관한 분석에 기초한 것으로, 각 단위 인자 쌍들이 다른 쌍들과는 독립적으로 분리된다는 것이다. 결과적으로, 배우자들은 가능한 모든 조합으로 형성되며, 그 확률은 모두 같다.
3. 퍼넷 사격형법과 분지법은 둘 혹은 그 이상의 유전자 쌍들이 관여한 교배들로부터 표현형이나 유전자형의 비율들을 예측하는 데 이용된다. 분지법은 퍼넷 사각형법보다는 덜 복잡해도 그만큼 정확하다.
4. 1800년대 후반에 염색체가 발견되고, 감수분열 중의 염색체 행동에 대한 후속 연구들이 진행되면서, 염색체와 멘델의 단위 인자들 사이의 연결로 멘델의 업적이 다시 재조명되었다.
5. 유전적 비율들이 확률로 표현되므로, 유전적 교배의 결과를 추론하려면 확률의 법칙에 대한 이해가 필요하다.
6. 카이 제곱 분석은 예상값과 관찰값 사이에 실질적 차이가 없다는 영가설을 평가할 수 있도록 해준다. 또한 이 분석을 통해 관찰된 차이가 나타날 확률이 기회 편차 때문인지를 검사할 수 있다.
7. 가계도 분석은 여러 세대에 걸친 인간 형질의 유전 양식을 연구하는 방법으로, 광범위한 유전 교배나 많은 수의 자손이 없는 경우에도 특성 및 질병의 유전 양식을 예측하기 위한 기반을 제공해준다.

통찰과 해법

학생으로서 여러분은 다양한 문제 풀이를 통해 전달 유전학에 대한 지식을 증명하도록 요구받을 것이다. 이런 작업에 성공하려면 이론에 대한 이해뿐 아니라 보다 실용적인 유전적 상황에 대한 적용도 필요하다. 대부분의 학생은 유전학 문제 풀이가 어렵지만 보람 있음을 발견한다. 교재의 이 부분은 이런 과정에 필수적인 추론에 대한 기초적 통찰을 제공하도록 고안되었다.

1. 멘델은 통통한 콩깍지가 수축된 콩깍지에 비해 우성이고, 둥근 씨앗이 주름진 씨앗에 대해 우성임을 발견하였다. 둥근 씨앗이면서 통통한 콩깍지를 가진 완두 계통과 주름진 씨앗에이면서 수축된 콩깍지를 가진 완두 계통의 교배에서, 그는 F_1 세대에서는 모두 통통한 콩깍지에 둥근 씨앗을 얻었다. F_2 세대에서는 전형적인 비율 9:3:3:1의 비율로 나타나는 표현형들의 자손을 얻을 수 있었다. 이 정보를 이용하여 동형접합성의 수축된 콩깍지면서 둥근 완두와, 통통한 콩깍지에 주름진 완두 식물을 교배했을 때, 예상되는 F_1과 F_2 세대의 자손들의 비율은 어떨지 결정하라.

해법: 우선 각 대립 형질 쌍 각각에 대한 유전자 기호를 정의한다. 그 형질을 나타내기 위해 열성 형질에 대해서는 첫 자를 소문자로 사용하고, 우성 형질을 표현하려면 대문자를 사용한다. 그러므로 C와 c는 통통하고 수축된 콩깍지, 그리고 W와 w는 둥글고 주름진 표현형을 각각 나타낸다.

이제, P_1 세대의 유전자형을 결정하고, 배우자를 만들고, F_1 세대를 구성하여 그 표현형(들)을 읽어보자:

P_1 : *ccWW* 수축된 콩깍지, 둥근 콩 × *CCww* 통통한 콩깍지, 주름진 콩

↓ ↓

배우자들: *cW* *Cw*

F_1 : *CcWw* 통통한 콩깍지, 둥근 콩

여러분은 금방 F_1 세대가 우성 형질들을 둘 다 표현하며 두 유전자 쌍에 대해 이형접합성임을 알 수 있을 것이다. 그러므로 F_2 세대는 고전적인 멘델비 9:3:3:1을 나타낼 것이라 예상할 수 있다. 어찌되었든 이것을 확인하기 위해 분지법을 사용해서 계속 작업을 해보자. 두 유전자 쌍이 모두 이형접합성이기 때문에 독립적 분리가 예상되므로 각 유전자 쌍을 따로 생각해서 F_2의 결과를 예측할 수 있다.

모든 F_2 자손은 다음과 같은 확률로 나타난다:

$Cc \times Cc$		$Ww \times Ww$	
↓		↓	
CC, *Cc*, *cC*	통통한 콩깍지	*WW*, *Ww*, *wW*	둥근 콩
cc	수축된 콩깍지	*ww*	주름진 콩

이런 비율을 이용해 분지도표를 완성하면 9:3:3:1의 표현형 비율을 확인할 수 있다. (이것은 (9/16):(3/16):(3/16):(1/16)의 분율로 나타남을 기억하라.) 마지막 확률을 계산하는데 곱셈의 법칙을 응용함에 유의하라:

3/4 통통한 콩깍지
- 3/4 둥근 콩 —(3/4)(3/4)→ 9/16 통통한 콩깍지에 둥근 콩
- 1/4 주름진 콩 —(3/4)(1/4)→ 3/16 통통한 콩깍지에 주름진 콩

1/4 수축된 콩깍지
- 3/4 둥근 콩 —(1/4)(3/4)→ 3/16 수축된 콩깍지에 둥근 콩
- 1/4 주름진 콩 —(1/4)(1/4)→ 1/16 수축된 콩깍지에 주름진 콩

2. 또 다른 교배에서, 유전자형과 표현형을 모르는 식물들 사이의 교배를 생각해 보자. 다음과 같은 종류의 자손을 얻었다고 할 때, 교배에 사용된 부모 식물의 유전자형과 표현형은 어떠한 것이었을지 결정하라.

F_1: 3/8 통통한 콩깍지, 둥근 씨앗
3/8 통통한 콩깍지, 주름진 씨앗
1/8 수축된 콩깍지, 둥근 씨앗
1/8 수축된 콩깍지, 주름진 씨앗

해법: 이 문제는 여러분이 답을 찾기 위해서 거꾸로 작업해야 하기 때문에 좀 더 어렵고 날카로운 통찰을 요구한다. 가장 좋은 접근은 콩깍지 모양의 결과와 씨앗의 모양의 결과를 따로 생각하는 것이다.

모든 식물 중 3/8 + 3/8 = 3/4이 통통한 콩깍지였고, 1/8 + 1/8 = 1/4이 수축된 것이었다. 부모로 작용하는 다양한 유전적 조합들 중에서 어떠한 것이 3/4:1/4의 비율을 만들어 낼 것인가? 이 비율이 멘델의 단성잡종 교배에서 F_2 결과이기 때문에 우리는 모르는 두 부모가 단성잡종의 F_1에서처럼 같은 유전적 특징을 공유한다고 제안할 수 있다: 그들은 틀림없이 콩깍지 모양을 조절하는 유전자에 대해 이형접합성인 *Cc*일 것이다..

이 가설을 받아들이기 전에 씨앗의 모양을 조절하는 가능한 유전적 조합에 대해 생각해보자. 이 특징 하나만을 생각해 본다면, 3/8 + 1/8 = 4/8(1/2)가 둥글고, 3/8 + 1/8 = 4/8(1/2)이 주름진 것으로 표현된 것을 알 수 있다. 그러한 비율이 나오기 위해서는 부모가 모두 이형접합성이면 안 되는데, 그렇다면 그들의 자손이 3/4:1/4의 표현형을 나타날 것이기 때문이다. 그들은 또 둘 다 동형접합성일 수도 없다. 그렇다면 자손이 모두 한 가지 표현형만을 나타낼 것이기 때문이다. 그러므로 우리는 부모 중 하나는 동형접합성이고 다른 하나는 이형접합성일 경우의 가설을 확인하여야 한다. $WW \times Ww$이라는 가능성은 이 교배가 항상 한 가지 표현형을 나타내게 하므로 적당하지 않다. 결국 $Ww \times ww$라는 가능성만 남게 된다. 이러한 교배의 자손들은 1/2 *Ww*(둥근 것): 1/2*ww*(주름진 것)로, 정확하게 우리가 찾는 비율과 일치하게 생산한다.

이제 우리의 가설을 조합해 교배의 결과를 예측해 보자. 우리의 해법에서는 오직 예상되는 표현형만을 고려할 것이므로, 우성이 되었든 열성이 되었든 두 번째 대립인자를 표현하는 데는 그냥 줄표(-)를 사용한다.

3/4 *C*–
- 1/2 *Ww* → 3/8 *C*–*Ww* 통통한 콩깍지, 둥근 콩
- 1/2 *ww* → 3/8 *C*–*ww* 통통한 콩깍지, 주름진 콩

1/4 *cc*
- 1/2 *Ww* → 1/8 *ccWw* 수축된 콩깍지, 둥근 콩
- 1/2 *ww* → 1/8 *ccww* 수축된 콩깍지, 주름진 콩

이처럼, 이 교배는 우리의 처음 정보와 맞는 비율의 자손들을 만든다. 그러므로 이 문제는 풀렸다. 앞의 해법에서 표현형을 사용한 것과 대조적으로, 이번 풀이에서는 분지법으로 유전자형들을 사용했음에 유의하라.

2. 실험실에서 유전학을 수강 중인 한 학생이 정상 길이의 날개를 가진 파리와 덤피 돌연변이(날개가 없는) 파리를 교배하였는데, 그녀는 이것을 열성 형질로 생각했다. F_1 세대에서는 모든 파리들이 긴 날개를 가지고 있었다. F_2 세대에서는 다음과 같은 결과를 얻었다:

792 긴 날개 파리들
208 덤피 날개 파리들

그 학생은 F_2 자료에 대한 χ^2 분석을 통해 덤피 날개가 열성 형질로 유전된다는 가설을 검증하였다.

(a) 어떤 비율이 가정되었나?

(b) 분석은 가설을 지지했는가?

(c) 덤피 돌연변에 대해 자료가 제시하는 것은 무엇인가?

해법:

(a) 그 학생은 F_2의 자료(792:208)가 열성 유전자에 대한 멘델의 3:1의 비율에 맞는다고 가정했다.

(b) χ^2 분석의 첫 단계는 3:1의 비율에 맞는 예상값(e)을 계산하는 것이다. 그 다음, 편차(o - e, d)와 나머지 값들을 구할 수 있다.

비율	o	e	d	d^2	d^2/e
3/4	792	750	42	1764	2.35
1/4	208	250	−42	1764	7.06
합계 = 1000					

$$\chi^2 = \Sigma \frac{d^2}{e}$$
$$= 2.35 + 7.06$$
$$= 9.41$$

그림 3.11을 이용하여 확률값(p)을 결정하고 편차가 기회에 의한 것인지 결정할 수 있다. 두 가지 가능한 결과들이 있으므로(n = 2), 자유도(df) = n - 1 = 1이다. 그림 3.11(b)의 표에서, p는 0.01과 0.001 사이의 값이다; 그림 3.11(a)의 그래프는 약 0.001임을 보여준다. $p < 0.05$ 이므로 우리는 영가설을 기각한다. 자료는 3:1의 비율에 맞지 않는다.

(c) 그 학생이 멘델의 3:1 비율이 단성잡종 교배의 유효 발현이라고 가설을 설정했을 때는 암묵적으로 수많은 가정을 한 것이다. 이런 숨어 있는 가정들을 살펴보면 왜 영가설이 기각되는지를 설명할 수 있다. 한 가지는 그녀의 교배에서 나온 모든 유전자형들이 모두 같은 정도의 생존력을 가진다는 것인데, 긴 날개를 만드는 유전자형들이 덤피 날개를 만드는 유전자형들처럼 수정에서 성체 시기까지 동일하게 생존할 가능성이 있다고 가정하는 것이다. 후속 연구로 덤피 날개 파리들이 정상 파리보다 생존력이 좀 떨어지는 것이 밝혀질 수도 있다. 결과적으로, 우리는 덤피 날개를 발현하는 자손들이 총 자손의 1/4에 미치지 못할 것으로 기대할 수 있다. 이런 관찰은 진실인지는 증명되지 않지만 자료로 지지된다.

4

멘델 유전학의 확장

래브라도 리트리버 강아지들. 이들은 갈색(초콜릿 색이라고도 불림), 금색(노란색으로도 불림), 혹은 검은색 털을 나타낸다.

핵심 개념

- 대립유전자들은 멘델의 법칙에 따라 부모에서 자손으로 전달되지만, 그들은 종종 멘델이 관찰했던 분명한 우성/열성 관계를 나타내지 않는다.
- 멘델 유전학에서 벗어나는, 둘 이상의 유전자들이 하나의 특징에 영향을 미치는 많은 사례가 알려져 있다.
- 멘델 유전의 또 다른 예외는 성염색체 상에 있는 유전자에 의한 것으로, 한쪽의 성은 성염색체의 한 구성원만을 포함하므로 이형접합성 가능성이 사라진다.
- 멘델 법칙들에 대한 다양한 예외들로 인해, 단성잡종 교배, 양성잡종 교배, 삼성잡종 교배로부터 얻어지는 표준적인 비율과는 다른 표현형 비율이 나타난다.
- 표현형들은 종종 유전자와 그것이 발현되는 환경이 조합된 결과이다.

우리는 3장에서 전달 유전학의 가장 간단한 원리들에 대해 논의했었다. 유전자들은 상동염색체 쌍에 존재하며 이 염색체들은 배우자 형성 중에 서로 나뉘어져(segregate) 독립적으로 분배(assort independently)된다는 것을 살펴보았었다. 이 두 가지 법칙(가정)은 어버이에서 자손으로 유전자가 전달되는 기초 원리들이다. 그러나 유전자 발현이 단순한 우성/열성 양식으로 나타나지 않거나, 한 쌍 이상의 유전자들이 한 가지 특징의 발현에 영향을 미칠 때는 전통적인 3:1과 9:3:3:1의 비율은 보통 변형되기 마련이다. 이 장과 다음 몇 개의 장들에서, 우리는 좀 더 복잡한 양식의 유전 현상들을 고려하게 될 것이다. 이런 상황들은 매우 복잡하지만, 그럼에도 불구하고 멘델에 의해 확립된 근본적인 원리는 계속 유효하다.

이 장에서의 첫 논의는, 오직 한 세트의 유전자들에 의해 조절되는 형질들의 유전에 대한 것만으로 제한하려고 한다. 상동염색체 쌍을 가지는 이배체 생물들에서는 각 유전자의 두 사본이 그러한 형질에 영향을 미친다. 유전자의 사본들은 반드시 동일할 필요는 없는데, 그 이유는 유전자의 대체 형태(**대립유전자**)들이 집단 내에 존재하기 때문이다. 대립유전자들이 주어진 표현형에 어떻게 영향을 미치는가 하는 것이 우리의 주요 초점이다. 그다음, 어떻게 하나의 표현형이 하나 이상의 유전자 세트에 의해 조절되는지, **유전자 상호작용(gene interaction)**으로 설명되는 상황에 대해 고려하고자 한다. 그런 상황에서 관찰되는 다양한 유전 양상들을 설명하기 위해 많은 사례들이 제시될 것이다.

지금까지 우리 논의는 X와 Y 염색체 쌍을 제외한 나머지 염색체들로 제한되어 있었다. X 염색체에 존재하는 유전자들에 의해 나타나는 **X-연관(X-linkage)**의 경우를 조사함으로써, 멘델 비율이 변형되는 또 다른 예를 발견할 수 있다. 변형된 비율에 대한 우리의 논의에는 X 염색체 상의 유전자들에 의한 것뿐만이 아니라, 개체가 가지는 성에 의해 표현형이 영향을 받는 한성 유전(sex-limited inheritance)과 종성 유전(sex-influenced inheritance) 역시 포함될 것이다. 그리고 주어진 표현형이 어떻게 유전자, 세포, 혹은 개체가 발견되는 전체적 환경에 따라 달라지는지에 대해서도 논의할 것이다. 이러한 논의는 표현형적 발현이 한 개체가 가지는 유전자형에 의해서만 결정되는 것이 아님을 지적한다. 이 장에서 논의되는 몇 가지 주제들은 이후에 더 자세히 탐구될 것임을 기억하라(19장 참고).

4.1 대립유전자들은 표현형을 다양한 방식으로 변화시킨다

1900년대 초 멘델의 연구가 재발견된 후에, 연구자들은 유전자가 개체의 표현형에 영향을 미치는 여러 가지 방식들에 초점을 맞추게 되었다. 멘델의 발견에서 비롯된 이런 탐구 과정을 신멘델 유전학(neo-Mendelian genetics)이라고 한다. 네오(*neo*)는 "이후" 또는 "새로운"을 의미하는 그리스어 단어에서 유래한 것이다.

이 장에서 설명되는 각 유전 형태는 관찰된 유전 연구의 자료가 예상되는 멘델 비율을 정확하게 확인시켜주지 못할 때 더 자세하게 조사되었다. 멘델의 이론을 변형하고 확장시키는 가설들이 제시되어 특수하게 설계된 교배들에 의해 검증되었다. 이러한 관찰을 설명하기 위해 여기서 얻은 설명들은 상동염색체 쌍들의 특정 좌위에 존재하는 하나 혹은 그 이상의 유전자들이 표현형을 조절한다는 원리와 잘 맞았다.

다양한 유전 양식을 이해하기 위해서는, 우선 **대립유전자(allele)**의 잠재적 기능을 생각해 보아야 한다. 대립유전자들은 같은 유전자의 대체 형태들이다. 집단 내에서 가장 빈번한 형태의 대립유전자, 즉 우리가 임의로 정상이라고 표시하는 대립유전자는 종종 **야생형 대립유전자**(*wild type allele*)라고 언급된다. 이러한 평범한 대립유전자들은 항상 그런 것은 아니지만 보통 우성이다. 야생형 대립유전자들은 물론, 야생형의 해당 표현형을 나타나게 하며, 특정 좌위의 모든 돌연변이에 대해 표준으로 비교된다.

돌연변이 대립유전자는 변형된 유전 정보를 포함하며, 종종 변형된 유전자 산물을 만들어낸다. 예를 들어, 인간 집단에서는 헤모글로빈의 β-사슬을 암호화하는 유전자에는 많은 대립유전자가 존재한다. 그러한 모든 대립유전자들은 모두 β-사슬 폴리펩타이드의 합성에 필요한 정보를 저장하고 있지만, 각 대립유전자는 약간씩 다른 형태의 분자를 지정한다. 일단 만들어지면, 한 대립유전자의 산물은 기능이 변형될 수도 있고 그렇지 않을 수도 있다.

돌연변이 과정은 새로운 대립유전자들을 만드는 원천이다. 한 생물을 관찰할 때 새로운 대립유전자가 인식되려면 그것은 반드시 표현형을 변화시켜야 할 것이다. 새로운 표현형은 그 유전자에 의해 지정된 세포 내 산물의 기능적 활성 변화에 기인한 것이다. 종종, 돌연변이는 야생형의 기능을 잃게 하거나 감소시킨다. 예를 들어, 한 유전자가 특정 효소의 합성을 책임지고 있는 것이라면, 그 유전자에서의 돌연변이는 효소의 형태를 바꾸거나 혹은 효소의 기질에 대한 친화성을 없애버릴 수도 있다. 그러한 경우는 **기능 상실 돌연변이(loss-of-function mutation)**라고 정의된다. 만약 완전히 기능이 상실된다면, 그 돌연변이는 소위 **영 대립유전자(null allele)**가 된다.

반대로, 다른 돌연변이가 야생형 산물의 기능을 촉진시킬 수도 있다. 이런 일이 일어나는 대부분은 유전자 산물의 양이 증가한 경우이다. 그럴 때는 돌연변이가, 고려되는 유전자의 전사에 영향을 미치는 것일 수 있다. 이런 경우는 **기능 획득 돌연변이(gain-of-function mutation)**라고 불리며, 일반적으로 우성 변이인데, 이배체 생물의 한 사본이 정상 표현형을 바꾸는 데 충분하기 때문이다. 기능 획득 돌연변이의 예들에는 세포주기를 조절하는 **원암유전자**(*protooncogene*)가 유전적으로 변화한 **암유전자**(*oncogene*)가 포함되는데, 이 경우 과다한 유전자 산물에 의해 세포주기가 조절을 받지 않게 된다. 결과적으로 암세포들이 생기게 된다. 또 다른 예는 수용체의 민감도를 변화시키는 돌연변이로, 이 때문에 억제 신호 분자가 특정 생화학적 반응을 방해할 수 없게 된다. 이것은 그 유전자 산물이 언제나 활성이라는 뜻이다.

기능 획득과 기능 상실 돌연변이의 개념에 대해 소개했지만, 하나의 돌연변이가 기능 변화를 일으키지 않는 대립유전자를 만들 가능성도 있다는 것에 주목할 필요가 있다. 이런 경우에는, 표현형 변이가 뚜렷하지 않기 때문에 돌연변이가 바로 드러나지 않을 수도 있다. 그러나 그런 돌연변이는 그 유전자의 DNA 서열을 직접 조사하면 추적이 가능하다. 이들은 유전자 산물이 생물의 표현형이나 진화적 적응도를 변화시키지 않기 때문에 종종 **중립 돌연변이들(neutral mutations)**로 불린다.

마지막으로, 비록 하나의 표현형적 형질이 하나의 돌연변이에 의해 영향을 받을 수도 있지만, 종종 형질들은 하나 이상의 유전자들에 의해 영향을 받는다는 것을 기억하라. 예를 들어, 효소 반응의 경우에는 대부분이 최종산물(예: 아미노산)을 합성하는 복잡한 대사경로들의 일부로 작용한다. 다양한 반응 중 어느 곳에서 일어난 돌연변이라도 동일한 영향—즉, 최종산물의 합성 실패—을 미친다. 그러므로 최종산물과 관계된 표현형적인 형질들은 종종 하나 이상의 유전자에 의해 영향을 받는다. 그런 사례가 바로 초파리의 눈 색 돌연변이 경우이다. 눈의 색은 이 곤충의 복안을 형성하는 단안에서 갈색과 밝은 빨강 색소가 합성되어 축적됨으로써 나타난다. 야생형의 눈 색은 벽돌색의 빨강이다. 갈색 색소를 합성하는 다단계 경로를 방해하는 일련의 열성 기능 상실 돌연변이들이 여러 가지 존재한다. 이 돌연변이들은 서로 다른 염색체에 위치한 유전자들을 드러내지만 이들은 모두 같은 표현형을 만든다: 이들은 갈색 색소 결핍으로 밝은 빨간색 눈을 만든다. 버밀리언(*vermilion*), 시나바(*cinnabar*), 스칼렛(*scarlet*) 등으로 불리는 돌연변이들은 서로 구분이 불가능한 표현형들로 모두 진홍빛을 나타낸다.

4.2 유전학자들은 대립유전자를 나타내는 다양한 기호를 사용한다

이 교재의 앞 부분에서 우리는 매우 단순한 멘델 형질들에 대해 대립유전자들을 기호화시키는 일반적인 관례를 배웠다(3장 참고). 열성 형질의 첫 글자를 소문자 이탤릭체로 써서 열성 대립유전자를 나타낸다. 같은 글자를 대문자로 쓰면 우성 대립유전자를 나타낸다. 그러므로 키가 크거나 작은 것에 대해서는 작은 것이 열성이며, *D*와 *d*가 이들 해당 형질들을 나타내는 각 대립유전자들을 표시한다. 멘델은 그의 단위 인자들을 표시하는데 이런 대문자, 소문자 방법을 사용했다.

또 다른 유용한 체계가 과일 파리인 *Drosophila melanogaster*의 연구에서 야생형과 돌연변이형을 구별하기 위해 개발되었다. 이 체계는 돌연변이 형질 이름의 첫 글자나, 둘 또는 세 글자를 조합하여 사용한다. 만약 형질이 열성이면, 소문자가 사용된다; 우성인 경우 대문자가 사용된다. 대립되는 야생형 형질은 같은 글자로 표시되지만, 첨자 +와 함께 사용된다. 예를 들어, *ebony*(검은 체색)는 초파리에서 열성 체색 돌연변이다. 정상 야생형 체색은 회색이다. 위에서 설명한 체계를 사용하면, *ebony*는 부호 *e*로 표현되는 반면, 회색은 e^+로 표시된다. 이를 나타내는 좌위는 야생형 대립유전자(e^+), 혹은 돌연변이 대립유전자(*e*)에 의해 점유될 수 있다. 그러므로 이배체 초파리는 다음 세 유전자형 중의 하나를 나타낼 것이다:

e^+/e^+	**회색(gray) 동형접합자(야생형)**
e^+/e	**회색(gray) 이형접합자(야생형)**
e/e	**검은 체색(ebony) 동형접합자(돌연변이형)**

문자들 사이의 사선은 두 대립유전자가 두 상동염색체 상의 같은 좌위에 있음을 나타내는 것이다. 만약 우리가 초파리의 우성 날개 돌연변이인 *Wrinkled*(*Wr*, 주름진)에 대해 고려한다면 Wr^+/Wr^+, Wr^+/Wr, Wr/Wr 과 같은 세 가지 표시가 가능하다. 마지막 두 유전자형은 주름진 날개 표현형을 나타낸다.

이 체계의 한 가지 이점은 더 단순화시켜 편리하게 나타낼 수 있다는 것이다: 야생형 대립유전자는 단순히 그냥 + 표시로 표시될 수 있다. *ebony*를 예로 들면, 세 가지 가능한 유전자형은, 다음과 같이 나타낼 수 있다.

$+/+$	**회색 동형접합자(야생형)**
$+/e$	**회색 이형접합자(야생형)**
e/e	**검은 체색 동형접합자(돌연변이형)**

대립유전자들 사이에 우성이 존재하지 않을 때는 또 다른 변형이 사용된다(4.3절에서 살펴볼 사례). 단순히 대문자 이탤릭체 문자와 첨자들을 사용하여 대체되는 대립유전자들을 표시한다(예: R^1과 R^2, L^M과 L^N, I^A와 I^B).

다양한 생물의 유전자 구분에 많은 변형 체계들이 사용된다. 보통, 유전자의 기능을 반영하도록 선택된 부호나 돌연변이 유전자에 의해 유발되는 질병 이름이 사용되기도 한다. 예를 들어, 효모의 *cdk*는 사이클린 의존성 인산화효소(cyclin dependent kinase) 유전자의 약자로, 이것의 산물은 세포주기 조절에 관여한다(2장 참고). 세균에서 leu^-는 leu^+로 표시되는 야생형 류신 생합성 유전자의 기능이 저해된 돌연변이를 뜻한다. *dnaA*는 세균에서 DNA 복제에 관계된 유전자를 뜻하는 것이다(그리고 DnaA는 그 유전자에 의해 만들어지는 단백질을 나타낸다). 특별히 사람의 경우에는 유전자를 대문자들로 표시한다: *BRCA1*은 유방암(breast cancer)에 취약한 사람의 유전자를 나타낸다. 이렇게 서로 다른 체계들이 사용되어 때로는 혼란스럽게 보이기도 하지만, 이들은 모두 유전자들을 기호화하는 유용한 방법들이다.

4.3 불완전 우성이거나 부분 우성에서는 어느 대립유전자도 우성이 아니다

대립 형질을 가진 부모들 사이의 교배로, 중간형의 표현형을 나타내는 자손이 생산될 수 있다. 예를 들어, 붉은색의 분꽃이나 금어초를 흰 꽃의 식물과 교배시키면, 자손은 분홍색의 꽃을 피운다. 중간색인 분홍 꽃 F_1에서는 일부의 붉은 색소가 생산된다. 따라서 붉은 것도 혹은 흰 것도 우성이 아니다. 이러한 상황이 **불완전 우성(incomplete dominance)** 혹은 **부분 우성(partial dominance)**이라고 알려져 있다.

만약 이 표현형이 하나의 유전자에 의해 조절되고 두 대립유전자 중 어느 것도 우성이 아니라면, F_1(분홍색) × F_1(분홍

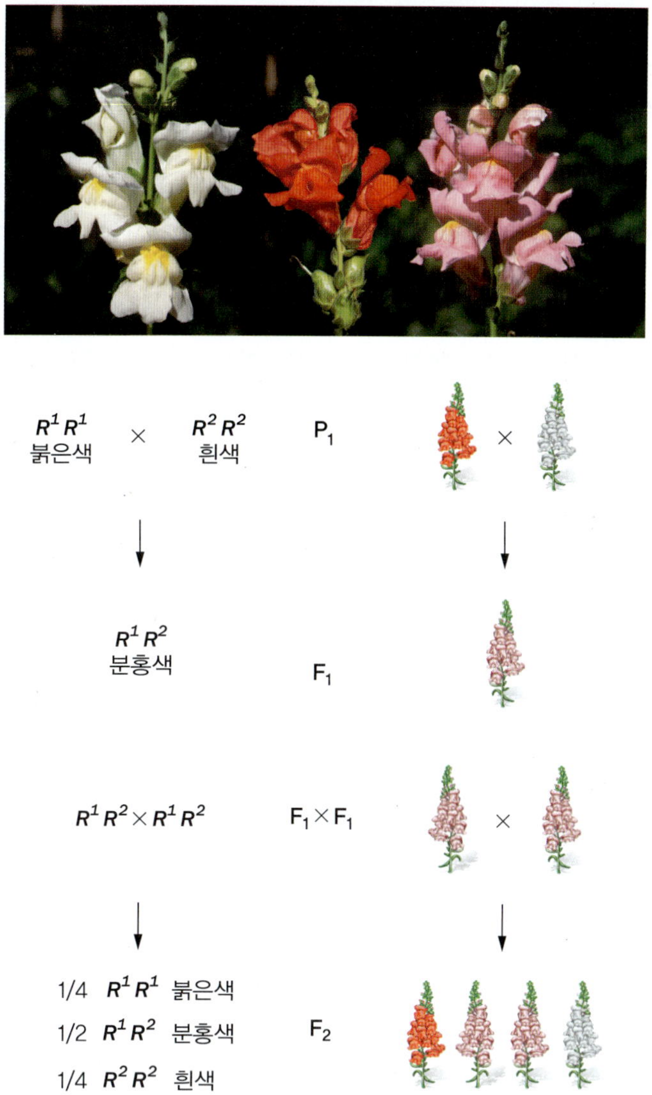

그림 4.1 금어초의 꽃 색깔에서 나타나는 불완전 우성.

색)의 교배 결과가 예상될 수 있다. 얻어지는 F_2 세대가 그림 4.1에 나타나 있으며 오직 한 쌍의 대립유전자가 이 표현형들을 결정한다는 가설을 확인해준다. F_2 세대의 **유전자형의 비**(1:2:1)는 멘델의 단성잡종 교배에서와 동일하다. 그러나 어떤 대립유전자도 우성이 아니기 때문에, 표현형의 비는 유전자형의 비와 같다. 어떤 대립유전자도 열성이 아니므로, 우리는 대문자나 소문자를 부호로 선택할 수 없다. 대신에, 붉은 것과 흰 것에 대해 R^1과 R^2로 표시했다. W^1와 W^2를 사용할 수도 있고, 혹은 C^W와 C^R처럼 "색깔(color)"을 나타내는 C와 흰색이나 붉은색을 나타내는 W나 R을 첨자로 이용할 수도 있을 것이다.

이형접합자가 부족한 우성 때문에 특징적인 중간 표현형을 나타내는 것을 어떻게 해석해야 할까? 가장 정확한 방법은 유전자 발현을 정량적으로 고려하는 것이다. 꽃 색깔의 경우 흰색 꽃을 만드는 돌연변이는 완전한 "기능 상실"이 발생하는 돌연변이일 가능성이 크다. 이 경우 야생형 대립유전자(R^1)의 유전자 산물은 붉은색 색소 합성을 유도하는 반응에 참여하는 효소일 가능성이 크다. 돌연변이 대립유전자(R^2)는 색소로 이어지는 반응을 촉매할 수 없는 효소를 생산한다. 최종 결과는 이형접합자가 붉은 꽃이 피는 식물의 색소의 약 절반만 생산하며 표현형은 분홍색이라는 것이다.

명백한 중간 표현형을 만드는 불완전 우성의 분명한 예들은 비교적 드물다. 그러나 완전한 우성이 분명할 때라도, 표현형이 아니라 유전자 산물을 신중히 조사해보면, 종종 중간 정도의 유전자 발현이 있음이 드러난다. 한 예가 사람의 생화학적 질병인 **테이-삭스병(Tay-Sachs disease)**으로, 동형접합성 열성 개인들은 치명적인 지질 저장성 질병으로 심각하게 영향을 받아서 1~3세의 신생아 때 사망하게 된다(3장 참고). 환자들에서는 정상적으로 지질대사에 관여하는 효소인 **헥소스아미니데이즈 A(hexoseaminidase A)**의 활성이 전혀 없다. 돌연변이 유전자 사본을 하나 가진 이형접합자들은 표현형적으로는 정상이지만 동형접합성 정상인에서 발견되는 효소활성의 50%만을 발현한다. 다행스럽게도, 이러한 수준의 효소활성은 정상적인 생화학적 기능을 수행하기에 충분하다. 이러한 상황은 효소 질병에서는 드문 일이 아니며 최소 수준의 유전자 산물이 존재하면 정상적인 표현형 발현이 이루어지는 **역치 효과(threshold effect)**의 개념을 설명해준다. 대부분의 경우, 특히 테이-삭스병에서 역치는 50% 미만이다.

4.4 공우성에서는 이형접합자가 가진 두 대립유전자의 영향이 모두 분명히 드러난다

한 유전자의 두 대립유전자가 서로 구분되는 두 가지의 추적 가능한 유전자 산물을 만들어내면, 불완전 우성이나 우성/열성과는 다른 상황이 발생한다. 그러한 경우에, **이형접합자에서 두 대립유전자들이 동시에 발현되는 것을 공우성(codominance)**이라고 부른다. 사람에서 **MN식 혈액형(MN blood group)**이 이러한 상황을 설명할 수 있으며, 적혈구 세포 표면에서 발견되는 당단백질이라고 불리는 분자들에 의한 특징이다. 인간 집단에서는 두 가지 형태의 당단백질이 존재하는데 바로 M과 N으로 표시된다; 한 개인은 둘 중 하나 혹은 둘 다를 나타낼 수 있다.

MN 체계는 4번 염색체에서 발견되는 상염색체성 좌위에 의해 조절되며, 두 대립유전자는 L^M과 L^N으로 표기된다. 사람들은 이배체이므로, 3가지의 조합들이 가능하며, 각각은 독특한 혈액형을 나타낸다:

유전자형	표현형
L^ML^M	M
L^ML^N	MN
L^NL^N	N

예상된 바와 같이, MN형의 부모들 사이의 자녀들은 세 가지 혈액형을 나타낼 수 있다:

$$^{M}L^{N} \times L^ML^N$$
$$\downarrow$$
$$1/4\ L^ML^M$$
$$1/2\ L^ML^N$$
$$1/4\ L^NL^N$$

이번에도 1:2:1의 유전자형 비율이 나온다.

공우성 유전은 **두 대립유전자로부터 나온 뚜렷이 다른 유전자 산물의 발현**이 특징이다. 이러한 특징이 공우성을 이형접합자가 중간으로 섞인 표현형을 발현시키는 불완전 우성과 구분되도록 하다. 우리는 앞으로 ABO식 혈액형 체계를 공부할 때 또 다른 공우성의 예를 만나게 될 것이다.

4.5 집단 내에는 한 유전자에 여러 개의 대립유전자가 존재한다

어떤 유전자든, 그 안에 저장되는 정보는 광범위하며, 돌연변이들은 이 정보를 여러 가지 방식으로 변형시킬 수 있다. 각각의 변화는 서로 다른 대립유전자들을 만들어낸다. 그러므로 어떤 특정 유전자에 대해서, 한 집단에 존재하는 구성원들 내에 존재하는 대립유전자의 수가 반드시 두 개로 제한될 필요는 없다. 같은 유전자에 대해 3개, 혹은 그 이상의 대립유전자들이 발견될 때, **복대립유전자들(multiple alleles; 다중 대립유전자)**이 존재한다고 말하며, 이들은 독특한 유전 양식을 나타낸다. **복대립유전자들은 오직 집단 내에서만 연구될 수 있다는 것**을 기억하는 것이 중요하다. 어떤 이배체 생물이라도 같은 유전자에 대해서는 서로 다른 대립유전자에 의해 차지될 수 있는 자리는 두 개의 상동유전자 좌위뿐이다. 그러나 한 종의 집단에서는 같은 유전자 자리에 많은 대체형이 존재할 수 있다.

ABO식 혈액형

복대립유전자의 가장 단순한 사례는 한 유전자에 3가지 대체형 대립유전자가 존재하는 것이다. 이러한 상황은 1900년대 초에 란트슈타이너(Karl Landsteiner)에 의해 발견된, 사람에서의 **ABO식 혈액형(ABO blood group)**으로 설명될 수 있다.

어떤 개인의 ABO 표현형은 혈액 시료를 A형 또는 B형 항체를 포함하는 항혈청과 혼합하여 확인한다. 사람의 적혈구 표면에 항원이 있으면 해당 항체와 반응하여 적혈구의 응집 또는 응고 반응을 일으킨다. 이러한 방식으로 개인을 검사하면 네 가지 표현형 중 하나가 드러날 수 있다. 사람마다 A 항원을 갖거나(A 표현형), B 항원(B 표현형), 또는 A와 B 항원을 모두 가질 수 있으며(AB 표현형), 두 항원이 모두 없는(O 표현형) 사람도 있다.

1924년에, 이 표현형들은 한 유전자의 세 가지 대립유전자에 의해 유전된다는 가설이 제시되었다. 이 가설은 여러 가족들의 혈액형 연구들에 기초한 것이었다. 비록 다른 표시도 사용할 수 있지만, 우리는 이 세 대립유전자를 구별하는데 I^A, I^B, 그리고 i를 사용한다; I라는 표시는 항원이라는 뜻의 또 다른 용어인 **동종응집원**(*isoagglutinogen*)을 나타낸다. 만약 I^A와 I^B 대립유전자들이 각각 A와 B 항원들을 생산하고 i가 항원을 만들지 않는다는 것을 감안하면, 다양한 유전자형의 목록과 각각의 표현형은 다음과 같다:

유전자형	항원	표현형
I^AI^A	A }	A형
I^Ai	A }	
I^BI^B	B }	B형
I^Bi	B }	
I^AI^B	A, B	AB형
ii	없음	O형

이와 같은 표시들에서 I^A와 I^B 대립유전자는 i 대립유전자에 대해서는 우성으로 행동하지만, 서로서로는 공우성이다.

인간의 혈액형에 대한 우리의 지식은 몇 가지 실용적인 측면을 가지는데, 가장 중요한 것은 수혈과 기관 이식에서의 화합성이다.

A 항원과 B 항원

ABO식 혈액형 체계의 생화학적 기초가 세밀하게 밝혀졌다. A와 B 항원들은 실제로 적혈구의 세포막에서 삐져나와 있는, 지질 분자들(지방산들)에 달라붙어 있는 탄수화물 그룹(당)이다. A와 B 항원의 특이성은 탄수화물 그룹의 말단 당에 기초한다.

거의 모든 사람은 **H 기질(H substance)**이라는 것을 가지는데, 여기에 하나 또는 두 개의 말단 당이 첨가된다. 그림 4.2에서 볼 수 있듯이 H 기질 자체에는 갈락토오스(Gal), *N*-아세틸글루코사민(AcGluNH) 및 푸코오스라는 세 개의 당 분자가 화학적으로 결합되어 있다. I^A 대립유전자는 *N*-아세틸갈락토사민(AcGalNH)을 H 기질에 첨가할 수 있는 효소를 만든다. I^B 대립유전자는 말단에 *N*-아세틸갈락토사민을 첨가하지 못하는데,

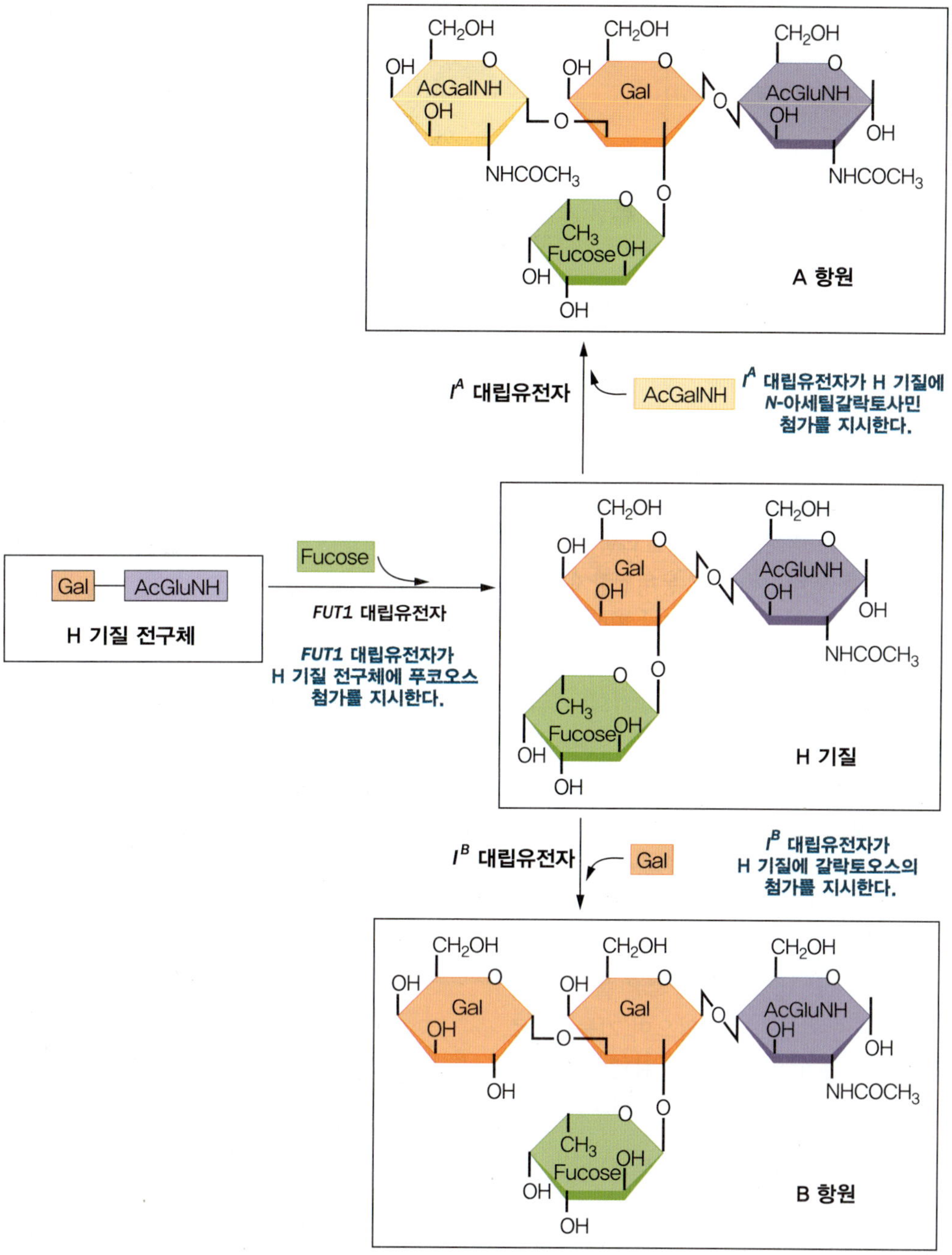

그림 4.2 ABO식 혈액형 그룹의 생화학적 기초. 야생형 *FUT1* 대립유전자는 거의 모든 사람에 존재하며, 전구 물질에 푸코오스를 첨가하여 전환시킴으로써 H 기질을 합성한다. 그러면 I^A와 I^B 대립유전자들이 말단의 당 잔기를 H 기질에 첨가할 수 있게 한다. 대립유전자 i는 이런 말단 첨가를 하지 못한다. 봄베이 표현형에서 나타나는 H 기질의 생산 실패는 I^A나 I^B 대립유전자의 존재와 관계없이 O형이 나타나게 한다. Gal: 갈락토오스; AcGluNH: *N*-아세틸글루코사민; AcGalNH: *N*-아세틸갈락토사민.

그 대신 말단에 갈락토오스를 붙일 수 있다. 이형접합자(I^AI^B)들은 적혈구 표면의 여러 부위(기질)에서 한 가지 당 분자 또는 다른 당 분자를 첨가하여 AB형 혈액형을 만들어 공우성의 생화학적 기초를 설명해준다. 마지막으로 O형인 사람(ii)은 말단 당을 추가할 수 없다. 이 사람들은 적혈구 표면에서 튀어나온 H 물질만 가진다.

봄베이 표현형

1952년 매우 특이한 상황이 H 기질의 유전적 기초에 관한 정보를 제공했다. 봄베이의 한 여성은 자신의 혈액형과 일치하지 않는 독특한 유전적 역사를 드러냈다. 수혈이 필요한 상황에서 그녀는 A 항원과 B 항원이 모두 결여되어 있었으며 O형으로 결정되었다. 그러나 **그림 4.3**의 부분적 가계도에서 보이는 것처럼,

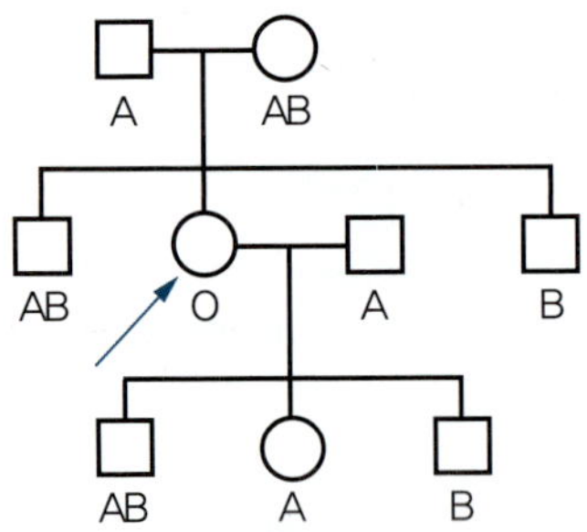

그림 4.3 봄베이 혈액형을 나타내는 여자의 부분적 가계도. 기능적으로, 그녀의 ABO식 혈액형은 O형이지만, 유전적으로는 B형이다.

그녀의 한쪽 부모가 AB형이었고, 그녀 자신도 분명히 자녀 중 2명에게 I^B 대립유전자를 물려준 것으로 보인다. 따라서 그녀는 유전적으로 B형이었지만 기능적으로는 O형이었던 것이다!

이 여성은 곧 *FUT1*(푸코오스 전이효소를 암호화함)으로 지정된 유전자의 희귀한 열성 돌연변이에 대해 동형접합자인 것으로 밝혀졌으며, 이로 인해 그녀는 온전한 H 기질을 합성할 수 없었다. 이 돌연변이에서는, 일반적으로 이 효소에 의해 적혈구 막에서 튀어나온 탄수화물 사슬의 말단 부분에 추가되는 푸코오스가 결여되어 있다. 푸코오스가 없으면 I^A 및 I^B 대립유전자에 의해 지정되는 효소는 불완전한 H 기질을 적절한 기질로 인식할 수 없다. 따라서 말단에 갈락토오스나 *N*-아세틸갈락토사민을 첨가할 수 있는 적절한 효소가 존재하고 기능적이라고 하더라도 이들을 첨가할 수 없다. 결과적으로, *FUT1* 유전자의 돌연변이 형태에 대해 동형접합성인 사람에서는 ABO 체계의 유전자형은 발현될 수 없다. I^A 나 I^B 대립유전자, 혹은 둘 다를 가질 수 있지만 항원이 세포 표면에 추가되지 않으며 기능적으로 O형이다. 다른 사람들과 구별하기 위해 이들은 **봄베이 표현형(Bombay phenotype)**을 나타낸다고 한다. 돌연변이 *FUT1* 대립유전자의 빈도는 매우 낮다. 따라서 대부분 사람들은 H 기질을 합성할 수 있다.

초파리의 *white* 좌위

식물과 동물의 여러 표현형들이 복대립유전자가 관련된 유전에 의해 조절된다는 것이 알려졌다. 초파리에서는 사실상 거의 모든 좌위에 수많은 대립유전자를 가지는 것으로 알려져 있다. 1912년 모건(Thomas H. Morgan)과 브리지스(Calvin Bridges)에 의해 발견된 흰 눈을 유발하는 열성 돌연변이 좌위는 100개 이상의 대립유전자들이 발견되는 한 가지 예이다. 이러한 대립유전자들에서 눈 색깔은 *white* 대립유전자의 경우 완전히 색소가 없는 것에서부터, *white-satsuma* 대립유전자의 경우 짙은 루비색, *white-apricot* 대립유전자의 경우인 오렌지색, *white-buff* 대립유전자의 담황색에 이르기까지 매우 다양하다.

표 4.1 초파리의 *white* 좌위에 존재하는 몇 가지의 대립유전자들

대립유전자	이름	눈 색
w	white	완전한 흰색
w^a	white-apricot	노란 기운의 오렌지색
w^{bf}	white-buff	옅은 담황색
w^{bl}	white-blood	노란 기운의 루비색
w^{cf}	white-coffee	짙은 루비색
w^e	white-eosin	노르스름한 분홍색
w^{mo}	white-mottled orange	흐린 반점이 있는 오렌지색
w^{sat}	white-satsuma	짙은 루비색
w^{sp}	white-spotted	미세한 입자형의 노란 반점들
w^t	white-tinged	옅은 분홍색

이 대립유전자들은 각각 w, w^{sat}, w^a, 그리고 w^{bf} 등으로 표시된다. 각 경우에서 돌연변이 눈들의 색소 양은 야생형 벽돌 색깔에서 발견되는 것보다 20% 정도 미만까지도 줄어든다. **표 4.1**은 이들과 기타 다른 흰눈 돌연변이 대립유전자들의 색 표현형을 보여준다.

초파리에서 원래의 흰 눈 돌연변이에 관한 생물학적 기초는 매우 흥미롭다. 이 생물의 눈 색깔에 대해 우리가 알고 있는 것을 감안하면, 돌연변이 대립유전자가 어떻게든 야생형 초파리의 벽돌색 눈을 구성하는 색소의 생화학적 합성을 방해한다고 가정하는 것이 논리적일 것이다. 그러나 이제 흰 눈 유전자좌의 산물이 겹눈을 구성하는 낱눈(개별 단위 눈)으로 색소를 운반하는 데

풀 어 보 기

4.1 기니피그에서, 털 색을 조절하는 좌위는 다음 네 가지 대립유전자 중 하나에 의해 점유된다: C(full color), c^k(sepia), c^d(cream), 혹은 c^a(albino)이고, 우열 관계는 $C > c^k > c^d > c^a$이다. (C가 모든 대립유전자에 대해 우성이고, c^k는 c^d와 c^a에는 우성이지만 C에는 그렇지 않다.) 다음 교배들에서 부모들의 유전자형을 결정하고 자손들의 표현형 비율을 예상하라:

(a) sepia x cream, 이들은 둘 다 한 쪽의 albino 부모를 가졌다.

(b) sepia x cream, sepia는 한쪽 albino 부모를 가졌고, cream은 둘 다 sepia인 부모를 가졌다.

(c) sepia x cream, sepia는 full color 양친이고, cream은 둘 다 sepia인 양친을 가졌다.

(d) sepia x cream, sepia는 full color와 albino 사이에서 태어났고, cream은 full color 양친을 가졌다.

■ **힌트:** 이 문제는 복대립유전자들에 대한 이해를 요구한다. 해답의 열쇠는 다양한 대립유전자들의 우성 체계를 찾는 것이다. 또한 집단 내에서는 둘 이상의 대립유전자가 존재할 수 있어도, 한 개체는 최대 2가지 대립유전자를 가질 수밖에 없음을 기억하라. 따라서 대립유전자들이 배우자로 들어갈 때는 분리의 법칙을 따른다.

관여하는 단백질이라는 것이 분명해졌다. 흰 눈 돌연변이를 발현하는 초파리는 정상적으로 눈 색소를 합성할 수 있지만, 눈의 이러한 구조적 단위로 인해 색소를 운반할 수 없으므로 흰눈 표현형이 된다.

4.6 치사성 대립유전자들은 필수 유전자들을 나타낸다

한 생물의 생존에는 많은 유전자 산물들이 필요하다. 기능이 없는 유전자 산물을 합성하도록 하는 돌연변이들은, 때로는 이형접합자 상태에서는 그냥 견딜만한 조건이 되기도 한다; 즉, 하나의 야생형 대립유전자가 생존에 필요한 산물을 충분하게 생산할 수도 있다는 뜻이다. 그러나 그러한 돌연변이는 **열성 치사 대립유전자(recessive lethal allele)**로 행동하며, 동형접합성 열성 개체들은 살아남지 못할 것이다. 사망하는 시기는 그 산물이 언제 필요한가에 의존적이다. 예를 들어, 포유동물들은 발생 중이나 어린 시기, 혹은 성체가 되어서 사망하기도 한다.

몇몇 경우에서 동형접합자일 때 치사효과를 나타내는 대립유전자는 이형접합자일 때 역시 독특한 돌연변이 표현형을 나타낸다. 그런 대립유전자들은 열성 치사성으로 작용하지만 동시에 표현형에 대해서는 우성으로 작용한다. 예를 들어, 쥐에서 노란 털 색을 나타내는 돌연변이가 21세기 초에 발견되었다. 노란 털 색은 그림 4.4에서 보는 바와 같이 정상 쥐색(agouti, 야생형) 표현형과는 다르다. 두 계통 사이의 다양한 교배 조합들은 특이한 결과를 산출한다:

교배들		
(A) 쥐색(agouti) × 쥐색(agouti)	→	모두 쥐색(agouti)
(B) 노란색(yellow) × 노란색(yellow)	→	2/3 노란색(yellow): 1/3 쥐색(agouti)
(C) 쥐색(agouti) × 노란색(yellow)	→	1/2 노란색(yellow): 1/2 쥐색(agouti)

이런 결과들은 한 쌍의 대립유전자로 설명된다. 털 색깔과 관련하여, 돌연변이인 노란색 대립유전자(*yellow*, A^Y)는 야생형인 쥐색 대립유전자(*agouti*, *A*)에 대해 우성이다. 그러나 노란색 대

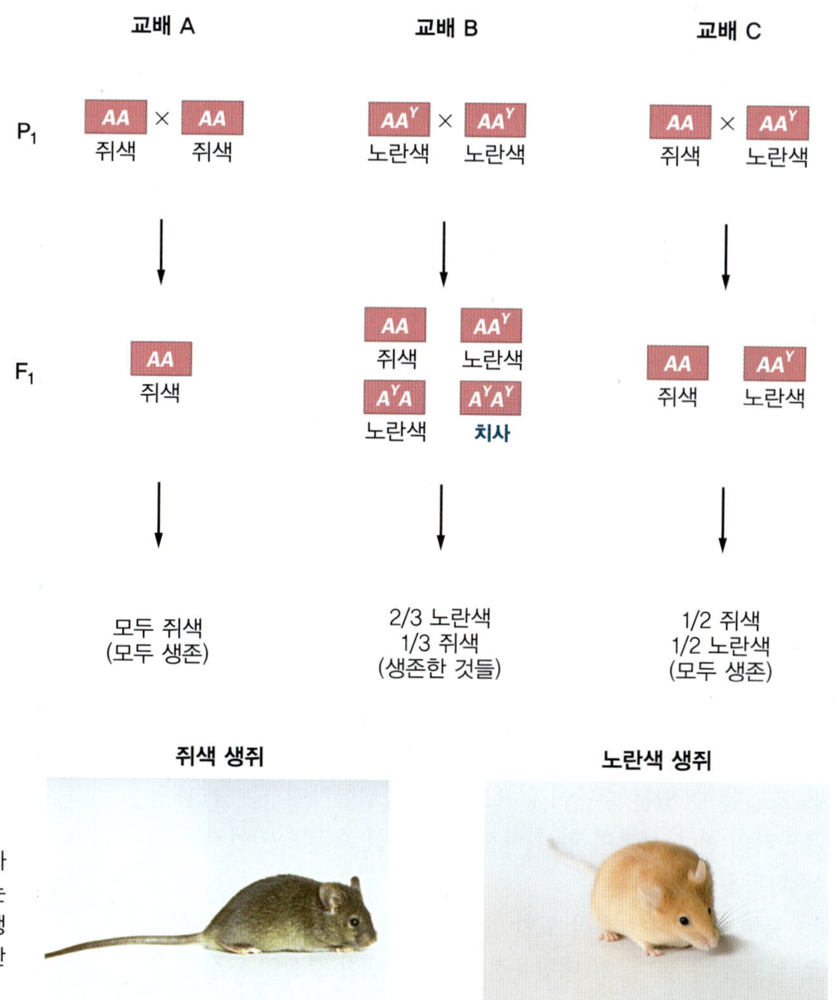

그림 4.4 생쥐의 쥐색 대립유전자(*A*)와 돌연변이 황색 대립유전자(A^Y)를 포함하는 3가지 교배에서의 유전 양식. 돌연변이 대립유전자는 털 색을 조절하는 데 있어서는 정상 대립유전자에 대해 우성으로 행동하지만, 치사성에 대해서는 동형접합성 열성 대립유전자로 행동한다는 점에 유의하라. 유전자형이 A^YA^Y인 쥐는 생존하지 못한다.

립유전자는 또한 동형접합성 열성 치사 대립유전자로 작용한다. 두 사본이 존재하면 쥐는 출생 전에 죽는다. 그러므로 동형접합성 노란색 쥐는 태어나지 않는다. 쥐의 이런 털 색 표현형이 그림 4.4에 나와 있다.

우성 치사 대립유전자(dominant lethal allele)로 행동하는 것으로 알려진 다른 돌연변이 유전자들이 있는데, 여기서는 대립유전자가 하나만 존재해도 개체의 죽음을 일으킨다. 사람에서 **헌팅턴병(Huntington disease)**이라고 불리는 이 질환은 상염색체 우성 대립유전자 *H*에 의해 발생하는 것으로, 이형접합자(*Hh*)에서 질병의 발생은 보통 어른이 될 때까지 지연된다. 이후 환자 개인들은 죽기까지 점차적인 신경 및 운동성 퇴화를 겪는다. 이러한 치사성 질환은 전형적으로는 약 40세 정도로 늦게 발현이 되므로 특히 비극적이다. 이 정도가 되면 환자들은 이미 가정을 가지게 되고, 자녀들은 각각 50%의 확률로 이 치사성 대립유전자를 물려받으며, 이것을 자손들에게 전달한 후 결국 병에 걸리게 된다. 미국의 포크 가수이자 작곡자였던 우디 구드리[Woody Guthrie; 현대의 포크 가수인 알로 구드리(Arlo Guthrie)의 아버지]는 이 질병으로 55세 때 사망했다.

우성 치사 대립유전자들은 아주 드물게 관찰된다. 이들이 집단 내에 존재하려면, 헌팅턴병에서와 같이 환자가 그 대립유전자에 의해 치사성을 발현하기 전에 생식을 해야만 한다. 만일 모든 환자들이 생식 연령에 도달하기 전에 죽는다면, 그 돌연변이 유전자는 다음 세대로 전달되지 못할 것이고, 그 돌연변이는 새로운 돌연변이에 의해 다시 생겨나지 않는 한 그 집단 내에서 사라지게 될 것이다.

우성, 열성, 그리고 치사성의 분자 유전학: *agouti* 유전자

쥐색 생쥐와 노란색 쥐를 만드는 유전자에 대한 분자적 분석은, 돌연변이가 어떻게 하나의 표현형 효과(털 색)에 대해서는 우성인데 다른 표현형 효과(배아 발생)에 대해 열성일 수 있는지에 대한 통찰을 제공했다. A^Y 대립유전자는 기능 획득 돌연변이의 전형적인 예이다. 야생형 *A* 대립유전자에 대해 동형접합성인 동물은 털 기둥에 띠로 침착되는 노란색 색소를 가지고 있어서 아구티 표현형을 초래하는데, 이 과정이 없는 경우 털은 검은색을 띤다(그림 4.4 참고). 이형접합자는 A^Y 대립유전자의 DNA 암호화 영역 앞에 있는 조절 영역의 결실로 인해 (띠 패턴이 아니라) 털 기둥 전체 길이를 따라 노란색 색소를 침착시킨다. 발현을 조절할 수 있는 수단이 없으므로, 이형접합자에서는 A^Y 대립유전자의 한 복사본이 항상 켜져 있어 우성 효과로 이어지는 기능 획득을 초래한다.

동형 접합 치사 효과 또한 돌연변이 유전자의 분자적 분석으로 설명될 수 있다. A^Y 대립유전자의 광범위한 결실이 인접한 유전자(*Merc*)의 암호화 영역까지 확장되어 이 유전자를 기능하지 않게 만든다. 이 유전자는 배아 발생에 필수적이며, A^Y/A^Y 동형접합자에서는 그 기능이 상실되어 치사가 발생한다. 이형접합자에서는 야생형 *Merc* 유전자 산물이 임계 수준을 초과하므로 생존할 수 있다.

4.7 서로 다른 유전 양식을 가진 두 유전자쌍의 조합은 9:3:3:1의 비율을 변형시킨다

지금까지 논의된 예들은 멘델의 3:1로 이루어지는 F_2 단성 잡종비를 변형시킨다. 그러므로 양성잡종 교배에서 이런 유전 양식과의 조합은 전통적인 9:3:3:1의 비율을 변형시키게 될 것이다. 불완전 우성, 공우성, 복대립유전자들, 그리고 치사성 유전자들의 유전 양식에 대한 기초가 확립되었다면, 이제 우리는 동시에 발생하는 두 형태의 유전이 관여된 상황을 다룰 수 있다. 각 형질을 조절하는 유전자들이 같은 염색체에 연관되어 있지 않다면—바꿔 말하자면 이들이 **유전적 연관**(*genetic linkage*)을 나타내지 않는다면, 멘델의 독립적 분리에 관한 원리가 이 상황에 적용된다.

예를 들어, 두 사람의 결혼에서 이들이 모두 백색증(albinism)을 일으키는 상염색체 열성 유전자에 대해 이형접합성이고 혈액형이 모두 AB형일 때를 고려해 보라. 이들의 아이들 각각에서 특정 표현형이 조합되어 나올 확률은 얼마인가? 백색증은 단순하게 멘델식으로 유전되고, 혈액형은 복대립유전자 I^A, I^B, *i*에 의해 결정된다. 이 질문에 대한 해답이 분지법을 사용한 그림 4.5에 도식화되어 있다. 이 양성잡종 교배는 전통적인 4가지 표현형 9:3:3:1의 비율을 나타내지 않는 대신, 6가지 표현형이 3:6:3:1:2:1의 비율로 나타난다. 이것은 서로 다른 유전 양식이 조합될 때 가능한, 다양한 변형비를 나타내는 예 중 하나이다.

유전자 개념의 진화

멘델의 업적이 20세기 초에 재발견된 이후로, 많은 유전학자들의 연구에 기초하여 유전의 염색체설이 제시되었다. 이것은 염색체들이 유전자의 운반체들이며, 감수분열이 멘델의 법칙들에 대한 물리적 기초임을 주장하는 것이다. 이후 40년 동안, 유전자의 개념은 이 유전단위가 여러 형태들로 존재할 수 있으며(대립유전자들), 이들 각각은 표현형에 다른 방식으로 영향을 미칠 수 있어서, 불완전 우성, 공우성, 그리고 치사성까지도 일으킬 수 있다는 생각을 반영하는 것으로 진화했다. 돌연변이의 과정은 새로운 대립유전자들의 근원임이 분명해진 것이다. ■

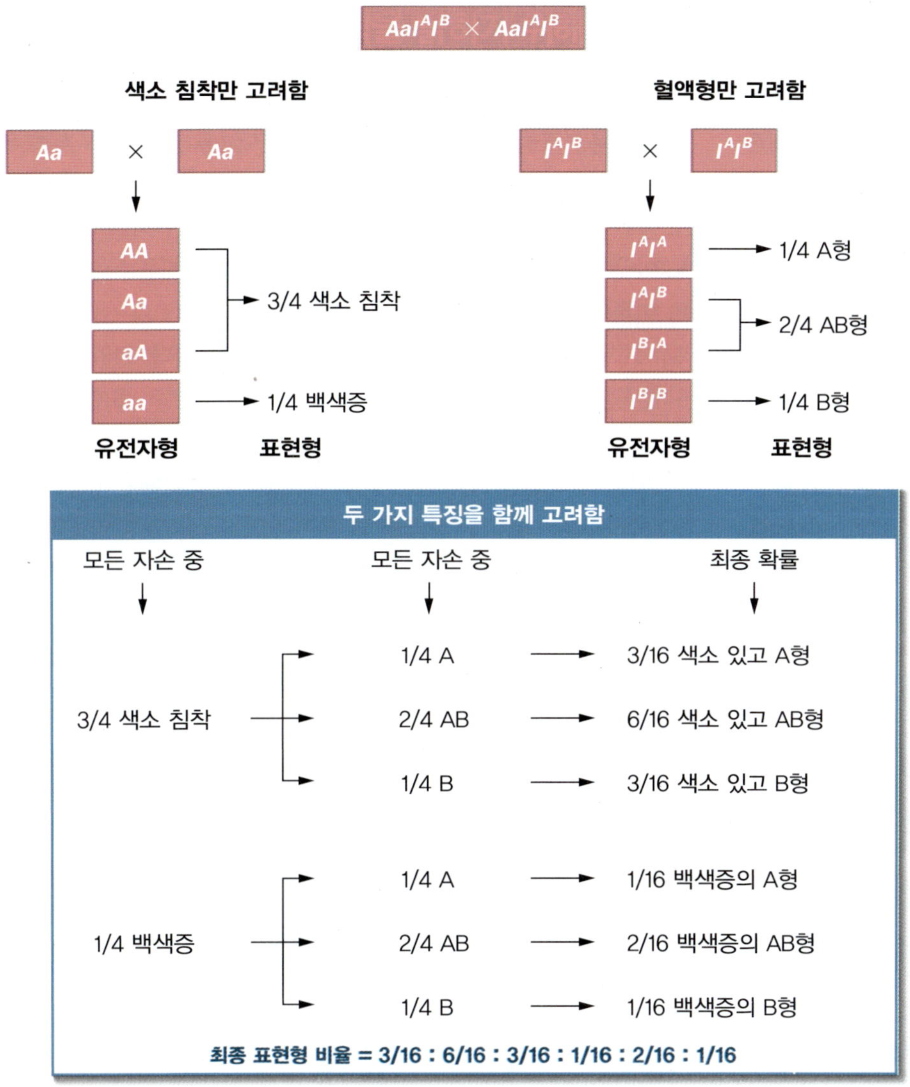

그림 4.5 사람의 ABO식 혈액형과 백색증이 관련된 혼인에서 분지법을 이용한 확률 계산.

4.8 표현형은 종종 하나 이상의 유전자들에 의해 영향을 받는다

멘델의 연구가 재발견된 직후 여러 실험을 통해, 뚜렷한 표현형을 나타내는 개개의 특징들이 종종 한 개 이상의 유전자들에 의해 조절됨이 드러났다. 이것은 매우 중요한 발견이었는데, 그 이유는 표현형에 대한 유전적 영향이 멘델에 의해 설명된 것보다 훨씬 복잡하다는 것이었기 때문이다. 식물과 동물의 몸체 각 부분들의 발달을 조절하는 개개의 유전자들이 있다기보다는, 많은 유전자들과 그 산물들 간의 상호작용에 의해 표현형적 특징들이 영향을 받을 수 있다는 것이 점차 뚜렷해졌다.

유전자 상호작용(gene interaction)이라는 말은 종종 여러 개의 유전자들이 특정한 한 가지 형질에 영향을 미친다는 생각을 설명하는 데 사용된다. 그러나 이것이 둘 혹은 그 이상의 유전자, 혹은 그 산물들이 반드시 직접 상호작용하여 특정 표현형에 영향을 미친다는 뜻은 아니다. 그보다는, 많은 유전자 산물들의 세포 내 기능들이, 공통된 표현형의 발달에 기여한다는 뜻이다. 예를 들어, 곤충의 복안과 같은 기관의 발달은 굉장히 복잡하며, 다수의 표현형적 발현—크기, 모양, 질감, 색깔 등—들을 나타내는 기관으로 발달한다. 눈의 발달은 그것의 형성을 유도하는 발생 사건들의 복잡한 연속작용에 의해 이루어진다. 이러한 과정은 **후성발생(epigenesis)**이라는 발달 개념을 잘 보여준다. 이에 따라 발달의 각 후속과정으로 인해 이 감각기관들의 복잡성이 증가하며, 하나 혹은 그 이상의 유전자들의 조절과 영향을 받게 된다.

후성발생과 다중의 유전자 상호작용에 대한 좋은 예로, 포유동물에서의 속귀 형성을 들 수 있다. 속귀는 외부의 소리 파장들을 포획하고, 모으고, 전달하며, 그것을 신경 충격으로 변환시키기 위한 독특한 해부학적 구조물들로 구성되어 있다. 귀의 형성 과정 중에는, 일련의 복잡한 발생적 사건들이 생기는데, 이들은 많은 수의 유전자들에 의해 영향을 받는다. 귀 발생 중의 수많은 단계들을 방해하는 돌연변이들은 공통된 표현형, 즉 **유전성 청각상실증(hereditary deafness)**을 유발한다. 어떤 의미에서는, 이 많은 유전자들은 공통의 표현형을 만들어내기 위해 "상호작용"한다. 그런 상황에서, 돌연변이 표현형은 **이질성 형질(heterogeneous trait)**이라고 설명되는데, 많은 유전자들이 관여함을 반영한 것이다. 사람에서는 유전성 청각상실증 대부분을 일으키는 상당수의 흔한 대립유전자들이 있으며, 소리를 구분하는 능력의 발달에는 50개 이상의 유전자들이 관여한다.

상위성

유전자 상호작용의 가장 훌륭한 예는 **상위성(epistasis)** 현상을 보이는 것들이다. 상위성은 하나의 유전자나 유전자 쌍의 발현이 다른 유전자나 유전자 쌍의 발현을 가로막거나, 혹은 변형시키는 경우이다. 관여된 유전자들은 때로는 가리는 효과(masking)가 일어날 때처럼, 억제하는 방식으로 동일한 표현형적 특징의 발현을 조절한다. 그러나 다른 경우에서는 관여된 유전자들이 상보적이거나 협동적인 방식으로 힘을 발휘한다.

예를 들어, 열성 대립유전자들이 동형접합성으로 존재하면, 두 번째 좌위(혹은 여러 개의 다른 좌위들)의 다른 대립유전자들의 발현을 방해하거나 무효화하는 경우다. 이러한 경우에서 첫 번째 좌위의 대립유전자들은 두 번째 좌위에 대해 **상위적**(*epistatic*)이라고 말하며, 두 번째 좌위의 대립유전자들을 첫 번째 대립유전자들에 대해 **하위적**(*hypostatic*)이라고 한다. 다른 예에서는 첫 번째 좌위의 한 우성 대립유전자가 두 번째 유전자 좌위에 있는 대립유전자의 발현에 영향을 미치는 것이다. 세 번째 경우에서는 두 유전자 쌍들이 서로 상보적이어서 적어도 하나의 우성 대립유전자가 특정 표현형의 발현에 요구되는 경우다.

이미 논의되었던 봄베이 표현형은 한 좌위의 동형접합성 열성 조건이 두 번째 좌위의 발현을 가리는 예이다. 여기서는 *FUT1* 유전자의 돌연변이형이 동형접합성으로 존재하면, I^A 나 I^B 대립유전자들의 발현을 가린다. 적어도 하나의 *FUT1* 대립유전자를 가지는 개인만이 A나 B 항원을 만들 수 있다. 결과적으로, 그 유전자형이 I^A 혹은 I^B 대립유전자를 포함하는 사람이라도 야생형 대립유전자가 없는 경우 각 항원을 만들 수 있는 능력의 여하에 관계없이 O형 표현형을 나타낸다. **그림 4.6**에 두 좌위가 이형접합성인 사람들 사이의 혼인 결과가 나타나 있다. 만약 이런 많은 사람들이 아이를 가진다면, 자손에서의 표현형의 비는 3A:6AB:3B:4O가 나타날 것으로 예상할 수 있다.

이러한 혼인을 조사하고 표현형 비를 예상할 때는 다음과 같

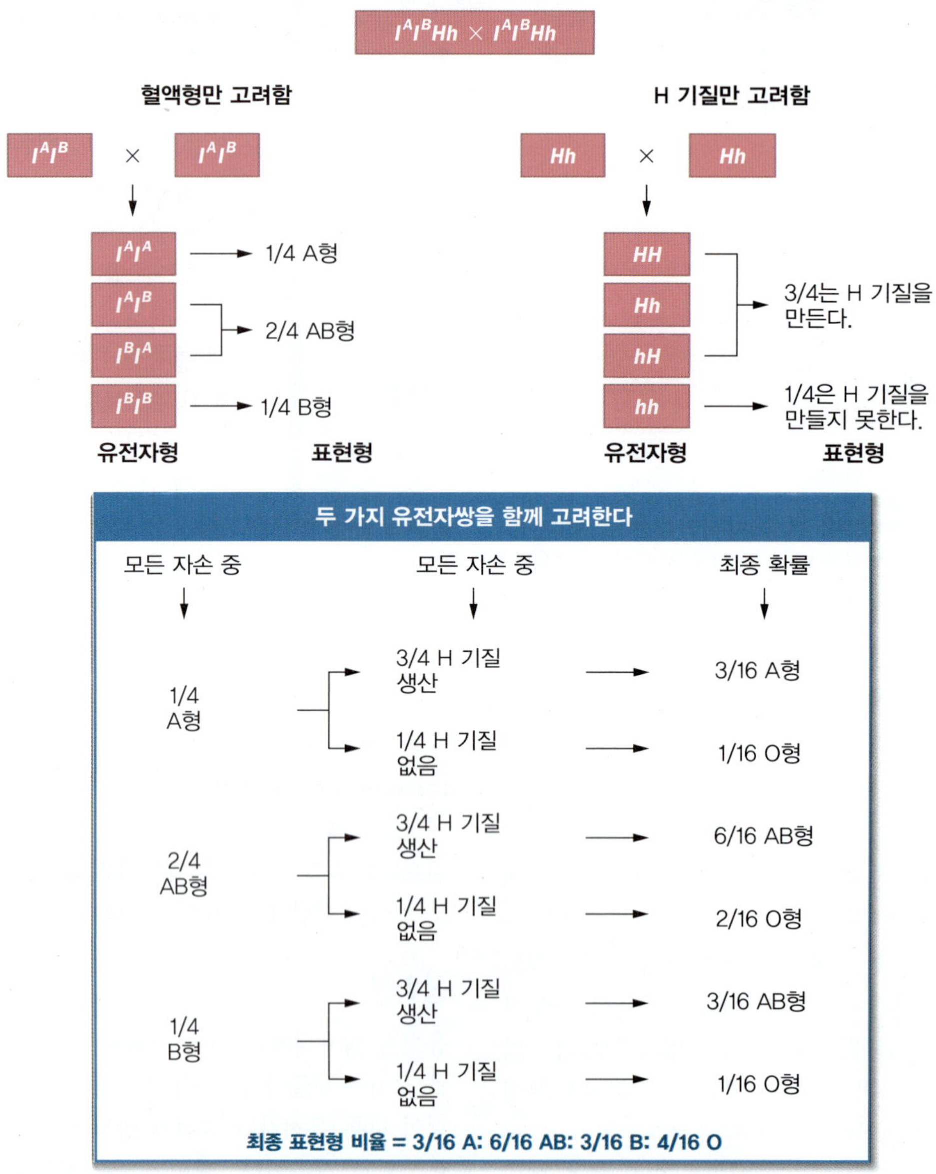

그림 4.6 ABO식 혈액형을 결정하는 두 가지 유전자가 모두 이형접합성인 개인들 사이의 혼인 결과. 최종 표현형들은 두 유전자를 따로 고려한 후 분지법을 이용한 결과들을 조합함으로써 계산된다.

은 점들에 유의하여야 한다:

1. 이 혼인에서는 그림 4.5에 보인 변형된 양성잡종과 비교하면 중요한 차이가 존재한다: **오직 하나의 특징—혈액형—만이 관계되어 있다.** 그림 4.5의 변형된 양성잡종 교배에서는 혈액형과 피부의 색소 침착이 독립된 표현형적 특징들로 얻어졌었다.

2. 오직 하나의 특성만이 얻어졌다고 하더라도 표현형의 비는 16 분수로 나타난다. 우리가 H 기질과 그것을 조절하는 유전자들에 대해 아는 것이 없더라도, A와 B 항원들을 조절하는 것 외에 두 번째의 유전자쌍이 이 표현형 발현에 관여하고 있다는 사실을 확신할 수 있게 된다. **하나의 특징을 연구할 때 그 비율이 16분수(예를 들어 3:6:3:4)로 나타나는 것은 두 유전자쌍이 관심 형질의 발현과정에 "상호작용"함을 시사하는 것이다.**

유전자 상호작용의 연구는 고전적인 멘델식 양성잡종 F_2의 비율(9:3:3:1)을 다른 방식으로 변형시키는 많은 수의 유전 패턴들이 있다는 것을 보여준다. 다음 몇 가지 예들에서 상위성은 다양한 방식들로 4개의 표현형 범주를 하나 혹은 그 이상으로 묶어주는 역할을 한다. **그림 4.7**에는 이 네 가지 그룹이 몇 가지 변형된 비율로 나타나 있다.

우리가 이런저런 예들(**그림 4.8**)을 논의할 때는 몇 가지 가정들을 만들고 특정 관례들을 받아들여야 한다:

1. 각 경우에서 뚜렷한 표현형 집단들이 생산되며, 각각의 집단들은 분명하게 다른 것들과 구별 가능하다. 그러한 형질들은 불연속적 변이(discontinuous variation)들로 나타나는데, 여기서 표현형 범주들은 서로 서로 뚜렷이 다르고 질적으로도 다른 것들이다.

2. 각 교배에서 고려되는 유전자들은 서로 연관되어 있지 않으며, 따라서 배우자 형성기에 서로 독립적으로 분리된다. 여러분이 다른 교배들의 결과를 쉽게 비교할 수 있도록 하기 위해 여기서는 대립유전자들을 *A*, *a* 그리고 *B*, *b*로 일반화시켜 표시하였다.

3. 어떤 유전자 쌍의 두 대립유전자 사이에서 완전한 우성이 존재한다고 가정하면 *AA*와 *Aa*, 혹은 *BB*와 *Bb*는 그들의 유전적 효과가 동일하며, 따라서 우리는 *A*– 혹은 *B*-와 같은 표시를 사용하여 두 조합을 나타낸다. 여기에서 줄표(–)는 표현형에 대한 영향 없이 양쪽 대립유전자 중 어떤 것이라도 존재할 수 있음을 나타낸다.

4. 모든 P_1 교배들은 동형접합성 개체들(예: *AABB* × *aabb*, *AAbb* × *aaBB*, 혹은 *aaBB* × *AAbb*)로 이루어진다. 따라

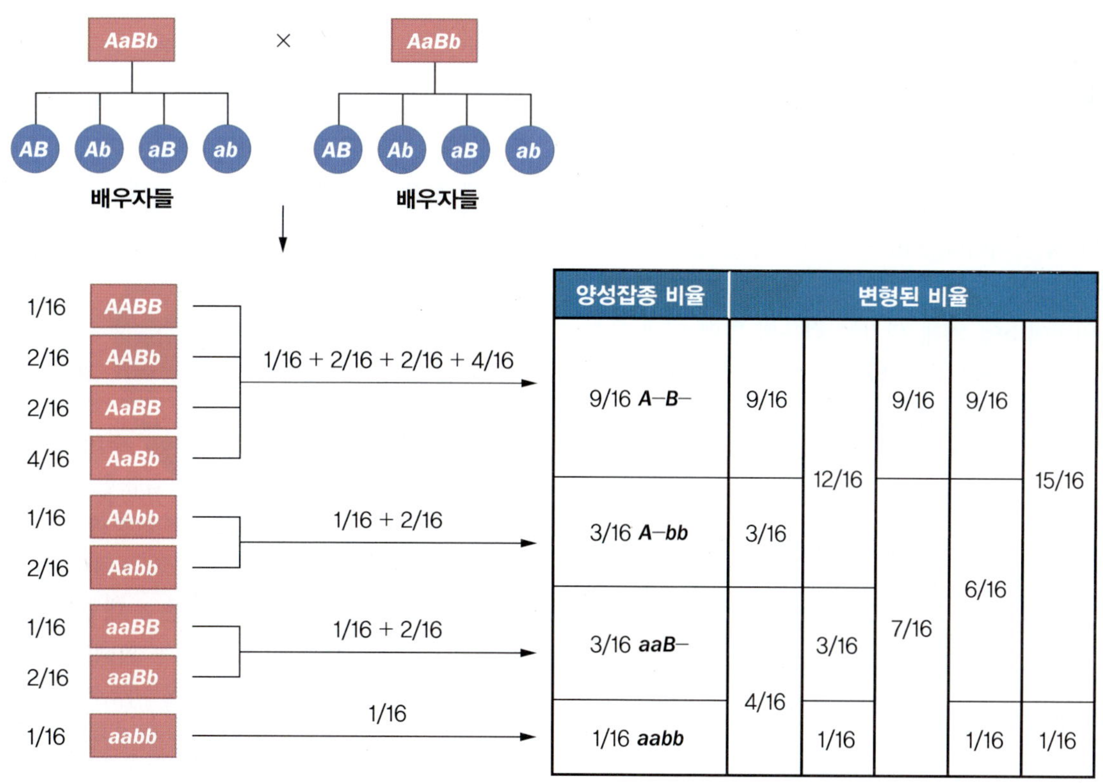

그림 4.7 두 유전자에 대해 모두 이형접합성인 개체들 사이의 교배와 이로부터 생성되는 9가지의 독특한 유전자형, 그리고 이로 인한 다양한 변형 양성잡종 비율들.

사례	생물	특징	F_2 표현형들 9/16	3/16	3/16	1/16	변형된 비율
1	생쥐	털색	쥐색	흰색	검은색	흰색	9:3:4
2	호박	색깔	흰색		노란색	녹색	12:3:1
3	완두	꽃 색깔	자주색	흰색			9:7
4	호박	열매 모양	원반형	구형		길쭉한 형태	9:6:1
5	닭	색깔	흰색		유색	흰색	13:3
6	생쥐	색깔	흰색 반점	흰색	유색	흰색 반점	10:3:3
7	냉이	종자낭(삭)	삼각형			계란형	15:1
8	밀가루 벌레 (거저리)	색깔	거무스름한 것 6/16과 붉은색 3/16	검은색	윤기있는 검은색	검은색	6:3:3:4

그림 4.8 이중 이형접합성인 F_1 개체들 사이의 교배로부터 얻어진, 변형된 양성잡종 F_2 표현형 비율의 기초. 그림 4.7에 있는 4개의 F_2 유전자형 묶음과 이 그림 상단의 4 그룹은 이러한 비율을 나타내기 위해 여러 가지 방법으로 조합된다.

서, 각 F_1 세대는 유전자형이 *AaBb*인 이형접합자만으로 구성된다.

5. 각 예에서 이형접합성 부모로부터 얻어진 이 F_2 세대가 우리 분석의 주된 관심사이다. 두 유전자가 관여하면(그림 4.7에서처럼), F_2 유전자형은 4가지 범주로 나온다: 9/16 *A–B–*, 3/16 *A–bb*, 3/16 *aaB–*, 그리고 1/16 *aabb*. 우성 효과 때문에, 각 범주들의 모든 유전자형은 그 표현형에 미치는 효과가 동일하다.

우리의 첫 사례는 쥐의 털 색깔 유전이다(그림 4.8 참고). 정상적인 야생형 털 색은 쥐색(agouti)으로 각각의 털에 색소 띠가 교대로 나타남으로써 형성되는 털 색 패턴이다(그림 4.4 참고). 쥐색은 열성 돌연변이 *a*에 의해 생기는 검은색 털에 대해 우성이다. 그러므로 *A–* 는 쥐색털을 나타나게 하는 반면, *aa*는 검은색 털을 생산한다. 두 번째 좌위가 열성 동형접합성일 경우(*bb*)는 색소 침착을 없애 다른 좌위의 유전자형에 상관없이 흰색쥐(albino)를 만든다. 적어도 하나의 *B* 대립유전자는 사람에서의 *H* 대립유전자가 ABO 혈액형의 발현을 허락하는 것과 같은 방식으로 색소화를 일으킬 수 있다. 쥐색(*AABB*)과 흰색(*aabb*) 사이의 교배에서 F_1의 구성원들은 모두 *AaBb*이고 쥐색털을 가진다. F_1 이형접합자들 사이의 교배에서 나온 F_2 자손들에서는 다음과 같은 유전자형과 표현형들이 관찰된다:

F_1: *AaBb* × *AaBb*

↓

F_2의 비율	유전자형	표현형	최종 표현형 비
9/16	*A–B–*	쥐색	
3/16	*A–bb*	흰색	9/16 쥐색
3/16	*aaB–*	검은색	3/16 검은색
1/16	*aabb*	흰색	4/16 흰색

우리는 관찰된 9:3:4의 F_2 비율을 만드는 유전자 상호작용을 다음과 같은 두 단계 과정으로 나타낼 수 있다:

	유전자 B		유전자 A	
	↓		↓	
전구체 분자 (색깔 없음)	→ *B–*	검은 색소	→ *A–*	쥐색 패턴

B 대립유전자가 존재하는 경우, 검은 색소는 색이 없는 물질로부터 만들어질 수 있다. *A* 대립유전자가 존재하면, 검은 색소는 털의 발생 과정 중에 쥐색 표현형을 만드는 방식으로 침착된다. 만일 *aa* 유전자형이라면, 모든 털이 검은색으로 남을 것이다. *bb* 유전자형이라면, *A* 혹은 *a* 대립유전자 존재에 상관없이 검은 색소는 생산되지 않고 쥐는 흰색이 될 것이다. 그러므로 *bb* 유전자형은 *A* 유전자의 발현을 가리거나 억제하는 방식으로 상위성을 나타낸다. 결과적으로, 이것은 **열성 상위성**(*recessive epistasis*)이라고 불린다.

우성 상위성(*dominant epistasis*)이라고 불리는 두 번째 형

태의 상위성은, 하나의 유전자 좌위에 존재하는 우성 대립유전자가 두 번째 좌위에 존재하는 대립유전자의 발현을 가릴 때 발생한다. 예를 들어, 그림 4.8의 사례 2는 여름 호박의 열매 색깔을 다루고 있다. 여기에서, 우성 대립유전자 *A*는 두 번째 좌위의 유전자형 *B*에 관계없이 흰색의 열매를 만든다. 우성 *A* 대립유전자가 없으면(*aa* 유전자형), *BB*나 *Bb*는 노란색을 나타내는 반면 *bb*는 녹색을 나타낸다. 그러므로 두 개의 흰색 이형접합자(*AaBb*)들을 교배하면, 이러한 형태의 상위성 때문에 재미있는 표현형 비율이 나타나게 된다:

F_1: *AaBb* × *AaBb*

↓

F_2의 비율	유전자형	표현형	최종 표현형 비
9/16	*A−B−*	흰색	
3/16	*A−bb*	흰색	12/16 흰색
3/16	*aaB−*	노란색	3/16 노란색
1/16	*aabb*	녹색	1/16 녹색

자손 중에서 9/16이 *A−B−*이고 흰색이다. 3/16은 *A−bb* 유전자형을 가지므로 역시 흰색이다. 나머지 호박의 3/16이 노란색(*aaB−*), 1/16이 녹색(*aabb*)이다; 결국 변형된 비율 12:3:1가 얻어진다.

유전자 상호작용에 관한 우리의 세 번째 예(그림 4.8의 사례 3)는 베이트슨(William Bateson)과 퍼넷(Reginald Punnet: 퍼넷 사각형을 고안한)에 의해 처음 발견된 것으로, 흰색의 스위트피 순계들 사이의 교배에서 증명된 것이다. 예상 밖으로, F_1 식물은 모두 자주색이고, F_2는 9/16의 자주색과 7/16의 흰색의 비율을 나타낸다. 이런 결과들에 대해 제시된 설명은, 자주색 꽃을 표현하는 데 두 유전자쌍 중 각각에 적어도 하나의 우성 대립유전자가 필요하다는 것이다. 따라서 이 교배는 **상보성 유전자 상호작용**(*complementary gene interaction*)의 사례를 보여준다. 다른 모든 유전자형 조합들은 어느 하나의 열성 대립유전자에 동형접합성이기 때문에, 다른 좌위의 우성 대립유전자의 발현이 가려져 흰색 꽃이 나타나게 한다. 이 교배는 다음과 같다:

P_1: *AAbb* × *aaBB*
흰색 흰색

↓

F_1: 모두 *AaBb* (자주색)

F_2의 비율	유전자형	표현형	최종 표현형 비
9/16	*A−B−*	자주색	
3/16	*A−bb*	흰색	9/16 자주색
3/16	*aaB−*	흰색	7/16 흰색
1/16	*aabb*	흰색	

이제 어떻게 두 유전자 쌍이 그러한 결과들을 산출했는지 알 수 있다:

	유전자 A		유전자 B	
	↓		↓	
전구체 분자 (색깔 없음)	→ *A−*	중간산물 (무색)	→ *B−*	최종산물 (자주색)

각 유전자 쌍에서 적어도 한 개의 우성 대립유전자가 최종산물로의 두 가지 생화학적 변환이 일어나게 하여 자주색 꽃이 나오게 하는 데 필요하다. 위의 교배에서는, 이러한 사건이 F_2 자손의 9/16에서 발생했다. 다른 모든 식물들(7/16)은 흰색 꽃을 가진다.

전술한 예들은 어떻게 두 유전자가 "상호작용"하여 공통의 표현형에 영향을 미치는가를 설명한다. 다른 예들에서는, 두 개 이상의 유전자와 그 산물들이 표현형적 발현을 조절하는 것에 관한 것이다.

새로운 표현형들

유전자 상호작용의 다른 예들은 F_2 세대에서 양성잡종 비율을 변화시킬 뿐 아니라, 전혀 새로운 형태의 표현형이 나오게 할 수도 있다. 그림 4.8의 사례 4는 여름 호박 *Cucurbita pepo*의 열매 모양 유전을 나타낸다. 원반형 열매(*AABB*)를 가진 식물이 길쭉한 모양의 열매(*aabb*)와 교배되면, F_1 세대는 모두 원반형 열매를 나타낸다. 그러나 F_2 자손들에서는, 부모의 열매 모양이 나타나는 것과 더불어 새로운 모양의 열매—구형—가 나타난다. 모양의 다양성이 그림 4.9에 나타나 있다.

F_2 세대는 9:6:1의 변형된 비율을 나타내며 다음과 같이 생산된다:

F_1: *AaBb* × *AaBb*
원반 원반

↓

F_2의 비율	유전자형	표현형	최종 표현형 비
9/16	*A−B−*	원반형	
3/16	*A−bb*	구형	9/16 원반형
3/16	*aaB−*	구형	6/16 구형
1/16	*aabb*	길쭉한 것	1/16 길쭉한 것

유전자 상호작용의 이런 예에서는 두 개의 유전자 쌍 모두가 열매의 모양에 동일하게 영향을 미친다. 각 좌위에서의 우성 대립유전자는 어떤 유전자든 구형의 열매를 만든다. 그러나 두 유전자 쌍에 우성 대립유전자가 모두 존재하면(*A*와 *B*), 열매는 평평해진 원반형을 나타낸다.

그림 4.9 다양한 열매 모양을 나타내는 여름 호박(summer squash)들. 원반 모양, 길쭉한 모양, 그리고 구형 등이 나타난다.

풀 어 보 기

4.2 몇몇 식물들에서, 붉은 꽃 색소인 시아니딘(cyanidin)은 무색의 전구물질로부터 합성된다. 시아니딘에 수산기(OH^-)가 첨가되면 자주색으로 변한다. 무작위로 선택된 두 자주색 식물 사이의 교배에서, 다음과 같은 결과가 관찰되었다:

94 자주색
31 붉은색
43 흰색

이런 꽃 색깔을 결정하는 데 몇 개의 유전자가 관여하는가? 어떤 유전자형 조합이 어떤 표현형을 만드는가? 위의 자주색 × 자주색 교배를 그려보라.

- **힌트:** 이 문제는 한 가지 특징인 꽃의 색깔이 세 가지 변이 중 하나로 나타나는 것을 설명하고 있다. 해답의 열쇠는 우선 원자료들을 분석하여 의미 있는 비율의 숫자로 전환하는 것이다. 이것은 얼마나 많은 유전자 쌍들이 관여하는지를 알려준다. 그런 후에, 표현형 비율과 맞춰주는 방식으로 유전자형 비율을 묶을 수 있다.

더 연습이 필요하면 문제 15~18번을 참고하라.

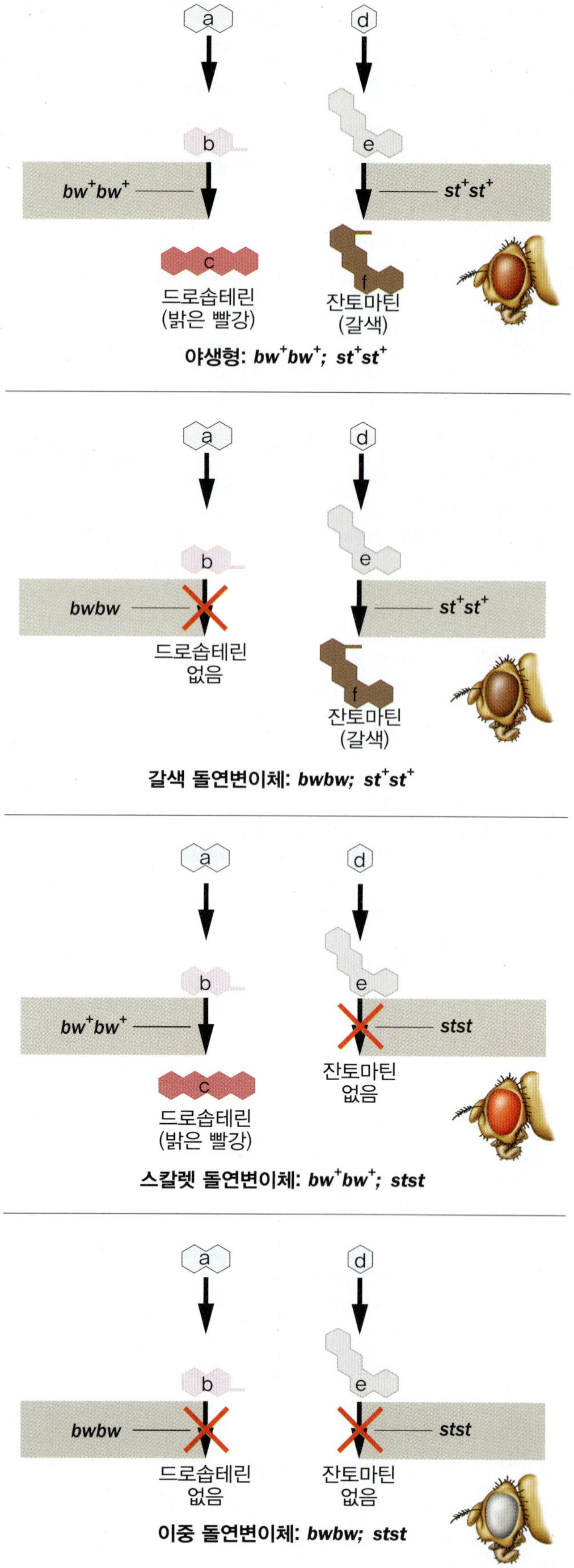

그림 4.10 갈색 눈 초파리와 진홍색 눈 초파리 사이의 교배에서 생성된 네 가지 눈 색깔 표현형의 생화학적 기초에 대한 이론적 설명. 적어도 하나의 야생형 bw^+ 대립유전자가 존재하면 물질 b를 c로 전환시키는 효소가 생성되고 색소인 드로솝테린이 합성된다. 적어도 하나의 야생형 st^+ 대립유전자가 존재하면 물질 e가 f로 전환되고 색소 잔토마틴이 합성된다. 열성 *st* 또는 *bw* 돌연변이 대립유전자의 동형접합자들은 각각의 색소 분자의 합성을 차단한다. 유전자형에 따라 이러한 경로 중 하나나 둘 혹은 둘 다 차단될 수 있다.

F_2 세대에서 예상치 못한 표현형이 나타나는 또 다른 흥미로운 예는 초파리의 눈 색깔 유전이다. 앞서 언급했던 것처럼, 야생형 눈은 붉은 벽돌색이다. 두 개의 상염색체 열성 변이인 *brown*과 *scarlet*을 교배하면 F_1 세대는 야생형 눈 색을 가진 초파리들로 구성된다. F_2 세대에서는 야생형의 붉은 눈, 주홍색 스칼렛, 갈색 브라운 및 흰 눈 파리가 9:3:3:1 비율로 발견된다. 이 비율은 멘델의 양종잡종 비율과 숫자로는 동일하지만 초파리 교배에는 눈 색이라는 한 가지 특성만 포함된다. 이것은 유전자 상호작용으로 변형되는 이중 잡종 비율을 연구할 때 생기는 중요한 차이점이다.

초파리의 교배는 유전자 상호작용의 훌륭한 예가 되는데, 이 생물의 눈 색에 대한 생화학적 기초가 알려졌기 때문이다(그림 4.10). 전형적인 절지동물들과 마찬가지로, 초파리는 낱눈(ommatidia)이라고 불리는 수백 개의 시각 단위들로 구성된 겹눈을 가진다. 야생형의 눈 색은 각 낱눈 안에서 2가지 독립적인 색소들이 생겨서 섞이기 때문인데, 바로 밝은 빨강의 **드로솝테린(drosopterins)**과 갈색의 **잔토마틴(xanthommatins)**이다. 각 경로의 단계들은 별도의 효소에 의해 촉매되므로 서로 다른 독립된 유전자의 조절을 받는다. 그림 4.10에서 볼 수 있듯이, 갈색(*brown*) 돌연변이는 동형접합성일 때 밝은 빨간색 색소 합성 경로를 방해한다. 잔토마틴 색소만 존재하기 때문에 눈은 갈색이다. 진홍색(*scarlet*) 돌연변이는 별도의 상염색체에 위치한 유전자에 영향을 미쳐 갈색의 잔토마틴 합성을 방해하고 동형접합성 돌연변이 초파리의 눈 색을 밝은 빨강으로 만든다. 각각의 돌연변이는 분명히 비기능적 효소를 생산하도록 한다. 이중 돌연변이인 초파리들은 갈색과 진홍색 모두에 대해 동형접합성이고 어떤 색소도 만들 수 없다; 그들은 F_2 세대에서 1/16의 초파리들에서 새롭게 흰 눈이 나타나게 한다. 이 초파리들에 색소가 없는 것은 X-연관성인 흰 눈 돌연변이 때문이 아니라, 색소는 합성될 수 있지만, 필수적인 전구물질들이 낱눈을 형성하는 세포 내로 이동되지 못하기 때문이다.

다른 변형 비율들

그림 4.8의 나머지 예들(5~8)은 양성잡종 비율의 추가적인 변형에 관한 것으로, 유전자 상호작용의 또 다른 예들을 보여준다. 알다시피 비율은 13:3, 10:3:3; 15:1 및 6:3:3:4로 드러난다. 앞의 네 가지 경우와 마찬가지로 이러한 경우에는 두 가지 공통점이 있다. 하나는 각각의 예에 적합한 설명을 하는데 있어, 분리와 독립적 분리의 법칙을 전혀 위반하지 않아도 된다는 것이다. 그러므로 이 예들에 추가된 유전의 복잡성이 멘델이 내린 결론의 타당성을 손상시키지 않는다. 둘째로, 각 예들에서 F_2 표현형의 비는 16분수들로 표현된다. 유전 양식이 알려져 있지 않은 교배들에서 비슷한 16분수의 비율이 관찰되면 그것은 두 유전자 쌍이 관찰된 표현형을 조절함을 시사하는 것이다. 여러분들이 유전적 문제를 분석하는 데 있어서도 같은 추론이 가능하다. 유전학 문제를 풀기 위한 다른 통찰들은 이 장의 마지막에 있는 통찰과 해법 부분에서 제공될 것이다.

4.9 상보성 분석으로 비슷한 표현형을 만드는 두 돌연변이가 같은 유전자의 대립유전자들인지 결정할 수 있다

둘 다 비슷한 표현형을 생산하는 두 돌연변이가 독립적으로 분리되면, 재미있는 상황이 발생한다. 두 연구자가 있다고 가정하고, 한 명은 미국의 유전학 연구실, 또 한 명은 캐나다의 유전학 연구실에서 독립적으로, 열성 돌연변이를 나타내는 날개 없는 초파리 순계를 분리했다고 하자. 우리는 두 계통이 모두 같은 유전자에 돌연변이들을 포함하고 있다고 생각할 수도 있다. 그러나 우리는 많은 유전자들이 날개의 형성에 관여하며, 그 중 어떤 것에서의 돌연변이라도 발달 중의 날개 형성을 방해할 수 있음을 알고 있다. **상보성 분석(complementation analysis)**이라고 불리는 실험적 접근이 이러한 두 돌연변이가 같은 유전자에 있는지를 결정하도록 할 수 있다—즉, 그들이 대립유전자인지 혹은 독립된 유전자들에서의 돌연변이들을 나타낸 것인지 확인할 수 있다.

다시 말하자면, 우리의 분석은 다음과 같은 간단한 질문에 답을 구하는 것이다: 비슷한 표현형을 나타내는 두 돌연변이가 같은 유전자에 있는가, 혹은 서로 다른 유전자에 존재하는 것인가? 이에 대한 답을 찾기 위해, 우리는 두 돌연변이주를 교배하고 F_1 세대를 분석할 수 있다. 두 가지 결과가 나올 수 있는데, 각 교배에 대한 해설이 그림 4.11에 제시되어 있다. 두 가지 사례 모두에서, 한 돌연변이는 m^a, 다른 돌연변이를 m^b라고 표시하자. 이제 m^a와 m^b가 동일한 유전자의 대립유전자들인지를 실험적으로 결정할 것이다.

사례 1. 모든 자손이 정상 날개를 발달시킨다.
해석: 두 가지 열성 돌연변이는 독립된 유전자들에 있으며 이들은 서로 대립유전자들이 아니다. 교배 후 나온 모든 F_1 초파리들은 두 유전자에 대해 모두 이형접합성이다. 상보작용(*complementation*)이 일어난다고 말할 수 있다. 각각의 돌연변이가 독립된 유전자에 존재하며, F_1 초파리는 두 좌위에서 이형접합성이어서 두 유전자의 정상적인 산물이 생산된다(각 유전자들의 정상적인 사본으로부터). 결과적으로 날

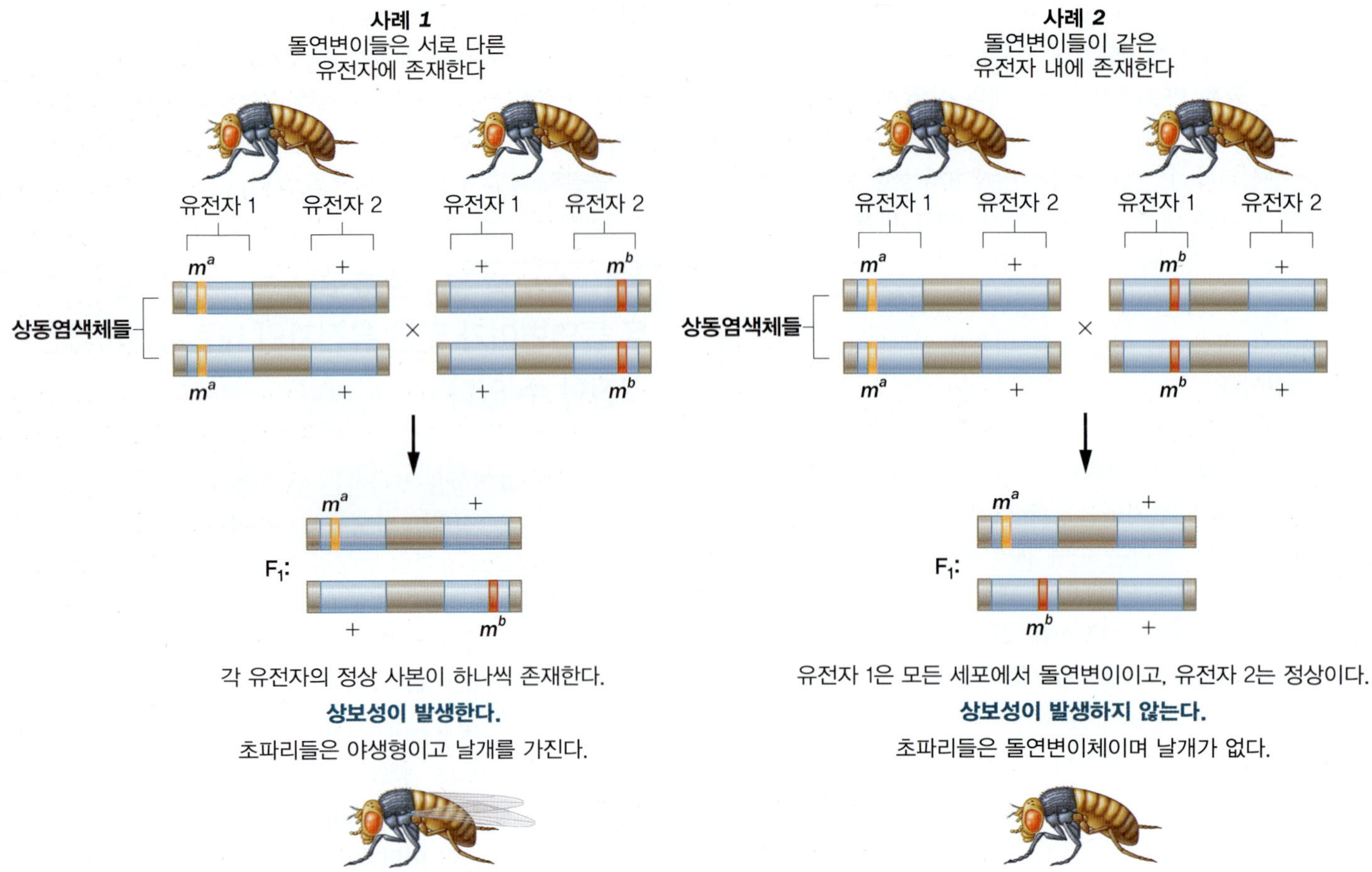

그림 4.11 초파리에서 날개 없는 두 가지 돌연변이(m^a와 m^b)에 대한 상보성 분석. 1번의 경우에서는 돌연변이들이 같은 유전자의 대립유전자들이 아닌 반면, 2의 경우에서는 돌연변이들이 같은 유전자의 대립유전자들이다.

개가 발달한다.

사례 2. 모든 자손이 날개를 발달시키지 못한다.
해석: 두 돌연변이가 같은 유전자에서 영향을 받은 것으로, 이들을 서로 대립유전자들이다. 상보성이 발생하지 않았다. 두 돌연변이가 같은 유전자에 영향을 미쳤기 때문에, F_1 초파리들은 두 돌연변이 대립유전자들에 대해 동형접합성(m^a 대립유전자와 m^b 대립유전자)이다. 정상적인 유전자 산물이 생산되지 않으며, 이 필수적인 산물이 없기 때문에, 날개는 형성되지 않는다.

상보성 분석은 노벨상을 수상했던 초파리 유전학자 루이스(Edward B. Lewis)에 의해 처음으로 고안된 것으로, 같은 표현형을 나타내는 여러 돌연변이를 검정하는 데 사용되었다. 그러한 분석은 오직 하나의 유전자가 관여되었다거나, 혹은 둘, 혹은 그 이상의 유전자들이 관여되어 있는지를 알려 줄 수 있다. 어떤 단일 유전자에 존재하는 것으로 판정된 모든 돌연변이들은 같은 **상보성 그룹(complementation group)**에 속한다고 언급된다. 그리고 이들은 다른 모든 그룹의 돌연변이들을 보완해 줄 수 있다. 같은 형질에 영향을 미치는 많은 수의 돌연변이들을 사용하여 상보성 분석을 수행한다면, 그 형질을 결정하는데 관여하는 유전자들의 총 숫자를 예측할 수 있다.

4.10 단일 유전자의 발현이 여러 가지 표현형을 만들기도 한다

앞에 제시된 절들에서 우리는 둘 혹은 그 이상의 유전자들이 한 가지 특징에 영향을 미치는 것에 초점을 맞추었었다. 역전된 상황, 즉 단일 유전자의 발현이 다수의 표현형에 영향을 미치는 경우도 비교적 흔하다. 이런 현상은 종종 표현형들이 세심하게 조사될 때 분명해지는데, **다면발현(pleiotropy)**이라고 일컬어진다. 우리는 인간의 유전병들이 관여된 두 가지 사례로 이것을 살펴보도록 하자.

마르판 증후군(Marfan syndrome)은 사람에서 결합조직 단백질인 피브릴린(*fibrillin*)을 암호화하는 유전자에서의 상염색체성 우성 돌연변이 때문에 발생하는 질병이다. 이 단백질이 신체의 여러 조직에 널리 분포하기 때문에, 그 결함은 여러 형태로 나타날 것이라 예상할 수 있다. 사실, 피브릴린은 여러 조직들 중 안구 내 수정체나, 동맥 같은 혈관 벽, 그리고 뼈 등의 구조적 지지에 중요하게 작용한다. 결과적으로, 마르판 증후군과 관련된 표현형들에는 수정체 탈구, 대동맥류의 위험성 증가, 그리고 사지 뼈들의 길어짐과 같은 것들이 포함된다. 이 질병은 링컨(Abraham Lincoln) 대통령도 환자였을 것이라는 예측이 많아 역사적 관심사가 되기도 한다.

우리의 두 번째 예는 인간의 또 다른 상염색체성 우성 질병인 **반문상 포르피린증(porphyria variegata)**에 관한 것이다. 환자들은 적혈구 세포들이 대체되면서 호흡 색소들인 헤모글로빈이 파괴될 때 포르피린(porphyrin) 성분을 적절히 대사하지 못한다. 포르피린이 과도하게 쌓이면 즉시 소변으로 배출되므로, 소변의 색이 짙은 붉은색을 띤다. 이 질병의 심각한 증상은 체내 포르피린 축적에 따른 독성에 기인한 것으로, 특히 뇌에 영향을 미친다. 이 병의 표현형적 특성들을 모두 찾아보면, 복부 통증, 근육 약화, 발열, 빈맥, 불면증, 두통, 시력 문제(시력 상실까지도 일으킴), 섬망, 그리고 경련들까지 포함된다. 보다시피, 어느 표현형적 형질인 이 질병의 가장 뚜렷한 특징인지를 결정하기는 불가능하다.

마르판 증후군처럼, 반문상 포르피린증 역시 역사적으로 중요한데, 아메리카 혁명 당시 영국의 왕이었던 조지 3세(George III)가 위와 같은 모든 증상이 관여된 발작으로 고생했다고 믿어지기 때문이다. 그는 결국 죽기 전에 눈이 멀고 노망이 들었다.

다면발현을 설명하기 위해 더 많은 예들을 들 수 있겠지만, 자세히 관찰해보면 대부분의 돌연변이들은 발현되었을 때 한 가지 이상의 현상을 드러낸다고 말하는 것이 더 맞을 것 같다.

4.11 X-연관은 X 염색체의 유전자들을 설명해준다

많은 동물들과 몇몇 식물들에서는, 한쪽의 성이 성 결정에 관여하는 서로 닮지 않은 염색체 쌍을 포함한다. 많은 경우에서, 이들은 X와 Y 염색체로 표시된다. 예를 들어, 초파리뿐만 아니라 인간을 포함한 모든 포유동물들에서는 남성이 하나의 X와 하나의 Y 염색체를 포함하는 반면, 여성은 두 개의 X 염색체들을 가진다. 감수분열 중에 X 염색체와 접합했다 분리되기 위해서, Y 염색체는 X 염색체와 쌍을 이루는 상동성 영역을 포함하는데, 인간 및 다른 생물종들에서 Y 염색체의 나머지 부분은 거의 다 유전적으로 비교적 불활성인 것으로 생각된다. 따라서 Y 염색체는 X 염색체에 존재하는 대부분의 유전자가 결여되어 있다. 결과적으로, X 염색체 상에 존재하는 유전자들은 상염색체들의 유전자들과 비교하여 매우 독특한 유전 양상을 나타낸다. 앞으로 살펴보게 될 것처럼, **X-연관(X-linkage)**이라는 말은 이런 상황을 설명하는 데 사용된다.

아래 논의에서는, X 염색체 상에는 존재하지만 Y 염색체에는 없는 유전자들의 유전 패턴에 대해 초점을 맞출 것이다. 이러한 상황은 이 장의 주요 테마인 멘델 비율의 변형을 초래한다.

초파리에서의 X-연관

X-연관에 대한 첫 번째 예는, 1910년경 모건(Thomas H. Morgan)이 초파리의 흰 눈(*white*) 돌연변이에 관한 연구에서 보고한 것이다(그림 4.12). 정상적인 야생형 붉은 눈은 흰 눈 돌연변이에 대해 우성이다.

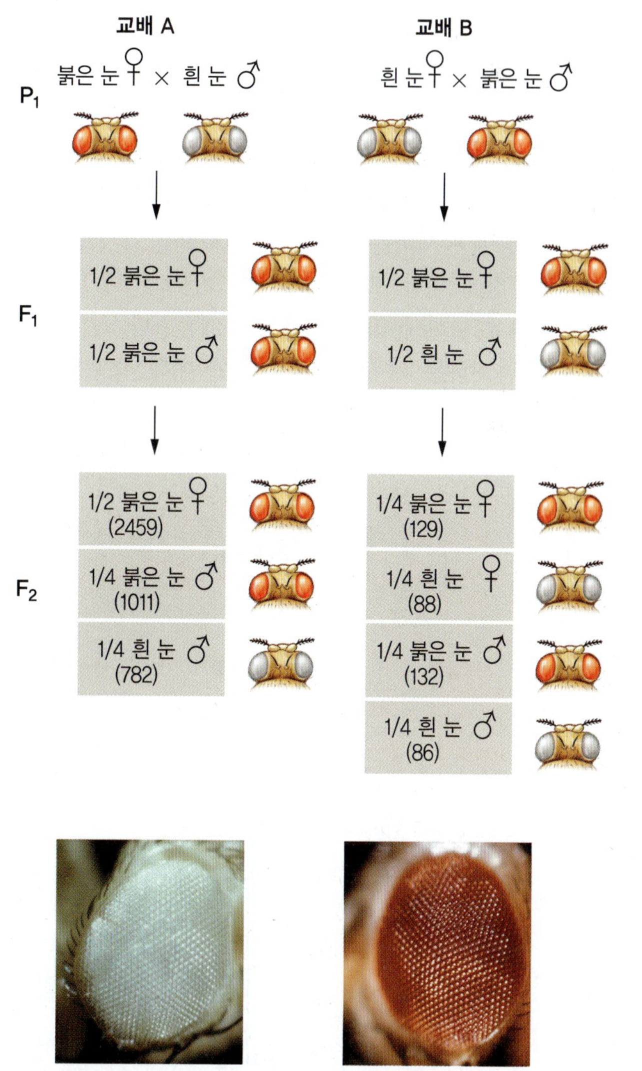

그림 4.12 초파리에서 X-연관 흰 눈 돌연변이가 관계된 모건의 상반교배 결과. 실제 F_2 자료들이 괄호 안에 나타나 있다. 붉은 눈과 흰 눈을 보여주는 사진이 제시되어 있다.

모건의 연구는 흰 눈 형질의 유전 양식이, 이 돌연변이 유전자를 가지는 부모의 성과 분명하게 연관되어 있음을 드러냈다. 전형적인 단성잡종 교배의 결과와는 달리, 흰 눈 혹은 붉은 눈인 초파리들 사이의 상반교배(reciprocal cross)는 그 결과가 다르다. 대조적으로, 멘델의 모든 단성잡종 교배에서는 F_1이나 F_2 자료들은 어떤 P_1 부모가 열성 형질을 나타내느냐와 관계없이 거의 비슷하게 나온다. 모건의 분석은 흰 눈 좌위가 상염색체 중의 하나에 있는 것이 아니라 X 염색체 상에 있다는 결론을 이끌어냈다. 여기서 유전자와 형질은 모두 X-연관이라고 말할 수 있다.

흰 눈과 붉은 눈의 초파리들 사이의 상반교배가 그림 4.12에 나타나 있다. F_1과 F_2 세대들에서 표현형의 비가 분명하게 차이가 나며, 이것은 P_1의 흰 눈 부모가 암컷이냐 수컷이냐에 의존적이다.

모건은 이러한 관찰들을, 수컷 초파리와 암컷 초파리들 사이의 성염색체 조성에서 발견되는 차이와 연결시킬 수 있었다. 그는 흰 눈을 만드는 열성 대립유전자가 X 염색체에서는 발견될 것이지만, 그에 해당하는 대립유전자가 Y 염색체에는 있지 않다고 가정했다. 그러므로 암컷들은 각각의 X 염색체에 하나씩 두 개의 유전자 자리들을 가지지만 수컷들은 그들이 가진 하나의 X 염색체 상에 존재하는 한 개의 유전자만을 가지게 된다.

X-연관 유전에 대한 모건의 해설이 그림 4.13에 나와 있는데, 그의 결과에 대한 논리적인 설명을 제공한다. Y 염색체는 X 염색체에 존재하는 대부분의 유전자에 대해 상동성이 결여되어 있으므로, 수컷은 X 염색체 상에 존재하는 어떤 대립유전자들이라도 직접적으로 그들의 표현형을 발현시킨다. 수컷들은 X 연관된 유전자들에 대해서는 동형접합성일 수도 없고 이형접합성도 아니기 때문에 이러한 조건은 **반접합성(hemizygous)**이라고 언급된다. X-연관의 한 가지 결과는 **유전의 십자형 패턴**(*crisscross pattern of inheritance*)으로, 열성의 X-연관 유전자들에 의해 조절되는 표현형적 형질들은 동형접합성 엄마로부터 모든 아들에게 전달된다. 이러한 패턴은 열성 형질을 나타내는 여성이 두 X 염색체들 모두에 돌연변이 인자를 가지기 때문에 발생한다. 모든 아들은 그 어머니의 두 X 염색체들 중 하나를 물려받으며 그 X 염색체에 존재하는 모든 대립유전자에 대해 반접합성이기 때문에, 모든 아들은 어머니와 같이 동일한 열성 X 연관 형질들을 발현하게 된다.

모건의 연구는 위대한 역사적 중요성을 가진다. 3장에 소개되었던 것처럼, 1910년까지 멘델의 연구와 감수분열 중 염색체들의 행동 사이에서의 연관성은 **유전의 염색체설(chromosome theory of inheritance)**에 대한 기초를 제공하였다. 모건의 연구와 1920년경 그의 제자였던 브리지스(Calvin Bridges)의 후속 연구는 유전자가 특정 염색체를 통해 전달된다는 직접적인 증거를 제공했으며 이 이론을 뒷받침하는 최초의 견고한 실험적 증거로 간주된다.

인간에서의 X-연관

사람에는 많은 유전자들과 이들에 의해 조절되는 관련 형질들

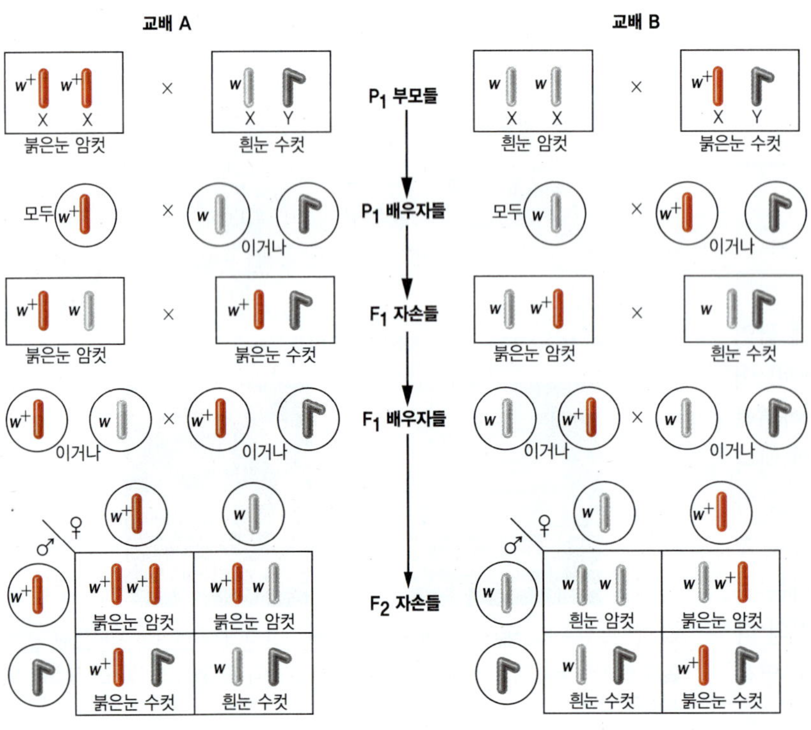

그림 4.13 그림 4.12에서 나타난 X-연관 교배의 결과를 염색체로 설명한 것.

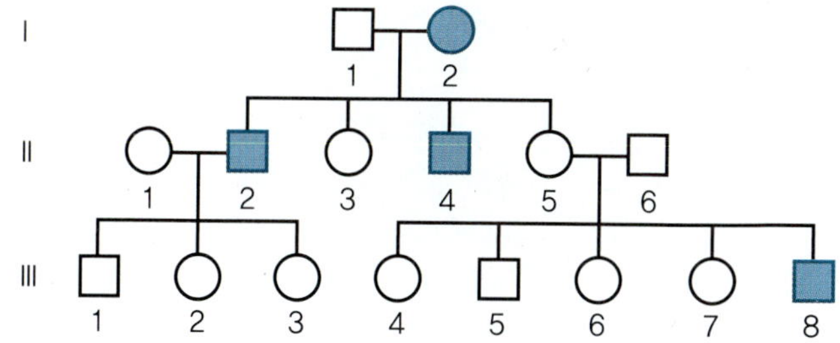

그림 4.14 사람의 X-연관 색맹 형질에 대한 가계도. 사진은 이시하라 색맹 도표(Ishihara color-blindness chart)이다. 정상 색각을 가진 사람들이 15을 보는데 반해, 적녹 색맹인 사람은 17을 본다.

이 X 염색체와 연관되어 있는 것으로 생각된다(**표 4.2**). 이 X-연관 형질들은 유전 양식의 십자형 패턴 때문에 가계도에서 쉽게 발견될 수 있다. 인간 **색맹(color blindness)**의 한 형태에 대한 가계도가 그림 4.14에 제시되어 있다. I 세대의 어머니는 이 형질을 그녀의 모든 아들에게 전했지만 딸들에게는 전하지 않았다. 만약 II 세대의 자손이 정상인 사람들과 결혼하게 되는 경우, 색맹인 아들들은 모두 정상인 아들과 정상인 딸들을 낳는 반면(III-1, 2, 3); 정상 시각을 가진 딸들은 정상 시각의 딸들(III-4, 6, 7)뿐 아니라 색맹이거나(III-8) 혹은 정상 시각인 아들(III-5)을 낳게 될 것이다.

X-연관성 유전자가 전달되는 방식 때문에, 상염색체성 질병들과 비교하면, 열성 X-연관 질환들과 관련된 특이한 상황들이 생긴다. 예를 들어, 어떤 X-연관 질병이 생식 연령에 도달하기 이전에 환자를 쇠약하게 하거나 혹은 이들에게 치명적인 것이라면, 그 질병은 남성들에게만 배타적으로 발생한다. 이것은 집단 내에서 그 치명적인 유전자의 근원이, 그 질병을 발현시키지 않는 "보인자(carrier)"라고 하는 이형접합성 여성들이기 때문에 그렇다. 이 보인자들은 그 대립유전자를 아들 절반에게 전달하며, 이 아들들은 그들이 반접합성이기 때문에 이 질병을 그대로 발현시키게 된다. 이형접합성인 여성들은 역시 딸들의 절반에도 이 유전자를 전달시키지만, 이들은 보인자가 되기는 해도 질병을 나타내지는 않는다. 그러한 X-연관 질병 중의 하나가 **뒤센형 근이영양증**(*Duchenne muscular dystrophy*)이다. 이 질병은 6세 이전에 발병하며 종종 20세 이전에 사망하게 한다. 일반적으로는 남자에서만 발생한다.

풀어보기

4.3 아래 세 개의 가계도가 제시되어 있다. 각 형질에 대해 X-연관 열성 유전에 부합하는지 판단하라. 한두 문장으로 그 이유를 제시하라.

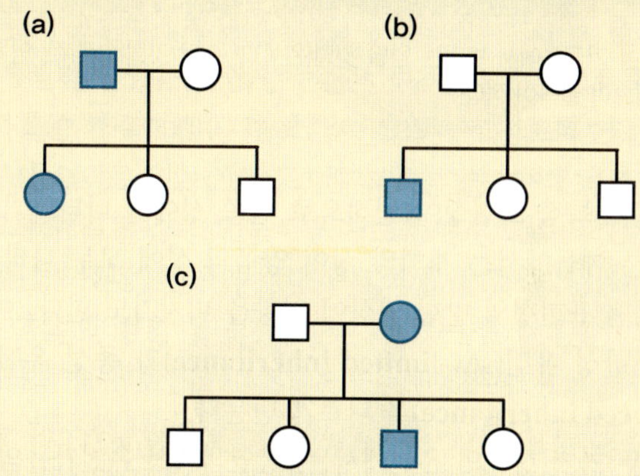

■ **힌트:** 이 문제는 가계도 분석시 X-연관성 열성일 가능성이 있는 형질들을 포함하고 있다. 해답의 열쇠는 반접합성에 집중하는 것인데, 여기에서는 X-연관성 열성 대립유전자들이 항상 남성에서만 발현되며 아버지에서 아들로는 전달되지 않는다. 반면, 동형접합성이 여성들은 그 형질을 모든 아들들에 전달하지만, 아버지가 연관되어 있지 않는 한 딸에게는 전달하지 않는다.

연습이 필요하면 문제 30번과 40번을 풀어보라.

표 4.2 인간의 X-연관성 형질들

유전병	특징
적녹색맹	녹색 빛 불감성
G-6-PD 결핍증	포도당-6-인산 탈수소효소의 결핍; 누에콩을 포함한 특정 식품 및 약물의 프리마퀸을 섭취하면 심각한 빈혈 반응을 일으킴
혈우병 A	전형적인 응집 반응 결핍; 응집 인자 VIII의 결핍
혈우병 B	크리스마스 질병; 응집 인자 IX의 결핍
레쉬-니한 증후군	하이포잔틴-구아닌 리보인산 전이효소(HPRT) 결핍으로 운동 반응 결함, 정신지체, 자해, 조기 사망 등이 발생
뒤센형 근이영양증	진행성의 수명 단축 질병. 디스트로핀 단백질의 결핍으로 근육이 퇴화하고 허약해짐

4.12 한성 유전과 종성 유전에서는 개인의 성별이 표현형에 영향을 미친다

X-연관 유전과는 대조적으로, 그 유전자가 X 염색체에 존재하지 않아도 유전자 발현의 패턴들이 개인의 성별에 의해 영향을 받을 수 있다. 개체의 성이 어떤 표현형의 발현에 결정적인 역할을 하는 많은 예들이 여러 생물체들에서 밝혀져 있다. 몇몇 경

그림 4.15 가금류에서 보이는 암탉 깃털(왼쪽)과 수탉 깃털(오른쪽). 암탉의 깃털들은 짧으며 굴곡이 적다.

우에서는, 특정 표현형이 전적으로 한쪽 성에만 나타나기도 하고; 다른 예들에서는 개체의 성이 양쪽의 성에 모두 나타날 수 있는 어떤 표현형의 발현 양상에 영향을 미치기도 한다. 이러한 차이가 **한성 유전(sex-limited inheritance)**과 **종성 유전(sex-influenced inheritance)**을 다르게 만든다.

이 두 가지 형태의 유전에서는, 상염색체성 유전자들의 대조적인 표현형이 나타나게 하지만, 이 유전자들의 발현은 그 개체의 호르몬 조성에 의존적이다. 따라서 이형접합성 유전자형은 남성에서와 여성에서의 표현형이 대조적일 수 있다. 예를 들어, 집에서 키우는 닭들은 종종 꼬리와 목의 깃털이 암컷과 수컷에서 매우 다른 **한성 유전** 현상을 보인다(그림 4.15). 수탉의 깃털은 길고 좀 더 굽어져 있으며, 점무늬가 있는 반면, 암탉의 깃털은 짧고 좀 덜 굽어져 있다. 이러한 깃털 표현형의 유전은 상염색체 상에 존재하는 한 쌍의 대립유전자들에 의해 조절되지만, 이들의 발현은 개체의 성호르몬에 의해 변형된다. 아래의 표에서 보는 바와 같이, 암탉의 깃털은 우성 대립유전자 *H*에 의한 것이지만, 열성 *h* 유전자에 동형접합성이라도 모든 암컷들은 암컷 깃털을 가진다. *hh* 유전자형은 오로지 수컷에서만 수컷 깃털이 나타나게 한다.

유전자형	표현형	
	♀	♂
HH	암컷 깃털	암컷 깃털
Hh	암컷 깃털	암컷 깃털
hh	암컷 깃털	수컷 깃털

어떤 가금류 품종에서는 암컷 깃털이나 수컷 깃털의 대립유전자가 집단 내에 고착되어 있다. 레그호온(Leghorn) 품종에서는 모든 개체들이 *hh* 유전자형이어서, 결과적으로 수컷은 항상 깃털만으로도 암컷과 구별이 가능하다. 세브라이트 밴텀(Sebright bantam)들은 모두 *HH* 이므로, 결과적으로 깃털 표현형만으로는 암/수를 구별할 수가 없다.

한성 유전의 또 다른 예는, 젖소의 우유 생산을 담당하는 상염색체 상의 유전자들에 관한 것이다. 우유 생산의 양에 영향을 미치는 모든 유전자형에 상관없이, 이 유전자들은 암컷에서만 발현된다.

종성 유전에는 사람의 대머리 유형(pattern baldness)과, 일부 양 품종에서의 뿔 형성(예: 도싯 뿔 양), 그리고 소에서의 털색 패턴이 포함된다. 그런 경우, 상염색체의 유전자들이 남성이나 여성에서 대조적 표현형이 발현되도록 하지만, 이 유전자들의 발현은 개체의 호르몬 조성에 의존적이다. 그러므로 이형접합성 유전자형은 한쪽 성에서 한 가지 표현형을 발현시키면서도 다른 쪽 성에서는 아주 대조적인 표현형을 나타나게 할 수도 있다. 예를 들어, 사람에서 대머리 유형은 정수리의 머리카락이 매우 얇아지도록 하는데(그림 4.16), 다음과 같은 방식으로 유전된다:

유전자형	표현형	
	♀	♂
BB	대머리	대머리
Bb	정상	대머리
bb	정상	정상

비록 여성들도 대머리 유형을 나타낼 수 있기는 하지만, 이 표현형은 남성들에서 훨씬 흔하다. 여성들이 *BB* 유전자형을 물려받았을 경우에도 표현형은 남성에서 노년에 발현되는 것보다 훨씬 덜 뚜렷하다.

그림 4.16 대머리 양상. 젊은 남성에서 보이는 상염색체성 종성 유전 형질이다.

4.13 유전적 배경과 환경은 표현형의 발현에 영향을 미친다

이제 **표현형적 발현**(*phenotypic expression*)에 대해 고려해보자. 이전의 논의에서 우리는 어떤 개체의 유전자형이 항상 직접적으로 표현형으로 나타난다고 가정했었다(2장과 3장). 예를 들어, 열성 *d* 인자를 가진 동형접합성 개체(*dd*)는 항상 키가 작은 완두로 나타났었다. 우리는 유전적 발현을 마치 어떤 닫힌 계 안에 기능적인 유전자 산물의 유/무가 개체의 집합적 표현형을 결정하는 방식으로 작용하는 것처럼 논의했었다. 그러나 상황은 훨씬 복잡하다. 대부분의 유전자 산물은 세포라는 내적 환경 안에서 기능하는 것이며, 또한 세포들도 서로서로 다양한 방법으로 영향을 끼친다. 더 나아가 개체는 다양한 환경적 영향 하에 존재하게 된다. 그러므로 유전자 발현과 그 결과적 표현형은, 매우 자주 개인의 특정 유전자형과 외적 환경 사이의 상호작용에 의해 변형된다. 이제 우리는 이러한 유전적 발현을 변화시키는 것으로 알려진 몇 가지 중요한 요인들에 관해 살펴볼 것이다.

침투도와 발현도

어떤 돌연변이 유전자형들은 항상 특징적인 표현형을 나타내는 반면, 다른 것들은 돌연변이체임에도 정상(야생형)과 구별되지 않는 일정 비율의 개체들을 만들기도 한다. 특정 형질의 발현정도는, 조사되는 유전자형의 **침투도**와 **발현도**를 결정함으로써 정량적으로 연구될 수 있다.

일정 수준으로 돌연변이 유전자의 발현을 드러내는 개체들의 비율을 그 돌연변이의 **침투도(penetrance)**라고 정의한다. 예를 들어, 초파리에서 많은 돌연변이 유전자들의 표현형적 발현은 정상형과 겹칠 수 있다. 만약 15%의 돌연변이 초파리가 정상형 외모를 보인다면, 이 돌연변이 유전자는 85%의 침투도를 가진다고 말한다.

대조적으로, **발현도(expressivity)**는 돌연변이 유전자형의 **발현 범위**를 나타낸다. 열성 돌연변이유전자인 *eyeless*에 동형접합성인 초파리는 정상 눈을 가진 것에서부터 약간 줄어든 것, 하나 혹은 두 눈이 모두 없어진 것까지의 표현형들을 생산할 수 있다(그림 4.17). 평균 눈의 감소 범위는 1/4~1/2까지이지만, 발현도 범위는 눈이 완전히 없는 것부터 완전히 정상인 것까지 나타난다.

눈의 형성에 영향을 미치는 *eyeless* 유전자의 발현과 같은 이러한 예들은, 표현형적 변이가 일어나는 원인을 밝히기 위한 실험들의 기초를 제공한다. 만약 실험실 환경이 일정한데도 변이가 계속 관찰된다면, 이것은 다른 유전자가 *eyeless* 유전자를 변형시켰거나 이에 영향을 주었다고 판단할 수 있겠지만, 그 반대라면 이 표현형적 발현은 유전적 배경을 갖지 않으며 단지 온도, 습도, 영양 등의 환경적 요소가 개입한 것이라고 해석할 수 있다. *eyeless*의 표현형 변이는 실험에 의해 유전적 요소와 환경적 요소 둘 모두가 발현에 영향을 미치는 것으로 밝혀졌다.

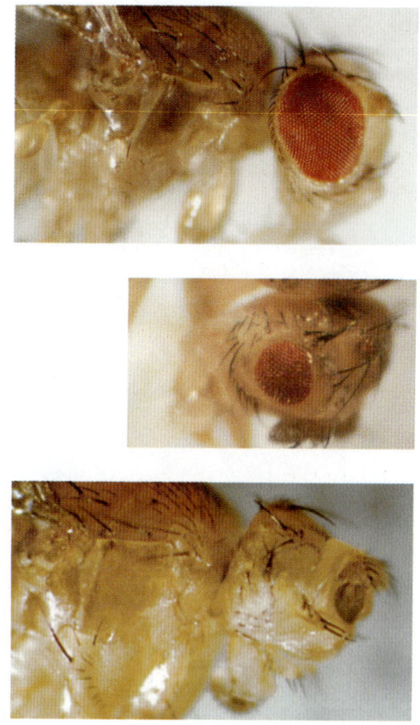

그림 4.17 초파리의 눈 없는 돌연변이에서 나타나는 다양한 발현도. 표현형에서의 단계적 변화는 야생형에서부터 부분적 감소나 눈이 없는 것까지 다양하게 나타난다.

유전적 배경: 위치 효과

유전적 배경(genetic background)의 특정 효과나, 잠재적 표현형을 결정하는 유전자의 발현을 평가하는 것은 어려운 일이지만, 유전적 배경의 한 가지 효과는 잘 알려져 있는데, 바로 **위치 효과(position effect)**라는 것이다. 이 경우, 한 유전자의 물리적 위치(유전물질 내에서 다른 유전자와의 관계)가 유전자의 발현에 영향을 미칠 수 있다. 예를 들어, 염색체의 어떤 영역이 위치가 바뀌거나 재구성되면(전좌나 역위 사건이 발생한 경우), 그 염색체 내에서 유전자들의 정상적인 발현이 변형될 수 있다. 이것은 그 유전자가 **이질염색질(heterochromatin)**이라고 불리는, 영구적으로 응축되어 있거나 유전적으로 불활성인 염색체 지역이나 그 가까이로 이동했을 때 특히 잘 드러난다.

위치 효과의 한 예는, X-연관성 열성의 눈 색 돌연변이인 *white*(*w*)에 동형접합성인 암컷 초파리에 관한 것이다. w^+/w 유전자형은 정상적으로 야생형의 벽돌색 눈을 만든다. 그러나 야생형 w^+ 대립유전자를 포함하고 있는 X 염색체 지역이 전좌되

그림 4.18 흰색 유전자에 이형접합성인 암컷 초파리의 눈 표현형에서 드러나는 위치효과. (a) 붉은 벽돌색을 보여주는 정상적인 우성 표현형. (b) *white* 유전자를 유전체의 다른 자리로 옮긴 후 나타나는 얼룩진 눈 색.

어 이질 염색질 영역에 가까워지면, w^+ 대립유전자의 발현은 변화된다. 붉은색 대신에, 붉은색과 흰색 덩어리들의 얼룩이나 점무늬가 눈에 나타나게 된다(그림 4.18). 따라서 자리가 바뀐 후 정상적인 w^+ 대립유전자의 우성 효과는 간헐적으로 나타난다. 이질염색질 영역이 X 염색체의 흰색 유전자 좌위 옆에 재배치되면 유사한 위치 효과가 생성된다. 분명히 이질염색질 영역은 인접한 유전자의 발현을 억제한다. 다른 많은 생물의 유전자 좌위에서도 위치 효과가 나타나며, 이것은 유전 정보의 정상적인 배열을 변경하면 그 표현이 바뀔 수 있다는 증거를 제공한다.

온도의 영향: 조건적 돌연변이의 예

화학적 활성은 반응물질의 운동 에너지에 의존적이며, 이것은 또 환경의 온도에 의존적이다. 따라서 우리는 온도가 표현형에 영향을 미칠 것으로 기대할 수 있다. 한 예를 달맞이꽃에서 볼 수 있다. 이들은 23°C에서 자라면 붉은색 꽃을 피우고, 18°C에서 자라면 흰 꽃을 피운다. 좀 더 놀라운 예는 샴 고양이와 히말라야 토끼인데, 체온이 조금 낮은 부분, 특히 코, 귀, 발 등에서는 검은 털이 생긴다(그림 4.19). 이 동물들에서는 색소를 생산하는 효소가 몸 말단의 낮은 온도에서는 기능적이지만 약간 체온이 높은, 몸의 나머지 부분에서는 촉매 기능을 상실하는 것으로 보인다.

돌연변이들의 발현이 온도에 의해 영향을 받는 **온도 감수성 돌연변이(temperature-sensitive mutation)**들은 **조건적 돌연변이(conditional mutation)**의 한 가지 예이다. 그에 따라 표현형적 발현은 환경적 조건에 의해 결정된다. 온도 감수성 돌연변이들은 바이러스와 세균, 곰팡이, 초파리 등을 포함한 다양한 생물들에서 알려져 있다. 극단적인 경우, 어떤 돌연변이 대립유전자를 가지는 생물은, 한 온도에서는 돌연변이 표현형을 나타내지만, 다른 온도에서 자랄 때는 야생형을 나타내기도 한다. 이러한 온도의 영향은 발달 중의 필수 과정을 저해하므로, 정상적으로는 개체에 치명적일 수 있는 돌연변이들을 연구하는데 유용하게 이용될 수 있다. 예를 들어, 어떤 세균 바이러스들이 25°C에서는 **허용적 조건**(*permissive condition*)으로 배양되고 그 돌연변이 유전자 산물이 기능적이라면, 감염 과정은 정상적으로 진행되어 새로운 바이러스들이 생산될 것이며 그에 관한 연구가 가능하다; 그러나 온도 감수성 돌연변이들을 가지고 있는 세균 바이러스가 **제한 조건**(*restrictive condition*)인 42°C에서 배양된 세균에 감염되면, 감염 과정은 이 필수적인 유전자 산물이 요구되는 지점(예: 바이러스 조립)까지만 진행되고 멈추게 될 것이다. 온도-감수성 돌연변이들은 바이러스들에서 쉽게 유도되거나 분리될 수 있으며, 바이러스 유전학의 연구에 크게 기여하였다.

영양 성분의 영향

생물의 유전자형이 언제나 직접적으로 반영되지 않는 표현형의 또 다른 범주는 **영양 돌연변이(nutritional mutation)**들이다. 미생물에서는, 생합성 경로에 필수적인 효소가 불활성화되는 경우처럼, 영양 분자의 합성을 방해하는 돌연변이가 매우 흔하다. 그러한 돌연변이를 가진 미생물을 **영양요구주(auxotroph)**라고 한다. 만약 어떤 생화학적 경로의 최종산물이 더 이상 합성될 수

그림 4.19 (a) 히말라야 토끼. (b) 샴 고양이. 이들은 모두 주둥이, 귀, 발 등의 털 색이 검다. 이러한 검은 털 부분은 색소 생산을 맡고 있는 온도 감수성 대립유전자에 의한 것이다.

없고, 그 분자가 정상적인 성장과 발달에 필수적인 경우라면, 돌연변이는 성장을 방해하는 치명적인 것일 수 있다. 예를 들어, 빵 곰팡이인 뉴로스포라(*Neurospora*)가 더 이상 아미노산인 류신을 합성할 수 없다면 단백질을 합성은 불가능하다. 성장 배지에 류신이 존재하면, 이 해로운 영향은 극복될 수 있다. 영양 돌연변이는 세균의 유전학 연구에 결정적이었는데, 1940년대 초 비들(George Beadle)과 테이텀(Edward Tatum)은 하나의 유전자가 하나의 효소를 생산하는 기능을 한다는 주장의 근거가 되었다(14장 참고).

인간에서는 약간 다른 종류의 상황이 전개된다. 특정 음식을 먹을 때 정상인들에게는 아무렇지 않은 영양 물질들이 비정상적인 유전적 조성을 가진 사람들에게는 해를 끼칠 수 있다. 종종, 어떤 돌연변이는 정상적인 식단에서 흔히 발견되는 일부 물질의 대사를 방해할 수 있다. 예를 들어, 유전 질병인 **페닐케톤뇨증(phenylketonuria, PKU)**에 걸린 사람은 아미노산인 페닐알라닌을 대사할 수 없다. **갈락토스혈증(galactosemia)**인 사람은 갈락토오스를 대사할 수 없다. **젖당 불내증(lactose intolerance)**이 있는 사람은 젖당을 대사할 수 없다. 그러나 관련 분자의 섭취를 매우 줄이거나 먹지 않게 되면 이런 표현형은 개선될 수 있다.

유전적 발현의 시작

모든 유전적 형질들이 한 개체의 생애 내내 동시에 발현되는 것은 아니다. 대부분의 경우, 어떤 돌연변이 유전자가 관찰 가능한 표현형으로 드러나는 나이는, 정상적인 성장과 발달의 순서에 의존적이다. 사람에서는 태아, 유아, 청소년기, 성인 등의 시기에 각각 다른 유전적 정보가 요구된다. 결과적으로, 많은 심각한 유전적 질병들은 출생 후까지 나타나지 않는다. 예를 들어, 앞에서 살펴보았던 테이-삭스병(*Tay-Sachs disease*)은 상염색체 열성으로 유전되며, 헥소스아미니데이즈 A(hexososeaminidase A)의 비정상적 기능에 의해 유발되는 지질 대사 질환이다. 신생아는 태어난 지 몇 달 동안은 정상처럼 보인다. 그러다가 발육 부진, 마비, 시력상실이 시작되어 대부분 3세 정도가 되면 사망하게 된다.

레쉬-니한 증후군(Lesch-Nyhan syndrome)은 X-연관 열성 질환으로 유전되는 것으로 비정상의 핵산 대사(질소가 포함된 퓨린 염기의 생화학적 보상경로)에 의해 혈액과 조직에 요산(uric acid)이 축적되고, 정신 지체, 마비, 입술과 손가락을 물어뜯는 것이 특징이다. 이 질환은 하이포크산틴-구아닌 포스포리보실 전이효소(hypoxanthin-guanine phosphoribosyl transferase, HPRT)를 암호화하는 유전자에서의 돌연변이에 기인한다. 첫 징후가 발생하기 이전인 신생아 때 6개월 내지 8개월 정도는 정상이다.

또 다른 예가 **뒤센형 근이영양증(Duchenne muscular dystrophy, DMD)**으로 X-연관 열성 질환이며 점진적인 근육 소실이 발생한다. 보통 3~5세까지는 진단되지 않는다. 현대 의학의 개입으로도 이 질환은 종종 20대 초반이 되면 치명적이다.

아마도 인간의 유전병중 가장 발병 나이가 다양한 질환은 **헌팅턴병(Huntington disease)**일 것이다. 상염색체 우성으로 유전되는 헌팅턴병은 대뇌 피질의 전두엽에 영향을 미쳐서 여기서 10년 이상에 걸쳐 점진적인 세포 사멸이 일어나도록 한다. 뇌의 퇴화로 경련적인 통제 불가능의 행동이 일어나고, 지력과 감정의 왜곡, 그리고 결국에는 죽음에 이르게 된다. 발병은 모든 나이에서 일어나는 것으로 보고되어 있지만, 30~50세 사이에서 가장 빈번하게 첫 관찰이 이루어지며 평균 발병 연령은 38세이다.

이러한 예는 유전자 산물이 생물의 생애 주기의 특정 시기에 더 중요한 역할을 할 수 있다는 개념을 뒷받침한다. 생물은 눈에 띄는 효과 없이 상당 기간 동안 돌연변이 유전자의 영향을 견딜 수 있다. 그러나 어느 시점에 이르면 돌연변이 표현형이 나타난다. 아마도 이것은 생물 내부의 생리적 환경이 발생 과정과 나이에 따라 변화하기 때문일 것이다.

유전적 예상 현상

표현형적 발현이 유전적으로 시작되는 것에 대한 연구는, 세대를 거듭할수록 어떤 유전병은 좀 더 이른 나이에, 더 심각하게 발현될 수 있다는 것이 밝혀지면서 더 흥미를 끌게 되었다. 이러한 현상을 **유전적 예상 현상(genetic anticipation)**이라고 부른다.

근긴장성 이영양증(myotonic dystrophy, DM1)은 가장 흔한 성인성 근무력증으로 유전적 예상 현상을 분명히 보여준다. 상염색체 우성으로 유전되는 이 질병의 환자들은 그 증세의 심각성에 있어 매우 심한 차이를 보인다. 경증의 환자들은 성인이 되었을 때 백내장을 앓는 정도이면서 근육 퇴화는 거의 보이지 않지만, 심한 사람들은 더 광범위한 약화 현상을 보이는데, 근긴장(근육이 과도하게 활성화됨)과 함께 일부에서는 정신지체도 나타난다. 가장 심각한 경우는 출생 후 바로 사망하는 경우이다. 1989년 호웰러(C. J. Howeler)와 그 동료들이 세대가 거듭될수록 이 증세가 심해지고 더 이른 시기에 나타난다는 것을 확인하면서 매우 관심을 받게 되었다. 연구자들은 61쌍의 부모-자식을 연구한 결과 60건의 사례에서 질병을 앓고 있는 부모를 둔 아이들이 더 이른 시기에 발병하며, 표현형 발현 시기도 더 빨랐음을 보고했다.

1992년, DM1 돌연변이와 그 예상 현상을 설명할 수 있을만한 분자적 규명이 이루어졌다. 이 교재의 후반에 이것을 다시 다루겠지만, *DMPK* 유전자에는 짧은 세 뉴클레오타이드 DNA 반복 서열이 특징적으로 반복되며 이 반복 횟수는 매우 불안정하다(18장 참고). 정상인에서 이 반복 횟수는 5~35번 정도이며; 환자의 경우는 150~2000회가 넘는 반복서열을 가진다. 더 많은 수의 반복서열을 가질수록 증상이 심해진다. 가장 놀랄만한 관찰은 다음 세대에서 이 반복 부위의 크기가 증가한다는 사실이다. 우리는 이제 돌연변이 유전자에서 전사된 RNA가 문제의 원인이며 다른 유전자의 발현을 바꾼다는 것을 알고 있다. 두 번째 형태의 근긴장성 이영양증(DM2), 취약 X 증후군(fragile-X syndrome), 케네디병(Kennedy disease) 및 헌팅턴병을 비롯한 여러 다른 유전전병들 역시 반복되는 DNA 서열의 복제 수와 질병 중증도 사이의 연관성을 나타낸다.

유전학과 윤리, 그리고 사회

선천성 대 후천성 논쟁은 끝났나?

고대부터 철학자와 과학자들은 무엇이 우리를 인간으로 만드는지에 대한 질문에 대해 토론해 왔다. 우리는 유전의 산물인가, 아니면 환경과 사회적 영향에 의해 형성되는가? 즉, 우리는 자연의 산물인가 아니면 양육의 산물일까? 이 질문에 대한 답은 수세기에 걸쳐 크게 바뀌었고 오늘날까지 계속 진화하고 있다.

1600년대 후반부터 1960년대까지의 지배적인 견해는 인간의 형질이 대체로 우리의 사회적, 문화적 환경에 의해 형성된다는 빈 서판 가설(*blank-slate hypothesis*)이었다. 발생과정에서는 유전이 거의 독점적인 역할을 한다고 제안했던 다윈의 진화론–유전적 결정론(*genetic determinism*)으로 알려짐–의 영향도 이 가설을 대체할 수는 없었다.

빈 서판 가설은 1970년대와 1980년대에 동물의 유전 연구와 인간의 쌍둥이 연구에서 행동 및 지적 형질을 결정하는 유전자의 핵심 역할이 밝혀지면서 더욱 심각한 도전을 받았다. 그 당시에 빈 서판 가설의 지지자들은 유전적 결정론자들이 선천적 계급 구분의 아이디어를 조장함으로써 정치적 윤리적 부정에 관여하고 있다고 주장하는 반발이 일기도 했다.

1990년대에 유전학 및 유전체 서열화 연구가 번성하면서 논쟁은 다시 바뀌었다. 현재는 유전과 환경이 함께 우리의 형질을 형성한다고 제안된다. 많은 연구에서 자연(nature)과 양육(nurture)이 모두 기여한다는 것을 보여주지만, 각각의 신체적 특성, 질병 감수성 및 행동 특성을 결정하는 각각의 비율에는 상당한 차이가 있다. 예를 들어, 양극성 장애가 발생할 위험은 유전적 요인이 69%, 환경적 요인이 32%라고 한다. 그러나 섭식 장애가 발생할 위험은 유전적 요인이 약 40%, 환경적 요인이 60%이다. 조사된 모든 특성, 심지어 분명한 인간의 유전병 역시 유전적 기여뿐 아니라 적어도 어느 정도의 일부 환경적 기여가 존재한다.

많은 발생학자들과 사회 과학자들은 이제 자연 대 양육 논쟁은 끝났으며 폐기되어야 한다고 선언한다. 그들은 답이 분명하며 유전자와 환경 사이에 있는 것으로 가정되는 충돌은 존재하지 않는다고 주장한다.

하지만 과연 그런가?

당신의 생각은?

개별적으로나 여럿이 모여 시간을 내어 다음 질문에 대해 토론하라. 자연–양육 논쟁을 둘러싼 윤리적 및 기술적 문제를 다루는 참고문헌 및 링크를 조사하라.

1. 유전자와 환경의 상대적인 역할을 결정하기 위해 인간에 대한 통제 실험을 수행하는 것이 비윤리적이라는 점을 감안하여, 연구자들은 쌍둥이 연구를 포함한 다양한 간접적 방법에 의존해 왔다. 몇 가지 유형의 쌍둥이 연구에 대해 이 연구들에서 추출할 수 있는 정보 및 단점에 대해 설명하라.

   다음 주소에서 쌍둥이 연구의 개요를 찾을 수 있다: (https://www.ncbi.nlm.nih.gov/pmc/articles/PMC4919929/).

2. 유전적 결정론자들은 헌팅턴병, 테이삭스병, 페닐케톤뇨증, 낫세포 빈혈증과 같은 많은 단일 유전자성 멘델식 유전병들이 명확한 유전적 원인을 가지고 있다고 지적한다. 그러나 이러한 조건조차도 환경 요인의 영향을 받을 수 있다. 이러한 환경적 영향에는 어떤 것이 있는가? 그들이 자연–양육 논쟁에 어떻게 영향을 미치거나 영향을 미치지 않는지 설명하라.

   이 주제에 대한 소개는 다음 자료에서 찾을 수 있다: Collins, F. S., et al. (2001). Heredity and humanity. New Republic (http://www.arn.org/docs2/news/ heredityandhumanity0711.htm).

3. 현재 널리 받아들여지고 있는 생각은 선천적 영향과 후천적 영향이 신체적, 행동적 인간의 모든 특성에 영향을 미친다는 것이다. 이러한 최신 주장에 동의하는가? 그 이유는 무엇인가?

이런 논쟁적인 주제에 관한 최신의 주요 연구에 대한 설명을 위해서는 다음 자료들을 참고하라: 1. Tan, M. (2015). Are we products of nature or nurture? Science answers age-old question, at (https://www.theguardian.com/science/2015/may/19/are-we-products-of-nature-or-nuture-science-answers-age-old-question). 2. T. J., et al. (2015). Meta-analysis of the heritability of human traits based on fifty years of twin studies. Nat. Genet. 47:702–709.

사례 연구 아이는 청각 장애를 가졌어야 하는가?

청각 장애가 있는 한 부부는 자신들의 가족력을 조사하다가 여러 세대에 걸친 친척 중 몇 명이 그들처럼 청각 장애가 있었다는 사실을 알게 된다. 그들은 가족 계획에 앞서 임상 유전학자와 함께 그들의 자녀 중 일부 또는 전부가 청각 장애가 있을 수 있는지 가능성에 대해 논의하기로 결정한다. 유전학자는 그들에게 개입하지 않을 경우 청각 장애와 정상 청력을 가진 아이들이 섞여서 나올 가능성이 매우 높지만, 배아 검사와 시험관 수정을 함께 사용하면 정상적인 청력을 가진 배아를 선택하여 착상할 수 있다고 알려준다. 부부는 이 방법을 선택했고 첫 아이는 정상적인 청력을 가졌다.

1. 이 부모들이 그들의 청각 장애를 열성으로 물려받았겠는가, 아니면 우성으로 물려받은 것이겠는가? 이 가족력에서의 어떤 관찰이 당신의 결론을 지지하는가?
2. 만일 이 부모들이 장애가 있는 배아를 선택하여 아이들이 부모의 특성과 문화를 공유하도록 요청했고, 의사는 장애가 있는 배아를 검사하는 데 동의하여 이식에 사용할 수 있도록 했다면 그것은 윤리적인 행동이겠는가?

다음 자료를 참고하라: Draper, H., and Chadwick, R. (1999). Beware! Preimplantation genetic diagnosis may solve some old problems but it also raises new ones. J. Med. Ethics 25:114–120.

요약 정리

1. 멘델의 업적이 재발견된 이후로, 전달 유전학은 여러 가지 대체 유전양식, 즉 불완전 우성, 공우성, 복대립유전자들, 그리고 치사성 대립유전자들을 포함하는 것으로 확장되었다.
2. 멘델의 고전적인 F_2 비율은, 유전자 상호작용이 표현형 변이들을 조절할 때 종종 변형된다. 그런 사례들은 한 유전자의 발현이 다른 유전자의 발현에 영향을 미치거나 억제하는 상위성(epistasis)을 포함한다.
3. 상보성 분석은 비슷한 표현형을 가지지만 독립적으로 분리된 돌연변이들이 서로 대립유전자들인지, 아니면 독립된 유전자들을 나타내는 것인지를 결정해준다.
4. 다면발현이란 단일 돌연변이에 의해 다수의 표현형적 효과들이 유발되는 것을 말한다.
5. X 염색체에 있는 유전자들은 X-연관이라고 불리는 특징적인 유전적 전달 양식을 만든다. 이것은 소위 유전의 십자형 패턴을 나타내며, 이에 따라 환자인 어머니는 그녀의 모든 아들에게 X-연관성 형질들을 전달하게 된다.
6. 한성 유전과 종성 유전은, 생물의 성이 상염색체에 있는 유전자에 의해 조절되는 표현형에 영향을 미칠 때 발생한다.
7. 표현형적 발현이 항상 유전자형을 직접 반영하는 것은 아니다. 다양한 발현도가 관찰될 수 있으며, 혹은 생물들 일부는 예상되는 표현형을 전혀 나타내지 않을 수도 있어서, 돌연변이 유전자의 침투도 개념의 바탕이 된다. 그리고 표현형은 유전적 배경, 온도, 그리고 영양에 의해 변형될 수 있다. 마지막으로, 어떤 유전자의 발현 개시는 생물의 생애 동안 다양할 수 있으며, 심지어 후속 세대에서는 발현이 시작되는 시기가 더 빨라지고 증세도 더 심하게 나타날 수 있다(유전적 예상 현상).

통찰과 해법

유전학 문제들은 두 개의 독립적 특징들, 복대립유전자들, 불완전우성, 혹은 상위성 등을 포함하게 되면 점점 복잡해진다. 가장 어려운 경우들은 실험실이나 야외에서 연구 중인 선구적인 유전학자들에게 이러한 문제들이 닥치는 것이다. 그들은 유전자형을 모르는 부모들의 자손을 관찰함으로써 거꾸로 작업하여 유전양식을 결정해야만 했다.

1. 닭의 볏 모양 유전에 관한 문제를 생각해 보라. 호두볏(walnut), 장미볏(rose), 완두볏(pea) 그리고 홑볏(single)으로 나타나는 닭의 볏들은 뚜렷하게 관찰되는 형질들이다(아래 사진을 보라). 어떻게 이들이 유전되며, 각 교배에서 P_1의 유전자형은 무엇이었을까? 이 질문들에 답하기 위해 다음 자료들을 이용하라:

교배 1:	홑볏 × 홑볏	→	모두 홑볏
교배 2:	호두볏 × 호두볏	→	모두 호두볏
교배 3:	장미볏 × 완두볏	→	모두 호두볏
교배 4:	3번 교배의 $F_1 \times F_1$		
	호두볏 × 호두볏	→	93 호두볏
			28 장미볏
			32 완두볏
			10 홑볏

해법: 처음 보기에 이 문제는 상당히 어려워 보인다. 그러나 겉으로 어려워 보이는 다른 문제들에서와 마찬가지로, 조직적 접근과 단계별 분석을 적용함으로써 문제를 해결할 수 있다. 접근법은 두 단계를 포함한다. 첫째는 유용한 정보를 얻기 위해 자료를 세심히 분석하는 것이다. 일단 분명히 유용한 어떤 것을 발견하면, 그 다음엔 경험적인 접근을 따르도록 한다—즉, 어느 정도까지는 가설을 세우고 그것을 자료에 대하여 검정해보는 것이다. 그리고 모든 자료의 경우와 부합하는 유전 양식을 찾는다.

이 문제는 당장 유용한 사실 두 가지를 제시해 주었다. 우선 하나는 교배 1에서, P_1 홑볏이 순계라는 것이고, 둘째로는 교배 2의 P_1 호두볏 계통이 순계인데 반해, 이 호두볏 표현형은 장미볏과 완두볏 사이의 교배(교배 3)에서도 나타난다는 것이다. 이 F_1 호두볏들을 교배했을 때(교배 4)는, 모든 네 가지 볏 모양이 약 9:3:3:1의 비율로 나왔다는 것이다. 이러한 관찰은, 결과로 얻어진 자료가 멘델의 양성잡종 교배 비율과 같은 것으로, 두 유전자 쌍이 관여한다는 것을 시사하는 것이다. 오로지 한 가지 형질(볏의 모양)만 관여하고 있기 때문에, 상위성이 나타날 수 있다. 이것은 작업 가설로 사용될 수 있으며, 이제부터는 여러분이 어떻게 두 개의 유전자 쌍이 "상호작용"하여 각 표현형이 나오게 되는지 제시해 보라.

대립유전자 쌍을 *A*, *a*와 *B*, *b*라 부른다면, 교배 4에서 호두볏이 9/16만큼 표현되었기 때문에 *A*−*B*−는 호두볏이 나오리라고 예상할 수 있다. 또한 교배 2에서 유전자형이 *AABB* × *AABB*이며, 여기서 호두볏은 순계인 것으로 보인다고 가정할 수 있다. (*A*− 와 *B*−는 각각 *AA* 혹은 *Aa*, 그리고 *BB* 혹은 *Bb*를 나타낸다는 것을 기억하라.)

교배 4에서 자손 중 1/16의 자손이 나타내는 표현형이 홑볏이다; 그러므로 이 표현형이 *aabb* 유전자형의 결과라고 가정할 수 있다. 이것은 교배 1과 부합한다.

이제 장미볏과 완두볏에 대한 유전자형을 결정하기만 하면 된다. 가장 논리적인 예상은 적어도 하나의 우성 *A* 혹은 *B* 대립유전자가 이중 열성 조건의 다른 대립유전자쌍과 조합되어 이 표현형들을 나타내는 것으로 볼 수 있다. 예를 들어,

A−*bb* → 장미볏
aaB− → 완두볏

만약에 교배 3에서 *AAbb*(장미볏)가 *aaBB*(완두볏)과 교배된다면 모든 자손들은 *AaBb*(호도볏)가 될 것이다. 이것은 자료와 일치하며, 여러분은 이제 교배 4만 확인하면 된다. 우리는 이 호도볏 유전자형들이 *AaBb*(위)이라고 예상할 수 있으며, *AaBb*(호도볏) × *AaBb*(호도볏) 교배로부터

9/16 *A*−*B*− (호도볏)
3/16 *A*−*bb* (장미볏)
3/16 *aaB*− (완두볏)
1/16 *aabb* (홑볏)

이었음을 예상할 수 있다.

우리의 예상은 주어진 자료와 일치한다. 처음 두 유전자 쌍의 상호작용에 의한 상위성에 대한 가설은 이제 전체적으로 일치하는 것으로 판명되었으며 문제가 풀리게 된다.

이 문제는 전달 유전학에 대한 기본적 이론 지식의 필요성을 증명하는 것이다. 그 다음은 여러분이 단계적인 방법으로 단계적으로 답을 향한 진전을 가능하게 하는 단서들을 찾는 것이다. 문제 풀이에 통달하는 것은 많은 연습을 요구하지만 여러분에게 많은 만족감을 줄 것이다. 다음 문제들에 대하여 일반적인 접근을 적용해 보라.

2. 무에서 꽃의 색깔은 붉은색, 자주색, 혹은 흰색이다. 무의 먹을 수 있는 부분은 길거나 달걀형이다. 꽃의 색깔만 본다면, 빨간 꽃과 흰 꽃을 교배하면 모두 자주색 꽃이 나온다. 우성이 뚜렷하지 않은 이 F_1의 자주색 꽃들을 교배하면 F_2 세대는 1/4의 빨강, 1/2의 자주, 1/4의 흰 꽃으로 구성된다. 무의 모양에 관해서는, 길쭉한 것이 달걀형에 우성인 멘델 유전 양식을 나타낸다.

(a) 순계인 빨간 꽃의 길쭉한 무와 흰 꽃의 달걀형 무를 교배시켜 나온 F_1과 F_2의 표현형을 결정해보라. 우선 모든 유전자들의 기호를 결정하도록 한다.

(b) 붉은색이면서 달걀형인 식물을 유전자형과 표현형이 애매한 식물과 교배시켜 다음과 같은 자손을 얻었다:

103 붉은색, 길다: 101 붉은색, 달걀형
98 자주색, 길다: 100 자주색, 달걀형

정보가 알려지지 않은 교배된 식물의 유전자형과 표현형을 결정하라.

해법:

RR = 붉은색, $O\_$ = 길다
Rr = 자주색, oo = 달걀형
rr = 흰색

(a) 이것은 색깔을 조절하는 유전자 쌍이 불완전 우성을 나타내는 변형된 양성잡종 교배이다. 모양은 통상적으로 조절된다. 우선, 유전자 기호를 마련한다:

P_1: $RROO$ × $rroo$
(붉고 긴 무) (흰색이며 달걀형 무)
F_1: 모두 $RrOo$ (자주색이며 길다)
$F_1 \times F_1$: $RrOo$ × $RrOo$

F_2	1/4 RR	3/4 $O-$	3/16 $RRO-$	붉은색, 길다.
		1/4 oo	1/16 $RRoo$	붉은색, 달걀형
	1/2 Rr	3/4 $O-$	6/16 $RrO-$	자주색, 길다.
		1/4 oo	2/16 $Rroo$	자주색, 달걀형
	1/4 rr	3/4 $O-$	3/16 $rrO-$	흰색, 길다.
		1/4 oo	1/16 $rroo$	흰색, 달걀형

F_2가 분지법에 의해 계산된 것에 유의하라. 우선, 우리는 교배된 F_1 부모형에 대해 색깔 유전자들 의 결과를 고려했다($Rr \times Rr$). 그런 다음, 모양의 결과를 생각했다($Oo \times Oo$).

(b) 두 가지 특징은 독립적으로 유전되는 것으로 보인다. 따라서 이들을 따로 고려하자. 자료는 1/4:1/4:1/4:1/4 비율로 나타난다. 우선, 색깔을 생각래 보자:

P_1: 붉은색 × ??? (모름)
F_1: 204 붉은색 (1/2)
198 자주색 (1/2)

붉은색 부모가 RR일 것이므로, 미지의 식물은 유전자형이 Rr이어야 이 결과를 나타낼 수 있다. 따라서 그것은 자주색 식물이다. 이제 모양에 대해 생각해 보자:

P_1: 달걀형 × ??? (모름)
F_1: 201 길다 (1/2)
201 달걀형 (1/2)

달걀형 식물이 oo일 것이므로, 미지의 식물의 유전자형은 반드시 Oo여야 이 결과를 나타낼 수 있다. 따라서 미지의 식물은 $RrOo$인 자주색 꽃의 긴 무 식물이다.

3. 사람에서, 적녹색맹은 X-연관 열성 형질로 유전된다. 정상 시각을 가졌지만 그 아버지가 색맹이었던 여자가 정상 시각을 가진 남자와 결혼하였다. 이들 부부에서 생긴 아들과 딸의 색각이 어떨지 예상해 보라.

해법: 이 여자는 아버지에게서 돌연변이 대립유전자를 포함한 X 염색체를 물려받았으므로 이형접합성이다. 그녀의 남편은 정상이다. 따라서 이들 부부의 유전자형은

Cc × $C\uparrow$ ($\uparrow$는 Y 염색체이다.)

이고, 모든 딸들은 정상이다(CC 혹은 Cc). 아들의 반은 색맹이거나($c\uparrow$), 정상 시각($C\uparrow$)를 가진다.

4. 아래 제시된 매우 인원이 제한된, 서로 관련이 없는 가계도들에 대해 고려해 보자. X-연관 열성, X-연관 우성, 상염색체성 열성, 그리고 상염색체성 우성이라는 네 가지 유전양식들 중에서 각 가계도에서 확실히 제거될 수 있는 것은 무엇인가?

(a)

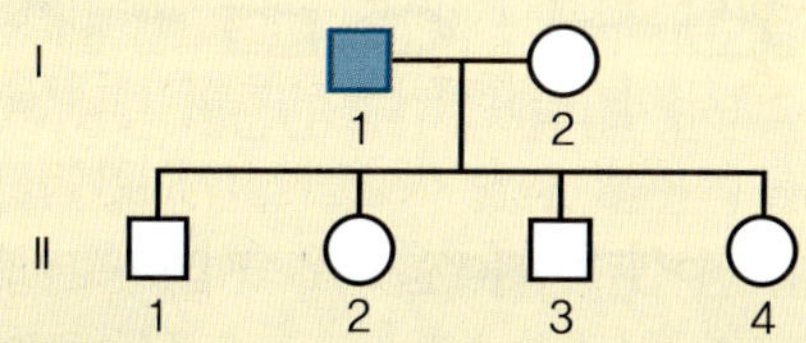

(b)

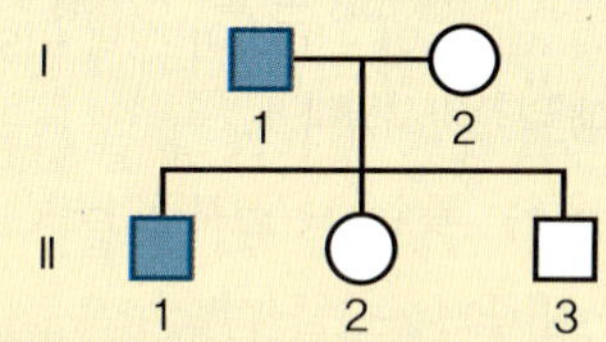

해법: 두 가계도에 대해, 가계도 (b)의 어머니가 이형접합자라고 한다면, X-연관 열성과 상염색체성 열성은 모두 가능하다. (a)의 가계도는, 첫 눈에 상염색체성 우성은 불가능해 보이는데, 적어도 자손의 절반이 그 부모 중 한 사람이 나타내는 표현형을 그들도 나타내야 하기 때문이다. 그러나 만약 환자인 부모가 상염색체성 우성 유전자를 이형접합성으로 가지고 있었다면, 각 자손들이 50 %의 확률로 그 돌연변이 유전자를 물려받아 발현시키게 되므로, 네 명의 자손이란 너무 작은 샘플 크기가 되고, 이런 가능성을 배제시킬 수 없게 된다. 가계도 (b)에서는, 상염색체성 우성이 분명해 보인다. 두 경우에서, X-연관 우성은 배제가 가능하다. 그 이유는 여성 자손들이 그 돌연변이 대립유전자를 물려받아 발현했어야 하는데, 두 가계도 모두에서 그 형질은 여성들에서 발현되지 않고 있기 때문이다.

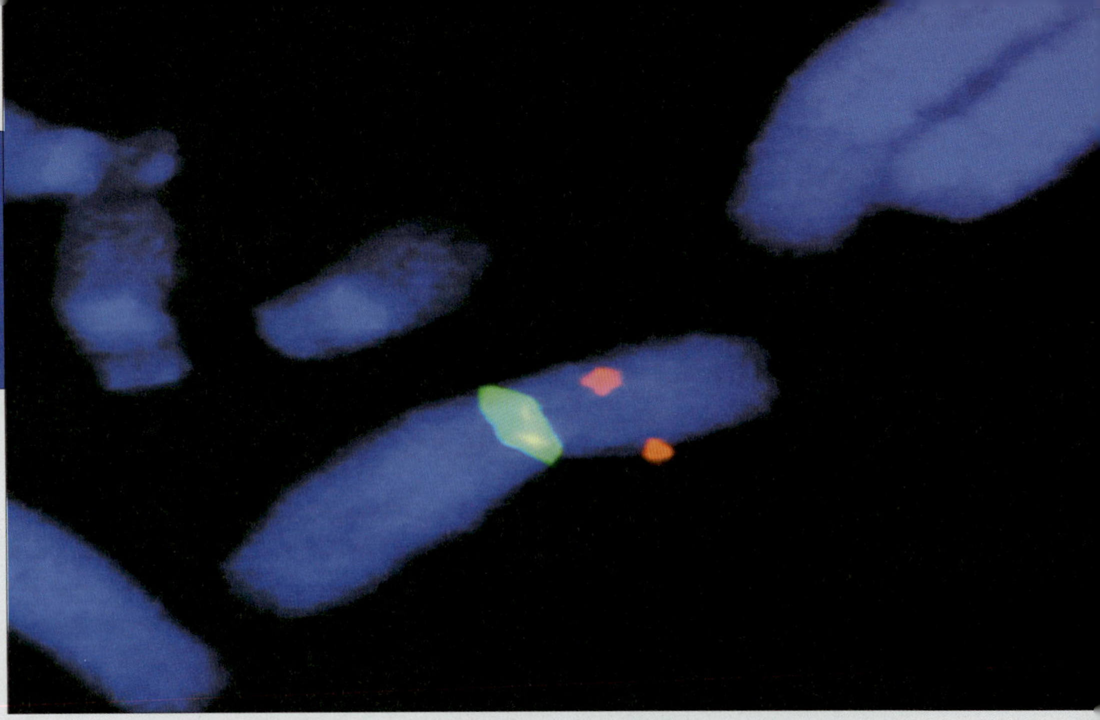

5

성 결정과 성염색체들

인간의 X 염색체. 형광 제자리 혼성화(fluorescence *in situ* hybridization, FISH)법으로 밝게 처리되어 있다. 여기서는 탐침자가 DNA의 특정 서열에 결합한다. 녹색 형광을 내는 탐침자는 X 염색체의 동원체 DNA에 결합한다. 붉은 형광을 띠는 탐침자는 X-연관성인 뒤센형 근위축증(DMD) 유전자의 DNA 서열에 특이적으로 결합한다.

핵심 개념

- 성의 분화를 이끈 다양한 체계들이 진화하여 성의 이형성을 만들고 종 내의 유전적 변이를 매우 증가시켰다.
- 흔히 한 염색체상에 존재하는 특수한 유전자들이 발생 중에 남성성 혹은 여성성을 유발한다.
- 인간에서는, 이배체 수를 넘는 부가적인 X나 Y 염색체의 존재가 용인될 수는 있지만, 종종 독특한 표현형을 나타내는 증후군을 유발한다.
- 성 결정 염색체들의 분리가 이론적으로는 인간의 성비를 1:1이 되도록 하지만, 이 비율은 수태 시에는 남성에 더 유리하다.
- 포유동물에서는, 여성이 2개의 X 염색체를 포함하며 남성은 하나의 X 염색체를 갖는다. 그러나 발생 초기에 하나의 X 염색체를 무작위로 불활성화시킴으로써, 여성에서 더 많이 존재하는 유전정보들은 그 양이 보정된다.
- 일부 파충류에서는, 알의 부화 온도가 자손의 성을 결정한다.

생물의 세계에서는 여러 가지의 생식법과 생활사들이 발견된다. 어떤 생물은 성별이 아예 없어서 유성생식의 증거를 나타내지 않는다. 다른 종들은 또 짧은 시기 동안의 유성생식과 긴 무성생식 기간 사이를 왔다 갔다 하기도 한다. 그러나 대부분의 이배체 진핵생물들에서는 유성생식 방법만이 종의 새로운 구성원을 만드는 자연스러운 방법이다. 모든 유성생식 생물들의 영속성은 궁극적으로 수정에 의한 효율적인 배우자 융합에 기초한다. 바꿔 말하자면, 성공적인 수정은 유성생식 생물에서의 **성적 분화(sexual differentiation)** 형태에 의존적이다. 비록 확실히 드러나지 않아도, 이런 분화는 세균이나 단세포성 진핵생물인 조류들만큼이나 진화적 척도가 낮은 생물들에서도 발생한다. 좀 더 복잡한 형태의 생물에서는, 성별의 분화가 남성과 여성이라는 표현형적 이형성(phenotypic dimorphism; 두 가지 형태)으로 분명히 드러난다. 고대로부터 창과 방패(♂)로 상징되는 철과 화성, 그리고 거울(♀)로 표현되는 구리와 금성은 각각 남성성과 여성성을 나타내는 기호가 되었다.

여러 포유동물에서는 X와 Y 염색체처럼, 같지 않은 염색체, 혹은 **이형적 염색체(heteromorphic chromosome)**들이 짝을 이루어 이쪽 혹은 저쪽의 성을 결정하므로 이 염색체들은 **성염색체(sex chromosome)**들로 표시하게 되었다. 그렇지만 **성 결정(sex determination)**의 기초에서 궁극적으로 작용하는 것들은 염색체라기보다는 유전자들이다. 앞으로 살펴보게 되겠지만, 이 유전자 중 일부는 성염색체들에 존재한다. 그러나 다른 것들은 상염색체들에 위치한다. 많은 연구의 결과로, 성염색체 시스템에는 연관 생물들 사이에서도 상당한 변이가 존재함이 밝혀졌는데, 이는 성 결정을 조절하는 기작들이 생명의 역사에서 여러 번 빠른 진화를 겪었음을 시사한다.

이 장에서는, 포유동물을 대표하는 우리 인간들과 선구적인 성 결정 연구가 수행되었던 초파리를 가지고 성 차이의 결정에 대한 유전적 기초에 대하여 무엇이 알려져 있는지 조금 더 깊게 알아보고자 한다.

5.1 20세기 초 X와 Y 염색체가 성 결정과 관련 있음이 알려졌다

어떻게 성이 결정되는가 하는 것은 오랫동안 유전학자들에게 흥미로운 주제였다. 1891년에 헨킹(Hermann Henking)은 일부 곤충들에서 정자의 핵 내 구조물을 발견했고 이를 X-소체(X-body)라고 불렀다. 수년 후에 맥클렁(Clarance McClung)은 어떤 메뚜기 정자가 이상한 유전적 구조물을 가지고 있는데 나머지 정자들에서는 이러한 구조물을 볼 수 없자, 이를 이형염색체(*heterochromosome*)라고 불렀다. 그는 이형염색체의 존재와 수컷 자손의 생산을 잘못 연계시켰다. 1906년에 윌슨(Edmund B. Wilson)은 나비인 *Protenor*의 암컷 체세포에서 X 염색체 2개를 포함한 14개의 염색체를 증명하면서 헨킹과 맥클렁의 발견을 분명히 했다. 난자 형성 중에 절반의 감소가 일어나 1개의 X가 포함된 7개의 염색체를 가지는 배우자가 생산된다. 한편 수컷 체세포는 한 개의 X 염색체를 포함한 13개의 염색체만을 가진다. 정자형성 중에는 X가 없는 6개의 염색체를 가진 배우자나, X 하나를 포함하여 7개의 염색체를 가진 배우자가 생산된다. X를 가진 정자에 의한 수정은 암컷 자손을 만들고 X가 없는 정자에 의한 수정은 수컷 자손을 만든다[그림 5.1(a)].

수 배우자에서 X 염색체의 부재나 존재는 이 종에서 성 결정을 위한 효과적인 장치로 작용하며, 이 결과로 얻어진 자손의 성비를 1:1로 유지할 수 있게 해준다.

윌슨은 또 노린재의 한 종류인 *Lygaeus turcicus*를 가지고 실험을 하였는데, 이 생물은 두 성이 모두 14개의 염색체를 가진다. 이 중 12개는 상염색체(A)다. 게다가 암컷은 2개의 X 염색체를 가지며 수컷은 한 개의 X 염색체와 **Y 염색체(Y chromosome)**라고 이름 붙인 더 작은 이형염색체를 가진다. 이 종에서 암컷들은 (6A+X) 조성을 가진 오직 한 종류의 배우자만을 만들지만, 수컷들은 같은 수의 (6A+X)와 (6A+Y) 조성의 두 가지 배우자를 생산한다. 그러므로 무작위 수정이 이루어지면, 동일한 수의 수컷 자손과 암컷 자손이 독특한 염색체 조성으로 태어난다[그림 5.1(b)].

곤충인 나비와 노린재들에서, 수컷은 서로 닮지 않은 배우자들을 만든다. 결과적으로 그들은 **이형배우자적 성(heterogametic sex)**으로 설명된다. 그런 배우자들은 궁극적으로 이 종에서 자손의 성을 결정하는 효과를 나타낸다. 이 경우, 닮은 성염색체를 가진 암컷은 **동형배우자적 성(homogametic sex)**이고 염색체 수와 형태에 있어 한 종류의 배우자를 만든다.

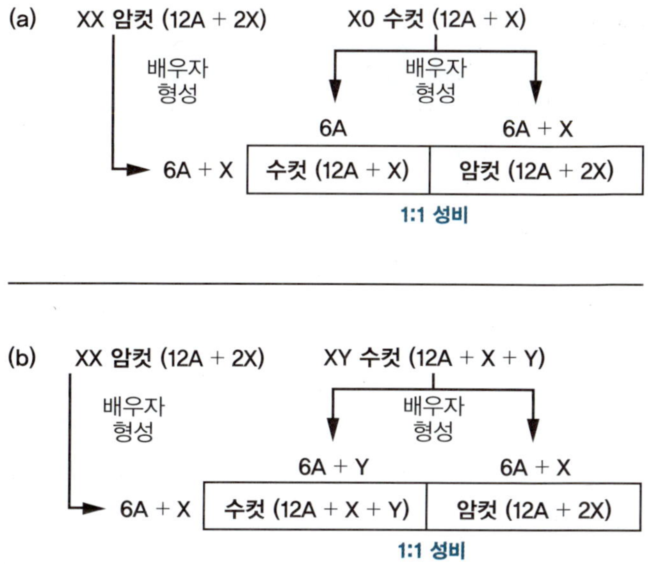

그림 5.1 염색체 조성에 의한 성 결정. (a) 이형배우자적 성(이 예에서는 수컷)이 XO이고, X가 있는 배우자와 없는 배우자를 생산할 때의 성 결정; (b) 이형배우자적 성(이 예에서도 수컷이다)이 XY이고, X 나 Y가 들어간 배우자를 생산할 때의 성 결정. 이 두 경우에, 자손의 염색체 조성이 성별을 결정한다.

수컷이 항상 이형배우자적 성인 것은 아니다. 일부 생물들에서는 암컷이 서로 다른 배우자들을 생산하는데, 나비 방식(*Protenor mode*)인 XX/XO이거나 노린재 방식(*Lygaeus mode*)인 XX/XY로 성이 결정된다. 이런 예들에는 특정 나방들과 나비, 그리고 일부 물고기, 파충류, 양서류, 그리고 적어도 한 종의 식물(*Fragaria orientalis*), 그리고 대부분의 새가 포함된다. 암컷이 이형접합자적 성인 상황을 구별하기 위해, 일부 유전학자들은 XX/XY 표시 대신 **ZZ/ZW** 표시를 사용하는데, 여기서 ZZ는 동형접합자인 수컷이고 ZW는 이형접합자인 암컷을 나타낸다. 예를 들어, 닭들이 대표적이다. 유명한 모델 생물들에서의 성염색체 조성이 **표 5.1**에 나타나 있다.

5.2 Y 염색체는 사람에서 남성성을 결정한다

우리 자신의 종인 사람에서 성 결정을 이해하려는 첫 시도는 이미 100여 년에 시작되었으며 분열 중인 세포의 염색체를 관찰하여 조사하는 것이 포함되었다. 사람의 이배체 염색체 수를 정확하게 결정하려는 노력이 있었지만, 비교적 많은 수의 염색체들 때문에 분석이 매우 힘들었다. 그러다가, 1956년 치오(Joe Hin Tjio)와 레반(Albert Levan)이 염색체들을 잘 볼 수 있도록 하는 효과적인 방법을 발견했다. 이 기술로 사람의 이배체

표 5.1 일반적인 모델 생물들의 성염색체 조성

	Caenorhabditis elegans	*Drosophila melanogaster*	*Mus musculus*	*Danio rerio*	*Xenopus laevis*
모델 생물	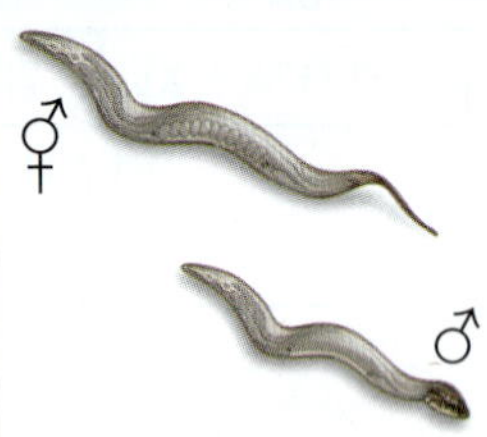		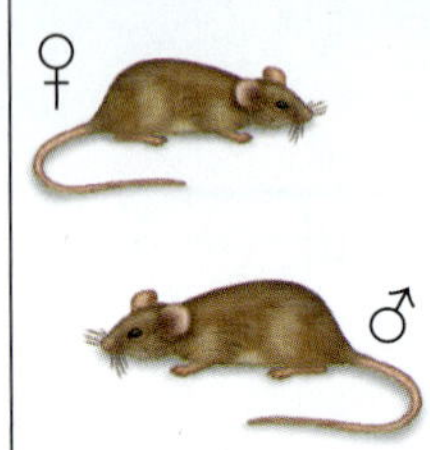		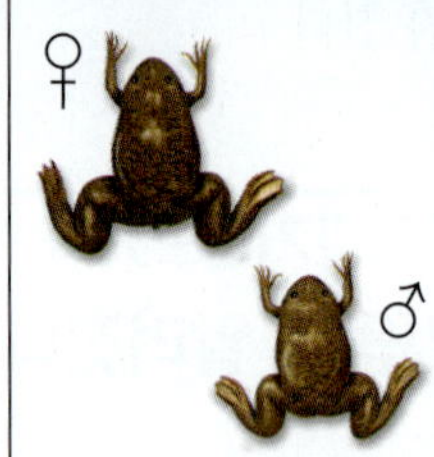
성 염색체들	XX XO	XX XY	XX XY	없음	ZW ZZ

수를 보여주는 46개의 중기 염색체들을 또렷하게 볼 수 있게 되었다. 같은 해 후반에, 포드(C. E. Ford)와 해머튼(John L. Hamerton)은 정소 조직을 가지고 작업하여 이런 결과를 확인하였다. 인간 남성의 핵형(그림 2.4)은 X와 Y 염색체들 사이의 크기 차이를 잘 보여준다.

인간의 23쌍 염색체 중에서, 한 쌍은 남성과 여성에서 그 모양에 차이가 있는 것으로 보인다. 이 두 염색체는 X와 Y 염색체라고 불린다. 인간의 여성은 두 개의 X 염색체들을 가지며, 남성은 X와 Y 염색체를 하나씩 가진다.

우리는 이러한 관찰이 Y 염색체가 남성성을 결정짓는다는 결론을 내리기에 충분하다고 믿을 수 있다. 그러나 여러 가지 다른 해석이 가능하다. 예를 들어, Y 염색체는 성 결정에 아무런 역할도 하지 않을 수 있으며, 두 개의 X 염색체의 존재는 여성성의 원인이 될 수 있다거나, 혹은 남성성은 두 번째 X 염색체의 부재에 의한 것일 수 있다. 어떤 설명이 맞는지에 대한 증거는 다음 절들의 설명에서처럼, 사람의 성염색체 변이의 영향에 관한 연구로부터 얻어졌다. 그러한 조사들은 Y 염색체가 사람에서 정말로 남성성을 결정한다는 것을 드러냈다.

클라인펠터 증후군과 터너 증후군

1940년경, 과학자들은 사람에서 비정상적 성 발달이 특징인 두 가지 기형을 발견하였는데, **클라인펠터 증후군(Klinefelter syndrome; 47,XXY)**과 **터너 증후군(Turner syndrome; 45,X)**이라고 불린다*. 클라인펠터 증후군인 사람들은 일반적으로 키가 크고 팔다리가 길며 손과 발도 크다. 그들은 보통 남성의 성기와 내부 도관들을 가지지만 정소의 발달이 미약하고 정자를 생산하지 못한다. 동시에, 여성의 성 발달도 완전히 억제되지 못한다. 약간 가슴이 커지는(gynecomastia) 현상이 보통이고, 엉덩이도 종종 둥글어진다. 클라인펠터 증후군인 사람들은 대체로 인지력 저하를 보이지는 않으며, 그들이 불임 문제에 부딪히게 될 때까지 자신들의 질병을 모르는 경우가 많다.

터너 증후군인 사람들은 여성의 외부 생식기와 내부 도관을 가지지만 난소가 제대로 발달하지 않는다. 다른 특징적인 이상은 작은 키(보통 152.4cm 미만)와 목 뒤 피부의 처짐, 그리고 가슴이 제대로 발달하지 않는 것 등이다. 넓고 방패 같은 가슴이 종종 언급된다. 지적 능력은 일반적으로 보통 수준이다.

1959년에 이 증후군인 사람들의 핵형이 결정되어 이러한 이상들이 성염색체와 관련 있음이 밝혀졌다. 클라인펠터 증후군인 사람들은 X 염색체를 하나 더 가지고 있었다. 대부분이 44개의 상염색체와 XXY 조성을 가진다[그림 5.2(a)]. 이 때문에 이러한 핵형을 가진 사람들은 **47,XXY**로 표시된다. 터너 증후군인 사람들은 종종 45개의 염색체만 가지는데, 단 하나의 X 염색체를 보유한다; 따라서 이들은 **45,X**로 표현된다[그림 5.2(b)]. 이러한 염색체 조성을 나타내는 방법들에 유의하라. 숫자는 존재하는 염색체 전체의 수를 말하는 것이고 쉼표 뒤의 정보는 정상 이배체 내용물과의 차이를 표시하는 것이다. 위의 두 조건 모두 **비분리(nondisjunction)**에 의한 것인데, 이는 성염색체가 감수분열 시 적절히 나눠지 못했기 때문이다(비분리는 6장에 설명되어 있다. 그림 6.1을 보라).

클라인펠터와 터너 핵형들, 그리고 각각의 성 표현형들은 과학자들이 Y 염색체가 사람에서 남성성을 결정짓는다는 결론을 내릴 수 있게 했다. Y 염색체가 없는 경우, 개인의 성은 한 개의 X 염색체를 가진 경우라고 할지라도 여성이다. 클라인펠터 증후군인 사람의 Y 염색체는 그들에서 남성의 발달이 완전하지 않을지라도, 남성을 결정하기에는 충분하다. 비슷하게, 터너 증

*간혹 창시자의 이름이 소유격으로 사용되고 있기는 하지만(예: Klinefelter's syndrome), 현재의 추세는 소유격을 사용하지 않는 것을 선호한다.

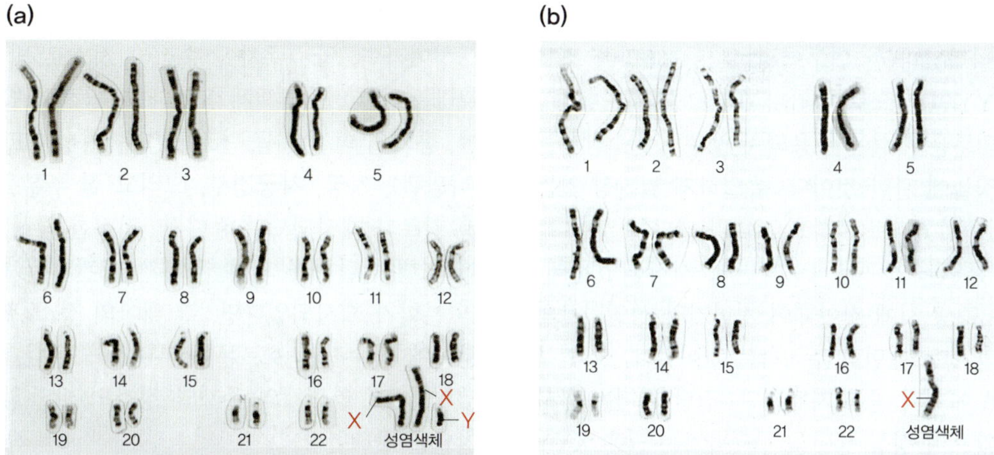

그림 5.2 여러 가지 핵형(karyotype)들. (a) 클라인펠터 증후군(47,XXY)과 (b) 터너 증후군(45,X).

후군인 사람들처럼 Y 염색체가 없는 경우 남성성은 전혀 나타나지 않는다. X 염색체 없이 Y 염색체만 있는 상황의 성 결정에 관해서는 어떤 결론도 내릴 수 없음에 주의하라. 왜냐하면 X 염색체가 없이 Y만을 포함하는 인간의 배아(45,Y로 표시)는 생존할 수 없기 때문이다.

클라인펠터 증후군은 660명의 남아 출생당 1명 정도의 빈도로 나타난다. **48,XXXY**, 혹은 **48,XXYY** 또는 **49,XXXXY**이거나 **49,XXXYY** 등의 핵형들은 표현형적으로 47,XXY와 비슷하지만, 증상은 X 염색체 수를 많이 가진 개인들에서 종종 더 심각하게 나타난다. 최근의 연구들은 47,XXY 유전자형을 가진 남자들에서 보이는 다양한 표현형이 사본수 변이(copy number variation, CNV), 특히 X 염색체의 중복과 관련되어 있음을 보여준다.

터너 증후군은, 체세포들이 두 가지 서로 다른 핵형을 가지는 **모자이크(mosaics)**라고 불리는 사람들을 포함하여 45,X 이외의 핵형에 의해서도 생길 수 있다. 모자이크 세포들은 초기 발생 단계에서 유사분열 오류에 의해 생기는데 가장 흔한 염색체 조합은 **45,X/46,XY**와 **45,X/46,XX**이다. 그러므로 정상 핵형을 가지고 생명을 시작한 배아라도, 핵형의 혼합을 보이는 세포를 가진 개인에서는 이러한 증후군이 다양한 정도로 나타날 수 있다.

터너 증후군은 2000명의 여아 출생당 한 명꼴로 발견되는데 이 빈도는 클라인펠터의 경우보다 훨씬 낮은 것이다. 이런 차이에 대한 설명 하나는, 대부분 45,X인 태아는 자궁 안에서 사망하여 자연 유산된다는 관찰로 대신할 수 있다. 따라서 이 두 증후군은 수태 시에는 비슷한 빈도로 발생하는 것일 수 있다.

47,XXX 증후군

정상 상염색체 세트와 비정상적인 세 개의 X 염색체의 존재(**47,XXX**)는 여성으로의 분화를 일으킨다. 이 유전자형과 동반되는 매우 다양한 증후군은 종종 **3중-X(triplo-X)**라고 불리며, 1000명의 여아 출생당 1명꼴로 발생한다. 흔히, 47,XXX 여성은 완전히 정상이어서 핵형분석이 수행되기 전에는 염색체 수에 문제가 있다는 것을 인식하지 못할 수도 있다. 다른 경우에는 2차 성징의 지연, 불임, 그리고 언어와 운동 능력 발달의 지연 및 지적 장애의 특징이 나타나기도 한다. 드물게 **48,XXXX**(4중-X)와 **49,XXXXX**(5중-X) 핵형들이 보고된 바 있다. 이 핵형들과 관련된 증상들은 비슷하지만 47,XXX보다 더 분명하다. 그러므로 대체로 부가적인 X 염색체의 존재는 정상적인 여성의 발달에 필요한 미세한 유전적인 균형을 깨트리는 것으로 보인다.

47,XYY 상황

성염색체를 포함한 인간의 또 다른 특이 상황은 **47,XYY**이다. 부가적인 Y 염색체만 아니라면 정상적인 남성 핵형을 가졌을 정상 이배체에서, Y 염색체가 유일한 변형인 이런 상황에 관한 연구는 1965년, 제이콥스(Patricia Jacobs)에 의해 시작되었다. 그녀는 스코틀랜드의 최고 안전 교도소에 수용된 수형자 315명 중 9명이 47,XXY 핵형임을 발견하였다. 이러한 남성들은 키가 평균보다 훨씬 컸으며, 위험하고 폭력적이며 범죄적 성향의 결과로 수용되었다. 연구된 9명의 남성 중에서 7명이 정상을 밑도는 지적능력을 보였으며, 모두가 인격 장애를 겪고 있었다. 몇몇 다른 연구들도 비슷한 결과를 내놓았다.

염색체 조성과 범죄 행동의 가능성에 대한 연결은 비상한 관심을 끌어서 범죄 집단과 비범죄 집단에서 47,XYY 조성의 표현형과 빈도에 대한 광범위한 조사들이 잇따르게 되었다. 표준 이상의 키와(일반적으로 6피트 이상) 평균 수준의 지능들이 일반적으로 증명되었고 이러한 핵형을 나타내는 남성의 빈도는 실제로 시설에 수용되지 않은 사람들의 집단에서보다 교도소나 정신병원에서 더 높게 나타났다(한 연구에서는 28,366명이 조사되었을 때 29명이 XYY인 것으로 나타나 0.10%를 차지했다). 특별히 이와 관련된 의문은 시설에 수용되지 않은 XYY 남성들에 의해 나타나는 특징들에 관한 것이다. 유일하게 일관성 있는 관련성은 그러한 개인들이 6피트 이상으로 키가 크다는 것이다.

이 문제를 더 다룬 한 연구는 1974년에 시작되었는데, 47,XYY인 사람들을 출생 시에 찾아내어 청년기와 성인기로의 성장 과정 중에 그들의 행동 패턴을 추적하는 것이었다. 그 연구는 비윤리적인 것으로 여겨져 곧 폐기됐지만, 집단 내에는 반사회적 행동을 보이지 않으며 정상 생활을 꾸려나가는 많은 XYY 남성들이 존재한다는 것이 분명해졌다. 따라서 여분의 Y 염색체는 이를 가진 남자들이 행동문제를 보일 유전적 소인과 높은 연관성을 보이기는 하지만 일관성 있는 것은 아니라는 결론을 내려야만 하겠다.

사람의 성 분화

일단 연구자들이 사람에서는 남성성에 필요한 유전정보들이 Y 염색체에 들어 있다는 결정을 내리자, 곧 성 결정을 책임지는 "신호"를 제공할 수 있는 특정 유전자나 유전자들을 특정하려는 시도가 이루어졌다. 이 주제에 깊이 들어가기에 앞서, 어떻게 인간이 성적으로 이형적인 남성과 여성으로 발달하는지 좀 더 잘 이해하기 위해, 성 분화가 어떻게 일어나는지 생각해보는 것이 유용할 것이다. 초기 발생과정 중에 모든 인간의 배아는 잠재적 자웅동체 시기를 지난다. 임신 5주째가 되면 생식 원기들(생식소를 형성하게 될 조직)이 배아의 콩팥과 관련된 한 쌍의 **생식 융기들[gonadal(genital) ridges]**로 나타난다. 그 배아는 잠재적으로 자웅동체 상태인데, 이 단계에서는 생식 표현형이 성적으로 분화되지 않아서 남성이나 여성 생식 기관들이 구분될 수 없고, 그 생식 융기 조직은 남성이나 여성 생식소 둘 다로 발달할 수 있기 때문이다. 발생이 진행됨에 따라 원생식세포(primordial germ cell)는 이 융기로 이동하여 바깥쪽 피질(cortex)과 안쪽 수질(medulla)을 형성한다(*cortex*나 *medulla*는 각각 기관의 바깥 조직과 안쪽 조직을 말한다). 피질은 난소로 발생할 수 있고, 수질은 정소로 발생할 수 있다. 이에 더하여, 두 세트의 비분화 성기인 울프관(Wolffian duct, male)과 뮐러관(Müllerian duct, female)이 각 배아 안에 존재하게 된다. 울프관들은 남성의 생식 도관으로 분화하는 반면, 뮐러관은 여성의 생식 도관계로 분화한다.

생식 융기들이 난소나 정소로 발달할 수 있으므로 이들은 보통 **양성 생식소(bipotential gonads)**라고 언급된다. 어떤 스위치가 생식 융기를 정소나 난소로 발달하도록 유발하는가? Y 염색체의 존재나 부재가 그 열쇠이다. 만약 융기의 세포들이 XY 조성이라면, 약 7주차에 수질이 정소로 발달하는 과정이 개시된다. 그러나 Y 염색체가 없다면, 남성의 발달은 일어나지 않으며, 융기의 피질은 곧 난소 조직을 형성하고 뮐러관 체계가 난관(나팔관), 자궁, 자궁경부, 그리고 질 부분을 형성하게 된다. 어떤 경로가 개시되느냐에 따라, 적절한 남성 혹은 여성 도관계들이 병행 발달하게 되며, 상대편 도관계는 퇴화된다. 만약 정소의 분화가 개시되었다면, 그 배아의 정소 조직은 지속적인 남성 분화에 필수적인 호르몬을 분비하게 된다. 다음 절에서 논의되겠지만, Y 염색체의 존재와 정소의 발달은 여성 생식기관들의 발달을 방해한다.

여성에서는 태아 발생이 12주차에 도달하면, 난소 내의 난원세포들이 감수분열을 시작하고 제1난모세포들이 생긴다. 임신 25주차가 되면 모든 난모세포는 감수분열 중에 멈추고 10~15년 뒤 사춘기까지 휴면 상태로 남는다. 남성에서는 이와 반대로, 제1정모세포들이 사춘기까지 생성되지 않는다(그림 2.11 참고).

성적 이형성을 고려하자면, 배우자를 만드는 성기만 관여하는 **1차 성 분화**(*primary sexual differentiation*)와, 그 생물의 전체적인 표현형을 포함하는 **2차 성 분화**(*secondary sexual differentiation*)를 구분하는 것이 중요하다. 2차적인 영향에는 유선 및 외부 생식기처럼 남성과 여성을 구분하는 다른 형질들도 포함된다.

Y 염색체와 남성의 발달

X 염색체와는 달리 Y 염색체는 오랫동안 유전적으로 비어 있다고 생각되어왔다. 비록 Y 염색체가 X 염색체보다는 훨씬 적은 유전자만을 포함하고 있기는 하지만, 현재에는 이러한 생각은 사실이 아닌 것으로 알려졌다. 인간 유전체 프로젝트에서 나온 자료들은 X 염색체 위에 900~1400개의 유전자가 있는 것과는 대조적으로, Y 염색체에는 적어도 75개의 유전자가 포함되어 있음을 보여준다. 이 유전자들과 잠재적으로 유전적 기능을 가지는 영역들에 대한 현재의 분석은, 이들 일부가 X 염색체에 상동의 대응 서열을 가지지만 다른 것들은 그런 서열을 가지고 있지 않음을 보여준다. 예를 들어, Y 염색체의 양쪽 말단에 존재하는 소위 **유사 상염색체 영역들(pseudoautosomal regions, PARs)**은 X 염색체의 영역들과 상동성을 공유하며 감수분열 중에 접합하여 재조합을 일으킨다. 이러한 짝 형성 영역의 존재는 남성의 배우자 형성과정 중 X와 Y의 분리에 대단히 중요하다. 염색체의 나머지 95% 부분은 X 염색체와 접합하거나 재조합되지 않는다. 결과적으로, 이 부분은 처음에는 **Y의 비재조합 영역**(*nonrecombining region of the Y, NRY*)으로 알려졌었다. 보다

최근에는 연구자들이 이 부분을 **Y의 남성 특이적 부분(male-specific region of the Y, MSY)**으로 지칭했다. MSY의 일부분은 X 염색체의 유전자들과 역시 상동성이 있고 어떤 부분은 그렇지 않다.

사람의 Y 염색체가 그림 5.3에 도해되어 있다. MSY는 기능적인 유전자들을 가진 **진정염색질부위**(*euchromatic region*)와 유전자가 없는 **이질염색질부위**(*heterochromatic region*)로 나뉜다. Y 염색체의 단완 내 PAR 근처의 진정염색질 안에는 **성-결정 영역(sex-determining region Y, SRY)**이라고 불리는, 남성의 발달을 조절하는 중요한 유전자가 있다. 사람에서 Y 염색체의 부재는 거의 항상 여성의 발달을 일으킨다; 따라서 이 유전자는 X 염색체에는 없다. 발생 6주~8주에, XY 배아에서는 *SRY* 유전자가 활성화된다. SRY는 비분화 배아의 성조직을 정소로 발달시키는 유전자 산물을 암호화한다. 이 단백질은 **정소-결정인자(testis-determining factor, TDF)**라고 불린다. *SRY*(혹은 연관 형태)는 지금까지 조사된 모든 포유동물에 존재하므로, 이 다양한 동물 집단에서의 필수적인 기능을 드러낸다.*

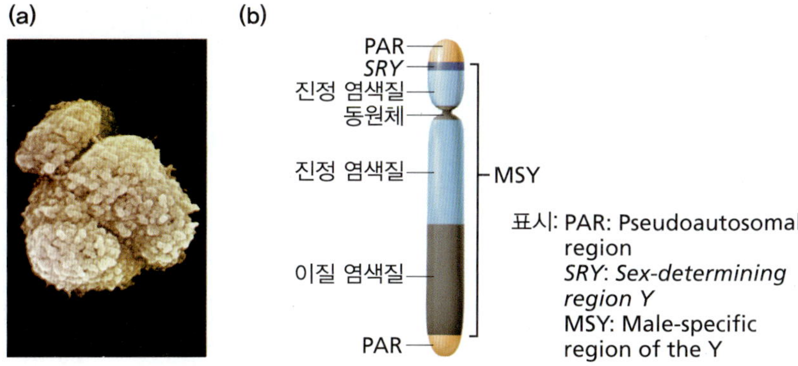

그림 5.3 (a) 인간 Y 염색체의 전자현미경상(x35,000). (b) Y 염색체의 영역들.

성염색체 조성이 그들이 표현형적 성과 일치하지 않는 희귀한 개인들에서, 이러한 DNA 서열의 존재나 부재를 규명해보면, *SRY*가 남성의 결정을 책임지는 유전자임을 알 수 있다. 예를 들어, 어떤 남자들은 두 개의 X를 가지며 Y 염색체를 가지지 않는 경우가 있다. 흔히, 이들은 그들의 X 염색체 중 하나에 *SRY*를 포함한 Y 염색체 일부를 가진다. 어떤 여자들은 하나의 X와 하나의 Y 염색체를 가진다. 그들의 Y는 거의 항상 *SRY* 부분을 잃어버린 상태이다. 이러한 관찰들은 *SRY*가 남성 발달의 주요 신호를 제공하는 역할을 한다는 사실을 강하게 지지한다.

이러한 결론을 더욱 지지하는 것이 바로 **유전자 이식 생쥐(transgenic mice)**를 이용한 실험이다. 이 동물들은 발달하는 배아의 유전체 내로 통합될 수 있도록 외부 DNA를 주입한 수정란으로부터 발생한 것이다. 정상적인 쥐에서, 사람의 *SRY*와 동등하게 *Sry*라고 지정된 염색체 부위가 밝혀졌다. 정상 XX 쥐의 난자들에 쥐의 *Sry*를 포함한 DNA가 주입되었을 때 자손의 대부분이 수컷이 되었다.

어떻게 이 유전자의 산물이 난소가 아니라 정소의 조직으로 배아의 생식 조직 발달을 개시하는가 하는 문제는 연구 중인 핵심 질문이다. 현재는 TDF가 **전사인자**(*transcription factor*)로 작용하는 것으로 믿어진다. 전사인자란 다른 유전자들의 조절 서열과 직접 상호작용하는 DNA 결합 단백질들로, 그들의 발현을 촉진시키는 것들을 말한다. 따라서 TDF가 하류의 다른 유전자들을 조절하는 마스터 스위치로 행동한다. 그러나 TDF 표적 유전자를 찾는 것은 어려운 일이었다. TDF에 의해 활성화되는 한 가지 가능한 표적 유전자는 광범위하게 연구되어 온 것으로, **뮐러관 억제 물질(Müllerian inhibiting substance, MIS)**을 합성하는 유전자이다. 이것은 뮐러관 억제 호르몬(Mullerian inhibiting hormone, MIH), 혹은 항뮐러관 호르몬(anti-Mullerian hormone)으로 불리기도 한다. 정소를 발달시키는 세포들은 MIS를 분비한다. 이름이 시사하는 것처럼, MIS 단백질은 뮐러관의 세포들이 퇴화하도록 한다. 이 도관의 퇴화는 여성 생식관계의 형성을 방해한다.

다른 상염색체 유전자들은 *SRY*에 의해 개시되는 순차적 유전자 발현의 일부이다. 이런 예로는 인간의 *SOX9* 유전자와 생쥐의 상동체인 *Sox9*이 있으며, 이들은 *SRY*에 의해 활성화되면 남성 생식 계열 세포들을 포함한 세정관을 형성하는 세포들의 분화를 이끈다. 생쥐에서 섬유아세포 성장 인자 9(*Fgf9*)는 XY 생식선에서 상향 조절된다. *Fgf9*가 결여된 생식선에서는 정소의 발달이 완전히 차단되며 난소 발달 징후가 나타난다. 또다른 유전자인 *SF1*은 스테로이드 대사에 영향을 미치는 효소의 조절에 관여한다. 생쥐에서 이 유전자는 초기에 남성과 여성의 양성 생식 융기 모두에서 활성화되어 정소 형성이 분명해지는 발생 시점까지 지속된다. 이때 수컷에서는 그 표현이 계속되지만, 암컷에서는 사라진다. 생쥐를 사용한 최근 연구는 특정 유전자의 발현을 하향 조절함으로써 암컷의 일생에 걸쳐 정소의 발달이 적극적으로 억제될 수 있음을 시사했다. 이것은 성체 암컷 마우스에서 전사인자를 암호화하는 유전자 *Foxl2*의 결실이 난소를 고환으로 전환-분화시킨다는 것을 보여주는 실험에 근거한다.

2016년, 하와이 대학의 연구자들은 생쥐의 두 유전자 *Sox9*와 *Eif2s3y*가 Y 염색체를 대체할 수 있음을 보여주는 새로운 연구를 발표했다. *Sry*는 *Sox9*을 활성화하며, *Eif2s3y*는 X 염색체

*흥미로운 점은 닭에서 최근 비슷한 유전자가 발견되었다는 점이다. *DMRT1*이라고 불리는 이 유전자는 Z 염색체 위에 있다. 이 유전자는 이 장의 끝에 있는 연습문제 중 29번의 주제이다.

에 상동체(*Eif2s3x*)를 가진다. Y 염색체 없이 한 개의 X 염색체만 가진 유전자 이식 생쥐가 만들어졌다. 그러나 이 생쥐들에서 *Sry*가 *Sox9*의 이식 사본으로 대체되었고, 정상적인 X와 Y 염색체에서 생산되는 수준 이상으로 X 염색체에서 *Eif2s3x*가 과발현되도록 했다. 이 수컷들은 Y 염색체가 없었지만, 반수체의 수컷 배우자들을 생산했다. 그들은 성숙한 정자를 생산하지는 않았으나 시험관에서 난모세포를 수정하는 데 사용할 수 있는 둥근 정세포를 생산해 생존력 있는 자손을 만들 수 있었다. 이 연구는 *Sry*가 없는 상태에서 *Sox9*과, *Eif2s3y* 상동체인 *Eif2s3x*가, Y 염색체 전부가 없어도 수컷의 배우자 발생을 허용하여 정자 형성과정을 개시할 수 있음을 시사한다. 이 두 유전자가 보조생식 기술을 통해 자손을 생산할 수 있는 수 배우자를 생산할 수 있었지만, 성숙한 정자를 생산하려면 다른 유전자가 더 필요하다. 그럼에도 불구하고, 이와 같은 실험은 성 결정 경로의 유전학에 대한 새로운 통찰을 제공한다. 이러한 다양한 유전자와 성 결정 사이의 연관을 확인하는 것은 인간에서 어떻게 남성과 여성이 발생하는지에 대한 완전한 이해에 가까워지게 하지만, 아직 해야 할 일이 많이 남아 있다.

페이지(David Page)와 여러 동료의 연구 결과는 인간 Y 염색체의 MSY 영역에 대한 상당히 완전한 그림을 제공했다. 페이지는 지난 수십 년 동안 Y 염색체에 대한 자세한 연구를 주도해 왔다. MSY는 약 2,300만 염기쌍(23 Mb)으로 구성되며 세 영역으로 나눌 수 있다. 첫 번째 영역은 **X-전이 영역**(*X-transposed region*)이다. 그것은 MSY의 약 15%를 차지하며 원래 인간 진화 과정에서(약 300만~400만 년 전) X 염색체에서 기원하였다. X-전이 영역은 현대의 인간 X 염색체의 Xq21 영역과 99% 동일하다. X 염색체에 상동체를 가진 두 개의 유전자가 이 영역에 존재한다.

페이지를 비롯하여 여러 사람의 연구로, **회문(palindrome)** 서열이라고 불리는 염기서열(반대의 상보적 가닥에서도 동일하게 읽히는 서열)이 MSY 전체에 걸쳐 존재한다는 사실도 밝혀졌다. 복제 중 Y 염색체의 자매 염색분체에서 회문 서열 간의 재조합은 Y 염색체의 돌연변이를 복구하는 데 사용되는 기작이다. 이 발견은 Y 염색체가 어떻게 그 크기와 구조를 유지하는지에 관한 흥미로운 시사점을 제시한다.

또 다른 흥미로운 발견은 인간 Y 염색체의 MSY가 침팬지의 MSY와는 서열 구조가 매우 다르다는 것이다. 이 연구는 600만 년도 더 전에 이 종들이 분리된 이후 급속한 진화가 일어났음을 보여준다. 영장류의 성염색체들이 수억 년 동안 존재해왔다는 사실을 생각하면 이것은 매우 놀라운 일이다. 침팬지 MSY 염기서열의 30% 이상이 인간 MSY와 상동적 염기서열을 갖지 않는다. 침팬지 MSY는 공통 조상에 비해 많은 단백질 암호화 유전자를 잃었지만 인간 MSY보다 두 배나 많은 회문 서열을 포함한다.

MSY의 두 번째 영역은 **X-퇴화 영역**(*X-degenerative region*)으로 표시된다. MSY의 약 20%를 구성하는 이 영역에는 X 염색체에 존재하는 것과 훨씬 더 오랜 기간 관련이 있는 DNA 서열이 포함되어 있다. X-퇴화 영역은 27개의 단일 사본 유전자들과 다수의 유사유전자(진화 과정에서 충분히 퇴화되어 비기능적으로 변한 유전자)를 포함한다. 여기에 위치한 27개 유전자 중 20개는 X 염색체의 대응 유전자들과 상동성을 공유하며 X 염색체의 유전자로부터 진화한 것이다. 이들 중 하나가 앞에서 논의한 *SRY* 유전자이다. 단백질 산물을 암호화하는 다른 X-퇴화 유전자들은 신체의 모든 조직에서 어디서나 발현되지만, *SRY*는 정소에서만 발현된다.

세 번째 영역인 **증폭 영역**(*ampliconic region*)은 정소의 발달과 밀접하게 관련된 대부분의 유전자를 포함하며 MSY의 약 30%를 차지한다. 이 유전자들은 X 염색체에 상응하는 유전자가 없으며, 그들의 발현은 정소로 제한된다. 이 영역에는 9개의 유전자 집단으로 나눌 수 있는 적어도 60개의 유전자가 있으며, 대부분은 다수의 사본들로 나타난다. 각 집단의 구성원들은 거의 똑같은(98% 이상) DNA 서열을 가진다. 각 반복 단위가 **앰플리콘(amplicon)**이며 Y 염색체의 짧은 팔과 긴 팔 전체의 진정염색질 영역에 흩어져 있는 7개의 단편 내에 포함된다. 앰플리콘 영역의 유전자는 정소의 발달과 기능에 특이적인 단백질을 암호화하며, 이 유전자들의 여러 산물은 남성의 생식력과 직접적으로 관련이 있다. 현재는 우리 인간들의 여러 가지 남성 불임이 이 유전자들의 돌연변이와 관련될 수 있는 것으로 생각된다.

비교적 최근까지만 해도 Y 염색체는 성의 결정과 남성 생식력에만 기여하는 것으로 생각되었다. 최근 조사들은 Y 염색체와 아버지의 나이와 관련된 것들을 포함한다. 오랫동안 산모의 나이는 다운 증후군을 포함하여, 염색체 결함이 있는 자손의 비율을 증가시키는 것으로 알려져 있었다(6장 참고). 이제는 아버지의 나이가 많을수록 유전자에 근거한 선천성 질병들, 예를 들어 일부 암들, 정신분열, 자폐증, 그리고 다른 여러 질병의 위험성을 증가시킨다는 **부계 나이 효과**(*paternal age effects, PAE*)가 알려져 있다. 정자의 유전체를 서열화하는 연구에서 Y 염색체의 수많은 돌연변이를 포함하여 특정 PAE 돌연변이의 존재가 입증되었다. PAE 돌연변이들은 양성 선택을 받고 있으며 결과적으로 시간이 지나면서 돌연변이 정자들이 더 많아진다는 증거들이 제시된다.

마찬가지로, 스웨덴에서 6000명 이상의 남성에 대한 혈액 시료와 의료 기록을 분석한 결과, 흡연과 혈액 세포의 Y 염색체 완전 소실 사이의 상관관계가 밝혀졌다. 또한 이런 Y 염색체 소실은 남성 흡연자의 암 위험 증가, 종양 억제 유전자 발현 감소, 면역 저하와 관련이 있다. 이런저런 연구들은 Y 염색체의 유전자가 성 결정과 남성 생식력 이상에 영향을 미친다는 추가 증거를 제공한다.

이런 최근의 연구는 이 독특한 염색체에 의해 전달되는 유전정보에 대한 우리의 그림을 매우 확대해준다. 약 25년 전에 널리 퍼진 소위 **황무지 이론**(*wasteland theory*)은 인간의 Y 염색체가 남성성을 유발하는 몇 가지 유전자 외에 유전정보가 거의 없다고 묘사한 이론을 분명히 반박하는 것이다. 우리가 얻은 지식은 남성성이 어떻게 결정되는지에 대해 훨씬 더 명확한 그림의 기초를 제공한다.

풀어보기

5.1 굴지 형성이상(campomelic dysplasia 1, CMD1)은 인간의 선천성 질병으로, 뼈와 연골의 기형이 특징이다. 이것은 17번 염색체에 있는 한 유전자의 상염색체성 우성 돌연변이에 의해 발생한다. 다음 관찰들을 차례로 살펴보고 각 경우에서 적절한 결론들을 찾아 확신할 수 있다면 어느 것이라도 제시해 보라.

(a) 핵형이 46,XY인 환자 중 대략 75%는 성 반전이 발생하여 다양한 정도로 여성적 특징을 나타낸다.

(b) 이 유전자의 정상형인 *SOX9*은 XY 남성의 생식소 발생 중에는 발현되지만 XX 여성에서는 발현되지 않는다.

(c) *SOX9* 유전자는 Y-연관성인 *SRY* 유전자와 71%의 아미노산 암호화 서열이 상동적이다.

(d) 46,XX 핵형을 나타내는 CMD1 환자들은 생식소 이상을 가지지 않는 여성으로 발달한다.

■ **힌트:** 이 문제는 이 장에서 제시된 정보를 실제에 적용하도록 요구한다. 해답의 열쇠는 일부 유전자들은 다른 염색체에 있는 다른 유전자들의 산물이 발현될 결과로써 활성화되어 그 정상적인 산물이 생산된다는 것을 깨닫는 것이다.

5.3 인간의 남녀 성비는 1.0이 아니다

모양이 다른 성염색체가 종의 한쪽 성에만 존재하는 것은 남녀 자손의 비를 동등하게 생산할 수 있는 기구로 작용한다. 이 조절력은 X와 Y(혹은 Z와 W) 염색체가 감수분열 중에 분리되고, 이형배우자를 만드는 쪽의 배우자 중 절반이 염색체 하나를, 나머지 배우자 절반이 다른 염색체 하나를 받는다는 가정에 기초하고 있다. 앞 절에서 배운 바와 같이, 상동적으로 짝지어지는 작은 유사 상염색체 영역이 사람의 X 염색체와 Y 염색체 모두에 존재하는데, 이것은 X와 Y 염색체들이 접합했다가 서로 다른 배우자들로 분리됨을 시사한다. 두 가지 형태의 배우자가 수정에 있어서 동등한 성공도를 가지며, 두 성은 발생 중에 동등한 생존력을 가진다고 가정하면, 1.0의 남녀 성비가 얻어질 것이다.

남성 자손들과 여성 자손들의 실제 비율을 **성비(sex ratio)**라고 하며, 보통 두 가지 방법으로 측정된다. **1차 성비(primary sex ratio, PSR)**는 집단 내에서 잉태된 여아에 대한 남아의 비를 나타내는 것이다. **2차 성비(secondary sex ratio)**는 출생 당시의 비율을 반영한다. 2차 성비가 더 결정하기 쉽지만, 불균형적인 태아 사망 혹은 배아 사망을 고려하지는 못한다는 단점이 있다.

1969년, 세계 인구조사 자료에서 인류 집단의 2차 성비가 결정되었을 때, 이 비율은 정확한 1.0이 아닌 것으로 나타났다. 예를 들어, 미국의 코카서스 집단에서 이 비율은 1.06에 약간 못 미치는 것으로 나타나, 100명의 여아에 대해 약 106명의 남아가 태어나는 것으로 보였다. 1995년, 이 비율은 약간 더 떨어져 1.05가 되었다. 미국의 아프리카-미국계 집단에서 이 비율은 1.025이다. 다른 나라들에서는 남아의 출생이 이 값들보다 훨씬 크다. 예를 들어, 한국에서는 2차 성비가 1.15에 달한다.

이러한 비율에도 불구하고, 1차 성비는 1.0일 가능성이 있으며, 수태와 출생 사이에서 이 비율이 변한 것일 수 있다. 1.0을 초과하는 2차 성비에 대해서는 선천적으로 여아 사망률이 남아 사망률이 더 높다고 생각할 수도 있다. 그러나 이 가설은 사실이 아닌 것으로 생각된다. 1948년에 보고된 카네기 연구소(Carnegie Institute)의 연구에 따르면, 유산이나 임신 이상에서 얻어진 약 6,000명의 배아와 태아가 조사되었는데, 남아의 태아 사망률이 더 높은 것으로 나타났다고 한다. 이 연구에서 얻어진 자료에 기초하면, 미국의 코카서스인들에서의 1차 성비가 약 1.079인 것으로 추산되어, 인류 집단에서는 남아가 여아들보다 더 많이 잉태되는 것임을 시사한다.

왜 그런지 설명하기 위해, 연구자들은 이론적 비율이 기초하고 있는 가정들을 조사하였다:

1. 염색체의 분리 때문에, 남성은 X-포함 정자와 Y-포함 정자들을 같은 수로 생산한다.
2. 각 형태의 정자는 여성의 생식관 내에서 생존력이나 운동성이 같다.
3. 난자의 표면은 X-포함 정자나 Y-포함 정자 모두를 동등하게 수용한다.

이런 가정들을 반박하는 직접적 실험 증거들은 없다.

남아의 수태율이 더 높게 나타나는 1차 성비는 2015년까지 수십 년 동안 변함이 없었으나, 광범위한 자료들을 이용한 한 연구는 1차 성비가 1.0이며, 이것은 남성과 여성이 실제로 동등하게 잉태된다는 것을 제시한다는 결론을 발표했다. 여러 표준 인자 중, 보조 생식 기술을 이용하여 3일 된 배아와 6일 된 배아들의 성별을 조사한 것이 가장 직접적인 추정을 제공했다. 그러나 잉태된 후 사망률은 성별 사이에서 변화가 심한 것으로 나타났으며, 출생 시에는 더 많은 남아가 태어났다. 따라서 배아 시기와 태아 발달 단계에서의 여아 사망률은 남아보다 높다. 분명히, 이것은 연구하기가 어렵지만 계속 관심을 끄는 주제이다. 현재 가장 최근의 발견들은 이전의 연구들을 확신시켜 주기도 하고 반박하기도 한다.

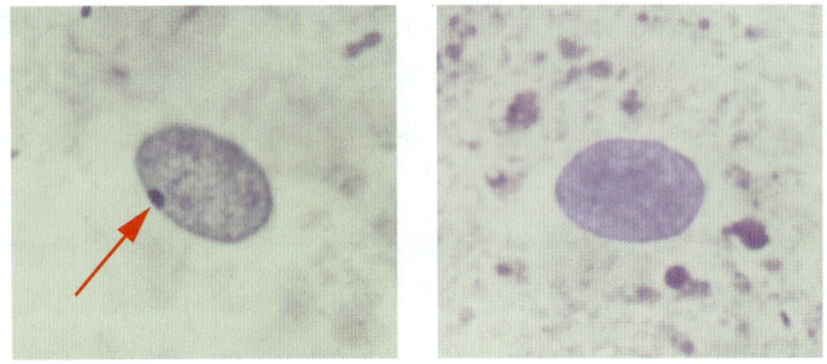

그림 5.4 바 소체를 보여주는 현미경 사진. 남자의 뺨 상피세포(오른쪽)에서는 바 소체가 관찰되지 않으나, 여자의 세포에서 얻은 핵(왼쪽)에서는 뚜렷한 바 소체가 보인다(화살표). 이것은 성 염색질체(sex chromatin body)라고도 불리며, 불활성화된 X 염색체를 나타낸다.

5.4 양적 보정은 인간과 기타 포유류에서 X-연관 유전자들의 과다 발현을 막는다

정상인 여성에 존재하는 두 개의 X 염색체들과 남성에 존재하는 한 개의 X 염색체는, 두 성의 세포들에서 같은 수로 존재하는 상염색체들에 비하면 매우 독특한 것이다. 이론적인 바탕에서만 보면, 이러한 불균형은 모든 X-연관 유전자들에 대해 남자와 여자에서 "유전적 양(genetic dosage)" 문제를 일으킬 것으로 생각된다. 여성들은 모든 X-연관 유전자들을 두 배로 생산할 능력이 있는 것이다. 앞의 장들에서 다루었던 다양한 증후군들을 나타내는 남녀 모두에서, 부가적인 X 염색체들은 이러한 양적인 문제를 더욱 복잡하게 만드는 것으로 생각된다. 배아의 발생은 유전자들의 발현이 제때, 정확하게 조절되는 수준으로 이루어지는 것에 의존한다. 그렇지 않으면, 질병 표현형이나 배아 치사가 발생할 수 있다. 이 절에는 X-연관 유전자들의 발현을 밝힌 연구들에 대해 알아볼 텐데, 이것은 여성과 남성에서의 X 염색체 유전자발현의 양을 균형 있게 만드는 **양적 보정(dosage compensation)**이라는 유전적 기구를 증명해 준다.

바 소체

암컷 고양이들을 이용한 바(Murray L. Barr)와 버트램(Ewart G. Bertram)의 연구들과, 무어(Keith Moore)의 사람에 대한 후속 연구들은, 포유동물에서 X 염색체의 양적 불균형을 보정하는 유전적 기구가 존재함을 증명해 주었다. 바와 버트램은 암컷 고양이의 간기 신경세포에서 어둡게 염색되는 소체를 발견했으나 수컷 고양이의 유사 세포에서는 이것을 발견할 수 없었다. 사람에서 이 소체는 여성의 구강 점막 세포나 섬유아세포(미분화성 결합 조직 세포들) 등에서 쉽게 발견되지만, 남성의 세포에서는 나타나지 않는다(그림 5.4). 약 1 μm 지름의, 고도로 응축된 이런 구조는 간기 세포의 핵막에 붙어 있으며, 여러 가지 DNA-결합 염료들에 의해 잘 염색된다.

성 염색질체(sex chromatin body) 혹은 그냥 단순히 **바 소체(Barr body)**라고 불리는 이런 염색체 구조는 불활성화된 X 염색체이다. 오노(Susumo Ohno)는 바 소체가 두 개의 X 염색체 중 하나로부터 생긴다고 처음 제안했다. 이 가설은 양적 보상에 대한 가능한 기구를 제공하기 때문에 흥미로운 것이다. 만약 두 개의 X 염색체 중 하나가 여성의 세포에서 불활성화된다면, 남성에서 발현될 수 있는 유전정보의 양은 여성의 것과 같아질 것이다. 간접적이긴 했지만, 이 가설을 확신할 수 있도록 하는 증거들이 이 장의 앞에 설명했던 성염색체 증후군에 관한 연구에서 얻어졌다. 체세포가 얼마나 많은 X 염색체들을 가졌는지 관계없이, 그들 중 하나만을 제외한 모든 것들이 불활성화되어 바 소체들로 보일 수 있는 것으로 생각된다. 예를 들어, 터너 증후군인 45,X 여성의 체세포에서는 바 소체가 관찰되지 않는다; 클라인펠터 증후군인 47,XXY인 남자의 세포에서는 한 개가 보인다; 47,XXX인 여성에서는 2개가 관찰된다; 48,XXXX 여성에서는 3개가 보이는 식의 관계가 지속적으로 관찰된다(그림 5.5). 그러므로 바 소체들의 수는 $N - 1$의 규칙을 따르는데, 여기서 N은 존재하는 모든 X 염색체들의 수를 말한다.

하나만 제외하고 모든 X 염색체를 불활성화시키는 이런 방법은, 양적 보정에 대한 우리의 이해를 돕지만, 다른 문제들에 대한 우리의 인식을 더 복잡하게 한다. 예를 들어, 정상인 여자의 두 X 염색체 중 하나가 불활성화된다면, 왜 터너 증후군인 여자는 완전한 정상이 아닌가? 3중 X 혹은 4중 X 핵형(47,XXX 와 48,XXXX)을 가지는 여자들은 왜 추가적인 X 염색체들에 의해 영향을 받는가? 나아가, 클라인펠터 증후군(47,XXY)에서는 X 염색체 불활성화가 효과적으로 46,XY인 개체와 같은 상황을 만들 텐데 왜 이 남자들은 핵 내부에 존재하는 부가적인 X 염색체들에 의해 영향을 받는가 하는 문제들이 제기되기 때문이다.

한 가지 가능한 설명은, 생식 조직으로 발달이 결정된 세포들의 발생 초기 단계에서는 일반적으로 염색체 불활성화가 일어나지 않는다는 것이다. 또 하나의 설명은 바 소체를 형성한 X

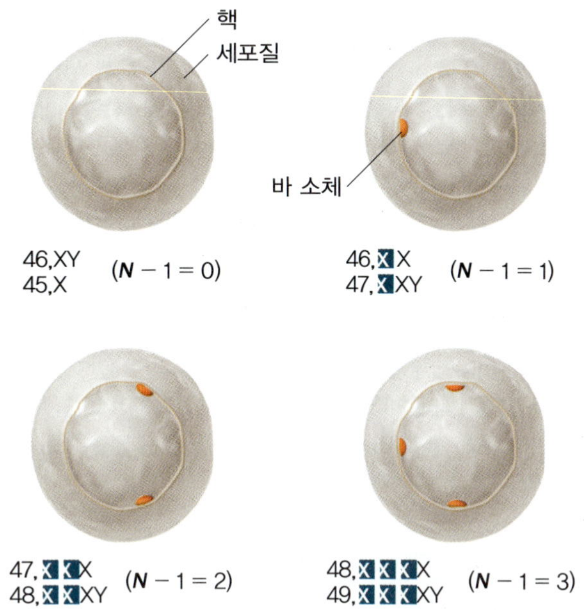

그림 5.5 사람의 다양한 핵형들에서 생기는 바 소체들. 하나를 제외한 모든 X 염색체들(N − 1)이 불활성화된다.

염색체 위의 모든 유전자가 불활성화되는 것은 아니라는 것이다. 최근의 연구들은 많게는 15%까지의 X 염색체 유전자들이 실제로 이런 불활성화로부터 제외된다는 것을 증명했다. 그렇다면, X 염색체 위의 모든 유전자가 불활성화될 필요는 없다는 것이 분명하다. 어느 쪽이든 간에, 여분의 X 염색체들이 분명히 불활성화되기는 하지만, 특정 X-연관성 유전자들이 발생 중 중요 시기에 과도하게 발현될 수 있다.

라이언의 가설

포유동물의 암컷에서는, 하나의 X 염색체는 모계 기원을 가지며, 다른 하나는 부계에서 기원한다. 어느 쪽이 불활성화되나? 불활성화는 무작위적인가? 모든 체세포에서 같은 염색체가 불활성화되는가? 1960년대 초에, 라이언(Mary F. Lyon)과 러셀(Liane Russell), 그리고 뷰틀러(Ernest Beutler)는 독립적으로 이 같은 질문에 답하는 하나의 가설을 제시하였다. 그들은 X 염색체들의 불활성화는 배 발달 초기 어떤 시점(배반포 시기 중 어느 시점일 가능성이 높다)의 체세포들에서 무작위로 일어나며 일단 불활성화가 일어나면, 모든 자손 세포들은 전구세포들에서와 같은 X 염색체를 불활성화시킨다고 주장했다.

이 설명은 **라이언의 가설(Lyon hypothesis)**로 불리는데, X-연관 털 색 유전자에 이형접합성인 암컷 쥐의 관찰에 기초한 것이다. 이형접합성 암컷들의 색소 침착은 얼룩무늬로 나타나는데, 한쪽 얼룩은 하나의 X 염색체 상에 존재하는 대립유전자를 발현하며 다른 얼룩은 나머지 X 염색체에 존재하는 다른 대립유전자를 발현한다. 실제로, 그러한 표현형적 유형은 인접한 세포 덩어리들에서 서로 다른 X 염색체들이 불활성화된다면 나타날 수 있는 것이다. 비슷한 모자이크 유형이 검은색과 노란 털 무늬의 거북껍질 암코양이나 캘리코 암코양이에서 나타난다(그림 5.6). 이러한 X-연관 털 색 유형은 수컷 고양이에서는 나타나지 않는데, 이들은 모든 세포에서 하나의 모계 X 염색체만을 가지므로 오직 하나의 X-연관 털 색 대립유전자만을 가지는 반접합성(hemizygous)이기 때문이다.

라이언의 가설을 지지하는 가장 직접적인 증거는 인간 섬유아세포에서의 유전자발현 연구로부터 나왔다. 생검 시료에서 개개의 세포들은 분리되어 시험관 내 배양이 가능하다. 하나의 세포에서 유래한 각 배양 세포들을 **클론(clone)**이라고 부른다. 포도당-6-인산 탈수소화효소(glucose-6-phosphate dehydrogenase, G6PD)의 합성은 X-연관 유전자에 의해 조절된다. 이 유전자의 수많은 돌연변이 대립유전자들이 추적되었고, 그 유전자 산물들은 전기영동 시 이동 패턴이 달라 야생형 효소들과 쉽게 구분될 수 있다.

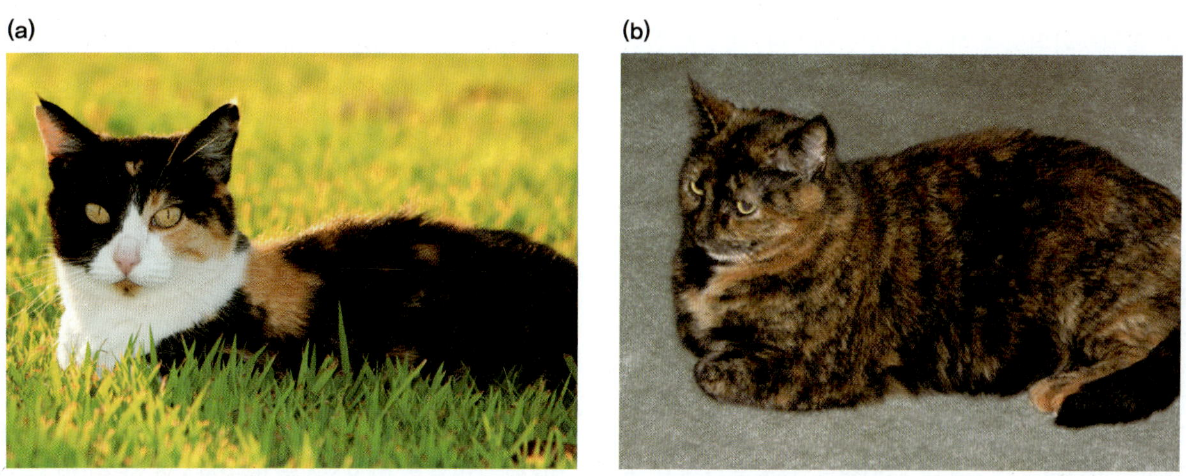

그림 5.6 (a) 캘리코 고양이에서는 주황색 털과 검은색 털이 무작위로 분포하는데 이것은 라이언의 가설을 입증한다. 이 흰 털 부위는 다른 유전자 때문에 생긴다. (b) 흰 털 부분이 없어서 캘리코와 구별되는 거북껍질 고양이.

서로 다른 *G6PD*의 대립유전자를 가진 이형접합성 여성의 섬유아세포들이 채취되어 *G6PD* 형태가 연구되었다. 라이언의 가설은, 만약 발달 초기에 무작위로 X 염색체의 불활성화가 일어나고 그 모든 자손 세포들이 그들의 조상 세포들과 같은 불활성화 X 염색체를 가진다면, 그러한 여성들은 두 가지 형태의 클론들, 즉 오로지 한 종류의 전기영동형 *G6PD*를 보이는 두 가지 세포를 비슷한 비율로 가질 것이라고 예상한다. 이런 예상은 실험적으로 확인되었으며, 현대의 분자생물학적 기술을 이용한 연구들 역시 X 염색체 불활성화가 일어남을 분명히 확인시켜 주었다.

X-불활성화의 한 가지 결과로, 포유동물의 암컷들은 모든 이형접합성 X-연관 대립유전자들에 대해 모자이크들이다. 즉 신체의 일부 영역들은 모계 유래성 대립유전자만을 발현시키는 반면, 다른 부분은 부계 유래성 대립유전자들만을 발현하게 된다. 한 가지 흥미로운 사례가 바로 **적녹색맹(red-green color blindness)**이다. 이것은 X-연관성 열성 질병이다. 인간에서 반접합성인 남자들은 모든 망막 세포들이 완전히 색맹이다. 그러나 이형접합성인 여성들은 모자이크 망막을 가지므로, 결함이 있는 색각의 세포 덩어리들 주변에 정상 색각의 세포들이 존재할 수 있다. 이런 예에서는 이형접합성 여성들의 발생 초기에 어느 한쪽의 X 염색체가 무작위로 불활성화되므로 이런 표현형이 나타난다.

불활성화의 기구

라이언의 가설에서 가장 이해되지 못하는 부분이 바로 포유류에서의 염색체 불활성화 방법이다. 어떻게든, 포유동물 암컷의 X 염색체 중 하나(혹은 그 이상)에서, DNA나 그에 부착되는 히스톤 단백질들 혹은 그 둘이 모두 화학적으로 변형되어 그 염색체를 구성하는 대다수 유전자가 침묵하게(silenced) 된다. 일단 침묵화되면, 염색체가 복제되고 세포분열이 일어난 후에도 같은 상동염색체가 불활성화되도록 하는 기억이 생긴다. 이렇게 한쪽 상동체의 유전자는 발현되지 않고 다른 나머지 상동체의 유전자만 발현되도록 하는 과정을 **각인(imprinting)**이라고 한다. 이 용어는 유전자발현이 후성적으로(epigenetically) 변형되는 여러 경우에 적용된다. 이 용어는 유전정보가 변형되고 유전자발현이 억제되는 여러 가지 다른 예들에도 적용된다. 종합적으로, 그런 사건들은 **후성유전학(epigenetics)**이라는 신생 분야의 일부이다(19장 참고).

현재 진행 중인 연구들은 불활성화의 기구를 밝히기 시작했다. 포유동물 X 염색체의 한 영역이 주된 조절 단위이다. 이 영역은 인간에서는 p완의 기부 말단에 위치하며 **X 불활성화 중심(X inactivation center, *Xic*)**이라고 불린다. 이것의 유전적 발현은 그 유전자가 불활성화된 X 염색체에 있을 때만 일어난다. *Xic*는 약 1 Mb(10^6 bps) 정도의 길이로, 몇 가지 잠정적 조절 단위들과 네 개의 유전자들을 포함하는 것으로 알려져 있다. 이들 중 하나가 X-불활성화 특이적 전사체(*X-inactive specific transcript, XIST*)인데, 긴 비암호성 RNA(long noncoding RNA, lncRNA)를 암호화하며, 지금은 X-불활성화에 핵심적인 유전자로 알려진 것이다.

XIST 유전자로부터 전사되는 RNA와 관련하여 몇 가지 흥미로운 관찰들이 얻어졌는데, 많은 것들이 생쥐에서의 상동 유전자(*Xist*)를 이용한 실험들에서 나온 것들이다. 하나는, 이 RNA 산물이 상당히 큰데도 단백질을 암호화하지 않는다는 것이다. 그러므로 이 RNA는 lncRNA의 한 예이다. *Xist* lncRNA는 후성적 수준에서 전사를 억제하는 단백질 복합체를 끌어들인

풀어보기

5.2 카본 카피(Carbon Copy, CC)는 하나의 클론에서 생산된 최초의 고양이로서, 유전적 공여자인 캘리코 고양이 레인보우(Rainbow)로부터 얻은 하나의 난소 세포로부터 만들어졌다. 그 세포의 이배체 핵을 뽑아내어 핵이 제거된 난자에 주입했다. 이렇게 얻은 접합자를 실험 접시에서 발생시킨 후, 그 복제 배아를 대리모 고양이의 자궁에 착상시켰다. 대리모 고양이는 씨씨(CC)를 낳았다. 씨씨의 대리모는 태비(tabby, 사진 참고)였다. 유전학자들은 캘리코 고양이의 복제 결과에 대해 매우 관심이 깊었는데, 왜냐하면 복제된 고양이가 주황색과 검은색의 얼룩을 가질 것인지, 아니면 주황색만 가질 것인지 혹은 검은색만 가질 것인지 확신할 수 없었기 때문이다. 라이언의 가설을 고려하여 이 불확실성의 근본 원인에 관해 설명하라. 씨씨가 레인보우와 같은 털을 가질 것으로 생각하는가? 왜 그런지 설명하라.

대리모와 함께 있는 복제 고양이 씨씨(Carbon Copy).

■ **힌트:** 이 문제는 라이언의 가설에 대한 이해를 묻고 있다. 해답의 열쇠는 공여자의 핵이, 성체 암컷에서 난소로 분화된 세포에서 얻어졌다는 것이다. 이 세포는 자신의 X 염색체들 중 하나를 이미 불활성화시켰을 것이다.

다. 유전자발현 조절에서 lncRNA의 역할은 19장에서 더 자세히 논의할 것이다. *Xist* lncRNA는 퍼져 나가 그것을 생성한 유전자가 있는 X 염색체를 덮어버린다. *Xic* 유전자좌에 있는 두 개의 다른 비암호화 유전자인 *Tsix*(Xist의 안티센스 파트너)와 *Xite*도 X-비활성화에서 중요한 역할을 하는 것으로 여겨진다. *Xist* lncRNA의 발현과 X-연관성 유전자 침묵화 두 가지 모두, 여성에서 불활성화되지 않는 소수의 유전자에 의해 조절되는 것으로 생각된다.

또 다른 관찰은 *Xist*의 전사가 모든 X 염색체들에서 처음에는 매우 낮은 수준으로 일어난다는 것이다. 그러나 불활성화가 시작되면서 전사는 불활성화되는 X 염색체들에서만 지속적으로 증폭된다. 비활성화된 X 염색체의 유전자를 침묵시키는 것 외에도, 비활성화된 X 염색체의 구조에 3D 변화가 생기면 RNA 중합효소 II가 전사 복합체에 결합하지 못하게 된다. 최근 연구에 따르면 *Xist* lncRNA는 염색체 구조의 이러한 3D 변화에 참여하며, 이것은 *Xist*가 X 염색체 전체로 퍼져 유전자를 비활성화하는 데 도움을 준다.

각인 및 비활성화에 관해서는 흥미로운 질문들이 남아 있다. 예를 들어, X 염색체가 2개 이상인 세포에서는 하나를 제외한 모든 X 염색체를 비활성화하도록 정하는 "숫자 세기" 기작은 무엇인가? 리(Jeannie T. Lee)와 동료들의 연구는 X-비활성화에 앞서 X 염색체의 수를 세기 위해서는 모계와 부계 X 염색체가 먼저 빠르게 쌍을 이루고 *Xic* 유전자좌에서 정렬되어야 한다고 제안한다[그림 5.7(a)]. 리 연구팀은 생쥐의 배아줄기세포를 이용해 *Xic* 유전자좌에 포함된 *Tsix* 유전자를 제거했다. 이런 결실은 X-X 쌍의 형성을 차단하고 X 염색체가 0개, 1개, 또는 2개 모두 불활성화되는 무질서함을 초래했다[그림 5.7(b)]. 리와 동료들은 유전자를 조작하여 X 염색체와는 상관없이 *Tsix* 또는 *Xite*의 여러 사본(이들은 생물에 인위적으로 도입되기 때문에 이식유전자라고 한다)을 추가함으로써 염색체 숫자 세기에서 *Xic* 유전자좌의 역할에 대한 추가 증거를 제공했다. 이 실험 과정은 X-X 쌍 형성을 효과적으로 차단하고 X 염색체 불활성화를 억제했다[그림 5.7(c)].

X 염색체 짝짓기 및 계수에서의 역할에 대해 다른 유전자와 단백질 산물도 조사되고 있다. 리와 동료들의 최근 연구는 비활성화된 X 염색체가 침묵하는 유전자발현 상태를 유지하기 위해 핵 주변의 영역과 결합해야 한다는 증거를 제공했다. 사실, 대부분의 인간 여성 체세포에서 바 소체로 존재하는 비활성화된 X 염색체는 핵막에 붙어 있는 것으로 관찰된다.

많은 질문이 아직 남아 있다. 활성 염색체의 *Xic* 위치를 "차단"함으로써 *Xist*의 추가 전사를 방지하는 것은 무엇일까? 라이언의 가설대로라면, 각인은 어떻게 자손 세포에서 동일한 X 염색체 또는 염색체의 비활성화가 유지되도록 기억을 부여할까? 이러한 질문에 대한 답이 무엇이든, 과학자들은 포유류에서 어떻게 양적 보정이 이루어지는지 이해하기 위한 흥미로운 발걸음을 시작했다.

마지막으로, 유전체 분석의 현대적 응용(22장에서 더 많이 알아보자) 덕분에 연구자들은 남성과 여성 사이의 유전자발현 변화를 유전체 차원에서 비교할 수 있게 되었다. 그러한 연구는 주로 한 성별에서만 발현되는 (또는 한 성별에서 더 높은 수준으로 발현되는) 유전자의 성 편향적 발현 사례들을 보여준다. 의심할 여지 없이 이러한 연구는 성 결정에 기여하는 침묵 유전자와 활성화 유전자에 대한 추가적인 통찰을 제공할 것이다.

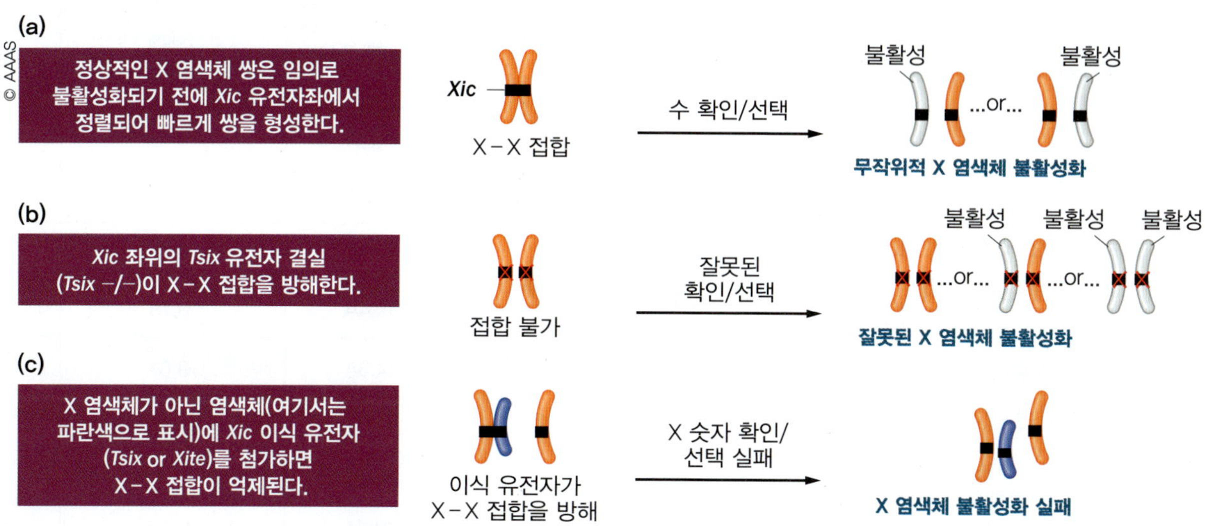

그림 5.7 (a) 일시적인 X 염색체 쌍 형성이 X-불활성화에 필수적일 수 있다. (b) *Xic* 좌위의 *Tsix* 유전자 결실은 X–X 접합을 방해하며 결과적으로 잘못된 X-불활성화를 초래한다. (c) *Xic*-포함 이식 유전자의 첨가에 의한 X–X 쌍 형성의 억제와 X-불활성화의 저해.

5.5 상염색체에 대한 X 염색체의 비율이 성을 결정할 수 있다

우리는 이제 Y 염색체가 성 결정에 별 역할을 하지 않는 두 가지 재미있는 사례들에 대해 논의하려고 한다. 첫째는 초파리인 *Drosophila melanogaster*로, 대부분의 수컷들이 Y 염색체를 가지고 있으나 Y는 아무 역할도 하지 않는다. 두 번째 예는 선충류인 *Caenorhabditis elegans*인데, 이 생물은 Y 염색체가 아예 없다. 두 경우 모두에서, 우리는 상염색체 세트 수에 대한 X 염색체들의 비율이 중요한 요인임을 알게 될 것이다.

노랑 초파리

노랑 초파리(*Drosophila melanogaster*)(와 다른 초파리 종들) 수컷이나 암컷은 일반적으로 사람과 같은 성염색체 조성(수컷은 XY이고 암컷은 XX이다)을 가지기 때문에, 우리는 이 Y 염색체가 초파리들에서도 수컷을 결정할 것으로 추측하기 쉽다. 그러나 1921년 브리지스(Calvin Bridges)의 멋진 실험은 이것이 사실이 아님을 보여주었다. 그는 상당히 여러 가지의 염색체 조성을 가진 초파리들을 연구하여 Y 염색체는 이 생물의 성 결정에 참여하지 않는다는 결론을 내렸다. 대신, 브리지스는 X 염색체들과 상염색체들이 함께 성 결정에 참여한다는 의견을 내놓았다.

브리지스의 연구는 두 단계로 구분될 수 있다: (1) 암컷의 감수분열 동안, X 염색체들의 비분리에 의해 생긴 자손들에 대한 연구와 (2) 각 염색체들을 세 개씩 가지는 3배체($3n$) 암컷들의 자손들에 대한 후속 연구이다. 6장에서 다루겠지만, 비분리는 쌍을 이룬 염색체들이 감수분열의 1단계 분리나 2단계 분리 시에 제대로 분리되지 못하는 것이다. 결과적으로 두 가지 종류의 비정상 배우자들이 생기는데, 하나는 여분의 염색체를 포함하고 있으며($n + 1$), 다른 하나는 염색체가 하나 모자라게 된다($n - 1$). 이런 배우자들이 반수체의 다른 배우자들과 수정하게 되면, ($2n + 1$)이나 ($2n - 1$)의 접합자들이 생긴다. 인간과 마찬가지로, 정상 상염색체들에 더해 X 염색체가 관련된 비분리가 포함되어 있다면, XXY와 XO의 성염색체 조성이 된다. (여기서 “O”는 터너 증후군을 가진 사람들의 XO 유전자형에서처럼 X나 Y 염색체 중 어느 하나가 존재하지 않는다는 뜻이다.)

나중에 인간에서 발견된 것과는 반대로, 브리지스는 XXY 초파리들이 정상적인 암컷이며 XO 초파리들은 불임의 수컷임을 발견했다. XXY 초파리의 Y 염색체는 수컷을 만들지 않았으며, XO 초파리에서 Y 염색체가 없는 것도 암컷의 성질이 나타나도록 하지는 않았다. 이런 자료들로부터, 브리지스는 초파리의 Y 염색체에는 수컷-결정 인자들이 없지만, XO 수컷이 불임인 것으로 보아 수컷의 생식능력에 필수적인 유전정보를 포함하고 있다는 결론을 내렸다.

브리지스는 염색체의 반수체 조성을 3 복사체로 가지는 삼배성 암컷($3n$)의 자손들을 연구함으로써 초파리에서의 성 결정 양식을 규명할 수 있었다. 초파리는 반수체 수가 4이므로 성염색체 1쌍과 3쌍의 상염색체들을 가진다. 삼배성 암컷들은 드물게 생기는 이배성 난자가 정상 반수체 정자에 의해 수정됨으로써 생긴다. 삼배성 암컷들은 약간 큰 몸체에 조악한 강모와 눈을 가지지만 생식할 수 있다. 각 염색체의 수가 홀수(3)이므로, 감수분열 중에는 대다수 염색체가 배우자들로 분배되어 들어가 여러 종류의 비정상 염색체 조성을 가진 자손을 만들게 된다. 성적 표현형들과 염색체 조성과의 관계, 그리고 브리지스의 설명이 그림 5.8에 나타나 있다.

브리지스는 성 결정에서 필수적인 요소가 상염색체(A) 반수 세트에 대한 X 염색체들의 비율이라는 것을 깨달았다. 정상적인 (2X:2A) 개체와 삼배성 (3X:3A)인 암컷들은 각각 그 비율이 1.0이고 둘 다 생식력이 있다. 이 비율이 1을 초과하는 (3X:2A 혹은 1.5가 되는) 경우, 한때는 **초자성**(*superfemale*)이라 불렸던 개체가 나온다. 이러한 암컷은 다소 약하고 불임성이며 감소된 생존력을 가지므로 이제는 좀 더 적당한 **변이암컷(metafemale)**이라는 말로 불린다.

정상적인 (XY:2A)와 불임인 (XO:2A) 수컷은 각각 1:2 혹은 0.5의 비율을 가진다. 이 비율은 XY:3A 수컷에서 1:3 혹은 0.33으로 감소하며, 불임인 **변이수컷(metamale)**이 생긴다. 브리지스에 의해 얻어진 다른 초파리들은 X:A 비율이 0.5와 1.0 사이에 존재하기도 한다. 이 초파리들은 일반적으로 크고 다양

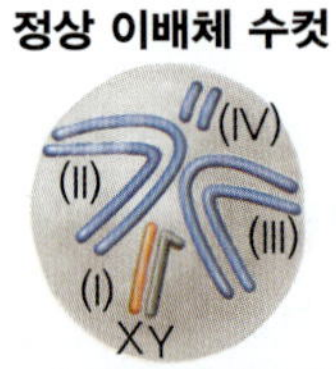

염색체 공식	상염색체에 대한 X 염색체의 비율	성적 형태
3X:2A	1.5	변이 암컷
3X:3A	1.0	암컷
2X:2A	1.0	암컷
3X:4A	0.75	간성
2X:3A	0.67	간성
X:2A	0.50	수컷
XY:2A	0.50	수컷
XY:3A	0.33	변이 수컷

그림 5.8 초파리의 염색체 비율과 성 형태. 상염색체 세트에 대한 X 염색체의 비율이 이들의 성을 결정한다.

한 표현형적 이상 및 미발달 양성 생식기를 나타냈다. 그들은 모두 불임이고 수컷과 암컷 모두의 표현형을 나타내므로 **간성(intersex)**으로 표현된다.

브리지스의 결과들은 초파리에서 수컷으로 발달시키는 요소가 성염색체에 존재하지 않고 대신 상염색체에서 발견될 것임을 시사한다. 그러나 몇몇 암컷 결정 인자들은 X 염색체에 존재한다. 그러므로 1차 성 결정과 관련하여, 하나씩의 상염색체와 하나의 Y 염색체를 가지는 수컷의 배우자들은 수컷 자손들이 되는데, 이것은 Y 염색체가 존재하기 때문이 아니라 두 번째 X 염색체가 없기 때문이다. 이런 성 결정 양식은 **유전적 균형 이론(genic balance theory)**으로 설명된다. 브리지스는 수컷 결정 대한 기준값은 X:A 비율이 1:2 (X:2A)일 때 도달되지만, 부가적인 X의 존재(XX:2A)가 이 균형을 바꾸고 따라서 암컷으로의 분화를 유발하게 된다고 제안했다.

초파리의 성 결정에 관여하는 많은 유전자가 밝혀졌다. 열성 상염색체성 유전자인 *transformer*(*tra*)는 50년도 더 전에 스터트번트(Alfred H. Sturtevant)에 의해 발견된 것으로, 단일 상염색체 유전자가 성 결정에 중대한 영향을 미칠 수 있음을 보여준다. *tra*에 동형접합성인 암컷은 불임인 수컷으로 성이 전환되지만, 동형접합성인 수컷은 영향을 받지 않는다. 보다 최근에 또 다른 유전자인 *Sex-lethal*(*Sxl*)이 성 결정의 "마스터 스위치(master switch)"로 작용함으로써 중요한 역할을 한다는 것이 밝혀졌다. X-연관성인 *Sxl* 유전자의 활성화는, 상염색체에 대한 X 염색체의 비가 1.0이라는 것에 의존적인데, 암컷의 발달에 필수적이다. X:A의 비가 0.5일 때는 활성화가 일어나지 않으며 배아는 수컷으로 발달한다.

어떻게 이 비율이 *Sxl* 좌위에 영향을 미치는지는 아직도 명확하지 않지만, 우리는 이 질문에 대한 몇 가지 통찰은 가지고 있다. *Sxl* 좌위는 순차적 유전자발현 체계의 일부로, 다른 유전자들 즉, 위에 언급한 *tra*와 *dsx*(*doublesexes*)를 포함한 다른 유전자들을 조절한다. 야생형의 *tra* 대립유전자는 암컷에서만 *Sxl* 유전자 산물에 의해 활성화되고 이것이 다시 *dsx* 발현에 차례대로 영향을 미칠 수 있다. 어떻게 *dsx* 유전자의 초기 RNA 전사체가 처리되느냐에 따라 *dsx* 단백질은 수컷이나 암컷에 특이적인 유전자들을 활성화 할 수 있다. *dsx* 상동체는 모든 포유동물에서 발견되며, 따라서 생식선 발생에서 이 유전자의 역할을 강조한다는 점은 흥미롭다.

이러한 순차적 조절(regulatory cascade)의 각 단계는 **RNA 스플라이싱(RNA splicing)**이라고 하는 과정을 요구하며 여기에서 RNA 조각들이 단백질 번역에 앞서 "이어 붙이기" 된다. *Sxl* 유전자의 경우 RNA 전사체는 여러 가지 방식으로 이어 붙이기가 될 수 있고 이러한 현상을 **대체 스플라이싱**(또는 **선택적 접합, alternative splicing**)이라고 한다. 한 가지 다른 RNA 전사체는 수컷보다는 암컷에서 생산된다. 잠재적인 암컷에서는, 전사체가 활성적이고 조절성 유전자 발현의 순차적 과정을 개시하게 되어, 궁극적으로 암컷의 분화를 일으킨다. 잠재적 수컷에서는, 이 전사체가 불활성이며 다른 양상의 유전자 활성을 일으키고 그에 따라 수컷의 분화가 발생한다. 우리는 18장에서 이 주제로 다시 돌아올 것이다. 그때는 진핵생물의 유전자발현 조절에 관여하는 기구의 한 가지로 대체 스플라이싱이 다시 언급될 것이다.

예쁜꼬마선충

선충의 하나인 *C. elegans*는 유전학 연구에서 아주 인기 있는 생물이 되었는데[그림 5.9(a)], 특히 발생과정의 유전적 조절을 연구하는 데 유용하다. 이것은 성체가 대략 1000개의 세포로 이루어지고 이 세포들의 정확한 계보가 배 발생이 시작될 때부터 정확하게 추적될 수 있기 때문이다. 이 벌레들은 두 가지 성적 표현형을 가진다: 정소만 가지는 수컷(male)과, 정소와 난소를 모두 가지는 자웅동체(hermaphrodite)이다. 자웅동체의 유충 발달과정 중에는, 정자를 만드는 정소가 형성되고 정자를 저장한다. 난소도 역시 발달하지만, 난자 형성은 수일 후 성체에 도달하기 전까지는 일어나지 않는다. 자가 수정의 경우에는, 만들어진 난자들이 저장된 정자에 의해 수정된다.

이 과정의 결과는 상당히 흥미롭다[그림 5.9(b)]. 나온 생물 대부분은 어미처럼 자웅동체인데 1% 미만의 자손들만 수컷이 된다. 성체가 되면 수컷들은 자웅동체와 교배를 할 수 있으며, 절반의 수컷과 절반의 자웅동체 자손을 만든다.

자웅동체의 발생과는 대조적으로, 수컷을 결정하는 유전적 신호는 X 염색체와 상염색체 둘 다에 위치하는 유전자들에 의해 생긴다. 예쁜꼬마선충은 Y 염색체가 전혀 없다—자웅동체들은 두 개의 X 염색체를 가지는 데 반해, 수컷 개체들은 한 개의 X 염색체만을 가진다. 초파리에서 그랬던 것처럼, 결국 이 벌레들의 성을 결정하는 것은 상염색체들의 쌍에 대한 X 염색체의 비율이라고 생각된다. 이 비율이 1.0(두 개의 X 염색체들과 각 상염색체가 두 개씩 존재)이면 자웅동체가 되고, 이 비율이 0.5이면 수컷이 된다. 이형성 Y 염색체의 결여는 이 생물에서는 별스러운 일이 아니다.

5.6 여러 파충류에서는 온도가 성을 결정한다

우리는 이 장을 환경, 특히 온도가 성 결정에 심각한 영향을 미치는 파충류들에 관한 예를 다루는 것으로 마치고자 한다. 성이 유전적으로 결정되는(지금까지 이 장에서 다룬 모든 예에서

유전자 기능을 밝히기 위한 현대적 접근

초파리의 *Sxl* 유전자는 암컷의 발달을 유도한다

PGC 공여체	이식된 생식계열 세포를 가진 암컷 성체들의 수	이식된 생식계열 세포를 가진 암컷 성체들의 수(난자 발생한 것)	이식된 생식계열 세포를 가진 암컷 성체들의 수(자손을 생산한 것)
XY	13	0(0%)	0
XY + *Sxl*	18	13(72%)	8
XY- nullo *Sxl*	15	0(0%)	0
XX	25	25(100%)	25

과학자들은 정자나 난자 세포를 만드는 능력인 생식 세포 발생이 초파리에서 어떻게 조절되는지 결정하는 것과 관련된 중요 단계를 탐구해왔다. 이 장에서 논의한 바와 같이, 초파리에서 *Sxl* 유전자는 RNA에 결합하여 RNA 스플라이싱 사건을 조절하는 단백질을 암호화한다. 암컷의 생식 세포 운명을 개시하는 분자 기작은 알려져 있지 않지만, 연구자들은 *Sxl* 유전자 산물이 이 과정을 조절하는 중요한 스위치를 제공할 수 있다는 가설을 세웠다. 이 가설을 검사하기 위해 그들은 정상적으로 정자가 될 XY 수컷 초파리의 미분화 이배체 생식 세포인 **원시 생식 세포(primordial germ cell, PGC)**에서 *Sxl*을 발현시켰다. *Sxl* 포함 PGC는 암컷 초파리의 난소에 이식되어 난자 발생으로 진입하도록 유도되었다.

결과

위의 표는 *Sxl* 이식 결과를 요약한 것이다. 이식된 세포를 추적하여 이들이 난모세포를 생산하는지와 이러한 난모세포가 수정되어 자손을 생산할 수 있는지를 확인했다. 표에 나타낸 바와 같이, *Sxl*이 결여된 XY 기증자 PGC(XY–nullo *Sxl*)는 난소에 이식했을 때 난모세포를 생산하지 않았다. *Sxl* 유전자를 포함하는 XY PGC를 이식했을 때는 72%가 난자를 생산했고 이 난자는 수정되어 자손을 생산할 수 있었다! 따라서 정자가 될 운명인 Y 염색체 포함 세포에 단일 유전자를 추가하는 것만으로도 이들 세포의 운명을 변화시켜 암컷 생식 세포 발달을 유도하기에 충분하다. *Sxl*의 기능이 없는 버전의 돌연변이가 있는 XY 기증자 세포(XY–nullo *Sxl*)를 포함하여 다양한 대조 실험들이 수행되었다.

결론:

*Sxl*은 초파리에서 암컷 생식 세포의 발달을 시작하도록 기능한다. 암컷의 생식 세포에서 *Sxl*이 어떻게 활성화되고, 암컷의 생식 세포에서 *Sxl* 유전자 산물에 의해 어떤 RNA 분자가 영향을 받는지와 같은 여러 질문이 아직 남아 있다. 그럼에도 불구하고 이 결과는 매우 흥미로운데, 왜냐하면 생식계열 세포의 성적 발달은 동물 종 사이에서 고도로 보존된 것으로 생각되기 때문이다. 초파리에서 *Sxl*과 같은 유전자가 어떻게 생식 세포 발달을 조절하는지를 이해하면 인간을 포함한 포유류의 배우자 발달의 주요 측면을 이해하는 데 도움이 될 것으로 기대된다.

참고문헌:

Van Doren, M. (2011). Determining sexual identity. *Science* 333:829–830.

Hashiyama, K., et al. (2011). *Drosophila* sex lethal gene initiates female development in germline progenitors. *Science* 333:885–888.

생각해 볼 문제:

1. 위의 표에 표시된 네 가지 실험 중 대조군은 무엇인가?
2. 각 대조군 실험의 역할에 대해 토론하라. 결과는 당신이 예측한 것인가?

(a)

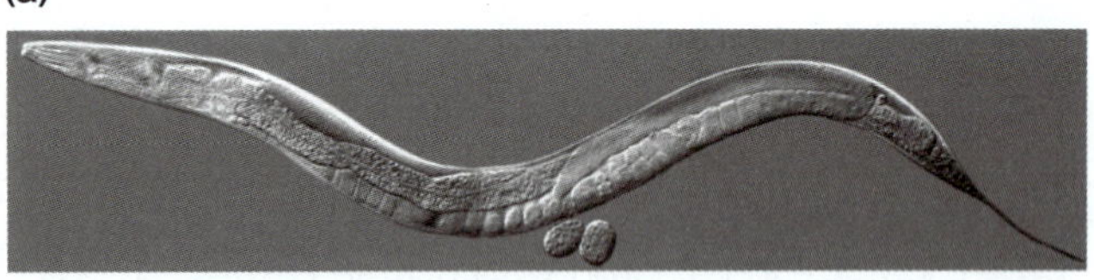

(b)

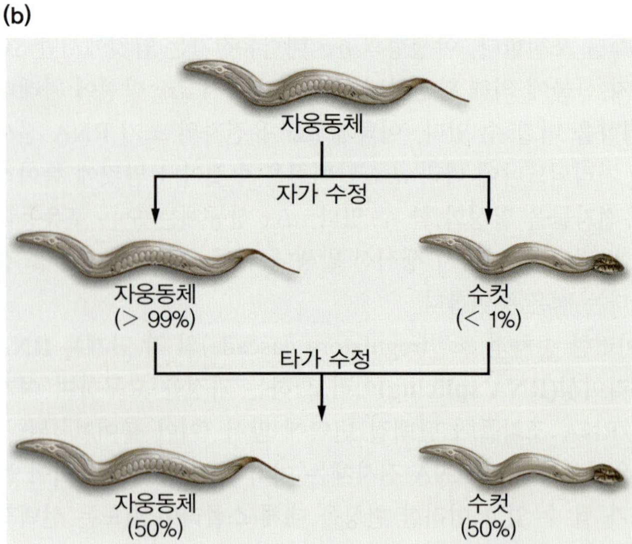

그림 5.9 (a) 자웅동체 선충류인 예쁜꼬마선충의 현미경 사진. (b) 자웅동체 개체가 자가 수정한 결과(위)와 자웅동체 개체와 수컷이 교배한 결과(아래).

처럼) **염색체적 성 결정(chromosomal sex determination, CSD)**이나 **유전자형 성 결정(genotypic sex determination, GSD)**과는 대조적으로, 이제 우리가 논의할 사례들은 **온도-의존적 성 결정(temperature-dependent sex determination, TSD)**으로 분류된다. 앞으로 다루게 되겠지만 이러한 정보를 끌어내게 된 연구들은 이미 논의되었던 다른 발견들보다 성 결정의 기초적 특징을 더 잘 보여줄 수 있다.

많은 파충류에서 성은, 이미 언급했던 다른 생물들에서와 마찬가지로 수태 당시의 성염색체 조성에 따라 미리 결정된다. 예를 들어, 독사를 포함한 많은 종류의 뱀들에서 ZZ/ZW 양식이 효과를 발휘하며, 암컷이 이형배우자인 성(ZW)이 된다. 그러나 보아뱀과 비단뱀(python)에서는 양쪽 성에서 별다른 성염색체를 구분할 수 없다. 도마뱀들에서는 XX/XY와 ZZ/ZW 체계 둘 다 발견되는데, 종에 따라 다르다.

그러나 나머지 파충류 종들에서는 TSD가 일반적인데, 모든 악어류(crocodiles)와 거북이 대부분, 그리고 일부 도마뱀들이 포함된다. 이들에서의 성 결정은 배 발달 중의 결정적 기간(임계기간) 동안의 알의 부화 온도에 따라 결정된다. 세 가지 뚜렷한 TSD 양식이 드러난다(그림 5.10, 사례 I~III). 사례 1에서, 낮은 온도는 100% 암컷을 만들고, 높은 온도는 100% 수컷을 만든다. 사례 II에서는 반대의 상황이 발생한다. 사례 III에서는 높거나 낮은 온도에서는 100% 암컷이 나오고, 중간 온도에서는 다양한 비율로 수컷이 발생한다. 세 번째 양상은, 다른 양상을 보인다고 알려진 동물 종들도 있기는 하지만 다양한 종의 악어류들과 거북이들, 그리고 도마뱀들에서 관찰된다.

두 가지 관찰에 주목할 필요가 있는데, 첫째는 세 가지 양식 중 어떤 온도에서는 암컷과 수컷 모두가 발생한다는 것이고; 둘째는 이런 핵심온도(pivotal temperature, T_p)는 비교적 좁아서 보통 5°C 안쪽인데 때로는 1°C에 머물 때도 있다. 이런 관찰들로 야기되는 주요 질문은, 온도에 의해 영향을 받아 성 분화를 일으키는 대사적 혹은 생리 활성 인자들은 무엇인가? 하는 것이다.

답은 스테로이드들(주로 에스트로젠)과 이들의 합성에 관여하는 효소들인 것으로 생각된다. 여러 연구로 에스트로젠, 안드로젠 및 이들의 합성을 조절하는 효소 억제제에 미치는 온도의 영향이 난소와 고환의 성 분화에 관여한다는 것이 분명하게 입증되었다. 특히, **아로마테이즈(aromatase)**라는 한 효소는 안드로젠(테스토스테론 같은 남성호르몬)을 에스트로젠(에스트라디올 같은 여성호르몬)으로 바꿔준다. 이 효소의 활성은 성 분화 활성에 따른 반응 경로와 관련되어 있으며, 난소 발달에서는 높게, 정소 발달 때는 낮게 유지된다.

2016년, TSD와 연관된 최초의 유전자인 *CIRBP*(cold inducible RNA-binding protein)가 늑대 거북에서 확인되었다. 이 유전자는 거북이 알이 수컷 결정 온도(MT)에서 암컷 결정 온도(FT)로 이동하는 24시간 이내에 발현이 증가한다. *CIRBP* 발현 증가 직후, 난소 발달에 관여하는 여러 유전자가 활성화되는 반면 정소 발달에 관여하는 유전자는 억제된다. *CIRBP*를 연구하는 연구자들은 유전자에서 암컷 거북보다 수컷에서 더 흔한 SNP도 확인했다. 그러나 최근 연구자들은 호주 도마뱀(*Pogona vitticeps*)의 성별이 두 성염색체뿐 아니라 *P. vitticeps* 알이 부화되는 온도에 의해서도 결정될 수 있음을 발견했다. *P. vitticeps*는 암컷이 이형 배우자 체계(ZW)이며, 수컷은 동형 배우자 체계(ZZ)이다. 그러나 이 연구는 야생에서 ZZ 개체의 거의 20%가 수컷이 아니라 암컷임을 보여주었다. 계속해서, 야생의 ZZ 암컷은 높은 온도에서 부화한 알에서 발생하며, 효과적으로 성별 반전을 일으키는 것으로 확인되었다. 따라서 이것은 성염색체와 온도가 성 결정에 동시에 영향을 미치는 종이다. 또한 실험에서는 성이 전환된 암컷과 교미한 정상적인 수컷은, 온도에 의해서만 성별이 결정되는 자손을 낳는다는 것을 보여준다. 이것은 이 종의 성 반전과 성비에 대한 기후 변화의 잠재적 영향에 대한 흥미로운 질문을 제기한다.

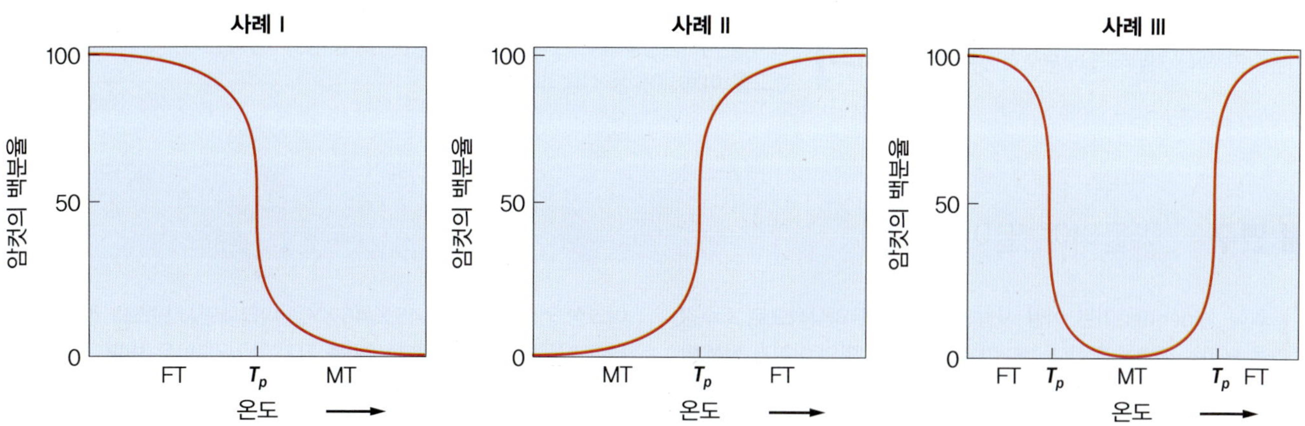

그림 5.10 파충류의 세 가지 온도 의존적 성 결정 양식들. 상대적으로 중요한 온도인 T_p(pivotal temperature)가 배 발생의 결정적 시기에 성 결정에 중요하게 작용한다. (FT = 암컷 결정 온도; MT = 수컷 결정 온도).

유전학과 윤리, 그리고 사회

남녀의 문제: 인간의 성 선택

인간의 역사 내내, 사람들은 다양하고 때로는 기이하기까지 한 방법으로 아직 태어나지 않은 아기들의 성별에 영향을 미치려는 시도를 해왔다. 중세 유럽에서, 예비 부모들은 아들을 임신하기 위해 베개 밑에 망치를 넣어두거나, 딸을 갖기 위해 가위를 넣어두곤 했다. 오른쪽 고환에서 나온 정액은 아들 자손을 만들고, 왼쪽 고환은 딸 자손을 만든다는 고대의 믿음에 기초한 관습들도 있었다. 일부 문화권에서는, 자손들의 성을 조절하려는 노력이 더 어두운 측면을 가진다. 즉, 여아살해가 일어나곤 했다. 고대 그리스에서는 여아의 살해가 너무 흔해서 남성:여성의 비율이 일부 지역에서는 4:1까지 치솟기도 했다. 인도 시골 지역에서는 여아살해가 1990년대까지 계속되었다. 세계보건기구(WHO)는 1997년, 중국에서 약 오천만 명의 여성들이 "실종"되었다고 발표했는데, 아마도 여자아이의 선택적 낙태와 여아들에 대한 제도적 방치 때문으로 보인다. 최근에는, 양수검사와 초음파 검사 이후 성-특이적 낙태가 전통적인 여아살해 대부분을 대체했다.

새로운 유전학 기술과 생식 기술들은 착상에 앞서 부모가 자기 아이들의 성별을 고를 수 있는 방법—착상 전 선택(*preimplantation gender selection, PGS*)을 제공한다. 시험관 내 수정 후, 배아들은 생체 검사를 통해 성별을 검사받는다. 선택된 배아만 착상될 수 있다.

새로운 PGS 방법들은 여러 가지 법적, 윤리적 문제들을 일으킨다. 어떤 사람들은 예비 부모들이 기본적인 생식 자유의 일부분으로 성-선택 기술을 사용할 권리가 있다고 생각한다. 이런 견해의 지지자들은 PGS가 많은 가족의 고통을 감소시킬 것이라고 주장한다. 예를 들어, 혈우병이나 뒤센형 근위축증 등 X-연관성 질병들을 전달할 위험이 있는 사람들은 이 질병을 나타내지 않는 여아들의 임신확률을 높일 수 있을 것이다.

그러나 PGS를 택하는 사람들은 대부분 가족의 "균형"을 맞추기 위한 비의학적 이유로 그렇게 한다. 이런 사용에 찬성하는 한 가지 주장은 자손에 대한 의도적 성 선택이 과도한 인구 증가를 감소시키며 원하는 성별의 아기를 낳을 때까지 반복적으로 임신하는 가족의 경제적 부담을 줄여줄 수 있다는 것이다. 또한, 그 아이가 더 "바라던" 아이였으므로, PGS는 부모와 아이들 모두의 행복도를 증가시킬 수 있다고 주장한다.

반대로, 다른 사람들은 PGS가 개인이나 공익에 전혀 도움이 되지 않는다고 주장한다. 그들은 PGS가 기본적으로 성차별적이며, 한 성이 다른 성에 비해 우월하다는 생각을 내포한 것으로 아이의 가치를 성별과 연결시킨다고 주장한다. 또 다른 비판은 PGS가 사회적으로 인정을 받게 되면 아이들의 특징에 대한 다른 유전적 조작이 벌어질 것이라고 두려워한다. 이 세계에 미치는 PGS의 영향을 모두 예견하는 것은 어려운 일이다. 그러나 성-선택의 요정은 이제 병 밖으로 나왔고 다시 들어갈 생각은 없어 보인다

당신의 생각은?

다음 질문들에 대해 혼자, 혹은 친구들과 생각할 시간을 가져라. 참고문헌들과 링크를 이용하여 성 선택이라는 주제를 둘러싼 윤리적 문제들을 더 잘 알아보라.

1. 일반적으로 통용되는 도덕적이고 법적인 개념은 생식 자율성—외부의 간섭 없이 개인이 생식 결정을 할 자유—이다. 생식 자율성이 제한되어야 하는 상황이 있을까?

   이 문제는 American Journal of Bioethics(Vol. 1; 2001)에서 연속해서 다루어졌다. PGS를 둘러싼 도덕적, 법적 문제들을 요약한 로버트슨(J. A. Robertson)의 글(2~9페이지)을 읽어보라. 또 비의료적 성 선택을 위한 정자 선별에 대한 윤리적 찬반 논쟁(Kalfoglou, A. L., et al., 2013)과 온라인 판에 실린 리뷰를 참고하라(*Repro. BioMed. Online* 26:231–239 (http://www.rbmojournal.com/article/S1472-6483(12)00692-X/fulltext#).

2. 만약 안전하고 효율적인 PGS 방법을 사용할 수 있다면, 여러분은 그것을 가족계획에 이용할 의향이 있는가? 어떤 상황에서 이용하겠는가?

   PGS의 윤리와 방법에 대한 논의가 "비의료적 이유로 성선택 기술을 사용하는 것"에 제시되어 있다. Ethics Committee of the American Society for Reproductive Medicine (2015) (http://www.reproductivefacts.org/globalassets/asrm/asrm-content/news-and-publications/ethics-committee-opinions/use_of_reproductive_technology_for_sex_selection_for_nonmedical_reasons-pdfmembers.pdf).

사례 연구 아들이야, 딸이야?

사회적 성(gender)이란 어떤 사람이 의식적, 무의식적으로 소속감을 느끼는 성별을 말한다. 해마다 4500명당 1명의 아이가 성적 발달에 문제가 있는 질병을 갖고 태어난다. 이들에겐 염색체나 생식소, 혹은 해부학적 성기 문제가 발생한다. 여기서는 서로 다른 결과를 초래한 비슷한 두 사례를 생각해보도록 하자. 첫째 사례에서는 2살 아이가 모자이크성 염색체 조성인 45,X/46,XY을 나타내면서 난소와 정소를 하나씩, 그리고 자궁과 모호한 외부 성기를 가지고 있었다. 두 번째 사례에서는, 태아가 46,XX/47,XXY 상태의 모자이크 염색체 조성을 진단받고, 태어난 후에는 정소와 난소를 각각 하나씩 가지고 있었으며 자궁과 모호한 외부 생식기를 나타냈다. 첫 사례의 아이는 보육원에 입양되어 여자아이로 키워졌다. 의

료팀의 자문으로 부모들은 계속 여아로 키우기로 했고 여성의 성적 특성들을 부여하기 위한 수술을 요청하기로 했다. 두 번째 사례에서, 부모들은 예비 처방을 결정했고 아이가 나중에 성별을 결정할 수 있게 하려고 아이를 현재 상태의 중성을 유지하도록 했다. 이 사례들은 성 결정, 성 윤리, 그리고 성별의 배정에 관한 문제를 야기한다.

1. 인간에서는 Y 염색체의 MSY 영역이 성 결정과 사회적인 성별 발달에 어떤 역할을 담당하는가?
2. 1번과 2번 양쪽 사례에서 부모들이 당면한 윤리적 결정을 비교, 대조해 보라. 아이의 성별에 대한 의사 결정을 부모가 해야 할까? 만약 그렇지 않다면, 아이가 몇 살 때 이런 결정을 하도록 해야 할까?

다음 자료를 참고하라: Kipnis, K., and Diamond, M. (1998). Pediatric ethics and the surgical assignment of sex. *J. Clin. Ethics* 9(4):398–410.

요약 정리

1. 유성생식은 수 배우자와 암 배우자 생산을 담당하는 성적 구조의 분화에 의존적이며, 이는 대부분 특정 성염색체에 있는 특정 유전자들에 의해 조절된다.
2. 특정 성염색체들은 성 결정과 성 분화를 조절하는 유전정보를 포함하고 있다.
3. 온전한 *SRY* 유전자를 포함하고 있는 Y 염색체의 존재나 부재는 인간에서 남성성을 책임진다.
4. 인간에 대한 가장 최근의 연구들은 남자와 여자가 동등하게 임신되지만, 여성보다는 더 많은 남성이 출생함을 보여준다.
5. 포유동물에서는 암컷들의 체세포들이 배 발생 초기에 무작위로 둘 중 하나의 X 염색체를 불활성화시키는데, 이것은 X 염색체 연관성 유전자들을 암컷과 수컷에서 동등하게 균형을 맞춰주기 위한 중요한 과정이다.
6. 라이언의 가설은 발생 초기에 모계 또는 부계 X 염색체의 비활성화가 각 세포에서 일어나고 모든 자손 세포가 이후에 동일한 염색체를 비활성화한다고 한다. 따라서 포유류 암컷은 이형 접합성 X-연관 대립유전자의 발현에 대해서는 모자이크로 발달한다.
7. 비록 염색체 조성이 일부 파충류에서 성을 결정하지만, 다른 여러 파충류는 알의 부화 동안 온도-의존적 영향이 성 결정에 중요하다는 것을 보여준다.

통찰과 해법

1. 초파리에서는, X 염색체들이 서로 결합해($\widehat{XX}$) 늘 같이 몰려다니는 수가 있다. 어떤 초파리들은 이렇게 달라붙은 X 염색체들과 Y 염색체를 포함한다.
   (a) 그러한 초파리의 성은? 왜 그렇게 되는지 설명하라.
   (b) (a)의 답을 고려하면, 이러한 초파리와 정상적인 반대 성의 초파리를 교배했을 때 나오는 자손의 성별은 어떻겠는가?
   (c) (b)의 자손들이 서로 교배를 했다면 어떤 결과가 나오겠는가?

   해법:

   (a) 초파리는 암컷이 될 것이다. 초파리에서 성을 결정하는 요인인, 상염색체 쌍에 대한 X 염색체의 비가 1.0이므로 정상적인 암컷 초파리가 생긴다. 초파리에서 Y 염색체는 성 결정에 영향을 미치지 않는다.

   (b) 모든 초파리가 두 벌의 상염색체 세트를 가진다. 그러나 각 자손들은 다음과 같은 성염색체 조성 중 하나를 가지게 될 것이다:

   ① $\widehat{XX}X$ → 3개의 X 염색체들을 가진(3염색체성) 변이암컷(metafemale)

   ② $\widehat{XX}Y$ → 모계와 같은 암컷

   ③ XY → 정상 수컷

   ④ YY → 발달하지 못함.

   (c) 대대로 부착 X 염색체를 가지는 암컷이 유지되는 저장계통(stock)이 형성될 것이다.

2. 세포 표면의 항원인 Xg는 X 염색체의 유전자에서 암호화된다. Y 염색체에는 이와 동등한 대립유전자가 없다. 이 유전자의 공우성 대립유전자들이 발견되었는데: *Xg1*과 *Xg2*이다. 유전자형이 *Xg2/Xg2*인 여자가 유전자형이 *Xg1/Y*인 남자와 결혼하여 유전자형이 *Xg1/Xg2/Y*인 클라인펠터 증후군 아들을 낳았다. 적당한 유전학 용어를 사용하여 어떻게 이러한 개체가 생겨났는지 간단히 설명하라. 부모의 어느 쪽에서, 그리고 감수분열 어디에서 실수가 발생했는가?

   해법: 클라인펠터 증후군인 아들의 유전자형이 *Xg1/Xg2Y*이므로, *Xg1* 대립유전자와 Y 염색체를 그의 아버지로부터 받았음이 틀림없다. 그러므로 비분리 현상은 아버지의 감수분열 I 단계 중에 발생한 것이다.

6

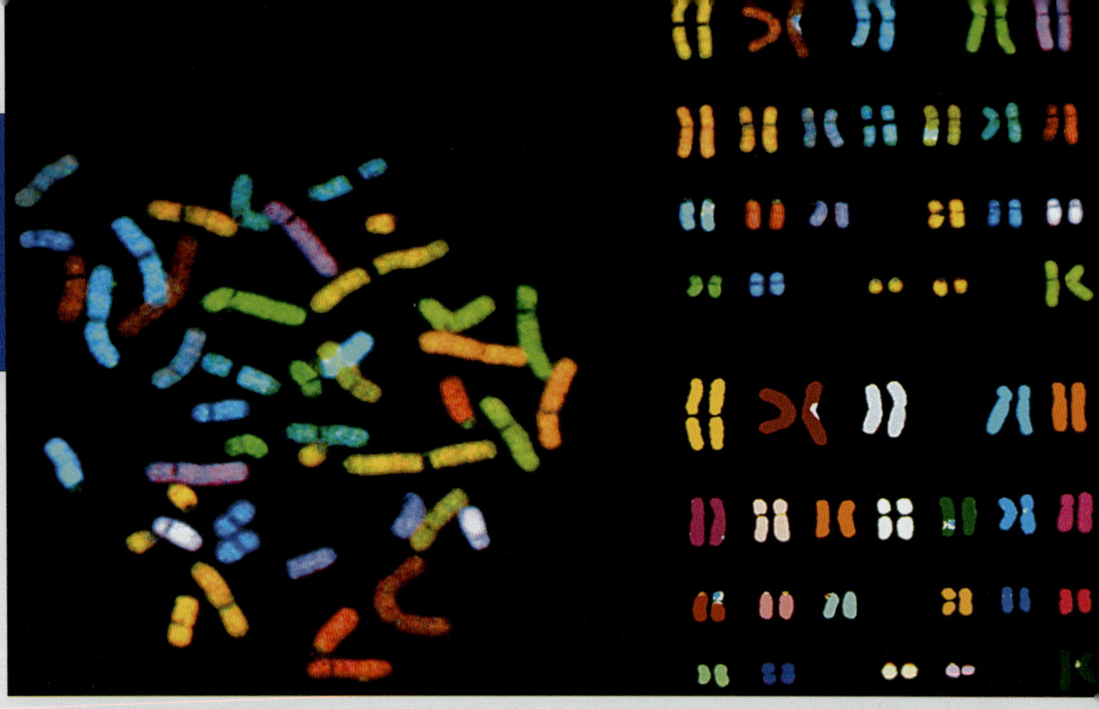

염색체 돌연변이: 수와 배열의 변화

서로 다르게 표지된 "채색(painting)" 탐침자들을 이용한, 인간 염색체의 스펙트럼 핵형분석(spectral kayrotyping).

핵심 개념

- 감수분열 중에 염색체들이 적절하게 분리되지 못하면, 배우자의 염색체 숫자에서 변이가 생기고, 이에 따라 그러한 배우자들로부터 염색체 수가 변화된 자손이 생긴다.
- 식물들은 종종 비정상적인 유전정보의 양에 대해 관용적이기는 하지만, 그 때문에 독특한 표현형을 나타낸다. 그러한 유전적 변이는 식물의 진화에 중요한 요인이 되어왔다.
- 동물에서는 유전정보가 미묘한 균형을 이루고 있어서, 이배체 생물 내에서 염색체 혹은 그 일부의 소실이나 획득은, 종종 치사를 일으키거나 비정상적 표현형이 나타나게 할 수 있다.
- 이배체 생물의 유전체 내에서 유전정보의 재배열은, 그 생물에 의해 용인될 수도 있으나 배우자의 생존 능력이나 그 배우자로부터 발생한 생물의 표현형에 영향을 미칠 수 있다.
- 인간의 염색체들은 절단에 민감한 취약 부분을 포함하며, 이것은 비정상적 표현형을 유발할 수 있다.

앞의 장들에서는 어떻게 돌연변이와 그에 따른 대립유전자들이 개체의 표현형에 영향을 미치는지, 어떻게 형질이 부모로부터 자손으로 멘델 법칙에 따라 전해지는지를 강조했었다. 이 장에서는 개별 유전자에서의 변이보다는 좀 더 큰 범위의 변화—염색체 수준에서의 변화—에 기인하는 표현형 변화를 살펴보려고 한다.

비록 대부분의 이배체 종들의 구성원들이 정확하게 두 세트의 염색체들만을 가지지만, 이러한 패턴에서 벗어나는 많은 경우가 알려져 있다. 이러한 변형들은 염색체의 수가 변한다든가, 염색체상의 유전자 혹은 조각 일부가 결실, 혹은 중복되거나, 염색체 내에서 혹은 염색체들 사이에서 유전물질의 재배열이 일어나는 경우이다. 모든 것을 고려하여 그러한 변화들을 **염색체 돌연변이(chromosome mutation)** 혹은 **염색체 이상(chromosome aberration)**이라고 부르며, 유전자 돌연변이와 구별한다. 염색체는 멘델의 유전법칙을 따르는 유전적 전달 단위이므로, 염색체 이상들은 예측 가능한 방식으로 자손에게 전달되어 독특한 유전적 결과를 초래한다.

생물체의 유전 요소는 아주 미묘하게 균형 잡혀 있으므로, 유전정보의 내용이나 위치가 유전체 내에서 아주 미소하게 변화했다고 하더라도, 일정한 형태의 표현형 변이가 생길 수 있다. 좀 더 큰 변화는 치명적이기도 해서 동물을 죽일 수도 있다. 이 장 전반에 걸쳐 이러한 염색체 이상을 살펴보고, 이러한 이상을 가지는 생물체들의 표현형적 결과와 이러한 개체의 자손에서 그 이상이 어떠한 영향을 미치는지 알아보자. 또한 진화 과정에서 염색체 이상의 역할에 대해서도 논의할 것이다.

6.1 염색체 수의 변이: 용어와 기원

염색체 수의 변화는 한두 개의 염색체가 추가되거나 소실되는 것에서부터 염색체의 반수체 세트가 추가되는 것까지 다양하다. 우리 논의를 시작하기에 앞서 그러한 변화들을 설명하는 용어들을 분명히 할 필요가 있다. 가장 일반적으로 알려진 이상은 **이수성(aneuploidy)**으로, 생물체가 염색체를 하나 혹은 그 이상을 얻거나 잃어서 완전한 세트를 형성하지 못한 경우이다. 이배체에서 염색체 하나를 잃으면 **일염색체성**(*monosomy*)이라고 한다. 한 개의 염색체를 더 얻었을 때는 **삼염색체성**(*trisomy*)이 된다. 이러한 변화들은 **배수성(euploidy)**과 대조적인데, 이것은 완전한 반수의 염색체 세트(haploid set)가 관여된 경우다. 만약 두 벌 이상 존재한다면 **다배수성(polyploidy)**이라는 말이 적용된다. 염색체 3벌을 가지는 생물체를 **삼배수체**(*triploid*)라고 하며, 4벌을 가지는 경우엔 **사배수체**(*tetraploid*) 등으로 표현한다. **표 6.1**은 앞으로 논의될 이수성 및 배수성 변이들과 그 안에서 나타나는 하위 변화들을 이해하기 쉽게 정리한 것이다.*

염색체 소실이나 획득 현상 등의 이상을 포함한 사례에 대해 고려할 때는, 어떻게 그런 이상이 생겨났는지를 살펴보는 것이 유용하다. 예를 들어, 5장에서 살펴본 것처럼, 사람에서 성 결정 염색체의 숫자가 바뀌었다면 어떤 증후군이 생기겠는가? 기억하겠지만 X 염색체를 얻을 경우(47,XXY), 혹은 잃은 경우 (45,X), 그렇지 않았으면 이배체 유전체였을 개체는 각각 **클라인펠터 증후군(Klinefelter syndrome)** 혹은 **터너 증후군(Turner syndrome)**이라는 표현형적 변이를 일으킨다(그림 5.2 참고). 사람의 여성 중 여분의 X 염색체를 가지는 경우(예: 47,XXX, 48,XXXX)가 알려져 있으며 어떤 남자들은 여분의 Y염색체를 갖기도 한다(47,XYY).

표 6.1 염색체 숫자의 변이를 나타내는 용어

용어	설명
이수성	$2n \pm x$ 염색체
일염색체성	$2n - 1$
이염색체성	$2n$
삼염색체성	$2n + 1$
사염색체성, 오염색체성 등	$2n + 2$, $2n + 3$ 등
배수성	n의 배수
이배수성	$2n$
다배수성	$3n$, $4n$, $5n$, ···
삼배수성	$3n$
사배수성, 오배수성 등	$4n$, $5n$ 등
동질배수성	같은 유전체가 다수 존재
이질배수성 (복이배수성)	가까이 연관된 유전체가 여럿 존재

*배수성이라는 용어에 맞추어 삼배수체, 사배수체라는 용어를 사용하기도 하지만, 기준형에 대해 이배수체보다는 이배체라는 말이 더 통용되며, 여기에 맞춰 삼배체, 사배체라는 용어도 빈번하게 사용된다(역주).

풀어보기

6.1 터너 증후군(45,X)인 한 여자가, 그녀의 아버지처럼 X-연관성 형질인 혈우병이 있었다. 감수분열 시 비분리를 일으켜 이 증후군이 생기게 한 배우자를 만든 부모는 어느 쪽인가?

■ **힌트:** 이 문제는 비분리가 어떻게 개체의 이수성을 일으키는지에 대한 이해를 묻고 있다. 해답의 열쇠는 5장의 터너 증후군에 관한 보다 자세한 논의를 다시 한번 살펴보고, 그녀가 혈우병을 발현시킬 조건을 찾은 다음, 마지막으로 어떤 부모 쪽이 정상적인 감수분열을 겪은 X 염색체를 접합자에 기여했는지 생각해 보는 것이다.

더 많은 연습이 필요하면 연습문제 27번과 28번을 참고하라.

그러한 염색체 변이는 배우자 형성 중에 발생한 무작위적 오류에서 기인한 것으로, 염색체 분리시기에 쌍을 이룬 상동염색체가 분리에 실패하는 **비분리(nondisjunction)**라고 알려진 현상에 의한 결과이다. 이러한 과정은 염색체들이 정상적으로 배우자에 배분되는 것을 방해한다. 이배체 생물에서 하나의 염색체가 감수분열 I 단계와 II 단계에서 비분리되면 어떠한 결과가 나타나는지 **그림 6.1**에 설명되어 있다. 여기서 보이는 것처럼, 이상 있는 염색체에 대해 비정상인 배우자는 염색체 두 개를 갖거나 혹은 하나도 받지 못하게 된다. 이러한 비정상 배우자와 정상 배우자와의 수정은 이 염색체에 대해 삼염색체성 혹은 일염색체성 접합자를 생산하게 된다. 비분리 현상은 사람이나 기타 생물체들에서 다양한 이수성 조건을 만든다.

6.2 일염색체성과 삼염색체성은 다양한 표현형을 나타낸다

이제 상염색체의 숫자가 변한 경우 및 그런 변화의 유전적 결과에 대한 논의로 넘어가 보자. 가장 흔한 이수성의 예는, 염색체 반수 세트의 정확한 배수성이 아닌, 하나의 염색체가 첨가되었거나 혹은 빠져 있어 정상 이배체인 $2n$이 되지 못할 때이다.

일염색체성

염색체 한 개의 소실은 **일염색체성(monosomy)**이라고 불리는 $2n - 1$ 상태를 만든다. 이미 45,X 터너 증후군에서 보았던 것처럼, X 염색체에 대한 단일 염색체성이 사람에서 발견되긴 하

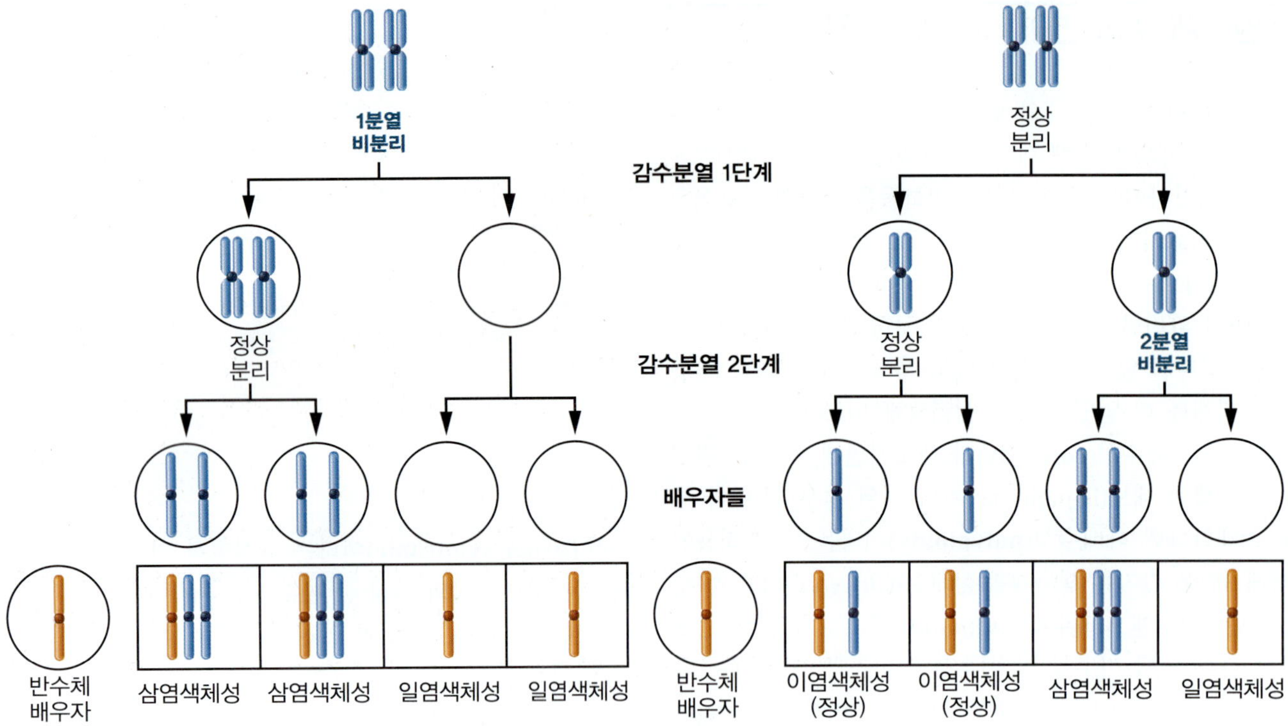

그림 6.1 제 I, 제 II 단계 감수분열 중의 염색체 비분리. 두 경우에서 모두에서, 형성된 배우자 중 몇몇은 특정 염색체 두 개를 모두 가지거나 혹은 둘 다 가지지 않는다. 정상적인 반수체 내용물을 가진 배우자와의 수정으로, 일염색체성, 이염색체성(정상), 혹은 삼염색체성 접합자들이 생산된다.

지만, 보통 상염색체에 대해서는 어떤 단일 염색체성도 사람에서나 일반 동물에서는 발견되지 않는다. 초파리의 경우, 매우 작은 염색체인 4번 염색체(이 생물 유전자의 5% 미만 정도만 존재)가 빠져 있는 개체가 발견되는데 이러한 개체들은 몸집이 작고 성장이 느리며 생존력이 떨어진다. 더 큰 염색체인 2, 3번 염색체의 소실은 치명적이며 따라서 이러한 염색체에 대한 일염색체성 개체는 발견되지 않는다.

많은 동물 개체에서 일염색체성 개체가 살아남지 못하는 것은, 모든 유전자를 한 벌은 아직 가지고 있다는 점을 생각할 때 상당히 의아한 일이다. 그러나 만약 그러한 유전자 하나가 치사성 대립유전자라면, 일염색체성은 또 하나의 야생형 대립유전자를 보유함으로써 견딜 수 있는, 열성 치사 효과를 가리지 못하기 때문에 개체의 죽음을 가져온다고 설명할 수 있겠다. 다른 경우에는, 일염색체성을 유발한 열성 유전자의 단일 사본이 생물체의 생명 유지 기능을 제공하기에 불충분하기 때문일 수 있는데, 이런 현상을 **반불충분성(haploinsufficiency)**이라고 부른다.

이수성은 식물계에서는 좀 더 관용적이다(식물은 이러한 이상을 잘 견뎌 살아남는 개체들이 있다). 상염색체에 대한 일염색체성은 옥수수, 담배, 달맞이꽃(*Oenothera*)과 짐슨 잡초(*Datura*) 및 다른 식물들에서 발견된다. 그럼에도 불구하고, 그러한 일염색체성 식물들은 일반적으로 생존도가 이배체 식물보다 떨어진다. 수정 전에 상당한 발달과정을 거쳐야 하는 반수체 화분립들은 특히 한 개라도 염색체가 없는 것에 매우 민감하며 결국 살아남기 어렵다.

삼염색체성

일반적으로 **삼염색체성(trisomy)**($2n + 1$)의 효과는 일염색체성과 동등하게 볼 수 있으나, 부가적으로 염색체가 늘어나는 경우는 식물과 동물 모두에서 염색체 소실보다는 생존력이 있는 것으로 보인다. 관여된 염색체 부분이 작을 경우, 동물에서 이러한 관용은 종종 사실로 드러난다. 그러나 커다란 상염색체가 이배체 염색체 조성에 더해지면 초파리나 사람이나 보통 발생단계에서 치사를 일으킨다.

식물에서는 삼염색체인 개체가 생존력이 있지만 그들의 표현형은 변할 수 있다. 고전적인 예로 짐슨 잡초인 *Datura*의 경우를 들 수 있는데, 이 생물의 이배체 수는 24이다. 12가지 1차 삼염색체성이 가능하고 각각의 예가 발견되었다. 각각의 삼염색체성 개체는 이 식물의 꼬투리(capsule) 모양을 특이적으로 바꾸었는데(그림 6.2), 이 표현형들은 처음에는 하나 혹은 그 이상의 돌연변이에 의한 것으로 생각되던 것이었다.

또 다른 예는 벼과 식물(*Oryza sativa*)에서 발견되며, 이 식물의 반수체 수는 12이다. 각 염색체에 대해 삼염색체성인 계통들이 분리되어 연구되었는데, 이들 중 11가지 계통들이 서로 달랐고, 다른 야생형 식물과도 구별될 수 있었다. 긴 염색체들이 3

그림 6.2 흰독말풀(*Datura stramonium*)의 열매 주머니. 이들의 표현형은 가능한 12가지 삼염색체 조건들에 의해 변형된다.

개가 될 때 가장 독특하고 더 천천히 자란다. 이것은 커다란 염색체가 작은 것에 비해 유전정보의 불균형을 더 크게 초래할 것이라는 생각과 일치한다. 성장률뿐 아니라 잎의 구조, 탁엽, 줄기, 난알 모양 그리고 식물의 키 등도 여러 가지 삼염색체성 개체에서 다양하게 나타난다.

다운증후군: 21번 염색체의 삼염색체성

생후 1년 이후까지도 많은 사람이 생존하는, 인간에서의 유일한 상염색체성 삼염색체성은 1866년 다운(John Langdon Down)에 의해 발견되었다. 이 조건은 이제 G 그룹*의 염색체 중 하나인 21번 염색체의 삼염색체성에 기인하는 것으로 밝혀져 있으며(그림 6.3), **다운증후군(Down syndrome)** 혹은 **21번 삼염색체성(trisomy 21)**이라고 불리며 47,21+로 표시된다. 이러한 삼염색체성은 약 800건의 출생당 1건에서 발견된다. 이것이 드물고 일어날 것 같지 않은 사건이기는 해도, 미국에서만 해마다 약 4,000~5,000명이 출생하며, 현재 다운증후군이 있는 사람들은 250,000명이 넘는다.

증후군이라고 분류되는 다른 조건들에서의 전형적인 특징들과 마찬가지로, 21번 삼염색체성에도 여러 가지 표현형적 특징들이 존재할 수 있으나, 환자 한 사람은 이 여러 가지 중 몇 가지 특징들만 나타낸다. 다운증후군의 경우 12~14가지의 그런 특징들이 존재하는데, 환자 개인들은 그중 평균 6~8가지 특징들을 발현한다. 그럼에도 불구하고, 이 개인들의 외적 표현형은 매우 유사해서, 서로서로 굉장히 닮은 점이 많다. 이것은 대체로 눈의 두드러진 몽고주름**과 전형적인 납작하고 둥근 얼굴 때문에 그렇게 보인다. 다운증후군인 사람들은 또한 특징적인 작은 키와 불거지고 주름이 있는 혀(그래서 입을 조금 벌린 채로 있게 된다), 그리고 독특한 손바닥 및 손가락 지문이 있는 짧고 넓은 손을 가진다. 신체적, 정신-운동적, 그리고 지적 발달이 부진하며, 근육 긴장도도 약한 것이 특징이다. 예상 수명은 짧아서 평균 50년 정도인데, 60대까지 생존하는 사람들도 알려져 있긴 하다.

다운증후군 어린이들은 호흡기 질병이나 심장 기형에 취약

*염색체의 크기와 동원체의 위치에 기초하여, 인간의 상염색체들은 7개의 그룹으로 나뉜다: A(1-3), B(4-5), C(6-12), D(13-15), E(16-18), F(19-20), 그리고 G(21-22) 그룹이다.

**몽고주름은 위쪽 눈꺼풀의 피부 주름으로, 코에서 눈썹의 안쪽으로 뻗어 있다. 이것은 눈의 안쪽 구석 아래쪽을 덮고 있어서 눈이 기울어져 보이도록 하거나 아몬드형 모양이 되도록 한다. 몽고주름은 여러 아시아계 사람들의 뚜렷한 눈 특성 중 하나이다.

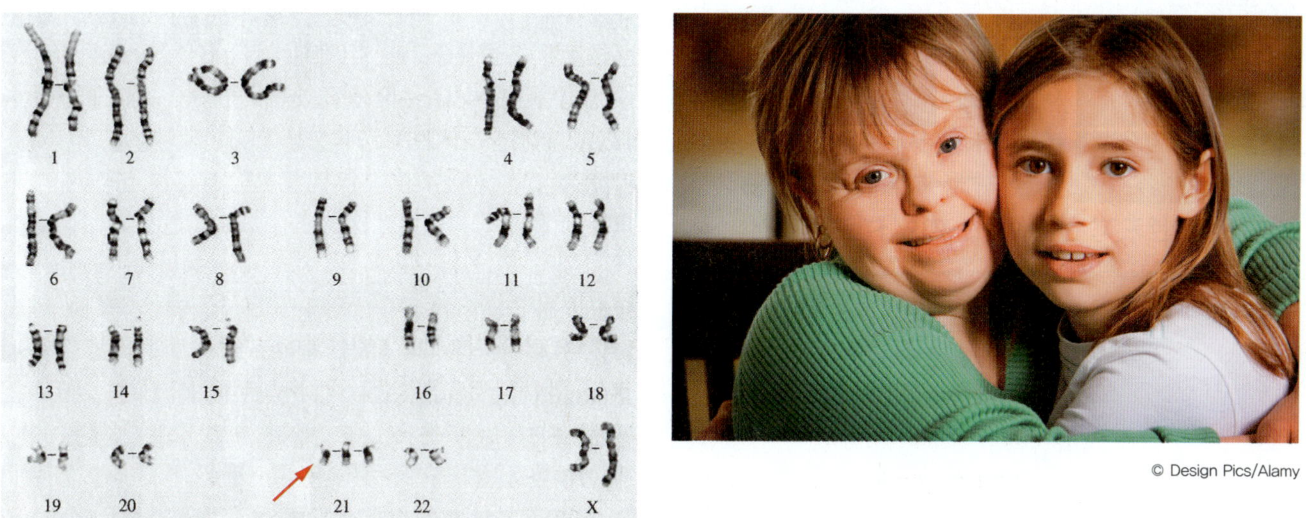

© Design Pics/Alamy

그림 6.3 다운증후군인 아이(영향을 받지 않은 동생을 안고 있다)의 핵형과 사진. 이 핵형에서는 G-그룹의 21번 염색체가 3개로 존재하여 47,21+인 상태가 되었다.

유전자 기능을 밝히기 위한 현대적 접근

다운증후군의 생쥐 모델

다운증후군은 21번 염색체의 3개 사본이 존재하여 해당 염색체의 일부 유전자가 과발현된 결과로 발생한다. 생성된 유전자 산물은 완전한 표현형과 관련된 여러 특성을 담당한다. 다운증후군이 단일 유전자에 의해 발생하는 것은 아니지만, 개별 유전자가 이 증후군을 구성하는 일부 특성을 만들 수 있다. 관련된 유전자를 밝히는 것은 오랫동안 수많은 연구 조사의 목표였다.

여러 장에 배치한 "유전자 기능의 이해를 위한 현대적 접근법" 부분에서 우리는 하나 또는 몇 개의 유전자 연구를 포함하는 실험적 접근 방식에 초점을 맞추었다. 그러나 유전학자들은 삼염색체성모델 생물을 만들어 많은 유전자의 기능을 동시에 분석할 수 있다. 이와 관련하여 다운증후군에 대한 삼염색체성(Ts) 생쥐 모델이 만들어졌으며 20년 이상 연구자들에게 제공되었다. 우리는 여기서 몇 가지 Ts 생쥐 모델에 초점을 맞출 것이다. 이것은 아마도 이 증후군의 유전적 기초에 대해 이해하고, 환자에 대한 잠재적 치료법을 개발하는 데 매우 귀한 것임이 입증될 것이다.

인간 21번 염색체(Hsa21)와 생쥐의 16번 염색체는 상당히 많은 종간 상동유전자들 및 같은 연관 유전자들을 포함하는 *신테니* 영역(*synteny* region)을 가진다. 가장 초기에 생성된 모델 중 하나(Ts16)는 생쥐의 16번 염색체의 추가 사본을 가지고 있었으며, 모든 특징은 아니지만 실제로 일부 인간 다운증후군 특성을 나타냈다. 따라서 Ts16 생쥐는 Hsa21에 존재하는 중요한 종간 *상동유전자*(*ortholog*) 중 일부가 빠져 있다. Ts16 마우스는 또한 Hsa21에는 존재하지 않는 다른 유전자의 추가 사본을 가진다.

추가 조사를 통해 생쥐 염색체 10번과 17번에도 Hsa21의 유전자에 대한 상동유전자들이 포함되어 있음이 확인되었다. 따라서 이 연구 노력의 중요한 목표는 Hsa21 유전자의 전부는 아니라도 대부분, 특히 이 장 앞부분에서 논의된 다운증후군 위험 영역(DSCR)의 일부인 33개 유전자를 포함하는 확장된 생쥐 모델을 만드는 것이었다. 이 목표는 2010년 로스웰 파크 암연구소(Roswell Park Cancer Institute in Buffalo, New York)의 과학자들에 의해 성취되었는데, 이들은 생쥐의 10번, 16번, 17번 염색체 영역들을 결합하여 Hsa21의 모든 신테니 영역(Mmu 10, 16, 17)에 대해 삼염색체성인 생쥐의 다운증후군 모델을 개발했다.

결과:

Mmu 10, 16, 17의 삼염색체성 생쥐들은 다양한 행동학 검사와 뇌에 대한 전기생리학적 기록을 통해 다운증후군에 특징적인 학습 및 기억 결함을 보이는 것으로 드러났다. 이 생쥐들은 또한 인간의 다운증후군과 관련된 해부학적 이상도 나타냈는데, 예를 들면 뇌수종 및 뇌척수액 증가, 그리고 이에 따른 둥글고 팽창된 두개골 같은 것들이다.

결론:

생쥐 모델을 사용한 연구는 다운증후군과 관련된 모든 표현형이 단일 유전자에 의한 것이 아니며, 완전한 인간 증후군이 나타나기 위해서는 많은 유전자의 과발현이 필요하다는 것을 입증했다. Mmu 10, 16, 17 동물과 같은 새로운 모델의 확립은 다운증후군의 유전학을 이해하고 다운증후군 환자를 위한 치료법 개발의 잠재적인 가치를 보여준다. 분명히, 한 생물의 유전체에 전체 염색체를 추가하는 것은 다운증후군과 같은 복잡한 인간의 질병을 조사할 수 있는 우리의 능력을 확장시켰다.

참고문헌:

Yu, T. et al. (2010). A mouse model of Down syndrome trisomic for all human chromosome 21 syntenic regions. *Human Mol. Genet.* 19:2780–2791.

생각해볼 문제

1. 다운증후군에 대한 생쥐 모델을 만드는 데 있어, 인간의 21번 삼염색체성에 대한 정확한 유전적 복제품을 생산할 때의 두 가지 한계점은 무엇인가?
2. 다운증후군에서 관찰되는 특정 표현형을 책임지는 인간의 상동 유전자들을 찾아내는 데 있어, Mmu10, 16, 17라는 특정 신테니 영역에 대해서만 삼염색체성인 생쥐 모형이 어떻게 유용할 수 있을까?

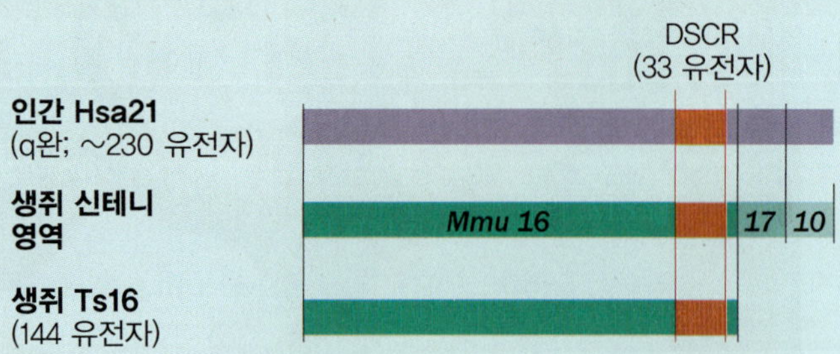

DSCR이 위치한 인간 염색체 21(Hsa1)의 q완에 초점을 맞춘 도식적 표현. 생쥐 염색체(Mmu) 10, 16, 17의 합성 영역과 부분 삼염색체인 생쥐 모델(Ts16)의 염색체 구성과 비교되었다.

하며, 백혈병 발병 위험률도 정상인보다 약 20배가량 높다. 그러나 세심한 의료적 관찰 및 평생 치료로 생존도는 많이 늘어날 수 있다. 놀라운 관찰 한 가지는, 더 나이든 다운증후군 성인들의 사망이 종종 알츠하이머 때문이라는 것이다. 이 질병의 발현 개시는 정상인 집단에서보다 훨씬 이르다.

다운증후군 위험 영역(DSCR)

다운증후군이 우리 집단에 흔하므로, 이 병의 유전적 기초에 대한 종합적 이해는 지금까지 오랫동안 일종의 연구 목표가 되어왔다. 여러 가지 조사로, 21번 염색체의 "위험 영역(critical region)"이 삼염색체성에서 양에 민감한 유전자를 포함하고 있어서 그 증후군과 관련된 많은 표현형들을 일으킨다는 생각을 하게 되었다. 이러한 가상적 염색체 부분을 **다운증후군 위험 지역(Down syndrome critical region, DSCR)**이라고 부른다. 2004년에 이 DSCR 부분에 삼염색체성인 생쥐 모델이 만들어졌으나, 일부 쥐들은 그 증후군에 특징적인 증상을 발현하지 않았다. 그럼에도 불구하고, 이것은 아직 중요한 탐구적 접근법으로 남아 있다.

인간과 생쥐에서 DSCR 영역에 대한 현재의 연구들은 몇 가지 흥미로운 발견들을 내놓았다. 이제 우리는 이 영역에 있는 유전자들의 삼중 사본이 이 증후군의 특징인 인지 결함에 필수적이긴 하지만 그 자체가 충분조건은 아닌 것으로 생각하고 있다. 또 다른 발견은 다운증후군 환자들이 폐암이나 흑색종 같은 고형 암들을 포함해 여러 가지 암들의 발병 빈도가 낮다는 중요한 관찰에 관한 것이다. 이런 건강상 이점은 *DSCR1* 유전자의 잉여 사본이 존재하는 것과 관련이 있는데, 이 유전자는 **혈관 내피 성장 인자**(*vascular endothelial growth factor, VEGF*)를 억제하는 단백질을 암호화한다. 이런 억제는 혈관신생(angiogenesis) 과정을 막는다. 결과적으로, 이 유전자의 과다발현은 적절한 혈관형성으로부터 생기는 종양을 억제하여 그 성장을 감소시킨다. 2002년에 발표된 14년간의 연구는 17,800명의 다운증후군 환자들이 표준 집단과 비교하여 암 사망률이 10% 정도 감소했음을 보여준다. 분명히 앞으로는 DSCR 연구에서 더 많은 정보가 나올 것이다.

다운증후군에서 추가되는 21번 염색체의 기원

이러한 삼염색체성 조건은 감수분열 중 21번 염색체의 비분리를 통해 가장 흔히 발생한다. 후기 I 시기 혹은 후기 II 시기 중에 쌍을 이룬 상동염색체의 분리 실패는, $n + 1$개의 염색체를 가진 배우자를 만든다. 다운증후군을 만드는 이런 오류의 대략 75% 정도는 감수분열 I 단계 중의 비분리에 기인한다. 연이어 정상 배우자와 수정되면 삼염색체성 조건이 된다.

염색체 분석은, 추가된 염색체가 부계나 모계 어느 쪽에서든 기원할 수 있지만, 47,21+ 삼염색체성 사례의 약 95% 정도에서 난자가 원인임을 보여주었다. 부계와 모계 상동염색체를 구분하기 위해 다형성 마커들을 이용하는 기술이 발달하기 전에는, 이런 결론은 다운증후군인 아이들을 출산하는 어머니들의 나이에 관한 연구들로부터 얻어진 간접적인 증거들에 의해 지지되었다. **그림 6.4**는 다운증후군 출생률과 산모 나이 사이의 관계로, 어머니의 나이가 증가함에 따라 극적으로 증가함을 잘 보여준다.

30세에는 이 확률이 1,000명당 1명꼴이지만 40세가 되면 10배 증가하여 100명당 한 명꼴이 된다. 이러한 빈도의 증가는 45세가 되면 30명당 1명으로 증가한다. 매우 놀랄만한 통계 하나는, 아이를 가지는 여성이 45세를 넘어가면, 다운증후군 출생 가능성이 매우 증가한다는 점이다. 이런 가능성에도 불구하고 전체적으로 환아의 반수 이상이 35세 미만의 산모로부터 출생하는 것은 이 이하 연령의 여성들이 임신하는 경우가 훨씬 많기 때문이다.

다운증후군을 만드는 비분리 사건이 35세 이상인 여성들의 난자생성 중에 더 잘 발생하는 것으로 보이지만, 왜 그런지는 아직 확실히 모르고 있다. 그러나 한 가지 관찰이 관계가 있을 것이다. 감수분열은 여성이 아직 태아일 때 모든 난자생성 세포에서 시작되어 상동염색체가 접합하고 재조합이 시작될 때까지 지속된다. 그다음 난모세포가 발달하고 감수분열 I 단계에 멈추게 된다. 따라서 모든 1차 난모세포들은 출생 때 이미 형성되어 있다. 사춘기에 배란이 시작되면, 배란 주기마다 하나의 난모세포에서 감수분열이 재개되어 생식세포분열 II 단계까지 지속된다. 이 과정은 배란 후에 다시 한번 더 멈추는데, 수정이 일어나지 않으면 완료되지 못한다.

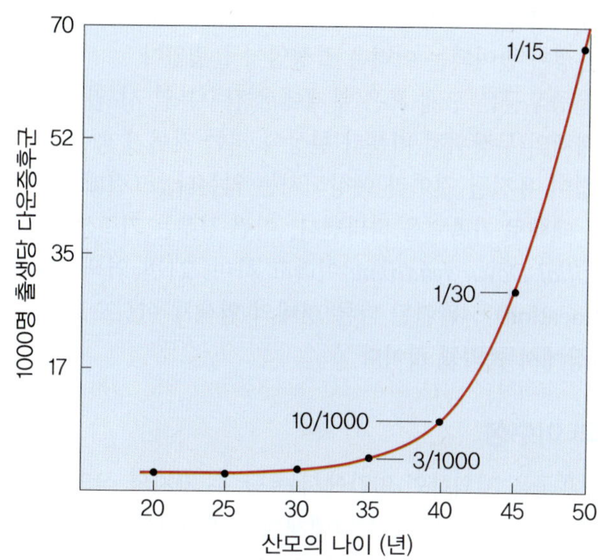

그림 6.4 산모의 나이에 따른 다운증후군 출생율.

이 진행 과정의 마지막 결과는 배란된 난모세포 하나가 그 앞의 주기 중에 방출된 것보다 한 달 이상 더 길게 감수분열 I 단계에 멈추어 있도록 한다. 결과적으로, 30세 혹은 40세의 여성들은 10년 혹은 20년 전에 배란된 것들보다 더 늙고 분열 중에 더 오래 멈춰져 있었던 난자들을 만들게 된다. 여성의 나이에 따른 다운증후군 발생의 증가 원인을 설명하는 이런 가설의 논리들에도 불구하고, 이를 직접 증명하기엔 아직 어려움이 많다.

이러한 통계는 늦은 나이에 임신하게 되는 여성들에게 심각한 문제점을 안겨준다. 그런 임신 초기에는 유전상담(genetic counseling)이 추천된다. 유전상담은 예비 부모들에게 그들의 아이가 병에 걸릴 가능성에 대해 알려주고, 다운증후군에 대해 교육을 해준다. 일부 다운증후군 환자들은 중간 정도 혹은 심각한 인지 발달 장애를 경험하지만, 대부분은 경증이거나 중간 정도의 장애를 나타낸다. 이런 환자들은 점차 사회로 통합되어 학교에 가고 일자리를 얻으며, 사회 활동과 여가 활동을 즐길 수 있다. 유전상담원은 또한 태아의 세포를 분리하여 배양하는 산전 진단 기술을 추천하기도 한다.

가장 친숙한 검사법들인 **양수검사(amniocentesis)**나 **융모막 융모 검사법(chorionic villus sampling, CVS)**에서는, 각각 양수나 태반의 융모막으로부터 태아 세포를 채취한다. 더 새로운 접근법에서는, 태아의 세포와 DNA가 직접 모체의 혈액으로부터 얻어지기도 하는데, 이런 기술은 **비침습적 산전 유전자 진단(noninvasive prenatal genetic diagnosis, NIPGD)**이라고 부른다. 단 10 mL 정도의 모체 혈액 시료만 있으면 가능하고 태아에 어떤 위해도 가하지 않기 때문에, 이 방법은 점점 더 자주 사용될 것이다. 태아의 세포를 얻은 후에는, 태아의 핵형이 세포학적 분석법으로 검사될 수 있다. 만약 태아가 다운증후군인 경우로 판정되면 부모에게 가능한 선택에 관한 추가 상담이 제공되며 그중 하나는 낙태이다. 분명히, 이것은 종교적, 윤리적 논쟁이 관여되는 어려운 결정임이 틀림없다.

다운증후군은 모계 혹은 부계에서 감수분열 시 일어나는 21번 염색체의 무작위적 비분리 현상에 의한 것이기 때문에, 이러한 질병이 유전될 것이라 예상되지는 않는다. 그런데도 다운증후군은 때때로 가족력을 나타낸다. 이런 경우는 **가족성 다운증후군**(*familial Down syndrome*)이라고 하며, 21번 염색체의 전좌(translocation)가 관련된 다른 형태의 염색체 이상으로서, 차후에 이 장에서 논의될 것이다.

인간의 이수성

다운증후군을 제외하면 인간에서는 단 두 가지의 삼염색체성만 출산 후까지 살아남는다. 상염색체성 일염색체성은 생존하는 사례가 없다: 생존 사례는 **파타우증후군(Patau syndrome)**과 **에드워드증후군(Edward syndrome)**으로, 핵형은 각각 47,13+와 47,18+이다. 그렇기는 해도, 이런 사람들은 심각한 기형과 조기 사망을 나타낸다. 그림 6.5는 파타우 유아들에서 특징적으로 나타나는 많은 결함과 비정상 핵형을 소개한 것이다.

이전의 관찰은, 다른 여러 이수성 조건들이 발생하긴 하지만, 영향을 받은 태아들이 출산까지 생존하지 못하는 것이 아닐까 하는 질문을 남긴다. 이러한 생각은 자연 유산된 태아들의 핵형분석으로 더 확실해진다. 이 연구들은 두 가지 놀라운 통계를 드러낸다: (1) 대략 모든 임신 중 20%가 자연 유산된다(일부는 이보다 더 높게 추산한다); 그리고 (2) 모든 자연유산 태아의 대략 30%가 어떤 형태든 염색체 불균형을 가진다. 이것은 적어도 6%(0.20 × 0.30)의 임신이 비정상적 염색체 조성을 포함하고 있음을 시사한다. 염색체 이상을 보이는 많은 수의 태아들이 이수성이다.

카(David H. Carr)에 의해 이러한 주제에 대한 광범위한 조사가 행해졌는데, 그에 따르면 유산되는 태아의 상당 부분이 염색체 그룹 중 하나에서 삼염색체성을 가진다고 한다. 사람의 모든 염색체 쌍에서 삼염색체성이 발견되었다. 흥미롭게도, 유산된 태아 중 가장 높은 빈도로 나타난 일염색체성은 45,X로, 태아가 출산시까지 생존했다면 터너증후군인 아기였을 것이다. 염색체 비분리 현상이 $n + 1$과 $n - 1$의 배우자를 같은 빈도로 만

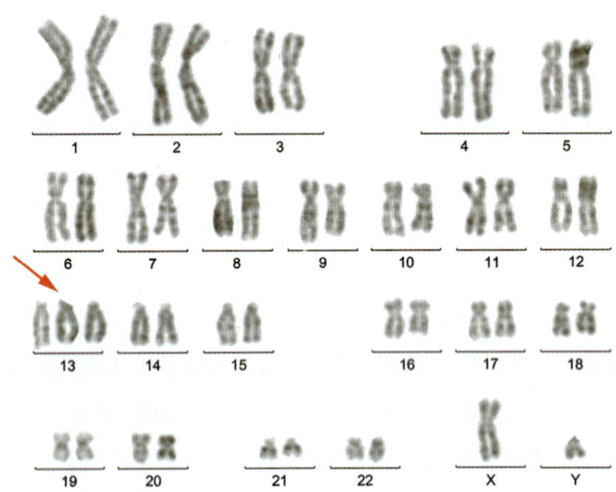

정신 지체	소뇌증
성장 장애	구순 구개열
낮고 변형된 귀	다지증
청각 상실	변형된 손톱
심방 판막 결함	신장 낭종
심실 판막 결함	이중 수뇨관
비정상적	배꼽 탈장
다형핵 과립구	자궁 발생 기형
	잠복고환

그림 6.5 파타우증후군인 유아의 핵형과 표현형 특징들. D-그룹의 13번 염색체가 3개로 존재하여 47,13+인 상태이다.

들어낼 것임에도 상염색체의 일염색체성은 거의 발견되지 않는다. 이러한 발견은 하나의 염색체가 모자라는 배우자는 심각한 정도로 기능적 손상이 있거나, 혹은 발달 초기에 죽어서 발견되는 빈도가 낮을 것임을 제시하는 것이다. 우리는 앞에서 일염색체성의 치사성을 유발하는 잠재적 원인에 대해 논의했었다. 카의 연구에서는 다양한 형태의 다배수성과 기타 소소한 염색체 이상들도 발견되었다.

이러한 관찰들은, 정상적인 배아의 발달에는 유전정보 발현의 미묘한 균형을 유지하기 위해 염색체의 정확한 이배체 조성이 필요하다는 가설을 지지한다. 대부분의 이수성 개체들이 태어나기 전에 사망하는 것은, 이런 형태의 유전적 이상이 인간 집단으로 도입되지 않도록 하는 장벽을 제공한다.

6.3 두 벌 이상의 염색체 세트가 존재하는 다배수성은 식물에서 흔하다

다배수성(*polyploidy*)이라는 용어는 반수체 염색체 세트가 두 개 이상으로 발견되는 경우를 가리키는 말이다. 다배수성이라는 이름은 발견되는 염색체 세트의 수에 기초한다; 삼배수체(triploid)는 $3n$ 염색체 세트를 가지는 것이고; 사배수체(tetraploid)는 $4n$의 염색체 세트; 오배수체(pentaploid)는 $5n$의 세트 등이다(표 6.1)*. 다배수체들에 대해 몇 가지 일반적인 언급을 하자면, 이 조건은 동물 종에서는 그다지 흔한 것이 아니지만 도마뱀, 양서류, 어류 등에서는 잘 알려져 있고, 식물에서는 더 흔하다. 홀수의 염색체 세트는 일반적으로 다음 세대로 넘어가기 어려운데, 짝수가 아닌 상동염색체를 가지는 다배수체 생물들은 유전적으로 균형이 잡인 배우자를 생산할 수 없기 때문이다. 이러한 이유로, 삼배수성, 오배수성 등은 개체의 증가를 위해 유성생식만 하는 식물들에서는 보통 발견되지 않는다.

*일반적 표준인 이배수체(diploid) 생물에 대해서, 일반적으로 이배수체보다는 이배체라는 말이 더 많이 사용되므로, 삼배수체나 사배수체 등에 대해서도 삼배체, 사배체 등으로 사용하는 것이 좋을 듯하다. 그러나 이 절에서는 염색체 구조에 대한 용어를 정의하는 과정에 있으므로 '~배수성'에서의 통일성을 위해 그냥 삼배수체, 사배수체 등으로 사용하였다(역주).

다배수성은 두 가지 방법으로 생긴다: (1) 같은 종의 정상적인 반수체 조성과 동일한 염색체 세트가 하나 이상 더 부가되는 것은 **동질다배수성(autopolyploidy)**을 일으킨다; 혹은, (2) 교잡의 결과로 서로 다른 종에서 기인한 염색체 세트의 조합이 **이질다배수성(allopolyploidy**, 그리스 말로 *allo*는 '다르다'는 뜻임)을 일으키는 경우이다. 이질배수성과 동질다배수성의 차이는 그림 6.6에서와 같이 여벌의 염색체 세트의 유전적 기원에 기초한다.

다배수성에 대한 우리 논의에서, 부가된 염색체 세트의 기원을 분명히 하기 위해 다음과 같은 기호를 사용하자. 예를 들어 A가 어떤 생물체의 반수의 염색체 세트 하나를 나타낸다면,

$$A = a_1 + a_2 + a_3 + \dots\dots + a_n$$

으로 나타낼 수 있다. 여기서 a_1이나 a_2 등은 각 염색체를 나타내는 것이고, n은 반수체 수를 나타낸다. 정상적인 이배체 생물은 간단히 AA처럼 나타낸다.

동질다배수성

동질다배수성(autopolyploidy)에서 각 염색체 세트는 부모종의 것과 동일하다. 그러므로 삼배수체는 AAA, 사배수체는 $AAAA$ 등으로 나타낼 수 있다.

동질삼배수체(autotriploid)들은 여러 가지 방법으로 생길 수 있다. 감수분열 시 모든 염색체가 분리되는 데 실패한다면 이배체 배우자가 만들어질 수 있다. 그러한 배우자가 반수체 배우

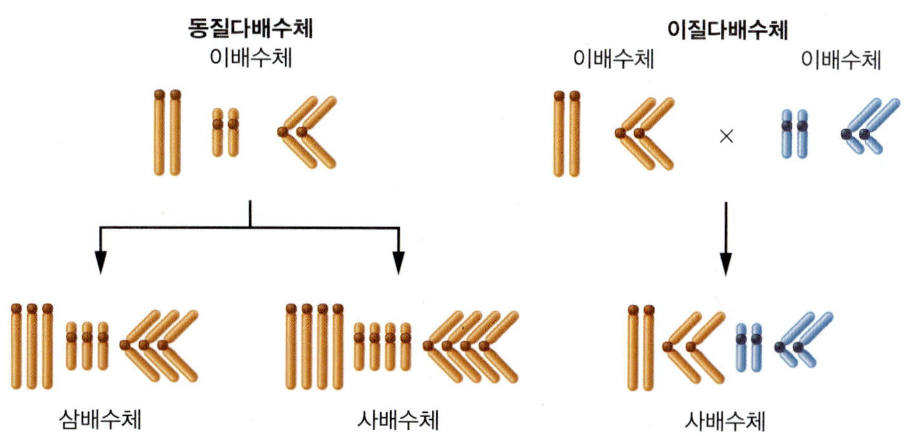

그림 6.6 동질다배수체와 이질다배수체 핵형의 염색체 기원에 대한 비교.

자에 의해 수정되면 3벌의 염색체 세트를 가지는 접합자가 생성된다. 혹은 드물게 두 개의 정자가 하나의 난자를 수정시켜 삼배수체 접합자를 만들기도 한다. 삼배수체들은 또한 사배체와 이배체 개체의 교배를 사용한 실험실 조건에서 만들어지기도 한다. 이배체 개체는 n의 염색체를 가진 배우자를 생산하고, 사배수체 개체는 $2n$의 염색체 수를 가지는 배우자를 만듦으로써 이들의 수정에 의해 요구된 삼배수체가 생길 수 있다.

동질사배수체(autotetraploid)(4*n*)들은 짝수의 염색체 수를 가지므로 이론적으로 동질삼배체들보다 자연적으로 더 흔하게 발견될 가능성이 있다. 홀수의 염색체 수를 가지는, 유전적으로 불균형인 배우자를 생성하는 삼배수체들과는 달리, 사배수체들은 유성생식에 관여했을 때 균형 잡힌 배우자를 더 잘 형성할 것이다.

어떻게 자연적으로 다배수성이 생기는가 하는 것은 유전학자들에게는 매우 흥미로운 것이다. 이론적으로는, 만약 염색체들이 복제되었으나 모세포가 분열하지 않고 다시 간기로 진입했다면, 염색체 숫자는 두 배가 될 것이다. 이런 그럴듯한 사건은, 실험적으로 사배수체 세포들이 이배체 세포들로부터 생길 수 있다는 사실로부터 지지를 얻는다. 이는 감수분열 중인 세포에 열충격 혹은 냉충격을 주거나, 유사분열 중인 체세포에 **콜히친(colchicine)**을 처리함으로써 유발할 수 있다. 콜히친은 사프란에서 얻어진 알칼로이드로, 방추사 형성을 방해함으로써 복제된 염색체가 후기에 분리되지 못해 양쪽 극으로 이동하지 못하게 한다. 콜히친이 제거되면, 세포는 간기로 들어갈 수 있다. 쌍을 이룬 자매 염색분체들이 나뉘고 풀려서 핵은 두 배의 이배체 염색체를 포함하는 4*n*이 된다. 이 과정이 그림 6.7에 나타나 있다.

일반적으로, 동질다배수체들은 그들의 이배체 친척들보다 크기가 크다. 이러한 증가는 세포 수가 많아져서라기보다는 세포의 크기가 더 커지기 때문으로 보인다. 비록 이 동질다배수체들이 그들의 이배체 친척들과 비교해서 새로운 유전정보를 획득했다거나 혹은 독특한 유전정보를 더 가지게 된 것은 아니지만, 식물의 꽃과 과일의 크기가 커지므로 이러한 변이체들은 원예업이나 상업적으로 더 큰 가치가 있다. 경제적으로 중요한 삼배수성 식물에는 가지속(*Solanum*)의 여러 감자 종들과, 미국산 가을사과(Winesap apples), 상업적으로 팔리는 바나나, 씨가 없는 수박, 그리고 재배종 참나리(*Lilium tigrinum*) 등이 있다. 이 식물들은 무성생식을 한다. 이배체인 바나나는 딱딱한 씨를 가지지만 삼배수체인 상업성 "씨 없는" 바나나는 먹을 수 있는 씨를 가진다. 사배수성 알팔파와 커피, 땅콩들, 그리고 매킨토시 사과들(McIntosh apples) 또한 그들의 이배수성이나 삼배수성 식물들보다 크기가 크거나 더 잘 자라기 때문에 경제적 가치가 크다. 가장 흔한 비비추속 식물 변종 중 많은 것들이 사배수성이다. 이들은 잎이 더 두껍고 크며, 관엽들이 보다 더 싱싱하고, 식물들이 아주 잘 자란다. 시장에서 팔리는 딸기는 8배수성이다.

우리는 오랫동안 어떻게 증가된 배수성을 가지는 세포들이 새로운 유전자를 가진 것이 아닌데도 그들의 이배체성 생물들과는 다른 표현형을 보이는지 의문스러웠다. 현대 생명공학을 사용하여 유전자 발현을 조사함으로써 몇 가지 흥미로운 통찰을 얻을 수 있었다. 예를 들어, 핑크(Gerald Fink)와 그 동료들은 효모(*Saccharomyces cerevisiae*)가 유전체를 1, 2, 3, 4 배수체로 가지도록 할 수 있었다. 따라서 각 균주는 동일한 유전자를 포함하지만(isogenic이라고 함) 배수성 값은 다르다. 그런 다음 이 과학자들은 이 생물의 전체 세포 주기 동안 모든 유전자의 발현 수준을 조사했다. 핑크와 동료들은 유전자 발현의 10배 증가와 감소를 측정하는 엄격한 기준을 사용하여, 다배수성이 증가함에 따라 적어도 10배까지 유전자 발현이 증가하는 10가지 사례와 비슷한 수준으로 감소하는 7건의 사례를 찾아냈다.

이런 사례 중에서 **G1 사이클린들(G1 cyclins)**을 암호화하는 두 유전자는 다배수성이 증가할 때 억제되었다. G1 사이클린들은 세포 주기에서 세포가 G1을 통과하도록 촉진하므로, 이 유전자들이 억제될 때 이런 진행은 방해를 받는다. 다배수체 세포들은 G1기에 더 오래 머물고 세포 주기에서 G1기를 떠나기 전까지 더 크게 자란다. 효모 세포들은 또한 배수성이 증가하면서 모양도 달라졌다. 배수성의 증가와 함께 억제되는 다른 몇 유전자들은 세포골격의 변화와 연관되어 있었으며, 이것이 형태의 변화를 설명한다.

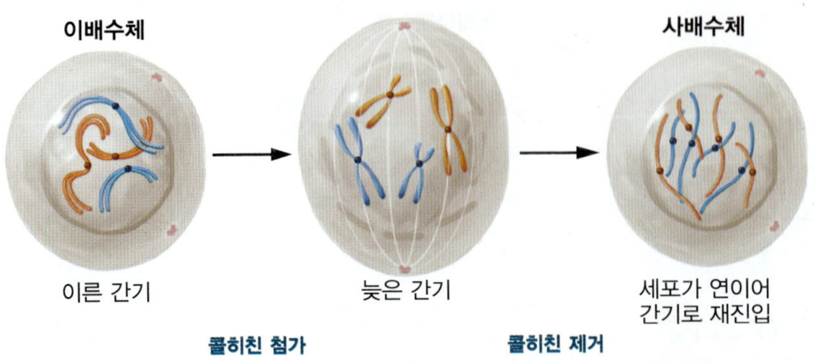

그림 6.7 동질사배수체의 생산과정 중에 나타나는 염색체의 배가 현상(유전체 중복)과, 이에 관련한 콜히친의 연관성. 두 쌍의 상동염색체들을 표시했다. 간기 전반에 각 염색체의 DNA가 합성되고, 전기 후반까지 염색체들이 이중 구조로 나타나지는 않는다. 후기가 정상적으로 일어나지 않았을 때 세포가 다시 간기로 재진입하게 되면, 염색체들의 숫자는 두 배가 된다.

이질다배수성

다배수성은 또한 가까운 연관관계인 식물 종끼리의 잡종화에 의해서도 생길 수 있다. 염색체 세트 *AA*를 가지는 식물의 반수체 난자가 염색체 세트 *BB*를 가지는 식물의 정자에 의해 수정되면, 생겨나는 잡종이 *AB*가 될 텐데, 여기서 $A = a_1, a_2, a_3, \ldots, a_n$이고, $B = b_1, b_2, b_3, \ldots, b_n$이다. 잡종 식물은 생존력 있는 배우자를 생산하지 못해 불임일 수 있다. 이러한 일들은 *a*와 *b* 염색체 모두 혹은 일부가 상동성이 아니라서 감수분열에서 제대로 접합하지 못할 때 가장 흔히 발생한다. 결과적으로 불균형인 유전적 조합이 생기는 것이다. 그러나 새로운 *AB* 유전 조합이 자연적으로, 혹은 유도된 염색체 배가(chromosome doubling)를 겪게 되면, *a*와 *b*의 모든 염색체가 두 벌이 되고 그들은 감수분열 시 쌍을 이룰 수 있다. 결과적으로, 번식력이 있는 *AABB* 사배수체가 생긴다. 이러한 사건이 그림 6.8에 나타나 있다. 이 사배수체들은 서로 다른 종에서 유래한 네 개의 반수체 유전체를 균등하게 가지므로, **이질사배수체(allotetraploid)**라고 불린다. 이처럼 두 기원 종들이 알려진 경우, **복이배체(amphidiploid)**라는 말이 이 이질사배수체를 설명하는 데 더 자주 사용된다.

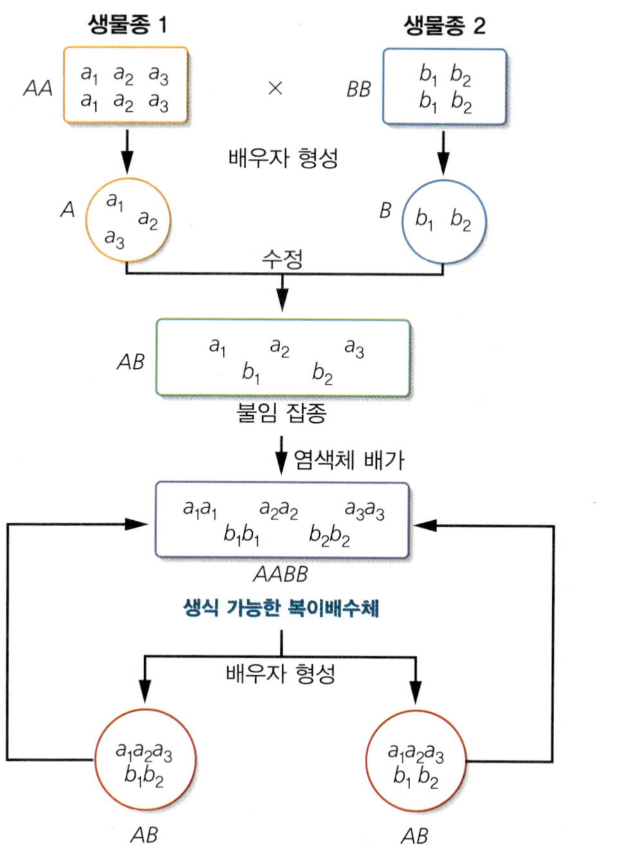

그림 6.8 복이배체의 기원과 생식. 1번 종은 세 개의 뚜렷한 염색체로, a_1, a_2, a_3로 구성된 유전체를 가진다. 2번 종은 두 개의 뚜렷한 염색체인 b_1과 b_2로 구성된 유전체를 포함한다. 두 종 사이의 수정과 염색체 배가 현상에 의해 완벽한 이배체 유전체(*AABB*)를 포함하는 생식력 있는 복이배체가 형성된다.

복이배체 식물들은 자연에서 종종 발견된다. 그들의 생식적 성공은 균형 배우자들을 형성할 수 있는 능력에 기초한다. 각 특정 염색체의 두 상동염색체가 존재하므로 감수분열이 정상적으로 일어나고(그림 6.8), 수정에 의한 증식이 가능해진다. 이 논의는 염색체 세트 *A*와 *B* 사이에 어떤 염색체들도 상동성이 없는 가장 간단한 경우를 가정한 것이다. 가깝게 연관된 종들 사이에서 생긴 복이배체에서는 *a*와 *b* 염색체들 사이에 얼마간의 상동성이 있을 수 있다. 이질배수체들은 대부분 동물에서는 희귀한데 때때로 짝짓기 행동이 종 특이적이어서 잡종 형성의 첫 단계부터 일어나지 않기 때문이다.

식물 복이배체의 전형적인 예는 미국면화 *Gossypium*(그림 6.9) 재배종이다. 이 종은 26쌍의 염색체를 가진다: 13개는 좀 크고 13개는 좀 작다. 구세계 면화가 13쌍의 커다란 염색체를 갖는 것이 발견되었을 때, 이 식물의 이질배수성이 의심되었었다. 야생의 미국면화를 조사한 결과 이들이 13쌍의 조그만 염색체들을 가짐이 판명되었고 이러한 의심이 확고해졌다. 비즐리(J. O. Beasley)는 구세계종과 야생종을 교배하고, 이 잡종에 콜히친을 처리하여 염색체 수를 배가시킴으로써, 실험적으로 재배면화의 기원을 재구성하였다. 이러한 처리 결과, 생식력이 있는 복이배체 변종 면화가 얻어졌던 것이다. 이것은 26쌍의 염색체들을 가지고 있었으며 재배 변종과 비슷한 특징을 나타냈다.

복이배체는 흔히 두 부모종의 형질들을 모두 나타낸다. 흥미롭지만 실용적인 경제적 중요성이 없었던 사례는 무(*Raphanus sativus*)와 배추(*Brassica oleracea*) 사이에 형성된 잡종이다. 두 종 모두 반수체 수 $n = 9$이다. 초기 잡종은 9개의 무 염색체와 9개의 배추 염색체(9R + 9B)로 구성된다. 잡종은 거의 항상 불임이지만 일부 생식 가능한 복이배체(18R + 18B)가 생산되었다. 불행하게도 이 식물의 뿌리는 배추를 닮았고 싹은 무를 닮았다. 그 반대였다면 이 잡종은 경제적으로 중요해졌을지도 모른다.

그림 6.9 재배종 미국면화 *Gossypium*의 복이배체 형태에서 나타나는 꼬투리들.

훨씬 더 성공적인 상업적 잡종은 사초과 식물인 밀과 호밀을 이용한 것이다. 밀(속명 *Triticum*)은 7개 염색체로 구성된 기본 반 수의 유전체를 가진다. 정상적인 이배체($2n = 14$)뿐 아니라, 재배종인 이질배수체도 존재하는데 사배수체($4n = 28$)와 육배수체($6n = 42$) 등이 포함된다. 호밀(속명 *Secale*) 역시 7개의 염색체로 구성된 유전체를 가진다. 유일한 재배종은 이배체 식물들($2n = 14$)이다.

그림 6.8에 소개된 것과 같은 기술을 사용하여, 유전학자들은 다양한 잡종들을 만들어냈다. 사배수체 밀이 이배수체 호밀과 교배되어 나온 F_1 식물이 콜히친 처리되면, 육배체 변종($6n = 42$)이 생긴다; 라이밀(*Triticale*)이라고 명명된 이 잡종은 새로운 속이 되었다. 다양한 밀과 호밀종으로부터 유래한 생식력 있는 잡종 변종들이 교배되거나 역교배될 수 있었다. 이런 교배들은 라이밀 속에 다양한 변종들을 만들어냈다. 이 잡종 식물들은 밀과 호밀의 특징을 모두 나타낸다. 예를 들어, 어떤 잡종들은 밀의 높은 단백질 함량과 호밀의 높은 라이신 아미노산 함량의 조합이라는 특성을 나타낸다. 밀에서는 라이신 함량이 낮아 이것이 밀의 제한 영양소로 작용했었다. 밀은 낟알 생산량이 많은 데 반해 호밀은 환경조건이 나빠도 잘 성장하는 것이 특징이다. 두 형질이 조합된 라이밀 종들은 상당히 증가된 낟알 생산 능력을 나타낸다. 이와 관련하여 잡종화를 통해 곡물 생산을 개선하기 위해 고안된 유사한 프로그램들이 여러 개발도상국들에서 오랫동안 진행되고 있다.

내부배수성

내부배수성(endopolyploidy)은 이배수체 생물의 특정 세포만이 배수체인 상태이다. 그런 세포에서는 핵분열 없이 염색체 세트는 반복적으로 복제된다. 자연적으로 발생하는 내부배수체의 많은 예가 관찰되었다. 예를 들어, 인간을 포함한 척추동물의 간 세포 핵은 종종 $4n$, $8n$ 또는 $16n$ 염색체 세트를 포함한다. 현화식물 정단 부위의 줄기와 유조직도 종종 내부배수체이다. 모기 유충의 장벽 세포는 $16n$ 배수체를 만들지만, 번데기 단계에서는 그런 세포들이 매우 빠른 감소 분열을 거쳐 더 작은 이배체 세포를 생성한다. 소금쟁이(*Gerris*)에서는 조직마다 다양한 염색체 수 변이가 발견되는데, 침샘 세포에는 각 염색체가 1024~2048개 사본까지 존재한다. 이 생물의 이배수체 수는 22이므로 이러한 세포의 핵에는 40,000개 이상의 염색체가 포함될 수 있다.

내부배수체의 역할은 명확하지 않지만, 염색체 사본의 증폭은 높은 수준의 특정 유전자 산물이 필요한 세포에서 종종 발생한다.

풀어보기

6.2 같은 속으로 묶이지만, 종은 다른 두 식물이 교배되자, F_1 잡종이 생존력이 있고 더 화려한 꽃을 피웠다. 불행히도 이 잡종은 불임이어서 오로지 영양 번식인 꺾꽂이로만 증식할 수 있었다. 이 잡종의 불임에 관해 설명하고, 이 잡종의 불임성을 고치기 위해서는 어떤 일이 필요한지 설명해 보라.

- **힌트:** 이 문제는 이질배수체 식물들의 이해에 관한 것이다. 해답의 열쇠는 F_1 염색체들의 기원 및 조성에 초점을 맞추고 그들이 어떻게 조작되어야 할지 생각해보는 것이다.

6.4 염색체 조성과 배열에서도 변이가 발생한다

염색체 이상의 두 번째 일반적인 부류는 하나 혹은 그 이상의 염색체에서 상당 부분이 결실, 첨가, 혹은 재배열되는 것들을 포함한다. 이 범주에 속하는 것들로는, 유전자나 염색체 일부가 결실되거나 중복되는 것, 그리고 염색체 단편이 뒤집히거나, 비상동 염색체들 일부가 교환되거나, 혹은 단순히 다른 염색체로 일부분이 이동하는 등의 유전물질 재배열이 있다. 교환이나 이동은 **전좌**(*ranslocation*)라고 불리는데, 이 경우 유전체 내에서 유전자들의 위치가 변하게 된다. 이러한 형태의 염색체 변화가 그림 6.10에 설명되어 있다.

대부분 이런 구조적 변화들은, 염색체 축을 따라서 하나 혹은 그 이상의 절단이 생기고, 일부 유전물질이 소실되거나 재배열되기 때문에 일어난다. 염색체들은 자연적으로 절단될 수도 있으나 화학물질이나 방사선에 노출된 세포에서 절단 비율이 증가할 수 있다. 텔로미어라고 불리는 염색체의 실질적 말단 부분은 "절단"되어 새로 생긴 말단이나 다른 텔로미어와는 잘 융합되지 않지만, 절단 지점들에서 생긴 끝부분들은 "끈끈한(sticky)" 성질이 있어서 절단된 다른 말단들끼리는 다시 붙을 수 있다. 절단과 재결합 사건이 원래의 관계를 회복시키지 못하고, 그 변화가 생식세포에서 일어났다면, 이 배우자는 유전되는 구조적 재배열을 가지게 된다.

만약 이러한 이상이 상동염색체 하나에서 일어나고 다른 하나에서는 일어나지 않았다면, 그 개체는 **그 이상에 대한 이형접합성**(*heterozygous for the aberration*)이라고 불린다. 그런 경우, 감수분열의 상동염색체 접합 시에 드물게 나타나는 특징적인 쌍 형성 모양이 관찰된다. 이러한 패턴은 어떠한 종류의 변화가 일어났었는지를 규명하는 데 유용하다. 유전물질의 소실이나 획득이 일어나지 않았다면 "이형접합성으로(heterozygously)" 이상을 가진 개체들은 표현형적으로 영향을 받지 않을 것이다.

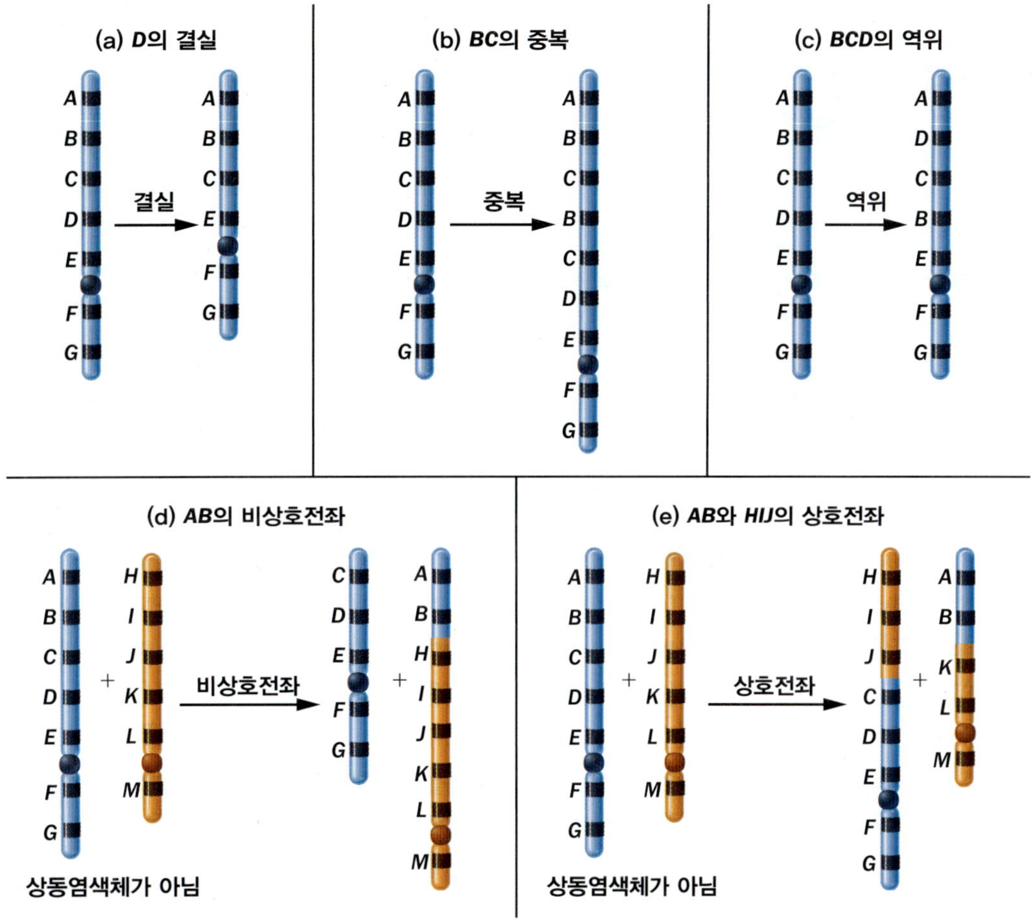

그림 6.10 다섯 종류의 염색체 획득, 소실, 재배열에 대한 개요.

그러나 비정상적인 염색체 쌍의 형성은 종종 배우자들에서 염색체 일부의 중복이나 결손을 유도한다. 이러한 일이 생기면, 특정 이상을 가진 "보인자들(carriers)"의 자손들에서는 표현형적으로 변화가 나타날 확률이 높다.

6.5 결실은 염색체 영역이 소실된 것이다

한 염색체에서 절단이 일어나 일부가 사라졌을 때, 그 사라진 조각을 **결실(deletion)** 혹은 **결손(deficiency)**이라고 부른다. 결실은 염색체의 말단이나 중간의 안쪽에서 일어날 수 있다. 이들을 각각 **말단 결실(terminal deletion)** 혹은 **내부 결실(intercalary deletion)**이라고 한다[그림 6.11(a), (b)]. 동원체 부분을 가지는 염색체 부분은 일반적으로 세포분열 시 유지되는 반면, 동원체가 없는 조각은 유사분열이나 감수분열로 생긴 딸세포에서 결국 사라지게 된다. 커다란 내부 결실을 가지는 상동염색체와 정상 상동염색체가 접합하기 위해서는, 쌍을 이루지 못하는 정상 상동염색체의 일부가 튀어나와 **결실 고리(deletion loop)** 혹은 **보상 고리(compensation loop)**를 만들어야만 한다[그림 6.11(c)].

만약 한 염색체의 아주 일부만이 결실된다면, 그 생물은 생존할 수도 있다. 그러나 염색체 일부의 소실이 크지 않아도 그 효과가 매우 심각할 수 있다. 우리는 이에 관한 사례를 인간의 묘성 증후군에 대한 아래 논의에서 살펴볼 것이다. 결실의 결과로 더 많은 유전정보가 소실되면, 그러한 이상은 종종 치사를 일으킨다. 그러한 염색체 이상은 연구에는 절대로 사용될 수 없을 것이다.

인간의 묘성증후군

인간에서 **묘성증후군(cri du chat syndrome)**은 5번 염색체의 작은 말단 부분이 결실되어 발생한다. 이것은 부분 일염색체성(partial monosomy)으로 고려될 수도 있지만, 사라진 부분이 매우 작으므로 **부분 결실(segmental deletion)**로 언급되는 것이 더 나을 것이다. 이 증후군은 1963년 르준(Jerome LeJeune)이 고양이 울음소리를 닮은 기분 나쁜 울음을 포함한 여러 임상 증상들을 기술했을 때 처음으로 보고되었으며, 그 후 이런 설명

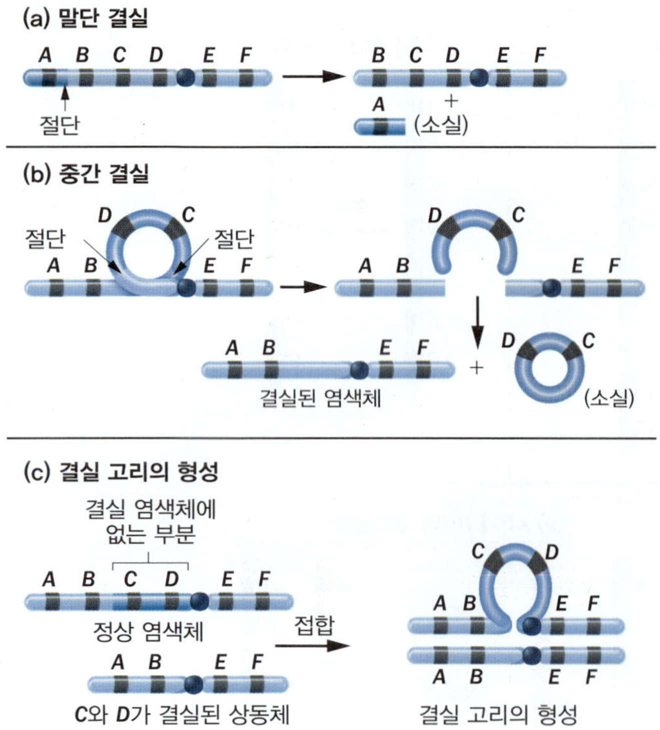

그림 6.11 염색체 말단(a)과 중간 부분(b)에서 생기는 결실의 기원. (c)에서, 정상적인 염색체와 중간 부분에 결실이 있는 염색체 사이에서 짝이 이루어지려면, 정상적인 염색체에서 결실 부분에 대한 (보상성) 고리가 형성되어야 함을 보여준다.

을 나타내는 이 증상의 이름이 붙여졌다. 이 증후군은 5번 염색체의 단완에서 작고 다양한 부분들이 소실되는 것과 관련된다(그림 6.12). 따라서 유전적 조성은 46,5p−로 표시되며, 이런 사람은 46개의 염색체를 갖지만 5번 염색체 쌍의 한 염색체에서 p완(작다 혹은 짧다는 뜻의 petite에서 유래함)의 일부 혹은 전부가 사라졌음을 말해준다.

이러한 증후군이 있는 아기는 소화관 내 장기, 심장 이상 등을 포함해 해부학적 기형을 나타내며, 종종 지적장애가 발생한다. 성문과 후두의 비정상적 발달 때문에 특징적인 울음소리를 내는 것이 이 증후군의 특징이다.

1963년 이후로, 전 세계적으로 많은 수의 묘성증후군이 보고되었다. 발병률은 약 25,000~50,000건의 출생당 한 건 정도인 것으로 추정된다. 이 병은 유전되는 것이 아니며, 가장 흔한 이유는 배우자에서 발생하는 돌발적(sporadic) 염색체 결실에 의한 것이다. 소실되는 단완의 길이는 비교적 다양하다; 길게 결실될수록 살아남은 아기의 육체와 정신 발달 지연에 영향이 크다. 비록 이 증후군이 심각하긴 해도, 많은 사람이 운동 능력이나 언어 능력을 획득하여 가정에서 보호받을 수 있다. 2004년, 염색체의 소실 영역이 TERT 유전자를 포함하고 있으며, 이것은 텔로머레이즈 역전사효소를 암호화하고 있음이 보고되었는데, 이것은 DNA 복제 중에 텔로미어를 유지하는 데 필수적인 효소이다(11장 참고). 한 상동염색체에 이 유전자가 없는 것이 묘성증후군 영아의 여러 표현형과 관련이 있는지는 아직 알려지지 않았다.

6.6 중복은 염색체 조각이 반복되는 것이다

유전물질의 어떤 부분—한 유전자 좌위 혹은 염색체의 큰 조각—이 유전체 상에 한 번 이상 나타나는 경우를 **중복(duplication)**이라고 한다. 결실에서와 마찬가지로, 이형접합성 상태의 접합은 보상 고리를 형성할 수 있다. 중복은 감수분열 시 접합한 상동염색체 사이의 불균등한 교차의 결과 혹은 감수분열 이전의 복제 실수에 의해서도 생길 수 있다(그림 6.13). 불균등 교차로 인한 경우에는 중복과 결실이 둘 다 생긴다.

우리는 중복에서 3가지 흥미로운 면을 살펴보려고 한다. 첫

그림 6.12 묘성증후군의 대표적 핵형과 이환된 어린이(46,5p−)의 사진. 이 핵형에서의 화살표는 5번 상동염색체 중 하나에서 단완의 작은 부분이 사라졌음을 보여준다.

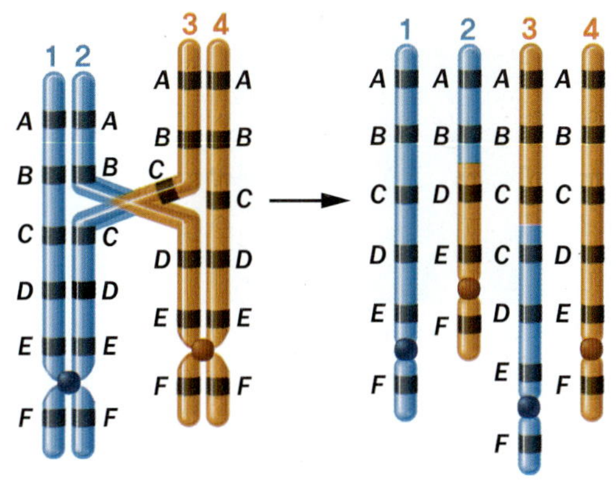

그림 6.13 불균등 교차로 인한 염색체들의 중복과 결실. 왼쪽의 사분체는 접합 시 짝 형성이 잘못되었다. 2번 염색체와 3번 염색체 사이의 단일교차로 염색체 2번에서는 결손이, 염색체 3번에서는 중복이 일어난다. 교차에 관여하지 않은 두 염색체는 유전자 서열이나 내용에 있어서 정상적인 상태로 남는다.

째, 중복은 유전적 과잉(genetic redundancy)을 초래할 수 있다. 둘째, 결실에서와 마찬가지로 중복은 표현형 변이를 일으킬 수 있다. 셋째, 설득력 있는 한 가설에 따르면 진화에 있어 중복은 유전적 다양성의 주요한 원천이 되어왔다는 것이다.

유전자 과잉과 증폭—리보솜 RNA 유전자들

비록 많은 유전자 산물들이 한 개체의 모든 세포에서 요구되는 것은 아니라고 해도, 어떤 유전자 산물들은 모든 세포의 필수 구성성분으로 알려져 있다. 예를 들어, 리보솜 RNA(rRNA)는 단백질 합성을 지원하기 위해 다량으로 존재해야만 한다. 세포가 대사적으로 더 활성적일수록 이 분자들에 대한 요구는 많아진다. 따라서 rRNA를 만드는 유전자가 하나의 사본으로만 있는 것은 많은 세포에서 부적당할 것으로 생각할 수 있다. 분자 혼성화 기법을 사용한 실험에서 특정 RNA 서열들을 암호화하는 유전자들의 유전체 내 백분율을 결정할 수 있었는데, 이 실험은 위에서 한 우리의 생각이 옳음을 보여준다. 정말로, rRNA에 대한 유전자들은 여러 개의 사본으로 존재했다. 그러한 DNA를 **rDNA**라고 하며, 이러한 일반적 현상을 **유전자 과잉(gene redundancy)**이라고 한다. 예를 들어, 흔한 장내 세균인 *E. coli*에서는 반수체 유전체의 약 0.7%가 rDNA를 구성한다—이것은 이 유전자가 7개의 사본으로 존재하는 것과 같다. 초파리에서는 130개의 사본으로 구성된 rDNA가 반수체 유전체의 0.3 %를 차지한다. 같은 유전자에 대한 여러 개의 동일 복사본이 존재하는 것은 rRNA에 국한된 것은 아니지만, 이 절에서는 여기에 초점을 맞추어보자.

흥미롭게도 일부 세포, 특히 난모세포에서는 rDNA의 평균적인 과잉으로도 리보솜을 만들기에 적절한 양의 rRNA를 제공하기는 불충분하다. 난모세포는 초기 발달 동안 배아가 사용할 수 있도록 풍부한 영양분과 막대한 양의 리보솜을 저장한다. 다른 세포 유형보다 난모세포에 더 많은 리보솜이 포함된다. 양서류인 발톱개구리(*Xenopus laevis*)가 어떻게 이렇게 풍부한 리보솜을 획득하는지 고려하여 rRNA의 양이 증가하는 두 번째 방법을 살펴보자. 이러한 현상을 **유전자 증폭(gene amplification)**이라고 한다.

rRNA를 암호화하는 유전자는 **인 형성자 영역(nucleolar organizer region, NOR)**이라고 알려진 염색체 영역에 위치한다. NOR은 리보솜 생산을 위한 처리 센터인 인(nucleolus)과 밀접하게 연관되어 있다. 분자 혼성화 분석에 따르면 발톱개구리의 각 NOR은 rRNA를 암호화하는 유전자 사본을 400개까지 포함한다. 이러한 수의 유전자조차도 수정 후 발달을 지원하기 위해 양서류의 난모세포에 축적되어야 하는 방대한 양의 리보솜을 합성하기에는 분명히 부족하다.

rRNA 유전자의 수를 더 증폭하기 위해 rDNA는 선택적으로 복제되고 새로운 유전자 세트가 주형으로부터 분리된다. 새로운 복사본 각각이 하나의 NOR에 해당하므로 다수의 작은 인들이 난모세포의 NOR 주위에 형성된다. 약 1,500개까지의 이러한 "미세 인들(micronucleoli)"이 하나의 난모세포에서 관찰된다. 이 작은 인들의 수(1,500)와 NOR 각각에 존재하는 유전자 복사본의 수(400)를 곱한다면 발톱개구리 난모세포 내의 증폭으로 500,000개가 넘는 유전자 복사본을 만든다는 사실을 알 수 있다! 이론적으로 각 복사본 하나가 난모세포의 성숙과정에서 20번만 전사된다고 해도 천 2백만 개가 넘는 리보솜들을 생산할 수 있는 충분한 수의 rRNA가 만들어진다.

초파리의 *Bar* 돌연변이

언뜻 보면 단순히 단일 유전자 돌연변이에 의해 나타날 것 같은 표현형 변이들이 중복에 의해서도 유발될 수 있다. 초파리의 막대 눈(*Bar*-eye) 표현형(그림 6.14)은 고전적인 사례이다. 정상적인 달걀형 눈 대신에 막대 눈 초파리들은 좁고 가느다란 모양의 눈을 가진다. 이러한 표현형은 우성 X-연관 돌연변이와 같은 방식으로 유전된다.

1920년대 초에 스터트번트(Alfred H. Sturtevant)와 모건(Thomas H. Morgan)은 이 "돌연변이"를 발견하여 조사하였다. 정상 야생형의 암컷(B^+/B^+)은 각 눈에 약 800개의 낱눈을 가진다. 이형접합성 암컷들(B/B^+)은 대략 350개의 낱눈들을 가지는 반면, 동형접합성 암컷들(B/B)은 70개 정도의 낱눈만을 가진다. 더 적은 수의 낱눈을 가지는 암컷들이 우연히 발견되었는데 이들은 이중 막대(*double Bar*)(B^D/B^+)로 표시한다.

약 10년 후에, 브리지스(Calvin Bridges)와 멀러(Herman J. Muller)는 이 막대 눈 초파리들과 야생형 초파리들의 다사 X 염

그림 6.14 초파리의 야생형 눈과 대조되는 막대 눈 표현형들.

색체(polytene X chromosome)에서 줄무늬 패턴을 비교하였다. 이 염색체들은 각 영역이 잘 구별되는 줄무늬 형태를 보인다. 그들의 연구는 X 염색체의 16A 지역이 야생형에서는 하나의 사본으로 존재하지만, 막대 눈에서는 두 개가, 이중 막대 눈에서는 3개의 사본으로 존재함을 보여주었다. 이러한 관찰들은 막대형 표현형이 단순하게 유전자 내의 화학적 변화의 결과에 의한 것이 아니고 중복에 의한 것이라는 증거를 제공한다.

유전자 중복의 진화적 역할

진화 연구 과정에서는, 유전적 다양성을 일으켰을 만한 작용들을 추측해보는 것은 매우 흥미로운 일이다. 최근에 진화된 생물체에서는 발견되지만, 조상 형태의 생물에서 발견되지 않는, 독특한 유전자 산물들의 기원은 특히 흥미로운 주제이다. 다시 말해, 어떻게 "새로운" 유전자들이 생겨나는가? 1970년에 오노(Susumo Ohno)는 "유전자 중복에 의한 진화(*Evolution by Gene Duplication*)"라는 도발적인 논문 하나를 발표했다. 여기에서 그는, 진화 중 유전자 중복이 새로운 유전자의 기원에 필수적이라는 주장을 폈다. 오노의 논문은 유전체에 오로지 하나만 존재하는 유전자들의 산물들은 진화 과정에서 어떤 생물의 생존에 없어서는 안 될 것이라는 가정에 기초한 것이다. 따라서 유일한 유전자들은 그들의 1차적 기능을 바꾸어 새로운 유전자들을 만들기에 충분한 돌연변이들을 축적할 만큼 자유롭지 못하다.

그러나 필수적인 유전자가 생식계열 세포에서 중복되면, 원래 유전자가 필수 기능에 대한 유전정보를 제공하기 때문에 이잉여 사본에서 생긴 변화는 미래 세대에서 용인될 수 있을 것이다. 중복된 사본은 오랜 기간에 걸쳐 많은 돌연변이를 획득해도 별로 문제가 없다. 단기적으로는 그 새로운 유전정보가 그다지 실용적인 이득은 없을지도 모른다. 그러나 진화적 기간으로 보면, 중복 유전자는 충분히 변화해서 그 산물이 세포에서 조금 다른 역할을 할 수도 있을 것이다. 새로운 기능은 "적응적" 이점을 발휘하여 그 생물의 적응도를 향상시킬 수 있다. 오노는 지속된 유전적 다양성이 어떻게 생겨날 수 있었는지 그 기구를 설명했던 것이다.

오노의 주장은, 구성 및 DNA 서열이 상당한 정도로 공통점을 가지지만 그 유전자의 산물들은 독특한 기능을 발휘하는 여러 유전자의 발견으로 지지를 얻는다. 예를 들어, **미오글로빈**과 다양한 형태의 **헤모글로빈**들처럼, **트립신**(*trypsin*)과 **카이모트립신**(*chymotrypsin*)은 이러한 설명에 잘 맞는다. 각 경우에 DNA 서열들은 너무나 비슷해서(상동적, homologous), 비교되는 각 유전자 쌍의 구성원들이 공통 조상형의 유전자로부터 중복을 통해 생겨났다는 결론을 내릴 수 있다. 진화 과정 중 연관된 유전자들은 충분히 분화하여 그 산물들이 독특해졌다.

또 다른 뒷받침은 **유전자 패밀리(gene family)**들의 존재이다. 이들은 같거나 유사한 기능을 수행하는 유전자 산물들을 암호화하는 가까운 유전자들의 그룹이다. 다시 말해서, 한 가족(family)의 유전자들은 그들이 공동의 기원을 가진다는 결론을 내릴 수 있을 정도로 DNA 서열의 충분한 상동성을 보인다. 가장 흥미로운 증거 사례 중 하나는 영장류의 *SRGAP2* 유전자이다. 이 유전자는 두뇌의 발달에 관여하는 것으로 알려져 있다. 인간들은 이 유전자들에 대해 적어도 네 개의 사본을 가지지만, 모든 비인간 영장류들은 오직 하나의 사본만 가진다. 340만 년 전, 240만 년 전, 그리고 마지막으로 백만 년 전까지 여러 번의 중복 사건들이 일어났던 것으로 추적되는데, 이로써 A-D로 표기되는 독특한 형태의 *SRGAP2*가 생겼다. 이 진화적 기간들은 영장류들에서 인간의 계보가 출현했던 것과 일치한다. 이 유전자들의 기능은 뇌의 수지상 돌기 형성 및 조절과 관련이 있는 것으로 알려졌으며, 언어와 사회적 인식의 발달을 포함하여 인간의 확장된 뇌 기능이 진화하는데 기여한 것으로 믿어진다.

진화 과정에서 중복에 의해 생겨난 유전자 패밀리의 또 다른 사례로는, 인간의 헤모글로빈 폴리펩타이드 사슬들(14장 참고)의 여러 가지 형태들뿐 아니라, 면역학적으로 중요한 T-세포 수용체들과 주조직복합성 복합체(major histocompatibility complex, MHC)에 의해 암호화되는 항원들, 그리고 척추동물의 발생 과정에서 중요하게 작용하는 다수의 *Hox* 유전자 그룹이 포함된다(23장 참고).

분자 수준의 중복: 사본 수 변이들(CNVs)

유전체학의 시대에 접어들어 전 유전체 서열화가 점차 가능해지면서(20장과 21장 참고), 우리는 흔히 수천 염기쌍들이 포함된 유전자 부분이 중복되는 사건들이 정기적으로 발생한다는 사실을 금방 깨닫게 되었다. 같은 종의 생물체들을 비교하면, 특정 중복 서열들의 사본 수가 다양하게 발견되는데, 때로는 더 길거나 짧게 존재한다. 이런 변이들은 **사본 수 변이들(copy number variants, CNVs)**이라고 불린다. 그런 중복들은 유전체의 암호화 영역과 비암호화 영역 모두에서 발견된다.

CNV들은 건강한 사람들과 환자들 모두에서, 많은 형질의 발현에 중요한 역할을 한다고 생각되므로 유전학에서 주요 관심의 대상이다. 50 bp~3 Mb 범위 크기의 CNV들만 고려하면, 이들은 인간 유전체의 5~10%를 차지하는 것으로 추산된다. 최근의 연구들은 인간 질병과의 연관성을 찾는 데 초점을 맞추고 있다. CNV들은 여러 질병과 긍정적 연관성 및 부정적 연관성을 모두 가지는 것으로 보이지만 그 유전적 근거는 아직 명확하지 않다. 예를 들어, 병원성 CNV들은 자폐증 및 기타 신경학적 질병들, 그리고 암과 연관된 것으로 추정된다. 더하여, CNV들은 제1형 당뇨병 및 심혈관계 질환과의 연관성도 의심되고 있다.

일부 사례들에서는, 전체 유전자 서열들이 중복되어 개체에 영향을 미친다. 예를 들어, 평균 사본 수보다 더 많은 *CCL3L1* 유전자는 바이러스 감염 중에 HIV-억제 효과를 주므로 AIDS 진행을 억제한다. 또 다른 발견은 특이한 돌연변이 CNV 좌위들과 일부 폐암 환자들 사이의 연관 관계인데, *EGFR*(*Epidermal Growth Factor Receptor*) 유전자의 사본 수가 많을수록 비소세포성 폐암을 앓는 환자들의 치료 반응성이 좋다는 점이다. 마지막으로, *DEFB*라는 유전자의 사본 수가 더 많이 줄어들수록 크론병(Crohn disease)의 위험성이 커지는데, 이것은 대장에 영향을 미치는 질환이다. 이 장과 관련하여, 이런 발견들은 중복과 결실이 이제는 염색체 돌연변이들에서의 교과서적 사례들에 제한되지 않음을 보여준다. 교재의 후반에 유전체학을 더 자세히 논의할 때(21장 참고), 우리는 이 흥미로운 주제들로 다시 돌아오게 될 것이다.

6.7 역위는 선형의 유전자 배열이 바뀌는 것이다

염색체 구조의 또 다른 변화인 **역위(inversion)**는 염색체 일부가 염색체 내에서 180° 뒤집힌 상태인 염색체 이상이다. 역위는 유전정보의 소실과는 관계가 없고, 단순하게 유전자 서열의 선형 배열이 바뀐 것이다. 역위는 염색체의 길이를 따라 두 부위의 절단이 있고 난 뒤, 뒤집힌 조각이 다시 삽입되는 과정을 요구한다. 그림 6.15는 어떻게 역위가 일어나는지를 보여준다. 절단에 앞서 염색체의 고리가 형성되고, 새로 생긴 "점착성 말단(sticky end)"들이 서로 가까이 있게 되어 다시 붙는다.

뒤집힌(역위된) 분절은 짧거나 혹은 상당히 긴 것일 수 있으며, 동원체를 포함할 때도 있고, 그렇지 않을 때도 있다. 동원체가 재배열된 염색체 분절의 일부가 아닐 경우, **동원체 밖 역위(paracentric inversion)**라고 한다. 만약 그림 6.15에서처럼 동원체가 역위된 분절 일부이면, **동원체 포함 역위(pericentric inversion)**라고 설명된다*.

역위가 그것을 가진 개인에게는 미미한 영향을 미치는 것처럼 보이지만, 그 결과는 유전학자에게 큰 관심거리이다. 역위에 대해 이형접합자인 생물은 자손에게 큰 영향을 미치는 비정상적인 배우자를 생성할 수 있다.

배우자 형성에 미치는 역위의 영향

상동염색체 중 하나에서만 역위를 가지는 경우, 감수분열 시 정

*역자는 이 용어를 편동원체 역위(偏動原體 逆位, paracentric inversion) 및 협동원체 역위(狹動原體 逆位, pericentric inversion)라고 학습한 세대이지만, 이러한 용어들은 유전학 용어를 너무 어렵게 하므로 해설하여 번역하였다(역주).

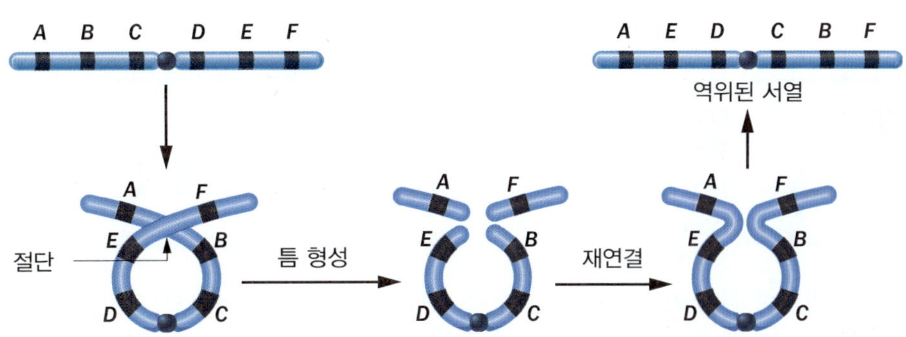

그림 6.15 동원체 포함 역위의 형성.

상적인 선형 접합은 불가능하다. 하나의 역위 염색체와 하나의 정상 상동염색체를 가지는 개체를 **역위 이형접합체(inversion heterozygote)**라고 한다. 감수분열에서 그러한 두 염색체의 쌍형성은 **역위 고리(inversion loop)**를 형성해야만 이루어진다(그림 6.16).

만약 역위 고리의 뒤집힌 조각 내에서 교차가 발생하지 않는다면 상동염색체들은 분리될 것이고, 두 개의 정상 염색분체와 두 개의 역위 염색분체가 각기 배우자로 들어가게 된다. 그러나 역위 고리 내에서 교차가 일어난다면, 비정상적인 염색분체들이 생산된다. 동원체 밖 역위 내에서 한 번의 교차(single crossover, SCO)가 주는 영향이 그림 6.16(a)에 설명되어 있다.

어떤 감수분열 사분체에서 비자매 염색분체들 사이의 교차는 두 개의 부모형 염색분체들과 두 개의 재조합형 염색분체들을 만든다. 그러나 동원체 밖 역위 내에서 교차가 일어나면, 하나의 재조합형 염색분체는 **복동원체(dicentric)성**(동원체가 2개인)이 되고 다른 하나의 재조합형 염색분체는 **무동원체성(acentric)**(동원체가 없는) 염색분체가 된다. 둘 다 염색체 일부 조각들의 중복과 결실들을 포함한다. 세포분열 후기 중에 무동원체성 염색분체는 어느 한쪽 극으로 끌려가거나 소실되는 반면, 복동원체성 염색분체는 두 방향에서 당겨진다. 이렇게 양극화된 이동은 세포학적으로 인식할 수 있는 **복동원체성 다리**(*dicentric bridge*)를 만든다. 하나의 복동원체성 염색분체는 보통 일부에서 절단되어 감수분열 중에 염색분체 일부는 이쪽 배우자에, 나머지 부분은 또 다른 배우자에 나뉘어 들어가게 된다. 그러므로 재조합형 염색분체를 가지는 배우자들은 유전물질이 결핍된다. 동물에서 그러한 배우자들이 수정에 참여하게 되면, 접합자는 생겨도, 대부분 비정상적으로 발달한다.

그림 6.16(b)에서처럼 동원체 포함 역위를 가진 염색분체와 역위가 없는 상동체 사이의 교차 사건의 결과로 유사한 염색체 불균형이 발생한다. 직접 교환에 관여한 재조합 염색분체는 중복과 결실을 갖는다. 식물에서는, 이러한 비정상적인 염색분체를 받은 생식세포는 정상적으로 발달하지 못하여 꽃가루나 밑씨가 생기지 않는다. 따라서 수정 전에 치사가 발생하고 생존할 수 없는 종자가 생긴다. 동물에서는, 배우자가 감수분열 오류 이전에 발생하기 때문에 염색체 오류에도 불구하고 수정이 일어날 가능성이 더 크다. 그러나 최종적으로 수정 후 생존할 수 없는 배아가 생산된다. 두 경우 모두에서 생존력은 감소한다.

교차형 배우자들을 포함하게 된 자손은 생존력이 없어 발견

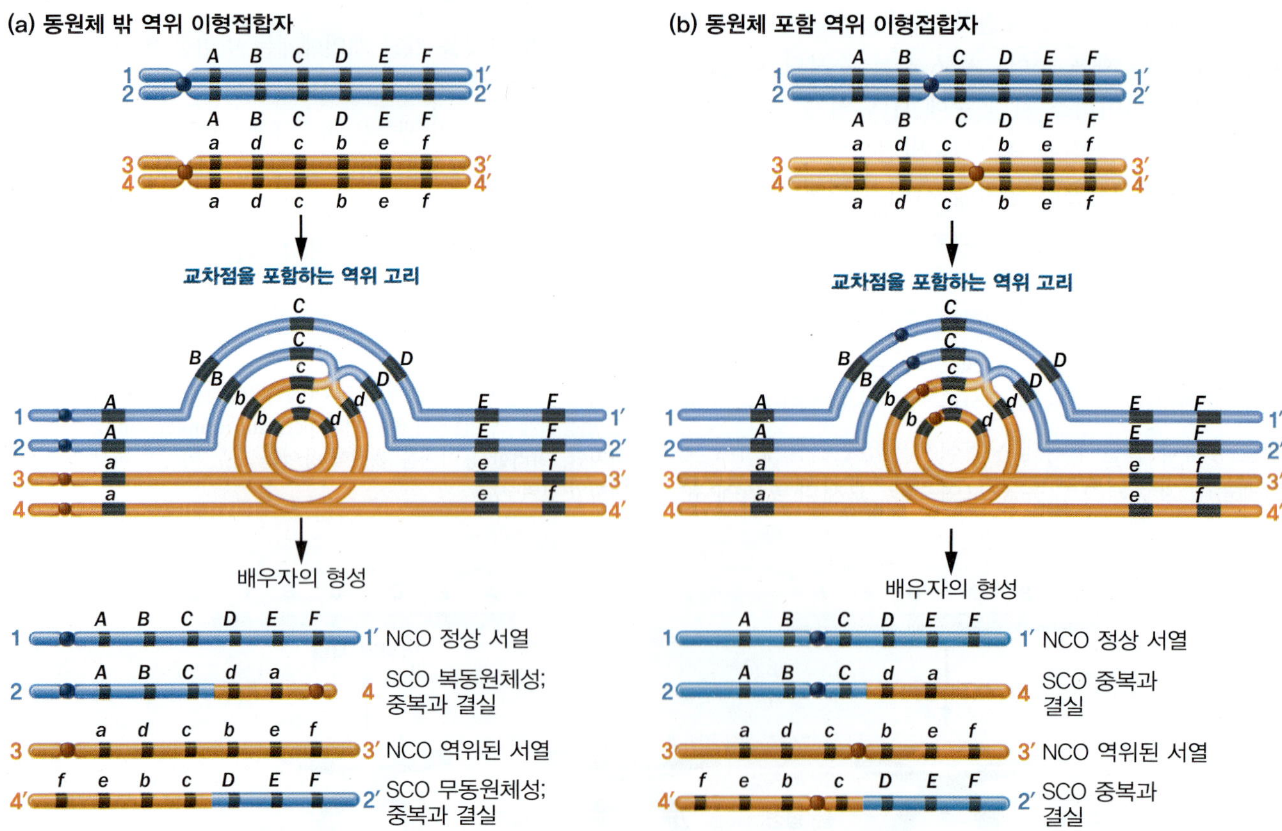

그림 6.16 동원체 밖 역위에 대해 이형접합성인 개체에서 발생한 단일교차(SCO)의 효과들. 여기서는 두 가지 변형 염색체들이 생기는데, 하나는 무동원체성이고, 다른 하나는 복동원체성이다. 두 염색체 모두 중복 부분과 결실 부분을 포함한다.

되지 않으므로, 마치 역위가 교차를 억제하는 것처럼 보인다. 실제로 역위 이형접합자들에서는 염색체 교환이 역위 구역 내에서 발생했을 때 교차 산물이 살아남는 것을 억제하는 효과를 가진다. 교차가 언제나 동원체 밖 역위나 동원체 포함 역위 내부에서 발생한다면 배우자의 절반은 살아남지 못할 것이다. 그러므로 얻어진 접합자의 생존력은 크게 감소한다. 게다가 생존력 있는 배우자들의 1/2 정도까지는 역위 염색체들을 가지며, 역위는 이 종 내에서 지속될 것이다. 이러한 순환은 미래 세대의 감수분열과정 중에도 계속해서 반복될 것이다.

역위의 진화적 장점

역위 이형접합자들에서 교차형 산물들의 생산이 억제되기 때문에, 역위 내 근접 좌위들에서 특정 대립유전자들은 세대를 거듭해도 계속 보존될 수 있다. 만약 관련 유전자들의 대립유전자들이 그것들을 보유하고 있는 생물들에 생존의 이점을 부여하는 것이라면, 이런 역위는 그 종의 진화적 생존에 유리하다. 예를 들어, *ABcDef*라는 대립유전자 세트가 *AbCdeF*나 *abcdEF* 대립유전자 세트보다 더 적응적이라면, 효율적인 배우자들은 이 호의적 유전자 세트를 교차에 의해 파괴하지 않은 채로 유지할 것이다.

실험실 연구에서 역위를 포함한 **균형 염색체들(balancer chromosomes)**을 사용하는 데도 동일 원리가 응용된다. 어떤 생물이 균형 염색체에 이형접합성이면, 원하는 대립유전자 서열들은 실험 작업 동안 그대로 보존된다.

풀어보기

6.3 다음과 같이 드문 이중 교차가 발생할 때의 효과는?
(a) 동원체 포함 역위의 이형접합자인 염색체 분절 사이에서 발생
(b) 동원체 밖 역위의 이형접합자인 염색체 분절 내에서 발생

- **힌트:** 이 문제는 이형접합성 동원체 밖 역위가 존재할 때 상동염색체 접합이 어떻게 일어나는지에 대한 이해를 묻고 있다. 해답의 열쇠는 사분체를 그리고 이중 교차를 겪은 염색분체들이 어떻게 생길지 추적하는 것이다.

6.8 전좌는 유전체 내에서 염색체 조각의 위치를 변화시킨다

전좌(translocation)는 그 이름이 의미하는 바와 같이, 염색체 일부가 유전체의 다른 부위로 이동한 것이다. 예를 들어, 상호전좌(reciprocal translocation)는 두 개의 비상동염색체 사이에 염색체 부분 교환이 발생하는 것이다. 이러한 사건이 일어날 수 있는 가장 쉬운 방법은 두 개의 비상동성 염색체들의 팔들이 서로 충분히 가까워서 염색체 교환이 촉진되는 것이다. 그림 6.17(a)는 간단한 상호전좌를 보여주는 것으로 여기서는 오직 두 번의 절단만 있으면 된다. 교환 사건이 염색체 내부 조각을 포함한 것이라면 각각의 염색체 상에서 두 번씩, 4번의 절단이 필요하다.

상호전좌의 유전적 결과는 많은 경우에서 역위의 경우와 유사하다. 즉, 유전적 정보는 소실되거나 획득되지 않는다. 단지 유전물질의 재배열만 발생한 것이다. 그러므로 전좌의 존재는 그것을 포함한 개체의 생존력을 직접 변화시키지는 않는다.

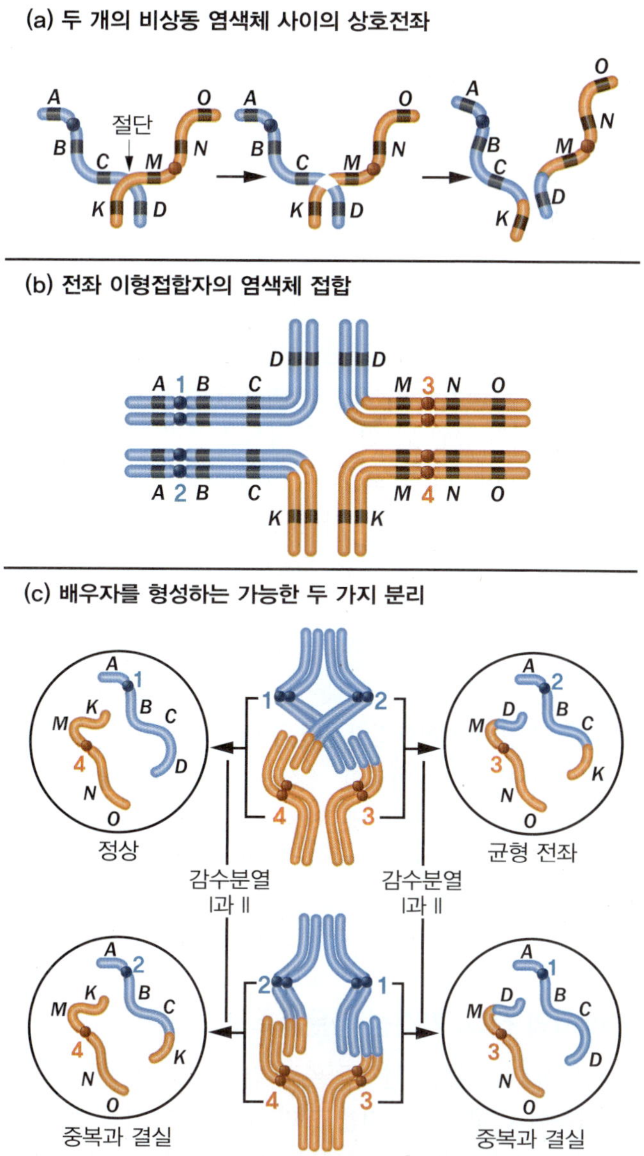

그림 6.17 (a) 상호전좌의 생성. (b) 상호전좌에 대해 이형접합성인 개체에서 감수분열 과정 중에 형성되는 접합 배열의 구조. (c) 두 가지 가능한 분리양식, 하나는 정상적이고 균형적인 배우자를 형성하는 대체분리(alternate segregation)이고, 다른 하나는 중복과 결실을 포함한 배우자를 형성하는 인접분리(adjacent segregation)이다.

상호전좌에 이형접합성인 상동염색체들은 감수분열 시 비정상 접합을 일으킨다. 그림 6.17(b)에서처럼, 쌍을 이루면 십자 형태를 만든다. 역위에서처럼, 감수분열 중의 이런 특이한 배열 때문에 유전적으로 불균형적인 배우자들이 생긴다. 그러나 전좌의 경우에서는, 비정상 배우자들이 항상 교차의 결과로 생기는 것은 아니다. 어떻게 불균형 배우자들이 생기는지 보기 위해, 그림 6.17(b)와 그림 6.17(c)에서 상동염색체의 동원체를 잘 살펴보라. 독립적 분리의 원칙에 따라 1번 동원체를 포함하는 염색체는 첫 번째 감수분열 후기에 방추체의 한 극 쪽으로 무작위로 이동한다; 그것은 3번 동원체를 가지는 염색체나 동원체 4를 가지는 염색체와 함께 갈 수 있다. 동원체 2를 가지는 염색체는 동원체 3이나 4를 가지는 염색체와 함께 다른 쪽으로 이동한다. 이로써 4가지 가능한 감수분열 결과가 생긴다. 1, 4번 조합은 전좌가 관여하지 않은 염색체들을 포함한다. 그러나 2, 3번 조합은 전좌 염색체들을 가진다. 이들은 완전한 유전정보 조성을 가지며, 균형이 잡혀 있다. 이런 결과가 얻어질 때[그림 6.17(c)의 상단 그림], 감수분열 1단계의 분리 양식은 **대체분리(alternate segregation)**라고 불린다. 두 번째 양식[그림 6.17(c)의 아래 그림]은 다른 두 가지 가능한 산물을 생산하며, 1,3과 2,4 조합으로, 중복과 결실 단편들을 가진 염색체들을 포함한다. 이런 양식은 **인접분리-1(adjacent segregation-1)**라고 한다. 감수분열 시 상동염색체의 동원체들이 같은 극으로 분리되는 3번째 배열(인접분리-2)는 이 그림에 포함되지 않았음에 유의하라. 이런 형태의 분리는 인접분리-1과 유사한 결과를 낳는데, 유전적으로 불균형한 중복 및 결실 염색체를 포함한 산물이 생긴다.

동물에서는 유전적으로 불균형적인 배우자들이 수정에 참여하면, 결과적으로 생기는 자손은 보통 생존하지 못한다. 상호전좌에 이형접합성인 부모에게서는 50%의 자손만이 살아남는다. 이러한 조건을 가리켜 **반불임성(semisterility)**이라고 하는데, 개체의 생식적 적응력에 영향을 미쳐 진화에 영향을 미친다. 더불어, 사람의 경우에서 그러한 불균형적 조건은 부분적인 일염색체성이나 삼염색체성을 유발하여 다양한 출생 결함을 만든다.

인간에서의 전좌: 가족성 다운증후군

1959년 이후 수행된 연구들은 인간에게도 여러 가지 전좌들이 존재한다는 것을 드러냈다. 그중 가장 흔한 형태는, 상동염색체가 아닌 두 개의 단부동원체성(acrocentric) 염색체들에서 단완(short arm) 절단이 관여된 전좌이다. 이들 중 짧은 조각들은 소실되고 큰 부분들이 동원체 부위에서 연합하여 크기가 큰 차중부동원체성, 혹은 중부동원체성 염색체를 만들게 되는데 이러한 전좌를 **로버트슨 전좌(Robertsonian translocation)**라고 한다.

이러한 전좌 중 하나는 다운증후군을 일으킨다. 앞에서 우리는 다운증후군 대부분이 21번 염색체의 삼염색체성으로 인해 발생한다는 것을 지적했었다. 이 염색체 조성은 부모 중 한 명의 감수분열 중에 발생한 염색체 비분리에 의해 생긴다. 삼염색체성은 모든 다운증후군의 95%를 차지한다. 그러한 경우에는 같은 부모가 두 번째로 또 영향을 받은 아이를 낳을 확률은 지극히 적다. 그러나 다운증후군 아기들을 가진 나머지 5% 가족의 경우는 세대를 거쳐 이 증후군이 나타날 확률이 매우 크다: 즉 "가족 내에서 유전된다".

이런 특이한 사례들로부터 부모들과 그들의 자손들에 대한 세포학적 연구들로 **가족성 다운증후군(familial Down syndrome)**의 원인이 설명될 수 있었다. 그런 부모 중 한 명에 대한 분석은 그가 **14/21, D/G 전좌**(그림 6.18)를 가지고 있음을 보여준다. 즉, 이 사람은 G그룹인 21번 염색체의 대부분이 D그룹인 14번 염색체에 전이된 형태를 가진다. 이런 사람들은 그 또는 그녀가 45개의 염색체를 가지더라도 표현형적으로는 정상이다. 감수분열 중에 이들의 생식세포들은 4분의 1이 21번 염색체를 2개 가지게 된다: 하나의 정상 염색체와 14번으로 전좌된 또 하나를 포함한다. 그런 배우자가 정상 반수체 배우자와 수정될 경우, 결과적으로 접합자는 46개의 염색체를 가지지만 21번 염색체는 3개의 사본으로 존재하게 된다. 이런 사람들

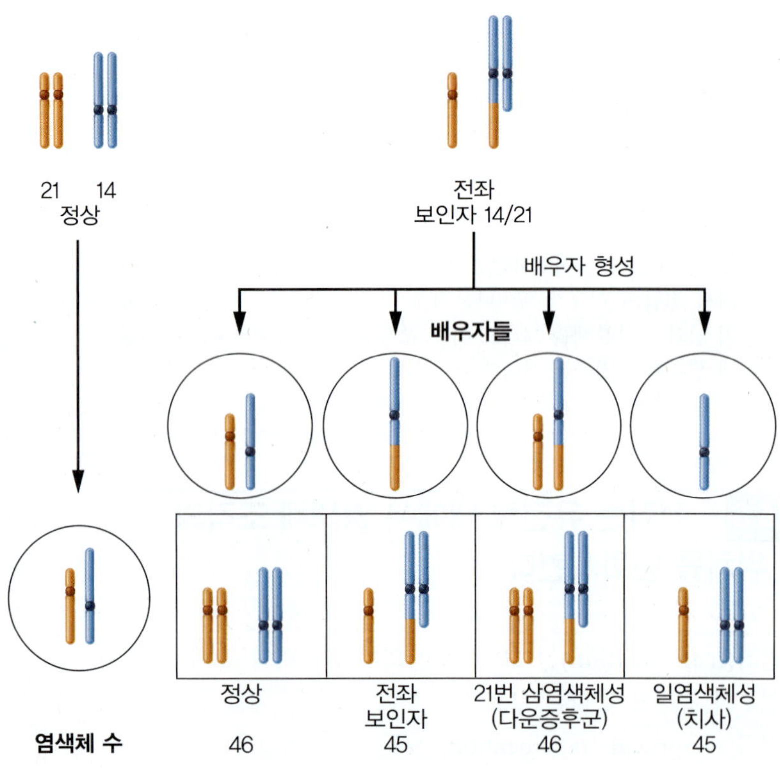

그림 6.18 가족성 다운증후군 가계에 관련된 염색체들과 전좌.

은 다운증후군을 나타낸다. 생존력이 있는 다른 자손은 정상적인 이배체 유전체(전좌가 없는)를 가지거나 균형 전좌(balanced translocation)(부모형)를 가지게 된다. 두 경우 다 정상 표현형을 나타낸다. 그림 6.17에는 표현되지 않았지만, 드물기는 해도 다른 두 배우자도 형성될 수 있다. 그런 배우자들은 불균형한 상태이며, 수정되어도 치사가 발생한다.

이러한 특이한 경우의 부모와 자손에 대한 세포유전학적 연구는 가족성 다운증후군의 원인을 설명해준다. 분석 결과 부모 중 한 명이 **14/21 전좌(14/21 translocation)**를 포함하고 있음이 밝혀졌다(그림 6.18). 즉, 한 부모에서는 21번 염색체 대부분이 14번 염색체의 한쪽 끝으로 전좌된다. 이 사람은 염색체가 45개뿐이고 균형 전좌 보인자라고 불리지만, 표현형적으로 정상이다. 그러한 개인의 감수분열 동안 배우자 중 하나는 21번 염색체의 두 복사본을 포함하는데, 하나는 정상 염색체이고 두 번째 사본은 염색체 14로 전좌된 것이다. 그러한 배우자가 정상의 반수체 배우자에 의해 수정되면, 생성된 접합자는 46개의 염색체를 갖지만 3개의 21번 염색체를 갖게 된다. 이 개체는 다운증후군을 나타낸다. 다른 잠재적인 생존 자손은 정상 이배수체 유전체(전좌 없음) 또는 부모처럼 균형 전좌를 포함한다. 두 경우 모두 정상 표현형을 갖는다. 네 번째 경우에는 일염색체성 개체가 생성되며 치사성이다. 설명되지는 않았지만 인접분리-2도 드물지만 발생하는 것으로 생각된다. 이러한 배우자들은 염색체 균형이 맞지 않으며 수정 시 치사가 발생한다.

위에 설명했던 전좌에 관한 지식으로, 유전학자들은 정상 이배체의 유전체를 가졌는데도 삼염색체성 형질을 나타내는 역설에 대한 설명을 할 수 있게 되었다. 또한, 45개의 염색체를 가지며 정상 표현형을 나타내는 "보인자(carrier)"가 완전한 이배체 유전물질의 양을 포함하지는 않는다는 것 역시 흥미롭다. 14번 염색체와 21번 염색체에서 전좌가 발생하며 약간의 부분을 소실하게 된다. 이러한 사건은 두 염색체의 말단이 융합하기 전에 부러짐으로써 발생한다. 이러한 특정 부위들은 리보솜의 주요 성분인 rRNA를 암호화하는 유전자의 다중 복사본이 있는 곳으로 알려져 있다. 이 유전자들의 20%를 잃음에도 불구하고 보인자는 영향을 받지 않는다.

6.9 인간 염색체의 취약부위들은 절단되기 쉽다

1970년경, 인간의 배양 세포에서 분리된 중기 염색체를 관찰하던 중에 발견된 재미있는 결과에 대해 간단히 논의하면서 이 장을 끝내고자 한다. 어떤 사람들에서 분리된 세포에서는, 염색체의 특정 부분이 염색되지 않아 틈이 있는 것처럼 보인다. 그런 형태를 나타내는 염색체들을 가진 다른 사람들에서, 그 틈들은 염색체 세트 내의 다른 부위들에서도 나타났다. 그런 부위들은 일반적으로 배양 배지에 첨가되는 엽산 같은 특정 화합물들이 없는 상태에서 배양될 때 염색체가 절단에 취약한 것으로 보였기 때문에 **취약부위들(fragile sites)**이라고 알려지게 되었다.

이 부위들의 취약성 원인은 알려져 있지 않다. 그러나 이 부분들은 절단에 민감한 염색체 부위들을 나타내기 때문에, 염색질이 조밀하게 꼬여져 있지 않은 부분들을 나타내는 것일 수 있다. 비록 이 취약부위들에 대한 거의 모든 연구가 분열 중인 세포를 이용하여 시험관 내에서 이루어진 것이기는 하지만, 이 부분들이 변형된 형질, 즉 지적장애나 암과 확실히 관련되어 있음이 확인되면서 관심이 증가했다는 사실은 주목할 필요가 있다.

취약-X 증후군

대부분의 취약부위는 어떤 임상 징후들과도 별 관련이 없어 보인다. 그러나 X 염색체에 엽산 감수성 부위(그림 6.19)를 가진 사람들은 **취약-X 증후군(fragile-X syndrome, FXS)**이라는 가장 흔한 형태의 지적장애를 나타낼 수 있다. 이 증후군은 남아 4,000명 중 한 명, 여아 8,000명 중에서 한 명 정도에 영향을 미친다. 이런 X 염색체를 가진 모든 남자는 이 증상을 나타내지만, 한 염색체만 영향을 받은 여성들은 60% 정도만 이 증상을 나타낸다. 지적장애에 더하여, 남녀 환자들은 특징적으로 길고 좁은 안면과 돌출된 턱, 그리고 커다란 귀를 가지며 고환 크기가

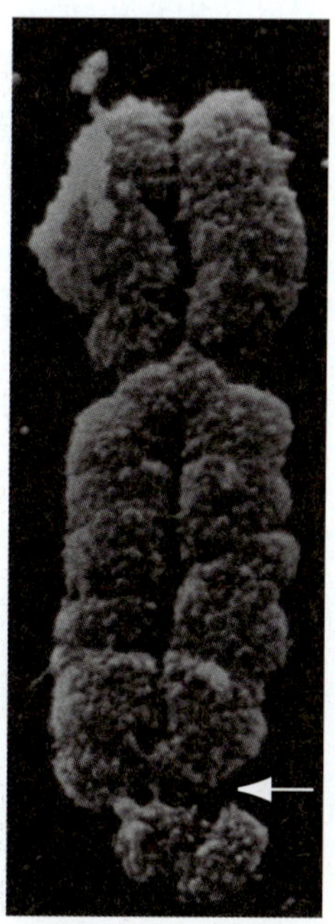

그림 6.19 사람의 취약-X 염색체. 염색체 하단부의 화살표가 가리키는 "틈새(gap)" 부분이 취약-X 증후군과 관련되어 있다.

증가한다.

현재는 취약부위에 있는 유전자들이 이런 증후군의 원인임이 알려졌다. *FMR-1*으로 알려진 이 유전자는 세 개의 뉴클레오타이드가 여러 번 반복되어 유전자의 크기가 커지는 유전자들의 하나로 밝혀진 바 있다. **세-뉴클레오타이드 반복(trinucleotide repeat)**이라 불리는 이 현상은 사람의 다른 질병, 예를 들어 헌팅턴병(Huntington disease)과 근긴장성 근이영양증(myotonic dystrophy)과도 관련된 것으로 알려져 있다. *FMR-1*에서 이 세 뉴클레오타이드는 CGG인데, 유전자의 암호화 부위 근처의 비번역 부위(untranslated area)("상류" 부분이라고 불림)에서 반복되어 나타난다. 반복되는 횟수는 사람마다 매우 다르며, 높은 반복 횟수는 취약-X 증후군의 발현과 연관된다. 정상인은 약 6~54번의 반복 횟수를 나타내며 소위 보인자로 생각되는 개인은 55~230번, 230번 이상의 반복은 이 증후군의 발현을 일으킨다.

FXS에서 반복 횟수가 증가하여 생기는 주요 영향은 *FMR1*의 발현이 사라진다는 것이다. 일단 이렇게 증가된 반복 수를 포함하게 된 유전자들은 화학적으로 변형되어 반복서열 내부나 근처의 염기들이 메틸화되어 그 유전자를 불활성화시키는 것으로 생각된다. *FMR-1* 유전자의 정상 산물은 RNA-결합 단백질인 FMRP로, 뇌에서 발현되는 것으로 알려져 있다. 뇌에서 이 단백질의 부재와, 이 증후군에서의 인지결함 사이의 직접적 연관에 관해, 많은 증거가 축적되고 있다. RNA 결합 단백질과 유전자 조절에서의 역할은 18장에서 더 자세히 논의된다.

유전학적 견지에서는, 취약-X 증후군에 대한 가장 흥미로운 면이 CGG 반복성의 불안정성이라 할 수 있겠다. 6~54번의 반복을 나타내는 개인은 자손에게 같은 수의 반복을 나타내는 유전자를 전달한다. 그러나 55~230번의 반복을 나타내는 보인자들은 이 증후군이 나타낼 가능성이 없음에도 불구하고, 자손들에게 더 증가된 반복서열을 전달하기도 한다. 이렇게 미래 세대에서 반복 횟수가 증가하는 현상은 **유전적 예상 현상(genetic anticipation)**으로 알려져 있다. 일단 증후군 발현의 역치인 230번을 넘기는 수준으로 증가하게 되면, 세대가 거듭되어 반복이 증가할수록 이 질환의 발현은 점점 심각해진다. 흥미롭게도, 보인자 상태의 (55~230) 반복에서 질병 상태(230 이상)로의 확장은 부계 쪽이 아니라, 모계 쪽 유전자의 전달 중에만 일어난다는 것이다. 따라서 "보인자"인 남성은 그의 딸에게 안정한 염색체를 전달하지만, 그 딸은 그녀의 자손들에게 증가된 반복 수를 가진 불안정한 염색체를 전달할 수 있다. 여기서는 할아버지가 원 염색체를 가지고 있었다.

취약부위와 암 사이의 연관성

취약-X 증후군에 관한 연구가 처음에는 불안정한 염색체 영역 때문에 유전학자들의 관심을 끌게 되었던데 반해, 1996년에는 상염색체의 취약부위와 폐암 사이의 연관성이 크로체(Carlo Croce), 헤브너(Kay Huebner)와 그 동료들에 의해 보고되었다. 이후 이들은 취약부위와 관련된 결손이 다양한 형태의 암들을 발생시킨다는 가설을 제시했다. *FRA3B*라고 표시되는 3번 염색체 단완 위, 잘 알려진 취약부위 내에 *FHIT*(*f*ragile *h*istidine *t*riad)이라는 유전자가 존재한다. 크로체와 헤브너는 *FHIT* 유전자가 폐암인 사람들의 종양세포들에서 자주 변형되어 있거나 사라졌음을 처음으로 발견했다. 더 광범위한 연구로, 이 단백질이 식도암, 유방암, 자궁경부암, 간암, 신장암, 췌장암, 대장암, 그리고 위암 등 많은 다른 암들에서는 존재하지 않는다는 것이 알려졌다. 취약부위 내에 존재하는 *FHIT* 같은 유전자들은 분명히 돌연변이나 결실에 더 민감하다.

이에 관한 연구와 다른 취약부위들에 대한 연구는 어떻게 여러 종류의 염색체 이상이 암과 연관되는지를 보여주는 한 가지 사례에 불과하다. 24장에서 이 논의를 다시 살펴볼 것이다.

유전학과 윤리, 그리고 사회

다운증후군과 산전진단-새로운 우생학인가?

다운증후군은 신생아들에서 나타나는 가장 흔한 염색체 이상이다. 다운증후군에 관한 산전진단 검사는 수십 년 동안 사용되어 왔으며 특히 다운증후군 아이를 가질 가능성이 큰 나이 많은 임신부들에게 더 많이 적용되었다. 과학자들은 미국에서 다운증후군 양성 반응을 보인 태아의 낙태율은 약 30% 정도이며, 대만이나 프랑스같은 세계의 다른 지역에서는 이것이 85%까지 높아지는 것으로 추산한다.

어떤 사람들은 유전적으로 비정상인 태아의 출생을 막는 것은 도덕적으로 용인할 수 있는 일이라고 찬성한다. 그러나 다른 이들은 선천성 질병을 없앨 목적으로 하는 산전 유전자 검사는 비윤리적이라고 주장한다. 그리고 일부는 선택적 낙태를 부르는 산전 유전자 검사는 우생학이라고 비난한다. 그렇다면 우생학은 다운증후군과 기타 유전적 질병들의 검사에 어떻게 적용되는가?

우생학(eugenics)이라는 용어는 1883년 갈톤(Francis Galton)에 의해 "인종의 타고난 자질을 개선하는 모든 영향을 다루는 과학; 또한 그것을 최대한의 장점으로 개발하는 것을 다루는 과학"으로 처음 정의되었다. 갈톤은 지능과 인성 같은 인간의 형질들이 유전되는 것이며, 특정 형질을 가진 순종 개들을 만드는 방식과 유사한 방식으로, 인간 역시 선택적으로 짝을 지어 재능있는 사람들을 만들 수 있다고 믿었다. 갈톤은 강제적으로 그렇게 해야 한다고 주장하지는 않았으나 사람들이 스스로 자신들의 자녀들을 위해 특정 유전적 결과를 향상시킬 수 있도록 짝을 고를 것으로 생각했다.

20세기 중반이 시작될 무렵, 세계의 나라들은 인간의 바람직한 형질들을 향상시킬 목적으로(긍정적 우생학), 그리고 바람직하지 않은 형질들은 없애기 위해(부정적 우생학) 우생학적 정책을 채택했다. 영국, 캐나다, 그리고 미국을 포함한 많은 나라가 정신병이 있는 "정신박약인" 사람들과 범죄자들에 대해 강제 불임 프로그램을 시행했다. 나치 독일의 우생학 정책은 특히 악명이 높아서 강요된 인간의 유전적 실험과 수만 명의 장애인을 학살하는 결과를 낳았다. 이런 우생학 운동은 2차 세계대전 후에 신용을 잃었으며 그 이름으로 계속된 악들은 우생학이라는 용어를 더럽혀 왔다.

우생학 운동의 역사를 고려하면, 우리가 다운증후군이나 기타 유전 질병에 대한 유전자 검사를 말할 때 우생학이라는 용어를 사용하는 것이 공정한가? 어떤 사람들은 강요된 것이 아니며, 국가도 개입하지 않으며, 목적이 고통을 없애는 것이므로 건강한 아이를 고르는 것은 우생학이 아니라고 주장한다. 다른 사람들은 그런 자발적 행동도 그것이 "더 나은" 인간을 위한 생명공학을 포함하기 때문에 여전히 우생학적 요소를 가진다고 지적한다.

이제 우리는 유전체와 유전병 소인에 관해 전례가 없던 지식의 시대에 접어들었다. 따라서 인간 유전체를 조절하거나 개선하려는 우리의 시도들이 윤리적인지, 그리고 이런 노력들에 어떤 제한을 두어야 하는지를 결정해야만 한다. 우생학 운동 이야기는 우리에게 유전학 지식의 잠재적인 오용에 대해 강력한 경고의 메시지를 제공한다.

당신의 생각은?

단독으로 혹은 그룹으로 모여 다음 질문들에 대해 생각할 시간을 가져라. 유전적 검사와 우생학을 둘러싼 윤리적 문제들에 관한 토론에 도움이 되도록 참고문헌과 링크들을 살펴보라.

1. 당신은 선택적 낙태가 뒤따르는 현대의 산전 유전자 검사와 착상 전 유전자 검사들이 우생학이라고 생각하는가? 그 이유는 무엇인가?

이 질문에 관한 배경 지식을 얻으려면 다음 자료를 참고하라: McCabe, L., and McCabe, E. (2011). Down syndrome: Coercion and eugenics. *Genet. Med.* 13:708–710.
또 다른 유용한 논의는 다음 자료에서 찾을 수 있다: Wilkinson, S., (2015). Prenatal screening, reproductive choice, and public health. *Bioethics* 29:26–35.

2. 만약 유전학 기술들이 오늘날보다 더 발전하고 아이들의 형질을 고를 수 있게 된다면, 여러분은 이런 선택을 이용하겠는가? 키, 체중, 지적 능력, 운동 능력, 예술적 재능 등, 어떤 형질들을 고르겠는가? 그렇다면 이것은 우생학일까? 그것은 윤리적인가?

유사한 질문들에 대해 스위스의 법학과 학생들과 의대생들이 답한 내용을 읽으려면 다음 자료를 참고하시오:

Elger, B., and Harding, T., (2003). Huntington's disease: Do future physicians and lawyers think eugenically? *Clin. Genet.* 64:327–338.

사례 연구 물고기 이야기

침입 수생 식물들의 과도한 성장을 억제하는 것은 미국 대부분의 주에서 가장 중요한 수로 문제점이다. 원래는 제초제와 준설을 이용하여 억제했으나, 1963년에 앨라배마와 아칸사스에 이배체 아시아 잉어가 도입되었다. 불행히도 탈출과 불법 도입 때문에, 잉어는 빠르게 퍼져 45개 주에서 수생 생태계를 심각하게 위협하게 되었다. 1983년 초에, 많은 주에서 삼배체인 불임성 초어(grass carp)를 대신 이용하기 시작했는데, 이들이 생식력이 없고, 오래 살며 먹성이 좋기 때문이었다. 다른 한편으로는 이 유전자 변형 외래종은 적절히 사용되지 않으면 바람직한 식물들을 줄이거나 없애고 토종 어류들을 압도해 득보다 실이 더 많아질 수 있다. 다른 외래종을 억제하기 위해 또 다른 외래종을 사용하는 것은 전 세계적으로 논란과 비판을 일으키는 문제적 역사를 가진다. 특수한 결과를 얻기 위해 생물을 유전적으로 변형시키는 새로운 방법들은 미래에는 분명히 더 흔해질 것이며 몇 가지 흥미로운 질문들을 야기한다.

1. 위와 같은 상황에서 사배체 잉어 종이 생산되어 사용되지 않은 이유는 무엇인가?
2. 여러분이 특정 수로를 담당하고 있는 주 공무원이라면, 실험실에서 만들어진 삼배체 종을 이 수로에 사용하기에 앞서 어떤 질문을 하겠는가?
3. 외래종을 환경으로 내보내는 것에는 생태적, 경제적 위험성과 장점과 더불어 어떤 윤리적 책임이 뒤따르는가? 만약 생태계나 식량 공급에 문제가 생긴다면 누가 책임을 져야 하는가?

다음 자료를 참고하라: Seastedt, T. R. (2015). Biological control of invasive plant species: A reassessment for the Anthropocene. *New Phytologist* 205:490–502.

요약 정리

1. 정확한 이배체 상태에서 벗어나는 염색체의 변화는 염색체 이상 혹은 염색체 돌연변이라고 불린다.
2. 일염색체성 및 삼염색체성 질병들에 관한 연구들은 정상적인 발달을 위해 필수적인 미묘한 유전적 균형에 대한 이해를 증가시킨다.
3. 완전한 세트의 염색체들이 이배체 유전체에 추가될 때, 이 세트들은 동일한 것일 수도 있고, 유전적 기원이 다른 것일 수 있어서 각각 동질다배수체 혹은 이질다배수체를 만든다.
4. 유전자나 염색체 일부분이 중복되거나 결실되어 인간의 묘성증후군 혹은 초파리의 막대 눈 돌연변이와 같은 표현형이 드러날 수 있다. 중복은 유전자의 수가 늘거나 새로운 유전자가 생기는 원인이기 때문에 특히 중요할 수 있다.
5. 역위와 전좌는 처음에는 유전정보의 소실이나 해로운 효과를 거의 일으키지 않을 수 있다. 그러나 관여된 염색체 분절의 이형접합성 상태는 감수분열로 인해 유전적으로 비정상적인 배우자들이 생기게 한다. 이것은 종종 치사나 생존력 감소로 이어진다.
6. 인간의 염색체들에 있는 취약부위들은 연구에 대한 흥미를 촉발했는데, X 염색체의 한 부위가 인간에서 가장 흔한 형태인 유전성 지적장애와 연관되어 있으며, 상염색체의 다른 부위들도 다양한 형태의 암과 관련이 있는 것으로 보이기 때문이다.

통찰과 해법

1. *a*, *b*, *c* 세 유전자가 관여된 옥수수를 이용한 교배에서, 이형접합자인 *abc*/+++가 *abc*/*abc*와 검정교배되었다. 세 유전자가 염색체에 흩어져 있어 교차형 배우자들과 그로 인한 표현형이 관찰될 것으로 기대되었으나, 오로지 두 가지, *abc*와 +++ 표현형만이 얻어졌다. 게다가 이 교배에서 얻어진 식물들은 심각한 정도로 기대치보다 적은 수만 생존력이 있었다. 왜 다른 표현형들이 나오지 않았으며, 왜 생존력 있는 개체가 줄어들었을까?

   해법: 두 염색체 중 하나가 세 유전자 모두가 포함되는 역위를 가져 교차형 자손의 생산을 효과적으로 미리 막는 것일 수 있다. 만약 이것이 동원체 밖(paracentric) 역위였고 유전자들이 분명히 떨어져 있었다면(즉, 그들 사이에서 충분한 숫자의 교차들이 일어날 수 있도록), 많은 무동원체성, 복동원체성 염색체들이 형성되어 결과적으로 생존력 감소가 관찰될 것이다.

2. 야생형 저장용 초파리 계통에서 한 마리의 수컷 초파리가 7개의 염색체만 갖는 것이 발견되었다. 정상 $2n$ 숫자는 8이다. 자세한 조사결과 가장 작은 염색체인 IV가 염색체 II로 전좌된 것이 확인되었고 그 동원체를 상실하여 염색체 숫자가 줄어든 것으로 밝혀졌다.

   (a) 염색체 II와 IV들이 감수분열 1단계에서 접합하는 형태를 그려보라.

해법:

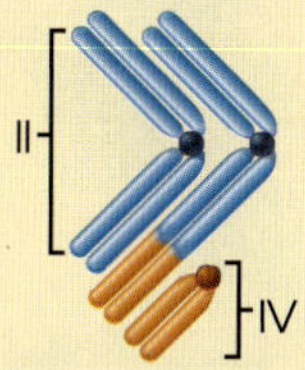

(b) 만약 이 수컷이, 염색체 IV에 열성 동형접합성 돌연변이인 "눈이 없는(*eyeless*, *ey*)"를 가진 정상 염색체 조성의 암컷과 교배되었다면, 염색체 I 및 IV와 관련하여 자손에서 생기는 염색체 조성은 어떻겠는가?

해법:

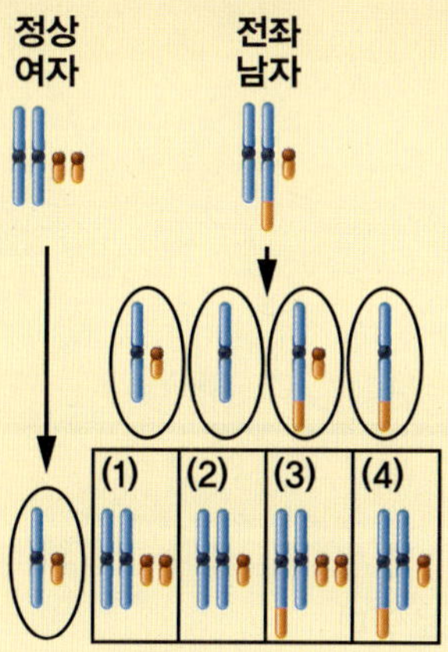

(c) (b) 문제의 답과 관련하여, 눈의 표현형에 있어서 모든 비정상 염색체 조성이 살아남는다고 가정하면 자손의 표현형 비는 어떠한가?

해법:

(1) 정상(이형접합성)

(2) 눈이 없음(일염색체성, 모계에서 얻은 염색체 IV 포함)

(3) 정상(이형접합성; 삼염색체성으로 아마 죽을 것)

(4) 정상(이형접합성; 균형 전좌)

최종 표현형비는 '3/4 정상: 1/4 눈 없음'이다.

7

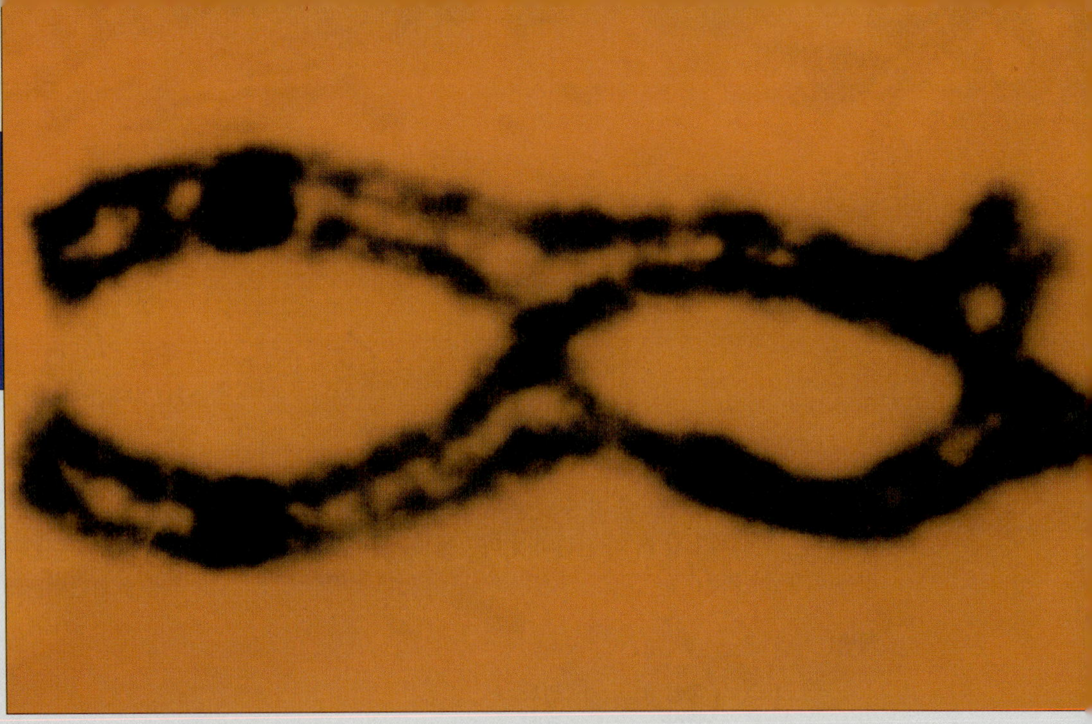

연관과 진핵생물의 염색체 지도작성

감수분열 1단계의 전기에, 접합한 상동염색체들 사이에서 형성된 교차.

핵심 개념

- 진핵생물의 염색체는 염색체 길이를 따라 자리가 정해진 많은 유전자를 포함한다.
- 교차로 인해 분리되지 않는 한, 한 염색체에 존재하는 대립유전자들은 배우자 형성 시 한 단위로 움직인다.
- 감수분열 시 상동염색체들 사이의 교차는 서로 다른 재조합 배우자들을 만들어 유전적 변이를 증가시킨다.
- 상동염색체들 사이의 교차는 염색체 지도작성을 위한 기초로 작용한다. 한 염색체에 있는 두 유전자 사이의 거리가 멀수록 그들 사이의 교차 빈도는 증가한다.
- 유사분열 중에도 자매 염색분체들 사이에서 교환이 발생할 수 있지만, 새로운 재조합 염색분체는 생기지 않는다.

보베리(Theodor Boveri)와 함께, 서턴(Walter Sutton)은 세포학과 유전학을 접목시킨 중요한 인물이다. 1903년에도 이미 서턴은 대부분의 생물체에서 염색체 이상의 어떤 "단위 인자(unit factor)들"이 많이 있으리라는 점을 지적했다. 곧이어, 유전학적 연구들은 어떤 유전자들은 그들이 어떻게든 연결된 것처럼 몰려다닌다는 것을 보여주었다. 연이은 탐구들은 그런 유전자들은 같은 염색체 일부로서, 실제로 한 단위로 전달된다는 것을 보여주었다. 같은 염색체를 구성하는 유전자들은 **연관되었다고**(*linked*) 말하며, 이들은 유전적 교배에서 **연관(linkage)**을 보인다.

유전자가 아니라 염색체들이 감수분열의 단위들이기 때문에 연관된 유전자들은 자유롭게 독립적으로 분배되지 못한다. 대신에 한 염색체에 있는 모든 좌위의 대립유전자들은 이론상으로 배우자 형성 시기에 하나의 단위체로 전달된다. 그러나 대체로 이것은 지켜지지 않는데, 생식세포의 감수분열 전기 중에 상동염색체가 짝을 이루면 염색체 조각 간에 상호교환이 일어나기 때문이다(2장). 이 사건을 **교차(crossing over)**라고 하며 상동염색체의 대립유전자들이 섞이게 되거나 **재조합(recombination)**을 일으킨다. 이것은 언제나 4분체 시기에 발생한다.

교차는 감수분열 중에 발생하는 염색체들의 실질적이고 물리적인 절단 및 재결합 과정으로 간주된다. 이 장 첫 페이지의 현미경 사진에서 그 예를 볼 수 있다. 염색체 분절의 교환은 한 생물체가 만드는 배우자의 유전적 변이에 대해 엄청난 잠재력을 제공한다. 이러한 유형의 변이는 독립적인 분리로 인한 변이와 함께 모든 자손이 모계 및 부계 대립유전자를 다양하게 혼합하여 가질 수 있도록 한다.

한 염색체 위, 두 좌위 사이에서 발생하는 교차의 빈도는 그 좌위들 사이의 거리에 비례한다. 그러므로 연구되는 좌위에 따라서 재조합 배우자들의 백분율은 다양하다. 이러한 상관관계는

염색체 지도(chromosome map)를 만들 수 있게 하며, 염색체에서 유전자의 상대적 위치를 설정할 수 있도록 한다.

이 장에서는 연관과 교차, 그리고 염색체 지도작성에 대해 더 자세히 알아보도록 한다. 우리는 또한 유전정보의 교환과 관련된 다양한 여러 주제를 고려할 것이며, 비록 새로운 대립유전자 조합이 생성되는 것은 아니지만 유사분열의 자매 염색분체 사이에서도 교환이 일어난다는 다소 흥미로운 관찰로 장을 마칠 것이다.

7.1 같은 염색체에서 연관된 유전자들은 함께 분리된다

그림 7.1에 이 장의 주요 테마인 "(a) 독립적 분리와 (b) 교차 없는 연관, (c) 교차가 일어난 연관"인 경우의 감수분열 결과가 간단히 비교되어 표현되어 있다. 그림 7.1(a)에서는 두 쌍의 염색체가 독립적으로 분리한 결과를 보여준다. 각각은 이형접합성인 염색체 쌍들을 포함하고 있다. 연관은 나타나지 않는다. 많은 수의 감수분열 사건들이 관찰된다면, 유전적으로 다른 네 가지 배우자가 동등한 비율로 형성될 것이고, 각각은 두 유전자의 대립유전자 조합에 대해 서로 다르다.

이제 이 결과를, 같은 염색체 위에 유전자들이 연관되어 있을 때의 결과와 비교해보자. 두 유전자 사이에 교차가 발생하지 않는다면[그림 7.1(b)], 유전적으로 다른 배우자는 오직 두 가지만 생긴다. 각 배우자는 분리의 결과로 온전히 전달된 한 가지 상동염색체 상에 존재하는 대립유전자들만 받게 된다. 이 경우는 완전 연관(*complete linkage*)을 보여주는 것으로 오로지 **부모형(parental)** 즉, **비교차 배우자(noncrossover gamete)**를 생산한다. 이때 두 가지 부모형 배우자가 똑같은 비율로 생긴다. 두 유전자 사이에서 완전 연관은 드물지만, 이러한 개념의 이론적 결과들을 고려하는 데는 유용하다.

그림 7.1(c)는 연관된 두 유전자 사이에 교차가 발생한 결과를 보여준다. 이 교차 사건에는 사분체 중 두 개의 비자매 염색분체들만 관여하고 있다. 이 교환은 두 가지 새로운 대립유전자 조합을 만드는데, **재조합형(recombinant)** 혹은 **교차형 배우자(crossover gamete)**라고 한다. 교환에 참여하지 않은 나머

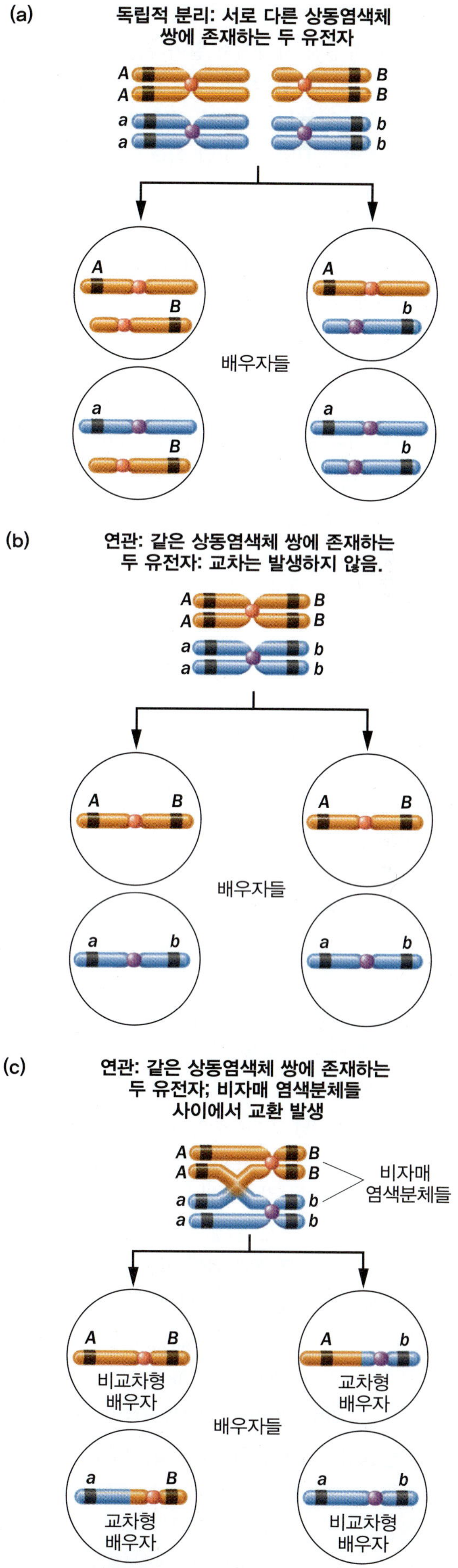

그림 7.1 두 개의 이형접합성 유전자가, (a) 두 개의 서로 다른 염색체에 존재하는 경우에서의 배우자 형성 결과; (b) 같은 상동염색체 쌍에 존재하지만, 이들 사이에 교환이 일어나지 않은 경우; (c) 같은 상동염색체 쌍에 존재하고 두 비자매 염색분체들 사이에서 교환이 일어난 경우. 이 그림과 다음 그림들에서는 상동염색체 쌍의 구성원들이 서로 다른 색으로 표현되어 있음에 유의하라. [이런 관례는 2장에서부터 유지된다(그림 2.7, 그림 2.11)].

지 두 염색분체는 그림 7.1(b)에서와 같은 비교차형 배우자들을 만든다. 연관된 두 유전자 사이에서 일어나는 교차의 빈도는 보통 관련 유전자의 거리에 비례한다. 이론적으로, 무작위로 선택된 유전자들이 너무 가까워서 교차가 쉽게 추적되지 않을 만큼 드물 수도 있다. 그림 7.1(b)에서처럼 이러한 경우를 완전 연관이라고 하며 부모형의 배우자만 같은 비율로 생긴다(비교차형). 반대로 적더라도 분명히 떨어진 두 유전자가 있다면 적은 수의 재조합형과 많은 수의 부모형 배우자가 만들어질 것이다. 두 유전자 사이의 거리가 증가함에 따라 재조합 배우자의 비율이 증가하며 부모형 배우자는 감소한다.

이 장의 뒷부분에서 다루게 되겠지만, 연관된 두 유전자가 충분히 떨어져 있을 경우라도 재조합 배우자의 숫자는 50%를 넘어서지 못한다. 만약 50%의 재조합형이 생겼다면 1:1:1:1의 비율로 네 가지 형태가 생겼다는 뜻이다(둘은 재조합형, 둘은 부모형) 그러한 경우 연관된 두 유전자들의 전달은, 두 개의 연관되지 않은 독립적인 분리를 나타내는 유전자의 유전적 양상과 구별할 수 없게 된다. 즉 4가지 가능한 유전자형의 비는 그림 7.1의 (a)와 (c)가 같다.

연관율

만약 두 유전자가 서로 근접해 있어서 두 유전자 사이에 완전 연관이 존재하고, 또 두 유전자에 대해 이형접합성인 생물들을 교배하게 되면, 독특한 F_2의 표현형의 비가 나타나는데 이것이 바로 **연관율(linkage ratio)**이다. 이 비율을 설명하기 위해 초파리에서 가깝게 연관된 두 열성 유전자인 굵은 시맥(*heavy* wing vein, *hv*)과 갈색 눈(*brown eye*, *bw*)을 생각해 보자(그림 7.2). 야생형 대립유전자는 bw^+와 hv^+로 나타내며 둘 다 우성이고, 각각 붉은 눈과 가는 시맥을 나타낸다.

이 교배에서, 갈색 눈과 정상 시맥을 가진 초파리와, 정상 눈에 돌연변이인 두꺼운 시맥을 가진 초파리가 사용되었다. 좀 더 간략한 용어로 말하자면, 갈색 눈 초파리들이 두꺼운 시맥의 초파리들과 교배되었다. 만약 우리가 4장에서 배웠던 유전적 기호들을 사용한다면, 연관된 유전자들은 그들의 대립유전자를 가로선 위와 아래에 위치시킴으로써 표시된다. 선의 위에 나타낸 것들은 하나의 상동염색체 상에 위치하는 것들을 나타낸 것이고, 아래쪽은 다른 상동염색체 위에 있는 것을 나타내는 것이다. 그러므로 교배 P_1은 다음과 같이 나타낼 수 있다:

$$P_1 : \frac{hv^+\ bw}{hv^+\ bw} \times \frac{hv\ bw^+}{hv\ bw^+}$$

[thin/brown] [heavy/red]

이 유전자들은 상염색체에 위치하므로, 암/수 구분은 필요하지 않다.

F_1 세대의 초파리는 부모들이 가진 각 염색체 쌍들에서 하나씩 염색체를 받는다. 모든 초파리는 두 유전자 쌍 모두에 대해 이형접합성이며 얇은 시맥과 붉은 눈인 우성 형질들을 표현한다(야생형 표현형):

$$F_1 = \frac{hv^+\ bw}{hv\ bw^+}$$

[thin/red]

그림 7.2(a)에서처럼, F_1 세대가 교배되면, 완전히 연관되어 있으므로 각 F_1 개체들은 오직 부모형 배우자만 만든다. 수정이 이루어짐에 따라 F_2 세대는 1:2:1의 표현형 분리비로 생산된다. 이 세대의 1/4는 갈색 눈과 얇은 시맥을 보이며; 1/2은 둘 다 야생형, 즉 붉은 눈과 얇은 시맥; 그리고 1/4는 붉은 눈과 굵은 시맥을 보인다. 좀 더 간략하게 표현하자면 1 heavy: 2 wild: 1 brown이다. 이러한 비율은 완전 연관의 특징이다. 일반적으로 완전 연관은 두 유전자가 매우 가깝게 위치하고 자손 수가 비교적 적을 때만 관찰된다.

그림 7.2(b)는 이 F_1 초파리의 검정교배 결과를 보여준다. 이 교배에서는 1:1의 비율로 얇은 정상 시맥에 갈색 눈(thin, brown)과, 굵은 시맥에 붉은 눈(heavy, red)인 초파리들이 생산된다. 만약 이런 형질들을 조절하는 유전자들이 불완전하게 연관되어 있거나 완전히 다른 상염색체 위에 위치한다면 검정교배는 두 종류가 아닌 4개의 표현형을 생산할 것이다.

주어진 종에서 많은 수의 돌연변이 유전자들이 조사되면, 같은 염색체에 있는 유전자들은 서로 연관되어 있음이 드러난다. 결과적으로 각 염색체 당 하나의 **연관군(linkage group)**이 형성된다. 이론적으로, 연관군의 수는 염색체 수의 절반에 해당한다. 이배체 생물에서 많은 수의 돌연변이 유전자들이 유전적 연구에 사용될 수 있으며, 이러한 연관성이 확인되었다.

풀 어 보 기

7.1 상염색체에 가상의 두 열성 유전자인 *a*와 *b*가 있다고 가정하고, 이 형접합자를 이중 동형접합성 돌연변이체와 검정교배시켰다면, 다음과 같은 조건들에서 표현형 비가 어떻게 나올지 예측하라:

(a) *a*와 *b*가 다른 상염색체에 위치한다.

(b) *a*와 *b*가 같은 상염색체에 있지만, 충분히 멀리 떨어져 있어서, 그들 사이에서는 언제나 교차가 발생한다.

(c) *a*와 *b*가 같은 상염색체에 있으나 너무 가까워서 그들 사이에서는 거의 교차가 발생하지 않는다.

■ **힌트:** 이 문제는 연관, 교차, 그리고 독립적 분리의 이해에 관한 것이다. 두 유전자가 연관되어 있지 않으면, 두 유전자가 연관되어 있지만 멀리 떨어져 있어서 감수분열 과정 중에 항상 두 유전자 사이에서 교차가 발생할 때의 결과와 구분되지 않음을 깨닫는 것이 해답의 열쇠가 될 것이다.

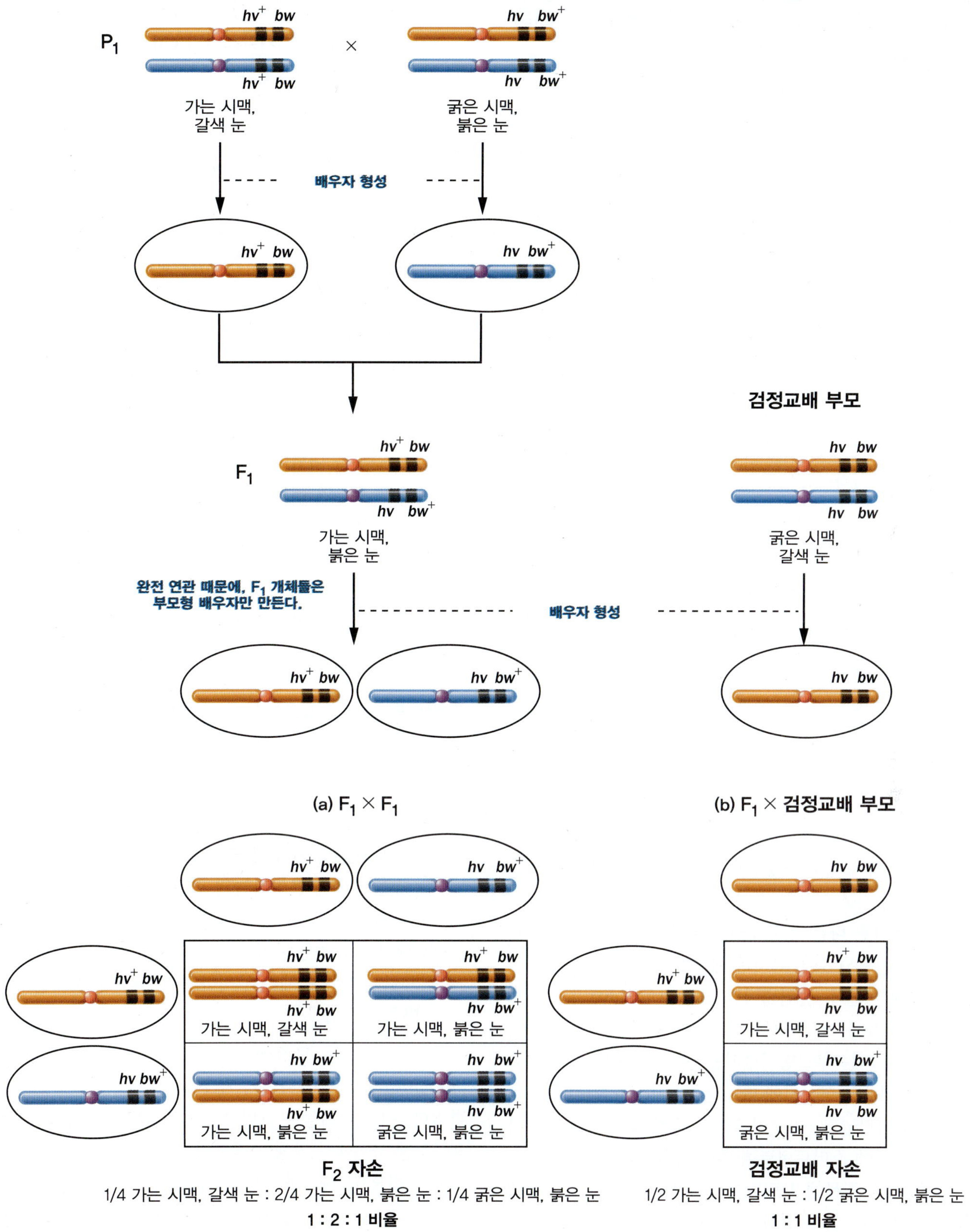

그림 7.2 같은 염색체에 위치한 두 유전자가 관여된 교배의 결과. 여기서는 완전 연관이 증명된다. (a) 교배에서 얻어진 F_2 결과. (b) F_1 자손을 이용한 검정교배의 결과.

7.2 교차는 지도작성 시 유전자들 사이의 거리를 결정하는 기초가 된다

같은 염색체에서 무작위로 선택된 두 유전자 사이가 너무나 가까워서 완전 연관을 보이기란 쉬운 일이 아니다. 오히려 그런 두 유전자가 관여된 교배에서는, 재조합 배우자들로부터 생기는 자손들이 언제나 일정한 정도로 나타난다. 이렇게 재조합형이 나올 비율은 두 유전자 사이의 거리와 비례하여 다양하게 나타난다. 이러한 현상은 1911년, 모건(Thomas H. Morgan)과 그의 학생이었던 스터트번트(Alfred H. Sturtvant), 두 초파리 유전학자에 의해 최초로 설명되었다.

모건과 교차

모건은 그의 연구에서 초파리의 X 염색체에 있는 여러 가지 돌연변이들을 조사하였다. 오직 한 가지 형질만 관여된 교배를 분석했을 때, 그는 X-연관 유전 양식을 추론할 수 있었다. 그러나 두 가지 X-연관 유전자에 대해 교배를 했을 때 그 결과는 매우 당황스러웠다. 예를 들어, 노랑 체색을 나타내는 돌연변이(y)와 흰 눈(w) 돌연변이를 가진 암컷 초파리를, 야생형 수컷(회색 체색, 빨강 눈)과 교배하면, F_1 암컷은 야생형이지만, F_1 수컷은 두 가지 돌연변이 형질을 모두 나타냈다. F_2에서는 자손 대부분이 예상대로 부모형이었다—노랑 체색에 흰눈이거나, 회색 체색에 붉은 눈인 야생형. 그러나 나머지 1% 미만의 파리들은 노랑 체색에 빨강 눈을 가지거나, 회색 체색에 흰 눈이었던 것이다. 마치 유전자들이 F_1 암컷 파리에서 배우자를 만들 때 어떤 방식으로든 염색체에서 서로 분리되는 것처럼 보였다. 이 교배가 그림 7.3의 A 교배에 설명되어 있는데, 이 자료는 후에 스터트번트에 의해 정리된 것을 이용한 것이다.

모건이 X-연관된 다른 유전자들을 교배했을 때, 기본적으로는 같은 양상이 관찰되었다. 그러나 예상치 못한 F_2의 표현형 비율은 달랐다. 예를 들어, 돌연변이인 흰 눈(*white* eye, w), 미소날개(*miniature* wing, m) 대립유전자들이 관여된 교배에서는, 또다시 대부분의 F_2는 부모형이었지만, 이번엔 훨씬 높은 비율의 자손들에서 배우자 형성기에 마치 돌연변이 유전자들이 분리되었던 것처럼 나타났다. 이것이 그림 7.3의 교배 B에 나타나 있다. 이것도 나중에 스터트번트에 의해 정리된 것이다.

모건은 두 가지 질문에 부딪혔다: (1) 유전자가 무엇 때문에 떨어지는가? 그리고 (2) 유전자에 따라 분리 현상의 비율이 달라지는 이유는 무엇인가? 첫 번째 질문에 대해 그가 제시했던 해답은, 초기 세포학자였던 얀센(F. A. Janssens) 및 다른 과학자들에 의해 관찰되었던 이전의 결과에 기초한 것이었다. 얀센은 감수분열 중에 두 개의 상동염색체가 접합할 때 서로 감싸서 겹쳐진 부분이 뚜렷한 **키아즈마타(chiasmata;** 단수, chiasma)를 형성하는 것을 관찰한 바 있다(이 장 첫 페이지의 사진 참조). 모건은 이 키아즈마타가 유전적 교환 지점을 나타낼 수 있다고 제안하였다.

그림 7.3에 제시된 교배에서 모건은 만약 배우자 형성 시 F_1 암컷의 두 X 염색체에 있는 돌연변이 유전자들 사이에서 교환 사건이 발생한다면 독특한 표현형들이 나타나리라 예측했다. 그는 그러한 교환이 *yellow-white* 교배와 *white-miniature* 교배에서 재조합 배우자(recombinant gamete)들을 만들도록 했을 것이며, 대조적으로, 교환을 겪지 않은 것들은 부모형 배우자(parental gamete)로 남을 것이라 제안했다. 이러한 실험들에 기초하여, 모건은 연관된 유전자들이 일직선 위에 순서대로 염색체를 따라 분포하며 다양한 정도로 유전자 사이의 교환이 일어난다는 결론을 내렸다.

두 번째 질문에 대한 대답에서 모건은 두 유전자가 상대적으로 서로 가까이 위치하게 되면 그들 사이의 키아즈마는 잘 생기지 않을 것이라는 대답을 내놓았다. 그러므로 두 유전자가 가까울수록 유전적 교환은 덜 일어난다는 것이다. 모건은 재조합을 일으키는 물리적 교환을 설명하기 위해 **교차**(*crossing over*)라는 단어를 처음 제시한 사람이었다.

스터트번트와 지도작성

모건의 학생이었던 스터트번트는 스승의 제안이 연관된 유전자들의 위치뿐 아니라 거리를 정하는데 사용될 수 있다는 사실을 처음으로 깨달았던 사람이다. 스터트번트에 따르면,

> "모건과 대화를 나누던 중, 나는 연관 강도에서의 차이—이미 모건에 의해 유전자들의 공간적 분리에서의 차이 때문이라고 설명되었던—가 염색체의 일차원적 순서를 결정하는데 대한 가능성을 제공한다는 사실을 불현듯 깨달았다. 나는 집으로 돌아와 숙제는 무시하고 첫 염색체 지도를 만드는 데 온밤을 보냈다."

스터트번트는 모건에 의해 연구되었던 *yellow*, *white*, *miniature* 유전자들 사이의 재조합에 관한 데이터를 모아 정리하였다. 이 데이터들은 그림 7.3에 제시되어 있다. 이 세 유전자의 각 쌍 사이에서 발생한 재조합은 1913년 스터트번트에 의해 발표된 것으로, 다음과 같았다:

(1) *yellow*, *white* 0.5%
(2) *white*, *miniature* 34.5%
(3) *yellow*, *miniature* 35.4%

(1)과 (2)의 총합이 대강 비슷하므로 스터트번트는 두 유전

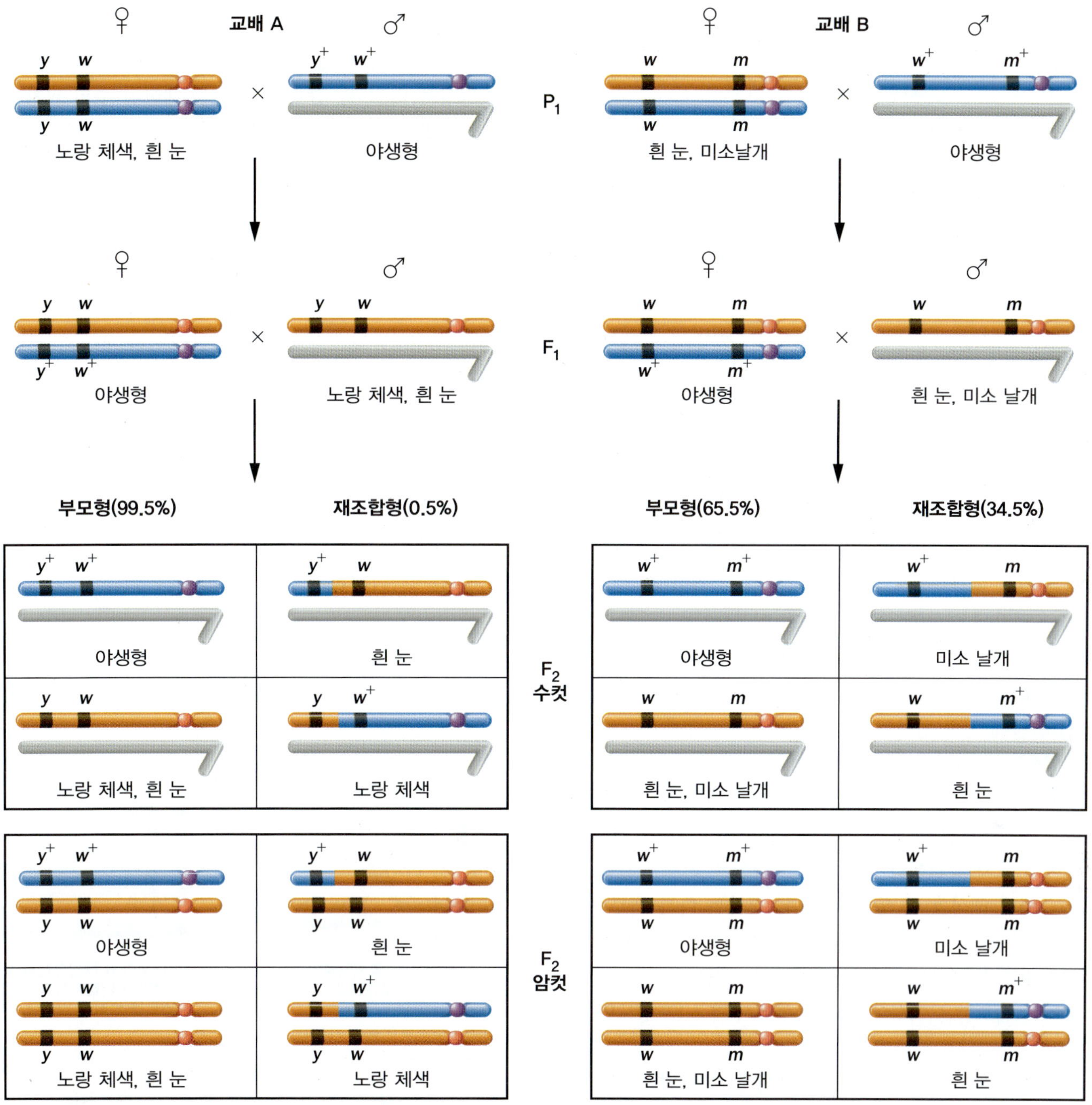

그림 7.3 노랑 체색, 흰 눈 돌연변이들이 관여된 교배(교배 A)의 F_1 및 F_2 결과들. 그리고 흰 눈, 미소 날개 돌연변이들 사이의 교배(교배 B)에서 얻어진 F_1과 F_2 결과. 교배 A에서는 0.5%의 F_2 초파리들이(암컷과 수컷) 재조합 표현형을 나타내는데, 이들은 흰 눈이거나 혹은 노랑 체색이다. 교배 B에서는 34.5%의 F_2 초파리들이(암컷과 수컷) 재조합 표현형을 나타내며 미소 날개이거나 흰 눈 돌연변이 개체들이다.

자 사이의 재조합 빈도가 부가적이라는 제안을 했다. 이를 바탕으로 X 염색체 위의 유전자의 순서가 *yellow-white-miniature*라는 예상을 내놓았다. 이러한 결론에 도달한 것은 다음과 같은 추론 때문이다: *yellow*와 *white* 유전자는 분명히 서로 매우 가깝다. 왜냐하면 재조합 빈도가 매우 낮기 때문이다. 그러나 이 두 유전자는 *miniature* 유전자에 대해서는 상당한 정도로 떨어져 있다. 왜냐면 *white-miniature*나 *miniature-yellow* 사이에서는 재조합의 빈도는 훨씬 높기 때문이다. *miniature*가 *white*보다는 *yellow*와의 사이에서 재조합이 더 크므로(35.4 vs. 34.5%), *white* 유전자는 바깥쪽이 아니라 두 유전자 사이에 위치한다.

스터트번트는 모건의 연구로부터 염색체 교환으로 얻어진 교차의 빈도가 두 유전자 좌위의 거리를 추정하는 데 사용될 수 있다는 것을 깨달았다. 그는 세 유전자를 나타낸 X 염색체의

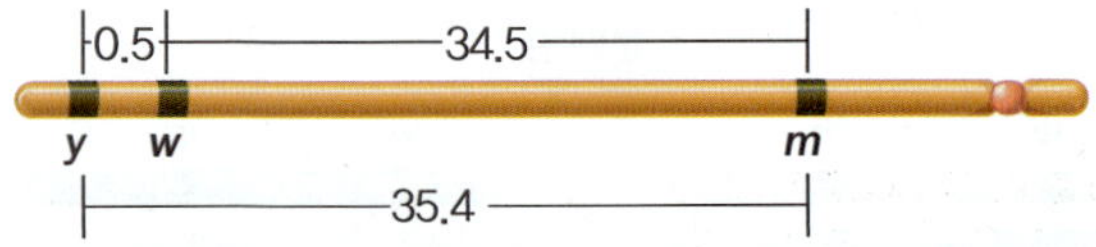

그림 7.4 초파리에서 노랑 체색, 흰눈, 그리고 미소 날개 유전자들의 X 염색체 지도. 각 숫자는 세 가지 교배 중 하나에서 얻어진 재조합형 자손들의 백분율을 나타낸 것으로, 이 교배들은 각각 서로 다른 두 유전자에 관한 것이다.

염색체 지도(chromosome map)를 완성하고 1 지도 단위(map unit, mu)를 두 유전자 사이에서 일어나는 1%의 재조합 빈도로 나타냈다*. 앞의 예에서 *yellow*와 *white* 사이의 거리는 결국 0.5 mu, 그리고 *yellow*와 *miniature* 사이는 35.4 mu의 거리가 된다. 그러므로 *white*와 *miniature* 사이의 거리는 35.4−0.5에서 나온 34.9 mu의 거리가 된다. 이러한 계산은 *white*와 *miniature* 사이의 실질적인 재조합 빈도와 매우 가까운 값이다. 이 세 유전자의 간략한 지도가 그림 7.4에 있다. 이들이 완벽하게 더해지지 않는다는 사실은 지도작성 실험의 부정확성 때문인데, 이것은 특히 유전자들 사이가 멀어질수록 증가한다.

이 세 유전자에 더하여 스터트번트는 다른 두 유전자를 더해 총 5개의 유전자를 포함한 X 염색체의 지도를 고려하기에 이르렀고 곧 동료 브리지스(Calvin Bridges)와 함께 초파리에서 상염색체의 연관에 관한 연구도 시작하였다. 1923년에 이르러 그들은 X 염색체뿐 아니라 상염색체 상에서도 연관을 발견해 이를 증명하였다. 이 연구 중에 그들은 또 하나 재밌는 관찰을 했는데, 바로 초파리에서는 교차가 암컷에서만 일어난다는 사실이다. 수컷에서 교차가 일어나지 않는다는 사실은 교차에 관한 연구를 한결 쉽게 해석할 수 있게 해준다. 교차는 다른 대부분의 생물들에서 암/수 모두에서 발생하지만, 수컷의 교차는 종종 암컷보다 덜 자주 발생하는 것으로 관찰된다. 예를 들어, 인간의 경우, 그러한 재조합은 여성에 비해 남성에서 약 60% 정도만 발생한다.

스터트번트 이후에도 염색체 지도작성에 관한 많은 발전이 이루어졌지만, 그의 기본 원리는 계속 옳았던 것으로 생각되었다. 이 원리들은 많은 수의 연관 돌연변이 유전자가 알려진 생물체들에서 염색체 지도를 만드는 데 사용되었다. 염색체 지도를 제공한 것 외에도 스터트번트의 발견은 역사적으로도 중요한데, 1910년에도 유전의 염색체설(chromosomal theory of inheritance)이 널리 논쟁거리였기 때문이다. 심지어 모건마저도 그의 연구를 수행하기 전까지는 이 이론에 회의적이었다. 이제 염색체가 선형으로 배열된 유전자를 포함한 물질이며 이 유전자들이 멘델의 단위 요소와 같다는 사실이 확인된 것이다.

*모건의 업적을 기리기 위해 1 지도 단위는 1센티 모건(cM)으로 나타낸다.

단일교차들

왜 두 유전자 좌위의 상대적인 거리가 그들 사이의 재조합과 교차에 영향을 미칠까? 감수분열 중에, 제한된 수의 교차가 각 사분체에서 발생한다. 이러한 재조합 사건들은 무작위로 사분체의 길이를 따라 발생하므로 두 좌위가 염색체 축을 따라 가까이 위치할수록 그들 사이에서 **단일교차(single crossover)**가 일어날 확률은 줄어든다. 같은 추리가 더 멀리 떨어진 좌위 사이의 교차에도 적용이 된다면, 이들 사이엔 무작위적 교차가 더 많이 일어날 것이다.

그림 7.5(a)를 보면, 두 비자매 염색분체 사이에서 단일교차가 일어났지만, 두 유전자 사이에서는 발생하지 않았다; 그러므로 재조합 배우자들이 생산되지 않기 때문에 교차는 추적되지 않는다. 그러나 그림 7.5(b)에서는 유전자들이 상당히 떨어져 있고, 교차가 그들 사이에서 발생하여 관심 형질들이 재조합된 배우자를 만들게 된다.

단일교차가 두 비자매 염색분체 사이에서 발행할 때 사분체 중 다른 두 염색분체는 이 교환에 관여하지 않고 변함없이 배우자로 나뉘어 들어간다. 비록 교차가 이 시기에 두 연관 유전자에서 100% 발생했다고 하더라도, 재조합은 오직 50%의 배우자에

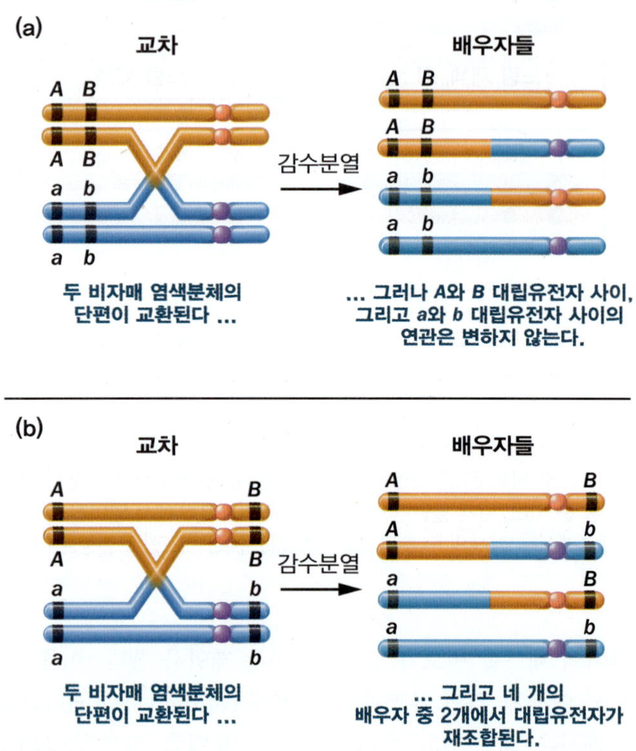

그림 7.5 두 비자매 염색분체 사이에서 발생한 단일교차와, 이로 인해 생기는 배우자들의 두 가지 예. (a)에서는, 교환이 두 대립유전자 사이의 연관 배열을 바꾸지 않으므로 오로지 부모형의 배우자들만 형성된다. 따라서 교환은 추적되지 않는다. (b)에서는, 교환으로 인해 대립유전자들이 분리되어 재조합 배우자들이 형성되었고, 이때의 교차는 추적할 수 있다.

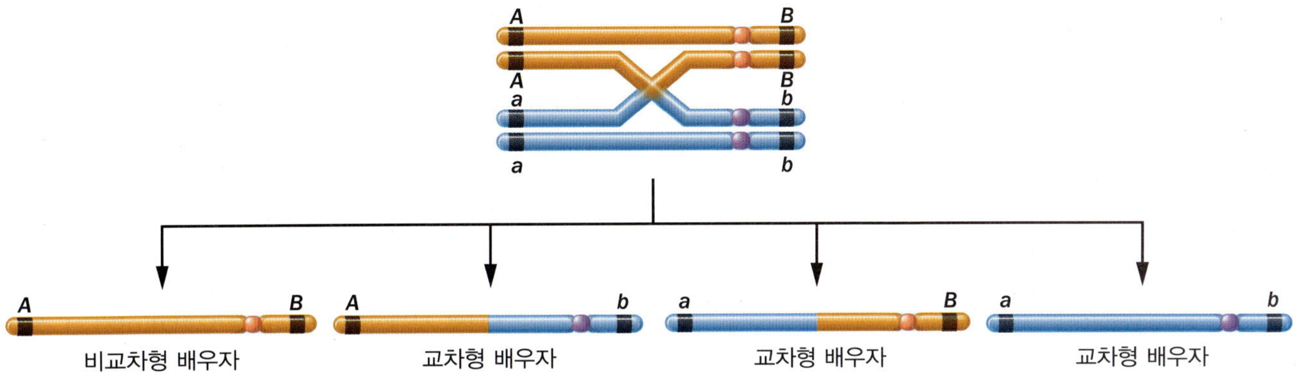

그림 7.6 사분체 시기에 두 비자매 염색분체들 사이에서 발생한 단일교차의 결과. 두 개의 비교차형(부모형)과 두 개의 교차형(재조합형) 배우자들이 생산된다.

서만 발견된다. 이러한 개념이 그림 7.6에 나와 있다. 이론적으로, 20%의 재조합 배우자를 관찰했다면 교차는 실상 이 사분체들 내의 40%에서 발생한 것이 된다. 이론적으로 두 유전자 사이의 교환에 관여하는 사분체들의 %는 생성된 배우자 %의 두 배가 된다. 그러므로 교차 때문에 생긴 재조합체를 관찰할 수 있는 이론적인 한계는 50%이다.

두 연관 유전자가 50 지도 단위 이상 떨어져 있을 때 교차는 이론적으로는 이들 사분체 중 100%에서 발생한다. 이러한 예측이 맞는다면 각 사분체는 동등한 비율로 그림 7.6에서처럼 4가지 배우자를 생성한다. 마치 두 유전자가 서로 다른 염색체에 있어서 독립적으로 분리될 때와 똑같이 말이다. 여러 가지 이유로 인해 이러한 이론적인 한계에는 거의 도달하지 않는다.

풀어보기

7.2 두 쌍의 유전자(*P*/*p*와 *Z*/*z*)가 관여된 상황에서, 유전자형을 모르는 한 생물과의 검정교배(*ppzz*)로, 다음과 같은 비율의 배우자들이 생겼음이 드러났다: *PZ*, 42.4%; *Pz*, 6.9%; *pZ*, 7.1%; *pz*, 43.6%. 이 자료로부터 가능한 모든 결론을 도출하라.

■ **힌트** 이 문제는 교차 빈도와 유전자 사이의 거리가 비례한다는 것을 이해했는지에 관한 문제이다. 해답의 열쇠는 비교차형과 교차형 배우자들이 상호계급 쌍들에서 거의 같은 비율로 나온다는 것이다.

7.3 지도작성 시 유전자 순서를 결정하려면 다중 교차를 분석해야 한다

연관된 두 유전자 사이의 단일교차에 관한 연구는 이 두 유전자 사이의 거리를 결정할 수 있도록 하는 토대를 제공한다. 그러나 연관된 많은 수의 유전자가 연구될 때는 염색체 길이를 따라 존재하는 이 유전자들의 순서를 결정하는 일이 더 어렵다. 다행스럽게도 사분체인 염색분체들 사이에서 다중의 교차가 발생한다는 사실이 밝혀져 더 광범위한 염색체 지도작성이 가능해졌다. 다음 절에서는, 세 개 이상의 연관 유전자들이 동시에 연구될 때, 우선 이들 사이의 순서를 정하고 그다음에 거리를 결정하는 것이 가능하다는 것을 살펴보려고 한다.

다중교차들

여러 번의 교차로, 한 개의 사분체 내에서 둘, 셋, 혹은 그 이상의 교환이 두 비자매 염색분체 사이에서 발생할 수 있다. 두 번의 유전적 교환은 **이중교차(double crossover, DCO)**의 결과로 생기며 그림 7.7에 나타나 있다. 이중 교환이 연구되기 위해서는 세 개의 유전자 쌍이 조사되어야 한다. 물론 각 대립유전자 쌍들은 모두 이형접합 상태여야 한다. 이들 세 유전자좌 사이의 재조합 빈도를 결정하기에 앞서 몇 가지 간단한 확률 계산을 짚고 넘어가자.

이미 보았던 것처럼, *A*와 *B*, *B*와 *C* 사이의 유전자 사이에서 단일 교환이 일어날 확률은 이들 사이의 거리와 관계가 있다. *A*와 *B*, *B*와 *C* 사이가 가까울수록 단일 교환이 이 유전자 세트 사이에서 일어날 확률은 낮다. 이중교차의 경우에는 서로 다른 두 개의 독립적인 사건, 즉 교환이 동시에 일어나야 한다. 이 두 독립사건이 동시에 일어날 수학적 가능성은 각 사건이 따로 일어날 확률의 곱과 같다(곱의 법칙은 3장에서 다루었다).

*A*와 *B* 사이의 단일 교환으로부터 교차형 배우자가 20% 얻어지고(p = 0.20) *B*와 *C* 사이에서 30%(p = 0.30) 얻어졌다고 가정해 보자. 이 두 교차로부터 이중교차 배우자가 생길 확률은 0.20 × 0.30 = 0.06, 혹은 6%로 얻어진다. 이러한 계산으로부터 이중교차형 배우자의 빈도는 항상 각 단일교차 배우자들보다 훨씬 낮은 빈도로 생긴다는 사실이 분명해진다.

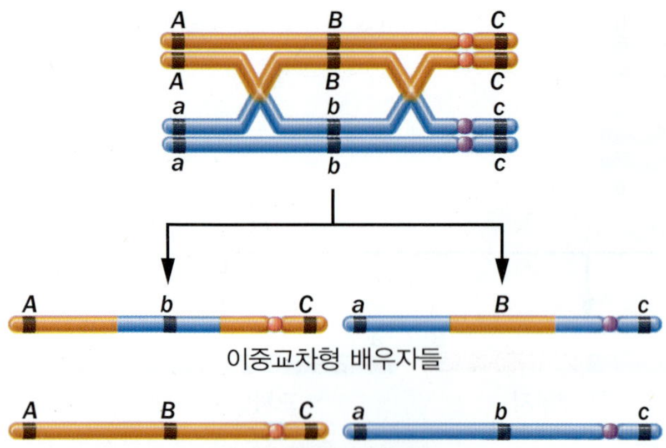

그림 7.7 두 비자매 염색분체 사이에서 발생한 이중교차의 결과. 교차가 오직 두 자매 염색분체에서만 일어났으므로, 두 개의 비교차 배우자와 두 개의 이중교차형 배우자가 생산된다. 이 장의 표지 사진은 감수분열 1단계 전기 중에 분리되는 사분체에서 생성된 하나의 교차점(키아즈마)을 보여준다.

만약 세 유전자가 한 염색체 위에 비교적 가까이 위치한다면 예상되는 이중교차형 배우자의 빈도는 극도로 낮을 것이다. 예를 들어, *A-B* 사이의 거리가 그림 7.7에서처럼 3 지도단위 떨어져 있고 *B*와 *C* 사이의 거리가 2지도 단위 떨어져 있다면 이로부터 생기는 이중교차의 빈도는 $0.03 \times 0.02 = 0.0006$ 혹은 0.06%가 된다. 이것은 10,000번 중 6번의 사건을 의미한다. 즉, 이러한 지도작성 실험에서 가까이 연관된 유전자가 연구될 때에는 이중교차를 확인하기 위해서는 매우 큰 숫자의 자손들이 필요하다는 뜻이다. 이 예의 경우에서는 1,000개의 자손이 조사된다면 단 한 번의 교차도 발견하지 못할 수 있다. 그러므로 4개 혹은 5개의 유전자에 대한 지도가 작성된다면, 삼중 혹은 사중의 교차는 훨씬 적은 수로 일어날 것이다.

초파리의 3점 지도작성

이전에 다룬 정보들은 한 번의 교배로 셋 혹은 그 이상의 연관 유전자들에 대한 지도를 작성할 수 있게 해준다. 지도작성 과정을 완전히 설명하기 위해 상당히 다른 두 종류의 생물들에서 세 개의 연관 유전자가 관여하는 두 가지 상황을 조사해보자.

성공적인 유전자 지도작성 교배를 수행하기 위해 다음 세 가지 기준을 만족시켜야 한다:

1. 교차형 배우자를 생산하는 생물체의 유전자형은 고려되는 모든 좌위에서 이형접합성 상태여야 한다.
2. 교배는 얻어진 자손의 표현형을 관찰함으로써 모든 배우자의 유전자형이 정확하게 결정될 수 있도록 구성되어야 한다. 이는 배우자와 그들의 유전자형이 직접 관찰될 수 없으므로 꼭 필요하다. 이 문제를 극복하기 위해 각 표현형 계급들은 그를 생산한 부모 배우자의 유전자형을 표현할 수 있어야 한다.
3. 모든 교차 계급들을 나타내는 표본들이 회수될 수 있도록 충분한 수의 자손이 생산되어야 한다.

이러한 기준들은 **그림 7.8**에 나타난 초파리 3점 지도작성법에서 만족된다. 이 교배에서는 3개의 성-연관 열성 돌연변이 유전자들, 노랑 체색인 *yellow*, 흰 눈인 *white*, 성게형 눈인 *echinus*가 사용되었다. **교배를 도식화할 수 있도록 일단은 몇 가지 가상적인 순서를 정해야만 한다. 비록 우리가 아직 그 순서가 맞는지 확인은 못했다고 하더라도 말이다.** 그림 7.8에서, 우리는 처음에 이 세 유전자의 순서를 *y-w-ec*로 가정했었다. 만약 이 순서가 잘못되었다면, 우리의 분석은 이것을 정정하고 올바른 순서를 정할 수 있도록 해줄 것이다.

P_1 세대에서 수컷은 모든 세 유전자형에 대해 야생형 반접합성(hemizygous)이고 이 모든 유전자에 대해 열성 동형접합성인 암컷과 교배되었다. 그러므로 P_1 수컷은 체색, 눈색, 눈의 모양이 모두 야생형이다. 이들은 **야생형 표현형**을 갖는다고 한다. 반대로, 암컷은 세 가지 돌연변이 표현형—노랑 체색(yellow body), 흰눈(white eye), 그리고 성게형 눈(echinus eye)을 나타낸다.

이 교배로부터 F_1 세대가 나오는데, 모든 암컷은 세 유전자에 이형접합성이고 수컷은 세 돌연변이 대립유전자들에 대해서 반접합성(Y 염색체 때문)이다. 표현형적으로 모든 F_1 암컷은 야생형이고 F_1 수컷은 노란 체색에 성게형 흰 눈을 가진 돌연변이다. F_1 암컷의 유전자형은 연관된 유전자의 지도를 작성하기 위한 첫째 조건을 만족시킨다; 즉, 세 유전자좌 모두 이형접합성이므로, 교차에 의한 재조합 배우자를 만드는 근원으로 작용할 수 있다. P_1 부모의 유전자형 때문에, 세 개의 모든 우성 대립유전자가 한 개의 상동 염색체상에 존재하는 반면, 열성 대립유전자는 모두 다른 상동염색체 상에 있다는 데에 주목하라. 다른 암컷을 사용한다면, 이형접합성 유전자형을 만들 수 있는 다른 배열도 가능하긴 하다. 예를 들어, 이형접합성 암컷이 *y*와 *ec* 돌연변이 대립유전자를 한 상동염색체에, *w* 유전자를 다른 상동염색체에 가질 수도 있다. 이는 P_1 교배에서 한쪽 부모는 *yellow*이면서 *echinus*이고, 다른 한쪽 부모는 *white*일 때 가능하다.

우리 교배에서는, 두 번째 기준 역시 F_1 수컷에서 생긴 배우자에 의해 만족된다. 모든 배우자는 세 개의 돌연변이 대립유전자를 포함한 X 염색체를 가지거나, 고려되는 세 좌위가 모두 유전적으로 불활성인 Y 염색체를 가진다. 수정에서 어떤 형이 참여하게 되든 F_1 암컷에 의해 생산된 배우자의 유전자형이 F_2 수컷과 암컷 자손들에서 표현형으로 나타나게 된다. 그러므로 모든 F_1 비교차 및 교차형 배우자들은 F_2 표현형을 관찰함으로써 추적이 가능하다.

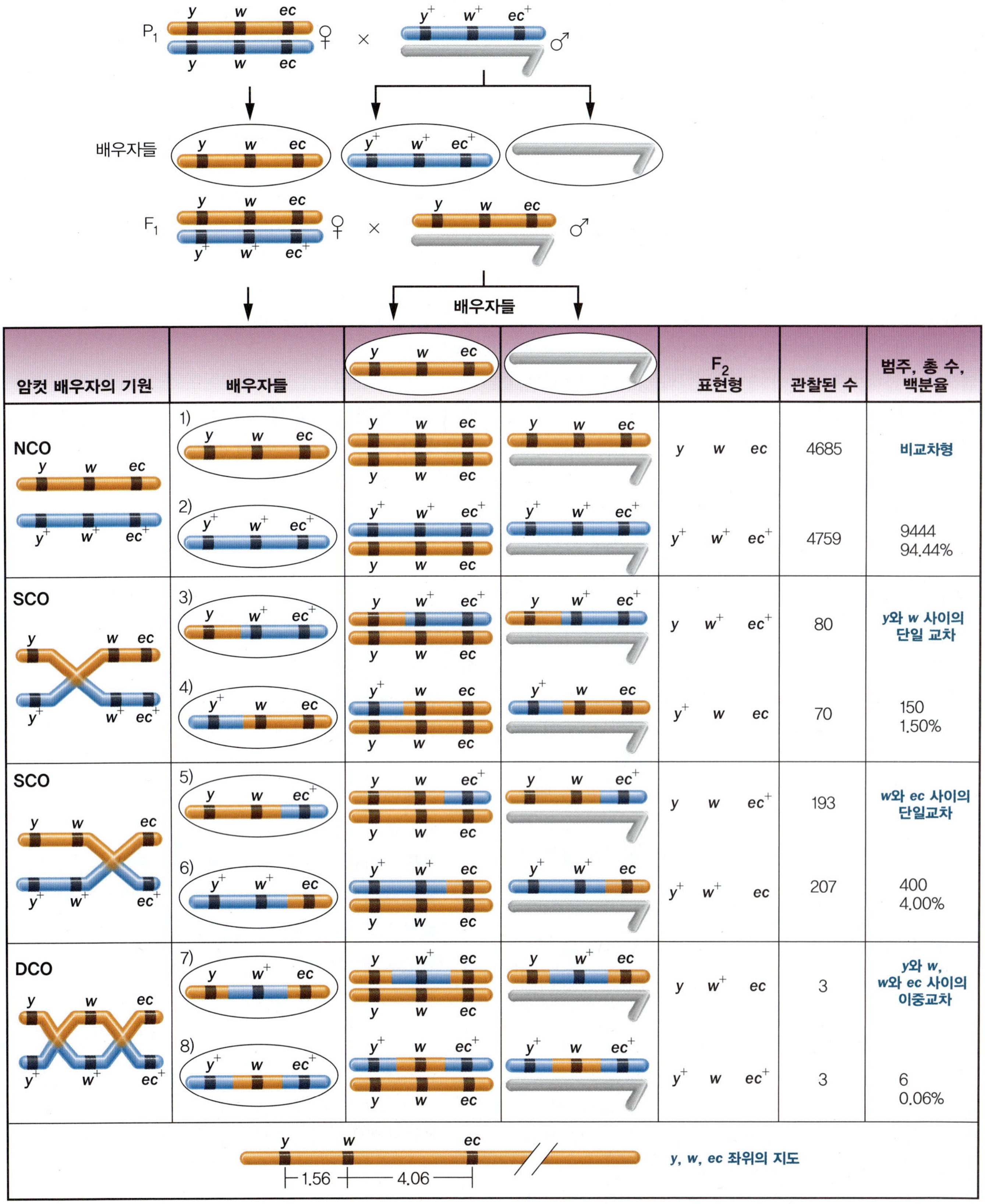

그림 7.8 초파리에서 3점 지도작성을 위한 교배. 노랑 체색(y 나 y^+), 흰 눈(w 나 w^+), 그리고 성게형(*echinus*, ec 나 ec^+) 유전자들이 관여되어 있다. NCO, SCO, DCO 들은 각각 비교차형, 단일교차형, 이중교차형을 나타낸다. 설명의 복잡성을 피하고자 염색체의 동원체는 표시하지 않았고 두 개의 비자매 염색분체만 왼쪽 처음 칸에 표시하였다.

두 조건을 만족시키면, 그림 7.8에서처럼 염색체 지도를 구성할 수 있게 된다. 우선, F_2에서 어느 표현형들이 다양한 교차형과 비교차형 계급에 해당하는 것인지를 결정한다. **비교차형(noncrossover)** F_2 표현형들을 결정하기 위해, 우리는 F_1 암컷에 의해 형성된 부모형 배우자로부터 생긴 개체들을 찾아야 한다. 그런 배우자들은 모두 교차에 의해 영향받지 않은 X 염색체를 하나 가지고 있다. 분리의 결과로, 대략 같은 비율의 두 가지 배우자들이 생산되고 곧이어 F_2 표현형이 나타난다. 이들이 이형접합자에서 기원했으므로, 두 가지 부모형 배우자들의 유전자형과 그 결과로 생긴 F_2 표현형들은 서로 상보적이다. 예를 들어, 한쪽이 야생형이었으면 다른 한쪽은 완전히 돌연변이형이다. 바로 이 경우가 지금 고려하고 있는 교배이다. 다른 상황, 만약 한 개의 염색체가 하나의 돌연변이 대립유전자나 형질을 보인다면, 두 번째 염색체는 나머지 다른 두 개의 돌연변이 형질을 가지는 식이다. 그러므로 이들을 배우자 혹은 표현형의 **상호 계급들(reciprocal classes)**이라고 부른다.

두 가지 비교차 표현형이 가장 쉽게 발견될 수 있는데, 그들이 가장 큰 비율로 존재하기 때문이다. 그림 7.8은 배우자 1과 2가 가장 많이 존재함을 보여준다. 그러므로 노랑 체색, 흰 눈, 그리고 성게형 눈을 나타내는 초파리들, 그리고 이 세 가지 특징에 모두 정상인 야생형 초파리들은 비교차형 범주들을 구성하며, F_2의 자손의 약 94.44%를 차지한다.

두 번째로 쉽게 찾을 수 있는 범주는 이중교차 표현형이다. 그들의 확률이 가장 적기 때문에 가장 적은 수로 나타난다. 이 그룹은 두 독립적인 단일교차가 동시에 일어날 사건을 표현한다는 것을 기억하라. 두 개의 상호적 표현형들을 찾을 수 있다: 배우자 7은 노랑 체색(*yellow*)에 성게형 눈(*echinus*) 이지만 정상 눈색이고; 배우자 8은 돌연변이형인 흰 눈(*white*)이지만 정상 체색에 정상 눈 모양을 가진다. 이러한 이중교차 표현형들이 모두 모여 0.06%의 F_2 자손을 차지한다.

나머지 네 개의 표현형 계급들은 단일교차에 의한 두 개의 범주들이다. 배우자 3과 4는 상호표현형 계급으로 *yellow*와 *white* 사이의 단일교차를 나타내며 1.5%의 F_2를 차지하고; 배우자 5와 6은 4.00%의 F_2에서 나타나며 *white*와 *echinus* 좌위들 사이의 단일교차 사건에 의해 생긴 상호 표현형들이다.

이제 세 유전자 좌위 사이의 거리가 계산될 수 있다. *y*와 *w* 유전자 사이의 거리나 *w*와 *ec* 사이의 거리는, 그들 사이에서 추적된 교차의 퍼센트와 같다. 고려 대상인 어떤 두 유전자에 대해서도 이 사건은 단일교차뿐 아니라 이중교차까지도 포함한다. 이중교차는 두 교차가 동시에 일어난 것을 뜻하므로 계산에 포함된다. *y*와 *w* 유전자에 대해 배우자 3, 4, 7, 8을 모두 더하면 1.5% + 0.06%으로 1.56 지도 단위가 나온다. 비슷한 방법으로 *w*와 *ec* 사이의 유전자 거리는 배우자 5, 6, 7, 8을 더해 4% + 0.06%로 4.06 지도 단위가 된다. 이 세 좌위의 X 염색체 지도는 이러한 자료를 바탕으로 구성되며 그림 7.8에 나타나 있다.

유전자 순서의 결정

앞의 예에서 세 유전자의 순서는 *y-w-ec*로 가정했었다. 우리의 분석은 이러한 서열이 자료와 부합함을 보여준다. 그러나 대부분의 지도작성 실험에서 유전자 서열은 모르는 채로 시작하게 되고, 이것이 분석의 또 다른 변수로 작용한다. 우리의 예에서 만약 유전자 서열을 몰랐다고 하면 다음과 같은 두 가지 방법으로 직접 결정될 수 있다. 직접 작업해보고 스스로 골라서 계속 사용하라.

방법 I. 이 방법은 오직 세 가지 순서만이 가능하다는 사실에 바탕을 둔다. 즉 세 유전자 중 하나가 다른 두 유전자 사이에 위치한다:

(I) *w-y-ec* (*y*가 가운데)

(II) *y-ec-w* (*ec*가 가운데)

(III) *y-w-ec* (*w*가 가운데)

다음과 같은 순서를 사용하면, 유전자의 순서를 결정할 수 있다.

1. 위의 세 가지 중 어느 하나를 대립유전자의 순서라고 가정하고, 우선 비교차형과 교차형 배우자를 만든 이형접합성 부모(우리 예에서 F_1 암컷)에 있는 각 상동염색체의 대립유전자 배열을 결정하라.
2. 이들 중 교차가 그 사이에서 발생하여 관찰된 이중교차 표현형을 드러낼 수 있는지 확인한다. 이중교차는 가장 낮은 빈도로 생기므로 가장 구분하기 쉽다는 것에 유의하라.
3. 이러한 순서가 예상된 표현형을 만들지 못한다면 나머지 두 순서에 대해서도 생각해본다. 직접 분석해 보라!

그림 7.9에, 세 가지 가능한 배열(위에서의 I, II, III) 중 각각에 대해 위의 과정이 적용되어 있다. 완전한 분석은 다음과 같이 진행될 수 있다:

1. *y*가 *w*와 *ec*의 가운데 있다고 가정하면, F_1 이형접합자에서 상동염색체 상의 대립유전자의 배열 I은 다음과 같다:

$$\frac{w \quad y \quad ec}{w^+ \quad y^+ \quad ec^+}$$

우리는 P_1 세대가 교배된 방식 때문에 이것을 알 수 있다: P_1 암컷은 *w*, *y*, 그리고 *ec* 대립유전자를 포함한 X 염색체를 제공했고, P_1 수컷은 w^+, y^+, 그리고 ec^+ 대립유전자들

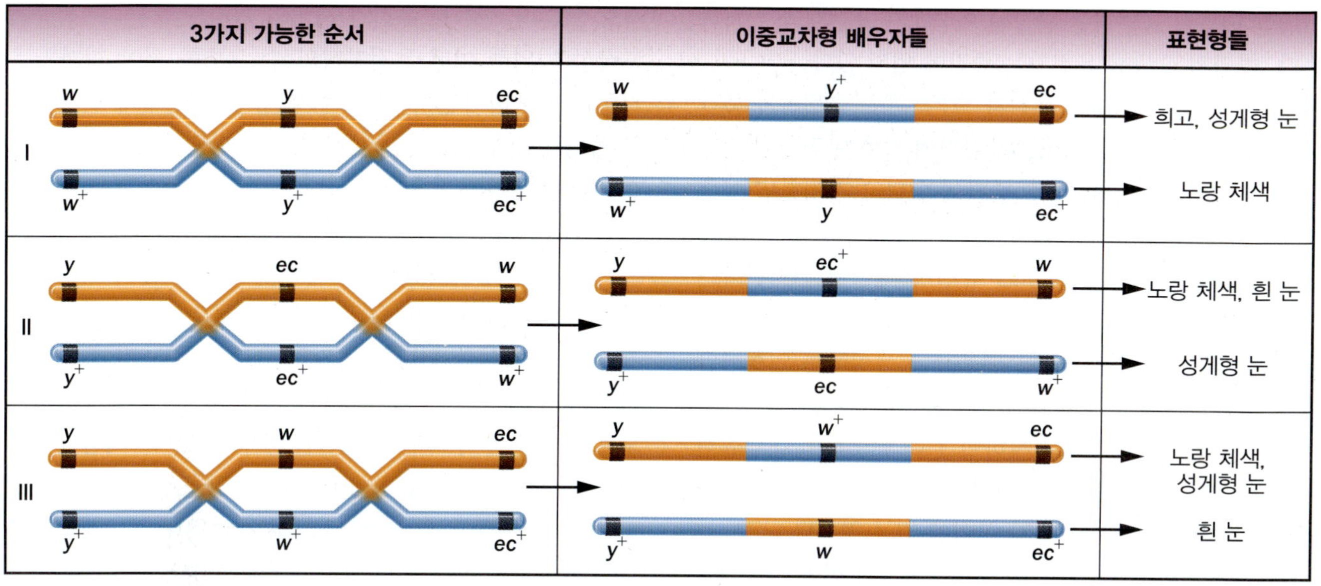

그림 7.9 *white*, *yellow*, *echinus* 유전자들의 세 가지 가능한 순서. 각 경우에서 이중교차 결과와 검정교배에서 나타나는 표현형들이 제시되었다. 간단히 하기 위해서 사분체의 두 비교차 염색분체들은 생략하였다.

을 포함하고 있는 X 염색체를 제공했다.

2. 이러한 배열 내에서 이중교차가 일어났다면, 다음과 같은 배우자들이 나온다:

$$\underline{w \quad y^+ \quad ec} \text{ 와 } \underline{w^+ \quad y \quad ec^+}$$

y가 가운데 있다면, 수정 후의 F_2 이중교차 표현형은 이러한 배우자 유전자형과 상응하여, *echinus*-white를 표현하는 자손과, *yellow*를 표현하는 자손을 만들 것이다. 그러나, 대신에 실제 이중교차형은 *yellow*-*echinus* 자손과 *white* 초파리들인 것으로 나타났다. 따라서 우리의 가정은 틀린 것이 되므로 수정해야 한다.

3. 배열 II처럼 ec/ec^+ 대립인자가 가운데 있거나, w/w^+인자가 가운데 있는 배열 III의 경우를 고려한다면 다음과 같다:

$$\text{(II)} \ \frac{y \quad ec \quad w}{y^+ \quad ec^+ \quad w^+} \text{ 또는 (III)} \ \frac{y \quad w \quad ec}{y^+ \quad w^+ \quad ec^+}$$

배열 II는 실제 관찰된 이중교차 표현형과 일치하지 않는 표현형을 만들 것이다. 이런 배열에서의 이중교차 예상 표현형은 F_2에서 *yellow*-*white* 초파리와 *echinus* 초파리들일 것이다. 그러므로 이 순서 역시 맞지 않는다. 그러나 배열 III은 관찰된 표현형인 *yellow*-*echinus* 초파리와 *white* 초파리들을 만든다. 그러므로 이 배열, 즉 w가 가운데 있는 순서가 맞다.

요약하자면, 일단 상호적 비교차 표현형들을 찾아냄으로써 교차형 배우자들을 생산하게 된 이형접합자의 상동염색체에 대립유전자들이 어떻게 배열되어 있는지를 결정하라. 그런 후에는 어느 것이 관찰된 이중교차 표현형—옳은 순서를 나타내는 것—을 생산할지를 결정하기 위해 세 가지 가능한 순서들을 하나씩 검사한다. 이 방법은 그림 7.9에 요약되어 있다.

방법 II. 두 번째 방법 역시 이형접합자 부모의 각 상동염색체 위에서 대립유전자 배열을 결정함으로써 시작한다. 그리고 여기서는 한 가지 가정을 더 요구하는데: 이중교차 사건 이후, 가운데 있는 대립유전자는 반대쪽 부모 상동체에 존재했던 바깥쪽 두 측면 대립유전자 사이에 놓일 것이다.

설명을 위해 순서 I을 w–y–ec라고 하면, 다음과 같은 배열에서:

$$\frac{w \quad y \quad ec}{w^+ \quad y^+ \quad ec^+}$$

이중교차 사건 후, y 와 y^+ 대립유전자는 다음과 같은 배열로 바뀔 것이다:

$$\frac{w \quad y^+ \quad ec}{w^+ \quad y \quad ec^+}$$

분리 후, 두 배우자는 다음과 같이 형성된다:

$$\underline{w \quad y^+ \quad ec} \text{ 와 } \underline{w^+ \quad y \quad ec^+}$$

배우자의 유전자형이 수정 후에 직접 표현형으로 드러날 것이므로, 이중교차 표현형은:

흰 눈의 성게형 눈인 파리(white, *echinus*)와, 노랑 체색 파리(yellow)가 될 것이다.

중간에 있을 것으로 추정되는 노랑 체색 대립유전자는 이제 다른 상동체의 두 외부 표지 유전자인 w^+ 및 ec^+와 연결된다. 그러나 이러한 예측된 표현형은 관찰된 이중교차 표현형과 일치하지 않는다. 따라서 *yellow* 유전자는 중간에 있지 않다.

이와 같은 추론은 *echinus* 유전자 또는 *white* 유전자가 중간에 있다는 가정에도 적용될 수 있다. 전자의 경우 부정적인 결론에 도달하게 된다. 흰색 유전자가 중간에 있다고 가정하면 예측된 이중교차와 실제 이중교차가 일치한다. 따라서 우리는 *white* 유전자가 *yellow* 유전자와 *echinus* 유전자 사이에 위치한다는 결론을 내릴 수 있다.

방법 II를 요약하자면, 교차형 배우자를 생성하는 이형접합자의 상동염색체에 대한 대립유전자의 배열을 결정한다. 그런 다음 실제 이중교차 표현형을 검사하여 원래 이웃하던 대립유전자들과 연결되지 않게 바뀐 단일 대립유전자를 식별한다. 그 대립유전자는 순서상 다른 두 유전자 사이에 있는 것이다.

우리의 예에서 y, ec 및 w는 F_1 이형접합자의 한쪽 상동염색체에 있고 y^+, ec^+ 및 w^+는 다른 상동체에 자리한다. F_2 이중교차 계급에서 자리가 바뀐 것은 w와 w^+이다. 이제 w 대립유전자는 y^+ 및 ec^+와 연결되고 w^+ 대립유전자는 이제 y 및 ec 대립유전자와 연결된다. 따라서 흰 눈 유전자는 중간에 있고 노랑 체색과 성게형 눈 유전자는 옆자리의 표지 유전자들이다.

상염색체의 지도작성 문제 풀기

염색체 지도작성의 기본 원리를 이해했으면, 이제 옥수수에서의 연관 문제를 고려해 보도록 하자. 이 분석은 두 가지 방식에서 앞의 예와 다르다. 첫째, 앞의 지도작성 교배에서는 X-연관 유전자들이 포함되어 있었다. 이번에는 상염색체의 유전자들을 다룰 것이다. 둘째, 이번 교배에 관한 논의에서는 우리 기호를 4장에서 처음 제시했던 것처럼 바꾸었다. 유전자 기호와 위첨자를 쓰는 것(예: bm^+, v^+, pr^+) 대신, 그냥 단순하게 야생형 대립유전자는 +로 나타낸다. 이 체계는 다루기가 더 쉽지만, 지도작성 과정을 더 잘 이해해야 할 필요가 있다.

옥수수의 세 연관 유전자들을 살펴볼 때, 교배실험은 초파리에서 X-연관 유전자의 경우와 마찬가지 기준을 만족해야 한다. 즉, (1) 한쪽 부모는 고려되는 모든 형질에 이형접합성이어야 하고; (2) 그 이형접합자에 의해 생기는 배우자의 유전자형은 자손의 표현형을 관찰함으로써 분명해져야 한다; 그리고 (3) 표본의 크기는 완전한 분석이 가능하도록 충분히 커야 한다.

옥수수에서의 열성 돌연변이 유전자들인, **갈색 주맥**(*brown* midrib, *bm*), **녹변하는 싹**(*virescent* seedling, *v*), **자주색 호분**(*purple* aleurone, *pr*) 유전자들은 5번 염색체에 연관되어 있다. 암 그루가 이 세 형질에 이형접합성임을 알고 있다고 가정해도, (1) 우리는 아직 이 돌연변이 유전자들이 부계 상동염색체와 모계 상동염색체에 어떻게 배열되어 있는지 모른다. (2) 유전자 순서도 모른다. (3) 세 유전자 사이의 거리도 모른다. 성공적인 지도작성을 위해 어떤 유전자형의 수 그루를 써야 할까? 두 번째 기준을 만족하려면 수 그루는 세 유전자에 대해 열성 돌연변이로 동형접합성이어야 한다. 그렇지 않다면 이 교배에서 특정 표현형을 나타내는 자손들은 하나 이상의 유전자형을 나타내는 것일 수 있게 되어 정확한 지도작성이 불가능해진다.

그림 7.10은 이 교배를 도식화해 보여준다. 우리는 이형접합성 암 그루의 **좌위 배열**도 모르고 **좌위들의 순서**도 모른다. 몇 가지 가능한 것들이 나타나 있지만, 이 중 어느 것이 맞는지는 아직 결정할 수 없다. 이 검정교배의 부계 쪽에 대해서도 순서를 모르기 때문에 무작위로 표현할 수밖에 없다. 처음에 v를 가운데 놓고 시작했음에 유의해라. **이것은 맞을 수도, 틀릴 수도 있다.**

자손들은 상호계급들의 쌍들로 정리된다. 두 계급이 교차가 일어나지 않은(NCO) 것에서 유래한 것이고, 두 계급은 단일교차가 일어난(SCO) 두 개 중 하나, 그리고 나머지 두 계급은 이중교차(DCO)로부터 생긴 것이다.

이 문제를 풀기 위해서 다음 질문들을 고려할 때, 그림 7.10와 그림 7.11을 참고하라.

1. **이형접합성 모계 부모의 올바른 대립유전자 배열은 어떤 것인가?**

   두 개의 비교차 계급을 결정하라. 그들은 가장 높은 빈도로 나타난다. 이 경우에서 그들은 $\underline{+\ v\ bm}$과 $\underline{pr\ +\ +}$ 이다. 그러므로 모계쪽 부모의 상동염색체상의 대립유전자는 그림 7.11(a)에서처럼 되어 있을 것이다. 이 상동염색체들은 어떠한 재조합 사건에 의해서도 영향을 받지 않고 배우자들로 분리되어 들어갈 것이다. 다른 어떤 대립유전자 배열도 관찰된 비교차 계급들을 생산하지 못할 것이다. ($\underline{+\ v\ bm}$은 $\underline{pr^+\ v\ bm}$과 같은 것이고, $\underline{pr\ +\ +}$가 $\underline{pr\ v^+\ bm^+}$와 같음을 기억하라.)

2. **어느 것이 올바른 유전자 순서인가?**

   우리는 이제 대립유전자의 배열이 다음과 같다는 것을 알고 있다.

$$\frac{+\quad v\quad bm}{pr\quad +\quad +}$$

   그러나 유전자 순서는 이것이 맞을까? 즉, 이 배열이 수정 후에 생산된 이중교차형의 표현형(관찰된 것)을 만들 수 있겠는가 하는 것이다. 그림 7.11(b)를 보면 그렇지 않다는 것을 알 수 있다. 이제 다른 두 순서에 대해 생각해보라[그림 7.11(c)와 (d)]. 같은 배열을 유지하지만 순서는 달라진다:

$$\frac{+\quad bm\quad v}{pr\quad +\quad +}\quad 혹은\quad \frac{v\quad +\quad bm}{+\quad pr\quad +}$$

(a) 이형접합자 암컷의 몇 가지 가능한 대립유전자 배열과 유전자 순서

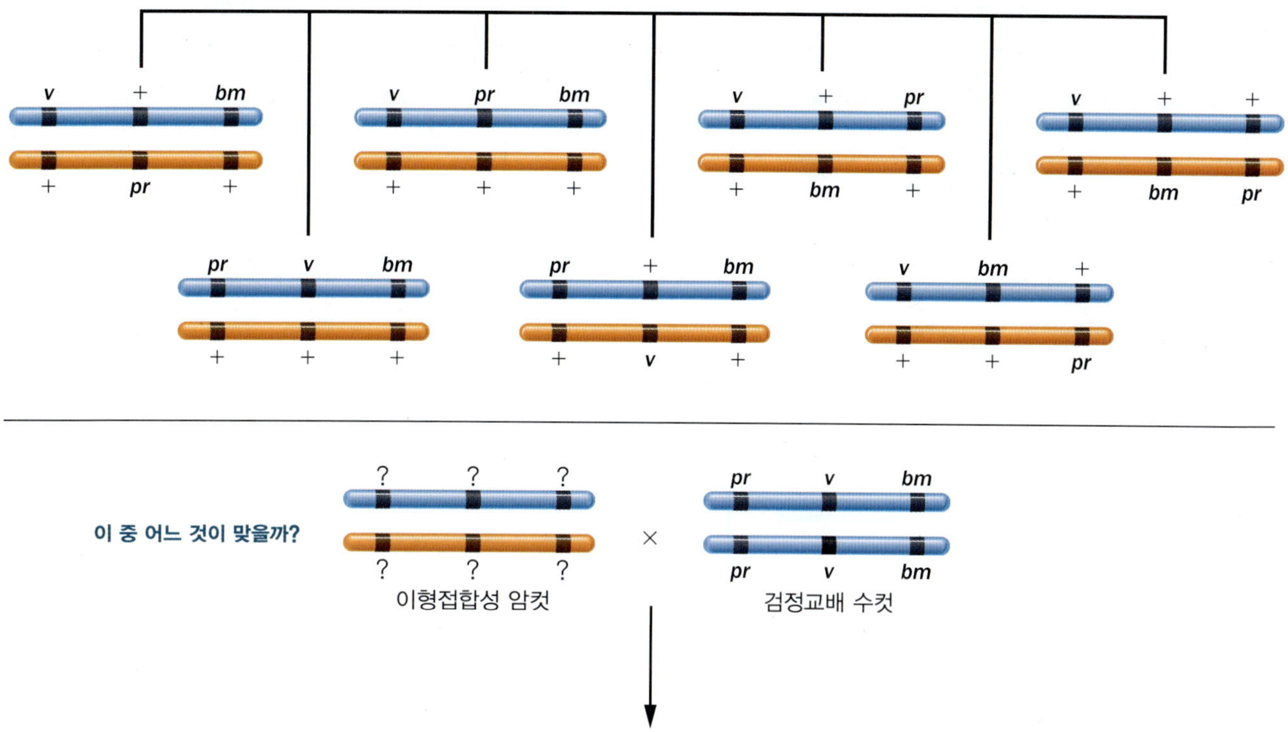

(b) 지도작성 교배의 실제 결과*

자손의 표현형들	개체 수	총 수와 백분율	교차 분류
+ *v* *bm*	230	467 42.1%	비교차형 (NCO)
pr + +	237		
+ + *bm*	82	161 14.5%	단일교차형 (SCO)
pr *v* +	79		
+ *v* +	200	395 35.6%	단일교차형 (SCO)
pr + *bm*	195		
pr *v* *bm*	44	86 7.8%	이중교차형 (DCO)
+ + +	42		

* *pr* – *v* – *bm* 순서는 맞을 수도, 틀릴 수도 있다.

그림 7.10 (a) 이형접합성 암그루에서 가능한 대립유전자 배열과 유전자 순서. 3점 지도작성 교배로부터 얻어진 자료들은 (b)에 그려진 것과 같이 암그루가 검정교배된 상황으로, 어떤 배열의 조합과 서열이 맞는 것인지를 결정할 수 있게 해준다[그림 7.11(d) 참고].

오른쪽 순서만이 관찰된 이중교차형 배우자들을 생산할 수 있다[그림 7-11(d)]. 그러므로 *pr* 유전자가 가운데 있다. 이제 *pr* 유전자가 가운데 있는 이러한 배열과 순서를 가지고 작업을 계속할 수 있다.

우리가 두 번째 방법을 사용하여 이 문제를 풀어도 같은 결론에 도달한다. 이 경우에, 유전자 순서에 대한 가정은 필요치 않다. 이형접합자 부모의 상동염색체 위의 대립유전자 배열은

$$\frac{+ \quad v \quad bm}{pr \quad + \quad +}$$

이고, 이중교차 배우자들은 $\underline{pr\ v\ bm}$과 $\underline{+\ +\ +}$로 알려져 있다.

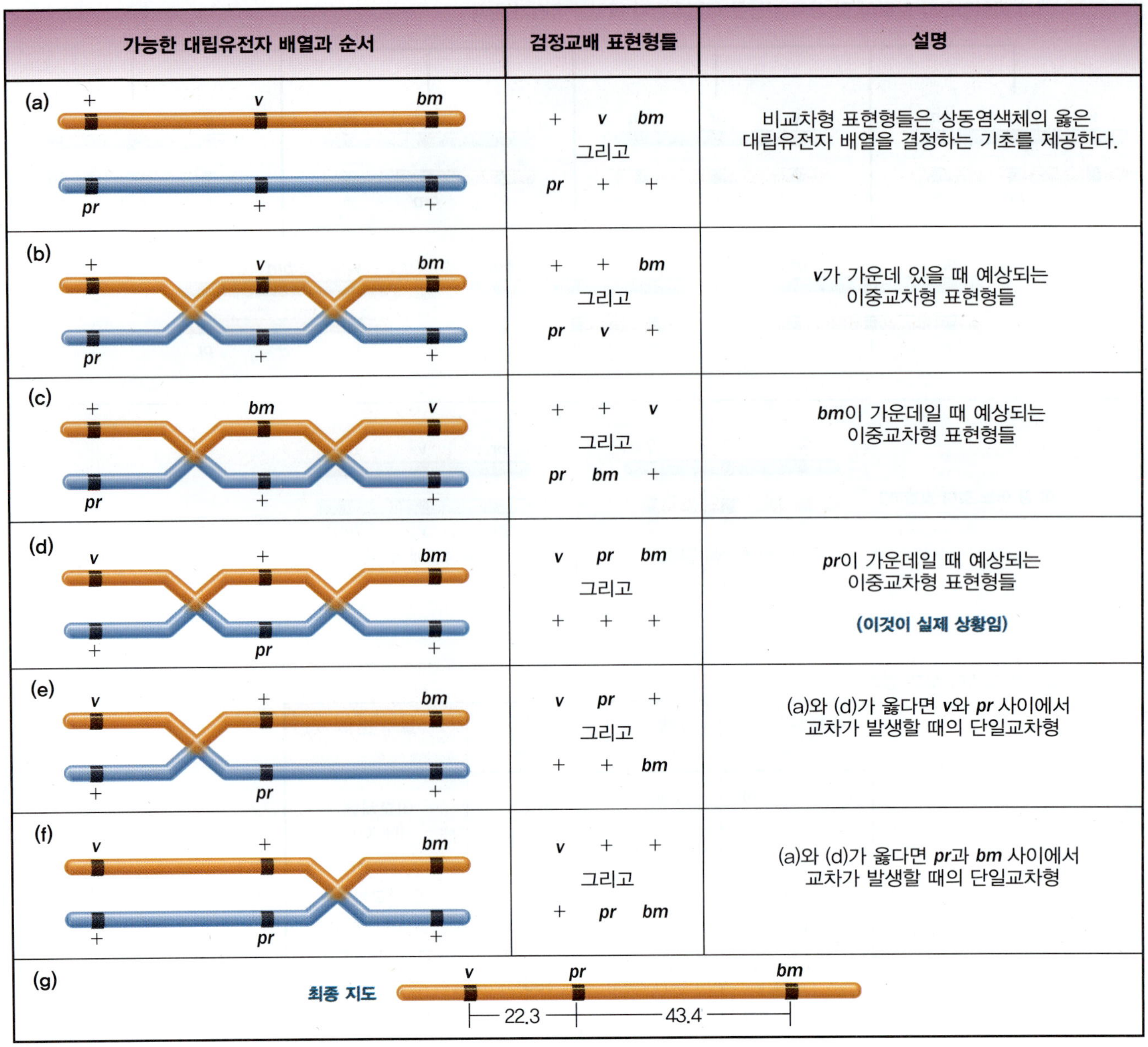

그림 7.11 그림 7.10의 교배에 제시된 세 유전자의 지도작성. 여기에서 이형접합성 암그루 부모의 대립유전자 배열이나 유전자 순서는 알지 못하는 상황이다.

비교차 배열과 비교하여 이중교차에 따라 *v* 및 *bm*과 연결되도록 이동한 것은 *pr* 대립유전자임을 알 수 있다. 뒤의 두 대립유전자(*v* 및 *bm*)는 하나의 상동염색체에 함께 존재하고 함께 유지되었다. 따라서 *pr*은 말하자면 이상하게 움직인 유전자이며 중간에 위치한다. 따라서 우리는 방법 I에서 했던 것과 동일한 배열과 순서에 도달한다.

$$\frac{v \quad + \quad bm}{+ \quad pr \quad +}$$

3. 각 유전자 쌍들의 거리는 얼마인가?

유전자 좌위의 순서는 이제 *v-pr-bm*으로 확정되었으므로, *v*와 *pr* 사이의 거리, 그리고 *pr*과 *bm* 사이의 거리를 결정할 수 있다. 지도 거리는 그들 사이의 재조합 빈도에 의해 계산될 수 있다. 이것은 단일교차와 이중교차 사건 둘 다를 포함한다.

그림 7.11(e)는 *v pr +*와 *+ + bm*이 *v*와 *pr* 사이의 단일교차에 의해 생긴 것으로 14.5%의 자손을 차지한다는 것을 보여준다[그림 5-10(b) 참조]. 7.8%인 이중교차형까지 더하면 총 *v*와 *pr* 사이의 거리는 22.3 mu가 된다.

그림 7.11(f)에서는 *v + +*와 *+ pr bm* 표현형이 *pr*과 *bm* 좌위 사이에서 발생한 단일교차로 생긴 것이며 총 35.6%

풀어보기

7.3 초파리에서, X-연관 열성 형질들인 a, b, c에 이형접합성인 암컷이 표현형적으로 a, b, c를 발현하는 수컷과 교배되었다. 자손들의 표현형 비율은 다음과 같이 나타났다.

+	b	c	460
a	+	+	450
a	b	c	32
+	+	+	38
a	+	c	11
+	b	+	9

다른 표현형들은 관찰되지 않았다.

(a) 암컷의 X 염색체에 있는 이 대립유전자들의 유전자형 배열은 어떻게 되어 있는가?

(b) X 염색체에서 이 유전자들의 올바른 순서를 결정하고 지도를 작성하라.

(c) 자손에서 어떤 표현형들이 빠져 있는가? 왜 그런가?

■ **힌트:** 이 문제는, 일반적으로 이런 교배에서는 8가지 표현형 범주들이 관찰되어야 함에도 불구하고 오직 6가지 표현형 범주들만 관찰된 3점 지도작성 실험에 관한 것이다. 해답의 열쇠는 좌위들 사이의 거리가 비교적 가깝다면 단일교차의 상호적 쌍들은 관찰되지만, 예상된 이중교차를 발견하기에는 표본 크기가 너무 작을 수 있다는 점을 깨닫는 것이다. 여러분은 사라진 배우자들을 적고 그들을 이중교차형으로 지정하라. 그리고 그들의 출현 빈도를 0으로 기록해야 할 것이다.

연습을 더 하려면 문제 15~17번을 참고하라.

를 차지하고 있음을 보여준다. 그리고 재교차형 7.8%를 더하여 43.4 mu 떨어져 있음을 나타낸다. 최종적으로 그림 7.11(g)에 세 유전자의 지도가 나와 있다.

7.4 두 유전자 사이의 거리가 멀어질수록 지도작성은 부정확해진다

지금까지 우리는 염색체를 따라 존재하는 두 좌위 사이의 거리가 교차율과 직접적으로 비례한다고 가정했었다. 그러나 문제의 두 좌위 사이에서 교차가 항상 일어나는 것은 아니다. 그림 7.12(a)에서 보는 것처럼, 만약 이중교차가 일어난다면 각 비자매 염색분체의 원래 대립유전자 배열이 변하지 않는다. 그러므로 교차가 일어나도 그것을 알아내기란 불가능하다. 이러한 현상은 두 좌위 사이의 모든 짝수 교차에 적용된다.

게다가 다중 가닥 교환(multiple strand exchange)에 의해 야기되는 복잡한 결과 때문에 지도작성 결과는 일반적으로 두 유전자 사이의 실제 거리를 과소평가하는 경향이 있다. 두 유전자가 멀리 있을수록 추적되지 않는 교차 가능성도 증가한다. 물론 두 유전자가 비교적 가까이 있으면 이러한 차이는 최소화되겠지만 거리가 멀어질수록 부정확성의 정도는 증가한다. 이러한 경향을 그림 7.12(b)에 지도 거리 대 재조합 빈도의 그래프로 나타냈다. 재조합과 지도 거리 사이의 직접적 연관성에 따른 이론적 빈도는, 두 유전자 사이의 거리가 증가함에 따라 관찰되는 실제 빈도와 대조적이다. 가장 정확한 지도는 유전자들이 상대적으로 가까이 있는 경우의 실험들로부터 작성된다.

간섭과 병발계수

7.3절의 곱셈 법칙에서 알 수 있듯이 이중교차와 같은 다중교차의 예상 빈도는 유전자 간의 거리가 설정되면 예측이 가능하다. 예를 들어, 7.3절에 있는 옥수수의 교배에서 v와 pr 사이의 거리가 22.3 mu이고 pr과 bm의 거리가 43.4 mu였다. 만약 두 번의 단일교차가 독립적으로 일어나 이중교차가 생겼다면, 예상되는 이중교차의 빈도(DCO_{exp})는:

$DCO_{exp} = 0.223 \times 0.434 = 0.097 = 0.97\%$ 이다.

지도작성 실험에서는 종종 관찰된 DCO 빈도가 예상된 DCO 값보다 작다. 옥수수의 교배를 예로 들면, 예상된 값은 9.7%이었는데 오직 7.8%만의 DCO가 관찰되었다. **간섭(interference, *I*)**이라는 현상은 한 부위의 교차가 근처에서 일어나는 두 번째 교차를 방해하는 것으로, 이러한 감소의 원인이 된다.

간섭 때문에 일어나는 이러한 불일치를 정량화하기 위해 **병발계수(coefficient of coincidence, *C*)**를 계산한다:

$$C = \frac{\text{관찰된 DCO}}{\text{예상 DCO}}$$

옥수수의 교배에서는,

$$C = \frac{0.078}{0.097} = 0.804$$

일단 C값을 알아내면 간섭은 다음 식으로 간단히 알아낼 수 있다:

$$I = 1 - C$$

이 옥수수의 실험에서 간섭은,

$I = 1.000 - 0.804 = 0.196$이다.

만약 간섭이 완벽해서 어떤 이중교차도 일어나지 않는다면, $I = 1.0$이다. 만약 예상값보다 적은 DCO가 나온다면 I는 양수이고 **양성 간섭(positive interference)**이 있었다고 말한다. 만약 예상보다 더 큰 수의 DCO가 관찰되었다면 I는 음수이고 **음성 간섭(negative interference)**이 발생한 것이다. 옥수수의 예에서

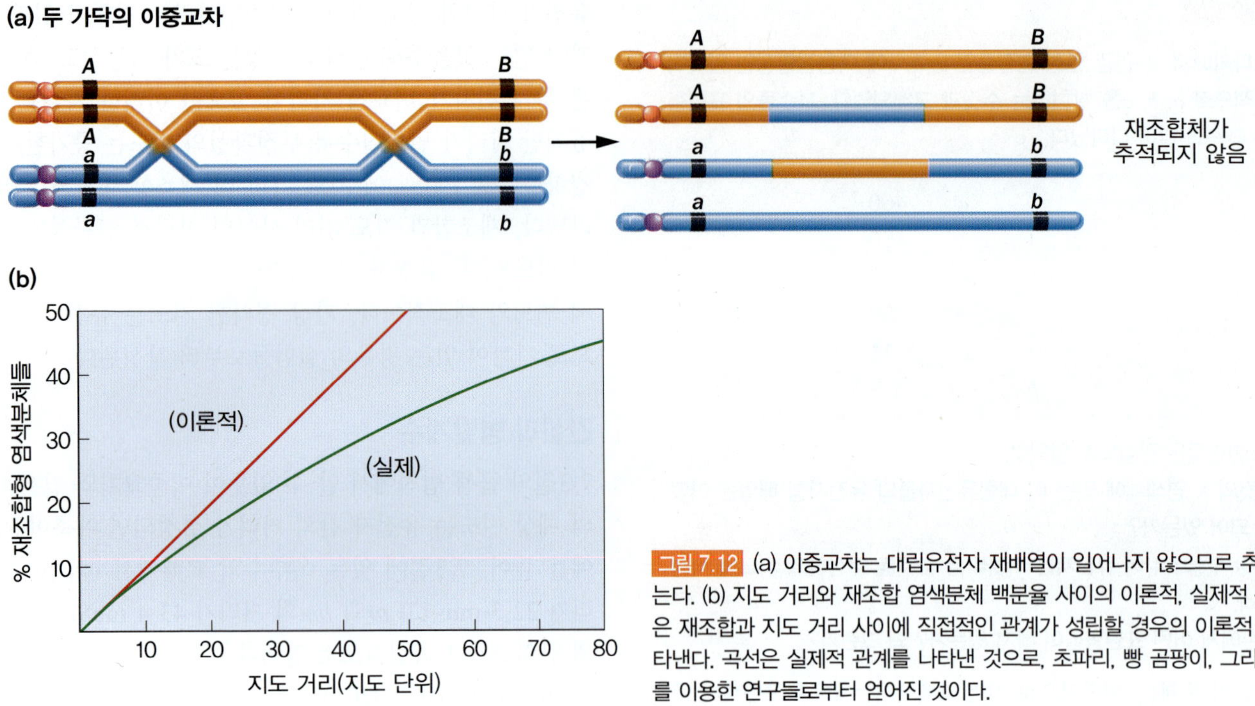

그림 7.12 (a) 이중교차는 대립유전자 재배열이 일어나지 않으므로 추적되지 않는다. (b) 지도 거리와 재조합 염색분체 백분율 사이의 이론적, 실제적 관계. 직선은 재조합과 지도 거리 사이에 직접적인 관계가 성립할 경우의 이론적 관계를 나타낸다. 곡선은 실제적 관계를 나타낸 것으로, 초파리, 빵 곰팡이, 그리고 옥수수를 이용한 연구들로부터 얻어진 것이다.

I는 양수인 0.196이었고 이것은 예상보다 19.6%가 적은 이중교차가 일어났음을 뜻한다.

양의 간섭은 진핵세포 체계에서 빈번히 관찰된다. 예를 들어, 예쁜꼬마선충(*C. elegans*)에서는, 염색체당 오직 한 번의 교차만 관찰되며, 각 염색체에서 간섭은 완벽하다(C = 1.0). 다른 생물에서는 일반적으로 유전자가 가까이 있을수록 더 큰 양성 간섭이 발생한다. 초파리에서 간섭은 사실상 10 mu 내에서는 종종 완벽하게 일어나 다중교차는 생기지 않는다. 이러한 관찰은 가까이 배열된 키아즈마타 사이의 물리적 긴장이 간섭을 일으킬 수 있음을 제시하는 것이다. 이러한 해석은 간섭이 유전자 사이의 거리가 멀수록 줄어든다는 점에서도 일치한다. 그림 7.10과 7.11의 옥수수 교배에서는 세 유전자가 비교적 멀리 떨어져 있으며, 예상된 이중교차의 80%가 관찰되었다.

7.5 초파리의 유전자들은 광범위하게 지도화되었다

많은 수의 돌연변이가 발견되어 지도 교배가 가능한 초파리, 옥수수, 생쥐와 같은 생물들에서는 각 염색체의 광범위한 지도가 만들어졌다. 그림 7.13은 초파리의 4개 염색체에 대한 부분적 지도를 보여준다. 사실상 초파리의 모든 형태적 특징이 돌연변이를 일으킨다. 돌연변이의 영향을 받는 각 유전자좌는 먼저 4개의 염색체 또는 연관 그룹 중 하나에 배정된 다음 해당 염색체에 존재하는 다른 유전자와 관련하여 지도화된다. 보다시피 X 염색체의 유전자 지도는 상염색체 II나 III보다 다소 짧다. 이 세 가지에 비하면, 상염색체 IV는 아주 작다. 세포학적 증거는 유전자 지도의 상대적인 길이가 이 염색체들의 상대적인 물리적 길이와 대체로 상관관계가 있음을 보여주었다.

유전자 개념의 진화

1920년대부터 1950년대 중반까지 초파리와 여러 다른 생물체들에서의 유전자 지도작성 연구들에 기초하여, 유전학자들은 유전자를 염색체에서 특정 순서로 조직화된 유전 단위로, 그들 사이에서 재조합이 발생할 수 있는 것으로 생각하게 되었다. 따라서 유전자들은 서로 연결된 "줄에 꿰인 구슬들"처럼 보였다. ■

7.6 로드 스코어 분석과 체세포 잡종화법은 인간의 염색체 지도를 만드는 과정에 중요하게 사용되었다

인간의 경우 신중하게 계획된 교잡이나 많은 수의 자손을 포함하는 유전 실험은 윤리적이지도 실행 가능하지도 않으므로 초기의 연관 연구는 가계도 분석을 기반으로 했다. 이 연구들은 어떤 특성이 X-연관인지 상염색체인지 여부를 확인하려고 시도했다. 본문의 앞부분에서 살펴보았듯이(4장 참고) X 염색체의 유전자에 의해 결정되는 형질은 특징적인 가계도를 만든다. 따라서 그

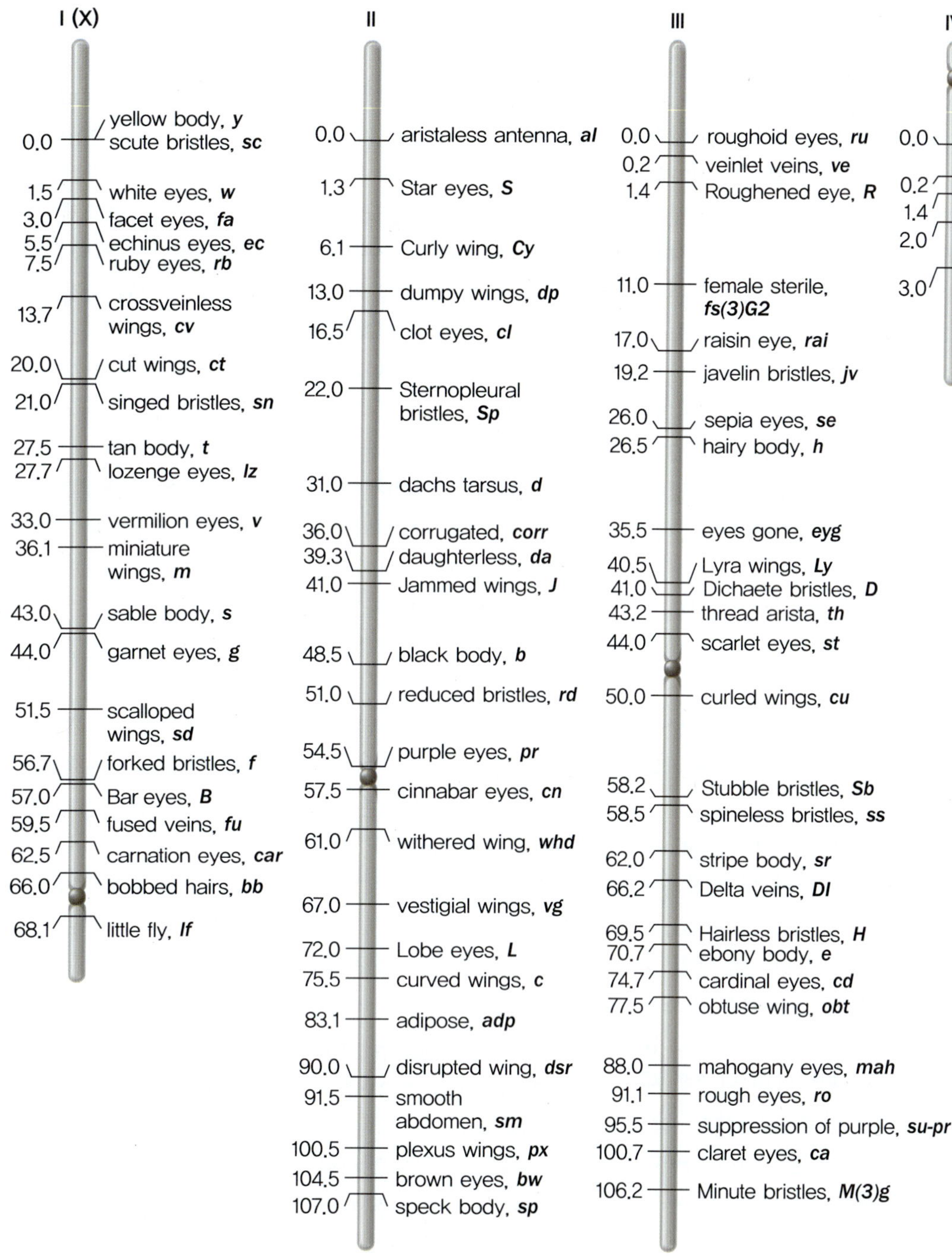

그림 7.13 초파리의 4개 염색체에 대한 부분 유전자 지도. 각 염색체의 원은 동원체의 위치를 나타낸다. 염색체 I은 X 염색체이다. 염색체 IV는 축척대로 그려지지 않았다; 즉, 표시된 것보다 상대적으로 작다.

러한 유전자는 찾기가 더 쉬웠다. 상염색체성 형질의 경우, 유전학자들은 형질의 쌍들이 연관성을 나타내는지 독립적인 분리를 나타내는지 명확하게 구별하려고 노력했다. 광범위한 가계도들을 이용할 수 있으면, 두 형질이 함께 분리된다는 사실로부터 고려 중인 두 유전자가 밀접하게 연결되어 있다는(즉, 교차로 인한 분리가 거의 없음) 결론을 내릴 수 있다. 이런 접근법으로, **Rh 항원(Rh antigen)**을 암호화하는 유전자와 적혈구의 모양이 타원형인 **타원적혈구증(elliptocytosis)**으로 불리는 표현형을 담당하는 유전자 사이의 연관을 밝힐 수 있었다. 이러한 종류의 관찰을 통해 인간 유전자 지도를 만들 수 있기를 바랐다.

그러나 관심 있는 두 유전자가 염색체에서 분리되어 재조합 배우자가 형성되어 가계도에서의 연관이 모호해지면 문제가 발생한다. 이러한 경우, **로드 스코어 방법(lod score method)**이라고 불리는 확률 계산에 의존하는 접근 방식이 연관을 입증하는 데 도움이 된다. 1947년 할데인(J. B. S. Haldane)과 스미스(C. A. Smith)가 처음 고안하고 1955년 모튼(Newton Morton)이 개선한 로드 스코어(연관일 확률의 로그값을 뜻함)는 두 가지 형질과 관련된 특정 가계(또는 동일한 관심 특성에 대한 여러 가계)가 그 형질들 사이의 유전적 연관을 반영할 확률을 평가한다. 먼저 두 형질에 관한 가족(가계도) 자료가 연관 없이 유전될 확률, 즉 형질이 독립적으로 분리로 나타날 확률이 계산된다. 그런 다음 이러한 동일한 형질에 대한 같은 가족 자료가 특수한 재조합 빈도의 연관에서 비롯될 확률이 계산된다. 이러한 확률 계산은 p = 0.05 수준에서 통계적 유의성을 고려한다. 그다음 이러한 확률 값의 비율을 계산하고 이 값을 로그로 변환하여 연관인지 아닌지에 대한 "확률(odd)"을 반영한다. 전통적으로 3.0 이상의 값은 연관을 강력하게 나타내는 반면 −2.0 이하의 값은 강력하게 연관이 아님을 시사한다. −2.0에서 3.0 사이의 값은 결정적이지 않은 것으로 간주된다.

로드 스코어 방법은 인간 유전자를 특정 염색체에 할당하고 예비적 인간 염색체 지도를 구성하는 데 중요한 발전을 이끌었다. 그러나 그 정확도는 가계도의 범위에 의해 제한되었으며 초기 결과는 이러한 한계와 인간 염색체의 상대적으로 높은 반수체 수(23) 때문에 실망스러웠다. 1960년까지, 상염색체에 관해 사용 가능한 연관 정보는 거의 없었다.

그러나 1960년대 **체세포 잡종화(somatic cell hybridization)**라는 새로운 기술은 인간 유전자를 각각의 염색체에 배정하는 데 엄청난 도움이 됨을 입증했다. 바스키(Georges Barski)가 처음 발견한 이 기술은 배양 중인 두 세포를 융합하여 단일 잡종 세포가 되도록 유도될 수 있다는 사실에 의존한다. 바스키는 두 가지 생쥐 세포주를 사용했지만 곧 다른 생물의 세포도 융합될 수 있다는 것이 분명해졌다. 융합이 일어나면 **이종핵 세포(heterokaryon)**라는 초기 세포 형태가 생성된다. 잡종 세포는 공통 세포질에 두 개의 핵을 포함한다. 적절한 기술을 사용하면, 예를 들어 인간과 생쥐 세포를 융합하여 부모 세포들로부터 잡종 세포를 분리할 수 있다.

이종핵 세포가 체외에서 배양됨에 따라 두 가지 흥미로운 변화가 발생한다. 결국 핵은 함께 융합되어 **융합핵(synkaryon)**을 생성한다. 그런 다음 여러 세대 동안 배양이 계속됨에 따라 두 부모 종 염색체 중 하나가 점차 손실된다. 인간-생쥐 잡종의 경우, 인간 염색체는 결국 융합핵이 완전한 생쥐 염색체 조성과 소수의 인간 염색체만 가질 때까지 무작위로 손실된다. 인간 염색체(생쥐 염색체가 아니라)가 우선적으로 소실되는 것으로 인해, 잔류한 염색체에 인간의 유전자를 할당할 수 있게 된다.

실험적 근거는 간단하다. 예를 들어, 특정한 인간 유전자 산물이 3개의 인간 염색체를 포함하는 융합핵 세포에서 합성된다면, 그 산물을 담당하는 유전자는 잡종 세포에 남아 있는 3개의 인간 염색체 중 하나에 있어야 한다. 반면에 인간 유전자 산물이 융합핵 세포에서 합성되지 않는다면 책임 유전자는 그 3개의 인간 염색체 중 어느 것에도 존재할 수 없다. 이상적으로는, 각각 다른 인간 염색체를 가진 23개의 잡종 세포주로 구성된 패널이 있어서 유전자 산물의 특성을 파악할 수 있다면, 인간 어떤 유전자라도 특정 염색체에 즉시 할당할 수 있다.

실제로, 몇 개의 남아 있는 인간 염색체들을 포함하는 세포주 패널이 가장 자주 사용된다. 각 염색체의 존재 또는 부재와 각 유전자 산물의 존재 또는 부재의 상관관계를 **신테니 검사(synteny testing)**라고 한다. 예를 들어 그림 7.14에 제공된 가상의 자료에 대해 생각해 보자. 여기에서는 4개의 유전자 산물(A, B, C 및 D)이 8개의 인간 염색체와 관련하여 검사된다. 산물 A를 생성하는 유전자를 찾기 위해 결과를 주의 깊게 분석해 보도록 하자.

1. 산물 A는 세포주 23에서는 생산되지 않지만, 염색체 1, 2, 3, 4는 세포주 23에 존재한다. 따라서 우리는 이 4개의 염색체에서는 유전자 A가 없으며 염색체 5, 6, 7, 8에 있을 수 있다고 결론을 내릴 수 있다.
2. 산물 A는 세포주 34에 의해 생산되는데, 이 세포주는 5번

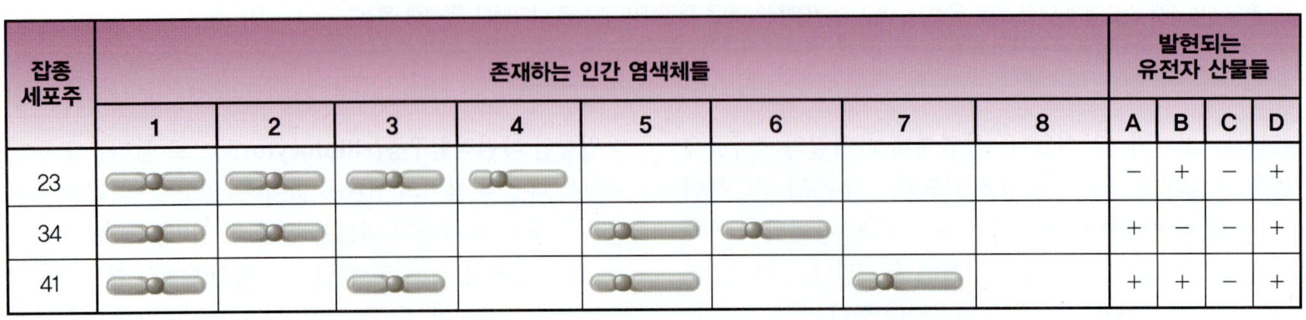

그림 7.14 신테니 테스트에 사용되는 가상의 자료표. 적절한 인간 염색체에 유전자를 할당하기 위해 분석된다. 23, 34 및 41로 표시된 3개의 체세포성 잡종 세포주에 대해 인간 염색체 1~8의 존재 또는 부재와 가상의 인간 유전자 산물 A, B, C 및 D를 생산하는 능력 여부를 표시했다.

과 6번 염색체는 포함하지만 7번과 8번 염색체는 포함하지 않는다. 따라서 유전자 A는 5번이나 6번 염색체에 있지만, 7번이나 8번 염색체에는 없다. 왜냐하면 염색체 7번과 8번이 없는데도 산물이 생겼기 때문이다.

3. 산물 A는 또한 5번 염색체를 포함하지만 6번 염색체는 포함하지 않는 세포주 41에 의해 생성된다. 따라서 이 분석에 따르면 유전자 A는 5번 염색체에 있다.

유사한 접근 방식을 사용하여 유전자 B를 염색체 3에 배정할 수 있다. 스스로 분석하여 이것이 올바른지 확인해 보라.

유전자 *C*는 독특한 상황을 드러낸다. 자료는 이것이 염색체 1-7에는 존재하지 않음을 나타낸다. 8번 염색체에 있을 수 있지만, 이 결론을 뒷받침할만한 직접적인 증거는 없다. 다른 패널이 필요하다. 유전자 *D*가 남아 있으니 여러분이 직접 분석해 보라. 이것은 어떤 염색체에 존재하는가?

지금 설명한 접근 방식을 사용하여 연구자들은 문자 그대로 수백 개의 인간 유전자를 하나의 염색체 또는 다른 염색체에 할당할 수 있었다. 산물이 아직 발견되지 않은 유전자를 지도화하기 위해 연구자들은 다른 접근 방식에 의존해야 했다. 예를 들어, 재조합 DNA 기술과 가계도 분석을 결합하여 헌팅턴병, 낭성 섬유증 및 신경섬유종증을 담당하는 유전자를 각각 염색체 4, 7 및 17번에 할당하는 것이 가능했다. 현대의 유전체 분석은 7.7절에서 설명한 것처럼 수많은 여러 인간 형질들의 지도 위치에 대한 지식을 늘려주었다.

7.7 이제 DNA 마커와 컴퓨터 자료를 이용한 염색체 지도작성이 가능하다

비록 재조합 분석에 기초한 전통적 방법들로 여러 생물에서 자세한 염색체 지도들이 완성되기는 했지만, 그런 연구가 가능하지 않은, 사람을 포함한 다른 생물들에서는 그런 염색체 지도는 매우 제한적일 수밖에 없다. 다행스럽게도, 직접적인 DNA 분석이 가능한 기술들의 발달로 이런 생물들에서의 지도작성이 매우 발전하게 되었다. 여기서는 인간을 예로 이 주제에 대해 다룰 것이다.

처음에는 재조합 DNA와 유전체 연구 중에 밝혀진 **DNA 마커들(DNA markers)**에 의존해 발전이 이루어졌다. 이 마커들은 짧은 DNA 단편들로서, 그 서열이나 위치가 알려져서 지도작성 목적으로는 유용한 표지물이 될 수 있다. 이런 마커들과 관련된 인간 유전자들의 분석은 유전체 내에서 여러 유전자의 위치에 대한 우리의 지식을 확장해 결국 지도작성이라는 목표를 달성할 수 있게 해준다.

제한 단편 길이 다형성(restriction fragment length polymorphisms, RFLPs)(22장 참고)과 **미세부수체(microsatellites)**나 **짧은 연속 반복서열(short tandem repeats)**라고 불리는 DNA 마커들(12장 참고)이 가장 초기의 사례들이다. RFLP들은 특정 DNA 서열들이 제한 효소들에 의해 인식되고 잘릴 때 생기는 다형성 좌위들이다. 미세부수체들은 유전체 전반에 걸쳐 발견되는 짧은 반복성 서열들이며, 해당 자리에서 반복되는 수에 차이가 있다. 예를 들어, 두 뉴클레오타이드 서열인 CA는 좌위당 5~50번 반복되며[(CA)n], 유전체에서 평균적으로 약 10,000 염기마다 출현한다. 미세부수체들은 반복 수 때문이 아니라 그들 옆의 서열들에 의해 구분된다. 보다 최근에는 단일 뉴클레오타이드에서의 변이—**단일 뉴클레오타이드 다형성(single-nucleotide polymorphisms, SNPs)**이라고 불리는—가 사용되고 있다. 이런 변이들은 유전체 전반에서 수백만 개까지 발견되므로 유전학자들은 이를 이용해 유전자들을 찾아내 위치를 정할 수 있다.

낭성 섬유증(cystic fibrosis)은 DNA 마커들을 이용하여 위치를 찾은 유전자의 초기 예로 알려져 있다. 이것은 수명을 단축시키는 상염색체성 열성 외분비 질환으로, 과도하고 짙은 점액으로 인해 폐와 췌장 같은 기관들의 기능이 저해된다. 과학자들은 이 질병을 유발하는 유전자들을 7번 염색체에서 찾고 난 후 그 염색체의 장완(q완) 상에서 정확한 위치를 지정할 수 있었다.

2007년에, SNP들을 DNA 마커로 이용하여, 24개의 유전체 부위들과 인간의 7가지 질병들 사이의 연관성을 찾을 수 있었다: 제1형(인슐린 의존성) 당뇨병과 제2형 당뇨병, 크론병(염증성 장질환), 고혈압, 관상동맥질환, 양극성(조울) 질병, 그리고 류머티스성 관절염 등이다. 각 사례에서, 유전되는 감수성 효과가 유전체 내 특정 염색체 상의 정해진 위치에 표시되었다. 일부 사례들에서는 연관성이 확인되거나 이 질병들을 일으키는 것과 관련된 특정 유전자를 찾아내기도 했다.

지난 15년 정도에 걸쳐, DNA 서열화 기술에 극적인 발전이 있었으며, 이로 인해 인간과 기타 여러 생물에서의 **서열지도(sequence maps)**가 다수 만들어졌다. 서열지도들은 그것들이 염색체 위 유전자들(그리고 비암호 서열들도)의 뉴클레오타이드 서열들을 정확히 특정할 수 있으므로 가장 자세한 수준의 지도를 제공한다. 인간 유전체 프로젝트(Human Genome Project)로 인간의 모든 염색체에 대한 서열지도가 만들어져, 믿을 수 없는 수준으로 자세한 인간 유전자 서열들 및 염색체 위의 정확한 위치, 그리고 유전자와 비암호화 서열들 사이의 근접성 등을 확인할 수 있게 되었다. 예를 들어, **생물정보학(bioinformatics)**이라고 불리는 접근법(22장 참고)에서 인간의 염색체 서열들이 소프트웨어 프로그램들로 분석되면, 유전학자들은 그런 자료를 사용하여 유전체에서 가능한 단백질 암호화 서열들을 지도화할 수 있다. 이것은 이전에 알려지지 않았던 수많은 잠재적 유전자들을 발견할 수 있게 해주었다.

이제는 인간 유전체 프로젝트의 여러 데이터베이스를 사용할 수 있게 되어(이 장 끝의 "유전체학 탐구" 참고) 재조합 빈도에 의해서가 아니라 염기쌍 거리로 인간 염색체 위의 유전자 거리를 측정하는 것이 가능하다. 이것은 유전체의 **물리적 지도**(*physical map*)라고 불리며 위에서 설명한 **유전적 지도**(*genetic map*)들과 구별된다. 어떤 생물 종의 유전체 서열을 사용할 수 있을 때는 연관에 의한 지도작성이나 다른 유전적 지도작성 접근법들은 구시대적인 방법이 된다.

7.8 교차는 염색분체들 사이의 물리적 교환을 포함한다

일단 유전자 지도가 이해되자, 감수분열 전기의 키아즈마타와 교차 사이의 관계에 대한 조사가 관심사로 떠올랐다. 교차점들인 키아즈마타는 교차의 가시적 발현인가? 만약 그렇다면 고등생물에서의 교차는 상동염색체 사이의 물리적인 교환 결과 생기는 것으로 보인다. 이러한 사실은 1930년대 옥수수 연구에서의 크레이튼(Harriet Creighton)과 맥클린토크(Barbara McClintock), 그리고 초파리 연구에서 스턴(Curt Stern)에 의해 독립적으로 증명되었다.

실험들이 비슷하므로 옥수수 하나만 살펴보기로 하자. 크레이튼과 맥클린토크는 염색체 9번의 연관된 두 유전자를 연구했다. 한 좌위에서는 대립유전자 *colorless* (*c*)와 *colored* (*C*)가 배젖(endosperm)의 색깔을 조절한다. 또 다른 좌위에서는 *starchy* (*Wx*)와 *waxy*(*wx*)가 배젖의 탄수화물 특성을 조절한다. 이 두 좌위에서 이형접합성인 옥수수가 연구되었다. 이 실험에서의 핵심 사항은 상동염색체 중 하나가 두 개의 독특한 세포학적 마커들을 포함하고 있었다는 점이다. 이 마커들은 염색체 말단의 짙게 염색된 것(knob)과 또 다른 염색체인 8번에서 다른 쪽 말단에 전좌된 조각(translocated segment)으로 구성된다. 대립유전자들의 배열과 이 마커들은 세포학적으로 추적이 가능하며 그림 7.15에 나타나 있다.

크레이튼과 맥클린토크는 이 식물을 *c*에 동형접합성이고 배젖 대립유전자는 이형접합성인 식물과 교배실험을 했다. 여러 가지 표현형의 자손을 얻을 수 있었지만, 그들은 독특한 세포학적 마커들이 관여된 염색체들의 교차에 가장 관심이 있었다. 그들은 무색(*colorless*)이고 왁스를 가지는(*waxy*) 표현형을 가진 식물들의 염색체(그림 7.15의 1번 사례)에서 세포학적 마커들의 존재를 조사했다. 만약 상동염색체들 사이에서 물리적인 교환이 일어난다면, 전좌된 염색체는 계속 거기 있어야 하고 자루(knob)는 없어야 한다. 그런데 이런 일이 실제로 일어났던 것이다. 두 번째 식물(사례 II)에서 색(*colored*)이 있고 전분성(*starchy*)인 표현형은 비교차형 배우자들 혹은 교차형 배우자들로부터 나올 수 있을 것이다. 그렇다면 이들 중 몇몇은 짙은 자루(knob)를 가진 염색체를 포함하지만 전좌된 염색체 부분은 포함하지 않아야 한다. 이러한 상태 역시 발견되었고 물리적인 염색체 교환이 실제로 일어난다는 사실이 다시 한번 증명되었다. 스턴의 초파리 연구에서의 발견과 더불어 이 연구는 교차가 세포학적 근거를 가진다는 사실을 확인해 주었다.

DNA에 대해 더 자세히 논의한 후(10장 참고) 교차라는 주제로 돌아가 염색분체의 DNA 가닥 사이에서 어떻게 절단과 재결합이 발생하는지 조사할 것이다. 이런 논의(11장 참고)는 유전자 재조합에 대한 더 나은 이해를 제공할 것이다.

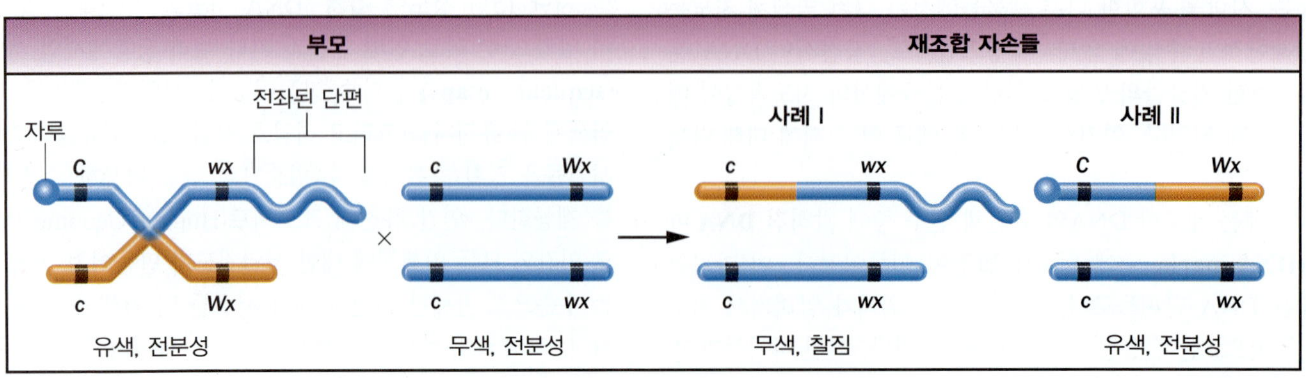

그림 7.15 크레이튼과 맥클린토크의 옥수수 실험에서 얻어진 재조합형 자손과 부모의 염색체 조성 및 표현형. 자루와 전좌된 조각은, 교차에 실제적인 염색체 팔들의 교환이 관여됨을 보여주는 세포학적 마커가 된다.

7.9 유사분열기 염색체들 사이의 자매 염색분체 교환

감수분열 시 접합된 상동염색체들 사이에서 교차가 일어난다는 것을 고려할 때, 우리는 그러한 물리적인 교환이 유사분열기의 상동염색체들 사이에서도 일어나는지 질문할 수 있겠다. 상동염색체들은 일반적으로 유사분열하는 세포에서는 쌍을 이루지 않지만(초파리에서는 예외이다), 전기의 각 염색체는 동원체를 공유하면서 붙어 있는 두 개의 똑같은 염색분체들을 포함한다. 놀랍게도 몇몇 연구들이 이 자매 염색분체들 사이에서 상호교환이 일어남을 증명하였다. 이러한 **자매 염색분체 교환(sister chromatid exchange, SCE)**들은 새로운 대립유전자 조합을 만들지는 않지만 이러한 사건들의 중요성을 알리는 증거들이 축적되고 있다.

SCE의 발견과 그에 관한 연구들은 몇 가지 현대적인 염색법에 의해 촉진되었다. 그중 하나가 세포를 두 세대 동안 티미딘 유사체인 브로모데옥시우리딘(bromodeoxyuridine, BrdU)의 존재 하에서 복제시키는 것이다. 복제가 두 번 일어나면 각 염색분체 쌍은 한쪽은 DNA 한 가닥만 BrdU에 의해 표지가 되고 또 한쪽은 DNA 두 가닥이 모두 표지되어 차이 나는 염색 상태를 보인다. 이를 이용하면 한쪽 염색분체는 다른 쪽보다 더 밝게 보인다. 결과적으로 SCE가 일어난다면 이를 추적할 수 있게 된다. 그림 7.16은 많은 수의 SCE 사건이 일어남을 분명하게 보여준다. 누더기 모양의 이런 염색분체들은 그들의 모양 때문에 종종 **할리퀸 염색체(harlequin chromosome)**라고 불린다.

SCE의 중요성은 아직 불명확하지만 몇 가지 관찰들이 이러한 현상들에 매우 관심을 불러일으키고 있다. 예를 들어, 염색체 손상을 일으키는 것들(바이러스, X-선, 자외선, 그리고 특정 화학 돌연변이원들)은 이러한 SCE 빈도를 높이는 것으로 알려져 있다. SCE 빈도는 **블룸 증후군(Bloom syndrome)**에서도 역시 증가하는데 이 질환은 15번 염색체의 *BLM*의 돌연변이에 의해 야기되는 병이다. 희귀하고 열성으로 유전되는 이 질병은 태내에서 혹은 생후에도 성장의 지연과 함께, 햇빛에 약한 피부, 면역결핍, 비정상적 행동 양식, 양성 혹은 악성 종양 등이 특징이다. 이 유전자에 동형접합성인 사람으로부터 얻어진 혈액세포, 골수세포, 피부 세포 등을 배양하여 염색체들을 살펴보면 정상인이나 보인자들에서 얻은 것과는 대조적으로 매우 손상되기 쉽고(fragile) 불안정한 특성을 나타낸다. 증가된 염색체 절단이나 비상동 염색체들 사이의 재배열 등이 과다한 양의 SCE와 함께 관찰된다. 저먼(James German)과 그 동료들의 연구에 따르면 *BLM* 유전자는 **DNA 헬리케이즈(DNA helicase)**라는 효소, 즉 DNA 복제에 관여하는 것으로 잘 알려진 단백질을 암호화하고 있다고 한다(11장 참고).

비상동 염색체 사이와 자매 염색분체 사이의 교환 기작은, 특정 유전병 환자에서 두 사건의 빈도가 상당히 증가하기 때문에 공통된 특징을 공유하는 것이 입증될 수 있다. 이러한 발견은 자매 염색분체 교환이 정상 및 유전적으로 비정상적인 염색체의 상대적 안정성에 기여할 수 있음을 시사한다. 이런 과정에 대한 추가 연구는 재조합 기작의 이해를 도울 것이다. 우리는 DNA 복제를 고려할 때 다시 한번 SCE 사건을 보게 될 것이다(11장 참고).

그림 7.16 블룸 증후군 환자로부터 얻은 유사분열 염색체들은 자매 염색분체 교환(SCEs)이 발생함을 보여준다. 성장 중인 세포에 염기 유사물을 처리하고 2번의 DNA 복제를 허용하면, 자매 염색분체들에서 한 가닥에 염기유사물을 포함한 부분은 푸른색으로 염색되고, 양쪽 가닥 모두가 표지되는 경우에는 연녹색으로 차별적인 염색이 이루어진다. SCE 사건들로 인해 각 자매 염색분체들을 따라 교차형 패턴이 형성된다.

EXPLORING GENOMICS

유전체학 탐구

인터넷으로 살펴보는 인간 염색체 지도

이 장에서 우리는 어떻게 재조합 데이터가 연관에 근거하여 염색체 지도를 만들 수 있게 분석되는지를 논의했다. 유전체학 기술들을 이용하여 점차 많은 생물에서 염색체 지도들이 확립되고 있다. 인간 유전체 프로젝트의 결과로, 인간 염색체들에 대한 지도들은 이제 인터넷에서 자유롭게 사용할 수 있다. 이번 연습에서는 인간의 염색체 지도에 관해 조금 더 배워보기 위해 **국립 생명공학 정보 센터(National Center for Biotechnology Information, NCBI)의 유전자와 질병**들에 관한 웹사이트에 대해 탐색해 볼 것이다.

■ NCBI의 유전자들과 질병(Genes and Disease) 웹사이트

여기서는 '유전자들과 질병'이라는 웹사이트를 탐색한다. 이곳에서는 특정 질병 유전자들의 위치를 보여주는 인간의 염색체 지도를 보여준다.

1. 인터넷 주소 http://www.ncbi.nlm.nih.gov/books/NBK22183/에서 "Genes and Disease" 사이트에 접속하라.
2. 내용 중에서 "염색체 지도(Chromosome Map)"을 클릭하여 인간 염색체들의 핵형분석 이미지가 있는 페이지를 살펴보라. 염색체 지도 이미지에서 염색체 하나를 클릭하고 스크롤바를 내려 염색체를 보여주는 페이지로 이동하거나 혹은 그 페이지의 오른쪽에 나열된 염색체 하나를 클릭하라. 예를 들어, 염색체 7번을 클릭하라. 그 염색체의 유전자 수와 그 염색체가 포함하고 있는 염기쌍의 수가 이미지 위에 제시되어 있음에 주목하라.
3. 7번 염색체를 다시 살펴보라. 초기 보여주기에는 선택된 질병 유전자들만 나타나기 때문에, 처음에는 이 염색체 위에 단지 5개의 질병 유전자들만 있는 것으로 생각할 수 있다. 그러나 여러분이 염색체 7번에 연결된 "MapViewer"를 클릭하면, 포함된 유전자들의 완전한 "Master Map"과 유전자 명명에 사용된 기호들을 포함하여, 이 염색체에 관한 더 자세한 정보를 볼 수 있다.

   이 보여주기의 특징들을 살펴보고, "Links" 컬럼을 살펴보라. 여기에서는 특정 유전자와 그 단백질(pr)에 대한 정보 및 상동 유전자(*hm*, 유사한 서열을 가진 여러 유전자)에 대한 OMIM(Online Mendelian Inheritance in Man, 3장의 유전체학 탐구에서 논의됨) 자료에 접속할 수 있다.
4. Map Viewer에서 염색체 지도를 훑어보고, "가상의 유전자 혹은 단백질" 목록의 유전자 하나를 찾아라.
   a. 유전자나 단백질이 "가상적(hypothetical)"이라는 것은 무슨 뜻인가?
   b. 가상적인 단백질을 암호화하는 어떤 유전자의 유전자좌를 지정하기 위해 유전체학자가 사용할 수 있는 정보는 무엇이라고 생각하는가?

NCBI 유전체 자료 뷰어(NCBI Genome Data Viewer) 홈페이지를 방문하여 다양한 생물들의 염색체 지도들을 포함하고 있는 훌륭한 데이터베이스를 찾아보라(https://www.ncbi.nlm.nih.gov/genome/gdv/).

사례 연구 자폐증과의 연관

자폐증 아이의 부모인 한 부부가, 아들의 상태에 대해 교육도 받을 수 있고, 행동 문제를 보이는 이 복잡한 질병에 관한 연구를 돕기 위해 연구팀에 합류하기로 했다. 인터뷰에서 연구자들은 그 부모들에게 자폐증이 비유전성 요소뿐만 아니라, 수백 가지 유전자들의 활동에 의한 것이라고 설명해주었다. 지도화 작업을 포함한 현대의 DNA 분석기술들은 후보 유전자들(candidate genes)이라고 불리는, 관련성이 높은 9~18개의 유전자를 찾아냈다. 심도 있는 유전체 탐색 결과로는 2500개까지의 유전자들이 위험성을 높일 수 있음이 드러났다. 기본적인 유전학 지식이 없었던 부부는 미래의 아이가 자폐증일 위험성이 있는지, 자폐증에 대한 산전 진단이 가능한지 궁금했다. 인터뷰 진행자는 한 아이가 자폐증이면 그다음 아이가 이런 질병에 걸릴 확률이 약 25% 정도라고 설명했다. 자폐증에 대한 산전 진단은 가능하지만, 이 질병에는 잠재적으로 많은 수의 유전자들과 환경조건들이 관여하기 때문에, 두 번째 아이가 자폐증에 걸릴 확률에 대한 측정은 정확한 것이 아닌 추정값에 불과하다.

1. 자폐증 아이가 있는 가족에서 또다른 환아가 생길 위험성은 25%이다. 이것은 열성 대립유전자에 이형접합성인 부부가 병에 걸린 아이를 갖게 될 확률과 같다. 이 두 상황에서의 유사점과 차이점은 무엇인가?
2. 산전 진단이 태아가 자폐증에 걸릴 가능한 추정만을 제공한다는 것을 생각하면, 부모들과 어떤 윤리적 논의가 이루어져야 하겠는가?

이와 관련한 다음 자료를 참고하라:

Cox, D. (2017) Are we ready for prenatal test for autism? (http://www.theguardian.com/science/blog/2014/may/01/prenatal-screening-test-autism-ethical-implications).

요약 정리

1. 같은 염색체에 위치하는 유전자들은 연관되었다고 한다. 같은 염색체에서 서로 가깝게 연관된 유전자들의 대립유전자들은 보통 배우자 형성 시에 함께 전달된다.
2. 배우자 형성 시 연관 유전자들 사이의 교차 빈도는 유전자들 사이의 거리에 비례하므로, 염색체를 따라 유전자들의 상대적인 위치를 결정하는 지도작성 시 실험적 근거를 제공할 수 있다.
3. 3점 지도작성 실험에서 유전자들의 순서를 결정하기 위해서는, 이중교차형 배우자들에 대한 분석이 필요한데, 이들은 그 배우자들을 받은 자손들의 표현형으로 드러난다.
4. 간섭은 염색체 위의 한 영역에서 하나의 교차가 근처 영역의 다른 교차에 영향을 미치는 정도를 설명하는 것이며, 병발계수(*C*)를 계산함으로써 정량화된다.
5. 인간에서 연관 연구들은 처음에는 가계도와 로드 스코어 분석, 곧이어 체세포 잡종화 기술에 의존했으나 이제는 새로 발견된 분자 DNA 마커들에 의해 크게 발전하였다.
6. 옥수수와 초파리에서의 세포학적 탐구들로, 교차가 비자매 염색분체들 사이에서 염색체 단편들을 물리적으로 교환하는 것임이 밝혀졌다.
7. 유사분열 중의 자매 염색분체들 간에 발생하는 재조합은 자매 염색분체교환(SCEs)이라고 불린다.

통찰과 해법

1. 초파리의 3번 염색체에 연관된 3개의 유전자를 포함하는 일련의 2점 지도화 교배에서 다음과 같은 거리가 계산되었다:

   cd-sr 13 mu

   cd-ro 16 mu

   (a) 왜 이 세 유전자의 순서를 결정하여 지도작성을 할 수 없는가?

   (b) 어떤 지도작성 자료가 이 문제를 풀 수 있겠는가?

   (c) 여기 제시된 순서 중 어느 것이 맞는지 구분할 수 있는가?

   $$ro \;\overset{16}{\text{——}}\; cd \;\overset{13}{\text{——}}\; sr$$

   혹은

   $$sr \;\overset{13}{\text{——}}\; cd \;\overset{16}{\text{——}}\; ro$$

   해법:

   (a) 이러한 제한된 자료를 기초로 하면, 두 가지 가능성 때문에 불가능하다:

   사례 1: $cd \;\overset{13}{\text{——}}\; sr \;\overset{3}{\text{——}}\; ro$

   이거나,

   사례 2: $ro \;\overset{16}{\text{——}}\; cd \;\overset{13}{\text{——}}\; sr$

   (b) 지도 거리는 *ro*와 *sr* 사이를 교차로 결정된다. 사례 1이 맞다면 3 mu이어야 하고, 사례 2가 맞다면 29 mu여야 한다. 실제로 이 거리는 29 mu이며 사례 2가 정확함을 보여준다.

   (c) 아니오; 이 지도작성 자료에 따르면 둘 다 동등하다.

2. 초파리에서 *Lyra*(*Ly*)와 *Stubble*(*Sb*)은 염색체 III에서 각각 유전자좌 40과 58에 위치한 우성 돌연변이이다. 밝은 빨간 눈을 가진 열성 돌연변이가 발견되었고 염색체 III에 있는 것으로 나타났다. 이 세 가지 돌연변이 모두에 대해 이형접합자인 암컷을, 밝은 빨간색 눈 돌연변이(여기서는 *br*이라고 함)에 대해 동형접합성인 수컷과 교배하여 지도를 얻었다. 다음 표의 자료를 보고 질문에 답하라. 염색체 III에서 *br* 돌연변이의 위치를 결정하라. 그림 7.13을 참고하여 어떤 변이가 발견되었는지 예측하라. 어떻게 그것을 확신할 수 있는가?

표현형	수
1 *Ly Sb br*	404
2 + + +	422
3 *Ly* + +	18
4 + *Sb br*	16
5 *Ly* + *br*	75
6 + *Sb* +	59
7 *Ly Sb* +	4
8 + + *br*	2
Total	1000

해법: 먼저, 이형접합성 부모(이 경우 암컷)의 상동염색체 사이에서 대립유전자 배열을 결정한다. 이를 위해서는 비교차형 배우자로부터 생기는 가장 빈번한 상호 계급 표현형을 찾아야 한다. 이들은 표현형 1과 2이다. 각 표현형은 상동염색체 중 하나에 위치한 대립유전자를 나타낸다. 따라서 대립 유전자의 분포는 다음과 같다.

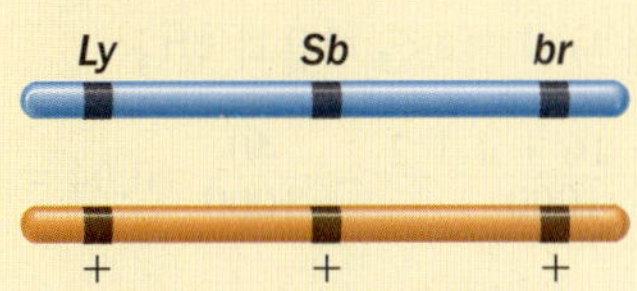

둘째, 염색체를 따라 세 개의 유전자좌의 올바른 순서를 결정한다. 이는 어떤 순서가 가장 빈도가 낮은 상호 계급 표현형(7과 8)이 관찰된 이중교차 표현형을 생성하는지 결정함으로써 수행된다. 쓰여진 순서가 맞다면 여기에 묘사된 이중교차는 다음과 같을 것이다:

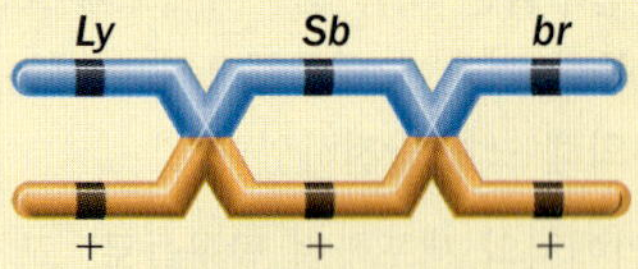

그것은 *Ly* + *br* 및 + *Sb* +를 표현형으로 산출할 것이다. 검사 결과 이러한 범주들(5와 6)는 실제로 이중교차가 아니라 단일교차임을 보여준다. 따라서 이 순서는 맞지 않는다. 가능한 다른 순서는 두 가지뿐이다. *Ly* 유전자가 가운데 있거나(사례 A) *br* 유전자가 다른 두 유전자 사이의 중간에 있는 경우(사례 B)이다.

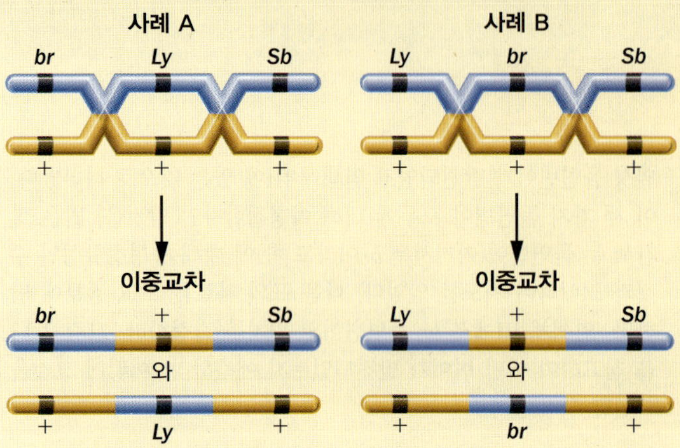

실제 자료와 비교하면 사례 B가 정확함을 알 수 있다. 이중교차 생식세포 7과 8은 *Ly*와 *Sb*를 표현하지만 *br*을 표현하지 않거나, *br*을 표현하지만 *Ly*와 *Sb*를 표현하지 않는 초파리를 생성한다. 따라서 올바른 배열과 순서는 다음과 같다:

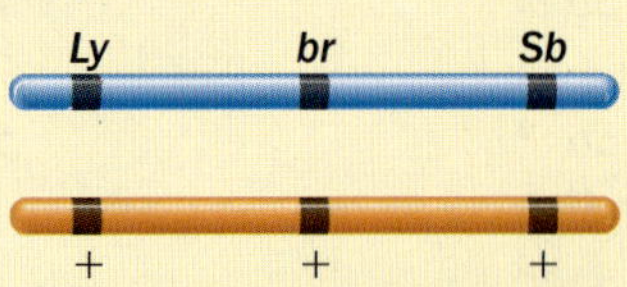

일단 순서가 정해지면 *Ly*와 *Sb*에 대한 *br*의 상대적 위치를 결정한다. *Ly*와 *br* 사이의 단일교차는 아래와 같다:

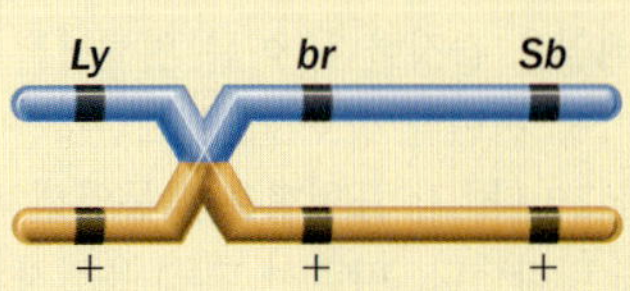

이것은 *Ly* + +와 + *br Sb*의 표현형을 만든다(표현형 계급 3과 4). 따라서, *Ly*와 *br*의 거리는 다음과 같다:

$$\frac{18+16+4+2}{1000}=\frac{40}{1000}=0.04=4\ \text{mu}$$

*Ly*와 *br* 사이의 모든 교차 빈도를 알아야 하므로, 이중교차를 추가해야 한다는 것을 기억하라. 이중교차는 동시에 발생하는 두 번의 단일교차를 나타내기 때문이다. 유사하게, *br* 및 *Sb* 유전자좌 사이의 거리는 주로 그들 사이의 다음과 같은 단일교차에 의해 결정할 수 있다:

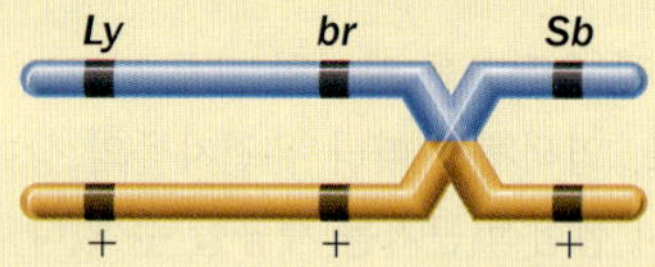

이런 사건은 *Lybr* +와 + + *Sb* 표현형을 만든다(표현형 계급 5와 6). 따라서 거리는 다음과 같다:

$$\frac{75+59+4+2}{1000}=\frac{140}{1000}=0.14=14\ \text{mu}$$

최종 지도는 *Ly*와 *Sb*의 위치를 알고 있으므로 *br*이 좌위 44에 위치하는 것으로 표현된다.

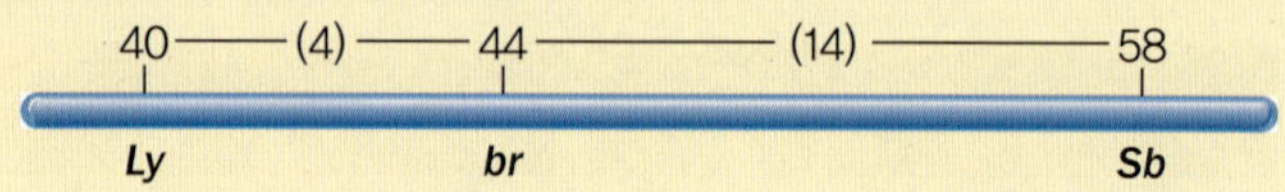

그림 7.13을 살펴보면 선홍색 눈을 생성하는 돌연변이인 *scarlet*이 유전자좌 44에 있는 것으로 알려져 있으므로, 제시된 선홍색 눈 돌연변이가 *scarlet*의 대립유전자라는 가설을 세우는 것이 타당하다. 이 가설을 테스트하기 위해서는, 제시된 밝은 빨간색 돌연변이의 암컷을 알려진 *scarlet* 수컷과 교배할 수 있을 것이다. 두 돌연변이가 대립유전자라면 상보성이 발생하지 않으며 모든 자손은 밝은 빨간색 돌연변이 눈 표현형을 나타낼 것이다. 상보성이 발생하면 밝은 빨간색 돌연변이(*br*)와 진홍색(*scarlet*)이 다른 유전자좌에 있는 것이기 때문에 모든 자손은 정상적인 벽돌색(야생형) 눈을 보일 것이다. (그들은 아마도 서로 매우 가까울 것이다.) 그러한 경우, 모든 자손은 *br*과 *scarlet* 유전자좌 모두에서 이형접합성이 될 것이며 둘 다 열성이기 때문에 어떤 돌연변이도 나타내지 않을 것이다. 이런 교배는 **대립성 검사**(*allelism test*)라고 불리는 것이다.

3. 토끼에서, 검은색(black, *B*)은 갈색(brown, *b*)에 대해 우성이고, 단일 색(full color, *C*)은 얼룩이(chinchila, c^{ch})에 대해 우성이다. 이 형질들을 조절하는 유전자들은 연관되어 있다. 두 형질에 대해 이형접합성이고, 단일한 검은색을 나타내는 토끼가, 갈색 얼룩이 토끼와 교배되어 다음과 같은 자손을 만들었다.

31마리, 갈색 얼룩이
34마리, 검은색 단일색
16마리, 갈색 단일색
19마리, 검은색 얼룩이

이형접합성인 부모에서의 대립유전자 배열을 결정하고 이 두 유전자 사이의 지도 거리를 구하라.

해법: 이것은 2점 유전자 지도작성 문제이다. 여기서는 가장 흔하게 나타나는 두 상호 표현형들이 비교차형이다. 덜 빈번한 상호표

현형들이 단일교차에 의해 생긴 것이다. 대립유전자들의 배열은 그들이 그대로 배우자들로 들어갈 것이기 때문에 교차가 일어나기 전의 비교차형으로부터 구하면 된다.

단일교차로 100마리 중 35마리의 자손들(35%)이 생겼다. 따라서 두 유전자 사이의 거리는 35 mu 떨어져 있다.

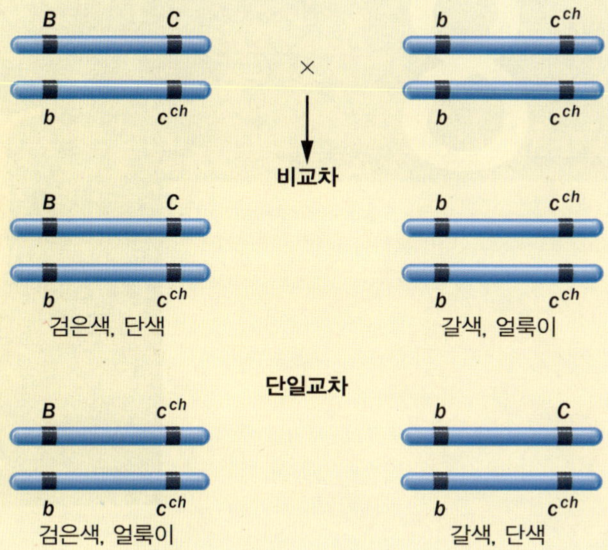

8

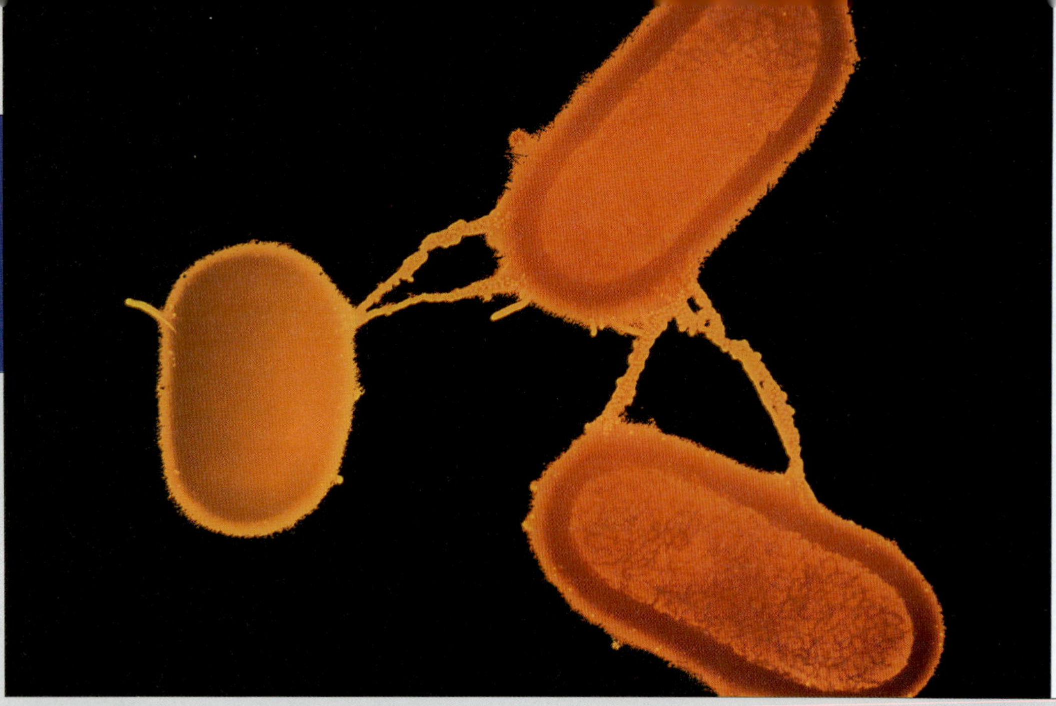

세균과 박테리오파지의 유전적 분석과 지도작성

접합 중인 대장균들의 전자현미경 사진.

핵심 개념

- 세균 유전체들은 대부분 하나의 원형 염색체로 되어 있다.
- 세균들은 개별 세포들 사이에서 유전정보를 교환하고 그것을 재조합할 수 있는 여러 가지 방법들을 발달시켰다. 여기에는 접합, 형질전환, 그리고 형질도입 기구들이 포함된다.
- 접합으로 세균 염색체 일부나 전부를 한 세포에서 다른 세포로 전달하는 능력은, '생식성 DNA', 혹은 F 인자라는 DNA에 포함된 유전정보에 의해 조절된다.
- F 인자는 세균 세포질 내에 플라스미드 형태로 독립적으로 존재할 수도 있고, 세균 염색체 내로 통합될 수도 있다. 세균 유전체에 통합되면, 숙주의 염색체를 수용체 세포에 전달하도록 촉진하여 유전적 재조합이 일어나도록 할 수 있다.
- 접합 과정 중의 유전적 재조합은 세균 유전자들의 지도작성을 돕는다.
- 박테리오파지들은 세균을 숙주로 사용하는 바이러스이다. 세균 숙주를 감염시키는 과정에서, 박테리오파지 DNA가 숙주 세포로 주입되며 이것이 복제되어 박테리오파지의 증식과 세균의 용균을 지시한다.
- 드문 사건으로, 감염에 이어 박테리오파지 DNA가 숙주의 염색체로 통합되면 프로파지가 되고, 이것은 세균 DNA와 함께 복제된다.
- 박테리오파지는 유전자들 사이에서나 유전자 내부에서 재조합을 일으킬 수 있다.

이 장에서는 전달유전학과 진핵생물 유전정보의 지도화 작업에 관한 우리의 논의를, 원핵생물인 세균(bacteria)과 그들을 숙주로 삼는 세균성 바이러스인 박테리오파지(bacteriophage)의 유전적 재조합과 지도작성으로 옮겨보려고 한다. 우리가 이러한 주제에 집중해 살펴보면, 세균과 박테리오파지에서 집단내의 개별 세포들 사이에 유전정보를 전달하는 복잡한 과정이 진화했다는 것이 분명해질 것이다. 이러한 과정들은 유전학자에게 염색체 지도작성의 기초를 제공한다.

유전학의 많은 분야에서 축적된 지식들은 세균과 박테리오파지에 대한 연구에 크게 의존해왔다. 예를 들어, 유전정보의 발현과 조절에 대해 우리가 알게 된 많은 것들은 처음에는 이런 미생물 실험 작업에서 파생된 것들이다. 또한 앞으로 보게 되겠지만(20장) 세균과 그들이 가진 플라스미드에 대한 우리의 광범위한 지식은 DNA 클로닝 및 기타 재조합 DNA 과정에서 널리 사용되는 기반이 되었다.

유전학의 모델 생물로서 세균과 그들의 바이러스는 매우 중요한데, 이는 그들이 갖는 중요한 두 가지 특징 때문이다. 첫째, 그들은 생식주기가 정말 짧다. 문자 그대로 아주 짧은 기간 내에 수백 세대가 지나가 유전적으로 똑같은 수억의 세균과 파지들을 생산해 낸다. 둘째, 순수 배양을 통해 그들을 연구할 수 있다.

즉, 단일 종이나 돌연변이 세균 균주, 혹은 한 가지 형태의 바이러스가 다른 비슷한 생물들로부터 독립적으로 분리되어 조사될 수 있다. 결과적으로, 그들은 지난 반세기에 걸쳐 이루어진 유전학의 발전에 필수불가결한 요소가 되었다.

8.1 세균은 자발적으로 변이를 일으키며 기하급수적으로 성장한다

세균을 사용하는 유전학적 연구들은 이러한 생물의 돌연변이를 연구하는 우리의 능력에 의존한다. 세균들을 순수 배양하면 유전적인 변이를 나타내는 세포들이 생긴다는 것이 오랫동안 알려져 있었다. 특히, 독특한 환경조건 아래에서 생장하게 되면 더욱 그런 일이 잘 발생한다고 알려져 왔다. 1943년 이전에는 이러한 변이의 원인에 대해 뜨거운 논쟁이 있었다. 대부분의 세균학자들은 환경적 요인들이 특정 세균에서 변화를 유도하여 이들의 생존이나 새로운 조건에 대한 적응을 일으킨다고 믿었다. 예를 들어, 대장균 균주는 박테리오파지 T1에 의한 감염에 민감한 것으로 알려져 있다. 박테리오파지 T1에 의한 감염이 발생하면, 이들은 숙주세포를 이용하여 증식하게 되는데, 숙주 세포가 파괴되거나 용균됨에 따라 새로운 파지들이 방출된다. 만약 대장균 배양 접시에 T1을 골고루 뿌리면, 대부분의 세포들은 용균된다. 그러나 드물게 일부 대장균 세포들은 감염에서 생존하며 용균을 일으키지 않는다. 이런 세포를 분리하여 순수 배양하면, 모든 후손이 T1 감염에 저항성을 갖게 된다. 이러한 유형의 관찰을 설명하기 위해 제시된 **적응 가설(adaptation hypothesis)**은 파지와 세균의 상호작용이 면역 획득에 필수적임을 암시한다. 즉, 파지에 대한 노출은 세균의 저항성을 "유도"한다.

한편, 박테리오파지 T1의 유무와 상관없이 발생하는 **자발적 돌연변이(spontaneous mutation)**들은 대장균의 내성 기원을 설명할 수 있는 대안적 모델을 제시한다. 1943년, 루리아(Salvador Luria)와 델브뤽(Max Delbrück)은 세균이 진핵생물과 마찬가지로 자발적 돌연변이를 일으킬 수 있다는 최초의 설득력 있는 증거를 제시했다. **방황변이 검사(fluctuation test)**라고 불리는 그들의 실험은 현대 세균 유전학 연구의 시작을 의미한다. (우리는 16장에서 이 발견에 대해 살펴볼 것이다.) 다른 순수 배양물에서 자발적으로 발생하는 돌연변이 세포는 선택 기술을 사용하여 부모 균주로부터 독립적으로 분리되어 새로운 계통으로 확립될 수 있다. 선택(*selection*)은 야생형은 자라지 않고 원하는 돌연변이만 잘 자라는 조건에서 생물을 배양하는 것을 말한다. 신중하게 설계된 선택을 통해 거의 모든 원하는 특성에 대한 돌연변이를 분리할 수 있다. 세균과 바이러스는 일반적으로 단일 염색체 사본 하나만 포함하는 반수체이기 때문에 모든 돌연변이는 돌연변이 세포의 후손에서 직접 발현되며, 이것은 이 미생물들을 쉽게 연구할 수 있게 해준다.

세균들은 액체 배양 배지나 반고체성 한천 표면에서 키워진다. 만약 성장 배지의 영양 성분들이 단순하여, 유기탄소원(포도당이나 젖당 같은)과 Na^+, K^+, Mg^{2+}, Ca^{2+}, 그리고 NH_4^+ 같은 다양한 이온들만 무기염 상태로 포함하고 있다면, 이것은 **최소배지(minimal medium)**라고 불린다. 그런 배지에서 자라기 위해서는 세균이 모든 필수 유기 영양 성분들(예를 들어, 아미노산, 퓨린, 피리미딘, 비타민, 그리고 지방산 등)을 합성할 수 있어야 한다. 우리는 도저히 따라 할 수 없는 이러한 놀랄만한 생합성 능력을 갖춘 세균들은 **원영양체(prototroph)**라고 하며, 모든 영양요구성에 대해 야생형(wild type)이라고 일컬어진다. 한편, 어떤 세균이 돌연변이에 의해 하나 혹은 그 이상의 유기 영양 성분을 합성할 능력을 잃어버리면 이를 **영양요구체(auxotroph)**라고 한다. 예를 들어, 세균이 히스티딘 합성능력을 소실한 경우 이 세균이 성장하기 위해서는 최소배지에 이 아미노산이 반드시 첨가되어야 한다. 이때 이 세균을 his^- 영양요구체라고 표시하며, 상대적으로 원영양체는 his^+ 라고 표기한다. his^- 세균이 자라려면, 이 아미노산이 반드시 최소배지의 보충제로 첨가되어야 한다. 광범위한 보충 영양분들이 모두 첨가된 배지는 **완전 배지**(*complete medium*)라고 불린다.

세균의 생장을 정량적으로 연구하기 위해서는, 세균을 포함하고 있는 소량(0.1 혹은 1.0 mL 정도)의 세균 접종액(inoculum)을 액체 배지에 세균을 넣어준다. 세균의 특징적인 생장 양상을 보여주는 그래프가 그림 8.1에 나타나 있다. 처음에 나타나는 **지연기(lag phase)** 중에는 성장이 느리다. 그다음에는 **로그 성장기[logarithmic(log) phase]** 혹은 지수적 성장기

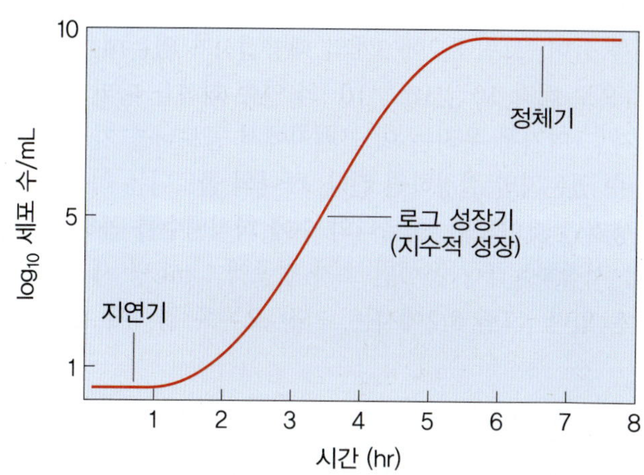

그림 8.1 세균 집단의 전형적 성장 곡선. 초기의 지연기, 기하급수적 성장이 일어나는 후속 로그 성장기, 영양분이 고갈될 때 발생하는 정체기를 보여준다. 결국 모든 세포는 죽을 것이다.

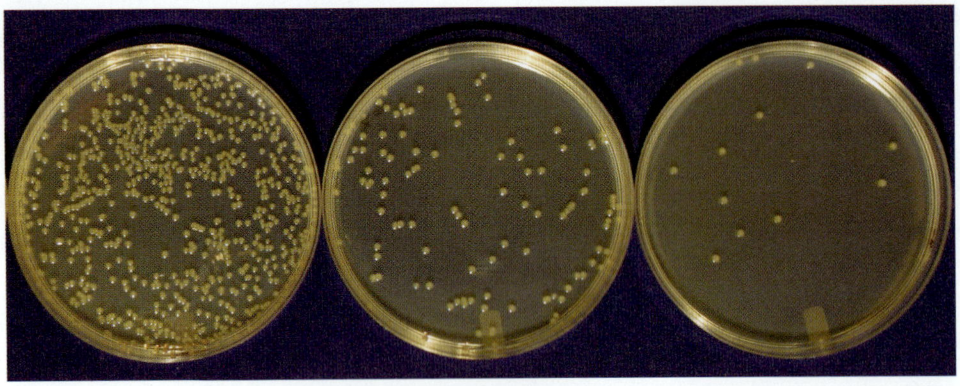

그림 8.2 연속 희석과 배양 결과. 희석은 10배수로 이루어졌다. 각 세균 콜로니(군락)는 하나의 세균 세포에서 유래한 것이다.

로도 불리는 빠른 성장기가 뒤따른다. 이 시기 중에는 세포들이 일정 시간 간격으로 분열하여 기하급수적으로 성장한다. 세포의 밀도가 배양액에서 약 10^9 cell/mL에 도달하면, 양분은 한계에 도달하며 세포들이 분열을 멈춘다; 이 지점에서 세포들은 **정체기(stationary phase)**로 들어간다. 로그 성장기의 배가 시간(doubling time)은 20분 정도로 매우 짧다. 따라서 배지에 추가된 수천 개의 세포를 포함한 초기의 접종액은 하룻밤 동안의 배양으로 최대 세포 밀도에 쉽게 도달한다.

액체 배지에서 자란 세포들은 페트리 접시의 반고체 배지로 옮겨 정량화될 수 있다. 배양 온도로 유지한 후에 여러 번의 분열이 이루어지면, 각 세포는 배지 표면에 눈에 보이는 세균 집락(bacterial colony; 세균 콜로니)을 형성한다.* 콜로니의 수를 셈으로써 초기 배양액에 존재하던 세균의 수를 추정할 수 있다. 만약 콜로니를 세기 어려울 정도로 너무 많으면, 그때는 셀 수 있는 정도의 콜로니가 형성될 때까지 원 배양액의 연속적인 희석액을 고체 배지에 접종—**연속 희석법**(*serial dilution*)이라고 불리는 기술—함으로써 콜로니 수를 감소시켜 정량화할 수 있다(그림 8.2). 이 기술은 원 배양액에 존재했던 세균의 수를 셀 수 있게 해준다.

예를 들어, 그림 8.2에 3개의 배양접시가 있는데, 왼쪽에서 오른쪽으로 각각 10^{-3}, 10^{-4}, 10^{-5}의 연속 희석을 나타낸 것이라고 하자.** 여기서 우리는 어느 배지에서 콜로니를 가장 정확하게 셀 수 있는지만 결정하면 된다. 하나의 콜로니는 하나의 세균에서 생겨난 것이므로, 콜로니의 수에 희석배수를 곱하면, 연속 희석을 시작하는데 사용했던 초기 접종액 1 mL당 세균의 수를 구할 수 있다. 그림 8.2에서는, 가장 오른쪽 접시에 12개의 콜로니가 보인다. 희석 배수는 10^{-5}이므로, 초기 세균 수는 12×10^5/mL가 된다.

*세균 콜로니는 하나의 세균 세포에서 시작된 클론 집단을 말한다. 세균 군락, 혹은 세균 집락으로 번역될 수 있으나 실험실 현장에서 콜로니라는 용어가 그대로 현저히 많이 사용되므로 여기서도 그냥 콜로니로 사용하기로 한다(역주).

**10^{-5}은 1/100,000 희석을 나타낸다.

8.2 세균에서도 유전적 재조합이 발생한다

세균 돌연변이들을 찾아내 연구할 수 있도록 하는 기술들의 발달로, 개별 세균들 사이의 유전정보 전달을 자세히 연구할 수 있게 되었다. 앞으로 살펴보게 될 것처럼, 진핵생물에서의 감수분열성 교차와 마찬가지로, 세균의 **유전적 재조합(genetic recombination)** 과정은 염색체 지도작성 방법이 발달하게 한 기초를 제공했다. 우리 논의 시점에, **유전적 재조합**이라는 용어가 세균에 적용될 때는, 한 세포의 염색체에 존재하는 유전자가 유전적으로 다른 세포에서 온 염색체의 것으로 하나 이상 대체(*replacement*)되는 것을 말한다는 것을 강조해 두는 것이 중요하겠다. 이것은 진핵세포에서 유전적 재조합이라는 말이 **상호적 교환을 일으키는 교차**(*crossing over resulting in a reciprocal exchange*)에 사용되는 것과는 조금 다르지만, 전체적인 효과는 같다: 유전정보가 한 염색체에서 다른 염색체로 옮겨져 유전자형을 바꾼다.

우리는 한 세균에서 다른 세균으로 유전정보가 옮겨지도록 하는 세 가지 과정에 대해 논의할 것이다: **접합**(*conjugation*), **형질전환**(*transformation*), 그리고 **형질도입**(*transduction*)이다. 종합적으로, 이 과정들에 대한 지식은 같은 세균 종의 구성원들 사이에서, 혹은 다른 세균 종의 구성원들 간의 유전적 변이가 어떻게 생겨나는지를 이해할 수 있게 해주었다. 같은 종의 세대 사이에서 유전정보의 전달이 발생할 때, **수직 유전자 전달(vertical gene transfer)**이라는 말이 사용된다. 관련이 없는 세포들 사이에서 전달이 발생하면 **수평 유전자 전달(horizontal gene transfer)**이라는 용어가 사용된다.

수평 유전자 전달 과정은 세균의 진화에 중요한 역할을 담당해왔다. 종종, 수평 전달에 관련된 것으로 밝혀진 유전자들은 그 유전자의 수용 생물에게 생존 관련 이점을 부여하는 것들이다. 예를 들어, 한 종이 다른 종에게 항생제 저항성 유전자를 전달할 수 있다. 혹은 증가된 병원성을 부여하는 유전자들이 전달될 수도 있다. 따라서 그런 전달 가능성은 의료 사회에서는 주요 관심 사항이다. 더하여, 수평 유전자 전달은 세균의 종분화 과정에서 주요 인자였던 것으로 보인다. 전부 다는 아니지만, 많은 세균 종들이 다른 종으로부터 유전자들을 수용해왔다.

세균의 접합: F^+ 세포와 F^- 균주의 발견

세균 재조합에 관한 연구는 1946년에 시작되었는데, 레더버그(Joshua Lederberg)와 테이텀(Edward Tatum)이 세균들에서 한 세포의 유전정보가 다른 세포의 것과 재조합되는 과정인 **접합(conjugation)**이 발생한다는 것을 보여주면서부터이다. 그들의 초기 연구들은 대장균(*E. coli*) K12 균주의 다중 영양요구체(영양 돌연변이주)들을 가지고 수행한 것이었다. 그림 8.3에 나타낸 것처럼, 균주 A는 성장하기 위해 메티오닌(met)과 비오틴(bio)을 요구하는 반면, 균주 B는 트레오닌(thr)과 류신(leu), 그리고 티아민(thi)을 필요로 한다. 어떤 균주도 최소배지에서는 자랄 수 없다. 두 균주는 처음에 보충 배지에서 따로 배양되고, 그다음 두 종류를 섞어 몇 세대가 지나도록 했다. 그 후에 최소배지에 접종되었다. 최소배지에서 자라는 세포라면 어떤 것이라도 원영양체들이다. 두 종류 혹은 세 종류의 돌연변이 유전자들을 포함하고 있는 세포들이 **자발적 돌연변이(spontaneous mutation, 자연 돌연변이)**에 의해 독립적으로 둘 혹은 세 좌위에서 돌연변이를 겪어 야생형 세포로 변한다는 것은 매우 가능성이 없다. 따라서 연구자들은 원영양체가 발견된다면 그것은 두 돌연변이주들 사이에서 발생한 일종의 유전적 교환이나 재조합에 따른 것이라고 가정하였다.

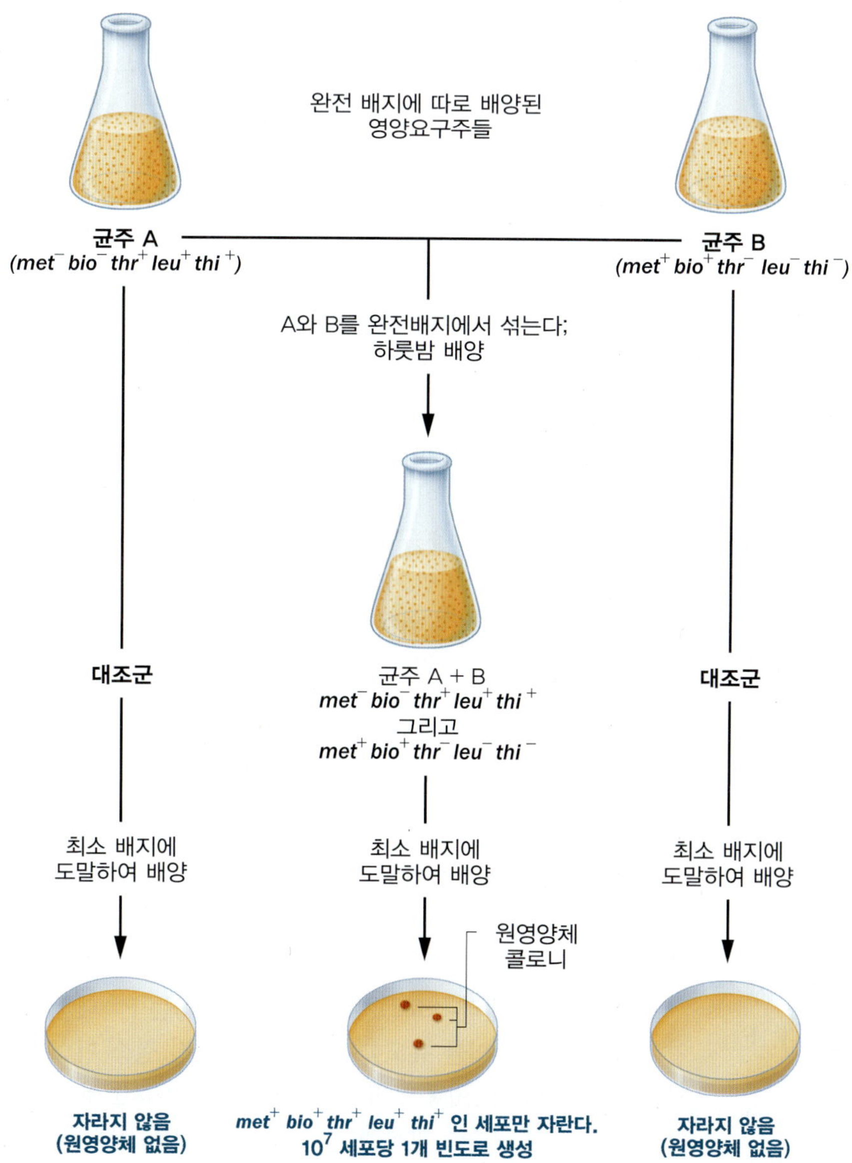

그림 8.3 두 종류의 영양요구주들에서 일어난 유전적 재조합으로 원영양체가 생길 수 있다. 어떤 영양요구주도 최소배지에서는 자라지 않으나 원영양체는 자랄 수 있다. 이것은 유전적 재조합이 일어났음을 시사한다.

이 실험에서 원영양체는 약 $1/10^7(10^{-7})$의 비율로 발견되었다. 대조군으로 A와 B 균주가 각각 최소배지에서 평판 배양되었으나 어떠한 형태의 원영양체도 생기지 않았다. 이러한 관찰을 기초로, 레더버그와 테이텀은 유전물질의 교환이 일어났을 것으로 제안했다.

레더버그와 테이텀의 발견은 곧 수많은 실험을 촉발했고, 접합의 유전적 기초가 밝혀졌다. 곧 서로 다른 균주가 유전 물질을 일방적으로 전달하는 데 관여한다는 것이 확실시되었다. 세균이 그들의 염색체 일부를 주면, 그들은 **F^+ 세포**—F는 "생식(fertility)"을 뜻한다—로 표시된다. 수용체 세균들은 공여된 염색체 물질(현재는 DNA라고 알려진)을 받고, 그것을 자신의 염색체 일부로 재조합한다. 그 세포들은 **F^- 세포**로 표시되었다.

곧이어 염색체 전달이 일어나기 위해서는, 세포 간 접촉이 필수적이라는 것이 밝혀졌다. 이러한 생각은 그림 8.4에서처럼, 성장 중인 F^+ 세포와 F^- 세포를 위한 U자 관을 고안한 데이비스(Bernard Davis)에 의해 지지되었다. 그는 이 U자 관의 아래쪽에 배지는 통과할 수 있으나 세포는 통과할 수 없는 크기의 구멍이 많은 필터를 장착했다. F^+ 세포들을 필터의 한쪽에 넣었고, 다른 한쪽에는 F^-세포들을 넣었다. 배지가 필터를 통과해서 양쪽으로 움직일 수 있으므로 세포들은

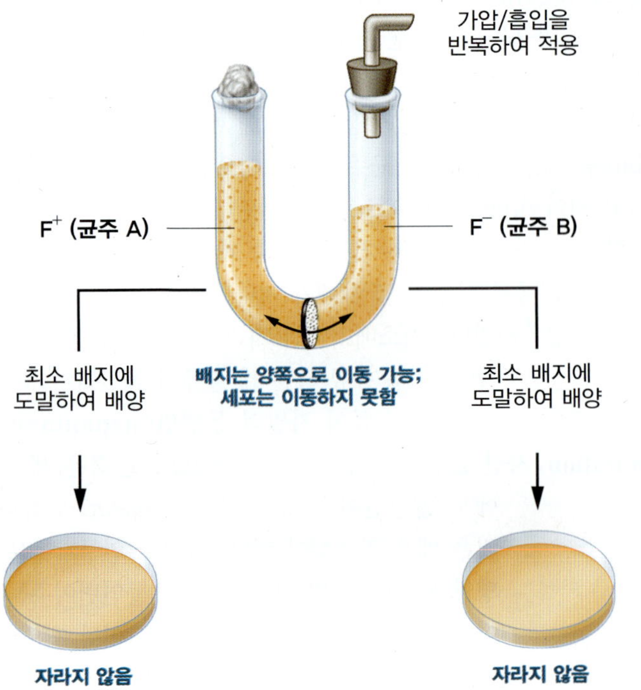

그림 8.4 A와 B 영양요구주들을 필터로 나뉜 데이비스의 U자 관에서 공통의 배지에서 자라게 하면, 유전적 재조합이 발생하지 않으며 원영양체도 생기지 않는다.

성장할 때 배지를 공유하게 된다. 데이비스는 관의 양쪽에서 세균을 채취하여 최소배지에서 길렀으나 원영양체는 발견되지 않았다. 그는 논리적으로 **두 종류의 세균 세포들 사이의 물리적인 접촉이 유전적 재조합에 필수적이다**는 결론을 내렸다. 지금 우리는 접합에서 첫 과정이 이러한 물리적인 상호작용이라는 것을 알고 있으며, 이때 생기는 구조는 **F 선모(F pilus)**, 혹은 **성선모(sex pilus**, 복수 sex pili)라고 불린다. 세균은 종종 많은 선모를 가지며, 이는 세포의 관 모양 신장물이다. 짝짓는 쌍들 사이에 처음 접촉이 시작된 후에야(178페이지의 표지 사진을 참고하라), 염색체 이동이 가능하다.

이후, F^+ 세포들은 접합 시에 염색체 일부를 제공할 수 있는 **성인자(fertility factor; F 인자)**를 가진다는 증거가 확립되었다. 레더버그 부부(Joshua and Esther Lederberg), 헤예스(William Hayes), 그리고 카발리-스포르자(Luca Cavalli-Sforza) 등은 어떠한 조건들은 생식력 있는 세포들의 F 인자를 없앤다는 것을 보여주었다. 그러나 이들 "비생식" 세포들은 생식력 있는 세포들과 같이 자라면, F 인자를 다시 얻게 된다. F 인자가 움직일 수 있는 요소라는 결론은, 접합과 유전적 재조합을 거치면 항상 수용체 세포들이 F^+가 된다는 관찰로 더욱 지지를 얻게 되었다. 그러므로 세균 염색체로부터의 유전자 전달(유전적 재조합)이라는 드문 경우와 더불어, F 인자 자체가 모든 수용체 세포들에 전달된다. 이러한 기초 위에서 레더버그와 테이텀의 첫 짝짓기(그림 8.3)는 다음과 같이 해석되었다:

A 균주		B 균주
F^+ (공여체)	×	F^- (수용체)

F 인자에 대한 규명은 이러한 결론을 확인시켜주었다. 세균의 염색체처럼, 그것과는 분리되어 있지만 F 인자는 원형의 이중가닥 DNA 분자로 구성되며; 세균 염색체의 약 2%를 차지한다(100,000 뉴클레오타이드 쌍). 40개나 되는 유전자를 포함한다. 여러 개의 *tra* 유전자 산물들이 성선모의 형성에 필수적인 유전자를 포함한 유전적 정보의 전달에 관여한다.

유전학자들은 접합 중 F 인자의 전달에는 이중 나선인 두 가닥의 분리가 요구되며 수용체 세포로 한 가닥만 전달되는 것으로 믿고 있다. 하나는 접합관을 통해 움직이며 다른 하나는 공여체 세포에 남아 있게 되는 방식으로, 두 가닥 모두 복제된다. 결과적으로, 공여체 세포와 수용체 세포 모두가 F^+가 된다. 그림 8.5에 이 과정이 도식화되어 있다.

요약하자면, *E. coli* 세포는 F 인자를 포함할 수도 있고 그렇지 않을 수도 있다. 이 인자가 존재하면, 세포는 성선모를 형성할 수 있고, 유전정보의 공여체로 작용할 수 있다. 접합 중에 이 인자의 한 사본이 거의 항상 F^+ 세포에서 F^- 세포로 이동하여 F^-세포를 F^+ 세포로 변화시킨다. 남는 질문은 왜 이렇게 이런 짝짓기에 관여한 소수의 세포들(10^{-7})에서는 유전적 재조합도 발생하는가에 관한 것이다. 또한 F 인자의 전달이 특정 유전자의 전달 및 재조합과 어떤 관련이 있는지도 명확하지 않았다. 이러한 질문에 대한 답을 구하려면 추가 실험들이 필요했다.

곧 살펴보게 되겠지만, F 인자는 **플라스미드**(*plasmid*)라고 불리는 자동성 유전적 단위체의 실체이다. 그러나 그 발견의 역사적인 가치를 따져서 앞으로도 계속 "인자(factor)"라고 언급할 것이다.

Hfr 세균과 염색체 지도작성

연이은 발견들은 어떻게 유전적 재조합이 일어나는지를 밝혀주었을 뿐 아니라, 이로 인해 *E. coli* 염색체의 지도작성까지도 가능할 수 있음을 규명해주었다. 우선 염색체 지도작성에 대해 알아보자.

1950년에, 카발리-스포르자(Cavalli-Sforza)는 F^+ 대장균주인 K12에, 돌연변이를 유도하는 것으로 알려진 질소 머스타드 기체를 처리하였다. 이렇게 처리된 세포들로부터 그는 유전적으로 변화된 공여 균주를 발견했는데, 이들은 $1/10^4(10^{-4})$의 빈도로 원 F^+ 세포보다 1000배나 더 자주 재조합을 일으켰다. 1953년에 헤예스(William Hayes)는 한층 더 잦은 빈도로 재조합을

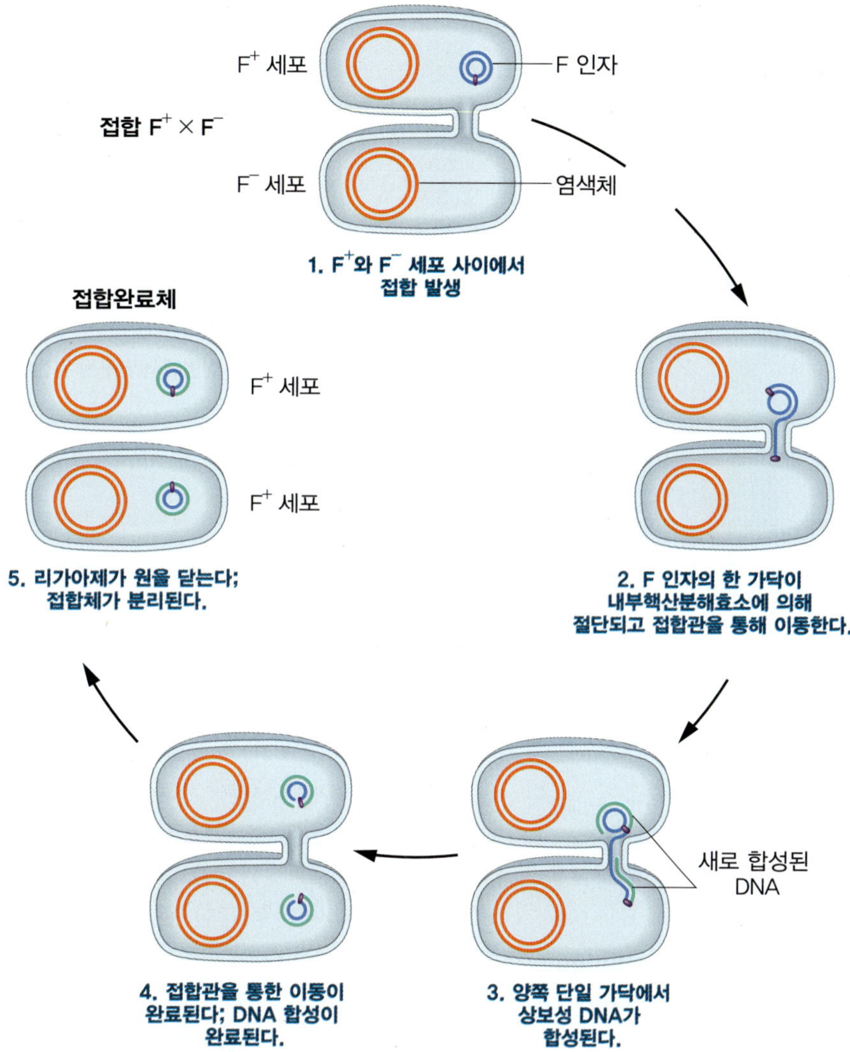

그림 8.5 $F^+ \times F^-$ 접합이 어떻게 수용체 세포인 F^- 세포를 F^+로 전환시키는지를 나타낸 것. 접합 과정 중에 F 인자의 DNA는 복제되어 새로운 사본이 수용체 세포로 들어감에 따라 수용체 세포는 F^+ 세포로 전환된다. F 인자에 첨가된 선은 복제 시에 시계방향을 따라 회전하는 것을 나타낸다. F 인자가 전달될 때 새로 복제되는 DNA는 더 밝은 푸른색으로 표시되었다.

일으키는 균주를 분리한다. 두 균주 모두 **Hfr**로 표시되는데, **고빈도 재조합(high frequency recombination)**이라는 뜻이다. Hfr 세포들은 공여체 세포로 행동하므로 이들은 특별한 F^+ 세포들이라고 볼 수 있다.

원래의 F^+세포와 이 Hfr 세포들 사이의 또 다른 중요한 차이점이 주목되었다. 만약 공여체 세포가 Hfr 균주였다면 수용체 세포는 때때로 유전적 재조합이 일어난다고 하더라도 Hfr이 되지는 않는다; 즉 그대로 F^- 세포로 남는다. 즉 비교해 보자면,

$$F^+ \times F^- \rightarrow F^+ \text{ (낮은 빈도의 재조합)}$$
$$\text{Hfr} \times F^- \rightarrow F^- \text{ (고빈도의 재조합)}$$

아마도 Hfr 균주의 가장 중요한 특징은 **재조합의 성질**을 갖는다는 것이다. 주어진 균주에서 어떤 유전자들은 다른 것들보다 훨씬 자주 재조합되고, 다른 것들은 그렇지 않다. 이러한 **비무작위적** 패턴은 Hfr 균주들 사이에서도 다양한 것으로 나타난다. 이러한 결과들은 매우 혼란스러운 것이었으나 헤예스는 F 인자의 어떤 물리적인 변화가 *E. coli* 균주의 Hfr을 만들었을 것이라고 해석했다.

1950년대 중반, 월만(Ellie Wollman)과 제이콥(François Jacob)은 Hfr과 F^+ 사이의 차이를 설명하고 Hfr 균주가 어떻게 *E. coli* 염색체 지도작성을 가능하게 하는지를 보여주었다. 그들의 실험에서는, 적절한 표지 유전자를 가진 Hfr과 F^- 균주들을 섞은 후 시간을 달리하면서 특정 유전자의 재조합이 나타나는지 분석하였다. 이를 위해서, Hfr과 F^- 균주를 섞어 배양하면서, 시간 간격을 두고 시료를 채취하여 교반기에 넣어 돌렸다. 교반기에서 생기는 힘 때문에 접합 중인 세균들은 서로 분리되어 염

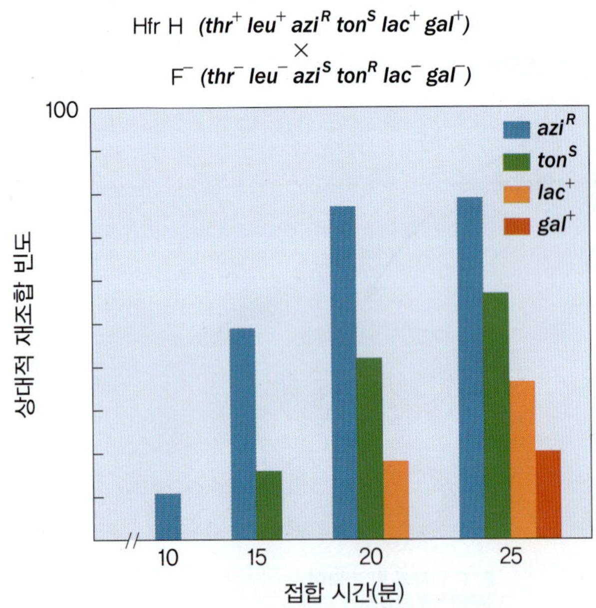

그림 8.6 특정한 Hfr 균주와 F^- 균주와의 접합 시 다양한 유전자가 점진적으로 전달된다. 어떤 유전자들(*azi*와 *ton*)은 다른 유전자들보다 빨리 전달되며 빈번하게 재조합을 일으킨다. 반면 다른 것들(*lac*과 *gal*)은 더 나중에 전달되며 낮은 빈도로 재조합을 일으킨다. 또 다른 것들(*thr*와 *leu*)은 항상 전달되며 재조합에 대한 초기 검색에 사용되지만 여기서는 표시되지 않았다.

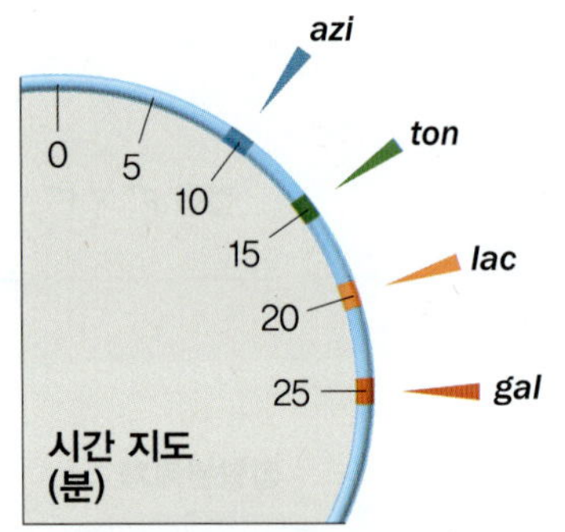

그림 8.7 그림 8.6의 실험에서 연구된 유전자들의 시간 지도.

색체 전달이 효과적으로 중단되었다. 그런 후에 세포들은 유전적 재조합 상태가 어떠한지 분석되었다.

짝짓기 교란 기법(interrupted mating technique)이라고 알려진 이 과정은 주어진 Hfr 균주의 특정 유전자가 다른 것들보다 먼저 옮겨져 재조합된다는 것을 보여준다. 그림 8.6의 그래프는 이러한 시점을 설명한 것이다. 두 균주가 섞이고 8분 후에는 어떠한 재조합도 관찰되지 않았다. 10분이 지나면 azi^R 유전자의 재조합이 관찰되며, ton^s, lac^+, 혹은 gal^+등의 유전자 재조합은 관찰되지 않는다. 15분에는 50%의 재조합체들이 azi^R가 되며, 15%는 ton^s였지만 lac^+와 gal^+는 없었다. 20분 이내에 lac^+가 재조합체 중에서 관찰되며; 25분 이내에 gal^+도 옮겨졌다. 월만과 제이콥은 접합 과정 중 시간 길이에 비례하는 **유전자의 정렬된 이동**을 보여준 것이다.

Hfr 세균의 염색체는 일직선으로 움직이므로, 월만과 제이콥의 실험에서처럼 유전자의 순서나 유전자 사이의 거리는 시간으로 측정될 수 있을 것으로 예상할 수 있다(그림 8.7). 이 과정은 때로 **시간 지도작성(time mapping)**이라고도 불리며, *E. coli* 염색체의 첫 유전자 지도를 작성하는 기초가 되었다. 세균의 유전자 지도작성에 있어서 "분(minutes)"은 진핵세포의 "지도 단위(map unit)"와 유사하다.

월만과 제이콥은 다른 Hfr 균주들로도 같은 형태의 실험을 반복하여 한 가지만 다르고 비슷한 결과를 얻었다. 그들의 원래 실험에서와같이 유전자들은 항상 직선으로 시간에 따라 전달되는 반면, 어떤 유전자가 들어가는 순서는 Hfr 균주마다 다른 것으로 보였다[그림 8.8(a)]. 그들이 유전자의 진입 비율을 다시 조사했을 때, 각 균주에 따른 유전자 지도들이 얻어졌고, 확실한 패턴을 구할 수 있었다. 각 균주 간의 가장 큰 차이는 단순히 시작점(origin, *O*)과 시작점으로부터 진입이 진행되는 방향에만 차이가 있었다[그림 8.7(b)].

이러한 결과들을 설명하기 위해, 월만과 제이콥은 *E. coli*의 염색체가 환형(닫힌 원, 자유 말단이 없다)이라는 가설을 세웠다. 시작점(*O*)이 균주마다 다르다면 매번 유전자들의 순서가 달리 전달될 것이다. 그러나 무엇이 *O*를 결정하는가? 그들은 다양한 Hfr 균주들에서 F 인자가 염색체 내의 서로 다른 부위에 통합되어 있을 것이며, 그것의 위치가 O의 위치를 결정한다고 제안했다. 그러한 통합의 한 사례가 그림 8.9의 1단계에 나와 있다. Hfr과 F^- 세포 사이의 접합 중에는 F 인자의 위치가 처음 전달 시점을 결정한다(2, 3단계). O에 가까이 있는 유전자들은 먼저 전달이 된다. F 인자는 전달될 수 있는 가장 마지막 부분이 된다(4단계). 그러나 접합은 염색체 전체가 접합관을 통해 전달될 만큼 오래 유지되는 일이 거의 없다(5단계). 이것이 왜 수용체 세포가 Hfr 세포와 짝짓기를 하고 나서도 F^-세포로 남아 있는지를 설명해 준다.

그림 8.9는 하나의 DNA 분자를 이루는 두 가닥이 어떻게 전달되는 동안 풀려서 한 가닥만이 수용체 세포로 진입하게 되는지 보여준다(3단계). 복제되고 나면 이제 진입한 DNA는 숙주 염색체와 상동 부분에서 재조합이 이루어질 수 있다. 공여 세포에 남아 있던 DNA 가닥도 복제된다.

서로 다른 Hfr 균주에서의 짝짓기 교란 기법을 사용함으로써 *E. coli* 염색체의 전체 유전자 지도작성이 가능해졌다. 시간 단위별로 지도화되면, K12(혹은 *E. coli* K12) 균주는 100분 길

(a)

Hfr 균주	(제일 빠름)			이동 순서				(가장 느림)
H	*thr* –	*leu* –	*azi* –	*ton* –	*pro* –	*lac* –	*gal* –	*thi*
1	*leu* –	*thr* –	*thi* –	*gal* –	*lac* –	*pro* –	*ton* –	*azi*
2	*pro* –	*ton* –	*azi* –	*leu* –	*thr* –	*thi* –	*gal* –	*lac*
7	*ton* –	*azi* –	*leu* –	*thr* –	*thi* –	*gal* –	*lac* –	*pro*

(b)

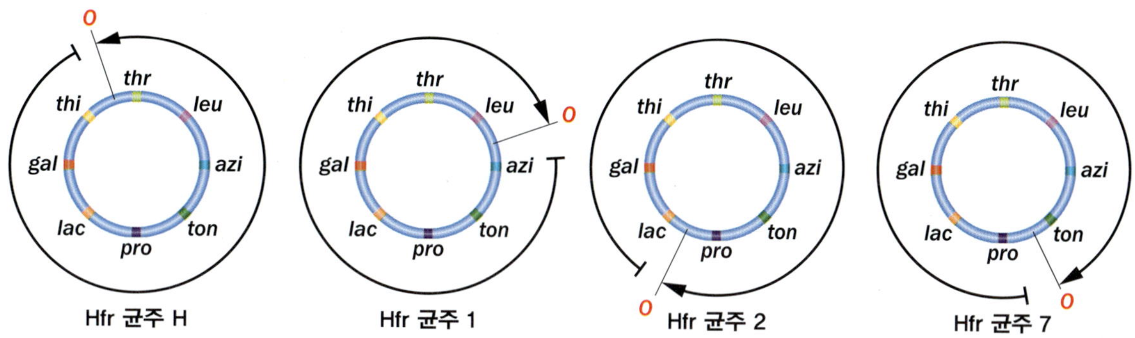

그림 8.8 (a) 4종류의 Hfr 균주들에서의 유전자 전달 순서. *E. coli*의 염색체가 원형임을 시사한다. (b) 각각의 균주에서 전달이 시작되는 곳(*O*)이 표시되어 있다. 개시지점은 F 인자가 염색체에 통합되는 자리에 의해 결정되고, 전달의 방향은 F 인자가 통합되는 방향에 따라 결정된다. 화살 머리는 초기 전달지점을 나타낸다.

이의 지도를 만든다. 대장균에 대한 현대적인 유전체 분석은 이제 4,000개가 약간 넘는 단백질 암호화 서열들이 존재한다는 것을 확인시켜 줬지만, 원래의 이 지도작성법으로는 대략 1,000개 정도의 유전자 위치를 결정할 수 있었다.

풀 어 보 기

8.1 서로 다른 다섯 계통의 Hfr 세균 균주들을 가지고 짝짓기 교란 기법이 수행되었을 때, 다음과 같은 순서로 유전자 진입과 재조합이 관찰되었다. 이 자료에 기초하여 세균 염색체의 지도를 그려보라. 자료는 염색체가 원형임을 지지하는가?

Hfr 균주	순서
1	*T C H R O*
2	*H R O M B*
3	*M O R H C*
4	*M B A K T*
5	*C T K A B*

■ **힌트:** 이 문제는 접합 중에 어떻게 세균 염색체가 이동하여 재조합을 일으킴으로써 지도작성을 위한 자료를 제공할 수 있는지를 이해했는지에 관한 것이다. 문제의 열쇠는 염색체 이동이 균주-특이적이며 F 인자가 통합된 곳에 따라 염색체 이동 부분과 방향이 결정된다는 것을 아는 것이다.

$F^+ \times F^-$ 짝짓기에서의 재조합: 다시 살펴보기

이전의 실험은 유전학자들이 $F^+ \times F^-$ 짝짓기 과정 중에 어떻게 유전적 재조합이 일어나는지를 좀 더 잘 이해할 수 있도록 도와준다. 이때의 재조합은 Hfr × F^- 짝짓기에서보다 덜 빈번하게 일어나며 무작위적 유전자 전달이 관여한다는 것을 기억할 것이다. 현재는 F^+ 세포와 F^- 세포가 섞이면 접합이 바로 일어나고 F^+ 세포와 접합에 관여한 F^- 세포는 F 인자의 사본을 받는다고 생각된다. 그러나 유전적 재조합은 일어나지 않는다. 그러나 F^+ 세포 집단들에서 아주 낮은 빈도로 F 인자가 저절로 세포질에서 세균의 염색체의 아무 곳에나 통합되면, F^+ 세포는 우리가 그림 8.9에서 본 것과 같은 Hfr 균주로 전환된다. 그러므로 $F^+ \times F^-$ 짝짓기에서 매우 낮은 빈도로 발생하는 유전적 재조합(10^{-7})은, 바로 드물지만 새로 생겨난 Hfr 균주가 원인이다. 이들은 다시 F^- 세포들과 접합을 일으킬 수 있다. F 인자가 끼어드는 자리가 무작위적이므로, 새로 생긴 Hfr 공여체에 의해 어떠한 유전자들이 전달될지 역시 F^+/F^- 집단 내에서 무작위적인 것으로 나타난다. 수용체 세균 세포들은 재조합체이지만 아직 F^- 세포로 남아 있다. 만약 연속적으로 F^+ 세포와 접합을 거친다면, F^+ 세포로 전환이 될 것이다.

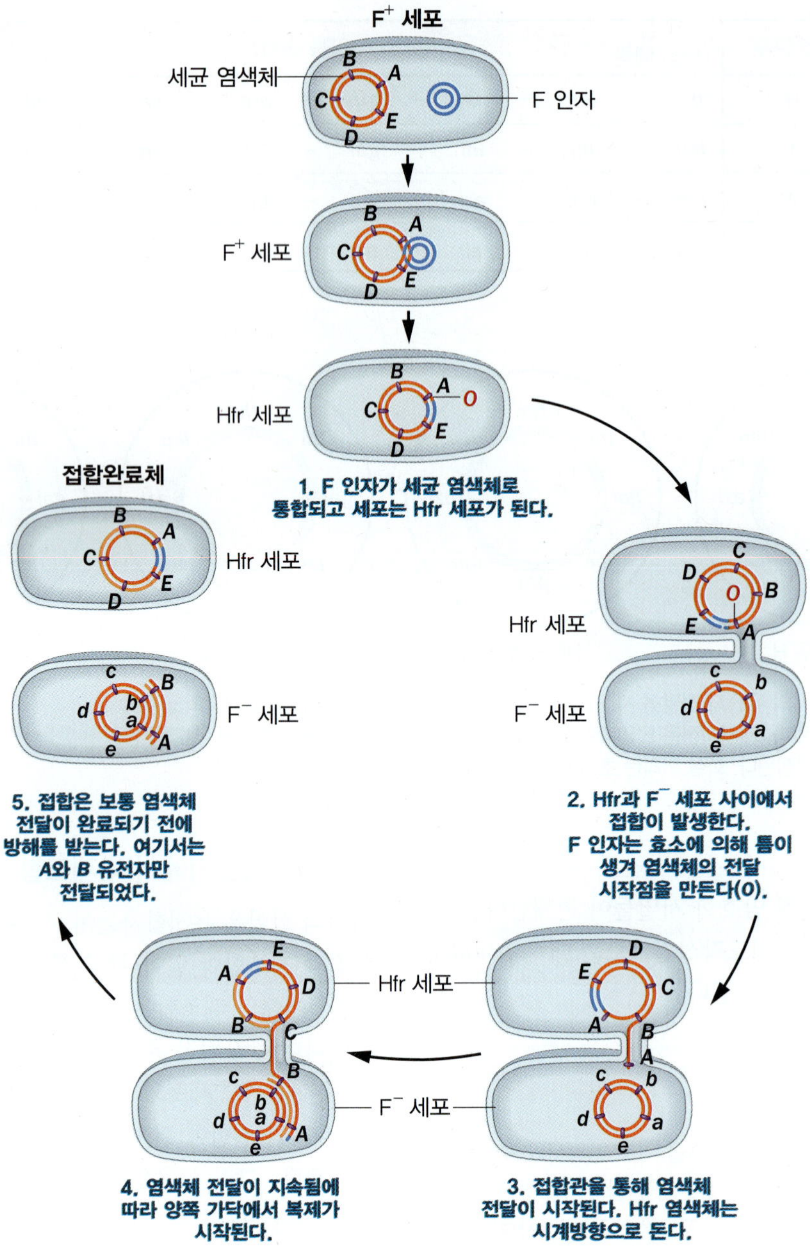

그림 8.9 F 인자가 세균 염색체에 통합됨으로써 발생하는 F^+에서 Hfr 상태로의 전환. 통합지점이 전달 개시지점(*O*)을 결정한다. 접합 과정 중 이제는 숙주 염색체로 통합된 F 인자에 효소가 틈새를 만들면 그 지점에서 염색체의 전달이 시작된다. 접합은 보통 완결되기 전에 방해를 받게 되어 중단된다. 여기서는 오로지 *A*와 *B* 유전자들만 F^- 세포로 전달되어 숙주 염색체와 재조합을 일으킬 수 있게 되었다. 새로 복제된 염색체 DNA는 더 밝은 주황색으로 그려졌다.

F′ 상태와 부분접합자

1959년에 대장균인 Hfr 균주로 실험하던 중에 아델버그(Edward Adelberg)는 F 인자가 통합된 상태를 벗어나 세포가 다시 F^+ 상태로 전환된다는 것을 발견했다(그림 8.10, 1단계). 이런 일이 일어날 때는 F 인자가 자주 근처의 세균 유전자를 가지고 나오게 된다(2단계). 아델버그는 이를 F^+나 Hfr 상태와 구별하기 위해 F′로 표시하였다. F′는 Hfr처럼, 또 다른 특별한 F^+이다. 그러나 이러한 전환은 Hfr에서 F′로 발생한다.

세포질 내 F 인자에 들어간 세균의 유전자들은 재미있는 상황을 연출한다. F′ 세균은 F^+ 세포로 행동하여 F^- 세포와 접합을 일으킬 수 있다(그림 8.10, 3 단계). 이런 일이 일어나면, 염색체의 유전자를 포함한 채 F 인자가 F^- 세포로 전달된다(4단계). 결과적으로, 수용체 세포는 이미 완전한 염색체를 가지므로, F 인자가 어떠한 염색체 유전자를 가져오든 중복된 유전자가 존재하게 된다(5단계). 이것은 **부분접합자(merozygote)**라고 불리는, 부분적으로 이배체 세포가 형성되도록 한다. F′ 부분

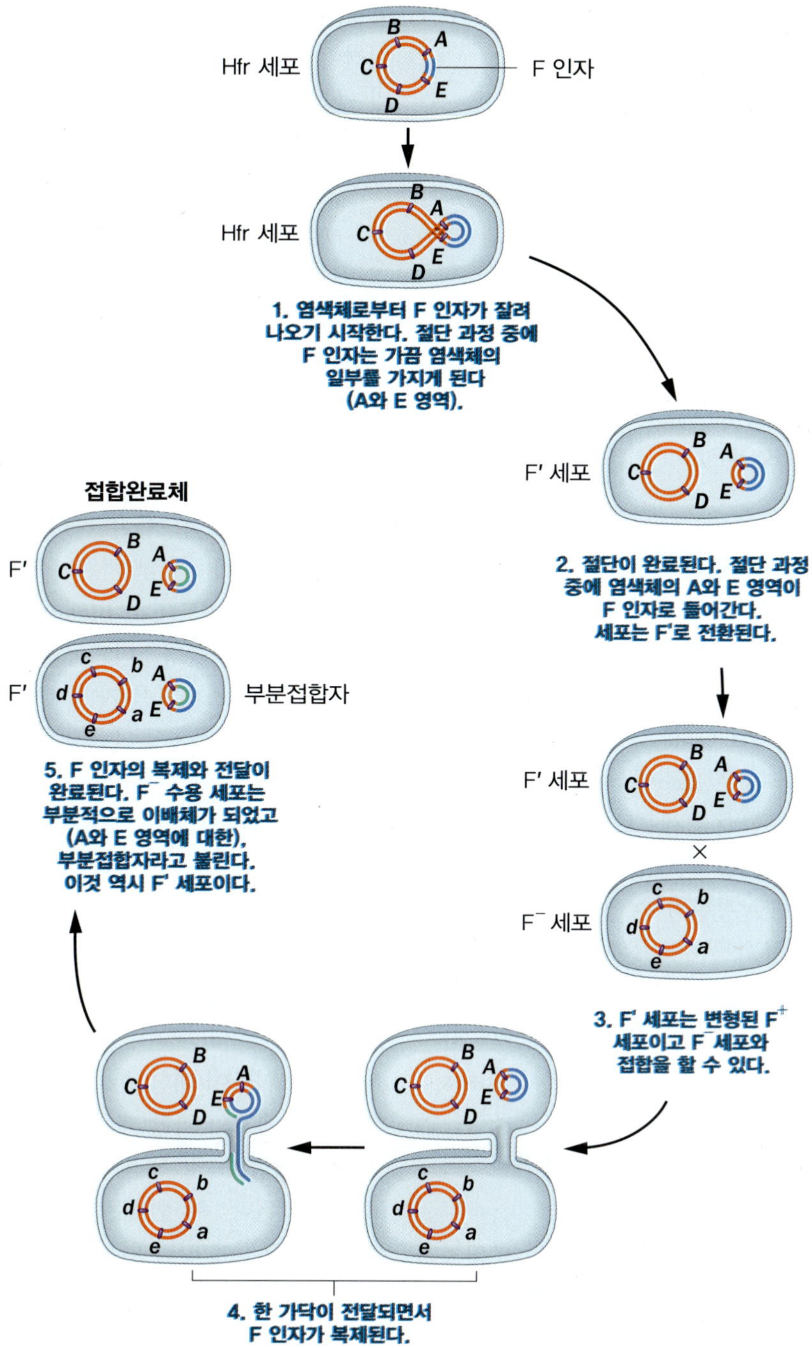

그림 8.10 Hfr 균주가 F′ 상태로 전환된 후 F^- 균주와 접합한 경우. 이러한 전환은 F 인자가 통합된 상태를 잃었을 때 발생한다. 염색체로부터 빠져나오는 절단 과정에서 F 인자가 염색체의 유전자들(*A*와 *E*)을 함께 가져갔다. F^- 세포와의 접합이 이루어짐에 따라 수용체 세포는 부분적인 이배체 상태가 되며 이를 부분접합자라고 부른다. 이 세포는 F^+ 공여 세포로 행동한다.

접합자들은 순수 배양이 가능하다. 이들은 세균 유전학 연구에 매우 유용하며, 특히 유전적 조절을 연구하는데 아주 중요한 가치를 가진다. 우리는 이후의 교재에서 이에 대해 논의할 것이다 (16장 참고).

8.3 F 인자는 일종의 플라스미드이다

앞 절에서는 F 인자라고 불리는, 접합에 필요한 염색체 외 유전 단위(extrachromosomal heredity unit)에 대해 소개했다. 세균의 세포질에 자율적으로 존재할 때는 F 인자는 이중가닥의 닫

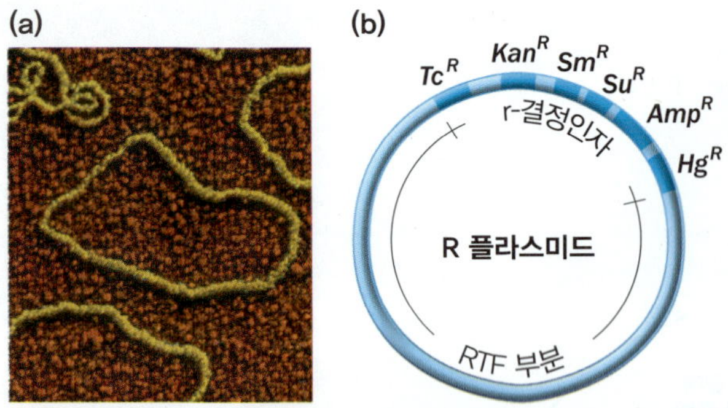

그림 8.11 (a) *E. coli*에서 분리한 플라스미드의 전자현미경 사진; (b) 저항성 이동요소들(resistance transfer factor, RTFs)을 포함하고 있는 R 플라스미드와 다중 저항성 요소들(Tc, 테트라사이클린; Kan, 카나마이신; Sm, 스트렙토마이신; Su, 설폰아미드; Amp, 암피실린; 그리고 Hg, 수은).

힌 원형 DNA로 되어 있다. 이런 특징들이 F 인자를 **플라스미드(plasmid)**라고 불리는 좀 더 일반적인 유전적 구조물의 범주에 넣도록 한다[그림 8.11(a)]. 플라스미드들은 세포질 내에서 다수의 사본으로 존재한다; 각각은 하나 이상의 유전자들을 포함할 수 있으며 종종 몇 개를 가지기도 한다. 그들의 복제는 숙주 세포의 염색체를 복제하는 것과 같은 효소에 의해 이루어지며 세포가 분열할 때 숙주 염색체와 함께 딸세포로 분배된다. 많은 플라스미드가 세균 세포의 세포질에만 존재한다. 그러나 F 인자 같은 다른 것들은 숙주 염색체 내로 통합될 수 있다. 자율적으로 존재할 수 있거나 염색체 내로 통합될 수 있는 플라스미드들은 **에피좀(episome)**으로 정의되기도 한다.

플라스미드들은 보통 그들의 DNA에 포함된 유전정보에 따라 분류된다. F 인자는 생식성(fertility)을 제공하고 성선모(sex pilus) 형성에 필수적인 유전자들을 포함하며, 유전적 재조합은 이에 의존적이다. 다른 플라스미드들의 예로 R과 Col 플라스미드가 있다.

대부분의 **R 플라스미드(R plasmid)**들은 두 요소로 구성된다: **RTF(저항성 전달 인자, resistance transfer factor)**와 하나 혹은 그 이상의 **r-결정인자(r-determinants)**[그림8.11(b)]이다. RTF는 세균들 사이에서 플라스미드를 전달하는 데 필수적인 유전정보를 암호화하며, r-결정인자들은 항생제나 수은 저항성을 나타내는 유전자들이다. RTF들은 서로 다른 세균의 여러 가지 플라스미드들에서 매우 비슷하지만, r-결정인자들은 매우 다양해서 각각 항생제의 한 종류에 대한 저항성을 나타내는 특이성을 가진다. 테트라사이클린(tetracycline), 스트렙토마이신(streptomycin), 암피실린(ampicillin), 설폰아미드(sulfonamide), 카나마이신(kanamycin), 혹은 클로람페니콜(chloramphenicol)에 대한 저항성은 가장 빈번하게 나타나는 것들이다. 때론 이들이 하나의 플라스미드 위에 있어서 몇 가지 항생제에 다중 저항성이 나타나게 하기도 한다[그림 8.11(b)]. 이러한 플라스미드를 포함하는 세균들은 다중 저항성뿐만 아니라 플라스미드가 다른 병원성 세균으로 쉽게 전달되어 이들이 광범위한 항생제에 내성이 생기도록 하기 때문에 의학적으로 매우 중요하다.

그런 플라스미드의 첫 번째 사례가 1950년대 일본에서 이질을 일으키는 쉬겔라(*Shigella*)균에서 발견됐다. 병원의 세균들은 위 항생제 중 5개까지에 대해 저항적이었다. 분명히, 이 현상은 건강에 주요 위협일 수 있다. 다행스럽게도, 하나의 세균 세포는 때때로 r-결정인자는 있지만 RTF는 없는 플라스미드를 포함한다. 그런 세포는 저항성이기는 하지만 수용체 세포들에 저항성에 관한 유전정보를 전달할 수는 없다. 그러나 가장 흔하게 연구되는 플라스미드들은 하나 이상의 r-결정인자들뿐 아니라 RTF를 포함한다.

Col 플라스미드(Col plasmid)인 ColE1은 *E. coli*에서 유래한 것으로, R 플라스미드들과는 확실히 구분된다. 이것은 같은 종류의 플라스미드를 가지지 않는 세균종들에 독성을 나타내는 하나 이상의 맹독성 단백질들을 암호화한다. **콜리신(colicin)**이라고 불리는 이 단백질들은 이웃하는 세균들을 죽일 수 있으며, 그러한 플라스미드를 가지는 세균들은 **콜리신 생산성(*colicinogenic*)**이라고 한다. 세포당 10~20개 정도의 사본들로 존재하며 Col 플라스미드 상에 존재하는 한 유전자는 숙주 세포를 독소로부터 보호하는 면역 단백질을 암호화한다. R 플라스미드와는 달리, Col 플라스미드는 보통 다른 세포로 전이되지는 않는다.

플라스미드에 대한 관심은 재조합 DNA 연구라고 알려진 유전적 기술에서의 역할 때문에 매우 증가했다. 20장에서 살펴보게 될 것처럼, 특정 유전자들이 플라스미드에 삽입되어 세균 세포로 도입된다. 이 변형된 세포들이 자신의 DNA를 복제하고 분열을 일으킴에 따라 외부의 유전자도 복제되므로 외래 유전자들을 복제(클로닝)할 수 있다.

8.4 형질전환은 세균에서 유전적 재조합을 일으키는 또 다른 과정이다

형질전환(transformation)도 일부 세균에서는 유전정보를 재조합하는 기구가 된다. 이때는 작은 조각의 외부 DNA가 살아 있는 세균으로 도입되어 결국에는 수용체 세포에서 안정적인 유전적 변화를 일으키게 된다. 우리가 이 장에서 형질전환을 논의하는 이유는, 접합에서보다는 좀 제한적이긴 하지만, 형질전환이 일어나는 세균들에서 이 과정이 세균의 유전자 지도를 작

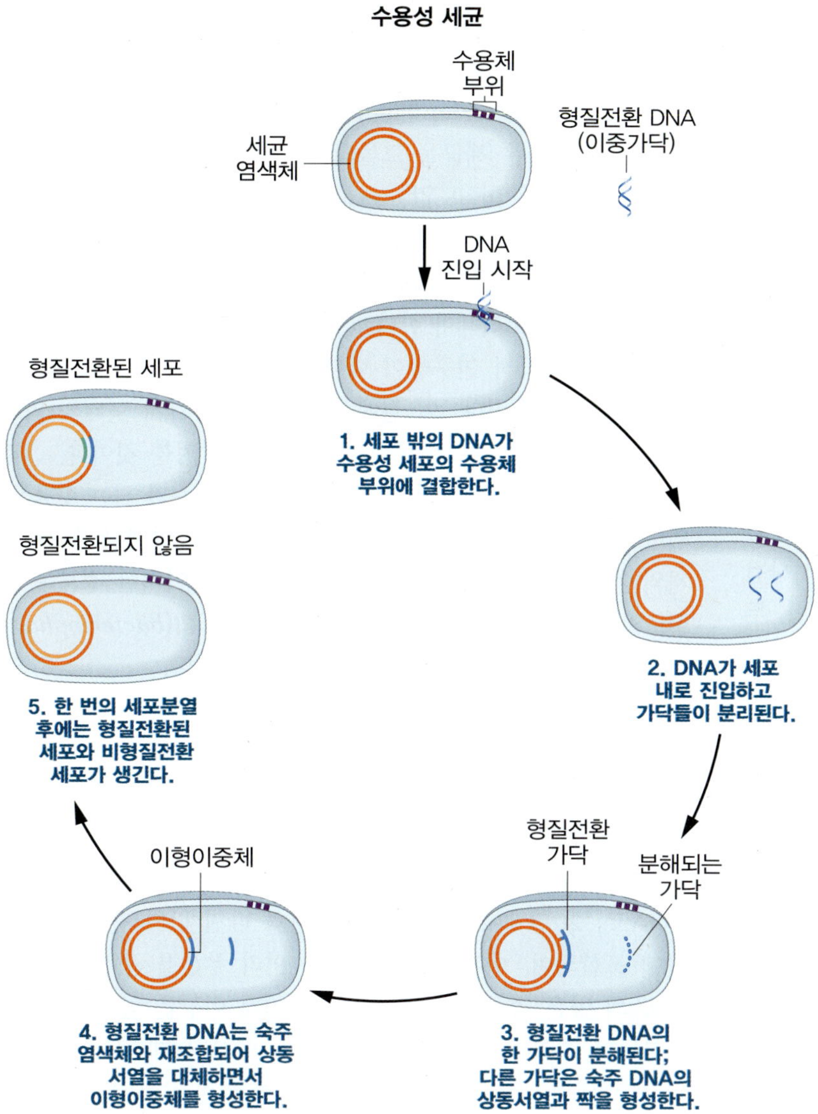

그림 8.12 외래 DNA에 의한 세균 세포의 형질전환 단계. 진입한 DNA의 두 가닥 중 한 가닥만 형질전환 사건에 관여하며 세포 분열 이후에 완성된다.

성하는 데 사용될 수 있기 때문이다. 이후 10장에서도 다루게 되겠지만 형질전환 과정은 DNA가 유전물질임을 증명하는 기구이기도 했다. 나아가, 재조합 DNA 연구들에서는, 전기천공(*electroporation*)에 의해 이루어지는 인위적인 것도 있지만, 형질전환은 유전자 클로닝의 필수 요소가 된다.

형질전환 과정

형질전환 과정(그림 8.12)은 다음 두 가지 기본적 결과를 얻기 위한 여러 단계로 구성된다: (1) 외래 DNA를 수용 세포 내로 도입하기; (2) 외래 DNA와 수용세포의 염색체에 있는 상동 영역 사이에서의 재조합이다. 유전자 재조합을 위해서는 두 가지 결과가 모두 완료되어야 하지만, 형질전환의 첫 번째 단계는 두 번째 단계 없이 발생할 수 있으며, 그 결과 외래 DNA가 세균 염색체가 아닌 세포질에 추가된다.

세균 세포 집단에서는 **수용능(competence)**으로 설명되는 특정한 생리적 상태의 세포들만 DNA를 받아들인다. 연구에 따르면 다양한 종류의 세균들이 자연적으로 형질전환을 일으킨다. 예를 들어, *Haemophilus influenzae*, *Bacillus subtilis*, *Shigella paradysenteriae*, *Streptococcus pneumoniae*, 그리고 *E. coli* 등이다. 다른 것들은 실험실에서 수용성으로 유도될 수 있다. DNA의 진입은 수용성 세균 세포의 표면에 있는 일정 수의 수용체 부위에서 일어나는 것으로 생각된다(그림 8.12, 1단계). 세균의 세포벽과 세포막을 가로지르는 것은 에너지와 특정 운반자를 필요로 하는 능동적 과정이다. 이 모델은 에너지 생산이나 단백질 합성을 방해하는 물질이, 수용체 세포에서의 형질전환 과정 역시 방해한다는 사실로 지지를 얻는다.

진입 직후, 이중 나선의 두 가닥 중 하나가 핵산 분해효소에 의해 분해되고 남은 가닥만 형질전환에 참여하게 된다(그림 8.12, 2단계와 3단계). 남은 DNA 가닥은 세균의 염색체와 상보적인 부분에 나란히 배열된다. 여러 효소가 관여하는 과정에서 염색체의 해당 부분이 잘려져 분해됨으로써 이 조각이 염색체 부분을 대체하게 된다(4단계).

재조합이 추적되기 위해서는, 형질을 전환시키는 DNA가 돌연변이처럼 어떤 유전적 변이를 가지는, 서로 다른 세균 계통에서 유래한 것이어야 한다. 일단 세균 염색체로 통합되면, 재조합 부분은 한쪽 가닥은 숙주 세포의 가닥, 또 다른 한쪽은 돌연변이 가닥을 포함하게 된다. 이 가닥들의 기원이 서로 다르므로 이 나선 부분은 **"이형이중체(heteroduplex)"**라고 하며, 보통 몇 개의 염기서열에 미스매치를 포함한다. 이런 미스매치는 수리 과정을 활성화시킨다(15장 참고). 수리나 반보존적 복제가 1회 진행되면 한 개의 염색체는 원래 수용세포의 것과 똑같은 형태로 회복되고, 또 다른 하나는 돌연변이 유전자를 포함하게 된다. 세포분열이 진행됨에 따라 형질전환이 안 된(비 돌연변이) 세포와 형질전환된(돌연변이) 세포들이 생성된다(5단계).

형질전환과 연관 유전자들

초기 형질전환 연구들에서, 가장 효과적인 외래 DNA는

10,000~20,000 뉴클레오타이드 쌍으로, 여러 개의 유전자를 암호화하기에 충분한 길이였다.* 세균의 염색체에서 서로서로 붙어 있거나 매우 가깝게 존재하는 유전자들은 이 크기에서는 한 조각으로 전달될 수 있다. 결과적으로, 하나의 사건이 여러 유전자의 **동시-형질전환(cotransformation)**을 일으킬 수 있다. 이렇게 동시-형질전환을 일으킬 정도로 가까이에 위치하는 유전자들을 **연관**(*linked*)되어 있다고 한다. 진핵세포에서의 **연관군**(*linkage group*)이 하나의 염색체 위에 존재하는 모든 유전자를 가리키는 것과는 대조적으로, 여기서 말하는 **연관**(*linkage*)은 유전자들의 공동-형질전환을 허용할 만큼 근접해 있음을 말하는 것임에 유의하라(즉, 유전자들은 바로 옆에 있거나 혹은 서로 아주 가깝게 위치한다).

만약 두 유전자가 연관되어 있지 않다면, 동시적인 형질전환은 두 독립적인 DNA 조각이 관여된 두 번의 독립적인 사건들의 결과로만 생길 수 있다. 진핵세포의 이중교차에서처럼, 두 개의 독립 사건이 동시에 일어날 가능성은 각 사건이 일어날 확률을 곱한 것과 같다. 그러므로 연관되지 않은 유전자들이 동시에 형질전환을 유발하게 되는 빈도는 그들이 연관되어 있을 때보다 훨씬 낮다. 어떤 조건에서는, 조금 더 복잡하긴 해도, 진핵생물에서의 유전자 지도작성과 유사한 방식으로 연관된 유전자들 사이의 거리가 결정될 수 있다.

풀어보기

8.2 유전자형이 a^-b^-인 수용 세균이 관여된 형질전환 실험에서, 다음과 같은 결과가 얻어졌다. a 와 b 유전자의 위치와 관련하여 내릴 수 있는 결론은 어떤 것인가?

형질전환 DNA	형질전환체(%) a^+b^-	a^-b^+	a^+b^+
a^+b^+	3.1	1.2	0.04
a^+b^-와 a^-b^+	2.4	1.4	0.03

■ **힌트:** 이 문제는 세균의 유전자들이 가깝게 "연관되어" 있는지 결정할 때 어떻게 형질전환이 이용될 수 있는지를 이해하는 문제이다. 즉, 두 유전자의 상대적 위치를 예측하도록 요구하고 있다. 해답의 열쇠는 동시-형질전환(두 유전자의)이 확률의 법칙에 따라 발생한다는 것을 이해하는 데 있다. 두 개의 "비 연관" 유전자들은 오직 두 가지의 독립된 사건들의 결과로만 형질전환을 일으킬 수 있다. 그러한 경우에, 사건 발생의 확률은 개별 확률의 곱과 같다.

*현재, 우리는 2000 뉴클레오타이드 쌍 길이의 DNA가 유전자 클로닝 실험에서 매우 효과적이라는 것을 알고 있다.

8.5 박테리오파지는 세균성 바이러스이다

박테리오파지(bacteriophage) 혹은 보통 흔히 **파지(phage)**라고 불리는 이들은 세균을 그들의 숙주로 삼는 바이러스들이다. 파지들의 증식은 **형질도입**(*transduction*)이라고 하는 또 다른 양식의 세균의 유전적 재조합을 일으킬 수 있다. 이 과정을 이해하기 위해서는, 그들 스스로가 재조합을 겪는 박테리오파지들의 유전학을 먼저 고려해야 한다.

많은 유전학적 연구들이 박테리오파지를 모델 시스템으로 사용하여 이루어졌다. 이 절에서는, 우선 한 가지 형태의 박테리오파지에서 그 구조와 생활사를 자세히 살펴볼 것이다. 그리고 이 파지들이 세균 감염 중에 어떻게 연구되는가 하는 것을 논의하고자 한다. 마지막으로, 초기 파지 감염이 발생한 후 두 가지의 가능한 행동 양식을 비교해 볼 것이다. 이러한 정보는 **형질도입**(*transduction*)과 **박테리오파지의 재조합**(*bacteriophage recombination*)이라는 우리 논의의 바탕이 된다.

T4 파지: 구조와 생활사

박테리오파지 T4는 T-짝수 파지(T-even phage)라고 일컬어지는, 연관된 세균성 바이러스들의 한 그룹이다. 이들은 그림 8.13에서와 같이 복잡한 구조를 하고 있다. 이들의 유전물질은 DNA로, 20면체(icosahedral, 20면의 다면체)의 단백질 껍질 안에 포함되며, 이것이 바이러스의 머리 부분을 구성한다. 이 DNA의 양은 평균 크기의 유전자 150개 이상을 암호화하기에 충분하다. 머리는 복잡한 꼬리 구조와 연결되는데, 꼬리는 내부의 못 형태의 내부 관을 둘러싸는 수축성 껍질로, 꼬리 섬유들이 튀어나와 있는 바닥판 위에 올려져 있다. 바닥판은 매우 복잡한 구조로, 대부분 다수의 사본으로 존재하는 15가지의 단백질로 구성된다. 바닥판은 숙주 세포 인식을 조정하여 외부 덮개가 수축하도록 하는 신호를 제공하는데, 이 과정으로 숙주 세포의 세포막을 가로질러 내부의 관이 추진된다.

그림 8.13 박테리오파지 T4의 구조. 20면체로 이루어진 머리 부분은 DNA로 차 있고, 꼬리 부분은 깃, 관, 껍질, 기저판, 꼬리 섬유로 구성된다. 조립 과정에서 꼬리 구성성분들이 머리에 첨가된 후 섬유들이 그 후에 부착된다.

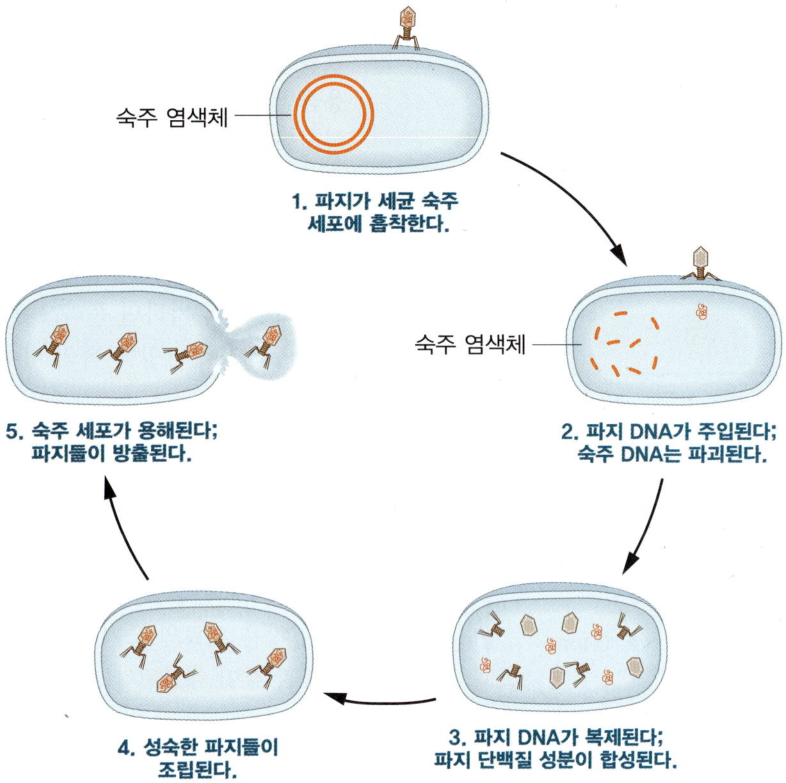

그림 8.14 T4 파지의 생활사.

T4 파지의 생활사(그림 8.14)는 바이러스가 세균 숙주 세포에 흡착해 붙음으로써 개시된다. 꼬리의 껍질이 수축되는 동안, 머리 부분의 DNA가 삐어져 나와서 세포막을 가로질러 세균의 세포질 안으로 들어가게 된다. 수 분 내에, 모든 세균성 DNA, RNA, 그리고 단백질 합성이 저해되고, 바이러스 분자들의 합성이 시작된다. 동시에, 숙주의 DNA가 파괴되기 시작한다.

감염기에는 바이러스 유전자들의 집중적 활성이 나타나는 것이 특징이다. 처음에 파지 DNA 복제가 시작되어 한 무리의 바이러스 DNA 분자들이 만들어진다. 다음 머리, 꼬리, 그리고 꼬리 섬유들의 성분들이 합성된다. 성숙한 바이러스로의 우드(William Wood), 에드가(Robert Edgar), 그리고 여러 연구자에 의해 잘 연구된 복잡한 과정이다. 세 개의 연속적인 경로가 참여한다: (1) 바이러스 머리로 조립되는 DNA의 포장, (2) 꼬리의 조립, 그리고 (3) 꼬리 섬유 조립이다. 일단 DNA가 머리 안에 포장되면, 꼬리 요소들과 연결되고, 여기에 꼬리 섬유가 첨가된다. 스스로 조립되는(self assembly) 과정과 효소에 의해 지시되는 과정들의 조합으로 이 모든 구축이 이루어진다.

약 200개의 바이러스 입자가 생성되면, 라이소자임(파지 유전자 산물)의 활동으로 세균 세포가 터지고, 성숙한 바이러스들이 숙주로부터 방출된다. 200개의 새로운 파지들이 방출된다. 감염 중 이 과정은 **용균(lysis)**이라고 불리며, **용균성 회로(lytic cycle)**를 완성한다. 200개의 새로운 파지들은 다른 세균 숙주를 감염시키며 계속해서 이 과정이 반복된다.

플라크(용균반) 분석법

박테리오파지와 기타 바이러스들은 분자유전학에 대한 우리의 이해에 중요한 역할을 담당해왔다. 세균의 감염 과정 중에는 연구를 위해 상당량의 박테리오파지들이 얻어질 수 있다. 때론 배양용액 1 mL당 10^{10} 이상의 바이러스들이 생산된다. 많은 유전학적 연구들에서는 특정한 배양조건에서 감염 이후에 생산되는 파지의 수를 정량화하는 능력이 이 필요하다. **플라크 분석법(plaque assay)**은 그런 결정에 일반적으로 사용되는 기법으로, 박테리오파지의 돌연변이와 재조합 연구의 정량 분석에 매우 중요하다.

그림 8.15에 제시된 분석에 실제 플라크의 모양이 함께 나와 있다. 우선, 바이러스에 감염된 원래 세균 배양액을 연속적으로 희석한다. 그리고 희석액들에서 0.1 mL씩의 분주 시료(an aliquot; 일부분을 뜻함)를 채취하여 약 3 mL 정도의 녹인 영양 한천 배지에 첨가하고 여기에 다시 몇 방울의 건강한 세균 배양액을 첨가해 준다. 이 용액(바이러스 희석액 + 한천 배지 녹인 것 + 건강한 세균 용액)을 평판 접시의 고체 영양 한천 배지 위에 평평하게 부어주고 굳혀서 항온 보관한다. 하나의 바이러스

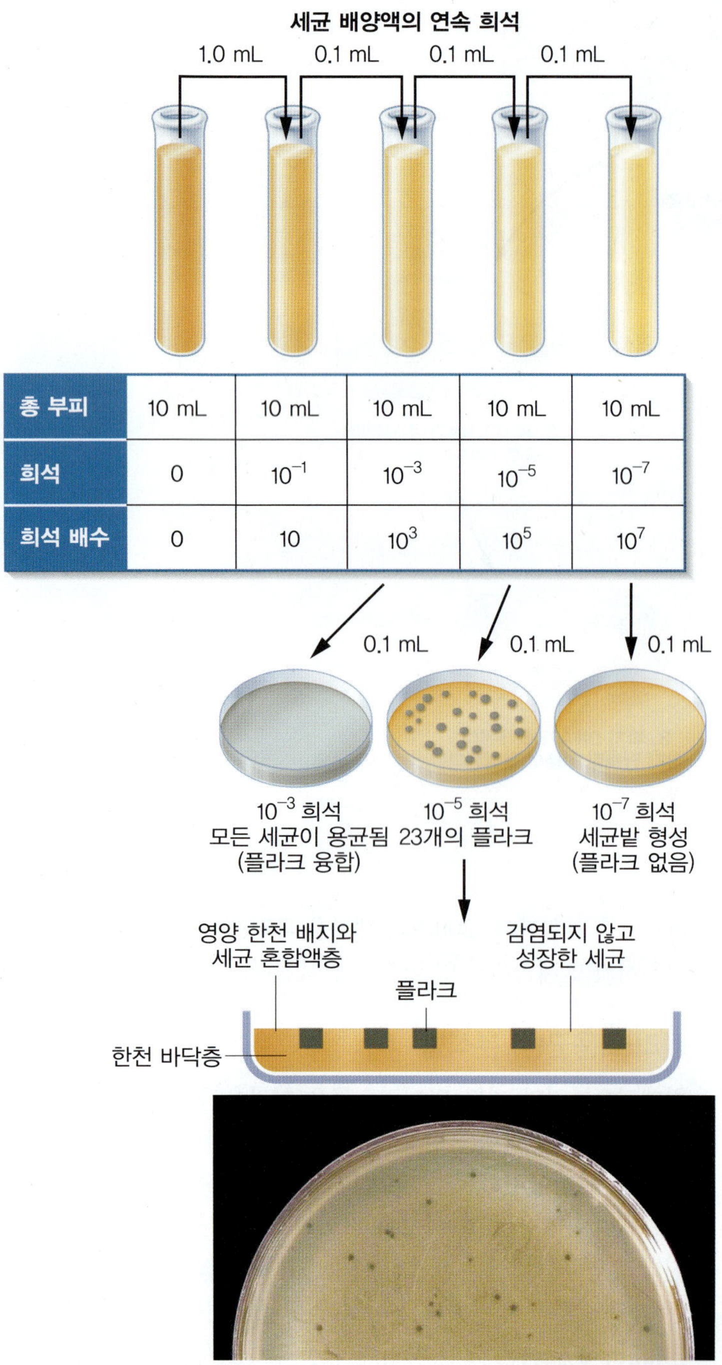

총 부피	10 mL	10 mL	10 mL	10 mL	10 mL
희석	0	10^{-1}	10^{-3}	10^{-5}	10^{-7}
희석 배수	0	10	10^3	10^5	10^7

그림 8.15 박테리오파지 분석을 위한 플라크 분석법(플라크 분석법). 박테리오파지로 감염시킨 배양 세균의 연속 희석법을 이용한다. 세 가지 희석액(10^{-3}, 10^{-5}, 10^{-7})을 플라크 분석법으로 분석한다. 각 경우에서 0.1 mL의 희석액이 사용되었다. 각 플라크는 하나의 세균이 처음에 하나의 박테리오파지에 의해 감염되었음을 드러내 준다. 10^{-3} 희석에서는 너무 많은 플라크의 존재 때문에 거의 모든 세균이 용균된다. 10^{-5} 희석에서는 23개의 플라크가 생겼다. 10^{-7} 희석에서는 희석배수가 너무 커서 0.1 mL의 시료에는 파지가 존재하지 않았고 플라크가 생기지 않았다. 10^{-5} 희석된 시료 0.1 mL에서 원래의 박테리오파지 농도는 23 × 10 × 10^5 파지/mL(23 × 10^6 혹은 2.3 × 10^7)이다. 사진은 *E. coli* 세균밭에서 자란 T2 파지 플라크를 보여준다.

가 하나의 세균을 감염시킨 곳마다 항온 보관 시 자라난 세균밭(lawn)에 투명한 부분이 생기는데 이를 **플라크(plaque, 용균반)**라고 한다. 플라크는 파지의 증식 회로가 반복되어 형성된, 하나의 감염 박테리오파지의 클론들을 표시하는 것이다. 희석배수가 너무 낮다면, 플라크들이 너무 많아 서로 융합되어 세균 층 전체가 투명해질 수도 있다. 그림 8.15에서는 10^{-3}으로 희석한 상태에서 이러한 일이 일어났다. 한편, 희석배수가 증가하면 플라크들은 그 수를 셀 수가 있을 정도가 되고, 최초 배양액 속의 바이러스 밀도를 다음과 같이 추정할 수 있다:

$$\text{초기 파지 밀도} = (\text{플라크 수/mL}) \times (\text{희석배수})$$

그림 8.15의 결과를 사용하면, 10^{-5}로 희석한 용액의 시료 0.1 mL가 23개의 파지 플라크를 나타냈다. 그러므로 이 희석액 속에는 230 파지/mL가 있다고 추정할 수 있다. 희석되지 않은 시료의 초기 파지 밀도는 희석배수인 10^{-5}를 곱해 다음과 같이 계산된다:

$$\text{초기 파지 밀도} = (230/\text{mL}) \times (10^5) = 230 \times 10^5/\text{mL}$$

이 숫자가 10^{-5}에서 유도된 것이므로 우리는 10^{-7}의 희석액에는 0.23 파지/0.1 mL 가 있다고 추정할 수 있다. 결론적으로, 이 시험관에서 0.1 mL의 용액이 분석되면, 파지 입자가 존재하지 않으리라고 추정할 수 있다. 그림 8.15에 10^{-7} 희석액의 온전한 세균밭 그림으로 이 가능성을 설명한다. 간단히 말해, 너무 많이 희석된 것이다.

박테리오파지의 돌연변이 및 재조합 연구에서 플라크 분석은 매우 중요한 기법으로 사용되어왔다. 우리는 이 기법을 파지 T4의 단일 유전자에 대한 벤저(Seymour Benzer)의 우아한 유전적 분석에 대해 논의할 이 장의 뒷부분에서 더 직접적으로 적용해볼 것이다.

용원상태

바이러스에 의한 세균의 감염이 늘 '바이러스 증식과 세균의 용해'라는 결과로 끝나는 것은 아니다. 1920년대에도 일부 바이러스들이 세균 안으로 들어가 세균과 공생하는 관계를 확립시키는 것이 알려져 있었다. 현재 이 공생에 대한 자세한 분자적 기초가 잘 알려져 있다. 바이러스가 진입한 후, 바이러스의 DNA가 세균의 세포질 내에서 복제되는 대신에 염색체 내로 통합되어 **용원상태(lysogeny)**라고 불리는 특징적인 발달 단계로 진입한다. 그 이후, 세균 염색체가 복제될 때마다 바이러스의 DNA도 복제되어 새로 만들어지는 딸세포로 전달된다. 어떠한 새로운 바이러스도 생겨나지 않으며, 세균 세포의 용해 현상도 일어나지 않는다. 그러나 특정 화학 약품이나 자외선 같은 자극이 주어지면, 바이러스 DNA는 통합성을 잃고 복제, 증식, 그리고 세균의 용해를 개시하게 된다.

이러한 관계를 설명하는 몇 가지 용어들이 있다. 세균의 염색체로 통합된 바이러스 DNA를 **프로파지(prophage)**라고 한다. 세균을 용해시키거나 혹은 프로파지로 행동하는 바이러스들을 **용원성** 혹은 **온건성 파지(temperate phage)**라고 하고, 세균세포를 용해시키기만 하는 파지를 **용균성 파지** 혹은 **독성 파지(virulent phage)**라고 한다. **용원화된(lysogenized)** 프로파지를 가지고 있는 세균을 **용원상태(lysogenic)**에 있다고 한다; 즉, 유도된 바이러스 증식의 결과로 용해될 가능성이 있음을 뜻한다. 바이러스 DNA는 앞서 논의한 F 인자처럼 에피솜으로 분류되며, 이는 세포의 세포질에서나 세균 염색체의 일부로써 복제할 수 있는 유전적 분자를 의미한다.

8.6 형질도입은 바이러스에 의해 세균 DNA가 전달되는 것이다

1952년에, 진더(Norton Zinder)와 레더버그(Joshua Lederberg)는 살모넬라균(*Salmonella typhimurium*)에서 유전자 재조합이 가능한지 조사하였다. 두 가지 서로 다른 영양요구주를 혼합한 것으로부터 원영양체를 얻었음에도 불구하고, 연이은 조사로부터 이 재조합은 *E. coli*에서와 같은 F 인자에 의한 것과는 다른 방식으로 일어났음을 알아냈다. 이들이 발견한 박테리오파지에 의한 세균의 재조합 과정은 이제 **형질도입(transduction)**이라고 불린다.

레더버그와 진더의 실험

레더버그와 진더(Lederberg-Zinder)는 살모넬라의 영양요구주인 LA-22와 LA-2를 혼합하고, 이 혼합물을 최소배지에 깔아 원영양체 세포들을 얻을 수 있었다. LA-22 균주는 아미노산인 페닐알라닌과 트립토판을 합성하지 못한다(phe^- trp^-). 그리고 LA-2 균주는 메티오닌과 히스티딘을 합성하지 못한다(met^- his^-). 혼합 실험에서는 원영양체(phe^+ trp^+ met^+ his^+) 세포들이 약 $1/10^5$(or 10^{-5})의 빈도로 얻어졌다.

처음에는 이러한 관찰들이 이미 접합성 *E. coli*에서 관찰되었던 형태의 재조합이라고 생각되었으나, 데이비스의 U자 관 실험 결과는 다른 양상을 나타냈다(그림 8.16). 두 가지 영양요구주를 유리 섬유 필터로 가운데가 막힌 U자 관의 양쪽에 위치시켜, 세포 간의 접촉은 막았으나 공통의 배지를 사용하여 성장할 수 있도록 했다. 놀랍게도, 필터의 양쪽에서 시료를 취해 최소

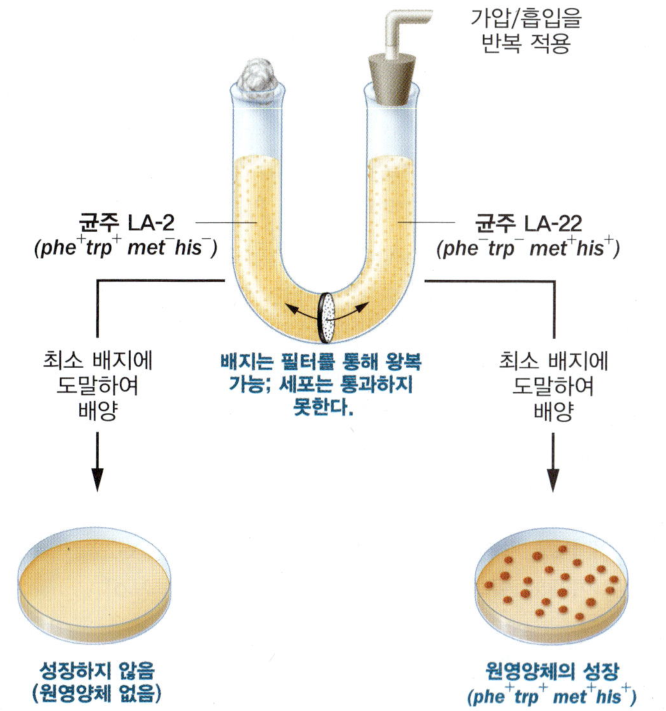

그림 8.16 살모넬라균을 이용한 레더버그–진더의 실험. 데이비스의 U자관 양쪽에 서로 다른 영양요구주들을 넣은 후, 레더버그와 진더는 LA-22를 포함한 쪽에서 원영양체를 분리할 수 있었다. 그러나 LA-2 쪽에서는 원영양체가 나타나지 않았다.

배지에 각각 독립적으로 접종한 결과, 원영양체는 LA-22 세균을 포함한 관 쪽의 시료에서만 얻어졌다. 만약 접합이 일어나는 것이었다면, 데이비스의 U자 관 실험에서는 모든 재조합이 방해를 받는다(그림 8.4)는 것을 기억하라.

LA-2 세포가 새로운 유전정보(phe^+와 trp^+)를 제공한 원인으로 보이기 때문에, 어떻게 이 정보가 필터를 통과하여 LA-2 세포에서 LA-22 세포로 이동하여 재조합을 일으켰는지는 미스터리였다. 이 모르는 물질은 **필터를 통과하는 물질(filterable agent, FA)**로 단순히 표시되었다. FA를 규명하기 위해 세 가지 관찰들이 유용하게 사용되었다:

1. FA는 LA-2 세포가 LA-22 세포와 연계되어 자랄 때에만 생산된다. 만일 LA-2 세포가 독립적으로 배양되면, 그 배지를 LA-22에 첨가하여도 재조합은 일어나지 않는다. 그러므로, LA-22 세포들은 LA-2 세포들이 FA를 생산하도록 하는데 어떤 작용을 하며, 이는 두 세포가 배지를 공유할 때만 일어난다.
2. DNA를 분해하는 DNase의 존재는 FA를 불활성화시키지 못한다. 그러므로 FA는 노출된 DNA가 아니며, 따라서 형질전환은 배제된다.

3. FA는 데이비스의 U자 관에 사용된 필터의 구멍 크기를 박테리오파지 크기보다 작게 하면 필터를 통과하지 못한다.

이러한 관찰과, 온건성 파지들이 살모넬라균들을 용원화시킬 수 있다는 사실에 힘입어, 연구자들은 이 유전적 재조합 사건이 박테리오파지 P22에 의해 매개되는 것이며, 이것은 LA-22 살모넬라 균주의 염색체에 원래 프로파지 상태로 존재하는 것이라고 제안했다. 다음과 같은 가설이 세워졌다. P22 프로파지는 드물게 영양성 혹은 용해성 상태로 돌입하여 증식한 후 LA-22 세포에서 방출된다. 그러한 파지들은 세균보다 훨씬 작으므로 U자 관의 필터를 통과하여 LA-2 세포들을 감염, 용균시킨다. LA-2 세포의 용해 과정에서 이 P22 파지들은 우연히도 그들 머리에 LA-2 세포의 염색체 일부를 포장하게 된다. 만일 이 부분이 phe^+와 trp^+ 유전자를 포함하고 있었다면, 그리고 그 파지들이 다시 필터를 통과하여 LA-22 세포를 감염시킨다면, 이 새로운 용원성 세균들은 원영양체로 행동하게 될 것이다. 박테리오파지 P22에 의해 매개되는 세균의 재조합을 형질도입이라 하며, 그림 8.17에 도식화하였다.

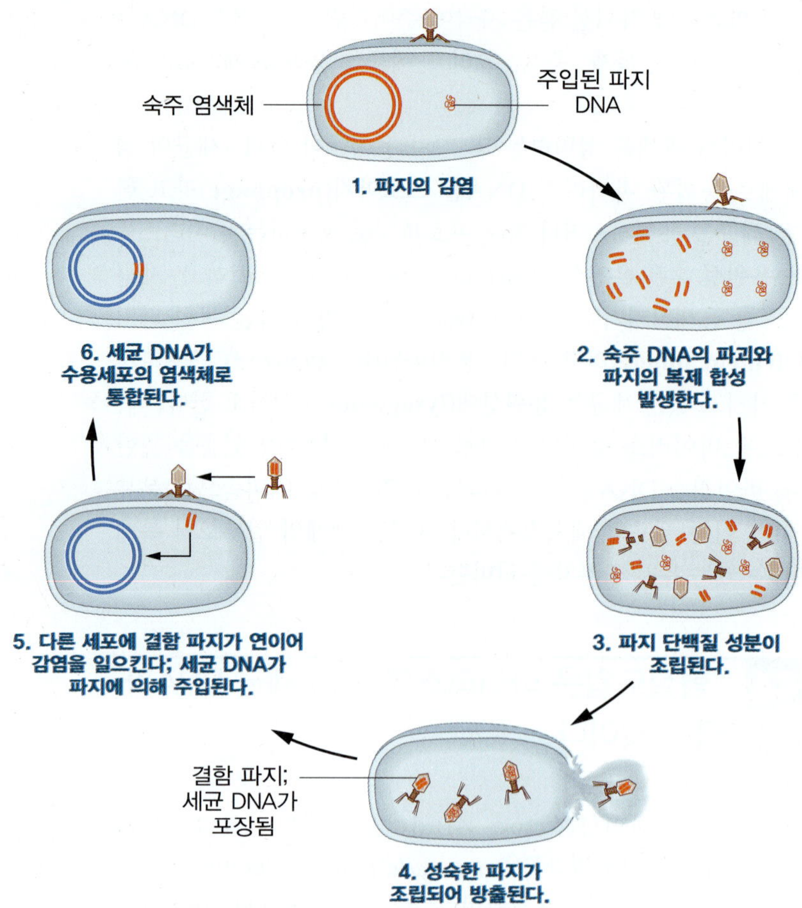

그림 8.17 일반 형질도입 과정.

형질도입과 지도작성

형질전환처럼, 일반적인 형질도입은 세균 염색체의 연관 및 유전자 지도작성 연구에 사용되었다. 세균의 형질도입 사건에 관여하는 세균의 DNA 조각은 상당수의 유전자를 포함할 만큼 크다. 결과적으로 세균 염색체에서 아주 가까이 위치한 두 개의 유전자는 동시에 도입될 수 있는데 이를 **동시-형질도입(cotransduction)**이라고 한다. 염색체에서 상당히 떨어져 있는 두 유전자가 하나의 DNA 조각으로 포함되기 위해서는 하나의 세포에 대한 두 독립적인 사건이 필요하다. 이것은 동시-형질도입보다 훨씬 낮은 확률로 일어나기 때문에, 연관이 결정될 수 있다.

두 개 혹은 세 개의 연관 유전자들에 초점을 맞추면, 형질도입 연구는 이 유전자들의 정확한 순서를 결정할 수 있게 해준다. 유전자들이 서로 가까이 연관되어 있을수록, 동시-형질도입의 빈도는 증가한다. 세 개의 아주 연관이 높은 유전자들을 사용한 지도작성 연구가 행해질 수 있고, 그러한 실험에 대한 분석은 다른 지도작성 기법과 같은 근본 원리에 기초하여 수행될 수 있다.

8.7 박테리오파지는 유전자간 재조합을 겪는다

1947년쯤에 몇몇 연구팀들이 박테리오파지에서도 유전적 재조합이 추적될 수 있음을 보여주었다. 이것으로, 이 바이러스들에서도 유전자 지도작성이 행해질 수 있었다. 그러한 연구들은 눈으로 확인할 수 있거나 검사가 가능한 많은 수의 파지 돌연변이를 찾는데 의존적이다. 세균이나 진핵생물에서처럼, 이 돌연변이들은 유전자를 규명하고 유전자 지도작성 실험을 가능하게 해준다. 그러므로 이 세균성 바이러스들에서의 재조합이나 지도작성을 고려하기에 앞서, 연구가 되었던 몇 가지 돌연변이들을 간단히 소개하려고 한다.

박테리오파지 돌연변이들

파지 돌연변이들은 종종 세균 세포들을 용해시킴에 따라 형성되는 플라크의 모양에 영향을 미친다. 예를 들어, 1946년 허쉬(Alfred Hershey)는 대장균 균주 B가 자란 접시에서 특이한 T2 플라크를 관찰하였다. 정상적인 T2 플라크는 작고 투명한 중간 부분 주위가, 거의 눈에 안 보이는 확산영역에 의해 둘러싸여 있

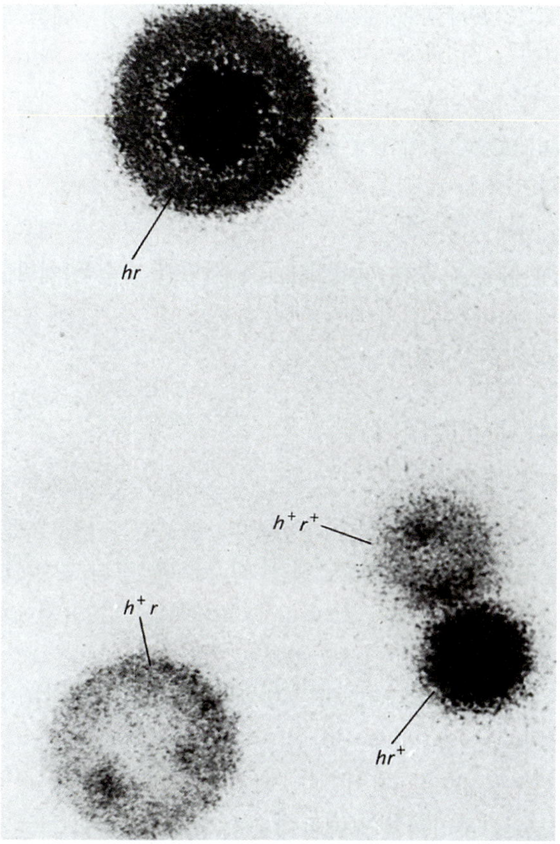

그림 8.18 플라크 형태 표현형. 두 종류의 T2 파지 계통인 h^+r 와 hr^+에 의해 대장균이 동시 감염된 후 관찰된 것이다. 부모 유전자형 외에도 재조합 플라크인 *hr* 및 h^+r^+가 나타난다.

는 데 반해, 비정상적인 플라크는 더 크고 뚜렷한 외부 주위를 가진다(그림 8.18에서 더 밝은 플라크와 비교해 보라). 이러한 플라크에서 바이러스들을 분리하여 다시 *E. coli* B 세포에 깔아주었을 때 생기는 플라크는 동일한 것이었다. 그러므로 플라크의 표현형은 이 돌연변이 파지의 증식으로 나타나는 유전성 형질인 것이다. 허쉬는 이 돌연변이를 *rapid lysis*(*r*)라고 명명하였는데 그 이유는 더 빠르거나 아니면 더 효과적인 파지 생활사로부터 기인한 더 큰 플라크가 생기기 때문이다. 지금은 야생형 파지는 증식이 일단 방해를 받으면 특정 크기의 플라크가 생성된다는 것이 알려져 있다. *r* 돌연변이 T2 파지는 이러한 방해를 극복할 수 있으며, 따라서 더 큰 플라크가 생성된다.

루리아(Salvador Luria) 역시 다른 박테리오파지 돌연변이를 발견했는데, *host range*(*h*)이다. 이 돌연변이는 파지가 감염시킬 수 있는 숙주의 범위를 넓혀준다. 야생형 T2 파지는 *E. coli* B 균주를 감염시킬 수 있으나 정상적으로는 *E. coli* B-2의 표면에는 달라붙지도 못하고 흡수되지도 못한다. 그러나 *h* 돌연변이는 흡착이 가능하여 *E. coli* B-2 균주를 감염시킬 수 있다. *E. coli* B 균주와 B-2 균주를 섞은 접시에서 길러지면 *h* 플라크

표 8.1 T-짝수 파지의 몇몇 돌연변이형들

이름	설명
minute	작은 플라크 형성
turbid	*E. coli* B에서는 불투명한 플라크 형성
star	불규칙한 플라크 형성
UV-sensitive	UV 민감도가 변함
acriflavin-resistant	아크리플라빈 한천 배지에서 플라크 형성
osmotic shock	증류수에 빠르게 희석해도 견딤
lysozyme	라이소자임을 생산하지 않음
amber	*E. coli* B 균주가 아닌 K12 균주에서 자람
temperature-sensitive	42도가 아닌 25도에서 성장함

의 중앙은 h^+ 플라크보다 더 어둡다(그림 8.18).

표 8.1은 T-짝수 시리즈의 파지(예를 들어 T2, T4, T6)들에서 분리되어 연구되었던 여러 형태의 돌연변이 목록이다. 이 돌연변이들은 박테리오파지에서의 유전 현상을 연구하는 데 매우 중요하다.

박테리오파지의 지도작성

박테리오파지에서의 유전적 재조합은 두 가지 뚜렷한 돌연변이주들을 동시에 같은 세균 배양에 감염되도록 하는 **혼합 감염 실험들(mixed infection experiments)** 중에 발견되었다. 이 연구들에서는 세포들 대부분이 두 종류의 바이러스에 의해 동시에 감염이 될 수 있도록 바이러스 입자들이 세균 수를 충분히 넘을 수 있도록 고안되었다. 두 좌위가 관여하기 때문에, 재조합은 유전자 사이에서 일어나는 **유전자간(intergenic)** 재조합으로 간주된다.

예를 들어, T2/*E. coli* 시스템을 사용하는 연구에서 부모 바이러스들은 h^+r(야생형의 숙주 범위, 빠른 용균)이거나 hr^+(늘어난 숙주 범위, 정상 용균) 유전자형이었다. 재조합이 일어나지 않았다면, 기대되는 자손 바이러스의 유전자형은 오로지 두 가지의 부모 형태일 것이다. 그러나 부모형 외에도 재조합체인 h^+r^+와 *hr* 들이 발견되었다(그림 8.18 참고). 진핵세포에서와 같이, 재조합 플라크들의 백분율(%)을 총 플라크 수로 나눈 것은 두 유전자 사이의 상대적인 거리를 나타낸다.

$$\text{재조합 빈도} = (h^+r^+ + hr)/\text{총 플라크 수} \times 100$$

*h*와 *r* 좌위에 대한 자료가 **표 8.2**에 나와 있다.

여러 종류의 박테리오파아지에서 많은 수의 돌연변이 유전자들을 가지고 비슷한 재조합 연구들이 수행되었다. 자료들은 진핵세포에서의 지도작성 자료에서와 거의 같은 방식으로 분석된다. 둘 혹은 세 개의 지점을 이용한 지도작성 교배들이 가능하고, 총 자손 파지 수 중 재조합체들의 백분율이 계산된다. 이

표 8.2 파지 T2의 *h*와 *r* 유전자가 관련된 교환 결과($hr^+ \times h^+r$)

유전자형	플라크	설명
hr^+	42	부모형 자손 76%
h^+r	34	
h^+r^+	12	재조합형 24%
hr	12	

값은 염색체를 구성하는 DNA 분자를 따라 존재하는 두 유전자 사이의 상대적인 거리에 비례한다.

파지 재조합에 대한 조사들은 진핵세포의 교차와 유사한 모델—바이러스 염색체들 사이의 절단과 재결합 과정—을 지지한다. 지금은 바이러스 재조합의 역학에 대한 상당히 뚜렷한 그림이 나오고 있다. 감염 초기를 지나, 파지의 염색체들이 복제되기 시작한다. 이 단계가 진행되면서 한 무더기의 염색체들이 세균의 세포질에 축적된다. 두 유전자형의 파지들에 의해 이중으로 감염이 일어났다면, 그 한 무더기의 염색체들은 처음엔 두 부모 형태의 염색체들의 혼합일 것이다. 이들 두 형태 사이에서 유전적 교환은 복제 전에, 복제 중에, 그리고 복제 후에도 일어날 것이며 재조합 형태의 염색체를 생산하게 된다.

여기서 논의하고 있는 h^+r와 hr^+의 예에서, 재조합 형태인 h^+r^+와 hr 염색체가 생성된다. 이 염색체들 각각은 서로서로 교환한 새로운 복제품들과 부모형 염색체들로 복제를 일으킬 수 있다. 게다가 재조합은 두 염색체 사이로 한정된 것이 아니며, 셋 혹은 그 이상의 염색체들이 동시에 관여할 수도 있다. 파지 발달이 진행됨에 따라 염색체들은 무작위로 집단에서 추출되어 파지 머리로 포장되어 성숙한 파지 입자를 만든다. 그러므로 다양한 부모형과 재조합형 유전자형들이 자손 파지들에서 표현될 수 있다.

8.8절에서 볼 수 있듯이 강력한 선택 시스템을 통해 하나의 유전자 내의 지점들에서 교환이 발생하는 바이러스의 **유전자 내 재조합**(*intragenic recombination*)도 추적할 수 있게 되었다. 그러한 연구들은 유전자의 미세 구조 분석으로 이어졌다.

8.8 파지 T4에서는 유전자 내 재조합이 발생한다

우리는 유전자를 분석하는 천재적인 사례에 대한 설명으로 이 장을 마무리하려고 한다. 1950년대 초, 벤저(Seymour Benzer)는 T4 파지의 단일 유전자좌 *rII*에 대한 상세한 조사에 착수했다. 벤저는 유전자 내 교환의 결과로 발생하는 매우 희귀한 유전자 재조합체를 얻기 위한 실험을 성공적으로 설계했다. 이러한 재조합은 진핵세포의 교차와 동등하지만, 이 경우에는 두 유전자 사이의 지점이 아니라 유전자 내에서 발생한다. 벤저는 이러한 재조합이 숙주인 대장균 세포의 동시 감염 중에 개별 박테리오파지의 DNA 사이에서 발생함을 입증했다.

벤저의 연구에서 최종 결과는 *rII* 좌위의 상세한 지도를 제작하는 것이었다. 그의 분석에 의해 제공된 정보가 매우 상세했을 뿐 아니라, 이러한 실험이 DNA 서열화 기술이 개발되기 수십 년 전에 이루어졌기 때문에 유전자의 내부 구조에 관한 이런 통찰은 특히 주목할만하다.

T4 파지의 *rII* 좌위

유전자 분석에서 주요 요구 사항은 조사 중인 유전자에서 많은 수의 돌연변이를 분리하는 것이다. *rII* 유전자좌의 돌연변이체는 대장균 균주 B에 도말했을 때 독특한 플라크를 생성하므로 쉽게 식별할 수 있다. 그림 8.18은 관련된 T2 파지에서 야생형 r^+ 플라크와 비교한 돌연변이 r 플라크를 보여준다. 벤저의 접근 방식은, 많은 독립적인 *rII* 돌연변이를 분리하고(결국 약 20,000개를 얻었음) 재조합 연구를 수행하여 이 유전자좌의 유전자 지도를 만드는 것이었다. 벤저는 이러한 돌연변이 대부분이 무작위로 분리되었기 때문에 *rII* 유전자좌 내의 다른 위치를 나타낼 것이므로, 지도작성 연구를 위한 충분한 기반을 제공할 것이라고 가정했다.

벤저의 분석에서 핵심은 *rII* 돌연변이 파지가 대장균 균주 B를 감염시켜 성공적으로 용균시킬 수 있음에도, 이와 연관된 두

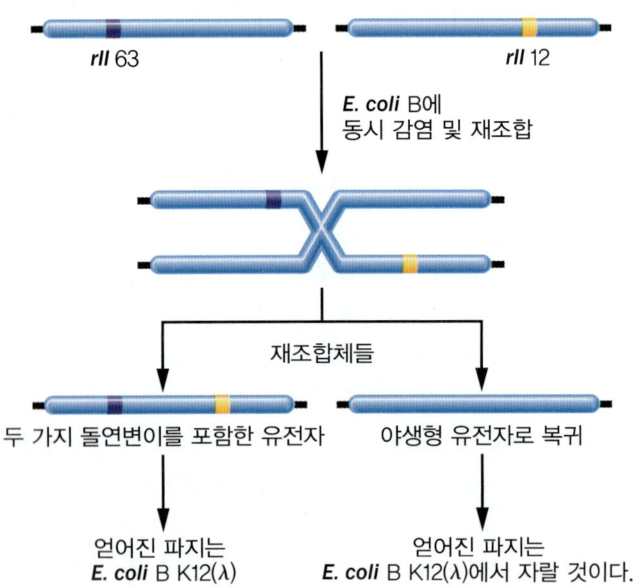

그림 8.19 T4 파지의 *rII* 좌위의 두 가지 돌연변이 사이에서 생긴 유전자 내 재조합에 대한 설명. 결과적으로 대장균 B와 K12 모두에서 자라는 야생형 파지와, *rII* 좌위 내로 두 돌연변이가 통합된 파지가 생긴다. 두 돌연변이를 가진 파지는 대장균 B 균주에서는 자라겠지만 K12 균주에서는 자라지 못한다.

번째 균주인 K12(λ)*는 용해시킬 수 없다는 점이다. 대조적으로, 야생형 파지는 B와 K12 균주 둘 다 용균시킬 수 있었다. 벤저는 이런 조건이 매우 민감한 검색 체계를 위한 가능성을 제공할 것이라 추측했다. 두 가지의 서로 다른 돌연변이 계통에서 나온 파지들이 동시에 대장균 균주 B에 감염을 일으킨다면 그 두 돌연변이 좌위 사이에서 교환이 발생하여 드물지만 야생형 재조합체를 생산할 수도 있을 것이다(그림 8.19). 만약 자손 파지 집단이 99.9%의 *rII* 파지와 0.1%의 야생형 파지를 포함한 상태에서 K12 계통을 감염시키게 되면, 야생형 재조합체는 성공적으로 야생형 플라크를 생산할 수 있을 것이다. **이것이 드문 재조합체를 회수하고 정량화하는 핵심적인 단계이다.**

연속 희석법을 이용하여, 벤저는 B 대장균 계통에서 생긴 돌연변이 *rII* 파지들의 총 수와, K12 대장균을 용균시킬 수 있는 야생형 재조합 파지의 총 수를 결정할 수 있었다. 이 자료들은 연구 중인 두 돌연변이 사이의 유전자 내 거리에 비례하는 값인 재조합 빈도를 계산하기 위한 기초를 제공했다. 앞으로 살펴보겠지만 이 실험 설계는 매우 민감했다. 놀랍게도 벤저는 1억 개의 돌연변이 파지 중에서 단 하나의 재조합 야생형 파지를 검출하는 것도 가능했다. 이런 식으로 수행된 여러 실험에서 얻은 정보를 종합하면, 이 좌위에 대한 상세한 지도를 얻을 수 있다.

이 지도작성에 대해 논의하기에 앞서, 초기의 검색법 개발 과정에서 있었던 벤저의 중요한 발견에 대해 설명해야 한다. 이 발견은 오늘날 유전학 연구실에서 널리 사용되는 기술, 앞에서 배운 **상보성 분석(complementation analysis)**의 개발로 이어졌다(4장 참고).

rII 돌연변이체들에 의한 상보성

벤저가 이러한 유전자 내 재조합 연구를 시작하기 위해서는, 실험 초기 단계에서 직면한 문제를 해결해야 했다. 서로 다른 *rII* 돌연변이 계통을 이용한 K12 세균의 동시 감염에 관한 대조군 실험을 하던 중에, 벤저는 간혹 특정 쌍의 *rII* 돌연변이 균주가 K12 세균을 용균시킨다는 사실을 발견했다. 야생형 *rII*만 K12 세균을 용해할 수 있다고 가정했기 때문에 이것은 처음에는 상당히 당혹스러운 것이었다. 각각 같은 유전자에 결함이 있는 것으로 생각되는 *rII*의 두 돌연변이 계통이 어떻게 야생형 기능을 나타낼 수 있었을까?

벤저는 동시감염 중에 각 돌연변이 계통이 다른 계통에 부족한 것을 제공하여 야생형 기능을 회복한다고 추론했다. 그가 **상보성(complementation)**이라고 부른 이 현상이 그림 8.20(a)에 설명되어 있다. 많은 쌍의 돌연변이를 테스트했을 때 각 돌연변이는 두 가지 가능한 상보성 그룹인 A 또는 B 중 하나에 속했다. 서로 보완하지 못한 돌연변이는 동일한 상보성 그룹으로, 서로 보완적인 돌연변이들은 각각 다른 상보성 그룹에 할당했다. 벤저는 상보성 그룹을 설명하기 위해 가장 작은 기능적 유전

*K12 균주에 삽입된 "(λ)" 표시는 이 균주가 λ 파지에 의해 용원화되었음을 뜻한다. 사실 이것이 *rII* 돌연변이체가 이 세균을 용균시키지 못하는 이유이다. 추후의 논의에서는 이 균주가 간단히 *E. coli* K12로 표시될 것이다.

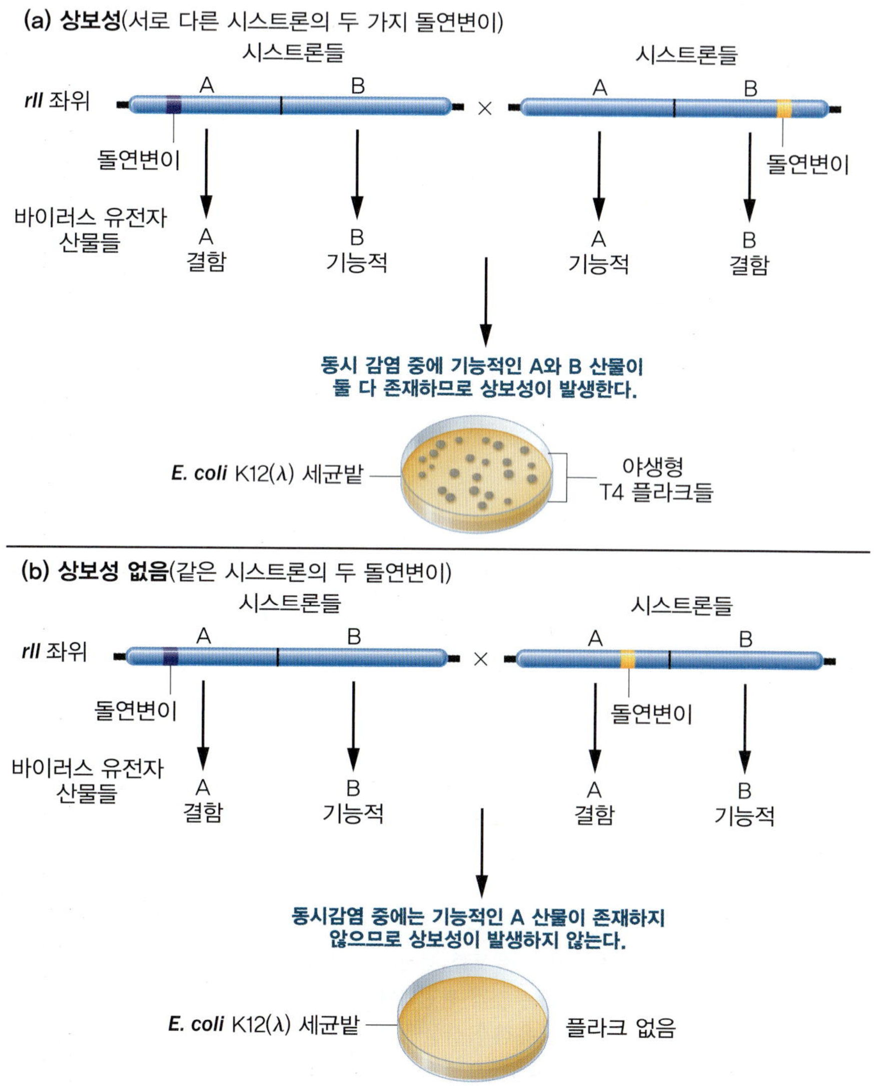

그림 8.20 *rII* 돌연변이 두 쌍을 비교한 것. (a) 한 사례에서는 이들이 서로 상보적이다. (b) 다른 사례에서는 이들이 서로 상보적이지 않다. 상보성은 각 돌연변이가 독립된 시스트론에 있을 때 발생한다. 두 돌연변이가 같은 시스트론 내에 있으면 상보성이 발생하지 못한다.

단위로 정의한 **시스트론(cistron)**이라는 용어를 만들었다. 우리는 시스트론이 현대 용어로 유전자를 나타낸다는 것을 안다.

현재 우리는 벤저의 A와 B 시스트론이, 처음에 *rII* 좌위(애초의 가정은 이것이 하나의 유전자라고 했었다)로 언급했던 자리에 있는 두 개의 독립된 유전자임을 알고 있다. 상보성은 K12 세균이 두 가지의 *rII* 돌연변이체들에 의해 감염되었을 때 나타나는데, 하나는 A 유전자에서, 다른 하나는 B 유전자에 있는 돌연변이였다. 그러므로 야생형 파지가 두 유전자 모두의 야생형 산물을 가지게 된 것은, A 돌연변이체가 야생형 B 산물을, B 돌연변이체가 야생형 A 산물을 제공했기 때문이다. 우리는 또한 왜 상보성 제공에 실패한 두 계통, 즉 2개의 A-시스트론 돌연변이들이 실제로 같은 돌연변이의 돌연변이라고 할 수 있는지 설명할 수 있다. 이 경우, 만약 두 가지 A-시스트론 돌연변이가 조합된다면 야생형 B-산물들은 즉각 생기겠지만 야생형 A 산물이 생기지는 않을 것이다[그림 8.20(b)].

일단 벤저가 *rII* 돌연변이들을 A나 B 시스트론 내로 위치를 정할 수 있게 되자, 그는 다시 A 시스트론 내의 돌연변이들을 서로 검사하고, B 시스트론 내의 돌연변이들을 서로 검사하는 유전자 내 재조합 연구를 시작할 수 있었다.

재조합 분석

약 20,000개의 돌연변이체 중에서 대략 절반 정도가 두 시스트론 각각에 배정되었다. 벤저는 그 하나 안에 돌연변이들의 위치를 지도화하기 시작했다. 예를 들어, 두 개의 *rII* A 돌연변이체(즉, A 시스트론의 서로 다른 두 돌연변이를 가진 두 가지 파지들)가 대장균 B의 액체 배양액에 감염되었고, A 시스트론 내에서 두 돌연변이 자리 사이에서 재조합이 발생한다면, 그때는 야생형 자손이 낮은 비율로 생산될 것이다. 만약 그런 실험에서 생긴 자손 바이러스 시료를 대장균 K12에 도말하면, 야생형 재조합체만 세균을 용균시킬 것이며 프라크를 형성할 것이다. 비재조합체 자손 바이러스의 수는 대장균 B 균주 시료에서 결정될 수 있을 것이다.

이 실험 방법이 그림 8.21에 설명되어 있다. 재조합체의 백분율은 각 경우에 적절한 희석액에서 플라크의 수를 세서 결정할 수 있다. 진핵생물의 지도작성 실험에서와 마찬가지로, 재조합체의 빈도는 해당 시스트론 내 돌연변이들 사이의 거리에 대한 추정이 될 수 있다. 예를 들어, 재조합체가 4×10^3/mL이고, 자손의 총 수가 8×10^9/mL이라면, 두 돌연변이 사이의 재조합체 빈도는 다음과 같다:

$$\begin{aligned} 2\left(\frac{4 \times 10^3}{8 \times 10^9}\right) &= 2(0.5 \times 10^{-6}) \\ &= 10^{-6} \\ &= 0.000001 \end{aligned}$$

여기서 2를 곱한 것은 각 재조합 사건이 두 상호적 산물로 생기는 것인데 그중 하나인 야생형만 추적되는 것이므로 필수적인 것이다.

풀 어 보 기

8.3 T4 파지의 *rII* 좌위에 대한 상보성 연구에서 세 그룹의 서로 다른 돌연변이들이 검사되었다. 각 그룹에 대해 오직 2개의 조합만 검사되었다. 아래의 각 자료 세트에 근거하여 각 그룹의 3번째 실험 결과가 어떨지 예상하라.

A그룹	B그룹	C그룹
$d \times e$—용균 발생	$g \times b$—용균 없음	$j \times k$—용균 발생
$d \times f$—용균 없음	$g \times i$—용균 없음	$j \times l$—용균 발생
$e \times f$—?	$b \times i$—?	$k \times l$—?

■ **힌트:** 이 문제는 *rII* 좌위 내에 서로 다른 돌연변이가 있는 두 가지 박테리오파지 계통으로 세균 세포를 동시 감염시켰을 때 왜 상보성이 발생하는지를 이해하는 것과 관련되어 있다. 풀이의 핵심은 각 돌연변이가 서로 다른 유전자 산물을 만든다면, 각 계통은 다른 계통에 없는 산물을 제공함으로써 상보성이 발생한다는 점을 인식하는 것이다.

더 연습이 필요하면 문제 18, 19, 21번을 참고하라.

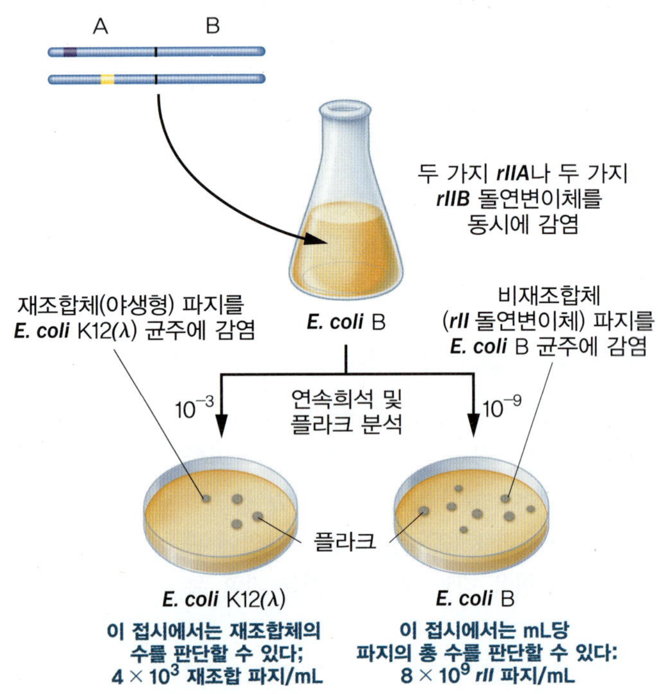

그림 8.21 같은 시스트론 내의 돌연변이 쌍들 사이에서 재조합을 연구하기 위한 실험 과정. 이 그림에서는 대장균 B(플라스크 내)를 감염시킨 모든 파지들(이들의 염색체가 플라스크 왼쪽에 그려져 있음)이 A 시스트론 내에 두 돌연변이 중 하나를 가진다.

rII 좌위의 결실 검사

앞에서 시스트론 내의 돌연변이 위치를 결정하기 위한 재조합 빈도 평가 방법에 대해 설명했지만, 모든 조합에서 한 번에 두 돌연변이씩 1000개의 돌연변이를 테스트하려면 수백만 번의 실험이 필요했을 것이다. 다행스럽게도 벤저는 **결실 검사(deletion testing)**라는 분석적 접근 방식을 고안하여 이 장애물을 극복할 수 있었다. 그는 *rII* 돌연변이체 중 몇 가지는 사실 양쪽 시스트론의 일부가 결실된 것임을 발견했다. 즉, *rII* 특징을 나타내는 유전적 변화가 점 돌연변이의 특성이 아니었던 것이다. 가장 중요한 것은, 결실 돌연변이를 두 파지 균주(하나는 결실 돌연변이를 갖고 다른 하나는 같은 시스트론의 결실된 부분에 위치하는 점 돌연변이를 가짐)에 의한 동시감염을 사용하여 시험했을 때, 결코 야생형 재조합체는 생기지 않았다. 그 이유가 그림 8.22에 설명되어 있다. 결실 영역은 점 돌연변이를 포함하는 DNA 영역이 없기 때문에 재조합이 불가능하다. 따라서 돌연변이가 결실 영역 내에 포함되어 있으면 대충이지만 신속하게 돌연변이의 위치를 정할 수 있는 방법이 가능했다.

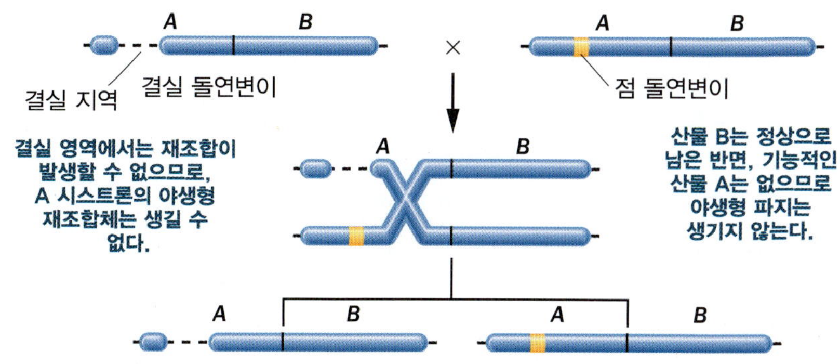

그림 8.22 A 시스트론 내에 결실이 있는 파지 염색체와, 그 결실과 중첩된 점 돌연변이를 가진 다른 파지 사이에서 재조합 때문에, 야생형 A와 B 시스트론을 함께 가진 염색체가 생기지 못하는 과정을 보여준다.

따라서 결실 검사법은 각 돌연변이에 대해 초기 자리 지정에 대한 자료를 제공할 수 있다. 예를 들어, 그림 8.23과 같이 A 시스트론의 여러 영역에 걸쳐 겹치는 부분이 있는 7개의 결실들이 이 시스트론의 점 돌연변이를 검색하는 초기 실험에 사용되었다. 점 돌연변이가 있는 바이러스 염색체가 결실된 염색체와 재조합을 하는지에 따라 각 점 돌연변이는 시스트론의 특정 영역에 지정될 수 있다. 7개 영역 각각에 대해 추가 결실을 사용하면 각 *rII* 점 돌연변이의 위치를 더 정확하게 지정하거나 지도화할 수 있다. 각 경우에 어떤 점 돌연변이가 야생형 재조합체를 생성하지 못하는 경우에 그 돌연변이는 결실 영역으로 위치가 지정된다는 것을 기억하라.

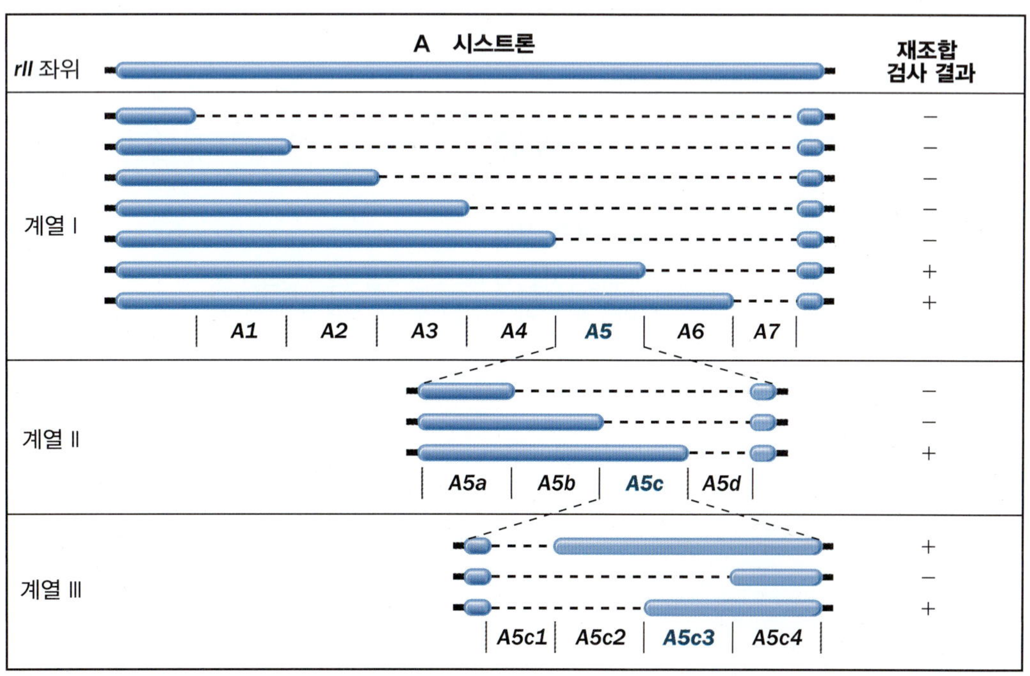

그림 8.23 미지의 *rII* 돌연변이의 위치를 결정하기 위해 사용되는 *rII* 좌위 내 A 시스트론에서 중첩되는 일련의 3가지 결실. 예를 들어, 만약 어떤 돌연변이 균주가 1번 계열의 각 결실(점선 영역)에 대해 재조합체인 야생형 자손이 나오는지 검사되어 오른쪽의 결과(−나 +) 같이 표시되면, 이 돌연변이는 *A5* 분절에 위치할 것이다. 2번 계열에서는 돌연변이가 *A5c*로 더 좁혀지고, 3번 계열과의 실험으로 *A5c3*으로 위치가 결정된다.

rII 유전자의 지도

수년 동안의 연구 후에, 벤저는 T4 파지의 *rII* 좌위를 구성하는 두 개의 시스트론에 대한 유전적 지도를 만들었다(그림 8.24). 20,000가지의 돌연변이를 분석하여, 좌위 내의 307개 자리들 간의 관계를 지도화했다. 많은 돌연변이를 포함하는 영역들은 빈발점(hot spot, 핫스팟)으로 표시했는데, 이곳은 분명히 한두 개의 돌연변이가 발견된 지역보다 더 돌연변이에 취약한 곳이다. 그리고 벤저는 돌연변이가 위치하지 않는 시스트론 내의 영역도 발견했다. 그는 200개 정도의 재조합 단위가 그의 연구에 의해 지도화되지 않은 것으로 추정했다.

유전자 개념의 진화

1950년대 초반에는 유전자들이 돌연변이를 일으키며 그들 사이의 유전자간 재조합도 일어나는 유전의 개별 단위로 인식되었다. 1950년대 중반에 이루어진, 파지 T4의 *rII* 좌위에 대한 벤저의 선구적인 유전적 분석은, 유전자가 분할이 불가능한 것이 아니었음을 증명했다. 그는 하나의 유전자 내에는 다수의 자리가 존재하며, 그 각각은 돌연변이를 일으킬 수 있고, 그들 사이의 유전자 내 재조합도 일어날 수 있음을 증명했다. 벤저는 *rII* 좌위에서 이런 자리들의 위치를 결정할 수 있었다. 후속 장에서 살펴보겠지만, 거의 같은 시기에 유전자가 DNA의 뉴클레오타이드로 이루어져 있고 그 각각이 돌연변이 자리나 재조합 자리가 될 수 있음이 분명해졌다. ■

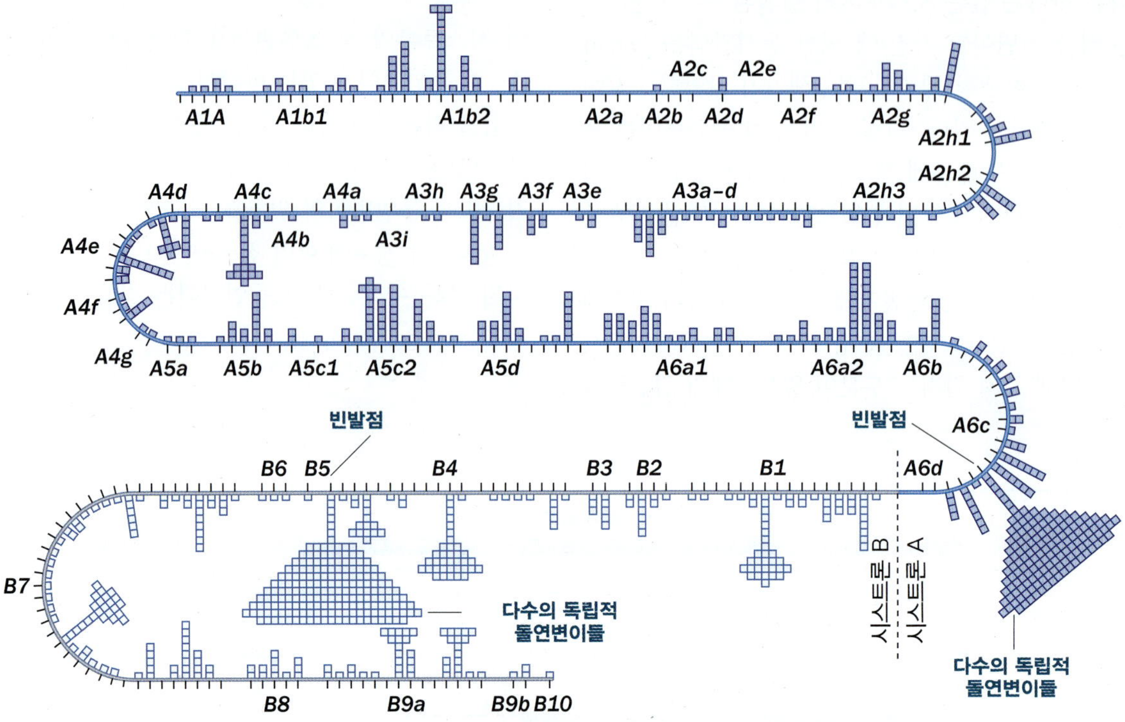

그림 8.24 T4 파지 *rII* 좌위 내 시스트론 A와 B의 돌연변이들에 대한 부분적 지도. 각 사각형은 독립적으로 분리된 돌연변이들을 나타낸다. 다수의 돌연변이가 존재하는 두 영역(*A6cd*와 *B5*)은 돌연변이 "빈발점(hotspot)"으로 표시되었다.

유전학과 윤리, 그리고 사회

다약제 내성 세균들: 파지로 싸우기

다약제-내성(*multidrug-resistant, MDR*) 병원성 세균들의 전 세계적인 확산세는 인간과 동물의 건강에 긴급한 위험 요인이 되고 있다. 매년 미국에서 약 2백만 명 이상이 항생제-저항성 세균에 감염되며, 그들 중 23,000명 이상이 그 감염으로 목숨을 잃는다. 2015년에는 세계적으로 대략 480,000건의 MDR 결핵이 발생했으며, 또 다른 100,000건은 적어도 하나의 항생제에 저항성인 경우였다. 미국에서는 2001년과 2012년 사이에 약물-저항성 장내세균들에 감염된 사례가 3배로 증가했다. 2016년에는 네바다의 한 여성이 "최후의 보루"로 간주되던 항생제인 콜리스틴(colistin)을 포함한 26가지의 항생제에 저항적인 폐렴간균(*Klebsiella pneumoniae*)에 의한 감염으로 사망했다.

MDR 세균들이 확산하는 한 가지 주요 원인은 항생제에 반복적으로 노출되어 생기는 선택압력 때문이다. 세계적으로, 축산업 분야에서는 사료 첨가물로 항생제의 약 80%를 소비한다. 가축 사료 첨가물로의 일상적인 사용과 사람들의 과도한 항생제 처방이 MDR 세균 확산의 가장 큰 원인으로 생각된다.

"포스트 항생제 시대"를 이끄는 두 번째 요인은 제약회사들의 항생제 개발 감소이다. 경제성 문제가 가장 중요하다. 제약회사들은 새로운 약물을 개발하고 검사하는 데 수백만 달러를 쓴다. 그러나 화학치료제나 당뇨병 치료제같이 더 비싼 약물들에서 얻는 이익보다 항생제에서 나오는 이익은 많지 않다.

몇 가지 대안들이 개발되어 초기 임상시험 중이다. 한 가지는 매우 독특한 접근법으로, 치료용 박테리오파지(파지)를 사용한다. 파지들은 1900년대 초, 특히 유럽에서 세균 감염 치료에 사용되어왔으나 20세기 중반에 항생제가 도입되면서 폐기되었다. 연구자들은 다시 파지로 돌아가 파지와 파지 유래 산물들을 변형시키는 현대적 분자생물 기법들을 사용하여 항생제로 사용하려고 한다. 미국이나 유럽 어디에서도 아직은 인간을 치료하는 데 파지나 파지 생산물이 승인되지는 않았다; 그러나 리스테리아 등의 병원체를 표적으로 하는 몇 가지 파지 제제들은 신선식품과 조리식품의 일부 품목에 사용이 승인되었으며, 적어도 한 가지의 파지 치료법이 임상시험 중에 있다.

비록 과학적 문제와 규제에 관한 어려움이 아직 남아 있지만, 우리는 파지의 시대를 목전에 두고 있는 것인지도 모른다.

당신의 생각은?

단독으로, 혹은 여럿이 다음 질문들에 대해 생각할 시간을 가져라. 약물-내성 세균을 퇴치하는 데 관한 기술적, 윤리적 어려움을 다루고 있는 다음 참고문헌들을 살펴보라.

1. 파지 치료법은 어떻게 작용하며, 세균 감염을 치료하기 위해 파지를 사용하는 것의 주된 장점과 단점은 무엇인가?

   이 주제에 관한 다음 자료를 참고하라: Potera, C. (2013). Phage renaissance: New hope against antibiotic resistance (https://ehp.niehs.nih.gov/121-a48) and Cooper, C. J., et al. (2016). Adapting drug approval pathways for bacteriophage-based therapeutics. https://doi.org/10.3389/fmicb.2016.01209

2. MDR 세균 확산의 주된 2가지 요인들은 축산업 분야의 항생제 남용과 제약회사의 항생제 개발 거부이다. 이 두 가지 상황을 둘러싼 윤리적 우려에 대해 논하라. 예를 들어, 우리는 풍족한 식품과 감염 제어라는 두 가지 필요에 관해 어떻게 균형을 잡을 수 있겠는가? 또한 사적 영역의 이익과 공공의 이익 사이에 존재하는 윤리적 괴리를 어떻게 풀 수 있겠는가?

   이 주제에 관해 다음 자료를 참고하라: Littmann, J., and Viens, A. M. (2015). The ethical significance of antimicrobial resistance. *Public Health Ethics* 8:209–224.

사례 연구 치료를 할 것인가, 말 것인가?

4개월 된 신생아 하나가 36시간 동안 미열에 시달리자, 아기 엄마는 걱정이 되어 소아과 의사에게 연락을 취했다. 검사 결과 감염의 증거나 열을 일으킬 만한 원인이 발견되지 않았다. 불안해진 어머니는 의사에게 항생제를 요청했지만, 소아과 의사는 우선은 이틀간 잘 살펴보기만 할 것을 권유했다. 그는 또 의료계와 농업에 항생제들을 남용한 탓에 지금은 그런 항생제에 저항성인 세균들이 전 세계적으로 폭증하고 있으며, 감염에 대한 항생제 치료의 효과가 매우 감소하고 있다고 설명했다. 또한 세균들은 항생제 저항성 형질을 교환할 수 있으며 많은 병원성 균주들이 이제 여러 항생제에 저항적이라는 점을 지적했다. 아기 엄마는 이런 설명에 만족하지 못하고 아기에게 당장 항생제를 처방해줄 것을 고집했다. 이 상황은 몇 가지 문제를 일으킨다.

1. 세균들이 항생제 저항성 유전자들을 교환할 수 있다는 소아과 의사의 말은 사실인가? 만약 그렇다면, 어떻게 그게 가능하겠는가?
2. 만약 아이가 항생제를 받는다면, 이것은 저항성 세균의 생성에 어떤 식으로 도움을 주겠는가?

3. 만약 여러분이 환자를 걱정하는 부모의 입장이라면, 2016년 미국에서 사용할 수 있는 26가지의 항생제들에 저항성이었던 세균 감염으로 사망한 여성에 관한 이야기를 듣고 마음을 바꾸겠는가?
4. 현재의 환자에게 효과적인 치료를 제공해야 할 윤리적 책임, 그리고 효과적인 치료를 위해 항생제가 필요할 수 있는 미래의 환자에 대한 윤리적 책임 사이에서 소아과 의사는 어떻게 균형을 맞춰야 하겠는가?

위에 제시된 '유전학과 윤리, 그리고 사회' 부분과 다음 자료를 참고하라: Garau, J. (2006). Impact of antibiotic restrictions: The ethical perspective. *Clin. Microbiol.* Infect. 12 (Supplement 5):16–24.

요약 정리

1. 세균의 유전적 재조합은 접합, 형질전환, 그리고 형질도입이라는 3가지 방식으로 발생한다.
2. 접합은 F 인자라고 불리는 플라스미드를 세포질에 가지고 있는 세균에 의해 시작될 수 있는데, 이 인자는 세포를 공여 세포(F^+)로 만든다. 접합 후에는 수용체 세포(F^-)가 F 인자의 사본을 받아들여 F^+ 상태로 전환된다.
3. F 인자가 세포질에서 공여 세포의 염색체 내로 통합되면, 그 세포는 Hfr이라는 공여세포가 된다. 짝짓기에 의해 공여 염색체는 한 방향으로 움직여 수용체 세포로 들어가 재조합을 개시하므로, 세균 염색체의 시간 지도작성을 위한 근거를 제공한다.
4. F 인자 같은 플라스미드들은 세균 세포질 내에서 발견되는, 자동적으로 복제되는 DNA 분자들이다. 이들은 접합 과정 중에 플라스미드 전달에 필수적인 유전자들뿐 아니라 항생제 저항성을 부여하는 독특한 유전자들을 가진다.
5. 세균의 형질전환은, 세포-세포 접촉을 요구하지 않으며, 수용체 세포에 외래 DNA가 들어와 그것이 숙주의 염색체와 재조합되는 과정이 관여한다. 형질전환을 분석하는 과정에서, 가깝게 배열된 유전자들에 대한 연관 지도작성(linkage mapping)이 가능하다.
6. 박테리오파지(세균을 감염시키는 바이러스)들은 숙주 세포 내에서 증식하는 잘 규명된 생활사를 나타내며 플라크 분석법을 이용하여 연구될 수 있다.
7. 박테리오파지들은 용균성일 수 있는데, 이들이 숙주 세포를 감염시키고 증식한 후 그 세포를 깨트린다는 의미이다. 반대로, 이들은 세포를 용원화시킬 수 있어서 감염된 숙주 세포 내에서 그들의 DNA를 숙주 염색체에 통합시킴으로써 증식을 일으키지 않을 수도 있다.
8. 형질도입은 바이러스에 의해 매개되는 세균 DNA의 전달이다. 용원화된 세균이 연속해서 용균회로로 들어갈 때 새로운 파지들이 숙주(세균)의 DNA를 이동시키는 전달체로 작용할 수 있다.
9. 형질도입은 또한 세균의 연관 및 지도작성 연구에 사용된다.
10. 플라크 형태 및 숙주 범위의 돌연변이를 비롯한 다양한 돌연변이 표현형이 박테리오파지에서 연구되었다. 이들은 바이러스에서의 유전적 교환 및 지도작성 작업의 기초가 되었다.
11. T4 박테리오파지의 *rII* 좌위에 대한 유전적 분석으로 벤저는 유전자 내 재조합을 연구할 수 있었다. *rII* 돌연변이체를 분리하고 상보성 분석, 재조합 연구, 그리고 결실 지도작성을 수행함으로써, 벤저는 *rII* 좌위의 두 시스트론 내에서 300 자리 이상의 위치를 확인하고 지도를 작성할 수 있었다.

통찰과 해법

1. 유전자 *his*, *leu*, *mal* 그리고 *xyl*이 관여된 교배에서 시간 지도작성법이 행해졌다. 수용체 세포들은 이 유전자들에 모두에 대해 영양요구성이었다. 25분이 지난 후에 접합이 방해되었고 다음과 같은 수용체 세포들이 나타났다. F 인자의 시작점(origin, *O*)에 대해 이 유전자들의 상대적 위치는 어떻게 되겠는가?
   (a) 90%의 수용체 세포들이 xyl^+
   (b) 80%의 수용체 세포들이 mal^+
   (c) 20%의 수용체 세포들이 his^+
   (d) leu^+인 세포는 없었다(0%).

해법: *xyl* 유전자가 가장 높은 빈도로 이동되었으므로 이것이 *O*에 가장 가깝다. *mal* 유전자가 그다음으로 *xyl* 유전자에 가깝게 위치하고 *his* 유전자가 따라온다. *leu*에 대한 어떠한 재조합체도 회수되지 않은 것으로 보아 *leu* 유전자는 이 세 유전자보다 훨씬 떨어져 있을 것으로 생각된다.

2. 세 종류의 세균 계통에서 각각은 독립적인 돌연변이 a^-, b^-, c^-를 가지며 형질전환 실험에서 DNA 제공원으로 사용되었다. 수용세포는 돌연변이 d^-를 발현하지만 나머지에 대해서는 야생형이다.

(a) 다음 자료를 바탕으로, *d* 유전자가 *a*, *b*, *c* 유전자의 앞에 온다고 가정하고 네 유전자의 연관지도를 작성해 보라.

DNA 공여체	수용체	형질전환체	형질전환 빈도
a^-d^+	a^+d^-	a^+d^+	0.21
b^-d^+	b^+d^-	b^+d^+	0.18
c^-d^+	c^+d^-	c^+d^+	0.63

(b) 만약 공여 DNA가 야생형이고 수용 세포들이 a^-b^-, a^-c^-, 혹은 b^-c^-라면, 어떤 짝짓기가 야생형 형질전환체를 가장 많이 만들 것으로 예상되는가?

해법: (a) 이 자료들은 *a*, *b*, 그리고 *c* 및 *d* 유전자들의 상대적인 거리를 반영한다. *a*와 *b* 유전자들은 *d*로부터 대략 같은 거리에 위치하므로 서로 강하게 연관되어 있다. *c* 유전자는 더 멀다. *d* 유전자가 다른 것들의 앞에 있으므로 지도는 다음과 같을 것이다:

(b) *a*와 *b* 유전자는 가깝게 연관되어 있으므로 이들은 대체로 한 번의 사건으로 공동 형질전환을 일으킨다. 따라서 수용체 세포들은 a^-b^-가 가장 많은 야생형을 만들 것이다.

3. T4 파지의 *rII* 좌위에 대한 자세한 분석을 위해, 벤저는 2개의 시스트론을 포함한 좌위에 있는 것이 분명한 돌연변이들을 쌍으로 골라 상보성 검사를 실시할 수 있었다. 상보성은 대장균 K12 세균에 2가지 파지 계통들을 동시에 감염시킴으로써 수행되었는데, 이들 각각은 서로 독립적인 돌연변이들이었으며 어느 것도 단독으로는 K12 균주를 용균시키지 못한다. 아래 자료로부터, 돌연변이 1(*M*–1)이 A 시스트론에 있고, 돌연변이 2(*M*–2)가 B 시스트론에 있다고 가정하고, 어느 돌연변이들이 어느 시스트론에 있는지 결정하라. 돌연변이가 적절히 지정되지 못할 수 있는 사례가 있는가?

검사 쌍	결과*
1, 2	+
1, 3	−
1, 4	−
1, 5	+
2, 3	−
2, 4	+
2, 5	−

* +나 −는 상보성이 발생했거나 발생하지 않았음을 표시한다.

해법: *M*-1과 *M*-5는 서로 상보적이며, 따라서 이들은 같은 시스트론 내에 있지 않다. 그러므로 *M*-5는 B 시스트론에 있어야 한다. *M*-2와 *M*-4는 서로 상보적이다. 같은 추론에 의해, *M*-4는 *M*-2와 같은 시스트론이 있지 않으며, 따라서 A 시스트론에 존재한다. *M*-3는 *M*-1이나 *M*-2와 상보적이지 않으므로, 양 시스트론에 모두 존재하는 것으로 보인다. *M*-3가 일정 부분 A와 B 시스트론에 중첩되어 있는 것이 하나의 설명이 될 수 있다. 각 시스트론에서 하나씩 서열 변화가 있는 이중 돌연변이일 수도 있다. 또한, 두 시스트론에 걸친 결실일 경우 *M*-1 또는 *M*-2에 상보적이 아닐 수 있다.

4. 또 다른 돌연변이인 *M*-6가 검사되어 다음과 같은 결과를 얻었다:

검사 쌍	결과
1, 6	+
2, 6	−
3, 6	−
4, 6	+
5, 6	−

M-6에 대해 가능한 모든 결론을 도출하라.

해법: 이 결과는 *M*-6를 B 시스트론에 배정하는 것과 부합한다.

5. *M*-2, *M*-5, 그리고 *M*-6에 대한 재조합 검사를 수행하여 B 시스트론에 대한 지도를 작성하려고 한다. 대장균 B 균주와 K12 균주 두 가지를 사용한 재조합 분석은, *M*-2와 *M*-5 사이와 *M*-5와 *M*-6 사이에서 재조합이 발생하지만 *M*-2와 *M*-6 사이에서는 발생하지 않는 것으로 나타났다. 왜 그럴까?

해법: *M*-2와 *M*-6가 동일한 돌연변이를 나타내거나, 그중 하나는 다른 하나와 겹치지만 *M*-5와는 겹치지 않는 결실일 수 있다. 또한 이 자료로는 둘 다 결실일 가능성을 배제할 수 없다.

6. T4 파지의 *rII* 좌위에 대한 재조합 연구에서, B 균주에서의 동시 감염 이후에 B 대장균과 K12 대장균에서 자란 파지의 수를 계산함으로써 얻어진 수가 갖는 중요성은 무엇인가? 어느 숫자가 항상 더 큰가?

해법: 플라크 분석이 대장균 B 계통에서 행해질 때는, 야생형이나 돌연변이 파지 모두 B 세균을 용균시키므로 mL당 파지의 총수가 결정될 수 있다. 거의 모든 세포가 한 유형 또는 다른 유형의 *rII* 돌연변이이기 때문에 이 값은 K12에서 얻은 값보다 훨씬 크다. 접시에서 완전한 용균을 방지하려면 큰 배수의 희석이 필요하다. K12에서 *rII* 돌연변이는 자라지 않지만, 야생형 파지는 자란다. 야생형 파지는 드문 재조합체이기 때문에 상대적으로 수가 적고 광범위한 희석은 필요하지 않다.

9

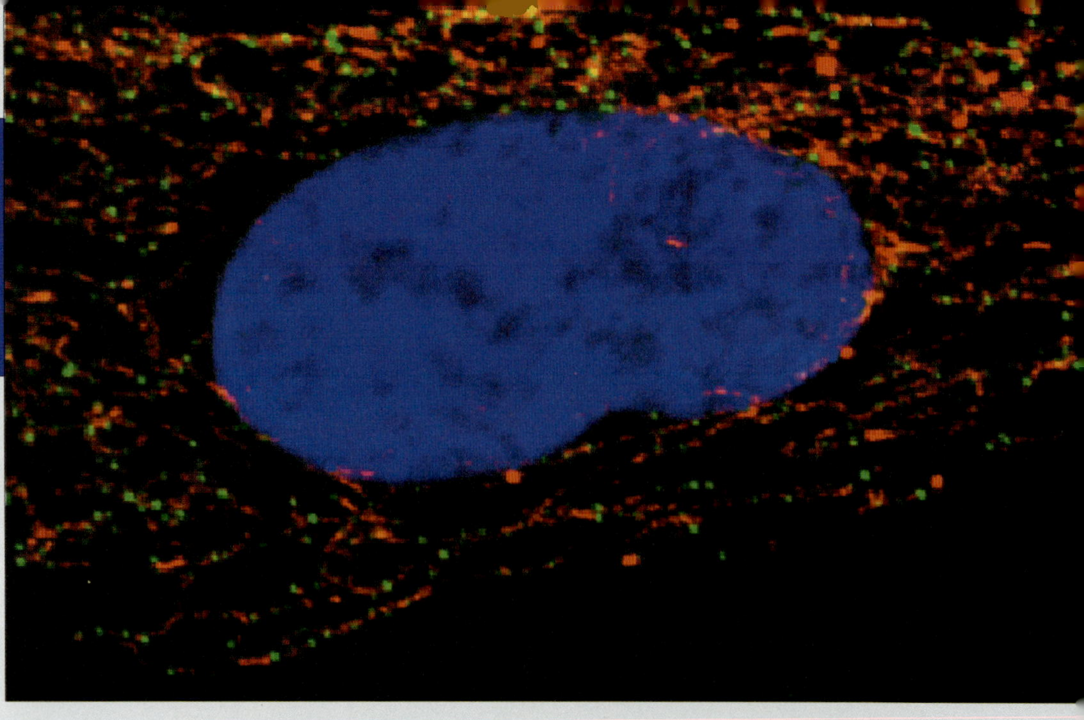

핵 외 유전

관형의 미토콘드리아 네트워크(붉은색으로 염색)에서 핵양체로 존재하는 mtDNA(녹색으로 염색됨)의 존재를 보여주는 포유동물 세포. 세포의 핵은 푸른색으로 염색되어 있다.

핵심 개념

- 핵 내부의 염색체에 위치한 유전자들처럼 양쪽 부모에 의해 전달되는 것이 아닌, 다른 유전적 영향에 의해 발생하는 표현형이 생길 때 핵 외 유전이라고 한다.
- 핵 외 유전의 한 예인 소기관 유전은 미토콘드리아나 엽록체에 포함된 유전정보의 전달에 기인한 것으로, 대체로 한쪽 부모에 의해 발생한다.
- 미토콘드리아 DNA에 의해 결정되는 형질들은 대체로 모계 배우자를 통해 한쪽 부모로부터 전달되지만, 엽록체 DNA에 의해 결정되는 형질들은 한쪽 부모나 양쪽 부모 모두를 통해 전달될 수 있다.
- 미토콘드리아의 돌연변이는 노화과정뿐 아니라 인간의 여러 질환들과도 관련되어 있다.
- 모계 효과란 배우자형성과정과 초기 발생 과정 중에 어머니의 핵 유전자형이 발현된 결과로, 한 생물의 표현형에 매우 강한 영향을 미칠 수 있다.

유전학의 역사를 통해 간혹 어떤 보고들은 멘델 유전학의 기본 원리들—표현형은 양친의 염색체에 존재하는 핵의 유전자들에 의해서만 유전된다—에 도전한다. 관찰 결과 멘델의 원리를 반영하지 못하는 유전 양식들이 드러났으며, 일부는 표현형에 미치는 분명한 핵 외의 영향이 있음을 시사했다. 유전학에서 DNA의 역할이 확고해지기 전에는, 그러한 관찰들은 매우 회의적으로 비쳐졌다. 그러나 분자유전학의 발달과 미토콘드리아와 엽록체에서의 DNA 발견으로 핵외 유전 현상은 곧 유전학의 중요한 분야로 인식되었다.

핵 외 유전에는 몇 가지 변이들이 존재한다. 한 가지 주요 형태는 **소기관 유전(organelle heredity)**이다. 이런 형태의 유전에서는, 미토콘드리아나 엽록체에 포함되어 있는 DNA가 자손의 특정 표현형을 결정한다. 이 사례들은 종종 이 소기관들이 한쪽 부모, 주로 여성 부모의 난자를 통해 자손으로 전달되는 것으로 인식된다. 두 번째 형태는 **감염성 유전(infectious heredity)**이라고 불리는 것으로, 미생물과의 공생 또는 기생 관계에서 발생한다. 그러한 경우, 유전되는 표현형이 숙주 세포의 세포질에 있는 미생물의 존재에 의해 영향을 받는다. 세 번째 형태는 표현형에 미치는 **모계 효과(maternal effect)**를 포함하는 것으로, 난자에 저장된 핵의 유전자 산물들이 난자 세포질을 통해 자손으로 전달되는 것이다. 이런 유전자 산물들은 발생중인 배아의 세포에 분포하며 그 표현형에 영향을 미친다.

이 모든 사례들의 공통 요소는, 자손으로의 유전정보 전달이 핵이 아니라 대체로 한쪽 부모의 세포질을 통해 발생한다는 점이다. 이것이 바로 **핵 외 유전(extracellular inheritance)**을 정의한다.

9.1 소기관 유전에는 엽록체와 미토콘드리아의 DNA가 관여한다

이 절과 다음 절에서는, 엽록체와 미토콘드리아의 기능과 관련된 유전 양식의 예를 살펴볼 것이다. 그런 양식들은 이제 **소기관 유전**(*organelle heredity*)이라는 적절한 용어로 불린다. 형질의 전달에 관한 명확한 기작이 불분명했던 초창기에는, 그들의 유전이 핵의 유전자가 아니라 세포질의 어떤 것과 연관되어 있는 것으로 보였다. 모든 사례에서 그런 것은 아닐지라도, 대체로 형질들은 모계 부모로부터 난자세포질을 통해 전달되는 것으로 보였고, 상반 교배의 결과가 서로 달랐다.

엽록체와 미토콘드리아의 돌연변이에 의한 유전 양식의 분석은, 두 가지 이유 때문에 매우 어렵다. 첫째, 이 소기관들의 기능은 핵과 소기관의 DNA 두 가지 모두에서 생기는 유전자 산물에 의존적이어서, 소기관의 기능에 영향을 미치는 유전적 기원을 찾기가 힘들다. 둘째로는, 많은 미토콘드리아와 엽록체가 한 자손에 기여하고 있으므로, 오로지 하나나 소수의 기관들만이 돌연변이를 가진 경우, 해당 돌연변이 형질은 잘 드러나지 않을 수도 있다. **이형세포질(heteroplasmy)**이라 불리는 이러한 조건은, 돌연변이가 없는 소기관들이 야생형의 기능을 제공하기 때문에 정상 세포를 만들 수 있다. 그러므로 이들의 분석은 멘델식 특징들을 연구하는 것보다 훨씬 복잡하다.

여기서는 소기관 유전에 대한 관심을 불러일으킨 몇 가지 고전적인 사례에 관한 논의로 시작하여, 이후에는 DNA에 관한 정보와 각 소기관의 유전적 기능에 대해 살펴보도록 하자.

엽록체: 분꽃의 얼룩 무늬

1908년에, 멘델의 업적을 재발견한 사람 중 하나였던 코렌스(Carl Correns)는 엽록체의 유전과 관련된 최초의 예를 보고했다. 코렌스는 분꽃(*Mirabilis jalapa*)의 한 변이를 발견했는데, 이들은 희거나, 녹색, 혹은 녹색 점박이 무늬의 잎들이 있는 가지들을 갖고 있었다. 얼룩덜룩한 잎의 흰색 부분과 완전히 흰색 잎들은, 정상적인 녹색 잎의 색을 제공하는 엽록소가 없었다. 엽록소는 엽록체 안에서 빛을 흡수하는 색소이다.

코렌스는 어떻게 이러한 형질의 유전이 일어나는지 궁금했다. 그림 9.1에 정리된 대로, 모든 가능한 교배 조합에서 이 유전은 밑씨 제공자의 표현형에 따라 결정되었다. 예를 들어, 종자(자손)들이 녹색 잎을 가진 가지들의 난자로부터 유도된 것이라면 화분 제공자의 표현형과는 관계가 없이 모든 자손들은 녹색 잎을 가진다. 코렌스는 이 유전이 모계의 세포질을 통한 것이라고 결론지었는데, 화분이 접합자의 세포질에 거의 기여하지 않으며 이 경우 자손의 표현형에 거의 영향을 미칠 수 없었기 때문이다.

꽃가루 생성 장소	밑씨의 위치		
	흰색 가지	녹색 가지	얼룩 가지
흰 가지	흰색	녹색	흰색, 녹색, 또는 얼룩
녹색 가지	흰색	녹색	흰색, 녹색, 또는 얼룩
얼룩 가지	흰색	녹색	흰색, 녹색, 또는 얼룩

그림 9.1 얼룩 무늬 분꽃 식물에서 다양한 가지의 잎들이 관련된 교배로부터 얻은 자손. 사진은 플렉트란투스 식물 잎의 얼룩을 보여준다.

잎의 색깔이 엽록체와 관련이 있으므로, 그 소기관 내에 포함되어 있거나, 세포질에 존재하여 엽록체에 영향을 미치는 유전정보가 그런 유전 양상을 만드는 것임이 틀림없었다. 이제는, 잎의 얼룩무늬에서 녹색 엽록소를 없애는 유전적 "결함"은 엽록소에 위치한 DNA의 돌연변이라는 것이 확실해 보인다.

클라미도모나스의 엽록체 돌연변이들

단세포 녹조류인 클라미도모나스(*Chlamydomonas reinhardtii*)는 색소체 유전을 조사하는 아주 훌륭한 체계를 제공해왔다. 이 반수체 진핵생물은 환형의 이중가닥 DNA 분자를 약 75개 정도 포함하는 한 개의 커다란 엽록체를 가진다. 이배체를 재확립시키는 짝짓기 직후에 감수분열이 발생하며, 생활사의 다양한 단계들이 실험실 배양에서 쉽게 연구될 수 있다. 처음으로 알려진 세포질 돌연변이는 클라미도모나스의 스트렙토마이신 저항성(streptomycin resistance, str^R)으로, 세이거(Ruth Sager)에 의해 1954년에 보고되었다. 클라미도모나스의 두 가지 접합형인 mt^+와 mt^-는 접합자의 세포질에 동등하게 기여하는 것으로 보이지만, 세이거는 str^R 표현형이 오로지 mt^+ 부모 세포를 통해서만 전달된다고 결정했다(그림 9.2). 항생제 감수성과 저항성 계통 사이의 상반 교배는 mt^+ 부모 세포의 유전자형에 따라 결과가 달라졌고, 이것은 모든 자손에서 발현되었다. 그림에서 자손의 절반은 mt^+이고, 다른 절반은 mt^-인 것으로 볼 때, 교배형(mating type)은 멘델식으로 분리되는 핵 유전자에 의해 결정됨을 시사한다.

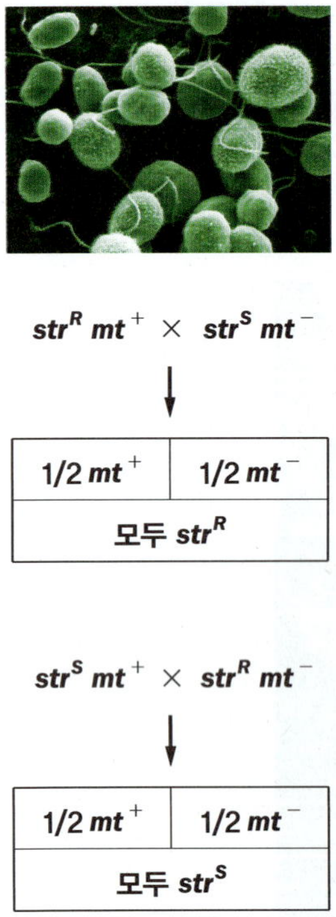

그림 9.2 녹조류 클라미도모나스(사진)에서, 스트렙토마이신 저항성(str^R)과 감수성(str^S) 계통 사이의 상반 교배 결과.

반대 교배형의 두 세포가 융합하는 수정이 발생하면, 두 교배형의 엽록체들도 융합한다. 생성된 접합자가 감수분열을 일으키고 반수체 세포들이 생산된 후에는, 자손의 엽록체에 있는 유전정보가 mt^+ 부모에게서만 기인한 것이 분명해진다. mt^- 엽록체에 존재하던 원래의 유전정보는 퇴화된다.

세이거의 발견 이후, 비슷한 단일 부모 유전 양식을 보이는 다수의 다른 클라미도모나스 돌연변이들(다양한 항생제들에 저항성을 갖거나 의존적인)이 발견되었다. 이런 돌연변이들은 모두 엽록체의 전달과 관련되어 있으며, 그에 대한 연구는 엽록체 유전에 대한 우리의 지식을 확장시켰다.

풀어보기

9.1 진핵성 녹조류인 클라미도모나스는 세균의 단백질합성을 방해하는 항생제인 에리트로마이신(erythromycin)에 민감하다. 이 조류에는 두 가지 형태의 교배형이 존재하는데, mt^+와 mt^-이다. 만약 항생제에 감수성인 mt^+ 세포가, 항생제에 저항성인 mt^- 세포와 교배되면, 모든 자손 세포들은 감수성을 보인다. 상반교배(저항성인 mt^+와 감수성인 mt^-로 교배) 결과, 모든 자손 세포들은 저항성을 가진다. 이 저항성 돌연변이가 엽록체 DNA에 있다고 가정하면, 이 교배 결과들로부터 어떤 결론을 내릴 수 있겠는가?

■ **힌트:** 이 문제는 단세포 조류에서 소기관의 세포질 전달에 대한 이해와 관련된 것이다. 해법의 핵심은 그 형질의 유전이 단일 부모에 의한 것인지 양친 부모에 의한 것인지의 두 가지 가능성에서 기대할 수 있는 결과를 고려하는 것이다.

미토콘드리아에 의해 영향을 받는 표현형의 유전 역시 클라미도모나스에서는 단일 부모형 유전을 나타낸다. 그러나 미토콘드리아에 의해 조절되는 항생제 저항성의 몇 가지 사례들에 관한 전달을 연구한 결과, 자손에게 그 미토콘드리아 유전정보를 전달하는 것은 mt^- 부모임이 밝혀졌다. 이것은 str^R과 같은 엽록체 유래성 표현형에서 발생하는 것과는 정반대이다. 한 부모에게서 한 소기관을 물려받고 다른 부모에게서 다른 소기관을 물려받는 것의 중요성에 대해서는 아직 밝혀진 바가 없다.

미토콘드리아 돌연변이: 빵곰팡이와 효모에 대한 초기의 연구들

앞서 언급했듯이, 미토콘드리아 기능에 영향을 미치는 돌연변이가 발견되어 연구된 결과, 이들 역시도 특징적인 유전 체계를 가지고 있음이 밝혀졌다. 엽록체와 마찬가지로, 미토콘드리아 돌연변이들은 세포질을 통해 유전된다. 1952년에 미첼 부부(Mary B. Mitchell과 Hersel K. Mitchell)는 붉은빵곰팡이인 *Neurospora crassa*에 대한 연구를 수행하였다(그림 9.3). 이들

그림 9.3 페트리 접시 위에서 자란 빵곰팡이 *Neurospora crassa*.

은 천천히 자라는 돌연변이주를 발견하였고 **굼벵이**(*poky*)라 명명했다. 느린 성장은 비정상적인 미토콘드리아 기능 때문이었는데, 특히 전자 전달에 필수적인 특정 시토크롬과 연관되어 있었다. 야생형과 굼벵이 돌연변이주와의 유전적 교배 결과, 굼벵이가 세포질을 통하는 핵 외 유전 형질임이 제안되었다. 만약 한 가지 교배형이 굼벵이이고 다른 쪽이 야생형이면, 모든 콜로니들은 굼벵이가 된다. 다른 교배형에 의해 굼벵이가 유전된 상반 교배에서는 정상의 야생형 콜로니들이 생산된다.

미토콘드리아 돌연변이에 대한 또 다른 연구는 효모인 *Saccharomyces cerevisiae*를 사용하여 수행되었다. 1956년, 에프러시(Boris Ephrussi)와 동료들에 의해 명명된 **귀요미**(*petite*)라는 돌연변이주는 매우 작은 크기의 콜로니들 때문에 그런 이름이 붙었다(그림 9.4). 많은 독립적 귀요미 돌연변이들을 분석한 결과 이들이 동일한 특징을 갖는다는 것이 밝혀졌는데, 모두 비정상적인 전자 전달이 관여된 세포 호흡 결함이 있었다. 그들 대부분은 세포질 유전을 보여 미토콘드리아 DNA에 돌연변이가 있음을 시사하고 있었다. 이 생물은 조건적 혐기성으로서 해당과정을 통한 발효로 자랄 수 있다; 따라서 혐기적으로 에너지를 생산함으로써 미토콘드리아 기능의 소실을 극복할 수 있다.

귀요미 돌연변이의 복잡한 유전이 그림 9.5에 정리되어 있다. 이러한 돌연변이의 일부분은 핵 유전자의 돌연변이에 기인한 것으로, 그 유전자의 산물이 미토콘드리아로 운반되어 작용하는 것들이다. 그들은 멘델식 유전을 나타내므로 **분리형 귀요미들**(*segregational petites*)로 불린다. 나머지 돌연변이들은 미토콘드리아 DNA의 변화를 암시하는 세포질 전달을 나타낸다. 이들은 짝짓기에서 두 가지 효과 중 하나를 생성한다. **중립형의 귀요미**(***neutral petites***)를 야생형과 교배하면 감수분열 산물(자낭포자라고 함)이 생기고 이로부터 야생형 또는 정상 콜로니만 자란다. 그러한 교배의 자손이 중립형의 귀요미에 역교배되는 경우에도 같은 패턴이 계속된다. 대부분의 "중립형" 세포들은 mtDNA가 완전히 없거나 상당한 부분을 잃어버렸기 때문에, 그들의 자손이 정상이 되려면 중립 개체들은 생식 후 정상적인 부모로부터 호기성 호흡이 가능한 미토콘드리아를 물려받아야 한다. 이것은 효모에서 미토콘드리아가 양쪽의 부모 세포로부터 유전된다는 것을 확인시켜준다. 정상적인 부모의 기능적 미토콘드리아는 자손에서 복제되어 호기성 호흡을 지원한다.

세 번째 돌연변이 형태는 **억제성 귀요미들**(***suppressive petites***)인데, 다른 결과를 제공한다. 돌연변이와 야생형 사이의 교배로 이배체 접합자가 생성되며, 이것이 감수분열한 후에는 모두 귀요미 표현형을 나타내는 반수체 세포들이 생긴다. 자손

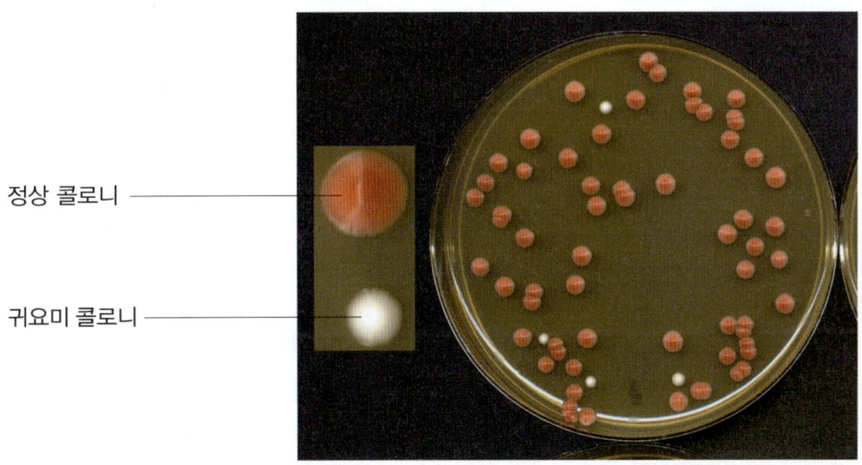

그림 9.4 효모인 *Saccharomyces cerevisiae*의 정상 콜로니와 귀요미 콜로니 비교. 더 큰 정상 콜로니들은 분홍색으로 나타나고, 더 작은 돌연변이 귀요미 콜로니들은 흰색으로 보인다.

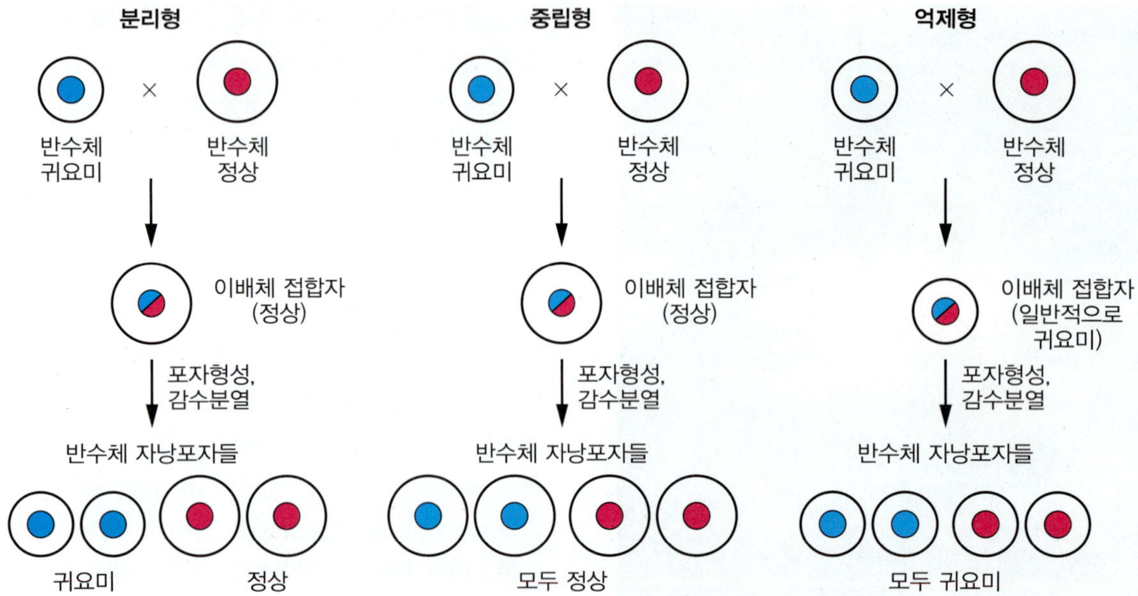

그림 9.5 효모인 *Saccharomyces cerevisiae*에서, 미토콘드리아의 기능에 영향을 미치는 3가지 형태의 귀요미 돌연변이들이 포함된 교배의 결과.

이 양쪽 부모들로부터 미토콘드리아를 받는다는 것을 감안하면, 귀요미 세포들은 소위 **우성 방해(dominant-negative) 돌연변이**로 행동하므로, 이들은 어떻게든 야생형 미토콘드리아의 기능을 억제하는 것이다.

소기관 DNA에 관한 두 가지 주요 가설들이 이런 억제 현상을 설명하기 위해 제안되었다. 한 가지 설명은 미토콘드리아 내의 그 돌연변이(혹은 결실된) DNA(mtDNA)가 더 빠르게 복제되므로 결과적으로 돌연변이 미토콘드리아가 숫자만으로 표현형을 압도하는 것이라고 주장한다. 두 번째 설명은 돌연변이와 야생형 mtDNA들 사이에서 재조합이 발생하여 정상 mtDNA 내로 오류가 도입되거나 파괴되는 것이라고 설명한다. 이런 설명들 중 어느 것이 옳은지 혹은 둘 다 맞는 것인지는 아직 확실하지 않다.

풀어보기

9.2 호기적으로 배양된 효모에서, 귀요미(petite) 돌연변이가 분리되었다. 이런 표현형을 만든 돌연변이를 결정하기 위해, 귀요미와 야생형 계통이 교배되었다. 그런 교배는 다음과 같은 3가지 가능한 결과를 만든다.
(a) 모두 야생형
(b) 일부는 귀요미, 일부는 야생형
(c) 모두 귀요미
각 결과에 대해, 이 귀요미 돌연변이 형태에 관해 어떤 결론이 올바르겠는가?

■ **힌트:** 이 문제는 귀요미 표현형이 미토콘드리아의 기능과 관련되어 있으며 이것이 어떻게 유전되는지에 관해 이해하고 있는가를 묻고 있다. 답의 열쇠는 효모에서 미토콘드리아의 유전이 양친형이라는 데 있다.

9.2 미토콘드리아와 엽록체 DNA에 대한 지식은 소기관 유전에 관한 설명을 제공한다

미토콘드리아와 엽록체가 자신의 DNA뿐 아니라 유전정보를 발현할 수 있는 체계도 가진다는 사실은 이미 언급했듯이 식물, 효모, 그리고 다른 곰팡이들에서 돌연변이들이 발견되고 또 그에 따른 유전 양식이 드러나면서 처음으로 제안되었다. 미토콘드리아와 엽록체들이 대부분의 생물에서 모계의 세포질을 통해 유전되고, 돌연변이들이 이론적으로 엽록체나 미토콘드리아의 변경된 기능과 연관될 수 있었기 때문에 유전학자들은 이 소기관들에서 보다 직접적인 DNA의 증거를 찾기 시작했다. 미토콘드리아와 엽록체의 정상적인 성분으로서 독특한 DNA가 발견된 것뿐 아니라, 이 유전적 정보의 성질에 대한 자세한 조사가 이루어지자, 이 소기관들의 진화적 기원에 관한 중요한 단서를 제공하게 되었다.

소기관 DNA와 내공생 이론

전자현미경학자들은 미토콘드리아와 엽록체에서 DNA의 존재를 보고했을 뿐 아니라, 이 소기관을 포함하고 있는 세포의 핵에서 나타나는 것과는 조금 다른 형태로 존재하고 있음을 확인했다(그림 9.6과 9.7). 엽록체와 미토콘드리아의 DNA는 세

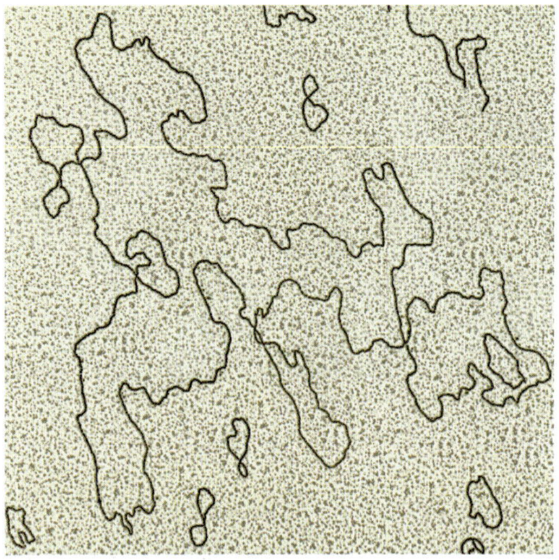

그림 9.6 상추에서 얻은 엽록체 DNA(cpDNA)의 전자현미경상. cpDNA에 암호화되는 유전자들은 이 소기관 내에서 유전정보의 전사와 번역을 위한 기초를 제공할 뿐 아니라 식물의 광합성 기능에 참여한다.

균의 DNA와 매우 닮아보인다. 이런 유사성은, 소기관 특이적인 전사와 번역이 가능한 독특한 유전 체계의 존재를 확인하면서 마굴리스(Lynn Margulis) 등의 연구자들이 **내공생 이론(endosymbiotic theory)**이라 알려진 가설을 제안하게 했다. 기본적으로, 이 이론은 미토콘드리아와 엽록체가 독립적으로 약 20억 년 전에 자유 생활을 하던 프로테오박테리아(원시 세균)로부터 생겨난 것이라고 주장한다. 원래의 생물들은 이제 이 소기관들의 능력으로 간주되는 유기호흡과 광합성 능력을 각각 보유했다. 이런 생각은 이 고대의 세균형 세포들이 원래 유기호흡을 수행할 능력이나 햇빛으로부터 에너지를 수확하는 능력이 없었던 더 큰 원시 진핵세포에 삼켜졌다고 제안한다. 연이어 이로운 공생관계가 확립되었고, 그에 의해 세균은 결국 그들의 자율적 기능을 상실한 반면, 진핵성 숙주 세포는 경우에 따라 산화적 호

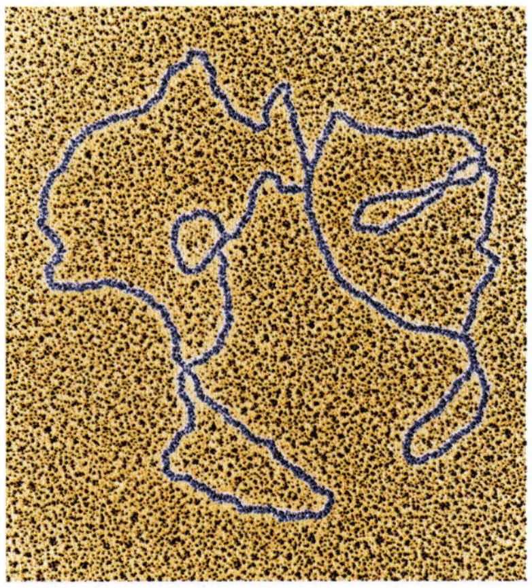

그림 9.7 개구리인 *Xenopus laevis*에서 얻은 미토콘드리아 DNA의 전자현미경상.

흡이나 광합성 등의 능력을 얻게 되었다. 비록 몇 가지 질문들에 대해서는 답을 더 찾아야 하겠지만, 이 이론을 지지하는 증거들이 계속 축적되고 있었으며, 이 기본 주장은 현재 널리 받아들여진다.

현대의 미토콘드리아에 대한 간략히 살펴보는 것이 이 내공생 이론을 더 잘 이해하게 도와줄 것이다. 그러한 침입 사건에 연이은 진화의 과정 중에, 다양한 진핵 생물들의 독특한 분기들이 생겨났다. 숙주 세포들의 진화가 진행됨에 따라, 동반자 세균 역시 그들만의 독립적 변화를 겪었다. 1차적인 변화는 침입한 세균으로부터 유전자들 다수가 숙주 세포의 핵으로 이동한 것이다. 이 유전자들의 산물은, 아직 이 소기관에서 작용하긴 하지만, 그럼에도 이제는 핵에서 암호화되어 전사된 후 소기관으로 이동되기 전에 세포질에서 번역된다. 오늘날 전형적인 미토콘드리아 유전체에 남아 있는 DNA의 양은 그들이 유래했던 자유 생활 세균들과 비교하면 아주 미미한 양이다. 이제 가장 유전자가 많은 소기관은, 가장 작다고 알려진 세균에 존재하는 유전자의 10% 미만을 보유하고 있다.

엽록체의 진화에서도 비슷한 변화들이 나타났다. 바로 다음 절에서는 현대의 엽록체와 미토콘드리아에 대해 알려진 것들을 조금 더 자세히 살펴보도록 할 것이다.

엽록체 DNA의 분자적 조직화와 유전자 산물들

광합성을 책임지는 엽록체는 DNA(유전정보의 원천으로서)뿐 아니라 완전한 단백질 합성 기구들을 포함하고 있다. 엽록체의 번역 기구를 구성하는 분자적 성분들은 핵 유전자와 소기관의 유전정보 양쪽에서 유래한다.

그림 9.6에 제시된 엽록체 DNA(cpDNA)는 서로 다른 생물들 사이에서도 비교적 크기가 일정하며 100~225 kb 길이이다. 이것은 세균 세포에서 발견되는 DNA와 많은 공통점을 가진다. 이것은 환형의 이중 가닥 분자이며, 진핵성 DNA에서 특징적인 연관 단백질들이 없다. 같은 생물의 핵 DNA와 비교하면, 언제나 밀도와 염기 조성에서 차이를 보인다.

cpDNA의 크기는 mtDNA 보다 훨씬 크다. 이것은 일정 부분 유전자의 수가 많기 때문일 수 있다. 그러나 대부분의 차이는 유전자 내부와 유전자 사이에 다수의 긴 비암호성 뉴클레오타이드 서열들이 존재하기 때문인 것으로 보인다. 유전자 내부의 것들은 진핵성 핵 DNA의 특징인 인트론, 혹은 비암호성 DNA들이다(13장 참고). 많은 DNA 서열들의 중복 역시 존재한다. 그런 비암호성 서열들은 여러 식물들에서 다양하기 때문에, 이들은 원시 진핵성 세포에 처음 침입한 이후 엽록체들에서 독립적으로 발생한 진화를 시사한다.

녹조류인 클라미도모나스에서는, 소기관당 약 75개의 엽록

체 DNA 분자들이 존재한다. 스위트피같은 고등 식물들에서도 소기관마다 DNA 분자의 다수 사본들이 존재하지만 그 분자(134 kb)는 클라미도모나스의 것(195 kb)보다는 훨씬 작다. 흥미롭게도, 일부 생물에서는 엽록체 내 DNA 사본들 사이의 유전적 재조합이 보고되기도 했다.

엽록체 DNA에 암호화되는 많은 유전자 산물들은 이 소기관 내에서의 번역 과정 중에 작용한다. 그들 중에는 리보솜 RNA들인 16*S* rRNA와 23*S* rRNA들을 암호화하는 유전자들 두 세트가 존재한다. 여기서 *S*는 스베드베리 상수(10장에 설명됨)를 나타내며, 그 분자의 크기 및 모양과 관련된 것이다. 더하여, cpDNA는 다수의 운반 RNA들(tRNAs)과, 엽록체 리보솜에 특이적인 여러 개의 리보솜 단백질을 암호화한다. 우산이끼에서 cpDNA가 최초로 서열화되었으며, 여기에는 30개의 tRNA들과, RNA 중합효소, 다수의 rRNA들, 그리고 다수의 리보솜 단백질을 암호화하는 유전자들이 존재한다. 서로 다른 식물들에서 cpDNA에 암호화되는 유전자 산물들의 변이는 다시 한번 엽록체 내에서 발생한 독립적 진화를 증명한다.

엽록체 리보솜들은 핵 유전자들에 의해 암호화되는 세포질의 것과는 매우 다르드다. 이들은 세균 리보솜의 특성인 70*S* 보다 약간 더 작은 크기의 스베드베리 상수를 가진다. 일부 엽록체 리보솜 단백질은 엽록체 DNA에 의해 암호화되고 일부는 핵 DNA에 의해 암호화되지만, 전부는 아니라도 대부분의 그러한 단백질들은 세포질 리보솜에 존재하는 대응 단백질과 화학적으로 구별된다. 두 관찰 모두 내공생 이론을 직접적으로 뒷받침한다.

이 소기관과 관련하여 주요 역할을 담당하는, 광합성 기능에 특이적인 또 다른 엽록체 유전자가 확인되었다. 예를 들어, 이끼에서는 92개의 엽록체 유전자들이 광의존성 광합성 반응에 필수적인 세포 구성 요소인 틸라코이드 막 단백질들을 암호화한다. 이 유전자들에서의 돌연변이는 광합성을 비활성화할 수 있다. 핵과 엽록체 사이의 전형적인 유전자 분포는 주요 광합성 효소 중 하나인 리불로오스-1-5-비스포스페이트 카르복실레이즈(ribulose-1-5-bisphosphate carboxylase; *Rubisco*로 알려짐)에 의해 설명된다. 이 효소의 작은 소단위는 핵 유전자에 의해 암호화되는 반면, 큰 소단위는 cpDNA에 의해 암호화된다.

미토콘드리아 DNA의 분자적 조직화와 유전자 산물들

미토콘드리아 DNA(mtDNA)의 구조와 유전자 산물들에 관한 광범위한 정보들을 찾아볼 수 있다. 대부분 진핵생물들에서는, mtDNA가 cpDNA와 마찬가지로 이중 가닥으로 존재하며 닫힌 원형이고(그림 9.7), 진핵성 염색체 DNA의 특징인 단백질들이 없다. 예외도 발견되는데, 일부 섬모를 가진 원생동물에서는 선형 DNA로 존재한다.

표 9.1 여러 생물의 mtDNA 크기

생물	크기(kb)
Homo sapiens(인간)	16.6
Mus musculus(생쥐)	16.2
Xenopus laevis(개구리)	18.4
Drosophila melanogaster(초파리)	18.4
Saccharomyces cerevisiae(효모)	75.0
Pisum sativum(완두)	110.0
Arabidopsis thaliana(애기장대)	367.0

크기 면에서, mtDNA는 cpDNA보다 훨씬 작으며, **표 9.1**에서처럼 생물마다 매우 다양하다. 인간을 포함한 다양한 동물들에서, mtDNA는 약 16,000~18,000 bp(16~18 kb)로 구성된다. 그러나 효모(*Saccharomyces*)의 mtDNA는 75 kb이다. 식물들은 전형적으로 이 정도를 초과하며, 겨자과 식물인 애기장대(*Arabidopsis*)의 미토콘드리아에도 367 kb 크기의 mtDNA가 존재한다. 척추동물은 소기관당 5~10개의 mtDNA 분자를 가지는 반면, 식물은 소기관당 20~40개의 사본을 가진다. mtDNA 유전체의 유전자 수는 종에 따라 12개 미만의 유전자에서 100개 유전자까지 다양하다.

mtDNA에는 몇 가지 주목할만한 점이 있다. 미토콘드리아 유전자에는 거의 예외 없이 cpDNA와는 다르게 인트론이 없으며 유전자 반복 현상도 거의 존재하지 않는다. 일반적으로 유전자 사이의 간격 DNA도 많지 않다. 이것은 인간처럼 mtDNA의 크기가 상당히 작은 종에서 특히 그렇다. 훨씬 큰 mtDNA 분자를 가지는 효모에서는 인트론과 유전자 간 간격 DNA 때문에 DNA가 훨씬 많다. 13장에서 논의되겠지만, 미토콘드리아 유전자의 발현에는 표준 유전암호가 몇 가지 바뀌어 사용된다. 또한 미토콘드리아에서의 복제는 핵 DNA에 의해 암호화되는 효소에 의존적이라는 사실도 흥미롭다.

인간의 mtDNA는 두 개의 리보솜 RNA(rRNAs)와, 22개의 운반 RNA(tRNAs), 그리고 그 소기관에 호기적 호흡 기능에 필수적인 13개의 폴리펩타이드를 암호화한다. 예를 들어, 미토콘드리아에 암호화되는 유전자 산물들은 미토콘드리아 내막에서 발견되는 전자 전달 사슬의 모든 단백질 복합체에 존재한다. 대부분의 경우, 이런 폴리펩타이드들은 다사슬 단백질의 단위체인데, 이런 단백질 중 많은 것들이 핵에서 암호화되어 세포질에서 합성된 후 소기관으로 이동되는 소단위들을 포함한다. 따라서 세포 호흡을 위한 단백질 합성 기구와 분자 성분들은 핵과 미토콘드리아 유전자들로부터 협동적으로 생성된다.

엽록체와 마찬가지로, 미토콘드리아 역시 mtDNA에 암호화되는 유전자의 번역에 참여하는 독특한 리보솜을 가진다. 서로

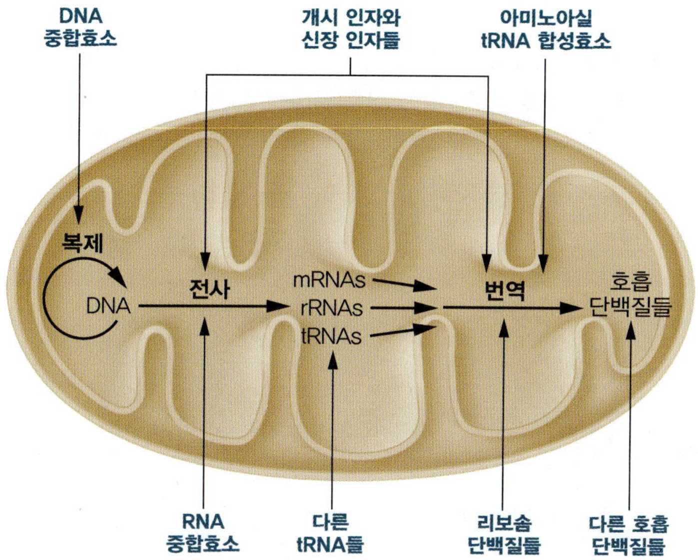

그림 9.8 미토콘드리아 기능에 필수적인 유전자 산물들. 소기관 내로 들어오도록 표시된 것들은 핵 유전자들에 의해 암호화되며 세포질로부터 유래한다.

다른 생물의 미토콘드리아 리보솜들은 매우 다양해서, 세포질의 리보솜들이 일정하게 80*S*인데 반해, 스베드베리 상수 범위가 55*S*~80*S*에 이른다. 미토콘드리아에서 작용하는 단백질 대부분은 핵 유전자에 의해 암호화된다. 사실, 약 1,500개의 핵-암호화 유전자 산물들이 이 소기관의 생물학적 활성에 필수적이다. 예를 들어, DNA 중합효소와 RNA 중합효소, 번역 개시인자들과 신장인자들, 리보솜 단백질들, 아미노아실 tRNA 합성효소들, 그리고 몇 가지 tRNA들이 포함된다. 미토콘드리아 단백질의 mRNA 공정과 번역 후 변형에도 역시 핵 유전자 산물들이 관여한다. 주목할 것은, 세포질이나 소기관 양쪽 세트들이 모두 핵 유전자에 의해 암호화된 것이라고 해도, 이렇게 수송된 성분들은 세포질의 대응물과는 다르므로 내공생 이론을 더욱 지지한다. 예를 들어, 미토콘드리아의 tRNA 분자를 충전(번역 필수 과정)하는 데 필수적인 합성 효소들은 세포질의 tRNA들과 비교하면 미토콘드리아 tRNA들에 뚜렷하게 다른 친화성을 보인다. 개시 인자들과 신장 인자들 역시 비슷한 친화성을 보인다. 게다가, 세균성 RNA 중합효소와 핵의 RNA 중합효소들은 다수의 소단위체들로 구성되는 것으로 알려진 데 반해, 미토콘드리아의 것은 오직 하나의 폴리펩타이드 사슬로만 구성된다. 이 중합효소는 일반적으로 세균의 RNA 합성을 저해하는 항생제에 민감하지만, 진핵성 저해제에는 영향을 받지 않는다. 핵과 미토콘드리아 유전자 산물들의 다양한 기여 과정이 그림 9.8에 정리되어 있다.

풀어보기

9.3 인간의 미토콘드리아에 있는 DNA는 22가지의 tRNA 분자들을 암호화한다. 그러나 미토콘드리아 내에서 단백질을 번역하기 위해서는 32가지의 tRNA들이 필요하다. 어떻게 가능할지 설명하시오.

■ **힌트:** 이 문제는 진핵생물 미토콘드리아의 기원에 대한 이해를 묻고 있다. 해답의 열쇠는 내공생 이론과 그 파생효과에 대해 고려해보는 것이다.

더 많은 연습이 필요하면 문제 17~19번을 참고하라.

9.3 미토콘드리아 DNA의 돌연변이가 인간의 유전 질병을 일으킨다

인간의 미토콘드리아에서 발견된 DNA는 완전히 서열화되었고, 16,569 bp를 포함한다. 추정에 따르면 미토콘드리아를 발생시킨 것으로 생각되는 원세균들에는 수천 개의 유전자가 포함되어 있지만, 인간 mtDNA에는 37개의 유전자만 있으며 모두 필수적인 것으로 보인다. 일부 조상 유전자는 핵 유전체로 옮겨진 것으로 알려져 있지만, 많은 수의 비필수 유전자가 미토콘드리아 유전체에서 사라졌을 가능성이 있다. mtDNA에 암호화되는 유전자 산물에는 호기성 세포 호흡에 필요한 13개의 단백질이 포함된다. 세포의 에너지 공급이 대부분 호기성 세포 호흡에 의존하기 때문에, 미토콘드리아의 어떤 유전자라도 돌연변이에 의해 망가지면 그 생물에 심각한 영향을 미칠 가능성이 있다. 우리는 효모의 귀요미 돌연변이에 대한 앞의 논의에서 이런 내용을 언급했었다. 만약 이 생물이 혐기적 호흡 능력이 없었다면 이런 돌연변이는 치명적이었을 것이다. 사실, mtDNA는 적어도 세 가지 이유로 돌연변이에 특히 취약하다. 첫째, mtDNA는 핵 DNA처럼 히스톤 단백질이 제공하는 구조적 보호를 받지 못한다. 둘째, mtDNA에 대한 DNA 복구 기작은 제한적이다. 셋째, 미토콘드리아는 세포 호흡에 의해 생긴 돌연변이원성 **활성 산소종들(reactive oxygen species, ROS)**의 농도가 매우 높다. 좁은 공간 내에서 ROS들은 소기관의 성분들에 독성을 미치며 단백질, 지질 및 mtRNA를 손상시키는 것으로 알려져 있다. 궁극적으로, 이것은 미토콘드리아에서 점 돌연변이와 결실의 빈도를 증가시킨다. 결과적으로, mtDNA에서의 돌연변이들은 핵 DNA에서보다 적어도 10배는 더 많이 발생한다.

개별 세포들은 수천 개의 미토콘드리아를 가질 수 있다. 다행스럽게도, 하나의 접합자는 난자를 통해 다수의 소기관들을 받으며, 한 개나 혹은 몇 개의 소기관들이 돌연변이를 포함하고 있다고 해도, 돌연변이가 없는 정상 기능의 다른 많은 미토콘드리아들에 의해 해로운 영향이 매우 희석된다. 초기 발생 동안 접합자에 존재하던 미토콘드리아의 초기 집단은 세포 분열에 의해 분산되며, 새로 형성된 세포에서 이 소기관들이 스스로 증식한다. 따라서 배아 그리고 이후의 성체 생물은 정상 및 비정상 소기관이 다양하게 혼합된 세포를 갖게 된다. 이 장의 앞부분에서 지적한 바와 같이, 소기관 유전물질들의 이러한 변이를 **이형세포질**(*heteroplasmy*)이라고 한다.

인간의 질병이 유전적으로 변화된 미토콘드리아 때문이려면 몇 가지 기준이 충족되어야 한다:

1. 유전현상은 멘델식이 아니라 모계 유전을 나타내야 한다.
2. 그 질병이 해당 소기관의 생물에너지학적 기능 결핍을 반영해야 한다.
3. 하나 이상의 미토콘드리아 유전자에 돌연변이가 존재해야 한다.

오늘날, 150가지 이상의 매우 다양한 인간 증후군이 이러한 특성을 나타내는 것으로 알려져 있다. 몇 가지는 유아기에 발현되는 반면, 다른 것들은 성인이 될 때까지 발현되지 않는다. 일부는 다수의 기관계에 영향을 미치지만, 다른 것들은 매우 기관 특이적이다. 예를 들어, **근간대성 경련 발작과 거칠고 붉은 섬유성 질환(myoclonic epilepsy and ragged-red fiber disease, MERRF)**은 모계 유전 양식을 나타낸다. 환자인 어머니의 자손들만 이 병을 전달받는 반면, 아버지를 환자로 둔 자손들은 정상이다. 이런 희귀 질병을 가진 사람들은 운동실조증(ataxia; 근육 협조가 잘 일어나지 않음), 청각장애, 치매, 그리고 간질 발작을 나타낸다. 이 질병은 "누더기의 붉은(ragged-red)" 골격근 섬유 때문에 이런 이름이 붙여졌는데, 이 섬유들은 비정상 미토콘드리아의 증식 때문에 붉은 조각 무늬를 나타낸다(그림 9.9). 뇌의 기능은 에너지를 많이 요구하므로, 이러한 질병에 영향을 받는다. 따라서 위에 언급한 신경적 증상들이 수반된다.

MERRF 환자들로부터 얻은 mtDNA를 분석한 결과 tRNA를 암호화하는 미토콘드리아의 22개 유전자 중 하나에서 돌연변이가 드러났다. 특별히, $tRNA^{Lys}$(번역 중에 라이신을 수송하는 tRNA)를 암호화하는 이 유전자의 DNA 서열이 A에서 G로 전이되어 있었다. 이 유전적 변화는 이 소기관 내에서의 번역 능력을 방해하며 결과적으로 이 질병의 다양한 증상을 유발한다.

환자의 세포는 이형세포질을 나타내는데, 정상 미토콘드리아와 비정상 미토콘드리아들이 혼재한다. 서로 다른 환자들은 이 비율이 서로 다르며, 심지어는 같은 환자에서도 세포가 다르면 비정상 미토콘드리아의 수준도 다양하게 나타난다. 이형세포질이 아니었더라면, 그 돌연변이는 아마도 개체에 치명적이었을 것이므로, 미토콘드리아의 기능이 생물에 필수적이며, 이것은 소기관 내의 DNA에 의해 암호화된 유전자에 의존한다는 것을 알 수 있다.

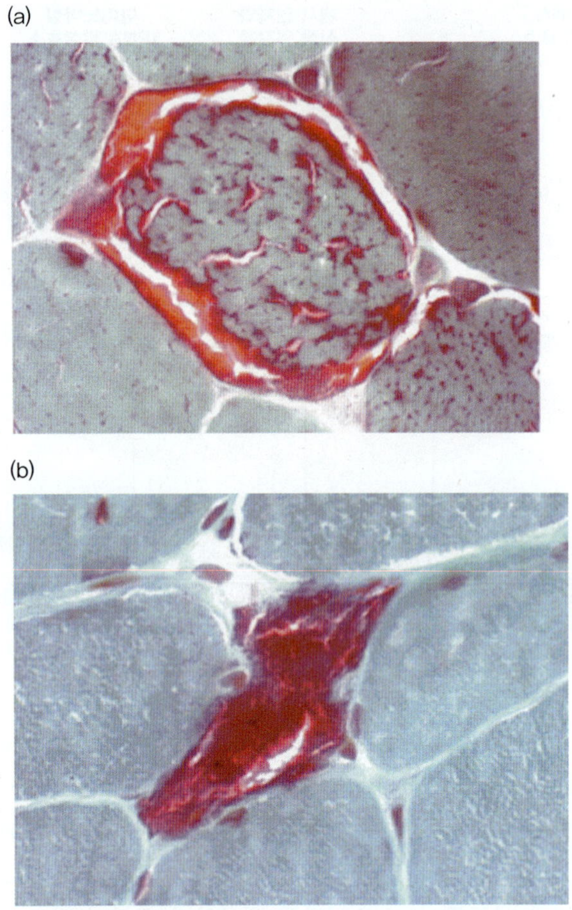

그림 9.9 MERRF와 여러 관련 미토콘드리아 질병의 환자들에서, 골격근 세포에 흔히 나타나는 너덜너덜한 적색 섬유들. (a) 근섬유에서 미토콘드리아가 약간 증식되었다. (붉은 가장자리와 세포질 내의 반점들을 보라.) (b) 미토콘드리아가 세포 구조 대부분을 대체하는 뚜렷한 증식.

두 번째 질병인 **레버의 유전성 안신경증(Leber's hereditary optic neuropathy, LHON)** 역시 mtDNA 손상뿐 아니라 모계 유전 양식을 나타낸다. 이 질병은 급작스런 양안 실명이 특징이다. 평균 시력 상실 연령은 27세지만, 발병 시기는 다양하다. 네 가지 돌연변이가 규명되어 있는데, 이들 모두 세포 호흡의 마지막 경로인 정상적인 산화적 인산화를 망가뜨린다. 50% 이상의 사례들이 미토콘드리아 유전자의 특정 위치에서 발생한 돌연변이 때문인데, 이 유전자는 NADH 탈수소화효소의 소단위를 암호화한다. 이 돌연변이는 모계의 미토콘드리아를 통해 모든 자손에게 전달된다. 주목할 점은 많은 LHON 사례들에서 가족력이 없다는 관찰이다; 상당수 사례들이 새로 발생한 돌연변이에 의한 "산발적" 경우들이다.

세 번째 질병은 **케언즈-세이어 증후군(Kearns-Sayre syndrome, KSS)**으로, 이 환자들은 시력 상실과 청력 상실을 경험하며 심장병이 나타난다. KSS의 유전적 기초는 mtDNA의 다양한 위치에서의 결실을 포함한다. 많은 KSS 환자는 어린 시절에는 증상이 없지만 성인이 되면서 진행성 증상을 보인다. 결실 돌연변이를 나타내는 mtDNA의 비율이 증가하면 증상의 심각성 역시 증가한다.

미토콘드리아: 인간의 건강과 노화

유전성 미토콘드리아 질병들에 관한 연구는 정상적인 발달에 이 소기관이 매우 중요하다는 통찰을 제공해준다. 사실, 미토콘드리아의 기능 부전은 빈혈, 시력 상실, 제2형(후발성) 당뇨, 자폐증, 동맥경화증, 불임 등과 더불어, 파킨슨병, 치매, 헌팅턴병, 정신분열증과 조울증 같은 신경퇴행성 질환들, 그리고 다양한 암들을 포함한 인간의 여러 가지 주요 질병들에 관여하는 것으로 보인다. 예를 들어 피부, 결장, 간, 유방, 췌장, 폐, 전립샘, 그리고 방광에서의 암 같은 인간의 질병들에서 mtDNA에서의 돌연변이들이 존재한다는 것이 점차 분명해지고 있다.

150가지 이상의 분명한 mtDNA-관련 유전 증상들과 연관성을 보이는 400가지 이상의 mtDNA 돌연변이들이 발견되었다. 초기-단계의 질병 마커들로 작용할 수 있는 mtDNA 유전체의 돌연변이 추적용 유전자 검사들도 개발되었다. 예를 들어, 피부 세포에서의 mtDNA 돌연변이들은 UV에 대한 노출 누적과 피부암 발생에 관한 생물 표지자로서 추적되어왔다. 그러나 mtDNA 돌연변이들이 악성 종양들의 발생을 일으키는 원인으로 작용하는지, 혹은 그들이 종양 형성에 따른 결과인지는 아직 명확하지 않다. 그럼에도 불구하고, 많은 화학적 발암물질들이 mtDNA에 심각한 돌연변이 효과를 미친다는 데이터를 포함하여, mtDNA 돌연변이들과 암 사이에는 흥미로운 연관성이 존재한다.

미토콘드리아 관련 유전성 질병들에 대한 연구는 미토콘드리아의 점진적 기능 부전과 노화 사이에 연관이 있음을 제시하기도 한다. mtDNA에서의 산발성 돌연변이 축적이 전 생애에 걸쳐 세포 내의 결함 미토콘드리아가 점점 늘어나도록 하여 결과적으로 ATP의 공급을 감소시킨다는 가설도 제시되었다. 이런 조건이 노화에 중요한 역할을 담당할 것이다. 세포가 정상적으로 기능하기 위해서는, 산화적 인산화로 인한 ATP 생산이 역치 수준은 되어야 한다는 것이 제안되었다. 이 수준이 이 역치값 아래로 떨어지면 노화 과정이 가속화된다.

많은 연구들에서, 노화 조직들은 DNA 손상이 많은 미토콘드리아를 포함하고 있음을 보고해왔다. 그런 변화가 단순히 노화 과정의 생물 표지자인지, 아니면 그들이 생리학적인 기능의 하락을 이끌고 그 결과로 노화가 발생하는 것인지가 주요 질문이다. 후자의 가설을 지지하는 측면에서, 한 연구는 쥐에서 나이와 연관된 근섬유 위축증을 mtDNA에서의 결실 및 전자전달 이상과 연관시켜 조사했다. 그런 결실은 위축성 근섬유들의 미토콘드리아에서는 나타나지만 정상 조직에는 존재하지 않는다.

핵 유전체에서의 돌연변이 역시 미토콘드리아의 기능과 인간의 질병 및 노화에 영향을 미친다는 것을 지적할 필요가 있다. 예를 들어, 유전적으로 조작된 생쥐를 이용한 또 다른 연구는 많은 것을 드러내준다. 그런 생쥐들은 mtDNA의 복제과정 중 교정 능력을 감소시키는 변형된 핵 유전자를 가진다. 이런 쥐들은 생식 능력도 감소했으며 시간이 지남에 따라 정상에 비해 훨씬 높은 수준으로 돌연변이를 축적시켰다. 또한 털이 빠지고 회색이 되며 골밀도 감소와 근육량 감소, 생식력 저하, 빈혈, 그리고 수명 단축 등 조기노화의 여러 가지 특성을 보인다.

다른 최근 연구들은 75개나 되는 많은 핵 유전자 산물들이 호기적 호흡 중에 mtDNA에서 암호화되는 단백질에 결합하여 미토콘드리아 내에서 작용함을 증명했다. 이러저러한 연구들이 미토콘드리아의 DNA 지시에 따라 산화적 인산화 결과 적절히 ATP를 생산하는 것의 중요성을 계속 강조하고 있다. 세포들이 자연현상으로 보이는 유전적 손상을 겪음에 따라, 그들의 기능은 점차 쇠퇴하고, 이것이 연령과 관련된 질병의 진행뿐만 아니라 노화를 일으키는 근본 요인으로 작용할 수 있다.

mtDNA-기반 질병 전달의 예방법

추산에 의하면, 5,000명당 1명은 mtDNA에 의한 질병을 가지고 있거나 혹은 그런 유전병을 발생시킬 위험을 가진다. 많은 mtDNA-기반의 유전병들은 이제 유전자 검사로 추적이 가능하지만, 이 질병들에 대한 치료법은 없다. 그러나 환자인 어머니로부터 자손에게 mtDNA 돌연변이가 전달되는 것을 예방할 수 있는 새로운 치료적 접근들이 개발되고 있다. 2010년에, 과학자들은 비인간 영장류인 붉은털 원숭이(*Macaca mulatta*)의 난자에서 mtDNA 유전체가 대체될 수 있음을 증명했다. 그림 9.10에 설명된 것처럼, 이것은 정상 미토콘드리아를 가진 다른 암컷의 수용 난자에 핵을 제거한 후, mtDNA 돌연변이를 가진 난자로부터 핵 유전체를 이식함으로써 이루어졌다. 이렇게 재구성된 난자를 수정시키고 원래 어미의 자궁에 이식했다. 결과적으로 세 부모를 가진 자손이 출생했으며, 이 개체는 이식된 어미의 핵 유전체와, 다른 암컷의 난자에서 기원한 미토콘드리아, 그리고 정자를 제공한 부계의 유전체를 가진다. 이 원숭이들은 성체기까지 성장했으며 아직까지 정상인 것으로 보인다.

미토콘드리아 대체 요법(mitochondrial replacement therapy, MRT) 혹은 **세 부모 시험관 수정(three-parent *in vitro* fertilization)**이라고 알려진 이 기술은 이제 인간의 생식 연구로 확장되었다. 2012년 말경, MRT는 인간 난자를 이용한

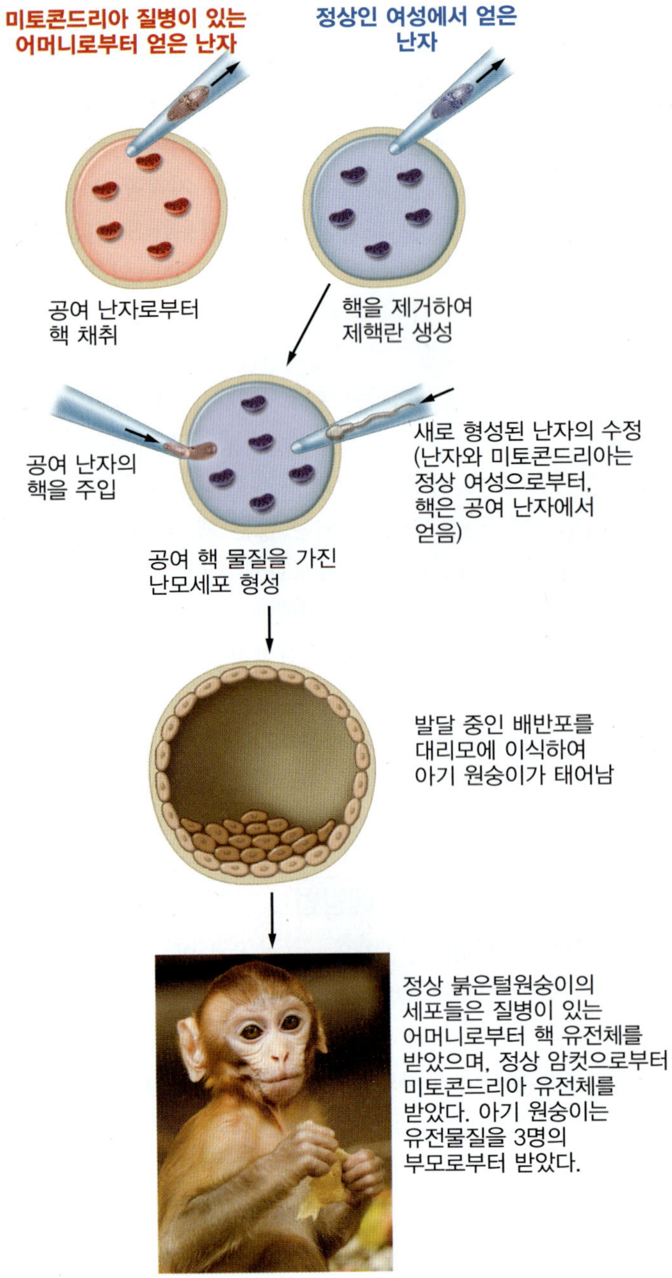

그림 9.10 붉은털 원숭이의 난모세포로 작업한 미토콘드리아 교환에 대한 설명. 결함이 있는 미토콘드리아가 있는 난모세포(빨간색)의 핵을 빼 내어, 정상 미토콘드리아를 포함한 제핵란으로 옮겼다. 아비의 정자를 주입하여 수정시킨 후, 발달 중인 배반포를 대리모에게 이식했다. 이로써 건강한 원숭이가 탄생했다. 이런 mtDNA 교환 접근법은 시험관 수정에 사용된다면, mtDNA 관련 돌연변이의 전달을 방지할 수 있다.

시험관 수정에 사용되었다. 성공적인 접합자가 정상적으로 발달하여 배반포(100-세포 시기)가 되었고, 배양 배아 세포주로 개발된 후 여러 가지 방식으로 검사되었다. 이 세포주들은 미토콘드리아 대체요법을 실시하지 않은 것들과 비슷하게 행동했다. 따라서 이 기술은 잠재적으로, 알려진 가족력이 있는 여성에서 mtDNA 질병의 전달을 막기 위한 미래의 치료 선택이 될 수 있다.

MRT가 인간에 이용되기 위해서는 몇 가지 기술적이고 윤리적인 문제들을 극복해야 한다. 예를 들어, 현재의 기술들은 공여 난자로 일부 결함 미토콘드리아가 이식되는 것을 완벽하게 없애지는 못한다. 배아의 건강에 영향을 미칠 정도로 많은 결함 미토콘드리아가 이식되는지는 분명치 않다. 또한 세 명의 부모로부터 유전물질을 받는 자손을 만드는 것이 윤리적으로 받아들일만한 것일까? (9.4절의 유전학과 윤리, 그리고 사회 부분을 참고하라.) 2015년에 영국은 mtDNA의 돌연변이에 의해 질병이 아이에게 유전되는 것을 막기 위해 세 부모 시험관 수정 기술이 공인된 최초의 국가가 되었다. 따라서 mtDNA에 근거한 질병을 가진 여성은 자신의 핵 DNA와 제3자인 여성에서 얻은 미토콘드리아를 이용해 건강한 아이를 가질 수도 있다.

풀어보기

9.4 어머니로부터 자손으로 전해지는 미토콘드리아의 모계기원과, 비교적 높은 돌연변이율을 고려하면, 높은 비율의 돌연변이된 비기능적 미토콘드리아가 성인들의 세포에 축적되어 있을 것으로 예상할 수 있다. 또한 세대가 지속되면서 결국 미토콘드리아의 붕괴가 뒤따를 수밖에 없을 것으로 생각할 수 있다. 그러나 그런 일은 사실이 아니며, 자료는 특정 가계에서 mtDNA의 돌연변이 빈도가 세대를 거치면서 감소하는 경향이 있음을 시사한다. 이런 현상은 어떻게 설명될 수 있을까?

- **힌트:** 이 문제는 미토콘드리아의 이형세포질에 대한 이해와 관련되어 있다. 해답의 열쇠는 진화를 주도하는 요인, 특히 자연 선택을 고려하여 이 개념을 각 세포에 존재하는 많은 미토콘드리아들에 적용하는 것이다.

9.4 모계 효과에서는 모계의 유전자형이 발생 초기에 강하게 영향을 미친다

모계 영향(*maternal influence*)이라고도 불리는 **모계 효과(maternal effect)**에서는, 특정 형질들에 대한 자손들의 표현형이 난자에 존재하는, 어머니의 **핵 유전자 산물**의 조절을 받는다. 이것은 자손의 표현형을 결정하는 핵 내 유전자에 부/모 양측이 모두 정보를 전달하는 양친 유전과는 대조적이다. 모계 효과의 사례들에서는, 암배우자의 핵 유전자들이 전사되고, 그 유전자 산물들(단백질이거나 아직 번역되지 않은 mRNA들)이 난자의 난세포질에 축적된다. 수정 후에, 이 산물들은 새로 형성되는 세포들로 분포되어 초기 발생 중에 확립되는 패턴이나 형질들에 영향을 미친다. 이어서 소개하는 두 가지 사례는 특정 형질들에 대한 모계 유전체의 그런 효과를 잘 설명해준다.

물달팽이의 꼬임

물달팽이(*Lymnaea peregra*) 껍데기의 꼬임(나선 모양)은 모계 효과가 일시적이 아닌 영구적 표현형에 영향을 미치는 좋은 예이다. 이 달팽이 중 어떤 계통들은 왼손 방향으로 껍데기가 말리지만(*dd*), 다른 계통들은 오른손 방향으로 말린 껍데기를 가진다(*DD*나 *Dd*). 이 달팽이들은 자웅동체로서, 타가수정이나 자가 수정을 하므로 다양한 짝짓기 형태를 나타낸다.

그림 9.11은 순계 달팽이들 사이의 상반교배 결과를 보여준다. 보다시피, 양쪽 모두 왼쪽 꼬임과 오른쪽 꼬임의 생물들 사이에서 교배가 이루어졌고, 모두 이형접합성 자손을 생산했지만, 이 교배들은 결과가 다르다. 자손을 잘 살펴보면 그들의 표현형이 모계 부모의 유전자형에 의존적임이 드러난다. 우리가 그러한 결론을 작업 가설로 받아들인다면, 자가 수정 사건의 연속 세대에서 생긴 자손들을 조사하여 검증할 수 있다. 각 사례에서 이 가설은 유효하다. *DD*나 *Dd*인 난자 제공자는 오른쪽 꼬임의 자손만 만든다. *dd*인 모계는 왼쪽 꼬임의 자손만 생산한

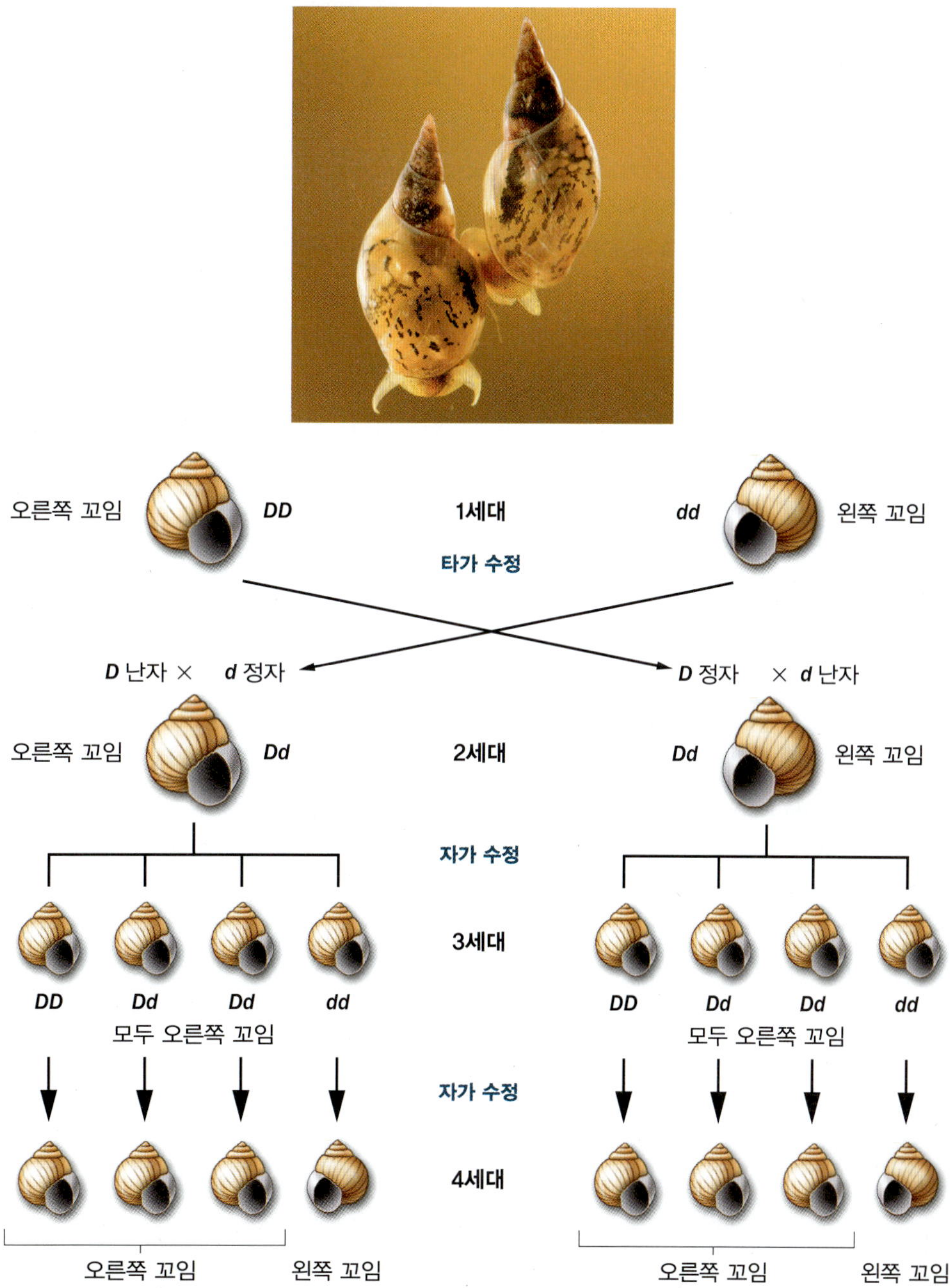

그림 9.11 물달팽이 *Lymnaea peregra*의 꼬임 방향 유전. 꼬임은 오른손 방향이거나 왼손 방향이다. 모계 효과는 II 세대와 III 세대에서 뚜렷한데, 자손이 가진 유전자형이 아니라 모계 부모의 유전자형이 자손의 표현형을 조절한다. 사진은 오른쪽 꼬임과 왼쪽 꼬임 달팽이를 보여준다.

다. 자손 달팽이의 꼬임 양상은 부모의 표현형과는 관계 없이, **난자를 생산하는 부모의 유전자형에 의해 결정된다.**

물달팽이의 발생학적 사건에 대한 탐구로 8세포기 배아 단계 이후의 난할 양상의 방향이 꼬임의 방향을 결정한다는 것을 밝혀졌다. 분열 중인 세포의 방향이 결정되므로 세포-세포 상호작용은 모계 유전자에 의해 영향을 받는다. 오른 꼬임 대립유전자(*D*)는 오른손 방향의 꼬임을 유발하는 활성 유전자 산물을 만든다. 만약 오른꼬임 난자의 세포질이 아직 분열하지 않은 왼쪽 꼬임 난자 내로 주입되면, 이들은 오른쪽 방향의 패턴으로 분열한다. 그러나 왼쪽 꼬임 난자 세포질을 주입하는 반대의 실험에서는 별 효과가 나타나지 않는다. 분명히, 왼쪽 꼬임 대립유전자는 불활성 유전자 산물을 암호화하는 전형적인 열성 돌연변이의 결과인 것으로 보인다.

이제 우리는 *DD*나 *Dd* 암컷이 *D* 유전자 산물을 합성하는 난모세포를 만들며, 이 물질이 난자 세포질에 축적되는 것이라고 결론을 내릴 수 있다. 난모세포가 감수분열 후에 *dd* 대립유전자만 가지고 있고 그 후 *d*-포함 정자에 의해 수정이 되어도, 결과로 얻어지는 *dd* 달팽이는 오른쪽으로 꼬이게 될 것이다.

초파리의 배 발생

최근에 보고된 모계 효과의 예는 노랑 초파리(*D. melanogaster*)의 배 발생을 조절하는 유전자에 관한 것이다. 23장에서 매우 자세히 다루고 있는, 초파리 배 발생에 대한 유전적 조절은 아주 매혹적인 이야기다. 모계-효과 유전자의 단백질 산물은 다른 유전자들을 활성화시키고, 이것이 다시 또 다른 유전자들을 활성화시킨다. 이러한 단계적 유전자 활성화는 초파리가 정상 성체가 되도록 하는 순차적인 발생을 이끈다. 1995년 그들의 발견으로 노벨 생리의학상을 공동 수상했던 루이스(Edward B. Lewis)와 뉘슬라인-폴하르트(Christiane Nüsslein-Volhard), 그리고 비샤우스(Eric Wieschaus)의 광범위한 연구는, 어떻게 이들과 기타 여러 유전자들이 기능하는지를 밝혔다. 모계 효과를 설명하는 유전자들은 발달 중인 난자에서 합성되어 수정 전에 난자에 저장되는 산물을 만든다. 수정이 일어나면 이 산물들은 발생이 진행됨에 따라 공간적인 구성을 결정하는 분자 농도 구배를 형성한다.

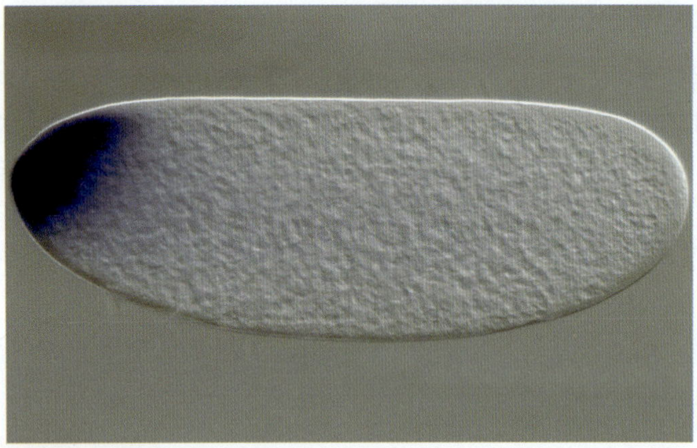

그림 9.12 초파리 배아의 초기 발생 중 앞쪽 부분에 농축되는 바이코이드 mRNA(푸른색으로 염색)의 농도 구배.

예를 들면, *bicoid*(*bcd*) 유전자는 초파리 앞부분의 발생을 지시하는 중요한 역할을 담당한다. 이 유전자에서 전사된 RNA는 난자의 앞부분에 축적되어(그림 9.12) 번역되므로 앞쪽의 농도가 높고 뒤로 갈수록 희석되는 농도 차이를 만든다. 이 돌연변이에 동형접합성인 어미(bcd^-/bcd^-)로부터 생긴 배아는, 정상적이라면 성체 초파리의 머리와 가슴부로 발달할 앞부분을 만들지 못한다. 어미가 적어도 하나의 야생형 대립유전자(bcd^+) 사본을 가진 배아는 배아 자체가 그 돌연변이에 동형접합성이라고 해도 정상적으로 발달할 수 있다. 모계 효과의 개념에 따르면, **배아의 유전자형**(*genotype of the embryo*)**이 아니라 어미의 유전자형**(*genotype of the female parent*)이 자손의 표현형을 결정한다. 뉘슬라인-폴하르트와 비샤우스는 대규모로 돌연변이들을 검색함으로써, 전후 축의 모양 형성뿐 아니라, 이 절지동물의 체절화를 조절하는 접합자(핵) 유전자의 발현에 영향을 미치는, 정상 초파리 발생에 중요한 여러 모계-효과 유전자들을 발견했다. 교재 뒷부분(23장 참고)에서 이런 일반적 주제에 관해 논의할 때, 전후 축의 형태형성에 영향을 미치는 모계 효과를 설명하는 다른 유전자들의 사례를 발견하게 될 것이다. 이런 유전자 중 많은 것들이 "접합자"의, 즉 핵 유전자의 공간적 발현을 조절하는데, 이런 핵 유전자들은 발생의 다른 측면에 영향을 미치는 것으로, 유전적으로는 전형적 멘델 방식을 따르는 것들이다.

유전학과 윤리, 그리고 사회

미토콘드리아 대체법과 세 부모를 가진 아기들

오천 명 중 한 명은 그들의 미토콘드리아 일부나 전체의 DNA에 잠재적으로 질병을 유발할 수 있는 돌연변이를 가진다. 이런 돌연변이들은 실명, 신경퇴행성 질병들, 뇌졸중, 근 위축증, 그리고 당뇨병 등 다양한 증세로 이어질 수 있다. 그리고 mtDNA 돌연변이들은 불임, 유산, 신생아나 어린이들의 사망 등도 초래할 수 있다. 미토콘드리아 질병들에 대해서는 치료법이 거의 없으며 최근까지도 가능성 있는 치료제들이 없다.

1990년대에, 미국의 불임 클리닉들에는 미토콘드리아 돌연변이에 의한 일부 불임 문제를 치료하기 위해 세포질 전달을 이용하기 시작했다. 세포질 전달은 시험관 수정과 착상에 앞서, 공여된 난자로부터 정상 미토콘드리아를 포함한 세포질을 뽑아서 수용자의 난자에 주입하는 것이다. 세포질 전달로 전 세계적으로 100명이 넘는 수의 아기들이 출생했다. 2001년, 시술 후 2건의 X-염색체성 이상과 1건의 발달 장애가 나타나자 미국 식품의약국은 이 시술을 중단시켰다. 그 이후로 세포질 전달을 이용한연구나 치료는 다른 나라에서는 아직 이용되고 있으나 미국에서는 허용되지 않고 있다.

2001년 이후로, 영국과 일본은 다른 미토콘드리아 치료법을 시도했다. 이 방법은 일반적으로 미토콘드리아 대체 치료법(mitochondrial replacement therapy, MRT)으로 알려진 것들이다. 현재 가장 흔히 사용되는 MRT들은 모계 방추체 이식(maternal spindle transfer, MST)과 전핵 이식(pronuclear transfer, PNT)이다.

이 장의 앞 부분에 설명했던 바와 같이, MST는 환자의 난자(결함 미토콘드리아를 가진)로부터 감수분열의 중기 II에 핵 염색체들을 제핵 공여란(건강한 미토콘드리아를 가진)으로 이동시키는 과정을 포함한 시험관 내 수정이다. 그런 다음 시험관 내에서 난자가 수정된다. PNT는 MST의 변형 방식으로, 공여자의 난자와 환자의 난자를 같은 정자로 수정시키는 시험관 내 수정이다. 수정 후 전핵 융합에 앞서, 환자 접합자의 난자와 정자 전핵들이 공여자의 제핵 접합자로 옮겨진다. 두 방법 모두, 얻어진 혼성 접합자들을 배반포 시기까지 성장시켜 유전적 결함을 검사한 후 환자에게 착상시킨다. 여기서 생긴 자손은 어머니와 아버지의 핵 DNA를 포함하지만 공여자의 mtDNA를 가진다.

2015년에, 영국은 인간 배아 연구를 위해 MRT 방법 사용을 법제화한 세계의 첫 국가가 되었으며, 2016년 인간에서 MRT를 제한적으로 사용하는 것을 승인했다. 세계의 매체들이 "세 부모를 가진 아기들", "세 명의 유전적 부모를 가진 아이들"이란 제목으로 반응하면서 그 기사들은 이 기술들의 세부 사항들에 대해 몇몇 혼동을 야기하기도 했다. 그 이후로, MRT 사용에 대한 윤리적이고 사회적인 영향에 관한 논란이 폭발했다. MRT 찬성론자들은 더 이상 부모와 아이들이 쇠약성 질병으로 고통받지 않게 해 줄 수 있는 중요한 발전으로서 이런 미토콘드리아 치료를 환영했다. 반대론자들은 안전성 문제에서부터 인간의 생식 계열 변형과 아이의 정체성 문제에 대한 반대에 이르기까지 다양한 범주의 의구심을 드러낸다.

향후 10년 동안 공여 난자의 미토콘드리아를 가진 더 많은 아이들이 태어나게 되면, 우리는 MRT의 긍정적 측면과 부정적 측면에 대해 더 많은 견해를 얻을 수 있을 것이다.

당신의 생각은?

단독으로 혹은 모임에서 다음과 같은 질문들에 대해 고려해 보라. 미토콘드리아 대체법을 둘러싼 기술적, 윤리적 도전들을 다루고 있는 참고문헌들을 조사해 보라.

1. 인간에서 MRT의 사용을 지지하거나 반대하는 윤리적 논쟁을 요약해 보라. 당신은 어떤 논쟁이 타당하다고 생각하는가? 그 이유는? 윤리적 논쟁들은 PNT와 MST 사이에서 어떤 차이가 있는가?

   이러 주제들은 다음 자료들에 논의되어 있다: Gómez-Tatay, L. et al. (2017). Mitochondrial Modification Techniques and Ethical Issues. *J. Clin. Med.* 6, 25: DOI:10.3390/jcm6030025.

   –Baylis, F. (2013). The Ethics of Creating Children with Three Genetic Parents. *Reproductive BioMed Online*, 26:531–534.

2. MRT 방법들을 둘러싼 논쟁 대부분은 "세 부모를 가진 아기들"이라는 매체의 대서특필로 촉발된 것이다. 당신은 이런 문구가 미토콘드리아 대체법으로 태어난 아이들을 제대로 설명한다고 생각하는가? 이 문제에 대한 논의를 위해 다음 자료를 참고하라:

   Dimond, R. (2015). Social and Ethical Issues in Mitochondrial Donation. *Br. Med. Bull.* 115:173–182.

사례 연구 유전자에 있는 것이 다일까?

마르샤는 텔레비전에서 조상 DNA 검사에 대한 광고를 보곤 "나도?"라는 생각이 들었다. 그녀는 검사용 키트를 주문한 후, 면봉으로 볼 안쪽을 문질러 키트에 넣어 돌려보내 분석을 의뢰했다. 몇 주가 지나고, 그녀는 자신이 17%는 미국 원주민이라는 사실을 알고 놀랐다. 나이 드신 대고모님에 따르면, 그녀의 어머니 가족이 20세기 초에 태평양 북서부의 미국 원주민 부족 사람과 결혼을 했었다고 한다. 그녀의 모계 혈통을 조사하기 위해 마르샤는 미토콘드리아 DNA 검사를 의뢰했는데, 이것은 그녀의 미국 원주민 조상을 확인시켜주었다. 이런 유전적 결과들을 바탕으로, 그녀는 부족 구성원으로 등록하기 위해 몇몇 미국 원주민 부족들에 지원했다. 거절 당했을 때 그녀는 충격을 받았다. 논의에서, 부족 관리자들은 그녀에게 DNA만으로는 누가 미국 원주민인지 정의하기에 충분치 않다고 말했다. 부족 등록 기준은 다양하지만, 보통 언어, 관습, 그리고 부족의 역사 같은 문화적 특성이 등록 결정의 주요 고려사항들이다. 마르샤는 만족하지 못했으며, 자신은 생물학에 근거한 강력한 사례라고 느꼈다. 이런 일련의 사건들은 다음과 같은 질문을 야기한다:

1. 왜 마르샤는 모계 혈통을 결정하기 위해 미토콘드리아 검사를 골랐는가?
2. 한 개인(마르샤처럼)은 몇 명의 증조모를 가지는가? 그들 중 몇 명이 한 사람(마르샤)의 미토콘드리아 DNA에 기여하는가?
3. 특히 사회적, 정치적, 그리고 법적 중요성을 가질 때라면, 조상 유전자 검사 결과는 얼마나 중요하게 생각되어야 할까? 한 사람의 정체성이 주로, 혹은 부분적으로라도 유전적 고려에 의해 결정되는 것은 윤리적일까?

이에 관해 다음 자료를 참고하라.

–Tallbear, K., and Blonick, D. A. (2004). "Native American" DNA Tests: What Are the Risks to Tribes? *The Native Voice*, Dec. 3 – 17.

요약 정리

1. 유전의 양식은 때때로 핵 유전자가 양쪽 부모에 의해 전달되어 발생하는 것과는 다르게 나타난다. 종종 표현형은 난자의 세포질을 통해 전달되는 유전정보의 결과로 드러난다.
2. 엽록체와 미토콘드리아가 자손에게 전달되므로, 이 소기관 DNA의 유전자형에 근거한 소기관 유전 현상이 나타난다. 엽록체 돌연변이는 식물의 광합성 능력에 영향을 미치며, 미토콘드리아의 돌연변이는 세포 호흡을 통해 생산되는 에너지(ATP)에 매우 의존적인 세포들에 영향을 미친다. 결과적으로 돌연변이들은 이 소기관들의 기능 상실과 관련된 표현형을 나타낸다.
3. 엽록체와 미토콘드리아 모두 약 20억 년 전의 원시 진핵세포들에 처음 출현했으며, 내공생 이론에 따르면 침입한 원세균으로부터 유래한 것으로 숙주 세포와 공진화하게 된 것이라고 한다. 이 내공생 이론을 지지하는 증거는, 현대의 엽록체와 미토콘드리아에 있는 DNA 및 유전 기구들을 포함한 여러 관찰을 중심으로 하여, 광범위하게 제시된다.
4. 인간의 mtDNA에 생긴 돌연변이들은 유전성인 여러 질병의 원인이 된다.
5. 환자인 어머니로부터 자손에게 돌연변이 mtDNA를 전달되지 않도록 하는 새로운 치료 전략들이 개발되고 있다.
6. 난자의 모계 유전자에 의해 발현된 핵 유전자 산물들이 초기 발생에 영향을 미칠 때 모계 효과 양식이 발생한다. 물달팽이의 껍데기 꼬임과 초파리 초기 발생 과정의 유전자 발현 등이 그 예이다.

통 찰 과 해 법

1. 다음의 가상적 가계도를 분석하여, 이 형질이 어떻게 유전되는지에 관해 가장 적합한 해설을 결정하고 적당하지 않은 점은 지적하라:

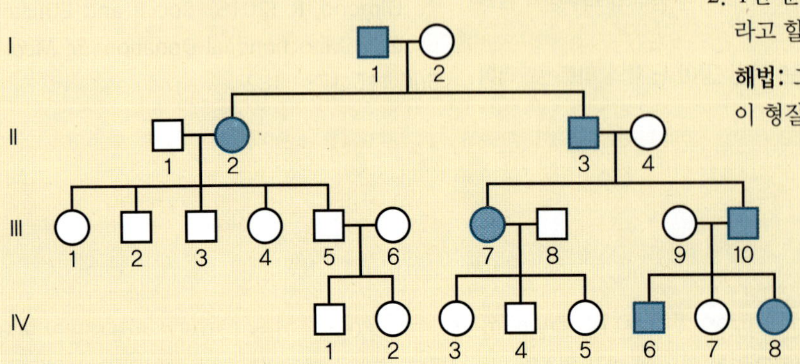

해법: 이 형질은 영향을 받은 모든 아버지로부터 모든 자손으로 전달되지만 어머니로부터는 유전되지 않는다. IV-7인 여성만 예외적으로 형질이 나타나지 않는다.

2. 1번 문제에 대한 해답의 설명이 Y 염색체에 있는 유전자 때문이라고 할 수 있을까? 답에 대해 설명하라.

해법: 그렇지 않다. 왜냐하면 아버지는 아들뿐만 아니라 딸에게도 이 형질을 전달했기 때문이다.

3. 위의 가계도는 부계 효과(paternal effect)의 예인가, 아니면 부계 유전(paternal inheritance)의 한 예인가?

해법: 남성이 거의 모든 자손에게 형질을 전달하므로 부계 유전의 모든 특성을 가진다. 이 형질이 부계 효과(남성 배우자의 핵 유전자에서 기인한)인지를 결정하기 위해서는 추가적인 분석이 더 필요할 것이다.

10

DNA의 구조와 분석

이중 나선 DNA에 대한
왓슨과 크릭의 모형을 나타낸 동상.

핵심 개념

- 일부 바이러스들을 제외하면, DNA는 지구의 모든 생명체의 유전물질로 작용한다.
- 왓슨–크릭의 모형에 따르면, DNA는 오른쪽 꼬임의 이중 나선 구조로 존재한다.
- 이중 나선의 가닥들은 서로 역평행하고, 질소를 포함하는 상보성 염기들 사이의 수소결합에 의해 서로 결합한다.
- DNA의 구조는 유전정보의 저장과 발현을 위한 방법을 제공한다.
- RNA는 DNA와 매우 유사하지만 대체로 단일 가닥 분자로 존재한다.
- 일부 바이러스에서는 RNA가 유전물질로 사용된다.
- 핵산을 분석할 수 있도록 하는 여러 가지 기술이 개발되었는데, 대부분은 질소가 포함된 염기들의 상보성을 추적하는 것에 기초한다.

이 책에서는 지금까지, 유전자들을 포함하고 있는 구조물로서의 염색체에 관해 설명했었다. 유전자들은 배우자들을 통해 미래의 자손들로 전달되는 표현형적 형질들을 조절한다. 논리적으로, 유전자들은 일종의 정보를 포함해야만 하고 이 정보들은 새로운 세대로 전달되어 자손의 형태와 특징에 영향을 미친다. 우리는 그 정보를 **유전물질(genetic material)**이라고 부른다. 또한 그런 유전정보는 생물의 성체 형태를 형성하는 복잡한 과정들을 지시하는 것이라 할 수 있다.

1944년까지, 염색체의 어떤 화학적 조성이 유전자를 형성하며, 유전물질은 어떻게 구성되어 있는지 확실치 않았다. 염색체들은 핵산과 단백질 성분을 모두 포함하는 것으로 알려져 있었으므로, 이 둘 모두가 유전물질의 후보자였다. 그러나 1944년에, 핵산인 DNA가 유전에 대한 정보의 기초로 작용한다는 직접적인 실험적 증거가 나타나기 시작했다.

유전적인 경로에서 DNA의 중요성이 인식되자, 이 분자의 구조적 기초를 밝히는 것뿐만 아니라, 이 구조와 기능의 관계를 알아내고자 하는 희망으로 연구가 확대되었다. 1944년과 1953년 사이에는 많은 과학자가 생물학사에서 가장 중요하고 흥미로운 문제에 대해 해답을 줄 수 있는 정보—즉, 어떻게 DNA가 생명 활동을 위한 유전적 근거로 작용하는가? 라는—를 찾고자 했다. 연구자들은 이 해답이 복잡하지만 체계적인 기능을 만들어 내는 DNA의 구조에 의존적일 것이라 믿었다.

이러한 노력은 1953년, DNA의 이중 나선 구조 가설을 제시한 왓슨(James Watson)과 크릭(Francis Crick)에게 노벨상을 안겨주었다. 일단 그 일반적인 구조가 결정되면, 분자의 기능이 밝혀지리라는 가정은 옳은 것이었다. 이 장에서는 우선 DNA가 유전물질이라는 증거들을 살펴보고, 그 구조에 대해 논의해 보도록 하자. 또한 DNA와 RNA 등 핵산을 연구하는 데 유용한 몇 가지 분석 기술들에 대한 논의로 이 장을 마칠 것이다.

10.1 유전물질은 네 가지 특성을 가져야 한다

어떤 분자가 유전물질로 작용하려면 다음 4가지 주요 특성이 있어야 한다: **복제(replication)**, **정보의 저장(storage of information)**, **정보의 발현(expression of information)**, 그리고 **돌연변이에 의한 변화(variation by mutation)**이다. 유전물질의 복제는 세포 주기의 한 측면으로, 모든 살아 있는 생물의 기본적인 성질이다. 세포들의 유전물질이 복제되어 그 양이 2배가 되면, 동등하게 딸세포들로 분배되어야 한다. 배우자 형성 과정 중에도 유전물질은 복제되지만 원래 분량의 절반씩 세포들로 나뉘어 들어간다—감수분열 과정. 유사분열과 감수분열의 결과는 다르지만, 이 두 과정은 모두 일반적인 세포 증식 현상의 일부분이다.

정보의 저장이라는 특징은 그것을 가진 세포에서 유전정보가 발현되든, 되지 않든지 간에, 모든 유전정보를 보관해놓는 물질을 요구한다. 세포들 대부분이 완전한 DNA 조성을 가지기는 하지만, 어느 한 시점에서는 유전적 능력의 일부만이 발현된다는 것이 분명하다. 예를 들어, 세균은 특정 환경 조건에 반응하여 유전자들을 "켠다(turn on)". 그리고 그러한 조건이 바뀌면 이 유전자들을 "끈다(turn off)". 척추동물에서 피부 세포들은 활성형 멜라닌 유전자를 보여주지만, 헤모글로빈 유전자는 절대로 활성화하지 않을 것이고; 소화기의 세포들은 그들의 기능에 특이적인 많은 유전자를 활성화하더라도 멜라닌 유전자는 활성화하지 않는다.

저장이라는 개념에는 지구상의 무수한 형태의 생명체에서 발견되는 매우 다양한 유전자 산물을 암호화할 수 있는 유전물질에 대한 필요성이 내포되어 있다. 유전물질의 화학적 언어는 이러한 다양한 정보를 저장하고 후대 세포와 생물로 전달할 수 있는 능력이 있어야 한다.

저장된 유전정보의 **발현**은 세포 내 **정보의 흐름(information flow)**이라는 과정의 기초이다(그림 10.1). 처음 사건은 DNA의 **전사(transcription)**로, 3가지 주요 형태의 RNA들이 합성된다: 전령 RNA(messenger RNA, mRNA), 운반 RNA(transfer RNA, tRNA), 그리고 리보솜 RNA(ribosomal RNA, rRNA)이다. 이들 중에서 mRNA는 단백질로 번역된다. mRNA 각각은 특정 유전자들의 산물로, 서로 다른 단백질들을 합성하도록 지시한다. **번역(translation)**에서는, mRNA의 화학적 정보는 폴리펩타이드라고 불리는 아미노산들의 사슬이 형성되도록 한다. 이들은 단백질로 접히게 된다. 종합적으로, 이 과정들은 **분자 유전학의 중심원리(central dogma of molecular genetics)**를 구성한다: "DNA는 RNA를 만들고, RNA는 단백질을 만든다."

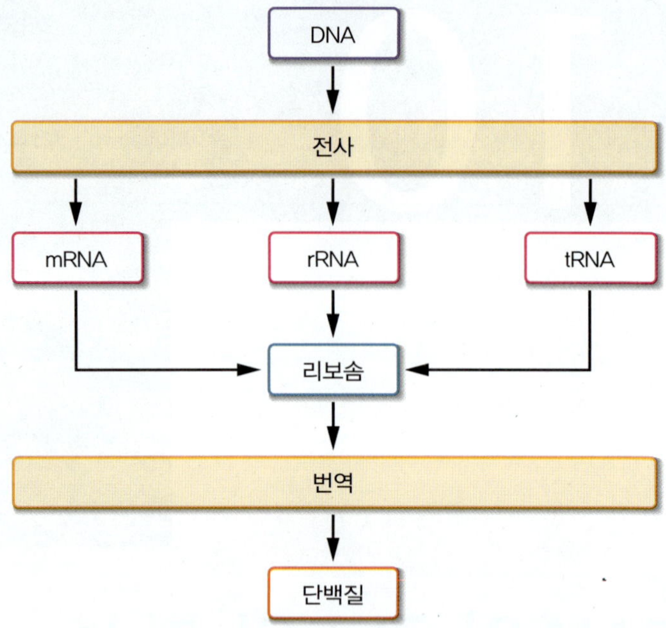

그림 10.1 세포 내 단백질 생산을 위한 DNA에서 RNA로의 정보 흐름을 간단히 나타낸 도표.

유전물질은 또한 돌연변이를 통해 생물간 다양성을 만드는 원천이다. 하나의 돌연변이—DNA의 화학조성 변화—가 생기면, 이러한 변화는 전사와 번역에 반영되고 특정 단백질에 영향을 미친다. 하나의 돌연변이가 배우자에 존재하면, 이것은 다음 세대로 전달되고, 시간이 흐르면 집단 내에 퍼지게 된다. 유전적 변이는 염색체 수의 변화나 그들 재배열을 포함하며, 진화 과정에 원재료를 제공한다.

10.2 1944년까지도 유전물질로는 단백질이 선호되었다

유전물질이 부모로부터 자손에게 물리적으로 전달된다는 생각은 유전이라는 개념이 존재하는 내내 받아들여졌다. 19세기 말에 시작된 생물학적 분자의 구조에 관한 연구는 상당히 진행되어 유전물질을 화학적인 용어로 설명할 수 있는 토대가 마련되었다. 1940년대까지도 단백질과 핵산이 둘 다 유전물질로서의 역할에 주요한 후보물질들이었지만, 많은 유전학자는 단백질을 더 선호했다. 이것은 세포 내 단백질들의 다양성이 상당한 것으로 알려져 있었고, 단백질 화학이 더 많이 알려져 있었기 때문에 당연한 일이었다.

DNA는 1869년에 스위스의 화학자인 미셔(Friedrick Miescher)에 의해 처음 연구되었다. 그는 세포의 핵을 분리하여, 그가 **뉴클레인(nuclein)**이라고 불렀던 DNA를 함유한 산성

물질을 추출했다. 그러나 연구가 계속되면서, DNA는 염색체에 존재하는 것으로 알려졌고, 광범위한 유전정보를 저장하는 데 필요한 화학적 다양성이 없는 것으로 보였다.

이러한 결론은 주로 1910년, DNA가 뉴클레오타이드(*nucleotide*)라고 불리는 4가지의 비슷한 물질들을 대략 동등한 양으로 포함하고 있다는 레빈(Phoebus A. Levene)의 관찰에 기초한 것이다. 레빈은 네 가지 구성 성분으로 이루어진 같은 그룹들이 계속해서 반복된다고 잘못 가정했으며, 이것이 DNA 구조에 대한 **4가지 뉴클레오타이드 가설(tetranucleotide hypothesis)**의 기초가 되었다. 따라서 관심은 DNA에서 멀어져 후보물질에서 DNA를 제외시킴으로써 단백질 쪽으로 기울었다. 그러나 1940년에 샤가프(Erwin Chargaff)가 생물 대부분이 정확히 동일한 비율로 4가지 뉴클레오타이드를 가지는 것이 아님을 보여줌으로써, 레빈의 제안이 틀렸음을 밝혔다. 우리는 뒤에 샤가프의 관찰을 설명할 수 있는 DNA의 구조에 대해 살펴볼 것이다.

10.3 DNA가 유전물질이라는 최초의 증거는 세균과 박테리오파지 연구로부터 나왔다

1944년, 에이버리(Oswald Avery), 맥레오드(Colin MacLeod), 그리고 매카티(Maclyn MacCarty)가 발표한, 세균에서의 "형질전환 원리"의 화학적 성질에 관한 논문은 DNA를 유전물질로 받아들이게 한 최초의 사건이었다. 다른 연구팀들의 연이은 발견들과 함께, 그들의 실험은 단백질이 아니라 DNA가 유전을 책임지는 생물분자들이라는 것을 직접 실험적으로 처음 증명한 것이었다. 이것은 생물공학을 가능하게 했으며 생명의 기초를 이해하는데 더욱 가까워지게 한, 분자 유전학 시대의 개막을 알리는 것이었다. 이 시기는 생물학에서 발견의 시기라고 할 수 있다. 당시 이루어진 초기 발견들이 미래의 연구와 사고에 끼친 영향은, 다윈의 진화론 발표나, 전달유전학에 대한 멘델의 가설이 연이어 재발견된 것과 비견되었다. 종합하여 보면, 이 사건들은 생물학의 세 가지 거대한 변혁이었다고 할 수 있다.

형질전환: 초기의 연구들

에이버리, 맥레오드, 그리고 매카티의 연구에 기초를 제공했던 연구는, 1927년 영국 위생부의 의료 공무원이었던 그리피스(Frederick Griffith)에 의해 시작되었다. 그는 세균인 폐렴 쌍구균(*Diplococcus pneunoniae*)*의 여러 균주를 가지고 실험했다. 몇몇은 **독성 균주**(*virulent strain*)들로, 척추동물에서(쥐와 사람에서는 분명히) 폐렴을 일으키지만, 어떤 것들은 **무독성 균주**(*avirulent strain*)로 병을 유발하지 않는 것이었다.

독성의 차이는 다당류 피막의 존재에 기인한다. 독성 균주들은 이 피막을 가지고 있지만, 무독한 균주는 피막을 가지지 않는다. 피막이 없는 세균들은 동물의 순환계에 존재하는 대식세포에 의해 금세 삼켜져 파괴된다. 독성 세균은 다당 껍질을 가지고 있어서 쉽게 삼켜지지 않으며 증식하여 폐렴을 일으킨다.

피막의 유/무는 독성 균주와 무독성 균주의 콜로니들 사이에 가시적인 차이를 만든다. 즉, 피막에 싸인 세균은 한천 평판 배지에서 자랄 때, 빛나는 표면을 가지는 **매끄러운 콜로니들**(*smooth colonies*; *S*형)을 형성하는 반면, 피막이 없는 균주들은 표면이 **거친 콜로니들**(*rough colonies*; *R*형)을 만든다. 그러므로 독성 균주와 무독성 균주들은 일반적인 미생물학적 배양 기술로도 쉽게 구분될 수 있다.

폐렴 쌍구균의 각 균주는 **혈청형**(*serotype*)이라고 불리는 십여 가지 형태 중 하나일 수 있다. 각 혈청형의 특이성은 질고 끈적한 피막을 이루는 다당류 구성 성분의 자세한 화학적 구조에 기인한 것이다. 혈청형은 면역학적 방법으로 규명이 되며, 보통 로마 숫자로 표시된다. 미국에서는 I형과 II 형이 가장 흔하게 폐렴을 일으킨다. 그리피스는 무독성 균주인 II*R*과 독성 균주인 III*S*를 자신의 핵심적 실험에 사용하여 유전물질에 대한 새로운 개념을 이끌었다. **표 10.1**은 이 균주들의 특성을 요약한 것이고, **그림 10.2**는 그의 실험을 보여준다.

그리피스는 다른 사람들의 연구로부터, 오직 살아 있는 독성 세균들만이 쥐에서 폐렴을 일으킨다는 것을 알고 있었다. 만약 가열해서 죽인 독성 세균들을 쥐에 주사하면, 살아 있는 무독성 세균들이 질병을 일으키지 못하는 것과 마찬가지로, 폐렴은 생기지 않는다. 그리피스의 결정적 실험은 살아 있는 II*R*(무독성) 세균을 열로 죽인 III*S*(독성) 균주와 섞어서 쥐에 주사하는 과정을 포함한다. 두 가지 세포 중 어떤 것도 각기 단독으로 주사되었을 때에는 병을 일으키지 못하므로, 그리피스는 이러한 이중의 주사가 쥐를 죽일 수는 없을 것으로 예상했다. 그러나 두 종류의 혼합 세포가 주사된 쥐는 5일 후에 모두 죽었다. 역설적이게도, 이들의 혈액을 분석해본 결과 다량의 살아 있는 III*S* 세균들이 발견되었다.

결정될 수만 있었다면, 이 III*S* 세균들은, 열로 죽여 세포가

표 10.1 그리피스가 그의 첫 형질전환 실험에서 사용했던 폐렴 쌍구균(*Diplococcus pneumoniae*) 균주

혈청형	콜로니 모양	당껍질	독성
II*R*	거칠다	없음	비독성
III*S*	매끄럽다	있음	독성

*이 생물은 현재 *Streptococcus pneumoniae*로 불린다.

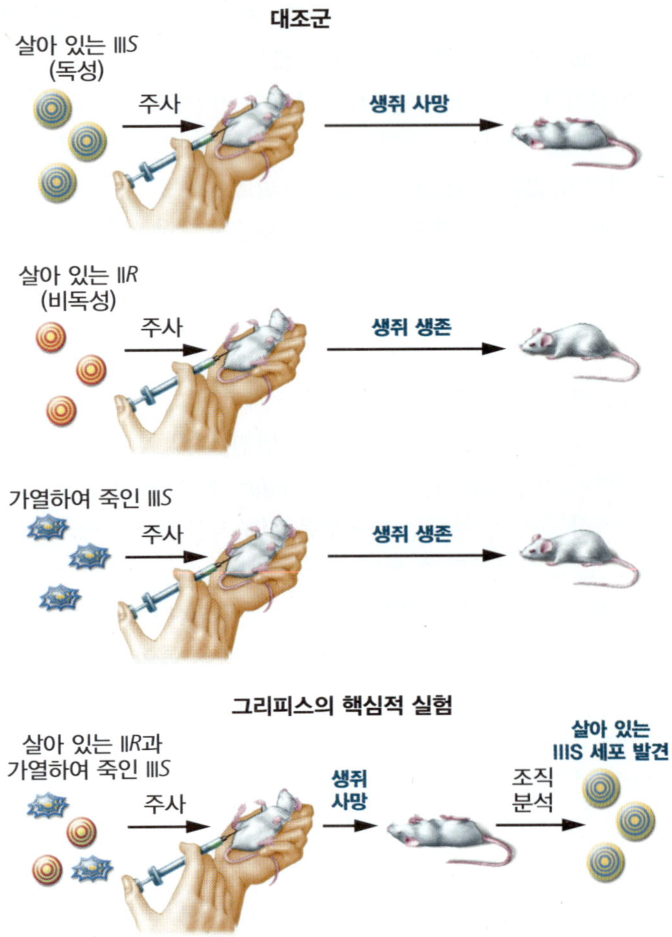

그림 10.2 그리피스의 형질전환 실험.

준비되었던 그 균주와 동일한 것으로 나타났을 것이다. 살아 있는 무독성 균주만 주사된 대조군의 쥐들은 폐렴이 생기지 않았고 건강하게 살아남았다. 이러한 발견은 무독성 II*R* 세포들이 열로 죽인 III*S* 와 상관없이 스스로 바뀌어서(혹은 돌연변이되어서) 독성 III*S*로 전환될 가능성을 배제한다. 대신에 살아 있는 II*R* 세포와 열로 죽인 III*S* 사이에서 어떤 형태의 상호작용이 일어났음을 시사한다.

그리피스는 가열해 죽인 III*S* 세균이 어떻게든 살아 있던 II*R* 세포를 독성이 있는 III*S* 세포로 전환시켰을 것으로 결론지었다. 이러한 현상을 **형질전환(transformation)**이라고 부르면서, 그는 비록 다당 피막이 혼자서는 폐렴을 일으키지 못할지라도, **형질전환 인자**(*transforming principle*)가 다당 피막이나 혹은 피막을 합성하는데 요구되는 어떤 물질의 일부분일 것으로 제안했다. 그리피스의 용어를 빌리자면, 죽은 III*S* 세포들로부터 나온 형질전환 인자는 II*R* 세포들을 위한 "양분(pabulum)"으로 작용한 것이다.

그리피스의 연구는 다른 의사들과 미생물학자들이 형질전환 현상을 연구하도록 이끌었다. 1931년까지 도슨(Henry Dawson)과 그의 공동 연구자들은 형질전환이 시험관(세균 세포만 들어있는 시험관) 내에서도 일어날 수 있음을 보여주었다; 즉, 쥐에 주사하는 과정이 형질전환이 일어나는 데 꼭 필요한 것은 아니라는 것이다. 1933년에는 앨러웨이(Lionel J. Alloway)가 III*S* 세포로부터 얻은 추출물을 살아 있는 II*R* 세포들에 첨가하여 이 시험관 내 실험을 더욱 정교화했다. 가열해서 죽인 III*S* 세포들로부터 얻어진 용해성 여과물은 손상되지 않은 세포들과 마찬가지로 형질전환을 일으키는 데 효과적이었다. 앨러웨이를 비롯한 다른 사람들은 형질전환을 유전적인 사건으로 본 것이 아니라 일종의 생리학적인 변형으로 보았다. 그럼에도 불구하고, 화학물질이 형질전환을 일으킨다는 실험적 증거는 꽤 확실한 것이었다.

형질전환: 에이버리, 맥레오드, 그리고 매카티의 실험

물론, 가장 중요한 질문은 형질전환 인자로 작용한 분자는 무엇인가였다. 1944년, 10년의 연구 끝에 에이버리, 맥레오드, 매카티 등이 지금은 분자 유전학 분야에서는 고전으로 여겨지는 그들의 연구 결과를 발표했다. 그들은 자신들이 형질전환 인자를 매우 정제된 상태로 얻었으며, 이것은 의심할 바 없이 DNA였다고 보고했다.

때론 에이버리, 맥레오드와 매카티의 실험으로도 불리는 그 연구의 세부사항이 그림 10.3에 요약되어 있다. 이 연구자들은 III*S* 독성 균주 세포들을 대용량(50~75리터)으로 액체 배양하여 정제과정을 시작하였다. 세포들을 원심분리하여 모으고 열로 죽였다. 균질화와 세제인 데옥시콜산(deoxycholate, DOC)을 이용한 여러 번의 추출 후에, 이 세포들로부터 아직 II*R* 무독성 세포들의 형질전환을 일으킬 수 있는 능력을 보유한 용해성 여과액이 얻어졌다. 단백질은 여러 번의 클로로포름 추출에 의해 활성 여과액에서 제거되었고, 다당류는 효소적으로 분해되어 제거되었다. 마지막으로, 에탄올로 침전시켜 II*R*형 비독성 세포의 형질전환을 유도하는 능력을 여전히 유지하는 섬유질 덩어리를 얻었다. 원래 75L였던 시료에서 여러 과정을 거쳐 이 "활성 인자" 10~25 mg을 얻었다.

계속된 검사는 이 형질전환 인자가 DNA임을 분명히 해주었다. 그 섬유성 덩어리는 우선 질소와 인 비율에 대해 분석되었고, 이는 당시 DNA를 설명하는 데 사용된 화학명인 "데속시리보핵산염(sodium desoxyribonucleate)"의 비율과 일치하는 것으로 나타났다. 연구 결과를 확실히 하기 위해 에이버리, 맥레오드, 그리고 매카티는 그들의 최종 산물에서 가능한 모든 가능한 오염 물질을 제거하려고 노력했다. 따라서 단백질 분해효소인 트립신과 키모트립신으로 처리한 다음 **리보뉴클레아제**

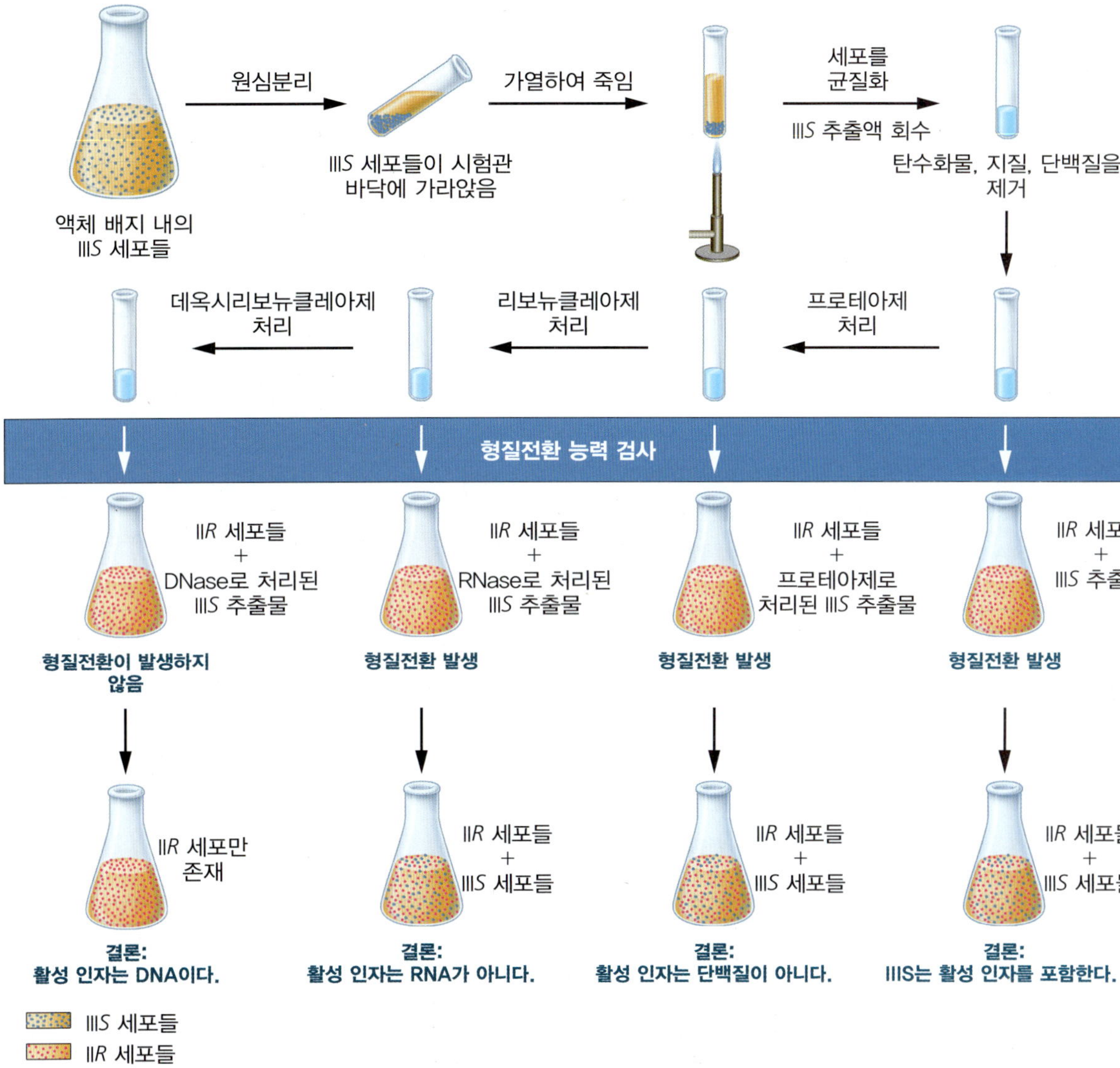

그림 10.3 에이버리, 맥레오드, 그리고 매카티 등의 실험을 요약한 것. DNA가 형질전환 인자임을 증명하였다.

(RNase)라는 RNA 분해효소로도 처리했다. 이런 처리로 단백질과 RNA의 잔여 활성이 모두 파괴되었다. 그럼에도, 형질전환 활성은 여전히 남아 있었다. 최종 산물에 대한 화학적 검사는 DNA에 대해 강한 양성 반응을 보였다. 마지막 확인 작업은 정제되지 않은 시료를 개와 토끼의 혈청에서 분리해낸 DNA 분해효소인 **데옥시리보뉴클레아제(deoxyribonuclease, DNase)**로 처리함으로써 수행되었다. 이 효소의 처리로 여과액에 존재하던 형질전환 능력이 없어졌고, 따라서 에이버리와 공동 연구자들은 이러한 실험으로 형질전환 요소가 DNA라는 것을 확인할 수 있었다.

이 세 과학자의 실험에 기울여진 상당한 노력과, 결론의 확인 및 재확인, 그리고 실험 디자인의 논리는 매우 인상적인 것이다. 그러나 1944년에 발표된 그들의 결론은 매우 간단하게 언급되었다: "제시된 증거는 데속시리보오스(desoxyribose)* 형태로 이루어진 핵산이 *Pnuemoncoccus* type III를 형질전환 시키는 기본 인자라는 믿음을 지지한다"

에이버리와 공동 연구자들은 그들의 연구가 가지는 유전적이고 화학적인 의미를 곧 인식할 수 있었다. 그들은 "이런 유형의 핵산은 단순히 구조적 중요성뿐만 아니라 폐렴 세균 세포들의 생화학적 활성 및 특성을 결정하는 기능적으로도 활성인 것으로 간주되어야 한다"고 언급했다. 이것은 형질전환 인자가 II*R* 세포와 상호작용하여 III*S*형 세균 피막 다당의 합성을 완성하는 일련의 협동적인 효소 반응을 일으켰을 것임을 제시한다. 그들은 일단 형질전환이 일어나면 후속 세대들에서 피막 다당이 생산된다는 것을 강조했다. 그러므로 형질전환은 유전되는 것이며 이 과정은 유전물질에 영향을 미친다.

*Desoxyribose는 현재는 deoxyribose로 표기된다.

형질전환은, 다른 많은 미생물 중에서도 *Haemophilus influenzae*, *Bacillus subtilis*, *Shigella paradysenteriae*, 그리고 *Escherichia coli*에서 일어나는 것으로 보인다. 콜로니의 모양새를 제외하고도 항생제 저항성을 포함한 많은 유전적 형질들에서 변화가 발견되었다. 이러한 관찰들은 DNA에 의한 형질전환이 단순한 생리적인 변화가 아니라 주로 유전적인 사건이라는 믿음을 점점 강화했다. 이 장 말미의 "통찰과 해법" 부분에서 다시 이 생각에 대해 다루게 될 것이다.

허시–체이스의 실험

유전물질로서 DNA를 지지하는 두 번째 증거는, 대장균 *E. coli*와 이 세균의 감염성 바이러스인 **박테리오파지(bacteriophage) T2**에 관한 연구 중에 제공되었다. 간단히 **파지(phage)**라고 불리는 이 바이러스는 DNA 핵심을 둘러싸는 단백질 껍질로 이루어진다. 전자현미경은 이 파지들의 외부 구조가 육면체 머리와 꼬리로 이루어져 있음을 보여준다. 그림 10.4는 1952년에 알려졌던 T2 같은 T-짝수 파지의 생활사를 보여준다. 파지는 세균 세포에 흡착되고 파지의 일부 유전적 성분이 세균 세포에 들어가게 된다. 이러한 감염 시기를 지나, 이제 바이러스의 정보는 숙주의 세포 내 기구들을 "징집(commandeers)"함으로써 바이러스의 증식이 일어나도록 한다. 아주 짧은 시기 동안 새로운 많은 수의 파지들이 합성되고 세균 세포는 용해되어 자손 바이러스들이 방출된다. 이런 과정은 **용균 회로(lytic cycle)**라고 불린다.

1952년에, 허시(Alfred Hershey)와 체이스(Martha Chase)는 파지 증식을 일으키는 사건을 규명하기 위해 고안된 실험의 결과를 발표했다. 실험 중 몇 가지는 세균 세포의 증식과정에서 단백질과 핵산의 독립적 기능을 분명하게 확립시켜 주는 것이었다. 허시와 체이스는 자료로부터 다음을 알 수 있었다:

1. T2 파지들은 대략 50%의 단백질과 50%의 핵산으로 구성된다.
2. 파지 꼬리가 세균 세포에 흡착됨으로써 감염이 시작된다.
3. 새로운 바이러스의 생산은 세균 세포 내에서 일어난다.

파지의 어떤 구성 성분—DNA 혹은 단백질, 아니면 둘 다—이 세균 세포로 들어가 바이러스 생산을 일으킨다. 그것이 무엇이었을까?

허시와 체이스는 감염 시 파지의 분자 구성 성분들을 방사성

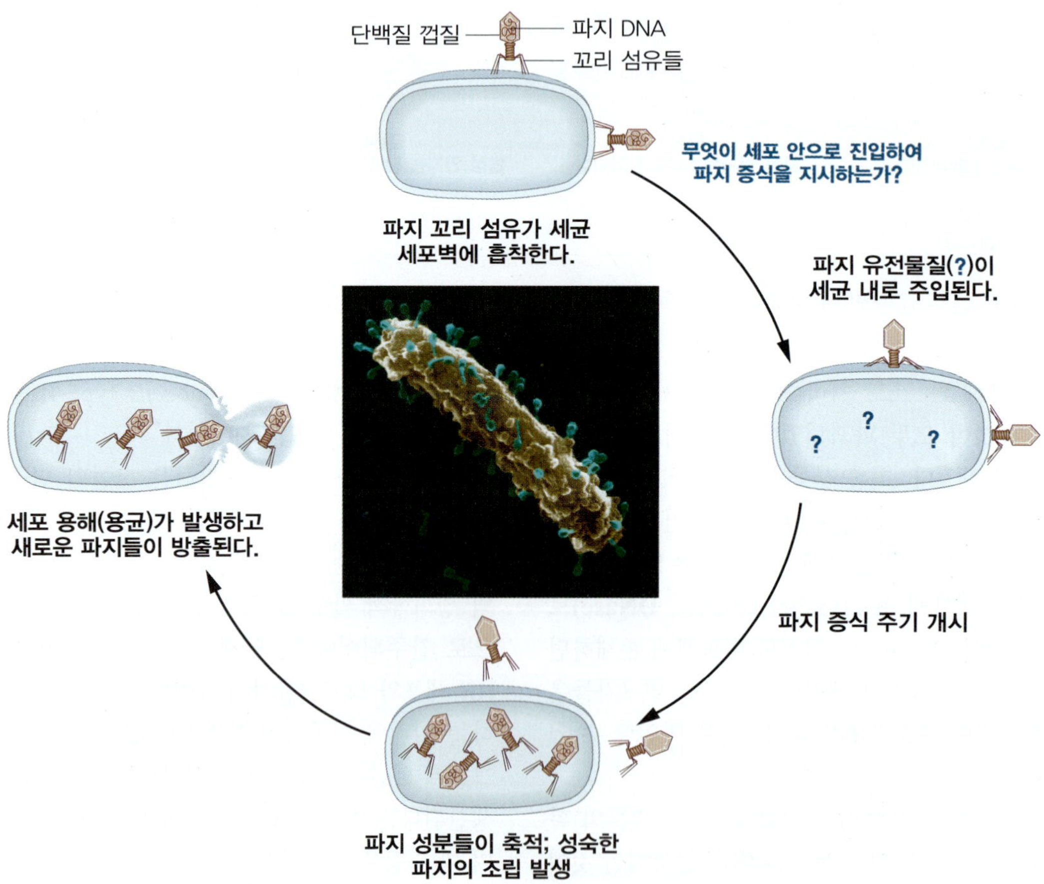

그림 10.4 1952년에 알려진 T-짝수 파지의 생활사. 전자현미경 사진은 수많은 T2 파지들(청색으로 표시)에 의해 감염 중인 *E. coli* 세포를 보여준다.

동위원소를 사용하여 추적했다. ^{32}P와 ^{35}S는 인(Phosphorus)과 황(Sulfer)의 방사성 형태로, 이들의 실험에 사용되었다. DNA는 인은 포함하고 있지만, 황은 포함하지 않으므로 ^{32}P는 효과적으로 DNA를 표지할 수 있다. 마찬가지로, 단백질은 황을 포함하지만, 인은 포함하지 않으므로 ^{35}S는 단백질을 표지한다. 이것이 이 실험의 핵심 요소이다. 만약 *E coli* 세포들을 처음에 ^{32}P나 ^{35}S가 포함된 배지에서 자라게 한 후 T2로 감염시키면, 후손 파지들은 표지된 DNA 핵심(labeled DNA core)이나 표지된 단백질 껍질(labeled protein coat)을 가지게 될 것이다. 이들은 이러한 방사성 파지들을 분리하여 표지되지 않은 세균을 감염시키는 데 사용했다(그림 10.5).

표지된 파지와 표지되지 않은 세균들을 섞게 되면, 파지의 꼬리 섬유들이 세균의 세포벽에 붙어 흡착복합체를 형성한다. 이 복합체들을 교반기에 넣고 고강도로 돌린다. 교반기가 도는 힘에 의해 흡착된 파지가 떨어지게 되는데, 이제 이들을 따로 분리하여 분석한다. 원심분리로 더 가벼운 파지 입자들은 더 무거운 세균 세포들과 분리된다(그림 10.5). 방사성 동위원소를 따라감으로써 허시와 체이스는 ^{32}P로 표지된 DNA 대부분이 흡착

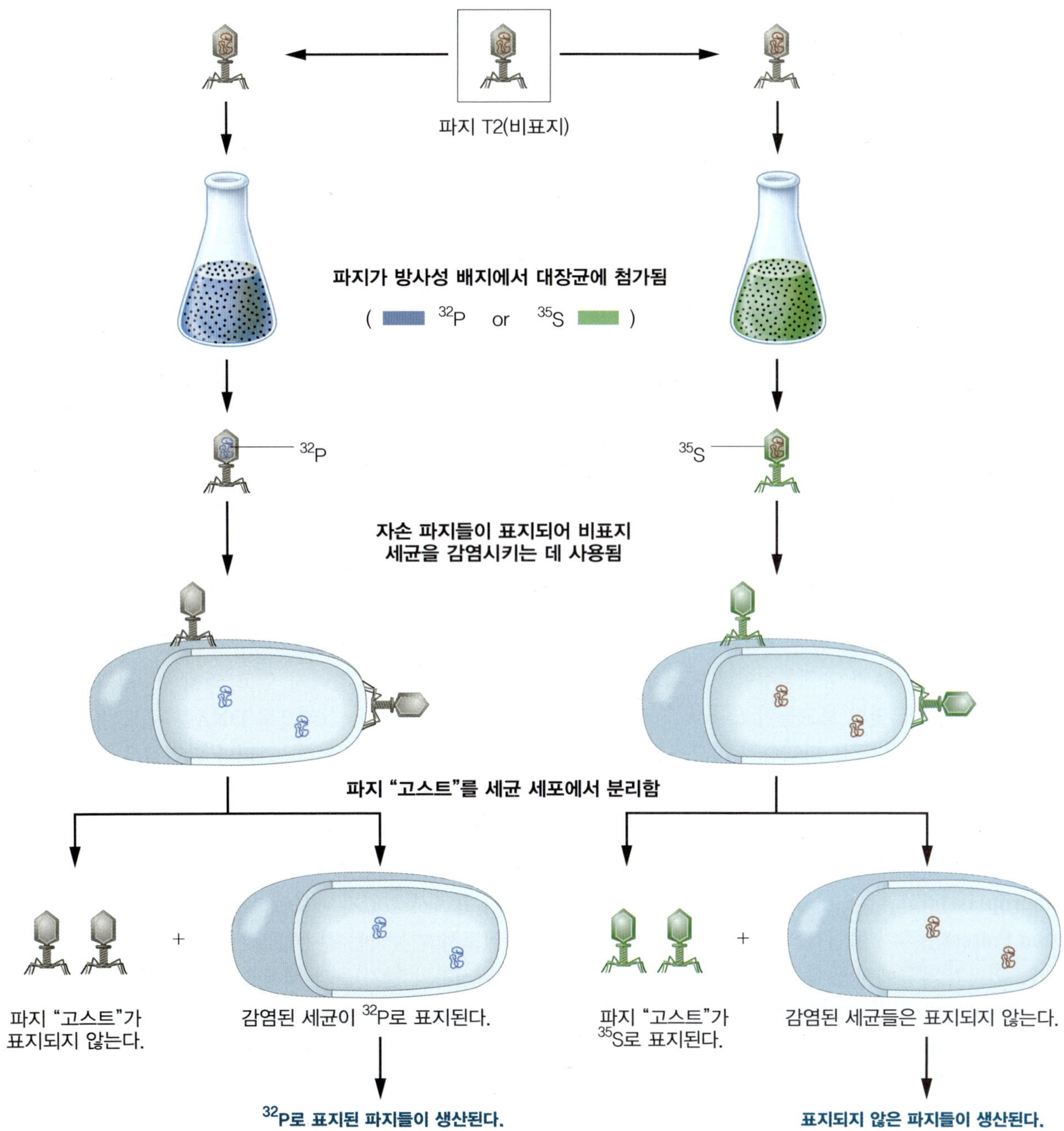

그림 10.5 허시와 체이스 실험의 요약. *E. coli*의 감염 중에 T2 파지의 증식을 지시하는 것은 단백질이 아니라 DNA임을 증명하였다.

후에 세균 세포 안으로 이동했음을 보여주었다; 한편 ^{35}S로 표지된 단백질 대부분은 세균 세포 밖에 남아서 파지 "고스트(ghost; 속이 빈 파지 껍질)"로 회수되었다. 이러한 분리 후에 이제 바이러스 DNA를 포함하게 된 세균 세포들은 결국 용해되어 새로운 바이러스를 생산했다. 이 후손 바이러스들은 ^{32}P를 포함하고 있었지만, ^{35}S는 포함하고 있지 않았다.

허시와 체이스는 이러한 결과를 숙주 세포 바깥에 남아 있는 파지의 단백질 껍질은 새로운 파지의 생산에 관여하지 않는 것으로 해석했다. 한편, 가장 중요한 것은 파지의 DNA가 숙주 세포로 들어가 파지의 증식을 지시한다는 것이다. 허시와 체이스는 T2 파지의 유전물질은 DNA이지, 단백질은 아니라는 것을 증명하였다.

이러한 실험들은 에이버리와 그 동료들의 실험과 함께, DNA가 유전을 책임지는 분자라는 확실한 증거를 제공하였다. 이 결론은 이후 분자 유전학의 초석이 되었다.

풀어보기

10.1 형질전환 현상에 허시-체이스의 기본 디자인이 적용된다면 그 실험은 허시-체이스에 의해 수행된 것과 유사하겠는가? 그 이유를 설명하라.

■ **힌트:** 이 문제는 허시-체이스의 실험 방법을 이해하여 형질전환 연구에 적용하는 문제이다. 해법의 열쇠는 형질전환에서는 외래 DNA가 형질전환될 세포에 들어가며 이 과정에 세포-세포 접촉은 관여하지 않는다는 사실을 기억하는 것이다.

트랜스펙션 실험들

허시와 체이스의 실험 발표 후 8년 동안, 바이러스와 세균을 사용한 추가적인 연구들이 DNA가 유전물질이라는 확고한 증거들을 제공하였다. 1957년에 몇몇 보고들이 *E. coli*를 라이소자임(lysozyme)으로 처리하면 세포를 파괴하지 않고도 세포의 바깥벽을 제거할 수 있음을 증명했다. 효소로 처리된 세포들은 소위 '벌거벗은' 상태가 되어 세포의 외부 경계엔 세포막만이 존재하게 된다; 그러한 구조들을 **원형질체(protoplast)** 혹은 **스페로플라스트(spheroplast)**라고 한다. 스피지젠(John Spizizen)과 프레이저(Dean Fraser)는 각기 독립적으로, 이 원형질체를 사용하면 망가진 T2 입자가 세균에서 증식을 시작하게 할 수 있다고 보고했다. 즉, 원형질체가 사용된다면, 바이러스가 감염을 일으키기 위해 꼭 완전한 상태일 필요는 없다는 것이다.

1960년에, 구드리(George Guthrie)와 신샤이머(Robert Sinsheimer)에 의해 비슷하지만 좀 더 세련된 실험들이 보고되었다. 약 5386 뉴클레오타이드의 환형 단일 가닥 DNA를 포함하는 작은 ϕX174 박테리오파지로부터, DNA가 정제되었다. 대장균 원형질체에 첨가되었을 때, 순수하게 정제된 DNA는 완전한 ϕX174 박테리오파지의 생산을 이끌었다. 오직 바이러스의 핵산만을 이용한 이 감염 과정은 **트랜스펙션(transfection)**이라고 불리며, 파지 ϕX174 DNA 혼자서도 완전한 바이러스 생산에 필요한 모든 정보를 가진다는 것을 확실하게 증명해 준다. 그러므로 비록 직접적인 증거들이 세균과 바이러스 연구에서 얻어진 것이긴 했지만, 모든 생물에서 DNA가 유전물질로 작용한다는 증거가 더욱 강화되었다.

10.4 직 · 간접적 증거들이 진핵생물에서도 DNA가 유전물질임을 지지한다

1950년에는 세균과 바이러스에서 DNA가 유전물질이라는 것을 증명한 것과 같은 형태의 실험이 진핵생물들에 대해서는 가능하지 않은 것이었다. 그럼에도 불구하고, 유전물질이 공통적인 물질이고 진핵생물에서도 같은 역할을 할 것이라는 추측이 널리 용인되었다. 처음 이러한 가정에 대한 지지는, 진핵세포에서도 DNA가 역시 유전물질이라는 몇 가지의 정황적(간접적)인 관찰들이 모여져 이루어졌다. 그러나 곧이어 유전적 과정들에서 DNA가 중심 역할을 한다는 증거들이 명확하게 확립되었다.

간접적 증거: DNA의 분포

유전물질은 그것이 작동하는 장소—핵 내부에서 염색체의 일부로—에서 발견되어만 할 것이다. DNA와 단백질 모두 이 기준을 만족시킨다. 그러나 단백질은 세포질에도 풍부하지만, DNA는 그렇지 않다. 미토콘드리아와 엽록체 둘 다 유전적 기능을 수행하는 것으로 알려져 있고 역시 이 세포 소기관들 내에도 DNA가 존재한다. 그러므로 DNA는 주요 유전적 기능이 알려진 장소에서만 발견된다. 그러나 단백질은 세포의 어디서나 발견된다. 이러한 관찰들은 유전물질로서 DNA가 단백질보다 더 적합하다는 해석을 낳게 하였다.

이미 핵 안에 존재하는 염색체들이 유전물질을 포함한다는 것이 알려져 있었기 때문에, 세포의 배수체성(n, $2n$ 등)과, 유전물질로서 기능하는 분자들의 양 사이의 관계가 예상되었다. 배우자(정자와 난자)들과 체세포들 사이에서 의미 있는 비교가 행해질 수 있다. 체세포들은 이배체($2n$)로 간주되고, 반수체 배우자(n)들과 비교해 두 배의 염색체들을 포함한다.

표 10.2는 반수체 정자에서 발견되는 DNA의 양과, 여러 생물에서 나온 이배체 유핵 적혈구 전구 세포의 DNA 양을 비교한 것이다. DNA의 양과 염색체 세트의 수가 매우 연관성이 높

표 10.2 다양한 생물의 반수체 세포와 이배체 세포의 DNA 함량*

생물	*n*(*pg*)	2*n*(*pg*)
인간	3.25	7.30
닭	1.26	2.49
송어	2.67	5.79
잉어	1.65	3.49
청어	0.91	1.97

*정자(n)와 적혈구의 유핵 전구체 세포($2n$)가 배수성 수준 비교에 사용되었다.

다. 그러나 배우자와 이배체 세포들의 단백질 양에서는 일관성 있는 관계가 성립하지 않는다. 그러므로 진핵생물의 유전물질로 다시 한번 DNA가 단백질보다 더 적당하다고 생각된다.

간접적 증거: 돌연변이 생성

자외선(UV)은 유전물질에서 돌연변이를 유발할 수 있는 많은 요인 중 하나이다. 효모나 곰팡이 같은 단순한 생물들을 다양한 파장의 UV로 쬐어주고, 이것이 유발한 돌연변이체의 수로 각 파장의 효율성을 측정할 수 있다. 자료가 그래프로 그려지면, 돌연변이원으로서의 UV 광선의 **작용 스펙트럼(action spectrum)**이 얻어진다. 이 작용 스펙트럼은 유전물질로 의심되는 어떤 분자들의 **흡수 스펙트럼(absorption spectrum)**과 비교될 수 있다(그림 10.6). 유전물질로 작용하는 분자들은 돌연변이성으로 알려진 파장을 흡수할 것으로 예상된다.

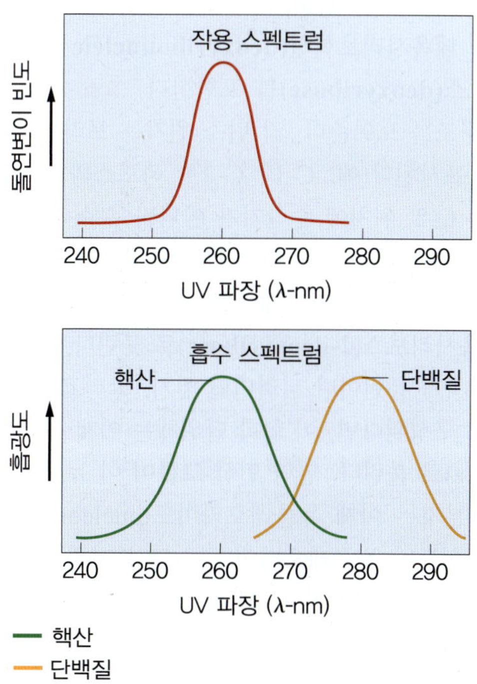

그림 10.6 작용 스펙트럼과 흡수 스펙트럼의 비교. 작용 스펙트럼으로 가장 효과적인 돌연변이 유발성 UV 파장을 결정할 수 있으며, 흡수 스펙트럼은 핵산과 단백질이 흡수하는 UV광의 파장 영역을 보여준다.

UV 광선은 260 nm의 파장(λ)에서 가장 돌연변이를 잘 일으킨다. DNA와 RNA 모두 260 nm의 파장을 가장 강하게 흡수한다. 한편, 단백질은 280 nm의 파장을 강하게 흡수한다. 그러나 280 nm의 파장은 돌연변이 효과가 그다지 높지 않다. 이러한 간접적인 증거들은 핵산이 유전물질이고 단백질은 아닐 것이라는 생각을 지지한다.

직접적 증거: 재조합 DNA 연구들

비록 위에 설명한 정황적 증거들이 진핵생물에서 DNA가 유전물질임을 직접 증명하는 것은 아니지만, 반세기 이상에 걸친 연구들은 DNA가 이런 역할을 한다는 부정할 수 없는 증거를 제공했다. 사실 이런 단순한 유전학적 개념은 현대의 유전학적 탐구와 응용의 기초가 된다.

예를 들어, 서로 다른 생물의 DNA를 서로 연결하는 **재조합 DNA 기술(recombinant DNA technology)**은 인간의 호르몬인 인슐린을 암호화하는 DNA 서열을 세균 DNA 서열과 재조합했다(20장 참고). 이런 재조합 DNA 분자가 세균에 도입되자, 세균은 그 DNA를 복제하여 세포분열로 생기는 딸세포들에 그것을 전달했다. 게다가 그 세균들은 재조합 분자를 발현시켜 인간의 인슐린을 생산한다. 이런 생명공학의 사례는 어떻게 특정 DNA 서열이 유전자 산물을 책임지는 유전정보가 되는지를 확실히 보여준다.

생물의 전체 DNA 서열을 연구하는 **유전체학(genomics**, 21장 참고)은 이런 개념의 또 다른 증거 사례가 된다. 우리는 2001년에 인간의 전 유전체 서열을 확보했다. 그러나 유전학자들은 어떻게 이 32억 염기쌍으로 이루어진 인간의 DNA가 인간 생명의 기초로 작용하는지에 대한 새로운 단서들을 아직도 밝히는 중이다. 예를 들어, 특정 유전병이 있는 사람의 유전체를 서열화하고, 그것을 건강한 개인의 유전체 서열과 비교하는 것은, 어떤 DNA 서열(혹은 유전자)이 이런 유전병을 일으킨 원인 돌연변이를 가진 것인지에 관한 많은 통찰을 제공한다. 그런 연구들의 기저에 깔린 전제는 바로 DNA가 유전물질이라는 것이다.

1970년대 중반까지, DNA가 진핵생물들의 유전물질이라는 것이 널리 받아들여진 이래로, 이런 결론에 이의를 제기할만한 어떤 정보도 발견되지 않았다. 앞으로 공부할 내용에서는 어떻게 DNA가 저장되고, 복제되고, 변이되며, 수리되고, 그리고 발현되는지를 살펴볼 것이다.

10.5 일부 바이러스의 유전물질은 RNA이다

몇몇 바이러스들은 DNA로 구성된 핵심이 아니라 RNA를 포함한다. 이런 바이러스에서는, RNA가 유전물질로 작용하는 것으로 보인다—즉, DNA가 이러한 기능을 수행한다는 일반적인 법칙에서 제외된다. 1956년에, **담배 모자이크 바이러스(tobacco mosaic virus, TMV)**로부터 RNA가 분리되어 담배 식물의 잎에 뿌려졌고, 바이러스 감염에 의해 유발되는 병변이 잎에 나타났을 때 이러한 사실이 증명되었다. 따라서 RNA가 이들 바이러스의 유전물질이라는 결론이 내려졌다.

1965년과 1966년에 페이스(Norman Pace)와 슈피겔만(Sol Spiegelman)은 더 나아가 파지 *Q*β로부터 분리된 RNA가 시험관 안에서도 복제될 수 있음을 증명하였다. 이러한 복제는 **RNA 복제효소(RNA replicase)**라는 효소에 의존적이며, 이 효소는 정상적으로 감염된 숙주 세포 *E. coli*에서 분리되었다. RNA가 시험관 내에서 복제되어 *E. coli*의 원형질체에 첨가되면, 감염과 함께 바이러스의 증식(트랜스펙션)이 일어난다. 그러므로 시험관 안에서 합성된 RNA는 복제에 필요한 모든 성분의 생산을 지시함으로써, 이 파지에서 유전물질로 작용한다.

RNA를 포함하는 또다른 바이러스 그룹을 언급할 필요가 있겠다. 이들은 **레트로바이러스(retrovirus)**들인데, 특이한 방법으로 복제한다. 그들의 RNA는 상보적 DNA 분자를 합성하는 주형으로 작용한다. **역전사(reverse transcription)**라고 불리는 이 과정은 **역전사효소(reverse transcriptase)**라는, RNA-의존성 DNA 중합효소(RNA-dependent DNA polymerase)의 지시로 일어난다. 여기서 얻어진 DNA 중간체는 숙주 세포의 유전체로 통합될 수 있으며, 숙주의 DNA가 전사될 때, 원래의 바이러스 RNA 염색체들이 여러 사본으로 얻어진다. 레트로바이러스들에는 사람에서 에이즈(AIDS)를 일으키는 인간 면역 결핍 바이러스(human immunodeficiency virus, HIV), RNA 종양 바이러스들이 포함된다.

10.6 핵산 화학에 대한 지식은 DNA 구조를 이해하는 데 필수적이다

유전적 과정에서 DNA와 RNA의 핵심적 중요성을 확인했으니, 이제 이 분자들의 화학적 구조에 대해 간단히 살펴보도록 하자. 앞으로 살펴보겠지만, DNA와 RNA의 구조적 성분들은 매우 유사하다. 이 화학적 유사성은 유전자 발현 동안 이 분자들이 수행하는 협동적 기능에서 중요하게 작용한다. 다른 주요 생체 유기분자(단백질, 탄수화물 및 지질) 그룹들과 마찬가지로, 핵산 화학은 다양한 길이의 사슬로 중합되는 여러 가지 유사 단위체들에 기초하고 있다.

뉴클레오타이드: 핵산의 구성단위

DNA는 핵산이고, **뉴클레오타이드(nucleotide)**는 모든 핵산 분자의 구성단위이다. 때때로 모노뉴클레오타이드(mononucleotide)라고 불리는 이 구조 단위는 **질소를 포함한 염기(nitrogenous base)**, **오탄당(pentose sugar)** 및 **인산기(phosphate group)**의 세 가지 필수 요소를 포함한다. 염기의 종류는 크게 2가지이다: 9개의 원소로 이루어져 있으며 두 개의 고리 구조인 **퓨린(purine)**들과, 6개의 원소로 된 고리 한 개 구조의 **피리미딘(pyrimidine)**들이다.

퓨린 염기에는 두 가지, 피리미딘 염기에는 3가지 형태가 핵산에서 흔하게 발견된다. 두 가지 형태의 퓨린은 **아데닌(adenine)**과 **구아닌(guanine)**으로, **A**와 **G**로 간략히 표시한다. 피리미딘의 세 가지 형태는 **사이토신(cytosine)**, **티민(thymine)**, **우라실(uracil)**이며, 각각 **C**, **T**, 그리고 **U**로 표시한다. A, G, C, T 및 U의 다섯 가지 염기의 화학적 구조가 그림 10.7(a)에 나타나 있다. DNA와 RNA 모두 A, C, 그리고 G를 포함하며, 염기 T는 DNA에서만 나타나고, U는 RNA에서만 나타난다. 퓨린과 피리미딘 염기의 고리 구조 내에서 질소와 탄소 원자들은 프라임이 붙지 않은 숫자로 표시된다(당 분자의 원자들은 프라임을 붙여 표시). 퓨린과 피리미딘 염기의 고리에서는 해당 원자들이 다르게 번호가 붙여지는 것에 유의하여야 한다.

핵산에서 발견되는 오탄당이 그들의 이름을 결정한다. 즉, **리보핵산(ribonucleic acid, RNA)**은 **리보스(ribose)**를 포함하고 있으며, **데옥시리보핵산(deoxyribonucleic acid, DNA)**은 **데옥시리보스(deoxyribose)**를 포함한다. 그림 10.7(b)는 이 두 오탄당의 구조를 보여준다. 각 탄소 원자는 프라임 부호(′)가 붙은 번호로 표시된다(예: C-1′, C-2′). 리보스와 비교하면 데옥시리보스는 C-2′ 위치에 수산기가 아니라 수소 원자를 가진다. C-2′ 위치에 수산기가 없는 것은 DNA를 RNA와 구분할 수 있게 해준다. C-2′의 수산기가 없으므로, 이 당은 좀 더 특수한 이름인 **2-데옥시리보스(2-deoxyribose)**로 불린다.

어떤 분자가 퓨린이나 피리미딘 염기, 그리고 리보스나 데옥시리보스로 구성된다면, 이 화학 단위체는 이제 **뉴클레오사이드(nucleoside)**로 불린다. 만약 인산 그룹이 이 뉴클레오사이드에 첨가되면, 분자는 이제 뉴클레오타이드(nucleotide)로 불린다. 뉴클레오사이드나 뉴클레오타이드는 그 분자의 일부분인 특정 염기들(A, G, C, T, 혹은 U)에 따라 이름이 붙여진다. 뉴클레오사이드와 뉴클레오타이드의 구조와 그들을 부르는 이름은 그림 10.8에 나와 있다.

뉴클레오타이드의 구성 성분 사이의 결합은 매우 특이적이다. 당의 C-1′ 원자는 질소가 포함된 염기와의 화학적 결합에 관

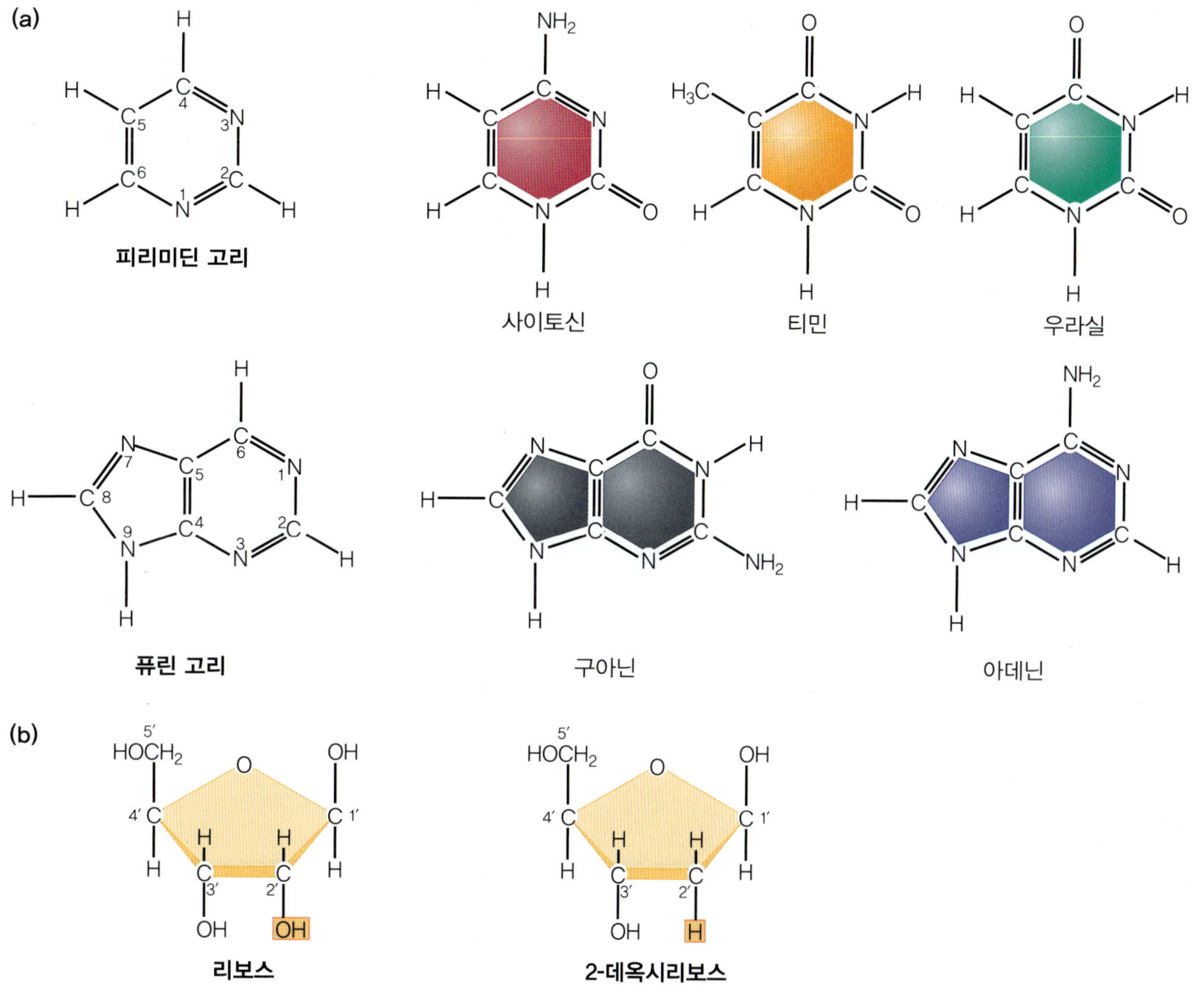

그림 10.7 (a) RNA와 DNA에서 질소 포함 염기로 작용하는 피리미딘과 퓨린의 화학적 구조. 두 가지 범주의 염기를 구성하는 탄소와 질소의 번호 붙이기 관례는 왼쪽 옆에 표시하였다. (b) RNA와 DNA에서 각각 5탄당으로 작용하는 리보스와 2-데옥시리보스의 화학적 고리 구조.

여한다. 만약 염기가 퓨린이라면, N-9 원자가 당과 공유결합을 하게 된다; 만약 피리미딘 염기라면, 당과의 결합에는 N-1 원자가 관여한다. 리보뉴클레오타이드에서 인산기는 당의 C-2′, C-3′, C-5′에 결합할 수 있다. 그림 10.8에 C-5′-인산 형태가 나와 있다. 이것은 생물계에서 가장 흔한 것으로, DNA와 RNA에서도 발견된다.

뉴클레오사이드 이인산과 삼인산

뉴클레오타이드는 **뉴클레오사이드 일인산(nucleoside monophosphate, NMP)**이라는 용어로 기술되기도 한다. 두 개 혹은 세 개의 인산 그룹이 더 첨가되면, 그림 10.9에서 보이는 바와 같이 **뉴클레오사이드 이인산(nucleoside diphosphate, NDP)**과 **뉴클레오사이드 삼인산(nucleoside triphosphate, NTP)**이 된다. 삼인산 형태는 이들이 세포 내에서 핵산 합성과정의 전구체로 사용되기 때문에 매우 중요하다. 첨언하자면, 삼인산 형태인 **아데노신 삼인산(adenosine triphosphate, ATP)**과 **구아노신 삼인산(guanosine triphosphate, GTP)**은 세포의 생물 에너지학에서 매우 중요한데, 다량의 에너지가 말단의 인을 첨가하거나 유리시키는 데 관여하기 때문이다. ATP나 GTP가 무기 인산(inorganic phosphate, P_i)과 함께 ADP나 GDP로 가수분해되면, 세포 내에서 다량의 에너지가 방출된다. 이러한 화학적 변환은 다른 반응들과 연계되어 있어서, 생산된 에너지는 그런 반응들을 진행시키는 데 사용된다. 결과적으로, ATP와 GTP는 수많은 세포 활동에 관여한다.

폴리뉴클레오타이드

두 개의 단일 뉴클레오타이드들 사이의 결합은 두 개의 당들 사이에 인이 포함된 연결로 이루어진다. 인산이 두 개의

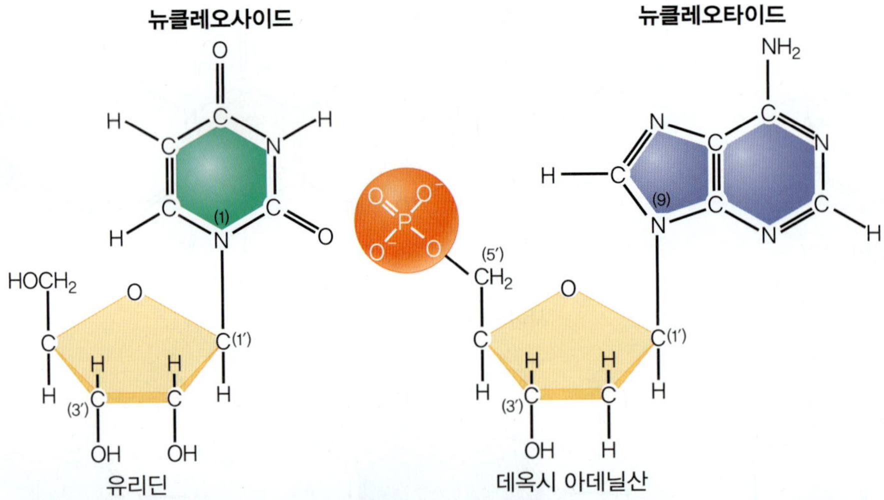

리보뉴클레오사이드	리보뉴클레오타이드
아데노신 사이티딘 구아노신 유리딘	아데닐산 사이티딜산 구아닐산 유리딜산
데옥시리보뉴클레오사이드	**데옥시리보뉴클레오타이드**
데옥시아데노신 데옥시사이티딘 데옥시구아노신 데옥시티미딘	데옥시아데닐산 데옥시사이티딜산 데옥시구아닐산 데옥시티미딜산

그림 10.8 RNA와 DNA의 뉴클레오사이드와 뉴클레오타이드의 구조와 이름.

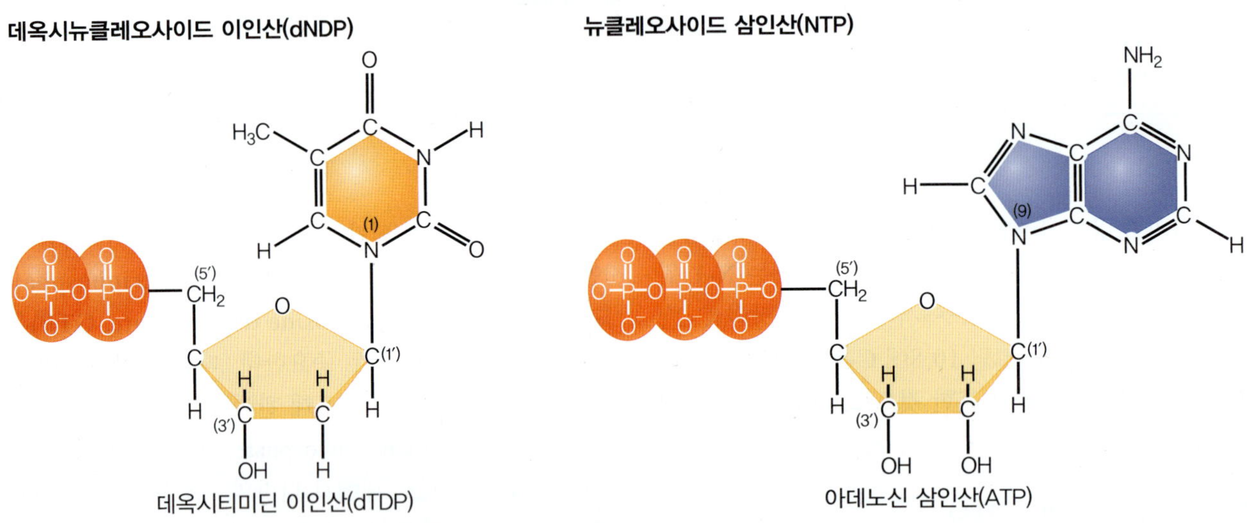

그림 10.9 뉴클레오사이드 이인산(NDP)과 삼인산(NTP)의 기본 구조. 여기서는 데옥시티미딘 이인산(dTDP)과 아데노신 삼인산(ATP)으로 나타내었다.

알코올(두 개의 당에 존재하는 수산기)들에 에스테르 결합에 의해 양쪽으로 연결되어 있으므로 **인산-이-에스테르 결합(phosphodiester bond)**이 형성된다. 그림 10.10(a)는 결과적으로 DNA에서 발견되는 인산-이-에스테르 결합을 보여준다. 각각의 구조는 **C-3′** 말단과 **C-5′** 말단을 가진다. 두 개의 뉴클레오타이드가 결합되면 **디뉴클레오타이드(dinucleotide)**가 형성되고, 3개가 결합되면 **트리뉴클레오타이드(trinucleotide)**가 형성되는 식이다. 약 20개의 뉴클레오타이드로 이루어진 짧은 사슬은 **올리고뉴클레오타이드(oligonucleotide)**라고 부른다. 더 긴 사슬들은 **폴리뉴클레오타이드(polynucleotide)**라고 불린다.

폴리뉴클레오타이드 구조를 그림 10.10(a)에서처럼 그리는 것은 매우 시간이 오래 걸리고 복잡하기 때문에, 개략적으로 간단하게 그리는 방법이 고안되었다[그림 10.10(b)]. 거의 수직으로 서 있는 선은 오탄당을 나타낸다; 질소 포함 염기는 C-1′ 위치의 꼭대기에 붙어 있다. 그 사이의 P와 함께 있는 사선은 당 분자의 C-3′ 위치에 결합하며, 그 옆에 있는 당 분자의 C-5′와 연결된다; 이것은 인산이에스테르 결합을 나타낸다. 이런 간단한 방법을 변화시킨 것들이 사용되고 있으며 위의 안내와 참고하여 이해될 수 있다.

긴 폴리뉴클레오타이드 사슬들이 되면 분자량도 커지고 DNA의 가장 중요한 성질—방대한 양의 유전정보를 저장하는 것—을 드러내게 된다. 만약 기다란 뉴클레오타이드 사슬에서 각 뉴클레오타이드의 자리를 네 개의 뉴클레오타이드 중 하나가 차지한다면, 엄청난 변이가 가능하다. 예를 들어, 1,000개의 뉴클레오타이드로 이루어진 폴리뉴클레오타이드는 4^{1000} 가지 다른 방법으로 배열될 수 있다. 분자 구조 내에서 형성될 수 있는 이러한 다양성은 DNA가 세포 활성을 지시하는 데 필요한 엄청난 양의 화학적 정보를 저장하는데 필수적인 것이다.

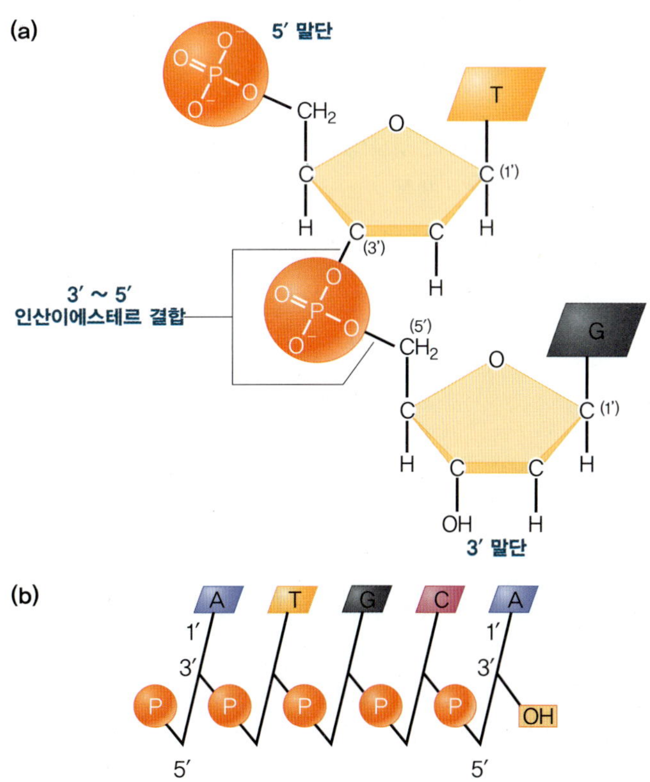

그림 10.10 (a) C-3′과 C-5′ 사이(3′-5′)의 인산이에스테르 결합 형성으로 두 뉴클레오타이드가 연결되어 디뉴클레오타이드를 만든다. (b) 폴리뉴클레오타이드 사슬을 간략히 표시한 것.

10.7 DNA의 구조는 그 기능을 이해하는 열쇠이다

이 장의 앞 절에서는 DNA가 모든 생물(특정 바이러스는 예외)의 유전물질임을 확인했으며 핵산을 구성하는 기본 화학 성분에 대한 세부 정보를 학습했다. 이제 해결해야 할 것은 DNA의 정확한 구조에 대한 것이다. 다시 말해, 폴리뉴클레오타이드 사슬은 어떻게 유전물질 역할을 하는 DNA로 구성될까? DNA는 단일 사슬로 구성되어 있는가, 아니면 둘 이상으로 구성되어 있는가? 후자의 경우라면, 사슬은 화학적으로 어떻게 서로 관련되어 있는가? 사슬은 분지되는가? 더 중요한 것은 이 분자의 구조가 DNA가 제공하는 다양한 유전적 기능(즉, 저장, 발현, 복제 및 돌연변이)과 어떤 관련이 있는가?

1940년부터 1953년까지 많은 과학자가 DNA 구조를 밝히는 데 관심을 가졌다. 그 중에서도 샤가프(Erwin Chargaff), 윌킨스(Maurice Wilkins), 프랭클린(Rosalind Franklin), 폴링(Linus Pauling), 크릭(Francis Crick), 왓슨(James Watson) 등은 많은 사람이 생물학의 역사에서 가장 중요하고 흥미로운 질문이라고 생각하는 질문에 답할 수 있는 정보를 추구했다: **DNA는 어떻게 생명의 유전적 기초로 작용하는가?** 이에 대한 답은 DNA 분자의 복잡하지만 질서 있는 기능을 고려할 때, DNA 분자의 화학 구조와 조직화에 크게 의존적일 것이라 여겨졌다.

1953년, 왓슨과 크릭은 DNA 구조가 이중 나선 형태라고 제안했다. 그들의 모형은 네이처(*Nature*) 과학 잡지에 발표된 짧은 논문에 설명되어 있다. 어떤 의미에서 이 논문은 치열했던 과학적 경쟁을 종결짓는 것이었다. 왓슨의 책 "이중 나선(*The Double Helix*)"에서는 DNA의 구조를 밝히게 되었던 과학적 드라마의 인간적 측면을 자세히 보여준다.

왓슨과 크릭이 그들의 모형을 개발하는 데 핵심적으로 이용할 수 있었던 자료는 주로 두 가지 출처에서 나온 것이다: (1) 가수분해된 DNA 시료의 염기 조성 분석과, (2) DNA의 X선 회절(X-ray diffraction) 연구가 그것이다. 왓슨과 크릭의 분석적 성공은 기존 자료에 부합하는 모형을 구축하는 데 중점을 두었기 때문일 것이다. DNA 구조에 대한 올바른 해설을 퍼즐로 본다면, 영국 케임브리지의 캐번디시 연구소에서 일했던 왓슨과 크릭은 처음으로 조각들을 성공적으로 맞추었던 사람들이었다.

염기 조성에 관한 연구

1949년에서 1953년 사이에 샤가프(Erwin Chargaff)와 그의 동료들은 다양한 생물들로부터 얻은 DNA에서 크로마토그래피 방법을 사용하여 4가지 염기를 분리했다. 그리고 정량적인 방법을 사용하여 각 재료들로부터 얻어진 4가지 염기의 양을 측정하였다. **표 10.3(a)**는 샤가프의 원래 자료 중 일부의 목록이다. 표의 (b)와 (c) 부분은 샤가프의 발견을 재확인해주는, 더 최근에 유도된 염기 조성 정보를 보여준다. 앞으로 살펴보겠지만, 이것은 왓슨과 크릭이 DNA의 이중 나선 모형을 고안했을 때 성공할 수 있었던 핵심 자료였다. 이 자료에 기초하면 다음과 같은 결론들이 유도된다:

1. **표 10.3(b)**에 나타난 바와 같이, DNA에서 아데닌 잔기의 양은 티민의 양에 비례한다(1, 2, 5열). 그리고 마찬가지로 구아닌의 양도 사이토신의 양에 비례한다(3, 4, 6열).
2. 이러한 비례에 근거하면, 7번 열에서 보는 것처럼, 퓨린의 합(A + G)은 피리미딘들의 합(C + T)과 같다.
3. (G + C)의 분율은 (A + T)의 분율과 반드시 같을 필요는 없다. 오히려 이 비율은 생물들마다 매우 다르다. **표 10.3(c)** 부분의 8번 열을 보라.

이러한 결론들은 DNA 분자들의 염기 조성에서의 결정적인 패턴을 시사하는 것이다. 자료들은 왓슨과 크릭의 성공적인 DNA 모형에 핵심이 된다. 게다가 이들은 4개의 염기가 모두 동일한 양으로 존재한다는 레빈의 네 가지 뉴클레오타이드 가설(tetranucleotide hypothesis)을 정면으로 부정하는 것이었다.

X-선 회절 분석

DNA 분자의 섬유에 X-선을 쪼이면, 이 X-선들은 이 분자들의 원자 구조에 따라 흩어진다. 이러한 산란 패턴은 사진 건판에 점으로 남게 되고 이것이 분석되는데, 특히 전체적인 모양이나 분자 내의 규칙성 같은 성질이 분석된다. 이러한 과정은 **X-선 회절 분석(X-ray diffraction analysis)**이라고 하는데, 폴링(Linus Pauling)이나 다른 화학자들에 의해 단백질 구조 분석에 성공적으로 적용되었었다. DNA 분자에 대해서도 이 기법이 시도된 것은 1938년에 에츠버리(William Astbury)에 의해서였다. 1947년, 그는 DNA 분자 내에 3.4 옹스트롬(Å)* 의 주기적 성질이 존재함을 발견했고 이것은 그가 염기들이 동전을 쌓아 올린 듯한 모양일 것이라고 제안하게 했다.

1950년과 1953년 사이에 프랭클린(Rosalind Franklin)은 윌킨스(Maurice Wilkins)의 연구실에서 일하던 중에, 정제된 DNA로부터 좀 더 향상된 X-선 자료를 얻을 수 있었다(**그림 10.11**). 그녀의 연구는 에츠버리가 발견한 3.4 Å의 간격을 확인시켜 주었고, DNA의 구조가 어떤 종류의 나선일 것으로 제안했다. 그러나 그녀는 결정적인 모형을 제시하지는 않았다. 폴링은 에츠버리와 다른 연구자들의 결과를 분석하여 DNA가 삼중 나선일 것이라는 잘못된 제안을 하기도 했다.

*요즘에는 나노미터(nm) 단위가 더 선호된다. (1 nm=10 Å)

표 10.3 DNA 염기 조성 자료

(a) 샤가프의 자료*	몰 분율[a]			
	1	2	3	4
생물/원료	A	T	G	C
황소의 흉선	26	25	21	16
황소 비장	25	24	20	15
효모	24	25	14	13
조류 결핵균	12	11	28	26
인간 정자	29	31	18	18

(C) 여러 생물의 G+C 함량	
생물	%G + C
T2 파지	36.0
초파리	45.0
옥수수	49.1
유글레나	53.5
빵곰팡이	53.7

(b) 다양한 생물에서 얻은 DNA의 염기 조성몰 분율	염기 조성				염기 비율		조합된 염기 비율	
	1	2	3	4	5	6	7	8
생물/원료	A	T	G	C	A/T	G/C	(A + G)/(C + T)	(A + T)/(C + G)
인간	30.9	29.4	19.9	19.8	1.05	1.00	1.04	1.52
성게	32.8	32.1	17.7	17.3	1.02	1.02	1.02	1.58
대장균	24.7	23.6	26.0	25.7	1.04	1.01	1.03	0.93
팔련구균	13.4	12.4	37.1	37.1	1.08	1.00	1.04	0.35
T7 박테리오파지	26.0	26.0	24.0	24.0	1.00	1.00	1.00	1.08

*출처: 샤가프의 자료, 1950.

[a]P의 몰당 질소성 염기 조성의 몰 수(종종 100% 미만으로 회수됨)

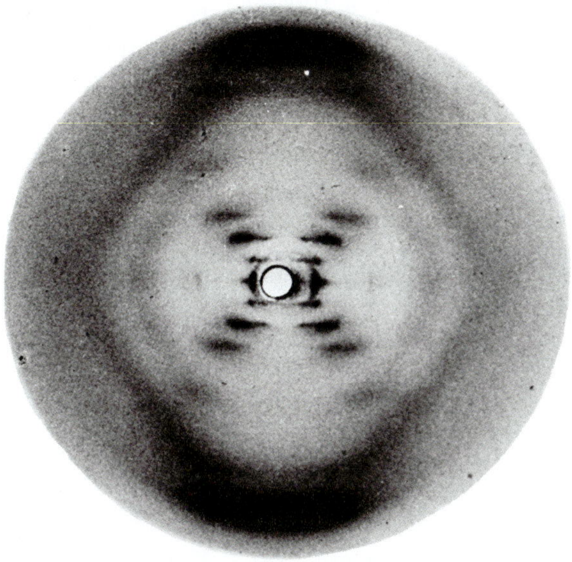

그림 10.11 정제된 DNA 섬유의 X-선 회절 사진. 주변의 짙은 원호들은 3.4 Å 떨어져 있는 질소 포함 염기들의 간격을 추정하게 해주는 것으로, 가까이 위치한 분자들의 측면을 보여준다. 내부의 십자 모양 점들은 분자들의 더 커다란 측면을 보여주는 것으로 이 분자가 나선으로 이루어졌음을 시사한다.

왓슨-크릭 모형

왓슨과 크릭은 1953년에 DNA의 구조에 대한 분석 결과를 발표했다. 지금까지 논의된 정보들의 제한 조건 안에서 모형을 구축하면서, 그들은 그림 10.12(a)에 보이는 바와 같은 이중 나선 형태의 DNA에 도달했다.

이 모형은 다음과 같은 주요 특징을 가진다:

1. 두 개의 긴 폴리뉴클레오타이드 사슬들이 중심축을 돌아 감겨서 오른쪽으로 꼬인 이중 나선을 형성한다.
2. 두 사슬은 **역평행(antiparallel)**하다; 즉, 가닥의 C-5′에서 C-3′로의 방향이 서로 반대로 향한다.
3. 두 사슬의 염기들은 평평한 구조로 축에 수직으로 놓인다; 그들은 서로서로 "쌓아 올려져(stacked)" 있으며 3.4 Å (0.34 nm) 떨어져 있다. 그리고 이들은 전체 구조의 안쪽에 위치한다.
4. 반대 사슬들의 질소 포함 염기들은 수소결합 결과, **쌍을 이루고 있다**; DNA에서는 A-T 와 G-C쌍만 존재한다.
5. 나선의 완전한 회전은 34 Å (3.4 nm) 길이로, 각 사슬의 1회전 내에는 10개의 염기가 존재한다.
6. 분자의 어떤 부분에서도 좀 더 큰 **주 홈(major groove)**과 좀 작은 **부 홈(minor groove)**이 축을 따라 번갈아 나타난다.
7. 이중 나선은 지름이 약 20 Å (2 nm) 정도이다.

위 4번 특징인 염기쌍 형성(*base pairing*)의 성질은 이 모형에서 가장 중요한 것이다. 자세히 설명하기에 앞서 몇 가지 다른 중요한 특징들을 강조할 필요가 있겠다. 첫째로, 두 사슬의 역평행성은 이중 나선 모형의 핵심적 특징 중 하나이다. 한 사슬이 5′-3′ 방향으로 놓인다면(오른쪽이 위로 가도록), 다른 사슬은 3′-5′ 방향(오른쪽이 아래로 가도록)으로 놓인다. 이것이 그림 10.12(b)와 (c)에 설명되어 있다. 뉴클레오타이드의 다양한 구성 성분들 사이의 결합각에 의한 제약 때문에, 두 사슬이 서로 평행하게 놓일 때는 이중 나선이 쉽게 형성될 수 없을 것이다.

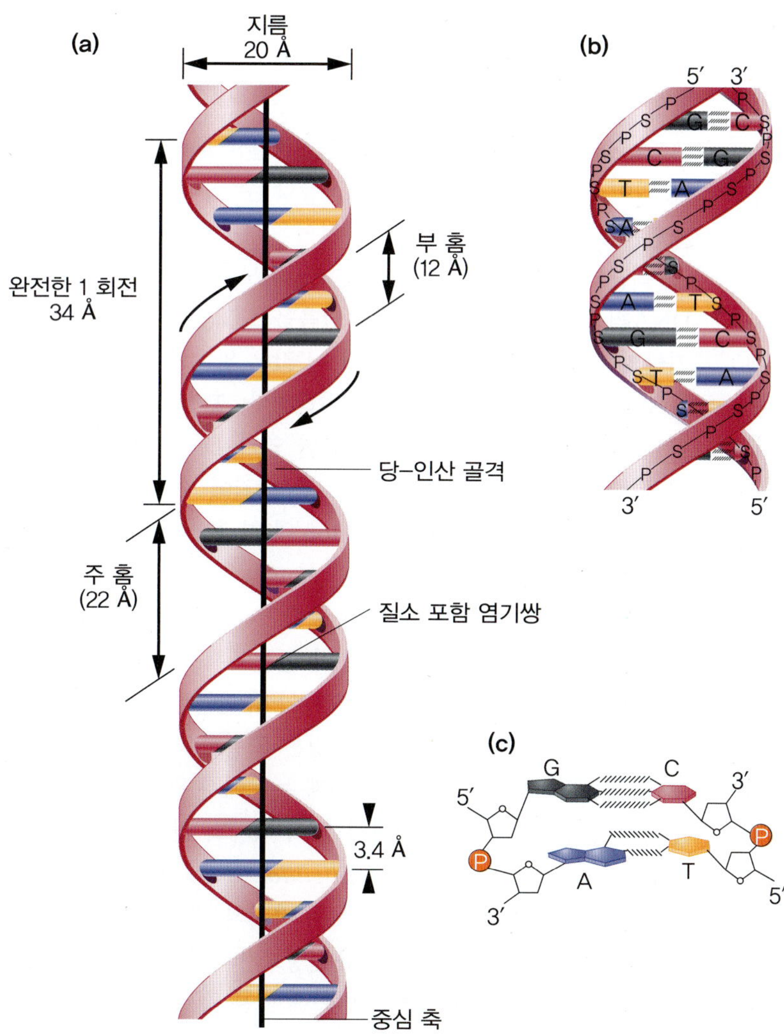

그림 10.12 (a) 왓슨과 크릭에 의해 제안된 DNA 이중 나선. 리본 모양의 가닥들은 당-인산 골격을 구성하며, 가로의 걸이들은 질소 포함 염기들을 구성한다. 한 회전당 10개의 염기쌍이 존재한다. 주 홈과 부 홈이 뚜렷하게 나타난다. 중앙의 세로선은 중심축을 나타낸 것이다. (b) 염기, 당, 인산들, 그리고 나선의 수소결합을 세부적으로 나타낸 것. (c) 나선의 역방향성과 염기들의 수평적 쌓임 상태를 보여준다.

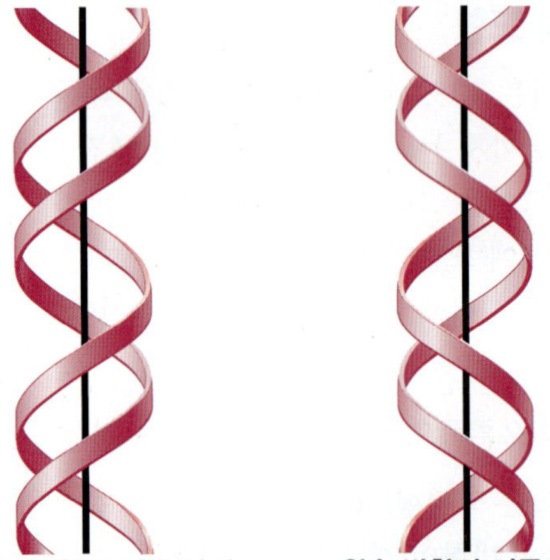

그림 10.13 DNA의 오른쪽 나선 형태와 왼쪽 나선 형태. 이들은 서로 거울상이다.

둘째로, 왓슨과 크릭이 만든 나선의 오른 꼬임 성질은 그림 10.13에 나타난 것처럼, 거울상인 왼쪽 꼬임의 구조와 비교하면 가장 잘 이해된다. 10.8절의 논의에서 다룰 다른 대체형 DNA(Z-DNA)가 왼쪽 방향의 나선으로 존재하긴 하지만, 오른 꼬임 나선의 공간적 구조는 왓슨과 크릭이 사용할 수 있었던 자료들과 가장 잘 부합했다.

왓슨과 크릭이 제시한 모형의 핵심은 염기 쌍 형성에서의 특이성이다. 샤가프의 자료들은 A의 양이 T와 같고, G의 양이 C와 같다고 제시했었다. 왓슨과 크릭은 만일 A가 T와, C가 G와 쌍을 이룬다면 이들 구성비를 설명할 수 있으며, 그러한 염기쌍의 각 구성원들이 수소결합을 형성한다면[그림 10.12(b)], 두 사슬을 붙들어 두는 화학적 안정성을 제공하리라는 것을 인식했다. 이런 식으로 성분들이 정리가 되자, 주 홈(major groove)과 부 홈(minor groove)이 축을 따라 분명하게 되었다. 나아가, "나선 계단의 가로대" 상에서 하나의 퓨린(A나 G)이 하나의 피리미딘(T나 C)을 마주하고 있는 것은 X-선 회절 연구로 제시되었던 20 Å (2-nm) 지름을 설명할 수 있었다.

특이적인 A-T와 G-C 염기쌍은 **상보성(complementarity)**의 기초가 된다. 이 용어는 염기들 사이의 수소결합에 의해 제공되는 화학적 친화력을 설명하는 말이다. 앞으로 보게 될 것처럼, 상보성은 DNA 복제와 유전자 발현에서 매우 중요하다.

여기서 두 가지 질문이 특히 논의할 가치가 있다. 첫째는, 왜 다른 염기쌍은 가능하지 않은가? 왓슨과 크릭은 A와 G 또는 C와 T의 쌍이 각각 퓨린-퓨린 및 피리미딘-피리미딘 쌍을 나타낼 것이기 때문에 고려하지 않았다. 이러한 짝짓기는 퓨린 및 피리미딘 고리의 각각의 크기 때문에 어떤 경우에는 20 Å 보다 크고 다른 경우에는 20 Å 미만의 비정상적인 지름 크기가 생기게 한다. 또한 이러한 쌍으로 형성되는 3차원 구조는 수소결합이 생기기에 충분한 정렬을 만들지 못한다. 각각 하나의 퓨린과 하나의 피리미딘으로 구성되는 A-C 쌍이나 G-T 쌍도 같은 이유로 제외되었다.

두 번째 질문은 수소결합의 성질에 관한 것이다. 그런 결합의 성질은 무엇이며, 그것이 나선을 안정시킬 만큼 강한 것일까? **수소결합(hydrogen bond)**은 공유적으로 결합된 수소 원자와 비공유 전자쌍을 가진 원자 사이에 형성되는 매우 약한 정전기적 인력이다. 수소 원자는 부분적인 양전하를 가지는 데 반해, 공유적으로 결합된 산소나 질소 원자의 특징인 비공유 전자쌍은, 부분적으로 음전하를 가질 것으로 생각된다. 이 반대 전하가 약한 화학적 인력을 일으킨다. 이중 나선에 놓인 방향 때문에, 아데닌은 티민과 두 개의 수소결합을, 구아닌은 사이토신과 3개의 수소결합을 형성한다(그림 10.14). 비록 2개나 3개의 수소결합은 에너지가 매우 약한 것이지만, 수천 개의 반복적인 결합(두 개의 긴 폴리펩타이드 사슬들에서 발견될 수 있는)은 이중 나선에 커다란 안정성을 제공하게 된다.

또 하나의 안정화 요소는 축을 따라 놓인 당과 염기의 배열에 있다. 왓슨-크릭의 모형에서는 **소수성**(*hydrophobic*, or "water-fearing")인 질소 포함 염기들이 안쪽의 축에 거의 직각인 수평으로 쌓여 있으며 이들은 물로부터 보호된다. **친수성**(*hydrophilic* or "water-loving")인 당-인산 골격은 축의 바깥쪽에 있어서 두 요소가 물과 상호작용할 수 있다. 이러한 분자적 배열은 나선에 상당한 화학적 안정성을 제공한다.

최근의 정확한 분석들은, 왓슨-크릭 모형의 기초로 작용했던 DNA의 구조에 약간의 차이가 있음을 드러냈다. 한 회전당 염기쌍의 수를 정확히 측정한 결과 이 값은 왓슨과 크릭이 예상한 10.0 bp이 아니라 10.4 bp임이 밝혀졌다. 고전적인 모형에서는 각 염기쌍이 나선 축 주위로 인접한 염기쌍과 36° 회전해서 위치하는 것으로 알려져 있으나 새로운 발견에 따르면 이 회전 각도는 34.6°여야 한다. 그러므로 360°의 한 회전당 10 bp보다 약간 더 많은 수가 존재한다.

왓슨-크릭의 모형은 분자 생물학이라는 새로운 학문에 즉각 영향을 끼쳤다. 1953년의 초기 논문에서도 저자들은 "우리가 지금 제시한 특이적인 염기쌍들이 유전물질의 복제를 설명하는 가능한 방법을 제시한다는 것은 확실하다"라고 언급했다. 두 달 후에, 네이처에 실린 두 번째 논문에서 왓슨과 크릭은 이 생각을 발전시켜 DNA 복제의 양식-**복제의 반보존적 양식**(*the semiconservative mode of replication*)을 제시하기에 이른다(11장 참고). 이 두 번째 논문은 두 가지의 새로운 개념들을 제시하고 있다: (1) 염기 서열에 유전정보가 저장되고, (2) 돌연변이나 유전적 변이는 염기들의 변화에 따른 것이다. 이러한 생각

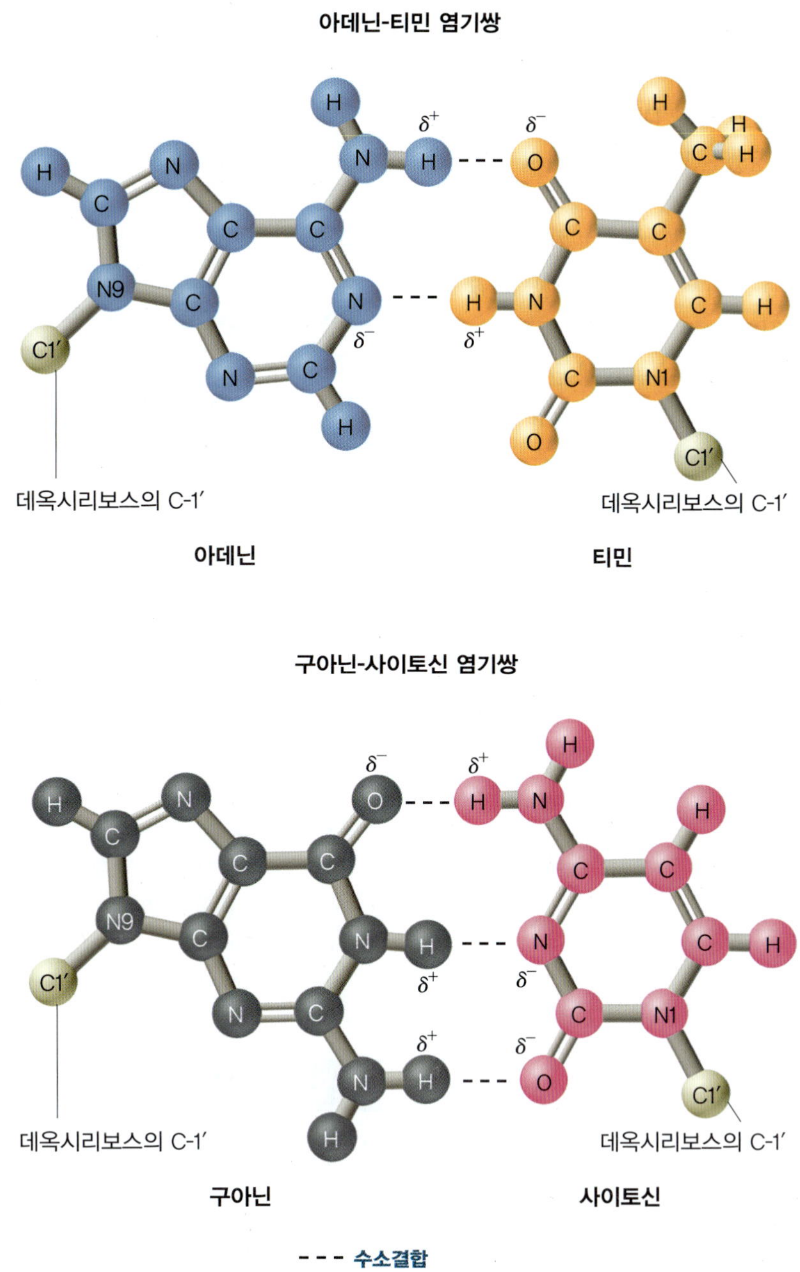

그림 10.14 A-T와 G-C 염기쌍에 대한 공–막대 모형. 점선(---)은 두 염기 사이의 수소결합을 나타낸다.

은 1953년 이후 엄청난 양의 실험적 지지를 받았고 지금도 널리 받아들여진다.

왓슨과 크릭에 의한 아이디어의 융합은 유전학과 생물학의 후속 연구들과 관련하여 매우 중요한 것이다. 유전적 기구들에서의 유전자와 그들의 역할은 이제 생화학적 용어들로 해석되어 연구될 수 있다. 이들은 윌킨스의 연구와 함께 그들의 연구를 인정받아 1962년 노벨 생리의학상을 수상했다. 불행히도 노벨상은 사후에는 주어지지 않기 때문에 1958년에 37세의 나이로 사망한 프랭클린(Rosalind Franklin)은 수상자가 되지 못했다. 분자 유전학 분야에서의 연구에 많은 노벨상이 수여되었는데, 이 노벨상 역시 그중 하나다.

유전자 개념의 진화

1953년에 왓슨과 크릭에 의해 제시된 DNA 모형에 기초하여, 유전자란 유전정보를 암호화하는 DNA 나선 내의 뉴클레오타이드 서열이라는 분자생물학적 용어로 처음 설명될 수 있었다. ■

10.8 다른 형태의 DNA들도 존재한다

다른 분리조건에서, 몇 가지 다른 형태의 DNA가 발견되었다. 왓슨과 크릭이 그들의 분석을 수행했던 때에는, 두 가지 형태—**A-DNA**와 **B-DNA**—가 알려져 있었다. 왓슨과 크릭의 분석은 프랭클린에 의한 B형에 대한 X-선 연구에 기초한 것이었다. B형은 수용액 상태이고, 낮은 염 농도에서 존재하는 것으로 생물학적으로 중요한 형태라고 믿어진다.

1950년경의 DNA 연구들이 X-선 회절 분석에 근거했던 반면, 좀 더 최근의 연구들은 **단결정 X-선 분석법(single crystal X-ray analysis)**을 사용하여 수행되었다. 초창기 연구들은 5Å 정도의 제한 해상도를 가지지만, 단결정들은 X-선들을 원자 수준의 해상력에 가까운 정도인 약 1Å 정도로 산란시킨다. 결과적으로 모든 원자가 "보이는" 것이고, 더 세밀한 구조가 얻어질 수 있다.

이러한 현대적인 기술들을 사용하여 A-형태의 DNA가 조사되었다. A-DNA는 고농도의 염이나, 혹은 탈수 조건에서 흔히 형성된다. B-DNA에 비하면, A-DNA는 좀 더 밀집된 구조로 나선의 한 회전당 11 bp를 가지며, 지름은 23Å(2.3 nm)이다(그림 10.15). 이것도 역시 오른쪽 꼬임의 나선이긴 하지만 염기들의 방향은 약간 다르다—이들은 기울어져 나선의 축에 대해 옆으로 비껴져 있다. 결과적으로 주 홈과 부 홈의 모양이 변형된다. A-DNA가 생체 내(생리학적인 조건)에서도 생기는지는 의문이다.

다양한 실험실 조건에서 조사한 결과, 또 다른 형태의 오른꼬임 나선 DNA가 발견되었다. 이들은 C-, D-, E- 및 가장 최근에는 P-DNA로 불린다. **C-DNA**는 A-나 B-DNA의 분리 동안 관찰되는 것보다 훨씬 더 큰 탈수 조건에서 발견된다. 두 가지 다른 형태인 **D-DNA**와 **E-DNA**는 염기 구성에 구아닌이 부족한 나선에서 생긴다. 그리고 가장 최근에는 DNA를 인위적으로 늘리면 **P-DNA**(Linus Pauling의 이름을 따서 명명됨)라고 하는 또 다른 형태가 가능하다는 것이 관찰되었다.

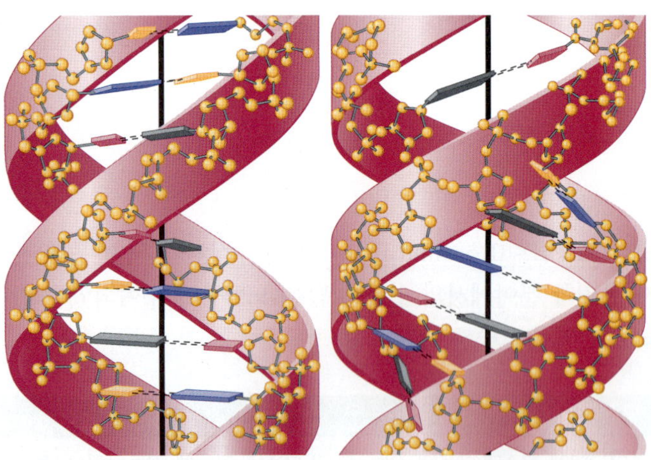

그림 10.15 B-DNA와 A-DNA의 염기쌍 방향을 나타내는 그림. B-DNA에서는 염기쌍들이 나선 축에 직각이지만, A-DNA에서는 기울어져 있고 더 멀리 당겨진다. B-DNA와 비교하면, A-DNA는 조금 더 지름이 크고, 한 회전당 더 많은 염기쌍을 포함한다.

마지막으로, 또 다른 형태의 DNA는 1979년에 발견된 **Z-DNA**로, 오직 C-G 쌍만을 포함한 소량의 합성 DNA 조각들을 연구하던 중에 Z-DNA가 다소 특이한 구조인 **왼쪽 꼬임의 이중 나선**을 형성하는 것이 발견되었다. 살아 있는 생물의 염색체에 Z-DNA 영역이 존재할 가능성에 대한 추측도 종종 제기되었다. 독특한 나선형 배열은 DNA 결합 분자와의 상호작용을 위한 중요한 인식 부위를 제공할 가능성도 있다. 그러나 Z-DNA 또는 위에서 언급한 형태의 DNA가 생체 내에서 얼마나 발생하는지는 아직 명확하지 않다.

풀어보기

10.2 이중 가닥인 성게의 DNA에서는 17.5%의 염기가 사이토신(C)이다. 이 DNA에 있는 다른 세 염기의 비율은?

■ **힌트:** 이 문제는 하나의 독특한 DNA 분자에 대한 한 가지 측정값으로부터, 그 분자를 특징짓는 다른 세 가지 값을 추정하라는 문제이다. 해답의 열쇠는 DNA의 왓슨-크릭 모형에서 염기쌍의 규칙을 이해하는 데 있다.

10.9 RNA의 구조는 화학적으로 DNA와 비슷하지만 단일 가닥이다

RNA 분자의 구조는 DNA를 닮았으나 몇 가지 중요한 차이가 있다. 비록 RNA가 폴리뉴클레오타이드 형태로 연결되며, 뉴클레오타이드를 구성 단위체로 가지기는 하지만, 당인 리보스가 데옥시리보스를 대신하고 있고, 질소가 포함된 염기인 우라실이 티민을 대체한다. 또 하나 중요한 차이는 대부분의 RNA가 단일 가닥이라는 점이다. 물론 두 가지의 예외가 존재하긴 한다. 첫째, RNA 분자들은 때때로 자신의 분자를 접어서 상보적인 염기 서열들 사이에서 이중 가닥을 형성하기도 한다. 둘째, RNA를 유전물질로 가지는 몇몇 동물 바이러스들은 이중 가닥 나선 분자를 가진다. 더 최근에는 이중 가닥 RNA 분자가 진핵생물에서 유전자 발현을 조절한다는 것을 알게 되었다(18장 참고).

이미 배웠던 것처럼(그림 10.1 참고), 세포 내에는 세 가지 종류의 주요 RNA 분자들이 존재하며 유전적 정보의 발현 과정

에서 작용한다: **리보솜 RNA(rRNA)**, **전령 RNA(mRNA)**, 그리고 **운반 RNA(tRNA)**이다. 이 분자들은 모두 전사 과정 중에, 두 가닥 DNA 부분의 한 가닥에 대한 상보적 사본으로 생겨난다. RNA에서는 우라실이 티민을 대체하고 있으므로 우라실은 전사 과정이나 RNA 염기쌍 형성에서는 아데닌과 상보적이다.

표 10.4는 세균과 진핵세포에서 발견되는 주요 형태의 RNA들을 특징별로 요약한 것이다. 서로 다른 RNA들은 원심분리에서 침강되는 정도가 다르며, 그들이 포함하는 뉴클레오타이드 숫자에 의해 결정되는 크기에 따라서도 구분된다. 침강되는 양상은 한 분자의 밀도나 질량, 그리고 모양에 의해 결정되며 그 측정값은 **스베드베리 계수(Svedberg coefficient, *S*; 침강 계수)**라고 불린다. *S*값이 클수록 더 큰 분자량을 나타내기는 하지만, 이들 간의 관계는 직접적인 것이 아니다; 즉, 분자량이 두 배 증가하는 것이 *S*값에서의 두 배 증가를 의미하지는 않는다. 분자의 질량 외에도 분자의 크기와 모양도 침강 속도(*S*)에 영향을 미치기 때문이다. 표 10.4에서 볼 수 있듯이, RNA 분자는 다양한 크기로 나타난다.

리보솜 RNA는 일반적으로 이 분자들 중 가장 크고, 보통 세포 내의 모든 RNA 중 80%를 차지한다. 리보솜 RNA들은 **리보솜(ribosome)**의 중요한 구성 요소로서, 번역 중 단백질이 합성될 때 비특이적인 작업대로 기능한다. 원핵생물과 진핵생물에서 발견되는 다양한 형태의 rRNA들은 분명한 크기의 차이가 있다.

전령 RNA(mRNA) 분자들은 유전자의 DNA로부터 유전정보를 리보솜으로 전달한다. mRNA들은 크기가 배우 다양한데, 이것은 mRNA 전사를 위해 주형으로 작용한 유전자뿐 아니라, mRNA에 의해 암호화되는 단백질 크기의 다양성을 반영하는 것이다. 표 10.4는 대장균에서 mRNA가 약 5% 정도의 RNA를 차지함을 보여주지만, 이 분율은 세포마다 다르며, 같은 세포에서도 서로 다른 시기에는 달라질 수 있다.

일반적인 세포에서 약 15%의 RNA를 차지하는 운반 RNA(tRNA)는 가장 작은(평균 분자 크기로) RNA 분자들로, 번역 과정 중에 아미노산을 리보솜으로 운반해 준다. 한 개 이상의 tRNA 분자들이 리보솜과 동시에 상호작용하기 때문에, 이 분자들의 작은 크기는 이러한 상호작용을 촉진한다.

후에 이 세 가지 RNA의 기능에 대해 더 자세히 논의할 것이다(13장과 14장 참고). 이 RNA들은 유전적 발현에 관여하는 주요 분자들을 대표하기는 하지만, 다른 독특한 RNA, 특히 진핵생물에서 다양한 역할을 수행하는 RNA들이 존재한다. 예를 들어, 텔로머라제 RNA(*telomerase RNA*) 및 RNA 프라이머(*RNA primer*)들은 DNA 복제에 관여하며(11장), 작은 핵 RNA(*small nuclear RNA, snRNA*)는 mRNA 가공에 관여하고(13장), 마이크로 RNA(*microRNA*), 그리고 소형 간섭 RNA(*short interfering RNA, siRNA*)와 긴 비암호성 RNA(*noncoding RNA, lncRNA*)들은 유전자 조절에 관여한다(18장).

표 10.4 주요 RNA 집단

집단	총 RNA 중 %	스베드베리 상수	진핵성(E) 혹은 원핵성(P)	뉴클레오타이드 수
리보솜 (rRNA)	80	5	P, E	120
		5.8	E	160
		16	P	1542
		18	E	1874
		23	P	2904
		28	E	4718
운반 (tRNA)	15	4	P, E	75 – 90
전령 (mRNA)	5	다양하다.	P, E	100 – 10,000

*In *E. coli*.

풀어보기

10.3 풍진(German measles)은 루벨라 바이러스(rubella virus) 감염에 의한 것이다. 이 바이러스는 신생아들에서 여러 가지 건강 문제를 일으킬 수 있다. 이 바이러스의 핵산 분석 결과 (A + G)/(U + C) 비율이 1.13인 것으로 나타났다면 어떤 결론에 도달할 수 있겠는가?

■ **힌트:** 이 문제는 바이러스의 유전물질로 작용하는 어떤 핵산의 화학적 조성에 관한 정보를 분석하도록 요구하고 있다. 해답의 열쇠는 핵산 화학에 관한 여러분들의 지식을 적용하는 것인데, 특히 염기쌍 형성에 관한 이해가 필수적이다.

더 연습이 필요하면 문제 31번과 32번을 참고하라.

10.10 DNA와 RNA를 조사하는 여러 분석기술들은 매우 유용하다

1953년 이후, 자세한 핵산 분석 결과 유전물질로서의 DNA의 역할, 그리고 전사 및 번역에서의 RNA의 역할이 분명해졌다. 몇 가지 중요한 분석 방법들은 핵산들의 구조에 필수적인 수소결합의 독특한 성질에 기초한다. 예를 들어, DNA가 가열되면, 이중 나선이 변성되어 풀린다. 풀리는 중에는 DNA의 점도가 감소하며 UV 흡수도가 증가하는데, 이를 **흡광도 상향 전이(hyperchromic shift;** 농색 변화)라고 한다. 온도에 대해 260 nm 파장(OD_{260})에서 UV광 흡수 정도를 나타낸 변성 그래프

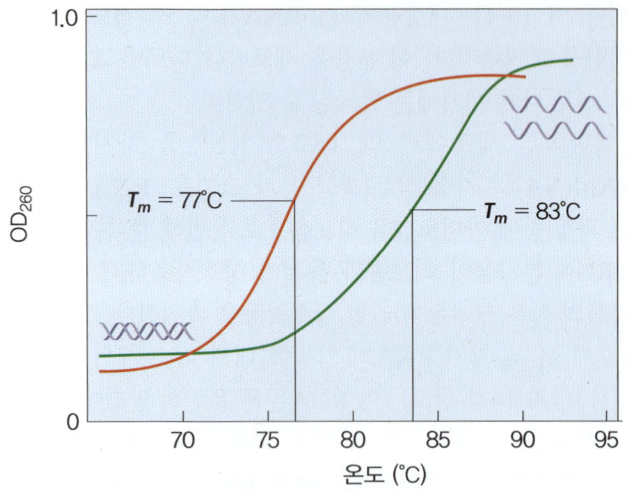

그림 10.16 DNA 변성 그래프. 서로 다른 G-C 함량을 가지는 두 DNA 분자에서, 온도의 증가에 따른 UV 흡수도 증가를 보여준다(흡광도 상향 전이). 83℃의 변성 온도(melting point, T_m)를 가지는 분자는 77℃의 T_m을 가지는 분자보다 더 높은 G-C 함량을 갖는다.

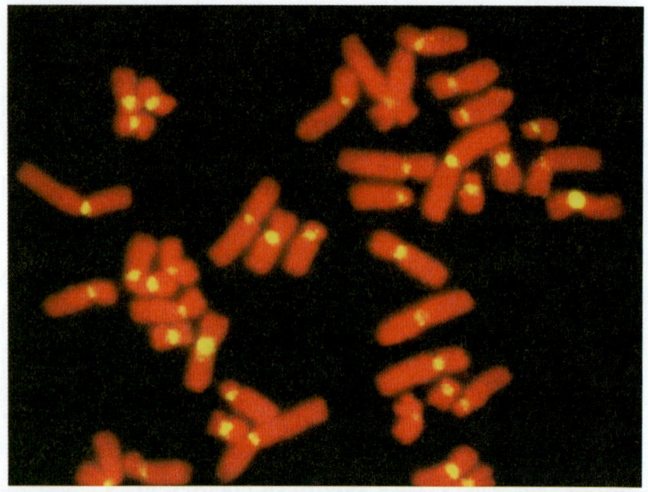

그림 10.17 사람의 중기 염색체들에 대한 제자리 형광 혼성화(FISH). 동원체 DNA에 특이적인 탐침자들이 혼성화되었음을 나타내는 노란색 형광 신호가 보인다. 빨간색 형광은 염색체의 DNA를 프로피디움 요오드(propidium iodide)로 배색처리(counterstaining)하여 나타난 것이다.

(melting profile)가 그림 10.16에 나타나 있다. 각 곡선의 중앙 지점은 **변성 온도(melting temperature, T_m)**라고 불리며, 50%의 가닥들이 풀리는 지점이다. 더 높은 T_m을 가지는 분자는 A-T 염기쌍보다 더 많은 분율의 G-C 염기쌍을 가지는데, A-T 쌍 사이의 2개 수소결합과 비교하면 G-C 쌍들에서는 3개의 수소결합이 공유되기 때문이다.

핵산의 변성/재생(denaturation/renaturation)의 특징은 분자유전학에서의 가장 강력하고 유용한 기술 중의 하나인 **분자 혼성화(molecular hybridization)**의 기초가 된다. 상당한 정도의 염기 상보성이 존재한다면, 변성 과정이 역전될 수 있고 그에 따라 분자 혼성화가 가능해진다. 혼성화된 이중체들(duplexes)은 서로 다른 종들에서 얻어진 DNA 사이에서, 혹은 DNA와 RNA 사이에서 모두 다 재형성이 가능하다. 예를 들어, 어떤 RNA 분자는 그것이 전사되어 나온 DNA 단편에 혼성화될 것이다. 결과적으로, 핵산 **탐침자(probe)**들이 종종 상보적 서열을 찾아내는 데 사용된다.

이 기술은 염색체 시료에 존재하는 DNA를 혼성체 형성을 위한 표적으로 하여 수행될 수도 있다. 이 과정은 **제자리 분자 혼성화(*in situ* molecular hybridization)**라고 불린다. 우선 분열기 세포들을 슬라이드에 고정한 후 혼성화 조건에 사용한다. 단일 가닥 DNA나 RNA(탐침자로)가 첨가되고 혼성화가 검사된다. 첨가된 핵산들은 방사성이거나 혹은 형광성 표지를 포함하고 있어 추적이 가능하다. 방사성 동위원소를 사용하는 경우 자동방사법(autoradiography)이 사용된다.

그림 10.17은 형광 표지를 사용한 것을 보여준다. 염색체의 동원체에 존재하는 DNA에 상보적인 짧은 DNA 단편이 탐침자로 혼성화에 사용되었다. 형광성은 동원체 부분에서만 발견되며, 따라서 염색체를 따라 한 개씩 존재하는 이 부위들을 나타내 준다. 형광성이 사용되었기 때문에, 이 기술은 앞글자만 따서 **형광 제자리 혼성화**, 즉 **FISH(fluorescent *in situ* hybridization)**라고도 한다. 특정 유전자를 가지고 있는 염색체의 위치를 규명하는데 이러한 기술을 사용하는 것은, 유전학자들의 실험 기법 중 주된 방법의 하나이다.

전기영동

핵산 분석에 필수적인 또 하나의 기술은 바로 **전기영동(electrophoresis)**이다. 이 기술은 서로 다른 크기의 DNA 조각들이나 RNA들을 분리하는 데 적용되며, 현재 분자 유전학의 연구에 없어서는 안 될 방법이다.

전기영동은 혼합물에 존재하는 분자들을 전기장 하에서 이동하게 함으로써 분리하는 것이다. 반고체성 젤 같은 다공성 물질에 시료를 넣은 후 전기를 전도시키는 용액 안에 위치시킨다. 비슷한 전하-질량 비를 가지지만 크기가 다른 분자들의 혼합물들은 그들의 크기에 따라 젤을 통과해 서로 다른 속도로 이동한다. 예를 들어, 서로 다른 길이의 두 폴리뉴클레오타이드 사슬들(10 뉴클레오타이드와 20 뉴클레오타이드)은 둘 다 음으로 하전되어 있으며(각 뉴클레오타이드들의 인산기 때문), 양으로 하전된 극(양극)으로 이동할 것이지만, 서로 다른 속도로 움직이게 된다. 다양한 크기의 구멍으로 제조될 수 있는 **아가로즈 젤(agarose gel)** 같은 매질을 사용하면, 더 짧은 사슬들은 더 큰 사슬들보다 더 빠르게 젤을 관통해 이동한다(그림 10.18). 일단 전기영동이 완료되면, 자가방사법(그 분자의 한 성분이 방사성일 경

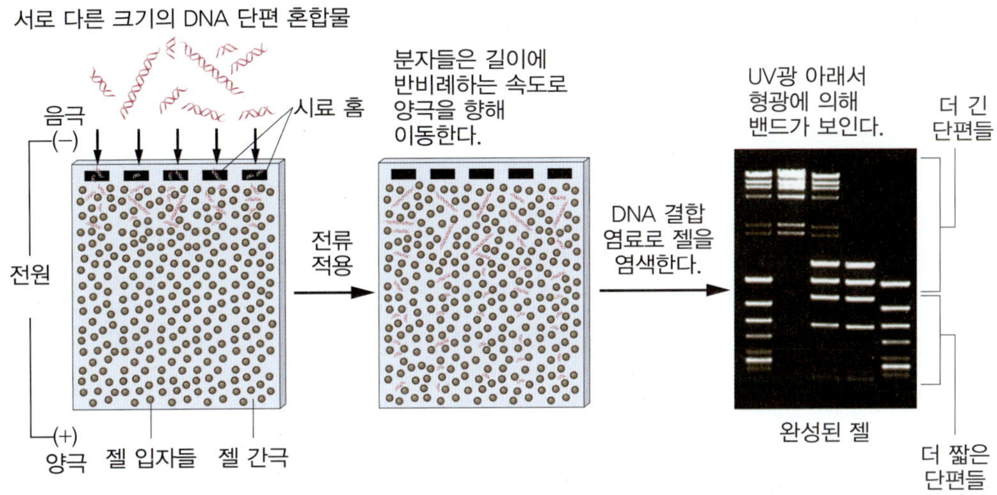

그림 10.18 길이가 다른 여러 DNA 조각들의 전기영동에 의한 분리. 오른쪽 사진은 에티디움 브로마이드(ethidium bromide)로 염색된 DNA 밴드들이 드러난 아가로즈 젤을 보여준다.

우)이나 핵산에 결합하는 형광 염료를 사용함으로써 다양한 크기의 분자들을 나타내는 밴드들이 확인된다. 해상력은 매우 좋아서 단 하나의 뉴클레오타이드 길이 차이의 폴리뉴클레오타이드들이라도 분리될 수 있다.

전기영동에 의한 핵산의 분리는 흔히 사용되는 다른 탐구 기술들의 핵심이기도 하다. 그 중 특별한 것이 DNA 서열화 방법을 비롯한 여러 가지 "블로팅(blotting)" 기술[예: 서던 블롯(Southern blot)과 노던 블롯(Northern blot)]들이다. (이에 대해서는 20장과 21장에서 자세히 논의될 것이다.)

EXPLORING GENOMICS

유전체학 탐구

생물정보학에 대한 소개: BLAST

이 장에서는 DNA의 자세한 구조에 대해 초점을 맞추었다. 17장에서는 어떻게 과학자들이 DNA를 복제하고 서열화하는지를 배우게 될 것이다. 지난 15년 동안 DNA와 단백질 서열 자료들의 폭발적 증가로 생물정보학(*bioinformatics*)이라는 학제간 과학이 탄생했다. 이것은 핵산과 단백질 서열 자료들을 분류하고, 공유하며, 비교하고, 분석하기 위한 하드웨어나 소프트웨어를 개발하기 위해 수학과 컴퓨팅 기술을 적용하는 것이다.

생물정보학을 사용하는 많은 수의 서열 데이터베이스들이 개발되어 있다. 한 가지 예가 **GenBank**(http://www.ncbi.nlm.nih.gov/genbank/)인데, 이것은 미국 국립보건원(National Institutes of Health)의 데이터베이스이다. 유럽과 일본의 데이터베이스들에 대한 접근까지 더하면 이 세계적 자원은 현재 2,200억 염기쌍의 서열 자료들을 포함하고 있다!

7장의 유전체학 탐구 연습문제에서는 미국 국립 생명공학 연구 센터(National Center for Biotechnology Information, NCBI)의 유전자와 질병(Genes and Disease) 사이트를 소개했었다. 이제는 **BLAST(Basic Local Alignment Search Tool)**라고 불리는 NCBI의 한 가지 이용법을 배워 보려고 한다. BLAST는 DNA와 단백질 서열의 유사성을 찾기 위해 GenBank와 기타 데이터베이스들을 탐색하는 귀중한 프로그램이다.

■ 연습 I – BLAST 사용하기

1. NCBI 웹사이트의 BLAST(http://blast.ncbi.nlm.nih.gov/Blast.cgi)에 접속한다.
2. "nucleotide blast"를 클릭한다. 이것은 여러분이 입력한 서열과 데이터베이스 내의 다른 서열 사이의 유사성을 찾아내기 위해 DNA 데이터베이스를 검색할 수 있게 해 준다. 다음 서열을 가지고 뉴클레오타이드 탐색을 실시해 보자:

(계속)

CCAGAGTCCAGCTGCTGCTCATAC
TACTGATACTGCTGGG

3. 이 서열을 실험실에서 여러분이 분리한 유전자의 짧은 부분이라고 생각해 보자. 여러분은 만약 이 유전자나 혹은 비슷한 다른 서열이 이미 발견된 것인지 알고 싶을 것이다. 이 서열을 페이지 상단의 "Enter Query Sequence" 라고 적힌 텍스트 박스에 입력하라. 페이지 하단 근처 "Program Selection" 카테고리 아래에서, "blastn"을 선택하고 탐색을 수행하기 위해 페이지 아래의 "BLAST" 버튼을 클릭하라. 몇 분 만에 결과를 수 있는데, BLAST가 수십억 염기쌍들로 된 서열 자료들을 모두 훑는 강력한 알고리듬을 사용하고 있기 때문이다.

4. 탐색 결과 페이지의 그래프 요약 아래에서는 "Descriptions"이라고 불리는 카테고리 하나와 여러분이 검색한 서열(query sequence 라고 불림)과 상당한 일치도를 가진 서열들의 목록을 보여주는 표를 볼 수 있다. BLAST는 질문 서열(query sequence)의 길이와 데이터베이스 내 서열들과 일치하는 수 및 다른 요소들을 고려한 통계적 측정에 기초하여 중요한 일치관계를 결정한다. 질문 서열과 비교서열들에서 주요 유사도를 보이는 지역인 Significant *alignments*는 1.0보다 작은 E 값을 가진다.

5. 표의 제일 위쪽에는 전사체(mRNA 서열)와의 일치 목록을, 아랫부분에는 유전체 DNA 서열과의 일치 목록을 일치되는 숫자가 높은 것에서 낮은 것 순으로 보여준다.

6. 비교 배열(Alignment)들은 수평선으로 표시된다. BLAST 서열 내의 틈(gap)들을 맞춰준다. 즉, 빠진 염기들 때문에 유사도가 떨어지는 서열들이 있기 때문에 정확히 배열되지 않을 수도 있는 지역들을 맞춰준다. 표 아래쪽으로 스크롤을 내려 이런 탐색에서 나온 비교 배열 서열들을 찾아보고 다음 질문들에 답하라:

   a. 여러분이 찾은 질문 서열과 가장 일치도가 높은 서열 3개는 무엇인가?

   b. 각 비교 배열에 대해 BLAST는 질문 서열과 비교 서열 사이의 맞춤 내에 존재하는 틈들의 수와 백분율 정체성(% *identity*)도 표시해 준다. 최상위 일치를 나타낸 서열들의 % identity는 얼마인가? 각 비교 배열 서열의 몇 %가 서열 차이를 나타내는 틈들을 보여주는가?

   c. 첫 번째로 맞춰진 서열들의 링크들(제일 오른쪽 칼럼)을 클릭해보라. 이들은 그 서열의 크기를 포함하여, 그것이 어느 생물에서 유래한 것인지, 그 서열이 포함된 연구 논문들의 PubMed와 연관된 연대기 및 완전한 서열, 그리고 그 서열이 폴리펩타이드를 암호화한다면 그 유전자에서 암호화되는 예상 아미노산 서열은 어떤 것인지까지 아주 많은 정보를 알려준다. 이 유전자에 대해 제시된 정보들을 한번 훑어보라. 그 유전자의 기능은 무엇인가?

7. BLAST 탐색은 어떤 서열에 대한 접근 번호(*accession number*)를 입력해서 수행할 수도 있다. 이 번호는 데이터베이스에 입력될 수 있도록 서열에 주어진 독특한 구분 번호이다. 예를 들어, 접근 번호 NM_007305로 탐색을 수행해 보라. 무엇이 나오는가?

8. 아래의 a.부터 c.에 나열된 접근 번호나 서열을 이용하여 BLAST 탐색을 실시하라. 각 경우에, 접근 번호나 서열을 "Enter Query Sequence" 박스 안에 입력하고, "Choose Search Set" 박스로 가서 "Others" 버튼을 클릭하여 데이터베이스를 검색한다. 그리고 탐색을 가동하기 전에 "Program Selection" 박스로 가서 "megablast"를 클릭하라. 이런 기능들은 여러분의 질문 서열을, 다른 많은 생물들의 비슷한 유전자들과 비교 정렬할 수 있도록 해준다. 각 탐색이 완료되면, BLAST가 제공하는 정보를 탐색하여 서열에 의해 암호화된 유전자를 식별하고 학습할 수 있다.

   a. NM_001006650. 이 접근 번호의 질문 서열과 정렬되어 100% 서열 동일성을 나타내는 최상위 서열은 무엇인가?

   b. DQ991619. 이 서열에 의해 암호화되는 유전자는 무엇인가?

   c. NC_007596. 어떤 생물이 이와 유사한 서열을 가지는가?

사례 연구 인정할만한 공로는 인정하자

1950년대 초, 많은 과학자에게는 DNA가 유전정보를 가진 세포 분자라는 것이 분명해졌다. 그러나 DNA의 유전적 성질들을 이해하는 것은 그 구조에 관한 자세한 지식을 통해서만 얻을 수 있었다. 이런 극단에서, 몇몇 연구실들은 DNA의 3차원적 구조의 발견을 놓고 매우 경쟁하고 있었다. 물론 이것은 왓슨과 크릭이 이제는 고전이 된 그들의 논문을 1953년에 발표하면서 끝났다. 그들의 모형은 일정 부분 프랭클린이 찍은 DNA의 X-선 회절 사진(그림 10.11)에 기초한 것이었다. 이 사진을 둘러싼 2가지 윤리 문제가 존재한다. 첫째는 이 사진이 프랭클린의 공동 연구자였던 윌킨스(Maurice Wilkins)에 의해 그녀가 알지도 못한 상태에서 왓슨과 크릭에게 제공되었다는 점이다. 둘째, 왓슨과 크릭은 그들의 논문에 프랭클린의 기여를 전혀 언급하지 않았다. 이런 잘못된 관행의 여파는 수십 년간 계속됐고 과학계 윤리에 대한 기본적인 의문을 제기한다.

1. 프랭클린의 연구는 왓슨과 크릭에게 DNA의 분자 구조에 대한 어떤 핵심 단서를 제공했는가?

2. 윌킨스가 프랭클린의 미발표 사진을 왓슨과 크릭에게 허락 없이 제공한 것은 윤리적이었나? 왓슨과 크릭이 프랭클린을 논문의 공동 저자로 했다면 좀 더 윤리적이었을까?

3. 이 연구들이 1950년대에 수행되었음을 고려하면, 프랭클린이 X-선 회절 연구에 대한 그녀의 공로를 인정받지 못했다는 사실에 성별은 어떤 영향을 미쳤을까?

다음 자료를 참고하라: Understanding Science: How Science *Really* Works Web site: "Credit and debt"(http://undsci.berkeley.edu/article/0_0_0/dna_13).

요약 정리

1. 단백질과 핵산 모두 유전물질로 가능한 후보들로 고려되었으나, 처음에는 단백질이 유전물질로 작용할 것이라는 생각이 선호되었다.
2. 1952년까지, 박테리오파지로 감염된 세균들을 사용한 형질전환 연구들과 실험들은 DNA가 세균과 대부분 바이러스에서 유전물질임을 강하게 시사했다.
3. 비록 처음에는 간접적 관찰들만이 DNA가 진핵생물에서의 유전을 조절한다는 가설을 지지했지만, 재조합 DNA 기술과 유전자 이식 생쥐들을 이용한 후속 연구들은 진핵생물의 유전물질이 DNA라는 직접적인 실험적 증거들을 제공하였다.
4. RNA는 일부 박테리오파지와 몇몇 동/식물 바이러스들에서 유전물질로 작용한다.
5. 왓슨과 크릭에 의해 제안된 것처럼, DNA는 두 개의 긴 역평행 폴리뉴클레오타이드 사슬들이 질소를 포함한 염기쌍들 사이의 상보적인 수소결합에 의해 결합한 채 오른쪽으로 꼬인 이중 나선 형태로 존재한다.
6. 유전적 기능에서 중요하게 작용하는 핵산의 두 번째 범주는 RNA로서, DNA와 비슷하지만, 일반적으로 단일 가닥이며, 리보스 당이 DNA의 데옥시리보스를 대체하고 있고, 피리미딘인 우라실이 티민을 대체한다는 점이 다르다.
7. 핵산을 분석하는 다양한 방법들, 특히 분자 혼성화와 전기영동법은 유전적 기작을 이해하기 위한 필수적인 연구들을 이끌었다.

통찰과 해법

이전 논의와 달리 이번 장은 유전적 문제 해결을 강조하지 않는다. 대신 분자 유전학 시대를 열었던 초기의 실험적 분석들을 설명하고 있다. 그렇다면 이에 맞게 이번 장의 통찰과 해법에서는 문제풀이보다는 실험적 논리와 분석적 사고력에 초점을 맞추고 있으며. 이 접근 방식은 필요할 때마다 계속 사용할 것이다.

1. (a) 엄격하게 에이버리, 맥레오드, 그리고 매카티의 형질전환 분석에만 기초한다면, DNA가 유전적 물질이라는 결론에 어떤 반대 의견이 제시될 수 있겠는가? 다른 어떤 결론들이 고려될 수 있겠는가?

   (b) 나중에 이루어진 것들을 포함하여 어떤 관찰이 이런 반대 의견을 반박하는가?

   해법: (a) 그들의 실험 결과에만 기초한다면, 우리는 DNA가 형질전환에 필수적이라는 결론을 내릴 수 있다. 그러나 DNA가 비피막성 세포를 직접 피막성 세포로 전환시키는 물질일 수도 있다. 즉, DNA가 단순히 피막 합성에 촉매성 역할을 해서 세포를 III형의 매끄러운 균주가 생기도록 했을 수도 있다.

   (b) 첫째, 형질전환된 세포는 형질을 자손 세포에 전달하므로, DNA가 다당류 피막을 직접 생산한 것이 아니라 유전을 일으킨 것이라는 결론을 뒷받침한다. 둘째, 5년에 걸친 후속 형질전환 연구는 항생제 내성과 같은 다른 특성이 형질전환될 수 있음을 보여주었다. 따라서 형질전환 인자는 다당류 합성에 특정한 것이 아니라 광범위한 일반 효과를 가진다. 이 관찰은 DNA가 유전물질이라는 결론에 더 부합한다.

2. 만약 RNA가 일반적인 유전물질이라면 이것이 어떻게 에이버리의 실험이나 허시-체이스의 실험에 영향을 미쳤겠는가?

   해법: 에이버리의 실험에서는 데옥시리보뉴클레아제(DNase)가 아니라 리보뉴클레아제(RNase)가 형질전환 효과를 없앴을 것이다. 만약 이랬더라면, 에이버리와 그 동료들은 RNA가 형질전환 인자라고 결론지었을 것이다. 허시와 체이스는 동일한 결과를 얻었을 것인데, ^{32}P는 단백질은 아니지만, RNA도 표지할 수 있기 때문이다. 만약 그들이 RNA를 핵산으로 가지는 박테리오파지를 이용하고 그들이 이를 알고 있었다면, 그들은 RNA가 박테리오파지의 재생산을 지시하는 물질이라고 결론을 내렸을 것이다.

3. 중요한 질병 유발 생물을 분리하려는 탐구는 성공적이었고, 분자생물학자들은 그 결과를 분석하기 위해 열심히 노력했다. 이 생물은 A = 21%, C = 29%, G = 29%, U = 21%의 염기 구성을 가진 특이한 핵산을 유전물질로 포함하고 있었다. 가열했을 때 주요 흡광도 상향 변이를 보였고 재결합 동역학을 연구했을 때는 이 생물의 핵산은 파지 T4 및 대장균보다 더 느리게 재결합되었다. T4는 10^5개의 뉴클레오타이드 쌍을 포함한다. 이 정보를 주의 깊게 분석하고 앞의 관찰에 근거하여 이 생물의 유전물질에 대한 모든 가능한 결론을 도출하라. 당신의 모형을 검증하면서, 지지된다면 이 분자의 성질에 대한 당신의 가설을 강화할 수 있는 예측을 해보라.

   해법: 우선, 우라실(U)의 존재로 미루어, 이 분자는 RNA인 것으로 보인다. 정상적인 RNA와 비교하여, 이것은 염기 비율이 A/U = G/C = 1을 나타내, 그 분자가 이중 나선임을 시사한다. 흡광도 상향 전이와 재결합 동역학은 이 가설을 지지한다. 재결합 속도에 대한 연구에서는 어떤 핵산 단편들도 세균이나 바이러스 핵산보다 더 빠르게 재결합하지 않았으므로, 반복성 RNA 서열은 없다. 더욱이 독특한 서열인 DNA의 총 길이는 파지 T4(10^5개 뉴클레오타이드 쌍)나 대장균의 것보다 길다. 당에 관한 예측을 할 수 있을 것이다. 우리의 모형은 데옥시리보스가 아니라 리보스가 있어야 할 것을 제시한다. 그렇다면 이 관찰은 RNA가 이 생물의 유전물질이라는 가설을 뒷받침할 것이다.

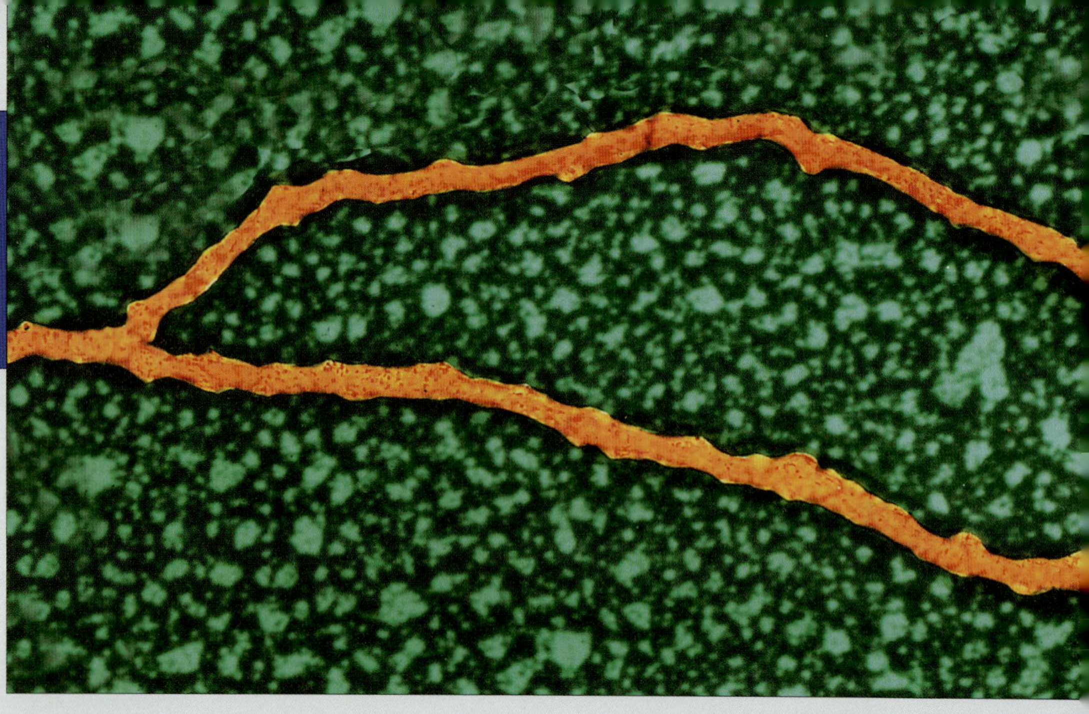

11

DNA의 복제와 재조합

HeLa 세포로부터 얻은 사람 DNA를 투과전자현미경으로 관찰한 것. 활성적인 DNA 복제의 특징인 복제 분기를 보여준다.

핵심 개념

- 왓슨과 크릭의 모델에서 예상했던 대로, 모세포와 자손 세포 사이의 유전적 지속성은 DNA의 반보존적 복제로 유지된다.
- 반보존적 복제는 부모 분자인 이중 나선의 각 가닥을 주형으로 이용하며, 새로 복제된 이중 나선은 하나의 "오래된" 가닥과 "새로운" 한 가닥의 DNA를 포함한다.
- DNA 합성은 복잡하지만, 수많은 효소와 여러 단백질의 지시하에 정돈된 방식으로 일어나는 과정이다.
- DNA 합성은 뉴클레오타이드들이 폴리뉴클레오타이드 사슬로 중합되는 과정을 포함한다.
- DNA 합성은 원핵세포와 진핵세포에서 비슷하게 일어나지만, 진핵세포에서 좀 더 복잡하다.
- 진핵세포에서는, 염색체 말단(텔로미어)의 DNA 합성이 특별한 문제를 일으키지만 독특한 RNA-포함 효소인 텔로머레이즈로 이 문제를 극복한다.
- 유전적 재조합은 DNA 분자들 사이에서 유전정보를 교환하는 중요한 과정이다.

DNA의 구조를 설명한 왓슨과 크릭의 제안이 있고 난 뒤, 과학자들의 관심은 이 분자가 어떻게 복제되는지에 집중되었다. 복제는 유전물질의 필수적인 기능이고, 계속 세포분열이 일어나도 유전적 지속성이 유지되기 위해서는 정확하게 수행되어야만 한다. 이는 매우 엄청나고 복잡한 임무이다. 사람의 유전체에는 30억(10^9) 이상의 염기쌍들이 존재한다는 것을 잠시 생각해 보자. 염색체 중 단 하나만이라도 그 DNA를 정확히 복제하기 위해서는 극단적인 정확성을 갖춘 기구가 필요하다. 오류가 생기는 비율이 백만분의 일(10^{-6})이라고 하더라도, 유전체의 각 복제 회로 중에는 3천 번의 실수가 생길 것이다(이것은 분명히 지나치게 많다). 물론, 실수가 전혀 발생하지 않는 것은 아님에도, 더군다나 그랬다면 대부분의 진화는 일어나지 않았겠지만, 모든 생물체에서는 극단적인 정확성을 가지는 복제기구들이 진화했다.

왓슨과 크릭은 1953년에 DNA의 이중 나선 모형을 발표했던 그들의 고전적 논문 말미에 "우리가 가정했던 특정 쌍(A-T 및 C-G)이 유전물질의 복제기구를 즉각적으로 암시한다는 사실을 금방 깨달았다"라고 썼다. **반보존적 복제**라고 불리는 DNA의 이런 복제 양식은 바이러스, 세균, 그리고 진핵생물에 대한 수많은 연구로부터 강력한 지지를 받는다. 일단 복제의 일반적인 양식이 밝혀지자, DNA 합성의 자세한 측면들을 결정하고자 하는 연구가 힘을 받았다. 그 이후로 현재까지 밝혀진 것은 DNA 나선의 복제에 수많은 효소와 단백질들이 필요하다는 것이다. 합성 과정에서 발생하는 화학적 사건들의 복잡성 때문에, 이러한 주제는 아직도 활발한 연구 분야로 남아 있다.

이 장에서는 DNA의 합성에 대한 특정 세부사항과 더불어, 복제의 일반 양식에 대해 논의하고자 한다. 이러한 지식을 끌어내는 연구는 우리가 분자 수준에서 생명의 과정을 이해하는 또 다른 연결고리가 된다.

11.1 DNA는 반보존적 복제에 의해 재생산된다

질소 포함 염기들의 배열과 성질 때문에, 왓슨과 크릭은 DNA 이중 나선의 각 가닥은 그것과 상보적인 가닥을 합성하는 데 주형으로 작용할 수 있음을 인식하게 되었다(그림 11.1). 그들은 만약 나선이 풀리면 부모 가닥을 따라 존재하는 각 뉴클레오타이드는 그것과 상보성인 뉴클레오타이드에 대해 인력을 나타낼 것으로 제안했다. 9장에서 배웠던 것처럼, 상보성은 그들이 형성하는 수소 결합에 기인한다. 만약 티미딜산(thymidylic acid, T)이 존재하면 그것은 아데닐산(adenylic acid, A)을 "끌어당길" 것이다; 반면에 구아닐산(guanylic acid, G)이 존재하면 사이티딜산(cytidylic acid, C)을 "끌어당길"것이다; 마찬가지로, A는 T를, C는 G를 끌어당긴다. 그리고 두 주형을 따라 뉴클레오타이드들이 공유결합으로 연결되어 폴리뉴클레오타이드 사슬이 되면, 결과적으로 새롭지만 똑같은 이중 가닥의 DNA가 생긴다. 복제된 DNA 분자에서 한쪽 가닥은 "원래의, 오래된(old)" 가닥이고 다른 한쪽 가닥은 "새로운(new)" 가닥으로 이루어진다. 그러므로 **반보존적 복제(semiconservative replication)**라는 이름이 붙게 되었다.

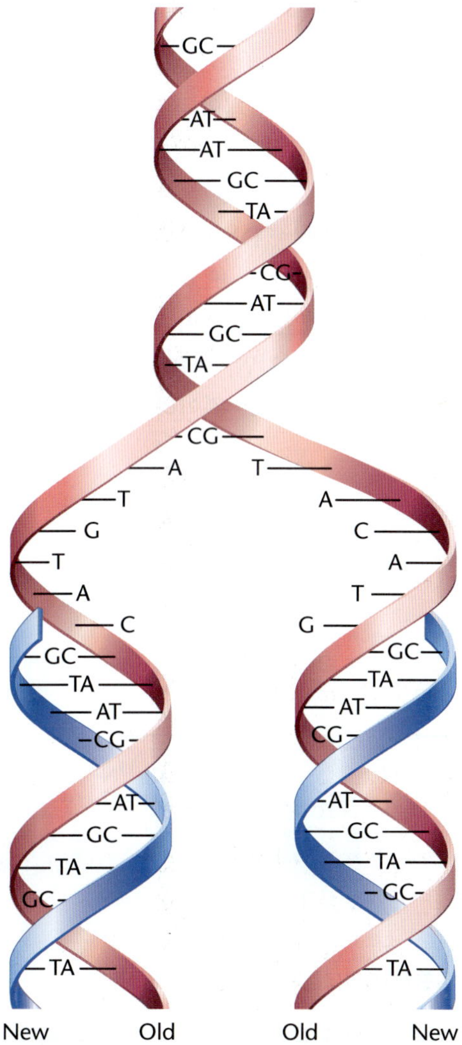

그림 11.1 DNA의 반보존적 복제를 나타내는 일반화된 모형. 새로 합성되는 것은 푸른색으로 표시되어 있다.

부모 가닥들을 주형으로 사용하는 다른 두 가지 이론적 복제 양식도 가능하다(그림 11.2). **보존적 복제(conservative replication)**에서는, 상보성 폴리뉴클레오타이드 사슬들의 합성이 위에서 설명한 바와 같이 만들어지지만, 합성이 끝나면 새로 합성된 가닥들끼리 함께 결합하고, 원래의 부모 가닥들은 재결합한다. 따라서 원래의 나선이 그대로 "보존된다".

분산적 복제(dispersive replication)라고 불리는 두 번째 대체 양식에서는, 부모 가닥들이 복제를 거쳐 새로운 이중 나선으로 퍼져 들어간다. 그러므로 각 가닥은 예전 것과 새로운 DNA가 섞여서 구성된다. 이러한 양식은 복제 중에 부모 가닥들이 잘려지는 과정을 포함해야 할 것이다. 이것은 세 가지 가능

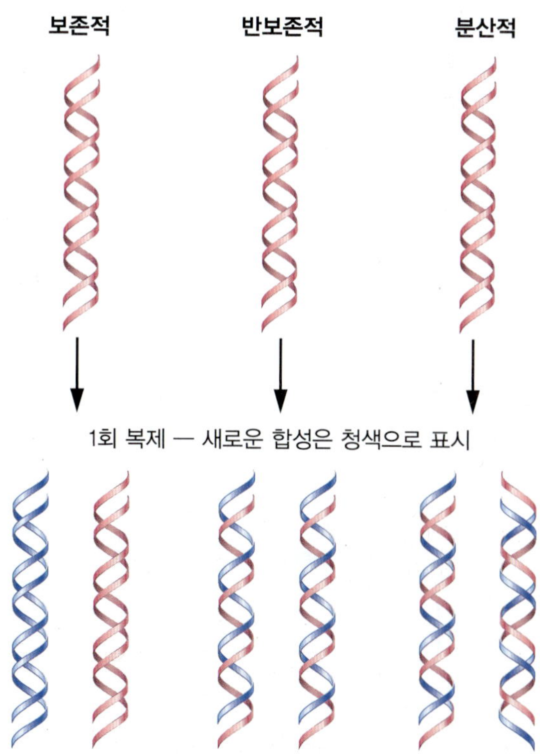

그림 11.2 가능한 3가지 복제 방식들로 DNA 복제가 한 번씩 일어났을 때의 결과들.

성 중에서 가장 복잡하며, 따라서 가장 일어날 것 같지 않은 양식이다. 그러나 실험적 모형에서는 제외될 수 없다. 그림 11.2는 이러한 세 가지 양식들에 의한 1회의 이론적 복제 결과를 나타낸 것이다.

메셀슨-스탈의 실험

1958년, 메셀슨(Matthew Meselson)과 스탈(Franklin Stahl)은 세균 세포가 새로운 DNA 분자를 합성하는데 반보존적 복제 방법을 사용한다는 강력한 증거를 제공하는 실험 결과를 발표했다. 그들은 대장균 세포들을 많은 세대 동안 염화암모늄($^{15}NH_4Cl$)이 유일한 질소원으로 제공된 배지에서 배양하였다. 질소의 "무거운" 동위원소인 ^{15}N은 자연적으로 발견되는 ^{14}N 동위원소보다 중성자 하나가 더 많다; 따라서 ^{15}N을 포함한 분자들은 ^{14}N을 포함한 분자들보다 더 밀도가 높다. 방사성 동위원소들과는 달리, ^{15}N는 안정하다. 이 배지에서 여러 세대가 지나면, DNA의 질소 포함 염기를 비롯한 모든 질소 함유 분자들은 대장균 세포 내에서 무거운 동위원소를 포함하게 된다.

이 실험 성공의 핵심은 ^{15}N를 포함한 DNA가 ^{14}N를 포함한 DNA로부터 구분될 수 있다는 점이다. 실험 과정에는 **침강 평형 원심분리(sedimentation equilibrium centrifuge)**라고 불리는 기술이 사용된다. 이것은 **부유 밀도 차 원심분리**(*buoyant density gradient centrifugation*)라고도 불린다. 시료는 원심분리에 의한 힘으로 염화세슘 같은 중금속 염의 밀도 구배를 통과하여 분리된다. DNA 분자들은 그들의 밀도가 매질의 밀도와 같을 때 평형에 도달한다. 이 경우, 좀 더 밀도가 큰 ^{15}N-DNA는 ^{14}N-DNA보다 바닥에 가까운 지점(밀도가 더 큰)에서 밀도 구배 평형점에 도달한다.

이 실험(그림 11.3)에서, 균일하게 표지된 ^{15}N 세포들은 $^{14}NH_4Cl$만을 포함한 배지로 옮겨진다. 그러면 복제 과정에서 새로 합성되는 모든 DNA는 질소 동위원소 중 "가벼운" 것만을 포함하게 된다. 새로운 배지로 옮겨진 시간을 0으로 잡는다(t = 0). 다시 수 세대 동안 대장균 세포들이 복제하도록 하면서 각 복제 주기마다 세포 시료를 채취한다. DNA를 각 시료로부터 분리하고 침강 평형 원심분리를 시행한다.

한 세대 후, 분리된 DNA는 중간의 밀도에 하나의 줄로만 나타난다—복제된 각 분자는 새로운 ^{14}N-가닥 하나와 예전의 ^{15}N-가닥 하나로 이루어진다는 반보존적 복제가 예상한 결과와 같다(그림 11.4). 이러한 결과는 두 개의 독립된 줄이 나올 것이라는 보존적 복제의 예상과는 일치하지 않는다; 따라서 이 복제 양식의 가능성은 배제된다.

두 번의 세포분열 후에는, DNA 시료가 두 개의 밀도 밴드를 나타낸다—하나는 중간 것이고, 또 하나는 농도 구배에서 ^{14}N의 위치에 해당하는 자리와 일치하는 더 가벼운 것이다. 3세대 후에도 비슷한 결과가 얻어지지만, 가벼운 ^{14}N-밴드의 분율이 더 증가한다. 이것은 복제가 반보존적이라는 해석과 다시 한번 일

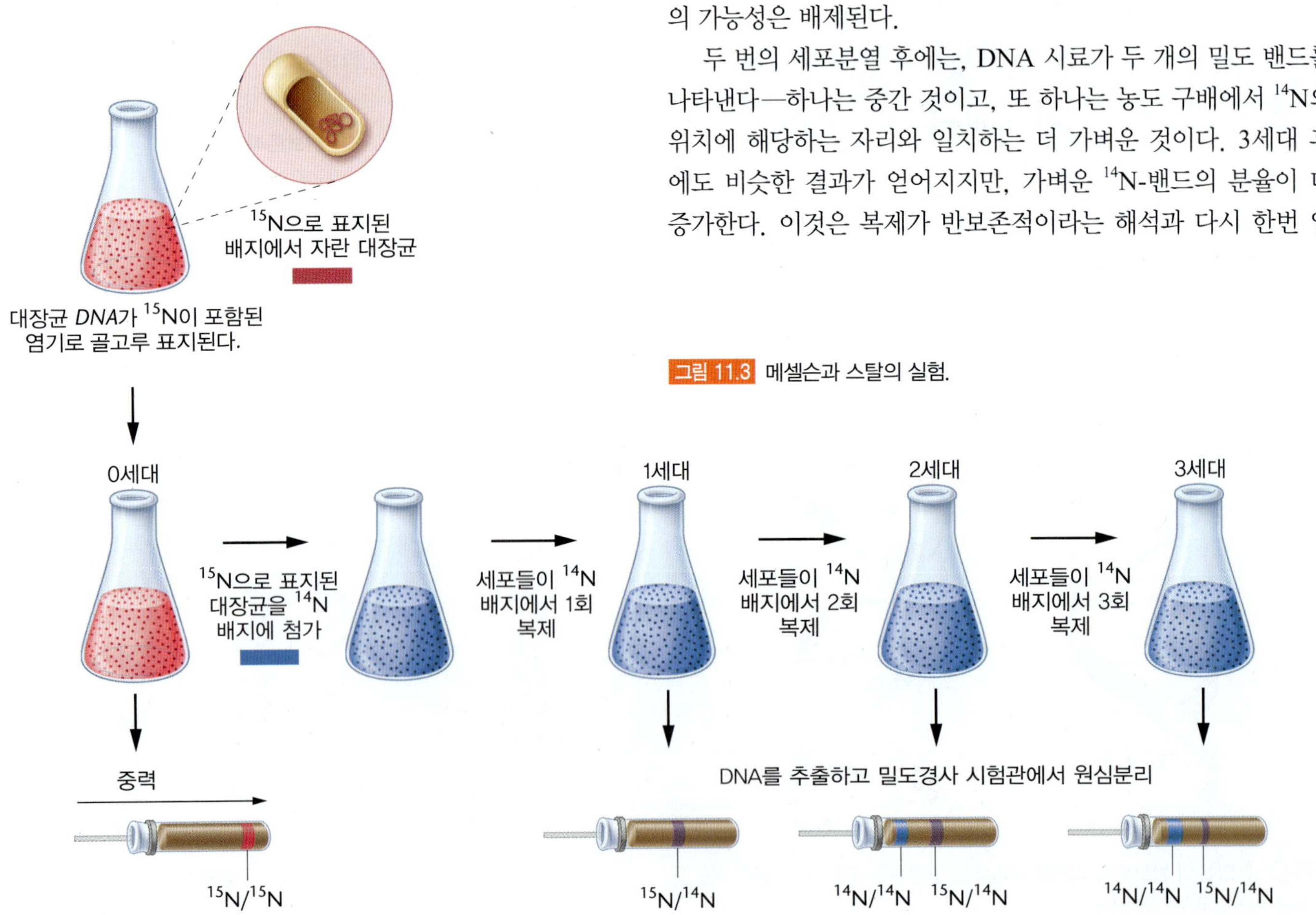

그림 11.3 메셀슨과 스탈의 실험.

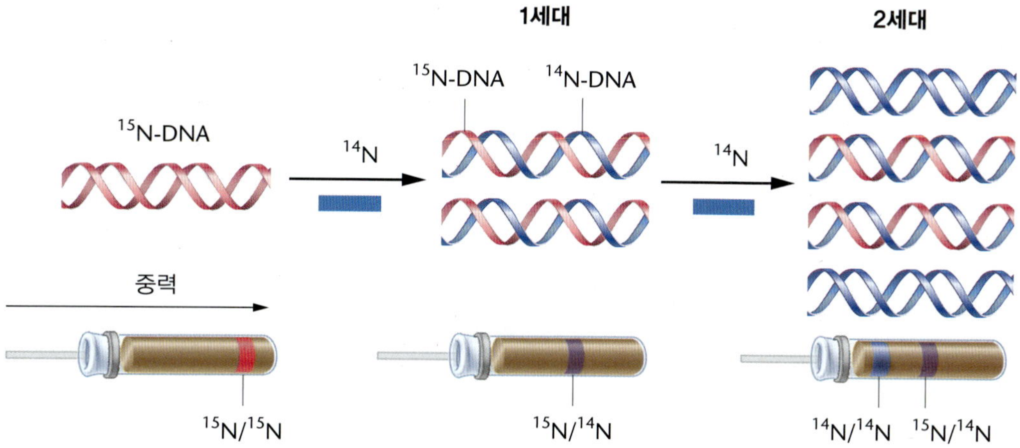

그림 11.4 메셀슨–스탈의 실험에서 반보존적 복제를 두 세대 거쳤을 때 예상되는 결과.

치하는 것이었다.

중간형 밀도를 나타내는 분자는 분산적 복제에 의해서도 생길 수 있다. 그러나 메셀슨과 스탈은 두 가지 관찰들에 기초하여 이런 복제 양식을 배제시켰다. 우선, ^{14}N 포함 배지에서 처음 복제가 행해진 후 그들은 혼성화 분자를 분리하여 열로 변성시켰다. 가열이 이중체 분자를 단일 가닥으로 분리할 것이라는 10장의 내용을 기억할 것이다. 혼성 분자의 단일 가닥들에 대한 밀도 결정 결과, 그들은 ^{14}N 프로파일이나 ^{15}N 프로파일 중 하나로 나타났으며 중간형 밀도는 아니었다. 이런 관찰은 반보존적 복제 양식과는 일치하지만, 분산적 복제 양식과는 일치하지 않는다.

게다가 복제가 분산적인 것이었다면, $t = 0$ 후의 모든 연속된 세대에서 중간 밀도의 DNA들만 보일 것이다. 각 세대가 지날 때마다, ^{15}N/^{14}N의 비율은 감소하면서 혼성형 밴드는 점점 가벼워지고, 결국에는 ^{14}N-밴드에 도달하게 될 것이다. 이러한 결과는 관찰되지 않았다. 메셀슨-스탈의 실험은 세균에서 반보존적 복제에 대한 확고한 지지를 제공하였으며 보존적 복제 양식과 분산적 복제 양식 두 가지를 모두 배제하는 것이었다.

풀 어 보 기

11.1 메셀슨과 스탈의 실험에서는 한 번의 복제 후에 세 가지 복제 양식 중 어느 것이 배제될 수 있는가? 두 번의 복제 후에는 어떠한가?

■ **힌트:** 이 문제는 세 가지 복제 양식들 사이의 차이점뿐 아니라 실험의 성격에 대한 이해를 요구한다. 해답의 열쇠는 어떤 양식이 한 번의 복제 후에 '혼성형' 나선들을 만들지 않을 것인지를 결정하는 데 있다.

좀 더 연습이 필요하면 연습문제 3~5번을 참고하라.

진핵생물에서의 반보존적 복제

메셀슨과 동료들이 그들의 연구를 발표하기 바로 전해인 1957년, 테일러(J. Herbert Taylor), 우즈(Philip Woods), 그리고 휴즈(Walter Hughes)는 진핵생물에서도 반보존적으로 복제가 일어난다는 증거를 제시했다. 그들은 세포분열이 매우 활발한 잠두(*Vicia faba*)의 뿌리 끝을 실험에 사용했다. 이 연구자들은 DNA를 삼중수소를 포함한 티미딘(^{3}H-thymidine)으로 표지하여 복제 과정을 검사할 수 있었다. ^{3}H-thymidine은 DNA의 방사성 전구체이므로 이를 이용해 자가방사법을 수행할 수 있다.

자가방사법(autoradiography)은 세포 내에서 동위원소의 위치를 파악할 수 있도록 하는 일반적인 세포학적 기술이다. 이 과정에서는 사진 감광 유제(photographic emulsion)를 세포 물질을 포함하고 있는 조직 절편(이 실험에서는 뿌리 끝) 위에 올려놓은 후 암실에 보관한다. 그 다음, 사진 필름이 처리되는 것과 마찬가지로 슬라이드가 현상된다. 방사성 동위원소가 에너지를 발산하기 때문에, 감광 유제는 방사 지점에서 검게 변한다. 마지막으로 얻어지는 결과는 절편 표면에서 발견되는 "과립" 같은 검은 점들로, 이들은 세포 내에서 새로 합성된 DNA가 있는 위치를 표시한다.

테일러와 그의 동료들은 뿌리 끝을 약 한 세대 동안 방사성 동위원소가 있는 상태에서 기른 후에 이것을 방사성 표지자가 없는 배지로 옮겨 여기서 세포분열을 지속시켰다. 각 세대 끝에서의 배양은 콜히친(크로커스에서 얻어진 화학물질로 분열 방추사의 형성을 억제한다)을 첨가함으로써 중기로 제한되고, 염색체들은 자가방사법으로 조사된다. 그들은 새로 합성된 DNA를 포함하고 있는 염색분체와 관련해서만 방사성 티미딘(thymidine)을 발견했다. 그림 11.5는 두 번의 분열주기를 거친 하나의 염색체를 좁쌀 무늬의 분포와 함께 보여준다.

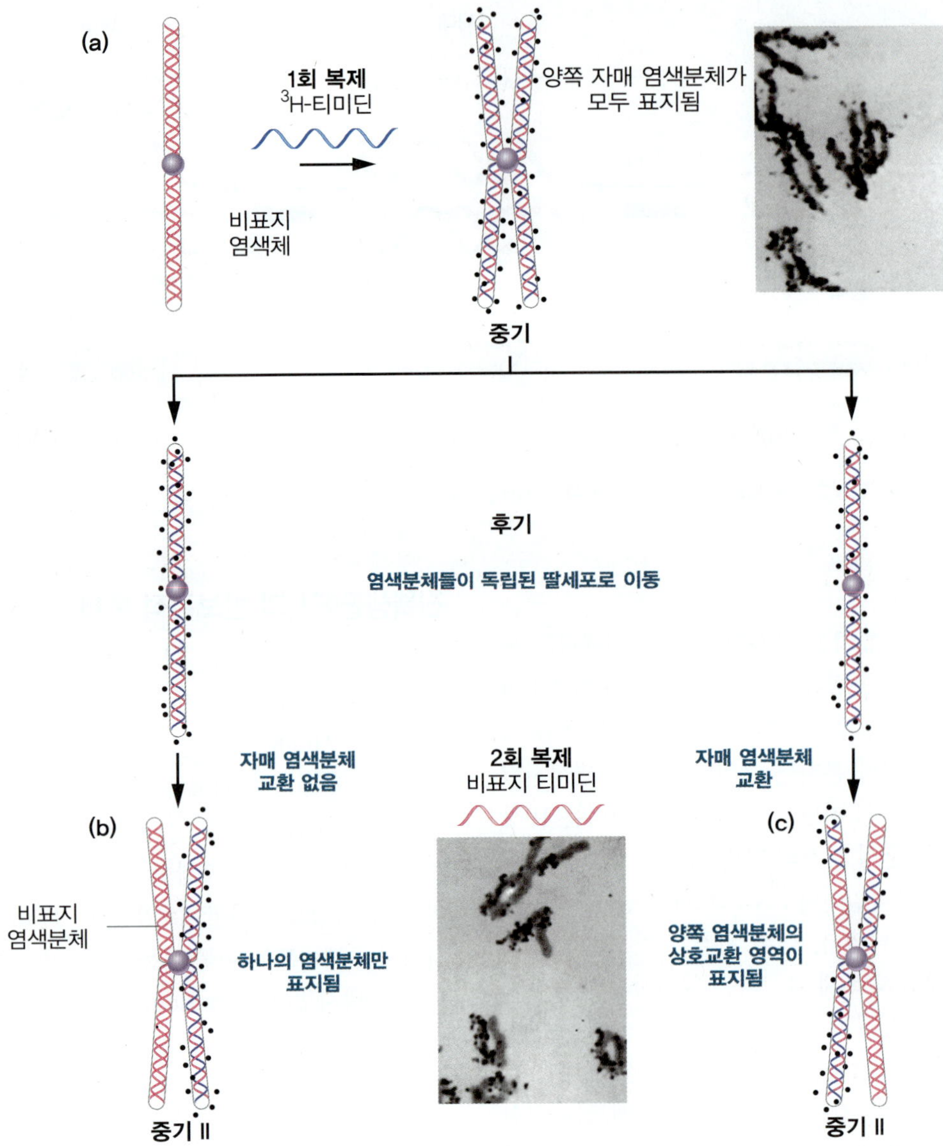

그림 11.5 테일러–우즈–휴스의 실험. *Vicia faba*의 뿌리 끝에서 DNA 복제의 반보존적 양식을 증명해 준다. (a) 표지되지 않은 염색체가 ^{3}H-티미딘의 존재 하에서 세포 주기를 거쳤다. 세포분열에 들어감에 따라 염색체의 두 자매 염색분체들이 자가방사법에서 보이는 바와 같이 표지된다. 두 번째 복제를 거친 후에(b), 이제 ^{3}H-티미딘은 존재하지 않는 상태인데, 각 염색체에서 오직 하나의 염색분체만이 검은 점으로 둘러싸일 것이다. 자매 염색분체 사이에서 발생한 상호교환이 일어난 곳을 제외하면(c), 이러한 예상은 잘 맞는다. 삽입된 현미경 사진은 이 실험에서 얻어진 실제 자가방사 사진이다.

이 결과들은 복제의 반보존적 양식과 잘 들어맞는다. 첫 복제 주기가 끝나면 방사능은 두 자매 염색분체 모두에서 발견된다. 이러한 발견은 각 염색분체가 한 가닥의 "새로운" 방사성 DNA 가닥을 포함할 것이며 나머지 한 가닥은 "이전의" 비표지 가닥을 가질 것이기 때문에 예상 가능한 결과였다. 두 번째 복제가 끝나고 나면, 이것이 비표지 배지에서 이루어졌으므로, 두 개의 자매 염색분체 중에서 오직 한 개만 방사능을 가지게 되는데, 이것은 부모 가닥들의 절반이 비표지 상태였기 때문이다. **자매염색분체 교환**(*sister chromatid exchange*)(7장 참조) 때문에 작은 예외도 관찰되었다.

종합하면, 메셀슨–스탈, 그리고 테일러–우즈–휴즈의 실험들은 복제에서의 반보존적 양식을 일반적으로 받아들이게 하는 데 공헌했다. 다른 생물들을 가지고 한 이후의 연구들에서도 같은 결과가 얻어졌으며, 이러한 실험들은 왓슨과 크릭의 DNA의 이중 나선 모형을 강하게 지지한다.

복제 원점, 복제 분기, 그리고 복제 단위

반보존적 복제에 대한 우리의 이해를 위해 몇 가지 관련 문제들에 대해서 간단히 고찰해 보도록 하자. 첫 번째 논점은 **복제 원점(origin of replication)**에 관한 것이다. 염색체의 어느 부분에서 DNA의 복제가 시작되는가? 오직 한 개의 복제 원점만 있는가? 아니면 한 군데 이상에서 DNA 합성이 시작되는가? 복제 시작점은 무작위적인 것인가, 아니면 특정 지역에 위치하는가? 둘째는, 일단 복제가 시작되면 한쪽으로만 진행되는가 아니면 원점에서 양쪽으로 멀어지게 되는가? 즉, 복제가 **단일방향성**(*unidirectional*)인가, 아니면 **양방향성**(*bidirectional*)인가?

이러한 문제들을 다루기 위해 우선 두 개의 용어를 도입하고자 한다. 첫째는 염색체에서 복제가 실제로 발생하는 지점에서는 나선의 가닥들이 풀려져 **복제 분기(replication fork)**가 형성된다(253페이지의 표지 그림을 참고하라). 그러한 분기는 처음에는 원점에서 생겨나 복제가 진행됨에 따라 DNA를 따라 이동할 것이다. 만약 복제가 양방향성이라면, 그러한 분기는 2개가 존재할 것이며, 복제 원점에서 반대 방향으로 멀어지게 될 것이다. 두 번째 용어는 하나의 원점에서 한 번의 개시 사건에 의해 복제되는 DNA의 길이를 일컫는 것이다. 이러한 복제 단위는 **레플리콘(replicon)**이라고 불린다.

복제 원점이나 복제의 방향에 관한 증거는 매우 뚜렷하다. 케언즈(John Cairns)는 대장균의 복제를 방사성 동위원소와 자가방사법을 사용하여 추적했다. 그는 대장균에서는 복제가 *oriC*라고 불리는 오직 한 부위에서 시작됨을 증명할 수 있었다. 오직 하나의 복제 원점이 존재하는 것은 세균들의 특징인데, 세균들은 단 하나의 원형 염색체를 가진다. 박테리오파지나 세균들에서는 DNA 합성이 한 지점에서 시작되므로, 전체 염색체가 하나의 레플리콘을 형성한다. 대장균에서는 레플리콘이 4.6 Mb(460만 염기쌍)인 전체 유전체로 구성된다.

그림 11.6은 대장균의 DNA 복제에 관한 케언즈의 설명을 보여주고 있다. 이 해석이나 함께 제시된 현미경 사진은 합성의 방향이 단일방향성이냐 양방향성이냐에 대한 질문에 답을 주지는 못한다. 그러나 박테리오파지 람다(λ)에 관한 연구로부터 얻어진 다른 결과들은 복제가 양방향성이며 *oriC*에서 양쪽으로 멀어지는 방향으로 움직임을 증명해 주었다. 따라서 그림 11.6은 케언즈의 연구를 이런 관점에서 해석해준다. 양방향성 복제는 두 개의 복제 분기들을 만들며, 이들은 복제가 진행됨에 따라 점차 멀어진다. 이 분기점들은 전체 염색체의 반보존적 복제가 완료될 때 결국 합쳐지는 데, 이 부위는 *ter*라 불리는 지역이다.

이 장의 후반에서는 진핵생물의 각 염색체가 다중의 복제 원점을 가진다는 것을 살펴볼 것이다.

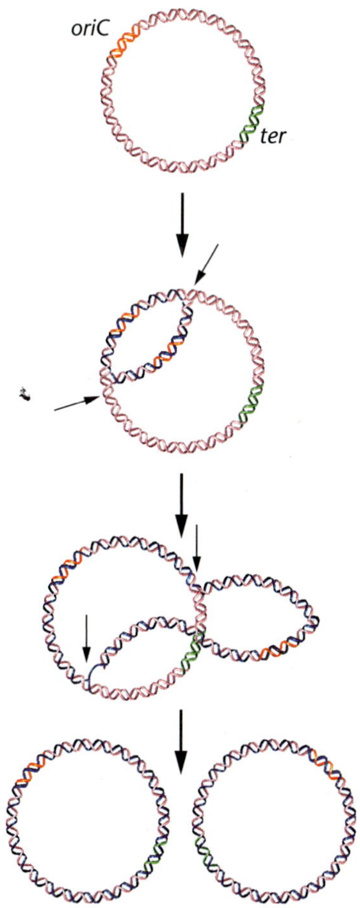

그림 11.6 *E. coli* 염색체의 양방향 복제. 작은 검은 화살표는 복제 분기의 진행을 가리킨다.

11.2 세균의 DNA 합성에는 여러 효소를 비롯하여 5가지의 중합효소가 관여한다

복제가 반보존적이고 양방향으로 진행된다고 말하는 것은, DNA 복제의 전체적 패턴이나 일단 복제가 완성된 후 각 가닥의 관계를 설명하는 것이다. 그러나 그것은 어떻게 DNA 주형 위에서 기다란 상보적 폴리뉴클레오타이드 사슬의 실질적인 합성이 일어나는지에 대한 보다 복잡한 문제들에 대해서는 거의 말해주는 것이 없다. 분자생물학에서의 다른 문제들과 마찬가지로, 이것 역시 미생물을 이용하여 처음 연구되었다. DNA 합성에 관한 연구는 메셀슨–스탈 연구들과 거의 같은 시기에 시작되었지만, 이러한 주제는 아직도 활동적인 연구영역으로 남아 있다. 이러한 연구들에서 가장 분명한 것은 DNA의 생물학적인 합성이 매우 복잡하다는 점일 것이다.

DNA 중합효소 I

DNA 복제의 효소학에 관한 최초의 연구들은 콘버그(Arthur Kornberg)와 그의 동료들에 의해 1957년에 보고된 것들이다. 그들은 대장균으로부터 효소 하나를 분리해냈는데, 이것은 시험관 체계(cell free system, *in vitro*)에서 DNA 합성을 주도할 수 있었다. 분리된 몇 가지 비슷한 효소 중 처음 발견되었기 때문에

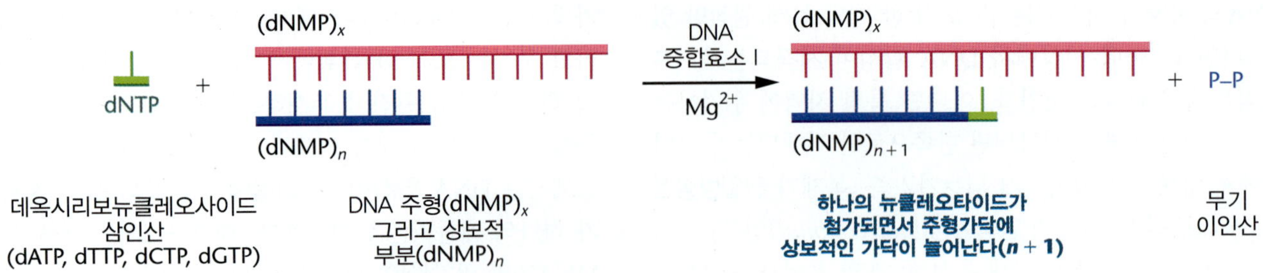

그림 11.7 DNA 중합효소 I에 의해 촉매되는 화학반응. 각 단계에서는 뉴클레오사이드 삼인산을 기질로 이용하여, DNA 주형에 상보적으로 늘어나는 가닥에 하나의 뉴클레오타이드가 첨가된다. 무기 파이로인산의 방출로 반응이 쉽게 진행된다.

이 효소는 현재 **DNA 중합효소 I(DNA polymerase I)**이라고 불린다.

콘버그는 이 효소로 시험관 내에서 DNA를 합성하기 위해서는 다음과 같은 두 가지가 필수적임을 밝혔다: (1) 네 종류의 데옥시리보뉴클레오사이드 3인산(dNTP)과, (2) 주형 DNA이다. 만약 4종의 데옥시리보뉴클레오사이드 3인산 중 어느 하나라도 반응에서 빠지게 되면, 반응은 일어나지 않는다. 뉴클레오사이드 삼인산 대신에 이 전구체 분자들의 유도체(뉴클레오타이드나 뉴클레오사이드 이인산)가 사용되어도 반응이 일어나지 않는다. 주형 DNA가 없으면 DNA 합성은 발생하지만, 급격히 줄어든다.

콘버그의 효소에 의해 발생하는 이러한 주형 의존적인 합성 대부분은 반보존적 복제에 요구되는 바로 그 형태이다. 그림 11.7에 반응이 요약되어 있다. 여기에서는 단일 뉴클레오타이드의 첨가 반응이 나타나 있다. 이후 이 효소가 928개의 아미노산을 포함하는 단일 폴리펩타이드로 구성되어 있음이 밝혀졌다.

각 뉴클레오타이드가 신장 중인 사슬에 첨가되는 방식은 DNA 중합효소 I의 특이성에 기인한 것이다. 그림 11.8에서 보이는 것처럼, 전구체 dNTP는 데옥시리보오스의 5′-탄소에 부착된 3개의 인 그룹을 포함하고 있다. 말단의 두 인산 그룹이 합성 과정 중에 떨어져 나감에 따라 5′-탄소 쪽에 붙어 있는 남은 인산이 새로 첨가되는 데옥시리보오스의 3′-OH 그룹에 공유결합으로 연결된다. 그러므로 **사슬 신장(chain elongation)**은 하나의 뉴클레오타이드가 길어지는 사슬의 3′-말단에 첨가됨으로써, **5′-에서 3′-방향(5′ to 3′ direction)**으로 일어난다. 각 첨가 단계는 DNA 합성이 진행될 때 다음 뉴클레오타이드의 첨가에 참여하게 되는 새로운 3′-OH를 제공한다.

DNA 중합효소 I이 분리되고 그 효소 활성이 증명되자, 콘버그는 이 효소가 DNA 주형을 복제하는데 얼마나 정확성을 가지는가를 보여주고자 하였다. 주형의 뉴클레오타이드 서열과 합성된 산물의 서열이 1957년에는 결정될 수 없었기 때문에 그는 여러 가지 간접적인 방법들에 의존했다.

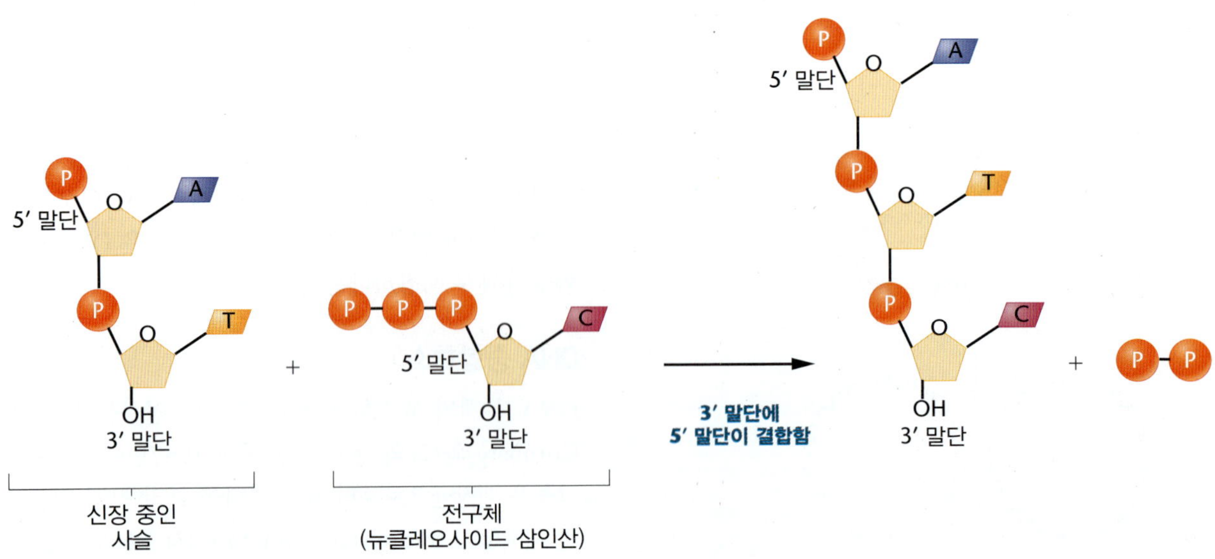

그림 11.8 5′→3′ 방향으로 일어나는 DNA의 합성.

표 11.1 콘버그의 초기 연구에서 조사된 DNA 주형과 복제 산물의 염기 조성

생물	주형 혹은 산물	%A	%T	%G	%C
T2	주형	32.7	33.0	16.8	17.5
	산물	33.2	32.1	17.2	17.5
E. coli	주형	25.0	24.3	24.5	26.2
	산물	26.1	25.1	24.3	24.5
Calf	주형	28.9	26.7	22.8	21.6
	산물	28.7	27.7	21.8	21.8

출처: Kornberg (1960).

콘버그의 접근 중 하나는 DNA 주형의 질소 포함 염기 조성을, 회수된 DNA 산물의 것과 비교하는 것이었다. **표 11.1**은 3가지 DNA 주형에 대한 콘버그의 염기 조성 분석을 보여준다. 실험적 오류를 감안해도, 각 산물의 염기 조성은 실험에 사용된 주형 DNA의 것과 일치한다. 이러한 자료들은 주형과 산물을 비교하는 형식의 다른 연구들과 마찬가지로, 주형들이 정확하게 복제됨을 시사한다.

DNA 중합효소 II, III, IV, 그리고 V

비록 중합효소 I이 DNA 합성을 지시하는 것이 분명했지만, 1969년에 이 효소의 진짜 생물학적 역할에 대한 심각한 의구심이 제기되었다. 델루시아(Paula DeLucia)와 케언스(John Cairns)가 중합효소 I의 활성이 결여된 *E. coli* 돌연변이주의 발견을 보고했던 것이다. 이 돌연변이는 *polA1*로 명명되었다. 기능적인 효소가 없음에도 불구하고 이 돌연변이주는 DNA를 복제하고 성공적으로 증식할 수 있었다. 그러나 그 세포들은 DNA 수선 능력에 문제가 있었다. 예를 들어, 돌연변이주들은 자외선과 방사능에 매우 민감한데, 이 두 가지 모두 DNA에 손상을 입히고 따라서 돌연변이를 일어나게 한다. 비돌연변이인 균주들은 상당량의 자외선-유도성 손상을 수선할 수 있다.

이러한 관찰은 다음 두 결론을 이끌어낸다:

1. 생체 내 DNA 복제를 책임지는 적어도 다른 하나의 효소가 더 *E. coli*에 존재한다.
2. DNA 중합효소 I은 생체 내에서는 2차적인 기능을 수행하며, 현재 이 기능은 DNA 합성의 **정확성**(*fidelity*) 유지에 필수적인 것으로 생각된다.

현재까지 네 개의 다른 독특한 DNA 중합효소들이 중합효소 I의 활성이 결핍된 세포들이나 혹은 정상적으로 중합효소 I을 가지는 세포들로부터 분리되었다. **표 11.2**는 DNA 중합효소 I의 특징을 **DNA 중합효소 II와 DNA 중합효소 III**라고 불리는 두 효소의 여러 가지 특징들과 비교하여 보여준다. 셋 중 어떤 것도 주형에서 DNA 합성을 시작(*initiate*)하지는 못하지만, 모두 프라이머(**primer**)라고 불리는 기존 DNA 가닥을 신장(*elongate*)할 수 있다. 그리고 모두 3′→5′ 엑소뉴클레아제 활성(3′ to 5′ exonuclease activity)을 가지는데, 이것은 한 방향으로 중합반응을 진행하다가 멈추어 역방향으로 움직여 방금 첨가한 뉴클레오타이드를 잘라낼 수 있다는 뜻이다. 이 장의 후반에 논의되어 있듯이, 이러한 활성은 효소들이 새로 합성한 DNA를 교정(proofread)하고 맞지 않는 뉴클레오타이드를 제거하여 대체할 수 있도록 한다.

표 11.2 세균의 DNA 중합효소 I, II, 그리고 III의 특징

특성	I	II	III
사슬 합성 개시	−	−	−
5′−3′ 중합반응	+	+	+
3′−5′ 엑소뉴클레아제 활성	+	+	+
5′−3′ 엑소뉴클레아제 활성	+	−	−
세포당 중합효소 분자 수	400	?	15

DNA 중합효소 I은 또한 5′→3′ 엑소뉴클레아제 활성도 가진다. 따라서 이 효소는 합성이 시작되었던 말단 부위에서 뉴클레오타이드를 잘라내기 시작해 합성 방향과 같은 방향으로 진행할 수 있다. 두 가지 마지막 관찰들이 아마도 왜 콘버그가 중합효소 III가 아니라 중합효소 I을 분리했는지를 설명할 수 있을 것이다: 중합효소 I은 중합효소 III보다 다량으로 존재하며, 훨씬 더 안정하다.

그렇다면 과연 세 중합효소의 생체 내 역할은 무엇인가? 중합효소 III는 생체 내 합성에 필수적인 5′에서 3′방향으로의 중합을 책임지는 효소이다. 그것의 3′→5′ 방향의 엑소뉴클레아제 활성은 부정확한 뉴클레오타이드가 삽입되었을 때 활성화되는 교정 기능을 제공한다. 이런 일이 발생하면, 합성은 잠시 멈추고 중합효소가 "역과정"으로 잘못 들어간 뉴클레오타이드를 잘라낸다. 그리고 다시 5′에서 3′ 방향으로의 합성이 진행되어 주형 가닥의 상보적인 가닥을 합성한다. 중합효소 I은 프라이머를 제거하고 생긴 공백(gap)을 채우는 합성을 맡는 것으로 생각된다. 이것의 엑소뉴클레아제 활성은 DNA 수리 과정에도 참여할 수 있도록 한다. 중합효소 II는 **중합효소 IV와 V**와 마찬가지로, 자외선 같은 외부 힘에 의해 손상된 DNA를 수선하는 데 관여하는 것으로 보인다. 중합효소 II는 복제 분기에서 DNA 합성이 중단되면 전사가 활성화되는 유전자에 의해 암호화된다.

DNA 중합효소 III의 전효소

우리는 이제 이 절을 DNA 중합효소 III(DNA Pol III)라고 불리는 분자의 복잡성을 강조하면서 마치고자 한다. 활성적인 형태, 즉 **전효소(holoenzyme)**라고 불리는 상태일 때, 이 분자는

표 11.3 DNA 중합효소 III의 전효소(holoenzyme)내 소단위들

소단위	기능	묶음
α	5′−3′ 중합반응	핵심효소:
ε	3′−5′ 엑소뉴클레아제	폴리뉴클레오타이드
θ	핵심효소 조립	사슬의 신장과 교정
γ, δ, δ′, χ, ν	효소를 주형에 올려줌 (클램프 로더로 작용)	γ 복합체
β	슬라이딩 클램프 구조 (진행성 인자)	
τ	핵심 복합체를 이합체화	

독특한 폴리펩타이드 소단위들로 구성되며 그중 10가지가 밝혀져 있다(**표 11.3**). 가장 큰 소단위인 α는 소단위 ε및 θ와 함께 전효소의 중합 활성을 책임지는 **핵심효소(core enzyme)** 복합체를 구성한다. 대장균에서 하나의 전효소는 두 개(혹은 세 개일 수도 있다)의 핵심효소 복합체들을 포함한다. 각 핵심효소의 일부로서 α 소단위는 주형 가닥을 따라 DNA를 합성하는 일을 하는 반면, ε 소단위는 3′→5′ 엑소뉴클레아제 활성을 가지고 있어서 교정에 필수적이다. 하나 이상의 핵심효소가 필요하다는 것이 곧 분명해질 것이다. 두 번째 그룹인 다섯 개의 소단위들(γ, δ, δ′, χ, 그리고 ν)로 이루어진 두 번째 그룹은 **슬라이딩 클램프 로더(sliding clamp loader)**라고 불리는 복합체를 형성하는데, 이것은 핵심효소와 짝을 이루어 **슬라이딩 DNA 클램프(sliding DNA clamp)**라고 불리는 필수 요소의 기능을 촉진한다. 슬라이딩 클램프 로더의 효소적 기능은 ATP 가수분에 의한 에너지 생산에 의존적이다. 슬라이딩 DNA 클램프는 핵심효소와 연결되며 다수의 β 소단위로 구성되어 있어서 도넛 모양을 만듦으로써 복제되지 않은 DNA 나선을 둘러싸 열리거나 닫힌다. 그렇게 함과 동시에 핵심효소와 연계하여, 클램프는 핵심효소가 뉴클레오타이드의 중합 중에 결합을 유지하도록 하고 합성이 되는 중에 방향을 이끌게 된다. 따라서 핵심효소가 주형에서 떨어지기 전에 합성하게 되는 DNA의 길이, 즉 **진행성(processivity)**이라고 불리는 성질이 매우 증가한다. 핵심효소 하나당 한 개의 슬라이딩 클램프가 존재한다. 마지막으로, 하나의 τ 소단위는 개별 핵심효소와 상호작용하여 그것을 슬라이딩 클램프 로더에 연결한다.

DNA Pol III 전효소는 **그림 11.9**에 도식화되어 있다. 여러분은 이 그림을 위에 제시된 각 성분의 설명과 비교해 보기 바

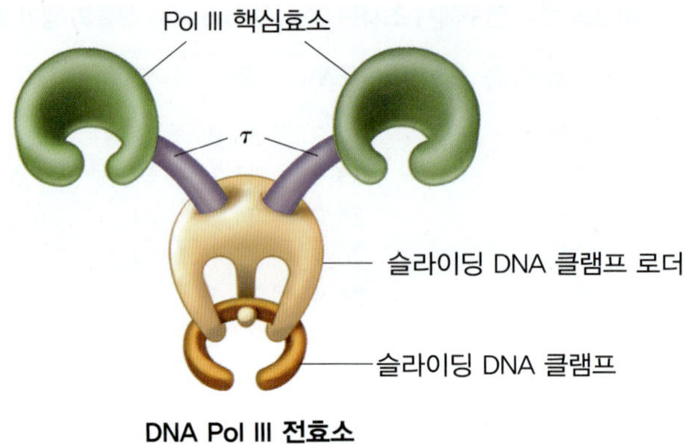

그림 11.9 본문에 설명한 DNA Pol III 전효소를 구성하는 성분들. 전효소 내에 3개의 핵심효소가 존재할 수 있지만, 간단히 하려고 여기서는 2개만 그려 나타냈다.

란다. 위에서는 세 번째 핵심효소가 있을지도 모른다고 했지만, 그 전효소가 두 개의 핵심효소들을 포함하고 있는 것으로 나타냈음에 유의하라. DNA Pol III 전효소의 성분들은 후속 논의에서 언급될 것이다.

11.3 DNA 복제 중에는 여러 복잡한 문제들이 해결되어야 한다

우리는 지금까지 복제가 반보존적이며, 세균과 많은 바이러스에서 하나의 레플리콘을 따라 양방향으로 일어난다는 것을 알아보았다. 그리고 합성은 DNA 중합효소 III에 의해 5′→3′ 방향으로 일어난다는 것도 알게 되었다. 양방향 합성은 합성 기점으로부터 반대 방향으로 멀어지는 두 개의 복제 분기를 만든다. 이 복제 분기들은 복제 원점에서 반대 방향으로 멀어진다. 아래 열거된 목록에서 보다시피, DNA 합성을 종합적으로 이해하기 위해서는 많은 문제점이 해결되어야 한다:

1. 나선은 국부적으로 풀려서 "열린" 모양이 안정화됨으로써 양 가닥을 따라 합성이 진행될 수 있어야 한다.
2. DNA가 풀리고 연이어 합성이 진행됨에 따라, 증가된 감김 현상이 나선의 아래쪽으로 갈수록 장력을 만들게 되는데 이것은 감소되어야 한다.
3. 어떤 종류든 프라이머가 합성되어야 DNA 중합효소 III가 중합을 개시할 수 있다. 놀랍게도 DNA가 아니라 RNA가 이러한 개시분자(프라이머)로 작용한다.
4. 일단 RNA 프라이머들이 합성되면, DNA 중합효소 III는 부모 가닥 분자들에 상보적인 두 가닥의 합성을 개시한다. 이 가닥들이 역평행하기 때문에, 복제 분기가 움직이는 방

향에서 연속적인 합성이 일어나는 것은 한쪽 가닥을 따라서만 가능하다. 한편, 맞은편 가닥에서는 반대쪽으로 불연속적인 합성이 일어나게 되므로 약간 다른 과정들이 포함된다.

5. RNA 프라이머들은 복제가 끝나기 전에 제거되어야만 한다. 이때 일시적으로 생긴 공백들은 그 위치의 주형에 상보적인 DNA로 채워져야 한다.
6. 일시적으로 생긴 각 공백을 채워 새로 합성된 DNA 가닥들은 인접한 DNA 가닥과 연결되어야만 한다.
7. DNA 중합효소가 복제 시에 정확하게 상보성 염기들을 삽입하긴 하지만, 이 작업은 완벽하지 않으며, 따라서 가끔 부적당한 염기가 신장 중인 가닥에 첨가된다. DNA 합성 과정 중에 실수를 바로잡는 교정 기작은 필수적인 과정이다.

이러한 점들을 고려하면서, 그림 11.10, 11.11과 11.12를 잘 보고 어떻게 이러한 문제들이 풀리는지 보라. 그림 11.13은 DNA 합성의 모형을 요약한 것이다.

DNA 나선의 풀림

이미 논의한 것처럼, DNA 합성은 세균들과 바이러스에서, 원형 염색체를 따라 한 지점에서 시작된다. *E. coli* 염색체의 이러한 부분은 특별히 잘 연구되어 있으며 ***oriC***라고 불린다. 이 부분은 245 뉴클레오타이드 쌍으로 구성되며, 9개의 염기쌍이 5번 반복되고, 13개 염기쌍이 3번 반복되는 것이 특징인데, 각각 **9mers**와 **13mers**로 불린다. 이 서열들은 모두 A-T가 많아서 다른 평균적 DNA 서열들에 비해 비교적 덜 안정하다. 이것은 분명히 나선의 풀림을 촉진할 것이다. 특수한 개시 단백질인 **DnaA**는 *dnaA* 유전자에 의해 암호화되며 9mer 영역에 결합하여 복제 개시를 촉진한다. 새로 형성된 이 복합체는 약간의 구조 변화를 일으키고 13mer 영역과 연결되는데, 이것은 나선이 불안정하게 바뀌어 열리는 구조가 되게 함으로써, DNA의 단일 가닥 부분(ssDNA)이 노출되도록 만든다. 이 단계는 다른 주요 분자인 **DNA 헬리케이즈(DNA helicase)**—DnaB 폴리펩타이드 여러 개로 구성됨—의 결합을 촉진한다. DNA 헬리케이즈는 6개 소단위가 조립되는 6합체로 노출된 단일 가닥 DNA 분자를 감싼다. 연이어 헬리케이즈가 전효소를 끌어들여 새로 형성된 복제 분기에 결합하도록 하여 공식적으로 개시가 시작되도록 한다. 그리고 ssDNA를 따라 움직여 진행하면서 나선을 열어준다. 헬리케이즈는 ATP 가수분해에 의한 에너지를 요구하는데, 이것은 이중 가닥을 안정화시키는 수소결합을 끊어 변성시키는 과정을 촉진한다.

일단 헬리케이즈가 나선을 열어 ssDNA를 사용할 수 있게 해주면, 그것이 합성의 주형으로 사용될 수 있을 때까지 염기쌍이 재형성되는 것은 억제되어야 할 것이다. 이것은 DNA의 단일 가닥에 특이적으로 결합하는 **단일 가닥 결합 단백질(single-stranded binding protein, SSB)**들에 의해 이루어진다.

풀림이 진행됨에 따라 복제 분기 앞에서 감김에 의한 장력이 생성되어 종종 **과나선화(supercoiling)**가 발생한다. 원형 분자들에서는 과나선화가 DNA를 비틀어 뒤집는 형태를 만들 수 있는데 마치 여러분이 고무줄을 잡아당겨 그것을 한쪽 끝에서 비트는 것과 같은 나선화와 비슷할 수 있다. 그러한 과나선화는 **DNA 자이레이즈(DNA gyrase)**에 의해 해소될 수 있다. 이 효소는 **DNA 구조 이성질화효소(DNA topoisomerase)**라고 불리는 더 큰 효소 그룹의 일원이다. 자이레이즈는 단일 가닥이나 이중 가닥 절단을 만들어, 과나선화 중에 생기는 비틀림이나 매듭들이 없어지는 효과를 내도록 하는 국부적 움직임을 촉진한다. 그 후 가닥들은 다시 연결된다. 이러한 다양한 반응들은 ATP 가수분해 중에 발생하는 에너지에 의해 진행된다.

종합하자면, DNA, 중합효소 복합체, 그리고 연관 단백질들은 예전에는 **레플리좀**(*replisome*)이라고 불렸던 복합체의 성분들로서, DNA 합성에 참여하는 일련의 분자들을 구성한다.

RNA 프라이머를 이용한 DNA 합성의 개시

일단 나선의 일부분이 풀리게 되었다면, 합성을 개시하기 위해서는 다른 무엇이 필요할까? 지금까지 보았던 것처럼, DNA 중합효소 III는 폴리뉴클레오타이드 사슬의 신장을 위해 노출된 3′-말단을 가지는 프라이머를 요구한다. 원형 염색체에는 말단이 없으므로, 연구자들은 어떻게 첫 뉴클레오타이드가 첨가될 수 있는지에 대한 조사에 착수했다. 이제는 RNA가 DNA 합성을 개시할 수 있는 프라이머로 작용한다는 것이 분명하다.

DNA에 상보적인 짧은 RNA 단편(약 10~12 리보뉴클레오타이드 길이)이 DNA 주형 위에 처음으로 합성된다. 그 RNA의 합성은 **프리메이즈(primase)**라는 RNA 중합효소에 의해 이루어진다. 프리메이즈는 합성을 개시하기 위해 노출된 3′-말단을 요구하지 않는다. 이 짧은 RNA 단편에 DNA 중합효소 III가 5′-데옥시뉴클레오타이드들을 첨가하여 DNA 합성을 시작한다. 그림 11.10은 어떻게 DNA 주형 위에서 합성이 시작되는지를 보여준다. 나중에 RNA 프라이머는 잘려나가고 DNA로 대체된다. 이것은 DNA 중합효소 I의 지시에 따른 것으로 생각된다. 바이러스, 세균, 그리고 여러 진핵생물에서 RNA를 이용한 개시 현상(RNA priming)은 DNA 합성을 개시하는 과정에서의 공통적인 현상임이 알려졌다.

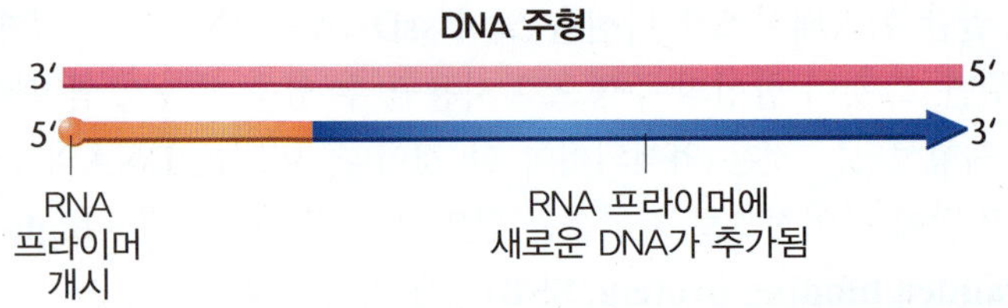

그림 11.10 DNA 합성의 개시. 상보적인 RNA 프라이머가 제일 먼저 합성되면, 이곳에 DNA가 첨가된다. 모든 합성은 5′에서 3′ 방향으로 일어난다. 나중에 RNA 프라이머는 DNA 중합효소 I의 작용에 의해 DNA로 대체된다.

DNA 복제의 연속적 합성과 불연속적 합성

이제는 이중 나선의 두 가닥이 서로 **역평행(antiparallel)**하다는 사실을 다시 생각해 보아야만 한다. 즉, 한 가닥은 5′→3′ 방향으로 놓이지만, 또 다른 가닥은 반대 방향인 3′→5′ 방향으로 놓인다. DNA 중합효소 III는 DNA를 5′→3′ 방향으로만 합성하기 때문에 복제 분기의 진행에 따른 합성에 있어서, 한쪽 가닥에서 합성되는 방향과 맞은 편 가닥에서 합성되는 방향이 서로 반대이다.

결과적으로, 가닥들이 풀리고 복제 분기가 나선을 따라 아래로 진행될 때(그림 11.11), 한쪽 가닥만 **연속적 DNA 합성(continuous DNA synthesis)**을 위한 주형으로 작용할 수 있다. 여기서 새로 합성된 가닥을 **선도 DNA 가닥(leading DNA strand)**이라고 부른다. 복제 분기가 진행하는 방향과 반대로 합성되는 맞은편 가닥에서는 많은 개시지점이 필요하게 되며 결과적으로 **지체 가닥(lagging strand)**에서의 **불연속적인 DNA 합성(discontinuous DNA synthesis)***이 일어난다.

DNA 합성이 불연속적이라는 것을 지지하는 증거는 오카자키 부부(Reiji Okazaki와 Tuneko Okazaki) 및 그 동료들에 의해 처음 제공되었다. 이들은 박테리오파지 DNA가 *E. coli*에서 복제될 때, 주형 가닥에 수소결합한 새로 생긴 DNA 일부가 1,000~2,000 뉴클레오타이드를 포함하는 작은 단편으로 존재함을 발견하였다. RNA 프라이머들이 이러한 단편들의 일부로 존재한다. 이 조각들은 **오카자키 절편(Okazaki fragment)**들이라고 불리며, 합성이 진행됨에 따라 더 큰 분자량을 가지는 점점 긴 DNA 가닥으로 변환된다.

DNA의 불연속적 합성은 RNA 프라이머를 없애는 효소와 오카자키 절편들을 지체서열에 붙여주는 효소들을 요구한다. 이미 지적된 바와 같이 DNA 중합효소 I이 프라이머를 제거하고 빠진 자리에 뉴클레오타이드들을 대체해준다. 단편들의 연합은 **DNA 리가아제(DNA ligase)**의 작용으로 보이는데, 이것은 불연속적으로 합성된 가닥들 사이의 틈을 채우는 인산-이-에스테르 결합을 촉매한다. DNA 리가아제가 DNA 합성과정 중에 이러한 기능을 수행한다는 증거는 이것이 결핍된 *E. coli* 돌연변이주(*lig*)에서 많은 수의 연합되지 않은 오카자키 절편들이 축적되는 것이 관찰됨으로써 더욱 강화되었다.

*DNA 합성이 한쪽 가닥에서는 연속적으로, 다른 한쪽 가닥에서는 불연속적으로 합성되기 때문에, 전체 과정을 설명하는 데 때때로 **반불연속적 합성(semidiscontinuous synthesis)**이라는 용어가 사용되기도 한다.

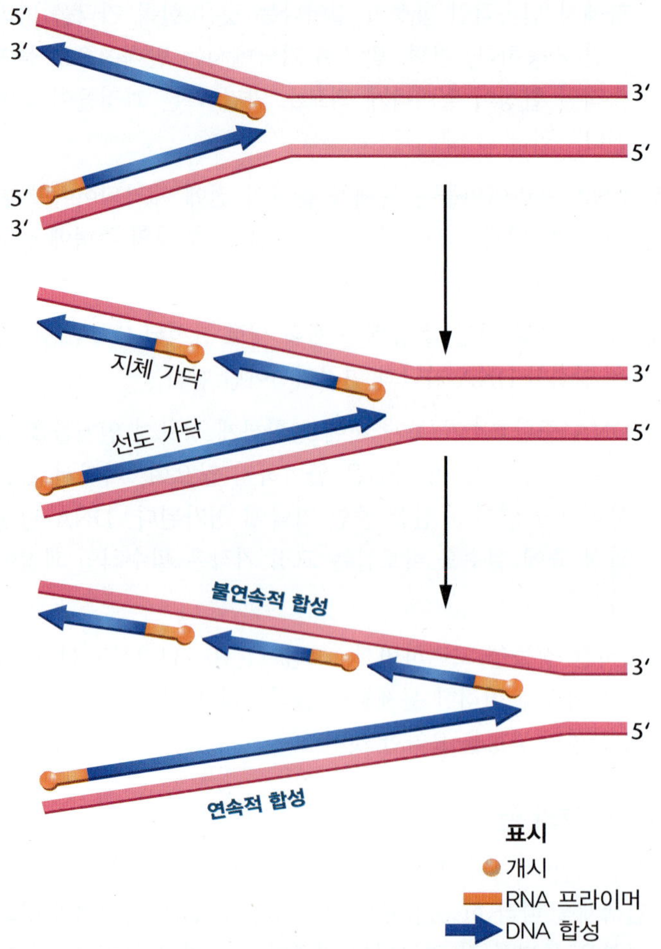

그림 11.11 두 가닥을 따라 일어나는 DNA 합성의 역방향성. DNA의 두 가닥이 서로 반대 방향으로 놓여 있고 DNA 중합효소 III는 오직 한쪽 방향(5′에서 3′ 방향)으로만 작용하기 때문에 이것은 필수적인 현상이다. 지체 가닥의 합성은 불연속적이므로 오카자키 절편들을 만든다. 선도 가닥에서의 합성은 연속적이다. RNA 프라이머들은 양쪽 가닥 모두에서 합성을 개시하도록 해준다.

선도 가닥과 지체 가닥에서는 동시에 합성이 이루어진다

방금까지 논의된 모형을 보면, 어떻게 DNA 중합효소 III의 전효소가 선도 가닥과 지체 가닥의 양쪽 가닥들 위에서 DNA를 합성하는지 질문이 나올 수도 있겠다. 두 가닥이 모두 동시에 같은 복제 분기에서 합성될 수 있는가? 아니면, 두 개의 독립된 효소들이 관여하는 분리된 사건일까? 증거에 따르면, DNA Pol III 전효소의 일부인 두 개의 핵심효소가 한 가닥씩 맡아 두 가닥은 동시에 합성된다. 그림 11.12에서 보여주는 바와 같이,

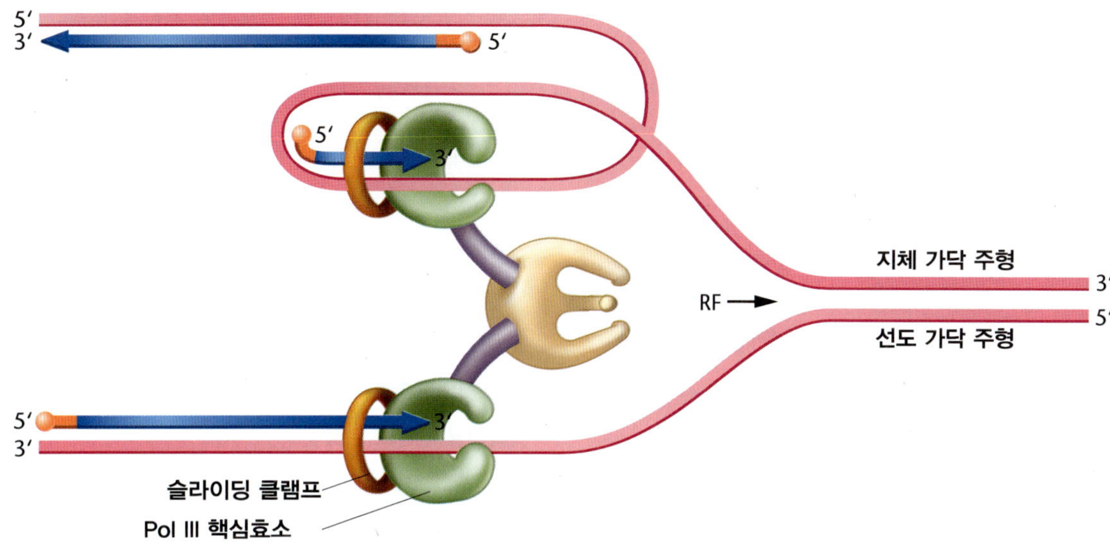

그림 11.12 하나의 복제 분기(RF)의 양쪽 가닥(선도 가닥과 지체 가닥)에서 어떻게 동시적인 DNA 합성이 이루어질 수 있는지를 나타낸 그림. 지체 가닥은 합성의 물리적인 방향을 역전시키기 위해서(생화학적인 합성 방향은 바뀌지 않는다) 고리를 형성한다. 효소는 이합체로 작용하며 각각의 핵심효소들은 각 가닥 상에서 합성을 진행한다.

지체서열이 감겨 고리를 형성하면, 뉴클레오타이드 중합이 두 주형 가닥 위에서 전효소의 작용으로 동시에 합성될 수 있다. 1,000~2,000 뉴클레오타이드 쌍이 합성되고 나면, 지체 가닥 위의 효소 단량체는 완성된 오카자키 절편을 만나게 될 것이고, 이 지점에서 지체서열을 놓아준다. 지체 가닥이 말려 다시 새로운 고리가 형성되고 이 과정이 반복된다. 고리의 형성은 주형의 방향을 바꾸어주지만, 지체 가닥 위의 실제 합성의 방향은 바뀌지 않고 늘 5′→3′ 방향이다. 위에 언급했던 바와 같이 DNA Pol III와 연관된 세 번째 핵심효소가 있으며, 오카자키 단편들의 합성에서 작용하는 것으로 생각된다. 간단히 하기 위해 그림들에는 두 개의 핵심효소들만 포함시켰다.

복제 분기에서 합성을 촉진하는 전효소의 또 하나 중요한 특징은 도넛 모양의 슬라이딩 DNA 클램프로서, 복제되지 않은 이중 나선을 둘러싸며 앞쪽의 핵심효소와 연결되어 있다. 이 클램프는 핵심효소가 중합반응이 진행되는 동안 주형 가닥에서 분리되지 않도록 해준다. 이렇게 함으로써, 그 클램프는 핵심효소의 진행성을 크게 향상시킨다. 즉, 주형으로부터 분리되기 전에 지속적으로 첨가되는 뉴클레오타이드의 수가 증가하도록 한다. 이런 기능은 복제 중 DNA의 빠른 생체 내 합성 속도에 필수적이다.

DNA 복제 중에는 교정과 오류 수정이 이루어진다

DNA 복제의 직접적인 목적은 각 뉴클레오타이드 위치에서 주형 가닥에 정확하게 상보성인 새로운 가닥을 합성하는 것이라고 볼 수 있다. DNA 중합효소의 작용이 매우 정확하게 이루어진다고 해도, 합성이 완벽할 수는 없으며, 따라서 비상보성인 뉴클레오타이드가 간혹 잘못 끼어 들어갈 수 있다. 그러한 부정확성을 보상하기 위해 중합효소들은 모두 3′→5′ 엑소뉴클레아제 활성을 가진다. 이런 성질로 인해 잘못 맞춰진 뉴클레오타이드를 발견하고 잘라낼 수 있다(3′→5′ 방향으로). 일단 잘못 맞춰진 뉴클레오타이드가 제거되면 5′→3′ 방향의 합성이 다시 진행된다. 이러한 과정을 **교정(proofreading)**이라고 하며, 합성의 정확성이 100배가량 증가하게 된다. DNA 중합효소 III의 전효소 형태에는 엡실론(ε) 소단위가 이 교정 단계에 직접 관여한다. ε 소단위가 기능하지 않게 만들어진 *E. coli* 돌연변이 균주에서는 DNA 합성 과정에서의 오류율(돌연변이율)이 눈에 띄게 증가한다.

11.4 통일된 모형으로 DNA 복제를 요약할 수 있다

이제는 하나의 복제 분기에서 발생하는 DNA 복제의 여러 측면을 종합하여 그림 11.13에서 보이는 것과 같은 모형으로 만들어 볼 수 있겠다. 분기가 진행하는 쪽에서는 헬리케이즈가 이중 나선을 풀어준다. 일단 나선이 풀리면, 단일 가닥 결합 단백질들이 DNA 가닥에 결합하여 나선이 다시 형성되는 것을 막아준다. 복제 분기에 앞서 DNA 자이레이즈(DNA gyrase)가 나선이 더욱 꼬여서 생기는 장력을 감소시켜 준다. 이합체 중합효소의 각 반쪽은 하나의 β-소단위 슬라이딩 클램프에 의해 한 가닥씩 주

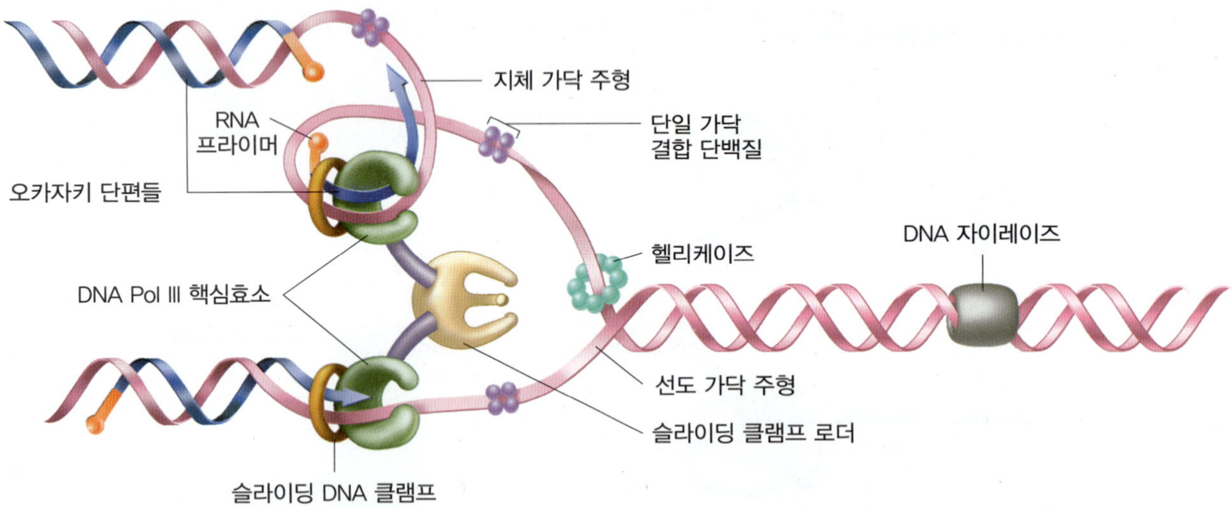

그림 11.13 복제 분기에서 이루어지는 DNA 합성의 요약. 이 과정에 필수적인 다양한 효소들과 단백질들이 표시되어 있다.

형 가닥에 결합한 핵심효소이다. 선도 가닥 상에서는 지속적인 합성이 일어나는 반면, 지체 가닥은 양쪽 가닥에서 동시에 합성이 일어나도록 중합효소 주변으로 "휘어져(loop)"야 한다. 그림에는 보이지 않지만, 지체 가닥 상에서의 합성에 필수적인 것은 중합효소 I과 DNA 리가아제로 이들은 각각 RNA 프라이머를 DNA로 바꾸어주고 오카자키 단편들을 연결한다.

앞의 모형은 유전 현상을 이해할 수 있도록 하는 DNA 합성에 관한 요약을 제공한다.

풀어보기

10.2 한 외계 생명체가 연구되고 있다. DNA 복제를 조사해보니 독특한 특징이 나타났다: 오카자키 단편들이 관찰되지 않는다. 이런 관찰에 들어맞는 DNA의 복제 양식을 제안하라.

- **힌트:** 이 문제는 그림 11.13에 그려진 원핵생물에서의 DNA 합성 과정에 대한 이해를 묻고 있다. 해답의 열쇠는 DNA 합성 중에 왜 오카자키 단편들이 관찰되며 그들의 형성이 왓슨-크릭 모델이 제시하는 DNA 구조와 어떤 관계가 있는지에 대해 고려하는 것이다.

11.5 복제는 다양한 유전자들에 의해 조절된다

바이러스나 세균의 DNA 합성에 대해 우리가 알고 있는 많은 것들은, 그 과정들에 대한 유전적 분석에 기초한다. 예를 들어, 이미 살펴보았던 *polA1* 돌연변이에 관한 연구는 DNA 중합효소 I이 복제를 책임지는 주요 효소가 아님을 보여주었다. 리가아제 결핍 혹은 교정 기능이 결핍된 돌연변이처럼, 복제의 몇몇 측면이 심각하게 망가지는 다른 돌연변이들도 이미 언급되었다. 그런 돌연변이들은 치명적이기 때문에 유전적 분석은 종종 **조건적 돌연변이(conditional mutation)**들을 이용하는데, 이들은 어떤 조건에서는 발현되지만, 다른 조건에서는 발현되지 않는 것을 말한다. 예를 들어, **온도 감수성 돌연변이(temperature sensitive mutation)**는 특정 허용온도(*permissive* temperature)에서는 발현되지 않는다. 돌연변이 세포들이 제한온도(*non-permissive*, or *restrictive* temperature)에서 자라게 되면, 돌연변이가 발현된다. 그런 돌연변이들과 연관된 기능 상실의 효과를 조사함으로써, 온도-감수성 돌연변이체들에 대한 검사는, 정상적인 비돌연변이 유전자와 그 산물들과 연관된 기능들에 대한 통찰을 제공해 줄 수 있다.

표 11.4에서 보는 바와 같이, *E. coli*의 다양한 유전자들이 중합효소들의 소단위들을 지정하며, 합성 원점의 지정, 나선 풀림

표 11.4 **복제에서 작용하는 다양한 *E. coli* 유전자와 그 산물의 역할**

유전자	산물 혹은 역할
polA	DNA 중합효소 I
polB	DNA 중합효소 II
dnaE, N, Q, X, Z	DNA 중합효소 III 소단위들
dnaG	프리메이즈
dnaA, I, P I	개시
dnaB, C	*oriC*에서의 헬리케이즈
gyrA, B	자이레이즈 소단위
lig	DNA 리가아제
rep	DNA 헬리케이즈
ssb	단일가닥 결합 단백질
rpoB	RNA 중합효소 소단위

과 안정화, 프라이머에 의한 합성 개시, 과나선화의 완화, 수리, 그리고 연결 등에 관여하는 산물들을 만들어낸다. 저렇게 커다란 집단을 이루는 유전자들의 발견은 비록 원핵생물에서는 더 단순하다고 할지라도, 복제의 과정이 얼마나 복잡한지를 보여주는 것이다. 매우 짧은 시간에 틀리지 않고 복제되어야 하는 거대한 양의 DNA를 생각한다면, 이 정도의 복잡성은 충분히 예상할 수 있다. 11.6절에서 볼 수 있듯이, 진핵생물에서는 더 많은 과정이 관여하며 따라서 조사하기가 더 어렵다.

유전자 기능을 밝히기 위한 현대적 접근

치사성 녹아웃

이 장에서는 DNA 복제 과정 중 DNA 리가아제의 필수적 역할에 대해 학습했다. 리가아제는 DNA 재조합과 수리 과정에서도 역시 중요하게 작용한다. 진핵세포는 서로 유사한 서열과 구조를 가진 적어도 3가지 종류의 DNA 리가아제 유전자(*Lig1*, *Lig3*, 그리고 *Lig4*)를 발현하지만, 이 효소들은 서로 다른 기능을 나타낸다. DNA 리가아제 1(*Lig1*)은 포유동물 세포의 DNA 복제에 핵심적으로 관여하며, *Lig3*은 DNA의 단일-가닥 절단과 절제 수리 과정에 기능하며(15장에서 논의), *Lig4*는 재조합과 비상동 말단-연결(nonhomologous end-joining)이라 불리는 과정에 필수적이다. 이런 리가아제들이 존재한다는 것과 그들의 특정 역할은 어떻게 알 수 있을까? 여기서는 생물이 특정 유전자를 의도적으로 제거했을 때 어떻게 영향을 받는지를 드러내는 **유전자 녹아웃(gene knockout)**이라 불리는 실험적 접근법에 대해 설명하려고 한다.

DNA 리가아제들의 역할을 이해하기 위해, 과학자들은 특정 리가아제 유전자를 제거한 리가아제 녹아웃 생쥐 계통을 만들었다. 녹아웃 생쥐들은 특정 유전자에 대해 이형접합성인 유전자 조작 부모 생쥐들에 의해 생산되었다; 하나의 대립유전자는 야생형이고, 다른 하나는 "제거되어 없는(null)" 상태이거나 혹은 비기능적인 대립유전자로 존재하는 이형접합성 부모 계통이 사용되었다. 이 동물들은 +/−로 표시된다. 두 마리의 이형접합자들이 서로 교배되면 몇몇 동형접합성 −/−(영 대립유전자만 가지는) 자손들이 생기며 연구를 위해 선발된다. −/− 자손들이 교배로부터 생기지 않는다면, 과학자들은 종종 배아 치사성(embryonic lethality)의 문제를 의심한다. 배아 발생 중 어떤 유전자의 기능적 중요성을 드러내는 것은 종종 녹아웃 개체의 치사성이다.

여기서는 리가아제 녹아웃 실험에서 얻은 주요 결과들을 간단히 살펴본다.

결과:

몇몇 서로 다른 연구팀의 실험들은 다음과 같은 결과를 보여준다:

- *Lig1* 녹아웃 생쥐로부터 얻은 배아들은 죽기 전 중기까지는 정상적으로 발생한다.
- *Lig3* 녹아웃 생쥐들은 교미 후 날짜 수(days postcoitum, dpc)인 8.5 dpc에 배아 발생을 멈춘다. 과도한 세포 사멸(아포토시스)이 9.5 dpc에 발생한다. 따라서 *Lig3* 영 돌연변이 생쥐들 역시 배아 치사성을 나타낸다. 이 치사성은 미토콘드리아에서의 *Lig3*의 필수적 역할 때문인 것으로 밝혀졌다.
- *Lig4* 녹아웃 생쥐들 역시 치사성을 나타낸다. *Lig4* −/−인 배양 세포주들은 이온화 방사선에 의한 손상에 대한 감수성이 증가하고, 이중 가닥 DNA 절단에 대한 비상동 말단-연결 수리가 결핍되어 있음을 보여준다.

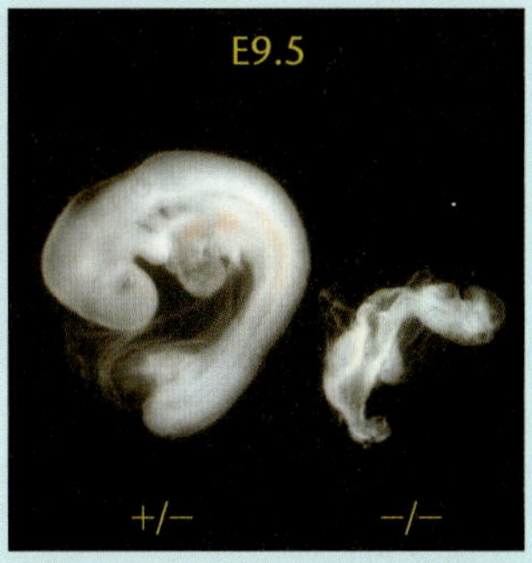

Lig3 결함은 9.5일에 과도한 아포토시스를 일으킨다. (왼쪽) 이형접합성(+/−) 생쥐 배아는 야생형 배아 발생을 보이지만, *Lig3*(−/−) 영 돌연변이 생쥐 배아(오른쪽)는 9.5 dpc에서 발생을 멈춘다.

결론:

세 가지 녹아웃 생쥐들은 모두 배아 치사성을 보인다. 이런 발견들은 어떻게 리가아제가 무슨 일을 하는지 이해할 수 있게 해줄까? 우리가 당장 도출할 수 있는 한 가지 결론은, 하나의 리가아제를 다른 리가아제가 대체할 수 없다는 결론에 기초하면, 모든 리가아제가 필수적이며 다른 리가아제들과는 독립적으로 작용한다는 점이다. 따라서 어떤 DNA 리가아제 유전자의 돌연변이나 소실은 또 다른 DNA 리가아제 유전자에 의해 완전하게 보상될 수 없다.

이 실험들은 또한, 녹아웃 동물을 만들 때 영 돌연변이 생쥐가 종종 특정 발달 단계에서 죽는 것이 상당히 흔히 발생하는 일임을 보여준다. 이런 일은 파괴된 유전자가 세포 기능에 필수적이며 적어도 생물체가 발생하는 동안 특정 단백질 산물을 발현하지 못하면 그 생물에 치명적임을 보여준다. DNA 복제와 같은 필수적인 과정에 매우 중요한 유전자의 손실은 생물체의 죽음을 초래할 것이라고 쉽게 가설을 세울 수 있으므로, 이것은 놀라운 일이 아니다. 과학자들 역시 같은 예상을 했으며, 몇 번의 녹아웃 동물이 이 가설을 확인해 준다.

녹아웃 생물을 만들 때의 치사성 문제는 유전학자들이 **조건적 녹아웃(conditional knockout)** 방법(20장에 논의됨)을 고안하도록 했다. 이 방법은 전체 동물이 아니라 특정 기관에서만 특정 유전자를 없앨 수 있게 해준다. 이 방법은 동물은 생존하면서 연구자들이 특정 세포 형태의 유전자 기능을 연구할 수 있게 해준다. 조건적 녹아웃 동물들은 또한 다시 유전자를 발현하도록 하는 구조 실험(rescue experiment)에도 사용될 수 있다.

참고문헌:

Adachi, N., et al. (2001). DNA Ligase IV–

Deficient Cells Are More Resistant to Ionizing Radiation in the Absence of Ku70: Implications for DNA Double-strand Break Repair. *Proc. Natl. Acad. Sci. USA* 98:12109-12113.

Bentley, D.J., et al. (2002). DNA Ligase I Null Mouse Cells Show Normal DNA Repair Activity but Altered DNA Replication and Reduced Genome Stability. *J. Cell Sci.*115:1551-1561.

Puebla-Osorio, N., et al. (2006). Early Embryonic Lethality due to Tar-geted Inactivation of DNA Ligase III. *Mol. Cell. Biol.* 26:3935-3941.

생각해 볼 문제

1. 때로는 중요한 기능을 할 것으로 생각되는 유전자에 영 돌연변이인 생쥐들을 만들었는데도 분명한 돌연변이 표현형을 나타내지 않는 결과가 나타난다. 녹아웃 생물이 이런 결과를 만든다면 그 유전자에 대해 당신은 어떤 결론을 내릴 수 있겠는가?
2. "포유류 세포에서 DNA 복제에 관여하는 핵심 리가아제"인 리가아제 1이 없는데도 어떻게 생쥐가 9일 동안은 발달할 수 있다고 생각하는가?
3. 유전자 기능의 이해를 위한 현대적 접근법이라는 이 부분에서는 3가지 리가아제 유전자인 *Lig1*, *Lig3*, *Lig4*, 그리고 그 단백질 산물들의 역할을 설명하고 있다. 포유동물이 *Lig2*에는 무슨 일이 발생한 것일까? 이를 확인하기 위해 다음 주소로 접속하여 "Gene" 데이터베이스를 이용해 "Human Lig2"를 검색하라: http://www.ncbi.nlm.nih.gov/. 가장 적합한 결과를 살펴보라. 답을 찾기 위해서는 대체 기록을 클릭해야 할 수도 있다! 이 의문점에 대한 해답을 찾으려면 요약본을 읽어보라.

11.6 진핵생물의 DNA 복제는 세균의 것과 유사하지만 더 복잡하다

진핵생물의 DNA 복제는 세균의 복제와 많은 특징을 공유한다. 두 시스템에서 이중 나선 DNA가 복제 원점에서 풀리고, 두 복제 분기가 생기며, DNA 중합효소의 지시에 따라 선도 가닥과 지체 가닥에서 DNA가 양방향으로 합성된다. 진핵생물의 중합효소들은 세균 시스템에서 DNA 합성에 작용하는 것과 동일한 기본적인 요구사항을 가진다: 4종의 데옥시리보뉴클레오사이드 3인산, 주형, 프라이머 등이다. 그러나 진핵세포의 DNA 복제는, 진핵성 DNA가 가지는 여러 가지 특징들 때문에 더 복잡하다. 예를 들어, 진핵세포들은 더 많은 양의 DNA를 가지며, 이 DNA들은 뉴클레오좀들과 복합체를 이루는 데다가, 진핵세포의 염색체들은 원형이 아니라 선형이다. 이 절에서는 진핵생물들이 이런 추가적 복잡성을 다루는 여러 가지 방법들에 관해 설명하려고 한다.

다수의 복제 원점들에서의 개시

진핵성 DNA와 원핵성 DNA 복제 사이의 가장 뚜렷한 차이점은 진핵세포의 복제에서는 훨씬 더 많은 양의 DNA들이 다루어져야 한다는 점이다. 예를 들어, 효모 세포들은 대장균 세포보다 3배나 많은 DNA를 포함하여, 초파리 세포는 40배의 양을 가진다. 게다가 진핵성 DNA 중합효소들은 원핵세포의 것보다 25배나 느린 속도로 DNA를 합성한다(1분당 약 2,000 뉴클레오타이드 정도). 이런 조건에서는, 하나의 복제 원점에서부터 전형적인 진핵성 염색체 하나를 모두 복제하는데 며칠이 걸릴 것이다. 그러나 진핵세포 유전체 전체의 복제는 보통 몇 분에서 몇 시간 정도 걸려서 완료된다.

대량의 DNA를 빠르게 합성하기 위해서, 진핵성 염색체들은 여러 개의 복제 원점들을 포함한다. 효모 유전체들은 250~400개를 포함하며, 포유류 유전체들은 25,000개까지 가지기도 한다. 다수의 복제 원점들은 전자현미경 하에서 "복제 거품(replication bubble)"들로 관찰될 수 있는데, 이것은 DNA가 열릴 때 생기는 구조로서, 하나의 거품은 두 개의 복제 분기들을 가진다(그림 11.14). 효모의 복제 원점들은 **자동성 복제 서열(autonomously replicating sequences, ARSs)**이라고 불리며 약 120 bp로 되어 있고, 11 bp의 **공통서열(consensus sequence)**들을 포함한다. 공통서열이란 모든 효모 ARS들에

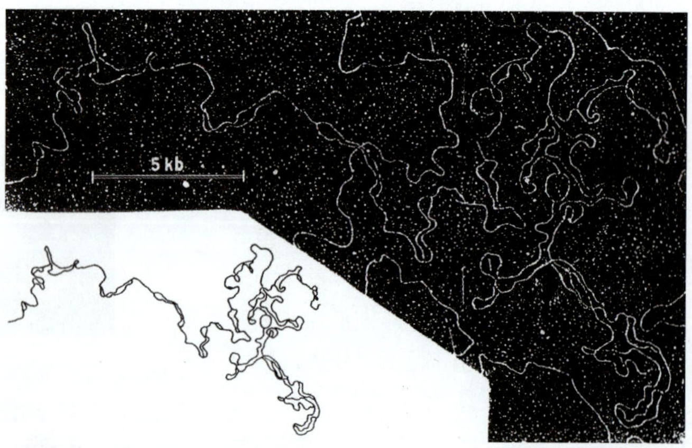

그림 11.14 진핵세포 염색체를 따라 나타나는 다수의 복제 원점들. 초파리 핵에서 DNA를 분리하여 전자현미경으로 관찰했다. 이 119 kb 단편의 DNA에는 23개의 복제 버블이 포함되어 있으며 전자현미경 사진의 왼쪽 아래에 있는 모식도를 보면 그 위치를 알 수 있다.

서 그 서열이 같거나 거의 비슷하다는 뜻이다. 포유동물 세포들의 복제 원점은 특이한 서열 모티프와는 관계가 없어 보이며, 6~55 kb 영역에 걸쳐 생기는 염색질 구조에 의해 결정되는 것으로 보인다.

진핵생물의 복제 기점은 복제 개시 부위로서 역할을 할 뿐만 아니라, DNA 복제 시기를 조절한다. 이러한 조절 기능은 복제 원점에서 조립되는 20개 이상의 단백질 복합체에 의해 수행되며, 이 구조는 **전-복제 복합체(prereplication complex, pre-RC)**라고 불린다. 세포 주기의 G1기 초에, 복제 원점들은 6개의 단백질로 구성된 복합체에 의해 인식되는데, 이것은 **복제 원점 인식 복합체(origin recognition complex, ORC)**라고 알려져 있으며, 복제 원점을 복제 개시 부위로 표시한다. 세포 주기의 G1 단계 동안에는 다른 단백질들이 ORC와 결합하여 pre-RC를 형성한다. 복제 원점의 pre-RC의 존재는 복제 원점이 복제될 수 있도록 허락한다. DNA 중합효소가 원점에서 합성을 시작하면 pre-RC는 해체되고 다음 세포 주기의 G1 단계까지 다시 재조립되지 않는다. 이것은 복제가 완료된 DNA 부분과 복제되지 않은 DNA 부분을 구별하여 질서 있고 효율적인 복제를 유지하기 때문에 중요한 기작이다. 복제는 각 세포 주기 동안 DNA의 각 가닥을 따라 한 번만 발생한다.

DNA 복제의 개시도 pre-RC에서 조절된다. DNA를 푸는 헬리케이즈를 비롯하여, 복제 단백질을 인산화하는 다수의 세포 주기 인산화효소들(kinases)이 pre-RC와 연합하며 복제 개시에 필수적이다. 이 키나아제들은 S기에서 활성화되며, 이때 DNA 복제 개시를 유발하는 다른 단백질을 인산화한다. 그 최종 결과로, 복제 분기점에서 DNA의 풀림, 단일 가닥 DNA의 안정화, DNA 중합효소와 복제 원점의 결합 및 DNA 합성이 시작된다.

다수의 진핵성 DNA 중합효소들

증가된 레플리콘의 수를 감당하기 위해서, 진핵세포들은 세균 세포들에서보다 많은 DNA 중합효소 분자들을 포함한다. 예를 들어, 하나의 대장균 세포는 약 15분자의 DNA 중합효소 III 분자들을 가진다. 그러나 하나의 포유동물 세포는 수만 개의 DNA 중합효소 분자들을 포함한다.

진핵생물은 또한 세균보다 더 많은 수의 여러 DNA 중합효소들을 이용한다. 인간의 유전체는 적어도 14가지 형태의 DNA 중합효소 유전자들을 가지며, 이 중 3가지만 핵 유전체 DNA 복제에 주로 관여한다. 이러한 DNA 중합효소의 이름과 특성은 표 11.5에 요약되어 있다.

Pol α와 δ, 그리고 ε은, 진핵세포의 핵 DNA 합성의 개시와 신장에 관여하는 주요 효소로 생각되므로, 이제 이들에 초점을 맞추어 논의하고자 한다. **중합효소 α(Pol α enzyme)**의 4

표 11.5 진핵세포의 DNA 중합효소들과 그 특징

DNA 중합효소	기능
α(알파)	RNA/DNA 프라이머들, DNA 합성 개시
δ(델타)	지체 가닥 합성, 수리, 재조합, 교정
ε(엡실론)	선도 가닥 합성, 수리, 재조합, 교정
γ(감마)	미토콘드리아 DNA 복제와 수리
β(베타)	염기 절제 수리
η(에타), ξ(제타), κ(카파), ν(누우), ι(이오타)	손상부 통과 합성
θ(세타), λ(람다), μ(뮤우), ν(누우), Rev1	DNA 수리

개 소단위 중 2개가 선도 가닥과 지체 가닥 상에서 RNA 프라이머를 합성한다. RNA 프라이머가 약 10개의 리보뉴클레오타이드 길이에 도달한 후에는, 또 다른 소단위가 10~20개의 상보적인 데옥시리보뉴클레오타이드를 첨가한다. Pol α는 낮은 **진행성(processivity)**을 갖는다고 하는데, 이 말은 그 효소와 기질 사이의 결합 강도를 일컫는 것으로, 따라서 그 효소가 주형으로부터 분리되기 전에 합성되는 DNA의 길이를 반영한다. 일단 프라이머가 자리를 잡으면, **중합효소 교체(polymerase switching)**라고 알려진 사건이 일어난다. 이에 의해 Pol α는 주형 가닥에서 분리되고 Pol δ나 ε로 대체된다. 이 효소들은 반대편 가닥들의 DNA에서 프라이머를 신장시키며, 높은 진행성과 함께 3′→5′ 엑소뉴클레아제 활성을 가지고 있어서 교정이 가능하다. Pol ε는 선도 가닥 상에서 DNA를 합성하며, Pol δ는 지체 가닥을 합성한다. Pol δ와 ε는 DNA 수리와 재조합 등 세포 내의 다른 여러 가지 형태의 DNA 합성 사건에도 참여한다. 세 가지 중합효소들 모두 생명 활동에 필수적이다.

원핵성 DNA 복제에서와 마찬가지로, 진핵성 DNA 복제에서의 마지막 단계들에는 RNA 프라이머들을 DNA로 교체하고 지체 가닥 상의 오카자키 단편들을 연결하는 과정이 포함된다. 진핵생물에서는, 오카자키 단편들이 원핵생물에서보다 10배 정도 작다(100~150 뉴클레오타이드).

나머지 DNA-복제효소 중 하나는 Pol γ로서, 이것은 오로지 미토콘드리아에서만 발견되며 이 소기관에 존재하는 DNA를 합성한다. 다른 DNA 중합효소들은 손상이나 왜곡을 포함한 DNA 주형 부분을 관통해 수리하고 복제하는 과정에 관여한다. 이것은 **손상부 통과 합성(translesion synthesis, TLS)**이라고 불린다. 이렇게 손상 부분을 통과하는 DNA 중합효소는 DNA를 복제하는 데는 덜 충실하고 그 때문에 중합효소 α나 δ 또는 ε

보다 더 많은 오류를 만들지만, 왜곡 부분을 우회할 수 있고 수리되어야 할 틈 부분을 뒤에 남기게 된다. 우리는 이 교재의 후반에 DNA 손상과 수리라는 주제로 다시 돌아오게 될 것이다(15장 참고).

염색질을 관통하는 복제

원핵성 DNA와 진핵성 DNA 사이의 주요 차이점 한 가지는 진핵성 DNA가 DNA-결합 단백질들과 복합체를 이루어 세포 내에서 **염색질**(*chromatin*) 상태로 존재한다는 것이다. 이후에 논의되겠지만(12장 참고), 염색질은 뉴클레오좀(nucleosome)이라고 불리는 규칙적 반복 단위로 이루어져 있으며, 뉴클레오좀 각각은 8개의 히스톤 단백질 분자 주위를 감고 있는 200 염기쌍 정도의 DNA로 구성되어 있다. 중합효소들이 합성을 시작할 수 있게 되기에 앞서, 뉴클레오좀들과 기타 DNA-결합 단백질들은 떨어져 나가거나 다른 방식으로 변형되어 복제 단백질들이 통행할 수 있어야만 한다. DNA 합성이 진행되면서, 히스톤들과 비히스톤성 단백질들은 새로 형성된 이중 나선들에 빠르게 결합하여 특징적인 뉴클레오좀 패턴들을 다시 만들어야만 한다. 그림 11.15에 제시된 것과 같은 전자현미경 연구들은 뉴클레오좀들이 복제 분기에서 새로운 DNA가 합성된 직후에 형성된다는 것을 보여준다.

복제된 DNA에서 뉴클레오좀이 있는 염색질을 재형성하기 위해서, 세포 주기의 S기 중에는 새로운 히스톤 단백질들의 합성은 DNA의 합성과 밀접하게 짝지워진다. 연구 데이터들은 뉴클레오좀들이 복제 분기의 바로 앞에서 해체되고 기존의 히스톤 단백질들은 새로 합성된 히스톤 단백질들과 함께 새로운 뉴클레오좀들로 조립될 수 있음을 제시한다. 새로운 뉴클레오좀들은 복제 분기 뒤에서 두 개의 딸 DNA 가닥들로 조립된다. 새로운 뉴클레오좀들의 조립은 복제 분기를 따라 이동하는 **염색질 조립 인자들(chromatin assembly factors, CAFs)**에 의해 수행된다.

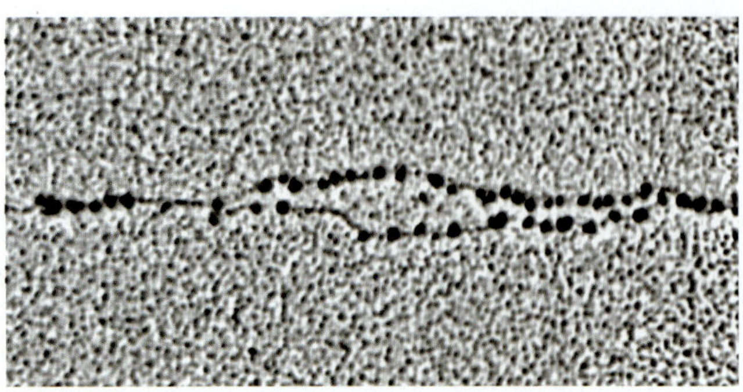

그림 11.15 진핵생물 복제 분기의 전자현미경 사진. 양쪽 분기에서 히스톤 단백질을 포함하는 뉴클레오좀들의 존재가 명확히 드러난다.

11.7 텔로미어는 진핵생물의 염색체 말단에서 안정성 및 복제 문제를 해결한다

원핵생물과 진핵생물의 DNA 합성 사이에 존재하는 마지막 차이는 염색체의 구조적 차이에 기인하는 것이다. 세균이나 대부분의 박테리오파지에서처럼 끝이 닫혀 있는 원형 염색체와는 달리, 진핵생물의 염색체들은 선형이다. 복제 과정 중에는 이런 선형의 이중 가닥 DNA 분자들의 "말단"에서 두 가지 특별한 문제가 발생한다.

첫 번째 문제는 선형 염색체 DNA 분자의 이중 가닥 "말단"이, 염색체 DNA 손상의 결과로 내부가 절단될 때 생길 수 있는 **이중 가닥 절단들(double-stranded breaks, DSBs)**과 비슷하게 인식될 수 있다는 점이다. 그런 경우에는 이중 가닥의 풀린 말단들이 융합되어 염색체 전좌를 만들 수 있다. 만약 말단들이 융합되지 않는다면 그들은 핵산분해효소들에 의한 분해에 매우 취약해진다. 두 번째 문제는 DNA 복제 중에 발생하는 것으로, DNA 중합효소가 단일 가닥의 5′ 말단들에서는 새로운 DNA를 합성하지 못하기 때문에 생기는 문제이다.

이 두 문제에 대처하기 위해, 선형의 진핵성 염색체들은 그들의 온전함과 안정성을 보존하도록 돕는 텔로미어(telomere)라는 독특한 서열로 끝난다. 다음 절에서 자세히 살펴보자.

텔로미어 구조와 염색체 안정성

1978년, 블랙번(Elizabeth Blackburn)과 갈(Joe Gall)은 섬모성 원생동물인 테트라하이메나(*Tetrahymena*)의 염색체 말단에서 예상하지 못한 구조들을 발견했다고 보고한다. 그들은 이 원생생물의 염색체 말단에 5′-TTGGGG-3′ 서열이 약 30~60번 정도 직렬로 반복되어 있음을 보여주었다. 이 가닥은 G가 풍부한 가닥으로 언급되었는데, 그 반대쪽의 상보성 가닥은 C가 많으므로 5′-AACCCC-3′이 반복되어 나타난다. 그 이후로 연구자들은 많은 진핵생물의 염색체 말단에서 유사한 직렬반복 DNA 서열들을 발견했다. 이런 영역이 염색체의 **텔로미어(telomere)**를 구성한다. 인간에서는 텔로미어 서열이 5′-TTAGGG-3′이 수천 번 반복되어 5~15 kb의 다양한 길이로 존재한다. 대조적으로, 효모는 수백 kb의 길이이고, 생쥐는 20~50 kb길이를 나타낸다. 선형 염색체 말단의 두 나선 DNA 가닥들은 서로 역평행하므로, 한 가닥은 3′-말단으로 끝나고 다른 하나는 5′-말단으로 끝난다. G-가 많은 가닥은 3′-말단 가닥이다. 이것은 텔로미어 복제 중에 매우 중요하다.

텔로미어 DNA의 2가지 특징은 어떻게 이 서열이 선형 염색체 말단을 보호하는지를 설명할 수 있다. 첫째, 텔로미어 말단에는 3′-G 가닥의 DNA가 단일 가닥으로 뻗어 나와 있다. 이 단일 가닥 꼬리의 길이는 생물마다 다양하다. 테트라하이메나는 이 꼬리가 12~16 nt 길이이고, 포유류들에서는 30~400 nt 정도로 다양하다. G가 많은 단일 가닥의 3′ 말단 꼬리는 그 내부의 상류 서열과 상호작용하여 고리 구조를 만든다. **T-루프(t-loop)**라고 불리는 이 구조는 우리가 운동화 끈을 묶을 때 둥글게 말아 쥔 고리 안으로 넣어 묶는 것과 유사하다. 둘째, 6개의 단백질 복합체가 결합하여 텔로미어의 t-루프를 안정화시키는 **셸터린 복합체(shelterin complex)**를 형성한다. T-루프 구조는 셸터린 단백질과 연합하여 염색체의 말단을 감춰줌으로써 핵산분해효소와 DNA 융합 반응에 저항할 수 있게 하는 것으로 생각된다. 셸터린 단백질은 또한, 텔로머레이즈 효소를 끌어들여 텔로미어 복제를 돕는 것으로 생각되는데, 이에 대해서는 다음 절을 참고하라.

텔로미어와 염색체 말단의 복제

이제 반보존적 복제가 제기하는 이중 가닥 DNA 분자의 5′ 말단에 관한 문제를 생각해 보자. 이 장의 앞에서 배웠던 것처럼, DNA 복제는 선도 가닥 및 지체 가닥 상에서 합성되는 짧은 RNA 프라이머로부터 시작된다(그림 11.16). 프라이머들은 DNA 중합효소가 합성을 개시할 장소로 자유로운 3′-OH를 요구하기 때문에 필수적이다. 복제가 완료되면, 이 RNA 프라이머들은 제거된다. 새로운 딸 가닥들에 생기는 이런 틈들은 RNA 중합효소에 의해 채워지고 리가아제에 의해 연결된다. 이런 내부 틈들은 오카자키 단편들의 말단에 자유로운 3′-OH기들을 가지므로 DNA 중합효소가 거기에서 합성을 개시할 수 있다. 문제는 새로 합성된 DNA의 5′ 말단에 남은 틈들에서 생긴다[그림 11.16의 틈 (b)와 (c)]. 이런 틈들은 합성 개시에 사용할 자유로운 3′-OH기가 없으므로 DNA 중합효소에 의해 채워질 수가 없다.

그러므로 그림 11.16에 그려진 상황에서는, 연속적인 합성 회로 때마다 새로 합성된 DNA 가닥 상에 틈들이 남아 RNA 프라이머의 길이만큼씩 염색체의 이중 가닥 말단들이 짧아진다. 매 복제 회로를 거치면서 딸세포들에서의 염색체의 단축은 심각해져서, 결국 텔로미어를 넘어 유전자-암호화 영역들을 사라지게 할 가능성이 있다.

소위 **말단 복제 문제(end-replication problem)**에 대한 해결책은 **텔로머레이즈(telomerase)**라고 불리는 독특한 진핵생물 효소에 의해 제공된다. 텔로머레이즈는 블랙번(Elizabeth Blackburn)과 그녀의 대학원생이었던 그라이더(Carol Greider)가 테트라하이메나를 연구하면서 처음 발견했다. 앞서 지적했듯이, 진핵생물에서 텔로미어의 DNA는 많은 수의 짧고 반복되는

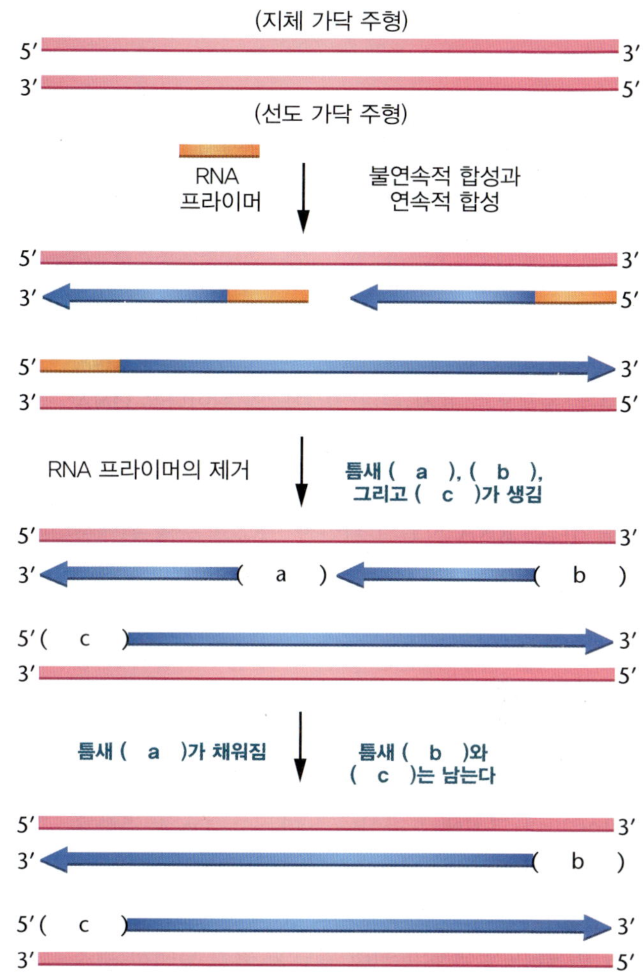

그림 11.16 선형 염색체 말단의 복제 과정에서 생기는 문제를 설명한 그림. 선도 가닥 및 지체 가닥의 합성이 진행된 후 틈새 (b)와 (c)가 남게 된다.

뉴클레오타이드 서열들로 구성되어 있으며 단일 가닥 꼬리 형태로 G가 많은 가닥이 매달려 있다. 테트라하이메나에서 꼬리 구조는 5′-TTGGGG-3′ 서열이 몇 번 반복되어 있다. 앞으로 살펴보겠지만, 텔로머레이즈는 G가 많은 가닥의 3′-말단에 이 여섯 개의 뉴클레오타이드 서열을 여러 번 더 반복시켜 추가할 수 있다(5′→3′ 합성을 이용). 어떻게 테트라하이메나의 텔로머레이즈 효소가 이런 합성을 달성하는지에 대한 블랙번과 그라이더의 자세한 연구는 놀라운 발견을 이끌었다. 그 효소는 분자 내에 촉매 활성에 필수적인 짧은 RNA 조각을 포함하고 있는 **리보뉴클레오프로테인**(*ribonucleoprotein*)이라는 점에서 매우 특이하다. **텔로머레이즈 RNA 성분(telomerase RNA component, TERC)**은 그 효소가 텔로미어에 적절히 부착하도록 "안내"하는 작용과 동시에 DNA 상보 가닥을 합성하는 "주형"으로도 작용한다. RNA를 주형으로 이용하여 DNA를 합성하는 것은 **역전사(reverse transcription)**라고 불린다. **TERT(telomerase**

reverse transcriptase)라고 불리는 역전사효소인 텔로머레이즈는 텔로머레이즈 효소의 촉매성 소단위다. TERC와 TERT에 더하여 텔로머레이즈는 다수의 부속 단백질들을 포함한다. 테트라하이메나에서, TERC는 CAACCCCAA 서열을 포함하며, 그 내부에서는 합성되어야 하는 반복성 텔로미어 DNA 서열(TTGGGG)의 상보적 서열이 발견된다.

그림 11.17은 과학자들이 그 효소가 어떻게 작용하는지를 상상한 한 가지 모델을 보여준다. 그 효소의 RNA 서열 부분(녹색으로 표시)은 단일 가닥의 튀어나온 DNA로 된 끄트머리 서열과 염기쌍을 형성하며, RNA의 나머지 부분은 튀어나온 서열 밖으로 뻗어 있다. 그런 후에는 튀어나온 RNA 서열의 역전사—RNA 주형 위에서 DNA를 합성—로 인해 G-가 많은 지체 가닥의 길이가 신장된다. 그런 후 효소는 그 가닥의 말단(새로 합성된)을 향해 자리를 바꾸고 같은 사건이 반복되어 길이 신장 과정이 지속되는 것으로 생각된다.

일단 텔로미어가 텔로머레이즈에 의해 길어지면, 일반적인 DNA 합성이 뒤따른다. 프리메이즈(primase)가 텔로미어 말단 근처에 프라이머를 만들고, DNA 중합효소와 리가아제가 틈의 대부분을 채운다[그림 11.17(d)와 (e)]. 여기서도 프라이머가 제거되면 작은 틈이 남는다. 그러나 이 틈은 염색체의 원래 말단을 훨씬 넘어서 위치하므로, 염색체 단축은 전혀 발생하지 않는다.

텔로머레이즈 기능은 현재 연구된 모든 진핵생물에서 발견된다. 이 교재에서 뒤에 다시 논의되겠지만(12장 참고), 텔로미어의 DNA 서열들은 진화 과정 내내 매우 보존되어 왔으며, 이것은 텔로미어의 필수적 기능을 반영한다.

질병, 노화, 암과 텔로미어

염색체의 온전함을 위해 텔로미어 길이를 유지하는 것은 중요하지만, 일부 세포들만 텔로머레이즈를 발현한다. 인간에서는 배아줄기세포와 몇 가지 성체줄기세포들, 그리고 표피세포나 면역계 세포들처럼 계속해서 분열해야 하는 몇 가지 세포들이 여기에 속한다. 대조적으로, 정상적인 체세포들은 대부분 텔로머레이즈를 발현하지 않는다. 결과적으로, 여러 번의 세포분열 후에 체세포의 텔로미어들은 심각하게 부식되어 염색체가 손상되므로, 세포가 죽거나 더는 분열하지 않는 노화(senescence)라고 불리는 단계로 들어간다.

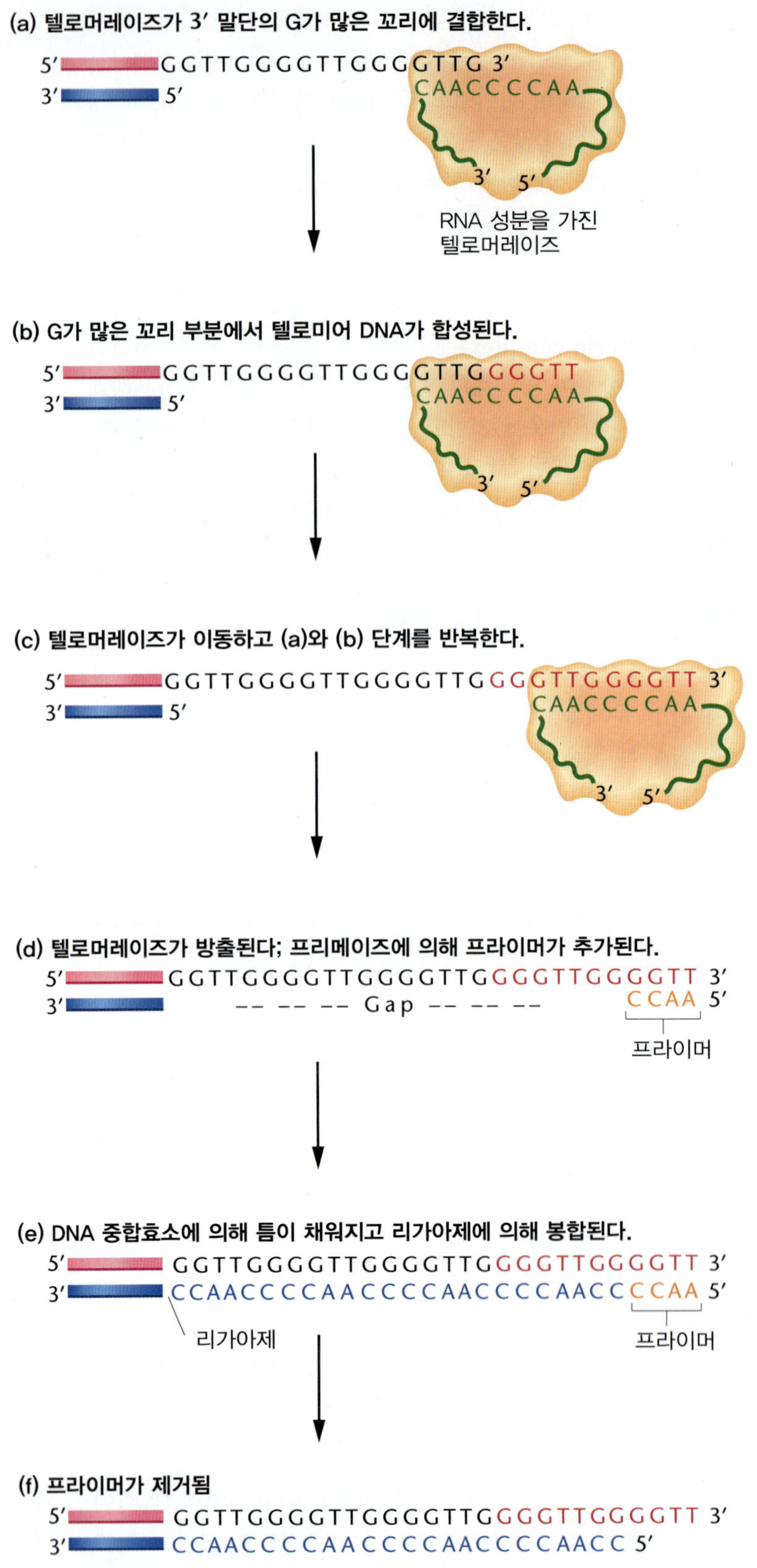

그림 11.17 그림 11.16에서 제기된 문제에 대한 해법. 텔로머레이즈라는 효소(녹색으로 표시된 TERC RNA 성분을 포함)가 반복된 TTGGGG 서열의 합성을 지시하며, 이에 의해 3′ 말단에 튀어 나온 단일 가닥 서열이 생긴다. 이것은 반대편 가닥에서의 DNA 합성을 촉진하여 각 복제 회로마다 선형 염색체의 말단에서 늘어날 수 있는 틈을 채워준다.

사람에서 몇 가지 희귀한 질병들은 텔로머레이즈 활성의 소실 및 비정상적으로 짧은 텔로미어와 관련된다. 예를 들어, 선천성 각화이상증(dyskeratosis congenita)은 텔로머레이즈나 셀터린 소단위 단백질 유전자에 돌연변이를 가진다. 이 돌연변이들은 조로증에서도 보이는 여러 가지 증상을 일으키는데, 환자들은 줄기세포 이상에 의해 조기 사망한다. 텔로미어 길이 혹은 텔로머레이즈 활성이 당뇨병이나 심장질환 등의 흔한 질병과 연관되어 있음을 보여주는 연구들도 많다.

텔로미어의 길이와 노화 사이의 연관성 역시 많은 탐구와 추측의 주제가 되어왔다. 텔로미어가 심각하게 짧아지면 세포는 염색체 손상으로 **노쇠(senescence)** 상태에 돌입하는데, 이것은 세포분열이 중단되고 세포가 대사적 변화를 일으켜 기능의 효율성이 떨어지는 상태를 말한다. 일부 과학자들은 그런 노쇠한 세포에 존재하는 짧아진 텔로미어들이 나이가 드는 과정과 직접적인 관련이 있다고 주장한다. 이런 주제는 "유전학과 윤리, 그리고 사회" 부분에서 더 살펴보기로 하자.

체세포들 대부분이 텔로머레이즈를 거의 갖고 있지 않아 텔로미어의 길이가 짧아지고 여러 번 세포가 분열한 후에는 노쇠의 과정으로 접어들지만, 인간의 암세포들 대부분은 텔로머레이즈 활성을 그대로 유지하며 여러 번의 세포분열 후에도 텔로미어의 길이가 그대로 유지되므로, 이것이 "불멸(immortality)"의 열쇠가 아닐까 하는 암시를 제공한다. 텔로머레이즈가 없는 암세포들은 *ALT(alternative lengthening of telomeres)*라고 불리는 다른 방식의 텔로미어 연장법을 이용한다. ATL는 상동성 재조합 기작을 이용하여 그들의 텔로미어를 유지한다. (상동성 재조합에 대해서는 11.8절에 논의된다.) 조직 배양 세포들은 최소 두 개의 다른 유전자들(원암유전자와 종양억제유전자들)이 돌연변이되었거나 비정상적으로 발현된다면, 텔로머레이즈 활성을 도입하여 암세포로 형질전환될 수 있다. 이런 발견들은 텔로머레이즈 활성 하나만으로 암세포가 생성되는 것은 아니라는 것을 제시한다. 우리는 차후에 암의 발생이 다단계적 성질을 가진다는 것을 살펴보게 될 것이다(24장 참고).

그렇지만 암세포에서 텔로머레이즈의 활성이 필요하다는 것은 연구자들이 텔로머레이즈 활성을 방해함으로써 종양의 성장을 막는 항암제를 개발할 수 있음을 시사한다. 인간의 체세포 대부분이 텔로머레이즈를 발현하지 않기 때문에, 그러한 치료는 비교적 암 특이적일 수 있고 현재의 다른 항암제들보다 독성이 덜할 수 있다. 그런 항-텔로머레이즈 약제들이 현재 개발 중이며, 일부는 임상 3상 시도에 들어가 있다.

11.8 재조합은 유전적 교환과 DNA 수리에 필수적이다

이제 앞서 논의했던 주제(2장과 5장 참고)로 돌아와 생각해 보자. 앞에서는 진핵생물에서 감수분열의 전기 I 과정에서 발생하는 현상인 유전적 교차에 대해 소개했었다. 교차 과정 중에 상동염색체 쌍의 구성원들은 서로 쌍을 이루고 염색체 단편들을 바꾸어 부계와 모계 기원의 유전정보를 조합한 염색체를 만든다. 유전적 교환은 유성생식을 통한 유전적 다양성의 주된 원천이다. 앞의 6장에서는 세균이나 박테리오파지로부터 DNA 분자들 사이에서 유전정보가 효관될 수 있는 다양한 방법들을 살펴보았었다. 이런 재조합 사례들에서는, 교환의 과정이 단일 가닥이나 이중 가닥 DNA 절단으로 시작된다.

재조합은 감수분열 동안의 유전정보 교환에 필수적일 뿐만 아니라 손상된 DNA 복구에도 중요하다. 나중에 논의하겠지만(15장 참고), 다양한 유형의 인자들이 DNA 분자에서 이중 가닥 절단을 생성할 수 있다. 이러한 인자에는 이온화 방사선 및 자유라디칼이 포함된다. DNA 재조합은 11.7절에서 논의한 것처럼 진핵생물의 텔로미어를 유지하는 데 사용되는 ALT 기작의 일부이기도 하다. 재조합 기작에 문제가 있는 세포에서는, 유전자와 염색체에 돌연변이가 축적되기 쉽고, 결국 종양, 질병 또는 심지어 세포 사멸로 이어질 수 있다.

이제 DNA의 화학과 복제에 대한 논의를 마쳤으니, 분자 수준에서 어떻게 재조합이 발생하는지 고려할 수 있을 것이다. 일반적으로, 우리의 논의는 상동의 이중 가닥 DNA 분자들 사이의 유전적 교환에 관한 것으로, 바이러스나 세균의 염색체이든, 아니면 감수분열 중인 진핵성 상동염색체이든 상관이 없다.

상동성 재조합 방식

상당한 수준의 DNA 서열 상동성을 가진 2개의 염색체를 따라 동등한 위치에서의 발생하는 유전자 교환을 **일반 재조합(general recombination)** 또는 **상동성 재조합(homologous recombination)**이라고 한다.

상동성 재조합을 설명하기 위한 여러 가지 모형들이 시도되었지만, 그들은 모두 분명한 공통점을 가진다. 첫째, 모두 홀리데이(Robin Holliday)와 화이트하우스(Harold L. K. Whitehouse)가 1964년에 각기 독립적으로 내놓았던 제안에 기초하고 있다. 둘째, 교환의 정확성을 설명하기 위해 모두 DNA 가닥 간의 상보성에 의존한다. 마지막으로 모든 모형이 유전자 재조합을 수행하기 위한 일련의 효소 과정에 의존한다.

그런 모형 중 하나는 그림 11.18에 나타나 있는 것으로, 단일 가닥 DNA 절단으로 시작한다. 이것은 쌍을 이룬 두 개의

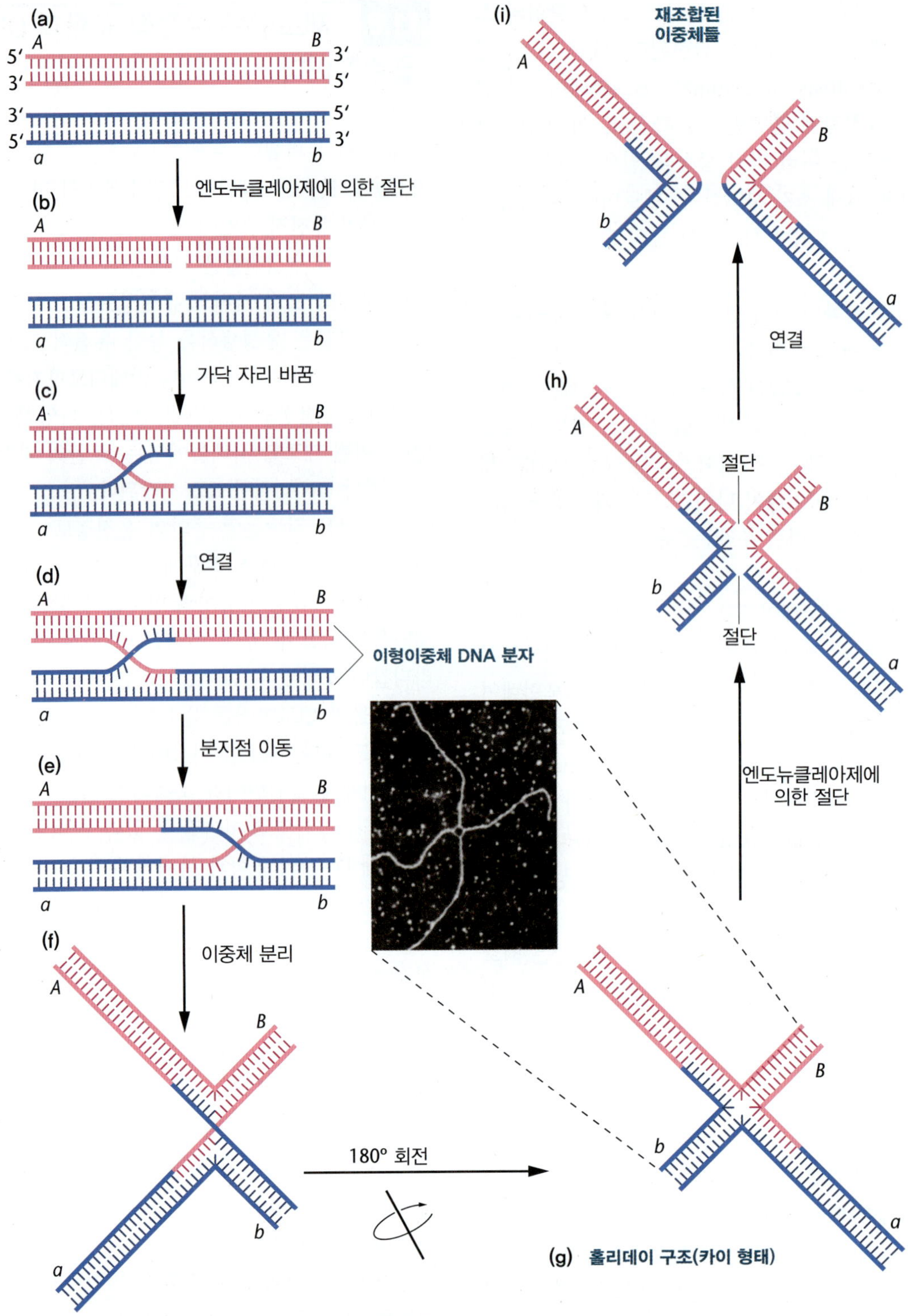

그림 11.18 이질적인 DNA 가닥들의 절단과 재결합 결과, 어떻게 유전적 재조합이 발생할 수 있는지를 보여주는 모형. 각 단계는 본문에 설명하였다. 전자현미경 사진은 (g) 단계의 그림과 유사한 카이-형태의 DNA를 보여준다; 이 DNA는 펼쳐진 홀리데이 구조로, 대장균의 *ColE*1 플라스미드로부터 유래한 것이다.

DNA 이중체 혹은 상동체들로 시작하는데[단계 (a)], 각 분자에 엔도뉴클레아제가 똑같은 자리에서 단일-가닥 절단을 만든다[단계 (b)]. 이런 절단으로 생긴 내부의 가닥 말단들이 자리를 이탈하고 계속해서 반대 이중체의 상보적 서열과 짝을 형성한다[단계 (c)]. 다음으로, 리가아제가 끊어진 말단들을 연결하여[단계 (d)], **이형이중체 DNA 분자(heteroduplex DNA molecule)**

라고 불리는 혼성 이중체 구조를 만들어 교차된 다리 구조가 서로 매달려 있게 한다. 이 교차 다리의 위치는 **분지 이동(branch migration)**이라는 과정에 의해 염색체를 따라 아래로 이동할 수 있는데[단계 (e)], 이것은 각 이중체에서 이탈한 가닥들의 상보적 염기들 사이에서 수소결합들이 분해되었다가 다시 재형성되는 과정이 마치 지퍼가 작동하는 것처럼 발생한 결과이다. 이런 이동은 양쪽의 상동체들에서 이형이중체 DNA의 길이를 늘어나게 한다.

만약 이중체들이 구부러지고[단계 (f)], 그림의 아랫부분을 180도 회전시키면[단계 (g)], 카이(χ) 형태라고 불리는 중간형의 평면 구조, 즉 **홀리데이 구조(Holliday structure)**가 형성된다. 만약 앞서 교환에 참여하지 않았던 반대편 상동체의 두 가닥들이 엔도뉴클레아제에 의해 절단되고[단계 (h)] 단계 (i)에서처럼 연결된다면, 두 개의 재조합 이중체가 형성된다. 이런 재조합 결과로 대립유전자들의 배열이 바뀌게 된다는 것에 주목하라.

앞의 모형이 단일 가닥 절단들이 관여하는 것인데 반해, 비슷한 재조합 모형은 하나의 DNA 이중 나선에서 발생하는 이중 가닥 절단이 관여하는 것으로 제안한다. 이런 모형에서는, 엔도뉴클레아제들이 절단 지점에서 뉴클레오타이드들 제거하여 각 가닥에 3′-단일 가닥 말단을 만든다. 끊어진 가닥 중 하나가 다른 상동체의 온전한 이중 나선으로 침입해 들어가고, 두 가닥이 모두 온전한 상동체와 나란히 정렬된다. 그러면 DNA 수리 합성이 모든 틈들을 채우고 두 개의 홀리데이 연결부가 형성된다. 엔도뉴클레아제가 절단을 일으키고 연결과정이 교환을 완료시킨다. 최종 결과는 앞서 설명한 원래의 모형과 동일하다: 두 상동성 DNA 분자들 사이에서 유전적 교환이 발생한다.

유전학과 윤리, 그리고 사회

텔로미어: 장수의 열쇠일까?

다른 모든 다세포 생물들이 그러하듯, 인간도 점차 나이를 먹고 죽는다. 우리가 늙어감에 따라 우리의 면역체계는 점점 효율이 떨어지고, 상처의 재생도 원활치 않고, 조직과 기관들도 그 튼튼함을 점점 잃어간다. 왜 우리가 이렇게 노화와 관계된 쇠락을 겪으며, 왜 모든 생물은 특정하게 제한된 수명을 가지게 되는가 하는 것은 항상 수수께끼였다. 왜 우리는 늙는가? 이러한 필멸의 행진을 거스를 수 있을까? 일부 연구자들은 이런 질문들에 대한 답들이 염색체 말단에 있음을 제시한다.

인간 세포는 신체의 세포나 배양접시에서 자라는 것이나 모두 한정된 수명을 가진다. 배양접시에서 자라게 하면, 인간의 정상 섬유아세포(fibroblast)들은 약 50회의 분열 후에는 자라고 분열할 능력을 잃는다. 결국, 그들은 죽는다. 비록 세포 노화가 직접적으로 개체의 노화를 일으키는 것인지는 알 수 없지만, 그 증거는 시사하는 바가 크다. 예를 들어, 젊은이에게서 얻은 세포들은 더 나이 든 사람에게서 얻은 세포보다 배양접시에서 더 많이 분열한다; 수명이 짧은 종에서 얻어진 세포들은 수명이 긴 종에서 얻어진 세포보다 덜 분열한 후 성장을 멈춘다; 그리고, 유전적으로 조로증이 있는 환자의 세포들은 정상인에서 얻은 세포보다 덜 분열한다.

노화 중인 세포의 또 다른 특징은 그들의 텔로미어에 관한 것이다. 이 장에서 설명한 바와 같이, 대부분의 포유동물 체세포들에서, 텔로미어들은 DNA 중합효소가 각 부모 가닥의 말단에서 새로운 DNA를 합성하지 못하기 때문에 매 DNA 복제와 함께 점차 짧아진다. 일부 역학 연구들은 인간의 텔로미어 길이와 수명 사이의 상관관계를 보여준다. 게다가, 심혈관계 질병 등 일부 흔한 질병들과 흡연, 불량한 식사, 스트레스 같은 몇몇 생활습관 요인들이 평균 길이보다 짧은 텔로미어 길이와 관련되어 있다. 이런 상관관계에도 불구하고, 텔로미어 길이와 인간의 수명을 연결하는 자료들은 일관적이지 않고 과학적 논쟁으로 남아 있다.

텔로미어 활성은 또한 다세포 생물들의 노화에서 발생하는 여러 측면과 관련되어 왔다. 한 연구에서는, 연구자들이 텔로머레이즈 유전자를 분리하여 인간의 정상적인 배양 세포에 도입했다. 텔로머레이즈의 활성 증가는 텔로미어 길이를 증가시켰으며 세포는 전형적인 노쇠 지점을 지나서도 계속 생장했다. 또 다른 연구에서는, 연구자들이 텔로머레이즈의 TERT 소단위에 결함이 있는 생쥐 계통을 만들었다. 이 생쥐들은 매우 짧은 텔로미어들을 가지고 있었으며, 조직 위축, 신경퇴화, 그리고 수명 단축 등 전형적인 노화 증상을 보였다. 연구자들이 이런 조로증 생쥐들에서 텔로머레이즈 기능을 재활성화시켰을 때, 조직 위축과 신경퇴행 증상은 역전되었고, 그들의 수명도 증가했다. 비슷한 연구들도 정상 생쥐들에서의 텔로머레애즈 과발현이 비록 텔로미어 길이가 변화시켰는지는 분명하지 않지만, 쥐들의 수명은 증가시켰다는 결론에 도달했다. 이런 연구들은 인간의 노령화에 수반되는 증상들이 텔로머레이즈 유전자들의 활성화에 의해 역전될 수도 있음을 제시한다. 그러나 일부 과학자들은 텔로머레이즈 활성화 혹은 텔로미어의 길이 연장이 직접 이런 효과들의 원인인지, 아니면 단순히 다른 알려지지 않은 원인 기작에 따른 부수적 효과인지를 놓고 논쟁 중이다.

당신의 생각은?

개인적으로나 팀을 구성하여 다음 문제들에 답할 수 있도록 시간을 가져라. 참고문헌 및 연결 링크들을 조사하여 텔로미어와 노화 사이의 연관을 둘러싼 윤리적 문제나 연구들에 대해 이해할 수 있도록 하라.

1. 텔로미어와 노화 사이의 연관은 과학자들이나 대중 모두에게 굉장한 관심사이다. 모델 생물이나 배양 세포를 이용한 연구, 그리고 역학 조사 자료들은 이런 상관관계를 밝히려고 노력한다. 비록 이런 연구들이 텔로미어와 노화가 관련 있다고 해도, 이런 연구들의 결론은 계속해서 논쟁의 대상이 되어왔다. 여러분은 인간의 노화와 텔로미어 사이의 연관성에 대한 현재의 연구를 어떻게 평가하는가?

   같은 자료에서 서로 다른 결론을 내린 다음 두 가지 리뷰들로 현재의 텔로미어 연구를 탐색해 보라: –Bär, C. and Blasco, M. A. (2016). Telomeres and telomerase as therapeutic targets to prevent and treat age-related diseases. *F1000Res* 5 2016 Jan 20; 5:89.–Simons, M. J. P. (2015). Questioning causal involvement of telomeres in aging. *Ageing Res. Rev.* 24:191–196.

2. 요즘 여러 민간 회사들은 텔로미어 길이 진단 검사와 텔로미어 연장 보조제들을 대중에게 제공하고 있다. 일부 과학자들이 텔로미어 길이와 텔로머레이즈 활성을 노화와 연관시키는 (혹은 연관되지 않을 수도 있는) 기구들에 대해서는 아직 충분히 밝혀지지 않았다고 주장하는 시기에 그런 검사와 보조제를 제공하는 것의 윤리성에 대해 논의하라. 이런 검사와 처방들이 가지는 잠재적 이득이나 손해는 무엇일까? 여러분은 이런 검사나 보조제를 구입하겠는가? 그 이유는 무엇인가?

   이 주제에 관해서는 다음 논의를 참고하라: Leslie, M. (2011). Are telomere tests ready for prime time? *Science* 332:414–415.

사례 연구 느슨한 말단들

선천성 각화이상증(dyskeratosis congenita, DKC)은 텔로미어 복제에 영향을 미치는 인간의 희귀 질환이다. 텔로머레이즈의 RNA나 단백질 소단위를 암호화하는 유전자들에서 생긴 돌연변이로 텔로미어가 매우 짧아진다. DKC 증상은 골수부전(혈액 세포들의 생산 감소)과 빈혈이다. 이 증상들이 심각하다면, 골수 이식만이 유일한 치료법이다. 한 사례에서는 임상의가 우성 형태의 DKC를 가진 27세의 여성에게 이 질병을 치료하기 위한 골수 이식을 권했다. 네 명의 형제자매가 검사되었고, 13세 된 그녀의 남동생이 면역학적으로 맞는 공여자가 될 수 있음이 확인되었다. 그러나 검사받기에 앞서, 그는 자신이 DKC를 가졌는지는 알고 싶지 않다고 강조했다. 검사 중에 그의 텔로미어가 비정상적으로 짧다는 것이 발견되었고, 그 역시 DKC 증상이 발현될 것으로 생각되었다.

1. 텔로머레이즈 소단위를 암호화하는 유전자들에서의 돌연변이가 어떻게 골수 부전을 야기할 수 있는가?
2. 그 남동생은 면역학적으로 누나의 골수 공여자일 수 있으나, 임상의가 그의 골수를 누나에게 이식하는 것은 비윤리적일 것이다. 왜 그런가?
3. 임상의들은 또 다른 윤리적 딜레마에 봉착한다. 자신이 DKC인지 알고 싶지 않다는 남동생에게 그가 누나에게 골수를 기증하지 못한다는 것을 어떻게 알릴 수 있겠는가? 그리고 누나에게는 동생에 대해 뭐라고 말할 수 있겠는가?

다음 자료를 참고하라: Denny, C., et al. (2008). All in the family: Disclosure of “unwanted” information to an adolescent to benefit a relative. *Am. J. Med. Genet.* 146A(21):2719–2724.

요약 정리

1. 1958년 메셀슨과 스탈은 새로 합성된 DNA가 오래된 가닥과 새로운 가닥으로 구성되었음을 보여주는 실험을 통해, 대장균 DNA의 복제 중에 세 가지 가능한 복제 양식 중 어느 것이 사용되는지에 대한 질문을 해결했다. 이것은 DNA의 반보존적 복제 양식을 지지한다.
2. 테일러, 우즈, 휴즈 등은 분열 세포를 얻는 데 잠두의 뿌리 끝을 이용함으로써, 진핵생물에서도 반보존적으로 복제가 진행된다는 것을 증명했다.
3. 콘버그는 대장균으로부터 DNA 중합효소 I을 분리했으며, 그것이 주형과 뉴클레오사이드 삼인산에 제공되는 조건에서 시험관 내의 DNA 합성을 지시할 수 있음을 증명했다.
4. 대장균에서 중합효소 I의 활성이 없어도 DNA를 복제할 수 있는 polA1 돌연변이 균주의 발견은, 이 효소가 생체 내 복제 기능을 담당할 것이라는 가설을 의심하게 했다. 중합효소 III가 생체 내 DNA 복제를 담당하는 효소라는 것이 밝혀졌다.

5. DNA 합성이 개시되는 중에는, 이중 나선이 풀려 합성이 시작되는 곳에 복제 분기가 형성된다. 단백질들은 풀린 나선을 안정화시키며, 복제 분기 앞쪽에 생기는 감김-장력을 해소하도록 돕는다.
6. DNA 합성은 프리메이즈라는 효소에 의해 각 주형 가닥의 특정 부위에서 시작된다. 이에 따라 3′ 말단을 제공할 수 있는 짧은 RNA 조각이 만들어져서, 거기에 DNA 중합효소 III이 중합을 시작할 수 있게 된다.
7. 동시적 DNA 합성은 선도 가닥에서는 지속적으로 발생하며, 반대편의 지체 가닥 상에서는 불연속적으로 발생하므로, 나중에 DNA 리가아제에 의해 연결되는 짧은 오카자키 단편들이 생긴다.
8. 진핵생물의 DNA 복제는 원핵생물에서의 복제보다 복잡한데, 다수의 복제 원점들과 여러 형태의 DNA 중합효소들, 그리고 뉴클레오좀이 있는 염색질을 분해하고 조립하는 인자들을 이용한다.
9. 진핵생물의 선형 염색체 말단에서의 복제는 특수한 문제를 일으키지만, 텔로미어들의 존재와 텔로머레이즈라고 불리는 독특한 RNA-포함 효소에 의해 해결될 수 있다.
10. DNA 분자들 사이의 상동성 재조합은, 유전정보의 교환과 손상된 DNA의 수리에 필수적이다.

통찰과 해법

1. 메셀슨-스탈의 실험 조건을 이용하여 DNA 합성에 대한 보존적 혹은 분산적 모형의 이론적 결과를 예상해보라. 다음 침강 패턴을 이용하여 세포가 ^{14}N를 포함한 배지로 옮겨진 후 2세대 복제를 거쳤을 때의 결과들을 예측하라.

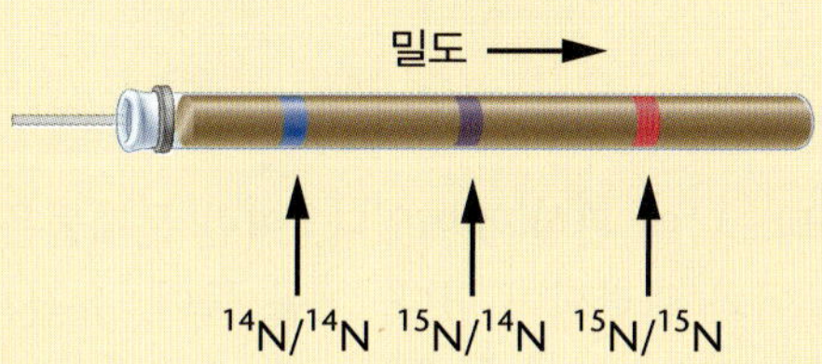

해법:

보존적 복제

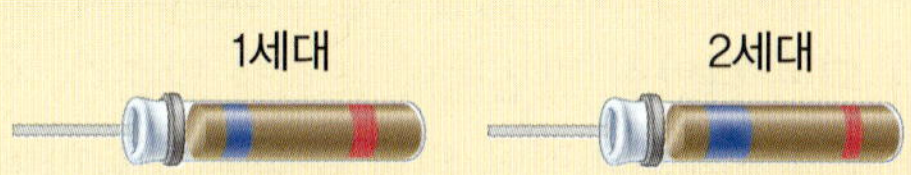

분산적 복제

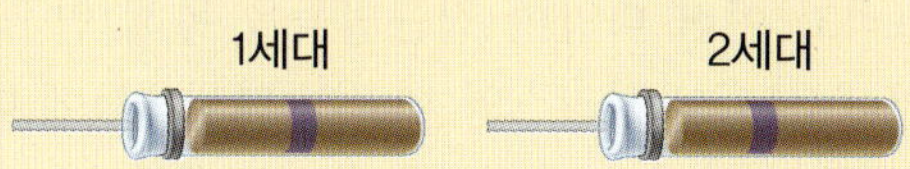

2. *E. coli*의 *dnaA* 유전자에서의 돌연변이들은 치명적이어서, 조건적인 온도 감수성 돌연변이들의 분리 후에만 연구될 수 있다. 그러한 돌연변이 균주들은 허용적 온도인 18°C에서는 DNA를 복제하여 잘 자라지만 제한온도인 37°C에서는 DNA 복제도 잘 일어나지 않고 따라서 잘 자라지 못한다. 두 가지 관찰이 DnaA 단백질 산물의 기능을 결정하는 데 도움을 준다. 첫째는, 감기지 않은 DNA 주형을 이용한 시험관 연구에서는 DnaA 단백질을 요구하지 않았다. 둘째는, 훼손되지 않은 세포들을 18°C에서 기르다가 37°C로 옮겨주면 DNA 합성이 이 온도에서도 계속되다가 1회차 복제가 완료되면 그제야 DNA 합성이 중지된다는 것이다. 이러한 관찰들은 *dnaA* 유전자 산물의 역할에 대해 어떠한 제시를 가능하게 하는가?

해법: 18°C(허용온도)에서는, 그 돌연변이는 발현되지 않으며 DNA 합성이 개시된다. 제한온도로 옮겨준 후에는 이미 시작되었던 DNA 합성은 계속되지만 새로운 합성은 시작되지 못한다. DnaA 단백질이 풀려 있는 DNA의 합성에는 요구되지 않기 때문에, 이런 관찰들은 생체 내에서 DnaA 단백질이 완전한 나선인 상태의 DNA와 상호작용하여 합성이 진행되는데 필요한 지역적인 풀림을 촉진할 것임을 시사한다.

12

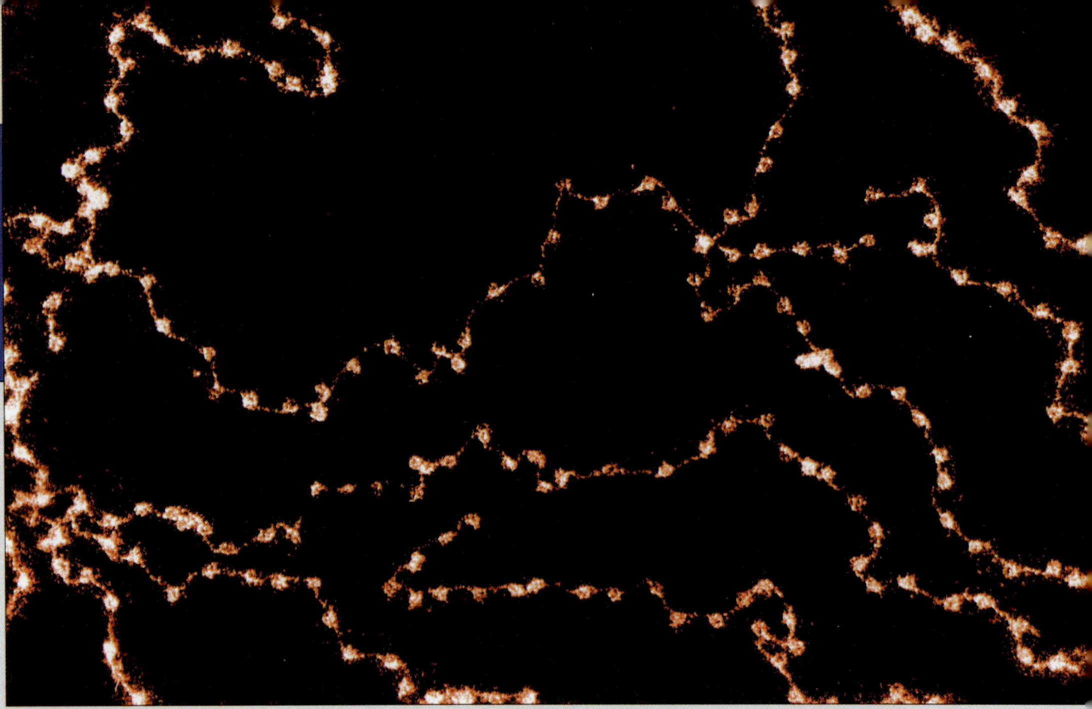

닭의 적혈구에서 누출된 염색사의 전자현미경 사진.

DNA 서열의 조직화와 염색체 형성

핵심 개념

- 바이러스, 세균, 미토콘드리아, 그리고 엽록체의 유전정보들은, 몇몇 예외는 있지만 대부분 짧은 원형 DNA 분자들에 포함되어 있으며, 대체로 여기에 결합된 단백질이 없다.
- 세균이나 바이러스들과는 대조적으로, 진핵세포들은 비교적 많은 양의 DNA를 포함하며, 이것은 뉴클레오좀으로 조직화되어 있고 세포주기 중 대부분의 시간 동안 염색사나 더 응축된 구조로 존재한다.
- 간기에서의 특징인 풀린 염색사들은 진핵세포의 분열 과정 중에 꼬이고 응축되어 염색체가 된다.
- 세균의 유전체들은 대부분 단백질을 위한 독특한 DNA 서열들로 구성되지만, 진핵성 유전체들은 독특한 서열뿐 아니라 반복성 DNA 서열들이 섞여 구성된다.
- 진핵성 유전체 대부분은 비암호성 DNA 서열들로 구성된다.

일단 유전학자들이 DNA가 유전정보를 함유하고 있다는 것을 이해하게 되자, 어떻게 DNA가 유전자로 조직되며, 어떻게 이 기능적인 유전의 기본 요소들이 염색체로 조직화 되는지 결정하는 것이 매우 중요해졌다. 간단히 말해, 그들의 주요 질문은 어떻게 유전물질들이 생물들의 유전체로 조직화되느냐에 관한 것이었다. 이런 문제들은 여러 유전학적 탐구 분야와 관련되어 있다. 예를 들어, 유전체 조직화의 방식은 유전자 발현의 조절과 매우 깊게 관련되어 있다.

이 장에서는 DNA가 염색질로 조직화되고, 이것이 다시 염색체가 되는 다양한 방법들에 초점을 맞춘다. 이 구조물들은 광학현미경과 전자현미경에 의한 분석을 포함하여 많은 기술과 장비, 그리고 여러 다양한 접근법들을 통해 연구되었다. 이 장의 앞부분에서는, 바이러스와 세균의 염색체들에 대해 우리가 알고 있는 것들을 살펴본 후에, 다사 염색체와 램프브러쉬 염색체라고 불리는 아주 특수한 진핵성 염색체들에 대해 알아보기로 하자. 그런 다음, 후반부에서는 분자 수준에서 진핵성 염색체들이 어떻게 조직화되는지에 관해 논의할 것이다. 예를 들어, DNA가 염색질을 형성하기 위해 어떻게 단백질들과 복합체를 만드는지, 어떻게 간기에서의 특징인 염색사들이 유사분열과 감수분열 중에 눈에 보이는 구조물인 염색체로 응축되는지에 관한 것이다. 그리고 마지막으로는 진핵세포 유전체에서 DNA 서열의 조직화에 관한 특징적 측면에 대해 알아봄으로써 이 장을 마치게 될 것이다.

12.1 바이러스와 세균의 염색체는 비교적 단순한 DNA 분자들이다

진핵세포와 비교하면 바이러스와 세균의 염색체들은 훨씬 덜 복잡하다. 그들은 보통 하나의 핵산 분자로 이루어져 있어서, 다수의 염색체가 모여 더 상위 형태의 유전체를 만들지는 않는다. 진핵생물과 비교하면, 이들의 염색체는 유전정보가 훨씬 적으며, 광범위하게 단백질들과 결합되어 존재하는 그런 DNA는 아니다. 이러한 특징들 때문에 분석하기가 더 쉬우므로, 지금 우리는 바이러스와 세균의 염색체 구조에 대해 상당히 많은 부분을 이해하고 있다.

바이러스의 염색체들은 한 가닥 혹은 두 가닥으로 이루어진 DNA나 RNA로 이루어진다. 그들은 원형 구조로 존재하거나, 선형 분자의 형태를 취할 수도 있다. 예를 들어, **ϕX174 박테리오파지**의 한 가닥 DNA와 폴리오마 바이러스(polyoma virus)의 이중 가닥 DNA들은 환형으로서, 성숙한 바이러스 외피 단백질 안에 들어 있다. 한편, **박테리오파지 람다(λ)**는 감염 전에는 선형의 이중 가닥 DNA 분자 형태를 취하고 있으며 숙주세포에 감염되면 링 모양으로 닫힐 수 있다. T-짝수 파지처럼 어떤 바이러스들은 세균 숙주 안에서 원 구조가 아닌 선형의 이중 가닥을 가진다. 그러므로 원형이 되는 것은 바이러스의 복제에서는 꼭 필요한 것이 아닐 수도 있다.

바이러스의 핵산 분자는 전자현미경 사진으로 볼 수 있다. 그림 12.1은 성숙한 박테리오파지 λ와 원형 구조의 이중 가닥 DNA를 보여준다. 바이러스, 세균, 진핵세포들에 의해 공유되는 한 가지 일정한 특징은, 지나치게 긴 DNA를 상대적으로 작은 부피로 포장할 수 있는 능력이다. λ의 DNA는 길이가 17 μm로, 어느 쪽이든 0.1 μm 미만인 파지 머리 안으로 들어가야 한다. **표 12.1**은 몇 가지 바이러스 염색체의 길이와 그들의 머리 구조 크기를 비교한 것이다. 모든 경우에서, 비슷한 포장의 묘기가 필요한 상황이다. 파지 T2의 크기 측정값들과 그림 12.2의 바이러스 입자 및 DNA의 현미경 상을 비교해보라. 바이러스 머리의 가능한 공간이 염색체 부피의 2배 이상을 넘는 경우는 거의 없다. 많은 경우에서 대부분 공간이 꽉 차게 되는데 이것은 거의 완벽한 포장이 이루어지고 있음을 뜻한다. 일단 머리에 포장이 되면, 유전물질은 숙주세포에서 방출될 때까지 기능적으로 불활성화된 상태가 된다.

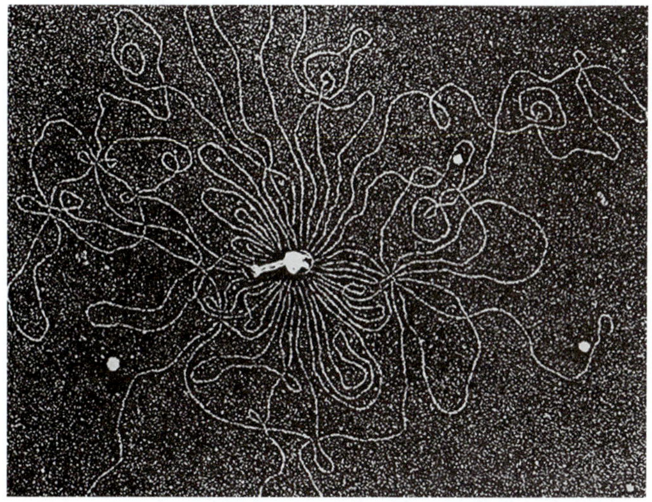

그림 12.2 박테리오파지 T2의 전자현미경 사진. 삼투 충격으로 DNA가 빠져나와 있다. 이 염색체의 길이는 52 μm 길이이다.

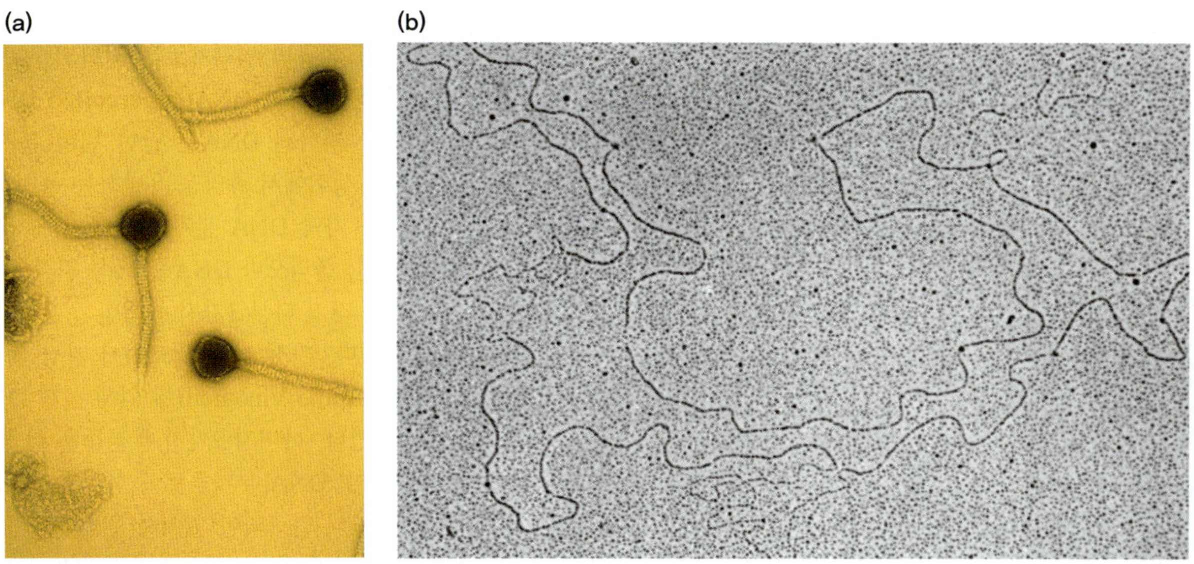

그림 12.1 람다(λ) 파지의 전자현미경 사진(a)과 그로부터 분리된 DNA(b). 이 염색체는 17 μm 길이이다. 파지가 이 DNA보다 약 5배 정도 더 확대되어 있음에 유의하라.

표 12.1 대표적인 바이러스와 세균의 유전물질들

기원		핵산			바이러스 머리나 세균 세포의 전체 크기(μm)
		형태	SS 또는 DS*	길이(μm)	
바이러스	ΦX174	DNA	SS	2.0	0.025 × 0.025
	Tobacco mosaic virus	RNA	SS	3.3	0.30 × 0.02
	Lambda phage	DNA	DS	17.0	0.07 × 0.07
	T2 phage	DNA	DS	52.0	0.07 × 0.10
세균	*Haemophilus influenzae*	DNA	DS	832.0	1.00 × 0.30
	Escherichia coli	DNA	DS	1200.0	2.00 × 0.50

*SS = 단일 가닥 DS = 이중 가닥

세균의 염색체들 역시 형태적으로는 비교적 단순하다. 그들은 일반적으로 두 가닥의 DNA 분자로 구성되며, 때때로 **핵양체(nucleoid)**라는 구조 내로 압축된다. 대장균(*E. coli*)은 가장 광범위하게 연구된 세균으로, 커다랗고 환형인 염색체를 가지는데 대략 그 길이는 1200 μm(1.2 mm)로서, 세포 부피의 1/3까지 차지하기도 한다. 세포를 부드럽게 녹여서 염색체가 흘러나오도록 하면, 전자현미경으로 그것을 볼 수 있다(그림 12.3).

세균 염색체의 DNA는 여러 가지 형태의 DNA-결합 단백질들과 결합하는 것으로 알려졌다. **HU**와 **H-NS(histone-like nucleoid structuring) 단백질**이라는 두 단백질은 크기는 작지만, 세포 안에 풍부하게 존재하며, 양으로 하전된 아미노산을 많이 포함하고 있어서, DNA 인산 그룹의 음전하에 전기적으로 달라붙을 수 있다. 이 단백질들은 DNA를 굽히거나 접는 기능을 한다. 그 때문에 코일들이 형성되고 핵양체를 구성하는 DNA를 밀집시키는 효과를 나타낸다. 그리고 H-NS 단백질은 진핵세포의 히스톤과 마찬가지로, 비특이적 방식으로 유전자의 활성을 조절하는 데 관여한다.

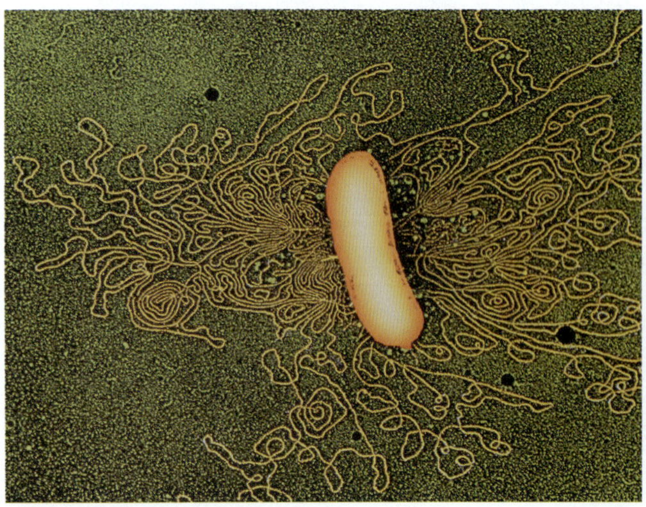

그림 12.3 세균인 *Escherichia coli*의 전자현미경 사진. 삼투 충격으로 그 DNA가 빠져나와 있다. 이 염색체의 길이는 1200 μm 길이이다.

풀어보기

12.1 박테리오파지와 세균에서는, DNA가 항상 원형(닫힌 고리형) 염색체로 조직화된다. 파지 λ는 예외로서, 그 DNA가 바이러스 입자 내에서는 선형 염색체 유지된다. 그러나 이 DNA가 숙주세포로 주입되자마자, 복제가 시작되기에 앞서 원형으로 전환된다. 진핵성 염색체들의 특징인 선형 분자와 비교하면, 원형 DNA 분자를 복제하는 것에는 어떤 이점이 있는가?

■ **힌트:** 이 문제는 10장에서 논의된 진핵성 DNA 복제를 완전히 이해해야 한다. 해답의 열쇠는 왜 진핵세포의 DNA 복제에는 효소인 텔로머레이즈가 필수적이며, 왜 세균이나 바이러스의 염색체들은 "텔로미어 문제" 없이 복제될 수 있는지를 고려하는 것이다.

12.2 과나선화는 바이러스와 세균 염색체의 압축을 촉진한다

DNA가 바이러스와 세균의 염색체로 조직화되는 방법에 대한 주요 통찰 중 하나는 **과나선 DNA(supercoiled DNA)**의 발견으로부터 얻어졌다. 과나선 DNA는 닫힌 원형 분자의 특징이다. 과나선 DNA는 생쥐에서 종양을 유발하는 폴리오마 바이러스에서 얻어진 이중 가닥 DNA 분자에 관한 연구 결과 최초로 제안되었다. 1963년, 폴리오마 DNA를 고속 원심 분리했을 때, 밀도와 압축 정도가 각기 다른 3가지 독특한 성분으로 분리된다는 사실이 관찰되었다. 가장 작은 밀도여서 가장 덜 압축된 것은 곧 비노그라드(Jerome Vinograd)에 의해 선형 DNA 분자로 구성된다고 제안되었다. 나머지 2가지 부분들은 더 밀도가 높으며, 둘 다 이제는 원형 DNA 분자들로 구성된다고 알려져 있다. 닫힌 원형 분자들은 더 압축되어 있어서 원심분리 중에 선형의 같은 분자보다 더 빠르게 침전된다. 세 가지 모두 분자량은 동일하다.

비노그라드는 더 나아가 원형 분자의 두 분획 중 밀도가 더 높은 부분은 공유결합으로 닫힌 DNA 나선으로 구성되어 있으며 밀도가 낮은 원형 분자에 비해 덜 감겨 있다고 제안했다. 이중 나선을 안정화시키는 강력한 힘은 이러한 **풀림**(*underwinding*)에 저항하여 분자 전체를 **과나선(supercoil)**, 즉 정상적인 염기쌍을 유지하기 위해 특정 방식으로 비틀어지게 만든다. 비노그라드는 더 조밀한 압축을 유발하며 밀도를 증가시키는 것을 과나선 형태로 제안했다.

방금 설명한 구조 변환이 그림 12.4에 설명되어 있다. 오른쪽으로 회전하는 일반적인 왓슨-크릭의 이중 가닥 선형 분자를 생각해 보라[그림 12.4(a)]. 이 나선은 20개의 완전한 회전을 포함하며, 이는 이 분자의 **연결 수(linking number, *L*)**가 20 또는 L = 20임을 의미한다. 이 선형 분자의 반대쪽 말단들을 붙여 연결하여 닫힌 원으로 바꾼다고 가정해 보자[그림 12.4(b)]. 닫힌 원의 연결 수가 여전히 20이라면(끝을 연결할 때 더 회전시키거나 풀지 않은 경우), 우리는 이 분자를 에너지적으로 이완된 것으로 정의한다. 이제 원이 절단되어 열리고 두 번 완전히 풀린 다음 다시 연결되었다고 가정하자[그림 12.4(c)]. *L*이 18로 변경된 이러한 구조는 에너지적으로 긴장될 것이며 결과적으로 긴장을 완화하기 위해 형태가 바뀔 것이다.

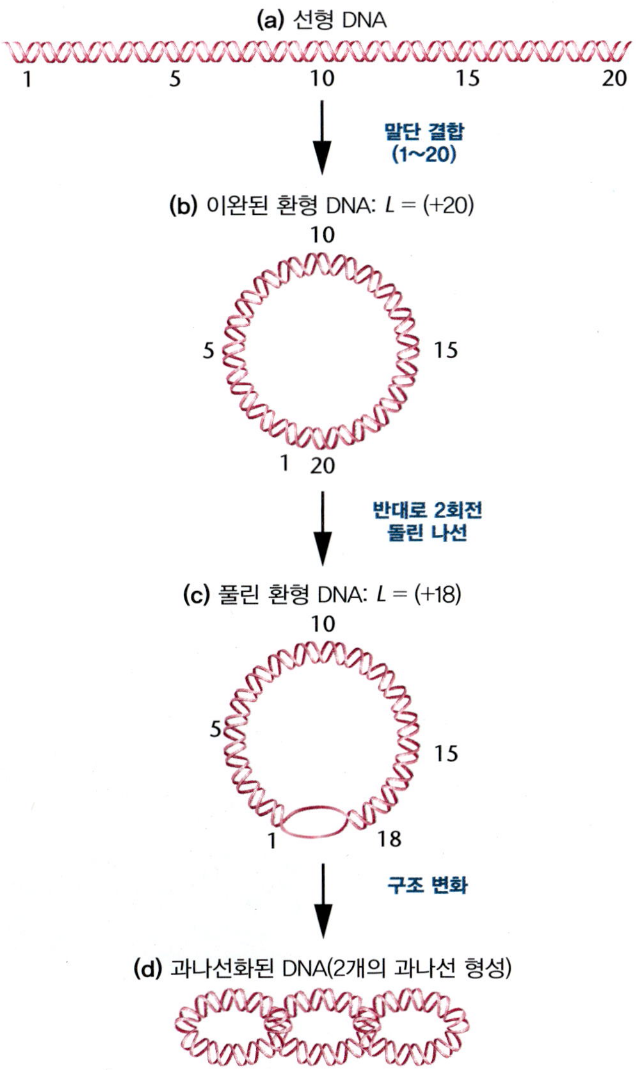

그림 12.4 원형 DNA의 과나선화로 이어지는 변형. *L*은 연결 수를 나타낸다.

에너지적으로 더 유리한 형태를 갖추기 위해, 반대로 풀린 분자는 그 풀림과는 반대 방향으로 과나선을 형성할 것이다. 우리의 경우[그림 12.4(d)], 음의 과나선 2개가 자발적으로 도입되어 총체적으로 나선의 원래 회전수를 다시 확립한다. 음(*negative*)이라는 용어는 정의에 따라 과나선의 방향이 왼쪽이라는 사실을 나타낸다(반면, DNA 나선은 오른 꼬임이다). 최종적으로, 물리적 안정성이 향상된 보다 조밀한 구조를 형성하게 된다.

세균과 파지들에서 대부분 닫힌 원형으로 존재하는 DNA 분자들은, 나선이 약간 반대로 회전되어 있다[그림 12.4(c)에서처럼]. 예를 들어, 바이러스인 SV40은 5,200 염기쌍을 포함한다. 에너지적으로 풀린 DNA에서는 10.4 bp가 나선의 완전한 한 회전을 차지하며 연결 수(*L*)는 다음과 같이 계산될 수 있다.

$$L = \frac{5200}{10.4} = 500$$

그러나 원형 SV40 DNA에 대한 분석은 25회 반대로 회전되어 있음을 드러낸다. 따라서 *L*은 475와 같다. 예측한 대로 이 분자에서는 음의 과나선 25개가 관찰된다. 대장균에서는 심지어 더 큰 수의 과나선이 관찰되는데, 이것이 핵양체 지역의 염색체 응축을 더욱 촉진한다.

연결 수만 다르고 서로 똑같은 분자를 **위상이성질체(topoisomers)**라고 한다. 그러나 닫힌 원형 DNA 분자처럼, 어떤 분자가 자유 말단이 없다면 한쪽 위상이성질체에서 다른 위상이성질체로의 전환은 어떻게 발생할 수 있을까? 생물학적으로, 이것은 DNA의 한쪽 가닥이나 양쪽 가닥을 절단하여 나선을 더 감거나 푼 뒤 다시 말단을 연결하는 효소 집단에 속한 단백질들에 의해 수행된다.

이런 효소는 **위상이성질화효소(topoisomerase; 토포아이소머레이즈)**라는 적절한 이름으로 불린다. 겔러트(Martin Gellert)와 왕(James Wang)이 처음 발견한 이 촉매 분자는 이중 나선의 한 가닥을 절단하는지, 아니면 두 가닥을 각각 절단하는지에 따라 각각 유형 I 또는 유형 II로 알려져 있다. 대장균에서 위상이성질화효소 I은 닫힌 원형 DNA 분자에서 음성 과나선의 수를 줄이는 역할을 한다. 위상이성질화효소 II는 음성 과나선을 DNA에 도입한다. 후자의 효소는 DNA에 결합하여 DNA를 비틀고, 두 가닥을 절단한 다음 생성된 루프를 통과시키는 것으로 생각된다. 인산디에스터 결합이 재형성되면 연결 수가 감소하고 하나 이상의 과나선이 자발적으로 형성된다.

과나선형 DNA와 위상이성질화효소는 진핵생물에서도 발견된다. 진핵생물들의 염색체는 일반적으로 원형이 아니지만, DNA 영역이 염색사와 관련된 단백질 틀에 묻혀 있을 때 과나선이 발생할 수 있다. 단백질과의 연계는 "고정된" 말단을 생성하므로, 일단 위상이성질화효소에 의해 도입된 과나선이 안정적으로 유지되도록 한다. 원핵생물과 진핵생물 모두에서, DNA의 복제와 전사는 이중 나선이 풀려 적절한 효소가 접근할 수 있게 되면서 하류에 과나선을 형성된다.

위상이성질화효소는 진핵성 DNA의 구조 변화와 관련된 다른 유전적 역할을 할 수도 있다. 흥미롭게도, 이 효소들은 복제 후 자매 염색분체의 DNA를 분리하는 데도 관여한다.

12.3 특수한 염색체들은 다양한 방식의 DNA 조직화를 드러낸다

이제 진핵생물의 염색체가 취할 수 있는 두 가지 특별한 형태를 보여주는 유전적 조직화에 대해 생각해 보기로 하자. 두 가지 형태란 **다사 염색체**(*polytene chromosome*)와 **램프브러쉬 염색체**(*lampbrush chromosome*)를 말하는 것으로, 이들은 매우 크기 때문에 우리가 간기의 염색질과 기타 분열기 염색체들이 어떻게 형성되는지를 이해하기 훨씬 전부터, 그들의 구성을 광학현미경을 사용하여 구별할 수 있을 정도였다. 이 염색체들에 관한 연구는 유전정보의 배열과 기능에 대한 많은 초기 통찰을 제공했다. 다사 염색체와 램프브러쉬 염색체들은 특수한 것으로, 일반적으로 다수의 진핵세포에서는 잘 발견되지 않는다는 것을 알아 둘 필요가 있다. 하지만 그 구조에 대한 연구는 염색체 조직화라는 공통 주제들을 잘 드러내 주었다.

다사 염색체

거대한 **다사 염색체(polytene chromosome)**는 몇몇 파리 유충들의 다양한 조직들(침샘, 장, 직장, 그리고 말피기 분비 소관)과 일부 원생동물 및 식물 종에서 발견된다. 1881년 발비아니(E. G. Balbiani)에 의해 처음 관찰된 그러한 구조들은 염색체의 관찰을 위한 후속 연구들에 모델 시스템을 제공하였다. 다사 염색체에서 특별히 호기심을 자극하는 것은, 그들이 간기 세포들의 핵에서 발견된다는 것이다.

각 다사 염색체의 길이는 200~600 μm 정도이다. 그리고 광학현미경으로 관찰하면, 각 다사 염색체는 교대로 나타나는 줄무늬(band)와 줄무늬 사이(interband)가 직선으로 늘어서 있음을 보여준다(그림 12.5와 그림 12.6). 이러한 줄무늬 패턴은 주어진 생물 종의 각 염색체에 특징적이다. 각 줄무늬는 때론 **염색립(chromomere)**이라고도 불리는데, 이것은 염색체의 축을 따라 일어나는 유전물질들의 후기 응축을 설명하는 좀 더 일반적인 단어이다.

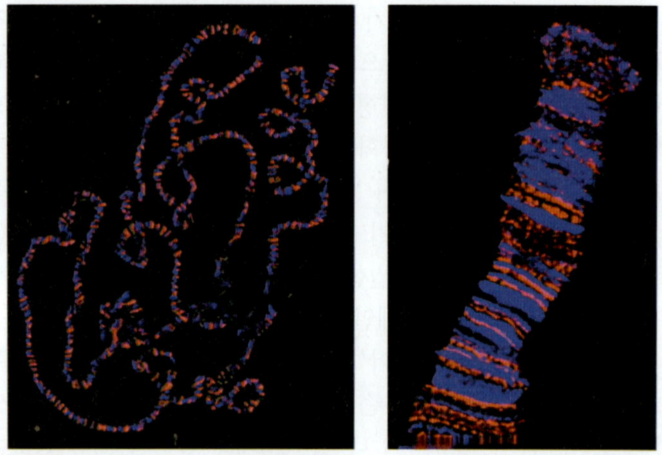

그림 12.5 초파리 유충의 침샘 세포에서 얻은 다사 염색체들.

전자현미경과 방사성 추적자를 사용한 광범위한 연구를 통해 이 염색체들의 특이한 외형을 설명할 수 있게 되었다. 첫째로, 다사 염색체들은 쌍을 이룬 상동염색체들이다. 이것은 대부분의 생물체에서는 상당히 특이한 일인데, 그 이유는 이들이 체세포들에서 발견되기 때문이다. 체세포는 염색체의 물질이 정상적으로는 염색질 상태로 퍼져 있으며 상동염색체들이 쌍을 이루지 않는다. 둘째, 그들의 커다란 크기와 특이성은 그들을 구성하는 여러 가닥의 DNA에 기인한 것이다. 쌍을 이룬 이 상동염색체들의 DNA는 여러 번의 복제를 거친 것이지만, **가닥의 분리나 세포질 분열을 수반하지 않는다.** 복제가 진행됨에 따라 1,000~5,000줄의 DNA 가닥들이 서로 나란한 상태로 남아 있

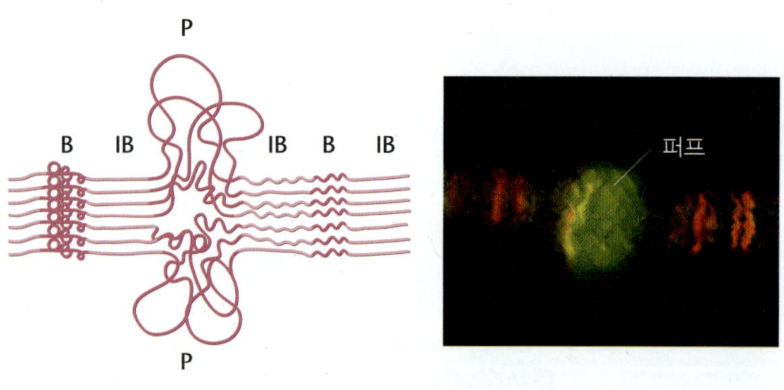

그림 12.6 다사 염색체 내의 퍼프(puff) 사진. 옆의 도해는 B 밴드 부위(B) 내의 풀린 가닥들이 다사 염색체에서 퍼프(P)를 형성한 것을 나타낸다. 하나의 밴드(B)는 하나의 염색립을 나타낸다. 밴드 사이의 부위(IB)도 표시되어 있다.

게 되어 염색체 축을 따라 독특한 줄무늬가 나타나게 된다.

줄무늬의 존재는 처음에는 개별 유전자들이 눈에 보이는 모양으로 해석되었다. 줄무늬에 존재하는 가닥들이 유전적 활성이 일어날 때 국부적으로 풀리는 현상이 발견되었는데, 이는 이러한 견해를 더욱 확고하게 만들었다. 그러한 풀림 현상은 그 모양 때문에 **퍼프(puff)**라고 불린다(그림 12.6). 퍼프들은 유전자 활성의 가시적 발현(RNA를 만드는 전사)으로 볼 수 있는데, 자동방사법으로 조사되면 방사성 표지된 RNA 전구물질들이 빠른 속도로 통합되는 것으로 확실히 알 수 있다. 퍼프로 부풀지 않는 줄무늬들에서는 방사성 전구물질들의 통합이 미미하거나 거의 없다.

초파리(*Drosophila*)나 모기붙이(midge fly)인 *Chironomus*와 같이, 곤충의 발달 과정 중에 생기는 줄무늬들에 관한 연구는 차등적인 유전자 활성(differential gene activity)을 드러냈다. 발달이 진행됨에 따라 유전자 활성화와 동일한 줄무늬 형성의 독특한 패턴이 관찰된다. 이러한 쟁점을 풀기 위한 시도들에도 불구하고, 얼마나 많은 수의 유전자들이 각 줄무늬에 포함되어 있는지는 아직도 불분명하다. 그러나 우리는 초파리의 경우 대략 15,000개의 유전자를 가지며, 대략 5,000개의 줄무늬가 있음을 알고 있다. 흥미롭게도, 하나의 줄무늬는 10^7 염기쌍의 DNA까지 포함할 수 있으며, 이것은 50~100개의 평균 크기 유전자를 암호화하는데 충분한 양이다.

풀어보기

12.2 초파리에서 침샘 세포를 분리하여 방사성 티미딜 산(thymidylic acid)을 넣고 배양한 후 자동방사법을 수행하였더니 다사 염색체 내부에 티미딘(thymidine)이 존재함이 드러났다. 염색체들을 따라 검은점들이 어떻게 분포할지 예측해 보라.

■ **힌트:** 이 문제는 다사 염색체의 DNA 구성에 관한 이해를 요구한다. 해법의 열쇠는 ^{3}H-thymidine이 분자 추적자로서 DNA의 복제 중에 DNA로 통합됨을 깨닫는 것이다.

램프브러쉬 염색체

염색체 구조에 대한 통찰을 주는 또 다른 특수화된 염색체는 바로 **램프브러쉬 염색체(lampbrush chromosome)**이다. 이 이름은 그 모양이 19세기에 석유등의 굴뚝을 청소하는데 사용하는 솔을 닮았기 때문에 붙여진 이름이다. 램프브러쉬 염색체는 1882년 플레밍(Walther Flemming)이 도롱뇽 난모세포에서 처음 발견한 후, 1892년 루커트(J. Ruckert)가 상어 난모세포에서 발견했다. 이제는 몇몇 곤충의 정모세포뿐 아니라 대부분의 척추동물에서 난모세포가 가지는 특징으로 알려져 있다. 그러므로 그들은 생식세포의 감수분열성 염색체(meiotic chromosome)인 것이다. 대부분의 실험은 양서류의 난모세포로부터 얻어진 물질들을 사용하여 수행되어왔다.

이 독특한 염색체들은 감수분열의 첫 전기에 쉽게 난모세포에서 분리될 수 있으며, 이 시기에 발생 중인 세포의 대사 활성을 지시하는 활성화된 상태로 존재한다. 상동염색체들은 교차점들에 의해 서로 붙들려 쌍을 이루고 있는 것으로 보인다. 그러나 대부분의 감수분열 염색체들처럼 응축되는 대신에 이 램프브러쉬 염색체들은 종종 길이가 약 500~800 μm까지 늘어난다. 감수분열 후기에 이들은 정상적인 길이인 15~20 μm로 바뀐다. 이러한 관찰에 기초하여 램프브러쉬 염색체들은 정상적인 감수분열 염색체들의 확장 및 풀림 상태로 해석된다.

그림 12.7에 제시된 두 개의 램프브러쉬 염색체 사진은 그들의 형태에 대한 중요한 통찰을 제공한다. (a) 부분은 광학현미경하에서 관찰된 감수분열 염색체의 모양새를 보여준다. 각 구조물의 선형 축은 많은 수의 응축된 부분을 포함하는데, 다사 염색체에서처럼, 이들도 염색립(*chromomere*)이라고 불린다. 각 염색립에서 뻗어져 나온 것은 한 쌍의 측면 고리들로 이들 때문에 염색체의 모양이 특이한 형태가 된다. (b) 부분의 주사전자현미

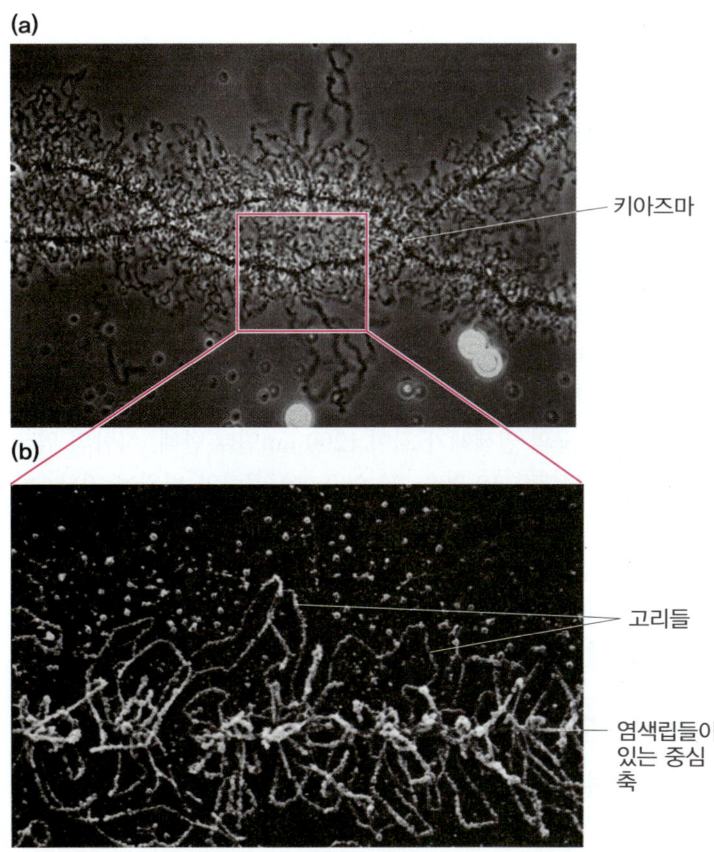

그림 12.7 양서류의 난세포에서 얻은 램프브러쉬 염색체. (a)부분은 광학현미경 사진이고; (b)는 주사전자현미경 사진이다.

경 사진(SEM)은 하나의 염색체 축을 따라 인접해 있는 측면 고리들을 보여준다. 다사 염색체의 줄무늬들처럼, 각 고리에는 하나의 유전자를 암호화하는 데 필요한 것보다 훨씬 많은 DNA가 존재한다. 이 주사전자현미경 사진은 염색립들과 그들로부터 뻗어 나온 염색사들에 대한 확실한 이미지를 제공하고 있다. 중심축은 두 개의 DNA 이중 나선들로 이루어져 있고, 각 염색사 고리들은 하나의 DNA 이중 나선으로 구성되어 있을 것으로 생각된다. 이러한 가설은 각 감수분열 염색체들이 한 쌍의 염색분체들로 이루어져 있다는 믿음과 부합한다. 방사성 RNA 전구체들을 이용한 연구들은 이 고리들이 RNA 합성이 활성화된 상태임을 보여준다. 램프브러쉬의 고리들은 다사 염색체들의 퍼프와 비슷한 방식으로 전사과정 중에 중심 염색립 축으로부터 풀어져 나온 DNA를 나타내는 것이다.

12.4 진핵생물의 DNA는 염색질로 조직화된다

이제 진핵세포의 DNA가 염색체로 조직화되는 방법으로 관심을 돌려보자. 우리의 관심은 일반적인 진핵세포, 즉 염색체가 유사분열 중에만 관찰되는 세포에 관한 것이다. 염색체 분리와 세포 분열 후에, 세포들은 세포 주기의 간기로 진입하고 이 과정에서 염색체들은 풀려 핵 전반에 퍼져 **염색질(chromatin)**을 구성한다. 간기 중에는 이 염색질이 핵 전반에 퍼지고 각 염색체의 DNA는 복제된다. 세포 주기가 진행됨에 따라 대부분의 세포들은 핵분열로 재진입한다. 이때 염색질들이 다시 꼬여 눈에 보이는 염색체가 된다. 이런 응축으로 각 염색사는 10,000배나 짧아진다.

방금 설명한 전환 과정에서, DNA의 조직화는 유사분열과 유사한 어떤 과정도 나타내지 않는 바이러스나 세균에서보다 훨씬 복잡하다. 이러한 복잡성은 염색체당 훨씬 많은 DNA와, 많은 수의 진핵 DNA 연관성 단백질의 존재 때문에 생긴다. 예를 들어, 대장균의 염색체가 길이 1200 μm인데 반해, 사람의 염색체 한 개는 대략 19,000~73,000 μm 길이의 범위에 있다. 하나의 사람 세포의 핵 내에는 모두 46개의 염색체가 있으므로 DNA를 펼치면 거의 2미터에 이르기에 충분하다. 이러한 유전물질은 그 연관 단백질들과 함께 보통 5~10 μm 정도의 지름을 가지는 핵 속에 들어있다.

염색질 구조와 뉴클레오좀

이미 살펴본 바와 같이, 바이러스와 세균의 유전물질은 DNA나 RNA 가닥들로 구성되며 거의 단백질이 없다. 진핵세포의 염색질에서는, 상당량의 단백질들이 진핵세포 주기의 모든 단계에서 염색체 DNA와 연계되어 있다. 이러한 연계 단백질들은 두 가지 부류로, 염기성이고 양으로 하전된 **히스톤(histone)**과, 덜 하전되어 있는 **비-히스톤**(*nonhistone*)들이다. DNA와 연계된 단백질 중에서 히스톤은 분명히 가장 필수적인 구조적 역할을 한다. 다섯 가지 형태가 존재하며, 이들 모두 양으로 하전된 아미노산인 라이신과 아르기닌을 다량 포함한다. 이런 특징 때문에 뉴클레오타이드의 인산 그룹에 전기적으로 부착하는 것이 가능하다. 비슷한 상호작용이 몇몇 세균 단백질들에서 이미 제시되었었음을 기억할 것이다. 다섯 가지의 주요 히스톤 형태가 **표 12.2**에 제시되어 있다.

염색질 구조에 대한 일반적인 모형은 DNA와 단백질로 구성된 염색사(chromatin fiber)들이 세포의 핵 내에서 응축될 때 광범위한 꼬임(coiling)과 접힘(folding)을 겪는다는 가정에 기초한 것이다. 나아가, X-선 회절 연구들은 히스톤들이 염색질 구조에 중요한 역할을 하고 있음을 보여주었다. 염색질은 규칙적으로 빈 공간의 회절 링을 만들어내는데 이것은 반복되는 구조가 염색질 축을 따라 나타난다는 것을 제시하는 것이다. 히스톤 분자들을 염색질에서 화학적으로 제거하면, 이러한 회절 패턴의 규칙성이 망가진다.

염색질 구조에 대한 기본 모형이 1970년대 중반에 얻어졌다. 다음 관찰들은 이 모형의 개발과 특히 관련된 것이다:

1. 단구균의 핵산분해효소(micrococcal nuclease)와 같은 엔도뉴클레아제(endonuclease)로 염색질을 분해하면, 약 200 bp의 배수 길이로 된 여러 DNA 조각들이 생긴다. 이것은 효소적 분해가 무작위적이지 않다는 것을 보여주는데, 만약 무작위적이라면 우리는 여러 가지 길이의 DNA 조각들을 기대할 수 있을 것이다. 그러므로 염색질은 어떤 형태의 반복적인 단위로 구성되며, 각 구성단위는 두 단위가 연결되어 있는 부분을 제외하면 효소 절단에 대해 보호를 받고 있을 것이다. 이 단위체 사이의 지역이 뉴클레아제에 의해 공격받아 잘리게 되는 부분이다.

2. 염색질에 대한 전자현미경적 관찰들은 염색사들이 구형 입자들의 선형 배열로 이루어져 있음을 보여준다(그림 12.8). 올린스 부부(Ada Olins and Donald Olins)에 의해 발견

표 12.2 히스톤 단백질의 종류와 특징

히스톤 형태	라이신-아르기닌 함량	분자량(Da)
H1	라이신 풍부	23,000
H2A	라이신이 약간 많음	14,000
H2B	라이신이 약간 많음	13,800
H3	아르기닌 풍부	15,300
H4	아르기닌 풍부	11,300

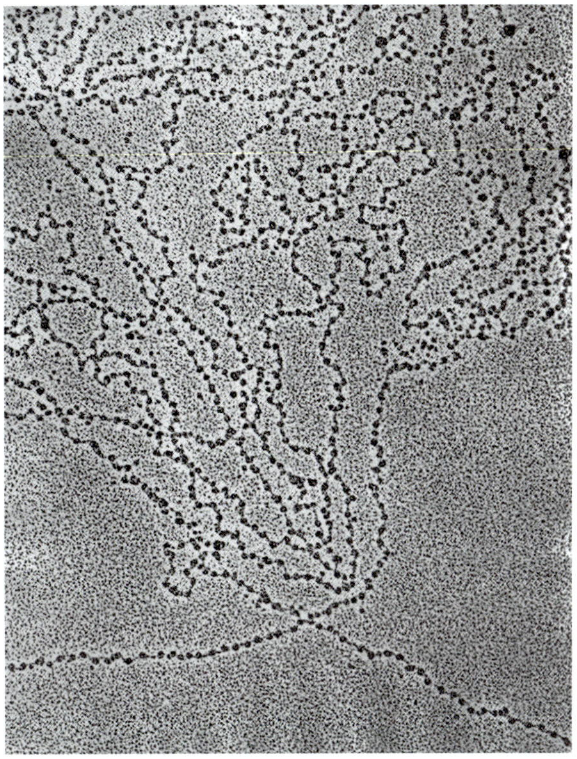

그림 12.8 초파리에서 얻은 염색질 가닥을 따라 "끈에 꿰인 구슬들" 형태로 나타나는 뉴클레오좀을 보여주는 전자현미경 사진.

된 이 입자들은 염색질 가닥의 축을 따라 규칙적으로 나타나고 있으며, 마치 줄에 꿴 진주 형상을 하고 있다. 이것은 초기의 관찰과 잘 부합하며, 반복 단위의 존재를 시사한다. 이 입자들은 처음에는 *v*-**소체**(*v body*; *v*는 그리스 문자 nu를 나타낸다)로 불리다가 지금은 **뉴클레오좀(nucleosome)**이라고 불린다.

3. 염색질을 구성하는 뉴클레오좀 내의 히스톤 분자들과 DNA의 정확한 상호작용에 관한 연구들은 히스톤 H2A, H2B, H3와 H4가 두 가지 형태의 4합체인 $(H2A)_2 \cdot (H2B)_2$와 $(H3)_2 \cdot (H4)_2$로 나타남을 보여준다. 콘버그(Roger Kornberg)는 각 반복성 뉴클레오좀 단위들이 각 사합체 하나씩(전체 8합체 구성)을 포함하며, 여기에 200 bp 길이의 DNA가 연합해 구성된다고 예상하였다. 그러한 구조는 앞서 언급한 관찰들과 잘 들어맞으며, 히스톤과 DNA가 염색질 내에서 상호작용하는 것을 설명하는 모형의 기초를 제공한다.

4. 핵산분해효소에 의한 분해 시간이 길어지면, 200 bp 길이의 DNA 중 일부가 뉴클레오좀에서 떨어져 147 bp로 구성된 **뉴클레오좀 핵심 입자(nucleosome core particle)**가 남는다. 연장된 분해로 소실된 DNA는 뉴클레오좀들이 연결된 부분을 나타낸다. 이러한 **연결 DNA(linker DNA)**는 5번째 히스톤인 H1과 연계되어 있다.

이러한 정보들을 바탕으로, 1984년에 핀치(John T. Finch)와 클룩(Aaron Klug) 등에 의해 결정화된 핵심 입자에 대한 X-선과 중성자 산란 분석이 더해지면서, 뉴클레오좀에 대한 자세한 모형이 제시되었다. 이것은 염색질의 구조와 염색체로의 염색질 응축을 예측하는 기초를 제공했다. 그림 12.9에 설명된 이 모형에서는 폭 2 nm, 길이 147 bp의 DNA 분자가 8합체(octamer) 히스톤들 주위를 왼손 방향의 수퍼코일을 이루며 감고 있어서 뉴클레오좀당 1.7 바퀴를 돌고 있다. 각 뉴클레오좀들은 타원형으로, 가장 긴 지점들 사이가 11 nm 정도이다[그림 12.9(a)]. 중요한 것은 뉴클레오좀의 형성이 DNA의 첫 단계 포장을 나타내는 것으로, 히스톤 주위를 감는 것에 의해 DNA 나선은 그 길이가 원래보다 1/3 정도로 줄어들게 된다는 점이다.

핵 안에서는 염색사들이 바로 앞 문단에서 설명(즉 뉴클레오좀 사슬들이 펼쳐진 모양)한 것처럼 펼쳐져 있지는 않다. 대신 11 nm 의 염색사들이 더욱 뭉쳐져서 좀 더 두꺼운 30 nm 섬유로 된다. 이것은 처음에는 **솔레노이드**(*solenoid*)라고 불렸었다[그림 12.9(b)]. 히스톤 H1에 의존하여 이렇게 더 두꺼워진 섬유는 많은 수의 밀접하게 감긴 뉴클레오좀들이 서로 쌓여 구성되며 포장 단위의 2차 수준을 이룬다. 이로써 DNA는 6배 더 압축된다. 세포 주기의 간기에 특이적으로 풀어진 염색사로 보이는 것이 바로 이 구조물이다. 유사분열 염색체로의 전환에서는, 아직도 더 많은 응축이 발생해야 한다. 30 nm 구조들이 연속된 **고리화 영역**(*looped domain*)들로 접히고, 이 때문에 염색사가 직경 300 nm의 구조물로 더 응축된다[그림 12.9(c)]. 이렇게 **나선상 염색사**(*coiled chromatin fiber*)들은 이제 염색분체에서 염색체 팔로 응축되어, 중기 염색체의 기다란 소단위 중 하나가 된다[그림 12.9(d)]. 그림 12.10은 염색분체의 팔을 지름 700 nm인 것으로 나타냈으나 이 값은 분명히 여러 생물 종마다 다르다. 700 nm 값으로 하면, 한 쌍의 자매 염색분체들은 약 1400 nm의 염색체 하나를 구성한다.

DNA가 염색질로 조직화되고, 염색질이 다시 유사분열 염색체가 되는 것의 중요성은, 지름 5~10 μm 정도의 핵 안에 그 유전물질을 모두 저장하고 있는 사람 세포 하나를 고려하면 설명될 수 있을 것이다. 반수체인 유전체는 23개의 염색체들에 흩어져 있는 3.2×10^9 bp의 DNA로 이루어진다. 이배체인 세포는 이 양의 두 배를 포함한다. 염기쌍 당 0.34 nm이므로 이러한 양의 DNA는 길이가 2 m가 넘을 수도 있다. 한 가지 추산으로는 전형적인 인간 세포 핵 내부의 DNA가 대략 2.5×10^7개의 뉴클레오좀들과 복합체를 이룬다.

완전히 펼쳐진 DNA 나선으로부터 극단적으로 응축된 분열 시기 염색체로의 전환에 있어서, 포장 비율은 (DNA 길이 대

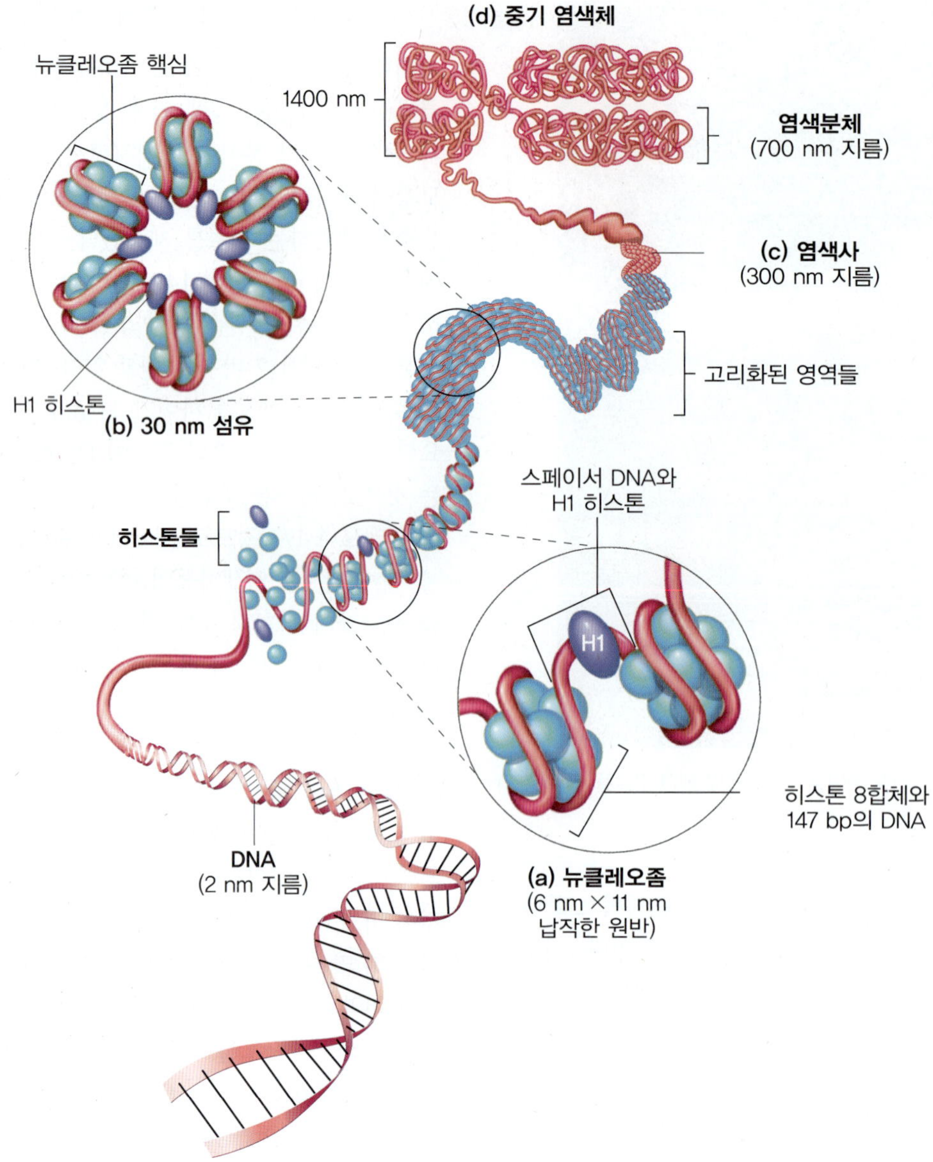

그림 12.9 뉴클레오좀을 형성하는 히스톤과 DNA의 연합에 대한 일반적인 모델. 어떻게 염색사가 좀 더 응축된 구조로 감겨서 결국 분열기의 중기 염색체가 되는지를 보여준다.

DNA가 포함된 구조물 길이의 비율) 대략 500:1 정도이다. 사실상 우리의 모형으로는 약 50:1 정도밖에 설명하지 못한다. 분명히, 분열시 염색체 형성 중의 더 고도의 응축에 도달하기 위해서는 더 굵은 섬유가 더욱 구부러지고 꼬이고 포장되는 과정을 포함할 것이다.

풀 어 보 기

12.3 한 개의 인간 세포에서는 핵의 지름이 10 nm인데, 그것이 2 m나 되는 DNA를 가져야만 한다면, 그리고 그 DNA는 완전히 펼쳐졌을 때 11 nm 지름인 뉴클레오좀과 복합체를 이루고 있다면, 핵의 부피 중 어느 정도가 유전물질로 점유되겠는가?

- **힌트:** 이 문제는 단순히 이배체 양의 DNA로 핵이 얼마나 "채워질지"를 보기 위한 몇 가지 계산 문제를 풀어보라고 요구하는 것이다. 해답의 열쇠는 구의 부피를 구하는 데 $V = (4/3)\pi r^3$이라는 공식을 이용하는 것이다.

더 연습이 필요하면 문제 12~14번을 참고하라.

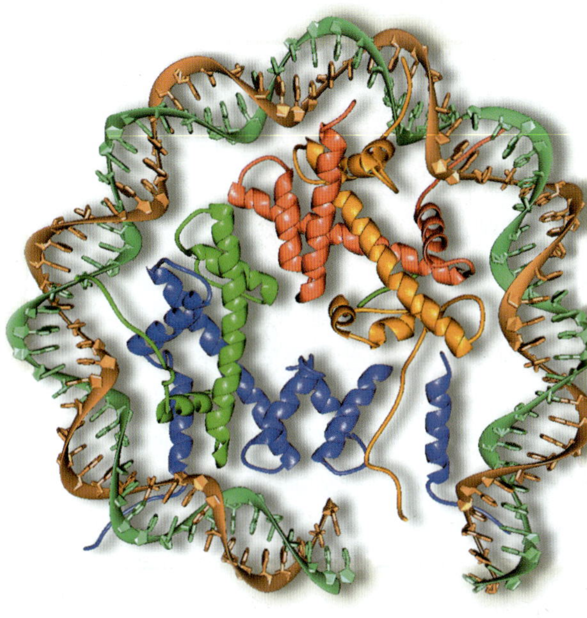

그림 12.10 2.8 Å 해상도의 X-선 결정 분석법으로부터 얻은 뉴클레오좀 핵심 입자 모형. 이중 나선 DNA가 히스톤 네 쌍을 둘러싼다.

염색질 재구성

유전학에서 이루어진 수많은 중요한 발견들과 마찬가지로, 뉴클레오좀에 관한 연구는 몇 가지 중요한 질문들에 대한 대답과 동시에 새로운 질문들을 제기한다. 예를 들어, 앞의 논의에서 우리는 히스톤 단백질이 염색질을 구성하는 뉴클레오좀으로 DNA를 조직화하는 데 중요한 역할을 한다고 했었다. 어떻게 거대한 양의 DNA가 진핵세포의 핵 내부로 조직화되는지에 대한 구조적 문제를 푸는 것은 또 다른 새로운 문제를 야기한다: **염색사들이 히스톤 단백질과 복합체를 이루면서 접혀 여러 단계로 압축되는 것은, DNA가 중요한 비히스톤 단백질들과 상호작용하는 것을 방해한다.** 예를 들어, 복제와 유전자 발현 과정 중에서 효소적, 혹은 조절 기능을 하는 다양한 단백질들은 DNA와 직접 상호작용해야만 한다. 이런 단백질-DNA 상호작용이 가능하기 위해서는 염색질이 그 구조를 변환시켜야만 하고, 이러한 과정을 **염색질 재구성(chromatin remodeling)**이라고 한다. 복제와 유전자 발현의 경우에서는 염색질이 응축된 구조로부터 풀어져야만 하고, 불활성화 시기에는 그 반대 과정이 진행되어야 한다.

1997년에 리치몬드(Timothy Richmond)와 그의 연구팀이 뉴클레오좀 결정들에 대한 X-선 회절 연구들의 해상도를 매우 개선할 수 있게 되면서(1984년 연구에서는 7 Å이었고, 1997년 연구들에서는 2.8 Å까지 발전함), 어떻게 서로 다른 상태의 염색질 구조가 형성될 수 있는지에 대한 통찰들이 마련되었다. 이들의 작업을 기반으로 한 모델이 그림 12.10에 나와 있다. 이 정도의 해상도에서는 대부분의 원자를 볼 수 있게 되므로, 히스톤을 감고 있는 DNA 과나선 구조의 미묘한 꼬임이나 회전까지도 드러나게 된다. 이중 나선 끈이 네 쌍의 히스톤 단백질들 주위를 감싸고 있는 147 bp의 DNA를 나타낸다는 것을 기억하라. 이러한 형상은 염색사 내에서 끊임없이 반복되며 진핵세포의 핵 내에 DNA를 포장해 넣는 주요한 단위가 된다.

리치몬드와 동료들은 2003년에 1.9 Å까지 해상도를 높이는 데 성공하여 뉴클레오좀 내부에서 히스톤들의 자세한 위치를 보여주었다. 염색질 재구성에 있어 특별히 관심이 가는 관찰은 비구조적 **히스톤 꼬리(histone tail)**들은 뉴클레오좀 핵심부 안쪽의 접힌 히스톤 부위로 들어가지 않는다는 것이다. 예를 들어, 히스톤 H3와 H2B로부터 뻗어 나온 꼬리 부분은 2차 구조가 결핍되어 있어서 DNA 나선의 부 홈(minor groove) 사이를 통과하도록 삐죽 나와 있다. 그림 12.10을 자세히 살펴보고 그런 꼬리들의 위치를 찾아보라. 히스톤 H4의 꼬리는 인접 뉴클레오좀들과의 연결을 형성하는 것으로 보인다. 히스톤 꼬리들은 또한 유전자 발현의 조절을 포함하여, 염색사를 따라 존재하는 유전적 기능과 관련될 수도 있는 다양한 화학적 변형들의 표적 부위가 될 수도 있다.

이제는 이러한 잠재적 화학적 변형 중 몇 가지가 유전적 기능에 중요한 것으로 인식되고 있다. 가장 잘 연구된 히스톤 변형 중 하나는 **아세틸화(acetylation)**를 포함하는 것으로 **히스톤 아세틸전이효소**(*histone acetyltransferase, HAT*)의 기능에 의한 것이다. 이 효소는 라이신의 곁가지에 존재하는 양전하의 아미노기에 아세틸기를 붙여주어 단백질의 순전하를 양전하에서 중성으로 효과적으로 바꾸어준다. 라이신은 히스톤 단백질에 풍부하며, 아세틸화가 유전자 활성과 연관되어 있다는 것이 알려져 있다. 높은 수준의 아세틸화는 염색사를 열리게, 혹은 염색질을 재구성하는 것으로 보이며, 이 효과는 활성 유전자 부위에서는 증가하고 불활성 부위에서는 줄어든다. 잘 알려진 예 중 하나가 포유동물에서 불활성 X 염색체가 바 소체(Barr body)를 형성하는 것인데(5장), 여기서는 히스톤 H4의 아세틸화 수준이 크게 감소되는 것으로 알려져 있다.

다른 두 가지의 중요한 화학적 변형은 히스톤 단백질에서 일부 아미노산의 **메틸화(methylation)**와 **인산화(phosphorylation)**이다. 이러한 화학적 과정들은 각각 **메틸전이효소**(*methyltrasnferase*)와 인산화효소인 **카이네이즈**(*kinase*)들의 활동으로 일어난다. 메틸 그룹은 히스톤의 아르기닌과 라이신에 첨가될 수 있으며 이러한 변화는 메틸화된 아미노산에 따라 전사를 증가시키거나 감소시킬 수 있다. 인산 그룹은 세린과 히스티딘 아미노산의 수산기(hydroxyl group)에 첨가되어 단백질에 음전하를 추가한다. 세포 주기 중에 증가되는 인산화, 특히 히스톤 H3의 인산화는 특징적인 시기에 발생하는 것으로 알려져 있다. 이러한 화학적 변화는 DNA 복제 과정에서 발생하는 염색질 풀림 및 응축 주기와 연관되는 것으로 믿어진다. 위의 화학적 변화들(아세틸화, 메틸화, 그리고 인산화)은 특정 효소들에 의해 모두 가역적으로 일어난다는 인식하는 것이 중요하다.

흥미롭게도, 뉴클레오좀 내 히스톤의 메틸화는 종종 진핵생물의 유전자 활성과 양의 상관관계가 있는 반면에, DNA의 폴리뉴클레오티드 사슬 내 질소 염기인 사이토신의 메틸화는 **5-메틸사이토신(5-methyl cytosine)**을 형성하며 일반적으로 유전자 활성과 음의 상관관계가 있다. 뉴클레오타이드인 사이티딜산(cytidylic acid)이 뉴클레오타이드인 구아닐산 옆에 있을 때 주로 메틸화가 발생한다. 이 부분은 **CpG 섬(CpG island)**이라고 불린다. 그러니 우리는 메틸화가 유전자 활동에 긍정적일 수도 부정적인 영향을 미칠 수도 있다는 결론을 내려야 할 것이다.

위에 설명한 연구들은 뉴클레오좀과 염색질 조직화에 대한 우리의 지식을 넓혀주며, 여기서는 염색질 재구성 개념에 대한 일반적 소개로 사용되었다. 그러나 염색질 재구성이 유전적 과정 중에 어떻게 관련되는지를 밝히기 위해서는 더욱 많은 연구가 필요하다. 특히, 세포 내의 조절 인자들에 의해 어떻게 변형이 영향을 받는가 하는 것은 유전자 발현에 대한 우리의 이해에 중요한 통찰을 제공할 것이다. 분명한 것은, DNA를 포함하여 모든 유전적 과정들이 임무를 발휘하기 위해서는, 역동적 방식으로 존재하는 염색질이 필수적이라는 것이다. 이후 진핵생물의 유전자 발현 조절을 살펴볼 때 염색질 재구성에 대해 좀 더 자세히 논의하게 될 것이다(17장). 더하여 염색질 재구성은, 유전자를 구성하는 DNA의 변화에 의하지 않고도 생물의 유전적, 표현형적 발현이 변화하는 것을 연구하는 **후성유전학(epigenetics)**의 논의에서 중요한 주제이다. 이 주제는 이후의 장(19장 참고)에서 더 심도 있게 논의될 것이다.

이질염색질

비록 진핵생물의 염색체가 전체 길이를 따라 하나의 연속적 이중 나선 섬유로 구성된다는 것을 알고 있지만, 그 염색체 전체가 구조적으로 끝에서 끝까지 모두 균일한 구조는 아니라는 것도 알고 있다. 20세기 초반에, 염색체 대부분이 풀려 염색되지 않지만, 일부는 간기 중에도 응축된 채로 남아 짙게 염색되는 것이 관찰되었다. 1928년, **이질염색질(heterochromatin)**과 **진정염색질(euchromatin)**이라는 단어가 고안되어, 각각 응축되어 남아 있는 곳과 풀린 곳을 설명하게 되었다.

연이은 조사로 이질염색질과 진정염색질을 구별하는 많은 특징이 드러났다. 이질염색질 부분은 유전자가 별로 없거나 있는 유전자라도 억제되어 있어서 유전적으로 불활성화된 부분이다. 또한 이질염색질은 세포 주기의 S기 중에 진정염색질보다 나중에 복제된다. 이질염색질의 발견은 진핵세포의 염색체 일부가 항상 단백질을 만드는 것은 아니라는 첫 번째 단서를 제공했다. 예를 들어, 염색체의 이질염색질 부분의 하나인 **텔로미어**(*telomere*)는 복제 중에 DNA의 구조적 온전함을 유지하며, 다른 하나인 **동원체**(*centromere*)는 세포 분열 중에 염색체의 이동을 촉진한다.

이질염색질은 진핵세포 유전물질의 특징이다. 몇몇 경우에는 염색체 전체가 이질염색질일 수도 있다. 포유동물의 Y 염색체가 그러한 경우에 해당된다. Y 염색체는 대부분이 유전적으로 불활성이다. 그리고 이 책의 앞(5장 참고)에서 논의했던 것처럼, 포유동물 암컷의 불활성화된 X 염색체는 불활성형 이질염색질인 바 소체(Barr body)로 응축된다. 벚나무 깍지벌레(mealy bug) 같은 몇몇 종들에서는 반수체 염색체들의 전체 세트가 모두 이질염색질이다.

어떤 이질염색질 부분이 하나의 염색체로부터 다른 염색체의 새로운 부위로 옮겨지면, 유전적으로 활성이었던 부분이 이제 전좌된 이질염색질 부분 옆에 있게 되어 때론 불활성화되기도 한다. 기존의 진정염색질에 대한 이러한 효과는 좀 더 일반적인 말로 **위치 효과(position effect)**라고 한다(4장 참고). 즉, 다른 모든 유전물질에 대한 유전자나 유전자군의 상대적인 위치가 이들의 발현에 영향을 미친다.

12.5 염색체 띠 분석법은 유사분열 염색체의 부분들을 구분해준다

약 1970년까지도 광학현미경 하에서 관찰된 유사분열 염색체들은 그들의 상대적 크기와 동원체의 위치에 의해서만 구분될 수 있었다. 불행히도, 반수체 수가 적은 생물에서조차 둘 혹은 그 이상의 염색체들은 종종 시각적으로 서로 구분되지 않는다. 그러나 그 이후로 유사분열 염색체의 길이 축을 따라 차등 염색이 가능한 세포학적 절차가 개발되었다. 이러한 방법은 염색 패턴이 다사 염색체의 띠(band)와 유사하기 때문에 **염색체 밴딩 기술(chromosome banding techniques)**이라고 한다.

최초의 염색체 밴딩 기술 중 하나는 파듀(Mary-Lou Pardue)와 갈(Joe Gall)이 고안했다. 그들은 생쥐의 염색체 표본을 열 변성시킨 후 김자(Giemsa) 염색으로 처리하면 독특한 염색 패턴이 나타나는 것을 발견했다: 유사분열 염색체의 동원체 영역만이 염색되었던 것이다! 이런 염색 패턴을 **C-밴딩(C-banding)**이라고 한다. 우리의 현재 논의에 알맞게, 이 세포학적 기술은 이질염색질로 구성된 염색체의 특정 영역을 식별할

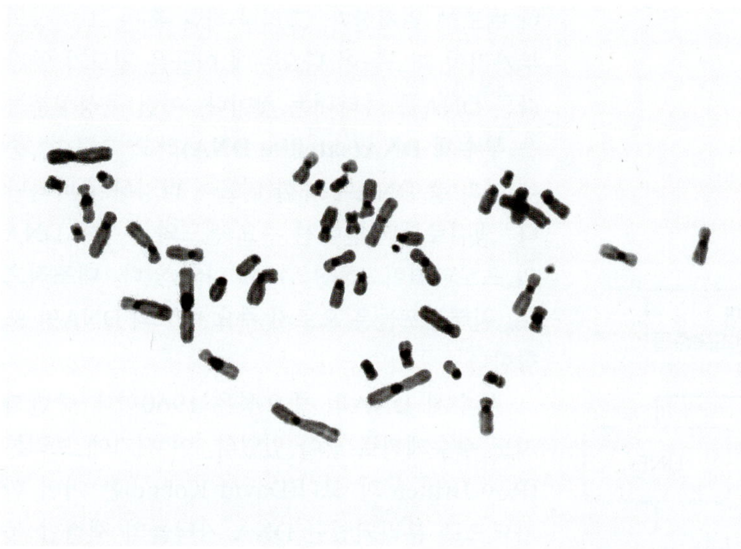

그림 12.11 C-밴딩이 드러나도록 처리된 인간의 분열기 염색체 시료. 동원체만 염색된다(작고 어두운 원으로 표시됨).

수 있도록 해준다. 이러한 방식으로 처리된 인간 핵형의 현미경 사진이 그림 12.11에 나와 있다. 생쥐의 염색체는 모두 말부동원체성(telocentric)이므로 각 염색체의 끝에서만 염색이 납는다.

같은 시기에 또다른 염색체 밴딩 기법이 개발되었다. 이런 기법 중 가장 유용한 것은 염색체 길이를 따라 차등적인 염색 양상을 만들어주는 것이다. **G-밴드(G bands)**(그림 12.12)를 생성하는 이 방법은 단백질 분해효소인 트립신으로 유사분열 염색체를 분해한 후 김자 염색을 사용한다. 차등적 염색 반응은 길이에 따른 염색체의 이질성과 복잡성을 반영하는 것이다.

1971년에 G-밴딩에 기초하여 인간 염색체의 밴딩 양상에 대한 일관된 명명법이 마련되었다. 그림 12.13은 X 염색체에 이 명명법을 적용하여 설명한 것이다. 염색체의 왼쪽에는 p와 q완에

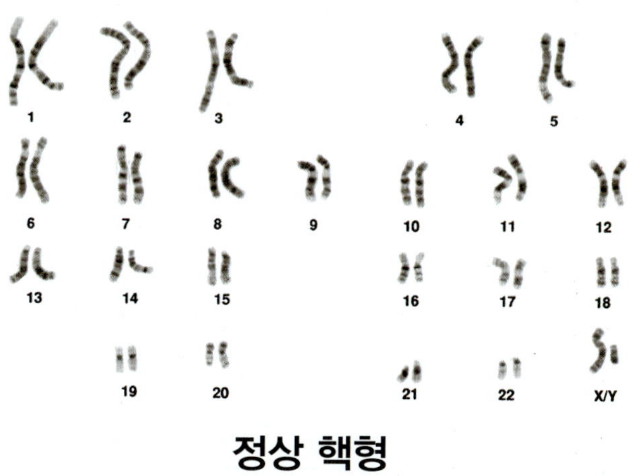

그림 12.12 정상 남성의 G-밴드 염색된 핵형. 염색체들은 중기의 세포로부터 유래한 것이다.

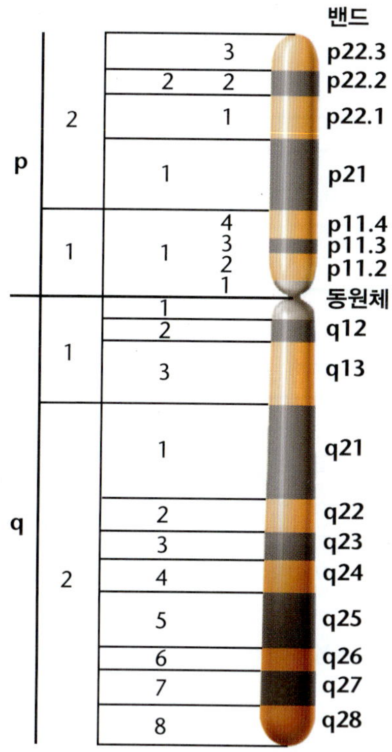

그림 12.13 밴딩 양상으로 밝혀진 인간의 X 염색체 영역들. 오른쪽 표시는 특정 밴드를 나타낸다.

서 구분이 가능한 밴드들의 다양한 조직화 수준을 표시하였다; 특정 구역에 대한 최종적 표시가 오른쪽에 나타나 있다.

다양한 밴드 양상을 만드는 데 관여하는 분자적 기구들은 잘 알려져 있지 않지만, 그 밴드들은 세포학적 분석, 특히 인간에서의 분석에 매우 중요한 역할을 해왔다. 개별 염색체에 대한 밴딩 양상은 독특하기 때문에 크기와 동원체 위치가 같은 염색체들(예: 인간 염색체 4번과 5번, 그리고 21번과 22번)을 구별할 수 있게 해준다. 각 염색체의 밴딩 양상들이 너무나 정확하므로, 상동염색체들을 서로 구별할 수 있으며, 한 염색체의 일부 단편이 다른 염색체로 전좌되면 그 기원도 정확히 결정할 수 있을 정도가 된다.

12.6 진핵세포의 유전체는 반복성 DNA가 특징인 복잡한 서열 조직화를 보여준다

지금까지 우리는 박테리오파지, 세균, 그리고 진핵세포에서 어떻게 DNA가 염색체로 구성되는지에 대해 살펴보았다. 이제는 초점을 진핵세포에 맞추어, 생물의 유전체를 구성하는 염색체 내 DNA 서열의 조직화에 대해 우리가 무엇을 알고 있는지 살펴보도록 하자.

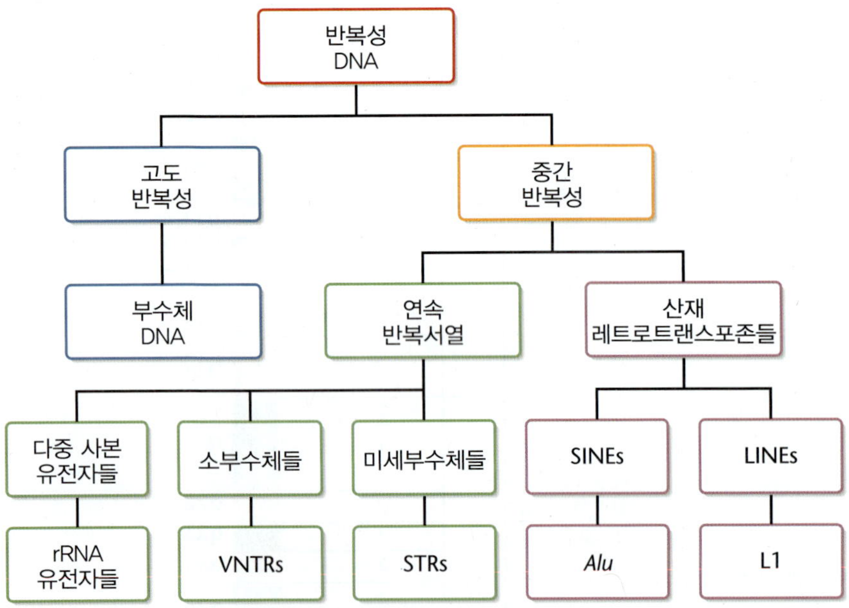

그림 12.14 다양한 반복성 DNA 범주를 개괄적으로 정리한 것.

유전자를 구성하는 독특한 단일 사본의 DNA 서열 외에도, 진핵생물 염색체의 많은 부분은 반복성 DNA 서열들로 되어 있다. 생물의 유전체 내에서는 다양한 정도의 반복성이 나타난다. 많은 연구가 **반복성 DNA(repetitive DNA)**에 대한 통찰을 제공해 왔으며, 다양한 종류의 서열들과 유전체 내에서의 조직화가 증명되었다. 그림 12.14는 반복성 DNA의 다양한 범주들을 개략적으로 나타낸 것이다. 몇몇 기능적인 유전자들은 하나 이상의 사본으로 존재하며, 따라서 원래 반복성을 띤다. 이들은 **다중 사본 유전자들(multiple-copy genes)**로 언급된다. 그러나 반복성 서열들 대부분은 단백질을 암호화하지 않는다. 그럼에도 많은 것들이 전사되며, 여기서 나온 RNA들은 염색질 재구성과 유전자 발현 조절 등 진핵세포에서 여러 역할을 담당한다. 다음에 이에 대해 더 자세히 다룰 것이다(18장 참고). 우리는 세 가지 주요 반복서열 범주들에 대해 알아보고자 한다: (1) 동원체나 텔로미어의 형성과 관련하여 발견되는 이질염색질, (2) 짧거나 긴 DNA 서열들의 연속 반복서열(tandem repeat), 그리고 (3) 진핵세포의 유전체 전반에 흩어져 있는 전이성 서열들(transposable sequences)이다.

부수체 DNA

특정 생물 종의 DNA에서, 뉴클레오타이드 조성(예를 들어, G-C 대 A-T쌍의 비율)은 그 밀도로 표현될 수 있는데, 침강평형 원심분리법(sedimentation equilibrium centrifugation)으로 측정할 수 있다. 진핵세포의 DNA가 이런 방법으로 분석되면, 그 대부분은 상당히 균질한 밀도로 나타나는 단일 주요 피크나 밴드에 위치한다. 그러나 하나 혹은 그 이상의 부가적인 피크들이 나오는데 이들은 밀도가 약간 다른 DNA를 나타내는 것이다. 이런 구성성분들을 **부수체 DNA(satellite DNA)**라고 부르며, 종에 따라 총 DNA에 대한 비율이 다양하게 나타난다. 생쥐로부터 얻어진 주요 밴드와 부수체 DNA의 프로파일이 그림 12.15에 나와 있다. 대조적으로, 원핵세포들은 오로지 주요 밴드의 DNA만 포함한다.

부수체 DNA의 중요성은 1960년대 중반까지도 수수께끼로 남아 있었다. 이 시기에 브리튼(Roy Britten)과 코니(David Kohne)는 이미 한 가닥으로 분리되었던 DNA 가닥들의 재결합 동력학(reassociation kinetics)을 측정하는 기법을 개발했다. 그들은 DNA 일부분이 다른 부분들보다 훨씬 빠르게 재결합한다는 것을 증명하였다. 이들은 이러한 빠른 재결합은, 동일하거나 거의 비슷한 뉴클레오타이드 서열로 구성된 다수의 DNA 조각들—**반복성 DNA**(*repetitive DNA*)—이 나타내는 특징이라고 결론지었다. 대조적으로, 세균 DNA는 독특한 단일 사본 서열 외에는 아무것도 없음을 기억할 것이다.

부수체 DNA가 재결합 동력학에 의해 분석이 되면, 이들은 짧은 서열들이 여러 번 반복되어 구성된 것으로 알려진 **고도 반복성 DNA**(*highly repetitive DNA*) 범주로 분류된다. 추가 증거는 이 서열들이 이질염색질이라고 알려진 매우 특수한 염색체 영역들—동원체 옆 부분—에서 나란히 반복되어 무리로 존재함을 시사한다. 이러한 사실은 1969년 파듀(Mary Lou Pardue)와 갈(Joe Gall)을 포함한 몇몇 연구자들이 **제자리 분**

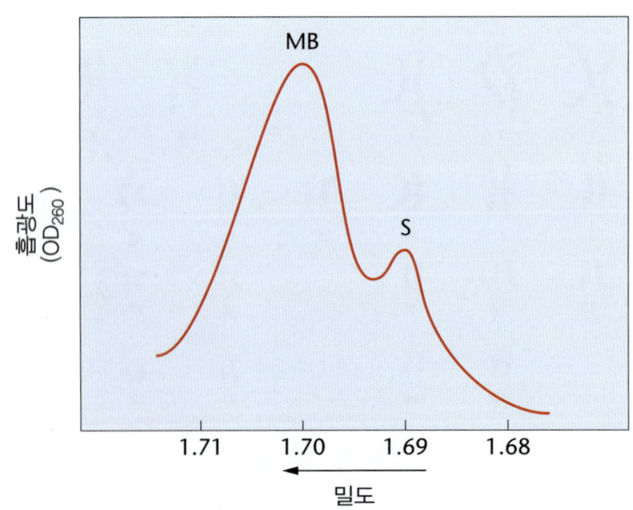

그림 12.15 CsCl 구배에서 초원심분리를 이용하여 생쥐 DNA의 주 밴드(main band, MB)와 부수체 DNA(S)를 분리한 것.

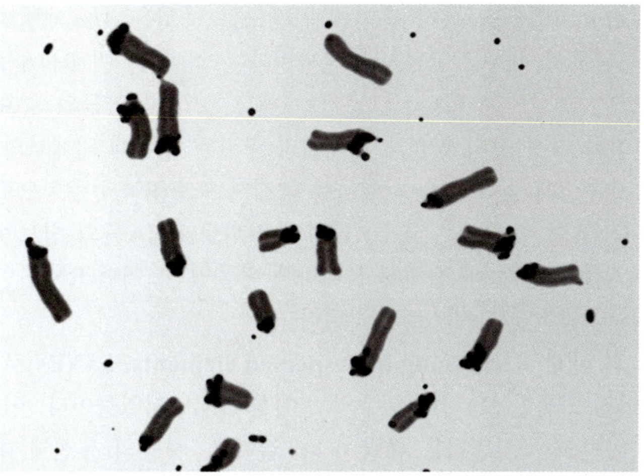

그림 12.16 생쥐의 부수체 DNA를 드러내는 방사성 탐침자와 분열기의 생쥐 염색체들 사이의 제자리 혼성화. 자가방사 사진의 과립들은 염색체 동원체 영역에 집중되어 있어서 부수체 DNA 서열의 위치와 구성을 드러내 준다.

자 혼성화(*in situ* molecular hybridization)라는 기술을 이 부수체 DNA 연구에 적용함으로써 발견되었다. 이 기법은 방사성으로 표지된 DNA나 RNA의 조각 일부와, 세포학적 방법으로 준비된 염색체에 포함된 DNA 사이의 분자 혼성화에 관한 것이다. 요즘에는 형광 탐침자가 표준적으로 사용되지만, 파듀와 같은 방사성 탐침자를 사용했다. 혼성화 과정 후, DNA 또는 RNA 분획에 상보적인 염색체 영역을 찾기 위해 자가방사법(autoradiography)이 수행되었다.

파듀와 같은 생쥐의 부수체 DNA로 만들어진 탐침자가 유사분열 중인 생쥐 염색체의 동원체 DNA에 혼성화됨을 증명하였다(그림 12.16). 이로부터 몇 가지 결론이 도출된다: 부수체 DNA는 이미 부유 밀도 연구에서 나타난 바와 같이, 주요 밴드의 DNA와는 분자적 조성이 다르다. 또한 이들은 짧은 반복서열들로 이루어진다. 마지막으로, 부수체 DNA는 염색체의 이질염색질성 동원체 부위에서 발견된다.

동원체의 DNA 서열

유사분열과 감수분열 중 상동체들의 분리는, 세포학적으로 진핵세포 염색체들의 길이를 따라 나타나는 **1차 수축 부위**(*primary constriction*)라고 설명되는 **동원체(centromere)**에 의존적이다. 이런 기능을 위해서는, 동원체 내에 포함된 DNA 서열이 매우 중요한 것으로 생각된다. 세심한 분석으로 이런 예측이 확인되었다. 염색체 분리의 기능을 지원하는 최소한의 동원체 지역은 **CEN 영역(CEN region)**으로 표시된다. 염색체의 이 이질염색질 영역 내에는, DNA가 단백질로 된 평평한 판에 결합되어 있는데, 이 판은 다세포 생물체에서 분열시 방추사가 부착하는 **방추사 부착점(kinetochore)**을 포함한다(그림 2.8 참고).

효모인 *Saccharomyces cerevisiae* 염색체의 CEN 부위가 최초로 연구되었다. 모든 동원체의 기능이 같으므로, 서로 다른 염색체들의 CEN들이 그들의 조직화에서 커다란 유사성을 공유한다는 것은 그다지 놀랄만한 일이 아니다. 효모의 CEN 영역은 약 120 bp로 구성된다. 돌연변이화 분석은 이 DNA 영역의 3′-말단 근처 부분이 동원체 기능에 가장 중요할 것임을 시사하는데, 5′-말단 근처의 돌연변이들이 아니라 3′-말단 근처 내부에서의 돌연변이들이 동원체 기능을 파괴하기 때문이다. 따라서 이 영역의 DNA는 방추사가 결합하는 데 필수적인 것으로 보인다.

다세포 진핵생물의 동원체 서열들은 효모의 것보다 훨씬 광범위하고 크기도 다양하다. 예를 들어, 초파리에서는 CEN 영역이 200~600 kb의 DNA 내에서 발견되는데, 그들 중 대다수가 고도로 반복성이다. 앞의 논의에서 고도로 반복성인 부수체 DNA가 생쥐의 동원체에 자리한다고 했음을 기억할 것이다. 인간에서는, 가장 잘 알려진 부수체 DNA 서열 중 하나가 **알포이드 패밀리(alphoid family)**인데 동원체 영역에서 주로 발견된다. 이 서열들은 하나가 약 170 bp의 길이로 연속적으로 반복되어 백만 bp까지 이르기도 한다. 현재는 진핵생물의 그런 반복성 DNA는 전사되며, 여기서 생산된 RNA가 궁극적으로 방추사 부착점의 기능에 관여하는 것으로 생각된다.

흥미로운 한 가지 마지막 관찰은, 모든 진핵성 뉴클레오좀의 정상적 구성요소인 H3 히스톤이 동원체의 이질염색질에서는 CENP-A라고 불리는 변형 히스톤으로 대체된다는 점이다. CEN-A를 독특하게 만드는 것은 N-말단 단백질 꼬리로, 방추사부착점 단백질과의 결합에 관여한다. 방추사 부착점 단백질은 방추사 미세소관과의 결합에 필수적이다. 이런 발견은 동원체에서만 발견되는 DNA 서열이 독특한 염색체 구조의 기능과 관련이 있다는 가정을 지지한다.

중간 반복성 서열들: VNTR과 STR

또 하나의 뚜렷한 반복성 DNA 그룹에 대한 간단한 고찰이 진핵세포의 유전체 구성을 이해하는 데 도움이 될 것이다. 사람 유전체의 약 5%를 차지하는(쥐의 유전체에서는 10%) 고도로 반복성인 DNA에 외에도, 2번째 범주가 바로 **중간 반복성(middle or moderately repetitive) DNA**로서, 상당히 잘 규명된 서열이다. 우리는 현재 인간의 유전체에 대해 많은 것을 알고 있으므로, 유전체 조직화에서 이 범주의 서열을 설명하는 데 인간의 서열들을 이용할 것이다.

중간 반복성 DNA들에 일부 중복 유전자들(리보솜 RNA를 암호화하는 것 등)이 포함되기는 하지만, 이 범주에서 가장 눈에 띄는 것들은 비암호성 연속 반복서열들이나 비암호성 산재 서열들이다. 유전체에서 이 성분들이 어떤 기능을 하는지는 알려지지 않았다. 한 가지 예는 **가변수 연속 반복서열(variable number tandem repeats, VNTRs)**로 불리는 서열이다. 이 반복성 DNA는 15~100 bp 길이로 유전자들 사이에서 발견된다. 많은 수의 그런 서열 무리들은 종종 **소부수체들(minisatellites)**이라고 불리며 유전체 전체에 산재해 있다.

각 좌위에서 이 특정 서열들의 나란한 반복 수가 개인마다 달리 나타나므로 약 1~20 kb 정도 길이의 국부적인 영역을 만든다. 이후에 다루게 되는(21장 참고) DNA 법의학에서 살펴볼 내용처럼, 개인 사이에서 나타나는 이 부위들의 길이 차이는 **DNA 지문(DNA fingerprinting)**이라고 일컬어지는 법의학적 기법의 기초가 된다.

연속된 반복서열의 또 다른 그룹은 두 개(di-), 세 개(tri-), 네 개(tetra-), 그리고 다섯(penta-) 개의 뉴클레오타이드가 반복적으로 나타나는 것으로, **미세부수체(microsatellite)**, 혹은 **짧은 연속 반복서열(short tandem repeat, STR)**이라고 불린다. VNTR처럼, 이들은 유전체 전체에 퍼져 있으며 개인마다 각 좌위에 존재하는 반복 수가 다르다. 예를 들어, 사람에서 가장 흔한 미세부수체는 (CA)*n*으로 이루어지는 두 뉴클레오타이드 반복서열로, 여기서 *n*은 반복 횟수를 나타낸다. 일반적으로, *n*은 5~50이다. 이 반복서열들의 군집들 또한 유전체 분석에 있어 유용한 분자 마커로 이용된다.

반복성 전이 서열들: SINE과 LINE

반복성 DNA의 또 다른 범주는 나란한 반복이 계속된다기보다는 유전체 전체에 간헐적으로 나타나는 서열들로 이루어진다. 그들은 짧은 것도 있고 긴 것도 있으며 많은 것들이 **전이성 서열(transposable sequences; 가동성 서열)**이라는 특징을 가진다. 이들은 유전체 내의 다른 좌위로 이동할 수 있다. 인간 유전체들의 많은 부분이 이러한 서열들로 채워져 있다. 전이성 서열들에 대해서는 이 교재의 후반에 더 자세히 논의될 것이다(15장 참고).

예를 들어, **SINE**이라고도 불리는 **짧은 산재 요소들(short interspersed elements)**은 500 bp 이하의 길이로, 사람 유전체에서 150만 번 정도 혹은 그 이상 빈번하게 존재한다. 가장 잘 알려진 사람의 SINE은 ***Alu* 패밀리**(***Alu* family**; 이 이름은 제한 효소인 *Alu I*에 의해 인식되는 DNA 서열이 존재한다는 데서 기초한 것이다)로 불리는, 밀접하게 연관된 서열들이다. 이 DNA 패밀리의 구성원들은, 다른 포유류에서도 발견되는 것으로, 크기는 200~300 bp로 유전체 전체에 비교적 균일하게 산재하며, 유전자 내부 혹은 유전자들 사이에 존재한다. 사람에서는 이 패밀리가 전체 유전체의 5% 이상을 차지한다.

Alu 서열들을 특히 흥미롭게 만드는 사실은 *Alu* 패밀리의 구성원들이 때때로 RNA로 전사된다는 점이다. 이 RNA들의 역할은 확실치는 않다. 그렇기는 해도, *Alu* 서열들의 중요성은 진화 과정 중의 염색체 재배열과 관련된 유전체 내에서의 이동 가능성에 있다. *Alu* 서열들은 역전사 효소(RNA 주형으로부터 DNA를 합성하는 효소) 활성의 결과로 RNA들의 상보체인 DNA를 유전체 내 전체에 산재하게 만들었던, 어떤 RNA 인자로부터 생겨났을 것으로 생각된다.

긴 산재 요소들(long interspersed elements, LINEs)로 이루어진 그룹은 또 다른 범주의 전이성 DNA 서열들이다. 이 서열 집단의 구성원들은 대략 6 kp 길이로, 사람의 유전체 내에 85만 번 정도 나타난다. 인간에서 가장 뚜렷한 예는 **L1 패밀리(L1 family)**라고 표기되는 서열 집단이다. 이 서열 패밀리의 구성원들은 약 6,400 bp 길이로 50만 번까지 나타난다. 그들의 5′-말단은 매우 변화가 많으며, 유전체 내에서 이들의 역할은 아직 밝혀져 있지 않다.

L1 요소들의 이동 기작은 이제 분명하다. L1 DNA 서열은 처음에 RNA 분자로 전사된다. 다음 이 RNA는 역전사효소에 의해 DNA 상보체를 합성하는 데 주형으로 작용한다. 이 효소는 L1 서열의 일부에서 암호화된다. 새로운 L1 사본은 염색체의 새로운 자리에서 DNA로 통합된다. 자리 이동(transposition)의 이런 기작이 레트로바이러스들에 의해 사용되는 방법과 닮아 있어서 LINE들은 **레트로트랜스포존(retrotransposons)**으로 불리기도 한다.

SINEs과 LINEs은 인간 DNA의 상당 부분을 차지한다. SINEs은 인간 유전체의 약 13%를 구성하며, LINE들은 21%를 구성한다. 두 요소 모두 반복된 DNA 서열이 독특한 서열과 섞여 존재한다.

중간 반복성의 다중 사본 유전자들

일부 경우에, 중간 반복성 DNA들이 다수의 사본으로 나란히 존재하는 기능적인 유전자들을 포함하기도 한다. 예를 들어, 리보솜 RNA를 암호화하는 유전자들은 다수의 사본으로 존재한다. *Drosophila*는 반수체 유전체당 120개의 사본을 가진다. 이 사본들의 단일 유전자 단위들은 5.8*S*, 18*S*, 28*S* rRNA로 변화될 커다란 전구체 분자를 생산한다. 사람에서는, 이 유전자의 다수 사본들이 단부동원체형(acrocentric) 염색체인 13, 14, 15, 21, 22의 단완(p arm)에 뭉쳐 존재한다. 5*S* rRNA를 암호화하는 유전자의 여러 사본은, 1번 염색체의 단완 끝부분에서 함께 발견되는 다수의 유전자군으로부터 따로 전사된다.

12.7 진핵생물 유전체의 대부분은 기능적인 유전자를 갖고 있지 않다

진핵세포에서 나타나는 여러 가지 형태의 반복성 DNA에 관한 앞의 정보를 고려하면, 다음과 같은 중요한 질문이 제기된다: **진핵세포의 유전체 중 어느 정도의 DNA가 실제로 기능적인 유전자들을 암호화하는가?**

지금까지 살펴본 것처럼, 다양한 형태의 고도 반복성 DNA와 중간 반복성 DNA들을 합하면 인간 유전체의 상당 부분을 차지한다. 반복성 DNA에 더하여, 재결합 동력학 분석에 의해 단일 사본 서열들로 구분되는 DNA의 많은 부분 역시 비암호성인 것으로 보인다. 여기에는 우리가 **위유전자(pseudogene)**라고 부르는 것들도 포함된다. 이들은 유전자 중복의 진화적 흔적을 나타내는 것으로, 충분한 돌연변이로 인해 전사되지 않게 바뀐 것이다. 결과적으로, 이들은 그 부모 유전자들과 일부 상동성을 나타내기는 하지만, 보통 구조 내의 삽입과 결실들로 인해 전사되지 않는다.

반복성 DNA를 구성하는 유전체의 비율은 생물마다 다양하지만, 한 가지 공통점이 있다: **유전체의 극히 일부만이 실제로 단백질을 만든다는 것이다.** 예를 들어, 2만~3만 개의 단백질 암호화 유전자를 가지는 성게에서는 이들이 유전체의 10% 미만을 차지한다. 초파리에서는, 오직 5~10%의 유전체만이 단백질을 암호화하는 유전자들이다. 사람에서는, 20,000개의 유전자들이 단백질을 만드는 것으로 추정되며 이것은 유전체를 구성하는 전체 DNA 서열의 약 2% 정도만을 차지한다.

위의 관찰들과 관련하여, 우리는 현재 DNA 서열이 단백질로 번역되지 않는 RNA 분자들로 전사되는 여러 사례를 발견하고 있으며, 이들은 유전자 활성 조절 등과 같이 중요한 세포내 역할을 담당한다. 이 주제에 관해서는 이후에 더 심도 있게 다루게 될 것이다(21장 참고).

EXPLORING GENOMICS
유전체학 탐구

유전체 변이들에 관한 데이터베이스: 인간 유전체의 구조적 변이들

이 장에서 우리는 염색체의 세부사항들과 염색체로 조직화되는 DNA 서열들에 초점을 맞췄다. 이와 관련된 발견은 DNA의 큰 단편들과 다수의 유전자가 중복되어 사본 수가 크게 변하는 **사본 수 변이(copy number variations, CNV)**가 생긴다는 것이다. 많은 연구가 CNV들을 찾아 지도화하고 이들과 관련된 질병들이 있는지를 밝히려고 하고 있다.

인간 유전체 내에서 수천 개의 CNV들이 밝혀졌으며, 추산에 따르면 인간 집단 내에는 수천 가지 이상이 더 존재할 것이라고 한다. 이번 유전체학 탐구의 연습에서는 **유전체 변이에 관한 데이터베이스(Database of Genomic Variants, DGV)**를 방문해 볼 것이다. 이것은 CNV들을 비롯하여 인간 유전체 내의 구조적 변이들에 관해 빠르고 광범위한 개요를 제공해준다.

■ 연습 I – 유전체 변이 데이터베이스

1. 웹 주소 http://dgv.tcag.ca.에서 DGV에 접속한다. DGV의 목적에 대해 좀 더 알아보기 위해 "이 프로젝트에 관하여(About the Project)" 탭을 클릭하라.
2. DGV의 정보는 "염색체로 DGV 변이 찾기(Find DGV Variants by Chromosome)"라는 기능으로 관심 염색체를 클릭함으로써 쉽게 열람할 수 있다. 관심이 있는 염색체를 클릭하여 이 기능을 이용해 보라. "변이들(Variants)" 탭 아래로 표 하나가 나타날 것이다. 이 표는 다음 정보들을 포함하는 몇 가지 칸들을 보여준다.
   - 시작과 끝: CNV의 좌위를 보여주는 것으로, 변이가 있는 염기쌍들을 포함하고 있다.
   - 변이 접속 번호: 각 변이에 대한 독특한 확인 번호를 제공한다. 변이 접속 번호를 클릭하면 각 CNV에 대한 특이 사항들에 관한 새로운 페이지가 열리며, 여기에는 그 CNV가 위치한 알려진 유전자들과 변이의 염색체 띠 위치(banding location)가 포함되어 있다.
   - 변이 형태: 이 데이터베이스 내의 대부분의 변이들은 CNV들이다. 결실이나 삽입, 그리고 중복 같은 변이 아형(Variant subtype)들은 옆 칸에 나타나 있다.
3. 특정 CNV 그룹들을 분석해 보자. 많은 CNV들은 그들이 커다란 영역의 비-단백질 암호화 서열 혹은 비 조절성 서열을 포함하고 있으므로 표현형에 영향을 미칠 것으로 보이지는 않는다. 그러나 유전자를 포함하는 CNV들 역시 밝혀져 있는데, 알츠하이머나 파킨슨병, 그리고 다른 질병들과 관련된 유전자들을 포함하는 변이들도 있다.

   디펜신(defensin, DEF) 유전자들은 매우 중복되어 있는 큰 유전자 패밀리의 일부이다. *DEF* 유전자들에 대해 좀 더 알아보기 위해서는 키워드 탐색 상자(Keyword Search box)를 이용하여 *DEF*를 찾는다. 이 탐색의 결과 페이지는 관련 CNV들을 나열해 보여줄 것이다. 나열된 서로 다른 *DEF* 유전자 중 어떤 것이든 이름을 클릭하면 이 유전자들에 대한 방대한 정보들[인간에서의 멘델식 유전에 관한 웹사이트(Online Mendelian Inheritance in Man, OMIM)로의 링크를 포함]로 안내될 것이므로 다음 질문들에 답을 구할 수 있을 것이다. 답을 구하는 데 필요한 정보를 얻기 위해, 서로 다른 염색체에서 *DEF*-포함 CNV들 몇 개에 대해 다음 내용을 확인해보라.

   a. 어떤 염색체(들) 상에서 *DEF* 유전자를 포함한 CNV들을 발견할 수 있었는가?

   b. *DEF* 유전자 산물에 대해 무엇을 알 수 있었는가? DEF 단백질은 무엇을 하는가?

   c. 인간에서 *DEF* 유전자형과 *DEF* 유전자 발현에서의 변이들은 여러 가지 인간의 질병들과 관련되어 있다. *DEF* 유전자형에서의 변이에 영향을 받는 질병의 종류를 예로 들어 보라.

   d. DGV에서 관심 있는 염색체를 검색하고 그 염색체에 지도화된 CNV에 대해 자세히 알아보라. 서로 다른 변이를 나타내는 각 염색체의 지도를 보여주는 유전체 탐색기(Genome Browser) 기능을 사용해 보라. CNV(파란색으로 표시)의 경우, CNV를 클릭하면 염색체의 해당 위치로 이동할 것이다.

사례 연구 도움일까, 상처일까?

로버트 증후군(Roberts syndrome)은 심각한 사지 발달 장애와 여분의 손발가락, 그리고 무릎과 발목 기형 및 안면기형이 특징인 희귀한 유전 질병이다. 김자 염색이나 C-밴딩 기법을 이용하여 이 증후군을 가진 환자에 대해 세포학적 분석을 수행한 결과, 후기가 아닌 유사분열 중기에 동원체와 기타 이질염색질 영역이 조기 분리된다는 사실이 드러났다. 희귀 유전 질병들에 관한 연구 촉진을 전담하는 지역 조직은 로버트 증후군인 신생아를 가진 부부에게 연락을 취해 이러한 질환에 대한 자금 확보를 위한 캠페인의 일환으로 아기 사진을 찍어도 되는지 물었다. 부부는 그런 의료 사진의 프라이버시는 잘 보호되지 않으며 종종 공공 웹사이트에 노출된다는 것을 알게 되었다. 부부는 이런 질병에 대한 연구를 촉진하고 인식을 높이기 위해 도와야 할 것인지, 아니면 아이의 사진이 부적절하게 사용되지 못하도록 보호해야 할 것인지 고민에 빠졌다. 여기서 몇 가지 흥미로운 질문이 생긴다.

1. 로버트 증후군에서는, 어떻게 유사분열 중의 동원체 조기 분리가 그런 다양한 표현형적 결함을 유발할 수 있었을까?
2. 이 상황에서 자녀에 대한 부모의 윤리적 의무는 무엇이며, 이들은 이 질병에 대한 인식을 높이도록 아이의 사진이 사용되도록 허용함으로써 로버트 증후군인 다른 사람을 도와야 할 윤리적 의무가 있을까?
3. 부모가 아이의 사진 촬영을 허용하기로 한 경우, 사진의 적절한 사용 및 배포를 보장하기 위해 지역 조직은 어떤 조치를 취해야 하겠는가?

다음 자료를 참고하라: Onion R. (2014). History, or Just Horror? *Slate Magazine*(http://www.slate.com/articles/news_and_politics/history/2014/11/old_medical_photographs_are_images_of_syphilis_and_tuberculosis_patients.html).

요약 정리

1. 진핵세포와는 대조적으로, 세균과 박테리오파지의 염색체들은 대체로 결합 단백질들이 없으며, 크기도 훨씬 작고 원형 DNA로 구성된다. 과나선화 현상은 이 염색체 DNA의 압축을 촉진한다.
2. 다사 염색체와 램프브러쉬 염색체들은 현대의 분자 생물학자들이 사용할 수 있는 기술들이 발전하기에 앞서, 유전물질의 구성과 기능에 대한 지식을 확장시켜 주었던 특수한 구조물들의 예라고 할 수 있다.
3. 진핵세포의 염색질은 뉴클레오좀이라고 불리는 반복성 단위로 조직화된 핵단백질(nculeoprotein)이다. 이것은 200 bp의 DNA와, 네 가지 형태의 히스톤 8합체, 그리고 한 가지의 연결 히스톤으로 구성되어 있다.
4. 뉴클레오좀들은 염색질을 핵 안으로 포장하기 위한 기구를 제공한다. 여러 형태의 화학적 변형들, 예를 들어 아세틸화와 메틸화 등은 압축의 수준을 변화시킬 수 있어서, DNA의 복제와 전사에 필수적인, 염색질 재구성을 위한 과정으로 언급된다.
5. 간기에 조기 응축되어 있으며 유전적으로 대부분이 불활성인 이질염색질은 진핵세포의 염색체에서 동원체와 텔로미어 영역들, 그리고 Y 염색체와 바 소체들로 설명된다.
6. 염색체 밴딩 기법들은 유사분열 염색체들을 특정 영역으로 구분하여 확인할 수 있도록 하는 방법을 제공한다.
7. 진핵성 유전체들은 여러 가지 범주의 반복성 DNA가 특징인 복잡한 서열 조직화를 나타낸다. 이들은 유전체의 다양한 영역들에 뭉쳐 있는 연속 반복서열로 구성되어 있거나 혹은 유전체 전체에 무작위로 반복적으로 흩어져 있는 단일 서열들로 구성된다.
8. 많은 진핵성 유전체들에서 대부분의 영역이 기능적 유전자를 암호화하고 있지 않다. 예를 들어, 인간에서는 유전체의 단 2%만이 20,000개의 유전자들을 암호화하는 데 이용된다.

통찰과 해법

이전에 알려지지 않았던 단세포 생물이 깊은 바닷속에서 발견되었다. 이 생물의 핵은 단일 선형 염색체를 포함하고 있었으며, 7×10^6 뉴클레오타이드 쌍의 DNA가 3종의 히스톤과 유사한 단백질들과 결합되어 있었다. 다음 질문들에 대해 생각해 보자:

1. 짧은 시간 동안의 단구균 뉴클레아제에 의한 분해로 700, 1,400, 그리고 2,100 bp 길이의 DNA 단편들이 생겼다. 이 단편들이 무엇을 나타내는지 예측해 보라. 어떤 결론이 도출될 수 있겠는가?

   해법: 염색사가 아마도 700 bp의 DNA를 포함하는 뉴클레오좀 변이형으로 구성되어 있을 것이다. 1,400- 혹은 2,100-bp의 단편들은 두 개 혹은 세 개의 연결된 뉴클레오좀들을 나타내는 것으로 생각된다. 효소적 절단이 불완전하게 이루어져 나머지 두 조각이 생긴 것으로 생각할 수 있다.

2. 각 뉴클레오좀을 분석한 결과, 각 단위가 각기 한 종의 단백질들을 포함하고 있었고, 짧은 링커 DNA는 결합 단백질들이 없었다. 전체 염색체가 뉴클레오좀들로 이루어져 있다면(링커 부분은 생각하지 않고), 뉴클레오좀은 몇 개가 있으며 이를 형성하는 데 필요한 단백질은 총 몇 개인가?

   해법: 염색체가 7×10^6 bp의 DNA로 이루어져 있고, 각 뉴클레오좀이 7×10^2 bp의 DNA를 포함하고 있으므로, 뉴클레오좀의 숫자는 $7 \times 10^6/7 \times 10^2 = 10^4$ 뉴클레오좀들이다. 따라서 한 종류의 단백질 개수가 10^4이므로 총 단백질 수는 3×10^4 분자들일 것이다.

3. 이 생물체의 DNA를 더 분석한 결과 이들이 왓슨-크릭 모형과 유사한 이중 나선임이 밝혀졌으나 한 바퀴당 20 bp를 포함하고 있는 오른 꼬임 나선이라는 것이 드러났다. 뉴클레오좀의 물리적인 크기는 다른 진핵세포들에서 발견된 부피의 정확하게 2배였다. 이것은 아마도 염색사의 축이 2배로 거리가 증가한 것 때문으로 생각된다. 이 생물의 뉴클레오좀과 다른 진핵생물에서 발견되는 뉴클레오좀의 응축 정도를 비교해보라.

   해법: 이 독특한 생물체는 완전히 35번 회전하는 나선(뉴클레오좀 하나당 700 bp/한 회전당 20 bp) 길이를 각 뉴클레오좀 내로 포장한다. 정상적인 진핵생물들은 20번 회전하는 나선(뉴클레오좀당 200 bp/한 회전당 10 bp) 길이를 하나의 뉴클레오좀, 즉 그 독특한 생물의 절반의 부피에 해당하는 크기로 포장한다. 따라서 밀집의 정도는 독특한 생물체에서 덜하다.

4. 새로 발견된 생물의 특이한 염색체는 더 꼬이거나 압축되지 않는다. 이 상황을 진핵성 염색체와 비교해 보라. 길이가 7×10^6 bp인 간기의 인간 염색체는 더 짧겠는가, 아니면 더 긴 염색사이겠는가?

   해법: 진핵성 염색체는 솔레노이드 형태를 만드는 더 상위의 압축을 포함한다. 이것은 링커 DNA로 연결된 뉴클레오솜들로 구성된 코일이다. 솔레노이드들은 진핵성 염색사를 5배 이상 더 압축한다. 그 독특한 염색체의 길이는 10^4 뉴클레오좀들로 압축되며 염색체 축의 길이가 진핵성 염색사의 2배이다. 진핵성 염색사는 $7 \times 10^6/2 \times 10^2 = 3.5 \times 10^4$ 뉴클레오좀들로 구성되어 그 독특한 생물보다 3.5배 더 많다. 그러나 솔레노이드에서 5배로 압축된다. 따라서 그 독특한 생물의 염색체가 더 긴 염색사로 나타날 것이다.

13

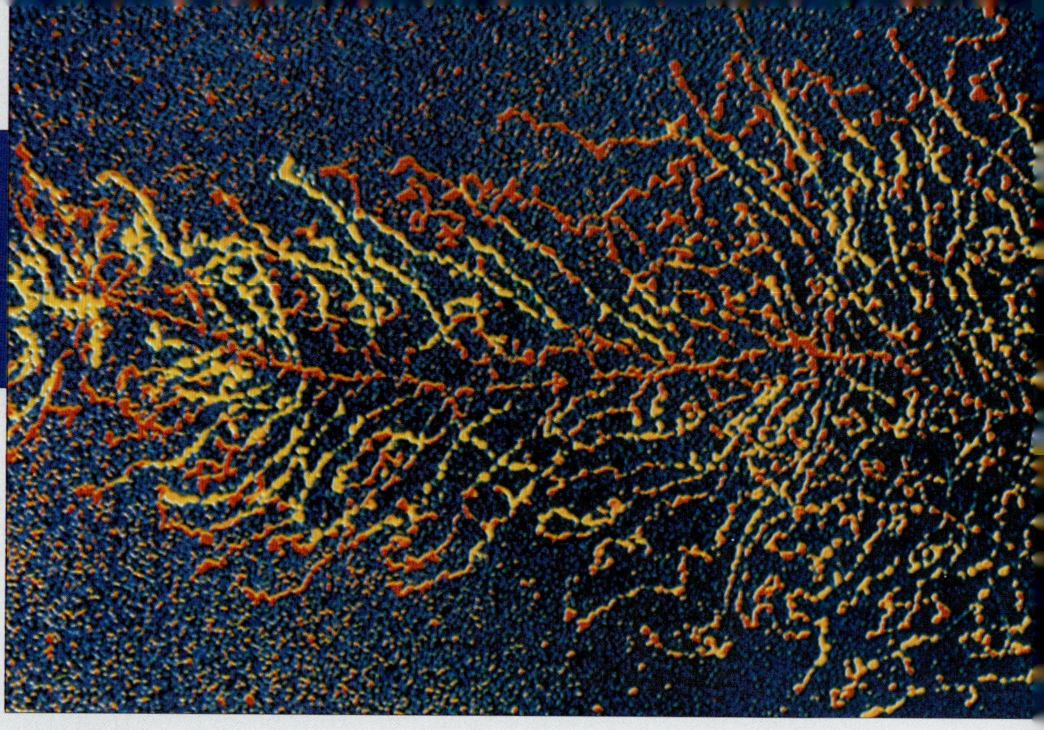

유전암호와 전사

전사 중인 DNA 단편의 전자현미경 사진.

핵심 개념

- 유전정보는 지구상의 거의 모든 생물에 공통적인 형태로 암호화되어 DNA에 저장된다.
- 유전암호는 우선 전사 과정을 통해 DNA에서 RNA로 옮겨진다. 일단 DNA에서 RNA로 옮겨진 유전암호는, RNA를 구성하는 네 가지 리보뉴클레오타이드를 이용한 세 글자 코돈들로 존재한다.
- RNA의 네 가지 리보뉴클레오타이드들은 네 개의 "글자들"과 유사하게 64종류의 서로 다른 세 문자 서열로 배열될 수 있다. RNA의 이 세 문자 코돈들 대부분은, 단백질에 존재하는 20가지의 아미노산 중 하나를 암호화한다.
- 몇 가지 코돈들은 단백질 합성을 개시하거나 종결하라는 신호로 작용한다.
- 세균의 전사는 진핵생물과 유사하지만, 번역 전에 초기 전사체가 가공되어야 하는 진핵생물보다는 덜 복잡하다.

이 책의 앞에서 살펴보았던 것처럼(10장 참고), DNA의 구조는 데옥시리보뉴클레오타이드들의 선형 배열로 구성된다. 이런 서열은 궁극적으로, 단백질-암호화 유전자의 최종 산물인 단백질의 조성을 지시한다. 중점적인 문제는 그렇게 저장된 정보들이 어떻게 단백질로 해독되는가이다. 그림 13.1은 어떻게 이런 정보의 이동으로 유전자 발현이 일어나는지 간략하게 보여준다. 유전자 발현의 첫째 단계에서는, DNA의 두 가닥 중 하나(주형 가닥)에 존재하는 정보가, 전사 과정을 거쳐 RNA 상보체로 전이된다. 일단 합성이 되면, 이 RNA는 암호화된 정보를 저장하는 "전령(messenger)" 분자로 작용하며, 진핵세포에서는 핵 밖으로 수송된다. 그런 RNA들은 리보솜과 연계되어 단백질로 해독된다. DNA에서 RNA를 거쳐 단백질로 향하는 유전정보의 흐름을 **분자 유전학의 중심원리(central dogma of molecular genetics)**라고 한다.

이 장에서는 두 가지 주요 질문을 다룸으로써 유전자 발현의 첫 단계를 조명하고자 한다. 첫째, 어떻게 유전적 정보가 암호화되는가? 둘째, 전사 과정이라고 정의되는, 'DNA에서 RNA로의 정보 전이'가 어떻게 발생하는가? 앞으로 살펴볼 내용처럼, 천재적이고 분석적인 연구들로 유전암호가 3개의 문자 단위로 되어 있다는 것이 밝혀졌다. 따라서 mRNA에 존재하는 리보뉴클레오타이드들은 곧 유전자에 저장된 정보를 반영하는 것이다. 세 글자 암호(triplet code) 대부분은 단백질이 합성될 때 특정 아미노산의 삽입을 지시한다. DNA의 복제에 대한 이전의 논의(11장 참고)에 기초하여 예상할 수 있듯이, 전사 또한 주요 중합효소와 이를 지지하는 여러 단백질에 의존하는 복잡한 과정이다. 이제 세균의 전사에 대해 알려진 것을 살펴보고, 이 원핵생물에서의 모형과 진핵생물에서 발견되는 차이를 비교해 보도록 하자. 14장에서는, 어떻게 번역이 이루어지는지와 단백질의

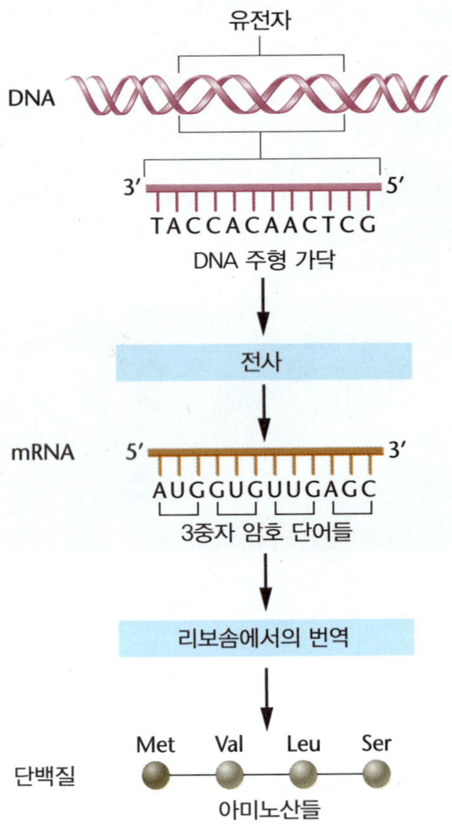

그림 13.1 중심원리. 유전자 발현은 DNA가 mRNA(상단)로 전사되는 과정과, (리보솜의 도움으로) mRNA가 단백질(하단)로 번역되는 과정(중앙)으로 구성된다.

구조 및 기능에 대해 다룸으로써 유전자 발현에 대한 우리의 논의를 계속할 것이다. 종합하면, 이런 장들은 분자 유전학에 관한 전체적 그림을 제공하여 생명체를 이해하는 기초를 마련해 줄 것이다.

13.1 유전암호는 리보뉴클레오타이드의 염기들을 "글자"처럼 사용한다

현재 유전암호에 대해 알려진 여러 가지 내용을 밝혀주었던 다양한 분석적 접근들을 살펴보기에 앞서, 암호의 일반적 특징들을 요약해보도록 하자:

1. 유전암호는 mRNA 분자를 구성하는 리보뉴클레오타이드 염기들을 "글자들"로 이용하여 선형(linear form)으로 기록된다. 이 리보뉴클레오타이드 서열은 DNA의 상보적인 뉴클레오타이드로부터 유래한 것이다.
2. mRNA 내의 각 "단어"들은 DNA의 세 개의 리보뉴클레오타이드 글자로 구성되므로 **3중자 암호(triplet code)**라고 불린다.
3. 몇 가지 예외가 있지만, 세 개의 리보뉴클레오타이드 묶음은 **코돈(codon)**이라고 불리며, 이것이 거의 예외 없이 **명확하게(unambiguous)** 단 하나의 아미노산만을 지정한다.
4. 암호의 특이성은 **퇴화(degenrate)**되어 있다; 즉, 특정 아미노산이 하나 이상의 세 글자 암호에 의해 지정될 수도 있다. 이런 현상은 20개의 아미노산 중 18개에서 발생한다.
5. 유전암호는 하나의 "시작(start)" 신호와 3개의 "중지(stop)" 신호를 포함하고 있어서, 번역을 **개시(initiate)**하도록 하거나, 번역을 **종결(terminate)**시킨다.
6. 암호 내에서는 내부 구두점(콤마)은 사용하지 않는다. 그러므로 암호는 **쉼표가 없다(commaless)**고 언급된다. 이것은 일단 mRNA의 번역이 시작되면 코돈들이 쉼 없이 계속해서 (종결 신호에 도달할 때까지) 차례대로 읽힌다는 뜻이다.
7. 암호는 **겹쳐 읽히지 않는다(non-overlapping)**. 일단 번역이 시작되면 mRNA 내의 어떤 뉴클레오타이드라도 오직 한 개의 암호 단위의 일부가 된다.
8. 암호는 **대응 일치(co-linear; 공선적)**를 보인다; mRNA의 코돈 순서가 단백질에 암호화되는 아미노산의 순서를 결정한다.
9. 암호는 거의 **보편적(universal)**이다. 일부의 예외가 있긴 하지만, 거의 모든 바이러스, 원핵생물, 고세균, 그리고 진핵생물들에 의해 한 가지 암호 사전이 사용된다.

13.2 초기 연구들로 암호의 기본적 작동 방식이 밝혀졌다

1950년대 후반, mRNA가 유전암호를 DNA에서 단백질로 매개한다는 것이 아직 분명치 않았을 때 연구자들은 DNA 스스로가 직접 단백질을 만드는 것이 아닐까 생각하기도 했다. 리보솜들이 이미 규명되어 있었기 때문에, 초기의 생각은 DNA 정보가 핵에서 리보솜의 RNA로 옮겨지며, 이 RNA들이 세포질에서 단백질 합성의 주형으로 사용된다는 것이었다. 이런 생각은 불안정한 중간체 주형의 존재를 시사하는 증거들이 쌓이면서 곧 폐기되었다. 한편 리보솜의 RNA는 극도로 안정했다. 결과적으로, 1961년 제이콥(François Jacob)과 모노드(Jacques Monod)는 **전령 RNA(messenger RNA, mRNA)**의 존재를 가정하기에 이른다. 일단 mRNA가 발견되자, 유전정보가 DNA에 저장되어도, 단백질로 번역될 암호는 RNA에 존재하게 된다는 사실이 분명해졌다. 이제 주된 문제는 어떻게 단 네 개의 문자—네 종류의 뉴클레오타이드—가 20개의 단어(아미노산들)를 지정하는가로 초점이 맞춰졌다.

세 글자 암호

1960년대 초 브레너(Sidney Brenner)는, 4종의 문자들이 20개의 아미노산을 지정하기 위해서는 최소한 3개의 글자로 된 단어가 필요하므로, 유전암호가 3문자(triplet; 3중자)여야 한다는 이론적 주장을 펼쳤다. 4종의 뉴클레오타이드로 이루어진 암호는, 예를 들어 한 번에 두 개를 취한다면 16가지의 서로 다른 암호 단어들(4^2)을 만들어낸다. 세 글자 암호는 64가지 단어(4^3)—필요한 20가지보다 분명히 많다—를 제공할 수 있으며, 256개의 단어를 지정하는 네 문자 암호(4^4)보다는 훨씬 간단하다.

세 글자로 된 암호의 성질을 지지하는 실험적 증거는 곧이어 크릭(Francis Crick)과 그의 동료들에 의한 연구로부터 얻어졌다. T4 파지를 이용하여 그들은 **틀이동 돌연변이(frameshift mutation)**를 연구했는데, 이것은 유전자 내에 하나 이상의 뉴클레오타이드들이 첨가되거나 결실된 이후 mRNA로 전사되어 생기는 것이다. 하나 이상의 글자가 빠지거나 첨가되는 것은 번역 중에 **번역틀(reading frame)**을 변화시킨다. 크릭과 그의 동료들은 한 개나 두 개의 뉴클레오타이드를 얻거나 잃는 것은 돌연변이를 유발하지만 3개의 뉴클레오타이드가 관여하면 번역틀이 재정립됨을 발견하였다(그림 13.2). 만약에 세 글자가 아니라 다른 형태로 암호가 구성되었다면 이런 일은 일어나지 않을 것이다.

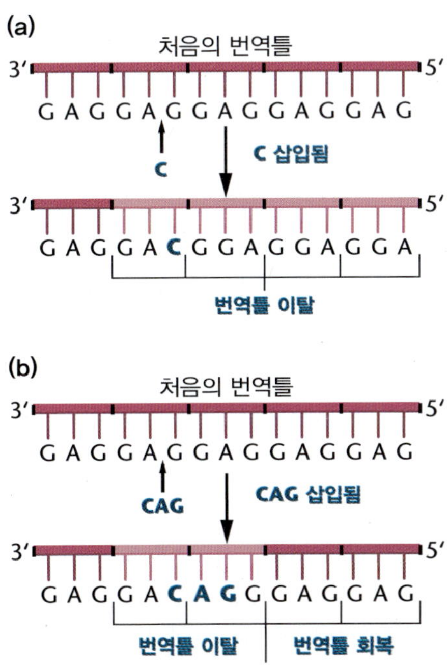

그림 13.2 삼중자 서열 GAG가 반복되는 DNA에서 발생한 틀이동 돌연변이의 효과. (a) 단일 뉴클레오타이드의 삽입은 이후의 모든 삼중자 번역틀을 변화시킨다. (b) 세 뉴클레오타이드의 삽입은 오로지 두 개의 트리플렛만 변화시킨다. 그러나 번역틀은 원래의 서열대로 다시 재정립된다.

13.3 니렌버그, 마태, 그리고 여러 연구자에 의해 암호가 해독되었다

1961년, 니렌버그(Marshall Nirenberg)와 마태(J. Heinrich Mattaei)는 처음으로 특정 암호화 서열들을 규명하였고 이것은 유전암호의 완전한 분석을 위한 토대가 되었다. 암호의 해독에 크게 기여했던 다른 요인들도 있었지만, 그들의 성공은 두 가지 실험적 기구를 사용한 덕이 컸다: (1) 시험관 내(*in vitro*) 단백질 합성기구(cell free protein synthesizing system)와 (2) 세포 밖 체계에서 폴리펩타이드를 합성하기 위해 주형으로 사용될 합성 mRNA를 만들 수 있었던 방법이었다.

세포 밖에서의 폴리펩타이드 합성

세포 외 시스템에서도, 아미노산들은 폴리펩타이드 사슬들에 통합된다. 이러한 과정은 단백질 합성에 필수적인 요소들; 리보솜들, tRNAs, 아미노산들, 그리고 번역에 필요한 다른 분자들 등(14장 참고)이 포함된 **시험관 내**(*in vitro* = "in glass") 혼합물인 세포 추출액으로 시작되지만, 여기에는 세포 소기관들만 존재하고 세포막은 없다. 연구자가 단백질 합성을 추적하기 위해서는, 하나 이상의 아미노산들이 방사성이어야 한다. 마지막으로, 번역될 주형으로 작용할 mRNA가 첨가되어야만 한다.

1961년, mRNA는 아직 분리되지 않았었다. 그러나 **폴리뉴클레오타이드 가인산분해효소(polynucleotide phosphorylase)**의 이용으로 RNA 주형들의 인공적 합성이 가능했고, 이것을 세포 외 시스템에 첨가할 수 있었다. 이 효소는 세균에서 분리된 것으로, 그림 13.3에 나타나 있는 반응을 촉매한다. 1955년, 그룬버그-마나고(Marianne Grunberg-Manago)와 오초아(Severo Ochoa)에 의해 발견된 이 효소는 세균의 세포 내에서 대사적으로 RNA를 분해하는 기능을 한다. 그러나 시험관 내에서, 리보뉴클레오사이드 이인산의 농도가 높을 때는 그림 13.3에서처럼 반응이 반대로 RNA를 합성하는 쪽으로 "강제로" 일어날 수 있다.

RNA 중합효소(생체 내의 mRNA 합성 효소)와 비교하면, 폴리뉴클레오타이드 가인산분해효소는 DNA 주형을 요구하지 않는다. 결과적으로, 각 리보뉴클레오타이드의 첨가는 무작위적이며, 반응 혼합물에 첨가된 4종의 리보뉴클레오사이드 이인산의 상대적인 농도에 의존적이다. 특정 리보뉴클레오타이드가 삽입될 가능성은, 다른 가용 리보뉴클레오타이드에 대한 그 분자의 효용성에 비례적이다. 이 점은 후속 논의에서 니렌버그와 다른

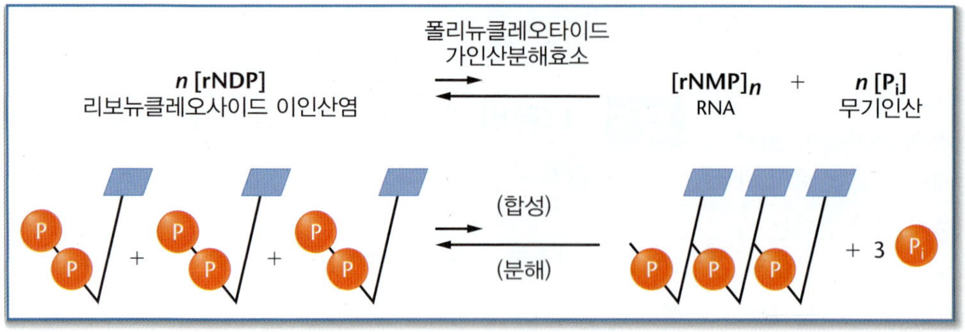

그림 13.3 폴리뉴클레오타이드 가인산분해효소(polynucleotide phosphorylase)에 의해 촉매되는 반응. 반응 평형은 RNA의 분해 쪽으로 기울지만, 합성이 선호되는 방향으로 "강제될" 수 있음에 유의하라.

연구자들의 실험을 이해하는 데 매우 중요하다.

종합적으로, 세포-외 시스템과 합성 mRNA들의 사용은 특정 아미노산들을 암호화하는 다양한 세 글자 암호 세트들에서 리보뉴클레오타이드 조성을 밝히는 방법이 되었다.

동질중합체 암호들

초기의 실험들에서, 니렌버그와 마태는 오직 한 종류의 리보뉴클레오타이드로만 이루어진 **RNA 동질중합체(RNA homopolymer)**들을 합성했다. 그러므로 시험관 시스템에 첨가된 mRNA는 UUUUUUU..., AAAAAA..., CCCCCC..., 혹은 GGGGGG...등이었다. 그들은 각 mRNA들이 새로 합성된 단백질에 아미노산들을 통합시킬 수 있는지 검사했다. 이를 위해서, 연구자들은 20개의 아미노산 중 하나만 표지한 후, 서로 다른 아미노산이 표지된 각기 다른 시험관 내에서 일련의 실험들을 수행하였다.

예를 들어, ^{14}C-페닐알라닌을 사용한 실험(**표 13.1**)에서 니렌버그와 마태는 폴리 U(polyuridylic acid)로 이루어진 UUUUU... 메시지는 오직 페닐알라닌으로만 이루어진 동질중합체 폴리페닐알라닌(polyphenylalanine)을 합성하도록 한다는 결론을 내렸다. 세 글자 암호를 가정하여, 이들은 최초로 특수한 코돈 지정을 확인한 것이다: UUU는 페닐알라닌을 지정한다. 이와 유사한 실험을 수행함으로써, 이들은 AAA 암호가 라이신을, CCC 암호가 프롤린을 지정한다는 것을 발견했다. 폴리 G는 적당한 주형이 아니었는데, 아마도 분자들이 스스로 접혀서일 것이다. 그러므로 GGG에 대한 아미노산 지정은 다른 접근법을 기다려야만 했다.

표 13.1 단백질로의 ^{14}C-페닐알라닌 통합

합성 mRNA	방사성(카운트/분)
None	44
폴리 U	39,800
폴리 A	50
폴리 C	38

출처: After M. Nirenberg and J. H. Matthaei (1961).

특정 세 글자 코돈의 결정은 동질중합체가 사용되었기 때문에 가능한 것이었음을 주목하라. 이 방법에서는 세 문자 암호의 조성만 알 수 있으며 각 삼중자의 뉴클레오타이드 순서는 알 수 없다. 그러나 세 개의 같은 문자열들은 한 가지 가능한 순서만 존재하기 때문에(예: UUU), 페닐알라닌, 라이신 및 프롤린에 대한 실제 코돈 3가지가 규명될 수 있었다.

혼합된 이질중합체의 이용

이러한 기술을 사용할 수 있게 되자, 니렌버그와 마태, 그리고 오초아와 동료들은 **RNA 이질중합체(RNA heteropolymer)**들을 사용하게 되었다. 이 기술에서는, 두 개 혹은 더 많은 종류의 리보뉴클레오타이드 이인산들을 조합하여 인공 메시지가 합성된다. 연구자들은 그들이 각 형태의 리보뉴클레오사이드 이인산의 상대적인 비를 알고 있으면, 합성 mRNA에서 발견되는 어떤 특정한 세 문자 암호의 빈도를 예측할 수 있을 것으로 추론했다. 그리고 그들이 이 mRNA를 세포 외 시스템에 첨가하고 새로 생긴 단백질에 존재하는 특정 아미노산의 분율을 조사하여 그 결과를 해석하면, 특정 아미노산을 지정하는 트리플렛의 조성을 예측할 수 있으리라고 생각했다.

이러한 접근이 그림 13.4에 설명되어 있다. A와 C가 1A:5C로 첨가된다고 가정해보자. 합성 과정 중에 RNA 분자 상의 어떤 지점에서 리보뉴클레오타이드가 삽입되는 것은 A:C의 비율에 의해 결정될 것이다. 그러므로 각 지점에서 A가 삽입될 확률은 1/6이고, C가 삽입될 확률은 5/6이다. 이러한 바탕 위에서, 우리는 합성 메시지에서 나타나는 특정 세 문자열의 빈도를 계산할 수 있다.

AAA의 빈도는 $(1/6)^3$, 약 0.4%이다. AAC, ACA, 그리고 CAA에 대해서는 모두 같은 빈도로, $(1/6)^2(5/6)$, 혹은 2.3%이다. 이 세 가지 모두 2A:1C 구성의 세 문자열이므로, 합하면 모든 세 글자 서열 중 6.9%를 차지한다. 같은 방식으로, 1A:2C 조성의 문자열들은 $(1/6)(5/6)^2$, 혹은 11.6%(혹은 모두 합하면

1A:5C 비율의 RNA 이질중합체			
가능한 조합	가능한 삼중자	삼중자가 나타날 가능성	최종 %
3A	AAA	$(1/6)^3 = 1/216 = 0.5\%$	0.5
2A:1C	AAC ACA CAA	$(1/6)^2(5/6) = 5/216 = 2.3\%$	$3 \times 2.3 = 6.9$
1A:2C	ACC CAC CCA	$(1/6)(5/6)^2 = 25/216 = 11.6\%$	$3 \times 11.6 = 34.8$
3C	CCC	$(5/6)^3 = 125/216 = 57.9\%$	57.9
			~100

메시지의 화학적 합성 ↓

메시지의 번역 ↓

단백질의 아미노산 분율		가능한 염기 조성
라이신	<1	AAA
글루타민	2	2A:1C
아스파라긴	2	2A:1C
트레오닌	12	1A:2C
히스티딘	14	1A:2C, 2A:1C
프롤린	69	CCC, 1A:2C

그림 13.4 1A:5C의 비율(1/6A:5/6C)이 사용되었을 때의 혼합된 이질중합체 실험 결과와 해석.

34.8%); CCC는 $(5/6)^3$으로 57.9%로 나타날 것이다.

이러한 메시지들의 지시하에서 합성되는 단백질에 특정 아미노산이 통합되는 백분율을 조사함으로써, 가능한 염기 조성을 예측할 수 있다(그림 13.4의 하단 표). 프롤린이 69%로 나타났기 때문에, 우리는 프롤린이 CCC(57.9%)와 2C:1A로 구성된 세 글자 암호 중 하나(11.6%)에 의해 암호화된다고 제안할 수 있겠다. 히스티딘은 14%로 아마도 2C:1A의 하나(11.6%)와 1C:2A 하나(2.3%)에 의해 암호화될 것이다. 트레오닌은 12%로 하나의 2C:1A에 의해서만 암호화될 것이다. 아스파라긴과 글루타민은 각각 하나의 1C:2A 조성의 세 문자에 의해 암호화되고, 라이신은 AAA에 의해 암호화될 것으로 보인다.

mRNA를 만들기 위해, 4가지의 모든 리보뉴클레오타이드들을 사용함으로써, 연구자들은 비슷한 실험들을 아주 여러 번 수행했다. 20개 아미노산 모두에 대해 세 글자 암호 단어의 조성을 결정한 것은 중요한 큰 발전이긴 했지만, 아직도 세 문자의 특정 서열들은 미지수였다. 세 문자의 **특정 서열** 결정에는 아직 또 다른 접근들이 필요했다.

풀 어 보 기

13.1 폴리뉴클레오타이드 가인산분해효소를 이용한 혼합된 이질중합체 실험에서, 합성 메시지를 만드는데 3/4G:1/4C 비율이 사용되었다. 결과적으로 생긴 단백질의 아미노산 조성은 다음과 같이 결정되었다:

글리신	36/64	56%
알라닌	12/64	19%
아르기닌	12/64	19%
프롤린	4/64	6%

이 정보로부터,

(a) 가능한 각 코돈이 메시지에서 얼마나 자주 나타날지 각 분율을 예측하라.

(b) 존재하는 아미노산들에 대해 일관성을 보이는 한 가지 염기 조성 지정은 어떤 것인지 결정하라.

■ **힌트:** 이 문제는 혼합된 이질중합체 실험을 묻고 있는 것으로, 합성 메시지에 의해 암호화된 아미노산들에 대한 코돈 조성이 어떤 것인지를 예측하라는 문제이다. 이 문제의 해법에 대한 열쇠는 합성 RNA에서의 세 글자 코돈이 각각 어떤 비율로 나올 것인지를 계산하고, 그들을 합성된 아미노산들의 비율과 대응시키는 것이다.

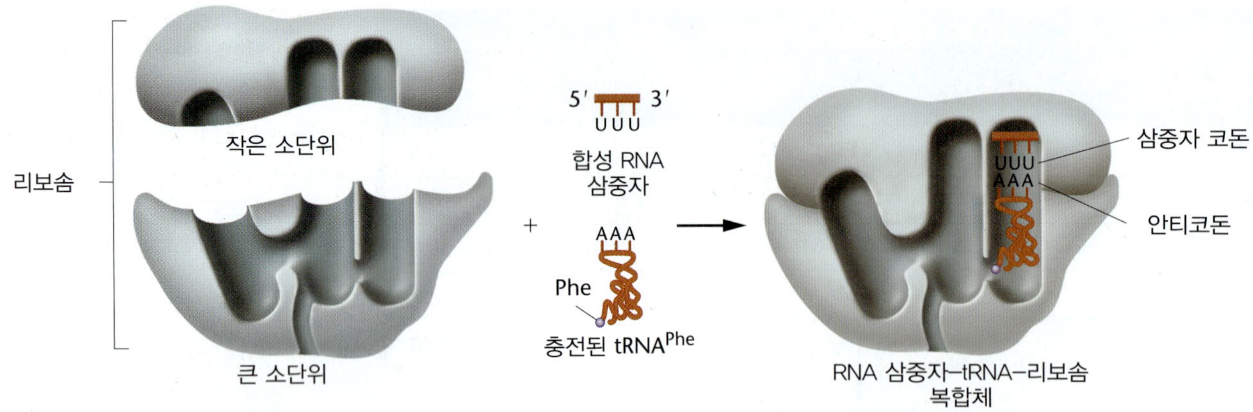

그림 13.5 삼중자 결합 분석에서 각 성분의 작용. 합성 UUU 삼중자 RNA 서열이 코돈으로 작용하여 충전형 $tRNA^{phe}$의 상보적인 안티코돈 AAA를 끌어당긴다.

삼중자 결합 분석

좀 더 발전된 기술이 개발되는 데는 그리 오래 걸리지 않았다. 1964년에 니렌버그와 레더(Philip Leder)는 **삼중자 결합 분석(triplet binding assay)**을 개발했는데, 이것으로 세 문자 암호의 염기 순서에 대한 세부적 지시를 알 수 있었다. 이 기술은 3개의 리보뉴클레오타이드들로 이루어진 짧은 RNA 서열이 시험관 내에서 제시되면, 리보솜은 이것에 달라붙어 생체 내에서 발견되는 것과 같은 복합체를 형성한다는 관찰을 이용한 것이다. mRNA의 코돈처럼 작용하는 삼중자들은 **tRNA** 내의 상보적인 서열을 끌어당긴다(그림 13.5). mRNA의 코돈과 상보적인 tRNA 내의 그러한 서열은 **안티코돈(anticodon)**이라고 한다.

비록 화학적으로 긴 RNA 가닥을 합성할 수는 없었지만, 알고 있는 서열의 삼중자들이 실험실에서 합성되어 주형으로 쓰일 수는 있었다. 필요한 것은 어떠한 'tRNA-아미노산'이 삼중자 RNA-리보솜 복합체에 붙는지를 결정하는 방법이었다.

니렌버그와 레더가 고안한 실험 체계는 비교적 단순한 것이었다. 검사될 아미노산을 방사성으로 만들고, "충전된" tRNA(아미노산이 붙은 tRNA)를 만든다. 암호의 조성을 이미 알고 있으므로, 연구자들은 각각의 특정 삼중자에 대해서 검사되어야 할 아미노산들의 범위를 좁혀갈 수 있었다.

방사성으로 충전된 tRNA, RNA 삼중자, 그리고 리보솜을 모두 넣고 온도를 맞춰준 후 니트로셀룰로오즈 필터를 통과시켜, 커다란 리보솜들은 붙어 있지만 비결합 충전 tRNA 같은 다른 작은 구성분들은 붙지 않는 니트로셀룰로오즈 필터 상에서 반응이 진행되었다. 만약 방사능이 필터 상에서 발견되지 않는다면, 잘못된 아미노산이 검사된 것이다. 만약 방사능이 필터에서 발견된다면, 이것은 아마도 충전된 tRNA가 리보솜에 연계된 트리플렛과 결합했기 때문일 것이다. 이런 경우에는, 특정 코돈 결정이 이루어질 수 있다.

표 13.2 삼중자 결합 분석법으로 확인된 특정 삼중자들의 아미노산 지정

세 뉴클레오타이드	아미노산
AAA AAG	라이신
AUG	메싸이오닌
AUU AUC AUA	이소류신
CCU CCC CCG CCA	프롤린
CUC CUA CUG CUU	류신
GAA GAG	글루탐산
UCU UCC UCA UCG	세린
UGU UGC	시스테인
UUA UUG	류신
UUU UUC	페닐알라닌

연구는 여러 실험실에서 진행되었고, 대부분 경우에 있어 매우 명쾌한 것이어서 모호성은 없었다. 예를 들어, **표 13.2**는 26개의 삼중자들이 9개의 아미노산을 결정한 것을 보여준다. 그러나 몇몇 경우에서는 삼중자의 결합이 비효율적이어서 결정할 수 없었다. 결국, 64개의 삼중자 중 50개 정도가 결정되었다. 이러한 삼중자들의 특수 지정은 다음과 같은 두 가지 주요 결론을 끌어낸다. 첫째, 유전자 암호는 **퇴화되어**(*degenerate*) 있다; 즉, 하나의 아미노산은 하나 이상의 삼중자에 의해서도 지정될 수 있다. 둘째, 암호는 **명확하다**(*unambiguous*); 즉, 하나의 삼중자는 오직 하나의 아미노산만을 지정한다. 이 장의 후반에 언급한 대로, 소소한 예외들이 있긴 하지만 이러한 결론들은 잘 지지된다. 삼중자 결합 기술은 유전암호를 해독할 수 있도록 한 주요 혁신이었다.

반복된 혼성중합체들

유전자 암호를 해독하는데 사용된 또 하나의 혁신적인 기술이 1960년대 초, 코라나(Gobind Khorana)에 의해 개발되었다. 그는 화학적으로, 짧은 서열이 여러 번 반복된 긴 RNA 분자를 합성했다. 우선, 그는 더 짧은 서열들(예를 들어, 두 개, 세 개, 네 개짜리 폴리뉴클레오타이드들)을 만들고 여러 번 복제시킨 다음, 마지막으로 효소를 사용하여 붙여서 긴 분자의 폴리뉴클레오타이드가 형성되도록 했다. 그림 13.6에서처럼, 이런 방법으로 만들어진 디뉴클레오타이드(dinucleotide)는 두 개의 반복성 삼중자를 가진 mRNA로 전환된다. 반복된 트리뉴클레오타이드(trinucleotide)는 개시가 일어나는 지점에 따라 3가지 가능한 삼중자들로 이루어진 mRNA로 전환되고, 테트라뉴클레오타이드(tetranucleotide)는 4가지 반복적인 삼중자들을 만들게 된다.

합성 RNA들이 세포 외 시스템에 첨가되었을 때, 예상된 비율의 아미노산들이 생성된 폴리펩타이드로 통합되었음이 확인되었다. 이 자료를 조성 결정에서 얻은 자료 및 삼중자 결합의 자료들과 조합하여 개별 삼중자에 대한 특수 지정(specific assignment)이 가능했다.

이런 식으로 확인된 특수 지정의 한 예는 코라나 식 접근법의 가치를 잘 보여준다. 다음 실험들을 서로서로 조화시켜 생각해 보라:

1. 반복된 세 뉴클레오타이드 서열 UUCUUCUUC...는 개시 지점에 따라 3가지 가능한 삼중자들—UUC, UCU, 그리고 CUU—을 만든다. 세포 외 번역계에 놓이면, 페닐알라닌(phe), 세린(ser), 그리고 류신(leu)을 포함하는 폴리펩타이드들이 생산된다. 따라서 우리는 세 가지 삼중자가 각각 세 가지 아미노산들을 하나씩 암호화한다는 것을 알 수는 있지만, 어느 것이 어느 것을 지정하는지는 알 수 없다.
2. 한편, 반복된 두 개의 뉴클레오타이드 서열 UCUCUCUC...는 UCU와 CUC의 두 가지 삼중자를 만들고 폴리펩타이드에 류신(leu)과 세린(ser)을 통합시킨다. 따라서 삼중자 UCU와 CUC가 류신과 세린을 지정하지만 아직은 어느 트리플렛이 어느 아미노산을 지정하는지는 알 수 없다. 그러나 두 세트의 결과를 모두 고려하면, 양쪽 실험에 공통적으로 있었던 UCU가 류신이나 세린을 지정하지만 페닐알라닌은 지정하지 않는다는 결론을 내릴 수 있다. 그러므로 CUU나 UUC는 류신 혹은 세린을 지정하는 반면, 페닐알라닌은 다른 것이 지정한다.
3. 보다 자세한 정보를 얻기 위해, 네 뉴클레오타이드 서열 UUAC가 반복된 것을 이용한 실험 결과들을 조사해볼 수 있다. 이것은 UUA, UAC, ACU, 그리고 CUU 네 가지 삼중자를 만든다. CUU 삼중자는 우리가 관심을 가진 두 암호 중 하나이다. 이 실험에서는 세 가지 아미노산이 통합되었는데, 류신, 트레오닌, 그리고 티로신이다. CUU가 세

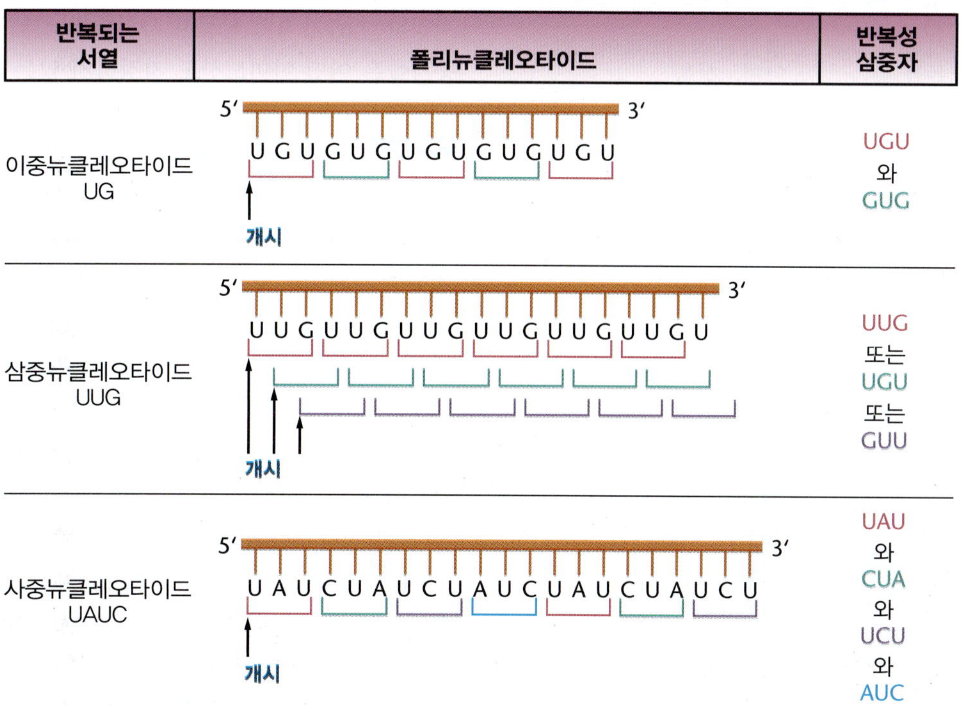

그림 13.6 두 개, 세 개, 그리고 네 개의 뉴클레오타이드가 반복된 혼성중합체에서의 변화. 각 경우에서 만들어지는 삼중자 암호들이 나타나 있다.

린이나 류신만 지정하고, 결과적으로 나온 폴리펩타이드에서는 둘 중 류신만 나왔기 때문에, 우리는 CUU가 류신을 지정한다는 결론에 도달할 수 있다. 일단 이런 결정법이 확립되면, 다른 것들도 논리적 결정이 가능하다. 남은 두 가지 삼중자 쌍들(첫 실험의 UUC와 UCU, 그리고 두 번째 실험의 UCU와 CUC) 중에서, 둘 모두에 공통적인 삼중자가 세린을 결정할 것이다. UCU가 공통적이다. 류신과 세린을 빼고 남은 첫 번째 실험의 UUC는 페닐알라닌을 암호화하는 것으로 결정되며, 두 번째 실험의 CUC 역시 류신 암호로 결정된다.

따라서 머리 아픈 논리 분석을 통해, 세 가지 아미노산을 암호화하는 네 가지의 특정 삼중자들이 이 실험으로 결정되었다. 이러한 해석으로부터 코라나는 이미 해독되었던 삼중자들을 다시 확인하는 반면, 다른 접근에서 해결되지 않았던 틈을 채울 수 있었다. **표 13.3**에 많은 사례가 제시되어 있다.

2가지의 네 염기 서열인 GAUA, GUAA를 사용한 실험은 적어도 두 개의 삼중자가 **종결 코돈**(*termination codon*)임을 시사했다. 이 서열들은 어떤 아미노산도 폴리펩타이드에 통합시키지 않거나 추적하기 힘들 정도의 아미노산만을 통합시켰기 때문에 그는 이러한 결론을 내렸다. 두 메시지에 공통되는 삼중자가 없었으므로, 그는 각 반복서열이 단백질 합성을 종결시키는 적어도 하나의 삼중자를 포함하고 있을 것으로 예상했다. 표 13.3에 제시된 poly-(GAUA) 서열에서의 가능한 삼중자 중, UAG는 후에 종결 코돈으로 밝혀졌다.

표 13.3 반복된 합성 혼성중합체 RNA를 이용하여 통합된 아미노산들

반복성 혼성중합체	생성된 코돈들	생성된 폴리펩타이드의 아미노산들
UG	UGU	시스테인
	GUG	발린
AC	ACA	트레오닌
	CAC	히스티딘
UUC	UUC	페닐알라닌
	UCU	세린
	CUU	류신
AUC	AUC	이소류신
	UCA	세린
	CAU	히스티딘
UAUC	UAU	티로신
	CUA	류신
	UCU	세린
	AUC	이소류신
GAUA	GAU	없음
	AGA	없음
	UAG	없음
	AUA	없음

풀어보기

13.2 반복된 혼성중합체들이 합성 mRNA를 만들 때 사용되면, 두 개의 뉴클레오타이드는 오로지 두 가지 아미노산만을 포함하는 한 가지 형태의 폴리펩타이드를 만든다. 한편, 세 개의 뉴클레오타이드로 된 것을 이용하면, 세 가지의 폴리펩타이드가 만들어지는데, 각폴리펩타이드들은 한 가지의 아미노산만으로 이루어진다. 왜 그럴까? 반복된 네 뉴클레오타이드가 사용된다면 어떤 결과가 나오겠는가?

■ **힌트:** 이 문제는 반복된 혼성중합체 실험의 서로 다른 결과들을 고려하라는 것이다. 해법의 열쇠는 반복된 혼성중합체인 RNA를 사용할 때, 번역이 서로 다른 리보뉴클레오타이드에서 시작될 수 있다는 점을 깨닫는 것이다. 여러분은 서로 다른 리보뉴클레오티드 각각에서 시작할 때 생기는 트리플렛 코돈들의 수를 결정해야 한다.

연습하려면 문제 4~6번을 참고하라.

13.4 암호 사전은 64가지 코돈 사이의 흥미로운 양상을 드러낸다

유전암호를 해독하는 데 사용된 다양한 기술들로, 아미노산을 지정하는 61가지의 삼중자 사전이 완성되었다. 나머지 3개의 삼중자들은 어떤 아미노산도 지정하지 않는 종결 신호들이다.

특이성의 퇴화와 워블 가설

유전암호 사전을 살펴보면, 삼중자 코돈 지정의 일반적 패턴이 분명히 드러난다. 그림 13.7은 크릭(Francis Crick)에 의해 처음으로 제시된 것으로, 도해표에 각 지정을 나타낸 것이다.

가장 뚜렷한 것은 초기의 연구자들이 예상했던 대로, 암호의 특이성이 감소되어 있다는 것이다. 즉, 거의 모든 아미노산이 두 개, 세 개, 혹은 네 개의 서로 다른 코돈에 의해 지정된다. 3개의 아미노산(세린, 아르기닌, 그리고 류신)은 6개의 서로 다른 코돈들에 의해 암호화된다. 트립토판과 메티오닌만이 하나의 코돈에 의해 암호화된다.

또 분명한 것은 **퇴화의 경향성**(*pattern of degeneracy*)이다. 대부분의 경우 동일한 아미노산을 지정하는 코돈 세트에서 처음 두 문자는 같고 세 번째 문자만 다른 방식으로 그룹화된다. 예를 들어, 그림 13.7에서처럼, 페닐알라닌 코돈(암호표의 왼쪽 상단 모서리에 있는 UUU 및 UUC)은 세 번째 문자만 다르다. 세 번

코돈의 두 번째 위치

코돈의 첫 번째 위치(5′ 말단)	U	C	A	G	코돈의 세 번째 위치(3′ 말단)
U	UUU Phe	UCU Ser	UAU Tyr	UGU Cys	U
U	UUC Phe	UCC Ser	UAC Tyr	UGC Cys	C
U	UUA	UCA Ser	UAA 종결	UGA 종결	A
U	UUG	UCG Ser	UAG 종결	UGG Trp	G
C	CUU Leu	CCU Pro	CAU His	CGU Arg	U
C	CUC Leu	CCC Pro	CAC His	CGC Arg	C
C	CUA Leu	CCA Pro	CAA Gln	CGA Arg	A
C	CUG Leu	CCG Pro	CAG Gln	CGG Arg	G
A	AUU Ile	ACU Thr	AAU Asn	AGU Ser	U
A	AUC Ile	ACC Thr	AAC Asn	AGC Ser	C
A	AUA Ile	ACA Thr	AAA Lys	AGA Arg	A
A	AUG Met	ACG Thr	AAG Lys	AGG Arg	G
G	GUU Val	GCU Ala	GAU Asp	GGU Gly	U
G	GUC Val	GCC Ala	GAC Asp	GGC Gly	C
G	GUA Val	GCA Ala	GAA Glu	GGA Gly	A
G	GUG Val	GCG Ala	GAG Glu	GGG Gly	G

개시 종결

그림 13.7 암호 사전. AUG는 메싸이오닌을 암호화하며 대부분의 폴리펩타이드 사슬에서 첫 아미노산이 된다. UGG에 의해서만 암호화되는 트립토판을 제외하면, 다른 모든 아미노산은 두 개에서 6개까지의 삼중자들에 의해 지정된다. UAA, UAG, 그리고 UGA는 종결 신호로서, 아미노산을 지정하지 않는다. 흔히 사용되는(그림 14.16 참고) 아미노산의 세 문자 약어가 여기에도 나타나 있다.

째 위치의 U 또는 C는 페닐알라닌을 지정한다. 4개의 코돈은 발린(GUU, GUC, GUA 및 GUG, 왼쪽 하단 모서리)을 지정하며 세 번째 문자만 다르다. 이 경우 세 번째 위치가 어떤 글자든 발린을 지정한다.

크릭은 암호 전체의 이런 퇴화적 경향을 관찰하고 1966년에 **워블 가설(wobble hypothesis)**을 제안했다. 크릭의 가설은 삼중자 암호에서 처음 두 개의 리보뉴클레오타이드가 정확한 tRNA를 끌어당기는데 3번째 리보뉴클레오타이드보다 훨씬 더 중요하다고 예상했다. 그는 코돈-안티코돈 상호작용에서 3번째 위치에서는 수소결합이 덜 강요되며, 따라서 기존의 염기쌍 규칙에 따라 달라붙을 필요가 없다고 가정했다. 워블 가설은 코돈의 3번째 위치에서는 염기쌍 규칙에 좀 더 유연한 쌍이 형성됨을 제안하는 것이다(**표 13.4**).

이런 느슨한 염기쌍 요구 혹은 "워블(wobble)"은, 한 가지 형태의 tRNA에서 안티코돈이 mRNA 내의 하나 이상의 삼중자들과 쌍을 이루도록 한다. 워블 가설이나 암호의 융통성과 걸맞게, tRNA 안티코돈의 첫 번째 위치(5′ 말단)에 있는 U는 mRNA 코돈의 3번째 위치(3′ 말단)에 있는 A나 G와 쌍을 이룬다. 그리고 G는 마찬가지로 U나 C와 짝을 이룬다. tRNA에서 발견되는 변형 염기 중의 하나인 이노신(Inosine, I)은 C, U, 혹

표 13.4 안티코돈–코돈의 염기쌍 법칙들

tRNA 안티코돈의 첫 번째 염기(5′ 말단)	mRNA 코돈의 세 번째 염기(3′ 말단)
A	U
C	G
G	C 또는 U
U	A 또는 G
I	A, U, 또는 C

은 A와 짝을 이룰 수 있다. 이런 워블 가설을 적용하면, 아미노산을 지정하는 61개의 삼중자들을 수용하기 위해 적어도 약 30개의 서로 다른 tRNA종들이 필요하다. 번역의 정확성을 해치지 않는 조건이라면, 워블은 경제성이 높은 방법으로 생각될 수 있다. 현재의 추정으로는 30~40종의 tRNA가 세균에 존재하며, 진핵생물들에서는 41~55종까지도 존재할 것으로 생각된다.

암호의 규칙성

코돈 서열과 그 상응 아미노산들의 패턴에서 **정렬된 유전암호(ordered genetic code)**라고 설명되는 또 다른 특징이 분명히 드러났다. 화학적으로 유사한 아미노산들은 종종 그들을 암호화하는 서로 다른 삼중자 내에 하나 혹은 두 개의 "중간(middle)" 염기들을 공유한다. 예를 들어, U나 C는 다른 여러 아미노산 중에서도 발린(valine)이나 알라닌(alanine)을 포함한 소수성 아미노산들을 지정하는 삼중자들의 2번째 위치에 자주 나타난다. 두 가지 코돈(AAA와 AAG)은 양으로 하전된 아미노산인 라이신(lysine)을 지정한다. 만약 이 코돈들에서 가운데 글자가 A에서 G로 바뀌면(AGA와 AGG로), 양으로 하전된 아미노산인 아르기닌(arginine)이 지정된다.

아미노산들의 화학적 성질에 대해서는 이후에(14장 참고) 보다 자세하게 다룰 것이다. 지금은 "정렬된(ordered)" 암호의 최종 결과가 단백질 기능에 대한 잠재적인 돌연변이 효과를 중화시킨다는 것만 알아두자. 삼중자 코돈의 2번째 염기에서 나타나는 많은 변화가 아미노산들을 다른 것으로 바뀌게 하지만, 그 변화는 종종 비슷한 화학적 성질을 가진 아미노산들을 지정한다. 그러한 경우에는, 단백질 기능이 크게 변하지 않을 수 있다.

암호의 구두점: 개시 코돈과 종결 코돈

이전에 언급한 시험관 실험과는 대조적으로, 생체 내 단백질 합성의 개시는 매우 특수한 과정이다. 모든 폴리펩타이드 사슬들에 첨가되는 최초의 아미노산은 메싸이오닌(methionine)이다. (세균에서는 이 자리가 포밀화되며, 진핵생물에서는 변형되지 않는데 14장에서 논의될 것이다.) 오직 한 개의 코돈인 AUG

가 메싸이오닌을 지정하며, 이것은 종종 **개시 코돈(initiator codon)** 혹은 **시작 코돈(start codon)**이라고 불린다. 드물게, 다른 형태의 삼중자인 GUG나 UUG가 개시 중에 메싸이오닌을 지정하기도 하는데, GUG는 정상적으로는 발린을 암호화하며 UUG는 류신을 암호화하기 때문에, 이런 일이 왜 발생하는지는 명확하지 않다.

앞 절에서 언급했던 것처럼, 3개의 다른 삼중자(UAG, UAA 그리고 UGA)는 **종결 코돈(termination codon)** 혹은 **중지 코돈(stop codon)**으로 사용되며, 어떠한 아미노산도 지정하지 않는 마침표이다. 이들은 tRNA 분자들에 의해 인식되지 않으며, 이들을 만나게 되면 번역은 중단된다. 유전자 내에서 돌연변이에 의해 이 삼중자 중 하나가 생기면 종결이 발생한다. 결과적으로, 리보솜에서 조기에 분리되기 때문에, 부분적인 폴리펩타이드가 합성된다. DNA에서 그러한 변화가 생긴 것을 **넌센스 돌연변이(nonsense mutation; 무의미 돌연변이)**라고 부른다.*

13.5 박테리오파지 MS2에 관한 연구로 유전암호가 확인되었다

지금까지 논의된 유전자 암호의 다양한 측면들은 상당히 완벽한 그림을 제공한다. 암호는 삼중자(triplet)이며, 퇴화되어 있고(degenerate), 모호하지 않으며(unambiguous), 쉼표가 없지만(commaless), 시작과 종결 신호(start and stop signals)에 관한 문장부호만 포함한다. 이 각각의 특징들이 옳다는 사실은 피어스(Walter Fiers)와 그 동료들에 의해 RNA를 포함하는 박테리오파지 MS2를 사용한 자세한 분석으로 확인되었다.

MS2는 *E. coli*를 감염시키는 바이러스이다. 이것의 유전물질은 단일 가닥의 RNA이다. 그 유전체(가장 작다고 알려진 것 중 하나)는 단 3,500개의 리보뉴클레오타이드로 구성되며 4개 유전자만 존재한다. 이 유전자들은 외피 단백질(coat protein), RNA-의존성 복제효소(RNA-directed replicase), 분해 단백질, 그리고 성숙 단백질(A 단백질)을 지정한다. 작은 유전체와 소수의 유전자 산물로 이루어진 이 단순한 시스템 때문에, 피어스와 동료들은 유전자들과 그 산물들을 서열화할 수 있었다.

MS2 외피 단백질의 아미노산 서열은 1970년에 확인되었으며, 이 단백질을 암호화하는 유전자는 1972년에 서열화되었다. 이 유전자와 단백질들의 화학적 성질이 비교되자, 대응 일치성(*colinearity*; **공선성**)의 관계가 뚜렷해졌다. 즉, 리보뉴클레오타이드들로 구성된 삼중자 코돈들의 순서가 단백질의 아미노산 순서와 정확하게 일치했다. 게다가, 첫 아미노산의 코돈은 공통 개시 코돈인 AUG이며, 마지막 아미노산을 위한 코돈 뒤에 종결 코돈인 UAA와 UAG가 연속적으로 따라 나온다. 우리는 나중에 이 개념을 다시 살펴볼 것이다(14장 참고).

1976년까지 MS2의 다른 두 유전자와 그들의 단백질 산물에 대한 서열화도 완료되었다. 이 분석으로 이 바이러스의 유전암호가 세균 체계에서 확립된 것과 똑같다는 사실이 밝혀졌다. 다른 증거 역시 암호가 진핵생물에서도 동일함을 제시했으므로, 보편적 암호에 대한 확신을 제공하게 된다.

13.6 유전암호는 거의 보편적이다

1960년과 1978년 사이에는, 유전암호가 바이러스, 세균, 고세균, 그리고 진핵생물들에 동일하게 적용되는 보편적(universal)인 것으로 밝혀지리라는 추측이 일반적이었다. 확실히, mRNA의 특징이나 번역기구는 이 생물체들에서 매우 비슷해 보인다. 예를 들어, 세균에서 유래한 세포추출물 시스템은 진핵생물의 mRNA를 번역할 수 있다. 폴리U 메시지는 번역요소들이 진핵세포에서 유래한 세포 외 시스템에서도, 폴리페닐알라닌의 번역을 촉진한다. 재조합 DNA 기술이 사용된 최근의 많은 연구는 진핵성 유전자들이 세균의 세포에 삽입되어 전사되고 번역될 수 있음을 보여준다(20장). 진핵생물들 사이에서는, 쥐와 토끼에서 얻은 mRNA들이 양서류의 난자에 삽입되어 효과적으로 번역되었다. 특히 헤모글로빈 분자들같이, 서열화가 끝난 많은 진핵성 유전자들을 살펴보면, 암호화된 단백질의 아미노산 서열은 세균 연구들에서 확립된 암호 사전과 들어맞는 것이었다.

그러나 효모와 사람의 미토콘드리아 DNA(mtDNA)의 암호화 특성에 대한 1979년의 몇몇 보고들은 유전적 언어의 보편성에 대한 원리를 약화시켰다. 여러 가지 생물들의 mtDNA들로부터 mtDNA 조각들이 분리되어 서열화되었고, 다양한 미토콘드리아 단백질들의 아미노산 서열들과 비교되었는데, 이들은 암호사전에 몇 가지 예외가 있음을 드러냈다(**표 13.5**). 가장 놀라운 것은 UGA 코돈으로, 정상적으로는 종결을 지시하지만, 효모나 사람의 미토콘드리아에서는 번역 중에 트립토판을 삽입한다. AUA는 정상적으로는 이소류신을 지정하지만 인간의 미토콘드리아에서는 메싸이오닌의 삽입을 지시한다. 효모의 미토콘드리아에서는, mRNA 상에서 CUA를 만나면 류신 대신 트레오닌이 삽입된다.

1985년에, 세균인 마이코플라즈마(*Mycoplasma capricolum*)에서 표준 암호와 다른 몇 가지 다른 예외들이 발견

---

*역사적으로, 앰버(*amber*: UAG), 오우커(*ochre*: UAA), 그리고 오팔(*opal*: UGA)이라는 단어가 이 세 가지 종결 코돈을 생성하는 돌연변이를 구분하기 위해 사용되었다.

표 13.5 보편적 암호의 예외들

코돈	정상 암호 단어	변형된 암호 단어	사례
UGA	종결	Trp	인간과 효모의 미토콘드리아; 마이코플라즈마
CUA	Leu	Thr	효모의 미토콘드리아
AUA	Ile	Met	인간의 미토콘드리아
AGA	Arg	종결	인간의 미토콘드리아
AGG	Arg	종결	인간의 미토콘드리아
UAA	종결	Gln	짚신벌레, 테트라하이메나, 스타일로니키아
UAG	종결	Gln	짚신벌레

되었고, 원생동물인 섬모충들 *Paramecium*, *Tetrahymena*, 그리고 *Stylonychia*의 핵 유전자에서도 예외가 발견되었다. 예를 들어, 표 13.5에서 보다시피, 한 가지 변형은 종결 코돈인 UGA가 트립토판을 지정하는 것이다. 몇 가지 다른 예들에서는 표준의 종결 코돈인 UAA와 UAG가 글루타민을 지정한다. 이러한 변화들은 아주 중요한데, 왜냐하면 원핵생물과 몇몇 진핵생물들이 모두 포함되어 있으므로, 이것은 오랜 기간을 거쳐 독립적으로 진화한 뚜렷한 종들을 나타내기 때문이다.

몇 가지 바뀐 코돈 지정에 분명한 패턴이 있음에 주목해야 한다. 암호화 능력의 변화는 3번째, 즉 워블 위치의 인식이 바뀐 것에 기인한다. 예를 들어, AUA는 세포질에서는 이소류신을 지정하고, 미토콘드리아에서는 메싸이오닌을 지정한다. 그러나 세포질에서의 메싸이오닌은 AUG에 의해 지정된다. 비슷한 방식으로, UGA는 세포질에서는 종결을 일으키지만, 미토콘드리아에서는 트립토판을 지정한다; 세포질에서 트립토판은 UGG에 의해 지정된다. 코돈 인식에 있어서의 그러한 변화는 미토콘드리아에서 필요로 하는 tRNA의 수를 줄이는 방향으로 진화했음을 나타내는 것인지도 모른다; 예를 들어, 사람의 미토콘드리아에서는 22개의 tRNA만이 암호화된다. 그러나 더 많은 예가 발견될 때까지는 이러한 차이들은 기존에 확립된 일반적인 암호 규칙들에 대한 예외로 간주되어야 할 것이다.

13.7 서로 다른 개시 지점들은 중첩된 유전자들을 만든다

앞에서 우리는 유전암호가 겹쳐지지 않는다고 말했었다. 즉, mRNA 상의 각 리보뉴클레오타이드들은 오직 한 코돈의 일부다. 그러나 암호의 이러한 특징은 하나의 mRNA가 번역될 때 다중의 개시 지점을 가질 확률까지 배제하지는 못한다. 만약 그렇다면 이러한 지점들은 이론적으로 같은 mRNA에 대해 여러 개의 서로 다른 번역틀(reading frame)을 만들게 될 것이고, 따라서 하나 이상의 폴리펩타이드를 지정하게 될 것이다. 이런 개념은 그림 13.8(a)에 설명된 **중첩 유전자(overlapping genes)**를 만든다.

하나의 유전자는 하나의 **ORF**, 혹은 **열린 번역틀(opeon reading frame)**에 해당되는 것으로, 기능적인 mRNA를 만드는 특정 DNA 서열로 정의되며, 여기에는 개시 코돈과 종결 코돈 사이에 하나의 폴리펩타이드를 만드는 아미노산들을 지정하는 일련의 삼중자 코돈들이 포함되어 있다. 따라서 우리는 이들을 중첩 ORF(*overlapping ORF*)들이라고 부르기도 한다.

그런 중첩은, 파지 ϕX174가 신중하게 조사되었을 때 일부 바이러스들에서 실제로 일어나는 것으로 의심되었다. 그 환형 염색체(완전히 서열화된 최초의 DNA 기반 유전체)는 5,386 뉴

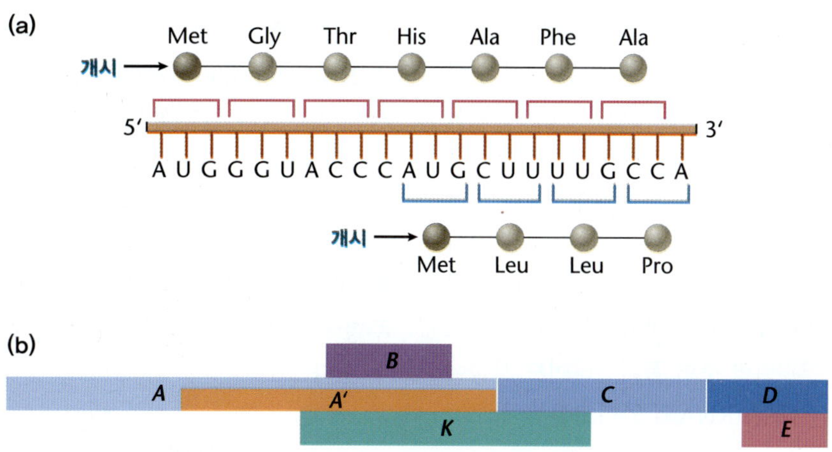

그림 13.8 중첩된 번역틀의 개념을 보여주는 그림. (a) 서로 다른 지점의 AUG 위치에서 개시되는 번역은 서로 번역틀이 맞지 않으므로 각기 다른 아미노산 서열을 만들게 된다. (b) ΦX174 파지의 7개 폴리펩타이드를 암호화하는 서열들의 상대적 위치.

클레오타이드로 구성되어 있었고, 최대 1,795개 아미노산을 지정할 수 있어서, 평균적으로 5개나 6개의 단백질을 만들 만한 것에 지나지 않았다. 그러나 이 작은 바이러스는 사실상 2,300개 이상의 아미노산으로 구성되는 11가지의 단백질을 합성했다. DNA의 뉴클레오타이드 서열과 합성된 폴리펩타이드의 아미노산 서열 비교는 분명히 역설이 있음을 보여주었다. 적어도 네 건의 다중 개시 지점이 발견되었고, 이들은 중첩된 유전자를 만들고 있었다[그림 13.8(b)].

K와 B 폴리펩타이드를 지정하는 서열은 A 폴리펩타이드를 지정하는 서열 내의 별도의 번역틀에서 시작된다. *K* 유전자 서열은 C 폴리펩타이드를 지정하는 인접 서열과 겹쳐 있다. *E* 서열은 D 폴리펩타이드의 서열 내 다른 번역틀에서 시작된다. 마지막으로, *A′* 서열은 *A* 서열의 중간에서 시작되며, *A*와 번역틀을 공유한다. 이들은 둘 다 동일한 지점에서 종료된다. 단 3개(A, C 및 D) 유전자만 지정했을 수 있는 DNA 서열에서 총 7개의 서로 다른 폴리펩타이드가 생성된다.

비슷한 상황이 다른 바이러스와 세균에서도 관찰된다. 중첩된 번역틀을 이용하면 제한된 양의 DNA를 사용할 수 있다. 그러나, 정보를 저장하는 그러한 방식은 분명한 불이익을 수반하는데, 하나의 돌연변이가 하나 이상의 단백질에 영향을 미치게 되고, 따라서 그러한 변화가 치명적인 것이 될 확률을 높인다. 우리가 논의한 예[그림 13.8(b)]에서는, *B* 유전자 중간의 단일 돌연변이가 3개의 다른 단백질(A, A′, K 단백질)에 영향을 미칠 수 있을 것이다. 이것이 중복 유전자가 존재하지만 다른 생물에서는 흔치 않은 이유일 것이다.

13.8 전사는 DNA 주형에서 RNA를 합성한다

유전암호가 연구되는 중에도, 단백질들이 유전자들의 최종 산물이라는 것은 꽤 명백한 것이었다. 그러므로 몇몇 유전학자들이 암호를 밝히려고 시도하는 동안, 다른 연구 노력들은 유전적 발현의 성질에 초점이 맞춰져 있었다. 주요 문제점은 어떻게 핵산인 DNA가 아미노산으로 구성된 단백질을 결정하는가였다.

복잡한 다단계 과정이 DNA에 저장된 정보를 RNA로 전달한다. RNA 분자들이 DNA 주형에 의해 합성되는 과정을 **전사(transcription)**라고 부른다. 이 과정으로, 이중 나선의 두 가닥 중 하나의 서열과 상보적인 mRNA 분자가 생긴다. 그리고 mRNA 내의 각 삼중자 코돈은, 번역 중인 폴리펩타이드 사슬에 정확한 아미노산을 끼워 넣는 해당 tRNA의 안티코돈과 상보적이다.

전사는 세포 내에서 정보 흐름(*information flow*)의 첫 번째 과정이기 때문에 매우 중요하다. RNA가 DNA와 단백질 사이의 정보 흐름 과정에서 매개 분자로 작용한다는 생각은 다음 관찰들에 의해 제기되었다:

1. DNA는 대부분, 진핵세포의 핵에서 염색체들로 존재한다. 그러나 단백질 합성은 핵 밖의 세포질에 위치하는 리보솜과 연계해서 발생한다. 그러므로 DNA는 단백질 합성에 직접적으로 참여하지 않는 것으로 보인다.
2. RNA는 DNA가 발견되는 진핵세포의 핵에서 합성되며, 화학적으로 DNA와 유사하다.
3. 합성이 이루어지면, 대부분의 RNA가 세포질로 이동하고 여기서 단백질 합성(번역)이 일어난다.

종합하면, 이러한 관찰들은 DNA에 저장된 유전암호가 RNA 매개체로 전달되고, 이들이 단백질 합성을 지시함을 시사한다. 분자 유전학에서 제시된 대부분의 새로운 생각들과 마찬가지로, RNA 중간체에 관한 초기의 실험적 증거들은 세균과 그들의 파지들에 관한 연구에 기초한 것이었다. 이러한 실험들의 결과는 전령 RNA(mRNA)가 DNA 주형을 따라 만들어지고, 리보솜과 연계하여 특정 단백질들의 합성을 지시한다는 생각과 일치한다. 이러한 생각은 이미 제이콥(François Jacob)과 모노드(Jacques Monod)가 1961년에 세균에서의 유전자 조절에 대한 모델의 일부로 제시했던 것이었다. 그 이후로, mRNA가 분리되었고, 완전하게 연구되었다. 유전적 과정에서 mRNA의 역할에 대한 더 이상의 질문은 이제 없다.

13.9 RNA 중합효소가 RNA 합성을 매개한다

DNA 주형에서 RNA가 합성될 수 있다는 것을 증명하기 위해, 이러한 합성을 지시하는 효소가 있음을 보여줄 필요가 있었다. 1959년에 웨이스(Samuel Weiss)를 포함한 몇몇 연구자들은 독립적으로 쥐의 간에서 그런 분자들을 분리해 냈다. **RNA 중합효소(RNA polymerase)**라고 불리는 이 효소는, DNA 중합효소와 마찬가지의 일반적인 기질을 요구한다. 단지 기질로 쓰이는 뉴클레오타이드가 당의 형태로 데옥시리보스가 아닌 리보스를 포함한다는 중요한 예외가 있긴 하다. DNA 중합효소와는 달리, 합성을 개시하는데 개시 분자인 프라이머는 필요하지 않다; 첫 염기는 뉴클레오사이드 3인산(NTP)으로 남게 된다. DNA 주형에서 RNA가 합성되는 전체 반응식은 다음과 같이 요약될 수 있다:

$$n(\text{NTP}) \xrightarrow[\text{중합효소}]{\text{RNA}} (\text{NMP})_n + n(\text{PP}_i)$$

위 식이 나타내는 바와 같이, 뉴클레오사이드 삼인산(NTP)

들이 이 효소의 기질로 작용하며, 이 효소는 뉴클레오사이드 일인산(NMP)들의 중합을 촉매하여 뉴클레오타이드들을 폴리뉴클레오타이드 사슬$(NMP)_n$로 변화시킨다. 뉴클레오타이드들은 3′ 말단과 5′ 말단 사이의 인산이에스테르 결합(그림 10.12 참고)에 의해 연결된다. 삼인산 전구체가 일인산 형태로 분해됨으로써 생성되는 에너지가 이 반응을 진행시키며, 무기 피로인산(PP_i)이 생성된다.

두 번째 식은 전사 과정이 진행됨에 따라 각 리보뉴클레오타이드가 연속적으로 첨가되는 것을 요약한 것이다:

$$(\mathrm{NMP})_n + \mathrm{NTP} \xrightarrow[\text{중합효소}]{\text{RNA}} (\mathrm{NMP})_{n+1} + \mathrm{PP_i}$$

이 식이 보여주는 바와 같이, 각 전사 단계는 하나의 뉴클레오사이드 3인산(NTP) 전구체인 리보뉴클레오타이드(NMP)가, 신장 중인 폴리리보뉴클레오타이드 사슬$(NMP)_n$에 첨가되어 $(NMP)_{n+1}$이 되는 과정이다.

*E. coli*의 RNA 중합효소는 광범위하게 연구되었다. **핵심효소(core enzyme)**는 2개의 α 소단위와 β, β′, 그리고 ω를 포함한다. 약간 더 복잡한 형태의 **전효소(holoenzyme)**는 **시그마(σ) 인자(sigma factor)**라고 부르는 추가적인 소단위를 더 포함하는데, 분자량이 거의 500 KDa에 이른다. 세균마다 소단위 구성에는 몇 가지 차이가 있지만, 전사를 위한 촉매 근거와 활성 부위를 제공하는 것은 β와 β′이고, σ 인자[그림 13.9(a)]는 RNA 전사의 개시에 관여된 조절 기능을 담당한다.

*E. coli*에는 한 가지 형태의 효소만 있지만, 시그마 인자는 여러 종류가 있어서 중합효소 전체의 다양성을 만든다. 한편, 진핵생물들은 3종류의 서로 다른 RNA 중합효소들을 가지며, 각각은 세균의 효소에서보다 훨씬 많은 수의 폴리펩타이드 소단위들을 포함한다. 이 절에서는 세균의 전사 과정에 대해 논의할 것이다. 이 장의 후반부에서 진핵생물의 전사에 관한 논의로 돌아올 것이다.

프로모터, 주형 결합, 그리고 σ 인자

전사로 인해, DNA의 이중 나선 중 한쪽 가닥에서 상보적인 부분에 대해 단일 가닥의 RNA 분자가 합성된다. 전사를 논의할

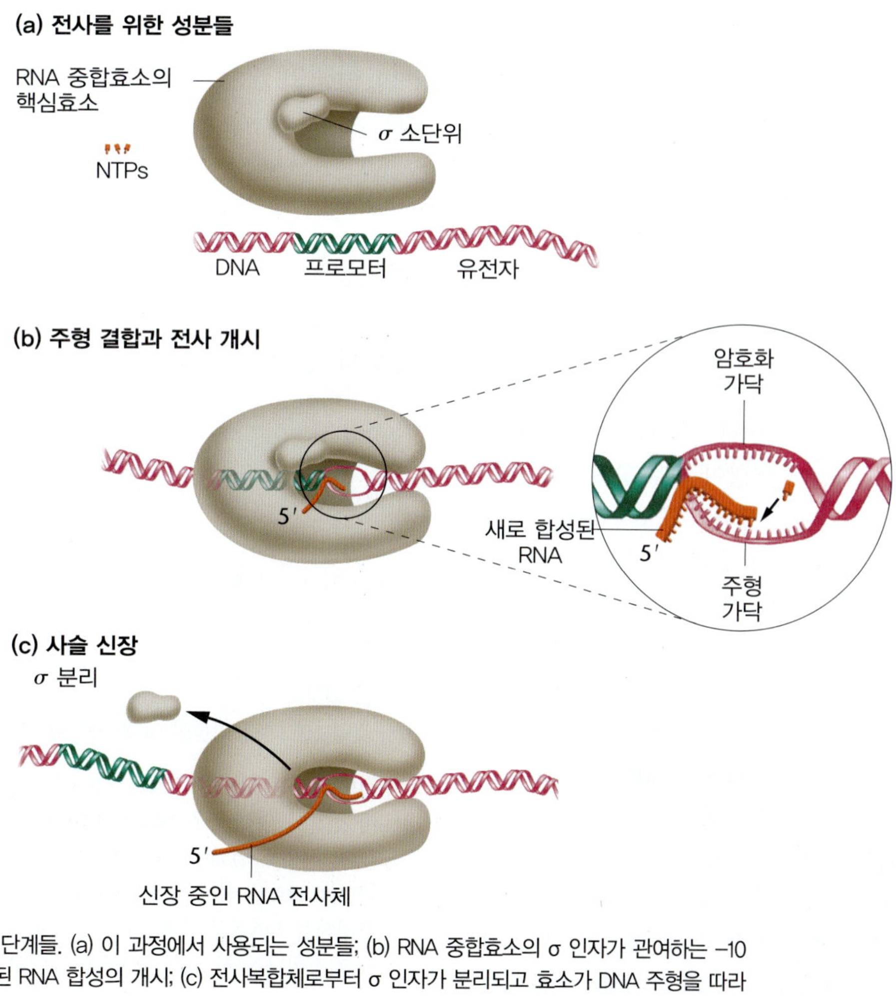

그림 13.9 세균의 전사 초기 단계들. (a) 이 과정에서 사용되는 성분들; (b) RNA 중합효소의 σ 인자가 관여하는 −10 부위에서의 결합, 그리고 연속된 RNA 합성의 개시; (c) 전사복합체로부터 σ 인자가 분리되고 효소가 DNA 주형을 따라 움직이면서 사슬이 신장된다.

때는, RNA 중합효소의 주형으로 작용하는 DNA 가닥을 **주형 가닥(template strand)**, 그리고 상보적인 DNA 가닥을 **암호화 가닥(coding strand)**으로 표시한다. 상보적인 가닥이 암호화 가닥으로 불리는 이유는 그 서열이 주형 가닥에서 전사된 RNA 가닥과 5′→3′ 방향으로 똑같기 때문이다. 그러나 RNA에서는 유리딘(U)이 티미딘(T)을 대체한다.

세균 유전자 전사의 첫 단계는 **주형 결합(template binding)**이라고 불린다[그림 13.9(b)]. 이러한 초기 결합 부위는 RNA 중합효소의 σ 인자가 **프로모터(promoter)**라고 하는 특정 DNA 서열을 인식할 때 확정된다. 이 부위는 유전자의 초기 전사지점으로부터 상류의 5′ 방향 부위에 위치한다. 효소는 그것이 프로모터 부위를 인식할 때까지 DNA 길이를 따라 "탐색(explore)"하며 DNA 이중 나선의 약 60개 뉴클레오타이드에 부착하는데, 그중 40개는 첫 전사 지점으로부터 상류에 존재하는 것으로 생각된다. 일단 이런 일이 발생하면, 나선이 부분적으로 변성되거나 풀려서, DNA 주형은 효소의 작용이 더 쉬워지는 형태가 된다. 전사가 실제로 시작되는 지점을 **전사 개시 부위(transcription start site)**라고 하며, 종종 +1로 표시한다.

RNA 중합효소와 프로모터의 상호작용이 전사 개시를 조절함으로써 전사의 효율성을 통제하기 때문에 프로모터 서열의 중요성은 아무리 강조해도 지나치지 않다. 중합효소와 프로모터 사이에 발생하는 결합의 성격은 유전적 조절에 관한 다음 논의의 핵심이다. 이에 관해서는 16, 17, 18장에서 다룰 것이다. 이 장들에서 프로모터-효소 상호작용에 관한 정보를 아주 자세하게 다루게 될 것이므로, 여기서는 세 가지만 설명하고자 한다.

첫 번째로 강조하고 싶은 점은, DNA의 **공통서열(consensus sequence)**에 대한 개념이다. 이들은 같은 생물체의 다른 유전자, 혹은 연관 생물들의 하나 이상의 유전자들에서 발견되는 상동의(homologous) 서열들이다. 진화를 통한 보존성은, 생물학적 과정들에서의 그들의 역할이 매우 중요함을 증명하는 것이다. 그러한 서열 두 가지가 세균의 프로모터에서 발견되는데, 하나는 TATAAT로 전사 개시 부위에서 10 뉴클레오타이드 상류에 위치하므로 **−10 부위(−10 region)** 혹은 **프리브나우 상자(Pribnow box)**로 불린다. 다른 하나는 TTGACA로, 35 뉴클레오타이드 상류에 위치한다(−35 부위). 두 부위에서의 돌연변이들은 종종 전사를 심각하게 감소시킨다.

이런 서열들은 **시스 작용 요소들(*cis*-acting elements)**이라고 불린다. 시스(*cis*)라는 용어는 유기화학 용어에서 따온 것으로, 다른 작용기의 "바로 옆에(next to)" 혹은 같은 쪽(same side)이라는 뜻인데, "건너편의(across from)", 혹은 트랜스(trans)라는 말과 대조적이다. 따라서 분자 유전학에서 시스-요소란 동일한 DNA 분자의 인접 부위를 말한다. 이것은 DNA 요소들과 결합하여 유전자 발현에 영향을 미치는 분자들(예: σ 인자)을 뜻하는 **트랜스 작용 인자들(*trans*-acting element)**과 대조적이다.

두 번째 강조할 내용은, 서로 다른 프로모터에 대한 RNA 중합효소의 결합 정도가 매우 달라서 다양한 정도의 유전자 발현이 발생한다는 점이다. 현재, 이것은 프로모터들의 서열 차이 때문으로 생각된다. 세균에서는 강한 프로모터와 약한 프로모터가 둘 다 발견되었으며, 1~2초마다 한 번 개시하는 것에서부터 10~20분마다 한 번 전사를 개시하는 것까지 시간의 변화가 다양하다. 프로모터 서열에서의 돌연변이들은 유전자 발현 개시 정도를 심하게 감소시킬 수 있다.

세 번째 강조점은 세균의 σ 인자에 관한 것이다. 대장균에서 주요 형태는 σ^{70}으로 표시되는 것으로, 70킬로달톤(kilodalton, kDa)의 분자량에 근거하여 명명되었다. 대부분의 세균 유전자들의 프로모터가 이 형태에 의해 인식되어 전사된다; 그러나 다른 유전자들을 조절하기 위해서는 몇 가지 대체형 σ 인자들(예: σ^{32}, σ^{54}, σ^{S}, 그리고 σ^{E})이 필요하다. 개별 σ 인자들은 서로 다른 프로모터 서열을 인식하며, 이것이 전사 개시의 특이성을 제공한다.

RNA 합성의 개시, 신장, 그리고 종결

일단 중합효소가 프로모터를 인식한 후 결합이 이루어지면, DNA는 부분적으로 이중가닥 형태에서 주형 가닥이 노출되는

풀어보기

13.3 아래 서열들은 DNA 주형 가닥의 데옥시리보뉴클레오타이드 서열을 나타낸다:

서열 1:	5′-CTTTTTTGCCAT-3′
서열 2:	5′-ACATCAATAACT-3′
서열 3:	5′-TACAAGGGTTCT-3′

(a) 각 가닥에 대해, 전사되어 생기는 mRNA 서열은 어떤 것인지 결정하라.
(b) 그림 13.7을 이용하여, 이 mRNA에 의해 암호화된 아미노산 서열을 정하라.
(c) 서열 1에 대해, 암호화 DNA 가닥의 서열은 무엇인가?

■ **힌트:** 이 문제는 DNA에서 RNA로의 상보적 정보 이동의 결과와 이 정보에 의해 암호화되는 아미노산들을 결정할 것을 요구하고 있다. 해법의 열쇠는 RNA에서는 아데닌에 상보적인 것이 우라실이며, DNA가 세포 내에서 유전정보를 저장하는 반면, 유전자를 구성하는 DNA의 주형 가닥에 상보적인 RNA에는 번역될 암호가 저장된다는 사실을 기억하는 것이다.

열린 구조로 전환된다. 그러면 효소는 RNA 합성을 개시하는데, 주형의 뉴클레오타이드에 상보적인 첫 리보뉴클레오사이드 삼인산을 개시 부위에 삽입한다. 이것이 전사체의 5′ 말단이 될 것이다. (앞서 지적한 바대로, 프라이머는 필요하지 않다.) RNA 중합이 진행됨에 따라 연속적으로 상보적인 리보뉴클레오타이드들이 삽입되고 인산이에스테르결합에 의해 연결된다. (새로운 RNA의 5′에서 3′ 방향이다.) 이 과정이 지속되어 일시적인 8-bp의 DNA/RNA 이중체를 만드는데, 이 사슬들은 서로에게 역평행하다[그림 13.9(b), 내부원].

이렇게 초기 리보뉴클레오타이드들이 신장 중인 RNA 사슬에 첨가된 후에는, σ 인자가 전효소에서 분리되고 핵심효소에 의한 **사슬 신장(chain elongation)**이 계속된다[그림 13.9(c)]. *E. coli*에서는 이 과정이 37℃에서 초당 50 뉴클레오타이드 정도의 속도로 진행된다.

DNA 중합효소처럼, RNA 중합효소 역시 뉴클레오타이드를 삽입할 때 **교정(proofreading)** 기능을 수행할 수 있다. 교정은 비상보성 염기가 삽입된 곳의 오결합을 인식하도록 한다. 그런 경우에 효소는 뒤로 움직여 오결합을 제거한다. 그런 후 다시 방향을 바꿔 신장을 지속한다. 합성 중인 RNA 분자는 유전자의 주형 가닥 DNA 서열과 정확하게 상보적일 것이다. A, T, C, 혹은 G 자리를 만나는 곳에서 상보적인 U, A, G, 혹은 C 염기가 RNA 분자에 삽입된다. RNA 분자가 궁극적으로 세포의 모든 단백질 합성을 이끄는 정보를 제공하는 것이기 때문에 전사의 신뢰도는 매우 중요하다.

효소는 결국 유전자를 모두 지나 종결 신호로 작용하는 특수한 뉴클레오타이드 서열에 도달하게 된다. 그런 종결서열들은 세균에서 매우 중요한데, 한 유전자의 말단과 인접 유전자의 상류 사이가 매우 인접해 있기 때문이다.

세균의 종결에 관한 흥미로운 점은 위에 언급한 종결서열이 실제로 RNA로 전사된다는 것이다. 이 종결서열의 특이한 뉴클레오타이드 서열은 새로 형성된 전사체가 수소결합으로 스스로 접혀 **머리핀 2차 구조(hairpin secondary structure)**라고 불리는 형태를 만들도록 한다. 세균에서는 2가지 형태의 전사 종결 방식이 존재하며, 둘 다 전사된 RNA에서 생기는 머리핀 구조에 의존적이다.

대장균에서 약 80%의 전사체들은 **내재성 종결(intrinsic termination)**로 전사가 끝난다[그림 13.10(a)]. 내재성 종결은 전사체 내부의 자기-상보적 GC-풍부 서열들(역반복서열들)에 의존적인데, 이것은 안정적인 GC-풍부 머리핀 구조를 만들며 바로 뒤에 일련의 유라실 잔기들이 연속해서 나타난다. 이 GC-풍부 머리핀 구조는 인접한 폴리 U 꼬리의 전사 중에 RNA 중합효소가 멈추게 한다. 이 전사 영역 내의 U 염기들은 DNA의 주형 가닥에 있는 A와 염기쌍당 2개의 수소 결합만

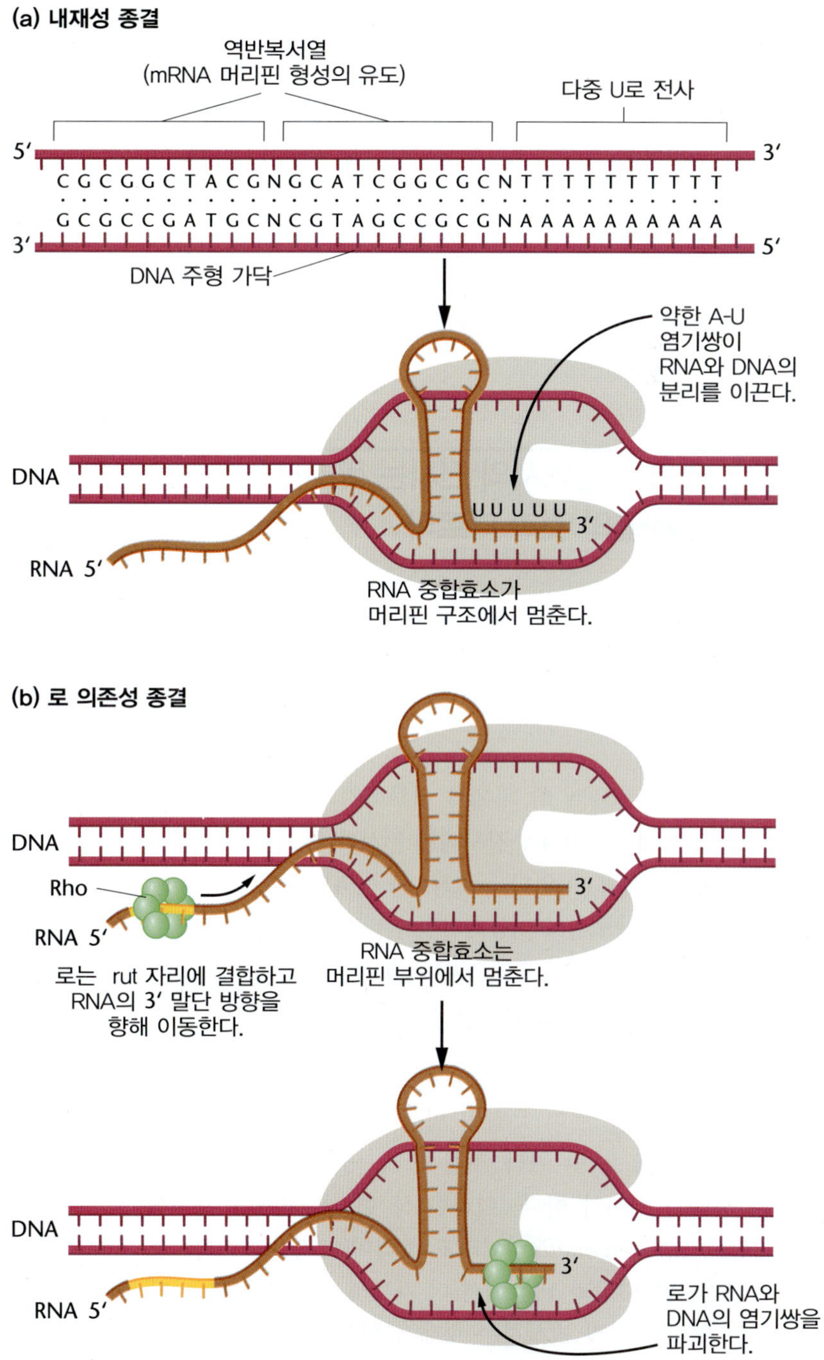

그림 13.10 세균의 전사 종결. 내재성 종결(a)에는 반복된 U 잔기들이 따라오는 머리핀 구조가 관여한다. 로-의존성 종결(b)에는 로 종결 인자와 머리핀 구조가 사용된다.

있는 비교적 약하게 상호작용한다. 이것이 RNA 중합효소의 분리를 촉진하고 전사체는 방출된다.

잘 규명된 세균의 다른 전사 종결 기작은 **로-의존성 종결(rho-dependent termination)**로 알려진 것이다[그림 13.10(b)]. 이것은 약 20%의 대장균 유전자들에서 사용된다. 이것은 **로(ρ)**라고 불리는 **종결 인자(termination factor)**와 전사체의 머리핀 구조로 전사되는 종결서열에 의존하는 기작이다. 로(ρ)는 RNA 헬리케이즈 활성을 가지는 커다란 6합체의 단백질이다. 이 단백질은 DNA-RNA 이중체로부터 머리핀 구조 같은 RNA 2차 구조를 분리할 수 있다. ρ는 **로 활용 자리(rho utilization site, rut)**로 알려진 전사체의 특정 서열에 결합한다. 그런 후 3′ 방향으로 움직여 RNA 중합효소를 쫓는다. RNA 중합효소가 종결서열에 의해 만들어진 머리핀 구조에 도달하면 멈추게 되고, ρ가 중합효소를 따라잡게 된다. ρ는 RNA 헬리케이즈 활성으로 DNA 주형과 전사체 사이의 수소결합을 끊어줌으로써, 머리핀 구조를 통과하면서 RNA 중합효소의 분리를 촉진한다.

13.10 진핵생물에서의 전사는 몇 가지 방식에서 세균의 것과 다르다

전사에 관한 우리의 지식 중 많은 부분이 원핵세포의 연구로부터 나온 것이다. 이 과정들의 기구에 관한 일반적 측면들은 진핵세포에서도 유사하다. 그러나 몇 가지 특이한 다른 점들이 있다:

1. 진핵생물의 전사는 핵 내에서 이루어진다. 세균에서와는 달리, 진핵세포의 RNA 전사체는 전사가 완료되기 전에는 리보솜과 연계될 수 없다. mRNA가 번역되기 위해서는 반드시 핵에서 세포질로 이동해야만 한다.

2. 진핵생물의 전사는 세균에서처럼 단일 형태라기보다는, 3가지 독립된 형태의 RNA 중합효소들에 의해 발생한다.

3. 진핵생물 유전자들의 전사 개시를 위해서는 뉴클레오좀들이 감겨 있는 것이 특징인 염색사들이 풀려서 DNA가 RNA 중합효소 및 기타 조절 단백질들이 접근할 수 있는 상태가 되어야 한다. 이러한 상 변이는 **염색질 재구성**(*chromatin remodeling*)이라고 불리며(12장에서 처음 소개되었지만 17장과 19장에서 더 자세히 논의됨), DNA 나선이 열림에 따라 발생하는 형태적 변화에 관한 역동성을 반영하는 것이다.

4. 전사의 개시와 조절에는 더 광범위한 상호작용이 관여하는데, 즉 시스-작용 상류 DNA 서열들과 트랜스-작용 단백질 인자들 사이의 상호작용이 전사를 촉진하고 시작하도록 하는 데 관여한다. 예를 들어, 세균의 RNA 중합효소는 프로모터에 결합하여 전사를 개시하기 위해 σ 인자만 있으면 되지만, 진핵성 RNA 중합효소는 프로모터에 결합하고, RNA 중합효소를 소환하며, 전사를 개시하는 데 여러 **일반 전사 인자들**(*general transcription factors, GTFs*)을 요구한다. 프로모터 외에도, 진핵성 유전자들은 종종 **인핸서**(*enhancer*, **증폭자**)와 **사일런서**(*silencer*, **침묵자**)라는 시스-작용 조절 단위들을 가지는데(이에 대해서는 아래 논의와 17장에서 자세히 설명할 것임), 이들은 전사 활성에 매우 크게 영향을 미친다.

5. 세균에서는 전사 종결이 종종 전사체 내에서 머리핀 모양의 2차 구조를 만드는 것에 의존적이다. 그러나 진핵생물의 전사 종결은 더 복잡하다. 단백질을 암호화하는 유전자들의 전사 종결은 전사체 내의 서열 특이적인 절단을 포함하며, 그 이후에 RNA 중합효소가 DNA 주형에서 분리되곤 한다.

6. 진핵생물에서는, **pre-mRNA**라고 불리는 단백질을 암호화하는 mRNA의 초기 전사체(혹은 1차 전사체)가, 일반적으로 "가공(processing)"으로 언급되는 복잡한 변형을 거쳐 성숙한 mRNA가 된다. 가공과정은 종종 5′-캡(5′-cap)과 3′-꼬리(tail)의 첨가와 성숙한 mRNA에는 없는 개재 서열의 제거를 포함한다. 이 장의 나머지 부분에서는 진핵세포들의 전사와 mRNA 공정에 관해 기본적인 사항들을 살펴볼 것이다. 전사의 과정은 고도로 조절되어 어떤 DNA 서열이 RNA로 복사될지, 그리고 언제 얼마나 자주 전사가 일어나야 할지 결정한다. 교재의 후반부에는 진핵성 유전자 전사의 조절과 직접 연관된 주제를 살펴보게 될 것이다(17장 참고)

진핵생물의 전사 개시

앞서 언급한 바와 같이, 진핵성 RNA 중합효소는 3가지 형태가 있다. 진핵생물의 RNA 중합효소들은 모두 세균에서 발견되는 단일 형태의 RNA 중합효소보다 크고 복잡하다. 예를 들어, 효모와 인간에서 발견되는 RNA 중합효소 II는 12개의 소단위로 구성된다. 3가지 형태의 효소들은 어떤 단백질 소단위들을 공유하기는 하지만, 표 13.6에 정리된 것처럼, 그들 각각은 서로 다른 형태의 유전자들을 전사한다.

RNA 중합효소 I과 III(RNAP I과 RNAP III)는 운반 RNA(tRNA)들과 리보솜 RNA(rRNA)들을 전사하는데, 이것

표 13.6 진핵생물의 RNA 중합효소들

형태	산물	위치
I	rRNA	인
II*	mRNA, snRNA	핵질
III	5*S*rRNA, tRNA	핵질

*RNAPII는 miRNA와 lncRNA들을 비롯한 다양한 다른 RNA들도 합성한다(18장과 19장 참고).

은 모든 세포가 언제나 기본적인 단백질 합성을 위해 필수적으로 요구하는 것들이다. 대조적으로, **RNA 중합효소 II(RNAP II)**는 단백질-암호화 유전자들을 전사하며 고도로 조절된다. 단백질-암호화 유전자들은 흔히 서로 다른 시간에, 서로 다른 신호에 반응하여, 서로 다른 세포 형태에서 발현된다. 따라서 RNAP II 활성은 유전자별로 엄격하게 조절된다. 이런 이유로, 진핵생물의 전사에 관한 대부분의 연구들은 RNAP II에 초점이 맞춰져 왔다.

RNAP II의 활성은 유전자의 시스-작용 조절 요소들과, 이런 DNA 요소들에 결합하는 다수의 트랜스-작용 전사 인자들에 의존적이다. (우선 시스 요소들에 대해 다루고 그다음에 트랜스 인자들을 생각해보기로 하자.)

적어도 네 개의 *cis*-작용 DNA 요소들이 RNAP II에 의한 전사 개시를 조절한다. 이런 요소 중 첫째는 **핵심 프로모터(core promoter)**로서, 전사 개시 자리를 포함한다. 이것은 RNAP II가 DNA의 어느 부분에 결합할지와, 어디에서 RNA로의 복사를 시작할지를 결정한다. **프로모터 근접 요소(proximal-promoter element)**라는 다른 프로모터 요소는 전사 개시 부위의 상류에 위치하며 전사 수준의 조절을 돕는다. 마지막 2가지 형태의 시스-작용 요소들은 **인핸서(enhancer)**와 **사일런서(silencer)**라고 불리며, 핵심 프로모터 요소로부터 RNAP II에 의한 전사 개시율이나 효율성에 영향을 미친다.

일부 진핵성 유전자들에서, 핵심 프로모터 내의 시스-작용 요소 하나는 **골드버그-호그니스 상자(Goldberg–Hogness box)** 혹은 **TATA 상자(TATA box)**이다. 전사 개시 자리로부터 약 30 뉴클레오타이드 상류(−30)에 위치하는 TATA 상자는 $TATA^{A}/_{T}AAR$의 공통 서열을 가지는데, 여기서 R은 어떤 종류이건 퓨린 뉴클레오타이드인 것을 말한다. TATA 상자들의 서열과 기능은 세균 유전자의 −10 영역에서 발견되는 것과 유사하다. 그러나, 세균에서는 RNA 중합효소가 직접 −10 영역에 결합했음을 기억하라. 아래에서 살펴볼 바와 같이, 진핵생물에서는 그렇지 않다.

진핵성 프로모터 요소들이 전사 개시의 일반적인 자리와 효율을 결정하기는 해도, 진핵성 유전자의 전사에는 다른 요소들—인핸서와 사일런서라고 알려진—이 더 극적인 효과를 발휘한다. 그 이름이 시사하는 것처럼, 인핸서들은 전사 수준을 증가시키며 사일런서들은 전사를 감소시킨다. 이 요소들의 위치는 프로모터 바로 앞 상류 부분에서 하류, 혹은 유전자 내부나 유전자에서 수 킬로 bp 떨어진 곳까지 매우 다양하다. 다시 말해, 이들은 멀리서 전사를 조율한다. 진핵성 유전자들은 자신만의 독특한 프로모터, 인핸서, 그리고 사일런서 요소들의 배열을 가진다.

시스-작용 조절 서열들에 결합하여 RNAP II의 결합을 촉진함으로써 전사를 개시하도록 돕는 것들은 다양한 트랜스-작용 인자들이다. 이 단백질들은 **전사 인자들(transcription factors)**로 불린다. 두 가지 넓은 범주의 전사 인자들이 존재한다: RNAP II가 매개하는 모든 전사에 반드시 요구되는 **일반 전사 인자들(general transcription factors, GTFs)**과, RNAP II 전사의 개시 효율이나 속도에 영향을 미치는 **전사 활성자(transcriptional activator)** 및 **전사 억제자(transcriptional repressor)**들이다.

일반 전사 인자들은 RNAP II가 진핵성 핵심 프로모터 자리에 직접 결합하지 못하며 전사 인자 없이는 전사를 개시하지 못하기 때문에 필수적이다. 인간의 RNAP II 결합과 관련된 일반 전사 인자들은 잘 밝혀져 있으며, **TFIIA**, **TFIIB** 등으로 표현된다. 이들 중에서, **TFIID**는 TATA-상자 서열에 직접 결합한다. 일단 TFIID가 DNA에 처음 결합하면, 다른 일반 전사 인자들과 RNAP II가 순차적으로 TFIID에 결합하여 광범위한 **전-개시 복합체(pre-initiation complex)**를 형성한다.

전사 활성자들과 전사 억제자들은 인핸서 및 사일런서 요소에 결합하여 전-개시 복합체의 조립을 돕거나 방해함으로써 전사 개시를 조절하며, 전-개시 복합체로부터 완전한 전사 신장이 가능하도록 RNAP II를 탈출시킨다. 그들은 세균의 σ 인자를 대체하는 것으로 보이며 진핵성 유전자 조절에 중요하다. 우리는 교재의 후반에 진핵성 유전자 조절에 필요한 일반 전사 인자들과 특수 전사 인자들의 역할 및 이들이 결합하는 다양한 DNA 요소들을 더 자세히 살펴볼 것이다(17장).

진핵성 RNA 중합효소의 기능에 관한 최근의 발견들

RNA 중합효소 II가 어떻게 염색사를 따라 전사를 진행할 수 있는지를 밝히는 것은 매우 흥미롭다. 효소는 DNA 나선을 열어 두 가닥을 국부적으로 분리(변성)시켜 주형 가닥이 RNA 합성 중에 효소의 활성 부위를 통과할 수 있도록 해야 한다. 거대한 크기의 핵산-단백질 구조를 결정화하고 5 Å 미만의 해상도로 X-선 회절 분석을 수행하는 능력은 이 문제를 다루는 데 희망을 주었는데, 특히 효모에서 분리한 RNAP II를 사용했던 콘버어그(Roger Kornberg)와 동료들의 연구에 크게 도움이 되었다. (2.8 Å 미만의 해상도를 달성했다는 것은 복합체에 있는 모든 단백질의 각 아미노산을 시각화할 수 있었다는 뜻이다!) 여기서 얻은 다양한 발견을 통해 가장 중요한 전사 과정에 대한 매우 상세한 설명을 제공할 수 있었다.

효모의 RNAP II는 2개의 큰 단백질 소단위와 10개의 작은 소단위들을 포함하며, 분자량이 약 500 kDa인 거대한 3차원 복합체를 형성한다. 처음에 프로모터 DNA는 RNAP II의 두 개의 큰 소단위 사이에 형성된 갈라진 틈 위에 위치한다. 사실 소단위 집합체는 열렸다가 부분적으로 닫힐 수 있는 한 쌍의 턱과 유사하며, 이 단계에서 일반 전사 인자인 TFIIB와 결합한다. DNA와 결합하기 전에는 갈라진 틈이 열려 있다; 일단 DNA와 연결되면 갈라진 틈이 부분적으로 닫혀서 전사가 시작되는 동안 이중 나선을 가둔다. 이런 변환에 중요한 효소 부분은 크기가 약 50 kDa이며 **집게**(*clamp*; **클램프**)라고 불린다.

일단 집게 안에 갇히면, 작은 영역의 이중 DNA 두 가닥이 효소 내의 **활성 중심**(*active center*)이라고 하는 위치에서 분리되고, 주형 가닥은 전사 시작 부위를 찾기 위해 검색된다. 그런 다음 DNA 주형 가닥에서 상보적 RNA 합성이 시작된다. 그러나 전체 복합체는 불안정한 상태이며 전사는 일반적으로 단지 몇 개의 리보뉴클레오타이드만 결합된 후에 종료된다. 그 이유는 명확하지 않지만, 11개의 리보뉴클레오타이드의 전사체를 포함하는 안정적인 DNA:RNA 혼성체가 형성되기 전까지 소위 **불완전 전사**(*abortive transcription*)가 여러 번 반복되곤 한다. 11개 뉴클레오타이드의 전사체가 형성되면, 불완전 전사가 극복되고, 안정한 복합체가 만들어지며, RNA 전사체의 신장이 본격적으로 진행된다. 이 시점에서의 전사는 고도로 진행성인 RNA 중합 수준에 도달했다고 한다. 즉, 효소가 기질을 방출하지 않고 수많은 연속 중합 반응을 촉매할 수 있음을 의미한다.

전사가 진행됨에 따라 효소는 DNA를 따라 이동하며, 특정 시간에 약 40개의 DNA 염기쌍과 성장하는 RNA 사슬의 18개 잔기가 효소-기질 복합체 내에 포함된다. 가장 초기에 합성된 RNA는 효소의 홈을 통과하여 뚜껑으로 지정된 상단과 후면의 구조 아래로 나간다. 구멍이라는 또 다른 영역이 효소의 아랫부분에서 확인되었다. 구멍은 RNA 전구체인 리보뉴클레오사이드 삼인산(NTP)이 복합체에 진입하는 지점 역할을 한다.

세균에서와는 달리, 전사 종결을 위한 특수한 서열은 존재하지 않는다. 사실, RNAP II는 종종 성숙한 mRNA의 3′ 말단이 될 부분을 지나 전사를 계속하곤 한다. 일단 전사가 **폴리아데닐화 신호 서열(polyadenylation signal sequence)**이라고 알려진 AAUAAA라는 특수한 서열(아래 논의)을 지나가면 전사체는 효소에 의해 3′ 방향으로 약 10~35 염기 하류가 절단된다. 전사체의 절단은 RNAP II를 불안정하게 만들고 불완전 전사가 발생하는 초기 상태와 유사해진다. 집게가 열려 DNA와 RNA가 모두 효소에서 방출되고 전사가 종결된다. 이로써 전사를 구성하는 회로가 완결된다.

정리하면, 전사가 시작되는 동안 불안정한 DNA-효소 복합체가 형성되고, 충분한 크기의 DNA/RNA 이중체로 신장되면 안정화되며, 신장이 진행되다가, 이후의 효소 불안정성이 다시 전사를 종결시킨다. 이 주기를 다시 생각하면서 DNA가 처음 효소와 결합하는 순간부터 거대 분자 복합체에서 전사체가 방출될 때까지의 과정을 이미지화하여 상상하라. 이러한 이미지가 분명해졌다면 의심의 여지 없이 세균에서보다 더 복잡한 진핵생물의 전사에 대해 확실히 이해했다고 할 수 있다.

콘버그의 발견은 전사에 대한 우리의 이해를 한층 확장시켰으며, 이러한 공로로 그는 2006년에 노벨 화학상을 수상했다.

진핵성 RNA의 가공: 캡과 꼬리

세균에서는 DNA의 염기 서열이 mRNA로 전사되고 이것은 즉각적으로 그 유전암호가 지시하는 아미노산 서열로 번역되지만, 진핵성 RNA 전사체는 그들이 세포질로 이송되어 번역되기 전에 상당한 변형이 일어나야 한다. 1970년까지, 진핵성 mRNA가 단백질로 번역될 때보다 더 큰 전구체 상태로 먼저 전사된다는 증거가 축적되었다. 유전자의 이 **1차 전사체**(*pre-mRNA*)는 그것이 **성숙한** mRNA 형태로 세포질에 출현하기 전에 핵에서 가공을 거쳐야 하는 것으로 제안되었다. 다양한 가공 단계가 다음 절에 논의되어 있으며 그림 13.11에 요약되어 있다.

mRNA가 될 진핵성 RNA 전사체들의 주요 **전사 후 변형(posttranscriptional modification)** 한 가지는 이 분자의 5′ 말단에 관한 것으로, 이 과정에서는 **7-메틸구아노신(7-methylguanosine, m^7G) 캡(cap)**이 첨가된다. 이런 캡 구조는 초기에 RNA 전사가 시작된 직후에 첨가된다. 캡은 핵산분해효소에 의한 공격으로부터 5′ 말단을 보호함으로써 mRNA를 안정화시킨다. 이후 캡은 성숙한 mRNA가 핵막을 가로질러 세포질로 이동하는 것을 촉진하고, mRNA에서 단백질로의 번역될 때의 개시 과정에 필요하다. 화학적으로, 캡은 염기의 7번 위치에 메틸기(CH_3)를 가진 구아노신 잔기이다. 이 캡은 또한 RNA의 첫 리보뉴클레오타이드의 5′ 말단에 5′ 말단이 결합하여 독특한 3인산 다리를 형성하는 것으로 구분된다.

mRNA의 성숙과정 중에 일어나는 RNA 전사체들의 가공과정에 대한 더 깊은 통찰이 mRNA가 3′ 말단에 250개까지의 아데닐산 잔기들을 포함하는 신장부를 가진다는 발견으로부터 얻어졌다. 진핵생물 전사 종결에 관한 설명에서 언급한 바와 같

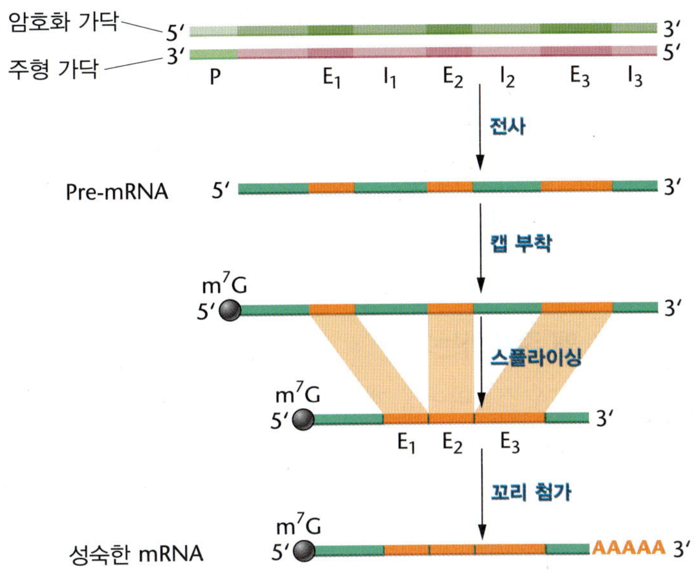

그림 13.11 진핵생물의 전사 후 RNA 가공. 유전자의 프로모터(P)에서 시작된 전사는 DNA 주형 가닥 아래에 표시된 바와 같이 몇 개의 인트론(I)들과 엑손(E)들을 포함한 pre-mRNA를 만든다. 전사가 시작된 직후에, m^7G 캡이 5′ 말단에 추가된다. 그리고 전사 신장 과정 중에는 인트론들이 제거되고 엑손들이 결합된다. 마지막에, 폴리-A 꼬리가 3′ 말단에 추가된다. 이 그림은 이 과정들을 순차적으로 표현했으나, 일부 진핵성 전사체에서는 폴리-A 꼬리가 모든 인트론들의 스플라이싱이 완료되기 이전에 첨가된다.

이, 전사체는 고도로 보존된 AAUAAA 폴리아데닐화 신호 서열 이후 10~35 리보뉴클레오타이드 뒤에서 절단된다. 그러면 **폴리-A 중합효소(poly-A polymerase)**라는 효소가 전사체의 자유 3′-OH기에 폴리-A 꼬리를 첨가한다. 폴리-A 꼬리는 다양한 진핵생물들에서 연구된 거의 모든 mRNA의 3′ 말단에서 발견된다. 진핵생물에서의 예외는 히스톤 단백질을 암호화하는 mRNA들인 것으로 보인다.

AAUAAA 서열이 모든 진핵성 전사체에 발견되는 것은 아니지만, 이 서열을 가지는 전사체에는 필수적인 것으로 보인다. 이 서열에 돌연변이가 일어나면 그 전사체에는 폴리 A-꼬리가 붙지 않는다. 꼬리가 없으면, RNA 전사체는 핵산분해효소들에 의해 빠르게 분해된다. **폴리-A 결합 단백질(poly-A binding protein)**은 그 이름이 제시하는 것처럼, 폴리-A 꼬리에 결합하여 mRNA의 3′ 말단이 핵산분해효소들에 의해 분해되는 것을 막는다(18장 참고). 또한 폴리-A 꼬리는 mRNA가 핵에서 세포질로 수송되는 것뿐 아니라 번역에도 중요하다.

폴리-A 꼬리는 세균과 고세균의 mRNA들에서도 발견된다. 그러나 이런 세균성 폴리-A 꼬리들은 일반적으로 훨씬 짧으며 소수의 mRNA 분자들에서만 발견된다. 게다가, 진핵생물에서는 폴리-A 꼬리가 보호 작용을 하는 데 반해, 세균에서는 일반적으로 mRNA의 분해와 관련된다.

13.11 진핵성 유전자의 암호화 영역은 인트론이라는 개재 서열에 의해 나뉘어 있다

위에서 언급한 바와 같이, 진핵생물의 1차 mRNA 전사체 혹은 pre-mRNA는 종종 성숙한 mRNA보다 더 길다. 이런 현상에 대한 설명은 1977년 샤프(Phillip Sharp)와 로버츠(Richard Roberts)가 이끄는 연구팀들이 독립적으로, 동물 바이러스의 유전자들이 최종 단백질 산물의 아미노산들을 암호화하지 않는 내부(*intervening* or *intragenic*) 뉴클레오타이드 서열을 가진다는 증거를 발표하면서 이루어졌다. 이런 비암호화 내부 서열들은 pre-mRNA들에도 존재하지만, 성숙한 mRNA가 생산되는 RNA 공정 중에 제거되고(그림 13.10), 이후 성숙한 mRNA가 번역된다. 아미노산을 암호화하는 서열들 사이에 끼인 이런 서열들은 **인트론(intron)**이라고 불린다(*intr*agenic regi*on*에서 유래). 성숙한 mRNA에 남아 발현되는 서열들은 **엑손(exon)**들로 표현된다(*ex*pressed regi*on*에서 유래). pre-mRNA에서 인트론이 제거되고 엑손들끼리 연결되는 과정은 **RNA 스플라이싱(RNA splicing)**이라고 한다.

최초로 인트론 포함 유전자로 밝혀진 것 중 하나는 레더(Philip Leder)와 플라벨(Richard Flavell)에 의해 각각 연구되었던 생쥐와 토끼의 **β-글로빈 유전자(β-globin gene)**였다. 생쥐의 유전자는 550 뉴클레오타이드 길이의 인트론을 포함하는데, 이것은 104번째 아미노산을 지정하는 서열의 바로 뒤에서 시작한다. 토끼에서는 110번째 아미노산을 지정하는 서열 근처에 580 염기쌍의 인트론이 있어서, 생쥐에서 발견된 것과 놀랄 만큼 유사하다. 게다가, 두 유전자 모두에서 약 120 뉴클레오타이드 정도의 다른 인트론이 존재한다는 것이 이미 알려져 있었다. 지금까지 연구된 모든 포유동물 β-글로빈 유전자에서 유사한 인트론들이 발견되었다.

닭의 **오브알부민 유전자(ovalbumin gene)**는 미국의 오말리(Bert O'Malley)와 프랑스의 샹본(Pierre Chambon)에 의해 광범위하게 연구되었다. 그림 13.12에서처럼, 이 유전자는 7개의 인트론들을 포함한다. 사실, 이 유전자의 DNA 서열 대부분은 인트론으로 구성되어 있으며 이것은 비암호성이다. pre-mRNA는 성숙하게 스플라이싱이 끝난 mRNA 길이의 거의 3배 길이이다.

진핵성 유전자들 내에서 인트론을 찾는 작업은 DNA의 뉴클레오타이드 서열과 그 mRNA를 직접 비교하고 아미노산 서열과의 상관관계를 살피는 과정을 포함한다. 그런 접근은 모든 개재 서열들을 정확하게 동정할 수 있도록 한다. 인트론/엑손 경계에서 나타나는 공통서열을 찾음으로써, 이제 과학자들은 유전

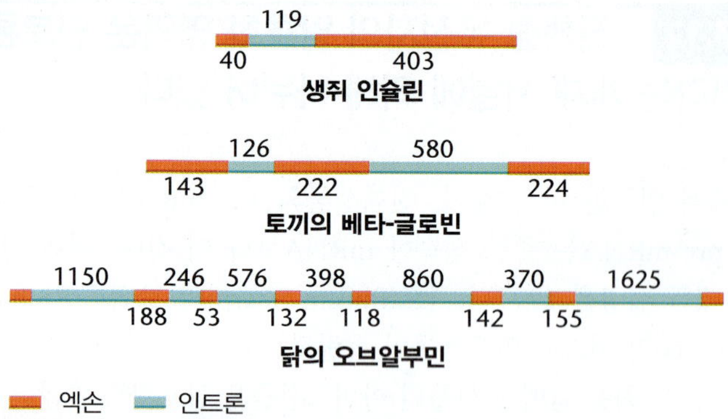

그림 13.12 다양한 진핵세포 유전자들에서 나타나는 인트론과 엑손 서열들. 숫자들은 여러 인트론과 엑손 부위에 존재하는 뉴클레오타이드의 수를 나타낸다.

체 DNA 서열과 컴퓨터 도구들만으로도 정확하게 인트론들을 규명할 수 있다. 우리는 유전체 분석을 고려할 때 이 주제로 다시 돌아오게 될 것이다(21장).

이제 우리는 많은 생물의 인트론 포함 진핵성 유전자들에 대해 꽤 종합적인 식견을 갖게 되었다. 출아 효모인 *Saccharomyces cervisiae*는 약 6,000개의 단백질-암호화 유전자 중 283개가 인트론을 포함한다. 그러나 인트론들은 인간에서 훨씬 흔하다: 인간의 단백질-암호화 유전자 중 약 94%가 유전자당 평균 9개의 엑손과 8개의 인트론을 포함한다. 한 유전자에 존재하는 인트론 수가 극단적으로 많은 사례는, 척추동물에서 주요 결합 조직 단백질의 하나인 콜라겐 소단위 하나를 암호화하는 유전자로 살펴볼 수 있다. *pro-α-2(1)* 콜라겐 유전자는 51개의 인트론을 포함한다. 성숙한 mRNA에 돌연변이가 생기지 않으려면 RNA 스플라이싱은 엄청나게 정확해야 할 것이다.

마찬가지로, 전형적인 유전자의 길이와 스플라이싱에 의해 인트론이 제거된 후 최종 mRNA 길이 사이의 차이도 주목할 만하다. **표 13.7**에 제시된 것처럼, 콜라겐 유전자의 약 13% 정도만 성숙한 mRNA에 남는 엑손으로 구성된다. 다른 유전자를 보면 더 극단적인 그림이 드러난다. 알부민 유전자는 약 8%만이 알부민 단백질의 아미노산들을 암호화하며, 현재까지 인간 유전자 중 가장 길다고 알려진 디스트로핀(dystrophin)-뒤센형 근위축증에서 결핍되는 단백질-은 유전자 서열 중 1% 미만이 mRNA에 남는다.

지금까지 연구된 대다수의 포유류 유전자들이 인트론들을 포함하지만, 몇 가지 예외도 존재한다. 주목할 만한 것은 히스톤 유전자와 면역계의 신호 단백질인 인터페론을 암호화하는 유전자로, 이 유전자들에는 인트론이 없다.

표 13.7 인간 유전자의 크기, mRNA 크기, 그리고 인트론의 숫자 비교

유전자	유전자 크기(kb)	mRNA 크기(kb)	인트론의 수
인슐린	1.7	0.4	2
콜라겐 [*pro-a-2(1)*]	38.0	5.0	51
알부민	25.0	2.1	14
페닐알라닌 수산화효소	90.0	2.4	12
디스트로핀	2400.0	17.0	79

인트론은 왜 존재하는가?

인트론과 RNA 스플라이싱 개념에 대해 처음 공부하는 유전학도라면 도대체 왜 인트론이 존재하는지 궁금할 것이다. 만약 인트론 서열이 없어져야 할 운명이라면, 그들은 왜 처음에 거기 있게 된 것일까? 인트론이 없고 전사도 되지 않는다면 훨씬 효율적이지 않을까? 실제로, 1977년 인트론이 발견된 직후 과학자들도 같은 질문을 했다. 그러나 우리는 이제 인트론이 몇 가지 기능을 수행한다는 사실을 알고 있다:

1. 일부 유전자들은 엑손들을 교체하여 활용하는 방법을 통해 한 가지 이상의 단백질 산물을 암호화할 수 있다. 이 과정은 **대체 스플라이싱(alternative splicing)**으로 알려져 있으며(18장에서 더 자세히 논의할 것임), 같은 pre-mRNA로부터 서로 다른 조합의 엑손들을 이어붙이는 스플라이싱으로 서로 다른 성숙한 mRNA를 만든다. 이것은 진핵생물의 유전체가 거기에 포함된 단백질-암호화 유전자의 수보다 더 많은 수의 단백질을 암호화할 수 있게 해준다.
2. 인트론들은 유전자들의 진화에도 중요할 수 있다. 진화적 시간 규모로 보면, DNA 서열들은 유전체 내에서 이리저리 이동했을 것이다. 모듈식의 엑손/인트론 유전자 구조는 **엑손 셔플링(exon shuffling)**이라고 알려진 현상(14장에서 더 자세히 설명함)을 허용하는데, 어떤 엑손이 기존 유전자에 도입되었을 때 새로운 유전자가 진화할 수 있도록 한다.
3. 일단 인트론이 pre-mRNA로부터 제거되면, 이것은 일반적으로 분해된다. 그러나 인트론이 실제로 **마이크로 RNA(microRNA, miRNA)**같이 유전자 발현을 조절하는 기능적인 비암호화 RNA를 포함한다는 많은 보고가 있다(18장 참고). 그런 경우, 잘린 인트론은 공정을 거쳐 비암호성 RNA를 방출하고 이것이 세포 내에서 특정 기능을 수행한다.
4. 인트론들은 전사를 조절할 수도 있다. 예를 들어, DNA 서열 내의 인트론들은 종종 시스-작용 조절 요소들을 포함하는데, 인핸서나 사일런서 같이 전사를 상향 조절 혹은 하향 조절하는 것일 수 있다.

스플라이싱 방법: 자가-스플라이싱 RNA들

인트론의 발견으로, 인트론이 잘려서 제거되고 다시 서로 재결합하도록 하는 기구를 밝히려는 시도가 집중되었다. 대량의 시험관 연구들을 이용하여 많은 진전이 이루어졌다. 흥미롭게도, 미토콘드리아와 엽록체에서 생산된 RNA들뿐 아니라 전사체들의 종류에 따라 약간 다른 기구들이 존재하는 것으로 보인다.

우리는 인트론을 제거할 수 있는 가장 간단한 기구가 다음 두 단계를 포함하는 것으로 생각할 수 있다: (1) 엔도뉴클레아제에 의해 인트론의 양 말단이 절단되고, (2) 인접한 엑손들이 라이게이즈에 의해 결합된다. 즉, 이것은 분명히 세균의 tRNA들에 존재하는 인트론에서 발생하는 일이다. 그러나 다른 RNA들—고등 진핵생물의 tRNA와 rRNA, 그리고 모든 진핵성 pre-mRNA들—에 관한 연구에서, 인트론의 정확한 절제는 훨씬 더 복잡하고 더 흥미로운 이야기로 발전한다.

진핵생물의 인트론들은 스플라이싱 기구에 기초하여 몇 가지 그룹으로 나뉠 수 있다. **그룹 I 인트론**들은 rRNA들의 1차 전사체 등에서 발견되는 것으로, 인트론의 절제에 다른 아무것도 요구하지 않는다; 인트론 자체가 스플라이싱에 필요한 효소 활성을 가진다. 이런 놀라운 발견은 1982년 체크(Thomas Cech)와 동료들이 섬모성 원생동물인 *Tetrahymena*에 관해 연구하던 중에 이루어졌다. 그런 촉매 활성이 가능한 RNA들은 **리보자임(ribozyme)**으로 불린다.

그룹 I 인트론들의 자가 절단 과정이 그림 13.13에 도식화되어 있다. 화학적으로, 2번의 반응이 발생한다. 첫째는 반응의 보조인자로 작용하는 자유 구아노신("G"로 표시)과 1차 전사체 사이의 상호작용이다[그림 13.13(a)]. 구아노신이 인트론의 활성 부위 내에 자리를 잡은 후, 3′-OH 작용기가 인트론의 5′ 말단의 뉴클레오타이드와 왼쪽 엑손의 3′ 말단 사이에 있는 인산이에스테르 결합("P")을 공격하여 절단한다[그림 13.13(b)]. 두 번째 반응은 왼쪽 엑손에 새로 생긴 3′-OH 작용기와 인트론/엑손 경계의 인산이에스테르 결합 사이에서 발생한다[그림 13.13(c)]. 인트론은 잘려나가고 두 개의 엑손이 서로 연결되어 성숙한 RNA를 만든다[그림 13.13(d)].

위에 설명한 바와 같이, 그룹 I 인트론들의 자가 절단은 mRNA들의 전구체들, tRNA들, 세균의 rRNA들, 하등 진핵생물들과 고등 식물들에서 발생하는 것으로 알려져 있다.

자가 절제 과정은 미토콘드리아와 엽록체에서 생산된 1차 mRNA 및 tRNA 전사체들에서 인트론이 제거되는 과정에서도 발생한다: 이들은 **그룹 II 인트론**들의 예이다. 그룹 II 인트론들의 스플라이싱은 그룹 I에서와는 약간 다르지만, 여기서도 인트론들의 절제를 일으키는 두 번의 자가 촉매성 반응이 관여한다. 그룹 II 인트론들은 곰팡이, 식물들, 원생생물들, 그리고 세균에서 발견된다.

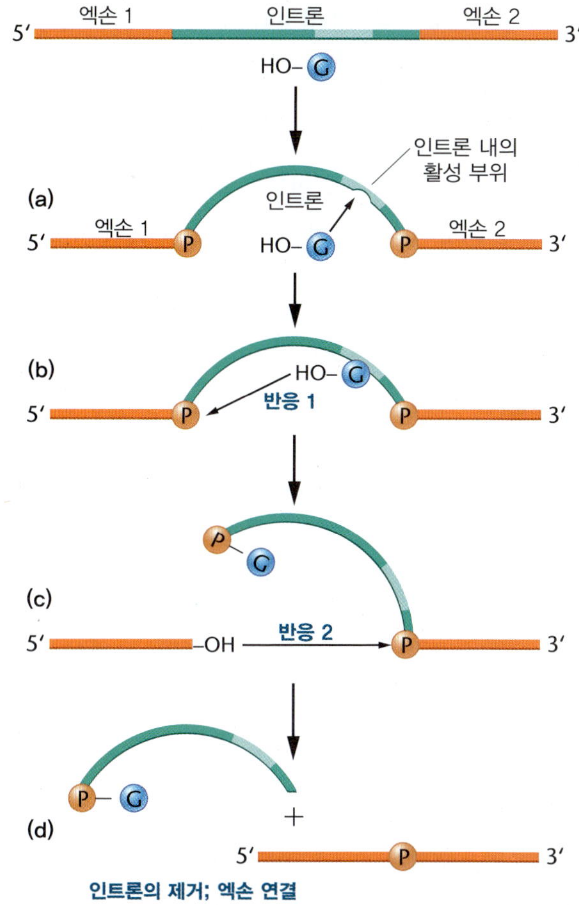

그림 13.13 그룹 1 인트론을 제거하는 스플라이싱 기작. 이 과정은 두 번의 에스테르 교환 반응(transesterification reaction)을 포함하는 자가 절단(self-excision) 과정의 하나이다.

스플라이싱 기구들: 스플라이소좀

위에서 설명한 그룹 I과 그룹 II 인트론들과 비교하면, 진핵생물의 핵-유래성 pre-mRNA의 인트론들은 훨씬 더 크며, 그들의 제거에 더 복잡한 기작이 필요한 것으로 보인다. 이들의 스플라이싱 반응은 자가촉매성이 아니라 **스플라이소좀(spliceosome)**이라고 불리는 분자 복합체에 의해 매개된다. 이 구조는 매우 커서 효모에서는 40*S*, 포유류에서는 60*S* 정도로 거의 리보솜의 소단위 크기와 맞먹는다! 스플라이소좀에 의해 제거되는 인트론들은 **스플라이소좀 인트론**(*spliceosomal intron*)으로 알려져 있다.

스플라이소좀들의 필수 성분 중 한 가지는 독특한 **소형 핵 RNA(small nuclear RNA, snRNA)**들이다. 이 RNA들은 보통 80~400 뉴클레오타이드 정도의 길이로 유리딘 잔기들을 많이 가지고 있기 때문에, snRNA들은 임의적으로 U1, U2, ..., U6 등으로 표시되었다. snRNA들은 단백질과 복합체를 형성하여 **소형 핵 리보핵단백질(small nuclear ribonucleoproteins, snRNPs)**을 만드는데, 이들은 "스너프(snurps)"로 발음하며, 그 안에 포함된 특정 snRNA들의 이름으로 불린다(U2 snRNP 내에는 U2 snRNA가 포함된다).

그림 13.14는 스플라이소좀 인트론 하나가 제거되는 데 관여하는 단계들을 모형으로 나타낸 것이다. 이 그림이 독립된 성분들을 보여주고는 있지만, 그 과정은 스플라이싱될 RNA를 둘러싼 거대한 스플라이소좀이 관여하는 것임을 명심하라. 인트론 말단 근처의 뉴클레오타이드 서열들은 5′ 말단의 경우 GU 두 개의 뉴클레오타이드로 시작되며, **스플라이스 공여자(splice donor)** 서열이라고 불린다. 서열이 끝나는 3′ 말단은 AG 두 개의 뉴클레오타이드가 존재하며 **스플라이스 수용자(splice acceptor)** 서열이라고 불린다. 인트론들에 의해 공유되는 다른 공통서열들과 함께, 이 서열들은 스플라이소좀의 특수한 snRNA들을 끌어당긴다. 예를 들어, snRNA U1은 인트론 말단의 5′-공여 서열에 상보적인 뉴클레오타이드 서열을 포함하고 있다. 이런 상동성으로부터 발생하는 염기쌍 형성은 스플라이소좀 형성의 첫 단계를 알리는 결합을 촉진한다. 다른 snRNP들(U2, U4, U5, 그리고 U6)이 추가된 후에는, 스플라이싱이 시작된다.

그룹 I 스플라이싱에서처럼, 두 번의 전이에스테르화 반응이 발생한다. 첫 반응은 인트론의 **분지점(branch point)** 내에 위치하는 아데닌(A) 잔기가 관여한다. 이 A 잔기의 2′-OH가 5′-스플라이스 부위를 공격하여 RNA 사슬을 절단해, 인트론의 5′ 말단과 분지점 A 잔기 사이에 특이한 5′-2′ 결합을 형성한다. 연이은 단계에서, 새로 형성된 상류 엑손의 3′-OH가 3′ 스플라이스 자리의 인산이에스터 결합을 공격하면 인트론이 잘리고 두 엑손이 연결된다. 잘려 나온 인트론은 독특한 고리 구조인 올가미(*lariat*) 형태인데 처음의 전이에스테르화 반응에서 생긴 5′-2′ 결합 때문이다. 일단 두 번째 반응이 완료되면 snRNP들 방출되고 잘려 나온 인트론은 일반적으로 핵산분해효소인 뉴클레아제들에 의해 분해된다.

최근 들어, 시카고 대학의 스탤리(Jonathan P. Staley)와 피치릴리(Joseph A. Piccirilli) 연구팀은, 그림 13.14에 나타낸 두 가지 촉매 단계를 위해서 U6 snRNA 내의 특정 인산이 2개의 마그네슘 이온들에 결합하여 위치를 지정한다는 사실을 보여주었다. 이것은 스플라이소좀이 사실상 촉매성 RNA인 리보자임이라는 것을 강력히 시사한다. 게다가, U2/U6 snRNP 복합체의 3D 구조를 그룹 II 자가-스플라이싱 인트론의 3D 구조와 비교하면, U6의 특정 금속-결합 인산들이 알려진 그룹 II 인트론들의 금속-결합 인산들과 일치한다. 이것은 그룹 II 자가 스플라이싱 인트론이 현대 스플라이소좀의 진화적 조상이라는 오랜

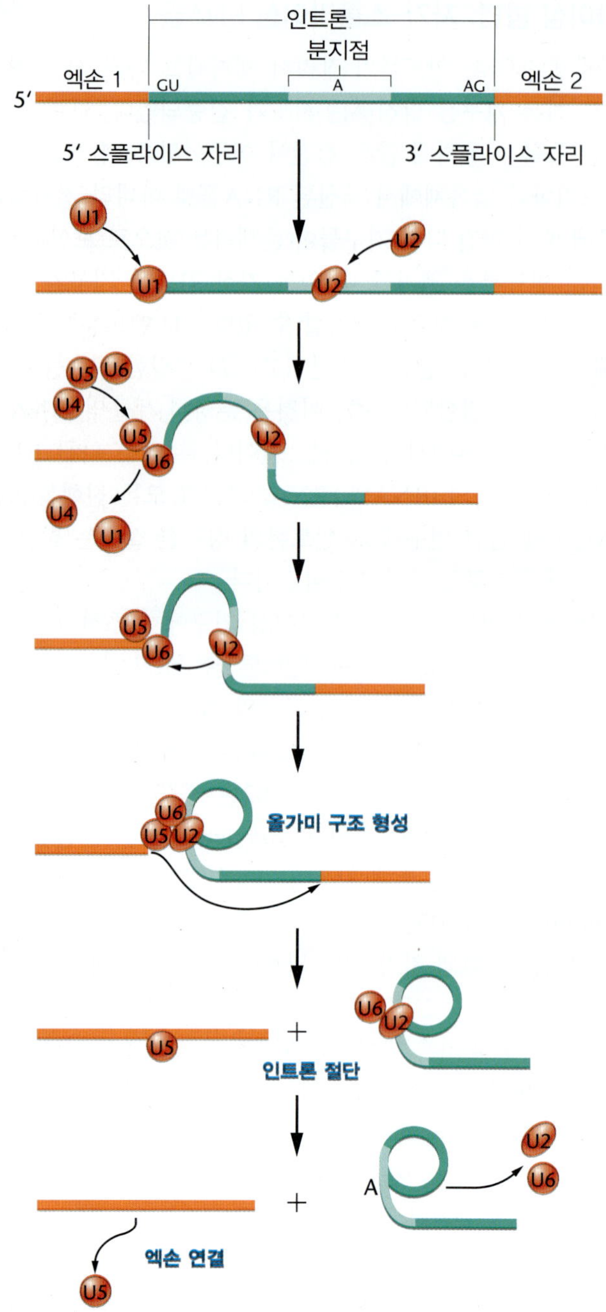

그림 13.14 스플라이소좀 인트론의 제거를 위한 스플라이싱 기작의 모델. 절단은 다양한 snRNP들(U1, U2 등)에 의존적이다. 올가미 구조는 이 기작의 특징이다.

믿음을 입증하는 것이다. 위에 설명한 바와 같이, 핵 내의 RNA 스플라이싱은 진핵생물에서 유전자 발현의 잠재적 조절 단계를 나타낸다. 예를 들어, 같은 유전자에서 유래한 핵 pre-mRNA에 존재하는 인트론들이 하나 이상의 방식으로 스플라이싱됨으로써, 성숙한 mRNA에서 서로 다른 엑손 모임을 생성하는 많은 경우가 알려져 있다. 이러한 대체 스플라이싱(*alternative splicing*)은,

유사하지만 똑같지 않은 mRNA들의 그룹을 생성하며, 번역 시 **동위형(isoform)**이라고 하는 관련 단백질 세트를 생성한다. 식물, 초파리, 인간 등의 생물들에서 많은 예를 볼 수 있다. 대체 스플라이싱은 단일 유전자에서 연관 단백질들을 생산하는 방법으로서, 생물의 유전체에서 생길 수 있는 유전자 산물의 수를 증가시킨다. 우리는 진핵생물에서 유전자 발현의 전사 후 조절에 대한 논의에서 이 주제를 다시 살펴볼 것이다(18장 참고).

유전자 개념의 진화

1960년대에 유전암호가 밝혀지면서, 유전자는 단백질의 아미노산 서열을 암호화하는 세 뉴클레오타이들의 선형 배열이라는 생각이 지지를 얻었다. 사실 이것은 원핵생물들과 바이러스들에서는 사실이다. 그러나 1977년에는 진핵생물의 유전자가 엑손이라고 불리는 암호화 서열들과 인트론이라고 불리는 비암호성 서열들로 나뉘어 있으며, 인트론(개재 서열)들은 성숙한 mRNA들을 만드는 과정 중에 제거되어야만 한다는 것이 분명해졌다. ■

13.12 RNA 편집으로 최종 전사체가 변화될 수 있다

1980년대 후반에, 여러 생물에서 예측하지 못했던 또 다른 형태의 RNA 변형이 전사 후에 발생한다는 사실이 드러났다. **RNA 편집(RNA editing)**이라고 부르는 이 과정에서는, pre-mRNA의 리보뉴클레오타이드 서열이 번역 전에 바뀐다. 결과적으로, 성숙한 RNA의 리보뉴클레오타이드 서열은 RNA가 전사되었던 DNA의 엑손 내 서열과 다르다.

여러 변이가 존재하지만, 두 가지 형태의 주요 RNA 편집이 발생한다: 개개의 뉴클레오타이드 염기들이 화학적 변형을 통해 바뀌는 **치환 편집(substitution editing)**과; 뉴클레오타이드들이 첨가되거나 총 염기 수가 줄어드는 **삽입/결실 편집(insertion/deletion editing)**이다. 치환 편집은 핵에서 유래한 일부 진핵성 RNA들에서 사용되며, 식물의 미토콘드리아와 엽록체에서 전사되는 RNA에서 흔히 일어난다. 점균류의 일종인 황색망사점균(*Physarum polycephalum*)은 미토콘드리아 mRNA를 만들 때 치환 편집과 삽이/결실 편집을 모두 사용한다.

아프리카 수면병을 일으키는 기생충의 한 속(geunus)인 트리파노소마(*Trypanosoma*)는 그 연관 생물들은, 미토콘드리아 RNA들에서 광범위한 삽입/결실 편집을 사용한다. 각 전사체에 첨가되는 유리딘(uridine)의 수는 암호서열의 60% 이상에 이르기도 하며, 보통 이들이 개시 코돈을 형성하고 나머지 서열들이 적당한 번역틀로 위치된다. 트리파노소마에서의 삽입/결실 편집은 **안내 RNA(guide RNA, gRNA)** 주형들에 의해 지시되는데, 이들 역시 미토콘드리아 유전체에서 전사된다. 이 작은 RNA들은 최종 mRNA들의 편집 부위에 높은 상보성을 가진다. 그들은 편집될 mRNA들과 염기쌍을 형성하여 편집기구들을 맞게 변화시킬 수 있도록 지시한다.

치환 편집의 가장 좋은 예는 포유동물 핵에서 암호화되는 mRNA 전사체에서 발생한다. 그런 예 중 하나는 단백질인 **아포지질단백질 B**(*apolipoprotein B*, *ApoB*)로서, *ApoB* 유전자에 의해 암호화되는 긴 형태와 짧은 형태 두 가지로 존재한다. 인간의 장 세포에서는 *APOB* mRNA 편집이 하나의 C를 U로 변화시키므로, CAA 글루타민 코돈이 UAA 종결 코돈으로 바뀌고, 그 유전체에 암호화된 길이의 약 절반 정도에서 폴리펩타이드를 종결시킨다. 이 예에서는, RNA 편집이 아포지질단백질 B mRNA 편집 효소라는 촉매성 폴리펩타이드 1(APOBEC-1)를 포함하는 복잡한 단백질에 의해 수행되는데, 이것은 pre-mRNA 전사체의 편집 부위 바로 아래에 있는 "정박 서열(mooring sequence)"에 결합한다. 그림 13.15(a)은 이런 편집 사건 중에 촉매되는 반응으로, 사이티딘의 탈아민화로 유리딘이 생성되는 것을 보여준다.

두 번째 사례는 포유동물 뇌 조직의 **글루탐산 수용체 통로**(*glutamate receptor channel, GluR*)을 구성하는 소단위들에 관한 것이다. 이 예에서는, 번역 전의 pre-mRNA에서 아데노신(A)이 이노신(I)으로 변화되는데, 여기서 I는 번역 중에 구아노신(G)으로 읽힌다. 세 가지의 ADAR(*a*denosine *d*eaminase *a*cting on *R*NA) 효소들로 구성된 집단이 글루탐산 통로 소단위 내의 다양한 부위를 편집하는 것으로 생각된다. 그림 13.15(b)는 ADAR-매개성 탈아민화 반응으로 이노신이 생성되는 것을 보여준다.

ADAR 효소에 의한 편집에는 이중 가닥 RNA가 필요하다. GluR mRNA 전구체 내의 인트론/엑손 염기쌍에 의해 이중 가닥 영역들이 형성된다. 편집된 GluR 소단위와 편집되지 않은 소단위들을 배양 세포에서 발현시킨 결과 ADAR에 의해 촉발되는 그러한 변화가 궁극적으로는 편집된 RNA들에 의해 암호화되는 소단위들을 포함하는 수용체들의 생리적인 특징들(용질 투과도와 탈감작 반응 시간)을 변화시킨다는 것을 보여주었다.

더 최근에는 비슷한 ADAR-매개성 편집 단계가 두족류의 전압-의존성 칼륨(K^+) 통로에서 보고되었다. 이 통로는 뉴런의 기능을 조절한다. 이 흥미로운 사례에서는, 매우 차가운 물에 서식하는 오징어에서 통로를 암호화하는 mRNA의 편집이 발생하는데, 더 따뜻한 환경에 사는 같은 종에서는 발생하지 않는다. 따라서 RNA 편집은 적응적인 것으로, 특히 이 경우는 추운

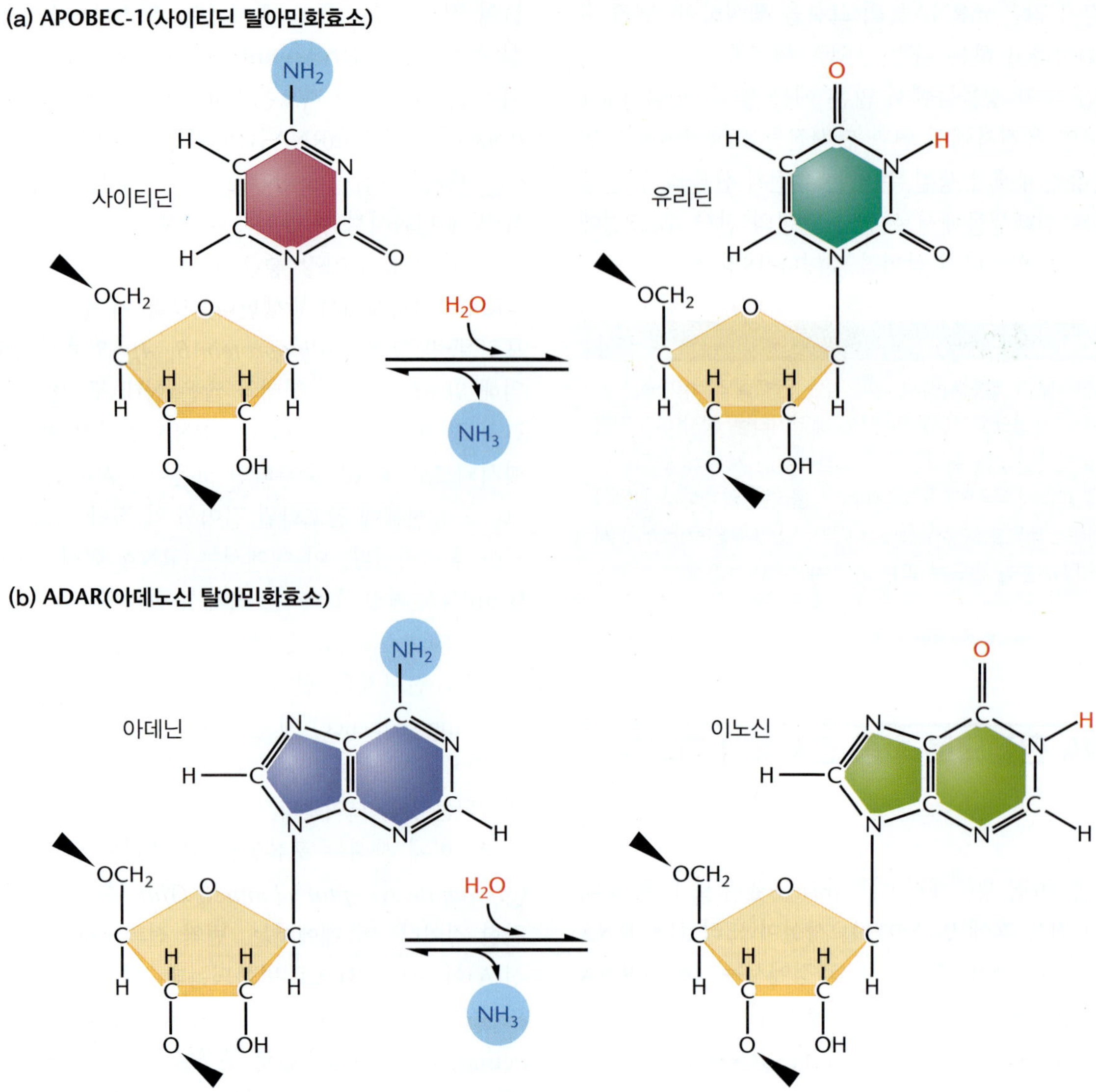

그림 13.15 RNA 편집 반응들: 효소인 APOBEC-1에 의한 사이티딘의 탈아민화는 유리딘을 생성하는 반면(a), ADAR 효소에 의한 아데닌의 탈아민화는 비전형 뉴클레오타이드인 이노신을 만든다(b).

온도에 대한 적응임을 보여준다.

이런 발견들은 RNA 편집이 전사 후 변형(posttranscriptional modification)의 주요 기작 중 하나임을 확실히 해준다. 이 발견들은 유전적 발현의 조절에 관한 중요한 시사점을 가진다.

13.13 전사 과정은 전자현미경에 의해 관찰되었다

우리는 밀러(Oscar Miller Jr.), 함칼로(Barbara Hamkalo), 토마스(Charles Thomas) 등의 고전적인 전자현미경 연구에 기초한, 전사 과정에 관한 놀라운 시각적 증거를 제시하는 것으로 이 장을 마치려고 한다. 그들의 연구는 세균과 진핵생물 모두에서 전사 과정을 찍은 것이다. 그림 13.16은 대장균의 전사를 찍은 전자현미경 사진과 그것을 설명하는 그림을 보여준다. 사진에서는 다수의 RNA 가닥들이 DNA 주형의 서로 다른 지점으로부터 뻗어나온 것으로 보인다. 여러 번의 전사 사건들이 동시에 일어나기 때문에 다수의 RNA 가닥들이 생성된다. 해당 유전자의 전사 개시 지점으로부터 더 멀어질수록 점차 길어지는 RNA 가닥들이 생기며, 전사 개시 지점에서 가까울수록 짧은 가닥들이 존재한다.

대장균의 현미경 사진 연구로부터 흥미로운 그림이 얻어졌다. 세균에는 핵이 없으므로, 세포질의 리보솜은 염색체에서 물리적으로 분리되어 있지 않다. 결과적으로 리보솜은 부분적으

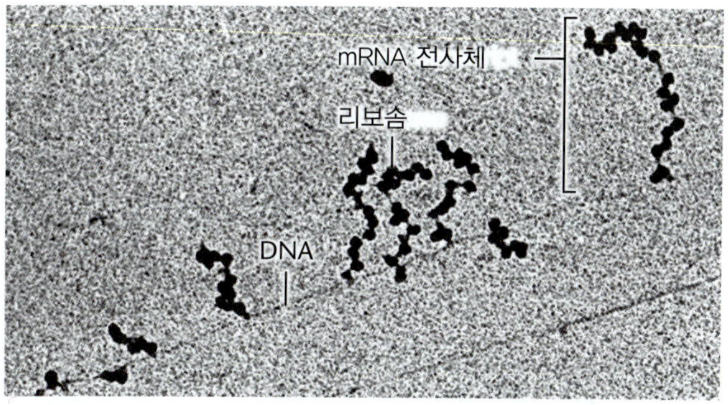

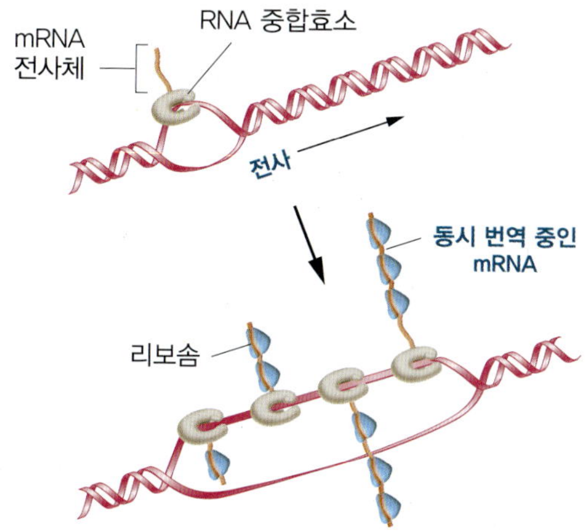

그림 13.16 대장균에서 전사와 번역이 동시적으로 발생함을 보여주는 전자현미경 사진 및 해설 그림. mRNA 전사체가 형성됨에 따라 리보솜들이 결합하고 각 가닥을 따라 번역이 개시된다.

로만 전사된 mRNA 분자에도 자유롭게 결합하여 번역을 시작한다. RNA 가닥이 길수록 그에 부착된 리보솜의 수가 더 많아진다. 이에 관한 내용은 교재의 14장에서 다룰 것이다. 이러한 구조를 **폴리리보솜(polyribosome)**이라고 한다. 전사의 시각화로, 이 과정에 대한 생화학적 분석을 통한 과학자들의 여러 예측을 확인할 수 있었다.

사례 연구 치료 딜레마

어떤 30세 여성이 β-지중해성빈혈(β-thalassemia) 치료를 받고 있었다. 이것은 적혈구의 산소 수송 분자인 헤모글로빈에서 소단위 β-사슬 합성이 없거나 감소해서 생기는 열성 질병이다. 이 질병에서는 적혈구 세포가 빠르게 파괴되어 대량의 철이 조직과 기관에 쌓인다. 환자가 7세 이후로 빈혈을 완화하기 위해 2~3주마다 받은 수혈은 철분 축적을 악화시켰다. 그녀의 주요 장기들은 손상되었고, 심장 질환으로 사망할 위험에 이르렀다. 의사는 그녀에게 조혈모세포 이식(hematopoietic stem cell transplant, HSCT)을 고려해 보라고 제안했다. 이 줄기세포들이 적혈구를 생산할 것이므로 그런 이식은 잠재적으로 그녀의 건강을 회복시킬 수 있을 것이다. 이것은 쉬운 결정처럼 보이지만 그렇지 않다. 앞선 사례들은 이식 관련 사망의 위험성이 매우 높았다(거의 30%). 이 때문에 여성은 어렵고 중요한 결정에 직면했다.

1. β-사슬을 암호화하는 유전자에서 단일 염기쌍 변화나 작은 결실 등 돌연변이가 β-지중해성빈혈을 유발하는 여러 방식들을 고려해보라. 예를 들어, 프로모터나 인핸서, 혹은 암호화 영역에서의 돌연변이들이 어떻게 이런 결과를 만들 수 있겠는가?
2. 의사가 환자에게 그녀가 최종 결정에 대한 책임을 져야 한다고 강조하는 것은 왜 중요한가(즉, 그녀가 결정의 모든 측면을 고려한 후 자율적으로 행동하는 것)?
3. 만약 당신이 이런 결정에 직면했다면, 어떤 자료를 더 찾아보겠는가?

이와 관련하여 다음을 참고하라: Caocci, G., et al. (2011). Ethical issues of unrelated hematopoietic stem cell transplantation in adult thalassemia patients. *BMC Medical Ethics* 12(4): 1–7.

요약 정리

1. 유전암호에 대한 초기 연구들은 삼중자 암호, 비중첩성, 구두점 없음, 그리고 퇴화된 특이성 등에 관한 성질들을 밝혀냈다.
2. RNA 동질중합체와 혼성 이질중합체들을 세포가 없는 체계에서 이용함으로써, 특정 아미노산을 지정하는 세 글자 코돈들의 서열까지는 아니어도 그 염기 조성을 결정할 수 있었다.
3. 삼중자 결합 분석과 반복성 혼성중합체 실험으로 특정 아미노산을 지정하는 세 글자 코돈의 특정 서열이 결정될 수 있었다.
4. 완전한 암호 사전으로 64개의 가능한 삼중자 코돈들이 드러났으며, 그중 61개는 단백질에서 발견되는 20개의 아미노산을 암호화하는 반면, 세 개의 삼중자는 번역을 종결시킨다. 61개의 아미노산 암호화 삼중자들 중 하나는 개시 코돈이면서 메싸이오닌을 지정한다.
5. MS2 파지의 완전한 뉴클레오타이드 서열과 해당 단백질의 아미노산 서열을 비교함으로써 개시 코돈 및 종결 코돈을 포함한 완전한 암호사전이 확인되었다. 다른 발견들은, 사소한 예외가 있기는 하지만, 암호가 모든 생물에 공통적이라는 믿음을 지지한다.
6. 전사—유전자 발현의 첫 단계—는, RNA 중합효소의 지시로 DNA 주형에 상보적인 RNA 가닥을 합성하는 것이다.
7. DNA 복제와 마찬가지로, 전사 과정은 개시, 신장, 그리고 종결 과정으로 세분화될 수 있다. DNA 복제에서처럼, 전사는 상보적인 뉴클레오타이드 사이의 염기쌍 형성 친화성에 기초한다.
8. 유전자 전사의 개시는, 상류의 5′ DNA 영역인 프로모터에 의존적이다. 이것은 RNA 중합효소가 처음 결합하는 자리를 나타낸다. 프로모터들은 특수한 DNA 서열, 예를 들어 세균의 −10 자리(프리브나우 상자)나 진핵생물의 TATA 상자처럼, 중합효소의 결합에 필수적인 서열을 포함한다.
9. 세균의 mRNA들이 즉시 번역될 수 있는데 반해, 진핵생물의 초기 전사체들은 5′ 말단의 m^7G 캡 첨가와 인트론이라 불리는 비암호화 서열의 제거, 그리고 3′ 말단에 폴리 A 꼬리가 첨가되어 성숙한 mRNA를 만든다.
10. 일부 인트론들은 스스로 스플라이싱되어 1차 전사체로부터 자신을 제거할 수 있도록 촉매한다. 그러나 진핵성 인트론들 대부분은 스플라이소좀이라 불리는 RNA/단백질 복합체에 의해 제거된다.
11. RNA 편집은 번역 전에 mRNA 분자의 리보뉴클레오타이드 서열을 변화시킨다.

유전학과 윤리, 그리고 사회

엑손 배제 약물을 이용한 뒤센형 근위축증의 치료

3,500명당 한 명의 남아는 심각한 X-연관성 열성 질병인 뒤센형 근위축증(Duchenne muscular dystrophy, DMD)에 영향을 받는다. 이 질병은 점진적 근육 퇴화와 심장병을 일으키며 조기 사망을 유발한다.

DMD는 79개의 엑손을 포함하는 2,400 kb 크기의 디스트로핀 유전자에 생긴 돌연변이에 기인한다. DMD의 1차 전사체는 2,100 kb 길이로, 전사되는 데 약 16시간 정도가 걸린다. 많은 DMD 돌연변이들이 mRNA에서 번역틀이 바뀌는 틀이동 돌연변이들이므로, 이런 틀이동 돌연변이의 적어도 한 코돈 하류에서 종결 코돈이 된다. 이런 종결 코돈은 mRNA의 번역을 조기에 종결시킨다. 끝이 사라진 디스트로핀 단백질 대부분은 기능하지 못한다. DMD의 치료법은 없으며 효과적인 처방도 별로 없다.

최근에, 에테플러센(eteplirsen)이라는 새로운 DMD 약물이 임상시험을 마치고 미국 FDA의 신속 승인을 받았다. 이 약은 디스트로핀의 51번째 엑손에 있는 돌연변이를 표적으로 하는 엑손 배제(*exon skipping*)라는 기술을 이용한다.

엑손 배제 기술에서는, 돌연변이를 포함한 엑손이 pre-mRNA의 스플라이싱 동안 제거된다. 만약 선행하는 엑손과 빠진 엑손 뒤의 엑손이 번역틀을 회복시키는 방식으로 스플라이싱으로 연결되면, 번역된 단백질은 배제된 엑손에 의해 암호화되는 아미노산들이 없더라도 일부 활성을 유지할 수 있을 것이다.

에테플러센은 안티센스 올리고뉴클레오타이드(antisense oligonucleotide, ASO)로 알려진 분자이다. ASO들은 합성된 단일 가닥의 DNA 분자로, 표적 mRNA의 일부분의 특이 서열에 상보적이다. ASO들이 세포로 들어가면, 이들이 표적 mRNA의 상보적 서열에 결합한다. 그 결과 mRNA가 분해되거나, 스플라이싱 혹은 번역이 억제된다.

일단 세포 내에서, 에테플러센은 디스트로핀의 pre-mRNA의 엑손 51번 스플라이싱 연결부에 결합하여 정상적인 pre-mRNA 스플라이싱을 방해한다. 결과적으로, 엑손 50은 엑손 52와 연결되어 엑손 51이 빠지게 되며, 성숙한 mRNA에서 돌연변이가 사라지게 된다. 이런 엑손 결실은 디스트로핀 mRNA의 번역틀을 바르게 회복시킨다. 번역되면, 비록 몇 개의 아미노산들이 결핍된 형태이긴 하지만 새로운 디스트로핀 단백질은 환자의 근육 기능을 일부 회복시킬 정도의 충분한 활성을 가진다.

당신의 생각은?

개인적으로 혹은 소집으로 모여 DMD의 엑손 배제 약물에 관한 윤리적, 기술적 문제들을 생각할 시간을 가져라.

1. 2016년에 FDA는 에터플러센에 신속 승인을 내주었다. FDA의 자문단은 처음에 이 약의 승인을 거절했으나 DMD 환자와 그 가족들의 강력한 로비는 FDA가 이 신약을 승인하도록 성공적으로 압력을 행사했다. 논쟁의 양쪽 관점에서 윤리적 측면을 고려하여 이 신속 승인 사례에 대해 논하라.

   에터플러센의 FDA 승인에 관해서는 다음을 참고하라: Tavernise, S., F.D.A. approves muscular dystrophy drug that patients lobbied for. *New York Times*, September 19, 2016 (http://www.nytimes.com/2016/09/20/ business/fda-approves-muscular-dystrophy-drug-that-patients-lobbied-for.html).

2. DMD 환자의 약 20%만 조기 번역 종료로 이어지는 엑손 51 또는 엑손 53 돌연변이를 가진다. 다른 돌연변이 엑손을 표적으로 삼기 위해 몇몇 생명공학 회사는 디스트로핀 mRNA의 다른 부분에서 엑손 배제를 유발할 수 있는 ASO를 연구중이다. 이러한 신약과 그 작용 방식을 설명하라. 임상시험 중인 신약이 있는가?

   근육 위축증 연합의 웹사이트에 관한 링크를 조사하라(https://www.mda.org/quest/article/exon-skipping-dmd-what-it-and-whom-can-it-help).

통찰과 해법

1. DNA 구조 내에서 4가지 염기가 아니라 6개의 염기(3가지 상보적 염기쌍)가 진화적으로 유지되었다면, 얼마나 많은 트리플렛 암호들이 가능할 것인지 계산해보라. 아미노산 20종류와 시작-끝 암호를 가정할 때, 6 염기라면 2문자 암호가 가능했을까?

   해법: 6개 중에서 3개를 선택한다면 $(6)^3$, 즉 216개의 트리플렛 암호가 나올 수 있다. 만약 암호가 두 글자라면, $(6)^2$ 혹은 36개의 두 문자 암호가 나올 것이므로, 20개의 아미노산과 시작-끝 암호를 수용할 수 있는 것보다 많으므로 충분하다.

2. 1/2C:1/4A:1/4G를 이용한 이질중합체(heteropolymer) 실험을 한다면, RNA 분자의 합성에서 몇 가지의 서로 다른 트리플렛들이 생길 수 있을까? 가장 빈번한 트리플렛은 얼마나 자주 나오겠는가?

   해법: $(3)^3$ 혹은 27개의 트리플렛이 생길 것이다. 가장 빈번한 것은 CCC로, $(1/2)^3$ 혹은 1/8의 확률로 나타날 것이다.

3. 일반적인 혼성중합체(copolymer) 실험에서, UUAC가 계속 반복되었다. 몇 가지의 트리플렛이 RNA 합성에서 발생할 수 있을까? 그리고 이 RNA가 번역된다면 몇 가지의 아미노산이 폴리펩타이드에 나타날 수 있을까? 그림 13.7을 참고하라.

   해법: 합성 RNA는 4가지 트리플렛—UUA, UAC, ACU, 그리고 CUU—을 계속 반복하는 형태로 나타날 것이다. UUA와 CUU 둘 다 류신을 암호화하고, ACU와 UAC는 각각 트레오닌과 티로신을 암호화하므로, 그러한 RNA 조건에서 합성되는 폴리펩타이드는 leu-leu-thr-tyr가 반복된 형태가 될 것이다.

4. 액티노마이신 D(actinomycin D)는 DNA 의존성 RNA의 합성을 방해한다. 이 항생제는 특정 단백질이 조사되어야 하는 세균 배양액에 첨가된다. 항생제가 첨가되지 않은 대조군 배양과 비교해서, 이 단백질의 번역은 20분의 기간 동안 감소하는데 더 이상 단백질이 만들어지지 않을 때까지 감소가 지속된다. 이 결과를 설명하여라.

   해법: 단백질 번역의 기초인 mRNA는 약 20분의 수명을 가진다. 액티노마이신 D가 첨가되면 전사가 방해되고 새로운 mRNA는 만들어지지 않는다. 이미 존재하던 것들이 20분까지의 단백질 번역을 설명해 준다.

14

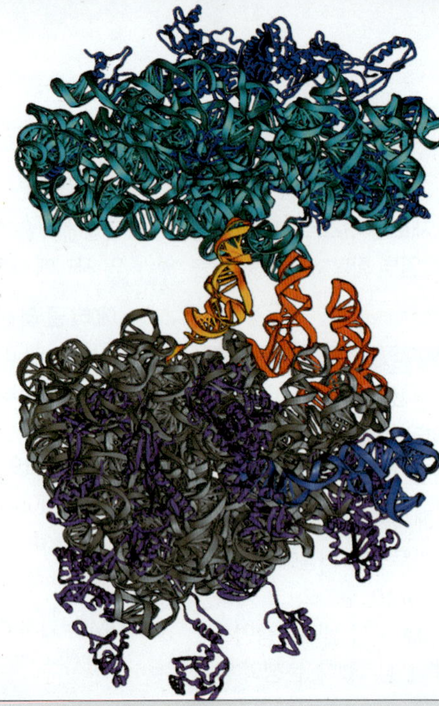

번역과 단백질

*Thermus thermophilus*의 70*S* 리보솜의 결정 구조. 완전히 조립된 복합체 내에서 두 소단위를 연결하는 세 개의 tRNA를 보여주기 위해 펼쳐져 표현되었다.

핵심 개념

- 전령 RNA(mRNA)의 리보뉴클레오타이드 서열은 유전자를 구성하는 DNA에 저장된 유전정보를 반영하는 것으로서, 이 유전자에 의해 암호화되는 단백질의 아미노산 서열과 상응한다.
- 번역 과정은 mRNA의 정보를 해독하여 폴리펩타이드 사슬이 합성되도록 한다.
- 번역에는 mRNA, tRNA, 리보솜, 그리고 폴리펩타이드 합성의 개시, 신장, 종결에 필수적인 여러 가지 번역 인자들의 상호작용이 관여한다.
- 각 단백질을 만드는 폴리펩타이드 사슬의 1차적인 아미노산 서열에 기초하여 단백질의 3차원적 구조가 형성된다.
- 단백질의 기능은 그 단백질의 3차원적 구조와 밀접하게 연관되어 있으며, 이것은 돌연변이에 의해 파괴될 수 있다.

13장에서는 유전암호가 DNA의 세 뉴클레오타이드 형태로 정보를 저장하며, 이 정보는 전사 과정을 통해 DNA 나선의 한 가닥에 상보적인 mRNA 형태로 처음 발현된다는 것을 배웠다. 그러나 대부분의 단백질-암호화 유전자들에서, 유전자 발현의 최종 산물은 그 유전암호에 이미 결정되어 있던 일련의 아미노산 서열들로 구성되는 폴리펩타이드 사슬이라고 할 수 있다. 이 장에서는, mRNA에 존재하는 정보가 어떻게 폴리펩타이드를 만드는데 이용되고 이것이 단백질 분자로 접히게 되는지 살펴볼 것이다. 또한 단백질이 유전자 발현의 최종 산물임을 확인시켜 주는 증거들을 훑어보고, 단백질 구조의 다양한 수준들과 다양성 및 기능 등에 대해 간단히 논의하고자 한다. 이러한 정보들은 유전자 발현에 대한 우리의 이해를 넓혀주며, 어떻게 DNA에 생긴 돌연변이들이 생물체에서 관찰되는 다양한 표현형에 영향을 미치는지를 해석하는 데 중요한 기초를 제공한다.

14.1 mRNA의 번역은 리보솜과 운반 RNA들에 의존적이다

전령 RNA(mRNA)의 **번역(translation)**은, 아미노산들이 폴리펩타이드 사슬로 생물학적 중합을 일으키는 과정이다. 13장의 유전암호에 대한 논의에서 언급되었던 이 과정은 비특이적인 작업대로 작용하는 **리보솜(ribosome)**들과 연계해서만 발생한다. 번역에서의 중점적인 문제는 mRNA의 트리플렛 리보뉴클레오타이드가 어떻게 특정 아미노산을 폴리펩타이드 내의 맞는 자리로 정확히 삽입시키는가에 관한 것이다. 이 질문은 **운반 RNA(transfer RNA, tRNA)**가 발견되면서 풀리게 되었다. 이 분자들은 mRNA 내의 특정 트리플렛을 받아들여 그에 맞는 아미노산으로 바꿔 맞춰준다. tRNA의 이러한 역할은 1957년 크릭(Francis Crick)이 "어댑터 가설(*adaptor hypthesis*)"에서 이미 제기했던 것이다(13장).

리보솜과의 연계에서, mRNA는 특정 아미노산을 요구하는 트리플렛 코돈을 제시한다. 특정 tRNA 분자는 자신의 리보뉴클레오타이드 서열 내에 코돈과 상보적인 3개의 연속적인 리보뉴클레오타이드를 가지는데, **안티코돈(anticodon)**이라고 불리는 이 서열은 mRNA의 코돈과 염기쌍을 형성할 수 있다. 아미노산은 tRNA의 다른 부분에 공유적으로 연결되어 있다.

tRNA와 mRNA의 수소결합은 아미노산들을 가까이 오게 하여 펩타이드 결합이 형성될 수 있도록 한다. 이 과정은 mRNA가 리보솜을 통과하여 지나감에 따라 계속해서 발생하고, 아미노산들은 폴리펩타이드 사슬로 중합된다. 번역의 실제 과정을 논의하기에 앞서, 리보솜과 tRNA의 구조에 대하여 살펴보도록 하자.

리보솜의 구조

유전암호 발현 과정에서의 필수적인 역할 때문에, 리보솜은 광범위하게 분석되어왔다. 하나의 세균 세포는 대략 60,000개의 리보솜을 가지며, 진핵세포는 이보다 몇 배나 더 많이 포함한다. 전자현미경은 세균 리보솜의 큰 지름이 대략 40 nm 정도이고, 하나는 크고 하나는 작은 두 개의 소단위로 구성되어 있는 분자임을 보여준다. 두 소단위는 하나 이상의 **rRNA 분자**들과 일련의 **리보솜 단백질(ribosomal protein)**들로 구성된다. 두 개의 소단위가 하나의 리보솜을 형성하기 위해 연합하게 되며, 이러한 구조는 종종 **모노좀(monosome)**이라고 불린다.

원핵성과 진핵성 리보솜의 주요 차이점들이 그림 14.1에 요약되어 있다. 소단위와 rRNA 구성 성분들은 쉽게 분리되며 설탕 농도경사(sucrose gradient)에서의 침강 정도(이동 속도, **스베드버그 계수**인 *S*로 나타냄; 밀도, 질량, 모양을 반영한다)에 의해 구분된다. 세균에서 모노좀은 70*S* 입자인데, 진핵생물에서는 대략 80*S*가 된다. 침강 계수(sedimentation coefficient)들은 서로 다른 크기의 입자나 분자들의 다양한 이동률을 나타내는 것이지만, 더해지는 숫자는 아니다. 예를 들어, 세균의 70*S* 모노좀은 50*S*와 30*S* 소단위로 구성되고, 진핵성 80*S* 모노좀은 60*S*와 40*S* 소단위로 구성된다.

세균의 큰 소단위는 23*S* rRNA 분자, 5*S* rRNA 분자, 그리고 33개의 리보솜 단백질들로 구성된다. 진핵생물의 큰 소단위는 28*S* rRNA, 5.8*S* rRNA, 5*S* rRNA 및 47개의 단백질로 이루어진다. 작은 소단위의 경우, 세균에서는 16*S* rRNA와 21개의 단백질들로 구성되며, 진핵생물에서는, 18*S* rRNA와 33개의 단백질이 발견된다. 대략의 분자량(moleculr weight, MW)과 각 성분들의 뉴클레오타이드 숫자가 그림 14.1에 나타나 있다.

이제는 rRNA 분자들이 번역과 관계된 모든 중요한 촉매작

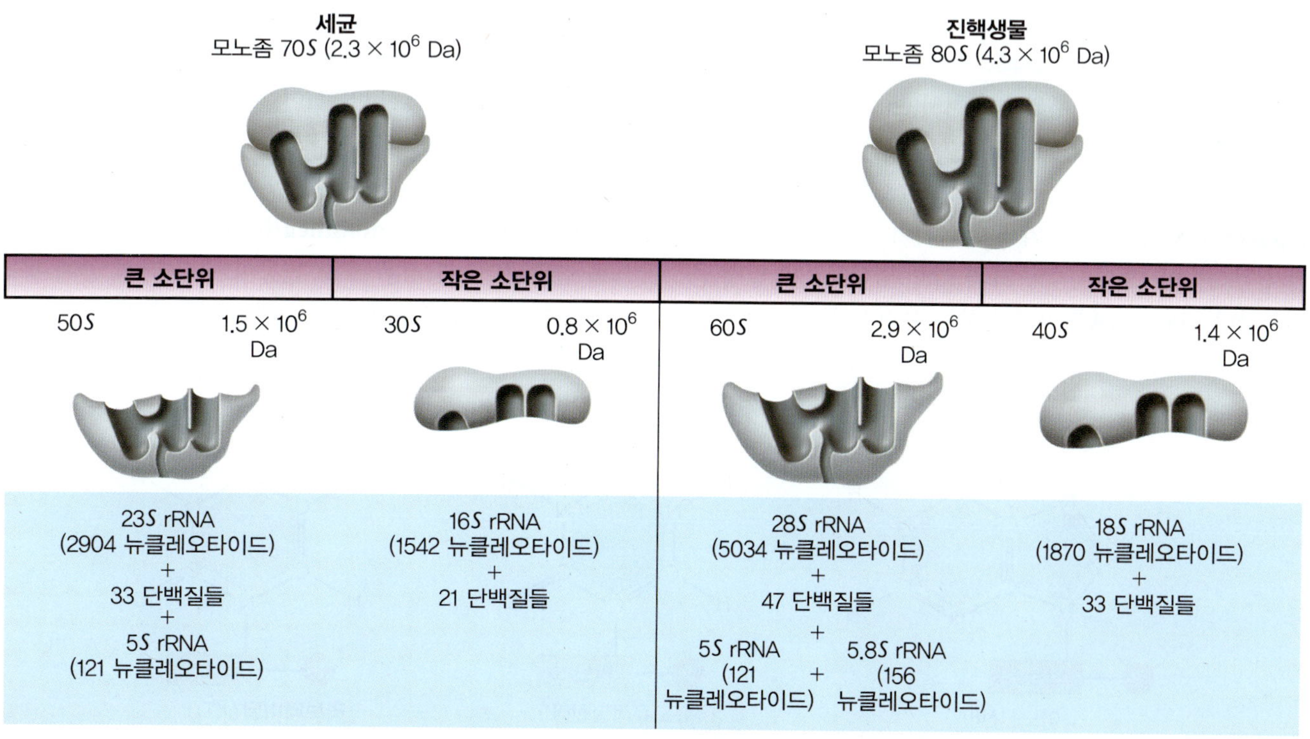

그림 14.1 세균과 진핵생물 리보솜 구성 성분들의 비교. 각 값들은 대장균과 인간의 리보솜에 대한 것이다.

용을 수행한다는 것이 확실해졌다. 그 기능이 오랫동안 궁금하게 여겨졌던 많은 단백질들은, 번역에 관계된 다양한 분자들의 결합을 촉진시키며, 일반적으로 각 과정들에 대한 세세한 조절을 하는 것으로 생각된다. 이러한 결론은 리보솜의 촉매 기능의 일부가 "리보솜 단백질이 결여된" 리보솜을 사용한 실험들에서도 역시 관찰된다는 사실에 근거한 것이다.

rRNA 성분들을 암호화하는 유전자들은 유전체 내에서 중복되어(redundant) 있다. 예를 들어, *E. coli*의 유전체는 세 가지 구성 성분인 23*S*, 16*S*, 그리고 5*S*를 모두 암호화하는 하나의 서열을 7번 반복해서 포함한다. 이 유전자의 초기 전사체는 30*S* RNA 분자를 만드는데 이것은 곧 효소에 의해 좀 더 작은 구성 성분들로 잘린다. 이 세 가지 rRNA 구성 성분들을 암호화하는 유전정보들이 묶여 있는 것은, 여러 번의 전사가 있은 후에도, 리보솜이 조립될 때 세 구성 성분들이 같은 양으로 존재하도록 해 준다.

진핵생물에서는 전구체 서열들의 사본 수가 더 많다. 하나의 사본은 처음에는 약 45*S* 정도의 RNA로 전사되는데, 곧 28*S*와 18*S* 그리고 5.8*S* 성분으로 가공된다. 이것들이 대장균의 3가지 rRNA 성분들의 상동체들이다. 초파리에서는, 반수체 유전체당 약 120개의 사본들이 존재하며, 발톱 개구리(*Xenopus laevis*)에서는 반수체 유전체당 500개 이상의 보다 큰 전구 서열들이 존재한다. 포유류들의 세포에서도, 초기 전사체가 45*S*이다. 진핵생물의 독특한 5*S* rRNA 성분은 이 큰 전사체의 일부가 아니다. 대신에 5*S* rRNA를 암호화하는 유전자의 사본은 따로 떨어져 있다.

rRNA의 유전자들은 **rDNA**라고 불리며, 중간 반복성 DNA의 일부로 염색체의 다양한 부위에 뭉쳐서(clustered) 존재한다. 진핵생물의 각 유전자 무리(cluster)는 **연속 반복서열(tandem repeat)**들로 이루어지며, 각 반복 단위는 암호화되지 않는 **간격 DNA(spacer DNA)** 서열에 의해 분리되어 있다. 인간에서는 이 유전자 무리들이 13, 14, 15, 21과 22번 염색체들의 말단 근처에 위치한다. 5*S* rRNA를 암호화하는 유전자 무리는 인간의 1번 염색체에 따로 자리한다.

리보솜 구성 성분들의 구조와 유전적 기원들에 대한 자세한 지식에도 불구하고 이들의 기능에 대한 완전한 이해는 이루어지지 않고 있다. 그도 그럴 것이, 리보솜은 세포 내 구조들 중 가장 크고 복잡한 분자이다. 일례로, 인간의 모노좀은 조립된 분자량이 4백 3십만 달톤(4,300,000 Da)에 이른다!

tRNA의 구조

작은 크기와 세포 내에서의 안정성 때문에, 운반 RNA(transfer RNA, tRNA)는 광범위하게 연구되었고 가장 잘 알려진 RNA 분자가 되었다. 이들은 단 75~90 뉴클레오타이드로 구성되며, 세균이나 진핵생물에서 거의 동일한 구조를 나타낸다. 이 두 형태의 생물들에서, tRNA는 좀 더 큰 전구체 분자로 전사되어, 4*S* tRNA 분자로 잘린다. 예를 들어, *E. coli*에서 $tRNA^{Tyr}$(위첨자는 특정 tRNA를 나타내는 것으로, 여기에 붙는 아미노산을 나타낸다)는, 77개의 뉴클레오타이드로 구성되어 있지만, 그것의 전구체는 126 뉴클레오타이드를 포함한다.

1965년에, 홀리(Robert Holley)와 그의 동료들은 효모에서 분리한 $tRNA^{Ala}$의 완전한 서열을 보고하였다. 그들의 발견 중 가장 흥미로운 것은, 많은 수의 뉴클레오타이드가 tRNA에 독특한 것으로, mRNA에서는 발견되지 않는 소위 **변형 염기**(*modified base*)들을 포함한다는 사실이었다. 그림 14.2에 설명된 바와 같이, 이 뉴클레오타이들은 RNA에서 기대되는 질소 포함 염기들(G, C, A, U)중 하나가 변형된 것을 포함한다. 퓨린인 하이포크산틴이 포함된 이노신산(inosinic acid, I); 리보티미딜산(ribothmidylic acid, T); 그리고 슈도유리딜산(pseudouridylic acid, Ψ)이 나타나 있다. 전구체 염기들의 구조를 다시 보고 싶다면 그림 10.7을 참고하라. 이렇게 변형된 구조들은 tRNA의 전사 후에 생성되며, **전사 후 변형(posttranscriptional modification)**이라는 보다 일반적 개념으로 설명된다. 이 경우 효소 반응이 전사 과정 중에 유전암호가 요구한 염기를 변형시킨다. 이러한 변형 염기들은 몇 가지 기

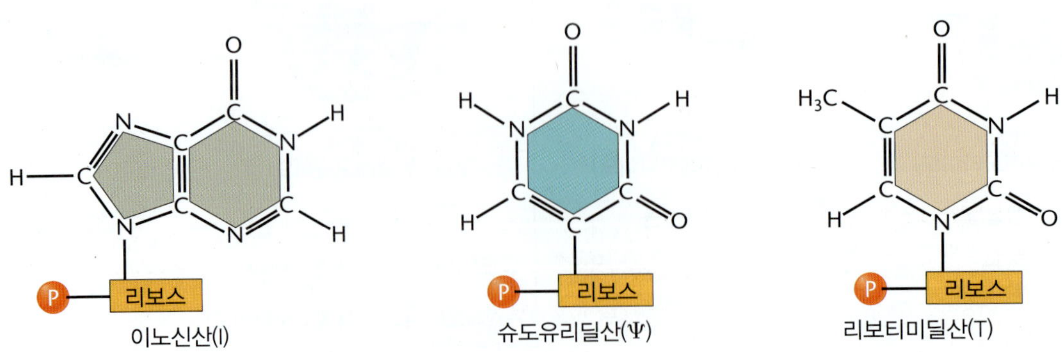

그림 14.2 운반 RNA(tRNA)에서 발견되는 변형 염기가 포함된 리보뉴클레오타이드.

능을 가지는데, 예를 들어, 구조적 안정성의 제공과, 번역 중인 mRNA와 tRNA 사이의 수소결합에 중요하다.

홀리는 서열분석을 통해 2차원적인 **tRNA의 클로버 모형(cloverleaf model of tRNA)**을 제시했다. tRNA는 염기쌍 형성으로 2차 구조를 가진다는 것이 알려져 있었다. 홀리는 선형 모형을 몇 개의 염기쌍 형성 부위가 얻어지는 형태로 정렬할 수 있음을 발견했다. 이러한 배열은 클로버 잎사귀를 닮은, 염기쌍을 이룬 줄기 부분과 짝짓지 않은 고리 구조들을 만든다. 고리들은 일관되게, 일반적으로는 염기쌍을 형성하지 않는 변형된 염기들을 포함하고 있었다. 홀리의 모형이 그림 14.3에 나타나 있다.

삼중자 서열인 GCU, GCC, 그리고 GCA는 알라닌을 지정하기 때문에, 홀리는 그의 $tRNA^{Ala}$분자에서 이 코돈과 상보적인 안티코돈 서열을 찾았다. 그는 이것을 CGI(3′에서 5′ 방향) 형태로 발견했는데, 바로 클로버 잎들 중 하나에 위치한 것이었다. 질소를 포함하고 있는 염기 I(이노신산)는 알라닌 트리플렛들의 3번째 염기들인 U, C, 혹은 A와 염기쌍을 형성할 수 있다. 이로써, **안티코돈 고리(anticodon loop)**가 밝혀졌다.

다른 tRNA에 대한 연구들로 여러 일관적인 특징들이 드러났다. 우선, 모든 tRNA들은 3′ 말단에 ....pCpCpA-3′과 같은 서열을 포함한다. 이것이 바로 아미노산이 말단의 아데노신 잔기에 공유결합으로 붙어 있게 되는 부위이다. 모든 tRNA들은 다른 쪽 말단에 5′-Gp...를 포함한다. 더하여, 여러 tRNA들에서 여러 가지 줄기들의 길이와 고리들이 매우 유사하다. 조사된 각 tRNA 역시 알려진 아미노산의 코돈과 상보적인 안티코돈을 포함하며, 모든 안티코돈 고리들은 클로버 잎의 같은 위치에 존재한다.

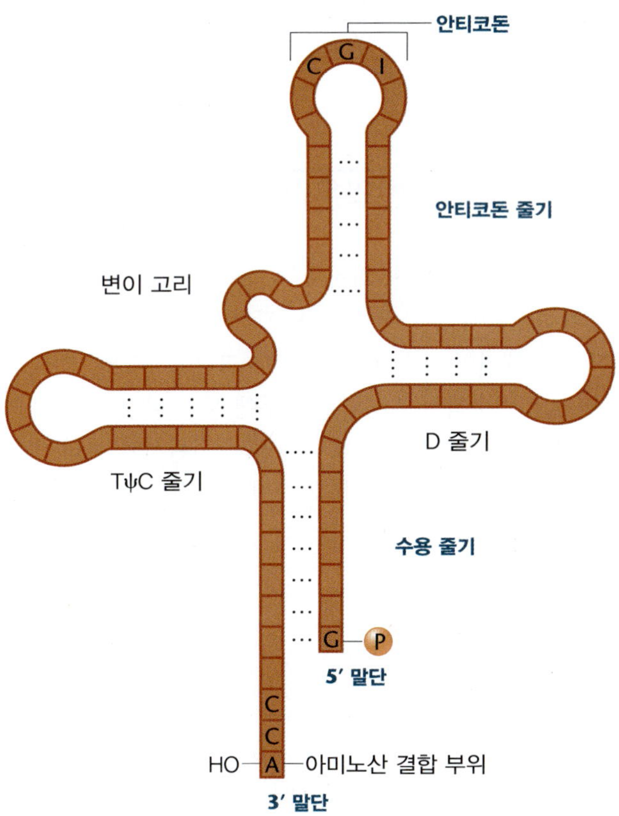

그림 14.3 홀리가 제시한 $tRNA^{Ala}$의 2차원적 클로버 잎 모형. 수소결합은 점들로 표시되었다.

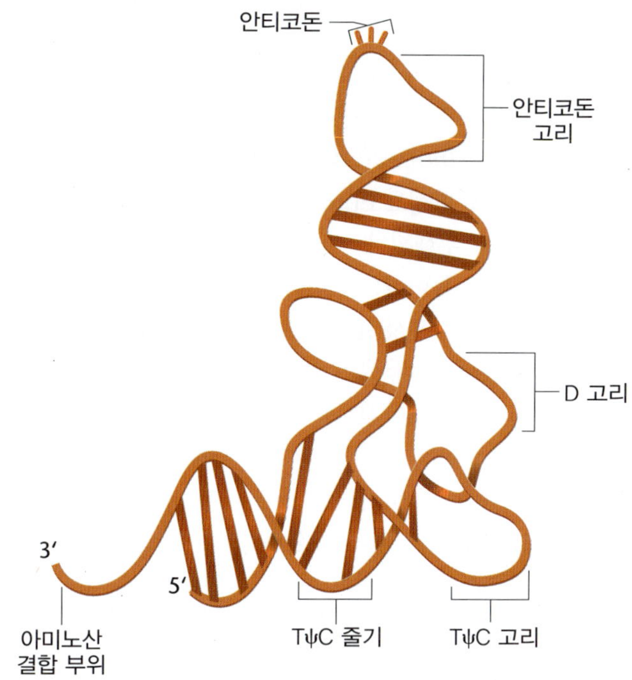

그림 14.4 tRNA의 3차원 모형.

클로버 잎 모형이 완전히 뉴클레오타이드 서열에 기초하여 예상된 것이었기 때문에, tRNA의 3차 구조를 드러내는 X-선 결정학 연구는 매우 관심을 끌었다. 1974년에, 리치(Alexander Rich), 로버트(Jon Robert), 클라크(Brian Clark), 클룩(Aaron Klug)과 그 동료들이 tRNA를 결정화하는데 성공했고, 3Å의 해상도로 X-선 결정학을 수행하였다. 그러한 정도의 해상도라면, 각 뉴클레오타이드에 의해 형성되는 패턴을 구별할 수 있다.

이 연구들의 결과로, t-RNA의 완전한 3차원 모형이 제시되었다(그림 14.4). 분자의 한쪽 끝에는 안티코돈 고리와 줄기가 있고, 다른 쪽 끝에는 3′-수용체 부분(acceptor region)이 있어서 여기에 아미노산이 붙어 있다. 이 사이에 존재하는 고리들의 모양은 tRNA에 아미노산을 첨가하는 특수한 효소들에 의해 인식되는 것으로 예측되며, 이는 지금 우리가 관심을 가지고 있는 주제이다.

tRNA의 충전

번역이 진행되기에 앞서, tRNA 분자는 자신에 해당하는 아미노산들과 화학적으로 연결되어야만 한다. 이 활성화 과정은 **충전(charging)** 혹은 아미노아실화(*aminoacylaltion*)라고 불리며, **아미노아실 tRNA 합성효소(aminoacyl tRNA synthetase)**라는 효소들에 의해 수행된다. 아미노아실 tRNA 합성효소들은 매우 특이적인 효소들이다; 이들은 오직 하나의 아미노산과 이것을 전달하는 **동위수용성 tRNA(isoaccepting tRNA)**들만 인식한다. 인간을 포함하여 여러 생물들에는 20가지의 동위수용성 tRNA 집단의 아미노아실화를 매개하는 20가지의 서로 다른 아미노아실 tRNA 합성효소가 존재한다. 번역의 충실도가 유지되려면, 아미노아실 tRNA 합성효소가 특정 tRNA와 해당 아미노산을 인식하는 능력은 매우 중요하다. 이론적으로, 아미노아실 tRNA 합성효소의 특이성이 변경된다면, 그것은 유전암호를 변화시킬 것이다!

충전 과정이 그림 14.5에 요약되어 있다. 첫 단계에서 아미노산은 활성화 형태로 바뀌는데, ATP와 반응하여 **아미노아실아데닐산(aminoacyladenylic acid)**이 형성된다. ATP의 5′-인산 그룹과 아미노산의 카르복시 말단 사이에 공유결합이 형성된다. 이 반응은 해당 합성효소와 연계하여 발생하며, 특정 tRNA 분자들과 반응하게 되는 복합체를 형성한다. 다음 단계에서는, 아미노산이 tRNA의 3′ 말단과 아미노산의 카르복실기 사이의 고에너지 에스테르 결합을 통해 적절한 tRNA에 부착된다. 이제 충전된 tRNA는 아미노아실화 tRNA라고도 불리며 직접 단백질 합성에 참여할 수 있다.

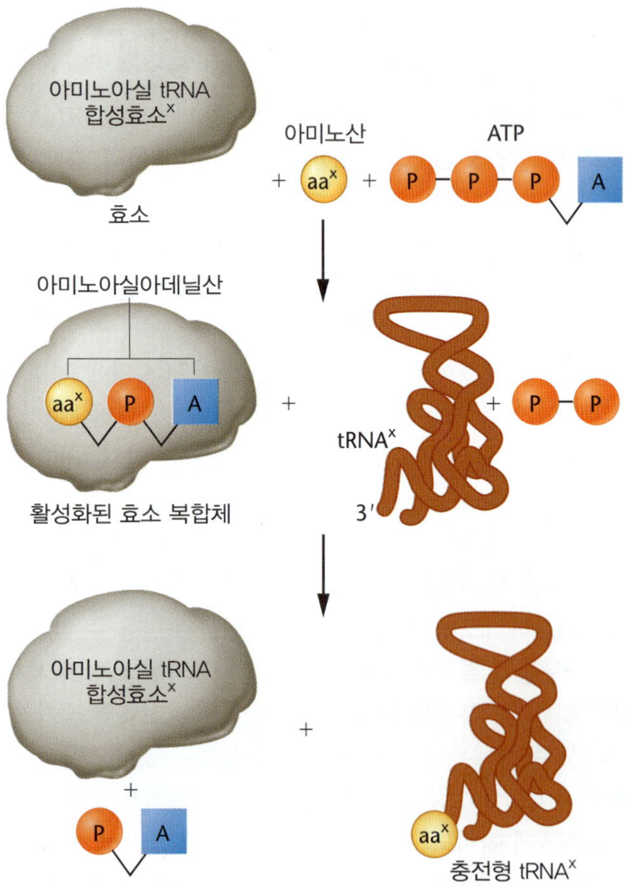

그림 14.5 tRNA의 충전 단계들. 여기서 위첨자 x는 각 아미노산에 해당하는 특이적인 아미노산과 특이적인 tRNA 합성효소만이 이 충전 과정에 관여함을 나타낸다.

풀어보기

14.1 1962년에 채퍼빌(F. Chapeville)을 비롯한 여러 사람들이 방사성 ^{14}C-cysteinyl-tRNA^{Cys}(tRNA^{Cys}에 시스테인이 충전된 것)을 분리한 실험을 보고했다. 그들은 시스테인으로부터 황 그룹을 제거하여 alanyl-tRNA^{Cys}(tRNA^{Cys}에 알라닌이 충전된 것)을 만들었다. 시스테인을 요구하는 합성 mRNA에 alanyl-tRNA^{Cys}가 첨가되자, 알라닌이 포함된 폴리펩타이드가 합성되었다. 이 실험으로부터 어떤 결론을 내릴 수 있는가?

■ **힌트:** 이 문제는 번역 중에 충전형 tRNA를 유인하는 것이 tRNA인지 아니면 충전 과정 중에 tRNA에 첨가되는 아미노산인지를 결정하는 것과 관련된 것이다. 해법의 열쇠는 이 실험에서 mRNA가 시스테인을 요구했을 때, "부정확한" 아미노산이었음에도 불구하고 알라닌이 번역 중에 삽입되었다는 관찰이다.

연습이 더 필요하면 문제 8~10번을 참고하라.

14.2 mRNA의 번역은 3단계로 나뉠 수 있다

전사와 마찬가지로, 번역 과정도 각각의 단계들로 나누어 설명함으로써 더 잘 기술될 수 있겠다. 각각 설명이 곁들여진 3단계로 나누어보겠지만(그림 14.6, 14.7, 그리고 14.8), 번역 과정은 동적이고 연속적인 과정임을 염두에 두길 바란다. 아래의 설명들을 그림의 각 단계-단계별 특징들과 연관시켜 보라. 번역의 핵심 개념들은 세균에서나 진핵세포에서 모두 공통적이지만, 세균에서의 과정은 좀 더 단순하며 이 절에서 설명되었다. 세균의 번역에 요구되는 여러 단백질 인자들과 그들의 역할은 **표 14.1**에 요약되어 있다.

번역의 개시

세균의 번역 개시는 그림 14.6에 그려져 있다. 상단의 상자 안에는 이 과정에 관여하는 개별 성분들이 표시되어 있다. 리보솜은 번역 과정에 있어 비특이적 작업대 역할을 한다는 것을 기억하기 바란다. 리보솜들은 그들이 번역에 관여하지 않을 때에는, 큰 소단위와 작은 소단위들로 분해되어 있다. 리보솜

표 14.1 대장균의 번역에 관여하는 다양한 단백질 인자들

과정	인자	역할
번역의 개시	IF1	30*S* 소단위에 결합하여 아미노아실 tRNA가 A 자리에 미리 부착하지 못하도록 한다.
	IF2	개시 fMet-tRNA에 결합하여 이것을 30*S*-mRNA 복합체의 P 자리로 전달한다; GTP 가수분해로 복합체에서 분리됨. 이 과정은 50*S* 소단위 결합에 필수적이다.
	IF3	30*S* 소단위에 결합하여 50*S* 소단위가 미리 결합하지 못하도록 방해한다.
폴리펩타이드의 신장	EF-Tu	GTP에 결합한다; 아미노아실 tRNA를 리보솜의 A 자리로 운반한다.
	EF-Ts	EF-Tu 활성을 조절한다.
	EF-G	리보솜의 자리 바꿈을 촉진한다; GTP-의존성
번역 종결과 폴리펩타이드의 방출	RF1	tRNA의 폴리펩타이드 방출을 촉진하고 자리바꿈 복합체의 분리를 매개한다; UAA와 UAG 종결코돈에 특이적이다.
	RF2	RF1처럼 행동한다; UGA와 UAA 코돈에 특이적이다.
	RF3	RF1과 RF2의 방출을 촉진한다.

의 세 부위를 포함하는데, **아미노아실(A) 자리[aminoacyl(A) site]**, **펩티딜(P) 자리[peptidyl(P) site]**, 그리고 **출구(E) 자리[exit(E) site]**이다. 이들의 역할은 곧 분명해질 것이다. 세균의 개시 과정에는 리보솜의 작은 소단위와 mRNA 분자, 특수한 충전형 개시 tRNA, GTP, Mg^{2+}, 그리고 3개의 단백질성 **개시 인자들(initiation factors, IFs)**이다. 세균에서는 mRNA의 개시코돈인 AUG가 변형 아미노산인 **N-포밀메싸이오닌(N-formylmethionine, fMet)**을 요구한다.

세 개의 개시 인자가 우선 리보솜의 작은 소단위에 결합하고, 이 복합체가 다시 mRNA에 붙는다(1단계). 세균에서는 이런 결합에 mRNA의 AUG 개시 코돈 앞에 나오는 6개의 리보뉴클레오타이드 서열(AGGAGG로 그림 14.6에는 표시되어 있지 않다)이 관여한다. 퓨린만을 포함한 이 서열은 **샤인-달가노 서열(Shine-Dalgarno sequence)**이라고 불리며 리보솜 작은 소단위의 16*S* rRNA의 영역과 염기쌍을 형성하여 개시를 촉진한다.

IF1이 주로 A 자리에 tRNA가 결합하는 것을 방해하고, IF3가 리보솜 큰 소단위와 작은 소단위가 미리 조립되는 것을 저해하는 반면, IF2는 보다 직접적인 개시 작용을 수행한다. 본질적으로 GTPase인 IF2는 mRNA 및 충전형 $tRNA^{fMet}$와 상호작용

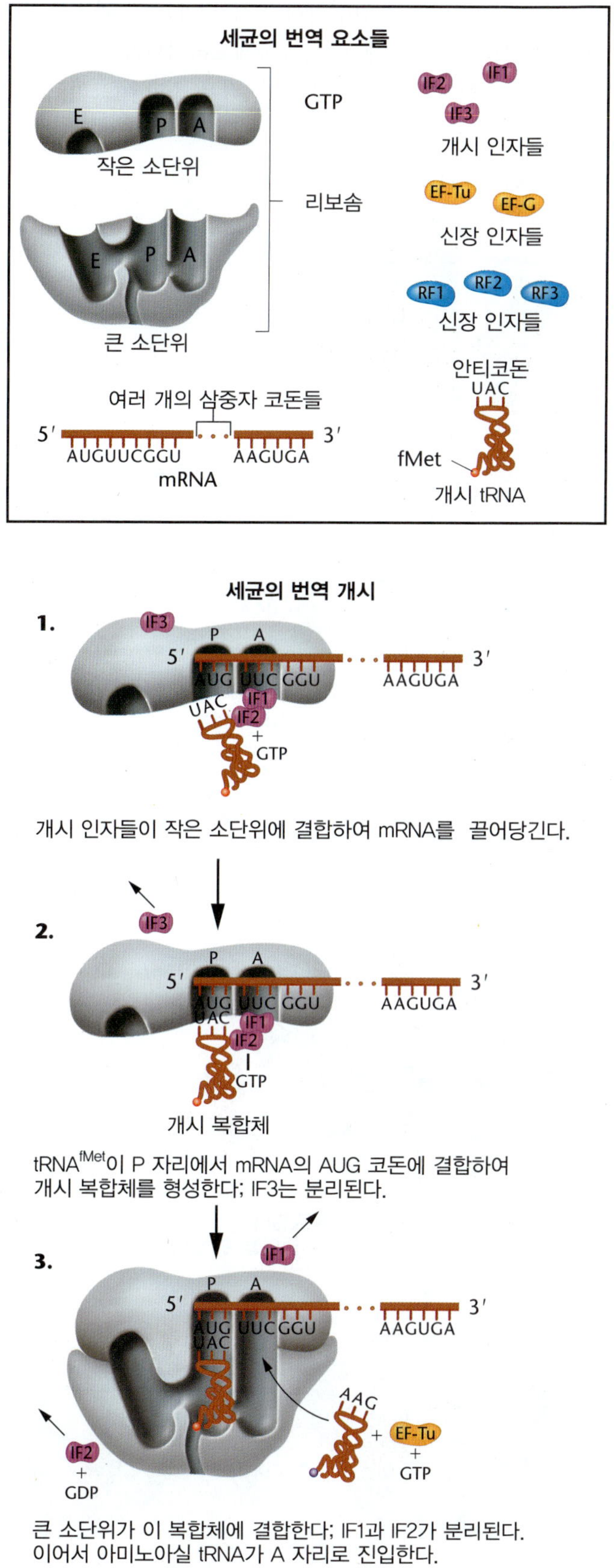

그림 14.6 세균의 번역 개시. (번역의 세 단계에서 요구되는 각 구성 성분들은 그림의 위쪽의 상자 내에 표시되었다.)

하여 이들을 P 자리에서 안정화시킨다(2단계). 이 과정은 번역 틀을 “고정”시켜 연속된 세 개의 뉴클레오타이드가 모두 올바르게 번역되도록 한다. IF3가 분리되면, 작은 소단위(그리고 그것과 결합한 mRNA 및 tRNA^{fMet}까지)가 리보솜 큰 소단위와 결합하여 70*S* 개시 복합체를 만든다. 이 과정에서는 IF2에 공유결합된 GTP 한 분자가 GDP로 가수분해되어 IF2의 형태 변화를 일으키고, IF1과 2가 연이어 분리된다(3단계).

폴리펩타이드의 신장

번역의 두 번째 단계인 신장은 그림 14.7에 나타나 있다. 위에 언급한 바대로, 개시 복합체는 이제 mRNA의 두 번째 트리플렛 서열에 해당하는 아미노산을 가진 2번째의 아미노아실 tRNA를 A 자리에 삽입할 준비가 되었다. 충전된 tRNA들은 **신장 인자(elongation factor, EF)**인 EF-Tu에 의해 하나씩 복합체로 수송된다(1단계). 개시 과정의 IF2처럼, EF-Tu는 GTPase로서 GTP와 결합된다. 이 GTP의 가수분해는 EF-Tu의 구조 변화를 유발하여 결합한 아미노아실 tRNA가 방출되도록 한다.

다음 과정은 P 자리의 말단 아미노산(이 경우에는 메싸이오닌)이 A 자리의 tRNA에 존재하는 아미노산과 펩타이드 결합을 형성하는 것이다. 이런 식으로 아미노산이 하나씩 첨가되어 폴리펩타이드 사슬이 늘어나는 것을 **신장(elongation)**이라고 부른다. 새로 형성된 디펩타이드(dipeptide)는 아직 A 자리에 있는 tRNA의 말단에 붙은 채로 있다. 새로운 펩타이드 결합을 형성하기 위한 에너지는 tRNA와 그 동족 아미노산(cognate amino acid) 사이의 고에너지 에스테르 결합의 분해에 의해 제공된다. 이 반응들은 처음엔 리보솜 큰 소단위에 들어 있는 **펩티드기 전이효소(peptidyl transferase)**라고 불리는 효소에 의해 촉매되는 것으로 믿어졌었다. 그러나 이제는 이 촉매활성이 큰 소단위 내의 23*S* rRNA의 기능이라는 것이 분명해졌다. 그러한 경우, pre-mRNA의 스플라이싱에서 배웠던 것처럼(13장), 반응 내 RNA의 촉매 역할이 인식되도록 이 복합체를 **리보자임(ribozyme)**이라고 부른다.

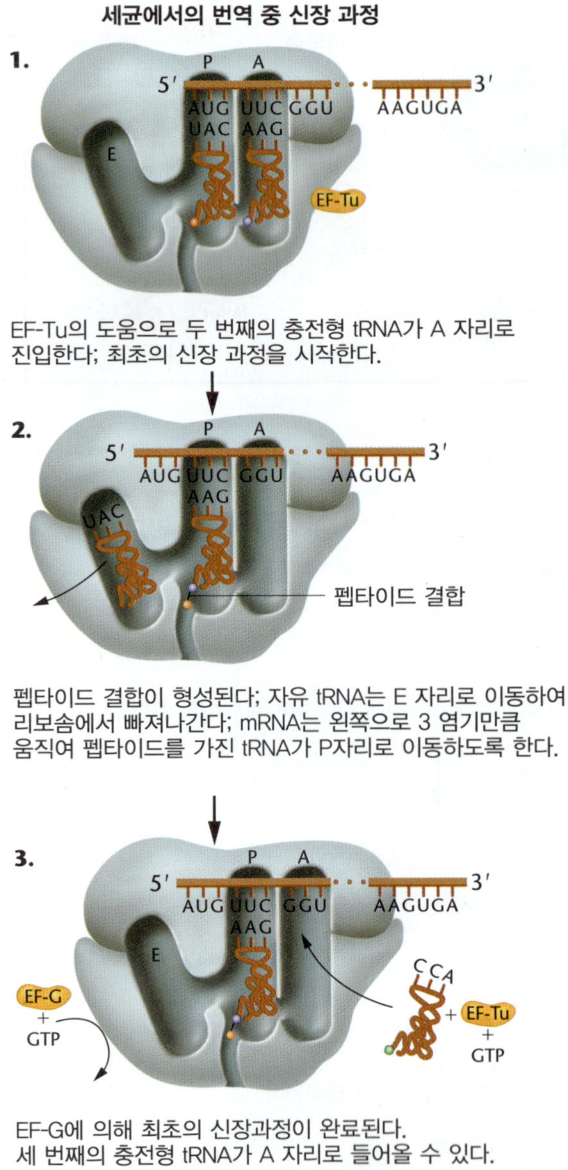

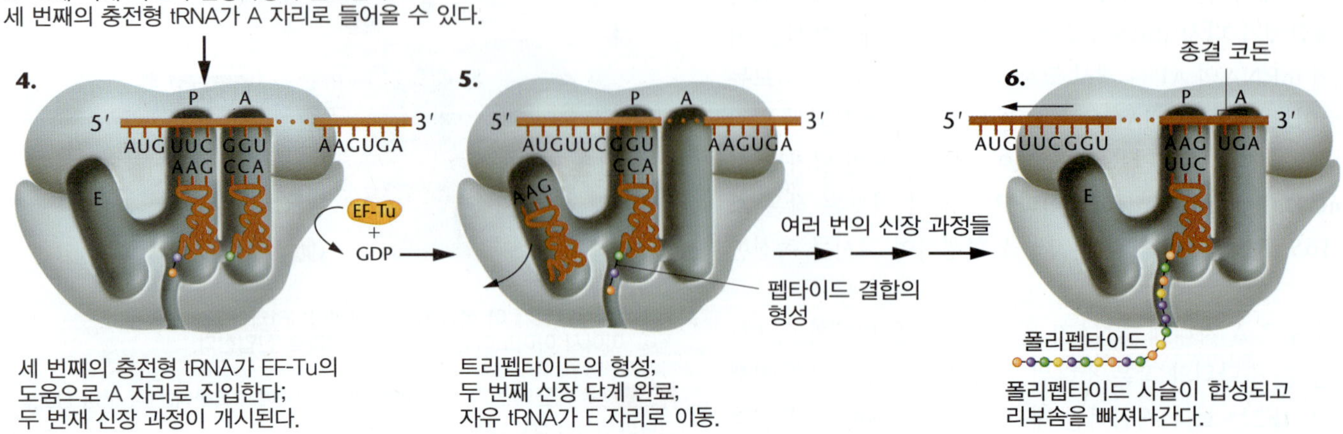

그림 14.7 세균의 번역 과정 중 폴리펩타이드 사슬의 신장.

신장이 반복되려면, 이제 아미노산을 가지지 않은 P 자리의 tRNA는 큰 소단위에서 배출되어야 한다. 충전되지 않은 tRNA는 곧 E(exit) 자리로 불리는 리보솜의 세 번째 부위로 빠르게 이동한다. 전체 mRNA-tRNA-aa2-aa1 복합체는 이제 세 뉴클레오티드만큼 P 자리 쪽으로 이동한다(2단계). **자리이동**(*trnaslocation*)이라고 불리는 이 사건은 GTPase인 신장 인자 G(EF-G)를 요구한다(3단계). 펩타이드 결합이 형성된 후에는 EF-G가 GTP를 가수분해하여 EF-G가 늘어나도록 형태를 변화시킨다. 이런 변화는 작은 소단위가 큰 소단위에 대해 톱니바퀴가 돌아가는 듯이 움직이도록 한다. 최종 결과는 이제 mRNA의 세 번째 코돈이 A 자리에 위치하고 특수한 충전형 tRNA를 받아들일 준비가 되는 것이다(4단계). A와 P 자리를 구분하는 한 가지 간단한 방법은, **자리이동** 후에 P 자리(펩타이드의 *P*)가 펩타이드 사슬에 부착된 tRNA(펩티딜 tRNA)를 포함하는 반면, A 자리는 아미노산(아미노산의 *A*)이 붙은 충전형 tRNA(아미노아실 tRNA)를 가진다는 것을 기억하면 된다.

이런 신장 과정과 자리이동이 계속해서 반복된다(4단계와 5단계). mRNA가 리보솜을 통해 세 개의 뉴클레오타이드씩 진행할 때마다 추가적으로 아미노산이 신장 중인 폴리펩타이드 사슬에 첨가된다. 알맞은 크기의 폴리펩타이드 사슬이 만들어지면(대략 30 아미노산 정도), 6단계에 그려진 것처럼 리보솜의 큰 소단위 아래의 출구 통로로부터 돌출되기 시작한다.

지금까지 살펴본 것처럼, 신장 과정 동안 작은 소단위의 역할은 mRNA의 코돈들을 "해독(decode)"하는 것이고, 큰 소단위의 역할은 펩타이드 결합을 합성하는 것이다. 이 과정의 효율성은 매우 높다: 관찰된 오류율은 10^{-4} 정도에 불과하다. 이 정도의 비율이라면 부정확한 아미노산은 평균 500개의 아미노산으로 이루어진 20개의 폴리펩타이드 중 오직 한 개 정도에서만 발생하게 될 것이다! *E. coli*에서는 37°C에서 초당 15개의 아미노산 정도로 신장이 일어난다.

번역의 종결

번역의 3번째 과정인 종결 과정은 그림 14.8에 나타나 있다. 이 과정은 A 자리에 UAG, UAA, 혹은 UGA 중 하나의 삼중자가 옴으로써 신호를 받는다. 이 코돈들은 아미노산을 지정하지 않으며 A 자리에 tRNA를 불러오지도 않는다. 이들은 **중지 코돈(stop codon)**, **종결 코돈(termination codon)**, 혹은 **무의미 코돈(nonsense codon)**이라고 불린다. 종종 그런 코돈들이 연달아 mRNA에 나타나곤 한다. 그런 중지 코돈을 만났을 때, 폴리펩타이드는 완성되었지만 아직 P 자리의 펩티딜 tRNA에 붙은 상태이며, A 자리는 비어 있다. 종결 코돈은 tRNA에 의해 인식되지 않는다; 오히려 **방출 인자(releaseing factor, RF)**라고 불리는 **RF1**과 **RF2**에 의해 인식되며, 이들은 A 자리에 결합하여 펩티딜 tRNA로부터 폴리펩타이드의 가수분해를 촉진하여 이것이 번역 복합체로부터 방출되도록 한다(1단계). RF1은 UAA와 UAG 중지 코돈에 특이적이며, RF2는 UAA와 UGA 코돈들에 특이적이다. 그러면 방출 인자인 RF3는 리보솜에 결합하고 tRNA는 리보솜의 P 자리에서 방출됨으로써 리보솜 소단위들이 해체된다(2단계).

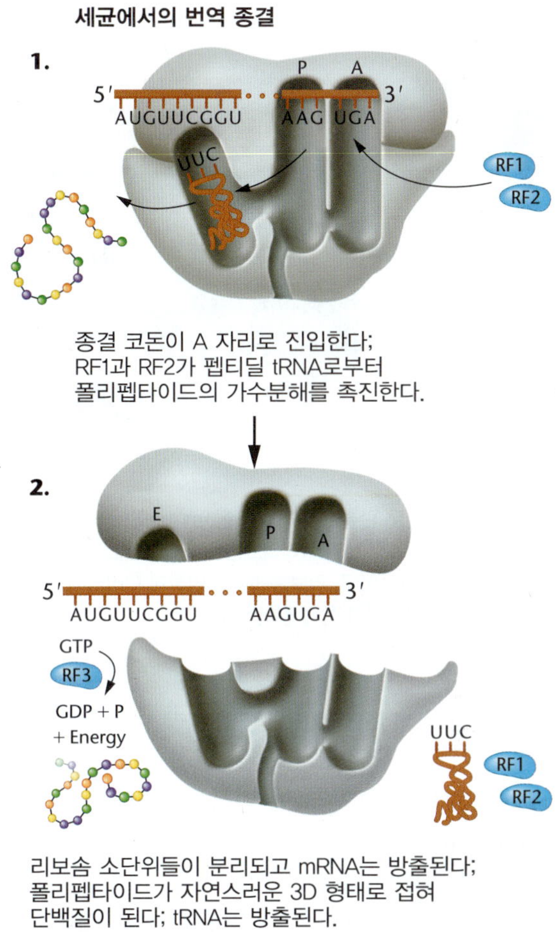

그림 14.8 세균의 번역 종결.

흥미롭게도, RF1은 UAA와 UAG 종결코돈에만 특이적이며, RF2는 UAA와 UGA 코돈에 특이적이다. 세 번째 방출 인자인 RF3는 GTPase이며 GTP 분자를 가수분해하여 리보솜 내에서 형태 변화를 일으켜 RF1과 RF2가 종결 코돈과 tRNA에서 분리되도록 한다. 만약 돌연변이의 결과로 종결 코돈이 mRNA 분자의 중간에 나타나게 되면, 위와 같은 과정이 발생하고 폴리펩타이드 사슬은 조기에 종결된다.

폴리리보솜들

신장이 진행되고 mRNA의 개시 부위가 리보솜을 통과함에 따

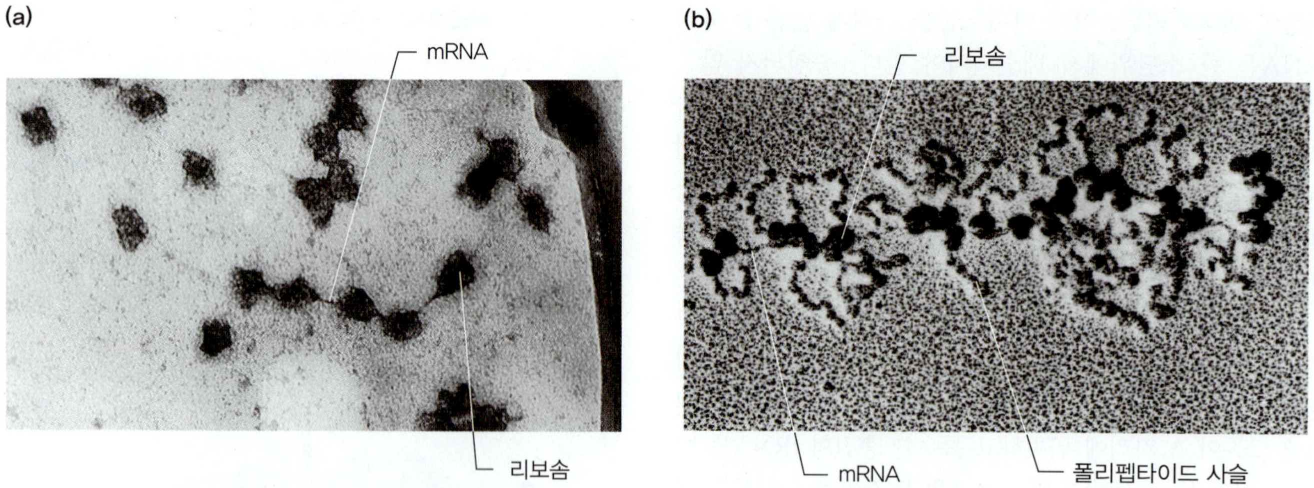

그림 14.9 전자현미경으로 관찰한 폴리리보솜. (a)에서의 폴리리보솜은 헤모글로빈 mRNA의 번역에 관여하는 토끼의 망상적혈구에서 얻은 것이고, (b)의 폴리리보솜은 모기붙이(*Chironomus thummi*)의 거대 침샘 세포들에서 얻은 것이다. 초기의 폴리펩타이드 사슬들이 각 리보솜에서 분명하게 드러남에 주목하라. 이들의 길이는 번역이 mRNA의 왼쪽(5′)에서 오른쪽(3′)으로 진행됨에 따라 점점 길어진다.

라, 이 mRNA는 다시 다른 소단위들과 자유롭게 결합하여 두 번째의 개시복합체를 형성할 수 있게 된다. 이 과정은 하나의 mRNA 내에서도 여러 번 반복될 수 있어서 소위 **폴리리보솜(polyribosome)**이 형성되는데, 이것은 그냥 **폴리솜(polysome)**으로 불리기도 한다.

세포를 부드럽게 용해시켜 폴리리보솜들을 추출하고 분석할 수 있다. 그림 14.9의 사진은 이러한 복합체들을 전자현미경으로 관찰한 것이다. 그림 14.9(a)에서는 각 리보솜들 사이에서 mRNA가 가느다란 선으로 보인다. 그림 14.9(b) 사진은 번역 중인 리보솜으로부터 방출되는 폴리펩타이드들이 더 뚜렷하게 보이는 놀라운 장면이다. 폴리솜 복합체의 형성은 단위 시간 동안 단백질 합성을 위한 구성 성분들이 효과적으로 사용되고 있음을 보여주는 것이다. 이것은 마치 줄줄이 늘어선 리보솜들을 관통하는 mRNA가 동시에 번역되고 있지만 하나의 리보솜은 이웃한 리보솜에 비해 번역한 mRNA의 양이 약간 모자란 것과 같다.

14.3 고해상도의 연구들로 세균 리보솜의 자세한 기능이 밝혀졌다

번역 과정과 리보솜의 구조에 대한 우리의 지식은 앞서 설명한 바와 같이, 주로 전자현미경을 이용한 리보솜 관찰을 비롯하여, 생화학적이고 유전학적인 연구와 관찰에 기초한다. 이런 정보들을 확인하고 더 세부적인 내용으로 다듬기 위해서는, 다음 단계의 연구로서 고해상도로 리보솜을 조사하는 과정이 필요하다. 예를 들어, 리보솜 결정에 대한 X-선 회절분석(X-ray diffraction analysis)은 이런 목적을 위한 방법 중 하나다. 그러나 기능적인 리보솜의 엄청난 크기와 복잡한 분자 상호작용 때문에, X-선 회절 연구를 수행하는 데 필요한 결정을 얻기는 대단히 어렵다. 그럼에도 불구하고, 2000년 이후로 상당한 발전이 이루어졌다. 첫째로, 개개의 리보솜 소단위들이 결정화되었고 여러 실험실들에서 조사되었는데 그중 라마크리슈난(Venkatraman Ramakrishnan)의 연구는 가장 뛰어난 것이었다. 그 후 mRNA 및 tRNA와 연계된 완전한 70*S* 리보솜의 결정 구조가 놀러(Harry Noller)와 그 동료들에 의해 조사되었다. 그 핵심은 전체 번역 복합체를 원자 수준으로 볼 수 있었다는 것이다. 라마크리슈난과 놀러 등은 세균인 *Thermus thermophilus*에서 리보솜을 추출하였다. 놀러의 연구 결과에 기반한 모형 중 하나가 이 장의 표지 사진에 나와 있다.

이러한 연구들에서 여러 주목할만한 관찰들이 이루어졌다. 예를 들어, 원자 수준에서 측정된 소단위의 크기와 모양은 고해상도 전자현미경을 기반으로 추정된 값과 일치한다. 게다가, 리보솜의 모양은 번역의 역동적인 성질을 증명하듯 서로 다른 기능 상태에서는 모양이 달라진다. 소단위들 내 RNA 구성 성분들의 돌출부나 위치에 대해서도 많은 것을 알 수 있었다. 예를 들어, 16*S* RNA의 1/3 가량이 작은 30*S* 소단위 내부로 평평한 돌출부를 만들어 **플랫폼**을 형성하며 이것은 자리 이동(translocation) 과정 중에 mRNA-tRNA 복합체의 이동을 조정한다.

결정학적 분석으로, 번역 과정에서 리보솜 내의 실제 "작업자"는 RNA라는 생각을 지지하는 많은 정보들이 얻어졌다. 두 소단위 사이의 접촉부는 아미노산의 중합이 일어나는 리보솜의 위치라고 생각되는데, 대부분 RNA로만 구성된다. 반대로, 수많은 리보솜 단백질들은 리보솜의 가장자리에서 발견된다. 이러한 관찰들은 이전의 유전학적 근거에서 예상되었던 생각—번역 중에 이루어지는 아미노산들의 결합을 일으키는 촉매 단계는 단백질이 아니라 RNA의 지시로 이루어진다—을 확인시켜 준다.

또 다른 흥미로운 발견은 번역 중 tRNA들을 포함하는 것으로 예상되는 다양한 자리들의 실제 위치에 관한 것이다. 모두 세 개의 자리들(A, P와 E)이 X-선 회절 연구들에서 확인되었고, 모든 경우에 리보솜의 RNA가 tRNA 분자의 다양한 고리들이나 도메인들과 직접적으로 접촉하고 있다. 이런 관찰은 왜 진화 과정을 통해 모든 tRNA 분자들이 독특한 3차원적 형태를 보존하고 있는지를 이해할 수 있게 해준다.

또 한 가지 주목할 만한 관찰은 A, P 및 E 사이트 사이의 간격이 최소 20 Å, 아마도 50 Å만큼 넓어서 리보솜의 자리이동 사건 동안 tRNA 분자가 이동해야 하는 원자 거리를 결정한다는 것이다. 이것은 tRNA 자체의 크기에 비해 상당히 먼 거리로 간주된다. 추가 분석을 통해 세 부분 사이에 존재하면서 자리이동 사건에 분명히 관여하는 RNA-단백질 다리가 확인되었다. 이러한 다리들은 다른 주요 위치에도 존재하며 리보솜 기능과 관련되어 있다. 이러한 관찰은 번역 중에 리보솜 내에서 발생해야 하는 동적 변화에 대한 훨씬 더 완전한 그림을 제공한다.

마지막 관찰은 크릭(Francis Crick)이 **워블 가설(wobble hypothesis)**을 제안했던 거의 50년 전으로 거슬러 올라간다(13장에서 소개되었다). 라마크리슈난 연구팀은 30*S* 소단위의 16*S* rRNA 상에서 mRNA와 그에 맞는 적절한 tRNA를 연결시키는 번역 단계에 관여하는 정확한 부분이 어딘지를 찾아냈다. 이 위치에서, 16*S* rRNA의 특수한 2개 뉴클레오타이드들이 실제로 바깥으로 뒤집혀 코돈:안티코돈 영역을 추적하고 상호작용 중의 염기쌍 정확도를 체크하는 것으로 생각된다. 워블 가설에 따르면, 이 단계의 엄격성은 처음 2개의 염기쌍들에서는 크지만, 세 번째(혹은 워블) 염기쌍에서는 그보다 적다.

세균의 번역 과정에 대한 우리의 이해가 커지면서, 2010년에는 피셔(Niels Fischer)와 동료들에 의해 주목할 만한 연구가 보고되었다. 이 연구팀은 폴리펩타이드 사슬의 신장 동안 어떻게 tRNA가 자리를 바꾸는지 조사했다. **단일 입자 수준의 저온 전자현미경법(resolved single-particle cryo-electron microscopy)**이라는 독특한 고해상도 접근법을 이용하여 대장균의 70*S* 리보솜을 포획함으로써, 번역 과정 동안을 5.5 Å의 해상도로 조사한 것이다. 이 연구에서는, 확보한 200만 개 이상의 이미지에 대한 컴퓨터 분석으로, 자리이동 과정 중의 tRNA를 촬영하여 그 궤적을 확보했다. 이러한 결과는 tRNA의 궤적이 리보솜 구성 요소의 동적 형태 변화와 연계되어 있음을 보여주었다. 놀랍게도, 이 연구는 번역 중에 리보솜이 열 에너지에 의한 브라운 운동에 의해 가동되는 복잡한 분자 기계처럼 행동한다는 것을 보여주었다. 즉, 자리이동에 필수적인 다양한 형태 변화를 확보하기 위한 에너지 요구들은 리보솜 자체에 내재되어 있다는 것이다.

아직도 리보솜 구조와 기능에 대한 많은 질문들이 남아 있다. 특히, 여러 리보솜 단백질들의 정확한 기능들이 아직 명확치 않다. 그럼에도 불구하고, 놀러, 라마크리슈난, 피셔와 여러 동료들의 연구로부터 제시되는 모형들은 번역 기작에 관한 보다 나은 이해를 제공해준다.

14.4 진핵생물에서의 번역은 더 복잡하다

우리가 지금까지 논의한 모형의 일반적인 특징들은 처음에는 세균의 번역 과정을 조사한 결과로 얻어진 것이다. 개념적으로, 원핵세포와 진핵세포의 한 가지 중요한 차이점은 세균 세포에서는 전사와 번역이 모두 세포질에서 발생하므로 두 과정이 연계되어 있는 반면, 진핵세포에서의 이 두 과정들은 시간적으로나 공간적으로 분리되어 있다는 것이다. 진핵세포에서, 전사는 핵에서, 번역은 세포질에서 일어난다. 이러한 분리는 진핵세포에서의 유전자 발현 조절에 더 많은 기회를 제공한다(이 주제에 대해서는 17장과 18장에서 다룰 것이다).

세균과 진핵생물의 번역에서 다른 중요한 차이점은, 우리가 이미 살펴본 바와 같이(그림 14.1), 진핵생물은 더 많은 수의 단백질들과 RNA들로 구성된 더 커다란 리보솜을 가진다는 점이다. 흥미롭게도, 세균과 진핵생물의 rRNA들은 **핵심 서열**(*core sequence*)이라는 부분을 공유하지만, 진핵생물에서는 rRNA들이 **확장 서열**(*expansion sequences, ES*)의 첨가로 더 길다. 이 부분은 리보솜 조립에 중요하며 번역 조절 및 특이성에 기여할 것으로 생각된다.

개시 단계는 진핵세포와 세균 사이에서 가장 큰 차이를 보인다. 예를 들어, 세균의 번역 개시는 리보솜 작은 소단위가 개시 코돈 상류의 짧은 서열—**샤인 달가노 서열**(*Shine–Dalgarno sequence*)과 결합하는 것에 의존적임을 기억할 것이다. 진핵생물은 이런 서열이 없다. 대신, **캡 의존성 번역**(*cap-dependent translation*)이라고 불리는 과정에서 진핵세포의 개시는 작은 소단위가 진핵성 mRNA의 5′ 말단에 자리한 7-메틸구아노신(7-methylguanosine, m^7G)과 결합하면서 시작된다(13장). 이런 맥락에서, 세균의 mRNA들에 있는 특수한 서열과 진핵성 mRNA의 물리적인 캡 구조는 비슷한 기능을 발휘한다고 할 수 있겠다.

또한 세균의 번역 개시에는 개시 인자들(IF1, IF2, 그리고 IF3; 그림 14.6)이 mRNA를 작은 소단위로 유인하고 큰 소단위의 조기 결합을 막기 위해 필수적이었음을 기억할 것이다. 진핵생물에서는, 일련의 **진핵성** 개시 인자들(eIFs)이 이런 과정을 수행한다. 몇 개의 eIF로 구성된 복합체와, 개시 tRNA, 그리고 리보솜의 작은 소단위가 m7G 캡 근처에서 조립된다. 그다음, 이 조립체가 mRNA를 따라 미끄러지면서 시작 코돈을 탐색하는데, 이 과정은 검색(*scanning*)이라고 알려져 있다. 세균의 개시 코돈이 N-포밀메싸이오닌(fMet)을 가진 개시 tRNA에 의해 인식되는데 반해, 진핵세포의 개시 코돈은 포밀기가 없는 메싸이오닌을 암호화한다. 진핵세포의 개시 과정 중에는 독특한 개시 tRNA($tRNA_i^{Met}$)가 사용되는 것으로 밝혀졌는데, 이것은 개시 이후에 나오는 AUG에 사용되는 $tRNA^{Met}$와는 다른 것이다. 번역 개시에서 진핵세포에 특징적인 또 한 가지는 많은 mRNA들이 개시 AUG 코돈의 3 염기쌍 상류에 퓨린(A 혹은 G)을 하나 가지는데, 이것은 종종 G($^A/_G$NN**AUG**G) 서열로 나타난다. 발견자인 코작(Marilyn Kozak)의 이름을 딴 **코작 서열(Kozak sequence)**은 진핵생물 번역 개시의 효율성을 증가시키는 것으로 생각된다.

흥미롭게도, 진핵성 mRNA들의 3′ 말단에 있는 폴리-A 꼬리 역시 번역 개시에 중요한 역할을 담당한다. 13장에서 **폴리-A 결합 단백질(poly-A binding protein)**이 꼬리에 붙어 mRNA를 분해되지 못하게 보호한다고 했던 것을 기억할 것이다. 그 폴리-A 결합 단백질들은 진핵성 개시 인자의 하나인 eIF4G와 결합하고 이것은 다시 캡 결합 단백질로도 알려져 있는 eIF4E에 결합한다. 이름이 시사하는 것처럼 eIF4E는 m^7G 캡에 결합한다. 이렇게 생긴 복합체는 많은 진핵성 mRNA들의 번역 개시에 필요하다. mRNA가 캡과 꼬리가 가까이 모여 닫힌 고리를 형성하기 때문에, 이 과정은 **닫힌-고리 번역(closed-loop translation)**이라고 불린다(그림 14.10). 닫힌 고리 번역의 한 가지 가능한 장점은, 이런 고리 구조를 형성하는 데 필요한 캡이나 폴리-A 꼬리가 없어 부분적으로 분해된 mRNA를 번역하느라 에너지를 낭비하지 않을 것이라는 점이다. 또 다른 이점으로 제안될 수 있는 것은, 닫힌-고리 구조가 **리보솜 재활용**(*ribosome recycling*)을 더 효율적으로 만든다는 것이다. 하나의 폴리펩타이드 합성을 완성한 리보솜들은 mRNA로부터 분리될 수 있지만, 고리에서 멀지 않은 곳에 캡이 있으므로 다시 번역을 시작할 수 있을 것이다.

세균과 진핵세포의 번역에서 나타나는 또 다른 차이를 눈여겨볼 필요가 있겠다. 진핵성 mRNA들은 세균들의 해당 mRNA들 보다 더 오래 유지된다. 세균의 mRNA들은 캡과 폴리-A 꼬리가 없고, 종종 전사 직후에 번역되며 5분 내에 분해된다. 한편, 진핵성 mRNA들은 캡과 폴리-A 꼬리의 보호작용으로 더 오래 지속될 수 있는데, 배양된 인간 세포에서는 평균 10시간의 반감기를 가진다. 따라서 진핵성 mRNA들은 종종 훨씬 더 오랜 시간 동안 번역에 사용될 수 있다.

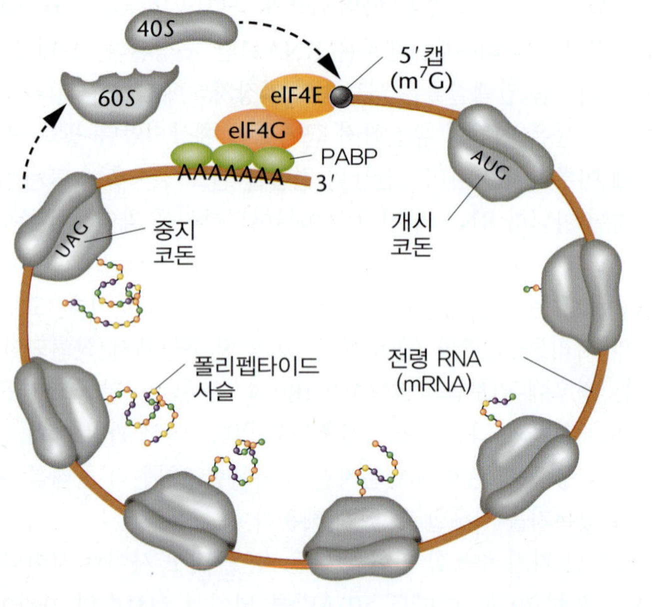

그림 14.10 진핵생물의 닫힌-고리 번역. eIF4E가 mRNA의 캡과 골격 단백질인 eIF4G에 결합하고, eIF4G는 다시 mRNA의 폴리-A 꼬리에 있는 폴리-A 결합 단백질(PABP)들에 결합한다. 리보솜들은 캡에서 조립되어 개시 코돈을 찾아 검색한 후 고리를 따라 번역하고 중지 코돈에서 종결한다. 그리고 리보솜 재활용(ribosome recycling)이라 불리는 과정으로 번역을 다시 시작할 수 있다.

번역 개시 후에, 세균의 것과 유사한 단백질들이 진핵생물의 신장과 종결을 안내한다. **진핵성 신장 인자들(eukaryotic elongation factors, eEFs)**과 **진핵성 방출 인자들(eukaryotic release factors, eRFs)** 중에서 많은 것들이 세균의 해당 인자와 분명히 상동이다. 예를 들어, 아미노아실 tRNA를 리보솜의 A 자리로 안내하는 세균의 EF-Tu의 역할은 eEF-1α에 의해 수행된다. 세균에서와는 달리, 방출 인자는 하나인데, eRF1은 진핵세포에서 3가지 중지 코돈을 모두 인식한다.

우리는 이 절을 2015년 클라홀츠(Bruno Klaholz)와 동료들이 매우 복잡한 인간의 80*S* 리보솜 결정 구조를 3.6 Å이라는 놀라운 해상도로 시각화했음에 주목하면서 끝맺으려고 한다. 이 연구는 rRNA와 리보솜 내 단백질들 사이의 상호작용을 원자 수준으로 보여주었다. 그들의 이미지는 번역 중에 리보솜의 큰 소단위와 작은 소단위가 만나는 경계면이 재구성됨을 보여주었는데, 이것은 리보솜이 자리를 바꾸거나 mRNA를 따라 이동할 때 소단위들의 회전 운동을 반영한다. 많은 항생제들이 세균의 리보솜을 표적으로 하여 그 활성을 방해하지만, 인간에서 세균을 상대로 싸우는 약물로 사용할 때는 그것이 인간의 리보솜을 활성을 부분적으로 방해하기 때문에 일부 부작용이 생긴다. 이 연구는 세균 리보솜에 대한 특이성을 증가시켜 항생제의 부작용을 줄이는 데 도움이 될 수 있는 중요한 모델을 제공한다. 그리고 이 연구는 인간의 암세포에서 매우 활성적인 리보솜들의 번역 속도를 늦추는 약물을 디자인할 수 있도록 함으로써 이 세포들이 의존하는 단백질들의 합성을 방해하여 세포를 굶주리게 할 수도 있을 것이다.

14.5 선천성 대사 질환에 대한 연구로 단백질이 유전에 중요하다는 초기의 통찰이 얻어졌다

이제 단백질들이 유전자 발현의 최종 산물이라는 것을 어떻게 알게 되었는지 살펴보자. 유전적 과정에서 단백질의 역할에 대한 최초의 통찰은, 20세기 초 개로드 경(Sir Archibald Garrod)과 베이트슨(William Bateson)의 관찰에 의해 제공되었다. 개로드는 영국인 의과학자 가문에서 태어났다. 그의 아버지는 관절염(rheumatoid arthritis)의 화학적 기초에 매우 관심을 가진 의사였고, 그의 형은 런던의 저명한 동물학자였다. 견습의로서 개로드가 유전되는 것으로 보이는 몇 가지 인간 질환들에 관심을 가지게 된 것은 놀랄 일이 아니다. 비록 백색증(albinism)과 시스틴뇨증(cystinuria)에 대해서도 연구를 했지만, 우리는 **알캅톤뇨증(alkaptonuria, AKU)**이라는 질환에 대한 그의 연구를 설명하고자 한다. 이 질환에 걸린 사람들은 중요한 대사 경로가 파괴되어 있다(그림 14.11). 결과적으로 이들은 호모겐티신산(homogentisic acid)이라고도 알려져 있는 2,5-디히드록시-페닐-아세트산(2,5-dihydroxyphenylacetic acid)을 대사하지 못한다. 호모겐티신산은 세포와 조직 내에 축적되어 오줌으로 분비된다. 이 분자의 산화물은 검은색이어서 신생아의 기저귀에서 쉽게 추적된다. 이 산물들은 연골조직 부위에 축적되는 경향이 있어서 귀와 코를 검게 만든다. 관절에서의 호모겐티신산 축적은 양성의 관절염 증상을 일으킨다. 이러한 희귀 질환은 심각하지는 않지만, 그 영향은 환자의 전 생애 동안 지속된다.

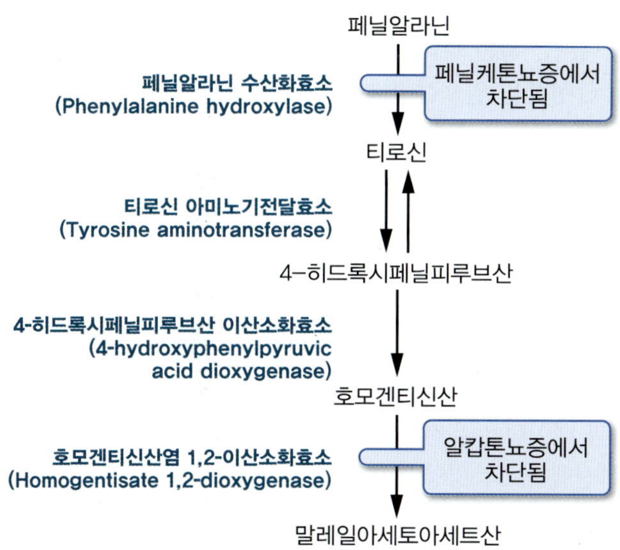

그림 14.11 페닐알라닌과 티로신이 관여하는 대사 경로. 이 경로의 특정 결함이 알캅톤뇨증과 페닐케톤뇨증을 일으킨다.

개로드는 이런 양성 증상의 유전 패턴을 조사함으로써 알캅톤뇨증을 연구했다. 결국 그는 이 증상이 유전적인 성질을 가진다고 결론내렸다. 32건의 알려진 경우들 중에서 19건이 7 가족들에 국한되어 나타났고, 한 가족에는 환자가 네 명이나 있었다. 몇몇 사례에서 부모들은 환자가 아니었지만 사촌지간이었고 따라서 **근친**(*consanguineous*) 관계였다. 이 용어는 최근의 조상을 공유한 친척들을 설명한다. 그런 친척 관계의 부모들은 관계가 없는 부모들보다 열성 형질을 드러내는 자손을 낳을 가능성이 높은데, 그들이 동일한 열성 형질들에 대해 이형접합성일 확률이 높기 때문이다(25장 참고). 개로드는 이 유전병이 대사 양식이 바뀐 결과이며, 따라서 유전정보가 체내의 화학 반응을 조절하는 유전정보를 가진다는 결론에 도달했다. 개로드의 시대에는 **유전자**(*gene*)와 **효소**(*enzyme*)라는 용어가 익숙한 것은 아니었으므로, 그는 **단위 인자들**(*unit factors*)과 **발효제들**(*ferments*)이라는 말을 사용하여 해당 개념을 설명했다. 개로드는 1902년에 자신의 초기 관찰에 대해 발표했다.

베이트슨을 포함한 단 몇몇의 유전학자들만이 개로드의 연구에 익숙했거나 그것을 참고했다. 개로드의 생각은 유전병들이 일종의 결정적 물질의 결핍에 의한 것이라는 베이트슨의 믿음과 잘 일치했다. 1909년에, 베이트슨은 "유전에 대한 멘델의 원리(*Mendel's Principles of Heredity*)"를 출판하였는데, 여기에서 그는 개로드의 "발효제들"과 유전을 연결시켰다. 그러나 거의 30년 동안 대부분의 유전학자들이 유전자와 효소 사이의 관계를 알아보지 못했다. 개로드와 베이트슨은 멘델처럼 시대를 앞선 사람들이었다.

페닐케톤뇨증

흥미롭게도, 인간의 대사 장애인 **페닐케톤뇨증(phenylketonuria, PKU)**은 그림 14.11에 표시된 대사 경로의 또 다른 반응이 차단될 때 발생한다. 1934년에 처음으로 기술된 이 질환은 지적 장애를 초래할 수 있으며 상염색체 열성 질환으로 유전된다. 환자들은 아미노산인 페닐알라닌을 티로신으로 전환할 수 없다. 이 분자들은 티로신에는 존재하지만 페닐알라닌에는 없는 단일 수산기(OH)에서만 차이가 난다. 이러한 분자 변화 반응은 **페닐알라닌 수산화효소(phenylalanine hydroxylase)**에 의해 촉매되는데, 이 효소는 환자에서는 비활성화되고 이형접합자에서는 약 30% 수준으로만 활성화된다. 이 효소는 간에서 작용한다. 혈액의 정상적인 페닐알라닌 수준은 약 1 mg/100 mL이지만, 페닐케톤뇨증 환자에서는 50 mg/100 mL까지 높아진다.

페닐알라닌이 축적되면 이것은 페닐피루브산으로 전환될 수 있으며, 이후 다른 유도체로 도 전환될 수 있다. 이들은 신장에서 빠르게 재흡수되지 않으므로 페닐알라닌보다 더 빨리 소변으로 배출되는 경향이 있다. 페닐알라닌과 그 유도체들은 모두 뇌척수액으로 들어가 뇌조직에서의 수준이 증가한다. 초기 발생 동안 이러한 물질이 존재하면 지적 장애가 발생하는 것으로 생각된다.

미국에서는 신생아들이 관례적으로 PKU에 대한 검사를 받는데, 미국의 신생아 20,000명당 한 명 정도에서 페닐케톤뇨증이 발생한다. 아기의 혈액 분석에서 질병이 감지되면 지적 장애를 예방하기 위해 엄격한 식이 요법이 적시에 시행된다. 낮은 페닐알라닌 식이는 페닐피루브산과 같은 부산물을 감소시킬 수 있으며 질병의 특징적인 이상 발달을 없앨 수 있다.

알캅톤뇨증 및 페닐케톤뇨증과 같은 유전성 대사 질환에 대한 지식은 의학적 사고와 관행을 크게 변화시켰다. 미생물, 바이러스 또는 기생충의 침입에 의한 것으로만 생각되었던 인간 질병은 분명히 유전적 근거를 가질 수 있었다. 이제 우리는 돌연변이 유전자로 인한 선천적 대사 이상으로 인해 수백 가지의 의학적 질병이 발생한다는 것을 알고 있다. 이러한 인간의 생화학적 질병들은 모든 종류의 유기 생물 분자의 대사 결함으로 인한 것이다.

14.6 붉은빵곰팡이에 관한 연구는 1-유전자: 1-효소 가설을 이끌었다

1933년에 시작된 두 개의 독립적인 연구들에서, 비들(George Beadle)은 유전자들이 직접적으로 효소의 합성을 일으킨다는 확실한 실험적 증거를 제공하게 되었다. 에프러시(Boris Ephrussi)와의 공동 연구로 행해진 첫 번째 연구는 초파리의 눈 색소에 관한 것이었다. 이들은 초파리의 눈 색깔을 바꾸는 돌연변이 유전자가 효소의 기능을 손상시키는 생화학적 실수와 연관될 수 있다고 확신했다. 이 발견들에 힘입어, 비들은 이후 테이텀(Edward Tatum)과 협력하여 붉은빵곰팡이인 *Neurospora crassa*에서의 영양 돌연변이를 연구하게 된다. 이 연구는 **1-유전자: 1-효소가설(one-gene:one-enzyme hypothesis)**을 이끌어냈다.

비들과 테이텀의 붉은빵곰팡이 돌연변이 분석

1940년대 초반, 비들과 테이텀은 그 생화학에 대해서 상당히 많이 알려져 있고, 돌연변이들의 유도나 분리가 상대적으로 쉬운 붉은빵곰팡이(*Neurospora*)를 선택하여 연구하였다. 돌연변이들을 유도함으로써, 그들은 이 생물의 생장에 필수적인 반응들이 유전적으로 불가능한 곰팡이 계통들을 만들었다.

비들과 테이텀은 이 곰팡이가 정상적인 발달에 필요한 거의 모든 것들을 합성할 수 있다는 것을 알고 있었다. 예를 들어, 이 곰팡이는 기본적인 탄소원과 질소원만 가지고도 9종의 수용성 비타민과 20종의 아미노산, 다수의 카로티노이드계 색소들, 그리고 모든 필수 퓨린과 피리미딘들을 합성할 수 있다. 비들과 테이텀은 무성포자들에 X-선을 쪼여 돌연변이의 빈도를 높이고 이들을 모든 필수 성장인자들(예: 비타민과 아미노산 등)을 포함하고 있는 "완전 배지(complete medium)"에서 자라게 했다. 이러한 성장 조건 하에서는, 최소 배지에서는 자랄 수 없는 돌연변이주들도 배지에서 충분히 공급되는 영양물질을 이용하여 잘 자랄 수 있다. 그다음 모든 배양주들을 최소 배지로 옮겨주었다. 만약 성장이 최소 배지에서도 일어난다면, 이 생물은 필요한 모든 성장인자들을 스스로 합성하는 것이다. 그러면 연구자들은 그 배양주가 영양 돌연변이를 포함하지 않는 것으로 결론지을 수 있다. 만약 최소 배지에서 성장이 일어나지 않는다면, 이들은 영양 돌연변이를 포함한 것으로 결정할 수 있으며 남은 일은 어떤 형태인지만 결정하면 된다. 이런 결과들이 그림 14.12(a)에 나타나 있다.

이같은 과정으로부터 얻어진 수천 개의 돌연변이 포자들이 분리되었다. 변이 형태를 규명하기 위해, 각각 다른 보충제들을 포함한 여러 가지의 불완전 배지에서 이 돌연변이 계통들이 검사되었고[그림 14.12(b)], 이어서 배지에 한 가지의 비타민, 아미노산, 퓨린, 혹은 피리미딘을 보충제로 넣어 한 가지의 특정 보충제가 성장을 일으킬 때까지 배양했다[그림 14.12(c)]. 비들과 테이텀은 성장을 회복시키는 보충 영양 성분이 그 돌연변이주가 합성하지 못하는 분자라고 추론했다. 처음으로 분리된 돌연변이주는 배지에 비타민 B_6(피리독신)를 요구했고, 두 번째 것은 비타민 B_1(티아민)을 요구했다. 같은 방법을 이용하여, 비들과 테이텀은 결국 비타민들, 아미노산, 혹은 다른 물질들을 합성하는 능력이 결여된 수백 종의 돌연변이주를 분리하고 연구했다.

8만 개 이상의 포자들에 대한 검사로부터 얻어진 발견들로, 비들과 테이텀은 유전학과 생화학이 많은 공통점을 가진다는 것을 확신했다. 각 영양 돌연변이는 야생형 생물체에서 필수적인 반응들을 촉진시키는 효소의 활성을 잃게 하는 것으로 보였다. 또한 돌연변이는 효소적으로 조절되는 특정 반응 때문에 발견되는 것으로 나타났다. 따라서 비들과 테이텀은 30년 이상 개로드

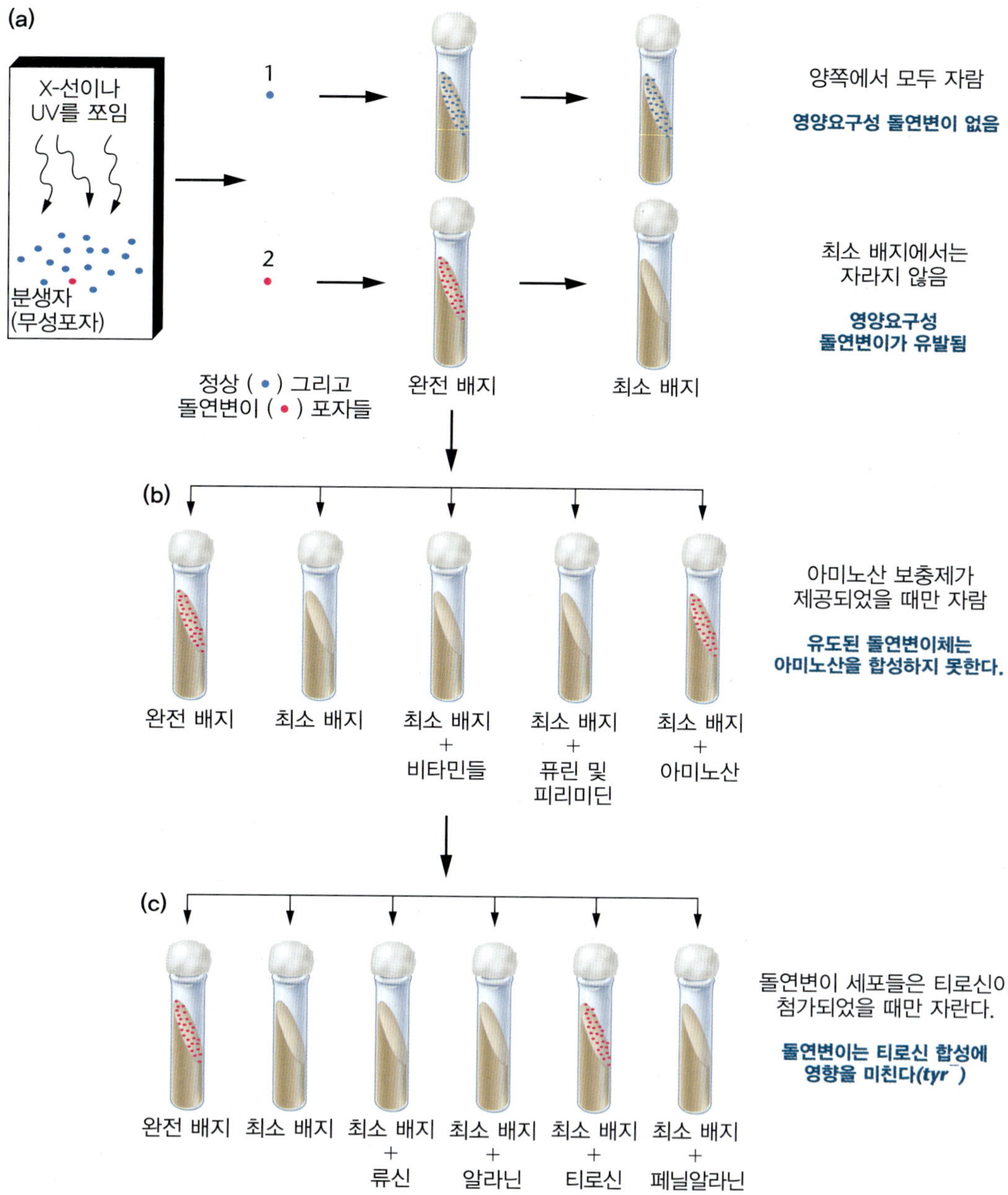

그림 14.12 붉은빵곰팡이(*Neurospora*) 영양 요구주의 유도, 분리, 그리고 동정. (a) 대부분의 포자들(푸른색)이 영향을 받지 않았으나, 하나의 포자(붉은색)만 돌연변이를 포함한다. (b)와 (c)에서는 돌연변이의 정확한 성질이 타이로신 생합성에 관계되어 있는 것으로 드러난다.

와 베이트슨에 의해 암시되었던 생각인, **하나의 유전자가 하나의 효소**를 지정한다는 가설에 대한 확고한 실험적 증거를 제공했던 것이다. 일부의 변형이 있었지만, 이러한 개념은 유전학의 주요 원리로 자리를 잡았다.

유전자와 효소: 생화학적 경로 분석

하나의 유전자:하나의 효소 개념과 이에 수반되는 연구 방법은 수년 동안 붉은빵곰팡이, 대장균 및 기타 여러 미생물의 대사에 관한 많은 세부 사항을 밝히는 데 사용되었다. 자세히 조사된 첫 번째 대사 경로 중 하나는 붉은빵곰팡이에서 아미노산인 아르기닌의 합성에 관한 것이다. 슈릅(Adrian Srb)과 호로비츠(Norman Horowitz)는 성장을 위해 아르기닌을 필요로 하는 7가지의 돌연변이 균주(arg^-)를 연구하여 해당 아미노산을 합성하는 부분적인 생화학적 경로를 확인했다. 그들의 작업은 유전자 분석이 어떻게 생화학적 정보를 확립하는 데 사용될 수 있는지를 보여준다.

슈릅과 호로비츠는 아르기닌과 화학적으로 매우 유사한 두 가지 화합물인 시트룰린 또는 오르니틴을 최소 배지의 보충제로

그림 14.13 붉은빵곰팡이의 아르기닌 생합성 돌연변이에 관한 슈롭과 호로비츠의 실험은 아르기닌 생합성 경로를 밝혀주었다.

사용하여 각 돌연변이 균주의 성장을 재확립하는 능력을 검사했다. 어떤 화합물이든 아르기닌을 대체할 수 있다면, 그것은 아르기닌의 생합성 경로에 관여할 것이라고 추론했다. 연구자들은 양쪽 분자 모두 하나 이상의 돌연변이 계통에서 대체될 수 있음을 발견했다.

7가지 돌연변이 계통들 중, 4개(*arg-4*, *5*, *6*과 *7*까지)는 시트룰린, 오르니틴, 혹은 아르기닌이 제공되면 자랄 수 있었다. 이중 2가지(*arg-2*와 *arg-3*)은 시트룰린이나 아르기닌이 제공되면 자랐다. 한 가지 계통(*arg-1*)은 아르기닌이 제공될 때만 자랐다; 시트룰린이나 오르니틴은 아르기닌을 대체할 수 없었다. 이런 시험 결과들(그림 14.13에 요약됨)로부터, 각 돌연변이에 대해 다음과 같은 대사 중단 지점 및 대사 경로가 추론되었다:

$$\text{전구체} \xrightarrow[\textit{arg-4-7}]{\text{효소 A}} \text{오르니틴} \xrightarrow[\textit{arg-2-3}]{\text{효소 B}} \text{시트룰린} \xrightarrow[\textit{arg-1}]{\text{효소 C}} \text{아르기닌}$$

이런 결론을 지지하는 논리는 다음과 같다: 4~7까지의 아르기닌 영양 요구성 돌연변이체들이 세 분자 중 어느 것이 최소 배지에 보충제로 공급되는지에 관계없이 성장할 수 있다면, 성장을 방해하는 돌연변이는, 이 경로에서 오르니틴이나 시트룰린, 혹은 아르기닌이 개입하기 전의 대사 과정이 차단되었을 것임에 틀림없다(결함 효소 "A"). 이 세 가지 분자 중 어느 것이든 추가된다면 그에 의해 **차단 지점을 우회할 수 있다**. 결과적으로, 시트룰린과 오르니틴 모두 아르기닌의 생합성에 관여하는 것으로 보인다. 그러나 이러한 자료만 보았을 때는 이들이 경로에 참여하는 순서를 결정할 수는 없다.

한편, *arg-2*와 *arg-3* 돌연변이체는 둘 다 시트룰린이 제공되면 자랐지만 오르니틴을 제공했을 땐 자라지 않았다. 그러므로 오르니틴은 차단 지점(결함 효소 "B") 앞의 경로에서 합성되어야 할 것이다. 오르니틴이 있어도 이런 차단을 극복하지는 못할 것이다. 그러나 시트룰린은 **차단을 극복할 수 있으므로**, 이것은 차단 지점의 이후에 합성되어야 할 것이다. 따라서 오르니틴이 시트룰린으로 변하는 것이 이 경로의 올바른 순서를 나타낸다.

마지막으로, 우리는 *arg-1*의 경우 시트룰린이 아르기닌으로 변환되는 것을 방해하는 돌연변이를 나타내는 것이라 결론지을 수 있다. 오르니틴이나 시트룰린은 이 경로의 앞에 있기 때문에 어느 것도 이 돌연변이(결손 효소 "C")의 대사 장애를 극복할 수 없다.

종합하면, 이런 분석은 그림 14.13의 오른쪽에 표시된 생합성 순서를 지지한다. 슈롭과 호로비츠의 1944년 실험 이후로, 자세한 경로가 밝혀졌으며, 각 단계를 조절하는 유전자들과 효소들이 확인되었다.

풀어보기

14.2 살모넬라균(*Salmonella typhimurium*)의 돌연변이들이 자라기 위해서는 트립토판이나 몇 가지 관련 분자들을 요구하는 것으로 드러났다. 다음에 제시된 자료를 바탕으로, 트립토판 생합성 경로를 제안하라:

돌연변이	성장 보충물				
	최소 배지	안트라닐산	인돌 글리세롤 인산	인돌	트립토판
trp-8	−	+	+	+	+
trp-2	−	−	+	+	+
trp-3	−	−	−	+	+
trp-1	−	−	−	−	+

■ **힌트:** 이 문제는 세균인 살모넬라에서 생화학적 경로를 밝히기 위해 위해 자료를 분석하도록 요청하고 있다. 해법의 열쇠는 붉은빵곰팡이에서의 생화학적 경로를 밝히는 데 사용되었던 동일한 접근법의 원리를 이해하고 이것을 그대로 적용하는 데 있다.

14.7 인간 헤모글로빈에 대한 연구로 하나의 유전자가 하나의 폴리펩타이드를 암호화함이 밝혀졌다

1940년대 초에 개발된 "1-유전자:1-효소" 가설이 모든 유전학자들에게 당장 받아들여진 것은 아니었다. 그 당시까지는 어떻게 돌연변이 효소들이 그 많은 표현형적 형질에 있어 차이를 나타나게 하는지에 대해 확실히 알려진 바가 없었기 때문에 이것은 별로 놀라운 일은 아니다. 예를 들어, 초파리 돌연변이들은 눈의 크기, 날개의 모양, 날개의 시맥 패턴 등에서의 차이를 나타낸다. 식물들은 씨의 조직, 키, 과실의 크기 등에 있어 돌연변이를 나타낸다. 어떻게 불활성화된 돌연변이 효소가 그러한 표현형을 나타내도록 하는지는 많은 유전학자들의 궁금증을 자아냈다.

두 가지 요소가 곧 '1-유전자:1-효소' 가설을 변화시켰다. 첫째는, 거의 모든 효소들이 단백질인 반면, 모든 단백질이 효소는 아니라는 것이다. 생화학에 대한 유전학의 연구가 진행됨에 따라 모든 단백질들이 유전자에 저장된 정보에 의해 지정된다는 것이 분명해지면서 좀 더 정확한 표현인 **1-유전자:1-단백질 가설(one-gene:one-protein hypotheis)**로 발전했다. 둘째, 단백질들은 종종 두 개 혹은 그 이상의 폴리펩타이드 사슬들로 구성되는 상위 구조를 나타낸다는 것이다. 이것은 단백질의 4차 구조에 대한 기초가 되며 이후에 다시 논의하게 될 것이다. 각각의 독립된 폴리펩타이드 사슬이 독립된 유전자에 의해 암호화되기 때문에 비들과 테이텀의 기본 가설은 좀 더 정확한 **1-유전자:1-폴리펩타이드 사슬 가설(one-gene:one polypeptide chain hypothesis)**로 변했다. 원 가설에 대한 이러한 변화는 낫세포 빈혈증(sickle cell anemia)인 사람들의 헤모글로빈 구조를 분석하면서 더욱 분명해졌다.

낫세포 빈혈증

유전자들이 효소가 아니라 단백질을 지정한다는 직접적인 첫 증거는 **낫세포 빈혈증(sickle cell anemia)**이라는 질환에 걸린 사람들의 돌연변이 헤모글로빈에 대한 연구로 얻어졌다. 환자들은 산소 압력이 낮은 경우에 헤모글로빈의 중합 때문에 길쭉하게 늘어나 휘는 적혈구를 가진다. 적혈구의 이러한 "낫" 모양은 정상인에서 나타나는 양쪽이 오목하게 들어간 적혈구 모양과 매우 대조적이다(그림 14.14). 이러한 질환을 가진 사람들은 산소 분압이 매우 낮은 곳에서 적혈구들이 모세관계의 정맥 쪽에 뭉쳐지게 되면 발작을 겪게 된다. 결과적으로 여러 조직들에 산소가 결핍되고 심각한 손상을 초래한다. 이러한 일이 일어나는 경우

그림 14.14 정상인에서의 적혈구(왼쪽)와 낫세포 빈혈증인 사람의 적혈구(오른쪽)를 비교한 것.

이 개인은 힘든 고통을 일으키는 낫세포 위기(*sickle cell crisis*)를 겪는다고 한다. 신장, 근육, 관절, 뇌, 소화관, 그리고 폐가 영향을 받을 수 있다. 치료를 하지 않으면, 이 위험은 치명적일 수 있다.

발작 외에도, 정상 적혈구들보다 더 빨리 적혈구들이 파괴되기 때문에 이러한 개인들에서는 빈혈증이 나타난다. 보상성의 생리적 반응으로, 골수에서 적혈구의 생산이 증가되고 심장 활동도 늘어난다. 이러한 기작들로 인해 심장의 확장 및 비정상적 뼈 모양과 크기가 나타나기도 한다.

1949년에, 닐(Jame Neel)과 비트(E. A. Beet)는 이 질환이 멘델 형질로 유전됨을 보여주었다. 가계도 분석으로 3가지 유전자형과 한 쌍의 대립유전자들인 Hb^A와 Hb^S에 의해 조절되는 표현형들이 드러났다. 정상인과 환자들은 각각 동형접합성 유전자형들인 Hb^AHb^A와 Hb^SHb^S에 의한 결과이다. 이형접합자의 적혈구는 **낫세포 형질(sickle-cell trait)**을 나타내지만 질병의 상태까지는 아닌데, 절반 이상의 헤모글로빈이 정상이기 때문에 낫 모양이 되는 현상은 훨씬 적다. 비록 대부분이 환자들은 아니라도 그런 이형접합자들은 결손 유전자의 "보인자"가 되어 유전자는 평균 50%의 자손으로 전달된다.

같은 해에, 폴링(Linus Pauling)과 그의 동료들은 이 질병의 분자적 기초에 대한 첫 번째 통찰을 제공하였다. 그들은 환자와 정상인으로부터 분리한 헤모글로빈들이 전기영동 시 이동 속도가 다르다는 것을 보여주었다. 이 기법에서는 하전된 분자들이 전기장을 이동하게 된다. 만약 두 분자의 순전하가 서로 다르다면, 이동 속도가 달라질 것이다. 이것을 바탕으로, 폴링과 그 동료들은 정상 헤모글로빈과 낫세포 헤모글로빈이 화학적으로 다르다는 결론을 내렸다. 이 두 가지 분자는 이제 각각 **HbA**와

HbS로 표시된다.

그림 14.15(a)는 세 가지 가능한 유전자형의 사람들로부터 얻은 헤모글로빈을 젤 전기영동했을 때 나타나는 이동 양상을 보여준다. 젤은 분자들의 이동을 위한 매질로 사용된다. 이 실험에서는, 시료들이 음극(−)과 양극(+) 사이의 지점에 위치하며, 전류가 적용된다. 이동 양상에서 모든 분자들이 양극을 향해 움직이므로 모두 음전하를 띠고 있음을 시사한다. 그러나 HbA는 HbS보다 빠르게 이동하는데, 이것은 음의 순전하가 더 크다는 것을 보여준다. 보인자인 사람들에서 얻은 헤모글로빈의 전기영동 양상은 HbA와 HbS가 둘 다 존재하고 있음을 드러내며, 이로써 그들의 이형접합성 유전자형을 확인시켜 준다.

폴링의 발견은 두 가지 가능성을 시사한다. 헤모글로빈은 단백질이 아닌 4개의 철 포함 **헴 그룹**과 4개의 폴리펩타이드 사슬로 이루어진 **글로빈 단백질**부분으로 이루어져 있다는 것이 알려져 있었다. HbS의 순전하 변화는 이론적으로 이 구성 성분 중 하나의 화학적 변화에 기인한 것이어야 했다.

1954년부터 1957년 사이에 수행된 잉그램(Vernon Ingram)의 연구로 이 문제가 해결되었다. 그는 화학적 변화가 헤모글로빈 분자의 4차 구조에서 헤모글로빈을 구성하는 두 개의 폴리펩타이드 중 하나인 글로빈 부분의 1차 구조에서 발생한다는 것을 증명했다. (성인의 헤모글로빈은 141개의 아미노산으로 이루어진 동일한 두 개의 α 사슬과, 146개의 아미노산으로 구성된 β 사슬을 포함한다.)

지문분석(fingerprinting)이라는 방법을 사용함으로써, 잉그램은 HbS의 아미노산 조성이 HbA의 것과 다름을 보여주었다. 지문분석 기술은 단백질을 효소로 절단하여 펩타이드 단편으로 만드는 과정을 포함한다. 그런 후 이 혼합물을 흡착성 종이에 올려 전기장에 노출시키면 순전하에 따라 이동이 발생한다. 그런 다음 종이를 첫 번째 전기장 방향에 대해 직각으로 돌려 용매에 넣는다. 여기서 크로마토그래피 작용이 두 번째 방향으로 펩타이드의 이동을 유발한다. 최종 결과는 펩타이드 조각이 독특한 반점 패턴 또는 "지문(fingerprint)"으로 2차원적으로 분리되는 것이다. 잉그램의 연구는 HbS와 HbA가 단 하나의 펩타이드 조각에 의해서만 차이가 있음을 밝혔다[그림 14.15(b)].

이후 추가적인 분석 결과, 단일 아미노산 변화가 드러났다: β 사슬의 여섯 번째 위치에서 글루탐산이 발린으로 대체되어 펩타이드 차이를 유발한 것이었다[그림 14.15(c)]

이러한 발견은 다양한 측면의 중요성을 가진다. 하나의 유전자는 하나의 폴리펩타이드 사슬에 대한 유전정보를 제공한다는 것이 확실해졌다. HbS에 대한 연구들은 또한, 하나의 돌연변이

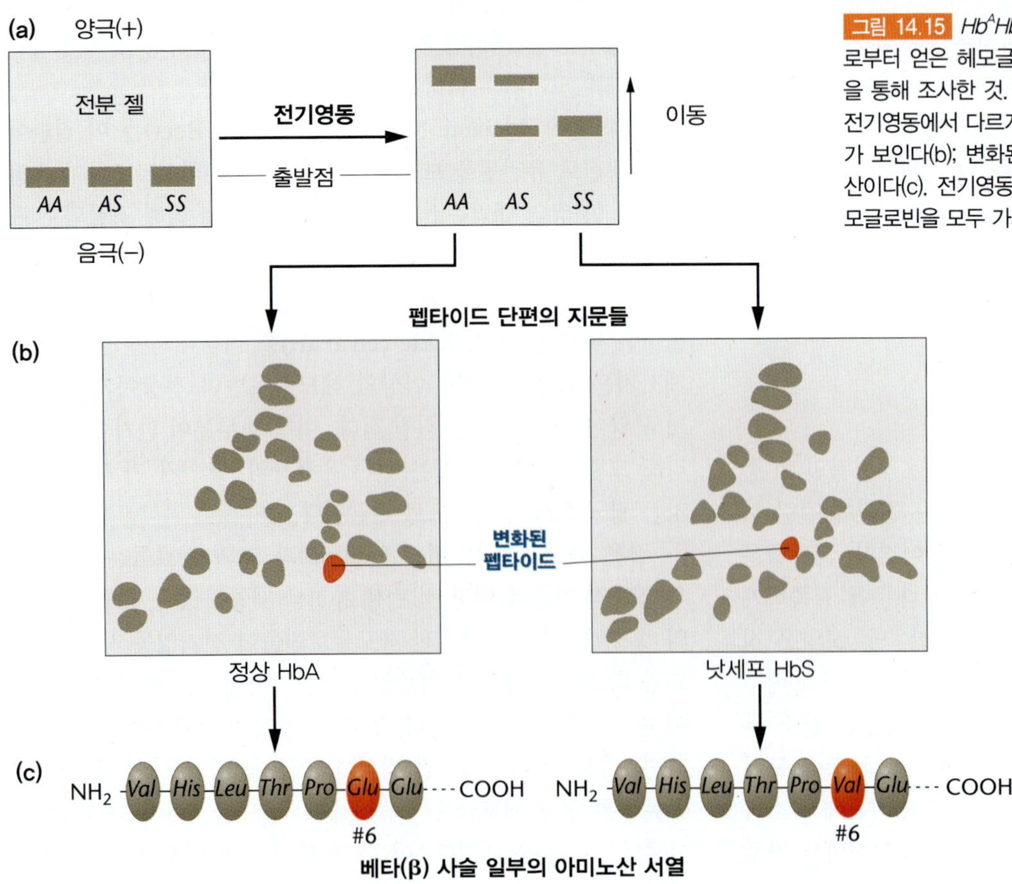

그림 14.15 Hb^AHb^A, Hb^AHb^S, 그리고 Hb^SHb^S 유전자형인 사람들로부터 얻은 헤모글로빈을 전기영동과 지문분석 및 아미노산 분석을 통해 조사한 것. 낫세포 빈혈증(Hb^SHb^S)인 사람의 헤모글로빈은 전기영동에서 다르게 이동한다(a); 지문분석에서는 변화된 펩타이드가 보인다(b); 변화된 아미노산은 발린이며 β 사슬의 6번째 아미노산이다(c). 전기영동에서 이형접합자(Hb^AHb^S)는 두 가지 형태의 헤모글로빈을 모두 가지는 것으로 나타난다.

가 하나의 아미노산 치환에 의해 표현형에 영향을 미칠 수 있음을 증명했다. 그리고, 낫 세포 빈혈증을 설명함으로써 **유전성 분자질환**(*inherited molecular disease*)의 개념이 확고해졌다. 마지막으로, 이러한 연구는 인간 헤모글로빈에 대한 집중적인 연구를 유도했으며, 이로써 귀중한 유전적 통찰들이 제공되었다.

우리는 낫세포 빈혈증에 대한 연구가 어떻게 감염병(이 경우에는 말라리아)에 의한 인간의 자연선택에 대한 통찰을 제공할 수 있었는지 논의하면서 이 절을 마치려고 한다. 말라리아는 모기가 옮기는 기생충인 말라리아 원충(*Plasmodium falsiparum*)에 의한 심각하고 잠재적으로 치명적인 감염병이다. 1954년 남아프리카 유전학자 앨리슨(Anthony Allison)은 낫세포 형질이 말라리아 발병률이 높은 동부 아프리카 지역에서 더 만연하다는 사실을 발견했다. 앨리슨은 또한 *HbA/HbS* 이형접합성 어린이가 *HbA/HbA* 동형접합성 어린이에 비해 기생충 수치가 낮고 질병도 경미하다는 것을 보여주었다. 앨리슨은 이형접합자가 말라리아에 내성이 있다고 가정했으며 이는 여러 후속 연구에서 확인되었다. 우리는 이제 이형접합자의 약간의 낫세포 형질을 띤 적혈구는 생활사의 일부 동안 적혈구 내부에 사는 기생충에 별로 좋지 않다는 것을 알고 있다.

HbS 대립유전자는 자연 돌연변이에 의해 생겨나며 말라리아 사망률이 높은 집단에서 양성 선택되는 것으로 보인다. 이러한 조건에서 *HbA/HbA* 동형접합자는 말라리아에 걸리기 쉬운데, 이 질병은 어린이에게 치명적일 수 있다. 반면에, *HbS/HbS* 동형접합자는 낫세포 빈혈증으로 인해 기대 수명이 더 짧다. 이형접합자들은 말라리아에 저항성이 있고 낫세포 빈혈증을 나타내지 않는 장점을 가진다. 말라리아가 만연하거나 만연했던 전 세계 여러 지역에서는 *HbS* 대립유전자가 높은 빈도로 관찰된다. 예를 들어, 사하라사막 이남의 아프리카, 그리스 및 인도 지역에서 30~40%까지의 높은 이형접합성 빈도가 관찰되었으며, 북아프리카, 터키 및 남부 이탈리아의 인구에서도 이 대립유전자가 발견되었다. 미국에서 낫세포 빈혈증은 아프리카계 미국인 유아 365명당 약 1명에게 영향을 미친다.

유전자 개념의 진화

유전자의 분자적 성질이 밝혀지지 않았던 1940년대에, 비들과 테이텀의 획기적 연구로 유전자의 산물에 관한 실험적 증거가 처음으로 제공되었는데, 바로 그들의 "1-유전자: 1-효소" 가설이다. 이런 아이디어는 후속 지지를 얻었으며, 이후 하나의 유전자가 하나의 폴리펩타이드 사슬을 지정함을 나타내는 것으로 변형되었다. ■

14.8 단백질 구조의 변이는 생물학적 다양성의 기초가 된다

유전정보를 저장하고 발현하는 핵산과는 달리, 유전자 발현의 최종 산물로서의 단백질은 생물학적 기능과 더 가깝게 관련되어 있다. 세포 형태나 생물체들 사이의 다양성을 만드는 기초를 제공하는 것은 생물학적 기능에서의 변이라고 할 수 있다. 단백질의 어떤 것이 생물에서 엄청난 수의 복잡하고 중요한 세포 활동을 수행하거나 제어할 수 있게 해주는가? 앞으로 살펴보겠지만 단백질이 수행하는 복잡한 기능의 비밀은 단백질의 놀라운 구조적 다양성에 있다.

시작에 앞서 우리는 **폴리펩타이드(polypeptide)**와 **단백질(protein)**이라는 말을 구분해야 한다. 폴리펩타이드들은 가장 단순하게 말하자면, 단백질의 전구체들이다. 따라서 번역 과정 중에 아미노산 중합체가 조립되고 리보솜에서 방출되면 **폴리펩타이드**(*polypeptide*)라고 불린다. 일단 폴리펩타이드가 완전히 접히고 기능적인 3차원적 형태를 갖추면 이제는 단백질이라고 불린다. 많은 경우에, 여러 폴리펩타이드가 이 과정에서 조합되어 더 고차원적인 수준의 단백질 구조를 만든다. 단백질의 특정 기능에 필수적이며 다른 단백질과 구별되는 것은, 공간에서의 3차원 구조라고 할 수 있다.

핵산과 마찬가지로, 단백질의 폴리펩타이드 사슬은 분지되지 않은 선형의 중합체이다. 생물 대부분에서, 20가지 아미노산들이 단백질의 단위체(building block)로 기능한다*. 각 아미노산들은 **카복시 그룹(carboxyl group)**, **아미노 그룹(amino group)**, 그리고 **중앙 탄소 원자(C)**에 공유결합으로 붙어 있는 곁사슬인 **R(radical) 그룹**을 가진다. 그림 14.16은 단백질에 존재하는 20가지의 아미노산을 정의하는 20가지 R 그룹을 보여준다. R 그룹은 구조가 다양하며 네 가지 집단으로 분류될 수 있다: 이들은 (1) **비극성(소수성)**, (2) **극성(친수성)**, (3) **양전하를 띤 것**, 그리고 (4) **음전하를 띤 것**으로 분류된다.

폴리펩타이드들이 종종 긴 중합체를 이루며, 각 단위는 20가지의 독특한 화학적 활성을 가진 아미노산 중 어떤 것도 될 수

*두 가지 다른 아미노산이 20가지 아미노산 규칙에서 벗어난다: **셀레노시스테인(selenocysteine, Sec)**과 **파이로라이신(pyrrolysine, Pyl)**은 각각 시스테인과 라이신이 변형된 것이다. 셀레노시스테인은 생명의 3 영역(고세균, 세균, 그리고 진핵생물)에서 몇 가지 단백질의 활성 부위에서 발견된다. 폴리펩타이드에 셀레노시스테인이 삽입되려면 일반적으로 중지 신호로 사용되는 UGA 코돈이 Sec 코돈으로 기능할 수 있도록 재설정되는 분자적 과정이 필요하다. 유사하게, 파이로라이신은 중지 코돈인 UAG가 mRNA의 내부에 존재할 때 폴리펩타이드 내로 삽입된다. Pyl은 몇몇 메탄 친화성 세균들과, 최근들어 환형동물의 피부 밑에서 공생하는 것으로 알려진 세균에서 발견된다.

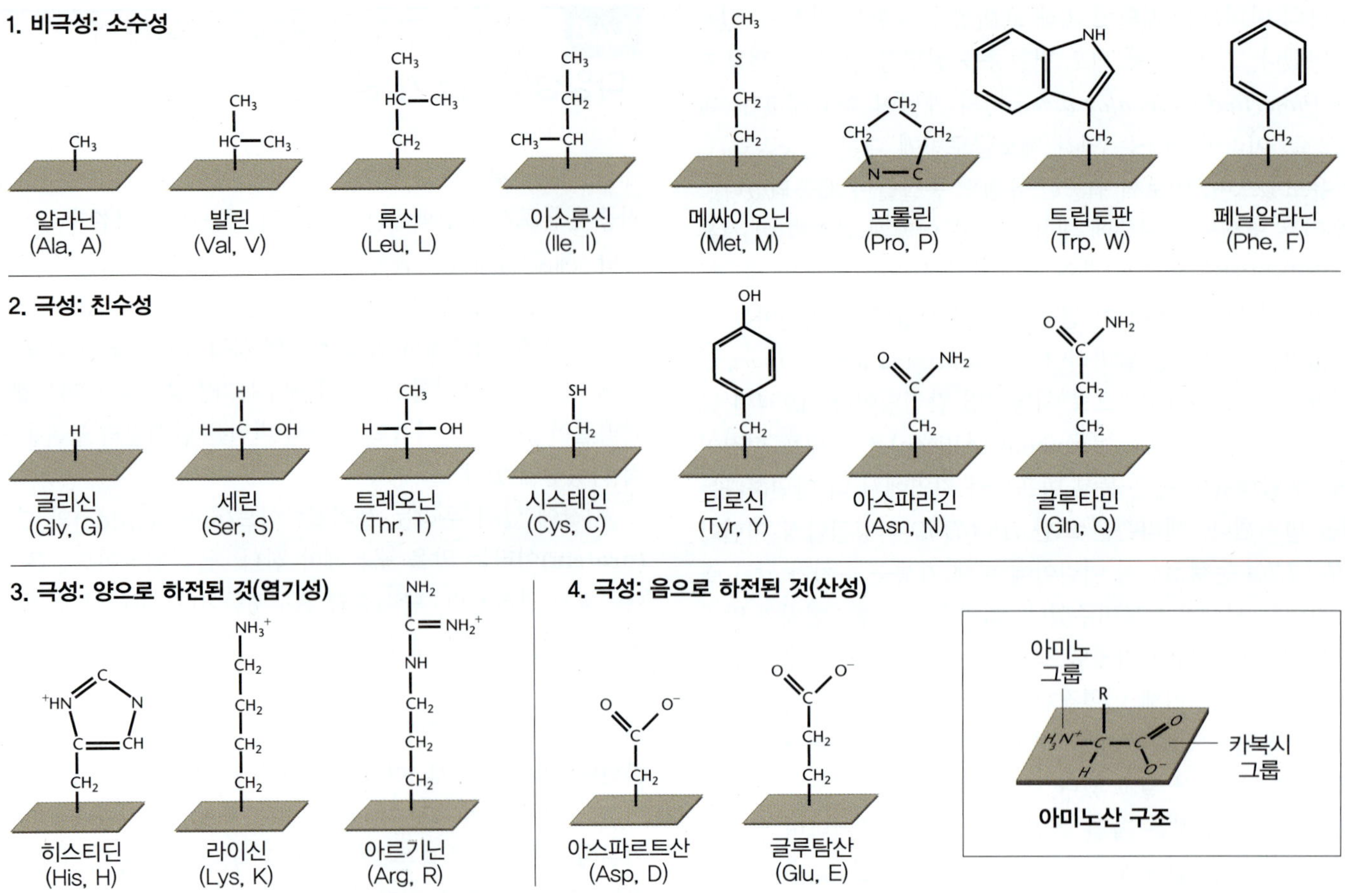

그림 14.16 생물의 20가지 아미노산 표시와 화학적 구조. 이들은 4가지 범주로 나뉠 수 있다. 각 아미노산에 대해 2가지 약어가 널리 사용된다; 예를 들어, 알라닌은 Ala나 A로 표시된다.

있으므로, 화학적 구성이나 활성에 있어서 거대한 다양성이 생길 수 있다. 예를 들어, 평균적인 폴리펩타이드가 200개의 아미노산(분자량 20,000 Da)으로 이루어진다면, 20가지의 구성 단위체들을 사용하면 독특한 서열을 가진 20^{200}개의 서로 다른 분자들이 생겨날 수 있다.

1900년경, 독일의 화학자 피셔(Emil Fischer)는 아미노산들이 서로 붙는 방식을 알아냈다. 그는 탈수 반응 중에 한 아미노산의 아미노 그룹($-NH_3^+$)이, 다른 아미노산의 카복시 그룹($-COO^-$)과 반응하면서 한 분자의 H_2O를 내놓는다는 것을 보여주었다. 이 결과 생긴 공유결합이 **펩타이드 결합(peptide bond)**이다(그림 14.17). 두 개의 아미노산이 서로 결합되면 디펩타이드(*dipeptide*)가 되고, 세 개가 모이면 트리펩타이드(*tripeptide*)가 되는 식이다. 일단 10개 이상의 아미노산들이 펩타이드 결합으로 연결되면 이 사슬은 이제 폴리펩타이드라고 불린다. 일반적으로, 폴리펩타이드가 얼마나 길건 간에, 이들은 한쪽 끝에는 자유로운 아미노 그룹(N-말단)을, 다른 한쪽에는 카복시 그룹(C-말단)을 가진다.

단백질의 구조에서 네 가지 단계적 조직화를 찾을 수 있다: 1차, 2차, 3차, 4차 구조이다. 폴리펩타이드의 선형 골격을 이루는 아미노산의 순서는 **1차 구조(primary structure)**를 형성한다. 이것은 DNA의 데옥시리보뉴클레오타이드 서열에 의해

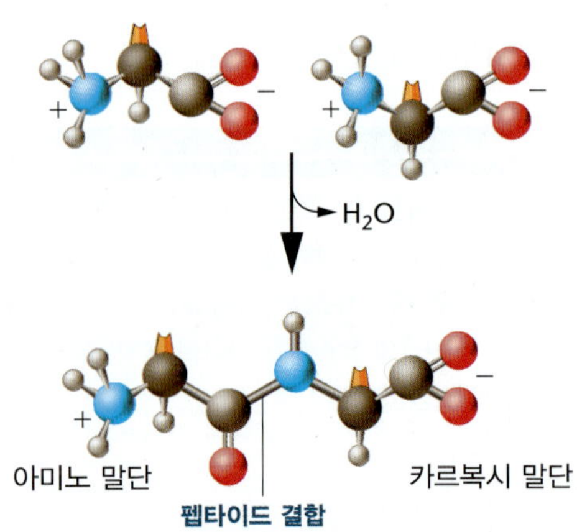

그림 14.17 두 아미노산 사이의 펩타이드 결합 형성. 탈수반응에 의해 생성된다.

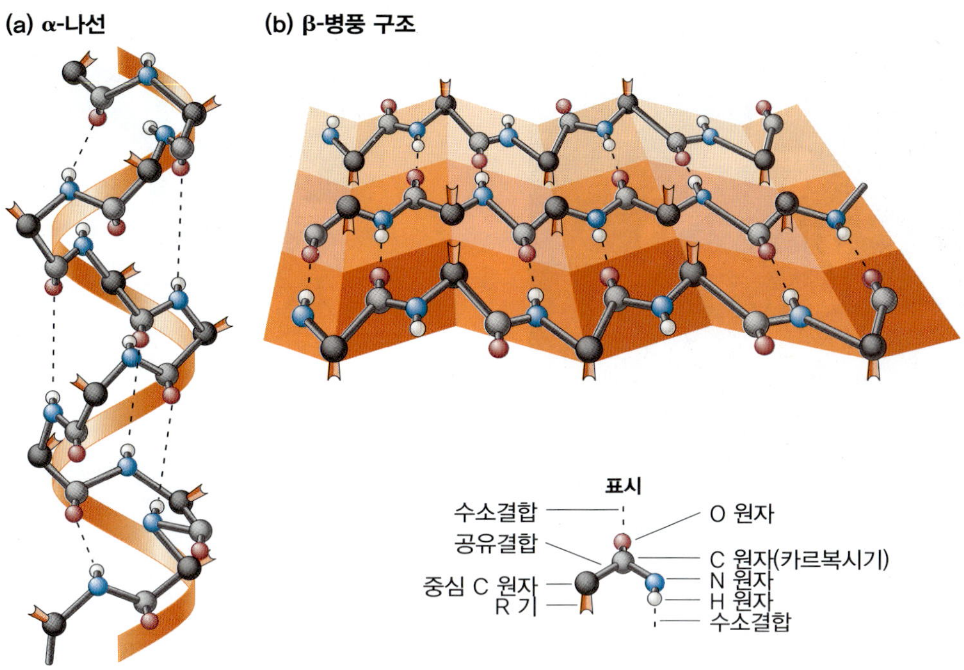

그림 14.18 (a) 오른손 방향으로 꼬인 α-나선. 폴리펩타이드 사슬의 2차 구조 중 하나이다. (b) β-병풍 구조. 폴리펩타이드 사슬의 또 다른 2차 구조 형태이다. 간결함을 위해 일부 원자들만 표시하였다.

mRNA 중간체를 거쳐 지정된다. 폴리펩타이드의 1차 구조는 단백질이 형성될 때 더 높은 수준으로의 조직화되려는 특징을 결정하는 데 도움을 준다.

2차 구조(secondary structure)는 폴리펩타이드 사슬 내에서 인접하게 배열된 아미노산들에 의해 점유되는, 공간에서 규칙적 혹은 반복적으로 나타나는 모양새를 뜻한다. 1951년에 폴링(Linus Pauling), 브랜슨(Herman Branson)과 코레이(Robert Corey)는 이론을 바탕으로 하여 **α-나선(α-helix)** 모양이 2차 구조 중 하나일 것으로 예상한 바 있다. α-나선 모형[그림 14.18(a)]은 이후로 X-선 결정학(X-ray crystallography) 연구로 확인되었다. 이것은 막대 모양이며 이론적으로 가장 안정성이 크다. 나선은 수소 결합으로 안정화되는 아미노산들의 나선 사슬로 구성된다.

아미노산의 곁사슬(R 그룹)은 나선으로부터 바깥쪽으로 튀어나오며, 각 아미노산 잔기들은 나선에서 수직으로 1.5 Å 거리를 차지한다. 한 회전당 3.6개의 아미노산 잔기들이 존재한다. 왼쪽 방향 나선들 역시 이론적으로는 가능하지만, 단백질에서 나타나는 모든 나선들은 오른 꼬임이다.

역시 1951년에 폴링과 코레이는 **β-병풍(β-pleated sheet)**이라는 또 다른 2차 구조를 제안했다. 이 모형에서는, 하나의 폴리펩타이드 사슬이 앞뒤로 접혀 있거나, 여러 개의 이런 사슬들이 평행 혹은 역평행으로 나란히 놓인다. 이러한 구조 각각은 인접한 사슬에 존재하는 원자들 사이에 형성된 수소 결합에 의해 안정화된다[그림 14.18(b)]. Z자 모양 평면이 형성되며 인접한 아미노산들은 약 3.5 Å 떨어져 있다.

일반적인 규칙으로는, 대부분 단백질들이 α-나선과 β-병풍 구조가 섞인 구조를 나타낸다. 대부분 모양이 둥글고 수용성인 구형 단백질은 일반적으로 나선으로 된 영역들뿐만 아니라 핵심부에 β-병풍 구조를 포함한다. 구조적으로 강한 단백질일수록 많은 것들이 불수용성이며, 더 광범위한 β-병풍 구조에 의존한다. 예를 들어, 누에나방이 만드는 실크 단백질인 **피브로인(fibroin)**은 이러한 형태의 2차 구조가 광범위하게 나타난다.

2차 구조가 폴리펩타이드 사슬의 일정 부분에서 나타나는 접힘과 아미노산들의 상호작용을 설명하는데 반해, **3차 구조(tertiary structure)**는 전체 사슬이 공간에서 나타내는 3차원적 구조로 정의된다. 각 단백질은 매우 특정한 방법으로 스스로 접히거나 꼬여 해당 단백질의 특성을 나타낸다. 3차 구조의 모형이 그림 14.19에 나타나 있다.

3차 구조에서는, 형태를 결정하고 분자를 안정화시키기 위해 3가지 요소가 매우 중요하다:

1. 공유적 이황결합이 가까이 배열된 시스테인 잔기들 사이에서 형성되어 시스테인 이중체를 만든다.
2. 일반적으로, 극성인 친수성 R기들은 구조물의 표면에 위치

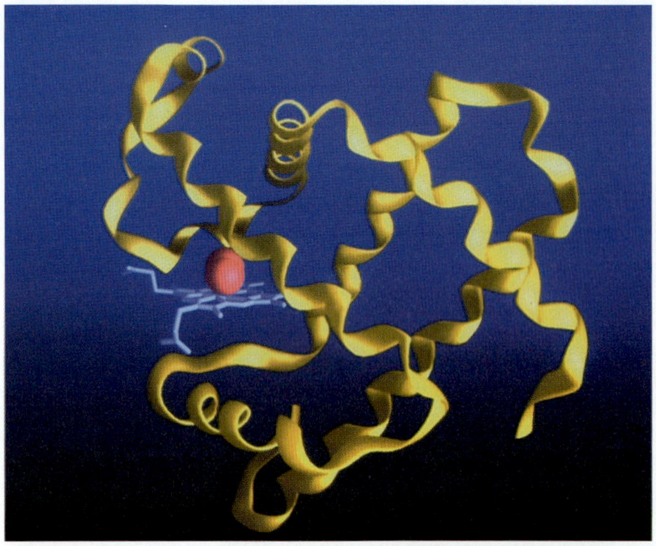

그림 14.19 호흡색소인 미오글로빈의 3차 구조. 결합된 산소 원자가 붉은색으로 표시되어 있다.

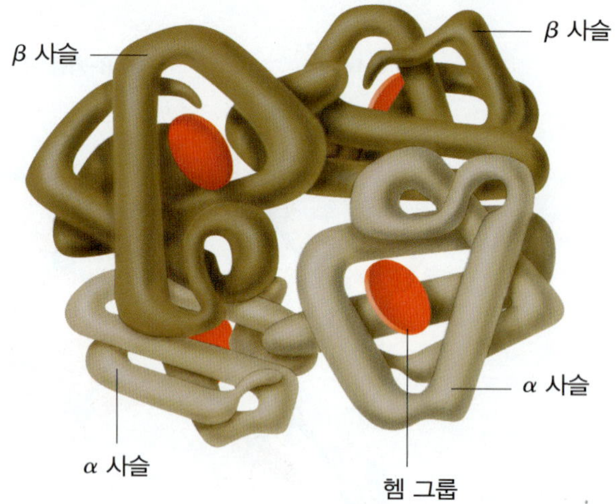

그림 14.20 헤모글로빈에서 나타나는 단백질의 4차 구조. 네 개의 사슬(각각 2개씩의 α와 β 사슬)이 네 개의 헴기와 상호작용하여 기능적인 분자를 형성한다.

하며, 여기서 물과 상호작용할 수 있다.

3. 비극성의 소수성 R기들은 보통 분자의 내부에 위치하며 이곳에서 서로 상호작용함으로써 물과의 상호작용을 피한다.

어떤 단백질에 의해 형성되는 3차원적 형태는 그 폴리펩타이드가 가지는 **1차 구조**의 산물임을 강조할 필요가 있다. 따라서 유전암호는 궁극적으로 생산될 단백질의 최종 구성을 위해 아미노산의 순서를 지정하기만 하면 된다. 세 가지 안정화 요소의 효과는 사슬의 다른 모든 아미노산에 대한 각 아미노산의 상대적 위치에 따라 다르다. 폴리펩타이드가 접힐 때, 대부분 열역학적으로 가장 안정한 형태가 만들어진다. 모든 단백질의 특정 기능은 그것의 3차 구조와 직접적으로 연관되어 있기 때문에 3차 수준의 조직화는 매우 중요하다.

4차 구조(quaternary structure)라는 개념은 하나 이상의 폴리펩타이드 사슬로 구성되는 단백질에 적용되는 것으로, 다양한 사슬들이 서로 어떻게 위치해 있는지를 가리킨다. 이런 유형의 단백질은 **다합체**이며(*oligomeric*), 그 안의 각 사슬은 **기본 단위체**(*protomer*), 덜 공식적으로는 **소단위**(*subunit*)가 된다. 기본 단위체들은 특이적으로 상보적인 방식으로 서로 꼭 맞춰지는 형태를 가진다. 네 개의 기본 단위체(각각 2개의 α와 β 사슬)로 구성되는 다합체 단백질인 헤모글로빈(hemoglobin)의 경우, 매우 자세히 연구되어 있다. 그 4차 구조가 그림 14.20에 나타나 있다. DNA 중합효소와 RNA 중합효소를 포함한 많은 효소들이 4차 구조를 보인다.

풀어보기

14.3 HbS는 인간 헤모글로빈의 β 사슬에서 6번째에 위치하는 글루탐산이 발린으로 대체되어 생긴다. HbC는 β사슬에서 같은 위치에 변화가 생긴 것이지만, 이 경우에는 글루탐산 대신 라이신으로 대체된다. 유전암호표(그림 13.7)를 참고하여 이 돌연변이를 일으킨 단일 뉴클레오타이드 변화가 무엇이었는지 밝혀라. 그리고 그림 14.16에서 글루탐산, 발린, 라이신의 R기를 자세히 살펴보라. 이 세 아미노산의 화학적 차이가 무엇인지 설명하라. 위의 변화들이 분자 구조를 어떻게 변화시켜 헤모글로빈 기능을 변화시키게 될 것인지 예측해 보라.

■ **힌트:** 이 문제는 인간의 헤모글로빈을 구성하는 하나의 폴리펩타이드 사슬에서의 돌연변이로 유발된 몇 가지 아미노산 치환들이 어떤 영향을 미치게 될 것인지 잠재적 영향을 고려해보라는 것이다. 해법의 열쇠는 세 가지 아미노산(글루탐산, 라이신, 그리고 발린)의 구조와 순전하들(그림 13.14)을 고려하고 서로 비교해 보는 것이다.

14.9 번역 후 변형으로 최종 단백질 산물이 변화된다

단백질의 기능에 관한 논의로 넘어가기 전에, 폴리펩타이드 사슬도 RNA 전사체처럼 그들은 종종 합성되자마자 변형을 겪는다는 점을 지적해야겠다. 이 추가적 가공은 대체로 **번역 후 변형(posttranslational modification)**이라고 설명된다. 이러한 변형 중 많은 것들이 세세한 생화학적 변화여서 우리 논의 범위를 벗어나지만, 이러한 변형이 발생하며 최종 단백질 산물의 기능에 필수적이라는 점을 인식해야 한다. 번역 후 변형의 몇 가지 예는 다음과 같다:

1. **N-말단의 아미노산은 종종 제거되거나 변형된다.** 예를 들어, 세균의 폴리펩타이드에서는 보통, 포밀기나 포밀메티오닌 잔기 전체가 효소에 의해 제거된다. 진핵성 폴리펩타이드 사슬에서는, 최초의 메티오닌 잔기가 종종 제거되며 N-말단 잔기의 아미노기가 변형될 수 있다(아세틸화).

2. **개별 아미노산 잔기들은 종종 변형된다.** 예를 들어, 티로신 등의 특정 아미노산에 있는 수산기에 인산기가 첨가될 수 있다. 이런 변형은 음전하를 띤 잔기를 생성하여 다른 분자와 이온 결합을 형성하거나 단백질의 국소 형태를 변화시킬 수 있다. 인산화 과정은 많은 세포 활동을 조절하는 데 매우 중요하며, 인산화효소인 **키나아제**(*kinase*)라고 하는 효소가 작용한다. 다른 아미노산 잔기에는 효소에 의해 메틸기나 아세틸기가 첨가될 수 있으며, 이것은 변형된 폴리펩타이드 사슬의 기능에 영향을 미칠 수 있다.

3. **때때로 탄수화물 곁사슬이 부착된다.** 이들은 공유적으로 첨가되어 **당단백질**(*glycoprotein*)을 생성하는데, 인간의 ABO식 혈액형 체계에서의 항원처럼 세포-표면 분자 그룹에서 매우 중요하다.

4. **폴리펩타이드 사슬이 잘릴 수 있다.** 예를 들어, 인슐린 유전자는 처음에는 더 긴 분자로 번역되었다가 효소에 의해 잘려 최종적인 51개 아미노산 형태의 인슐린이 된다.

5. **표적화 펩타이드들이 제거될 수 있다.** 단백질들은 종종 세포막이나 특정 소기관처럼 세포의 특정 위치에서 작용한다. 단백질 표적화라고 알려진 과정 중에, 단백질은 자신의 내부 서열(3~7개의 아미노산 길이)에 의해 그들의 적절한 목적지로 향하게 되는데, 이런 서열은 마치 세포의 우편 번호처럼 작용한다. 예를 들어, **신호 서열**(*signal sequence*)이라고 알려진 표적화 펩타이드는 단백질을 분비되거나 ER을 통해 막에 박히도록 지시하는데, ER에서는 리보솜에서 합성되는 것과 동시에 막에 삽입되거나 소포체 내강으로 들어가게 된다. 유사하게, 일부 단백질은 **미토콘드리아 표적화 신호**(*mitochondrial targeting signal*)라고 불리는 표적 펩타이드에 의해 미토콘드리아로 향한다. 표적화 펩타이드들은 종종 단백질이 적절한 위치로 수송된 후에는 효소에 의해 잘려 제거된다.

6. **접힌 폴리펩타이드 사슬들은 종종 보결족들과 복합체를 형성한다.** 단백질의 3차 및 4차 구조는 종종 **보결족**(*prosthetic group*)이라고 불리는 비단백질성 요소들을 포함하며 이에 의존적인데, 이들은 보통 비타민, 금속, 혹은 금속-포함 분자들이다. 좋은 예로, 헤모글로빈에는 4개의 철-포함 헴기가 존재한다.

단백질의 접힘과 접힘 오류

단백질 접힘(protein folding)은 오랫동안, 리보솜을 빠져나오는 선형 분자가 그 아미노산 서열에 내재된 복합적인 화학적 성질들에 의해 열역학적으로 안정적인 3차원적 형태를 획득하는 자발적인 과정으로 생각되어 왔다. 이것은 많은 단백질에서 사실이며, 그러한 형태 전환은 폴리펩타이드가 리보솜을 빠져나오기 전에 시작된다는 것이 분명해졌다. **번역 동시 접힘**(*cotranslational folding*)이라고 불리는 과정이 폴리펩타이드 신장 중에 펩타이드 출구 터널에서 시작된다.

그러나 어떤 단백질들의 접힘 현상은 **샤페론(chaperone)**이라는 다른 단백질들에 의존적임이 드러났다. 때로는 **분자 샤페론**(*molecular chaperone*) 혹은 **샤페로닌**(*chaperonin*)이라고 불리는 샤페론들은 그 자체가 단백질들로서, 두 가지 중 한 가지 방식으로 단백질의 접힘 과정을 매개한다. 일부 샤페론들은 단순히 접히는 폴리펩타이드에 결합하여 잘못된 형태의 대체형을 배제한다. 다른 것들은 펩타이드 접힘에 보다 능동적인 역할을 수행하는데, 적당한 형태를 위해 ATP 에너지를 사용한다. 샤페론들이 문제의 단백질에 결합하긴 하지만, 효소와 마찬가지로, 이들은 최종 산물의 일부가 되지는 않는다.

진핵생물에서 샤페론들은 초파리에서 처음 발견되었는데, 여기서 이 단백질들은 **열충격 단백질(heat-shock protein)**들로 불려 단백질 접힘이 열에 영향을 받는다는 사실을 보여준다. 이 열충격 단백질들은 고열에 대한 반응으로 발현되어 이런 조건에서도 단백질 접힘이 적절히 일어날 수 있도록 한다. 우리는 이제 샤페론들은 모든 생물들에 존재하며 심지어 미토콘드리아와 엽록체에도 존재한다는 것을 알고 있다.

샤페론들이 존재해도 잘못 접히는 사건은 일어날 수 있으며, "품질 검사"를 위한 체계가 하나 더 존재한다. 세균에서는 잘못 접힌 단백질이 종종 ATP-의존성 단백질 분해효소들에 의해 분해된다. 진핵생물에서는 잘못 접힌 단백질이 **유비퀴틴(ubiquitin)**이라고 불리는 또 다른 작은 단백질들에 의해 "표지(tagged)" 된다. **유비퀴틴 연결효소(ubiquitin ligase)**라고 알려진 효소들이 잘못 접힌 단백질들을 인식하고 유비퀴틴 분자의 부착을 매개한다. 일단 단백질이 여러 개의 유비퀴틴 그룹으로 표지되면, 이들은 **프로테아좀(proteasome)**의 기질이 된다. 프로테아좀은 단백질 분해효소 활성을 가진 거대 단백질 복합체로서, 유비퀴틴을 방출하고 잘못 접힌 단백질은 분해한다. 잘못 접힌 단백질들을 제거하는 것에 더하여, 프로테아좀에 의한 유비퀴틴-매개성 분해 과정은 진핵생물의 번역 후 조절(posttranslational regulation)에서 중요한 역할을 담당한다(18장 참고).

단백질의 접힘은, 단순히 잘못 접힌 단백질들이 기능을 하지 않기 때문만이 아니라, 이들이 세포 내에 축적되면 그 생물 개체와 세포들이 위험할 수도 있기 때문에 매우 중요하다. 예를 들어, 포유동물들에서의 전염성 뇌질환들—양에서의 **스크래피(scrapie)**, 소에서의 **해면상 뇌병증(spongiform encephalopathy)** 혹은 **광우병(mad cow disease)**, 그리고 인간에서의 **크로이츠펠트-야콥병(Creutzfeldt-Jacob disease)** 등—은 부적절하게 접힌 단백질 덩어리인 **프리온(prion)**들이 뇌에 존재하기 때문에 발생한다. 그 잘못 접힌 단백질(PrP^{Sc}라고 불림)은, 신경 세포에서 합성되며 모든 성체 포유동물들에서 발견되는 정상적인 단백질(PrP^{C})의 변이체이다. PrP^{C}와 PrP^{Sc} 사이의 차이점은 그들의 2차 구조에 있다. 정상적인 비감염성 PrP^{C}는 α-나선으로 접히는 반면, 감염성의 PrP^{Sc}는 많은 부분이 β-병풍 구조로 접힌다. 비정상적인 PrP^{Sc} 분자가 PrP^{C} 분자와 접촉하면 정상 단백질은 비정상적인 형태로 다시 접힌다. 그 과정은 연쇄적으로 지속되어 파괴적인 결과—결국 뇌를 파괴하는 프리온 입자들의 생성—를 초래할 수 있다. 그러므로 이런 질병들은 단백질의 2차 구조 질병으로 생각될 수 있다.

현재, 많은 연구실에서는 특히 유전학과 관련하여 단백질의 접힘과 잘못된 접힘 과정에 대해 연구 중이다. 인간의 많은 유전병들이 비정상적인 덩어리를 형성하는 잘못 접힌 단백질들 때문에 발생한다. 이 장의 초반에 논의했던 낫세포 빈혈증도 이런 경우인데, 단일 아미노산 변화에 의해 헤모글로빈의 베타 사슬들이 변형되어 적혈구 내에서 분자들의 응집을 일으킴으로써 파괴적인 결과를 만든다. 크로이츠펠트-야콥병의 상염색체성 우성 형태는 PrP의 아미노산 서열이 돌연변이 때문에 변화되어 프리온을 형성하는 것으로 알려져 있다. **헌팅턴병(Huntington disease)**이나 **알츠하이머병(Alzheimer disease)**, 그리고 **파킨슨병(Parkinson disease)** 등 여러 가지 진행성 신경퇴행성 질병들 역시 뇌에서의 비정상적 단백질 응집현상과 연관되어 있다. 헌팅턴병은 상염색체성 우성 형질인 반면, 알츠하이머나 파킨슨병에 대해서는 유전적 요인들이 아직 분명히 규명되지 않고 있다.

14.10 단백질들은 다양한 역할을 담당한다

지구에서 생명의 본질은 다양한 수준의 세포 기능에 있다. DNA나 RNA가 단순히 유전적 암호를 저장하고 발현하기 위한 전달체로서 기능하는데 반해, 단백질들은 세포 기능의 핵심에 존재한다. 그리고 대부분의 진핵세포들을 진화적으로 덜 발달한 세균과 같은 생물들과 구별하게 해주는 다양한 구조나 기능을 나타내는 것도 세포의 능력이다. 그러므로 단백질의 기능에 대한 기초적 이해는 유전적 과정들을 완전히 이해하는 데 필수적이다.

단백질들은 세포 내에서 발견되는 가장 다양한 거대 분자들이며, 여러 가지 다양한 역할을 수행한다. 예를 들어, 호흡 색소들인 **헤모글로빈(hemoglobin, Hb)**과 **미오글로빈(myoglobin)**은 세포 대사에 필수적인 산소를 운반한다. **콜라겐(collagen)**과 **케라틴(keratin)**은 생물의 피부, 결합조직, 그리고 생물의 털 등과 연관된 구조 단백질이다. **액틴(actin)**과 **미오신(myosin)**은 수축성 단백질로, 근육 조직에서 풍부하게 발견되는 반면, **튜불린(tubulin)**은 유사분열과 감수분열 방추체들에서 미세소관의 기능을 위한 기초가 된다. 또 다른 예들로는, 바로 척추동물의 면역계에서 기능하는 **면역글로불린(immunoglobulin, IG)**들; 막을 가로지르는 분자의 이동에 관여하는 **수송 단백질(transport protein)**들; 다양한 형태의 화학적 활성을 조절하는 몇몇 **호르몬(hormone)**들과 그들의 **수용체(receptor)**들; 그리고 진핵생물들의 DNA에 결합하는 **히스톤(histone)**; 그리고 유전자 발현을 조절하는 **전사 인자(transcription factor)** 등이다.

그럼에도 불구하고, 가장 다양하고 광범위한 단백질 그룹(기능적 측면에서)은 바로 **효소들(enzymes)**로서, 이 장 전체를 통해 언급하고 있다. 효소들은 살아 있는 세포 내의 화학 반응들을 촉매하는 데 특수화되어 있다. 다른 모든 촉매제들과 마찬가지로, 이들은 화학 반응이 평형에 도달하는 속도를 증가시키지만, 화학 평형의 최종 지점을 변화시키지는 않는다. 놀랍도록 특이적인 이들의 촉매활성은 주어진 세포 형태의 대사 능력을 결정하며, 우리가 **생화학(biochemistry)**이라고 부르는 것의 기초를 제공한다. 세포들의 유전적인 과정과 세포 내 과정들에 관여하는 여러 효소들의 특정 기능은 교재 전반에 걸쳐 설명되어 있다.

생물학적 촉매 작용(biological catalysis)은 특정 반응을 위한 활성화 에너지가 효소에 의해 낮아지는 과정이다. **활성화 에너지(energy of activation)**란 분자들이 서로 반응하기에 앞서 일반적으로 도달해야 하는 운동 에너지 증가 상태이다. 이것은 온도 상승으로 달성될 수 있지만, 효소는 생물학적 반응이 더 낮은 생리적 온도에서 발생하도록 한다. 따라서 효소는 우리가 알고 있는 형태의 생명을 가능하게 만든다.

효소의 촉매 특성은 분자 내 **활성 부위(active site)**의 화학적 형태에 의해 결정된다. 이 부위는 반응물이나 기질과 결합하여 이들의 상호 작용을 촉진하는 효소 표면의 틈새, 갈라진 틈 또는 구멍을 말한다. 효소에 의해 촉매되는 반응들이 세포의 대사 활동을 조절한다. 개별 반응은 이화적이거나 동화적이다. **이화 작용(catabolism)**은 큰 분자가 화학 에너지의 방출과 함께 더 작고 단순한 분자로 분해되는 것이다. **동화 작용**

(anabolism)은 핵산, 단백질, 지질 및 탄수화물을 구성하는 다양한 구성 요소가 만들어지는, 대사의 합성적 측면을 말한다.

14.11 단백질은 종종 하나 이상의 기능적 영역을 포함한다

특정 아미노산 서열들로 구성된 영역들이 단백질 분자의 특별한 기능과 관련되어 있다는 중요한 발견을 간단히 논의하면서 이 장을 마치려고 한다. 그러한 서열들은 보통 50~300 아미노산들로 이루어져 **단백질의 도메인(protein domain, 단백질 영역)**을 구성하는데, 분자의 나머지 부분과는 독립적으로 안정적이고 독특한 모양으로 접히는 단백질의 모듈 부위를 나타낸다. 서로 다른 도메인들은 서로 다른 기능을 가진다. 어떤 단백질들은 오직 하나의 도메인을 포함하기도 하고 또 다른 것들은 두 개 혹은 그 이상을 가지기도 한다.

도메인의 중요성은 단백질의 3차 구조에 의거한다. 그러한 도메인 각각은 α-나선과 β-병풍 구조들을 가진 2차 구조의 혼합체로 구성될 수 있다. 하나의 도메인에서 나타나는 독특한 형태는 단백질에 특수한 기능을 부여한다. 예를 들어, 하나의 도메인은 효소의 촉매 부위로 작용할 수 있고, 혹은 리간드에 붙는 부분일 수도 있다. 그러므로 단백질의 연구에서 여러분은 **촉매성 도메인**(*catalytic domain*) 혹은 **DNA-결합 도메인**(*DNA-binding domain*) 등의 말을 듣게 될 것이다. 결론적으로, 단백질은 일련의 구조적, 기능적 모듈들로 이루어진 것으로 간주되어야 한다. 분명히, 한 단백질 내에 존재하는 여러 도메인들은 개개 분자의 다재다능함과 기능적 복잡성을 증가시킨다.

엑손 셔플링

새로운 조합의 단백질 도메인을 가지게 되어 결국 새로운 기능을 가지는 새로운 단백질은 어떻게 진화하는가? 1978년, 길버트(Walter Gilbert)는 그가 **엑손 셔플링(exon shuffling)**이라고 불렀던 개념을 기반으로 새로운 진핵성 단백질을 암호화하는 유전자의 진화 모형을 제안했다. 길버트는 단백질 도메인과 같은 엑손도 모듈식이며, 진화 중에 엑손이 유전자들 사이에서 재편성되었을 수 있다고 제안했다. 대부분의 엑손은 상당히 작아서 평균 약 150개의 염기쌍 길이로 약 50개의 아미노산을 암호화는데, 이는 단백질의 여러 기능적 도메인의 크기와 일치한다. 따라서 엑손들의 섞임으로 인해 새로운 조합의 기능적 도메인들을 가진 단백질을 암호화하는 새로운 유전자가 생성될 수 있다.

유전체 내에 흩어져 있는 엑손들이 어떻게 섞일 수 있는가? 이 과정에는 두 가지 기작이 중요하다. 트랜스포존, 혹은 "도약 유전자들(jumping genes)"은 전이(transposition)이라는 과정을 통해 유전체 내의 한 곳에서 다른 자리로 이동한다(15장 참고). 트랜스포존들은 다른 곳으로 "도약"하면서 엑손 같은 다른 서열들을 획득할 수 있다. 더하여, 엑손들은 상동적 서열에서는 유전적 교차같은 DNA 재조합 과정의 오류를 통해 유전체 내에서 섞일 수도 있다. 엑손들이 인트론 옆에 위치하므로, 엑손을 섞는 기작이 정확할 필요는 없다. 전이나 재조합 때문에 옆의 인트론 서열에 생기는 변화는 그들이 비암호성 서열이기 때문에 부정적 효과를 가질 것으로 보이지는 않는다.

저밀도 지질단백질(LDL)에 대한 막 수용체를 암호화하는 인간 유전자가 분리되어 서열화되었던 1985년, 엑손 셔플링을 지지하는 직접적인 증거가 제시되었다. **LDL 수용체 단백질**은 혈장 내 콜레스테롤 운반체인 LDL을 세포 내로 세포 수송하는 데 필수적이다. 따라서 LDL 수용체는 LDL 기질에 특이적으로 결합하고, 세포 내 흡수를 조절하는 등의 여러 기능적 도메인을 가질 것으로 예측되었다. 또한 수용체 분자는 탄수화물의 첨가에 의한 번역 후 변형을 겪는다; 따라서 이 탄수화물을 연결할 도메인이 있어야 한다.

LDL 수용체를 암호화하는 유전자에 대한 자세한 분석은 엑손 모듈 및 진화 과정 중에 발생하는 엑손 셔플링의 개념을 지지한다. 예를 들어, 단백질의 다양한 기능적 도메인 대부분은 별개의 엑손 또는 엑손 그룹에 의해 암호화된다; 이것은 엑손과 단백질 도메인의 모듈식 관계의 바탕이다. 또한 LDL 수용체의 일부 도메인과 다른 단백질 사이의 서열 상동성은 이러한 도메인을 암호화하는 엑손이 다른 유전자에서 수집되었을 수 있음을 시사한다.

그림 14.21은 LDL 수용체 유전자의 엑손과, 단백질의 기능적 영역 사이에 어떤 관계가 있는지를 보여준다. 첫 번째 엑손은 LDL 수용체가 막의 일부가 되기 전에 단백질에서 제거되는 신호 서열을 암호화한다. 다음 5개의 엑손은 총체적으로 LDL의 결합 부위 역할을 하는 도메인을 지정한다. 이 도메인은 면역 체

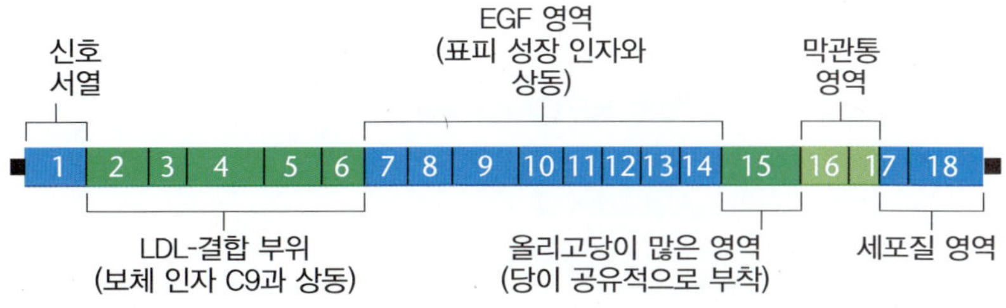

그림 14.21 LDL 수용체 단백질을 암호화하는 18개 엑손들이 5개의 기능적 영역들과 하나의 신호 서열로 조직화된다.

계 단백질인 **보체 인자 C9**를 암호화하는 유전자의 일부와 상동이다. 8개의 엑손으로 암호화된 다음 도메인은 펩타이드 호르몬인 **표피 성장 인자**(*epidermal growth factor, EGF*)와 높은 상동성을 지니고 있기 때문에 EGF 도메인으로 불린다(3개의 혈액 응고 단백질에서도 이와 상동인 서열이 발견된다). EGF 도메인은 LDL의 세포내 흡수에 중요한 수용체의 구조적 변화를 매개한다. 15번째 엑손은 올리고당이 풍부한 도메인을 지정한다. 이 도메인 내의 잔기는 탄수화물의 첨가에 의해 번역 후 변형된다. 마지막 2개의 도메인은 세포막 내에 수용체를 고정시키는 막횡단 도메인 및 LDL 흡수를 위한 세포 내 조절에 중요한 세포질 도메인을 포함한다.

LDL-수용체의 엑손에 관한 이러한 관찰은 진화 과정 동안의 엑손 셔플링 이론을 지지하는 데 상당히 설득력이 있다. 당연하게도, 특정 분자 상호 작용을 담당하는 단백질 도메인의 개념에 대해서는 의견이 일치하지 않는다.

EXPLORING GENOMICS

유전체학 탐구

번역 도구와 단백질 서열 연구를 위한 스위스-프롯(Swiss-Prot)

유전체학 탐구를 위해 사용되는 데이터베이스와 생물정보학 프로그램들은 DNA와 RNA 서열을 조작하고 분석하는 데 초점이 맞춰져 있었다. 번역과 단백질 구조 및 기능의 다양한 측면에 관해 연구하는 과학자들 역시 그들의 목적에 맞는 다양한 생물정보학 도구들과 데이터베이스를 사용한다.

이번 연습에서는 한 유전자의 일부가 어떤 가능한 폴리펩타이드로 번역될 수 있는지를 **엑스파시(ExPASy; Expert Protein Analysis System)**라고 부르는 생명정보학 포털 사이트를 사용해볼 것이다. 그런 후에 다른 데이터베이스를 탐색하여 이 폴리펩타이드에 관해 더 살펴보게 될 것이다.

■ 연습 I – 뉴클레오타이드 서열의 번역과 폴리펩타이드 분석

스위스 생물정보학 연구소(Swiss Institute of Bioinformatics)에서 주관하는 ExPASy는, 단백질체학(proteomics) 연구를 위한 풍부한 자원을 제공한다. 우리는 **번역 도구(Translate Tool)**라고 불리는 엑스파시의 한 프로그램을 사용하여 뉴클레오타이드 서열을 폴리펩타이드 서열로 번역할 것이다. 이런 목적을 위해서라면, 웹에서 다른 여러 도구를 사용할 수도 있지만, 엑스파시는 더 학생 친화적인 도구 중 하나이다. 번역 도구를 사용하면 분리된 유전자에서 폴리펩타이드 서열을 예측하고, 번역틀을 탐색하며, 가능한 폴리펩타이드들의 변이들을 찾아볼 수 있다.

1. 유전학 공부를 위한 학습 영역(Mastering Genetics Study Area)에서, 우리는 cDNA 서열에 기초하여 인간의 어떤 유전자에 대한 부분적 서열을 제시해 두었다. 이 교재의 후반부(20장 참고)에서 여러분은 cDNA 서열이란 세포 내에서 발현된 mRNA 분자에 상보적인 DNA 사본임을 배우게 될 것이다. 여러분이 엑스파시에서 이 서열을 번역해 보기 전에, NCBI의 BLAST 웹사이트(https://blast.ncbi.nlm.nih.gov/Blast.cgi)에서 이 서열을 탐색하여 이 서열이 어떤 유전자인지 찾아보기 바란다. BLAST 탐색에 도움이 필요하면 교재의 10장에 제시된 유전체학 탐구 부분을 참고하라.
2. http://web.expasy.org/translate/로 접속하여 엑스파시의 번역 도구를 사용해 보자. 학습 영역에서 그 cDNA 서열을 복사해서 번역 도구로 붙여넣기 하라. 그리고 "번역하기(Translate)"를 클릭하여 이 cDNA에 의해 암호화될 수 있는 가능한 폴리펩타이드 서열을 생성하라.
3. 번역 결과를 살펴보고 다음 질문들에 답하라:
   a. 번역 도구는 가능한 폴리펩타이드 서열을 하나 제공하는가, 아니면 다수의 서열을 제공하는가?
   b. 만약 번역 결과 다수의 폴리펩타이드 서열이 제시되었다면 그것은 무슨 뜻인지 설명하라.
   c. 이 장 본문의 그림 14.15에서 그림 (c) 부분을 바탕으로, 번역 도구에 의해 생성된 번역틀 중 어느 것이 올바른 것으로 보이는가?
4. 엑스파시는 또한 여러 데이터베이스와의 연결을 통해 이 폴리펩타이드에 관한 풍부한 정보를 얻을 수 있게 해준다. **UniProtKB(UniProt Knowledge Base)**는, 스위스의 생물정보학 연구소(Swiss Institute for Bioinformatics, SIB)와 유럽 생물정보학 연구소(European Bioinformatics Institute, EMBL-EBI)가 공동으로 관리하는 단백질 서열 데이터베이스이고, 단백질 정보 자원(Protein Information Resource, PIR)이라는 곳으로 이동할 수도 있다. UniProtKB는 전 세계의 과학자들에 의해 널리 사용된다.
5. 이 폴리펩타이드의 특징에 대해 더 자세히 알아보려면, 완전한 서열로 작업하는 것이 가장 좋다. 전체 서열을 얻으려면 번역 도구에서 정확하다고 생각하는 번역틀의 링크를 클릭하라. 그러면 결과 페이지로 이동할 것이다.

6. 전체 폴리펩타이드의 아미노산 서열을 얻으려면, 폴리펩타이드의 첫 번째 아미노산인 메티오닌에 대한 "M"을 클릭한 다음 페이지 하단 근처에 있는 "ExPASy/SIB에서 BLAST 제출(BLAST submission on ExPASy/SIB)" 링크를 클릭하라. 결과 페이지에서 UniProtKB를 데이터베이스로 선택하고(검색을 UniProtKB/Swiss-Prot로만 제한), "BLAST 실행하기(Run BLAST)"를 클릭한 다음 항목 P68871을 찾아라; 이것은 단백질 서열에 대한 접근 번호로서 DNA나 RNA 서열에 할당된 접근 번호와 유사하다. 이 링크를 클릭하면 단백질에 대한 종합적인 보고서를 볼 수 있다. 이 단백질의 정체가 앞의 1단계에서 발견한 것과 일치하는지 확인하라.
7. UniProtKB 보고서의 왼쪽에서 "펼쳐 보기(Display)" 칸 아래로 여러 특징들이 제시된다.
   a. "구조(Structure)" 특징을 이용하여 이 폴리펩타이드에 관해 더 자세히 살펴보라.
   b. "서열(Sequence)" 특징 아래에서 자연적 변이들(Natural Variants)을 찾아 이 폴리펩타이드와 관련되어 나타나는 돌연변이들에 관해 살펴보라.
   c. "교차 참고자료들(Cross-References)" 범주 아래서 폴리펩타이드의 접힙 배열을 보여주는 3D 모형 제시 링크를 이용하여 3D 구조 데이터베이스를 찾아보라.
   d. "교차 참고자료들(Cross-References)" 아래에서 2D 젤 데이터베이스를 찾아라: 여러 가지 조직으로부터 얻어진 이 폴리펩나이드의 2D 젤을 보려면 Swiss-2D PAGE의 링크를 이용하라. (2D 젤의 표현과 관련해서는 그림 21.16을 참고하라.) 이 기능으로 2D 젤 이미지를 볼 때는 "지도 위치(Map Locations)" 아래의 링크를 클릭하여 젤 위에서 이 폴리펩타이드에 해당하는 특정 반점의 위치를 확인하라.
   e. "교차 참고자료들(Cross-References)" 아래의 패밀리와 영역 데이터베이스(amily and Domain Databases) 링크는 이 폴리펩타이드와 연관이 있는 다양한 단백질들에 대해 많은 정보를 제공하는 페이지로 안내해 준다.
   f. "병리학과 생명공학(Pathology & Biotech)" 아래에서 "화학 데이터베이스(Chemistry Databases)" 범주와 약물 데이터베이스(DrugBank) 링크를 찾아보라. 이들은 이 폴리펩타이드와 결합하거나 영향을 주는 약물에 대한 정보를 제공한다.

사례 연구 손상된 리보솜들

다이아몬드 블랙팬 빈혈증(Diamond Blackfan anemia, DBA)은 희귀병으로, 골수 부전, 출생 결함, 그리고 심각한 암 소인 등이 특징인 우성 유전병이다. DBA인 사람들은 보통 태어난 해에 빈혈이 생기고, 골수 세포들의 숫자가 정상적이지 않으며, 백혈병과 골암 등을 일으킬 위험성이 증가한다. 분자적 수준에서 DBA는 리보솜 단백질들을 만드는 10개 유전자 중 하나에서 생기는 돌연변이 때문에 생긴다. DBA에 대한 1차적인 치료는 스테로이드 처방이지만, 환아의 절반 이상이 이 약물들에 저항성을 발달시키며, 이런 경우에 치료는 중단된다. DBA는 면역 체계 마커들이 잘 맞는 공여자로부터 골수이식이나 줄기세포 이식을 함으로써 성공적으로 치료될 수 있다. 혈연관계가 아닌 공여자로부터의 이식은 상당한 수준의 합병증과 사망률을 보인다.

1. 잘못된 리보솜 단백질이 DBA의 원인임을 감안하여, 정상 리보솜 단백질의 가능한 기능들에 대해 논하라. 어째서 다른 세포보다 골수 세포들이 그런 돌연변이에 더 취약할까?
2. DBA를 가진 아이를 둔 부부가 시험관 수정으로 얻은 배아가 DBA가 아닌지 유전자 검사를 받았다. 그러나 그들은 또한 그 배아가 기존의 자식을 위한 적합한 공여자인지도 알고 싶었다. 그들의 계획은 새로운 아기의 제대혈 줄기세포를 기존 DBA 아이에게 이식하여 병을 고치고자 하는 것이었다. 이런 상황에 대한 윤리적 찬반은 어떤 것들일까?
3. 정상 공여자로부터의 줄기세포 이식이 현재의 유일한 치료법인데 반해, 유전체-편집 기술은 환자 자신의 줄기세포에 있는 돌연변이를 교정할 수 있는 방법일 수 있다. 그러나, 이를 위해서는 DBA의 증상에 기초한 진단을 넘어 어떤 특수한 정보들이 요구되겠는가?

관련 자료를 읽기 위해서는 다음 자료를 참고하라: Penning, G., et al. (2002). Ethical considerations on preimplantation genetic diagnosis for HLA typing to match a future child as a donor of haematopoietic stem cells to a sibling. *Hum. Reprod.* 17(3):534–538.

요약 정리

1. 번역은 리보솜과 연계된 mRNA의 지시로 폴리펩타이드가 합성되는 것이다.
2. 번역은 mRNA의 삼중자 코돈과 해당 아미노산 사이의 어댑터로 작용하는 tRNA 분자들에 의존하여 이루어진다.
3. 전사와 마찬가지로 번역도 개시, 신장, 종결의 세 단계로 나뉘며, 상보적 뉴클레오타이드들 사이의 염기쌍 형성에 의존하여 이루어진다.
4. 유전성 대사 질환들은 효소 활성의 결핍에 의해 주로 발생하며 이 효소 단백질을 암호화하는 유전자의 돌연변이에 기인한다.
5. 붉은빵곰팡이를 이용한 비들과 테이텀의 영양 돌연변이주 연구는 하나의 유전자가 하나의 효소를 암호화한다는 제안을 이끌었다.
6. 낫세포 빈혈증 환자의 헤모글로빈에 대한 폴링과 잉그램의 연구들은 1-유전자:1-효소 가설을 하나의 유전자가 하나의 폴리펩타이드 사슬을 암호화하는 것으로 변화시켰다.
7. 단백질 암호화 유전자의 최종 산물인 단백질은 그들의 3차원적 형태를 설명하는 네 가지 수준의 구조적 조직화를 드러내는데, 이것은 개별 분자들이 드러내는 기능의 기초가 된다.
8. 단백질들에 의해 수행되는 수많은 기능들 중에서, 가장 영향력 있는 기능은 효소들의 것이다. 이들은 생명체 내 모든 종류의 분자들을 생산하는 중심 역할을 담당하는, 고도로 특수화된 생물학적 촉매제로 작용한다.
9. 진핵생물에서, 단백질들은 하나 이상의 기능적 도메인을 포함한다. 이들 각각은 유전자 내에 떨어져 위치하는 엑손들에 의해 지정된다. 특수한 도메인들은 단백질의 특수한 기능적 능력을 담당하며, 진화 과정 중에 유전자들 사이에서 "섞여 왔던" 것으로 보인다.

통 찰 과 해 법

비들과 테이텀의 붉은빵곰팡이(*Neurospora*) 연구를 확장시켜, 같은 생화학적 경로에 영향을 미치는 다수의 돌연변이들을 연구할 수 있다. 다음 표에 제시된 성장 반응은 붉은 빵곰팡이의 네 가지 돌연변이주 및 화학적으로 연관된 A, B, C, 그리고 D 화학물을 사용하여 얻어진 것이다. 최소 배지에서는 어떤 돌연변이주도 자라지 않았다. 이 자료로부터 가능한 모든 결론을 도출하라.

	성장 보충제			
돌연변이	A	B	C	D
1	−	−	−	−
2	+	+	−	+
3	+	+	−	−
4	−	+	−	−

해법: 1번 돌연변이주에 대해서는 이것이 어떤 필수 성장 요소가 결핍되었다는 것을 제외하면 아무런 결론을 내릴 수 없다. 심지어 2~4번 돌연변이주들에 의해 표현되는 생화학 경로와 상관이 없을 수도 있다; 화합물 C에 대해서도 역시 어떠한 결론도 내릴 수 없다. 만약 이것이 이 경로에 관여한다면, A, B, 그리고 D의 합성에 앞서서 합성된 산물이다. 이제 이들 세 화합물을 분석하고, 유전자 *2*, *3*, 그리고 *4*에 의해 암호화되는 효소에 따른 이 화합물의 합성 조절을 분석할 수 있다. 산물 B가 세 경우 모두에서 성장을 일으켰으므로, 아마도 이것이 "최종 산물"일 것이다. 이것은 세 경우의 저해를 모두 우회할 수 있다. 비슷한 추리를 사용하면, 산물 A는 이 경로에서 B에 앞선다. 이것이 세 단계 중 두 경우의 저해를 우회했기 때문이다. 산물 D는 B에 선행하므로,

C(?) → D → A → B가 된다.

이제 어떠한 돌연변이들이 각 단계들을 조절하는지 결정해보자. 돌연변이 *2*는 산물 D, B, 그리고 A에 의해 효과가 없어지므로, 모든 세 가지 산물의 이전 단계를 조절할 것이다. 아마도 확실하진 않지만 D로의 직접적 전환을 촉매할 것이다. 돌연변이 *3*은 B와 A에 의해 완화되므로 이 경로에서 그 효과가 선행해야만 한다. 그러므로 우리는 D를 A로 전환시키는 조절과정에 위치시킬 수 있다. 같은 방법으로 돌연변이 *4*는 A를 B로 전환시키는 것으로 지정할 수 있으며 좀 더 확실한 분석이 얻어진다:

$$\text{C(?)} \xrightarrow{2(?)} \text{D} \xrightarrow{3} \text{D} \xrightarrow{4} \text{B}$$

15

Ds 인자의 이동에 의해 유발된 옥수수 낟알에서의 착색 돌연변이들.

유전자 돌연변이와 DNA 수리, 그리고 전이

핵심 개념

- 돌연변이는 생물의 유전체에서 생기는 뉴클레오타이드 서열의 변화로 발생한다.
- 돌연변이는 유전적 변이의 근원이며 자연 선택의 원료이다. 그들은 세포 사멸, 유전적 질병, 그리고 암을 일으키는 유전적 손상의 원인이기도 하다.
- 돌연변이들은 염기쌍 변화의 형태, 염색체 내의 위치, 그리고 영향받은 유전자 산물의 기능에 따라 생물체에 넓은 범위의 영향을 미친다.
- 돌연변이들은 생물학적, 화학적 과정들에 의해 자발적으로 발생하거나, 혹은 화학적 요인이나 방사선 등과 같은 외부 요인들에 의해 유도될 수도 있다.
- 단일 유전자 돌연변이에 의해 사람에서 여러 가지 질병이 생길 수 있다.
- 생물은 돌연변이들을 추적하고 교정하기 위한 다양한 DNA 수리 체계들을 가진다. 이들은 복제 실수를 교정하고 고치는 것에서부터 염기 절제 및 상동성 재조합 수리까지 다양하다.
- DNA 수리를 조절하는 유전자들에서의 돌연변이들은, 유전체의 과도한 돌연변이와 인간의 DNA 수리 질병, 그리고 암이 발생하도록 한다.
- 전이 인자들은 염색체 안으로 들어오거나 빠져나감으로써 염색체 절단을 일으키며, 유전자의 암호화 영역 내부와 조절 영역 내에서 돌연변이를 유발할 수 있다.

DNA가 정보를 저장하고, 복제하고, 전달하며, 정보를 해독하는 능력은 유전적 기능의 기초이다. 그러나 DNA 서열에서 생기는 변화 역시 똑같이 중요하다. DNA 서열에서 생기는 변화가 없다면, 표현형적 다양성이나, 환경 변화에 대한 적응, 그리고 진화 등도 없을 것이다. 유전자 돌연변이는 대부분의 새로운 대립유전자들이 생기는 근원이며 집단 내 유전적 다양성의 원천이다. 나쁜 쪽으로는, 돌연변이들은 세포 사멸, 유전병, 그리고 암을 일으키는 유전적 변화의 근원이 되기도 한다.

또한 돌연변이들은 유전적 분석의 기초를 제공하기도 한다. 돌연변이로 인한 표현형적 다양성은 유전학자들이 그 변이 형질들을 만드는 유전자를 찾아 연구할 수 있도록 한다. 유전학 연구에서, 돌연변이들은 해당 유전자에 대한 확인용 "표식자(마커)"로 행동하므로, 그들이 부모에서 자식으로 전달되는 동안 추적될 수 있다. 표현형적 다양성이 없다면, 이런 고전적 유전 분석은 불가능할 것이다. 예를 들어, 완두 식물들이 모조리 똑같은 표현형을 가지고 있었다면, 멘델은 그 연구에서 아무런 발견도 하지 못했을 것이다.

교재의 앞부분(6장)에서, 우리는 염색체의 큰 영역에서 일어나는 돌연변이인 염색체 돌연변이에 대해 다루었다. 대조적으로, 여기서 우리가 다룰 돌연변이들은 주로 개별 유전자 내부의 DNA에 존재하는 염기쌍 서열들에서 생기는 변화인 **유전자 돌연변이(gene mutation)**이다. 또한 어떻게 세포들이 다양한 DNA 수리 기구들을 사용하여 돌연변이에 대항함으로써 스스로를 보호하는지도 다룰 것이다.

15.1 유전자 돌연변이들은 다양한 방식으로 분류된다

돌연변이는 생물 유전체의 뉴클레오타이드 서열에서 생긴 변화로 정의될 수 있다. DNA의 어느 부분, 어떠한 염기 변화라도 돌연변이로 간주될 수 있다. 어떤 돌연변이는 단일 염기쌍 치환으로 이루어진 것일 수도 있고, 하나 혹은 그 이상의 염기쌍들의 관여된 결실이나 삽입, 혹은 염색체의 구조에서 생긴 중요한 변화일 수도 있다. RNA 바이러스의 유전체는 단일 가닥이나 이중 가닥의 RNA 분자로 구성된다. 이런 RNA-기반의 유전체들 역시 돌연변이에 의해 리보뉴클레오타이드 서열에서 변화가 발생할 수 있다. 이 장에서는, DNA 유전체에 생긴 돌연변이에 대한 것으로 한정해 다룰 것이다.

돌연변이들은 단백질을 암호화하는 유전자 내부에서 발생할 수도 있고, 프로모터, 인핸서, 그리고 스플라이싱 신호 등을 포함하여, 인트론이나 조절 서열들과 같은 비암호화 영역에서 발생할 수도 있다. 돌연변이들은 추적이 가능한 표현형 변화를 유발할 수도, 그렇지 않을 수도 있다. 돌연변이가 어떤 생물의 특징을 어느 정도 바꾸는가 하는 것은, 그 돌연변이에 의해 영향을 받는 세포의 형태, 그리고 그 돌연변이가 유전자의 기능이나 유전자 조절 영역의 기능을 어느 정도나 변화시켰는가 하는 것에 의존적이다.

돌연변이들은 체세포에서 발생할 수도 있고 생식세포에서 발생할 수도 있다. 생식계열 세포들에서 발생한 돌연변이들은 유전될 수 있으며 유전적 다양성의 전달과 진화의 기초가 된다. 또한 유전병의 원인일 수도 있다. 체세포에서 발생한 돌연변이들은 다음 세대로 전달되지는 않지만 세포 기능을 변형하거나 종양을 일으킬 수 있다.

돌연변이의 형태와 영향의 범위가 넓으므로, 유전학자들은 몇 가지 서로 다른 체계에 따라 돌연변이들을 분류한다. 이러한 조직적 체계들은 서로 배타적이지 않다. 이 절에서는 유전자 돌연변이가 분류되는 방법들에 대해 알아보도록 하자.

분자적 변화 형태에 기초한 분류

유전학자들은 종종 돌연변이를 구성하는 뉴클레오타이드 변화가 어떤 것이냐에 따라 유전자 돌연변이들을 분류하곤 한다. DNA 분자 내에서 한 염기쌍이 다른 것으로 변화한 것을 **점 돌연변이(point mutation)** 혹은 **염기 치환(base substitution)**이라고 한다(그림 15.1). 유전자의 단백질 암호화 영역 내부에서 트리플렛의 한 뉴클레오타이드 변화는, 그 단백질 산물에서 다른 아미노산을 지정하는 새로운 트리플렛이 생기게 할 수 있다. 그러한 돌연변이를 **과오 돌연변이(missense mutation)**라고 한다. 두 번째 가능한 결과는 그러한 트리플렛이 중지 코돈으로 변화하여 단백질의 번역 종결을 초래하는 것이다. 이것은 **무의미 돌연변이(nonsense mutation)**로 알려져 있다. 만약 점 돌연변이에 의해 코돈이 바뀌었으나 단백질의 그 위치에서의 아미노산 변화로 이어지지 않은 경우, 그것은 **침묵 돌연변이(silent mutation)**로 간주될 수 있다.

진핵생물의 유전체는 암호화 DNA보다 훨씬 더 많은 비암호화 DNA를 가지므로(12장 참고), 돌연변이 대부분은 비암호화 영역에서 발생할 가능성이 크다. 이런 돌연변이들이 그들이 유전자 산물이나 유전자 발현에 영향을 미치지 않는다면 **중립 돌연변이(neutral mutation)**로 간주될 수 있다. 대부분의 침묵 돌연변이는 암호화되는 단백질의 아미노산 서열을 바꾸지 않으므로 중립 돌연변이라고 할 수 있다. 그러나 일부 비암호화 지역의 돌연변이들은 유전자 발현의 조절에 중요한 DNA 서열일 수

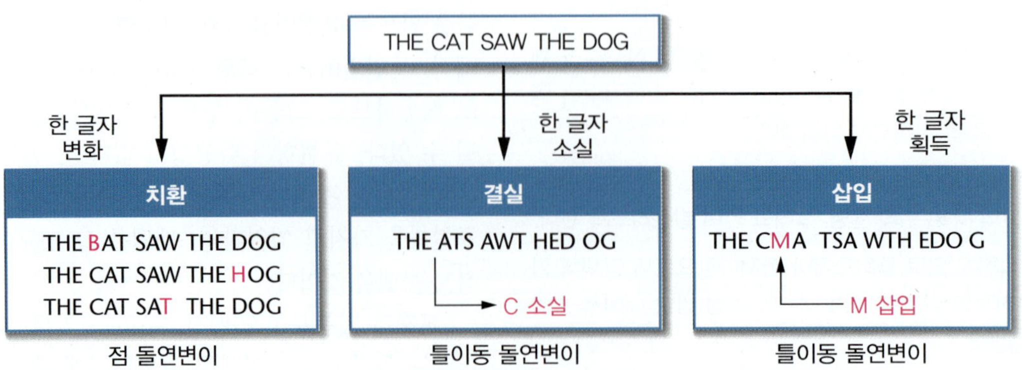

그림 15.1 점 돌연변이와 틀이동 돌연변이를 증명하기 위해 3문자 단어로 이루어진 문장에서 하나의 글자가 치환되거나, 결실되거나, 첨가되었을 때의 효과에 대한 비유.

있으며, 이것은 구분 가능한 돌연변이 표현형을 만들 수 있다.

종종 염기 치환을 설명하기 위해 사용되는 두 가지 용어가 있다. 만약 피리미딘이 피리미딘을, 퓨린이 퓨린을 대체하면 **전이(transition)**가 발생한 것이다. 만약 피리미딘과 퓨린이 서로를 대체한 경우는 **전환(transversion)**이 발생한 것이다.

다른 형태의 변화는 유전자 내에서 뉴클레오타이드가 하나 이상 삽입되거나 결실되는 것이다. 그림 15.1에 설명한 바와 같이, 단일 뉴클레오타이드의 소실이나 첨가는 이후의 세 문자 코돈들을 모두 바꾼다. 이러한 것을 **틀이동 돌연변이(frameshift mutation)**라고 하는데, 번역 중에 트리플렛의 틀이 바뀌기 때문이다. 첨가되거나 결실되는 염기의 수가, 초기의 번역틀을 다시 확립시키는 3의 배수가 아니라면, 틀이동 돌연변이가 발생할 것이다(그림 13.2 참고). 변화된 많은 트리플렛 중 하나가 UAA, UAG, 혹은 UGA처럼 번역 종결 코돈 중 하나일 가능성도 있다. 이러한 트리플렛 중 하나가 번역 중에 생기게 되면, 그 지점에서 폴리펩타이드 합성이 종결된다. 분명히, 틀이동 돌연변이의 결과는 매우 심각할 수 있어서, 뒤쪽이 없는 단백질이나 결함 효소들을 만들며, 특히 그들이 암호화 서열의 앞쪽에서 생겼다면 더욱 문제가 될 수 있다.

기능에 미치는 영향에 따른 분류

앞에서 논의했던 바와 같이(4장 참고), **기능-상실 돌연변이(loss-of-function mutation)**는 유전자 산물을 감소시키거나 그 기능이 사라지도록 하는 것이다. 기능을 완전히 사라지게 하는 돌연변이는 **영 돌연변이(null mutation)**라고 알려져 있다. 점 돌연변이에서 유전자 전체의 결실에 이르기까지 어떤 형태의 돌연변이든 기능 상실을 초래할 수 있다.

대부분의 기능 상실 돌연변이는 열성이다. **열성 돌연변이(recessive mutation)**는 이배체 생물에서 다른 대립유전자가 야생형일 때 야생형 표현형이 나타나도록 한다. 이 경우, 유전자 산물이 100% 미만으로 존재해도 야생형 표현형을 일으키기에 충분하다.

일부 기능-상실 돌연변이들은 우성일 수 있다. **우성 돌연변이(dominant mutation)**는 이배체 생물에서 야생형 대립유전자와 같이 존재해도 돌연변이 표현형을 만든다. 이배체 생물의 우성 돌연변이들은 몇 가지 형태의 다른 효과를 나타낼 수 있다. 한 대립유전자에서의 **우성 방해 돌연변이(dominant negative mutation)**는 불활성이면서 야생형 대립유전자 산물의 기능을 직접 방해할 수 있다. 예를 들어, 이것은 비기능적인 그 돌연변이 유전자 산물이 동질 이합체인 야생형 유전자 산물과 결합하여 그 활성을 감소시키거나 불활성화시킬 때 종종 발생한다.

우성 방해 돌연변이는 **반불충분성(haploinsufficiency)**으로부터 발생할 수도 있는데, 이것은 한 대립유전자는 돌연변이에 의해 불활성화되고 기능적인 대립유전자가 하나만 남은 상태일 때 발생한다. 활성 대립유전자는 야생형 유전자 사본이지만, 야생형 표현형을 만들 만큼 충분한 양의 야생형 유전자 산물을 생산하지 못한다. 인간에서, 마르판 증후군(Marfan syndrome)은 반불충분성에 의해 유발되는 질병 중 하나이다. 이 경우는 피브릴린 1(*fibrillin-1, FBN1*) 유전자의 한 사본에서 기능-상실 돌연변이가 생긴 것에 기인한다.

대조적으로, **기능 획득 돌연변이(gain-of-function mutation)**는 유전자 산물의 기능이 증강되거나, 부정적으로 작용하기도 하고, 혹은 새로운 기능을 갖게 된다. 이것은 새로운 기능을 부여하는 단백질의 아미노산 서열 변화에 기인하거나, 혹은 유전자 조절 서열에서의 돌연변이가 그 유전자의 발현을 더 높은 수준으로 유도하거나, 비정상적 시기에, 혹은 비정상적 장소에서 발현시키기 때문일 수 있다. 전형적으로, 기능-획득 돌연변이들은 우성이다.

억제 돌연변이(suppressor mutation)는 앞서 발생한 돌연변이의 영향을 역전시키거나 회복시켜주는 두 번째 돌연변이를 말한다. 억제 돌연변이는 첫 번째 돌연변이가 발생한 같은 유전자 내에서 발생한 **유전자 내 돌연변이(intragenic mutation)**일 수도 있고, **유전자 간 돌연변이(intergenic mutation)**처럼 유전체 내의 다른 부분에서 발생할 수도 있다.

유전자 내 억제자 돌연변이의 한 가지는 틀이동 돌연변이를 역전시키는 것이다. 예를 들어, 유전자의 번역틀 내에서 처음에 한두 개의 염기쌍이 결실되어 틀이동 돌연변이가 생겼다면, 번역틀은 그림 15.1에 설명된 바와 같이 바뀔 것이다. 그러나 두 번째 돌연변이가 처음의 틀이동 돌연변이 근처에서 발생하고, 그것이 한두 염기쌍의 삽입을 포함하고 있다면, 원래의 번역틀이 회복될 수 있다. 잘못된 번역틀이 돌연변이 근처에서 짧게 존재할 수 있지만, 결과적으로 생긴 단백질은 대체로 야생형의 기능적인 것일 수 있다(유전자 내 억제자 돌연변이들은 13장에서 설명된 바와 같이 DNA의 3중자 번역 틀을 결정하는 실험에도 사용되었던 방법이다.)

유전자 내 억제자 돌연변이의 또 다른 사례는 올바른(혹은 비슷한) 아미노산을 지정하는 코돈을 생성하는 것으로, 돌연변이 유전자 산물의 기능이 회복될 수 있도록 한다. 예를 들어, 만약 처음의 돌연변이가 5′-TTA-3′인 류신 암호화 서열을 5′-GTA-3′로 바꿔 발린을 암호화하도록 했다면, 발린 코돈에서 생긴 두 번째 돌연변이가 5′-CTA-3′로 바뀌어 류신에 대한 암호를 회복할 수 있다.

유전자 간 억제자 돌연변이로 작용하는 돌연변이의 사례는

표 15.1 표현형 효과에 따른 돌연변이의 분류

분류	표현형	사례
가시적	관찰 가능한 형태학적 형질	멘델의 완두가 나타낸 특징들
영양성	변형된 영양적 특징	세균에서 필수 아미노산을 합성하는 능력이 소실되는 것
생화학적	단백질 기능의 변화	인간의 낫세포 빈혈증을 일으키는 결함 헤모글로빈
행동적	행동 양식이 변화함	초파리의 짝짓기 행동에 영향을 미치는 뇌 돌연변이들
조절성	변형된 유전자 발현	대장균의 젖당 오페론 발현에 영향을 미치는 조절성 유전자 돌연변이
치명적	생물의 생존 능력 변화	인간의 테이-삭스병과 헌팅턴병
조건적	특정 환경 조건에서만 표현형이 드러남	샴 고양이의 털 색에 영향을 미치는 온도 감수성 돌연변이

다음과 같다. 어떤 변이 유전자가 구조가 변형되어 정상적으로는 상호작용해야 할 다른 단백질과 결합할 수 없는 단백질을 만든다고 하자. 만약 두 번째 단백질을 암호화하는 유전자가 변이되어 그 유전자 산물이 처음의 돌연변이 단백질과 상호작용할 수 있는 방식으로 변화되었다면, 그 두 번째 돌연변이는 유전자 간 억제자 돌연변이라고 간주될 수 있다.

그 형태나 위치에 따라, 돌연변이들은 영향이 없는 것에서부터 심각한 것까지 다양한 범위의 표현형 효과를 발휘할 수 있다. 그 표현형적 결과에 기초한 돌연변이의 종류 중 몇 가지 사례들이 **표 15.1**에 제시되어 있다.

돌연변이의 위치에 따른 분류

돌연변이들은 그들이 발생한 세포의 형태나 염색체에서의 위치에 따라 분류될 수 있다. **체세포 돌연변이(somatic mutation)**들은 생식세포를 제외한 신체에서 생긴 것이고 생식-계통 돌연변이(germ-line mutation)는 생식세포에서만 생긴 돌연변이다. **상염색체성 돌연변이(autosomal mutation)**들은 상염색체 상에 존재하는 유전자에서 발생한 것이지만, **X-연관 돌연변이(X-linked mutation)**들이나 **Y-연관 돌연변이(Y-linked mutation)**들은 각각 X-염색체와 Y 염색체에 존재하는 유전자에서 발생한 변화이다.

체세포에서 생긴 돌연변이들은 미래 세대로 전달되지 않는다. 이배체 다세포 생물의 체세포에서 열성 상염색체성 돌연변이가 발생할 때는, 추적 가능한 표현형으로 나타날 가능성이 적다. 그런 돌연변이들의 발현 대부분은 그 세포 내의 야생형 대립유전자의 발현으로 가려질 것이다. 체세포 돌연변이들은 그것이 우성이거나, 혹은 남성에서 X-연관성인 경우, 돌연변이들이 즉각적으로 발현될 가능성이 크므로 더 영향이 클 것이다. 비슷하게, 우성이거나 X-연관성 체세포 돌연변이의 효과는, 여러 분화된 조직이나 기관을 만드는 데 사용되는 미분화 세포들의 수가 적은, 발생과정 초기에 일어날 때 더 크게 작용한다. 성체 조직의 세포에서 발생한 우성 돌연변이들은 정상 기능을 수행하는 같은 조직 내의 수많은 비돌연변이성 세포들의 활성에 의해 종종 가려진다.

생식계통 세포에서 생긴 돌연변이는 그것이 배우자를 통해 자손으로 전달될 수 있으므로 중요하다. 이들은 자손의 모든 세포에서 발현될 수 있는 잠재력을 갖는다. 유전된 우성 상염색체성 돌연변이들은 첫 세대에서 표현형으로 발현될 것이다. 두 개의 X 염색체를 가지는 **동형배우자성(homogametic)** 여성의 배우자에서 생긴 X-연관성 열성 돌연변이들은, X와 Y를 하나씩 가지는 **반접합성(hemizygous)**인 남성 자손에서 발현될 것이다. 이러한 일은 남자 자손이 문제의 X 염색체를 받을 때 발생하게 된다. 이형접합성(heterozygosity) 때문에, 남자든 여자든, 생식세포에서의 상염색체 열성 돌연변이(심지어 치사성 대립유전자가 생겼다고 해도)의 발생은 집단 내에서 이 대립유전자가 많아질 때까지 발견되지 않고 많은 세대가 지나갈 수도 있다. 보통, 이 새로운 대립유전자는 우연한 짝짓기에 의해 두 사본 모두가 동형접합성인 조건이 되었을 때 분명해질 것이다.

풀어보기

15.1 만약 인간의 난자 세포 유전체에서 하나의 점 돌연변이가 생겼고, 이 돌연변이가 A를 T로 바꾸었다면, 이 돌연변이 난자로부터 발생한 자손의 표현형에 미치는 이 돌연변이의 가장 큰 효과는 무엇이겠는가?

■ **힌트:** 이 문제는 단일 염기쌍 돌연변이가 표현형에 어떤 영향을 미칠 것인지 예측할 것을 요구하고 있다. 해답의 열쇠는 인간 유전체의 구성에 대한 이해와 유전자의 암호화 및 비암호화 영역에 미치는 돌연변이들의 효과, 그리고 발생에 대한 돌연변이의 효과를 고려하는 것이다.

더 연습이 필요하면 문제 4~7번을 참고하라.

15.2 돌연변이들은 자발적이며 무작위로 발생한다

유전자 돌연변이에 대해 생각할 때, 우리는 종종 유전적 오류가 주로 독성 화학물질이나 방사선과 같은 요인에 인한 환경적 위해의 결과라고 생각한다. 물론 환경적 영향이 돌연변이 비율에 영향을 미치기는 하지만, 유전체 내의 유전적 변화 대부분은 알려지지 않은 내재적 과정에서 발생한다. 또한 돌연변이는 진화의 압력에 의해 자극받지 않는다; 그들은 방향성이 없다. 유전자 돌연변이의 이러한 특성을 탐색하기 위해, 아래 내용에서는 인간과 여러 생물체의 자발적 돌연변이율뿐만 아니라 자발적, 유도 및 무작위 돌연변이의 범주를 설명하고자 한다.

자발적 돌연변이와 유도 돌연변이

어느 정도 그 범주가 겹치기는 하지만, 돌연변이들은 자연 발생적이거나 혹은 유도된 것일 수 있다. **자연 돌연변이(spontaneous mutation)**들은 유전자들의 뉴클레오타이드 서열이 자연적으로 바뀐 것이다. 어떠한 특정 인자들도 그들의 출현과 관련되지 않는다. 이런 돌연변이 대부분은 질소가 포함된 염기들의 구조를 바꾸는, 개체 내부의 정상적인 화학적, 생물학적 과정들의 결과로 생긴다. 대부분의 자발적 돌연변이들은 종종 DNA 복제 시 효소적 과정 중에 일어나며, 이에 대해서는 이 장의 후반에서 다룰 것이다.

자연돌연변이율과 관련해서는 몇 가지 일반화가 가능하다. **돌연변이율(mutation rate)**은 한 유전자가 한 세대, 혹은 하나의 배우자를 형성하는 과정에서 돌연변이를 일으킬 가능성으로 정의된다. 첫째, 자연 돌연변이율은 모든 생물에서 지극히 낮다. 둘째, 이것은 또한 생물마다 다양하다. 셋째, 같은 종 내에서도 자연돌연변이율은 유전자마다 다르다.

바이러스와 세균 유전자들은 평균적으로 약 1억 회의 복제나 세포 분열당 한 번(10^{-8}) 정도의 돌연변이를 겪는다(**표 15.2**). 옥수수와 초파리는 몇 자리 수 더 높은 속도를 보여준다. 이 그룹에서 연구된 유전자는 평균적으로 형성된 배우자당 1/1,000,000(10^{-6})에서 1/100,000(10^{-5}) 사이의 돌연변이율을 보인다. 일부 생쥐 유전자는 자발적 돌연변이 비율이 1/100,000에서 1/10,000(10^{-5}에서 10^{-4})으로 훨씬 더 높다. 왜 돌연변이율에 그렇게 큰 차이가 있는지는 분명하지 않다.

생물들 사이의 돌연변이율 차이는 부분적으로는 DNA 교정 및 복구 체계의 상대적 효율성을 반영한 것일 수 있다. 이 장의 뒷부분에서 이러한 체계에 대해 논의할 것이다. 특정 생물의 유전자 간의 차이는 유전체 영역들 사이의 고유한 차이에 따른 것일 수 있다. 일부 DNA 서열은 돌연변이에 매우 취약한 것으로 보이며 **돌연변이 다발점(mutation hotspot)**이라고 알려져 있다.

자연 발생적인 사건과는 대조적으로, 외부적 요소에 의한 영향의 결과로 생기는 변화는 **유도 돌연변이(induced mutations)**로 간주된다. 유도 돌연변이들은 자연적이거나, 혹은 인위적인 인자들 때문에 발생할 수 있다. 예를 들어, 우주에서 오는 방사선과 광물, 태양으로부터의 자외선 등은 생물체들 대부분이 노출되는 에너지원이고 그러한 것들은 유도 돌연변이를 일으키는 자연적 요인들이 될 수 있다.

인위적으로 유도된 돌연변이에 대한 최초의 증명은 1927년 멀러(Hermann J. Muller)가 X선이 초파리에서 돌연변이를 일으킬 수 있다고 보고했을 때 발생했다. 1928년에 스태들러(Lewis J. Stadler)는 X선이 보리의 DNA에 동일한 영향을 미친다고 보고했다. 다양한 형태의 방사선 외에도 수많은 천연 및 합성 화학 물질도 돌연변이를 유발한다.

인간의 생식계열 세포에서 발생하는 자연 돌연변이율

최근까지 과학자들은 개별 유전자 또는 유전체의 작은 영역, 특히 돌연변이될 때 특정 유전병에 기여하는 유전체 영역을 검사하여 인간 생식계열 돌연변이율을 연구해왔다. 이제 전-유전체 서열화가 빠르고 저렴해져서, 암호화 및 비암호화 영역 모두에

표 15.2 여러 생물의 다양한 좌위에서 나타나는 자연돌연변이율

생물	특징	좌위 변화	돌연변이율*
T2 박테리오파지	용균 억제	$r \rightarrow r^+$	1×10^{-8}
	숙주 범위	$h^+ \rightarrow h$	4×10^{-9}
대장균	젖당 발효	$lac^- \rightarrow lac^+$	2×10^{-7}
	스트렙토마이신 감수성	$str\text{-}d \rightarrow str\text{-}s$	1×10^{-8}
옥수수	쭈글쭈글한 종자	$sh^+ \rightarrow sh^-$	1×10^{-6}
	자주색	$pr^+ \rightarrow pr^-$	1×10^{-5}
초파리	노랑 체색	$y^+ \rightarrow y$	1.2×10^{-6}
	흰눈	$w^+ \rightarrow w$	4×10^{-5}
생쥐	얼룩털	$s^+ \rightarrow s$	3×10^{-5}
	갈색털	$b^+ \rightarrow b$	8.5×10^{-4}

*돌연변이율은 유전자 복제당(T2), 세포 분열당(대장균) 또는 세대당 배우자당 빈도(옥수수, 초파리, 생쥐)로 표현되었다.

서 전체 유전체를 검사하고 부모와 자손의 유전체를 비교할 수 있다. 이러한 방법은 전 유전체에 걸쳐 보다 정확한 돌연변이율 추정치를 제공한다.

2012년 아이슬란드의 한 연구팀은 219명으로 구성된 78건의 부모/자식 유전체 세트를 서열화하여 전체 유전체에 대해 **단일-뉴클레오타이드 다형성(single-nucleotide polymorphism, SNP)**들(7장 참고)을 비교하였다.[1] 그들의 자료는 신생아의 유전체가 부모와 비교하여 평균 60개의 새로운 돌연변이들을 포함하고 있음을 보여주었다. 또한 새로운 돌연변이들의 수는 임신 당시 아버지의 평균 나이에 크게 의존한다는 사실을 드러냈다. 예를 들어, 아버지가 20세였을 때는 아이에게 대략 25개의 새로운 돌연변이가 생겼다. 40세일 때는 약 65개의 새로운 돌연변이를 만들었다. 대조적으로, 어머니는 어떤 나이에서든 약 15개의 새로운 돌연변이를 기여하는 것으로 나타났다. 연구자들은 아버지의 나이가 1세 증가함에 따라 약 2개의 돌연변이가 더 생기며, 16.5년마다 돌연변이율이 2배 증가하는 것으로 추산했다. 부계에서 기여한 돌연변이의 많은 부분은, 아마도 여성의 생식세포들보다 생애 동안 더 많은 세포분열이 일어나기 때문일 것이다.

이 연구에서 밝혀진 4,933개의 새로운 SNP 돌연변이 중 73개만이 유전자의 엑손 내에서 발생했다. 다른 연구들도 단일-뉴클레오타이드 돌연변이 중 10% 정도만이 부정적인 표현형 변화를 일으킨다고 한다. 만약 그렇다면, 평균 60개의 새로운 돌연변이 중 약 6개만 새로운 세대에서 해로운 표현형 효과를 만들 것이다.

인간의 체세포에서 발생하는 자연 돌연변이율

발생 과정 동안, 인간의 세포들은 수십억 번의 세포분열을 겪는다. 그리고 내장 벽의 상피세포 같은 일부 세포들은 평생 동안 분열을 계속한다. 분열할 때마다, 이 세포들에서는 새로운 돌연변이가 생길 수 있다.

체세포의 돌연변이 비율은 생식계열 세포보다 4~25배 더 높은 것으로 추정된다. 체세포 돌연변이가 대부분의 암 발병에 책임이 있다는 것은 잘 알려져 있다. 암 세포는 대규모 염색체 재배열뿐만 아니라 몇 개에서 수십 개의 단일 뉴클레오타이드 치환까지 여러 가지 광범위한 체세포 돌연변이를 나타낸다. 또한 각 유형의 암은 해당 암과 특별히 관련된 유전자에서 특징적인 돌연변이를 나타내는 것으로 보인다. 이러한 돌연변이 패턴은 종종 특정 돌연변이 또는 DNA 복구 결함과 같은 암의 원인 인자의 작용을 반영한다. 암 발생에 대한 체세포 돌연변이의 영향에 대해서는 나중에 자세히 논의할 것이다(24장 참고).

지금은 체세포 돌연변이가 암 외에 다른 질병의 원인일 뿐 아니라, 심지어 새로운 생식계열 돌연변이의 근원이 될 수도 있다는 것이 알려졌다. 접합자에 몇 개의 세포만 포함되어 있을 때인 발생 초기에 한 세포에서 체세포 돌연변이가 발생하면, 그 돌연변이는 궁극적으로 성체 생물의 여러 부분에 기여할 수 있다. 이것은 **체세포 모자이크성(somatic mosaicism)**으로 알려진 상태가 된다. 새로운 돌연변이는 성체에서 새로운 표현형을 생성하거나 생식선 조직에 존재하는 경우 다음 세대로 전달될 수 있는 생식계열 돌연변이가 될 수도 있다. 발생 초기에 생기는 체세포 돌연변이는 멘델식 유전병 사례의 6~20%를 유발하는 것으로 추정된다.

방황 변이 검사: 돌연변이는 무작위적인가, 아니면 적응적인가?

유전학의 기본 개념 중 하나는, 돌연변이란 무작위로 발생하는 것이지 생물이 속한 환경에 의해 방향이 결정되지는 않는다는 것이다. 즉, 돌연변이는 선택 압력의 결과가 아니라 무작위로 발생한다. 이 개념은 루리아(Salvador Luria)와 델브뤽(Max Delbrück)이 고안한 고전적인 실험을 포함한 많은 실험을 통해 입증되었다.

1943년, 루리아와 델브뤽은 돌연변이가 적응 기작의 일부로 발생하는 것이 아니라 자발적이고 무작위로 발생한다는 최초의 직접적인 증거를 제시했다. **루리아-델브뤽의 방황 변이 검사(Luria–Delbrück fluctuation test)**로 알려진 그들의 실험은 정교한 분석 및 이론적 연구의 예로 유명하다.

루리아와 델브뤽은 대장균-T1 체계를 이용하여 실험을 수행했다. T1 박테리오파지는 대장균 세포를 감염시키는 세균성 바이러스이다: 감염된 세균은 용해되어 죽는다. T1에 저항성을 갖게 하는 돌연변이가 대장균 세포에서 발생할 수 있다. 실험을 시작하기 위해 루리아와 델브뤽은 큰 플라스크와 다수의 개별 배양 시험관에 파지에 민감한 몇 개의 대장균 세포를 접종하고 T1 박테리오파지 없이 여러 세대 동안 모든 배양액을 배양했다. 성장 후 각 작은 시험관에는 약 2천만 개의 세포가 들어 있었고 큰 플라스크에서는 더 높은 밀도로 성장했다. 이 시점에서 더 작은 시험관의 세균을 개별 페트리 접시에서 T1 박테리오파지가 포함된 성장 배지 표면에 퍼뜨렸다. 마찬가지로, 큰 플라스크의 여러 부분(각 부분도 약 2천만 개의 세포 포함)을 T1 함유 배지에 펼쳐 배양했다. T1 박테리오파지에 내성이 있는 대장균이라면 모든 개별 세포들은 페트리 접시에서 성장하여 콜로니를 형성할 것이다. 내성이 없는 다른 모든 대장균 세포는 죽을 것이다. 그런 다음 접시에 존재하는 콜로니를 세었다.

두 가지 가설(적응적 변이 대 무작위 변이)을 구분하는 실험

[1] Kong, A., et al. (2012). 신생 돌연변이율과 질병 가능성에 미치는 부계 나이의 중요성. *Nature* 488:471–4.

의 논리는 다음과 같다.

가설 1: 적응적 돌연변이. 만약 돌연변이들이 적응적으로 발생한다면(즉, T1 박테리오파지가 성장 배지에 들어 있는 것에 반응하여 발생한다면), T1을 포함한 배지에서 자란 대장균들이 T1에 저항성을 부여하는 돌연변이를 획득할 확률은 일정할 것이다. 이 경우라면, 만약 각 페트리 접시에 일정 숫자의 대장균 세포들과 T1이 존재한다면, 매 실험마다 상당히 일관된 수의 저항성 콜로니들이 관찰될 것이다.

가설 2: 무작위 돌연변이. 만약 돌연변이가 무작위로 발생한다면, T1 박테리오파지가 없는 상황에서도 모든 액체 배양액이 항온되는 동안 저항성을 유발하는 돌연변이들이 항상 일정하게 낮은 비율로 발생할 것이다. 배양 과정 초기에 돌연변이가 발생하면, 돌연변이 세균의 후속 성장으로 인해 액체 배양에서 많은 수의 저항성 세포가 생성될 것이다. 배양 과정에서 나중에 돌연변이가 발생하면 저항성 세포는 감소할 것이다. 무작위 돌연변이 가설은 저항성 세포의 수가 액체 배양에서 언제 저항성 돌연변이가 발생했는지를 반영하므로, 실험마다, 그리고 시험관마다 변동할 것이라고 예측한다. 대조적으로, 큰 배양 플라스크의 각 부분(저항성 세포와 감수성 세포가 섞여 균질한 혼합물을 함유할 것이므로 대조군으로 사용됨)은 접시마다 일정한 수의 저항성 콜로니를 생성할 것이다.

결과. 루리아와 델브뤽의 결과는 T1 함유 배지에 도말하기 전에도 큰 플라스크에 일정한 수의 저항성 세포가 섞여 있음을 보여주었다. 대조적으로, 독립적으로 배양된 세포들 사이에서는 저항성 세포의 수에 많은 변동이 있었다. 이러한 자료는 선택 압력이 없는 경우에도 돌연변이가 무작위로 발생하고 안정적인 방식으로 유전된다는 가설을 지지한다.

자연 돌연변이에 대한 개념이 한동안 받아들여졌지만 생물이 환경 압력의 결과로 특정 돌연변이를 일으킬 가능성은 오랫동안 유전학자들의 흥미를 끌었다. 최근 논란이 되고 있는 일부 연구에서는 기아와 같이 스트레스가 많은 영양 상태에서는, 세균이 과다 변이 가능 상태를 만드는 기작을 활성화할 수 있으며, 이로써 유전자에 돌연변이가 발생하여 생존을 향상시킨다고 제안했다. 이러한 연구의 결론은 여전히 논쟁적이지만 적응 돌연변이의 가능성에 대한 관심을 생생하게 지속시키곤 한다.

15.3 자연 돌연변이들은 복제 오류 및 염기 변형에 의해 발생한다

이 절에서는 자연 돌연변이를 만드는 과정 몇 가지를 살펴보려고 한다. 그러나 자연 돌연변이화 과정 중에 생기는 DNA 변화 중 많은 것들 역시 유도 돌연변이화 과정 중에도 더 높은 비율로 발생한다는 것을 기억할 필요가 있다.

DNA 복제 오류와 미끄러짐

11장에서 배웠던 바와 같이, DNA 복제의 과정은 불완전하다. 때때로, DNA 중합효소는 DNA의 복제 가닥에 잘못된 뉴클레오타이드를 삽입한다. 비록 DNA 중합효소가 내재된 3′→5′ 엑소뉴클레아제 활성을 이용하여 이러한 복제 오류들을 대부분 교정할 수 있지만, 잘못 삽입된 뉴클레오타이드들은 복제가 끝난 이후까지 잔존할 수 있다. 만일 이러한 오류들이 DNA 수리 기구들에 의해 감지되어 교정되지 않으면, 이들은 돌연변이가 될 수 있다. 잘못된 짝짓기에 의한 복제 실수는 주로 점 돌연변이를 일으킨다. 다음 절의 논의대로, 염기들이 **호변체(tautomer)**라고 알려진 여러 형태를 취할 수 있다는 사실 역시 DNA 복제 과정 중에 잘못된 염기쌍 형성의 확률을 증가시킨다.

점 돌연변이와 잘못된 염기쌍 형성 외에도, DNA 복제는 작은 삽입이나 결실들을 도입하는 계기가 될 수 있다. 이런 돌연변이들은 주형 DNA의 한 가닥이 고리를 형성하여 복제 위치를 벗어났거나, **복제 시 미끄러짐(replication slippage)**이라는 현상으로 DNA 중합효소가 뉴클레오타이드가 삽입될 자리를 지나치거나, 띄엄띄엄 복제를 했을 때 발생할 수 있다. 만약 복제 중에 주형 가닥에서 고리가 형성되었다면, DNA 중합효소는 고리로 빠져나간 부분의 뉴클레오타이드들은 복제하지 못하고, 새로운 가닥에 작은 결실을 만들게 된다. 만약 DNA 중합효소가 주형 가닥에 존재하지 않는 뉴클레오타이드들을 반복적으로 도입하게 되면, 한 개 이상의 뉴클레오타이드 삽입이 만들어져 새로 합성된 가닥에 짝짓지 않은 고리가 생긴다. 삽입과 결실은 틀이동 돌연변이로 귀결될 수도 있고, 혹은 유전자 산물에서의 아미노산 첨가나 결실을 일으킬 수도 있다.

복제 시 미끄러짐은 DNA의 어느 곳에서도 발생할 수 있지만, 연속 반복서열을 포함하는 곳에서 자주 발생한다. 반복서열들은 DNA 돌연변이가 자주 발생하는 지점(hot spot)이며, 취약-X 증후군이나 헌팅턴병 같은 일부 유전성 질병들을 일으키기도 한다. 유전체 내 비암호화 영역에서 반복서열들의 과도 돌연변이능(hypermutability)은 현재 법의학적 DNA 분석을 위한 기초가 되기도 한다.

진핵생물에서는 손상부 통과(translesion) DNA 중합효소라고 알려져 있는 적어도 4가지 특수한 DNA 중합효소들이 존재하는데, 이들은 DNA 손상을 포함하고 있는 유전체 영역의 DNA를 복제한다. 이들은 망가진 뉴클레오타이드들을 우회하여 복제를 지속하지만 잘못된 뉴클레오타이드를 도입할 수 있어서 돌연변이를 일으킬 수 있다(손상부 통과 DNA 중합효소들은

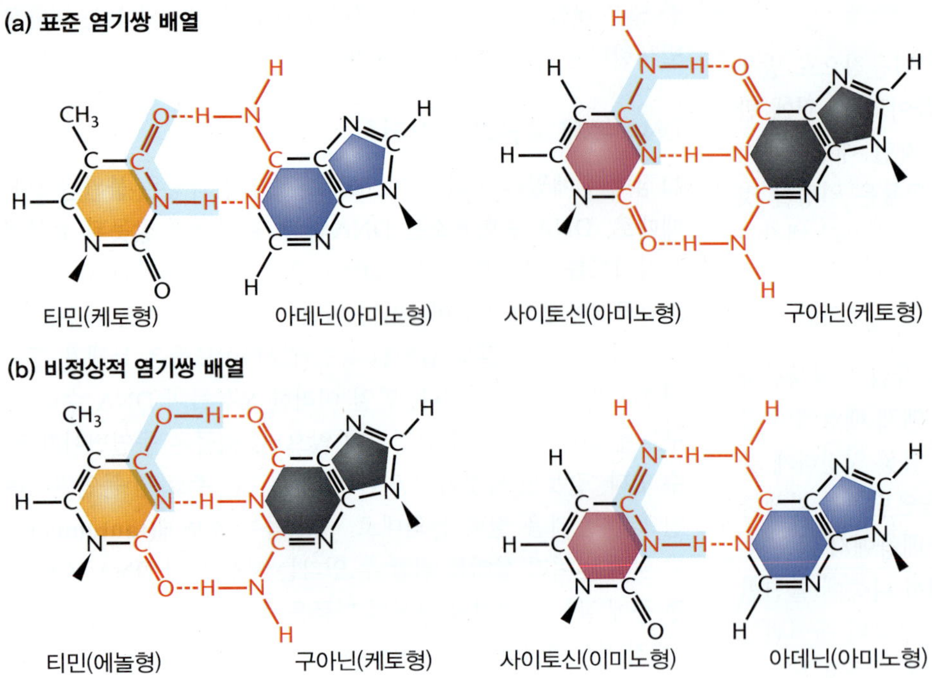

그림 15.2 표준 염기쌍 관계(a)가 호변 변환의 결과 생기는 잘못된 염기쌍 형성(b)과 비교되었다. 긴 삼각형 표시는 이 염기가 당골격에 결합한 지점을 표시한다.

11장에서도 논의되어 있다.)

호변 변환

퓨린과 피리미딘들은 호변체 형태(tautomeric form)—분자 내에서 양성자 하나의 이동으로, 질소를 포함하고 있는 염기가 화학적으로 다른 형태로 존재하는 것—로 존재할 수 있다. 생물학적으로 중요한 호변체에는, 티민과 구아닌의 케토-에놀 형태(keto-enol form)와, 사이토신과 아데닌의 아미노-이미노 형태(amino-imino form)가 있다. 이들의 변화는 분자의 공유결합 구조를 바꿔 비상보성 염기들 사이에 수소결합이 생성되도록 한다. 따라서 **호변 변환(tautomeric shift)**은 영구적인 염기쌍 변화와 돌연변이를 유발할 수 있다. 그림 15.2는 정상적인 염기쌍과 드물게 발생하는 잘못된 염기쌍을 비교한 것이다. 여럿 중에서도, 잘못된 T-G나 C-A 쌍이 형성될 수 있다.

주형 가닥에 잠깐 형성된 호변체가 비상보성 염기와 짝을 이루었을 때, DNA 복제 중 돌연변이가 발생할 수 있다. 그다음 복제 시에 그 "잘못 짝지어진" 염기쌍들이 나뉘었다가 각각 주형으로 작용하여 정상적인 상보적 염기쌍을 만든다. 결과적으로 점 돌연변이가 형성된다(그림 15.3).

탈퓨린화와 탈아민화

자연 돌연변이의 가장 흔한 원인 중 하나는 탈퓨린화와 탈아민화 같은 DNA의 염기 손상에 따른 것이다. **탈퓨린화(depurination)**는 완전한 이중 나선 DNA 분자 내에서 질소성 염기 하나가 소실된 것이다. 그러한 사건은 퓨린인 구아닌이나 아데닌에서 가장 자주 발생한다. 이 염기들은 데옥시리보스의 1-C'와 퓨린 고리의 9번 위치를 연결시키는 글리코시드 결합이 끊어질 때 소실되며, 이러한 사건으로 DNA의 한 가닥에 **탈퓨린 부위(apurinic site)**가 생긴다. 유전학자들은 배양 중인 포유동물 세포에서는 그러한 자발적 상처들이 매일 수천 건씩 발생하는 것으로 추정한다. 만약 탈퓨린 부위들이 수선되지 않는다면, DNA 복제 중에 주형으로 작용하는 부위에 염기가 사라지게 된다. 결과적으로 DNA 중합효소는 그런 부위에서 무작위로 아무 염기나 도입할 수 있다.

탈아민화(deamination) 과정에서는 사이토신과 아데닌에서 하나의 아미노 그룹이 케토 그룹으로 바뀐다. 이 경우에 사이토신은 유라실로, 그리고 아데닌은 구아닌처럼 생긴 하이포크산틴(hypoxanthine)으로 변화된다(그림 15.4). 이러한 변화의 가장 큰 효과는 DNA 복제 시 이 두 분자의 염기쌍 형성 특이성이 바뀐다는 데 있다. 예를 들어, 사이토신은 보통 구아닌과 짝을 이룬다. 이것이 유라실로 변화되면 짝은 아데닌과 이루게 되고, 원래의 G-C 쌍은 A-U 쌍으로 변화를 일으켜 복제가 진행됨에 따라 A-T 쌍으로 바뀐다. 아데닌이 탈아민화되는 경우에는, 하이포크산틴이 사이토신과 짝을 이루고 다음 복제 시 사이토신은 구아닌과 짝을 이루기 때문에, 원래의 A-T쌍이 G-C쌍으로 변화된다. 탈아민화는 자연적으로도 발생할 수 있으며 아질산(HNO_2) 같은 화학적 돌연변이원을 처리한 결과로 생길 수 있다.

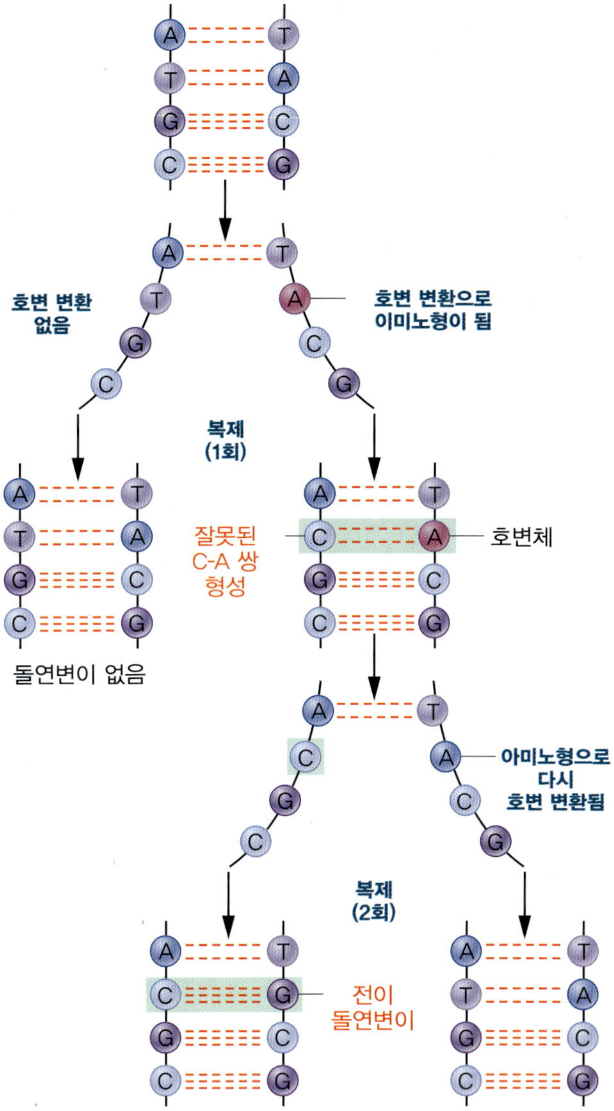

그림 15.3 아데닌에서의 일시적 호변 변화 결과로 A-T에서 G-C로의 염기 전이 돌연변이가 발생한다.

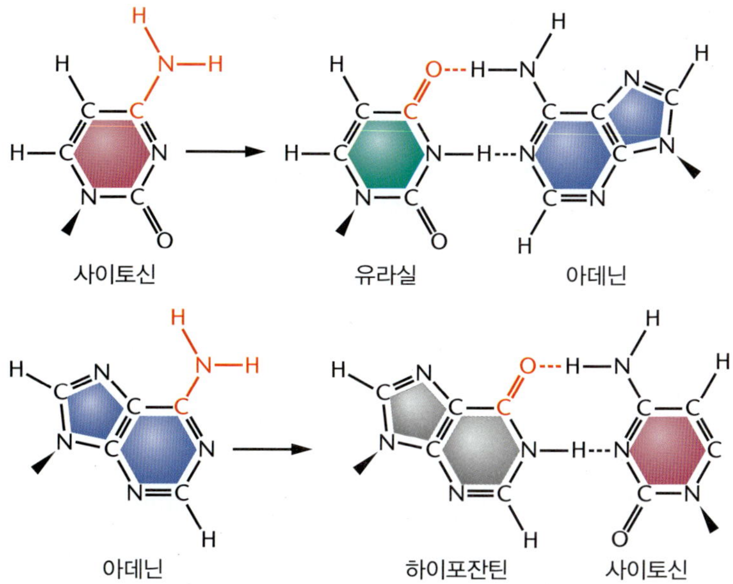

그림 15.4 사이토신과 아데닌의 탈아민화는 새로운 염기쌍을 만들어 돌연변이를 일으킨다. 사이토신은 아데닌과 염기쌍을 형성하는 유라실로 전환된다. 아데닌은 사이토신과 짝을 이루는 하이포크산틴으로 바뀐다.

산화적 손상

DNA는 정상적인 세포 과정의 부산물에 의해서도 손상을 입을 수 있다. 이 부산물들에는 정상적인 유기호흡 과정 중에 생기는 활성 산소들(전자 친화성 산화제들)이 포함된다. 예를 들어, 과산화물($O_2\cdot^-$), 수산화 라디칼($\cdot OH$), 그리고 과산화수소(H_2O_2) 등이 세포 대사 중에 만들어지며 지속해서 DNA의 온전함을 위협한다. 그런 **활성 산화제(reactive oxidant)**들은 고에너지 방사선에 대한 노출에 의해서도 생길 수 있으며, 염기 변화, 염기 결실, 그리고 단일 가닥 절단 등을 포함하여 DNA에서 100가지 이상의 화학적 변화를 유발할 수 있다.

전이 인자들

전이 인자(*transposable element*)는 유전체 내에서 움직일 수 있는 DNA 서열들이다. 이런 가동성 요소들은 세균에서 인간에 이르기까지 모든 생물의 유전체에 존재하며, 종종 이 유전체들의 많은 부분을 차지한다. 전이 인자들은 자연 발생적인 돌연변이원으로 행동할 수 있다. 만약 새로운 자리로 이동할 때 이들이 어떤 유전자의 암호화 영역 내로 삽입되면, 이들은 번역틀을 변경하거나 종결 코돈을 도입할 수 있다. 유전자의 조절 영역 내로 삽입되면 유전자의 적절한 발현을 망가뜨릴 수 있다. 전이 인자들은 이중 가닥 절단, 역위, 그리고 전좌 등 염색체 손상을 만들 수도 있다. 전이 인자들은 이 장의 뒷 부분에 자세하기 설명될 것이다(15.8절).

풀어보기

15.2 사람에서의 X-연관성 열성 돌연변이 중 가장 유명한 것 하나는, 영국의 빅토리아 여왕의 후손들에서 발견되는 혈우병이다. 왕가의 가계도는 빅토리아 여왕이 이 형질에 이형접합성이었음을 보여준다; 그러나 그녀의 아버지는 환자가 아니었고 그녀의 어머니 또한 보인자였다는 증거가 없다. 그렇다면 그 돌연변이는 어떻게 설명될 수 있을까? 어떤 형태의 돌연변이가 이 질병을 일으킬 수 있었을까?

- **힌트:** 이 문제는 새로운 돌연변이의 근원을 밝히라는 것이다. 해법에 대한 열쇠는 돌연변이가 생기는 방식, 돌연변이가 생길 수 있는 세포의 형태, 그리고 그들이 어떻게 유전되는지에 대해 고려하는 것이다.

15.4 화학물질과 방사선에 의한 DNA 손상으로 유도 돌연변이가 발생한다

지구상의 모든 세포는 DNA를 훼손시켜 유도된 돌연변이를 일으킬 가능성이 있는 **돌연변이원(mutagen)**이라는 많은 물질에 노출되어 있다. 이러한 요인 중 일부인 곰팡이 독소, 우주선(cosmic ray), 그리고 자외선 등은 우리 환경의 자연적 성분들이다. 일부 산업 독성 물질들이나 의학용 X선들, 그리고 담배 연기에 들어 있는 화학물질들을 포함한 다른 것들은 비자연적이거나 인위적으로 현대 세계에 첨가된 것들로 생각될 수 있다. 긍정적인 측면에서, 유전학자들은 유전자와 유전자의 기능을 분석하는 데 이러한 돌연변이원을 사용하기도 한다. 이러한 자연적, 비자연적 요인들이 돌연변이를 일으키는 방식을 이 절에서 다루고자 한다.

염기 유사체들

돌연변이를 일으키는 화학물질 중 하나의 범주는 **염기 유사체들(base analogs)**로, 핵산 합성 시에 피리미딘이나 퓨린을 대체할 수 있는 분자들이다. 예를 들어, 유라실의 유도체인 **5-브롬화 유라실(5-bromouracil, 5-BU)**은 유라실의 유도체로서 티민 유사체로 행동하지만, 피리미딘 고리의 5번 위치가 브롬 원자로 치환되어있다. 만약 5-BU가 데옥시리보스와 화학적으로 연결되면, 뉴클레오사이드 유사물인 **브로모데옥시유리딘(bromodeoxyuridine, BrdU)**이 생성된다. 그림 15.5는 이 티민 유사체와 티민의 구조를 비교하여 보여준다. 메틸기 대신 들어간 브롬 원자의 존재로 호변 변환을 일으킬 가능성이 더욱 증가한다. 만약 5-BU가 티민 대신 DNA로 통합되고 호변 변환으로 에놀형이 된다면 5-BU는 구아닌과 짝을 이룬다. 한 번의 복제가 끝나면 A-T가 G-C로 바뀌는 염기 전이가 발생한다. 게다가, DNA 내에 5-BU가 있으면 돌연변이를 일으키는 자외선에 대한 민감도가 더 증가한다.

돌연변이를 일으키는 또 다른 염기 유사체도 존재한다. 예를 들어, **2-아미노 퓨린(2-amino purine, 2-AP)**은 아데닌의 유사체로 행동한다. 티민과의 염기 친화성 외에도, 2-AP는 사이토신과도 염기쌍을 형성할 수 있어서 복제 후에는 A-T가 G-C로의 전이가 발생할 수 있다.

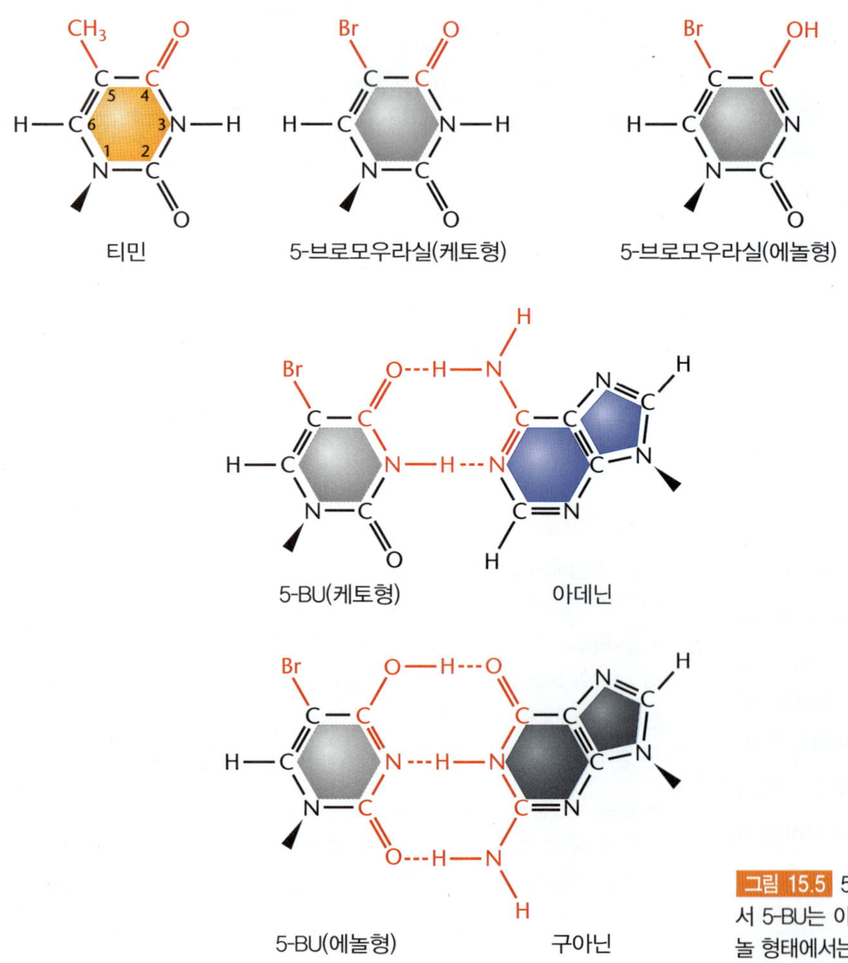

그림 15.5 5-브로모유라실(5-BU)과 티민의 구조적 유사성. 일반적인 케토형에서 5-BU는 아데닌과 쌍을 이루어 티민 유사물로 행동한다. 드물게 형성되는 에놀 형태에서는 비정상적으로 구아닌과 짝을 이룬다.

알킬화제, 삽입제, 그리고 부착물 형성제들

많은 수의 자연적 화합물들과 인공 화합물들도 DNA의 구조를 변화시켜 돌연변이를 유발한다. 1차 세계대전 중에 발견된, 황을 포함한 겨자 가스(mustard gas)는, 화학전에 관한 연구 중에 처음으로 밝혀진 화학 돌연변이원 그룹 중 하나였다. 이 기체들은 **알킬화물(alkylating agents)**이다: 즉, 뉴클레오타이드의 아미노 그룹이나 케토 그룹에 CH_3나 CH_3CH_2 등의 알킬 그룹을 공여한다. 예를 들어, 에틸메틸설폰산(ethylmethylsulfonate, EMS)은 구아닌의 6번과 티민의 4번 케토 그룹을 알킬화시킨다. 염기 유사체와 마찬가지로, 염기쌍 형성 친화력이 바뀌고 염기 전이 돌연변이가 생긴다. 예를 들어, 6-에틸구아닌(6-ethylguanine)의 경우에는 아데닌의 유사체로 작용하여 티민과 짝을 이룬다(그림 15.6).

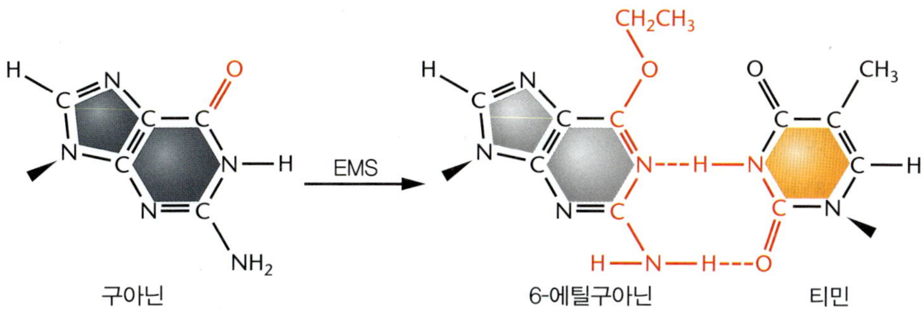

그림 15.6 알킬화제인 에틸메탄설폰산(EMS)에 의해 구아닌이 6-에틸구아닌(6-ethylguanine)으로 전환된다. 6-에틸구아닌 염기는 티민과 짝을 이룬다.

삽입제(intercalating agents)들은 그 구조나 모양새가 DNA의 염기쌍 사이에 끼어 들어갈 수 있게 생긴 것들이다. 염기쌍들 사이에 결합하면, 삽입제들은 염기쌍들을 왜곡시키고 DNA가 풀리도록 만든다. DNA에서의 이런 변화는 전사, 복제, 그리고 수리 등 여러 기능에 영향을 미친다. DNA 복제 및 수리 중에 발생하는 결실과 삽입은 틀이동 돌연변이들을 일으킬 수 있다.

일부 삽입제들은 DNA 염색제로 사용된다. 한 예가 브롬화 에티디움(ethidium bromide)인데, 이것은 분자생물학 실험실에서 DNA를 정제하여 젤 전기영동할 때 염색하여 볼 수 있도록 흔히 사용하는 형광 화합물이다. 브롬화 에티듐과 그 형광이 보이도록 하는 데 사용되는 UV 광선의 돌연변이원성은 이 화학물질을 주의해서 사용해야 한다는 것을 의미한다. 다른 삽입제는 암 화학요법에 사용된다. 그 예로는 호지킨 림프종 치료에 사용되는 독소루비신(doxorubicin)과 다양한 육종 치료에 사용되는 닥티노마이신(dactinomycin)이 있다. 암세포는 비암세포보다 더 자주 DNA 복제를 하기 때문에 정상 세포보다 이러한 화학요법제의 살상 효과에 더 민감하다.

돌연변이를 유발하는 또 다른 화학물질들은 **부착물 형성제(adduct-forming agent)**들로 알려진 것들이다. DNA 부착물은 DNA에 공유적으로 결합하는 물질로서, DNA의 형태를 변화시키고 복제나 수리를 방해한다. 부착물 형성제들의 두 가지 사례로는 아세트알데하이드(담배 연기 속의 성분)와 헤테로사이클릭 아민들(heterocyclic amines, HCAs)을 들 수 있다. HCA들은 소고기, 닭고기, 생선 등 고기를 요리하는 중에 생겨나는 발암성 물질들이다. 이들은 고온의 아미노산 및 크레아틴으로부터 형성된다. 여러 종류의 HCA들이 구아닌 염기들에 공유적으로 부착한다. 적어도 17가지의 서로 다른 HCA들이 위암, 대장암, 그리고 유방암 등 암의 발생과 연관되어 있다.

자외선

모든 전자기 방사선들은 우리가 파장이라고 정의하는 서로 다른 에너지파들로 구성된다(그림 15.7). 파장들의 전체 영역은 **전자기 스펙트럼(electromagnetic spectrum)**이라고 하며, 스펙트럼 내 방사선들의 에너지는 그 파장과 반비례하여 달라진다. 가시광선 영역의 파장과 그보다 긴 파장들은 대부분 유기 분자와

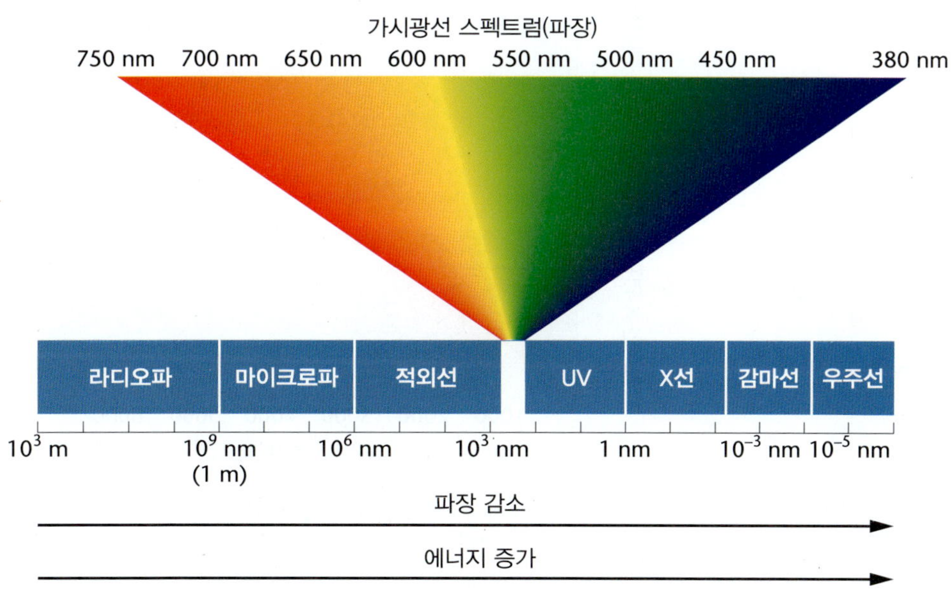

그림 15.7 전자기 스펙트럼의 영역들과 각각의 파장들.

상호작용할 때 이롭게 작용한다. 그러나 가시광선보다 짧은 길이의 파장들은 더 에너지가 높으며, 유기 분자들을 파괴할 수 있다.

이미 살펴보았던 바와 같이(10장 참고), 퓨린과 피리미딘들은 260 nm쯤의 파장에서 가장 강하게 **자외선(ultraviolet radiation, UV radiation)**을 흡수한다. 지구의 오존층이 위험한 형태의 UV 파장을 대부분 흡수해주기는 하지만, UV는 거기에 노출된 세포에서 시간당 수천 개의 DNA 손상을 유발하기에 충분한 정도로 우리 주위에 존재한다. DNA에 미치는 UV 파장의 주요 효과는 **피리미딘 이합체(pyrimidine dimer)**—두 개의 동일한 피리미딘들로 이루어진 화학종—의 형성을 유발하는데, 특히 두 개의 티민 잔기로 이루어진 것이 생기게 한다(그림 15.8). 이런 이합체들은 DNA 형태를 왜곡시키고 정상적인 복제를 방해한다. 결과적으로, 복제 시 DNA 염기서열 내에서 실수가 생기게 된다. UV-유도성 이합체화가 광범해질 경우, (적어도 부분적으로는) 자외선 방사로 인한 세포 사멸 효과의 원인이 되기도 한다.

이온화 방사선

위에 언급한 바와 같이, 전자기 스펙트럼 내의 방사선 에너지는 파장과 반비례한다. 따라서 **X선(X ray)**과 **감마선(gamma ray)**, 그리고 **우주선(cosmic ray)** 등은 자외선보다 더 짧은 파장들을 가지며, 따라서 에너지도 더 많다(그림 15.7). 결과적으로, 이들은 조직 깊숙이 뚫고 들어와 부딪힌 분자들의 이온화를 유발한다. 그러므로 이런 형태의 방사선을 **이온화 방사선(ionizing radiation)**이라고 부른다.

X선이 세포를 관통함에 따라, 안정된 분자들과 원자들이 **자유 라디칼(free radical)**—짝을 이루지 못한 전자를 하나 이상 포함한 화학종들—로 변한다. 자유 라디칼들은 직, 간접적으로 유전물질에 영향을 미쳐 DNA 내의 퓨린과 피리미딘을 변화시키고, 인산이에스테르 결합을 파괴하며, 염색체의 온전함을 망가뜨릴 뿐 아니라, 결실, 전좌, 그리고 염색체 절단 같은 다양한 염색체 이상을 유발한다.

비록 핵발전소의 폐기물이나 의료용 X선 등 인공적인 출처의 방사선들이 인간의 가장 중요한 방사선 노출원이라고 할 수 있겠지만, 과학적 자료들은 다른 사실을 지적한다. 과학자들은 인간의 방사선 노출 중 인위적인 것에서 생기는 것은 20% 미만일 것으로 추산한다. 가장 큰 방사선 노출은 라돈 기체, 우주선, 그리고 자연적인 토양 방사성으로부터 발생한다. 인위적인 방사선 노출은 의료용 X선과 방사능 약물들로부터 생긴다.

이온화방사선이 심각한 유전적 손상을 일으킬 수 있다는 점을 감안할 때, 어떤 수준의 방사선이 인간에게 돌연변이를 일으키고 어떤 이온화방사선 발생원이 일상생활에 가장 큰 피해를 일으키는지 고려하는 것이 중요하다. 그림 15.9는 유도된 X-연관 열성의 치명적인 돌연변이의 백분율과 초파리에 투여된 X선 선량의 그래프를 보여준다. X선 선량과 돌연변이 유도 는 선형의 비례적 관계를 보인다: 용량이 두 배가 될 때마다 두 배의 돌연변이가 유발된다. 직선이 축의 0점 근처에서 교차하기 때문에 이 그래프는 아주 적은 양의 방사선도 돌연변이를 일으킬 수 있

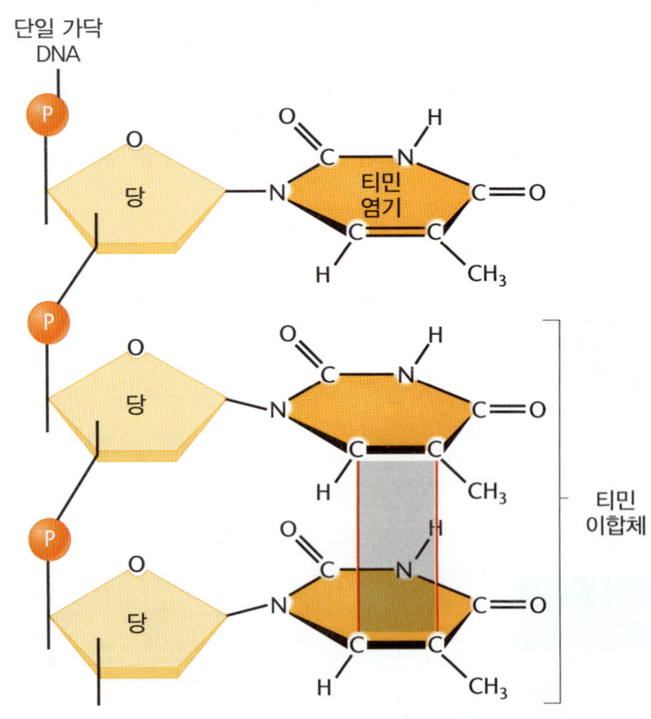

그림 15.8 UV 방사에 의해 생기는 티민 이합체. 이것은 DNA의 왜곡을 초래한다. 피리미딘 고리들의 탄소 원자 사이에서 공유적 가교 결합(붉은색으로 표시)이 형성된다.

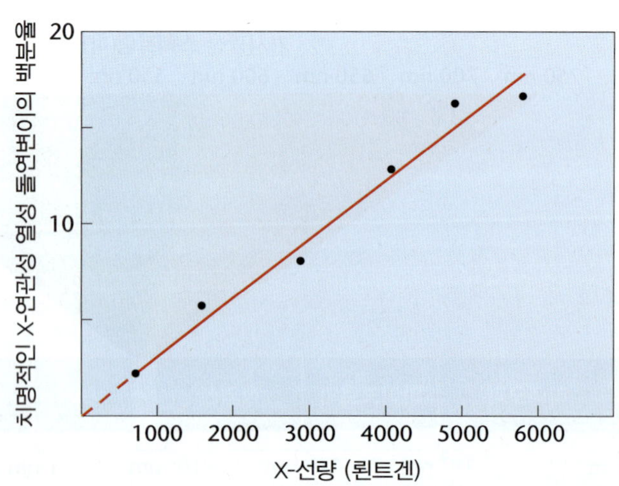

그림 15.9 초파리에서 X-선량을 증가시키면서 유도한 X-연관 열성 돌연변이들의 백분율을 나타낸 그래프. 점선으로 나타낸 바와 같이, 외삽하면 그래프가 영점을 지난다.

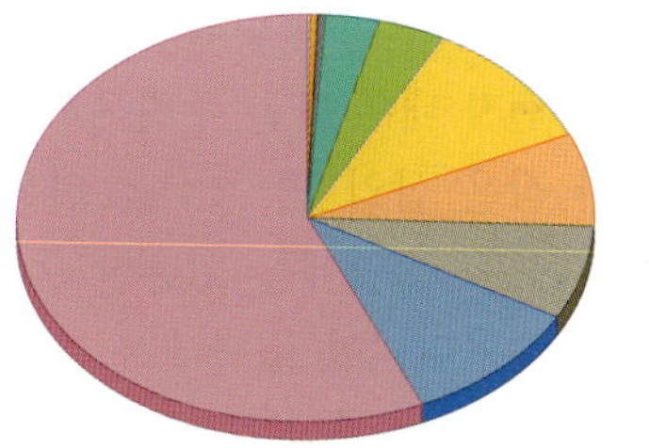

그림 15.10 자연적인 원인과 인공적인 원인으로부터 발생하는 평균 방사선량.

음을 시사한다.

인간에서, 방사선 유도성 DNA 손상의 잠재적인 생물학적 결과를 평가하는 한 가지 방법은, 이온화 방사선이 백혈병 발병률에 미치는 영향을 조사하는 것이다. 이온화 방사선이 백혈병과 같은 암 발병 위험을 증가시킨다는 것은 잘 알려져 있다. 예를 들어, 1945년 나가사키와 히로시마 원폭 투하의 생존자들에서는 백혈병 발병률이 증가했으며, 방사선량이 높아지면 암 발생률이 높아졌다. 이런 고용량의 이온화 방사선에 노출되는 것의 영향은 분명하지만, 더 낮은 선량의 영향을 보여주기는 어려웠다. 그러나 낮은 수준의 방사선에 장기간 노출되는 것에 관한 최근 연구에서는, 아주 적은 양이라도 백혈병 발생률에 작지만 감지할 수 있는 영향을 미칠 수 있음을 확인해주었다. 이 연구에서는 이온화 방사선에 추가로 10 mSv(밀리시버트, 조직에 미치는 방사선 영향 단위)에 노출될 때마다 백혈병 위험이 0.002% 증가할 수 있음을 보여준다. 참고로, 정상적인 기본 방사선은 모두 합쳐 연간 약 2~3 mSv 정도이다.

종종 원자력 발전소의 폐기물 및 의료용 X선과 같은 인공적 출처에서 나오는 방사선이 인간에게 가장 중요한 방사선 피폭원라고 가정하지만, 과학적 자료는 그렇지 않은 것으로 보인다. 과학자들은 인체 방사선 노출의 20% 미만이 인간이 만든 출처에서 발생한다고 추정한다. 그림 15.10은 미국에 거주하는 인간의 연간 방사선 노출을 요약한 것이다. 이 자료에서 알 수 있듯이, 가장 큰 방사선 노출은 라돈 기체, 우주선 및 자연 토양 방사능에서 유발된다. 인간이 만든 방사선 피폭의 절반 이상은 의료용 X선과 방사성 의약품에서 비롯된 것이다.

풀어보기

15.3 항암제인 멜팔란(melphalan)은 겨자 가스에 속하는 알킬화제이다. 이것은 두 가지 방식으로 작용한다: 구아닌 염기에 알킬화를 유발하고 DNA 가닥들을 서로 결합시킨다. 멜팔란이 암세포를 죽일 수 있게 하는 두 가지 방식을 설명하라. 암세포가 멜팔란의 DNA-손상 효과를 치료할 수 있는 두 가지 방법은 어떤 것들인가?

- **힌트:** 이 문제는 DNA 복제 중의 염기쌍에서 구아닌의 알킬화 효과를 고려하라는 것이다. 해법의 열쇠는 세포가 분열하고 자라는 과정들에 대한 돌연변이의 효과를 생각해 보는 것이다. 15.6절에서는 알킬화제에 의해 도입된 형태의 돌연변이를 수리하는 방법에 대해 배울 것이다.

15.5 단일 유전자 돌연변이가 넓은 범주의 인간 질병들을 일으킨다

인간에서, 유전병들 대부분은 여러 유전자에서 생기는 변이에 의한 **다유전자성(polygenic)**이지만, 약 20,000개의 인간 유전자 중 하나에서 단 한 개가 염기쌍 변화를 일으킬 때도 심각한 유전성 질병으로 발전할 수 있다. 이런 **단일유전자성(monogenic)** 질병들은 여러 가지 형태의 단일 유전자 돌연변이에 의해 발생할 수 있다. 표 15.3은 심각한 유전병들을 일으킬 수 있는 단일 유전자 돌연변이의 형태들을 보여준다. 인간 유전자들, 돌연변이들, 그리고 질병들에 관한 종합적 데이터베이스는 '인간의 멘델형 유전에 관한 온라인 데이터베이스(Online Mendelian Inheritance in Man database, OMIM database)'에서 사용할 수 있다. (OMIM에 관해서는 3장의 "유전체학 탐구" 부분에 설명되어 있다.) 2017년 현재, OMIM 데이터베이스는 분자적 기구가 알려진 6,800가지 이상의 인간 표현형들을 수집해놓고 있다.

유전학자들은 인간에서 질병을 유발하는 돌연변이들의 약

표 15.3 단일 유전자 돌연변이에 의해 발생하는 인간 질병들

돌연변이 형태	질병	분자적 변화
과오	연골무형성증	*FGFR3* 유전자의 380 위치에서 글리신이 아르기닌으로 바뀜
과오	마르판 증후군	*fibrillin-1* 유전자의 2113 위치에서 티로신이 중지 코돈으로 바뀜
삽입	가족성 고콜레스테롤증	*LDLR* 유전자 전체에 다양한 짧은 서열이 삽입됨
결실	낭성 섬유증	*CFTR* 유전자의 508번 위치에서 페닐알라닌 코돈인 세 염기쌍이 결실됨
세뉴클레오타이드 반복서열 증가	헌팅턴병	*Huntingtin* 유전자의 암호화 영역에 40번 이상의 (CAG) 서열이 생김.

30%가 무의미 돌연변이(nonsense mutation)를 만드는 단일 염기쌍 변화라고 추정한다. 이 돌연변이들은 조기 종결을 일으키는 단백질 산물을 만들도록 할 뿐 아니라 mRNA가 빠르게 분해되도록 한다. 단백질의 아미노산 서열을 바꾸는 과오 돌연변이(missense mutation)들과, 단백질 서열을 바꾸고 내부에 무의미 코돈을 만드는 틀이동 돌연변이(frame shift mutation)들은 더 많다. 또 다른 흔한 질병-관련 돌연변이들은 유전자 프로모터, mRNA 스플라이싱 신호에 관련된 서열들과, 기타 전사나 RNA 공정, 그리고 mRNA 및 단백질의 안정성에 영향을 미치는 비암호화 서열들에 관한 것이다. 최근의 한 연구는 인간의 유전병을 일으키는 모든 점 돌연변이 중 15% 정도가 비정상적인 mRNA 스플라이싱을 일으킨다는 것을 보여주었다. 이 스플라이싱 돌연변이 중 대략 85%는 5′와 3′의 스플라이스 신호들을 변형시킨다. 나머지는 유전자 내에 새로운 스플라이스 자리를 만드는 것이었다. 스플라이싱 결함은 종종 비정상적 mRNA가 분해되거나 비정상적 단백질 산물이 생기도록 한다.

단일 유전자 돌연변이와 β-탈라세미아

비록 낫세포 빈혈증 같은 일부 단일-유전자성 질병들(14장 참고)이 유전자 내의 특수한 단일 염기쌍 변화로 발생하는 것이기는 해도, 대부분은 많은 수의 다양한 돌연변이들에 의해 같은 질병이 생길 수 있다. β-탈라세미아와 관련된 돌연변이 목록은, 더 흔하게 나타나는 후자 형태의 단일유전자성 질병에 대한 예를 보여준다.

β-탈라세미아(β-thalassemia; 지중해성 빈혈)은 유전되는 양식의 상염색체성 열성 혈액 질병으로, 헤모글로빈이 줄어들고 없어지는 것이 원인이다. 이것은 세계에서 가장 흔한 단일-유전자 질병으로서, 전 세계적으로 영향을 미치지만, 특히 지중해 지역, 북아프리카, 중동, 중앙아시아, 그리고 남동아시아의 사람들이 많이 영향을 받는다.

β-탈라세미아인 사람들은 약한 정도에서 심각한 정도까지 다양한 정도의 빈혈 증상을 보이며, 허약, 발달 장애, 황달, 기관 비대, 그리고 종종 수혈이 필요한 증상 등을 동반한다.

β-글로빈 유전자(*HBB* 유전자)의 돌연변이가 β-탈라세미아를 유발한다. *HBB* 유전자는 146개의 아미노산으로 이루어진 β-글로빈 폴리펩타이드를 암호화한다. 두 개의 β-글로빈 폴리펩타이드가 두 개의 α-글로빈 폴리펩타이드와 연합하여 성인의 헤모글로빈 4합체를 만든다. *HBB* 유전자는 1.6 kb의 DNA를 차지하며, 11번 염색체의 단완에 존재한다. 이 유전자는 3개의 엑손과 2개의 인트론으로 구성된다.

과학자들은 *HBB* 유전자에서 β-탈라세미아를 유발하는 약 400가지의 서로 다른 돌연변이들을 발견했지만 전 세계적으로 가장 많은 사례는 이들 중 오직 20개 돌연변이와 관련된 것이었다. 대부분의 돌연변이는 *HBB* 유전자 내부 또는 주변에서 단일 뉴클레오타이드를 변화시키거나 작은 삽입 및 결실을 만든다. 또한, β-탈라세미아의 영향을 받는 각 집단에는 고유한 돌연변이 조합이 존재한다. 예를 들어, 사르디니아 집단에서 가장 흔한 돌연변이(사례의 95% 이상을 차지)는, 39번 코돈에서 발생한 단일 염기쌍 변화로 무의미 돌연변이를 만들어, β-글로빈 폴리펩타이드의 조기 종결을 초래한다. 대조적으로, 구 유고슬라비아 집단의 β-탈라세미아 돌연변이에 관한 연구에서는 14가지의 서로 다른 돌연변이가 밝혀졌으며, 단지 3개(모두 1번 인트론의 스플라이스 신호에 위치)가 사례의 75%를 차지했다.

β-탈라세미아를 일으키는 돌연변이 유형은 β-글로빈 아미노산 서열에 영향을 미치는 것(과오, 무의미, 그리고 틀이동 돌연변이)뿐만 아니라 *HBB* 전사 효율, mRNA 스플라이싱과 안정성, 번역 및 단백질 안정성도 변화시킨다.

표 15.4는 β-탈라세미아를 일으키는 단일 유전자 돌연변이들의 유형을 정리한 것이다. 이 돌연변이 중 절반 이상이 단일 염기쌍 변화이며, 나머지는 짧은 삽입, 결실, 중복을 포함한다.

늘어나는 DNA 반복서열에 의한 돌연변이

1990년경부터, 인간의 여러 가지 선천적 질병의 원인이 되는 유전자에 대한 분자적 연구를 통해 놀라운 관찰들이 밝혀졌다. 연구자들은 일부 돌연변이 유전자에서, 여러 번 반복되는 특정한 짧은 DNA 서열인 **삼중뉴클레오타이드 반복서열(trinucleotide repeat sequences)**이 늘어나 있음을 발견했다. 정상인들은 이러한 서열의 반복 횟수가 적다; 그러나 20가지 이상의 여러 가지 질병을 가진 사람들은 비정상적으로 많은 수의 반복서열(어떤 경우에는 200번 이상)을 특정 유전자 내부나 주변에 가지고 있는 것으로 보인다.

이런 삼중뉴클레오타이드 반복서열 확장과 관련된 질병들로는, 취약-X 증후군(8장에 자세히 설명됨), 근긴장성 근위축증, 그리고 헌팅턴병(4장 설명 참고) 등이 있다. $(CAG)_n$과 같은 삼중뉴클레오타이드 반복서열 확장이 암호화 영역 내에서 발생하면, 길다란 글루타민 꼬리로 번역될 수 있다. 이러한 반복성 글루타민 꼬리는 단백질을 비정상적으로 응집시킬 수 있다. 반복서열의 확장이 암호화 영역 밖에서 발생했지만 mRNA 내에 존재하는 경우, 이런 mRNA는 중요한 조절 단백질에 결합하여 이들을 세포의 정상적인 기능으로부터 분리시킴으로써 작용을 방해하는 "독성" RNA로 작용할 수 있는 것으로 생각된다. 긴 삼중뉴클레오타이드 반복서열의 또 다른 가능한 결과는, 반복서열을 포함하는 DNA 영역이 비정상적으로 메틸화되어 유전자 전사의 침묵을 초래할 수 있다는 것이다.

표 15.4 β-탈라세미아를 일으키는 *HBB* 유전자의 돌연변이 형태들

영향을 받은 유전자 부위	알려져 있는 돌연변이의 수	설명
5′ 상류 영역	22	단일 염기쌍 돌연변이는 전사 시작 부위의 상류영역인 −101과 −25 사이에서 발생한다. 예를 들어, −30에서 TATA 서열의 T가 A로 바뀌면 유전자의 전사 감소 및 심각한 질병이 나타난다.
mRNA 캡 자리	1	+1 위치의 단일 염기쌍 돌연변이(A → C 전환)가 mRNA의 양을 감소시킨다.
5′ 비번역 부위	3	+20, +22, +33 위치의 단일 염기쌍 돌연변이들은 전사와 번역량을 감소시켜 약한 정도의 질병을 만든다.
ATG 번역 개시 코돈	7	단일 염기쌍 돌연변이가 mRNA의 AUG 서열을 변화시켜 번역이 일어나지 못하게 하므로 중증 질병을 만든다.
엑손 1, 2, 3의 암호화 영역	36	단일 염기쌍의 과오 돌연변이와 무의미 돌연변이, 그리고 비정상적인 mRNA 스플라이싱 자리를 만드는 돌연변이들이 있다. 질병의 중증도는 약한 것에서 심한 것까지 다양하다.
1번과 2번 인트론	38	mRNA 스플라이싱을 감소시키거나 없애고, mRNA의 안정성에 영향을 미치는 비정상적 스플라이싱 자리를 만드는 단일 염기쌍 전이와 전환 돌연변이들이 있다. 대부분 중증 질병을 일으킨다.
폴리아데닐화 부위	6	mRNA 절단과 폴리아데닐화의 효율을 감소시키는 AATAAA 서열에서의 단일 염기쌍 변화로, 긴 mRNA나 불안정한 mRNA가 생성된다. 질병 정도는 약하다.
HBB 유전자 전체와 주변 영역	>100	짧은 삽입, 결실, 그리고 중복 등이 암호화 영역을 변화시키므로 틀이동 중지 코돈의 생성과 mRNA 스플라이싱 변화를 유발한다.

반복되는 서열이 세대에서 세대로 확장되는 기작은 매우 흥미롭다. 확장은 DNA 복제 중 오류 또는 DNA 손상 복구 중 오류로 인해 발생할 수 있다고 생각된다. 원인이 무엇이든, 이러한 짧고 불안정한 반복서열의 존재는 인간을 비롯하여 여러 생물에 널리 퍼져 있는 것으로 보인다.

15.6 생물들은 돌연변이에 맞서 DNA 수리 체계를 가동한다

생물들은 자연 발생적인 DNA 손상이나 유도된 DNA 손상에 대항하는 다양하고 정교한 수리 체계를 진화시켜왔다. 이런 **DNA 수리(DNA repair)** 체계는 생체의 유전적 온전함을 유지하고, 지구상에서 생물체가 생존하도록 하는 데 필수적이다. 돌연변이와 수리 사이의 균형은 각 유전자와 생물체들에서의 관찰된 돌연변이율로 나타난다. 인간에서 가장 큰 관심사는 유전병이나 암을 일으킬 수도 있는 유전적 손상을 교정하는 이런 수리 체계의 능력이라고 할 수 있다. DNA의 수리 결함과 암 감수성 사이의 연관은 이후에 자세히 다뤄질 것이다(24장 참고).

2015년에는 DNA 수리 기작을 이해하는 데 기여했던 과학자들에게 두 개의 권위 있는 과학상이 수여되었다. 노벨 화학상은 세포가 DNA 손상을 감지하고 복구하는 방법, 특히 염기 절제 복구, 오결합 복구 및 뉴클레오타이드 절제 복구 과정에 대한 획기적인 통찰력을 보여주었던 린달(Tomas Lindahl), 모드리치(Paul Modrich), 그리고 생커(Aziz Sancar)에게 주어졌다. 라스커 상(Albert Lasker Basic Medical Research Award)은 위트킨(Evelyn Witkin)과 엘레지(Stephen Elledge)에게 돌아갔다. 위트킨은 방사선 유발성 DNA 손상으로부터 대장균과 같은 세균들을 보호하는 SOS 수리 기작의 방법과 단백질을 밝혔다. 엘레지의 연구는 진핵생물의 DNA 복구에 필수적인 단백질 및 생화학적 경로에 대한 통찰을 제공했다.

이제 여기서는 여러 가지 DNA 수리 기작을 살펴보면서, 유전적 손상에 대응하기 위해 생물들이 사용하는 주된 방법들을 강조하여 설명하고자 한다.

교정과 오결합 수리

가장 흔한 형태의 돌연변이는 DNA 복제 시 DNA 중합효소에 의해 잘못된 뉴클레오타이드가 삽입될 때 발생한다. 세균의 주요 DNA 합성효소(**DNA 중합효소 III**)는 매 100,000번의 뉴클레오타이드 삽입마다 1번의 실수를 하므로, 오류율은 10^{-5}이다. 다행스럽게도, 이 효소는 각 단계를 교정(proofreeding)함으로써 그러한 오류를 99%까지 바로잡는다. 중합 과정 중에 잘못된 뉴클레오타이드가 삽입되면, 그 효소는 오류를 인식하고 "거꾸로" 방향을 돌린다. 이제 3′→5′ 방향의 엑소뉴클레아제로 행동

하여 잘못된 뉴클레오타이드를 잘라내고 맞는 것으로 대체한다. 세균 시스템에서 교정 과정은 DNA 합성 복제의 효율성을 100배 증가시켜 $1/10^7$의 오결합(mismatch)만 만들며, 최종적으로 DNA 복제 직후 오결합 생성율은 10^7번의 삽입당 한 번꼴인 10^{-7} 정도가 된다.

교정 이후에도 남아 있는 염기-염기 오결합들, 작은 삽입들, 그리고 결실 등의 오류들에 대처하기 위해 **오결합 수리기구(mismatch repair, MMR)**라는 또 다른 기구가 활성화될 수 있다. MMR 중에는 오결합이 추적되면, 부적당한 뉴클레오타이드들은 제거되고 그 자리가 올바른 것으로 대체된다. 그러나 이런 수리 체계들은 어떻게 어떤 뉴클레오타이드가 옳고(주형 가닥 상의 것), 어떤 뉴클레오타이드가 잘못된 것인지(새로 합성된 가닥에 있는 것)를 인식할 수 있는가? 만약 오결합이 인식되었으나 그런 구별이 이루어지지 않는다면, 절제는 무작위로 일어날 것이고, 옳은 염기를 가진 가닥이 잘려 나갈 확률은 50%나 된다. 그러므로 가닥의 구별은 배우 중요한 단계이다.

대장균을 포함한 몇몇 세균들에서 가닥 구분 과정이 잘 밝혀져 있는데, **DNA 메틸화(DNA methylation)**에 기초하여 이루어진다. 이런 세균들은 DNA 아데닌 메틸화효소(DNA adenine methylase)를 가지고 있으며 이것은 다음과 같은 DNA 서열을 인식한다:

5′-GATC-3′
3′-CTAG-5′

이 서열을 기질로 인식하면 DNA 복제 과정 중에 아데닌 잔기에 메틸기를 추가한다.

복제 후에는 DNA 메틸화효소가 DNA 중합효소의 뒤에 작용함에 따라 새로 합성된 DNA 가닥이 일시적으로 비메틸화된 상태로 존재한다. 아데닌 메틸화에 앞서, 아래 언급된 수리 효소들은 새로 합성된(비메틸화된) DNA 가닥에 생긴 오결합을 인식하여 그 가닥에 결합한다. **엔도뉴클레아제(endonuclease; 내부핵산분해효소)**는 새로 합성된 DNA 가닥에서 오결합의 5′나 3′쪽에 틈(nick)을 만든다. **엑소뉴클레아제(exonuclease: 외부핵산분해효소)**는 오결합이 있는 부분까지 잘린 DNA 가닥을 분해한다. 마지막으로 DNA 중합효소가 올바른 DNA 가닥을 주형으로 하여 엑소뉴클레아제에 의해 생긴 간격들을 채운다. DNA 리가아제(DNA ligase: DNA 연결효소)가 마지막 틈을 메운다.

일련의 대장균 유전자 산물들인 MutH, MutL, 그리고 MutS는 엑소뉴클레아제, DNA 중합효소 III, DNA 리가아제와 함께 MMR에 관여한다. 이 유전자들 *mutH*, *mutL*, 그리고 *mutS*에서 돌연변이가 생기면 MMR에 결함이 있는 균주가 된다. 이런 기작들은 대장균에서 이루어지지만, 효모와 포유동물에도 상동의 단백질들이 관여하는 비슷한 기작이 존재한다.

인간에서, DNA의 MMR 단백질들을 암호화하는 유전자들(대장균의 *mutS*와 *mutL* 유전자의 인간형 대응 유전자들인 *hMSH2*와 *hMLH1*)에서의 돌연변이는, 유전성 비용종성 대장암과 관련이 있다. MMR 결함은 백혈병, 림프종, 그리고 난소, 전립샘, 그리고 자궁내막에서 생기는 종양들에서도 흔히 발견된다. 이런 암들에서 나온 세포들은 유전체 수준에서 자연 돌연변이율이 증가되어 있음을 보인다. MMR 결함과 암과의 연관은 생쥐 연구에서도 지지를 얻는다. MMR 유전자들에 결함을 가지도록 조작된 생쥐들은 많은 수의 돌연변이들을 축적하며 암이 잘 생긴다.

복제 후 수리와 SOS 수리 체계

또 다른 DNA 수리 체계는 **복제 후 수리(postreplication repair)**라고 불리는 것으로, 손상된 DNA가 수리 기구에서 빠져나가 완전히 복제되지 못했을 때 반응한다. 그림 15.11에서와 같이, 일부 손상 부분(피리미딘 이합체 같은)을 가진 DNA가 복제될 때, DNA 중합효소는 손상 부분에서 멈추었다가 그곳을 건너뛰어 새로 합성된 가닥에 복제되지 않은 틈을 남길 수 있다. 이런 틈을 교정하기 위해, RecA 단백질은 같은 극성의 비손상 부모 가닥("공여" 가닥)에서 해당 부분과의 재조합 교환 과정을 지시한다. 공여 가닥 DNA의 비손상 분절은 틈이 생겼던 분절을 대체하게 되고 공여 가닥에 틈이 생기게 된다. 이 틈은 복제가 진행됨에 따라 수리 합성에 의해 채워질 수 있다. 이런 형태의 DNA 수리에는 재조합 사건이 관여하기 때문에, 복제 후 수리는 좀 더 일반화하여 **상동성 재조합 수리(homologous recombination repair)**의 한 형태로 간주된다.

SOS 수리 기구(SOS repair system)라고 불리는, 대장균에서의 또 다른 복제 후 수리 경로가 존재하는데 이 역시 손상된 DNA에 반응하는 완전히 다른 경로이다. 복제 중에 많은 수의 수리되지 않은 오결합들이나 틈들이 존재하면, 세균은 약 20가지의 유전자(*lexA*, *recA*, 그리고 *uvr* 등을 포함하는)의 발현을 유도하는데, 이 산물들은 이런 형태의 손상들이 있어도 DNA 복제가 그냥 일어나도록 한다. 이런 형태의 수리는 DNA 손상에 대한 최후 수단이기 때문에, SOS 수리라고 불린다. SOS 수리 중에는, 정상적이라면 DNA 복제가 멈추어 있어야 할 자리에 무작위로 맞지 않을 수도 있는 뉴클레오타이드를 삽입함으로써 실수하는 경향(error prone)을 나타낸다. 결과적으로, 비록 세포를 죽일 수도 있었을 DNA 손상으로부터 살아남게 할 수 있을지는 몰라도, SOS는 그 자체로 돌연변이성(mutagenic)이다.

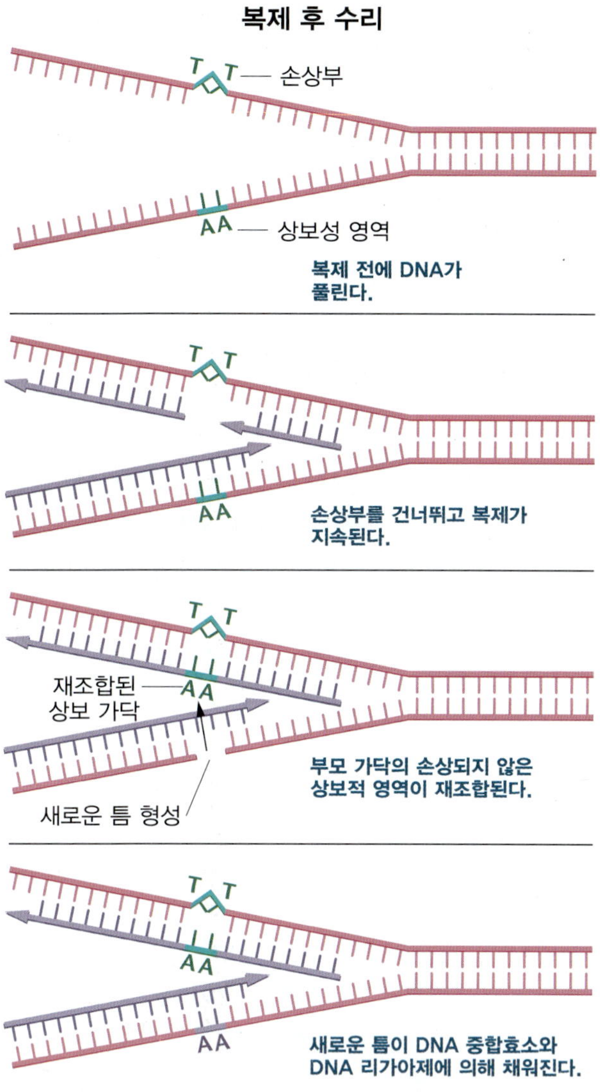

그림 15.11 DNA 복제가 티민 이합체와 같은 병변 부위를 건너뛰었을 경우 생기는 복제 후 수리. 부모 가닥으로부터 알맞은 상보적 서열이 재조합의 과정을 통해 반대편 손상 부위로 삽입된다. 새로 생긴 틈새는 DNA 중합효소와 DNA 라이게이즈에 의해 채워진다.

광재활성화 수리: UV로 인한 손상의 복구

그림 15.8에서 설명한 것처럼, 자외선은 피리미딘 이합체를 형성하므로 돌연변이를 일으킨다. 자외선으로 유도된 대장균의 DNA 손상은, 세포를 잠깐 동안 가시광선 스펙트럼의 푸른색 파장에 노출시킴으로써 부분적으로 역전될 수 있다. 이 과정은 **광재활성화 효소(photoreactivation enzyme, PRE)** 혹은 **광분해효소(photolyase)**라고 불리는 단백질의 활성에 의존적이다. 이 효소의 작용 방식은 티민 이합체 사이의 가교 결합을 끊는 것이다(그림 15.12). 이 효소가 어두운 상태에서 티민 이합체를 끊는 것과 관련된 것이긴 해도, 이합체를 끊기 위해서는 푸른빛의 광자를 흡수해야만 한다. UV 유발 돌연변이의 수를 줄이는 능

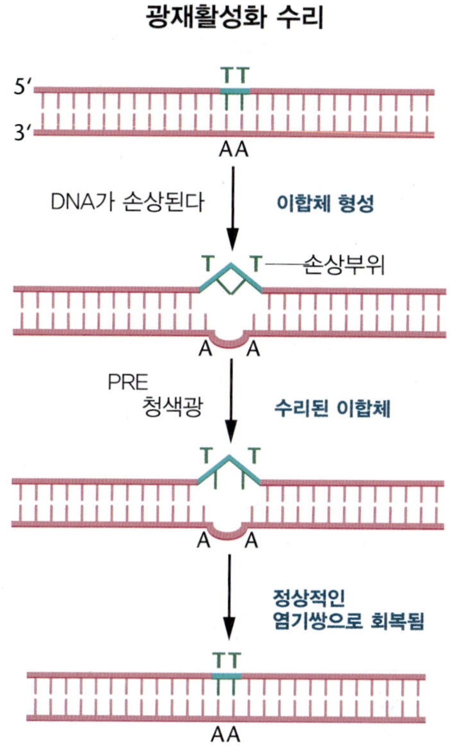

그림 15.12 광재활성화 수리에 의해 손상된 DNA가 수리된다. 티민 이합체를 만든 결합은 광재활성화 효소(PRE)에 의해 절단되는데, 이것은 가시광선 스펙트럼의 청색광에 의해 활성화되어야 한다.

력에도 불구하고, 대장균에서 **광재활성 복구(photoreactivation repair)**가 절대적으로 필요한 것은 아니다; PRE를 암호화하는 유전자에서 생긴 영대립유전자가 세균에 치명적이지 않기 때문이다. 이 효소는 세균, 곰팡이, 식물, 그리고 일부 척추동물을 포함한 많은 생물들에서 발견되는데 사람에서는 발견되지 않았다. 이 효소계가 없는 인간이나 기타 진핵생물들은 자외선 방사에 의한 효과를 없애주는 다른 수리 기구에 의존해야만 한다.

염기 절제 및 뉴클레오타이드 절제 수리

빛과 관련이 없는 여러 DNA 수리 체계들이 모든 세균과 진핵생물들에 존재한다. 종합적으로 **절제 수리(excision repair)** 혹은 자르고 붙이기 기작(cut-and-paste mechanism)이라고 불리는 이런 형태의 수리 방식은 다음 3단계로 구성된다.

1. DNA 나선의 한 가닥에서 손상이나 왜곡, 오류가 인식되고 엔도뉴클레아제에 의해 효소적으로 잘려 나온다. 인산이에스테르 기둥에서의 이러한 '절제(excision)'는 보통 오류뿐 아니라 많은 수의 인접 뉴클레오타이드를 포함하여 발생하며, 나선의 한쪽 가닥에 빈 자리(gap)를 남긴다.
2. DNA 중합효소는 손상이 없는 상대 가닥을 복제 주형으로 사용하여 이에 상보적인 데옥시리보뉴클레오타이드를 끼

워 넣음으로써 빈 자리를 메운다. 효소는 잘려 나간 DNA의 자유 3′-OH 말단에 이 뉴클레오타이드들을 첨가한다. 대장균에서 이 과정은 DNA 중합효소 I에 의해 수행된다.

3. DNA 리가아제가 마지막으로 삽입된 뉴클레오타이드의 말단 3′-OH에 남아 있는 "절단(nick)"을 붙여 틈을 메운다.

두 가지 형태의 절제 수리 기구가 알려져 있다: 염기절제 수리와 뉴클레오타이드 절제 수리이다. **염기 절제 수리(base excision repair, BER)**는 화학적으로 변형된 염기 또는 DNA에 부적절하게 통합되었거나 사이토신의 탈아민화에 의해 생성된 유리딘 뉴클레오사이드의 존재로 인해 잘못된 염기쌍을 포함하는 DNA를 교정한다. 대장균에서 BER 경로의 첫 번째 단계는 **DNA 글리코실라제(DNA glycosylase)**라고 하는 효소에 의해 부적절하게 짝을 이루는 염기가 인식되는 과정이다. 여러 개의 DNA 글리코실라제 효소들이 존재하며, 각각 특정 염기들을 인식한다. 예를 들어, 유라실-DNA 글리코실라제 효소는 DNA 상에서 유라실의 존재를 인식한다(그림 15.13). DNA 글리코실라제 효소들은 우선 표적 염기와 당 사이의 글리코시드 결합을 끊어 **탈피리미딘 부위(apyrimidinic site)** 혹은 **탈퓨린 부위(apurinic site)**를 생성한다. 염기를 잃은 당은 **AP 엔도뉴클레아제(AP endonuclease)**라고 불리는 효소에 의해 인식된다. 이 엔도뉴클레아제는 탈피리미딘 혹은 탈퓨린 부위에서 인산이에스테르 골격을 자른다. 생긴 빈 자리는 DNA 중합효소와 DNA 리가아제에 의해 채워진다.

비록 DNA 글리코실라제 효소들에 대해서는 대장균에서 많은 것이 알려져 있지만, 이런 체계는 효모에서 인간에 이르기까지 진핵생물에서도 추적된다. 실험적 증거들은 BER 활성에 결함이 있는 생쥐와 인간의 세포들이 감마선과 산화제들에 의한 사멸효과에 과도하게 민감하다는 것을 보여준다.

뉴클레오타이드 절제 수리(nucleotide excision repair, NER) 경로는 이중 나선을 바꾸거나 왜곡시키는 DNA의 "큰(bulky)" 손상을 수리한다. 이런 손상들은 UV-유도성 피리미딘 이합체와, 앞서 논의했던 DNA 부착물들을 포함한다.

NER 경로(그림 15.14)는 1964년, UV에 민감한 여러 종류의 대장균 돌연변이체들을 분리했던 하워드-플랜더스(Paul Howard-Flanders)와 동료들에 의해 최초로 발견되었다. 한 그룹의 유전자들은 *uvr*(ultraviolet repair)로 명명되었는데, *uvrA*, *uvrB*, *uvrC* 돌연변이들을 포함한다. NER 경로에서 *uvr* 유전

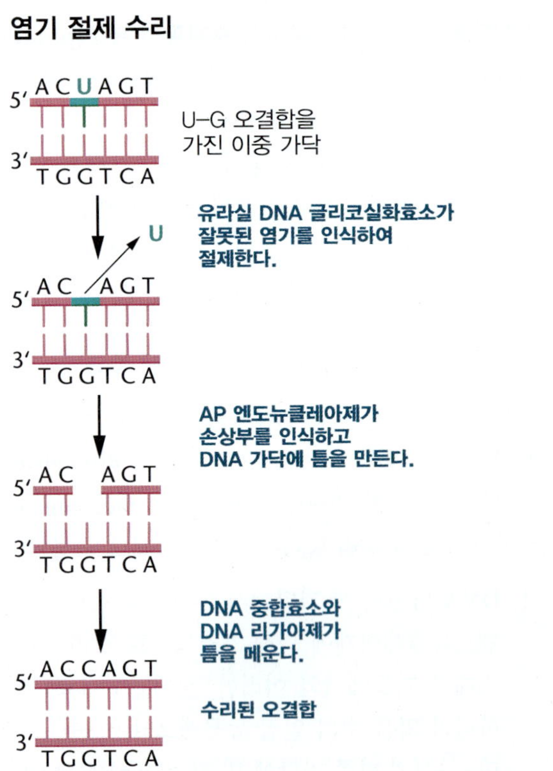

그림 15.13 유라실 DNA 글리코실화 효소, AP 엔도뉴클레아제, DNA 중합효소, 그리고 리가아제에 의한 염기 절제 수리(base excision repair, BER). 유라실은 비상보성 염기로 인식되어 잘리고 상보적인 염기(C)로 대체된다.

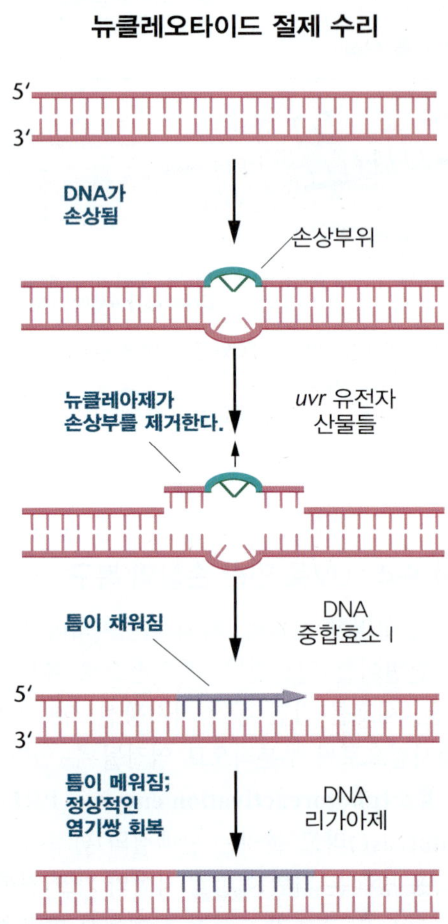

그림 15.14 UV에 의해 유도된 티민 이합체를 고치는 뉴클레오타이드 절제 수리(nucleotide excision repair, NER). 수리 과정 동안, 세균에서는 13 염기들이 절제되며 진핵세포에서는 28 염기들이 절제된다.

자 산물들은 DNA 내의 손상을 인식하고 잘라내는 데 관여한다. 보통, 매우 특정한 수의 뉴클레오타이드들이 손상의 양쪽 근처에서 잘려 나간다. 대장균에서는 손상부를 포함하여 총 13 뉴클레오타이드가 제거된다. 이 수리는 BER에서 일어나는 방식과 유사하게, DNA 중합효소 I과 DNA 리가아제에 의해 완성된다. 손상 부위 맞은편의 비손상 가닥은 복제의 주형으로 사용되어 수리 합성이 일어나도록 한다.

뉴클레오타이드 절제 수리와 인간의 색소성 건피증

진핵생물의 NER 기작은 세균의 것보다 훨씬 복잡하며, 약 30개의 유전자에서 암호화되는 더 많은 단백질들이 관여한다. 사람에서 이 기구에 대하여 알려진 많은 부분이 **색소성 건피증(xeroderma pigmentosum, XP)**이라고 하는 개인들을 자세히 연구함으로써 얻어진 것이다. 이것은 희귀한 열성 유전병으로, 심각한 피부 이상, 피부암, 그리고 발달 장애 및 신경계 장애를 포함하여 다양한 증상에 대한 유전적 소인을 유발한다. XP 환자들은 태양광의 UV에 극단적으로 민감하다. 게다가, 그들은 일반 집단에서보다 특히 피부암의 발생률이 2,000배나 높다. 조기 진단과 태양광으로부터의 보호가 발병을 막을 수 있다고는 해도, 질병이 위중하여 치명적일 수도 있다(그림 15.15).

XP 환자와 정상인들로부터 얻은 인간의 섬유아세포 배양을 이용하여, 시험관 내 실험으로 자외선에 의해 유도된 손상의 수리가 조사되었다(섬유아세포는 미분화된 결합조직 세포들이다). 이러한 연구의 결과는 XP 표현형이 NER 경로에서의 결함과 하나 이상의 유전자들에서 발생한 돌연변이들 때문임을 시사한다.

1968년, 클리버(James Cleaver)는 XP 환자의 세포가 **비예약 DNA 합성(unscheduled DNA synthesis)**으로 알려진 현상인, 염색체 복제 중이 아닐 때 발생하는 DNA 합성에 문제가 있음을 보여주었다. 정상 세포에서는 UV에 노출되면 비예약 DNA 합성이 유발된다. 이러한 유형의 합성은 NER 동안의 DNA 중합 활성을 나타내는 것으로 생각되기 때문에, XP 환자의 비예약 DNA 합성 결핍은 XP가 NER의 결함 때문일 수 있음을 시사했다.

NER 및 XP와 여러 유전자들 사이의 연관성은 **체세포 잡종화(somatic cell hybridization)**를 이용하여 조사되었다. 혈연관계가 아닌 두 명의 XP 환자들로부터 얻은 섬유아세포들이, 조직 배양으로부터 자라면서 서로 융합되어 이핵세포를 형성할 수 있다. **이핵세포(heterokaryon)**란 서로 다른 생물로부터 온 두 개의 핵이 공통의 세포질에 존재하는 것이다. 이핵세포의 NER은 비예약 DNA 합성 수준으로 평가될 수 있다. 만약 두 XP 세포 각각의 돌연변이가 같은 유전자에서 발생한 것이었다면, 그 이핵세포는 융합에 사용된 세포들과 마찬가지로 NER을

그림 15.15 색소성 건피증(XP)인 두 사람. 이 두 사람은 햇빛에 의해 유도된 특징적인 XP 피부 병변을 나타내며, 세포의 상처에 반응하여 얼룩덜룩한 붉은점(홍반)과 불규칙한 색소 변화를 나타낸다.

일으킬 수 없을 것이다. 이것은 이핵체 세포에 관련 유전자의 정상 사본이 존재하지 않기 때문이다.

그러나 만약 이핵세포에서 NER이 일어난다면, 두 XP 세포에서의 돌연변이들은 서로 다른 두 유전자에 존재하는 것임이 틀림없을 것이다. 그러므로 그 두 돌연변이체는 **상보성(complementation)**을 나타낸다고 한다. 이 개념은 이전에도 논의된 바 있다(4장 참고). 상보성은 이핵세포가 융합된 세포의 각 유전자에 대해 적어도 하나의 정상 사본을 가지기 때문에 발생한다. 많은 수의 XP 환자들로부터 얻은 XP 세포들을 융합시킴으로써, 연구자들은 XP 표현형에 얼마나 많은 유전자들이 기여하는지를 결정할 수 있었다. 이 연구와 다른 여러 연구들에 따르면, XP 환자들은 7개의 상보성 그룹(complementation group)으로 나뉘는데, 이는 적어도 7개의 서로 다른 유전자가 인간에서의 절제 수리에 관여함을 시사한다. *XPA*에서 *XPG*까지 이 일곱 유전자(*X*eroderma *P*igmentosum 유전자 *A*부터 *G*까지)는 이제는 규명이 되었고, 효모에서 각 유전자의 상동체가 발견되었다.

XP 환자들의 약 20%는 이 7 그룹 어디에도 속하지 않는다. 이 환자들 대부분에서 나온 세포들은 DNA 중합효소 에타(Pol η)를 암호화하는 유전자에 돌연변이를 가지는데, 이것은 손상된 DNA를 지나 복제가 진행되도록 하는 낮은 신뢰성의 DNA 중합효소이다. 또다른 약 6%의 XP 환자들이 7개의 상보성 그룹 유전자나 DNA 중합효소 에타 유전자(*POLH*)에 돌연변이를 갖지 않는 것으로 보아, XP에 관여하는 다른 유전자가 있거나 혹은 암호화 영역 밖의 돌연변이가 관여하고 있음을 알 수 있다.

XP의 결함 유전자에 대한 연구 결과, NER이 정상 세포의 DNA 손상에 어떻게 대응하는지에 대해 많은 것이 알려졌다.

인간에서 첫 번째 단계는 *XPC*, *XPE* 및 *XPA* 유전자에 의해 암호화된 단백질에 의해 손상된 DNA를 인식하는 것이다. 그런 다음, 이 단백질들은 DNA 손상 부위로 나머지 수리 단백질들을 불러 모은다. *XPB* 및 *XPD* 유전자는 헬리케이즈들을, *XPF* 및 *XPG* 유전자는 뉴클레아제들을 암호화한다. 이들과 여러 인자가 절제 수리 복합체를 만들어 손상 부위를 포함하고 있는 DNA 가닥으로부터 약 28-뉴클레오타이드 길이의 단편을 제거한다. 이렇게 해서 생성된 간격(gap)은 DNA 중합효소에 의해 채워지고 DNA 리가아제에 의해 연결된다.

코케인 증후군(Cockayne syndrome, CS)과 황결핍성모발이영양증(trichothiodystrophy, TTD)이라는 두 가지의 희귀 상염색체 열성 질환이 NER 경로의 결함과 관련되어 있다. CS의 증상에는 발달 장애와 신경학적 결함 및 햇빛에 대한 민감성이 포함되지만, 암을 증가시키지는 않는다. CS 환자는 조기 노화를 보이며 보통 20세 이전에 사망한다. TTD의 증상에는 왜소증, 지적 장애, 약한 피부와 모발, 안면 기형이 포함된다. CS와 마찬가지로 이 환자들은 햇빛에 민감하지만 암 발생률이 정상보다 높지는 않다. TTD 환자의 평균 수명은 6년이다.

CS와 TTD는 일부 XP와 관련된 것과 동일한 유전자들(*XPB* 와 *XPD* 같은)이나, 유전체의 전사 영역 내의 NER과 관련된 단백질을 암호화하는 유전자들에서 생긴 돌연변이들 때문에 발생한다. 같은 유전자들 혹은 같은 DNA 수리 경로에서 생긴 돌연변이에 의해 이렇게나 다양한 증상이 나타나는 원인은 알려져 있지 않다; 그러나 이것은 많은 NER 유전자의 산물들이 다른 주요 과정들에도 관여한다는 사실을 반영하는 것일 수 있다.

진핵생물에서의 이중-가닥 절단 수리

지금까지 우리는 DNA의 한 가닥 내에 생긴 손상이나 오류와 관련한 수리 과정들을 논의했다. 이제는, 이온화 방사선 등에 대한 노출로 DNA 나선의 이중 가닥이 끊어졌을 때 진핵세포에서 발생하는 수리기구를 살펴봄으로써 이 논의를 마치고자 한다. 이런 형태의 손상은 세포에게 대단히 위험한 것으로, 염색체 재배열이나 암, 혹은 세포 사멸을 일으킨다.

특수화된 형태의 DNA 수리인 **이중-가닥 절단 수리(double-strand break repair, DSB repair)** 경로가 활성화되어 결국 두 DNA 조각의 재 연결을 책임진다. 이 경로의 결함은 X선 과민성 및 면역 결핍과 연관되어 있고, 유전성 유방암이나 난소암과도 관련되어 있다. 판코니 빈혈증(Fanconi anemia)과 모세혈관 확장성 운동실조증(ataxia telangiectasia) 같은 인간의 몇 가지 증후군들은 DSB 수리 결함 때문에 발생한다.

이중-가닥 절단 수리에 관여하는 한 가지 경로는, **상동성 재조합 수리(homologous recombinational repair)**이다. 이 과정의 첫 단계는 이중 절단을 인식하는 효소의 활성이 관여하는 것이고, 다음에 DNA 나선의 5′ 말단 쪽이 거꾸로 잘려나가 3′ 말단에 단일 가닥 부분이 남게 된다(그림 15.16). 남은 한 가닥의 말단이 자매 염색분체의 상동 서열 지역을 찾아 상동성 DNA 이중체 내로 끼어들어 상동 서열에 배열된다.

일단 배열되면, 3′의 단일 가닥 말단에서 비손상 가닥을 주형으로 삼아 DNA 합성이 진행된다. 두 자매 염색분체 간의 이러한 상호작용은 필수적인 것인데, 왜냐하면 한 나선의 두 가닥에 모두 절단이 일어나면, 수리 과정 중에 상보적 DNA 서열의 재료로 사용할 비손상 부모 가닥이 없기 때문이다. 앞서 설명했던 바와 같이(11장 참고), DNA 수리 합성 후에는, 결과적으로 생긴 이형이중체(heteroduplex) 분자가 풀리고 두 염색분체가 분

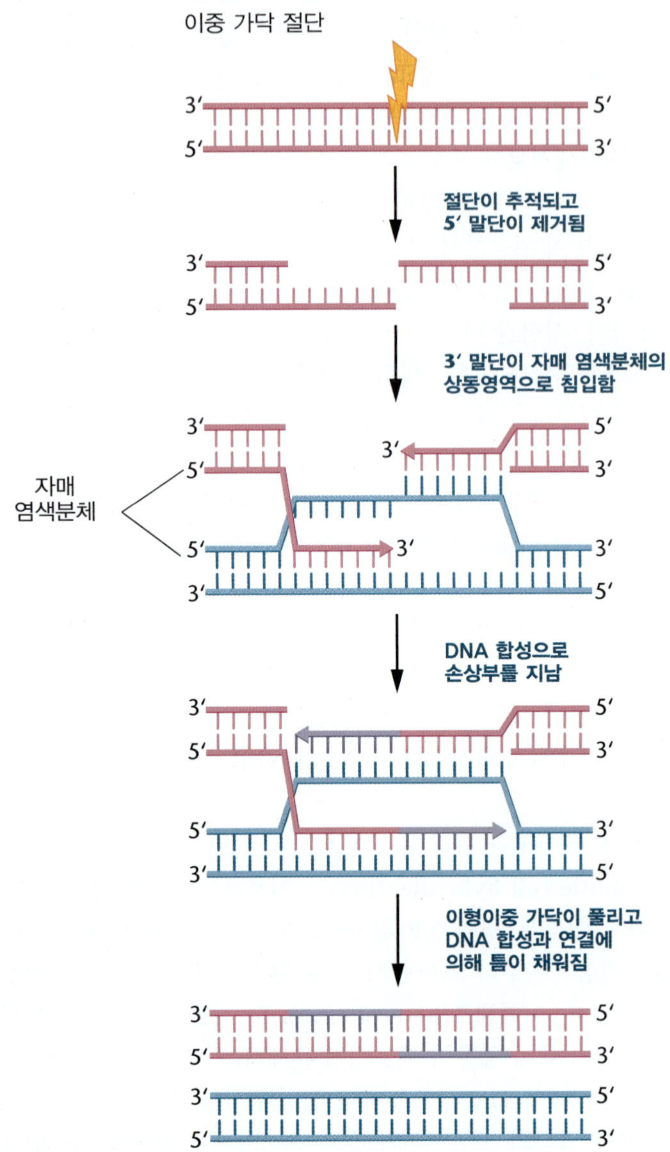

그림 15.16 이중 가닥 절단을 고치는 상동성 재조합 수리 과정들.

리된다.

DSB 수리는 보통 세포 주기에서 DNA 복제 후, S기 후기나 G2기 초에 발생하는데, 자매 염색분체들이 수리 주형으로 사용이 가능할 때이다. 비손상 주형이 수리 합성 중에 사용되기 때문에 상동성 재조합 수리는 매우 정확한 과정이다.

두 번째 경로는 **비상동성 말단 결합(nonhomologous end joining)**이라 불리는 것으로, 역시 이중가닥 절단을 수리한다. 그러나 이름이 의미하는 바와 같이, 수리 중에 상동적인 DNA 부분을 이용하지는 않는다. 이 시스템은 G1기, 즉 DNA 복제 전에 활성화된다. 말단 결합에는 여러 단백질들의 복합체가 관여하며, 여기에는 DNA-의존성 단백질 카이네이즈와 유방암 민감성 유전자 산물인 BRCA1이 포함되는 것 같다. 이들을 포함하여 여러 단백질들은 잘려진 DNA의 자유 말단에 결합하여 끝을 다듬은 다음 다시 서로 붙인다. 이런 말단 결합 과정 중에 일부 뉴클레오타이드 서열이 손실되기 때문에, 이것은 실수하는 경향이 있는(error-prone) 수리 체계이다. 그리고 하나 이상의 염색체들이 이중 가닥 절단을 일으키면, 잘못된 말단들이 서로 붙어서 앞서 논의했던 것과 같은 비정상적인 염색체 구조가 생길 수 있다(6장 참고).

풀어보기

15.4 유전학자들은 종종 초파리에서 돌연변이를 유발하기 위해 에틸메탄설폰산(ethylmethane sulfonate, EMS; 그림 15.6 참고)을 이용하곤 한다. EMS는 어째서 유전적 탐구에서 돌연변이원으로 선택되는가? 기능적인 오결합 수리 체계가 없는 초파리 계통에서 EMS의 효과는 어떻게 나타나겠는가?

- **힌트:** 이 문제는 유용한 돌연변이원으로서의 EMS에 대한 평가와 함께 DNA 수리 체계가 없는 경우의 효과에 대해 묻고 있다. 해법의 열쇠는 DNA에 대한 EMS의 화학적 효과를 고려하는 것이다. 또한 EMS에 의해 돌연변이화된 DNA에 작용할 수 있는 DNA 수리의 형태와 이 과정들의 효율성에 대해서도 고려해 보라.

15.7 에임즈 검사법은 화합물의 돌연변이 유발력을 검사하는 데 사용된다

피부, 소화계 또는 호흡기를 통해 인체에 들어오는 모든 화학물질들이 돌연변이를 일으킬 수 있는가에 대한 걱정이 많다. 우리가 염려하는 합성 화학물질들은, 대기 및 수질 오염, 식품 방부제, 인공 감미료, 제초제, 살충제 및 의약품에서 발견되는 것들이다. 돌연변이유발력(mutagenicity)은 곰팡이, 식물, 그리고 배양된 포유동물 세포 등을 비롯하여 다양한 생물들에서 검사될 수 있다; 그러나 가장 일반적인 검사법은 여기서 설명하려고 하는, 세균을 사용하는 것이다.

1960년대에 이 검사법을 고안한 미국의 생화학자 에임즈(Bruce Ames)의 이름을 딴 **에임즈 검사법(Ames test)**은, 여러 계통의 살모넬라 세균(*Salmonella typhimurium*)을 이용하는데, 이 세균들은 특정 형태의 돌연변이들을 드러낼 수 있는 능력 때문에 선택된 것들이다. 예를 들어, 일부 계통들은 염기쌍 치환들을 추적하는 데 사용되며, 다른 계통들은 다양한 틀이동 돌연변이들을 추적하는 데 사용된다. 각 계통은 히스티딘 오페론 유전자들 중 하나에 돌연변이를 가진다. 돌연변이 균주들은 히스티딘을 합성할 수 없으며(his^- 균주), 따라서 성장을 위해선 히스티딘을 요구한다. 평가는 그 돌연변이 유전자 내에서 발생한 역돌연변이로 인해 어느 정도의 빈도로 야생형 세균(his^+ 역돌연변이체)이 나타나는지를 측정함으로써 이루어진다(그림 15.17). 이 살모넬라 균주들은 DNA 손상 수리에 관여하는 유

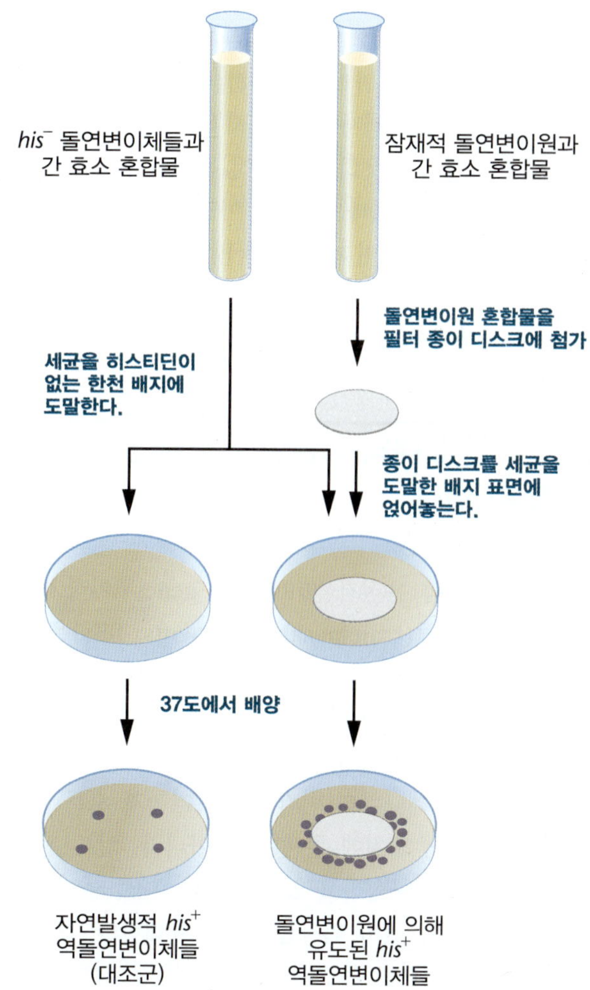

그림 15.17 에임즈 테스트는 돌연변이 유발 가능성이 있는 화합물들을 검사한다. 그림에서는 오른쪽 접시에 많은 수의 his^+ 역돌연변이 콜로니들이 보이며, 이것은 검사된 물질이 돌연변이 유발성임을 알려준다.

전자들과, 세균을 감싸 외부 물질로부터 보호해 줄 수 있는 지질다당체(lipopolysaccharide) 세포벽을 합성하는 데 관여하는 유전자들 모두에 돌연변이를 가지고 있기 때문에 돌연변이원에 대해 감수성이 증가되어 있다.

인체로 들어오는 많은 물질들이 보통은 간에서 대사를 통해 화학적으로 반응성 산물들이 되기까지는 비교적 무해하다. 그러므로 에임즈 검사법은 검사 화합물이 시험관 안에서 포유동물의 간 추출액과 함께 보존되는 단계를 포함한다. 혹은, 검사화합물을 쥐에 주사하여 간 효소에 의한 변형을 유도한 다음 다시 회수하여 에임즈 검사에 사용하기도 한다.

1970년대에 에임즈 검사가 초기에 사용되었을 당시에 많은 수의 알려진 **발암원(carcinogen)**들이 검사되었는데, 80% 이상이 강력한 돌연변이원인 것으로 드러났다. 이것은 놀랄 일이 아닌데, 세포를 암세포로 형질 전환시키는 것은 돌연변이의 결과로 발생하는 것이기 때문이다. 예를 들어, 담배 연기에서 발견되는 60가지 이상의 화합물들은 에임즈 검사에 양성 반응을 나타내며 동물 실험에서 암을 유발한다. 물론 돌연변이원 양성반응이 이 화합물이 발암성임을 증명하는 것은 아닐지라도, 에임즈 검사법은 돌연변이 유발력을 검사하는 빠르고 편리한 방법이므로 아주 유용한 초기 검사 기구로 사용될 수 있다. 쥐와 생쥐와 같은 실험 동물을 사용하여 잠재적 돌연변이원 및 발암물질을 검사하는 방법들도 있다; 그러나 이러한 검사들은 완료하는 데 몇 년이 걸릴 수 있으며 비용이 더 많이 든다. 에임즈 검사법은 화학물질들이 산업적 개발되는 과정에서, 또 약물 화합물들을 개발하는 과정에서 널리 사용된다.

15.8 유전체 내의 이동성 요소들은 돌연변이를 일으킬 수 있다

비공식적으로 "도약 유전자들(jumping genes)"이라고도 알려져 있는 **전이 인자들(transposable elements, TEs)**은, 염색체 내에서 혹은 염색체들 사이에서 움직일 수 있는 DNA 서열들로서, 유전체 내의 다양한 장소에 자신들을 삽입시킨다. 그들은 50~10,000 bp 정도의 길이이다.

전이 인자들은 세균부터 인간에 이르기까지 모든 생물들의 유전체에 존재한다. 도처에 존재할 뿐 아니라, 일부 진핵성 유전체의 상당 부분을 구성하고 있기도 하다. 예를 들어, 인간 유전체의 거의 50%가 전이 인자들로부터 유래한다. 도롱뇽이나 보리같이 유달리 커다란 유전체를 가지는 일부 생물들은, 여러 형태의 전이 인자들을 수십만 개나 포함하고 있어서 이 유전체들의 85%를 차지한다.

이런 인자들이 무슨 작용을 하는지에 대해서는 불분명하지만, 인간 유전체 서열화에서 얻어진 자료들은 전이 인자들로부터 몇몇 유전자들이 진화했으며 이런 인자들의 존재가 유전체의 재구성과 변형을 도울 수 있음을 시사한다. 또한 전이 인자들이 유전체의 한 장소에서 다른 장소로 이동하는 것은 유전자를 망가뜨리고 돌연변이를 일으킬 수 있을 뿐 아니라 이중 가닥 절단 등의 염색체 손상을 유발할 수 있다. 또한 이들은 비슷한 서열들끼리 상동성 재조합이 일어날 때 유전체 재구성 사건이 발생하는 자리로 작용하기도 한다.

그들이 발견된 이후로, 전이 인자들은 유전학 연구에 귀중한 도구가 되어왔다. 유전학자들은 이 DNA 인자들을 돌연변이원으로, 클로닝 표지로, 그리고 외래 유전자를 모델 생물체에 도입하는 전달체로 사용한다. 전이 인자들을 유전학 연구에 이용한 한 가지 사례가 이 절 뒤에 제시된 '유전자 기능의 이해를 위한 현대적 접근' 부분에 설명되어 있다.

전이 인자들은 전이하는 방식에 따라 두 그룹으로 분류될 수 있다. **레트로트랜스포존**(*retrotransposon*)들은 RNA 중간체를 이용하여 움직이며, DNA **트랜스포존들**은 DNA 인자 형태로 유전체 안팎으로 이동한다. 우리는 이제 이 두 그룹에 대해 살펴볼 것이다.

DNA 트랜스포존들

DNA 트랜스포존(DNA transposon)들은 RNA 중간체를 통하지 않고 장소를 옮긴다. 이들은 세균에서 인간의 유전체에 이르기까지 많은 생물의 유전체에 풍부하게 존재한다(**표 15.5**).

DNA 트랜스포존들은 기능적으로 중요한 몇 가지 구조적 특징들을 공유한다(**그림 15.18**). 역말단 반복서열들(inverted terminal repeats, ITRs)이 전이 인자들의 양 말단에 위치하며, 전이효소(transposase)를 암호화하는 열린 해독틀(open reading frame, ORF)을 가진다; 이 둘은 유전체 안팎으로 전이 인자가

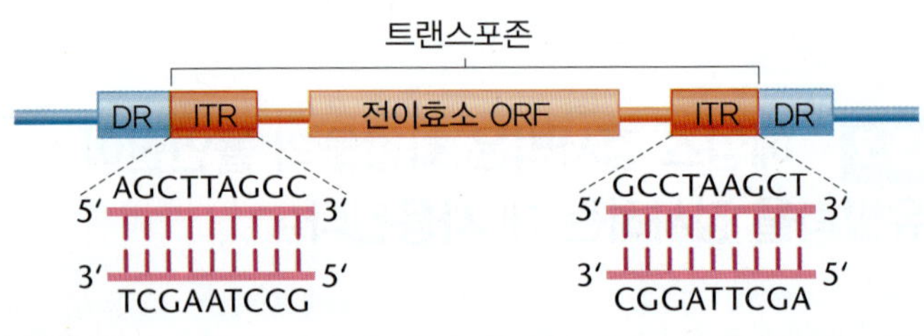

그림 15.18 DNA 트랜스포존의 구조적 특징들. 주황색으로 표현된 DNA 트랜스포존은 전이효소를 암호화하는 열린 해독틀(ORF)을 포함한다. 일부 DNA 트랜스포존들은 전이효소 외에도 다른 단백질들을 암호화는 ORF들을 포함하기도 한다. 역말단 반복서열(ITR)들은 아래쪽에 자세히 그려져 있으며, 서로 뒤집힌 짧은 DNA 서열들이다. 정반복서열들(푸른색으로 표현됨, DR)은 염색체 DNA에 있는 트랜스포존의 옆 서열이다.

표 15.5 DNA 트랜스포존의 종류

범주	인자들	예	생물
자동성	삽입 서열들(IS)	IS*1*	세균
	복합 인자들	Tn*5*, Tn*10*	세균
	Activator 인자	*Ac*	옥수수
	완전한 길이의 *P* 인자들	*P* 인자	초파리
비자동성	*Dissociation* 인자	*Ds*	옥수수
	미니어처 역반복성 TE(MITEs)	*MiHsmar1*	식물, 척추동물
	마리너형 인자	*Tc1*	어류, 기타 척추동물
	내부 결실을 가진 *P* 인자들	*P* 인자	초파리

이동할 때 필수적이다. ITR들은 9~40 bp 길이의 DNA 서열로, 양쪽의 염기서열이 같지만 서로 반대로 향하게 뒤집혀 있다. ITR들은 전이효소에 의한 인식과 결합, 그리고 전이 과정에 필수적이다. 전이 인자가 삽입된 양옆에는 숙주 DNA에 짧은 정반복서열들(direct repeats, DRs)이 존재한다. 이런 측면 DR들은 이 절의 후반에 설명된 TE 삽입 과정의 결과로 생성된다.

DNA 트랜스포존들은 길이가 매우 다양하며, 자동성이나 비자동성이냐로 분류될 수 있다(표 15.5). **자동성 트랜스포존들**(*autonomous transposons*)은 기능적인 전이효소들을 암호화하며 완전한 ITR들을 가지고 있기 때문에 스스로 전이할 수 있다. **비자동성 트랜스포존들**(*nonautonomous transposons*)은 기능적인 전이효소들을 암호화하지 않으므로 혼자서는 움직일 수 없다. 이들은 유전체의 다른 장소에 자동성 트랜스포존들이 있어서 그들의 전이효소가 합성되면 이것을 이용하여 전이할 수 있다.

DNA 트랜스포존들은 대부분 "자르고 붙이기(cut-and-paste)" 방법으로 유전체에서 움직인다. 이때 트랜스포존은 물리적으로 유전체에서 떨어져 나와 같은 염색체나 혹은 다른 염색체의 새로운 장소로 삽입된다. 처음 단계는, 전이효소(transposase)가 전이 인자의 양 말단에 결합하여 트랜스포존 DNA와 염색체 DNA 사이를 절단한다(그림 15.19). 이 단계에서 전이효소가 결합한 채로 트랜스포존이 방출된다. 두 번째 단계에서는 전이효소가 염색체 DNA의 새로운 장소에 말단 길이가 다른 절단을 만들어 단일 가닥의 5′와 3′ DNA 말단 서열을 남긴다. 이후 전이효소는 새로운 위치에 트랜스포존을 삽입한다(3단계). 마지막 단계에서는, 5′-와 3′-말단의 단일 가닥 DNA 서열이 DNA 중합효소에 의해 채워지고 DNA 리가아제에 의해 봉합된다. 이 과정에서 삽입 부위

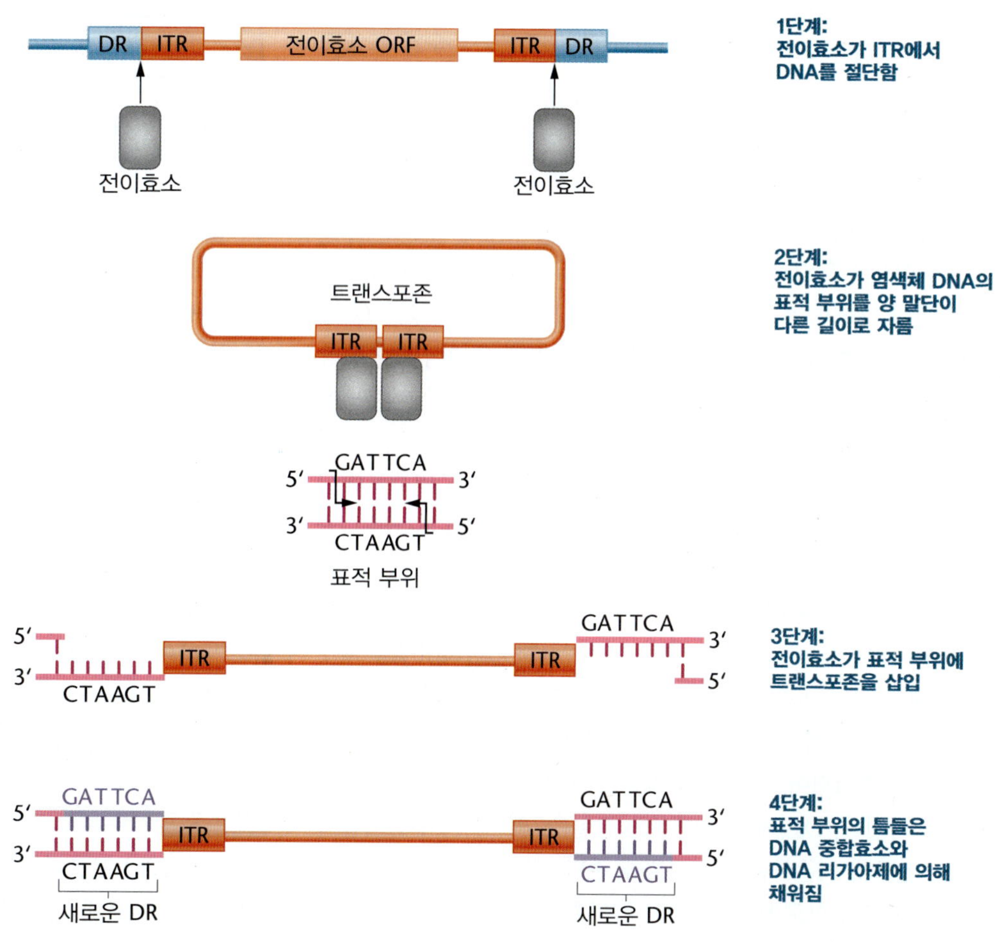

그림 15.19 DNA 트랜스포존의 전이 과정.

양쪽에 새로운 DR이 생긴다. 보통, 항상 그런 것은 아니지만, DNA 트랜스포존이 나간 자리는 정확하게 수리되어 원래 있던 DNA 트랜스포존의 흔적은 남지 않는다.

DNA 트랜스포존들의 예를 살펴보고 그들이 움직이는 방식이 유전자 발현에 영향을 미칠 수 있음을 다음 절에서 설명할 것이다.

DNA 트랜스포존; 옥수수의 Ac–Ds 체계

DNA 트랜스포존들은 1940년대에 옥수수 유전학을 연구하던 맥클린톡(Barbara McClintock)에 의해 처음 발견되었다. 그녀의 연구는 두 종류의 돌연변이들, ***Dissociation(Ds)***과 ***Activator(Ac)***의 행동 분석에 관한 것이었는데, 이들은 옥수수 씨앗의 배젖이나 호분층에서 발현된다. 그녀는 두 그녀는 자신의 관찰과 옥수수 염색체들의 세포학적 연구를 연결시켰다. 처음, 맥클린톡은 *Ds*가 염색체 9번에 있다는 결정을 내렸다. 만약 *Ac*도 유전체 내에 존재하면, *Ds*는 염색체 상에서 자신의 위치 근방에서 절단을 유도했다. 이러한 절단이 발생 과정 중의 체세포에서 발생하게 되면, 그 세포들의 자손들은 부러진 염색체의 일부를 종종 잃어버려 여러 가지 다양한 표현형 효과를 나타냈다. 이 장의 첫 페이지에 실린 사진은 옥수수 낟알에서 *Ds* 돌연변이들에 의해 유발된 표현형 효과들을 보여준다.

계속된 분석으로 맥클린토크는 *Ds*와 *Ac* 인자들이 가끔 새로운 염색체 자리로 이동한다고 생각하게 되었다. *Ds*는 *Ac*가 존재할 때에만 이동하는데 반해, *Ac*는 스스로 이동할 수 있었다. *Ds*가 위치하게 된 자리에서 유전적인 효과가 결정되었다—즉, 그것은 염색체 절단을 일으키거나 특정 유전자의 발현을 방해할 수 있었다. *Ds*가 유전자 돌연변이를 일으켰던 세포에서 *Ds*가 다시 이동할 수도 있는데, 그러면 그 유전자 돌연변이는 야생형으로 회복되었다. 그림 15.20은 이동 형태와 *Ds* 및 *Ac* 인자들에 의한 영향을 보여준다.

맥클린토크의 원래 관찰에서는, *Ds* 인자가 9번 염색체에서 빠져나온 세포에서 색소 합성이 회복되었다. 맥클린토크는 *Ds*가 **이동성 조절 인자(mobile controlling element)**라는 결론을 내렸다. 후에 *Ac*에 대해서도 비슷한 이동성이 밝혀졌다. 우리는 이제 일반적으로 이들을 모두 전이 인자들(TEs)이라고 부른다.

이제는 여러 *Ac*와 Ds 인자들이 분석되어, 두 인자의 관계가 밝혀졌다. 처음에 연구된 *Ds* 인자(*Ds*9)는 전이효소 유전자에 194 bp가 결실되어 있는 것을 제외하면 *Ac* 서열과 거의 동일한 구조를 가진다. *Ds*9에서의 이러한 결실은, 왜 이 인자가 이동할 때 *Ac* 인자에 의존하는지를 설명해 준다. 다른 몇 가지 *Ds* 인자들에 대한 서열화로 이들이 각각 전이효소 내부에 더 큰 결실들을 포함하고 있음이 밝혀졌다. 그러나 모든 경우에서 ITR들은 유지된다.

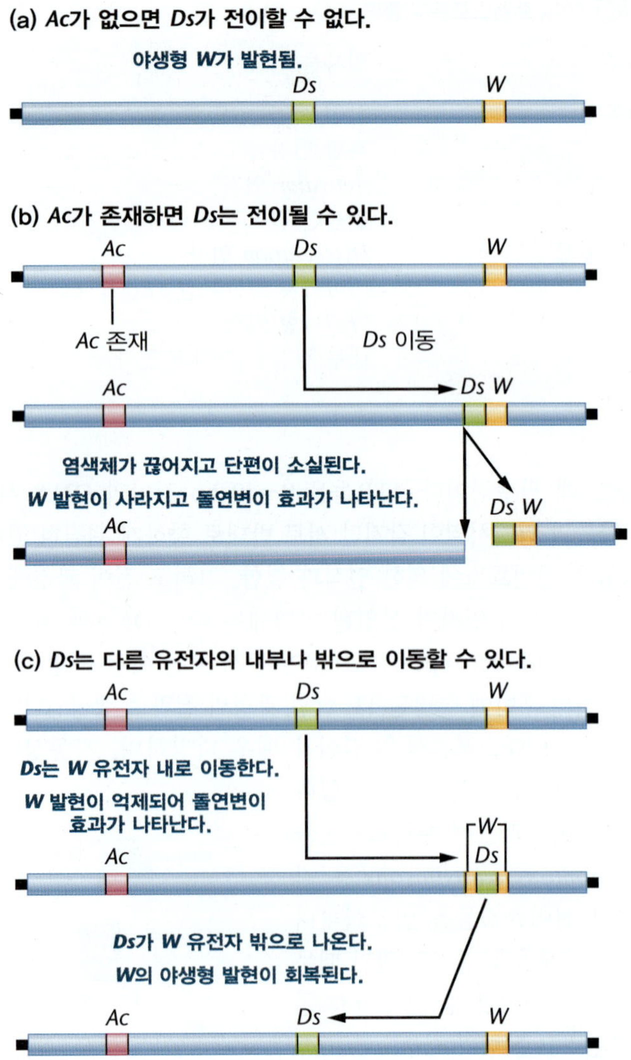

그림 15.20 *Ac*와 *Ds* 인자가 유전자 발현에 미치는 영향. (a) 만약 *Ds*가 *Ac* 없이 존재하면, 멀리 떨어져 있는 가상적 유전자 *W*는 정상적으로 발현된다. (b) *Ac*의 존재 하에 *Ds*는 *W* 근처로 이동할 수 있다. *Ds*는 염색체 절단을 일으키고, *W* 유전자가 포함된 유전자 조각이 소실될 수 있다. (c) *Ac*가 존재하면, *Ds*는 *W* 유전자 내부로 이동하여 *W* 유전자의 발현을 망가뜨린다. 만약 *Ds*가 *W* 유전자 밖으로 이동하면 *W* 유전자 발현이 정상으로 돌아올 수 있다.

비록 맥클린토크가 보고했던 이동성 조절 인자들의 중요성은 그녀의 첫 관찰 이후에는 온전히 평가받지 못했었지만, 이후 분자적인 분석들은 그녀의 결론을 확인시켜주었다. 그녀는 1983년에 노벨생리의학상을 수상했다.

레트로트랜스포존들

레트로트랜스포존들(retrotransposons)은 RNA를 중간체로 이용하여 유전체 내에서 증폭되고 이동하는 TE들이다. 이들의 이동 방식은 때로 "복사 후 붙이기(copy-and-paste)" 기작으로

표 15.6 레트로트랜스포존의 종류

범주	인자	예	생물
LTR, 자동성	Ty1-*copia* group	*copia*	식물, 동물, 해조류
	Ty1-*gypsy* group	*gypsy*	식물, 동물, 곰팡이
LTR, 비자동성	Large retrotransposon derivatives(LARDS)	*Dasheng*	식물
비-LTR, 자동성	LINE elements	*L1*	인간 및 기타 생물들
	I elements	*I factor*	초파리
비-LTR, 비자동성	SINE elements	*Alu*	인간과 기타 생물들
	SINE-VNTR-Alu elements	*SVA*	인간

설명되곤 한다. 여러 면에서, 레트로트랜스포존들은 비슷한 기구를 사용하여 복제하는 레트로바이러스를 닮았다. 그러나 레트로트랜스포존들은 성숙한 바이러스 입자가 되는 데 필요한 단백질들을 암호화하지는 않으며, 따라서 감염성은 없다.

레트로트랜스포존들은 일부 생물체에서는 매우 많이 존재할 수 있다. 예를 들어, 옥수수 유전체는 78%가 레트로트랜스포존 DNA로 구성된다. 인간 유전체도 약 42%는 레트로트랜스포존이거나 그 잔존물이며, 인간 유전체의 약 3%만이 DNA 트랜스포존들로 되어 있다.

두 가지 형태의 레트로트랜스포존이 존재하는데, 긴 말단 반복서열(long-terminal-repeat, LTR) 레트로트랜스포존들과 비-LTR형 레트로트랜스포존들이다. 그리고 DNA 트랜스포존들과 마찬가지로, 레트로트랜스포존들은 자동성이거나 비자동성일 수 있다. 다양한 형태의 전이 인자들에 대한 사례가 **표 15.6**에 나열되어 있다.

DNA 트랜스포존들과 마찬가지로, 레트로트랜스포존들은 그들의 이동에 필요한 단백질을 암호화하며 삽입부 옆에 정반복서열들을 가진다. LTR 레트로트랜스포존의 구조와 그 유전자 산물이 그림 15.21에 표현되어 있다.

레트로트랜스포존의 자리 이동 과정에는 그것이 암호화하는 단백질과 함께, 세포의 정상적인 전사 인자 및 번역 기구들의 작용이 요구된다(그림 15.22). 첫 단계에서는 세포의 RNA 중합효소들이 레트로트랜스포존 DNA를 많은 수의 RNA 사본으로 전사한다. 두 번째 단계에서, 그 RNA 사본들이 전이에 필요한 2개의 효소—역전사효소(reverse transcriptase)와 통합효소(integrase; 인테그레이즈)로 번역된다. 레트로트랜스포존의 RNA들은 이어서 역전사효소의 작용을 통해 이중-가닥 DNA 사본으로 변형된다. 이중-가닥 DNA의 말단들이 인테그레이즈에 의해 인식되면, 레트로트랜스포존은 유전체 내로 삽입된다. 이런 식으로 많은 RNA 사본들이 DNA로 전환될 수 있으므로, 레트로트랜스포존들은 유전체에 빠르게 축적되어 여러 곳에서

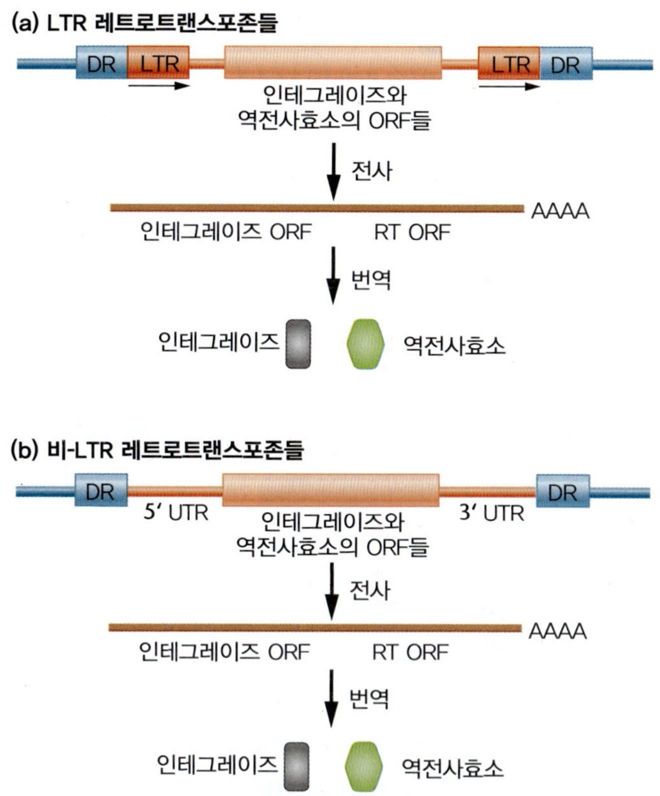

그림 15.21 레트로트랜스포존의 구조. (a) 붉은색으로 나타낸 LTR 레트로트랜스포존은 인테그레이즈와 역전사효소(RT)를 암호화하는 ORF들을 가진다. 5′ 말단과 3′ 말단의 긴 말단 반복서열(LTR)들에 전사 프로모터와 폴리아데닐화 신호가 존재한다. 그림 아래에 LTR 레트로트랜스포존의 인테그레이즈와 역전사효소를 위한 전사와 번역물이 표현되어 있다. (b) 비-LTR 트랜스포존들은 인테그레이즈와 역전사효소를 암호화하고는 있지만 LTR이 없다. 그들의 프로모터와 폴리아데닐화 부위는 레트로트랜스포존의 비번역 부위(UTR) 내에 위치한다.

돌연변이를 만들 수 있다. 그리고 원래의 레트로트랜스포존은 전이 과정에서 절제되지 않으므로 사라지지 않는다.

이제 잘 연구된 레트로트랜스포존의 예로 초파리의 코피아(*copia*)를 살펴보고 흰눈 좌위(*white*)에 미치는 효과를 알아보도록 하자.

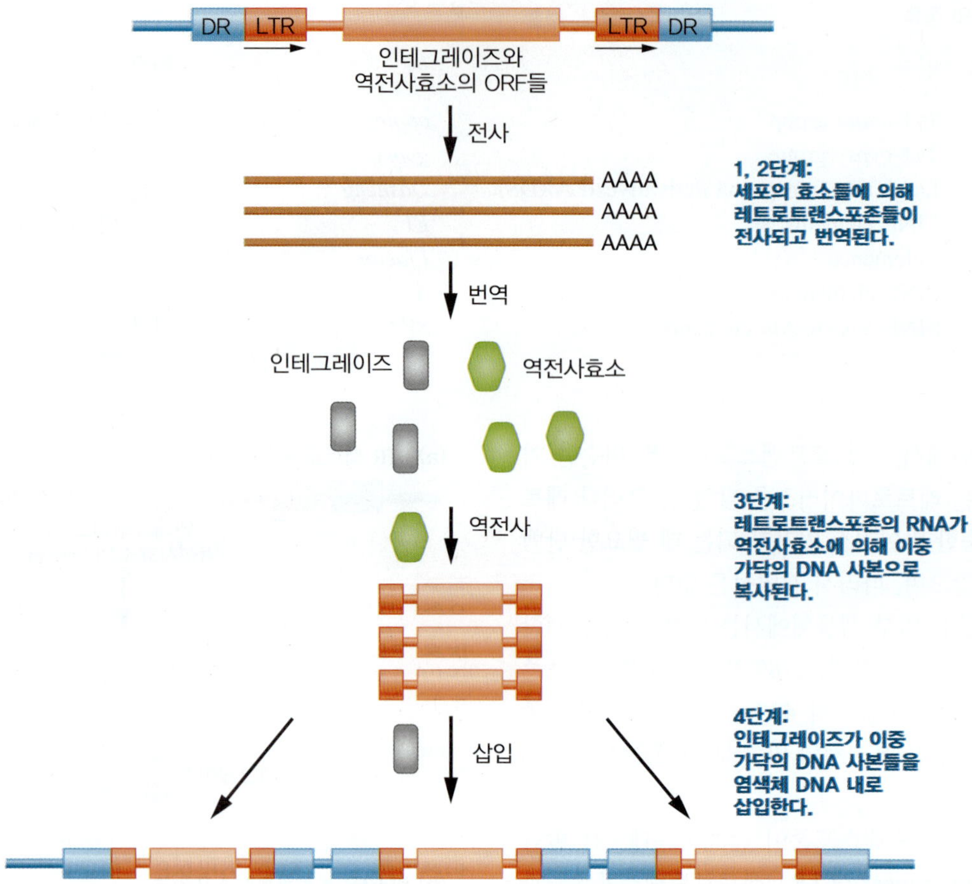

그림 15.22 레트로트랜스포존의 전이 단계들.

레트로트랜스포존; *Copia*와 초파리의 *White-Apricot* 시스템

1975년, 호그니스(David Hogness)와 그 동료였던 피니간(David Finnegan), 루빈(Gerald Rubin) 및 영(Michael Young) 등은, 노랑 초파리에서 **코피아(*copia*)**라는 레트로트랜스포존 집단을 발견하였다. 이 인자들은 "막대한(copious)" 양의 RNA들로 전사된다(이름의 유래). *Copia* 인자들은 초파리의 유전체 내에 10~100개의 사본으로 존재한다. 지도작성 연구들은 이들이 다른 염색체 부위로 이동할 수 있으며 유전체 전체에 퍼져 있음을 보여준다.

하나의 *copia* 인자는 대략 5,000~8,000bp의 DNA로 구성되며, 양쪽에 267 bp의 **긴 말단 반복서열(long terminal repeat, LTR)**을 가진다. 다른 LTR 레트로트랜스포존들처럼, *copia* 인자의 전사는 프로모터와 전사 개시 부위가 포함된 5′ 말단의 LTR에서 시작된다. 전사체는 폴리아데닐화 신호자리를 포함하고 있는 3′ 말단의 LTR 내에서 절단되고 폴리아데닐화가 발생한다. 이런 특징들은 레트로트랜스포존이 세포의 RNA 중합효소에 의해 전사될 수 있게 한다.

코피아의 삽입은 LTR 서열의 존재에 의존적이며, 유전체 내의 특수한 표적 자리로 더 잘 들어가는 것으로 보인다. 코피아 인자들은 염색체의 삽입 자리에 조절 효과를 부여한다. 눈 색에 영향을 미치는 것과 체절 형성 등을 포함하여, 어떤 돌연변이들은 유전자 내에 코피아가 삽입되어 발생한다.

코피아 효과에 대한 최초의 기술 중 하나는 초파리의 *white-apricot* 돌연변이에 관한 연구로부터 얻어졌다. 이 돌연변이는 1923년에 처음으로 발견된 자연돌연변이로, 초파리 눈의 색을 야생형인 붉은색에서 주황색-노란색으로 변화시킨다[그림 15.23(a)]. 이후에 DNA 서열화 연구는 이 돌연변이가 *white* 유전자의 2번째 인트론 내에 삽입된 *copia*에 기인한 것임을 보여주었다. 이런 삽입의 결과로, *white* 유전자 프로모터로부터 시작되는 전사의 대부분이 *copia* 레트로트랜스포존의 3′ LTR 내에서 미리 종결된다. 이런 이른 전사 종결로 기능적인 *white* 유전자 산물이 암호화되지 못하고 눈의 붉은 색소가 부족해진다[그림 15.23(b)]. 일부 *white* 유전자의 전사체가 *copia* 인자를 지나쳐 전사되기 때문에, 밝은 주황색의 눈 색을 만들 정도의 *white* 유전자 산물이 생산된다.

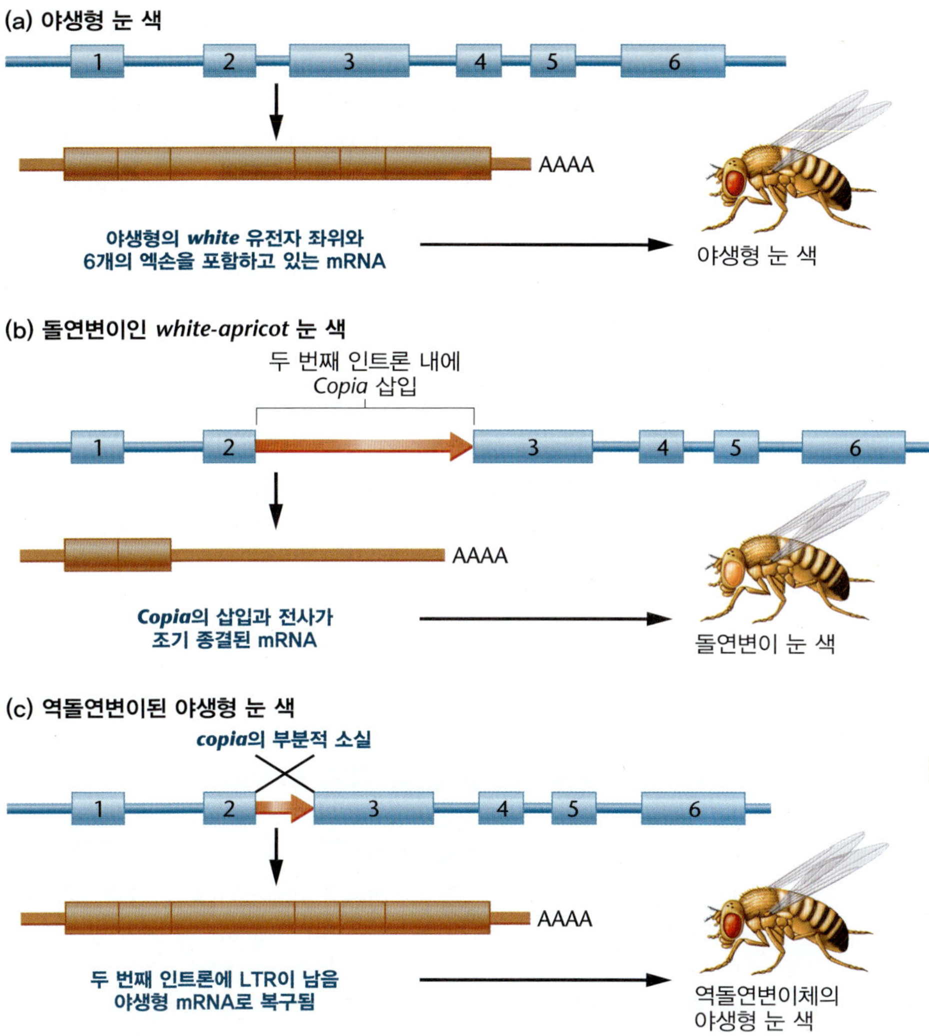

그림 15.23 초파리의 *white* 유전자에 미치는 *copia* 삽입의 효과. (a) 야생형 초파리의 *white* 유전자(상단, 푸른색)는 6개의 엑손들을 포함하며, 이들은 모두 mRNA(하단, 주황색)에 존재한다. (b) 돌연변이 *white-apricot* 초파리에서는, 2번 인트론 내에 *copia*(붉은색)이 2번 인트론 내에 삽입되어 미리 전사가 종결되므로 mRNA가 오직 2개의 엑손만 포함한다. (c) 역돌연변이체 초파리는 2번 인트론 내의 *copia* 인자 대부분을 잃고 야생형 mRNA를 만들며 야생형 눈 색을 나타낸다.

white-apricot 돌연변이의 부분적 역돌연변이체가 분석되었다[그림 15.23(c)]. 이 역돌연변이체는 거의 야생형에 가까운 눈 색을 가진다. 서열 분석으로 두 번째 인트론의 코피아 인자가 대부분 사라졌음이 드러났는데, 한쪽 LTR 부분만 남아 있었다. 코피아의 이런 소실은 두 LTR 서열 사이의 상동성 재조합으로 인해 DNA의 결실이 일어났기 때문으로 생각된다.

인간의 전이 요소들

최근의 유전체 서열화 자료들은 인간 유전체의 절반 가량이 TE DNA로 구성되어 있음을 드러낸다. 앞에서 논의했던 바와 같이(12장 참고), 인간 TE들의 주요 그룹은 **긴 산재 요소(long interspersed element, LINE)**들과 **짧은 산재 요소(short interspersed element, SINE)**들로서, 이들은 모두 비-LTR 레트로트랜스포존들이다. 모두 합하면, 이들은 인간 유전체의 34%를 차지하고, 다른 TE 패밀리들이 11%를 차지한다(**표 15.7**). 암호화 서열들이 인간 유전체의 약 1% 정도만을 구성하므로, 기능적 유전자들보다 40~50배 많은 TE DNA가 존재한다.

비록 대부분의 인간의 TE들이 불활성인 것으로 보이지만, 이 인자들의 잠재적 이동성과 돌연변이 생성 효과는 "움직이다가 잡힌(caught in the act)" 최근의 TE 사례에서 볼 수 있는 것처럼 인간 유전학에 광범위한 중요성을 가진다. 그 사례는 혈우병을 가진 소년에 관한 것이다. 혈우병의 한 가지 원인은 사람의

표 15.7 인간 유전체의 전이 인자들

인자 형태	길이	유전체의 사본 수	유전체에서의 백분율
LINEs	1~6 kb	850,000	21
SINEs	100~500 bp	1,500,000	13
LTR 인자	65 kb	443,000	8
DNA 트랜스포존	80~300 bp	294,000	3
미분류	—	3,000	0.1

X-연관 유전자 산물인 혈액 응고 요소 VIII 결핍에 의한 것이다. 카자지안(Haig Kazazian)과 그의 동료들은 그 유전자의 두 지점에 삽입되어 있는 LINE들을 발견했다. 연구자들은 엄마의 두 X 염색체 중 하나가 이러한 LINE을 포함하는지에 대해 매우 궁금해 했다. 만약 그렇다면, 병이 없는 엄마는 이형접합성일 것이고, LINE을 포함하는 염색체를 아들에게 물려주었을 것이다. 놀랍게도, 이 LINE 서열은 그녀의 어떤 X에도 존재하지 않았으며, 양쪽 부모의 염색체 22번에서 추적되었다. 이는 이 이동성 인자가 아들에게 유전되기 이전에 엄마의 생식세포 형성 시 한 염색체에서 다른 염색체로 이동했을 것임을 시사한다.

인간의 *dystrophin* 유전자(또 다른 X-연관성 유전자) 내로 삽입된 LINE은 적어도 두 가지 독립된 형태의 뒤센형 근위축증(Duchenne muscular dystrophy)을 일으켰다. 한 가지 예는, 하나의 LINE이 48번 엑손에 삽입된 것이고, 다른 하나는 44번 엑손에 삽입된 것이다. 둘 다 틀이동 돌연변이를 일으키고 디스트로핀 단백질 번역의 조기 종결을 유발한다. 또한 *APC* 유전자와 *c-myc* 유전자에 LINE이 삽입되어 일으킨 돌연변이가 일부 대장암과 유방암의 발생에 기여한다는 보고도 있다. 후자의 사례에서는 하나 혹은 소수의 체세포 내에서만 전이가 발생했다. 2009년 현재, 연구자들에 따르면 적어도 11가지의 인간 질병들이 LINE 인자들의 삽입에 기인한 것이라고 한다.

SINE 삽입 역시 인간에서 30가지 이상의 질병들을 일으킨다. 한 가지 경우는 *BRCA2* 유전자에 삽입된 ***Alu* 요소(*Alu* element)**로, 이 종양억제 유전자를 불활성화시켜 가족성 유방암을 발생시킨다. *Alu* 통합에 의해 돌연변이화되는 다른 유전자들은 인자 *IX* 유전자(B형 혈우병을 일으킴), *ChE* 유전자(콜린에스터레이즈 결핍증을 일으킴), 그리고 *NF1* 유전자(신경섬유종을 일으킴) 등이다.

유전자 기능을 밝히기 위한 현대적 접근

트랜스포존-매개성 돌연변이로 대장암에 관여하는 유전자들을 밝힐 수 있다

이 장에서는 유전체 내의 트랜스포존과 이들의 움직임에 대해 공부했다. 과학자들은 트랜스포존을 돌연변이화 도구로 이용하여 유전체 내에서 특이적 서열 및 무작위 DNA 서열을 변화시킨다. 이것은 유전자 기능을 밝히기 위한 유전자를 이식한 형질전환 동물 및 녹아웃 동물을 만들기 위한 **정방향 유전학적(forward genetics)** 접근법을 보여준다.

인간의 대장암(colorectal cancers, CRC)들은 복잡한 유전적 원인과 후성유전학적 변화에 의해 발생한다. 일부 유전자들은 종양 형성을 이끄는 *운전자(driver)*로 생각된다: 즉, 이들은 종양 형성을 유발한다. 다른 돌연변이들은 *동승자(passenger)* 돌연변이들로 생각된다: 이들은 대장암이 발달하던 과정의 어느 시점에 생겨난 것으로, 종양의 기원에 직접적인 영향을 미치거나 별 관련이 없는 것들이다. CRC를 위한 새로운 표적화 치료법을 개발하기 위해, 과학자들은 운전자 돌연변이들을 동승자 돌연변이들과 반드시 구별할 필요가 있었다. 여기서 우리는 생쥐 모델에서 CRC 운전자 유전자를 밝히기 위해 트랜스포존을 사용한 획기적인 연구를 소개하려고 한다.

연구자들은 서로 다른 형질전환 동물 간의 짝짓기가 포함된 **조건적 녹아웃(conditional knockout)** 전략을 사용했다. 한 형질전환 생쥐 계통에는 소장에서 발현되는 유전자인 *Villin* 유전자의 프로모터 서열에 결합된 전이효소(transposase) 유전자가 포함되어 있다. 그 결과, 이 동물들은 주로 위장관의 상피 세포에서 높은 수준의 전이효소를 발현한다. *T2/Onc*라고 하는 또 다른 형질전환 계통에는 트랜스포존이 포함되어 있다. 이 트랜스포존은 올바른 전이효소가 없기 때문에 이 부모 계통에서는 움직이지 않는다. 이 생쥐들 간의 교배로, 위장관 세포에만 활성을 보이는 전이효소를 가진 자손이 생겼다. 전이효소는 생쥐 유전체 내의 다른 위치로 *T2/Onc* 트랜스포존의 전이를 일으킨다. 이론적으로 CRC와 관련된 드라이버 유전자에서 전이 돌연변이가 생긴다면, CRC와 유사한 돌연변이 표현형을 가진 생쥐를 생산할 것이다.

결과:

위장관에서 전이효소를 발현하는 형질전환 생쥐 자손의 72%가 소화관의 종양을 가지는 것으로 밝혀졌다(사진 참조). 이 동물들은 대조군 동물보다 더 빨리 더 어린 나이에 사망했다. 장 병변의 분석은 CRC 종양 유형의 특성을 보였다. 종양의 DNA를 서열화하여 트랜스포존 삽입 위치를 확인했으며 16,000개 이상의 트랜스포존 분석으로 CRC에 대한 77개의 후보 유전자가 드러났다. 이 연구에서 밝혀진 유전자는 인간 CRC 종양 시료에서 유전자의 돌연변이를 분석했던 최근의 대규모 엑손 서열화 프로젝트와 비교되었다. 이 연구에서 확인된 생쥐 유전자 중 60개가 인간 CRC에서 돌연변이되었거나 부적절하게 발현되는 것으로 나타났다. 또한 이 트랜스포존 검색법은 이전에 CRC과 연루되지 않았던 17개의 후보 유전자를 더 밝혀냈다.

결론:

이 트랜스포존 검색법은 위장관 종양을 일으키는 확인된 돌연변이 생쥐를 만들어, 인간에서 CRC 종양 형성의 직접적 원인이 될 수 있는 후보 유전자를 밝혀냈다. 그것은 CRC의 종양 형성이 돌연변이 유전자들의 부분 집합에 의해 주도된다는 것을 암시한다. 생쥐의 후보 유전자와 CRC에 관여하는 것으로 알려진 인간 유전자들이 상당히 겹친다는 것을 발견한 것은 이 생쥐 모델이 인간의 CRC를 치료하기 위한 약물 기반 전략이나 기타 전략을 개발하는 데 유용할 것임을 시사한다.

(계속)

참고문헌:

Starr, T. K., et al. (2009). A transposonbased genetic screen in mice identifies genes altered in colorectal cancer. *Science* 323:1747 – 1750.

생각해볼 문제:

1. 이 논문에서는 *T2/Onc* 트랜스포존 시스템을 "잠자는 숲속의 미녀"라고 불렀다. 왜 그랬을까? 답을 찾는 데 도움이 되도록 이 체계에 대해 자세히 알아보려면 인터넷을 검색하라.
2. 검색을 위한 이러한 유형의 접근 방식의 한계는 무엇이라고 생각하는가?
3. *Apc, Tcf12*, 그리고 *Fbxw7*은 형질전환 생쥐의 트랜스포존 삽입 수와 인간 CRC에서의 돌연변이 또는 비정상적인 발현을 기반으로 이번 연구에서 확인된 최상위 드라이버 유전자들이었다. OMIM(Online Mendelian Inheritance in Man) 웹사이트(http://www.omim.org)에서 이러한 유전자의 기능에 대해 알려진 내용을 검색하라.

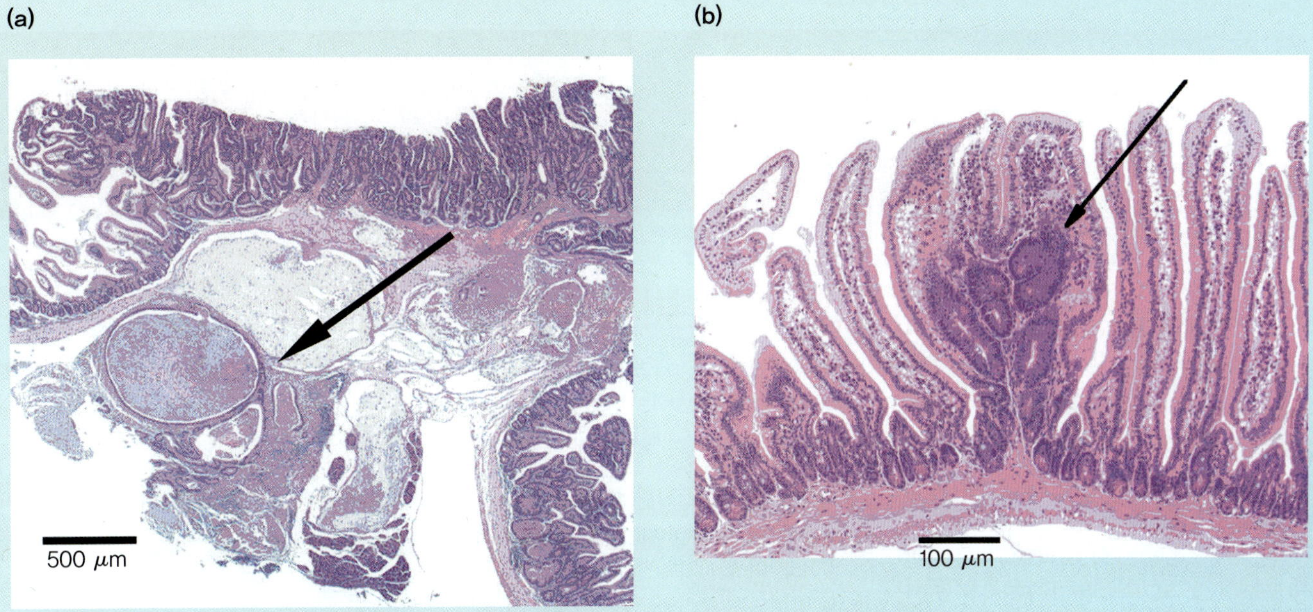

위장관 종양의 예를 보여주는 형질전환 동물 소장. 헤마톡실린과 에오신 염색 조직을 현미경으로 관찰한 사진이다. (a)는 선암종(*화살표*)을, (b)는 GI 상피를 침범한 종양 덩어리(*화살표*)를 보여준다.

전이 인자들, 돌연변이, 그리고 진화

전이 인자(TE)들은 그들이 삽입된 자리와 그 조성에 따라 유전자에 광범위한 영향을 미친다. 여기 몇 가지 사례들을 살펴보자:

- TE가 유전자의 암호화 영역 내로 삽입되면 유전자의 정상적인 번역틀을 파괴하거나 유전자의 mRNA가 번역될 때 조기 종결을 유발할 수 있다.
- 폴리아데닐화 신호 혹은 전사 종결 신호를 포함한 TE가 유전자의 인트론 내로 삽입되면 유전자의 전사가 인자 내에서 종결되도록 할 수 있다. 그리고 그 유전자에서 전사된 RNA의 비정상적 스플라이싱을 초래할 수 있다.
- 유전자의 전사 조절 영역에 TE가 삽입되면 그 유전자의 정상적인 조절을 파괴하거나 TE에 있는 프로모터 혹은 인핸서 서열 때문에 유전자의 발현이 달라질 수 있다.
- 2개 이상의 똑같은 TE들이 유전체에 존재하면, 트랜스포존들 사이에서 재조합의 가능성이 생긴다. 이들은 중복, 결실, 역위, 혹은 염색체 전좌를 일으킬 수 있다. 이런 재배열 중 어느것이라도 표현형 변화나 질병을 일으킬 수 있다.

인간에서 추적 가능한 돌연변이들의 0.2%는 TE들의 삽입 때문으로 보인다. 다른 생물들은 전이에 따른 손상을 더 많이 겪는 것 같다. 예를 들어, 생쥐에서는 새로운 돌연변이 중 10%가, 그리고 초파리에서는 50%가 근처 유전자에 삽입된 전이 인자들에 기인한다.

유전자와 염색체를 변화시키는 그들의 능력 때문에, TE들은 진화에 기여한다. TE 삽입이나 TE 결실에 의한 일부 돌연변이들은 특정 상황에서 생물에 유리할 수 있다. 이런 돌연변이들은 진화를 통해 선택되고 유지될 수 있다.

일부 사례에서는 TE들 자체가 그 생물에 유용할 수 있는 기능을 수행하도록 변화될 수도 있다. 진화에 기여했던 TE의 한 가지 사례는 초파리의 텔로미어들에 관한 것이다. LINE-유사 인자들이 초파리 염색체들의 말단에 존재하며, 이 인자들은 텔로미어처럼 진화하여 초파리 염색체들이 여러 번의 세포 분열 후에도 길이를 유지할 수 있도록 한다.

진화된 TE의 또 다른 예는, 인간의 *RAG1*과 *RAG2* 유전자이다. 이 유전자들은 면역계 발달에 필수적인 **재조합효소(recombinase)**를 암호화하므로, 면역글로불린과 T 세포 수용체를 암호화하는 유전자의 재배열 및 재조합에 관여한다. 이 두 유전자는 5억 년 이상 전에 조상 척추동물 유전체에 삽입된 TE에서 진화한 것으로 보인다.

TE는 또한, 이후에 숙주에 의해 유지되던 중에 유전자 발현 패턴을 변화시키는 방식으로 유전체의 진화에 영향을 미칠 수 있다. 예를 들어, 인간의 아밀라제 유전자에는 귀밑샘에서 유전자가 발현되도록 하는 인핸서가 포함되어 있다. 이 인핸서는 영장류 진화 초기에 유전자 조절 영역에 삽입된 TE 서열에서 진화한 것이다.

EXPLORING GENOMICS

유전체학 탐구

돌연변이를 찾기 위한 서열 비교 배열

이 장에서 우리는 다양한 형태의 돌연변이가 발생하는 원인과, 어떻게 돌연변이들이 단백질의 구조와 기능을 변화시켜 표현형에 영향을 미치는지 살펴보았다. 유전체학, 생물정보학, 그리고 단백질체학 등 현대유전학의 주요 분야들이 등장하여, 유전학자들은 유전자와 단백질 서열에서 돌연변이를 찾고 분석하는데 전에 없던 도구들을 손에 쥐게 되었다.

이번 연습에서는 스위스의 생물정보학 연구소가 주관하는 웹사이트인 **엑스파시 생물정보학 자원 포털(ExPASy Bioinformatics Resource Portal)**을 이용해볼 것이다. 이곳은 단백질을 연구하기 위한 다양한 자원들을 제공해준다. 여기서 우리는 SIM("similarity" in sequence)이라는 엑스파시 프로그램을 이용해 두 개의 폴리펩타이드 서열을 비교하여 돌연변이를 찾아낼 것이다. 돌연변이가 확인되면, 이러한 폴리펩타이드를 암호화하는 유전자와 이 유전자와 관련된 인간 질병에 대해 더 자세히 알 수 있을 것이다.

■ 연습 I — 인간의 단백질에 영향을 미치는 과오 돌연변이 찾기

1. 이번 연습은 에서 엑스파시 웹사이트(http://web.expasy.org/sim/)에 접속하는 것으로 시작하라. SIM 기능은 알고리즘 기반 소프트웨어 프로그램으로, 서열들의 아미노산 유사성을 찾아주는 방식으로 다수의 폴리펩타이드 서열들을 비교할 수 있도록 해준다.
2. 유전학 개념 학습 영역으로 이동하여 이 장의 유전체학 탐구(Exploring Genomics) 연습을 열어라. 이 웹사이트에서는 두 사람(A와 B)에서 발현되는 폴리펩타이드에 대한 아미노산 서열을 제공하고 있다. 서열은 각 아미노산에 대한 단일 문자 기호를 사용하여 제공된다(아미노산 이름 및 단일 문자 기호는 첨부된 표를 참고하라).
3. 각 서열을 복사하여 SIM의 각각의 "서열(SEQUENCE)" 상자에 붙여넣어라. 서열 1에는 사람 A의 서열을 사용하고 서열 2에는 B의 서열을 사용하라. 각각에 대해 "사용자 입력 시퀀스(User-entered sequence)"를 클릭한다. A의 서열과 B 서열에 적절한 이름을 정한다. 비교를 위해 서열을 제출한 후 다음 질문에 답하라:
   a. 각 폴리펩타이드 사슬에는 얼마나 많은 아미노산들[SIM 결과 보고서에는 "잔기들(residues)"로 표현됨]이 분석되었는가?
   b. 비교 배열된 결과를 세심히 살펴보라. 이 두 폴리펩타이드를 비교할 때, 아미노산 서열에서 어떤 차이를 발견할 수 있는가? 무엇을 발견했는가?

■ 연습 II – 인간의 유전병에 대한 유전적 근거 확인하기

1. 엑스파시 웹사이트에서 블라스트(BLAST) 링크(http://web.expasy.org/blast/)를 사용하여 단백질 블라스트(blastp) 검색을 실행하여 위에서 탐색했던 폴리펩타이드를 찾는다. 각 서열에 대한 링크를 클릭하여 질문 서열과 일치하는 상위 3개 단백질 서열에 대한 블라스트 보고서를 읽어라. 문제 3의 질문에 답할 수 있도록 각 보고서의 "설명(Comment)" 부분을 특히 집중해서 읽어라.
2. 이제 여러분이 작업 중인 유전자를 알게 되었으므로 펍메드(PubMed: http://www.ncbi.nlm.nih.gov/pubmed)로 이동하여 Vajo와 Francomano, 그리고 Wilkin 등이 저술한 리뷰 논문을 찾아라.
3. 다음 질문에 답하라:
   a. 여러분이 조사했던 폴리펩타이드를 암호화한 유전자는 무엇인가?
   b. 이 단백질의 기능은 무엇인가?
   c. 연습 I에서 분석한 비교 정렬 결과, 블라스트 보고서 및 펍메드 검색에서 배운 내용을 기반으로, 연습 I에서 발견한 돌연변이로 발생하는 인간 질병은 무엇인가? 답변에 대해 설명하고 질병과 관련된 표현형을 간략하게 설명하라.

사례 연구 예상치 못한 진단

임신 6개월의 예비 엄마가 일상적인 초음파 검사를 받다가 태아의 사지가 비정상적으로 짧다는 사실이 드러났다. 의사는 아이가 연골발육부전증(achondroplasia)이라는 유전적 형태의 왜소증이 아닐까 의심했다. 이것은 상염색체성 우성 돌연변이에 기인하며 약 27,000명 당 한 명 정도의 빈도로 발생한다. 부모들은 이 진단에 대해 논의하기 위해 유전상담사에게로 향했다. 상담에서, 그들은 연골발육부전증이 돌연변이 대립유전자에 의한 것임을 알게되었다. 때로 이 질병은 한 세대에서 다음 세대로 전달되지만, 모든 사례의 80%는 부모 중 한쪽의 배우자에서 발생한 자연 돌연변이가 원인이다. 그들은 연골발육부전증인 대부분의 아이들이 정상 수준의 지적 능력과 수명을 가진다는 사실도 알게되었다.

1. 이 사례의 돌연변이 기원과 관련하여, 유전된 것인지 새로 생긴 것인지를 결정하기 위해서는 어떤 정보가 가장 관련이 깊은 것이겠는가? 이런 결론은 이 부부가 아이를 더 가질 것인지의 결정에 어떻게 영향을 미치겠는가?
2. 연골발육부전증에 대한 산전 유전자 검사가 가능해야 하며 이것은 모든 여성에게 제공되어야 한다고 제안되었다. 이런 주장에 동의하는가? 그런 검사를 제공하는 의료 및 사회적 결과를 평가할 때 어떤 윤리적 고려가 필요하겠는가?

관련 자료는 다음을 참고하라: Radoi, V., et al. (2016). How to provide a genetic counseling in a simple case of antenatal diagnosis of achondroplasia. *Gineco.eu.*12 : 56 – 58. DOI : 10.18643/gieu.2016.56.

요약 정리

1. 돌연변이는 자연적이거나 유도된 것, 체세포성이거나 생식계열성, 상염색체성 또는 성 관련일 수 있다. 돌연변이는 관련된 뉴클레오타이드 변화의 유형과 해당 돌연변이의 위치에 따라 유전자 기능에 다양한 영향을 미칠 수 있다.
2. 자연 돌연변이들은 DNA 복제 중의 오류에서부터 정상적인 세포대사 과정 결과 DNA의 염기 변화로 인한 손상에 이르기까지 다양한 방식으로 발생한다.
3. 돌연변이들은 여러 가지 형태의 화학물질들과 방사선에 의해 유도될 수 있다. 이런 물질들은 DNA의 염기와 당-인산 골격에 모두 손상을 입힐 수 있다.
4. 인간의 단일 유전자 돌연변이가 다양한 질병을 일으킨다. 이런 돌연변이들은 염기쌍 변화나 삽입, 결실, 그리고 DNA 반복서열의 확장 같은 것들일 수 있다.
5. 생물들은 교정, 오결합 수리, 복제 후 수리, 광재활성화 수리, SOS 수리, 염기 절제 수리, 뉴클레오타이드 절제 수리 및 이중 가닥 절단 수리 등 다양한 DNA 수리체계를 이용하여 돌연변이에 저항한다.
6. 에임즈 검사법으로 화학물질들의 돌연변이유발력과 암유발 가능성을 측정할 수 있다.
7. 전이 인자들(TEs)은 유전체 내에서 움직일 수 있어서 돌연변이를 만들고 유전자 발현을 바꿀 수 있다. 이들은 진화에도 기여한다.

통찰과 해법

1. 출생 시 발현되는 희귀한 우성 돌연변이가 사람에서 연구되었다. 기록에 따르면 4만 건의 출생당 6개 사례가 발견되었다. 가족력을 조사한 결과, 2건에서 이 돌연변이가 이미 부모 중 한 명에 존재한다는 것이 밝혀졌다. 이 돌연변이의 자연돌연변이율을 계산해 보라. 우리 결론에 영향을 미칠 수 있는 가정들은 어떤 것들인가?

   해법: 6가지 경우 중 4건만이 새로운 돌연변이에 의한 것임이 밝혀졌다. 한 번의 출생은 2 배우자를 나타내는 것이므로, 표본의 크기는 8만이 된다. 이 비율은 다음과 같다.

   $$4/80{,}000 = 1/20{,}000 = 5 \times 10^{-5}$$

   우리는 돌연변이 유전자가 완전한 침투도(penetrance)를 가지며 그것을 가진 각 개인에서 완전히 발현되는 것으로 가정했다. 만약 이것이 완전한 유전성이 아니라면, 하나 이상의 돌연변이들이 추적되지 않았을 것이므로, 우리 계산은 저평가된 것일 수 있다. 또한 우리는 우리 검색이 100% 정확할 것으로 생각했다. 한 명 이상의 돌연변이 개인들이 빠질 수 있었으므로, 다시 한 번 우리의 계산은 작아지게 된다. 마지막으로, 돌연변이와 비돌연변이 개인들이 동등한 생존력을 가지며, 이들이 자궁에서 살아남는 확률도 동일한 것으로 가정했다. 따라서 우리의 가정은 돌연변이 개인의 출생률이 수태 시와 동일할 것으로 가정한다. 만약 이것이 사실이 아니라면, 우리의 계산은 다시 한 번 더 저평가되어 나타났을 것이다.

2. 다음 계산들에 대해 고려해 보라:

(a) 7×10^9의 인간이 지구상에 살고 있다.

(b) 각 개인은 약 20,000(0.2×10^5)개의 유전자를 가진다.

(c) 각 좌위에서 평균 돌연변이율은 10^{-5}이다.

인간 집단에는 현재 얼마나 많은 자연돌연변이가 존재하겠는가? 이 돌연변이들이 모든 유전자들에 고르게 분포하는 것으로 가정하면, 인간 집단에서 각 유전자에는 얼마나 많은 새로운 돌연변이들이 생기겠는가?

해법: 우선 각 개인은 이배체이므로, 사람마다 각 2개의 유전자 사본을 가진다. 이들은 서로 다른 배우자에서 온 것이다. 그러므로, 총 자연돌연변이의 수는,

$(2 \times 0.2 \times 10^5$ 유전자/개인$) \times (7 \times 10^9$ 사람들$)$
$\times (10^{-5}$ 돌연변이/유전자$)$
$= (0.4 \times 10^5) \times (7 \times 10^9) \times (10^{-5})$ 돌연변이
$= 2.8 \times 10^9$ 집단 내 돌연변이

2.8×10^9 돌연변이/0.2×10^5 유전자들
$= 14 \times 10^4$ 집단 내 유전자당 돌연변이

3. 염기 유사물인 2-아미노 퓨린(2-amino purine, 2-AP)은 DNA 복제 과정에 아데닌을 대체하지만, 시토신과 염기쌍을 형성한다. 염기 유사물인 5-bromouracil(5-BU)은 티민을 대체하지만 구아닌과 염기쌍을 이룬다. 여기에 제시된 이중 가닥의 세 뉴클레오타이드 서열이 첫 번째 복제에서 두 유사물들이 존재하여 가능한 모든 자리에 삽입되었고, 두 번째와 세 번째 복제에 앞서 이들이 모두 제거되었다고 가정하고, 3번의 복제를 하는 과정을 추적하라. 마지막에 얻어진 서열은 어떻게 되겠는가?

해법:

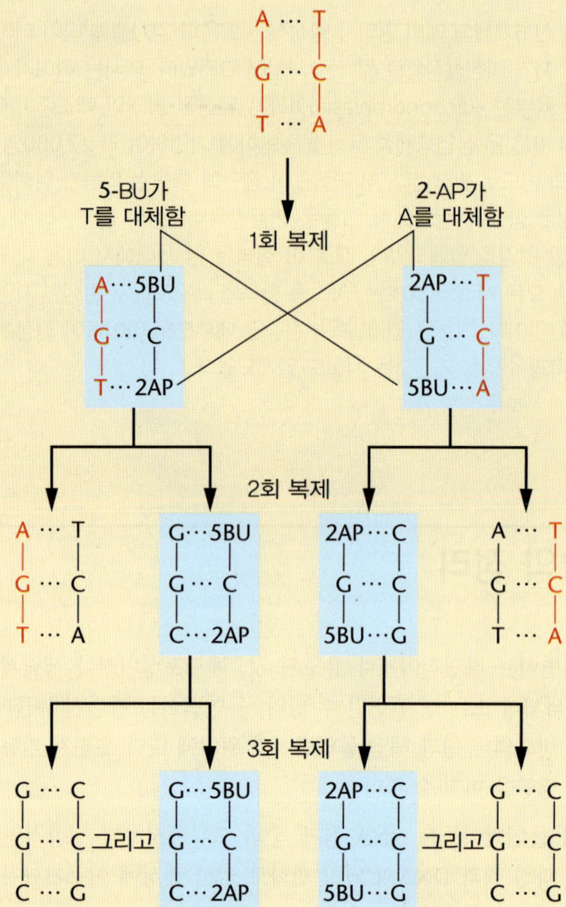

16

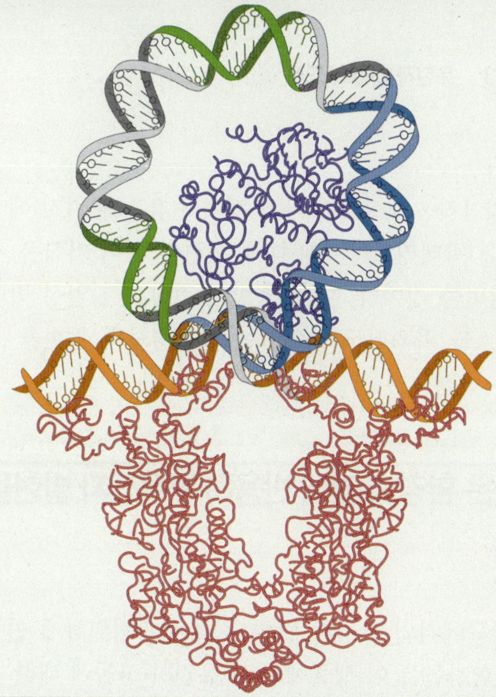

세균의 유전자 발현 조절

lac 억제자(붉은색)와 이화물–활성화 단백질(DNA 고리 중앙의 짙은 파란색)이 어떻게 *lac* 오페론의 프로모터에 결합하는지를 보여주는 모형. 이런 결합으로 *lac* 조절 DNA에서 93 염기쌍의 억제 고리가 형성된다.

핵심 개념

- 세균에서는 물질대사 필요성에 따라 유전정보 발현이 조절되곤 한다.
- 세균에서 유전정보의 효율적 발현은 전사를 조절하는 복잡한 조절 기구에 의존적이다.
- 전사를 조절하는 기작은 유전자 발현에 양성 조절을 발휘하느냐 음성 조절을 발휘하느냐에 따라 구분된다.
- 연관 기능을 가진 단백질들을 암호화하는 세균의 유전자는 한데 뭉쳐 있으며 종종 함께 조절을 받는다. 주변 조절 서열을 포함한 그런 유전자 모임을 오페론이라고 한다.
- 오페론 내의 전사는 유도적이거나 억제적이다.
- 대사 경로의 최종 산물은 종종 그 경로의 유전자 발현을 유도하거나 억제한다.

앞에 다룬 내용들에서는 어떻게 DNA가 유전자로 조직화되며, 어떻게 유전자들이 유전정보를 저장하는지, 그리고 이런 정보들이 어떻게 전사와 번역이라는 과정을 통해 발현되는지에 대해 설명했었다. 이제는 분자 유전학에서 가장 기초적인 질문 한 가지에 대해 고려해 보려고 한다: **유전자 발현은 어떻게 조절되는가?** 서로 다른 환경 조건에서 세균의 유전자 발현이 매우 다르다는 것은 분명하다. 예를 들어, 대장균 단백질들에 대한 자세한 분석은 유전체에 의해 암호화되는 4000개 정도의 폴리펩타이드 사슬 농도가 매우 광범위하게 변한다는 것을 보여준다. 대장균의 어떤 단백질들은 한 세포당 5~10개 정도의 분자들만 존재하는 반면, 다른 것들, 예를 들어 리보솜 단백질들이나 해당과정에 관여하는 여러 단백질의 경우에는 세포당 100,000개의 사본으로 존재한다. 비록 많은 세균 유전자 산물들이 낮은 수준으로 지속해서 존재하지만, 필요 시에는 그 농도가 극적으로 증가할 수 있다. 분명히, 유전정보의 발현을 조절하기 위해서는 근본적인 조절 기작들이 존재해야만 한다.

이 장에서는, 세균 유전자 발현의 조절에 대해 살펴볼 것이다. 앞의 여러 장에서 살펴보았듯이, 세균은 여러 이유로 인해 유전학에서 특별히 유용한 연구용 생물이 되어왔다. 한 가지는 이들이 극단적으로 짧은 생식 주기를 갖는다는 것인데, 문자 그대로 하룻밤 배양으로도 수백 세대가 지나 유전적으로 똑같은 세균들이 수십억 개 생길 수 있다. 이들은 또한 "순수 배양"으로 연구가 가능하므로, 유전적으로 독특한 돌연변이 세균 계통을 분리하여 따로 연구할 수 있게 한다.

이번 주제와 적합하게도, 세균은 환경 조건의 변화에 반응하여 유전자의 전사를 유도하는 것에 관한 연구를 하는데 아주 훌륭한 모델 체계를 제공한다. 우리의 주된 초점이 전사 조절에 관한 것이기는 하지만, mRNA가 그들의 번역을 조절하도록 작용하는 감지 서열을 포함하는 사례에 대해서도 함께 고려해 볼 것이다.

이 책 뒤(특강 1장—크리스퍼 카스 체계와 유전체 편집)에서는 어떻게 세균이 박테리오파지에 대해 세련된 방어 기작을 진화시켰는지도 살펴볼 것이다. 이러한 방어 기작은 침입성 박테리오파지의 DNA를 파괴하도록 이끄는 유전정보의 발현을 포함하고 있다.

16.1 세균은 환경 조건에 반응하여 유전자 발현을 조절한다

세균, 특히 대장균에서의 유전자 발현 조절은 광범위하게 연구되어 왔다. 유전학자들은 이 생물에서 각 유전자 산물에 대한 세포의 대사적 요구에 따라, 특정 유전자의 전사를 켜고 끄기 위해 매우 효율적인 유전적 기구가 진화했음을 알게 되었다. 세균들은 환경 변화에 대한 반응뿐만 아니라, DNA 복제, 재조합, 수리 및 세포 분열을 포함한 다양한 세포 활동과 관련된 유전자 활성을 조절한다.

미생물들이 유전자 산물들의 합성을 조절한다는 생각은 새로운 것이 아니다. 이미 1900년에, 젖당(갈락토오스와 포도당이 포함된 이당류)이 효모의 성장 배지에 존재할 때, 이 생물이 젖당 대사에 필요한 효소를 합성한다는 것이 밝혀졌었다. 젖당이 없으면, 효소 생산은 기본 수준으로 감소한다. 이후에 곧, 연구자들은 세균도 특정 화학적 기질이 존재할 때만 특정 효소를 생산함으로써 환경에 적응한다는 일반화를 할 수 있게 되었다. 그러한 효소들은 이제 **유도적 효소(inducible enzyme)**라고 한다. 대조적으로, 환경의 화학적 조성과 관계없이 계속해서 생산되는 효소들을 **항상적 효소(constitutive enzyme, 구성적 효소)**라고 불린다.

더 최근의 연구들은 특정 분자들이 유전적 발현을 억제할 수 있는 대조적 시스템의 존재를 보여주었다. 보통 그런 분자들은 생합성 경로의 마지막 산물인 분자들이다. 예를 들어, 아미노산인 트립토판은 세균 세포에서 여러 단계의 대사 경로를 거쳐 합성될 수 있다. 환경이나 배지에 존재하는 트립토판이 충분하면, 세포가 트립토판 생산에 필요한 효소들을 합성하는 것은 에너지학적으로 비효율적인 것이 된다. 따라서 트립토판에 의해 해당 생합성 효소들의 합성에 필요한 mRNA의 전사가 억제되도록 하는 기작이 진화했다. 젖당 대사를 조절하는 유도적 체계와는 대조적으로, 트립토판 합성을 통제하는 이 시스템은 **억제적(repressible)**이라고 한다.

그것이 유도적인 것이든 억제적인 것이든 간에, 조절은 **음성적(negative)** 혹은 **양성적(positive)**으로 이루어진다. 음성적 조절 하에서는, 몇몇 형태의 조절 분자에 의해 그것이 닫혀 있지 않아야 유전적 발현이 발생한다. 반대로, 양성적 조절 하에서는 조절 분자가 RNA 생산을 직접적으로 촉진할 때에만 전사가 일어난다. 이론적으로는, 어느 한 가지 조절 시스템이 사용되거나 혹은 둘의 조합에 의해 억제적 혹은 유도적 체계가 통제될 수 있다. 이 장을 시작하는 우리의 논의는 이런 대조적 조절 체계를 분명히 하는 데 도움을 줄 것이다. 젖당 소화와 관련된 효소들과 트립토판 합성에 관련한 효소들은 모두 음성 조절을 받는다.

16.2 대장균의 젖당 대사는 유도적 체계로 조절된다

1946년에 모노드(Jacques Monod)의 연구로 시작된 세균의 젖당 대사에 관한 연구는, 다음 10여 년에 걸쳐 레더버그(Joshua Lederberg), 제이콥(François Jacob), 그리고 르워프(André Lwoff) 등의 연구에 힘입어 그 대사 기구에 관한 유전적이고 생화학적인 증거가 대량으로 축적되었다. 이들의 연구는 어떻게 젖당이 없을 때는 유전자 활성이 억제되다가 그것이 필요할 때는 발현이 유도되는지에 대한 통찰을 제공했다. 젖당이 존재할 때는 젖당 대사를 책임지는 효소들의 농도가 세포당 수 분자에서 수천 분자까지 빠르게 증가한다. 그러므로 젖당 대사에 관련된 효소들은 유도적이고(inducible), 젖당은 유도자(inducer)로 작용한다.

세균에서는 연관된 기능을 가지는 효소들을 암호화하는 유전자들(예를 들어, 젖당 대사에 관여하는 유전자들)은 세균 염색체에서 모여서 구성되려는 경향이 있다. 그리고 이 유전자들의 전사는 종종 하나의 전사 조절 영역에 의해 통합된 유전적 조절을 받는 경우가 많다. 근처의 조절 서열들을 포함한 이런 유전자 무리를 **오페론(operon)**이라고 부른다. 이런 조절 영역의 위치는 거의 언제나 그것이 조절하는 유전자 무리의 상류(5′)에 존재한다. 조절 부위가 그 조절 유전자들과 같은 가닥에 존재하므로, 우리는 이런 형태의 조절 영역을 **시스-작용 부위(*cis*-acting site)**라고 부른다. 시스-작용 조절 영역은, 그 유전자군의 전사를 조절하는 분자들과 결합하는데, 그러한 분자들을 **트랜스-작용 분자(*trans*-acting molecule)**라고 부른다. 조절 부위에서 발생하는 사건들은 그 유전자가 mRNA로 전사될지를 결정하며, 따라서 그 mRNA로부터 해당 효소나 다른 단백질 산물들이 합성될지를 결정한다. 시스-작용 요소에 트랜스-작용 인자들이 부착하는 것은, 그 유전자 집단을 음성적으로(유전자군의 작동을 꺼줌으로써) 조절하거나 혹은 양성적으로(유전자군 내의 유전자들을 켜 줌으로써) 조절하게 된다. 이 절에서는 그러한 세균 유

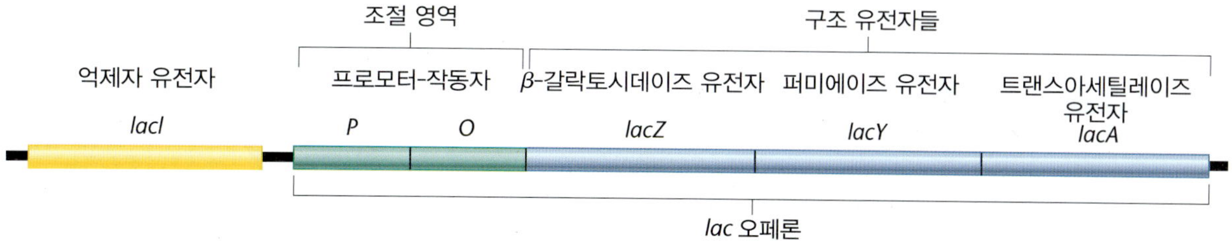

그림 16.1 젖당 대사 조절에 관여하는 유전자들과 조절 단위들의 간략한 개요(DNA 부분이 실제 크기대로 그려진 것은 아니다). 더 자세한 모형은 이 장의 뒷부분에 제시되어 있다(그림 16.10 참고).

전자들이 어떻게 협동적으로 조절되는지를 논의할 것이다.

조절 유전자들과 유전자 무리의 한 부분인 조절 부위들의 발견은, 그 체계에서 유전자 발현이 어떻게 조절되는지 이해하는 데 매우 중요한 것이었다. 이 조절 요소 중 어느 것도 젖당 대사에 필요한 효소를 만들지는 않는다. 이 효소들을 만드는 것은 유전자 무리를 이루는 3개 유전자의 기능이다. 그림 16.1에 그려진 것처럼, 이 3개의 구조 유전자와 그에 인접한 조절 부위가 **젖당(*lac*) 오페론(lactose operon)**을 구성한다. 전체 유전자 무리와 조절 서열들이 함께 통합된 방식으로 기능하며 젖당의 유/무에 따른 빠른 반응을 제공한다.

구조 유전자들

효소들의 1차 구조를 암호화하는 유전자들을 **구조 유전자(structural gene)**라고 한다. *lac* 오페론 내에는 3개의 구조 유전자가 있다. *lacZ* 유전자는 **β-갈락토시데이즈(β-galactosidase)**를 암호화하는데, 이당류인 젖당을 단당류인 포도당과 갈락토오스로 분해한다(그림 16.2). 이런 전환은 만약 젖당이 해당 과정의 주요 에너지원으로 사용될 때 매우 필수적이다. 두 번째 유전자인 *lacY*는 **퍼미에이즈(permease)**를 지정하며, 이 효소는 세균 세포 안으로 젖당이 들어오는 것을 촉진한다. 세 번째 유전자인 *lacA*는 효소인 **트랜스아세틸레이즈(transacetylase)**를 암호화한다. 생리적인 역할이 아직 완전히 밝혀진 것은 아니지만, 젖당 소화의 독성 부산물을 세포로부터 제거하는 데 관여할 것으로 생각된다.

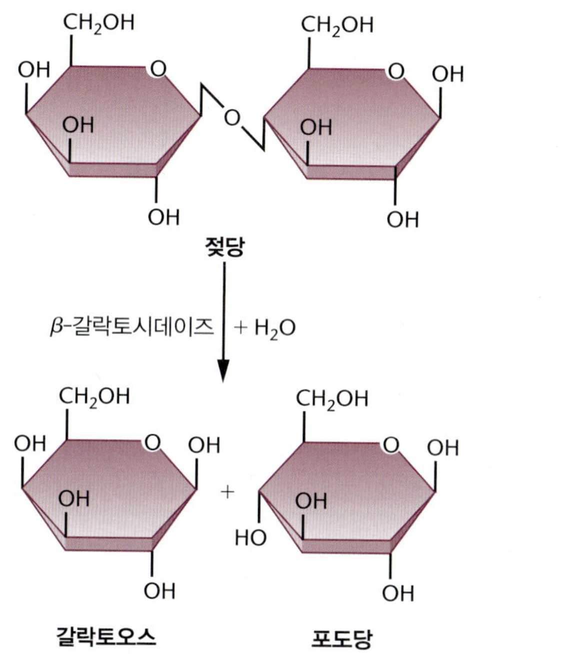

그림 16.2 이당류인 젖당의 대사 전환. 단당류 단위체들인 갈락토오스와 포도당으로 분해된다.

이 세 효소를 암호화하는 유전자들에 대해 알아보기 위해, 연구자들은 그 중 하나 혹은 다른 효소들의 기능이 사라진 많은 돌연변이를 분리하였다. 그런 lac^- 돌연변이주들은 레더버그(Joshua Lederberg)에 의해 가장 먼저 분리되어 연구되었다. 활성적인 β-갈락토시데이즈를 생산해 내지 못하는 돌연변이나($lacZ^-$) 퍼미에이즈를 생산하지 못하는 돌연변이($lacY^-$)들은 젖당을 에너지원으로 사용하지 못한다. 트랜스아세틸레이즈 유전자에서도 돌연변이들이 발견되었다. 레더버그에 의한 지도 작성 결과 세 개의 유전자가 세균 염색체 상에 아주 가깝게 연관되어 붙어 있으며 순서는 *Z*–*Y*–*A*임이 밝혀졌다(그림 16.1 참고).

이들이 가깝게 연관되어 있음을 알게 되자, 구조 유전자들의 조절에 관한 다른 사실들도 밝혀졌다: 세 유전자가 모두 하나의 단위로 전사되어 소위 **폴리시스트론성 mRNA**(*polycistronic mRNA*)라 부르는 산물을 만든다는 것이다(그림 16.3). (시스트론이란 한 유전자의 암호화 서열을 일컫는 말임을 기억하라.) 하나의 mRNA가 동시에 세 개의 유전자 산물로 번역되므로, 세 유전자의 통합 조절이라는 결과가 얻어진다.

조절 돌연변이의 발견

어떻게 젖당이 구조 유전자들을 활성화하고 연관 효소들의 합성을 유도할까? 부분적인 해답이 **무상 유도자(gratuitous inducer)**의 발견과 연구로부터 얻어졌다. 이들은 황 유도체인 **이소프로필티오갈락토사이드(isopropylthiogalactoside,**

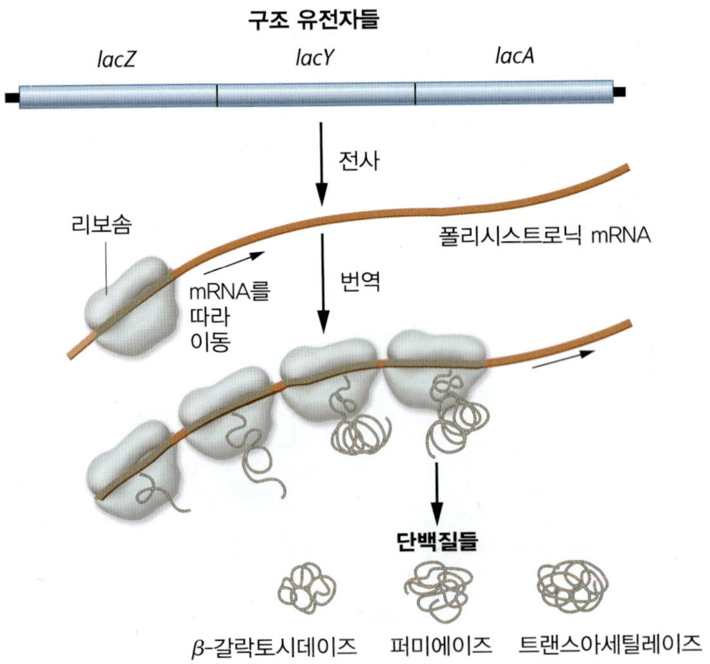

그림 16.3 *lac* 오페론의 구조 유전자들이 하나의 폴리시스트론 mRNA로 전사되어, 여러 개의 리보솜에 의해 오페론이 암호화하는 3개의 효소로 동시에 번역된다.

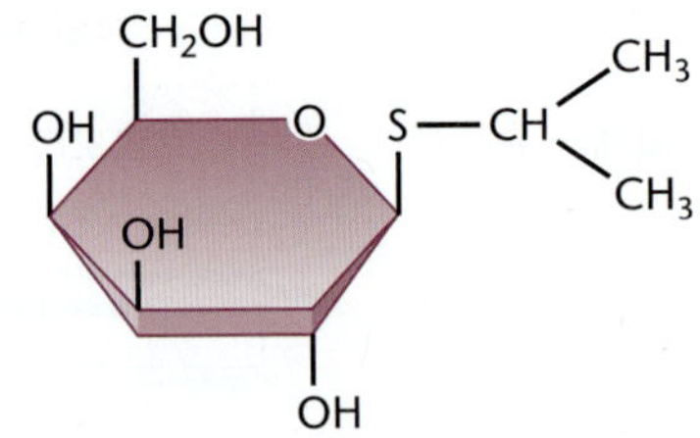

그림 16.4 무상 유도자인 이소프로필티오갈락토사이드(isopropylthio galactoside, IPTG).

IPTG) 같은 젖당의 화학적 유사체들로 그림 16.4에 나와 있다. 무상 유도자들은 자연적인 유도자들처럼 행동하지만, 이들의 유도로 합성된 효소들의 기질로 작용하지는 못한다. 무상 유도자의 발견은 일차적인 유도 사건이 유도자와 효소 사이의 상호작용에 의존하는 것이 아님을 강하게 보여준다.

그렇다면 유도에 있어서 젖당의 역할은 무엇인가? 이 질문에 대한 해답은 **항상적 돌연변이(constitutive mutant)**라고 불리는 또 다른 종류의 돌연변이에 관한 연구들로 얻어졌다. 이런 형태의 돌연변이를 가진 세포에서는 효소들이 젖당의 유무와 관계없이 생산된다. 구성적 돌연변이인 $lacI^-$의 유전자 지도는 그것이 *lacZ*, *lacY*, *lacA*와 가깝게 있기는 하지만 좀 떨어진 독립적인 세균 염색체 부위에 존재한다는 것을 보여주었다. 이 돌연변이로 *lacI* 유전자가 결정되었으며, 적절하게 **억제 유전자(repressor gene)**로 불린다. 같은 효과를 나타내는 두 번째 구성적 돌연변이가 구조 유전자들의 바로 근처에서 발견되었다. 이러한 돌연변이 집단은 $lacO^C$로 표시되며, 오페론의 **작동 부위(operator region)**에 위치한다. 이 두 가지 구성적 돌연변이에서는 효소들이 지속해서 생산되며 유도성은 사라지고 유전자 발현이 조절되지 않는다.

오페론 모형: 음성 조절

1960년경, 제이콥과 모노드는 음성적 조절(negative control)을 포함하는 기제인 **오페론 모형(operon model)**을 제시하였는데, 이에 따르면 일단의 유전자들이 하나의 단위로 조절되고 발현된다는 것이다. 그림 16.1에서 본 것처럼, 그들이 제안한 *lac* 오페론은 *Z*, *Y*, *A*의 세 구조 유전자와 **작동부위**(*operator region*)라고 불리는 인접 DNA 서열로 구성되어 있다. 그들은 *lacI* 유전자가 **억제자(repressor molecule)**를 생산하여 이 구조 유전자들의 전사를 조절하며, 억제자는 **다른 자리 입체성(allosteric, 알로스테릭)**이라고 주장했다. 이 말은 그 억제 분자가 3차원적 모양 및 화학적 활성 변화를 유발하는 방식으로 다른 분자와 가역적으로 상호작용한다는 뜻이다. 그림 16.5는 젖당이 있을 때와 없을 때의 *lac* 억제자의 활성과 *lac* 오페론의 구성 성분들을 표현한 것이다.

제이콥과 모노드는 억제자가 정상적으로는 작동 부위의 DNA 서열과 상호작용한다고 제안했다. 그러한 일이 일어나면, RNA 중합효소의 활동이 억제되고, 구조 유전자들의 전사가 효과적으로 저해된다[그림 16.5(b)]. 그러나 젖당이 있을 때는, 젖당이 억제자에 붙어 알로스테릭한 모양 변화를 유발한다. 이러한 변화는 억제자의 결합 부위를 변화시키고 그것이 작동 인자인 DNA와 상호작용하지 못하도록 한다[그림 15.5(c)]. 억제자–작동자의 상호작용이 없으면, RNA 중합효소는 구조 유전자들을 전사하고 젖당 대사에 필요한 효소들이 생산된다. 이런 전사는 억제자가 작동 부위에 **붙지 못했을 때만** 일어나므로 **음성적 조절**(*negative control*)이라고 언급된다.

요약하자면, 이러한 오페론 모형은 단백질들, 유도자들, 그리고 DNA 사이의 분자적 상호작용을 이용하여 구조 유전자들의 효과적인 조절을 설명한다. 젖당이 없을 때는 이 유전자들에 의해 암호화되는 효소들이 필요치 않으며, 따라서 억제된다. 젖당이 존재하면 이것이 억제자와 결합함으로써 간접적으로 유전자들의 활성화를 유도한다.* 만약 모든 젖당이 대사되어 억제자와 결합할 분자들이 없어지고 억제자들이 자유로워지면, 억제자

*실질적으로는 젖당(lactose)의 이성질체인 알로락토오스(allolactose)가 유도자이다. 젖당이 세균 세포 안으로 들어오면, 일부가 β-갈락토시데이즈에 의해 알로락토오스로 전환된다.

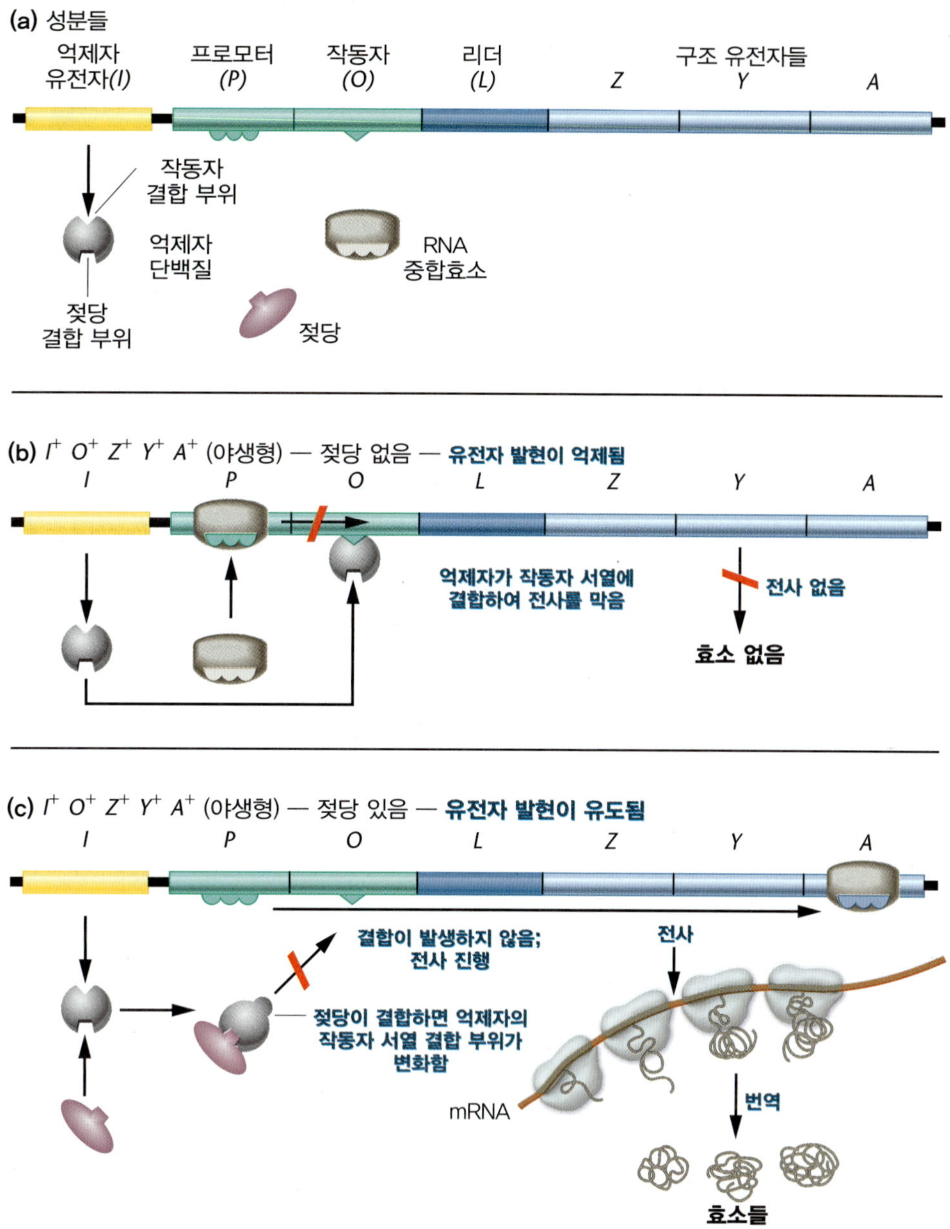

그림 16.5 야생형 *lac* 오페론의 구성 성분과 젖당 유/무에 따른 *lac* 오페론의 반응.

들은 작동자 DNA에 결합하여 전사를 억제한다.

I^-와 O^C 두 항상적 돌연변이 모두 이런 분자적 상호작용을 방해하여 구조 유전자들의 지속적인 전사를 일으킨다. I^- 돌연변이의 경우에는 그림 16.6(a)에서 보이는 것처럼, 억제자 단백질이 변화되어 작동자 부위에 결합하지 못하고 구조 유전자들은 언제나 켜져 있는 상태가 된다. O^C 돌연변이의 경우에는[그림 16.6(b)] 작동자 DNA의 뉴클레오타이드 서열이 변화하여 정상적인 억제 분자가 결합하지 못하게 된다. 결과는 동일하다: 구조 유전자들이 항상 전사된다.

오페론 모형의 유전적 증거

오페론 모형에 기초하면, 그 유효성을 검증할 수 있는 세 가지 예측이 가능해진다. 검증될 세 가지 예상은 (1) *I* 유전자는 확산 가능한 세포 내 산물들(즉, 트랜스 작용 산물)을 생산한다; (2) *O* 부위는 조절에 관여하지만, 유전자 산물을 만들지는 않는다(따라서 시스 활성을 가진다); 그리고 (3) *O* 부위는 전사를 조절하기 위해서 구조 유전자들에 인접해 있어야 한다.

부분적으로 이배체인 세균들을 만들어 이러한 가정들을 검증할 수 있는데, 특히 이들은 트랜스-작용 조절 인자들에 대한 예상을 검토할 수 있도록 한다. 예를 들어, 8장에서 소개되었

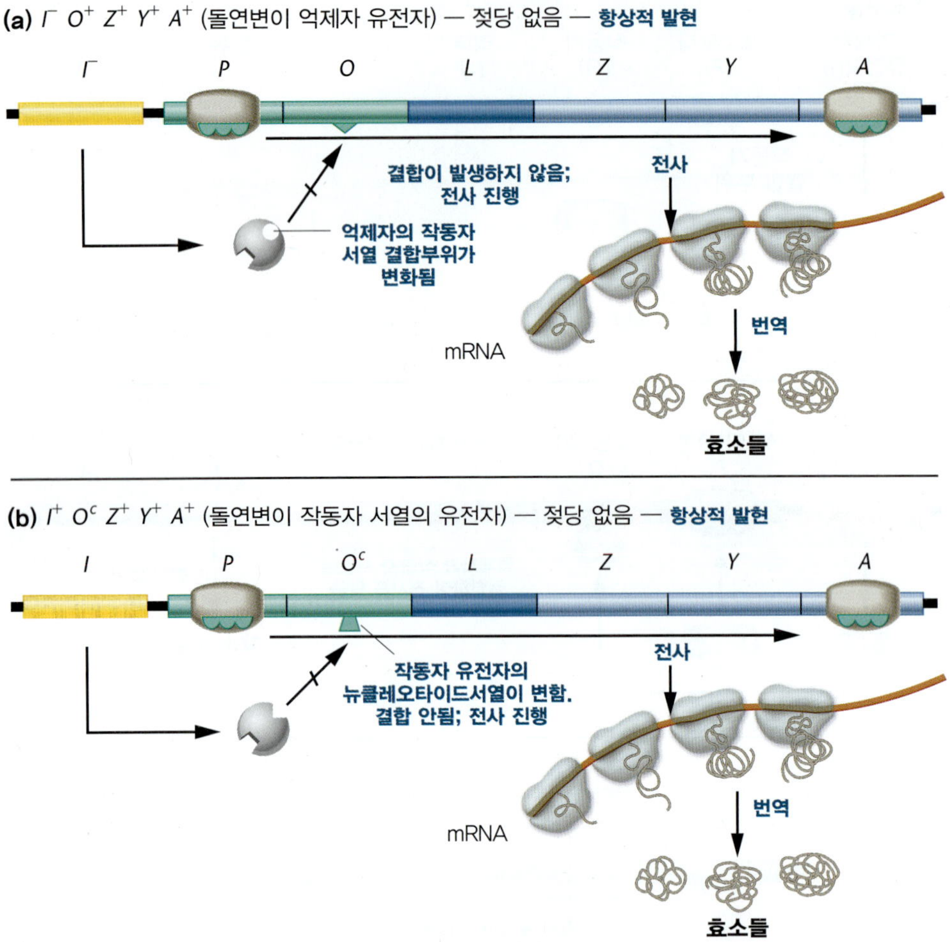

그림 16.6 젖당이 없을 때 I^- 돌연변이(a)나 O^C 돌연변이를 가진 세포들에서 *lac* 오페론의 반응.

던 F 플라스미드는 세균의 염색체 일부를 포함할 수 있는데, 이러한 경우에 F′ 세포로 표시한다. F^- 세포들이 그런 플라스미드를 얻게 되면, 이제 그들 자신의 염색체에다가 더하여 플라스미드 상에 존재하는 하나나 그 이상의 유전자들을 더 가지게 되므로, 숙주 세포는 그 해당 유전자들에 대해서는 이배체 상태가 된 **부분접합자(부분 이배체, merozygote)**가 된다. 그렇게 플라스미드를 사용하면, 예를 들어, I^+ 유전자를 그 유전자형이 I^-인 세포로 도입할 수 있도록 하기도 하고, O^+ 유전자를 O^C 세포로 도입할 수 있다. 제이콥과 모노드의 오페론 모형은 어떻게 그런 세포들에서 유전자 조절이 영향을 받을지를 예상할 수 있게 한다. I^-세포에 I^+ 유전자를 첨가하는 것은 삽입된 I^+유전자에 의해 생산된 트랜스-작용 요소가 정상적인 억제자들로 다시 기능할 수 있게 하므로, 세포의 유도성을 회복시킬 것이다. 반대로, O^C세포에 O^+ 영역을 첨가하는 것은 오페론의 조절이 구조 유전자들 바로 옆의 O^+ 유전자에 의존하기 때문에, 지속적인 효소 생산에 아무런 영향을 미치지 못할 것이다; 즉, O^+는 시스-작용 조절 인자이다.

표 16.1 다양한 유전자형의 대장균에서 젖당의 존재 여부에 따른 유전자 활성(+나 −) 비교.

	β-갈락토시데이즈 활성 유무	
유전자형	젖당 있을 때	젖당 없을 때
A. $I^+O^+Z^+$	+	−
$I^+O^+Z^-$	−	−
$I^-O^+Z^+$	+	+
$I^+O^CZ^+$	+	+
B. $I^-O^+Z^+/F'I^+$	+	−
$I^+O^CZ^+/F'O^+$	+	+
C. $I^+O^+Z^+/F'I^-$	+	−
$I^+O^+Z^+/F'O^C$	+	−
D. $I^SO^+Z^+$	−	−
$I^SO^+Z^+/F'I^+$	−	−

*참고: B에서 D까지에서는 대부분 유전자형들이 부분적으로 이배체인데, F 인자에 부착 유전자들을 포함하기 때문이다(F′).

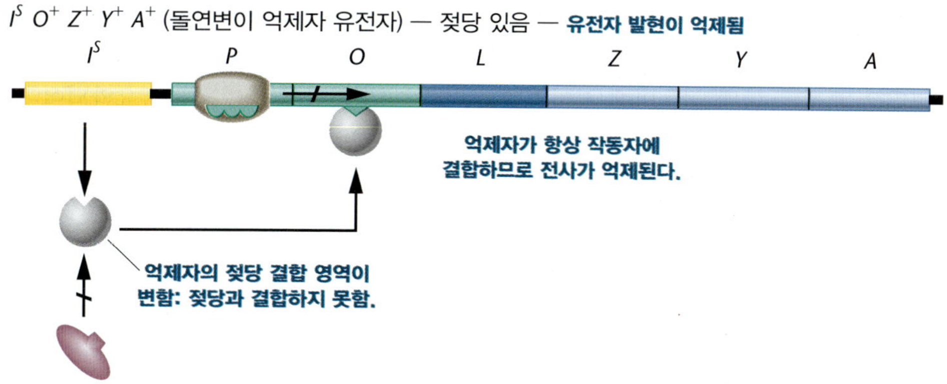

그림 16.7 I^s 돌연변이를 가진 세포에서 젖당 존재 시 *lac* 오페론의 반응.

이러한 실험들의 결과가 **표 16.1**에 나와 있다. 여기서는 Z가 구조 유전자들을 대표한다(삽입된 유전자들은 F′ 표시 이후에 나열되었다). 위에 설명된 두 경우에서 제이콥과 모노드의 모형은 잘 지지된다(표 16.1의 B 부분). C 부분은 반대의 실험으로서, I^-유전자나 O^C 부위가 정상적으로 유도 가능한 유전자형의 세포에 도입되었다. 모형이 예상한 것처럼, 이런 부분 이배체들에서 유도성은 계속 유지되었다.

오페론 모형의 또 다른 예측은 I 유전자에서의 어떤 돌연변이는 I^-의 반대 효과를 가질 수도 있다는 것이다. 즉, 작동자 서열과의 상호작용 실패에 의해 지속적으로 변하는 대신, 유도자인 젖당과 상호작용을 못 하는 돌연변이 억제 분자들이 생산될 수도 있다는 것이다. 결과적으로 그런 억제자들은 항상 작동자 부위에 결합한 상태로 존재하며, 구조 유전자들은 영원히 억제된다. 만약 이런 일이 있게 되면, 부가적인 I^+ 유전자들이 존재해도 억제 효과에 거의 영향을 미치지 못할 것이다.

사실상, 그런 돌연변이인 I^S은, 표 16.1의 D 부분에 제시된 것처럼(**그림 16.7**에 그림으로 제시됨), 오페론이 "과하게 억제된(super-repressed)" 것으로 드러났다. 하나의 부가적인 I^+ 유전자는 유전자 발현의 억제를 풀어주는데 별 효과가 없다. 이러한 관찰은 억제자가 독립된 DNA-결합 영역 및 유도자-결합 영역을 포함하고 있다는 생각과 부합한다.

억제자의 분리 정제

제이콥과 모노드의 오페론 이론이 세균에서의 유전적 조절에 대한 많은 측면을 설명하는 데 성공하긴 했지만, 1961년에 그들의 탁월한 논문이 발표되었을 때에는 억제 분자의 성질이 알려지지 않았었다. 그들은 다른 자리 입체성 억제 분자가 단백질일 것으로 예상한 한편, RNA 역시 후보자로 생각했었는데 그 이유는 이 분자의 활성이 DNA에 결합하는 성질을 요구하기 때문이었다. 이 이론적 억제 분자를 분리해 규명하려는 많은 시도에도 불구하고, 직접적인 화학적 증거는 나오지 못했다. 하나의 대장균 세포는 약 10개 정도의 *lac* 억제자만을 포함할 뿐이어서, 한 세포 내에서 수백만 개의 단백질 중 10개의 단백질 분자나 RNA를 직접 화학적으로 규명한다는 것은 너무나 큰 도전이었다.

1966년에 길버트(Walter Gilbert)와 뮐러-힐(Benno Müller-Hill)은 부분적으로 정제된 형태로 *lac* 억제자를 분리하는 데 성공했다. 분리를 촉진하기 위해 그들은 조절 양 돌연변이인 I^q 계통을 이용했다. 이것은 야생형 대장균보다 10배나 많은 억제자를 포함한다. 또한 그들의 성공에 중요한 역할을 했던 것은 억제자에 결합하는 무상 유도자 IPTG의 사용 및 **평형 투석(equilibrium dialysis)** 기술이었다. 이 기술에서는 I^q 세포의 추출액을 투석 주머니에 넣고 방사성 IPTG가 포함된 외부 용액과 평형이 이루어지도록 한다. 평형에서는 방사성 IPTG의 내부 농도가 외부 용액에서보다 더 높아지는데, 이것은 ITPG에 결합한 물질이 세포 추출액에 존재하며 이것은 투석 주머니를 통과하여 확산되기에는 너무 큰 분자임을 알려준다.

궁극적으로, IPTG-결합 물질이 정제되었고 이것은 다양한

풀어보기

16.1 *lac Z, Y*, 그리고 *A*로 이루어진 구조 유전자들은 단일 폴리시스트론형 mRNA로 전사되기는 해도, 각 유전자는 번역에 필요한 자신만의 개시 신호와 종결 신호를 포함한다. 젖당이 있는 배지에서 자라는 세포가 한 개의 뉴클레오타이드 결실을 (a) *Z* 유전자의 앞쪽에 포함할 때와, (b) *A* 유전자 앞쪽에 포함할 때 어떤 일이 생길지 예측해 보라.

■ **힌트:** 이 문제는 *lac* 오페론의 유전적 발현에 대한 이해와 유전 암호, 틀 이동 돌연변이 그리고 전사 종결 등에 대해 여러분이 알고 있는 것을 연합시켜 생각할 것을 요구한다. 해답에 대한 열쇠는 폴리시스트론성 mRNA 내에서 한 뉴클레오타이드 결실의 효과를 생각해 보는 데 있다.

더 연습이 필요하면 문제 5~7번을 참고하라.

단백질의 특성을 나타냈다. 대조적으로, *lac* 억제자 활성을 보이지 않는 I^- 구성적 돌연변이 세포들의 추출액은 IPTG 결합을 나타내지 않았으므로, 이것은 분리된 단백질이 억제 분자임을 강하게 시사했다.

이러한 생각을 확인하기 위해 길버트와 뮐러-힐은 방사성 황이 포함된 배지에서 대장균을 기른 후 황을 포함한 아미노산으로 표지되었을 IPTG-결합 단백질을 분리했다. 그다음, 이 단백질을 $lacO^+$ 유전자를 가진 람다(λ) 파지 계통에서 분리한 DNA와 섞었다. 두 물질이 따로 있을 때는, DNA는 40*S*로, 그리고 IPTG-결합 단백질은 7*S*로 침강한다. 그러나 DNA와 단백질이 혼합되어 초원심분리를 이용한 농도 경사에서 침강되면, 방사성 단백질은 DNA와 같은 속도로 침강하는데, 이것은 이 단백질이 DNA와 결합했음을 시사하는 것이다. 후속 실험들은 IPTG-결합 단백질인 억제자가 *lac* 영역을 포함한 DNA에만 결합하며, 작동자 서열의 돌연변이에 의한 구성적 돌연변이인 O^C 돌연변이체의 *lac* DNA에는 결합하지 않음을 보여주었다.

16.3 이화물-활성화 단백질(CAP)은 *lac* 오페론에 대해 양성 조절 효과를 발휘한다

앞의 *lac* 오페론에서 논의했던 것처럼, β-갈락토시데이즈의 역할은 젖당을 분해하여 그 구성물인 포도당과 갈락토오스로 만드는 것이다. 그다음, 갈락토오스가 사용되기 위해서는 포도당으로 전환되어야 한다. 만약 세포가 젖당과 포도당이 모두 풍부한 환경에 있음을 발견했다면 어떨까? 대장균이 탄소원으로 포도당을 더 선호한다는 것을 감안하면, 세포가 *lac* 오페론 전사를 유도하고, β-갈락토시데이즈를 만들고, 젖당을 대사하여, 이제 정말로 필요한 포도당—이미 세포에 존재하는—을 만든다는 것은 에너지학적으로 효율적이지 않다. 우리가 이제 살펴볼 것처럼, **이화물 활성화 단백질(catabolite activating protein, CAP)**이라고 불리는 또 다른 분자 요소가 포도당이 존재할 때 *lac* 오페론의 발현을 감소시킬 수 있다. 이러한 억제를 **이화물 억제(catabolite repression)**라고 한다.

이화물 억제를 이해하기 위해, 잠깐 뒤로 돌아가 그림 16.5에 그려진 체계를 복습해보자. *lac* 억제자가 유도자(젖당)와 결합하면, *lac* 오페론은 활성화되고 RNA 중합효소는 구조 유전자들을 전사한다. 이미 배운 바와 같이(14장 참고) 전사란, 첫 암호서열로부터 5′ 상류에서 발견되는 **프로모터 부위(promoter region)**의 뉴클레오타이드 서열과 RNA 중합효소 사이에서 일어나는 결합의 결과로 시작된다. *lac* 오페론 내에서, 프로모터는 *I* 유전자와 *lac* 작동자 영역(*O*) 사이에 위치한다(그림 16.1 참고). 세심한 조사로, CAP이 존재하여 함께 이 과정을 촉진시키지 않는 한 중합효소의 결합이 매우 비효율적임이 드러났다.

이런 기작이 그림 16.8에 요약되어 있다. 포도당이 없는 유도적인 상황에서, CAP은 CAP 결합 부위에 결합하여 RNA 중합효소가 프로모터에 붙는 것을 촉진함으로써 전사가 양성적으로 촉진(positive control)되도록 한다. 그러므로 구조 유전자들이 최대한으로 전사되기 위해서는, 억제자는 젖당과 결합해야 하고(그래서 *lac* 오페론의 전사 억제가 일어나지 않도록), CAP은 CAP-결합 부위(CAP-binding site)에 결합해야만 한다.

이것은 CAP에 대한 중요한 질문을 이끈다: 어떻게 포도당의 존재가 CAP의 결합을 방해하는가? 해답을 위해서는 또 하나의 분자가 필요한데, 바로 **고리화아데노신 일인산(cyclic adenosine monophosphate, cAMP)**으로서, 이것은 아데닌 염기, 리보스 당, 그리고 하나의 인산 그룹이 당의 5′와 3′ 위치에 결합해 있는 뉴클레오타이드이다. **CAP이 프로모터에 결합하기 위해서는 반드시 cAMP와 결합해야 한다.** cAMP의 농도 자체는 **아데닐산 고리화 효소(adenyl cyclase)**라는 효소에 의존적인데, 이것은 ATP에서 cAMP로의 전환 과정을 촉매한다(그림 16.9).* 이화물 억제에서 포도당의 역할은 이제 분명하다. 포도당은 아데닐 고리화 효소의 활성을 억제하여 세포 내 cAMP 수준을 감소시킨다. 이런 조건에서는 CAP가 *lac* 오페론의 양성적 전사 촉진에 필수적인 cAMP−CAP 복합체를 만들지 못한다.

이화물 억제에서 포도당의 역할은 아데닐 고리화 효소의 활성을 억제하여, 세포 내에서 cAMP의 수준을 낮추는 것이다. 이러한 조건 하에서 CAP는 *lac* 오페론 전사의 양성 조절에 필수적인 CAP−cAMP 복합체를 형성하지 못한다. CAP와 CAP−cAMP의 구조는 X-선 결정학을 이용하여 조사된 바 있다. CAP는 이합체로서 *lac* 프로모터를 구성하는 특정 뉴클레오타이드 서열 가까이에 결합한다. CAP−cAMP 복합체가 DNA에 결합하면, DNA가 굽어져 새로운 형태를 만든다.

용액 속에서 발생하는 결합에 대한 연구는 유전자 활성화 기구를 좀 더 명확히 해주었다. CAP−cAMP 나 RNA 중합효소는 혼자서는 *lac* 프로모터 DNA에 강하게 결합하지 못하며, 이 두 분자가 서로 강하게 결합하지도 않는다. 그러나 이 두 분자는 *lac* 프로모터 DNA의 존재 하에서는 강하게 결합된 복합체를 형성하여 소위 **협동적 결합(cooperative binding)**의 한 예를 보여준다. CAP−cAMP에 의해 제공되는 조절은 어떻게 작은 유전자 집단이 동시에 여러 영향들에 의해 세세하게 조절될

*cAMP가 관여하므로, CAP는 고리형 AMP 수용체 단백질(*cyclic AMP receptor protein, CRP*)라고도 불리며, 이 단백질을 암호화하는 유전자는 *crp*라고 한다. 이 단백질의 원래 이름이 CAP였기 때문에, 우리는 처음 이름을 계속 사용하였다.

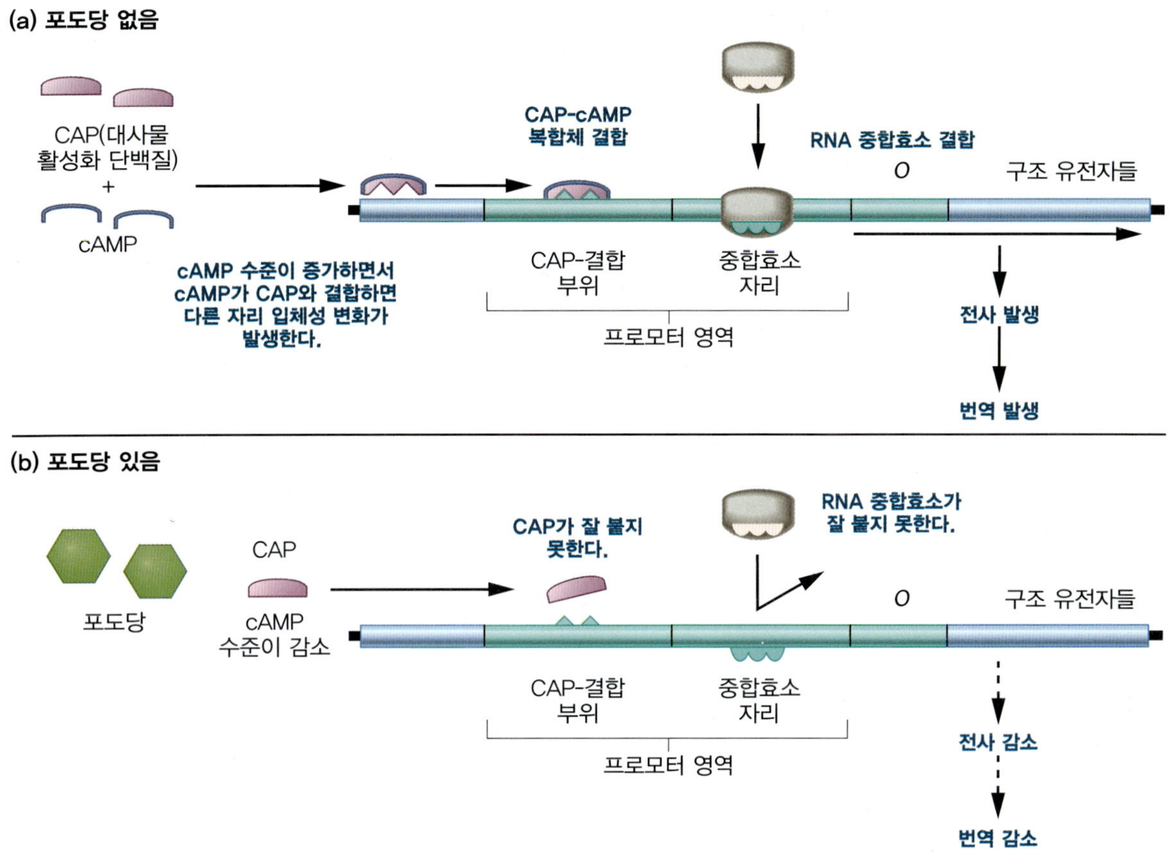

그림 16.8 이화물 억제. (a) 포도당이 없을 때 cAMP 수준이 증가하면 CAP–cAMP 복합체가 형성된다. 이것은 프로모터의 CAP 부위에 결합하여 전사를 촉진한다. (b) 포도당이 존재할 때 cAMP 수준은 감소하고, CAP–cAMP 복합체가 형성되지 않으며 전사는 촉진되지 않는다.

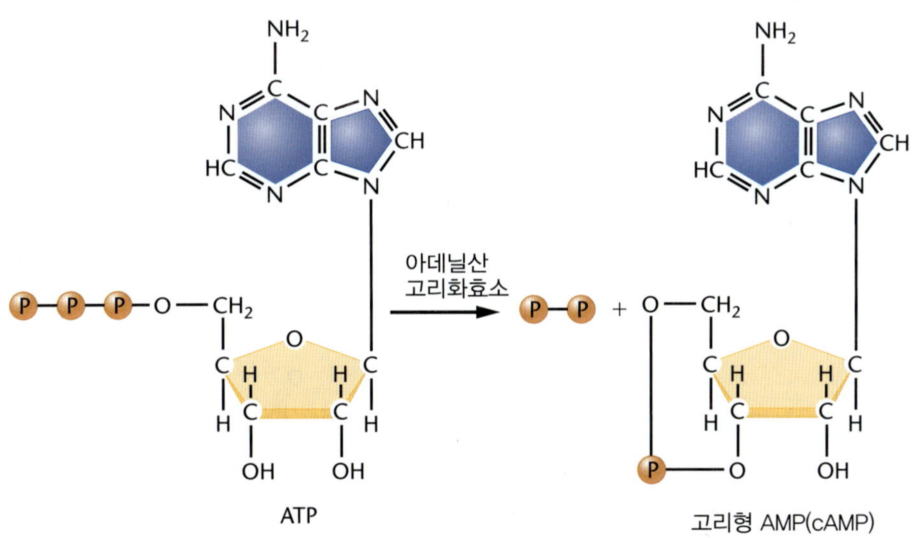

그림 16.9 아데닐산 고리화효소에 의해 촉매되는 ATP로부터 cAMP의 생성.

수 있는지에 대한 또 다른 설명을 제시한다.

이화물 억제에 의한 *lac* 오페론의 조절은, 세포 내에서 젖당을 사용할 수 있어도 포도당의 존재가 젖당 대사의 필요성을 압도하기 때문에 효율적인 에너지 사용을 이끈다. *lac* 억제자에 의한 음성 조절과는 대조적으로, cAMP-CAP의 작용은 양성 조절을 구성한다. 따라서 양성 조절과 음성 조절의 연합 기구가 *lac* 오페론의 전사를 결정한다. CAP을 포함하는 이화물 억제는 갈락토오스와 아라비노오즈의 대사를 조절하는 다른 유도성 오페론들에서도 관찰된다.

풀어보기

16.2 아래 표에 나열된 세포 조건에서 *lac* 오페론의 유전적 활성 수준과 *lac* 억제자 및 CAP 단백질의 상태를 예측하라.

	젖당	포도당
(a)	−	−
(b)	+	−
(c)	−	+
(d)	+	+

■ **힌트:** 이 문제는 *lac* 오페론 조절에 대한 여러분의 지식과 어떻게 이화물 억제가 이 조절에 영향을 미치는지에 대한 이해를 연계시킬 것을 요구하고 있다. 해답의 열쇠는 젖당이 관여된 조절은 음성 조절 체계인 반면, 포도당과 이화물 억제가 관련된 조절은 양성 조절 체계임을 명심하는 데 있다.

16.4 억제자 복합체의 결정 구조 분석은 오페론 모형을 확인시켜 주었다

우리는 이제 *lac* 오페론의 조절 영역에 관한 생화학적 성질뿐 아니라 다른 요소들에 대한 자세한 위치까지 완전한 지식을 갖고 있다(그림 16.10). 1996년 루이스(Mitchell Lewis), 루(Ponzy Lu), 그리고 이들의 동료들이 *lac* 억제자의 결정 구조와, 작동자 DNA 및 유도자와 결합한 억제자의 구조를 확인하는 데 성공했다. 결과적으로, 유전적 및 생화학적 자료에 기초해서 얻어졌던 기존의 정보는 이제 구조적 해설이 빠진 곳을 보완해준다. 종합하면, 이런 기여는 오페론의 조절에 관한 거의 완전한 그림을 제공해준다.

I 유전자의 산물인 억제자는 360개의 아미노산으로 구성된 단량체로 합성된다. 이 단량체 내에서 유도자가 결합하는 영역이 확인되었다[그림 16.11(a)]. 이합체[그림 16.11(b)]도 유도자와 결합하기는 하지만, 기능적인 억제자는 동질4합체(즉, 단량체 4개가 포함된 구조)이다. 4합체 억제자는 조절된 조건에서는 단백질 분해효소에 의해 5개의 단편으로 절단될 수 있다. 네 개는 4합체 소단위들의 N-말단으로부터 유래한 것으로 작동자 DNA와 결합한다. 다섯 번째 단편은 4합체의 나머지 핵심부로 COOH 말단으로부터 유래한다; 이것은 젖당이나 IPTG 같은 무상유도자와 결합한다. 분석 결과 하나의 4합체는 두 개의 대칭적 작동자 DNA 나선에 동시에 결합할 수 있다.

앞선 돌연변이 연구($lacO^C$)와 DNA-서열화 분석에 의해 결정된 작동자 DNA는 *lacZ* 유전자의 암호화 서열이 시작되는 바로 앞 상류 부분에 위치한다. 결정학 연구는 주 작동자 서열인 O_1의 실제 억제자 결합 영역이 21 염기쌍으로 구성되어 있음을 보여준다. 다른 두 개의 부수적 작동자 영역들도 확인되었는데, 그림 16.10에 나타낸 바와 같다. 하나는 O_2로, 주 작동자로부터 401 염기쌍 하류인 *lacZ* 유전자 내부에 자리한다. 나머지 하나인 O_3는 O_1으로부터 93 염기쌍 상류인 CAP 자리 바로 위에 위치한다. 생체 내에서 최대의 억제가 발생하기 위해서는 3개의 작동자 서열 모두가 결합상태여야 한다.

억제자가 동시에 두 개의 작동자 서열에 결합하면 DNA의 형태가 왜곡되므로 억제자로부터 멀어지며 구부러지게 된다. 작동자 서열인 O_1과 O_3의 두 곳에서 발생한 결합을 입증하기 위해 모형을 만들면[그림 16.11(c)], 둘 사이에 있는 93 염기쌍의 DNA가 튀어나와야 하며, 소위 **억제 고리(repression loop)**라고 불리는 형태가 형성된다. 이 모형에서는 고리 내부에 RNA 중합효소가 결합하는 프로모터 영역이 배치되므로, 억제 중에는 중합효소에 의한 접근이 방해를 받는다. 또한 억제 고리는 이어서 유도가 발생할 때, RNA 중합효소와 CAP 상호작용을 촉진하는 방식으로 CAP 결합 부위가 자리하게 된다. 이 모형에서는 억제로 인한 DNA 고리화는 진핵생물 체계에서 발생할 것으로 예측되는 형태 변화와 유사하다(17장 참고).

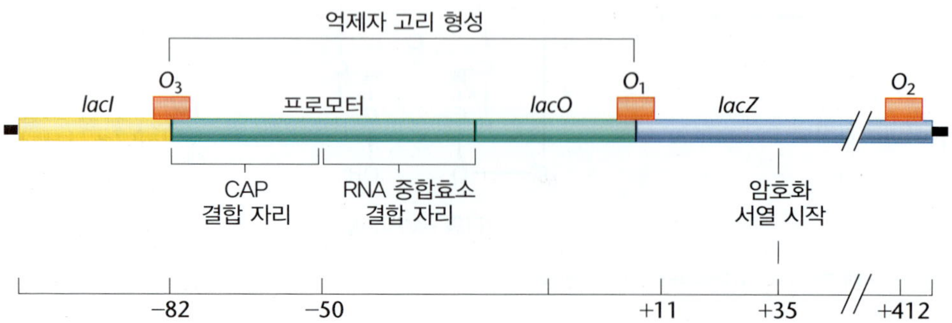

그림 16.10 *lac* 오페론의 유전적 발현 조절에 관여하는 다양한 조절 영역들(본문에 설명). 하단의 크기 표시에 있는 숫자는 전사 개시 부위로부터 상류와 하류에 존재하는 뉴클레오타이드의 자리를 나타낸 것이다.

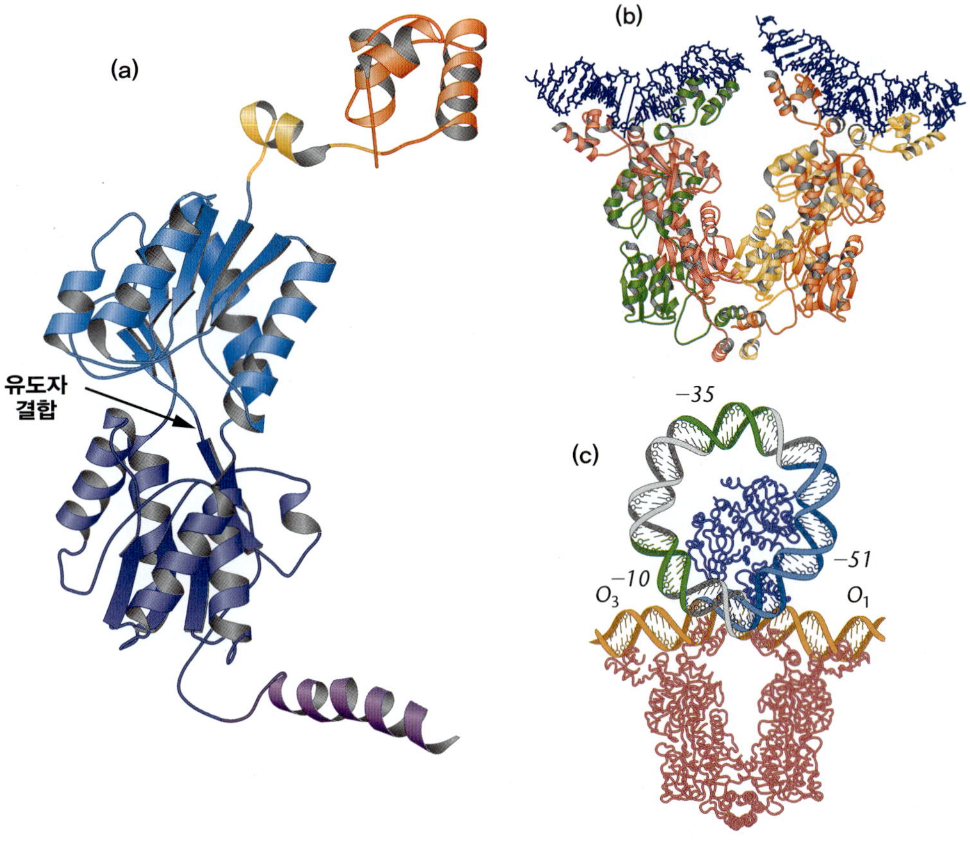

그림 16.11 결정 구조 분석에서 얻어진 *lac* 억제자와 DNA의 작동자 부위의 결합 모형. (a) 유도자 결합 부위를 가진 억제자 단량체. DNA-결합 영역은 붉은색으로 표현되었다. (b) 억제자 4량체가 작동자 DNA(짙은 푸른색으로 표현)의 21 염기쌍 단편에 결합한 것. (c) 억제자(분홍색으로 표시)와 CAP(짙은 푸른색으로 표시)가 *lac* DNA에 결합한 것. 작동자 영역 O_1과 O_3에 대한 결합으로, 프로모터 DNA에 93-염기쌍의 억제 고리가 형성된다.

더하여, 유도 분자와의 상호작용으로 수반되는 3차원 구조의 변화도 밝혀졌다. 종합하면, 결정학 연구로 *lac* 오페론 내에서 일어나는 조절 과정에 대해 새로운 수준의 이해에 도달할 수 있었으며, 40년 전에 유전적 관찰에만 기초하여 제시되었던 제이콥과 모노드의 발견과 예측을 확인해주었다.

16.5 대장균의 트립토판(*trp*) 오페론은 억제적 유전 체계를 가진다

얼마 동안 유도 과정이 알려져 있긴 했지만, 1953년 모노드와 그 동료들이 억제적 오페론을 발견했던 1953년까지는 잘 이해되지 못했었다. 최소 배지(8장 참고)에서 야생형 대장균을 기르면, 이들은 다른 많은 필수 거대 분자들뿐 아니라 아미노산의 생합성에 필요한 효소들을 생산한다. 모노드는 아미노산인 트립토판과 그것을 합성하는 **트립토판 합성효소(tryptophan synthetase)**에 관한 연구에 집중하여, 만약 트립토판이 성장 배지에 충분한 양으로 존재하면 그 합성에 필수적인 효소들은 생산되지 않는다는 사실을 발견했다. 충분한 트립토판이 성장 배지에 존재할 때는 트립토판 합성에 관여하는 유전자들의 발현을 억제하는 것이 세균들에게는 에너지적으로 더 이득이다.

후속 조사로, 대장균 염색체에 5개의 인접한 유전자들에 의해 암호화되는 일련의 효소들이 트립토판 합성에 관여하고 있음이 밝혀졌다. 이 유전자들은 오페론의 구성원으로, 트립토판이 존재하면 모든 유전자가 협동적으로 억제되어 어떤 효소도 생산되지 않는다. 이러한 억제와 젖당 대사의 효소 유도 과정 사이의 놀라운 유사성 때문에, 제이콥과 모노드는 *lac* 시스템과 유사한 유전자 조절 모형을 제안하였다(그림 16.12).

억제를 설명하기 위해 제이콥과 모노드는 단독으로는 오페론의 작동 부위와 상호작용하지 못하는 **정상적 불활성 억제자**(*normally inactive repressor*)의 존재를 제안했다. 그러나 이 억제자는 다른 자리 입체성 분자로 트립토판과 결합할 수 있다. 트립토판이 존재할 때는, 이 억제자와 트립토판으로 이루어진 복합체가 새로운 모양을 얻게 되어 작동자에 결합하여 전사를 억제하게 된다. 그러므로 동화 경로의 최종산물인 트립토판이 존재할 때는 이 시스템은 억제되고 효소들은 만들어지지 않는다. 조절 복합체가 오페론의 전사를 억제하기 때문에 이 억제 체계는 음성 조절하에 있다. 그리고 트립토판이 억제에 참여하기 때문에, 이 조절 기구에서는 **공동 억제자(corepressor)**라고 불린다.

trp 오페론의 증거

억제적 오페론의 개념을 지지하는 증거가 곧 출현했는데, 주로 두 가지 독특한 범주의 구성적 돌연변이에 기초한 것이었다. 첫 번째는 *trpR*$^-$로, 해당 유전자는 구조 유전자들로부터 상당한 거리에 위치한다. 이러한 좌위는 이 유전자가 억제자를 암호화할 것임을 나타낸다. 아마도, 그 돌연변이는 억제자와 트립토판의 상호작용을 방해하거나 아예 억제자가 형성되지 못하도록 할 것이다. 어느 쪽이든 간에, *trpR*$^-$ 돌연변이를 가진 세포에서는 어떠한 억제도 나타나지 않는다. 예상되듯이, 만약 *trpR*$^+$ 유전자가 기능적인 억제자를 만든다면 부가적인 *trpR*$^+$ 유전자들의 존재는 억제능을 회복시킬 것이다.

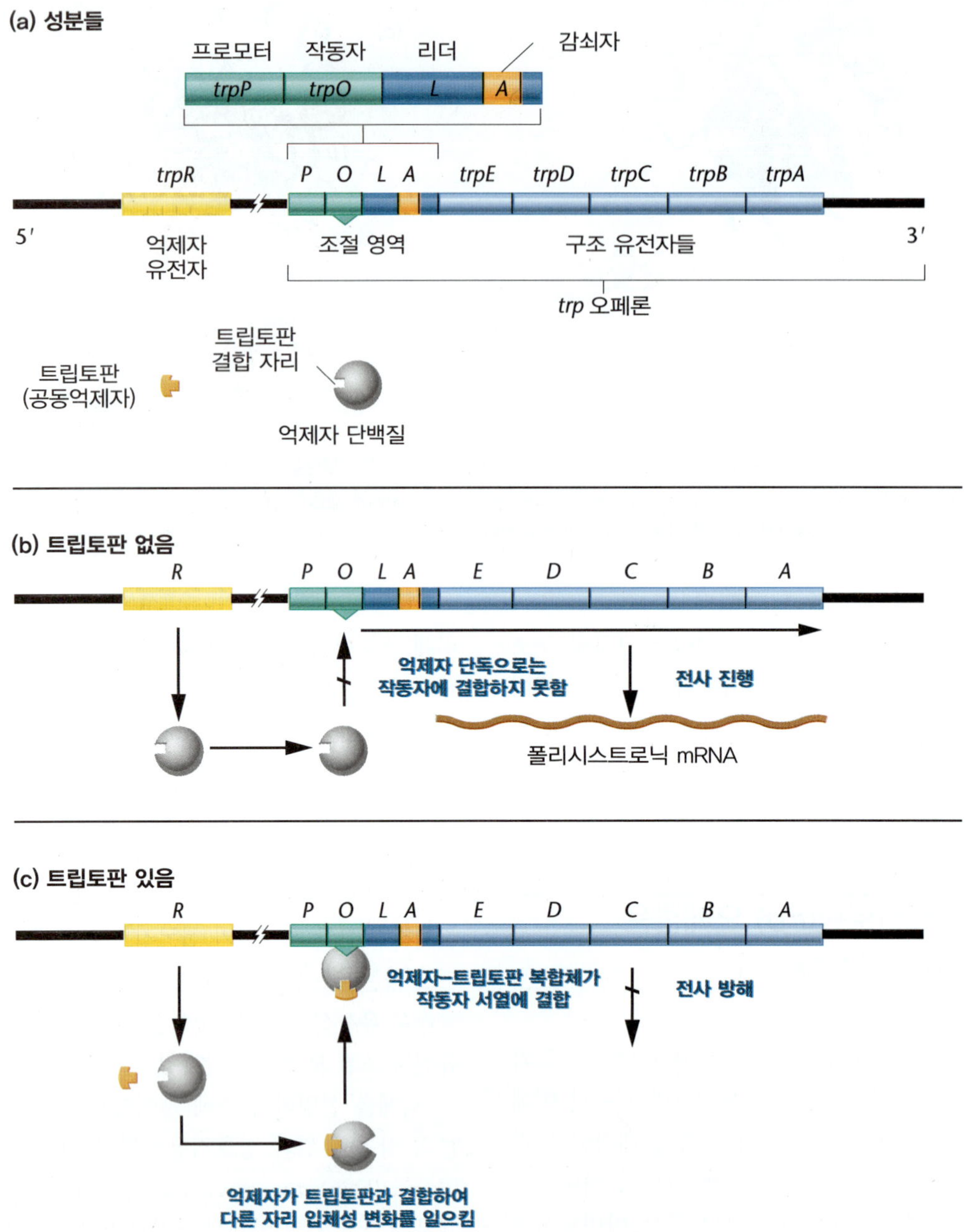

그림 16.12 억제성 오페론. (a) 트립토판 오페론의 조절에 관여하는 성분들. (b) 트립토판이 없을 때는 불활성 억제자가 생산되고 작동자 서열(O)에 결합하지 못하며, 전사가 진행된다. (c) 트립토판이 존재할 때는 트립토판이 억제자에 결합하여 다른 자리 입체성(알로스테릭) 변화를 일으킨다. 이 복합체가 작동자 영역에 결합하여 오페론의 억제를 일으킨다.

두 번째 구성적 돌연변이는 그 위치가 구조 유전자들에 바로 인접해 있으므로 젓당 오페론의 작동자 돌연변이와 유사하다. 게다가, 야생형의 작동자를 가진 플라스미를 돌연변이 세포에 넣어준다고 해도, 효소 억제를 회복시키지 못한다. 이것은 *cis* 상태로 존재하는 돌연변이 작동자가 더 이상 억제자-트립토판 복합체와 상호작용할 수 없다면 예상 가능한 것이다.

trp 오페론과 그 조절에 대한 자세한 모형이 그림 16.12에 제시되어 있다. 5개의 인접한 구조 유전자(*trpE*, *D*, *C*, *B* 그리고 *A*)는 트립토판 생합성을 촉매하는 효소들의 번역을 지시하는 하나의 폴리시스트론성 메시지로 전사된다. *lac* 오페론에서처럼, 프로모터 부위(*trpP*)는 RNA 중합효소가 붙는 자리를 나타내며, 작동 부위(*trpO*)는 억제자가 결합하는 부위를 표시한다. 억제자 결합이 일어나지 않았을 때는 *trpP*-*trpO* 부위 내에서 전사가 시작되고 첫 구조 유전자(*trp E*)에서 162 뉴클레오타이드 앞에 있는 **리더 서열(leader sequence)**을 따라 진행된다. 이 리더 서열 내에서 또 하나의 조절 부위가 밝혀졌는데 **감쇠자**(*attenuator*)라 부르는 것으로 다음 16.6절의 주제이다. 앞으로 살펴보게 되겠지만 감쇠자는 이 오페론 조절 기작의 주요 부분이다.

> **유전자 개념의 진화**
>
> 1960년대 초반, 제이콥, 모노드, 그리고 르워프 등에 의한 획기적인 연구로, 세균의 유전자 발현 조절에 대한 오페론 모형이 확립되었고, 암호화 영역의 5′ 방향 상류에 존재하는 비암호화 조절 서열들을 포함하는 방식으로 유전자 개념이 확장되었다. 세균의 오페론들에서는, 같은 생화학 경로에 관여하는 산물을 만드는 여러 개의 붙어 있는 구조 유전자들이 한 세트의 조절 서열들에 의해 한꺼번에 조절된다. ■

16.6 세균 유전자 발현 조절에서는 RNA가 다양한 역할을 한다

이 장의 앞 절에서, 우리는 조절될 유전자들의 프로모터 및 작동자 영역과 상호작용하는 DNA-결합 조절 단백질들에 의한 유전자 조절에 초점을 맞추었다. *lac* 억제자나 CAP 단백질 같은 이런 조절 단백질들은 포로모터에 대한 RNA 중합효소의 결합에 영향을 미침으로써 표적 프로모터로부터의 전사 개시를 증가시키거나 감소시키는 방식으로 작동한다.

세균의 유전자 조절은 전사가 이미 개시된 후에, 신생 mRNA의 특정 영역과 조절 분자의 상호작용을 통해서도 발생할 수 있다. 이런 조절 분자의 결합은 그 mRNA의 2차 구조를 변화시켜 전사 종결이나 번역 억제를 유발한다. 우리는 RNA가 관여하는 3가지 형태의 조절—감쇠(*attenuation*), 리보스위치(*riboswitch*), 그리고 세균에서는 sRNA라고 표시되는 작은 비암호성 RNA(*small nonconding RNA*)에 관한 것이다. 이런 형태의 조절은 모두 세균 유전자 조절의 미세 조율을 돕는다.

감쇠

야노프스키(Charles Yanofsky)와 버트란드(Kevin Bertrand), 그리고 그 동료들은 트립토판이 존재하고 *trp* 오페론이 억제될 때, 전사 개시가 낮은 수준으로 발생하지만, 전사체를 따라 약 140 뉴클레오타이드 정도 되는 지점에서 곧 정지됨을 관찰했다. 그들은 이 과정을 **감쇠(attenuation)**라고 불렀는데, 오페론의 유전적 발현이 곧 감소되도록 영향을 끼치기 때문이었다. 대조적으로, 트립토판이 없거나 매운 낮은 농도로 존재할 때는, 전사가 개시되지만 연이은 전사 종결은 발생하지 않으며, 대신 리더 서열을 지나 구조 유전자들까지 전사가 지속된다.

이런 관찰에 기초하여, 야노프스키와 동료들은 어떻게 감쇠가 발생하는지를 설명하는 모형을 제안했다(그림 16.13). 그들은 전사되는 처음 DNA 서열이 두 가지의 서로 배타적인 줄기-고리 구조("머리핀" 구조로 불림)를 만들 수 있는 mRNA 서열을 만든다고 제안했다. 만약 트립토판이 부족하면, **항종결자 머리핀(antiterminator hairpin)**이라 불리는 mRNA의 2차 구조가 형성된다. 전사는 항종결자 영역을 지나 진행하고, 전체 mRNA가 생산된다. 반대로, 과량의 트립토판이 존재하면, mRNA는 **종결자 머리핀(terminator hairpin)** 구조를 만들고 전사는 거의 항상 감쇠자(attenuator)라고 불리는 영역 바로 뒤에서 미리 끝난다.

야노프스키 모형의 핵심은 항종결자 머리핀 구조를 형성하기 위해서는 반드시 리더 서열의 전사체가 번역되어야 한다는 점이다. 리더 전사체는 트립토판을 암호화하는 두 개의 트리플렛(UGG)을 포함하며, 이들은 리보솜에 의한 번역 개시를 알리는 개시 AUG 서열의 바로 하류에 존재한다. 적정량의 트립토판이 존재하면, 충전된 $tRNA^{trp}$ 역시 세포 내에 존재한다. 결과적으로 리보솜들은 이 두 트리플렛을 번역하고 감쇠자를 통과함으로써 **종결자 머리핀**(*terminator hairpin*)이 형성되도록 하며 오페론은 전사되지 않는다. 만약 세포 내에 트립토판이 부족하게 되면, 충전된 $tRNA^{trp}$ 역시 부족하게 된다. 결과적으로 리보솜들은 UGG 트리플렛의 번역 중에 "멈춤" 상태에 있게 된다. 따라서 항종결자 머리핀이 리더 전사체 내에 형성되고 결과적으로 전사가 진행되어 구조 유전자들 전체의 발현이 일어난다.

다른 여러 세균 오페론들이 유전자 발현을 조절하는 데 감쇠 현상을 이용한다. 이런 오페론들은 트레오닌, 히스티딘, 류신, 그리고 페닐알라닌 같은 아미노산의 생합성에 관여하는 효소들

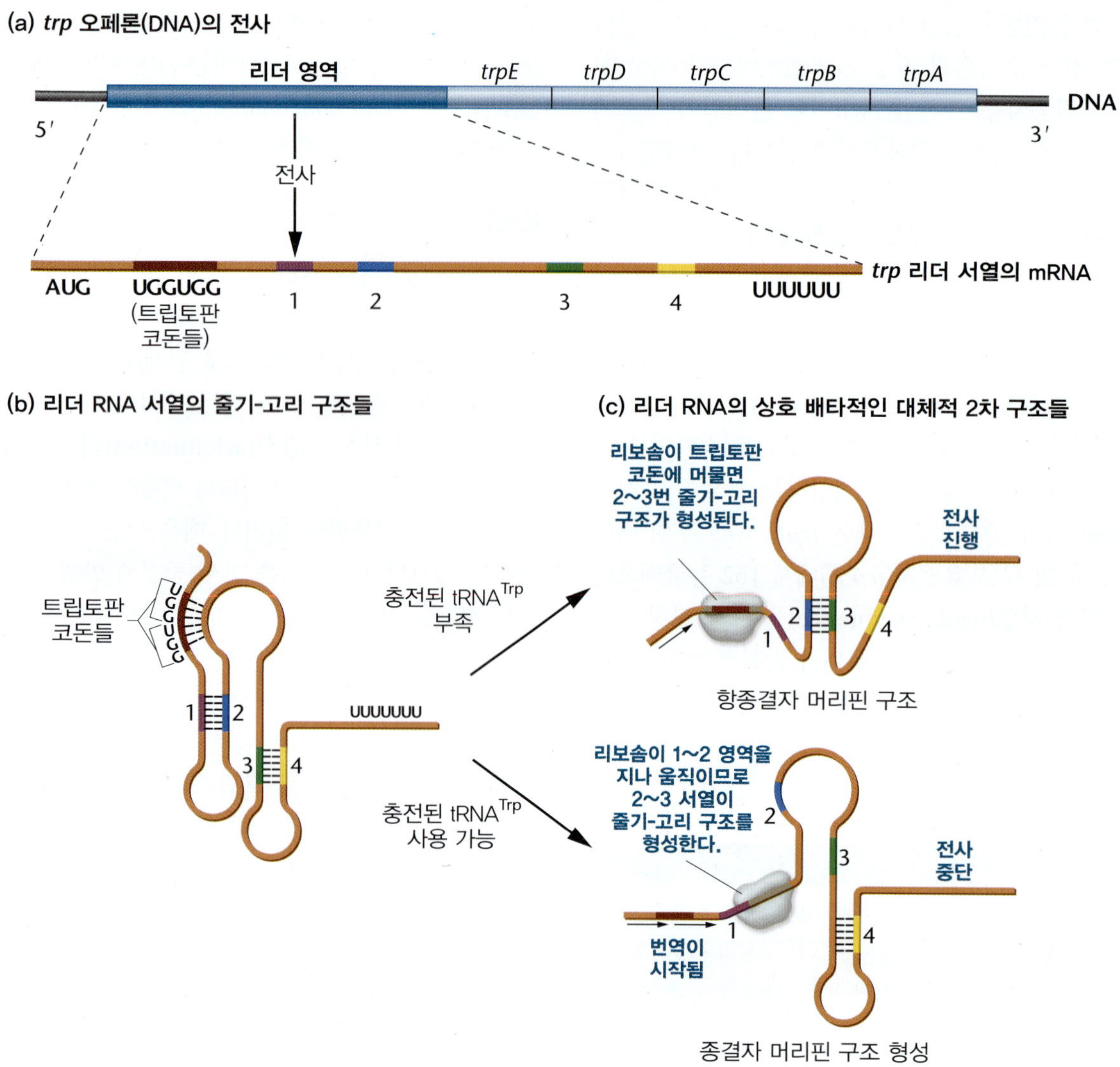

그림 16.13 트립토판 오페론을 조절하는 감쇠 모형.

을 암호화하는 것들이다. *trp* 오페론에서처럼, 감쇠는 감쇠자 영역을 포함하는 리더 서열에서 발생한다.

리보스위치

trp 오페론에서의 감쇠가 밝혀진 이래로, mRNA의 대체형 2차 구조에 의존하는 많은 유전자 조절 사례들이 보고되었다. 이들은 일반적으로는 **리보스위치(riboswitch)**라고 일컬어지는 것의 예들이다. 앞서 논의한 *trp* 오페론의 감쇠와 마찬가지로, 리보스위치 조절 기작은 mRNA(UTR)의 5′-비번역 부위에 존재하는 짧은 리보뉴클레오티드 서열(또는 요소)을 포함한다. 이런 RNA 요소들은 대사산물 등 작은 분자 리간드들과 결합할 수 있다. 이런 작은 분자들의 합성이나 활성은 바로 그 mRNA에 의해 암호화되는 유전자들에 의해 조절된다. 작은 분자 리간드와 mRNA 요소 간의 결합은 리보스위치의 한 영역에서 형태적 변화를 일으키고, 이것이 다시 두 번째 RNA 영역에서 다른 변화를 유발한다. 종종 전사 **종결자 구조**(*terminator structure*)가 형성된다. 이 종결자 구조는 전사 기구와 직접 접촉하여 그것을 저해하게 된다.

리보스위치들은 다양한 리간드들을 인식할 수 있는데, 아미노산, 퓨린, 비타민 보조인자들, 아미노 당, 그리고 금속 이온 등이다. 리보스위치는 세균에서 흔히 발견된다. 예를 들어, 고초균(*Bacillus subtilis*)에서는, 이 세균 유전자의 대략 5%가 리보스위치에 의해 조절된다. 이런 조절은 고세균, 곰팡이, 식물에서 발견되며 동물에서도 증명될 것이다.

리보스위치 내의 두 가지 중요 영역은 **앱타머(aptamer)**라고 불리는 리간드-결합 부위와, 종결자 구조를 만들 수 있는 **발현 플랫폼(expression platform)**이다. 그림 16.14는 리보스위치 조절에 관한 원리를 설명한 것이다. mRNA의 5′-UTR

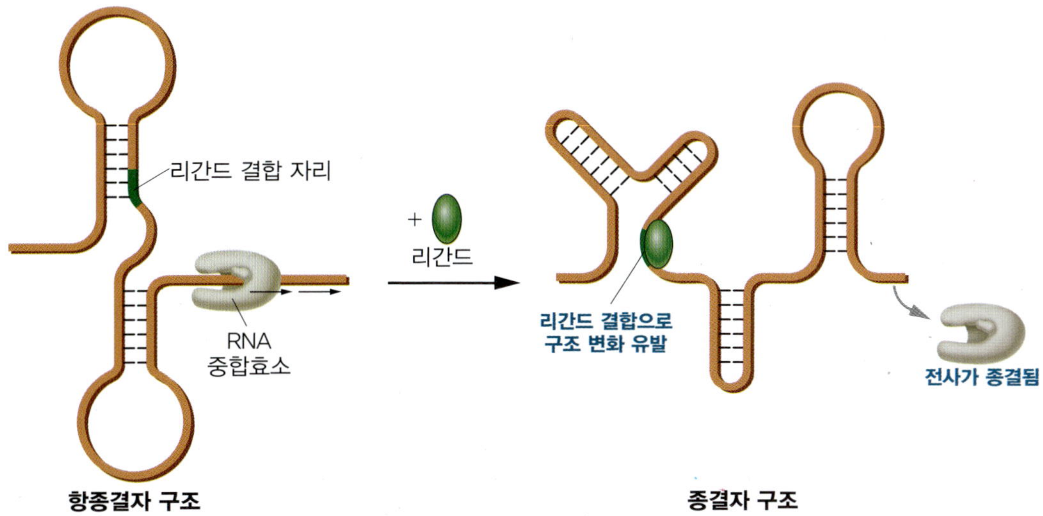

그림 16.14 유전자 발현의 리보스위치 조절 기작. 기본 위치(왼쪽)가 항종결자 형태로 존재한다. 리간드가 붙으면 이 mRNA는 종결자 형태가 된다(오른쪽).

은 그림의 왼쪽, 리간드(대사산물)가 없는 그림에 나와 있다. RNA 중합효소는 미결합 리간드-결합 부위를 전사했고, 기본 형태(*default conformation*)에서는 발현 영역이 항종결자 형태(*antiterminator conformation*)를 하게 된다. 따라서 전사는 발현 플랫폼을 지나 암호화 영역까지 지속된다. 오른쪽 그림에서는, 리간드 결합 부위에 존재하는 리간드가 발현 플랫폼의 대체형이 만들어지도록 함으로써 종결자 형태(*terminator conformation*)가 형성된다. RNA 중합효소는 효과적으로 저해되고 전사는 멈춘다.

앞의 설명은 지금까지 연구된 대부분의 리보스위치에 딱 들어맞는다. 그러나 이 모형에는 두 가지 다른 점이 존재하므로 주제를 완전히 다루기 위해 논의하려고 한다. 첫째, 리보스위치의 기본 위치가 종결자 구조 안에 있을 수 있다. 예를 들어, 특정 아미노산으로 tRNA를 충전하는 해당 효소인 아미노아실 tRNA 합성효소를 암호화하는 유전자의 5′-UTR을 생각해 보자(14장 참고). 이 경우, 아미노산이 결합하지 않은 tRNA들은 리간드로 작용하여 5′-UTR의 압타머에 결합함으로써 항종결자 구조를 유도한다. 이것은 유전자의 전사를 허용하여 tRNA를 충전하는데 필요한 효소가 연이어 번역되도록 한다. 충전형 tRNA가 풍부하여 미충전 tRNA가 앱타머에 결합하지 않으면, 기본 조건에서 리보스위치가 종결자 형태를 만들어 전사를 효과적으로 차단한다. 예상대로, 충전된 tRNA는 앱타머에 결합할 수 없다.

마지막으로, 앞서 논의한 *trp* 오페론의 감쇠에서처럼, 대체형의 5′-UTR 구조가 전사를 완료할 수 있게 하지만, 앱타머에 대한 리간드 결합은 리보솜에 의한 번역을 억제하는 구조를 유도하는 세균 리보스위치의 예도 있다. 이러한 경우, 유전자 발현의 조절은 번역 수준에서 발휘된다.

작은 비암호성 RNA들이 세균에서 조절 역할을 담당한다

세균의 작은 **비암호성 RNA들(small noncoding RNAs, sRNAs)**은 수십 년 전에 발견되었고, 대장균은 대략 80~100가지의 sRNA들을 가지는 것으로 생각되며, 다른 생물들은 그보다 3배 정도를 가지는 것으로 보고되었다. sRNA들은 일반적으로 50~500 뉴클레오타이드 길이로 유전자 조절 및 단백질 기능의 변형에 관여한다. 유전자 조절에 관여하는 sRNA들은 종종 그들이 조절하는 암호화 유전자와 부분적으로 중첩된 좌위로부터 전사된다. 그러나 반대의 DNA 가닥으로부터 반대 방향으로 전사되어 해당 좌위에서 전사된 mRNA와 상보적이다. 다른 사례에서는, sRNA들이 표적 mRNA들과 상보적이지만 표적 유전자들과는 중첩되지 않은 좌위로부터 전사된다. sRNA들은 전사 중인 mRNA와 결합(보통 5′-말단에서)함으로써 유전자 발현을 조절한다. 일부 사례에서는, mRNA 대한 sRNA들의 결합이 리보솜-결합 부위(*ribosome-binding site, RBS*)를 가림으로써 mRNA의 번역을 억제한다. 다른 경우에는, 결합이 번역을 촉진하기도 하는데, RBS를 가려 번역을 방해할 수 있는 mRNA의 2차 구조 형성을 막기 때문이다(그림 16.15). 따라서 sRNA들은 유전자 발현의 음성적 조절자일 수도, 양성적 조절자일 수도 있다.

sRNA들은 환경 조건의 변화나 스트레스에 대한 반응으로 유전자를 조절할 때 중요한 역할을 하는 것으로 보인다. 예를 들어, 대장균의 sRNA인 *DsrA*는 저온에 대한 반응으로 상향 조절되어 스트레스 조건이나 정체기에서 세포의 장기간 생존을 가능

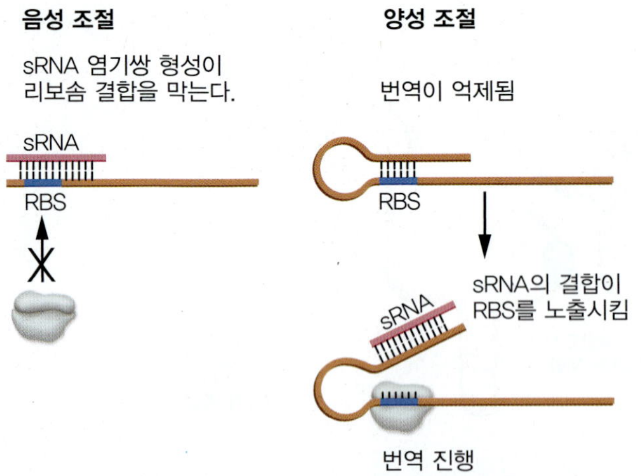

그림 16.15 세균의 작은 비암호성 RNA들은 유전자 발현을 조절한다. 세균의 sRNA들은 mRNA에 결합하여 리보솜 결합 부위(RBS)를 막음으로써 유전자 발현을 음성적으로 조절할 수 있다. 혹은, mRNA에 결합하여 이것이 2차 구조를 형성하지 못하게 하여(2차 구조의 형성은 RBS를 막는다), 번역을 일으킴으로써 양성 조절자가 될 수도 있다.

하게 하는 유전자들의 발현을 촉진한다(그림 8.1 참고). *DsrA*는 *rpoS* mRNA에 결합하여 스트레스 반응성 시그마 인자인 RpoS의 번역을 촉진하는데, 이것은 정체기를 촉진하는 유전자들의 주된 전사 조절자들이다. 반대로, 대장균의 *RyhB* sRNA는 유전자 발현의 음성 조절자이다. 낮은 철 수준에 대한 반응으로, *RyhB*는 전사되어 몇 가지 비필수적인 철-포함 효소들의 번역을 억제함으로써, 보다 필수적인 철-포함 효소들이 세포질에 존재하는 소량의 철을 이용할 수 있도록 한다.

사례 연구 전미 축구 경기(NFL)에서의 MRSA

2013년 NFL 훈련 시설에서 메티실린 내성 황색 포도상 구균(MRSA) 감염이 발생했다. 한 선수는 발에 선수 생활을 마감해야 하는 감염을 당했고, 세균 감염에 일으킨 비위생적인 환경에 대해 구단주들을 대상으로 2천만 달러의 고소를 진행했다. 2017년 비공개 조건으로 합의가 이뤄졌다. MRSA는 매우 전염성이 강하고 피부에 직접 접촉하거나 공기를 통해 전염되어 절단이나 사망을 초래한다. 게다가, MRSA는 매우 치료가 어려운데, 이것이 많은 항생제에 저항성을 갖기 때문이다. 예를 들어, 페니실린 등 β-락탐 계열 항생제들은 세균의 세포벽을 합성하는 페니실린 결합 단백질들(penicillin-binding proteins, PBPs)에 붙어서 작용한다. 그러나 MRSA는 *mecA* 유전자에 의해 암호화되는 PBP2a라는 대체형 PBP를 발현한다. β-락탐 계열 항생제들은 PBP2a에는 약하게 결합하므로 세포벽 합성은 약물이 존재해도 계속될 수 있다. 게다가, *lac* 오페론의 조절과 유사한 체계로 β-락탐 계열 항생제가 존재하면 *mecA*가 유도되고, 항생제가 없으면 억제된다. 이러한 "요구되면" 발현되는 *mecA*는 감염이 항생제로 치료될 때 세포가 그 저항성을 더 증가시킨다는 의미이다.

1. *lac* 오페론에 대해 알고 있는 내용을 기반으로, *mecA* 발현이 어떻게 유도되고 억제될 수 있는지 추측해보라.
2. 첸(Chen) 등은 대만에서 분리한 여러 계통의 MRSA들을 연구하여 mecA 프로모터에 몇 개의 단일 점 돌연변이들이 증가된 항생제 저항성이나 감소된 항생제 저항성과 관련이 있음을 발견했다. [*Antimicrob. Agents Chemother.* (2014) 58(2):1047–1054] 왜 *mecA* 프로모터 돌연변이들이 이런 상반된 효과를 나타내는가?
3. 구단주는 병원성 세균의 확산 방지와 관련하여 어떤 윤리적 책임이 있는가? 다른 선수들의 감염을 방지하기 위해 선수들은 어떤 책임을 져야 하는가?

CDC의 관련 페이지를 참고하라: Methicillin-resistant *Staphyloccocus aureus*(MRSA) (https://www.cdc.gov/mrsa/community/team-hc-providers/advice-for-athletes.html).

요약 정리

1. 대장균의 *lac* 오페론에 관한 연구는 세균의 유전자 조절에 대한 우리의 이해를 크게 향상시켰다.
2. 젖당 대사에 관한 유전자들은 젖당의 존재나 부재에 대해 반응하는 음성 조절 체계에 의해 통합적으로 조절된다.
3. 대사 활성화 단백질(CAP)은 세균 세포 내의 고리형 AMP 수준에 반응하여 *lac* 오페론 프로모터에서 RNA 중합효소와 상호작용함으로써 *lac* 유전자의 발현에 양성 조절을 발휘한다.
4. 대장균의 *lac* 억제자는 분리되어 연구될 수 있었다. 결정 구조에 대한 분석은 이것이 어떻게 유도자를 비롯하여 오페론의 DNA와 상호작용하는지를 보여주었으며, 오페론의 RNA 중합효소와 프로모터

사이의 결합을 방해하는 억제 고리 형성을 위해 DNA가 어떻게 구조적 변화를 일으키는지도 드러냈다.

5. 유도성인 *lac* 오페론과는 달리, *trp* 오페론은 억제성이다. 트립토판이 있을 때는 억제자가 *trp* 오페론의 조절 영역에 결합하여 전사 개시를 억제한다.

6. 때로는 RNA들이 세균의 유전자 발현 조절에 관여하는데, 감쇠 과정이나 리보스위치의 작용, 그리고 짧은 비암호성 RNA(sRNA)의 작용을 포함한다.

유전학과 윤리, 그리고 사회

정족수 감지: 세균 세계에서의 사회연계망(SNS)

다른 사회적 동물들과 마찬가지로, 세균은 집단으로 살면서, 번성하고, 서로의 행동에 영향을 미치며, 그들의 환경을 변화시키고, 잠재적 적들과 싸운다. 그러나 이런 것들이 효과적으로 수행되기 위해서 세균 세포들은 서로 의사소통을 하고 집단적으로 유전자 발현 양상을 변화시켜야만 한다.

세균의 가장 성공적인 의사소통 방법 한 가지는 **정족수 감지(quorum sensing, QS)**라고 알려진 체계를 이용하는 것이다. QS를 사용하는 세균은 자가유도물질(autoinducer, AI)이라는 확산 가능한 작은 분자를 합성, 분비하고 감지할 수 있다. 세균 개체수가 증가함에 따라 토양, 물 및 동물의 소화관 같은 환경에서 AI의 농도도 증가한다. AI가 임계 농도에 도달하면 개체군 내의 세균들은 독소 생산, 생물막 형성, 대사, 그리고 성장과 같은 다양한 기능과 관련된 유전자의 발현을 조절함으로써 AI 신호에 반응하기 시작한다. 이러한 방식으로 세균들은 개체군의 크기를 감지하고 그룹의 생존과 기능을 향상시키는 방식으로 행동할 수 있다. 정족수 감지는 세균에 널리 퍼져 있으며 수십 개의 세균 유전자들이 QS 신호에 반응하여 조절될 수 있다.

여러 종류의 AI 분자가 QS 신호로 작용한다. 그 예로 아실-호모세린 락톤(acyl-homoserine lactones, AHLs)과 4,5-디히드록시-2,3-펜탄디온(4,5-dihydroxy-2,3-pentanediones, AI-2s)를 들 수 있다. 세균들은 종 특이적 AI 분자뿐 아니라, 다른 종에 의해 검출될 수 있는 AI 분자를 모두 합성한다. 이런 분자들을 인식하는 특정 수용체는 세균 세포의 세포질이나 막 내에 존재할 수 있다.

서로 다른 세균 종들 사이에서 QS 조절 기작이 작동하지만, 병원성 세균에서 QS의 역할은 특히 중요하다. 황색포도상구균(*Staphylococcus aureus*), 녹농균(*Pseudomonas aeruginosa*), 그리고 콜레라균(*Vibrio cholerae*)들처럼, 인간의 세균성 병원체로 작용하는 많은 세균들은 QS를 사용하여 유전자 발현을 조절하여 숙주 침입을 강화하고 감염 중에 면역 체계의 감지를 피한다. 예를 들어, 콜레라의 원인균인 *Vibrio cholerae*는 AI-2와 또 다른 종-특이적 AI를 사용하여 콜레라 독소 생산을 제어하는 유전자를 활성화한다. 이러한 방식으로 병원균은 세균들이 효과적인 수준의 독소를 생산할 수 있을 만큼 충분히 높은 개체 밀도를 확립할 때까지 독소 생산을 지연시킬 수 있다. 낭성 섬유증 환자에게 종종 영향을 미치는 그람 음성 세균인 녹농균은 QS를 사용하여 호흡 상피를 파괴하고, 섬모체 기능을 방해하는 프로테아제인 엘라스타제의 생산을 조절한다. 또한 AI를 사용하여 생물막, 숙주 방어 및 항생제에 저항하는 견고한 보호성 껍질의 생산을 조절한다.

병원성 세균들이 인간에서 병원성을 조절하기 위해 광범위하게 QS를 사용한다는 것을 감안하여, 감염을 치료하기 위한 약물의 개발에서 QS 조절 분자가 표적이 되어왔다.

당신의 생각은?

개별적으로나 혹은 집단을 이루어 다음 질문들에 대한 답을 찾아보라. 인간의 질병 및 치료에서 QS 분자들의 잠정적 활용에 대한 이해를 돕기 위해, 다음 참고문헌과 링크를 조사하라.

1. 정족수 감지 AI 분자의 저해제들은 항생제로서의 잠재성을 가진다. AI 저해제가 세균 감염에 저항할 수 있도록 하는 방법에는 어떤 것들이 있을까? 이 치료법들 중에 임상 시험에 도달한 것이 있는가? AI 저해제를 사용할 때의 제한점은 무엇인가?

   AI 저해제 분자에 관한 논의는 다음 자료에서 찾을 수 있다: Kalia, V. C., et al. (2014). Evolution of resistance to quorum sensing inhibitors. *Microb. Ecol.* 68:13–23.

2. 연구들에 따르면, 건강 유지와 질병 저항성을 위해서는 장내 미생물균총이 매우 중요하다고 한다. 더하여, 위장관 내 미생물종들 사이의 균형이 염증성 장질환, 비만, 당뇨병, 스트레스성 질병과 자폐증 등의 발생과 관련 있다고 한다. 어떻게 QS이 장내의 미생물 균형에 기여하며, AI 농도를 조작하는 것이 어떻게 치료 방법이 될 수 있는지를 논의하라.

이 주제에 관한 정보는 다음 자료에서 찾을 수 있다: 1. Thompson, J. A., et al. (2015). Manipulation of the quorum sensing signal AI-2 affects the antibiotic-treated gut microbiota. *Cell Reports* 10:861–1871. 2. Azvolinsky, A. (2015). Quorum-sensing molecule modifies gut microbiota. (http://www.the-scientist.com/?articles.view/articleNo/42501/title/Quorum-Sensing-Molecule-Modifies-Gut-Microbiota/).

통찰과 해법

대장균에서 가상의 오페론(*theo*)이 어떤 아미노산의 순차적 생합성에 관여하는 효소를 암호화한다. 이 효소들을 만드는 몇 개 유전자가 이 오페론에 구조 유전자로 포함되어 있다. 오페론으로부터 분리된 유전자로 억제 유전자가 있는 *lac* 오페론과는 달리, 이 오페론의 조절분자를 암호화하는 유전자는 *thoe* 오페론 내에 포함되어 있다. 최종 산물(그 아미노산)이 존재하면, 이것은 조절 분자와 결합하고, 이 복합체가 작동자 서열에 결합하여 오페론을 억제한다. 아미노산이 없으면, 그 조절 분자는 작동자 서열에 결합하지 못하고 전사가 진행된다.

이 오페론을 분류하고 특성을 규명하라. 그리고 다음에 제시된 돌연변이 상황을 고려하고, 야생형 유전자가 부분 이배체 세포(F′)에서 그 돌연변이 유전자와 함께 존재하는 상황도 고려해 보라.

(a) 작동자 영역의 돌연변이

(b) 프로모터 영역의 돌연변이

(c) 조절 유전자에서의 돌연변이

각 경우에서, 이 돌연변이가 *theo* 오페론의 조절에 영향을 미친다고 할 때, 오페론은 전사 활성화 상태인가, 아니면 불활성화 상태인가? 각 반응을 *lac* 오페론의 해당 상황과 비교하라.

해법: *theo* 오페론은 억제적이고 음성 조절을 받는다. 아미노산이 배지에 없으면(혹은 환경에), 조절 유전자 산물은 작동자 영역에 결합하지 못하고 전사는 RNA 중합효소에 의해 진행된다. 아미노산 합성에 필요한 효소들이 생산되고 조절 분자도 생산된다. 만약 아미노산이 존재하면, 처음에만 혹은 충분한 합성이 일어난 후가 되었든, 아미노산은 조절 분자와 결합하여 작동자 영역과 상호작용하는 복합체를 만들어 오페론 내의 유전자 전사를 억제하게 된다.

그 조절 분자가 따로 있지 않고 오페론 내에 존재한다는 점만 제외하면 *theo* 오페론은 트립토판 체계와 유사하다. 따라서 *theo* 오페론에서 조절 분자 유전자 자체는 아미노산 유무에 의해 조절된다.

(a) *lac* 오페론에서와 마찬가지로, *theo* 작동자 유전자 내의 돌연변이는 억제자 복합체와의 결합을 방해하고 전사는 지속해서 발생한다. 야생형 대립유전자를 가진 F′ 플라스미드의 존재는 그것이 구조 유전자들과 인접해 있지 않으므로 아무 영향도 미치지 못할 것이다.

(b) *theo* 프로모터 영역의 돌연변이는 분명히 RNA 중합효소의 결합을 방해할 것이므로, 전사가 저해될 것이다. 이것은 *lac* 오페론에서도 발생할 것이다. F′에 존재하는 야생형 대립인자는 아무런 영향을 미치지 못할 것이다.

(c) *theo* 조절 유전자의 돌연변이는 *lac* 체계에서와 마찬가지로, 억제자와의 결합이나 작동자 유전자와의 결합을 방해할 것이다. *theo* 체계가 억제적이므로 양쪽 모두에서 전사는 지속해서 발생할 것이다. 두 경우에서 조절 분자가 작동자 서열에 결합하지 못하므로 전사가 허용된다. *lac* 체계에서는, 유도자인 젖당이 조절 분자와 결합하지 못하므로 영원히 오페론이 억제되거나, 조절 분자가 작동자 서열에 결합하지 못할 때는 구성적 돌연변이가 발생하여 유도성이 사라질 것이다. 야생형 대립유전자의 첨가는 이 유전자가 계속 전사되도록 할 것이므로, 오페론의 억제성은 회복될 것이다.

17

진핵생물의 전사 조절

인간의 섬유아세포 핵에 나타난 염색체 영역들. 각 염색체들은 서로 다른 색의 탐침자로 염색되었다.

핵심 개념

- 세균에서는 전사와 번역이 밀접하게 연계되지만, 진핵생물에서 이 과정들은 시간적으로나 공간적으로 분리되어 있으며, 따라서 독립적으로 조절된다.
- 진핵생물의 유전자 발현은 여러 단계에서 조절된다: 이런 과정은 염색질로의 DNA 포장, 전사, RNA 가공, 핵 외로의 RNA 배출, RNA 안정성, RNA의 국소화, 번역, 그리고 번역 후 변형 등의 단계를 포함한다.
- DNA와 히스톤의 변형 및 염색질 재구성은 진핵생물의 유전자 발현 조절에 중요하게 작용한다.
- 진핵생물의 전사 개시를 위해서는 전사 조절 단백질들이 프로모터, 인핸서, 그리고 사일런서 등으로 불리는 시스-작용 조절 서열에서 조립되어야 한다.
- 전사 활성자들과 전사 억제자들은, 유전자 프로모터에서 일반 전사 인자들이 전-개시 복합체로 조립되는 것뿐만 아니라 염색질 재구성이나 변형에도 영향을 미친다.
- 세포 형태에 따라 유전체 수준에서 전사 인자의 결합 부위와 염색질 변형이 어떻게 이루어지는지를 밝히는 것은, 전사 조절에 대한 이해와 더불어, 그것이 어떻게 질병과 연관되는지 밝히는 강력한 도구임이 증명되었다.

다세포 진핵생물에서는 거의 모든 세포가 완전한 유전체를 포함한다; 그러나 그런 생물들은 종종 다양한 형태와 기능들을 가지는 특정 형태의 세포들을 가진다. 이런 단순한 관찰만으로도 진핵생물 유전자 발현 조절의 중요성이 잘 드러난다. 예를 들어, 피부 세포와 근육 세포들은 이들이 서로 다른 유전자들을 발현하기 때문에 그 모양이나 기능이 다르다. 피부 세포들은 피부가 보호성 기능을 발휘할 수 있도록 섬유상 구조 단백질인 케라틴을 발현한다. 근육 세포들은 미오신 II 단백질을 대량으로 발현하는데, 이것은 근수축을 매개하는 단백질이다. 피부 세포들은 미오신 II를 발현하지 않으며, 근육의 세포들은 케라틴을 발현하지 않는다.

세포 형태 특이적인 유전자 발현에 더하여, 일부 유전자들은 특정 조건이나 특정 시기에만 발현된다. 예를 들어, 높은 고도에 있거나 격한 운동 후에 산소 농도가 낮아지면, 호르몬인 에리트로포이에틴(적혈구생성소)이 상향 조절되는데, 이로써 적혈구 생산이 증가하여 산소 수송 능력이 높아진다.

진핵생물의 유전자 조절 실패가 발생 결함 및 질병과 연관된다는 사실은, 조절의 중요성을 더 강조한다. 예를 들어, 세포 성장을 조절하는 유전자들의 과발현은 조절되지 않는 세포 증식을 일으킬 수 있는데, 이것은 바로 암의 특징이다. 따라서 진핵생물의 유전자 발현을 조절하는 기작을 이해하는 것은 매우 흥미로우며, 인간 질병의 치료법을 찾는 데도 도움이 될 수 있다.

우리는 이 장을 진핵생물의 유전자 발현과 세균의 유전자 발현을 간단히 비교, 대조해 보는 것으로 시작할 것이다. 이 과정에서 진핵생물에서 나타나는 추가적 수준의 유전자 조절 과정을 강조하게 될 것이다. 그런 다음 유전자 발현의 첫 단계이면서도 가장 중요한 단계인 진핵생물의 전사 조절에 초점을 맞추려고 한다. 전사 후 유전자 조절 기작 역시 진핵생물에서 매우 중요하지만, 충분히 복잡하므로 본문의 뒷부분에서 더 자세히 논의할 것이다(18장 참고).

17.1 진핵세포의 구조는 여러 수준에서 유전자 조절을 돕는다

앞에서 다루었던 바와 같이(16장), 세균에서는 유전자 발현의 조절이 종종 그 세포의 대사적 필요성과 밀접하게 연결된다. 예를 들어, 세균은 환경에 적당이 존재할 때만 그것을 대사하는 유전자들을 발현한다. 세균의 유전자 발현은 대체로 전사와 번역에 대한 양성 혹은 음성 조절을 발휘하는 기작에 의해 조절된다(16장 참고). 전사와 번역의 양성 및 음성 조절은 진핵생물에서도 역시 두드러진 조절 기작이지만, 이 과정들 사이에는 우리가 고려해야 할 많은 중요한 차이점들이 존재하며, 진핵생물에서는 몇 가지 추가적인 수준의 유전자 조절이 발견된다. 그림 17.1은 세균과 진핵세포에서 유전자 조절의 주요 기작들을 비교한 것이다. 여기에는 다음과 같은 차이점이 존재한다:

- 진핵세포의 DNA는 세균의 것과는 달리, 히스톤 및 다른 여러 단백질과 연합하여 염색질을 형성한다. 진핵세포들은 염색질의 응축도를 줄여 유전자들이 전사될 수 있도록 하며 응축도를 높여 전사를 저해할 수 있다.
- 세균에서는, 전사와 번역의 과정들이 모두 세포질에서 발생하며 서로 연계된다. 그러나 진핵세포들은 DNA를 핵 내로 리보솜은 세포질로 조직화한다. 따라서 전사와 번역은 시간적으로, 공간적으로 서로 분리된다.
- 세균의 mRNA들은 바로 번역되지만, 많은 진핵성 유전자들의 mRNA들은 핵 밖으로 수송되어 세포질에서 번역되기에 앞서 스플라이싱을 거치며 캡 구조 추가와 폴리아데닐화라는 공정을 거쳐야 한다. 이런 과정의 각 단계는 번역에 사용될 mRNA의 수나 형태가 변하도록 조절될 수 있다.

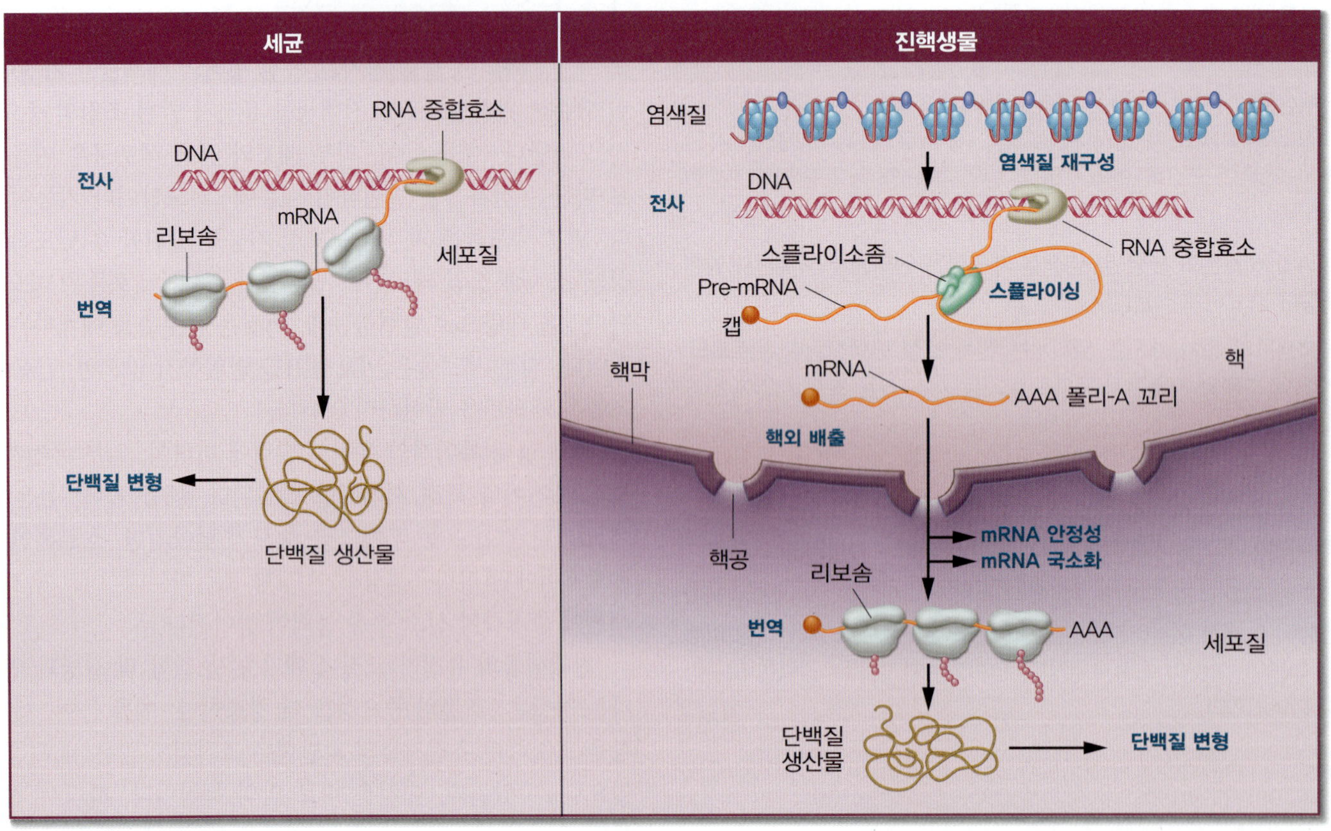

그림 17.1 세균(왼쪽)과 진핵생물(오른쪽)의 유전자 조절 비교.

- 세균의 mRNA들은 종종 즉각 번역되고 매우 빠르게 분해된다. 반대로, 진핵성 mRNA들은 긴 반감기를 가질 수 있어서, 수송되고, 지역적으로 분포되며, 특정 세포 내 목적지에서 번역될 수 있다.
- 세균과 진핵세포의 단백질들은 인산화나 메틸화 등 번역 후 변형을 겪을 수 있다. 이것은 단백질의 활성 조절 등 여러 기능을 위한 것이다. 그러나 진핵세포의 번역 후 변형 종류는 더 광범위한 것이어서 추가적인 조절 기회를 제공하게 된다.

이 장의 초점은 전사 조절 기작에 맞춰져 있다. (전사 후 조절 기작에 대해서는 18장에서 다룰 것이다.) 교재 앞부분에 논의했던 바와 같이(13장 참고), 진핵생물들은 전사를 위해 3가지 RNA 중합효소들(RNAPs)을 사용한다. RNAP II는 단백질-암호화 유전자와 몇 가지 비암호성 RNA들을 전사한다. 대조적으로, RNAP I과 III는 rRNA들과 tRNA들, 그리고 일부 작은 핵 RNA들을 전사한다. RNA 중합효소 I과 III에 의해 전사되는 유전자들은, RNAP II에 의해 전사되는 유전자들과는 다르게 조절된다. 각 형태의 RNA 중합효소들에 의해 인식되는 프로모터들은 뉴클레오타이드 서열이 다를 뿐 아니라, 다른 종류의 전사 인자들과 결합한다. 게다가, 다른 중합효소에 의해 전사되는 유전자들은 전사 종결 신호도 다르며, RNA 가공 기작도 다르다. 간단히 하기 위해, 우리는 진핵성 RNAP들 중에서 현재까지 가장 잘 연구되어 있는 RNAP II에 의해 전사된 유전자들의 조절에 대해서만 논의할 것이다.

17.2 염색질의 변형은 진핵생물의 유전자 발현에 영향을 미친다

교재의 앞부분에서 진핵생물의 DNA가 히스톤 및 비히스톤성 단백질과 연합하여 **염색질(chromatin)**을 구성한다고 했었음을 기억할 것이다(12장 참고). 염색질의 기본적 구조는 **뉴클레오좀(nucleosome)**이라 불리는 DNA-히스톤 복합체 단위가 반복되는 것이 특징이며 30 nm 섬유로 감긴다. 이것은 다시 더욱 조밀한 구조를 만든다. 이런 밀집된 염색질 구조의 존재는 전사, 복제, 그리고 DNA 수리 등 여러 과정을 방해한다. 이 절에서는 진핵세포들이 유전자 발현을 조절하기 위해 염색질을 바꾸는 몇 가지 방법들을 살펴보고자 한다.

염색체 구역과 전사 인자들

핵 내부의 염색체들이 한 그릇의 삶은 스파게티 면처럼 보인다는 흔한 비유에도 불구하고 핵은 매우 정돈된 구조를 가진다. 염색체 표지 기법은 간기 핵의 개별 염색체들이 **염색체 구역(chromosome territory)**이라고 하는 독립된 영역을 차지하며, 다른 염색체들과는 분리되어 있음을 보여준다(418페이지의 표지사진 참고). 염색체들 사이의 통로에는 DNA가 거의 없으며 **염색질 사이 구획(interchromatin compartment)**으로 불린다.

전사적으로 활성인 유전자들은 염색체 구역 가장자리인 염색질 사이 구획의 통로 옆에 위치한다. 이런 구성은 활발히 발현되는 유전자들을 전사 인자들이나 다른 활성 유전자들과 더 가깝게 위치시켜 조화로운 발현을 촉진한다. 염색체 구역의 가장자리에서 생산된 전사체들은 염색질 사이 구획 내로 이동하는데, 이 구획은 RNA 가공 기구들이 있으며 핵공과 인접한 곳이다. 이런 배열들은 전사 중이나 전사 후에 mRNA의 캡 붙이기와 스플라이싱, 그리고 폴리-A 꼬리 달기를 촉진하여 결과적으로 세포질로 mRNA 배출을 용이하게 한다.

핵 구조에 대한 이러한 관점을 염두에 두고 염색체 구역의 가장자리를 확대하면 핵 내의 또 다른 중요한 조직적 특징인 **전사 공장(transcription factory)**을 발견할 수 있다(그림 17.2). 전사 공장은 약 4~30개의 활성 RNA 중합효소 분자와 전사 조절 분자를 포함할 것으로 추정되는 핵 부위를 말한다. 일부 전사 공장들이 동일한 전사 활성자에 의해 조절되는 유전자를 전사한다는 증거가 늘어나고 있다. 이러한 방식으로 전사 공장은 함께 조절되는 유전자들을 한 곳에 모아주므로 핵 조직에 영향을 미친다. 이 견해를 뒷받침하듯, 라이브 이미징은 전사가 자극되고

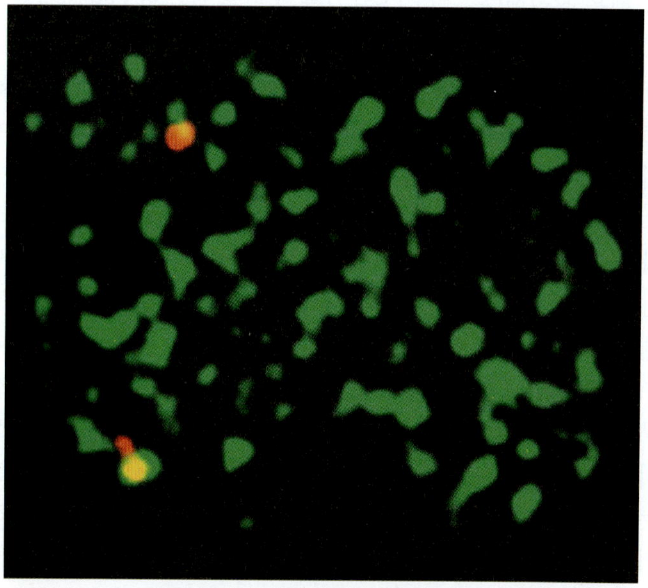

그림 17.2 생쥐 세포의 핵에서 전사 공장(녹색)으로 알려진 전사 활성 부위를 보여준 것. 세포 주기 조절 단백질인 Myc를 암호화하는 한 가지 특정 유전자(양쪽 대립유전자 모두)의 전사가 서열 특이적 탐침자(빨간색, 같은 자리의 빨간색과 녹색 탐침은 노란색으로 나타남)로 시각화되었다.

억제됨에 따라 전사 공장이 빠르게 형성되었다가 분해될 수 있는 동적 구조임을 보여준다. 또한 증거에 따르면 핵에 있는 전사 공장의 수는 특정 세포 유형에 따라 약 100~8000개까지 다양하며, 이는 세포 유형에 따른 다양한 전사 요구를 나타낸다.

핵 구조와 전사 조절이 상호 의존적이라는 것은 분명하다; 핵 구조의 변화는 전사에 영향을 미치며, 전사 활성의 변화 역시 염색체 조직화의 변화를 요구한다. 그러나 이 두 과정이 어떻게 조율되는지에 대해서는 아직 답이 없는 질문이 많이 있다. 이런 문제를 다루기 위해 미국 국립 보건원(National Institutes of Health)은 2014년에 4D 뉴클레옴(4D Nucleome)이라는 새로운 연구사업을 발족시켰다. 이 사업의 목표는 "유전자 발현과 세포 기능에서 핵 조직화가 하는 역할을 파악하고, 핵 조직화의 변화가 다양한 질병뿐만 아니라 정상적인 발달에 미치는 어떠한 영향을 미치는지 결정하는 것"이라고 언급되었다.

열린 염색질과 닫힌 염색질

DNA와 히스톤, 그리고 다른 염색질-결합 단백질들의 강한 연계는 전사를 포함한 다른 기능에 관여하는 단백질들이 DNA에 접근하는 것을 방해한다. 이런 저해 구조는 종종 "닫힌" 염색질로 언급된다. 전사가 시작되기에 앞서, 염색질의 구조는 "열린" 상태가 되어 RNA 중합효소의 접근을 허용해야만 할 것이다.

열린 염색질과 활성적 전사 사이의 연관성에 대한 첫 번째 증거 중 하나는 1976년, 바인트롭(Harold Weintraub)과 그루딘(Mark Groudine)의 연구에서 보고된 것이다. 이 연구에서 바인트롭과 그루딘은 닭의 적혈구, 섬유아세포, 그리고 뇌세포에서 핵을 분리했다. 그런 다음 그들은 낮은 수준의 DNase I으로 핵을 처리했다. 이 효소는 염색질의 형태에 따라 다양한 정도로 DNA를 분해한다. 완전히 압축된 염색질 내의 DNA는 DNase I로부터 차단되거나 보호되는 반면, 더 이완된 염색질 영역에 위치한 DNA는 빠르게 분해된다.

핵을 DNase I으로 처리한 후, 그들은 핵에서 DNA를 분리하고, β-글로빈(적혈구에서만 전사됨), 조류 종양 바이러스(세 가지 세포 모두에서 전사됨) 및 오브알부민(어떤 종류의 세포에서도 전사되지 않음)의 세 유전자 서열을 탐침자로 사용하여 조사하였다. 그들은 β-글로빈 DNA가 DNase I로 처리된 적혈구 핵에서 분해되지만, 섬유아세포나 뇌세포의 핵에서는 분해되지 않음을 발견했다. 대조적으로, 조류 종양 바이러스 DNA는 세 가지 세포 유형 모두에서 DNase I로 처리된 핵에서 분해되었고, 오브알부민 DNA는 어떤 종류의 핵에서도 분해되지 않았다. 이런 연구들로부터, 바인트롭과 그로딘은 전사적으로 활성화된 유전자와 전사적으로 비활성화된 유전자 모두가 뉴클레오솜과 결합되어 있지만, 전사적으로 활성화된 유전자와 결합된 뉴클레오좀들은 DNA가 DNase I에 의한 분해에 민감하게 만드는 변형된 상태로 있다는 결론에 도달했다.

바인트롭과 그로딘의 연구 이후로, 과학자들은 전사적 활성 상태 및 비활성 상태와 관련된 염색질 형태 변형의 특성을 보다 명확하게 정의하게 되었다. 여기에는 히스톤 변형, 염색질 재구성, 메틸화와 같은 DNA 변형이 포함된다.

히스톤 변형과 염색질 재구성

뉴클레오좀이 변형될 수 있는 한 가지 방법은 히스톤 성분을 변화시키는 것이다. 예를 들어, 대부분 뉴클레오좀은 히스톤 H2A를 포함한다(표 12.2 참고). 그러나 H2A.Z와 같은 변형 히스톤을 포함하는 뉴클레오좀은 전사에 영향을 미친다. 뉴클레오좀은 일반적으로 RNA 중합효소나 DNA에 결합하는 전사 조절자에 대한 물리적 장벽이지만, H2A.Z 변이체를 포함하는 뉴클레오좀은 안정적이지 않으므로 방해를 덜 받는다. 흥미롭게도, H2A.Z 함유 뉴클레오좀은 활발하게 발현되는 유전자의 프로모터 및 인핸서와 같은 유전자 조절 서열에 많다. 이것은 뉴클레오좀의 히스톤 조성이 전사에 영향을 미칠 수 있음을 시사한다.

염색질을 변화시키는 두 번째 기작은 히스톤 변형을 포함한다. 히스톤 변형은 히스톤 단백질들의 N-말단 꼬리에 작용기들이 공유결합으로 붙는 것이다. 가장 흔한 히스톤 변형들은 아세틸기, 메틸기, 혹은 인산기들이 추가되는 것이다.

아세틸화는 히스톤의 양전하를 감소시켜 DNA 골격의 인산에 존재하는 음전하와의 히스톤 친화성을 줄인다. 그 결과 열린 염색질 구조가 형성되는 것을 도와 DNA에 전사 조절 단백질들이 결합하도록 할 수 있다.

히스톤 아세틸화는 **히스톤 아세틸전이효소(histone acetyltransferase enzyme, HAT)**들에 의해 촉매된다. 몇 가지 사례에서는, HAT들이 전사조절 영역에 결합한 어떤 전사 활성화 단백질들이 있을 때 유전자로 소집된다. 다른 경우에는, 전사 활성화 단백질 자체가 HAT 활성을 가지기도 한다. 물론, 열릴 수 있는 것은 닫힐 수도 있다. 그런 경우, **히스톤 탈아세틸화효소(histone deacetylase, HDAC)**가 히스톤 꼬리들로부터 아세틸기를 제거한다. HDAC들은 조절 서열들에 결합한 특정 전사 억제 단백질들에 의해 유전자들로 소환될 수 있다.

염색질 변화의 세 번째 기작은 염색질 재구성으로서, **염색질 재구성 복합체들(chromatin remodeling complexes)**에 의해 DNA의 뉴클레오좀들이 재정렬되거나 제거되도록 하는 것이다. 염색질 재구성 복합체들은 거대한 다중 소단위 효소들로서, ATP 가수분해 에너지를 사용하여 DNA를 따라 뉴클레오좀들을 움직여 재정리되도록 한다. 재정렬된 뉴클레오좀들은 염색체 일부에 전사 활성자들 및 RNA 중합효소 II 같은 전사 조절

단백질들이 접근할 수 있도록 만들어준다.

가장 잘 연구된 재구성 복합체는 **SWI/SMF**이다. 이런 재구성 분자들은 몇 가지 다른 방식으로 작용할 수 있다(그림 17.3). 이들은 히스톤과 DNA의 결합을 느슨하게 하여 뉴클레오좀이 DNA를 따라 미끄러지게 함으로써 조절 서열이 노출되도록 할 수 있다. 다른 방식은, 이들이 뉴클레오좀 핵심부로부터 DNA 가닥을 풀거나, 히스톤 변이체들을 바꿔 끼우거나 빼는 방식으로 내부의 뉴클레오좀 성분이 재구성되도록 하는 것이다. 모든 경우에, DNA는 일시적으로 전사 인자들과 RNA 중합효소에 노출된 상태로 있게 된다. HAT처럼, 염색질 재구성 복합체들은 조절 서열에 결합하는 전사 활성자 단백질들에 의해 특수한 유전자 부위로 소환될 수 있다.

DNA 메틸화

진핵생물에서 유전자 조절에 작용하는 또 다른 형태의 염색질 변형은, 효소에 의해 DNA의 염기들에 메틸기를 첨가하거나 제거하는 것이다. 진핵생물의 **DNA 메틸화(DNA methylation)**는 사이토신의 5번 위치에서 가장 많이 일어나며(**5-메틸사이토신**), DNA 나선의 주 홈 내부로 메틸기가 튀어나오게 한다. 메틸화는 DNA에서 CG 이중체의 사이토신에서 가장 흔히 발생하는데 일반적으로 양쪽 가닥 모두에 추가된다:

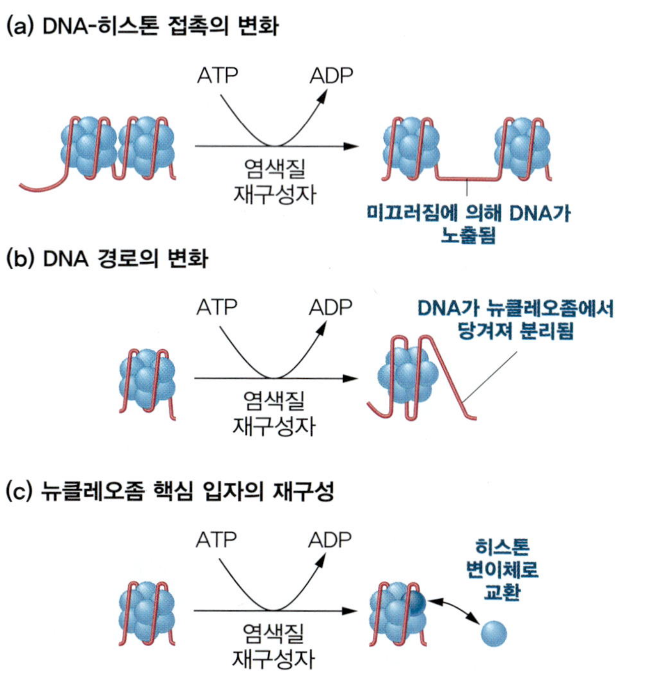

그림 17.3 SWI/SNF 복합체 같은 염색질 변형자들이 뉴클레오좀과 DNA의 결합을 변화시키는 3가지 방법. (a) DNA-히스톤 접촉이 느슨해져 뉴클레오좀이 DNA를 따라 미끄러져 DNA 조절 영역이 노출될 수 있다. (b) 뉴클레오좀 핵심 입자 주변의 DNA 경로가 변경될 수 있다. (c) 변이체 히스톤 단백질로 구성 요소를 대체하는 것처럼, 핵심 뉴클레오좀 입자가 재구성될 수 있다.

$$5'-{}^{m}CpG-3'$$
$$3'-GpC^{m}-5'$$

CpG 서열의 메틸화는 유전체 전체에 무작위로 분포하지 않으며, **CpG 섬(CpG islands)**이라고 불리는 CpG가 많은 영역에 집중되는 경향이 있다. 이 섬들은 종종 프로모터 영역 근처에 자리한다. 인간 유전자들의 약 70%가 그 프로모터 서열에 CpG 섬들을 가진다.

DNA 메틸화가 유전자 발현을 억제한다는 것을 시사하는 증거들이 있다. 예를 들어, 암컷 포유류 세포에서 발견되는 불활성화된 X 염색체 등, 유전체에서 전사적으로 불활성인 거대 영역들은 종종 매우 메틸화되어 있다(5장 참고).

둘째로, 메틸화 양상은 조직 특이적이며, 일단 확립되면 그 조직의 모든 세포에서 그대로 유지된다. 적절한 DNA 메틸화 패턴은 포유류의 정상적인 발달에 필수적인 것으로 보인다. 체세포에서 유지된다고는 해도, 특정 영역의 DNA 메틸화는 그 부위 유전자의 전사를 침묵시키거나 활성화하기 위해 메틸화 효소 및 탈메틸화 효소에 의해 변경될 수 있다.

아마도 유전자 발현에서 메틸화의 역할을 가장 직접적으로 보여준 것은 염기 유사체를 사용한 연구일 것이다. 예를 들어, 뉴클레오사이드인 **5-아자사이티딘(5-azacytidine)**은 DNA 복제 동안 사이티딘 대신 DNA에 통합될 수 있다. 이 유사체는 메틸화될 수 없으므로 통합된 부위의 저메틸화를 유발한다. 5-아자사이티딘이 DNA에 통합되면 유전자 발현 패턴이 바뀌고 비활성화된 X 염색체에서 대립 유전자의 발현이 촉진된다. 또한 DNA에 5-아자사이티딘이 존재하면 특정 분화 세포에서는 일반적으로 침묵하는 유전자의 발현을 유도할 수도 있다.

메틸화가 유전자 조절에 영향을 미치는 방법은 무엇일까? 시험관 내 실험에서 얻어진 자료들은 메틸화가 DNA에 대한 전사 인자들의 결합을 방해함으로써 전사를 억제할 수 있음을 보여준다. 메틸화된 DNA는 또한 억제적 염색질 재구성 복합체들과 HDACs를 유전자 조절 영역으로 소환한다.

사이토신 메틸화가 분명히 일부 진핵생물에서 유전자 조절을 위한 중요한 기구이기는 해도, 그것이 모든 진핵생물에 똑같이 적용되는 것은 아니라는 것을 아는 것이 중요하다. 사실, 유전체의 사이토신 메틸화 정도는 종마다 다양하다: 꽃식물인 애기장대(*Arabidopsis thaliana*)의 유전체에서는 14%의 사이토신이 메틸화되며, 생쥐에서는 4%, 인간에서는 1%, 그리고 선충류인 예쁜꼬마선충(*Caenorhabditis elegans*)에서는 DNA 메틸화가 발생하지 않는다. 이것은 일부 진핵생물이 광범위한 메틸화 기반 유전자 조절 기구를 가진 반면에, 다른 것들은 전혀 이런 기작을 사용하고 있지 않음을 시사한다.

풀어보기

17.1 암세포들은 종종 비정상적 염색질 변형을 보인다. 어떤 암에서는, DNA 수리 유전자들인 *MLH1*과 *BRCA1* 등의 프로모터 부분이 과메틸화된다. 이런 비정상적 메틸화 양상이 어떻게 암에 기여할 수 있는지 설명하라.

- **힌트:** 이 문제는 암세포에서 변이되는 유전자들의 형태에 대한 이해에 관한 것이다. 해답의 열쇠는 어떻게 메틸화가 암-관련 유전자들의 발현에 영향을 미칠까를 고려하는 것이다.

17.3 진핵생물의 전사 개시에는 특수한 시스-작용 부위가 필요하다

진핵생물의 전사 조절을 위해서는 많은 조절 인자들이 유전자 내부나 주변, 혹은 아주 멀리 떨어진 곳에 있는 특수한 DNA 서열들에 결합해야 한다. 이러한 서열은 그 자체가 전사를 조절하지는 않지만, 관련 유전자의 전사를 자극하거나 억제하는 역할을 할 수 있는 영역에 조절 단백질이 위치하도록 만들기 때문에 필수적이다. 이 절에서는 시스-작용 요소들이라고 알려진 몇몇 DNA 서열들에 대해 살펴보려고 한다. 이들은 RNAP II에 의해 전사되는 유전자들의 정확하고 조절된 전사에 필수적이다. 교재 앞부분에서 논의했던 바와 같이(13장 참고), **시스-작용 DNA 요소들(*cis*-acting DNA elements)**은 그들이 조절하는 유전자들과 같은 염색체에 위치한다. 이것은 DNA-결합 단백질인 **트랜스-작용 인자들(*trans*-acting factors)**과 대조적인데, 이들은 염색체의 어느 곳에 있는 유전자의 발현에도 영향을 미칠 수 있다.

프로모터와 프로모터 요소들

프로모터(promoter, 촉진자)는 RNAP II와 일반 전사인자들(13장 참고)을 포함한 기본 전사 기구들에 의해 인식되어 결합이 발생하는 DNA 영역이다. 프로모터들은 전사 개시에 필요하며, 그들이 조절하는 유전자에 바로 근접해서 위치한다. 그들은 전사가 시작될 위치인 **전사 개시 지점(transcription start site)**을 지정하고, DNA를 따라 전사가 어느 방향으로 진행되어야 하는지를 결정한다.

진핵성 프로모터 내에는 두 가지 범주가 존재한다. 하나는, **핵심 프로모터들(core promoters)**로, RNAP II에 의한 정확한 전사 개시에 필요한 최소한의 프로모터 부분이다. 핵심 프로모터는 약 80 뉴클레오타이드 길이로 전사 개시 부위를 포함한다. 둘째는, **근접 프로모터 요소들(proximal promoter elements)**로서, 일반적으로 전사 개시 부위의 약 250 뉴클레오타이드 상류에 자리하며, 전사 효율을 조율하는 서열-특이적 DNA 결합 단백질들이 붙는 자리를 포함한다.

최근의 생물정보학과 유전체학 연구는 프로모터와 그 작용 방식에 대한 우리의 지식에 새로운 복잡성을 더했다. 이 연구들은 진핵성 프로모터들이 구조와 기능 측면에서 엄청난 다양성을 갖고 있음을 보여준다. 핵심 프로모터들은 전사 개시 부위와 관련하여 두 가지 방식으로 분류된다. **집중형 핵심 프로모터들(focused core promoters)**은 단 한 곳의 특수한 개시 부위를 지정한다. 대조적으로 **분산형 프로모터들(dispersed promoters)**은 50~100 뉴클레오타이드 영역에 걸쳐 위치한 여러 개의 약한 전사 개시 자리들로부터의 개시를 지시한다(그림 17.4).

단순한 진핵생물들의 유전자 대부분에서 전사 개시의 주요 형태는 집중형 프로모터인 데 반해, 약 70%의 척추동물 유전자들은 분산형 프로모터를 사용한다. 집중형 프로모터들은 보통 그 전사 수준이 시간이나 장소와 관련하여 고도로 조절되는 유전자들과 관련된다. 반대로, 분산형 프로모터들은 항상적(constitutively; 구성적)으로 전사되는 유전자들과 관련이 있어서 소위 **가사 유전자들(*housekeeping genes*)**이라고 불리는 이 유전자들의 발현은 거의 모든 세포에서 필수적이다. 따라서 단일 전사 개시 지점은 일부 유전자들의 정확한 조절을 촉진하는 반면에, 다수의 개시 지점들은 지속적으로 필요한 유전자들의 발현을 일정 수준으로 유지하도록 한다.

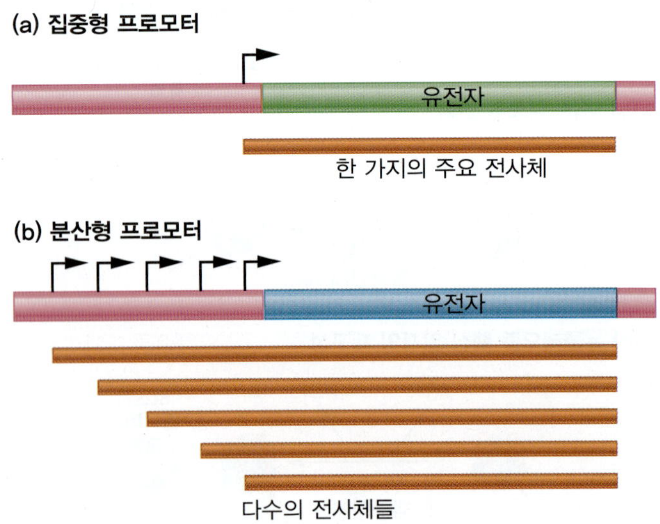

그림 17.4 집중형 프로모터와 분산형 프로모터들. 집중형 프로모터들(a)은 하나의 특정 전사 개시 부위를 갖는다. 분산형 프로모터(b)는 약 100 bp 영역에 걸쳐 있는 다수의 개시 위치에서 약한 전사 개시가 일어나도록 한다. 분산형 프로모터는 척추동물에서 흔하며, 상시 발현되는 가사 유전자들과 관련된다. 전사 개시 부위와 전사 방향은 화살표로 표시되었다.

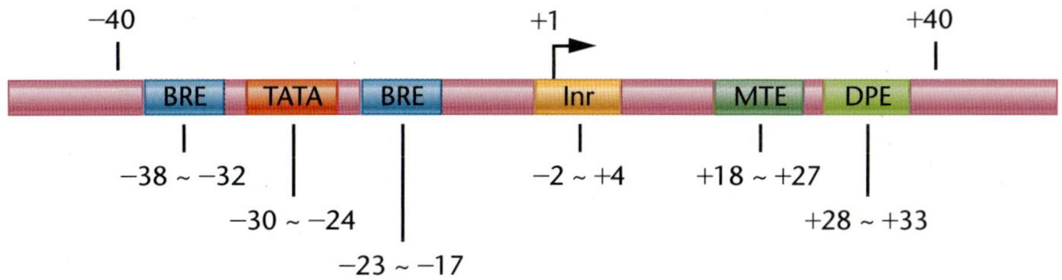

그림 17.5 집중형 프로모터에서 발견되는 핵심 프로모터 요소들. 핵심 프로모터 요소들은 +1로 표시되는 전사 개시 부위를 기준으로 보통 −40~+40 뉴클레오타이드 사이에 위치한다. BRE는 TFIIB 인식 요소이고, TATA 상자의 왼쪽이나 오른쪽에서 찾을 수 있다. TATA는 TATA 상자, Inr은 개시 요소(initiator element), MTE는 모티프 10 요소(motif ten element), 그리고 DPE는 하류 프로모터 요소(downstream promotor element)이다.

핵심 프로모터 내에는 특정한 조절 인자들이 결합하는 짧은 뉴클레오타이드 서열들인 **핵심-프로모터 요소들(core-promoter elements)**이 다수 존재한다. 분산형 프로모터가 여러 전사 시작 부위를 지정하는 방법은 아직 명확하지 않지만, 집중형 프로모터의 구조에 대해서는 훨씬 더 많이 알려져 있다. 한 가지의 보편적 핵심 프로모터는 없다; 핵심 프로모터 서열은 종마다 다르며, 한 종에서도 유전자마다 다르다. 그러나 집중형 프로모터는 몇 가지 일반적인 DNA 서열 요소를 포함하는데, 그림 17.5에 나와 있으며 아래에 더 자세히 설명하였다.

Inr 요소(initiator element)는 전사 개시 부위(+1)를 둘러싸고 있는 −2에서 +4까지의 뉴클레오타이드들이다. 인간에서는, Inr 공통서열이 $YYAN^{A}/_{T}YY$이다(Y는 불특정 피리미딘 뉴클레오타이드를, 그리고 N은 불특정 뉴클레오타이드를 나타낸다). 전사 개시 부위는 +1 자리에 있는 첫 번째 A 자리를 말한다. **TATA 상자(TATA box)** 요소는 전사 개시 자리로부터 약 −30 부분에 위치하며 $TATA^{A}/_{T}AAR$의 공통 서열을 가진다(R은 불특정 퓨린 뉴클레오타이드를 나타낸다). TFIIB의 인식 요소인 **BRE**는 TATA 상자에서 가까운 상류 또는 하류에서 발견된다. **MTE(motif ten element)**와 **DPE(downstream promoter element)** 서열 모티프들은 전사 개시 자리의 하류에 위치하는데, 각각 +18 ~ +27 자리와 +28 ~ +33 자리에 위치한다.

BRE, TATA 상자, 그리고 Inr 요소들은 모든 집중형 프로모터들에 보편적인 것으로 보인다; 그러나 MTE와 DPE 등은 일부 집중형 프로모터들에서만 발견된다. 그리고 이것이 알려진 핵심-프로모터 요소들 모두를 나열한 것은 아니며, 설명되어야 할 더 많은 것들이 있다. 그럼에도 불구하고, 여기서 중요한 개념은 핵심-프로모터 요소들이 RNAP II와 일반 전사 인자들의 조립을 위한 플랫폼으로 작용한다는 것이다. 이것은 유전자 발현의 핵심 단계이며 17.4절에 설명될 것이다.

핵심 프로모터 요소들에 더해, 많은 유전자들이 TATA 상자와 BRE의 상류에 위치하는 **근접-프로모터 요소들(proximal-promoter elements)**도 포함한다. 근접-프로모터 요소들은 핵심 프로모터와 협동하여 기본 전사 수준을 증가시킨다. 예를 들어, **CAAT 상자(CAAT box)**는 공통적인 근접-프로모터 요소이다. 이것은 CAAT 혹은 CCAAT 공통 서열을 가지며, 보통 개시 자리로부터 70~80 염기쌍 상류에 자리한다. 이 요소의 양쪽에 생긴 돌연변이들은 전사에 아무런 영향을 미치지 않지만 CAAT 서열 내부의 돌연변이들은 전사율을 극적으로 감소시킨다. 따라서 CAAT 상자를 가진 유전자에서는 강한 전사를 위해 이것이 필수적인 것으로 보인다. 그림 17.6는 CAAT 상자 및 다른 프로모터 요소들의 돌연변이가 전사에 미치는 효과를 요약한 것이다. **GC 박스(GC box)**는 근접 프로모터 영역들에서 종종 발견되는 또 다른 요소로서 GGGCGG의 공통서열을 가진다. 이것은 −110 근처에 한 번 이상 존재하며, 전사 인자들이 결합하는 자리이다.

인핸서, 인설레이터, 그리고 사일런서

프로모터에 더해, 진핵생물 유전자의 전사는 **인핸서(enhancer)**라고 불리는 DNA 서열에 의해서도 영향을 받는다. 프로모터들은 항상 유전자의 바로 상류에서 발견되는 데 반해, 인핸서들은 유전자의 한쪽 옆에 위치하거나, 가까이 혹은 유전자로부터 아주 멀리, 심지어 유전자 내부에 위치할 수 있다. 몇몇 연구들은 인핸서들이 그들이 조절하는 유전자로부터 백만 염기쌍까지 떨어져 있을 수 있음을 보여준다. 프로모터들처럼, 이들 역시 같은 염색체의 유전자들만 조절하기 때문에 시스 조절 요소들이다. 프로모터 서열들이 최소의 전사, 혹은 기본 수준의 전사에 필수적인 데 반해, 인핸서들은 그 이름이 제시하는 것처럼 전사율을 매우 증가시킨다. 그리고 인핸서들은 종종 시기 특이적이고, 조직 특이적인 유전자 발현을 일으킨다.

과학자들은 배양 세포와 모델 생물에서 특정 돌연변이들이 **보고 유전자(reporter gene)**들의 전사에 미치는 영향을 분석함

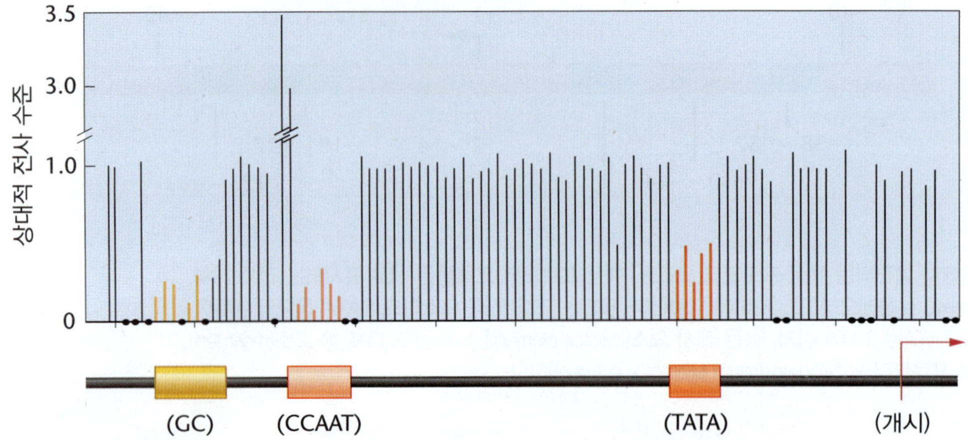

그림 17.6 β-글로빈 유전자의 프로모터에서 생긴 여러 점 돌연변이가 전사에 미치는 효과를 요약해 놓은 것. 각 실선은 독립된 실험들에서 얻어진 것으로, 특정 위치의 단일 뉴클레오타이드 돌연변이에 의한 전사의 수준(야생형에 대한)을 표시한 것이다. 점들은 돌연변이가 얻어지지 않은 뉴클레오타이드를 나타낸다. 프로모터 내 특정 요소들의 돌연변이들이 전사 수준에 크게 영향을 미친다는 점에 유의하라.

으로써 프로모터와 인핸서를 연구해왔다. 보고 유전자들은 재조합 DNA 기술(20장 참고)을 이용하여, 쉽게 관찰되는 표현형을 만드는 유전자의 암호화 서열과 관심 유전자의 조절 서열을 연결하여 만들어진다. 예를 들어, 보고 유전자로 흔히 선택되는 것 중 하나는 **녹색 형광 단백질(green fluorescent protein, GFP)**인데, 이것은 청색광에 흥분했을 때 녹색 형광을 방출한다. 이 경우, 세포나 조직이 방출하는 녹색 형광의 수준은 보고 유전자의 전사율과 비례적이다. 따라서 형광 강도를 측정함으로써 프로모터와 인핸서의 돌연변이, 결실, 그리고 자리 이동 등이 전사에 미치는 영향을 측정할 수 있다. 그런 연구들은 프로모터와 인해서를 구분하는 다음 두 가지 중요한 특성을 드러내주었다:

1. 프로모터들이 조절 유전자의 바로 상류에 있어야 하는 것과는 대조적으로, 인핸서의 위치는 중요하지 않다; 이것은 상류나 하류, 혹은 유전자 내부에서도 똑같이 작용할 것이다.
2. 프로모터들이 방향 특이적인데 반해, 인핸서들은 그들이 조절하는 유전자에 대해 뒤집혀도 그 작용 효과가 크게 달라지지 않는다.

자신이 조절하는 유전자 내부에 위치한 인핸서의 예는 면역글로불린 중쇄 유전자의 인핸서로, 그 유전자 서열의 인트론 내에 있다. 이 인핸서는 면역글로불린 중쇄 유전자가 조직 특이적으로 발현되는 데 필수적이다. 조절 유전자의 하류에 위치한 인핸서의 사례는 β-글로빈 유전자의 인핸서이다. 닭에서는, β-글로빈 유전자와 ε-글로빈 유전자 사이에 위치한 인핸서가 한쪽 방향에서는 배아 발생 동안 ε-글로빈의 전사를 조절하며, 반대 방향에서는 성체 시기 동안 β-글로빈 유전자의 발현을 조절한다.

인핸서들은 모듈식이며 종종 서로 다른 여러 개의 짧은 DNA 서열들을 포함한다. 예를 들어, SV40 바이러스(감염시킨 진핵세포 내에서 전사된다)의 인핸서는 2번 반복되는 72 bp 서열을 포함하는데, 이것은 전사 개시 지점으로부터 200 bp 상류쯤에 서로 붙어 있다. 이 두 개의 반복서열 각각은 전사율을 증가시키는 다수의 서열을 포함한다. 만약 이 반복서열 중 하나를 없애면 전사에는 별 영향을 미치지 않는다; 그러나 둘 다 없애면 생체 내의 전사는 매우 감소한다.

인핸서들이 방향과는 관계없이 멀리 떨어진 유전자를 조절할 수 있다면, 같은 염색체상에 있지만 서로 다른 시기에 서로 다른 세포 형태에서 전사되는 유전자들이 한꺼번에 조절되지 않도록 하는 것은 무엇일까? 인핸서의 작용 범위는 **인설레이터(insulator)**라고 알려진 경계 요소들에 의해 제한된다. 인설레이터들은 일반적으로 인핸서와 비표적 유전자의 프로모터 사이에 위치한다. 앞에 설명한 예에서, β-글로빈과 ε-글로빈 사이에 위치한 인핸서가 두 유전자를 조절한다. 이 두 유전자 사이에는 인설레이터가 없으므로 하나의 인핸서가 두 유전자 모두에 영향력을 발휘한다. 그러나 β-글로빈 유전자 상류와 ε-글로빈 하류에 위치한 인설레이터들은 이 특정 인핸서가 그들의 영역 밖에 위치한 유전자들의 발현에 영향을 미치지 않도록 한다. 인설레이터가 어떤 방법으로 기능하는지는 완전히 알려지지는 않았지만, 증거에 따르면 인설레이터에 결합하는 단백질들이 일부 인핸서-프로모터 상호작용을 허용하면서 다른 것은 막을 수 있도록 하는 DNA 고리의 형성을 유도하는 것임을 시사한다.

또 다른 형태의 시스-작용 전사 조절 요소는 바로 **사일런서(silencer)**로서, 전사의 음성 조절자로 작용한다. 사일런서들은 인핸서들처럼, 시스-작용을 나타내는 짧은 DNA 서열 요소들로, 상류나 하류, 혹은 그들이 조절하는 유전자 내부에도 자리할 수 있다. 인핸서와의 또 다른 유사성은 이들이 종종 조직 특이적이거나 시기-특이적 방식으로 유전자 발현을 조절한다는 것이다.

프로모터, 인핸서, 인설레이터, 그리고 사일런서에 관한 우리의 이해는 ENCODE 사업에 의해 최근 보고된 자료들에 의해 확장되었다. 17.7절에서는 ENCODE 자료의 중요성에 대해 알아보도록 하자.

17.4 진핵생물의 전사 개시는 시스-작용 부위에 결합하는 전사 인자들에 의해 조절된다

프로모터, 인핸서, 그리고 사일런서들은 종합적으로 **전사 인자들(transcription factors)**이라고 불리는 전사 조절 단백질들의 결합 부위로 작용함으로써 전사 개시에 영향을 미친다. 기본적인 전사 개시 과정에 필요한 **일반 전사 인자들(general transcription factors, GTFs)** 외에도(13장 참고), 일부 전사 인자들은 전사 개시 수준을 증가시키기 때문에 **활성자(activator)**라고 불리는 반면, 다른 것들은 전사 수준을 감소시키므로 **억제자(repressor)**들이라고 불린다.

활성자와 억제자들의 영향은 환경적 신호나 발생의 올바른 시기에 반응하여 주어진 세포 형태에 따라 조정될 수 있다. 이를 위해서는 전사 인자들이 특정 형태의 세포에서만 발현되므로 표적 유전자들을 조직-특이적으로 조절할 수 있다. 일부 전사 인자들은 발생 중의 특정 시기에만 세포에서 발현되거나 특정 외부 신호나 내부 신호에 반응하여 발현된다. 일부 사례에서는, 전사 인자가 세포 내에 존재하지만, 인산화에 의해 변형되었거나 호르몬 같은 다른 분자에 결합했을 때만 활성화된다. 전사 인자들에 대한 이런 변화들 역시 조직-특이적 혹은 시기-특이적인 방식으로 조절될 수 있다. 그리고 서로 다른 전사 인자들이 같은 DNA 서열에 대해 결합하거나 서열을 덮어씌우기 위해 경쟁할 수도 있다. 세포 내에서 전사 인자의 농도와 각 인자들이 DNA에 결합하는 강도는 어떤 인자가 결합할지 결정할 것이며, 따라서 전사 개시 수준을 결정할 것이다. 마지막으로, 서로 다른 인핸서들과 프로모터 요소들에 결합하는 여러 가지 전사 인자들은 서로 통합되어 전사 개시의 수준과 시기를 미세하게 조정할 수 있다.

인간의 메틸로티오네인 2A 유전자: 다수의 시스-작용 요소들과 전사 인자들

인간 메탈로티오네인 2A 유전자(human metallothionein 2A gene)인 *MT2A*는 어떻게 하나의 유전자가 다수의 프로모터 및 인핸서 요소들과, 그에 결합하는 전사 인자들의 상호작용으로 조절될 수 있는지를 잘 보여주는 예이다. *MT2A* 유전자의 산물은 아연이나 카드뮴 같은 중금속과 결합하는 단백질이고, 이러한 중금속들이 높은 수준에서 나타낼 수 있는 독성 효과로부터 세포를 보호한다. 이 단백질은 또한 산화 스트레스의 영향으로부터 세포를 보호하는 데도 관여한다. *MT2A* 유전자는 모든 세포에서 낮은 수준으로 발현되지만, 중금속에 노출되거나 글루코코르티코이드 같은 스트레스 호르몬이 존재하면 높은 수준으로 전사된다.

MT2A 유전자의 전사를 조절하는 시스-작용 요소들로는 프로모터, 인핸서, 그리고 사일런서들을 포함한다(그림 17.7). 각 요소는 하나 이상의 전사인자와 특이적으로 결합하는 짧은 DNA 서열을 말한다.

몇몇 프로모터 요소, 인핸서들, 그리고 여기에 결합하는 전사 인자들이 *MT2A* 유전자가 기본 수준으로 전사되도록 한다. TATA 상자와 Inr 같은 핵심-프로모터 요소들은 전사 개시에 필요하다. 이들은 RNAP II와 몇 가지 일반 전사 인자들(17.5절 참고)에 의해 결합한다. 근접-프로모터 요소인 GC는 SP1과 결

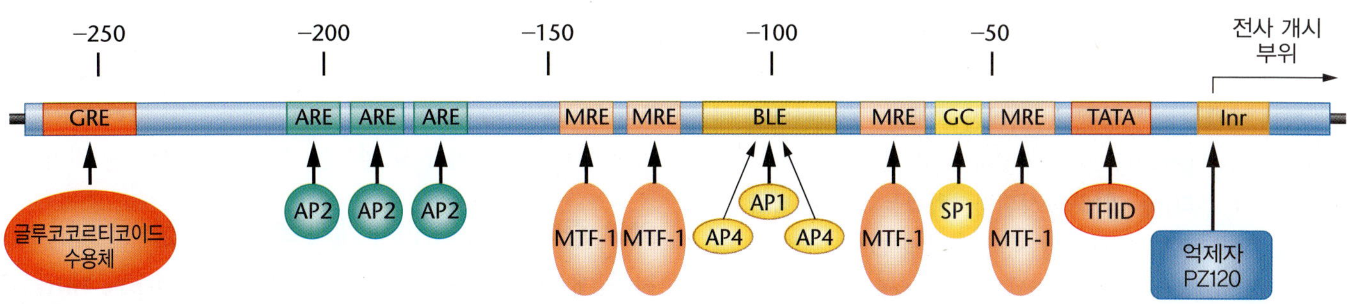

그림 17.7 인간의 메탈로티오네인 2A 유전자의 프로모터와 인핸서 영역. 다수의 시스-작용 조절 부위를 포함하고 있다. MT2A 전사의 기본 전사와 유도 수준의 전사를 조절하는 전사 인자들이 유전자 아래에 표시되어 있다. 화살표는 결합 부위를 가리킨다.

합하는데, 이것은 대부분의 진핵세포에 항상 존재하여 낮은 수준으로 전사를 촉진한다. 발현 수준은 활성자 단백질(activator protein) 1, 2, 그리고 4(AP1, AP2, AP4)를 통해 외부 성장 신호에 반응해서도 조절된다. 이들은 세포 형태에 따라 다양한 수준으로 존재한다. AP2는 AP2 반응 요소(AP2 response element, ARE)라고 불리는 인핸서에 결합한다. AP1과 AP4는 기본 요소(BLE) 내의 중첩 부위에 결합하는데, 이것은 어떻게 이 인자들이 서로 다른 형태의 세포에서 BLE에 결합했을 때 *MT2A*의 전사를 조절할지에 대한 어느 정도의 선택성을 제공한다.

높은 수준의 *MT2A* 전사는 중금속 독성이나 스트레스에 의해 촉진된다. 중금속 반응에는 금속-유도성 전사 인자(metal-inducible transcription factor 1, MTF-1)라는 활성자가 사용된다. MTF-1은 정상적으로는 세포질에서 발견되지만, 중금속이 존재하면 핵으로 자리를 이동한다. 직접 금속과 결합하면 형태 변화가 유도되어 MTF-1의 핵 전이가 발생한다. 핵에서 MTF-1은 여러 금속 반응성 요소들(metal response elements, MREs)과 결합하여 *MT2A*의 전사를 증가시킨다.

다른 활성자와 인핸서가 *MT2A*의 스트레스 유도성 전사를 매개한다: 글루코코르티코이드(당질코르티코이드) 수용체는 글루코코르티코이드 반응 요소(glucocorticoid response element, GRE)에 결합하는 활성자이다. 스트레스 상황에서, 척추동물들은 스테로이드 호르몬인 글루코코르티코이드를 분비한다. 글루코코르티코이드 결합이 일어나면, 정상적으로는 세포질에 존재하던 글루코코르티코이드 수용체가 형태 변화를 일으키고 핵으로 진입해 GRE에 결합하여 *MT2A* 유전자의 전사를 매우 향상시킨다.

활성화에 더해, *MT2A* 유전자의 전사는 전사 개시 부위 위에 결합하는 억제자 단백질인 PZ120에 의해 억제될 수도 있다.

다수의 조절 요소들과 그들에 결합하는 전사 인자들은 *MT2A* 유전자가 세포 안팎의 미세한 환경 변화에 반응하여 전사적으로 활성화되거나 억제되도록 한다.

진핵성 전사 인자들의 기능적 도메인들

우리는 전사 인자를 DNA에 결합하여 전사 개시를 활성화하거나 억제하는 단백질로 설명했다. 이러한 작용은 그런 단백질 내에 존재하는 두 가지 기능적 영역(domain; 특정 기능을 수행하는 아미노산 무리)에 의해 달성된다. 하나는 DNA 결합 영역으로, *cis*-작용 조절 부위에 존재하는 특정 DNA 서열에 결합한다. 다른 하나는 **트랜스 활성화 영역(trans-activating domain)** 또는 **트랜스 억제 영역(trans-repressing domain)**으로, 전사를 활성화하거나 억제한다.

진핵성 전사 인자들의 DNA 결합 영역은 다양한 특성의 3차원적 구조 단위들을 가진다. 여기에는 나선−꺾임−나선(helix−turn−helix, HTH), 아연 손가락(zinc-finger), 그리고 염기성 류신 지퍼(basic leucine zipper, bZIP) 모티프들이 포함된다.

나선-꺾임-나선(HTH) 모티프는 세균성 전사 인자와 진핵성 전사 인자 모두에 존재하며, 아미노산 서열이 독특하다기보다는, 특정한 입체적 구조가 특징이다. 두 개의 인접한 나선이 몇 개의 아미노산들에 의한 "꺾임"에 의해 분리되어 있어서(이름이 붙은 이유) 단백질이 DNA에 결합할 수 있게 한다.

아연 손가락 모티프(zinc-finger motif)는 전사 인자인 MTF-1에도 존재하는 것으로, 넓은 범주의 전사 인자들에서 발견된다. 전형적인 아연-손가락 단백질은 두 개의 시스테인과 두 개의 히스티딘이 간격을 두고 반복되는 무리를 포함한다. 아연 원자를 결합시킴으로써, 이 무리들이 고리로 구부러져 특정 DNA 서열과 상호작용한다.

염기성 류신 지퍼(basic leucine zipper, bZIP) 모티프는 단백질과 단백질이 이합체가 되도록 하는 류신 지퍼 영역을 포함한다. 두 개의 bZIP 포함 분자가 이합체가 되면, 류신 잔기들은 서로 "맞물려(zip)" 닫힌다. 결과적으로 이합체들은 지퍼에 인접한 두 개의 염기성 α-나선 영역을 포함하게 되는데, 지퍼가 표적 DNA 상의 인산 잔기들과 특정 염기에 결합한다.

전사 인자의 트랜스-활성화 및 트랜스-억제 영역은 다른 전사 인자나 RNA 중합효소와 상호작용하여 효과를 발휘한다. 트랜스 활성화 또는 트랜스-억제 영역은 30~100개의 아미노산으로 구성될 수 있다. 이러한 영역 내의 아미노산 서열은 전사 인자마다 상당히 다르다. 그들이 전사 개시를 활성화하는 방식 역시 다양하며 17.5절에서 논의된다.

17.5 활성자와 억제자는 일반 전사 인자들과 상호작용하여 염색질 구조에 영향을 미친다

우리는 지금까지 시스-작용 서열들에 전사 인자들이 결합할 수 있게 하는데 어떻게 염색질 재구성과 염색질 변형이 필요한지를 논의했다. 이 절에서는 이런 사건들이 어떻게 조합되어 RNAP II의 프로모터 결합을 촉진하거나 방해하는지, 그리고 RNAP II의 활성을 조절하여 전사 개시를 조절하는지 살펴볼 것이다.

RNA 중합효소 II의 전사 개시 복합체 형성

전사 개시에서 핵심 단계는 **전-개시 복합체(pre-initiation complex, PIC)**의 형성이다. PIC는 RNAP II와 여러 가지 일반 전사 인자들(GTFs)로 구성된다. 이들은 특별한 순서로 프로모터 위에 조립되어 RNAP II가 전사 개시 부위를 인식해 전사를 개시할 수 있도록 하는 플랫폼을 제공한다.

핵심 프로모터에서 RNAP II를 보조하는 GTF들은 **TFIIA**(RNAP IIA를 위한 전사 인자라는 뜻), **TFIIB**, **TFIID**, **TFIIE**, **TFIIF**, **TFIIH**, 그리고 거대한 다중 소단위 복합체인 **매개자(meidator)** 단백질 등이다. GTF들과 이들의 상호작용(핵심 프로모터 및 RNAP II와의 결합)은 그림 17.8에 요약되어 있으며, 아래에 설명할 것이다.

PIC 형성의 첫째 단계(그림 17.8의 1단계)는 TATA 상자에 TFIID가 결합하는 것이다. TFIID는 다중 소단위 복합체로, **TBP**(*T*ATA *B*inding *P*rotein)와 약 13개의 **TAF** 단백질들(*T*BP *A*ssociation *F*actors; TBP 연합 인자들)을 포함한다. TATA 상자에 결합하는 것 외에도, TFIID는 Inr 요소, DPE, 그리고 MTE 같은 다른 핵심-프로모터 요소와도 결합한다. TFIIA는 TFIID와 상호작용하여 TFIID가 핵심 프로모터에 결합하는 것을 보조한다. 일단 TFIID가 핵심 프로모터와 접촉하면, TFIIB는 TATA 상자 근처의 BRE들에 결합한다(그림 17.8의 2단계). 마지막으로, 다른 GTF들(매개자, IIF, IIE, 그리고 IIH)이 RNAP II가 프로모터에 결합하는 것을 돕는다(3단계와 4단계).

완전히 형성된 PIC는 프로모터 DNA의 개시 부위에서 풀림을 매개하고 RNAP II가 전사 개시에서 신장 단계로 전환되도록 한다. 일부 고등 진핵생물에서 RNAP II는 프로모터에서 일시적으로 멈춘 채 전사 시작 부위의 약 50 bp 하류에서 전사 신장으로 전환되는 프로모터 탈출 신호를 기다린다. 다른 고등 진핵생물과 효모에서는 RNAP II가 즉시 전사 **신장 복합체(elongation complex)** 형태로 프로모터 영역을 떠나 DNA 주형의 하류로 진행한다. 몇 가지 일반 전사 인자, 특히 TFIID, TFIIE, TFIIH 및 매개자 단백질은 핵심 프로모터에 남아 다음 PIC 형성을 돕는다.

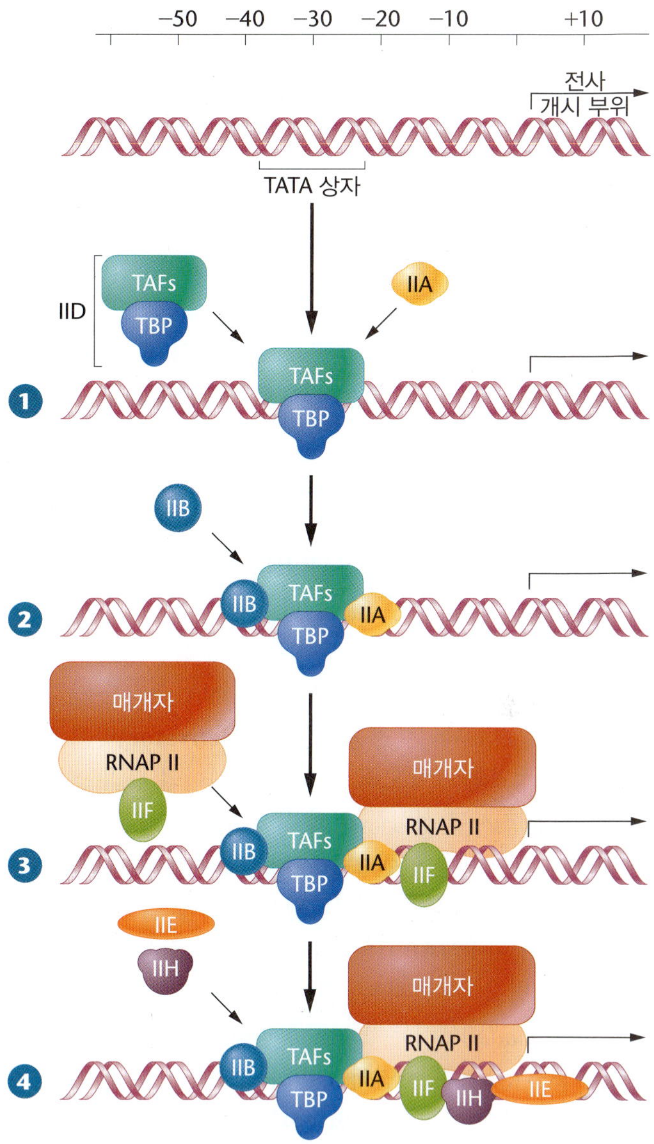

그림 17.8 RNA 중합효소 II(RNAP II)에 의한 전사 개시에 요구되는 일반 전사 인자들(TFIIA, TFIIB 등은 IIA, IIB로 요약하여 표시됨)의 조립.

전사 활성화와 억제의 기작

연구자들은 전사 활성자와 억제자가 RNAP II의 전사에 변화를 일으키는 방법을 설명하기 위해 몇 가지 모델을 제안했다. 대체로, 이러한 모델들은 먼 거리의 인핸서와 사일런서들이 그들이 조절하는 유전자의 프로모터 영역과 물리적으로 근접하도록 하는 DNA 고리(loop)의 형성을 포함한다. DNA 고리의 형성을 뒷받침하는 증거는 두 가지 형태의 분석에서 얻은 것들로, 직접적 시각화 및 염색체 형태 포착 방법이다.

제자리 혼성화(*in situ* hybridization, FISH)에서 형광을 이용하는 직접적 시각화(direct visualization) 분석은 인핸서와 프로모터들이 핵 내부에서 물리적으로 가까이 있음을 보여준다. 유용하긴 하지만, 이 접근법은 인핸서와 프로모터 간의 상호작용을 검사하기 위한 대규모의 조사에는 적합하지 않다.

보다 최근에는 **염색체 형태 포착(chromosome conformation capture, 3C)**을 통해 원거리의 인핸서와 프로모터 상호작용에 대한 유전체 차원의 연구가 가능해졌다. 세포를 포름알데히드로 처리하면, 이것은 물리적으로 가까운 염색질 영역 사이에 가교(공유결합)를 만든다. 그런 다음 DNA를 서열화하여 유전체 내의 3차원적 인접성을 밝힌다. 그러한 연구는 인핸서 영역과 프로모터 영역이 수백만 염기쌍으로 분리되어 있더라도, 프로모터가 활성화될 때(아마도 각 영역에 결합된 단백질의 상호작용을 통해)는 매우 근접해 있음을 밝혀냈다. 2015년, 랜더(Eric S. Lander)와 아이덴(Erez Lieberman Aiden), 그리고 동료들은 대략 1000 염기쌍의 고해상도로 인간 유전체의 3차원 지도를 발표하기 위해 염색체 형태 캡처를 사용했다. 그들의 연구는 인간 유전체에서 약 10,000개의 DNA 고리들을 발견했으며, 이 고리들의 약 30%는 알려진 프로모터와 인핸서를 함께 가지고 있었다. 유전체의 전체 프로모터와 인핸서가 아직 모두 설명되고 있지는 않다는 점을 생각할 때, 이 연구는 전사 개시와 관련될 수 있는 DNA 고리화가 매우 흔한 것임을 강조한다.

전사 조절의 한 가지 모델은 DNA 고리들이 활성화 또는 억제되어야 하는 프로모터 부근으로 활성인자, 억제인자 및 GTF를 전달하는 역할을 하는 것으로 제안한다. 이 **소집 모형**(*recruitment model*)에서는 인핸서와 사일런서 요소가 유전자 프로모터에서 중요한 조절 단백질의 농도를 증가시킨다. 인핸서에 결합된 전사 활성자는 PIC 조립 속도 혹은 안정성을 향상시키거나, 프로모터로부터 RNAP II의 탈출을 가속화함으로써, 전사 개시 속도를 높일 수 있다. 활성자와 억제자가 매개자 및 TFIID들과 직접적으로 상호작용하는 것이 확실해졌다. 이러한 상호작용이 프로모터와 인핸서 사이의 DNA 고리가 닫히게 할 수 있다. 다른 경우에는 **공동활성자(coactivator)**라고 불리는 단백질이 활성자와 프로모터 결합 인자 사이의 다리 역할을 한다. 직접적인 전사 활성화를 위해 함께 모이는 활성자와 공동활성자의 거대 복합체를 **인핸소좀(enhanceosome)**이라고 한다(그림 17.9). 비슷한 방식으로, 사일런서 요소에 결합된 억제자들 역시 PIC 조립과 RNAP II의 탈출 속도를 감소시킬 수 있다.

다른 방법을 제안하는 **염색질 변형 모형**(*chromatin alterations model*)에서는, DNA 고리화가 표적 유전자의 전사를 촉진하거나 억제하는 염색질 변화를 초래할 수 있다. 염색질 재구성 복합체들이나 염색질 변형자들은, 일단 프로모터 근처로 수송되면 프로모터를 열거다 닫아서 GTF 및 RNAP II과 상호작용하게 만들거나, 일시 정지한 RNAP II가 전-개시 복합체로부터 탈출하는 것을 방해할 수 있다. 중요한 것은, 이 모형이 소집모형을 보완한다는 점이다; 일부 활성자들은 히스톤 아세틸기 전이효소(HAT) 같은 염색질 재구성 복합체들이나 염색질 변형자들을 DNA 고리들로 소환하는 것으로 알려져 있다. 17.2절에서 HAT들에 의한 히스톤 아세틸화는 히스톤과 DNA 사이의 결합을 약하게 하여 뉴클레오좀 내의 DNA가 더 쉽게 전사될 수 있도록 한다는 것을 설명한 바 있다. 유사하게, 일부 억제자들은 히스톤 탈아세틸화효소(histone deacetylase, HDAC) 같은 염색질 재구성 복합체나 염색질 변형자들을 소환하여 DNA를 전사가 더 쉽지 않은 형태로 만들게 된다.

전사 활성화 및 억제의 세 번째 모형에서는, 인핸서 또는 억제자 고리화가 표적 유전자를 전사에 유리하거나 저해성인 핵 영역으로 재배치할 수 있다고 한다. 이 **핵 내 재배치 모형**(*nuclear relocation model*)은 RNAP II와 전사 조절 인자를 많이 포함하는 핵 영역인 전사 공장의 존재와 부합한다(17.2절).

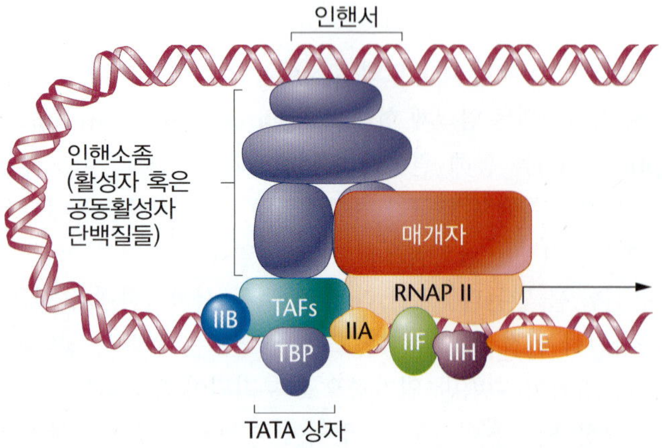

그림 17.9 프로모터에서 먼 인핸서(혹은 사일런서)에 결합한 인자들은, DNA 고리가 형성됨으로써 전-개시 복합체 내의 일반 전사 인자들 및 RNA 중합효소 II(RNAP II)와 상호작용할 수 있게 되고, 전사 수준을 조절할 수 있다.

풀어보기

17.2 호르몬인 에스트로젠은 에스트로젠 수용체(estrogen receptor, ER) 단백질을 비활성형 분자에서 활성적인 전사 인자로 변화시킨다. ER은 여러 유전자의 프로모터 근처에서 인핸서로 작용하는 시스-작용 부위에 결합한다. 일부 조직에서 에스트로젠의 존재는 ER-표적 유전자들의 전사를 활성화하는 반면, 다른 조직에서는 동일한 유전자들의 전사를 억제하는 것으로 보인다. 어떻게 이런 일이 발생할 수 있는지 설명을 제시하라.

■ **힌트:** 이 문제는 전사 인핸서들과 억제자들이 어떻게 작용하는지에 대한 이해를 묻고 있다. 해답의 열쇠는 전사 개시에서 변화를 일으키기 위해 트랜스-작용 인자들이 상호작용하는 여러 가지 방식을 고려하는 것이다.

17.6 모델 생물에서의 유전자 조절: 효모 *GAL* 유전자의 전사

앞에서 우리는 대장균이 젖당을 탄소원으로 사용하는 데 필요한 단백질을 생산하기 위해 유전자 발현을 조절하는 방법을 살펴보았었다(16장 참고). 이 세균 체계에서 유전자들은 하나의 오페론으로 배열되어 있으므로, 전사 개시는 단일 프로모터에서 조절된다는 것을 기억할 것이다. 이 절에서는 진핵생물인 효모가 갈락토오스 대사에 필요한 단백질을 생산하기 위해 어떻게 유전자 발현을 효율적으로 조절하는지 알아보도록 하자. 이러한 체계는 유전자 발현이 세포의 대사 요구와 관련된다는 점에서 다소 유사하다. 그러나 유전자 발현을 조절하기 위한 시스-작용 요소와 트랜스 작용 인자들의 통합적 조화는 세균과 진핵생물 사이의 유전자 조절 기작에서 뚜렷이 다른 차이를 반영하므로 확실히 구분된다.

효모의 ***GAL* 유전자 체계(*GAL* gene system)**는 진핵생물의 유전자 조절 연구를 위한 초기의 모형 역할을 했다. 이 체계는 4개의 구조 유전자(*GAL1*, *GAL10*, *GAL2* 및 *GAL7*)와 3개의 조절 유전자(*GAL4*, *GAL80* 및 *GAL3*)로 구성된다. 구조 유전자는 갈락토오스를 세포로 운반하는 단백질과, 에너지를 위해 갈락토오스를 분해하는 데 필요한 효소를 암호화한다. 조절 유전자의 산물은 구조 유전자의 전사를 양성 조절하거나 음성적으로 조절한다.

GAL 구조 유전자의 전사는 **유도적(inducible)**이다. 갈락토오스가 없으면 *GAL* 구조 유전자는 전사되지 않는다; 갈락토오스가 있으면 전사가 즉시 시작되고 *GAL* 구조 단백질들의 mRNA 농도가 천 배로 증가한다.

조절 유전자인 *GAL4*의 영돌연변이는 활성화를 막는다. 이것은 *GAL4*가 *GAL* 구조 유전자의 전사에 필요한 활성자인 Gal4 단백질(**Gal4p**)을 암호화한다는 사실을 강조한다. Gal4p는 881개의 아미노산으로 구성되어 있으며 동질이합체로 작용한다. 이것은 특정 DNA 서열을 인식하여 결합하는 **DNA 결합 영역(DNA-binding domain, DBD)**과, 전사를 촉진하는 **활성화 영역(activation domain, AD)**을 포함한다[그림 17.10(a)]. 연구자들은 *GAL4* 유전자에서 결실을 만들고 그 유전자 산물이 DNA에 결합하여 전사를 촉진하는 능력을 분석함으로써 이런 기능적 영역들을 밝혔다[그림 17.10(b)].

DBD를 통해 Gal4p는 **UAS_G**(*GAL* 유전자 상류의 활성화 서열)라고 불리는 약 170 bp 길이의 시스 작용 요소들에 결합하는데, 이들이 *GAL* 구조 유전자들의 인핸서들이다. 연구에 따르면 UAS_G 부위의 염색질 구조는 열려 있다; 뉴클레오좀의 DNA는 히스톤과 약하게 결합되어 있을 뿐이다. 따라서 Gal4p는 갈락토오스의 존재 여부에 관계없이 UAS_G 부위를 점유할 수 있다. Gal4p는 *GAL* 구조 유전자가 전사되지 않는, 갈락토오스가 없는 경우에도, UAS_G 부위에 결합할 수 있기 때문에, UAS_G 부위에 대한 Gal4p의 결합이 전사 활성화의 유일한 결정 요인은 아니라는 결론을 내릴 수 있다. *GAL*의 활성화 기작에는 두 개의 다른 조절 단백질인 **Gal80p**와 **Gal3p**가 포함되며 이들은 각각 *GAL80* 및 *GAL3* 유전자에 의해 암호화된다.

갈락토오스가 없으면[그림 17.11(a)], Gal80p는 Gal4p에 결합하여 Gal4p AD를 숨기거나 가린다. 이런 결합은 *GAL* 구조 유전자의 전사를 활성화하는 Gal4의 능력을 억제한다.

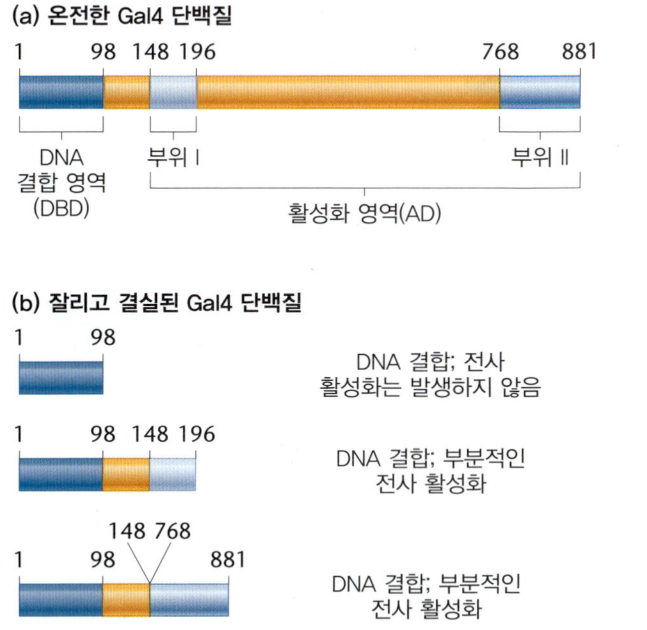

그림 17.10 Gal4p 활성자의 구조와 기능. (a) Gal4p는 진한 파란색으로 표시된 DNA 결합 영역과, 활성화 영역 내의 두 개의 전사 활성화 영역(밝은 파란색으로 표시)을 포함한다. (b) Gal4p의 활성에 대한 다양한 결실의 효과들.

갈락토오스가 존재하는 경우[그림 17.11(b)], Gal3p는 갈락토오스와 직접 결합하여 Gal80p에 결합할 수 있는 구조로 바뀐다. 이런 상호작용은 Gal4p 억제를 완화하여 *GAL* 구조 유전자들의 활성화로 이어진다. Gal3p–Gal80p 상호작용의 정확한 특성은 현재 조사되고 있다. 최근의 증거에 따르면, Gal80p는 동질이합체로서 Gal4p에 결합하는데, Gal3p는 Gal80p 이합체를 불안정하게 하여 해리를 유도하거나, 그들의 결합을 방해한다. 이 시나리오에서는[그림 17.11(b)], Gal80p 단량체가 Gal4p에 결합된 상태로 존재할 수 있다. 정확한 기전과는 상관없이 갈락토오스와의 결합이 발생하면, Gal3p는 Gal80p와 결합하여 Gal4p가 전사를 활성화할 수 있게 한다.

여러 연구의 자료는, Gal4p의 AD와 다른 단백질 사이의 접촉으로 인해 전사 활성화가 발생함을 시사한다. Gal4p에 의한 전사 활성화의 초기 단계는 SAGA라고 알려진 공동활성자 단백질들이 직접 소환되는 것이다. SAGA 모집 후, 일반 전사 인자인 매개자가 Gal4p와 상호작용하여 복합체로 통합된다. 마지막으로, 나머지 일반 전사 인자들과 RNAP II가 GAL 프로모터의 전-개시 복합체(PIC)로 소집된다. 갈락토오스가 없으면, Gal80p는 Gal4p의 AD를 가려서 SAGA와의 결합을 방해한다. 초기에 SAGA가 소집되지 않으면, *GAL* 프로모터에서는 PIC가 형성되지 않는다.

Gal4p가 전사를 활성화하는 또 다른 방법은, 뉴클레오좀 재구성을 통한 것이다. UAS_G 부위는 열린 염색질을 나타내는 반

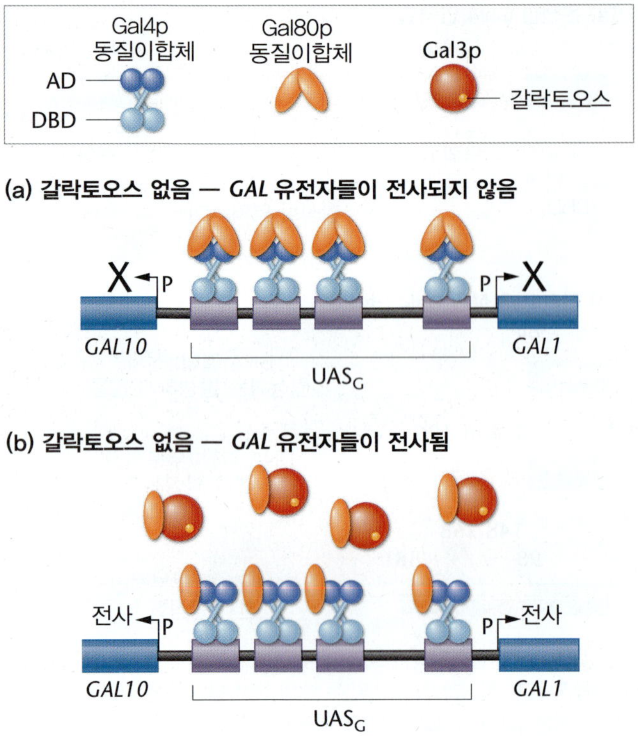

그림 17.11 *GAL* 구조 유전자의 전사 조절 모형. 4개의 구조 유전자 모두 유사한 기작에 의해 조절되지만 여기에는 *GAL1* 및 *GAL10*만 표시되었다. *GAL10*와 *GAL1* 유전자의 UAS_G 영역에는 Gal4p 동질이합체에 대한 4개의 결합 부위가 있다. (a) 갈락토오스가 없는 경우, Gal80p 동질이합체는 Gal4p에 결합하고 활성화 영역을 가린다. (b) 갈락토오스의 존재 하에서 Gal3p는 Gal80p에 결합하여 이합체를 분리하거나 동시에 이합체화를 방해하여 Gal4p 활성화 영역이 노출되어 전사 활성화가 이루어지도록 한다.

면, *GAL* 프로모터는 TATA 상자와 Inr 요소에 뉴클레오좀을 가지고 있어서 PIC 형성이 잘 발생하지 않는다. 유도 작용이 발생하면, Gal4p는 뉴클레오좀 재구성 복합체인 SWI/SNF를 GAL 프로모터로 소집하여 프로모터에 결합된 뉴클레오좀들을 제거한다.

우리는 지금까지 갈락토오스에 의한 *GAL* 체계의 양성 조절을 다루었으므로, 이제 포도당이 있을 때 어떻게 음성적으로 조절되는지 간단히 살펴보도록 하자. 포도당과 갈락토오스가 모두 세포에서 이용 가능할 때는 포도당을 사용하는 것이 더 효율적이며, 이로써 갈락토오스 흡수 및 대사에 필요한 *GAL* 구조 유전자를 전사하고 번역하는 데 필요한 에너지를 아낄 수 있다. 포도당이 있는 경우, 아연-손가락형 억제 단백질인 Mig1p는, *GAL1*과 *GAL4* 같은 *GAL* 체계의 유전자들에 대한 시스-작용 사일런서에 결합한다. Mig1p는 공동억제자(Cyc8p/Tup1p 복합체)에 결합하는데, 이것은 접근 불가능한 염색질 구조를 만들고, 따라서 이 유전자들의 발현을 낮추게 된다. 그러나 포도당이 없을 때는, Mig1p가 인산화되어 더 이상 Cyc8p/Tup1p와 상호작용하지 않으므로, 염색질은 유전자 발현을 위해 접근할 수 있는 구조로 남게 된다.

17.7 ENCODE 자료들은 진핵성 유전자 조절에 대한 개념을 변화시키고 있다

이제 인간 유전체와 진핵생물의 유전자 조절에 대한 우리의 생각을 혁신적으로 변화시켰던 연구 사업에 대해 검토하면서 이 장을 마무리하려고 한다. 2003년, 미국 국립인간유전체연구소(National Human Genome Research Institute)는 **ENCODE(Encyclopedia of DNA Elements)** 사업을 발족시켰다. ENCODE의 목표는 인간 유전체의 31억 뉴클레오타이드 내에 있는 모든 기능적 DNA 서열을 찾아내고, 이러한 요소가 유전자 발현을 조절하기 위해 어떻게 작용하는지 결정하는 것이다. 이 대규모 노력의 처음 세 단계에서, 인간 유전체에서는 900,000개 이상의 시스-작용 조절 요소 후보를 찾았으며, 생쥐 유전체에서는 300,000개 이상의 요소들을 확인했다. 이러한 조절 요소들에 대한 증거는, 500개 이상의 세포와 조직 유형에 대해 다양한 기술을 사용하여 수행된 9000개 이상의 실험들에서 얻어졌다. 2020년 현재, ENCODE 사업은 1400편 이상의 논문을 발표했다. ENCODE의 네 번째 단계는, 추가적인 세포와 조직 유형으로부터 얻은 자료를 수집하고 분석하는 것을 목표로 현재 진행 중이다.

확실히, ENCODE 연구에서 가장 자극적인 발견은, 인간 유전체의 단백질 암호화 유전자는 2% 미만이지만 80% 이상이 생화학적 기능을 가진다는 점일 것이다. 과학계 내에서 열띤 토론을 촉발시켰던 이 주장은 언론에 널리 보도되었으며, 한때 우리가 모든 비암호화 DNA를 설명하는 데 "쓰레기 DNA"라는 용어를 사용하던 것을 다시 생각하도록 촉구했다. 심지어 ENCODE 사업 이전에도, 유전체에는 단백질 암호화 서열 이외에 프로모터, 인핸서, 인트론, 동원체 그리고 텔로미어처럼 많은 기능적 영역이 포함되어 있음이 분명했었다. 그러나 유전체의 80%가 생화학적 기능을 가지고 있다는 주장은 많은 과학자들에게 회의적이었다. ENCODE에 따르면 생화학적 기능이란 다양한 유전체 차원의 분석을 기반으로, 전사되거나 단백질에 의해 결합되거나, 특정 히스톤 변형과 관련된다고 알려진 DNA 서열에 해당한다. 특정 히스톤 변형은 관련 서열이 생화학적 기능을 가지고 있음을 나타내는 것일까? RNA로의 전사는 기능이 있음을 나타내는 것인가, 아니면 그러한 전사체 일부가 세포 기능의 "소음"이나 오류를 반영하는 것은 아닐까? 궁극적으로 "생화학적 기능"이라는 용어에 대해서는 설명이 필요하다.

"생화학적 기능" 논쟁이 계속되었지만, ENCODE 자료들은 많은 수의 인핸서, 프로모터, RNA 전사체를 암호화하는 서열, 그리고 특정 염색질 변형 부위에 대한 귀중한 유전체 주석들을 포함하게 되었다.

이 절에서는 진핵생물의 전사 조절과 관련된 ENCODE 자료들에서 뽑은 간단한 몇 가지 사례들을 제시하고자 한다. 또한 이러한 새로운 자료들이 어떻게 유전적 조절에 대한 개념을 바꿔주는지 예측해 볼 것이다. ENCODE 사업 결과의 더 많은 의미는 본문 후반부에 제시되어 있다(21장 참고).

인핸서와 프로모터 요소들

ENCODE의 연구자들은 DNase 과민성(열린 염색질을 나타냄)과 히스톤 변형(조절 인자 결합에 관여하는 DNA의 특징) 등과 같은 염색질의 특징을 조사함으로써, 인핸서와 프로모터들에 결합하는 전사 인자들을 포함하여 유전자 조절성 단백질이 결합하는 약 360만 개의 자리를 발견했다. 이 결합 부위들에는 800,000개 이상의 인핸서 요소와 60,000개 이상의 프로모터가 포함된다. ENCODE 사업으로 수백 가지의 여러 세포 형태들이 조사되었기 때문에, 얼마나 많은 이런 DNA 자리들이 전 세포 유형에 걸쳐 전사 인자에 의해 점유되는지, 특정 세포 유형에 대해서는 어떤지에 대한 통찰을 얻게 되었다. 흥미롭게도, 확인된 부위의 약 1/3이 오직 하나의 특정 세포 유형에서만 전사 인자에 의해 결합된 반면, 겨우 3700개 부위만 모든 세포 유형에서 전사 인자와 결합한다.

17.5절에서 살펴본 바와 같이, 인핸서 요소에 결합된 활성자와 사일런서 요소에 결합된 억제자는 프로모터에 위치한 GTF들과 상호작용하여 작용하는 것으로 생각된다. 이러한 상호작용으로 최대 1백만 염기쌍 길이의 DNA 고리가 형성된다. ENCODE는 인핸서와 프로모터 간의 상호작용을 조사하여 놀라운 결과를 얻었다. 연구자들은 유전체의 단 1%만을 조사했음에도, 조사한 모든 유형의 세포들에서 인핸서 같은 원거리 조절 요소와 프로모터와 사이의 직접적인 물리적 상호작용을 1000가지 이상 확인했다. 이러한 상호작용의 약 60% 정도는 단 한 가지 세포 유형에만 특이적이었다.

ENCODE 자료는 인핸서가 가장 가까운 것뿐 아니라 여러 다른 프로모터의 전사에도 영향을 미칠 수 있음을 보여준다. 고리화로 인한 상호작용의 약 7%만이 인핸서와 가장 가까운 프로모터 사이에서 발생한다. 프로모터의 약 50%는 하나 이상의 멀리 떨어져 있는 조절 요소들과 물리적으로 상호작용하며, 일부는 20가지의 서로 다른 상호작용을 한다. 유사하게, 인핸서의 약 10%는 하나 이상의 프로모터와 상호작용하며, 때로는 10가지나 되는 다른 프로모터와도 상호작용한다.

연구자들은 인핸서와 프로모터 사이의 이러한 다중 상호작용이 같은 세포 내에서 모두 동시에 발생하는 것은 아니지만, 개별 실험에서 함께 분석된 세포 집단 내에서 발생하는 상호작용의 총합이 반영될 가능성이 가장 높다고 생각한다. 자료는 유전자와 그 조절 요소가 복잡하고 유동적인 네트워크로 상호작용할 가능성이 있음을 시사한다. 인핸서 상호작용은 종종 가장 가까운 유전자 프로모터를 건너뛰기 때문에, 조절 요소들이 적절한 시간과 장소에서 적절한 유전자를 표적으로 삼아 발현할 수 있도록 하는 알려지지 않은 어떤 방법이 존재해야 한다.

ENCODE 자료들은 또한 다른 종류의 세포들은 서로 다른 조합의 조절 요소와 결합 단백질을 사용하여 그 세포의 유전자 발현 표현형을 결정한다는 것을 시사한다.

전사체들과 비암호성 RNA

아마도 ENCODE 연구사업의 가장 놀라운 발견은 인간 유전체의 최대 75%가 적어도 하나의 세포 유형에서 전사된다는 것이다. 이것은 우리가 이전에 생각했던 것보다 훨씬 더 많은 유전체 부분이 기능적일 수 있음을 시사한다. 이는 유전체의 80% 이상이 생화학적 기능을 가지고 있다는 앞서 언급한 제안을 지지한다. 총 128,000가지의 전사체들이 확인되었으며, 이들 중 70,000개 이상이 유전자간 영역의 DNA나 단백질 암호화 유전자 내의 안티센스 전사(DNA의 반대 가닥을 주형으로 사용)에서 발생한다. 소형 핵 RNA, 소형 인 RNA, 마이크로 RNA(18장 참고)와 tRNA를 포함하여, 7000개 이상의 작은 비암호성 RNA가 확인되었다. 이러한 작은 RNA 중 다수는 pre-mRNA 또는 긴 비암호화 RNA에서 스플라이싱되어 잘려 나간다.

ENCODE 연구에 의해 확인된 또 다른 흥미로운 RNA는 **인핸서 RNA(enhancer RNA)**라는 것이다. 인핸서 RNA를 암호화하는 유전체 서열은 종종 그 인핸서로부터 전사를 개시하여 수 kb를 뻗어나갈 수 있도록 하는 진짜 프로모터 요소를 포함한다. 어떤 세포 유형에서 가장 활동적인 인핸서들은 가장 많은 인핸서 RNA를 생성한다. 전체적으로, 세포에 있는 대부분의 전사체들은 단백질을 암호화하지 않은채 핵 내에 남아 있다.

전 유전체를 아우르는 이 엄청난 양의 전사가 어떤 기능과 연관되어 있는지는 흥미롭지만 논란의 여지가 있다. 일부 과학자들은 이것이 그저 기능적 의미가 없는 단순한 전사적 "소음(noise)"을 반영하는 것일 수 있다고 주장한다. 그러나 일부 긴 비암호화 RNA뿐만 아니라 많은 작은 비암호화 RNA에 대해 점점 더 많은 조절성 역할이 발견되고 있기 때문에(18장 참고) 이러한 RNA들에서 더 많은 기능이 발견될 가능성은 여전히 존재한다.

유전자 개념의 진화

ENCODE 사업의 발견에 기초하여, 이전에 폴리펩타이드를 암호화하지 않기 때문에 "쓰레기" DNA로 불렸던 DNA 서열이, 그럼에도 불구하고 종종 우리가 비암호화 RNA(ncRNA)라고 부르는 것으로 전사된다는 사실을 알게 되었다. 이러한 RNA 중 일부의 기능이 현재 결정되고 있기 때문에, 이러한 DNA 서열을 포함하도록 유전자 개념이 확장되어야 하는지를 고려해야 할 것이다. 현재 이와 같은 논의가 진행되고 있으며, 이번이 이 교재의 마지막 "유전자의 개념의 진화"라는 점을 감안하여, 여러분의 유전학 학습을 기초로 어떻게 생각하는지 서로 의견을 말해 보자. ■

조절 영역에 영향을 미치는 여러 질병 관련 유전체 변이들

유전병과 관련된 돌연변이를 찾는 것은 질병 감수성과 질병의 진단 및 치료 예측에 중요하다. 낭성 섬유증과 낫세포 빈혈증 같은 단일 유전자 질병의 경우는 특정 유전자의 파괴가 질병 상태와 직접 관련된다. 그러나 파킨슨병, 자폐증, 알츠하이머병, ALS 및 암과 같은 수많은 다른 질병에는 많은 유전적 변수가 존재한다.

질병 가능성과 관련된 유전적 변이를 찾기 위해, 과학자들은 유전체 차원의 연관성 연구로 눈을 돌렸다. **GWAS(genome-wide association study)**는 특정 질병이 있는 환자의 유전체에서는 상당히 많지만, 질병이 없는 환자에서는 발견되지 않는 유전적 변이를 찾아낸다(GWAS의 강화된 적용 범위에 대해서는 22장을 참고하라).

많은 GWAS들이 단일 염기쌍 변화 또는 **단일 염기 다형성(single nucleotide polymorphism, SNP)**을 평가한다. 그런 연구들은 여러 질병들의 분자적 기초에 대한 통찰을 제공했다. 그러나 많은 경우에 GWAS가 찾은 SNP는 직접적으로 질병 감수성을 발생시키는 것이 아니다. 오히려 GWAS로 식별된 SNP들은 유전체에서 질병의 원인이 된 변이 근처에 위치하다가 함께 유전된 것들이다. 이것이 GWAS의 한계임이 드러났다; 그러나 ENCODE 사업에서 얻은 발견이라는 맥락에서 GWAS 자료에 대한 분석은 매우 강력한 것임이 입증되었다.

GWAS 정보가 ENCODE 자료 상에 지도화되었을 때, GWAS에서 찾은 SNP의 31%가 주석이 달린 전사 인자 결합 자리 내에 있거나, 그런 자리의 SNP에 매우 가까이 있는 것으로 확인되었다. 게다가, 71%는 DNase에 민감한 부위에 있었는데, 이는 그러한 부위에 조절 기능이 있음을 시사한다. 지도화 자료로부터, 우리는 인간 유전체의 질병 관련 변이의 90% 이상이 전사에 영향을 미칠 가능성이 있는 조절 영역 내에 위치한다는 결론을 내렸다. 이것만으로도 놀라운 일이다; 그러나 ENCODE 사업에서 얻은 추가적 통찰은 이 발견을 더욱 발전시킨다.

첫째, 많은 질병 관련 SNP들이 질병의 발현과 관련된 특정 조직이나, 특정 발생 단계에서 발현되도록 하는 조절 영역과 연관되어 있다. 예를 들어, 자가면역 질환인 다발성 경화증(multiple sclerosis)과 관련된 SNP는 면역 세포 유형에서 DNase에 민감한 조절 영역 내에 위치한다. 이것은 자가면역 질환이 면역 세포에서 활성적 전사를 지시하는 조절 영역의 돌연변이에 의해 유발될 수 있다는 가설을 뒷받침한다. 마찬가지로, 태아 발생 중에 나타나는 질병과 관련된 SNP는 태아 특이적으로 DNase에 민감한 영역에서 발견될 가능성이 더 높다.

둘째, ENCODE 자료는 또한 인핸서 영역 내의 질병 관련 SNP와 그 인핸서가 조절하는 유전자들을 연결시킨다. 이 장의 앞부분에서 배운 것처럼, 인핸서는 멀리 떨어져 있는 유전자들을 조절한다. 따라서 어떤 인핸서가 어떤 유전자를 조절하는지 결정하는 것은 쉽지 않다. 그러나 ENCODE 사업에서는 세포 유형별 방식으로 수천 개의 인핸서-프로모터 상호작용을 설명하여 주석을 달았다. 이러한 자료가 모든 세포 유형의 모든 인핸서 및 프로모터에 대해 완벽하는 것은 아니지만, 이미 수집된 자료들은 조절 영역에서 질병 관련 SNP에 의해 파괴된 표적 유전자를 훨씬 더 찾기 쉽게 만들어준다.

마지막으로, 단일 유전자 질병이나 관련 질병 그룹과 관련된 모든 SNP를 고려해보니, 그러한 SNP들은 종종 동일한 조절 네트워크에 속하는 유전자에 영향을 미친다는 것을 발견했다. 예를 들어, 염증성 질병을 앓는 사람들과 관련된 모든 SNP의 약 1/4은 IRF9(인터페론 조절 인자 9) 경로 내의 유전자에 영향을 미친다. 이 경로는 면역 반응을 매개하는 것으로 알려져 있으며, 이 경로의 잘못된 조절이 다양하고 흔한 염증성 장애와 관련이 있을 것임을 시사한다.

우리는 단 몇 가지 사례만을 살펴보았지만, ENCODE 사업이 계속됨에 따라 전사 조절의 결함이 인간 질병과 연결되는 추가 방법을 더 배울 수 있을 것으로 기대한다.

EXPLORING GENOMICS
유전체학 탐구

조직-특이적 유전자 발현

이 장에서는 어떻게 유전자 발현이 조절되는지 그 복잡한 방식들에 대해 논의했다. 우리가 고려했던 조절의 한 가지 측면은 조직 특이적인 유전자 발현이 이루어지도록 프로모터, 인핸서, 그리고 사일런서 서열들이 전사의 개시를 통제할 수 있도록 하는 것이었다. 한 생물의 모든 세포와 조직들은 똑같은 유전체를 가지며(21장에서는 몇 가지 유전체 변이들을 다룰 것이다), 모든 세포와 조직형태들에서 발현되는 유전자들도 많다. 그러나 근육세포, 혈액세포, 그리고 다른 많은 형태의 조직들은 매우 조직 특이적으로 유전자를 발현한다(즉, 그들은 다른 형태의 조직에서는 발현이 제한되거나 발현되지 않는다). 이 유전체학 탐구 연습에서는, 국립 생명공학 연구소(NCBI) 사이트로 다시 돌아가 10장의 "유전체학 탐구"에서 학습했던 BLAST(Basic Local Alignment Search Tool) 탐색을 이용하여 조직-특이적인 유전자 발현 양상에 대해 더 학습해 보도록 하자.

■ 연습-조직 특이적인 유전자 발현

1. NCBI 웹사이트의 BLAST에 접속하라(https://blast.ncbi.nlm.nih.gov/Blast.cgi.).

2. 다음에 제시된 유전자 은행 등록 번호는 조직-특이적 발현 양상을 나타내는 네 유전자에 대한 것이다. 이 유전자들에 대해 탐색하라.

   NM_021588.1
   NM_007391
   AY260853.1
   NM_004917

3. 각 유전자에 대해 등록번호를 탐색 서열로 사용하여 뉴클레오타이드 BLAST를 수행하라. (필요하면 10장에서 학습했던 "유전체학 탐구" 부분을 참고하여 BLAST 탐색을 복습하라.) 등록번호는 뉴클레오타이드에 관한 것이므로, 탐색을 시행할 때는 "Nucleotide BLAST"프로그램을 사용하여야 한다. 일단 "Choose Search Set" 범주 아래에서 "Nucleotide BLAST"를 선택했으면, 생물-특이적 데이터베이스를 검색하지 않도록 데이터베이스 세트를 "Others (nr, etc.)"에 맞추도록 하라.

4. 일단 BLAST 결과가 나타나면, 각 유전자에서 제일 상단의 배열을 보라. 상단 배열의 링크를 클릭하면 이 유전자에 대한 서열 배열을 보여주는 페이지가 보일 것이다. 이 페이지의 맨 오른쪽에서 스크롤을 내리면 "Related Information"이라고 불리는 섹션이 보일 것이다. "Gene" 링크를 따라가면 이 유전자에 관련한 자세한 보고서를 읽을 수 있다.

   일부 배열들은 "Map Viewer"에 관한 링크를 보여주는데, 이것은 그 유전자의 유전체 지도작성에 관한 정보를 제공해준다. "UniGene" 링크는 해당 보고서를 보여줄 것이다. 일부 유전자들에 대해서는, UniGene으로 들어가서 유전자 이름 위에 링크나 그 이름 자체를 클릭하여야 UniGene 보고서를 볼 수 있다. 각 UniGene 보고서에서 "Gene Expression" 범주 아래의 "EST Profile" 링크를 반드시 탐색하라. EST 프로파일들은 서로 다른 조직에서의 유전자 발현 양상에 대한 표를 보여줄 것이다.

   또한 UniGene 보고서의 "Gene Expression" 범주 아래 "GEO Profiles" 링크도 탐색해 보라. 이 링크들은 각 관심 유전자와 관련된 유전자-발현 연구들로 안내해줄 것이다. 각 유전자에 대해 이런 자원들을 탐색하고 다음 질문들에 답하라:

   a. 서열 비교 배열을 통해 확인한 이 서열의 정체는 무엇인가? 이것은 어떻게 알 수 있나?

   b. 각 유전자는 어느 생물에서 분리된 것인가?

   c. 각 유전자를 발현하는 것으로 알려진 조직들은?

   d. 이 유전자는 발생 중의 서로 다른 시기 동안 조절되는 것으로 보이는가?

   e. 가장 적은 조직에서 발현되는 방식의 가장 제한된 발현 양상을 보이는 유전자는 어떤 것인가?

사례 연구 위험성 평가

미국에서는 매년 230,000건 이상의 새로운 전립샘암 사례가 발생하며, 거의 28,000명이 사망한다. 유전자 사막이라고 불리는 8번 염색체(8q24)의 3.8 Mb 영역에는 유전자가 거의 없지만, 잠재적으로 전립샘암에 상당한 위험성을 부여하는 인핸서 서열이 포함되어 있다. 전립샘암 위험 증가와 관련이 있는 것으로 알려진 특수한 인핸서 대립유전자는, 근처에 있는 *MYC* 유전자의 프로모터 영역과도 물리적으로 상호작용하여 상향 조절을 촉진한다. 세포 주기 조절 단백질을 암호화하는 *MYC*의 과발현은 여러 유형의 암에서 관찰된다(24장 참고). 위험 대립유전자 빈도는 유럽계 남성의 경우 49%, 아프리카계 남성에서는 81%를 나타낸다. 위험성 대립유전자와 관련된 차등적 *MYC* 활성은 대부분 출생 전 발달 과정 중에 나타나므로, 생애의 초기에 이 대립유전자에 대해 검사함으로써, 전립샘암에 걸릴 가능성이 높은 아프리카계 미국인 집단을 식별할 수 있을 것이다. 그러나 연구자들은 이 인핸서가 다른 유전자의 과발현을 유발하여 전립샘암에도 관여할 가능성을 배제하지 못하고 있다.

1. 인핸서들은 어떻게 멀리 떨어져 있는 유전자 발현을 조절하는가?
2. 어떻게 하나의 인핸서가 둘 이상의 다른 유전자 발현을 조절할 수 있는가?
3. 위험한 대립 유전자에 대한 선별 검사가 개발된다면, 이 검사는 위험 대립 유전자가 존재하지 않음을 보여줄 것이고 *MYC* 활성이 정상적일 것이다. 그러나 누군가는 이 검사에서 음성 결과를 받았지만 여전히 암 위험에 기여하는 다른 돌연변이들로 인해 전립샘암에 대한 위험성이 정상보다 더 높을 수 있다. 단 하나의 위험 대립유전자에만 초점을 맞춘 암 감수성 검사를 사용하는 것의 윤리적 문제점은 무엇인가?

이와 관련하여 읽을 거리를 찾으려면 다음을 참고하라: Dupont, W. D., et al. (2020) 8q24 genetic variation and comprehensive haplotypes altering familial risk of prostate cancer. *Nat. Comm.* 11: 1523.

요약 정리

1. 진핵생물에서의 유전자 발현 조절은 세균의 것과는 여러 가지 면에서 다르다.
2. 염색질 수준에서의 진핵성 유전자 조절은 유전자-특이적 염색질 재구성, 히스톤 변형, 또는 DNA 변형 등을 포함한다.
3. 진핵생물의 전사는 프로모터, 인핸서, 그리고 사일런서 같은 시스-작용 조절 요소들에 의해 조절된다.
4. 전사 인자들은 유전자 프로모터, 인핸서, 그리고 사일런서들에 결합하여 전사에 영향을 미친다.
5. 전사인자들은 일반전사인자들과 핵심 프로모터의 결합을 촉진하거나 방해함으로써, 그리고 염색질 구조를 변형시킴으로써 전사를 조절한다.
6. 효모의 *GAL* 체계는 활성자, 인핸서 및 염색질 변형자와 같은 전사 유전자 조절의 많은 중요한 구성 요소를 연구하기 위한 모형으로 사용될 수 있다.
7. ENCODE 연구사업은 유전체 수준의 조절 서열 주석 작업처럼, 인간의 유전체 내에 있는 DNA 서열들을 목록화하기 위해 많은 자료 세트들을 분석했으며, 그 분석 작업을 지속하고 있다.

통찰과 해법

1. 과학자로서, 여러분은 그 DNA 서열이 분리되고 밝혀져 있는 유전자의 전사조절을 연구하기로 했다. 여러분의 연구를 시작하기 위해, 그 유전자의 DNA 클론을 얻었는데, 여기에는 암호화 서열 외에도 적어도 1kb에 해당하는 상류 DNA가 포함되어 있다. 여러분은 이 DNA 서열에서 다수의 2차 클론들을 만들었고, 이들은 유전자 상류 영역에 다양한 결실을 가진 것들이다. 이 결실들은 다음 그림과 같다.

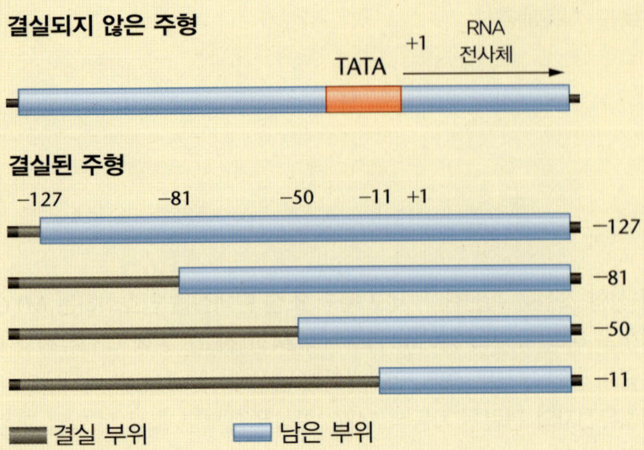

이 DNA 2차 클론들의 유전자 전사 지시 활성을 검사하기 위해, 여러분은 2가지 형태의 시험관 내 전사 체계를 준비했다. 첫 번째는 정제된 RNAP II와 일반 전사 인자들인 TFIIA, TFIIB, TFIID, TFIIE, TFIIF, 및 TFIIH를 포함한 것이고, 두 번째는 핵 추출액을 포함한 것으로, 배양 세포들의 단백질 대부분을 추출함으로써 준비한 것이다. 여러분의 두 가지 전사 체계로 각 2차 클론들을 검사하여 다음과 같은 결과를 얻었다:

첨가된 DNA	정제된 시스템	핵 추출물
결실 없음	+	+ + + +
−127 결실	+	+ + + +
−81 결실	+	+ + + +
−50 결실	+	+
−11 결실	o	o

\+ 낮은 효율의 전사
\+ + + + 고효율의 전사
o 전사 없음

(a) −11 결실 주형의 전사는 정제물 체계와 추출물 체계 모두에서 발생하지 않았다. 그 이유는 무엇인가?

(계속)

(b) 결실이 없는 주형의 경우, 핵 추출물 체계와 정제물 체계의 결과는 어떻게 다른가? 이 결과를 어떻게 해석할 수 있겠는가?

(c) 다양한 결실 주형들에 대해 정제 체계와 핵 추출물 체계의 결과를 비교하라.

(d) 이 결과들은 이 유전자의 전사 조절에 대해 무엇을 알려주는가?

해법:

(a) −11 결실 주형에서 전사가 발생하지 않는 것은 여기에 필수적인 DNA 서열이 빠져 있음을 시사한다. −50 결실 주형이 추출물 체계와 정제 체계 모두에서 일부 전사를 보이므로, 이 필수적인 서열은 적어도 −50에서 −11 사이에 있으며 이 서열이 기본 수준의 전사에 필요할 것으로 보인다. TATA 상자가 이 영역에 위치하기 때문에, −11 주형에서의 TATA 부재가 전사가 일어나지 않는 원인일 것이다.

(b) 다량의 상류 DNA를 포함하는 비결실 주형은 핵 추출물에서는 높은 수준의 전사를 촉진할 수 있지만, 정제 체계에서는 낮은 수준의 전사만 일으켰다. 이 자료는 핵 추출물 체계와 비교하여 정제 체계 내에 무엇인가가 빠져 있으며, 이 성분이 이 프로모터에 의한 높은 수준의 전사에 중요하다는 점을 시사한다. 핵 추출물은 성분이 알려지지 않았으므로, 이 자료만으로는 추출물의 어떤 인자가 필수적인 것인지는 확실치 않다.

(c) −127 결실 주형과 −81 결실 주형 모두 추출물과 정제 체계에서 비결실 주형과 같은 방식으로 작용해서, 핵 추출물에서는 높은 전사, 정제 체계 내에서는 낮은 전사를 나타냈다. 대조적으로, −50 결실 주형은 양쪽 체계 모두에서 낮은 전사를 보인다. 이러한 결과는 추출물 체계에서 높은 전사를 위해 필요한 모든 서열이 −80과 −50 사이에 위치함을 시사한다.

(d) 첫째, 이 자료들은 일반 전사 인자들만으로는 이 프로모터에서 높은 효율의 전사를 일으키기에 충분치 않다는 것이다. 일반 전사 인자들이 작용하는 DNA 서열 요소들은 전사 개시 부위의 50 bp 이내에 위치한다. 둘째, 이 자료는 이 유전자의 프로모터가 하나의 확실한 전사 개시 부위와 필수적인 TATA 상자를 가지는 "집중형" 프로모터의 한 종류일 것임을 보여준다. 셋째, 높은 수준의 전사를 위해서는 전사 개시 부위와 관련하여 −81과 −50 사이의 서열이 필요하다. 이 서열들(인핸서들)은 핵 추출물의 어떤 성분들(전사 활성자들)과 상호작용한다.

18

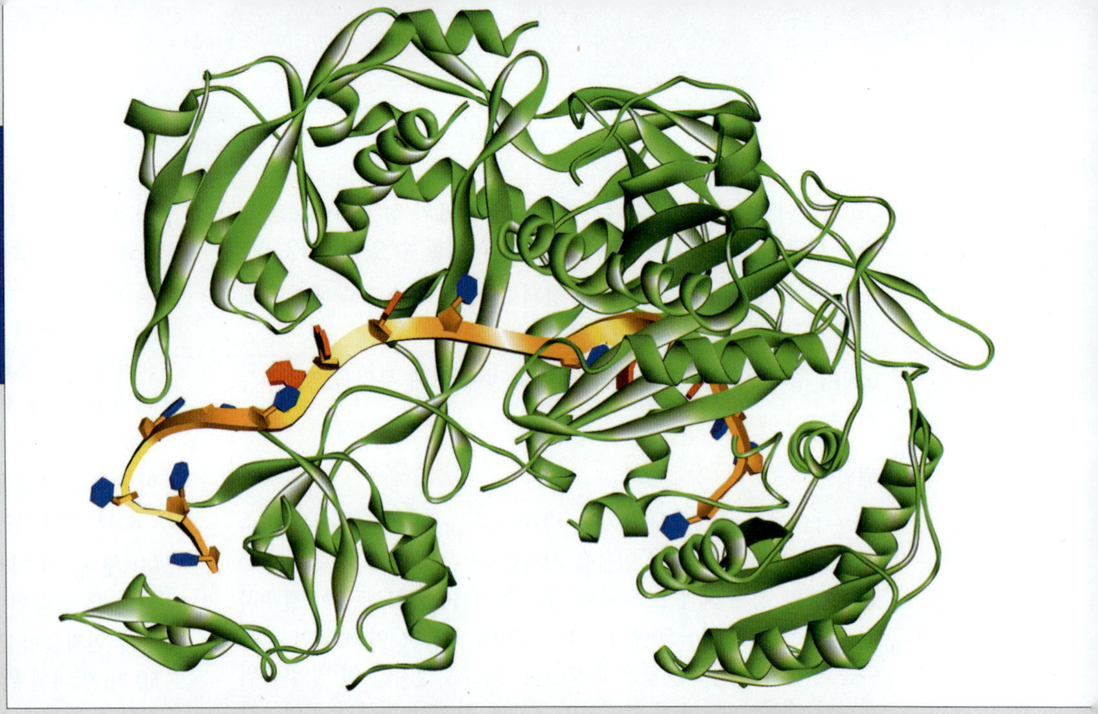

진핵생물의 전사 후 조절

"안내" RNA와 상호작용하고 있는 인간의 아르고넛2 단백질의 결정 구조. 아르고넛2는 전사 후 RNA 유도성 침묵화 경로를 매개하는 주요 분자이다.

핵심 개념

- 전사 후 조절이라는 과정을 통해 전사 이후에도 유전자 발현을 조절할 수 있는 몇 가지 기작들이 존재한다.
- 대체 스플라이싱은 하나의 유전자가 다른 기능을 가지는 단백질 이형체들을 암호화할 수 있도록 한다.
- 시스 작용 mRNA 서열 요소들과 트랜스 작용 RNA 결합 단백질 조절자 사이의 상호작용이 mRNA의 안정성, 분해, 국소화, 그리고 번역을 조절한다.
- 비암호성 RNA들은 분해를 위한 mRNA 표적화나 번역 저해를 통해 유전자 발현을 조절할 수 있다.
- 단백질의 번역 후 변형으로 단백질의 활성이 변하고 분해가 촉진될 수 있다.

모든 생물에서 유전자 발현의 조절은 분명히 전사 수준에서 시작된다. 단백질-암호화 유전자는 mRNA가 기능적인 단백질로 번역되기에 앞서 우선 전사되어야만 한다. 그러나 진핵생물에서는 전사 이후에도 여러 단계의 유전자 발현 조절 기회가 존재하는데, 이것은 **전사 후 조절 (posttranscriptional regulation)**이라고 불린다.

앞에서 먼저 학습했던 바와 같이(13장 참고), 진핵성 mRNA 전사체들은 5′ 캡의 추가, 비암호성 인트론들의 제거, 그리고 3′ 말단의 폴리-A 꼬리 합성 같은 가공 과정을 거친다. 이런 각각의 단계들은 유전자 발현 조절을 위해 통제될 수 있다. 세포질로 배출된 후, 성숙한 mRNA들은 서로 다른 경로를 따른다: 세포의 특정 구역으로 배치될 수도 있고; 안정화되거나 분해되기도 하며; 혹은 강하게 번역되거나, 이후의 번역을 위해 저장된다. 번역된 이후에라도, 단백질 활성, 단백질 배치, 그리고 공유적 단백질 변형에 의한 활성 등이 변화할 수 있다. 진핵세포의 이런 전사 후 조절 기작들을 그림 18.1에 요약해 두었다.

전사의 조절이 전사 인자와 DNA 조절 요소들에 의존적이기는 해도(17장 참고), 많은 전사 후 기작들이 RNA 수준의 조절에 관여한다. 게다가, 전사 후 조절은 RNA가 대상일 뿐만 아니라 일부 경우엔 RNA에 의해서도 조절된다. 비암호성 RNA들은 진핵생물의 유전자 발현 조절에서 중요한 역할을 담당한다.

이 장에서는 진핵생물의 전사 후 조절에 대한 몇 가지 중요한 작용들과 주제를 탐구할 것이다. 계속 읽어가면서, 과학자들이 전사 후 수준에서 유전자가 어떻게 조절되는지에 대해 많은 것을 알아냈지만, 궁금한 것이 많은 학생이라면 더 생각해 보아야 할 답이 없는 질문이 여전히 많다는 것을 염두에 두기를 바란다.

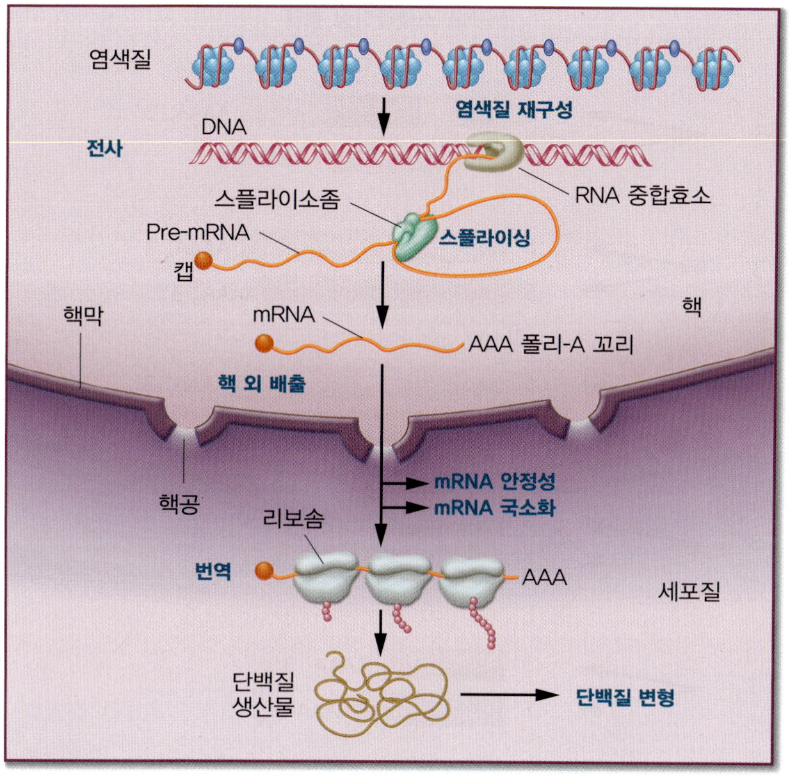

그림 18.1 진핵생물의 유전자 발현 조절. 전사 개시 후에도 전사 후 조절을 위한 기회가 많다.

18.1 대체 스플라이싱의 조절은 유전자의 어떤 RNA 가공 형태가 번역될지를 결정한다

RNA 스플라이싱은 전구형인 pre-mRNA로부터 비암호성 인트론을 제거하여 성숙한 mRNA를 만드는 과정이다. 그러나 많은 진핵성 유전자들의 pre-mRNA들은 서로 다른 엑손을 포함시키거나 제거함으로써, 서로 다른 **가공형들(spliceforms)**을 만드는 대체 방식으로 스플라이싱될 수 있다. 이 과정은 **대체 스플라이싱(alternative splicing)**으로 알려져 있으며, 하나의 유전자가 한 종류 이상의 단백질 산물을 만들 수 있도록 한다. **동위형(isoform)**이라고 불리는 이런 단백질 변이체들은 서로 다르게 포함되었거나 배제된 엑손들 때문에 아미노산 서열에서 차이가 난다. 같은 유전자의 동위형들은 기능이 다를 수도 있다. 단백질의 아미노산 서열에서 생간 작은 차이라도 효소의 활성 부위를 바꾸거나, 전사 인자의 DNA-결합 특이성을 변화시키고, 혹은 세포 내의 단백질 위치를 달라지게 할 수 있다. 따라서 대체 스플라이싱은 유전자 발현의 조절에 매우 중요하다.

어떻게 대체 스플라이싱에 의해 단백질 활성이 바뀔 수 있는지를 잘 보여주는 사례를 초파리의 *Mhc* 유전자에서 찾을 수 있다. 이 유전자는 근육 수축을 일으키는 운동 단백질을 암호화한다. 이 단백질의 서로 다른 동위형들은 서로 다른 형태의 근육에서 발현되며 수축 특성이 약간씩 다르다. 배아-특이적인 동위형이 비행근에서 발현되면, 비행근의 운동 특성이 느려지고, 초파리는 더 낮은 빈도로 날갯짓을 한다! 따라서 우리는 이 예에서 대체 스플라이싱이 그들이 발현되는 세포에 특이적인 기능을 갖춘 동위형을 만들도록 유전자 발현을 조절한다는 증거를 찾을 수 있다.

대체 스플라이싱의 형태

pre-mRNA가 다른 형태로 가공되는 여러 가지 방식이 존재한다(그림 18.2). 한 가지 예는 **카세트 엑손들(cassette exons)**과 관련된 것으로 이런 엑손들은 상류 엑손의 3′ 말단과 하류 엑손의 5′ 말단을 연결함으로써 성숙한 mRNA로부터 배제될 수 있다. 카세트 엑손들을 건너뛰는 것은 동물에서 가장 흔한 형태의 대체 스플라이싱으로 전체 사건의 약 40% 정도까지 차지한다.

동물의 대체 스플라이싱 사건에서 25% 이상은, 정상적으로 사용되던 스플라이스 자리의 상류나 하류에 있는 엑손 내의 **대체 스플라이스 자리(alternative splice site)**에서 발생한다. 이런 사건 중 일부는 스플라이소좀들(13장)에 의한 접합 부위 선정의 실수나 오류인 것으로 보이지만, 몇몇 사례의 대체 스플라이스 자리 이용은 중요한 조절성 사건들이다.

인트론 보유(intron retention)는 식물, 곰팡이, 원생동물로 알려진 단세포 진핵생물에서 가장 흔한 형태의 대체 스플라이싱 사건이지만 동물에서는 거의 발생하지 않는다. 일부 사례에서 인트론들은 정상적으로는 비암호성 서열들이지만 성숙한 mRNA에 포함되어 번역되고 새로운 동위형 단백질이 생산된다. 다른 경우에는, 인트론 보유가 전사 후 수준에서 유전자 발현을 음성적으로 조절하도록 작용한다; 그런 mRNA들은 분해되거나 핵 내에 머물게 된다.

드문 경우에, 둘 혹은 그 이상의 인접한 엑손들 무리에 대해 스플라이싱이 공동-조절되어 한 엑손을 포함하면 같은 무리의 다른 엑손을 배제하는 방식으로 작용할 수 있다. 소위 **상호 배제성 엑손들(mutually exclusive exons)**의 이용은 서로 다른 엑손에 의해 암호화되는 단백질 영역을 갈아 끼울 수 있도록 한다.

서로 다른 전사 개시 부위와 종결 부위 때문에 같은 유전자에서 서로 다른 5′ 와 3′ 말단을 가진 pre-mRNA들이 생산될 수도 있다. 일부 유전자들은 **대체 프로모터(alternative**

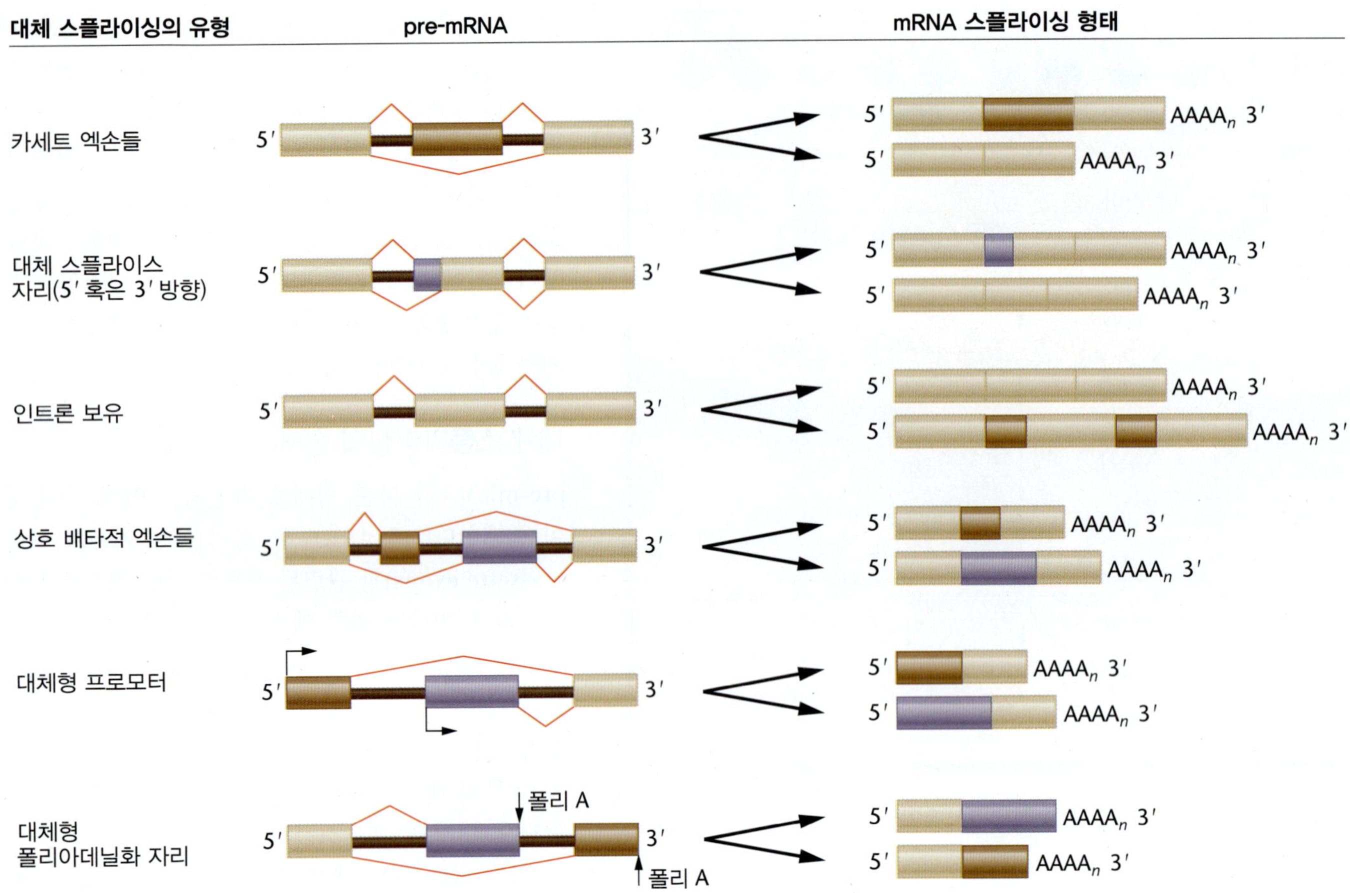

그림 18.2 여러 가지 형태의 대체 스플라이싱 사건들. 엑손들은 상자로 표시되었고, 인트론은 상자들 사이의 굵은 선으로 표시되었다. 대체 스플라이싱은 가느다란 붉은 선으로 pre-mRNA의 위쪽이나 아래쪽에 표시했다. 대체 프로모터와 대체 폴리아데닐화 사례에서는 전사 개시 부위(꺾인 화살표)와 폴리아데닐화 신호(폴리 A)가 표시되어 있다.

promoter)를 가지므로, 그들은 전사가 개시될 수 있는 장소를 하나 이상 가진다. 대체 프로모터로부터의 전사는 다른 5′ 말단 엑손들을 가지는 pre-mRNA를 생산하는데, 이 엑손들은 하류의 엑손들과 다른 방식으로 스플라이싱될 수 있다. 동위형들의 조직-특이적 발현은 서로 다른 조직에 존재하는 서로 다른 전사인자들이 다른 프로모터를 인식한 결과일 수 있다.

대체 폴리아데닐화(alternative polyadenylation)로 인해 다른 3′ 말단을 가진 가공형들이 생길 수도 있다. 폴리아데닐화 신호(13장)는 전사가 종결되고 폴리-A 꼬리가 첨가되도록 지시하는 서열이다. 따라서 폴리아데닐화 신호가 전사될 때, 전사가 곧 종결되면 그 하류의 엑손 서열들은 빠지게 된다. 그러나 폴리아데닐화 신호를 포함한 엑손이 빠지고 하류의 엑손들이 포함되어 하류의 폴리아데닐화 신호가 사용될 수 있다. 대체 폴리아데닐화는 다른 암호화 서열을 가진 가공형들을 생산하는 동시에 다른 3′ 비번역 영역(UTR)을 포함하게 된다. 이 영역은 다른 전사 후 조절 사건들에 중요하며 이에 관해서는 이 장의 후반에 논의될 것이다.

그림 18.3은 포유동물의 **칼시토닌/칼시토닌 유전자-연관 펩타이드(*calcitonin/calcitonin gene-related peptide, CT/CGRP*)** 유전자로부터 전사된 pre-mRNA의 대체 스플라이싱 사례를 보여준다. 갑상샘 세포에서, *CT/CGRP* 유전자의 pre-mRNA는 처음 네 개의 엑손만을 포함한 성숙 mRNA로 스플라이싱 된다. 이 세포들에서는, 엑손 4의 폴리아데닐화 신호가 전사 종결을 유발하고 폴리-A 꼬리를 첨가한다. 따라서 엑손 5와 6은 빠진다. 이 mRNA는 번역되고 공정을 거쳐 칼시토닌(CT) 펩타이드가 되는데, 이것은 32개의 아미노산을 포함한 펩타이드성 호르몬으로 혈액의 칼슘 수준을 조절한다. 뉴런에서는, *CT/CGRP*의 1차 전사체가 엑손 4를 건너뛰도록 대체 스플라이싱된다. 엑손 4의 폴리아데닐화 신호가 pre-mRNA의 전사 중에 빠르게 스플라이싱되어 사라지므로, 전사가 지속되어 엑손 5와 6이 포함되어 엑손 6의 폴리아데닐화 신호가 인식된다. *CGRP* mRNA가 번역되어 공정을 거치면 37개의 아미노산을 가진 펩타이드성 호르몬(CGRP)이 되어, 혈관의 이완을 촉진한다. 대체 스플라이싱을 통해 *CT/CGRP* 유전자의 발현이 서로 다른 형태의 세

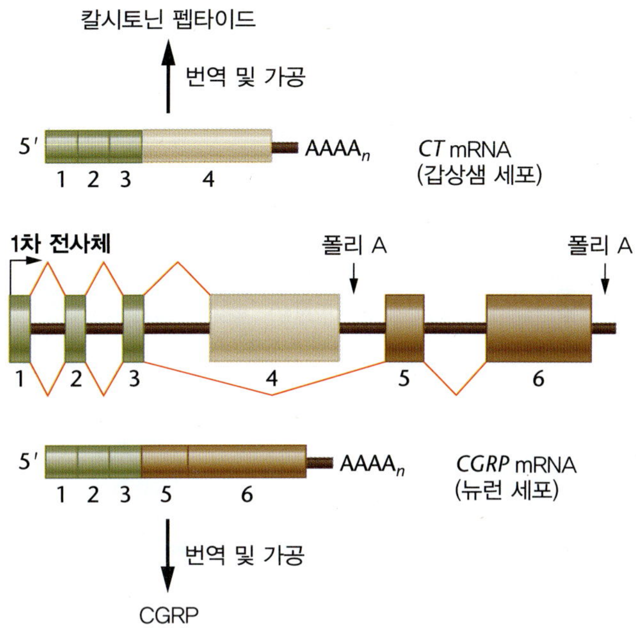

그림 18.3 *CT/CGRP* 유전자 전사체의 대체 스플라이싱. 도표의 가운데 있는 1차 전사체는 2가지의 서로 다른 mRNA들로 스플라이싱될 수 있는데, 둘 다 첫 3개의 엑손은 포함하지만, 나머지 엑손들에서는 차이가 있다.

포들에서 서로 다른 구조와 기능을 가진 두 가지 펩타이드 호르몬들을 합성하도록 조절된다.

대체 스플라이싱과 프로테옴

대체 스플라이싱은 한 유전자에서 생산될 수 있는 단백질의 수를 증가시킨다. 결과적으로, 한 생물이 만들 수 있는 단백질의 수—그 생물의 **프로테옴(proteome; 단백질체)**—은 그 생물의 유전체에 존재하는 유전자들의 수를 크게 능가할 수 있다. 대체 스플라이싱은 식물, 곰팡이, 그리고 동물들에서 발견되지만, 특히 인간을 포함한 척추동물들에서 흔하다. 인간 세포로부터 얻어진 RNA에 대한 집중 서열화(deep sequencing)는 인간의 다중 엑손 유전자들의 95% 이상이 대체 스플라이싱을 일으킨다는 것을 보여준다. 이 스플라이싱 사건들이 모두 단백질-암호화 서열에 영향을 미치는 것은 아니라고 해도, 대체 스플라이싱이 인간의 프로테옴 다양성에 크게 기여한다는 사실은 분명하다.

같은 pre-mRNA의 대체 스플라이싱으로 얼마나 많은 수의 서로 다른 폴리펩타이드가 생산될 수 있을까? 이런 질문에 대한 한 가지 답은 초파리 *Drosophila melanogaster*의 ***Dscam* 유전자**에 관한 연구로부터 얻을 수 있다. 성숙한 *Dscam* mRNA는 24개의 엑손을 포함한다; 그러나 pre-mRNA의 엑손 4, 6, 9, 그리고 17에 대체 선택들이 포함되어 있다(그림 18.4). 엑손 4에는 12개, 엑손 6에는 48개, 엑손 9에는 33개, 그리고 엑손 17에는 2개가 존재한다. *Dscam* 유전자가 이런 방식으로 만들 수 있는 가능한 조합의 수는 이론적으로 38,016가지의 단백질들이다. 이것은 인상적인 수의 동위형들이지만, 초파리의 신경계가 이 모든 대체형들을 필요로 할까? 최근의 연구는 이것이 사실임을 시사한다.

신경계의 발생 중에, 뉴런들은 서로 정확하게 연결되어야 한다. 약 250,000개에 불과한 뉴런을 가진 초파리에서도 이것은 만만찮은 작업이다. 뉴런들은 다른 신경세포들과의 연결을 만드는 세포성 돌출물인 축삭(axon)을 가진다. 초파리의 *Dscam* 유전자는 축삭의 성장을 안내하는 단백질을 암호화하여 뉴런들이 서로 올바로 연결되도록 한다. 각 뉴런은 서로 다른 조합의 Dscam 단백질 동위형들을 발현하는데, 시험관 실험들은 하나의 *Dscam* 동위형은 같은 동위형에 결합하지만 다른 형태에는 결합하지 않는 것을 보여준다. 따라서, Dscam 동위형들의 다양성은 각 뉴런의 분자적 정체성을 나타내는 표지(tag)를 제공하며 축삭들을 올바른 표적으로 안내하며 신경계의 잘못된 연결을 막는 것으로 보인다.

초파리의 유전체는 약 14,000개의 단백질 암호화 유전자들을 포함하지만, *Dscam* 유전자 하나만으로도 2.5배나 많은 수의 단백질을 암호화한다. 대체 스플라이싱이 척추동물에서 훨씬 흔하므로, 인간 유전체로부터 생산될 수 있는 단백질 모음은 놀랄 만큼 많을 수 있다. 인간의 프로테옴에 관한 대규모의 질량 분석 연구는, 인간 유전체에 존재하는 약 20,000개의 단백질 암호화 유전자들이 적어도 290,000종류의 서로 다른 단백질들을 생산한다는 것을 밝혔다. 프로테옴에 관한 추가적 정보는 21장에서 찾을 수 있다.

대체 스플라이싱의 조절

대체 스플라이싱을 겪는 pre-mRNA들에 대해서는 어떻게 특수

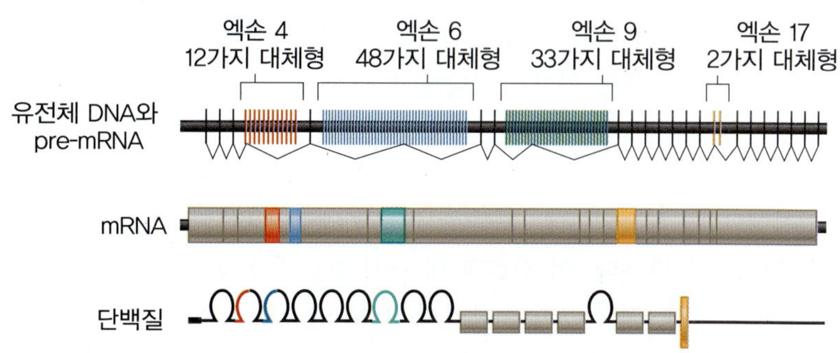

그림 18.4 초파리 *Dscam* 유전자 mRNA의 대체 스플라이싱. *Dscam* 유전자와 pre-mRNA의 구성은 제일 위에 제시되어 있다. *Dscam* 유전자는 발생 중 축삭 성장을 안내하는 단백질을 암호화한다. 각 mRNA는 4번 엑손에 대해서 12개의 가능한 엑손들 중의 하나를 포함하고(붉은색), 엑손 6에 대해서는 48개 중 하나(푸른색), 엑손 9에 대해서는 33가지 중 하나(녹색), 엑손 17에 대해서는 2가지 중 하나(노란색)를 포함할 것이다.

한 스플라이싱 패턴이 선택되는가? 스플라이소좀들은 어떻게 다른 것 대신에 또 다른 스플라이스 자리를 선택할까? 이제 우리는 이 과정이 고도로 조절되는 것으로, 일부 가공형들은 특정 조건의 일부 세포들에서만 존재하는 것임을 알고 있다. 이 과정에 대한 조절은 낯익은 주제를 포함하고 있다.

대체 스플라이싱을 조절하는 시스 작용 서열은 **스플라이싱 인핸서(splicing enhancer)**와 **스플라이싱 사일런서(splicing silencer)**로 알려져 있으며, 각각 인접한 스플라이스 자리의 스플라이싱을 촉진하거나 억제한다. 세린(S)과 아르기닌(R)의 반복서열을 포함해서 **SR 단백질(SR protein)**이라고 알려진 단백질 그룹은 스플라이싱 인핸서에 결합하여 스플라이소좀 성분을 모집하여 스플라이싱을 활성화한다. **이질성 핵 리보핵단백질(heterogeneous nuclear ribonucleoprotein, hnRNP)**은 스플라이싱 사일런서에 결합하여 스플라이싱을 억제하는 단백질 그룹이다. 다른 경우에는 hnRNP 결합이 근처의 스플라이스 자리에서 스플라이소좀 조립을 방해한다. 또는 hnRNP가 엑손의 양쪽에 있는 스플라이싱 사일런서에 결합한 후 서로 붙어 엑손을 배제할 수도 있다.

특수한 RNA 서열들이나 RNA 2차 구조에 결합하는 종류의 단백질들인 **RNA-결합 단백질들(RNA-binding proteins, RBPs)** 다수가 이러한 대체 스플라이싱의 조절에 관여한다. RBP들은 종종 조직-특이적으로 발현되므로, 이들은 조직-특이적 대체 스플라이싱에서 중요한 조절자들이다. RBP들은 대체성 자리들의 사용을 촉진하기 위해 스플라이스 자리에 결합하여 해당 자리를 숨길 수 있다. 다른 RBP들은 스플라이싱 인핸서나 사일런서에 결합하여 SR 단백질이나 hnRNP들의 결합을 방해한다. 또 다른 RBP들은 직접 스플라이싱 기구들과 상호작용한다.

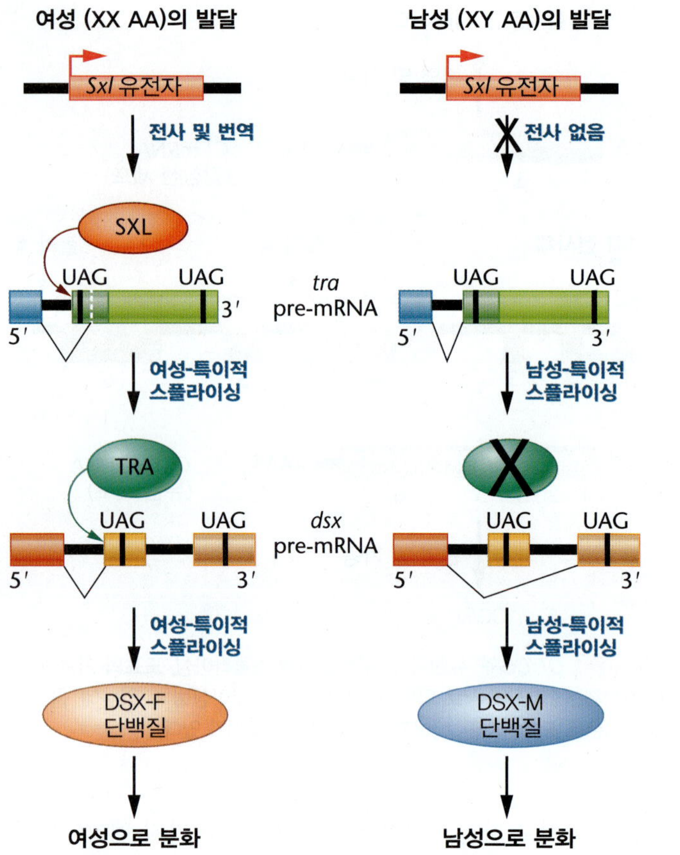

그림 18.5 초파리 수컷과 암컷의 성 발달을 결정하는 pre-mRNA 스플라이싱의 조절. 상염색체(AA)에 대한 X 염색체의 비율이 암컷에서 *Sxl* 유전자의 전사를 유도한다. SXL 단백질의 존재는 순차적인 pre-mRNA 스플라이싱 사건이 시작되도록 한다. 이로써 암컷 특이적 유전자 발현과 DSX-F 전사 인자의 생산이 증가한다. SXL 단백질이 없는 경우, pre-mRNA 스플라이싱의 수컷 특이적 양상으로 진행되고, 이로써 DSX-M 단백질에 의해 유도된 유전자 발현은 남성 특이적 양상으로 나타나게 된다.

초파리의 성 결정: 대체 스플라이싱의 조절 모형

교재의 앞부분에서 소개된 바와 같이(5장 참고), 초파리의 성별은 상염색체에 대한 X 염색체의 비율(X:A)에 의해 결정된다. X:A의 비율이 0.5이면(X:2A), 수컷이 된다(초파리에서는 Y 염색체가 남성-결정 인자가 아니며, 따라서 성 결정 비율에서 무시된다). X:A 비율이 1.0이면(2X:2A), 암컷이 형성된다. 염색체 비율은 순차적인 대체 스플라이싱 사건을 촉발하는 소수의 유전자에 의해 해석되는데, 이들은 수컷과 암컷의 발달을 지시하는 단백질을 만든다. 이 경로의 세 가지 주요 유전자는 성 치사, 형태 전환자, 그리고 이중 성별 유전자들이다. 이 과정의 몇 가지 핵심 단계에 대해 살펴보도록 하자.

이 순차적 사건이 시작될 때의 조절 유전자는 **성 치사(*Sex lethal, Sxl*)** 유전자로(그림 18.5), RNA 결합 단백질을 암호화한다. 암컷에서는 X 염색체의 유전자들이 암호화하는 전사인자들에 의해 *Sxl* 유전자의 전사가 활성화된다. 수컷에서는 이 전사 인자들의 농도가 낮아 *Sxl* 유전자의 전사를 촉진하지 못한다. 결과적으로, SXL 단백질은 암컷 배아에서만 발현된다. 이 SXL 단백질의 존재 여부가 순차적인 수컷- 혹은 암컷-특이적 pre-mRNA 스플라이싱 사건을 개시하도록 만든다. SXL이 존재하면, 암컷의 스플라이싱 양상이 기본적 수컷 스플라이싱 형태를 압도한다.

SXL 단백질의 표적 중 하나는 **형태전환자(*transformer, tra*)** 유전자에 의해 암호화되는 pre-mRNA로서, 암/수 모두에서 전사된다. 수컷에서처럼 SXL 단백질이 없을 때, *tra*의 pre-mRNA는 성숙한 mRNA에 2번 엑손의 5′ 말단 근처에 있는 UAG 종결 코돈이 남는 방식으로 스플라이싱된다. 이러한 수컷-특이적 mRNA의 번역으로, 뒷부분이 없는 비기능적 단백질이 생산된다. 그러나, 암컷에서는 SXL 단백질이 스플라이싱 사일런서에 결합하여 조기 종결 코돈 하류의 대체형 3′ 스플라이스 자리에서 스플라이싱이 일어나도록 촉진한다. *tra*의 이러한 암컷-특이적 가공형을 번역하면 완전한 길이의 기능적인 SR 단백질(TRA)이 생산되며, 이것은 여러 표적의 대체형 스플라이싱을 조절한다.

이 순차적 사건의 다음 유전자는 **이중 성별(*doublesex, dsx*)** 유전자로서, 성적 표현형 발달의 핵심적 조절 지점으로 작용한다. 이것은 기능적인 mRNA를 생산하며, 암/수 두 성에서 모두 단백질로 번역된다. 그러나, *dsx*의 스플라이싱 형태는 수컷-특이적인 것과 암컷-특이적인 것이 있어서 이들의 번역으로 다른 형태와 기능을 가진 DSX 동위형 단백질이 생산된다. 암컷에서는, TRA SR 단백질이 *dsx*의 pre-mRNA에 있는 스플라이싱 인핸서에 결합하여 더 빠른 종결 코돈과 폴리아데닐화 신호를 사용하도록 암컷-특이적인 방식의 스플라이싱을 이끈다. 수컷에서는 기능이 없는 TRA 단백질이 존재하며, *dsx* pre-mRNA의 스플라이싱은 엑손을 건너뛰어 수컷-특이적인 mRNA와 단백질을 만들게 한다. 암컷의 DSX 단백질(DSX-F)과 수컷의 단백질(DSX-M)은 모두 전사 인자이지만, 이들은 서로 다른 방식으로 작용한다. DSX-F가 수컷의 성 발달을 조절하는 단백질을 암호화하는 유전자의 전사는 억제하는 반면, DSX-M은 수컷 성 발달을 조절하는 단백질을 만드는 유전자의 전사를 촉진한다. 그리고 DSX-M은 또한 암컷 성 발달을 조절하는 유전자의 전사는 억제한다.

종합하면, 수컷과 암컷에서의 서로 다른 대체 스플라이싱 사건이 성-특이적 유전자 발현 양상을 조절한다.

풀어보기

18.1 초파리 *tra* 유전자의 어떤 돌연변이들은 XX 개체들을 수컷이 되도록 한다. 반대로, *tra* 유전자의 다른 돌연변이들은 XY 초파리들을 암컷으로 만든다. 이런 표현형들 중 어느 것이 *tra* 유전자에서의 영 대립유전자에 의한 것이라고 생각하는가? 항구적으로 활성인 *tra* 유전자 산물을 만드는 것은 어떤 것이겠는가?

- **힌트:** 이 문제는 초파리의 *Sxl* 조절 경로에 대한 이해를 묻고 있다. 해답의 열쇠는 초파리의 암컷과 수컷에서 정상적인 TRA 단백질이 어떤 기능을 수행하는지 파악하는 데 있다.

대체 스플라이싱과 인간의 질병

대체 스플라이싱이 중요한 유전자 발현 조절 기구이므로, 대체 스플라이싱에서의 결함이 인간의 질병들과 관련된다는 사실은 놀라운 일이 아니다. RNA 스플라이싱을 망치는 돌연변이에 의해 생기는 유전병들은 **스플라이싱 질병들(spliceopathies)**로 알려져 있다.

근긴장성 이영양증(myotonic dystrophy, DM)은 8,000명당 1명에 영향을 미치는 상염색체성 우성 질병이다. DM 환자들은 근육 긴장(근육을 이완할 수 없음), 근육 손실, 인슐린 저항성, 백내장, 지적 장애, 그리고 심장근 이상 등의 증상을 보인다. 연구에 따르면, 이런 증후군 중 몇 가지는 근육세포와 뉴런에서 광범위하게 대체 스플라이싱 결함이 발생하기 때문이라고 한다.

두 가지 형태의 DM(DM1과 DM2)이 존재하는데, 이들은 서로 다른 유전자들에서 생긴 돌연변이에 기인하지만, 스플라이싱 결함을 이끄는 비슷한 결과 때문에 발생한다. DM1은 *DMPK* 유전자의 3′ 말단 UTR에서 CTG 반복서열들이 늘어나는 것에 의해 발생한다. 정상인들은 5~35번 정도의 CTG 반복횟수를 가지는데, DM1 환자들은 150~2000번 반복된 사본을 가진다. 증후군의 심각성은 반복 수와 직접적으로 관련이 있다. DM2는 *CNBP* 유전자(*ZNF9*으로도 알려짐)의 첫째 인트론 내에서 CCTG 반복서열이 확장되기 때문에 발생한다. 정상인은 11~26번의 반복서열을 가지며, DM2 환자들은 11,000번 이상의 반복 사본을 가진다; 증상의 심각성은 반복 횟수와는 관련이 없다.

흥미롭게도, DM은 *DMPK*와 *CNBP*에 의해 암호화되는 단백질에서의 결함에 의한 것이 아니다. 그보다는, 반복서열을 포함한 RNA들이 세포질로 배출되지 못하고 핵에 축적되어 대체 스플라이싱을 조절하는 단백질과 결합한다. 이런 식으로 이 RNA들은 스플라이싱 조절자들을 흡착하여 이들이 근육과 뉴런의 기능에 중요한 단백질을 암호화하는 많은 RNA들을 조절하는 것을 방해한다. 현재, 반복서열 포함 RNA들을 분해하거나, 이 RNA에 대한 스플라이싱 조절자들의 결합을 막으려는 시도가 치료를 목적으로 탐구되고 있다.

불완전한 스플라이싱과 관련된 또 다른 질병은, 근육 운동을 통제하는 운동 뉴런의 손실이 특징인 열성의 **척수근위축증(spinomuscular atrophy, SMA)**이다. 이것은 근육 위축으로 이어져 결국 환자는 숨을 쉴 수 없게 된다. SMA는 유아 사망을 일으키는 가장 흔한 유전적 원인이다. SMA는 *SMN1*(*survival of motor neurons 1*) 유전자의 돌연변이에 기인하는데, 이것은 스플라이소좀의 조립에 관여하는 RNA 결합 단백질인 SMN을 암호화한다. SMN의 소실은 운동 뉴런에서 광범위한 스플라이싱 결함을 초래하므로, SMN 단백질이 적절한 스플라이싱에 매우 중요함을 시사한다.

흥미롭게도, *SMN2*라고 불리는 이웃 유전자 역시 기능적인 SMN 단백질을 생산할 수 있다. 그러나 *SMN2* pre-mRNA는 80~90%가 부적절하게 스플라이싱되어 엑손 7번이 빠지게 된다. 이것은 틀이동을 일으키며 조기 종결 코돈을 만들므로, 번역되면 끝이 잘리고 비기능적인 단백질을 생성한다. 이론적으로, 7번 엑손을 포함한 가공형의 비율이 상향 조절을 받는다면, 이것은 상당량의 기능적 SMN 단백질을 생성해 *SMN1*의 돌연변이를 보완할 수 있게 된다. 2016년 12월에, FDA는 그렇게 할 수 있는 약물인 스프린라자(Sprinraza™)를 승인했다. 스프린라자는 **안티센스 올리고뉴클레오타이드(antisense oligonucleotide, ASO)**로서, 7번 엑손이 빠지도록하는 스플라이싱 사일런서에 상보적으로 결합하는 합성 뉴클레오타이드 서열이다. 상보적으로 염기쌍을 형성함으로써, 이 ASO는 스플라이싱 사일런서를 막아 엑손이 스플라이싱에서 제거되지 않도록 한다. (ASO를 이용한 인간 질병의 치료에 관해 더 많은 정보를 알고 싶으면 13장의 유전학과 윤리, 그리고 사회에 실린 글을 참고하라.) 스프린라자는 질병의 진행을 효과적으로 억제하며, 심지어 치료받은 아이들의 절반 이상에서 운동 기능을 향상시키기도 했다. SMA의 치료를 위해 다른 접근법을 사용하는 졸겐스마(Zolgensma™)는 2019년 5월에 FDA 승인을 받았다. 졸겐스마는 바이러스 전달체를 사용하여 야생형의 SMN1 사본을 운동 뉴런에 전달하는 유전자 치료제이다. SMA 가족들은 이제 2가지 치료 선택권을 가지게 되었지만, 스프린라자는 첫해에만 75만 달러가 들어가고, 해마다 37만 5천 달러가 든다. 그리고 졸겐스마는 1회 치료에 2백만 달러가 넘어가는 비용으로, 2019년에 세계에서 가장 비싼 약이 되었다. 유전자 치료에 대한 더 자세한 내용은 특강 5장의 '유전자 치료'편을 참고하라.

18.2 유전자 발현은 mRNA의 안정성과 분해에 의해서도 조절된다

어떤 한 시점에 존재하는 총 양을 의미하는 mRNA의 **안정-상태 수준(steady-state level)**은 유전자의 발현 속도와 mRNA가 분해되는 속도의 함수라고 할 수 있다. 안정-상태 수준은 번역할 수 있는 mRNA의 양을 결정한다. mRNA 안정성은 mRNA마다 달라서 몇 분에서 며칠까지 지속될 수 있으며 세포의 필요에 반응하여 조절될 수 있다. 따라서 mRNA 안정성과 분해를 조절하는 분자 기작은 유전자 발현의 조절에 중요한 역할을 담당한다.

mRNA의 분해 기작

mRNA는 **엑소리보뉴클레아제(exoribonuclease)**들, 즉 말단의 뉴클레오타이드를 제거하여 RNA를 분해하는 효소들에 의해 분해된다. 그러나 mRNA의 두 가지 특징이 이런 효소들에 대해 저항할 수 있도록 한다: 5′ 말단의 7-메틸구아노신(m^7G) 캡과 3′ 말단의 폴리-A 꼬리이다. 따라서 캡과 폴리-A 꼬리의 유지나 제거는 mRNA의 안정성이나 붕괴를 결정하는 핵심 단계이다.

진핵생물의 mRNA 대부분은 **탈아데닐화-의존적 붕괴(deadenylation-dependent decay)**에 의해 분해된다(그림 18.6). 이 과정은 폴리-A 꼬리를 짧게 만드는 **탈아데닐화 효소(deadenylase)**에 의해 시작된다. 새로 합성된 mRNA는 약 200

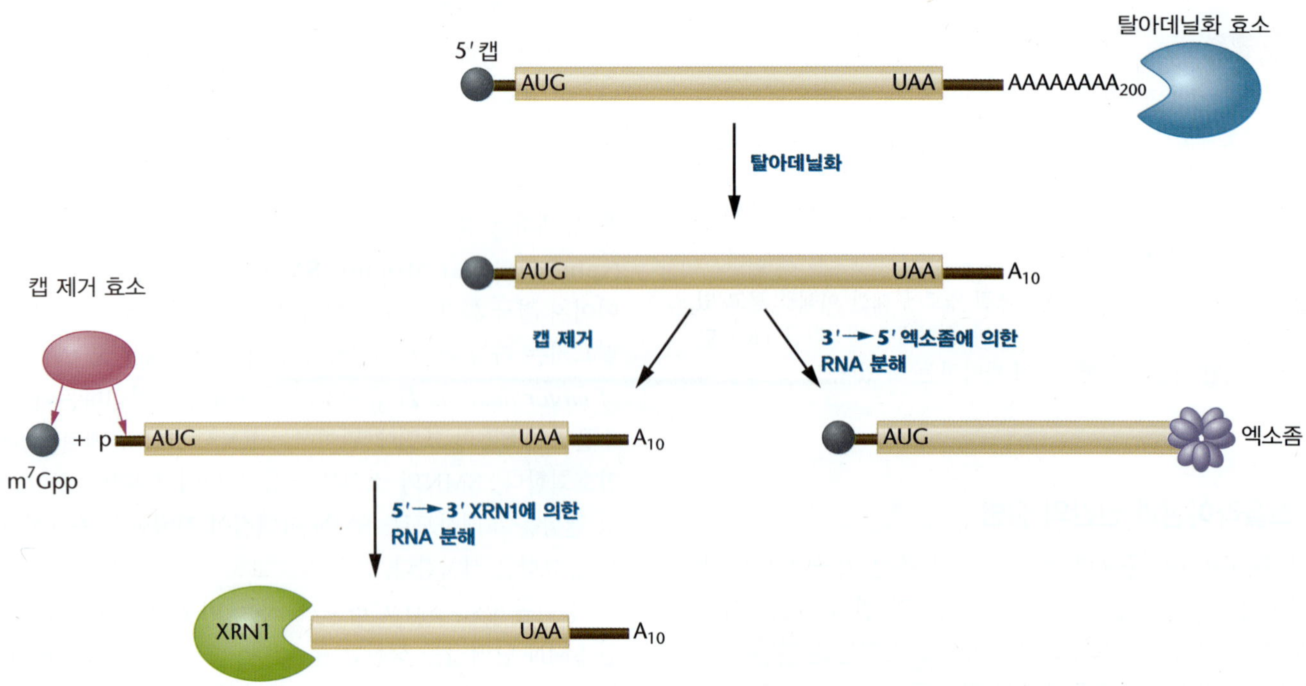

그림 18.6 탈아데닐화-의존성 mRNA 분해.

뉴클레오타이드 길이의 폴리-A 꼬리를 가진다. 그러나 탈아데닐화로 인해 약 30 뉴클레오타이드보다 짧아지면, 그 mRNA는 분해될 것이다. 일부 사례에서는 엑소리보뉴클레아제를 포함한 **엑소좀 복합체(exosome complex)**가 mRNA를 3′→5′ 방향으로 분해한다. 다른 사례에서는, 짧아진 폴리-A 꼬리가 **캡 제거 효소들(decapping enzymes)**을 소환하고 이들이 5′ 말단의 캡을 제거하여 **XRN1** 같은 특정 엑소리보뉴클레아제가 mRNA를 5′→3′ 방향으로 분해할 수 있도록 한다.

더 드문 사례로는, mRNA가 **탈아데닐화-독립적 붕괴(deadenylation-independent decay)**를 통해 사라진다. 이 경로는 3′ 말단의 폴리-A 꼬리에서가 아니라 5′ 말단의 캡에서 시작된다. 탈아데닐화-의존성 붕괴와 유사하게, 캡 제거 효소들이 소환되어 캡을 제거하고 XRN1 엑소리보뉴클레아제가 mRNA를 5′→3′ 방향으로 분해한다. 그리고 이 경로에서는 mRNA가 **엔도리보뉴클레아제들(endoribonucleases)**에 의해서 내부 절단을 일으킬 수도 있다. 엔도리보뉴클레아제들의 공격 후에, 새로 생기는 5′ 말단과 3′ 말단들이 보호되지 못하므로 엑소리보뉴클레아제들에 의해 분해된다. 이것은 비암호성-RNA 매개성 mRNA 분해 경로에서 중요한 단계이다. 이에 대해서는 이 장의 뒤에서 논의될 것이다.

mRNA 붕괴의 1차 목적은 번역을 중단시키는 것이다. 따라서 mRNA 붕괴 경로가 종종 캡이나 폴리-A 꼬리의 제거로 개시되는 것은 우연이 아니다. 이 사건들은 mRNA들을 엑소리보뉴클레아제들에 의한 분해에 취약하게 만들 뿐 아니라, 번역 개시에 필수적인 캡-결합 번역 개시 인자인 eIF4E와 폴리-A 결합 단백질들을 없앤다(14장 참고).

활성적으로 번역되지 않는 mRNA들은 종종 세포질에 복합체로 축적되는데, **가공 소체(processing bodies, P bodies)**라고 알려져 있다. P 소체들의 정확한 조성은 알려져 있지 않으며 세포 형태마다 다양하지만, 우리는 P 소체들이 캡제거 효소들과 XRN1 같은 엑소리보뉴클레아제들을 포함하고 있음을 알고 있다. P 소체들이 mRNA 붕괴의 국소적 중심임을 시사하는 증거들이 많아지고 있다. 그러나 P 소체로 향한 일부 mRNA들이 파괴되지 않으며 P 소체에서 빠져나와 번역될 수 있다는 증거도 있다. 이것은 일부 mRNA들이 후에 번역될 수 있도록 P 소체에 저장되는 것임을 시사한다.

mRNA 안정성과 붕괴의 조절

캡 제거 효소들과 탈아데닐화효소 등의 인자들이 mRNA 붕괴를 개시하는 데 중요한 역할을 담당한다면, 어떤 mRNA들이 분해되며, 또 어떤 것들은 분해되지 않도록 결정하는 것은 무엇인가? mRNA 붕괴와 안정성은 mRNA 내의 시스-작용 서열 요소들과 여기에 결합하는 트랜스-작용 단백질들을 통해 조절된다.

mRNA 안정성을 조절하는 것으로 알려진, 잘 연구된 시스-작용 서열 요소 한 가지는 **아데노신-유리딘 다발성 요소(adenosine–uridine rich element, ARE)**로서, mRNA들의 3′ UTR에서 흔히 발견되는 A와 U가 많은 부분을 뜻한다. 포유동물 mRNA의 약 10%가 ARE를 포함한다. RBP들과 ARE과의 결합은 mRNA 안정성이나 분해를 촉진한다. 트리스테트라프롤린(tristetraprolin, TTP) 같은 RBP들은 탈아데닐화효소와 엑소좀 등 붕괴 기구들을 소환함으로써 mRNA 분해를 촉진한다. HuR 같은 다른 RBP들은 붕괴 기구들의 소환을 막으므로 mRNA를 안정화시킨다.

ARE-매개성 mRNA 조절은 의학적 연관성도 가진다. 많은 ARE-포함 mRNA들이 세포의 증식을 촉진하는 단백질들을 암호화하며, 너무 많은 분열은 암을 일으킬 수 있다. 흥미롭게도, TTP는 여러 암에서 하향 조절된다. TTP가 ARE를 가진 mRNA들의 붕괴를 촉진하므로, 암세포에는 이런 mRNA들이 더 많다. 예를 들어, ARE를 가진 *E2F1* mRNA는 세포 증식을 촉진하는 전사 인자를 암호화한다. TTP가 감소되어 있는 암세포에서는 *E2F1* 활성이 증가된다. 중요하게도, 배양된 암세포에서 TTP를 상향 조절하면, *E2F1* mRNA 수준이 떨어지고, 세포의 증식도 현저하게 감소한다. 최근의 연구는 암 치료법으로서 TTP의 활성을 약물로 유도하는 방법을 탐색하고 있다.

ARE들에 더해, mRNA의 안정성과 붕괴를 조절하는 다른 서열 요소들과 RBP들도 밝혀졌다. 그러나 mRNA의 운명을 결정하는 mRNA와 RBP의 복잡한 상호작용을 완전히 이해하려면 아직 갈 길이 멀다.

mRNA 감시와 넌센스-매개성 분해

잘못된 mRNA들은 번역되면 비기능성 단백질을 만들 수 있다. 진핵세포들은 잠재적으로 해로울 수 있는 이런 mRNA들을 제거하는 몇 가지 방법을 진화시켰다. 예를 들어, 폴리-A 꼬리가 없거나 부적절하게 스플라이싱된 mRNA들은 핵에 그대로 남아 더 가공을 거칠 시간이 허용되든지, 엑소리보뉴클레아제에 의해 분해될 수 있다.

조기 종결 코돈을 가진 mRNA들은 **mRNA 감시 반응(mRNA surveillance response)**을 유발한다. 조기 종결 코돈들은 유전자 내의 무의미 돌연변이나, 전사 과정 중 RNA 중합효소의 실수에 의해 생길 수 있다. 조기 종결 코돈을 가진 mRNA의 번역은 끝이 잘려서 비기능적인 단백질을 만들 것이므로, 세포의 에너지나 자원 낭비가 될 것이고 독성 효과를 나타낼 가능성도 있다. 그러나 가장 잘 연구된 mRNA 감시 경로인 **넌센스-매개성 분해(nonsense-mediated decay, NMD)**는 조기 종결 코돈을 가진 mRNA를 효과적으로 제거한다.

NMD는 어떻게 작동하는가? 연구에 따르면, 종종 폴리-A 꼬리에서 너무 먼 곳에서 번역 종결이 발생하거나, 엑손-엑손 연결부의 상류 혹은 다른 특수 서열들의 상류에서 발생할 때 조기 종결 코돈의 인식이 발생한다고 제안한다. 일단 이런 코돈이 인식되면, 조기 종결 코돈을 가진 mRNA들은 빠르게 분해된다. 효모와 포유동물 세포에서는 대체로 캡 제거 효소나 탈아데닐화 효소들에 의해 분해가 시작되고 엑소리보뉴클레아제에 의해 빠르게 제거된다. 초파리 같은 다른 생물에서는, NMD가 조기 종결 코돈 근처를 공격하는 엔도리보뉴클레아제와 연이은 엑소리보뉴클레아제 분해 과정을 포함한다.

18.3 비암호성 RNA들이 다양한 전사 후 조절 작용을 담당한다

단백질을 암호화하는 mRNA들 외에도, 다양한 형태의 **비암호성 RNA들(noncoding RNAs, ncRNAs)**이 진핵세포에서 여러 기능을 담당한다. 우리는 이미 번역에 참여하는 rRNA들과 tRNA들(14장), 그리고 RNA 스플라이싱을 매개하는 snRNA들(13장)에 대해서 배운 바 있다. 다른 ncRNA들은 전사 후에 발생하는 유전자 발현의 특이적이고 효과적인 조절자로 작용한다.

진핵생물의 조절성 ncRNA들에 관한 연구는 1990년대에 시작되었지만, 최근에는 더 폭발적이다. 우리는 이제 ncRNA들이 수많은 생물학적 사례들에서 유전자 발현의 중요 조절자이며, 이들의 기능 부전은 인간의 질병과도 관련이 있음을 알고 있다. 유전자 기능의 탐구, 생명공학, 그리고 질병의 치료를 위해 RNA-매개성 유전자 조절 기작이 활용되어 왔다. 이런 "RNA 혁명"에도 불구하고, 우리는 아직 몇몇 기초적 질문에도 답하지 못하고 있다. 진핵세포의 유전체에 의해 암호화되는 조절성 ncRNA들은 얼마나 되는가? ncRNA들이 담당하는 기능의 전체 목록은 어떤 것인가? 등에 대해 아직 정확한 답을 모른다. 이 절에서는 비암호성 RNA 들에 대해 알려진 것들을 살펴보도록 하자.

RNA 간섭과 microRNA의 발견

중요한 과학적 돌파구는 종종 우연한 발견으로 마련되곤 한다. ncRNA 분자가 서열 특이적인 방식으로 mRNA의 전사 후 침묵을 일으키는 기작인 **RNA 간섭(RNA interference, RNAi)**의 발견의 경우에서도 그랬다. 1990년대 초, 페튜니아, 빵곰팡이, 선충을 대상으로 한 실험에서 외부에서 도입된 핵산이 동일한 서열을 가진 내인성 유전자의 전사 후 침묵을 초래한다는 것이 밝혀졌다. 그러나 왜, 어떻게 이런 일이 일어났는지는 불분명했다.

파이어(Andrew Fire)와 멜로(Craig Mello)는 이런 현상을 밝히기 위한 연구로 2006년에 노벨 생리의학상을 수상했다. 그들은 선충(*Caenorhabditis elegans*)에게 *unc-22* 유전자의 mRNA에 상보적인 서열을 포함한 단일 가닥 혹은 이중 가닥의 RNA 분자를 주사했다. 그들은 단일 가닥의 안티센스 RNA 분자가 센스 가닥인 mRNA와의 결합에 의해 *unc-22* 유전자의 발현을 막을 것으로 예상했지만, *unc-22* mRNA를 억제하는 데는 이중 가닥의 *unc-22* RNA의 주입이 10~100배나 더 강력하다는 것을 발견하고 매우 놀랐다. 그들은 이 현상을 더 연구했고, 그 결과를 1998년에 발표했다. 그들은 이중 가닥의 RNA의 존재가 상보적 mRNA의 "강력하고 특이적인" 분해를 초래했다고 보고했다. 단 몇 개의 이중 가닥 RNA 분자만으로도 다량의 mRNA를 분해할 수 있었다. 이런 발견은 분자생물학에서 매우 광범위한 실용성을 가진 완전히 새롭고 놀라운 분야를 열어주었다.

RNAi가 발견된 것과 거의 같은 시기에, *C. elegans*로 연구하던 다른 두 연구팀이 RNA 매개성 전사 후 조절과 관련된 또 다른 발견을 했다. 앰브로스(Victor Ambros)의 연구실은 이 선충들의 발달 시기를 조절하는 한 유전자의 돌연변이가 단백질을 암호화하지는 않는다는 것을 보여주었다. 오히려, 그것은 발달 시기를 조절하는 단백질을 암호화하는 mRNA에 대해 상보적인 서열의 작은 RNA를 암호화한다. 앰브로스의 연구팀은 우리가 현재 **마이크로 RNA(microRNA, miRNA)**라고 부르는 일종의 조절 ncRNA를 발견했다. 러쿤(Gary Ruvkun)의 연구실은 miRNA와 mRNA 사이의 상보적 염기쌍이 선충 mRNA의 번역을 하향 조절한다는 것을 보여주었다. 그리고 버쿰(David Baulcombe)의 연구팀은 miRNA가 식물에서도 기능한다는 것을 보여주었다. 그 발견으로 앰브로스, 러쿤, 그리고 버쿰은 2008년에 종종 노벨상으로 가는 길이라고 일컬어지는 라스커상(Albert Lasker Award for Basic Medical Research)을 받았다.

이러한 중요한 발견에서 우리가 배운 가장 중요한 개념은 ncRNA가 상보적 염기쌍을 통해 mRNA와 결합할 수 있으며, mRNA의 파괴나 번역 억제를 통해 mRNA를 조절할 수 있다는 것이다. 이제, 이것이 어떻게 발생하는지 살펴보도록 하자.

유전자 기능을 밝히기 위한 현대적 접근

마이크로 RNA들은 암컷 쥐의 배란을 조절한다

멘델 장에서는 마이크로 RNA(miRNA)와 전사 후 유전자 침묵화에서의 그들의 역할에 대해 배웠다. 단백질 암호화 유전자를 제거하는 것과 동일한 방법을 사용하여, 과학자들은 miRNA의 기능을 연구하기 위한 녹아웃을 만들었다. 녹아웃 동물이 어떻게 생성되는지는 교재 뒷부분에서 자세히 논의할 것이다(20장 참고). 여러 연구를 통해 우리는 이제 miRNA가 발생 및 성체 시기 동안 중요한 역할을 한다는 것을 알게 되었다.

여기서 우리는 두 가지 miRNA들인 miR-200b와 miR-429가 생식 과정에서 어떤 역할을 하는지에 대한 최근의 연구를 고려하고자 한다. 둘 다 miR-200의 연관 서열 계열에 속하며 단일 뉴클레오타이드만 서로 다르므로 동일한 표적 mRNA를 조절할 수 있음을 시사한다.

miR-200b는 생쥐의 정소에서 검출되었다; 그 발현은 약 2주령에 최고조에 달했고 성체가 될 때까지 계속되었다. 이 발견으로 인해 과학자들은 miR-200b가 수컷의 생식력에 관여할 수 있다는 가설을 세웠다. 이 가설을 검사하기 위해 miR-200b/miR-429 이중 녹아웃(double knockout, DKO) 생쥐 계통을 만들었다.

결과:

연구자들은 DKO 수컷 생쥐의 정소에서 아무런 이상이 발견되지 않았고, 생식력 결함도 없다는 사실에 놀랐다. 대조적으로, miR-DKO 암컷 생쥐는 번식력이 심하게 감소했다. miR-DKO 암컷의 임신율은 야생형 암컷의 85%에 비해 기껏해야 9%였다(그래프 a 참고). 이 번식력 차이는 수컷 쥐와 짝짓기를 시도한 지 3개월이 지난 후에도 지속되었다.

miR-DKO 암컷에서는 배란에 필수적인 호르몬인 황체 형성 호르몬(LH)의 혈청 내 수준이 상당히 감소한 것으로 관찰되었다. 이 생쥐들의 난소를 검사했을 때, 배란된 난모세포 수가 감소한 것으로 나타났다(그래프 b 참고). 그러나 배란을 자극하기 위해 호르몬(생식샘자극호르몬)으로 miR-DKO 생쥐를 처리하자, 그들은 이형접합성 암컷과 비슷한 수의 난모세포를 생산했다.

마지막으로, miR-200b 및 miR-429의 소실이 뇌하수체에서 *Zeb1* 유전자의 발현 증가를 일으키며, 이것은 LH 단백질을 암호화하는 *Lhb* 유전자의 발현을 직접적으로 감소시킨다는 것을 입증하기 위한 일련의 실험이 수행되었다. *Zeb1*은 *Lhb* 유전자의 발현을 조절하는 것으로 생각되는 전사 인자를 암호화한다.

결론:

배란 실험은 miR-DKO 암컷이 호르몬이 보충되면 정상적인 난자형성과정을 겪을 수 있고 배란을 할 수 있음을 보여주었다. 이는 miR-200b과 miR-429를 제거하면 LH와 관련된 배란 호르몬 조절의 일부 측면, 특히 LH를 포함하는 경로가 손상됨을 시사한다. miR-200b 유전자 무리가 인간에게도 존재하며, 인간의 *ZEB1*와 *LHB* 유전자에 인접해 있기 때문에, miR-200b와 miR-429는 생쥐뿐만 아니라 인간의 배란 조절에도 일정 역할을 할 가능성이 있다.

참고문헌:

Hasuwa, H., Ueda, J., Ikawa, M., and Okabe, M. (2013). miR-200b and miR429 Function in Mouse Ovulation and Are Essential for Female Fertility. *Science* 341:71-73.

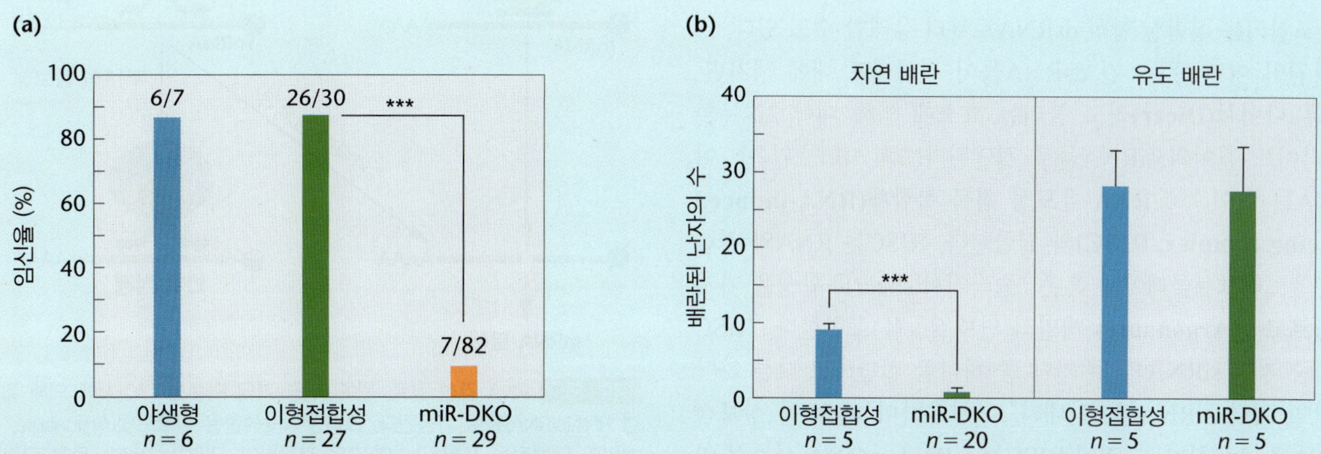

(a) 야생형, miR-200b/miR-429 이형접합성 암컷, 그리고 miR-DKO 암컷의 임신율. 이형접합성의 miR-200b/miR-429 수컷 생쥐와 교배된 후 검사되었다. (n은 각 유전자형에서 검사된 암컷 생쥐의 수이다; 막대 그래프 위의 숫자는 성공적인 교미 당 임신 횟수를 나타낸다.) (b) 이형접합성 생쥐와 miR-DKO 생쥐에서 배란된 난자의 수. 배란은 자연적으로 혹은 유도되었다. (*** $P < 0.001$)

(계속)

생각해 볼 문제:

1. 설명된 결과를 바탕으로, miR-DKO 암컷 생쥐의 배란과 miR-220b와 miR-429, *Zeb1*와 *Lhb* 유전자 사이의 가능한 관계를 설명하는 도표를 그려보라.
2. 이 연구의 또 다른 실험은 miR-DKO 생쥐에 miR-220b과 miR-429를 과발현하는 이식유전자를 도입하는 것이었다. 이 이식유전자를 발현하는 miR-DKO 암컷 생쥐의 임신율이 증가하겠는가, 아니면 감소하겠는가, 또는 이식유전자가 없는 miR-DKO 암컷 생쥐와 동일하게 유지될까? 이 짝짓기에서 나온 결과를 검토하려면 참고문헌을 이용하라.
3. OMIM(Online Mendelian Inheritance in Man) 웹사이트를 사용하여 *Zeb1*에 대한 인간의 상동유전자를 찾고, 이 유전자와 관련된 문제를 가지는 인간 질병이 있는지 알아보라. 그 결과는 놀라운가?

RNA 간섭의 방식들

RNAi에 관여하는 ncRNA들은 보통 **작은 비암호성 RNA들(small noncoding RNAs, sncRNAs)**로 불리며, 20~31 뉴클레오타이드 길이로, 3′ 말단에 2개의 뉴클레오타이드가 튀어나온 이중 가닥 RNA들이다. sncRNA들의 주된 2가지 종류는, **소형 간섭 RNA들(small interfering RNAs, siRNAs)**과 **microRNA들(miRNAs)**이다. 이들은 비록 서로 다른 유전자들에서 생기지만 그 기작은 매우 유사하다.

소형 간섭 RNA들 siRNA들은 긴 이중 가닥 RNA(dsRNA) 분자들로부터 생긴다. 이 긴 dsRNA들은 세포의 바이러스 감염이나 "도약 유전자들"로 알려진 트랜스포존의 발현 결과 생기는 것으로 보인다(15장 참고). 바이러스와 트랜스포존은 모두 그 생활사의 한 부분에서 dsRNA를 합성할 수 있다. RNAi는 외부에서의 바이러스 감염이나 내부의 트랜스포존 공격으로부터 세포를 보호하기 위해 이런 dsRNA들을 인식하여 불활성화시키는 기작으로 진화했을 것이다. siRNA들은 연구나 치료 목적으로 세포 내로 도입되는 실험실 합성 dsRNA로부터 유래할 수도 있다.

기원이 어찌 됐든, 긴 dsRNA들이 진핵세포 내에 생기면, 이들은 **다이서(Dicer)**라고 불리는 효소에 의해 대략 22-뉴클레오타이드 길이의 siRNA들로 절단된다(그림 18.7, 왼쪽). 이 siRNA들은 이후에 **RNA-유도성 침묵 복합체(RNA-induced silencing complex, RISC)**와 결합한다. RISC는 RNA와 결합하고 엔도리보뉴클레아제 혹은 "슬라이서(slicer)" 활성을 가지는 **아르고넛(Argonaute)** 패밀리 단백질들을 포함한다. RISC는 이중 가닥 siRNA의 두 가닥 중 하나를 절단하고 다른 가닥을 단일 가닥 siRNA를 "안내자"로 보유하여 RISC를 상보적 mRNA로 소환한다. 그러면 RISC는 siRNA-mRNA 상보성 영역의 중간을 절단한다(그림 18.7, 왼쪽, 아래). 절단된 mRNA 단편들은 캡과 폴리-A 꼬리가 없으므로 세포 내의 엑소리보뉴클레아제들에 의해 빠르게 분해된다.

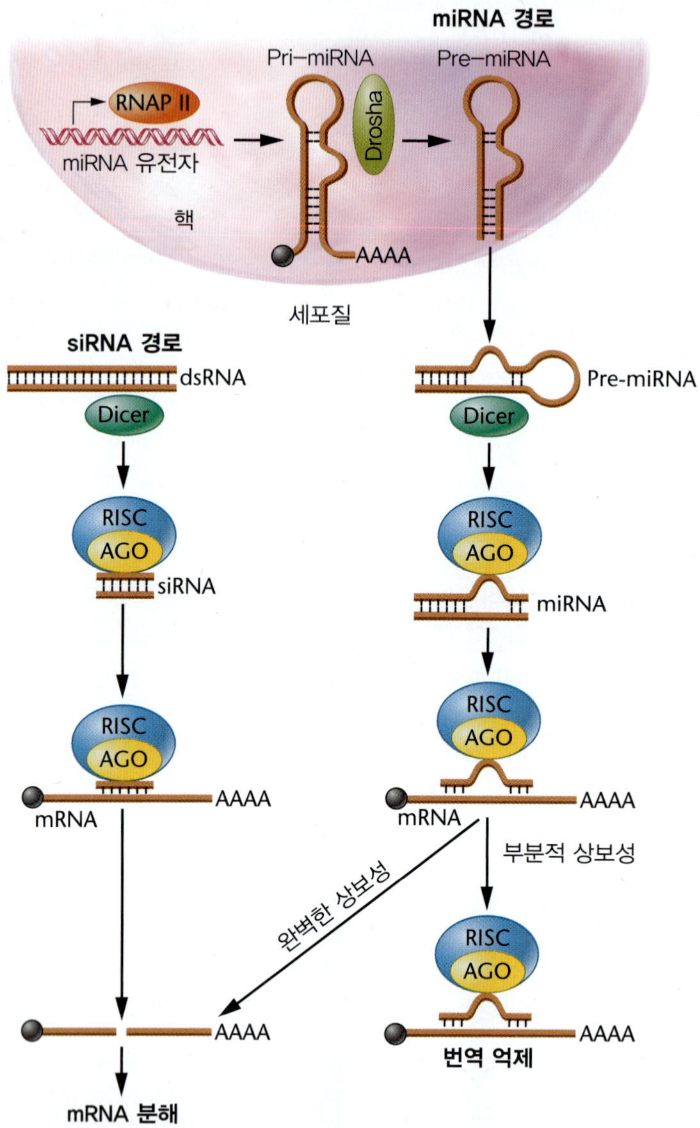

그림 18.7 RNA 간섭 경로. 왼쪽: 이중 가닥 RNA는 다이서에 의해 짧은 간섭 RNA(siRNA)들로 가공된다. 그러면 siRNA들은 아르고넛(Argonaute, AGO) 패밀리 단백질을 포함하는 RISC와 결합한다. RISC는 siRNA들을 단일 가닥의 siRNA로 풀고 그 siRNA와 상보적인 mRNA들을 절단한다. 오른쪽: 마이크로 RNA(miRNA) 유전자들은 1차-miRNA들(pri-miRNAs)로 전사되는데, 드로샤(Drosha)에 의해 5′ 말단과 3′ 말단이 잘려 pre-miRNA들의 형태가 된다. Pre-miRNA들은 세포질로 방출되고 다이서에 의해 가공된다. 이제 miRNA들은 RISC 및 mRNA와 결합한다. 만약 그 miRNA와 mRNA가 완벽하게 상보적이면 mRNA는 파괴된다; 그러나 부분적으로만 맞는 경우 번역이 억제된다.

마이크로 RNA들 RNAi는 또한 miRNA들에 의해서도 매개될 수 있다. 이들은 진핵생물 유전체의 miRNA 유전자로부터 전사되고 가공되어 생산된다. miRNA 유전자들은 분자 내에 상보적인 서열을 포함하고 있으며 **1차 miRNA(pri-miRNAs)**로 전사된다. 이 1차 miRNA들은 mRNA처럼 캡과 폴리-A 꼬리를 가지며 스플라이싱으로 제거되는 인트론을 포함한다. 그러나 자기-상보적 서열들 때문에, pri-miRNA들은 머리핀 구조를 형성한다. **드로샤(Drosha)**라고 하는 핵의 효소가 비상보성 5′과 3′ 말단을 제거하여 **pre-miRNA**들을 만든다(그림 18.7, 오른쪽). 그러면 이 머리핀들은 세포질로 배출되고 거기서 다이서에 의해 절단되어 성숙한 이중 가닥의 miRNA들이 되면 RISC에 의해 더 가공되어 단일 가닥의 miRNA들이 생산된다. siRNA와 마찬가지로, miRNA들은 mRNA의 상보적 서열을 표적화하기 위해 RISC와 연합한다. 그러한 상보적 서열들은 결합 부위, 혹은 **miRNA 반응 요소들(miRNA response elements, MREs)**로 작용한다. MRE들은 mRNA들의 3′-UTR에서 흔히 발견되지만 5′-UTR이나 암호화 영역에서 발견될 수도 있다. 만약 miRNA-mRNA 결합이 완벽하면(식물에서 흔함), 표적 mRNA는 RISC에 의해 잘려 분해된다. 그러나 만약 miRNA-mRNA 결합이 부분적이라면(동물에서 흔함), 번역이 억제된다(그림 18.7, 오른쪽, 아래).

miRNA들은 식물과 동물에서 발견되며, 일부 바이러스들에서도 암호화된다. 연구들은 인간의 유전체에는 적어도 1,500개의 miRNA 유전자들이 존재할 것으로 제시한다. 그러나 최근의 한 연구는, 13가지의 서로 다른 조직에서 얻은 RNA 서열화 자료를 분석하였고, miRNA의 총 숫자가 5,000개에 가깝다는 결론에 도달했다. miRNA들은 숫자만 많은 것이 아니라 다양한 기능을 담당한다. 그들은 식물에서의 스트레스 반응, 예쁜꼬마선충의 발생, 그리고 포유동물 세포에서의 세포 주기 조절 등 다양한 과정들과 관여하는 유전자들을 조절하는 것으로 보인다.

어째서 miRNA-매개성 전사 후 조절 기구가 그렇게 흔한 것일까? 세포에는 miRNA를 사용해서 mRNA를 파괴하거나 방해하는 것보다는 전사를 억제하는 것이 더 효율적인 것 아닐까? 이런 질문들에 대한 답은 부분적으로는 mRNA들이 전사를 멈춘 후에도 여러 번 번역될 수 있다는 사실에서 찾을 수 있다.

유전자 발현을 빠르게 변화시키기 위해, 세포는 전사를 멈추고 miRNA를 이용해 세포질에 존재하는 mRNA들을 표적화하여 제거한다. 예를 들어, 포유동물에서는 모든 종류의 성체 조직으로 분화할 수 있는 배아의 세포인, 배아 줄기세포(ES cell)에서 miRNA들이 주요 조절자로 작용한다. ES 세포들은 "줄기세포 성질" 유전자들(*Sox2, Oct4, KLF4, Lin28*, 그리고 *Myc* 등)을 발현하는데, 이들은 줄기세포의 분화를 억제하여 줄기세포 성질을 유지하도록 한다. 이런 유전자들의 소실은 ES 세포들의 분화를 일으키며, 반대로 지속적인 활성은 분화된 세포의 생산을 불가능하게 만든다. 두 가지 상황 모두 치명적이다. 분화를 위해, ES 딸세포들은 miR-145와 let-7 miRNA를 발현하는데, 이들은 줄기세포성 mRNA들을 표적화하여 하향 조절한다.

세포 분화에 미치는 miRNA 조절을 더 잘 이해함으로써 줄기세포 치료는 더 개선될 것이다. 줄기세포 치료에서 가장 원치 않는 부작용이 암 발생인데, 환자의 암세포가 분화에 실패하고 종양을 형성할 위험에 노출되도록 하는 대신에, 적절한 형태의 세포로 분화하도록 할 수 있기 때문이다.

풀어보기

18.2 일부 과학자들은 RNA 유도성 침묵 복합체(RISC)를 빗대어 miRNA를 프로그램으로 이용하는 "프로그램 가능한 검색 엔진"이라고 표현한다. RISC가 찾는 것은 무엇이고, miRNA는 탐색을 어떻게 "프로그램"하는가? RISC가 찾는 것을 발견했을 때는 무엇을 하는가?

■ **힌트:** 여기서 중요한 개념은 상보적 염기쌍이 miRNA가 RISC를 그 표적으로 안내하여 전사 후 조절을 가능하게 한다는 점이다.

연구, 생명공학, 그리고 의료 분야의 RNA 간섭

1998년, RNAi의 기본적 기작이 밝혀지자, 거의 즉각적으로 유전자 기능을 탐색하는 방법이 혁신되었다. 유전자의 서열이 알려져 있기만 하면, 그 서열에 대한 dsRNA를 빠르게 합성하여 그 유전자의 기능을 "녹다운"시키거나 저해할 수 있게 되었다. RNAi를 발견한 지 단 5년 만에, 애린저(Julie Ahringer)의 실험실에서는 대규모로 RNAi를 이용하여 예쁜꼬마선충(*C. elegans*) 유전체의 86%에 대한 기능상실 표현형을 결정하였다! 더 최근에는 여러 도구가 개발되어 빠르고 저렴한 RNAi 기반 유전자 조사가 가능해졌다. 몇몇 생명공학 회사는 특정 유전자 산물을 없애기 위해 배양 세포에 도입할 수 있도록 siRNA 분자 도서관을 제조한다.

연구 분야에 사용되는 것 외에도, RNAi는 약물로도 개발되고 있다. 이론적으로, 특정 유전자들의 과발현, 혹은 정상 발현이라도 잘못된 유전자 산물의 발현으로 발생하는 어떤 질병이라면, RNAi로 치료될 수 있을 것이다. 초기 임상 시험에는 어려움이 있었지만, 최근 들어 RNAi 기반 약물 개발이 다시 떠오르고 있다. 이것은 적어도 부분적으로는 나노입자 및 세포 투과 펩타이드와 같은 siRNA 전달 방법의 발전에 기인한다. 2016년에는 간염 및 에볼라와 같은 바이러스 감염뿐만 아니라 암, 안구 질환, 혈우병, 고콜레스테롤혈증, 심지어 알코올 중독을 치료하기 위한 20개 임상 시험들이 진행되었다. 이런 시도 중 일부는 임상 3상에 체류 중이었는데, 이것은 그 약물이 효율성과 부작용 감시를 위해 대규모로 처방되고 있음을 뜻한다.

최근 많은 관심을 받는 특정 RNAi 기반 약물 중 하나는 알나일람 제약회사(Alnylam Pharmaceuticals)의 파티시란(patisiran)이다. 이것은 트렌스티이레틴 아밀로이드증(transthyretin amyloidosis) 치료를 위한 siRNA와 나노입자 전달 체계이다. 이 병은 신경계와 심장 문제를 특징으로 하며, 돌연변이형 트랜스타이레틴 단백질이 축적되는 것이 원인이다. 임상 2상 시험에서는 파티시란 치료가 대략 80% 정도까지 TTR 단백질 수준을 녹다운시켜 효과적으로 mRNA을 표적화함을 시사했다. 중요한 것은 환자의 70% 이상이 부작용을 최소화하면서 2년 연구 동안 상태가 개선되거나 안정화되었다는 것이다. 2017년 9월, 알나일람 제약은 파티시란의 임상 3상 시험에서 긍정적인 결과를 발표했다. 이것은 성공적인 3상 임상 시험을 치른 최초의 RNAi 기반 치료제이다. 알나일람 제약은 파티시란이 2018년에 미국 FDA로부터 승인을 얻을 것으로 기대하고 있다.

긴 비암호성 RNA들과 전사 후 조절

앞에서 논의한 sncRNA들에 더하여, 진핵생물의 유전체들은 **긴 비암호성 RNA들(long noncoding RNAs, lncRNAs)**을 많이 만든다. 한 가지 분명한 차이점은 lncRNA들은 sncRNA들보다 더 길며 종종 임의적으로 200 뉴클레오타이드 이상의 길이라고 설명된다. LncRNA들은 mRNA들과 유사한 방식으로 생산된다; 그들은 캡과 폴리-A 꼬리로 변형되며, 스플라이싱이 될 수도 있다. mRNA와는 대조적으로, 개시 코돈이나 종결코돈을 갖지는 않으므로 이들이 단백질을 암호화하지는 않는다는 것을 알 수 있다. 보수적으로 추산해도, 인간 유전체는 약 17,000개의 lncRN들을 암호화할 것으로 보인다.

이런 lncRNA들은 다양한 조절 기능들과 연관되어왔다. 일부 lncRNA들은 염색질-조절 복합체와 결합하여 염색질 변형과 유전자 발현 양상에 영향을 미친다(특강 1장-후성 유전학 편 참고). 다른 lncRNA들은 전사인자들과 결합하여 직접 전사를 조절한다. 그러나 이 절에서는 lncRNA들의 전사 후 조절 역할에 집중해 보도록 하자.

LncRNA들이 mRNA나 pre-mRNA들에 상보적일 때, 이들은 염기쌍에 의해 혼성화될 수 있다. 일부 사례에서, 이런 결합은 대체 스플라이싱의 조절을 일으킨다. 예를 들어, 한 엑손의 스플라이스 자리에 결합한 lncRNA는 그 부분을 배제해 성숙한 전사체에 남지 못하게 한다. 다른 경우에는 lncRNA-mRNA 혼성화가 RNAi 반응을 일으키는 dsRNA를 생산한다. 이것은 다이서에 의해 siRNA로 가공되어 RISC에 의해 표적이 되는 상보적 mRNA를 파괴하도록 한다(그림 18.7 참고). 다른 연구들은 lncRNA들이 mRNA에 결합하여 그들의 안정성과, 분해, 그리고 번역을 조절함을 보여준다.

일부 lncRNA들은 **경쟁적 내생 RNA들(competing endogenous RNAs, ceRNAs)**로 작용한다. 개념적으로, ceRNA들은 그 내부에 상보적인 miRNA-결합 부위(앞에서 소개한 miRNA 반응요소, MRE)를 가지므로 miRNA들을 "흡수하는 스펀지"들이다. 따라서 ceRNA들은 miRNA 결합을 놓고 mRNA와 경쟁한다. miRNA들이 그 mRNA 표적들을 하향 조절(downregulate)하는 반면, ceRNA들은 miRNA들을 없애줌으로써 표적 mRNA들을 "탈억제"시킬 수 있다. 다시 말하면, ceRNA들은 미끼들이다. ceRNA의 효능은 그것이 얼마나 많은 MRE를 가지느냐에 따라, 또 얼마나 많은 ceRNA 사본들이 세포에서 발현되었는지에 따라, 그리고 그들의 MRE가 miRNA와 얼마나 친화도가 높으냐에 따라 달라진다.

보조니(Irene Bozzoni) 팀의 최근 연구는 ceRNA가 쥐와 인간의 근육세포 분화에 중요하다는 것을 증명했다. 근모세포로 알려진 미분화 근육세포는, 긴 유전자 간 비암호성 RNA 근육 분화 인자 1(long intergenic noncoding RNA muscle differentiation 1, linc-MD1)이라는 lncRNA를 발현하며, 이 분자는 36개의 예상 MRE를 포함하고 있다. 그들 중에 miR-133과 miR-135의 두 가지 특이적 miRNA에 상보적인 MRE가 존재한다. 이 miRNA들은 근육 분화에 관여하는 두 가지 전사 인자인 MEF2C와 MAML1을 암호화하는 mRNA를 표적화한다. 이 연구는 linc-MD1이 ceRNA로 작용하여 miR-133과 miR-135를 mRNA 표적에서 분리 및 격리함으로써, 두 전사 인자의 번역을 증가시킨다는 것을 보여주었다.

이 연구는 또한 linc-MD1의 발현 수준이 근육 분화의 결함을 특징으로 하는 질병인 뒤센형 근이영양증(DMD) 환자의 근모세포에서 비정상적으로 낮다는 것을 보여주었다. 놀랍게도, linc-MD1이 DMD 환자의 배양된 근모세포에 도입되자, 근육세포의 분화가 부분적으로 회복되었다. 근육세포의 분화는 부분적으로 linc-MD1이 매개하는 두 miRNA의 하향 조절에 의해 조절되며, 이것이 두 가지 근육 특이적 전사 인자의 상향 조절을 허용하는 것으로 보인다(그림 18.8).

원형 RNA들

miRNA 결합을 위해 경쟁할 수 있는 또 다른 유형의 RNA는 **원형 RNA(circular RNA, circRNA)**이다. 이 RNA는 5′-인산 또는 3′-OH 방향의 자유 말단이 없는 폐쇄형 원형 형태를 만듦으로써, 엑소리보뉴클레아제 공격에 저항성을 갖게 된다. circRNA는 1979년 전자현미경을 사용한 진핵세포의 관찰로

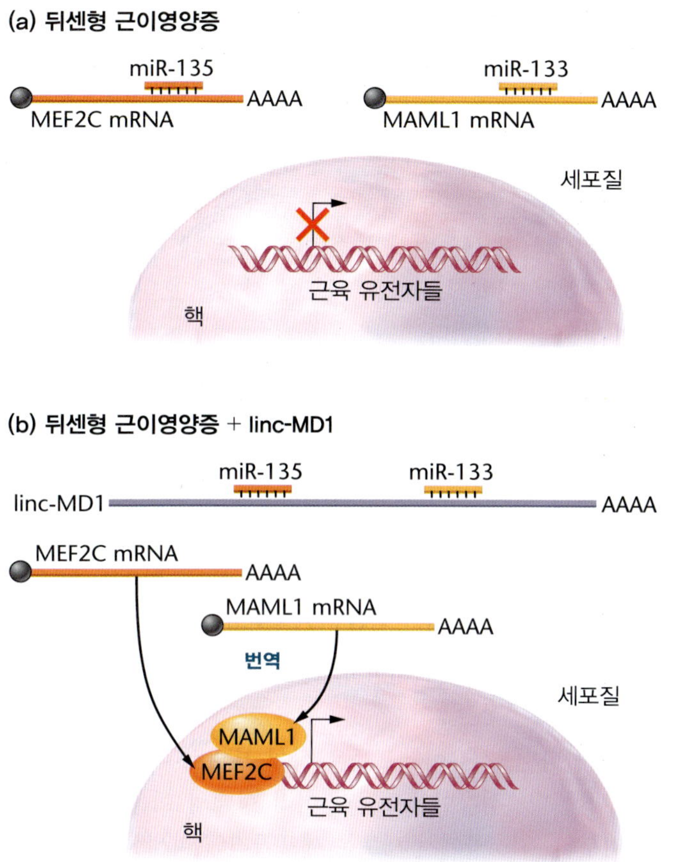

그림 18.8 lncRNA는 miRNA를 흡착하여 근육 분화를 조절한다. (a) 뒤센형 근이영양증 세포에서는 linc-MD1 발현이 비정상적으로 낮으며, miR-133과 miR-135가 근육 촉진 전사 인자인 MEF2C와 MAML1의 mRNA를 하향 조절한다. (b) linc-MD1이 도입되면(바이러스 벡터 사용) miRNA가 결합되고 MEF2C와 MAML1 mRNA가 상향 조절되어 근육 분화가 증가한다.

세포질에서 처음 발견되었지만, 이러한 연구는 생물학적 기능에 대한 단서를 제공하지 못했다. 그러나 최근 두 가지 연구에서 일부 circRNA가 ceRNA 또는 miRNA의 흡착제 역할을 한다는 것이 입증되었다.

CDR1as/ciRS-7이라는 circRNA는, miR-7 miRNA용 흡착제이다. CDR1as/ciRS-7의 발현은 miR-7 miRNA의 격리를 유도함으로써, miR-7가 표적화하는 mRNA들의 발현을 허용한다. miR-7의 단백질 생성물이 파킨슨병 환자에서 응집되는 단백질을 암호화하는 α-시누클레인(α-synuclein) mRNA를 표적으로 한다는 점을 감안하면, CDR1as/ciRS-7이 신경계에서 중요한 역할을 하는 것으로 볼 수 있다.

circRNA에 대해서는 아직 모르는 것이 많다. 이들은 어떻게 생성되는가? 한 가지 가설은 RNA 스플라이싱 중에 발생한다는 것으로, 하류 엑손의 3′ 스플라이스 부위가 상류 엑손의 5′ 스플라이스 부위에 접합되며 생긴다는 것이다. circRNA가 ceRNA로 작용하는 것 외에 다른 기능을 가질까? 이것은 아직 밝혀지지 않았지만, 예측되는 기능에는 mRNA 표적들을 위해 RNA 결합 단백질(RBP)에 결합하거나, RBP를 특정 표적으로 이동시키는 "전달체" 역할을 하는 것이 포함된다.

18.4 mRNA의 편재(지역화)와 번역 개시는 고도로 조절을 받는다

우리는 이미 번역에 영향을 미치는 몇 가지 전사 후 조절 기작을 살펴보았다. 대체 스플라이싱은 어떤 가공형 mRNA들이 번역될 것인지를 결정하며, mRNA들은 분해되거나 miRNA에 의해 표적화되어 번역 억제를 당할 수 있다. 그러나 번역은 더 직접적으로도 조절될 수 있다. mRNA가 파괴되지 않고 miRNA의 표적화에서 벗어난다고 해도, 그것이 꼭 번역되는 것은 아니다. 게다가 번역은 세포의 특정 영역에서만 발생하므로 단백질들이 그들의 영역 내에 있도록 제한한다. 이 절에서는 세포 내에서 필요한 때와 장소에서만 단백질을 생산하기 위해 번역이 어떻게 조절될 수 있는지 살펴볼 것이다.

세포질성 폴리아데닐화

mRNA가 항상 즉시 번역되는 것은 아니다; 나중에 또는 특정 단서에 대해 반응하여 번역될 수 있도록 저장될 수 있다. 예를 들어, 난모세포의 많은 mRNA들은 수정 후까지 번역이 억제된 상태로 유지된다. 이 경우, 세포가 그렇게 하라는 신호를 수신해야만 번역할 준비가 된다.

번역을 조절하는 많은 분자 기작들에서는 주로 개시 단계가 조절된다. 번역 개시에는 mRNA의 폐쇄 고리 구조의 형성이 필요하다는 것을 기억할 것이다(14장). 이 구조에는 5′ 캡에 붙어서 폴리-A 꼬리의 결합 단백질(PABP)과 상호작용하는 진핵생물 개시 인자(eIF)가 포함된다. 따라서 번역 개시를 조절하기 위해서는 종종 eIF가 서로 붙거나 폴리-A 꼬리의 PABP와 결합되는 것을 방지하는 기작이 포함된다.

번역 개시 조절에 사용되는 잘 연구된 방법 한 가지는, poly-A 꼬리를 조절하는 것이다. 이러한 방식으로 조절되는 mRNA들은 종종 그들의 3′ UTR 부분에 시스-조절성 요소를 포함하는데, 이것은 **세포질성 폴리아데닐화 요소(cytoplasmic polyadenylation element, CPE)**라고 불린다. CPE 서열은 종종 UUUUAU이고, **세포질성 폴리아데닐화 요소 결합 단백질(cytoplasmic polyadenylation element binding protein, CPEB)**로 알려진 RNA 결합 단백질(RBP)에 의해 인식되어 결합된다[그림 18.9(a)]. CPEB는 폴리 A 특이적 RNA 분해효소인 **PARN(poly-A-specific ribonuclease)**을 CPE를 가진 mRNA

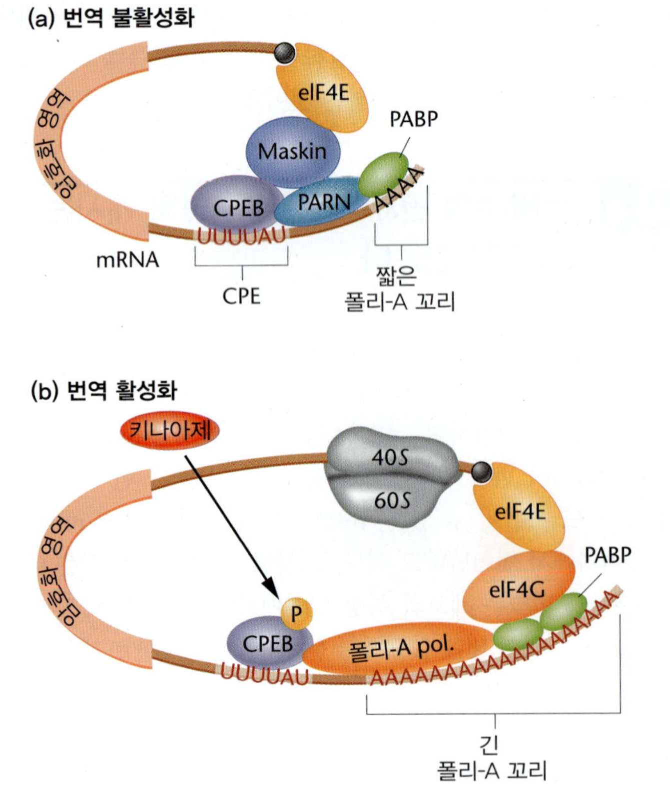

그림 18.9 세포질성 폴리아데닐화를 통한 번역 조절.

로 소집하여 폴리-A 꼬리를 약 40개의 아데노신 잔기로 분해한다. 이렇게 짧아진 폴리-A 꼬리는 더 적은 수의 PABP 분자와 결합하며, 이것은 번역 개시에 필요한 eIF와의 안정적인 상호작용을 촉진하기에는 너무 적다. CPEB는 또한 **마스킨(Maskin)**이라는 단백질을 CPE가 있는 mRNA로 모집한다. 마스킨은 캡 결합 단백질인 eIF4E에 붙어, 번역 개시에 필요한 eIF4G와의 상호작용을 차단한다. 번역이 억제된 CPE-포함 mRNA는 **리보핵단백질(ribonucleoprotein, RNP) 입자 또는 과립(granule)**으로 알려진 세포질의 RNA 단백질 복합체 내에 저장되는데, 여기에는 많은 RNA 결합 단백질 및 번역 조절자들이 포함되어 있다.

세포가 CPE-포함 mRNA를 재활성화하라는 신호를 받으면, CPEB는 키나아제(kinase)에 의해 인산화된다[그림 18.9(b)]. 인산화로 CPEB가 더는 PARN에 결합하지 않게 되며, 세포질의 폴리-A 중합효소는 폴리-A 꼬리가 길어지도록 구조적 변화를 유도한다. 더 길어진 폴리-A 꼬리는 더 많은 PABP와 결합되며 마스킨을 밀어내 안정적인 번역 개시 복합체가 형성된다. 따라서 CPE 매개성 번역은 키나아제 활성에 의해 촉진될 수 있다. 이런 인산화 조절 기작은 세포 주기 조절, 호르몬 신호전달, 그리고 뉴런 신호전달과 같은 다양한 세포 내 사건들과 연결된다.

mRNA의 편재와 국부적 번역 조절

일부 mRNA는 세포 내 개별 영역에 국한된 다음 국부적으로 번역된다는 것이 분명하다. 이 때문에, 세포 내 단백질의 분포는 불균등하고 세포의 서로 다른 부분들은 서로 다른 기능을 갖게 된다. 예를 들어, 고도로 분지된 뉴런의 수상돌기에 있는 특수 단백질은 감각 정보를 수신할 수 있게 하는 데 반해, 뉴런의 축삭에 존재하는 단백질은 다른 세포에 신호를 보내는 신경 전달 물질의 방출을 매개한다.

다른 번역 후 조절 기작들과 유사하게, mRNA의 위치를 조절하고 국부적인 번역이 일어나도록 하는 것은, mRNA 상에 존재하는 시스-조절 서열들과 트랜스 작용 인자들인 RNA-결합 단백질(RNA binding protein, RBP)들이다. 우리는 이미 RBP가 mRNA 스플라이싱, 안정성 및 분해를 조절한다는 것을 살펴보았다. RBP는 또한 mRNA 편재화와 국부적 번역을 조절한다. 가장 잘 알려진 RBP-mRNA 상호작용 중 하나는 바닥을 기어 다니는 세포에서 액틴 mRNA의 위치와 번역을 통제하는 것이다.

상처가 나면, 섬유아세포들은 상처 부위로 이동하여 상처의 회복을 돕는다. 섬유아세포들과 여러 형태의 이동성 세포들은 세포 내부의 어느 곳에서 새로운 세포골격인 미세섬유가 중합되어야 할지를 조절함으로써 이동의 방향을 결정한다. 이런 액틴 중합이 발생하는 장소인 세포의 "선두 모서리(leading edge)"는 판형위족(lamellipodium)이라고 불린다.

싱어(Robert Singer) 연구팀의 세련된 연구에 따르면, 액틴 mRNA는 판형 위족에만 위치하며, 그 위치는 액틴 mRNA 상의 3′ UTR에 있는 54개 뉴클레오타이드 요소인 **우편번호(zip code)**라는 서열에 의존적이다. 이것은 **우편번호 결합 단백질 1(zip code binding protein 1, ZBP1)**이라는 RBP의 결합 부위 역할을 하는 시스-조절 요소이다. ZBP1은 초기에 핵에서 액틴 mRNA의 우편번호 서열 요소에 결합한다. 일단 핵에서 배출되면 ZBP1은 리보솜의 큰 소단위(60*S*)의 조립을 방해함으로써 번역 개시를 억제한다. 그리고 ZBP1는 세포골격의 모터 단백질들과 연합하여 액틴 mRNA가 판형 위족으로 이동되는 것을 촉진한다. 일단 mRNA들이 최종 장소에 도달하면, **Src**라는 인산화효소(kinase)가 ZBP1을 인산화시킨다. 이로 인해 RNA와의 결합이 방해를 받고 번역이 개시된다(그림 18.10).

Src 활성이 세포의 가장자리에서만 제한적으로 활성을 가지기 때문에, 이런 기작은 세포가 mRNA를 번역 억제 상태로 세포 가장자리로 옮겨, 액틴 중합이 발생하는 곳에서만 번역이 시작될 수 있도록 한다. 이 모형과 부합하는 것은, ZBP1이 없는 생쥐의 섬유아세포들은 액틴의 mRNA 편재가 감소되며 방향성 이동 역시 감소한다는 점이다.

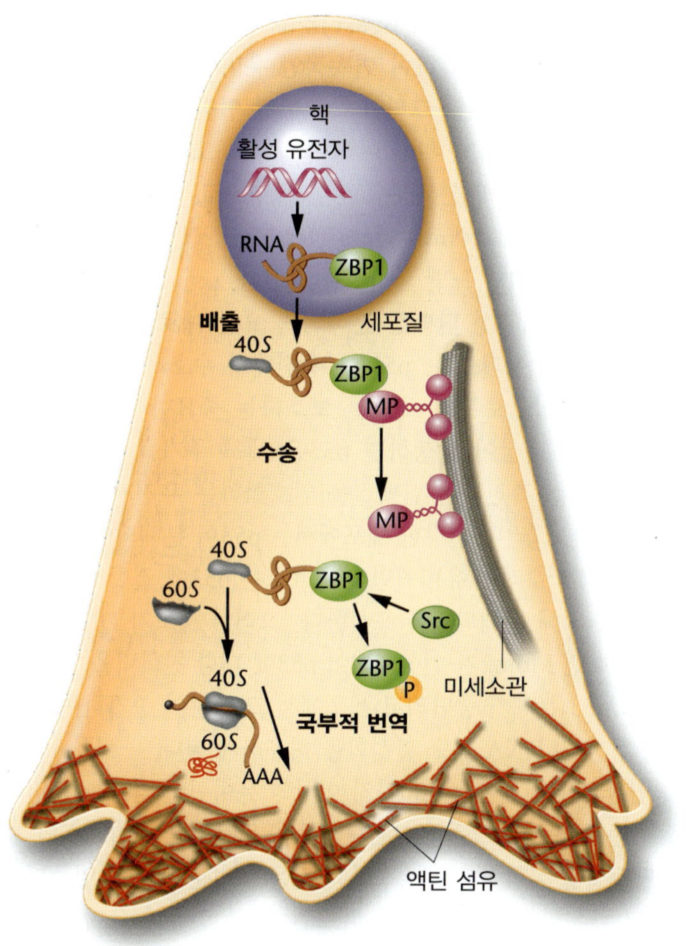

그림 18.10 액틴 mRNA의 편재와 번역 조절. RNA 결합 단백질인 ZBP1은 핵에서 액틴 mRNA와 결합하여 그것을 세포질로 안내한다. ZBP1은 번역을 막고 세포 골격의 운동 단백질(MP)에 결합하는데, 이것은 ZBP1과 액틴 mRNA를 세포의 가장자리로 수송한다. 세포의 가장자리에서 ZBP1이 Src에 의해 인산화되고 액틴 mRNA에서 분리됨으로써 리보솜(40S/60S)에 의한 번역이 가능해진다. 선두 모서리에서 액틴이 번역되고 중합됨으로 인해 세포 이동이 발생한다.

기어 다니는 세포 외에 다른 세포 유형에서도 역시 액틴 mRNA 편재 기작이 사용된다는 증거가 있다. 예를 들어, 뉴런의 축삭돌기와 수상돌기에서는 액틴의 국소적 번역으로 성장 방향이 결정된다. ZBP1이 없는 생쥐 뉴런은 수상돌기 길이가 감소하고 축삭 안내에 결함이 생긴다. mRNA의 편재와 번역 조절은 신경계 기능에 특히 중요하다. 사실, 뉴런에서 mRNA의 편재에 생긴 이상은 인간의 취약-X 증후군(fragile-X syndrome), 척수성 근위축증(spinal muscular atrophy), 그리고 척수소뇌성 운동실조증(spinocerebellar ataxia) 등의 질병과 관계되어 있다.

풀어보기

18.3 액틴 mRNA의 편재가 섬유아세포의 이동에 중요하다는 사례를 생각해 보라. 액틴 mRNA 상의 우편번호 서열이 결실된다면, 어떤 결과가 예상되는가?

■ **힌트:** 이 질문에 대한 답의 열쇠는 우편번호가 RNA 결합 단백질에 의해 결합되는 시스-작용 요소이며 mRNA의 편재성 번역 조절에 관여한다는 사실을 기억하는 데 있다.

18.5 번역 후 변형이 단백질 활성을 조절한다

번역이 완전히 종료된 후에라도, 유전자 산물의 활성은 일련의 **번역 후 변형들(post-translational modifications)**에 의해 아직 조절될 수 있다. 우리는 이미 교재의 앞부분(14장)에서 이런 기작 몇 가지를 배운 바 있다. 특히, N-말단 아미노산이 절단된다(많은 진핵성 단백질에서 흔히 발생함)든지, 단백질과 보결족(산소 운반 단백질인 헤모글로빈에서의 헴기 같은)이 결합한다. 더하여, 단백질들은 다양한 분자들과 공유적으로 결합을 일으키는 번역 후 변형을 겪을 수 있다. 그런 첨가 반응은 단백질의 안정성; 세포 내 위치; 혹은 다른 단백질과 핵산 및 기타 분자들 등, 다른 분자들에 대한 친화성을 변화시킬 수 있다. 공유적 변형은 효소에 의해 촉매되는 사건이므로, 그런 효소의 조절은 번역 후 수준에서 유전자 발현을 조절하는 핵심 단계가 된다.

인산화에 의한 단백질 조절

우리는 어떤 특정 생물이나 세포 형태의 프로테옴 내에서 번역 후 변형을 완벽한 수준으로 이해하지는 못한다. 그러나 SWISS-PROT의 관리 단백질 서열 데이터베이스에서 실험적으로 결정된 데이터에 관한 2011년도의 주석은, 많은 유형의 번역 후 변형 빈도에 대한 통찰을 제공해주었다.

인산화는 가장 흔한 형태의 번역 후 변형이며, 분석된 모든 변형의 대략 65%를 차지한다. 인산화는 **키나아제(kinase)**라고 불리는 효소 그룹에 의해 매개된다. 키나아제들은 세린(serine), 타이로신(tyrosine), 혹은 트레오닌(threonine) 아미노산 곁사슬에 인산기를 추가한다. 그런 첨가는 가역적이다. 인산가수해효소들인 **포스파테이즈(phosphatase)**들은 인산기를 제거한다. 인간 유전체는 518개의 카이네이즈-암호화 유전자들과 147개의 포스파테이즈 암호화 유전자들을 포함하는 것으로 계산된다. 이 효소들은 셀 수 없이 다양한 방식으로 단백질의 활성 조절에 사용될 수 있다.

인산화는 보통 형태적 변화를 유발한다. 이런 변화들은 표적의 형태에 따라 다른 효과를 나타낼 수 있다. 예를 들어, 효소들은 인산화에 의한 형태 변화로 기질 결합을 일으키거나(on) 억제하는(off) 방식으로 조절될 수 있다. 전사인자들은 형태적 변화가 어떻게 표적 DNA 서열과의 친화성에 영향을 미치느냐에 기초하여 인산화에 의해 켜지거나 꺼질 수 있다. 일부 사례에서는 하나의 단백질에 인산화 장소가 한 곳 이상이 존재한다; 한 장소의 인산화는 활성화를, 다른 장소의 인산화는 단백질의 불활성화를 일으킨다.

유비퀴틴–매개성 단백질 분해

번역 후에 단백질의 활성화를 조절하는 한 가지 중요한 방법은 특정 단백질을 분해하는 것이다. 진핵세포가 분해할 단백질을 표시할 때 주로 사용하는 방식은 **유비퀴틴(ubiquitin)**을 표적 단백질에 공유적으로 결합시켜 변형하는 것이다. 이것은 76개의 아미노산으로 이루어진 작은 단백질로 진핵세포에서 발견된다. 이 단백질이 어디서나 발견되기 때문에(*ubiquitous*) 이런 이름이 붙여졌다.

유비퀴틴은 표적 단백질에 라이신(lysine) 곁사슬을 통해 공유적으로 결합되는데, 이 과정을 **유비퀴틴화(ubiquitination)** 라고 한다. 부착된 유비퀴틴 분자의 라이신 잔기가 다시 연이어 다른 유비퀴틴 분자와 결합하여 변형된다. 이 과정은 기다란 폴리-유비퀴틴 사슬이 형성될 때까지 반복될 수 있으며, 이런 사슬 구조는 분해를 위한 단백질 "표지"로 작용한다. 폴리-유비퀴틴화된 단백질들은 **프로테아좀(proteasome)**에 의해 인식된다. 이 다중-소단위로 구성된 단백질 복합체는 단백질 분해효소인 프로테아제(protease) 활성을 가진다. 프로테아좀은 표적 단백질을 풀고, 유비퀴틴 표지를 제거하며, 단백질을 7~8개의 아미노산 길이의 작은 펩타이드로 자른다(그림 18.11).

유비퀴틴화된 단백질들이 빠르게 파괴되므로, 어떤 단백질이 유비퀴틴화될지를 결정하는 것이 주요 조절 단계이다. **유비퀴틴 연결효소(ubiquitin ligase)**라고 불리는 효소 그룹이 특정 표적 단백질에 결합하여 연속적인 유비퀴틴 잔기의 첨가를 촉매한다(그림 18.11). 그러면 유비퀴틴 연결효소의 활성은 세포의 필요에 부응하기 위해 여러 방식으로 조절될 수 있다. 유비퀴틴 매개성 단백질 분해에 대한 발견으로, 치카노버(Aaron Ciechanover), 헤르쉬코(Avram Hershko), 그리고 로즈(Irwin Rose) 등은 2004년 노벨 화학상을 받았다.

유비퀴틴 매개성 단백질 분해의 중요한 예로, 전사 인자인 **p53**의 분해를 살펴보자. p53은 "유전체의 수호자"라고도 불리며 DNA 손상으로부터 세포를 보호하는 중요한 역할을 담당한다. DNA 손상이 발생하면 p53은 세포 주기를 정지시키고 DNA 수리를 촉진하는 단백질을 암호화하는 유전자의 전사를 활성화한다. 그러나 건강한 세포에서는 p53이 분해되어 적게 유지된다. Mdm2라는 유비퀴틴 연결효소는 p53에 결합하여 프로테아좀에 의해 분해되도록 표시한다. 그러나 세포가 DNA 손상을 감지하면 Mdm2가 인산화되어 p53에 대한 친화력을 잃는다. 따라서 p53 분해가 중단되고 세포에서 그 수준이 증가하여 세포 주기 정지 및 DNA 복구 활성화를 허용하게 된다.

인간의 유전체에는 600가지 이상의 유비퀴틴-암호화 유전자들이 존재하는 것으로 추산된다. 특정 유비퀴틴 연결효소의 기질 단백질을 실험적으로 결정하는 것은 어려운 것으로 입증되었다. 그러나 몇몇 최근 연구에 따르면, 일부 인간의 유비퀴틴 연결효소가 40개 이상의 서로 다른 기질 단백질과 상호작용하는 것으로 나타났다. 전반적으로 과학자들은 인간의 유비퀴틴 연결효소들이 9,000가지 이상의 단백질들을 표적화하는 것으로 추정하는데, 이것은 인간 유전체에서 대략 40%의 단백질-암호화 유전자들에 해당한다. 이것은 유비퀴틴-매개성 단백질 분해가 생물학적 기능 조절을 위해 광범위하게 사용되는 방법일 수 있음을 시사한다.

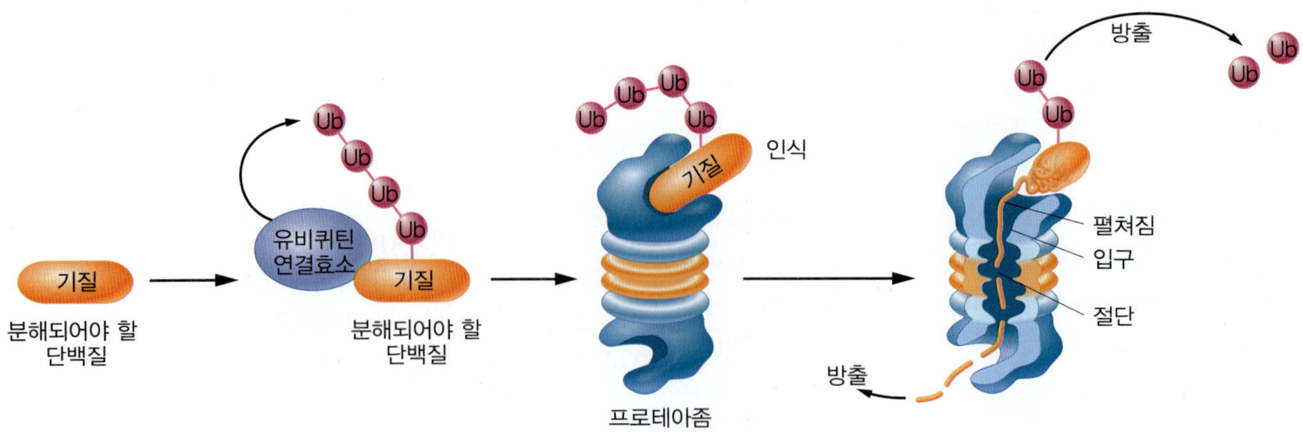

그림 18.11 유비퀴틴 매개성 단백질 분해. 유비퀴틴 연결효소들은 기질 단백질들을 인식하고 유비퀴틴(Ub) 잔기들을 추가하여 긴 사슬을 만든다. 유비퀴틴이 붙은 단백질이 프로테아좀에 의해 인식되면, 이것이 유비퀴틴 표지를 제거하고 단백질을 펼쳐 작은 폴리펩타이드로 분해한다.

유전학과 윤리, 그리고 사회

DNA면 충분한가?

유전적 탐구는 우리에게 생명의 화학적 기반에 대한 많은 정보를 제공했다. 우리는 DNA가 모든 세포성 생명체들에서 유전물질의 역할을 한다는 것을 안다. 또한 많은 생물의 완전한 DNA 서열도 보유하고 있다. 우리는 DNA가 어떻게 복제되는지, 어떻게 발현되는지, 유전자가 어떻게 전사적으로 조절되고 전사 후에 어떻게 조절되는지, DNA가 어떻게 후성유전학적으로 변형되는지, 그리고 DNA 서열에 의해 암호화된 RNA와 단백질 중 얼마나 많은 것이 수많은 세포 과정과 경로에서 작용하는지에 대해 이해하고 있다.

그러나 살아 있는 세포의 분자 구성 요소에 대한 이런 방대한 지식이 실제 세계에서 세포 또는 생명체가 어떻게 작동하는지를 우리에게 말해 줄 수 있을까?

*무엇이 생명을 작동시키는가*에 대한 논쟁에는 두 가지 측면이 있다. 한쪽은 DNA면 충분하다는 자신감을 표명한다. 그들은 생물의 모든 세포 구성 요소를 암호화하는 필수 유전자 세트를 가지고 있다면, 해당 세포는 그 유전자들의 발현으로부터 자연스럽게 출현할 것이라고 주장한다. 'DNA면 충분하다'는 입장을 지지하는 사람들은, 무생물적 요소—아마도 막으로 둘러싸인 단일 DNA나 RNA처럼 단순한 물질들—로부터 살아 있는 세포를 만드는 것을 목표로 삼는 합성 생물학 분야를 가리킨다. 그리고 연구자들은 DNA와 단백질에 대해 알려진 모든 정보를 통합하여 단순한 생물(*Mycoplasma genitalium*)의 컴퓨터 시뮬레이션을 만들었다.

벤터(J. Craig Venter) 실험실의 연구[1] 역시 'DNA면 충분하다'는 입장을 지지하는 많은 사람을 흥분시켰다. 이 교재 뒷부분(22장)에서 설명된 것처럼, 연구자들은 시험관 내에서 단세포 미생물의 전체 유전체를 합성한 다음 이것을 유전체가 제거된 다른 미생물에 도입했다. 생성된 세포는 자신의 유전정보가 아닌, 'DNA 부모'의 많은 특성을 재생산하고 표현했다. 이 연구는 과학자들이 "인공 생명"을 합성했으며, 최초의 "합성 세포"가 만들어졌다고 대서특필되었다.

논쟁의 다른 쪽에서는, DNA 염기서열만으로는 전체 다세포 생물은커녕 살아 있는 한 세포 내의 복잡성도 정의할 수 없다고 주장한다. 생명체를 설명하려면 모든 유전자 산물의 3차원 구조와 이러한 구조가 서로 어떻게 상호작용하는지, 세포가 환경과 어떻게 상호작용하는지, 생물의 각 세포에서 진화가 어떻게 작용하는지를 이해해야 한다고 그들은 말한다. 그들은 세포와 생물체는 역동적이며, 발생을 거쳐 주변 환경과 상호작용하면서, 끊임없이 변화한다고 주장한다. 한 세트의 상황에서 사는 세포를 형성하는 것은, 다른 상황에서는 작동하지 않는다. 단순한 생물(21장에서 설명한 것과 같은)에 대한 작은 유전자 네트워크를 정의하려는 시도조차도 엄청난 복잡성과, 구성 요소에 대한 불완전한 지식으로 인해 방해를 받는다.

'DNA로 불충분하다'는 측은 또한 벤터의 연구를 그들의 입장을 뒷받침하는 것으로 지적한다. 벤터의 연구실에서 생성된 합성 세포는 도입된 DNA에서 생성된 새로운 생명체가 아니라 단순히 보조적 유전체를 가진 기존 세포라고 설명한다. 합성된 DNA는 DNA 서열을 지원하는 데 필요한 모든 구성 요소(예: 유전자 발현 및 조절 기구들, 대사 장치 및 세포 구조)를 포함하는 수용 세포 외부에서는 자체적으로 기능할 수 없다.

'DNA로 불충분하다'는 쪽의 지지자들은 DNA 염기서열로 생명을 이해하려는 것은, 사전을 외우는 것으로 언어를 배우려는 것과 같다고 주장한다.

[1] Hutchison, C. A. III, et al. (2016). Design and Synthesis of a Minimal Bacterial Genome. *Science* 351:1414.

당신의 생각은?

개별적으로 또는 그룹으로 다음 질문에 답할 시간을 가져보라. "DNA면 충분한가?" 논쟁의 윤리적 및 과학적 주장을 다루는 다음 참고문헌과 링크를 조사하라.

1. 이 논쟁의 양측이 제시한 추가적 주장은 무엇인가? 이 주제에 대해 읽은 후 어느 편을 지지할지 결정하고 그 이유를 설명하라.

   다음 읽기 자료로 시작하라: Yong, E. (2012). Will We Ever... Reveal All the Secrets of Life from DNA? (https://www.bbc.com/future/article/20121102-will-we-ever-crack-lifes-code). 다음 자료도 참고하라: Noireaux, V. et al. (2011). Development of an Artificial Cell, from Self-Organization to Computation and Self-Reproduction. *Proc. Natl. Acad.* Sci. 108:3473-3480.

2. 합성 세포의 생성은 많은 윤리적 우려를 초래한다. 이러한 우려 사항들에는 어떤 것들이 있는가?

   세 가지 우려가 설명된 다음 자료를 참고하라: Douglas, T., and Savulescu, J. (2010). Synthetic Biology and the Ethics of Knowledge. *J. Med. Ethics* 36:687-693.

사례 연구 이상한 근위축증

30대 초반의 한 남성은 갑작스럽게 손과 목이 약해지더니 몇 주 후에는 근육이 타는듯한 통증을 느꼈다. 이것은 모두 후발성 근위축증의 증상들이다. 그의 담당 의사는 그가 가장 흔한 성인형 근이영양증 중 하나인 근긴장성 이영양증 1형(myotonic dystrophy type 1, DM1) 또는 근긴장성 이영양증 2형(DM2)을 가졌는지 확인하기 위해 유전자 검사를 지시했다. 검사에서 *DMPK*와 *CNBP* 유전자의 돌연변이들이 추적되었는데, DM1과 DM와 관련해서 알려진 것은 이 유전자들뿐이다. 유전자 검사 결과를 기다리는 동안 의사는 이 유전자에 질병을 유발하는 돌연변이가 있다고 해서 암호화 서열이 바뀌지는 않는다고 설명했다. 그보다는, DMPK나 CNBP 유전자의 3′ 비번역 영역에서 세 개 혹은 네 개의 뉴클레오타이드 반복서열이 늘어나거나 길어지는 것 때문에 근긴장성 이영양증이 발생한다고 했다. 그 의사는 계속 설명하기를, 증가된 수의 반복서열을 가진 RNA들은 다른 mRNA들의 대체 스플라이싱을 망가뜨려 세포 내의 여러 경로를 광범위하게 방해할 수 있다고 했다. 이런 논의는 몇 가지 흥미로운 질문을 낳는다.

1. 대체 스플라이싱이란 무엇이고, 어디에서 발생하며, 그것을 망가뜨리면 영향을 받는 유전자의 발현에 어떻게 영향을 미치는가?
2. 확장된 세 개 혹은 네 개 뉴클레오타이드 반복서열은 변형된 스플라이싱에 어떤 역할을 하는가?
3. DM1은 유전적 예상현상(genetic anticipation)이라고 알려진 특징을 나타내는데(4장 참고), 이것은 세대를 거듭할수록 *DMPK* 유전자의 세 뉴클레오타이드 반복서열이 더 확장됨에 따라 발병 연령이 더 낮아지고 증세는 심각해지는 것이다. 이 환자의 4세 아들과 2세 딸의 진단이 갖는 의미는 무엇인가?

이와 관련된 다음 자료를 참고하라: Pavićević, D. S., et al. (2013). Molecular genetics and genetic testing in myotonic dystrophy type 1. *Biomed. Res. Int.* 2013, Article ID 391821.

요약 정리

1. 진핵생물의 전사 후 유전자 조절은 핵 RNA 가공에서 단백질의 번역 후 변형에 이르기까지의 모든 단계에서 발생할 수 있다.
2. 많은 진핵생물 유전자의 pre-mRNA들은 대체 스플라이싱을 거치며, 이로써 서로 다른 기능의 단백질 동위형을 암호화하는 서로 다른 스플라이스 형태를 생성한다.
3. 대체 스플라이싱에서의 결함은 인간의 여러 가지 질병과 연관된다.
4. mRNA 안정성과 분해를 조정함으로써 잘못된 mRNA들을 없앨 수 있으며, 유전자 발현을 조절할 수 있다.
5. 마이크로 RNA(miRNAs)와 같은 비암호성 RNA들은, RNA 간섭(RNAi)이라 불리는 과정으로, 표적 mRNA의 서열-특이적인 분해나 번역 억제를 매개할 수 있다.
6. RNAi는 연구와 생명공학, 그리고 의료적 응용을 위한 최신 임상시험에서 중요한 도구로 자리를 잡았다.
7. 일부 mRNA들은 불활성 상태로 저장되었다가 나중에 번역되거나 특정 단서에 반응하여 번역된다.
8. 일부 mRNA들은 세포의 특정 영역으로 이동되어 지역적으로 제한된다. 그리고 국부적으로 번역되므로 진핵세포 내의 불균등한 단백질 분포가 발생한다.
9. 번역 후에는 인산화나 유비퀴틴 매개성 분해 등의 번역 후 변형에 의해 단백질 활성이 조절될 수 있다.

통찰과 해법

과학자들은 질병을 유발하는 돌연변이의 15% 이상이 대체 스플라이싱 오류와 관련이 있는 것으로 추정한다. 그러나 엑손을 없애는 결실 돌연변이가 단백질 생산을 증가시키는 흥미로운 사례가 존재한다. 79개의 엑손을 포함하는 디스트로핀(dystrophin) 유전자에서, 45번 엑손의 결실은 진행성 근육 퇴화와 관련된 뒤센형 근위축증(DMD)의 가장 흔한 원인이다. 그러나 45번 엑손과 46번 엑손이 결실된 사람들은 베커형 근위축증(Becker muscular dystrophy, BMD)을 나타내는데, 이 경우 근위축증의 증상은 조금 더 가볍다. 엑손 45와 46이 모두 결실된 BMD 환자가 DMD 환자보다 디스트로핀을 더 많이 생산하는 이유에 대한 가능한 설명을 제시하라.

해법: 엑손 하나의 결실이 유전자 산물에 미치는 영향은 여러 가지가 가능하다. 한 가지 가능성은, 엑손이 결실된 디스트로핀 유전자에서 전사된 mRNA가 불안정해서 디스트로핀 단백질 생산이 떨어지게 되는 것이다. mRNA가 안정하다고 해도, 결과적으로 돌연변이된 디스트로핀 단백질이 빠른 분해 과정의 표적이 된다면 안정적인

활성 단백질은 존재하지 않게 된다. 또 다른 가능성은 한 엑손의 결실이 조기 종결 코돈을 만드는 틀이동 돌연변이를 만드는 경우이다. 엑손을 79개나 가진 디스트로핀 유전자는 260만 염기쌍 이상을 차지하므로, 엑손 46번에서의 틀이동은 유전자 중간 부분에서 종결 코돈을 만들 수 있으며, 이것은 넌센스-매개성 mRNA 분해 반응을 유발할 수 있을 것이다. 분해되지 않은 mRNA라도 정상보다 더 짧은 디스트로핀 단백질을 암호화할 것이므로 비기능적일 가능성이 크다.

엑손 45와 46을 모두 포함하는 결실은 엑손 47번 내에서 디스트로핀 단백질의 번역틀을 회복시킬 수 있다. 이 유전자의 단백질 산물은 두 엑손에 의해 암호화되는 아미노산 서열들은 빠졌겠지만, 단백질 자체는 그래도 일부 활성을 가질 수 있어서 야생형 표현형을 일부 보유할 수도 있을 것이다.

적절한 번역틀로 복원하기 위해 엑손을 건너뛰는 이런 생각은 DMD를 위한 의료적 치료의 핵심이다. [van Deutekom and van Ommen (2003). *Nat. Rev. Genetics* 4:774–783]. 그리고 디스트로핀 유전자의 특정 영역에 돌연변이가 있는 DMD 환자의 증상을 완화하기 위한 치료제로 최근에 승인된 약물이 있다. 이에 대해 논의된 앞 내용(13장)의 [유전학과 윤리, 그리고 사회] 부분에 실린 글을 참고하라.

19

후성유전적 유전자 발현 조절

좁은잎해란초에서 각 꽃의 모양이 좌우 대칭(오른쪽 사진)에서 방사 대칭(왼쪽 사진)으로 바뀌는 것은, 단일 유전자의 메틸화와 관련된, 자연적으로 생긴 후성적 돌연변이에 의해 유전적인 유전자 침묵화가 발생했기 때문이다. 이 좌위에서 DNA 서열의 변화는 없다.

핵심 개념

- 유전체는 DNA의 서열 변화 없이도 후성유전적 기작에 의해 바뀔 수 있다: 여기에는 DNA 메틸화와 탈메틸화, 히스톤 변형, 그리고 비암호성 RNA 분자들의 작용이 포함된다.
- 후성유전체는 특정 시간에 세포에 존재하는 특정 후성유전적 변형 양상을 나타낸다. 전 생애에 걸쳐 세포는 하나의 유전체만 가지지만, 많은 후성유전적 상태로 존재할 것이다.
- 공유결합에 의한 히스톤 변형의 조합이 유전자를 활성화하거나 침묵화시키는 염색질 영역의 전사 상태를 조절한다. 유전자 발현을 조절하는 히스톤 변형 패턴을 히스톤 암호라고 한다.
- 후성유전적 기작은 부모-특이적 양식으로 한쪽 부모 대립유전자만 전사되도록 할 수 있는데, 이것을 각인이라고 한다. 혹은, 단일대립유전자성 후성유전적 발현에서는 이런 기작이 다양한 상염색체성 유전자에서 무작위로 작용할 수도 있다.
- DNA 메틸화 양상의 이상은 암의 특징이다. 저메틸화(메틸화 정도가 낮음)는 통제되지 않는 세포 분열을 유발하는 발암 유전자를 포함하여, 정상적으로는 불활성인 많은 유전자를 활성화한다. 다른 유전체 영역의 과메틸화(메틸화 정도가 높음)는 염색질 재구성, 염색체 재배열과 염색체 수의 변화를 촉진한다. DNA 메틸화의 변화 외에도 암은 공유결합성 히스톤 변형 양상이 망가지는 경향을 보인다.
- 유전체에 대한 후성유전적 변화는 가역적이므로, DNA와 히스톤에 화학 그룹을 추가하거나 제거하는 데 관여하는 효소는 새로운 화학 요법의 초점이 된다.
- 세포의 후성유전체 상태는 외부 환경과 유전체 사이의 상호작용을 매개한다. 이러한 환경 신호는 신체적 또는 행동적일 수 있으며, 새로운 유전자 발현의 패턴 중 일부는 유전 가능한 형질의 변화를 초래한다.

앞의 장들에서 우리는 진핵생물의 유전자 발현이 전사적으로(17장), 그리고 전사 후에(18장) 조절될 수 있다는 것을 살펴보았다. 그러나 유전체 구성과 유전자 발현 조절에 대해 더 많이 알게 되면서 고전적인 조절 기작만으로는 일부 표현형이 어떻게 발생하는지 완전히 설명할 수 없다는 것이 분명해졌다. 예를 들어, 일란성 쌍둥이는 유전자형은 같지만, 표현형이 다른 경우도 많다. 다른 경우에, 각 유전자의 한 대립유전자는 모계로 유전되고 다른 하나는 부계로 유전되지만, 모계 또는 부계 대립유전자만 발현되고, 다른 하나는 전사적으로 침묵한다. 이러한 현상에 대한 조사는 후성유전학 분야로 이어졌는데, 여기서는 DNA 서열에 암호화된 것 이외의 유전 가능한 유전체 변경이 어떻게 표현형 변이에 영향을 미칠 수 있는지 이해하기 위한 분자적 기초를 제공한다(그림 19.1).

후성유전학(epigenetics)은 "DNA 서열의 변화가 아닌 염색체 관련 유전성 변화가, 유전자 발현을 바꾸는 현상이나 기작에 관한 연구"로 정의할 수 있다. **후성유전체(epigenome)**란, 주어진 시간에 세포 내에 존재하는 특수한 후성유전학적 변화 양상

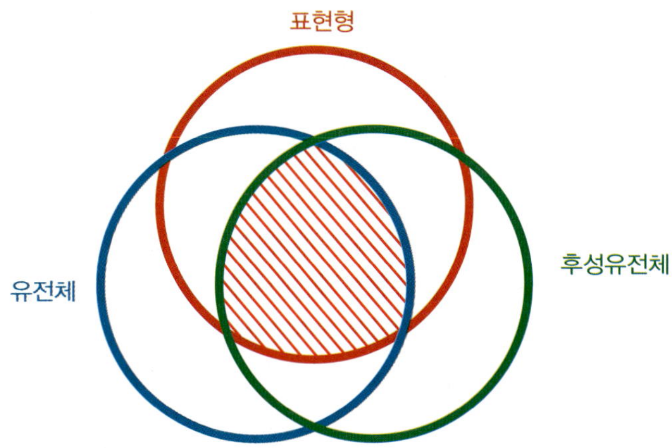

그림 19.1 생물의 표현형은 유전체와 후성유전체 사이의 상호작용 산물이다(빗금 영역). 유전체는 수정 순간부터 평생 일정하게 유지되지만, 세포, 조직, 그리고 생물체는 환경 자극에 대한 반응으로 유전자 활성의 후성적 재프로그래밍으로 인해 서로 다른 후성유전체를 발달시킨다. 이러한 재프로그래밍 사건들은 생애 주기 전반에 걸쳐 표현형 변화로 이어진다.

을 일컫는다. 생물체는 평생 한 가지의 유전체를 가지지만, 이것은 여러 가지 서로 다른 후성유전체를 생산하기 위해 변형될 수 있다.

유전체에 발생하는 후성유전학적 변형에 대한 지식, 즉 어떻게 이런 변형들이 유지되고 전달되며, 기초적인 생물학적 과정과 이들이 어떻게 관계되어 있는지를 이해하는 것은 생식과 발생, 질병 발생의 과정, 그리고 행동을 포함하여 환경에 대한 적응의 진화 등을 더 잘 이해하는 데 매우 중요하다.

최근의 연구 노력은 후성유전학의 여러 측면에 초점을 맞춘다: (1) 발생 중 분화된 세포에서 후성유전체 상태가 어떻게 생겨나는지, (2) 이러한 후성유전적 상태가 유사분열 및 감수분열을 통해 어떻게 전달되어 유전 가능한 특성을 만드는지 하는 것이다. 이러한 노력의 결과가 이 장의 주요 초점이 될 것이다. 또한 유전체에 대해 후성유전학적으로 조절되는 변화들이 암 및 당뇨병과 같은 일반적인 질병과 관련이 있으므로, 세포의 질병 관련 후성유전적 변화를 수정하거나 역전시킬 수 있는 약물 개발에도 노력이 집중되고 있다.

19.1 유전체에 생기는 분자적 변화가 후성유전체를 만든다

한 생물의 모든 세포 유형에서 모두 똑같은 유전체와는 달리, 후성유전체는 세포 유형에 따라 다르며 환경 신호에 반응하여 생애 전반에 걸쳐 변한다. 유전체와 마찬가지로, 후성유전체는 유사분열에 의해 딸세포로, 감수분열에 의해 미래 세대로 전달될 수 있다. 이 절에서는 후성유전체 형성의 기작들에 대해 살펴볼 것이다.

세 가지 주요 후성유전학적 기작이 존재한다: (1) 메틸기의 추가 또는 제거에 의한 DNA의 가역적 변형; (2) 히스톤 단백질에 화학 그룹의 추가되거나 제거되는 염색질 재구성; 그리고 (3) 비암호성 RNA 분자에 의한 유전자 발현의 조절이다. 이제 이러한 분자적 활동들을 차례로 살펴보도록 하자.

DNA 메틸화와 메틸롬

특정 시기에 한 생물의 유전체에 존재하는 메틸화된 뉴클레오타이드 전체를 **메틸롬(methylome, 메틸유전체)**이라고 한다. 메틸롬은 세포-특이적이며 조직-특이적이지만, 고정된 것이 아니어서, 세포가 변화하는 조건에 대해 반응하도록 요구됨에 따라 변화한다. 포유동물에서는 **DNA 메틸화(DNA methylation)**가 DNA 복제 후, 그리고 세포 분화 과정 중에 발생한다. 이 과정에서는 사이토신 염기의 5번 탄소에 메틸기($-CH_3$)가 첨가되어 (그림 19.2) 5-메틸사이토신(5mC)이 생기는데, DNA 메틸기 전이효소(DNA methyltransferase, DNMT)라고 불리는 효소 그룹에 의해 촉매되는 반응이다. 인간에서 5mC는 유전체 DNA의 1.5% 정도에 존재한다.

메틸화는 CpG 이뉴클레오타이드라고 하는 조합에서만 생기는데, 구아닌 염기 옆의 사이토신 염기에서만 거의 독점적으로 발생한다:

$$5' - \overset{m}{C}pG - 3'$$
$$3' - Gp\underset{m}{C} - 5'$$

이런 이뉴클레오타이드 부위 중 다수는 프로모터 및 상류 서열에서 자주 발견되는 CpG 섬(CpG islands)이라고 하는 영역에 몰려 있다[(그림 19.3(a)].

가사 유전자들(housekeeping genes; 기본적 관리 유전자들)로 불리는 필수 유전자들과, 세포 특이적 유전자들에 인접

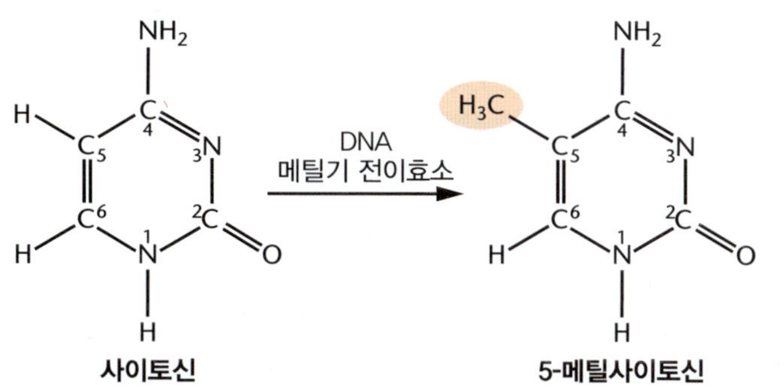

그림 19.2 DNA 메틸화에서 메틸기 전이효소는 메틸 공여체에서 사이토신으로 메틸기를 전달하여 5-메틸사이토신 생성을 촉매한다.

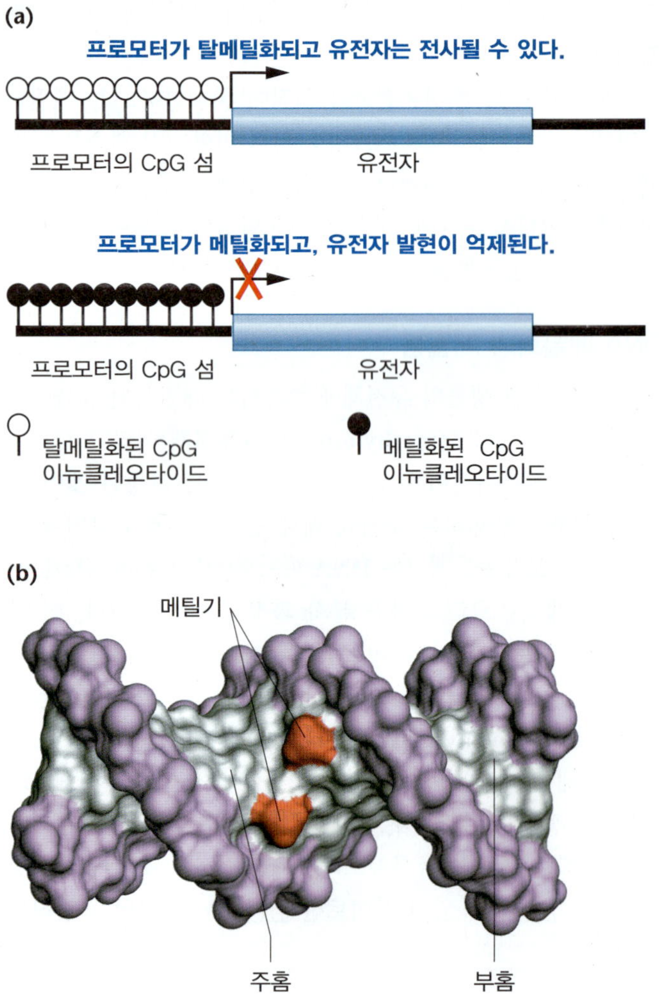

그림 19.3 (a) 프로모터에서 CpG 이뉴클레오타이드의 메틸화 양상은 인접 유전자의 활성을 조절한다. (b) 메틸기(붉은색으로 강조)는 DNA의 주홈을 차지하여 전사인자들의 결합을 방해함으로써 유전자를 침묵시킨다.

한 CpG 섬들 및 프로모터들은, 메틸화되지 않으므로 전사가 쉽게 이루어진다. 근처에 메틸화된 CpG 섬을 가진 유전자들과 프로모터 내에 메틸화된 CpG 서열을 갖는 유전자들은, 전사가 억제되어 침묵한다. 추가된 메틸 그룹들은 DNA의 주홈(major groove)을 차지하고 전사 인자들과 전사 복합체 형성을 위한 여러 가지 필수 단백질들의 결합을 막음으로써 유전자를 침묵시킨다[그림 19.3(b)].

그러나 메틸화된 CpG 이뉴클레오타이드 대부분은 유전자에 인접해 있지 않으며, 대신 동원체를 포함한 유전체의 이질염색질 영역의 반복성 DNA 서열에 위치한다. 이런 서열들의 메틸화는 인간 유전체의 주요 부분을 구성하는 LINE 및 SINE 서열 같은 전이 인자들이 전사되거나 복제되지 못하도록 하는 데 기여한다. (반복서열들, 이질염색질, 그리고 염색체 조직화에 대한 자세한 논의는 12장을 참고하라.) 이질염색질 메틸화는 전좌(translocation)나 이와 관련된 문제를 방해함으로써 염색체의 안정성을 유지하는 데 중요하다.

매우 잘 연구된 3가지의 DNA 메틸기 전이효소들(DNMTs)이 DNA 메틸화의 세포별 양상을 만들고 유지하는 데 관여한다: DNMT1, DNMT3a, 그리고 DNMT3b이다. 뒤의 두 가지는 DNA 메틸화 양상을 만드는 것으로 생각되며, DNMT1은 DNA 복제와 세포 분열이 반복될 때 이미 확립된 양상을 유지한다.

유전자 조절의 일부로서, DNA 메틸화는 탈메틸화와 연계되는데, 이것은 사이토신 메틸기가 효소에 의해 제거되는 것이다. 탈메틸화는 유전자의 후성적 재프로그래밍에 필수적이며 수동적이거나 능동적일 수 있다. 수동적 탈메틸화는 복제 중에 새로운 DNA 가닥을 메틸화하지 못하는 것이다. 능동적 탈메틸화는 DNA 복제와 독립적으로, 메틸화된 사이토신에서 메틸기를 제거하는 것이다. DNA 탈메틸화는 전체 유전체(전체적 탈메틸화)에 걸쳐 발생할 수 있거나, 유전자 발현의 변화와 관련된 특정 유전자좌로 제한될 수도 있다.

17가지의 서로 다른 인간 조직에 대한 최근 연구에서는, 2000개 이상의 유전자에 해당하는 CpG의 약 15%가, 조사된 모든 조직의 프로모터 및 상류 영역에서 저메틸화된 것으로 밝혀졌다. 추가 분석 결과, 많은 인접 유전자가 세포 주기, 전사 및 RNA 가공과 같은 기본적 관리 기능과 연관되어 있음이 밝혀졌다.

이 연구는 또한 CpG의 저메틸화 양상이 조직 특이적 기능에 관여하는 유전자와 연관되어 있음을 발견했다(**표 19.1**). 예를 들어, 뼈와 관절 연골에서는 골격 및 연골 발달과 관련된 11개의 유전자가 저메틸화되고 활발히 전사되는 반면, 방광에서는 근육 수축과 관련된 14개의 유전자가 활성화된다. 이러한 결과

표 19.1 조직 특이적인 유전자 메틸화 양상들

조직	조직 특이적인 과정	유전자의 수
동맥(심장, 비장)	혈관 발생	12
	혈관신생	10
	혈관 발달	13
골수	일반적인 세포 활성화	41
	백혈구 활성화	33
	면역 반응	62
뼈, 관절 연골	연골세포 분화	3
	연골 발달	4
	골격계 발달	5
방광	근육 수축	14
	배설	7
	분비	17

는 메틸롬 자료만으로도 연구된 모든 조직을 구별하기에 충분하며, 조직이 자신의 특이적 기능을 반영하는 독특한 메틸화 양상을 가진다는 것을 보여주었다.

어떤 경우에는, 조직 특이적인 메틸화 양상이 질병에 대한 유전적 감수성을 나타낸다. 예를 들어, 비알코올성 지방간 질병(nonalcoholic fatty liver disease, NAFLD)은 선진국의 주요 건강 문제이며 만성 간 질환의 주요 원인이다. 유전적 요소가 NAFLD에 대한 소인을 결정하는 데 중요한 역할을 하지만, 이러한 요소는 모든 사례 중 소수만을 설명할 수 있다. 그러나 생쥐를 사용한 실험은 DNA 메틸화의 특정 양상이 이 질병에 대한 감수성과 진행에 주된 역할을 한다는 것을 보여주었다. 이 연구는 또한 DNA 메틸롬 분석이 NAFLD의 진단 및 치료에 유용할 수 있음을 시사한다.

포유동물 및 기타 척추동물들에서, 사이토신의 메틸화로 인한 5-메틸사이토신(5mC)의 형성은, DNA의 가장 흔한 후성유전학적 변형이다. 그러나 녹조류인 *Chlamydomonas reinhardtii*와 선충인 *Caenorhabditis elegans*를 포함해 일부 진핵생물의 유전체에는 5mC가 없거나, 초파리에서처럼 거의 감지할 수 없는 수준으로 존재한다. 최근의 연구들에 따르면, 이들과 일부 다른 진핵생물의 메틸롬은, 5mC를 포함하는 것이 아니라, 6번 질소(N6)가 메틸화된 아데닌(6mA)을 포함하며, 이들이 후성유전적 기능을 가질 수 있다고 한다. 개별적으로 그리고 집단적으로, 초기 연구들의 증거는 (a) 이 생물들의 DNA에서 효소 작용에 의한 6mA의 변형이 발생하며, (b) 6mA가 유전자 발현을 조절하는 후성유전적 표지일 수 있으며, (c) 6mA가 세대를 거쳐 후성유전적 형질들을 전달하는 데 관여할 수 있음을 보여준다. 이처럼 초기 단계에서 6mA가 어떻게 유전자 발현을 제어하는지 세부 사항을 완전히 탐구하려면, 이 생물 종들에 대한 추가 연구가 필요하다. 또한 포유류를 포함한 다른 생물들의 메틸롬에 6mA가 어느 정도 존재하는지, 그리고 그들이 후성유전적 기능을 갖는지는 아직 밝혀지지 않았다.

히스톤 변형과 염색질 재구성

전사를 촉진하는 DNA와 단백질들의 상호작용은, 다음 두 가지 과정에 의해 조절된다: (1) 염색질 재구성(chromatin remodeling) 과정으로, ATP에 의해 가동되는 단백질 복합체가 뉴클레오좀들을 이동시키거나 제거하고, 혹은 변형시키는 등의 활동이 포함된다. 그리고 (2) 히스톤 변형(histone modification) 과정에서는, 히스톤 단백질들의 N-말단 근처에서 아미노산들이 번역 후에 공유결합으로 변형된다. 종합하면, 이 두 가지 과정이 전사를 촉진하거나 억제하며, 유전자를 조절하는 주된 방법의 하나로 작용한다.

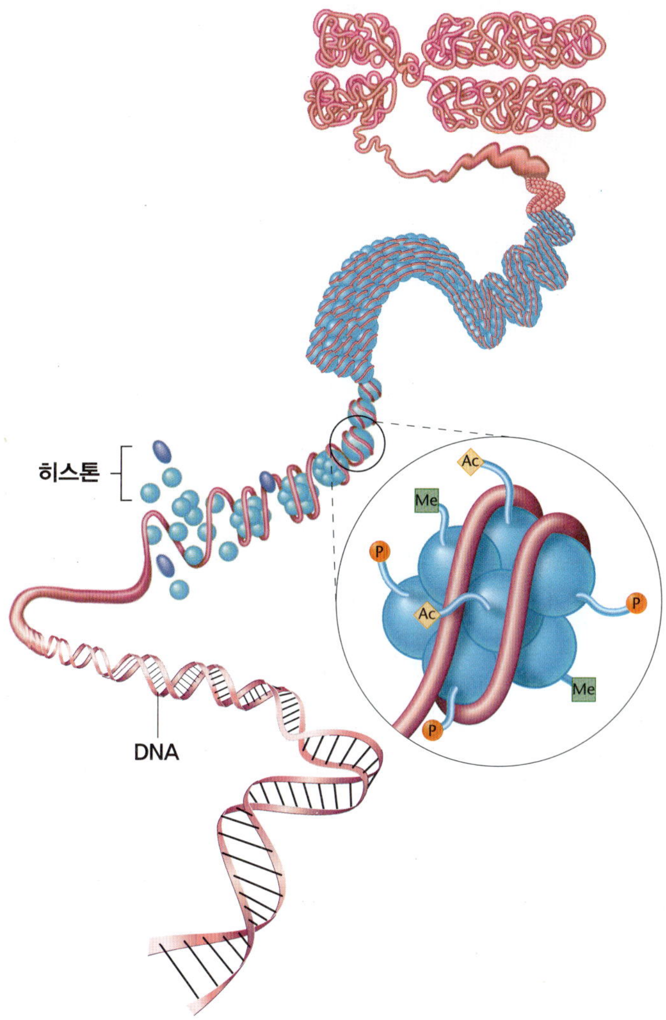

그림 19.4 뉴클레오좀의 히스톤들은 그들의 N-말단 꼬리에 공유결합에 의해 변형되는 후성유전적 변화를 가진다. 이런 변형은 유전자 발현의 양상을 변화시킨다. Ac = 아세틸기, Me = 메틸기, P = 인산기.

염색질은 DNA가 8개의 히스톤 단백질로 구성된 핵심 입자를 감아 뉴클레오좀을 형성한 동적 구조임을 기억할 것이다(12장). 정상적으로는, DNA가 뉴클레오좀 주위를 단단하게 감아 염색질을 형성하는데, 이것이 감기고 포장되면 염색체가 된다. 이 경우, DNA의 조절 영역들과 유전자들은 전사를 촉진하는 단백질들과 상호작용할 수가 없다.

각 히스톤의 N-말단 영역은 뉴클레오좀 너머로 빠져나가 꼬리를 형성한다. 이 꼬리들의 아미노산들은 여러 가지 방식으로 공유결합되어 변형될 수 있으며, 이 과정에 다수의 단백질이 관여한다(그림 19.4). 여기에는 히스톤에 화학적 그룹을 추가하는 단백질("기록자"), 이러한 변형을 해석하는 단백질("해독자"), 그리고 이러한 화학적 그룹을 제거하는 단백질("지우개")이 포함된다. 이런 히스톤 변형 단백질 일부가 표 19.2에 정리되어 있다.

표 19.2 후성적 염색질 변형자 단백질의 추정 숫자

형태	밝혀진 수
기록자 단백질 메틸기 전이효소 히스톤 아세틸기 전이효소	**78**
해독자 튜더 도메인 포함 단백질들 MBT 도메인 포함 단백질들 크로모도메인 포함 단백질들	**156**
지우개 히스톤 탈아세틸화효소들 라이신 탈메틸화효소들	**42**

히스톤에는 20가지 이상의 화학적 변형이 발생할 수 있으나, 주요 변화는 아세틸기, 메틸기, 그리고 인산기가 추가되는 것이다(그림 19.4). 그런 첨가들로 염색질의 구조가 바뀌며, 변형된 히스톤이 있는 뉴클레오좀의 유전자에 전사 기구가 접근 가능해지거나 불가능해진다. 예를 들어, 히스톤 아세틸화는 DNA에 대한 히스톤의 결합을 완화해 유전자를 전사에 사용할 수 있도록 한다[그림 19.5(a)]. 그리고 아세틸화는 가역적이다. 아세틸 그룹을 제거(지우기)하면 염색질을 "열린" 구성에서 "닫힌" 상태로 변경해 유전자를 전사에 사용할 수 없도록 함으로써, 유전자를 침묵시킨다[그림 19.5(b)].

히스톤의 변형은 히스톤 2A, 2B, H3, 그리고 H4에서, N-말단 꼬리의 특수한 아미노산들에 발생한다. 그림 19.6(a)는 히스톤 H3과 H4에서 흔히 발견되는 몇 가지 변형을 보여준다. 히스톤 분자 내부 혹은 히스톤 분자들 사이에서, 여러 가지 조합의 히스톤 변형이 가능하며[그림 19.6(b)], 이런 복잡한 양상과 그 상호작용들의 총합을 **히스톤 암호(histone code)**라고 부른다. 히스톤 암호의 기본 아이디어는 히스톤 아미노산들의 가역적 효소 변형(기록자와 지우개 분자들에 의한)이 핵질의 단백질들(해독자들)을 불러모아 염색질 구조를 더 변형하거나 전사를 조절하도록 한다는 것이다. 히스톤과 히스톤 변형이 어떻게 유전자 발현의 변화를 이끄는지에 대한 우리의 이해에는, 2018년에 라스커상을 수상한 그룬스타인(Michael Grunstein)과 앨리스(David Allis)에 의해 주도되었던 중요한 연구들이 기여한 바가 크다.

이 암호는 다음과 같이 간단히 나타낼 수 있다:

- 히스톤의 이름(예: H3)
- 아미노산을 표현하는 한 글자(예: 라이신이면 K)
- 해당 단백질에서 아미노산 위치(예: 9)
- 변형의 형태(ac = 아세틸, me = 메틸, p = 인산 등)
- 변형된 수(아미노산들은 메틸기가 하나나 둘 혹은 세 개 등 여러 개가 붙을 수 있다)

따라서 H3K27me3은 히스톤 H3의 N-말단으로부터 27번째

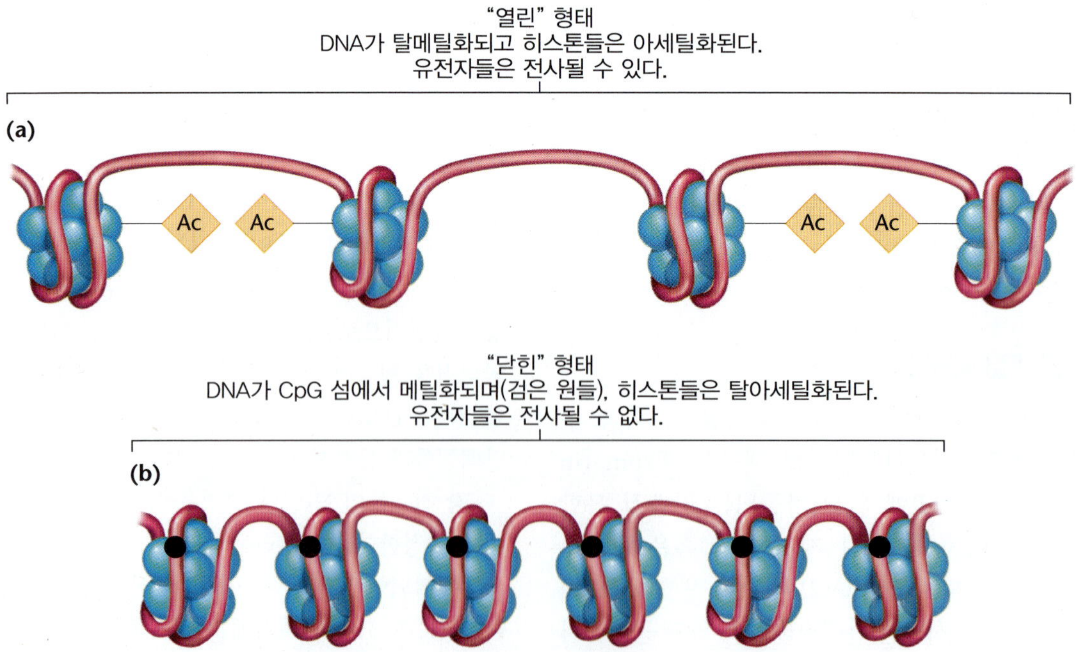

그림 19.5 유전체에 대한 후성유전적 변형은 뉴클레오좀의 간격을 변화시킨다. (a) 열린 구조에서 염색질 재구성은 뉴클레오좀 위치를 바꾸고 CpG는 메틸화되지 않으므로, DNA의 유전자는 전사에 사용될 수 있다. (b) 닫힌 구조에서 DNA는 뉴클레오좀에 단단히 감겨 있고, CpG는 메틸화되고, 히스톤에서 화학 그룹이 제거되며, DNA의 유전자는 전사에 사용될 수 없다.

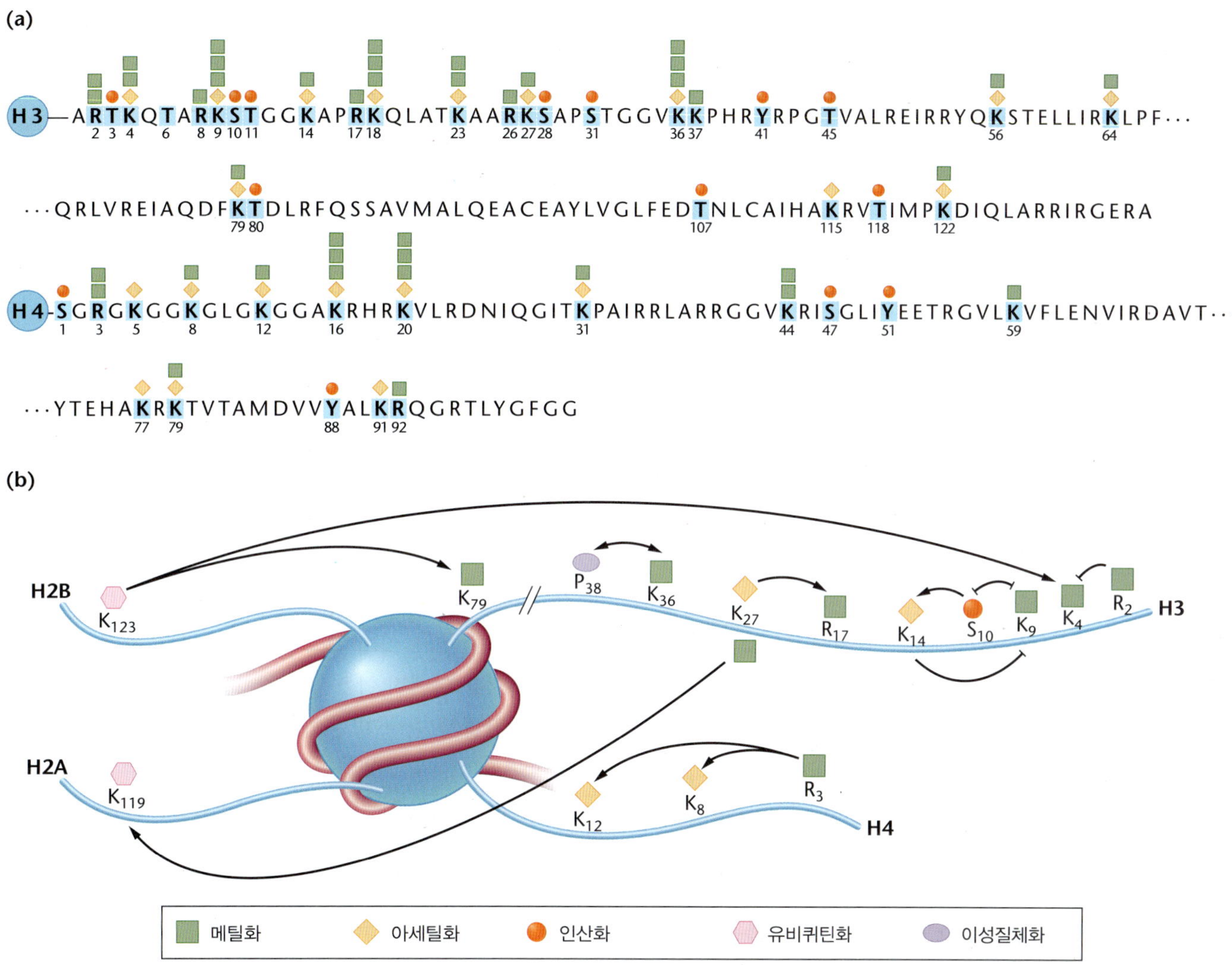

그림 19.6 히스톤 H3와 H4의 N-말단 꼬리 내에서 생길 수 있는 변형들. (모두 네 가지—2A, 2B, H3, 그리고 H4—가 변형될 수 있으나 여기서는 2가지만 보여주었다.) 아미노산들은 한 글자 기호로 표시되었다(K = 라이신, R = 아르기닌, S = 세린, T = 트레오닌, Y = 타이로신). 숫자는 N-말단에 대한 아미노산의 위치를 나타낸다. 아미노산 위의 기호는 변형 중에 공유결합된 화학 그룹과, 아미노산에 추가될 수 있는 화학 그룹의 수를 나타낸다(예: 일부 아미노산은 최대 3개의 메틸기를 보유할 수 있음). (b) 화살표는 서로 다른 히스톤의 변형 아미노산들 사이의 상호작용을 보여주며, 히스톤 코드의 복잡성을 증가시킨다. 화살 머리는 긍정적인 효과를 나타낸다; 평평한 화살은 부정적인 영향을 나타낸다.

라이신이 세 번 메틸화된 것을 나타낸다.

유전자 발현 조절에서 일부 히스톤 변형의 역할이 **표 19.3**에 제시되어 있다. 히스톤 변형의 특정 조합과 더불어, 변형된 아미노산이 히스톤 내부 및 히스톤 사이에서 어떻게 상호작용하는지가, 염색질 영역의 전사 상태를 조절한다. 예를 들어, H3K9가 메틸화될지 여부는 그 단백질의 다른 곳에서 발생한 변형에

표 19.3 히스톤 변형자들의 기능

변형	H3K4	H3K9	H3S10	H3K14	H3K27	H3K36	H3K79	H4K20
아세틸화	–	활성화	–	활성화	활성화	–	–	–
1차 메틸화(me1)	활성화	활성화	–	–	활성화	–	활성화	활성화
2차 메틸화(me2)	–	억제	–	–	억제	–	활성화	–
3차 메틸화(me3)	활성화	억제	–	–	억제	활성화	활성화 억제	–
인산화	–	–	억제	–	–	–	–	–

의해 조절된다. 한편, H3S10이 인산화되면 인접한 아미노산인 H3K9의 메틸화가 억제된다. 반면에, H3K14가 탈아세틸화되면 H3K9의 메틸화는 촉진된다. 히스톤 H3K4와 H3K36의 메틸화는 전사 활성화와 연관되는 반면, H3K4, H3K9, 그리고 H3K27의 탈메틸화는 유전자 억제와 관련된다.

히스톤 암호는 매우 복잡할 수 있다. H3의 아미노산에 1개, 2개 또는 3개까지 메틸기가 추가된 것만 고려해도 약 2800억 개의 조합이 생긴다. 모든 히스톤의 모든 가능한 변형을 고려할 때 가능한 조합의 수는 정말로 천문학적인 수가 된다. 모든 후성유전학적 역할을 확인하기 위해서는 해야 할 일이 정말 많다.

우리가 아는 것은 이 풍부한 조합 덕분에 분화된 세포가 세포 특이적으로 유전자를 전사할 수 있으며, DNA 서열의 변화 없이도 외부 신호에 반응하여 기존의 유전자 발현 양상을 변화시킬 수 있다는 것이다.

풀어보기

19.1 히스톤 변형이 유전자를 활성화하거나 침묵시킬 수 있지만, 이러한 공유결합성 변형은 뉴클레오좀 구조에 포함되는 단백질 분자에 발생하며, 활성화되거나 침묵하게 되는 대립유전자를 가진 DNA가 바뀌는 것은 아니다. 만약 고정된 양상의 활성화 및 침묵성 대립유전자들이 여러 번의 세포 분열을 통해 전달된다면, 그 히스톤 변형은 영향을 받는 대립유전자에 대해 시스이겠는가 아니면 트랜스이겠는가, 그 이유는 무엇인가?

- **힌트:** 이 문제는 하나의 뉴클레오좀 내에 각 히스톤이 몇 개의 사본으로 포함되어 있는지, 그리고 히스톤과 뉴클레오좀을 감싸는 DNA 사이의 공간적 관계가 어떤지에 대한 이해를 포함한다.

짧은 비암호성 RNA들과 긴 비암호성 RNA들

전령 RNA(mRNA) 외에도, 유전체의 전사로 여러 종류의 **비암호성 RNA들(noncoding RNAs, ncRNAs)**이 생성된다. 이들은 DNA에서 전사되지만, 단백질로 번역되지는 않는다. 후성유전적 조절과 관련된 ncRNA들은 두 그룹을 포함한다: (1) 31 뉴클레오타이드 미만의 짧은 ncRNA들과 (2) 200 뉴클레오타이드 이상의 긴 ncRNA들이다. 두 가지 형태 모두 이질염색질 형성, 히스톤 변형, 좌위 특이적 DNA 메틸화, 그리고 유전자 침묵화 등 여러 기능을 수행한다. 이들은 또한 후성유전적 조절 네트워크에서도 중요하다.

짧은 ncRNA에는 세 가지 종류가 있는데, miRNA(micro RNA), siRNA(short interfering RNA), 그리고 piRNA(piwi-interacting RNA)이다. miRNA들과 siRNA들은 70~100 뉴클레오타이드 길이의 전구체 분자로 전사되는데, 이중 가닥의 줄기-고리 영역과 단일 가닥 영역을 가진다. 길이가 20~25개 리보뉴클레오타이드 정도로 짧아지는 몇 단계 후에, 이 RNA들은 유전자 발현의 억제자들로 작용한다. piRNA들의 기원은 불분명하지만, 이들은 단백질들과 상호작용하여 생식세포에서 후성유전학적 유전자 침묵화에 관여하는 RNA-단백질 복합체를 형성한다.

긴 비암호성 RNA들(long noncoding RNAs, lncRNAs)은 mRNA들과 공통점이 많다; 이들은 종종 5′ 캡과 3′ 폴리-A 꼬리를 가지며 스플라이싱이 된다. lncRNA와 암호화 전사체(mRNA)의 차이는, 이들이 아미노산들을 연결하여 폴리펩타이드로 만드는 긴 열린 번역틀(ORF)이 없다는 점이다.

lncRNA의 발견은 인간 유전체 프로젝트의 부산물 중 하나였다. 유전체 서열화로 단백질을 암호화하지 않는 수천 가지의 RNA 유전자들이 드러났다. RNA 서열화를 이용한 더 최근의 연구들은 인간의 유전체에서 약 17,000개의 lncRNA 유전자들을 찾아냈다.

lncRNA 좌위들은 종종, 근처에 있는 단백질-암호화 유전자들과의 관련성에 의해 분류된다. **안티센스 lncRNA 유전자**들은 부분적으로 단백질-암호화 유전자들과 겹치며, 그 단백질-암호화 유전자들과 반대 방향으로 전사된다[그림 19.7(a)]. **인트론성 lncRNA 유전자**들은 인트론 내에 위치하며, 그들의 전사는 단백질-암호화 유전자 내의 그 인접 엑손들과 겹치지 않는다[그림 19.7(b)]. **양방향성 lncRNA 유전자**들은 단백질-암호화 유전자의 프로모터를 사용하지만, 반대 방향으로 전사된다[그림 19.7(c)]. **유전자 사이의 lncRNA 유전자**들은 분명한 전사 단위로서, 단백질-암호화 유전자들이 바깥에 위치한다[그림 19.7(d)].

엄청난 수의 lncRNA 좌위들이 존재하고, 유전자 조직화에서의 차이, 그리고 전사 양상의 차이가 있음에도 불구하고, lncRNA들은 몇 가지 공통적 특징을 가진다: (1) 다양하고 많은 염색질 조절자들과 연합하여 RNA-단백질 복합체를 형성한다. (2) 이런 복합체들을 유전체의 특정 장소로 전달한다. 그리고 (3) 염색질 재구성에 참여하며, 전사 인자들과 상호작용하고, 아직 밝혀지지 않은 기작으로 유전자를 조절한다.

현재까지의 연구는 lncRNA들이 몇 가지 기작을 통해 유전체의 특정 영역들과 상호작용할 수 있음을 제시한다. 첫째, lncRNA들은 전사인자들이 결합할 수 있는 **미끼**로 작용할 수 있어서, 그들이 표적 유전자와 상호작용하는 것을 방해할 수 있다[그림 19.8(a)]. lncRNA들은 또한 둘 혹은 그 이상의 단백질들이 모여 기능적인 복합체를 만드는 **플랫폼**이나 **어댑터**로 작용할 수도 있다[그림 19.8(b)]. 예를 들어, lncRNA인 HOTAIR가 두 가지 단백질 복합체들과 결합하면 그들의 협동적 작용으로 H3K27은 메틸화되고, H3K4me2는 탈메틸화되는데, 이것은 표적 유전자들을 침묵화시키는 히스톤 변형 조합이다.

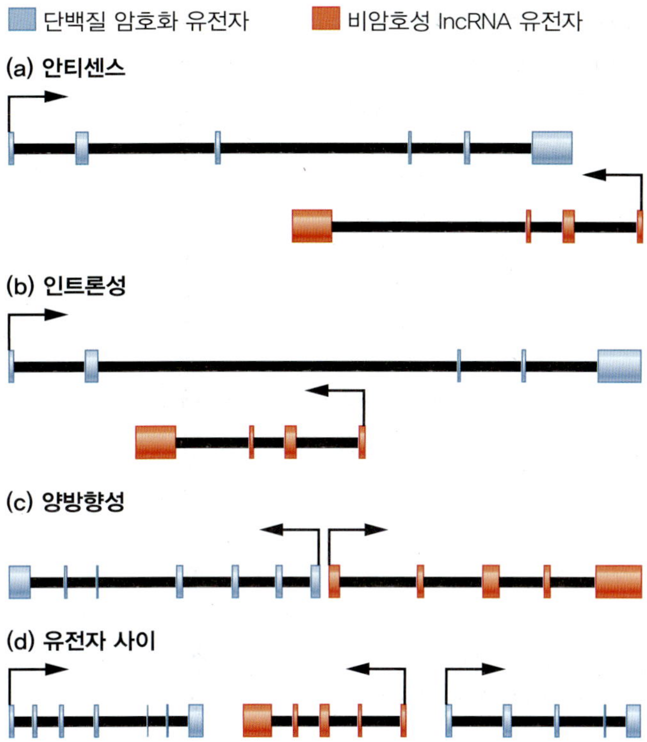

그림 19.7 네 종류의 lncRNA 좌위들. (a) *안티센스 lncRNA 유전자들*은 보통 부분적으로 단백질 암호화 유전자의 3′ 방향에 있으며 자신의 프로모터를 가지며, 반대 방향으로 전사된다. (b) *인트론의 lncRNA 유전자들*은 단백질-암호화 유전자들의 인트론 내에 포함되어 있다. (c) *양방향성 lncRNA 유전자들*은 단백질-암호화 유전자들과 서열이 겹치지 않으나, 인접한 단백질-암호화 유전자의 프로모터를 사용하여 반대 방향으로 전사된다. (d) *유전자 사이의 lncRNA 유전자들*은 완전히 독립된 좌위에 있으며 단백질-암호화 유전자들과 겹치지 않고, 자신의 프로모터를 사용한다.

lncRNA들은 또한 유전자 침묵화에 관여하는 염색질 재구성 효소 복합체들을 표적화할 수 있다[그림 19.8(c)]. 이런 기능에서는, lncRNA들이 대립유전자-특이적인 방식에서의 유전자 침묵화를 표적화하는 **안내자**로 작용하는데, 이것은 lncRNA들의 기본적 기능 두 가지를 잘 보여준다. 최근 들어, lncRNA에 의한 안내가 염색체 영역의 고리 형성이라는 또 다른 기작을 통해 발생한다는 의견이 제시되었는데, 이것은 **인핸서**들이 단백질을 유전자 상류의 조절 서열로 이동시키는 방법과 유사하다[그림 19.8(d)].

lncRNA들은 핵과 세포질에서 모두 발견되며, 다양한 기작을 통해 유전자의 전사 조절 및 전사 후 조절에 관여한다. 후성유전의 주요 조절자로서, lncRNA들은 염색질-변형 효소들과 결합하여 유전체 내 특정 영역의 활성을 이끈다. 이런 부위들에서는 lncRNA들이 염색질 변형을 일으켜 유전자 발현의 양상을 바꾼다.

요약하면, 후성유전적 변형은 몇 가지 기작을 통해 염색질 구조를 바꾼다: 히스톤에 공유결합으로 발생하는 가역적 변형인 DNA 메틸화와, 짧거나 긴 RNA들의 작용이다. 이들 모두 유전체 DNA의 서열을 변화시키지 않는다. 이 일련의 후성유전적 변화는 후성유전체를 생성하여 정상적인 발달을 조절하고, 환경 신호에 대한 반응으로 유전자 발현의 변화를 만들어낼 수 있다.

19.2 후성유전과 단일대립유전자의 발현

포유동물들은 각 유전자의 모계 및 부계 사본을 물려받으며, 여성의 비활성화된 X 염색체에 있는 유전자를 제외하면, 각 유전자의 두 사본은 일반적으로 자손에서 동일한 수준으로 발현된다. 그러나 어떤 경우에는 오직 하나의 대립유전자만 전사되며, 다른 하나는 전혀 전사되지 않는다. 이런 현상은 **단일대립유전자 발현(monoallelic expression, MAE)**으로 불린다.

MAE는 주로 세 가지 종류로 구분할 수 있다. 한 가지는 유전자들이 **부모 기원의 양상**으로 발현되는 것이다; 즉, 특정 유전자의 모계 대립유전자 또는 부계 대립유전자만 발현되는 현상으로서, **유전체 각인(genomic imprinting)**이라고 한다. 나머지 두 가지는 **무작위** 단일대립유전자 발현을 포함한다. 첫째는, 포

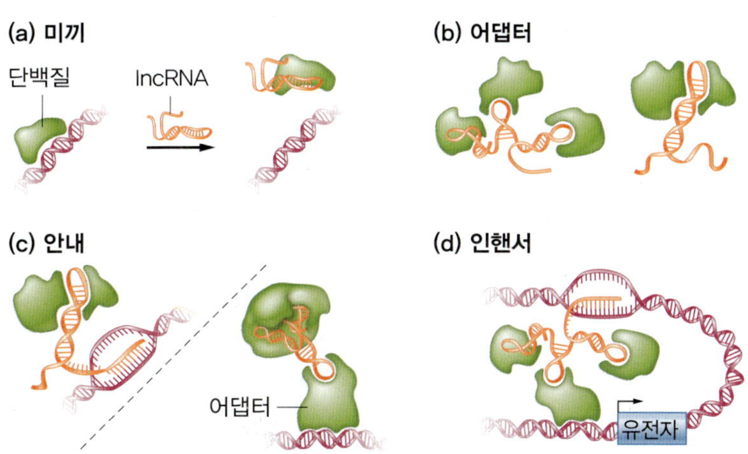

그림 19.8 lncRNA의 작용 기작에 대한 네 가지 모형들. (a) *미끼 모형*. lncRNA-결합 자리가 단백질-암호화 유전자의 전사 개시 부위와 경쟁하여 전사를 방해한다. (b) *어댑터 모형*. lncRNA들이 둘 이상의 단백질들을 위한 플랫폼 혹은 어댑터로 작용하여 활성적인 DNA0결합 단백질 복합체를 형성하도록 한다. (c) *안내 모형*. lncRNA들이 단백질 복합체(예: 염색질 변형자들)를 소집하여 이들을 특정 좌위로 안내한다. RNA-DNA 혹은 RNA-단백질 상호작용을 통해 이런 상호작용이 가능해진다. (d) *인핸서 모형*. lncRNA들이 유전자들의 상류나 하류의 DNA에 결합하여 인핸서처럼 고리를 만들어 유전자 활성을 조절한다.

유류의 암컷 세포들에서 하나의 X 염색체가 무작위로 불활성화되는 것이다. 이 현상은 X-연관성 유전자들의 양에 대한 보정을 가능하게 한다(포유동물의 수컷들은 X 염색체를 하나만 가진다는 것을 기억하라). 둘째는, 부모 기원과 무관하게 무작위로 생기는 대립유전자의 비활성화 양상으로, 상당수의 상염색체 유전자에서 관찰된다. 이 세 가지 종류를 차례로 살펴보도록 하자.

부모 기원의 단일대립유전자 발현: 각인

부모에 따라 각인되는 유전자는 배우자 형성 동안 남성과 여성의 생식세포에서 표시된다; 따라서 수정란은 어머니나 아버지로부터 받은 특정 유전자의 사본에 다른 표식를 가진다. 이런 표지는 어떻게 생기는 것일까?

우선, 정자와 난자가 운반하는 DNA는 고도로 메틸화되어 있다. 그러나 수정 직후에 이런 메틸화 표시는 거의 다 없어진다. DNA의 이런 변화는 배아 세포들을 다능성 상태(pluripotent state)로 재가동시킴으로써 새로운 후성유전적 변형을 일으켜, 성체에서 발견되는 200가지 이상의 세포 형태를 생성하도록 한다. 배아가 자궁벽에 착상되는 것과 거의 동시에, 세포는 조직 고유의 후성유전적 정체성을 가지며, 메틸화 양상과 히스톤 변형은 분화된 세포의 특징을 반영하기 위해 빠르게 변한다.

그러나 일부 유전체 영역은 이런 전반적인 탈메틸화와 재메틸화 과정을 겪지 않는다. 이 영역에 포함된 유전자는 모계 또는 부계 염색체의 메틸화 표시로 각인된 상태로 남는다. 이러한 메틸화의 원래 부모 패턴은 대립유전자 특이적 각인을 생성한다. 각인된 대립유전자들은 배발생 및 발달 후기 단계 동안 전사적 침묵 상태를 유지한다. 예를 들어, 부계로부터 온 대립유전자가 각인되었다면 그것은 발현되지 않으며 오로지 모계의 대립유전자만 발현된다.

인간에서는, 각인된 유전자들이 일반적으로 같은 염색체 위에 몰려서 발견되며, 1000 kb 길이의 DNA를 차지할 수 있다. 이 유전자들은 유전체의 소수 좌위들에서 서로 가까이 위치하므로, 하나의 각인 유전자에 생긴 돌연변이가 인접했거나 함께 조절되는 각인 유전자들의 기능에 영향을 미칠 수 있다. 결국 돌연변이의 표현형적 영향이 증폭된다. 각인 유전자들에서의 이런 돌연변이는 DNA 서열에서의 변화를 통해서 발생할 수도 있고, **후성돌연변이(epimutation)**라는 비기능적인 후성유전학적 변화 결과로 발생하기도 하는데, 두 가지 모두 유전자 활성에서의 변화가 다음 세대로 이어질 수 있도록 한다.

종종 각인 과정이 잘못되어 작동하지 않기도 한다. 그런 경우, 각인 결함은 베크위드-비데만 증후군(Beckwith–Wiedemann syndrome), 프레더-윌리 증후군(Prader–Willi syndrome), 엔젤만 증후군(Angelman syndrome) 등, 인간의 여러 질병을 일으킬 수 있다(**표 19.4**). 그러나, 각인 감수성 후보 유전자의 수와 각인 유전자가 추가로 발견될 가능성을 고려하면, 각인 관련 유전 질환의 전체 수는 훨씬 더 많아질 수 있다.

표 19.4 인간의 각인 질병들

질병	좌위
올브라이트 유전성 골이영양증	20q13
엔젤만 증후군	15q11–q15
베크위드-비데만 증후군	11p15
프레더-윌리 증후군	15q11–q15
실버-러셀 증후군	Chromosome 7
편부모성 이염색체성 14	Chromosome 14

인간에서 가장 잘 알려진 각인 유전자들은, 성장 인자들이나 다른 성장 조절 유전자들을 암호화한다. 각인과 관련된 상염색체 우성 질병인 베크위드-비데만 증후군(BWS)은 13,700명의 출생당 약 1명에서 발생하며, 후성유전적 각인이 어떻게 비정상적인 표현형으로 이어질 수 있는지에 대한 통찰을 제공한다. BWS는 복벽 결함, 장기 비대, 출생 시 과체중 및 암에 대한 소인을 특징으로 하는 태아기 과성장 질병이다. BWS와 관련된 유전자는 11번 염색체의 단완의, 후성유전적으로 각인된 유전자 무리에 위치한다(**그림 19.9**). BWS는 유전자의 DNA 서열 돌연변이로 인해 발생하는 것이 아니며 염색체 이상과 관련이 없다. 그보다는, 변경된 유전자 발현 패턴을 초래하는, 관련 유전자의 비정상적 DNA 메틸화 패턴으로 인해 발생하는 각인 질병이다.

이 유전자 무리의 모든 유전자는 태아 발달 동안 성장을 조절하는 것으로 알려져 있다. 이 유전자 무리에서 밀접하게 관련된 두 유전자는 암호화된 단백질이 성장 및 발달에 중요한 역할을 하는 **인슐린 유사 성장 인자** 2(*insulin-like growth factor 2, IGF2*)와, ncRNA로 전사되는 *H19*이다. 이 두 유전자는 이들의 발현을 조절하는 각인 제어 영역(imprinting control region, ICR)에 의해 분리되어 있다. 일반적으로, 11번 염색체의 부계 사본에 있는 ICR은 메틸화되어 부계 *IGF2* 대립유전자의 발현을 허용하지만, 부계 *H19* 대립유전자는 침묵 상태로 유지된다[**그림 19.9(a)**]. 반대로, 11번 염색체의 모계 사본에서 ICR은 메틸화되지 않아 모계 *H19* 대립유전자가 발현되도록 하는 데 반해, 모계 *IGF2* 대립유전자는 침묵 상태로 유지된다.

BWS에서는, 몇 가지 기작이 성장 이상을 초래할 수 있다. 어떤 형태의 BWS에서는, ICR의 두 사본이 모두 메틸화되고, 모계 및 부계 *IGF2* 대립유전자가 모두 전사되어 이 질병의 특징인 조직 과성장을 초래한다. 이런 상황에서, 두 *IGF2* 대립유

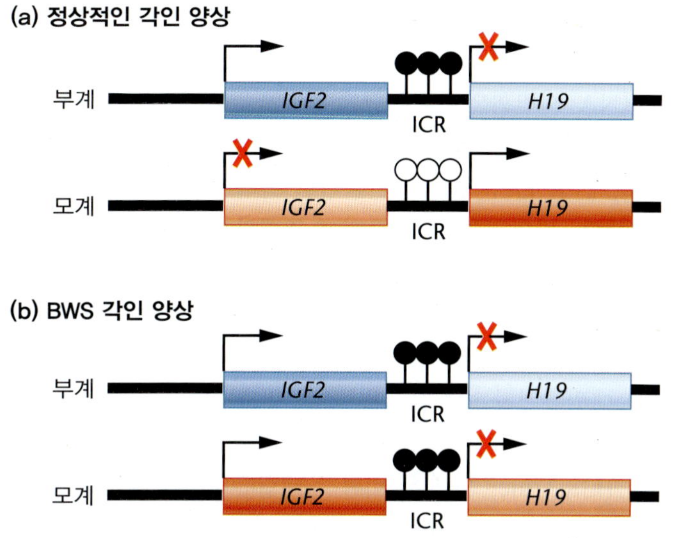

그림 19.9 인간 염색체 11번의 각인 영역. (a) 정상적인 각인에서는, 부계 염색체의 ICR은 메틸화된다(채워진 원); *IGF2* 대립유전자는 활성이고 *H19* 대립유전자는 침묵한다. 모계 염색체의 ICR은 메틸화되지 않고(열린 원), *H19* 대립유전자가 활성인 동안 *IGF2* 대립유전자는 침묵한다. (b) BWS의 한 형태에서는 모계 및 부계 ICR이 모두 메틸화되고(채워진 원), 두 *IGF2* 대립유전자가 모두 활성이며, *H19* 대립유전자는 모두 침묵한다. 그 결과 세포 성장의 조절 장애가 BWS의 특징인 과도 성장을 일으킨다.

전자의 전사는 *H19* 대립유전자 두 사본의 침묵과 동반되어 조직의 과성장을 더욱 악화시킨다[그림 19.9(b)].

프레더-윌리 증후군(Prader–Willi syndrome, PWS)과 엔젤만 증후군(Angelman syndrome, AS)은 인간에서 밝혀진 최초의 각인 질병 사례들로서, 15번 염색체의 장완에 위치한 동일 영역이 부모별로 다르게 각인되거나 이 영역의 부분적 결실 때문에 발생한다. 이 두 질병과 관련된 유전자들은 15번 염색체에서 후성적으로 각인되는 유전자 무리의 일부이다. 이 유전자들의 부계 또는 모계 사본이 발현되지만, 둘 다 발현되지는 않는다. PWS는 15,000건의 출생당 약 1건에서 발생하며, 지적 장애, 제어할 수 없는 식욕, 비만, 당뇨병, 그리고 성장 장애를 유발한다. 정상 개인에서는 PWS와 관련된 유전자는 부계에서 발현되고 모계에서는 침묵한다. 이 유전자들은 뇌의 발달과 기능에 직간접적으로 관여한다. 각인 양상의 후성유전적 조절이 망가짐으로써, 이 유전자의 부계 대립유전자가 침묵하게 되면 PWS를 초래한다.

AS는 주로 신경계에 영향을 미친다; 영향을 받은 사람들은 지적 장애를 보이며, 불수의적 근수축(무도병), 발작이 동반된다. 이 질병은 24,000건의 출생당 1명 정도로 나타난다.

AS는 한 유전자(*UBE3A*)의 비정상적인 각인에 의한 것이다. 정상적이라면, 모계와 부계 대립유전자 둘 다 신체의 여러 조직에서 발현된다. 뇌 일부에서는 전형적으로 부계 사본이 각인되어 침묵하므로, 모계 사본만 발현된다. 따라서 *UBE3A* 유전자의 모계 사본이 불활성화되거나 소실되는 것은 뇌의 일부에서 그 유전자의 활성 사본이 없다는 뜻이 되며, 이것이 AS를 일으킨다.

알려진 각인 유전자의 수는 포유류 유전체의 1% 미만으로 아주 작은 부분이지만, 태아기 단계에서 성장과 발달을 조절하는 데 중요한 역할을 담당한다. 그들의 영향이 너무 이른 시기에 나타나기 때문에, 각인의 후성유전적 양상이나 각인 유전자의 발현을 방해하는 외적 또는 내적 요인들은 심각한 표현형적 결과를 초래할 수 있다.

무작위적 단일대립유전자 발현: X 염색체의 불활성화

포유동물 암컷의 세포에서 X 염색체의 무작위적 비활성화는, 대립유전자-특이적으로 나타나는 후성유전적 조절에서 첫 번째로 밝혀진 사례이다. 발생 초기 단계에서 배아 세포의 약 절반은 모계 X 염색체를 무작위로 비활성화하며 나머지 절반은 부계 X 염색체를 비활성화하여, 어느 쪽의 상동체가 비활성화되었든 거의 900개 정도의 유전자를 모두 효과적으로 침묵시킨다. 일단 불활성화되면, 이 선구 세포로부터 생기는 모든 세포에서는 같은 X 염색체가 침묵하는 상태를 유지한다.

X 불활성화는 어떻게 발생하는가? 몇 가지 lncRNA들이 이 과정에서 중요한 역할을 담당한다. 주요 기여 요인 중 두 가지는 Xist(X 비활성 특정 전사체)와 Tsix(Xist를 거꾸로 쓴것)로, 동일한 유전자의 센스 및 안티센스 전사체들(반대 방향으로 전사됨)이다. Xist lncRNA는 비활성화된 X 염색체에서 발현되어 전체 염색체를 둘러싸 고도로 응축되고 유전적으로 침묵하는 염색질 구조인 바 소체(Barr body)로 변화시킨다(5장 참고). Tsix lncRNA는 활성 X 염색체에 발현되어 Xist lncRNA의 발현을 억제하여 활성 X 염색체가 침묵하는 것을 방해한다.

상염색체성 유전자들의 무작위적 단일대립유전자 발현

상염색체 유전자들의 **단일대립유전자 발현(monoallelic expression, MAE)**이 수십 년 동안 면역글로불린 패밀리와 후각 수용체들에서 알려져 있었지만, 이 현상은 소수의 유전자 패밀리에 국한된 것으로 여겨졌었다. 그러나 최근에는 생쥐와 인간에서 대립유전자-특이적 발현에 대한 유전체 수준의 분석으로, 놀랍게도 MAE가 광범위한 사건임이 밝혀졌는데, 다양한 세포 유형들에서 상염색체 유전자의 10~20%가 관련되어 있다.

무리 지어 있는 각인 유전자들과는 달리, 상염색체의 MAE 유전자들은 유전체 전체에 흩어져 있다. 상염색체성 MAE는 무작위적 과정이기 때문에, 특정 조직의 세포에서 유전자에 대한 4가지 발현 상태가 가능하다: (1) 두 대립유전자가 모두 발현되는 경우(양친 대립유전자 발현), (2) 모계 대립유전자만 발현되는 경우, (3) 부계 대립유전자만 발현되는 경우, 또는 (4) 대립유전자들이 모두 발현되지 않는 경우이다(그림 19.10). 이것은 두 개의 대립유전자, 모계, 부계 또는 유전자의 발현이 없는 조직 특이적 스펙트럼을 생성한다.

같은 조직에 존재하는 이러한 다양한 발현 패턴은, 표현형에 영향을 미칠 수 있으며 일부 유전 질병들에서 관찰되는 형질의 불완전한 침투도(incomplete penetrance)에 대한 분자적 설명을 제공할 수 있다(불완전 침투도에 대한 논의는 4장을 참고하라)

상염색체성 단일대립유전자 발현의 첫 단계는 **확률**적인데, 즉 이것이 양적 보상 기작에서 불활성화될 X 염색체의 무작위적 선별과 동반된, 세포-특이적이며, 무작위 사건이라는 뜻이다. 이 사건은 두 대립유전자가 발현되는 세포에서 하나의 대립유전자를 침묵시키거나, 침묵하는 유전자의 한 대립유전자를 활성화하는 것을 포함할 수 있다. 되먹임 기작이 두 번째 대립유전자의 활성화나 침묵화를 방해할 수 있다. 대립유전자 선택은 발생 초기에 일어날 수 있으며 세포 분열에 의해 전달되어 조직들의 클론성 모자이크 구조가 나타나게 한다.

RNA 서열화와 함께 단백질-DNA 상호작용을 분석하는 ChIP-서열화를 이용하여(이 두 가지 방법은 21장에 논의되어 있다), 연구자들은 MAE와 관련된 독특한 히스톤 변형 표식을 찾아냈다. 광범위한 세포 유형에 존재하는 여러 후성유전적 표식들을 분석함으로써, 연구자들은 히스톤 3의 H3K27me3와 H3K36me3의 두 가지 변형을 발견했는데, 이것이 주어진 유전자의 단일대립유전자 발현을 나타내는 세포와, 같은 유전자의 양친 대립유전자 발현을 나타내는 세포 사이에 생기는 차이의 대부분을 설명할 수 있었다. MAE 세포에서 유전자 침묵과 관련된 H3K27me3 표식은 비활성 대립유전자와 관련되는 반면, 전사와 관련된 H3K36me3 표식은 활성 대립유전자와 관련이 있다. 이 염색질 표시는 많은 세포 유형에서 MAE 활성의 강력하고 신뢰할 수 있는 예측 인자로서, 후성유전과 질병 사이의 관계를 탐구하는 방법을 제공한다.

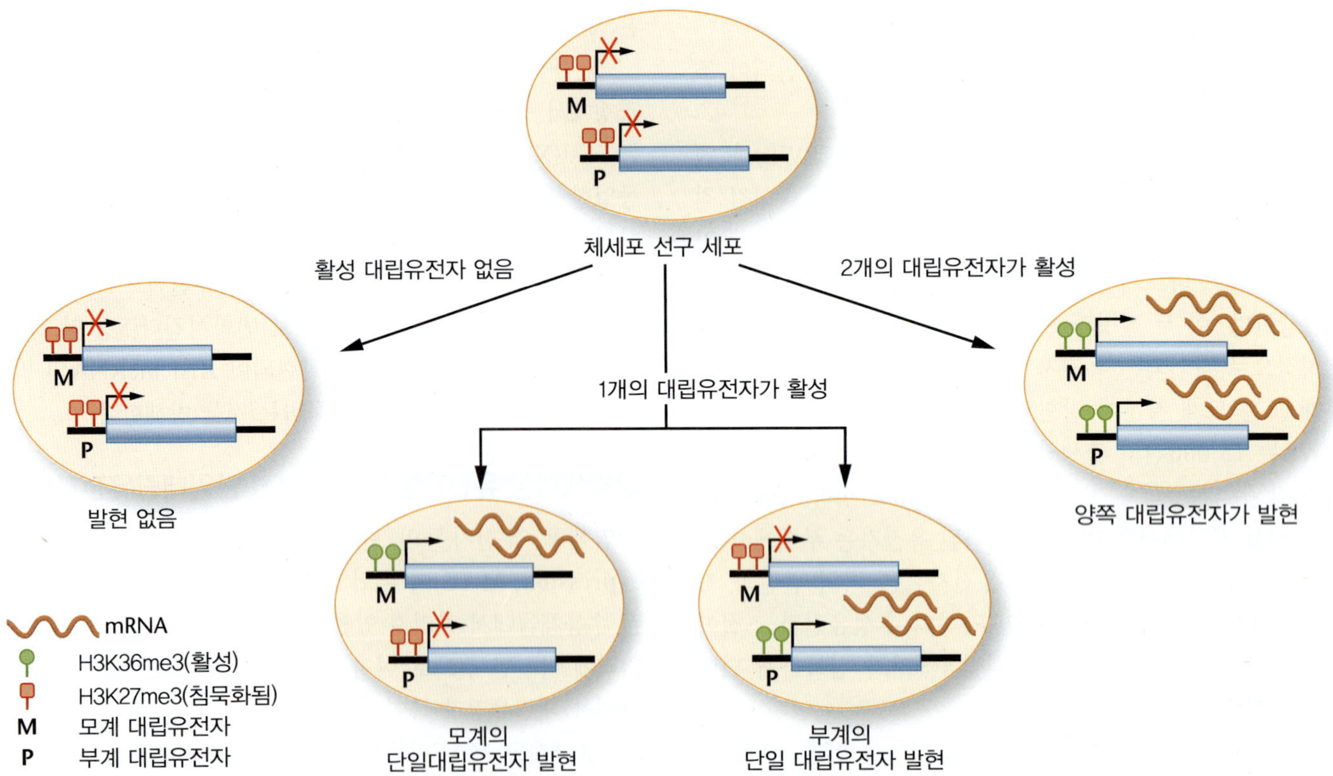

그림 19.10 무작위로 결정되는 후성유전적 유전자 조절 모형. 발생 초기에 체세포 선구 세포들에서 만능성 소실과 세포의 초기 운명 결정과 함께 시작되며, 상동성 대립유전자들의 무작위 단일대립유전자 조절이 세포 단위로 발생하여, 조직 내의 세포 집단이 조합된 대립유전자 발현을 나타내도록 한다: 어떤 대립유전자도 발현되지 않음, 모계 대립유전자만 발현, 부계 대립유전자만 발현, 혹은 두 대립유전자(이대립인자성 발현)가 발현되는 경우이다. 일단 이런 패턴이 확립되면, 조절 상태가 복제되는 방식으로 전달되므로, 조직은 특정 유전자에 대해 모자이크 양상을 띤다.

보조 생식기술들(ART)과 각인성 질병들

미국에서는 체외 수정(*in vitro* fertilization, IVF)을 포함한 **보조 생식 기술(assisted reproductive technology, ART)**들이 현재 모든 출생의 1% 이상에서 사용된다. 지난 10년 동안, 많은 연구들은 ART를 사용하여 태어난 아이들은 배우자나 배아의 조작으로 인한 각인 오류(후성-돌연변이)의 위험이 증가한다고 주장해왔다.

예를 들어, ART를 사용하면 베크위드-비데만 증후군(BWS)의 위험이 4~9배 증가한다; 또한 프레더-윌리 증후군(PWS) 및 엔젤만 증후군(AS)의 위험 역시 증가한다. IVF에 의해 잉태된 BWS 또는 AS를 가진 어린이들에 관한 연구에 따르면, 유전체의 알려진 각인 부위에서 모계 특이적 메틸화 수준이 감소했거나 완전히 사라졌다고 한다. 이것은 위 사례들에서의 후성유전의 역할을 확실히 해준다. ART 절차는 난모세포와 초기 배아가 후성유전학적 재프로그래밍을 겪고 있을 때 수행된다. 발달 중 민감한 시기에 후성유전적 프로그래밍의 방해가 이러한 질병의 위험을 증가시키는 원인이 될 수 있는 것으로 보인다.

각인 오류는 일반 집단에서는 흔하지 않지만(BWS는 출생한 13,700명 중 약 1명에서 발생함), ART로 임신된 사람들에서는 후성적 돌연변이가 중요한 위험 요소일 수 있다.

19.3 후성유전과 암

암세포들은 전형적으로 여러 유전자들에 돌연변이를 가진다. 일부 돌연변이들은 세포 분열을 방해하는 유전자들(종양 억제 유전자들)을 파괴하며, 다른 돌연변이들은 세포 분열을 촉진하는 유전자들(원암유전자들)의 기능 획득을 일으킨다. 그리고 다른 돌연변이들은 DNA 수리, 아포토시스, 그리고 세포 신호전달과 관련된 기능을 가지는 유전자들에 영향을 미친다. (암유전학에 관한 전체 논의는 24장을 참고하라.)

원래 암이란 기원이 클론성이며 세포 주기의 통제를 벗어날 수 있도록 하는 일련의 돌연변이를 축적한 단일 세포에서 시작되는 것으로 생각되었다. 연이은 돌연변이들은 종양세포가 전이되도록 하여 신체의 다른 위치에서 새로운 악성 종양이 나타나게 만든다. 그러나 요즘 모이는 증거들은 이제 악성 종양의 시작과 유지에서 후성유전적 변화의 중요성을 명확히 해준다. 이러한 발견은 연구자들이 돌연변이 대립유전자의 작용만으로는 설명하기 어려운 암세포의 특성을 이해하는 데 도움을 준다. 암의 후성유전적 변화에 대한 증거는 후성유전체적 변화가 악성 세포의 형성과 확산의 주요 경로로 작용한다는 것을 확실히 해주었다.

DNA 메틸화와 암

1980년대로 거슬러 올라가면, 이때 연구자들은 암세포가 같은 조직에서 유래한 정상 세포보다 훨씬 낮은 수준의 메틸화를 갖는다는 것을 관찰했다. 여러 연구자에 의한 후속 연구는 DNA 메틸화 패턴의 복잡한 변화가 암과 관련되어 있음을 보여주었다. 이런 연구들은 유전체의 저메틸화가 현재까지 조사된 모든 암의 특성임을 보여주었다.

DNA 저메틸화는 유전자의 침묵을 역전시켜 암 발병과 관련된 것을 포함한 많은 유전자 세트의 무제한적 전사를 유도한다. 또한 각인된 유전자에 대한 통제를 풀어 세포가 새로운 성장 특성을 획득하도록 한다. 이질염색질 영역에서 반복성 DNA 염기서열의 저메틸화는 염색체 수의 변화와 염색체 재배열을 증가시키는데, 이것은 둘 다 암세포의 특징이다. 게다가, 반복성 서열의 저메틸화는 LINE과 SINE 등 전이성 DNA 서열의 전사적 활성을 이끌어 유전체 불안정성을 증가시킨다.

암세포는 전체적인 저메틸화를 특징으로 하지만, 유전체의 일부 영역은 정상 세포와 비교할 때 과메틸화되어 있다. 프로모터와 관련된 CpG 섬의 선택적 과메틸화는 종종 종양 특이적 방식으로 종양 억제 유전자를 포함한 특정 유전자를 침묵시킨다(**표 19.5**). CpG 섬 메틸화 표현형(CpG island methylator phenotype, CIMP)라고 불리는, 이런 양상들에 대한 분석은, 종

표 19.5 히스톤 변형자들의 기능

유전자	좌위	기능	연관 암들
BRCA1	17q21	DNA 수리	유방암, 난소암
APC	5q21	핵과세포질의 신호전달	결장직장암, 십이지장암
MLH1	3p21	DNA 수리	대장암, 위암
RB1	13q14	세포-주기 조절점	망막아종, 골육종
AR	Xq11 – 12	안드로젠에 대한 핵 수용체; 전사 활성자	전립샘암
ESR1	6q25	에스트로젠에 대한 핵 수용체; 전사 활성자	유방암, 결장직장암

양 유형 및 하위 유형을 식별하고 종양이 전이될 수 있는 부위를 예측하는 방법을 제공한다.

예를 들어, 유방암 유전자인 *BRCA1*의 프로모터 영역은 정상 세포에서는 저메틸화되지만, 여러 형태의 유방암 및 난소암에서는 과메틸화되어 비활성화된다. 또 다른 예에서는, 과메틸화에 의한 DNA 수리 유전자 *MLH1*의 침묵이 일부 형태의 결장암 발병의 핵심 단계로 작용한다. *MLH1*은 단독으로든 유전적 변화와 함께이든, 후성돌연변이가 종양 형성에 어떻게 관여할 수 있는지를 보여준다(그림 19.11).

사실, 암은 이제 일반적으로 유전적 변화와 후성적 변화가 함께 축적되어 발생하는 질병으로 간주된다(그림 19.12). 예를 들어, 방광암 세포주에서는 종양 억제 유전자인 *CDKN2A*의 한 대립유전자는 돌연변이되고 다른 정상 대립유전자는 과메틸화에 의해 침묵한다. 두 대립유전자가 모두 비활성화되었기 때문에(비록 서로 다른 방식이긴 해도) 세포는 세포 주기의 통제를 벗어나 지속적으로 분열할 수 있게 된다. 더욱 놀랍게도, 난소암에서는 9개의 특정 유전자의 돌연변이가 우세하게 관찰되지만 168개의 유전자에서 프로모터 과메틸화가 관찰된다는 것이다. 이런 유전자들은 후성유전적으로 침묵하게 되며, 감소된 발현은 이 암의 발병 및 유지와 관련이 있다.

암세포에서 나타나는 광범위한 과메틸화의 양상 및 영향을 받는 유전자의 다양한 기능들은 이 현상이 어느 한 사건에 의한 것이라기보다는 메틸화 과정의 광범위한 통제 상실로 인해 발생할 수 있는 것임을 시사한다.

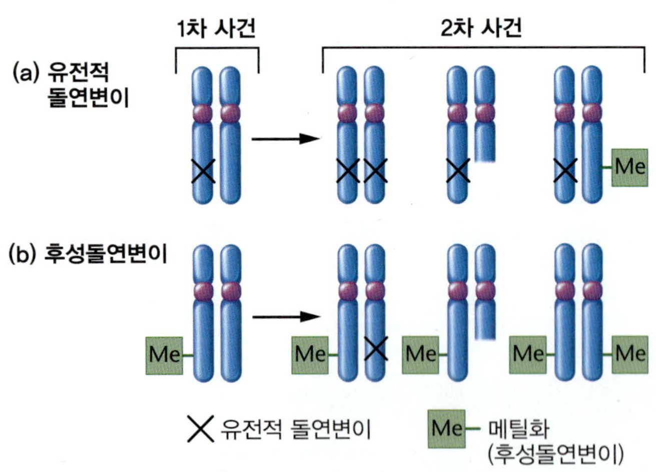

그림 19.11 암 발병에서 후성돌연변이 대 유전자 돌연변이의 역할. (a) 유전된 유전적 돌연변이가 종양 억제 대립유전자의 상실을 유발한다. 돌연변이, 염색체 이상 또는 후성돌연변이와 같은 여러 기작들이 두 번째 대립유전자의 손실 또는 침묵을 유발할 수 있다. (b) 후성돌연변이는 종양 억제 유전자에서 하나의 대립유전자를 침묵시킨다. 두 번째 대립유전자는 유전자 돌연변이, 염색체 이상 또는 후성유전적 사건에 의한 침묵을 통해 사라질 수 있다.

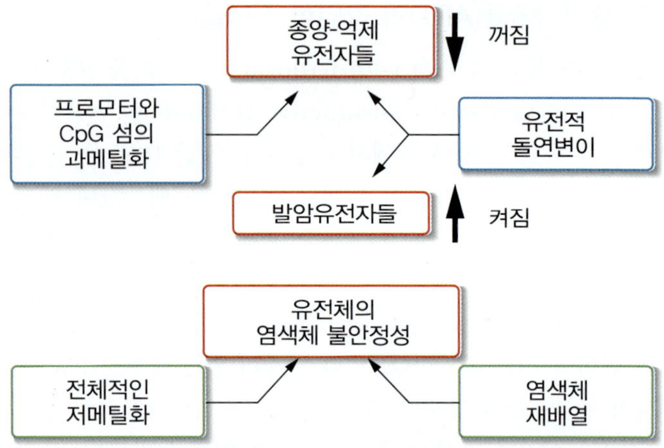

그림 19.12 암에서 악성 세포들의 발생과 유지를 위해서는, 유전자 돌연변이, 저메틸화, 과메틸화, 암 유전자의 과발현, 그리고 종양 억제 유전자의 침묵 등 여러 요인의 상호작용이 관여한다.

사실, 암세포에서 후성유전적 변화를 일으키는 많은 기작들은 잘 알려지지 않았는데, 부분적으로는 그러한 변화가 종양세포로의 전환이 일어나는 매우 초기에 발생하기 때문이기도 하고, 또 암이 발견되었을 때는 이미 메틸화에서의 변화 양상이 이미 확립되었기 때문이다. 예를 들어, DNA 수리 유전자 *MLH1*은 유전체 안정성에 중요한 역할을 하며, 과메틸화(앞서 설명한 것처럼)에 의해 이 유전자를 침묵시키는 것은, 반복성 미세부수체 서열의 불안정성을 유발하므로, 이는 결국 대장암과 기타 암들의 발병에 중요한 단계로 작용한다. 대장암을 앓는 몇몇 사람들에서, 정상 대장 세포의 *MLH1* 프로모터는 이미 과메틸화에 의해 침묵화되어 있는데, 이것은 후성유전적 사건이 하류의 유전적 돌연변이가 생기기에 앞서 종양 형성의 매우 초기에 발생했던 것임을 시사한다.

종합하면, 암에서의 후성유전적 변화 역할을 지지하는 증거들은 다음과 같다:

1. 전반적인 저메틸화가 암의 특징인 유전체 불안정과 대규모 염색체 변화를 일으킬 수 있다.
2. 후성유전적 기작들이 개별 암 억제 유전자를 침묵시키거나 암유전자를 활성화하는 방법으로 돌연변이를 대체할 수 있다.
3. 후성유전적 변형이 여러 유전자를 침묵시킬 수 있으므로, 단일 유전자의 순차적 돌연변이보다 정상 세포를 악성 세포로 변형시키는 데 더 효과적이다.

암에서의 염색질 재구성과 히스톤 변형

염색질 재구성은 두 가지 후성유전적 체계를 포함한다: (1) 뉴클레오좀을 움직이거나 제거하고, 혹은 재구성하는 염색질 재구성 복합체의 작용으로 전사를 활성화하거나 침묵시킨다; 그리고 (2) 히스톤의 공유적 변형은 가역적으로 전사를 조절한다. 염색질 재구성 복합체 성분에서의 돌연변이와 히스톤 변형 체계의 돌연변이들로 인해 세포는 세포-주기 조절을 탈출하여 계속 분열하게 된다.

메틸화의 비정상적인 조절 외에도, 여러 가지 암들에서 염색질 재구성 양상이 변화된다. 한 가지 형태의 재구성은 뉴클레오좀 핵심부에서의 히스톤 단백질이 공유결합에 의해 가역적으로 변화됨으로써 조절된다. 19.1절에서 이 과정에 세 가지 효소 그룹이 관여한다고 설명했었다; 히스톤에 화학 그룹을 추가하는 **기록자**(*writers*); 이 그룹을 제거하는 **지우개**(*erasers*); 그리고 후성유전적 표식들을 인식하고 읽는 **해독자**(*readers*)들이다. 이러한 세 효소 집단의 비정상적인 조절은 히스톤 프로파일을 파괴하며, 다양한 암 하위 유형들과 관련된다.

히스톤 아세틸화는 전사의 활성화와 매우 관련이 깊다(17장 참고). 아세틸화는 히스톤이 DNA와 상호작용하는 힘을 감소시켜 프로모터에 전사인자들과 RNA 중합효소가 접근할 수 있도록 한다. 아세틸기를 추가하는 효소들을 암호화하는 히스톤 아세틸기전이효소(HAT) 패밀리의 유전자들과, 아세틸기를 제거하고 유전자를 침묵시키는 효소들을 암호화하는 히스톤 탈아세틸화효소(HDAC) 패밀리의 유전자들은 둘 다, 암의 발생과 관련된다. 예를 들어, 루빈슈타인-타이비 증후군(Rubinstein–Taybi syndrome) 환자들은 새로 생겨난 돌연변이를 가지는데, 이들은 비기능적인 HAT 효소를 생산한다. 그리고 전체 사례의 약 5%는 종양-억제 유전자들의 침묵화로 인해 암을 발생시킨다. 히스톤 탈아세틸화의 이상은 정상세포가 암세포로 형질전환될 때의 초기 사건임이 밝혀졌다. HDAC 복합체들은 돌연변이된 발암성 DNA 결합 단백질들에 의해 종양-억제자 유전자로 선택적으로 소집된다. 이 유전자들에서 HDAC 복합체가 작용하여 염색질이 닫힌 형태로 전환되고 전사가 억제되면, 세포가 성장 이점을 얻고 통제되지 않는 분열을 특징으로 하는 악성 세포가 되는 데 더 가까워지게 된다.

더 최근에, 전엑솜 서열화(whole exome sequencing, WES)(21장)를 이용한 연구는 인간의 암에서, 염색질 재구성 복합체들의 몇몇 단백질 성분에서 고빈도의 돌연변이들을 밝혀냈다. 돌연변이들 대부분은 SWI/SNF 복합체(17장)의 소단위들에서 보고되었으며, 다양한 형태의 종양 형태를 망라하여 조사된 모든 암들의 20%에서 발견되었다. 이 복합체에 여러 단백질들이 많기 때문에, 특정 소단위의 돌연변이들은 특정 암들과 관계가 있다. 종양세포 내의 돌연변이는 동형접합성일 수 있으나 대부분의 경우 이형접합성이서 그들을 양에 민감하게 한다.

요약하자면, 몇 가지 증거들이 암에서 후성유전적 변화의 역할을 지지한다: (1) 후성유전적 기작은 개별 종양 억제 유전자를 침묵시키거나 종양 유전자를 활성화하는 방법으로 돌연변이를 대체할 수 있으며; (2) 전체적인 저메틸화가 암의 특징인 유전체 불안정과 대규모 염색체 변화를 일으킬 수 있고; (3) 후성유전적 변형은 여러 유전자를 침묵시킬 수 있어서 단일 유전자들의 순차적 돌연변이보다 정상 세포를 악성 세포로 변형시키는 데 더 효과적이다.

후성유전적 암 치료

거의 되돌릴 수 없는 유전적 변화와는 달리, 후성유전적 변화는 역전이 가능하다는 사실 때문에 연구자들은 암을 치료하기 위한 새로운 종류의 약물을 찾게 되었다. 후성유전학적 치료의 초점은, 유전자 발현을 악성세포에서 정상 세포로 변화시키기 위해 염색질 재구성 사건을 변화시키는 약물을 사용함으로써 본질적으로 유전자 발현 패턴을 재프로그래밍하는 것에 있었다.

후성유전적 치료의 제1세대 약물 개발은 메틸화나 히스톤 변형으로 억제된 유전자를 재활성화는 것에 초점이 맞춰졌다.

몇 가지 후성유전적 약물들이 미국식품의약국(FDA)에 의해 승인되었으며 다른 18개 이상의 약물이 임상 시험 중에 있다. 승인된 약물 중 하나인 비다자(Vidaza; azacitidine)는 백혈병의 전조 증상인 골수이형성 증후군과 급성 골수성 백혈병의 치료에 사용된다. 이 약물은 사이티딘의 유사체이며 세포주기의 S 단계에서 복제 중인 DNA에 통합된다. 메틸화 효소(methyltransferase)들이 이 유사체에 비가역적으로 결합하므로, 여러 곳에서 DNA의 메틸화를 방지함으로써 암세포의 메틸화 양을 효과적으로 감소시킨다.

히스톤 탈아세틸화효소(histone deacetylase, HDAC)들을 억제하는 다른 약물들도 후성유전적 치료 요법에 사용할 수 있는 FDA 승인을 획득했다. 암 세포주를 이용한 실험실에서의 시도는 HDAC 활성을 억제하는 것이 종양-억제 유전자들의 재발현을 유도할 수 있음을 시사한다. 졸린자(Zolinza; vorinstat) 같은 HDAC 억제자들은 특정 형태의 림프암 치료에 사용된다.

암 치료를 위한 후성유전학적 약물의 개발은 아직 초기 단계에 있다. 승인된 후성유전적 약물들은 단독으로는 중간 정도의 효과만 있으며, 다른 항암제와 함께 사용하는 것이 가장 좋다. 더 효과적인 약물을 개발하기 위해서는 몇 가지 중요한 질문에 대한 답이 필요하다: 암세포가 특정 후성유전적 약물에 반응하는 원인은 무엇인가? 염색질 재구성 약물, 히스톤 변형 약물과 기존 항암제를 어떻게 조합하는 것이 특정 암에 가장 효과적인가? 새로 개발된 약물에 대한 감수성이나 내성을 예측하는 데는 어떤 후성유전적 마커가 효과적일까? 암세포에서 후성유전학적 유전체 변형의 기작과 위치에 대한 추가 연구는, 암 치료의 한 형태로서 후성유전적 사건을 표적으로 하는, 보다 강력한 약물의 설계를 가능하게 할 것이다.

19.4 후성유전적 형질들은 유전될 수 있다

DNA가 뉴클레오타이드 서열에 유전정보를 저장하고 있는 유전물질이라는 사실의 발견은, 멘델의 유전 법칙에 대한 궁극적 설명으로 여겨졌다. DNA 복제나 외부 요인에 의한 돌연변이를 통해 발생하는 이런 서열의 무작위 변이는 새로운 대립유전자들을 만들며, 이것은 다시 자연선택의 재료가 된다.

그러나 대조적으로, DNA 서열에 기초하지 않은 유전의 사례들은 세균, 식물, 동물, 그리고 인간까지 포함하여, 다양한 생물에서 기술되어 왔다. 이런 현상은 DNA 서열의 변이가 유전자형과 표현형 사이를 연결하는 유일한 것이라는 생각에 도전한다. 염색질을 변화시키고 서열에 기초하지 않은 DNA의 변화를 만드는 후성유전적 기작은, 어떻게 환경적 영향이 유전체를 변화시킬 수 있으며, 작은 규모에서 큰 규모까지의 유전자 발현 변화를 이끌 수 있는지에 대한 설명을 제공한다.

환경에 의한 후성유전적 변화

영양, 화학물질에 대한 노출, 온도 등의 물리적 요인들은 후성유전체에 영향을 주어 유전자 발현을 변화시킬 수 있다. 인간의 경우, 후성유전체를 변경하는 요인으로서 환경의 상대적인 기여도를 결정하기는 어렵지만, 영양의 변화와 발달 중인 태아에 영향을 미치는 인자에 대한 노출이, 성인기에 해로운 영향을 미칠 수 있다는 간접적인 증거들이 존재한다.

제2차 세계대전 중 네덜란드 서부 지역의 기근은 1944년 11월부터 1945년 5월까지 지속되었다. 이 기간에 성인의 일일 음식 섭취량은 400~800 Cal로 제한되어 정상 수준인 1800~2000 Cal보다 훨씬 낮았다. 이후 수십 년 동안 기근 중에 임신하게 되었거나 임신 중이었던 여성들의 성인 자식들에 대한 건강 연구가 수행되었다. 전반적으로, 연구 결과는 건강 영향의 심각성이 기근 상태에 노출된 태아기 시기와 상관관계가 있음을 보여준다. 태아 발달 초기에 노출된 성인(F_1 세대)은 발달 후기에 노출된 성인보다 비만, 심장병, 유방암을 비롯한 여러 질환의 발병률과 사망률이 더 높았다. 또한 조기에 노출된 사람들의 경우 성인이 되었을 때 정신분열증 및 기타 신경정신병적 장애의 위험이 증가했으며 이는 아마도 뇌 및 신경계 발달 중 영양 결핍과 관련이 있을 것으로 보인다. 일부 효과는 F_2 세대에서도 지속되었는데, 이 성인들은 비정상적인 성장 형태를 보였으며 비만율도 높았다. 임신 중이거나 기근 동안 임신한 여성의 성인 자녀들에 대한 중국과 아프리카의 다른 연구에서는 임신 중 열악한 모성 영양이 다음 세대의 자손에게 미치는 해로운 영향을 확인시켜 준다.

후성유전체를 변경하는 환경적 요인의 역할에 대한 보다 직접적인 증거는 실험동물에 관한 연구에서 얻어졌다. 후성유전체 변형이 표현형에 어떻게 영향을 미치는지 보여주는 한 가지 극적인 예는 우성 대립유전자인 아구티(A)에 의해 색깔이 조절되는 생쥐의 털 색 연구에서 찾아볼 수 있다. 동형접합성 AA 생쥐에서 대립유전자는 털 발달 중 특정 시기에만 활성화되며, 검은색 털 줄기에 노란색 띠를 만들어 아구티 표현형을 생성한다. 비-치사성 돌연변이 대립유전자(A^{vy})는 전체 털 줄기를 따라 노란색 색소를 형성하므로 전체가 노란색의 털을 만든다. 이 대립유전자는 아구티 유전자의 전사 시작 부위 근처에 전이 인자가 삽입된 결과로 생긴 것이다. 트랜스포존 내의 프로모터 요소가 이러한 유전자 발현의 변화를 일으킨다.

연구자들은 트랜스포존 프로모터의 메틸화 정도가 털 축에 침착되는 황색 색소의 양과 관련이 있으며 메틸화의 양은 개체마다 다르다는 것을 발견했다. 그 결과로 유전적으로 동일한 생쥐에서도 털 색의 표현형이 다양해진다(그림 19.13). 이 쥐들에서 털 색깔은 노란색(메틸화되지 않은 프로모터)에서 유사아구티(많이 메틸화된 프로모터)까지 다양하다. 털 색의 점진적 변화 외에, 체중에도 점진적 변화가 존재한다. 노란색 생쥐들은 갈색의 유사 아구티 쥐들보다 비만하며 당뇨병에 걸릴 가능성이 더 크다. A^{vy}와 같이, 대립유전자에 대한 다른 양상의 후성유전적 변형 때문에, 같은 유전적 계통에서 개체마다 다양한 발현을 나타내는 대립유전자를 **준안정 후성대립유전자**(*metastable epiallele*)라고 한다. "준안정(metastable)"은 후성유전학적 변형의 가변적 성질을 말하며, "후성대립유전자(epiallele)"는 변

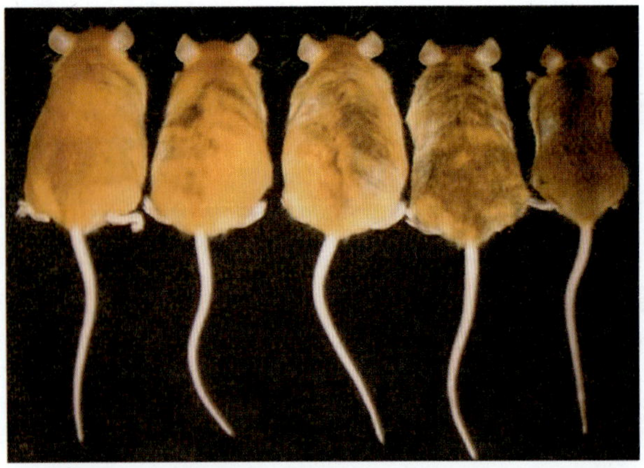

그림 19.13 유전적으로 동일한 생쥐들의 황색 털 표현형 변이. A^{vy} 대립유전자의 식이 관련 후성유전적 변화가 황색 털 표현형의 다양한 발현을 일으킨다.

경된 유전자의 후성유전적 상태가 유전됨을 의미한다. 즉, A^{vy} 대립유전자에 대한 후성유전학적 변형은 자손에게 전달될 수 있다; 이것은 세대를 관통하는 유전 현상의 분명한 예라고 할 수 있다.

후성유전체를 변화시키는 환경적 요인의 역할을 평가하기 위해, 임신한 A^{vy} 생쥐의 식단에 엽산, 비타민 B_{12} 및 콜린을 포함한 메틸화 전구체를 보충했다. 자손에서 털 색깔 변화는 감소되었고 유사아구티(매우 메틸화된) 표현형으로 바뀌었다. 털 색의 변화는 트랜스포존 프로모터의 증가된 메틸화에 따른 것이다. 이러한 발견은 인간의 후성유전 질병에 적용할 수 있다. 예를 들어, 어떤 직장암에 걸릴 위험성은 DNA 수리 유전자 *MLH1*의 메틸화 증가와 직접적으로 연계된다.

스트레스로 유도되는 행동들은 유전적이다

DNA 메틸화 및 히스톤 변형이 달라지는 후성유전적 변화가, 행동 표현형에도 큰 영향을 미친다는 증거가 점점 늘어나고 있다. 생쥐에서, 뇌의 두 영역에서는 모계 또는 부계 대립유전자가 더 우선으로 표현된다. 발달 중인 뇌에 1000개 이상의 유전자가 각인되는데, 이는 뇌의 서로 다른 영역에서 작동되는 후성유전학적 기작이, 행동 조절의 주요 형태를 나타낼 수 있다는 생각을 뒷받침한다.

인간에서, 신경퇴행성 질병과 신경정신병들의 발달 중에 생기는 후성유전적 변화가 보고되었으며, 이 두 질병 모두 행동 표현형에서 변화를 보인다. 신경계에 생기는 후성적 변화는, 알츠하이머병, 파킨슨병, 헌팅턴병, 그리고 정신분열증과 양극성 장애 등에서 발생한다. 그러나 이 질병들의 표현형이 유전적 소인, 출생 전 발생 중 사건, 그리고 산전 및 산후 환경의 영향 등을 포함한 여러 요인에 영향을 받으므로, 후성유전체 변화와 신경성 질병의 강도 사이에 인과관계를 단정하기는 아직은 불가능하다.

행동의 후성유전에서 가장 중요한 발견 중 하나는, 출생 전 또는 생애 초반에 스트레스에 의해 생기는 후성유전적 변화가, 나중에 성인기의 행동(및 신체 건강)에 영향을 미칠 수 있고 잠재적으로 미래 세대에 전달될 수 있다는 것이다. 한 예로, 고전적인 연구에 따르면 낮은 수준의 어미 양육(low levels of maternal nurturing, low-MN)으로 키운 신생아 쥐들은 성인기의 스트레스와 불안 유발 상황에 잘 적응하지 못했다. 쥐와 인간에서 뇌의 시상하부 영역은 세포 표면 글루코코르티코이드 수용체(GR)들의 작용을 통해 글루코코르티코이드 호르몬 수준을 조절함으로써 스트레스 반응을 매개한다.

어릴 때 높은 수준의 어미 양육을 경험한 쥐(high-MN)에서는 GR 발현이 증가하고 성체 쥐들은 스트레스에 적응할 수 있었다. 그러나 낮은 어미 양육(low-MN)의 쥐들에서는 GR 전사 수준이 감소했으며 스트레스에 덜 적응적이었다. GR 발현의 차이는 GR 유전자 프로모터의 히스톤 아세틸화 및 DNA 메틸화 수준의 차이와 관련이 있었다. 낮은 어미 양육 쥐들은 높은 어미 양육 쥐들보다 훨씬 더 높은 수준의 프로모터 메틸화를 보였다(그림 19.14).

후속 연구에 따르면 DNA 메틸화의 차이는 유전체 전체에 걸쳐 수백 개의 유전자에 존재하며, 이 유전자들은 낮은 MN 쥐들과 높은 MN 성체들에서 모두 다 차등적 발현을 나타냈다. 이후의 연구에서는 이러한 행동 표현형이 세대를 넘어 전달될 수 있음을 보여주었다. 더 많은 양육을 하는 어미가 키운 암컷 쥐들은 자신의 새끼에게 더 많은 주의를 기울였지만, 덜 양육하는 어미에게서 자란 암컷 쥐는 새끼에게 훨씬 덜 주의를 기울이고 잘 돌보지 않았다.

인간에서도 출생 전이나 아동기 초기의 환경 요인들에 의해 발생하는 비슷한 후성적 변화가 행동 변화를 일으킬 수 있다. 예를 들어, 아동 학대 경험은 후에 자살의 위험을 증가시킨다. 한 연구는 자살한 사람들과 갑자기 사망한 사람들로 구성된 두 집단에서 얻은 뇌의 후성유전체적 차이를 검사했다. 자살 사망자 집단은 아동기에 학대를 경험했지만, 다른 집단은 그런 경험이 없었다. 비연관성 질병으로 갑자기 사망한 사람들 역시 아동 학대를 경험하지 않았다. 아동기 학대 경험을 가진 자살자 집단에서는 GR 유전자 프로모터의 메틸화 수준이 높았지만, 다른 두 집단에서는 그렇지 않았다. 이런 결과들은 실험동물에서 발견된 것과 부합하며, 부모의 돌봄, 후성유전체 변이, GR 발현, 그리고 성인의 행동이 쥐나 인간 모두에서 연관이 있음을 시사한다. 추가 연구로 인간의 우울증과 자살 방지를 돕는 약물이 개발될 수도 있을 것이다.

풀어보기

19.2 세대를 관통하는 유전을 고려할 때, 표현형을 조절하는 후성유전적 표지가 배우자(정자와 난자)를 통해 유전된 것인지, 아니면 출생 후 초기에 부모와의 행동 상호작용에 의해 형성되는 것인지를 고려하는 것이 중요하다. 이런 기작 중 어떤 것이 쥐의 양육 행동 유전을 일으키는지 결정하려면, 어떤 실험적 접근 방식을 사용하겠는가?

- **힌트:** 이 문제는 배우자의 후성유전적 표시와, 출생 후 초기 생애에서 후생유전학적 표시를 분석하기 위한 일련의 실험을 설계하도록 요구한다. 해답의 열쇠는 표시가 DNA에 있는지 히스톤에 있는지를 먼저 고려한 다음, 이러한 후성유전적 표시의 존재 여부를 검사하는 실험을 설계하는 데 있다.

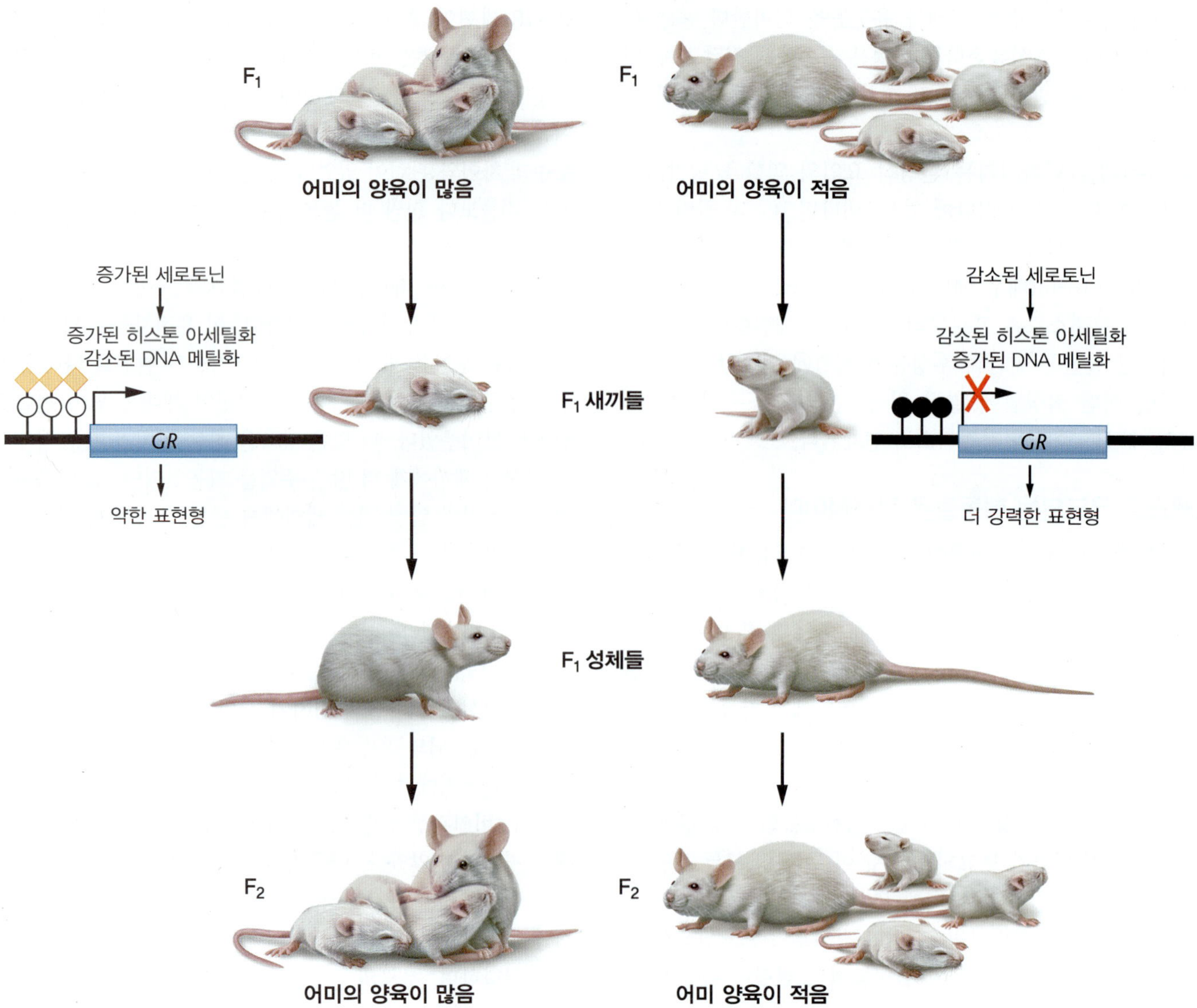

그림 19.14 어미의 양육 형태는 출생 후 초기에 발생하는 후성유전적 사건을 통해 후손 쥐 세대로 전달된다. 높은 수준의 어미 양육은 뇌에서 세로토닌 발현을 높게 유도하여 DNA 저메틸화, 히스톤 아세틸화 및 GR 발현 증가로 이어진다. 성체기에 높은 수준의 GR 발현은 스트레스에 대한 적응을 증가시키고, 암컷에서는 높은 MN 표현형을 전달하게 된다. 낮은 수준의 어미 양육을 경험한 어린 쥐는 프로모터 메틸화 수준이 더 높았고 GR 발현 수준이 감소했다. 이것은 성체기의 스트레스 적응력을 떨어뜨리고, 암컷의 경우 새끼를 양육하는 수준이 낮아지도록 한다.

19.5 후성유전체 사업들과 데이터베이스들

질병에서 후성유전체의 역할이 점점 더 명확해짐에 따라, 전 세계의 연구자들은 정상 유전체에서 발생하는 모든 후성유전적 변화를 지도화하기 위한 학제 간 연구 사업을 구성하고, 특정 질병들에서 후성유전체의 역할을 연구하기 위한 데이터베이스를 구축했다. 우리는 이러한 연구 사업 중 일부와 그 목표에 대해 논의하고 대규모 연구 사업 중 몇 가지의 주요 결과를 요약해 볼 것이다.

NIH 로드맵 후성유전체학 사업(NIH Roadmap Epigenomics Project)은 인체 생물학 및 질병에서 후성유전적 기작의 역할을 설명하기 위해 설립되었다. 이 사업은 두 가지 주요 목표를 가진다: (1) 건강한 개인과 질병에 걸린 개인의 다양한 세포 유형에서 1000개 이상의 기준 후성유전체(reference epigenome) 세트를 제공하고, (2) 알츠하이머병, 자폐증, 정신분열증과 같은 질병 상태에서의 후성유전적 차이를 기술하려는 것이다. 수집된 유전체 수준의 자료들은 5가지 범주로 분류된다: (1) 히스톤 변형들, (2) DNA 메틸화, (3) 염색질의 개방형 구조와 폐쇄형 구조들, (4) 단백질-암호화 유전자들의 발현 수준, 그리고 (5) miRNA 같은 소형 핵 RNA들의 발현 프로파일 등이다.

2015년에, 이 사업은 수집된 최초의 111개 기준 유전체에 대한 분석을 발표했는데, 이는 현재까지 인간 후성유전체의 가장 포괄적인 지도를 나타낸다. 이 연구의 중요한 결과 중 하나는 알츠하이머병, 암, 그리고 자가 면역 질환 등과 같은 여러 복잡한 인간 질병들과 관련된 유전적 변이들이 조직-특이적인 후성유전체적 표시들에 많이 나타나므로, 이러저러한 병들과 관련된 세포 형태를 분명히 해준다는 것이다. 이러한 세포 유형들에 대한 연구는 복합 형질들에 대한 분자적 기반을 밝히는 새로운 연구 분야를 열어 줄 것이다. 이런 분석들의 또 다른 발견들은 유전자 조절, 유전체 진화와 유전 변이에 대한 연구에 기여한다. 로드맵 사업의 일환인 인간 후성유전체 지도(Human Epigenome Atlas)는, 특정 유전자좌, 다양한 세포 유형, 다양한 생리학적 상태와 다양한 유전자형의 후성유전체 변형에 대한 자세한 정보를 수집하고 목록화한다. 이러한 자료를 통해 연구자들은 유전체 영역이나 전체 유전체에 걸쳐 후성유전체 자료에 대한 비교 분석을 수행할 수 있다.

인간 후성유전체 연구를 위한 국제협력사업(International Human Epigenome Consortium, IHEC)은, 1000개의 인간 세포 집단에 대한 후성유전체 지도 수집을 조율하기 위해 설립된 국제적 연구사업이다. 여러 프로젝트들이 이 사업에 기여하고 있으며, 각각은 서로 다른 세포 유형이나 접근 방식을 전문으로 한다. 미국의 기준 후성유전체 지도화 센터(Reference Epigenome Mapping Centers)는, 건강한 기증자의 줄기세포와 조직 시료들을 사용하고 있으며, 독일에 기반을 둔 DEEP 프로젝트는, 대사 및 염증 질환과 관련된 인간과 생쥐 조직의 70개 기준 후성유전체를 수집하고 있다. 유전체 지도화 작업 외에도, DEEP 프로젝트는 특정 세포 유형이 질병에 어떻게 기여하는지를 분석하고 있다. 유럽인의 설계도 프로젝트(European BLUEPRINT Project)는, 특정 질병과 관련된 여러 유형의 혈액 세포에서 후성유전체 프로파일을 수집한다.

그리고 IHEC는 이 국제 협력에서 모은 후성유전체 자료를 조직화, 저장, 접근, 출력 및 분석하기 위한 도구뿐 아니라, 생물정보학 표준을 개발하고 있다. IHEC의 자료들은 미국 생명공학연구센터(U.S. National Center for Biotechnology Information)의 GEO 데이터베이스, 유럽 생명공학연구소(European Bioinformatics Institute, EBI), 그리고 베일러 대학(Baylor University)에 기반을 둔 후성유전체 지도(Epigenome Atlas)를 포함하여, 여러 자료 포털들을 통해 사용할 수 있다.

조직에서 직접 수집한 1차 세포주의 후성유전체 지도화에 대한 IHEC의 노력을 보완하기 위해, DNA 요소 백과사전(ENCODE) 프로젝트는 실험실 조건에서 성장한 세포주의 후성유전체 지도를 수집하는 데 중점을 둔다. ICGC(International Cancer Genome Consortium)는 정상 세포의 후성유전체를 암세포와 비교하기 위해 50가지 다른 암 유형의 후성유전체와 전사체 프로파일을 지도화 중이다.

이러한 프로젝트들은 아직 진행 중이지만, 이미 이용 가능한 정보들은 우리가 새로운 유전학 시대의 문턱에 서 있음을 강력하게 시사한다. 그런 분야 중 하나에서 우리는 질병의 발생을 유전체 수준에서 연구하고 유전자 발현에 미치는 후성유전적 인자들을 이해할 수 있다.

사례 연구 생각을 위한 음식

콜린이나 엽산과 같은 영양제 및 식품 보조제의 후성유전적 영향에 대해 잘 알고 있던 부부는, 임신을 시도하기 전에 보조제를 복용하기로 했다. 그들의 첫 아이는 부모와 매우 다른 머리카락과 눈 색깔을 가지고 태어났으며, 학습 능력과 기억력에 대해 교사들로부터 계속 칭찬을 받았다. 부부는 이러한 특성을 후성유전학적 보충제 섭취 때문이라고 생각한다. 이제 그들은 다음 아이를 갖기를 원하므로 의사에게 아이에 대한 후성유전적 효과를 증가시키기 위해 섭취하는 보충제의 양을 크게 늘릴 것이라고 말했다. 의사는 인간에게 적용 가능한 연구들에서는 콜린이 학습에 미치는 영향이 없으며, 임신 중 엽산을 과도하게 섭취하면 어린이의 자폐 스펙트럼 질병의 위험이 증가할 수 있다고 경고했다. 부부는 이러한 연구가 결정적이지 않다고 확신하면서, 더 많은 연구가 필요하겠지만 보충제 섭취는 늘리겠다는 계획을 실행할 예정이다.

1. 그들이 후성유전 때문이라고 생각하는 자녀의 특성에 대해 당신은 그 부모들에게 무엇이라고 말하겠는가?
2. 그 형질이 유전적인 것인지 아니면 후성유전적인 것인지를 확인하려면 어떤 검사가 도움이 되겠는가?
3. 의사는 고용량의 보충제 사용에 대해 어떤 윤리적 문제를 부모와 함께 다루어야 하는가?

관련 자료를 더 읽으려면 다음을 참고하라: Geraghty, A., et al. (2015). Nutrition during pregnancy impacts offspring's epigenetic status—Evidence from human and animal studies. *Nutr. Metab. Insights* 8(S1):41–47.

요약 정리

1. DNA가 메틸화되는 유전자 영역은 고도로 응축되어 있으며 유전적으로 비활성이다. CpG 메틸화 수준은 프로모터 영역에서 높다.
2. 활성 유전자 영역은 열린 혹은 비응축된 염색질 구조와, 낮은 수준의 프로모터 및 DNA 메틸화, 그리고 독특한 히스톤 변형(아세틸기와 메틸화)을 가진다.
3. 성인 세포의 DNA 메틸화 양상은 세포 기능, 염색질 구조 및 유전자 활성화와 병행한다.
4. 유전체에서 대부분의 DNA 메틸화 설정 양상은 수정 시에 제거되었다가 초기 배아 발생 중에 재설정된다.
5. 초기 발생 중에는 각인된 유전자가 탈메틸화와 재메틸화 양상을 벗어나며, 모계나 부계 대립유전자의 부모 특이적 메틸화와 활성 양상을 보인다.
6. X 염색체 불활성화는 단일대립유전자 발현의 한 예이며, lncRNA 작용 및 염색체 응축과 관련된다.
7. 상염색체 유전자의 단일대립유전자 발현은, 특정 조직 내의 세포들에서 상이한 발현 프로파일을 초래함으로써 표현형 변이에 기여한다.
8. 유전자와 CpG 섬의 메틸화 변화는 암의 특징이다.
9. 암에서 활성화되는 특정 후성유전학적 기작은 차세대 화학요법용 약물 개발의 기초가 된다.
10. 환경 인자들은 후성유전체를 변형시킬 수 있으며, 변형된 유전 양상을 나타내는 유전자 발현을 유발할 수 있다.

EXPLORING GENOMICS
유전체학 탐구

인간 후성유전체 연구를 위한 국제협력사업(IHEC)

IHEC(International Human Epigenome Consortium)는 2010년에 만들어졌으며, 미국, 캐나다, 중국, 독일, 일본, 한국 및 유럽연합의 회원 과학자들이 참여하고 있다. IHEC의 주요 목표는 다양한 세포 발달 단계에서 선별된 인간 세포 및 조직에서 후성유전체에 대한 기준 지도를 개발함으로써, 후성유전학 및 그것이 인간 건강과 질병에 미치는 영향에 대한 이해를 높이는 것이다.

IHEC는 또한 인간의 건강 향상을 돕기 위해, 전 세계의 여러 연구자들에게 후성유전체 데이터의 보급을 촉진하고자 한다. 과학 저널인 '셀(*Cell*)'은 IHEC에서 나온 최신 주요 연구 논문을 볼 수 있는 포털을 만들었다. http://www.cell.com/consortium/IHEC를 방문하여 암, 발생, 면역 및 기타 여러 주제에 대해 인간 후성유전체 연구를 잘 보여주는 최근 논문을 살펴보라.

이 장(그리고 21장)에서 논의된 ENCODE 프로젝트를 포함하여 전 세계 IHEC 회원의 후성유전체 데이터베이스는 국제협력사업을 통해 공개적으로 사용 가능한 자원에 기여한다. 이 연습에서는 **IHEC 데이터 포털(IHEC Data Portal)**의 면면들을 살펴보도록 하자.

■ IHEC 데이터 포털

IHEC 데이터 포털은 대용량 서열 데이터를, 인간 조직 및 동물 질병 모델에서 얻은 광범위한 후성유전 자료와 전사체 자료 세트와 연결해 준다.

1. https://epigenomesportal.ca/ihec/에서 IHEC 홈페이지에 접속한다. 이 사이트는 후성유전에 대해 배울 때 관심을 가질 수 있는 다양한 자원에 대해 접근할 수 있도록 해준다.
2. IHEC 홈페이지 상단의 "IHEC Data Portal" 탭을 클릭한다.
3. 포털에 접속하면 "Overview" 페이지에 있게 되며, 포털을 통해 접근할 수 있는 다양한 IHEC 데이터베이스가 표시된다. 이러한 자원들은 컨소시엄, 조직, 혹은 분석 범주별로 묶여 있음에 유의하라.
4. "Genome"의 하위 메뉴에서 "Human (hg19)"을 선택한다. (주의: hg19와 hg38은 약간 다른 방식으로 정보를 표시하는 두 개의 유사한 데이터베이스이다.) 옆에 있는 "Display"의 하위 메뉴에서 "Epigenomes"을 선택한다.
5. "By Tissue" 원형 차트를 이용하여 "Other"를 클릭한 다음(선택하면 원형 차트에서 이 영역의 색상이 바뀜), 원형 차트 아래의 "View Selected" 상자를 클릭하라.
6. 표시되는 다음 화면은 "Data Grid view"이다. 그리드 왼쪽의 행에는 분석된 다양한 인체 조

(계속)

직 목록이 표시된다. 그리드의 열은 히스톤 변형(예: 아세틸화 또는 메틸화), 유전체 메틸화 및 전사체(트랜스크립톰) 자료를 나타낸다.

이러한 그리드에는 사용 가능한 정보들이 매우 많으므로, 동시에 너무 많은 정보가 보이지 않도록 보기 자료를 단순화하는 것이 중요하다.

7. 인간 지방 조직에서, 인간 유전체 단편에서 사용할 수 있는 후성 유전체 자료의 예를 탐색해 보도록 하자.

   여기에 나열된 세 번째 조직은 "Adipose-Tissue-other"이다. 이 조직의 경우 "H3K27ac" 열의 1번 상자를 클릭하라. 그런 다음 "Visualize in Genome Browser" 버튼이 보일 때까지 그리드를 아래로 스크롤하고 이 버튼을 클릭한다. "University of California, Santa Cruz Genome Browser" 사이트로 이동하는 새 화면이 나타난다. 이 사이트의 맨 위에 있는 염색체 지도 바로 아래에 있는 데이터 상자를 탐색하여(자세한 정보를 보려면 상자에 있는 대부분의 요소를 클릭하거나 드래그할 수 있음) 다음 질문에 답하라:

   a. 인간의 어느 염색체가 표시되는가? 보고 있는 것은 이 염색체의 p완인가, 아니면 q완인가?

   b. 이 데이터 상자에서 "RefSeq Genes" 부분을 찾아보라. 염색체의 이 부분에 인간 *SOD* 유전자가 포함되어 있음을 알 수 있다. 이 유전자는 무엇인가? 그것은 어떤 단백질 산물을 암호화하며 이 단백질의 기능은 무엇인가? *SOD* 유전자의 돌연변이와 관련된 유전병은 무엇인가?

   c. *SOD* 유전자의 인트론과 엑손은 몇 개인가? SOD 단백질에 대한 자세한 내용을 보려면 엑손 1을 클릭하라.

   d. 표시된 H3K27ac 구역을 검색하라. 유전체에서 H3K27ac 표시의 중요성은 무엇인가? 이 데이터에서 H3K27ac는 *SOD* 유전자의 엑손 1과 전사 시작 부위를 암호화하는 DNA 영역에 더 많은가, 아니면 유전체의 다른 위치에서 더 흔한가? 당신이 후성유전에 대해 알고 있는 것을 바탕으로 하면, 이 H3K27ac 양상이 의미가 있는가? 답변에 대해 설명하라.

   이 보기에서는 다음 내용도 표시된다:

   - ChIP-seq 분석에 의해 실험적으로 결정된 전사인자 결합 부위(ChIP-seq에 대해서는 21장에 논의되어 있다)
   - 실험적으로 결정된 유전체의 DNase I 과민성 영역
   - 염색체의 이 영역에 있는 SNP들

8. 이제 IHEC 포털에 대해 알게 되었으니, 관심 있는 조직에 대한 후성유전체의 다른 부분을 탐색해 보라. 새 검색을 시작하기 전에 데이터 그리드를 재설정하도록 한다.

통찰과 해법

1. 상염색체 유전자의 상동성 대립유전자 중 하나가 후성적으로 침묵하는 것은 무작위 사건으로 생각된다. 여러 연구에서 검사한 상염색체 유전자의 20% 이상이 단일대립유전자 발현(MAE)을 보인다는 점을 감안하면, 단일대립유전자 발현이 어떻게 발생하는지 설명할 수 있는 기작은 무엇일까?

   해법: 19.2절에서 다음과 같은 네 가지 특정 패턴의 단일대립유전자 표현이 가능하다는 것을 설명했었다: (1) 두 대립유전자가 모두 메틸화되어 침묵한다; (2) 부계 대립유전자는 메틸화되어 침묵하지만, 모계 대립유전자는 메틸화되지 않고 활성이다; (3) 모계 대립유전자는 메틸화되어 침묵하지만, 부계 대립유전자는 메틸화되지 않고 활성이다; 또는 (4) 어느 대립유전자도 메틸화되지 않으며 둘 다 활성이다(두 대립유전자의 발현).

   후성유전적 표지인 H3K36me3은 전사 활성과 관련이 있고, H3K27me3은 유전자 침묵과 관련되므로, 이러한 표지의 존재는 유전자 활성을 알 수 있는 신뢰할만한 예측 인자이다. 이것은 발생의 어떤 단계에서 무작위로 선택된 유전자의 한 대립유전자가 H3K27me3 마커로 표시되어 침묵하도록 선택되는 반면, 상동 대립유전자는 H3K36me3 표시되어 활성이라는 의미이다. 이 정보에서는 두 가지의 일반적인 기작이 드러난다: (1) 주어진 유전자의 두 대립유전자가 모두 발현되면(이대립유전자 발현), 하나의 활성 대립유전자가 침묵하여 MAE가 발생한다. (2) 주어진 유전자의 두 대립유전자가 모두 침묵하면, 하나의 대립유전자가 활성화되어 MAE가 발생한다. 어느 쪽이든, MAE는 후성유전적 표시가 결정되는 배아 발달 초기의 특정 시간 또는 발달 시기에서 생길 수 있다. 이것은 다른 대립유전자의 변경을 억제하여 하나의 대립유전자를 활성화하고 다른 하나는 침묵하게 하는 피드백 메커니즘과 결합될 수 있다. MAE는 광범위한 유전체적 현상이지만, 현재 활성화하거나 침묵시킬 대립유전자를 선택하는 과정, 이러한 변형의 시기, 혹은 여러 번의 유사분열을 통해 유지되는 방법 등에 대해서는 알려진 바가 거의 없다.

2. 많은 암이 종양 억제 유전자의 불활성화와 관련된다. 이러한 변화는 두 가지 종류로 생각할 수 있다: 억제 유전자를 불활성화시키는 유전적 돌연변이나 DNA 메틸화에 의한 불활성화이다. 종양 억제 유전자의 메틸화를 설명하는 우세한 모형은, 유전자의 메틸화가 우연히 발생한다고 가정하는 **확률론적 모형**(*stochastic model*)이다. 결과적으로 세포는 세포 주기 통제를 벗어나 선택적인 성장 이점을 갖게 되고 결국 악성 종양을 형성한다. 그러나 지

시 모형(*instructional model*)이라고 하는 또 다른 모형에서는, 어떤 암유전자가 전사인자를 모집하는 일련의 분자적 사건을 시작하고, 이에 의해 차례로 DNA 메틸화 효소가 소집되어 메틸화에 의해 침묵할 종양 억제 유전자에 결합한다.

최근까지 교육 모델에 대한 실험적 증거는 거의 없었다. 그러나 지난 몇 년 동안 암유전자에 의해 종양 억제 유전자가 침묵하는 사례들이 축적되고 있다. 이제는 종양 억제 유전자의 지시적 메틸화가 암 생물학의 일반적인 기작일 수 있는 것으로 보인다.

종양 억제인자 메틸화의 확률적 모형과 지시 모형 모두에서 발생하는 메틸화를 역전시키기 위한 잠재적인 치료 모형들은 어떤 것이 있겠는가?

해법: 확률론적 모형은 종양 억제 유전자가 알려지지 않은 침묵화 기작에 의해 무작위로 선택되며, 일단 침묵하게 되면, 이 조건은 후속 세포 분열에서도, 복사되는 DNA 가닥의 메틸화 양상이, DNA 메틸화 효소에 의해 S기 중에 새로 합성되는 DNA 가닥에 재생성됨으로써 유지된다고 가정한다.

확률론 모형에서 종양 억제 유전자를 재활성화하기 위해서는, 가능한 두 가지 접근법이 있다: 암세포에서 종양 억제 유전자의 메틸화를 선택적으로 역전시키거나, 새로 복제된 DNA 가닥에서 유전자의 메틸화를 방지하는 것이다. 메틸화에는 단일 효소의 작용만 필요하지만, 사이토신 메틸화의 역전은 효소 패밀리(TET 패밀리)과 여러 단계의 작용을 요구하는 복잡한 과정이다. 치료를 위해 특정 종양 억제 유전자의 메틸화를 역전시키려는 시도는 어려울 것이다. 단일 유전자를 표적으로 삼되, 종양이 더 공격적으로 성장하도록 만드는 효과가 있을 수 있는 다른 유전자의 광범위한 탈메틸화를 일으키지 않으면서, 탈메틸화를 시작하는 방법이 필요할 것이다.

DNA가 복제되는 동안, 효소 DNMT1은 부모 DNA 가닥에서 새로운 가닥으로 메틸화 양상을 복사하는 역할을 한다. DNA 메틸기 전이효소의 억제제들, 특히 뉴클레오사이드 유사체는 S기 동안 메틸화를 방지함으로써 침묵하는 종양 억제 유전자를 재활성화하는 데 어느 정도 효과가 있는 것이 입증되었다. 이 억제제들은 현재 암 치료에서 치료 전략의 일부로 사용된다.

지시 모형으로 생각해보면, 종양 억제 유전자가 메틸화되기 전에 개입할 수 있다. 종양 억제 유전자를 침묵시키는 암 유전자는 일련의 중간 단계를 통해 그렇게 한다. 한 세포주에서 *RAS* 암유전자는 28개의 중간 분자를 사용하여 16단계 과정으로 *Fas* 종양 억제 유전자를 침묵시킨다. 작은 분자를 사용하여 이러한 단계를 방해하면 메틸화 및 침묵화를 막을 수 있을 것이다.

20

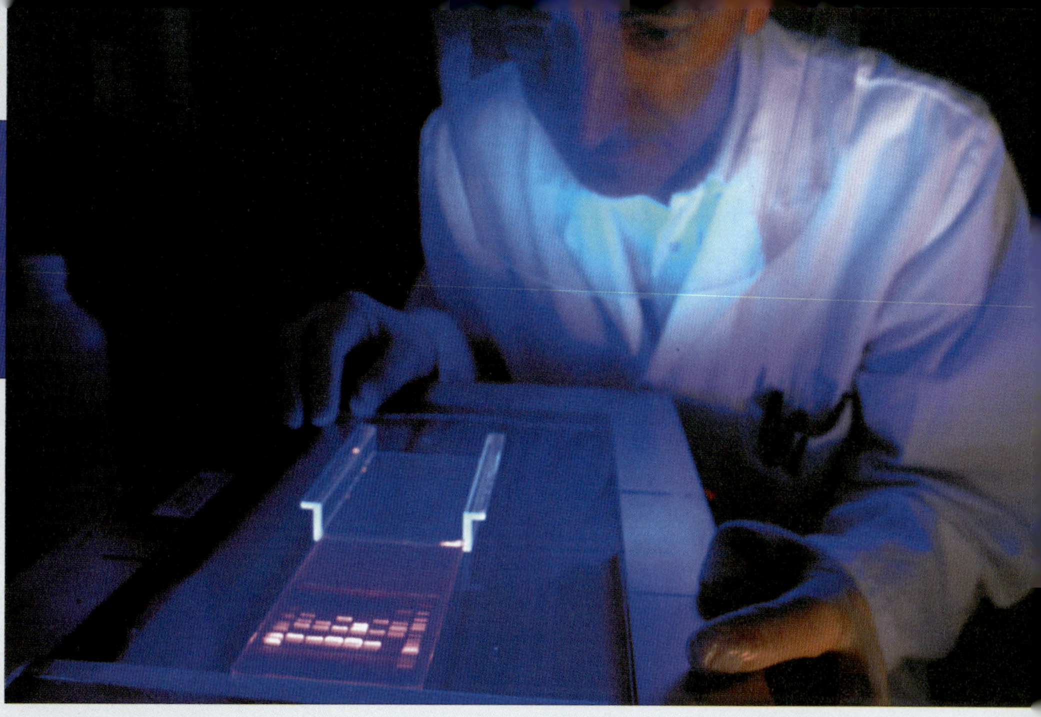

재조합 DNA 기술

한 연구자가 전기영동으로 분리된 DNA 단편들이 포함된 젤을 조사하고 있다. 각 DNA 단편들은 결합 염료인 브롬화 에티디움(ethidium bromide, EtBr)으로 염색되어 있어서 자외선을 비추면 시각적으로 관찰할 수 있다.

핵심 개념

- 재조합 DNA 기술은 서로 다른 기원의 DNA 서열을 조합하는 것이다.
- 재조합 DNA 기술의 일반적 응용은 관심 DNA 조각을 복제(클론화)하는 것이다.
- 특정 DNA 조각이 벡터로 삽입되어 재조합 DNA 분자들이 생기며, 이들은 진핵성 혹은 원핵성 숙주 세포로 옮겨져, 숙주 세포가 분열함에 따라 그 재조합 DNA도 복제된다.
- DNA 도서관들은 클론화된 DNA들의 모음으로, 역사적으로 특정 유전자들을 분리하는 데 사용되었다.
- DNA 조각들은 중합효소 연쇄반응(PCR)을 사용하여 매우 빠르게 수백만 배 증폭되어 분리(클론화)될 수 있다.
- 핵산들은 다양한 분자적 기술들을 이용하여 분석될 수 있다.
- 서열화는 DNA의 뉴클레오타이드 조성을 알려주며, 서열화 기술에서의 주요 발전은 현대의 많은 유전학적 연구 분야들, 특히 유전체학을 빠르게 발전시켰다.
- 유전자 녹아웃 방법과 유전자 이식(트랜스제닉) 동물들은 생체 내의 유전자 기능 연구에 매우 중요하다.
- 유전자 편집 방법들은 기초 연구에서의 가치를 증명해 보였으며, 유전적 기술을 임상에 응용할 수 있도록 하는 놀라운 잠재력을 보여준다.
- 재조합 DNA 기술은 다양한 생물들의 유전체를 조사하는 우리의 능력을 혁신시켰으며, 유전체학에서의 현대적 발전을 이끌었다.

1971년에, 다나(Kathleen Danna와) 네이든스(Daniel Nathans)에 의해 발표된 한 논문은 재조합 DNA 시대의 개막을 알렸다. 이 논문은 세균의 효소에 대한 분리에 대해 설명하면서, 이 효소가 바이러스 DNA를 특이적인 뉴클레오타이드 서열을 자르는 데 사용될 수 있음을 보고했다. 그것은 그런 효소로 절단된 DNA을 최초로 보여준 사진을 포함하고 있었는데, 현재 이 효소는 제한효소라고 불린다.

제한효소 및 여러 자원을 이용하여, 1970년대 중/후반의 연구자들은 기원이 다른 DNA 조각들을 서로 연결하여 **재조합 DNA(recombinant DNA)** 분자를 만들고, 복제하고, 분석하기 위해 다양한 기술들을 개발했다. 초기에는 종종 "유전자 이어 붙이기(gene splicing)"라고 불렸던 이 **재조합 DNA 기술(recombinant DNA technology)**은, 분자생물학과 유전학에서 주된 발전의 상징이 되었으며 과학자들이 특정 DNA 서열을 분리하여 연구할 수 있게 해주었다. 이 기술의 발달에 대한 공헌으로, 네이든스(Daniel Nathans), 스미스(Hamilton Smith), 그리고 아버(Werner Arber)는 1978년에 노벨 생리의학상을 수상했다.

재조합 DNA 기술의 힘은 놀라운 것이어서, 유전학자들이 유전체에서 관심 유전자나 DNA 단편을 찾고 분리하여, 그 특수한 분자와 똑같은 사본을 대량으로 생산할 수 있게 해준다. 이 동일 사본들, 혹은 **클론(clone)**들은 그 DNA의 구조나 조직화에 대한 연구를 수행하거나, 유전자 발현 연구, 단백질의 구조와 기능을 위한 연구, 그리고 그 유전자에 의해 암호화되는 단백질로부터 중요한 상업적 산물의 생산하는 등, 다양한 목적을 위해 더 조작될 수 있다.

재조합 DNA 기술에 관련된 기초 기술들은, 곧 과학자들이 전 유전체를 서열화하고 분석할 수 있게 하는 유전체학(genomics)이라는 분야를 이끌었다. 이 장에서 논의되는 주제 중 몇 가지는 이 교재의 후반에 더 심도 있게 탐구될 것이다(특강 2장—DNA 법의학, 4장—유전적으로 변형된 식품들, 그리고 5장—유전자 치료 편을 참고하라). 이 장에서는 DNA를 분리하여 복제하고 분석하는 데 사용되는 재조합 기술의 기초적 방법들에 대해 살펴보도록 하자.

20.1 재조합 DNA 기술은 2가지 핵심 도구로 시작되었다: 제한효소와 클로닝 벡터

교차 같은 자연적인 유전적 과정들도 재조합 DNA 분자를 만들지만, 재조합 DNA(*recombinant DNA*)라는 말은 일반적으로, 서로 다른 원료들에서 얻은 DNA를 인위적으로 연결해 만든 분자들에 사용된다. 우리는 재조합 DNA 분자를 만들고 증폭하는 데 사용하는 두 가지 중요한 도구들을 살펴보는 것으로 재조합 DNA 기술에 대한 논의를 시작하려고 한다: **제한효소(restriction enzyme)**라고 불리는 DNA-절단 효소들과 **DNA 클로닝 벡터(DNA cloning vector)**들이다. 분자생물학 분야의 발전은 제한효소와 클로닝 벡터의 사용에 전적으로 의존했다고 봐도 무방한데, 다양한 실험실 기술들이 재조합 DNA 기술에 기초하고 있기 때문이다.

제한효소들은 특정 인식 서열에서 DNA를 절단한다

세균들은 박테리오파지들에 의한 감염에 대항하는 방어 기제로 제한효소를 생산한다. 그들은 침입하는 바이러스들의 DNA를 파괴함으로써 바이러스 감염을 제한하거나 방해한다. 4,300개 이상의 제한효소들이 밝혀졌으며, 600개 이상이 상업적으로 생산되어 연구에 사용될 수 있다. 제한효소는 **인식 서열(recognition sequence)** 혹은 **제한 부위(restriction site)**라고 불리는 특정 뉴클레오타이드 서열에서 DNA를 인식하고 결합한다(그림 20.1). 그런 후 효소는 그 서열 내에서 인산이에스테르 골격을 절단함으로써 DNA의 양 가닥을 자른다. 과학자들은 이것을 흔히 DNA의 "분해(digestion; 소화)"라고 부른다. 클로닝에서 제한효소의 유용성은 그들이 유전체 DNA를 단편들로 언제나 같은 방식으로 정확하게 자를 수 있다는 점에 기인한다. 제한효소들은 DNA를 적당한 크기로 자르기 위한 세련된 분자 가위라고 표현된다.

제한 부위들은 유전체 내에 무작위로 분포한다. 4개의 염기를 인식 서열로 가지는 효소들(예: AGCT 서열을 인식하는 *Alu*I)은, 네 가지 뉴클레오타이드가 모두 같은 비율로 존재한다

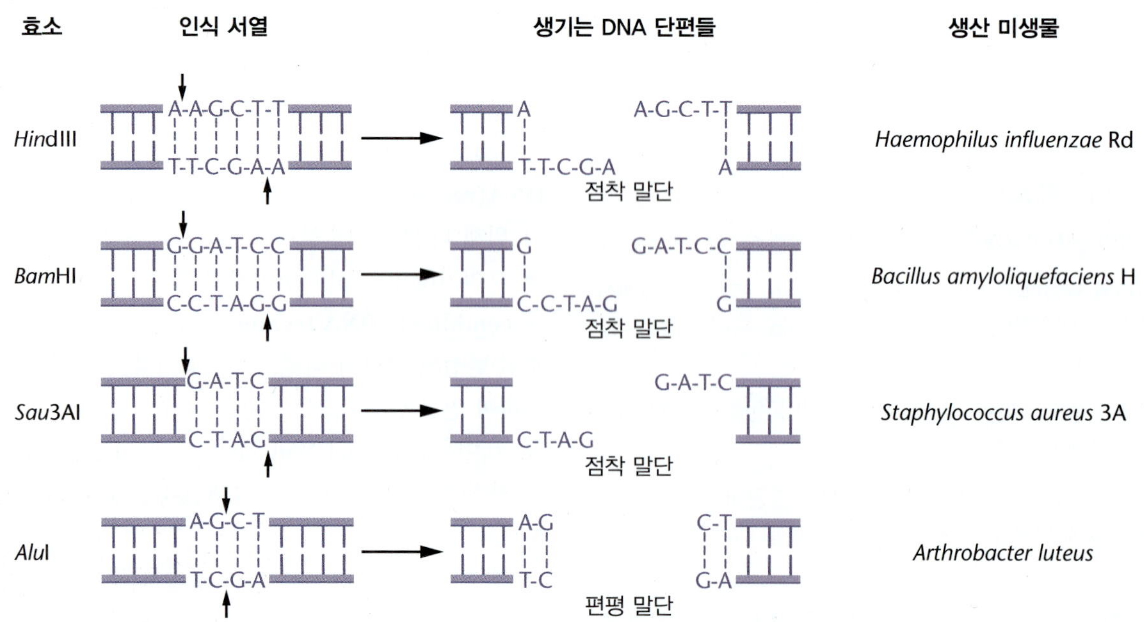

그림 20.1 일부 상용 제한효소들과 그들의 인식 서열, 절단 양상, 그리고 효소의 미생물 출처. 화살표는 각 효소에 의해 절단되는 DNA의 위치를 표시한다.

면, 평균 256 염기쌍($4^n = 4^4 = 256$)마다 절단하므로, 아주 작은 크기의 단편을 많이 만들 것이다. 특정 제한효소로 DNA를 잘라 생기는 실제 단편 크기는, 서로에 대한 인식 서열들의 수가 다양하기 때문에 달라진다.

인식 서열들은 **회문구조(palindrome)**로 설명되는 대칭 형태를 보인다: 이 뉴클레오타이드 서열은 5′에서 3′ 방향으로 DNA를 읽을 때 두 가닥의 서열이 같다. 개별 제한효소들은 자신의 특정 인식 서열을 찾아 특정 절단 형태로 그 DNA를 자른다(그림 20.1 참고). 가장 흔한 인식 서열들은 4~6개 뉴클레오타이드 길이지만, 일부는 8개 혹은 그 이상의 뉴클레오타이드를 인식하기도 한다. *Hind*III 같은 효소들은 DNA 가닥을 비껴서 자르므로, 단일 가닥이 튀어나온 말단을 가진 단편들을 만드는데, 이런 구조를 **점착 말단**(*cohesive ends* 혹은 *"sticky" end*)이라고 부른다. 반면, *Alu*I 같은 것은 두 가닥을 같은 뉴클레오타이드 쌍에서 자르므로, **편평 말단**(*blunt-end*)이라는 이중 가닥 말단을 가진 DNA 단편을 만든다.

최초로 밝혀진 제한효소 중 하나는 대장균(*Escherichia coli*)인 R 균주에서 분리된 것으로, *Eco*RI로 표시된다. *Eco*RI의 절단으로 생기는 DNA 단편들은 이 효소로 잘린 다른 DNA 단편들의 단일 가닥 말단들과 염기쌍을 형성할 수 있는 점착 말단을 가진다. 같은 제한효소로 잘린, 기원이 다른 DNA 단편들이 서로 섞이면, 단일 가닥 말단들이 상보적 염기쌍들의 수소 결합을 통해 서로 **결합(anneal)**할 수 있다(그림 20.2). 이 단편들에 **DNA 연결효소(DNA ligase; DNA 리가아제)**를 첨가하면, DNA의 인산이에스테르 골격이 닫혀 단편들이 공유결합으로 연결되므로, 재조합 DNA 분자가 만들어진다(11장 참고).

과학자들은 종종 클로닝을 더 쉽게 하려고 단일 가닥이 매달려 있는 점착 말단을 만드는 제한효소를 사용하곤 한다. 편평 말단의 연결은 기술적으로 좀 더 어려운데, 그것이 수소 결합에 의한 연결 촉진 과정이 없기 때문이다. 그러나 과학자들은 서로 다른 편평 말단 생성 효소들에 의해 생성된 단편들도 서로 연결할 수 있다.

DNA 벡터들은 클론화될 DNA 분자를 받아들여 복제한다

과학자들은 제한효소 절단으로 생긴 DNA 단편들을 복제할 기술만 있다면 그것을 복제하거나 클론화할 수 있음을 깨달았다. DNA 클로닝을 가능하게 했던 두 번째 핵심 도구는 **클로닝 벡터(cloning vector)**들의 개발이다. 이것은 벡터가 숙주 세포에 도입되면, 받아들인 DNA 단편을 복제하는 DNA 분자를 말한다.

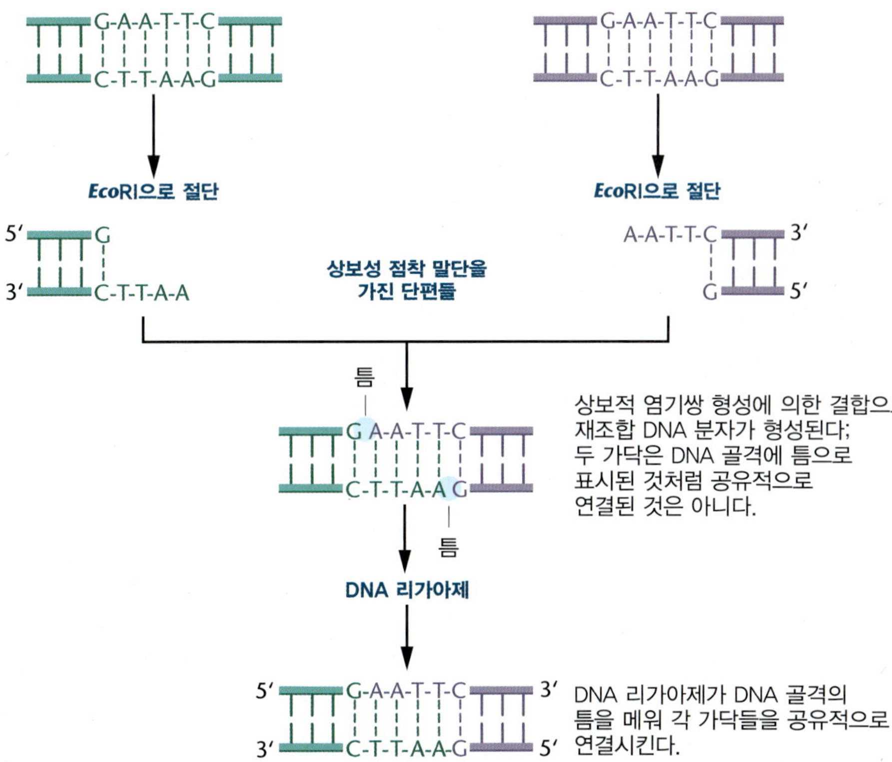

그림 20.2 서로 다른 원료에서 얻은 DNA가 *Eco*RI으로 잘린 후 재결합하도록 섞인다. 그다음 DNA 연결효소라는 효소(DNA 리가아제)가 이 단편들 사이에 인산이에스테르 결합을 만들면, 완전한 재조합 DNA 분자가 생성된다.

여러 가지의 많은 벡터가 클로닝에 사용될 수 있다. 벡터들은 그들이 들어가 복제할 수 있는 숙주 세포들에 따라 다르며, 그들이 싣고 들어갈 수 있는 DNA 단편 삽입물의 크기도 다르지만, 대부분의 DNA 벡터들은 몇 가지 중요한 특징들을 가진다.

- 벡터는 클론화될 DNA 단편들이 삽입되도록 하는 제한 부위들을 여러 개 가진다.
- 벡터들은 숙주 세포 내에서 숙주의 염색체와는 독립적으로 복제할 수 있어야 한다.
- 벡터를 가진 숙주 세포와 그렇지 않은 세포를 구분할 수 있게 하려면, 벡터들은 **선별 마커 유전자(selectable marker gene)**를 포함해야 한다. 주로 항생제 저항성 유전자나, 색깔 혹은 형광처럼 눈으로 확인할 수 있는 효과를 가지는 단백질을 암호화하는 **보고 유전자(reporter gene)**가 사용된다.
- 대부분의 벡터는 삽입된 DNA의 서열화에 이용할 수 있는 특정 서열들을 포함하고 있다.

세균의 플라스미드 벡터들

유전적으로 조작된 세균성 **플라스미드(plasmid)**들이 최초로 개발된 벡터였으며 여전히 클로닝에 널리 사용된다. 클로닝용 플라스미드 벡터들은 자연적으로 발생한 플라스미드에서 기원한다. 앞에서(8장 참고), 플라스미드란 세균 세포 내에서 염색체와는 독립적으로 복제되는 염색체 밖의 이중 가닥 환형 DNA 분자라고 소개했던 것을 기억하기 바란다[그림 20.3(a)]. 플라스미드들은 클로닝 벡터들로 사용될 수 있도록 유전공학에 의해 매우 변형되어 왔다. 유용한 특징들을 가진 여러 상업적 플라스미드들이 판매되고 있으며 바로 사용될 수 있다[그림 20.3(b)].

플라스미드들은 **형질전환(transformation)** 과정에 의해 세균 세포 내로 도입된다(8장 참고). 세균의 형질전환에는 주로 두 가지 기법이 사용된다. 한 가지 방법은 세포들을 칼슘 이온들로 처리하고 짧은 시간 동안 열 충격을 줌으로써 DNA가 순간적으로 세포 내로 들어가도록 하는 것이다. 다른 방법은 **전기천공법**(*electroporation*)이라고 불리는 것으로, 짧지만 고강도의 전기 충격을 가하여 DNA가 세포 내로 이동하도록 한다.

일반적으로, 형질전환은 하나 혹은 아주 소수의 플라스미드만 세균 숙주 세포 내로 들어가도록 한다. 그러나 플라스미드들이 그 복제를 가능하게 하는 **복제 원점**(*origin of replication, ori*)을 가지고 있으므로, 플라스미드들은 단일 숙주 세포 내에서 수백 개의 사본으로 그 수가 늘어날 수 있다. 이런 플라스미드들은 생산될 수 있는 DNA 클론의 수를 매우 증가시킨다. 플라스미드 벡터들은 흔히 사용되는 제한효소들을 위한 다수의 제한 부위들을 포함하도록 유전적으로 조작되어 왔는데, 이곳은 **다중 클로닝 부위**(*multiple cloning site*)라고 불린다. 다중 클로닝 부위는 과학자들이 흔히 사용되는 제한효소로 잘라낸 다양한 단편들을 플라스미드와 연결(클로닝)할 수 있도록 해준다.

(a)

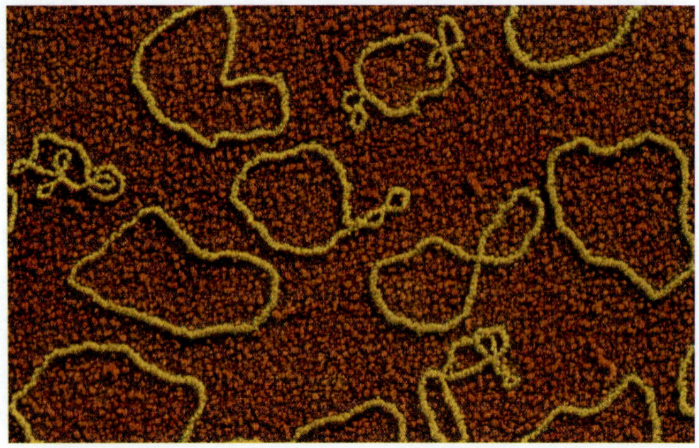

(b)

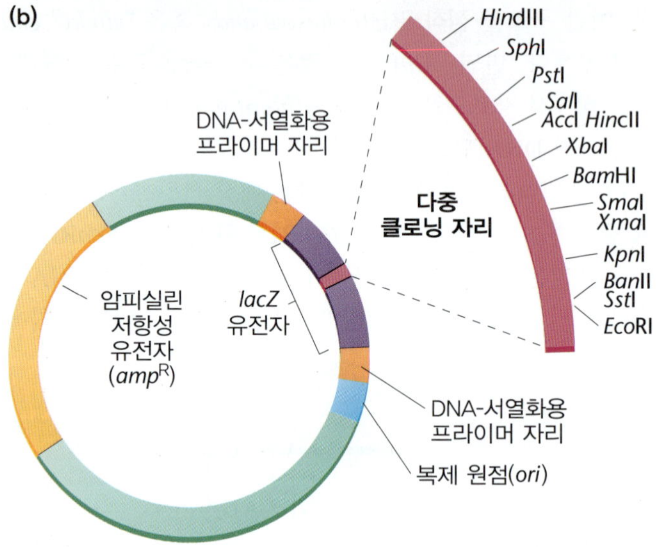

그림 20.3 (a) *E. coli*에서 분리된 원형 플라스미드 분자의 고화질 전자현미경 상이다. (b) 전형적인 DNA 클로닝 플라스미드의 도해.

플라스미드로 DNA를 클로닝하는 것은 일반적으로, 플라스미드 DNA와 클론화할 DNA를 같은 제한효소로 자르는 것으로 시작된다(그림 20.4). 전형적으로, 플라스미드들은 다중 클로닝 부위 내에서 한 번 잘려져 선형 벡터가 되도록 한다. 클론화될 DNA로부터 얻어진 DNA 단편은 선형화된 벡터와 더해져 DNA 연결효소와 함께 반응된다. DNA 단편들의 점착 말단이 결합하여, 클론화될 DNA와 플라스미드가 연결된다. 그러면 DNA 연결효소는 DNA 골격에 존재하는 틈이 닫히도록 인산이에스테르 결합을 만들어 줌으로써 재조합 DNA가 생성된다. 이제 이것은 형질전환에 의해 숙주 세포 내로 도입된다. 일단 세포

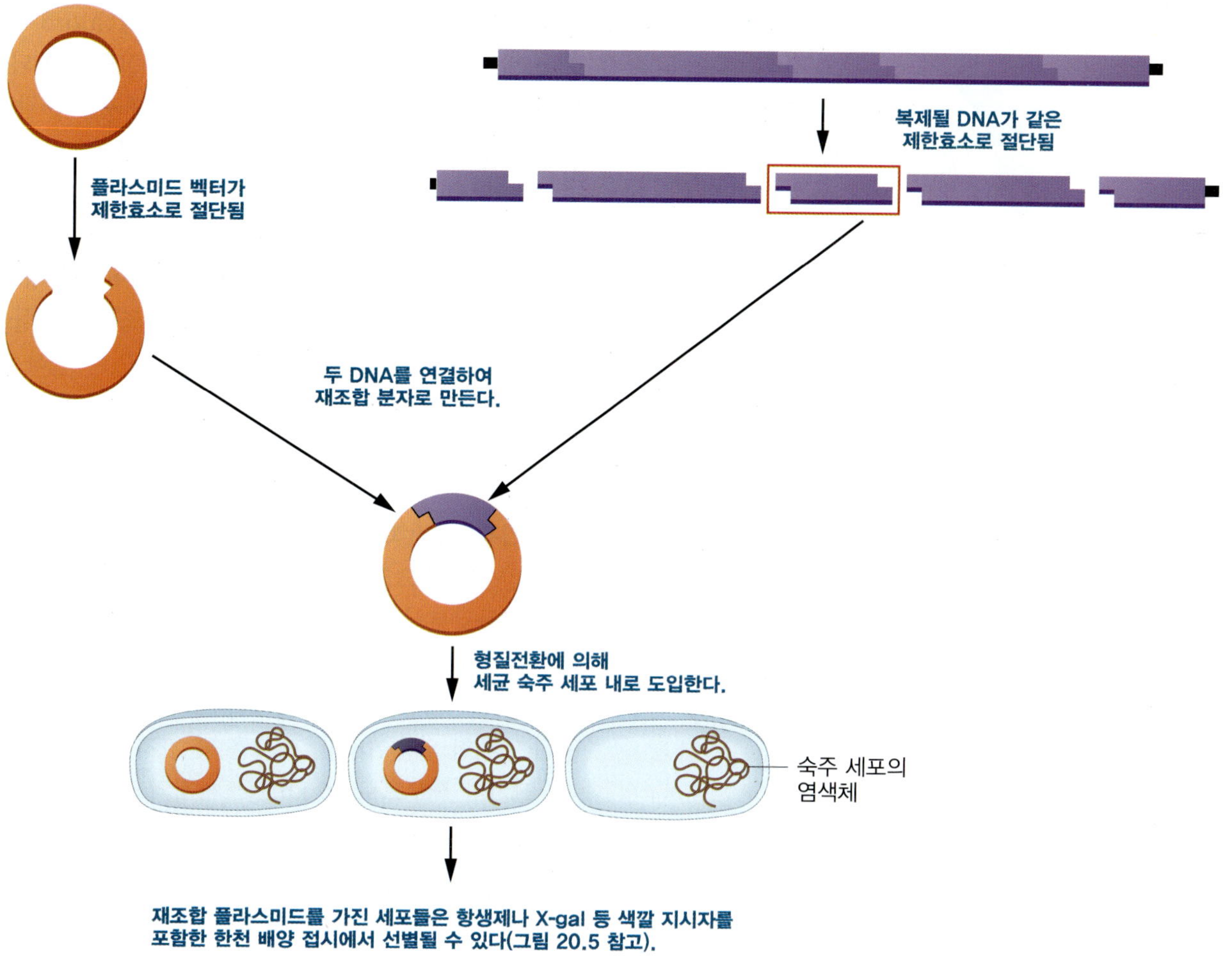

그림 20.4 플라스미드 벡터를 이용한 클로닝.

내로 들어가면, 플라스미드들은 다수의 사본으로 빠르게 복제된다.

그러나 플라스미드를 이용하여 DNA를 클로닝할 때, 모든 플라스미드가 클론화될 DNA와 통합되는 것은 아니다. 예를 들어, 플라스미드 말단들끼리 다시 연결되면, 특정 제한효소로 잘린 플라스미드가 다시 닫힐 수 있다(자기-연결, self-ligation). 그렇다면 분명 그런 비재조합 플라스미드들은 우리가 원하는 게 아니다. 또한 형질전환 중에 모든 숙주 세포들이 플라스미드를 받아들이는 것도 아니다. 따라서 클로닝 실험에서 재조합 DNA를 포함한 숙주 세포가 빠르게 규명되는 것은 매우 중요하다. 이렇게 할 수 있는 한 가지 방법은 항생제에 저항성을 부여하는 선별 마커 유전자들을 사용하는 것이다. 예를 들어 amp^R은 암피실린(ampicillin) 저항성을 나타내도록 하는 선별 마커이다. 다른 전략은 *lacZ* 같은 보고 유전자들을 사용하는 것이다. 그림 20.5는 어떻게 보고 유전자들이 재조합 플라스미드를 포함하고 있는 세균들을 규명하는 데 사용될 수 있는지를 보여준다. 이 과정은 **"청-백" 선별("blue-white" screening)**이라고 불리는 것으로, 이렇게 불리는 이유는 아래 설명에서 분명해질 것이다.

청-백 선별에서는 다중 클로닝 부위에 *lacZ* 유전자를 포함하고 있는 플라스미드가 사용된다. *lacZ* 유전자는 16장에서 배웠던 것처럼, 이당류인 젖당을 단당류인 포도당과 갈락토오스로 분해하는 β-갈락토시데이즈(β-galactosidase) 효소를 암호화한다. 청-백 선별은 이 효소의 활성을 이용한다. 이 접근법을 사용하면 재조합 플라스미드나 비재조합 플라스미들을 포함하는 형질전환된 세균 세포들을 쉽게 찾아낼 수 있다. 만약 DNA 단편이 다중 클로닝 부위의 어떤 곳에 삽입되었다면, *lacZ* 유전자는 파괴되고 기능적인 β-갈락토시데이즈가 생산되지 못한다. 이 실험에서 형질전환된 세균들은 한천 평판 배지에 도말되는데, 이 배지는 항생제인 암피실린(ampicillin)을 포함하고 있다. 형질전환되지 않은 세균들은 이 평판 접시에서 자랄 수 없는데, 그들이 amp^R 유전자를 가지고 있지 않아서 암피실린에 의해 죽기 때문이다.

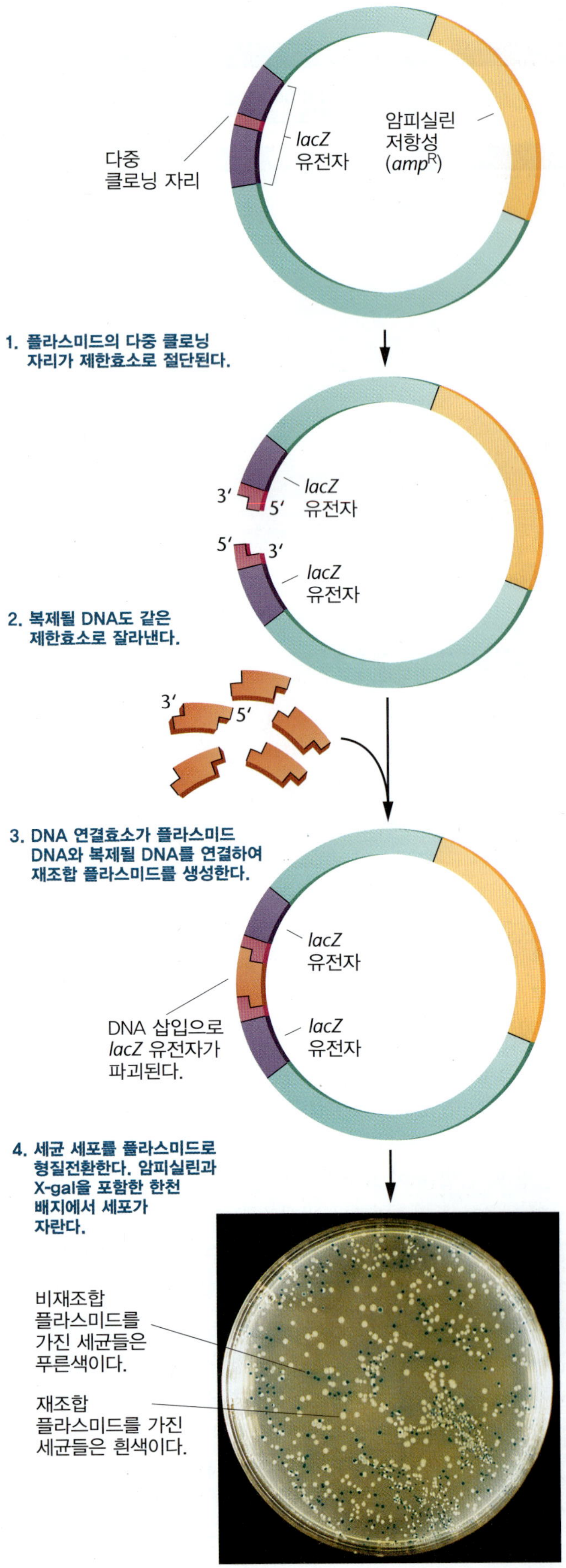

이 한천 접시에는 X-gal(5-bromo-4-chloro-3-indolyl-β-D-galactopyranoside)이라고 불리는 물질도 포함되어 있는데, X-gal은 구조적으로 젖당과 유사하다. 이것은 β-갈락토시데이즈의 기질이며, 효소에 의해 분해되면 푸른색으로 변한다. 결과적으로, 비재조합 플라스미드(자가 연결되어 삽입 DNA를 갖지 않는 것)를 가진 세균 세포들은 기능적인 *lacZ* 유전자를 가지며, 배지에서 X-gal을 분해하는 β-갈락토시데이즈를 생산하므로 이런 세포들은 푸르게 변한다. 반대로, 재조합 세균들(*lacZ* 유전자 내에 삽입된 DNA 단편을 포함하고 있는 플라스미드를 가진)은 그들이 기능적인 β-갈락토시데이즈를 만들지 못하기 때문에 X-gal 배지에서 자랄 때 흰색 콜로니들을 만들 것이다(그림 20.5, 아래). 이 흰색 콜로니들 내의 세균들은 재조합 플라스미드를 가진, 유전적으로 동일한 클론들이다. 흰색 콜로니들은 세균 배양 플라스크로 옮겨져 액체 배지에서 대량으로 배양된 후, 이 세포들로부터 재조합 플라스미드를 비교적 쉽게 분리하여 정제할 수 있다.

플라스미드들은 아직도 재조합 DNA 기술을 여러 가지로 응용하기 위한 일꾼이지만, 이들은 몇 가지 주요 한계점들을 가진다: 크기가 작으므로 25 kb 정도까지의 DNA 단편만 삽입물로 받아들일 수 있으며, 대부분 플라스미드는 종종 훨씬 더 작은 조각만 받아들인다. 그러므로 재조합 DNA 기술이 발달하고 더 큰 조각의 DNA 클론들이 요구됨에 따라 다른 벡터들이 개발되어 더 큰 조각의 DNA를 받아들일 수 있게 되었을 뿐 아니라 세균 외의 다른 숙주 세포들도 사용할 수 있게 되었다.

다른 형태의 클로닝 벡터들

플라스미드 외에도 초창기에 사용된 벡터 중에는 **파지 벡터들**(*phage vectors*)이 있다. 이들은 유전적으로 변형된 박테리오파지 람다(λ) 계통(이중 가닥 DNA 바이러스)을 포함한다. λ 파지의 유전체는 서열화가 완료되었으며, 이 장의 앞부분에서 설명했던 것처럼, 다중 클로닝 부위를 포함한 복제용 벡터의 많은 중요한 기능을 통합하도록 유전적으로 변형되었다. 파지 벡터들은 대부분의 플라스미드 벡터들이 포함할 수 있는 것보다 2

그림 20.5 청-백 선별 검사(blue-white screening)에서는, 플라스미드의 다중 클로닝 부위에 삽입된 DNA가 *lacZ* 유전자를 파괴한다. 재조합 DNA를 가진 세균들은 X-gal을 대사할 수 없으므로 흰색 콜로니들을 형성한다. 이 때문에 연구자는 클론화된 DNA 삽입물을 가진 세균 콜로니들을 직접 찾아낼 수 있다. (아래) 재조합 플라스미드를 획득한 이후의 세균 세포 생장을 보여주는 페트리 접시 사진. 푸른색의 콜로니에 있는 세포들은 클론화된 DNA 삽입물이 없는 벡터(비재조합 플라스미드)를 포함하는 반면에, 흰 콜로니의 세포들은 DNA 삽입물을 가진 벡터(재조합 플라스미드)를 포함한다. 형질전환이 되지 않은 세포들은 배지에 존재하는 암피실린 때문에 콜로니로 자랄 수 없다.

배 이상 큰 45 kb까지의 삽입물을 실을 수 있어서 한동안 인기가 있었다. DNA 단편들은 파지 벡터에 연결되어 재조합 λ 벡터가 되는데, 이것은 곧 시험관 내에서 파지의 단백질성 머리로 포장되고, 평판 접시 위에서 자라는 숙주 세포 내로 도입된다. 세균 내부에서, 그 벡터들이 복제되어 여러 사본의 감염성 파지가 형성된다. 이들 각각은 DNA 삽입물을 가지고 있는 것들이다. 그들이 증식함에 따라, 숙주 세균 세포를 용해시키면 플라크(plaque)라고 하는 투명한 반점들이 평판 접시의 세균 배양층에 형성된다(8장 참고). 플라크로부터 파지들이 분리되고 클론화된 DNA가 회수될 수 있다.

세균의 인공 염색체(bacterial artificial chromosome, BAC)와 **효모 인공 염색체(yeast artificial chromosome, YAC)**들은 커다란 DNA 단편을 클론화하는 데 사용될 수 있는 두 가지 벡터이다. 예를 들어, 인간 유전체처럼 거대한 진핵성 유전체들을 지도화하고 분석하는 작업들에는 염색체 하나에 해당하는 거대한 DNA 단편들을 운반할 수 있는 클로닝 벡터가 필요하다. 이런 목적에 사용될 수 있는 벡터들이다. BAC은 기본적으로 매우 크지만 사본 수가 적은(전형적으로 세균 세포당 1~2개의 사본) 플라스미드로서, 100~300 kb 크기의 DNA 삽입물을 받아들일 수 있다. 자연적인 진핵성 염색체들처럼, YAC은 각 말단에 텔로미어(telomere)를 가지며, 복제 원점과 동원체를 포함한다. 이런 성분들은 선별 표지 유전자들 및 제한효소 인식 서열들과 연결되어 외래 DNA의 삽입에 도움을 준다. 효모 염색체들은 230 kb에서 1900 kb 이상이어서, 100~1000 kb의 삽입물을 YAC에 넣어 클로닝할 수 있다. 커다란 DNA 조각들을 이런 벡터들에 클로닝하는 능력 때문에 이 벡터들은 인간 유전체 프로젝트에서 중요한 도구로 사용되었다(21장 참고).

지금까지 설명한 벡터들과는 달리, **발현 벡터(expression vector)**들은 클론화된 유전자의 mRNA 발현을 가능하게 고안한 것으로, 숙주 세포 내에서 유전자에 암호화된 단백질을 다량으로 만들기 위한 목적으로 사용된다. 이것은 대부분의 플라스미드, 파지 벡터, 그리고 YAC들이 DNA만을 수송하며 세포 내에서 그 서열을 mRNA로 전사하게 만드는 신호를 갖고 있지 않기 때문에 매우 중요한 특징이다. 발현 벡터들은 원핵세포와 진핵세포들에서 사용 가능하며, 클론화된 유전자의 전사와 번역을 개시할 수 있도록 하는 적당한 서열들을 포함한다. 그 생물학적 기능을 유지하도록 올바로 단백질을 발현시키는 것이 항상 쉽지만은 않은 일이지만, 단백질의 구조와 기능에 관한 연구를 포함하는 여러 가지 응용을 위해 세균(혹은 다른 숙주 세포)에서 재조합 단백질을 생산하고 그 단백질을 정제하는 것은 일상적인 접근이다. 생명공학 산업 역시 클론화된 유전자로부터 상업적으로 귀한 단백질 산물을 생산하는 발현 벡터들에 매우 크게 의존하고 있으며, 이러한 주제는 교재 후반에 다시 논의될 것이다(22장 참고).

유전자들을 식물로 도입하는 것은 여러 가지 방법으로 수행될 수 있는 흔한 응용들로서, 교재의 뒤에서 작물에 대한 유전공학의 측면들을 살펴보게 될 것이다(특강 4장의 유전적으로 변형된 식품들 편을 참고하라). 유전자를 식물 세포로 도입하는 데 널리 사용되는 한 가지 접근법은 토양 세균이 관련된 것으로, **Ti 플라스미드(Ti plasmid)**라고 하는 불리는 일종의 플라스미드를 이용하는 것이다.

클로닝 벡터용 숙주 세포들

어떤 DNA 클로닝 벡터를 사용할지 결정하는 것 외에, 클로닝에서 논의해야 할 또 다른 고려 사항은, 재조합 DNA를 수용하기 위해 어떤 숙주 세포가 사용되어야 할 것인지에 관한 것이다. 재조합 DNA 실험에서 특정 숙주 세포를 고르는 이유는 다양한데, 연구의 목적에 따라 달라질 수 있다.

대장균(*E. coli*)은 널리 사용되는 세균성 숙주 세포로서, 짧은 DNA 단편들을 조작하기 위해 플라스미드로 작업할 때 선택된다. 효모(*Saccharomyces cerevisiae*)는 진핵성 유전자들을 클로닝하고 발현하기 위한 숙주 세포로 널리 사용된다. 효모를 선택하는 몇 가지 이유는 다음과 같다:

1. 효모는 진핵생물이지만 세균 세포들처럼 자랄 수 있으며 상당히 비슷한 방식으로 조작될 수 있다.
2. 효모의 유전학이 매우 잘 알려져 있다.
3. 유명한 효모 계통의 유전체들이 이미 서열화되어 있다.
4. 일부 진핵성 단백질의 기능을 연구하기 위해서는, 단백질 합성 후에 기능적인 형태로 바뀌기 위한 탄수화물 추가 등, 단백질의 변형이 가능한 숙주 세포를 사용할 필요가 있다(세균들은 이런 변형 대부분을 수행하지 못한다).
5. 효모는 수 세기 동안 제빵 및 주류 산업에 이용되어 왔으므로, 안전하게 백신과 치료제용 단백질을 생산할 수 있다.

진핵성 숙주 세포의 선택 범위는, 곤충 세포와 인간 세포를 비롯한 여러 다른 세포 유형들로 확장될 수도 있다. 다양한 종류의 인간 세포 유형들이 배양될 수 있으며, 유전자 발현과 단백질 생산에 사용된다. 그런 세포 계통들은 또한 유전자 기능 혹은 단백질 기능 분석에 사용될 수도 있는데, 특히 암 같은 인간의 질병 조건을 가진 세포주라면, 발현되는 특정 재조합 단백질을 막거나 그에 영향을 미칠 수 있는 약물의 효율성 등을 검사할 수 있다.

풀어보기

20.1 암피실린(ampicillin)과 테트라사이클린(tetracycline)에 저항성인 플라스미드 pBR322가 *Pst*I로 절단되었다. 이 효소는 암피실린 저항성 유전자 내부를 자른다. 잘린 플라스미드는 *Pst*I로 잘린 초파리 DNA와 연결되었고, 그 혼합물은 유전체 도서관을 만들기 위해 대장균 K12 균주의 형질전환에 사용되었다.

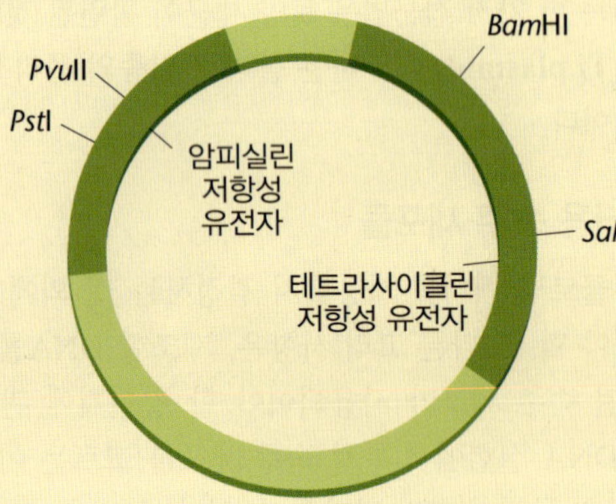

(a) 통합된 플라스미드를 가진 세포를 선별하기 위해서는 배지에 어떤 항생제가 첨가되어야 하겠는가?

(b) 만약 재조합 세포들이 암피실린이나 테트라사이클린, 혹은 둘 다 포함된 배지에 도말된다면, 초파리 DNA 삽입물이 있는 플라스미드를 포함한 세균들은 어떤 평판 접시에서 자랄 것으로 기대되는가?

(c) 두 가지 항생제에 모두 저항성인 콜로니들의 존재를 어떻게 설명할 수 있겠는가?

■ **힌트:** 이 문제는 플라스미드 상의 항생제 선별 마커 유전자들과, 재조합 플라스미드 DNA로 형질전환된 세균을 찾아내기 위한 항생제 사용에 대한 이해를 묻고 있다. 해답의 열쇠는 외래 DNA를 플라스미드 벡터로 도입하게 되면 플라스미드 상의 항생제 저항성 유전자 중 하나가 파괴된다는 점을 인식하는 것이다.

20.2 DNA 도서관들은 클론화된 서열들의 집합이다

DNA를 더 작은 벡터들, 특히 플라스미드로 클로닝하면, 하나의 유전자나 한 유전자의 일부분만을 나타내는 작은 DNA 단편들만 복제하게 된다. 수백 개의 유전자를 BAC이나 YAC 같은 더 큰 벡터들에 도입할 때에도, 우리는 클론화된 DNA 단편들을 찾아낼 방법이 필요하다. 다음을 생각해 보자: 지금까지 우리 논의에서는, 어떻게 DNA가 벡터 내로 삽입되어 클론화될 수 있는지를 비교적 일사천리로 진행되는 과정으로 설명했지만, 연구자가 자신이 클론화된 특정 DNA 서열을 어떻게 알아내야 하는지는 설명하지 않았다. 단순히 DNA를 자르고 그것을 벡터로 삽입하는 것은 어떤 유전자나 서열이 복제되고 있는 것인지에 대해서는 말해주지 않는다.

DNA 클로닝을 시작한 후 수십 년 동안, 과학자들은 클론화된 DNA들의 집합을 일컫는 **DNA 도서관(DNA library)**을 제작해 왔다. 어떻게 도서관이 구성되는지에 따라, 그것은 DNA의 암호화 유전자 부분과 비암호화 영역을 포함하기도 한다. 일반적으로, 두 가지 형태의 도서관이 존재하는데, 유전체 도서관과 상보성 DNA(cDNA) 도서관이다.

유전체 도서관

이상적이라면, **유전체 도서관(genomic library)**은 유전체를 구성하는 겹치는 단편들로 이루어지므로, 한 생물의 모든 DNA 서열을 적어도 하나는 가지게 된다. 결국, 이 서열들을 모두 합하면 전체 유전체를 커버할 수 있다.

유전체 도서관을 구성할 때는, 세포나 조직으로부터 DNA가 추출되고 제한효소로 무작위 절단을 일으킨 다음, 얻은 단편들은 20.1절에 논의한 방법들을 이용하여 벡터 내로 삽입된다. 유전체 도서관의 벡터들은 하나 이상의 유전자를 포함할 수도 있고, 한 유전자의 일부만 포함할 수도 있다. 또한 진핵세포에서 구성된 도서관들은 암호화 서열뿐 아니라 인트론 같은 DNA의 비암호화 서열도 포함할 것이다.

일부 벡터들(플라스미드 같은)은 단 수천 염기쌍 정도의 삽입 DNA만을 포함할 수 있으므로, 도서관이 최소 수의 클론으로 전체 유전체가 포함되도록 벡터를 선택하는 것이 중요한 고려 사항이다. 이것은 인간 유전체처럼 큰 유전체로 작업할 때 중요하다. 결과적으로, 인간 DNA의 30억 염기쌍 정도를 모두 포함하는 큰 크기의 DNA(인간 유전체 사업에서처럼)를 수용하기 위해서는 일반적으로 BAC과 YAC이 사용된다. 예를 들어, 평균 삽입 크기가 5 kb인 플라스미드 벡터를 사용하여 인간 유전체 도서관을 구축한다면, 유전체에서 주어진 서열을 99% 확률로 다시 찾아낼 수 있도록 하기 위해서는 240만 개 이상의 클론이 필요하다. 이런 크기라면, 이 도서관을 효율적으로 사용하기 어려울 것이다. 그러나 YAC 벡터로 도서관을 구성한다면, 평균 삽입 크기가 1 Mb이므로, 도서관은 약 14,000개 클론 정도만 있으면 되니, 비교적 사용하기가 쉬울 것이다.

이 교재의 후반에 다루게 될(21장 참고) **전 유전체 서열화(whole-genome sequencing)**를 이용하는 접근(그림 21.1 참고)과 새로운 서열화 방법들은, 전통적인 유전체 DNA 도서관을 대체하고 있는데, 이런 방법들은 DNA 단편들을 벡터에 삽입하고 그것들을 숙주 세포에서 클로닝하는 과정 없이도 전체 유전체 DNA 시료를 효율적으로 서열화하기 때문이다. 그러나

DNA 도서관의 개념은 여러 가지 현대적 응용들에 아직도 중요하게 적용된다. 우리는 생물정보학을 사용하여 DNA 서열 분석이 어떻게 분리된 DNA에서 단백질-암호화 서열이나 비암호성 서열을 찾는데 사용될 수 있는지를 추후에 살펴보게 될 것이다(21장).

상보성 DNA(cDNA) 도서관

상보성 DNA 도서관[complementary DNA(cDNA) library]은 유전체 도서관과는 다른 장점을 제공하므로, 유전자 클로닝과 다른 응용들을 위한 유용한 방법으로 계속 유용하게 이용되고 있다. 이것은 주로 cDNA 도서관이 배양된 세포나 조직 시료로부터 분리된 mRNA 분자로부터 만들어진 DNA 사본(cDNA)을 포함하기 때문이다. 따라서 유전체의 암호화 서열뿐 아니라 비암호화 서열까지 포함하는 유전체 도서관과는 달리, cDNA 도서관은 그것이 만들어졌을 당시 세포에서 발현되었던 유전자들만을 포함한다. 이것이 핵심적 차이점이다: cDNA 도서관은 특정 시기에 조직에서 전사적으로 활성이었던 유전자들의 목록, 혹은 당시의 순간 포착 기록물을 제공한다고 할 수 있다.

결과적으로, cDNA 도서관들은 특정 조건의 세포나 조직에서 발현된 유전자들을 규명하거나 연구하는 데 매우 유용하게 사용되어 왔다: 예를 들어, 발생 과정, 세포 사멸, 암, 그리고 기타 생물학적 과정들에 관여하는 유전자들을 연구할 수 있게 해준다. 또한 이런 도서관들은 정상 조직과 병든 조직으로부터 발현되는 유전자들을 비교하는 데도 사용될 수 있다. 예를 들어, 정상 세포를 암세포로 만드는 데 관여하는 유전자들이나, 암세포 전이(퍼져 나감)에 관여하는 유전자같이, 암 관련 유전자들을 규명하는 데 이런 식의 접근법이 사용되어 왔다.

cDNA 도서관을 만드는 첫 단계는 그림 20.6에 제시되어 있다. 이 기술의 핵심은 **역전사(reverse transcription)** 과정이다. 대부분 진핵성 mRNA들이 3′ 말단에 폴리-A 꼬리를 가지므로, 짧은 올리고(dT) 분자는 이 꼬리에 결합하여 역전사 효소에 의한 DNA 합성을 위한 프라이머로 작용할 수 있다. 역전사 효소는 mRNA를 주형으로 사용하여 상보적인 DNA 가닥(cDNA)를 합성함으로써 mRNA/cDNA 이중체를 만든다. 그런 후에 RNAse H로 mRNA를 부분적으로 분해하여 mRNA 가닥에 틈을 만든다. mRNA에 남은 3′ 말단들은 DNA 중합효소 I이 2차로 DNA 가닥을 합성하는 프라이머로 작용하게 된다. 이 결과로 이중 가닥의 cDNA 분자가 합성되어 플라스미드 같은 적절한 벡터 내로 클론화될 수 있다.

이렇게 설명한 방법에 의해 생성된 cDNA를 자를 때 사용할 수 있는 제한효소들이 무엇인지 모르는 것이 일반적이므로, 보통 이 단편들을 플라스미드 내로 삽입하기 위해서 cDNA 말단

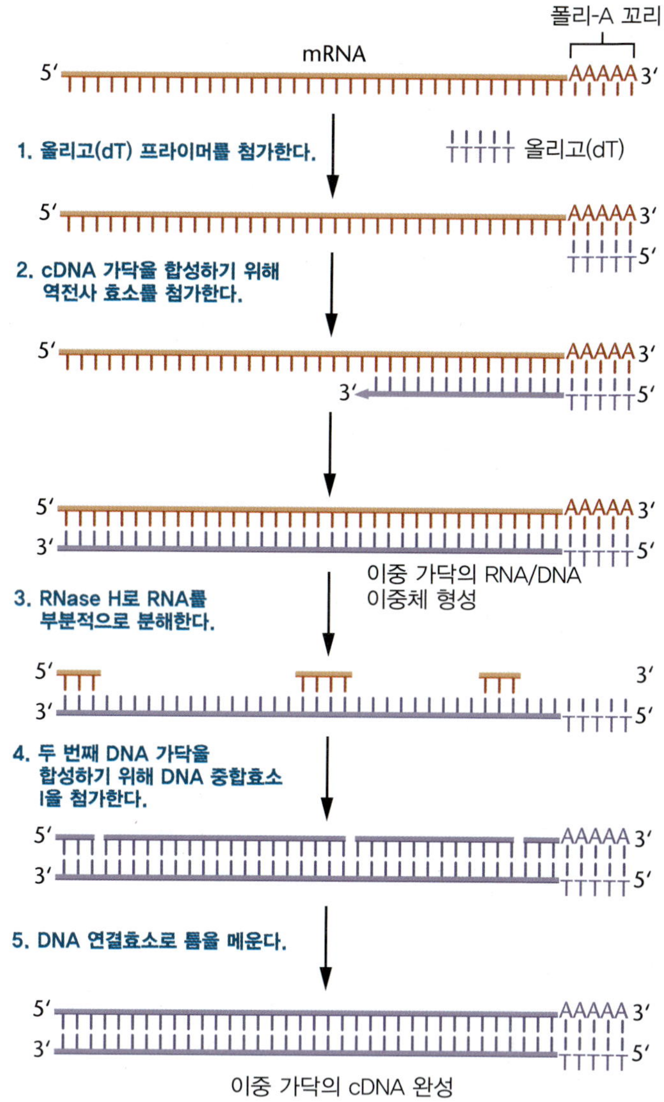

그림 20.6 mRNA에서의 cDNA 합성.

에 링커 서열(linker sequence)을 부착할 필요가 있다. 링커들은 짧은 이중 가닥의 올리고뉴클레오타이드로서, 제한효소 인식 서열들(예를 들어 *Eco*RI의 인식 서열)을 포함한다. cDNA에 부착되면, 링커들은 *Eco*RI 등의 제한효소로 절단된 후 같은 효소로 처리된 벡터에 연결된다.

특정 유전자들은 검색을 통해 도서관으로부터 회수될 수 있다

유전체 및 cDNA 도서관들은 종종 수십만 가지의 DNA 클론들로 구성되어 있어서, 마치 거대한 도서관에 엄청나게 많은 책이 있지만, 여러분의 유전학 공부와 관련된 책은 몇 권 없는 것과 아주 유사하다고 할 수 있다. 그렇다면 특정 관심 유전자를 찾기 위해서는 이 도서관을 어떻게 이용해야 할까? 특정 유전자를 찾

기 위해서는 그 유전자를 포함한 클론(클론들)만을 찾아 분리할 필요가 있다. 또한 주어진 클론이, 연구하려고 하는 유전자의 모든 부분을 가졌는지 일부분만 포함하고 있는지도 결정해야 한다.

수십 년 동안 **도서관 검색**(*library screening*)이라는 접근법이 도서관을 분류하고 관심 있는 특정 유전자를 분리하는 데 일상적으로 사용되어 왔다. 클론화되어 서열화되었던 초기의 많은 유전자들이 이런 방식으로 규명되었다. 도서관 검색은 일반적으로 **탐침자(probe)**를 사용하는데, 이것은 도서관에서 규명되어야 할 유전자나 서열들을 찾을 수 있도록 이런 서열들 일부와 상보적인 서열을 가진 DNA나 RNA 서열을 말한다. 탐침자는 도서관에 있는 하나 이상의 클론들에 존재하는 어떤 상보적 DNA 서열과도 결합(혼성화)하게 될 것이다.

탐침자들은 다양한 원료에서 얻을 수 있는데, 종종 DNA 서열이 충분히 보존되어 있는 경우에는 다른 종들에서 분리된 연관 유전자가 사용될 수 있다. 예를 들어, 인간의 유전자들과 서열 유사성이 있는 쥐, 생쥐, 심지어 초파리의 유전자들도 도서관 검색에서 인간 유전자들을 찾아내는 탐침자로 사용될 수 있다.

탐침자들은 그것을 찾을 수 있도록 몇 가지 방식으로 표지되거나(labeled) 꼬리표를 달아주어야(tagged) 한다. 처음에는 탐침자들을 방사성 동위원소로 표지했지만, 근래 들어서는 비방사성 화합물로 표지되는 경우가 점점 증가하는 추세인데, 이들은 화학 반응이나 색깔 반응을 거쳐 도서관 내에서 특정 클론의 위치를 표시해준다.

비록 요즘 연구에서는 덜 중요하지만, 도서관들은 유전학 연구실의 특정 응용 분야에서 아직도 그들의 위치를 지키고 있다. 그러나 21장에서 배우게 될 것처럼, DNA 도서관을 포함한 재조합 DNA 기술의 기본 방법들은, 전-유전체 클로닝과 서열화를 위한 강력한 기술들의 발달에 기초가 되었고, 이로써 현대 유전학과 분자생물학에 **유전체학(genomics)**의 시대가 열렸다. 도서관 제작 없이 전-유전체가 서열화되는 유전체학 기술들은 이제, 한 번에 하나 혹은 소수의 유전자만 클론화하거나 분리해내는 작업에 대해서는 도서관들을 거의 대체했다.

20.3 중합효소 연쇄반응은 DNA를 복제하는 강력한 기술이다

교재의 뒷부분(22장 참고)에서 논의되겠지만, 1970년대 초에 개발된 재조합 DNA 기술들은 생명공학 산업을 탄생시켰는데, 이런 방법들로 인해 과학자들이 인간의 유전자들(예: 인슐린 유전자)을 클론화하고 그 단백질 산물을 치료 목적으로 사용할 수 있게 되었기 때문이었다. 그러나 벡터와 숙주 세포를 이용하여 DNA를 클로닝하는 것은 노동력과 시간이 많이 드는 작업이다. 1986년에, **중합효소 연쇄반응(polymerase chain reaction, PCR)**이라는 기술이 개발되었다. PCR은 재조합 DNA 방법을 크게 변화시켰으며, 이후 생물학 탐구를 가속하기에 이른다. 이 방법의 중요성은 1993년 발명자였던 캐리 멀리스(Kary Mullis)에게 노벨 화학상이 돌아가면서 부각되었다.

PCR은 재조합 DNA 연구의 능력을 더욱 확장시켰으며, 많은 경우에서 클로닝을 위해 숙주 세포를 사용할 필요가 없는 빠른 DNA 클로닝 방법이다. 유전체 DNA나 미토콘드리아 DNA가 사용될 수 있는 것은 물론, 미라화된 잔해, 화석, 혹은 혈흔, 정액이나 털 등의 법의학 시료에서도 클론화될 DNA를 얻을 수 있다. PCR은 또한 분자생물학, 인류유전학, 진화학, 발생학, 보전생물학, 혹은 법의학 등 어느 분야에서나 응용할 수 있는 방법이기도 하다.

일련의 시험관 내 반응을 통해 특정 DNA 서열을 복사함으로써, PCR은 다른 DNA 분자들과 섞여 처음엔 아주 소량으로 존재했던 표적 DNA 서열들을 증폭시킬 수 있다. PCR이 수행될 때는, 증폭되어야 할 이중 가닥의 표적 DNA와 함께 DNA 중합효소, Mg^{2+}(DNA 중합효소의 중요한 보조인자이다), 그리고 네 가지 데옥시리보뉴클레오사이드 3인산을 시험관에 넣는다. 그리고 표적 DNA의 뉴클레오타이드 서열에 대한 약간의 정보가 필요하다. 이 서열 정보는 두 개의 올리고뉴클레오타이드 **프라이머(primer)**를 합성하는 데 사용된다: 프라이머는 단일 가닥의 짧은(일반적으로 20 nt 길이이다) 단일 가닥 DNA 서열로서, 하나는 증폭되어야 할 표적 서열의 5′ 말단에 상보적이고, 다른 하나는 3′ 말단에서 표적 DNA의 반대 가닥에 상보적이다.

단일 가닥으로 변성된 이중 가닥 DNA 시료에 첨가되면, 프라이머들은 클론화될 서열의 양옆에 있는 상보적인 뉴클레오타이드들에 결합한다. 그러면 DNA 중합효소는 각 프라이머의 3′ 말단을 신장시켜 표적 DNA의 두 번째 가닥을 합성한다. 따라서 한 번의 **회로(cycle)**라고 불리는 한 번의 완전한 반응 세트에 의해, 반응물 내 DNA 분자의 수는 2배가 된다[그림 20.7(a)]. 이 과정을 반복하면 아주 빠르게 거대한 수의 사본 DNA들이 생산된다[그림 20.7(b)]. 필요하다면, PCR 산물들은 차후에 사용하기 위해 플라스미드 벡터 내로 클론화될 수 있다.

비록 몇 가지 요소들이 매우 긴 DNA로부터 PCR 반응이 일어나는 것을 방해할 수는 있지만 증폭된 DNA의 양은 이론적으로 이런 회로가 몇 번이나 반복되었는지에 의해서만 제한을 받는다. 가장 일상적인 PCR 방법은 한 회로에 세 번의 연속 반응

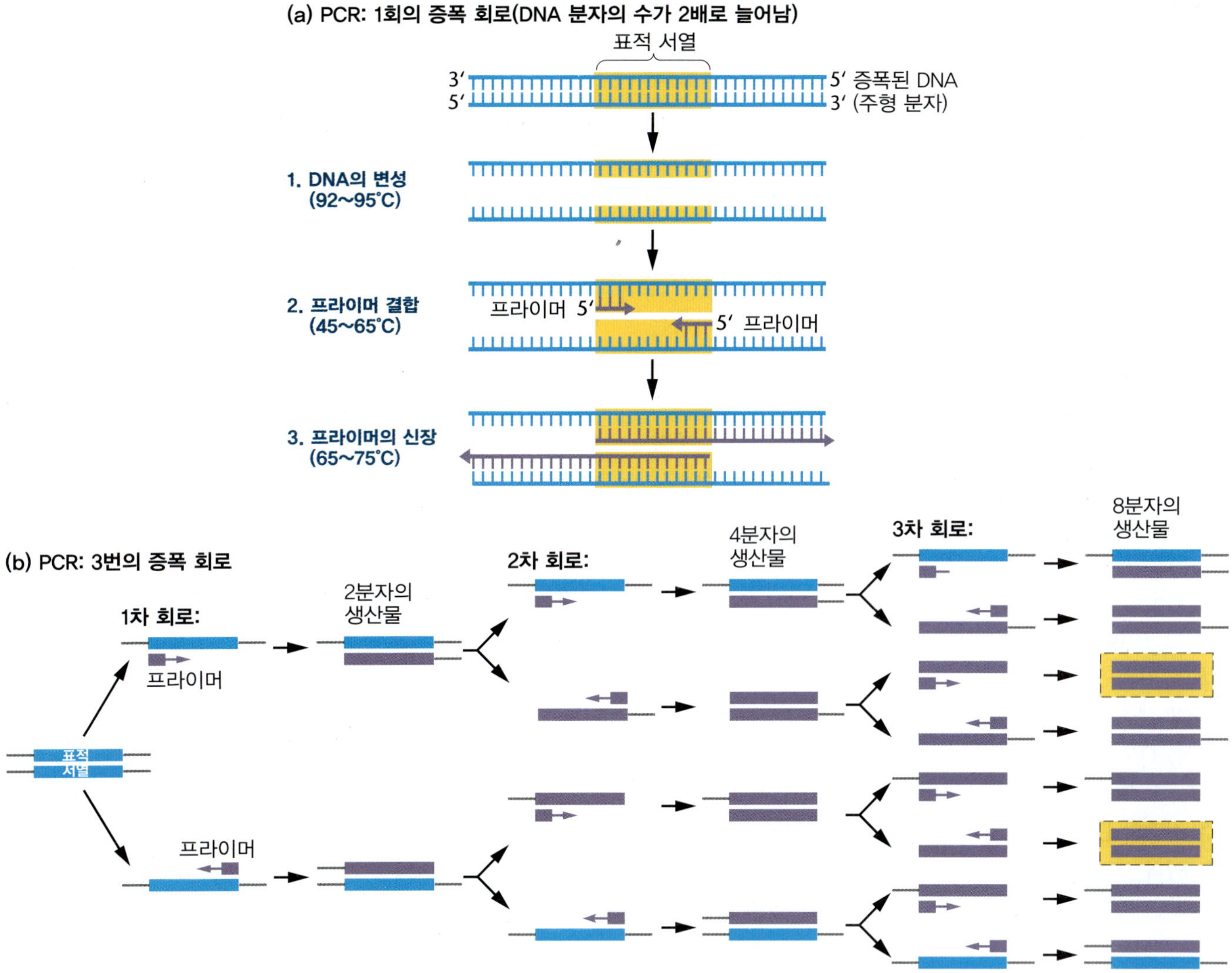

그림 20.7 중합효소 연쇄반응(PCR)의 단계들. (a) 이 그림에서는 상대적으로 짧은 DNA 서열이 증폭되는 것으로 표현되었다. 첫 번째 주기에서는, 표적 서열을 넘어서는 가닥들로 증폭됨에 유의하라. (b) 반복된 PCR 회로들은 원래의 DNA 서열을 백만 배 이상으로 빠르게 증폭시킨다. (b) 부분의 산물들은 그림에서 선으로 강조한 표적 서열들만으로 구성된다.

을 포함한다. 세 단계는 다음과 같다:

1. **변성(denaturation):** 복제되어야 할 이중 가닥 DNA가 약 1분간 92~95°C로 가열되어 단일 가닥으로 **변성**(*denatured*)된다.
2. **혼성화/결합(hybridization/annealing):** 반응 온도는 45°C~65°C 사이로 낮춰져 프라이머가 변성된 단일 가닥의 DNA에 결합하도록 한다. 이 과정은 핵산들의 재결합(annealing) 혹은 혼성화(hybridization)라고도 불린다. 프라이머들은 DNA 중합효소가 표적 DNA에 상보적인 새로운 DNA를 합성하기 위한 시작점으로 작용한다. 혼성화 온도를 설정할 때는 프라이머 길이, 염기 조성(GC가 많은 프라이머들은 AT가 많은 프라이머들보다 열에 더 안정하다), 그리고 프라이머 내의 모든 염기가 표적 서열과 상보적인지 아닌지 하는 것들을 실험에서 고려해야 한다.
3. **신장(extension):** 반응 온도는 65°C~75°C로 맞춰지고, DNA 중합효소는 프라이머를 시작점으로 이용하여 말단에 5′→3′ 방향으로 뉴클레오타이드들을 첨가함으로써 새로운 DNA 가닥을 합성한다.

각 주기는 증폭을 일으켜 회로의 처음에 존재하던 DNA 분자의 수를 두 배로 늘린다. 그러므로 PCR은 이전 회로의 산물이 다음 회로의 주형으로 작용하는 "연쇄반응(chain reaction)"이다. 각 회로는 약 2~5분이 걸리며, 즉각적으로 반복될 수 있어서 3시간 이내에 25~30회의 회로들이 DNA의 양을 백만 배 이상 증가시킬 수 있다. 이 과정은 결정된 횟수만큼 수행하도록 프로그램화될 수 있는 **열순환기**(*thermocycler*) 혹은 간단히 PCR 기계라고 불리는 기계에 의해 자동으로 수행된다. 특정 DNA 서열이 대량으로 생산되어 플라스미드 벡터로의 클로닝, DNA 서열화, 임상 진단, 그리고 유전자 검사 등 여러 목적에 사용될 수 있다.

PCR은 특수한 형태의 DNA 중합효소를 요구한다. 여러 번 반복되는 PCR 회로는 시료를 반복해서 가열하고 냉각시키는 과정을 포함하는데, 이것은 결국 대부분 단백질의 열변성과 활성 소실을 일으킨다. PCR 반응은 심각한 활성 손실을 일으키지 않고 여러 번의 가열과 냉각을 견딜 수 있는 내열성 DNA 중합효소에 의존한다. PCR은 옐로스톤 국립공원의 온천에 살던 세균인 *Thermus aquaticus*로부터 DNA 중합효소가 분리되면서 아주 주요한 실험 도구로 자리 잡았다. *Taq polymerase*라고 불리는 이 효소는 극단적인 온도 변화를 견딜 수 있어서, PCR에 사용되었던 최초의 중합효소였다.

PCR에 기초한 DNA 클로닝은 도서관 클로닝 접근법에 비해 몇 가지 장점을 가진다. PCR은 빠르며 수 시간 내에 수행될 수 있어서, DNA 도서관을 만들고 검색하기 위해 며칠씩 걸리지 않는다. PCR은 또한 매우 민감하며, 단 하나의 세포에 포함된 아주 소량의 DNA 시료로부터도 특이적 DNA 서열들을 증폭할 수 있다. PCR의 이런 특징은 유전자 검사, 법의학, 그리고 분자생물학을 이용한 고고학 등 여러 종류의 응용에서 매우 중요하다. 세심하게 설계된 프라이머들만 있다면, DNA가 거의 분해되었거나, 다른 재료로 오염되었거나, 심지어 호박처럼 화석화된 나무 수액 같은 기질에 묻혀 있어도 회수되어 증폭될 수 있다. 종종 과학자들은 탐침자를 만들기 위해 관심 DNA 서열의 작은 조각을 복제하기 위해 PCR을 사용하곤 하는데, 이 과정은 종종 **서브클로닝**(*subcloning*)이라고 한다. PCR에 기초한 다양한 기술들은, 전체 유전체를 연구하는 데 필수적인 기술뿐 아니라, 지금까지 설명한 기초 기술의 다양한 변형들을 포함한다. 일반적으로 사용되는 몇 가지 변형들에 대해 간단히 살펴보도록 하자.

PCR의 한계점

PCR은 이전에 사용된 기술에 비해 매우 유용한 기술이긴 하지만, 제한점도 있다: 하나는, 프라이머를 합성하기 위해서는 표적 DNA의 뉴클레오타이드 서열에 대한 몇몇 정보들이 꼭 필요하다는 점이다. 다른 하나는, 민감도(sensitivity)의 문제이다: 출처가 다른 DNA로 인한 아주 사소한 오염이 있다고 하더라도 문제를 야기할 수 있다. 예를 들어, 연구자의 피부에서 떨어진 세포들이 범죄 현장에서 수집된 시료를 오염시키면, 정확한 결과를 얻기가 어려울 수도 있다. 또한 PCR은 일반적으로 긴 길이의 DNA를 증폭하지 못한다. PCR 반응의 DNA 중합효소는 비교적 짧은 거리의 프라이머들만을 신장시킨다. 이런 특징 때문에, 과학자들은 종종 일상적으로 응용하기에 더 좋은 길이인 수백~수천 뉴클레오타이드 길이로 DNA 단편을 증폭하는 데 PCR을 사용하곤 한다.

PCR의 응용들

PCR이 발명된 이후 수십 년 동안 PCR은 현대 유전학과 분자생물학에서 가장 다양하고 널리 사용되는 기술 중 하나가 되었다. PCR과 그 변형은 이제 DNA 서열화의 역할과 유전체 분석을 위한 다양한 기술뿐 아니라, 단순히 DNA 복제를 위한 증폭을 넘어 다른 여러 분야에 응용되고 있다.

교재의 뒤에서 배우겠지만(22장 참고), 유전자 특이적 프라이머들은 PCR을 유전병과 관련된 돌연변이 검사를 가능하게 하므로, PCR은 그런 질병들을 진단하는 중요한 기술로 사용된다. PCR은 또한 인간에서의 세균 및 바이러스(간염 바이러스나 HIV) 감염을 검사하는 주요 방법이기도 하고, 오염된 식품의 대장균이나 황색포도상구균 등 병원성 세균을 추적하는 데도 사용된다.

PCR 기술들은 연구 시료가, 단일 세포나 화석, 혹은 단 하나의 머리카락, 심지어 타액이 묻은 우표에서 DNA를 얻어야 하는 범죄 현장 등에서 나온 것일 때 특별한 장점을 발휘한다. 뒤의 특강 2장, DNA 법의학에서는, 어떻게 PCR이 유해확인을 포함한 신원 확인 및 법의학적 응용에 사용되는지를 논의할 것이다.

역전사 PCR(reverse transcription PCR, RT-PCR)은 유전자 발현, 즉 세포나 조직의 mRNA 생산을 연구하는 강력한 방법이다. RT-PCR에서는, RNA가 연구될 세포나 조직으로부터 분리되고, 앞서 cDNA 도서관 준비에서 설명되었던 것처럼, 역전사 효소(reverse transcriptase)가 이중 가닥 cDNA 분자를 만드는 데 사용된다. 이후 관심 유전자 특이적인 프라이머 한 세트를 이용한 PCR로 cDNA를 증폭한다. 증폭된 cDNA 단편들은 아가로오즈 젤에서 분리된 후 시각적으로 확인될 수 있다.

RT-PCR로 증폭된 cDNA의 양은 초기 반응에 존재하던 mRNA 분자의 상대적인 수에 기초하기 때문에, RT-PCR은 서로 다른 시료들에서 유전자 발현의 상대적인 수준을 측정하는 데도 사용될 수 있다. 증폭된 cDNA는 벡터로 삽입될 수 있으며, 이것은 복제되어 cDNA 도서관을 만들 수도 있다. 이제 원한다면, 이 도서관은 cDNA 시료의 서열화를 위해 사용되거나, 추후의 분석에 필요한 특정 cDNA를 찾기 위해 사용될 수도 있다. RT-PCR은 전통적인 cDNA 도서관 제작보다 더 민감하며, 세포 내에서 그다지 높지 않게 발현되는 mRNA들도 규명할 수 있는 강력한 도구로 사용된다.

PCR 방법을 논의하는 데 있어 가장 중요한 현대적 PCR 기술 중 하나는 **정량 실시간 PCR(quantitative real-time PCR, qPCR)**, 혹은 단순히 실시간 PCR(real-time PCR)이라고 불리는 방법이다. 이 방법은 실험 중에 생긴 PCR 산물의 양을 결정할 수 있게 한 것으로, 연구자들은 증폭 반응의 양을 "실시간(real time)"으로 정량화할 수 있다. qPCR은 유전자 발현의 변화를 측정하여 정량화하기 위한 강력하고 빠른 기술인데, 특히, 시료의 수가 많고, 분석되어야 할 유전자가 여러 가지일 때 아주 유용하다.

qPCR 실험의 실행 방식은 여러 가지가 있지만, 기본 절차에는 레이저가 장착된 특수 열 순환기를 사용하여 각 PCR 시험관을 통해 빛을 탐지하는 과정이 포함된다. 각 반응 시험관에는 염료를 포함한 탐침자나 DNA 결합성 염료가 포함되어 있으며, 둘 다 레이저를 쬐면 형광을 방출한다. 이러한 염료에서 방출되는 빛은 증폭된 PCR 산물의 양과 상관관계를 가진다. 각 주기마다 각 시험관에서 방출된 빛이 검출기에 의해 포착되고, 정보는 컴퓨터로 전달되어 생성된 형광의 양에 대한 판독값을 제공하므로, 원래 시료의 정확한 분자 수를 알 수 있다.

qPCR에 흔히 사용되는 두 가지 시약은 사이버 그린(SYBR® Green)과 택맨 프로브(TaqMan® probes)라는 염료이다. 사이버 그린은 이중 가닥 DNA에 결합하는 염료이다. 매회 실시간-PCR이 시행될 때마다 더 많은 DNA가 복사되므로, 사이버 그린에 결합할 이중 가닥 DNA 분자가 많아지므로, 방출되는 형광의 양이 증가한다. 택맨 프로브는 PCR용 정방향 프라이머와 역방향 프라이머가 결합하는 사이의 표적 DNA에서, 특정 영역에 대해 상보적이다. 사이버 그린과 마찬가지로 DNA 복제 수의 증가는 택맨 프로브 형광 증가에 반영된다. 택맨 프로브의 접근 방식은 설명과 함께 그림 20.8에 제시되어 있다.

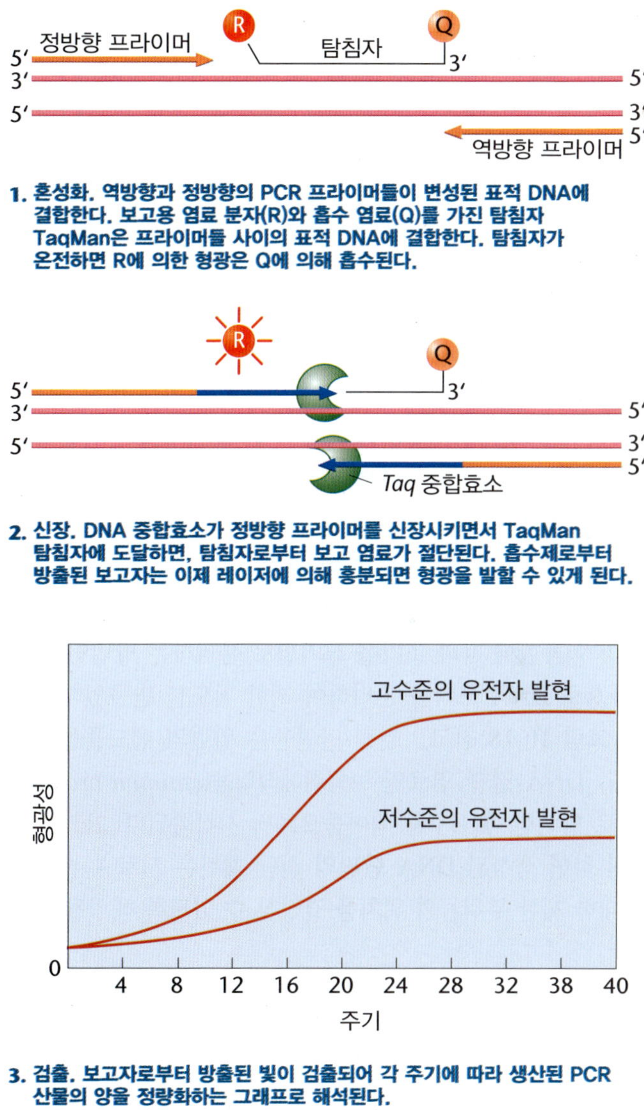

그림 20.8 정량적 실시간 PCR(qPCR)을 위한 택맨(TaqMan) 접근법은 표적 유전자에 상보적인 탐침자 서열과 함께 한 쌍의 PCR 프라이머를 사용한다. 프로브는 한쪽 끝에는 리포터 염료(R)가 있고 다른 쪽 끝에는 흡광제 염료(Q)가 달려 있다. 흡광제 염료는 보고용 염료에 가까울 경우, 보고용 염료가 방출하는 형광을 방해한다. Taq DNA 중합효소가 DNA 가닥을 합성하기 위해 프라이머를 연장할 때, 보고용 염료를 탐침자에서 자르게 되므로, 보고용 염료는 에너지를 방출할 수 있게 된다. 후속 PCR 주기로 인해 더 많은 보고용 염료가 방출된다. 컴퓨터에 의해 결과적으로 얻어지는 형광 증가의 판독값이 생성된다.

풀어보기

20.2 당신은 전 세계에서 처음으로 기린의 친척인 아프리카 오카피(African okapi)로부터 유전체 도서관을 만들었다. 이 유전체로부터는 어떤 유전자도 이전에 분리되었거나 설명된 적이 없다. 당신은 이 도서관으로부터 산소-수송 단백질인 β-글로빈을 암호화하는 유전자를 분리하려고 한다. 이 유전자는 인간에서 이미 분리되었고, 그 뉴클레오타이드 서열 및 아미노산 서열은 데이터베이스에서 사용할 수 있다. 인간의 β-글로빈 유전자에 대한 정보를 사용하여, 오카피 도서관에서 이 유전자를 분리하는 데 여러분이 사용할 수 있는 두 가지 전략은 어떤 것이겠는가?

■ **힌트:** 이 문제는 그 유전체가 이미 서열화된 종으로부터 β-글로빈 유전자를 증폭시키기 위해 PCR 프라이머를 사용하도록 요구한다. 해답의 열쇠는 여러분이 이미 인간의 β-글로빈 유전자에 대한 서열을 가지고 있음을 기억하고, PCR 실험에는 증폭되어야 할 DNA의 상보적인 염기들에 붙는 프라이머들이 필요하다는 사실을 고려하는 것이다.

연습이 필요하면 연습문제 14번과 16번을 참고하라.

20.4 DNA와 RNA를 분석하는 분자생물학 기술들

DNA와 RNA에 관해 연구하는, 특히 유전자의 구조, 발현, 조절 등을 연구하는 사람이라면 누구라도 사용할 수 있는, 매우 다양한 분자적 기술들이 있다. 이 장에서 모두 다룰 수는 없을 정도로 너무나 많은 기술을 사용할 수 있다. 다음 절들에서는 DNA와 RNA의 분석에 가장 흔히 사용되는 분자적 방법들에 대해 생각해 볼 것이다. 현대 유전학의 특정 응용 분야를 논의하고 있는 교재 뒷부분 전체에서 이런 기술들을 발견할 수 있을 것이다.

제한 지도의 작성

역사적으로, 어떤 DNA 클론을 규명하는 첫 번째 단계는 **제한 지도(restriction map)**를 작성하는 것이었다. 제한 지도는 클론화된 DNA 단편 상에 제한효소 절단 부위의 수, 순서, 그리고, 그 사이의 거리를 표시한 것으로서, 클론화된 삽입물의 길이와 그 클론 내에 있는 제한효소 절단 부위들의 위치에 대한 정보를 제공한다. 그 지도가 제공하는 자료는 한 유전자의 단편들을 재클론(subclone)화하거나, 다른 클론화 서열들과 그 내부 구조를 비교하는 데 사용될 수 있다.

DNA 서열화와 생물정보학이 흔해지기 전에는, 여러 가지 제한효소로 DNA를 절단하고 가장 작은 조각이 젤을 통해 가장 멀리 이동함에 따라 조각을 크기별로 분리하는 방법인 젤 전기영동으로 DNA 조각을 분리하여 제한 지도를 만들었다(10장 참고; 그림 10.18 참고). 잘린 단편들은 일련의 밴드들을 형성하는데, DNA-결합 염료인 브롬화에티디움(*ethidium bromide*, EtBr)로 염색한 후 UV를 쬐어줌으로써 시각화된다(그림 20.9). 이렇게 하여 생성된 DNA 단편의 절단 패턴은 서로 다른 효소들에 대한 제한 부위들의 위치를 결정할 수 있도록 해석될 수 있다.

아가로즈 젤 전기영동이 아직은 실험실에서 일상적이고 필수적인 기술로 남아 있기는 해도, DNA 서열화의 발달과 생물정보학의 사용 때문에, 이제 제한 지도들은 단순히 소프트웨어를 사용하여 서열화된 DNA에서 제한효소 절단 자리를 찾아냄으로써 작성된다. 이 장의 '유전체학 탐구' 연습은 제한 지도 작성에 흔히 사용되는 "웹 커터(Webcutter)"라는 웹사이트의 사용 예를 보여준다.

핵산 블로팅

이 장과 몇몇 장에 설명된 기술들은 상보적인 핵산(DNA 혹은 RNA) 분자들 사이의 혼성화에 의존하는 것이 많다. 그런 혼성화를 추적하는 데 가장 널리 사용되는 것 중 하나는, **서던 블롯 분석(Southern blot analysis)** 혹은 그냥 단순히 **서던 블로팅(Southern blotting)**이라고 불리는 것으로, 고안자인 서던(Edwin Southern)의 이름을 딴 것이다. 서던 블로팅은 DNA 클로닝 초기에 수십 년 동안 필수적인 역할을 한 또 다른 선구적인 방법이었다. 예를 들어, 도서관의 어떤 클론들이 주어진 DNA 서열을 포함하는지 밝히거나, 제한효소로 절단된 유전체 DNA에서 특정 유전자들을 찾아내고, 유전체 내에 특정 서열이나 유전자의 사본 수를 밝혀주었다. 이런 응용들 대부분은 이제 현대적인 서열화 접근법으로 대체되었다.

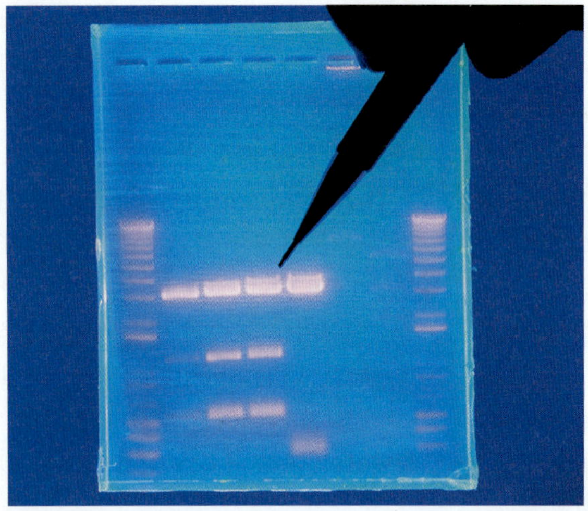

그림 20.9 분리된 DNA 단편들을 포함한 아가로오즈 젤. DNA-결합 염료(브롬화에티디움)으로 염색된 후 자외선 광 조사로 시각화되었다. 더 작은 단편들은 큰 단편들보다 빠르게 멀리 이동하므로, 사진에서처럼 분리되어 분포한다. 아가로오즈 젤 전기영동에 관련된 기술들은 아주 널리 응용되며 일상적으로 사용된다.

서던 블로팅은 두 가지 요소를 갖는다: 젤 전기영동을 통한 DNA 단편들의 분리와, 표지된 탐침자를 이용한 단편들의 혼성화이다. 젤 전기영동은 제한효소 처리로 생긴 DNA 단편들의 수(비교적 적은 수일 때)와 그들의 분자량을 결정하는 데 사용될 수 있다. 그러나 인간 유전체같이 30억 뉴클레오타이드 이상의 커다란 유전체를 제한효소로 처리하면, 아주 많은 단편들이 생겨서 이러한 단편들은 모두 젤 상에서 연속적으로 퍼져 있는 것처럼 나타나게 된다. 이런 경우에 특정 단편을 찾아내는 것은 다음 단계에서 이루어진다: 혼성화 과정이 단편들에 존재하는 DNA 서열을 규명해준다. 완전한 서던 블로팅 기술에 사용되는 단계들이 그림 20.10에 제시되어 있다.

그림 20.11의 결과를 얻기 위해, 연구자들은 유전체 DNA를 여러 가지 제한효소들로 절단한다. 각 제한효소들에 대한 단편들의 아가로오즈 젤 전기영동 패턴은 그림 20.11(a)와 같다. 이 젤에 대한 서던 블롯은 그림 20.11(b)에 제시되어 있다. 탐침자

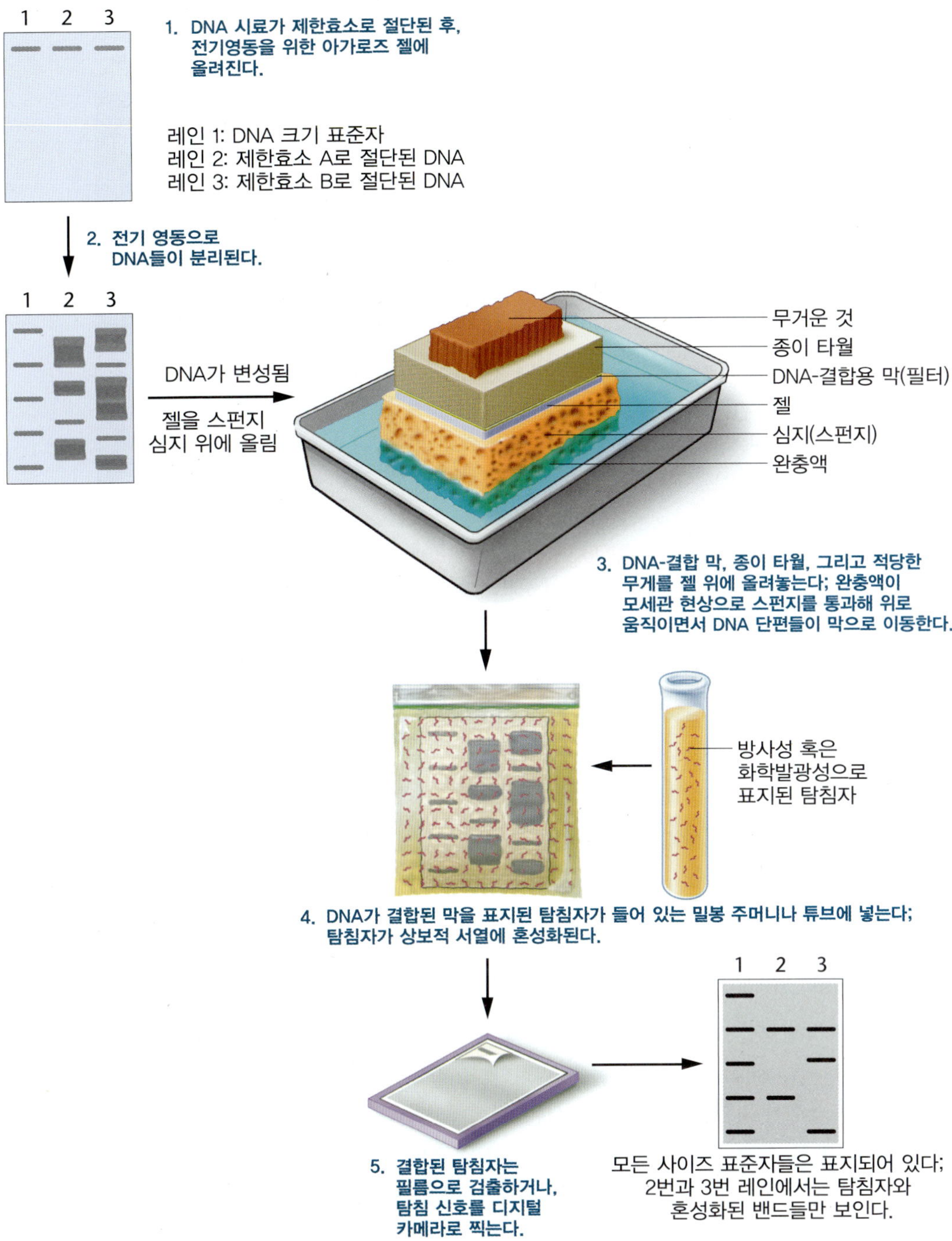

그림 20.10 서던 블로팅 기술에서는, 검색될 DNA 시료들이 제한효소들로 절단되고 그 단편들은 젤 전기영동을 통해 분리된다. 단편들의 분리 전개 양상은 자외선(UV) 쪼여 관찰되거나 사진으로 저장된다. 그 젤은 DNA 변성을 위한 알칼리성 용액에 담가져 단일 가닥들이 된 후, 흡습용 심지 위에 올려놓아 완충액과 접촉이 유지되도록 한다. 그리고 DNA-결합 막으로 젤을 덮는다. 여러 겹의 종이 수건이나 블로팅 종이를 막 위에 올려놓고 그 위에 무거운 것을 둔다. 모세관 현상으로 완충액이 젤을 통해 DNA 단편들을 젤에서 막으로 이동시킨다. 막 위로 옮겨진 단일 가닥 DNA 단편들은 표지된 DNA 탐침자와 혼성화된다. 막에서 과도한 탐침자를 닦아내고, X-선 필름을 덮어 자동방사사진을 만들거나, 탐침자의 형광을 디지털 카메라로 기록한다. 혼성화된 단편들은 X-선 필름이나 사진의 밴드로 나타난다.

들은 상보적인 서열에 혼성화되므로, 관심 단편들을 찾을 수 있게 해준다.

서던 블로팅은 다른 블로팅 방법들의 발달을 이끌었다. RNA 블로팅은 곧 **노던 블롯 분석(Northern blot analysis)**, 혹은 단순히 **노던 블로팅(Northern blotting)**이라고 불리게 되었고, 나침반의 방향과 관계된 명명법에 따라, 단백질이 관련된 또 다른 블로팅 기술은 **웨스턴 블로팅(Western blotting)**이라고 알려지게 되었다. 웨스턴 블로팅은 단백질 분석에 널리 사용되는 기술이다. 따라서 서던 블로팅의 역사적 중요성 일부는 그것이 핵산과 단백질을 연구하기 위한 주요 도구들이 된 다른 블로팅 방법의 개발을 이끌었다는 데 있다.

RT-PCR과 실-시간 PCR의 개발 이전에는, 노던 블로팅이 유전자 발현을 연구하는 데 사용되던 공통 방법이었다. 특정 세포나 조직에서 어떤 유전자가 활발하게 발현되는지를 결정하기 위해, 노던 블로팅은 클론화된 유전자에 상보적인 mRNA의 존재를 탐지한다(그림 20.12). 이를 위해, mRNA가 특정 조직이

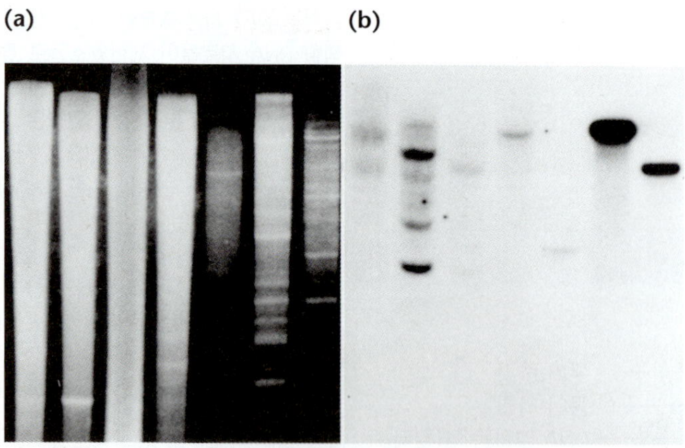

그림 20.11 (a) 브롬화 에티디움으로 염색된 아가로오즈 젤에서 DNA 단편들이 보인다. (b) (a)의 젤로부터 서던 블롯을 만들어 화학발광으로 얻은 이미지. 탐침자와 상보적인 DNA 서열을 포함한 밴드들만 혼성화 신호를 나타낸다.

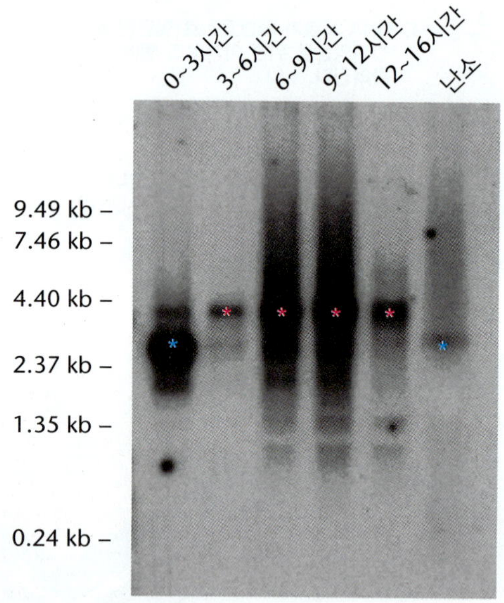

그림 20.12 초파리 배발생 동안의 *dFmr1* 유전자 발현에 관한 노던 블롯 분석. 약 2.8kb의 뚜렷한 *dfmr1* RNA 전사체가 난소와 0~3시간 된 배아(파란색 별표)에 존재한다. 3~6시간 및 그 이후에 검출된 주요 전사체는 약 4.0 kb이며, 배발생의 9~12시간 사이에 최고에 도달한다(빨간색 별표). 서로 다른 길이의 전사체(4.0 kb와 2.8 kb)는 동일한 유전자에서 생성되며 각 전사체의 발현 수준은 발생 단계에 따라 다름에 유의하라. 이러한 자료는 *dFmr1* 유전자 발현이 배아 발생 동안 전사 또는 전사체 가공 과정에서 조절될 수 있음을 시사한다. *dFmr1* 유전자는 인간 *FMR1* 유전자의 상동체이다. *FMR1*의 기능 상실 돌연변이는 인간 취약 X (Fragile-X) 지적장애를 초래한다.

나 세포에서 추출되고, 젤 전기영동으로 분리 전개된다. 그다음, 클론화된 유전자 사본에서 유래한 표지된 단일 가닥 DNA나 RNA 탐침자에 그 막을 노출시킨다. 만약 DNA 탐침자에 상보적인 mRNA가 존재한다면 그 상보적 서열은 혼성화되고 탐지될 수 있다. 노던 블롯들은 특정 유전자들의 발현에 관한 정보를 제공하며, 배아조직, 암, 그리고 유전병에서의 유전자 발현 양상을 연구하는 데 사용되었다.

그림 20.12에서처럼, 노던 블로팅은 유전자의 mRNA 전사체들의 크기를 알아내고 대체 스플라이싱의 가능성을 표시하는 데 사용할 수 있다. 밴드의 짙기 정도를 측정하는 것은 그 유전자의 상대적인 전사 활성도에 대한 추정을 가능하게 한다. 따라서 노던 블롯들은 유전자들의 전사적 활성에 대한 규명뿐 아니라 정량화도 가능하게 한다. 노던 블롯들은 RNA 발현을 연구하는 데 아직도 간혹 사용되기는 하지만, RCR-기반 기술들이 블로팅보다 더 빠르고 더 민감하기 때문에, 특히 유전자 발현 변화를 측정하기 위해서는 RT-PCR 같은 기술들이 더 자주 선호된다.

제자리 혼성화

마지막으로, 교재의 앞부분에서 배웠던(10장 참고), **형광 제자리 혼성화(fluorescence *in situ* hybridization, FISH)**는, 블로팅 과정 없이 탐침자들이 직접 염색체나 RNA와 혼성화되는 강력한 방법이다(그림 10.17, 17장 표지 사진, 그리고 그림 23.9와 그림 23.10 참고). FISH는 슬라이드 위에서 분리된 염색체를 가지고 수행되거나, 조직 절편, 혹은 생물체 전체의 **제자리**(*in situ*)에 직접 혼성화되는데, 특히 여러 가지 발생 유전학적 연구들을 위해 배아들이 사용되곤 한다. 예를 들어, 발생학 연구에서 연구자는 이 방법을 통해 특정 발생단계 중에 배아의 어떤 세포들이 서로 다른 유전자들을 발현하는지 규명할 수 있다(그림 20.13).

FISH 기술의 변형들은 **스펙트럼 핵형(spectral karyotype)**을 만드는 데 사용될 수도 있는데, 여기에서는 서로 다른 파장에서 형광을 띠는 염료들로 표지된 탐침자들을 이용해 개별 염색체들을 추적한다(6장의 표지사진과 그림 24.1 참고). 스펙트럼 핵형분석은 결실, 전좌, 중복, 그리고 염색체 재배열(8장에 논의됨)같은 기타 염색체 구조 이상을 탐지하는 것뿐 아니라 암세포에서의 염색체 이상(24장 참고)을 찾는데 특히 유용한 것으로 밝혀졌다.

20.5 DNA 서열화는 DNA를 분자적 수준에서 규명하는 가장 궁극적 방법이다

어떤 의미로는, 단일 유전자에서 전 유전체에 이르기까지, 클론화된 DNA는 그 뉴클레오타이드 서열이 알려져야만 분자적 수준에서 완벽하게 규명되었다고 할 수 있다. DNA를 서열화하는 능력은 유전자 구조, 유전자 기능, 그리고 조절 기작에 대한 우리의 이해를 한층 높여주었다.

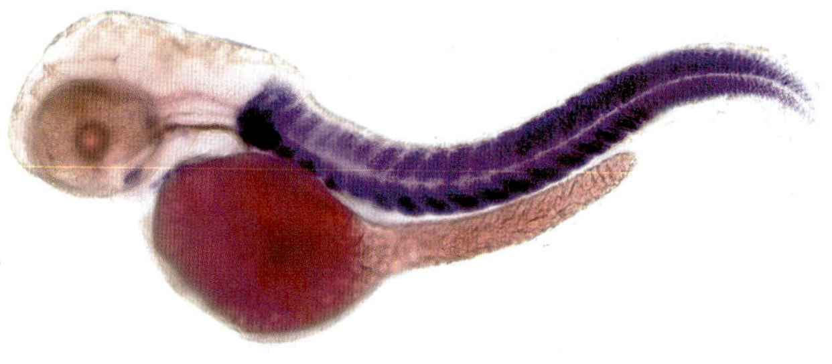

그림 20.13 수정 후 48시간 된 제브라피쉬 배아의 제자리 혼성화(*In situ hybridization*). 사용된 탐침자는 근육-특이적인 칼슘 펌프를 암호화하는 *atp2a1* mRNA의 발현을 보여준다. *atp2a1* 발현을 드러내는 탐침자는 어두운 푸른색으로 염색된다. 이 염색이 배아에서 발달 중인 척수 주위를 둘러싼 근육 세포에만 제한되어 나타남에 주의하라.

역사적으로, 가장 흔히 사용된 DNA 서열화 방법은 1970년대에 생어(Frederick Sanger)와 동료들에 의해 개발된 방법으로 **다이데옥시뉴클레오타이드 사슬-종결 서열화(dideoxynucleotide chain-termination sequencing)**, 혹은 단순히 **생어 서열화(Sanger sequencing)**라고 알려진 것이다. 생어 서열화는 더 새롭고 현대적인 DNA 서열화 방법들을 위한 중요한 기초 기술이기 때문에, 우리는 여기서 이 기술에 대해 간략히 논의하려고 한다. 여기서는, 서열이 결정되어야 할 이중 가닥 DNA 분자가, 상보적인 가닥들의 합성을 위한 주형으로 사용될 수 있도록 단일 가닥으로 변환된다. 각 시험관에서, 서열화될 DNA는 표적 DNA 혹은 벡터에 상보적인 프라이머들과 섞이고, DNA 중합효소 및 네 종류의 데옥시리보뉴클레오타이드(dATP, dCTP, dGTP, and dTTP)도 함께 첨가된다.

생어 기술의 핵심은 변형된 **다이데옥시뉴클레오타이드(dideoxynucleotide, ddNTP)**라고 불리는 변형 데옥시리보뉴클레오타이드를 소량씩 첨가하는 것이다(그림 20.14, 삽입 상자

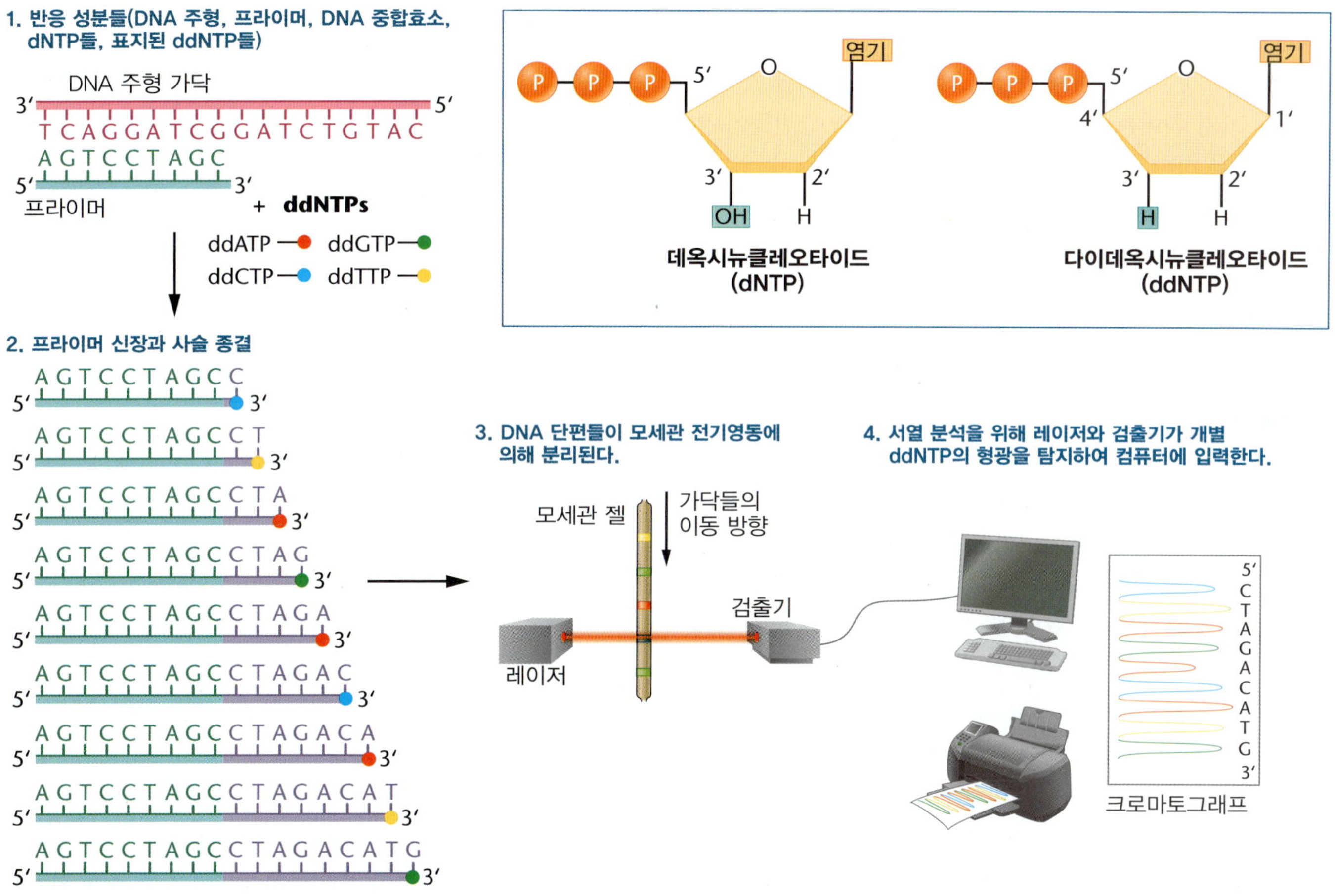

그림 20.14 사슬-종결법을 이용한 컴퓨터-자동화 DNA 서열화 방법(변형된 생어법). 오른쪽 위에 삽입된 박스에는 다이데옥시뉴클레오타이드(ddNTP)의 구조가 제시되어 있다. (1) 프라이머가 서열화될 DNA 근처의 서열에 결합한다(보통 클로닝 벡터의 다중 클로닝 부위 근처이다). 반응 혼합물이 프라이머-주형 조합에 첨가된다. 이것은 DNA 중합효소, 네 종의 dNTP들, 그리고 형광 염료로 표지된 소량의 다이데옥시뉴클레오타이드들(ddNTPs)을 포함한다. (2) 네 종의 ddNTP들은 모두 같은 시험관에 첨가된다. 프라이머가 신장되는 동안, 중합효소가 dNTP 대신 간혹 ddNTP를 삽입하여 사슬 합성이 중단되는데, ddNTP가 다음 뉴클레오타이드가 붙는데 필요한 OH기를 가지고 있지 않기 때문이다. 반응 과정 동안, 가능한 모든 종결 부위에는 ddNTP가 삽입되어 가능한 모든 길이의 사슬이 생성된다. 그러한 반응 산물들이 모세관 젤에 올려져 분리되고(3), 각 밴드들은 검침자와 이미징 시스템으로 읽힌다(4). 이 경우에 얻어진 서열은 (4) 단계의 크로마토그래프에 나타낸 바와 같이 5′-CTAGACATG-3′ 이다.

내부). 다이데옥시뉴클레오타이드는 3′ 말단에 수산기(-OH) 대신 수소(-H)만 가짐에 주의하라. 다이데옥시뉴클레오타이드들은 사슬 종결 뉴클레오타이드(chain-termination nucleotide)라고 불리는데, 그들은 다른 뉴클레오타이드와 인산이에스테르 결합을 형성하는 데 필요한 3′ 말단의 산소가 결핍되어 있기 때문이다. 따라서 ddNTP들이 DNA 합성이 일어나는 반응에 첨가되면, 중합효소는 때때로 신장 중인 DNA 가닥에 데옥시리보뉴클레오타이드 대신 다이데옥시뉴클레오타이드를 삽입하게 된다. 다이데옥시뉴클레오타이드는 3′-OH 작용기를 가지지 않기 때문에, 다른 뉴클레오타이드와 결합할 수 없으며, DNA 중합효소가 ddNTP에 새로운 뉴클레오타이드를 첨가하지 못함에 따라 DNA 합성이 종결된다. 생어 반응은 이러한 핵심 변형의 장점을 이용한 것이다.

예를 들어, 그림 20.14의 2단계에서 생성된 가장 짧은 단편은 프라이머의 3′ 말단에 ddCTP를 추가하고 사슬이 종료된 서열임에 주목하라. 반응이 진행됨에 따라 결국 ddNTP는 새로 합성되는 DNA의 모든 자리에 삽입되므로, 합성된 가닥들은 ddNTP에 의해 종결된 길이가 뉴클레오타이드 하나씩만 차이만 난다. 이런 크기 차이는 젤 전기영동에 의해 DNA 단편들이 분리될 수 있도록 하며, 이런 분리는 서열 결정에 사용될 수 있다.

생어 기법이 처음에 개발되었을 때는 네 가지 반응이 독립된 시험관에서 수행되었다. 즉 ddATP, ddCTP, ddGTP, 그리고 ddTTP가 각기 첨가된 네 개의 시험관이 사용되었다. 이 반응들은 일반적으로, 방사성으로 표지된 프라이머나 방사성 표지된 ddNTP를 사용했으며, 이후 폴리아크릴아마이드 젤 전기영동(polyacrylamide gel electrophoresis)과 자가방사법(autoradiography)이 뒤따라 수행되었다. 역사적으로, 이런 접근에는 각 반응물이 개별 레인에서 분리되는 거대한 폴리아크릴아마이드 젤이 사용되었고, 자가방사법에 의해 생긴 사다리 모양의 밴드 패턴들을 읽어 서열을 결정하였다. 이런 원래의 접근법으로는 100개의 DNA 분자들 하나하나에 대해 약 800 염기 정도를 동시에 읽을 수 있다. 한 번의 반응에서 생기는 서열의 양을 말하는 **1회 서열화 길이**(*read length*)와, 효과적인 1회 서열화 길이에 서열화 기기가 주어진 시간 동안 다룰 수 있는 반응의 수(run)를 곱해서 얻어지는 총 서열화 DNA의 양은, 서열화 기술의 혁신을 위한 뜨거운 경쟁 영역이 되었다.

1980년대 중반, 생어 기술의 변형으로 단일 시험관에서 서열화 반응을 할 수 있게 되었다. 그림 20.14에서 보듯이, 네 가지 ddNTP들 각각은 서로 다른 색깔의 형광 염료로 표지된다. 이런 반응들은 더 길게 읽을 수 있고 더 많은 서열화가 가능하도록, 순환적인 반복 반응을 이용하는 PCR-형태로 수행된다. 각 반응 산물들은 모세관 젤(capillary gel)이라고 불리는, 매우 작은 지름을 가진 폴리아크릴아마이드 튜브형 젤 하나를 통해 분리된다(*capillary gel electrophoresis*). DNA 단편들이 젤을 통해 이동함에 따라, 레이저가 젤을 검색한다. 레이저는 각 DNA 단편의 형광을 자극하게 되고 각 ddNTP의 형광들은 서로 다른 파장의 빛을 낸다. 방출된 빛은 감지기에 잡히는데, 이 정보가 증폭되어 컴퓨터로 입력되면, 빛의 패턴은 전기영동도(electropherogram) 혹은 크로마토그래프(chromatograph)라고 불리는 DNA 서열로 변환된다. 자료들은 일련의 색깔 피크들로 표현되며 각각은 서열 내의 뉴클레오타이드 하나에 해당한다.

1990년대 초 이후로 약 20년 동안, DNA 서열화는 대체로 컴퓨터로 자동화된 생어-반응 기반 기술에 의해 수행되었으며(그림 20.14 참고), **컴퓨터-자동화 대용량 DNA 서열화 (computer-automated high-throughput DNA sequencing)** 라고 불렸다. 이런 체계는 비교적 짧은 시간 내에 더 많은 양의 DNA 서열화를 할 수 있었기 때문에 수동식 생어 체계에 비해 굉장한 발전이었다. 컴퓨터-자동화 서열화는 1 kb를 약 0.5달러 정도에 99.999%의 정확도로 1회 작업에 약 1,000 bp를 읽을 수 있다. 이 시기의 자동화된 DNA 서열화 장치는 수 피트에 달하는 길이의 모세관 젤들(96개까지 갖춤)을 여러 개 가지고 있어서 수천 염기의 서열들을 처리할 수 있었다. 따라서 이런 기계들을 여러 대 갖추면 하루에 2백만 염기쌍을 서열화하는 것이 가능했다! 그런 체계들은 인간 유전체 프로젝트의 발전을 빠르게 가속하는 데 필수적인 것이 되었다. 그러나 2005년경 이후로 서열화 기술들은 극적으로 개선되었다.

서열화 기술들은 빠르게 발전했다

생어(Fred Sanger)는 길버트(Walter Gilbert) 및 버그(Paul Berg)와 함께 서열화 기술에 관한 공로로 1980년 노벨 화학상을 공동 수상했다. 그 이후로 거의 40년 동안 DNA 서열화 기술은 놀라운 발전을 거쳐 서열화 능력이 크게 향상되었다. 서열화 기술의 새로운 혁신은 지난 10년 동안 특히 빠르게 발전해 왔다.

컴퓨터-자동화 장비들을 포함하여, 생어 서열화 방법은, 비교적 짧은 DNA 조각을 가끔 서열화하거나, 더 비싼 서열화 장비들을 마련하지 못한 실험실을 제외하고는 오늘날 별로 사용되지 않는다. 전-유전체 서열화와 관련해서라면, 생어 서열화 기술과 초기 컴퓨터-자동화 방법들은 이제 옛날 것이 되었다. 새로운 기술들과 비교하면, 위 방법들의 가격은 비교적 높고 서열화 결과는 비록 컴퓨터로 자동화되었다고는 하나, 요즘 요구되는 수준의 유전체 자료를 충족시키기에는 서열화 출력 능력이 그다지 높지 않다. **개인화된 유전체학**(21장 참고)과 인간 질병의 유전적 기초를 밝히기 위한 욕구들로 인해, 개인별 인간 유전체들을 완전히 서열화하는 작업이 일상이 되면서 유전체 서열화에 대한 요구는 더 높아지고 있다.

차세대 서열화 기술들

유전체학의 발달로, 비교적 짧은 시간 내에 수백만 염기의 DNA 서열들을 결정할 수 있는 서열화 장비들에 대한 요구가 더 높아졌다. 교재의 후반부에서 논의하겠지만(21장 참고), 2000년대 중반이 되자, 개인별 인간 유전체의 완전한 서열화를 단 $1000에 가능하게 하는 서열화 기술을 개발하기 위한 경쟁이 시작되었다. 생어 방법 이후의 2세대 기술인 **차세대 서열화 기술[next-generation sequencing(NGS) technologies]**은 DNA 서열화에서 두 번째의 큰 발전이었으며, 많은 사람이 $1000 유전체 서열화 목표를 달성할 것이라고 생각했던 플랫폼이었다.

NGS 기술들은 1세대 서열화(생어 기술과 모세관 전기영동법)를 사용하지 않고, 동시에 수만 개의 동일한 가닥들로부터 DNA를 합성한 후, 새로 합성된 가닥들과 서열화될 많은 분자 전체에서 평균 서열 자료를 추적하기 위해 예술 수준의 형광 이미징을 이용하는 정교한 병행 포맷(동시 반응 포맷들)을 선호한다. NGS 기술은 기존에 없던 엄청난 양의 DNA 서열 자료를 빠르게 생산해 내고 있으며 염기당 비용도 매우 낮추었다. NGS는 일상화되어 이제는 과학자들이 "서열화"라고 할 때는 NGS를 말하는 것이 되었다.

연구 사회에서는 차세대 서열화에 대한 열망과 1000달러 유전체 등의 과제로 인해 NGS 방법을 만들고자 하는 회사들 사이에서 치열한 경쟁이 벌어졌다. 그 결과 2005년까지 여러 NGS 기술이 등장했다. 최초의 기기 중 일부는 50개의 모세관 전기영동 시스템만큼 많은 데이터를 생성할 수 있었고 기존 생어 방식보다 최대 200배 빠르고 저렴했다. NGS 장비들은 일반적으로 약 50~400 bp의 짧은 판독 길이를 생성한 다음 이러한 서열 조각들을 소프트웨어를 사용하여 함께 연결함으로써 일관되고 완전한 유전체를 생성한다.

2005년, 454 라이프 사이언스사(454 Life Sciences)는 NGS 기술을 상용화한 최초의 회사가 되었다. 이 접근법은 고체상 방법을 사용하는데, 구슬들이 절단된 유전체 DNA들과 결합된다. 이 DNA들은 기름 내의 각 구슬을 둘러싼 독립된 물방울 속에서 PCR로 증폭된다. 구슬들은 반응이 일어날 멀티웰 플레이트(multiwell plate)로 옮겨져 DNA 중합효소와 혼합된다. 멀티웰 플레이트는 종종 웰당 하나의 구슬이 들어가는 백만 개 이상으로 구성되며, 각 웰은 서열화 반응을 위한 반응 시험관 역할을 하게 된다. 다음으로는, **파이로시퀀싱(pyrosequencing)**이라고 불리는 서열화 기술인데, 각 웰의 구슬 위에서 DNA를 서열화하기 위해 사용된다. 파이로시퀀싱에서는 하나의 표지된 뉴클레오타이드(예: dATP)가 각 웰로 흘려보내진다. 각 웰은 단 하나의 구슬과, 구슬 위의 DNA에 결합하는 프라이머를 포함하고 있다. 상보적인 뉴클레오타이드가 프라이머 근처에서 주형 가닥을 지나가면, 그것은 DNA 중합효소에 의해 프라이머의 3′ 말단에 추가된다.

뉴클레오타이드의 추가로 피로인산기가 방출되는데, 이것이 일련의 화학발광 반응(빛 방출)을 개시하여 궁극적으로 루시퍼레이즈(반딧불이의 효소)를 이용한 빛이 나게 된다. 이 반응에서 방출된 빛이 포획되면 언제 뉴클레오타이드가 핵산 가닥에 통합되었는지를 결정할 수 있도록 기록된다. 빠르게 네 가지의 뉴클레오타이드 흐름이 반복되고 어느 염기가 다음 순서인지 결정된다. 이런 접근법은 약 400 염기들 가량의 1회 판독 길이를 생산하며, 10시간 가동당 5억 염기쌍에 해당하는 500 Mbp(million base pair) 수준의 능력을 보여준다.

결국에는 여러 회사가 NGS 기술의 상용화 경쟁에서 승자로 부상했다. 일루미나® 하이시크(Illumina® HiSeq)와 이것의 변형 장비들은 오늘날 최첨단 서열화 실험실들에서 사용되고 있는 가장 흔한 NGS 플랫폼 중 하나이다. 이 체계는 **합성에 의한 서열화법(sequencing-by-synthesis, SBS)**을 사용한다. DNA 단편들은 주형으로 작용하고, 서로 다른 염료들로 표지된 뉴클레오타이드들이 통합된다. 그러면 통합되지 않은 뉴클레오타이드들은 세척되어 없어지고 통합된 뉴클레오타이드만 이미지화된다. 이 회로가 반복된다. 일루미나에 의해 개발된 SBS 방법에서는, DNA 단편들이 고체 지지물에 부착된 후 생어법과 유사한 반응을 이용하여 형광 표지된 종결자 뉴클레오타이드가 첨가되고 추적된다. 뉴클레오타이드의 형광 표지들과 종결자 부분은 다음 회로의 신장이 가능하도록 제거된다.

이제 SBS 방법들은 10일 안에 600기가 염기(Gb) 정도의 자료를 산출하는데, 이것은 인간 유전체 4개를 완벽하게 서열화하면서도, 정확성을 위해 각 염기를 평균 30번 정도 서열화하기에 충분한 것이다! 이런 플랫폼을 가동하는 데 필요한 설비들은 비용이 많이 든다. 예를 들어, 일루미나® 하이시크의 장비는 약 65만 달러 정도이다. 그러나 NGS 방법이 생성할 수 있는 막대한 양의 서열화 자료를 고려하면, 염기당 평균 비용은 생어 서열화보다 훨씬 낮다. 이에 따라, NGS 서열화 기술은 엄청난 자료 파일들을 저장하고 분류하는 자료 관리 문제를 야기했다.

제3세대의 서열화 기술들

NGS 방법들이 상용화된 직후에, 기업들은 **3세대 서열화(third-generation sequencing, TGS)**의 발전에 대해 발표했다. TGS 방법들은 단일 가닥의 DNA 한 분자를 서열화하는 전략에 기초하며, 적어도 4가지 서로 다른 접근법이 탐구되고 있다.

퍼시픽 바이오사이언스(Pacific Biosciences)의 팩바이오(PacBio®) 기술은 TGS의 선두주자 중 하나로 **실시간 단일 분자 서열화**(*single-molecule sequencing in real time, SMRT*)로 알려져 있다. 팩바이오 기기는 서열화될 단일 가닥 DNA 분자들을 기질에 부착형 DNA 중합효소에 결합시켜 실시간으로 중합효소가 DNA 가닥을 합성하는 것을 시각화함으로써 작용한다(그림 20.15). DNA 중합효소는 나노포어(지름이 10 nm 정도되는 구멍으로 유리 기질의 얇은 금속층 내에 위치함) 안으로 제한 되는데, 이것은 성장 중인 가닥에 개별 뉴클레오타이드가 추가될 때 그것을 추적하기 위한 장치이다. 뉴클레오타이드의 마지막 인산들은 염기마다 특징적인 색의 형광 염료로 표지된다. 뉴클레오타이드가 통합되면, 표지가 인산기와 함께 절단되며 빛을 낸다. 각 염기들은 특징적인 색깔로 깜박이며 이것은 감지되고 기록된다.

팩바이오는 시장에 나온 "길게 읽기(long-read)" 장비 중 하나였다. 이것은 한 번의 반응으로 10,000 bp 이상을 읽어준다. 2010년에, 아이티에서 콜레라가 발생하자 팩바이오사는 콜레라 세균(*Vibrio cholera*) 5계통의 유전체를 1시간 안에 서열화할 수 있게 만들었다. 이 비브리오균들에 대한 유전적 파악에 힘입어, 보건 관계자들은 이들이 저항성을 보이지 않는 항생제를 빠르게 처방할 수 있었다. 그런 성공에도, 대부분의 TGS 기술들은 아직 서열화 정확도 면에서 비교적 높은 오류율을 가지고 있어서 생산한 서열당 15% 정도의 오류를 보인다. 팩바이오 서열화 기기 한 대의 정가는 약 35만 달러로, 생명공학 회사, 제약회사, 그리고 자금 여력이 좋은 학술 연구 실험실 등에서는 이 기술을 사용할 만하다.

수년 전에, 옥스퍼드 나노포어 테크놀로지(Oxford Nanopore Technologies)에서 개발한 이동형 단일 분자 서열화 기기인 미니온(MinION)은 그 크기가 USB 메모리 스틱과 같다! 이 서열화 기기는 정확도 때문에 응용이 제한적이기는 해도, 가까운 미래에 주머니에 들어갈 정도 크기의 고정밀 서열화 장비가 나오지 않을 이유는 없다.

지금까지 생어 서열화와 심지어 NGS 이후에 얼마나 서열화 기술이 발전했는지에 대한 맥락을 제공하기 위해 TGS들에 대해 간략히 살펴보았다. TGS의 자세한 방법론들보다는 이런 접근법들의 개념적 중요성, 즉 단일 분자를 기존의 방법보다 더 빠르고, 더 저렴하며, 더 정확하게 서열화하는 방향으로 전환되었다는 사실이 더 중요하다. TGS 기술의 발전이 유전체학 연구의 또 다른 주요 기념비적 사건을 제공할 것이라는 사실은 분명해 보인다.

DNA 서열화와 유전체학

유전체학 연구 사회는 NGS 및 TGS 기술들을 수용했다. 장기적으로 어떤 접근법들이 결국 선택되는 서열화 방법으로 남을 것이며, 무엇이 차세대 신기술이 될지는 불분명하다. 그러나 분명한 것은 서열화 환경이 더 나은 방향으로 빠르게 변화했으며, 이전의 과학자들은 그렇게 많은 서열 자료를 그렇게 빨리 생성할 수 있는 능력이 없었다는 점이다. 인텔(Intel)의 공동 창업자인 무어(Gordon Moore)가 언급했던 무어의 법칙(Moore's law)은 컴퓨팅 성능이 2년마다 두 배가 되는 경향이 있다는 것이다(가격은 사실상 절반으로 줄어든다). 약 50년 동안 이것은 컴퓨팅 세계에서 일반적으로 사실이었다. 과학자들은 종종 무어의 법칙을 DNA 서열화 비용에 대한 논의에 적용하곤 한다. 2006년까지, 새로운 기술은 약 2년마다 서열화 비용을 반으로 줄여, 무어의 법칙에 보조를 맞추었다(그림 20.16). 그러나 2007년 이후 NGS가 시장에 진입한 영향으로, 인간 유전체 서열화 비용은

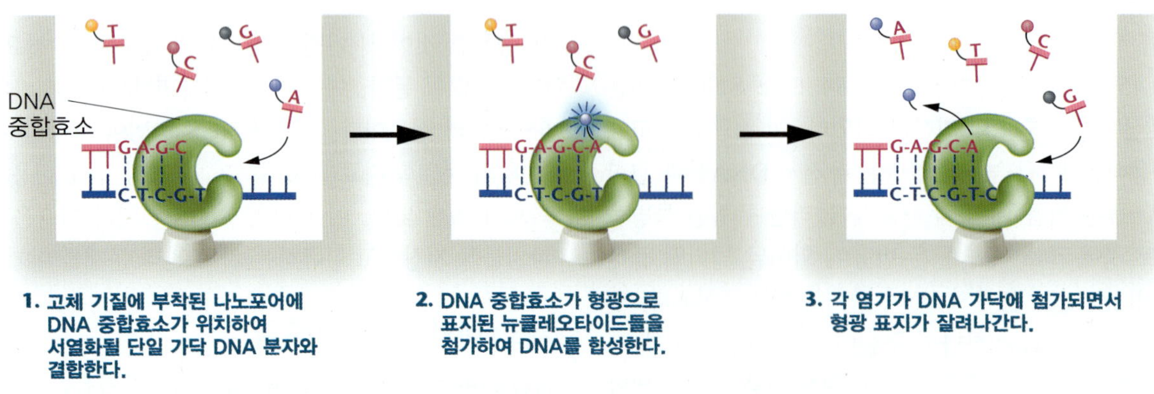

그림 20.15 제 3 세대 서열화법(TGS). 여기에는 TGS의 한 가지 접근법이 단순화되어 표현되었다. 이 예에서는, 나노포어 내의 DNA 중합효소 분자가 단일 가닥 DNA에 결합한다. 중합효소가 형광으로 표지된 뉴클레오타이드를 새로운 DNA 가닥에 통합시킬 때(분홍색으로 표시), 개별 염기들이 추적 가능한 독특한 색을 발산한다.

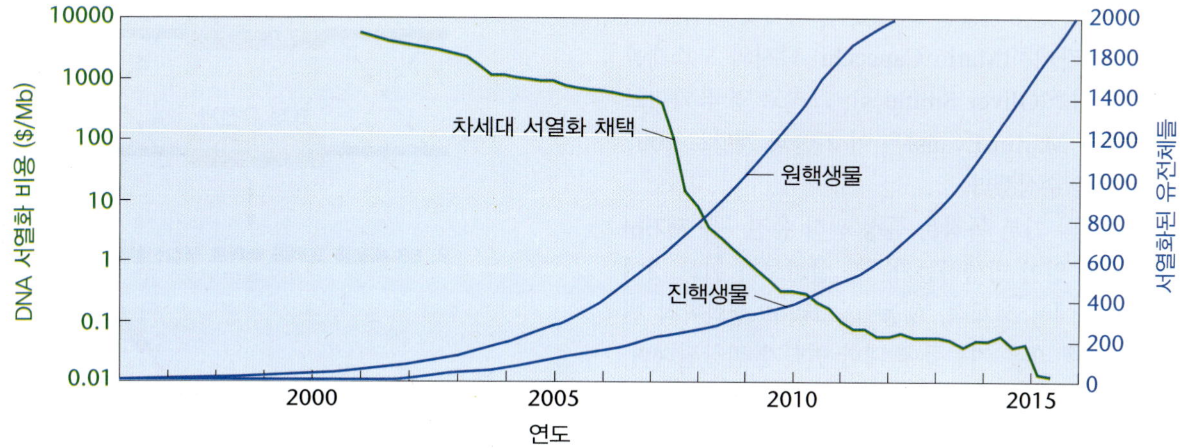

그림 20.16 빠르게 감소된 서열화 비용으로, 진핵성 유전체 및 원핵성 유전체 서열화가 급속히 팽창했다. 지난 10년 동안 서열화된 진핵생물과 원핵생물 유전체의 수(파란색 선)는 극적으로 증가했는데, 주로 대용량 서열화 기술의 발달, 특히 차세대 서열화 기법을 채택하여 많은 수의 염기쌍 서열화 비용(녹색 선)의 급격히 감소했기 때문이다.

극적으로 감소하여, 무어의 법칙을 훨씬 능가하게 되었다.

2014년에 일루미나(Illumina)사는 하이시크 X-10(HiSeq X Ten) 시스템으로 1000달러 유전체를 만족시킬 수 있다고 주장했다. 비록, 한 번 실행하여 16 Gb의 서열 자료를 생성하는 데 거의 13,000달러의 비용이 들지만, 일루미나의 비용은 시스템 10개를 가동하여 10년 동안 서열화 출력을 실행하는 데 사용된 비용 절감을 기반으로 계산된 것이었다. 다른 회사들은 유전체 서열화를 위한 더 저렴한 단기 비용을 주장한다. 이제 일루미나사는 100달러 미만으로 전체 유전체를 서열화하는 목표를 가지고 있다.

이 장에서 DNA 서열화에 대한 개요를 살펴봄으로써, 유전체학과 많은 관련 주제에 대한 향후의 상세한 논의(21장 참고)로 들어가기가 수월해졌을 것이다. 재조합 DNA 기술의 주요 기술, 특히 DNA 클로닝은 유전체 사업들을 가능하게 하는 데 필수적인 것이었다. 하지만 어떤 기술도 우리의 유전체 연구 능력에 DNA 서열화 분석만큼 큰 영향을 미치지는 않았을 것이다.

서열화 기술에서의 빠른 발전은, 유전체 과학자들(특히 인간 유전체 프로젝트에서 일했던 과학자들)이 더욱 정확하고 저렴한 비용으로 더 많은 서열을 신속하게 생성하고자 했던 요구에 부응해서 이루어진 것이었다. 서열화 기술의 이러한 발전으로 인해, 유전체 서열화에 대한 혁신적 접근이 새로운 연구와 임상적 응용을 주도하고 있다. 앞으로(21장과 22장) 우리는 유전체 차원의 유전자 발현을 측정할 수 있게 하는 새로운 기술인 **RNA 서열화(RNA sequencing)**가 어떻게 등장하게 되었는지도 논의할 것이다.

20.6 유전자 기능 연구를 위한 녹아웃 생물과 유전자 이식(트랜스제닉) 생물 만들기

우리는 지금까지 시험관 내에서(*in vitro*) 재조합 DNA를 가지고 작업하는 접근 방식에 대해 초점을 맞추었다. 재조합 DNA 기술은 또한 과학자들이 살아 있는 생물의 유전자 기능에 대해 더 많이 알 수 있도록 생체 내에서(*in vivo*) 유전자를 직접 조작하는 것을 가능하게 했다. 이런 접근법들로 인해, 과학자들은 유전적으로 조작된 식물과 동물을 만들어 연구용이나 상업적으로 사용할 수 있다. 여기서 우리는, 먼저 유전학 탐구를 혁신시켰던 방법들을 종합적으로 보여주는 **유전자-표적화(gene-targeting)**의 한 예로, 유전자 녹아웃 기술과 유전자 이식 동물들(transgenic animals)의 제작을 간략하게 논의함으로써 이 장을 마무리하려고 한다. (책 전반에 걸쳐 제공된 "유전자 기능 이해에 대한 현대적 접근 방식" 상자에는 유전자 표적화 접근 방식과 관련된 특정 연구 사업의 예가 강조되어 있다.) 마지막으로, 특정 유전자를 정확하게 교정하기 위해 특수하게 조작된 효소들을 사용하는 **유전자 편집(gene editing)**에 대해서도 살펴볼 것이다.

유전자 표적화와 녹아웃 동물 모델들

유전자 표적화(gene targeting)에 숨어 있는 개념은, 관심 유전자의 기능을 밝히기 위해 특정 대립유전자, 좌위, 혹은 염기 서열을 조작한다는 것이다. 유전자 표적화는 상동성 재조합을 포함한 방법을 통해 유전체 내의 특정 유전자를 조작하는 것에 초점을 맞춘다. 1980년대에, 과학자들은 **유전자 녹아웃(gene knockout)** 생물들(종종 KO로 줄여 표기됨), 특히 KO 생쥐를 만들기 위한 유전자-표적화 기술을 고안했다. 녹아웃 기술의 선구자인 유타 대학의 카페치(Mario Capecchi) 박사와 노스캐롤라이나 대학의 스미디스(Oliver Smithies), 그리고 영국 카디프 대학의 에반스 경(Sir Martin Evans)은 이 기술의 개발로 2007년 노벨 생리의학상을 수상했다.

녹아웃 생물 제작의 기본 목적은 특정 관심 유전자를 제거하거나 파괴한 후 "어떤 일이 발생하는가?"를 살펴보기 위한 것이다. 만약 KO 동물들에서 신체적, 행동적, 그리고 생화학적 변화나 기타 대사 표현형 혹은 기능들에 대한 변화가 관찰된다면, 그 관심 유전자가 그 관찰된 표현형을 나타내는 데 일종의 역할을 했는지를 살펴볼 수 있다. 녹아웃은 **기능-상실 돌연변이(loss-of-function mutation)**의 한 예이다. 따라서 KO를 만드는 가장 중요한 이유 중 하나는 유전자 기능을 밝히기 위한 것이다. 생쥐에서 개발된 KO 기술들은 제브라피쉬, 쥐, 돼지, 초파리 그리고 여러 생물의 KO들을 만드는 유사 기술들이 개발되도록 했다. KO 식물을 만드는 것 역시 매우 활발한 연구 영역이다.

녹아웃 생쥐들과 기타 KO 생물들은 유전학, 분자생물학, 그리고 생물 의학 연구들을 여러 가지 방식으로 혁신시켰다. 과학자들은 KO 기술을 이용하여 유전자 기능의 이해를 돕기 위한 수천 가지 KO 생물들과 인간 질병들에 대한 동물 모형, 그리고 유전자 이식 동물들(여기에 대해서는 다음 절에 논의됨)을 만들었다. KO 기술의 응용은 또한, 우리가 특강에서 논의할 유전자 치료에서 유전자-표적화 기술의 기초를 제공하기도 한다(특강 5장의 유전자 치료 편 참고).

일반적으로, KO 생쥐나 유전자 이식 생쥐를 만드는 것은 매우 노동력이 많이 드는 작업으로서, 수년간의 연구와 교배, 그리고 완성하기까지 상당한 자금이 필요하다. 그러나 일단 KO 생쥐가 만들어지면, 그것이 불임만 아니라면, 동일한 생쥐 집단이 유지될 수 있다: 종종 KO 생쥐들은 전 세계적으로 공유되므로 다른 연구팀들도 이들을 사용하여 연구할 수 있다. 많은 회사들이 연구용 KO 생쥐들을 생산할 것이다. 이것은 또한 2중-녹아웃 동물들(*double-knockout animals, DKOs*)과 심지어 3중-녹아웃 생물들(*triple-knockout animals, TKOs*)을 만들 수 있게 한다. 이 방법은 과학자들이 관련 기작이나 경로들에 관여할 것으로 생각하는, 둘 혹은 세 유전자들을 파괴한 후 그 효과를 연구하고자 할 때 주로 사용한다.

KO 동물은 여러 방법으로 만들어질 수 있다. 여기에 소개한 KO 생쥐 생산 전략(그림 20.17)은 다른 KO 동물들을 만들 때도 대부분 적용되는 기본적인 것이다. KO를 위해 표적화될 관심 유전자들의 DNA 서열은 반드시 알아야 한다. 또한 과학자들은 유전체의 그 유전자 위치에서 양옆의 비암호화 서열에 대한

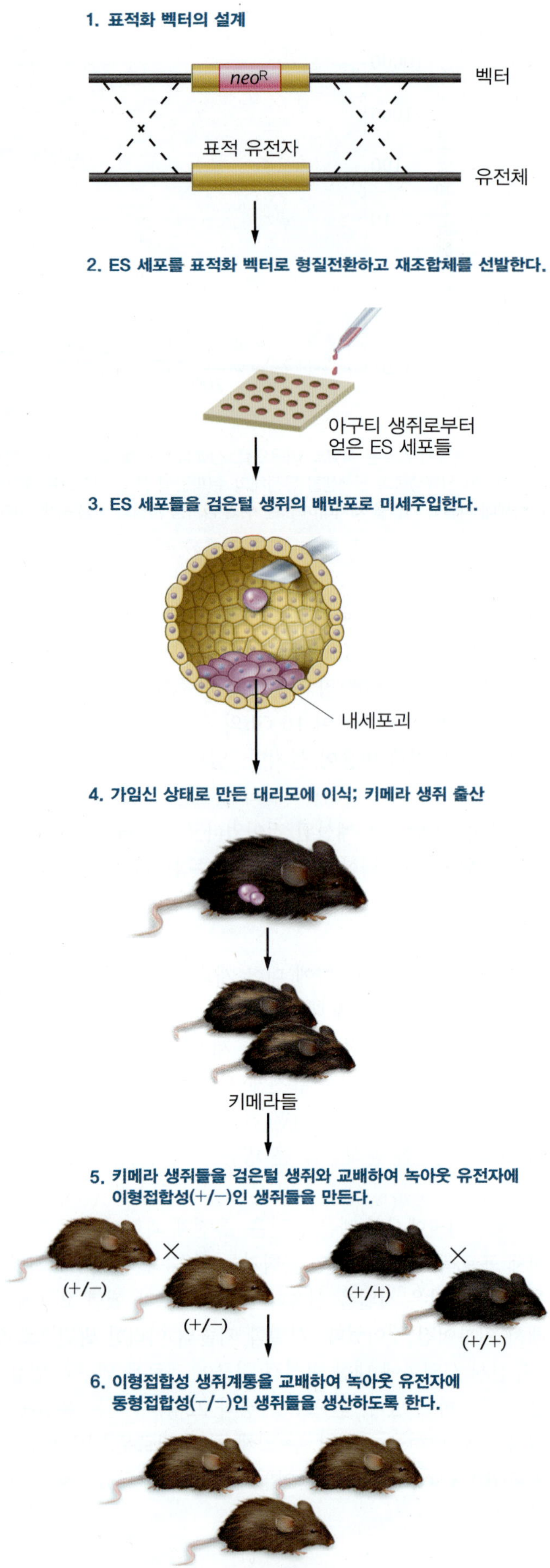

그림 20.17 녹아웃 생쥐를 만드는 기본 전략.

정보도 알 필요가 있다. 그런 후 **표적화 벡터**(*targeting vector*)가 만들어진다. 표적화 벡터의 목적은 세포 내로 도입될 수 있는 DNA 절편을 만드는 데 있다. 이후 이것은 관심 유전자(표적 유전자)와의 상동성 재조합을 통해 그 유전자를 파괴함으로써 비기능적으로 만든다. 표적화 벡터는 커다란 외래 DNA를 삽입시켜 돌연변이시킨 관심 유전자 사본을 포함한다. 이 외래 DNA는 표적 유전자의 번역틀을 파괴할 것이므로, 만약 그 유전자가 mRNA로 전사되고 단백질로 번역된다면 비기능적 단백질을 생산할 것이다.

표적화 벡터가 유전체로 적절히 삽입되었는지를 판단하기 위해, 과학자들은 보통 그 삽입 서열에 마커 유전자를 포함시킨다. 그림 20.17에 제시된 사례는 네오마이신(neomycin) 저항성 (neo^R)서열을 마커로 사용한다. 네오마이신은 원핵세포와 진핵세포 모두에서 단백질 합성을 막는 항생제이며, 그 역할은 아래 설명에서 곧 분명해질 것이다. 녹색 형광 단백질(green fluorescent protein, GFP)에 대한 유전자, 앞에 설명했던 *lacZ* 유전자, 그리고 기타 마커 유전자들도 **보고 유전자**(*reporter gene*)로 사용되곤 한다. 이런 보고자들은 육안으로 쉽게 추적할 수 있는 KO 또는 유전자 이식 생물을 만든다; 이 절 뒷부분에서 GFP 유전자 이식 동물의 예를 볼 수 있다(그림 20.20 참고).

표적화 벡터를 세포에 도입하는 방법은 여러 가지가 있다. 자주 사용되는 한 가지 방법은 전기천공법(electroporation)을 사용하여 배양 중인 **배아 줄기세포(embryonic stem cell, ES cell)**들로 벡터를 도입한다. ES 세포들은 포배기 생쥐 배아의 내세포괴(inner cell mass)로부터 얻는다. 다른 방법으로는, 표적화 벡터를 직접 포배 세포 내로 주입하고 그것이 내세포괴의 ES 세포로 들어가기를 바라는 방법도 있다. 때로는, 암컷 생쥐(혹은 다른 동물 종의 암컷)로부터 새로 수정된 알을 꺼내 표적화 벡터 DNA를 알의 이배체 핵에 주입하거나, 핵 융합 전에 반수체 전핵 중 하나에 직접 미세 주입함으로써 KO들을 만들기도 한다[그림 20.18(a)].

ES 세포로 작업할 때, 표적화 벡터를 받아들인 ES 세포들 중 아주 소수가 무작위로, 내생적 재조합효소(recombinase)의 작용에 의해 표적화 벡터와 관심 유전자 서열 사이의 상동성 재조합을 매개하게 된다. 소수의 재조합 ES 세포들에서는 표적화 벡터가 한 개 혹은 두 개의 염색체에서 원래의 유전자들을 대체할 것이다.

재조합 ES 세포들은 배양된 ES 세포들에 표적화 벡터가 없는 세포들을 죽이는 시약을 처리함으로써 선별될 수 있다. 예를 들어, 그림 20.17에서는 배양된 ES 세포들에 제네티신(Geneticin™)이 첨가될 것이다. 표적화 벡터를 포함하고 있는 세포들은 네오마이신에 저항성을 나타내지만, 비재조합체들인 세포들은 죽게 된다. 재조합 ES 세포들은 이제 포배기의 생쥐 배아로 주입되고, 거기서 그 포배의 내세포괴 내로 통합될 것이다. 포배들은 이제 **가임신 생쥐**(*pseudopregnant mouse*)—미리 불임인 수컷과 교배되어 암컷 생쥐의 호르몬 생산이 촉진되므로 표적 벡터를 가진 포배가 착상될 수용성 자궁을 제공하는 암컷 생쥐—라고도 불리는 대리모 생쥐의 자궁으로 옮겨진다.

(a) (b)

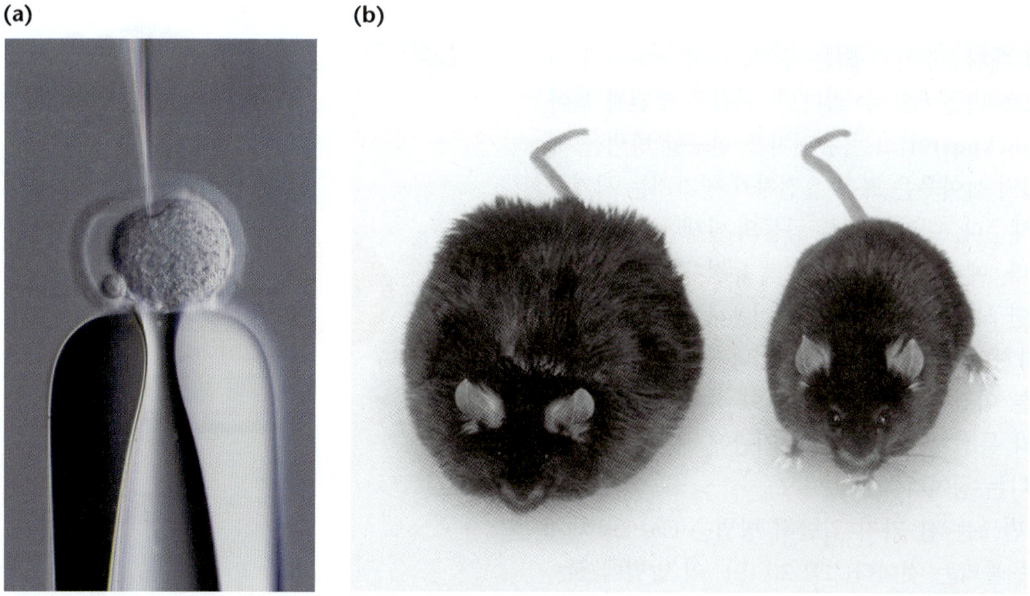

그림 20.18 (a) 녹아웃 생쥐(혹은 유전자 이식 생쥐)를 만들기 위해 수정란에 DNA를 미세주입하는 것. 수정란은 흡착 피펫(난자 아래쪽에 보임)에 의해 붙들려 있고, 클론화된 DNA가 미세주입 바늘을 통해 핵으로 전달된다. (b) 왼쪽이 렙틴(leptin) 유전자(*Lep*)의 두 사본이 모두 없는 영 대립유전자형 생쥐(−/−)이다. 오른쪽 생쥐는 *Lep* 유전자에 대해 야생형(+/+)이다. *Lep* 유전자의 정상 사본들은 렙틴(leptin)이라고 불리는 펩타이드성 호르몬을 생산한다. *Lep* 녹아웃 생쥐는 야생형 형제들보다 몸무게가 거의 5배나 무겁다. 인간의 *LEP* 유전자에서 자연적으로 발생하는 돌연변이들은 이와 연관된 사람들에서 과체중 질병을 야기한다.

대리모는 착상된 배아들로부터 생긴 **키메라**(*chimera*) 생쥐를 낳게 될 것이다: 이것은 신체 일부 세포들은 KO 줄기세포로부터, 다른 체세포들은 공여자 포배의 세포로 이루어진 개체를 말한다. 연구자들은 꼬리 조직으로부터 DNA를 얻어 표적 벡터를 가진 생쥐를 검색하게 되는데, DNA를 정제한 후 PCR을 수행함으로써 표적 벡터가 그 동물의 유전체에 존재하는지를 확인한다. 표적 벡터 DNA가 생식계 세포들에 존재하는 한, 그 서열은 이 생쥐들에서 생긴 모든 자손들로 유전되겠지만, 일반적으로 이런 식으로 생산된 대부분의 F_1 세대의 KO 생쥐들은 관심 유전자와 표적 벡터에 대해 이형접합성(+/−)이므로, KO에 대해서도 동형접합성이 아니다. 이제 F_1 동물들끼리의 교배로 동형접합성 KO 동물들이 생산되도록 할 수 있으며, 이들은 **대립유전자가 없는 생쥐**(*null mice*)라고 불린다. 관심 대상인 야생형 유전자 사본을 가지지 않기 때문에 −/−로 표시된다. 이 절을 시작할 때 언급했던 것처럼, KO 동물 모델들은 유전자 기능을 밝히는 데 귀중한 역할을 하며, 앞으로도 질병 유전자에 대한 생물 의학 연구에 필수적일 것이다[그림 20.18(b)].

KO 생물들을 만들려는 모든 노력에도 불구하고, 때로는 생존력 있는 자손들이 절대로 내어나지 않는다. 그런 KO는 **배아 치사성**(*embryonic lethality*)을 만드는 것이다. 배아 발생에 중요한 유전자들을 녹아웃시키는 것은 그 개체가 충분히 발생하기 전에 배아를 죽일 것이다. 전형적으로, 연구자들이 어느 배아 발생단계에서 배가 죽는지를 결정할 수 있으려면 대리모로부터 배아를 조사해야 할 것이다. 이런 실험은 종종 특정 신체 기관의 결함을 드러내곤 하는데, 이것은 그 KO 유전자의 기능에 대한 중요 정보일 수도 있다.

만약 특정 관심 대립유전자가 없는 생쥐들(null mice)이 전통적인 KO 방법으로 만들어질 수 없다면, 가끔은 **조건적 녹아웃(conditional knockout)**이 그런 유전자를 연구할 방법을 제공할 수 있다. 조건적 녹아웃은 표적 유전자가 망가지는 시기를 조절할 수 있도록 해준다. 이런 연구는 동물의 발생에서 특정 시기에 수행될 수 있다. 예를 들어, 만약 표적 유전자가 배아 치사성을 나타낸다면, 연구자는 조건적 KO를 이용하여 동물이 발생단계를 진행하게 하거나 망가지기 전에 태어나게 할 수 있다. 조건적 KO의 또 다른 이점은 표적 유전자들이 전체 동물에서 발현되는 것이 아니라 특정 조직이나 신체 기관에서는 발현이 꺼지도록 할 수도 있다는 점이다.

조건적 KO를 만드는 한 가지 일반적 방법은 **Cre-lox 체계**(*Cre-lox system*)로 불리는 것이다(그림 20.19). 이 방법에서는, *loxP* 좌위로 불리는 서열을 표적화 벡터의 관심 표적 유전자 양옆에 삽입함으로써 조건적 KO들이 생산된다. 관심 유전자는 녹아웃과 마찬가지 기작을 통해 생식계열 세포로 도입될 것이다. 이런 생쥐들은 이제 *Cre* 유전자를 포함한 생식계열 세포를 가진 다른 생쥐들과 교배될 수 있는데, *Cre* 유전자는 *loxP* 서열을 인식하는 바이러스의 *Cre* 재조합효소를 암호화하므로, 재조합이 발생하여 *loxP* 서열 사이의 유전자가 결실된다.

Cre-lox 체계의 핵심은 *Cre* 생쥐 계통을 위한 프로모터가 조직 특이적으로 설계될 수 있다는 점이다. 즉, 이것은 특정 조직에서만 발현될 것이다. 이러한 사례가 그림 20.19에 나타나 있다. 여기서 *Cre*는 조직 특이적 프로모터 X의 조절을 받는다. 배아 치사성을 피하기 위해, *Cre* 계통을 위해서 선택된 프로모터 역시 특정 호르몬이나 식이 영양성분, 혹은 다른 조건에 의해 조절되도록 할 수 있다. 따라서, *Cre*를 발현시키는 프로모터는 그 동물의 발생 단계가 달라지면서 켜지거나 꺼질 수 있으므로, 수행되는 연구에 따라 특정 조건에 의해 조절을 받는 KO를 생산

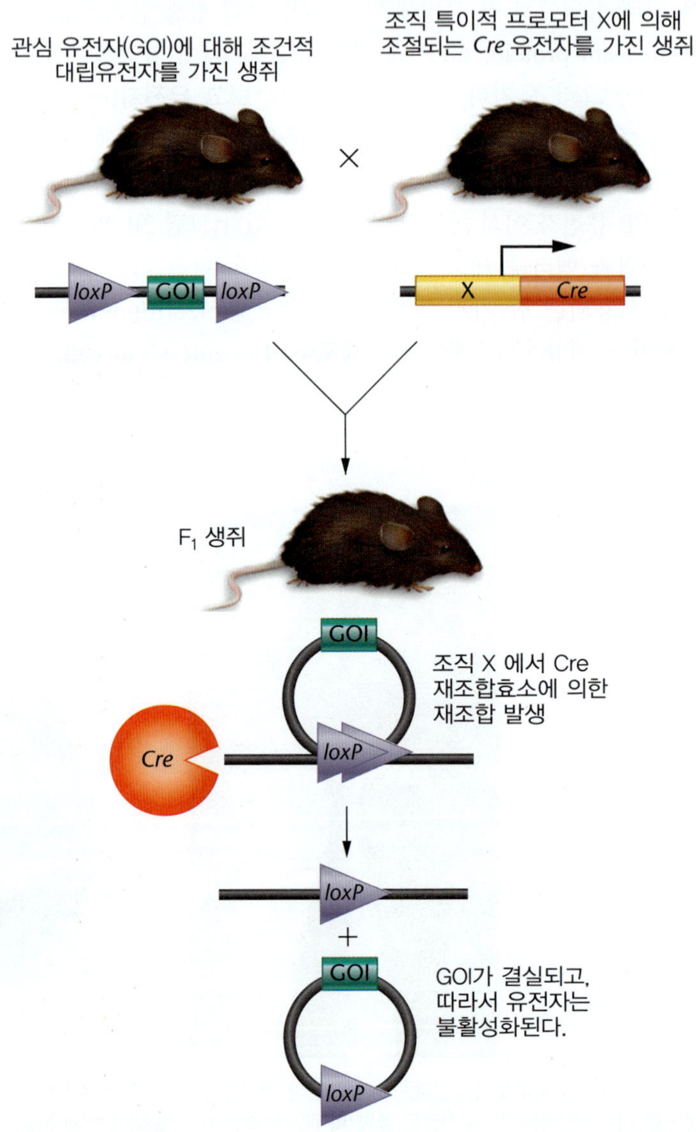

그림 20.19 조건적 돌연변이 생산을 위한 *Cre-lox* 체계.

할 수 있게 된다.

최근 생쥐 유전체에서 모든 단백질 암호화 유전자들(~20,000)을 비기능적으로 만들려는 목적으로 1억 달러 이상의 자금이 투입된 전 세계적 협력이 완료되었다. 이런 노력의 목적은 인간 질병 연구의 발전을 돕기 위한 KO 생쥐 자원을 만들려는 것이었다. KO들을 만들기 위해 유전자별 접근을 사용하는 대신, 연구자들은 배아 줄기세포들에서 수천 개의 유전자를 녹아웃시키는 고-출력 기술을 사용하여 특정 관심 유전자를 끌 수 있는 자손을 만들었다. 이런 프로젝트들은 연구자들에게 KO의 "도서관"을 제공하여 과학자 개인들이 자신의 녹아웃을 만드느라 비용과 노력을 들이지 않고도 이런 동물들을 사용할 수 있게 한다.

인간의 질병 유전자를 연구하기 위한 녹아웃 모델 생물을 만드는 것 외에도, 여러 연구팀이 자연적으로 생기는 인간 유전자의 녹아웃을 찾기 위한 프로젝트를 수행 중이다. 여기에는 대규모의 유전병 환자 집단으로부터 엑솜 서열화(exome sequencing)와 RNA 서열화(빠진 비암호화 RNA도 찾아내기 위해)를 하는 것이 포함된다. 분명히, 치명적인 기능 상실 돌연변이는 성인에서 연구될 수 없겠지만, 이러한 프로젝트 중 일부는 치명적인 유전자 녹아웃을 찾아내기 위한 한 가지 접근 방식으로 출생하지 못한 배아를 서열화할 것을 제안한다. 이런 연구사업의 희망은 모든 인간 유전자의 돌연변이와 관련된 표현형 효과를 목록화하거나 데이터베이스를 만들고자 하는 것이다.

유전자 이식 동물들: 기초 사항들

유전자 이식 동물들(transgenic animals)은 종종 **녹-인 동물들(knock-in animals)**이라고도 불리는데, 특정 관심 유전자(이식유전자; transgene)를 발현하거나 혹은 과다 발현한다. 바꿔 말하자면, 유전자를 없애버리는 대신 유전자를 켜 주는 것이라고 할 수 있어서 KO의 반대라고도 할 수 있다. KO에서와 마찬가지로, 유전자 이식 동물을 만드는 데 이용되는 주된 기술들 대다수는 생쥐에서 개발되었다; 그림 20.20은 두 가지 사례를 보여준다.

유전자 이식 동물을 만드는 방법은 개념적으로는 단순하며, KO 동물을 만들 때 사용하는 것과 유사한 단계들이 많다. 그러나 표적 유전자를 파괴하는 대신, 이식 유전자를 가진 벡터는 상동성 재조합을 거쳐 숙주 세포 유전체 내로 들어가도록 만들어진다. 일부 응용들에서는, 조직-특이적 프로모터 서열들을 사용하여 전이 유전자가 특정 조직에서만 발현되도록 할 수도 있다. 예를 들어, 젖샘 조직 특이적 프로모터들은 동물의 젖에서 특수한 재조합 산물들이 발현되도록 한 후 그것을 정제할 수 있도록 하는 생명공학 산업에 이용된다. 유전자 이식 생물을 만드는 것은 KO보다 훨씬 쉬운데, KO를 만들 때처럼 삽입 사건이 특정 좌위에서만 발생해야 하는 것이 아니라 벡터가 유전체의 어딘가(비암호화 영역에 들어가기를 희망함)로 삽입되기만 하면 되기 때문이다.

KO에서와 마찬가지로, 이식될 유전자를 가진 벡터들은 ES 세포들로 삽입되거나, 직접 배아나 난자들로 주입된다. 마찬가

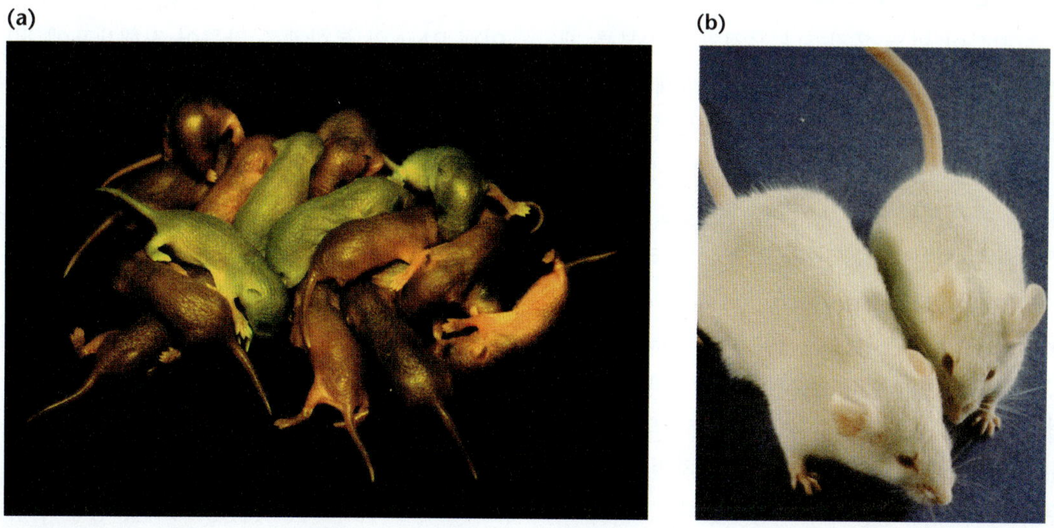

그림 20.20 유전자 이식 생쥐들의 예. (a) 해파리에서 유래한 유명한 보고 유전자인 녹색 형광 단백질(*GFP*) 유전자를 가진 유전자 이식 생쥐들. 과학자들은 특정 유전자를 녹색 형광 단백질 유전자로 표지할 수 있다. *GFP*의 발현으로 유전자 이식 생쥐들이 자외선 하에서 녹색으로 빛난다. 과학자들은 이로써 이 유전자 이식 생물의 후손 세대 생쥐들에서의 유전자 존재를 비롯하여 표지 유전자들의 활성을 추적할 수 있다. (b) 왼쪽의 생쥐는 생쥐의 메탈로티오네인 프로모터 하류에 클론화된 집쥐의 성장 호르몬 유전자를 가졌다. 이 유전자 이식 생쥐에게 아연을 먹이면, 메탈로티오네인 프로모터가 성장 호르몬 유전자의 전사를 유도하여 이 생쥐의 성장을 자극한다.

지로, 표지 유전자나 보고 유전자가 벡터에 포함되므로 연구자는 형질전환이 성공적인지를 판단할 수 있다. 비교적 적은 수의 배아 혹은 난자 세포들에서 그 이식 유전자 DNA가 자연적으로 존재하는 재조합 효소들의 작용으로 재조합 과정을 거쳐 유전체 내로 삽입될 수 있다. 이 단계 후의 나머지 과정은 KO를 만드는 것과 비슷하다: 배아들은 대리모에 착상되고, 그 이식 유전자에 동형접합성 생쥐를 얻기 위해서 자손들 사이의 교배가 수행된다.

유전자 이식 연구들에서는 생물의 표현형에 미치는 영향을 연구하기 위해 이식 유전자가 과발현된다. 유전자 이식 생물들을 만드는 방법이나 목적은 다양하다. 인간 유전자이든 다른 종의 유전자든, 특정 유전자를 과발현하거나, 돌연변이 유전자를 발현하는 등의 유전자 이식 동물은 유전자 기능을 이해하기 위한 기초 및 응용 연구에 유용한 모델이다.

인간의 유전자를 발현하는 유전자 이식 생쥐를 만드는 것은, 과학자들이 질병 치료를 위해 여러 가지 약물들에 대한 반응을 연구한다거나, 진화에서 유전자들의 역할을 이해하고, 배아 발생을 연구하며, 기타 여러 응용을 위해서 **인간화된 생쥐들**(*humanized mice*)을 만들었던 접근법 중 하나이다. 본문의 뒷부분에서 고려할 것처럼(22장 참고), 상업적으로 가치 있는 생명공학 제품을 생산하기 위한 유전자 이식 동물과 식물도 만들어진다. 또한 본문 후반부(특강 4장의 유전적으로 변형된 식품들 참고)에서는 유전자 변형 식품용 작물의 예에 대해서도 배우게 될 것이다.

CRISPR-Cas를 이용한 유전자 편집

유전자 편집 방법은 결함이 있는 유전자나 유전자의 일부를 제거, 수정 또는 교체하기 위해, 연구자가 특별히 설계된 DNA 수정 효소(뉴클레아제)를 사용하여 특정 서열에 변화를 일으키는 것이다. 유전자 편집은 서로 다른 뉴클레아제를 사용하여 서열 특이적인 방식으로 유전체를 자르는 것을 기반으로 한다. 본문 뒷부분(특강 5장의 유전자 치료 편 참고)에서 우리는 **전사 활성자 유사 작동자 뉴클레아제들**(*transcription activator-like effector nucleases, TALENs*)과 **아연 손가락 뉴클레아제들**(*zinc finger nucleases, ZFNs*)을 이용한 유전체 편집이 어떻게 유전자 치료에 사용될 수 있는지 논의할 것이다(특강 5장의 유전자 치료 참고). 이러한 접근법은 특정 유전자를 편집하기 위해 생쥐, 쥐 및 기타 종의 생체 내 유전공학에 사용되었다. 그러나 지금까지 유전자 편집에 대한 이러한 접근 방식은 인간의 유전자 치료에서는 특히 성공적이지 못했다.

유전자 편집에 대한 어떤 접근도 **CRISPR(clustered regularly interspaced palindromic repeats)-Cas 체계**보다 더 주목받고, 더 흥분을 일으키며, 그렇게나 많은 초기의 성공 신호를 생산했던 것은 없었다. 간단히 말하자면, 크리스퍼-카스(CRISPR-Cas) 체계는 세균이 바이러스 감염과 어떻게 싸우는지를 이해하려고 했던 과학자들에 의해 발견되었다. 이 체계에 관한 원래의 연구에는 유전자 편집 기술을 만들려는 의도가 없었다. 크리스퍼-카스는 세균의 플라스미드와 파지 DNA 같은 외래 유전 물질에 대한 저항성을 제공하는 세균의 면역 반응체계라고 할 수 있다.

크리스퍼(CRISPR)는 짧은 반복서열로 구성된다. 크리스퍼 좌위들은 중간에 바이러스 DNA나 플라스미드 DNA가 끼어 있는 간격 서열들(프로토스페이서라고 불림)을 포함하는데, 이들은 이전에 외래의 플라스미드나 파지에 노출되었던 전력을 나타낸다. 각 프로토스페이서(protospacer) 뒤로 2~6 bp의 간격 DNA(spacer DNA) 단편이 이어지는데, 이것은 **프로토스페이스 인접 모티프**(*protospacer adjacent motif, PAM*)라고 불린다(5′-NGG-3′; N은 모든 뉴클레오타이드 중 하나). PAM 서열은 세균이 외래 DNA와 자신의 DNA를 구분하도록 도와주며 크리스퍼 좌위의 일부는 아니지만, 크리스퍼 편집 과정이 프로토스페이서를 인식하고 제거하는 데 필수적인 서열이다.

크리스퍼-연관 단백질(CRISPR-associated proteins), 혹은 카스(Cas)는 핵산 분해효소인 뉴클레아제로 작용한다. Cas9은 크리스퍼 뉴클레아제로 밝혀진 최초의 효소였다. 카스9은 프로토스페이서 DNA 서열에 PAM 서열이 따라오지 않으면 그것에 결합하지도, 절단하지도 않는다. 세균에서, 크리스퍼 간격 서열은 바이러스 DNA를 인식할 수 있으며 카스 뉴클레아제를 이용해 그 외래 DNA의 서열을 분해한다. 카스9 뉴클레아제를 합성 안내 RNA와 복합체를 만들어 진핵세포에 전달하자, 그 진핵성 유전체는 마찬가지로 표적화될 수 있었으며, 특정 표적 유전자 위치에서 잘렸다. 따라서 유전자가 제거되거나 변형될 수 있었으며, 혹은 새로운 유전자를 배양된 세포나 생물 전체에 도입할 수 있었다(그림 20.21 참고). 이런 방식으로, 과학자들은 효과적으로 프로토스페이서를 그들이 제거하거나 편집하려는 표적 유전자로 대체한다.

크리스퍼-카스 체계의 출현에 대해서는 교재의 말미(특강 1장의 CRISPR-Cas와 유전체 편집 편 참고)에 유전자 치료(특강 5장 유전자 치료 편 참고)에서의 응용을 포함하여 더 확장해서 다룰 것이다.

크리스퍼-카스는 맞춤형 녹아웃 동물과 유전자 이식 동물을 연구자들에게 제공하는 회사에 큰 도움이 되었다. 크리스퍼-카스 체계는 훨씬 쉽고, 크리스퍼로 생산된 녹아웃과 유전자 이식 동물들의 성공률은 ES 세포를 사용할 때보다 훨씬 높다. 크리스퍼-카스는 또한 더 효율적이어서 시간도 줄고(기존 ES 세포 방법으로 녹아웃 또는 형질전환 동물을 생산하는 데 18개월 이상이 걸리는 데 비해 크리스퍼-카스 접근법은 약 6개월 소요), 이러한 재조합 동물을 만드는 비용도 1/3 이상 줄였다. 크리스퍼-카스의 출현으로, 미래에는 녹아웃 동물과 형질전환 동물을 만드는 현재의 접근 방식이 쓸모없게 될 수도 있을 것이다.

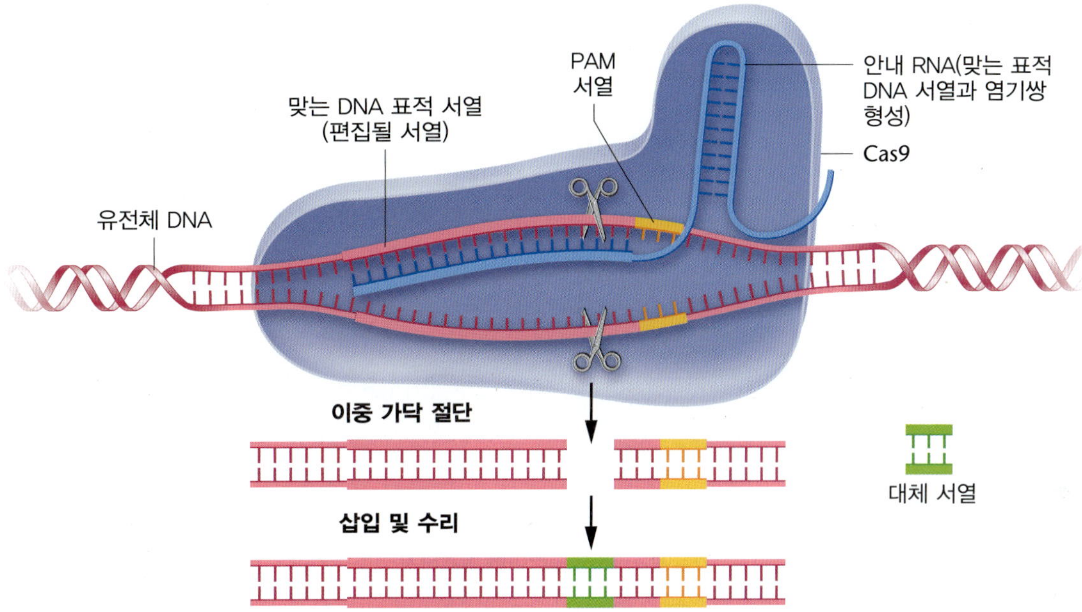

그림 20.21 CRISPR-Cas9 체계는 특정 DNA 서열을 표적화함으로써 진핵생물의 유전자 편집을 가능하게 한다.

EXPLORING GENOMICS
유전체학 탐구

재조합 DNA 조작: 제한 지도작성과 PCR 프라이머 설계하기

여러분이 이 장에서 배운 것처럼, 제한효소들은 유전학자와 분자생물학자들이 재조합 DNA 실험을 위해 DNA를 자르는 데 일상적으로 사용하는 정교한 "가위"이다. 여러 가지 온라인 도구들은 과학자들이 여러 가지 응용을 위해 제한효소를 사용하여 재조합 DNA를 조작하는 것을 도와준다. 여기서는 DNA 실험을 훨씬 쉽게 만들어 주는 인터넷 사이트들인 **웹커터(Webcutter)**와 **프라이머 3(Primer3)**를 사용해 보도록 하자.

■ 연습 I – 웹커터에서 제한 지도 작성하기

여러분이 어떤 유전자를 클론화하여 서열화했다고 가정하자. 이제 이것을 이용하여 약 600 bp 정도 길이의 탐침자를 고안하고, 노던 블롯 분석을 통해 여러 인간 조직들에 대한 유전자 발현 분석에 사용하고자 한다. 웹커터(Webcutter) 같은 인터넷 사이트들은 재조합 DNA 조작 실험을 더 쉽게 디자인할 수 있도록 도와준다. 이번 연습에서는 웹커터를 이용하여 인간의 DNA를 제한효소들인 *Eco*RI, *Bam*HI 및 *Pst*I로 처리했을 때의 제한 지도를 만들어 볼 것이다.

1. 다음 주소를 이용하여 **웹커터(Webcutter)**에 접속하라: http://heimanlab.com/cut2.html. *유전학의 개념(Concept of Genetics)*을 위한 학습 영역으로 가서, 이 장의 유전체학 탐구(Exploring Genomics) 연습문제를 열어라. 거기서 클론화된 인간 DNA 서열을 복사해서 웹커터의 텍스트 상자(text box)에 붙여넣기를 하라.

2. "분석에 어떤 효소를 포함시킬 것인지 표시

(계속)

하라(Please indicate which enzymes to include in the analysis)"까지 스크롤을 내려라. "다음 효소들만 사용하라(Use only the following enzymes)"를 나타내는 버튼을 클릭하라. 제공된 목록에서 *Eco*RI, *Bam*HI, 그리고 *Pst*I를 선택하고, "서열을 분석하라(Analyze sequence)"를 클릭하라. (참고: 커맨드, 콘트롤, 혹은 쉬프트 키를 사용하면 여러 개의 제한효소들을 고를 수 있다.)

3. 웹커터에 의해 제공된 결과를 잘 살펴보고 다음 각 효소에 대한 절단 자리의 수와, 각 효소로 절단되어 생기는 절편의 크기를 보여주는 표를 작성하라. 이 인간 DNA에 대해 각 효소의 절단 자리와 각 자리 사이의 거리, 그리고 총 길이를 표시하는 제한 지도를 작성하라.

■ 연습 II – 재조합 DNA 실험 고안하기

이제 여러분이 가진 인간 DNA 단편에 대해 제한 지도를 작성하였으니, 이 DNA를 여러분이 탐침자 만드는 데 사용할 수 있는 플라스미드 벡터에 연결해야 한다. [분자생물학자들은 이 과정을 서브클로닝(subcloning)이라고 부른다. 이 번역서에서는 2차 클로닝이라는 단어를 사용하였다.] 이를 위해서는 어떤 제한효소들이 플라스미드와 인간 DNA를 둘 다 자르기에 적합할지를 결정해야 한다.

1. 학습 영역으로 다시 돌아가 이 장의 유전체학 탐구 연습문제를 풀어보자. 연습문제 II로부터 플라스미드 DNA 서열을 복사하여 웹커터의 텍스트 상자에 붙여넣은 후 연습문제 I에서 사용했던 것과 같은 효소에 대한 절단 자리를 찾아라. 그런 후 다음 질문들에 답하라:

   a. 웹커터에서 분석된 플라스미드 DNA의 총 크기는 얼마인가?

   b. 어떤 효소(들)가 인간 유전자에서 얻어진 가장 큰 DNA 조각과 플라스미드를 연결하는 재조합 DNA 실험에 사용될 수 있는가? 답을 간단히 설명하라.

   c. 이 조각들을 연결함으로써 생기는 재조합 DNA 분자의 크기는 얼마인가?

   d. 플라스미드에 삽입된 클론 DNA를 보여주는 단순한 도해를 그리고, 이 재조합 플라스미드를 만들 때 사용했던 제한효소 절단 부위들을 표시하라.

■ 연습 III – PCR 프라이머 설계하기

역전사 PCR(RT-PCR)이 유전자 발현을 추적하는 더 빠르고 민감한 방법이기 때문에, 노던 블로팅 대신 역전사 PCR(RT-PCR)을 먼저 시도하기로 결정했다고 가정하자. 이제 RT-PCR용 프라이머를 설계해야 한다. 어떤 PCR 실험이든, 올바른 프라이머를 선택하는 것은 사소한 일이 아니다. 프라이머가 관심 유전자를 증폭할 수 있는지 확인해야 하고, 다른 많은 고려 사항 중에서도, 프라이머들끼리 서로 결합하는 것을 피해야 한다. 다행히도, 프라이머 설계는 인터넷 덕분에 훨씬 쉬워진 또 다른 작업이다. 이번 연습에서는 화이트헤드 생명 의학 연구소(Whitehead Institute for Biomedical Research)의 PCR 프라이머 디자인 사이트인 Primer3를 사용해 보도록 하자.

1. http://bioinfo.ut.ee/primer3/에서 **Primer3**에 접속한다. 연습 I의 인간 DNA 서열을 텍스트 상자에 복사한 다음 "Pick Primers(프라이머 선택)"을 클릭하라.

2. 다음 페이지에서는 가장 권장되는 프라이머의 서열이 화면 상단에 나타난다. 다음 질문에 답하라:

   a. 왼쪽(정방향) 프라이머와 오른쪽(역방향) 프라이머의 염기쌍 길이는 각각 몇 bp 길이인가? 이 프라이머들은 유전자 서열의 어디에 결합하는가?

   b. PCR 반응을 위한 혼성화 온도는 종종 녹는점 또는 T_m보다 약 5도 낮게 설정된다(녹는점에 대한 논의는 10장 참고). 이러한 프라이머의 T_m을 기반으로 한다면, 이 실험에 대한 최적의 혼성화 온도는 얼마이겠는가?

   c. 이 PCR 반응으로 증폭된 DNA를 아가로즈 젤에서 전기영동할 경우 이 프라이머가 생성할 PCR 산물의 크기는 얼마인가?

사례 연구 윤리적 논쟁과 유전학적 기술

1970년대 과학자들은 재조합 DNA 기술의 사용에 예상치 못한 위험과 윤리적 문제가 있을 수 있음을 깨달았다. 안전 프로토콜을 개발하기 위해, 관련 연구들에 대한 자기 검열과 중단을 의미하는 자발적 모라토리엄이 시행되었다. 1990년 인간 유전체의 DNA 염기 서열화 및 분석 목적으로 하는 인간 유전체 프로젝트가 시작되면서, 윤리적, 법적, 사회적 중요성(Ethical, Legal, and Social Implications, ELSI) 프로그램이 동반되었다. ELSI는 유전체 연구에서 발생하는 문제를 찾아 해결하는 업무를 담당했다.

이 프로그램은 주로 개인 정보 보호 문제, 의학에서 유전 기술의 윤리적 사용, 유전자 치료를 포함한 유전 연구의 설계 및 수행에 중점을 두었다. 이로 인해 유전정보의 사용을 규제하는 연방 법률이 통과되었고, 유전자 치료의 범위를 제한하는 지침이 제정되기에 이르렀다. 이 지침은 미래 세대에 영향을 미치는 생식계열 치료를 금지하고, 신체적 또는 정신적 적성을 향상시키기 위한 유전자 치료도 금지한다.

새로운 유전적 기술인 크리스퍼-카스(CRISPR-Cas)의 최근 개발로, 헌팅턴병과 같은 파괴적인 신경 장애를 유발하는 돌연변이 대립유전자를 제거하여 미래 세대로 유전되지 않도록 할 수 있게 되었다. 비슷한 기술을 사용하면 말라리아를 전파하는 모기 종을 선택적으로 뿌리 뽑을 수 있다. 이 질병은 전 세계적으로 수백만 명에게 영향을 미치며 수명을 단축하는 고통스러운 질병이다. 이러한 혁신적인 방법의 개발과 함께, 유전병을 없애고 농업을 개혁하는 데 이런 방법을 사용하는 것의 문제들을 재정의하고 새로운 윤리적 지침을 마련하자는 요구도 등장했다.

1. 만약 이런 새로운 기술을 이용하여 어떤 생물종을 제거한다면, 어떤 바람직하지 않고 예견하지 못한 결과가 생태계에 초래될 수 있겠는가?
2. 치명적인 대립유전자들을 제거하는 개입이라고 해도, 우리에게 미래 세대의 유전체를 변형할 권리가 있을까?
3. 이런 새로운 기술들이 생물테러분자들에 의해 사용되지 않도록 국제적으로 규제가 되어야 할까? 위반은 어떻게 추적될 수 있으며, 어떻게 그런 규제를 강제할 수 있겠는가?

다음에서 관련 자료를 읽어보라: Rodriguez, E. (2016). Ethical issues in using Crispr/Cas9 system. *J. Clin. Res. Bioethics* 7:266 (doi:10.4172/2155-9627.1000266).

요약 정리

1. 재조합 DNA 기술은 제한효소라고 불리는 단백질의 발견으로 가능해졌다. 이것은 DNA를 특정 서열에서 절단하여, 다른 DNA 단편과 연결시켜 재조합 DNA 분자를 생성할 수 있도록 DNA 단편을 생성한다.
2. 재조합 DNA 분자들은 숙주 세포의 복제 중에 DNA의 복제 사본들이 생산될 수 있는 몇 가지 유형의 숙주 세포로 옮겨질 수 있다. 세균, 효모, 그리고 포유동물 세포들을 포함하여 많은 종류의 숙주 세포들이 복제를 위해 사용될 수 있다.
3. 역사적으로, DNA 도서관들은 관심 유전자와 유전자 조절 영역을 찾기 위해 클론화된 유전자들의 모음을 만드는 매우 중요한 도구였다. 유전체 분석이라는 측면에서는 아직도 DNA 도서관에 의존한다.
4. PCR은 세포 없이 DNA가 증폭 혹은 복사되도록 하며, 여러 가지 응용이 가능한 민감하고 빠른 기술이다.
5. 일단 클론화되면, 과학자들이 유전자 구조, 발현, 그리고 기능을 연구할 수 있도록 하는 다양한 분자적 기술들을 통해 DNA 서열들이 서열이 분석된다.
6. DNA 서열화는 DNA 단편의 뉴클레오타이드 서열을 결정함으로써 분자 수준에서 DNA를 설명할 수 있는 궁극적 방법이다.
7. 서열화 기술의 빠른 발전으로, 역사적으로 사용된 서열화 방법보다 적은 비용으로 서열화할 수 있는 용량이 크게 증가하였으며, 과학자들은 엄청난 서열 자료에 대한 접근이 가능해졌다.
8. 유전자 녹아웃 방법과 유전자 이식 동물들은 생체 내에서 유전자를 연구하는 데 널리 사용된다.
9. 유전자 편집 방법은 기초 연구 및 유전 기술의 임상 적용에서 새로운 역할을 하고 있다.

통찰과 해법

1. 제한효소인 *Sau*3AI의 인식 부위는 GATC이다(그림 20.1 참고); *Bam*HI 효소의 인식 부위는 GGATCC이고, 이 서열의 안쪽 네 염기들이 *Sau*3AI의 인식 서열과 동일하다. 이 두 효소에 의해 생산된 단일 가닥 말단들은 똑같다. 여러분이 *Bam*HI 부위를 가진 벡터와 *Sau*3AI으로 잘린 외래 DNA를 가지고 있다고 가정하자.

(a) 이 외래 DNA가 벡터의 BamHI 부위로 연결될 수 있을까? 만약 그렇다면 그 이유는?

(b) 이 부위에 클로닝된 DNA 단편은 벡터로부터 *Sau*3AI로 다시 잘려 나올 수 있겠는가? *Bam*HI으로는 어떨까? *Bam*HI을 사용할 때의 잠재적 문제는 어떤 것인가?

해법:

(a) *Sau*3AI로 잘린 DNA는 벡터의 *Bam*HI 부위로 연결될 수 있다. 이 두 효소에 의해 생긴 단일 말단이 같기 때문이다.

(b) 이 DNA는 *Sau*3AI로 다시 벡터에서 잘려 나올 수 있다. 이 효소의 제한 부위(GATC)가 삽입 양쪽에 그대로 유지되어 있기 때문이다. 클론화된 삽입 단편을 *Bam*HI으로 회수하는 것은 좀 더 문제가 있다. 연결된 벡터에서, 보존된 서열은 GGATC(왼쪽)과 GATCC(오른쪽)이다. 약 25%의 확률로 맞는 염기가 보존 부위에 올 수 있고(왼쪽에 GGATCC 형성), 마찬가지로 25%의 확률로 오른쪽도 제한 부위가 형성될 수 있다. 그러므로 약 6%의 확률(0.25 × 0.25 = 0.0625)로만 *Bam*HI의 사용이 가능하다.

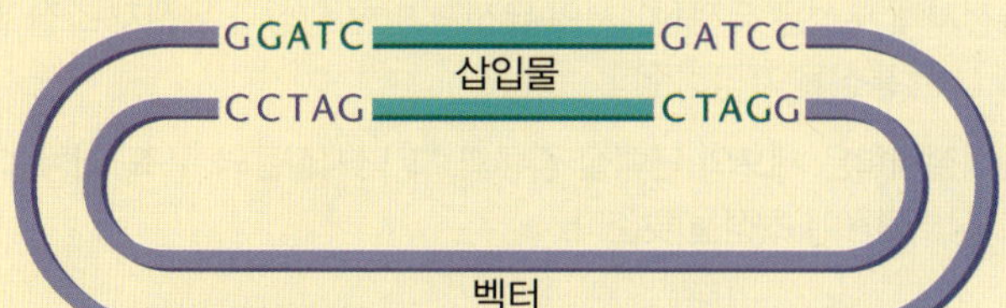

21

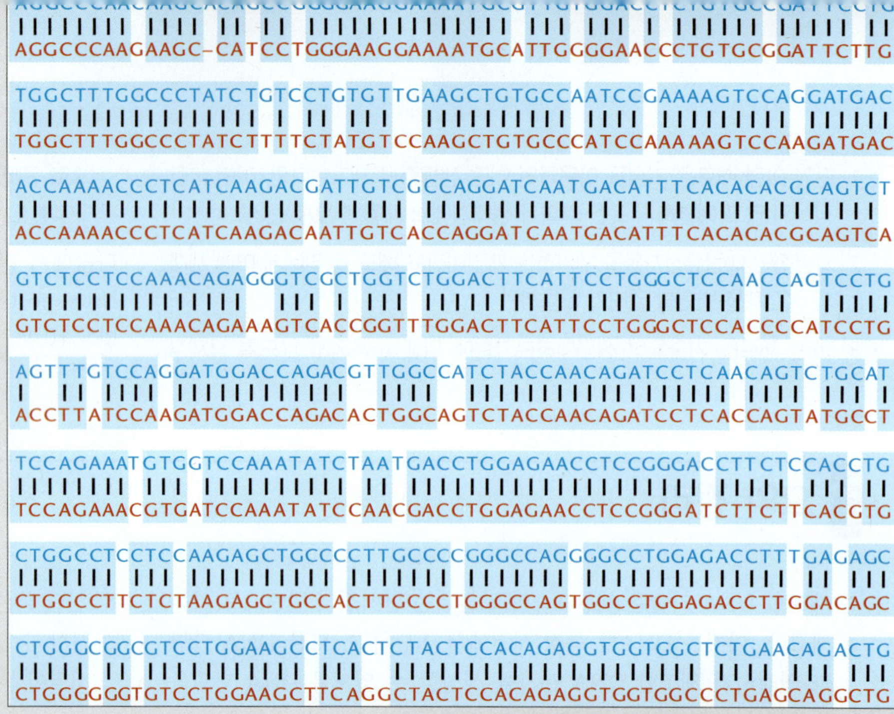

개(위; 푸른색)와 사람(아래; 붉은색)의 렙틴 유전자에 대한 DNA 서열의 비교. 세로선과 어두운 박스들은 동일한 염기들을 표시한다. *LEP*는 식욕을 억제하는 기능의 호르몬을 암호화한다. 이런 형태의 분석은 생물정보학의 흔한 응용 중 하나이며 비교유전체학의 좋은 사례이기도 하다.

유전체 분석

핵심 개념

- 유전체학은 유전체의 서열화 및 조립, 그리고 분석을 위해 재조합 DNA, DNA 서열화 방법, 그리고 생물정보학을 적용한다.
- 유전체학의 원리들은 구조 유전체학 및 기능 유전체학, 비교 유전체학, 그리고 환경유전체학 등 여러 분야의 연구를 포함하며, 현대 생물학에서의 "-체학(omics)" 혁명을 이끌었다.
- 생물정보학은 생물학과 관련된 정보 기술과 수학을 결합해 핵산 및 단백질 서열 자료를 저장, 공유, 비교, 분석한다.
- 인간 유전체 연구 사업은 인간 유전체의 구성, 크기, 그리고 기능에 대한 우리의 이해를 크게 발전시켰다.
- 인간 유전체 연구 사업이 완료된 지 15년이 지나자, 유전체 연구의 새로운 시대가 인간 유전체에 대한 더 깊은 통찰을 제공하고 있다.
- 비교 유전체학 분석은 유전체 크기와 구성에서의 유사점 및 차이점을 드러내 준다.
- 환경유전체학(군유전체학)은 환경 시료로부터 얻은 유전체들에 대한 연구로, 미생물들의 유전체 규명에 중요하다.
- 총전사체 분석은 유전체에서의 유전자 발현 양상과 유전자-조절 활성에 대한 통찰을 제공해준다.
- 단백질체학은 세포의 단백질 종류와 그 단백질들의 구조, 기능, 그리고 상호작용에 초점을 맞춘다.

1977년에, 재조합 DNA에 기초한 기술들이 개발되면서, 생어(Fred Sanger)와 동료들은 새로 개발된 DNA 서열화 방법으로 바이러스 ΦX174의 5400 뉴클레오타이드 유전체를 서열화했고, **유전체 분석(genomic analysis)**, 간단히 말해 **유전체학(genomics)** 분야가 시작되었다. 지난 40년 동안 유전체 분석은 매우 빠르게 발전하여, 현대의 생물학 연구는 유전체학 혁명을 겪는 중이다. 유전체학은 현대 유전학에서 가장 빠르게 발전하고 있는 흥미진진한 분야 중 하나로, 과학자는 물론 일반 대중에게도 인간을 비롯한 다양한 생물의 유전체 대한 전례 없는 정보를 거의 매일 제공하고 있다.

이 장에서는 유전체 분석에 사용되는 기본 기술을 검토하고, 인간 유전체를 포함하여 다른 종에서 파생된 유전체 자료의 예를 논의하면서, 몇 가지 유전체학 분야를 골라 살펴보려고 한다. 또한 세포 또는 조직에서 발현되는 유전자들("총전사체")에 대한 연구인 **총전사체 분석**(*transcriptome analysis*) 및 세포 또는 조직에 존재하는 단백질 연구인 **단백질체학**(*proteomics*)에 대한 것으로 이 장을 마치게 될 것이다.

여기서는 재조합 DNA와 유전체학의 현대적 응용을 강조하면서 유전체학에 대한 논의를 계속할 것이다(22장 참고). 이 장에서 논의된 주제 중 일부는 다른 장에서 더 깊이 탐구된다는 점에 유의하라(19장, 그리고 특강 3장의 유전체학과 정밀의학 편 참고).

21.1 현대적인 서열화 방법 이전의 유전체학은 고전 유전학적 접근법과 한 번에 한두 개의 유전자들을 지도화하는 클로닝 방법을 이용했다

생어 서열화와 같은 DNA 서열화를 위한 초기 방법이 개발되기 이전의 유전학자들은, 한 생물의 유전체에 존재하는 모든 유전자를 찾아 그 특성을 밝히기 위해, 일반적으로 두 부분으로 구성된 고전 유전학적 접근 방식을 따랐다: (1) 자연발생 돌연변이들을 찾거나 화학적 혹은 물리적 요인들에 의해 유도된 돌연변이체를 수집하고, (2) 돌연변이 계통들을 이용하여 연관 지도를 작성하는 것이다(7장 참고).

그런 전략은 박테리오파지와 같은 바이러스뿐만 아니라 초파리, 옥수수, 생쥐, 세균과 효모 등과 같은 많은 모델 생물에서 유전자를 찾는 데 사용되었다. 이러한 접근법은 유전체 분석에 필수적인 것이었다; 그러나 거기에는 몇 가지 주요 한계가 있었다. 예를 들어, 돌연변이 분석과 연관을 위해서는 유전체에서 추가적으로 유전자를 찾아내기에 앞서, 각 유전자에 대해 적어도 하나의 돌연변이를 사용할 수 있어야 한다. 돌연변이를 얻고 연관 연구를 수행하는 것은 매우 시간이 오래 걸리는 과정이며, 돌연변이가 치명적이거나 명확한 표현형이 없는 경우 지도화 작업은 어렵거나 불가능할 수 있다.

또한 연구자들이 실험실의 동물 모델에서 돌연변이를 만들 수는 있지만, 인간에게는 이것이 불가능하다; 따라서 돌연변이 분석으로 인간 유전자를 찾는 것은 명확한 표현형을 가진 채 유전되거나 자발적으로 발생한 돌연변이 유전자의 연관 지도 작성으로 매우 제한된다. 고전 유전학적 접근법의 또 다른 근본적인 한계는, 그런 연구가 DNA 서열을 알려주지는 않는다는 점이다. 또한 DNA 조절 서열과 같은 유전체의 비암호화 영역을 연구하는 데는 특히나 유용하지 않다.

1980년대에 인간 유전자들의 지도 작성에 관심이 있던 유전학자들은, 재조합 DNA 기술을 사용하여 특정 염색체에 DNA 서열을 표시하기 시작했다. 처음, 이런 서열 대부분은 실제로 전체 유전자가 아니라 **제한 단편 길이 다형성**(*restriction fragment length polymorphism*, *RFLP*)과 같은 마커 서열이었다. 일단 염색체에 배정되자, 이런 마커들은 유전병에서 마커와 질병 표현형 사이의 연관성을 확립하기 위한 가계도 분석에 사용되었다. **위치지정 클로닝**(*positional cloning*)이라고 하는 이 접근법은 낭성 섬유증, 신경섬유종 및 기타 수십 가지 질병에 대한 유전자를 지도화, 분리, 복제 및 서열화하는 데 사용되었다. 위치지정 클로닝은 한 번에 하나의 유전자를 찾아냈지만, 그래도 1980년대 중반까지 인간 염색체에 3500개 이상의 유전자와 마커를 할당하는 데 사용되었다. 재조합 DNA 기술은 또한 DNA 도서관을 생성하여 특정 관심 유전자를 찾아 클론화하고 서열을 결정할 수 있도록 했다. 1990년대에는, 인간 유전체에 약 100,000개의 유전자가 있는 것으로 추정되었지만 나중에 부정확한 것으로 밝혀졌으며, 기존 방법을 사용하여 인간 유전체를 지도화하고 클로닝하는 것은 힘들고 시간이 많이 들어, 거의 극복할 수 없는 작업이라는 것이 명백해졌다. 그러나 DNA-서열화 방법의 급속한 발전으로, 인간 유전체를 포함하여, 크고 복잡한 진핵생물의 유전체들이 서열화될 수 있었다. 새로운 DNA-서열화 방법과 생물정보학의 발전은 현대의 유전체 분석을 책임지고 있다.

21.2 전-유전체 서열화는 유전체 전부를 서열화하고 조립하는 데 널리 사용된다

대부분의 재조합 DNA 접근 방식의 주요 한계는 일반적으로 한 번에 비교적 적은 수의 유전자들만 연구할 수 있다는 점이다. 대조적으로, 유전체학적 접근법들은 전체 유전체들이 서열화되기 때문에 많은 수의 유전자들을 규명할 수 있도록 해준다. 전체 유전체를 서열화하고 조립하기 위해 가장 널리 사용되는 전략은 샷건 클로닝(shotgun cloning) 혹은 샷건 서열화(shotgun sequencing)라고도 알려진 **전-유전체 서열화(whole-genome sequencing, WGS)**로 불리는 방법의 변형들이다. 간단히 말하자면, 이 기술은 여러분과 친구가 이 유전학 교재의 복사본들을 가져와 페이지들을 5~7인치 길이의 띠로 마구 자르는 것과 유사하다. 각 장들은 하나의 염색체를 나타내고, 책 전체의 모든 글자들은 종합적으로 "유전체"라고 할 수 있다. 그런 후 여러분과 친구는 책의 조각들을 비교하고 서로 다른 페이지에 있을 수 있는 비슷한 문장들을 겹쳐보면서 맞는 자리를 찾으려는 수고스러운 노력을 하게 될 것이다. 결국, 이론적으로는 맞는 문장들을 가진 많은 조각들이 겹쳐져 페이지를 재구성할 수 있게 되고, 각 조각들은 책 전체의 순서대로 조립될 수 있을 것이다.

그림 21.1은 WGS의 기본 개요를 보여준다. 우선, 다양한 방식(과도한 열 처리를 하거나 DNA를 절단하기 위해 초음파 처리를 함)의 기계적 절단이나, 서로 다른 위치에서 DNA를 절단하는 제한 효소 처리를 통해, 전체 염색체가 짧고 겹쳐지는 단편들로 잘린다. 단순하게 하기 위해, 여기서는 제한 효소를 사용한 DNA 절단의 기본적 사례를 살펴보자. DNA를 절단하는 데는 비효소적 접근법이 점차 더 많이 사용되고 있다. 서로 다른 제한 효소들은 염색체들을 서로 다른 자리에서 자르도록 하는 데 사용될 수 있다; 혹은 같은 효소로 **부분 절단**(*partial digests*)

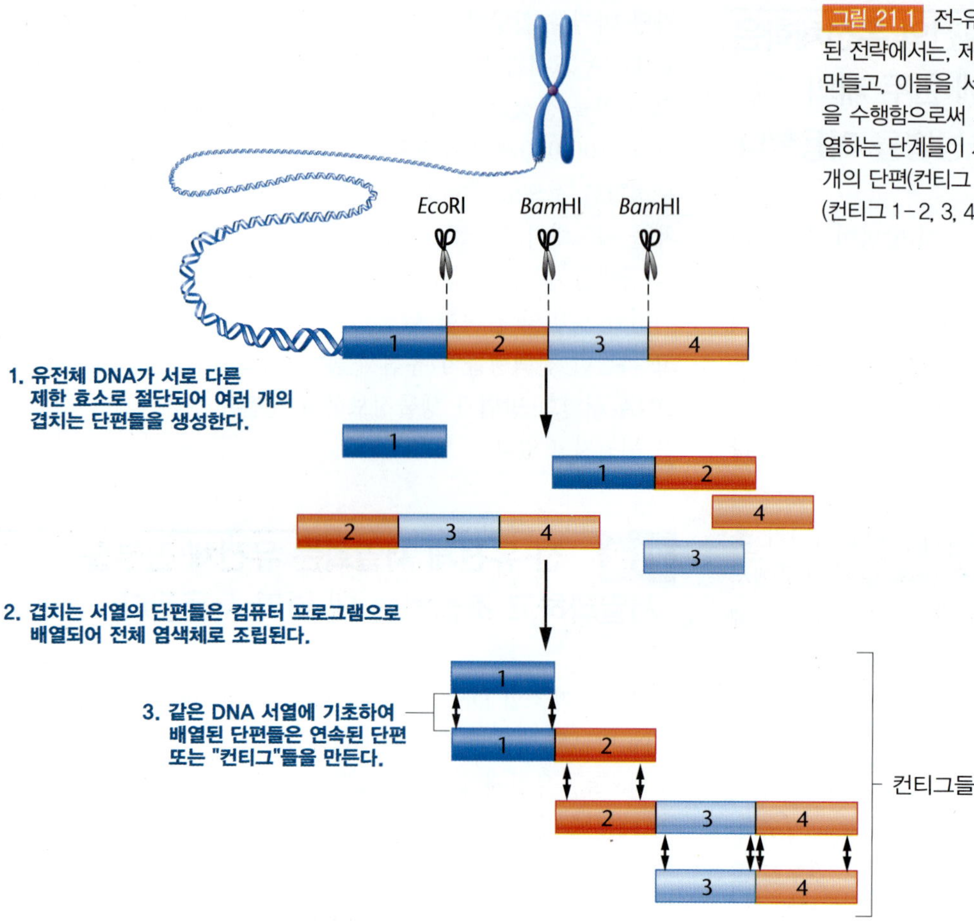

그림 21.1 전-유전체 서열화(WGS)와 조립에 대한 개요. 여기 제시된 전략에서는, 제한 효소로 유전체 DNA를 절단하여 겹치는 단편들로 만들고, 이들을 서열화한 후, 생물정보학을 이용하여 비교 배열(정렬)을 수행함으로써 서열에 따른 겹치는 단편들을 찾아내어 순서대로 배열하는 단계들이 사용된다. 여기 나타난 DNA 부분의 *Eco*RI 절단은 두 개의 단편(컨티그 1, 2-4)을 만드는 반면에 *Bam*HI 절단은 3개의 단편(컨티그 1-2, 3, 4)을 만드는 것에 주의하라.

하는 방법도 간혹 사용된다. 부분 절단에서는, DNA가 아주 짧은 시간 동안만 제한 효소로 처리되어 개별 효소에 의한 특정 인식 서열이 모두 잘리지 않도록 한다. 전체 염색체들을 제한 효소로 처리하면 수천 수백만 개의 겹치는 DNA 단편들이 만들어진다. 예를 들어, *Eco*RI 같이 6 bp를 인식하여 자르는 경우라면, 인간 유전체는 약 700,000개의 단편들로 분해될 것이다!

유전체학을 목적으로 개발된 가장 초기의 생물정보학적 응용 중 하나는 **DNA-서열 비교 배열(DNA-sequence alignment)**을 위한 알고리듬-기반 소프트웨어 프로그램이다. 여기서는 비슷한 서열들의 염기들이 비교를 위해 정렬된다. 비교 배열을 통해 과학자들은 겹치는 서열들을 찾아 그들을 하나의 염색체로 재구성할 수 있다.

이런 겹치는 단편들이 모여 한 염색체 내에 있는 하나의 연속적인 DNA 분자를 형성하게 되는데 이들을 **인접 단편(contiguous fragment)** 혹은 **컨티그(contig)**라고 부른다. 그림 21.2는 컨티그 배열과 인간의 2번 염색체 일부의 조립 사례를 보여준다. 단순히 하기 위해 이 그림은 각 컨티그들을 비교적 짧은 서열들로 나타냈지만, 이들은 실제로는 훨씬 더 길다. 이 그림은 또한 실제 배열에서는 조립된 서열들이 늘 그들의 말단에서만 겹치는 것은 아니라는 점에서 더 단순화되어 있다.

WGS 방법은 유전체 연구소(The Institute for Genome Research, TIGR)의 벤터(J. Craig Venter)와 그 동료들에 의해 개발되었다. 1995년, TIGR의 과학자들은 이 방법을 이용해 인플루엔자 세균(*Haemophilus influenzae*) 유전체인 1.83 Mbp를 서열화했다. 이것은 독립생활을 하는 비바이러스성 생물체로서는 최초로 서열화가 완료된 사례였으며, 샷건 서열화 방법이 전-유전체 서열화에 사용될 수 있음을 증명한 기회가 되었다. *H. influenzae*의 유전체가 서열화된 이후에도, 많은 과학자는 샷건 접근법이 진핵생물들의 유전체처럼 더 긴 것에도 적용될 수 있는지는 회의적이었다. 현재 WGS 접근법은 전체 유전체를 서열화하기 위한 주된 방법으로 사용된다.

대용량의 고출력 서열화와 유전체학에 미친 영향

하나의 유전체를 컨티그들로 자르는 것은 그다지 어렵지 않다; 그러나 WGS를 발전시키기 위해 극복해야 했던 주요 장애물은, 어떻게 적절한 시간 내에 비용 효율적인 방식으로 수백만 또는 수십억 개의 염기쌍을 서열화하느냐에 관한 것이었다. 이것은 인간 유전체 연구 사업(21.5절 참고)에서 작업하는 과학자들의 주요 도전 과제였다. 생어 서열화 방법(20장에서 논의)은 오랫동안 우세하게 사용된 서열화 기술이었다. 그러나 이 기술의 주

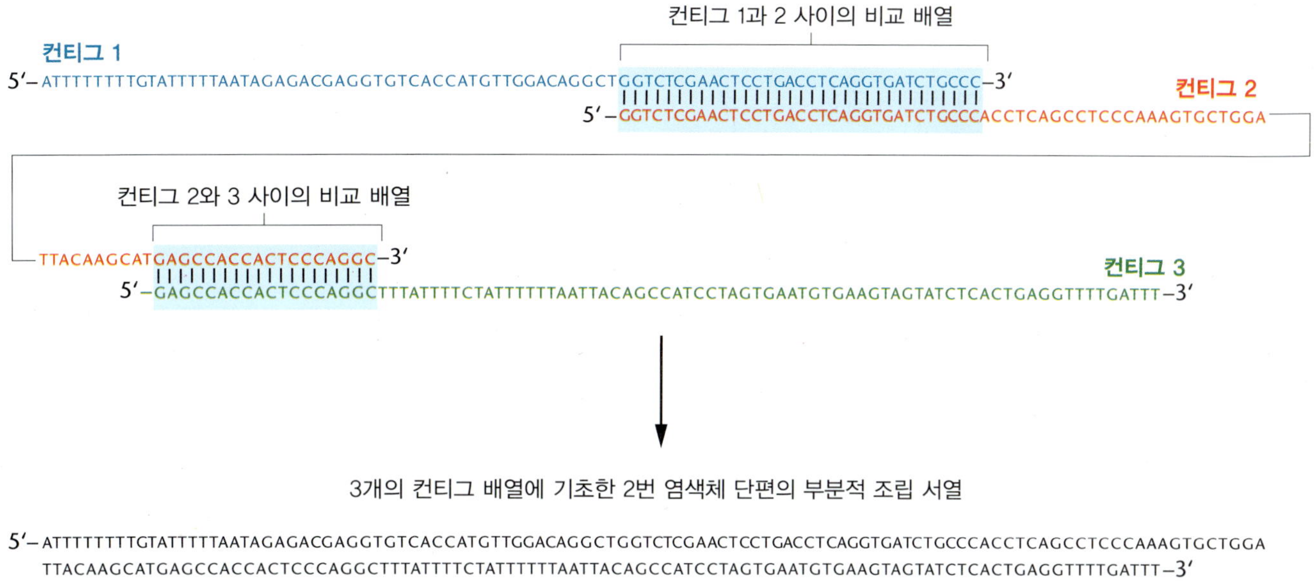

그림 21.2 인간의 2번 염색체에서 컨티그 DNA 서열들의 정렬. 인간의 2번 염색체에서 유래한 서로 다른 색(파랑, 빨강, 녹색)으로 표시된 3개의 컨티그가 단일 가닥의 DNA 서열로 배열되어 있다. 실제로 컨티그 배열에는 수천 염기쌍 길이의 조각들이 사용된다. 세 컨티그의 배열로 2번 염색체의 일부가 조립되었다. 특정 염색체에 대한 모든 컨티그가 배열되면 완전히 서열화 된 염색체의 조립이 가능해질 것이다.

요 한계점은, 아주 최상의 서열화 젤을 사용해도, 한 번의 가동에 수백 염기쌍 정도만 읽을 수 있으며, 하루에 몇 회 정도만 운영할 수 있다는 점이었다. 결과적으로, 서열화 자료의 전체 생산량은 현대적인 기술들과 비교해서 훨씬 느렸다. 분명히, 생어 방법으로 전체 유전체를 수동으로 서열화하려면 시간이 오래 걸릴 것이다. 유전체학을 가능하게 한 주요 기술적 혁신은 컴퓨터 자동화 서열분석기의 개발이었다.

소위 **대용량 고출력 서열화(high-throughput sequencing)**를 위해 고안된 초기의 컴퓨터-자동화 서열분석기 중 많은 것들은 하루에 수백만 개의 염기쌍을 처리할 수 있었다. 이 서열분석기들은 각각 수 피트 길이의 모세관 젤을 여러 개 포함하고 있다. 일부는 96개까지의 젤을 한 번에 운용할 수 있으며, 하나당 약 900 염기쌍의 서열을 생산한다. 이 서열분석기는 컴퓨터로 자동화되었기 하루 내내 200만 이상의 염기서열을 생성하면서 24시간 동안 작업이 가능했다.

지난 15년 동안 대용량 고출력의 서열화법은 DNA 서열화 기술의 생산성을 500배 이상 증가시켰다. 한 번의 반응으로 서열화할 수 있는 염기의 수는 약 24개월마다 두 배로 증가했다. 동시에 이러한 효율성 증가로 인해 염기쌍 당 서열화 비용은 약 $1.00에서 $0.001 미만으로 매우 감소했다. 21.5절에서 논의될 것처럼, 대용량 고출력 서열화의 개발은 인간 유전체 연구 사업(Human Genome Project, HGP)에 필수적이었다. 그리고 앞부분(20장 참고)에서 설명했듯이, 이제 차세대 및 3세대 서열화 장치들은 유전체학자가 2000년의 서열화 기기보다 50,000배 이상 더 빠른 서열화 장치를 만들어 더 큰 출력, 향상된 정확도 및 더 저렴한 비용으로 서열화를 할 수 있도록 해준다.

클론별 접근법

WGS가 널리 사용되기 전에는, 유전체가 **지도-기반 클로닝(map-based cloning)**이라고도 불리는 **클론별 접근법(clone-by-clone approach)**으로 조립되었다. 인간 유전체 연구 사업의 초기 진행은 이 방법에 기초하고 있었으며, 여기서는 제한 효소 분해로 얻은 개별 DNA 단편들이 염색체의 제한 지도를 생성하기 위해 비교 배열된다. 이 제한 단편들은 이후에 세균 인공 염색체(bacterial artificial chromosomes, BACs)나 효모 인공 염색체(yeast artificial chromosomes, YACs) 등의 벡터에 연결되어 컨티그들의 도서관을 만들게 된다. 앞부분(20장 참고)에서 BAC와 YAC이 커다란 DNA 조각을 클로닝하기에 좋은 복제용 벡터라고 했던 것을 기억할 것이다.

대용량 고출력의 서열화 방법의 개발 전에는, BAC와 YAC의 DNA 단편을 더 작고 조작하기 쉬운 조각들로 다시 더 잘라 플라스미드 같은 더 작은 벡터로 재클론화(subclone)하여 전체를 서열화할 수 있었다. 각각의 서열화된 단편들은 겹치는 부분이 있는지 보는 방식으로 분석되어 염색체가 조립될 수 있었다. 그러면 다음 절에 논의될 생물정보학적 접근들을 사용하여 단백질-암호화 유전자들이 있는지 찾을 수 있으며, 그들을 염색체 위의 자리에 배정할 수 있었다.

WGS와 비교하면, 클론별 접근법은 번잡하고 시간이 오래 걸리는 편인데, DNA 단편을 다른 벡터로 클로닝하여, 세균이나 효모를 형질전환하고, 서열화를 위해 도서관에서 개별 클론을 선택한 다음, 서열 분석을 수행하여 비교적 짧은 서열들로 조립을 하는 등에 시간이 필요하기 때문이다. WGS가 유전체를 조립하는 일상적인 방법이 됨에 따라, 지도 기반 클로닝 접근 방식은 거의 사용되지 않으며, 가끔 WGS 중에 발생하는 문제를 해결하기 위해서만 사용된다.

초안 서열들과 기준(참고) 유전체

마지막으로 최종 서열이 공개되기에 앞서 유전체의 초안 서열이 발표되는 것이 일반적이다. 그러나 최종 서열이란 무엇이며, 과학자들은 언제 서열화가 완료된 것으로 판정하는가? 초안 서열에는 여러 가지 이유로 분석하기 어려웠을 수 있는 공백 영역이 있는 경우가 많다. 어떤 서열을 최종 또는 **기준(참고) 유전체(reference genome)**로 정하는 결정은 연구자들이 여전히 존재한다고 가정하는 오류의 정도에 따라 결정된다. 따라서 기준 서열이라도 100% 정확한 것으로 간주되지는 않는다.

만약 유전체가 한 번만 서열화되면(1회 판독), 서열에 오류가 존재할 수 있다. 따라서 정확도를 높이기 위해서 유전체는 여러 번 서열화된다. 여러 번의 서열화 실험에서 최종적으로 기준 서열을 찾거나 조립하는 것을 **컴파일링**(*compiling*)이라고 한다. **커버리지**(*coverage*) 또는 서열화 정도(depth of sequencing)는, 여러 번의 판독으로부터 컴파일된 후 특정 뉴클레오타이드가 서열 내의 같은 위치에 나타나는 횟수를 나타낸다. 차세대 서열화 접근 방식은 “딥 시퀀싱(deep sequencing)” 방법으로 간주되는데, 이들이 하나의 서열을 매우 여러 번 읽을 수 있기 때문이다.

이제는 일반적인 서열화 실험 하나가 한 생물학적 시료(또는 생물체)의 각 염색체에서 얻어진 여러 다른 단편을 서열화하므로, 수십억 개의 읽기(판독)가 생성된다. 이러한 판독들이 정렬될 때, 여러 번의 판독 후 특정 뉴클레오타이드가 유전체 내의 특정 위치에 나타나면, 이 뉴클레오타이드가 올바른 서열의 뉴클레오타이드일 확률은, 여러 번의 판독 후에 다른 뉴클레오타이드가 나타나는 경우보다 높다.

예를 들어, 연구자들은 세균인 녹농균(*Pseudomonas aeruginosa*)의 유전체에 WGS를 적용하여 630만 개의 뉴클레오타이드를 7번 서열화하여 최종 서열이 정확한지 확인했다. 그러나 이러한 수준의 중복성에도 불구하고, 컴파일링 소프트웨어는 추가 설명이 필요한 1604개 영역을 찾아냈다. 그래서 이러한 영역들은 다시 분석되고 재서열화되었다. 마지막으로, 샷건 서열화의 관련 부분을, 기존 클로닝법으로 얻은 두 개의 광범위하게 분리된 유전체 영역의 서열과 비교했다. 클론별 방법으로 클로닝 및 서열화된 81,843개의 뉴클레오타이드는 WGS에서 얻은 서열과 완벽하게 일치했다.

일단 컴파일되면, 사용 가능한 가장 정확한 서열이라고 할 수 있는 기준 유전체에 대해 유전자 서열, 조절 요소 및 기타 중요한 정보를 드러내는 특징 등이 분석된다. 다음 절에서는 이런 과정에서 사용되는 생물정보학의 주요 역할에 대해 논의해 보기로 하자.

21.3 DNA 서열 분석은 생물정보학과 유전체 데이터베이스에 의존한다

유전자 구조, 유전자 서열과 발현, 그리고 단백질 구조와 기능 등에 관련된 자료들을 조직화, 공유, 그리고 분석하기 위해, 유전체학은 컴퓨터 하드웨어와 소프트웨어 및 수학적 응용을 사용하는 **생물정보학(bioinformatics)**의 빠른 발전을 요구했다. 그러나 전-유전체 서열화(WGS) 프로젝트들이 시작되기 전에도, 재조합 DNA 기술에 의한 유전자 클로닝의 결과로, 여러 생물종들로부터 얻어진 대량의 서열 정보들이 축적되고 있었다.

세계의 과학자들은 단백질과 DNA 서열로부터 최대의 정보들을 저장하고, 공유하며, 획득할 수 있도록 하는 데이터베이스가 필요했다. 따라서 생물정보학 소프트웨어가 이미 DNA 서열들을 비교 분석하고, 사적 혹은 공적 데이터베이스들을 만드는데 이용되고 있었다. 그러나 일단 유전체학이 DNA를 분석하기 위한 새로운 접근법으로 떠오르자, 생물정보학은 그전보다 훨씬 더 중요해졌다. 오늘날, 이것은 역동적 생물 연구 분야의 하나로서, 생물학적 자료에 대한 이해를 정보 기술, 수학, 그리고 통계적 분석과 융합시키는 데 관심을 가진 사람들에게 새로운 직업을 가질 기회를 제공하고 있다.

가장 흔히 생물정보학이 응용되는 분야는 다음과 같다:

- 컨티그 정렬이나 서로 다른 생물에서 얻은 자료를 비교하기 위한 DNA 서열들의 비교
- 유전체 DNA 서열에서 유전자를 찾기
- 프로모터와 인핸서 등의 유전자 조절 영역 찾기
- 염색체들의 텔로미어 서열 등 구조적 서열들의 규명
- 분리된 유전자 서열에서 암호화되는 잠정적인 폴리펩타이드의 아미노산 서열 예측하기
- 이미 규명된 단백질 영역 및 모티프들에 기초하여 단백질의 구조를 분석하고 기능을 예측하기
- 서열 정보에 기초하여 유전자와 생물들 사이의 진화적 관계 추론하기

고출력의 대용량 DNA 서열화 기술들은 인터넷 사용의 확대와 거의 동시에 발달했다. 유전체 자료들이 축적되면서, 온라인

에서 많은 DNA-서열 데이터베이스들을 자유롭게 사용할 수 있게 되었다. 데이터베이스들은 자료들을 모아서 보관하고 다른 연구자들 및 대중들과 공유하는 데 필수적이다. 가장 큰 유전체 데이터베이스 중 하나인 **젠뱅크(GenBank)**는 워싱턴 D.C.의 국립 생명공학 연구센터(National Center for Biotechnology Information, NCBI)에 의해 유지되며, 공개적 사용이 가능한 가장 큰 DNA 서열 데이터베이스이다. 젠뱅크는 일본과 유럽의 데이터베이스와 자료를 공유한다. 이것은 100,000종 이상에서 얻어진 2,200억 염기쌍의 서열 자료를 포함하고 있으며 대략 18개월마다 크기가 2배씩 증가하고 있다! NIH가 지원하는 인간 유전체 명명 위원회(The Human Genome Nomenclature Committee)는 새로 분리된 인간 유전자들에 이름과 기호를 부여하는 규칙을 만들었다. 서열이 밝혀지고 유전자들이 이름을 갖게 되면서, 젠뱅크에 저장된 각 서열들은 과학자들이 분석을 위해 그 서열을 다시 찾을 때 사용할 수 있는 **수납 번호(accession number)**와 함께 제공된다.

NCBI는 유전체 자료 분석을 위한 귀중한 공공 접근 데이터베이스이자 생물정보학 도구이다. 여러분은 이미 몇 번의 유전체학 탐구 연습을 통해 NCBI와 젠뱅크에 대해 공부했었다. 이 장의 유전체학 탐구에서는, NCBI와 젠뱅크를 이용하여 염색체 단편들을 조립하기 위해 컨티그들을 비교, 배열해보도록 할 것이다.

유전자 서열들을 식별하기 위한 설명(주석)

유전체학의 기본적 도전 중 하나는, 비록 유전체 프로젝트들이 엄청난 양의 DNA 서열 정보를 생산했음에도 불구하고, 이 자료들이 분석되고 해석될 때까지는 별로 쓸모가 없다는 점이다. 유전체 프로젝트들이 뉴클레오타이드 서열들을 쌓아놓으면, 과학자들은 그 서열들을 이해해야만 한다. 따라서 어떤 유전체가 서열화되고 모아져 편집되면, 과학자들은 유전체 내에서 유전자-조절 서열 및 기타 관심 서열들을 찾아 유전자 지도가 만들어질 수 있도록 해야 한다. 이 과정은 **주석달기(annotating)**라고 불리며, 생물정보학과 여러 가지 소프트웨어 도구들에 매우 의존적이다.

어떤 서열에 주석을 붙이기 위한 첫 접근법 중 하나는, 새로 서열화된 유전체 DNA를 다양한 데이터베이스들에 이미 저장되어 있던 기존의 알려진 서열과 비교해보는 것이다. NCBI는 **BLAST(Basic Local Alignment Search Tool)**에 대한 접근을 허용하는데, 이것은 DNA와 단백질 서열 자료 은행들을 탐색하는 매우 유명한 소프트웨어이다. BLAST를 이용하면, 유전체 DNA 단편을 젠뱅크 같은 주요 데이터베이스들의 서열들과 비교하여 기존의 서열들과 같거나 비슷한 부분을 찾아낼 수 있다.

그림 21.3은 BLAST 검색에 기초한 서열 비교 배열의 대표적 사례를 보여준다. 이것은 쥐(rat)의 12번 염색체에 있는 280

ref | NT_039455.6 | Mm8_39495_36
Mus musculus chromosome 8 genomic contig, strain C57BL/6J
Features in this part of subject sequence: insulin receptor
Score = 418 bits (226), Expect = 2e-114
Identities = 262/280 (93%), Gaps = 0/280 (0%)

```
Query  1       CAGGCCATCCCGAAAGCGAAGATCCCTTGAAGAGGTGGGCAATGTGACAGCCACTACACC  60
               ||||||||||||||||||||||||||||||||||||||| |||||||||||||| |||| 
Sbjct  174891  CAGGCCATCCCGAAAGCGAAGATCCCTTGAAGAGGTGGGGAATGTGACAGCCACCACACT  174832

Query  61      CACACTTCCAGATTTTCCCAACATCTCCTCCACCATCGCGCCCACAAGCCACGAAGAGCA  120
               ||||||||||||||| |||||| ||||||| ||||| | ||||||||| || || |||||
Sbjct  174831  CACACTTCCAGATTTCCCCAACGTCTCCTCTACCATTGTGCCCACAAGTCAGGAGGAGCA  174772

Query  121     CAGACCATTTGAGAAAGTAGTAAACAAGGAGTCACTTGTCATCTCTGGCCTGAGACACTT  180
               ||| |||||||||||||| || ||||||||||||||||||||||||||||||||||||||
Sbjct  174771  CAGGCCATTTGAGAAAGTGGTGAACAAGGAGTCACTTGTCATCTCTGGCCTGAGACACTT  174712

Query  181     CACTGGGTACCGCATTGAGCTGCAGGCATGCAATCAGGACTCCCCAGAAGAGAGGTGCAG  240
               |||||||||||||||||||||||||||||||||||| || |||||||| |||||||||||
Sbjct  174711  CACTGGGTACCGCATTGAGCTGCAGGCATGCAATCAAGATTCCCCAGATGAGAGGTGCAG  174652

Query  241     CGTGGCTGCCTACGTCAGTGCCCGGACCATGCCTGAAGGT  280
                |||||||||||||||||||||||||||||||||||||||
Sbjct  174651  TGTGGCTGCCTACGTCAGTGCCCGGACCATGCCTGAAGGT  174612
```

그림 21.3 BLAST 결과. 쥐(*Rattus norvegicus*)의 12번 염색체에서 280 염기쌍 ["의문(query)" 서열]이, 인슐린 수용체 유전자 일부를 포함하고 있는 생쥐(*Mus musculus*)의 8번 염색체 일부["비교(subject)" 서열]와 나란히 배열되어 있다. 세로 선들은 동일한 염기들을 나타낸다. 쥐의 컨티그 서열은 젠뱅크(GenBank)의 생쥐 데이터베이스를 탐색하기 위해 질문하는 의문 서열로 사용되었다. 두 서열이 93%의 서열 동일성을 나타냄에 주목하라. 이것은 쥐의 컨티그 서열이 인슐린 수용체 유전자를 포함한다는 강력한 증거가 된다.

bp 컨티그를 이용하여 생쥐(mouse) 데이터베이스를 탐색한 것으로, 쥐 컨티그의 서열이 생쥐에서 알려진 서열과 맞는 것이 있는지 결정하려는 것이다. 쥐의 컨티그(BLAST 탐색에서의 의문 서열)가 생쥐의 8번 염색체의 174,612~174,891 염기쌍들과 비교 배열되었음에 유의하라. 생쥐 염색체 서열의 수납 번호인 NT_039455.6가 그림 상단에 표시되어 있다. BLAST 탐색은 정렬된 서열 사이에서 일치하는 염기들의 합을 배열된 염기의 전체 수로 나눈 값인 **일치율(identity value)**을 계산한다. 두 서열 사이에서 빠져 있는 염기를 나타내는 틈(gap)들은 보통 유사성 점수를 계산할 때 무시된다. 정렬된 쥐와 생쥐의 서열들은 93% 똑같으며 서열 내에 틈도 보이지 않았다.

BLAST 보고서는 우연에 의해 데이터베이스의 서열과 일치할 수 있는 서열의 수를 기반으로 하는 "예상"값 또는 **E-값(E-value)**도 제공한다. E-값은 의문의 서열이 가진 길이를 고려한 것이다. 더 짧은 길의 서열일수록 더 긴 서열보다 데이터베이스에서 우연히 해당 서열이 존재할 가능성이 커진다. 더 작은 E-값일수록(0에 가까울수록) 일치도의 신빙성이 커진다. 1.0보다 훨씬 작은 E-값을 가지는 DNA 서열들은 상당히 비슷한 것으로 간주된다.

생쥐 8번 염색체의 이 서열은 인슐린 수용체 유전자(호르몬인 인슐린에 결합하는 단백질을 암호화하는)를 포함하고 있는 것으로 알려져 있기 때문에, 쥐의 컨티그 서열 역시 인슐린 수용체 유전자를 포함하고 있을 가능성이 크다. 21.4절과 21.7절에서는 유사성이라는 주제로 다시 돌아와, 비교 유전체학을 통해 유전자 서열들 사이에 존재하는 어느 정도의 유사성이 기능을 유추하고 진화적으로 연관된 유전자임을 밝히는 데 사용될 수 있는지에 대해 논의할 것이다.

주석 달기 과정에서는 유전자 서열의 독특한 특징들이 인식될 수 있다

주석을 달기 위한 BLAST 검색의 주요 한계는, 유사한 유전자 서열이 이미 데이터베이스에 있는 경우에만 작동한다는 것이다. 다행스럽게도, BLAST가 유전자를 찾는 유일한 방법은 아니다. 연구 중인 유전체가 진핵생물의 것이든 세균의 것이든, 유전자들에는 몇 가지 특징이 존재하며, 이런 특징들은 탐색 요소들을 포함하는 생물정보학 소프트웨어들을 이용하여 유전자 서열들에서 발견될 수 있다(그림 21.4). 우리는 교재 앞부분에서 "전형적"인 유전자의 이러한 많은 특징에 대해 논의했었다(13장과 17장 참고).

예를 들어, 유전자들의 상류에서 발견되는 유전자-조절 서열들은, 프로모터, 인핸서, 그리고 사일런서 등과 같은 규명 가능한 서열들에 의해 드러난다. 앞에서(17장 참고) 우리는 TATA 박스, GC 박스, 그리고 CAAT 박스 서열들이 종종 진핵생물 유전자들의 프로모터 영역들에 존재한다고 배웠다.

또한 **엑손(exon)**과 **인트론(intron)** 사이의 스플라이스 자리들 역시 예상이 가능한 서열(대부분의 인트론은 CT로 시작하고 AG로 끝난다)을 포함하며, 그런 스플라이스 자리 서열들은 인트론과 엑손의 경계를 결정하는 데 중요하다고 했었음을 기억할 것이다. 세균 유전자에 주석을 붙이는 작업은, 이들이 인트론을 가지지 않으므로 진핵성 유전자들에서보다 조금 더 쉬울 수 있다.

유전자 말단에 있는 종결 서열들과, 폴리아데닐화 서열처럼 mRNA 전사체의 3′ 말단에 폴리-A 꼬리를 추가하도록 하는 잘 알려진 서열 등의 하류 요소들 역시 주석 작업에서 중요한 요소들이다.

유전자 예측 프로그램들이 서열의 주석 작업에 사용된다. 이런 프로그램들은 그림 21.4에 표시된 많은 특징에 대한 탐색 요소를 통합시켜 생물정보학에서 중요한 응용 프로그램이 되었다. 그러나 생물정보학을 사용하더라도 특정 DNA 서열에서 유전자를 찾는 것이 항상 일사천리로 되는 것은 아니며, 특히 단백질을 암호화하지 않는 유전자를 연구할 때는 더 어렵다. 사실 유전체 서열화를 할 때마다 "유전자는 어디에 있지?"라는 질문은 당연하다. 즉, 유전체의 어떤 서열이 유전자이고 또 어떤 서열이 유전자가 아닌지는 어떻게 알 수 있겠는가?

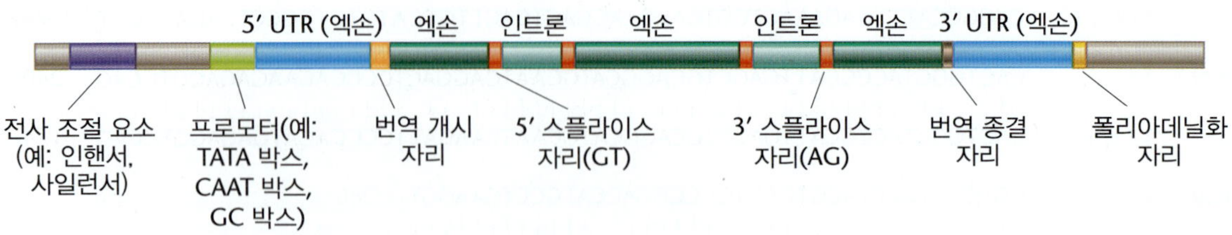

그림 21.4 단백질 암호화 유전자의 특성들. 이들은 미지의 유전체 DNA 서열에서 유전자를 발견하기 위한 주석 작업에 사용될 수 있다. 대부분의 진핵성 유전자들은 암호화 분절들(엑손들)과 비암호화 분절들(인트론들)로 구성되어 있다. 유전체 서열이 유전자를 가지고 있는지를 결정하기 위해 주석 달기 작업을 할 때는, 인트론과 엑손 사이를 구분하고, 프로모터와 인핸서, 비번역 영역들(UTRs), 그리고 유전자 종결 서열 등의 유전자-조절 서열들을 구분해야 할 필요가 있다.

그림 21.5(a)에 제시된 서열을 생각해 보자. 이것은 인간 유전체의 일부를 보여준다. 그냥 봐서는, 이 서열에 유전자가 포함되어 있는지, 포함되어 있다면 얼마나 포함되어 있는지 명확하지 않다. 그러나 서열 분석으로 단백질 암호화 유전자의 존재에 대한 단서를 제공하는 특성들(위의 설명과 그림 21.4에 제시된 것과 같은)이 드러날 수 있다. 또한 단백질 암호화 유전자는 전사 및 mRNA 스플라이싱 후에 단백질의 아미노산 서열로 번역되는 뉴클레오타이드 서열인 열린 번역틀(ORF)을 하나 이상 포함한다.

ORF들은 전형적으로 개시 서열(보통 ATG로 mRNA 분자에서는 AUG 개시 코돈으로 전사된다)로 시작하여 종결 서열(TAA, TAG, TGA로, mRNA의 UAA, UAG 및 UGA인 종결 코돈에 해당한다)로 끝난다. 유전정보는 3개의 뉴클레오타이드(트리플렛) 묶음으로 암호화되지만, 첫째, 둘째, 혹은 셋째 뉴클레오타이드 중 어디에서 시작할지가 항상 명확한 것은 아니다. 일반적으로, 프로모터에 인접한 서열이 시작(개시) 트리플렛일지 검사된다; 그러나 ORF는 프로모터 서열이 명확하지 않은 경우에도 유전자를 확인하는 데 사용할 수 있다. 소프트웨어 프로그램은 ORF들을 한 번에 세 뉴클레오타이드씩 분석할 수 있다. ATG로 시작해 일정 거리에서 종결 서열이 나오는 ORF의 발견은, 일반적으로 유전자의 암호화 영역을 발견하는 좋은 표식이 된다.

진핵성 유전체(인간 유전체를 포함하여)에서 유전자들이 구성되는 방식은, 바로 ORF들을 탐색하는 것을 원핵성 유전체에서보다 더 어렵게 만든다. 우선, 많은 진핵성 유전자들이 인트론을 가진다. 결과적으로, 대부분은 아니라고 해도, 많은 진핵성 유전자들이 연속적인 ORF로 구성되지 않는다; 대신, ORF(엑손들)을 구성하는 유전자 서열이 인트론들 사이에 있게 된다. 둘째, 인간 및 다른 진핵생물들의 유전자들은 종종 아주 멀리 떨어져 있어서 유전자 무리들 사이의 영역에서 잘못된 ORF들을 발견할 확률이 증가하게 된다.

이제 그림 21.5(a)의 서열을 다시 살펴보자. 여기 선택된 서열은 NM_000518.4 인간 헤모글로빈 소단위 베타(HBB)의 mRNA 양성 가닥(비주형 가닥)이다. 사실, 주석을 보면 이 서열이 단백질 암호화 유전자를 포함하고 있음을 쉽게 알 수 있는 표식들을 발견할 수 있다: 이 서열은 프로모터 서열, 개시 삼중자, 그리고 3개의 엑손을 포함한다[그림 21.5(b)]. 엑손들 사이의 그림자 없는 두 영역은 mRNA가 가공될 때 전사체로부터 잘려 나갈 인트론을 나타낸다. 이 서열을 유전체 데이터베이스의 의문 서열로 사용하면, 인간의 β-글로빈 유전자라는 단일 유전자 부분이라고 나타날 것이다.

진핵성 유전체의 ORF 분석을 위해 고안된 소프트웨어는 매

(a)

gagccacacc	ctagggttgg	ccaatctact	cccaggagca	gggagggcag	gagccagggc
tgggcataaa	agtcagggca	gagccatcta	ttgcttacat	ttgcttctga	cacaactgtg
ttcactagca	acctcaaaca	gacaccatgg	tgcacctgac	tcctgaggag	aagtctgccg
ttactgccct	gtggggcaag	gtgaacgtgg	atgaagttgg	tggtgaggcc	ctgggcaggt
tggtatcaag	gttacaagac	aggtttaagg	agaccaatag	aaactgggca	tgtggagaca
gagaagactc	ttgggtttct	gataggcact	gactctctct	gcctattggt	ctattttccc
acccttaggc	tgctggtggt	ctacccttgg	acccagaggt	tctttgagtc	ctttggggat
ctgtccactc	ctgatgctgt	tatgggcaac	cctaaggtga	aggctcatgg	caagaaagtg
ctcggtgcct	ttagtgatgg	cctggctcac	ctggacaacc	tcaagggcac	ctttgccaca
ctgagtgagc	tgcactgtga	caagctgcac	gtggatcctg	agaacttcag	ggtgagtcta
tgggaccctt	gatgttttct	ttccccttct	tttctatggt	taagttcatg	tcataggaag
gggagaagta	acagggtaca	gtttagaatg	ggaaacagac	gaatgattgc	atcagtgtgg
aagtctcagg	atcgttttag	tttcttttat	ttgctgttca	taacaattgt	tttcttttgt
ttaattcttg	ctttcttttt	ttttcttctc	cgcaattttt	actattatac	ttaatgcctt
aacattgtgt	ataacaaaag	gaaatatctc	tgagatacat	taagtaactt	aaaaaaaaac
tttacacagt	ctgcctagta	cattactatt	tggaatatat	gtgtgcttat	ttgcatattc
ataatctccc	tactttattt	tcttttattt	ttaattgata	cataatcatt	atacatattt
atgggttaaa	gtgtaatgtt	ttaatatgtg	tacacatatt	gaccaaatca	gggtaatttt
gcatttgtaa	ttttaaaaaa	tgctttcttc	ttttaatata	cttttttgtt	tatcttattt
ctaatacttt	ccctaatctc	tttctttcag	ggcaataatg	atacaatgta	tcatgcctct
ttgcaccatt	ctaaagaata	acagtgataa	tttctgggtt	aaggcaatag	caatatttct
gcatataaat	atttctgcat	ataaattgta	actgatgtaa	gaggtttcat	attgctaata
gcagctacaa	tccagctacc	attctgcttt	tattttatgg	ttgggataag	gctggattat
tctgagtcca	agctaggccc	ttttgctaat	catgttcata	cctcttatct	tcctcccaca
gctcctgggc	aacgtgctgg	tctgtgtgct	ggcccatcac	tttggcaaag	aattcacccc
accagtgcag	gctgcctatc	agaaagtggt	ggctggtgtg	gctaatgccc	tggcccacaa
gtatcactaa	gctcgctttc	ttgctgtcca	atttctatta	aaggttcctt	tgttccctaa
gtccaactac	taaactgggg	gatattatga	agggccttga	gcatctggat	tctgcctaat
aaaaaacatt	tattttcatt	gcaatgatgt	atttaaatta	tttctgaata	ttttactaaa

(b)

gagccacacc	ctagggttgg	ccaatctact	cccaggagca	gggagggcag	gagccagggc	
tgggcataaa	agtcagggca	gagccatcta	ttgcttacat	ttgcttctga	cacaactgtg	
ttcactagca	acctcaaaca	gacaccatgg	tgcacctgac	tcctgaggag	aagtctgccg	엑손 1
ttactgccct	gtggggcaag	gtgaacgtgg	atgaagttgg	tggtgaggcc	ctgggcaggt	
tggtatcaag	gttacaagac	aggtttaagg	agaccaatag	aaactgggca	tgtggagaca	
gagaagactc	ttgggtttct	gataggcact	gactctctct	gcctattggt	ctattttccc	
acccttaggc	tgctggtggt	ctacccttgg	acccagaggt	tctttgagtc	ctttggggat	
ctgtccactc	ctgatgctgt	tatgggcaac	cctaaggtga	aggctcatgg	caagaaagtg	엑손 2
ctcggtgcct	ttagtgatgg	cctggctcac	ctggacaacc	tcaagggcac	ctttgccaca	
ctgagtgagc	tgcactgtga	caagctgcac	gtggatcctg	agaacttcag	ggtgagtcta	
tgggaccctt	gatgttttct	ttccccttct	tttctatggt	taagttcatg	tcataggaag	
gggagaagta	acagggtaca	gtttagaatg	ggaaacagac	gaatgattgc	atcagtgtgg	
aagtctcagg	atcgttttag	tttcttttat	ttgctgttca	taacaattgt	tttcttttgt	
ttaattcttg	ctttcttttt	ttttcttctc	cgcaattttt	actattatac	ttaatgcctt	
aacattgtgt	ataacaaaag	gaaatatctc	tgagatacat	taagtaactt	aaaaaaaaac	
tttacacagt	ctgcctagta	cattactatt	tggaatatat	gtgtgcttat	ttgcatattc	
ataatctccc	tactttattt	tcttttattt	ttaattgata	cataatcatt	atacatattt	
atgggttaaa	gtgtaatgtt	ttaatatgtg	tacacatatt	gaccaaatca	gggtaatttt	
gcatttgtaa	ttttaaaaaa	tgctttcttc	ttttaatata	cttttttgtt	tatcttattt	
ctaatacttt	ccctaatctc	tttctttcag	ggcaataatg	atacaatgta	tcatgcctct	
ttgcaccatt	ctaaagaata	acagtgataa	tttctgggtt	aaggcaatag	caatatttct	
gcatataaat	atttctgcat	ataaattgta	actgatgtaa	gaggtttcat	attgctaata	
gcagctacaa	tccagctacc	attctgcttt	tattttatgg	ttgggataag	gctggattat	
tctgagtcca	agctaggccc	ttttgctaat	catgttcata	cctcttatct	tcctcccaca	
gctcctgggc	aacgtgctgg	tctgtgtgct	ggcccatcac	tttggcaaag	aattcacccc	
accagtgcag	gctgcctatc	agaaagtggt	ggctggtgtg	gctaatgccc	tggcccacaa	엑손 3
gtatcactaa	gctcgctttc	ttgctgtcca	atttctatta	aaggttcctt	tgttccctaa	
gtccaactac	taaactgggg	gatattatga	agggccttga	gcatctggat	tctgcctaat	
aaaaaacatt	tattttcatt	gcaatgatgt	atttaaatta	tttctgaata	ttttactaaa	

(c)

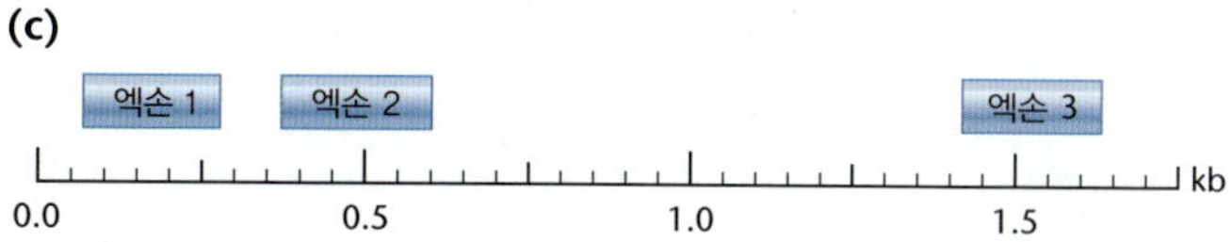

그림 21.5 인간 β-글로빈 유전자의 일부를 포함하는 cDNA 서열의 주석. 실제로는 서열이 연속적이지만, 관례상 서열은 10개의 뉴클레오타이드 그룹으로 표시된다. (a) 이 서열에서 유전자의 위치는 언뜻 보는 것으로는 쉽게 알 수 없다. (b) 프로모터 서열(녹색)의 위치를 보여주는 분석된 서열. 유전자의 3개 엑손에 대한 열린 번역틀은 파란색으로 표시되었다. (c) (a)와 (b)의 서열에 의해 암호화된 인간 β-글로빈 유전자의 3개의 엑손을 도식적으로 표현한 것.

우 유용하다. 종종 그런 프로그램들은 서열화된 유전체에서 가능한 단백질-암호화 유전자들의 수를 추정할 때, 모든 ORF들(ORFeome)을 계산하여 예측하는 데 사용된다. 따라서 주석은 유전체에 의해 암호화된 단백질의 수를 예측하는 데 사용될 수 있다. 이미 언급한 특징 외에도, 이러한 소프트웨어는 유전자에 의해 암호화된 폴리펩타이드를 예측하는 방식으로, ORF를 가능한 폴리펩타이드 서열로 "번역"하는 데 사용될 수도 있다. 예를 들어, **그림 21.6**은 인간의 튜불린 α-3c 유전자(*TUBA3C*)의 첫 번째 엑손에 대한 부분 서열을 보여준다. 예측 프로그램은 유전체 DNA의 두 가닥 모두에서 5′에서 3′ 방향으로 가능한 ORF들을 검색하여 각 방향에서의 가능한 번역틀을 예측해 준다. 그림 21.6은 관심 서열에서 찾은 6개의 가능한 번역 틀을 보여준다. 아미노산은 각 자리에서 단일 문자 암호로 표시된다. 6개의 번역 틀 각각에 대해 매우 다른 결과가 나옴에 주목하라. 예를 들어, 5′→3′ 방향의 ORF1은 아미노산들 사이에 흩어져 있는 여러 개의 종결 코돈들을 가지지만, 개시 코돈의 증거인 메티오닌 잔기가 없다. 다른 ORF들은 기능적인 폴리펩타이드를 생산한다고 보기에는 너무 많은 메티오닌을 포함한다. *TUBA3C*의 엑손으로, 5′→3′ 방향의 ORF2가 올바른 번역 틀이지만, 이것은 오직 서열에 기초한 시각적 검사 혹은 단순히 생물정보학을 통한 것이라서 확실한 것은 아닐 수 있다. 이 번역 틀이 올바르다는 것은 실험적 방법으로 확정되었는데, 이것은 생물정보학이 가능한 ORF들을 예측할 때라도 반드시 필요한 것이다.

(a) *Homo sapiens TUBA3C* (bp 1–300)

1 ggttgaggtcaagtagtagcgttgggctgcggcagcggaggagctcaacatgcgtgagtg
61 tatctctatccacgtggggcaggcaggagtccagatcggcaatgcctgctgggaactgta
121 ctgcctggaacatggaattcagcccgatggtcagatgccaagtgataaaaccattggtgg
181 tggggacgactccttcaacacgttcttcagtgagactggagctggcaagcacgtgcccag
241 agcagtgtttgtggacctggagcccactgtggtcgatgaagtgcgcacaggaacctatag (300)

(b) 예상되는 폴리펩타이드

5' to 3' Frame 1
G **Stop** G Q V V A L G C G S G G A Q H A **Stop** V Y L Y P R G A G R S P D R Q C L L G
T V L P G T W N S A R W S D A K **Stop** **Stop** N H W W W G R L L Q H V L Q **Stop** D W
S W Q A R A Q S S V C G P G A H C G R **Stop** S A H R N L **Stop**
5' to 3' Frame 2
V E V K **Stop** **Stop** R W A A A A E E L N **Met** R E C I S I H V G Q A G V Q I G N A C W
E L Y C L E H G I Q P D G Q **Met** P S D K T I G G G D D S F N T F F S E T G A G K H V
P R A V F V D L E P T V V D E V R T G T Y
5' to 3' Frame 3
L R S S S S V G L R Q R R S S T C V S V S L S T W G R Q E S R S A **Met** P A G N C T A
W N **Met** E F S P **Met** V R C Q V I K P L V V G T T P S T R S S V R L E L A S T C P E Q C
L W T W S P L W S **Met** K C A Q E P I
3' to 5' Frame 1
L **Stop** V P V R T S S T T V G S R S T N T A L G T C L P A P V S L K N V L K E S S P P P
Met V L S L G I **Stop** P S G **Stop** I P C S R Q Y S S Q Q A L P I W T P A C P T W I E I H
S R **Met** L S S S A A A A Q R Y Y L T S T
3' to 5' Frame 2
Y R F L C A L H R P Q W A P G P Q T L L W A R A C Q L Q S H **Stop** R T C **Stop** R S R P
H H Q W F Y H L A S D H R A E F H V P G S T V P S R H C R S G L L P A P R G **Stop** R Y
T H A C **Stop** A P P L P Q P N A T T **Stop** P Q
3' to 5' Frame 3
I G S C A H F I D H S G L Q V H K H C S G H V L A S S S L T E E R V E G V V P T T N G
F I T W H L T I G L N S **Met** F Q A V Q F P A G I A D L D S C L P H V D R D T L T H V E
L L R C R S P T L L L D L N

그림 21.6 인간의 *TUBA3C* 유전자의 잠정적 ORF들로부터 번역되는 예상 폴리펩타이드 서열들. 비-암호성(양성) 가닥에서 유래한 것이다. (a) 인간 *TUBA3C* 유전자의 1번 엑손 내 1~300번째 뉴클레오타이드 서열. (b) 번역 프로그램은 이 엑손에서 6개의 가능한 폴리펩타이드 서열을 예측한다. 어떤 예상 서열이 맞는 것인가?

참고: 메티오닌은 세 문자의 아미노산 암호(Met)를 사용하여 강조되어 있다.

예측 프로그램은 또한, **코돈 편향(codon bias)**을 검색할 수 있는데, 이것은 다수의 코돈들에 의해 지정될 수 있는 아미노산에 하나 또는 두 개의 코돈이 더 자주 사용되는 것을 말한다. 예를 들어, 알라닌은 GCA, GCT, GCC, 그리고 GCG로 지정될 수 있다. 코돈이 무작위로 사용된다면, 각각은 정해진 시간의 25%에서 사용될 것이다. 그러나 인간 유전체에서 GCC는 41%, GCG는 11%의 시간에서만 사용된다. 코돈 편향은 엑손에 존재하지만, 인트론이나 유전자 사이 서열에는 존재하지 않아야 한다.

풀어보기

21.1 그레고리 등(Gregory, S.G. et al., *Nature*, 441:315–21, 2006)은 인간의 1번 염색체에서, 진정 염색질 영역의 99.4%를 차지하는 서열로부터 3141개의 유전자들을 찾아냈다.

(a) 단순한 DNA의 염기서열에서 어떻게 유전자를 찾을 수 있는가?

(b) 유전체의 어떤 특징들이 잠정적으로 유전자를 지정하는 데 사용되는가?

(c) 1번 염색체가 인간 유전체의 약 8%를 포함하고, 약 20,000개의 유전자들이 존재한다고 가정하면, 1번 염색체는 유전자가 많다("gene rich")고 생각할 수 있는가?

■ **힌트:** 이 문제는 DNA 서열에서 어떻게 잠재적 유전자 서열들이 발견될 수 있는지를 결정하기 위한 생물정보학과 유전자 주석달기 방법에 대한 기초적인 이해를 묻고 있다.

21.4 기능 유전체학은 유전자의 기능을 밝히고 유전체 내의 조절 요소들을 찾아낸다

기능 유전체학(functional genomics)은 DNA 서열을 해석하여, 유전자로부터 생기는 RNA나 혹은 그것이 암호화하는 단백질들에 기초하여 유전자 기능을 밝히며, 유전자-조절 요소들 같은 유전체의 다른 성분들도 찾아낸다. 기능 유전체학은 또한 계산된 예측(단백질 암호화 유전자의 수 같은)을 확인하거나 반박하기 위한 실험적 접근도 포함한다.

서열 분석을 통한 유전자와 단백질 기능의 예측

유전자들의 기능을 지정하기 위한 한 가지 방법은 앞의 절에서 설명한 **서열 유사성 탐색**(*sequence similarity search*)을 이용하는 것이다. BLAST 같은 프로그램들은 새로 서열화된 유전체들과 이미 밝혀져 있는 유전자들 사이에서 같이 정렬되는 부분이 있는지, 혹은 서로 다른 생물종들 사이나 같은 종 내에서 그러한 부분이 있는지 탐색한다. 여러분은 어떻게 생쥐 유전자와의 유사성이 쥐의 컨티그에서 인슐린 수용체 유전자를 찾을 때 사용될 수 있는지를 보여주는 그림 21.3에서 유전자 기능을 예측하는 이런 방법에 대해 배웠었다. 서열 유사성 탐색으로 유전자 기능을 추정하는 것은, 비교적 단순한 아이디어에 기초한다. 만약 유전체 서열이 그 기능이 알려져 있는 유전자의 서열과 통계적으로 매우 유사함을 보인다면, 그 유전체 서열도 비슷하거나 연관된 기능을 가진 단백질을 암호화할 가능성이 크다는 것이다.

유사성 탐색의 또 다른 장점은 이것이 종종 진화적으로 연관되어 있는 유전자들인 **상동 유전자(homologous gene)**를 찾을 수 있게 해준다는 것이다.

같은 생물종의 상동 유전자들은 **종내상동체(paralog; 패럴로그)**들로 불린다. 예를 들어, 글로빈 유전자 패밀리에서, 인간의 알파- 및 베타-글로빈 소단위들은 유전자 중복 사건에 의해 생겨난 종내상동체들이다. 이들은 종종 기능이 유사하거나 같다.

만약 서로 다른 생물종의 상동 유전자들이 공통 조상의 유전자로부터 기인한 것으로 생각된다면, 그 유전자들은 **종간상동체(ortholog; 오르쏘로그)**들이다. 인간 유전체가 서열화된 후, 그 안에 있는 많은 ORF들은 다른 종에서 알려진 기능의 관련 유전자와의 정렬을 기반으로 단백질 암호화 유전자로 확인되었다. 한 가지 예가 렙틴(leptin) 유전자인데, 이것은 생쥐에서 처음 발견되었으며 나중에 인간에서도 확인되었다. 그림 21.7은 인간의 렙틴 유전자(*LEP*)와 생쥐의 렙틴 유전자(*Lep*) 일부분을 비교한 것으로, 서열의 85% 이상이 동일하다. 두 서열 사이의 이러한 긴밀한 상응은 인간 DNA의 렙틴 암호화 기능을 확인시켜주었으며, 그에 따라 인간 *LEP* 유전자가 밝혀질 수 있었다.

흥미롭게도, 렙틴 유전자(생쥐에서 렙틴의 경우 *Lep*으로도 불림)는 지방 세포(adipocytes)에서 높게 발현된다. 이 유전자는 단백질 호르몬인 렙틴(leptin)을 생산하는데, 이것은 뇌의 세포들을 자극하여 식욕을 억제한다. 기능적 *Lep* 유전자가 파괴된 녹아웃 생쥐는 심하게 과체중이 된다[그림 20.18(b) 참고]. 인간 유전자인 *LEP*에 특정 돌연변이가 있는 소수의 사람들에게서도 유사한 표현형이 관찰되었다. 체중이 단일 유전자에 의해 조절되는 것은 아니라는 점에 주목하는 것이 중요하지만, 렙틴의 발견은 인간의 지질 대사와 체중 문제에 대한 중요한 통찰을 제공했다.

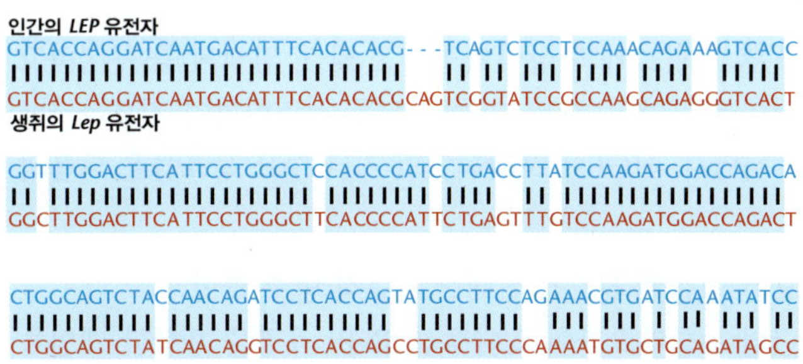

그림 21.7 인간의 *LEP* 유전자와 생쥐 *Lep* 유전자의 비교. 인간의 *LEP* 유전자는 위에, 생쥐의 *Lep* 유전자는 아래에 있으며, 이 상동유전자들의 일부 서열들만 제시되어 있다. 세로 선으로 표시된 동일한 뉴클레오타이드의 수로부터 이 두 유전자의 뉴클레오타이드 서열이 매우 유사함을 알 수 있다.

단백질 영역과 모티프들에 대한 구조 분석과 기능의 예측

유전자 서열이 폴리펩타이드 서열을 예측하는 데 사용될 때는, 폴리펩타이드 서열은 특정 구조적 영역 및 모티프들을 갖는지에 대해 분석할 수 있다. 이온 통로, 막 관통 영역, DNA 결합 영역, 그리고 분비와 배출 신호 등, 한 DNA 서열에 의해 암호화되는 폴리펩타이드의 기능적인 측면을 나타내는 **단백질 영역(protein domain)**들이 규명되면 이것은 다시 단백질 기능의 예측에 사용될 수 있다. 예를 들어, 교재 앞부분(17장 참고)에서는 많은 DNA 결합 단백질의 구조가 나선-회전-나선, 류신 지퍼 또는 아연 손가락 모티프와 같은 특징적인 패턴 또는 **모티프(motif)**를 가지고 있음을 살펴보았었다. 이런 모티프들은 종종 생물정보학 소프트웨어를 사용하여 쉽게 검색될 수 있으며, 서열에서 이들을 찾는 것은 단백질의 가능한 기능을 추론하기 위한 일반적인 전략으로 사용된다.

연구자들은 유전체 기능과 조절을 탐색하기 위해 염색질 면역침강 등의 유전체 기술들을 사용한다

이 장과 교재 후반부(22장 참고)에서는 기능 유전체학 연구에 유용한 다양한 유전체학 기술들을 고려할 것이다. 여기에는 단백질-DNA 상호작용을 찾기 위해 고안된 다양한 방법들이 포함되는데, 이 방법들은 DNA-결합성 전사인자들에 의해 조절되는 유전자를 찾는 데도 유용하다. 교재의 앞(13장 참고)에서는, 전사 인자들이 유전자 근처의 특정 유전체 서열에 결합하여 RNA 중합효소에 의한 전사 개시를 돕는다는 사실을 살펴보았었다. **염색질 면역 침강(chromatin immunoprecipitation, ChIP)**이라고 불리는 한 가지 기법을 예로 들어 보자(그림 21.8). ChIP에는 다양한 접근 방법이 있지만, 이 방법의 최종 결과는 DNA 결합 단백질에 부착된 DNA 조각을 회수하는 것이다. 그러면 연구자는 면역 침전된 DNA 단편을 항체/단백질 복합체에서 제거하여 정제할 수 있다.

이렇게 침전된 DNA 단편을 분석하기 위한 몇 가지 선택 방법들이 있다. 그림 21.8은 ChIP 서열화(*ChIP sequencing*) 또는

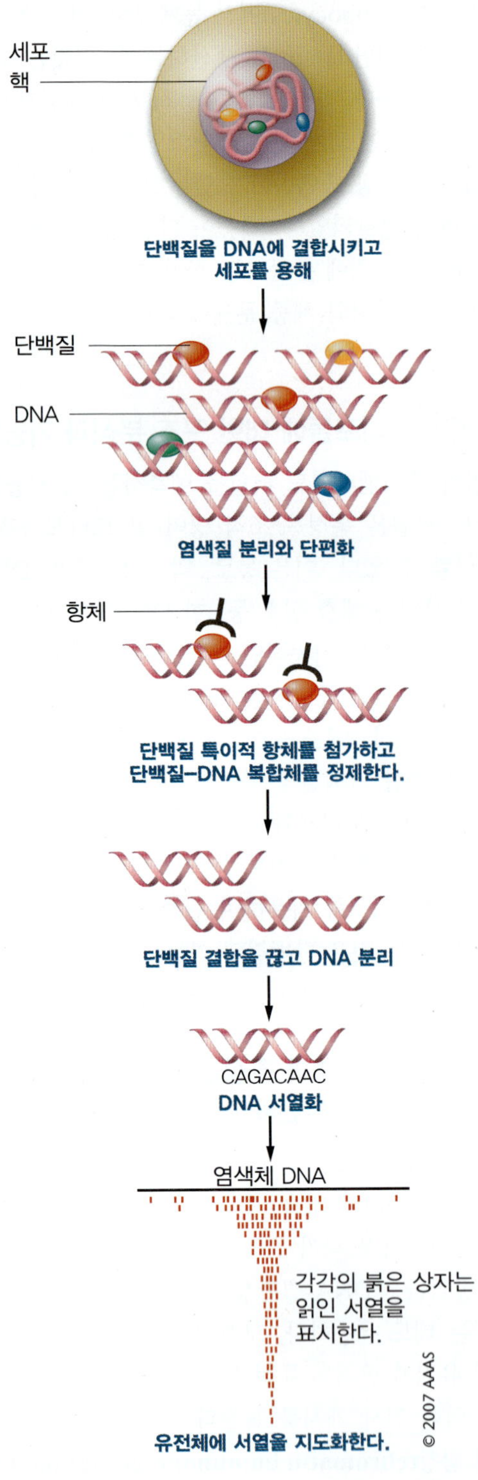

그림 21.8 ChIPSeq 방법은 전 유전체에서 특정 전사 인자 결합 부위를 검색한다. 이 방법에서는 포름알데히드를 조직이나 배양 세포에 첨가하여 현재 염색질에 부착되어 있는 DNA 결합 단백질을 가교-결합시킨다. 그런 다음 염색질이 세포에서 추출되어 작은 조각으로 절단된다. 전사 인자처럼 특정 DNA에 결합하는 관심 단백질(proteins of interest, POI)을 인식하는 항체가 혼합물에 추가되어 POI에 부착한다. 그런 다음 항체는 단백질-DNA 단편과 함께 원심분리에 의해 혼합물에서 분리된다(면역침전). 면역 침전된 DNA 단편은 가교 결합 단백질과 부착 항체에서 분리된 다음 서열화된다. 서열 자료는 POI에 대한 DNA 결합 자리를 나타내며 이러한 서열은 유전체의 특정 위치로 지도화될 수 있다.

간단히 *ChIPSeq*라는 접근 방식을 구체적으로 보여준다. 여기서 단편들은 고출력-대용량 방법에 의해 직접 서열화된다. 이를 통해 연구자들은 전체 유전체를 대상으로, 전사 인자, 히스톤 관련 단백질, 그리고 염색질 구조에 관여하는 여러 단백질과 같은 단백질들의 결합 부위를 찾을 수 있다.

21.5 인간 유전체 연구 사업은 인간 유전체 구성의 여러 가지 중요한 측면을 드러냈다

이제 유전체 분석에 사용되는 기본 전략에 대한 개요를 습득했으니, 지금까지 완료된 가장 큰 유전체학 프로젝트에 대해 살펴보도록 하자. **인간 유전체 연구 사업(Human Genome Project, HGP)**은 인간 유전체의 서열을 결정하고 그 안에 포함된 유전자들을 모두 밝히려는 국제적인 협력 사업이었다. 그것은 많은 양의 정보를 생성했으며, 그중 많은 부분은 여전히 분석되고 해석되는 중이다. 서열화된 모든 종류의 유전체를 바탕으로, 이미 분명해진 것은 인간 및 다른 모든 종은 세포 기능과 번식에 필수적인 공통 유전자 세트를 공유하며, 모든 살아 있는 생물들이 공통 조상에서 발생했음을 확인했다는 점이다.

연구 사업의 시작

공공 기금의 지원을 받았던 인간 유전체 연구 사업은, DNA의 이중 나선 구조를 공동 발견자였던 왓슨(James Watson)의 지휘 아래 1990년에 시작되었다. 후에 이 공공사업은 낭성 섬유증(cystic fibrosis)의 원인 유전자인 *CFTR* 유전자를 발견했던 연구팀의 콜린스(Francis Collins) 박사가 이끌게 되었다. 미국에서는, 콜린스가 이끄는 HGP가 에너지국(Department of Energy, DOE)과, 국립보건원(National Institutes of Health) 산하의 국립 인간 유전체 연구소(National Center of Human Genome Research)와 협력했다. 이 사업은 15년 동안 30억 달러의 예산을 책정하여, 애초에 80,000~100,000개로 생각되었던 인간의 모든 유전자를 규명하고, 대략 30억 염기쌍이 인간의 24개 염색체(22개의 상염색체와 X 및 Y 염색체)를 구성하고 있을 것이라는 예상 하에, 이들을 모두 서열화하여 지도를 작성하고자 하였다. HGP에 포함되었던 기타 주요 목표들은 다음과 같다:

- 모든 인간 유전자들에 대한 기능적 범주 확립
- 단일-뉴클레오타이드 다형성(SNP) 규명을 포함한 개인들 사이의 유전적 변이 분석
- 대장균(*E. coli*), 효모(*S. cerevisiae*), 예쁜꼬마선충(*C. elegans*), 초파리(*D. melanogaster*), 생쥐(*M. musculus*) 등

실험 유전학에 사용되는 여러 모델 생물들의 유전체 서열화와 지도 작성

- 유전체 분석 촉진을 위해 대용량 컴퓨터-자동화 서열화 기기(high-throughput computer-automated sequencer) 등, 새로운 서열화 기술 개발
- 과학자들과 일반 대중들 사이에서 유전체 정보들을 공유할 수 있도록 하기

사회에 미치는 유전정보의 영향에 대한 인식으로, HGP는 **ELSI(Ethical, Legal, and Social Implications) 프로그램**을 발족시켜 HGP로부터 발생하는 윤리적, 법적, 그리고 사회적 문제들을 다루고, 개인의 유전정보를 안전하게 보호하며, 이런 정보들이 차별적인 방식으로 사용되지 못하도록 하고 있다.

HGP가 국제적인 노력으로 발전하면서, 18개국의 과학자들이 이 프로젝트에 참여했다. 연구의 많은 부분은 국제 인간 유전체 서열화 컨소시엄(International Human Genome Sequence Consortium)에 의해 수행되었는데, 6개국(중국, 프랑스, 독일, 영국, 일본, 그리고 미국)의 20개 연구센터에서 거의 3,000명의 과학자들이 참여했다.

1999년에, 셀레라 제노믹스(*Celera Genomics*) 사(社)의 벤터(J. Craig Venter)가 이끄는 사립 자금 지원을 받는 인간 유전체 계획이 발표되었다. 셀레라("빠르다"를 의미하는 단어에서 이름을 따옴)의 목적은 전-유전체 샷건 서열화와 컴퓨터-자동화 대용량 DNA 서열화 기기를 사용하여 인간 유전체를 HGP보다 더 빠르게 서열화하는 것이었다. 공공 프로젝트는 유전체 서열화에 클론별 서열화 방법(clone-by-clone approach)을 사용한다고 제시했었다. 여러분은 벤터와 동료들이 1995년 *H. influenzae*의 유전체 서열화를 완료하면서 샷건 서열화의 잠재력을 입증했었음을 기억할 것이다. 셀레라의 발표는 두 팀 사이의 팽팽한 경쟁을 유발했으며, 서로가 먼저 인간 유전체 서열화의 승자가 되려고 했다. 이런 경쟁 때문에 공공 사업팀의 과학자들 역시 대용량 서열화 장비와 WGS 전략을 사용하기 시작하면서, HGP가 계획보다 앞서 더 적은 예산으로 사업을 마칠 수 있었다.

인간 유전체의 주요 특징들

2000년 6월에, 공공 사업팀과 사립 유전체 프로젝트 팀의 리더들이 클린턴(William Jefferson Clinton) 대통령과 함께 백악관에서 만나, 인간 유전체 서열화의 초안이 완성되었음을 공동으로 발표했다. 2001년 2월, 그들은 각자 인간 유전체 중 진정염색질 부분의 96%에 해당하는 서열과 분석을 발표했다. 공공 프로젝트는 유전체의 진정염색질 부분을 12번 서열화했으며, 그들의 서열에 대해 0.01%의 오류율로 품질 관리 기준을 설정했다. 이 오류율이 비록 매우 낮아 보이기는 하지만, 그래도 인간 유전체 서열에서는 약 600,000 정도의 오류가 있게 된다. 셀레라는 유전체를 조립하면서 어떤 부분에 대해서는 35번 이상의 서열화가 진행되었다고 발표했다.

유전체를 완성하기 위해 이제 남은 작업은 주로 동원체, 텔로미어, 그리고 반복서열들(GC 염기쌍이 많은 부분들은 특히 서열화와 분석이 어려울 수 있다)에 몰려 있는 틈을 채우고, 잘못 배열된 단편들을 수정하며, 정확성을 위해 일부분을 재서열화하는 작업들이었다. 2003년에 유전체 서열화와 오류 정정으로 이 국제적 프로젝트가 완료되었음을 통과시킬 수 있기에 충분한 것으로 생각되었다—즉, 10,000 뉴클레오타이드당 한 개 미만의 오류로, 유전체의 유전자-포함 부위의 95%가 서열화되었다. 그러나 "완료" 발표 시기에도 아직 계속해서 작업해야 할 서열에 350개 정도의 틈들이 남아 있었다.

물론 HGP가 지구상의 모든 사람의 유전체를 서열화한 것은 아니다. 조립된 유전체들은 주로 서로 다른 사람들로부터 모여진 반수체 유전체들로 구성되어 있어서, 인간 집단들에서 널리 공유되는, 인간 유전체의 주요 공통 요소들을 대표하는 기준 유전체(*reference genome*)를 제공한다. 인간 유전체의 주요 특징들이 **표 21.1**에 요약되어 있다. 이 표에서 볼 수 있는 것처럼, 예기치 못한 여러 관찰들이 우리에게 새로운 통찰들을 제공해준다. 유전체는 정지되어 있는 것이 아니었다! 유전체 전반에 흩어져 있는 많은 반복서열들을 포함하여, 유전체 변이들은 유전체가 정말로 역동적임을 증명해주었는데, 서열들의 구조와 위치가 변화해 온 수많은 진화적 사례들을 드러냈다. 여러 가지 방법으로, HGP는 우리가 우리 유전체에 대해 얼마나 모르는 것이 많은지를 드러내 주었다.

HGP에 의해 발견된 두 가지의 가장 큰 놀라운 점은, 유전체의 2% 미만 정도만이 단백질을 암호화하고 있으며, 약 20,000개가량의 단백질 암호화 유전자들이 존재한다는 것이었다. 과학자들은 처음에 인간의 세포가 약 100,000종의 단백질을 생산할 것이라는 예측에 일부 근거하여, 유전자의 숫자를 100,000개로 추산했었다. 적어도 유전자의 절반은 많은 생물체가 공유하는 유전자와 유사성을 나타내며, 21.7절에서 다뤄지겠지만, 대부분의 인간 유전자는 침팬지와 같이 밀접하게 관련된 종의 유전자와 서열이 유사하다. 인간 유전자의 정확한 수에 대해서는 전 세계 과학자들 사이에서도 여전히 합의가 이루어지지 않았다. 한 가지 이유는 많은 추정 유전자가 기능성 단백질을 생성하는지가 불분명하기 때문이다. 현재까지의 주석에 따르면, 인간 유전체가 약 21,000개의 단백질을 암호화할 것으로 예측한다. 그러나 번역 후 변형 및 기타 과정으로 인해 인간 세포에 존재하는 총 단백질 수(표 21.1 참고)는 대략 200,000에서 100만 사이인

표 21.1 인간 유전체의 주요 특징들

- 인간 유전체는 약 31억 뉴클레오타이드를 포함하지만, 단백질-암호화 서열들은 그 유전체의 단 2%만 차지한다.
- 유전체 서열은 모든 나라의 사람들에서 99.9% 유사하다. SNPs와 사본 수 변이들(CNVs)이 개인별 차이점을 만든다.
- 유전체는 역동적이다. 적어도 50%의 유전체가 SINEs, LINEs, 그리고 *Alu* 서열 등 전이 인자들(transposable elements)과 레트로트랜스포존 및 기타 반복성 DNA 서열로부터 유래한다.
- 인간의 유전체는 약 20,000개의 단백질 암호화 유전자를 포함하는데, 이것은 원래 예상되었던 80,000~100,000개보다 훨씬 적은 것이다.
- 인간 유전자의 평균 크기는 25 kb로서, 유전자 조절 영역, 인트론, 그리고 엑손들을 포함한다. 평균적으로, 인간 유전자에 의해 생산되는 mRNA들은 약 3,000 뉴클레오타이드 길이이다.
- 인간의 많은 유전자가 대체 스플라이싱을 통해 하나 이상의 단백질을 만들므로, 인간의 세포는 단 20,000개의 유전자로부터 훨씬 더 많은 수의 단백질들(아마 200,000개까지도)을 생산할 수 있다.
- 인간 유전자 중 50% 이상이 다른 생물들의 유전자들과 고도의 서열 유사성을 보인다; 그러나 밝혀진 유전자들 중 40% 이상은 분자적 기능이 알려져 있지 않다.
- 유전자들은 24개의 인간 염색체들에 골고루 분포되어 있지 않다. 유전자가 많은 영역은 유전자가 별로 없는 "사막"에 의해 분리되어 있는데, 이런 사막은 유전체의 20%를 차지한다. 사막들은 염색된 염색체들에서 G 밴드들에 해당된다. 19번 염색체는 가장 높은 유전자 밀도를 나타내며 13번과 Y 염색체는 유전자 밀도가 가장 낮다.
- 유전자의 수는 1번 염색체에 가장 많고, Y 염색체에는 가장 적다.
- 인간의 유전자들은 초파리 같은 무척추동물들의 유전체에 있는 유전자들보다 더 크며, 더 많은 수의 더 긴 인트론들을 포함한다. 알려진 유전자 중 가장 큰 인간 유전자는 근육 단백질인 디스트로핀(dystrophin)을 암호화한다. 이 유전자는 근이영양증(muscular dystrophy)의 돌연변이 형태와 관련이 있으며 길이가 2.5 Mb에 달하므로(15장), 여러 세균들의 염색체보다도 크다. 이 유전자의 대부분은 인트론들로 구성된다.
- 인간 유전자의 인트론 수는 0(히스톤 유전자)에서 234[근육 단백질인 타이틴(*titin*)을 암호화하는 유전자]의 범위에 있다.

것으로 생각된다! 유전체 과학자들은 유전체에 대한 주석 작업을 계속하고 있으며, 앞서 언급했던 바와 같이, 단백질 암호화 유전자와 비단백질 암호화 유전자들의 수에 대해 컴퓨터로 예측한 내용이 정확한지에 대한 판정에, 기능 유전체학이 중요한 역할을 하고 있다.

유전자의 수는 예측된 단백질의 수보다 훨씬 작은데, 부분적으로는, 많은 유전자들이 **대체 스플라이싱(alternative splicing)**을 통해 다수의 단백질들을 암호화할 수 있기 때문이기도 하다. 앞서, 대체 스플라이싱 패턴들이 다수의 mRNA 분자들을 만들 수 있으며, 따라서 서로 다른 조합의 인트론-엑손 스플라이싱 배열에 의해 다수의 단백질이 하나의 유전자로부터 생산될 수 있었음을 배웠다(13장 참고). 초기의 추산들은 인간 유전자들의 50% 이상이 대체 스플라이싱을 겪으며 다수의 전사체와 다수의 단백질들을 생산한다고 제안했었다. 최근의 연구들은 약 94~95%의 인간 pre-mRNA들이 다수의 전사체들을 만들 수 있도록 가공되는 여러 엑손들을 포함하므로, 다수의 서로 다른 단백질 생산물을 만들 가능성이 있다고 한다. 분명히, 대체 스플라이싱은 인간 유전체의 유전자 수에 기초한 단순한 예상을 넘어선, 믿을 수 없을 정도의 단백질 다양성을 산출한다.

HGP가 진행되면서 인간 유전자들에 대한 기능적인 범주들이 결정되었는데, 주로 다음에 기초한 것들이다:

1. 기존에 결정된 기능들(예를 들면, 인간 질병과 관계되어 있어서 재조합 DNA 클로닝 및 알려진 돌연변이들로부터 기능이 알려진 경우)
2. 다른 생물종으로부터 알려진 유전자들 및 예측된 단백질 서열들과의 비교
3. 서열 분석에 따른 주석이나, 단백질의 기능적 영역 및 모티프들에 대한 분석에 기초한 예측

비록 기능적 범주들과 그 지정이 계속해서 갱신되고는 있지만, HGP가 완료된 시점을 기준으로, 인간 유전자들의 40% 이상에 대한 기능이 아직도 밝혀져 있지 않다. 인간 유전자의 기능들을 결정하고, 유전자 발현 조절과 유전자 상호작용의 복잡성을 해석하며, 인간의 유전자들과 그 표현형 사이의 관계를 밝히는 것은 유전체 과학자들이 해결해야 할 여러 가지 도전적 과제들이다.

인간 유전체의 개인별 변이들

HGP는 또한 종족이나 인종을 막론하고 모든 인간이 그 유전체 서열에 있어 99.9% 동일함을 보여주었다. 다른 장에서도 언급했던 것처럼, 인간들 사이에서 나타나는 대부분의 유전적 차이들은 **단일-뉴클레오타이드 다형성(single-nucleotide polymorphism, SNP)**과 **사본 수 변이(copy number variation, CNV)**에 기인한 것이다. SNP들은 유전체 내의 단일 염기 변화이며(7장 참고), 여러 가지 SNP들이 질병과 관련되어 있음을 기억할 것이다. 예를 들어, SNP들은 낫세포 빈혈증과 낭성 섬유증을 유발한다. 교재 후반에, 우리는 어떻게 SNP들이 추적되며, 질병의 진단과 치료에 어떻게 사용되는지도 살펴보게 될 것이다(22장 참고).

인간 유전체에 대한 초안 서열이 완료된 이후, 처음으로 개인들 사이의 유전적 변이(0.1% 차이)들 대부분은 SNP들 때문임이 드러났다. SNP들이 유전체 변이의 주요 기여 인자인 반면, 앞에서 논의되었던(12장 참고) 결실, 중복, 역위 및 CNV들처럼 수백만 염기쌍까지 차지할 수 있는 구조적 변이들은 생각보다 유전체 변이에 훨씬 더 중요한 역할을 담당한다. 6장에서의 논의처럼, CNV들은 수백~수천 염기쌍 수준의 비교적 큰 절편들이 중복되거나 결실된 것임을 기억할 것이다. 유전체들 사이에서 가장 변이가 많은 CNV들 다수는 적어도 1 kb에 달하는 것으로 보인다.

대부분의 인간 DNA들이 세포당 2개의 사본(각 부모로부터 기인한 하나씩)으로 존재하지만, CNV들은 중복되었거나 결실된 DNA 단편으로서, 개인이 물려받은 DNA 단편들의 수에 차이가 있다. 어떤 경우에는, CNV들이 유전자 전체를 없애는 주요 결실일 수도 있고; 다른 결실들은 해독 암호에서 틀 이동에 의해 유전자 기능에 영향을 미치기도 한다. 중복된 CNV 서열들은 특정 유전자의 과발현을 일으킬 수 있으나, 중복되었거나 결실된 많은 CNV들은 이렇다 할 표현형들로 드러나지는 않는다.

한 개인의 유전체 내에서 CNV들의 수에 대한 현재의 추산은 개인당 12개에서 대략 50개 혹은 60개 정도이다. 일부 연구들은 인간의 유전체들 사이에는 1 kb보다 큰 CNV들이 1500개까지 있을 수 있다고 추정한다. 다른 연구들은 개인들 사이의 유전체 변이에 기여하는 100 bp 이하의 결실들이 150만 개 이상이라고 주장하기도 한다.

인터넷으로 인간 유전체 프로젝트 접해보기

이제는 인터넷으로 인간의 모든 염색체들에 대한 지도를 보여주는 데이터베이스들과 기타 사이트들에 접속하는 것이 가능하다. 여러분은 유전체학 탐구 연습문제들에서 이런 데이터베이스들을 방문하게 될 것이다. 그림 21.9(a)는 유전체 자료 뷰어(Genome Data Viewer)라고 하는 NCBI 데이터베이스에서 가져온 12번 염색체의 부분적 유전자 지도를 보여준다. 여러분은 이미 교재의 앞부분에서 유전체학 탐구를 위한 연습문제를 풀면서 맵뷰어를 사용했을 것이다(7장과 12장 참고). 첫 이미지는 12번 염색체에 대한 이디오그램(ideogram) 혹은 세포유전학적 지도(cytogenetic map)를 보여준다. 이 그림의 오른쪽에는 컨티그들을 보여주는 컬럼(세로로 배열되어 있음)이 있는데, 이 컨티그들은 염색체의 서열과 비교 배열되어 있다. 세 번째 칸의 UniGene은 12번 염색체의 유전자 밀도를 나타내는 막대그래프들을 보여준다. 동원체 근처에는 비교적 적은 수의 유전자들이 위치하고 있음에 유의하라. 몇 가지 유전자 기호들, 좌위들, 그리고 유전자 이름들(설명으로)이 제시되어 있다; 이 그림에는 오직 20개 유전자만 나타냈다. 인터넷에서 이 지도들에 접속하면, 확대나 축소할 수 있으므로 염색체의 각 영역에 지도화되어 있는 모든 유전자를 볼 수 있다.

그림 21.9(a) 나열된 유전자들 대부분이 그 산물의 기능에 기초하여 설명되어 있음을 볼 수 있는데, 그들 중 일부는 막관통 단백질들이고, 일부는 인산화효소 같은 효소들, 또 일부는 후각에 관여하는 일부 수용체들이다.

HGP에서 가장 가치 있는 공헌은 아마도 결과적으로 질병 유전자를 발견하고 그에 대한 새로운 치료 전략을 개발하게 할 것이라는 점이다. 따라서 인간 질병에 관계된 유전자들에 대해 광범위한 지도들이 작성되었다. 그림 21.9(b)에 제시된 21번 염색체에 대한 이런 질병 유전자 지도는, 유전자들이 루게릭병(amyotrophic lateral sclerosis, ALS), 알츠하이머병(Alzheimer disease), 백내장(cataracts), 청력상실, 그리고 몇 가지 암들에 관련되어 있음을 보여준다. 이후의 장(22장 참고)에서는 인간의 유전적 질병들에 관계된 유전자들의 규명과, 질병의 진단, 추적, 그리고 유전자 치료 시술에 대한 HGP의 영향에 대해 살펴보게 될 것이다.

인터넷에서 사용할 수 있는 또 다른 우수한 자원은 PANTHER(Protein ANalysis THrough Evolutionary Relationships) 데이터베이스이다. 이것은 기능적 유전체학, 실험적 접근법 및 기타 분석자료를 사용하여 유전자 및 암호화된 단백질을 기능적으로 분류할 수 있게 해준다.

21.6 "~체학" 혁명은 생물학적 탐구의 새로운 시대를 열었다

인간 유전체 연구 사업과 유전체학 기술들의 발달은 새로운 생물학 탐구의 시대가 시작되도록 했다—"오믹스(omics)"의 시대가 열린 것이다. 해마다 더 많은 생물학적 탐구 분야들이 오믹스와 관련되어 출현하는 것 같다. "오믹스"의 몇 가지 예들은 다음과 같다*:

- **프로테오믹스(proteomics; 단백질체학)***—한 세포나 조직의 모든 단백질에 대한 분석
- **메타볼로믹스(metabolomics; 대사체학)**—세포 대사에 관여하는 단백질들 및 효소 경로들에 대한 분석
- **글라이코믹스(glycomics; 당쇄체학)**—세포나 조직의 탄수화

*여기서는 이름이 주는 통일성을 위해 각 "omics"들의 번역을 괄호 안에 넣었다(역자주).

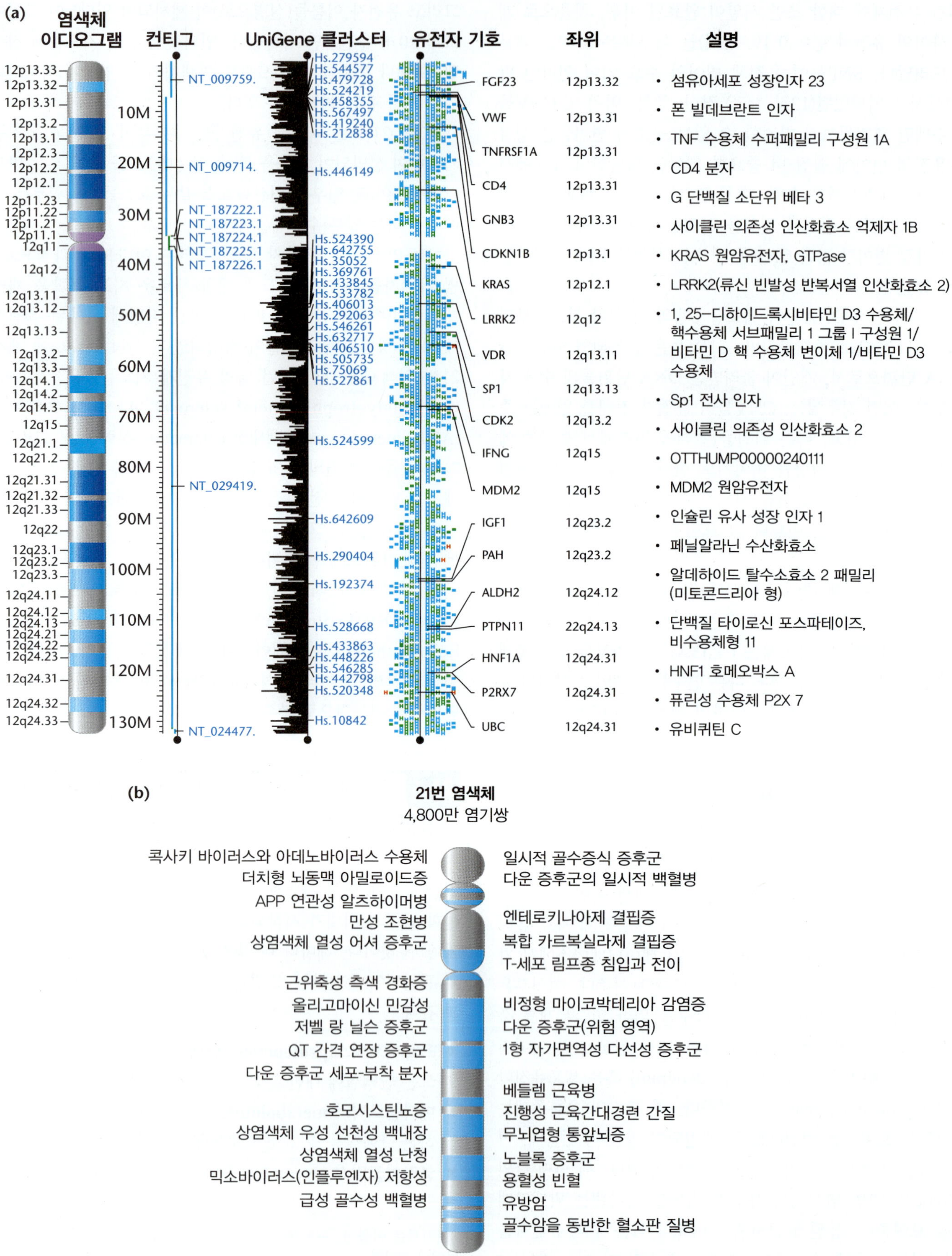

그림 21.9 (a) NCBI 데이터베이스의 맵뷰어(Map Viewer)에서 찾은 12번 염색체의 유전자 지도. (b) 인간의 21번 염색체 위의 일부 질병 유전자들에 대한 지도. 이런 지도는 인간의 유전병과 관련된 것으로 생각되는 유전자들을 보여준다.

물들에 대한 분석

- **톡시코지노믹스(toxicogenomics; 독성유전체학)**—독소에 의해 발생하는 돌연변이들과 독소 유발성 유전자 발현 변화를 비롯하여, 유전자들에 미치는 독성 화합물들의 영향을 분석
- **메타지노믹스(metagenomics: 군유전체학** 또는 **환경유전체학)**—환경으로부터 수집한 생물들의 유전체들에 대한 분석
- **파마코지노믹스(pharmacogenomics; 약물유전체학)**—특정 질병에 대해, 한 사람의 유전적 프로파일에 기초한 개인별 맞춤약의 개발
- **트랜스크립토믹스(transcriptomics; 총전사체학)**—한 세포나 조직에서 발현된 모든 유전자들에 대한 분석

앞으로 이 장의 다른 부분에서는 이런 유전체학 원리들 몇 가지에 대해 더 다루게 될 것이다.

HGP 이후, 다음은 무엇인가?

인간 유전체의 기준(참고) 서열이 완성된 이후로, 매우 빠른 속도로 연구가 계속되었다. 예를 들어, HGP의 결과로, 암 유전체학을 포함하여 후성유전체 분석, 유전체 변이와 질병 및 약물유전체학적 응용에서 SNP와 CNP의 특성과 역할에 대한 분석 등, 인간 유전체 연구와 관련된 새로운 분야들이 생겨났다. 여기서 후성유전체에 대한 분석은, 다양한 세포 및 조직 유형의 후성유전학적 변화에 대한 수백 개의 지도를 만들고, 복잡한 질병에서 후성유전학의 잠재적 역할을 평가하는 인간 후성유전체 프로젝트를 포함한다. 또한 SNP 분석 분야에는 국제 반수체 지도 프로젝트(the International Hap-Map Project)가 포함되어 있다. 우리는 교재 후반에 암 유전체 프로젝트(Cancer Genome Atlas Project)의 측면들에 논의하게 될 것이다(24장 참고). 후성유전체에 관해서는 19장에서 심도 있게 다루었다. SNP들과 약물유전체학 역시 특강 3장의 유전체학과 정밀의학에서 다루게 될 것이다. 여기서는 HGP의 확장인 유전체 탐구들의 몇 가지 사례에 대해서 살펴보기로 하자.

개인별 유전체 프로젝트들

우리가 이 장의 처음과 앞의 장에서 논의했던 것처럼(20장), 차세대 및 3세대 서열화 기술들은 더 정확하게 더 빠른 속도로 더 긴 서열을 읽을 수 있었고 DNA 서열화 비용을 매우 감소시켰다. 앞으로도 기술 발전과 함께 지속될 비용 절감에 대한 기대 역시 높다(그림 21.10). 이런 기대들은 몇몇 회사들이 개인들을 위한 WGS를 제안하도록 이끌어, **개인별 유전체학(personal genomics)**적 접근이 시작되었다. 국립보건원(National Institutes of Health)이 자금을 지원하는 두 가지 프로그램은 과학자들이 2014년까지 1,000달러에 인간 유전체를 완성하기 위한 서열화 기술을 개발하도록 촉구했다(22장의 유전학과 윤리, 그리고 사회 참고).

앞에서 다루었던 것처럼(20장 참고), 몇몇 회사들은 이제 유

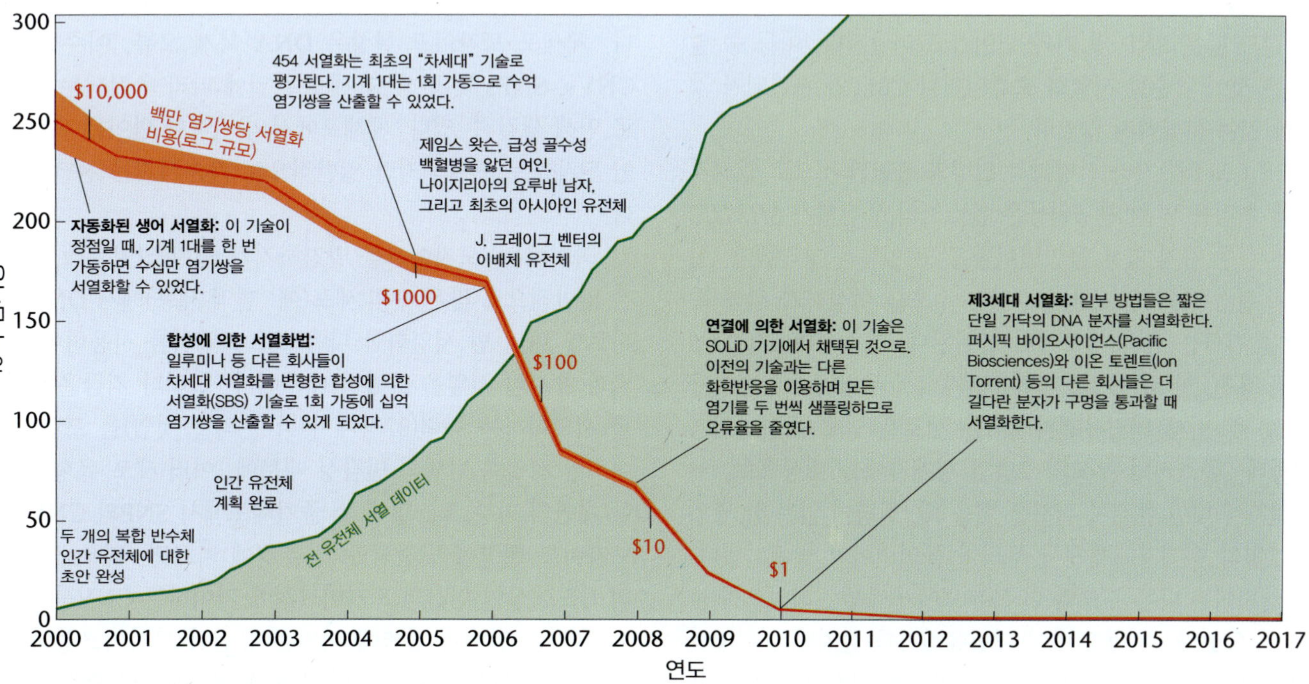

그림 21.10 인간 유전체 서열의 폭증. 서열화 기술의 발달로 인해 2000년 이후 그 비용이 지속적으로 급격히 감소해왔다. 결과적으로, 서열화되는 개인 유전체들의 수가 극적으로 증가하고 있음에 주목하라.

전체당 서열화 비용을 1,000달러 미만으로 낮추는 기술을 개발했다. 1,000달러라는 표시가 유전체를 서열화하기 위한 시약값인지, 서열 준비와 노동력, 그리고 유전체가 분석될 때의 실제 비용이 모두 계산된 값을 나타내는 것인지에 대해서는 논란이 생길 수 있다.

이 교재의 후반에 배우게 되겠지만(22장 참고), 유전학자 같은 사람이 개인 유전체 데이터를 분석하고 그 변이가 건강에 어떤 영향을 미칠 수 있는지 고려하려면 비용이 많이 들 수 있다. 따라서 유전체 서열화 비용이 1,000달러 미만이라고 해도 유전체 정보를 치료에 적합하도록 해석하는 데는 수천 달러가 더 들 수 있다. 유전체 서열화의 실제 비용이 어떻게 계산되든 간에, 현대의 비용은 HGP 초기에 제시되었된 30억 달러 비용보다는 상당히 낮다.

2016년 말을 기준으로 30만 명의 인간 유전체들이 서열화된 것으로 추정된다. 개인 유전체학의 특히 흥미로운 한 가지 사례는 의학적 상태에 대한 통찰을 얻기 위해 자신의 유전체를 조사한 유전학자와 관련된 것이다. 베일러 의과 대학의 깁스(Richard Gibbs) 박사는 자신의 연구팀을 이끌어 **샤코-마리에-투스(Charcot-Marie-Tooth, CMT)**라는 병을 앓고 있는 의학유전학자이자 자신의 동료였던 룹스키(James Lupski) 박사의 전체 유전체를 서열화했다. 이것은 사지 말단의 근육 약화를 유발하는 신경학적 질병이다. 흥미롭게도, 30개가 넘는 유전자들에서의 돌연변이들이 CMT와 관련되어 있으며, 그중 많은 것에 대해 룹스키 박사도 확인했었지만, 그는 이러한 돌연변이를 전혀 가지고 있지 않았다. 룹스키의 유전체를 HGP 기준 서열과 비교한 결과 많은 SNP 및 기타 변이가 드러났지만, 이들 중 얼마나 많은 것이 단순한 서열화 오류이거나 CMT와 관련되지 않은 변이인지는 분명하지 않았다.

이전에 CMT와 기타 신경학적 질병과 관련된 것으로 알려지 유전자에 초점을 맞춘 연구원들은 룹스키의 유전체가 *SH3TC2* 유전자에서 두 가지 다른 돌연변이를 갖고 있음을 발견했다. 이 유전자는 신경 충격 전도에 필수적인 수초를 형성하기 위해 특정 뉴런을 감싸는 슈반 세포에서 발현된다. 룹스키의 *SH3TC2* 유전자의 경우, 한 *SH3TC2* 대립유전자에서 무의미 돌연변이가 밝혀졌고, 두 번째 대립유전자에서는 새로운 과오 돌연변이가 발견되었다. 룹스키의 부모와 7명의 형제자매를 대상으로, 이 대립유전자에 대한 유전자 검사를 했을 때, 질병이 없는 한 명의 부모와 2명의 형제자매에게서 무의미 돌연변이가 발견되었다. 과오 돌연변이는 다른 부모와 한 조부모에게서 발견되었으며 둘 다 질병은 없었다. 두 돌연변이 대립유전자를 물려받은 형제자매만이 CMT 질병을 나타냈다. 많은 이들은 이것이 개인별 유전체 서열화가 적어도 질병 유전자를 찾아냈으니 임상적으로 관련된 최초의 성공 사례라고 생각한다.

체세포 유전체 모자이크와 종유전체의 출현

HGP는 여러 개인의 시료를 모아 **반수체**의 기준 유전체(reference genome)를 만들었다. 대조적으로, 개인별 유전체 프로젝트들(personal genome projects, PGPs)은 **이배체** 유전체를 모두 서열화한다. 개인별 유전체 프로젝트들은 기준 유전체에 지도화되어 있는 **모계 및 부계 염색체**에서 수백만 개의 짧은 DNA 단편의 서열들을 만든다. 그런 프로젝트들은 반수체의 기준 유전체와의 비교가 종종 개인 간의 유전체 변이 정도를 5배 이상 과소평가하고 있음을 가리킨다. 예를 들어, 벤터(Craig Venter)의 개인 유전체가 분석되었을 때, 그의 모계와 부계 유전체들 사이에서 400만 개 이상의 변이들이 발견되었다.

우리가 개인별 유전체들에 대해 알게 된 것으로부터 추정하면, 개인 간 유전체 변이는 HGP에서 예측한 0.1%라기보다는 0.5%에 가까울 수 있으며 30억-bp 유전체에서 이것은 상당한 차이의 서열 변이이다. 다양한 인종 그룹의 개인들에 대해 완전한 여러 명의 개인 유전체 데이터를 통합하는 것은 진화 유전학에서 인간의 다양성, 조상 및 이동 패턴에 대한 근본적인 질문을 해결하는 데 큰 가치가 있을 것이다.

개인 유전체 프로젝트는 또한 인간 체세포에 상당한 **유전체 모자이크(genome mosaicism)** 현상이 있을 수 있음을 보여준다. 이제 개인의 세포들이 모두 동일한 유전체를 포함하지는 않는다는 것이 분명해졌다. 대신, 우리는 한 개인이 고유한 개별 유전체를 가진 세포들의 집단으로 구성되어 있다고 생각해야 한다. 체세포 모자이크 현상은 DNA 복제 오류, 이수성의 발생, CNVs, SNPs 및 발생 중 세포 분열에 따라 축적되는 기타 변화로 인해 생길 수 있다. 체세포에서의 이러한 변이는 유사분열 동안 딸세포로 전달되지만 일반적으로 자손에게는 전달되지 않는다.

과거에는, 모자이크를 발견하기가 쉽지 않았는데, 연구자들은 일반적으로 많은 수의 세포(예: 혈액 세포)에서 DNA를 모아 시료를 여러 번 서열화한 다음 소프트웨어를 사용하여 기준 서열과 유사한 서열을 골랐기 때문이다. 그러나 지금은 **개별 세포**를 서열화하는 능력(22장에서 더 논의할 것임)을 포함하여, 현대적인 서열화 방법의 민감성 때문에, 여러 세포 유형 중에서도 한 개인의 피부, 뇌, 혈액 및 줄기세포에서 SNP와 CNV에 대한 모자이크 현상이 발견되었다. 추정에 따르면, 피부 섬유아세포의 1/3 이상이 인간의 모자이크성에 기여하는 CNV를 가진다.

우리는 건강과 질병에 미치는 유전적 모자이크성의 빈도와 영향을 이해하기 시작했다. 예를 들어, 베일러 대학의 룹스키 연구팀은 희귀병 환자의 CNV도 찾아냈다. 그러한 예 중 하나는 **스미스-마제니스 증후군(Smith-Magenis syndrome, SMS)**으로, 17번 염색체 p완의 미세결실과 관련된 발달 장애이다. SMS는 약 25,000명 중 1명에게 영향을 미치며 인지 장애, 수면 장애, 넓은 얼굴 등의 신체적 특징을 만든다. 17번 염색체 p완의 미세결실과 이러한 결실에 대한 모자이크 현상은 SMS의 재발에 영향을 미친다(그림 21.11).

또 다른 연구에서 스크립스 연구소(Scripps Research Institute)의 과학자들은 사후 뇌에서 얻은 뉴런을 분석했다. 그들은 아밀로이드 전구체 단백질을 암호화하는 *APP* 유전자가 알츠하이머 환자의 뇌에서 모자이크성으로 증폭되어, 최대 12개의 *APP* 유전자 사본을 포함하는 일부 뉴런들이 있음을 발견했다.

새로운 서열화 방법과 개인별 유전체 프로젝트의 확장은, 인간뿐만 아니라 대부분의 종에서도 상당한 **유전체 변이(genomic variation)**가 있음을 증명해준다. 개인들 사이의 유전체 변이는 기준 서열에 의해 결정될 수 있는 것보다 훨씬 더 광범위하다는 것이 이제 명백해졌다. 예를 들어, 연쇄상구균(*Streptococcus*) 같은 세균들도, 동일 계통에서 분리된 것들 사이에서 수십 가지의 서로 다른 유전자들이 존재할 수 있다. 결론적으로, 여러 분야의 유전체 과학자들은 이제 한 생물종의 모든 분명한 유전자들과 변이들을 설명하기 위해 하나의 기준 유전체를 **종유전체(pangenome)** 개념으로 대체했다(그림 21.12).

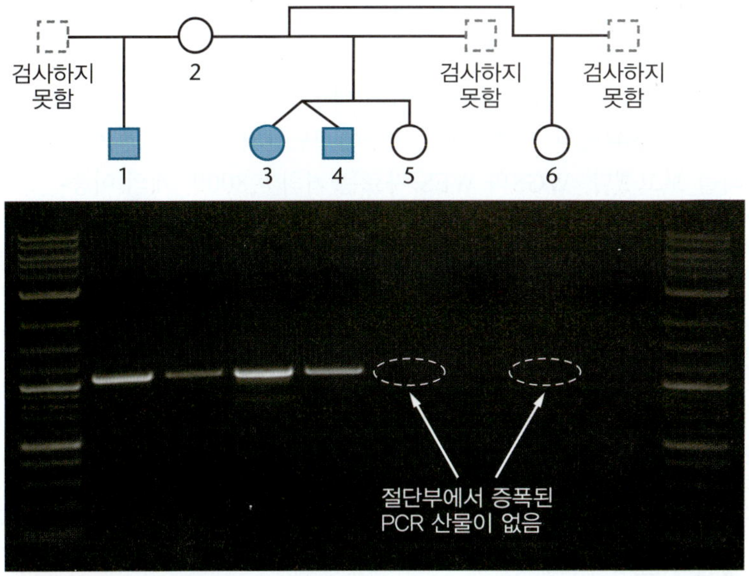

그림 21.11 스미스–마제니스 증후군(Smith–Magenis Syndrome, SMS)의 재발은 모자이크 현상을 보여준다. 여기에는 6남매의 혈액 검사 결과가 나와 있다. PCR은 17번 염색체의 미세 결실에 대한 절단점 연결부를 증폭하는 데 사용되었다. 자녀 1, 3, 4(어둡게 표시)가 질병을 가지고 있음에 주목하라. 5번과 6번 자녀는 질병이 없으며 절단점도 없다. 자녀 2는 SMS를 가지고 있지 않지만 모자이크 현상으로 인해 여전히 결실 보유자이다. 2번 자녀의 증폭된 DNA 부분이 1, 3, 4번 자녀들에 비해 젤에서 얼마나 흐린(덜 밝은) 밴드로 나타나는지 주목하라. 이것은 결실에 대한 모자이크를 증명하는 것으로, 서열화로 확인할 수 있다.

전-엑솜 서열화

지금까지 우리는 전-유전체의 염기서열 분석에 초점을 맞추었지만, 유전체 염기서열의 약 2%만이 단백질 암호화 유전자로 구성되어 있다는 사실을 기억할 필요가 있다. 따라서 개인별 유전체 분석에서는 초점이 **전-엑솜 서열화(whole-exome sequencing, WES)**로 이동했는데, 이것은 한 개인의 유전체에 존재하는 단 180,000개의 엑손만을 서열화하는 것이다. WES는 유전체의 단백질 암호화 분절에만 초점을 맞춰 질병에 관련된 돌연변이들을 밝혀주므로, 유전체의 다른 영역들에서보다 엑솜에 질병-관련 유전적 변이들이 더 많다. WES는 여러 번 서열화된 DNA 서열 내의 염기 백분율인 커버리지(coverage)의 100배 이상을 1000달러 미만의 비용으로 서열화할 수 있다. 당연히 이런 접근의 한계점은 유전자 발현에 영향을 미치는 유전자 조절 영역의 돌연변이는 찾지 못한다는 데 있다. WGS의 비용이 계속 떨어지면서, 질병-유발 돌연변이들을 추적하려는 과학자들과 임상의들은 전체 유전체의 염기서열을 분석하는 것이 타당한지 아니면 돌연변이를 찾기 위해 먼저 엑솜의 염기서열을 분석하는 것이 의미가 있는지 논쟁 중이다.

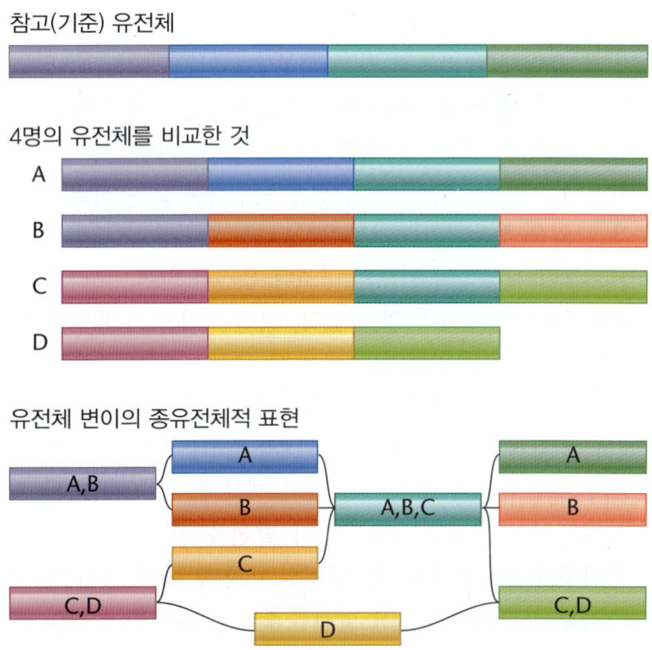

그림 21.12 종유전체(pangenome)는 한 종에서 발견되는 모든 유전체 단편들과 유전자 변이를 시각화하려고 한다. 개별 유전체의 변이들은 기준 유전체에서는 표현되지 않지만 종유전체에는 포함된다는 것에 주목하라.

2015년, 1000 유전체 프로젝트 컨소시엄(1000 Genomes Project Consortium)이라고 불리는 과학자 집단이 유럽, 동아시아, 남아시아, 아프리카, 그리고 아메리카를 대표하는 26개 집단의 2504명의 사람들에서 연구된 7년간의 유전체 연구 결과를 보고했다. WGS와 WES 자료는 거의 8,800만 개의 이중- 및 다중의 대립유전자성 SNP뿐 아니라 CNV들 같은 다른 많은 구조적 변형이 있음을 보여주었다. 이 연구의 한 가지 해석은 이런 자료가 개인들에서의 분명한 변이를 드러내기도 하지만 지리적으로나 조상의 배경을 특정 질병과 연관시킨다는 것이다. 따라서 다양한 인류 집단의 개인들에 대한 유전체 서열화는 인간의 유전적 변이 스펙트럼을 더 잘 이해하고 다양한 집단에 존재하는 유전 질병의 원인을 더 잘 알 수 있게 해준다. 우리는 후에 유전적 검사를 논의할 때 WES라는 주제를 다시 살펴보게 될 것이다(22장 참고).

DNA 요소들에 대한 사전(ENCODE) 프로젝트

2003년, 인간 유전체가 서열화되었음을 발표하고 몇 달 후, 전 세계 약 30여 연구팀들이 모여 **DNA 요소 사전(Encyclopedia of DNA Elements, ENCODE) 프로젝트**를 시작했다. ENCODE의 주된 목표는, 실험적 접근법과 생물정보학적 접근을 모두 사용하여 전사 개시 부위, 프로모터, 그리고 인핸서 등 인간의 유전자 발현을 조절하는 기능적인 요소들을 유전체에서 찾아 분석하는 것이다. ENCODE 프로젝트는 생쥐, 선충, 그리고 초파리 유전체들에서도 시작되었다.

인간 유전체의 비교적 작은 부분(2% 미만)만이 단백질들을 암호화하기 때문에, ENCODE는 유전자들에 초점을 맞추는 것이 아니라, 일반적으로 "쓰레기" DNA라고 불리던, 나머지의 모든 서열에 초점을 맞추었다. 유전체에서 다른 모든 서열은 도대체 무슨 일을 하는가? 쓰레기 DNA라는 이름은 어불성설이다. 우리는 그런 서열들이 염색체 구조나 유전자 발현, 그리고 기타 역할에 중요하다는 것을 알고 있다. 이런 서열들 자체가 단지 단백질을 암호화하지 않는다고 해서 그 모든 서열이 중요하지 않다고 할 수는 없다. 단백질을 암호화하지 않는 서열들은 교재의 앞에서 더 자세히 논의한 바 있다(18장 참고).

세포마다 유전자 활성이 다르기 때문에, ENCODE는 147가지 형태의 세포들로부터 유전자 발현을 연구한다. 약 10년간의 연구와 2억 8천 8백만 달러의 비용을 들여, 2012년에는 ENCODE 프로젝트의 주요 발견들을 드러내는 30여 개의 연구 논문들이 발표되었다.

ENCODE가 초기 논문과 최근 논문에서 밝힌 주요 내용은 다음과 같다:

- 인간 유전체의 대부분인 약 80% 정도는 기능적인 것으로 생각된다. 이것은 부분적으로는, 유전체의 큰 단편들이 RNA로 전사되기 때문이다. 이런 RNA들의 대부분은 단백질을 암호화하지 않는다. 이런 다양한 RNA들에는 tRNA, rRNA, miRNA들과 긴 비암호성 RNA들(lncRNA; 200 뉴클레오타이드 이상의 단백질을 암호화하지 않는 전사물로 정의됨)이 포함된다. 보수적으로 추정해도 17,000개 이상의 lncRNA들이 존재할 수 있다고 한다. 아마도 비암호성 RNA 서열들의 수가 단백질-암호화 유전자들의 수를 훨씬 능가하는 것으로 밝혀질 수도 있을 것이다.
- 기능적인 서열들에는 유전자-조절 영역도 포함된다: 약 70,000개의 프로모터 영역들과 거의 400,000개에 가까운 인핸서 영역들이 존재한다.
- 인간의 유전체에는 20,687개의 단백질 암호화 유전자들이 존재한다.
- 총 11,224개의 서열이 위유전자(pseudogene)로 밝혀졌는데, 이전에는 모든 사람에서 불활성인 것으로 생각되었었다. 이 중 몇몇은 대부분의 사람에서 불활성이지만 간혹 어떤 사람들의 특정 세포 형태에서는 활성을 띠는데, 이것은 결국 그들을 위유전자가 아니라 활성형의 전사되는 유전자로 재분류해야 할 이유가 될 수 있다.
- 질병과 관련된 SNP들은 유전체의 비암호성인 기능적 요소들 내에서 많이 발견되는데, 종종 단백질-암호화 유전자 근처에 자리한다.

ENCODE의 발견들은 유전체의 기능적 역할을 광범위하게 정의하는데, 단백질이나 비암호성 RNA들의 암호화뿐 아니라, 전사나 염색질 구조에 영향을 미치는 조절 단백질들과의 결합처럼 생화학적 성질을 나타내는 것까지 포함한다. 그러나 비교적 많은 유전학자와 여러 과학자가 ENCODE의 기능적 서열에 대한 정의에 동의하지 않는다는 점은 눈여겨볼 필요가 있다. 언급된 한 가지 이유는, ENCODE가 유전체 내의 많은 반복서열들(트랜스포존, LINEs, SINEs 같은)과 텔로미어나 동원체 같은 다른 서열들에 대해 적절히 설명하고 있지 않다는 것이다(12장 참고). 또한 이 프로젝트에 들어간 비용을 고려했을 때의 ENCODE의 가치에 대해서도 상당한 논쟁이 있었다. 그럼에도 불구하고, 연구팀들은 이미 적절한 처방과 치료법을 개발하려는 희망을 품고 특정 질병들에 대한 위험 인자를 찾기 위해 ENCODE로부터 얻은 정보를 사용하고 있다.

영양유전체학은 유전학과 식사를 함께 고려한다

유전체학의 영향을 잘 보여주는 증거로, **영양유전체학(nutrigenomics)**이라는 영양학 분야가 등장했다. 영양유전체학은 식이와 유전자 간의 상호작용을 이해하는 데 중점을 둔다.

우리는 모두 혈압, 혈당 수치 및 심박수에 대한 일상적인 의료 검사를 받는다. 이런 검사에 기초하여, 의사는 우리에게 식사를 바꾸라거나 체중을 줄이기 위해 운동을 더 하고, 혹은 혈압을 낮추기 위해 소금을 덜 섭취하라는 등의 조언을 한다.

이제 여러 회사는 영양소 대사와 관련된 다양한 의학적 상태와 관련된 것으로 생각되는 유전자들에 대해 우리의 유전체를 분석하는 영양유전체학 검사를 제공한다고 주장하고 있다. 그러면서 회사는 우리의 유전자를 기반으로 건강 개선 및 질병 예방을 위한 식단 변경을 권장하는 맞춤형 영양 보고서를 제공해준다! 이러한 검사는 아직 정확한 것으로 검증되지 않았으며 미국 식품의약국(FDA)의 승인도 받지 못했다는 점에 유의해야 할 것이다. 현재 시행되고 있는 이 접근법이 유효한 과학적 또는 영양학적 가치가 있는지는 두고 봐야 할 것이다.

유전체 10K 계획과 모든 생물의 유전체

의심의 여지 없이, 현재까지 개발된 새로운 서열화 기술들은 HGP가 현대 생물학에 미친 큰 변화에서 중요한 부분이라고 할 수 있다.

유전체 분석이 완료되어 관심을 끌었던 최근의 것들에는 다음과 같은 것들이 포함된다:

- 사과와 토마토: 57,000개 이상의 유전자들을 가진 사과와 31,760 유전자를 가진 토마토는 모두 인간보다 많은 유전자를 가졌다.
- 감자: 토마토와 92%의 DNA를 공유하는 이 식물은 과일인 것으로 판명되었다.
- 병아리콩: 가장 초기에 재배된 콩과식물 중 하나로, 콩 다음으로 두 번째로 널리 재배되는 콩과식물이다.
- 붉은 반점 도롱뇽: 이 도롱뇽의 유전체는 인간 유전체 크기의 거의 10배에 달한다.

현대의 서열화 기술들은 사람들에게 "어떤 것이든 서열화가 가능하다면 무엇을 고르겠는가?"라는 질문에 대해 생각해 보라고 요구한다. 2009년에 유전체 과학자, 동물원과 박물관 큐레이터를 포함한 전 세계 연구 동료들은 10,000개의 척추동물 유전체를 서열화하려는 작업인 **유전체 10K 프로젝트(Genome 10K Project)**를 시작했다. HGP가 끝난 직후, 국립 인간 유전체 연구소(National Human Genome Research Institute, NHGRI)는 유전체 서열화의 우선순위로 포유류와 기타 척추동물의 목록을 작성했는데, 그 이유는 부분적으로는 비교 유전체학을 통해 인간 유전체에 대해 배울 수 있을 것이라는 잠재적 이점 때문이었다. 유전체 10K 프로젝트는 또한 유전체의 진화와 종 분화에 대해서도 통찰을 제공해 줄 것이다.

석기시대 유전체학

유전체학이 DNA 분석 분야를 어떻게 이끌고 있는지에 대한 또 다른 예로, 전 세계의 많은 실험실이 "고대의" DNA를 분석하는 데 관여하고 있다. 소위 **석기-시대 유전체학(stone-age genomics)**이라고 불리는 이 연구들은, 수만 년에서 70만 년까지의 오래된 머리카락같이, 조직이나 뼈로부터 얻어진 소량의 DNA로부터 아주 매혹적인 자료들을 생산해 내고 있다. 이런 연구에 사용되는 시료들에는 종종 멸종된 생물의 것도 포함된다. 2400년 된 이집트의 미라, 아메리카들소, 이끼들, 오리너구리, 매머드, 플레이스토세 시기(빙하기)의 동굴 곰들과 북극곰들, 실러캔스와 네안데르탈인 등에 대한 DNA 분석이 석기-시대 유전체학에서 가장 유명한 사례들이다. 2013년에는 과학자들이 현재까지 가장 오래된 완성 유전체 서열을 보고했다. 이것은 70만 년 된 뼛조각에서 나온 것으로, 캐나다 유콘 지역의 동토에서 발견된 고대 말의 것이었다. 이 결과는 진화 생물학자들이 현대 말의 조상이 4백만 년 전—이전의 추정보다 두 배는 더 오래된—에 다른 동물 계통으로부터 분기했다는 추정을 위해 유전체학 자료를 사용했다는 점에서 흥미로운 것이었다.

10여 년 전, 연구자들은 시베리아에서 얼어붙어 거의 온전한 상태로 발견된 27,000년 된 털북숭이 매머드로부터 약 1천3백만 염기쌍을 발표했다. 이 연구는 매머드와 아프리카코끼리 사이에 98.5%의 서열 동일성이 있음을 보여주었다. 시베리아 매머드로부터 얻은 미토콘드리아와 핵 DNA를 이용한 후속 연구들은 매머드 유전체가 아프리카코끼리와 0.6%밖에 차이가 없음을 시사한다. 또한 이런 연구들은 어떻게 올바른 조건, 특히 얼린 상태에서 DNA가 안정적으로 유지될 수 있는지를 보여주는 사례가 되기도 한다.

다음의 21.7절에서는 네안데르탈인의 유전체에 대한 최근의 연구에 대해서 논의할 것이다. 이 오래된 인류의 조상으로부터 유전체를 얻는다는 것은 이전에는 상상조차 불가능했던 것이다. 이 연구는 인간의 진화에 대한 우리의 이해에 새로운 통찰들을 제공하고 있다.

21.7 비교유전체학은 여러 가지 생물들의 유전체를 분석하고 비교한다

2016년 현재, 여러 모델 생물과 다수의 바이러스를 포함하여 21,000개 이상의 전 유전체들이 서열화되었다. 이것은 짧은 기간을 고려하면 엄청난 발전이다. 이런 생물은 최초로 서열화된 진핵성 유전체인 효모(*Saccharomyces cerevisiae*)로부터 세균인 대장균(*E. coli*), 그리고 선형동물인 예쁜꼬마선충

(*Caenorhabditis elegans*), 작은 식물인 애기장대(*Arabidopsis thaliana*), 다양한 동물들인 생쥐(*Mus musculus*), 제브라피쉬(*Danio rerio*)와 초파리(*Drosophila*)에 이르기까지 광범위하다. 몇 년 전에는, 침팬지, 개, 닭, 고릴라, 성게, 꿀벌, 돼지, 복어, 벼, 그리고 밀 등의 유전체가 서열화되었다.

이런 연구들은 진핵생물과 원핵생물들 사이의 유전체 구성 차이뿐만 아니라, 거의 모든 종 사이에서 나타나는 유전체 사이의 많은 유사점들도 확인시켜 주었다. 점점 더 많은 유전체가 서열화되자, 모든 생물이 공통 조상에서 분기한 관련 종임이 확실해졌다. 비슷한 유전자 세트들이 DNA 복제, 전사, 그리고 번역 등과 같은 기본적인 세포 기능들을 위해 사용된다. 이런 유전적 연관성들은 인간의 유전병과 유전자에 대한 환경의 영향을 연구하기 위해, 그리고 심혈관계 질환이나 당뇨, 신경퇴행성 질병 및 행동 장애 등과 같이 복잡한 질병들에서의 유전자 상호작용을 연구하기 위해 모델 생물들을 사용하는 논거가 된다.

비교 유전체학(comparative genomics)은 서로 다른 생물의 유전체들을 비교하여 유전학을 비롯한 생물학의 여러 측면에서의 질문들에 답한다. 이것은 여러 연구들과 실용적 응용을 모두 다루는 분야로, 유전자 발견과 인간 질병을 연구하기 위한 모델 생물의 개발 등을 포함한다. 이것은 또한 유전자 및 유전체 진화에 대한 연구와, 생물과 환경들 사이의 관계를 통합한다. 비교 유전체학은 뉴클레오타이드 및 단백질 데이터베이스의 구축 및 사용, 형광 제자리 혼성화(FISH), 유전자 녹아웃 동물 제작과 같은 광범위한 기술과 자원을 사용한다. 비교 유전체학은 생물 사이의 유전적 차이점과 유사성을 드러내 줌으로써, 어떻게 이런 차이들이 표현형, 생활사, 그리고 다른 특징들에서의 차이에 기여하는지에 대한 통찰을 제공하며, 그런 유전적 차이들의 진화적 역사를 규명해 줄 수 있다.

세균과 진핵생물의 유전체들은 공통적인 구조적, 기능적 특징 및 중요한 차이점을 보여준다

대부분의 세균이 샷건 클로닝과 서열화에 적합한 작은 유전체를 가지고 있기 때문에, 많은 초기 유전체 프로젝트가 세균 유전체 서열화에 초점을 맞췄으며, 1000개 이상의 추가 프로젝트가 현재 진행 중이다. 이미 서열화된 많은 세균 유전체들은 콜레라, 결핵 및 나병과 같은 인간 질병을 유발하는 생물들에서 나온 것이다. 전통적으로, 세균 유전체는 비교적 작고(5 Mb 미만), 하나의 원형 DNA 분자를 포함하는 것으로 생각되었다. 유전학에서 세균의 모델의 원형으로 사용되는 대장균(*E. coli*)은 이런 특성의 유전체를 가진다. 그러나 현재 사용 가능한 수많은 유전체 정보들은 세균에 대한 우리의 이런 시각이 유효한지에 도전하고 있다. 비록 다수의 세균 유전체들이 작지만, 그들의 크기 범주는 놀랄만큼 넓은 범위에 걸쳐 있다. 사실, 큰 세균 유전체들(*Bacillus megaterium*의 경우 30 Mb)과 작은 진핵성 유전체(효모는 12.1 Mb이다) 사이에는 일정 부분의 중첩이 존재한다.

세균 유전체의 유전자 수 역시 그 범위가 넓은데, 500개 미만에서 5000개 이상까지, 10배의 차이를 보인다. 지금까지 발견된 유전자 중 가장 많은 수의 유전자를 가진 세균 유전체는 남세균인 프로클로로코쿠스(*Prochlorococcus*)로, 가장 작지만 지금까지 발견된 것중 바다에서 가장 풍부한 광합성 활성 세포들이다. 다른 프로클로로코쿠스의 계통은 약 80,000개의 유전자를 가진다. 일부 추정에 따르면, 이 작은 미생물이 전 세계 광합성의 ~5%를 차지한다고 한다!

또한 많은 세균이 하나의 원형 염색체를 가지고 있지만, 염색체 구성과 수는 세균 종마다 상당한 차이가 존재한다. 라임병을 일으키는 보렐리아(*Borrelia burgdorferi*) 유전체를 포함하여 점점 더 많은 수의 선형 DNA 분자로 구성된 유전체들이 확인되고 있다. 콜레라의 원인균인 비브리오균(*Vibrio cholerae*)의 유전체를 서열화한 결과, 두 개의 원형 염색체가 존재함이 드러났다. 두 개 이상의 염색체로 구성된 유전체를 가지는 다른 세균으로는, 이전에 아그로박테리움(*Agrobacterium tumefaciens*)으로 알려졌던 리조비움(*Rhizobium radiobacter*)과, 데이노코쿠스(*Deinococcus radiodurans*), 그리고 로도박터(*Rhodobacter sphaeroides*)가 있다. 일부 세균 종들이 다수의 염색체를 가지고 있다는 발견은 세포 분열 동안 염색체의 복제와 분리가 어떻게 조절되는지, 그리고 아직 발견되지 않은 유전자 조절 기구가 세균에 존재할 수 있는지에 대한 질문을 제기한다. 이런 질문의 답은 다염색체성인 진핵생물 유전체의 진화에 대한 단서를 제공할 수 있을 것이다.

세균의 단백질 암호화 유전자의 구성에 대해 두 가지 일반화를 할 수 있다. 첫째, 유전자 밀도는 DNA 1 kb마다 평균 약 1개의 유전자로 매우 높다. 예를 들어, 두 번째로 서열화된 세균 유전체인 대장균 K12 균주의 유전체는 크기가 4.6 Mb이며 단일 원형 염색체에 4289개의 단백질 암호화 유전자를 포함한다. 세균 유전체에 유전자가 밀집되어 있다는 것은 매우 높은 비율(약 85~90%)의 DNA가 암호화 DNA 역할을 한다는 것을 의미한다. 일반적으로 세균 유전체의 소량만 비암호화 DNA이며 종종 조절 서열 또는 유전체의 한 위치에서 다른 위치로 이동할 수 있는 전이 인자의 형태로 존재한다.

두 번째 일반화는 세균 유전체들이 오페론을 포함한다는 것이다. 우리는 교재의 앞 부분에서(16장 참고), 오페론이 전사 단위로 작용하는 다수의 기능적 유전자들을 포함한다는 것을 살펴보았었다. 이 유전자들의 단백질 산물은 공통의 생화학적 경로에서 함께 작용하는 것들이다. 대장균에서는 27%의 유전자들이

표 21.2 몇 가지 유전체들의 비교

생물(학명)	대강의 유전체 크기 [백만 염기쌍(Mb)이나 십억 염기쌍(Gb)으로 표시](완료된 해)	이배체(2*n*) 염색체 수	유전자의 수	인간과 공유하는 유전자의 백분율 정도
아프리카 발톱 개구리(*Xenopus laevis*)	3.1 Gb (2016)	36	~45,000	70%
세균(*Escherichia coli*)	4.6 Mb (1997)	1	4403	조사되지 않음
닭(*Gallus gallus*)	1 Gb (2004)	78	~20,000923,000	60%
개(*Canis familiaris*)	2.5 Gb (2003)	78	~18,400	75%
침팬지(*Pan troglodytes*)	3 Gb (2005)	48	~20,000924,000	98%
초파리(*Drosophila melanogaster*)	165 Mb (2000)	8	~13,600	50%
인간(*Homo sapiens*)	3.1 Gb (2004)	46	~20,000	100%
생쥐(*Mus musculus*)	~2.5 Gb (2002)	40	~30,000	80%
돼지(*Sus scrofa*)	3 Gb (2012)	38	~21,640	84%
쥐(*Rattus norvegicus*)	~2.75 Gb (2004)	42	~22,000	80%
붉은털원숭이(*Macaca mulatta*)	2.87 Gb (2007)	42	~20,000	93%
벼(*Oryza sativa*)	389 Mb (2005)	24	~41,000	조사되지 않음
예쁜꼬마선충(*Caenorhabditis elegans*)	97 Mb (1998)	12	19,099	40%
성게(*Strongylocentrotus purpuratus*)	814 Mb (2006)	42	~23,500	60%
애기장대(식물)(*Arabidopsis thaliana*)	140 Mb (2000)	10	~27,500	조사되지 않음
제브라피쉬(*Danio rerio*)	1.4 Gb (2013)	50	~41,800	70%
효모(*Saccharomyces cerevisiae*)	12 Mb (1996)	32	~5700	30%

Originally adapted from Palladino, M. A. (2006) *Understanding the Human Genome Project*, 2nd ed. Benjamin Cummings.

오페론에 포함되어 있다(약 600개의 오페론 존재).

진핵생물은 유전체 크기가 매우 다양하지만, 유전체들의 기본적 특징들은 서로 다른 종에서도 유사하다(**표 21.2**). 유전체 크기는 곰팡이의 10 Mb에서부터 일부 현화식물의 경우 100,000 Mb 이상(10,000배 차이)까지 다양하게 나타난다; 유전체당 염색체들의 수는 2개부터 수백 개(약 100배 차이)까지로 나타나지만, 유전자의 수는 유전체 크기나 염색체 숫자보다 극적인 차이는 덜하다.

진핵성 유전체들은 세균에서는 나타나지 않는 몇 가지 특징을 가진다:

- **유전자 밀도.** 유전자 밀도가 일반적으로 kb당 한 개 정도인 세균에서와는 대조적으로, 진핵생물의 유전체들은 유전자 밀도의 범위가 넓다. 효모에는 약 2 kb마다 1개의 유전자가 있고; 초파리에는 13 kb마다 1개 정도의 유전자; 그리고 인간에서의 유전자 밀도는 염색체마다 매우 다르게 나타난다. 인간의 22번 염색체에는 약 64 kb당 1개의 유전자가 있는 반면, 13번 염색체에는 155 kb마다 1개의 유전자가 있다.
- **인트론들.** 진핵생물 유전자에는 대부분 인트론이 포함되어 있다. 포함된 인트론의 수는 유전체마다, 또 유전자마다 다양하다. 효모의 전체 유전체에는 239개의 인트론만 있는 반면, 인간 유전체에서는 단 하나의 유전자에 100개 이상의 인트론이 포함될 수 있다. 인트론 크기와 관련해서, 일반적으로 진핵생물의 인트론 크기는 유전체 크기와 상관관계가 있다. 더 작은 유전체일수록 더 작은 평균 크기의 인트론을 가지며, 더 큰 유전체들은 더 평균 크기가 큰 인트론들을 가진다. 그러나 예외가 있다. 예를 들어, 복어(*Takifugu rubripes*)의 유전체에는 인트론이 비교적 적다.
- **반복서열들.** 인트론과 반복서열의 존재는, 진핵생물의 유전체 크기 범위가 넓어지게 되는 두 가지의 주된 이유이다. 옥수수와 같은 일부 식물에서는, 반복서열이 유전체의 지배적인 특징이다. 옥수수의 유전체는 약 2500 Mb의 DNA를 가지고 있으며 그 중 2/3 이상이 반복성 DNA로 구성되어 있다. 인간에서 유전체의 약 절반은 반복성 DNA이다.

비교유전체학은 모델 생물과 인간의 유전체들에 관한 새로운 정보를 제공한다

이들의 완전한 유전체 서열은 이 생물들과 인간의 유전자 기능에 대한 비교 유전체 연구에 매우 중요하다. 표 18.2에서 볼 수 있듯이, 인간의 유전체는 효모 유전체의 약 30%에서 생쥐의 약 80%, 침팬지의 약 98%에 이르기까지 다른 생물과 상당한 정도의 유전자를 공유한다. 인간의 유전체에는 여러 세균들에 존재하는 약 100개의 유전자가 포함되어 있다.

앞서 언급한 바와 같이, 인간 유전체의 서열화 외에도, 인간 유전체 연구 사업에 참여한 연구자들은 인간이 아닌 여러 모델 생물의 유전체들도 서열화 했다. 이 중에는 대장균, 효모, 초파리, 선형 동물인 예쁜꼬마선충, 그리고 생쥐가 포함된다. 그런 생물들의 완전한 유전체 서열들은 해당 생물들과 인간의 유전자 기능에 대한 비교 유전체 연구에 매우 중요하다. 표 21.1에서 볼 수 있듯이, 인간이 다른 종과 공유하는 유전자의 수는, 효모 유전자의 약 30%에서 생쥐의 약 80%, 침팬지의 약 98%에 이르기까지 매우 높다. 인간의 유전체에는 많은 세균들에도 존재하는 약 100개 유전자들도 포함되어 있다.

비교유전체학은 인간 질병과 관련된 것으로 확인된 많은 유전자가 모델 생물들에도 존재한다는 것을 보여주었다. 예를 들어, 거의 300가지의 인간 질병과 관련된 유전자들 중 약 60%가 초파리에도 존재한다. 여기에는 전립선암, 대장암, 그리고 췌장암과 관련된 유전자들; 심혈관 질환 관련 유전자들; 낭성 섬유증 관련 유전자들; 그리고 기타 여러 질병들과 관련된 유전자들이 포함된다. 여기에서 우리는 여러 모델 생물들(성게, 개, 침팬지, 붉은털원숭이)과 네안데르탈인에 대한 비교유전체학 연구가 어떻게 인간 유전체의 흥미로운 요소를 밝혀냈는지 살펴보도록 하자.

성게의 유전체

2006년에, 성게 유전체 서열화 컨소시엄(Sea Urchin Genome Sequencing Consortium)의 과학자들은 성게(*Strongylocentrotus purpuratus*)의 8억 1400만 염기쌍의 서열화를 완료했다. 성게는 얕은 바다에 사는 무척추동물로, 특별히 발생 생물학자들에게 중요한 모델 생물이다. 화석 기록은 성게가 캄브리아기 초기인 5억 2천만 년 전(520 mya)에 출현했음을 시사한다.

성게의 유전체 서열화를 완료하기 위해 WGS와 BAC에서의 지도 기반 클로닝이 함께 사용되었다. 성게는 모든 주요 척추동물 유전자 패밀리들의 대표 유전자들을 포함하는 약 23,500개의 유전자를 가지는 것으로 추산된다. 서열 비교 배열과 상동성 탐색 결과, 성게는 인간에서 중요한 기능을 하는 많은 유전자를 가지고 있지만, 흥미롭게도 파리나 벌레들에서 중요한 유전자들, 예를 들면 독성 화합물의 분해에 중요하게 작용하는 P450 같은 유전자들은 가지고 있지 않다는 것이 밝혀졌다. 성게 유전체는 또한 단백질 암호화 유전자들의 비-기능적 중복이라고 볼 수 있는 **위유전자(pseudogene)**를 많이(약 25~30%) 가지고 있다. 성게는 인간에 비해 평균적으로 더 작은 크기의 인트론을 가지는데, 이것은 비교유전체학에서 드러난대로, 인트론 크기가 유전체의 전체적인 크기와 상관성을 가진다는 일반적인 경향성을 지지한다.

성게에서 거의 1,000개에 달하는 유전자들이 빛과 냄새를 감지하는 것과 관련되어 있는 것으로 보아 이들이 엄청난 감각 능력을 가졌음을 시사한다. 이런 점에서, 그들의 유전체는 무척추동물보다는 척추동물의 전형에 조금 더 가깝다. 단백질 인산화효소, GTPase, 전사인자들, 선천성 면역, 수송체들, 그리고 저밀도 지질단백질 수용체 등 인간의 여러 가지 질병 관련 종간-상동유전자들(orthologs)이 그렇듯, 청각과 균형에 관여하는 인간의 종간-상동유전자들 다수가 성게에도 존재한다. 성게와 인간은 대략 7,000개의 종간-상동유전자들을 공유한다.

개의 유전체

2005년에 "인간의 가장 친한 친구"의 유전체 서열화가 완료되었고, 인간은 약 75%의 유전체를 개(*Canis familiaris*)와 공유한다는 것이 밝혀져, 우리 자신의 유전체를 연구하는 데 유용한 모델을 제공한다는 사실이 밝혀졌다. 개는 인간 유전체와 비슷한 크기의 유전체를 가진다: 약 25억 염기쌍에서 추정되는 유전자의 수는 18,400개이다.

개는 인간의 유전성 질병을 연구하는 데 몇 가지 장점을 제공한다. 개는 400개 이상의 단일 유전자 질병, 성염색체 이수성, 다요소적 질병들(예: 간질), 행동 장애(예: 강박 장애), 암, 실명, 심장병, 그리고 난청 등에 대한 유전적 소인을 포함하여, 인간과 많은 유전적 질병을 공유한다.

점 돌연변이와 결실처럼, 개 유전병의 최소 60%의 분자적 원인은 인간에서 발견되는 것과 유사하거나 동일하다. 또한 개의 유전병 중 적어도 50%는 품종에 따라 다르다. 개 품종은 시작된 개체수가 적고 상대적으로 유전적 고립 기간이 길다는 점에서, 고립된 인간 집단과 비슷하다. 이렇게 많은 유사성으로 인해 각각의 개 품종들은 인간 유전 질환의 모델로 유용하다.

육종가들은 이제 유전병, 래브라도 리트리버와 푸들의 털 색깔, 마스티프의 털 길이를 검사하기 위해 유전자 검사를 사용한다. 의심할 바 없이 우리는 가까운 미래에 크기, 꼬리 유형, 속도, 후각 및 육종가와 소유자가 중요하다고 생각하는 기타 특성에 대한 DNA 분석을 포함하여 개에 대한 더 많은 유전자 검사를 할 수 있을 것이다.

과학자들은 가축으로서 개의 기원을 결정하기 위해 유전체 자료를 사용해 왔다. 전 세계 여러 지역의 개와 회색 늑대에 대해 전체 유전체의 48,000 마커들로 분석한 결과, 현대의 개들은 아시아 늑대보다는 중동 늑애와 더 많은 서열을 공유하는 것으로 드러났다. 고대의 개와 늑대 화석에서 얻은 미토콘드리아 DNA의 서열 분석에 기초한 최근의 연구는, 개들이 유럽 지역에서 지금은 멸종한 회색 늑대로부터 기원했음을 시사한다.

이 연구에서는 1000~36,000년 된 서로 다른 품종의 개 77마리, 늑대 49마리, 코요테 4마리에서 채취한 시료의 미토콘드리아 DNA(mtDNA)가 비교되었다. mtDNA 염기서열에 기초하면, 개는 현생 늑대보다 고대 늑대와 더 관련이 깊은 것으로 보인다(전체 유전체 연구 팀에서도 이와 유사한 결론이 얻어졌다). 또한 현대의 개와 가장 가까운 일치를 보이는 고대 유적의 mtDNA 염기서열은 모두 유럽 회색 늑대 시료에서 얻은 것이다. 시료 형성 시기로 보면, 18,800년에서 32,100년 사이에 인간이 본격적으로 농사를 짓기 수천 년 전에 이미 수렵 채집인들 사이에서 개 가축화가 시작되었을 것이다. 개의 가축화가 아시아에서 시작되었다고 믿는 과학자들은, 연구자들이 중동과 동아시아의 고대 표본에서는 DNA 샘플을 얻을 수 없었기 때문에 mtDNA 연구에 결함이 있을 수 있다고 지적했다. 이 분야에 대해서는 연구가 계속될 것이며, 유전체학이 인간의 가장 친한 친구의 기원에 대한 논쟁을 해결할 수 있는지 여부를 보는 것은 흥미로운 일이 될 것이다.

침팬지의 유전체

침팬지(*Pan troglodytes*) 유전체의 뉴클레오타이드 서열화는 2004년에 완료되었다. 전체적으로, 침팬지와 인간의 유전체 서열 차이는 2% 미만이며, 98%의 유전자들이 같다. 이 유전체들의 비교로 무엇이 일부 영장류를 인간으로, 다른 영장류를 침팬지로 구분되게 하는지에 대한 흥미로운 통찰들이 얻어졌다.

인간과 침팬지를 분리시킨 종분화 사건은 630만 년 전(6.3 mya)에 발생했다. 유전체 분석은 이 종분화가 처음에 분기했다가 이후 다시 완전히 나뉘기 전에 다시 유전자들을 교환했음을 시사한다. 이 시점 이후 침팬지의 22번 염색체와 인간의 상동체인 21번 염색체에서의 서열 차이 같은 독립적 진화가 나타난다(**표 21.3**; 침팬지는 48개의 염색체를 가지며 인간은 46개의 염색체를 가지므로 염색체 번호가 다르다). 이 염색체들은 총 1.44%의 서열에서 뉴클레오타이드 치환을 축적하게 되었다. 팬지와 인간 염색체들에서 가장 놀라운 차이는 인델(indels)이라고 불리는 68,000 뉴클레오타이드의 삽입과 결실로, 470 염기쌍마다 하나의 빈도로 나타난다. 이들 중 다수는 인간의 21번 염색체에 있는 *Alu* 삽입들로 인한 것이다. 인간과 침팬지에서, 뉴클레오타이드 서열의 전체적인 차이는 작지만, 유전자가 암호화하는 것에는 큰 차이가 있다. 분석된 유전자 중 17%만이 양쪽 염색체들에서 동일한 단백질들을 암호화한다; 나머지 83%는 하나 이상의 아미노산에서 차이가 있는 유전자들이다.

표 21.3 인간의 21번 염색체와 침팬지의 22번 염색체 사이의 비교

	인간의 21번 염색체	침팬지의 22번 염색체
크기(bp)	33,127,944	32,799,845
G + C 함량	40.94%	41.01%
CpG 섬들	950	885
SINEs(*Alu* 인자들)	15,137	15,048
유전자들	284	272
위유전자들	98	89

유전자 발현의 시기와 장소에서의 차이 역시 두 영장류의 분화에 중요한 역할을 한다. DNA 마이크로어레이(21.9절 논의)를 사용하여, 연구자들은 인간과 침팬지의 뇌(brain)와 간(liver) 세포들에서 202개 유전자들의 발현 패턴을 비교했다. 그들은 간 유전자들보다 뇌 유전자들에서의 발현이 더 종-특이적 차이를 보인다는 것을 발견했다. 이런 차이들을 더 조사하기 위해, 스반테 파보(Svante Pääbo)와 동료들은 인간과 침팬지 뇌에서 10,000개 유전자들의 발현을 비교하여, 조사된 유전자들 중 10%가 뇌의 한 부분 이상에서 발현 차이가 있음을 발견했다. 보다 중요한 것은 이런 차이들이 두 종의 분기 이후에 중복된 인간 유전체 부분의 유전자들과 관련된다는 점이다. 이런 발견은 유전체 진화, 종분화, 그리고 유전자 발현들이 서로 관련되어 있음을 시사한다. 이런 중복 단편들과 그 안에 포함된 유전자들에 대한 후속 연구는 우리를 인간으로 만드는 유전자들의 정체를 밝혀줄 수 있을 것이다.

최근, 서열화와 비교유전체학에 힘입어, 연구자들은 **인간 가속화 영역**(*human accelerated region, HAR*)으로 알려진, 인간 유전체에서 빠르게 진화하는 약 3000개 단편들의 역할을 이해하려고 노력해 왔다. 대부분의 인간 유전자보다 작은 크기의 HAR들은 평균 약 250 bp이다. 많은 HAR은 인핸서 같은 조절 서열로 기능한다. 다른 것들은 lncRNA를 암호화하는데, HAR의 약 5%가 비암호화 RNA를 생성하는 것으로 추정된다.

많은 HAR이 발달 과정을 통제하는 유전자에 매우 인접해 있어서, 과학자들은 HAR이 인간의 발달에 어떤 역할을 할 수 있을 것으로 가정한다. 예를 들어, 어떤 HAR들과 이들이 조절하는 유전자들은 침팬지보다 더 크고 잘 발달된 인간 뇌 영역에서 발현되었다. 이러한 HAR의 과발현과 관련된 실험들에서는 인간의 뇌 발달과 유사한 뇌의 특정 영역이 발달하는 특성을 가진 생쥐를 만들기도 한다.

붉은털 원숭이의 유전체

또 다른 영장류인 붉은털 원숭이(*Macaca mulatta*)는, 생물의학 연구에서 가장 중요한 모델 생물 중 하나로 사용되어 왔다. 이 짧은 꼬리 원숭이들은 인간의 심혈관계 질병, 노화, 당뇨병, 암, 우울증, 골다공증 및 다른 여러 건강 문제들에 관한 이해를 돕는 데 중요한 역할을 한다. 그들은 AIDS 백신 연구와 소아마비 백신 개발에 필수적 역할을 했다.

붉은털 원숭이의 유전체는 최초로 서열화된 원숭이 유전체였다. 유전학자들이 이 서열화 프로젝트의 완성에 그렇게 흥분하는 주된 이유는, 이 짧은 꼬리 원숭이들이 인간과 침팬지 유전체들의 비교 분석에 적합한, 보다 먼 거리의 진화적 창을 제공하기 때문이다. 앞의 절에서 논의했던 것처럼, 인간과 침팬지들은 약 6백만 년 전의 공통조상을 가진다. 그러나 이 짧은 꼬리 원숭이들은 약 2천 5백만 년 전에 침팬지와 인간들을 이끌었던 원숭이 계통에서 갈라져 나갔다. 이 원숭이와 인간 유전체는 따라서 서로 더 멀리 분기하여, 98%의 서열 동일성을 보이는 인간과 침팬지 사이의 유사성과 비교하여, 인간과 93%의 서열 동일성을 나타낸다.

붉은털 원숭이 유전체는 2007년에 발표되었고, 그것이 22개 염색체(20개의 상염색체와 X 및 Y 염색체)에 포함된 28억 7천 염기쌍(인간 유전체의 크기와 비슷하다)으로 구성되어 있으며, 약 20,000개의 단백질 암호화 유전자들을 가진다는 사실은 놀라운 것이 아니었다. 비록 이 유전체에 대한 비교유전체학 분석들이 아직도 진행 중이지만, 현재까지 여러 가지의 흥미로운 특징들이 밝혀졌다. 인간에서처럼, 약 50%의 유전체가 반복성 요소들(트랜스포존, LINEs, SINEs)로 구성된다. 인간에서 발견되는 암 유전자 패밀리를 비롯하여 유전자 중복과 유전자 패밀리들도 풍부하다.

여러 가지 놀랍고 흥미로운 사실들도 관찰되었다. 예를 들어, 14장을 비롯해서 교재 앞부분의 논의에서 우리는 상염색체성 열성 유전병인 페닐케톤뇨증(phenylketonuria, *PKU*)에 대해서 살펴보았었는데, 이 병에 걸린 사람들은 페닐알라닌 수산화효소(phenylalanine hydroxylase, *PAH*) 유전자에서의 돌연변이로 인해 아미노산인 페닐케톤을 대사하지 못한다. PKU인 사람의 *PAH* 유전자에서의 돌연변이에 의해 암호화되는 히스티딘 치환은 건강한 원숭이의 단백질에서는 야생형 아미노산인 것으로 보인다. 그러나 왜 이런 돌연변이를 가진 원숭이들이 PKU에 걸리지 않는지에 대해서는 알려진 바가 없다. 원숭이 유전체에 대한 후속 분석과, 인간과 침팬지 유전체의 비교는 영장류 진화에서의 유전적 변이의 역할을 연구하는 유전학자들에게는 아주 귀중한 자료가 될 것이다.

네안데르탈인 유전체와 현대인들

2010년에 독일 막스 플랑크 진화 인류학 연구소의 스반테 파보(Svante Pääbo)가 이끄는 과학자들과, 미국의 생명공학 회사인 454 라이프 사이언스사는, 30억 염기쌍 이상에 해당하는 네안데르탈인(*Homo neanderthalensis*) 유전체에 대한 개략적인 초안과 그 유전체의 2/3 정도의 서열화를 완료했음을 보고했다. 그보다 앞선 1997년에, 파보 연구팀은 화석에서 네안데르탈인 미토콘드리아 DNA의 일부를 서열화했었다. 2006년 말에, 그들은 미국의 여러 과학자들과 함께 네안데르탈인의 뼈 시료에서 분리한 핵 DNA 서열 약 65,000 bp를 최초로 보고했다. 38,000년~44,000년 전에 크로아티아의 빈디자(Vindija) 동굴에 살았던 세 명의 여성으로부터 얻은 뼈가 네안데르탈인의 핵 유전체에 대한 서열화 초안을 만드는 데 사용되었다. 200,000년 전에 살았던 네안데르탈인의 석회화된 잔해에서 최근에 발견된 염기서열은 지금까지 분석된 가장 오래된 네안데르탈인 DNA로 생각된다.

네안데르탈인들이 인간 과(科)의 한 구성원이고, 침팬지보다는 인간에 더 가까운 친척이므로, 네안데르탈인의 유전체는 비교 유전체학을 이용하여 현대인과 우리 조상 사이의 진화적 연관관계에 대한 이해를 발전시킬 유례없는 기회를 제공한다. 특히, 과학자들은 인간이 네안데르탈인들과 분기된 이후 빠른 진화를 겪은 유전체 영역을 찾는 데 관심이 있었다. 이런 분석을 위해서는 네안데르탈인의 유전체를 인간 및 침팬지 유전체들과 비교하는 유전체학적 접근이 필수적이다.

인간과 네안데르탈인 유전체들은 99% 동일하다. 비교 유전체학은 인간에서 네안데르탈인의 분기 이후에 생겨나 현대인의 적응을 도운 것으로 보이는 78개의 단백질 암호화 서열을 찾아냈다. 이 서열 중 일부는 인지 발달과 정자 운동성에 관여한다. 이 두 인간종에서 공유되는 많은 유전자들 중 *FOXP2*는 말하기 및 언어 능력과 연계되어 있는 유전자이다. 말하기에 영향을 미치는 많은 유전자들이 있으므로, 이런 발견이 네안데르탈인이 우리처럼 말했다는 의미는 아니다. 그러나 네안데르탈인들이 현대인과 동일한 *FOXP2* 유전자를 가지고 있었기 때문에, 과학자들은 네안데르탈인이 언어적 능력을 가지고 있었을 것으로 예상한다.

현대 인류와 네안데르탈인이 30,000년 전에 겹치는 범위에서 살았다는 사실이 밝혀지면서 현생 인류와 네안데르탈인의 상호작용에 대한 추측이 제기되었다. 유전체 연구들은 45,000~80,000년 전에 동부 지중해에서 네안데르탈인들과 현대인들 사이에 교잡이 발생했었음을 제시한다. 사실, 비-아프리카계 *H. sapiens*들의 유전체는 네안데르탈인들로부터 물려받은 1~4%가량의 서열을 포함한다. 이전에는 불가능한 것으로 생각되던 이런 흥미로운 연구들은 인간의 진화 분야에 파장을 일으키고 있으며, 이 연구의 발전을 좇는 일은 정말로 흥미로운 일이 될 것이다.

21.8 환경유전체학은 유전체학 기술을 환경 시료에 적용한다

환경유전체학(environmental genomics)이라고도 불리는 **군유전체학(metagenomics)**은, 전-유전체 샷건 접근 방식을 사용하여 물, 공기 및 토양의 환경 시료에서 미생물 전체 군집의 유전체를 서열화하려는 분야이다. 대양이나 빙하, 사막, 그리고 지구상의 거의 모든 환경들에서 군유전체학 프로젝트를 위해 시료가 채취되었다. 인간 유전체 사업의 선구자인 벤터(J. Craig Venter)는 셀레라(Celera)를 떠나 J. 크레이그 벤터 연구소(J. Craig Venter Institute, JCVI)를 차렸고, 그의 연구팀은 군유전체학을 유전체학 연구의 새로운 분야로 발전시키는 데 중요한 역할을 담당했다.

이 연구소의 주된 선도 사업 중 하나는 전 세계를 탐험하여 세계의 해양과 육지 미생물들을 채취하고 그들의 유전체를 서열화하는 것으로, "소서러 II(*Sorcerer II*) 세계 해양 표본 수집(Global Ocean Sampling, GOS) 탐험"이라고 불렸다. 2004년~2006년에 벤터와 그의 연구원들은 요트로 전 세계 32,000해리를 항해하여, 다윈(Charles Darwin)의 유명한 여행기인 "비글호의 모험(voyage on the *H.M.S. Beagle*)"의 현대 버전으로 설명되기도 했다. 초기 탐사 중 하나로 이 팀은 버뮤다 근해의 사르가소해(Sargasso Sea)에서 세균 유전체를 서열화했다. 이 프로젝트로, 이전에 알려지지 않은 148종의 세균 종을 포함하여, 1800종의 미생물로부터 120만 개 이상의 새로운 DNA 서열이 생산되었으며, 수백 개의 광수용체 유전자가 발견되었다.

군유전체학의 주요 장점은 아직 특성이 밝혀지지 않은 수백만 종의 세균에 대해 더 많이 알려줄 수 있는 잠재력이 있다는 것이다. 많은 새로운 바이러스, 특히 박테리오파지가 물과 토양 시료의 연구를 통해 확인되었다. 군유전체학은, 미생물 군집과 환경 사이의 복잡한 상호 작용을 이해하고, 새로 확인된 미생물의 계통 발생학적 분류에 필요한 미생물의 유전적 다양성에 대한 중요한 새로운 정보들을 제공하고 있다. 뿐만 아니라, 새로 발견되는 미생물들의 계통유전학적 분류도 가능하게 한다. 군유전체학은 또한 새로운 기능을 가진 유전자를 식별할 수 있는 큰 잠재력을 가지고 있으며, 그 중 일부는 의학 및 생명 공학에서 응용 가치가 큰 것일 수 있다.

군유전체학에서 일반적으로 사용되는 방법은, 미생물이나 바이러스의 배양 없이 환경 시료에서 직접 DNA를 분리하는 것이다. 그러한 접근법은 종종 미생물이 배양에서 생존하는 데 필요한 복잡한 성장 조건을 구현하는 것이 어렵기 때문에 필수적이다.

군유전체학이 어떻게 우리 주변의 미생물 세계에 대한 새로운 통찰을 제공할 수 있는지를 잘 보여주는 사례 중 하나는, 뉴욕시 지하철에서 발견되는 미생물에 대한 최근 연구에서 찾을 수 있다. 이 프로젝트는 존재하는 대부분의 미생물이 일반적으로 인간의 피부와 위장관에 널리 퍼져 있으며 질병을 유발하지 않는 세균들임을 드러냈다. 그러나 때로는 탄저균(*Bacillus anthracis*) 같은 병원체도 확인되었다. 그러나 서열화된 DNA의 절반 가까이는 진핵생물에서도, 세균이나 고세균, 그리고 바이러스 유전체 데이터베이서에서조차 찾을 수 없는 것들이었다!

인체의 미생물군 유전체 프로젝트

2007년, 미국 국립보건원(National Institutes of Health, NIH)은 **인간 미생물군 유전체 프로젝트(Human Microbiome Project, HMP)**에 대한 계획을 발표했다. 이것은 1억 7천만 달러의 연구비로 인간의 신체에 존재하는 약 600~1000가지 세균들, 바이러스들, 그리고 효모 등 미생물들의 유전체들을 모두 서열화하는 연구 사업이다. 사업 초기의 예측은 좀 과도할 가능성이 있긴해도, 미생물 세포들은 인간 세포보다 약 10배는 많을 것으로 생각되었다.

물론 일부 미생물들은 우리를 아프게 할 수도 있지만, 대장균 같은 소화관 속의 많은 미생물은 인간의 건강에 중요한 역할을 한다. HMP의 주요 목표는 다음과 같다:

- 사람들이 핵심적인 인체 미생물군 유전체를 공유하는지 결정
- 미생물군 유전체에서의 변화가 인간의 건강 변화와 연관될 수 있는지에 대한 이해
- 생물정보학적 도구들을 포함하여 미생물군 유전체의 분석을 지원할 수 있는 새로운 방법들을 개발
- 인체의 미생물군유전체 연구에 의해 야기되는 윤리적, 법적, 사회적 영향을 다루기 등이다.

HMP에는 80개 연구소의 200명 정도의 과학자들이 참여했고 이들은 2012년에 HMP의 발견들을 요약한 일련의 논문들을 발표했다. HMP는 미국 내 242명의 건강한 피험자들을 대상으로, 남성 신체의 15곳과 여성들의 신체에서 18곳을 분석했고, 이곳의 미생물 유전체들과 바이러스들에 대해 WGS를 적용했다. 모든 피험자가 거의 2년에 걸쳐 3차례까지 시료를 제공했다. 더하여, 특별히 16*S* rRNA 유전자 서열들을 세균 시료들을 비교하는 데 사용했다. 이 작업을 통해 인체에서 분리된 미생물에 대한 3,000개 이상의 기준 서열들(reference sequences)이 개발되었다.

HMP는 인간 유전체 프로젝트에 의해 생산되었던 서열 자료의 1000배 이상을 축적했다. 우리는 인간 미생물군 유전체에 대

해 다음 개념들을 추출할 수 있다:

- 서열 자료들은 남녀 신체 영역에 분포하는 약 81~99%의 미생물과 바이러스의 정체를 밝혀주었다.
- 한 개인에는 많게는 1,000가지의 세균 계통이 존재할 수 있다.
- 미생물군은 출생 시 시작된다. 아기들은 어머니의 미생물군으로부터 세균들을 얻는다.
- HMP 과학자들이 놀랐던 사실은 미생물군이 사람마다 상당히 다를 수 있다는 점이었다. 개인 간의 차이에 기초하면, 약 10,000종의 세균들이 전체 인간의 미생물군의 일부일 수 있다.
- 비록 미생물군이 사람마다 달라도, 개인들에서는 비교적 오랫동안 안정적으로 지속된다.

이러한 발견에 기초하면, 사람을 비교할 수 있는 하나의 기준형 인간 미생물 군집은 없다. 미생물 다양성은 개인마다 크게 다르며, 개인마다 미생물군의 개인화가 발생한다. 예를 들어, 같은 연령인 건강한 두 사람의 미생물군유전체 서열을 비교하면, 굉장히 다를 수 있음이 드러난다. 그러나 신체의 어떤 부분에서는 그 특정 부분과 관련되어 있는 대표 세균과 특정 유전자들이 존재하는 유사성도 있다.

미생물군의 개성에 대한 지식은, 미래에는 인간의 건강 증진과 미생물군유전체 특이적인 치료약들을 포함할 수도 있는 의약계에 중요해질 것이다. 과학자들은 건강한 미생물군의 기준을 확립하려고 노력 중인데, 이것은 어떻게 세균들이 정상적인 건강 유지를 도우며, 어떻게 항생제가 개인의 미생물군을 파괴할 수 있고, 왜 어떤 사람들은 특정 질병에 취약한지를 결정하는 데 도움을 줄 것으로 기대된다. 특히 건선이나 과민성 대장 증후군 같은 만성 질환들과 비만까지도 도움을 받을 수 있을 것이다.

이 프로젝트와 관련하여, 로스앤젤레스의 캘리포니아 대학 내 한 연구팀은 101명의 대학생들로부터 DNA 서열을 분석했는데, 그 중 49명은 여드름이 있었고, 52명은 여드름이 나지 않았었다. 모낭 내 상재균인 *Propionibacterium acnes*(*P. acnes*)가 1000 계통이 넘게 분리되었다. WGS와 생물정보학을 이용하여, 연구자들은 이 계통들을 10개의 계통형(연관 계통들)으로 묶었다. 이 형태 중 6가지는 여드름이 있는 학생들에 더 흔했고, 한 가지 형태는 여드름이 없는 학생들의 피부 시료에 더 반복적으로 나타났다. 여드름과 관련된 형태의 서열 분석은 피부 질환에 기여할 수도 있는 유전자 무리들을 보여주었다. 이 계통형들에 대한 후속 분석은 피부과 의사들이 *P. acnes*의 여드름-유발성 계통들을 표적화하여 죽이는 새로운 약물을 개발하는 데 도움을 줄 수도 있을 것이다.

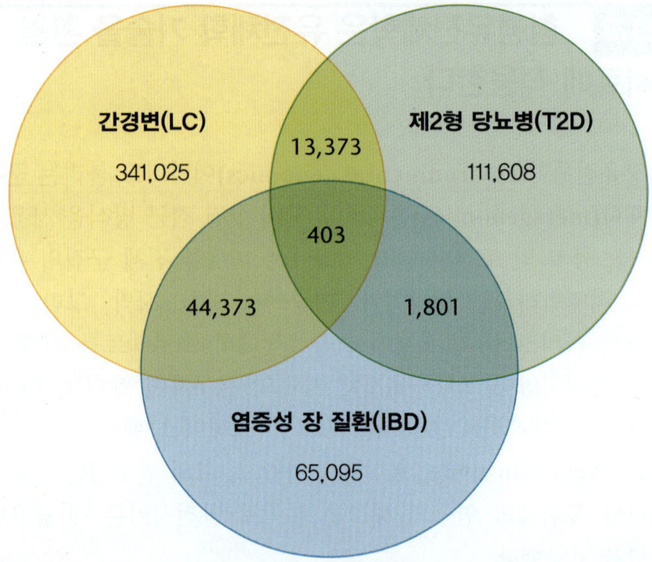

그림 21.13 간경변, 제2형 당뇨병, 그리고 염증성 장 증후군을 앓는 환자들에서 장내 미생물들의 유전자를 벤다이어그램으로 표현한 것. 서로 다른 질병들은 공유 유전자들의 수는 적고 독특한 유전자들의 수는 훨씬 많다는 점에 주목하라.

그림 21.13에 나타낸 것처럼, 벤다이어그램은 군유전체학 자료 세트들을 겹쳐서 보여주는 일반적인 방법이다. 이 그림에서는 겹쳐진 원들이 간경화증과 제2형 당뇨병, 그리고 염증성 장 증후군인 사람들로부터 조사된 장내 미생물군 유전자의 수를 보여준다. 각 질병은 고유한 미생물 유전자 프로파일을 보이지만 그들 사이에는 상당한 중복이 발생한다는 점에 유의하라. 미생물 유전자들 중 403개가 공유되어 세 가지 질병 모두에 대한 공통 마커로 간주된다.

이 장 말미의 사례 연구에서는 장내 미생물들이 장 건강에 미치는 중요성에 초점을 맞춘 임상적 응용에 대한 간단한 논의가 제시되었다.

21.9 총전사체 분석으로 세포와 조직에서 발현되는 유전자들의 양상이 드러난다

일단 어떤 유전체가 서열화되고 주석이 달리면, 또 하나의 힘든 작업이 남는다: 유전체에 포함된 유전자들을 분석함으로써, 유전체 기능과 유전체에 의해 발현되는 유전자들이 조절되는 방식을 이해하는 것이다. 유전자 발현의 총체적 분석(global analysis of gene expression)이라고도 불리는 **총전사체 분석(transcriptome analysis)** 혹은 **총전사체학(transcriptomics)**은, 어떤 유전자들이 발현되고 또 어떤 유전자들이 발현되지 않는지를 밝힘으로써 유전체에 의한 유전자 발현을 질적

(*qualitatively*)으로 연구하는 동시에, 서로 다른 유전자들의 발현 정도를 측정함으로써 **양적**(*quantitatively*)으로도 연구한다. 다시 말하자면, 총전사체 분석은 세포나 조직, 혹은 생물체의 총 RNA 성분을 목록화하고 정량화하려는 시도이다.

이론적으로 한 생물체의 모든 세포는 어떤 종류의 세포나 조직에서도 같은 유전자를 보유하지만, 어떤 유전자들은 매우 많이 발현되고, 다른 유전자들은 낮은 수준으로만 발현되며, 어떤 경우에는 전혀 발현되지 않기도 한다. 총전사체 분석은 동일한 유전체에 대해 조직 형태나 세포에 따라 달라질 수 있는 유전자-발현 프로파일을 알려준다. 한 유전체에 의해 유전자들이 언제, 어디서 발현되는지를 밝히는 것은 어떻게 유전체가 기능하는지를 이해하기 위해서는 필수적이다.

총전사체 분석은 (1) 발생 과정 중에 어떻게 세포나 조직들이 분화되는지를 이해하는 데 중요한, 정상적인 유전자 발현 패턴과, (2) 어떻게 유전자 발현이 분화된 세포들의 생리를 통제하고 조절하는지, 그리고 (3) 세포에서의 유전자 발현 변화가 원인이거나 그 결과로 작용하는, 질병 발생의 기작에 대한 통찰을 제공해준다. 교재의 후반(22장 참고)에서는, 왜 유전자-발현 분석이 특정 의학 분야에서 점점 더 중요한 진단 도구가 되어 가고 있는지를 살펴보게 될 것이다. 예를 들어, 특정 암종에서 유전자 발현 프로파일을 검사하는 것은 종양의 유형을 진단하고 종양의 전이(퍼짐) 가능성을 결정하는 데 도움주므로, 가장 효과적인 치료 전략을 세울 수 있게 해준다.

DNA 마이크로어레이 분석

여러 가지의 기술들이 총전사체 분석에 사용될 수 있다. 역전사 PCR(RT-PCR)과 정량 실시간 PCR(qPCR) 등(20장 참고), PCR-기반 방법들은 낮은 수준으로 발현되는 유전자들을 추적할 수 있는 능력 때문에 매우 유용하다. 거의 20년 동안, **DNA 마이크로어레이 분석(DNA microarray analysis)**은 연구자들이 시료의 발현 유전자들을 모두 동시에 분석할 수 있도록 해주었기 때문에 널리 사용되었다(그림 21.14).

유전자 칩(gene chip)으로도 알려진 대부분의 마이크로어레이들은 어레이어(arrayer)라고 불리는 컴퓨터로 조절되는 고속의 로봇 팔을 사용하여 단일 가닥의 DNA를 유리 슬라이드 위에 "점으로 찍은(spotting)" 형태로 준비된다. 어레이어들에는 많은 수의 작은 핀들이 장착되어 있다. 각 핀들은 서로 다른 단일 가닥 DNA 분자가 수백만 사본들로 포함된 소량의 용액에 잠긴다. [예를 들어, 많은 마이크로어레이들이 단일 가닥의 상보성 DNA(complementary DNA, cDNA)나, 발현된 유전자들로부터 분리된 짧은 DNA 조각들인 발현 서열 표지들(expressed sequenced tags, ESTs)로 만들어진다.] 어레이어는 DNA를 컴퓨터에 의해 기록된 특정 자리들(포인트 혹은 점)에 부착시키는데, 이 점들은 나중에 컴퓨터에 의해 읽혀지고 기록될 것이다. 하나의 마이크로어레이는 20,000개 이상의 서로 다른 DNA 점들(엑손-특이적 마이크로어레이에서는 1백만 개 이상)을 가질 수 있으며, 점들 각각은 서로 다른 유전자들의 탐침자로 작용하는 독특한 서열을 포함하고 있다.

전사체 분석에 마이크로어레이를 사용하기 위해, 과학자들은 일반적으로 세포나 조직에서 mRNA를 추출하는 것으로 시작한다(그림 21.14). 보통 이 mRNA를 역전사시켜 형광 표지된 뉴클레오타이드로 표지된 cDNA를 합성한다. 마이크로어레이 연구는 종종 다른 세포나 조직 시료에서 유전자 발현을 비교하는 내용을 담고 있다. 이런 경우, 하나의 조직에서 준비된 cDNA가 한 가지 색, 예를 들어 붉은색으로 표지되며, 다른 조직에서 얻어진 cDNA는 녹색 등의 다른 색으로 표지된다. 표지된 cDNA들은 이후 변성되고 장시간 마이크로어레이에서 항온 조건에 공존함으로써 상보적인 DNA 서열을 포함한 마이크로어레이의 점들에 혼성화될 것이다. 다음에는, 마이크로어레이를 닦아내 과도한 cDNA를 제거하고 레이저로 훑어 검색하게 된다. 레이저는 마이크로어레이에 혼성화된 cDNA가 형광을 띠도록 한다. 형광 반점의 패턴은 관심 조직에서 발현되는 유전자를 나타내고 반점 형광의 강도는 상대적인 발현 수준을 나타낸다. 점이 밝을수록, 그 조직에서 그 특정 mRNA가 많이 발현된 것이다.

DNA 마이크로어레이는 유전자 발현 패턴이 분석되는 방식을 극적으로 변화시켰다. 앞서 논의했던 바와 같이(20장 참고), 노던 블롯 분석(Northern blot analysis)은 유전자 발현을 분석하는 데 사용된 초기 방법 중 하나이다. 그 다음에는 PCR 기술이 더 빠르고 향상된 민감도를 가지는 것으로 판명되었다. DNA 마이크로어레이의 가장 큰 장점은 수천 개의 유전자를 동시에 연구할 수 있다는 점이다. 그런데 결과적으로 이들은 엄청난 양의 유전자-발현 자료를 생산할 수 있었다. 공개적 접근이 가능한 데이터베이스에서 100만 개 이상의 인간 유전자 발현 데이터 세트를 이용할 수 있으며, 인간의 유전자 발현을 분석하기 위한 상업적 DNA 마이크로어레이도 널리 사용되어왔다(그림 21.15).

그러나 DNA 마이크로어레이의 한 가지 제한점은 이들이 종종 다양한 결과들을 생산할 수 있다는 점이다. 예를 들어, 특정 조건에서 수행된 한 실험이 다시 반복될 때 유전자 발현에서 항상 비슷한 패턴을 생산하지 않을 수도 있다. 이런 차이의 일부는 유전자 발현에 진짜 차이가 있어서일 수도 있지만, 어떤 경우에는 칩의 준비에 따른 변수 때문일 수 있는데, 그런 변수를 제한하기 위해서는 cDNA 합성, 탐침자 혼성화, 세척 조건, 혹은 이

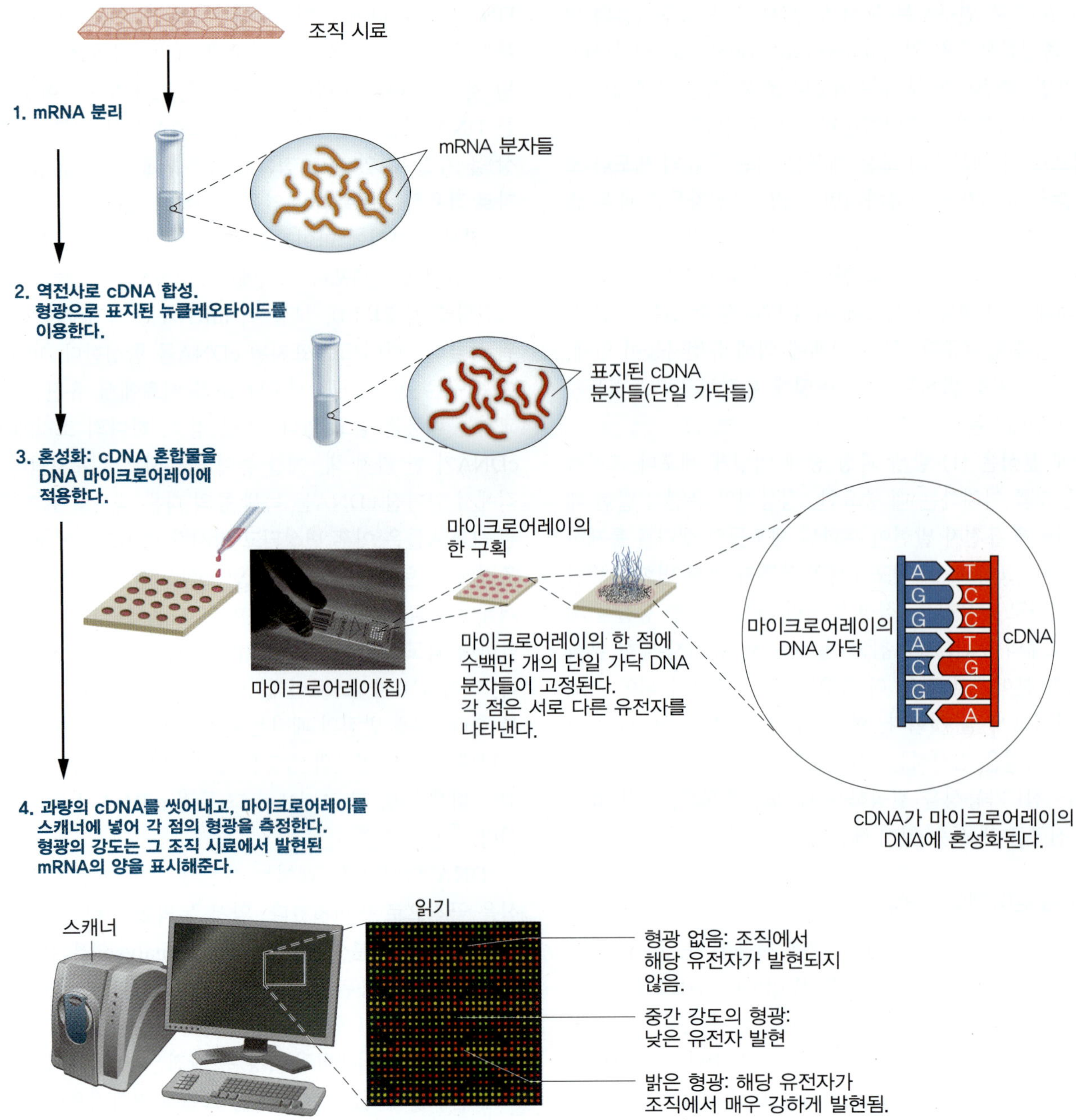

그림 21.14 조직에서 유전자-발현 패턴을 분석하는 마이크로어레이 방법.

모든 것들이 아주 세심하게 조절되어야만 한다. 상용 마이크로어레이들은 개별 연구자들이 자신들의 어레이들을 만들 때 생길 수 있는 그런 변수들을 감소시킬 수 있다.

22장에서 배우게 되겠지만, 연구자들은 서로 다른 조건에 대한 반응으로 조직의 유전자 발현이 어떻게 바뀌는지를 비교할 때, 정상 조직과 병이 생긴 조직의 유전자 발현 양상을 비교할 때, 그리고 병원체를 규명할 때도 DNA 마이크로어레이를 사용하고 있다.

논의한 바와 같이, 유전자 발현 마이크로어레이의 중요한 가치는 많은 수의 유전자에 대한 RNA 발현을 동시에 정량화할 수 있는 능력이다.

혼성화 기반의 마이크로어레이는 전사체를 대규모로 탐지하고 정량화하는 비교적 저렴한 최초의 방법을 제공했다. 그러나 다음 절에서는 미래에 DNA 마이크로어레이를 구식으로 만들 가능성이 있는 훨씬 더 현대적인 접근 방식을 설명하고자 한다.

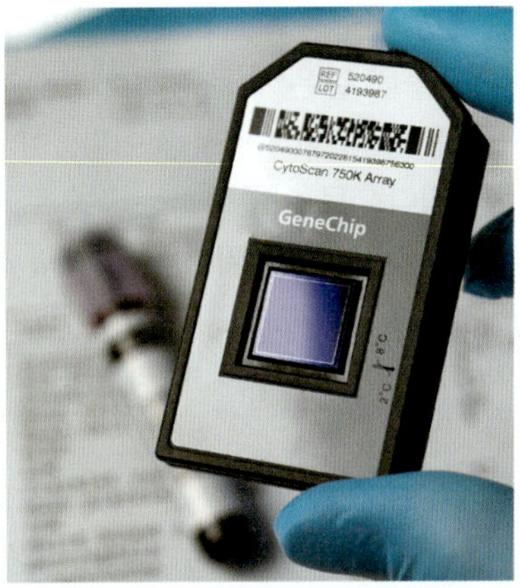

그림 21.15 어피메트릭스사(Affymetrix, Inc.)에서 판매하는 유전자칩(GeneChip®). 상업적으로 이용 가능한 DNA 마이크로어레이 중 하나이다. 이 특수한 마이크로어레이는 약 50,000개의 RNA 전사체에 대한 발현을 분석하는 데 사용할 수 있다. 여기에는 각 전사체에 대한 22가지의 서로 다른 탐침자들이 포함되어 있으며 과학자들이 인간 유전체에 있는 대부분의 유전자 발현 수준을 동시에 평가할 수 있도록 해준다.

RNA 서열화 기술은 유전자 발현의 제자리 분석(현장 분석)을 가능하게 한다

최근 몇 년 동안 총전사체 샷건 서열화(whole-transcriptome shotgun sequencing)라고도 하는 직접적 **RNA 시퀀싱(RNA-seq)**에서 상당한 발전이 이루어졌다. 마이크로어레이의 한 가지 단점은 칩에 탐침자가 있는 유전자에 대해서만으로 발현 연구가 제한된다는 점이다. 반대로, RNA-seq은 특정 조직에서 발현되는 모든 RNA를 정량적으로 분석할 수 있을 뿐만 아니라, 실제 염기서열 데이터도 제공한다. 그리고 RNA-seq은 세포 내부(*in situ*)에서도 수행될 수 있다. 이러한 RNA-seq의 응용에서는 세포 자체가 "유전자 칩" 역할을 할 수 있다.

일반적으로, 대부분의 RNA-seq 방법은 제자리에서의 RNA 역전사, cDNA 서열화, 기준 유전체에 대한 지도화(특정 유전자에서 어떤 서열이 전사된 것인지 결정하기 위한), 유전자 발현 정량화를 모두 통합한다. 형광 제자리 RNA 서열화까지 통합시킨 방법을 통해, 과학자들은 손상되지 않은 세포와 조직에서 특정 RNA가 전사되는 위치를 시각화할 수도 있다.

이제는 개별 세포에서 DNA 서열화 및 RNA-서열화를 수행하는 것도 가능해지고 있다! 여러 연구팀들이 같은 세포에서 유전체와 총전사체를 서열화하는 통합적 접근법을 사용한다. 이런 전략은 유전체와 총전사체를 모두 분석함으로써, 동시에 같은 세포에서 유전적 다양성과 mRNA 발현의 다양성을 연관시킬 수 있게 해준다.

우리는 교재의 후반에 RNA-seq의 응용에 대해 고려하겠지만(22장 참고), 분명히 이런 접근은 어떻게 CNV 같은 유전체 변이가 총전사체 발현에 영향을 미치는지에 대한 이해를 포함하여, 이미 질병 진단에 대한 큰 가치를 입증했다. 이제 유전체와 총전사체에 대해 논의했으니, 유전자의 궁극적인 최종 산물, 즉 유전체에 의해 암호화되는 단백질들에 대해 살펴보기로 하자.

21.10 단백질체학은 세포의 단백질 조성을 규명하고 분석한다

유전체가 서열화되고 연구됨에 따라, 생물학자들은 유전체가 암호화하는 모든 단백질들—특정 유전체에 의해 암호화되는 모든 단백질의 세트로 정의되는 **단백질체(proteome; 프로테옴)**—의 복잡한 구조, 기능 및 상호 작용을 이해하는 데 점점 더 집중하고 있다. **단백질체학(proteomics; 프로테오믹스)**은 단백질체를 발견하고 특성을 규명하며, 정량적으로 분석한다.

단백질체학은 다음과 같은 많은 정보를 제공한다:

- 단백질의 구조와 기능
- 번역 후 변형들
- 단백질-단백질, 단백질-핵산, 그리고 단백질-대사물 간의 상호작용들
- 단백질의 세포 내 위치
- 단백질 안정성과 번역 및 번역 후 수준의 유전자 발현 조절 측면
- 다른 단백질들과의 관계(공유 영역들, 진화 역사 등)

단백질체학 프로젝트들은 몇몇 생물종의 주요 단백질 패밀리들을 규명하는 데 사용되었다. 예를 들어, 초파리 단백질체의 2/3 가량은 단백질체학을 이용하여 잘 목록화되었다.

단백질체학에서 정상 조직과 질병 조직의 단백질을 비교하여 질병 상태에 대한 생물 표지자 단백질을 확인할 수 있으므로, 이 분야는 임상적 가치도 있다. 노화 과정 중의 미토콘드리아 단백질에 관한 단백질체학적 분석, 인간의 관상동맥 질환에서 얻은 죽상동맥 경화증 플라크에 대한 단백질체학 지도들, 그리고 질병의 진단과 추적을 목적으로 타액(침)에서의 단백질 프로파일을 만드는 것 등이 모두 그런 사례들이다.

세포나 조직에서 발현된 단백질의 수와 유전자 수의 조화

1940년대 비들(George Beadle)과 테이텀(Edward Tatum)의 일-유전자:일-단백질 가설(14장 참고)은 훌륭한 제안지었지만, 유전체학은 유전자와 유전자 산물 사이의 연관이 종종 더 복잡한 것임을 드러내 주었다. 유전자들은 몇 가지 서로 다른 형태의 전사체들을 생산하도록 하는, 다수의 전사 개시 지점을 가질 수 있다. 대체 스플라이싱(alternative splicing)과 pre-mRNA 분자

의 편집은 한 유전자에서 수십 가지의 서로 다른 단백질들이 생겨나도록 한다. 결과적으로, 단백질체들은 유전체보다 훨씬 크다. 인간 조직들에서 얻은 mRNA들에 대한 서열화는 95% 이상의 단백질 암호화 유전자들이 다른 방식으로 접합되는 하나 이상의 엑손들을 가진다는 것을 드러내주었다.

그러나 전사체들의 집단에서 얼마나 많은 종류의 단백질들이 번역되었는지는 불분명하다. 이런 문제를 다루기 위해, 인간의 단백질체 전부의 목록화를 목표로 인간 단백질체 지도(Human Proteome Map, HPM) 프로젝트가 2014년에 발표되었다. 이 프로젝트는 우리가 다음 절에서 논의할 연구 방법을 사용하여 광범위한 인간 조직 및 세포 유형에 대한 단백질체들을 분석했다. 이 연구의 결과에 기초하면, 우리는 이제 인간 유전체에 있는 약 20,000개의 단백질 암호화 유전자들이 최소 290,000개의 서로 다른 단백질을 생성할 수 있다는 것을 알게 되었다. HPM은 현재 인간 단백질체학 데이터베이스에 존재하는 주석이 달린 모든 단백질 암호화 유전자의 약 85%를 차지했다. HPM의 온라인 데이터베이스에 접속하려면 연습문제 20번을 참고하라.

세포의 특정 단백질 함량(또는 프로파일)은 대부분 유전자 발현 패턴(그 총전사체)에 의해 결정된다. 그러나 다수의 다른 요인들이 세포 내의 단백질체 프로파일에 영향을 미친다. 우선, 많은 단백질들이 번역과 함께, 혹은 번역 후의 사건에 의해 변형되는데, 세포소기관 경로를 위해 단백질을 표적화하는 신호 서열과 프로펩타이드들, 혹은 개시 메티오닌 잔기들을 절단하거나; 탄수화물과 지질들을 결합시키거나; 혹은 메틸화, 아세틸화, 그리고 인산화를 통한 화학 잔기들이 추가되는 등 여러 변형을 겪는다. 100가지가 넘는 번역 후 변형 기작들이 알려져 있다.

그리고 많은 단백질이 정교한 단백질-단백질 상호작용을 통해 작용하거나 커다란 분자 복합체의 일부분으로 기능한다. 게다가 신체의 모든 세포가 동일한 유전자 세트를 가지지만, 모든 세포가 같은 유전자들을 발현하여 동일한 단백질들을 발현하지는 않는다. 단백질체학은 또한 분석 중인 세포 유형의 유전체에 의해 암호화된 단백질뿐만 아니라 세포가 다른 세포에서 획득할 수 있는 단백질도 고려한다.

단백질체학의 초기 역사는 1975년까지 거슬러 올라가, 수십만 가지 단백질들을 고해상도로 분리할 수 있는 기술로 **2차원 젤 전기영동(two-dimensional gel electrophoresis, 2DGE)**이 개발되면서 시작되었다. 이 기술에서는, 관심 세포나 조직에서 분리된 단백질들이 폴리아크릴아마이드 튜브형 젤에 올려져 우선 **등전점 전기영동**(*isoelectric focusing*)으로 분리된다. 이것은 단백질들이 pH 경사에서 자신들의 전하에 따라 이동하게 만든다. 전기장에서 단백질들은 그들의 순전하가 0(양전하인 곁사슬과 음전하인 곁사슬을 같은 수로 가지게 됨)인 pH에 도달할 때까지 pH 경사를 통해 이동하게 될 것이다. 이후 두 번째 이동은 첫 번째 이동과 직각으로 이루어지는 것으로, **소듐 도데실 설페이트 폴리아크릴아마이드 젤 전기영동**(*sodium dodecyl sulfate polyacrylamide gel electrophoresis, SDS-PAGE*)을 사용함으로써 단백질들이 그들의 분자량에 따라 분리되도록 한다(그림 21.16).

인간 혈소판의 복잡한 단백질 혼합물을 드러내는 그림 21.16에서와 같이, 복잡한 단백질 혼합물이 적용된 2D 젤이 수천 개의 반점을 나타내는 것은 드문 일이 아니다. 이 젤에서 특히 양이 많은 단백질 반점들은 확인된 단백질의 이름으로 표시되어 있다. 젤에 있는 수천 개의 서로 다른 지점의 단백질들은 어떻게 정체를 밝힐 수 있을까?

몇몇 사례에서, 실험 시료들로부터 얻은 2D 젤 패턴들은, 잘 알려진 이동 패턴을 가진 알려진 단백질들을 포함한 표준 시료들로 실험한 젤과 비교될 수 있다. 인간의 혈장처럼 서로 다른 생물학적 시료들에 대한 여러 가지 표준 젤들이 사용 가능하며, 컴퓨터 소프트웨어 프로그램들은 서로 다른 젤들로부터 점들을

풀 어 보 기

21.2 단백질체에 대한 주석 달기(annotation; 해석)는 각 단백질이 특정 공간과 시간에서 어떤 기능을 하는지 밝히려는 것이다. 전통적으로, 단백질에 대한 해석은 알려진 기능을 가진 단백질과 의문의 단백질 사이의 아미노산 서열 비교에 의존했다. 만약 두 단백질이 상당 부분의 서열을 공유한다면, 의문의 단백질은 기존의 단백질(주석이 달린)과 같은 기능을 할 것으로 생각된다. 다음은 의문의 서열과 3가지 인간 단백질을 이용하여 주석 달기 작업을 수행하는 방식을 보여준다. 의문의 서열이 다른 세 단백질에 존재하는 공통 영역에 정렬됨에 주목하라. 의문의 단백질 기능이 다른 세 단백질의 기능과는 관련이 없다고 주장하려면 어떤 주장을 제시할 수 있을까?

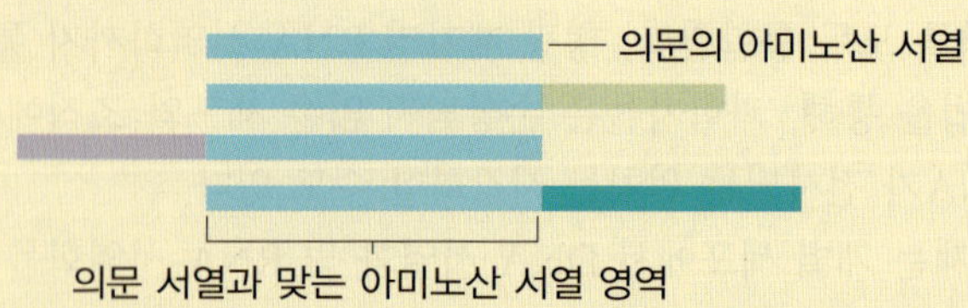

■ **힌트:** 이 문제는 4가지 단백질 사이의 서열 유사성에 대해 생각하여 기능적 관계를 유추하도록 요구하고 있다. 해답의 열쇠는 단백질이 관련된 기능을 가질 수도 있지만, 단백질 기능을 결정하는 여러 가지 다른 상호작용 영역들을 포함할 수 있음을 기억하는 것이다.

연습이 더 필요하면 문제 22번과 24번을 참고하라.

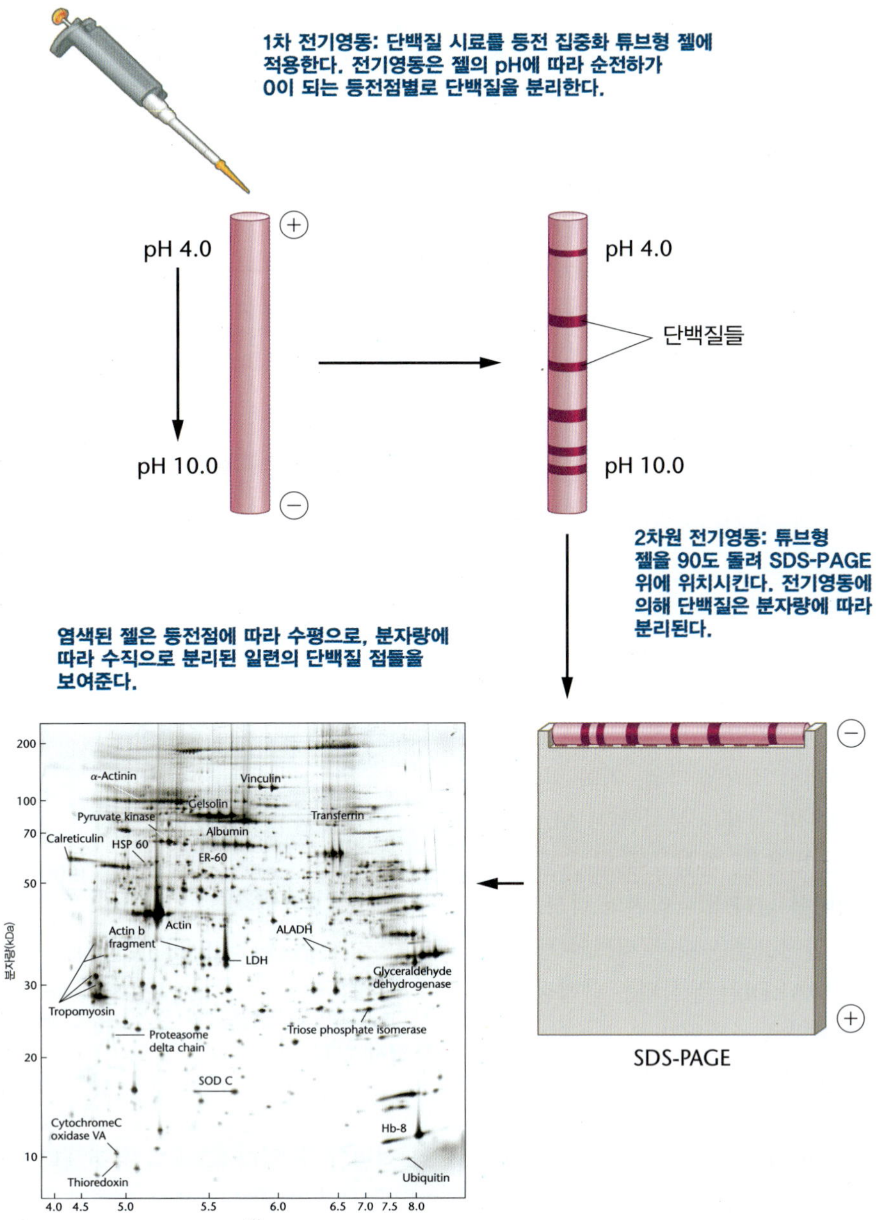

그림 21.16 2차원 젤 전기영동(2DGE)은, 서로 다른 생화학적 성질들을 가진 복잡한 단백질 혼합물을 포함하고 있는 세포나 조직으로부터 단백질 추출물을 얻어, 그 안의 단백질들을 분리하는 유용한 방법이다. 2차원 젤 사진은 인간의 혈소판 단백질들이 분리된 것을 보여준다. 각 점들은 분자량(y-축)과 pH에 따른 등전점(x-축)에 의해 분리된 폴리펩타이드들을 나타낸다. 기준 젤과의 비교나, 질량분석을 이용한 단백질 서열 결정에 의한 동정에 기초하여, 알려진 점들은 이름이 표시된다. 젤 상의 많은 점들이 표지가 없으며, 동정되지 않은 미지의 단백질들을 나타낸다.

배열시켜 비교하는 데 사용될 수 있다. 초창기의 2DGE에서는 종종 젤의 점들을 잘라 내어 점에 포함된 아미노산들을 서열화함으로써 단백질들이 규명되곤 했다. 비교적 작은 수의 아미노산 서열만 이런 방법으로 생산될 수 있어서, 이 기술로 전체 폴리펩타이드를 서열화하기는 극히 어렵다. 기존 단백질들의 아미노산 서열을 포함하는 단백질 데이터베이스를 탐색하기 위해서는 BLAST나 비슷한 프로그램들이 사용될 수 있다. 그러나 대체 스플라이싱이나 번역 후 변형들 때문에, 펩타이드 서열들이 항상 최종 산물들과 쉽게 들어맞는 것도 아니므로, 그 단백질의 정체는 또 다른 접근에 의해 확인되어야 할 수도 있다.

단백질 동정을 위한 질량 분석법

2DGE가 단백질 분석에 중요했던 것만큼이나, **질량 분석법(mass spectrometry, MS)**은 단백질체학의 발달에 필수적인

것이었다. 질량 분석 기술들은 기체 상태의 이온화된 시료를 분석하여 한 시료 내의 서로 다른 이온들의 **질량 대 전하 비율**[*mass-to-charge (m/z) ratio*]을 측정한다. 질량 분석으로 분석된 단백질들은 독특한 *m/z* 스펙트럼들을 만드는데, 이것은 알려진 단백질 서열을 포함하고 있는 *m/z* 데이터베이스와 상관관계를 가질 수 있으므로 단백질의 정체를 밝힐 수 있다. 어떤 질량 분석기들은 스펙트럼으로부터 직접 펩타이드 서열들을 제공할 수도 있다. 이 기술의 가장 중요한 단백질체학적 응용들은, 복잡한 단백질 혼합물에서 미지의 단백질들을 밝혀내고, 펩타이드를 서열화하며, 단백질의 번역 후 변형을 밝히고, 여러 개의 단백질로 된 복합체들의 특징을 알아내는 것들이다. 다른 많은 생화학적 방법을 MS와 함께 사용할 수 있으며 새로운 MS 기술은 젤을 통한 분석을 포함하지 않는다. 여기서는 MS에 대해 간단히 소개하도록 한다.

한 가지 일반적인 MS 접근법은 **매트릭스 보조 레이저 탈착 이온화법**(*matrix-assisted laser desorption ionization, MALDI*)이다. 이 방식은 단백질을 식별하는 데 이상적이어서 조직 시료의 단백질체 분석에 널리 사용된다. 간단히 말해서, MALDI는 자외선 레이저를 사용하여 펩타이드 조각을 가열, 기화 및 이온화시킨다. 그런 다음 방출된 이온의 질량을 분석한다; MALDI는 각 이온화된 펩타이드의 *m/z* 비율을, 혼합물에 있는 펩타이드의 분자 질량과 상대적 존재비를 나타내는 일련의 피크로 표시한다(그림 21.17). 서로 다른 단백질들은 다른 세트의 펩타이드 단편들을 생성하기 때문에, MALDI는 분석되는 단백질마다 독특한 펩타이드 "지문"을 생성한다.

MALDI를 포함한 많은 MS 접근 방식을 사용하기 위해서는, 먼저 관심 있는 세포 또는 조직에서 단백질을 추출하여 일반적으로 2DGE로 분리한다. 단백질이 분리된 점 부분을 젤에서 잘라내 젤에서 단백질을 추출한다. 2D 젤의 모든 점들을 뽑아 낼 수 있는 컴퓨터로 자동화된 고출력 장비들이 사용될 수 있다. 그런 후에 MALDI를 사용하여 서로 다른 점들의 단백질을 동정한다. 혈액, 전체 조직 및 장기, 종양 시료, 미생물 및 기타 여러 가지 물질들이 충분한 수의 세포를 제공할 수만 있다면 어떤 것이라도 사용될 수 있다. 정상 조직과 종양 시료의 단백질 프로파일을 비교하기 위해 MALDI를 사용함으로써 암과 관련된 많은 단백질이 확인되었다.

서로 다른 펩타이드에 대한 MALDI가 생성한 *m/z* 스펙트럼 데이터베이스를 분석하여, 알려지지 않은 시료의 *m/z* 스펙트럼과 이미 알려진 단백질의 *m/z* 스펙트럼이 일치하는지 찾을 수 있다. 이 접근 방식의 한 가지 한계점은 데이터베이스 품질이다. 2D 젤의 알려지지 않은 단백질은 단백질체 데이터베이스에 해당 단백질에 대한 MALDI 스펙트럼이 있는 경우에만 MALDI

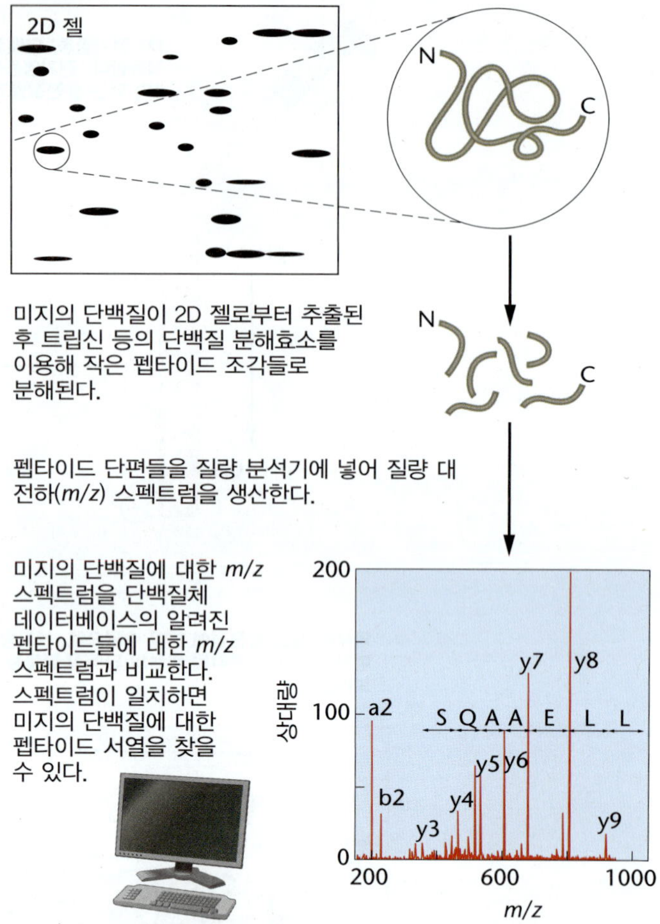

그림 21.17 2D 젤에서 분리된 미지의 단백질을 밝히기 위한 질량 분석법. 이 예의 펩타이드는 세린(S)-글루타민(Q)-알라닌(A)-알라닌(A)-글루탐산(E)-류신(L)-류신(L)의 아미노산 서열을 가지는 것으로 드러났다. 아미노산들은 단일 문자 암호로 표시되었다.

로 식별할 수 있다. 그러나 유전체학 데이터베이스가 그랬던 것처럼, 서로 다른 생물에서 추출한 수천 개의 잘 규명된 단백질들을 포함하는 단백질체 데이터베이스가 빠르게 발전하고 있다. 이 절의 앞부분에서 설명했던 인간 단백질체 데이터베이스는 MS 자료로부터 개발된 것이다.

앞서 언급한 바와 같이 DNA는 화석에서도 회수되고 있지만, 일반적으로 단백질은 화석화된 물질에서 분해되므로 복구할 수 없다는 것이 통념이다. 동부 몬타나의 헬 크릭 지층(Hell Creek Formation)에서 발굴된, 6,800만 년 전으로 추정되는 티라노스(*Tyrannosaurus rex*)의 뼈 조직에 대한 질량 분석은, 화석화가 특정 조건에서 잘 보존된 화석의 모든 단백질을 완전히 파괴하지는 않는다는 것을 보여주는 좋은 증거이다. 이 연구는 또한 단백질체학 도구로서 질량 분석법의 힘과 감도를 증명해 주었다.

이 연구에서는 대퇴골에서 수질 조직을 제거했다. 수질 조직은 골수 세포, 혈관 및 신경을 포함하는 다공성 해면골이다. 뼈 조직에서 추출한 티라노스의 단백질은 닭의 콜라겐에 대한 항체와 교차 반응성을 보였고, 콜라겐 특이적인 프로테아제인 콜라겐 분해효소(collagenase)에 의해 분해되었다. 이러한 결과는 티라노스의 단백질 시료에 뼈, 인대, 힘줄 및 피부의 주요 기질 구성 요소인 콜라겐이 포함되어 있음을 시사했다.

콜라겐의 존재를 확실하게 확인하기 위해, 티라노스 시료의 트립신 처리 펩타이드를 질량 분석법으로 분석했다. 티라노스 펩타이드 중 하나에 대한 *m/z* 스펙트럼은, *m/z* 스펙트럼 데이터베이스에서 콜라겐에 해당하는 것으로 확인되었다. 그림 21.18(a)의 티라노스 펩타이드에 대한 스펙트럼을, 서열 검사용 콜라겐 펩타이드의 합성 버전과 비교해보라[그림 21.18(b)]. 모든 주요 단편화 이온의 *m/z* 비율이 합성 버전의 *m/z* 비율과 매우 잘 일치하며, 티라노스의 서열이 콜라겐임을 확인할 수 있다. 티라노스 펩타이드는 또한 프롤린 잔기에 부착된 수산기를 함유하고 있었다. 수산화 프롤린은 콜라겐의 특징이다. 게다가, 티라노스 펩타이드의 아미노산 서열은 닭의 콜라겐 동위형과 정렬됨으로써 서열 유사성이 더욱 입증되었다. 이러한 연구는 새와 공룡이 가까운 친척이라는 널리 받아들여지는 이론을 뒷받침하는 탁월한 실험적 증거를 제공했다.

160,000~600,000년 된 마스토돈(*Mammut americanum*)의 펩타이드에 대해서도 비슷한 결과가 얻어졌는데, 인간, 침팬지, 개, 소, 닭, 코끼리 및 생쥐로부터 얻은 콜라겐 동위형을 포함하여 현존하는 여러 생물들로부터 얻은 콜라겐과 일치했다.

풀어보기

21.3 검사하기도 쉽고 생물학적으로도 중요하기 때문에, 인간의 혈장 단백질체는 집중적으로 연구되어 왔으며, 심근경색(트로포닌)과 울혈성 심부전(B형 심방나트륨 이뇨 펩타이드) 같은 질병을 위한 생물 표지자(biomarker)를 찾는 데 사용된다. 폴란스키와 앤더슨(Polanski, M., and Anderson, N. L., *Biomarker Insights*, 2: 1–48, 2006)은 인간의 암에서 다르게 발현되는 것으로 보이는 1,261개의 혈장 출현 단백질 목록을 마련했다. FDA는 1,261개 단백질 중에서 오직 9개만 종양-관련 단백질로 인식하고 있다. 첫째, 암 진단 검사에서 혈장을 사용하는 것의 장점은 어떤 것이겠는가? 둘째, 혈장 단백질체를 통해 암 상태를 판단하는 것의 유효성을 입증하기 위해서는 어떤 기준이 사용되어야 하겠는가?

■ **힌트:** 이 문제는 암 진단 검사로 혈장 단백질체학을 사용하기 위한 주요 기준을 고려하라는 것이다. 해답의 열쇠는 특정 단백질이 암과 관계가 있는지를 판단하기 위해 평가하고 싶은 단백질체학 자료들이 무엇인지를 생각해 보는 것이다.

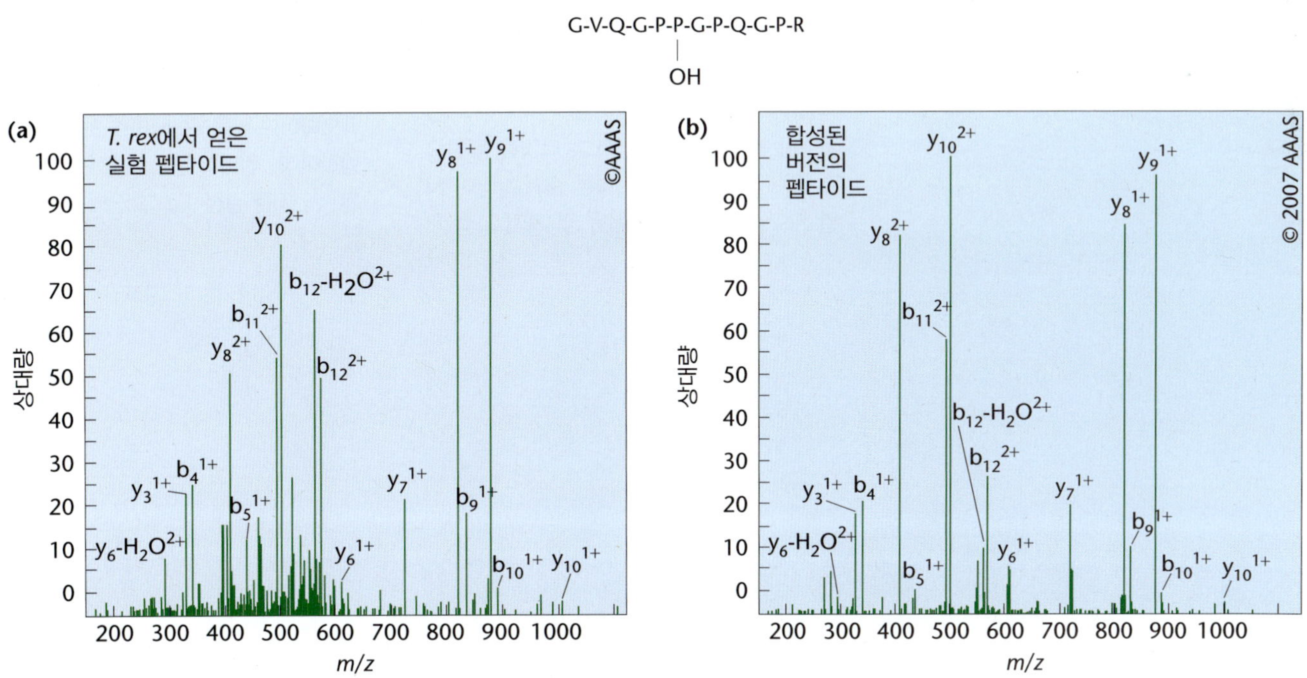

그림 21.18 티라노스(*T. rex*)로부터 얻은 펩타이드 서열—GVQGPP(OH)GPQGPR—에 대한 질량 분석(MS) 양상. 펩타이드 서열은 콜라겐 특유의 하전된 수산기를 포함한다. 합성된 버전의 콜라겐 펩타이드의 질량 분석은, 티라노스 펩타이드의 단편화된 이온에 대한 *m/z* 스펙트럼과 잘 맞는 정렬을 보여주므로 티라노스의 서열이 콜라겐임을 확인해주며, MS 기술의 가치를 잘 보여준다.

EXPLORING GENOMICS
유전체학 탐구

컨티그, 샷건 서열화, 그리고 비교유전체학

이 장에서 우리는, 어떻게 WGS 방법이 염색체 지도를 구성하는 데 사용될 수 있는지에 대해 논의했다. 샷건 클로닝 기술에서는 염색체 DNA가 여러 가지 제한 효소들로 절단되어 일련의 겹치는 DNA 단편들이 만들어지는데, 이것을 인접 서열들, 혹은 "컨티그(contig)"라고 한다. DNA 서열화가 수행되고, 그 후 생물정보학에 기초한 프로그램들을 사용함으로써, 컨티그들을 겹치는 뉴클레오타이드 서열들에 기초하여 올바른 순서대로 조립한다.

이번 유전체학 탐구 연습문제에서는, 염색체의 서열화 지도를 만드는 이런 접근법에 대한 기본 논리를 이해하는 데 도움을 주기 위해, 컨티그 배열에 대한 시뮬레이션을 수행하게 될 것이다. 이를 위해, **NCBI(National Center for Biotechnology Information BLAST)**의 BLAST 사이트를 사용하여 DNA 비교 배열 프로그램을 적용하게 될 것이다.

■ 연습 I – 염색체 지도를 작성하기 위한 컨티그들의 배열

1. NCBI 웹사이트의 BLAST에 접속하라(http://blast.ncbi.nlm.nih.gov/Blast.cgi). "Specialized searches" 아래에서 "Global Align" 카테고리를 찾아 선택하라. 이 기능을 사용하면 한 번에 두 개의 DNA 서열을 비교하여 서열 유사성 정렬을 확인할 수 있다.
2. 학습 영역으로 가서 이 장의 유전체학 탐구 연습문제(Exploring Genomics exercise)를 열어라. A부터 H까지 GenBank에 저장되어 있는 실제 인간 염색체 서열에서 뽑은 8개의 컨티그 서열이 나열되어 있다. 이번 연습을 위해서는 짧은 단편들을 이용했다; 그러나 실제 컨티그들은 보통 수천 염기쌍 길이이다. 이 연습을 완료하기 위해, 두 개의 서열을 복사해서 BLAST의 배열(Align) 안에 붙여 넣기를 하고, "Align"을 클릭하여 비교 배열을 수행한다. 두 서열을 조합하여 이런 단계를 반복하여 어떤 서열이 겹치는지를 결정하고, 그것을 바탕으로 겹치는 컨티그들을 올바른 순서로 놓아 서열 지도를 작성하라. 다음은 몇 가지 고려 사항들이다:
   - 모든 컨티그 쌍들을 배열하여 분석할 수 있도록 비교할 조합에 대한 전략을 세우라.
   - 100%의 서열 유사성을 보이는 중첩 배열만 고려하라.
3. 비교 배열된 정렬 결과에 기초하여 다음 질문들에 답하라(A부터 H까지의 문자로 각 서열을 표시하라):
   a. 겹치는 컨티그들의 올바른 순서는?
   b. 컨티그들 사이에서 겹치는 서열들의 길이는, 뉴클레오타이드 수로 측정되면 얼마나 되는가?
   c. 여러분이 작업한 염색체 단편의 총 길이는 얼마인가?
   d. 다른 어떤 것과도 겹치지 않는 컨티그를 발견했는가? 설명하라.
4. 겹치는 컨티그 상의 아무 곳이나에 대해 뉴클레오타이드-뉴클레오타이드 BLAST 탐색을 수행하여 이 컨티그들이 어떤 염색체에서 추출된 것인지를 결정하고 그 답에 대해 설명하라.

사례 연구 당신의 미생물군유전체는 질병의 위험 인자일 수 있다

크론병(Crohn disease)과 궤양성 대장염(ulcerative colitis) 같은 염증성 장 질환(inflammatory bowel disorders, IBDs)에 걸리기 쉽게 하는 다수의 유전자들이 발견되었다. 그러나 유전적인 것과 비유전적인 다른 위험 요인들도 이 질병을 일으키는 데 중요하다는 것이 분명하다. 21.8절에서 살펴본 바와 같이, 인간의 총미생물군 유전체 프로젝트는, 장내 총미생물군과 IBD 같은 장 질환에 미치는 이들의 영향에 대해 귀중한 통찰을 제공했다. IBD인 사람들의 미생물군유전체는 IBD에서 회복된 사람들의 것이나 IBD가 아닌 사람들의 것과는 다르다는 사실이 알려져 있다. 이런 관찰들은 분변 미생물 이식(fecal microbial transplantation, FMT)을 통해 건강한 사람의 미생물군총을 옮겨주는 것이 IBD를 위한 성공적 치료가 될 수 있음을 시사한다. 이런 생각은 *Clostridium difficile* 세균에 의해 발생하는 치명적인 형태의 장염 치료로 FMT가 사용되는 것으로 지지를 얻는다. 성공적인 임상 시험 후, 미국 식품의약국(FDA)은 FMT를 연구용 신약으로 분류했다. 그러나 FMT가 공식적으로 승인되기 전까지는 항생제 치료에 내성이 있는 *C. difficile* 감염 치료에만 FMT를 사용할 수 있다.

1. 당신이 크론병이나 궤양성 장염을 앓고 있어서 FMT를 받고 싶다고 하자. 치료를 받기 전에 인간 유전자, 미생물 유전자 또는 장내 미생물의 구성과 크론병 또는 궤양성 대장염과의 상관 관계나 역할에 대해 알기 위해 어떤 유전 분석을 고려할 수 있겠는가?

2. 병원에서든, 가정에서는 FMT를 사용하는 것은 여러 가지 윤리적 문제를 야기한다. 그것은 어떤 것들이며, 그중 가장 걱정되는 것은 무엇인가?

3. 여러 인터넷 업체에서 FMT에 사용할 선별된 기증자 대변 시료를 제공한다. 이 시료를 사용하여 집에서 이 요법을 수행한다면 어떤 위험이 생길 수 있겠는가? 이 치료법을 직접 수행하고자 한다면, 당신의 자녀에게 사용하겠는가?

관련 자료를 읽어 보려면 다음을 참고하라: Daloiso, V., et al. (2015). Ethical aspects of fecal microbiota transplantation (FMT). *Eur. Rev. Med. Pharmacol. Sci.* 19(17):3173–3180

요약 정리

1. 생물정보학과 결합된 대용량-고출력의 컴퓨터 자동화 DNA 서열화 방법을 통해 과학자들은 전체 유전체의 서열 지도를 조립할 수 있게 되었다.
2. 생물정보학은 유전체, 전사체 및 단백질체의 분석에 필수적이다. 생물정보학은 컴퓨터 하드웨어와 소프트웨어를 통계적 접근 방식과 함께 적용하여 생물학적 서열 데이터를 분석한다.
3. 주석 달기는 단백질-암호화 DNA 서열과 조절 요소 같은 비암호화 서열을 밝히는 데 이용되며, 생물정보학 프로그램들은 특정 서열에 의해 암호화될 수 있는 폴리펩타이드를 예측하는 열린 번역틀(ORF)을 찾는 데 사용된다.
4. 기능유전체학은 서열 분석에 기초하여 유전자의 기능을 예측한다.
5. 인간 유전체 연구 사업은 유전자의 수, 사람들 사이의 DNA 서열 유사성 및 사람과 다른 종들과의 유사성을 포함하여, 인간 유전학에 대한 많은 놀라운 사실들을 밝혔으며, 많은 유전자가 다수의 단백질을 암호화한다는 것을 보여주었다.
6. 유전체학으로 인해, 현대 생물학자들이 DNA, RNA, 단백질들과 세포 기능의 여러 측면을 연구하는 방법을 빠르게 변화시키고 있는 여러 가지 연관 "오믹스"들이 생겨났다.
7. 많은 주요 모델 생물의 유전체 서열화가 완료되었다. 모델 생물인 세균과 진핵생물의 유전체 분석으로 유전체 크기, 유전자 수와 유전체 구성에서의 유사성과 중요한 근본적인 차이점들이 드러났다.
8. 개인화된 유전체와 기타 접근 방식으로 인해, 유전체 변이의 중요성은 점점 더 중요해지고 있으며, 따라서 기준 유전체의 개념이 재정립되었다.
9. 비교유전체학 연구들은 유전자 패밀리의 식별 및 분석을 포함하여, 서로 다른 생물들의 유전체에서 흥미로운 유사점과 차이점을 밝히고 있다.
10. 군유전체학 또는 환경 유전체학은, 환경 시료에서 미생물의 유전체를 서열화하며 종종 새로운 기능을 가진 단백질을 암호화하는 새로운 서열을 찾아낸다.
11. DNA 마이크로어레이는 동시에 수천 개의 유전자에 대한 RNA 발현 패턴을 연구하는 전사체 분석에 유용하다. 점차적으로 RNA 서열화(RNA-seq)가 총전사체 분석에 대한 가치를 입증하고 있다.
12. 2차원 젤 전기영동과 질량분석법같은 방법들은 한 세포의 단백질 조성인 단백질체(프로테옴)의 분석에 유용하다.

통찰과 해법

1. 주석 달기에 있어서의 주된 문제점 중 하나는 잠정적 ORF가 유전자로 받아들여지려면 얼마나 길어야 하는지를 결정하는 것이다. 다음에 제시된 것은 동일한 대장균 유전체 영역—*lacY* 유전자를 포함하는 부분—에서 검색된 세 가지 ORF이다. 갈색의 어두운 부분이 ORF들을 나타낸다. 가장 상단의 검색은 50개의 뉴클레오타이드로 된 ORF를 유전자로 받아들인다. 중간과 맨 아래의 검색은 각각 100개와 300개의 뉴클레오타이드로 된 ORF를 유전자로 받아들인다. 이런 검색들에서는 각기 몇 개의 잠정적 유전자들이 추적되는가? 가장 긴 ORF는 1254 bp이다; 그 다음으로 긴 것은 234 bp이고; 가장 짧은 것은 54 bp이다. 이 영역에서 우리는 실제 유전자들의 수를 어떻게 결정할 수 있을까? 이런 형태의 ORF 검색에서는, 유전체의 유전자 수가 과대평가 되겠는가? 아니면 과소평가 되겠는가? 그 이유는?

해법: 일반적으로 ORF가 암호화 영역일 가능성을 알아보기 위해서는 다른 생물에서의 보존 서열들을 조사해 볼 수 있다. 또한 단백질을 암호화하는 것으로 알려진 기존에 설명된 서열들과 맞춰 볼 수도 있다. 어떤 ORF가 실제 한 유전자인가를 결정하는 것은 쉬운 문제가 아니다. 우연히 200 bp보다 긴 ORF가 있을 가능성이 별로 없기 때문에 더 짧은 ORF들이 받아들여지도록 세팅될수록 유전자의 수는 과대평가될 가능성이 크다. 이 검색에서는 50 bp 검색이 가장 유전자 수가 크고, 300 bp 검색이 가장 낮은 수(1개)의 가능한 유전자들을 만든다.

1.

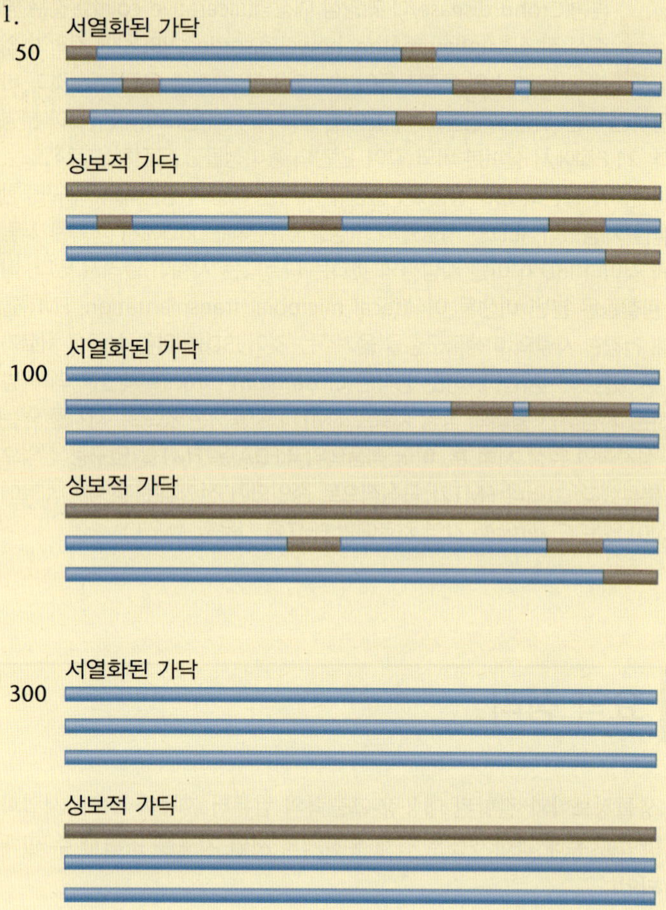

2. 초파리 유전체의 이질염색질 영역(동원체와 텔로미어 영역에는 반복서열이 많다)에 대한 서열화는 20.7 Mb 내에 297개의 단백질-암호화 유전자들이 있음을 시사한다(Misra et al. 2002, *Genome Biology*, 3:research0083.1). 같은 유전체의 진정염색질 영역이 116.8 Mb 내에 13,379개의 단백질-암호화 유전자들을 포함하고 있음을 감안하면 어떤 결론을 내릴 수 있겠는가?

해법: 초파리 유전체의 진정염색질 영역 내 유전자 밀도는 8,730 염기쌍마다 하나의 유전자가 있는 셈이고, 이질염색질 영역에서의 유전자 밀도는 70,000 염기쌍마다 하나의 유전자가 있는 것으로 볼 수 있다(20.7 Mb/297). 분명히, 이질염색질의 특정 영역은 비슷한 크기의 진정염색질 보다 유전자를 가질 가능성이 작다.

22

유전공학과 생명공학의 응용

콜로니들 속의 대장균은 유전적으로 조작되어 라이코펜을 생산한다. 라이코펜은 토마토에서 발견되는 항산화제로, 과일의 독특한 색깔을 나타낸다.

핵심 개념

- 재조합 DNA 기술, 유전공학, 그리고 생명공학은 의료와 농업을 혁신했다.
- 유전자 이식 동물을 포함하여, 유전적으로 조작된 식물과 동물들은 생물약제 산물인 치료용 단백질을 생산하는 생물반응기로 사용될 수 있다.
- 식물의 유전적 변형으로 제초제 저항성과 해충 저항성 작물들, 그리고 영양 가치가 향상된 작물들이 생겨났다.
- 재조합 DNA 기술과 유전체학의 응용은 유전병의 진단에 필수적인 것이 되었다.
- 개인별 DNA에 대한 전유전체 서열화(WGS)가 유전자 검사에 점차 더 많이 사용되고 있다.
- 유전체 수준의 연합 연구(GWAS)들은 유전체 변이를 특정 질병이나 형질들과 연관시키기 위해 수십만 개의 유전적 차이들을 검색한다.
- 기능적인 합성 유전체가 조립되어 합성생물학의 잠재적 응용성에 점차 관심이 증가하고 있다.
- 유전공학과 생명공학의 응용들은 거의 대부분 도덕적, 사회적, 법적 논란을 포함한 풀리지 않는 윤리적 딜레마를 야기한다.

앞의 20장과 21장에서는, 재조합 DNA 기술 분야와 유전체 분석에서 이들의 역할을 살펴보았었다. 이제 우리는 생물의 유전적 조성에 대한 지식을 확장하기 위해서 뿐아니라 그들을 유전적으로 조작하기 위한 여러 가지 방법들을 갖추고 있다. 이 장에서는 이런 기술들이 가능하게 할 여러 응용들에 대해 고려해 보기로 하자.

유전공학(genetic engineering)이란, 생물의 유전체를 변화시키는 것을 말하며, 전형적으로는 재조합 DNA를 사용하여 유전체에 유전자를 추가하는 것을 의미하지만 유전자를 제거하는 것도 포함할 수 있다. 시험관에서 DNA를 조작하여 유전자들을 살아 있는 세포로 도입하는 능력은, 과학자들이 특정 형질을 가진 식물, 동물, 그리고 기타 생물 변이체들을 만들어 낼 수 있도록 한다. 이런 생물들은 **유전적으로 조작된 생물들(genetically modified organisms, GMOs)**이라고 불린다. 산업계의 분석가들은 가까운 미래에 유전공학이 600억 달러 가치 이상의 미국 상업 제품을 생산하게 될 것으로 추정한다. 이러한 제품 중 다수는 **생명공학(biotechnology)** 산업에 의해 개발될 것이다.

생명공학은, 살아 있는 생물을 이용하여 인간이나 기타 생물들의 삶의 질을 향상시킬 수 있도록 하는 산물 혹은 과정을 만드는 것이다. 현대적 산업으로서의 생명공학은 재조합 DNA 기술이 개발되자마자 시작되었다. 그러나 실제로 생명공학은 고대 문명의 시기까지 거슬러 올라나는 과학으로서, 포도주와 빵, 식초, 그리고 치즈 같은 여러 가지 중요한 산물들을 만드는 데 미생물들을 이용했다. 현대의 생명공학은 재조합 DNA 기술인 유전공학과 유전체학적 응용에 매우 의존하며, 이런 분야들이 이 장에서 강조되어 다뤄질 것이다. 매일 생겨나는 것처럼 보이는 기존 제품들과 새로운 발전들로 인해 생명공학 산업은 전 세계 54개국의 거의 5,000개 회사들을 아우르는, 가장 빠르게 발전하고 있는 산업 분야의 하나가 되고 있다.

이 장에서는 유전공학 및 생명공학의 힘과, 그것이 만들어내는 딜레마들의 복잡성을 잘 보여줄 수 있는 응용들 몇 가지만을 골라서 제시하려고 한다. 우리는 유전공학이 의약품 생산에 어떤 영향을 미쳤는지 간략하게 설명하고 동물의 유전공학 사례를 고려해 볼 것이다. 그리고 다양한 유전적 기술이 인간 질병 진단에 미치는 영향을 탐구해 보고 합성 유전체의 개념에 대해서도 알아보기로 하자. 마지막으로, 유전공학과 생명공학의 사회적, 윤리적, 그리고 법적 영향들에 대해서도 논의할 것이다.

이 장에서 논의되는 여러 주제들은 교재 후반에 더 자세히 다뤄질 것이니 특강의 내용을 참고하기 바란다(교재 뒤편의 특강 부분 참고).

22.1 유전적으로 조작된 생물들은 다양한 종류의 생물학적, 약물학적 산물들을 합성해낸다

재조합 DNA 기술이 가장 성공적이고 널리 응용되는 사례는, 생명공학 산업에 의해 **생물약제(biopharmaceutical product)**로서의 재조합 단백질이 생산되는 것인데, 특히 질병을 치료하는 치료용 단백질들을 만드는 것이다. 재조합 DNA 시대 이전에는 인슐린이나 혈액응고 인자, 성장 호르몬 같은 치료용 단백질들이 췌장, 혈액, 뇌하수체 등의 조직들로부터 정제되었다. 이런 조직들은 공급이 제한적이고, 정제 과정들은 가격이 비쌌다. 그리고 이런 자연적인 원료에서 유래한 산물들은 바이러스 등의 질병원에 오염될 가능성이 있었다. 중요한 치료용 단백질들을 암호화하는 인간의 유전자들이 클론화되고 여러 형태의 숙주 세포들에서 발현될 수 있게 되자, 더 풍부하고, 안전하며, 덜 비싼 생물약제들의 원료를 가질 수 있게 되었다. **생물제약법(biopharming)**은 유전적으로 조작된(genetically modified, GM) 동물과 식물들에서 귀한 단백질들을 생산해내는 것을 설명하는 데 흔히 사용된다.

여기서는 클론화된 유전자들을, 이 유전자가 전이된 숙주 세포들과 생물체들에서 발현시킴으로써 생산되는 치료용 산물들의 몇 가지 사례들을 살펴보려고 한다. 암, 관절염, 당뇨병, 심장병, 그리고 AIDS 같은 감염성 질환들이, 생명공학 회사들이 재조합 치료제로 치료하려고 하는 표적 질환들에 속해 있다는 것은 이미 잘 알려져 있다. **표 22.1**은 현재 유전자이식 세균, 식물, 효모, 그리고 동물들에서 합성되고 있는 중요한 재조합 생산물들의 간략한 목록을 보여준다.

세균에서의 재조합 단백질 생산

많은 치료용 단백질들이 인간 유전자를 세균에 도입함으로써 생산되어 왔다. 대부분의 경우, 인간 유전자는 플라스미드에 클론화되고, 그 재조합 벡터는 세균 숙주로 도입된다. 형질전환된 세균이 대량으로 배양되고 재조합 인간 단백질은 세균 추출물로부터 회수된다.

재조합 DNA 기술에 의해 제조된 최초의 인간 유전자 생산물은, 휴물린(Humulin®)이라고 불리는 인간의 인슐린 단백질로서, 1982년에 **미국 식품의약국(U.S. Food and Drug**

표 22.1 사용 중이거나 개발 중인 유전공학 생물의약품들

유전자 산물	치료 질병	숙주 형태
에리트로포이에틴	빈혈	대장균, 배양된 포유동물 세포
인터페론	다발성 경화증, 암	대장균, 배양된 포유동물 세포
조직 플라스미노겐 활성자(tPA)	심장 마비, 뇌졸중	배양된 포유동물 세포
인간 성장 호르몬	왜소증	배양된 포유동물 세포
세벨리페이즈 알파	리소좀 산성 리파제 결핍증	유전자 이식 닭
인간 혈액응고인자 VIII	A형 혈우병	유전자 이식 양과 돼지
C1 억제제	유전성 혈관부종	유전자 이식 토끼
재조합 인간 안티트롬빈	유전성 안티트롬빈 결핍증	유전자 이식 염소
B형 간염 표면 단백질 백신	B형 간염 감염증	배양된 효모 세포, 바나나
HSV-2에 대한 면역글로불린 IgG1	허피스 바이러스 감염증	유전자 이식 콩
재조합 단일클론 항체들	광견병, 암, 류머티즘성 관절염에 대한 수동 면역화	유전자 이식 담배와 콩, 배양된 포유동물 세포
에볼라 항체들	에볼라 바이러스	유전자 이식 담배

Administration, FDA)으로부터 승인을 받았다. FDA는 식품과 약물, 그리고 의료 기구들에 대한 안전성을 관리하는 정부 기관이다. 재조합 DNA 기술에 플라스미드를 사용했던 선구자들 중 한 사람인 보이어(Herbert Boyer)와 스완슨(Robert Swanson)이 1976년에 공동 창업한 샌프란시스코의 한 생명공학 회사였던 제넨테크(Genentech)의 과학자들은 1977년, 인슐린 유전자를 분리하여 그것을 세균 세포에서 발현시켰다. "유전적인 공학 기술(genetic engineering technology)"을 짧게 줄여 만든 Genentech 사 역시 일반적으로 전 세계 최초의 생명공학 회사로 인정을 받는다.

예전에는, 도살장에서 얻어진 소와 돼지의 췌장으로부터 화학적으로 인슐린이 추출되었었다. **인슐린(insulin)**은 포도당 대사를 조절하는 단백질성 호르몬이다. 인슐린을 생산하지 못하는 사람들은 당뇨병을 앓게 되는데, 보다 중증의 형태인(1형)인 사람들이 미국에만 125만 명 이상이다. 비록 지금은 합성된 인간 인슐린이 다른 방식에 의해서 생산될 수 있지만, 재조합 DNA 기술을 적용하는 것의 희망과 어려움을 모두 알아보기 위해 원래의 유전공학적 방법을 살펴보는 것이 더 교육적일 것 같다.

췌장에 묻혀 있는 세포 덩어리들은 프리프로인슐린(preproinsulin)으로 알려진 전구체형 폴리펩타이드를 합성한다. 이 폴리펩타이드가 세포로부터 분비되면 사슬의 말단과 중간에서 아미노산들이 절단된다. 이런 분해로 두 개의 폴리펩타이드 사슬(A와 B 사슬)이 이황결합으로 연결된 성숙한 인슐린 분자가 생산된다. A 소단위는 21개의 아미노산을, B 소단위는 30개의 아미노산을 포함한다.

원래의 생물공학 과정에서는, A와 B 소단위들을 암호화하는 유전자들이 올리고뉴클레오타이드 합성(A 폴리펩타이드를 위한 것은 63개의 뉴클레오타이드이고, B 폴리펩타이드를 위한 것은 90개 뉴클레오타이드이다)에 의해 만들어졌었다. 합성된 각 올리고뉴클레오타이드는 독립된 벡터에서 세균형 β-갈락토시데이즈 효소를 암호화하는 *lacZ* 유전자 근처에 삽입되었다. 세균 숙주로 옮겨졌을 때, *lacZ* 유전자와 인접 합성 올리고뉴클레오타이드가 한 단위로 전사되고 번역된다. 그 산물은 **융합 단백질(fusion protein)**, 즉 인슐린 소단위 하나에 대한 아미노산과 β-갈락토시데이즈의 아미노산 서열이 붙어서 만들어진 혼성 단백질(hybrid protein)이었다(그림 22.1). 이 융합 단백질들은 세균 추출물로부터 정제되고 브롬화시안(cyanogen bromide)으로 처리된다. 이것은 융합 단백질로부터 β-갈락토시데이즈를 잘라준다. 융합 산물들이 혼합되면, 두 개의 인슐린 소단위들이 스스로 연합되어 완전하고 활성적인 인슐린 분자를 형성한다. 이제 당뇨 환자들을 위한, 정제되어 주사가 가능한 인슐린이 포장된다.

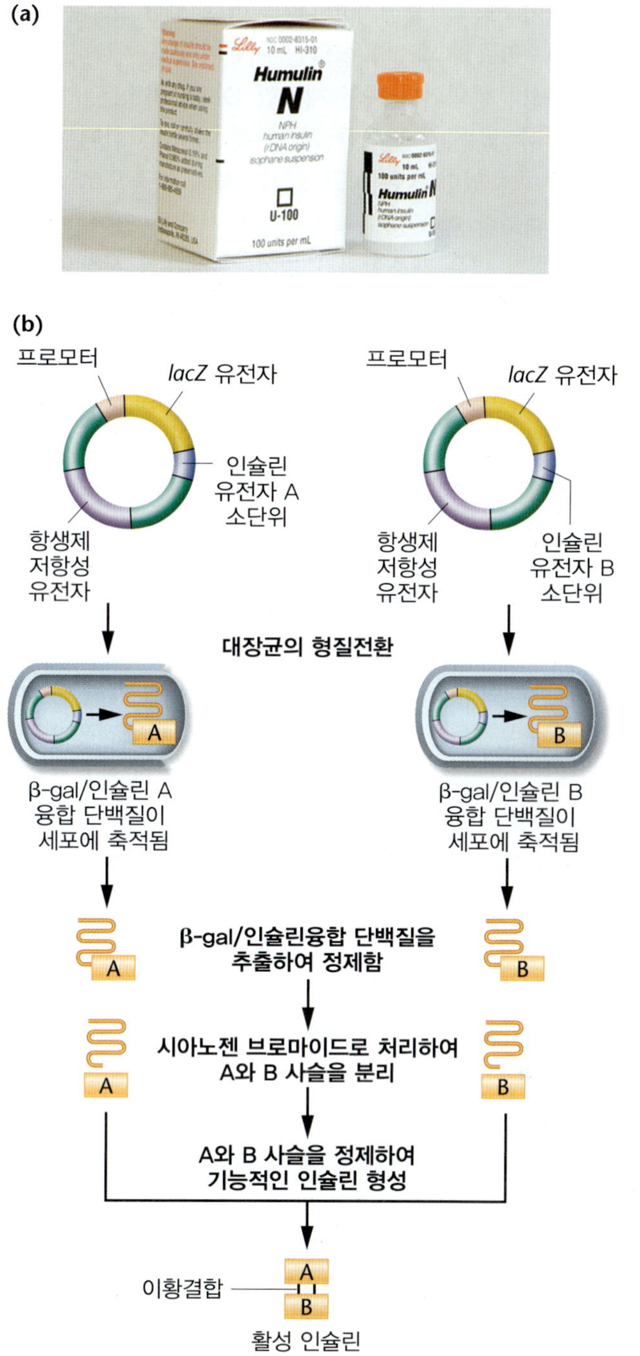

그림 22.1 (a) 휴물린(Humulin), 인간 인슐린의 재조합 형태로서, 재조합 DNA 기술로 생산되어 인간에게 사용할 수 있도록 승인된 최초의 치료용 단백질이다. (b) 재조합형 인간 인슐린을 합성하기 위해서는, 인슐린 A와 B 사슬을 암호화하는 합성 올리고뉴클레오타이드를 클론화된 대장균의 *lacZ* 유전자 뒤쪽에 삽입한다(각각의 벡터를 사용). 재조합 플라스미드들로 대장균 숙주 세포들을 형질전환시키면, 거기에서 β-gal/인슐린 융합 단백질이 합성되어 세포 내에 축적된다. 융합 단백질들은 숙주 세포로부터 추출되어 정제된다. 인슐린 사슬들은 브롬화시안(cyanogen bromide) 처리로 β-갈락토시데이즈로부터 분리된다. 인슐린 소단위들이 정제되고 혼합되어 기능적인 인슐린 분자가 생산된다.

인슐린이 사용 가능해지고 나자, 바로 성장 호르몬(growth hormone)—일종의 왜소증을 앓는 어린이들을 치료하는 데 사용됨—이 클론화되었다. 곧, 재조합 DNA 기술은 그것을 바로 사용할 수 있는 것으로 만들었을 뿐 아니라, 한때는 적당량을 얻기가 힘들었던 많은 중요 단백질들을 약품으로 생산되도록 했다. 재조합 인슐린이 생명공학의 시대를 열어준 이후로, 200개를 훌쩍 넘은 재조합 산물들이 전 세계의 시장으로 쏟아졌다. 최근에는 여러 가지 비생물약품들(nonbiopharmaceutical products)의 개발이 매우 활발한 연구 분야가 되고 있다. 한 가지 예는 토마토에서 발견되는 항산화성 라이코펜(antioxidant lycopene)을 대장균에서 생산하는 것이다(이 장의 표지 사진을 참고하라). 대장균에서 생산된 라이코펜은 아직 인체 소비용으로는 사용하지 않는다.

유전자 이식 동물 숙주들과 생물의약품의 생산

비록 세균들이 치료 단백질 생산에 널리 사용되지만, 세균 숙주를 사용하여 진핵성 단백질을 합성하는 데는 몇 가지 단점이 있다. 한 가지 문제는 세균 세포가 종종 진핵성 단백질을 가공하고 변형할 수 없다는 것이다. 결과적으로, 단백질의 완전한 생물학적 활성에 필요한 탄수화물과 인산기가 추가될 수 없는 경우가 많다. 또한 세균 세포에서 생산되는 진핵성 단백질은 종종 적절한 3차원 형태로 접히지 않아 비활성 상태가 된다. 이러한 어려움을 극복하고 생산성을 높이기 위해 현재는 많은 생물의약품이 진핵성 숙주에서 생산된다.

효모도 치료용 단백질을 발현하기 위한 좋은 숙주이다. 이들이 진핵생물이기 때문에, 효모가 단백질 가공에 사용하는 많은 기작들이 인간의 세포에서와 유사하고, 이것은 기능적인 재조합 단백질을 생산하는데 세균보다 장점이 될 수 있다. 심지어 곤충 세포들도 재조합 단백질 생산에 중요하게 사용되는데, 배큘로바이러스(baculovirus)라고 불리는 바이러스성 유전자 전달 시스템을 사용한다. 관심 유전자를 포함하고 있는 재조합 배큘로바이러스가 곤충 세포들을 감염시키는 데 사용되며, 이런 세포들은 그 단백질을 높은 수준으로 발현한다. 배큘로바이러스와 곤충 세포를 이용한 단백질 발현은 당화(glycosylated)가 많이 일어나는 인간의 재조합 단백질들을 생산하는데 특히 유용하다. 표 22.1에서 볼 수 있듯이, 진핵성 숙주들로는 배양된 진핵세포들(식물 혹은 동물 모두)이나 유전자가 이식된 농장 동물들이 포함될 수 있다. 예를 들어, 염소나 소들은 매우 효과적인 **생물반응기(bioreactor)** 혹은 **생물공장들(biofactories)**—살아 있는 공장—로서, 치료용 단백질을 포함한 우유를 지속적으로 만들 수 있다. 나중에 이런 우유들로부터 비침습적 방식으로 단백질의 분리가 가능하다.

숙주와 상관없이 치료용 단백질들은 숙주 세포들로부터 정제될 수 있으며, 혹은 **유전자 이식 동물들(transgenic animals)**이 사용되면 우유 같은 동물성 생산물로부터 분리될 수도 있다. (관심 대상인 이식 유전자의 발현을 위해 유전자 이식 동물을 만드는 방법에 대해서는 20장에서 이전에 논의한 내용을 참고하라.)

2006년, 항응고 단백질인 인간의 재조합 **안티트롬빈(antithrombin)**은, 사용 승인을 받은 농장 동물들의 젖으로부터 분리된 세계 최초의 약물이 되었다. GTC 바이오테라퓨틱스(GTC Biotherapeutics)사의 과학자들은 인간의 안티트롬빈 유전자를 염소에 도입했다. 유전자를 베타-카제인 프로모터에 인접하게 둠으로써, GTC의 과학자들은 유선에서 안티트롬빈의 발현을 유발할 수 있었고, 그 동물의 젖에 두 단백질이 모두 나오게 되었다. 결과적으로, 안티트롬빈 단백질은 젖에서 매우 높게 발현된다. 1년 동안 한 마리의 염소가 생산할 수 있는 안티트롬빈의 양은 과거에 약 90,000번의 혈액 수집으로부터 분리했던 양과 맞먹는다.

2015년, FDA는 유전자 이식 암탉(*Gallus gallus*)의 달걀 흰자에서 정제한 재조합 효소인 **세벨리파제 알파(sebelipase alfa)**라는 재조합 단백질을 승인했는데, 이것은 유전자 이식 동물에서 발현된 단 네 번째 약물이었다. 세벨리파제 알파는 간 섬유증, 간경화 및 간부전을 유발할 수 있는 질병을 포함하여, 중증 또는 치명적인 형태의 리소좀 효소 결핍(리소좀 산성 리파제)을 치료하도록 승인되었다. 유전자 이식 닭은 세벨리파제 알파 효소의 생물학적 활성에 필수적인 글리코실화가 가능했기 때문에, 생물반응기로 사용되었다.

백신 생산을 위한 재조합 DNA 방법

재조합 DNA 기술이 성공적으로 치료 목적에 사용된 또 다른 응용은 백신의 생산이다. 백신들은 면역계를 자극하여 질병-유발 생물체들에 대한 항체를 생산하도록 하며, 그로써 특정 질병에 대한 면역성을 부여한다. 전통적으로, 두 가지 형태의 백신들이 사용되어 왔다: **불활성화 백신(inactivated vaccine)**은, 감염성 바이러스나 세균을 죽인 시료로 만들어진다; 그리고 **약독화 백신(attenuated vaccine)**은 더 이상 증식할 수는 없지만 순한 형태의 질병을 일으킬 수 있는 바이러스나 살아 있는 세균들이다. 불활성화 백신들로는, 광견병 백신과 인플루엔자 백신이 있으며; 결핵과 콜레라, 그리고 수두에 대한 백신들은 약독화 백신들이다.

유전공학은 **소단위 백신(subunit vaccine)**을 만드는 데 사용된다. 소단위 백신들은 바이러스나 세균의 표면 단백질들로 구성되어 있지만 그 바이러스나 세균 전체는 아니다. 표면 단백질은 종종 백신에 필요한 단백질을 암호화하는 유전자를 클로닝하여 발현시키는 재조합 DNA 기술을 통해 생산된다. 이 표면 단백질은 그 단백질이 유래한 생물체에 대한 항체를 만들도록 면역계를 자극하는 항원으로 작용한다. 처음 만들어진 소단위 백신 중 하나는 **B형 간염 바이러스(hepatitis B virus)**에 대한 것으로, 이 바이러스는 간 손상과 암을 유발한다. B형 간염 바이러스의 표면 단백질을 암호화하는 유전자는 효모의 발현 벡터 내로 클론화되었으며, 클론화된 유전자가 효모 숙주 세포들에서 발현되었다. 이 단백질은 이후에 숙주 세포로부터 추출되어 우리들을 위한 백신으로 포장되었다.

2005년, FDA는 **가다실(Gardasil®)**을 승인했는데, 이것은 제약회사인 머크(Merck)에 의해 생산된 소단위 백신으로 FDA 승인을 받은 최초의 암 백신이었다. 가다실은 **인유두종 바이러스(human papillomavirus, HPV)** 중 네 가지 계통을 표적으로 한다. 70%의 자궁경부암이 이 바이러스에 의해 발생한다. 성생활을 하는 약 70%의 여성들은 일생 동안 어떤 계통의 HPV에 의해 감염될 것이다. 가다실은 감염 전에 HPV에 대해 면역적 보호를 제공하지만, 기존의 감염에 대해서는 효과가 없다. 아마 여러분은 몇몇 주에서는 성적으로 활동을 하든지에 관계없이 청소년기의 여학생들이 가다실을 맞도록 하는 법안을 상정했다는 뉴스를 통해 가다실에 대해서 들었을 수도 있겠다.

백신 단백질들은 식물에서 생산될 수도 있다

식물들은 재조합 단백질들을 발현하는 데 몇 가지 장점을 제공한다. 예를 들어, 일단 유전자 이식 식물이 만들어지면, 온실이나 야외에서 쉽게 키워지고 복제될 수 있어서 재조합 단백질의 지속적 자원을 제공할 수 있다. 그리고 유전자 이식 식물에서 재조합 단백질을 발현하는 데 드는 비용은 일반적으로 동일한 단백질을 세균이나 효모, 혹은 포유동물 세포들에서 만드는 것 보다 훨씬 적다.

약 10여 가지 산물들에 대한 최종 임상시험의 통과가 얼마 남지 않았음에도, 유전자 이식 식물에서 발현된 재조합 단백질들이 인간을 위한 치료용 단백질로서 FDA 승인을 받은 예는 아직 없다.

2014년에는 서아프리카에 에볼라(Ebola)가 발생하여 1,500명이 넘는 사람들이 사망했는데, 더 많은 사례들이 보고되지 못했다. 에볼라는 출혈열을 일으키며 90% 가량의 사망률을 보인다. 에볼라 바이러스 감염을 치료하거나 막을 효과적인 방법은 없다. 그러나 담배 잎에서 발현된 에볼라 항체는 현재의 임상 시도들에서 긍정적인 결과를 보여주고 있다. 이 바이러스에 대한 단일 클론 항체들을 만드는 데 생쥐들이 사용되었다. 이 항체 유전자들은 담배 식물에 도입되었다. 유전자전이 담배 식물들은 이 항체 단백질들을 대량으로 발현시켰는데, 이것을 분리, 정제하면 인간에 사용할 수 있다. 유전자전이 담배 식물들이 재조합 단백질들을 발현시키는 데 흔히 사용되는 이유는 잎이 크고, 다른 식물들에 비해 재조합 단백질의 생산량이 높기 때문이다.

새로운 백신에 대한 약속에도 불구하고, 개발도상국들은 백신의 제조, 운송 및 보관에 심각한 어려움을 겪는다. 대부분의 백신은 냉장 보관되어야 하며, 무균 상태에서 주사해야 한다. 많은 농촌 지역에서는 냉장 시설과 살균 시설을 이용할 수 없다. 또한 많은 문화권의 사람들은 바늘로 주사하는 것을 두려워한다. 이러한 문제를 극복하기 위해 과학자들은 식용 식물에서 합성할 수 있는 백신 개발을 시도하고 있다. 이런 백신들은 생산 비용이 저렴해야 하고, 냉장 보관이 필요하지 않으며, 멸균 상태에서 숙련된 의료진에 의해 제공될 필요가 없다. 일부 식용 백신은 현재 임상 시험 중에 있다. 예를 들어, 콜레라를 유발하는 세균에 대한 백신은 유전자 조작 감자에서 생산되었으며 성공적으로 인간 지원자들에게 백신을 접종하는 데 사용되었다.

백신 생산 바나나를 사용한 시험은 현재 진행 중이다. 바나나는 B형 간염 백신 생산을 위한 최고의 식용 백신 후보로 간주되는데, 부분적으로는 먹기 전에 조리할 필요가 없기 때문일 것이다. 그러나 식용 식물 백신이 더 널리 사용되려면 식물을 이용한 백신 전달에 대한 몇 가지 기술적인 질문에 대한 답이 필요하다. 예를 들어, 과일과 채소는 서로 다른 크기로 자라며 서로 다른 양의 백신을 발현하는 경우에, 어떻게 백신 용량을 세심하게 통제할 수 있겠는가? 면역 보호 기능을 유지하기 위해 백신 단백질은 변화되지 않은 채로 소화관을 통과할까? 그럼에도 불구하고, 이들에 대한 전망은 흥미롭다.

DNA-기반 백신들

마지막으로, **DNA-기반 백신들(DNA-based vaccines)**은 여러 해 동안 시도되어 왔으며, 최근에는 바이러스 병원체들을 막기 위해 이런 백신들을 사용하는 것에 대한 관심이 다시 새로워지고 있다. 이 접근법에서는 특정 병원체로부터 나온 단백질을 암호화하는 DNA가 플라스미드에 삽입되고, 이것이 직접 개체에 주입되거나, 특정 바이러스들이 유전자 치료에 사용되는 것과 유사한 방식으로 바이러스 벡터를 통해 개체로 전달된다. 여기서의 아이디어는, 전달된 DNA에 의해 암호화된 병원체 단백질이 생산되면, 면역 반응을 유발할 것이고, 나중에 병원체에 노출된 사람(면역화 됨)을 보호할 수 있다는 것이다.

예를 들어, 2015년 카리브해와 아메리카 대륙에서 모기 매개성 지카 바이러스(Zika virus, ZIKV)의 발생이, ZIKV에 감염된 여성에게서 태어난 아기의 소두증과 같은 선천적 결함의 원인인 것으로 확인되었다. 따라서 발달 중인 태아에 해를 끼칠 수 있는 ZIKV 감염 위험이 있는 가임기 여성과 임산부에서, 이 바이러스에 대한 면역성을 확립하기 위한 백신 개발이 시급했다. ZIKV의 막 단백질과 외피 단백질을 발현하는 DNA를 사용한 초기 단계 시험은, 생쥐와 붉은털원숭이에서 ZIKV를 중화하고 ZIKV 감염으로부터 보호할 수 있는 수준의 항체를 생성하는 것으로 나타났다. ZIKV에 대한 DNA 백신의 임상 시험이 이미 시작되었으므로 이 접근 방식이 인간에게도 효과적인지 확인하는 것은 매우 흥미로울 것이다.

이와 유사하게, HIV로부터 나온 항원 단백질을 암호화하는 플라스미드 DNA로 사람들을 면역화시키려는 시도들도 진행 중이다. 그러나 HIV 연구에서 분명해진 지금까지의 DNA-기반 벡터들의 주요 한계점은, 전달된 유전자들에 의해 암호화된 단백질을 이 벡터들이 일반적으로 매우 낮은 수준으로만 만든다는 것이었고, 따라서 접종된 사람에서의 면역 반응이 효과를 제공할만큼 충분하지 못했다는 점이다. DNA-기반 백신들에 대한 연구는 계속해서 활발하게 계속되고 있지만, 그것들이 백신 시장에서 중요한 역할을 하게 될 것인지는 두고 봐야 할 것이다.

풀어보기

22.1 항원(콜레라 독소 같은) 혹은 먹는 백신에서 발현된 항체들을 먹게 함으로써 사람들을 질병에 걸리지 않도록 접종하기 위해서는, 그 항원이 소장의 세포에 도달해야만 한다. 이런 방법의 잠재적 문제점에는 어떤 것들이 있겠는가?

■ **힌트:** 이 문제는 왜 먹는 백신이 효과가 없을 수도 있는지에 대해 생각해 볼 것을 요구한다. 해답의 열쇠는 항원이나 항체의 분자 구조와 면역계에 의한 분자 인식에 대해 고려하는 것이다.

22.2 식물 유전공학은 농업을 크게 변화시켰다

수 세기 동안, 농부들은 생산량을 증대시키기 위해 식물과 동물들의 유전적 조성을 변화시켜 왔다. 30년 전 유전공학이 등장하기까지, 이런 유전적 조작들은 주로 **선택적 교배(selective breeding)**—자연적으로 발생했거나 돌연변이가 유발된 변이체들을 선발하여 교배하는—에 국한되어 있었다. 지난 50~100년 동안, 인위 선택과 유전적 교배들이라는 전통적 방법을 통한 농작물의 유전적 개량은, 생산성과 영양적 가치를 극적으로 향상시켰다. 예를 들어, 옥수수는 지난 60년간 네 배로 생산이 증가했으며, 이런 증가의 절반 이상은 인위 선택과 선택적 교배에 의한 유전적 개량에 의한 것이다(그림 22.2). 현대의 옥수수는 그들의 조상 작물이나 그들을 교배하여 얻은 잡종들보다 알갱이와 자루의 크기가 매우 증가했다.

그림 22.2 선택적 교배는 식물을 유전적으로 변화시키는 가장 오래된 방법의 하나다. 여기 제시된 것들은 테오신테(teosinte; *Zea canina*, 상단), 선택적으로 교배된 잡종(가운데), 그리고 현대의 옥수수(*Zea mays*, 하단)이다.

재조합 DNA 기술의 등장 이래로, 식물에 원하는 특성을 부여하는 유전자를 찾아 분리하고 복제한 다음, 이 유전자를 사용하여 유전자 이식 식물을 만드는 것이 가능해졌다. 결과적으로, 곤충 저항성, 제초제 저항성, 혹은 영양적 특징들을 농장의 식물과 동물들에게 빠르게 도입할 수 있게 되었는데, 이것이 바로 **농업 생명공학(agricultural biotechnology)**의 주된 목적이다. (농작물의 유전적 변형은 특강 4장의 '유전적으로 변형된 식품들' 편에 자세히 논의되어 있다.)

전 세계적으로, 수백만 에이커의 유전적으로 조작된 작물들이 재배되고 있는데, 특히 제초제 저항성 및 해충 저항성 콩, 옥수수, 면화, 그리고 카놀라 등이다; 50가지 이상의 유전자 이식 작물 변종들이 사용되며, 알팔파, 옥수수, 벼, 감자, 토마토, 담배, 밀, 그리고 크랜베리 등을 사용할 수 있다.

유전자 이식 작물들이 만들어지는 이유는 다음과 같다:

- 농업적으로 가치가 큰 작물들의 생장 특징을 변화시키고 생산량을 증가시키기 위해
- 작물의 영양 가치를 증대시키기 위해
- 작물에 제초제 저항성(가장 널리 응용되는 유전적으로 조작된 작물들), 해충 저항성(해충 저항성은 두 번째로 많은 응용 작물이다), 바이러스 저항성, 가뭄 저항성을 부여하기 위해서이다.

그리고 새로운 많은 GM 작물들과 미세조류들이 에탄올 생산과 바이오디젤 연료 생산을 위해 고안되고 있다—즉, 지속 가능한 에너지 자원 제공을 위해 유전자 조작 생물이 설계된다.

식물 유전체 서열화 프로젝트들로부터 나온 통찰들은 분명히 작물들의 유전적 다양성에 대한 분석과, 식물의 작물화와 계

통 형질들에 관여하는 유전자들의 발견, 그리고 유전공학을 통한 우량 형질 변이의 증대와 같은 작업에 촉진제가 될 것이다. 지난 몇 년 동안, 세계적으로 열량 흡수에 중요한 역할을 담당하는 세 가지 작물인 옥수수, 벼, 밀을 포함한 여러 주요 식품과 산업적 작물에 대한 유전체 프로젝트들이 완료되었다. 커피 농장들의 인기 있는 작물종들에 대한 유전체도 최근 들어 서열화되었다. 식물학자들은 유전체 자료를 사용하여 커피 작물의 생장을 향상시키고 결과적으로 커피콩에서 가장 바람직한 특성을 생산하도록 작물의 표현형을 개발할 수 있을 것으로 기대하고 있다.

22.3 유전적으로 조작된 동물들은 생명공학에서 중요한 역할을 담당한다

유전적으로 조작된 식물들은 현대 농업의 주인공이라고 할 수 있지만, 유전자 조작 동물들의 상업적 응용은 그보다는 덜 퍼져 있다고 할 수 있다. 그럼에도 불구하고, 유전적으로 조작된 동물들에서 몇 가지 유명한 사례들은 대중의 관심과 논란을 불러 일으켰다.

유전자 이식 동물들의 사례

형질전환 동물은 대부분 유전자 기능을 연구하기 위한 연구 목적으로 생산된다. 예를 들어, 인간의 성장 호르몬 이식 유전자(transgene)를 가진 생쥐들은 최초의 유전자 이식 동물들이었다. 그러나 상업적 목적의 유전자 이식 동물들은 앞으로 점점 더 많이 이용될 수 있을 것이다.

이식된 성장 호르몬 유전자를 가진 가축들을 만들기 위한 시도는 그다지 성공적이지 못했는데, 아마도 성장이라는 것이 복잡하고 여러 유전자들이 관여하는 형질이기 때문일 것이다. 한 가지 특기할만한 예외는 유전자 이식 대서양 연어(Atlantic salmon)인데, 항상적 프로모터에 인접한 치누크 연어(Chinook salmon)의 성장 호르몬 유전자를 여러 사본으로 가지고 있다(특강 4장—유전적으로 변형된 식품들 편 참고). 2015년, 20년 이상의 규제 검토 끝에 미국 FDA는 이 연어를 인간이 섭취할 수 있는 최초의 유전자 변형 동물로 승인했다.

22.1절에서 논의했듯이, 현재 유전자 이식 가축들은 주로 유용한 약품들을 생산하기 위한 생물반응기로 사용된다. 또한 동물의 질병과 사망을 유발하며 식량 공급을 위기에 빠뜨리는 일반적인 병원체(식용 동물에 대한 테러 공격에 사용될 수 있는 잠재적인 생물 무기용 병원체를 포함하여)에 저항하여 농장의 동물을 보호하기 위한 상당한 연구 노력이 이루어지고 있다.

예를 들어, 유전자 이식 소를 만들어 소의 유선염을 조절하는 것은 희망적인 결과를 보여주었다. **유선염(mastitis)**은 젖샘의 감염이다. 이것은 낙농업에 가장 큰 영향을 미치는 질병으로, 미국에서 2십억 달러 이상의 손실을 초래한다. 유선염은 젖분비 도관을 막아 우유 생산을 감소시키고 우유를 병원성 미생물로 오염시킬 수 있다. 포도상구균(*Staphylococcus aureus*)에 의한 세균 감염이 유선염의 가장 흔한 원인이며, 유선염에 걸린 대부분의 소들은 전형적으로 일반적인 항생제가 잘 듣지 않는다. 결과적으로, 유선염은 소들을 죽게 하는 심각한 원인이 된다.

유선염에 저항적인 소를 만들기 위한 시도에서, *Staphylococus simulans*로부터 얻은 라이소스타핀(lysostaphin) 유전자를 가진 유전자 이식 소들이 만들어졌다(그림 22.3). 라이소스타핀은 *S. aureus*의 세포벽 성분을 특이적으로 절단하는 효소이다. 우유에 이 단백질을 발현하는 유전자 이식 소들은 *S. aureus* 감염을 막는 천연 항생제를 생산하는 것이다. 이런 유전자 이식 소들이 유선염 문제를 완전히 해결하는 것은 아닌데, 라이소스타핀이 대장균이나 *S. uberis* 같이 간혹 유선염을 유발할 수 있는 다른 미생물들에는 효과를 나타내지 못하기 때문이다; 게다가, *S. aureus*가 라이소스타핀에 저항성을 발달

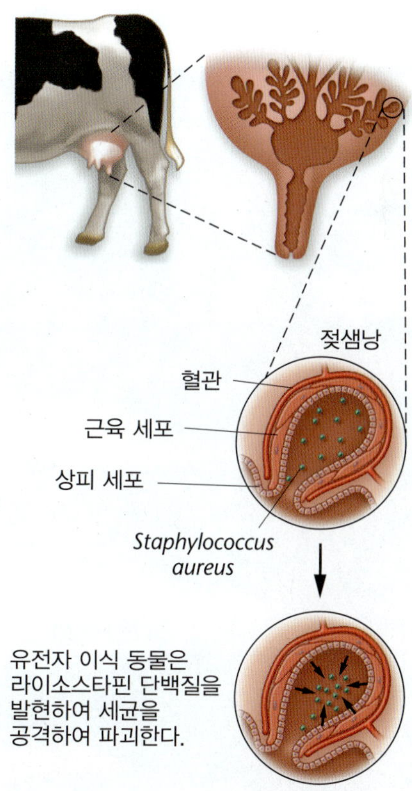

그림 22.3 유선염 방지를 위한 유전자 이식(형질전환) 소. 일반적인 소들의 젖샘들은 피부의 미생물인 황색포도상구균(*Staphylococcus aureus*)에 의한 감염에 매우 취약하다. 유전자 이식 소들은 우유에서 라이소스타핀(lysostaphin)을 발현시켜 *S. aureus*가 충분한 수로 증식하기 전에 죽임으로써 감염과 젖샘 조직의 손상을 막는다.

시킬 가능성 역시 존재한다. 그럼에도 불구하고, 과학자들은 유전자 이식 방법이 가축들을 주된 병원체로부터 보호할 수 있을 것이라고 조심스럽게 낙관하고 있다.

뉴질랜드의 연구자들은 저알레르기성 우유를 생산하는 소를 만들었다. 이 연구는 약 2~3%의 아기들이 낙농 소들에서 생산된 우유에 알레르기를 보이는데, β-락토글로불린(BLG)이라고 불리는 단백질에 대한 반응 때문이라는 사실에 의해 촉발된 것이었다. 이 연구자들의 방법은 BLG를 방해하는 miRNA를 고안하고, 유전자 이식 방법을 이용하여 이 유전자를 소의 배아에 도입하는 과정을 포함하는 것이었다. 100개의 GM 소 배아들 중 오직 하나가 데이지(Daisy)라는 소로 자랐다. 데이지가 수유를 시작하면서, 연구자들은 이 소의 우유에는 BLG가 없다는 사실을 발견했다. 현재 데이지의 우유가 생쥐에서 알레르기를 덜 일으키는지를 결정하려는 연구가 진행되고 있다. 미래의 계획은 인간들이 데이지의 우유에 알레르기를 보이는지를 검사하는 것이다.

세계적으로 단 하나의 유전자 조작 동물(유전자 이식 연어)만이 인간의 소비가 승인되었다는 사실에도 불구하고, 소, 돼지 및 기타 동물에 대한 유전공학 연구는 계속되고 있다. 그리고 CRISPR-Cas 체계(특강 1장의 CRISPR-Cas와 유전체 편집 편 참고)와 같은 유전자 편집 방법의 개선으로, 이러한 프로젝트 몇 가지가 가속화되었다. 예를 들어, 연구자들은 CRISPR-Cas를 이용하여 소와 돼지에서 마이오스타틴 유전자(myostatin gene, *MSTN*)을 파괴했다. *MSTN*은 정상적으로는 근육의 성장을 방해하여 근육의 비례적 성장을 돕는 단백질을 암호화한다. *MSTN*이 유전자 편집으로 파괴되자, 근 세포들은 거침 없이 증식하여 "이중-근육" 동물들이 생겨났다. 이런 동물의 생산자들은 이들이 인간의 소비에 적합한 소고기와 돼지고기를 만드는 고기 생산 동물로 사용될 수 있기를 바라고 있다.

텍사스 오스틴에 있는 요크타운 인더스트리즈(Yorktown Industries)의 과학자들은 유전공학을 이용하여 독특한 애완동물을 만들기까지 했는데, **글로피쉬(GloFish®)**라고 불리는 유전자 이식 제브라피쉬(*Danio rerio*)로서, 말미잘의 붉은 형광 단백질 유전자를 가지게 되었다. 이 물고기들은 자외선을 쬐면 밝은 붉은색으로 빛난다. 이러한 초기 물고기를 개발한 이후, 요크타운 측은 이제 녹색, 분홍색, 노란색 및 기타 색상의 형광 제브라피시를 제공하고 있으며(그림 22.4), 말미잘이나 해파리의 유전자를 추가로 도입하여 글로피쉬 테트라스(*Paracheirodon*

그림 22.4 글로피쉬(GloFish). 시장에 출시된 최초의 GM 애완동물로, 논란의 유전자 조작 산물이다.

axelrod)라는 유전자 이식 계통도 만들었다. GM 비판론자들은 이 물고기를 유전적 기술을 남용한 예라고 설명한다. 그러나 글로피쉬는 일부 사람들이 믿는 것처럼 유전공학의 하찮은 사례가 아닐 수도 있다. 이 유전자 이식 모델의 한 변이는 중금속 유도성 프로모터를 이 붉은 형광 단백질 유전자 근처에 가지고 있는데, 물의 중금속 오염을 나타내는 생물검정에서 사용될 수 있는 희망을 보여주었다. 이것은 글로피쉬 개발의 원래 목적이었다. 이런 유전자 이식 제브라피쉬들이 수은이나 기타 중금속에 의해 오염된 물에 있으면 프로모터가 활성화되어 붉은 형광 단백질 유전자의 전사가 유도된다. 이런 방식으로, 제브라피쉬의 형광은 중금속 오염과 생물에 의한 흡수를 측정하는 생물 검정법으로 사용될 수 있다.

우리는 유전자 변형 모기라는 최근의 응용에 대해 간략하게 논의함으로써 이 절을 마무리할 것이다. 곤충에 의해 전파되는 바이러스성 질병에 의한 공중 보건의 위협은, 2016년 지카 바이러스와 미국으로의 확산 가능성에 대한 우려로 인해 특히 분명해졌다. 특히, 이집트숲모기(*Aedes aegypti*)는 지카 바이러스를 전파하는 곤충 매개체 중 하나이기 때문에 인간의 건강을 위협하는 것으로 간주된다. 현재 지카 바이러스에 대한 백신이 없고 이집트숲모기가 뎅기열 바이러스와 같은 다른 병원균도 전파하는 침입종이기 때문에, 과학자들은 지카 바이러스의 확산을 막기 위해 숙주인 모기의 유전공학을 시도하고 있다.

한 가지 유전공학적 접근법은, 말라리아를 옮기는 아노펠레스(*Anopheles*) 모기에서도 가능성을 보여준 것으로, **유전자 추진(gene drive)**라고 불리는 것이다. 유전자 추진은 특정 유전자(이식 유전자 또는 유전적으로 변형된 유전자 포함)가 상염색체의 모계 또는 부계 유전자 사본에서 발생하는 것처럼 자손의 절반에게만 전달되는 것이 아니라, 개인 자손의 대다수에게 전달되도록 한다. 모기처럼 빠르게 번식하는 생물에서는 유전자 추진에 의해 유전자를 소수의 개체에 삽입하면 다음 세대에 빠르게 영향을 미칠 수 있으므로 유전자를 모기 개체군 내로 강제 도입 또는 "추진(drive)"할 수 있다.

영국에 본사를 둔 한 회사가 물거나 질병을 퍼뜨리지 않는 유전자 변형된 수컷 이집트숲모기를 만들었다. 그러나 이 모기는 암컷과 짝짓기한 후 성체가 되기 전에 죽는, 수명이 짧은 자손을 생산하는 치명적인 유전자를 물려준다. 케이맨 제도, 파나마, 브라질에서의 현장 시험은 지역 이집트숲모기의 개체수를 80~90%까지 줄였다. 처음에는 변형된 수컷 모기가 전통적인 유전자 이식 접근법으로 만들어졌지만 현재 연구자들은 유전자 추진을 위해 CRISPR-Cas를 사용하고 있다.

이집트숲모기가 특별한 생태학적 가치가 없는 해충으로 간주되기 때문에, FDA는 다른 곤충까지 죽이는 광범위 살충제를 사용하는 대신 유전자 추진 방식을 사용하는 것이 좋겠다고 제안했다. 그러나 유전자 추진 방식을 다른 잠재적 응용 분야에 사용하는 것은, 이 기술이 개체군의 유전자 빈도를 바꿀 수 있기 때문에 논란의 여지가 있다. 이 장의 끝에 제시된 사례 연구에서 유전자 추진을 다시 한 번 더 논의하기로 한다. (특강 1장 크리스퍼-카스와 유전체 편집 부분에서는 유전자 추진 적용을 위한 크리스퍼-카스 방법에 대해 더 많은 것을 배울 수 있을 것이다.)

22.4 유전체 검사를 포함한 유전적 검사법들은 의료적 진단을 변모시키고 있다

유전자에 기초한 기술들은 질병 진단에 큰 영향을 미치고 있으며, 특수하고 효과적인 의약품의 개발을 기반으로 의료 치료법에 혁명을 일으키고 있다. 인간 유전체 연구 사업과 유전체학 관련 분야의 발전으로 인해, 연구자들은 단일 유전자성 질병과 복합적 유전적 특성 모두에 관련된 유전자를 찾는 데 급속한 진전을 이루었다. 이 절에서는 이러한 발전을 소개하려고 한다.

예후 또는 진단 목적의 유전자 검사

유전자 검사는 재조합 DNA 기술이 처음으로 적용되어 성공한 응용 중 하나였으며, 현재 특정 유전자 또는 서열을 표적으로 하는 900개 이상의 검사들이 사용되고 있다. 과학자들과 의사들은 질병과 관련된 돌연변이에 대해 개인의 DNA를 직접 조사할 수 있다. 이런 검사들은 일반적으로 단일 유전자 질병과 관련된 유전자 변화, 즉 멘델식으로 유전되는 질병을 추적한다. 낫세포 빈혈증, 낭포성 섬유증, 헌팅턴병, 혈우병, 그리고 근 이영양증 등이 그러한 예들이다. 유방암이나 대장암 같은 복합 질병들에 대한 유전자 검사도 개발되었다.

유전자 검사는 태아기, 아동기 및 성인의 예후 및 유전병 진단에 사용되는데, 보인자를 찾고; 시험관 수정으로 생긴 배아에서 유전병을 찾아내며; 기타 여러 방식으로 응용되기도 한다. 성인의 유전자 검사에는 일반적으로 백혈구 DNA가 사용된다. 또는 구강 내부를 면봉으로 긁어 수집한 뺨 세포나 모근 세포에 대해서도 여러 가지 유전자 검사를 수행할 수 있다. 일부 유전자 검사는 배우자 세포들에 대해서도 수행된다.

예후(*prognostic*) 목적으로 유전자 검사를 한다는 것은 무엇을 의미하며 **진단**(*diagnostic*) 목적의 검사와 어떻게 다른가? 예후 검사는 특정 유전병이 발병할 가능성을 예측한다. 유전적 조건에 대한 진단 검사는 질병을 유발하는 특정 돌연변이 또는 유전적 변화를 찾아낸다. 때때로 진단 검사가 특정 조건과 관련된 유전자나 돌연변이들을 찾아도, 그 검사로 해당 유전자나 돌연변이가 질병의 원인인지 아니면 유전적 상태에 따른 변이인지 결정하지 못할 수도 있다.

산전 유전자 검사

성인에 대한 유전자 검사가 증가하고 있지만, 지난 20년 동안 성인보다는 아기의 유전자 상태를 규명하는 데 더 많은 유전자 검사가 사용되어 왔다. 신생아들에서는, 아기의 발뒤꿈치를 살짝 찔러 몇 방울의 혈액을 얻고 이것으로 다양한 유전병들에 대한 검사를 수행할 수 있다. 미국에서는 이제 모든 주에서 특정 의학적 조건에 대해 종종 신생아 선별 검사(newborn screening)라고 하는 유전자 검사를 요구한다(검사되는 질병의 수는 개별 주마다 다르다). 현재는 약 60가지 정도의 질병들에 대한 추적이 가능한데, 이 검사 중 많은 수가 단백질 또는 기타 대사산물을 추적하는 것으로서, DNA나 RNA 기반한 유전자 검사는 아니다.

산전 유전자 검사(prenatal genetic test)는 아기가 태어나기 전에 수행되는 것으로, 아기가 태어날 때까지 기다리는 것이 바람직하지 않은 질병들에 이용된다. 산전 검사를 위해서는 양수천자(amniocentesis) 또는 **융모막 융모 샘플링(chorionic villus sampling, CVS)**을 통해 태아 세포를 얻는다. 그림 22.5는 태아 주위에서 소량의 양수를 뽑는 양수천자 절차를 보여준다. 양수에는 핵형, 유전자 검사 및 기타 절차에 사용할 수 있는 태아 세포가 포함되어 있다. 융모막 융모 샘플링의 경우 태아 쪽의 태반 벽(융모막 융모)의 세포를 진공관을 통해 샘플링하고 이 조직에 대해 분석을 수행할 수 있다. 여기서 얻은 태아 세포들은 PCR 관련 기술이나 DNA 서열화 등의 기술들을 이용해 유전자 검사가 수행될 수 있다.

태아 DNA의 산전 유전자 검사를 위한 비침습적 절차들도 개발 중이다. 이런 절차들은 태아의 위험성을 줄여준다. 사람의 혈액 속에는 그 사람의 죽은 세포들로부터 방출된 DNA가 순환하고 있다. 이것은 무세포 *DNA*(*cell free DNA*, *cfDNA*)라고 불리며 혈액의 효소들에 의해 작은 조각들로 잘린다. 임산부의 혈액에는 태아의 cfDNA 조각도 포함되어 있다. 임산부의 혈액에 있는 DNA의 약 3~6%가 아기의 것으로 추정된다. 이제는 이런 태아 DNA 흔적을 분석하여 아기가 다운 증후군과 같은 특정 유형의 유전적 조건을 가졌는지를 결정하는 것이 가능하다. 이러한 검사에는 약 한 숟가락 정도의 혈액이 필요하다.

혈액의 DNA는 서열화되어 **반수체형(haplotype)**—배우자 형성 중에 재조합을 겪지 않은, 연결된 DNA 조각들—이 분석되는데, 어떤 cfDNA 조각들이 엄마 것이고 어떤 것이 태아의 것인지를 구분해준다(그림 22.6). 만약 태아의 반수체형이 특정 돌연변이를 포함한다면, 서열 분석으로 드러날 것이다. 엄마의 혈액으로부터 거의 완전한 태아 유전체 서열들이 조립되었다. 이런 방법은 모체의 혈액에서 cfDNA를 서열화하고 이들을 어머니와 아버지로부터 서열화한 유전체와 비교함으로써 개발되었다. 그런 다음, 생물정보학 소프트웨어로 태아의 유전자 서열들을 조립하여 완전한 태아 유전체를 조립하게 된다. 현재 이 기술은 전체 태아 유전체를 완성하지는 못하는데, 그 결과 빠

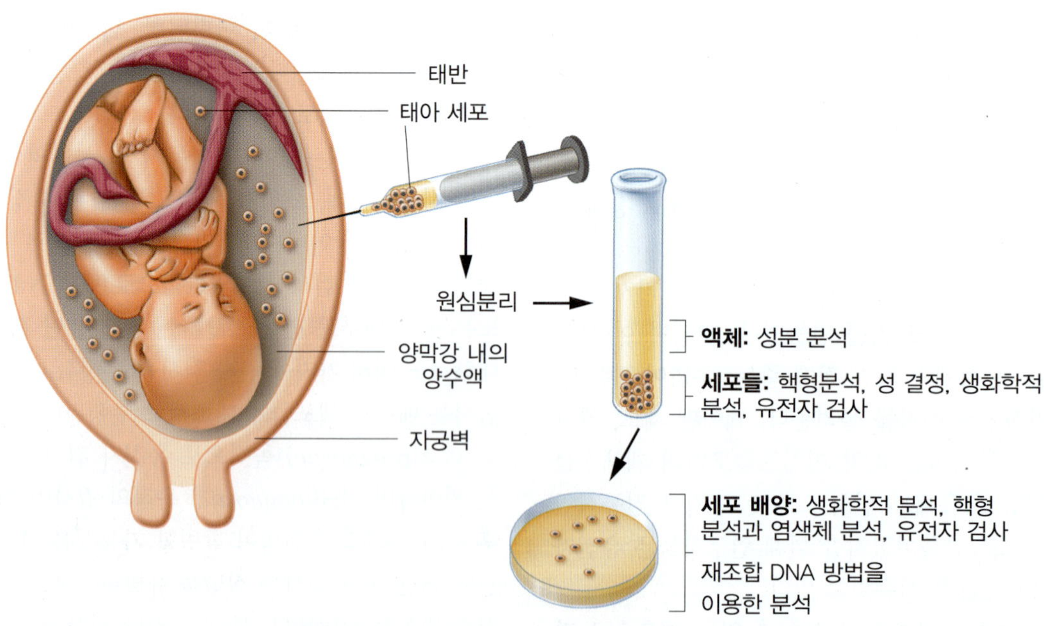

그림 22.5 양수검사를 위해서는 우선 초음파로 태아의 위치를 확인하고 복부와 자궁를 통해 바늘을 삽입하여 양수와 태아의 세포들을 회수한다. 이 시료는 유전자 검사와 생화학적 분석에 사용된다.

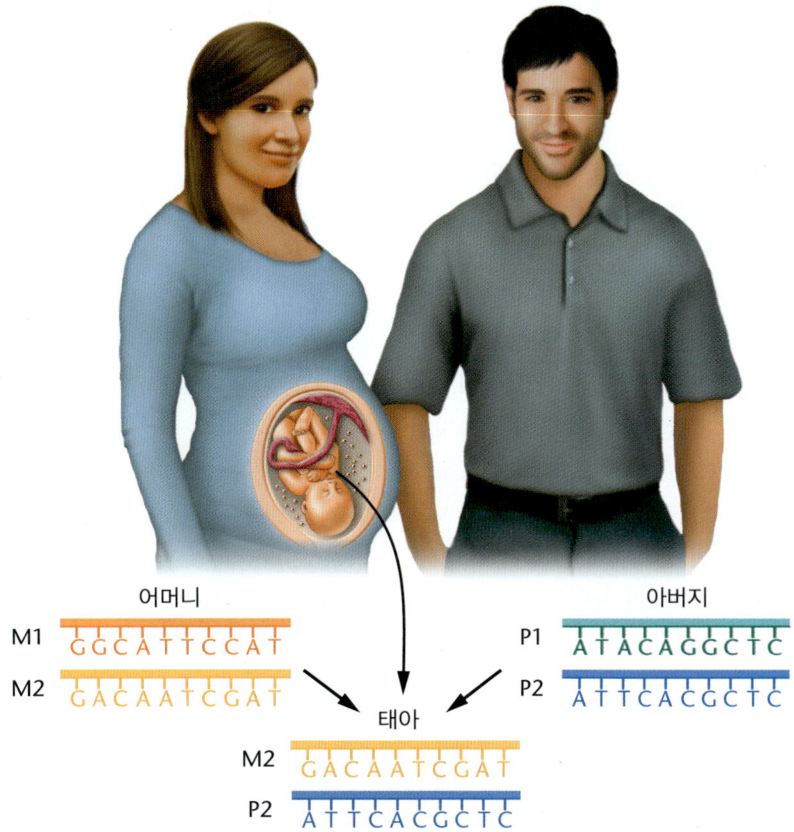

그림 22.6 모체의 혈액으로부터의 태아 유전체 서열 추론. 특정 염색체에 대해 태아는 어머니로부터 반수체형인 하나의 사본(모계 사본, M1 혹은 M2)과 아버지로부터 다른 사본(부계형 사본, P1 혹은 P2)을 물려받는다. 간단히 하기 위해, 각 반수체형으로부터 나온 단일 가닥 DNA 서열로 나타냈다. 여기서 태아는 어머니와 아버지로부터 각각 M2와 P2 반수체형들을 물려받았다. 임신한 여성의 혈액으로부터 얻은 DNA는 태아가 물려받은 부계의 반수체형(P2, 파란색), 태아에게 전달되지 않은 모계 반수체형(M1, 오렌지색), 그리고 태아가 물려받은 모계의 반수체형(M2, 노란색)을 포함할 것이다. 태아가 물려받은 모계의 반수체형(M2)은 물려받지 않은 반수체형(M1)에 비해 더 과량으로 존재할 것이다. 이런 반수체형 서열들은 전-유전체 샷건 서열화에 의해 추적될 수 있다.

진 단편들을 가진 유전체 서열로 조립된다. 그러나 엄마의 혈장 cfDNA에 대한 **전유전체 서열화(WGS)**(21장에 소개됨)를 이용하여 태아의 전체 엑솜(exome)을 정확하게 서열화할 수 있음이 밝혀졌다.

2011년부터 산모 혈액 시료를 기반으로 한 태아 유전자 분석 검사가 시장에 출시되기 시작했다. 캘리포니아 샌디에이고의 시퀘놈(Sequenom)은, 13번 삼염색체증(파타우 증후군) 및 18번 삼염색체증(에드워즈 증후군) 검사에도 사용할 수 있는 다운 증후군 검사인 마터니티 21 플러스(*MaterniT® 21 PLUS*)와 같은 테스트를 시작한 최초의 회사 중 하나였다. 마터니티 21 플러스는 36 bp DNA 단편을 분석하여 태아의 21번 염색체를 찾아낸다. 시퀘놈 측은 이 테스트가 0.2%의 위양성률로 매우 정확하다고 주장한다. 검사는 빠르면 약 10주차에 실시할 수 있다(CVS 샘플링이 수행될 수 있는 시간과 거의 같으며, 이는 양수천자가 수행될 수 있는 것보다 약 4~6주 빠르다). 여러 회사가 시퀘놈 접근방식을 따랐으며, 전국적으로 이러한 테스트의 미래 시장은 10억 달러 이상일 것으로 추정된다. 이 장의 후반에 제시될 논의에서처럼, 태아기 유전자 검사와 관련해서는 많은 윤리적 문제가 있다. 대부분의 보험 회사는 아직 단일 검사에 2,000달러의 비용이 들어가는 산모 혈액의 WGS에 대해 보장해주지 않고 있다. 최근 캘리포니아주는 매년 400,000명의 여성을 검사하는 유전병 프로그램을 통해 여성을 위한 비침습적 산전 검사에 보조금을 지급하는 데 동의했다.

원래 이러한 비침습적 검사는 35세 이상의 여성이나 출생 관련 합병증의 가족력에 기초하여 위험이 있는 것으로 확인된 여성들에게 제공되었다. 이제 이 검사는 저위험 임신을 한 여성에게도 판매되고 있으며, 비용을 고려하면 그 가치에는 의문이 제기된다. 최근 수치에 따르면 이러한 검사의 매출은 연간 6억 달러를 넘어섰으며, 이 수치는 2022년까지 4배 증가할 것으로 예상된다.

22.9절에서는 착상 전 검사와 자손의 유전적 잠재력을 예측하도록 설계된 컴퓨팅 기술에 대한 최근 특허(운명 테스트)에 대

해 논의할 것이다.

대립유전자 특이적 올리고뉴클레오타이드(ASO)를 이용한 유전자 검사

고전적인 유전자 검사 방법 중 하나는 **제한 단편 길이 다형성(RFLP)**을 분석하는 것이었다. 역사적으로, RFLP 분석은 **낫세포 빈혈증(sickle-cell anemia)**을 찾아내는 주요 방법이었다. 앞의 장들에서 논의한 바와 같이(14장), 이 질병은 서아프리카, 지중해 분지, 중동 일부와 인도 지역에 사는 사람들에게 흔한 상염색체 열성 질환이다. 이는 β-글로빈 단백질의 단일 아미노산 치환에 의한 것으로, 해당 유전자의 단일 뉴클레오타이드 치환 결과 발생한다. 단일 뉴클레오타이드 치환은 또한 제한 효소 *Mst* II 및 *Cvn* I에 대한 β-글로빈 유전자의 제한 부위를 사라지게 만든다. 결과적으로 돌연변이는 서던 블롯에서 볼 수 있는 제한 단편의 양상을 바꾼다. 이러한 제한 부위의 차이는 낫세포 빈혈증을 출산 전에 진단하고, 부모의 유전자형과 이 질환의 이형접합성 보인자일 수 있는 다른 가족 구성원의 유전자형을 밝히는 데 사용할 수 있다.

그러나 대부분의 돌연변이가 제한 효소 부위를 포함하지 않는 유전체 영역에서 발생하기 때문에, 모든 점 돌연변이의 약 5~10%만 RFLP 분석으로 검출될 수 있다. 그러나 인간 유전체 연구 사업(HGP)이 완료되고 더 많은 질병 관련 돌연변이가 알려지면서, 유전학자들은 이러한 돌연변이를 검출하기 위해 PCR 방법이 포함된 **대립유전자 특이적 올리고뉴클레오타이드(allele-specific oligonucleotide, ASO)**로 알려진 합성 DNA 탐침자를 이용할 수 있게 되었다. 이 빠르고 저렴하며 정확한 기술은, 점 돌연변이로 인한 광범위한 유전병들을 진단하는 데 사용된다. 돌연변이가 제한 부위를 변경하는 경우로 제한되는 RFLP 분석과는 달리, ASO는 **단일 염기 다형성(single-nucleotide polymorphism, SNP)**이라는 단일 염기 변화를 추적한다.

ASO는 유전체의 상보적인 특정 대립유전자에 혼성화되도록 설계된 짧은 단일 가닥 DNA 단편이다. 적절한 조건에서 ASO는 상보적인 DNA 서열과만 혼성화하고 단일 뉴클레오타이드의 작은 차이라도 다른 서열과는 혼성화하지 않는다.

ASO 및 PCR 분석을 이용한 유전자 검사는 성인과 신생아의 여러 가지 질병 판정과 산전 검사에 사용할 수 있다. 낫세포 빈혈증 검사의 경우, DNA를 추출하고(엄마의 혈액 시료 또는 양수천자를 통해 얻은 태아 세포에서) β-글로빈 유전자 영역을 PCR로 증폭한다. 증폭된 DNA를 소량 취해 DNA 결합 막(스트립 형태)에 점 형태로 부착시킨다. 그리고 이 막 스트립을 정상 또는 돌연변이 β-글로빈 유전자의 관련 서열과 유사하게 합성된 ASO에 혼성화시킨다. ASO는 방사성 또는 형광성 분자로 표지되어 있으므로, 막의 DNA에 혼성화된 ASO가 보이도록 처리될 수 있다. 그림 22.7은 이 접근법의 원리를 보여준다. 빠르고 저렴하며 정확한 이 기술은 점 돌연변이로 인한 광범위한 유전병을 진단하는 데 사용된다.

ASO 검사가 매우 효과적이기는 하지만, 특히 정확한 혼성화 조건이 사용되지 않는 경우, SNP들이 ASO 탐침자 결합에 영향을 미쳐 유전병 여부를 제대로 반영하지 못하는 위양성 또는 위음성 결과를 초래할 수 있다. 때때로 증폭된 유전자 절편에 대해 DNA 서열화를 수행함으로써 돌연변이를 확인하게 된다.

ASO 검사는 PCR을 사용하기 때문에, 분석에는 소량의 DNA만 필요하다. 결과적으로 ASO 검사는 착상 전 유전자 검사 또는 착상 전 선별이라고도 하는 **착상 전 유전 진단(preimplantation genetic diagnosis, PGD)**에 이상적이다. 시험관 내 수정(IVF)으로 생성된 배아 세포에 대한 유전적 분석에

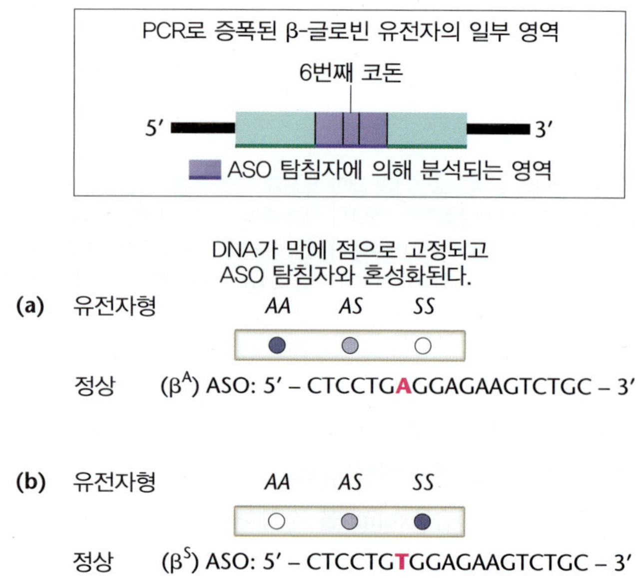

그림 22.7 β-글로빈 유전자와 낫-세포 빈혈증에 대한 대립유전자-특이적 올리고뉴클레오타이드(ASO) 검사. 양수검사로 얻은 세포들이나 백혈구로부터 추출한 DNA를 사용하여, PCR을 이용한 β-글로빈 유전자 증폭이 이루어진다. 그다음, 증폭된 DNA가 변성되고 DNA-결합 막(띠 모양) 위에 점으로 찍힌다. 막들을 특정 ASO와 혼성화시킨다. (a) 3가지의 가능한 유전자형들이 정상 β-글로빈 대립유전자 ASO에 혼성화되었을 때 관찰되는 결과: *AA*-동형접합성인 사람들은 정상적인 헤모글로빈을 가지며 이들은 β-글로빈 유전자의 두 사본이 모두 혼성화되어 짙게 보일 것이다; *AS*-이형접합성인 사람들은 하나의 정상 β-글로빈 대립유전자와 하나의 돌연변이 대립유전자를 가지므로 조금 약한 혼성화를 나타낼 것이다; *SS*-동형접합성인 낫세포 빈혈증 환자들은 β-글로빈의 정상 사본이 없으므로, 정상적인 β-글로빈 대립유전자에 대한 ASO 탐침자와는 혼성화되지 않을 것이다. (b) 3가지 유전자형들이 낫세포형 β-글로빈 대립유전자의 탐침자에 혼성화되었을 때 관찰되는 결과: *AA* 유전자형에서는 혼성화가 관찰되지 않으며, 이형접합자(*AS*)들에서는 약한 혼성화 결과가, 그리고 동형접합성 낫세포 유전자형(*SS*)에 의해선 강한 혼성화 결과가 나타난다.

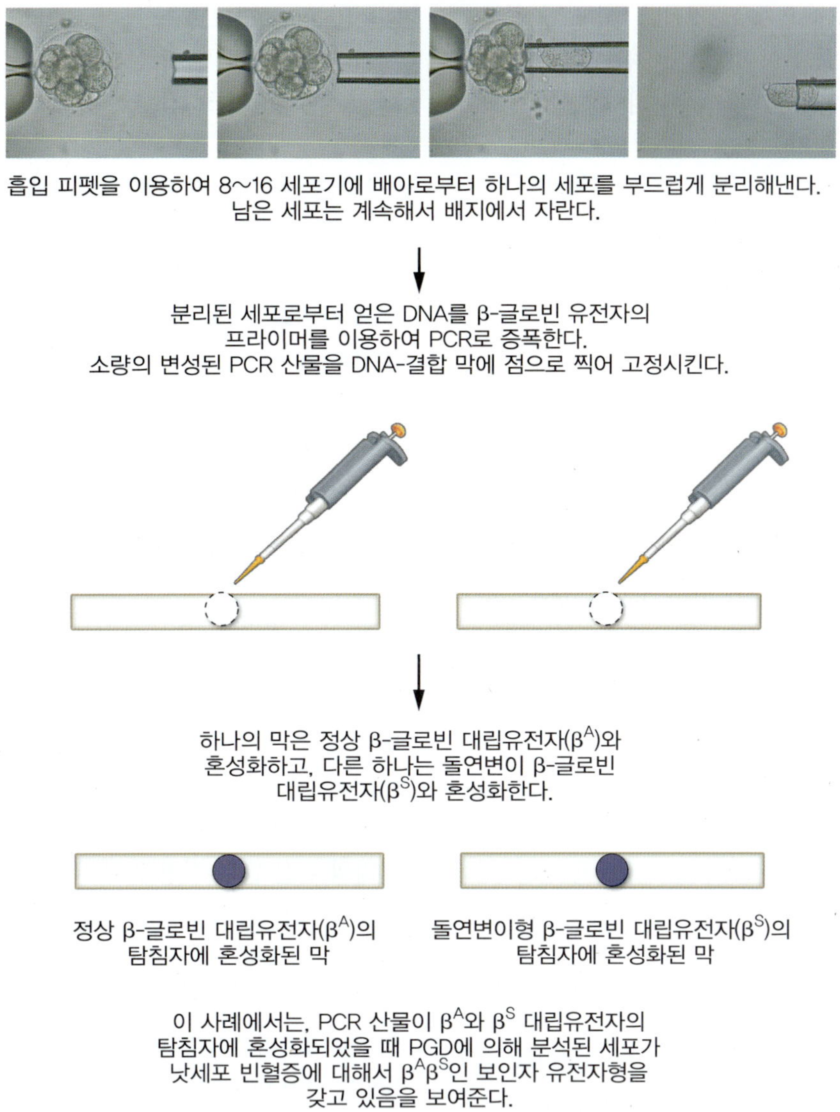

그림 22.8 시험관 수정으로 생성된 초기 단계의 인간 배아에서, 하나의 세포가 회수되어 ASO 검사에 의한 착상 전 유전자 검사(PGD)에 사용된다. 세포에서 DNA가 분리되고 관심 유전자에 특이적인 프라이머로 PCR 증폭된 후 그림 22.7에서처럼 ASO 분석에 사용한다. 이 사례에서는 β-글로빈 유전자 영역이 증폭되고 ASO 검사로 분석되어 이 세포의 낫세포 유전자형을 결정한다.

PGD가 사용될 수 있다(그림 22.8). PGD는 25년 이상 사용되어 왔으며, 일반적으로 특정한 유전적 결합에 대한 우려가 있을 때 사용된다.

정자와 난자를 섞어 접합자를 만들면 초기 단계의 배아가 배양접시에서 자란다. 진공 피펫을 사용하여 그 배아로부터 단일 세포를 부드럽게 빨아들여 세포 하나를 분리해 낼 수 있다(그림 22.8, 상단). 이 과정이 배아를 죽일 수도 있지만, 올바르게 수행된다면 배아는 종종 계속해서 정상적으로 분열한다. 단일 세포의 DNA는 일반적으로 염색체 분석을 위한 형광 제자리 혼성화(FISH) 또는 ASO 검사(그림 22.8, 하단)로 분석된다. 초기 단계 배아들의 유전자형을 모두 검사하여 어떤 배아를 자궁에 이식할지 결정할 수 있다.

ASO 검사로 검출할 수 있는 모든 대립유전자는 PGD에 사용될 수 있다. 낫세포 빈혈증, 낭포성 섬유증 및 왜소증은 종종 PGD에 의해 검사되지만 다른 많은 상태에 대한 대립유전자도 종종 분석된다. 이론적으로, PGD는 배아 이식 성공률을 개선하고 부부의 유산을 줄이며 특히 IVF를 받는 나이든 여성의 성공률을 향상시킬 것이다. 그러나 PGD가 생식력에 영향을 미치는 후성유전적 변화를 식별하는 데는 사용될 수 없으므로, 이것이 모든 부부에게 해당되는 것은 아닌 것으로 드러났다. 수정에 대한 후성유전적 영향에 대해 더 많이 알게 되면서, 향후에는 PGD는 후성유전적 분석을 통합하도록 확장될 것이다.

또한 22.5와 22.6절에서 배우게 될 것처럼, 이제 개별 세포에서 WGS를 수행할 수도 있다. 이 방법은 이제 IVF에 의해 생성된 배아의 단일 세포에 대한 PGD에 적용된다.

풀어보기

22.2 정상 및 돌연변이 유전자에 대해, β-글로빈 유전자에서의 낫세포 돌연변이 자리 주변 DNA 서열은 다음과 같다.

정상 DNA
5′-GACTCCTGAGGAGAAGT-3′
3′-CTGAGGACTCCTCTTCA-5′
낫세포 DNA
5′-GACTCC TGTGGAG A A G T-3′
3′-CTGAGGACA CC TC T TC A-5′

각 형태의 DNA가 단일 가닥으로 변성되고 DNA가 결합되어 있는 막에 적용되었다. 두 점을 포함하고 있는 그 막은 서열이 5′-GACTCCTGAGGAGAAGT-3′ 인 ASO에 혼성화되었다. 둘 중 어떤 점이 이 탐침자에 혼성화되겠는가?

■ **힌트:** 이 문제는 ASO 검사의 결과를 분석하도록 요구하고 있다. 해답의 열쇠는 ASO 분석이 오직 동일한 뉴클레오타이드 서열들만 막 위의 ASO와 혼성화되는 결합 조건 하에서 수행된다는 점을 이해하는 것이다.

좀 더 연습이 필요하면 문제 8번을 참고하라.

마이크로어레이를 이용한 유전자 검사

ASO 분석은 유전자 내에서 하나 또는 소수의 돌연변이를 검색하는 효과적인 방법이다. 그러나 유전병 및 암과 관련된 단일 유전자에서 발생하는 복잡한 돌연변이 양상이나, 이전에 알려지지 않은 돌연변이를 검출할 수 있는 유전자 검사법들 대한 수요도 상당하다. 예를 들어, 낭포성 섬유증 유전자(*CFTR* 유전자)는 27개의 엑손을 포함하며 250 kb의 유전체 DNA에 걸쳐 있다. 알려진 *CFTR* 유전자 돌연변이 1000개 중 약 절반은 점 돌연변이, 삽입 및 결실이며 유전자 전체에 널리 분포한다. 유사하게, 500개 이상의 다른 돌연변이들이 종양 억제인자인 *p53* 유전자 내에서 발생하는 것으로 알려져 있으며, 이러한 돌연변이 중 어떤 것이라도 다양한 암들과 연관될 수 있으며, 환자에게 유전적 소인으로 작용할 수 있다. 이러한 유전자의 돌연변이를 검색하기 위해서는 포괄적이고 대용량인 처리 방법이 필요하다.

앞에서(21장 참고) 우리는 **DNA 마이크로어레이(DNA microarray)**의 사용에 기초한 대용량 검색 기술(DNA 칩 혹은 유전자 칩이라고도 불림)에 대해 다루었었다. 마이크로어레이에 있는 DNA 서열의 수와 유형은 필요한 분석 유형에 따라 결정된다. 예를 들어, 마이크로어레이의 각 반점 또는 필드[때로는 피쳐(feature)라고도 함]에는 유전자 패밀리의 한 구성원에서 파생된 DNA 서열, 관심 있는 하나 또는 여러 유전자의 변이체 서열, 또는 한 생물의 각 유전자에서 파생된 서열이 포함될 수 있다.

최근에는, DNA 마이크로어레이가 유전체 DNA의 돌연변이 검출 및 병든 조직의 유전자 발현 양상 검사를 포함하여 광범위한 응용 분야에 사용돼왔다. 그러나 가까운 장래에는 전유전체 서열화, 엑솜 서열화(exome sequencing) 및 RNA 서열화(RNA sequencing) 등이 마이크로어레이와 관련된 대부분의 응용 프로그램을 대체하여 이 기술을 쓸모없게 만들 것으로 예상된다.

그러나 마이크로어레이가 유전자 검사에 미친 영향 때문에 이 방법의 응용은 여전히 논의할 가치가 있다. 단일 어레이에서 동시에 생성할 수 있는 엄청난 양의 정보는 DNA 마이크로어레이를 매우 유용한 것으로 만든다. 우표 크기(1 cm 크기의 정사각형보다 약간 큰)의 DNA 마이크로어레이는 각각 다른 DNA 서열을 가지는 최대 500,000개의 서로 다른 필드를 포함할 수 있다. 대부분의 인간 암에서 돌연변이가 발생하는 *p53* 유전자뿐 아니라, 돌연변이가 되면 여성이 유방암에 취약해지도록 하며, 남성 역시 유방암과 전립샘암에 취약해지게 만드는 *BRCA1* 유전자와 같은 많은 질병 관련 유전자를 포함하여, 인간 유전자 대부분에 대한 탐침자들이 포함된 인간 유전체 마이크로어레이를 사용할 수 있다.

단일 유전자의 돌연변이를 검사하는 것 외에도, DNA 마이크로어레이에는 SNP를 감지하는 탐침자도 포함될 수 있다. SNP는 이러한 단일 염기 변화가 사람마다 차이를 나타내도록 하며, 유전체의 약 1,500만 개 위치에서 발생한다. SNP 서열을 DNA 마이크로어레이의 탐침자로 이용하여, 과학자들은 단일 유전자 질환과 다인자 유전을 나타내는 수천 개의 질병 관련 돌연변이를 동시에 검색할 수 있다. **유전체 검색(genome scanning)**으로 알려진 이 기술을 사용하면, 심장마비, 천식, 당뇨병, 알츠하이머병 및 기타 유전적이라고 알려진 여러 유형의 질병에 걸리기 쉬운 사람을 포함하여, 수십 또는 수백 개의 질병 대립유전자에 대한 인간의 DNA를 분석할 수 있다. 유전체 검색은 이제 의사가 근본적인 원인을 진단할 수 없는 만성 질환이 있는 환자를 만날 때 종종 사용된다.

DNA의 돌연변이를 추적하는 유전체 검색 마이크로어레이와는 대조적으로, **유전자 발현 마이크로어레이(gene-expression microarray)**는 특정 유전자에 대한 유전자 발현 패턴을 검사한다. 건강한 상태에서 질병 상태로 조직이 변화하는 것은, 거의 언제나 수백~ 수천의 유전자들에서 mRNA 발현의 변화를 동반하기 때문에, 이것은 유전 질환을 진단하는 효과적인 접근이 될 수 있다. 유전자 발현 마이크로어레이는 서로 다른 세포 유형에서 서로 다르게 발현되는 것으로 생각되는 소수의 특정 유전자에 대한 탐침자를 포함하거나, 유전체의 모든 유전자에 대한 탐침자들을 포함할 수 있다. 마이크로어레이 기술은 유전자 발현에 대한 새로운 정보를 제공하지만, 세포나 조직의 단백질 수준에 대한 정보를 직접적으로 제공하지 않는다는 점을 기억해야 한다. 우리는 종종 예측된 단백질 수준이 mRNA 발현 패턴을 기반으로 할 수 있다고 생각하지만, 이것이 항상 정확한 것은 아니다.

한 가지 유형의 유전자 발현 마이크로어레이 분석을 살펴보면, 두 가지 다른 세포 또는 조직 유형(예: 동일한 세포 유형의 정상 세포 및 암세포)에서 mRNA가 분리된다(**그림 22.9**). mRNA 시료에는 해당 세포 유형에서 발현되는 각 유전자의 전사체들이 포함되어 있다. 일부 유전자는 다른 유전자보다 더 높은 수준으로 발현된다. 각 mRNA의 발현 수준은 세포 유형의 특징인 **유전자 발현 프로파일**(*gene-expression profile*)을 개발하는 데 사용할 수 있다. 이를 위해, 분리된 mRNA 분자는 역전사효소를 사용하여 cDNA 분자로 변환된다. 정상 세포의 cDNA는 형광염료가 붙은 뉴클레오타이드(예: 녹색)로 표지되고, 암세포의 cDNA는 다른 형광염료를 가진 뉴클레오타이드(예: 빨간색)로 표지된다.

표지된 cDNA를 함께 섞이고 DNA 마이크로어레이에 적용된다. cDNA 분자는 마이크로어레이의 상보적인 단일 가닥 탐침자들에 결합하지만 다른 탐침자에는 결합하지 않는다. 각 필드 또는 피쳐는 한 개의 탐침 분자로 구성된 것이 아니라 수천 개의 탐침자 사본을 포함한다는 점을 기억하라. 결합하지 않은 cDNA를 씻어낸 후 과학자들은 마이크로어레이를 레이저로 스캔하고 컴퓨터 분석을 위해 형광 이미지 패턴을 얻는다. 혼성화 패턴은 일련의 착색된 점으로 나타나며, 각 점은 마이크로어레이의 한 필드에 해당한다.

특정 지점의 색상(또는 밝기의 강도)은 혼합물에 있는 각 cDNA의 상대적 수준에 대한 민감한 측정값을 제공하기 때문에, 결과로 나타나는 이러한 색상 패턴은 종종 **히트 맵**(*heat map*)이라고 불린다. 그림 22.9에 표시된 예에서는, mRNA가 정상 세포에만 존재하는 경우 해당 mRNA를 암호화하는 유전자를 나타내는 탐침자는 "녹색" cDNA들로 이에 혼성화되었기 때문에 녹색 점으로 나타난다. 유사하게, mRNA가 암세포에만 존재한다면 그 유전자에 대한 마이크로어레이 탐침자는 빨간 점으로 나타날 것이다. 두 시료에 동일한 cDNA가 동일한 상대적 양으로 포함되어 있다면, 두 cDNA가 같은 필드에 혼성화되어 노란색으로 표시된다. 그 사이의 중간 색상들은 cDNA가 두 시료에서 서로 다른 수준으로 존재함을 나타낸다.

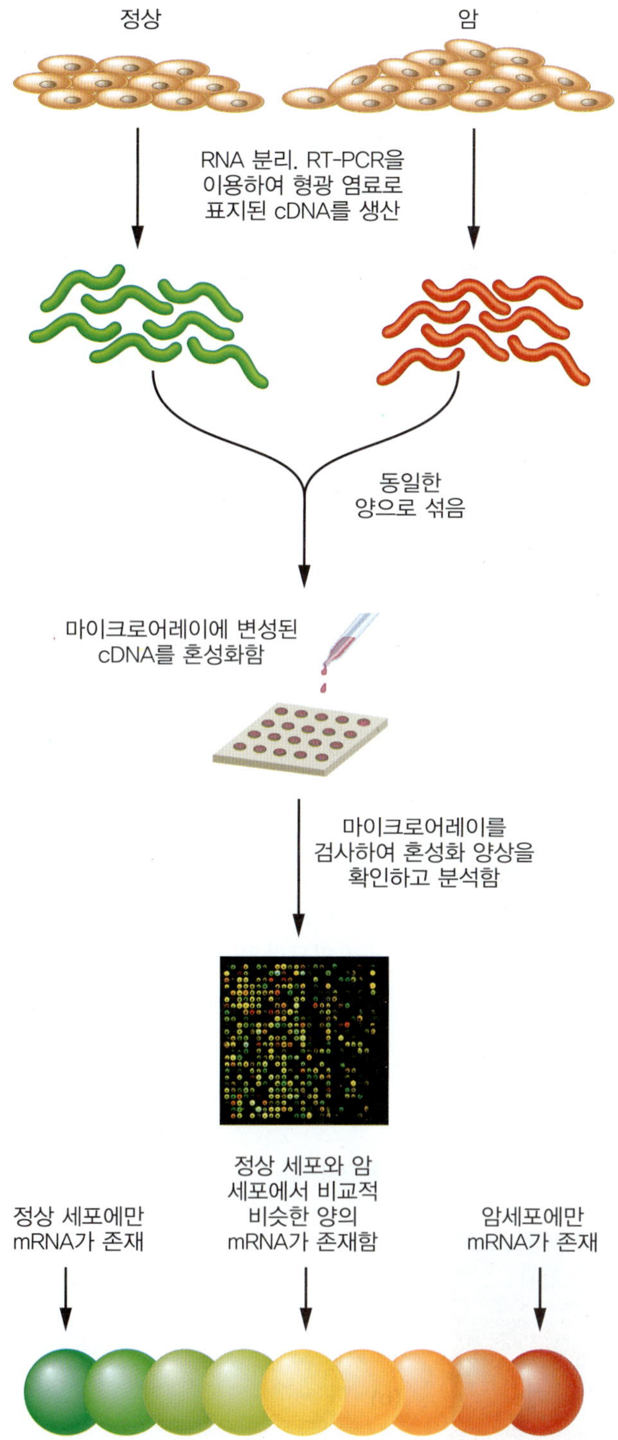

그림 22.9 정상 세포와 암세포들에서 유전자 발현을 분석하기 위한 마이크로어레이 과정. 여기 보여준 방법은 2채널 마이크로어레이에 기초한 것으로, 두 가지의 서로 다른 조직들에서 만든 cDNA 시료들이 동일한 탐침자 세트에 대한 결합을 두고 경쟁하게 된다. 발현 마이크로어레이 상에 나타난 점들의 색깔은 유전자 발현의 수준을 나타낸다. 이 예에서, 녹색점들은 한 종류의 세포형(예: 정상 세포)에서만 발현된 유전자들을 나타내며, 붉은 점들은 또 다른 세포형(예: 암세포)에서만 발현된 유전자들을 나타낸다. 중간색들은 두 종류의 세포형에서 같은 유전자가 다른 수준으로 발현되었음을 드러낸다. DNA 마이크로어레이의 일부분만 나타나 있다.

유전자 발현 마이크로어레이 분석에 따르면, 특정 암에는 뚜렷한 유전자 발현 패턴이 있으며 이러한 패턴은 암의 단계, 임상 경과 또는 치료에 대한 반응과 같은 요인과 관련이 있다. 예를 들어, 과학자들은 정상 백혈구와 **미만성 거대 B 세포 림프종**(*diffuse large B-cell lymphoma, DLBCL*)으로 알려진 백혈구 암세포에서 유전자 발현을 조사했다. DLBCL 환자의 약 40%는 화학 요법에 잘 반응하며 생존 기간이 길다. 나머지 60%는 치료에 잘 반응하지 않으며 생존 기간이 짧다.

연구자들은 18,000개 유전자의 발현 프로파일을 분석했고, 거의 반대 패턴의 유전자 발현을 가지는 두 가지 유형의 DLBCL이 있음을 발견했다(그림 22.10). GC B형(GC B-like)이라고 하는 DLBCL의 한 유형은 활성화 B형(activated B-like)이라고 하는 두 번째 유형의 발현 패턴과는 극적으로 다른 발현 형태를 보인다. 유전자 발현에서 활성화 B형 패턴을 갖는 환자는 GC B형 패턴을 갖는 환자보다 훨씬 더 낮은 생존율을 보였다. 연구자들은 DLBCL이 실제로는 결과가 다른 두 가지의 서로 다른 질병이라고 결론지었다.

이러한 유형의 프로파일링 분석이 일상적으로 임상에 사용되면, 각 암 환자 그룹에 대한 치료법을 조정할 수 있을 뿐 아니라 유전자 발현 프로파일을 기반으로 한 새로운 특정 치료법을 찾을 수도 있다. 유방암, 전립샘암, 난소암 및 결장암을 비롯한 많은 다른 암에 대해서도 유사한 유전자 발현 프로파일이 생성되어 유전병들의 실질적이고 미묘한 변이에 대한 엄청난 통찰을 제공하고 있다.

몇몇 회사들은 이제 **영양유전체학(nutrigenomics)** 서비스를 홍보하고 있는데, 이들은 영양소 대사에 관여하는 유전자에 대한 대립유전자 다형성 및 유전자 발현 패턴을 식별하기 위해 유전자 발현 분석을 사용한다고 주장한다. 예를 들어, 지질 대사에 관여하는 아포지질단백 A(*APOA1*)와 엽산 대사에 관여하는 *MTHFR*(methylenetetrahydrofolate reductase)과 같은 유전자의 다형성은 심혈관 질환과 관련이 있다. 영양유전체학 회사들은 이 같은 유전자들에 대한 환자의 DNA 분석을 통해 환자의 대립유전자 변이 또는 유전자 발현 프로파일을 판단하여 해당 환자의 건강을 잠재적으로 개선하고 식이 관련 질병의 위험을 줄이기 위한 변화된 식단을 제공할 수 있다고 주장한다.

병원체 규명을 위한 유전자 발현 마이크로어레이와 차세대 서열화의 응용

여러 응용들 중에서도, 마이크로어레이는 감염성 질병의 연구자들에게 병원체를 연구할 수 있는 새롭고 강력한 도구를 제공해 준다. 유전자형 결정 마이크로어레이(genotyping microarray)들은 에볼라 바이러스(Ebola virus), 중증 급성 호흡기 질환(severe acute respiratory syndrome, SARS)이라고 불리는 매우 감염성이 높은 질병을 일으키는 바이러스, 그리고 조류 독감의 원인이 되는 같은 H5N1 조류 독감 바이러스(avian influenza virus) 같은 신종 바이러스들의 계통을 밝히는 데 사용된다. 조류 독감 바이러스는 아시아에서 많은 사람을 죽게 했으며 8천만 마리 이상의 닭들을 몰살시켜 범유행병의 발생에 대

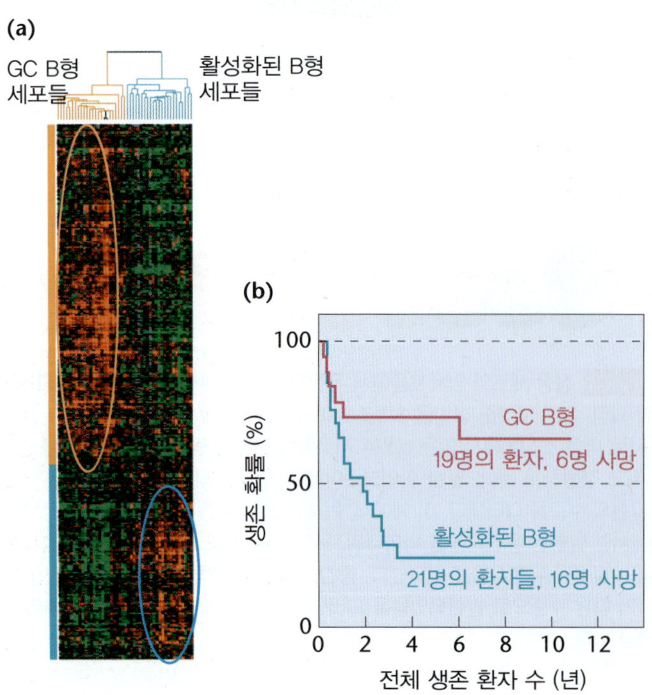

그림 22.10 (a) DLBCL 림프구에서 발현되는 18,000개의 유전자를 분석한 유전자 발현 마이크로어레이 결과. 각 가로줄은 한 특정 유전자의 유전자 발현을 요약한 것이다; 각 세로열은 한 명의 암 환자 시료에서 얻은 데이터를 나타낸다. 이 히트 맵에서 색상은 정상 대조군 세포와 비교한 상대적 유전자 발현의 비율을 나타낸다. 빨간색은 대조군의 평균 수준보다 큰 표현을 나타내고, 녹색은 대조군보다 낮은 표현을 나타내며, 색상의 강도는 평균과의 차이 크기를 나타낸다. 이 요약 분석에서 암 환자의 시료는 유전자 발현 프로파일이 서로 얼마나 유사한지에 따라 그룹화되었다. 그림 상단에 주황색 타원형으로 표시된 암 환자 시료 묶음은 GC B형 DLBCL 세포이다. 파란색 타원형 클러스터에는 활성화된 B형 DLBCL 그룹 내 암 환자의 시료가 포함되어 있다. (b) 유전자 발현 프로파일링 및 생존 확률. 활성화된 B형 프로파일을 가진 환자는 GC B형 프로파일을 가진 환자들(6/19)보다 생존 가능성이 더 낮다(21명 중 16명). 이 같은 데이터는 질병 상태의 진단을 위한 마이크로어레이 분석의 가치를 보여준다.

한 염려를 확산시키고 있다.

병원체들의 전 유전체적 전사체 분석(21장 참고)을 이용하여, 연구자들은 병원체의 감염과 복제 시 중요한 유전자들에 대한 정보를 얻는다. 이런 접근법에서는, 세균, 효모, 원생생물, 혹은 바이러스 병원체들이 시험관 내의 숙주 세포를 감염시키는 데 사용되며, 그 후 발현 마이크로어레이들을 이용하여 병원체 유전자-발현 프로파일을 분석한다. 숙주 세포에 대한 병원체 감염과 복제 중의 유전자 활성 패턴은 병원체를 확인하고 감염 기작을 이해하는 데 유용하다. 이 전략은 주로 어떻게 병원체가 숙주에 반응하는지를 연구자에게 알려준다. 그러나 물론 감염병 연구의 1차 목적은 감염을 예방하는 데 있다. 유전자-발현 프로파일링 역시 중요한 병원체 유전자들과 그들이 암호화하는 단백질들을 찾기 위한 중요한 전략이다. 병원체가 만드는 단백질들은 소단위 백신 개발을 위해 유용한 표적이 될 수도 있고, 감염 질환을 예방하거나 통제하기 위한 약물 치료의 표적일 수도 있다.

유사하게, 연구자들은 병원체에 대한 숙주의 반응도 평가한다. 이런 형태의 추적은 부분적으로 군인과 시민 모두를 위한 병원체-추적 전략을 개발해야 할 필요성에 의해 가속화되어 왔다. SARS나 조류 독감 같은 자연 발생 병원체들의 만연뿐 아니라, 세균인 *Bacillus anthracis*에 의해 유발되는 탄저병(anthrax)은 생물테러 사건의 결과 발생할 수 있으므로 이 모두를 추적해야 할 필요가 있다. 숙주-반응 유전자 발현 프로파일들은 숙주를 병원체에 노출시킨 후 발현 마이크로어레이들을 이용하여 숙주 유전자-발현 패턴을 분석하여 만들어진다.

그림 22.11은 생쥐를 수막염 균인 *Neisseria meningitidis*나, SARS 바이러스, 그리고 대장균 등에 노출시킨 후 얻은, 서로 다른 유전자 발현 프로파일들을 보여준다. 이 예에서는 각 병원체에 의해 여러 유전자가 상향 조절되거나 하향 조절된다. 그러나 각 병원체가 어떻게 서로 다른 유전자 클러스터의 발현을 강하게 유도하는지 주목하라. 이것은 병원체에 대한 숙주의 유전자 발현 반응을 보여주는 것으로, 병원체 감염의 신호를 제공하는 것이다. 서로 다른 병원체에 대한 노출 후 그러한 숙주 유전자-발현 프로파일들을 비교하는 것은 연구자에게 감염성 질병을 빠르게 진단하고 분류할 수 있는 방법을 제공해준다. 과학자들은 병원체들을 효율적으로 규명하는 데 사용할 수 있는, 병원체와 숙주-반응 발현 프로파일 모두에 대한 데이터베이스를 개발 중이다.

병원체 규명을 위해 차세대 서열화(NGS)와 제3세대 서열화법(TGS)이 점점 더 많이 사용되고 있다. 전 유전체 서열화(WGS)는 병원성 세균과 바이러스 및 기타 미생물을 밝히는 빠른 방법이며 미생물의 유전적 변이를 추적하는 데에도 매우 유용하다. 이를 통해 공중 보건 공무원들은 미생물 변화의 진화를 추적하여 새롭고 치명적인 변종의 발생에 대처하기 위한 선제적 접근 방식을 개발하는 데 도움을 줄 수 있다. NGS는 2014~2015년 서아프리카에서 발생한 에볼라 바이러스의 진화

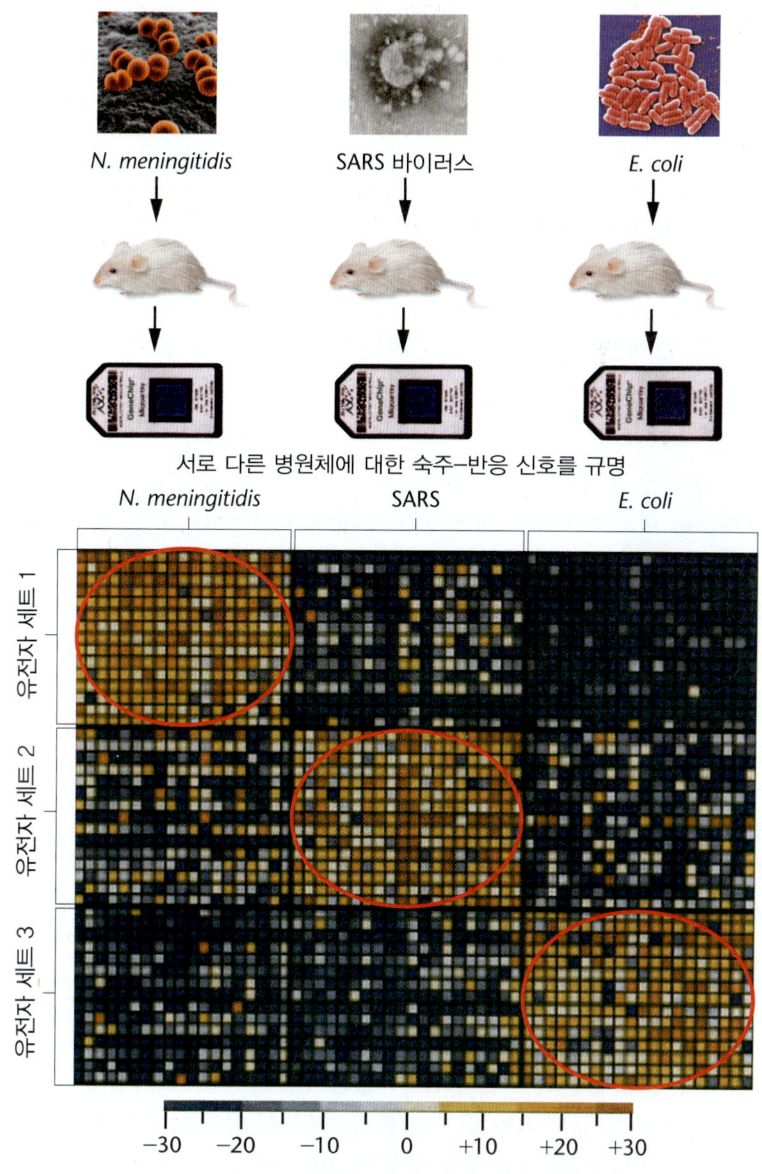

그림 22.11 유전자-발현 마이크로어레이들은 병원체 규명을 위한 숙주-반응 특징을 드러내준다. 이 예에서는 생쥐가 서로 다른 병원체에 감염되었다: 감염원은 뇌수막염을 일으키는 *Neisseria meningitidis*, 중증 급성 호흡기 질환(severe acute respiratory syndrome, SARS)을 일으키는 바이러스, 그리고 대장균(*E. coli*)이다. 생쥐 조직에서 유전자-발현 마이크로어레이 분석을 위한 mRNA를 얻었다. 비감염 대조군 생쥐들과 비교하여 증가된 발현은 노란색으로 칠해져 표현되었다. 대조군과 비교하여 감소된 발현은 파란색으로 표시되었다. 병원체 감염으로 숙주 유전자 중 어느 주요 클러스터들이 활성화되는지(붉은 원으로 표시)에서 병원체마다 다소 다른 반응이 촉발됨에 주목하라.

변종에 대한 대량의 데이터를 제공했는데, 이것은 백신 개발을 진행하는 데 필수적인 정보였다.

2014년 5월 말 시에라리온에서 에볼라로 입원했던 여성의 첫 확진 사례에서는, 에볼라 양성 반응을 보인 환자의 혈액 시료가 서열화를 위해 위해 매사추세츠주 케임브리지에 있는 실험실로 보내졌다. 6월 중순까지 78명의 환자로부터 채취한 149개의 혈액 시료가 심층 서열화(deep sequencing)를 위해 처리되었다. 이 서열들을 정렬한 결과, 78건의 에볼라 사례가 확인되었고 99개의 전체 길이 유전체가 제공되었다. 새로운 돌연변이들이 기준 유전체에 지도화되었다. 유전체 분석을 통해, 현재 발병된 변종들은 10년도 채 안 된 중앙아프리카 버전의 에볼라 바이러스에서 분기한 것들로 추정되었다.

조류 인플루엔자(AI), 중동 호흡기 증후군(MERS) 및 지카 바이러스도 WGS에 의해 확인되고 특성이 규명된 다른 병원체들에 속한다.

당신이 원하는 유전자나 돌연변이에 대한 유전체 검색

지금까지 우리는 유전자 검사 및 질병과 관련된 유전자 규명에 중점을 두었지만, 유전체 분석은 또한 인간에게 유익한 속성이나 표현형을 부여하는 유전체 다양성을 드러내 준다. 이것은 과학자들과 의사들이 왜 유전적 차이가 일부 사람들이 보이는 특정 질병에 대한 저항성을 설명할 수 있는지 이해할 수 있도록 해주기 때문에 의료적 진단에서 일정 역할을 담당할 수 있다.

예를 들어, 보스턴에 있는 브로드 연구소(Broad Institute)의 연구원들은 모든 기존의 의학적 진단 접근법에 따르면 당뇨병의 증상을 보여야 하는데도 당뇨병이 없는 과체중 노인들을 연구하고 있었다. 브로드 팀은 당뇨병을 유발하는 돌연변이를 찾는 대신 유전체 분석을 사용하여 당뇨병 예방과 관련된 돌연변이를 검색했다. 그들의 노력은 *SLC30A8* 유전자(*solute carrier family 30, member* 8 gene; 인슐린 분비에 관여하는 아연 수송 단백질을 암호화한다)에 기능 상실 돌연변이가 있는 사람은 비만과 같은 높은 관련 위험 요소가 있는 경우에도 당뇨병 발병률이 65% 낮다는 사실을 확인했을 때 보상을 받았다.

이런 상황에 고취되어, 점점 더 많은 유전학자들이 "자연적이거나 혹은 건강한 녹아웃들"을 분석 중인데, 이들은 특정 유전자가 없거나 질병 유발 유전자에 돌연변이가 있어서 특정 질병의 발병으로부터 보호받는 등 건강상의 이점을 제공받는 소수의 행운아들을 말한다. 그런 유전적 변이를 찾는 것은 감염이나 질병과의 싸움에 도움을 줄 수 있다.

예를 들어, 인간을 감염시키는 많은 바이러스는 돌연변이를 통해 그것을 퇴치하는 데 사용되는 약물을 피할 수 있다. 그러나 이 같은 바이러스들도 인간의 유전자 *ISG15*에서의 드문 돌연변이에 대해서는 상대가 안 된다. *ISG15*에 돌연변이가 있는 사람은 대부분은 아니지만 많은 바이러스들을 떨쳐 낸다. (추정치에 따르면 천만 명 중 1명 미만이 이런 돌연변이를 가진다.) *ISG15* 돌연변이는 염증을 완화하는 데 도움이 되는 기능을 제거하므로, 이 돌연변이를 가진 사람은 바이러스와 싸우는 데 도움이 되는 높은 염증 체계를 갖게 된다. 이러한 높은 반응은 바이러스가 일반적으로 질병을 일으키는 수준까지 복제되는 것을 방지하는 것으로 생각된다.

이런 지식을 바탕으로, 연구자들은 미래 치료 전략으로 *ISG15* 돌연변이의 효과를 모방할 수 있는 약물을 개발하려고 노력하고 있다. 이후(특강 5장의 유전자 치료 편 참고)에 배우게 될 것처럼, 이런 전략은 *CCR5* 수용체 유전자에서 자연적으로 발생하는 돌연변이를 모방하도록 이용되었는데, 이 돌연변이는 소수의 사람들(북부 유럽인의 약 1%)에게 HIV 감염에 대한 완전한 면역성을 제공한다.

엑솜 모집 컨소시엄(Exome Aggregation Consortium, ExAC)이라는 프로젝트는 자연적으로 발생하는 유전자 녹아웃을 찾아낼 목적으로, 다양한 조상을 가진 60,000명 이상의 사람들로부터 얻은 엑솜 서열에서 유전적 변이를 찾아 목록화하고 있다. 그러한 녹아웃을 가진 사람들이나 질병을 유발하는 유전자를 가지고 있지만, 특정 질병에 걸리지 않는 사람들은, 유전학자들에게는 상당한 관심거리가 된다. 분명히 이것은 계속해서 빠르게 발전할 연구 분야이다.

22.5 개인별 유전체에 대한 유전적 분석

개인별 유전체를 빠르고 정확하게 서열화—**개인별 유전체학(personal genomics)**이라고 부르는—하는 비용이 비교적 저렴하기 때문에, 과학자와 의사들이 개인의 유전정보를 평가하는 방식이 빠르게 변화하고 있다. 일선 병원들에서의 WGS 활용률은 빠르게 증가하고 있다. 전 세계의 많은 주요 병원에서는 희소병들의 원인을 찾아내기 위해 임상에서 서열화 시설을 구축하고 있다.

최근, WGS는 여러 질병 중 거식증, 알츠하이머병 및 자폐증의 유전학에 대한 새로운 통찰을 제공했다. 이미 개인별 유전체에 대한 WGS가 어린이와 성인의 질병 치료를 개선했다는 매우 흥미로운 성공 사례가 있다. 예를 들어, 뉴펀들랜드의 원주민들은 **부정맥성 우심실 이형성증/심근병증**(*arrhythmogenic right ventricular dysplasia/cardiomyopathy, ARVD/C*)이라는 희소병이 세계에서 가장 높은 발병률을 보이는 집단 중 하나이며, 이 병에 걸린 사람은 증상은 없지만, 종종 심장 내의 불규칙한 전기 충격으로 갑자기 사망한다. 개인별 유전체 서열화를 통해 이러한 조기 사망 사례의 원인으로 *AVRD5* 유전자의 돌연변이가 확인되었다. 이 돌연변이를 가진 사람 중 약 50%의 남성과 5%의 여성이 40세 이전에 사망하며, 남성의 80%와 여성의 20% 정도는 50세 이전에 사망한다. 이 돌연변이를 가진 사람은 이제 전기 자극이 멈추거나 불규칙해지면 심장을 다시 시작하도록 할 수 있는 내부 심장 제세동기를 이식받고 있다.

여러 유전자에 의해 유발되는 질병은 염기서열 데이터를 기반으로 진단하고 치료하기가 훨씬 어렵다. 예를 들어, **자폐 스펙트럼 장애(autism spectrum disorder, ASD)**인 사람의 WGS는 100개 이상의 서로 다른 유전자가 관련되어 있음을 보여준다. ASD의 유전학은 이 질병과 관련된 광범위한 표현형 때문에 특히 복잡하다. ASD인 사람의 WGS는 유전된 돌연변이뿐 아니라 산발적인 새로운 돌연변이도 드러내 주었다. 미래에는 이러한 돌연변이에 대한 서열 기반 지식으로 의사가 환자별 치료 전략을 개발하는 데 도움을 받을 수 있을 것이다.

앞에 소개했던 **전 엑솜 서열화(whole exome sequencing, WES)** 개념을 상기하라(21장 참고). WGS에 대한 이 대체안 역시 임상 환경에서 유망한 결과를 산출했다. 예를 들어, 니콜라스(Nicholas Volmer)는 태어날 때부터 체액과 대변이 누출되고 지속적인 수술이 필요한 장 누공(장에서 몸 밖으로 난 구멍)이 생기는, 진단되지 않은 질병으로 인해 상상할 수 없는 불편함을 안고 살아야 했다. 3살이 될 때까지 니콜라스는 100번 이상 수술실에 갔다. 위스콘신 의과 대학의 한 팀은 니콜라스의 엑솜 염기서열을 분석하기로 결정했다. 생물정보학을 적용하여 그의 서열을 정상인의 서열과 비교했고, 그들은 **X-연관 세포자멸사 억제제**(*X-linked inhibitor of apoptosis, XIAP*)라고 불리는 X 염색체의 유전자 돌연변이를 확인했다. *XIAP*는 종종 골수 이식으로 교정될 수 있는 다른 질병과 관련이 있는 것으로 알려져 있었다. 2010년, 골수 이식을 통해 니콜라스는 생명을 구했고 건강은 크게 회복되었다. 그 직후 대중 언론은 니콜라스를 DNA 염기서열 분석으로 생명을 구한 첫 번째 아이로 묘사했다.

최근에 WGS와 WES는 *NGLY1* 유전자(단백질 처리 효소를 암호화함)의 돌연변이를 확인하는 데 사용되었다. 이 유전자는 특정 발달 지연, 간 질환 및 눈물이 생산되지 않아 울지 못하는 특이한 표현형을 공유하는 어린이들의 희소병과 관련되어 있다. 이 돌연변이로 확인된 환자 목록은 24명도 채 되지 않지만, 전국 의사들의 다양한 임상 분석과 평가에도 불구하고 이 어린이들에 대한 확실한 진단이 나온 것은 이번이 처음이다.

국립보건원(NIH)에는 **미진단 질병 네트워크**(*Undiagnosed Diseases Network*)라는 연구분과가 있다. 그 목표는 전체 엑솜 및 전체 유전체 서열화를 사용하여 알려지지 않은 유전적 기반의 희귀하고 신기한 질병을 진단하는 데 도움을 주는 것이다. 이 프로그램에서는 환자 개인의 엑솜 서열을, 건강한 가족 구성원의 엑솜 서열 및 기준 서열과 비교하여, 질병에 관여할 수 있는 돌연변이를 식별할 수 있다. 현재까지 이 프로그램은 40건 이상의 사례를 진단했다.

불행하게도, 희귀 질환의 원인이 되는 돌연변이가 확인되더라도 해당 질병에 대한 치료법이나 약물 치료법은 아직 개발되지 않은 경우가 많다.

22.6 단일 세포의 유전적 분석

우리는 이제 단일 세포에서도 유전체를 서열화할 수 있는 능력을 갖게 되었다! **단일 세포 서열화(single-cell sequencing, SCS)**는 일반적으로 하나의 세포에서 유전체 DNA를 분리한 다음, PCR에 의해 **전 유전체 증폭**(*whole-genome amplification, WGA*)을 거쳐 서열화될 DNA를 생성하는 과정을 포함한다. 연구자들은 서열화에 충분한 DNA를 생성하기 위해 오류 없이 유전체를 증폭하려고 노력 중이다. 따라서 SCS는 유전자 검사를 위한 보다 믿을만하고 정확한 기술이 될 수 있다.

단일 세포 유전체 서열화는, **체세포 돌연변이**(예: 피부암처럼 체세포에서 발생하며 유전되지 않는 돌연변이)와 **생식계열 돌연변이**(배우자를 통해 자손에게 전달되는 유전 가능한 돌연변이)를 모두 분석하는 데 유용하다. 특히 시험관 수정을 받는 부부의 경우 개별 난자 또는 정자 세포의 유전체 서열화를 통해 자손에게 유전병을 일으킬 수 있는 보인자 상태나 특정 생식계열 돌연변이를 규명할 수 있다.

SCS를 통해 과학자들은 세포에서 세포로 유전적 변화를 탐색할 수 있다. 이러한 연구는 개별 세포 사이에서 돌연변이 유전자가 크게 다를 수 있음을 보여준다. 특히 종양의 암세포는 유전적 다양성을 보이는 경우가 많으며, 이는 연구자와 임상의가 점점 더 인정하고 있는 사실이다. 종양 내의 개별 세포들에 의해 나타나는 유전적 다양성과 유전자 발현의 변이를 이해하면 더 구체적이고 나은 치료법을 선택할 수 있을 것이다.

유전병에 영향을 받는 조직 또는 기관의 표현형에 대해 개별 세포들이 어떤 기여를 하는지가 점점 더 관심을 받고 있다. **RNA 서열화(RNA sequencing, RNA-seq)**는 집단 내 세포에 의해 발현되는 유전자의 전사체 전체 분석을 위한 강력한 도구이며, 연구자가 세포들 사이의 유전적 변이를 구별할 수 있게 해준다.

최근까지, 연구자나 임상의는 세포의 유전체와 전사체를 따로 분석해야 했다. 그러나 지금은 **단일 세포 RNA 염기서열화(single-cell RNA sequencing, scRNA-seq)** 덕분에 동일한 세포에서 DNA와 RNA를 분리하여, DNA의 염기서열과 RNA의 염기서열을 분석하는 것이 가능하다. 이를 통해 세포에 존재하는 유전자와 유전체에 의해 암호화된 각 전사체의 상대적 발현 수준을 비교할 수 있다.

종양 세포를 표적으로 하는 많은 질병 치료는 마치 모든 세포가 유전자형과 표현형이 균질한 것처럼 전제하고 설계되었다. 사실, 종양 세포들은 유전적으로 상당히 이질적이다. scRNA-seq는 현재 종양 및 기타 조건에서 세포 유형의 이질성을 밝히고 세포 유형의 유전적 및 상대적 존재 비율을 기반으로 더 나은 치료 접근방식을 계획하는 데 적용된다.

동일한 세포 유형의 DNA와 RNA를 서열화하려면 일반적으로 PCR을 사용하여 유전체 DNA(DNA 서열화를 위해)나 mRNA를 증폭해야 한다. mRNA를 증폭하기 위한 PCR에서는 cDNA로 역전사한 다음 라이브러리에 통합시켜 서열화한다. scRNA-seq는 세포에서 발현되는 RNA의 상대적 수준을 결정할 수 있는 정량적 전사체 분석도 제공하게 된다. scRNA-seq는 유전자 발현 마이크로어레이 분석과 유사하게 RNA 발현에 대한 정량적 데이터를 제공한다. 그러나 scRNA-seq는 세포에서 발현되는 모든 전사체를 나타내는 반면, 마이크로어레이로 분석된 전사체는 어레이에 존재하는 탐침자들로 분석이 제한된다. 이것이 scRNA-seq가 전사체 분석을 위한 마이크로어레이를 결국 대체할 가능성이 있는 이유 중 하나이다.

scRNA-seq의 예로서, 그림 22.12는 선천 림프구 세포(innate lymphoid cells, ILCs)의 분석을 보여준다. ILC들은 골수 및 신체의 여러 조직에 존재하는 비교적 최근에 확인된 면역세포 그룹이다. ILC들은 다양한 면역 세포 유형으로 분화할 수 있다. 그들은 항원 특이적 면역 반응 능력은 부족하지만, T 림프구(T 세포)와 유사하고 면역 및 염증 조절에 중요한 역할을 한다. ILC의 이상은 자가면역 질환, 알레르기 반응 및 천식과 같은 상태와 관련이 있다. 결과적으로 ILC는 면역 체계를 조작하도록 설계된 의료적 개입—종종 **면역 요법**(*immunotherapy*)이라고 불리는 접근방식—을 위한 중요한 표적 세포로 부상했다.

그림 22.12의 예에서 생쥐 골수 전구 세포의 scRNA-seq는 RNA 발현 패턴으로 ILC의 다른 하위 그룹들을 식별할 수 있게 해주었다. 이 실험에서 RNA 발현 수준은 마이크로어레이 분석을 위해 유전자 발현 결과가 표시되는 방식과 유사한 "히트 맵" 방식의 색상으로 구분된다.

컴퓨터 분석은 유전자 발현 데이터의 유사한 패턴을 기반으로 세포를 묶는 **클러스터링**(*clustering*) 생성 알고리즘을 적용한다. 이러한 분석은 유전자 발현에서의 유사성으로 표현형은 동일하게 보일 수 있는 ILC들의 전사체들에 상당한 차이가 있음을 보여준다. 예를 들어, 그림 22.12(b)에서 클러스터 C10의 세포에 의해 발현된 RNA의 RNA-seq 프로파일은, 클러스터 C3의 세포에 의해 발현된 RNA의 프로파일과 매우 다름에 주목하라. 전사체 분석을 기반으로 한 ILC의 이러한 해설은 중요한 유전적 차이들을 드러내며, 이러한 세포를 조작하여 면역 반응을 최대화하기 위한 새로운 치료적 접근법의 개발 가능성을 제공한다.

22.7 유전체 수준의 연합 연구(GWAS)로 질병에 기여하는 유전체 변이들을 밝힌다

지금까지 논의한 많은 유전자 검사법들은, 개인 또는 상대적으로 적은 수의 유전자를 분석하는 데 중점을 두고 있다. 마이크로어레이에 기초한 유전체 분석과 WGS는, 유전학자들이 질병 유전자를 찾기 위해 인구 집단을 분석하려는 시도에서 **유전체-수준의 연합 연구들(genome-wide association studies, GWAS)**이라고 불리는 강력한 연구 전략을 사용할 수 있도록 해주었다.

비교적 큰 인구 집단에 대해 진단 혹은 예후를 목적으로 GWAS를 사용함으로써, 과학자들은 종종 질병 위험성에 영향을 미칠 수 있는 다수의 유전자들을 찾을 수 있다. 지난 10년 동안, 보고된 GWAS의 수에는 극적인 팽창이 있었다. 예를 들어, 자폐증, 비만, 당뇨, 황반 변성, 심근경색, 관절염, 고혈압, 여러 가지 암, 조울증, 자가 면역 질환들, 크론병(Crohn disease), 조현병(최근 논문은 질병 위험에 기여하는 100개 이상의 유전자좌를 보고했다), 근위축성 측색 경화증, 다발성 경화증에 대한 GWAS가 과학 잡지 및 대중 잡지들에 널리 발표되어 왔다. 지능 같은 행동적 형질 역시 GWAS에 의해 분석되었다. 예를 들어, 최근 논란이 되고 있는 유명하고 논란이 많은 유전체 수준의 연합 연구는, 인지 능력에 영향을 미치는 유전적 마커를 보고하고, 이러한 마커를 사람들 사이의 교육 성취도 차이와 연관시키려고 시도했다. 다른 연구에서는 지능에 영향을 미칠 수 있는 50개 이상의 유전자를 발견하기도 했다.

유전체 수준의 연합 연구에서는, 특정 질병을 가진 수백, 수천 명(가능하면)의 비 연관 환자들의 유전체들이 분석되는데, 결과들을 질병이 없는 사람들의 유전체와 비교한다. 목표는 질병 발생의 위험을 증가시키는 유전적 변이를 찾는 것이다. 많은 GWAS들이 서로 다른 사람들의 결과를 평가하기 위해 500,000개의 SNP들을 검사할 수 있는 대규모의 SNP 마이크로어레이들을 사용한다. 다른 GWAS 방법들은 특수한 유전자 차이를 찾거나 CNV, 혹은 염색체 특정 영역에서의 메틸화 같은 후성유전체에서의 변화를 평가할 수 있다. 어떤 SNPs, CNVs, 혹은 후성유전체 변화들이 환자의 질병과 같이 나타나는지를 결정함으로써, 과학자들은 각 변이들과 관계된 질병 위험성을 계산할

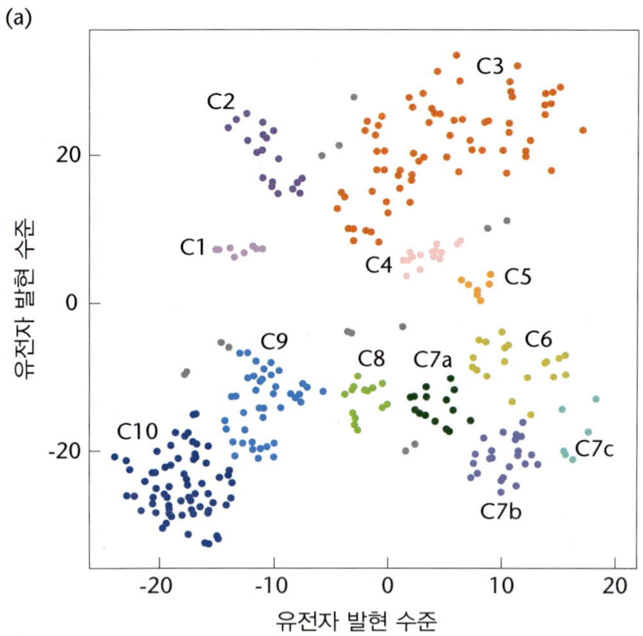

그림 22.12 선천성 림프구 전구 세포(ILC)의 scRNA-seq 분석. (a) scRNA-seq가 적용된 생쥐 골수의 325개 ILC의 자료 그래프. 이 그래프는 공유된 유전자 발현 패턴을 기반으로 ILC를 유사한 집단으로 묶는다. 각 점은 RNA-seq로 분석된 모든 유전자의 발현 수준에 대해 플롯팅된 개별 세포를 나타내며, 10개의 유전적으로 구별되는 묶음 단위(C1~C10)를 기반으로 한 색상으로 구분된다. (b) 히트 맵은 서로 다른 세포 묶음에서 선택된 유전자들에 대한 RNA 발현 수준을 표시한다. 가로 열은 (a) 부분에서 볼 수 있는 325개의 서로 다른 개별 세포 각각에 대한 scRNA-seq 데이터를 나타내며 동일한 색깔 표시로 그룹화되었다. 개별 가로줄은 325개의 모든 세포에서 특정 유전자(맨 오른쪽에 표시된 유전자 이름)의 발현 수준에 대한 히트 맵을 보여준다. 대조군으로 히트 맵의 맨 아랫줄은 β-액틴 mRNA의 발현에 대한 자료를 표시한 것이다: 모든 ILC들에서 비교적 동등하거나 높게 발현되고 있음에 유의하라.

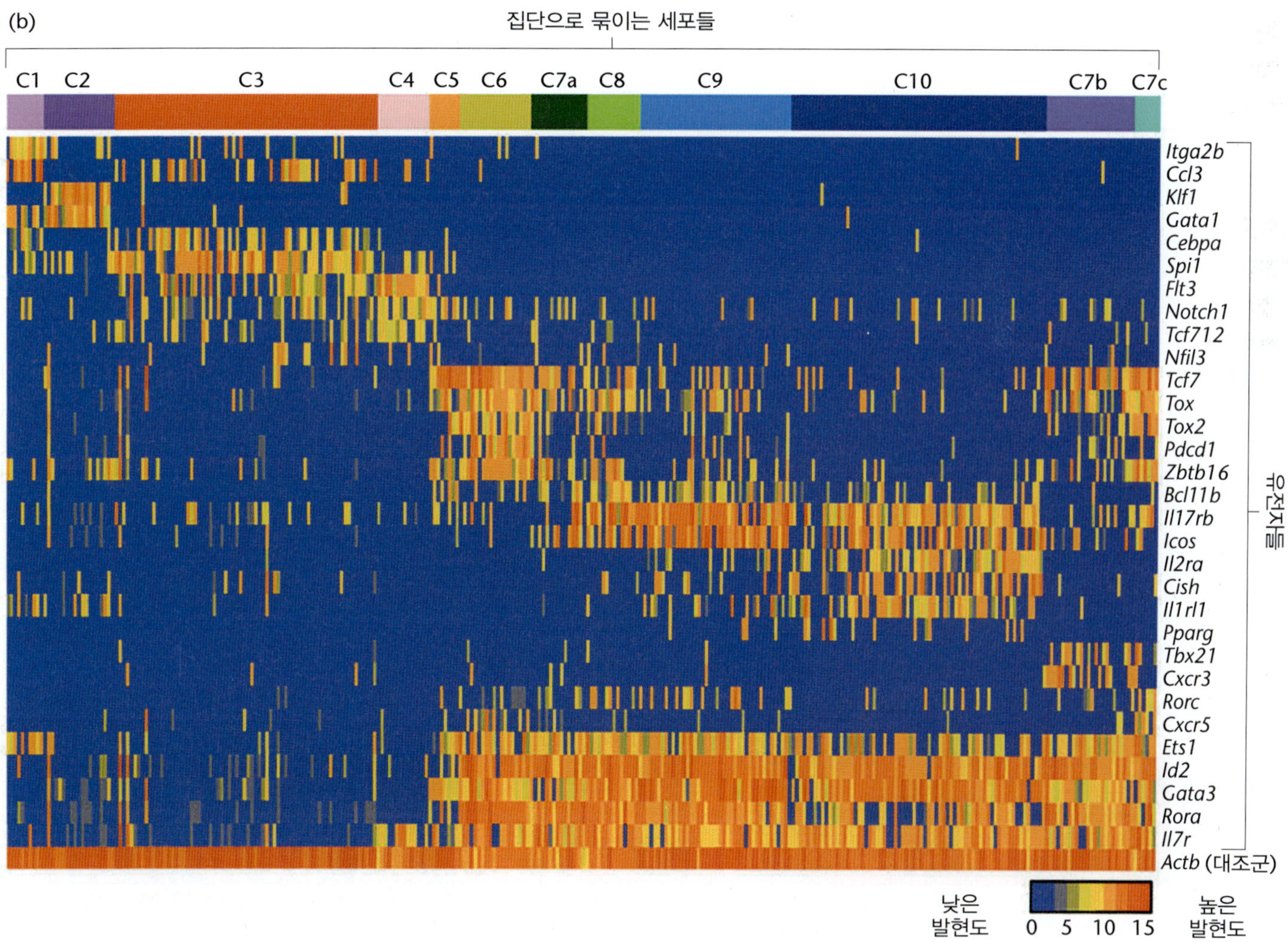

수 있다. GWAS 결과들을 분석하기 위해서는, 특정 유전적 변이가 특정 질병 표현형이 발현되도록 하는 데 미치는 상대적 잠재 효과(연관 혹은 위험률)를 예측할 수 있는 통계적 분석이 필요하다.

그림 22.13은 GWAS 결과가 보고되는 전형적인 방식 하나를 보여준다. 맨해튼 그래프(Manhattan plot)라고도 불리는 이런 방식의 표현은 많은 자료점들을 보여주는 데 사용되는 "산점도(scatterplot)"이다. x축은 유전체의 특정 위치를 나타낸다; 이 경우에는 각 염색체의 좌위들이 다른 색으로 표시되었다. y축은 유전자형의 연관성 검사 결과를 표시한 것이다. 연관성 검사 방법은 여러 가지가 있다. 여기 나타낸 것은 p 값의 마이너스 로그값으로, 특정 질병과 상당한 관련이 있는 것으로 결정된 좌위를 보여준다. 그래프 상단의 줄은 중요성에 대한 임계값(threshold value)을 설정한 것이다. y축에서 5.0에 해당하는 10^{-5}를 넘는 중요성을 가진 마커 서열들은 질병-관련 서열일 것이다.

GWAS의 잠재력을 밝혀준 뛰어난 연구 하나는, 아이슬란드와 미국에서 심근경색(myocardial infarction, MI) 병력이 있는 4,587명의 환자와 12,767명의 대조군 환자에 대한 연구를 포함한 것이다. 이 연구는 305,953개의 SNP를 포함하는 마이크로어레이로 수행되었다. 가장 주목할만한 연구 결과 중, 9번 염색체에 있는 두 개의 종양 억제 유전자(*CDKN2A*와 *CDKN2B*)의 변이들이 있다. MI 환자들의 21%는 이 두 유전자 모두에서 해로운 돌연변이에 대해 동형접합성이었고, 이런 사람들은, 야생형 대립유전자에 대해 동형접합체인 개체를 포함한 비보인자들에 비해 MI가 발생할 확률이 1.64배나 되었다. 이러한 변이들은 유럽계 사람들에서는 상관관계가 있었지만, 흥미롭게도 똑같은 돌연변이 대립유전자들이 아프리카계 미국인에서는 두드러지지 않았다. 이것은 이러한 유전적 마커들이 아프리카-미국인들에서는 MI 위험 요인이 아니라는 것을 의미할까?

이 같은 예들은, 유전적 위험성 자료를 알게 된 환자들의 감정적 반응에 대한 여러 가지 질문과 윤리적 우려를 낳는다. 예를 들어, GWAS는 종종 수십 개의 DNA 변이들을 드러내지만, 많은 변이들이 위험성에 미치는 영향은 그다지 크지 않다. 어떤 사람이 전 생애에 걸쳐 특정 질병에 대한 위험성 차이를 12~16%

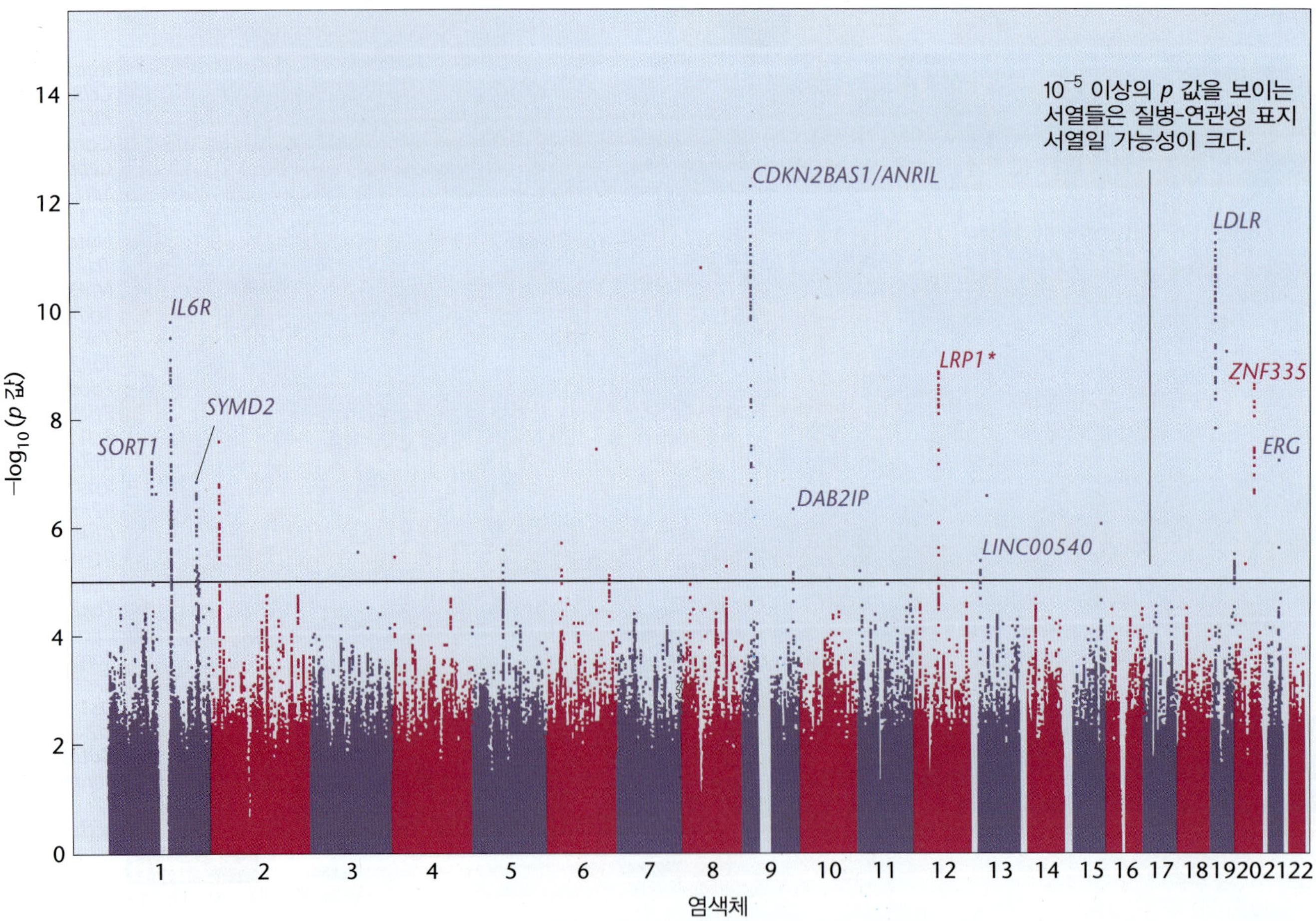

그림 22.13 제2형 당뇨병에 대한 GWAS 연구로, 염색체 번호별로 모여 있는 386,371개의 유전적 마커들이 발견되었다. 검은 선 위에 있는 마커들은 이 질병과 강하게 연관된 것으로 보인다.

정도 변화시키는 유전자 변이를 가졌다는 것을 어떻게 설명할 수 있을까? 이런 정보가 뜻하는 바는 무엇인가? 유사하게, 만약 특정 질병에 대한 GWAS의 총합이 위험성 대립유전자들의 50% 정도인 것으로 나타난다면, 복합 질병을 발달시키는 데 기여할 수 있는데도 빠진 나머지의 다른 50% 유전적 요소에는 어떤 것이 있을까? 일부 경우에, GWAS에 의해 드러난 위험성 자료들은 환자와 의사들이 특정 질환을 발생시킬 가능성을 최소화하도록 식단과 운동 계획을 짜는 것을 도와줄 수 있다.

단일-유전자 질병과는 달리, GWAS들은, 복합 질환들에 특정 질병 발생의 총 위험성에 기여하는 수많은 유전적 요소들이 포함되어 있음을 보여준다. 질병 진단과 치료에서 의미 있는 진전을 이루기 위해서는 그러한 정보가 필수적이며, 이는 궁극적으로 GWAS의 주요 목적이기도 하다.

22.8 합성 유전체와 합성생물학의 출현

유전학자들은 오랫동안 다음과 같은 기초적인 질문에 대해 의문을 가져왔다: "생명을 유지하는 데 필요한 최소한의 유전자 수(**최소 유전체**)는 무엇인가?" 유전체 분석 분야의 많은 발전으로, 이에 대한 답이 얻어질 수 있을 것으로 보인다. 오늘날 과학자들은 이 답이, 실험실에서 구축된 **합성 유전체(synthetic genome)**에 의해 암호화되는 유전자에 기초하여, 생명체를 설계하거나 인공 세포를 창조하기 위한 기초 작업이 되기 때문에 더 관심을 가진다. 그러기 위해서는 생명을 지탱하는 최소 수의 유전자들, 혹은 종종 "핵심 유전자들(core genes)"라고도 불리는 것들에 대해 더 잘 이해할 필요가 있다.

최소 유전체: 세포의 생명을 위해 필수적인 유전자들의 수는 얼마인가?

과학자들은 이 문제를 해결하기 위해 우선 절대 기생성인 생물체의 작은 유전체를 고려했다. 인간의 기생성 병원균인 마이코플라즈마(*Mycoplasma genitalium*)는, 알려진 가장 단순한 자기 복제성 세포 중 하나로, 자기 복제성 세포에 필요한 유전체의 최소 요소를 이해하는 모델 역할을 해 왔다. 마이코플라즈마는 곤충과 식물 및 인간을 포함한 광범위한 숙주에서 질병을 일으킬 수 있다. 인간의 경우에는 생식기 감염을 일으킨다.

1995년, 벤터(J. Craig Venter)와 스미스(Hamilton Smith), 그리고 허친슨 3세(Clyde Hutchison III)를 포함한 한 연구팀이 마이코플라즈마의 유전체를 서열화했다. 이것은 525개 유전자를 포함한 약 580 kb 크기의 유전체로서, 알려진 가장 작은 세균 유전체 중 하나이다. 최초로 서열화된 세균인 헤모필루스(*Haemophilus influenzae*)는 1.8 Mb 유전체에 1,815개의 유전자를 가진다. 마이코플라즈마가 가진 단백질 암호화 유전자 중 생명에 필수적인 최소 유전체를 구성하는 것은 어떤 것들인가? 우리는 생명을 최소, 필수, 혹은 "핵심"적 숫자의 특정 유전자들로 정의할 수 있을까?

처음에는 *M. genitalium*의 유전체를 연관 종인 *M. pneumoniae*의 유전체 및 *H. influenzae*의 유전체와 비교하는 것을 포함한, 생물정보학과 실험적 방법을 조합하여 이 질문에 대한 답을 찾고자 했다. *M. genitalium* 유전자 서열을 *H. influenzae* 유전자들과 비교함으로써, 벤터와 동료들은 공통의 조상 유전자로부터 생겨났을 것으로 생각되는 비슷한 유전자 256개를 찾아냈다; 즉, 이들은 종간 상동체들이다. 따라서 비교 유전체학은 적어도 256개의 유전자가 생명에 필요한 최소 유전자 세트를 대표할 수 있는 것으로 추산했다.

그러나 256개보다 더 많거나 적을 수도 있지 않을까? 이 질문에 답하기 위해, 벤터와 동료들은 실험적 접근을 적용했다. 그들은 트랜스포존에 기초한 방법으로 *M. genitalium*의 각 유전자를 선택적으로 돌연변이화 했다. 그들의 논리는 다음과 같다. 돌연변이로 인해 치사성 표현형이 나오는 것은 그 유전자가 필수적이라는 뜻이지만, 비필수적인 돌연변이 유전자들은 치사성을 일으키지는 않을 것이다. 그들은 *M. genitalium*의 525개 유전자 중 약 375개가 필수적임을 발견했고, 이들이 이 세균의 최소 유전체를 구성함을 알 수 있었다.

우연히도, 트렘블라야(*Tremblaya princeps*)라고 불리는 미생물들처럼, 단 120개의 단백질 암호화 유전자를 가진 공생 세균도 있다. 그러나 *T. princeps*는 자유 생활을 하지 않으며 벚나무깍지벌레라고 불리는 곤충과 공생 관계로 생존한다. 개념적으로, "유전체는 얼마나 단순할 수 있는가?"라는 질문은, 계속해서 벤터와 연구자들이 이 질문에 답하기 위한 합성 유전체적 접근을 설계하도록 만들었다.

합성 유전체의 설계와 이식으로 세균의 최소 유전체를 정의하였다

2010년에 J. 크레이그 벤터 연구소(J. Craig Venter Institute, JCVI)의 과학자들은 기능적인 합성 유전체에 대한 최초의 보고를 발표했다. 이 연구에서 그들은 카세트라고 불리는 1080 염기쌍 조각들을 1000개 이상 화학적으로 합성했는데 이것은 *M. mycoides*의 전 유전체인 1.08 Mb에 해당하는 것이었다[그림 22.14(a)]. 이 조각들을 올바로 조립하기 위해, 그 서열들은 말단에 바로 옆의 이웃 서열들과 겹치는 80 bp의 서열들을 가지고 있었다. 이런 서열들은 대장균에서 클론화되었다. 그런 후 효모인 *Saccharomyces cerevisiae*에서, 상동성 재조합 방법을 통해 그 서열들을 11개의 독립적인 100 kb 조립품들로 구성하고, 이것들을 다시 전체 1.08 Mb의 *M. mycoides* 유전체에 해당하는 것으로 만들었다[그림 22.14(b)].

조립된 전 유전체는 JCVI-syn1.0으로 불리며, 수용세포로 사용된 밀접한 연관 종인 *Mycoplasma capricolum*으로 이식되었다. **유전체 이식(genome transplantation)**은 합성 유전체의 기능에 대한 효율적이고 진정한 검사이다. 합성된 전체 유전체의 이식으로, 그 유전자들에 의해 수용세포의 표현형이 완전히 변화할 것이라는 기대는 필연적인 것이었다. 이식 결과, JCVI-

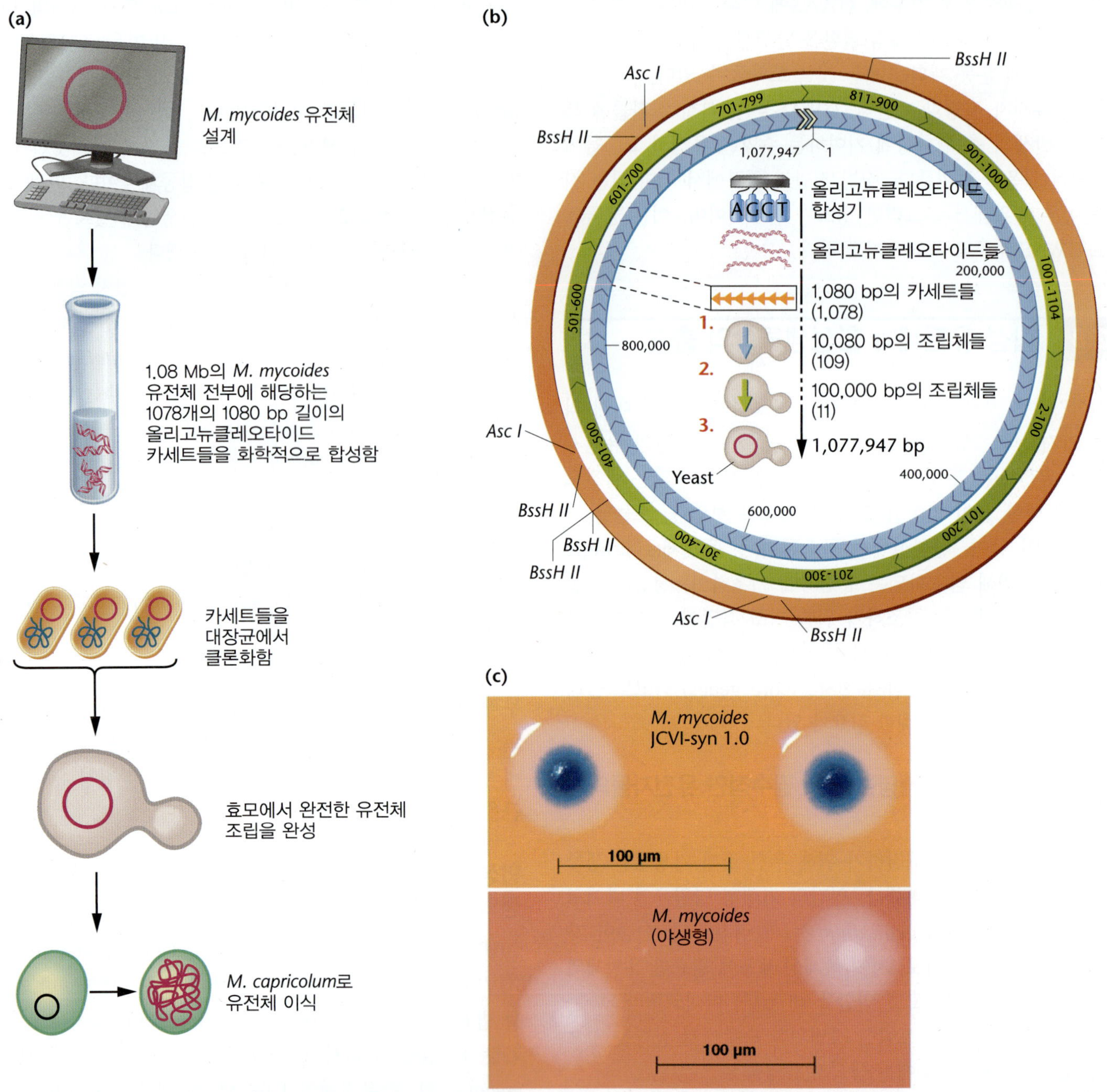

그림 22.14 *Mycoplasma mycoides*의 합성 버전 유전체(1.08 Mb) 만들기 (a) *M. mycoides* JCVI-syn1.0 유전체를 만들기 위해 사용된 방법의 개요. (b) JCVI-syn1.0 유전체의 조립은 3단계로 이루어졌다: (1) 합성 올리고뉴클레오타이드를 중첩하여 1080 bp 단편들(카세트; 오렌지색 화살 머리)을 만들고, 10개의 세트로 재조합하여 109개의 약 10 kb 조립체(푸른 화살표)로 만들었다. (2) 109개의 조립체들을 10세트로 연결하여 11개의 약 100 kb 조립체(녹색 화살표)로 만든다. (3) 마지막 단계에서는 11개의 단편들을 재조합하여 전체 합성 유전체(붉은색 원: Asc I과 BssH II 제한 부위 자리가 표시되어 있음)를 만들었다. 모든 재조합 단계들은 효모에서 수행되었다. (c) *M. mycoides* JCVI-syn1.0의 콜로니들(상단)과 야생형의 *M. mycoides*(하단). 세포들은 X-gal이 포함된 한천에서 배양되었다. 합성 유전체를 가진 콜로니들은 이들이 *lacZ* 유전자를 가지고 있어서 X-gal을 푸른색 화합물로 대사하는 β-갈락토시데이즈를 발현하므로, 푸른색으로 나타난다(20장 참고). 야생형 세포들은 *lacZ* 유전자를 발현하지 않으므로 흰색 콜로니로 남는다.

syn1.0 유전자형과 새로운 *M. mycoides* 균주의 표현형을 가진 세포가 생성되었다[그림 22.14(c)]. *M. capricolum*이 JCVI-syn1.0 *M. mycoides*로 형질전환 된 것은 이 세포들이 합성 유전체에만 존재하는 *lacZ* 유전자를 발현하는 것으로 부분적 확인이 가능했다. 테트라사이클린 저항성에 대한 선택과 수용 세포들이 *M. capricolum*의 것이 아닌 *M. mycoies*에 특이적인 단백질을 만든다는 것 역시 계통전환을 증명하는 것이었다.

이 실험에서 특히 인상적인 성과 중 하나는, 합성 DNA가 "헐벗은(naked)" DNA라는 것인데, 이는 *M. mycoides*의 단백질이 전혀 포함되어 있지 않다는 것을 의미한다. 이 합성 유전체로부터, 세포는 모든 적절한 유전자를 전사하고 *M. mycoides*로서의 삶에 필요한 모든 단백질 산물을 번역할 수 있었다. 이것은 사소한 성취가 아니다. 합성 유전체는 효과적으로 수용세포인 *M. capricolum*을 재부팅하여 그것을 완전히 다른 것으로 변화시켰다. 이 연구가 발표되었을 때, 벤터는, "이것은 매킨토시 컴퓨터를 새로운 소프트웨어를 삽입해 PC로 변화시킨 것과 같다."라고 주장했다.

이것은 15년에 걸친 지루한 작업이었다. 99%의 연관 실험이 실패했던 것이다! 또한 이러한 실험은 하나의 살아 있는 계통을 다른 계통으로 전환하는 데 기반을 둔 것이기 때문에, 무생물에서 생명을 창조한 것이 아니라는 사실도 염두에 두어야 한다. 그러나 분명히 이런 연구들은, 합성 유전체들이 생성되고 조립되어 성공적으로 이식됨으로써 그 합성 유전체에 의해 암호화되는 미생물 균주를 만들 수 있다는 핵심적인 "개념의 증명"을 제공하며, 과학자들이 특정 형질의 유전자를 가진 새로운 합성 유전체를 생산하도록 하는 데 한 발 더 다가가도록 한다. 그러나 이 작업은 여전히 최소 유전체를 정의한 것이 아니며, 유전체가 얼마나 단순할 수 있느냐는 질문에 대한 답은 아니다.

2016년에 JCVI는 세균의 최소 유전체가 473개의 유전자라고 발표했다. 이런 결정을 위해, 그들은 이전에 논의되었던 JCVI-syn1.0 크기의 절반 정도인 *M. mycoides*의 합성 유전체를 만들었다. 이것은 531 kb 크기의 유전체로, JCVI-syn3.0로 불리며, 473개의 유전자를 가지고 있어서 438개의 단백질과 35개의 RNA들을 암호화한다. JCVI-syn3.0을 사용한 유전체 이식 실험을 적용하여, JCVI-syn1.0 이식으로 생성된 것과 유사한 콜로니가 만들어졌다. JCVI-syn3.0 유전자의 약 1/3인 149개 유전자들은 생명에 필수적인 것으로, 기능은 알려지지 않았다. 그리고 149개 중 여러 개가 인간을 포함한 다른 생물에도 존재한다. 그들의 역할에 대한 탐구 역시 JCVI 팀의 주요 관심사이다.

미래에는 CRISPR-Cas와 같은 유전자 편집 접근법이 최소 유전체 문제를 다루기 위한 유전체 변화를 더 쉽게 만들 것으로 예상된다. 여러 연구팀이 이미 *Bacillus subtilis*와 같은 세균에 CRISPR-기반의 기능 분석법을 적용했다. CRISPR를 사용하여 세균 유전자를 녹아웃시키면, 유전학자는 표현형 변화를 검사하여 세균의 필수 유전자를 찾아낼 수 있다.

인간 세포의 필수 유전자들과 합성 인간 유전체를 만들기 위한 도전

최소 유전체에 대한 질문과 세균의 필수 유전자 규명에 대한 답변을 통해, 과학자들은 효모와 인간을 포함한 보다 발전된 진핵생물에서 동일한 질문에 대한 답을 탐색할 수 있게 되었다. JCVI의 합성 유전체 프로젝트들은 과학자들이 단세포 진핵생물인 효모 *Saccharomyces cerevisiae*를 사용하여 효모 유전체의 1/3을 약간 넘는 6개 염색체의 합성 버전을 만들도록 자극했다.

이 효모 연구는 진핵생물의 합성 유전체를 생성하는 것이 가능하다는 것을 보여주었지만, 자기 복제가 가능한 인간 세포에 필수적인 유전자들에 관심이 있었던 유전학자들은, 실험적으로 상당한 진전을 이루기 위한 도구가 없었다. 그래서 인간 유전체 연구 사업이 완료되었을 때는 인간의 완전한 합성 유전체 제작은 기술적으로 불가능한 것으로 생각되었다. 그러나 CRISPR-Cas 유전자 편집 시스템의 개발로 다시 한번 과학자들에게 가능성의 문이 열렸다. 세 개의 서로 다른 연구팀들이 최근 독립적으로, 인간 세포 분열에 필요한 필수 유전자의 핵심 세트와 관련하여 매우 유사한 결과를 얻었다.

한 가지 접근법은 만성 골수성 백혈병에서 유래한 반수체 세포주에서, 인간의 유전자를 편집하기 위해 CRISPR-Cas를 사용한 것이다. 편집된 세포에서, 여러 특징 중 세포 생존율과 RNA 발현이 결정되었다. 또 다른 연구팀은 암세포를 포함한 다양한 세포 유형들에서 CRISPR 유전자 편집 전략을 사용했다. 이 연구들은 약 2,000개의 유전자, 즉 인간 유전체에 있는 20,000개의 유전자 중 약 10%가 인간 세포의 생존과 복제에 필요한 핵심 유전자 세트라는 결론에 도달했다. 인간의 필수 유전자들은 또한 이러한 세포주 전반에 걸쳐 고도로 보존되어 있으며, 많은 것들이 세포의 단백질-단백질 상호작용에 중요한 단백질들을 암호화한다.

CRISPR-Cas에 의한 유전자 편집을 통해 한 유전체 내의 모든 유전자를 체계적으로 평가하는 것은, 이 기술의 가치를 잘 보여주는 또 다른 예를 제공한다. 과학자들은 이런 종류의 연구들도 암세포에 필수적인 유전자들에 대한 새로운 통찰을 드러내 줄 수도 있으며, 질병의 치료에 대한 새로운 전략을 개발하는 데도 사용할 수 있을 것이라 낙관하고 있다. 이 주제에 대해서는 연구되어야 할 일이 훨씬 더 많으며, 미래에는 인간 유전체 연구가 따라야 할 빠르게 발전하는 분야가 될 것이다.

2016년에 합성생물학자들과 유전체 과학자들로 구성된 한 연구 그룹은, 인간의 전체 유전체를 합성하기 위한 **인간 유전체 프로젝트-쓰기**(*Human Genome Project-Write, HGP-Write*)라는 선도적 연구 과제를 제안했다. 사람들은 인간 유전체 합성의 목적과 그렇게 하는 것의 윤리적 의미에 의문을 제기했다. 인간 유전체 연구 사업이 DNA 서열화에서의 발전과 극적인 비용 감소를 이끌었던 것과 마찬가지로, 주최 측은 약 10년의 일정과 약 1억 달러의 비용으로, HGP-write가 더 낮은 비용의 DNA 합성 기술 발전을 이끌게 될 것으로 기대한다. HGP-write와 연관된 과학자들은, 이 프로젝트의 또 다른 의도는 궁극적으로 모델 생물과 인간 세포의 유전체를 조작하여 질병 연구를 돕는 것이지, 인간을 위한 유전체 조작은 아니라고 말한다.

생명공학적 응용을 위한 합성생물학

*M. mycoides*의 JCVI-syn1.0에 대한 벤터의 작업은, 10년 동안 약 4천만 달러가 소요되었으며, 공학 설계 원칙을 생물학적 시스템에 적용하는 학문인 **합성생물학(synthetic biology)**이 등장했던 순간으로 환영받았다.

합성 유전체 및 합성생물학의 다른 잠재적 응용 분야는 어떤 것이 있을까? JCVI의 한 가지 목표는 생물 연료(biofuel) 합성에 이용할 수 있는 미생물을 만드는 것이다. 다른 가능성들은 (1) 오염물질들을 분해하는(생물환경정화) 데 이용할 수 있는 합성 미생물들이나; (2) 새로운 생물제약 산물들의 합성; (3) 태양광과 이산화탄소로부터 화학물질과 연료를 합성하는 것; 그리고 (4) 가뭄 저항성이나 향상된 광합성 효율처럼, 이로운 형질들에 대한 유전자를 포함한 합성 염색체들을 가지는 "반 합성(semisynthetic)" 작물들의 생산 등이다.

전 유전체를 만드는 것의 복잡성 때문에, 합성생물학자들은 유전자 부분들을 다양한 방식으로 조립하기 위해 생명공학적 접근법을 사용하고 있다. 단백질 암호화 서열, 시작과 중지 삼중자들, 프로모터와 기타 조절 서열 등과 같은 유전자의 구성 요소를 생각해 보라. 이런 유전자 부분들은 새롭고 가치 있는 생명공학적 응용을 위해, 서로 교환되거나 독특한 방식으로 조립되어 생물학적 기능들을 재구성할 수 있을까?

이런 접근방식은 여러 방식으로 컴퓨터 과학에서 빌려온 것이다. 회로 기판의 부품과 기판 설계는 계산 방식을 변화시켰다. 합성생물학에서는, 세포들이 DNA-구동 기계들로서, DNA 서열은 세포가 작업할 수 있도록 단백질들을 지시하는 소프트웨어 암호를 제공한다. 국제 유전자 공학 기계 재단[The International Genetically Engineered Machine(iGEM) Foundation]은 합성생물학을 위한 교환 가능한 "부품들"이나 구성 요소들 수천 가지를 표준 생물학적 구성품 목록(Registry of Standard Biological Parts)으로 관리한다. 어떤 사람들은 합성생물학이 미래의 생물학적 응용을 변모시킬 것이라고 믿는다. 비록 새로운 응용 분야가 천천히 발전한다고 해도, 합성생물학은 유전자의 구성 단편들(프로모터, 인핸서, 암호화 및 비암호화 서열들, 종결 서열을 포함한 조절 서열 등)과 같은 생물학적 체계의 부분들이 어떻게 작동하는지 더 깊이 이해하는 데 도움이 될 것이다.

하버드 대학교의 처치(George Church)는 이 분야의 선두주자 중 한 명이다. 그의 연구팀은 세 유전자를 연속으로 연결하여 대장균에서 합성 유전자 회로를 만들었다. 이 체계는 재조합 효소를 사용하여 일정 길이의 DNA를 자르고 그 조각을 뒤집어 유전체에 다시 삽입한다. DNA 서열이 뒤집힐 때마다 본질적으로 유전자 켜기 또는 끄기 스위치가 작동하는 것과 같다. 이것은 마치 컴퓨터 프로그램의 이진법 암호에서 0과 1로 이루어진 문자열과 같다. 이 체계가 유전자의 프로모터 서열에 연결되어 있다면, 유전자가 켜질 때마다 재조합 효소가 DNA의 한 부분을 뒤집는다. 재조합 효소가 DNA 조각을 뒤집을 때마다 세균 세포의 DNA 서열이 바뀌므로, 이러한 서열 변화는 유전자가 켜진 횟수에 대한 기억을 생성하며, 이것은 뒤집힌 영역의 서열 분석으로 결정할 수 있다. 따라서 DNA 회로는 사건을 세는 기억을 가진다. 이러한 유전자 회로는 생물발광 단백질을 생산하는 유전자와 연결될 수도 있는데, 이것은 유전자 회로 활동을 보고하는 한 가지 방법이 된다(그림 22.15).

처치 연구팀은 자신들의 재조합 효소 체계를 녹색 형광 단백질(GFP) 생산을 조절하는 유전자의 프로모터 주변 표적 서열에 연결했다. 이 체계가 켜질 때마다 재조합 효소는 GFP의 프로모터를 켜는 DNA 서열을 뒤집고, 세포는 GFP를 발현하여 빛을 발한다. 연구팀은 DNA를 서열화하거나 세포에서 GFP 형광을 모니터링하여 입력(유전자 발현 켜기) 수를 측정할 수 있다. 컴퓨터 과학자들은 이러한 속성을 논리 함수 및 메모리라고 부르는데, 여기서는 특정 입력에 의해 프로그램이 응답(로직)하고 프로그램이 메모리를 유지한다.

합성생물학의 또 다른 흥미로운 예로, 처치와 몇몇 유전학자들은 새로운 코돈 조합을 만들어 유전암호를 개량했는데, 이로써 유전적으로 재암호화된 생물들(genetically recoded organisms, GROs)을 만들었다. 정상적으로는 자연에 존재하지 않는 기능을 가진 유전체로 개량하기 위해, 코돈을 재암호화하거나 용도를 바꾸는 것은, 새로운 아미노산을 단백질 내로 삽입시켜 특정 단백질의 화학적 특성을 바꾸는 데 사용할 수 있는 한 가지 방법이다. 예를 들어, 이 기술은 분해에 저항하는 단백질을 만들거나, 가혹한 조건의 온도나 pH 등에서 안정성을 갖는

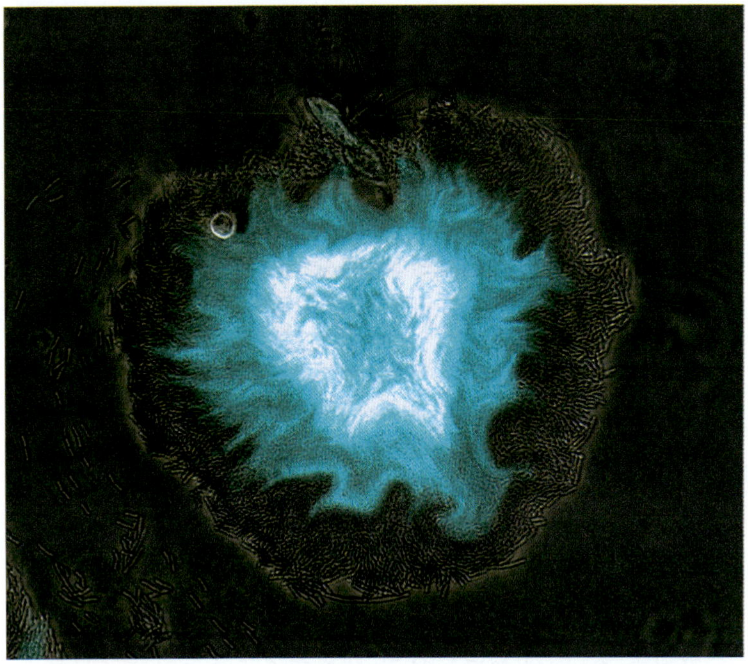

그림 22.15 유전자 회로. 합성생물학에 의해 조작된 세균 콜로니들은 자극에 반응하여 3개의 유전자로 구성된 회로에 의해 조절되는 동시적 생물발광을 일으킨다.

단백질을 만드는 데 응용될 수 있으며, 이는 새로운 상업적 재조합 단백질을 생산하는 데 유용할 수 있다.

최근 처치 연구팀은 대장균에서 합성 유전체를 설계했는데, 여기서는 62,214곳(대장균 전체 코돈의 약 5%)의 7가지 코돈이 동의 코돈으로 대체되어 64개의 가능한 코돈 중 57개만 포함하는 합성 유전체를 만들었다. 예를 들어, 야생형 대장균 유전체에서, 코돈 서열 AGU는 아미노산인 세린을 지정하는 가장 흔한 코돈이다. 코돈인 AGU를 암호화하는 삼중자(TCA)를 대장균 유전체 전체에서 계산적으로 확인하여, 합성 유전체에서는 같은 아미노산을 지정하는 동의어 코돈인 UCA를 만들도록 대체하였다. 이 실험에서 검사된 필수 유전자의 약 91%는 기능을 유지했으며, 합성 유전체에서 코돈 교체가 가능하다는 개념을 확인해주었다.

또 다른 연구팀은 기존의 4가지 뉴클레오타이드가 있는 유전체에 새로 설계한 인공 염기쌍을 추가하여, RNA를 6가지 뉴클레오타이드로 확장하면, 기존의 20개 아미노산 대신 172개 아미노산으로 구성된 단백질을 만들 수 있음을 계산적으로 입증했다. 이 접근법은 추가적인 인공 아미노산을 단백질에 통합시키기 위한 응용 잠재력을 가진 것으로, 약물 개발자들에게 강력한 돌파구를 제공할 수 있을 것이다.

합성생물학에 중점을 둔 새로운 생명공학 회사에 대한 투자는 지난 3년 동안 극적으로 증가했다. 합성생물학 접근법이 가까운 장래에 새롭고 성공적이며 수익성 있는 응용들을 생산할 수 있는지, 이 분야의 발전을 지켜보는 것은 매우 흥미로울 것이다.

22.9 유전공학, 유전체학, 생명공학 등은 윤리적, 사회적, 그리고 법적 문제들을 야기한다

유전학자들은 재조합 DNA와 유전체학 기술들을 이용하여, 유전자를 찾고, 유전병을 진단하며 치료하고, 상업적 산물들과 약품을 만들고, 범죄 문제를 해결한다. 그러나 이런 기술들의 응용은, 규명되고 토의되고 또 해결되어야만 할, 중요한 윤리적 사회적 그리고 법적 논란들을 야기한다. 여기서는 유전적 기술들에 관한 현재의 몇 가지 윤리적 논란들을 간략히 살펴보도록 하자. (CRISPR-Cas 유전자 편집 체계 및 유전자 치료와 관련된 윤리적 문제들은 특강 1장과 특강 5장에서 각각 다루었으니 참고하라.)

유전적 진단과 윤리적 딜레마

인간 유전체 연구사업이 처음 논의되었을 때, 과학자들과 일반 시민들은 유전체 정보가 어떻게 사용될지, 그리고 개인과 사회의 이익이 모두 보호될 수 있을지에 대해 우려를 나타냈다. 이런 걱정들을 다루기 위해, 국립보건원(NIH) 산하의 국립 인간 유전체 연구소(National Human Genome Research Institute)에 의해 **윤리, 법, 그리고 사회적 영향(Ethical, Legal, and Social Implications, ELSI) 프로그램**이 만들어졌다. ELSI 프로그램은 네 가지 영역에 초점을 맞춘다: (1) 유전적 정보 사용의 프라이버시와 공정성, (2) 연구실에서 의료 관행으로 유전적 지식 전달하기, (3) 유전 연구의 참여자들이 잠재적 위험성과 참여에 따른 이익을 잘 이해하고 정보에 따른 동의를 제공하도록 하는 방법, 그리고 (4) 대중과 전문가 집단의 교육 등이다.

현재까지 세계적으로 널리 사용됐던 대부분의 유전자 검사들은 환자와 의사들에게 삶의 질을 향상시킬 정보를 제공해왔다. 한 가지 예로, 페닐케톤뇨증(phenylketonuria, PKU)에 대한 산전 검사와 이 질병의 효과를 감소시키기 위한 식이 제한을 들 수 있다. 그러나 유전자 검사의 많은 잠재적 이익과 결과들이 항상 분명한 것은 아니다. 예를 들면, 다음과 같은 문제들에 대해 생각해 보자:

- 우리는 효과적인 치료법이 없는 유전병에 대해서도 그것을 검사할 수 있는 기술을 가지고 있다. **치료법이 없는 이런 질병들에 대해서도 사람들을 검사해야만 할까?**
- 현재의 유전자 검사에서 음성 결과가 나왔다는 것이 미래에도 반드시 그 질병에 걸리지 않는다는 것을 뜻하지는 않는다; 마찬가지로 양성 결과가 그 사람이 그 병에 걸린다는 것

을 의미하지도 않는다. 어떻게 검사 결과와 실질적 위험도에 대해 피검자들과 효율적 의사소통이 가능하겠는가?

- 사람들이 단일 유전자 질병을 위해 유전체 스캔이나 유전자 검사를 받거나, 자신들의 유전체를 서열화하도록 결정하기에 앞서 알고 있어야 할 정보는 어떤 것들인가?
- 어머니의 혈류로부터 태아 유전체를 서열화하는 것으로 태아 유전체의 돌연변이를 알 수 있다(예를 들어, 파킨슨 병 유전자 등). 부모나 의사들은 이 정보를 어떻게 사용할 수 있을까?
- 그런 검사들로부터 나온 정보들을 우리는 어떻게 보호할 수 있을까?
- 전자 의료 기록을 통해 환자 기록을 공유하는 것은 심각한 우려가 된다. 정보 공유에 대한 동의 문제에서 어떤 것들이 고려될 필요가 있겠는가?
- 유전적 차별을 어떻게 정의할 수 있으며, 어떻게 그러한 차별을 예방할 수 있을까?

특이 사례를 하나 살펴보자. 2011년에, 보스턴의 한 사례는 유전자 검사 결과를 잘못 이용하는 것의 위험성을 잘 보여준다. 임신한 여성에 대한 산전 초음파 검사는, 발달 중인 태아의 척수를 포함하여 누난 증후군(Noonan syndrome) 같은 잠재적 쇠약 문제를 일으킬 수 있음이 드러났다. 의사들은 DNA 검사를 의뢰했는데, 누난 증후군에 관련된 유전자 목록의 데이테베이스에서 유전자 변이가 있다는 양성 결과가 나왔다. 부모들은 유산하기로 결정했다. 몇 달 후 누난 증후군과 연관된 좌위가 이 질병과 관계가 없다는 것이 알려졌지만, 연구 팀들에게 알려줄 수 있는 효과적인 방법이 없었다.

미래에는 이런 종류의 문제를 최소화하기 위해, 국립보건원(NIH)의 생명공학연구소(NCBI)는 클린바(ClinVar)라고 하는 데이터베이스를 개발했다(www.ncbi.nlm.nih.gov/clinvar/). 이것은 임상적 유전자 검사 실험실로부터 얻은 자료들과 연구 문헌들을 통합하여 연구자들과 의사들에게 최신의 자료를 제공한다.

우발적 결과들이 노출되는 것 역시 또 다른 윤리적 난제가 된다. 어떤 사람이 질병과 관련되어 있을 것으로 생각되는 좌위에 대해, 자신의 유전체를 서열화하게 했거나 유전자 검사를 받았을 때, 가끔은 그 분석에서 환자에게 중요할 수도 있는 다른 돌연변이가 드러날 수 있다. 연구자와 의사는 그러한 정보를 환자에게 공개해야 하는지, 또는 환자에게 그러한 모든 검사의 결과를 받을 수 있도록 동의를 구해야 하는지에 대해 의견이 분분하다. 예를 들어, 최근 한 연구는 산전 유전자 검사를 받은 26명의 임산부에 대해 논의했는데, 이들이 특정 암과 인지 장애와 관련된 유전자들, 그리고 생식력 감소와 관련된 성염색체 이상을 가지고 있음을 알게 되었다. 다시 말해, 이것은 그녀들이 이러한 검사를 받을 때 어떤 유형의 동의를 고려해야 하는지에 대한 윤리적 문제를 제기한다. 이 결과를 이 여성들에게 공개해야 할까? 당신은 어떻게 생각하는가?

우리는 앞에서 착상 전 유전자 검사(preimplantation genetic diagnosis, PGD)에 대해 논의했었다. 이 검사는 시험관 수정으로 생긴 배아가 특정 유전병이 있는지를 검사해서 부모에게 알려준다. 인간의 형질에 관계된 유전자들에 대해서 우리가 더 많이 알게 되면, 질병과는 관련이 없는 다른 유전자들도 PGD에 의해 검사되지 않을까? 부모들은 키나, 몸무게, 지능, 그리고 다른 신체적 정신적 특징들을 암호화하는 특정 유전자들을 가진 배아를 선택할 수 있을 것이다. 유전병을 가진 배아를 고의적으로 선택하기 위해 유전자 검사를 사용하는 것에 대해서 여러분들은 어떻게 생각하는가? 왜소증과 난청을 가진 배아를 고르기 위해 산전 진단이나 PGD를 사용하려는 부부들에 대한 몇 가지 사례가 잘 알려져 있다.*

유전적 형질을 규명하는 것이 임상 환경에서 점점 일상화되어 감에 따라, 의사들은 그들의 환자를 위한 유전적 프라이버시를 확실히 해야 할 필요가 있을 것이다. 유전정보가 사용자나, 보험회사, 국가 기관 혹은 일반 대중에 의해 어떻게 부정적인 방식으로 사용될 수 있는지에 대한 심각한 우려들이 존재한다. 유전적 프라이버시와 유전적 차별의 예방은 점점 더 중요해질 것이다. 2008년에 미국에서는 **유전정보에 의한 차별 금지 법안(Genetic Information Nondiscrimination Act, GINA)**이 통과되었다. 이런 법규화는 건강 보험과 고용에 있어 유전정보가 잘못 사용되는 것을 막기 위해 고안된 것이다.

소비자 직접(DTC) 유전적 진단과 유전자 검사 제공자들에 대한 규제

지난 10년 동안 **소비자 직접(direct-to-consumer, DTC) 유전적 진단**들이 크게 발전했다. 단순한 웹 검색으로도 DTC 유전자 검사를 제공하는 많은 회사를 찾을 수 있다. 2017년 현재, 그런 검사로 진단 가능한 질병들이 2,000개가 넘는다(1993년에는 100개 정도였다). 대부분의 DTC 검사들은 의뢰자가 타액, 머리카락, 혹은 뺨 세포를 채취하여 회사에 메일로 보내주면 된다. 다양한 가격 책정을 위해, DTC 회사들은 ASO 검사 같은 SNP 기반 검사들을 주로 사용하여 여러 가지 돌연변이들을 검색한다. 예를 들어, 2007년에 미리아드 제네틱스 사(Myriad Genetics, Inc.)는 1996년부터 사용 가능해진 *BRCA1*와 *BRCA2*에 대한 자사의 유전자 검사를 대대적으로 광고하기

*자신과 닮은 아이를 갖고자 하는 의도 등 여러 이유로 고의로 유전병이 있는 배아를 고르려는 부모들이 있다고 한다(역자주).

시작했다. 이 유전자들에서의 돌연변이들은 유방암과 난소암의 발병 위험률을 증가시킨다. DTC 검사 회사들은 개인이 병에 걸릴 가능성을 절대적 위험률로 보고하고 있으나, 그런 위험률 결과가 어떻게 계산되느냐는 매우 다양하며 특정 가정들에 따라 달라진다.

그런 검사들은 여러 가지 이유로 논란을 만든다. 예를 들면, 그런 검사들은 개인 소비자들에 의해 온라인으로 구매되며, 의사나 간호사 혹은 유전 상담자들같이 결과를 다루고 해석해 줄 보건 관련 전문가들의 개입이 필요하지 않다. 현대 DTC 산업은 대부분 자기-규제를 받으므로, 그런 상품들의 질이나 효율성, 그리고 정확성에 대한 중요한 문제가 존재한다. FDA는 DTC 유전자 검사들을 규제하지 않는다. 현재는 소비자(환자)가 사용할 수 있는 검사의 범위와 그들의 상대적 질을 비교하고 평가할 종합적인 방법이 마련되어 있지 않다.

회사들 대부분은 그들이 질병을 진단하려는 것도 아니며, 질병을 예방하는 것도 아니고 게다가 건강 관련 조언을 제공하려는 것도 아님을 명확히 하고 있다. 그렇다면 도대체 검사 결과가 소비자에게 제공하는 정보의 목적은 무엇인가? DTC 회사들의 웹사이트와 온라인 프로그램들은 소비자들이 양성 판정을 받았을 때 찾아야 할 조언들에 관한 정보를 제공한다. 그렇지만 이걸로 충분할까? 만약 결과들이 충분히 이해되지 못한다면, 음성 판정으로 인해 그냥 무턱대고 안심해버리게 되는 것은 아닐까? 어떤 여자가 단지 *BRCA1*와 *BRCA2* 돌연변이들에 대해 음성 판정을 받았다는 것이, 그녀가 유방암이나 난소암에 걸릴 수 없다는 것을 의미하지는 않는다. 연습문제 17번에서 여배우 앤젤리나 졸리(Angelina Jolie)가 유전자 검사의 결과에 기초하여 내린 개인적 결론의 예를 참고하라.

FDA가 앞으로 DTC 유전자 검사를 감독하게 될지는 분명치 않다. 이 책 출판 당시에는 FDA가 DTC 유전자 검사 규제에 관한 최종 계획을 발표하지 않고 있다. 그러나 23andMe 같은 일부 DTC 유전자 검사 회사들은 건강-관련 분석이나 건강 보고서들을 제공하기 때문에, 그들은 FDA 규제를 따라야 한다. FDA는, DTC 회사들이 유전자 검사에 대한 건강-관련 해석이라고 볼 수 있는 것들을 제공하는 것에 대해 지속적으로 경고하고 있다. 예를 들어, 2017년에 FDA는 처음으로 23andMe의 DTC 타액 검사를 승인했는데, 이것은 파킨슨병과 알츠하이머병을 포함한 10가지 질병에 관련된 유전자 돌연변이들을 검사할 수 있는 것이다. 규제 문제에 관해서는 여러 가지 다양한 의견들이 있다. 어떤 사람들은 FDA가 DTC 검사를 제한할 이유가 없으며, 소비자들은 자유롭게 그들의 관심과 필요에 따라 산물을 구입할 수 있어야 한다고 생각한다. 또 다른 사람들은 FDA가 당연히 소비자들을 보호하는 차원에서 DTC를 규제해야만 한다고 주장한다.

DNA와 유전자 특허

지적 재산(intellectual property, IP)에 관한 권리도 유전공학, 유전체학, 그리고 생명공학의 윤리적 영향에 관한 측면에서 논쟁 중이다. 지적 재산(분리된 유전자들, 새로운 유전자 구성물, 재조합 세포들, GMOs)에 관한 특허들은 특허권자들에게는 잠재적으로 돈을 많이 벌어주는 것일 수 있지만, 동시에 윤리적이고 과학적인 문제들을 제기할 수도 있다.

왜 회사들을 위해 IP를 보호해주는 것이 중요한가? 이 문제에 대해 생각해 보자. 만약 회사가 가치 있는 생산품을 만들어 내기 위해 수백만~수십억 달러를 들여 수년 동안 연구와 개발(research and development, R&D)을 하려고 한다면, R&D 비용을 회수하고 산물에서 이익을 창출할 수 있도록 그 발견을 보호해 줄 일정 기간이 주어져야 하지 않을까?

자연 상태에서의 유전자들은 자연의 산물로서 특허 대상이 아니다. 클론화된 인간의 어떤 유전자가 그것을 클로닝한 과학자에 의해 특허가 주어질 가능성에 대해 생각해 보자. 특허를 보유한 사람이나 회사는 특허가 걸려 있는 유전자를 가지고 연구를 하려는 사람들에게 그것을 사용하는 데 따른 사용료를 지불하라고 요구할 수 있을 것이다. 진단용 검사나 치료가 그런 연구로부터 온 것이라면, 더 많은 비용이나 로열티가 요구될 것이고, 결과적으로 유전자 검사 비용은 여러 환자가 지불하기에는 너무 비싼 것이 될 수도 있다. 그러나 유전자나 유전적 도구들에 대한 특허 보유를 제한하거나 방지하는 것은 그런 유전자들이나 도구들을 생산하는 연구에 대한 인센티브를 감소시킬 수 있다. 특히 그런 연구로부터 이윤을 내야 할 필요가 있는 회사들에 대한 보상이 감소하게 될 것이다.

과학자들과 회사들에게 자연적으로 살아 있는 생물들로부터 얻은 DNA 서열들에 대한 특허권을 허락해줘야 할까? 그런 서열들의 크기에 상한선이나 하한선이 있어야 할까? 예를 들어, 그 DNA 서열이 사용되는지를 아무도 몰랐는데도 단지 일부 개인이나 회사가 그 DNA 조각을 처음으로 클로닝했다는 것으로 권리를 주장하고 싶어 한다는 이유로, 과학자들이 발현 서열 표지(expressed sequence tags, ESTs) 같이 유전자의 작은 조각들에 대해서 특허권을 받을 수 있어야 할까? 연구자들은 그들이 서열화 한 생물들의 전 유전체에 대해 특허가 허락될 수 있을까? 혹은 당연히 주어져야 할까?

미국 특허청은 인간 유전체에 있는 유전자의 약 20%에 대해 특허를 부여한 것으로 추정된다. 덧붙여, 인간 유전자들에 대한 특허 출원으로, 어떤 사람들은 특허유전체(*patentome*)라는 말을 사용하게 되었다! 일부 과학자들은 단순히 DNA 조각을 클로닝

한 것에 대해 특허가 주어지는 것은 너무 사소한 일에 특허를 주는 것이라고 우려한다. 컴퓨터가 유전체 서열화에 대한 일상적 작업 대부분을 수행하는 것을 감안한다면, 누가 특허를 가져야 할까? 유전자로 무엇을 할 수 있는지를 알아내는 사람은 어떤가? 유전자 치료가 개발될 수 있는 질병에서 그 서열이 중요한 역할을 한다면 어떨까? 과학자들은 서열 자체보다는 유전자 서열을 이용하는 새로운 기술이나 응용에 특허를 주는 것이 더 적당하다고 믿는다.

최근, 의회는 인간 유전자들과, 유전자로부터 자연적으로 생기는 서열, 기능 혹은 관련 사항들에 대한 특허 출원을 금지하는 법안을 고려 중이다. 유전자 검사에 대한 특허 출원 역시 부분적으로 점차 엄격해지고 있는데, 오로지 한 회사가 특정 유전자 검사를 수행할 권리를 가진다면 환자들이 차선을 선택할 수 없도록 특허받은 검사가 독점권을 행사할 수 있기 때문이다. 최근의 분석에 따르면 64%나 되는 특허 보유 유전병 검사들이, 같은 질병에 대한 다른 방식의 검사법을, 다른 팀들이 제안하지 못하도록 하거나 매우 어렵게 하는 것으로 추산되고 있다.

2010년에 미국 시민 자유 연합(American Civil Liberties Union)이 미리아드 제네틱스(Myriad Genetics)에 대해 제기한 대표적인 소송 사례는 이 회사가 유방암 진단에 사용되는 *BRCA1*와 *BRCA2* 서열에 대해 특허를 낼 수 없었다고 주장한다. 미리아드의 BRACAnalysis®는 특허 기간에 배타적으로 100만 명 이상의 여성들에서 *BRCA1*과 *2*에 대한 검사를 실시해왔다. 미국의 지역 법원 판사는 분리된 미리아드 검사 키트의 DNA가 근본적으로 그것이 신체에 존재하는 방식과 다르지 않다는 논리로 미리아드의 특허가 무효임을 판시했다. 미리아드는 본질적으로 검사에 대한 독점권을 행사해온 것 때문에 고발당했는데, 그 검사 키트는 미국에서만 배타적 독점권에 기초하여 10년이 조금 넘게 사용되던 것이다.

이 재판은 2013년에 대법원으로 옮겨져 9−0의 판결로 미리아드의 *BRCA1*과 *BRCA2* 유전자에 대한 특허권 주장 중 5건을 빼앗았다. 주된 논리는 자연 상태의 유전자들은 자연의 산물이며 그들이 분리했다는 것만으로는 특허를 낼 수 없다는 것이었다. 법원은 실험실에서 생산된 cDNA 서열들은 계속해서 특허를 유지할 수 있다고 판시했다. 미리아드는 아직 *BRCA* 유전자 검사와 관련하여 약 500가지 정도의 법적 주장을 펼치고 있다.

전-유전체 서열화 분석은 여러 가지 윤리적 질문들을 제시한다

다음 10년과 그 이후에는 성인과 아기들의 전-유전체 서열화가 임상 환경에서 점차 더 흔해질 것이다. NIH에 의해 1500명 이상의 아기들에게서 엑솜들을 서열화하기 위한 유전체 서열화와 신생아 질병 검사 프로그램(Genomic Sequencing and Newborn Screening Disorders Program, GSNSD program)이 현재 진행 중이다. 앓고 있는 아기들과 건강한 아기들 모두 이 검사 프로그램에 참여하게 될 것이다. NIH가 자금을 지원하는 이 연구사업은 과학자들이 질병에 관여하는 유전자들을 찾을 수 있도록 특정 서열들에 대한 비교유전체학적 분석을 지원할 것이다.

신생아 검사는 특정 질병들의 영향을 예방하거나 최소화하도록 하는 데 중요한 작업이다. 이 절의 앞부분에서 우리는 PKU에 대한 조기 검사의 긍정적 영향에 대해 언급했었다. 신생아의 뒤꿈치를 찔러서 나온 혈액에 대한 일상적인 검사는 매년 미국에서만 수천 명의 유아가 희귀 유전병을 가졌음을 드러내 준다. 몇몇 주에서는 부모들이 신생아 검사를 거부할 수 있도록 하고 있다. 미래에는 출생 시 DNA 서열화가 필요해지지 않을까? 우리는 정말로 아이들에서의 질병 예방을 도울 수 있도록 인간의 어떤 유전자들이 질병에 관여하는지에 대해 충분히 알고 있는 것일까? 추산에 따르면, 서열화는 질병이 있는 대략 15~50%의 어린이들을 찾아낼 수 있는데, 이런 질병은 현재 다른 방법으로는 진단될 수 없는 것이라고 한다. 건강한 아이들에 대한 서열화 데이터를 가지는 것은 어떤 가치가 있을까?

개인별 유전체학은 이런 논의에 복잡성을 더한다. 사람들이 자신의 DNA를 WGS 프로젝트에 기부하면, 그들은 자신들의 서열 분석으로부터 얻은 기초 자료들에 당연히 접근할 수 있어야 하는 것일까? 현재, 그런 지원자들은 유전적 자료들에 대한 접근이 거부된다.

인체유전학과 의학이 이렇게 흥미로워지는 것만큼이나, 개인들에 대한 많은 전-유전체 서열화 연구들은 대부분 규제가 없는 환경에서 이루어지고 있다. 특히 DNA 수집, DNA 조작 방법의 변형들과 품질 관리, 서열화 분석, 저장, 그리고 심각한 윤리적 우려를 낳고 있는 유전정보의 기밀 유지 등과 관련한 것들이다(유전학과 윤리, 그리고 사회 부분을 참고하라).

유전학과 윤리, 그리고 사회

유전체 빅데이터 시대의 사생활 보호와 익명성

우리의 일상은 빅데이터에 둘러싸여 있다. 우리의 구매 취향, 검색 엔진 기록, 사회 활동, 그리고 심지어 GPS 위치까지도 드러내는 엄청난 양의 개인 정보가 사적, 공적 데이터베이스에 저장된다. 그러나 우리는 종종 어떻게 이런 정보들이 현재나 미래에 사용될 수 있는지에 대해 알지 못하며, 어떻게 널려 있는 정보들이 우리나 우리 가족 그리고 우리 관계들에 영향을 미치게 될지를 고려하지 않는다.

아마도 모든 빅데이터 항목들 중 가장 개인적인 것은 개인의 유전체 서열과 유전체 분석 결과로부터 얻은 자료일 것이다. 현재 수만 명의 사람이 전유전체 서열화—사적인 유전자 서열화 회사나 공적인 연구 프로젝트에 의해 수행되는—를 위해 DNA를 기증하고 있다. 그들의 DNA를 서열화 분석에 기증하는 사람들 대부분은, 이런 자료들이 익명으로 남거나 개인 자료로 남을 것이라는 가정이나 약속을 받고 그렇게 한다. 다른 사람이 그 자료를 사용할 수 있게 될 것이라는 안내를 받을 때라도, 우리는 별로 걱정하지 않는다. 그래 봐야, 엄청난 양의 이름 모를 A, C, T, 그리고 G들에 접근한다고 무슨 일이 생기겠는가? 놀랍게도 답은, 상당히 많다는 것이다.

유전적 프라이버시 문제의 첫 징후 중 하나는, 2005년, 라이언 크레이머(Ryan Kramer)라는 이름의 15세 소년이 익명의 정자 기증자였던 아버지를 자신의 Y 염색체 서열 자료와 인터넷을 이용하여 추적했을 때 발생했다(Motluk A., 2005, New Scientist 2524: November 3). 라이언은 한 계보학 회사에 DNA 시료를 제출했는데, 그 회사는 Y 염색체 프로파일을 만들고 그것을 그들의 데이터베이스에 저장된 자료들과 맞추어 친척 관계임을 나타내는, 비슷한 유전적 프로파일들을 공유하는 사람들끼리 연결해준다. 두 명의 남성이 라이언과 연결되었는데, 둘 다 철자만 다르고 성(last name)이 같았다. 라이언은 그 성씨와 자신이 정자-제공 아버지에 대해 알고 있던 정보—출생일, 출생 장소, 학위—만 조합하여 인터넷의 사람 찾기 서비스를 이용했다. 그는 그 장소에서 그 날 출생했던 모든 사람의 이름을 확보했다. 그 목록에는 두 명의 Y 염색체 친척과 같은 성씨를 가진 사람이 한 명 있었다. 또 다른 인터넷 검색을 통해, 라이언은 그 남자가 해당 대학 학위를 가지고 있음을 확인할 수 있었다. 그런 다음 그는 자신의 정자-제공 아버지와 연락했다. 이 보고 이후, 정자 제공자의 다른 아이들이 자신들의 아버지들을 찾기 위해 DNA 계보 탐색을 이용하기 시작했다. 이런 사례들에서, 정자 제공자들은 자신들의 DNA를 계보학 회사들에 제출하지도 않았지만, 그들의 정체가 간접적으로 확인될 수 있었다. 대부분이 익명성을 약속받은 것이었기에, 정자 제공자들에 미치는 영향은 불안한 것이 되고 있다. 일부 사례들에서는, 정자 제공자들이 자신들이 10여 명의 아이들의 아버지였다는 사실을 알고 불편해하기도 했다.

더 최근에 발표된 여러 보고서는 DNA 서열 프로파일과 인터넷 검색을 사용하여 누구나 신원을 쉽게 추적할 수 있음을 보여준다. 이런 검색은 사람들의 신원뿐 아니라 나이, 성별, 체질량 지수, 당과 인슐린 수준, 지질 수준, 그리고 질병 감수성도 드러낼 수 있다.

많은 사람에게 "유전체 재식별"의 의미는 혼란스럽다. 유전체 정보의 누설은 개인의 의료 정보, 신체적 외모, 인종적 기원 등을 드러낼 수 있다. 또한 범죄 현장에 DNA를 합성해서 뿌려 놓는 데도 이용될 수 있으며, 우리 유전체에 무엇이 있는지에 대해 더 많은 정보를 얻게 됨에 따라 미래에는 예전에 보지도 못했던 방식으로 이용될 수도 있을 것이다.

당신의 생각은?

짝을 짓거나 큰 그룹을 만들어, 유전적 프라이버시 보장과 관련된 다음의 윤리적, 기술적 문제들과 자료들에 대해 고려해 보라.

1. 유전적 프라이버시와 익명성을 유지하는 것에 대해 반대하거나 찬성하는 윤리적 논거에는 어떤 것들이 있는가?

프라이버시의 필요성과 연구 정보의 필요성 사이의 균형을 맞추는 방법에 대한 논의는 다음 자료를 참고하라: Hansson, M. G., et al. (2016). The risk of re-identification versus the need to identify individuals in rare disease research. *Eur. J. Hum.* Genet. 24:1553–1558.

2. 당신은 전체 유전체 서열화를 위해 민간 회사에 DNA 시료를 보내겠는가? 아니라면 그 이유는 무엇인가? 만약 보낸다면, 유전체 서열화를 주문하기 전에 어떤 프라이버시 보장을 요구하겠는가?

소비자 직접 DNA 서열화 회사들의 프라이버시 정책에 관한 정보는 다음 자료를 참고하라: Niemiec, E., and Howard, H. C. (2016). Ethical issues in consumer genome sequencing: Use of consumers' samples and data. *Appl. Transl. Genom.* 8:23–30.

착상 전 검사, 운명의 예측, 그리고 아기 예측 특허

현재 회사들은 임신 전 검사(*preconception* testing) 능력을 홍보하면서 따라서 부모의 DNA 시료들에 대한 컴퓨터 서열 분석에 기초하여, 가상적 자손에 대한 가능한 표현형에 대한 "운명 예측(destiny predictions)"을 할 수 있다고 광고 중이다. 23andMe라는 회사는 '가족 형질 유전 계산기(*Family Traits Inheritance Calculator*)'라고 불리는 컴퓨터 연산 방법에 대해 미국 특허를 획득했다. 이것은 부모의 DNA 시료를 이용하여, 아기의 눈 색과 특정 질병에 대한 위험률을 포함한 형질들을 예측해 준다. 이 특허는 시험관 내 수정(*in vitro* fertilization, IVF)을 위한 정자와 난자 검사 기술들에 대한 응용들을 포함한다.

현재, IVF로 생긴 배아에 대한 성별 검사는 흔히 이루어지고 있다. 그러나 임신 전 검사가 "디자이너 베이비(designer babies)"에 대한 선택으로 이어질 수 있지 않을까? 특히 유전적 분석들이 질병을 피하기 위한 것에서 머리카락의 색깔, 눈의 색, 다른 신체적 특징들, 그리고 잠재적으로는 행동적 특성 같은 비의학적 형질들로 옮겨감에 따라, 우생학(*eugenics*)에 대한 공포가 이런 대화를 감싸고 있다. 장래의 부모들에게 관심 표현형을 가진 아기나 가상적 자손을 만들 배우자 제공자들을 제안해 주기 위해, 난자 제공자와 정자 제공자의 유전자형 자료를 비교하게 될 과정들에 대한 특허가 주어졌다. 여기에 대한 여러분의 생각은 어떤가?

진픽스(GenePeeks)라는 회사는 장래 부모들의 DNA를 서로 "디지털식으로 조합(digitally weaving)"함으로써 유전병의 위험성을 줄이는 특허 출원 중인 기술을 가지고 있다고 주장한다. 진픽스는 정자 제공자와 임신을 원하는 여성들의 DNA를 서열화하여, 여성들에게 그들이 원하는 자손들의 형질과 유전적으로 가장 잘 맞는 제공자에 대해 알려줄 계획이다. 그들의 독점적 컴퓨터 계산 기술은 기증자 고객으로부터 가상적 자손을 조사하여 예비 부모들로부터 특정 질병들이 유전될 가능성을 측정하기 위해 서열 자료를 사용하려는 것이다. 처음, 이 회사는 희귀병에 관여하는 약 100,000 좌위들을 찾는데 집중할 계획이라고 주장했다. 이런 기술들이 널리 퍼져 미래에는 소비자의 수요를 이끌게 될까? 여러분의 생각은 어떤가? 여러분은 특정인과의 사이에서 아이를 가지겠다고 결정하기에 앞서 이런 분석이 수행되기를 바라는가?

특허와 합성생물학

벤터 연구소(JCVI)는 소위 "세계 최초의 인공 생명 형태(the world' firstever human-made life form)"라는 것에 대한 두 개의 특허를 신청했다. 이 특허들은 JCVI가 자기-복제에 필수적인 유전자들이라고 믿고 있는 *M. genitalium*의 최소 유전체에 대한 권리를 보호하기 위한 것이다(22.8절 참고). 이 특허 신청 중 한 가지는 합성적으로 구성된 생명체들에 관한 권리를 주장하기 위해 작성된 것이다. 다른 연구팀에 발행된 또 다른 미국 특허는 *E. coli*의 최소 유전체 관한 것으로, 이것은 *M. genitalium*에 대한 상대적 중요성을 고려할 때, 연구나 상업적 응용에서 훨씬 더 우려스러운 것이었다. 여러분의 생각은 어떤가? 최소 유전체나 합성 생물에 대해 특허가 주어지는 것이 가능해야 할까?

합성생물학에 대해 고려해야 할 이런 윤리적 문제들은 아직 더 있다. 합성생물학은 해로운 목적(생물테러 같은)에 이용될 가능성이 있다. 합성생물학의 응용과 이런 응용에 대한 특허에 대해, 어떤 규제나 제한 조치가 이뤄져야 하겠는가? 생명 형태를 변형시키는 능력은 일부 사람들의 심기를 건드린다. 이런 문제는 합성생물학 연구 커뮤니티에 의해 어떻게 다뤄져야 할까?

사례 연구 멸종을 향한 "추진"

연구 실험실에서 등장한 새로운 세대의 유전체 변형 방법이 생명공학의 범위를 넓혀 새로운 분야에 도달하고 있다. 이러한 방법을 적용하는 것은 아직 개발 단계이지만, 잠재적인 용도는 이미 심각한 생명 윤리적 문제를 제기했다. 이러한 새로운 기술 중 하나는, 질병을 퍼뜨리는 모기 종을 줄이거나 제거하는 것이다. 예를 들어, 이집트숲모기(*Aedes aegypti*)라는 종은 어느 동물보다 인간의 죽음에 더 많이 관여한다. 이 곤충은 말라리아, 황열병, 뎅기열, 치쿤구니아, 지카열을 옮기고 퍼뜨린다. 말라리아만으로도 매년 400,000명 이상이 사망한다. 유전자 추진(gene drive)이라는 기술을 사용하면, 원하는 대립유전자가 기존 대립유전자를 완전히 대체할 때까지 개체군 전체로 유입되어 확산될 수 있다. 이집트숲모기의 경우, 선택된 대립유전자는 암컷의 불임과 애벌레 치사를 유발할 것이다. 따라서 유전자 추진은 많은 지역에서 이 모기 종을 멸종시키는 데 사용될 수 있으며, 따라서 모기가 옮기는 모든 질병을 줄이거나 제거할 수 있다.

1. 심각한 질병의 확산을 통제한다는 이점 외에, 유전자 추진의 사용과 관련된 윤리적 문제가 존재한다. 생태계로 유전자 추진 시스템을 풀기에 앞서 고려해야 할 윤리적 문제는 무엇인가?
2. 야생 개체군으로 유전자 추진 시스템을 풀기 전에, 어떤 유전적 제어나 한계를 마련해야 하는가?
3. 호주의 생태계에 광범위한 손상을 일으키는 파나마왕두꺼비나 괌의 갈색뱀 같은 외래종을 제거하는 도구로 유전자 추진 시스템이 고려되어야 할까?

연관된 읽을거리를 위해서는 다음 자료를 참고하라: Oye, K., et al. (2015). Regulating gene drives. *Science* 345:626–628.

요약 정리

1. 재조합 DNA 기술은 질병을 치료하는 치료용 단백질처럼 중요한 생물약제 단백질들을 생산하는 데 사용될 수 있다.
2. 개량된 성장 특징이나 바람직한 표현형을 가진 유전자 이식동물들은 여러 가지 응용을 위해 유전적으로 조작되고 있다.
3. 대립유전자 특이적 올리고뉴클레오타이드(ASO) 검사, DNA 마이크로어레이, 전 유전체 서열화와 RNA 서열화를 포함한 다양한 분자적 기술 및 유전체 분석을 사용하여, 정상 표현형과 질병 표현형 모두와 관련된 유전자형을 찾아낼 수 있다.
4. 착상 전 유전자 진단과 모체의 혈액으로부터 태아의 유전체를 검사하기 위한 비침습적 방법들은 발생 중인 태아의 유전적 분석을 가능하게 한다.
5. 개인별 유전체에 대한 전유전체 서열화는 이제 병원으로 들어와 유전병들을 진단하고 치료하기 위한 중요한 방법이 되었다.
6. 유전체 수준의 연합 연구들은 질병과 관련된 유전적 변이들을 집단 내에서 찾을 수 있게 해준다.
7. 세균의 유전체 이식에 사용된 합성 유전체의 성공적인 창조에 힘입어 합성생물학과 그 잠재적 응용에 대한 관심이 촉발되었다.
8. 유전공학과 생명공학의 응용들은 과학적으로나 사회적으로 중요한 의미가 있는 넓은 범위의 윤리적, 법적, 그리고 사회적 난제들을 포함한다.

통찰과 해법

1. 페투코바 등(Petukhova et al.)의 연구(*Nature* 466:113-117, 2010)는, 원형 탈모증(alopecia areata, AA) 환자 1054명과 대조군 3278명을 분석하기 위한 GWAS를 포함하고 있다. 원형탈모증은 미국에서만 대략 530만 명에 영향을 미치는 모발 손실 질환 중 하나이다.

(a) 이 연구에서 얻어진 맨해튼 플롯은 다음과 같다:

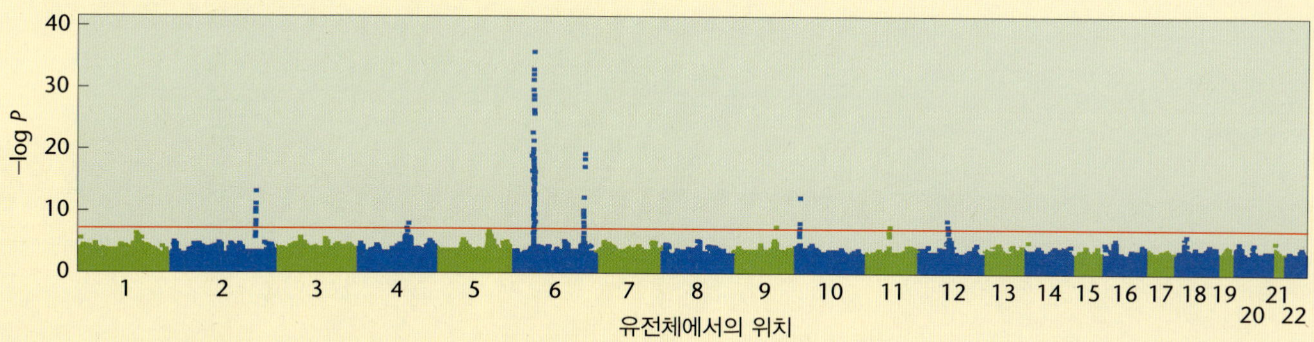

이 그래프에 대한 여러분의 해석에 기초하면, AA에 기여할 수도 있는 좌위는 어느 염색체와 관련되는가?

(b) AA와 강하게 연관된 139개의 SNP 중에서, 일부 유전자들은 조절 T 림프구들(T_{reg} 세포들)과 세포독성 T 림프구들의 활성화와 증식 조절에 관여하며, 다른 유전자들은 면역 세포들에 대한 항원 제시, 인터류킨 같은 면역 조절 분자들에 관여하며, 또 일부 유전자들은 모낭 자체에서 발현된다. 이런 후보 유전자들이 어떻게 과학자들이 AA가 병으로 진전되는지를 이해하는 데 도움이 될지 예측하라.

해법: (a) 연구자들은 유전체 수준의 중요도 값인 5×10^{-7} (붉은 선)을 넘어가는 SNP를 가진 8개의 유전체 영역들을 찾아냈다. 이런 영역들은 염색체 2, 4, 6, 9, 10, 11 와 12에 모여 있다.

(b) AA는 자가 면역 질환으로서, 면역계가 모낭을 공격함으로써 모발 손실이 일어나 점점 두피 전체로 퍼지고 전신으로 번지기도 한다. AA 모낭들은 T 세포들에 의해 공격을 받는다. T-세포 증식, 면역계의 조절, 그리고 모낭의 발달에 관여하는 후보 유전자들의 규명은 과학자들이 AA의 치료법을 개발하는 데 도움을 줄 수 있을 것이다.

(계속)

2. HIV-1(인간 면역 결핍 바이러스)에 의한 감염은 면역계를 약화시키고 AIDS(후천성 면역결핍증) 증상을 일으킨다. 특히, HIV는 면역 체계에서 세포 표면에 CD4라는 수용체를 가지고 있는 세포들을 감염하여 죽인다. gp120이라는 HIV 표면 단백질은 CD4 수용체에 결합하여 바이러스가 세포 내로 진입하도록 한다. CD4 단백질을 암호화하는 유전자는 이미 클론화되었다. 이 클론이 어떻게 HIV 감염과 싸울 수 있는 재조합 DNA 기술에 사용될 수 있겠는가?

해법: 연구자들은 *CD4* 유전자 클론들을 감염에 저항하는 약물과 독소의 표적화 전달을 위한 체계를 고안하는 데 이용될 수 있을 것으로 기대한다. 예를 들어, 감염이 바이러스의 gp120과 CD4 단백질 사이의 상호작용에 의존하므로, 클론화된 *CD4* 유전자를 수용성 형태의 단백질(sCD4)을 생산하도록 변형시킨다면, 이것은 수용성 때문에 신체에서 자유롭게 순환하게 될 것이다. 만약 바이러스의 gp120 단백질이 처음에 수용성 형태의 여유분 CD4 단백질을 만나 결합한다면 HIV에 대한 세포의 감염이 저해될 수 있을 것이다. 일단 여유분 분자에 결합하면, 바이러스는 면역계 세포들의 표면에 있는 CD4 단백질에 결합할 수 없을 것이다. 배양 세포 시스템에서의 연구들은 sCD4의 존재가 효과적으로 세포의 HIV 감염을 방해함을 시사한다. 그러나 HIV-양성인 사람들에서의 연구들은 다소 실망스러운데, 주로 실험실에서 사용된 HIV 계통이 감염자들에서 발견된 것과 다르기 때문이었다.

23

발생 유전학

네 개의 날개를 가진 이 특이한 초파리는 호메오틱 선별 유전자에서 생긴 돌연변이의 결과로 한 세트의 날개를 더 발달시켰다.

핵심 개념

- 발생은 세포가 차별적인 유전자 발현의 결과로, 점진적인 구조와 기능의 전문화를 거치는 과정이다.
- 동물들은 몇 가지의 신호전달 체계와 조절망을 이용하여, 접합자로부터 성체의 여러 가지 신체 구조를 형성한다. 이들은 인간 발생을 연구하는 데 동물 모델을 사용할 수 있게 하는 특성들을 공유한다.
- 분화는 순차적인 유전자 발현에 의해 조절되며, 이것은 세포의 발생 운명을 특수화하고 결정하는 사건들의 결과로 나타난다.
- 식물들은 동물들과 마찬가지로 독립적인 발생 조절 기작을 진화시켰다.
- 세포-세포 신호전달 작용은 근거리 및 원거리 세포들의 발생 운명들을 프로그램한다.
- 많은 생물에서, 이원적 전환 유전자들은 배아 세포의 발생 운명을 프로그래밍한다.

지난 20년 동안, 유전학적 분석과 분자생물학, 그리고 유전체학의 이용으로 인해 성체 생물들의 크기와 모양은 다양하지만, 모든 다세포 생물이 접합자에서 성체로 발달하는 과정에서는 많은 유전자, 유전적 경로, 그리고 분자 신호 기작을 공유한다는 사실을 알게 되었다. 발생에서는, 세 가지 중요한 세포 수준의 사건들이 특징적이다: **특수화(specification)**는 최초의 신호가 공간적 정체성을 부여할 때 확립된다. **결정(determination)**은 한 세포에 대해 특수한 발생적 운명이 고정될 때 발생하며, **분화(differentiation)**는 세포가 성체의 최종 형태와 기능을 획득하는 과정이다. 현재, 마이크로어레이, 고출력 대용량 서열화, 단백질체학, 그리고 시스템 생물학 등을 포함하여, 새로 개발된 방법들 덕분에, 우리는 이 유전자들의 활동과 상호작용, 그리고 환경적 요인들이 진핵세포 생물에서의 발생 과정을 어떻게 조절하는지 이해하기 시작했다.

이 장에서는, 어떻게 유전적 분석이 발생을 연구하는 데 이용되어 왔는지를 주로 강조하게 될 것이다. 발생 유전학이라고 불리는 이 분야는, 새로 형성되는 생물의 지속적 표현형 변화에 기여하는, 분자와 세포 수준에서의 발생학적 사건들을 이해할 수 있도록 기초를 제공한다.

23.1 유전자 발현의 협동적 프로그램으로 분화된 상태가 만들어진다

동물의 유전체들은 수만 개의 유전자를 갖고 있지만, 이 중 일부만 성체의 모양을 형성하는 사건들을 통제한다(그림 23.1).

발생 유전학자들은 발생과 관련된 중요 질문들에 답하기 위해 이런 유전자들의 돌연변이 대립유전자들을 연구한다:

그림 23.1 (a) 초파리(*Drosophila*)의 배아와 (b) 배아로부터 발생한 성체 초파리.

- 어떤 유전자들이 발현되는가?
- 그들은 언제 발현되는가?
- 발생 중인 배아의 어느 부분에서 그들이 발현되는가?
- 이런 유전자들의 발현은 어떻게 조절되는가?
- 이런 유전자들에 결함이 생기면 어떤 일이 발생하는가?

이런 질문들은 결정, 유도, 세포-세포 상호작용, 그리고 세포 분화 같은 발생학적 과정들의 분자적 기초를 탐구할 수 있는 기초를 마련해준다. 유도자의 유/무, 수용체들, 전사 사건들, 세포와 조직 상호작용, 그리고 발생에 따른 관찰 가능한 구조적 변화들 사이의 인과 관계를 확립하기 위해, 돌연변이 대립유전자들에 대한 유전적 분석이 사용된다.

발생(development; 발달)에 관한 유용한 정의 한 가지는, 생물체의 모든 세포(줄기세포는 제외)가 서로 **다른(분화된) 상태를 획득**하는 것이라고 할 수 있다. 예를 들어, 포배기 단계의 배아(배아가 똑같아 보이는 세포들로 된 공 형태일 때)에서 하나의 세포는 미분화 상태이지만, 성체에서 헤모글로빈을 합성하는 적혈구 세포는 분화되어 있다. 세포들은 어떻게 미분화 상태에서 분화된 상태로 바뀌는 것일까? 서로 다른 그룹의 유전자들이 점진적으로 활성화되는 과정은, 배아에서 서로 다른 세포가 생기도록 한다. 유전학적 관점에서, 다세포 생물들에서 발생 과정 중에 생기는 여러 형태의 세포들을 정의하는 한 가지 방법은, 그 세포 형태에서 활성적인 유전자들을 찾아 목록화하는 것일 수 있다. 다시 말해, 발생은 차등적 유전자 발현(differential gene expression) 패턴에 기초하고 있다.

서로 다른 시기에, 서로 다른 형태의 세포들에서 발생하는, 유전자의 활성화와 불활성화에 의해 발생이 이루어진다는 생각은 **가변적 유전자 활성 가설(variable gene activity hypothesis)**이라고 불린다. 이 가설에 숨어 있는 가정들은 첫째, 모든 세포가 유전체 전체를 포함하며, 둘째, 선별된 유전자들의 차별적 전사가 각 세포의 발생과 분화를 조절한다는 것이다.

발생의 유전적 조절과 후성유전적 조절

다른 생물에서와 마찬가지로, 포유동물에서는, 성체의 분화된 각 세포 유형이 신체를 구성하는 조직이나 기관계의 다른 세포 유형들과는 구분되는, 독특한 유전자 발현 양상을 띤다. 수정 시에, 하나의 난자와 하나의 정자와 융합하여 **전능성(totipotent)** 세포 하나가 형성되며, 이것을 **접합자**(*zygote*)라고 한다. 전능성 세포들은 성체를 구성하는 어떤 종류의 특수화된 세포로도 분화할 수 있는 능력이 있다. 물론, 태반을 포함한 배아 관련 세포들로도 분화될 수 있다. 여러 회차의 분열 후에, 배아는 포배(blastula)가 되고 전능성 세포들은 분화하기 시작한다. 30~40개의 배아 **줄기세포들(embryonic stem cells, ESCs)**로 구성된 덩어리가 형성된다. 이 세포들은 **다능성(pluripotent)**이며 성체에서 발견되는 200가지 이상의 다양한 세포를 만들 수 있다. (그러나 태반 세포나 기타 배아 특이적인 세포를 만들지는 못한다.) 줄기세포의 발생학적 운명은 다양한 단계들에 의해 결정되는데, 각 단계는 점차적으로 발생학적 가능성을 제한하게 된다. 이런 분화의 단계는, 변화하는 양상의 유전자 조절과 후성유전학적 사건들에 의해 조절되며, 후성유전적 사건들은 새로운 전사 프로파일이 세포 분화와 증식 과정 중에도 안정적으로 전달될 수 있도록 한다. 이런 과정에 기여하는 요인 중 몇 가지가 와딩턴(C. H. Waddington)의 후성유전적 경관(epigenetic landscape) 모형에 요약되어 있다(19장 참고).

특수화, 결정, 그리고 분화에 관여하는 단계에 관한 후성유전적 조절은, DNA의 메틸화, 히스톤 꼬리의 변형, 그리고 비암호성 RNA의 작용 등을 통한 염색질 구조 변화로 이루어진다. 이런 변형들은 염색체 위상 및 핵 내 조직화의 변화와 함께 새로

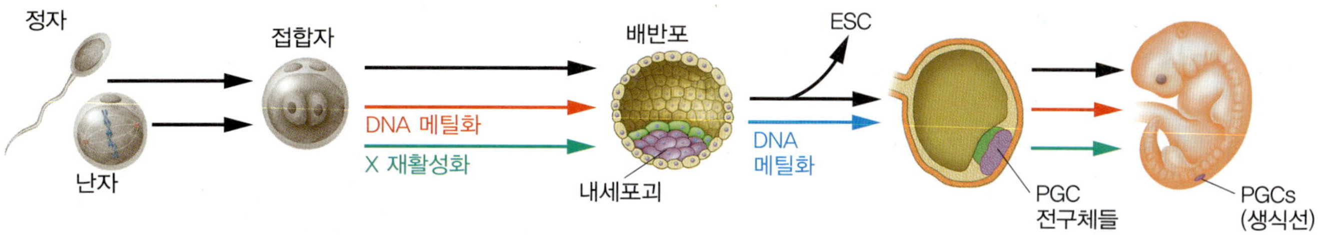

그림 23.2 유전체의 후성유전학적 변형은 발생 중 세포의 정체성 결정에 도움을 준다. 수정 후에는 전체적인 탈메틸화가 세포를 전능적 상태 혹은 다능적 상태로 바꿔준다. 내세포괴의 세포들에서 새로운 회차의 DNA 메틸화에 의해 두 그룹의 다능성 세포들이 생긴다; 배아 줄기세포(ESC)와 배아 생식세포(EGC)들이다. ESC는 신체의 200가지 세포들을 형성할 것이며, EGC들은 원시생식세포(primordial germ cell, PGC)를 만들 것이다. 이 생식계열 세포들은 생식샘으로 이동하여 정자와 난자의 전구 세포들이 된다.

운 유전성 유전자 발현 양상을 만든다.

후성유전적 과정은 배아발생 초기에 전체적인 DNA 탈메틸화 함께 시작된다. 이 과정은 부모의 후성유전적 표식들을 지워(그림 23.2) 다능성을 확립할 수 있도록 해준다. 배아가 포배기에 이르면, 점차 메틸화가 다시 시작되고(그림 23.2), 이것은 배아 줄기세포와 **배아 생식세포(embryonic germ cells, EGCs)**의 특수화와 결정이 이루어지는 초기 단계와 연관된다. 다능성 ESC들은 계속해서 신체의 모든 조직 유형을 형성할 것이며, EGC들은 후에 배우자로 발달할 원시 생식세포를 형성할 것이다. 발생이 진행됨에 따라, 반복되는 DNA 메틸화는 염색질 재구성 단백질들을 불러 모아 선택적으로 전사를 활성화하거나 억제하는 사건을 동반한다. 인핸서와 프로모터를 포함한 조절성 유전체 영역들은 DNA 메틸화와 히스톤 변형으로 전사를 활성화하거나 억제하는 주요 자리들이다. 태아 기관들(심장, 간, 그리고 뇌)의 형성 직후, 히스톤 변형에 대한 한 연구에서는 40,000개 이상의 인핸서에서의 변형을 조사하여 조직-특이적이고 발생 단계-특이적인 변화를 찾아냈는데, 그중 일부는 후속 발달 사건을 위해 세포를 준비시키기 위한 것이었다.

요약하자면, 후성유전적 프로그래밍과 재프로그래밍은 발생 중에 세포의 정체성을 확립하고 유지하기 위해 중요하다. 후성유전적 표식을 지우고 재프로그래밍하는 것은 포유동물 세포 주기의 정상적인 일부분이며, 이런 후성유전적 기작에 대한 지식은 임상에서 세포 대체 치료에 사용할 수 있는 다능성 세포를 만들기 위해 체외에서 체세포를 재프로그래밍하는 방법을 개발하는 데 중요할 것이다.

23.2 모델 생물들을 이용하여 발생 기작의 진화적 보존이 연구될 수 있다

여러 생물의 발생에 대한 유전적 분석은, 모든 동물 신체의 크기와 모양이 공통적인 유전자 세트와 공통적인 발생 기작들에 의해 조절됨을 보여준다. 예를 들어, 얼룩말과 얼룩물고기에서의 차이처럼, 다양한 생물들 사이에 존재하는 대부분의 해부학적 차이는, 호메오틱 유전자(homeotic gene; 줄여서 *Hox*)라는 단 하나의 유전자 세트가 서로 다르게 발현되기 때문에 생기는 것이지, 그 종에 특이한 많은 유전자들이 발현되기 때문은 아니다. 유전체 서열화 사업들은 여러 생물의 호메오틱 유전자들이 공통의 기원이 있음을 확인시켜 주었다; 이런 상동성은 정상적인 인간 배아의 발생과, 관련 유전병들의 여러 측면이 초파리(*Drosophila*) 같은 모델 생물들에서 연구될 수 있음을 뜻한다. 초파리에서는, 돌연변이 유발, 유전적 교배, 그리고 수백 마리의 자손들을 포함한 대규모의 연구 등, 유전적 분석이 수행될 수 있다(유전학에서의 모델 생물에 대해서는 1장의 논의를 보라).

이보-디보(evo-devo)라 불리는, 여러 생물에서의 발생 과정을 비교하는 연구들(진화 발생 생물학이라고 불리는 분야)은, 비록 많은 발생 기작이 모든 동물에 공통적이기는 해도, 진화적 시간을 거치면서 접합자가 성체로 바뀌는 몇 가지 새롭고 독특한 변형 방법이 생겨났음을 보여준다. 이러한 진화적 변화들은 돌연변이, 유전자 중복과 진화적 분기, 옛 유전자에 새로운 기능 부여하기, 새로운 발생 경로를 위한 유전자들의 차출, 그리고 인핸서 등 시스-조절 서열들의 변화(17장 참고)를 포함하여, 발생 중에 조절 유전자들이 발현되는 장소와 시간에 영향을 미치는 여러 유전적 기작들에 의해 이루어질 수 있다. 그러나 이 장에서는 유전자들과 발생 기작들이 종들 사이에서 비슷하다는 점을 강조하게 될 것이다.

발생 기작의 분석

이 하나의 장에서 발생의 모든 면을 살펴보고, 정자와 난자의 융합으로 개시되는 모든 발생 기작에 대한 유전적 분석을 알아본다는 것은 불가능하다. 그 대신에, 발생에서의 몇 가지 일반적 과정들에 대해 초점을 맞출 것이다:

- 동물에서 성체의 체 구성 계획(body plan)은 배아에 어떻게

내재되어 있는가?

- 비분화된 세포들을 분화된 세포들로 바꾸는 유전자 발현의 프로그램
- 발생에서의 세포-세포 간 정보 교환(cell-ell communication)의 역할

이런 발생 과정들과 관련 주제들을 살펴보기 위해, 우리는 세 가지 모델 시스템—과일 파리인 초파리(*Drosophila melanogaster*), 꽃식물인 애기장대(*Arabidopsis thaliana*), 그리고 선형동물인 예쁜꼬마선충(*Caenorhabditis elegans*)—을 사용할 것이다. 초파리와 애기장대에서는 차별적 유전자 발현 패턴이 어떻게 성체의 신체 구성 계획이 완성되도록 하는 발생 선택의 점진적 제한을 이끌게 되는지 살펴볼 것이다. 이후에는 이런 생물들에 대한 우리의 이해가 인간의 발생 이해에 어떻게 이바지하는지에 대한 토의로 확장해 볼 것이다. 마지막으로, 예쁜꼬마선충에서 성체 구조의 발달에 세포-세포 사이의 정보 교환이 어떤 역할을 하는지 고려해 보도록 한다.

23.3 초파리의 배 발생에 대한 유전적 분석으로 어떻게 동물의 체축이 특수화되는지 밝혀졌다

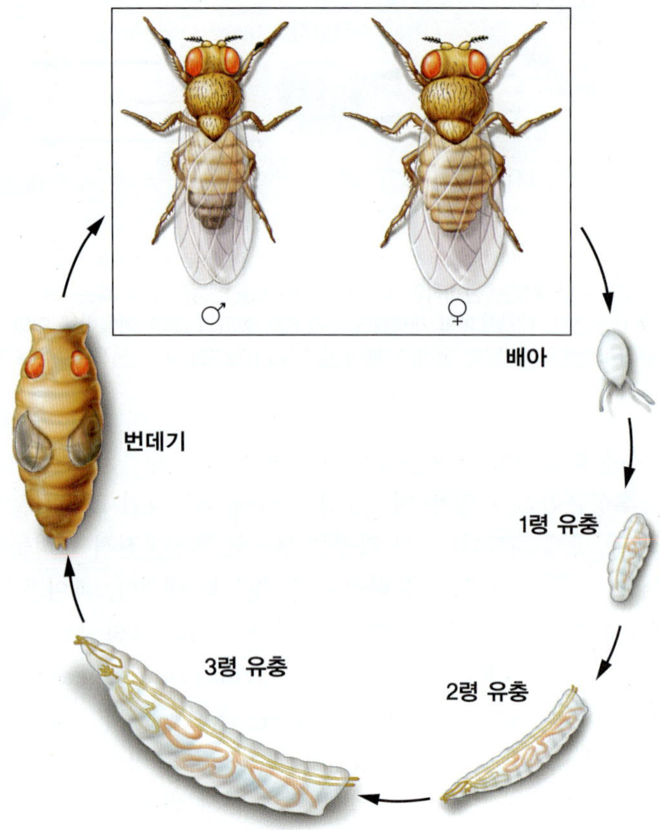

그림 23.3 초파리(*Drosophila*)의 생활사.

어떻게 배아의 특정 위치에 있는 세포는, 발생 중의 주어진 시기에 특정 유전자들을 켜거나 끌까? 이것은 발생 생물학의 핵심 질문이다. 이 질문에 답하기 위해 우리는 초파리 배아에서의 유전자 발현 순서를 자세히 살펴볼 것이다. 비록 초파리에서의 발생이 인간과 그리 많은 공통점을 가지고 있지는 않지만, 이 과정들을 진행시키는 유전자들을 이 두 종이 공유하고 있다는 사실을 기억하자.

초파리(*Drosophila*) 발생의 개요

초파리의 생활사는 약 10일 정도의 길이로, 몇 가지 뚜렷한 시기를 갖는다: 배아(embryo), 3단계의 유충(larva)으로 지내는 시기, 번데기(pupa) 시기와 성체(adult) 시기이다(그림 23.3). 내부적으로, 미수정란의 세포질은 모계에서 형성된 분자들이 일련의 농도 구배를 형성하고 있으며, 이런 분자들은 배아의 특정 영역에 위치하는 핵들의 발생 운명 결정에 중요한 역할을 담당한다.

수정이 일어난 직후, 접합자의 핵은 세포질 분열 없이 여러 번 분열한다[그림 23.4(a)와 (b)]. 이렇게 해서 생긴 세포는 다수의 핵을 포함하게 되는데, 이것을 다핵성 배반엽(syncytium; 합포체)이라고 한다. 약 10번째 분열이 일어날 때쯤, 핵들은 알의 가장자리로 이동하여, 모계에서 유도된 mRNA 전사체들과 단백질들이 지역적으로 구배를 나타내는 세포질로 들어가게 된다[그림 23.4(c)]. 몇 번의 분열을 더 거친 후에 핵은 세포막으로 둘러싸이게 되어 배아의 가장자리에 하나의 세포층을 형성한다[그림 23.4(d)]. 이 세포들의 핵과 세포질 성분들 사이의 상호작용은 배아의 유전자 발현을 시작하고 그 패턴을 지시하게 된다.

성체에서 감수분열을 일으켜 배우자를 형성하도록 운명이 결정되는 생식세포들은, 배아의 뒤쪽 극에 형성된다[그림 23.4(c)와 (d)]. 배아의 다른 영역에 있는 핵들은 정상적으로는 체세포들을 형성한다. 만약 배의 이 지역에서 핵을 뽑아 뒤쪽 세포질(극 세포질)로 이식하면, 그 핵은 체세포가 아니라 생식세포를 만든다. 따라서 뒤쪽의 극에 있는 세포질은 핵들이 생식세포들을 형성하도록 지시하는 모계 구성요소들을 포함하고 있음을 확인시켜 준다.

세포질 성분에 의해 활성화된 체세포(비-생식세포) 핵들에서의 전사 프로그램들은, 배아의 앞-뒤 축(anterior-posterior axis)과 등-배(dorsal-ventral axis) 축에 따른 대칭을 만들어 체절화된 배아가 생기도록 한다[그림 23.4(e)]. *Hox* 유전자 세트의 조절(이후의 23.5절에서 논의함) 하에서, 이 체절들은 성체 초파리의 분화된 구조들로 발생한다[그림 23.4(f)].

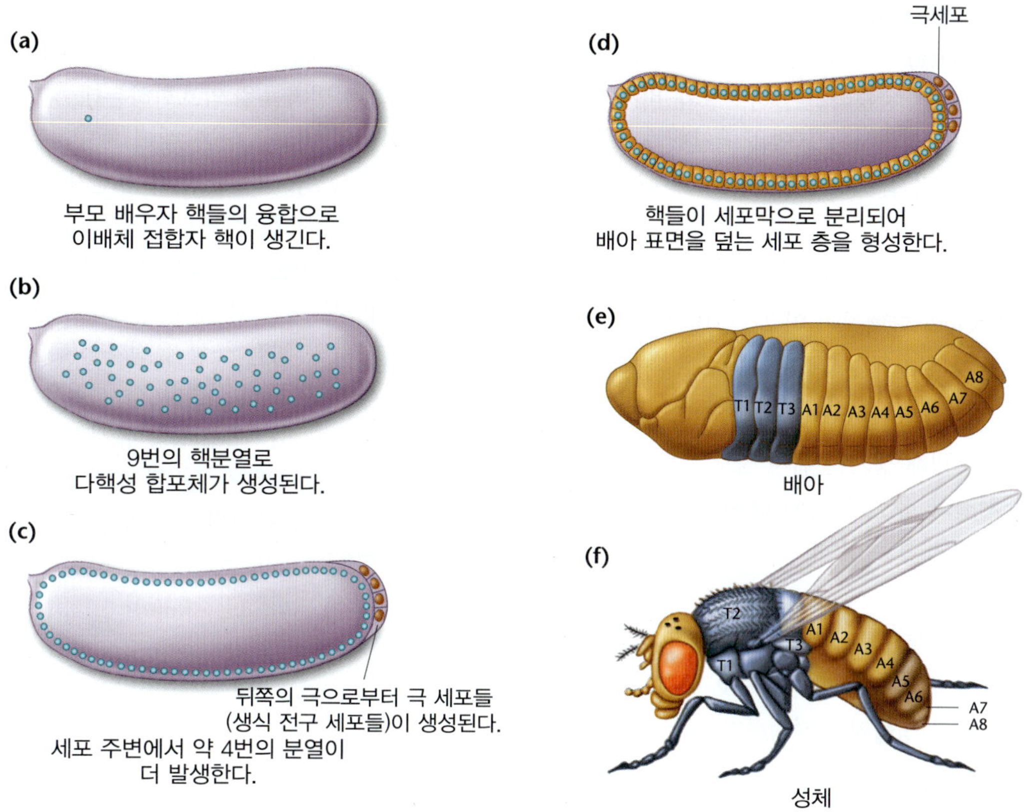

그림 23.4 초파리의 배아 발생 과정의 초기 단계들. (a) 접합자의 핵(2*n*)을 가진 수정란. 수정된 직후. (b)대략 매 10분마다 핵분열이 발생한다. 9번의 분열로 다핵 세포인 다핵성 배반엽(syncytial blastoderm)이 생긴다. (c) 약 10번의 분열쯤, 핵들은 알 표면 피질 쪽으로 이동하고 네 번의 추가적 핵분열이 더 발생한다. 수정되고 2.5시간쯤 후, 뒤쪽 극에 작은 세포 덩어리들인 극 세포들(pole cells)이 형성된다. 이 세포들은 성체에서 생식세포들을 형성할 것이다. (d) 수정되고 3시간 후에는 핵들이 세포막으로 둘러싸여 배의 표면을 감싸는 한 층의 세포를 형성함으로써 세포성 배반엽(cellular blastoderm)을 만든다. (e) 수정되고 10시간 후의 배아. 이 시기에는 신체의 체절화 양상이 확립된다. 머리를 형성할 체절 뒤의 T1~T3들은 가슴 체절들이고, A1~A8들은 복부 체절들이다. (f) 배아의 각 체절로부터 형성된 구조들을 보여주는 성체 초파리.

배아 발생에 대한 유전학적 분석

두 가지 종류의 유전자 세트가 초파리의 배아 발생을 조절한다: **모계 영향 유전자들(maternal-effect genes)**과 **접합자 유전자들(zygotic genes)**이다. 모계 영향 유전자들의 산물(mRNA나 단백질)들은 어미 초파리에 의해 발생 중인 알에 축적된다. 이 산물들 다수가 알의 세포질 내 특정 영역에 집중적으로 분포하므로 농도 구배를 형성하는 방식으로 존재하게 된다. 모계 영향 유전자에 해로운 돌연변이를 동형접합성으로 가지는 암컷 파리는 불임이다. 그들의 배아가 야생형 유전자 산물을 어미로부터 받지 못하고, 따라서 모든 배아가 비정상적으로 발달하게 되어 죽게 된다. 이 모계 영향 유전자들은 전사 인자, 수용체, 그리고 유전자 발현을 조절하는 단백질 등을 암호화한다. 배아 발생 과정 중에 이 유전자 산물들은 배아에서의 유전자 발현을 시공간적으로 촉진하거나 억제한다.

접합자 유전자들(zygotic genes)은 수정 후에 새로 형성된 배아의 핵으로부터 전사되는 것들이다. 배아 유전체의 이런 산물들은 모계-영향 단백질들의 분포에 대한 반응으로 배아의 특정 지역에서 차별적으로 전사된다. 이런 유전자들의 열성 돌연변이들은 동형접합자들에서 배아 치사를 일으킬 수 있다. 열성 접합자 돌연변이에 이형접합성인 파리들 사이의 교배에서는, 배아의 1/4(열성 동형접합성)이 정상적으로 발달하지 못하고 죽는다.

초파리 발생을 조절하는 유전자들에 대한 지식 중 많은 부분이 1995년 노벨 생리 의학상을 받았던 루이스(Ed Lewis), 뉘슬라인-볼하르트(Christiane Nüsslein-Volhard), 그리고 비샤우스(Eric Wieschaus)의 연구에 기초하고 있다. 루이스가 처음으로 이 조절성 선별 유전자 중 하나를 찾아 연구했다. 후에 뉘슬라인-볼하르트와 비샤우스가 초파리 유생의 체절화 패턴을 조절하는 모든 유전자를 찾아내는 방법을 고안했다. 그들의 전략은 돌연변이 파리들의 자손 수천 마리를 조사하여 외부 구조들을 변화시키는 열성 배아 치사 돌연변이들을 찾는 것이었다. 체절화 유전자들(segmentation genes)이라고 불리는 이 돌연변이들은 세 집단으로 나뉘었다: **간극(gap)**, **쌍-지배(pair-rule)**, 그리고 **체절 극성(segment polarity)** 유전자들이다.

그들의 관찰에 기초하여, 뉘슬라인-볼하르트와 비샤우스는 초파리의 신체 계획 형성을 설명하는 모델을 제시했다. 이 모델에서는, 신체의 계획이 3가지 집단의 유전자들이 체계적으로 작용하여 완성된다:

1. 난자 형성 과정 중에, 어미 유전체의 전사(모계 영향 유전자들)에 의해 mRNA와 단백질이 미수정란에 저장된다. 이 산물 중 많은 것들이 위치에 따라 다른 농도로 저장된다(그림 23.5).
2. 모계 유전자 산물에 의해 생기는 위치 정보는 배아 세포 내에서 접합자의 **체절화 유전자들(segmentation gene**; 간극, 쌍-지배, 그리고 체절 극성 유전자들)의 순차적인 전사에 의해 해석된다.
3. **호메오틱 선별 유전자들(homeotic selector genes)**은 각 체절 내 세포들의 발생 운명을 특수화하고 어떤 성체 구조가 해당 체절에 의해 형성될지를 결정한다.

그런 모형이 그림 23.6에 제시되어 있다. 난자형성과정 중에 알에 축적되는 모계 영향 유전자 산물은 대부분 수정 직후에 활성화되어 배아의 앞-뒤의 축이 결정되도록 돕는다[그림 23.6(a)]. 이런 모계 유전자들은 접합자의 간극 유전자들(gap genes)을 활성화하는 전사인자들을 암호화하는데, 간극 유전자들의 발현은 배아를 성체의 머리, 가슴, 배에 해당하는 일련의 구역들로 나눈다[그림 23.6(b)]. 그러면 간극 유전자들에 의해 암호화되는 전사 인자들은 다시 접합자의 쌍-지배 유전자들(pair-rule genes)을 활성화하고, 이들의 산물은 배아를 조금 더 작은 구역들인 약 두 체절 넓이로 나눈다[그림 23.6(c)]. 다시 쌍-지배 유전자들의 발현이 접합자의 체절 극성 유전자들(segment polarity genes)을 활성화하면, 이들의 산물은 각 체절을 앞쪽과 뒤쪽 영역으로 나눈다[그림 23.6(d)]. 모계-영향 유전자들과 접합자의 체절화 유전자들의 종합적 작용은, 앞-뒤 축과 각 체절의 수, 크기, 극성을 결정한다. 다음 단계의 분화에서는 이 체절들이 호메오틱 선별 유전자들(homeotic selector genes), 즉 혹스(*Hox*) 유전자들의 활동 영역이 된다[그림 23.6(e)].

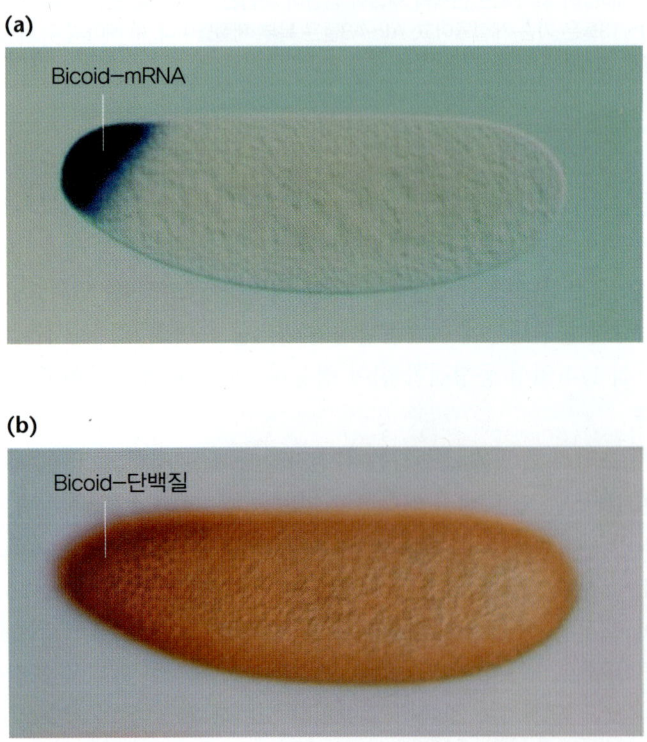

그림 23.5 (a) 모계 *bicoid* 유전자의 mRNA 전사체들이 초파리 알의 앞쪽 끝에 저장된다. (b) bicoid mRNA의 번역으로 배아의 앞쪽 끝에서부터 이 단백질의 농도 경사가 생성된다.

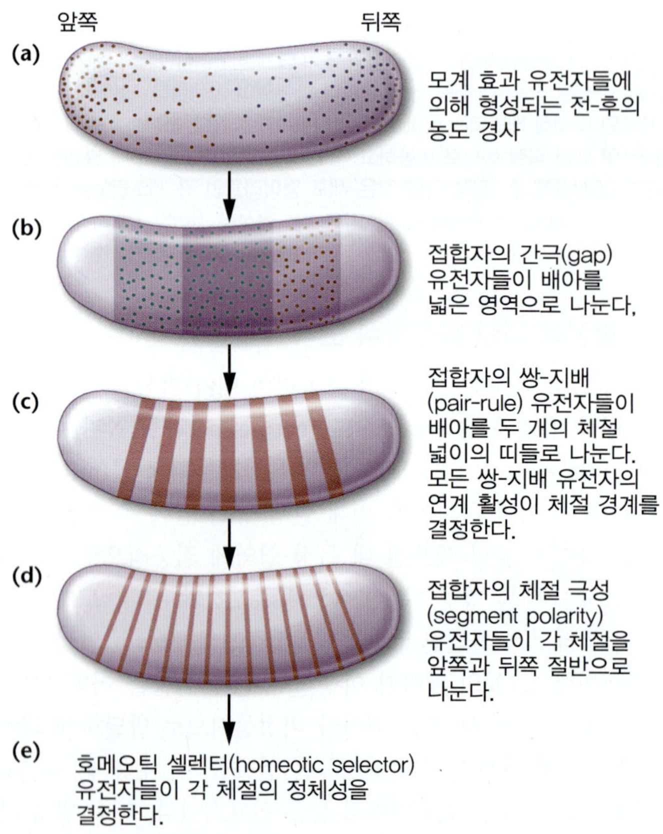

그림 23.6 초파리의 발생 과정에서 일어나는 세포 운명의 점진적 제한. (a) 배아의 앞–뒤 축을 따라 모계 단백질의 농도 차이가 확립된다. (b~d) 3그룹의 체절화 유전자들이 점차 몸의 체절을 결정하게 된다. (e) 호메오틱 유전자들에 의해 각 체절에 정체성이 주어진다.

풀 어 보 기

23.1 초파리에서 배아의 외부 구조에 나타나는 모계 영향 돌연변이 검색을 시작하여, 이런 구조들에 영향을 미치는 100가지 이상의 돌연변이들을 찾았다고 가정해 보자. 다른 연구자들이 그 검색으로부터, 40개 정도만이 모계-효과 유전자들이라고 결론을 내렸다. 서로 다른 이 결과들은 어떻게 조화를 이룰 수 있겠는가?

■ **힌트:** 이 문제는 성체 초파리가 돌연변이원에 노출되었을 때 어떻게 돌연변이체가 규명될 수 있는지를 이해하는 것과 관련된 것이다. 해답의 열쇠는 유전자들과 대립유전자들 사이의 차이를 이해하는 데 있다(3장 참고).

23.4 초파리와 포유동물의 체절 형성과 신체 계획

요약하자면, 접합자 유전체의 특정 유전자들은 모계 유전자 산물들의 위치별 농도 변화에 따라 활성화되거나 억제된다. 세 가지 세트의 체절화 유전자들이 발현됨으로써, 배아는 앞-뒤 축을 따라 일련의 체절들로 나뉜다. 이런 체절화 유전자들은 발생 중인 배아에서 정상적으로 전사되며 이런 유전자들에서의 돌연변이는 배아-치사성 표현형을 나타낸다.

20개 이상의 체절화 유전자들이 밝혀져 있으며(**표 23.1**), 돌연변이 표현형에 따라 분류되었다: (1) 간극 유전자의 돌연변이들은 인접 체절들을 없애서 배아의 정상적 신체 구성 계획에 틈(gap)을 만들게 하고, (2) 쌍-지배 유전자의 돌연변이들은 체절을 하나씩 건너뛰어 영향을 미쳐 영향받은 체절의 특정 부분이 사라지게 하며, (3) 체절 극성 유전자의 돌연변이들은 각 체절의 부분들에 결함을 유발한다.

발생 중인 배아의 앞-뒤 축을 결정하는 이런 세 세트의 유전자들 외에도, 또 다른 세트의 유전자들이 배아의 등-배 축을 결정한다. 우리 논의는 앞-뒤 축에 관여하는 유전자들에 한정될 것이다. 지금은 각 그룹의 구성원들에 대해, 더 자세히 살펴보도록 하자.

표 23.1 초파리의 체절화 유전자들

간극 유전자	쌍-지배 유전자	체절 극성 유전자
Krüppel	*hairy*	*engrailed*
knirps	*even-skipped*	*wingless*
hunchback	*runt*	*cubitis*
giant	*fushi-tarazu*	*hedgehog*
tailless	*paired*	*fused*
buckebein	*odd-paired*	*armadillo*
caudal	*odd-skipped*	*patched*
	sloppy-paired	*gooseberry*
		paired
		naked
		disheveled

간극 유전자들

배아에서 **간극 유전자(gap gene)**들의 전사는, 알에 농도 구배를 따라 분포하는 모계 유전자 산물들에 의해 조절된다. 간극 유전자들은 또한 신체 구성 계획의 초기 단계를 지정하기 위해 서로서로 상호 조절을 받는다. 이런 유전자들의 돌연변이 대립유전자들은 배아의 체절화 패턴에 큰 틈들을 만들게 된다. *Hunchback* 돌연변이들은 머리와 가슴의 구조를 잃어버리고, *Krüppel* 돌연변이는 가슴과 복부의 구조들을 잃으며, *knirps* 돌연변이들은 대부분의 복부 구조들을 형성하지 못한다. 야생형 간극 유전자들(전사 인자들을 암호화함)의 전사는 배를 일련의 넓은 구역들, 즉 머리, 가슴, 배가 될 부분으로 나눈다. 이러한 구역들 내에서 유전자 활성의 서로 다른 조합들이 결국 체절의 형태 및 유충, 번데기, 그리고 성체의 체절들이 올바른 순서대로 형성되도록 한다. 배아에서 서로 다른 부분의 간극 유전자 발현 영역들이 그 돌연변이 표현형들인 *hunchback*(앞쪽), *Krüppel*(중간), 그리고 *knirps*(뒤쪽)의 위치들과 대강 일치한다(그림 23.7). 앞서 언급했듯이, 간극 유전자들은 쌍-지배(pair-rule) 유전자들의 발현을 조절하는 인핸서 영역에 결합할 수 있는 전사 인자들을 암호화한다.

쌍-지배 유전자들

쌍-지배 유전자들(pair-rule genes)은 배아 주변으로 퍼져 나가는 일곱 개의 좁은 밴드 혹은 띠 모양(핵들로 구성)으로 발현된

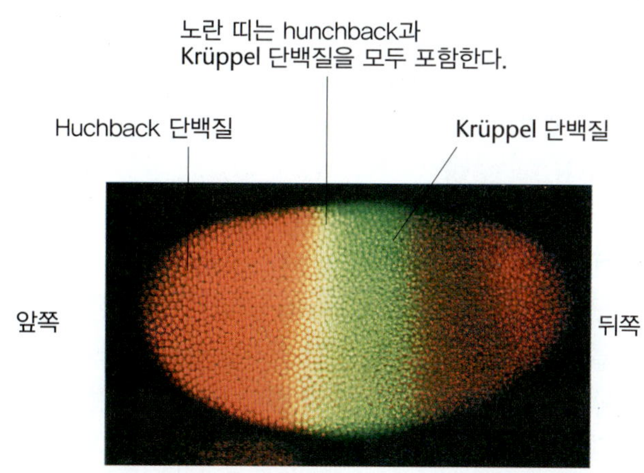

그림 23.7 초파리의 배아에서 나타나는 gap 유전자 발현의 시각화. hunchback 단백질은 오렌지색으로, Krüppel 단백질은 녹색으로 나타나 있다. 세포가 hunchback과 Krüppel 단백질들을 모두 가질 때 노란색의 띠가 형성된다. 배아의 각 점은 하나의 핵이다.

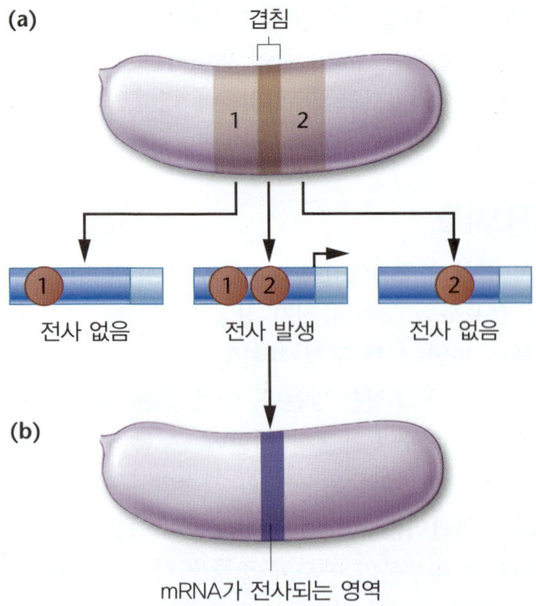

그림 23.8 서로 다른 두 유전자 산물을 포함하는 겹침 영역에 의해 새로운 형태의 유전자 발현 패턴이 생길 수 있다. (a) 전사 인자 1과 2는 발현이 겹친 부분에 존재한다. 만약 발현을 유발하기 위해 두 전사 인자 모두가 표적 유전자의 발현을 시작하게 하는 프로모터 부위에 결합해야만 한다면, 이 유전자는 두 인자를 포함한 세포에서만(겹치는 부분) 활성화될 것이다. (b) 배아의 제한된 영역에서만 나타나는 표적 유전자의 발현.

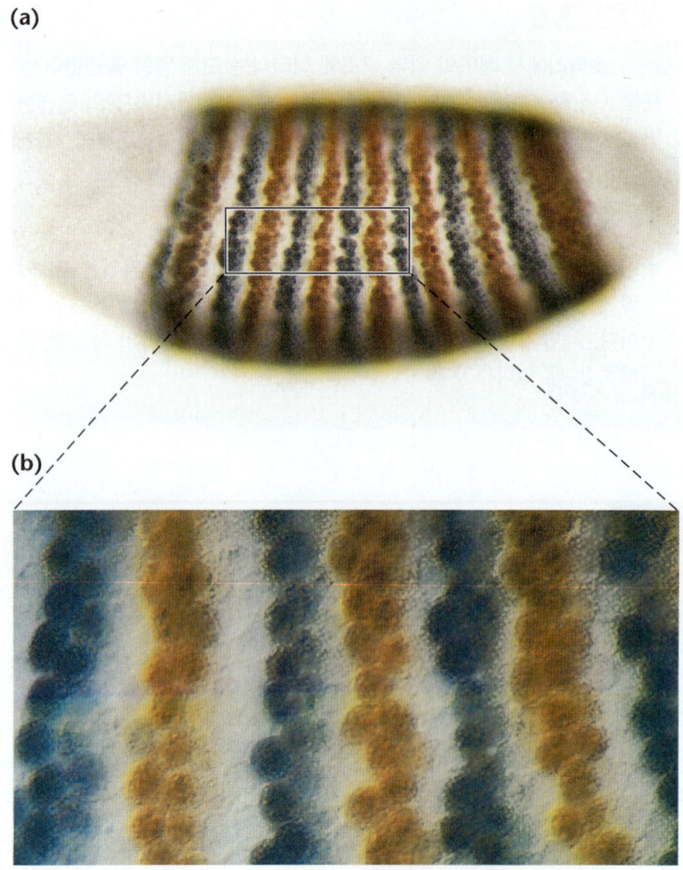

그림 23.9 초파리 배아에서의 pair-rule 유전자 발현의 줄무늬 패턴. 이 배아는 *even-skipped*와 *fushi-tarazu* 유전자의 발현 패턴을 보여줄 수 있도록 염색되었다; 동일한 배아를 (a) 저배율로 관찰한 것, (b) 고배율로 관찰한 것.

다. 이 유전자 세트의 발현은 두 가지 사건을 만든다; 첫째는 각 체절의 경계를 확립시키는 것이고, 그다음, 체절 극성 유전자들의 발현을 조절함으로써 각 체절 내 세포들의 발생 운명을 프로그램하는 것이다. 쌍-지배 유전자의 돌연변이들은 하나 걸러 하나씩 배아의 체절 크기 부분이 없어지게 만든다. 적어도 8개의 쌍-지배 유전자들이 배아를 일련의 띠로 나뉘도록 작용한다. 쌍-지배 유전자들의 전사는 모계 유전자 산물과 간극 유전자 산물들의 작용에 의해 매개된다. 처음에는, 이 띠들의 경계가 겹쳐지므로 각 영역이 중첩되어, 세포들은 쌍-지배 유전자들을 서로 다른 조합으로 발현한다(그림 23.8). 체절 패턴 내의 경계선들은 인접한 체절의 서로 다른 전사 인자들의 조합된 활성에 의해 선명해진다(그림 23.9).

체절 극성 유전자들

체절 극성 유전자(segment polarity gene)들의 발현은 쌍-지배 유전자들에 의해 암호화되는 전사 인자들에 의해 조절된다. 쌍-지배 유전자들에 의해 만들어진 각 체절 내에서, 체절 극성 유전자들이 한 줄의 세포들로 활성화되어 배아의 주변으로 확장된다(그림 23.10). 체절 극성 유전자의 산물들은 그 띠들 내부에서 세포의 정체성을 조절하며, 각 체절에서 앞쪽과 뒤쪽 패턴(극성)을 확립시킨다.

생쥐와 인간에서의 체절화 유전자들

지금까지 초파리에서의 체절 형성이 세 가지 체절화 유전자 세트들의 활성에 의존하고 있음을 살펴보았다. 이 유전자들이 인간 및 다른 포유들에서도 발견될까? 그리고 이런 생물에서도 배아 발생을 이런 식으로 조절할까? 이런 질문에 답하기 위해, 초파리의 쌍-지배 유전자 중 하나인 *runt*에 대해 살펴보기로 하자.

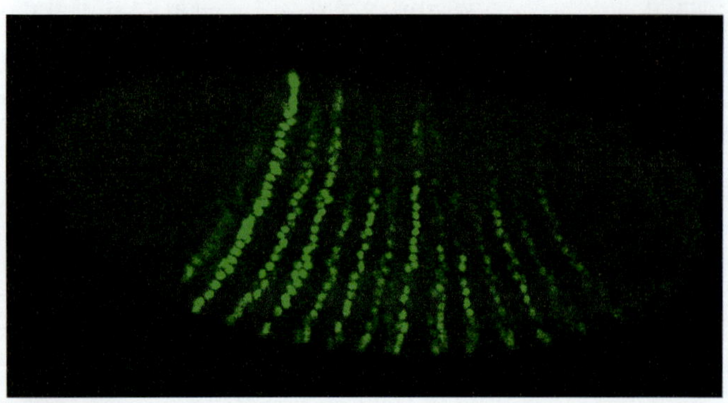

그림 23.10 초파리의 배아에서 체절 극성(segment polarity) 유전자인 *engrailed*의 발현으로 나타나는 14개의 줄무늬.

이것은 발생 후반에 성 결정과 신경계 형성을 조절한다. 이 유전자는 그 표적 유전자의 전사를 조절하는 단백질을 암호화한다. 룬트(runt) 단백질은 128개의 아미노산으로 이루어진 DNA 결합 영역(룬트 도메인이라고 불림)을 포함하는데, 이것은 초파리, 생쥐, 그리고 인간의 단백질에서 매우 보존적으로 나타난다. 사실, 시험관 내 실험들은 초파리와 생쥐의 룬트 단백질들이 기능적으로 서로 교환될 수 있음을 보여준다. 생쥐에서, *runt*는 발생 초기에 발현되며, 혈구 세포, 뼈, 그리고 생식기의 형성을 조절한다. 비록 *runt*에 의해 조절되는 표적 유전자 세트들이 초파리에서와 생쥐에서 다르지만, 두 생물 모두에서 *runt*의 발현은 표적 유전자들의 전사를 조절함으로써 배아의 비결정 세포들의 운명을 지정한다.

인간에서, *runt*의 상동유전자인 *RUNX2*에서의 돌연변이는 쇄골두개 이형성증(cleidocranial dysplasia, CCD)이라는 상염색체성 우성 유전 형질을 유발한다. CCD인 사람들은 두개골의 천문(fontanel)이 닫히지 않아서 두개골 상단에 구멍이 생긴다. 그들의 쇄골은 발달이 안돼 가슴을 가로질러 어깨를 접을 수 있다(그림 23.11). *runt* 상동유전자의 한 사본에 돌연변이를 가진 생쥐는 인간에서와 비슷한 표현형을 갖는다; 두 개의 돌연변이 사본을 가진 생쥐는 뼈가 아예 없다. 그들의 골격들은 상어처럼 연골로만 이루어진다(그림 23.12). 이러한 사실은 생쥐와 인간 모두에서 뼈 형성 개시를 조절하는 중요 유전자로서의 *runt*의 역할을 강조한다.

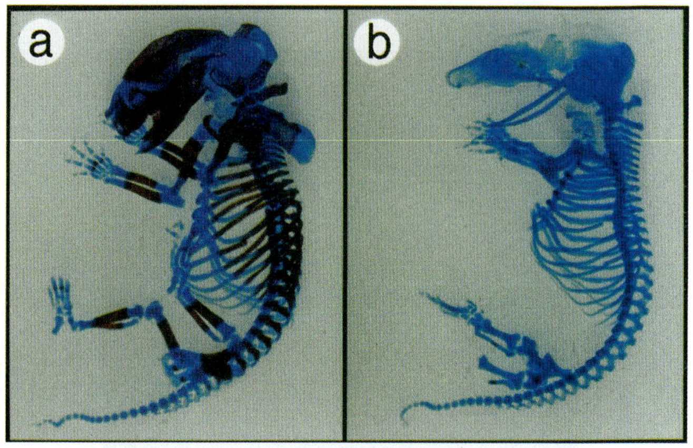

그림 23.12 룬트(*runt*) 유전자인 *Cbfa1*의 정상 및 돌연변이형 생쥐의 골격계. (a) 17.5일 된 정상 생쥐 배아의 연골(푸른색)과 뼈(갈색). (b) 17.5일 된 동형접합성 돌연변이 배아의 골격. 골격에는 연골만 형성되었다. 돌연변이 생쥐에서는 경골 형성이 전혀 관찰되지 않는다. 뼈를 만드는 조골세포의 발생학적 운명을 지정하기 위해서는 정상 *Cbfa1* 대립유전자의 발현이 필수적이다.

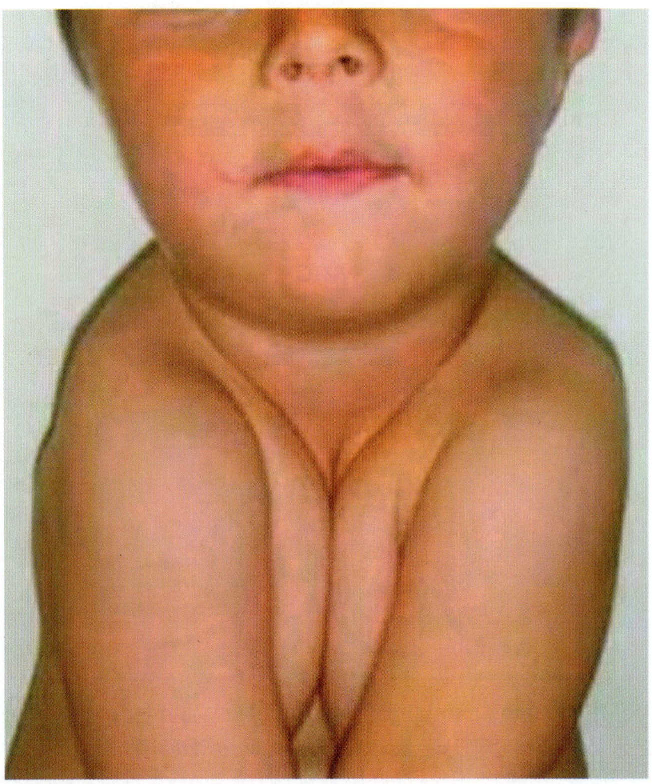

그림 23.11 쇄골두개 이형성증(cleidocranial dysplasia, CCD)의 영향을 받은 소년. 상염색체 우성 형질로 유전되는 이 질병은 인간의 *runt* 유전자인 *RUNX2*에 생긴 돌연변이에 의해 발생한다. 영향을 받는 이형접합자들은 다수의 골격 결함을 가지며, 유아기에 천문이 닫히지 않아 두개골의 구멍이 있고, 쇄골이 발달하지 않거나 작은 토막 정도로만 생긴다. 쇄골이 생기지 않으므로, CCD인 사람들은 어깨를 가슴 쪽으로 접을 수 있다.

초파리, 생쥐, 그리고 사람에서 *runt* 영역의 서열 유사성과, 생쥐의 *runt* 유전자가 초파리의 발생을 대체할 수 있다는 것은, 수백만 년 전에 공통 조상에서 분리된 생물들이 모두 동일 체절화 유전자들을 가진 것임을 시사한다.

23.5 호메오틱 선별 유전자들은 성체의 신체 부분을 지정한다

체절화 유전자들의 발현으로 체절 경계들이 확립됨에 따라, 호메오틱(그리스어의 "같다"에서 옴) 유전자들이 활성화된다. 호메오틱 선별 유전자들(homeotic selector genes)의 발현은 각 체절에 의해 어떠한 성체의 구조물이 형성될지를 결정한다. 초파리에서는 촉각(antennae), 구기(mouth part), 다리(legs), 날개(wings), 흉갑(thorax), 그리고 복부(abdomen) 등을 포함한 구조들이 결정된다. 이 유전자들의 돌연변이들은 **호메오틱 돌연변이(homeotic mutant)**라고 불리는데, 한 체절의 정체성이 변형되어 이웃한 체절의 구조와 같은 구조를 만들기 때문이다. 예를 들어, 호메오틱 선별 유전자인 촉수다리(*antennapedia*, *Antp*) 유전자의 야생형 대립유전자는 두 번째 가슴부 체절에 다리가 형성되도록 한다. 우성 기능 획득성 *Antp* 돌연변이(dominant gain of function *Antp* mutation)들은 이 유전자가

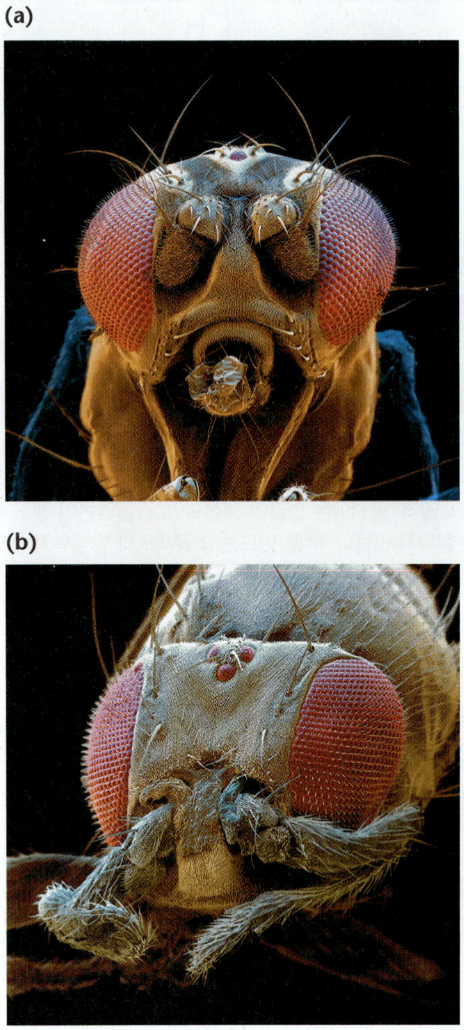

그림 23.13 초파리의 촉수다리(*Antennapedia, Antp*) 돌연변이. (a) 촉수와 기타 머리 부분을 보여주는 야생형 초파리의 머리. (b) 정상적인 촉수 구조물이 다리로 전환된 것을 보여주는 *Antp* 돌연변이의 머리 구조. 이것은 머리 부분에서 *Antp* 유전자가 활성화되어 발생한다.

머리와 가슴에서 발현되도록 한다. 그 결과, 돌연변이 초파리들은 머리에 촉수 대신 다리를 가진다(그림 23.13),

초파리의 *Hox* 유전자들

초파리 유전체는 3번 염색체에 두 군(cluster)의 호메오틱 선별 유전자들(*Hox* 유전자라고 불림)을 포함하고 있으며, 이들은 전사 인자들을 암호화한다(**표 23.2**). 한 군은 **촉수다리 복합체**(*Antennapedia complex, ANT-C*)로, 다섯 개의 유전자를 포함하며 머리와 가슴의 처음 두 체절에 있는 구조물들을 지정한다[그림 23.141(a)]. 두 번째 군은 **이중가슴 복합체**(*bithorax complex, BX-C*)로, 가슴 부분의 두 번째와 세 번째 체절, 그리고 복부 체절들에 의해 형성되는 구조를 지정하는데 필요한 3개의 유전자를 포함한다[그림 23.14(b)].

표 23.2 초파리의 *Hox* 유전자들

촉수-다리 복합체	이중 가슴 복합체
labial	*Ultrabithorax*
Antennapedia	*abdominal A*
Sex combs reduced	*Abdominal B*
Deformed	
proboscipedia	

여러 생물의 *Hox* 유전자들(표 20.2 목록)은 두 가지 공통적인 특징을 가진다. 첫째는, 모두 **호메오박스(homeobox)**(*Hox*는 이 homeobox의 축약형이다)라고 알려진, 매우 보존된 180

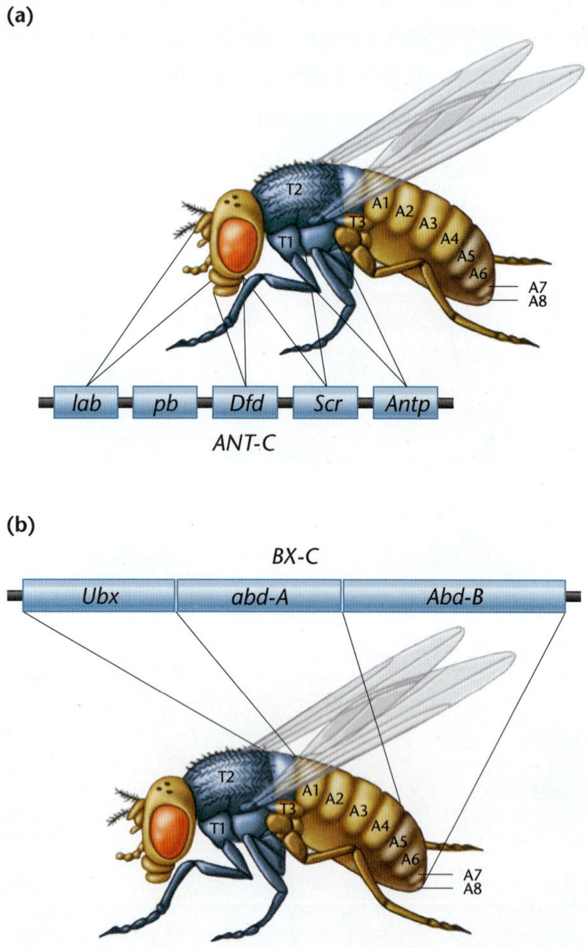

그림 23.14 (a) 촉수다리 복합체(*ANT-C*)의 유전자들과 이들이 지정하는 성체 구조들. *ANT-C* 복합체에서는 *labial(lab)*와 *Deformed(Dfd)* 유전자들이 머리 분절들의 형성을 조절한다. *Sex comb reduced(Scr)*와 *Antennapedia(Antp)* 유전자들은 가슴 분절의 처음 두 개 체절인 T1과 T2를 지정한다. 이 복합체에서 남은 유전자인 *proboscipedia(pb)*는 배아 발생 과정에서는 활동하지 않으나 성체에서 분화된 상태를 유지하는데 요구되는 것으로 생각된다. 돌연변이들에서는, 입술 촉수들이 다리로 전환된다. (b) *BX-C* 복합체에서는, *Ultrabithorax(Bbx)*가 T2의 뒤쪽 구획과 T3의 구조 형성을 조절한다. 다른 두 유전자인 *abdominal A(abdA)*와 *Abdominal B(AbdB)*는 8개의 복부 체절(A1~A8)에 체절 정체성을 부여한다.

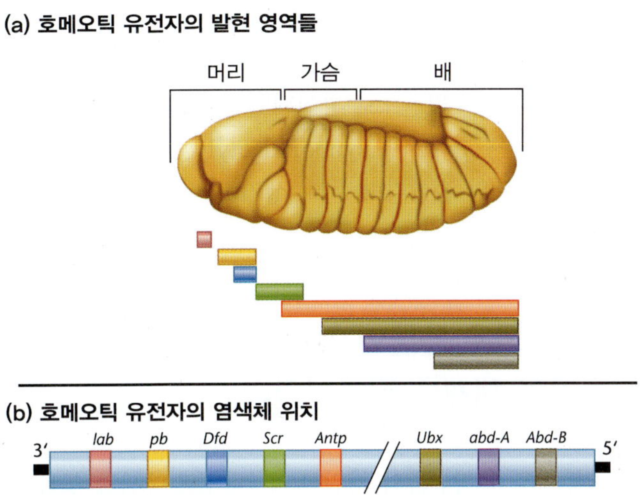

그림 23.15 초파리의 호메오틱 유전자들의 염색체 자리와 발현의 공간적 패턴 사이에 존재하는 대응 일치 관계. (a) 초파리의 배아와, 배아의 표피 및 신경계에서 호메오틱 유전자 발현 영역들. (b) 호메오틱 선별 유전자들의 염색체 자리. 염색체 위 유전자들의 순서와 그 발현 영역들의 순차적 앞쪽 경계가 연관되어 있음에 유의하라.

bp의 뉴클레오타이드 서열을 포함한다는 것이다. 이 호메오박스는 **호메오도메인(homeodomain)**이라고 알려진 60개의 아미노산 서열로 된 DNA 결합 영역을 암호화한다. 둘째, 많은 종에서, *Hox* 유전자들의 발현은 신체의 앞-뒤 축과 대응 일치성(colinearity)을 나타낸다. 바꿔 말하자면, 유전자 뭉치의 시작 부분(3′ 말단)에 있는 유전자들은 배아의 앞쪽에서 발현되고, 유전자 뭉치의 중간에 있는 유전자들은 배아의 중간, 그리고 유전자 뭉치의 5′ 말단에 있는 유전자들은 배아의 뒤쪽 부분에서 발현된다(그림 23.15). 비록 *Hox* 유전자들이 초파리에서 처음 발견된 것이긴 하지만, 이들은 선형동물, 성게, 제브라피쉬, 개구리, 생쥐, 그리고 인간을 포함하여, 체절화된 신체 구성 계획을 보이는 대부분의 진핵생물 유전체들에서 발견된다(그림 23.16).

요약하자면, 초파리의 발생을 조절하는 유전자들은 알과 초기 배아의 앞-뒤 축(그리고 등-배 축)을 형성하는 유전자들과 함께, 시공간적으로 질서 있게 순서대로 작용한다. 앞-뒤 축을 따라 나타나는 모계 mRNA나 단백질들의 구배가 간극 유전자들을 활성화하며, 이것은 배아를 넓은 띠들로 나눈다. 간극 유전자들은 다시 쌍-지배 유전자들을 활성화하고 이것이 다시 배아를 체절들로 나눈다. 마지막 그룹의 체절화 유전자들인 체절 극성 유전자들은 앞에서부터 뒤쪽으로 차례로 배열된 각 체절을 나누어 앞쪽과 뒤쪽 영역들로 만든다. 체절들은 다시 *Hox* 유전자들에 의해 정체성이 결정된다. 따라서 초파리 배아 세포들에서 일어나는 이러한 발생 가능성의 점진적 제한은, 전사와 번역 그리고 신호전달에 관여하는 조절성 단백질들과 함께, 순차적 유전자 활동을 포함한다.

Hox 유전자들과 인간의 유전병들

Hox 유전자들은 이들이 신체와 부속지의 형태 형성에 있어 기본적 역할을 하는 모든 동물의 유전체에서 발견된다. 척추동물에서, 서열의 보존, *Hox* 유전자군 내의 유전자 순서, 그리고

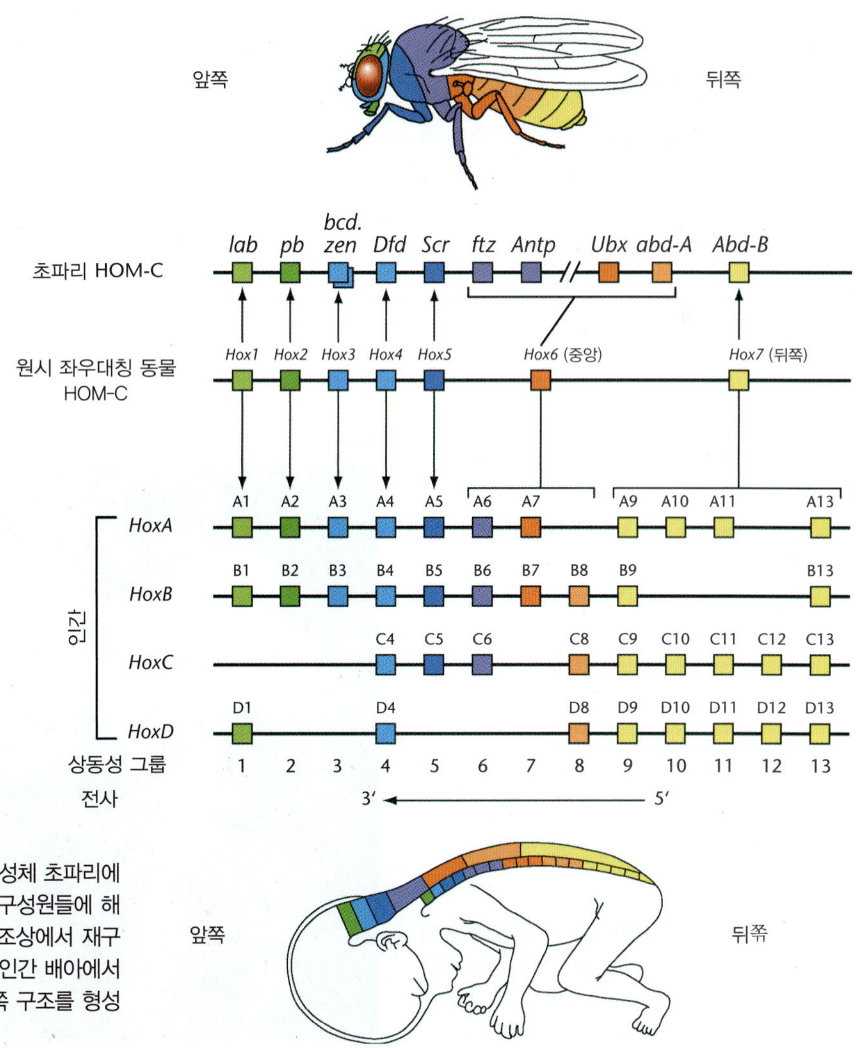

그림 23.16 *Hox* 유전자들의 구성과 발현 패턴의 보존성. (맨 위) 성체 초파리에서 형성되는 구조들이, 그들의 형성을 조절하는 *Hox* 유전자군의 구성원들에 해당하는 색깔대로 나타나 있다. (가운데) 좌우대칭 동물들의 공통 조상에서 재구성된 *Hox* 유전자군은 7개의 유전자를 포함하고 있다. (아래) 초기 인간 배아에서 *Hox* 유전자들의 배열. 초파리에서처럼, 3′ 말단의 유전자들은 앞쪽 구조를 형성하고 5′ 말단의 유전자들은 뒤쪽 구조를 형성한다.

이 동물들에서의 발현 양상들은, 초파리와 마찬가지로, 이 유전자들이 앞-뒤 축을 따라 발생을 조절하며, 부속지가 형성되도록 할 것임을 시사한다. 그러나 척추동물에서는, 초파리(유전자군이 하나뿐이다)와 달리, 네 개의 *Hox* 유전자군이 존재한다: *HOXA*, *HOXB*, *HOXC*와 *HOXD* 들이다. 이것은 척추동물들에서 단 하나가 아니라 2~4개 *Hox* 유전자들의 조합이 특정 구조들의 형성에 관여하고 있음을 의미한다. 결과적으로, 척추동물에서는 개별 *Hox* 유전자의 돌연변이들이, 단일 *Hox* 유전자의 돌연변이가 평형곤을 날개로 변화시킬 수 있었던(이 장의 표지사진을 참고하라) 초파리에서처럼, 완전한 형태 변환을 일으키지는 않는다. 인간의 발생에서 *HOXD* 유전자들의 역할은 몇 가지 유전성 사지 기형들이 *HOXD* 유전자들에서의 돌연변이들에 의해 발생한다는 발견으로 확인되었다. 예를 들어, *HOXD13*의 돌연변이들은 합다지증(synpolydactyly, SPD)을 유발하는데, 이것은 여분의 손발가락이 더 생기고, 손과 발뼈의 기형이 특징이다.

풀어보기

23.2 초파리에서 *fushi tarazu(ftz)*와 *engrailed* 유전자들은 호메오박스 전사 인자들을 암호화하며, 다른 유전자들의 발현을 촉진할 수 있다. 두 유전자는 발생 중 거의 동시에 같은 영역에서 작용하여 체절 내 세포들의 운명을 지정한다. *ftz*가 *engrailed*의 발현을 조절하는지; 아니면 *engrailed*가 *ftz*를 조절하는지; 혹은 두 유전자 모두 다른 어떤 유전자에 의해 조절되는지를 알아보기 위해서는 돌연변이 분석을 수행해야 한다. *ftz* 배아(*ftz/ftz*)에서, *engrailed* 단백질은 존재하지 않는 반면; *engrailed* 배아(*eng/eng*)에서는 *ftz* 발현이 정상이다. 이것은 두 유전자의 조절에 대해 무엇을 발해주는가? *engrailed* 유전자가 *ftz*를 조절하는가, 아니면 *ftz* 유전자가 *engrailed*를 조절하는가?

■ **힌트:** 이 문제는 초파리의 성체 전 발생의 여러 단계에서 유전자들이 어떻게 조절되는지에 대한 이해와 관련된 것이다. 해답의 열쇠는 조사된 두 유전자의 발현 시기를 결정하는 유전적 분석의 결과를 이용하는 것이다.

더 연습이 필요하면 문제 15, 16, 18번을 참고하라.

23.6 식물은 동물의 것과 비견될만한 발생 조절 체계를 진화시켰다

식물과 동물은 진핵생물의 기원한 후 아마도 다세포 생물의 발생이 있기 전인, 16억 년 전쯤에 공통 조상에서 분기했다. 유전체 서열화와 동식물들의 돌연변이에 대한 유전적 분석으로, 동물과 식물에서의 발생 기작은 독립적으로 진화했음이 알려졌다. 우리는 이미 위에서 초파리를 모델 생물로 하여 동물에서의 발생과 형태 형성을 조절하는 유전적 시스템에 대해 살펴보았으니, 이제 식물에서의 이런 체계를 간단히 알아보도록 하자.

식물에서는 겨자과의 작은 모델 식물인 애기장대(*Arabidopsis thaliana*)를 사용하여 꽃 발생의 형태 형성(pattern formation)이 광범위하게 연구되었다. **꽃 분열조직**(*floral meristem*)이라고 불리는 비분화 세포 덩어리가 꽃들로 발생한다(그림 23.17). 개개의 꽃들은 4가지 기관으로 구성되어 있다: 꽃받침(sepal), 꽃잎(petal), 수술(stamen), 그리고 심피(carpel)이다. 이들은 분열조직 내에 동심원 모양으로 몰려 있는 세포들로부터 발생하게 된다[그림 23.18(a)]. 각 기관은 서로 다른 동심원으로부터 발생한다.

(a)

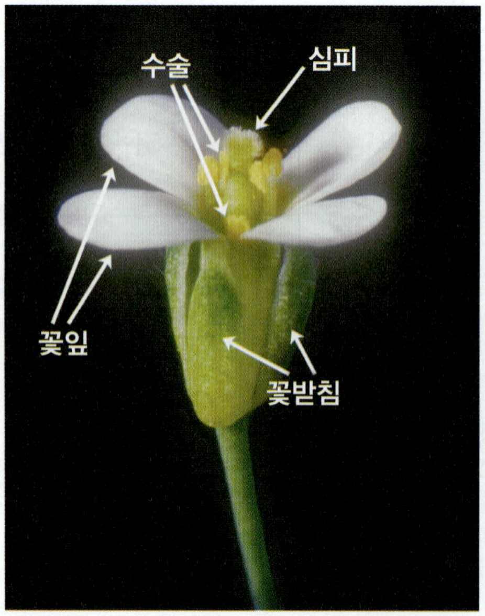

(b)

그림 23.17 (a) 애기장대의 꽃 부분들. 꽃의 각 기관은 동심원적으로 배열된다. 꽃받침이 가장 바깥 원에 형성되고, 그다음에 꽃잎, 수술, 그리고 가장 안쪽에 심피가 생긴다. (b) 위에서 본 꽃의 모습.

그림 23.18 꽃 분열조직에서의 세포 배열. (a) 1부터 4까지로 표시된 4개의 동심원. (b) 이 동심원들이 성숙한 꽃에서 각각 꽃받침, 꽃잎, 수술, 그리고 암술들을 형성한다.

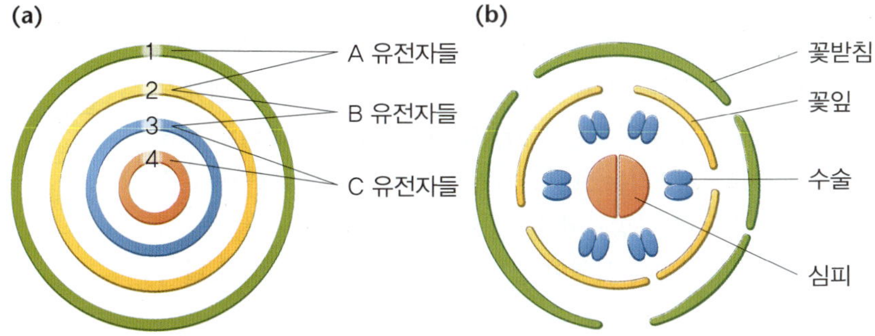

애기장대(*Arabidopsis*)의 호메오틱 유전자들

세 가지 종류의 꽃 호메오틱 유전자가 이 기관들의 발달을 조절한다(**표 23.3**). 홀로 작용하면 A 집단(class A) 유전자들이 꽃받침을 만들며; A 집단과 B 집단 유전자들이 함께 작용하면 꽃잎이 발생한다. B 집단(class B) 유전자들과 C 집단(class C) 유전자들이 함께 발현되면 수술 형성이 조절된다. C 집단의 유전자들만의 활성은 심피를 지정한다. 꽃의 발생 과정[그림 23.18(b)] 중에, A 집단 유전자들은 1번과 2번 동심원(꽃받침과 꽃잎)에서 활성적이며, B 집단 유전자들은 2번과 3번 동심원(꽃잎과 수술)에서 발현된다. 그리고 C 집단 유전자들은 3과 4번 동심원(수술과 심피)에서 발현된다. 어느 기관이 생길 것인지는 이 세 유전자 집단의 발현 패턴에 따라 결정된다. 동심원 1에서 A 집단 유전자만 발현되면 꽃받침이 형성된다. 동심원 1과 2에서 A와 B 집단 유전자들의 발현은 꽃잎을 만든다. 동심원 3에서 B와 C 집단 유전자들의 발현은 수술 형성을 이끈다. 동심원 4에서 C 집단 유전자들만의 발현은 심피 형성을 유발한다.

초파리에서처럼, 호메오틱 유전자들의 돌연변이들은 기관들이 비정상적 위치에 생기도록 한다. 예를 들어, *APETALA2* 돌연변이체들(*AP2*)에서는 기관의 순서가 정상적인 꽃받침, 꽃잎, 수술, 그리고 심피인 대신에, 심피, 수술, 수술, 그리고 심피이다[그림 23.19(a)와 (b)]. B 집단의 기능-상실 돌연변이체들(*AP3*, *PI*)에서는, 꽃잎이 꽃받침이 되고, 수술은 심피로 변화하여[그림 23.19(c)], 기관의 순서가 꽃받침, 꽃받침, 심피, 심피가 된다. 세 번째 집단 유전자에 대한 돌연변이를 가진 식물들인 *AGAMOUS*는 3열에 꽃잎을 가지며(수술 대신), 4번 동심원에 꽃받침(심피 대신)을 가지게 되어 기관의 순서가 꽃받침, 꽃잎, 꽃잎, 꽃받침이 된다[그림 23.19(d)].

표 23.3 애기장대의 호메오틱 선별(homeotic selector) 유전자들*

A 집단	*APETALA1 (AP1)*
	APETALA2 (AP2)
B 집단	*APETALA3 (AP3)*
	PISTILLATA (PI)
C 집단	*AGAMOUS (AG)*

*관례적으로, 애기장대의 야생형 유전자들은 대문자를 사용한다.

호메오틱 유전자들의 진화적 분기

초파리와 애기장대는 서로 다른 세트의 마스터 조절 유전자들을 이용하여 그들의 체축(body axis)을 확립하고 축에 따른 구

그림 23.19 (a) 애기장대의 야생형 꽃은 (바깥에서 안쪽으로) 꽃받침, 꽃잎, 수술, 그리고 심피들을 가진다. (b) 호메오틱 *APETALA2* 돌연변이 꽃은 심피–수술–수술–심피로 이루어진다. (c) *PISTILLATA* 돌연변이체들은 꽃받침–꽃받침–심피–심피의 순서로 된 꽃을 가진다. (d) *AGAMOUS* 돌연변이들은 수술과 심피가 형성될 자리에 꽃잎과 꽃받침을 가진다.

조들의 정체성을 지정한다. 초파리에서는 이 업무들이 부분적으로 *Hox* 유전자들에 의해 이루어지며, 이 유전자들은 호메오박스 도메인을 공유하는 전사 인자들을 암호화한다. 애기장대에서는, 꽃의 호메오틱 유전자들은 **MADS-box 단백질(MADS-box proteins)**이라고 불리는 또 다른 전사 인자들을 암호화하는 유전자 패밀리 중 한 구성원이다. 이 단백질 패밀리의 구성원들에서는 58개의 아미노산 서열이 공통적이며 *Hox*의 서열이나 단백질의 구조와는 유사성이 없다. 그러나 두 유전자 세트 모두 전사 인자들을 암호화하며, 겹치는 방식으로 발현되는 발생의 주요 조절자들이고, 생물 구조들의 정체성을 지정한다.

공통 조상으로부터의 진화적 기원을 반영하면, 초파리와 애기장대의 유전체들이 모두 호메오박스(homeobox)와 매즈박스(MADS box) 유전자들의 구성원들을 포함하고 있었지만, 이 유전자들은 식물과 동물계에서 서로 다른 목적에 적응했을 것이다. 이것은 각 그룹에서 발생 기작이 독립적으로 진화했음을 시사한다.

식물들과 동물들 모두에서, 전사 인자들의 활동은 유전자를 발현할 수 있게 하는 염색질 구조의 변화에 의존적이다. 초파리와 애기장대에서, 조절 유전자 세트들에 의해 시작되는 발현 양상을 유지하는 유전자들의 상동성과 마찬가지로, 전사 개시 기작들은 동물과 식물에서 보존되어 있다. 꽃 호메오틱 유전자들의 활동은 *CURLY LEAF*라고 불리는 유전자에 의해 조절된다. 이 유전자는 초파리의 *Polycomb* 유전자 패밀리의 구성원들과 상당한 상동성을 공유하는데, *Polycomb* 그룹의 유전자들은 초파리의 발생 중에 호메오박스 유전자들을 조절한다. *CURLY LEAF*와 *Polycomb* 유전자들은 둘 다 염색질 구조를 변화시켜 유전자 발현을 억제하는 단백질들을 암호화한다. 따라서 발생을 조절하는데 서로 다른 유전자들이 사용되긴 하지만, 식물이나 동물 모두 이들 유전자 세트들의 발현을 조절하기 위해서는 진화적으로 보존된 기구를 사용한다.

23.7 예쁜꼬마선충은 발생 중의 세포-세포 상호작용을 잘 보여주는 모델 생물이다

다세포 생물들의 발생 중에, 세포-세포 상호작용(cell-ell interaction)은 상호작용 세포와 주위 세포들의 전사 프로그램과 발생 운명에 영향을 미친다. 세포-세포 상호작용은 초파리, 생쥐, 사람을 포함한 진핵생물 대부분의 배아 발생에서 중요한 과정이다.

발생에서의 신호전달 경로

초기 발생에서, 동물들은 발생을 조절하는 데 많은 신호전달 경로들을 사용한다; 기관 형성이 시작된 후에는, 이미 사용되고 있는 발생 경로들 외에 다른 많은 신호전달 경로들이 추가된다. 이렇게 새로 활성화된 경로들은 독립적으로, 혹은 조화된 네트워크로 작용하여 특정 전사 반응을 촉발한다. 신호 네트워크들은 앞-뒤 극성과 신체의 축들을 확립하고, 형태 형성을 조화롭게 발전시키며, 조직과 기관들의 분화를 지시한다. 초기 발생에서 사용되는 신호전달 경로들과 이들이 조절하는 발생 과정들이 **표 23.4**에 정리되어 있다. 윈트/β-카테닌(Wnt/β-catenin) 신호전달 체계는 동물의 진화 초기에 생겨났다. 이것은 복잡하고, 매우 보존되어 있으며, 동물 발생의 기본적 측면들에 관여하는 다중 분기 경로들을 통합한다. 연구자들은 윈트/β-카테닌 신호전달이 어떻게 발생을 조절하는지 이해하는 것은, 경로의 기능부전과 관련된 질병을 치료할 수 있도록 할 것이라는 희망으로, 이 시스템의 많은 부분을 조사하고 있다.

여기서는, 또 다른 신호전달 체계—**노치 신호전달 경로(Notch signaling pathway)**—의 구성성분과 이들의 상호작용을 소개한 후에, 선충류인 예쁜꼬마선충(*Caenorhabditis elegans*)의 생식공 발달에서 이들이 어떤 역할을 하는지 간단히 알아보자.

표 23.4 초기 배아 발생 과정에 사용되는 신호전달 경로

경로	발생 과정
윈트 경로(*Wnt Pathway*)	신체의 배방화
	여성 생식기 발달
	등-배 차이
TGF-β 경로(*TGF-β Pathway*)	중배엽 유도
	좌-우 비대칭
	뼈 발달
헤지호그 경로(*Hedgehog Pathway*)	척삭 유도
	체절발생
	장/내장 중배엽
타이로신 키나아제 수용체 경로(*Receptor Tyrosine Kinase Pathway*)	중배엽 유지
노치 신호전달 경로(*Notch Signaling Pathway*)	혈액 세포 발달
	신경발생
	망막 발달

노치(Notch) 신호전달 경로

노치(Notch) 경로의 유전자들은 이 신호전달 체계의 구성원들을 찾는 데 사용되었던 초파리 돌연변이들로 이름이 붙여졌다[*Notch* 돌연변이체들은 날개에 톱니 모양의 들어간 자국(notch)이 있다]. 노치는 상호작용하는 세포들의 발생 운명을 조절하기 위해 직접적인 세포-세포 접촉을 통해 작용한다. *Notch* 유전자(그리고 다른 생물들에서의 해당 유전자)는 세포막에 묻혀 있는 수용체를 암호화한다(그림 23.20). 신호는 *Delta* 유전자(그리고 그 상동 유전자)에 의해 암호화되는 또 다른 막 단백질이다. 신호와 수용체가 모두 막에 붙어 있으므로, 노치 신호 체계는 인접 세포들이 물리적으로 접촉할 때만 작동한다. Delta 단백질이 이웃 세포의 Notch 수용체에 결합하면, Notch 단백질의 세포질 쪽 꼬리가 떨어져 나가 *Su*(*H*)(*Hairless*의 억제자)에 의해 암호화되는 세포질 단백질과 결합한다. 이 단백질 복합체는 핵으로 이동하여 전사 보조 요소들과 결합하여 특정 발생 경로를 조절하는 유전자 세트들의 전사를 활성화한다.

노치 신호 체계의 주된 역할 중 하나는 집단 내의 동등한 세포들에게 서로 다른 운명을 지정하는 것이다. 가장 단순한 형태에서, 이런 상호작용은 발생적으로 동등한 두 개의 이웃 세포들이 관여하는 것으로, 이 두 세포는 결국 서로 다른 성체 구조를 형성하도록 결정된다. 우리는 선충류의 배아 발생을 간략히 살펴본 후에, 예쁜꼬마선충의 생식공(vulva) 발달에서 이 Notch 신호전달의 역할을 살펴볼 것이다.

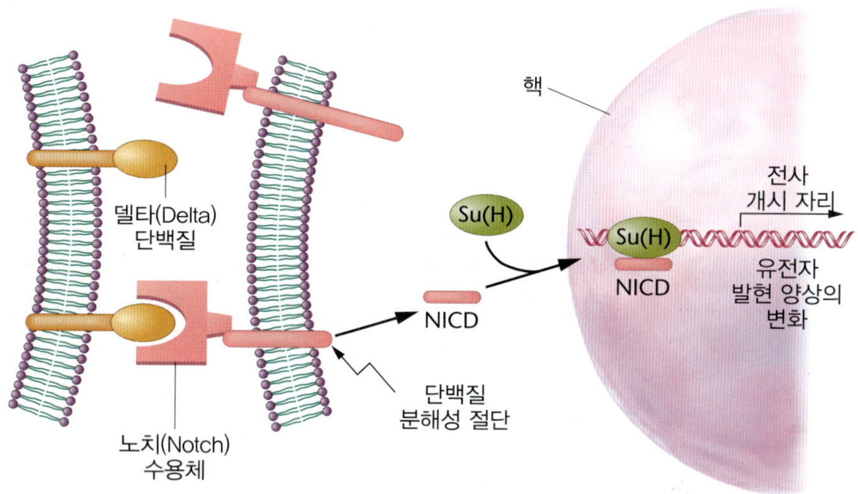

그림 23.20 초파리 Notch 신호전달의 구성요소들. Delta 막관통 단백질을 가진 세포는 신호를 보내는 세포이고; Notch 막관통 단백질을 가지는 세포는 신호를 받는다. Delta가 Notch와 결합하면 단백질 절단에 의한 전사 활성화가 시작된다. Notch 단백질의 세포질 쪽에서 잘려진 단편은 Notch 세포 내 영역(Notch intracellular domain, NICD)이라고 불리며, Su(H) 단백질과 결합하여 핵으로 이동해서 유전자 전사 프로그램을 활성화한다.

유전자 기능을 밝히기 위한 현대적 접근

단 한 개 유전자의 하향 조절로 플라나리아의 머리 재생에 관한 비밀이 드러났다

일부 생물들의 재생 특징은 정말로 놀랍다. 히드라, 플라나리아, 그리고 도롱뇽 등의 동물들은 다쳤거나 심지어 절단된 이후에도, 기관과 전신의 부분들을 재생할 수 있다. 발생생물학자들과 여러 과학자는 왜 이런 생물들이 재생 능력을 갖추게 되었는지에 대해 오랫동안 관심을 가졌었다. 일부 생물들은 재생할 수 있고 다른 생물 그러지 못하는 이유를 최종적으로 결정한 진화적 기구는 무엇인가? 이러한 정보는 인간에서 조직 및 기관의 수리나 교체를 위해 적용될 때도 관련된다.

2013년, 네이처는 플라나리아의 줄기세포로부터 머리가 재생되는 신호전달 경로를 밝힌 세 연구팀의 논문을 발표했다. 여러 플라나리아 종의 동물들이 꼬리 조각으로부터 머리를 재생할 수 있었다. 그러나 이 연구는 재생이 결핍되어 꼬리 조각으로부터 머리를 재생할 수 없는 플라나리아 종에 초점이 맞춰졌다. 이런 종을 사용하는 논리는, 만약 과학자들이 그런 플라나리아들이 머리를 재생할 수 없는 이유를 결정할 수 있다면, 이 편형동물뿐 아니라 다른 동물들에서 재생에 필수적인 유전적 경로에 대한 중요한 단서를 찾을 수 있을 것이라는 점이다.

이 장에서 우리는 윈트/β-카테닌 경로와, 인간을 포함한 다세포 생물의 초기 배아 발생에서 이것의 역할에 대해 배웠다. Wnt 단백질은 발생과 조직 수리 및 유지에 중요한 유전자들의 발현을 조절하는 β-카테닌의 축적을 유발한다. 윈트/β-카테닌 경로의 돌연변이들은 발생결함과 더불어 종양의 형성 같은 다른 표현형들과

(계속)

(a) β-카테닌1 RNAi 처리된 꼬리 조각(아래)과 대조군(위)을 보여주는 시간별 사진들. 대조군 조각들은 머리 재생에 실패했다; RNAi로 처리된 24개의 꼬리 조각 중 16개가 머리를 형성했다.

(b) β-카테닌1 RNAi 처리된 꼬리 조각들(노란색)과 처리되지 않은 대조군 조각(회색). 처리된 조각은 머리를 발달시켜 페놀-레드로 표지한 음식 조각들을 먹을 수 있었으므로 재생된 머리의 기능을 증명해주었다.

관련된다. 재생이 가능한 플라나리아 관한 이전의 연구들은 윈트/β-카테닌 경로의 상향 활성화가 앞부분의 상처로부터 꼬리가 생기게 하여 두 개의 꼬리가 달린 동물을 생성했음을 보여주었다. 반대로, 뒤쪽의 상처들에서 이 경로의 활성이 감소하자 꼬리 대신 머리가 자라 두 개의 머리를 가진 동물이 생겼다.

꼬리 단편으로부터 머리를 재생하지 못하는 플라나리아에 관해 설명하기 위한 한 가지 가설은 특정 수준의 윈트/β-카테닌 경로 활성화가 머리 재생에 필요하다는 것이다. 이 가설을 검증하기 위해, 우리는 **RNA 간섭(RNAi)**를 적용한 특별한 실험에 조명을 맞추었다. 교재의 앞부분에 소개했던 바와 같이(17장 참고), RNA 간섭은 RNA 분자를 침묵시키는 서열 특이적인 한 가지 방법이다. 재생이 결핍된 플라나리아 종 *Dugesia lacteum*을 이용하여, 연구자들은 일명 머리 "구조" 실험을 시도했다(그림의 a를 보라). 그들은 *D. lacteum*의 꼬리 조각을 떼어내고, RNAi로 β-카테닌1 mRNA를 침묵시키기 위해 고안된 이중 가닥 RNA(dsRNA)를 조각에 주입했다.

결과:

β-카테닌1 RNAi 처리는 24개의 꼬리 조각에서 16개의 머리 재생을 회복시켰다(그림 패널 a). 연구자들은 머리 구조를 평가하기 위해 머리와 중추 신경계 구조와 관련된 표지 유전자를 분석했다. 그들은 β-카테닌1 RNAi로 재생된 플라나리아가 염료로 표지된 음식 조각을 먹을 수 있다는 것을 보여줌으로써 구조된 머리의 기능을 검사했다.

독립된 실험에서, 저자들은 *D. lacteum*의 꼬리에서 *notum*이라는 윈트 억제자 유전자의 상향 조절 실패가 머리 재생 실패를 설명할 수 있을 것이라는 점을 지적했다.

결론:

연구자들은 *D. lacteum* 같은 재생-결핍성 종에서는 머리 재생에 필요한 윈트/β-카테닌의 하향 조절(억제)이 충분하지 않은 것이라고 결론을 내렸다. 따라서 RNAi에 의한 이 경로의 하향 조절은 머리를 재생시킨다. 이런 결과들은 재생이 가능한 종들은 필요할 때 윈트/β-카테닌을 하향 조절할 수 있음을 시사한다. 단 하나의 신호전달 경로가 기능적인 머리의 재생을 촉발하기에 충분하다는 발견은 매우 인상적이다. 다음 단계의 연구로서는, 재생 가능 동물과 재생-결핍 종들 모두에서, 어떤 유전자들이 윈트/β-카테닌 경로를 조절하는지 이해하는 것이 중요하다. 플라나리아의 재생에 관여하는 분자 기작들에 대한 지식이, 과학자들이 인간의 재생 능력을 개선하는 데 도움이 될 것이란 예상은 당연하다.

참고문헌:

Liu, S-Y., et al. (2013). Reactivating head regrowth in a regeneration-deficient planarian species. *Nature* 500:81-84.

Sikes, J. M. and Newmark P. A. (2013). Restoration of anterior regeneration in a planarian with limited regenerative ability. *Nature* 500:77-80.

Umesono, Y., et al. (2013). The molecular logic for planarian regeneration along the anterior–posterior axis. *Nature* 500:73-76.

생각해볼 문제:

1. *D. lacteum*에서 머리가 형성되기 위해서는 단백질인 ERK의 수준이 높아야 하며, 윈트/β-카테닌 경로는 ERK를 억제하는 것으로 생각된다. 이런 가설을 검증하기 위한 실험을 제시하라. 여기 설명하나 실험적 접근에 기초하면, ERK가 머리 재생에 관여하는지를 결정하기 위해 어떤 실험이 필요하겠는가?
2. 이 실험의 결과들은 복잡한 신체 부분을 재생시키는 데 항상 다수의 여러 가지 신호전달 경로를 잘 이해해야 하는 것은 아님을 시사한다. 재생 결손을 고치기 위한 잠재적인 종-특이적 적용(인간 조직 수리뿐만 아니라)을 염두에 두고 이 진술을 옹호하거나 반박하라.

예쁜꼬마선충(*C. elegans*) 발생의 개요

선충류인 예쁜꼬마선충(*Caenorhabditis elegans*)은 발생에 대한 유전적 조절을 연구하는 데 널리 사용된다. 이 생물을 사용하는 데는 유용한 몇 가지 이점들이 있다: (1) 이 생물의 유전학이 널리 알려져 있으며, (2) 유전체 서열이 밝혀져 있고, (3) 성체는 개개의 세포들에서 변하지 않는 발생 프로그램을 따르는, 아주 적은 수의 세포들로 이루어져 있다. 성체 선충류들은 약 1 mm의 길이로 약 2일 만에 수정란에서부터 성숙하게 된다(그림 23.21). 생활사는 배아 시기(약 16시간), 4단계의 유충기(L1~L4), 그리고 성체 시기이다. 성체들은 두 가지 성을 나타낸다: XX는 자가-수정 형 자웅동체(hermaphrodite)로, 난자와 정자를 모두 만들고, XO는 수컷이다. 돌연변이원을 처리한 자웅동체형들을 자가 수정시켜, 동형접합성 돌연변이주들을 만들고 그런 돌연변이체들을 이용함으로써 각 유전자가 목록화, 지도화되었다.

성체인 자웅동체는 959개의 체세포(그리고 약 2,000개의 생식세포)로 이루어진다. 알에서부터 성체까지의 정확한 세포의 계보가 확립되었으며(그림 23.21), 각 세포의 계보들은 변함이 없다. 각 세포의 계보를 알고 있으므로, 우리는 세포의 운명에서 돌연변이로 인한 결과나 혹은 레이저 마이크로 광선 혹은 자외선 조사로 세포를 죽임으로써 일어나는 결과들을 쉽게 알 수 있다. 예쁜꼬마선충의 자웅동체에서 발생하는 생식계 내 세포들의 운명은 세포-세포 상호작용으로 인해 결정되며, 어떻게 유전자 발현과 세포-세포 상호작용이 함께 작용하여 발생 경로들을 지정하는지를 잘 보여준다.

생식공 형성에 대한 유전적 분석

다 자란 예쁜꼬마선충 자웅동체들은 생식공(vulva)을 통해 알을 낳는데, 이것은 몸체 중앙에 있는 구멍이다(그림 23.21). 몇 차례의 세포-세포 상호작용에 의해 유충 발생단계에서 생식공이 형성된다.

예쁜꼬마선충에서는, 두 개의 이웃 세포인 Z1.ppp와 Z4.aaa가 상호작용하여 어떤 것이 생식공을 형성할 생식선 고정 세포(gonadal anchor cell)가 되고, 어느 것이 자궁 전구체가 될지를 결정한다(그림 23.22). 어떤 세포가 무엇이 될 것인가 하는 결정은 두 번째 유충기(L2)에 발생하며 Notch 수용체 유전자인 *lin-12*에 의해 조절된다. 열성 *lin-12(0)*돌연변이들(기능-상실 돌연변이체)에서는 기능적인 수용체 단백질이 없으며, 두 세포가 모두 고정 세포(anchor cell)가 된다. 우성 돌연변이인 *lin-12(d)*(기능-획득 돌연변이)는 두 세포가 모두 자궁 전구체들이 되도록 한다. 이 두 돌연변이 대립유전자의 표현형에 근거하면, 우리는 LIN-12(Notch) 수용체 부재 시 두 세포 모두 고정 세포가 되기 때문에 정상적으로라면, *lin-12*의 발현이 자궁 경로의 선택을 지시한다고 결론을 내릴 수 있다.

그러나 상황은 처음 드러난 것보다 복잡하다. 처음에는 두 이웃 세포가 발생적으로 동등하다. 각각의 세포들은 낮은 정도로 Notch 신호 단백질(*lag-2* 유전자에서 암호화되는)과 Notch

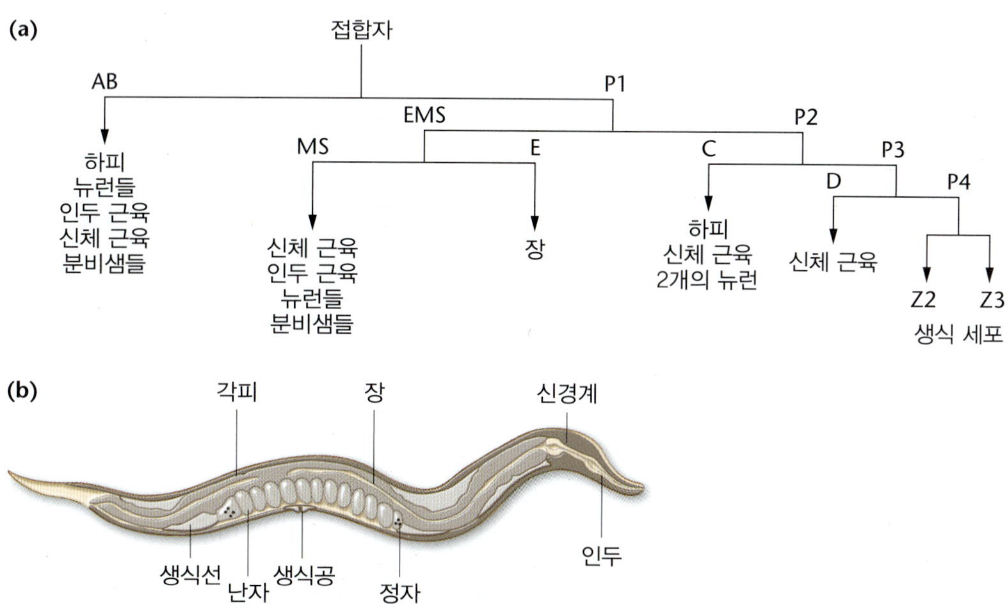

그림 23.21 (a) *C. elegans*의 절단 계보(truncated lineage chart)는 초기의 세포분열 및 이 계통에서 형성되는 조직 및 기관들을 보여준다. 각 세로줄은 1회의 세포분열을 나타내며, 가로줄은 생성된 두 세포를 연결한다. 예를 들어, 첫 번째 세포분열은 접합자로부터 두 개의 새로운 세포들인 AB와 P1을 형성시킨다. 배아 발생 과정 동안 세포분열로 성체 자웅동체에서 959개의 체세포가 생성될 것이다. (b) 자웅동체인 성체 예쁜꼬마선충. 이 선형동물은 약 1 mm의 길이에 959개의 세포로 이루어졌으며, 발생의 유전적 조절을 연구하는 모델 생물로 널리 사용된다.

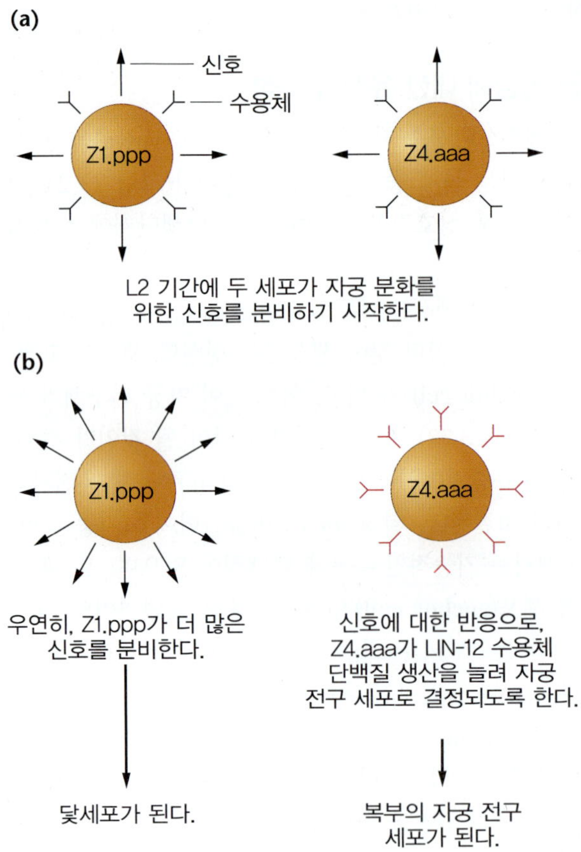

그림 23.22 고정 세포 결정에서의 세포-세포 상호작용. (a) L2 동안에 두 개의 이웃 세포가 자궁의 분화를 유도하는 화학신호를 분비한다. (b) 우연히 Z1.ppp 세포가 더 많은 신호를 분비하여 Z4.aaa 세포가 더 많은 수용체를 생산하도록 유도할 수 있다. 이렇게 증가된 신호들의 작용으로 Z4.aaa가 복부의 자궁 전구 세포가 되도록 하며, Z1.ppp는 고정 세포가 되도록 한다.

수용체 단백질을 모두 합성한다. 우연히 한 세포가 다른 세포보다 조금 더 많은 신호(LAG-2나 Delta 단백질)를 분비한다. 이것은 이웃 세포가 수용체(LIN-12 단백질)를 더 생산하도록 만든다. 수용체를 더 많이 생산하는 세포는 자궁 전구체가 되고, 신호 단백질을 더 많이 생산하는 다른 세포는 고정 세포가 된다. 이러한 첫 단계의 세포-세포 상호작용에서 핵심 요소는 LAG-2(Delta) 신호 유전자 산물과 LIN-12(Notch) 수용체 유전자 산물들 사이의 균형이다.

일단 생식선 고정 세포가 결정되면, 두 번째 단계의 세포-세포 상호작용이 생식공 형성을 이끈다. 이런 상호작용에는 고정 세포(생식선에 위치한)와, 피부에 위치한 6개의 이웃 세포(전구체 세포들)가 관여한다(그림 23.23). P3.p에서 P8.p까지의 전구체 세포들은 Pn.p 세포들이라고 불린다. 각 Pn.p 세포들의 발생 운명은 고정 세포에 대한 그들의 상대적 위치에 의해 결정된다.

생식공 발생 중에, 고정 세포에 의해 LIN-3 신호 단백질이

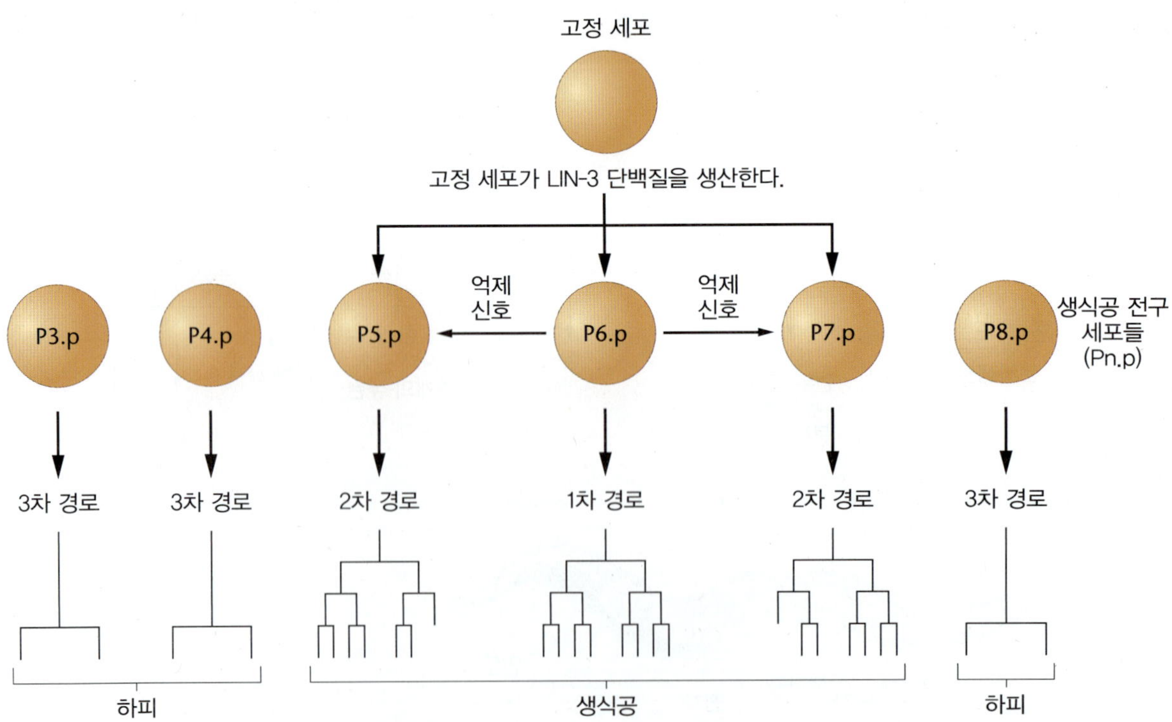

그림 23.23 예쁜꼬마선충 생식공 형성에 관한 세포 계보 결정. 고정 세포로부터 나오는 신호인 LIN-3 단백질은 3개의 전구 세포(Pn.p 세포들)에 의해 수용된다. 고정 세포에 가장 가까운 세포는 1차 생식공 전구 세포가 되고, 인접 세포들은 2차 전구 세포들이 된다. 1차 세포는 2차 세포의 *lin-12* 유전자를 활성화하는 신호를 생산하여 그들이 1차 세포가 되는 것을 방해한다. 고정 세포로부터 신호를 받지 못하는 옆에 있는 전구 세포들은 생식공 세포 대신 피부(하표피) 세포가 된다.

합성된다; 이 신호는 인접해 있는 3개의 Pn.p 전구체 세포들(Pn.p 5~7)에 의해 수용되어 처리된다. 고정 세포에 가장 가까운 세포(보통 Pn.p 6)가 1차 생식공 전구 세포가 되고, 그 인접 세포들(Pn.p 5와 7)이 2차 전구 세포들이 된다. 1차 생식공 전구 세포로부터 온 신호 단백질은 2차 세포들의 *lin-12* 수용체 유전자를 활성화시켜 그들이 1차 전구 세포가 되는 것을 막는다. 다른 전구 세포들(Pn.p 3, 4, 그리고 8)은 고정 세포로부터 신호를 받지 못하고 피부 세포가 된다.

23.8 이원적 스위치 유전자와 조절 경로들이 기관 형성을 계획한다

각 체절에서 어떤 성체 구조가 형성될지를 지정하는 *Hox* 유전자들은 세포가 어떤 발생 경로를 따를지를 선택하는 스위치로 작용한다. 각 경로의 결정점은 보통 2가지인데, 즉 한 세포가 주어진 시기에 따를 수 있는 두 가지의 대체성 발생 경로가 존재한다. 그리고 이런 **이원적 스위치 유전자들(binary switch genes)**이 이런 경로 중 오직 하나만 따르도록 세포를 프로그램한다. 이런 유전자들은 전사 인자들을 암호화하는 것들로, 기관이나 조직 형태의 완전한 발생을 개시하는 능력에 따라 정의되며, 조직과 기관 형성의 특정 단계들과 특정 시기에 유전자 세트들의 전사를 프로그램하는 **유전자-조절 네트워크들(gene-regulatory networks, GRNs)**과 하류 네트워크들의 일부이다.

여기에서는 어떻게 2진 스위치 유전자들이 초파리의 눈 형성을 조절하는지, 그리고 어떻게 조절 네트워크들이 눈을 가진 모든 생물에서 사용되는지를 설명하고자 한다.

눈 형성의 조절

성체 초파리들은 겹눈(compound eye; 복안)을 가진다(그림 23.24). 이원적 조절 유전자인 *eyeless*의 야생형 대립유전자의 활동은 세포가 촉수(antenna) 형성 경로 대신 눈(eye) 형성 경로를 따르도록 프로그램한다. *eyeless* 유전자의 열성 돌연변이 대립유전자에 대해 동형접합성인 초파리들에서는, 눈의 크기가 줄어들고 불규칙한 낱눈들이 나타나거나 아예 눈이 없다(그림 23.24). 정상적이라면 다리, 날개, 촉수 같은 다른 기관들의 형성을 지정하는 발생 경로에서, *eyeless*의 비정상적 발현은, 신체의 다른 부분에 눈이 생기게 할 수 있다[그림 23.25(a)]. 이것은 잘못된 시기에 혹은 잘못된 세포들에서 *eyeless* 유전자에 대한 스위치가 켜지는 것이, 정상적인 결정 및 분화 프로그램을 압도할 수 있어서, 세포들이 정상적인 발생 경로 대신 눈 형성에 대한 발생 프로그램을 따르도록 함을 시사한다.

eyeless 유전자는 7개 유전자로 구성된 네트워크의 한 부분인데[그림 23.25(b)], 이것은 눈 형성의 마스터 조절자이다. 그림에 나타나 있듯이, 이 네트워크는 되먹임 고리에 의해 상호작용하며, 선형 경로가 아니다. 이 유전자들은 전사 인자들을 암호화하며, 이것들은 다시 눈의 발생 중에 세포 결정과 특수화를 조절하는 다른 많은 유전자의 발현을 조절한다. 이 네트워크

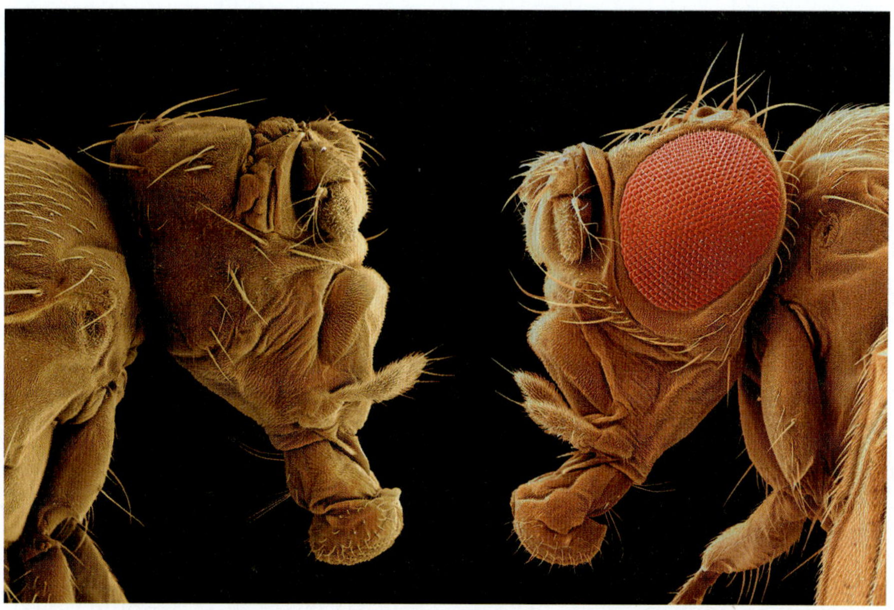

그림 23.24 (왼쪽) *eyeless(ey)* 유전자의 돌연변이에 동형접합성인 초파리에서는 눈의 발달이 비정상적이며, 성체는 눈이 없다. (오른쪽) 성체 초파리의 정상적인 겹눈. *ey* 유전자는 모든 동물에서 눈 형성을 조절하는 유전자-조절 네트워크의 이원성 스위치 유전자이다.

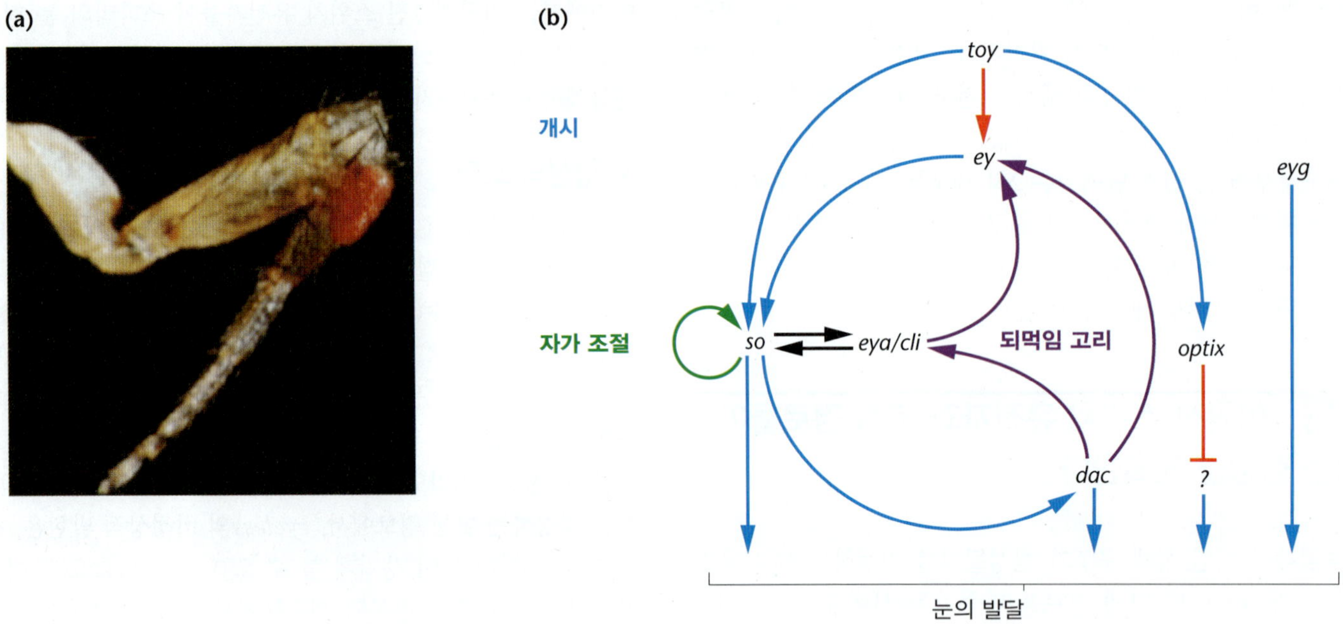

그림 23.25 (a) 초파리의 다리에 형성된 눈. 이런 비정상적 위치는 정상적으로는 다리 구조로 결정될 세포들에서 *eyeless* 발현이 일어났기 때문에 발생한 것이다. (b) *toy*와 *ey*(그리고 아마 *eyg*) 유전자들은 마스터 조절 유전자들로, 눈 발생의 유전자 작용 체계에서 제일 상단에 위치한다. 다른 유전자들인 *so, eya/cli* 그리고 *dac*는 모두 전사 인자를 암호화하는 것들로, 마스터 조절 유전자들에 의해 조절되는 2차 유전자들이다. 이런 복잡한 프로그램은 되먹임 고리를 통해 서로 상호연결되는 유전자들의 네트워크이다. 독립적으로 활성화되긴 하지만, *eyg* 발현은 눈 형성에 필수적이며, 이 유전자는 발생 프로그램에서 *ey*와 협동적으로 작용한다.

의 핵심적 조절자는 *twin of eyeless(toy)*와 *eyeless(ey)*이다. *toy*와 *ey*의 산물들은 하류의 전사 인자를 생산하는 *sine oculis(so)*의 인핸서 내 조절 서열에 결합하여 활성화함으로써 눈의 형성을 개시한다. So 단백질은 *eyes absent/clift(eya/cli)*에 의해 암호화되는 단백질들과 이합체를 형성하는데, 이것이 다시 *dachshund(dac)* 유전자를 활성화하고 되먹임 고리의 형성을 개시한다. 이 네트워크는 또한 *eyegone(eyg)*와 *optix(opt)* 유전자로부터 정보를 받기도 한다. 눈 형성 과정에서, 이 네트워크는 *Notch(N)*, *hedgehog(hh)*, 그리고 *decapentaplegic(dpp)*를 포함한 여러 신호전달 경로들과 상호작용하여 망막 결정 유전자 네트워크(retinal determination gene network, RDGN)를 형성한다. 종합하면, 눈 발생 경로의 7개 유전자의 활성이 결국 성체 전, 그리고 성체 단계에서 약 1000개까지의 유전자 발현에 관여하여 눈과 시각 형성에 참여한다.

eyeless 대립유전자와 이 네트워크의 다른 유전자들은 매우 보존되어 있어서, 인간을 포함한 모든 동물이 눈을 만드는 데 사용한다. 이 네트워크에서 인간과 초파리의 유전자들이 **표 23.5**에 비교되어 있다. *eyeless*가 척추동물의 눈 형성을 지시한다는

표 23.5 초파리와 척추동물의 눈 유전자들

척추동물 유전자	초파리의 상동체	척추동물 눈에서의 발현	기능 상실
Pax6	*eyeless (ey), twin of eyeless (toy)*	수정체 기원판, 안포	무홍채증(인간), 작은 눈(생쥐)
Bmp4	*Decapentaplegic (Dpp)*	안포, 머리 외배엽	수정체 없음(생쥐)
Bmp7	*glass bottom boat (gbb)*	안포, 머리 외배엽	수정체 없음(생쥐)
EYA4	*clift (cli) [previously named*	안구 주변부 간충직, 수정체에서는 약하게 발현	눈 표현형이 없거나(인간, 생쥐), 인간의 일부 돌연변이들은 백내장과 전면부 결함이 있음
Six3	*sine oculis (so)*	수정체 기원판, 안포	매우 작은 눈(인간)
Optx2	*Optix (Optix)*	안포	눈이 없음(인간)
Dach1	*dachshund (dac)*	안포	결정된 바 없음

출처: Wawersik, S., and Maas, R. L. (2000). Vertebrate eye development as modelled in *Drosophila*. *Hum. Mol. Genet.* 9:917–925, Table 1, p. 921.

발견은 곤충의 복안과 척추동물의 단일 수정체 눈이 독립적으로 진화했다는 오래된 믿음을 재평가하도록 했다. 이런 가정은 곤충의 복안과 척추동물의 카메라 눈이 서로 다른 배아 기원을 가지며 서로 다른 경로에 의해 발달하고, 구조적으로 매우 다르다는 관찰에 기초한다. 그러나 분자 수준에서는, *eyeless* 유전자와 척추동물의 그 상동체인 *Pax6*는 DNA 결합에 필수적인 암호화 영역에서 고도의 서열 유사성을 보이며, 초파리와 사람에서 두 유전자가 모두 눈의 발생 시 발현된다.

게링(Walter Gehring)과 그 동료들은 생쥐의 *Pax6* 유전자 사본을 가진 유전자 이식 초파리를 만들어 *eyeless*와 *Pax6* 사이의 관계를 조사했다. 놀라운 결과는 다음 두 가지 결론을 이끈다: (1) 이원적 스위치 유전자의 척추동물 버전은 초파리 촉수에 여분의 눈 형성을 촉발할 수 있었으며[그림 23.26(a)], (2) 생쥐 유전자가 초파리에서도 작동했으므로, 무척추동물과 척추동물 눈은 사실상 분자 수준에서는 상동적이다. 따라서 초파리와 생쥐의 눈, 사실상 눈을 가진 모든 동물은 진화적으로 연관되어 있다. 이 전사 인자들의 하위 표적들 역시 보존적인데, 이것은 눈 발생의 유전적 조절 단계들이 공통 조상으로부터 5억 년도 더 전에 분기했던 생물 종들 사이에서 공유되고 있음을 시사한다. 이런 진화적 보존은 초파리의 유전적 분석을 이용하여 인간의 눈 발생을 연구하고, 유전성 눈 결함들의 분자적 기초를 탐구할 수 있도록 해준다.

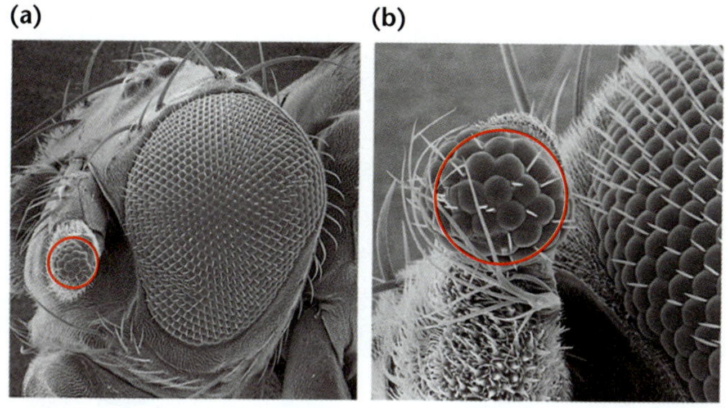

그림 23.26 (a) 생쥐 *eyeless* 유전자의 작용으로 초파리 촉수 위에 눈 형성(원으로 표시)이 유도되었다(작은 크기의 눈). (b) 유도된 눈(원으로 표시)을 고배율로 확인하면 촉수 위의 눈 구조가 정상적임을 확인할 수 있다.

유전학과 윤리, 그리고 사회

줄기세포 전쟁

줄기세포 연구는 가장 유망하고도 논란이 되는 과학 연구 분야 중 하나이다. 우리 몸의 약 200가지 유형의 조직을 구성하는 모든 세포는 줄기세포의 후손이다. 줄기세포는 미분화 상태이며 무한정 복제할 수 있고 심장, 뇌, 간, 근육 조직과 같은 특수 기능을 가진 세포로 분화할 수 있는 능력도 있다. 어떤 형태의 줄기세포들은 *전능적(totipotent)*이라고 정의되는데, 이 말은 이들이 태반처럼 발달 중인 배아와 관련된 조직뿐 아니라, 다른 형태의 줄기세포들은 *다능적(pluripotent)*이라고 하는데, 이것은 이들이 더 적은 종류의 성숙한 세포 형태들로만 분화할 수 있음을 뜻한다. 대조적으로, 완전히 분화된 세포들은 복제하지 못하거나 *다른* 세포 형태로 분화할 수 없다.

이제는 인간의 다능성 줄기세포를 분리하고 배양할 수 있다. 이런 세포들은 미분화 상태로 남아 있으며, 배양 접시에서 무제한으로 자란다. 성장 인자 또는 호르몬으로 처리하면, 이렇게 배양된 다능성 줄기세포들은 신경, 뼈, 신장, 간, 심장 또는 췌장 세포를 포함한 많은 성숙한 유형의 세포로 분화할 수 있다.

다능성 줄기세포들이 특수한 세포들로 분화할 수 있다는 사실은 큰 흥분과 기대를 불러일으켰다. 언젠가는 손상되고 병든 조직의 세포를 대체하기 위해 특수한 세포를 무제한으로 수확하는 것이 가능할 것이다. 따라서 줄기세포는 파킨슨병, 제1형 당뇨병, 만성 심장병, 알츠하이머병, 척수 손상 등을 치료하고, 유전적 결함을 교정하며, 암을 치료하는 데도 사용될 수 있을 것이다. 줄기세포 치료의 잠재력을 감안하면, 왜 줄기세포 연구가 그렇게 논쟁이 되어야 하는가?

이 질문에 대한 답은 다능성 줄기세포들을 얻는 원료에 있다. 최근까지도, 모든 다능성 줄기세포 계통들은 5일 된 배아의 배반포 세포에서 유도된 것들이다. 이 단계의 배반포는 약 50~150개의 세포로 구성되어 있으며, 이들 대부분이 초기 배아를 위한 지지 조직과 태반으로 발달한다. 포배의 내부 세포 덩어리(inner cell mass; 내세포괴)는 약 30~40개의 다능성 줄기세포로 구성되며 이 세포들이 배아의 모든 조직으로 발달한다. 시험관 수정 클리닉에서는 수정란을 5일 동안 배반포 시기까지 키워서 자궁으로 옮겨준다. 배아 줄기세포(embryonic stem cell, ESC) 계통들은 수정 클리닉에서 버려지는 이 5일 된 배반포의 내부 세포 덩어리를 배양 접시에서 미분화 상태로 자라게 함으로써 얻어진다.

초기 배아들이 인간의 배아 줄기 세포주를 만드는 과정에서 파괴된다는 사실은 착상 전의 배아들도 권리를 가진 인간임을 믿는 사람들의 마음을 불편하게 한다; 그러나 이런 배아들이 너무나 미숙하여 인간의 상태가 아니라고 믿는 사람들에게는 별일이 아니다. 논쟁의 양측 모두 무엇이 인간을 구성하는가에 대한 기본적인 문제들을 제기한다.

최근, 과학자들은 배아를 사용하지 않는 몇 가지 다른 유형의 다능적 줄기세포들을 개발했다. 가장 유망한 형태 중 하나는 *유도성 다능 줄기세포(induced pluripotent stem, iPS)*라고 알려진 것으로 성체의 체세포를 다능적 줄기세포 계통의 원료로 사용한다. iPS 세포들을 만들기 위해, 과학자들은 체세포들(피부 세포 등)을 분리하고 거기에 조작된 레트로바이러스를 처리하여 이들이 세포의 DNA에 통합되도록 한다. 이 레트로바이러스들은 몇 가지 클론화된 인간 유전자들을 포함하는데, 이들은 체세포를 불멸의 다능적 줄기세포들로 전환시키는 산물들을 암호화한다. 또 다른 유형은 *자극-유발성 다능성 획득(stimulus-triggered acquisition of pluripotency, STAP) 세포*로 알려진 것으로, 낮은 pH와 같은 다양한 유형의 스트레스로 처리된 체세포에서 유래한다. 이러한 스트레스는 세포를 다능성으로 바꿔준다.

iPS와 STAP 세포주들의 개발은 인간 배아 사용과 관련된 윤리적 문제를 피할 수 있는 것으로 생각되기 때문에 줄기세포 연구에 대한 열정을 불러일으켰다. 그리고 그들은 면역 거부를 일으키지 않고 이식에 사용될 수 있는, 환자 특이적 다능성 줄기 세포주를 만드는 원료가 될 수도 있다.

현재, 어떤 형태의 줄기세포 치료가 예상처럼 기적적일 것인지는 알려지지 않았다; 그래서 논쟁과 희망이 동시에 존재한다.

당신의 생각은?

혼자서나 혹은 그룹으로, 다음 질문들에 대해 답할 시간을 갖도록 하라. 줄기세포 연구와 치료를 둘러싼 윤리적, 기술적 논쟁을 다루고 있는 참고문헌과 링크를 탐색하도록 하라.

1. 다능성 줄기세포 치료법의 약속과 전 세계적으로 수십 건의 임상 시험에도 불구하고, 아직 승인된 치료법은 없다. 줄기세포 연구에 어려움을 야기하는 기술적, 윤리적 문제는 무엇인가?

   이 문제에 관해서는 다음을 참고하라: Scudellari, M. (2016). A decade of iPS cells. *Nature* 534:310-312. Kimmelman, J., et al. (2016). Global standards for stem cell research. *Nature* 533:311-313.

2. ESC와 iPS 세포를 사용한 많은 초기 임상 시험이 진행되고 있지만, 전 세계 수백 개의 규제되지 않은 병원들에서 줄기세포 치료를 제공한다. 이러한 "불량" 진료소를 관리하는 지침과 규정을 만들기 위한 노력에 대해 논의하라. 그들이 있어야 하는지 아니면 없어져야 하는지에 관한 윤리적 주장은 무엇인가?

   규제되지 않은 줄기세포 치료들은 다음 자료에 논의되어 있다: A Closer Look at Stem Cells, *sponsored by the International Society for Stem Cell Research (ISSCR)* (http://www.closerlookatstemcells.org/).

사례 연구 한 발 또는 다른 발

인간에서, *HOXD* 유전자는 사지의 발달에 중요한 역할을 담당한다. 튀어나온 발바닥[선천성 수직 거골증(congenital vertical talus, CVT)] 혹은 갈퀴 발[샬코 마리 투스 증후군(Charcot Marie Tooth, CMT)] 등의 기형을 가진 여러 가계에 대한 분석으로, CVT가 다양한 발현도와 불완전 침투도를 가진, 상염색체성 우성 형태임이 드러났다(침투도와 발현도에 관한 논의는 4장을 참고하라). 유전체 분석으로, 전사 인자인 *HOXD10*의 단일 과오 돌연변이가 이 두 가지 기형의 원인임이 밝혀졌다. 이 돌연변이는 사지 발생 과정 중에 발현되는 표적 유전자의 DNA 결합에 필수적인 호메오도메인 인식 서열에 위치한다. 다양한 발현도와 불완전 침투도를 나타내는 질병들은, 가족 구성원들이 자녀를 가질 것인지를 판단하는 데 많은 문제를 제기한다. 돌연변이 대립유전자를 가지고 있지만 표현하지 않는 부모 "보인자"에게서 영향을 받은 아이가 태어날 위험성을 추정하기는 어렵다. 또한 영향을 받은 아이에게 발생할 수 있는 기형의 형태와 발현 정도를 추정하는 것 역시 매우 어려운 일이다.

1. 이미 임신을 한, 영향을 받지 않은 한 가족 구성원과의 만남을 준비하면서, 유전 상담사는 발생 유전학자인 당신에게 다음과 같은 두 가지 질문을 했다:

a. 전사 인자를 암호화하는 유전자의 우성 돌연변이가 어떻게 다른 사람에게는 유전되지 않는데도 일부 사례에서는 발생 기형을 유발할 수 있는가?

b. 다양한 발현도가 어떻게 동일한 돌연변이에서 기인하는, 임상적으로 다른 두 가지 질병을 유발할 수 있는가?

2. 그 상담사는 가족 구성원에게 그녀가 돌연변이를 가졌는지를 결정하기 위해 유전자 검사가 가능하다고 말할 계획이다. 윤리적 관점에서, 가족 구성원이 돌연변이를 가지고 있는 것으로 밝혀져 검사를 진행하기를 원하는 경우, 가능한 결과에 대해 어떤 세부 정보가 제공되어야 할까?

다음 자료를 참고하라: Pauli, R., and Motulsky, A. (1981). Risk counseling in autosomal dominant disorders with undetermined penetrance. *J. Med. Genet.* 18:340-343.

요약 정리

1. 발생 유전학은 유전정보가 발생과 분화를 조절하는 기작을 탐구하는 생물학의 주요 연구 분야 중 하나이다. 유전학자들은 발생 돌연변이를 분리하여 이런 발생 과정에 관련된 유전자를 확인함으로써 이 주제를 조사한다.
2. 배아 발생 동안, 특정 유전자의 활성은, 세포질 내 국소적 구성요소를 포함한 세포의 내부 환경에 의해 조절된다. 초파리에서는, 초기 사건의 조절이 모계의 세포질에 의해 매개되며 접합자 유전자 발현에 영향을 미친다. 발생이 진행됨에 따라, 세포의 내부 환경과 외부 환경은 초기 유전자 산물의 존재와 다른 세포와의 의사소통에 의해 더욱 변화된다.
3. 초파리(*Drosophila*)에서, 유전적이고 분자적인 연구들은 알이 유충과 성충에서 신체 계획을 결정하는 분자적 정보를 포함하고 있음을 확인시켜 주었다.
4. 초파리의 배아 발생에 대한 광범위한 유전적 분석을 통해 배아의 앞-뒤 축을 설정하는 모계-영향 유전자가 확인되었다. 또한 이러한 모계 효과 유전자는 접합자의 체절화 유전자 세트를 활성화하며 순차적인 유전자 조절을 시작하는데, 이런 과정은 호메오틱 선별 유전자에 의한 체절 정체성의 결정으로 끝난다. 이와 동일한 유전자 세트가 인간을 포함한 모든 좌우 대칭 동물의 배아 발생 단계를 조절한다.
5. 애기장대에서의 꽃 형성은 호메오틱 유전자들에 의해 조절되지만 이 유전자 세트들은 초파리나 다른 동물들의 호메오틱 선별 유전자들과는 다른 유전자 패밀리의 구성원들이다.
6. 예쁜꼬마선충과 기타 여러 생물에서는, 세포-세포 신호전달 체계가 인접 세포와 원거리 세포들의 발생 운명을 계획한다.
7. 발생 과정의 주요 변화는 종종 이원적 스위치 유전자들에 의해 조절되는데, 이들의 작용으로 기관 또는 조직 유형의 형성을 초래하는 두 가지 대체 경로 중 하나가 선택된다.

통찰과 해법

1. 점균류인 *Dictyostelium*에서는 cyclic AMP(cAMP)가 포자 형성을 일으키는 발생 프로그램에 중요한 역할을 한다는 실험적 증거가 제시되어 있다. cAMP에 대한 세포 표면 수용체를 만드는 유전자들이 클론화되었고, 그 단백질 성분의 아미노산 서열도 알려졌다. 생식구조를 형성하기 위해, 자유 생활을 하던 각각의 세포들이 모이고 뭉쳐서 두 가지 세포 형태로 분화한다: 전포자 세포(prespore cell)와 전줄기 세포(prestalk cell)이다. 뭉친 세포들은 cAMP 농도를 높게 혹은 낮게 진동하는 형태로 분비하며 이것이 세포들의 뭉침 현상을 강화시킨다. 그리고 지속적인 cAMP 분비는 뭉쳐 있는 세포에서의 후기 발달 단계에서 유전자를 활성화시킨다. cAMP가 세포-세포 상호작용과 유전자 발현을 조절한다고 제안되었다. 여러 가지 실험적 기술들을 사용하여 이 가설을 검사하는 것이 중요하다. 이 가설을 시험하기 위해 여러분은 어떠한 접근법들을 생각해낼 수 있는가? 그리고 이것을 검사하기 위해 여러분이 사용해야 하는 특수한 실험적 체계는 무엇인가?

   해법: 생물학에서 가장 강력한 분석법 중 두 가지는, 생화학적 유사체(혹은 저해제)를 사용하여 예측 가능한 방식으로 유전자의 전사를 막거나 유전자 산물의 활동을 억제하는 것과, 유전자나 그들의 산물을 바꾸기 위하여 돌연변이를 사용하는 것이다. 이 두 접근법은 이 *Dictyostelium*의 발생 프로그램에서 cAMP의 역할을 연구하는 데 사용될 수 있다. 첫째는 cAMP와 화학적으로 연관 있는 화합물들, 예를 들어 GTP와 GDP 같은 것들이 cAMP에 의해 조절되는 과정에 영향을 미치는지를 검사하는 것이다. 사실, GTP나 GDP는 둘 다 AMP에 대한 세포 표면 수용체의 친화도를 감소시켜, 효과적으로 cAMP의 작용을 방해한다.

   돌연변이 분석도 cAMP 수용체 시스템의 성분을 분석하는 데 사용될 수 있다. 한 가지 접근법은 야생형의 유전자들로 형질전환시켜 돌연변이 기능이 회복되는지 관찰하는 것이다. 마찬가지로, 수용체 단백질 유전자가 클론화되어 있기 때문에, 구성 단백질 유전자에 알고 있는 변이를 가진 돌연변이들을 만들어 이것을 세포에 전달하여 형질전환시키고 그 효과를 관찰하는 것도 가능하다.

2. 성게에서, 초기 발생은 액티노마이신 D(actinomycin D)만 있어도 일어날 수 있는데, 이것은 RNA 합성을 저해한다. 그러나 만약 액티노마이신 D가 발생 초기에 존재하지만 수 시간 후에 제거된다면, 모든 발생이 멈춘다. 사실상, 액티노마이신 D가 발생 과정에서 6~11시간 사이에만 존재하면, 15시간째에는 정상적으로 발생해야할 사건들이 멈춘다. 6~15시간 사이의 유전자 전사의 역할을 고려하면 어떤 결론을 도출할 수 있는가?

   해법: 모계의 mRNA들이 성게의 수정란에 존재한다. 따라서 상당한 정도의 발생은 배아 유전체의 전사 없이도 일어날 수 있다. 이전의 액티노마이신 D 처리에 의해 15시간 이후에 발생이 저해되기 때문에, 배아의 유전체에서 생긴 전사체들은 이 사건들을 개시하거나 유지시키는 데 필요한 것으로 보인다. 이 전사는 6~15시간 사이의 발달 시기에 이루어져야만 한다.

(계속)

3. 초파리의 호메오틱 유전자를, 꽃 호메오틱 유전자에 동형접합성인 애기장대의 배아로 도입할 수 있다면, 이 초파리 유전자가 애기장대의 돌연변이 표현형을 구제할 수 있겠는가? 이유는?

해법: 초파리의 호메오틱 유전자는 *Hox* 유전자 패밀리에 속하는 반면, 애기장대의 호메오틱 유전자들은 MADS-박스 단백질 패밀리에 속한다. 두 유전자 패밀리가 초파리와 애기장대 모두에 존재하지만 이들은 동물계와 식물계에서 서로 다른 기능으로 진화해 왔다. 결과적으로, 옮겨진 초파리 *Hox* 유전자는 MADS-박스 돌연변이의 표현형을 복원시키지 못할 것으로 보인다. 하지만 실제 실험만이 이것을 확인해 줄 수 있다.

24

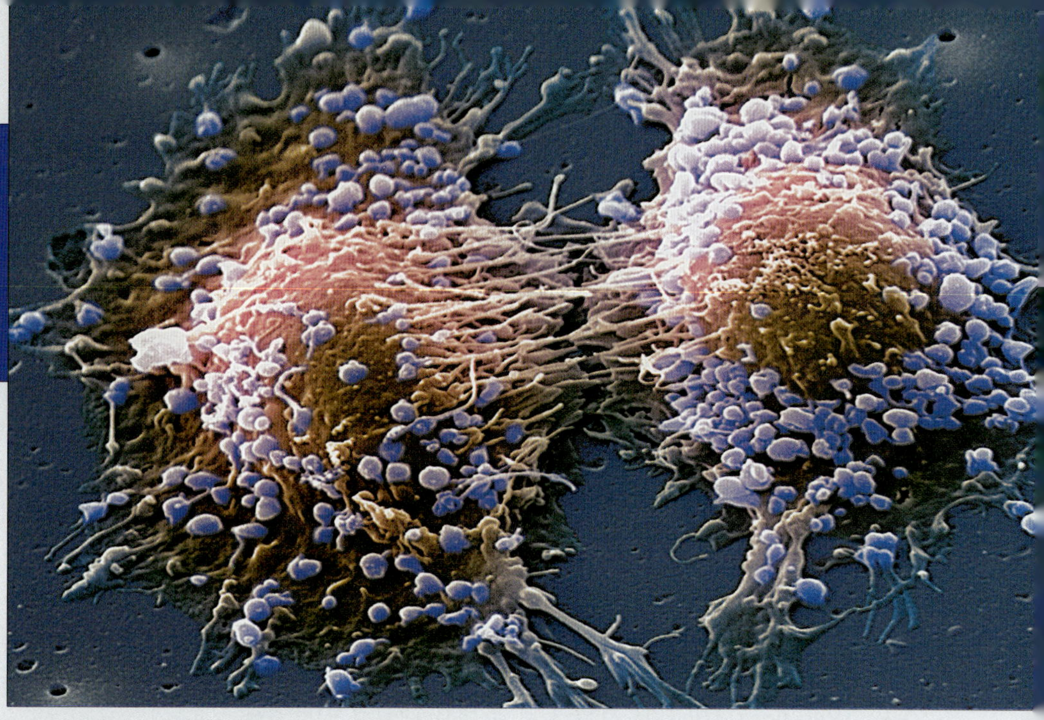

암 유전학

세포 분열의 마지막 단계(세포질 분열)에 있는 두 개의 전립샘암 세포(채색 주사 전자현미경). 세포들은 아직 세포질 다리로 연결되어 있다.

핵심 개념

- 암은 DNA 수리, 염색질 변형, 세포 주기 조절, 아포토시스, 그리고 세포 신호전달 등을 포함한, 기본적 세포 기능 측면에서의 유전적 결함이 특징이다.
- 암 유발 돌연변이 대부분은 체세포에서 발생한다; 암의 약 5~10%만 유전적 요인을 갖는다.
- 1차 암세포와 2차 종양 세포들은 클론들이어서 여러 개의 발암성 돌연변이들을 축적한 하나의 줄기세포에서 기원한다.
- 암의 발달은 다수의 돌연변이와 클론의 팽창이 필요한 다단계 과정이다.
- 암세포들은 높은 수준의 유전체 불안정성을 나타내며, 이 때문에 암 관련 유전자들에서 여러 돌연변이들이 축적된다.
- DNA 메틸화와 히스톤 변형 같은 후성유전학적 특징의 변화는 암의 발생에 중요한 역할을 한다.
- 원암 유전자와 종양 억제 유전자들에서의 돌연변이들이 암의 발달에 기여한다.
- 여러 가지 천연 발암제들이나 인위적 발암물질뿐 아니라, 바이러스에 의해서도 암을 만드는 유전적 변화가 생길 수 있다.

암은 서방 국가들에서는 심장병 다음의 2번째 주된 사망 원인이다. 모든 연령대의 사람들에게 영향을 미치며, 세 명 중 한 사람은 일생에 한 번 암을 경험하게 된다. 전 세계적으로 해마다, 1,400만 건 이상의 암이 진단되며, 800만 명 이상의 사람들이 암으로 사망한다.

지난 40여 년에 걸쳐 과학자들은, 암이란 체세포 수준에서의 유전적 질병으로서, 돌연변이 되었거나 잘못 발현되는 유전자의 산물들이 존재가 특징이라는 사실을 발견했다. 여러 개의 비정상적 유전자 산물의 종합 효과가 암세포의 통제되지 않은 세포 성장 및 전이를 일으킨다. 일부 돌연변이된 암 유전자들은 유전될 수도 있지만, 대부분은 체세포 내에서 생기고, 그 후 분열하여 종양을 형성한다. 인간 유전체 프로젝트의 완료와 다수의 신속한 거대 규모의 DNA 서열화 연구들로 인해 세포를 암화시키는 돌연변이들에 대한 새로운 정보들이 엄청나게 쏟아지기 시작했다. 암 유전학에 대한 이런 새로운 이해 역시 새로운 유전자-특이적 치료를 이끌어내고 있으며, 그 중 몇몇은 이제 임상 실험에 진입 중이다. 일부 과학자들은 향후 25년 내에 유전자-표적화 치료들이 화학 치료를 대체할 것이라고 예상한다.

이 장의 목표는 암의 원인과 성격에 대한 현재의 이해를 조명하는 것이다. 앞으로 살펴보게 되겠지만, 암은 세포 기능의 많은 기초적 측면을 통제하는 유전자들에서 발생한 돌연변이 축적에 의한 유전자 질환이다. 우리는 유전자와 암 사이의 관계를 살펴보고, 돌연변이, 염색체 변화들, 후성유전학, 그리고 환경 인자들이 암의 발생에 어떻게 작용하는지 고려할 것이다. 이 장에서 논의된 것 중 일부는 교재 말미와 다른 장에서 더 자세히 탐구될 것이다(19장과 특강 3장—유전체학과 정밀의학 편 참고).

24.1 암은 체세포 수준의 유전병이다

아마도 암의 원인에 대한 이해에서 가장 중요한 발전은, 암이 유전적 질병이라는 것을 알게 되었다는 사실일 것이다. 암과 관련된 유전체 변화는 단일 뉴클레오타이드 치환에서부터 거대한 크기의 염색체 재배열, 증폭, 그리고 결실에 이르기까지 매우 다양하고 넓다(그림 24.1). 그러나 다른 유전 질병들과 달리, 암은 주로 체세포에서 발생하는 돌연변이들에 의해 생긴다. 암의 오직 5~10% 정도만이, 어떤 형태의 암에 대한 개인의 취약성을 높이는 생식세포성 돌연변이와 관련이 있다. 암과 다른 유전 질병과의 또 다른 중요한 차이는, 암이 단일 유전자의 단일 돌연변이에 의해서는 거의 발생하지 않고, 여러 유전자에서 생긴 여러 돌연변이들의 축적에 의해 발생한다는 것이다. 암을 일으키는 돌연변이들은 세포의 다양한 기능, 예를 들어 DNA 손상의 수리, 세포 분열, 아포토시스, 세포 분화, 세포 이동, 그리고 세포-세포 접촉 등에 영향을 미친다.

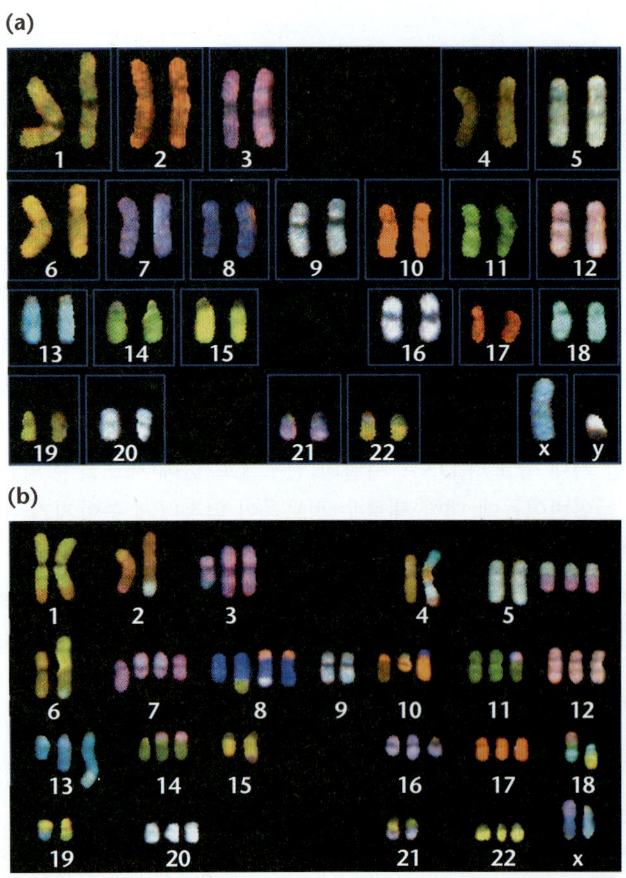

그림 24.1 (a) 정상 세포의 분광 핵형(spectral karyotype). (b) 암세포의 특징인 전좌, 결실, 그리고 이수성을 나타내는 암세포의 핵형.

암이란 무엇인가?

임상적으로, 암은 발생한 세포 형태와, 각 암 형태에서 생긴 유전적 변화에 따라 달라지는 다수의 아주 복잡한 질병으로 정의된다. 암은 발병 연령, 성장 속도, 침투력, 예후, 그리고 치료에 대한 반응성 등이 매우 다양하다. 그러나 분자적 수준에서는, 모든 암을 한 그룹으로 묶는 공통적 특성들을 나타낸다.

모든 암세포는 두 가지 기본적 특징들을 공유한다: (1) 비정상적 세포 성장과 분열(**증식**, **cell proliferation**), 그리고 (2) 세포들이 퍼져 나가 신체의 다른 지역에 침투하지 못하도록 하는 정상적 제제력 상실(**전이**, **metastasis**)이다. 정상적인 세포에서는, 이러한 기능들이 시간과 공간에 알맞게 적절히 발현되는 유전자들에 의해 매우 엄격하게 통제된다. 암세포에서는, 이러한 유전자들이 돌연변이되었거나 부적절하게 발현된다.

통제되지 않은 세포증식과 전이가 조합되어 암세포를 위험한 것으로 만든다. 한 세포가 단순히 세포 성장에 대한 유전적 통제를 상실한 것이면, 그것은 다수의 세포가 덩어리로 자라는데, 이것을 **양성 종양(benign tumor)**이라고 한다. 그러한 종양은 종종 수술로 제거될 수 있으며 심각한 해를 입히지는 않는다. 그러나 만약 종양의 세포들이 혈류 속으로 들어가 다른 조직에 침투하는 능력을 얻게 되면, 2차 종양들을 형성한다(**전이된다**). 이들은 악성이 된다. **악성 종양(malignant tumor)**들은 치료하기가 어렵고 종종 생명을 위협하기도 한다. 이 장의 후반에 살펴보겠지만, 양성 종양을 위험한 악성 종양으로 변화시키는 여러 단계와 유전적 돌연변이들이 존재한다.

암세포 클론의 기원

비록 악성 종양들이 수십억의 세포들을 포함할 수 있고, 신체의 다양한 부분들로 침투하여 자랄 수 있지만, 모든 1, 2차 종양들의 암세포들은 클론들이다. 즉, 그들은 여러 가지의 특수한 돌연변이들을 축적한 공동의 한 조상 세포로부터 기원한 것이다. 이것은 암의 분자적 원인에 대한 이해에 있어 중요한 개념이며 암의 진단에서도 의미가 깊다.

여러 자료가 암의 클론성에 대한 개념을 지지한다. 예를 들어, 상호 전좌들은 백혈병(leukemia)과 림프종(lymphoma)들(두 가지 암 모두 백혈구 세포와 관련되어 있다)을 포함하여 많은 암들의 특징이다. 버킷 림프종(Burkitt's lymphoma) 환자의 암세포들은 8번 염색체(*c-myc* 유전자 근처의 전좌 절단 지점)와, 2번, 14번, 혹은 22번 염색체(면역글로불린 유전자나 그 근처에서 생긴 전좌 절단 지점) 사이의 상호 전좌를 나타낸다. 버킷 림프종 환자들은 *c-myc* 유전자와 면역글로불린 유전자 DNA 서열에서 환자를 나름대로의 독특한 절단 지점을 나타낸다; 그러나 한 환자의 모든 림프종 세포들은 동일한 전좌 절단 지점을 포함한다. 이것은 버킷 림프종의 개별 사례에서는 모든 암세포들이 단일 세포에서 기원했으며, 이 세포가 자신의 유전적 이상을 후손에 전달했음을 증명해 준다.

비록 한 종양 내의 모든 암세포가 클론들이어서 조상 종양 세포에서 생긴 핵심 암-유발 유전자 세트를 동일하게 갖고 있기는 하지만, 종양 내의 모든 세포들의 전체 유전체가 유전적으로 똑같은 것은 아니다. 차세대 서열화 연구들은 종양들이 하위 집단들(subpopulations) 혹은 하위 클론들(subclones)로 구성되어 있어서, 그들 각각은 자신들만의 독특한 돌연변이 세트를 포함한다. 우리는 이 장의 후반에 암의 하위 클론들의 기원과 중요성에 대해서 논의할 것이다.

운전자 돌연변이와 동승자 돌연변이

과학자들은 이제 종양 내의 모든 체세포성 돌연변이들을 규명하기 위해 DNA 서열화에서의 최근 발전 일부를 적용하고 있다. 이런 연구들은 한 환자의 암세포 유전체 DNA 서열과 정상 세포들의 유전체 서열을 비교한다. 이런 연구에서 나온 자료들은 수만 가지의 체세포 돌연변이들이 암세포들에 존재할 수 있음을 보여준다. 연구자들은 각 종양에 존재하는 소수의 돌연변이만이 그 세포들의 성장에 도움을 제공하는 것으로 믿는다. 이런 돌연변이들을 **운전자 돌연변이(driver mutation)**들이라고 한다. 나머지 돌연변이들은 아마도 암세포들에서 발생하는 높은 수준의 DNA 손상 결과 시간이 흐르면서 얻은 것들일 수 있지만, 이 돌연변이들은 암 표현형에 직접 기여하지는 않는다. 이들은 **동승자 돌연변이(passenger mutation)**들로 알려져 있다. 특정 암에서 발생하는 운전자 돌연변이의 총 수는 적어서 2~8개 정도이다.

이제는 개별 종양 세포의 유전체를 서열화할 수 있다. 이런 연구들은 종양 내의 개별 세포들 사이에서, 그리고 하위 클론들 사이에서 상당한 유전적 변이가 있음을 확인해준다. 이런 변이의 대부분은 서로 다른 유형의 동승자 돌연변이가 축적되기 때문에 발생하며, 일부 주요 운전자 돌연변이는 하위 클론들 간에 일정하게 유지된다. 이 동승자 돌연변이 대부분은 비록 처음에는 그들을 포함한 세포에 선택적 이점을 부여하는 것은 아닐지라도, 화학치료나 방사선 치료 같이 환경 조건이 바뀌면 약물 저항성 같은 새로운 표현형을 부여하는 동승자 돌연변이가 선택되어 그 세포의 클론 팽창을 일으키고 종양 내의 새로운 하위 클론이 출현하게 만든다.

다음 절에서는 암을 유발성 운전자 돌연변이들을 얻은 유전자들(암유전자와 종양 억제 유전자들로 불림)이, DNA 수리, 염색질 변형, 세포 주기 조절, 그리고 예정 세포 사멸 등을 포함한 세포의 필수적 기능들 다수를 조절한다는 것을 살펴보게 될 것이다.

암의 줄기세포 가설

암세포들의 클론 기원과 관련된 한 가지 개념은, 암 줄기세포에 관한 것이다. 많은 과학자들은 현재, 종양 내의 대부분의 세포들이 증식하지 않는다고 믿고 있다. 증식하여 종양 내의 거의 모든 세포를 만든 세포들은 **암 줄기세포(cancer stem cell)**들이라고 알려져 있다. 줄기세포들은 자기 생산 능력을 갖춘 미분화 세포들로서, 이 과정에서 줄기세포들은 불균등하게 분열하여 성숙한 세포 형태로 계속해 분화하는 딸세포 하나와, 줄기세포로 남는 딸세포 하나가 된다. 줄기세포에 대해서는 교재의 다른 곳에서도 논의되어 있다(23장의 유전학과 윤리, 그리고 사회 부분을 참고하라). 암 줄기 세포 가설은 한 종양 내의 모든 세포들이 새로운 종양을 형성할 수 있는 능력을 가진다고 예측하는 무작위 혹은 확률 모형과 대조적이다.

고형암들인 뇌, 유방, 장, 난소, 췌장, 그리고 전립샘의 암들뿐 아니라, 백혈병에서도 암 줄기세포들이 발견되었다. 어떤 종양의 어느 정도가 암 줄기세포로 구성되는지는 아직 분명치 않다. 예를 들어, 인간의 급성 골수성 백혈병은 10,000개 중 하나 미만의 암 줄기 세포를 가진다. 대조적으로, 일부 고형암들은 암 줄기세포를 40%까지 포함할 수도 있다.

암 줄기세포들은 한 조직 내의 정상적인 성체 줄기세포에서 생길 수도 있고, 혹은 다수의 돌연변이 축적과 염색질 구조 변화를 획득한 후, 줄기세포와 유사한 성질을 획득한 일부 분화된 체세포들에서 생겨날 가능성도 있다.

다수의 돌연변이와 클론 팽창을 요구하는 다단계 과정으로서의 암

비록 암이 조절되지 않는 세포의 증식과 전이를 일으키는 돌연변이에 의해 시작되는 유전 질환이라고 알고는 있지만, 한 개의 돌연변이를 가지고 정상 세포를 종양 형성 악성 세포로 만들기는 쉽지 않다. 만약 그 정도로도 충분하다면, 암은 아마 지금보다 훨씬 흔했을 것이다. 인간에서는 세포분열 때마다 한 유전자당 10^{-6} 정도로 자연 돌연변이가 발생하는데, 주로 DNA 복제의 내생적 오류율 때문이다. 인간의 일생 동안 약 10^{16}번의 세포분열이 발생하므로, 한 사람은 일생 동안 신체 어느 부분에선가는 유전자당 10^{10} 돌연변이를 겪을 수 있다. 그러나 3사람 당 한 명 정도만이 암으로 고생한다.

노화와 관련해 암이 나타나는 현상은, 암이 하나의 세포에서 발생하는 여러 돌연변이 사건의 축적으로 인한 것임을 보여주는 또 다른 시사점이다. 대부분의 암 발생은 나이와 함께 기하급수적으로 증가한다. 만약 하나의 돌연변이가 정상 세포를 악성 세포로 만들기에 충분하다면, 암의 발생률은 나이와 무관하게 나타날 것이다. 암이 다단계 과정임을 가리키는 또 다른 징후는 암을 일으키는 **발암원(carcinogen)**에의 노출과 암의 출현 사이에 생기는 지연 현상이다. 예를 들어, 히로시마와 나가사키의 원자탄 폭발로 인해 사람들이 방사능에 노출되었던 시기와 백혈병 발병 시기 사이에는 약 5년~8년까지의 잠복기가 있었다.

종양형성(**tumorigenesis**; 악성 종양의 발달)의 각 단계는 세포를 점차 정상적인 증식에 대한 통제로부터 벗어나게 하여 악성으로 만드는 둘 혹은 그 이상의 유전적 변화에 기인하는 것으로 보인다. 각 단계는 세포의 성장 및 생존에 선택적 이점을 부여하고 완전한 악성 종양으로 이어지는 연속적인 **클론 팽창(clonal expansions)**을 통해 퍼지게 된다.

암의 단계적 클론 진화는 대장암(colorectal cancer)의 발생으로 잘 설명된다. 대장암들은 몇 가지 임상적 단계들을 통해 진행하는 것으로 알려져 있는데, 이 단계들은 몇몇 유전자들에서의 유전적 결함들이 단계적으로 축적되는 것이 특징이다(그림 24.2). 첫 번째 단계는 정상적인 상피 세포들이 선종(adenoma) 혹은 폴립(polyp)이라고 불리는 작은 세포 덩어리로 바뀌는 것이다. 이 단계에는 선종형 대장 폴립증(adenomatous polyposis coli, APC) 유전자가 불활성화되는 돌연변이 사건이 필요한데, 이 유전자는 장 세포의 정상적이 분화에 관여하는 단백질을 암호화한다. *APC* 유전자는 이 장 후반에 논의될 종양 억제 유전자이다. 결과적으로 선종이 천천히 자라며 양성인 것으로 인식된다.

대장암 발생의 두 번째 단계에는 작은 선종 내 세포들 중 하나에서 두 번째 유전적 변화가 발생하는 것이 필요하다. 이것은 보통 *Kras* 유전자에서의 돌연변이로, 이 유전자의 정상적인 산물은 세포 성장을 조절하는 데 관여한다. 대장암의 발생에 기여하는 *Kras*에서의 돌연변이들은 Kras 단백질들이 계속해서 활성적인 상태가 되도록하여 결과적으로 통제되지 않는 세포 분열을 일으킨다. *APC*와 *Kras*에서의 돌연변이를 포함하는 세포들은 클론 팽창을 통해 자라서 지름이 약 1 cm인 더 큰 중간 선종을 형성한다. 원래의 작은 선종(*APC* 돌연변이를 포함하는) 세포들은 이제 두 개의 돌연변이들을 포함하는 세포들의 수에 압도당한다.

세 번째 단계는 커다란 선종이 악성 종양인 암종(carcinoma)으로 변화되는 단계로, *TP53*, *PI3K* 및 *TGF-β*를 포함한 여러 유전자들에서의 결함에 의해 시작되는, 여러 번의 클론 팽창 사건들이 요구된다. 이런 유전자들의 산물들은 아포토시스, 성장 신호 보내기, 그리고 세포 주기 조절 같이, 정상적인 세포 성장 및 분열이라는 주요 사건들을 조절한다. 우리는 이후에 이들에 대해 보다 자세히 다룰 것이다. 결과적으로 생긴 암종은 더 성장이 가능하며, 대장의 기저 조직으로 침투하게 된다. 암종 내부의 소수 세포들이 종양을 뚫고 나와 신체의 다른 부분으로 이동하여 전이를 일으킨다.

24.2 암세포들은 유전체 안정성, DNA의 수리, 그리고 염색질 변형에 영향을 미치는 유전적 결함을 가진다

암세포들은 많은 수의 돌연변이들과 염색체 이상들을 포함한다. 많은 연구자들은 암세포들에서의 기본적 결함이란 세포가 정상적으로 DNA 손상을 고치지 못하는 것이라고 생각한다. 이렇게 유전체의 온전함을 상실하는 것은 암-유발성 운전자 돌연변이를

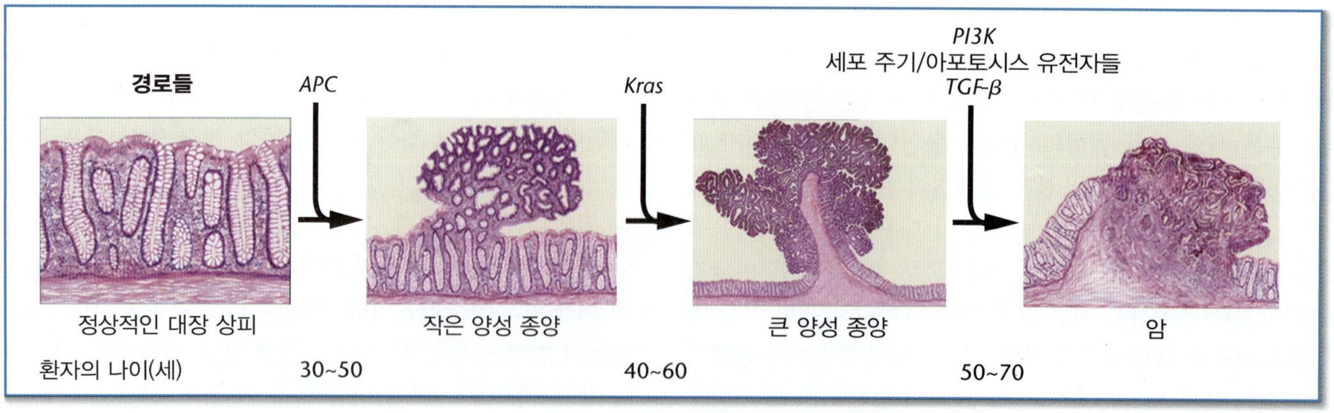

그림 24.2 대장암 발생의 단계. 운전자 돌연변이를 획득하고 대장암의 점진적 발달을 유발하는 일부 유전자들이 그림 상단에 표시되었다. 이 운전자 돌연변이들은 오랜 시간 동안 축적되는데, 악성 종양을 형성하기까지 40년 이상 걸릴 수 있다.

포함하여, 그 유전체의 모든 유전자에서 돌연변이율을 전체적으로 증가시키게 된다. 암세포에서 나타나는 높은 수준의 유전체 불안정성은 **돌연변이 유발자 표현형(mutator phenotype)**이라고 알려져 있다. 그리고 최근의 연구에 의하면, 암세포들은 염색질 변형의 위치와 형태에 있어서의 변이들을 포함하는데, 특히 DNA와 히스톤 메틸화 양상이 달라져 있음을 보여준다.

유전체 불안정성과 DNA 수리 결함

암세포의 유전체 불안정성은 체세포성 점돌연변이와 전좌, 이수성, 염색체 소실, DNA 증폭, 그리고 결실 등과 같은 대규모의 염색체 결함이 나타나는 것이 특징이다(그림 24.1과 그림 24.3). 실험실에서 배양되는 암세포들 역시 염색체 일부의 중복, 소실, 그리고 전좌된 염색체들 같이 매우 많은 염색체 불안정성을 나타낸다. 종종 암세포들은 암의 형태와 단계를 진단하는 데 사용되는 특수한 염색체 결손을 보인다. 예를 들어, 만성골수성 백혈병(chronic myelogenous leukemia, CML)에 걸린 환자의 백혈구 세포들은 특수한 전좌를 가지고 있는데, 9번 염색체의 *C-ABL* 유전자가 22번 염색체의 *BCR* 유전자 내로 전좌되어 있다. 이러한 전좌로 인해 **필라델피아 염색체(Philadelphia chromosome)**라고 알려져 있는 구조가 생긴다(그림 24.4). *BCR-ABL* 융합 유전자는 융합된 BCR-ABL 단백질을 암호화한다. 정상적인 ABL 단백질은 단백질 인산화효소(protein kinase)로, 신호전달 경로에서 외부의 환경에서 온 성장 신호를 핵으로 전달한다. BCR-ABL 단백질은 CML 세포에서 잘못된 신호 중계 분자로 작용하여, 외부의 성장 신호가 없어도 지속적으로 성장 신호를 촉발한다.

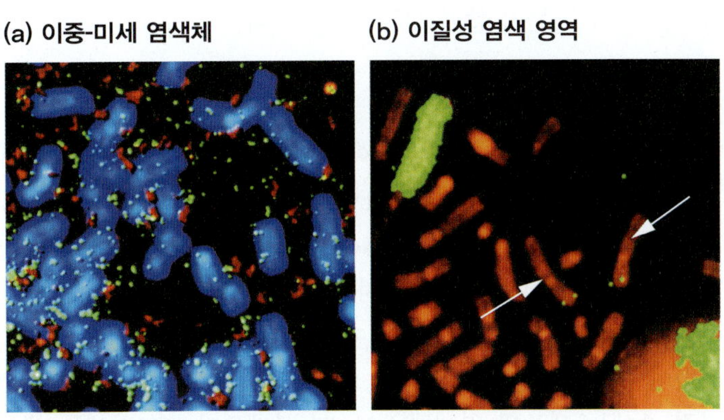

그림 24.3 신경모세포종의 세포에서 나타나는 DNA 증폭. (a) 두 가지 암 유전자들(붉은색의 *MYCN*과 녹색으로 나타나는 *MDM2*)이 작은 DNA 단편들로 증폭되어 핵 내부의 염색체 DNA로부터 분리되어 있다. 이런 증폭된 DNA 단위체들은 이중-미세 염색체(double-minute chromosome)로 알려져 있다. 정상 염색체들은 푸른색으로 염색된다. (b) 다수의 *MYCN* 유전자 사본들은 이질성 염색 영역(녹색)으로 불리는 커다란 지역 내에서 증폭된다. *MYCN* 유전자의 단일 사본은 정상적인 부모 염색체들(흰색 화살표) 말단에 녹색 점으로 보인다. 정상 염색체들은 붉은색으로 염색된다.

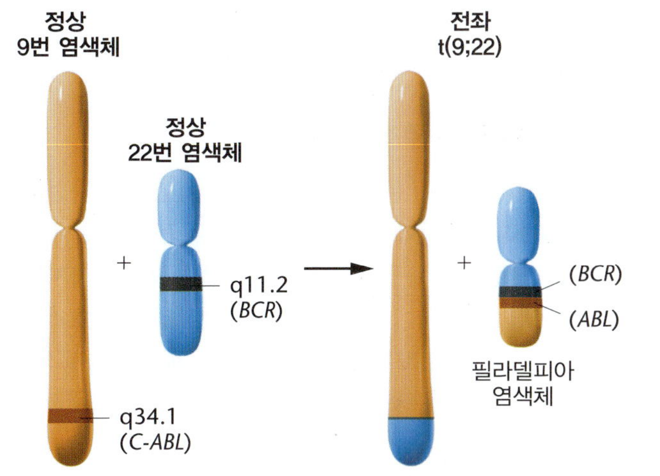

그림 24.4 9번과 22번 염색체가 관여된 상호 전좌로 인해 필라델피아 염색체라는 독특한 염색체가 형성된다. 이것은 만성 골수성 백혈병(CML)과 관련되어 있다. 전좌 t(9;22)로 인해 9번 염색체의 *C-ABL* 원암 유전자와 22번 염색체의 *BCR* 유전자가 융합된다. 융합된 단백질은 세포가 분열주기 조절을 탈출하도록 하는 강력한 혼성 분자가 되어 CML의 발달에 기여한다.

다수의 유전성 암들이 DNA 수리를 조절하는 유전자에서의 결손에 의해 발생한다. 예를 들어, 색소성 건피증(Xeroderma pigmentosum, XP)은 자외선과 기타 다른 암유발원에 극도로 민감한 것이 특징인 희귀한 유전병이다. XP 환자들은 종종 피부암을 발달시킨다. XP 환자들에서 나온 세포들은 뉴클레오타이드 절제 수리에서의 결함을 가지는데, DNA 수리를 위해 필요한 것으로 보이는 7개의 유전자 산물 중 하나에서 돌연변이를 가진다. XP 세포들은, UV에 의해 유발된 티민 이합체(thymine dimer)같은 DNA 손상을 수리하는 능력이 결여되어 있다. XP와 뉴클레오타이드 절제 수리 사이의 관계는 15장에도 설명되어 있다.

또 다른 유전성 암인 유전성 비용종성 대장암(hereditary nonpolyposis colorectal cancer, HNPCC)도 DNA를 수리하는 유전자에서의 돌연변이에 의해 발생한다. HNPCC는 상염색체성 우성 증상으로, 약 200명~1,000명당 한 명에 영향을 미친다. HNPCC에 영향을 받은 환자들은 대장암, 난소암, 자궁암, 그리고 신장암을 발달시킬 위험성이 증가된다. HNPCC 환자들에서 나온 세포들은 정상보다 높은 돌연변이율과 유전체 불안정성을 보인다. 적어도 8개의 유전자가 HNPCC와 관련이 있으며, 이들 중 네 개가 DNA의 미스매치 수리에 영향을 미친다. 이 네 유전자—*MSH2*, *MSH6*, *MLH1*, 그리고 *MLH3*—의 불활성화는 유전체 전체에서 빠르게 돌연변이가 축적되도록 하며, 연이어 여러 암을 발생시킨다.

뉴클레오타이드 절제 수리와 DNA 오결합(mismatch) 수리를 조절하는 유전자들에서의 유전적 결함들이 높은 빈도로 암을 유발한다는 관찰은, 돌연변이 유발자 표현형이 암 발생에 중요한 기여요인이라는 생각을 지지한다.

염색질 변형과 암의 후성유전학

암의 후성유전학이라는 분야는 암 유전학에 새로운 관점을 제공하고 있다. **후성유전학(epigenetics)**은 유전자 발현에 영향을 미치지만, DNA의 뉴클레오타이드 서열을 변화시키지는 않는 염색체 관련 변화에 대한 연구이다. 후성유전학적 효과는 한 세포에서 그 자손 세포로 유전될 수 있으며, 체세포나 생식계열 세포에 존재할 수 있다. 아세틸화와 인산화 같은 DNA 메틸화와 히스톤 변형은 후성유전학적 변형의 한 예이다. 이런 변형들의 유전체 위치와 양상은 유전자 발현에 영향을 줄 수 있다. 예를 들어, DNA 메틸화는 유전자 침묵을 일으키는 것으로 생각되며, 부모 각인, 이질 염색질 유전자의 억제, 그리고 X 염색체 불활성화 등과 연관된다. 유전자 발현과 유전병에 미치는 염색질 변형 및 후성유전학적 요인들의 영향은, 교재 후반에 보다 자세히 논의될 것이다(17장과 19장 참고).

암세포들은 변형된 DNA 메틸화 양상을 나타낸다. 전체적으로, 암세포에서는 DNA 메틸화가 정상 세포에서보다 적다. 동시에, 일부 유전자들의 프로모터들은 암세포에서 과메틸화된다. 이런 변화들은 정상 세포들에서는 침묵해야 할 다수의 유전자들—암 유발 유전자들을 포함—에 대한 전사 억제가 풀리게 하는 동시에, DNA 수리와 세포 주기 조절 같은 정상적인 세포 기능들을 조절해야 할 유전자들의 전사를 억제하는 것으로 생각된다.

암세포에서는 히스톤 변형 역시 망가져 있다. 히스톤 아세틸화 효소, 탈아세틸화효소, 메틸기 전이효소, 그리고 탈메틸화효소 등을 암호화하는 유전자들이 암세포에서 종종 돌연변이가 되거나 비정상적으로 발현되곤 한다. 종양에 존재하는 다수의 후성유전학적 이상들 때문에, 일부 과학자들은 암세포들이 유전자 돌연변이보다는 후성유전학적 결함이 더 많을 것으로 생각한다. 게다가, 후성유전학적 변화는 가역적이기 때문에, 후성유전학에 기반한 치료법들을 이용하여 암을 치료할 수도 있을 것이다.

풀어보기

24.1 만성 골수성 백혈병(CML)에서, 병에 걸린 혈액 세포들은 BCR-ABL 혼성 단백질의 존재로 인해 신체의 다른 세포들과 구분될 수 있다. 어떻게 이런 특징이 CML 치료를 위한 방법을 개발할 기회를 제공하는지 설명하라.

- **힌트:** 이 문제는 CML 백혈병 세포들의 독특한 유전적 특징에 기초한 치료를 상상하도록 요구한다. 해답의 열쇠는 BCR-ABL 융합 단백질이 CML 백혈구 세포들에서만 발견되며, 이 특이한 단백질이 CML의 발생에 직접 기여할 것으로 생각되는 특이한 기능을 가진다는 점을 상기하는 것이다. 답변에 도움을 받으려면 다음의 인터넷 주소에서 암치료제인 글리벡(Gleevec)에 관해 보다 자세한 내용을 찾아보도록 하라: https://www.cancer.gov/about-cancer/treatment/drugs/imatinibmesylate

24.3 암세포들은 세포 주기 조절에 영향을 미치는 유전적 결함을 가진다

모든 암세포의 기본적 이상 중 하나는 세포 증식에 대한 통제를 잃는다는 것이다. 세포의 증식은 모든 다세포 생물의 생장과 조직의 복구에 필수적인 세포의 성장과 분열 과정이다. 비록 피부의 상피세포들이나, 골수의 조혈 세포들이 생물의 일생을 통해 지속적으로 분열하고 성장하지만, 다세포 생물체의 성체 세포들은 대부분 분열하지 않으며, 조용하게 분화되어 있는 상태로 존재한다. **분화된 세포들(differentiated cells)**은 특정 기능을 위해 특수화된 세포들로, 망막의 광수용체 세포나 심장의 근육 세포 같은 것들이다. 대조적으로, 간이나 콩팥의 세포 같은 많은 분화 세포들은 세포외 신호와 성장 인자에 의해 자극을 받을 경우에 성장하여 분열할 수 있다. 이런 방식으로, 다세포 생물들은 죽거나 손상된 조직을 대체할 수 있다. 그러나 세포들의 성장과 분화는 엄격하게 조절되어야 한다; 그렇지 않으면, 부적절한 형태의 세포와 부적절한 양의 세포들이 존재하게 되어 기관과 조직의 온전함이 손상을 입게될 것이다. 정상적인 세포 증식의 조절에는 세포 주기의 단계들을 조절하는 것을 포함하여 많은 수의 유전자 산물들이 관여한다.

이 절에서는, 세포 주기의 단계들과, 이들을 조절하는 일부 유전자들을 알아보고, 이 유전자들이 변이되면 어떻게 암 발생에 기여하게 되는지 살펴보도록 할 것이다.

세포 주기와 세포 신호전달

한 세포가 분열하여 다음 분열이 이루어질 때까지 일어나는 세포의 사건들이 **세포 주기(cell cycle)**를 구성한다(그림 24.5). 세포 주기의 **사이 단계(interphase)**는 유사분열 사이의 간격을 말한다. 이 시기 중에는 세포가 자라고 자신의 DNA를 복제한다. **G1기** 중에, 세포는 DNA 복제에 필요한 효소들과 분자들을 축적하여 DNA 합성을 준비한다. G1기 이후 **S기**가 따라오며, 이 과정 중에는 세포의 염색체 DNA가 복제된다. **G2기**에는 세포가 계속 성장하며 분열을 준비한다. **M기**에는, 복제된 염색체들이 응축되고, 자매 염색분체들이 반대쪽 극으로 분리되면 세포는 둘로 나뉜다. 세포 주기의 이런 단계들에 대해서는 교재의 다른 장에서 더 자세히 다루었다(2장 참고).

G1기 초중반에, 세포는 다음 세포 주기로 들어갈지, 혹은 세

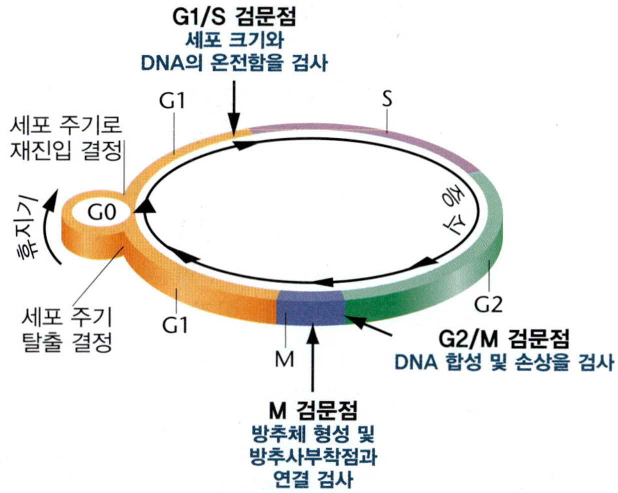

그림 24.5 검문점들과 증식 결정 지점들이 세포의 주기 진행을 감시한다.

포 주기에서 빠져 나와 휴지기로 들어갈지 결정한다. 계속 분열하는 세포들은 세포 주기를 빠져나가지 않고 G1을 통과하여 S, G2, M기로 진행한다; 그러나 만약 그 세포가 성장을 멈추라는 신호를 받으면 그것은 세포 주기의 **G0**기로 진입한다. G0기 중에는 세포들이 대사적으로 활성이지만, 성장하거나 분열하지는 않는다. 다세포 생물에서 분화된 대부분의 세포들은 언제까지든 이런 G0기에 남을 수 있다. 뉴런 같은 일부 세포들은 세포 주기로 재진입하지 않는다. 반대로, 암세포들은 G0기로 들어갈 수가 없고 대신, 세포 주기를 지속한다. 그들의 증식 속도가 정상적으로 증식하는 세포들보다 반드시 더 빠를 필요는 없지만, 그들은 적당한 시기와 장소에서 휴지기 세포가 될 수 없다.

G0 상태의 정상 세포들은 종종 외부의 성장 신호에 의해, 다시 세포 주기로 재진입하도록 자극을 받을 수 있다. 이런 신호들은 세포 표면의 수용체에 결합하는 성장인자나 호르몬 같은 분자들에에 의해 세포로 전달된다. 그러면 세포 수용체는 이 신호를 세포막에서 세포질로 중계한다. 성장 신호가 외부 환경으로부터 핵으로 전달되는 이 과정은 **신호전달(signal transduction)**로 알려져 있다. 궁극적으로, 신호전달은 세포가 G0에서 세포 주기로 다시 들어가 분열할 수 있도록 하는 유전자들의 발현을 자극한다. 암세포들은 종종 신호전달 경로에 결함을 갖는다. 때때로, 부적당한 신호전달 분자들은 외부 성장 신호가 없는데도 핵에 지속적으로 성장 신호를 보낸다. 잘못된 신호전달의 한 예는, 24.4절에서 설명한 *ras* 유전자에서 생긴 돌연변이에 기인한다. 게다가, 악성 세포들은 주변 세포들로부터의 외부 신호들—성숙한 조직 내에서의 세포 증식을 막는 정상적인 신호—에 반응하지 않을 수 있다.

세포 주기 조절과 검문점

정상적인 세포에서 세포 주기의 진행은 엄격하게 조절되며, 다음 단계가 시작되기 전에 반드시 그 전단계가 완료되어야 한다. 세포가 세포 주기의 다음 단계로 진행하기에 앞서, 외부의 성장 신호와 내부적 평형 상태를 감시하는 세포 주기의 지점이, 적어도 세 곳에 존재한다. 이들은 *G1/S*, *G2/M*, 그리고 M 검문점(*M checkpoint*)들이다(그림 24.5). G1/S 검문점에서, 세포들은 자신의 크기를 감시하고 DNA가 손상되지 않았는지를 검사한다. 만약 그 세포가 적당한 크기에 도달하지 않았거나, 혹은 DNA가 손상되었다면, 더 이상의 세포 주기 진행은 이러한 상태가 교정될 때까지 중지된다. 만약 세포의 크기와 DNA가 정상이라면, G1/S 검문점은 통과되어 세포는 S기로 진행한다. 두 번째 주요 검문점은 G2/M 검문점으로, 분열기로 진입하기에 앞서 세포의 생리적 조건이 검사된다. 만약 DNA 복제나 수리가 완료되지 않았다면, 세포 주기는 이 과정들이 완결될 때까지 억제된다. 세 번째의 주요 검문점은 M 검문점이라고 불리는 것으로, 분열이 진행될 때 발생한다. 이 지점에서는 방추체의 성공적 형성과, 동원체와 연계된 카이네토코어에 방추사가 잘 부착되었는지가 검사된다. 만약 방추사가 적절하게 형성되지 않았거나 부착이 부적절하면, 유사분열은 중지된다.

검문점에서의 세포 주기 조절 외에도, 세포는 두 가지 종류의 단백질을 통해 세포 주기의 진행을 조절한다: **사이클린(cyclin)**과 **사이클린-의존성 카이네이즈**(*cyclin-dependent kinase, CDK*)들이다. 세포는 세포 주기 동안, 정확한 방식으로 사이클린 단백질들을 축적시켰다가 분해한다(그림 24.6). 사이클린이

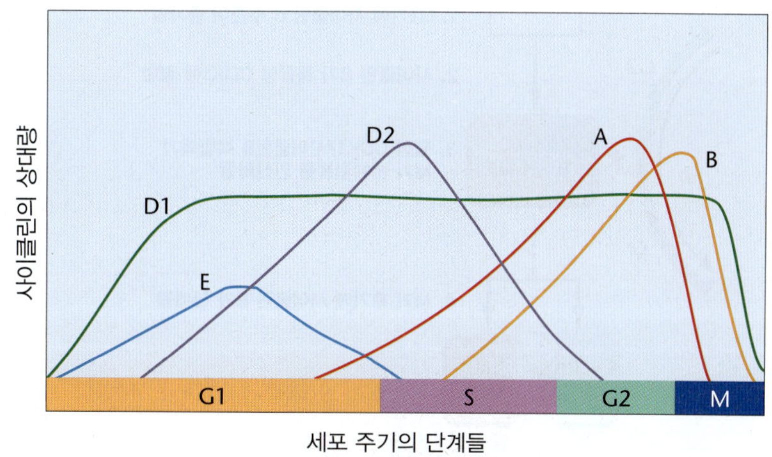

그림 24.6 세포 주기 동안 사이클린의 상대적 발현 시기와 양. 사이클린 D1은 G1기 초기에 축적되고 대부분의 주기 동안 일정하게 발현된다. 사이클린 E는 G1기에 축적되어 최고조에 이르렀다가 S기 중기에 감소한다. 사이클린 D2는 G1기 후반에 축적되기 시작해 S기 초기 직후에 최고조에 이른 후 G2기 초기에 감소한다. 사이클린 A는 G1 말기에 출현해 S기 동안 축적되고 G2/M 전이기에 최고조에 이르렀다가 빠르게 분해된다. 사이클린 B는 G2/M 전이 시기에 최고조에 이르렀다가 M기에 빠르게 감소한다.

존재하면, 이것은 특정한 CDK에 결합하여 CDK/cyclin 복합체의 활성을 촉발시킨다. 그러면 CDK/cyclin 복합체는 세포 주기 진행에 필요한 변화를 일으키는 다른 단백질들을 선택적으로 인산화시켜 활성화한다. 예를 들어, G1기에는, CDK4/cyclin D 복합체가 S기의 DNA 복제에 필요한 산물들(DNA 중합효소 δ와 DNA 연결효소)의 유전자의 전사를 촉진하는 단백질을 활성화한다. 또다른 CDK/cyclin 복합체인 CDK1/cyclin B는 초기 분열기의 사건들(핵막 분해, 염색체 응축, 세포골격 재구성 등)을 일으키는 데 필요한 많은 수의 단백질들을 인산화한다(그림 24.7). 그러나 분열은 사이클린 B가 분해되고, M기에 특징적인 단백질 인산화가 역전되었을 때만 완료될 수 있다. 비록 많은 수의 서로 다른 단백질 인산화효소(kinase)들이 세포에 존재하지만, 세포 주기 조절에 관여하는 것은 소수이다.

세포 주기를 조절 단백질 유전자들 중 어느 것이라도 돌연변이되거나 잘못 발현되는 것은 암의 발생에 기여할 수 있다. 예를 들어, G1/S 혹은 G2/M 검문점들을 조절하는 유전자들이 돌연변이되면, 그 세포는 DNA 손상을 수리하지 않은 채 성장하고 분열을 계속할 수 있다. 이런 세포들이 분열을 지속함에 따라, 세포 증식이나 전이를 조절하는 유전자들에서 돌연변이들이 축적된다. 유사하게, 사이클린을 암호화하는 유전자들처럼, 세포 주기 진행을 조절하는 유전자들이 잘못된 시기에 비정상적 수준으로 발현된다면, 그 세포는 지속적으로 자라고 분열하게 되어 세포 주기를 빠져나와 G0로 들어가지 못할 수 있다. 두 경우 모두 증식에 대한 세포의 조절을 상실하는 것이며 세포가 암이 되는 경로로 작용한다.

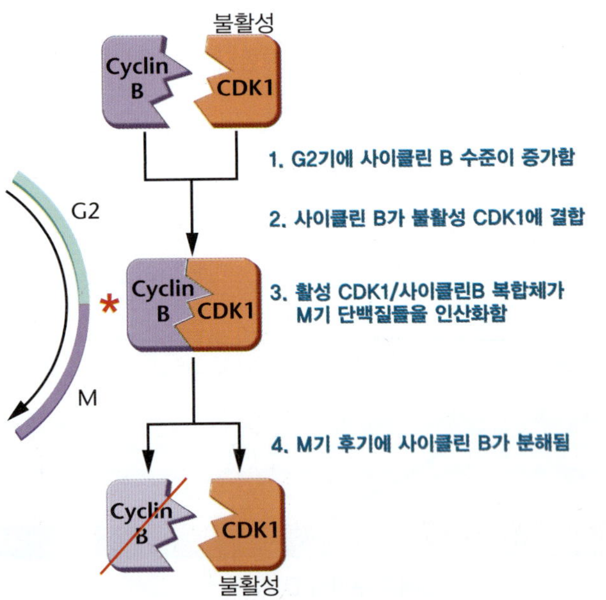

그림 24.7 CDK1과 사이클린 B가 G2기에서 M기로의 전이를 조절한다. G2기 후기에 사이클린 B가 축적되고, 불활성 CDK1 분자와 결합하여 복합체를 형성한다. 이 복합체 내에서 CDK1이 활성화되면 세포 성분들에 인산기를 추가한다. 이런 인산화 분자들이 M기에 필수적인 구조적, 생화학적 변화들을 일으킨다. M기 후기에는 사이클린 B가 분해되고, CDK1도 불활성화되며, M기 특이적인 인산화도 역전된다.

아포토시스의 조절

이미 설명한 바와 같이, 만약 DNA 복제, 수리, 혹은 염색체 조립이 부적절하면, 정상 세포들은 이 조건이 교정될 때까지 그들의 세포 진행을 멈추고 기다린다. 이것은 정상적으로 증식하는 세포들에서 돌연변이의 축적이나 염색체 이상이 누적되는 것을 감소시켜준다. 그런데 만약 DNA나 염색체 손상이 너무 심각하여 수리가 불가능하면, 그 세포는 두 번째 보호 대책을 시작한다—즉, **아포토시스(apoptosis)**, 혹은 **예정 세포사멸**(*programmed cell death*)이라고 불리는 과정이다. 아포토시스는 세포가 자살을 감행하도록 하는 유전적 조절 과정이다. 암을 막는 역할 외에도, 아포토시스는 또한 정상 다세포 생물의 발생에서 최종적인 성체에 기여하지 않는 일부 세포들이 제거되기 위해서도 발생한다. 손상된 세포들이나 발생 중에 제거되어야 할 세포들을 위한 아포토시스의 단계들은 동일하다: 핵 DNA들이 단편화되고, 내부 세포 구조들이 파괴되며, 세포가 아포토시스 소체(apoptotic body)라고 불리는 작은 구형 구조물로 분해된다(그림 24.8). 마지막 단계에서는, 아팝토시스 소체들이 면역계의 대식세포에 의해 제거된다. **캐스페이즈(caspase)**라고 불리는 일련의 단백질 분해효소들이 아포토시스의 개시와 세포 내 성분들의 소화를 일으킨다.

아포토시스는 Bcl2와 BAX 같은 특수한 유전자 산물의 수준과 활성의 조절이 아포토시스를 촉발하거나 억제하는 방식으로, 유전적으로 조절된다. BAX 단백질 집단의 구성원들은 아포토시스를 개시하도록 하며, Bcl2 집단의 구성원들은 아포토

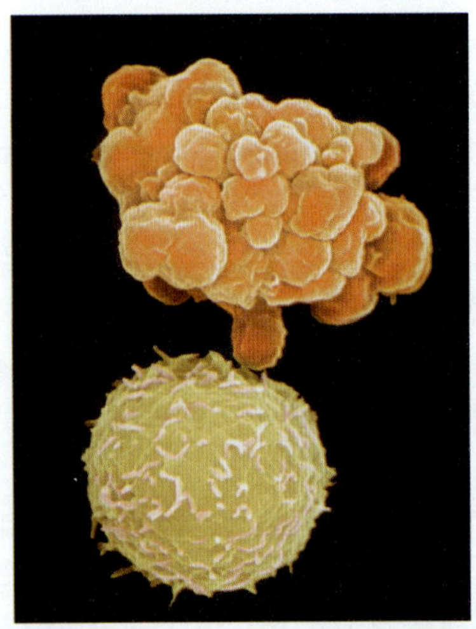

그림 24.8 정상 백혈구(아래)와 아포토시스를 겪는 백혈구(위). 아포토시스 소체들이 세포 표면에서 포도처럼 덩어리로 나타난다.

시스를 억제한다. 정상적인 세포에서, Bcl2 단백질들은 BAX 단백질들의 활성을 억제하여 세포가 생존할 수 있도록 해준다. 세포가 DNA 손상 같은 스트레스 상황에 놓이면, Bcl2 활성은 억제되어 BAX가 아포토시스를 촉할할 수 있도록 한다. 암세포들은 종종 높은 수준의 Bcl2를 포함하거나, BAX 수준이 감소해 있어서 세포가 아포토시스로 들어가는 것을 방해한다.

세포 주기 검문점들을 조절하는 것과 동일한 유전자들 몇몇이 아포토시스 경로를 개시한다. 이런 유전자들은 여러 암들에서 돌연변이되는 것들이다. 이런 검문점 유전자들의 돌연변이나 불활성화 결과, 세포는 자신의 DNA를 수리할 수 없게 되거나 아포토시스를 일으키지 못한다. 이렇게 되면, 성장, 분열, 그리고 전이를 조절하는 유전자들에 더 많은 돌연변이가 축적된다.

암 치료법과 암세포 생물학

암 치료의 두 가지 주요 방식은 **화학치료**(*chemotherapy*)와 **방사선 치료**(*radiotherapy*)이다. 이런 치료법들은 증식하는 세포를 우선적으로 표적으로 삼아 작동한다. 이런 치료에 사용되는 약물들은 DNA를 포함한 많은 세포 구성요소를 손상시켜 아포토시스 및 괴사와 같은 다른 형태의 세포 사멸을 유발한다. 암세포는 정상 세포보다 빠르게 증식하고 손상된 DNA의 복구 능력도 떨어지므로, 이런 약물들에 더 취약하다.

화학치료제들은 암세포 생물학의 여러 측면들을 공격한다. 예를 들어, 유방암이나 전립선암 치료제와 같은 항호르몬제는 신호전달 경로에 영향을 미쳐 세포 성장을 차단한다. 일부 화학치료제들은 유사분열성 세포들을 표적으로 하여 염색체가 분리되지 못하게 만든다. 예를 들어, 빈블라스틴(vinblastine) 같이 미세소관을 방해하는 약물들은 미세소관 형성을 방해하여 유사분열 중에 세포 주기 중지를 일으키고 중지된 세포를 아포토시스로 파괴하도록 만든다. RNA나 DNA, 그리고 단백질에 공유결합을 일으키는 알킬화제(alkylating agent)들은 DNA에서 가닥들 사이나 가닥 내에 가교 결합을 형성하여 DNA 복제를 방해하고 전사도 억제한다. 대사를 방해하는 물질들(antimetabolites)은 복제 분자에 통합되거나 DNA 합성효소를 억제함으로써 DNA나 RNA 합성을 방해한다. 위상이성질화효소(topoisomerase)는 전사나 복제 중에 이중 가닥의 DNA가 풀리는 것을 방해한다. 모든 경우에서, 화학치료는 세포 손상을 유발하며, 이것이 아포토시스를 포함한 다양한 세포 사멸 현상을 일으키게 된다.

방사선 치료 역시 손상된 증식 세포에 우선하여 작용한다. 흔히 사용되는 방사선치료 대부분은 X-선, 감마선, 그리고 중성자 빔 같은 방사능 입자들이다. 방사선은 단일 가닥 및 이중 가닥 DNA 절단을 유발하여 DNA를 손상시킨다. 만약 손상이 광범위하다면, 아포토시스가 진행되거나 다른 형태의 세포 사멸이 발생한다.

방사선 치료와 화학치료는 종종 부작용을 유발한다. 대부분은 이런 치료제들이 혈액 형성 세포나 장의 표면을 덮는 세포들같이 정상적으로 증식하는 세포에 가하는 손상 때문이다. 정상적으로 증식하는 세포들은 비증식 정상 세포들보다 더 이런 작용제에 민감하다; 그러나 정상세포들은 온전한 DNA 수리 체계를 가지고 있으며, 이것이 치료에 대한 취약성을 최소화할 수 있다.

24.4 암세포들에서는 원암 유전자와 종양 억제 유전자가 변형된다

암세포에서는 두 가지 그룹의 암 관련 유전자들이 변이되거나 잘못 발현된다—원암 유전자(protooncogene)와 종양 억제 유전자(tumor suppressor gene)들이다(표 24.1). **원암 유전자(proto-oncogene)**들은 다른 유전자들의 발현을 촉진하는 전사 인자들과, 세포 분열을 촉진하는 신호전달 분자들, 그리고 세포 주기를 통과하도록 하는 세포 주기 조절자들을 암호화한다. 이 산물들은 정상적인 세포 기능들, 특히 세포 성장과 분열에 매우 중요한 것들이다. 정상 세포들이 잠잠해지거나 분열을 멈추면, 원암 유전자 산물들의 발현이나 활성은 대부분 억제된다. 암세포에서는, 하나나 혹은 그 이상의 원암 유전자들이 변화되어 그들의 활성이 정상적인 양식으로 조절되지 않는다. 때로 이것은 비정상적 단백질 산물을 만드는 돌연변이에 기인한다. 다른 사례에서는, 원암 유전자들이 과발현되거나, 인핸서 요소 같은 유전자-조절 영역 내에 생긴 돌연변이 혹은 유전자 발현에 영향을 미치는 염색질 구조 변화 때문에 부적절한 시기에 발현될 수 있다. 만약 원암 유전자가 지속적으로 "켜진(on)" 상태라면, 그 산물은 계속 세포를 분열하도록 촉진할 수 있다. 원암 유전자가 변이되었거나 비정상적으로 발현되어 암의 발달에 기여할 때, 이것을 **암유전자(oncogene)**(암 유발 유전자)라고 한다. 암유전자들은 기능 획득(gain-of-function) 변화를 겪은 유전자들이다. 결과적으로, 원암 유전자 중 하나의 대립유전자만이 변화되거나 잘못 발현되어도 암을 일으킬 수 있다. 그러므로 암유전자들은 우성의 암 표현형이 나타나도록 한다.

종양 억제 유전자(tumor suppressor gene)들은 그 산물들이 정상적으로는 세포 주기 검문점들을 조절하고, 아포토시스를 개시하는 것들이다. 정상 세포에서 종양 억제 유전자들에 의해 암호화되는 단백질들은 DNA 손상이나 외부 환경에서의 성장-억제 신호에 반응하여 세포 주기를 정지시킨다. 종양 억제 유전

표 24.1 일부 원암 유전자들과 종양 억제 유전자들

	정상 기능	암에서의 변화	관련 암
원암 유전자들			
c-myc	전사 인자로, 세포 주기, 분화, 아포토시스를 조절	전좌, 증폭, 점돌연변이	림프종, 백혈병, 폐암, 여러 유형의 암
c-*kit*	타이로신 키나아제로, 신호전달에 관여	돌연변이	조직 육종
RARa	호르몬 의존성 전사 인자, 분화에 관여	PML 유전자가 관련된 염색체 전좌로 융합산물 생산	급성 전골수세포 백혈병
E6	인유두종 바이러스가 암호화하는 암유전자로 p53을 불활성화함.	HPV 감염	자궁경부암
Cyclins	CDK에 결합하여 세포 주기 조절.	유전자 증폭, 과발현	폐, 식도, 여러 유형의 암
종양 억제			
RB1	세포 주기의 검문, E2F에 결합.	돌연변이, 결실, 바이러스 암유전자 산물에 의한 불활성화	망막아종, 골육종, 여러 유형의 암
TP53	전사 조절	돌연변이, 결실, 바이러스	여러 유형의 암
BRCA1, BRCA2	DNA 수리	점 돌연변이	유방암, 난소암, 전립선암

자들이 변이되거나 불활성화되면, 세포들은 정상적으로 세포 주기 검문점에 반응할 수 없거나, 혹은 DNA 손상이 심각해도 예정 세포 사멸을 진행할 수 없다. 이것은 돌연변이를 더 증가시키고 암이 생기게 한다. 종양 억제 유전자의 두 대립유전자가 모두 돌연변이나 후성유전학적 변형으로 인해 불활성화되거나, 세포에서의 다른 변화가 세포를 계속 자라고 분열하도록 하면, 세포들은 종양형성능을 갖게(tumorigenic) 된다.

다음 예들은 돌연변이가 되거나 비정상적으로 발현될 때 암의 발생에 기여하는 원암 유전자들과 종양 억제 유전자들이다. 암에 대한 유전체 수준의 서열화 연구들로, 약 200개 이상의 암 유전자들과 종양 억제 유전자들이 알려졌으며, 암 연구가 지속됨에 따라 더 많아질 것으로 보인다.

ras 원암 유전자

인간의 종양에서 가장 흔히 변이되는 유전자들 중 일부는 ***ras* 유전자 패밀리(*ras* gene family)**에 속하는 것들이다. 이 유전자들은 인간의 암 중 30% 이상에서 변이를 일으킨다. *ras* 유전자 패밀리들은 세포막과 관련한 신호전달 분자들을 암호화하며, 성장과 분열을 조절한다. Ras 단백질들은 정상적으로는 외부의 성장 신호에 반응하여 세포가 분열하도록 촉진하는 신호를 막에서 핵으로 전달한다(그림 24.9). Ras 단백질들은 구아노신 이인산(guanosine diphosphate, GDP)이나 구아노신 삼인산(guanosine triphosphate, GTP)의 결합에 따라 불활성(꺼짐) 형태와 활성(켜짐) 형태가 교체된다. 세포가 혈소판-유래 성장 인자(platelet-derived growth factor, PDGF)나 표피세포 성장 인자(epidermal growth factor, EGF) 같은 성장 인자들을 만나면,

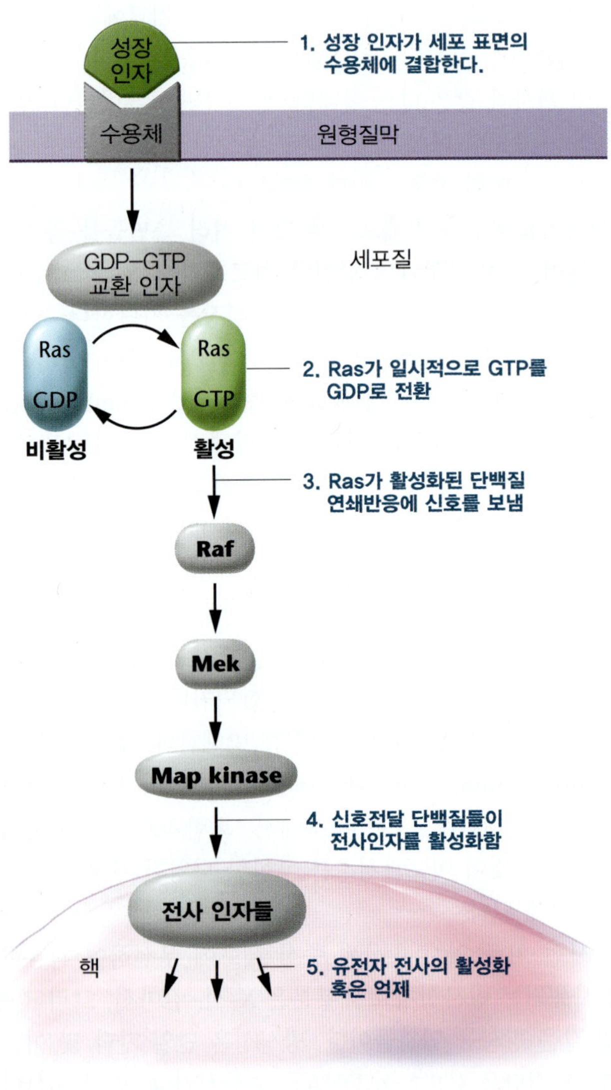

그림 24.9 Ras가 매개하는 신호전달 경로.

세포 표면의 성장 인자 수송체들은 그 성장 인자와 결합하여 수용체의 세포질 부분에 자가-인산화(autophosphorylation)를 일으킨다. 이것은 뉴클레오타이드 교환 인자(nucleotide exchange factor)로 알려진 단백질들을 세포막으로 불러들인다. 이런 뉴클레오타이드 교환인자들은 Ras가 GDP를 방출하고 GTP와 결합하도록 함으로써 Ras를 활성화한다. 활성화된 GTP-결합 형태의 Ras는, 순차적인 세포질의 단백질 인산화를 통해 신호를 보낸다. 이런 순차적 사건의 종말점은 핵의 전사인자들을 활성화하는 것으로, 이들은 세포를 휴지상태에서 세포 주기로 재진입하도록 만드는 산물들의 유전자 발현을 촉진한다. 일단 Ras가 신호를 핵으로 보내면, 이것은 GTP를 GDP로 가수분해하면서 불활성화된다. 원암 유전자 *ras*가 암유전자로 돌연변이 되면, Ras 단백질은 GTP를 GDP로 가수분해하지 못하며, 따라서 Ras 단백질이 "켜진" 형태로 고정되어 지속적으로 세포가 분열하도록 촉진한다.

TP53 종양 억제 유전자

인간의 암에서 가장 흔하게 변이되는—모든 암의 50 % 이상에서 발생하는—유전자는 *TP53* 유전자이다. 이 유전자는 50개 이상의 유전자들에 대해 전사를 억제하거나 촉진하는 전사 인자(p53)를 암호화한다.

정상적으로, p53 단백질은 지속적으로 합성되지만 빠르게 분해되고 따라서 세포 내에는 아주 낮은 수준으로만 존재한다. 그리고 p53 단백질은 정상적으로는 MDM2라는 단백질과 결합하는데, 이것은 p53에 대해 여러 가지 효과를 발휘한다. MDM2가 p53 단백질에 붙어 있으면, p53의 분해 표시가 되며, p53의 전사 활성화 영역을 가린다. 이것은 또한 p53 단백질을 불활성형에서 활성형으로 바꾸는 인산화와 아세틸화를 방해한다.

여러 가지 형태의 세포 스트레스 사건들이 핵 내 활성형 p53 단백질의 수준을 빠르게 증가시킨다. DNA의 화학적 손상, 이온화 방사선에 의한 DNA에서의 이중 가닥 절단, 자외선에 대한 노출로 생긴 DNA-수리 중간체의 형성 등이 이를 촉발한다. 이런 신호들에 반응하여, MDM2가 p53 단백질과 분리되면, p53은 더 안정한 형태가 되고, 전사 활성화 영역을 드러낸다. 활성화된 p53 단백질의 증가는 단백질의 인산화, 아세틸화, 그리고 다른 번역 후 변형들이 증가된 결과일 수도 있다(그림 24.10). 활성화된 p53 단백질은 *MDM2* 유전자의 발현을 촉진하는 전사인자로도 작용한다. MDM2의 발현 수준이 증가함에 따라, p53 단백질은 다시 MDM2와 결합하여 불활성화 상태로 돌아가 분해의 표적이 되는 음성 되먹임 고리로 조절된다.

활성화된 p53 단백질은 DNA 손상에 대한 여러 가지 반응을 개시하는데, DNA 수리를 위한 세포 주기 중단 및 DNA 수리가 불가능할 때의 아포토시스 반응이다. 이런 반응들은 p53이 각 반응에 관여하는 유전자들의 발현을 촉진하거나 억제하는 전사 인자로 작용하기 때문에 발생한다.

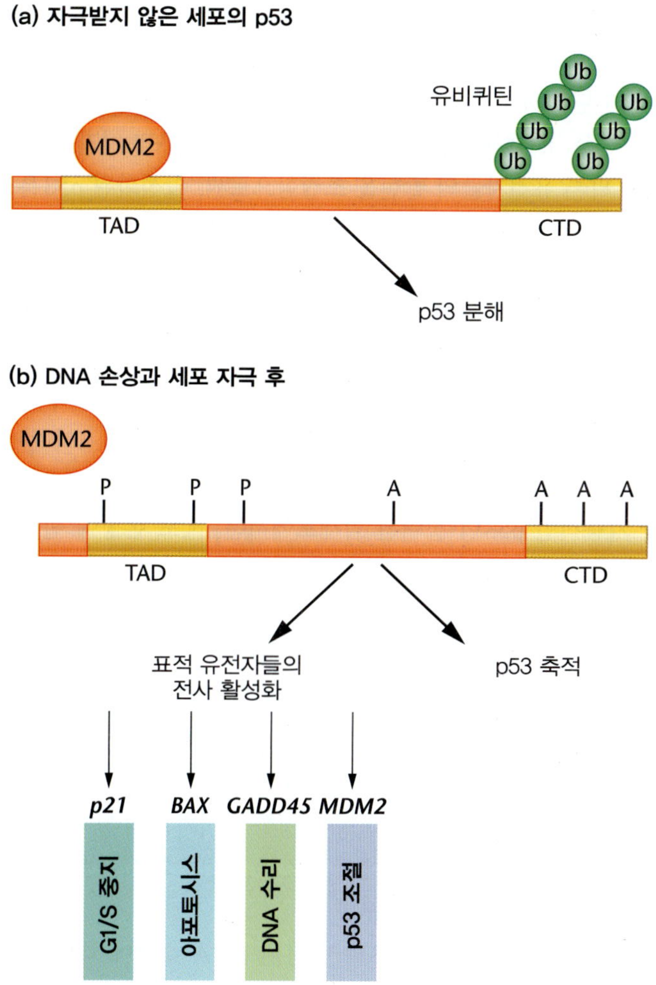

그림 24.10 p53 수준과 활성의 조절 단계. (a) 정상의 비스트레스성 세포에서, MDM2에 의해 p53은 비활성 상태이며, 낮은 수준으로 존재한다. MDM2는 트랜스 활성화 영역(transactivation domain, TAD)에 결합하여 카르복시-말단 영역(carboxy-terminal domain, CTD)의 라이신 잔기에 유비퀴틴이 추가되도록 자극한다. 유비퀴틴이 존재하면 p53의 분해가 촉진된다. (b) 세포에 다양한 유형의 스트레스가 가해지면, 세포성 인산화효소들이 TAD의 트레오닌에 인산기(P's)를 추가하면 MDM2의 분리가 유발되고, 연이어 유비퀴틴이 없어진다. 핵에서 p53 수준이 증가함에 따라, 아세틸 전이효소가 CTD의 라이신에 아세틸기(A's)를 첨가하면, p53의 안정성과 표적 유전자들의 프로모터 내에 있는 특정 DNA 서열에 대한 친화성이 증가한다. p53에 의해 전사적으로 촉진되는 유전자들의 예로는, *p21*(G1/S 세포 주기 중단), *BAX*(아포토시스 촉진), *GADD45*(DNA 수리에 기여), 그리고 *MDM2*(p53을 불활성 상태 및 낮은 수준으로 복귀시킴) 등이 있다.

정상적인 세포에서, p53은 G1/S 와 G2/M 검문점에서 세포 주기를 중지시킬 수 있으며, S기를 통한 세포 진행 역시 늦출 수 있다. G1/S 검문점에서 세포 주기를 중단시키기 위해서, 활성화된 p53 단백질이 p21 단백질을 암호화하는 유전자의 전사를 촉진한다. p21 단백질은 CDK4/cyclin D1 복합체를 방해하여, 세포가 G1기에서 S기로 진행하는 것을 방해한다. 활성화된 p53 단백질은 또한 DNA 복제의 진행을 지연시키는 유전자의 발현을 조절하여 S기 동안 DNA 손상이 복구될 시간을 허용한다. 다른 유전자들의 발현을 조절함으로써, 활성화된 p53은 S기에 DNA 손상이 발생하면 세포를 G2/M 검문점에서 차단한다.

활성화된 p53 단백질은 또한 아포토시스 과정을 통해 세포가 자살하도록 지시할 수 있다. 이것은 *BAX* 유전자의 전사를 활성화하고 *BCL2* 유전자의 전사를 억제함으로써 이루어진다. 앞에 설명했던 바와 같이, BAX 단백질은 아포토시스의 중요한 양성 조절자이며, Bcl2 단백질들은 중요한 음성 조절자들이다. 기능적인 p53이 결여된 암세포에서는, 세포 손상에 반응하여 BAX 단백질 수준이 증가하지 않고, Bcl2 수준이 높게 유지되며, 따라서 아포토시스가 일어나지 않을 수 있따. 이것은 손상된 DNA를 갖고도 살아 남는 세포들의 수를 늘려 원암 유전자와 종양 억제 유전자들에 더 많은 돌연변이가 생기도록 한다.

TP53 돌연변이 대부분이 p53 단백질을 불활성화시키는 것이지만, 몇몇 돌연변이들은 기능 획득을 부여한다. 이런 경우에는 돌연변이 p53이 염색질 변형에 영향을 미치는 유전자들의 전사를 증가시켜 유전체 전반에서 히스톤 메틸호와 아세틸화를 변형시키고 유전자 발현을 바꾼다.

요약하면, 기능적인 p53의 결핍은 DNA 손상에 대한 반응으로 세포 주기 검문점에서의 차단 및 아포토시스 경로의 진입을 불가능하게 만든다. 결과적으로, 세포의 DNA 상태와 상관없이 검사되지 않은 채 세포 주기가 진행된다. 이것은 높은 돌연변이율과 암 유발 돌연변이들의 축적을 이끈다. 게다가, 일부 변이된 p53 단백질들은 유전체 전반의 염색질 변형을 바꾼다.

풀어보기

24.2 리-프라우메니 증후군(Li-Fraumeni syndrome)이라는 유전병을 가진 사람들은 *TP53* 유전자의 돌연변이 사본을 하나 물려받는다. 이런 사람들은 유방암, 백혈병, 골암, 부신피질 종양, 그리고 뇌암 등 여러 종류의 암을 발생시킬 위험이 높다. 어떻게 하나의 암-관련 유전자에서 생긴 돌연변이가 그렇게 다양한 종양들이 생기게 할 수 있는지 설명하라.

■ **힌트:** 이 문제는 어떻게 종양 억제 유전자들이 세포의 성장과 행동을 조절하는지에 대한 이해를 묻고 있다. 해답의 열쇠는 p53 단백질에 의해 어떤 세포 기능들이 조절되는지를 고려하고, p53의 부재가 어떻게 이런 기능들에 영향을 미칠 수 있는지를 생각해 보는 것이다. 또한 24.6절의 이형접합성 소실(loss of heterozygosity)에 관해서도 읽어보라.

좀 더 연습이 필요하면 문제 9, 10, 25번을 참고하라.

유전체의 온전함에 미치는 *TP53* 유전자의 중요성 때문에, 이것은 종종 "유전체의 수호신"으로 불린다.

24.5 암세포들은 전이하여 다른 조직으로 침입한다

이 장의 첫 머리에 언급했던 바와 같이, 통제되지 않는 성장 자체만으로는 생명을 위협하는 암을 만들기에는 충분치 않다. 암세포들이 혈액이나 림프계로 들어가 주변 조직으로 침투하고 2차 종양을 발달시키기 위해서는, 원래의 종양 부위로부터 탈출하는 능력을 획득하여 악성 상태가 되어야만 한다. 1차 종양 부위를 떠나 다른 조직을 침범하기 위해, 종양 세포는 단백질과 탄수화물로 구성된 세포외 기질 및 기저판의 성분을 소화하는 단백질 분해효소들(proteases)을 분비한다. 세포외기질(extracellular matrix)은 신체 조직들을 둘러싸 분리시키고, 조직의 성장을 위한 뼈대를 형성하며, 정상적으로는 세포의 이동을 저해한다. 세포외기질로 침투하는 능력은 일부 정상 세폰들의 특성이기도 하다. 예를 들어, 임신 중 자궁 벽의 배아 착상을 위해서는 세포가 세포외기질을 가로질러 이동해야 한다. 그리고, 백혈구 세포들은 모세혈관 벽을 뚫고 감염 부위로 이동한다. 이런 침투 기작은 아마도 정상 세포와 암세포에서 유사할 것이다.

전이성 종양들은 1차 종양 내의 하나 이상의 하위 클론들 내에 존재하는 암 줄기세포들로부터 유래한다. 일단 이런 세포들이 1차 종양을 떠나 조직 경계를 넘게 되면, 이들은 혈액이나 림프계로 진입한다. 순환하는 암세포들 중 소수만(약 0.01%) 살아남아 전이성 종양을 만든다. 일단 전이가 확립되면, 그 세포들은 1차 종양에서 그랬던것처럼 계속해서 변이를 일으키고 클론 선택과 팽창을 겪게 된다.

전이는 세포-부착 분자, 세포골격 조절자, 그리고 단백질 분해 효소들을 포함하는 많은 수의 유전자 산물들에 의해 조절된다. 예를 들어, 상피세포 종양들은 정상보다 낮은 수준의 E-카드헤린(E-cadherin) 당단백질을 갖는데, 이것은 정상적인 조직에서 세포-세포 부착을 담당하는 단백질이다. 그리고, 많은 수의 고도 악성 종양들에서는 메탈로프로티네이즈(metalloprotienase)와 같은 단백질 분해효소들이 정상보다 높은 수준으로 존재한다. 예를 들어, 뼈로 전이한 유방암 세포들은 메탈로프로티네이즈 유전자 *MMP1*의 발현이 비정상적이다. 폐로 퍼진 것들은 *MMP1*과 *MMP2* 유전자들을 과발현한다. 종양의 공격성 정도는 그 종양에 의해 발현되는 단백질 분해효소들의 수준과 비례하는 것으로 보인다. 그리고 악성 세포들은 메탈로프로테이네이즈의 조직 억제물질(tissue inhibitors of metalloproteinase, TIMPs) 같은 조절성 물질들에 의한 정상적 조절에도 반응하지 않는다.

24.6 일부 암들에 대한 소인은 유전될 수 있다

비록 인간의 대다수 암들이 산발성(sporadic)이지만, 일부(약 5~10%)는 유전적이거나 혹은 가족성 요소를 갖는다. 현재 50가지 이상의 유전성 암들이 알려져 있다(**표 24.2**).

대부분의 유전성 암-감수성 유전자들은 종양 억제 유전자들에서 발생하며, 멘델식 우성 양식으로 유전되지만, 그 자체만으로 암을 발달시키기에는 충분치 않다. 유전자의 다른 사본에서 생기는 체세포성 돌연변이가 적어도 하나 더 있어야 세포를 악성 종양으로 진행시킬 수 있다. 그리고 완전한 암 표현형을 나타내기 위해서는 보통 다른 유전자들에서의 돌연변이들도 필요하다. 예를 들어, *RB1* 유전자에서의 유전된 돌연변이는 망막아종(retinoblastoma)을 포함하여 개인이 다양한 암을 발달시킬 소인(predisposition)을 제공한다. 이 환자들의 정상 체세포가 *RB1* 유전자의 돌연변이에 대해 이형접합성이라고 해도, 종양 내 세포들은 이 유전자의 두 사본에서 모두 돌연변이를 갖는 야생형 대립유전자 소실을 보인다. 종양에서 두 번째로 생기는, 야생형 대립유전자의 돌연변이화 현상은 **이형접합성 소실(loss of heterozygosity)**이라고 알려져 있다. 이것은 염색체 결실이나 재배열로 발생한다. 이형접합성 소실이 이 유전성 암들의 발현에 필요한 첫 단계이긴 하지만, 종양 세포들이 완전한 악성으로 변화되기 위해서는 다른 원암 유전자들과 종양 억제 유전자들, 그리고 염색질 변형 유전자들에서의 돌연변이들이 더 필요하다.

표 24.2 암의 유전적 소인

종양의 유전적 소인을 보이는 증후군들	염색체	관련 유전자
조발성 가족성 유방암	17q	*BRCA1*
가족성 용종증	5q	*APC*
가족성 흑색종	9p	*CDKN2*
골린 증후군	9q	*PTCH1*
유전성 비용종성 대장암	2p	*MSH2, 6*
리-프라우메니 증후군	17p	*TP53*
다발성 내분비 샘종양, 1형	11q	*MEN1*
다발성 내분비 샘종양, 2형	10q	*RET*
신경섬유종, 1형	17q	*NF1*
신경섬유종, 2형	22q	*NF2*
망막아세포종	13q	*pRb*
폰 히펠-린다우 증후군	3p	*VHL*
빌름스 종양	11p	*WT1*

유전성 암들에 관한 연구에서, 유전성 암의 위험을 높이는 것과 관련된 생식계 돌연변이를 포함한 유전자들은 때때로 암 소인 유전자들(cancer predisposition genes)로 불린다. 대부분의 경우, 이 유전자들은 비유전성 암들에서 체세포 돌연변이를 겪는 것으로 알려졌거나 그럴것으로 의심되는 원암 유전자들과 종양 억제 유전자들과 중복된다.

유전성 대장암의 발달은 한 유전자에서 돌연변이 대립유전자를 물려받는 것이 어떻게 악성으로 가는 다단계 경로의 한 단계에 기여하는지를 잘 설명해준다. 24.1절에서 우리는 어떻게 대장암들이 여러 유전자들에서의 돌연변이 축적들 통해 단계적으로 세포의 클론 팽창을 일으켜 암종으로 발전하게 되는지에 대해 논의했었다. 대장암 대부분은 산발적이지만, 약 1% 정도는 가족성 선종 폴립증(familial adenomatous polyposis, FAP)이라고 알려진, 암에 대한 유전적 소인 때문에 생긴다. FAP에서, 사람들은 5번 염색체의 장완에 위치하는 *APC*(adenomatous polyposis coli) 유전자에서 하나의 돌연변이 대립유전자를 물려받는다. 돌연변이들로는 결실, 틀이동, 그리고 점돌연변이들이 나타난다. *APC* 유전자의 정상적인 기능은, 성장과 분화를 조절하는 종양 억제 유전자로 행동하는 것이다. 이형접합성 APC 돌연변이의 존재는 장의 상피 세포들이 부분적으로 세포 주기 조절을 탈출하여 세포 분열을 하게 허용함으로써, 폴립(polyp) 혹은 용종(adenoma)이라고 불리는 작은 세포 덩어리를 만들게 한다. 이러한 조건에 이형접합성인 사람들은 젊은 나이에 대장과 직장에 수백~수천 개의 폴립을 형성한다. 폴립들에서 이 시기에 두 번째 돌연변이가 꼭 일어나야 하는 것은 아니지만, 대부분의 사례에서는, 두 번째 *APC* 대립유전자가 암 발달 후기에 돌연변이를 일으키거나 소실된다. 결장과 직장에서의 암 발생에서 나머지 단계들은 그림 24.2에 제시한 것과 같은 순서를 따른다.

풀어보기

24.3 흡연은 인간의 여러 암들에 책임이 있지만, 모든 흡연자들이 암에 걸리는 것은 아니다. 마찬가지로, *TP53*이나 *RB1* 같은 종양 억제 유전자들에서 돌연변이를 물려받은 사람들 중 일부는 암에 걸리지 않는다. 이런 관찰에 대해 설명하라.

■ **힌트:** 이 문제는 왜 일부 사람들만이 환경 요인이나 종양 억제 유전자들에서의 돌연변이로 인해 암에 걸리는지 그 이유에 대해 생각해보라는 것이다. 해답의 열쇠는 암의 발생에 관계된 단계들과 암세포들에서 나타나는 비정상 기능들의 수에 대해 고려하는 것이다. 또한 개인의 유전적 배경이 DNA 수리 기능에 어떻게 영향을 미치는지도 고려하라.

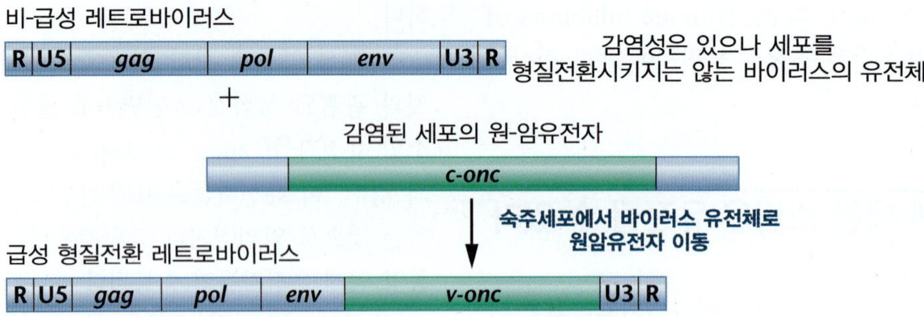

그림 24.11 전형적인 레트로바이러스의 유전체가 도표의 상단에 표시되어 있다. 이 유전체는 말단에 반복서열(R), 프로모터와 인핸서 요소를 포함하는 U5와 U3 영역, 그리고 바이러스의 단백질을 암호화하는 3개의 주요 유전자(*gag*, *env*, 그리고 바이러스의 역전사효소를 암호화하는 *pol*)를 포함한다. 바이러스의 전 유전체로 구성된 RNA 전사체가 새로운 바이러스 유전체를 구성한다. 만약 레트로바이러스들이 숙주 세포의 원암 유전자(*c-onc*)의 일부를 습득하면, 이 유전자(이제 *v-onc*임)는 바이러스 유전자들과 함께 발현되어 *v-onc* 유전자의 과발현이나 부적절한 발현을 이끈다. *v-onc* 유전자는 형질전환 능력을 더 높이는 돌연변이를 획득할 수도 있다.

24.7 바이러스들은 인간과 동물 모두에서 암에 기여한다

동물에서 암을 일으키는 바이러스들은 인간 암의 유전학에 대한 지식을 탐구하는 데 중요한 역할을 담당해왔다. 동물에서 암을 유발하는 바이러스 대부분은 **레트로바이러스(retrovirus)**로 알려진 RNA 바이러스들이다. 인간에서 암 유발성 바이러스들은 대부분 DNA 바이러스들이다.

어떻게 레트로바이러스들이 동물에서 암을 일으키는지 이해하기 위해서는 어떻게 세포 내에서 이 바이러들이 복제되는지를 알 필요가 있다. 바이러스가 세포 내로 침입하면, 그 RNA 유전체는 감염 바이러스가 가져오는 **역전사효소(reverse transcriptase)**에 의해 DNA로 복사된다. 그러면 이 DNA 사본은 감염 세포의 핵 안으로 들어가 거기에서 숙주 세포의 유전체 내에 무작위로 통합된다. 레트로바이러스 RNA의 통합된 DNA 사본은 **프로바이러스(provirus)**로 불린다. 프로바이러스의 DNA는 말단에 있는 U5와 U3 서열 내에 강력한 인핸서와 프로모터 요소를 포함하고 있다(그림 24.11). 프로바이러스의 프로모터는 숙주 세포의 전사 단백질들을 이용하여 바이러스 유전자(*gag, pol, env*)의 전사를 지시한다. 이 유전자들의 산물은 단백질들과 RNA 유전체로서, 새로운 레트로바이러스 입자를 만든다. 프로바이러스가 숙주 유전체 내로 통합되기 때문에, 세포의 정상적인 세포 주기 중에 숙주의 DNA와 함께 복제된다. 레트로바이러스가 세포를 죽이지는 않지만, 계속해서 더 많은 바이러스들을 복제하는 공장으로 세포를 이용하여 주변 세포들이 더 감염된다.

레트로바이러스는 3가지 방법으로 암을 일으킬 수 있다. 첫째는, 프로바이러스의 DNA가 우연히 세포의 정상적인 원암 유전자 근처로 통합되는 것이다. 프로바이러스의 강력한 프로모터와 인핸서는 부적절한 시기에 원암 유전자의 전사를 매우 자극하여 숙주 세포의 증식을 유도할 수 있다. 둘째, 레트로바이러스가 숙주의 원암 유전자 사본을 가져와 그것을 자신의 유전체 내로 통합하는 경우이다(그림 24.11). 세포의 원암 유전자가 바이러스로 전달되는 과정에서 돌연변이를 일으키거나, 혹은 바이러스 프로모터의 조절 때문에 비정상적인 수준으로 발현될 수 있다. 이런 세포-유래성 암유전자를 가진 레트로바이러스들이 감염을 일으키면 정상 세포들은 종양세포로 형질이 전환되는데, 이것은 **급성 형질전환 레트로바이러스(acute transforming retrovirus)**라고 알려져 있다. 동물의 여러 급성 형질전환 바이러스에 관한 연구를 통해, 과학자들은 십여 가지의 원암 유전자들을 찾아냈다. 셋째, 레트로바이러스는 정상 바이러스 유전자를 가질 수 있으며, 이 유전자의 산물이 세포 주기를 촉진하거나, 세포와 바이러스 유전자들의 유전자 발현 조절자로 작용할 수 있다. 결과적으로, 그런 바이러스 유전자의 발현은 부적절한 세포 성장을 유도하거나 암-관련 세포성 유전자들의 부적절한 발현을 일으킬 수 있다.

지금까지, 인간에서 급성 형질전환 레트로바이러스가 발견된 적은 없다; 그러나 여러 가지 인간 레트로바이러스들, 예를 들어 인간면역결핍 바이러스(HIV)와 T-세포 백혈병 바이러스(human T-cell leukemia virus, HTLV-1) 등은 인간의 암과 관련되어 있다. 이런 레트로바이러스들은 앞 문단에 설명한 세 번째 기작을 통해 암 발생을 촉진하는 것으로 생각된다.

DNA 바이러스도 다양한 방식으로 인간의 암 발생에 기여한다. 바이러스들이 핵산과 그 유전체를 둘러싼 단백질 껍데기로만 구성되어 있으므로, 그들은 재생산을 위해 반드시 숙주 세포의 생합성 기구를 이용해야만 한다. 숙주의 DNA 합성 효소들에 접근하기 위해서는 바이러스들이 숙주 세포를 활발하게 자라는 상태로 만들 필요가 있다. 따라서 많은 DNA 바이러스들은

표 24.3 암의 유전적 소인

바이러스		관련 암들
DNA 바이러스		
앱스테인-바 바이러스	EBV	버킷림프종, 비인두암, 호지킨림프종
B형 간염 바이러스	HBV	간세포암
C형 간염 바이러스	HCV	간세포암, 비호지킨림프종
인유두종 바이러스 16, 18	HPV16, 18	자궁경부암, 항문생식기암, 구강암
카포시육종 연관 포진 바이러스	KSHV	카포시 육종, 원발성 삼출 림프종
레트로바이러스		
인간 T세포 림프종, 1형	HTLV-1	성인 T-세포 백혈병 및 림프종
인간 면역 결핍 바이러스, 1형	HIV-1	면역결핍증으로 다른 바이러스들(KSHV, EBV, HPV)에 의해 암 발생

세포 주기를 촉진하는 산물을 암호화하는 유전자들을 가진다. 이런 산물들은 종종 종양 억제 단백질들과 상호작용하여 그들을 불활성화한다. 만약 숙주 세포가 그런 감염에서 살아남는다면, 그것은 세포 주기를 조절할 수 없으며, 암발생의 경로를 시작할 것이다.

전 세계적으로, 인간의 암 중 약 12%는 바이러스와 관련되어 있어서, 바이러스 감염은 흡연 다음으로 주된 암 위험 인자로 작용한다. 바이러스 유도성 인간 암들에 기여하는 가장 중요한 것들이 **표 24.3**에 제시되어 있다. 특정 암에 대한 유전적 소인을 포함하여, 암의 다른 위험 인자들과 마찬가지로, 바이러스 감염 단독으로는 암을 일으키기에 충분치 않다. 다른 요인들, 이를테면 DNA 손상이나 하나 이상의 원암 유전자나 종양 억제 유전자들에 축적된 돌연변이들이 세포를 암을 향한 다단계 경로로 움직이게 한다.

24.8 환경 인자들은 인간의 암 발생에 기여한다

DNA에 손상을 입히는 어떤 물질이나 과정도 암을 유발할 수 있다. 수리되지 못했거나 부정확하게 수리된 DNA는 돌연변이를 만들며, 그것이 원암 유전자나 종양 억제 유전자에서 발생한다면, 비정상적인 세포 증식을 일으킬 수도 있고 세포 사멸이나 전이에 대한 통제가 불가능해질 수도 있다.

우리의 환경은 자연적이든 인위적인 것이든 많은 발암제들을 포함한다. 여기에는 화학물질들, 방사능, 일부 바이러스들, 그리고 만성적인 감염 등이 포함된다. 이번 절에서는 암의 발생에 기여하는 환경 인자들 몇 가지에 대해 살펴보도록 하자.

자연 환경적 요인들

많은 사람들이 인공적, 산업적 화학물질들을 암 발생에 가장 크게 기여하는 것으로 인지하고 있지만, 이런 것들이 전체 암 발병에서 기여하는 정도는 20% 미만이다. 가장 돌연변이 유발능이 큰 물질이어서 잠재적으로 가장 발암성이 큰 것들은 자연적인 물질일 뿐 아니라 자연적 과정들이라고 할 수 있다. 예를 들어, 아플라톡신(aflatoxin)은 견과류와 옥수수에서 자라는 곰팡이에서 생기는 화합물로, 알려진 것 중 가장 발암성이 큰 화학물질 중 하나이다. 니트로사민(nitrosamines) 같은 대부분의 화학적 발암원들은 합성 화합물질들로서 일부 저장육에서 발견된다; 그러나 많은 것들이 자연적으로 생긴다. 예를 들어, 식물들에서 발견되는 자연적인 살충제들과 항생제들이 발암성일 수 있으며, 인체 스스로도 장의 산성 환경에서 알킬화제들을 만든다.

자연적인 방사선, 대사, 그리고 DNA 복제시 발생하는 DNA의 손상은 암의 발생에 크게 기여한다. 정상적인 대사과정은 산화성 최종 산물들을 만드는데, 이들은 DNA, 단백질, 그리고 지질들을 손상시킬 수 있다. 인체는 활성산소의 작용으로 하루에 약 10,000개의 DNA 손상을 입는 것으로 추정된다. DNA 수리 효소들은 이런 손상들을 대부분을 성공적으로 처리하지만, 일부는 영속적 돌연변이로 남을 수 있다. DNA 복제 과정 자체도 돌연변이를 일으킬 수 있다. 그러므로 세포 분열을 촉진하는 성장 인자들이나 호르몬 같은 물질 역시 결국 돌연변이원성이며 아마도 발암성일 수 있다. 감염에 의한 만성적인 염증 역시 조직의 수선 및 세포 분열을 촉진하므로 복제 중에 DNA 손상이 축적되도록 할 수 있다. 만약 *TP53*이나 *RB1* 같은 종양 억제 유전자들의 돌연변이나 불활성화에 의해 세포 주기 검문점들이 손상되면, 이런 돌연변이들이 지속될 수 있다.

우리가 15장에서 학습했듯이, 자외선(UV)과 전리 방사선(X선이나 감마선 등) 둘 다 DNA 손상을 일으킨다. 햇빛의 UV 방사선은 피부암의 유발자로 잘 알려져 있다. 이온화 방사선은 히로시마와 나가사키의 원자폭탄에 의한 중성자 및 감마 방사선에 노출된 집단에 대한 연구로부터 그 자체가 발암성임이 분명히 밝혀졌다. 또 다른 심각한 환경 요소는 라돈 기체로, 미국인들의 전리 방사선 노출의 50%를 차지하며, 일부 집단에서 폐암을 유발하는 것으로 보인다.

음식도 종종 암의 발생과 관련된다. 미국의 암 사망 중 약 20%가 비만 및 운동부족과 더불어 음식의 영향을 받은 것으로 추산된다. 적색육과 동물성 지방의 섭취는 대장암, 전립샘암, 그리고 유방암 등과 관련된다. 이런 물질들이 암생성 과정을 촉진하는 방식은 요리 과정이나 소화되는 동안에 발암성 물질들이 생기도록 하거나 혹은 호르몬을 통해 세포 분열을 일으키는 것이다. 알코올도 간의 염증을 유발할 수 있으며 따라서 간암에 기여한다. 이것은 또한 유방암, 대장암, 그리고 식도암을 포함한 다른 암들과도 연관된다.

인공적으로 생산된 화학물질들과 오염물질들

흡연 같은 생활 습관 요인들이 암 발생의 주요 원인이기는 하지만, 공기, 음식, 그리고 물에 들어 있는 인공적 발암원들에 대한 노출 역시 중요한 원인이다. 예를 들어, 연구자들은 모든 폐암 사망의 약 15% 정도는 입자성 공기 오염원들 때문인 것으로 추산한다. 암 연구에 관한 국제 기구인 IARC(International Agency for Research on Cancer)는 900종류의 자연적, 인위적 화학물질들을 검사했는데, 그중 400가지가 실험실 연구 및 역학 연구에서 일정 수준의 발암성을 보였음을 발견했다. 이러한 검사 결과에도 불구하고, 현재 사용되고 있는 약 80,000가지의 산업적 화학물질들 중 아주 일부만 발암성 검사를 거쳤다.

적어도 2가지 문제점이 인공적 화학물질과 오염원들이 인간의 암에 미치는 영향을 측정하기 어렵게 만든다. 첫째, 실험실과 동물 실험에서 발암성인 것으로 밝혀진 화학물질들도 인체에서는 이렇다 할 영향을 미치지 않을 수 있는데, 실험실에보다 환경에 훨씬 적은 양이 존재하기 때문이다. 둘째, 일부 발암원들은 다른 독성 물질들과 저농도로 섞이기 전에는 효과를 나타내지 않거나, 영아나 임산부처럼 일부 취약한 사람들에서만 영향을 미치기 때문이다.

인간에서의 역학 연구들로 일부 정보를 얻을 수 있지만, 인간은 통제된 환경에서 사는 것이 아니기 때문에 수백 가지의 환경 화합물들에 다양한 양으로 노출되는 경우 유전적 배경이 다른 사람들에서 한 가지 화학물질의 효과를 분리해 내기는 어렵다.

IARC는 수십 년 동안 발암원들을 검사하여 약 100가지의 화학물질들(천연의 것과 인공적인 것들)을 "인간에 암을 유발하는" 것으로 분류했다. 다른 후보 발암원들은 발암의 가능성이 있거나 알려지지 않은 발암원들로 분류될 수 있을 뿐이다.

담배 연기와 암

가장 잘 연구된 환경 발암원 및 생활습관성 발암원 중 한 가지는 담배 연기이다. 흡연은 폐암, 구강암, 방광암, 간암, 위암 및 신장암 등을 포함하여 적어도 17가지 형태의 인간 암들과 연관되어 있다. 흡연으로 인해 전 세계적으로 해마다 600만 명 이상이 사망하는 것으로 추산된다. 모든 암의 25% 이상, 그리고 폐암 사망의 70%는 흡연과 연관시킬 수 있다.

담배 연기에는 4000가지 이상의 화학물질들 혼합물이 포함되어 있으며, 이들 중 60가지 이상이 발암원들이다. 이들 중 잘 알려진 예가 벤젠, 비소, 벤조피렌, 카드뮴, 포름알데히드, 그리고 스티렌이다. 그리고 담배 연기의 입자성 물질은 발암원이다.

흡연은 다수의 체세포성 돌연변이와 후성유전적 변화를 일으킨다. 매일 한갑씩 흡연하는 것은 폐 세포의 유전체에 해마다 150개 이상의 돌연변이를 만들 수 있으며, 후두, 입, 방광 및 간의 세포들에 수십 개의 돌연변이를 일으킬 수 있다. 이런 돌연변이들은 염색체 여러 곳에서의 염기 치환, 삽입, 결실, 사본 수 변화뿐 아니라, DNA 염기들에서 활성 화학 부가물들의 공유결합 등을 포함한다. 이런 형태의 DNA 손상은 유전체의 어느 곳에서든 일어날 수 있으며, 원암 유전자들이나 종양 억제 유전자들에서의 운전자 돌연변이(driver mutations)를 만들 수도 있다.

흡연자들로부터 얻은 폐암 유전체들은 DNA 메틸화 양상에서의 변화도 포함한다. 조사된 CpG 서열의 약 0.1%가 과메틸화 혹은 저메틸화된다. 만약 이런 변화들이 원암 유전자나 종양 억제 유전자의 조절 부위에서 발생한다면, 변화된 유전자 발현에 의해 암이 발생할 수 있다.

국제 보건 기구(WHO)와 미국 암 학회에 따르면, 담배를 끊은 흡연자는 금연한 지 5년 내에 폐암 및 다른 암의 위험성이 절반으로 줄어든다고 한다. 또한 심장의 관상 동맥 질환과 당뇨병의 발생 위험 역시 감소한다.

풀어보기

24.4 암은 자연적으로 발생할 수 있다. 그러나 햇빛에 노출되거나 감염 및 흡연 등의 환경 요소에 의해서도 발생할 수 있다. 만약 암연구에 연구비를 할당하는 작업을 도와야 한다면 당신은 암 예방을 위한 교육에 대한 투자에 비교하여 암 치료제를 발견하기 위한 연구에는 어느 정도를 배정하겠는가?

- **힌트:** 이 문제는 암 연구에 대한 두 가지 서로 다른 접근법의 결과를 고려하도록 요구한다. 해법의 열쇠는 자연 발생적 암과 환경적으로 유도되는 암의 상대적 비율에 대해 생각해 보는 것이다. 이 주제에 대한 흥미로운 정보는 1995년 Ames, B. N. 등의 "암의 원인과 예방"이라는 제목의 논문에서 얻을 수 있다. [Ames, B. N. et al. (1995). The causes and prevention of cancer. *Proc. Natl. Acad. Sci. USA* 92:5258–5265.]

사례 연구 암을 죽이는 세균

랠프(Ralph)는 57세 된 남성으로, 대장암 진단을 받았다. 그의 담당의는 방사선 치료와 화학 치료를 고려했지만 두 가지 모두 심각한 부작용을 일으킬 수 있었다. 랠프는 다른 선택을 찾아보기로 결심하고 병원을 찾았다. 그는 합성생물학 프로그램의 연구자들이 유전적으로 변형된 세균 세포들을 이용해 정상 세포에는 영향을 미치지 않으면서, 선택적으로 특정 종양에 침투하여 암세포들을 죽이도록 고안한 것에 대해 알게 되었다. 랠프는 이 프로그램에 참여하기로 결정하고, 자신이 임상 3상의 지원자로 그 변형 세균 세포 치료가 일반적인 화학치료에 비해 어떤 효과를 미치는지 비교하게 될 것임을 알게 되었다. 그러나 임상시험 부분에서 그는 이쪽이나 저쪽 치료로 임의적으로 할당될 것이었다. 그는 자신이 세균 치료를 받게 되리라 생각했었기 때문에 이 사실을 알고 실망했다.

1. 사전 동의(informed consent)는 누군가 임상시험에 참여하기에 앞서, 법적으로 윤리적으로 요구되는 과정이다. 연구에 따르면, 잠재적 참여자들이 시험에 대한 정보와 사전 동의서의 내용을 받고도 25%의 예비 참가자들은 이 시험이 주로 치료의 효과를 확립하기 위해 고안된 것이지 참여자에게 직접적 이익을 주려는 게 아님을 이해하지 못한다고 한다. 연구자들은 참가자들에게 임상시험이 주로 그들을 도우려 고안된 것이 아니라는 사실을 이해시키기 위해 무엇을 해야 할까?
2. 만약 당신이 랠프의 입장이라면, 방사선 및 화학 치료를 대신 받겠는가, 아니면 일반적 치료보다 효과가 더 좋을 수도 있는 세균 치료를 받을 수 있는 기회를 얻기 위해 임상시험에 등록하겠는가?
3. 만약 당신이 참여하는 데 동의하고 나서 세균 치료를 받지 않을 것임을 알게 되었다면, 윤리적으로 그 임상시험을 계속하겠는가?

다음 자료를 참고하라: Joffe,S., et al. (2001). Quality of informed consent in cancer clinical trials: A cross-sectional survey. *Lancet* 358(9295):1772 - 1777.

요약 정리

1. 암세포는 두 가지 기본 성질을 나타낸다: 비정상적 세포 증식과 신체의 다른 부분으로 퍼져 침투(전이)하려는 경향이다.
2. 암은 클론성인데, 이것은 종양 내의 모든 세포들이 다수의 운전자 돌연변이를 포함하고 있는 하나의 세포에서 기인한 것이라는 뜻이다.
3. 암의 발달은 여러 개의 암-관련 유전자들에서 돌연변이가 요구되는 다단계 과정이다.
4. 암세포들은 높은 수준의 돌연변이, 염색체 이상, 유전체 불안정성 및 비정상적인 염색질 변형 양상을 보인다.
5. 암세포들은 DNA 손상 수리, 염색질 변형, 세포 주기 조절, 그리고 예정 세포 사멸 중에 결함을 가진다.
6. 원암 유전자들은 세포 성장과 분열을 촉진하는 정상 유전자들이다. 원암 유전자들이 암세포에서 변이되거나 잘못 발현되면, 그들은 암 유전자로 불린다.
7. 종양 억제 유전자들은 정상적으로는 세포 주기 검문점과 아포토시스를 조절한다. 종양 억제 유전자가 변이되거나 불활성화되면, 세포들은 DNA 손상을 고칠 수 없다. 이것이 암을 유발하는 돌연변이가 축적되도록 한다.
8. 암세포들이 전이할 수 있으려면, 세포 부착, 단백질 분해와 조직 침입 등 여러 기능들을 조절하는 유전자 산물들이 필요하다.
9. 암-감수성 유전자들에서의 유전된 돌연변이들은 암을 유발하기에는 충분치 않다. 유전성 암이 발생하기 위해서는 기타 원암 유전자나 종양 억제 유전자들에서의 체세포성 돌연변이들이 필요하다.
10. 종양 바이러스들은 바이러스 암유전자를 도입하거나, 종양 억제 단백질을 방해하고, 혹은 세포의 원암 유전자들의 발현을 변화시킴으로써 암에 기여한다.
11. 화학물질, 방사선, 바이러스, 그리고 만성 염증 등, 자연적이고, 인공적인 환경 요소들이 암의 발생에 기여한다.

EXPLORING GENOMICS
유전체학 탐구

암 유전체 해부 연구사업(CGAP)

존스홉킨스 대학의 벨큘레스쿠(Victor Velculescu) 박사가 이끄는 한 연구팀이 유방암과 대장암이 암 표현형에 기여하는 11가지의 돌연변이를 포함한다고 보고했다. 이 연구팀은 인간 유전체에서 알려진 21,000개의 유전자 중 13,023개에 대해 암세포와 정상 세포의 DNA 서열을 비교하여 분석했다. 암세포에 특이적인 돌연변이들 대부분은 이전에는 암과 관련된 것으로 알려진 것이 아니었다.

벨큘레스쿠 박사의 연구는 인간 유전체를 체계적으로 검색하여 다양한 암에서 돌연변이가 있는 유전자를 찾기 위해 계획된 15억 달러 규모의 연방 연구사업 "*암 유전체 지도화 사업(The Cancer Genome Atlas, TCGA)* project"의 첫 번째 연구 중 하나였다. 이번 연습에서는 온라인 데이터베이스인 "암 유전체 해부 연구사업(Cancer Genome Anatomy Project, CGAP)"에서 찾을 수 있는 정보를 검색함으로써 벨큘레스쿠 박사의 연구에 대해 살펴보기로 한다. CGAP의 목적은 정상 세포, 전암 상태의 세포, 그리고 암세포에서 유전자들의 발현 프로파일을 이해하려는 데 있다.

■ 연습 – 대장암과 *TBX22* 유전자

벨큘레스쿠 박사 연구팀이 대장암에서 돌연변이되는 것으로 발견했던 한 유전자는 *TBX22*로서, 이전에는 이 암에 기여하는 것으로 의심되던 것은 아니었다. *TBX22*는 무엇이며, 돌연변이 *TBX22* 유전자는 어떻게 대장암의 발생에 기여하는 것으로 생각되는가?

1. 답을 찾기 위한 탐색을 시작하기 전에, CGAP에 접속하라(http://cgap.nci.nih.gov.).
2. 페이지 상단 근처에서 "Genes" 버튼을 클릭하라.
3. 왼쪽 가장자리에 있는 "Gene Tools" 목록에서 "Gene Finder"를 선택하라.
4. "Select Organim" 박스에서 "Homo sapiens"를 선택하고, "Enter a unique identifier" 박스에 TBX22를 입력하라. 질문을 제출하라.
5. 표의 오른쪽 컬럼에서 "Gene Info"를 선택한다.
6. 페이지에 나열된 다양한 데이터베이스 링크를 이용하여 *TBX22*에 대한 여러 가지 정보들을 탐색하라.

탐색 중에 알게 된 것과 *TBX22*에 관한 여러분의 결론에 도달하기까지 어떤 자료원을 이용했는지에 관해 간단한 서면 혹은 구두 보고서를 써보라.

통찰과 해법

1. 망막아종(retinoblasmtoma)에서는, *RB1* 종양 억제 유전자의 한 대립유전자에 생긴 돌연변이가 생식 계통으로 유전되어 눈에 종양을 발생시키는 상염색체 우성 소인을 만든다. 종양이 발달하기 위해서는 *RB1* 유전자의 두 번째 사본이 체세포에서 돌연변이를 일으켜야 하므로, 이것은 돌연변이 자체가 열성 형질로 작용함을 시사한다. 처음 돌연변이가 유전될 수 있었다고 하면, 두 번째 돌연변이 사건은 어떤 방법으로 발생할 수 있겠는가?

해법: 어떻게 이 두 번째 돌연변이가 발생하였는지를 고려할 때는, 뉴클레오타이드 서열의 변화나, 전체 염색체 혹은 염색체 일부의 변화 등을 포함한, 여러 가지 수준의 돌연변이 발생 사건을 살펴보아야 한다. 망막아종은 *RB1* 좌위의 두 사본이 모두 없어지거나 불활성화 되었을 때 발생한다. 이것을 염두에 두고, 유전자의 돌연변이적 상실이나 불활성화를 일으킬 수 있는 현상들을 우선 나열해 보라.

두 번째 *RB1* 돌연변이가 일어나는 한 가지 방법은, 남아 있는 정상 *RB1* 대립유전자가 돌연변이 형태로 바뀌게 되는 뉴클레오타이드 변화에 의한 것일 수 있다. 이러한 변화는 뉴클레오타이드 치환일 수도 있고, 혹은 복제 중의 뉴클레오타이드 삽입이나 결실에 의한 해독틀 돌연변이일 수 있다. 두 번째 기작은 정상 대립유전자를 가지고 있는 염색체의 소실을 포함한 것이다. 이러한 사건은 체세포 분열 중에 발생할 수 있는데, 13번 단일 염색체성(13 monosomy)을 일으켜 돌연변이 *RB1* 유전자만을 남겨놓게 된다. 이러한 기작이 전 염색체에 걸쳐 일어날 필요는 없다; 염색체 장완의 결실(*RB1* 유전자는 13번 q완에 있다)이나 *RB1* 좌위를 포함하고 있는 일부분의 결실도 같은 결과를 나타낼 수 있다. 또 다른 방법으로는, 돌연변이 *RB1* 유전자를 가지고 있는 염색체의 중복에 의하여 정상 *RB1* 유전자가 소실되는 염색체 이상이다. 13번 염색체가 *RB1*를 두 개 가지는 것으로 복귀된 상태지만 정상 *RB1* 유전자는 없다. 마지막으로, 재조합 후 염색체 분리에 의해, 돌연변이 *RB1* 대립유전자들의 동형접합성 조합이 생길 수 있다.

(계속)

2. 원암 유전자들(proto-oncogenes)은 여러 가지 방법으로 암유전자(oncogenes)가 된다. 일부 경우에는, 원암 유전자 자체가 암세포에서 수백 번까지 증폭된다. 한 예는 *cyclin D1* 유전자로, 일부 암에서 증폭된다. 다른 예에서는, 원암 유전자가 유전자 산물의 구조를 변형시키는 몇 가지 방법으로 변이될 수 있다. *ras* 유전자는 유전자의 특정 지역에서 발생하는 점돌연변이로 인해 암유전자로 전환되는 한 예이다. 이 두 가지 원암 유전자(*cyclin D1*과 *ras*)가 왜 암유전자가 되기 위해 그러한 변화들을 겪는지 설명하라.

해법: 이 문제를 푸는 첫 단계는 이 원암 유전자들의 정상적인 기능을 이해하고, 어떻게 증폭이나 돌연변이가 이러한 기능들에 영향을 미칠 수 있는지 생각하는 것이다.

사이클린 D1 단백질은 CDK4와 결합하여 이 인산화효소(kinase)를 활성화함으로써, 세포 주기를 G1에서 S기로 진행시킨다. 사이클린 D1/CDK4 복합체는 pRB를 비롯하여 많은 단백질들을 인산화시키고, 이것은 다시 연쇄적으로 S기의 DNA 복제에 필요한 유전자들의 전사를 활성화시킨다. 사이클린 D1의 활성을 증가시키는 가장 간단한 방법은 사이클린 D1 분자의 수를 늘려 세포의 내생적 CDK4 분자에 결합하도록 하는 것이다. 이것은 *cyclin D1* 유전자의 증폭을 포함하여 여러 방법으로 이루어질 수 있다. 대조적으로, *cyclin D1*의 점돌연변이는 CDK4에 결합하는 사이클린 D1의 능력을 방해할 가능성이 크다; 그러므로 이 유전자 내의 돌연변이는 세포 주기 진행을 촉진한다기보다는 억제하게 될 것이다.

ras 유전자의 산물은 성장 인자들에 의한 외부적 촉진에 반응하여 켜짐/꺼짐 스위치로 작용하는 신호전달 단백질이다. 이것은 GTP(켜진 상태) 혹은 GDP(꺼진 상태)와 결합함으로써 이루어진다. *ras* 유전자에서의 암 돌연변이들은 Ras 단백질들이 GDP와 GTP를 교환하는 능력을 변화시키는 특정 부분에서 발생한다. 발암성 Ras 단백질은 "켜진" 형태로 고정되어 GTP와 결합한다. 이 방법으로 지속적인 세포 분열 자극이 일어난다. *ras* 유전자의 증폭은 정상 Ras 단백질들을 좀 더 많이 제공하게 될 것이지만, 아직도 켜고/끄는 조절이 가능하다. 따라서 *ras* 유전자의 단순한 증폭은 암을 일으킬 가능성이 적다.

호박밭. 호박의 크기는 부가성 대립유전자들의 영향을 받는다.

25

정량 유전학과 다요소적 형질

핵심 개념

- 정량 유전 현상으로 인해 측정 가능한 표현형 범주의 다인자적 형질들이 생긴다.
- 예외는 있으나 다인자적 형질들은 종종 연속적 변이를 드러낸다.
- 정량적 형질들은 특정 대립유전자들이 연구 대상 형질에 부가적 영향을 미친다는 방식의 멘델식 용어로 설명될 수 있다.
- 다인자적 형질에 관한 연구는 통계적 분석에 의존한다.
- 유전력 값은 특정 환경 조건에서 표현형 변이에 대한 유전적 기여도를 평가한다.
- 쌍둥이 연구로 인간의 유전력을 평가할 수 있다.
- 정량 형질 좌위들(QTLs)의 염색체 위치를 지도화하여 찾아낼 수 있다.

이 교재에서 지금까지 우리가 표현형 변이로 예를 든 것들은 대부분이 분명하고 독립된 범주들로 나뉘는 것들이었다; 예를 들어, 인간의 혈액형은 A, B, AB, 혹은 O형이었고; 호박 열매의 모양은 둥글거나, 원반형 혹은 길쭉한 것이었으며; 초파리의 눈 색은 붉거나 흰색이었다(4장 참고). 이런 형질들에서는 침투도(penetrance)나 발현도(expressivity), 다면발현(pleiotropy) 그리고 상위성(epistasis) 같은 현상이 유전자형과 표현형 사이의 관계를 모호하게 하더라도, 전형적으로 한 가지 유전자형이 한 가지의 식별 가능한 표현형을 생산하곤 했다.

이 장에서 우리는 의학적 또는 농업적으로 중요한 많은 특성을 포함하는, 분명하지 않은 형질들을 살펴볼 것이다. 우리가 집중할 형질들은 더 많은 변이를 보이는 것으로, 종종 연속적 범주의 표현형들로 나뉘는, 뚜렷한 계급들로 분류하기 어려운 것들이다. 이런 형질 대부분은 **연속 변이**(*continuous variation*)라고 부르는 표현형들을 나타내며, 사람의 키, 소에서의 우유 및 고기 생산량, 그리고 다양한 작물들에서의 생산량과 종자 단백질 함량 같은 것들이 그 예들이다. 일정 영역에 걸쳐 있는 표현형들의 연속 변이는 측정될 수 있으며 정량적인 용어들로 설명될 수 있어서, 이런 유전학적 현상을 **정량 유전(quantitative inheritance; 양적 유전)**이라고 한다. 그리고 다양한 표현형들은 하나 이상의 유전자들, 종종 많은 수의 좌위가 관여하기 때문에 생기는 것이므로, 이런 형질들은 **다인자적(polygenic**; "많은 유전자의"라는 뜻)이라고 언급된다.

수정 시 결정되는 유전자형이 그 개체가 속할 수 있는 특정한 정량적 범위를 확립시키므로, 유전자형과 표현형 사이의 연관은 더 복잡해진다. 그러나 최종 표현형은 또 그 개체가 노출되는 환경적 요인들에 의해서도 역시 영향을 받는다. 예를 들어, 사람의 키는 유전적으로도 영향을 받지만, 영양분 같은 환경 요인에 의해서도 달라질 수 있다. 그 표현형이 유전자와 환경 모두에 의해 드러나는 정량적(다인자적) 형질들은 **다요소적(multifactorial) 형질** 혹은 **복합 형질(complex traits)**이라고 언급된다. 종종 이런 용어들은 서로 혼용될 수 있다. 전체적인 일관성을 위해, 우리 논의에서는 **다요소적**이라는 말을 사용하도록 한다.

이 장에서는, 정량 유전의 예를 살펴보고, 복합형질을 연구하는 데 사용되는 통계적 기술들에 대해서도 알아보고자 한다. 또한 유전학자들이 연속적인 표현형적 변이에 기여하는 유전적 요소와 환경적 요소의 상대적 중요성을 어떻게 평가하는지도 고려하게 될 것이다. 그리고 정량적 형질들에 영향을 미치는 유전자들을 찾고 지도화하는 데 어떠한 접근법이 사용되는지도 논의해 보도록 하자.

25.1 다인자적 형질들이 모두 연속 변이를 보이는 것은 아니다

연속 변이를 보이는 정량적 형질들에 더해, 다인자적 형질들에는 다른 두 종류가 더 있다. **단계적 형질(meristic trait)**들은 표현형들이 전체의 숫자로 설명되는 것들이다. 이런 형질의 예로는 콩깍지의 종자 수나 닭이 한 해에 낳는 알의 수 같은 것들이다. 이것들은 양적 형질이기는 해도, 표현형이 무한정의 범위를 갖는 것은 아니다: 예를 들어, 콩깍지는 2, 4, 6개의 종자들을 가질 수 있지만, 5.75 같은 수를 나타내지는 않는다. **역치 형질(threshold trait)**들은 다인자성(그리고 종종 다요소적)이지만, 연속 변이나 단계적 형질들과는 차이가 나는데, 소수의 분명한 표현형 계급으로 나뉘기 때문이다. 현재 역치 형질에 대한 인간 유전학자들의 관심이 높아지고 있는데, 점점 더 많은 질병이 다인자적 유전 양상을 보이는 것으로 생각되기 때문이다. 한 가지 예는 **제2형 당뇨병(Type II diabetes)**으로, 전형적으로 중년 이상의 사람들에게 영향을 미치기 때문에 성인형 당뇨라고도 알려져 있다. 이 형질에 대해서 한 집단은 단 두 가지 표현형 계급으로 나뉠 수 있는데, 제2형 당뇨병인 사람과 아닌 사람들로 한눈에 확인할 수 있어서, 인간의 이런 질병은 단순한 단일 유전자에 의한 형질들과 더 많이 닮은 것으로 나타날 수 있다. 그러나 성인형 당뇨병 단일 유전자는 밝혀진 바가 없다. 대신, 다수의 유전자좌들에서의 대립유전자가 어떻게 조합되느냐가 개인에게 더하거나 덜한 질병 발생 가능성을 부여한다. 이런 다양한 수준의 경향성이 연속 변이를 형성한다: 한쪽 극단은 제2형 당뇨병에 대해 매우 낮은 위험성을 가지는 사람들이고, 분포의 다른 끝에는 이 질병을 발생시킬 가능성이 매우 큰 사람들이다(그림 25.1).

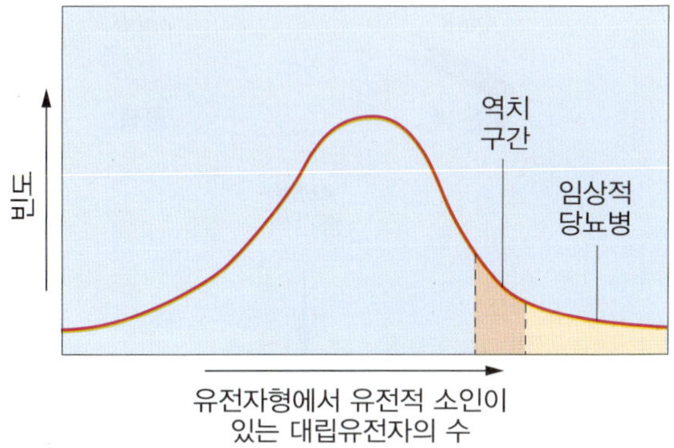

그림 25.1 제2형 당뇨병으로 설명한 집단 내 역치 형질의 특성. 유전적 소인을 가지는 대립유전자들을 그래프로 나타냈다.

많은 역치 형질과 마찬가지로, 환경 요인도 최종 표현형을 결정하는 데 중요한 역할을 한다. 식습관과 생활 방식은 중등도의 높은 유전적 경향을 가진 개인이 실제로 제2형 당뇨병에 걸릴지에 큰 영향을 미친다.

25.2 정량 형질들은 멘델식 용어로 설명될 수 있다

연속적 표현형 변이가 멘델식 용어로 설명될 수 있느냐 하는 문제는 1900년대 초 상당한 논란을 일으켰다. 일부 과학자들은, 비록 멘델의 단위 요소 혹은 유전자들이 분명한 표현형 범주들을 가진 불연속적 분리의 양상을 설명할 수는 있지만, 정량적 형태의 유전 양상을 보이는 표현형 범위를 설명할 수는 없다고 주장했다. 그러나 베이트슨(William Bateson)과 우드니 율(George Udny Yule) 등의 유전학자들은 멘델의 설명에 기초하여 **다요소 가설(multiple-factor hypothesis)**, 혹은 **다인자 가설(multiple gene hypothesis)**을 제안했는데, 여기서는 멘델 양식으로 행동하는 각각의 여러 유전자가 **누적적**(*cumulative*) 혹은 **정량적**(*quantitative*)인 방식으로 표현형에 기여한다.

정량 유전에 대한 다중 유전자 가설

다중-유전자 가설(multiple-gene hypothesis)은 처음에는 1909년 닐슨-엘르(Hermann Nilsson-Ehle)에 의해 발표된 중요한 실험 결과들에 기초한 것이었다. 그는 여러 좌위의 대립유전자들에서 발생하는 누적적 효과가 양적 형질들의 표현형 범주들을 만든다는 생각을 검사하기 위해, 밀의 낟알 색깔을 이용하였다. 한 세트의 실험에서, 그는 붉은 낟알을 가진 밀을 흰 낟알을 가진 밀과 교배시켰다(그림 25.2). F_1 세대는 중간색인 분홍색을 나타냈으며, 이것은 언뜻 보기에는 단일 좌위에서 두 대립유

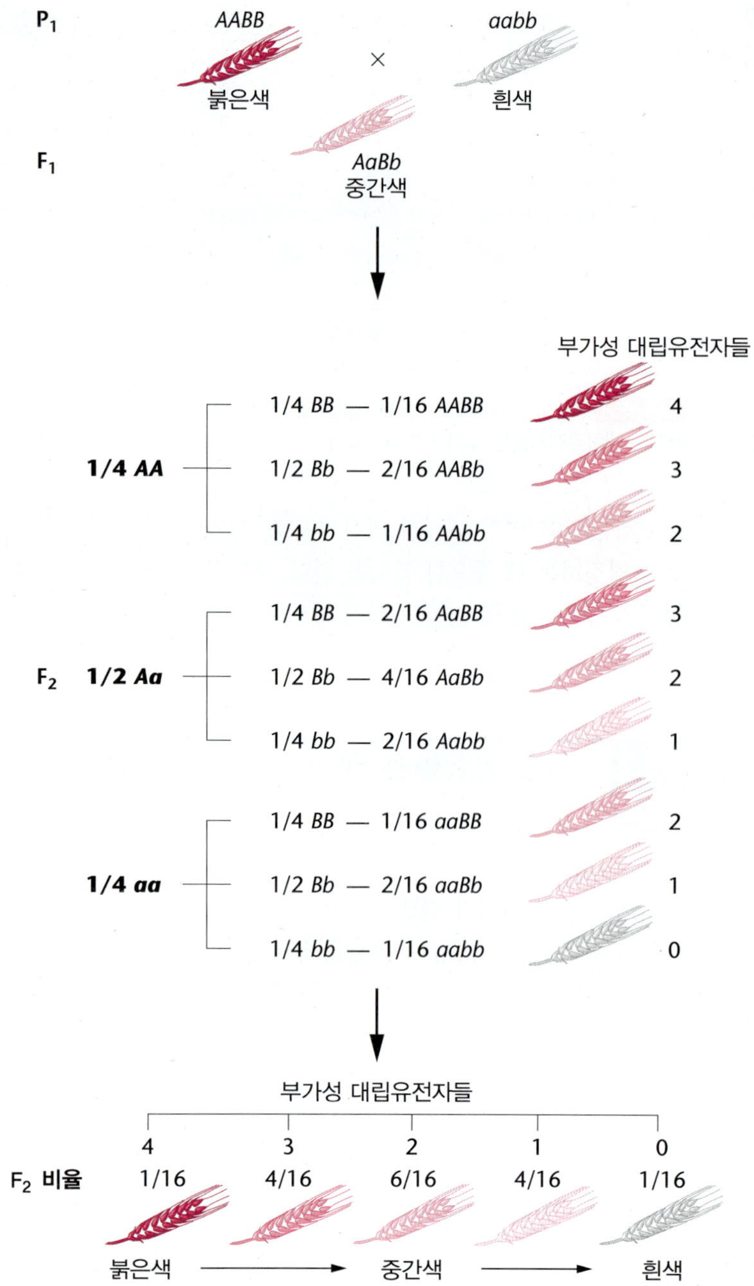

그림 25.2 다요소 가설이 어떻게 낟알 색의 1:4:6:4:1의 표현형 비율을 설명하는지를 보여주는 것. 대문자로 표시된 모든 대립유전자는 부가적으로 작용하여 표현형에 동등한 양의 색소를 기여한다.

전자가 불완전 우성을 나타내는 것으로 생각되었다. 그러나 F_2에서 그는 단성 잡종 교배의 특징적 분리 비율을 관찰하지 못했다. 대신에, 대략 15/16 정도의 식물들은 어느 정도의 분홍 색깔을 띠고 있었던 반면, 1/16은 흰색을 나타냈다. F_2 세대에 대한 세심한 조사로, 낟알의 색이 4종류의 서로 다른 붉은색 집단들로 나뉜다는 것을 알 수 있었다. F_2의 비가 16 분수로 드러나므로, 이 표현형은 멘델식에 따라 독립적으로 분리되는 두 쌍의 유전자(각각 2개의 대립유전자를 가진)에 의해 조절되는 것으로 보였다.

만약 각 유전자가 낟알의 붉은색에 똑같이 기여하는 하나의 잠재적 **부가성 대립유전자(additive allele)**와, 붉은 색소를 만들지 못하는 하나의 잠재적 **비부가성 대립유전자(nonadditive allele)** 형태를 가진다면, 우리는 어떻게 다요소 가설이 이런 다양한 낟알 색 표현형을 설명할 수 있는지 알 수 있다. P_1에서 양쪽 부모는 모두 동형접합성 상태이다; 붉은 부모는 오직 부가성 대립유전자(그림 25.2에서 *AABB*)만 가지지만, 흰 부모는 비부가성 대립유전자(*aabb*)만 가진다. F_1 이형접합자들(*AaBb*)은 두 개의 부가성 대립유전자(*A*와 *B*)와 두 개의 비부가성 대립유전자들(*a*와 *b*)을 가지게 되고, 중간형 표현형인 분홍색을 나타낸다. F_2 세대에서 각 자손은 4, 3, 2, 1, 혹은 0개의 부가성 대립유전자들을 가진다. 부가성 대립유전자들을 가지지 못한 F_2 밀(*aabb*)은 P_1 세대의 부모 형태와 같이 흰색이 되고, 4개의 부가성 대립유전자를 가진 밀(*AABB*)은 F_1 붉은색 부모형과 같은 색을 띤다. 부가성 대립유전자를 3, 2, 1개씩 가진 F_2 식물들이 F_2에서 관찰되는 나머지 3그룹을 구성한다. 존재하는 개개의 부가성 대립유전자들이 낟알에서 색소의 생산에 동등하게 누적되어 작용하므로, 유전자형에 부가적 대립유전자의 수가 많을수록 표현형에서 붉은색이 진하게 나타난다.

닐슨-엘르의 실험 결과는, 다수의 좌위에서 누적적 대립유전자들이 정량적 방식으로 표현형에 영향을 미치지만, 개개의 대립유전자는 멘델의 규칙대로 분리된다는 것을 이용하여 어떻게 연속적 변이가 멘델 양식으로 설명될 수 있는지를 보여준다. 닐슨-엘르의 초기 교배 실험에서 살펴본 바와 같이, 만약 각기 두 대립유전자를 가진 두 좌위가 관여한다면, 5개의 표현형적 범주들이 1:4:6:4:1의 비율로 예상될 것이다. 마찬가지로, 다양한 양적 표현형을 조절하는 3개, 4개, 혹은 그 이상의 좌위들이 비슷한 방식으로 기능하지 않을 이유는 없다. 점점 더 많은 좌위가 관여할수록, 점점 더 많은 수의 집단들이 F_2에서 복잡한 비율로 나타난다. 5개까지의 유전자 쌍에 관해, 표현형의 수와 각 교배에서 예상되는 F_2의 비율이 그림 25.3에 설명되어 있다.

부가성 대립유전자들: 연속 변이의 기초

다인자 가설은 다음의 주요 내용으로 구성된다:

1. 연속적 변이를 보이는 특징들은 측정, 무게 재기, 개수 세기 등의 방법으로 정량화될 수 있다.

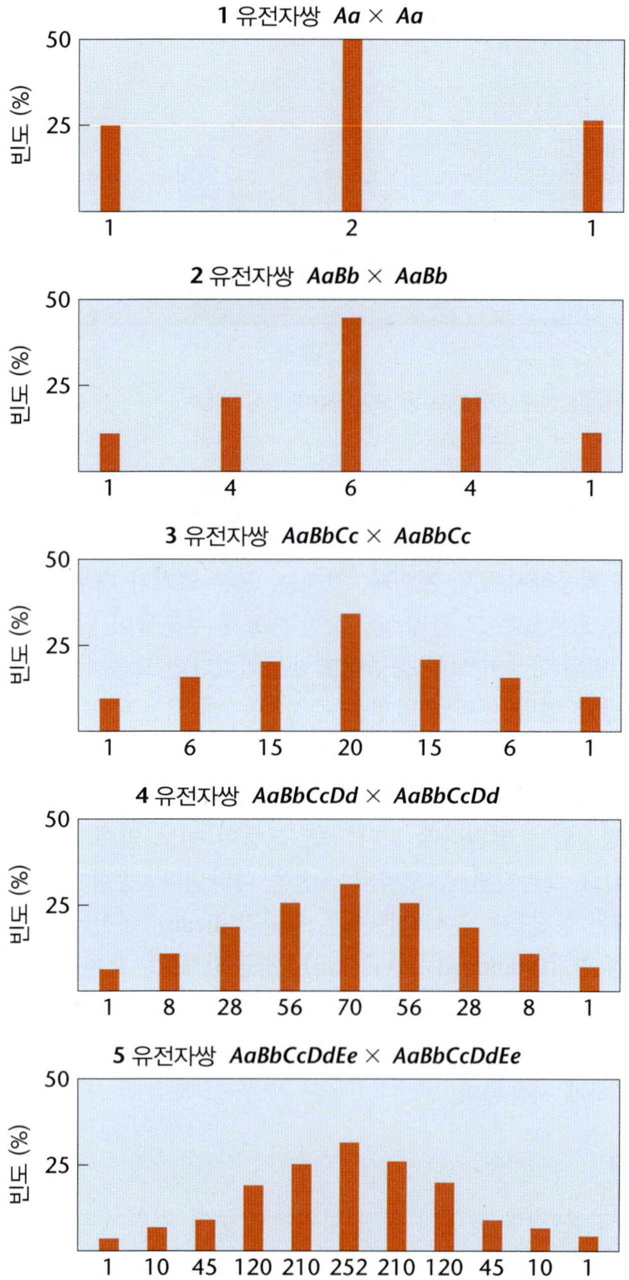

그림 25.3 다인자 유전이 1~5개의 유전자 쌍으로 작용할 때 두 이형접합자끼리의 교배로 얻어지는 유전적 비율들(x축). 각 막대 그래프는 한쪽 극단(왼쪽 끝)에서 다른 극단(오른쪽 끝)에 걸쳐 분명한 F_2 표현형 계급들을 나타낸 것이다. 각 표현형은 부가성 대립유전자들이 각각 다른 수일 때 얻어진 결과들이다.

2. 종종 유전체 전체에 분포하는 두 개 혹은 그 이상의 유전자 쌍들이 누적되는(*additive*) 방식으로 표현형에 유전적 영향을 미친다. 많은 유전자가 관여하므로 이러한 형태의 유전은 다인자적(*polygenic*)이라고 언급된다.

3. 각 유전자 좌위는 표현형에 일관적인 양만큼 영향을 미치는 부가성 대립유전자(*additive allele*)나, 표현형에 정량적으로 기여하지 않는 비부가성 대립유전자(*nonadditive allele*)에 의해 점유될 수 있다.

4. 각 부가성 대립유전자가 표현형에 미치는 효과는, 작지만 대략 동등하게 작용한다. 현재 우리는 이것이 언제나 사실은 아니라는 것을 알고 있기는 하지만 위의 논의에서는 이렇게 가정했다.

5. 하나의 정량적 특징에 기여하는 부가성 대립유전자들은 종합적으로, 한 가지 특징에 상당한 표현형적 변이를 생산해 낸다.

다인자의 수 계산하기

정량적 형질에 기여하는 다수의 유전자, 즉 **다인자(polygene)** 의 수를 추정하기 위한 다양한 공식들이 개발되었다. 예를 들어, 어느 한 극단을 닮은(부모형) F_2 개체의 비율이 결정된다면, 관여된 유전자 쌍의 수(n)는 다음과 같은 간단한 식으로 계산된다:

$$1/4^n = \text{한쪽 부모형을 나타내는 } F_2 \text{ 개체의 비율}$$

그림 25.2에 요약된 붉은 밀과 흰 밀의 예에서는, 1/16의 자손들이 P_1 표현형처럼 붉거나 흰 것이었다. 이 비율로 방정식의 우측 항을 대체하여 n을 풀면,

$$\frac{1}{4^n} = \frac{1}{16}$$

$$\frac{1}{4^2} = \frac{1}{16}$$

따라서 $n = 2$가 된다.

표 25.1은 5개까지의 유전자 쌍들이 관여하는 교배에서 생산된 F_2 표현형 범주들의 수와 비율을 나열한 것이다.

적은 수(n)의 다인자들에 대해서는, 다음 방정식이 더 쉽다:

$$(2n + 1) = \text{관찰된 뚜렷한 표현형 범주들의 수}$$

예를 들어, ($n = 2$)이면, $(2n + 1) = 5$이고, 따라서 각 표현형적 카테고리들은 4, 3, 2, 1, 혹은 0 개의 부가성 대립유전자를 가지게 된다. ($n = 3$)이면, $(2n + 1) = 7$에 의해 각 표현형적

표 25.1 정량적 형질에 관여하는 다인자의 수(n) 결정

n	한쪽 극단의 표현형을 나타내는 개체들	뚜렷한 표현형 계급들
1	1/4	3
2	1/16	5
3	1/64	7
4	1/256	9
5	1/1024	11

카테고리들은 6, 5, 4, 3, 2, 1, 0 개의 부가성 대립유전자들을 가진다. 따라서 표현형의 수를 알고서 이 규칙을 거꾸로 적용해 보면, 그것을 조절하는 다인자들의 수를 계산할 수 있다.

그러나 정량적 형질에 관여하는 다인자의 수를 추정하는 이 두 가지 방법은, 관여하는 모든 대립유전자가 F_2의 표현형적 발현에 동등하고 부가적으로 기여하며, 환경적 요인에 의해 심각하게 영향을 받지 않는다는 가정을 전제로 한다. 후에 살펴보게 되겠지만, 많은 정량적 형질들에 대해 이러한 가정은 사실이 아닐 수 있다.

풀어보기

25.1 20 cm 지름의 꽃을 가진 동형접합성 식물이 40 cm 지름의 꽃을 가진 같은 종의 동형접합성 식물과 교배되었다. F_1 식물들은 모두 지름이 30 cm였다. 512개체의 F_2 세대에서, 2개체는 20 cm 지름의 꽃을 가졌고, 2개체는 40 cm 지름의 꽃을 가졌으며, 나머지 508개체들은 그 둘 사이의 크기 범주들의 꽃을 가진다.

(a) 관여된 모든 대립유전자가 부가적으로 작용한다면, 이 식물의 꽃 크기를 조절하는 유전자의 수는 몇 개인가?

(b) F_1 식물과 큰 꽃 부모 계통 사이의 역교배에서 얻어지는 자손의 경우, 꽃의 지름 분포는 어떤 빈도로 나타나겠는가?

■ **힌트:** 이 문제는 정량적 형질에 관한 교배에 대해 F_1과 F_2 자료를 제공하면서, 이 형질을 조절하는 유전자의 수를 계산할 것을 요구한다. 해답의 열쇠는, F_2 표현형의 총 숫자를 모른다면, F_2에서 부모 표현형을 나타내는 비율(수가 아니라)을 이용하여 관여된 유전자의 수를 결정할 수 있음을 기억하는 것이다.

연습이 더 필요하면 문제 4~7번을 참고하라.

25.3 다인자 형질에 관한 연구는 통계적 분석에 의존한다

집단 내에서 관찰되는 표현형적 변이 중 어느 정도가 개체들의 유전적 차이에 의해 생기며, 또 어느 정도가 환경 요인들에 의해 생기는 것인지를 밝히기 위해 유전학자들이 사용하는 접근법을 고려하기에 앞서, 우리는 그들이 이런 업무들에 사용하는 기초적인 통계 방법들에 대해 알아 둘 필요가 있다. 한 집단 내의 모든 개체에서 다인자적 형질들의 발현을 측정하는 것은 사실상 가능한 일이 아니며, 따라서 일부 개체들을 무작위로 추출하여 측정에 사용함으로써 **표본**(*sample*)을 만든다. 얻어진 정보의 정확성은, 그 표본들이 추출된 집단에서 정말로 무작위로 추출되어 그 집단을 대표할 수 있는지에 달려 있다. 예를 들어, 100명의 학생으로 구성된 유전학 수업에서 한 학생이 평균 신장을 결정하고 싶어서 옆자리에 앉은 2명의 학생을 쟀는데, 그 두 명이

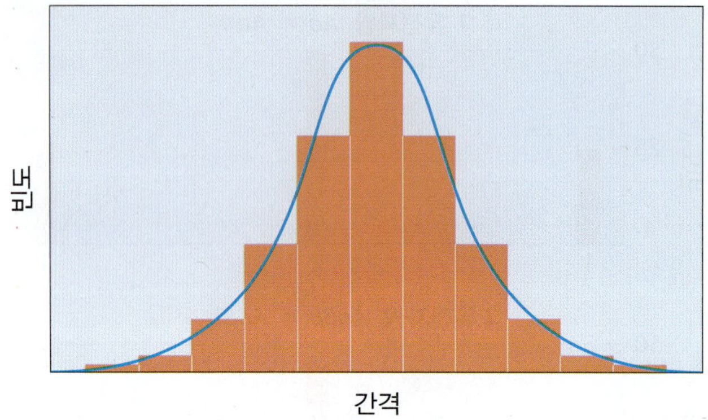

그림 25.4 정규 빈도 분포. 종 모양 곡선이 특징이다.

모두 대학 농구팀의 센터였다고 하자. 아마도 이 표본은 2가지 이유로, 그 수업을 듣는 학생들의 평균 신장에 대한 좋은 측정값을 제공하지 못할 것이다: 첫째는, 표본 크기가 너무 작다; 둘째로, 표본들은 그 클래스에 속한 대표적 부분들이 되지 못한다(100명의 학생이 모두 농구팀 학생들이었다면 모를까).

만약 정량 형질의 발현을 측정하는 데 사용된 표본이 충분히 크고, 추출된 집단을 대표할 수 있다면, 우리는 종종 자료들이 특징적인 종형 곡선을 가진 **정규 분포(normal distribution)**를 형성함을 발견하게 된다; 즉, 그들이 빈도 막대그래프(그림 25.4)로 그려지면 종-모양의 곡선을 나타낸다. 종형 분포를 나타내는 형질들을 분석하는 데는 평균값(mean), 분산(variance), 표준 편차(standard deviation), 평균의 표준 오차(standard error of the mean), 공분산(covariance), 그리고 상관 계수(correlation coefficient) 등을 포함한 몇 가지 통계적 방법들이 유용하게 사용된다.

평균

평균값은 정량 형질의 측정 범위에서 중간 지점이 어디쯤인지 알려준다. 그림 25.5에서는 서로 다른 두 세트의 표현형 측정에

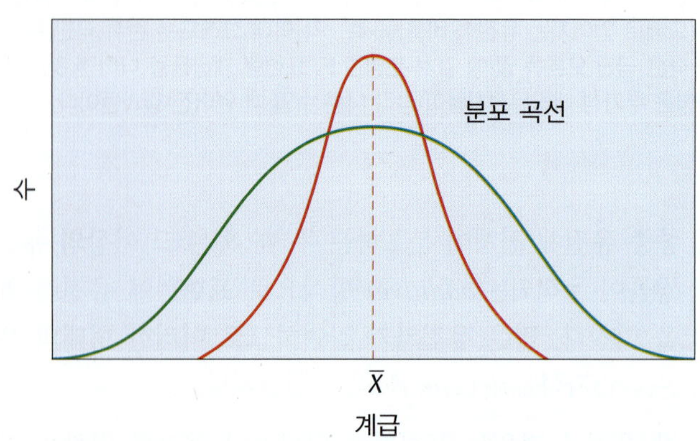

그림 25.5 같은 평균값을 가지지만 변이의 정도가 다른 두 가지 정규 빈도 분포.

대한 분포 곡선들을 볼 수 있다. 두 세트의 측정값이 중앙값 근처에 몰려서 분포되어 있다(우연히도, 두 측정값은 모두 같은 값 근처에서 모인다). 이 뭉침 현상(clustering)을 중앙 경향(central tendency)이라고 하며, 이 중앙 지점이 평균이다.

구체적으로, **평균(mean, $\overline{X}$)**은 자료들의 측정값 세트의 산술평균으로 다음과 같이 계산된다:

$$\overline{X} = \frac{\Sigma X_i}{n}$$

여기서, $\overline{X}$는 평균값이고, ΣX_i는 표본 내의 개별 값들의 총합을 나타내며, n은 각 개체의 수이다.

평균은 표본들에 대해 유용하고 간략한 설명을 제공하긴 하지만, 그것은 자료점의 범위나 분포에 대해서는 아무것도 말해주지 못한다. 그림 25.5에 나타난 것처럼, 표본들의 대칭적 분포는 한 사례에서처럼 평균값 근처에 뭉쳐 있거나, 혹은 다른 세트의 측정값처럼 동일한 평균값 주위에서 더 넓게 퍼져 있을 수 있다. 두 번째 통계값은 분산인데, 평균값 주변의 자료 분포에 대한 정보를 제공한다.

분산

한 표본에 대한 **분산(variance, s^2)**은 각각의 측정값들이 평균값으로부터 떨어진 거리의 평균적 제곱수이다. 이것은 다음과 같이 계산된다:

$$s^2 = \frac{\Sigma(X_i - \overline{X})^2}{n-1}$$

여기서는 평균값($\overline{X}$)과 샘플 값(X_i)의 차이를 제곱한 값들의 합(Σ)이, 집단 크기에서 1을 뺀 값($n - 1$)으로 나뉜다.

그림 25.5에서처럼, 정량 형질에 대한 두 표본 측정이 같은 평균을 가지면서도 그 빈도의 분포는 평균 주위로 매우 다를 수 있다. 이런 영역은 서로 다른 분산에 반영될 것이다. 분산의 측정은, 특히 환경 역시 표현형에 영향을 미칠 때 형질에 대한 유전적 조절 정도를 결정할 때 매우 유용하다.

표준 편차

분산이 제곱된 값이기 때문에 측정의 단위 역시 제곱된다(m^2, g^2 등). 측정의 원래 단위에서 평균값 주위에서의 차이를 표시하기 위해 분산의 제곱근을 사용하며, 이를 **표준 편차(standard deviation)**라고 하고 ***s***로 나타낸다:

$$s = \sqrt{s^2}$$

표 25.2는 정규 분포 내의 개별 값들이 표준 편차의 몇 배수 내에 포함되는지를 백분율로 보여준다. 평균 더하기 혹은 빼기 1 표준 편차($\overline{X} \pm 1s$)는 표본 내 모든 값들의 68%를 포함한다. 95% 이상의 값들은 2 표준 편차 범위 내에서 발견된다. 이것은

표 25.2 다양한 s 값에서의 표본 포함률

s의 배수	포함되는 표본(%)
$\overline{X} \pm 1s$	68.3
$\overline{X} \pm 1.96s$	95.0
$\overline{X} \pm 2s$	95.5
$\overline{X} \pm 3s$	99.7

표준 편차(s)가 확률의 형태로 표시될 수 있음을 시사한다. 예를 들어, 무작위로 뽑힌 하나의 표본 측정값이 $\overline{X} \pm 1s$에 들어갈 가능성은 68%라는 뜻이다.

평균의 표준 오차

한 집단에서 여러 표본 집단들을 뽑아서 같은 정량 형질들을 측정한다면, 우리는 표본 집단의 평균값들이 매우 다양하다는 것을 알게 될 것이다. 이론적으로, 표본 집단이 클수록, 그리고 무작위 표본들일수록 모집단을 더 정확하게 대표할 것이며, 그들의 평균도 서로 비슷할 것이다. 표본 집단 평균의 정확성을 측정하기 위해, **평균의 표준 오차(standard error of the mean)**인 $S_{\overline{X}}$를 사용하며 다음과 같이 계산한다:

$$S_{\overline{X}} = \frac{s}{\sqrt{n}}$$

여기서 s는 표준 편차이고, $\sqrt{n}$은 표본 집단 크기의 제곱근이다. 평균의 표준 오차가 표본 집단 크기의 제곱근($\sqrt{n}$)으로 표준 편차(s)를 나눠 얻어지므로, 항상 표준 편차보다는 작은 값으로 나타난다.

공분산과 상관 계수

정량형질을 연구하는 유전학자들은 종종 두 가지 표현형을 동시에 고려해야 할 때가 있다. 예를 들어, 어떤 양계업자가 닭에서 체중과 산란율 사이의 관계를 조사하길 원한다고 하자: 더 무거운 닭이 더 많은 알을 낳을까? **공분산(covariance)** 통계값은 어느 정도의 변이가 두 정량 형질에 공통적인지를 측정한다. 이것은 표본 집단 내 각 개체의 각 형질에 대한 값을 평균값에서 뺀 편차를 얻어 계산한다(분산을 계산했을 때처럼). 여기서 한 쌍의 값이 나오면 둘을 곱한다; 각 곱들을 모두 더하고, 표본 수에서 1을 뺀 수로 나눈다. 그러면 이 두 세트의 형질 측정값, X와 Y에 대한 공분산인 $\mathbf{cov}_{XY}$이 나오며 다음과 같이 계산된다:

$$\mathrm{cov}_{XY} = \frac{\Sigma[(X_i - \overline{X})(Y_i - \overline{Y})]}{n-1}$$

공분산은 다시 **상관 계수(correlation coefficient, *r*)**로 표준화될 수 있으며 수식은 다음과 같다.

$$r = \text{cov}_{XY}/s_X s_Y$$

여기에서 S_X는 첫 번째 세트의 정량 형질 측정값인 X의 표준 편차이고, S_Y는 두 번째 세트의 정량 형질 측정값인 Y의 표준 편차이다. 상관 계수 r의 값은 −1에서 +1까지이다. 양의 값은 한 형질의 측정값들이 증가함에 따라 다른 형질의 측정값들도 증가한다는 의미이고, 음의 값은 한 형질값의 증가가 다른 값들의 감소와 연관된다는 뜻이다. 그러므로 만일 더 무거운 암탉이 알을 더 잘 낳는다면 양의 r 값이 기대될 것이고, 음의 r 값이 나왔다면 산란력은 더 가벼운 닭일수록 좋다는 뜻이 된다. 상관 계수에서 주목해야 할 점은 r 값이 +1이나 −1에 가깝다고 해서 두 형질 사이에 인과 관계가 있음을 증명하는 것은 아니라는 것이다. 상관 분석은 단순히 한 가지 정량 형질에서의 변이가 다른 형질에서의 변이와 연관이 있는 정도를 말해주는 것이지 변이의 원인을 말해주는 것은 아니다.

정량적 특징들의 분석

이런 통계적 개념을 적용하기 위해, 서로 다른 두 동형접합성 토마토 변종을 교배하는 유전 실험을 생각해 보자. 어떤 동형접합성 토마토 변종은 평균 18온스 무게의 과실을 생산하는 반면, 다른 변종은 평균 6온스의 열매를 만든다. 이 두 변종을 교배하여 얻은 F_1은 10~14온스 범위에 해당하는 무게의 과일을 생산한다. F_2 집단은 6에서 18온스까지의 과일들을 생산하는 개체들을 포함하고 있다. 두 세대의 특징적 결과가 **표 25.3**에 나타나 있다.

F_1에서 과일 무게의 평균은 다음과 같이 계산된다:

$$\bar{X} = \frac{\Sigma X_i}{n} = \frac{626}{52} = 12.04$$

같은 방식으로, F_2의 과일 무게의 평균은 다음과 같다:

$$\bar{X} = \frac{\Sigma X_i}{n} = \frac{872}{72} = 12.11$$

이 두 평균값은 비슷하지만, 표 25.3의 빈도 분포는 F_2 세대에서 훨씬 큰 변이를 보여준다. 이 변이의 범위는 표본 집단 분산인 s^2으로 정량화될 수 있으며, 각 값들의 평균과의 차이를 제곱한 것을 더한 후 총 관찰수에서 1을 뺀 값으로 나눔으로써 다음과 같이 계산된다:

$$s^2 = \frac{\Sigma(X_i - \bar{X})^2}{n - 1}$$

위의 계산을 끝내면, F_1의 분산은 1.29이고 F_2의 분산은 4.27이다. 표준편차($s = \sqrt{s^2}$)로 전환하면 각각 1.13과 2.06이 된다. 그러므로 F_1 토마토 무게의 분포가 12.04 ± 1.13, F_2의 경우 12.11 ± 2.06이라고 설명될 수 있다.

두 가지 토마토 변종이, 관계된 좌위들에서 모두 동형접합성이고 무게를 조절하는 대립유전자들이 부가적으로 작용한다고 가정하면, 우리는 이 형질에 관계된 다인자들의 수를 추정할 수 있다. F_2의 자손에서 72분의 1이 한쪽 부모형을 나타냈으므로(총 F_2 자손의 수는 72개체이고, 6온스가 하나, 18온스가 한 개체 있다; 표 25.3을 보라), $1/4^n = 1/72$ 공식에 의해 n은 3과 4

풀어보기

25.2 다음 표는 8마리의 양들에서 섬유의 길이와 양털의 무게를 측정한 값을 보여준다.

	양모 길이(cm)	양모 무게(kg)
1	9.7	7.9
2	5.6	4.5
3	10.7	8.3
4	6.8	5.4
5	11.0	9.1
6	4.5	4.9
7	7.4	6.0
8	5.9	5.1

(a) 이 양들의 각 형질에 대한 평균, 분산, 그리고 표준 편차는 얼마인가?

(b) 이 두 형질의 공분산은 얼마인가?

(c) 섬유 길이와 양털 무게 사이의 상관 계수는 얼마인가?

(d) 양털 무게가 많이 나가는 것이 섬유 길이의 증가와 상관이 있다고 생각하는가? 그 이유는 무엇인가?

■ **힌트:** 이 문제는 두 가지 정량 형질에 대한 자료를 제공하고 있으며, 여러 가지 통계적 계산을 하고, 궁극적으로는 그 두 가지 형질들이 상관있는지를 결정할 것을 요구한다. 해답의 열쇠는 일단 상관 계수(r)가 계산되면 그 값이 양수인지, 음수인지, 혹은 얼마나 0에 가까운지 등을 해석하는 데 있다.

표 25.3 토마토에 관한 가상의 교배로부터 얻어진 F_1과 F_2 자손의 분포

	무게(온스)												
	6	7	8	9	10	11	12	13	14	15	16	17	18
F_1 자손					4	14	16	12	6				
F_2 자손	1	1	2	0	9	13	17	14	7	4	3	0	1

사이의 값이 나오며, 이것은 토마토 계통들에서 과일 무게를 조절하는 유전자의 수를 나타낸다.

25.4 유전력 값은 표현형 변이에 대한 유전적 기여도를 평가한다

다요소적 형질을 연구하는 유전학자들이 가장 흔히 가지는 질문들은, 집단 내에서 관찰된 표현형적 변이의 어느 정도가 개체들 사이의 유전자형 차이에 의한 것이며, 또 어느 정도가 환경에 따른 것인지에 관한 것이다. **유전력(heritability)**이란 용어는 **집단 내의 총 표현형적 변이 중에서 유전적 요소에 의한 부분**을 설명하는 데 사용된다. 주어진 집단 내에서, 다요소적인 어떤 형질에 대해, 높은 유전력은 많은 변이가 유전적 요소에 따른 것임을 시사한다. 즉, 환경은 그 형질의 발현에 덜 영향을 미친다는 것이다. 낮은 유전력은 환경 요소들이 집단 내 표현형 변이에 더 큰 영향을 미칠 가능성이 크다는 뜻이다.

유전력 개념은 종종 오해되어 잘못 사용된다. 유전력이라는 것이, 한 형질의 얼마만큼이 유전적으로 결정되는지, 혹은 한 개인에서의 표현형에 유전자형이 어느 정도나 영향을 미쳤는지를 가리키는 것은 아니라는 것을 강조할 필요가 있겠다. 최근 들어, 인간의 정량적 형질들의 유전력에 대해 그러한 잘못된 해석이 논쟁을 일으키곤 하는데, 특히 "지능 지수(intelligence quotient)" 혹은 IQ라는 측정과 관련한 것이다. 여러 인종에서 검사된 IQ에 대한 유전력에서의 변이 측정값이, 바뀔 수 없는 유전적 요인들이 인종들 사이에서 지적 수준 차이를 조절한다는 뜻으로 해석되는 것이다. 그러한 생각은 유전력의 의미를 잘못 드러내고 있으며, 집단 내의 표현형적 변이에 대한 유전자-환경 상호작용(genotype-by-environment interaction)의 기여를 무시하는 것이다. 게다가, 유전력은 한 형질에 대한 고정된 값이 아니다. 예를 들어, 개별 우리에서 사육된 한 무리의 닭들에서는 산란율에 대한 유전력이 높을 수 있는데, 그들이 모두 비슷한 환경을 공유하고 있으므로 개별 닭들의 산란 차이는 대부분 유전적 차이에 의한 것임을 시사한다. 야외에서 기른 다른 닭들의 산란율에 대한 유전력이 훨씬 낮을 수 있는데, 그것은 닭들 사이의 변이가 각 개체의 환경 차이도 역시 반영하는 것이기 때문이다. 그러한 차이들에는 닭들이 먹이를 얼마나 잘 발견할 수 있는지, 밤에 좋은 둥지를 만들기 위해 얼마나 성공적으로 경쟁하는지 등이 포함될 수 있다. 따라서 유전력 측정값은 **특정 환경의 특정 집단 내에서** 유전적 변이들에 의한 것이라고 할 수 있는 표현형적 변이의 부분에 대해 말해주는 것이다. 만약 우리가 일정 범위의 환경에서 서로 다른 집단들에 대해 같은 형질들의 유전력을 측정한다면, 계산된 유전력 값에서 상당히 큰 표준 오차 값을 자주 발견하게 된다. 이것이 바로 우리가 인간의 형질들에 대해 유전력 값을 고려할 때 기억해야 할 중요한 점이다. 서로 다른 집단을 이용한 유사 연구들은 서로 다른 유전력 측정값을 생산할 가능성이 크다. 예를 들어, 사람의 키에 대해 평균 유전력 값이 0.65라는 것은, 여러분의 키 65%가 여러분이 가진 유전자들에 의해 결정된 것이라는 뜻이 아니다. 그보다는, 평균적으로 보아, 그 표본 집단에서 **키에 대한 전체적 변이의 65%가 개인들 간의 유전자형 차이에 의해 설명될 수 있다**는 것이다.

이렇게 미묘하지만 중요한 차이를 명심하고, 우리는 이제 유전학자들이 어떻게 집단 내에서 관찰되는 표현형적 변이들을 유전적 요소와 환경적 요소로 나누는지에 대해 생각해 보기로 하자. 앞의 절에서 살펴본 바와 같이, 이러한 변이는 표본의 분산으로 정량화될 수 있다: 즉, 집단을 대표하는 표본에서 문제의 형질들에 대한 측정값들이 표본의 평균 주위로 퍼져 있는 정도를 결정하는 것이다. 이것은 우리에게 집단의 **총 표현형적 분산(phenotypic variance, V_P)**에 대한 측정값을 준다. 유전력 값은 V_P를 **유전자형적 분산(genotypic variance, V_G)**과 **환경적 분산(environmental variance, V_E)** 요소로 나누는, 실험적이면서 통계적인 기술들을 사용하여 얻는다.

표현형적 변이의 전체 수준에 기여하는 중요한 요소 하나는, 개체의 유전자형이 다양한 환경들 사이에서 표현형에 어느 정도나 영향을 미치는가 하는 것이다. 예를 들어, 밀 변종 A는 척박한 땅에서 1에이커당 평균 20부셸의 밀을 생산하며 변종 B는 17부셸을 생산한다. 그러나 비옥한 땅에서 A는 22부셸을 생산하고 B는 25부셸을 평균적으로 생산한다고 하자. 유전적으로 독특한 이 두 변종이 생산성 차이를 나타내므로 밀의 생산량의 변이는 유전적 요소를 갖는다. 두 변종 모두 비옥한 땅에서 더 많이 생산했기 때문에, 생산성은 환경에 의해서도 영향을 받는다. 그러나 우리는 이 두 변종이 토양 조건에 동등하게 반응한 것이 아니라는 것 역시 알고 있다: 변종 B 밀의 유전자형은 A 변종보다 좋은 토양에서 더 많은 생산량을 냈다. 그러므로 우리는 이 밀 식물 집단에서 생산성 변이에 기여하는 유전자형과 환경과의 상호작용 차이를 얻게 된다. 표현형 변이에 대한 이 세 번째 요소는 **유전자형-환경 상호작용 분산(genotype-by-environment interaction variance, $V_{G\times E}$)**이다(그림 25.6).

우리는 이제 총 표현형 분산 V_P의 모든 요소를 다음과 같은 방정식을 사용하여 요약할 수 있다;

$$V_P = V_G + V_E + V_{G\times E}$$

달리 말하자면, 총 표현형 분산은 유전적 분산, 환경적 분산, 그리고 유전자형과 환경 상호작용 분산으로 세분화될 수 있다. 다

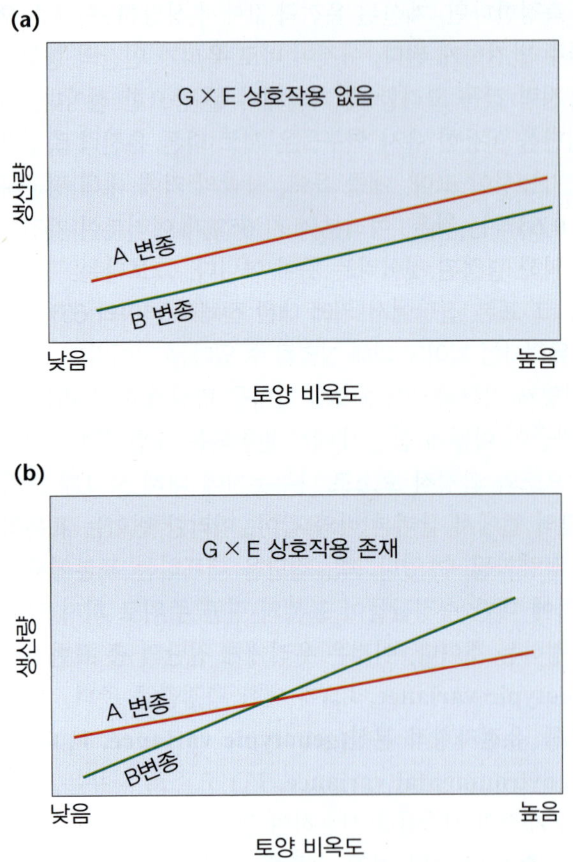

그림 25.6 토양 비옥도 수준이 다른 곳에서 키운 두 밀 변종이 나타내는 생산성 차이. (a) 유전자형-환경 상호작용인 G×E가 없다: 변종들은 생산성에 있어 유전적 차이를 보이지만 토양비옥도 증가에 동등하게 반응한다. (b) G×E 상호작용이 있다: A 변종은 낮은 수준의 토양 비옥도에서 B 변종을 능가했지만, 토양비옥도 수준이 높을 때는 B가 A보다 더 많이 생산했다.

요소적 형질에 대해 유전력을 측정값을 구할 때, 연구자들은 종종 유전자형-환경 상호작용 분산이 무시될 만큼 적거나 환경 분산에 통합될 수 있다고 가정한다. 그러나 이런 종류의 추정은 유전력 값이 한 형질에 대한 고정된 특성이 아니라, 주어진 집단이 특정 조건에 있을 때의 추정치가 될 수밖에 없도록 하는 이유 중의 하나이다.

동식물 육종가들은 일련의 실험적 기술을 사용하여 표현형 분산을 유전자형에 의한 요소와 환경에 의한 요소로 분리함으로써 유전력을 측정한다. 한 가지 방법은 매우 동질한 유전자형들을 가진, 유전적으로 똑같은 개체들을 포함하는 순종 계통을 이용하는 것이다. 그런 다음, 일정 범위의 환경 조건들이 표현형적 다양성에 미치는 효과를 검사하는 방식으로 실험이 이루어진다. 일정한 환경에서 키워진 서로 다른 순종 계통들 사이의 변이는 대체로 유전적 요소에 기인한 것이다. 다른 환경 조건에서, 같은 순종 계통 내 서로 다른 구성원들 사이에서 나타나는 변이는 환경적 요소에 의한 것일 가능성이 크다. 다른 접근법들은, 서로 다른 교배들에서 얻어진 자손들 사이의 정량 형질에 대한 분산을 분석하거나, 같은 환경에서 키운 자손과 부모들의 형질 발현을 비교하는 것 등을 포함한다.

넓은 의미의 유전력

광의의 유전력(broad-sense heritability)이란 H^2으로 표시되며, 총 표현형 변이에 대한 유전적 변이의 기여도를 측정한다. 즉, 다음과 같은 비율로 측정된다:

$$H^2 = \frac{V_G}{V_P}$$

집단 내 한 형질에 대한 유전력 값은 0.0에서 1.0 사이의 값이다. 1.0에 근접하는 값은 환경 조건들이 표현형 변이에 거의 영향을 미치지 않음을 시사하며, 따라서 변이는 대체로 집단 내 개체들 사이의 유전적 차이에 의한 것임을 나타낸다. 0.0에 근접하는 작은 값은, 유전자형 차이가 아니라 환경적 요인들이 연구된 집단 내에서 관찰된 표현형적 변이에 대체적 책임이 있다는 뜻이다. 매우 소수의 정량적 형질들만 아주 높거나 낮은 유전력 값을 가지며, 이것은 유전적 요소와 환경적 요소 모두가 대부분의 표현형적 발현에 어느 정도씩 참여를 하고 있음을 시사한다.

광의의 유전력 측정에 사용되는 유전자형 분산 V_G는, 집단 내 모든 형태의 유전적 변이들을 포함하는 것이다. 이것은 부가적으로 작용하는 대립유전자들을 가진 정량 형질 좌위들과, 상위성이나 우성 효과를 가지는 다른 유전자들을 구분하지는 않는다. 광의의 유전력도 유전자형-환경 상호작용 분산 요인이 무시할 만하다고 가정한다. 비록 한 형질에 대한 광의의 유전력 측정치가 일반적인 유전학적 관심사일 수는 있지만, 이러한 한계들은 이러한 종류의 유전력 값이 육종 프로그램에는 그다지 유용하지 않다는 뜻이 된다. 개량된 가축이나 더 높은 생산성을 가진 작물 변이체들을 만들고 싶어 하는 동식물 육종가들은, 집단 내에서 자신들이 조작하고자 하는 형질들에 대해 좀 더 정확한 유전력 측정값을 요구한다. 그러므로 더 실용적인 목적으로 또 다른 형태의 측정값인 협의의 유전력(narrow-sense heritability)이 고안되었다.

좁은 의미의 유전력

협의의 유전력(narrow-sense heritability)인 h^2은 부가적 유전자형에 의한 변이에 의해서만 나타나는 표현형 변이의 비율을 말한다. 유전자형 분산은 정량 형질 좌위들에서 대립유전자들이 서로 다른 방식으로 작용하는 것을 나타내는 하위 요소들로 구분될 수 있다. 양적 형질에 관여하는 유전자들이 모두 표현형에 같은 방식으로 영향을 미치는 것은 아니므로, 이러한 분리는 유전자형 변이에 기여하는 3가지 종류의 유전자 작용을 구별한다. **부가성 분산(additive variance, V_A)**은 정량 형질 좌위에서 대립유전자들의 부가적 작용으로 나타나는 유전자형 분산이다. **우성 분산(dominance variance)**인 V_D는 이형접합자에서의 표현형적 발현이 두 가지 동형접합자들 사이의 정확한 중간값이 아닐 때 얻어지는, 부가적 요소들로부터 나온 편차이다. **작용 분산(interactive variance, V_I)**은 두 개 혹은 그 이상의 유전자 좌위들이 상위적으로(epistatically) 작용할 때 얻어지는, 부가적 요소로부터 나온 편차이다. 작용 분산의 양은 종종 무시될 수 있으므로 이 요소는 총 유전자형 분산의 계산에서 배제될 수 있다.

총 유전자형 분산인 V_G의 요소들은 다음과 같은 식으로 요약된다.

$$V_G = V_A + V_D + V_I$$

그리고 협의의 유전력은 부가적 유전자 작용에 의한 유전자형 분산의 비율에만 기초하여 계산되므로 다음 식으로 정리된다:

$$h^2 = \frac{V_A}{V_P}$$

V_I를 빼고 V_P를 유전자형과 환경적 분산으로 분해해서 쓰면 다음과 같은 식을 얻는다.

$$h^2 = \frac{V_A}{V_E + V_A + V_D}$$

유전력 측정값은 동식물 육종에 사용되며, 정량적 형질에 대한 인위 선택에 생물 집단이 반응할 가능성을 나타낸다. 협의의 유전력인 h^2 값은, 광의의 유전력인 H^2 보다 더 정확한 예측을 가능하게 하며, 따라서 h^2은 육종가들에 의해 널리 사용된다.

인위 선택

인위 선택(artificial selection)은 품종 개량을 목적으로 처음에는 이형접합 상태였던 집단으로부터 선호되는 표현형을 가진 특정 생물 개체들을 선택하는 과정이다. 이론적으로, 만약 한 가지 형질을 대상으로 인위적 선택이 여러 세대 동안 반복된다면, 한 집단은 바람직한 특징을 가진 개체들을 높은 빈도로 포함하도록 발전할 수 있다. 만약 환경적 영향을 거의 받지 않는 단 한두 개의 유전자들에 의해 조절되는 형질들에 호의적으로 선택이 이루어진다면, 원하는 특징의 동식물 집단을 만드는 것은 비교적 빠르고 쉬울 것이다. 그러나 식물에서의 곡식 생산성, 소의 무게 증가나 우유 생산량, 그리고 말의 속도와 힘처럼, 작물이나 가축에서 경제적으로 중요한 형질들은 대부분 다인자적이며 흔히 다요소적이다. 그러한 형질들에 대한 선택은 더 느리고 더 복잡하다. 협의의 유전력 측정값들은 동식물 육종가들에게는 매우 중요한데, 방금 살펴본 바와 같이 이 값이 그 형질의 총 표현형 분산 중에서 부가성 유전적 분산에 의한 비율을 측정하기 때문이다. 부가적으로 작용하는 정량 형질 좌위들은 육종가들에 의해 가장 쉽게 조작되는 것들이다. 우성 효과를 만들거나 상위적으로 상호작용하는(V_D나 V_I에 기여하는) 정량 형질 좌위의 대립유전자들은 인위 선택에 대한 반응이 약하다. 따라서 협의의 유전력인 h^2은 선택의 효과를 예측하는 데 사용될 수 있다. 집단에서 측정된 h^2값이 클수록, 육종가가 인위적 선택 후에 다음 세대에서 기대하는 형질에 대한 표현형 범위의 변화가 크다.

h^2을 계산하고 선택에 대한 반응을 예측하기 위해, 유전적 분산 인자들을 분석하는 것은 조심스러운 실험 계획과 분석을 요구하는 복잡한 작업이다. 가장 간단한 접근법은 이질적인 집단에서 요구되는 표현형을 가장 많이 나타내는 개체들을 선발하고 이 개체들로부터 자손들을 얻는 것이다. 그 형질에 대한 평균값들이 비교되는데; (1) 원래의 집단(M)과, (2) 부모로 사용된 선발 개체 집단($M1$), 그리고 (3) 선발 부모 집단 내 교배로 얻어진 자손들의 값($M2$) 등이 비교된다. 이 세 평균값들과 h^2의 관계는 다음과 같다:

$$h^2 = \frac{M2 - M}{M1 - M}$$

이 방정식은 $M2 - M$을 **선택 반응(selection response, *R*)**—선택된 부모들을 교배하여 얻은 반응—으로 정의하고, $M1 - M$을 **선택 차이(selection differential, *S*)**—전체 집단의 평균값과 선택 집단의 평균 차이—로 정의하여 더 단순화시킬 수 있다. 따라서 h^2은 가능한 총 반응에 대한 관찰된 반응의 비율을 나타내게 된다. 그러면

$$h^2 = \frac{R}{S}$$

선택적 교배와 자손에서의 반응을 측정하는 이런 방법으로 얻어진 협의의 유전력 값은 **실현 유전력(realized heritability)** 측정값으로 언급된다.

실현 유전력 측정값의 예로, 우리가 옥수수 집단의 낱알 지름을 측정한다고 가정해 보자. 이 집단은 평균 지름 M이 20 mm이다. 이 집단으로부터 가장 작은 지름들을 가지는 그룹을 선택했는데, 평균값 $M1$은 10 mm이다. 선발된 식물들끼리 교배하여 얻은 자손 낱알의 평균 지름인 $M2$는 13 mm이다. 우리는 낱알 크기에 대한 인위 선택의 잠재력을 측정하기 위해 실현 유전력인 h^2을 계산할 수 있다:

$$h^2 = \frac{M2 - M}{M1 - M}$$

$$h^2 = \frac{13 - 20}{10 - 20}$$

$$= \frac{-7}{-10}$$

$$= 0.70$$

협의의 유전력에 대한 이 값은 낱알 크기에 대한 선택의 힘이 비교적 높음을 시사한다.

가장 오래된 인위 선택 실험은 일리노이의 주립 농업 실험실에서 아직까지도 행해지고 있다. 1896년부터, 옥수수에서 기름이 많은 것과 적은 것이 선택되었다. 76세대 후에, 지속된 선택으로 기름 함량이 증가했다(그림 25.7). 성공적으로 선택이 진행될수록, 더 많은 옥수수 식물들이 기름 생산에 관여하는 부가성 대립유전자들을 더 높은 비율로 축적할 것이다. 결과적으로, 인위적 선택이 기름 생산을 위한 유전적 능력을 최적화하는데 가까워질수록, 연속된 세대에서 증가된 기름 함량에 대한 협의의 유전력 h^2은 감소되었다(그림 25.7의 9, 25, 52, 76세대에서 괄호 안의 숫자를 보라). 이론적으로, 선택 과정은 집단 내의 모든 개체가 기름 함량에 관한 부가적인 대립유전자들 모두에 대해 동일한 조성이 될 때까지 계속될 것이다. 그 시점에서 유전력은 0에 근접하게 되고 인위 선택에 대한 반응은 사라질 것이다. 낮은 기름 함량에 대한 선택을 조사한 결과 유전력이 이 점에 접근하고 있음을 알 수 있었다.

표 25.4는 다양한 생물에서 형질들의 다양성에 대한 협의의 유전력을 측정한 값들을 %로 나타낸 것이다. 보다시피 유전력은 형질들 사이에서 꽤나 다양한 값으로 나타나지만, 생존에 필수적인 양적 형질에 대해서는 낮은 경향이 있다. 이것이 그러한 형질들에 대해 관찰되는 표현형에 유전적 기여가 없다는 것을 뜻하지는 않는다는 점을 기억하라. 대신, 낮은 h^2 값은 자연선택이 이미 진화 과정에서 이러한 형질들에 대한 유전적 요소들을 거의 최적화했음을 보여주는 것이다. 달걀의 생산, 한 번에 낳는 새끼의 수(litter size), 임신율 등은 선택에 대한 생리적인 제한들이 이미 확립되어 있는 좋은 예들이다. 몸무게, 꼬리 길이, 날개 길이 등 생존에 덜 치명적인 형질들은 좀 더 높은 유전력을 나타내는데, 그러한 형질들에 대해 좀 더 많은 유전자형 변이들이 아직 집단 내에 존재하기 때문이다. 하나의 유전력 값은 특정 환경의 오직 한 집단에 대한 정보만을 제공한다는 것도 기억하기 바란다. 다른 환경의 같은 형질에 관한 연구들은 종종 서로 다른 결과들을 산출하곤 한다. 따라서 많은 집단 내에서 자료가 수집되고 분명한 경향이 확립되어 있을 때는 협의의 유전력은 선택에 대한 반응 지시자로서 매우 유용하다.

표 25.4 여러 생물의 형질들에서 추정된 유전력 값들

형질	유전도(h^2)
생쥐	
꼬리 길이	60%
체중	37
한 번에 낳는 새끼 수	15
닭	
체중	50
달걀 생산	20
알의 부화율	15
소	
출생 체중	45
젖 생산량	44
임신율	3

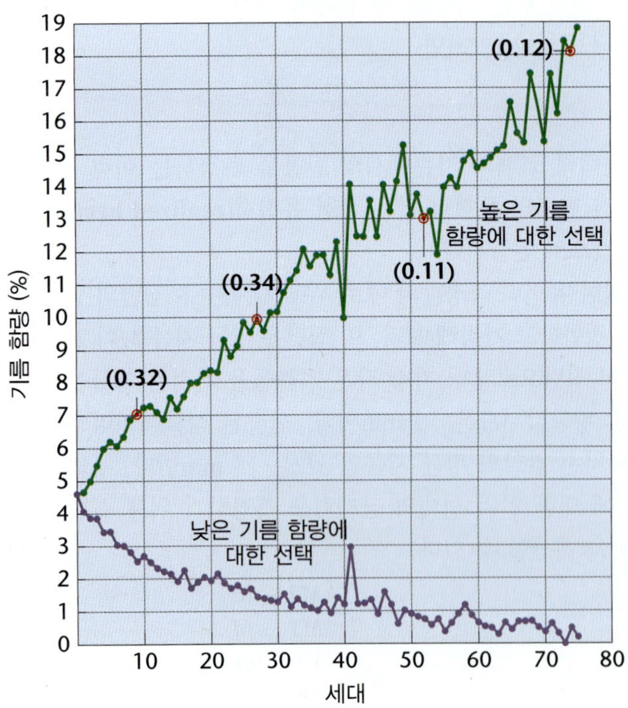

그림 25.7 기름을 많이 가지는 옥수수와 기름을 적게 가진 옥수수를 76세대에 걸쳐 선택했을 때의 반응. 괄호 안의 숫자는 계속된 실험에서 기름 함량이 높은 계통이 9, 25, 52, 76세대에서 나타낸 유전력을 계산한 것이다.

유전력 연구의 한계

위의 논의는 유전력 연구들이 표현형적 분산에 대한 유전적 기여를 평가하는 데 유용하다는 것을 분명히 해주지만, 형질들의 유전력에 관해 습득된 지식들은 그런 측정값들에 포함된 다음 몇 가지 한계점들에 대한 분명한 인식과 반드시 균형을 맞춰야 한다:

- 유전력 값은 어떤 유전자들이 그 형질들에 관여하고 있는지에 대해서는 정보를 주지 않는다.
- 유전력은 집단 내에서 측정되며, 개인에 적용되는 데는 한계가 있다.
- 측정된 유전력은 연구되는 집단에 존재하는 환경 변이에 따라 다르며, 서로 다른 집단들의 차이를 평가하는 데는 사용될 수 없다.

- 환경 요소들에서 발생하는 미래의 변화가 유전력에 영향을 미칠 수 있다.

25.5 쌍둥이 연구로 인간의 형질에 대한 유전력을 평가할 수 있다

인간의 쌍둥이들은 하나의 다요소적 형질에 대해 어느 정도의 표현형적 분산이 환경이 아닌 유전자형 때문에 생기는 것인지를 연구하는 데 유용한 재료가 된다. 이런 연구들에서, **일란성 쌍둥이들[monozygotic(MZ), identical twins]**은 단일 접합자로부터 기인한 것으로 유사분열 후 저절로 두 개의 독립된 세포들로 분리된 것이라는 원리가 존재한다. 두 세포는 유전자형이 똑같은 배아로 성장한다. 한편, **이란성 쌍둥이(dizygotic, DZ)**, 혹은 **형제 쌍둥이(fraternal twin)**들은 독립된 두 사건에 기인하며, 쌍둥이 아닌 형제들과 비슷한 유전적 조성이므로, 평균적으로 그들은 유전자의 반을 공유한다. 따라서 주어진 형질에 대해 일란성 쌍둥이들(MZ) 사이의 표현형적 차이는 환경 분산인 V_E와 동일할 것이다(왜냐하면 유전자형 변이가 0이므로). 그러나 이란성 쌍둥이들(DZ) 사이의 표현형적 차이들은 환경적 분산인 V_E와 대략 절반 정도의 유전자형 변이 V_G를 나타낸다. 같은 형질에 대해 일란성 쌍둥이와 이란성 쌍둥이들에서의 표현형적 분산들을 비교하면 그 형질에 대한 광의의 유전력을 얻을 수 있다.

만약 두 명의 쌍둥이가 둘 다 조사된 형질들을 나타내거나, 아니면 둘 다 나타내지 않는다면 그 주어진 형질에 대해 그 쌍둥이들이 **일치한다(concordant)**고 한다. 만약 한 명은 그 형질을 나타내지만 다른 한 명은 나타내지 않는다면, 그 쌍은 **불일치한다(discordant)**고 언급된다. 같이 자란 MZ와 DZ에서의 일치도 값 비교는 유전력 측정을 위한 가능한 값을 나타내 준다(다음에 나오는 풀어보기의 문제 풀이를 참고하라).

쌍둥이 연구들은 결론을 도출하기에 앞서 자료들이 매우 신중하게 조사되어야만 한다. 예를 들어, 만약 일란성 쌍둥이들에서의 일치도 값이 90~100의 값에 육박하면, 우리는 이것을 그 형질들의 발현에 유전적 기여도가 큰 것으로 해석하려고 할 수 있다. 일부 경우에, 예를 들어 혈액형이나 눈의 색깔에 대해서는 이것이 정말 사실임을 알고 있다. 그러나 홍역에 걸리는 경우에서는, 높은 일치도 값은 단순히 이 형질이 거의 언제나 바이러스라는 환경적 요소에 의해 유발되는 것임을 나타낸다.

MZ와 DZ에서 일치도 값들 사이의 **차이**(*difference*)를 비교하는 것이 더 의미가 있다. 만약 이러한 값들이 이란성에서보다 일란성 쌍둥이에서 더 높게 나타난다면 더 강한 유전적 조성이 이 결정에 기여하고 있다고 생각할 수 있다. 두 종류의 쌍둥이에서 모두 높은 일치도를 보이는 홍역의 경우는 환경이 주요 기여 인자라고 추정된다. 그러한 분석은 매우 유용한데, 서로 다른 환경에서도 비슷하게 남아 있는 표현형적 특징들은 강한 유전적 요소를 가질 것이기 때문이다.

대규모의 쌍둥이 연구들

수십 년 동안, 연구자들은 인간의 복합 형질들에서 관찰되는 표현형 분산에 대한 유전자형과 환경의 상대적 기여를 조사하기 위해 쌍둥이 연구들을 이용해왔다. 복합형질들은 다수의 유전자가 환경 요인들로 구성된 네트워크들과 상호작용하는 것을 포함하므로, 결과적으로 나타나는 표현형 분산에서 유전적 요소들을 연구하는 것이 매우 어려울 수 있다. 유전적 기여를 측정하는 가장 간단한 방법은 한 형질에 미치는 개별 유전자들의 영향이 다른 유전자들의 영향과는 독립적이라고 가정하는 것이다. 모든 유전자의 영향이 더해졌기 때문에, 이것은 **부가성 모델**(*additive model*)이라고 불린다. 그러나 최근에는 몇몇 유전학자들이 우성이나 상위성 같은 비부가적 요인들이 부가적 유전 요인들보다 더 중요하다는 제안을 하고 있다. 결과적으로, 부가적 요인들과 비부가적 요인들의 상대적 역할은 활발한 논의의 주제가 되고 있다.

이런 문제를 풀기 위한 시도로, 한 국제 연구사업은 최근 지난 50년 동안 수행된 모든 쌍둥이 연구들의 결과를 조사했다. 이 연구는 2015년에 발표되었는데, 2,700편 이상의 발표 논문들로부터 17,000가지 이상의 형질들과 1,400백만 쌍 이상의 쌍둥이들에 대한 자료들을 분석하고 편집한 것을 포함한 것이었다.

이 획기적인 연구로부터 몇 가지 중요한 일반적 결론들이 도출될 수 있었다. 첫째, 한 형질에 대한 유전적 영향이 대체로 부가적이거나 비부가적일 가능성이 어느 정도인가에 관한 결론을 도출하는 데 사용될 수 있는 MZ와 DZ 쌍둥이들 사이의 상관관계에 기초하여, 연구자들은 대부분의 형질이 단순한 부가적 모델을 따른다는 결론을 내렸는데, 이것은 유전력 연구들의 기초 중 하나에 대한 강력한 지지를 제공한다. 이것은 우성이나 상위성 같은 비부가적 요소들의 역할을 배제하는 것이 아니라, 이 요소들이 유전력에 2차적인 역할을 할 가능성이 크다. 둘째, 그 결과들은 많은 복합형질이 각각 작은 영향을 미치는 여러 유전자에 의해 조절된다는 전 유전체 연합 연구들(GWAS)로부터 얻어진 발견들과도 일치한다. 셋째, 유전적 분산은 집단에서 관찰되는 개체들의 변이에서 중요한 요소이다. 그리고 유전자형과 환경 요인들의 상대적 효과들은 비-무작위적으로 분포하므로 그들의 기여도는 다소 형질-특이적이다.

이 연구로부터 나온 자료들은 웹-기반 응용이 가능하다. 쌍둥이 관계와 유전력에 대한 메타-분석(Meta-analysis of Twin Correlations and Heritability, MaTCH)은 복합형질에 관한 연구나, 유전력의 유전적 요소들과 환경적 요소들의 연구에도 자원으로 사용될 수 있다.

쌍둥이 연구들은 몇 가지 한계점을 가진다

흥미로운 만큼이나, 인간의 쌍둥이 연구들은 몇 가지 피할 수 없는 오류의 근원을 포함한다. 예를 들어, MZ 쌍둥이들은 부모들과 선생님들에 의해 종종 DZ 쌍둥이들보다 더 비슷하게 취급되는데, 특히 DZ 형제들이 성별이 다를 때는 더욱 그렇다. 이런 환경들은 DZ 쌍둥이들에 대한 환경적 분산을 더 크게 할 수 있다. 또 다른 잠재적 오류 근원은 표현형에서 다양성을 만드는 유전자형과 환경 사이의 상호작용이다. 이런 상호작용들은 유전력 계산에 영향을 미쳐 동일한 환경에서 자란 MZ 쌍둥이들에 비해 DZ 쌍둥이들의 총 표현형 분산을 증가시킬 수 있다. 그러므로 쌍둥이 연구에 기초한 인간의 형질에 대한 유전력 측정값은 추정값으로만 고려되어야 하며 결론을 내리기에 앞서 매우 신중하게 검토되어야 한다.

그들이 세심하게 관찰되어야 함에도 불구하고, MZ 쌍둥이들이 동일한 유전체를 공유한다는 가정에 기초하여, 전통적인 쌍둥이 연구들은, 심혈관계 질병들, 당뇨병, 그리고 정신 질환들 같은 여러 가지 복합 질병들을 포함한 광범위한 형질들에 대한 유전력 측정에 중요하게 사용되어 왔다. 이런 질병들은 분명히 유전적 요소들을 가지며, 쌍둥이 연구들은 유전자들과 환경적 요인들 사이의 상호작용을 연구하기 위한 기초를 제공한다. 그러나 유전체 연구로부터 나온 결과들은 MZ 쌍둥이들이 진짜로 동일한지에 대해 도전하고 있으며, 쌍둥이 연구들의 방법이나 결과들을 재평가하도록 하는 압력이 되고 있다. 그런 연구는 유전자형과 환경 요소들 사이의 상호작용을 연구하기 위한 새로운 접근법으로 향하는 길을 열어주었다.

쌍둥이와 가장 관련이 큰 유전체적 발견들은 다음과 같다:

- 그들이 태어날 때까지 MZ 쌍둥이들이 반드시 동일한 유전체들을 가지는 것은 아니다.
- MZ 쌍둥이들에서의 유전자 발현 패턴은 나이에 따라 변하며, 따라서 표현형도 달라질 수 있다.

이런 점들에 대해 차례로 살펴보자. 우선, MZ 쌍둥이들은 하나의 수정란에서부터 발생하며, 거기서 때때로 발생 초기에 세포 덩어리들이 두 집단으로 나뉘어 독립적인 배아가 된다. 그 때까지, MZ 쌍둥이들은 동일한 유전자형들을 가진다. 그러나 곧이어 유전자형들은 약간씩 달라질 수 있다. 예를 들어, **사본 수 변이**(*copy number variation, CNV*)—다수의 큰 DNA 서열들(보통 1,000 염기쌍 혹은 그 이상)의 사본 수에서 생기는 변이—에서의 차이가 발생할 수 있어서 각 배아의 일부 세포 집단이 유전적으로 달라질 수 있다(CNV에 대해서는 6장을 참고하라). 이런 현상을 **체세포성 모자이크**(*somatic mosaicism*)라고 하며, 일부 유전병에서 더 약한 질병 표현형이 나타나게 하거나, MZ 쌍둥이들의 일부에서 관찰되는 표현형적 불일치의 원인이 되기도 한다.

이 지점에서, MZ 분리 이후에 얼마나 자주 CNV가 발생하는지를 확실하게 알기는 어렵지만, 한 추정에 따르면 그런 차이는 모든 쌍둥이들의 10% 정도에서 생긴다고 한다. 그런 차이가 발생한 쌍들에서는, 체세포들의 15~70%에서 그런 분기가 발생하는 것으로 추정된다. 한 사례에서는, MZ 쌍둥이들 사이의 CNV 차이가 한 명의 쌍둥이에서는 만성 골수성 백혈병이고 다른 한 사람은 질병이 없었다.

MZ 쌍둥이들 사이에 생기는 두 번째의 유전적 차이는 **후성유전학(epigenetics)**—DNA와 히스톤의 화학적 변형—에 관련된 것이다. 유럽의 성인 MZ 쌍둥이들에서의 후성적 변형에 관한 한 국제 연구는 MZ 쌍둥이들이 태어날 때는 후성유전학적으로 동일하지만 성인의 MZ 쌍둥이들은 DNA와 히스톤 모두의 메틸화 양상(*methylation pattern*)들에 큰 차이가 있음을 보여주었다. 그런 후성유전적 변화는 유전자 발현 패턴에 영향을 준다. 후성유전학적 변화의 축적과 유전자 발현 프로파일은 MZ 쌍둥이들에서의 질병 감수성 차이 및 표현형 불일치 일부를 설명할 수 있을 것이다. 예를 들어, 베크위드-비더만 증후군(Beckwith-Wiedemann syndrome)이라는 유전병에 대해 불일치를 보이는 MZ 쌍둥이에서 DNA 메틸화 양상에서의 분명한 차이가 관찰된다. 이 유전병은 특정 조직과 기관들의 다양한 과다성장과 관련되어 있으며, 악성 혹은 양성 종양의 발생 위험성이 증가된다. 영향을 받은 아기들은 종종 정상보다 크며, 5명 중 1명은 일찍 사망한다.

유전적 요소를 나타내는 다른 복합 질병들도 쌍둥이 연구들의 후성유전학적 분석을 이용하여 비슷하게 조사되었다. 이들은 몇 가지 질병들에 대한 감수성에 관한 것들이었는데, 분열증과 자폐증을 비롯한 몇 가지 신경생물학적 질병들과, 제1형 당뇨병, 유방암, 그리고 자가 면역 질병들에 관한 것이었다.

점진적인, 그리고 나이와 관련된 유전체적 변화들은 MZ 쌍둥이들이 서로 다른 환경 요인들에 노출되어 생기거나, DNA 복제에 따른 후성유전적 표시가 잘못되어 생긴 것일 수 있다. 이런 발견들 역시 DZ 쌍둥이들에서의 일치성 연구들이 유전학뿐만 아니라 이들 사이의 불일치에 기여하는 **후성유전적 차이들**(*epigenetic differences*)까지도 고려해야만 함을 시사한다.

후성유전학이 표현형의 발달에 중요한 역할을 할 수도 있다는 사실의 발견은, 쌍둥이 연구들이 표현형의 생산에서 유전자들과 환경 요인들 사이의 상호작용을 분석하는 데 특히 귀중한 도구가 되도록 한다. 일단 MZ와 DZ 쌍둥이들 사이에서 후성유전학적 차이의 정도가 밝혀지면, DNA와 히스톤 변형에 관한 분자생물학적 연구들로, 유전자 발현에서의 차이와, MZ 및 DZ 쌍둥이들 사이의 일치율 차이를 연관시킬 수 있게 될 것이다.

우리는 교재 말미에 후성유전학과 관련된 최신 발견들에 대해 논의하고 그들의 형태와 기능들을 요약하여 소개해 놓았다(19장의 후성유전적 유전자 발현 조절 참고).

풀어보기

25.3 다음 표는 두 종류의 쌍둥이에서 각 형질에 대해 동일한 표현형을 나타낸 분율(일치도)을 제시한 것이다. 제시된 백분율은 일란성 쌍둥이(MZ)와 이란성 쌍둥이(DZ)들에서 각 형질에 대한 일치도를 나타낸다. 각 쌍의 두 쌍둥이가 동일한 환경에서 양육되었다고 한다면, 각 형질에 대한 유전 대 환경 요인들의 상대적 중요성에 대해 어떤 결론을 내릴 수 있겠는가?

형질	MZ %	DZ %
혈액형	100	66
눈 색	99	28
정신 지체	97	37
홍역	95	87
머리색	89	22
손잡이	79	77
특발성 간질	72	15
조현병	69	10
당뇨병	65	18
동일한 알레르기	59	5
구순열	42	5
내반족	32	3
유방암	6	3

■ **힌트:** 이 문제는 MZ와 DZ 쌍둥이들에서의 일치도 값을 조사하여 특정 형질에 기여하는 유전과 환경의 상대적 중요성을 평가하라는 것이다. 해답의 열쇠는 일치도 값에서의 차이를 잘 살펴보고 MZ와 DZ 쌍둥이들 사이의 유전적 차이에 대해 배운 것을 고려하는 것이다.

25.6 정량 형질 좌위들은 다요소적 표현형들의 연구에 유용하다

환경적 영향들, 분리되는 대립유전자들 사이의 상호작용들, 그리고 다인자적으로 조절되는 복잡한 형질의 표현형에 기여할 수 있는 많은 수의 유전자들은, (1) 관여된 모든 유전자를 찾거나; (2) 표현형에 미치는 개별 유전자들의 영향을 결정하기 어렵게 만든다. 그러나 많은 정량적 형질들이 경제적으로나 의학적으로 중요하기 때문에, 종종 이런 정보들을 얻을 필요가 있다. 그런 연구들에서는, 정량 형질에 기여하는 하나 이상의 유전자들이 포함된 염색체 영역들이 밝혀지는데, 이런 부분을 **정량 형질 좌위(quantitative trait locus; QTL, QTLs)**라고 한다. 가능한 경우, 하나의 QTL에 포함된 관련 유전자나 유전자들이 분리되고 연구된다.

QTLs을 발견하고 지도화하는 데 사용되는 현대의 접근법은 DNA 마커와 표현형들 사이의 연관을 살피는 것이다. 이렇게 하는 한 가지 방법은, 인위 선택으로 생성된 한 가지 표현형(과일 무게, 기름 함량, 강모 수 등)에 대해 매우 분기된 두 계통으로부터 얻은 개체들을 가지고 시작하는 것이다. 예를 들어, 그림 25.8은 QTL 지도 작성의 일반적 사례를 설명하고 있다. 여러 세대의 인위 선택을 거쳐, 두 개의 분기 계통은 매우 동형접합성 상태가 되었으며, 이것이 그들을 QTL 지도 작성에 사용될 수 있도록 한다. 분기된 표현형들을 가진 각 계통으로부터 얻은 개체들[그림 25.8(a)의 25세대]을 이용하여 F_1 만든다. 이 세대의 구성원들은 이 형질에 기여한 거의 모든 좌위에서 이형접합성이 될 것이다. F_1 개체들 사이나 혹은 F_1과 부모 계통들 사이의 추가적 교배로 F_2 세대가 만들어진다. 이들은 부모 유전체들의 서로 다른 부분—서로 다른 QTL 유전자형들 및 관련 표현형과 함께 하는—을 포함한다[그림 25.8(b)]. 이렇게 분리된 F_2는 **QTL 지도작성 집단(QTL mapping population)**이라고 불린다.

그런 후에, 연구자들은 지도작성 집단에서 개체들 사이에서 형질들이 드러난 정도를 측정하고, 제한 단편 길이 다형성[*estriction fragment length polymorphisms*(*RFLPs*), 미세부수체(*microsatellite*), 그리고 단일-뉴클레오타이드 다형성(*ingle-nucleotide polymorphisms*(*SNP*)] 같은 염색체-특이적 DNA 마커를 이용하여 개체들 사이의 유전체적 차이를 규명한다(21장 참고). 컴퓨터를 이용한 통계적 분석은 마커들과 그 형질에 관계된 표현형 변이 요소들 사이의 연관성을 탐색하는 데 사용된다. 만약 DNA 마커(위에 설명한 마커들)가 어떤 QTL과 연관되어 있지 않다면, 그 마커 좌위가 서로 다른 유전자형을 가지는 개체들 사이에서 그 형질에 대한 표현형 평균값은 그다지 다양하지 않을 것이다. 그러나 만약 DNA 마커가 어떤 QTL과 연관되어 있다면, 그 마커 좌위가 서로 다른 유전자형들은 그 형질의 발현들에서 서로 차이가 날 것이다. 이런 일이 일어나면, 그 마커 좌위와 그 QTL은 **공동분리된다**(*cosegregate*)고 언급된다. 일관적인 공동분리는 염색체에서 그 DNA 마커 근처에 QTL이 존재한다는 것을 강하게 시사한다. 즉, 바꿔 말하자면 그 마커와 QTL은 연관되어 있다. 특정 형질에 대해 많은 수의 QTL들이 그 위치가 확인되면, 유전적 지도가 만들어지는데, 특정 염색체 영역이 관심 표현형과 관계되어 있을 확률을 보여준다[그림 25.8(c)]. 유전체 기술을 이용한 후속 탐구로 그 표현형에 기여하는 이런 영역들 내의 유전자들을 찾아낸다.

QTL 지도작성은 농업에 광범위하게 사용되어 왔는데, 옥수수, 벼, 밀, 그리고 토마토(**표 25.5**) 같은 작물들을 포함하여 소, 돼지, 양, 그리고 닭 같은 가축들 적용되었다.

토마토는 전 세계적인 주요 채소 작물 중 하나이며, 해마다 수백 가지 변종이 재배되고 수확된다. 새로운 품종을 생산을 돕기 위해, 과일 크기, 모양, 수용성 고형 성분, 그리고 산도 등을 포함한 형질들에 대해 수백 개의 QTL들이 규명되어 토마토의 반수체 유전체에 있는 12개의 염색체에 지도화되었다. 그리고 여러 토마토 품종들의 유전체들도 서열화되었다. 우리는 QTL 연구의 한 예로 과일의 모양과 무게를 조절하는 양적 형질에 중점을 둔 연구들을 소개하고자 한다.

재배된 토마토는 1000 g까지 나가는 데 반해, 현대 토마토의 조상이라고 여겨지는 연관 야생종의 열매는 단 수g 밖에 나가지 않는다(그림 25.9). 스티븐 탱슬리(Steven Tanksley)의 연구에서는, QTL 지도작성으로 과일 무게에서의 이런 1000배의

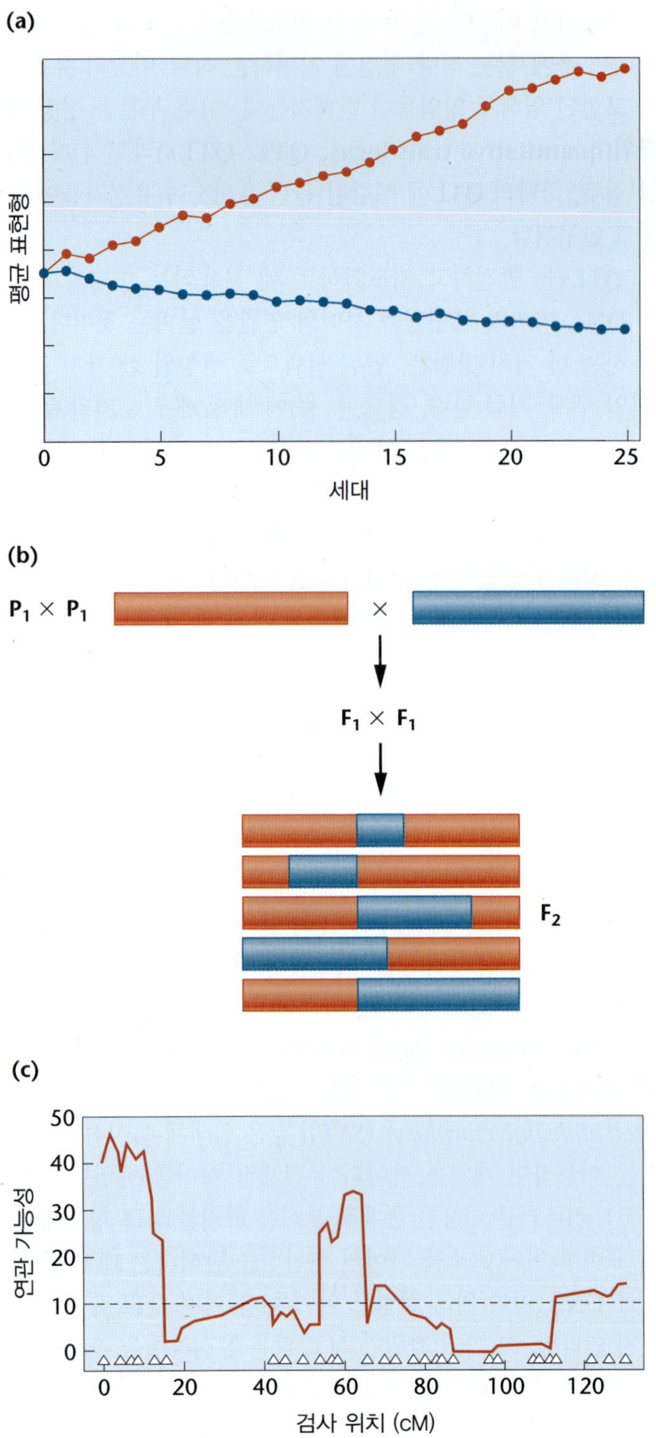

표 25.5 정량적 표현형들에 대한 QTL들

생물	정량적 표현형	발견된 QTLs
토마토	수용성 고형분	7
	열매 무게	13
	열매 pH	9
	생장	5
	소엽 모양	9
	키	9
옥수수	키	11
	잎 길이	7
	낟알 생산량	18
	옥수수 자루 수	10

그림 25.8 (a) 인위 선택으로 매우 분기된 계통의 개체들이 25세대에 부모로 선택된다. (b) 두꺼운 막대는 분기 계통에서 선발된 개체(부모)의 유전체들을 나타낸다. 이 개체들을 교배하여 F_1 세대를 얻는다(나타나 있지 않음). 이 F1의 구성원들을 교배하여 F_2 세대가 생산된다. 교차의 결과, F_2 세대의 개별 구성원들은 서로 다른 P1 유전체 부분들을 가지며, 이것은 두꺼운 막대의 색 분절들로 표시되었다. F_2 세대의 개체들에서 DNA 마커들과 표현형들이 분석된다. (c) 한 DNA 마커가 표현형에 영향을 미치는 QTL과 연관될 가능성을 결정하기 위해 통계적 방법들이 사용된다. 이 결과들로 염색체 자리에 대한 연관 가능성 그래프가 그려진다. 유전적 지도의 단위는 교차 빈도에 의해 결정된 센티모건(centimorgan, cM)으로 측정된다. 가로 선 위로 솟은 피크들은 중요한 결과들을 나타낸다. 이 자료는 5개의 가능한 QTL을 보여주는데, 10 cM과 60 cM에서 가장 중요한 것들이 발견된다.

그림 25.9 이론적으로 야생종 토마토는 왼쪽의 토마토와 비슷한 크기인데, 오른쪽의 비프스테이크 토마토를 포함한 현대 모든 토마토의 조상으로 여겨진다.

차이와 관련된 28개 이상의 QTL들이 밝혀졌다. 10년 이상의 연구로 이런 QTL들 중의 하나를 찾아 규명하고 분리할 수 있었는데, 2번 염색체의 *fw2.2*라고 불린다. 이 QTL 내에서 발견된 유전자인 *ORFX*는 과일 무게 변이의 약 30% 정도를 책임지는 대립유전자들을 가진다.

이 *ORFX* 유전자가 분리되어 식물들에 전달되자 흥미로운 결과가 나타났다. *ORFX*의 한 가지 대립유전자는 야생형의 작은 과일이 달리는 토마토 품종들에 모두 존재했던 반면에, 다른 대립유전자는 큰 과일이 열리는 모든 재배종에 존재했다. 분리된 *ORFX* 유전자를 작은 과일 품종에서 정상적인 큰 토마토를 생산하는 식물로 옮기자, 형질전환 식물의 열매는 무게가 크게 감소했다. 탱슬리 연구팀에 의해 연구된 품종에서는 평균 17 g이 줄어들었는데, 단 하나의 QTL 내에서 발견된 단일 유전자에 의해 유발된, 통계적으로 유의미한 표현형적 변화였다.

*ORFX*에 대한 후속 분석으로 이 유전자가 열매 발달 중의 세포 분열을 억제적으로 조절하는 단백질을 암호화한다는 것이 밝혀졌다. 유전자 발현 시기에서의 차이와 생산되는 전사체 양에서의 차이가 과일의 크기를 크거나 작게 만든다. 이식된 *ORFX* 대립유전자들에 의해 매개되는 발현이 더 증가한 것이 세포 분열에 대해 부정적 영향을 미쳐 더 작은 토마토가 생기게 한다.

그러나 *ORFX*와 기타 연관 유전자들이 토마토 크기에서 관찰되는 모든 변이를 설명해주지는 못한다. 다른 두 가지 QTL인 *fas*(11번 염색체에 위치)와 *lc*(2번 염색체에 위치)에 대한 분석은, 인위 선택의 결과로 과일 크기에서의 극단적인 차이가 생기는 데는 성숙한 과일의 구획 수가 증가하는 것도 포함함을 시사한다. 작은 조상형 계통들은 2~4개의 씨앗 구획들을 가지는 과일을 만들지만, 현대의 큰 과일 계통들은 6개 이상의 구획들을 포함한다. *lc* QTL은 유전체의 비암호화 영역에 위치하며 씨방 수의 증가와 관련된 근처 유전자의 발현을 조절하는 2가지 SNP들을 포함한다. 그리고 *lc*는 또 다른 SNP 좌위인 *fas*의 특정 대립유전자와 상호작용하여 씨방 수를 더 증가시켜 현대 토마토의 크기와 모양의 변화를 더 크게 만든다(그림 25.10). 따라서 토마토에서 과일 크기에 영향을 미치는 QTL들은 적어도 두 과정에서의 조절에 의해 작동한다: 발생 초기의 세포 분열(*ORFX*)과 씨방 구획의 수가 결정되는 것(*lc*와 *fas*).

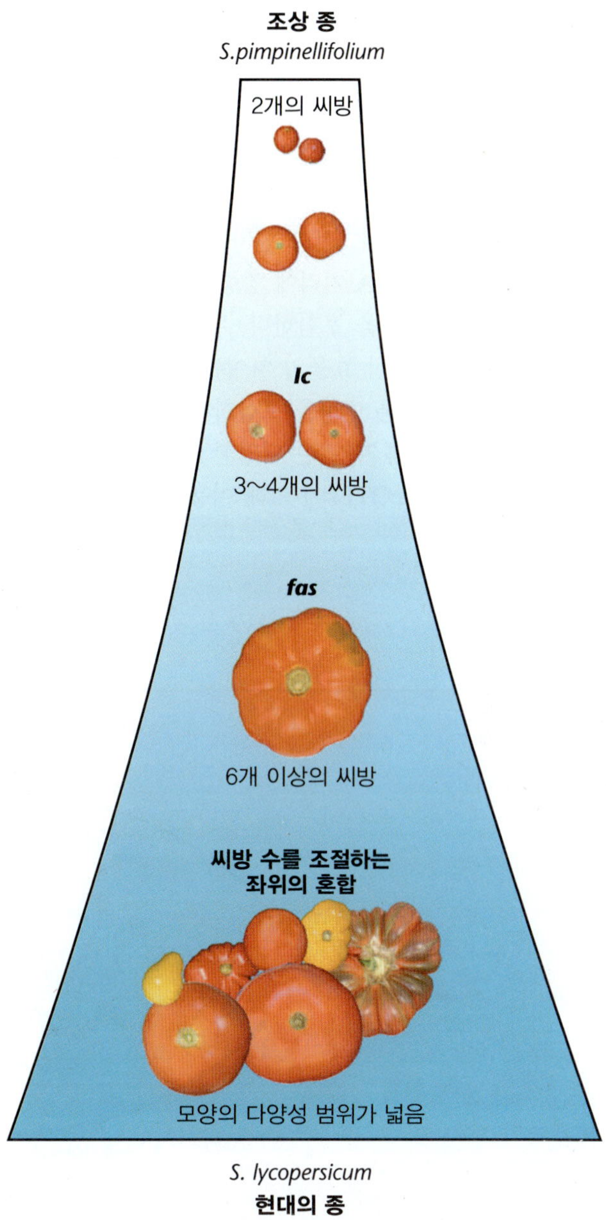

그림 25.10 토마토의 작물화 과정 중에 발생한 씨방 수의 변화. 조상 종인 *Solanum pimpinellifolium*은 2개의 씨방을 가진다. 아마도 씨방 수를 더 늘리는 현대의 *fas* 대립유전자가 도입되기 이전, 어느 시점에 다수의 씨방을 만드는 *lc* 대립유전자가 도입되었던 것으로 보인다. 이 두 개의 QTL이 씨방 수를 조절하는 주된 좌위들이다. 씨방 수를 조절하는 다른 좌위의 대립유전자들이 작물 품종으로 도입됨에 따라 현대 종인 *Solanum lycopersicum*의 표현형 변이는 더 확장되었다.

QTLs의 발현이 유전자 발현을 조절한다

QTLs이 유전자 발현을 조절할 수 있다는 발견은, 연구자들이 정량 형질들에 관여하는 유전자들의 발현을 조절하는 유전체 좌위들을 조직적으로 찾아내도록 했다. 이런 좌위들은 **발현 QTL들(expression QTLs, eQTLs)**로 불리며, 다른 QTLs을 규명하는 데 사용되었던 동일한 방법들로 찾아낼 수 있다. 효모에서 최초로 eQTLs이 발견되었지만, 이제는 많은 동식물들의 유전체에서도 밝혀졌다. 그러나 eQTLs은 보다 전통적인 QTLs과는 좀 다르다고 할 수 있는데, 유전자의 다양한 발현이 DNA에서 단백질로 가능 경로의 많은 단계에서 조절될 수 있다는 점에서 그렇다(진핵생물의 유전자 조절에 관한 논의는 17장과 18장을 참고하라.).

예를 들어, 현재까지 확인된 대부분의 eQTLs은 비암호화 영역의 유전체 변이들로서, 전사 인자(TF) 결합, 프로모터 및 인핸서의 작용, pre-mRNA 처리에 영향을 미치는 SNP 또는 짧은 삽입-결실(삽입/결실)을 포함한다. TF-결합 부위들에 있는 DNA 서열 변이들은 결합 효율의 차이뿐만 아니라 DNA 메틸화, mRNA 수준, 히스톤 변형을 포함한 뉴클레오좀 및 염색질 변화와도 관련된다. 그림 25.11은 다양한 유전자 발현과 표현형 변이가 나타나게 하는 eQTLs에 의해 이용되는 분자적 조절 경로들을 요약한 것이다.

발현 QTLs과 유전병들

이제 마지막으로 유전자 발현 수준에서의 변이가 복합 질병들에서 관찰되는 표현형 변이에 어떤 역할을 하는지에 대한 논의로 장을 마치도록 하겠다. 인간에서, eQTLs의 작용에 의해 발생하는 변이는 정상 변이에서 질병 상태에 이르기까지 넓은 범위의 스펙트럼을 나타낸다. 동일한 개체 내에서 유전자 발현(eQTL)과 유전자 다양성을 연구할 수 있는 능력은 그 질병들을 조절하는 유전자 네트워크와 유전자/질병 연관성을 밝히는 데 도움을 줄 수 있다. 이런 접근법은 천식(asthma), 구순열(cleft lip), 제2형 당뇨병, 그리고 관상 동맥 질환(coronary artery disease) 같은 복합 질병을 일으키는 유전자들을 밝혀냈다. 천식은 지난 30년간 매우 증가했으며, 이제는 주요 공공 건강 문제이다. 전 유전체 연합 연구(GWAS)들은 천식에 대한 감수성을 유발하는 좌위들을 밝혀냈다; 그러나 이 유전자 중 많은 것들의 기능은 아직 밝혀져 있지 않으며, GWAS 단독으로는 이 유전자 좌위 중 어떤 대립유전자들이 감수성에 책임이 있는지 혹은 그 작용 기작이 무엇인지를 밝히기는 불가능하다.

천식 감수성에 직접 관여하는 유전자들을 밝히기 위해, 연구자들은 1000명 이상의 개인들로부터 폐 시료를 수집한 후 폐-특이적 유전자 발현을 이용하여 어떤 유전적 변이들(DNA 다형성)이 유전자 발현(eQTLs) 및 천식 표현형과 관련되어 있는지를 연구했다. GWAS와 eQTL 자료를 통합하여 천식을 일으킬

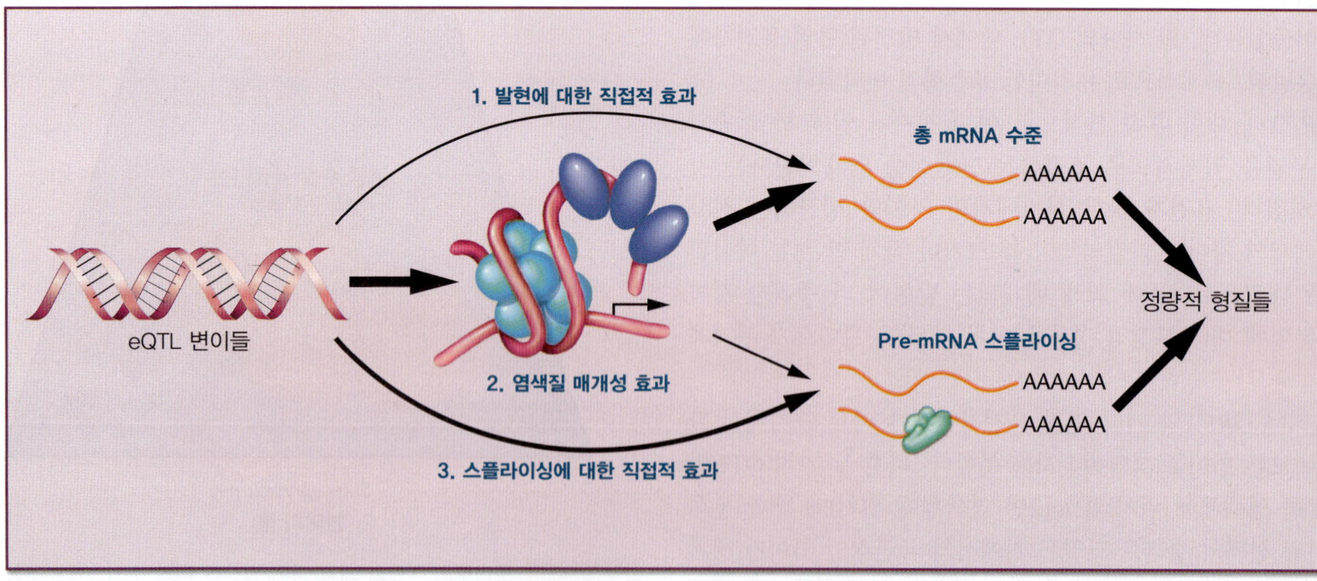

그림 25.11 eQTL 변이들은 3가지 주요 경로를 통해 유전자 발현을 조절한다: (1) 생산되는 mRNA의 양을 조절하는 직접적 발현 조절 효과, (2) 전사 인자 결합, 히스톤 변형, 그리고 DNA 메틸화 등을 포함하는 염색질-매개성 효과, 그리고 (3) mRNA 전구체의 스플라이싱에 대한 직접적 효과로 변이형 mRNA 분자들을 생산하는 것이다. 각 경로의 기여도는 화살표의 두께로 표시되었다. eQTL 변이체의 60% 이상이 염색질 변형을 통해 유전자 발현을 조절한다.

가능성이 큰 것으로 보이는 유전자 세트로 구성된 34개의 유전자로 된 네트워크를 밝혀냈다. 그리고 네트워크의 다른 유전자들을 조절하는 운전자(driver)로 보이는 6개의 또 다른 유전자들을 찾아냈다. 이 운전자 유전자들은 만성적이고 때로는 치명적이기도 한 질병들에 대한 치료방법을 찾기 위한 약물 개발의 후보들이다. 비슷한 접근법들로 다른 여러 복합 유전병들의 기저에 위치한 유전적 네트워크들을 찾아낼 수 있을 것이다.

유전학과 윤리, 그리고 사회

벼, 유전자, 그리고 제2의 녹색 혁명

현재 지구에 사는 70억 명 중 8억 명은 충분히 먹지 못하고 있다. 이 숫자는 더 늘어 다음 수십 년 동안에도 매해 백만 명의 사람들이 더 기아에 허덕이게 될 것으로 예상된다. 2025년에는 80억 명이 지구상에 살게 될 것으로 추정되는데, 어떻게 이들을 먹일 수 있을까?

과거에는 낙관적 근거가 있었다. 1950년대와 1960년대에 식물학자들은 밀, 벼, 그리고 옥수수 등 3가지 주요 곡물을 포함한 농작물의 생산을 늘리기 시작했다. 이러한 노력들은 *녹색 혁명*(*Green Revolution*)이라고 알려졌다. 이러한 접근은 3중으로 진행되었다. (1) 비료, 살충제, 그리고 관개수로를 늘리며, (2) 더 많은 땅을 경작에 이용하고, (3) 집중적인 식물의 품종 개량으로 작물 변이를 개발한다는 것이었다. 결과는 매우 극적이었다. 개발도상국들에서는 벼, 밀, 그리고 옥수수의 생산량이 1961년과 1985년 사이에 두 배 이상 증가했다. 녹색 혁명은 수백만 명의 사람들을 기아에서 구했고, 수백만 명 이상의 삶의 질을 개선했다; 그러나 그 효과는 감소하고 있다. 식량 생산이, 예상되는 세계의 인구증가를 따라잡으려면, 우리는 두 번째 녹색 혁명이 필요할 것이다.

녹색 혁명의 성공의 중심에는 지구 인구의 약 절반이 의존하고 있는 쌀과 관련된 연구가 있었다. 1960년에 국제 쌀 연구 기구(International Rice Research Institute, IRRI)가 설립되면서 발전이 가속화되었다. 그들의 주요 업적 중 하나는 높은 질병 저항성과 더 많은 생산량을 내는 벼의 품종 개량이었다. IRRI의 연구팀은 중국의 벼 품종(*Dee-geo-woo-gen*)과 인도네시아의 품종(*Peta*)을 교배시켜 IR8이라는 새로운 품종을 개발했다. IR8은 식물체 당 더 많은 수의 벼 낟알들을 생산했다. 그러나 IR8 식물체는 곡식이 달린 머리 부분이 너무 무거워서 자꾸 쓰러지는 경향이 있었는데, 우리나라에서는 이것을 도복(倒伏; 식물이 비바람에 쓰러짐) 형질이라고 한다(영어로는 "눕는다"는 뜻의 "lodging"이라고 함). 도복 현상을 줄이기 위해, IRRI 육종팀은 IR8을 천연 왜소종과 교배하여 중간 크기의 계통을 만들었다. 상당 부분, 중간 왜소종의 차용에 힘입어 세계 쌀 생산이 다음 25년간 두 배로 늘어났다.

IR8 도입으로 인한 진전에도 불구하고, 과학자들은 향후 30년 동안 예상되는 인구 증가에 보조를 맞추려면 연간 쌀 수확량이 40% 더 증가해야 한다고 예측한다. 우리는 더 높은 수확량뿐 아니라 더 큰 질병 저항성과 극심한 기후 변화, 가뭄, 염분 및 토양 비옥도 손실에 대한 내성을 지닌 새로운 벼 품종이 필요할 것이다. 수십 개의 QTL들이 이러한 특성에 기여하는 것으로 보이며 작업을 훨씬 더 어렵게 한다. 가까운 미래에 과학자들은 전통적인 육종, 유전체학 및 유전공학을 사용하여 현재의 왜소한 품종의 국내 벼에 이러한 형질을 도입해야 할 것이다.

당신의 생각은?

단독으로나 그룹을 만들어 다음 질문에 답할 시간을 가져라. 새로운 녹색 혁명에 관한 기술이나 윤리적 문제들에 대해 토론할 수 있도록 주어진 참고자료나 링크를 탐색하라.

1. IRRI 및 기타 연구 센터의 과학자들은 새로운 벼 품종을 개발하기 위해 노력하고 있다. 이 새로운 품종 중 몇 가지와 그것들이 두 번째 녹색 혁명에 어떻게 기여할 수 있을지 설명하라.

   IRRI에 의해 지원되는 몇몇 연구사업들에 대해서는 IRRI 웹사이트(http://irri.org/our-work/our-research-networks)에서 학습하라. 그리고 C4 프로젝트에 대해서는 다음을 읽어보라: Dayton, L. (2014). Blue-sky rice. *Nature* 514:S52–S54.

2. 그 장점에도 불구하고, 일부 비평가들은 녹색 혁명의 장기적인 실용성 및 윤리적인 결과에 의문을 제기한다. 이런 의문과 비판들은 어떤 것들인가? 이들 중 장점을 가진다고 생각되는 것은 무엇이며, 이들은 어떻게 설명될 수 있겠는가?

   이 주제에 대한 토의는 다음 자료로부터 찾을 수 있다: Pingali, P. L. (2012). Green Revolution: Impacts, limits, and the path ahead. *Proc. Natl. Acad. Sci. USA* 09(31):12302–12308. 다음 자료도 참고하라: Ellison, K., and Wellner, K. (2016). The Green Revolution: Research, ethics, and society at http://www.onlineethics.org/Resources/Cases/GreenRevolution.aspx

사례 연구 우연한 발견

유전상담사와의 인터뷰에서, 중증 천식을 앓고 있는 한 아이의 부모는 천식이 여러 유전자좌가 관여하는 복합 질병임을 알게 되었다. 그 상담사는 전 유전체 서열화(whole genome sequencing, WGS)라는 방법이 현재 여러 유전자좌에 의해 조절되는 형질을 진단하고 치료하는 데 널리 사용되고 있으며, 이 경우 그들의 자녀에게 효과적인 치료법을 고안하는 데 정보를 제공할 수 있다고 설명했다. 그러나 그 부모들은 자녀의 전 유전체가 서열화되어 천식과는 관련이 없으나 잠재적으로 심각한 건강 문제를 일으킬 수 있는 정보가 발견될 수도 있다는 점을 염려했다. 동의서가 받아들여진 후, 유전체 분석으로 치료를 위한 유전자 좌위들의 표가 작성되었다. 이 분석은 또한 그 아이가 알츠하이머병의 위험을 증가시키는 대립유전자의 두 사본을 가지고 있다는 점도 드러냈다. 이 대립유전자의 한 사본은 위험을 4배로 증가시키며, 두 개의 사본은 위험을 12배 증가시킨다. 아이와 부모가 모두 위험성을 가지고 있음에도, 현재의 지침은 이런 발견이 WGS를 수행한 주된 이유가 아니므로 공개할 필요가 없다. 공개가 법적으로 요구되는 것은 아니지만, 이 정보를 공개해야 할 윤리적 책임이 있을 수 있다고 생각하여 상담사는 어떻게 일을 진행시켜야 할지 갈등을 겪었다.

1. WGS의 결과에 기초하면, 그 상담사는 알츠하이머병의 위험성에 대해 그 부모에게 무엇이라고 말할 수 있겠는가?
2. 만약 당신이 그 상담사라면, 이 정보를 그 부모들에게 공개하겠는가? 만약 그렇다면 당신의 이유는 무엇인가?
3. 현재 알츠하이머병에 대한 치료법이 없다는 사실이 당신의 공개 결정에 영향을 미치는가?

다음 자료를 참고하라: See Roche, M., and Berg, J. (2015). Incidental findings with genomic testing: Implications for genetic counseling practice. *Curr. Genet. Med. Rep.* 3:166–176.

요약 정리

1. 정량 유전에서는, 둘 혹은 그 이상의 유전자들이 부가적으로 작용하고 환경 요인에 의한 영향 때문에 다양한 표현형적 범주들이 나타난다.
2. 여러 가지 통계적 방법들은 정량 형질들의 분석에 필수적이다. 이런 방법들에는 평균, 분산, 표준 편차, 평균의 표준 오차, 공분산, 그리고 상관 계수를 구하는 것이 포함된다.
3. 유전력은 특정 집단과 환경에서 나타나는 표현형 변이들의 범위에 대한, 유전 대 환경 요소들의 상대적 기여도를 측정한다.
4. 몇 가지 한계점이 있기는 하지만, 쌍둥이 연구들은 인간의 다인자적 형질들의 유전력을 측정하는 데 유용하게 사용될 수 있다.
5. 양적 형질 좌위 혹은 QTL들은, DNA 마커들을 이용하여 규명되고 지도화될 수 있다. 다음으로는, 발현 QTL(eQTL)이라는 다른 좌위들이 QTLs의 전사를 조절한다.

통찰과 해법

1. 어떤 식물은 키가 6 cm에서 36 cm까지 다양하지만, 6 cm와 36 cm인 식물을 교배하면 모든 F_1 식물들은 21 cm가 된다. F_2 세대에서는 연속적인 변이의 키를 나타내는 식물들이 관찰된다. 대부분 식물의 키가 21 cm이고 P_1의 부모만큼 작은 6 cm를 나타내는 식물은 3/200 정도이다.
   (a) 어떤 유전 양식이 이것을 설명할 수 있으며, 얼마나 많은 수의 유전자 쌍이 관여하는가?
   (b) 각 부가성 대립유전자들은 어느 정도로 키의 형질에 기여하는가?
   (c) 31 cm를 나타내는 식물의 유전자형을 모두 나열하라.

해법:

(a) 연속적인 형질이 관여하는 것은 다인자 유전이며 여기서는 대립유전자들이 표현형을 나타내는데 부가적으로 기여한다. F_2 식물의 3/200라는 비율이 유전자 쌍의 수를 결정하는데 핵심이 된다. 이 비율이 약 1/66.7로 1/64에 가까우므로 $1/4^n = 1/64$의 공식을 이용하면, $n = 3$이 나온다. 따라서 세 쌍의 유전자가 관여한다.

(b) 두 극단적 표현형 사이의 변화가 36 − 6 = 30 cm이므로, 6개의 가능한 인자(*AABBCC*)들에서 각각 하나가 기여하는 것은 30/6 = 5 cm 정도씩 기본형 6 cm(*aabbcc*)로 유전자형에 부가성 인자를 아무것도 가지지 않을 때에 더해진다.

(계속)

(c) 5개의 부가성 대립유전자를 가지는 모든 유전자형이 31 cm가 될 것이므로[(5 대립유전자 × 5 cm) + 6 cm 기본 키 = 31 cm], 유전자형은, *AABBCc*, *AABbCC*, 그리고 *AaBBCC*가 31 cm를 나타낼 것이다.

2. 앞서 언급한 F_1을 사용한 한 교배(1번 문제)에서, 표현형과 유전자형을 모르는 어떤 식물을 검정교배하여 다음과 같은 결과를 얻었다.

1/4 11 cm
2/4 16 cm
1/4 21 cm

눈치 빠른 유전학과 학생은 이 미지의 식물이 오직 하나의 표현형을 가졌으나 유전자형은 3가지 중 하나일 가능성이 있다는 것을 깨달았다. 그것이 무엇일까?

해법: 검정교배(*aabbcc*와)가 되면, 그 미지의 식물은 자손에서 3가지 표현형을 산출하기 위해서는 자신의 배우자에 하나, 두 개, 혹은 세 개의 부가적 대립유전자를 기여해야만 한다. 6 cm의 자손들이 없었으므로, 미지의 식물은 모든 비부가성 대립유전자들(*abc*)을 기여하진 못한다. 하나의 좌위가 동형접합성이고 나머지 두 좌위가 이형접합성인 식물만이 이 기준을 만족시킨다. 따라서 그 미지의 식물은 다음 3가지 유전자형 중 어느 하나가 될 것이고 모두는 표현형이 26 cm이다:

AABbCc
AaBbCC
AaBBCc

예를 들어, 처음 유전자형(*AABbCc*)에서는, *AABbCc* × *aabbcc*의 교배로,

1/4 *AaBbCc* 21cm
1/4 *AaBbcc* 16cm
1/4 *AabbCc* 16cm
1/4 *Aabbcc* 11cm

와 같은 표현형이 관찰되도록 할 것이다.

3. 매우 근친 교배된 두 가지 화관 길이의 담배(*Nicotiana*) 계통에서 부모형과 자손의 화관 길이에 대한 평균과 분산은 다음과 같다. 한쪽 부모(P_1)는 짧은 화관 길이를 가지며, 다른 한쪽 부모(P_2)는 긴 화관을 가진다. 이 식물에서 화관 길이의 유전력(H^2)을 계산하여라.

계통	평균(mm)	분산(mm)
P_1 짧은 것	40.47	3.12
P_2 긴 것	93.75	3.87
F_1 ($P_1 \times P_2$)	63.90	4.74
F_2 ($F_1 \times F_1$)	68.72	47.70

해법: 유전력을 구하는 공식은 $H^2 = V_G/V_P$이고, 여기서 V_G와 V_P는 각각 변이에 있어 유전적, 표현형적 요소들이다. 이 문제의 초점은 표현형적 분산의 두 요소인 유전자와 환경요소를 계산하는 것이다. V_P가 유전자 및 환경 분산의 조합임을 기억하라. 두 부모 계통이 순종이므로 이들은 유전적으로 동형접합성이고 3.12와 3.87이라는 분산은 모두 환경 요소의 결과로 생각될 수 있다. 이 두 값의 평균은 3.50이다. F_1 세대 또한 유전적으로 모두 동일하다. 따라서 여기 환경 요소가 하나 더 추가된다. 이를 부모 값과 평균하면,

$$\frac{4.74 + 3.50}{2} = 4.12$$

으로, 표현형에 대한 환경의 효과에 대한 비교적 나은 정보를 얻는다. F_2의 표현형 분산이 유전적인 것(V_G)과 환경적인 것(V_E)의 합이므로 환경에 의한 값 4.12를 넣으면, 47.70 − 4.12로 V_G가 43.58로 얻어진다. 유전력은 43.58/47.70으로 0.91이다. 이 값은 약 91%의 화관 길이 변이가 유전적 영향 때문임을 시사한다.

26

집단유전학과 진화유전학

애리조나 키리카후아(Chiricahua) 산맥의 이 무당벌레들은 상당한 표현형적 변이들을 나타낸다.

핵심 개념

- 대부분의 생물 집단(개체군)은 상당한 정도의 유전적 변이를 포함한다.
- 이런 변이는 생물 집단 내의 대립유전자 분포에 반영된다.
- 이상적인 집단의 대립유전자 빈도와 유전자형 빈도 사이의 관계는 하디–바인베르크 법칙으로 설명된다.
- 선택, 이주, 그리고 유전적 부동은 대립유전자 빈도에 변화를 일으킬 수 있다.
- 돌연변이는 집단 내 유전자 공급원에 새로운 대립유전자를 만든다.
- 비무작위적 교배는 집단 내 유전자형 빈도를 변화시키지만, 대립유전자 빈도는 변화시키지 않는다.
- 집단들 사이의 유전자 흐름 감소에 선택이나 유전적 부동이 동반되면, 생식적 고립과 종 분화가 발생할 수 있다.
- 생물 집단들 사이의 유전적 차이는 진화 역사를 재구성하는 데 이용될 수 있다.

19세기 중반 월레스(Alfred Russel Wallace)와 다윈(Charles Darwin)은 진화 기구로서의 자연선택을 발견했다. 1859년에 발간된 그의 책 종의 기원(*On the Origin of Species*)에서, 다윈은 생물 집단이나 생물종이 고정되어 있지 않으며, 자연선택의 결과 오랜 시간에 걸쳐 변화하고 진화한다는 증거를 제공했다. 그러나 월레스와 다윈은 진화의 재료가 되는 변이의 근원이나, 그런 변이들이 부모에서 자손들로 전해지는 방법에 관해서는 설명할 수가 없었다. 멘델(Gregor Mendel)은 1866년에 형질의 유전에 대한 그의 논문을 발표했으나 당시엔 별반 관심을 끌지 못했다. 1900년 멘델의 연구가 재발견된 후, 20세기 생물학자들은 멘델의 유전자 및 대립유전자 개념을 자연선택에 의한 진화론과 조화시키려는 30년간의 노력을 시작했다. 생물학자들이 멘델의 유전학을 집단에 적용하면서, 변이의 원천(돌연변이와 재조합)과 유전의 기작(대립유전자의 분리)이 설명되었다. 우리는 이제 진화를 돌연변이를 통한 유전물질의 변화와 시간에 따른 집단 내 대립유전자 빈도 변화의 결과로 본다. 집단 유전학과 자연선택 이론의 이런 융합은 **신다윈주의**(*neo-Darwinism*)라고 불리는, 진화 과정에 대한 새로운 시각을 탄생시켰다.

자연선택에 더하여, 돌연변이, 이주, 그리고 부동을 포함하는 다른 힘들도 단독으로나 종합적으로 대립유전자 빈도를 변화시키며 결국 신종이 형성되는 **종 분화(speciation)**를 이끌 수 있는 진화적 분기를 유발한다. 종 분화는 환경적 다양성에 의해 촉진된다. 만약 한 집단이 서로 다른 선택 압력을 받는, 생태학적으로 분명한 여러 개의 하위 환경들을 모두 아우르는 지리적 영역에 퍼져 있다면, 이 영역을 차지하고 있는 집단들은 점차로 적응하여 유전적으로 서로 구분될 정도로 변할 수 있다. 유전적으로 분화한 집단들은 그대로 존재할 수도 있고, 사라질 수도 있으며, 다시 서로 합쳐지거나, 계속해서 분기하여 생식적으로 고립되기도 한다. 생식적으로 고립된 집단은 서로 다른 종으로 간주된다. 집단 내 유전적 변화들은 오랜 시간 동안 종을 변형시켜 그것을 다른 종으로 만들거나, 둘 이상의 종들로 나눌 수도 있다.

집단 유전학자들은 상호 교배가 가능한 개체들로 이루어진 집단 내에서, 그리고 집단들 사이에서 유전적 변이 패턴을 조사한다. 유전적 구조의 변화들이 집단의 진화를 위한 기초를 형성하기 때문에, 집단 유전학자들은 진화 생물학의 중요한 부분 원리가 되어 왔다. 이 장에서는, **소진화(microevolution)**—한 종의 집단 내에서 생기는 진화적 변화로 정의됨—라는 집단 유전학적 과정들에 대해 살펴보고, 어떻게 이런 과정들의 분자생물학적 측면들이 **대진화(macroevolution)**—새로운 종과 기타 분류학적 그룹들의 출현으로 연결되는 진화적 사건으로 정의됨—로 확장될 수 있는지도 생각해 볼 것이다.

26.1 대부분의 생물 집단에는 유전적 다양성이 존재한다

하나의 **집단(population, 개체군)**이란 제한된 지리적 영역 내에 살고 있으며 잠재적으로, 실제로도 교배가 가능한, 한 종에 속하는 개체들의 모임이다. 인류 집단에 대해 생각해보면, 미국에 사는 모든 사람이나 스리랑카에 사는 모든 사람으로 한 집단을 정의할 수도 있고, 혹은 특정 소도시나 마을에 사는 모든 거주자로 정의할 수도 있다.

한 집단의 구성원들에 의해 운반되는 유전정보는 그 집단의 **유전자 공급원(gene pool, 유전자 풀)**을 구성한다. 언뜻 보면, 환경에 잘 적응된 집단은, 각 유전자좌에 가장 좋은 대립유전자들이 높은 빈도로 존재할 것이기 때문에, 동형접합성 정도가 매우 높은 유전자 공급원을 가질 것으로 생각된다. 분명히 대부분 동식물에 대한 조사들은 개체들 사이에서 많은 표현형적 유사성을 드러내곤 한다. 그러나 실제로 대부분의 집단이 높은 정도로 이형접합성을 포함하고 있음을 시사한다. 이런 내재된 유전적 다양성은 표현형에서 반드시 뚜렷할 필요는 없다; 따라서 이런 숨겨진 유전적 다양성을 추적하는 것은 쉬운 일이 아니다. 그럼에도, 집단 내 변이의 양은 여러 가지 방법으로 드러날 수 있다.

유전적 변이의 추적

개인들과 집단들에서 유전적 변이를 추적하고 이용하는 것은 과학으로서의 유전학이 생기기 훨씬 전에 시작되었다. 수천 년 전에 동식물 재배자들은 인위 선택을 이용하여 식물과 동물들을 길들이기 시작했다. 그러나 지난 세기에 유전적 기술들이 발전하면서 유전자, 개별 유전체, 그리고 집단의 유전체에서 유전적 변이를 추적하고 정량화하는 능력은 급격히 성장했다.

그림 26.1 치와와, 그리고 그레이트데인의 몸 크기 차이는 개 유전체에 존재하는 고도의 유전적 변이를 잘 보여준다.

얼마나 많은 변이가 한 생물종의 유전자 공급원 내에 존재하는지에 대한 극적인 사례 하나는 75년도 안 되는 기간 내에 선택적 교배로 19세기 영국의 개 혈통들이 수백 가지나 생겼다는 점이다. 치와와(chihuahua; 체고가 약 10인치 정도)와 그레이트데인(Great Dane; 체고는 약 42인치 정도이다)을 처음 본 사람들은 이 둘이 모두 동일한 한 종의 구성원임을 믿기 어렵다고 생각할 수도 있다(그림 26.1).

재조합 DNA 기술과 유전적 변이

유전정보를 전달하는 DNA의 발견과 재조합 DNA 기술이 개발된 이후, 집단 내 개체들이 가진 개별 유전자들의 서열에서 유전적 변이를 추적하는 데 노력이 집중되었다.

그런 연구 중 하나에서, 크레이트만(Martin Kreitman)은 5개의 서로 다른 초파리(*Drosophila melanogaster*) 집단을 대표하는 개체들로부터 알코올 탈수소효소(alcohol dehydrogenase, *Adh*) 유전자를 분리하여 그 사본들을 서열화했다. 이 다섯 집단에서 분리된 11개의 유전자들은 2721 염기쌍의 *Adh* 서열에서 총 43개의 뉴클레오타이드 차이를 보였다(그림 26.2). 이런 변이들은 유전자 전체에 퍼져 있었다: 엑손 암호화 영역에 14개, 인트론 내부에 18개, 그리고 좌/우 비번역 영역에서 11개가 발견되었다. 엑손 내의 14개 변이 중 오직 하나만 아미노산을 대체하는 것이었다—192번 코돈의 변화로 이 유전자에서 알려진 두 대립유전자 중 하나를 만든다. 다른 13개의 뉴클레오타이드 변화는 이 유전자에서 아미노산을 바꾸지 않는 드러나지 않는 변이들(silent variations)이었다.

	엑손 3	인트론 3	엑손 4
*Adh*의 일치 서열:	C C C C	G G A A T	C T C C A* C T A G
계통			
Wa-S	T T • A	C A • T A	A C • • • • • • •
Fl1-S	T T • A	C A • T A	A C • • • • • • •
Ja-S	• • • •	• • • • •	• • • T • T • C A
Fl-F	• • • •	• • • • •	• • G T C T C C •
Ja-F	• • A •	• • G • •	• • G T C T C C •

그림 26.2 초파리의 *Adh* 유전자 일부에서 나타나는 DNA 서열 변이. 5개의 자연 집단에서 유래한 11개 실험실 계통의 표본에서 찾은 것이다. 점들은 공통 서열(consensus sequence)과 같은 뉴클레오타이드를 나타낸다; 글자들은 뉴클레오타이드 다형성을 나타낸다. 192번째 코돈에서의 A/C 다형성(A*)이 두 가지 *Adh* 대립유전자(F와 S)를 만든다. 다른 모든 다형성들은 표현되지 않거나(silent) 비암호성(noncoding) 변이들이다.

유전체들 사이의 변이

차세대 서열화 기술(next-generation sequencing technology)의 발달로 개인들에서 추적되던 유전체 변이가 집단으로 확대되었다. 2008년부터 2015년까지 진행된 1000 유전체 프로젝트(1000 Genomes Project)는 현재 이 지구상에 거주하는 70억 명의 사람들이 가진 공통적인 유전적 변이의 95%를 찾아 목록화하겠다는 세계적 노력이었다. 이 프로젝트는 결국 전유전체 서열화, 엑솜 서열화 및 마이크로어레이 유전자형 분석 등을 조합하여 26개 집단에서 2504명의 유전체를 서열화했다.

인간 유전체에서 8,470만 개의 SNP들과, 360만 개의 인델(indel; 짧은 삽입 및 결실), 그리고 60,000개의 구조적 변이[사본 수 변이들(CNVs), Alu 및 LINE-1 삽입 등]를 포함하여 8,800만 개 이상의 유전적 변이가 확인되었다.

이 프로젝트의 전반적인 목표는 유전자형과 표현형 사이의 관계를 탐색하고 이해하는 데 있다. 인간에서, 이것은 질병과 관련된 변이를 찾는 연관 연구를 이용하는 것으로 해석된다. 예를 들어, 현재까지의 연구들에서는 어떤 단일 변이도 당뇨병과 관련되어 있지 않다; 이것은 다수의 유전될 수 있는 희귀 변이들의 조합이 이 일반적 질병과 관계되어 있음을 의미한다. 결국, 연구자들은 고혈압, 심혈관계 질환, 그리고 알츠하이머병 및 헌팅턴병처럼 단백질 축적과 관련된 복잡한 질병들에 대해서는 특정 유전적 변이들을 세포 내 경로 및 네트워크들과 연관시키길 희망한다.

높은 수준의 집단 내 유전적 변이에 대한 설명

생물 집단이 아미노산과 뉴클레오타이드 수준에서 상당한 유전적 변이를 가진다는 발견은 많은 진화 생물학자들에게 놀라운 일이었다. 초기 공통된 견해는 선택이 각 유전자좌에서 단일 최적(야생형) 대립유전자를 선호하여 결과적으로 집단은 높은 수준의 동형접합성을 가지게 되리라는 것이었다. 이러한 예측은 완전히 잘못된 것으로 드러났고, 그렇게 높은 수준의 유전적 변이를 유지하는 힘에 대해 상당한 연구와 논쟁이 계속되었다.

1968년 키무라(Motoo Kimura)에 의해 제안된 분자 진화의 **중립 이론(neutral theory)**은 아미노산 치환을 일으키는 돌연변이들은 보통 해로우며, 매우 작은 부분만이 이로울 수 있다고 주장한다. 일부 돌연변이들은 중립적이다; 즉, 그들은 대체된 대립유전자와 기능적으로 동등하다. 유리하거나 해로운 돌연변이는 자연선택으로 집단에서 보존되거나 제거된다. 그러나 집단 내에서 중립 대립유전자들의 빈도는 선택이 아니라 돌연변이율과 무작위 유전적 부동에 의해서 결정될 것이다. 일부 중립 돌연변이들은 집단 내에서 고정되도록 움직일 것이며; 다른 중립 돌연변이들은 사라지게 될 것이다. 어떤 시기에 한 집단은 특정 좌위에 다수의 중립 대립유전자들을 보유할 수도 있다. 따라서 대부분의 유전자좌에서 대립유전자들의 다양성은 자연선택의 작용을 반영하지 않으며, 대신에 개체군 크기(더 큰 개체군은 더 많은 변이를 가짐)와 중립 돌연변이 비율의 함수라고 할 수 있다.

놀라울 정도로 높은 수준의 집단 내 유전적 변이에 대한 다른 설명 하나는 자연선택이다. 효소 또는 단백질 변이가 특정 환경 조건에 대한 적응에 의해 유지된다는 몇 가지 잘 정리된 사례들이 존재한다. 낫세포 빈혈증의 이형접합자들이 말라리아 기생충에 저항성을 나타낸다는 것은 잘 알려진 예 중 하나이다.

아주 작은 적응도 차이라도 선택에 의해 그런 변이를 유지하는 것이 충분하겠지만, 그 수준에서는 그들의 존재를 측정하기가 어려울 것이다. 따라서 현재의 자료들은 분자 유전적 변이의 어떤 부분이 중립이고 어떤 부분이 선택 대상인지 결정하기에는 충분하지 않다. 그럼에도, 중립 이론은 중요하게 작용한다: 이것은 일부 유전적 변이가 단순히 돌연변이와 부동의 결과라는 점을 지적한다. 또한 중립 이론은 분자 진화 연구를 위한 작업가설을 제공한다. 달리 말하자면, 생물학자들은 돌연변이와 부동만이 작용한다는 단순한 가정을 거부하기 전에, 선택이 특정 유전자좌의 대립유전자 빈도에 작용한다는 긍정적인 증거를 찾아야만 한다.

26.2 하디-바인베르크 법칙은 집단적 유전자 공급원의 대립유전자 빈도와 유전자형 빈도를 설명한다

집단 내에서 단일 유전자를 조사할 때는, 종종 이 유전자의 대립유전자 조합이 서로 다른 유전자형인 개체들을 발견하게 된다. 예를 들어, *A* 유전자의 두 대립유전자(*A*와 *a*)는 세 가지 유전자형으로 조합될 수 있다: *AA*, *Aa*, 그리고 *aa*. 집단 유전학의 핵심적 요소들은, 유전자 공급원 안에서의 대립유전자 빈도와 유전자형 빈도 계산, 그리고 이 빈도들이 세대를 거쳐 어떻게 변화하는지에 대한 결정에 의존한다. 집단 유전학자들은 다음과 같은 질문에 답하기 위해 이런 계산들을 이용한다: 얼마나 많은 유전적 다양성이 한 집단 내에 존재하는가? 유전자형들은 시간과 공간에 있어 무작위로 분포하는가, 아니면 구분할 수 있는 양상으로 존재하는가? 어떤 과정들이 한 집단의 유전자 공급원 구성에 영향을 미치는가? 이러한 과정들은 신종의 형성을 이끌 수 있는, 집단들 사이의 유전적 분기가 일어나도록 하는가? 직접적으로 종 형성을 이끌지 않는 집단 내 대립유전자 빈도의 변화는 소진화(microevolution)의 예라고 할 수 있다. 다음 절에서는 집단 내 유전자 공급원에서의 소진화적 변화에 대해 논의해 보고, 대진화(macroevolution)와 종 분화의 과정에 대해서 고찰해 보도록 할 것이다.

유전자 공급원 내에서 대립유전자들의 상대적 비율, 그리고 집단 내의 서로 다른 유전자형 빈도 사이의 관계는 수학적 모델로 잘 설명된다. **하디-바인베르크 법칙(Hardy-Weinberg law)**이라고 불리는 이 모델은 무한한 크기의 무작위 교배가 일어나는 "이상적(ideal)" 집단이 돌연변이(mutation), 이주(migration), 그리고 선택(selection)의 힘에서 자유로울 때 대립유전자와 유전자형 빈도에 어떤 일이 발생하는지를 설명해준다.

유전자형 빈도 계산하기

하디-바인베르크 모델은 집단 내에서 대립유전자 빈도(allele frequency)와 유전자형 빈도(genotype frequency) 사이의 관계를 설명하기 위해 멘델의 분리 법칙과 간단한 확률 법칙을 이용한다. 우리는 하나의 상염색체 좌위에 두 대립유전자인 *A*와 *a*가 존재하며, 한 집단 내에서 *A*의 빈도가 0.7이고, *a*의 빈도는 0.3이라는 예를 고려하여 이것이 어떻게 작용하는지를 증명할 수 있다. 0.7 + 0.3 = 1 임에 유의하라. 이것은 집단 내에 존재하는 유전자 *A*의 대립유전자들이 모두 계산되었음을 뜻한다.

이 대립유전자 빈도들은 어떤 암 배우자가 *A*를 포함할 확률은 0.7이고, 수 배우자가 *A*를 포함할 확률도 역시 0.7임을 의미한다. 두 배우자가 모두 *A*를 포함할 확률은 0.7 × 0.7 = 0.49이다. 따라서 우리는 자손에서 *AA* 유전자형이 49%로 출현할 것이라고 예상할 수 있다. 어떤 접합자가 *A*를 가지는 난자와 *a*를 가지는 정자에 의해 만들어질 가능성은 0.7 × 0.3 = 0.21이고, 접합자가 *a*를 가지는 난자와 *A*를 가지는 정자로부터 만들어질 확률은 0.3 × 0.7 = 0.21이다. 그러므로 *Aa* 유전자형의 빈도는 0.21 + 0.21 = 0.42로 42%이다. 마지막으로, *a*를 가진 난자와 *a*를 가진 정자로부터 접합자가 만들어질 확률은 0.3 × 0.3 = 0.09로, *aa* 유전자형의 빈도는 9%로 예측할 수 있다. 우리 계산을 점검하는 의미에서 0.49 + 0.42 + 0.09 = 1 이 되는데 이것은 모든 접합자의 유전자형 조합이 계산에 포함되었음을 확인해 주는 것이다. 이러한 계산들이 그림 26.3에 요약되어 있다.

대립유전자 빈도의 계산

이제 우리는 다음 세대의 유전자형 빈도를 알게 되었다. 그렇다면 이 새로운 세대에서의 대립유전자 빈도는 어떻게 될까? 하디-바인베르크 법칙 아래서 우리는 모든 유전자형이 동일한 정도의 생존과 생식을 한다고 가정했었다. 이것은 다음 세대에서 모든 유전자형이 새로운 유전자 공급원에 동등하게 공헌함을 뜻한다. *AA*인 개체들은 이 집단의 49%를 구성하고 있으므로, 우리는 그들이 새로운 유전자 공급원의 49%를 구성하게 될 배우자를 생산할 것으로 기대할 수 있다. 이 배우자들은 모두 *A* 대립유전자를 가진다. 마찬가지로, 집단의 42%를 구성하는 *Aa*인 구성원의 배우자들 또한 새로운 유전자 공급원의 42%를 구성하게 될 것으로 예상할 수 있다. 이 배우자들의 반이 *A* 대립유전자를 가지므로, 유전자 공급원의 *A* 대립유전자 빈도는 0.49 + (0.5)0.42 = 0.7이 된다. *Aa* 개체에 의해 생산된 다른 절반의 배우자들은 *a* 대립유전자를 가진 것들이다. *aa* 개체들은 이 집단의 9%를 구성하므로 그들의 배우자 역시 이 새로운 유전자 공급원에서 9%를 차지하게 될 것이다. 이 배우자들은 모두 *a* 대립유전자를 가진다. 그러므로 우리는 새로운 유전자 풀에서 *a* 유전자 빈도를 (0.5)0.42 + 0.09 = 0.3으로 예상할 수 있다. 우리 계산을 점검하는 차원에서 두 대립유전자의 빈도를 더해보면

		정자	
		fr(*A*) = 0.7	fr(*a*) = 0.3
난자	fr(*A*) = 0.7	fr(*AA*) = 0.7 × 0.7 = 0.49	fr(*Aa*) = 0.7 × 0.3 = 0.21
	fr(*a*) = 0.3	fr(*aA*) = 0.3 × 0.7 = 0.21	fr(*aa*) = 0.3 × 0.3 = 0.09

그림 26.3 대립유전자 빈도로부터 얻어지는 유전자형 빈도의 계산. 배우자들은 다음 세대의 유전자형을 만들 유전자 풀로부터 뽑힌 표본들을 나타낸다. 이 집단에서는, *A* 대립유전자의 빈도는 0.7이고 *a* 대립유전자의 빈도는 0.3이다. 다음 세대의 유전자형 빈도는, *AA*는 0.49, *Aa*는 0.42, *aa*는 0.09가 된다. 하디-바인베르크 법칙 아래서는, *A*와 *a*의 빈도가 세대를 계속해도 그대로 유지된다.

0.7 + 0.3 = 1.0 이 되는데 이는 새로운 세대의 유전자 공급원 내의 모든 배우자가 계산된 것임을 뜻한다.

하디–바인베르크 법칙과 그 가정들

하디–바인베르크 법칙이 수학적 모델이기 때문에, 우리는 일반화를 위해 대립유전자 빈도에 대한 숫자들 대신 변수들을 사용한다. 대립유전자 A의 빈도를 p라고 하고, a 대립유전자 빈도를 q라고 하여 $p + q = 1$이 되는 집단을 생각해보자. 이러한 유전자 공급원에서 난자와 정자를 무작위로 추출하여 짝을 지워 접합자를 만든다면, 난자와 정자 모두 A 대립유전자를 가질 확률은 $p \times p$이다. 그러므로 접합자들 중 AA 유전자형의 빈도는 p^2이 된다. 난자가 A, 정자가 a를 가질 가능성은 $p \times q$이고, 난자가 a, 정자가 A를 가질 가능성은 $q \times p$ 이다. 그러므로 Aa 유전자형의 접합자 빈도는 $2pq$가 된다. 마지막으로, 난자와 정자 둘 다 a 대립유전자를 가질 확률은 $q \times q$로 접합자 중 aa 유전자형을 만들 확률은 q^2이 된다. 그러므로 접합자들 중 유전자형들의 분포는

$$p^2 + 2pq + q^2 = 1 \text{ 이다.}$$

이런 계산들이 **그림 26.4**에 요약되어 있다. 이러한 계산은 하디–바인베르크 법칙의 두 가지 주된 예측을 증명해준다:

1. 이 집단의 모든 대립유전자 빈도들은 한 세대에서 다음 세대로 넘어가도 변화하지 않는다.
2. 무작위적 교배로 한 세대가 지나도, 유전자형의 빈도는 대립유전자의 빈도들로부터 예측할 수 있다.

다시 말해, 대립유전자 빈도는 변하지 않으며, 이 좌위에 대해 집단은 어떤 소진화적 변화도 겪지 않는다. 하디–바인베르크 모형에 의해 설명되는 이 가상적인 집단은 몇 가지 가정들 위에 기초하고 있다:

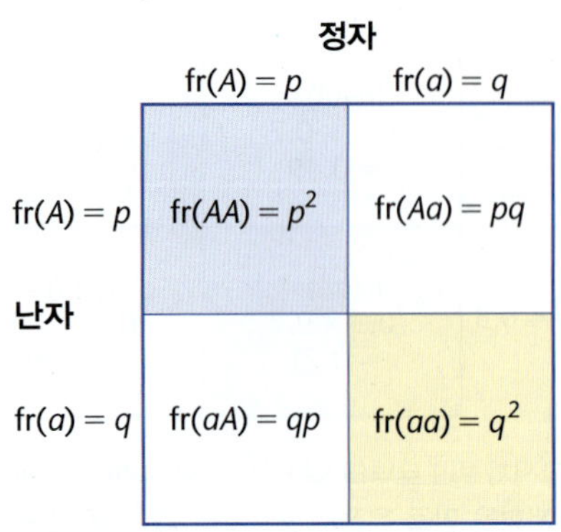

그림 26.4 하디–바인베르크 가정들 하에서의 대립유전자와 유전자형 빈도의 일반적 설명. 대립유전자 A의 빈도는 p이고 대립유전자 a의 빈도는 q이다. 교배 후에는 세 유전자형 AA, Aa, aa의 빈도가 각각 p^2, $2pq$, q^2이 된다.

1. 어떤 형태의 유전자형이든 개체들은 생식과 생존에 있어서 동등한 정도의 성공률을 가진다. 즉, 여기에 선택은 작용하지 않는다.
2. 돌연변이에 의한 한 인자에서 다른 인자로의 변형이나 새로운 생성은 일어나지 않는다.
3. 개인들은 집단 안이나 밖으로 이주하지 않는다.
4. 집단은 충분히 크며, 이것은 집단이 충분히 커서 표본 오차나 다른 무작위적인 영향이 무시될 수 있음을 뜻한다.
5. 집단의 개체들은 무작위적으로 교배한다.

이러한 가정들은 하디–바인베르크 법칙이 집단 유전학적 연구들에 왜 그렇게 유용한지 그 이유가 된다. 집단이 진화하지 않는 조건을 규정함으로써, 하디–바인베르크 모형은 대립유전자 빈도를 변화시키는 실제 세계의 힘을 찾아낸다. 이 모델의 적용은 한 집단의 유전자 공급원 내에서 "중립 유전자(neutral gene)"가 드러나도록 할 수도 있다. 이들은 진화의 힘들에 의해 움직이는 것들이 아니기 때문이다.

하디–바인베르크 법칙에서 중요한 결론이 세 가지 더 있다:

1. 우성 형질들이 세대를 거칠수록 반드시 더 증가하는 것은 아니다.
2. **유전적 다양성(genetic variability)**이 집단 내에서 유지될 수 있다. 왜냐하면 이상적 집단에서 확립된 대립유전자 빈도는 변치 않고 유지되기 때문이다.
3. 하디–바인베르크 가정에 의지하여 단 한 유전자형의 빈도만을 알고 있어도, 그 좌위에서의 다른 모든 유전자형의 빈도들을 계산할 수 있다.

이것은 인류 유전학에 있어 특히 중요한데, 우리가 환자의 빈도만 알고 있는 상황에서도 열성 유전병의 이형접합성 보인자 빈도를 계산할 수 있도록 해주기 때문이다.

풀어보기

26.1 PTC 화합물의 맛을 느끼는 능력은 우성 대립유전자인 T에 의해 조절되는데, 열성 대립유전자인 t에 동형접합성인 사람들은 PTC의 맛을 느낄 수 없다. 125명이 수업을 듣는 유전학 수업에서, 88명은 PTC의 맛을 느낄 수 있었고, 37명은 맛을 느끼지 못했다. 이 집단에서 T와 t의 대립유전자의 빈도와 그 유전자형의 빈도를 계산하라.

■ **힌트:** 이 문제는 하디–바인베르크 법칙을 어떻게 이용하는지에 관한 것이다. 해답의 열쇠는 우성 동형접합성 유전자형과 이형접합성 유전자형이 동일한 표현형을 가질 때 어느 대립유전자 빈도(p 혹은 q)를 계산할지 정하는 것이다.

26.3 하디–바인베르크 법칙은 인류 집단에도 적용될 수 있다

실제의 집단에서 어떻게 대립유전자 빈도가 측정되는지를 살펴보기 위해, AIDS(acquired immunodeficiency syndrome)를 일으키는 바이러스인 HIV-1 감염에 대한 개인의 감수성에 영향을 미치는 유전자에 대해 살펴보기로 하자. 어떤 사람들은 고-위험도의 선택을 했음에도 (예를 들어, HIV-양성 상대자들과 보호 기구 없이 성교했거나 하는 등의) 감염되지 않는다. 이런 사람 중 일부는 CCR5라는 유전자의 돌연변이 대립유전자에 대해 동형접합성이다.

CCR5 유전자(그림 26.5)는 종종 C-C 케모카인 수용체-5(chemokine receptor-5, CCR5)라고 불리는 단백질을 암호화한다. 케모카인(chemokine)들은 면역계와 관련된 신호전달 분자들이다. CCR 단백질은 HIV-1가 세포 안으로 들어오는 데에도 사용된다. *CCR5* 유전자의 돌연변이 대립유전자는 32개의 염기가 결실되어 있어서, 이 돌연변이 대립유전자에서 생산된 단백질은 정상보다 짧으며 비기능적이어서 HIV-1가 세포로 들어올 수 없다. 유전자의 정상 대립유전자는 *CCR51*(*1* 대립유전자), 32 bp 결실이 있는 대립유전자는 *CCR5-Δ32*(**Δ*32*** 대립유전자)로 불린다.

돌연변이 대립유전자에 동형접합성인 사람들(**Δ*32*/Δ*32***)은 HIV-1 감염에 저항적이다. 이형접합자(*1*/**Δ*32***)들은 HIV-1 감염에 감수성이지만 AIDS로 발병하기까지 더딘 진행을 보인다. 표 26.1은 *CCR5* 좌위의 가능한 유전자형들 및 이들과 연관된 표현형을 정리한 것이다.

CCR5-**Δ*32*** 대립유전자의 발견은 두 가지 중요한 질문을 제기한다: 어떤 인류 집단이 **Δ*32*** 대립인자를 가지며, 그것은 얼마나 흔한가?이다. 이 질문에 대한 답을 찾기 위해 몇몇 연구팀들은 여러 인류 집단의 사람들을 조사하였다. 유전자형은 직접적인 DNA 서열 분석으로 결정되었다(그림 26.6). 한 집단에서는, 79명이 *1*/*1*, 20명이 *1*/**Δ*32***, 그리고 한 명이 **Δ*32*/Δ*32*** 유전자형을 나타냈다. 이 집단은, *1*/*1*인 개인에서 온 158개의 *1* 유전자와 *1*/**Δ*32*** 개인에서 온 20개의 유전자 *1*을 보유하므로, 총 178개의 유전자 *1*을 가진다. 이 표본에서 *CCR51*의 대립유전자 빈도는 178/200 = 0.89 = 89%가 된다. *CCR5*-**Δ*32*** 대립유전자는 *1*/**Δ*32*** 개인에서 온 20개의 **Δ*32*** 유전자와 **Δ*32*/Δ*32*** 개인에서 온 2개를 포함하여 총 22개가 된다. 그러므로 *CCR5*-**Δ*32***의 빈도는 22/200 = 0.11=11%이다. $p + q = 1.0$이 됨에 유의하라. 이것은 우리가 이 집단의 *CCR51* 유전자의 모든 대립유전자를 고려하였음을 의미한다. 표 26.2는 조사된 집단에서 대립인자 *1*과 **Δ*32***의 빈도를 계산하는 두 가지 방법을 보여준다.

우리는 *CCR5*-**Δ*32*** 대립유전자가 HIV 감염에 저항성을 제공하기 때문에, 인간 집단에서 앞으로 증가할 것이라고 예상할 수 있을까? 이 질문에 직접 답하기는 어렵지만, 후에 살펴볼 내용처럼, 자연선택, 돌연변이, 이주, 혹은 유전적 부동과 같은 요인들이 존재할 때는 집단 내 대립유전자의 빈도가 세대를 지나며 변할 수 있다.

하디–바인베르크 가정들이 작동하기 때문에, 한 세대 이상에 걸쳐 대립유전자 빈도들을 결정함으로써, 빈도들이 평형 상태에 있는지를 결정할 수 있다. 하디-바인베르크 가정을 만족하는 집단들은 대립유전자 빈도(검사된 세대 동안)들이 변하지 않

표 26.1 *CCR5* 유전자형들과 그 표현형들

유전자형	표현형
1/1	성적으로 전파되는 HIV-1 계통에 취약함
1/Δ32	취약하지만 AIDS로의 진전은 느림.
32/Δ32	성적으로 전파되는 HIV-1 계통 대부분에 저항적임.

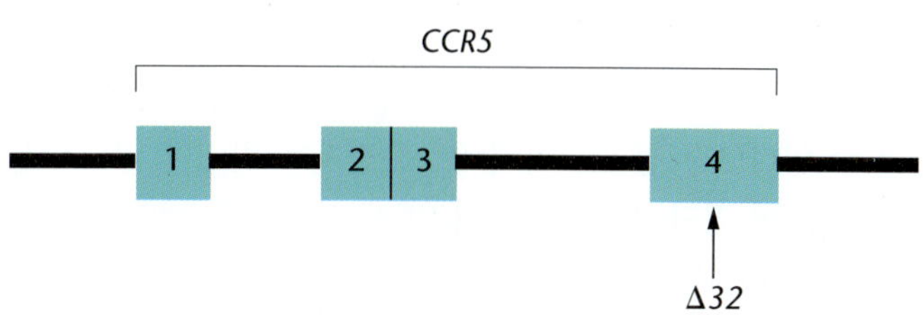

그림 26.5 인간 염색체의 3p21.3 부위에서의 *CCR5* 유전자의 구성. 이 유전자는 4개의 엑손과 2개의 인트론을 포함한다(엑손 2번과 3번 사이에는 인트론이 없다). 화살표는 엑손 4의 32 bp 결실을 표시한 것으로, 이것이 HIV-1의 감염에 저항성을 부여한다.

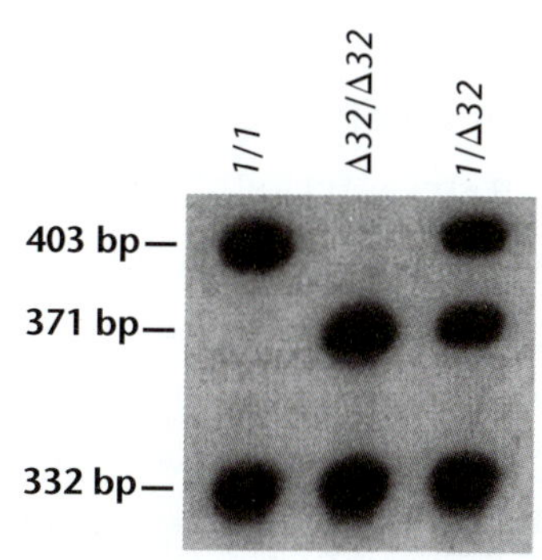

그림 26.6 *CCR5* 유전자에서의 대립유전자 변이. 샘슨(Michel Samson)과 동료들은 PCR을 사용하여 32 bp 결실 부위를 포함한 *CCR5* 유전자의 일부를 증폭하여 제한 효소로 절단하였다. 사진은 이 단편들을 전기영동하여 분리 전개한 것이다. 각 레인은 한 개인의 유전자형을 나타낸다. 대립인자 *1*은 332 bp의 단편과 403 bp의 단편을 만든다; *Δ32* 대립유전자는 332 bp 단편과 371 bp 단편을 만든다. 이형접합인 사람들은 세 가지 단편을 모두 만든다.

표 26.2 유전자형에 관한 자료로부터 대립유전자 빈도를 결정하는 방법들

(a) 대립유전자 계산	유전자형 *1/1*	*1/Δ32*	*Δ32/Δ32*	합계
인원 수	79	20	1	100
대립유전자 *1*의 수	158	20	0	178
대립유전자 Δ*32*의 수	0	20	2	22
전체 대립유전자들의 수	158	40	2	200

표본 내 *CCR5-1*의 빈도: 178/200 = 0.89 = 89%

표본 내 *CCR5-*Δ*32*의 빈도: 22/200 = 0.11 = 11%

(b) 유전자형 빈도로부터 계산	유전자형 *1/1*	*1/Δ32*	*Δ32/Δ32*	합계
인원 수	79	20	1	100
유전자형 빈도	79/100 = 0.79	20/100 = 0.20	1/100 = 0.01	1.00

표본 내 *CCR5-1*의 빈도: 0.79 + (0.5)0.20 = 0.89 = 89%

표본 내 *CCR5-*Δ*32*의 빈도: (0.5)0.20 + 0.01 = 0.11 = 11%

기 때문에 진화하지 않는다. 그러나 어떤 집단이 검사된 대립유전자에 대해 하디–바인베르크 평형에 있어도, 다른 유전자는 평형에 있지 않을 수도 있다.

집단의 하디–바인베르크 평형에 대한 검증

특정 집단 내에서하디–바인베르크 가정들이 지켜지는지를 결정하는 한 가지 방법은, 집단의 유전자형들이 평형에 있는가를 결정하는 것이다. 이를 위해서는 가장 먼저 유전자형 빈도를 결정한다. 이것은 표현형(만약 이형접합자를 쉽게 구분할 수 있다면), DNA, 단백질 분석에 의해 직접 얻거나, HIV-1의 저항성 표현형 빈도로부터 하디–바인베르크 법칙을 이용한 유전자형 빈도 계산을 이용하는 간접적인 방식으로 얻을 수 있다. 그런 다음, 유전자형의 빈도로부터 대립유전자의 빈도를 계산한다. 마지막으로, 자손의 유전자형 빈도를 예상하기 위해 부모의 대립유전자 빈도를 이용한다. 하디–바인베르크 법칙에 따르면 유전자형의 빈도들은 $p^2 + 2pq + q^2 = 1$ 관계에 맞게 예상된다. 만약 그렇지 않다면 하나 혹은 그 이상의 가정들이 문제의 집단에서 무효한 것이 된다.

이런 증명을 위해, 가상적 집단에서의 *CCR5* 유전자형을 조사해 보자. 이 집단은 283명으로 이루어져 있으며 그중 223명이 유전자형이 *1/1* 이고, 57명이 *1/*Δ*32*, 그리고 3명이 Δ*32/*Δ*32* 유전자형을 가진다. 이 숫자들은 유전자형 빈도가 각각 *1/1* = 223/283 = 0.788, *1/*Δ*32* = 57/283 = 0.201, Δ*32/*Δ*32* = 3/283= 0.011임을 말해준다. 이 유전자형 빈도로부터 우리는 *CCR5-1*의 대립유전자 빈도를 0.89로, 그리고 *CCR5-*Δ*32*의 빈도를 0.11로 계산할 수 있다. 일단 대립유전자 빈도를 알았으므로, 하디–바인베르크 법칙을 사용하여 이 집단이 평형에 있는지 판단할 수 있다. 대립유전자 빈도는 다음 세대에 다음과 같은 유전자형 빈도를 예상한다:

- 유전자형의 예상 빈도

$$1/1 = p^2 = (0.89)^2 = 0.792$$

- 유전자형의 예상 빈도

$$1/\Delta 32 = 2pq = 2 \times 0.89 \times 0.11 = 0.196$$

- 유전자형의 예상 빈도

$$\Delta 32/\Delta 32 = q^2 = (0.11)^2 = 0.012$$

이런 예상 빈도들은 부모 세대에서 관찰된 빈도들과 거의 동일하다. 이 집단에 대한 우리의 평가는 하디–바인베르크 가정들이 위반되었다는 증거를 제공하지 못한다. 이런 결론은 유전자형 빈도 계산에 사용된 전체 수를 이용한 χ^2 분석을 수행하여 확인될 수 있다(3장 참고). 이 경우, 유전자형 빈도나 대립유전자 빈도 모두 이 집단에서 변화하지 않으며, 이것은 집단이 평형에 있음을 의미한다. 이 장의 후반에 다뤄지겠지만, 자연선택, 돌연변이, 이주, 그리고 우연 같은 힘들이 대립유전자 빈도 변화를 일으키도록 작용한다. 이런 힘들은 소진화와 신종의 형성(대진화) 모두를 이끌 수 있다.

풀어보기

26.2 다음 두 세트의 자료가 하디-바인베르크 평형에 있는 집단을 나타내는지 결정하라.
(a) *CCR5* 유전자형들: *1/1*, 60%; *1/Δ32*, 35.1%; *Δ32/Δ32*, 4.9%
(b) 낫세포 헤모글로빈: *SS*, 75.6%; *Ss*, 24.2%; *ss*, 0.2%(*S* = 정상 헤모글로빈 대립유전자; *s* = 돌연변이 헤모글로빈 대립유전자)

■ **힌트:** 이 문제는 집단이 유전적 평형에 있는지를 결정하기 위해 하디-바인베르크 법칙을 어떻게 사용할 것인지에 대한 이해를 묻고 있다. 해답의 열쇠는 우선 제시된 유전자형 빈도에 기초하여 대립유전자 빈도를 결정하는 것이다.

집단 내 다중대립유전자(복대립유전자)들에 대한 빈도 계산

비록 지금까지는 두 개의 대립유전자가 있는 체계를 예로 사용했지만, 다른 유전자들은 하나의 집단 내에서 발견되는 여러 개의 대립유전자를 가지기도 한다. 사람의 ABO 혈액형 집단(4장 참고)이 그러한 예이다. 좌위 *I*(isoagglutinin)는 세 가지 대립유전자(I^A, I^B, i)를 가지며 6종류의 가능한 유전자 조합(I^AI^A, I^BI^B, ii, I^AI^B, I^Ai, I^Bi)을 나타낼 수 있다. 이 경우에 I^A와 I^B가 우성 대립유전자이고 둘 다 i에 대해서는 우성을 나타낸다. 동형접합성인 I^AI^A와 이형접합성인 I^Ai는 표현형적으로 동일하고, I^BI^B와 I^Bi 역시 마찬가지이므로, 우리는 오직 4가지 혈액형 표현형만 구분할 수 있다: A형, B형, AB형, 그리고 O형이다.

또 다른 하나의 변수를 하디-바인베르크 방정식에 추가하면 우리는 세 가지 대립유전자가 관여하는 유전자형과 대립유전자 빈도를 계산할 수 있다. p, q, r 이 각 대립인자 I^A, I^B 와 i 를 표현한다고 놓자. 세 개의 대립유전자가 있으므로,

$$p + q + r = 1$$ 이고,

하디-바인베르크 가정들 하에서 각 유전자형들의 빈도들은,

$$(p + q + r)^2 = p^2 + q^2 + r^2 + 2pq + 2pr + 2qr = 1$$ 이다.

만약 집단 내의 혈액형 빈도를 알고 있다면, ABO 시스템의 3개 대립유전자의 빈도를 추정할 수 있게 된다. 예를 들어, 추출된 한 집단에서 아래와 같은 빈도로 혈액형이 관찰되었다: A = 0.53, B = 0.133, O = 0.26. i 대립유전자는 열성이므로 집단 내 O형의 빈도는 열성 유전자형 r^2 과 같게 된다. 그러므로

$$r^2 = 0.26$$
$$r = \sqrt{0.26}$$
$$= 0.51$$

r 값을 이용하여 I^A와 I^B의 대립유전자 빈도를 추정할 수 있다. I^A 대립유전자는 I^AI^A와 I^Ai 의 두 유전자형에 존재한다. I^AI^A 유전자형의 빈도는 p^2이고 I^Ai 유전자형의 빈도는 $2pr$로 나타내진다. 그러므로 A형과 O형의 빈도는:

$$p^2 + 2pr + r^2 = 0.53 + 0.26$$ 으로 나타난다.

만약 방정식의 왼쪽을 완전제곱식으로 바꾸고 오른쪽을 계산하면,

$$(p + r)^2 = 0.79$$
$$p + r = \sqrt{0.79}$$
$$p = 0.89 - r$$
$$= 0.89 - 0.51 = 0.38$$ 을 얻게 된다.

추정된 p와 r, 대립인자 I^A와 i의 빈도를 알게 되었으므로 I^B 대립유전자의 빈도는 이제 다음과 같이 계산될 수 있다:

$$p + q + r = 1$$
$$q = 1 - p - r$$
$$= 1 - 0.38 - 0.51$$
$$= 0.11$$

이 집단의 유전자형 빈도와 표현형 빈도가 **표 26.3**에 요약되어 있다.

표 26.3 하디-바인베르크 집단의 다중대립유전자들에 대한 유전자형 빈도 계산 (I^A = 0.38, I^B = 0.11, 그리고 대립유전자 i = 0.51일 때)

유전자형	유전자형 빈도	표현형	표현형 빈도
I^AI^A	$p^2 = (0.38)^2 = 0.14$	A	0.53
I^Ai	$2pr = 2(0.38)(0.51) = 0.39$		
I^BI^B	$q^2 = (0.11)^2 = 0.01$	B	0.12
I^Bi	$2qr = 2(0.11)(0.51) = 0.11$		
I^AI^B	$2pr = 2(0.38)(0.11) = 0.084$	AB	0.08
ii	$r^2 = (0.51)^2 = 0.26$	O	0.26

X-연관 형질에 대한 대립유전자 빈도 계산

XY 성-결정 체계와 동형접합자적(XX) 성이 X-연관 대립유전자를 두 개 갖지만, 이형접합자적(XY) 성은 해당 대립유전자를 하나만 가진다는 사실을 기억하면, 하디-바인베르크 법칙은 X-연관성 형질의 대립유전자와 유전자형 빈도를 계산하는 데도 이용할 수 있다. 따라서 인간을 비롯한 포유동물들처럼 여성은 XX이고 남성은 XY인 경우, X-연관성 대립유전자의 유전자 급원 내 빈도와 X-연관성 형질을 발현하는 남성의 빈도는 같을 것이다. 이것은 남성은 오직 하나의 X 염색체만 가지며, 한 남자가 문제의 대립유전자가 있는 X 염색체를 받을 확률은 그 대립유전자의 빈도와 같기 때문이다. 어떤 여자가 문제의 대립유전자가 있는 두 개의 X 염색체를 갖게 될 확률은 q^2이 될 것이고, 여기서 q는 그 대립유전자의 빈도가 된다.

열성 X-연관성 형질에 대해 이런 설명을 하기 위해 적녹색맹의 예를 생각해 보자. 이 형질은 남성의 8%에 영향을 미친다. 따라서 색맹 대립유전자의 빈도는 0.08이다; 즉, 8%의 X 염색체들이 이 대립유전자를 가진다.

다른 92%의 X 염색체들은 정상의 적녹색맹 우성 대립유전자를 가진다. 만약 p를 정상 대립유전자의 빈도로 정하고, q를 색맹 대립유전자의 빈도로 정한다면, $p = 0.92$이고, $q = 0.08$이다. 색맹인 여성(즉, 열성 대립유전자가 있는 X 염색체를 2개의 가짐)의 빈도는 $q^2 = (0.08)^2 = 0.0064$이고, 보인자인 여성(정상 X 염색체와 색맹 대립유전자를 가진 X 염색체를 하나씩 가짐)의 빈도는 $2pq = 2(0.08)(0.92) = 0.147$이다. 다시 말해, 14.7%의 여성들이 자신들은 정상 시각을 가졌어도, 적녹색맹에 대한 대립유전자를 가지며, 이것을 자손에게 물려줄 수 있다.

X-연관성 유전자들의 빈도가 남성과 여성 배우자에서 다르기 때문에, 희귀한 열성 대립유전자의 경우, XX인 사람보다 XY인 사람에게서 훨씬 더 높은 빈도로 형질이 발현될 것이다. 따라서 예를 들어 혈우병이나 뒤센형 근위축증(DMD) 같은 질병들은 X 염색체의 열성 돌연변이에 의해 유발되는 것으로 아들에게 훨씬 흔하며, 이들은 돌연변이 대립유전자를 단 하나만 물려받지만 질병에 시달리게 된다. 영향을 받은 X 염색체를 2개 가진 딸들 역시 질병을 가질 것이지만; 드문 대립유전자이므로 이런 사건이 생길 확률은 매우 낮다.

이형접합자 빈도의 계산

하디-바인베르크 법칙의 유용한 응용 한 가지는, 특히 인류 유전학에서 중요한 것인데, 집단 내의 이형접합자 빈도를 추정할 수 있게 해준다. 열성 형질의 빈도는 일반적으로, 추출된 집단 내에서 동형접합성 열성 표현형을 가진 사람의 수를 세면 알 수 있다. 하디-바인베르크 법칙과 이러한 정보를 가지면 이제 이 유전자에 대한 대립유전자와 유전자형의 빈도를 계산할 수 있다.

낭성 섬유증(cystic fibrosis)은 상염색체 열성 형질로, 북유럽인 조상을 가지는 집단에서 1/2500(0.0004)의 빈도로 나타난다. 낭성 섬유증을 앓는 사람들은 염분이 다량 함유된 땀, 폐에서의 두꺼운 점액층의 과다 분비, 세균 감염에 대한 높은 감수성 등의 증상으로 쉽게 구분된다. 이것이 열성 형질이므로, 낭성 섬유증인 사람은 반드시 동형접합자이다. 그들의 집단 내 분포는 그 이전 세대의 무작위 혼인으로 제공된 q^2으로 표현될 수 있다. 그러므로 열성 대립유전자의 빈도는;

$$q = \sqrt{q^2} = \sqrt{0.0004} = 0.02\text{이다.}$$

열성 대립유전자의 빈도가 약 2%임을 알고 있으므로, 우리는 $p + q = 1$ 로부터 정상(우성) 대립유전자의 빈도를 계산할 수 있다. p는:

$$p = 1 - q = 1 - 0.02 = 0.98 \text{ 이다.}$$

이제 대립유전자들의 빈도를 알았으므로, 이형접합성 유전자형의 빈도를 계산할 수 있다. 하디 바인베르크 공식에서 이형접합자의 빈도는 $2pq$ 이므로

$$\begin{aligned} 2pq &= 2 \times 0.98 \times 0.02 \\ &= 0.04 = 4\% = 1/25\text{로 나타낼 수 있다.} \end{aligned}$$

이 결과는 낭성 섬유증의 이형접합자는 집단 내에서 4%로 비록 동형접합성 열성의 빈도가 1/2500 즉 0.04%로 매우 낮다고 할지라도 다소 흔한 편임을 보여준다. 그러나 이런 계산들은 모두 추정치임을 명심해야 하는데, 왜냐하면 집단이 모든 하디-바인베르크 가정들을 만족시키는 것은 아닐 수도 있기 때문이다.

일반적으로, 우성 및 열성 대립유전자를 가지는 단일 유전자좌의 경우, 세 가지 유전형(동형접합 우성, 이형접합성, 동형접합 열성)의 빈도는 대립유전자의 빈도가 알려지고 하디-바인베르크 가정이 적용되면 추정할 수 있다. 유전자형과 대립유전자 빈도의 관계는 그림 26.7과 같다. p와 q의 값이 0 또는 1.0에서 0.5로 이동함에 따라 이형접합자가 집단 내에서 빠르게 증가한다는 점에 유의하라. 이러한 관찰은 낭포성 섬유증처럼 열성 형질이 드물 때 대립유전자를 보유한 사람은 대부분 이형접합자라는 우리의 결론을 확인시켜준다. p와 q의 빈도가 0.33과 0.67 사이인 집단에서 이형접합자는 동형접합자보다 더 높은 빈도로 존재한다.

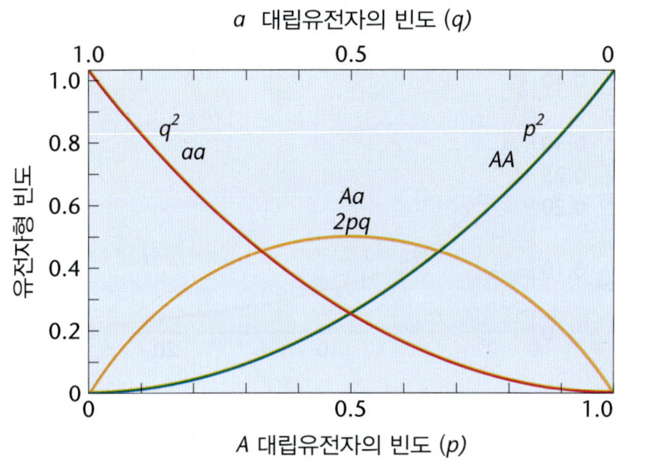

그림 26.7 하디-바인베르크 방정식에서 유도된, 유전자형과 대립유전자 빈도 사이의 관계.

풀 어 보 기

26.3 만약 평형에 있는 어떤 집단에서 백색증(albino) 표현형이 1/10,000의 빈도로 나타나고, 상염색체성 열성 대립유전자인 *a*에 의한 것이라고 하면, 다음 빈도를 계산하라;
(a) 열성 돌연변이 대립유전자; (b) 정상 우성 대립유전자; (c) 집단 내의 이형접합자; (d) 이형접합자들 사이의 교배.

■ **힌트:** 이 문제는 대립유전자와 유전자형 빈도를 계산하는 방법에 대한 이해를 묻고 있다. 해답의 열쇠는 우선 이 집단에서 백색증(albinism) 대립유전자의 빈도를 결정하는 것이다.

26.4 자연선택은 대립유전자 빈도 변화를 유발하는 주된 힘이다

진화를 이해하기 위해서는, 유전자 공급원을 변화시켜 새로운 종의 형성을 이끄는 힘에 대해 이해해야만 한다. 집단을 변형시키는 이런 기작 중 가장 주된 힘은 **자연선택(natural selection)**이다. 다윈(Charles Darwin)과 월레스(Alfred Russel Wallace)는 각자 독자적으로 이 힘을 발견했다. 자연선택에 관한 월레스와 다윈의 개념은 다음과 같이 요약될 수 있다:

1. 한 종의 개체들은 표현형에서 변이를 나타낸다—예를 들어, 크기, 활동성, 색깔, 적에 대한 방어, 식량 확보 능력, 짝짓기 행동, 그리고 개화 시기 등.
2. 이런 변이 중 많은 것들은, 비록 그것이 작고 보잘것없어 보이는 것일지라도, 유전되며 자손에 전해진다.
3. 생물들은 기하급수적 방식으로 생식하는 경향이 있다. 생존할 수 있는 것보다 더 많은 수의 자손들이 태어난다. 이것은 종의 구성원들을 생존 경쟁에 몰아넣어 부족한 자원을 놓고 공동체의 다른 구성원과 경쟁하게 만든다. 자손들은 또한 포식자를 피해야 하며, 유성적으로 생식하는 종이라면 성체는 짝을 찾기 위해서도 경쟁해야 한다.
4. 생존을 위한 경쟁에서는, 특정 표현형을 가진 개체들이 다른 개체들보다 더 성공적이므로 더 높은 비율로 생존하여 생식하게 된다.

자연선택의 결과, 집단과 종은 변화한다. 차별적 생존과 생식을 촉진시킨 형질들은 더 흔해질 것이며, 낮은 생존 능력이나 생식 능력을 부여하는 형질들은 줄어들게 될 것이다. 이것은 곧 많은 세대를 지나는 동안, 생식적 이득을 부여하는 형질들의 빈도가 증가할 것이며, 이것은 다시 집단이 더 현재 환경에 더 잘 적응하도록 할 수 있음을 뜻한다. 오랜 시간 동안 선택이 계속된다면 새로운 종이 출현할 수도 있다.

집단 내의 자연선택 추적

하디-바인베르크 법칙을 이용하여 대립유전자 빈도와 유전자형 빈도를 측정하는 것은, 이상적인 집단에 대한 몇 가지 가정에 근거한다는 것을 기억할 것이다: 큰 집단, 이주 없음, 무작위 교배, 선택과 돌연변이의 부재, 그리고 자손들의 동등한 생존율 등이다.

그러나 만약 모든 유전자형이 동등한 생존율을 가지는 것이 아니며, 동일한 수의 자손을 남기는 것도 아니라면, 한 세대에서 다음 세대로 넘어갈 때 대립유전자의 빈도는 변할 수 있다. 왜 그런지 살펴보기 위해, 대립유전자 *A*와 *a*의 빈도를 각각 0.5로 하는, 100개체로 이루어진 집단을 가정해 보자. 그 이전 세대가 무작위로 교배했다고 가정하면, 집단 내에 존재하는 유전자형의 빈도는 *AA*의 빈도가 $(0.5)^2 = 0.25$, *Aa*의 빈도가 $2 \times 0.5 \times 0.5 = 0.5$, 그리고 *aa*의 빈도가 $(0.5)^2 = 0.25$가 된다. 이 집단은 100개체로 이루어져 있으므로 25 *AA*, 50 *Aa*, 25 *aa*의 개체가 존재한다.

이제 서로 다른 유전자형이 모두 다른 정도의 생존도를 가진다고 가정하여; 모든 25개 *AA*는 생식에 성공하고, *Aa*의 90%(45/50)인 45개체가 생식, *aa*는 80%(20/25)인 20개체만이 생식에 성공한다. 생존자들이 생식한다면 새로운 유전자 풀에 대해 각각은 두 개씩의 배우자를 만든다. 모두 $2(25) + 2(45) + 2(20) = 180$개의 배우자가 생긴다. 이 생존 집단에서의 두 대립유전자의 빈도는 어떻게 되는가? *AA* 개체들로부터 50개의 *A* 배우자와 *Aa* 개체로부터 45개의 *A* 배우자를 구할 수 있으므로

A 유전자의 빈도는 (50 + 45)/180 = 0.53이고, Aa로부터 얻어진 45개 a 배우자와 aa 개체로부터 얻어진 40개 aa 배우자로부터, a의 빈도는(45 + 40)/180 = 0.47이 된다.

이것은 우리가 출발했던 빈도와 다르다. A 인자는 증가했고 a 인자는 감소했다. 개체들 사이에 존재하는 생존도나 생식 능력(혹은 두 가지 모두)의 차이는 자연선택(natural selection)의 예이다. 자연선택은 차별적 생존과 생식을 통해 커다란 집단 내의 대립유전자 빈도를 바꾸는 주요한 힘이다. 이것은 진화적 변화의 가장 중요한 요소 중 하나다.

적응도와 선택

선택이란 특정 유전자형을 가진 구성원이 다른 유전자형의 구성원보다 생식적 혹은 생존에 있어 더 이득을 누릴 때마다 발생한다. 그러나 선택은 넓은 범위에 걸쳐 다양하게 나타날 수 있어서 1% 미만에서 100까지 변할 수 있다. 위의 가상적인 예에서 선택은 강했다. 약한 선택은 서로 다른 유전자형의 생존도에 극히 일부의 차이만 관여하는 것이다. 생존이나 생식의 이득은 결국 미래 세대들에 더 많은 유전자를 남긴다. 미래 세대에 대한 개체의 이러한 유전적 공헌도를 **적응도(fitness)**라고 한다. 높은 생식 성공률을 가지는 유전자형은 높은 적응도를 가지는 반면, 낮은 생식 성공도와 관계된 유전자형은 낮은 적응도를 가진다고 한다.

하디–바인베르크 분석은 자연선택의 정도를 측정하는 방식으로, 적응도에 대한 조사도 가능하게 한다. 전통적으로 집단 유전학자들은 이 적응도를 w로 나타낸다. 따라서 w_{AA}는 AA 유전자형의 상대적 적응도를, w_{Aa}는 Aa 유전자형의, w_{aa}는 aa 유전자형의 상대적 적응도를 표현하는 것이다. 예를 들어, w_{AA} = 1, w_{Aa} = 0.9, w_{aa} = 0.8로 표현하게 되면, 위의 예에서처럼, AA 개체는 모두 생존, Aa 개체는 90%, aa 개체는 80%가 생존한다는 뜻이다.

해로운 대립유전자에 대한 선택을 생각해보자. 적응도 값이 w_{AA} = 1, w_{Aa} = 1, 그리고 w_{aa} = 0이라는 뜻은, a가 동형접합성 치사 대립유전자인 상황을 말한다. 동형접합성 열성 개체는 자손 없이 죽게 되며 a 유전자의 빈도는 감소할 것이다. a 유전자 빈도의 감소는 다음과 같은 식으로 설명된다:

$$q_g = \frac{q_0}{1 + gq_0}$$

여기서 q_g는 g 세대에서 a 유전자의 빈도이고, q_0는 초기 a 유전자의 빈도(즉, 0세대에서의 a 유전자 빈도), 그리고 g는 지나간 세대 수를 나타낸다.

그림 26.8은 처음 빈도가 0.5였던 치사 열성 대립유전자에 어떠한 일이 일어나는지를 보여준다. 처음에는 aa 유전자형의 백분율이 높았기 때문에, 대립유전자 a의 빈도는 빠르게 감소한다. a의 빈도는 단 2세대 만에 절반이 된다. 6세대에 이르면 빈도는 다시 절반이 된다. 그러나 이제 a 대립유전자들의 다수가 이형접합자들에 의해 전달된다. a가 열성이기 때문에, 이 이형접합자들은 도태되지 않는다. 이것은 시간이 계속 흐를수록 a 인자의 빈도가 점점 느리게 감소함을 뜻한다. 이형접합자들이 계속 교배를 하는 한, 집단 내에서 하나의 열성 대립유전자를 완벽하게 제거하도록 선택이 작용하기란 매우 힘든 일이다.

그림 26.9는 비치사성 열성 대립유전자인 a에 대한 다양한 정도의 역선택(selection against) 결과를 보여준다. 이 경우, 선택의 강도는 매우 강한 것(붉은 곡선)에서 약한 것(푸른 곡선)까지 다양하고 중간 것(노랑, 자주, 녹색 곡선)들도 존재한다. 각 경우에서 해로운 대립유전자 a의 빈도는 0.99 시작하여 시간이 흐를수록 감소한다. 그러나 감소율은 선택의 강도에 매우 의존적이다. 선택이 강하고 이형접합자의 90%와 aa 동형접합자의 80%만이 살아남을 때(붉은 선), a 대립유전자의 빈도는 약 85세

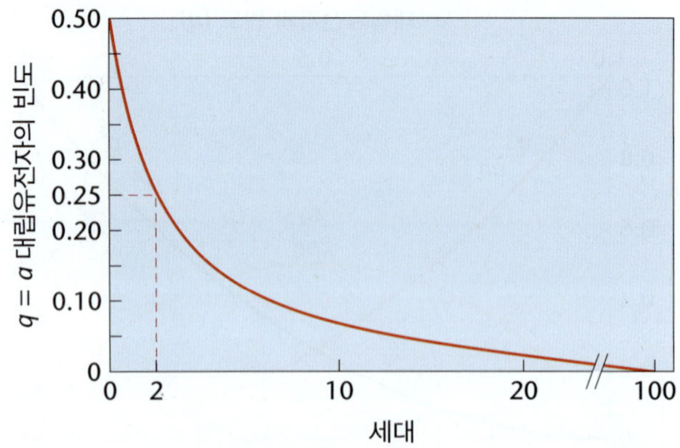

세대	p	q	p^2	$2pq$	q^2
0	0.50	0.50	0.25	0.50	0.25
1	0.67	0.33	0.44	0.44	0.12
2	0.75	0.25	0.56	0.38	0.06
3	0.80	0.20	0.64	0.32	0.04
4	0.83	0.17	0.69	0.28	0.03
5	0.86	0.14	0.73	0.25	0.02
6	0.88	0.12	0.77	0.21	0.01
10	0.91	0.09	0.84	0.15	0.01
20	0.95	0.05	0.91	0.09	< 0.01
40	0.98	0.02	0.95	0.05	< 0.01
70	0.99	0.01	0.98	0.02	< 0.01
100	0.99	0.01	0.98	0.02	< 0.01

그림 26.8 치사 열성 대립유전자인 a의 빈도 변화. a의 빈도는 두 세대 만에 절반으로 감소하고 6세대 후에는 또다시 절반으로 줄어든다. a 대립유전자 대부분이 이형접합자에 의해 전달되므로 이후 감소의 속도는 줄어든다.

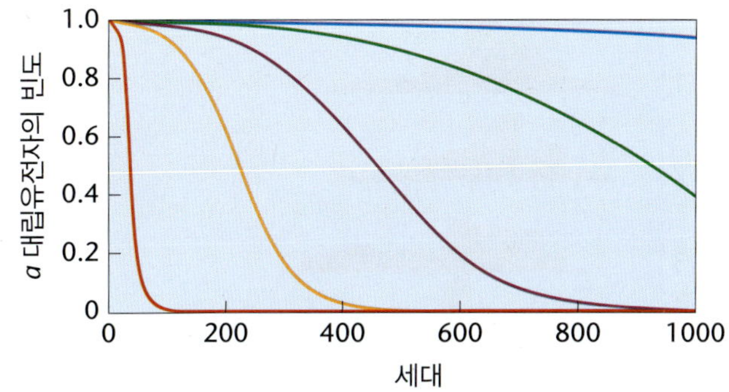

a 대립유전자에 대한 역선택					
	강함 ⟵				⟶ 약함
	(빨간 선)	(노란 선)	(보라 선)	(초록 선)	(파란 선)
w_{AA}	1.0	1.0	1.0	1.0	1.0
w_{Aa}	0.90	0.98	0.99	0.995	0.998
w_{aa}	0.80	0.96	0.98	0.99	0.996

그림 26.9 대립유전자 빈도에 미치는 선택의 효과. 유해한 대립유전자가 집단으로부터 제거되는 속도는 선택의 강도에 매우 의존적이다.

대 안에 0.99에서 0.01 이하로 떨어진다. 그러나 선택이 약해서 이형접합자의 99.8%, *aa* 동형접합자의 99.6%가 살아남을 때는(파란 선), *a*의 빈도가 0.99에서 0.93으로 떨어지는데 1,000세대가 걸린다. 이 그래프로부터 두 가지 중요한 결론이 얻어진다. 첫째는, 수천 세대가 지나면 약한 선택이라도 대립유전자 빈도들에 상당한 변화를 일으킬 수 있다는 것이다; 진화는 오랜 시간에 걸쳐 일어나므로 선택은 진화의 강력한 힘이 된다. 둘째, 선택이 대립유전자 빈도에서 빠른 변화들을 일으키려면, 유전자형들의 적응도 차이가 매우 커야만 한다.

여러 가지 형태의 선택이 작용한다

표현형은 개체의 많은 유전자 좌위에서의 유전자형들과 환경에 의한 종합적인 영향의 결과이다. 단일 인자들에 의해 조절되는 형질들과 마찬가지로, 선택의 형태는 (1) 방향성을 나타내거나(directional), (2) 안정적이거나(stabilizing), (3) 분열적(disruptive)인 것으로 분류될 수 있다.

방향성 선택(directional selection)에서는 집단에 존재하는 표현형 스펙트럼의 어느 한 극단에 있는 형질들이 선택되거나(selected for) 역선택(selected against) 당하게 되는데, 보통은 그 환경의 변화 결과로 나타난다. 잘 조사된 사례를 페터 그랜트와 로즈메리 그랜트(Peter and Rosemary Grant) 및 그 동료들의 연구로부터 얻을 수 있다. 이들은 갈라파고스 군도의 다프네 큰 섬(Daphne Major Island)에서 중간 높이에 사는 핀치새

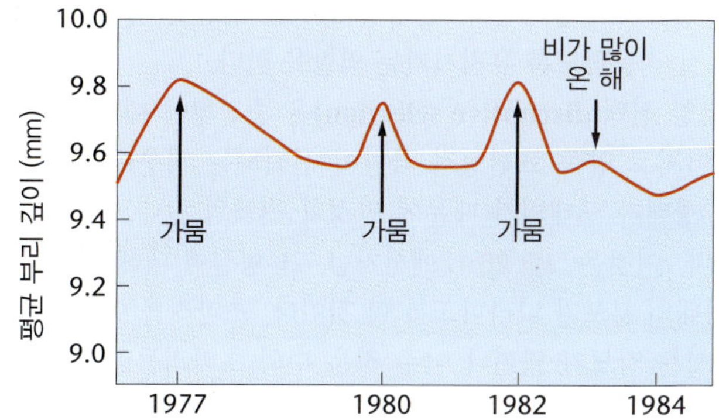

그림 26.10 가물었던 해 동안 핀치의 부리 크기는 강한 선택 때문에 증가한다. 두 가뭄 사이에서는 큰 부리 크기에 대한 선택은 그다지 강하지 않아서 보다 작은 부리 크기를 가진 새들이 생존하여 번식함으로써 작은 부리를 가진 새들의 수가 증가한다.

(*Geospiza fortis*)들을 연구했다. 이 연구자들은 이 새들의 부리 크기가 시간에 따라 변했음을 발견했다(그림 26.10). 1977년에, 심각한 가뭄으로 이 섬 핀치새의 80%가 죽었다. 큰 부리 새들은 식량이 귀했을 때 더 다양한 종자들을 먹을 수 있었고, 특히 단단한 껍질을 가진 더 큰 것들도 먹을 수 있었기 때문에, 작은 부리의 새들보다 더 높은 비율로 생존했다. 가뭄이 끝난 후에는 더 많은 식물을 먹을 수 있었고, 부리 크기는 감소했다. 1980년과 1982년에 다시 발생한 가뭄으로 생존과 생식에 차이가 생겼고, 평균 부리 크기는 한쪽의 표현형적 극단 쪽으로 이동했다.

안정화 선택(stabilizing selection)은 이와는 반대로, 중간형을 선호하는 경향으로, 양쪽 극단적인 표현형들이 도태된다. 시간이 지나면 이것은 집단 내 표현형적 분산을 감소시키지만, 평균값은 크게 변하지 않을 것이다. 안정화 선택의 가장 분명한 증명은 인간 출생 시 몸무게와 13,730명의 아동에서의 향후 11년간의 생존도에 대한 연구로부터 얻을 수 있다. 그림 26.11은 출생 시 몸무게의 분포와 5주째의 사망률, 그리고 집단 내의 출생 %(오른쪽)를 보여준다. 유아사망률은 적정 몸무게인 7.5파운

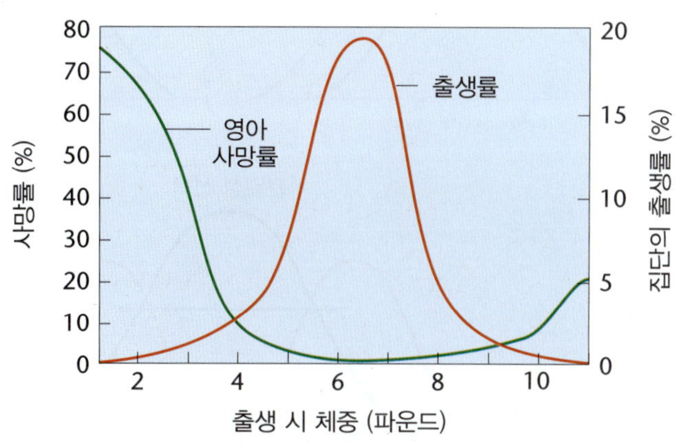

그림 26.11 인간의 출생 시 몸무게와 사망률의 관계.

드의 양쪽에서 증가한다. 안정화 선택은 집단을 현재의 환경에 가장 잘 적응하도록 유지시키는 역할을 한다.

분열 선택(disruptive selection)은 중간형에 대한 역선택이 이루어지고 양쪽 표현형적 극단이 선택되는 경우이다. 이것은 중간 형태가 도태되기 때문에 안정화 선택의 반대로 보일 수도 있겠다. 이것은 그림 26.12에서처럼, 그 형질에 대해 점점 두 가지 형태의 분포가 나타나도록 할 것이다. 초파리를 이용한 한 실험에서는 강모가 많거나 아주 적은 수의 초파리들만 서로 교배하도록 하였는데, 수 세대의 강모 숫자에 대한 분열성 선택 후, 초파리들 대부분은 많거나 아주 적은 수의 강모를 가지는 범주로 쉽게 고착되었다. 자연 집단에서 그러한 상황은 이질적인 환경에 한 개체군이 존재할 때 발생할 수 있다.

이 세 가지 선택의 효과는 표현형 평균에 미치는 영향과 모집단에 존재하는 표현형 변이의 양을 고려하여 비교할 수 있다(그림 26.13). 방향성 선택에서는 하나의 표현형적 극단이 호의적으로 선택된다. 이것은 서로 다른 표현형들 사이에 존재하는 적응도 차이(생존도와 생식력)의 결과, 선호되는 대립유전자의 빈도 증가를 유발한다. 이런 변화는 문제의 대립유전자가 우성인지 열성인지에 관계없이 발생한다. 결과적으로, 시간이 지남에 따라 집단 평균은 하나의 극단적인 표현형 방향으로 이동한다. 방향성 선택은 대립유전자 빈도의 급격한 변화를 허용하며 종 분화의 중요 요인이다.

안정화 선택에서는, 안정화 선택에서 하나 또는 다른 극단 표현형을 선택하는 대신 두 표현형 극단이 모두 부정적으로 선택된다(도태된다). 이런 부정적 선택은 중간 표현형의 적응도는 증가시키고 다양성 정도를 감소시키므로, 평균값에 별 영향을

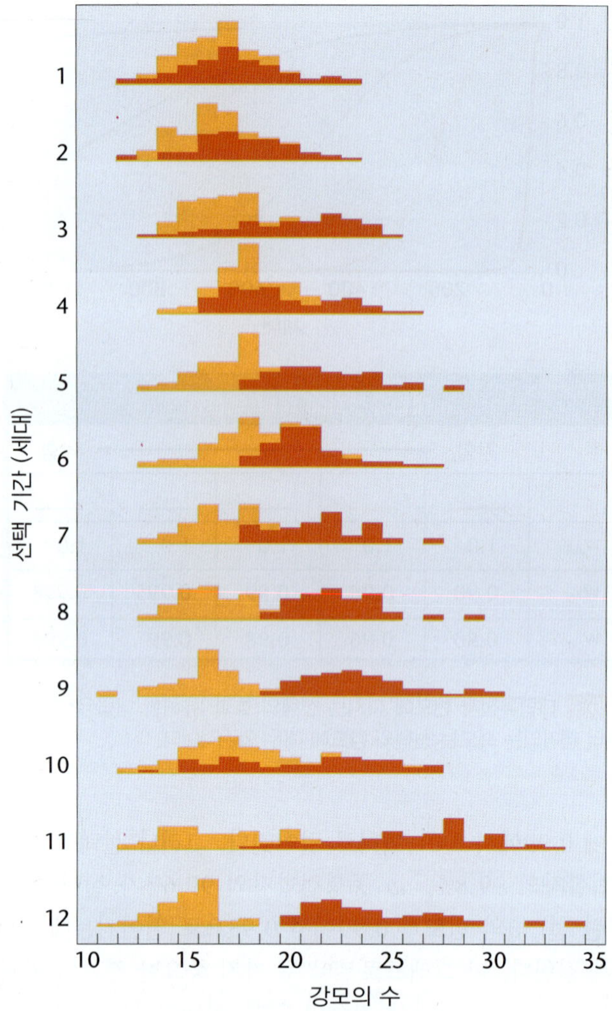

그림 26.12 초파리에서 강모 수에 대한 분열성 선택의 효과. 가장 많은 수의 강모와 가장 적은 수의 강모를 가진 개체들이 선택되면, 집단은 12세대 후에는 겹치지 않는 분기를 보인다.

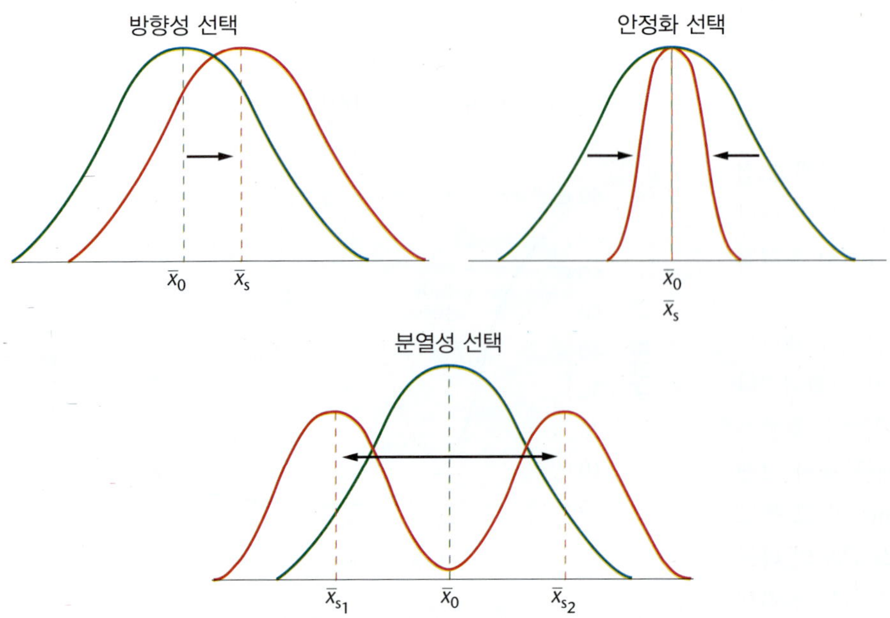

그림 26.13 표현형 평균과 분산에 미치는 방향성, 안정화, 그리고 분열성 선택의 영향들. 각 경우에서, 모집단의 평균은 $\bar{X}_0$(녹색 그래프)이고, 선택에 따른 평균값은 표현형 분산의 변화와 함께 $\bar{X}_s$(붉은색 그래프)으로 나타냈다.

미치지 않는다. 이런 선택은 기존 환경에 최대한으로 적응하는 것을 선호하지만 집단 내의 표현형적, 유전적 다양성은 감소시킨다.

분열적 선택은 중간 표현형에 대한 도태가 작용하므로 양방향성이며 양쪽 표현형 극단이 선호된다. 이런 형태의 선택은 집단의 평균값과 표현형 분산을 둘 다 변화시킨다. 분열적 선택이 진행됨에 따라 중간 표현형을 가진 개체의 수가 감소하고 총 분산이 증가하며 각각 고유한 평균값을 갖는 별개의 두 하위 개체군이 형성된다.

결론적으로, 각 형태의 선택은 집단의 표현형 평균과 분산에 다르게 작용하지만, 모두 대립유전자 빈도를 변화시켜 종 분화에 중요한 역할을 담당한다.

26.5 돌연변이는 유전자 공급원에 새로운 대립유전자를 만든다

한 집단의 유전자 공급원은 세대마다 섞여서 자손들에서는 새로운 유전자 공급원이 형성된다. 유전자 공급원 내의 거대한 유전적 변이 때문에, 분리와 재조합으로 유전자 공급원에 이미 존재하는 유전자들의 새로운 조합이 생겨날 수 있다. 그러나 분리와 재조합은 새로운 대립유전자를 만들어내지는 않는다. **돌연변이(mutation)**만이 새로운 대립유전자들을 만들어낸다. 돌연변이가 되는 사건들은 무작위로 일어난다는 것을 명심하도록 하자. 즉, 개체에 가능한 유리함이나 불리함은 고려되지 않는다. 돌연변이는 새로운 대립유전자를 만들 뿐 아니라, 아주 작은 집단에서는 대립유전자 빈도도 변화시킬 수 있다. A와 a, 2개의 대립유전자를 가진 10명으로 된 집단을 생각해보자. 만약 A의 빈도가 0.90이라면, a의 빈도는 0.10일 것이다. 돌연변이가 생기는 사건으로 A 대립유전자를 a 대립유전자로 변화시킨다. 이 사건은 A 대립유전자의 빈도를 0.90에서 0.85로 감소시키고 a 대립유전자의 빈도를 0.10에서 0.15로 증가시킨다. 이 절에서는 더 큰 경우에도, 돌연변이가 그 자체로 대립유전자 빈도를 변화시키는 중요 요인인지를 살펴보도록 하자.

돌연변이가 대립유전자 빈도의 변화에 중요한 힘인가를 결정하기 위해서는, 돌연변이가 생기는 속도를 측정한다. 대부분의 돌연변이가 열성이므로, 이배체 생물에서 돌연변이율을 직접 관찰한다는 것은 어려운 일이다. 확률과 통계, 혹은 대규모의 검사 프로그램을 사용한 간접적인 방법들이 사용된다. 그러나 어떤 특정 돌연변이에 대해서는 직접적인 측정법이 사용될 수도 있다. 이런 경우, 정확을 기하기 위해, 몇 가지 조건들이 충족되어야 한다:

1. 그 대립유전자는 열성 대립유전자들에 의해 만들어지는 비슷한 표현형들과 구별될 수 있는 뚜렷한 표현형을 나타내야 한다.
2. 형질이 완전히 표현되거나 완전히 유전되어(completely penetrant) 돌연변이 개체가 구별될 수 있어야 한다.
3. 약이나 화학물질들 같은 비유전성 물질에 의해 동일한 표현형이 나타나서는 안 된다.

주어진 유전자가 돌연변이를 겪어 우성 대립유전자가 되었으며, 100,000건의 출생당 2명이 돌연변이 표현형을 나타냈지만, 이 두 경우에서 부모들은 표현형적으로 정상이라고 가정해보자. 이러한 출생을 만들어낸 접합자들이 각각 두 사본의 유전자를 가지고 있으므로, 우리는 실상 200,000개의 유전자 사본(혹은 200,000개의 배우자)을 조사하는 것이 된다. 영향을 받은 출생들이 각각 이형접합성이라고 가정하면, 200,000개 중 2개의 돌연변이가 나타난 것이 된다. 그러므로 돌연변이율은 2/200,000, 즉 1/100,000으로, 과학적 표기로 기술하면, 1×10^{-5}이다. 사람에서, **선천성 연골발육부전증(achondroplasia)**이라고 알려진 우성 형태의 왜소증은, 이런 돌연변이율을 측정하기 위한 조건들을 충족시킨다. 골격계 질환을 가진 이 개인들은 확장된 두개골과 짧은 사지를 가지며, 출생 시 X-선 검사로 진단될 수 있다. 250,000건의 출생을 조사하여 이 연골발육부전증의 돌연변이율(μ)이 다음과 같이 계산되었다:

$$\mu = 1.4 \times 10^{-5} \pm 0.5 \times 10^{-5}$$

돌연변이율을 알면, 돌연변이가 한 세대에서 다음 세대로 넘어갈 때, 대립유전자의 빈도를 어느 정도로 바꾸는지 추정할 수 있다. 정상 대립유전자를 d, 연골발육부전증 돌연변이 유전자를 D라고 나타낸다.

10명이 아니라 이제 500,000명으로 구성된 집단에서 모든 사람의 유전자형이 dd 라고 가정하자. 초기 d의 빈도는 1.0이고, D의 빈도는 0이다. 만약 각 개인이 유전자 공급원에 2개의 배우자를 기여하게 되면, 유전자 공급원은 1,000,000개의 배우자를 포함하게 되며 모두 d 대립유전자를 가진다. 배우자들이 유전자 공급원에 있는 동안, 매 100,000개의 d 대립유전자당 1.4번의 돌연변이로 D 대립유전자가 생긴다. 이제 d 대립유전자의 빈도는 $(1,000,000 - 14)/1,000,000 = 0.999986$이고, D의 빈도는 $14/1,000,000 = 0.000014$이다. 이러한 숫자들로부터 돌연변이 자체가 집단 내에 대립유전자의 빈도를 상당한 정도로 변화시키려면 상당히 오랜 시간이 필요할 것임이 확실하다. 다시 말하자면, 돌연변이는 새로운 대립유전자를 만들지만, 집단이 매우 작지 않으면, 그 자체로는 대립유전자 빈도를 크게 변화시키지 않는다.

26.6 이주와 유전자 흐름은 대립유전자 빈도를 변화시킬 수 있다

하디-바인베르크 법칙은 이주가 일어나지 않는다고 가정한다. 그러나 때론 개체들이 집단 사이로 움직일 때 **이주(migration)**, 혹은 유전자 흐름(gene flow)이 발생한다. 이주는 집단들 사이의 유전적 차이를 감소시키며, 일부 집단들에서는 유전적 변이의 수준을 증가시킬 수 있다.

어떤 좌위에 두 개의 대립유전자인 *A*와 *a*를 가진 생물종을 생각해보자. 이 종들은 두 개체군을 이룬다. 하나는 본토(mainland)에, 다른 하나는 섬(island)에 거주한다. 본토의 *A* 대립유전자의 빈도는 p_m이라고 나타내고, 섬의 *A* 대립유전자 빈도는 p_i로 표시하기로 하자. 본토에서 섬으로 이주가 발생하는 상황에서, 한 세대 후 섬에서의 *A* 대립유전자의 빈도(p'_i)는 다음과 같다.

$$p'_i = (1 - m)p_i + mp_m$$

여기서 m은 본토에서 섬으로의 이주자들을 표시하며, 이주는 유전자형과 관계없이 무작위적이다.

어떻게 이주가 섬의 다음 세대 *A*의 빈도에 영향을 미치는지에 대한 예로, $p_i = 0.4$이고 $p_m = 0.6$, 그리고 다음 세대에 10%의 부모가 본토로부터 이주했다(그래서 $m = 0.1$)고 가정하자. 다음 세대에서 섬의 *A* 인자 빈도는 다음과 같이 될 것이다.

$$\begin{aligned} p'_i &= [(1 - 0.1) \times 0.4] + (0.1 \times 0.6) \\ &= 0.36 + 0.06 \\ &= 0.42 \end{aligned}$$

이 경우에 본토로부터의 이주는 섬의 *A* 대립유전자 빈도를 한 세대 만에 0.40에서 0.42로 바꿀 수 있었다.

이러한 계산들은 이주에 의한 대립유전자 빈도의 변화가 수용 집단과 공여 집단 사이에서의 대립유전자 빈도 차이와 이주율에 비례함을 드러내는 것이다. 만약 m이 매우 크거나 p_m이 p_i와 매우 다르다면, 한 세대 만에도 *A*의 빈도에는 비교적 큰 변화가 발생할 수 있다. 만약 이주가 섬의 대립유전자 빈도를 바꾸는 유일한 힘이라면, 평형은 $p_i = p_m$일 때 이루어질 수 있다. 이런 지침들은 이주를 정량화하기 어려운 경우의 측정에 종종 사용될 수 있다. 큰 집단들에서라도, 오랜 시간에 걸쳐 이주의 효과가 집단들의 대립유전자 빈도들을 상당히 변화시킬 수 있는데, 그림 26.14에 제시된 ABO 혈액형 집단의 I^B 대립유전자에서도 발견할 수 있다.

26.7 유전적 부동은 작은 집단 내 대립유전자의 무작위적 빈도 변화를 유발한다

작은 개체군 내에서는, 우연에 의해 대립유전자의 빈도에 심각한 정도의 무작위적 변동이 있을 수 있다. 이러한 상황은 **유전적**

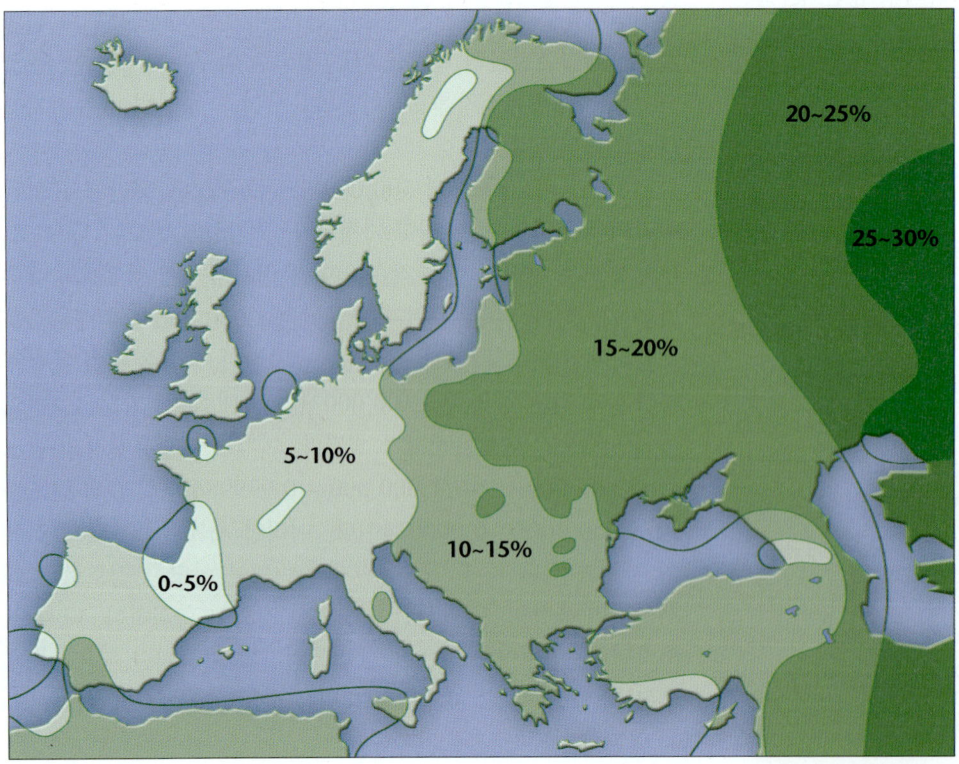

그림 26.14 진화의 한 힘으로 작용하는 이주. ABO 좌위의 I^B 대립유전자는 동쪽에서 서쪽으로 갈수록 점진적인 차이를 나타낸다. 이 대립유전자는 중앙아시아에서 가장 높은 빈도를 나타내고, 북동 스페인에서 가장 낮다. 이러한 점진적 차이는 로마제국 멸망 후 유럽으로 향한 몽고인들의 이주와 병행되었던 인류 역사의 유전적 산물이다.

부동(genetic drift)이라고 알려져 있다. 작은 개체군 크기에 더하여, 한 개체군이 적은 수의 개체들로부터 기원했을 때 생기는 **창시자 효과(founder effect)**에 의해서도 유전적 부동이 발생할 수도 있다. 개체군이 나중에 그 크기가 증가하여도, 모든 구성원이 가진 유전자들은 창시자의 것에서 기원한 것이다(돌연변이나 이주, 선택이 없고, 무작위 교배를 가정한다면). 부동은 또한 **유전적 병목(genetic bottleneck)**에 의해서도 발생할 수 있다. 병목은 커다란 집단이 심각하지만 일시적인 숫자의 감소를 겪고 다시 그 숫자를 회복했을 때 발생한다. 개체군은 회복되었지만, 유전적 다양성은 대단히 감소한다. 요약하자면, 부동은 우연의 산물이며 작은 집단 크기, 창시자 효과, 그리고 병목 현상을 통해 생길 수 있다. 다음 절에서는 어떻게 창시자 효과가 대립유전자 빈도들에 영향을 미치는지 살펴보도록 하겠다.

인류 집단에서의 창시자 효과들

특정 인류 집단의 대립유전자 빈도는, 자연 집단에서 유전적 부동의 역할을 증명해주기도 한다. 남서부 미국에 사는 미국 원주민들은 높은 빈도로 안-피부 백색증(oculocutaneous albinism, OCA)을 나타낸다. 북동부 애리조나에 주로 거주하는 나바호 인디언들에서는, 백색증이 1,500~2,000명당 한 명꼴로 나타나 백인들(36,000명당 1명)이나 아프리카계 미국인(10,000명당 1명)들과 대조된다. 네 종류의 OCA(OCA1~4)가 존재하는데, 모두 다양한 정도로 피부, 눈, 머리에서 멜라닌 색소 결핍을 보인다. OCA2는 *P* 유전자의 돌연변이에 의한 것으로, 이 유전자는 세포막 단백질을 만든다. 나바호들의 백색증에 대한 유전적 기초를 조사하기 위해 연구자들은 *P* 유전자의 돌연변이를 조사하였다. 이들의 연구에 따르면, 백색증을 보이는 모든 나바호가 *P* 유전자의 122.5 kb 결실(엑손 10~20에 걸친)에 대해 동형접합성이었다. 이런 결실 대립유전자는 다른 미국 원주민 집단에 속한 34명에는 존재하지 않았다.

결실 부분에 대한 PCR 프라이머 세트를 이용하여, 연구자들은 환자와 이형접합성 보인자, 그리고 동형접합성 정상인들을 구분할 수 있었다(그림 26.15). 그들은 이 프라이머들을 사용하여 134명의 정상 나바호들, 그리고 이들과 연관이 깊은 아파치족의 42명을 조사하였다. 이 표본에 기초하면, 나바호족에서 이형접합자의 빈도는 4.5%로 추정된다. 연구된 아파치족에서는 보인자가 발견되지 않았다.

OCA2를 일으키는 122.5 kb의 결실은 나바호족을 제외한 미국 남서부의 인디언 중 어느 부족에서도 발견되지 않았다. 이것은 이 돌연변이 대립유전자가 나바호족 특이적인 것이며 아마도 나바호 집단을 세운 소수의 구성원 중 한 사람에 의해 생겨났을 가능성을 제시해 준다. 연구자들은 처음에 이 돌연변이를 약 400년에서 11,000년 전의 것으로 추정했었지만, 부족의 역사와 나바호들의 구전에 따르면, 나바호와 아파치는 약 600년에서 1000년 전에 분리되었다고 한다. 결실이 아파치족에서는 발견되지 않으므로, 아마도 이것은 부족이 분리된 후에 나바호 집단에서 발생했을 것으로 생각된다. 이러한 근거로 볼 때 이 결실은 약 400~1000년쯤 되었을 것이며, 아마도 창시자 돌연변이의 결과로 생겼을 것이다.

26.8 비무작위 교배는 대립유전자 빈도가 아니라 유전자형 빈도를 변화시킨다

우리는 하디-바인베르크 법칙의 첫 네 가지 가정을 만족시키지 않는 집단들이 어떻게 선택, 돌연변이, 이주, 그리고 유전적 부동이라는 형태로 대립유전자 빈도들을 변화시킬 수 있는지에 대해 알아보았다. 다섯 번째 가정은 집단 구성원들이 무작위로 교배한다는 것인데, 어떤 유전자형이 집단 내에서 다른 어떤 유전자형과 교배할 확률은 모두 동등하다는 것이다. 비무작위 교배

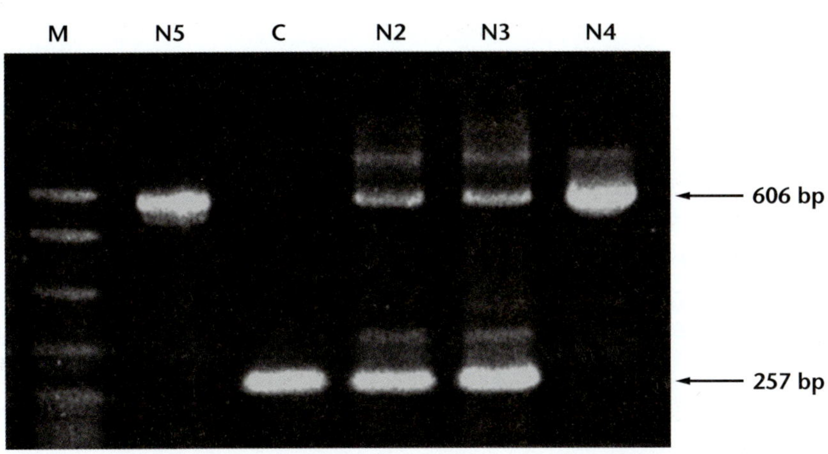

그림 26.15 백색증인 나바호들(N4와 N5)과 N4의 부모들(N2와 N3)에 대한 PCR 검사. 이환된 사람들(N4와 N5)은 606 bp의 굵은 단일 밴드를 가지며, 이형접합성 보인자들(N2와 N3)은 606 bp와 257 bp에서 하나씩 2개의 밴드를 가진다. 동형접합성인 정상인들(C)은 257 bp에서 짙은 단일 밴드를 나타낸다. 각 유전자형들은 뚜렷한 밴드 양상을 만들기 때문에 집단에서 이형접합성 보인자들을 찾을 수 있다. 분자 크기 마커(M)는 첫째 레인에 있다.

(non-random mating)는 집단의 유전자형 빈도를 변화시킬 수 있다. 연이어 어떤 유전자형에 대한 선택이 일어나면 그들이 가진 대립유전자들의 전체 빈도에 영향을 미치게 된다. 그러나 비무작위 교배 자체는 대립유전자 빈도를 직접적으로 바꾸지는 않는다는 사실을 명심하는 것이 중요하다.

비무작위 교배는 여러 형태 중 하나로 발생할 수 있다. **긍정적 동류교배(positive assortative mating)**에서는, 비슷한 유전자형들이 다른 것보다 서로 더 잘 교배한다. 이것은 사람에서 종종 발생한다: 많은 연구들은 많은 사람이 신체적으로 그들과 닮은 사람(따라서 유전적으로도 역시 비슷할 가능성이 있다)들에게 더 끌린다는 것을 보여준다. **부정적 동류교배(negative assortative mating)**는 닮지 않은 유전자형들이 교배할 가능성이 크다; 일부 식물종들은 내재된 화분/주두 인식 시스템(pollen/stigma recognition system)이 주요 유전자좌에서 동일 대립유전자를 가진 개체들 사이의 수분을 방해한다. 그러나 집단 유전학에서 유전자형 빈도에 가장 흔하게 영향을 미치는 무작위 교배 형태는 **근친교배(inbreeding)**이다.

근친교배

근친교배(inbreeding)는 교배 개체들이 그냥 무작위로 집단에서 뽑힌 두 개체들보다 더 밀접하게 연관되었을 때 발생한다; 대충 정의하자면, 근친교배는 친척들 사이의 교잡이다. 특정 대립유전자를 놓고 보면, 근친교배는 집단 내에서 동형접합자의 비율은 증가시키고 이형접합자의 비율은 감소시킨다. 완전한 근친교배가 이루어진 집단은 이론적으로, 오로지 동형접합자들만 포함하게 된다. 고도의 근친교배는 그것이 집단 내에서 해롭거나 치사성인(혹은 두 가지 모두) 대립유전자들에 동형접합성인 개체들의 수를 증가시킬 가능성을 높이기 때문에 해롭게 작용할 수 있다.

한 집단 내에서 근친교배의 강도를 설명하기 위해 유전학자인 라이트(Sewall Wright)는 **근친교배 계수(coefficient of inbreeding, *F*)**를 고안했다. 이 계수는 한 개체의 특정 유전자에 있는 두 대립유전자가 조상의 대립유전자에 있던 동일한 한 사본으로부터 유전된 것이기 때문에 동일할 가능성을 정량화한다. 만약 $F = 1$이라면, 집단 내의 모든 사람은 동형접합성이고 모든 사람의 두 대립유전자는 같은 조상형 사본으로부터 유래된 것이다. 만약 $F = 0$이라면, 어떤 개인도 같은 조상형 사본으로부터 유래한 두 대립유전자를 갖지 않는다.

집단에 대한 F를 측정하는 한 가지 간단한 방법은 이형접합자 빈도와 근친교배 사이의 역관계에 기초한 것이다: 근친교배의 수준이 증가할수록, 이형접합자 빈도는 감소한다. 따라서 F는 다음과 같이 계산된다:

$$F = \frac{H_e - H_o}{H_e}$$

여기서 H_e는 하디-바인베르크 방정식에 기초하여 예상되는 이형접합성이고, H_o는 집단 내에서 관찰되는 이형접합성이다. 만약 집단의 교배가 완전히 무작위로 일어난다면, 예상 이형접합성과 관찰되는 이형접합성이 같으므로 $F = 0$이 된다는 것에 유의하라. 한 개인의 F를 추정하는 한 가지 방법이 그림 26.16에 나타나 있다. 4번째 세대의 여성(분홍색)은 사촌들(노란색) 사이의 딸이다. 그녀의 증조모(녹색)가 열성 치사 대립유전자인 a의 보인자라고 가정해 보자. 이 4세대 여성이 그녀 증조모가 가졌던 치사 대립유전자를 두 개 가질 확률은 어떻게 될까? 이런 일이 일어나기 위해서는 (1) 증조모가 그녀의 아들(파랑)에게 이 대립유전자 사본을 물려주어야 하고, (2) 그녀의 아들은 이 대립유전자를 그의 딸(노랑)에게 전달해야 하며, (3) 그의 딸은 이것을 또 그녀의 딸(분홍)에게 전달해야 한다. 또한 (4) 증조모는 이 대립유전자를 그녀의 딸(파랑)에게도 전달시켜야 하며, (5) 그녀의 딸은 이것을 그녀의 아들(노랑)에게, (6) 그녀의 아들은 다시 그의 딸(분홍)에게 전달해야 한다. 6건의 필수적인 사건 각각의

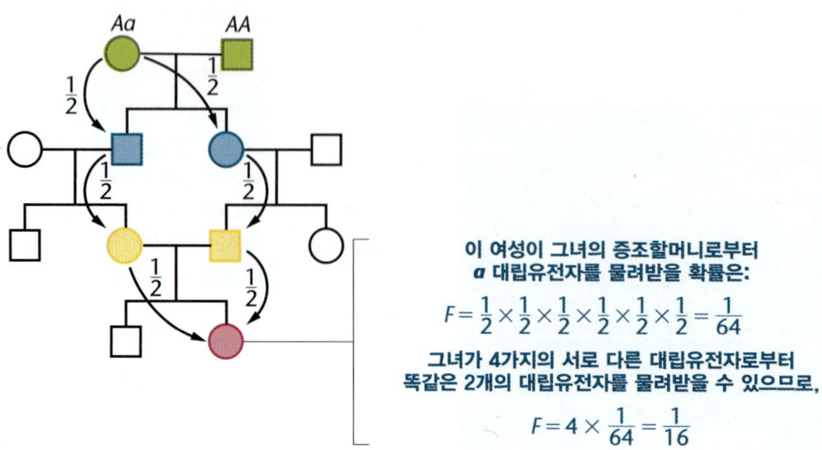

그림 26.16 사촌지간의 혼인에서 얻은 자손들의 근친교배 계수(F) 계산.

확률은 1/2이고 그들이 모두 한꺼번에 일어나므로 분홍색의 여자가 그녀의 증조모로부터 이 치사 대립유전자의 두 사본을 모두 받게 될 확률은 $(1/2)^6 = 1/64$이 된다. 그러나 사촌 간의 결혼에서 생긴 자손으로서 분홍 여성에 대한 전체 F 값을 계산하기 위해서는, 그녀가 다른 3개의 우성 대립유전자(그녀의 조부모들에 존재하는)의 어떤 것에 대해서도 마찬가지로 이런 두 개의 복사본을 가질 수 있음을 기억할 필요가 있다. 4가지 가능성 중 어떤 것에 의해서도 이 분홍 여자는 조상형 복사본으로부터 동일한 두 대립유전자를 받을 수 있으므로, 그녀에 대한 F 값은

$F = 4 \times (1/64) = 1/16$ 이 된다.

풀어보기

26.4 정상 표현형을 나타내는 한 예비 신랑은 낭성 섬유증(CF)을 앓는 누이가 한 명 있다. 이 병은 상염색체성 열성 질병이다. 그들의 부모들은 모두 정상이다. 이 남자는 CF 가족력이 없는 어떤 여성과 결혼할 계획이다. 그들이 CF 아이를 가질 확률은 얼마나 될까? 그들은 모두 코카서스인들이고, 이 집단에서의 전체적인 CF 빈도는 1/2500이다. 즉, 2500명당 1명의 어린이가 이 병을 앓게 된다. (이 집단은 하디–바인베르크 가정을 만족시킨다고 가정하라.)

- **힌트:** 이 문제는 열성 대립유전자들이 어떻게 전달되는지에 대한 이해(3장 참고)와 이형접합성 부모들로부터 열성 대립유전자들이 전달될 확률에 관한 것이다. 해답의 열쇠는 양쪽 부모가 모두 그 돌연변이 대립유전자들을 가질 확률을 먼저 계산하는 것이다.

26.9 종 분화는 생식적 격리를 통해 발생할 수 있다

하나의 **종(species)**이란 실제적으로나 잠재적으로 교배하는 생물들의 그룹으로서, 자연 상태의 그런 다른 그룹들과는 생식적으로 격리된 생물들의 모임으로 정의될 수 있다. 유성적으로 생식하는 생물들에서, 종 분화(speciation)는 부모종을 다른 종으로 변형시키거나, 단일 종을 두 개 혹은 그 이상의 독립된 종으로 나누기도 한다(그림 26.17). 형태적으로나 생리적인 변화, 그리고 생태적 지위에 대한 적응 역시 발생할 수 있지만, 이들이 종 분화의 필수 요소는 아니다.

한 종 내의 집단들은 여러 다양한 좌위들에서의 대립유전자 차이나 대립유전자 빈도에서의 차이로 존재하는 상당한 유전적 변이를 가질 수 있다. 서로 다른 대립유전자 빈도들 혹은 유전자 공급원에서의 서로 다른 대립유전자들(혹은 둘 다) 때문에 생기는 이런 집단들에서의 유전적 분기는 자연선택, 돌연변이, 그리고 유전적 부동 같은 힘들의 작용을 반영할 수 있다.

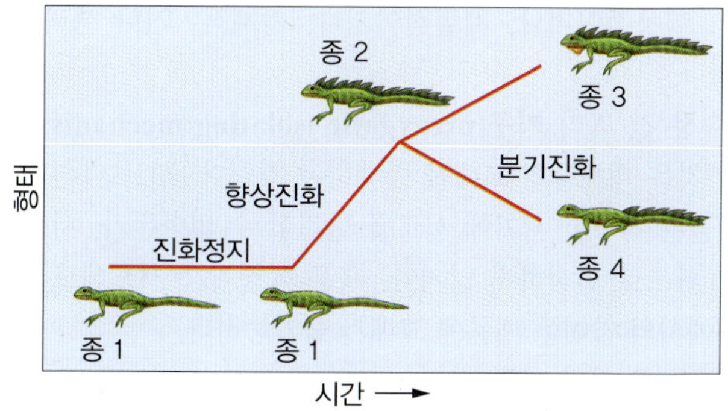

그림 26.17 변화가 없는 일정 기간(정체) 후에, 1번 종은 2번 종으로 변화하는 *계통진화*(*anagenesis*, 향상진화)를 겪는다. 후에 2번 종은 두 개의 새로운 종들(3번 종과 4번 종)로 나뉘는 *분기진화*(*cladogenesis*)를 겪는다.

집단들 사이의 유전자 흐름이 감소되거나 없어지면, 집단들(개체군들)은 한 집단이 더 이상 다른 집단의 구성원들과 성공적으로 교배할 수 없는 지점까지 분기할 수 있다. 집단들이 서로 생식적으로 격리되는 지점에 도달하면, 생물의 종 개념에 따라 그들은 서로 다른 종이 된다. 집단들 사이의 생식적 격리를 초래하고 신종의 형성이나 더 상위 분류군을 만드는 유전적 변화는 대진화의 과정으로 정의된다.

집단들 사이의 상호 교배를 방해하거나 감소시키는 생물학적 장벽들은 **생식적 격리 기구(reproductive isolating mechanism)**라고 불린다(표 26.4). 이런 기구들은 생태학적이

표 26.4 생식적 격리 기구들

접합 전 격리 기구: 수정과 접합자 생성을 방해한다.

1. **지리적 혹은 생태적 격리.** 집단들은 같은 지역에 살지만, 서로 다른 서식지를 점유한다.
2. **계절적 혹은 시간적 격리.** 집단들은 같은 지역에 살지만, 성적으로 서로 다른 시기에 성숙한다.
3. **행동적 격리**(동물에서만). 집단들은 짝짓기에 앞서 불화합성 행동으로 서로 분리된다.
4. **기계적 격리. 생식 구조**(동물의 성기, 식물의 꽃)의 차이 때문에 타가수정이 방해받거나 제한된다.
5. **생리적 격리.** 배우자들은 다른 종의 생식관 내에서 생존하지 못한다.

접합 후 격리 기작: 수정이 일어나 잡종이 형성되지만, 이들이 생존하지 못하거나 약하고 불임이다.

1. **잡종의 생존 불가능성 혹은 허약함.**
2. **발생학적 잡종 불임.** 잡종들은 생식샘 발달이 비정상적이거나 감수분열을 완료하지 못하므로 불임이다.
3. **분리 잡종 불임.** 전체 염색체들이나 염색체 분절들 혹은 유전자 조합 등이 배우자로 제대로 분리되지 못하기 때문에 잡종이 불임이 된다.

거나, 행동적이거나, 계절적이거나, 기계적이거나 생리학적일 수 있다.

수정 전 격리 기구(prezygotic isolating mechanism)들은 가장 처음 개체들의 교배를 방해하는 것이다. 서로 다른 집단의 개체들은 적당한 시기에 서로를 발견할 수 없다든가, 서로를 적당한 짝으로 인식하지 않거나, 혹은 짝짓기를 시도해도 짝짓기 행동에서의 차이들 때문에 교배가 불가능하다.

수정 후 격리 기구(postzygotic isolating mechanism)들은 두 집단의 구성원들이 서로 짝짓기를 원하고 또 그것이 가능한 경우에라도 생식적 격리가 일어나도록 한다. 예를 들어, 짝짓기가 발생하고 잡종 접합자들이 형성되지만, 그들 모두 혹은 대부분이 살아남지 못한다. 혹은 잡종이 살아남아도 불임이거나, 감소된 생식력을 가지게 된다. 또 다른 가능성으로는 잡종 자신은 생식력이 있으나 그 자손이 낮은 생존도 혹은 생식력을 가질 수도 있다. 이 모든 경우에서 잡종들은 유전적으로 막다른 곳에 다다른다.

수정 후 격리 기구들은 배우자와 접합자를 낭비하고 잡종 생존자의 생식적 적응도를 낮춘다. 그러므로 선택은 잡종 형성을 감소시키는 대립유전자의 확산에 우호적으로 작용하여 수정 전 장벽의 발달을 일으킨다. 이것이 다시 잡종 접합자나 자손의 형성을 방해하게 된다. 동물의 진화에서, 가장 효율적인 수정 전 장벽 중 하나는 구애 행동(courtship behavior)을 포함한 행동적 격리이다.

종 분화를 이끄는 변화들

한 가지 형태의 종 분화는 집단들 사이의 지리적 격리가 생기는 것에 의존적이다. 지리적 격리는 고립된 집단들 사이의 유전자 흐름을 방해한다. 고립은 이 집단들의 유전자 공급원이 분기하도록 만든다.

만약 고립된 집단들이 후에 다시 접촉한다면, 몇 가지 결과들이 나올 수 있다. 만약 생식적 격리 기구들이 없다면, 집단들은 서로 교잡할 것이며 한 종으로 간주될 것이다. 그러나 생식적 격리가 이미 발생했다면, 두 집단은 독립된 종으로 간주될 것이다.

남, 북미를 연결하는 육로이며 동시에 카리브해와 태평양을 나누는 파나마의 이스트무스(Isthmus)는 약 3백만 년 전에 형성되었다. 딱총새우(그림 26.18)들에서, 7종의 카리브해 종들과 그들과 유사한 태평양의 종들을 찾아 동정한 후, 연구자들은 그들을 쌍으로 매치시키는 실험을 하였다. 대립유전자 빈도와 미토콘드리아 DNA 서열들에 대한 분석은 각 쌍들의 조상들이 단일 종의 구성원들이었음을 확인해주었다. 이스트무스가 닫혔을 때 7가지 조상종은 각기 두 개의 독립된 집단으로 분기되어 하나는

그림 26.18 딱총새우(*Alpheus* 속).

카리브형으로 다른 하나는 태평양형으로 달라졌다. 그러나 분리된 지 3백만 년 후 이 집단들의 구성원들은 서로 다른 종이 맞을까?

암컷과 수컷들을 서로 짝지어 카리브해-태평양 커플이나, 카리브해-카리브해 커플, 혹은 태평양-태평양 커플에서 성공적 짝짓기 횟수를 세었다. 7쌍의 종 중에서 3쌍의 다른 바다 커플이 짝짓기를 거부했다. 짝짓기한 다른 바다 쌍들에서도 1%만 생존력 있는 자손을 생산했다. 반면에 같은 바다 쌍 중에서는 60%가 생존력 있는 자손을 생산했다. 우리는 3백만 년 동안의 분리가 7종의 쌍 모두에서 강한 수정 전 및 수정 후 생식적 격리를 포함해 완전히, 혹은 거의 완전한 정도의 종 분화를 일으켰다고 결론 내릴 수 있다.

대진화와 종 분화의 속도

종 분화에는 얼마나 많은 시간이 필요한가? 위의 예에서 본 것처럼, 유전적 분기와 신종의 형성은 수백만 년이라는 오랜 기간에 걸쳐 발생한다. 사실, 종 분화에 걸리는 평균 시간은 100,000~10,000,000년이다. 그러나 훨씬 짧은 시간 동안에 걸친 빠른 종 분화도 다수의 사례에서 보고되었는데, 동아프리카 호수의 물고기를 포함하여, 바다 연어, 외딴 섬의 야자나무, 다배수체성 식물들, 그리고 발트해의 갈조류 등에서 관찰되었다.

아포요 호수(Lake Apoyo)는 지난 23,000년 이내에 화산 분화구에 형성되었다(그림 26.19). 이 작은 호수에는 두 종의 시클리드 물고기들이 서식한다: 마이다스 시클리드인 *Amphilophus citrinellus*과 애로우 시클리드인 *A. zaliosus*이다. 마이다스는 이 지역에서 가장 흔한 시클리드이며 근처의 호수들에서도 발견된다; 애로우 시클리드는 아포요 호수에서만 발견된다.

애로우 시클리드의 진화적 기원을 밝히기 위해, 연구자들

그림 26.19 니카라과의 아포요(Apoyo) 호수는 화산 분화구에 자리 잡고 있다. 이 호수는 약 23,000년 전에 형성되었다. 이 호수에 사는 두 종의 시클리드 물고기들은 진화적으로 가깝다.

은 계통분류학적, 형태학적, 그리고 생태학적 분석들을 포함한 다양한 접근법들을 사용했다. 미토콘드리아 DNA에 대한 서열 분석은 이 두 종이 공통의 조상과 하나의 그룹을 형성함을 확인해주었다(단계통군). PCR-기반 방법을 사용하여 이 두 종의 유전체에 대해 더 분석한 결과, 이 두 종이 단계통적이며, *A. zaliosus*는 *A. citrinellus*로부터 진화했다는 결론이 강화되었다. 이 두 종의 구성원들은 서로 다른 먹이 선호도—위장 내용물 분석으로 확인됨—를 반영하는 턱의 분화를 포함하여 분명히 구분되는 형태를 가진다(그림 26.20). 그리고 실험실에서의 실험으로도 입증된 결론과 마찬가지로, 이 두 종은 생식적으로도 격리되어 있다. 시클리드 mtDNA에 대해 계산된 분자시계를 이용하여, 연구자들은 *A. zaliosus*가 지난 10,000년 사이의 언제쯤 *A. citrinellus*로부터 진화했을 것으로 추정하였다. 이런 추정과 다른 종에서의 사례들은, 선택의 강도와 하디-바인베르크 법칙의 다른 변수들의 작용에 따라, 종의 형성이 일반적인 100,000~10,000,000년보다 훨씬 짧은 시간 규모 내에서도 발생할 수 있다는 확실한 증거를 제공한다.

26.10 계통학은 진화사를 분석하는 데 사용될 수 있다

종 분화는 집단의 유전적 분기와 관련되어 있다. 따라서 그들의 진화적 역사를 재구성하기 위해서는 현존하는 종들 사이의 유전적 차이와 유사성을 이용할 수 있어야 한다. 이런 관계들은 종종

(a)

(b)

그림 26.20 아포요 호수의 시클리드 종들은 뚜렷한 형태적 차이를 보인다: (a) 마이다스 시클리드인 *Amphilophus citrinellus*, (b) 애로우 시클리드인 *Amphilophus zaliosus*.

계통수(phylogenetic tree)의 형태로 제시된다(그림 26.21). 계통수들은 생물 그룹들 사이의 조상 관계를 보여준다. 이런 그룹들은 한 종일 수도 있고, 혹은 문(phylum) 같이 더 큰 것일 수도 있다. 계통수에서, 가지들은 오랜 시간에 걸친 계통들 사이의 관계를 보여준다. 가지의 길이는 시간 규모로부터 유도될 수도 있어서 종 분화 사건들 사이의 시간 길이를 보여주기도 한다. 분지점(branch point) 혹은 절(node)들은 한 종이 둘 혹은 그 이상의 종들로 나뉠 때 생긴다. 각 절은 그 절에서 분기한 종의 공통 조상을 나타낸다. 가지의 끝은 오늘날 살아 있는 종들(혹은 더 큰 그룹)이나 멸종하여 없어진 것들을 나타낸다. 하나의 조상 종과 그 모든 후손으로 구성된 그룹은 단계통군(monophyletic group)이라고 불린다. 계통수의 뿌리는 그 나무에 나타낸 모든 그룹의 가장 오래된 조상을 나타낸다. 계통수들은 살아 있는 생

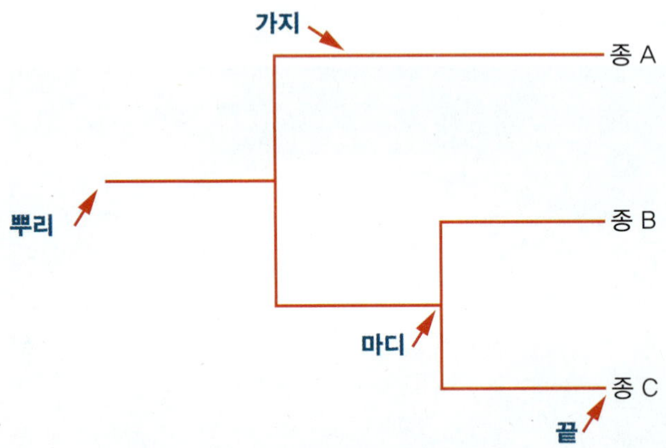

그림 26.21 여러 종 사이의 관계를 보여주는 계통수의 구성요소들. 뿌리(root)는 이 계통수에 있는 모든 종의 공통 조상을 나타낸다. 가지(branch)들은 시간에 따른 계통을 나타낸다. 가지가 분리되는 지점은 마디(node, 절)이라고 불리며, 가지의 끝에는 살아 있는 종이나 멸종한 종들이 위치한다.

물들의 형태 차이로부터 구성될 수도 있고, 화석으로부터 만들어질 수도 있으며, 단백질, RNA, 그리고 DNA 같은 분자 서열들로부터 구성될 수도 있다.

DNA 서열로 계통수 구성하기

DNA 서열화 기술의 발달로 많은 종으로부터 유전자 및 유전체 정보들을 사용할 수 있게 되었으며 오늘날에는 계통수 대부분이 DNA 서열들을 이용하여 구성된다.

DNA 서열을 이용한 종-수준의 계통수 구성은 다음과 같은 3단계를 거친다:

1. 여러 생물종에서 관심 대상인 유전자 혹은 유전체를 나타내는 DNA 서열들이 확보되어야 한다. DNA 서열화 사업들이 많았었기 때문에, 이것은 보통 공공 데이터베이스들로부터 얻을 수 있다.
2. 서열들은 서로서로 나란히 놓여 각 서열의 관련 부분들이 같은지 다른지 비교될 수 있도록 한다. 비교되는 서열들은 필요한 부분에 틈을 삽입하여 나란히 놓이는 염기쌍들의 수를 최대화시키는 소프트웨어 프로그램으로 불러들여질 수 있다. 이전에 논의했던 것처럼, 더 멀게 연관된 종들일수록 더 많은 DNA 차이를 보인다. 그들이 마지막 공통 조상을 공유했던 이후로 더 긴 시간이 지났기 때문이다. 더 가깝게 연관된 종일수록 그들이 공통 조상을 마지막으로 공유했던 이후에 생긴 DNA 차이를 축적할 시간이 더 짧기 때문에, 더 적은 DNA 차이를 나타낸다.
3. 이런 DNA 차이들은 계통수 구성에 사용되는데, 종종 가장 가깝게 연관된 서열들로 시작하여, 덜 연관된 서열들을 통해 뒤로 가면서 작업하게 된다.

계통학적 분석에 의한 척추동물 진화의 재구성

우리 종에 대한 진화사에서 가장 중요한 단계 중 하나는 해양 척추동물에서 육상 척추동물로의 고대 전이라고 할 수 있다. 100년 이상 동안, 생물학자들은 어떤 그룹의 총기어류들(lobefinned fish)이 해안가로 기어 나와 모든 육상 척추동물들(양서류, 조류 포함 파충류, 그리고 포유류)의 조상이 되었는지를 놓고 논쟁해왔다. 지난 수년간, 화석 기록, 현존 생물종, 그리고 폐어[그림 26.22(a)]에 집중된 미토콘드리아 DNA 서열들로부터 계통수가 구성되었다. 폐어(lungfish)는 육상 척추동물의 가장 가까운 친척종으로 조사된 것이지만, 척추동물의 공통 조상이 둘일 가능성, 즉 폐어 외에도 실라칸스(coelacanth) 같은 다른 생물도 있을 가능성 역시 배제할 수는 없었다[(그림 26.22(b)].

최근에, 실라칸스 유전체가 서열화되었으며, 이 연구에서 얻은 자료들은 어떤 그룹이 우리와 여타의 다른 모든 육상 척추동물의 공통 조상을 공유하는지에 관한 문제를 다시 꺼내들게 했

(a)

(b)

그림 26.22 계통분류학적 증거들은 실라칸스(b)가 아닌 폐어(a)가 양서류, 파충류 및 조류, 그리고 포유동물들의 공통 조상임을 시사한다.

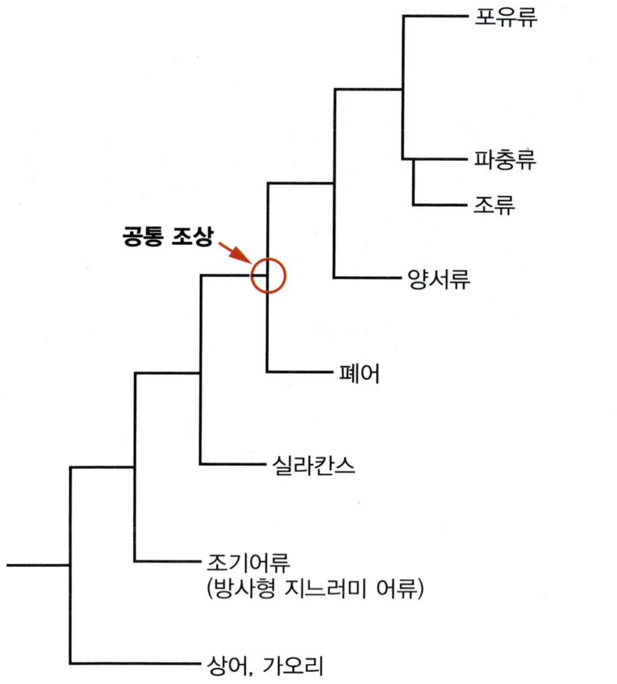

그림 26.23 폐어와 실라칸스가 포함된 몇몇 유악 척추동물들의 계통수. 폐어가 이 척추동물들의 가장 최근 공통 조상을 공유하고 있음을 보여준다.

다. 실라칸스, 폐어, 그리고 몇몇 선별 종들에서 얻은 서열 자료들을 이용하여, 연구자들은 251개의 단백질-암호화 유전자에 대한 비교 배열 분석으로 계통수를 만들었다(그림 26.23). 그 결과는 육상 척추동물들이 실라칸스보다는 폐어와 더 가깝다는 기존의 연구들을 강하게 지지했다. 따라서 이 중요한 진화적 질문에 대한 논쟁의 문은 닫혔다.

분자시계는 진화적 변화의 속도를 측정한다

많은 경우에 우리는 어떤 생물종들이 가장 가깝게 연관되었는지 뿐만 아니라, 그들의 공통 조상이 언제 살았는지도 추정하고자 한다. 단백질과 핵산 서열로부터 계통수를 구성하는 능력은, 공통 조상으로부터 분기한 시간을 측정하는 한 가지 방법으로 아미노산이나 뉴클레오타이드 변화율을 이용하는 **분자시계(molecular clock)**들의 개발을 이끌었다.

유용성을 갖추려면, 분자시계들은 세심하게 조정되어야만 한다. 분자시계들은 아미노산이나 뉴클레오타이드에서의 변화만을 측정할 수 있다; 그들은 어떤 시간 규모에서는 비례적이며, 화석 기록 같은 독립적 증거들을 이용하여 시간과 날짜들이 시계에 추가되어야만 한다. 그림 26.24는 화석 기록[그림 26.24(a)]과 분자 자료[그림 26.24(b)]에 기초하여 인간과 기타 9가지 척추동물이 공통 조상에서 분기한 시간을 나타내는 분자시계를 보여준다. 두 경우 모두 아미노산 서열과 뉴클레오타이드 서열의 변화는 시간이 지남에 따라 비례적으로 증가한다. 그 결과 인간과 제브라피쉬는 약 4억 5천만 년 전에 마지막으로 공통 조상을 공유했고 인간은 약 700만 년~1천만 년 전에 침팬지와 마지막으로 공통 조상을 공유했음을 보여준다.

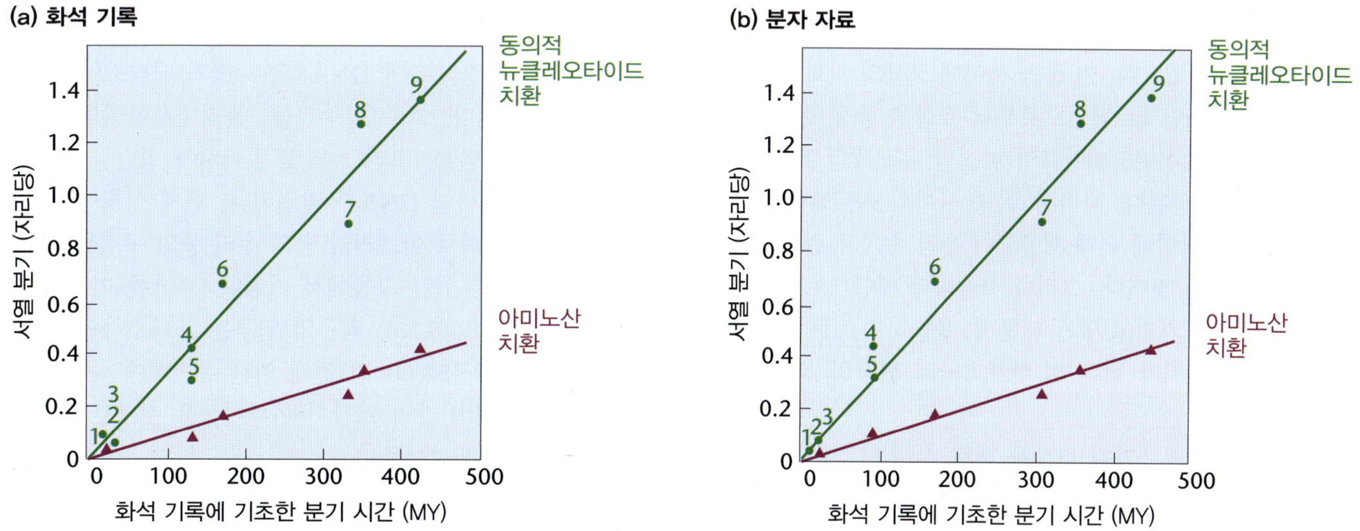

그림 26.24 10가지 척추동물로부터 얻은 4198개의 핵 유전자들에 대한 아미노산 치환의 수와 뉴클레오타이드 치환의 수 사이의 관계. 인간에 대해, (1) 침팬지, (2) 오랑우탄, (3) 마카크 원숭이, (4) 생쥐, (5) 소, (6) 주머니 쥐, (7) 닭, (8) 서부 발톱 개구리, 그리고 (9) 제브라피쉬가 비교되었다. (a)의 자료에서는 화석자료에 근거하여 분기 시간이 계산되었고, (b)에서는 아미노산 서열의 변화를 일으키지 않는 돌연변이들인 동의적 뉴클레오타이드 치환에 근거하여 계산되었다. MY = 백만 년.

인간 유전체의 복잡한 기원들

현재의 화석 증거, 분자적 증거, 그리고 유전체적 증거들은 우리 자신의 종인 호모 사피엔스(*Homo sapiens*)가 약 200,000년 전 아프리카에서 더 이전의 호모(*Homo*) 종들로부터 생겨난 것임을 시사하고 있다. *H. sapiens* 집단들이 처음 아프리카에서 나왔던 약 5만~7만 년 전에는, 유럽과 아시아 일부는 이미 다른 인간 종이 차지하고 있었다. DNA 서열화 기술의 발달과, 화석 잔해들로부터 유전체 DNA를 회수할 수 있도록 하는 새로운 DNA 추출법들은, **고유전체학(paleogenomics)**이라 불리는 새로운 분야를 출현시켰으며, 이것은 다시 인간 진화 연구를 혁신시키고 있다. 중동, 아시아, 그리고 유럽에 살았던 두 멸종 그룹들인 네안데르탈인들(Neanderthals)과 데니소바인들(Denisovans)의 유전체들이 서열화되었고 현재 인류의 유전체들과 비교되었다. 그 결과는 많은 현대인이 네안데르탈인 서열을 갖고 있었으며, 일부 집단들은 데니소바인 서열도 가지고 있음을 드러냈다. 고인류학적 자료와 유전체 자료들은 해부학적 현대인들이 네안데르탈인과 데니소바인이 전 세계로 이주함에 따라 이들과 교잡했다는 결론을 강력하게 뒷받침한다.

최초의 네안데르탈인 유전체는 2010년 크로아티아 동굴에서 발견된 세 개의 골격에서 모은 것이다. 그 이후로, 여러 다른 네안데르탈인의 유전체들이 서열화되었다. 비교유전체학적 분석은 현대인과 네안데르탈인의 유전체가 같은 크기(약 32억 염기쌍)이고 99.7% 동일하다는 것을 보여준다.

네안데르탈인 집단은 약 30만 년 전부터 이들이 약 4만 년 전에 사라지기까지 유럽과 서아시아에 살았다. 네안데르탈인들은 해부학적 현대인들(*H. sapiens*)과 최소 30,000년 동안 중동과 유럽 지역에 공존했으며, 이 종들 사이에 교잡의 기회가 있었다. 사실, 멸종한 네안데르탈인으로부터 교잡을 통해 현대인으로 전달된 유전자 흐름은, 비아프리카 집단 유전체의 2~4%를 나타내는 것으로 추산된다. 따라서 두 종 사이의 99.7% 서열 동일성에는 네안데르탈인에 의해 제공되어 우리 종의 유전체에 고정된 2%가 포함되는 것이다. 그러나 사람마다 네안데르탈인 유전체의 다른 부분을 가지고 있기 때문에; 종합하면, 네안데르탈인 유전체의 20%까지가 현존 비-아프리카계 집단의 유전체에 존재할 수 있다.

이런 연구들로부터 2가지 결론을 내릴 수 있다. 우선, 네안데르탈인들은 우리 종의 직계 조상이 아니다. 둘째, 네안데르탈인과 해부학적 현대인들은 교잡했으며, 네안데르탈인이 현대인의 유전체에 기여한 부분이 있다. 따라서 네안데르탈인은 멸종했지만, 일부 그들의 DNA는 현대 인간의 유전체에서 살아 있다. 현대인의 유전체에 존재하는 네안데르탈인 DNA 서열의 크기와 분포에 기초하면, 이 유전체들이 5만~6만 년 전에 혼합되었을 것으로 추정된다.

그림 26.25 시베리아 데니소바의 알타이 동굴. 이곳에서 데니소바인의 화석들이 발견되었다.

2008년 시베리아 데니소바(Denisova) 인근 알타이 산맥 동굴에서 인간 화석이 발견되었다(그림 26.25). 완전한 mtDNA 유전체 서열은 이 화석들이 우리 종과 네안데르탈인 모두로부터 분리된 어떤 그룹에 속해 있음을 보여주었고, 이들은 데니소바인(Denisovans)으로 명명되었다. 데니소바인 핵 유전체 서열들은 그들이 우리 종보다는 네안데르탈인과 더 밀접하게 관련되어 있으며, 이들은 43만 년 전보다 더 이전에 공통 조상으로부터 분기했음을 보여준다. 그리고 데니소바인 유전체는, 네안데르탈인의 유전체에 기여하지 않았던 아직 알려지지 않은 또 다른 고대 그룹에서 온 서열들을 포함하고 있다.

현대 인류 집단들에 대한 분석은 남태평양의 멜라네시아 군도의 주민들이 가진 유전체 DNA의 5~6%가 데니소바인에게서 온 것임을 보여준다. 호주 원주민들, 폴리네시아인들, 푸지인들, 동인도네시아인들, 그리고 몇몇 동아시아 집단들에서는 더 적은 양의 데니소바인 DNA가 발견된다. 현재 상황에서는, 고대 이종교배의 결과로 아프리카 밖의 우리 종의 구성원 중 일부가 한두 종의 다른 인간 그룹에서 기원한 DNA를 가지고 있음을 알 수 있다(그림 26.26). 최근의 연구는 데니소바인의 DNA 서열이 약 44,000~54,000년 전에 인간 유전체에 나타났으며, 이것은 네안데르탈인과의 교잡이 이루어졌을 것으로 추산되는 것보다 더 최근임을 보여준다.

네안데르탈인과 데니소바인의 유전체는 40,000년에서 80,000년 된 화석 유적에서 조립된 것이다. 최근 700,000년 된 말 화석의 유전체 염기서열 분석은, 훨씬 더 오래된 인간 종의 화석에서 유전체 염기서열이 복구되어 데니소바인 유전체에 기여했던 고대 종을 밝히는 데 사용될 수 있는 가능성을 열어주었다. 현재 이용 가능한 고유전체학 기술을 사용하여, 우리는 우

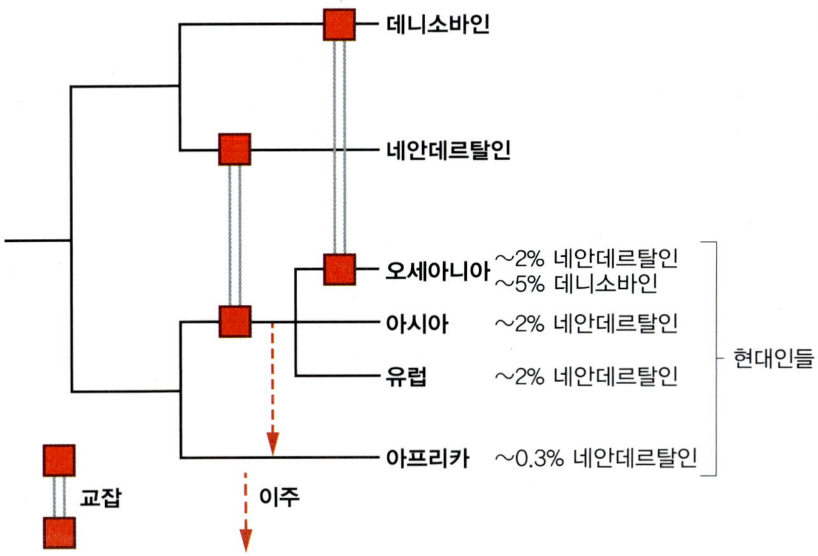

그림 26.26 현대인들, 네안데르탈인, 그리고 데니소바인 사이의 관계를 보여주는 계통수. 네안데르탈인과 데니소바인들은 우리 종이 아프리카를 떠나기 전에 공통 조상에서 분기했다. 유전체학적 분석에 따르면 우리 종과 네안데르탈인, 그리고 데니소바인들은 교잡을 했던 것으로 보이며, 이것으로 우리 유전체는 다른 인간 종으로부터 적어도 두 번은 유전체적 기여를 얻은 모자이크를 가지게 되었다.

리와 다른 인간 종들의 유전체 사이의 유사점과 차이점에 관한 질문에 흥미로운 답변을 기대할 수 있으며, 우리 종의 진화와 이 행성에서 우리보다 앞서갔던 다른 인간 종의 진화에 대한 혁신적인 통찰을 제공할 수 있다.

유전학과 윤리, 그리고 사회

아프리카로부터 시작된 인류의 유전적 발자취 추적

약 200만 년 전, 호모 에렉투스(*Homo erectus*)라고 불리는 큰 두뇌와 도구를 사용하는 호미니드가 동아프리카에 출현했다. 170만 년 전쯤, *H. erectus*는 유라시아와 남아시아로 퍼졌다. 과학자들 대부분은 *H. erectus*가 하이델베르크인(*H. heidelbergensis*)—우리 종(아프리카에서)의 조상이 되었던 종—, 네안데르탈인들(유럽에서), 그리고 데니소바인들(아시아에서)로 발전했을 가능성에 동의한다. 이 그룹들은 50,000년~30,000년 전에 사라졌는데, 해부학적 현대인(*H. sapiens*)이 전 세계에 출현했던 때와 같은 시기쯤이다.

현재, 해부학적 현대인의 존재를 설명하는 가장 널리 알려진 가설은 아프리카 탈출 가설(out-of-Africa hypothesis)이다. 이 가설은 고대 호미닌 화석과 현대 인류의 미토콘드리아, Y 염색체 및 전체 유전체 서열화에서 얻은 유전적 자료를 기초로 한 것이다. 아프라카 탈출 가설에 따르면 *H. sapiens*는 약 300,000년 전에 아프리카에서 *H. heidelbergensis*의 후손으로부터 진화했다. 약 50,000년 전에 *H. sapiens*의 작은 무리(아마도 1000명 미만)가 아프리카를 떠났다. 40,000년 전, 이들은 유럽과 아시아 그리고 호주에 도착했다. 아프리카 탈출 모형에서는, *H. sapiens*들이 네안데르탈인 및 데니소바인들 집단과 교잡했으며, 약 30,000년 전에 호모 속의 유일한 종이 되었다.

대부분의 유전적 증거는 아프리카 탈출 가설을 지지하는 것으로 보인다. 전 지구의 인간들은 유전적으로 매우 유사하다. 무작위로 뽑은 두 사람의 DNA 서열들은 99.9% 동일하다. 인류 집단에서 무작위로 뽑힌 두 사람 사이의 유전적 동일성은 침팬지 집단에서 무작위로 뽑은 두 마리의 침팬지들 사이의 것보다 더 크다. 흥미롭게도, 존재하는 약 90%의 유전적 차이는 두 집단 사이가 아닌 두 개인 사이에서 발생한다. 전 세계의 모든 인간 사이에 존재하는 이런 고도의 유전적 연관성은 우리 종이 작은 창시자 그룹의 인간들로부터 생겨났음을 지지한다. 다른 유전 자료들은 아프리카 집단들 내에서 유전적 변이 수준이 가장 높음을 보여준다. 이것은 *H. sapiens*의 초기 계통들이 아프리카에서 분기했으며, 더 오랜 시간 동안 DNA 돌연변이를 축적했음을 의미한다.

인간의 기원에 대한 다른 설명들과 마찬가지로, 아프리카 탈출 가설은 활발하게 논의되고 있다. 일부 자료들은 시기와 이주 경로들이 다른 두 번 혹은 그 이상의 아프리카 탈출 사건을 제시한다. 고대의 화석으로부터 DNA를 서열화하는 방법들이 발전함에 따라, 아프리카 탈출을 이끈 유전적 경로의 빈 곳을 채우고 우리의 기원에 관한 오래된 문제들을 해결할 수 있을 것으로 보인다.

당신의 생각은?

각자 혹은 그룹을 만들어 다음 질문을 생각해 볼 시간을 가져라. 현대인의 기원에 대해 우리가 이해하는 방식에 관

(계속)

한 윤리적 기술적 측면을 다루는 참고문헌들 및 링크들을 조사하라.

1. 일부 유전적 및 고고학적 증거는 아프리카에서 인간이 두 차례 퍼져 나갔음을 뒷받침하는 것으로 보인다. 이런 자료는 무엇이며 단일 탈출 가설과 어떻게 조화될 수 있겠는가?

다음 자료를 읽는 것으로 여러분의 조사를 시작하라: Nielsen, R. et al. (2017). Tracing the peopling of the world through genomics. *Nature* 541:302–310, and Tucci, S., and Akey, J. M. (2016). A map of human wanderlust. *Nature* 538:179–180.

2. 유전적 연구들이 지구상의 모든 사람이 유전적으로 놀랄 만큼 비슷하다는 것을 밝힌 것을 고려하면 인종적 차이라는 개념은 어떻게 발달하게 되었는가? 현대의 유전체학은 "인종(race)"이라는 용어의 유효성과 정의에 대한 논쟁에 어떻게 기여했는가?

인종, 인간의 변이, 그리고 유전체학 연구에 대한 흥미로운 논의는 다음 자료를 참고하라: Lewontin, R. C. (2006). Confusions about human races, on the *Social Sciences Research Center Web site* (raceandgenomics.ssrc.org/Lewontin). 다음 자료도 읽어보라: Cooper, R. S. (2013). Race in biological and biomedical research. *Cold Spring Harb. Perspect. Med.* 3(11):a008573.

사례 연구 두 명의 올리비아 이야기

올리비아 S.는 티로신혈증(tyrosinemia)라는 희귀한 열성 질병을 가지고 태어났다. 다음날 인근 지역에서 올리비아 M.이 태어났는데, 같은 질병을 가지고 있었다. 티로신혈증은 아미노산인 티로신의 분해 경로에 한 가지 효소가 부족하여 발생한다. 대사 중간산물들의 축적은 점진적으로 간의 기능 부전을 초래하고 신장 문제를 일으킨다. 한 살이 된 올리비아 S.는 건강하며 질병의 징후는 보이지 않는다. 같은 나이의 올리비아 M.은 간 전체에 문제가 생겼다. 올리비아 S.는 신생아들이 티로신혈증을 검사받는 주에서 태어났지만, 올리비아 M.은 신생아들이 이 질병에 검사되지 않는 주에서 태어났다. 진단을 받고 일주일 후, 올리비아 S.는 저 티로신 식사가 배정되었으며 중간 대사산물의 축적을 막는 약을 처방받았다. 올리비아 M.은 아이가 간 부전을 일으킬 때까지 진단을 받지 못했고; 그제서야 저 티로신 식사와 약물 처방이 이루어졌으며 간이식을 받았다. 그녀는 평생 항거부제 치료를 받아야 하며 신장 이식이 필요할 수도 있다. 미국에서 신생아 검사 프로그램들은 주마다 독립적으로 마련되어 있으며, 종종 비용-이득 분석에 기초하여 어떤 질병이 이 검사에 포함되어야 할지 결정된다. 미국에서 티로신혈증은 10만 명의 출생당 한 건으로 발생하며, 이 사례에서는 두 개의 주가 이 질병에 대한 신생아 검사에 대해 서로 다른 결정을 내렸던 것이다.

1. 캐나다 퀘벡 지역에서는 22명 중 1명이 돌연변이 티로신혈증 대립유전자에 대해 이형접합성이다. 이형접합자들의 빈도를 이용하여 이 집단의 열성 동형접합자들의 빈도를 계산하라. 미국의 티로신혈증 빈도와 이 캐나다 집단 사이의 차이는 어떻게 설명될 수 있을까?
2. 미국의 신생아 검사에서 동일한 질병 패널이 사용되어야 한다는 주장이 있다. 비용-이득 비율은 차치하고, 신생아 검사 프로그램에 포함하거나 배제시킬 질병을 결정하기 위한 윤리적 지침으로 당신은 어떤 점을 고려하겠는가?
3. 어떤 사람들은 현재의 검사 체계가 모든 신생아에 대한 전체 유전체 서열화로 대체되어야 한다고 주장한다. 이런 입장의 윤리적 찬/반은 무엇이라고 보는가?

다음 자료를 참고하라: Tarini, B., and Goldenberg, A. (2012). Ethical issues with newborn screening in the genomics era. *Ann. Rev. Genomics Hum Genet.* 13:381–393.

요약 정리

1. 유전적 변이는 대부분의 생물 집단에서 나타나는 특징이다. 일부 경우에는, 이것이 표현형 주순에서 관찰될 수 있지만, 아미노산 수준과 특히 뉴클레오타이드 수준에서의 분석은 유전적 변이를 평가하는 더 직접적인 방법을 제공한다.
2. 하디–바인베르크 법칙을 사용하면, 집단 내의 대립유전자와 유전자형 빈도를 추산할 수 있다.
3. 하디–바인베르크 법칙은 다중대립유전자를 가진 유전자들의 대립유전자 및 유전자형 빈도, 그리고 X 염색체의 유전자들에 대한 대립유전자와 유전자형 빈도를 결정하는 데도 사용될 수 있다. 그리고 이런 방법은 집단 내의 특정 유전자에 대한 보인자의 빈도를 계산하는 데도 이용될 수 있다.
4. 자연선택은 집단의 대립유전자 빈도를 변화시키며, 이것은 진화적 변화를 이끈다. 정량적 형질에 대한 선택은 방향성 선택, 안정화 선택, 혹은 분열성 선택을 포함할 수 있다.

5. 자연선택에 더하여, 집단의 대립유전자 빈도에는 다른 힘도 작용한다. 여기에는 돌연변이, 이주, 그리고 유전적 부동이 포함된다. 비무작위적 교배는 유전자형 빈도는 변화시키지만, 대립유전자 빈도는 바꾸지 않는다.
6. 새로운 종의 형성은 하위집단의 형성과, 재결합이 이루어졌을 때 하위집단의 구성원들이 교잡할 수 없을 만큼 충분한 유전적 차이가 축적되는 것에 의존한다.
7. 형태학, 아미노산 서열, 혹은 뉴클레오타이드 서열을 사용한 계통학적 분석은, 생물 집단들 사이의 진화적 관계를 보여주는 계통수를 구성하는 데 사용될 수 있다. 분자시계로 보정되면, 계통수에서의 진화적 변화가 시간 척도로 계산될 수도 있다.
8. 인간, 네안데르탈인, 그리고 데니소바인에 대한 계통학적 분석과 유전체 서열 자료의 연계로 과학자들은 우리 종의 유전체에 대한 복잡한 기원을 재구성할 수 있었다.

통찰과 해법

1. 테이–삭스(Tay–Sachs) 질병은 리소좀 효소를 암호화하는 15번 염색체의 유전자 돌연변이에 의해 발생한다. 테이–삭스는 상염색체 열성 조건으로 유전된다. 아시케나지 유대인들과 중앙 유럽인을 조상으로 둔 집단에서는 약 3,600명당 한 명꼴로 이 질병이 발생한다. 이 집단에서 보인자들의 비율은 얼마나 될까?

해법: 만약 p가 야생형 효소 대립유전자의 빈도를 나타내고, q는 열성의 기능 없는 모든 대립유전자의 빈도를 나타내며, 이 집단이 하디–바인베르크 평형 상태라고 가정하면, p^2에 의해 동형접합성 야생형의 유전자형 빈도가 주어지고, $2pq$로 보인자, 그리고 q^2으로 테이–삭스 질환인 개인들의 빈도가 얻어진다. 그러므로 테이–삭스 대립유전자의 빈도는

$$q = \sqrt{q^2} = \sqrt{\frac{1}{3600}} = 0.017$$

$p + q = 1$이므로,

$$p = 1 - q = 1 - 0.017 = 0.983$$

그러므로 보인자의 비율은 다음과 같이 추정할 수 있다.

$$2pq = 2(0.983)(0.017) = 0.033 \text{ 혹은 30명 중 1명.}$$

2. 같은 개체군 내에서 갑자기 크기가 두 배인 식물이 나타났다. 정상적이라면, 이 종의 식물들은 자가 수분(self fertilization)이나 혹은 이계 교배(타가 수정, cross fertilization)에 의해 생식한다. 이 새로운 식물은 단순한 변이체인가, 아니면 신종인가? 어떻게 이것을 결정할 수 있을까?

해법: 고등 식물의 종 분화 기작에서 가장 흔한 것이 다배수체(polyploidy)로, 전체 염색체가 한 조 단위로 증가하는 것이다. 다배수체화의 결과로 보통 큰 꽃과 큰 종자를 가지는 거대 식물들이 얻어진다. 이 새로운 변이체를 신종으로 할지를 결정하는 두 가지 방법이 있다. 첫째, 이 거대 식물을 정상 크기의 식물과 교배하여 생존력 있고 생식 가능한 자손이 생기는지를 관찰하는 것이다. 만약 그렇지 못하다면, 이 두 형태의 식물들은 생식적으로 격리될 것이다. 둘째로는, 이 거대 식물을 세포유전학적으로 검사하는 것으로 그 염색체 조성을 관찰하는 것이다. 만약 이것이 정상 크기의 다른 식물들보다 두 배의 숫자를 가진다면, 이것은 저절로 4배체가 발생한 것이다. 만약 염색체 숫자가 2배수로 다르고, 새로운 식물이 정상 식물과는 생식적으로 격리된다면 이것은 신종이다.

찾아보기

국문 찾아보기

ㄱ

ㄴ

ㄷ

ㄹ

ㅁ

ㅂ

ㅅ

ㅇ

ㅊ

ㅋ

ㅌ

영문 찾아보기

A

B

Q

R

W

X

Y

Z